中国海岸工程进展

ZHONGGUO HAI'AN GONGCHENG JINZHAN

左其华　窦希萍 等　编著

海洋出版社

2014 年 · 北京

U0864210

图书在版编目(CIP)数据

中国海岸工程进展／左其华等编著．—北京：海洋出版社，2014.4
ISBN 978-7-5027-8821-6

Ⅰ.①中…　Ⅱ.①左…　Ⅲ.①海岸工程-介绍-中国　Ⅳ.①P753

中国版本图书馆 CIP 数据核字(2014)第 041175 号

中国海岸工程进展
ZHONGGUO HAI'AN GONGCHENG JINZHAN

责任编辑：高朝君　钱晓彬
责任印制：赵麟苏

海洋出版社　出版发行
http://www.oceanpress.com.cn
北京市海淀区大慧寺路 8 号　邮编：100081
北京画中画印刷有限公司印刷　新华书店经销
2014 年 4 月第 1 版　2014 年 4 月北京第 1 次印刷
开本：887 mm×1168 mm　1/16　印张：58.50
字数：1570 千字　定价：258.00 元
发行部：62132549　邮购部：68038093　总编室：62114335
海洋版图书印、装错误可随时退换

《中国海岸工程进展》
编写委员会

名誉主任：邱大洪
主　　任：谢世楞
副 主 任：左其华
委　　员：（按姓氏笔画排列）

文　立　王文良　王汝凯　王　宣　叶跃平
田俊峰　何光同　吴爱清　吴朝安　吴　澎
张民辉　张金善　张爱玲　辛文杰　陆采荣
陆培东　陈士标　陈国平　林　风　季则舟
范期锦　金志华　姜乃锋　宣伟丽　祝世华
胡　明　徐　元　袁　洪　顾　明　顾除夕
高正荣　高家俊　曹根祥　曹寅白　梅锦山
章为民　黄本胜　曾　超　游亚戈　程泽坤
程义吉　董志良　窦希萍　潘军宁

秘 书 组
组　　长：窦希萍
成　　员：滕　玲　黄海龙　段子冰　王　红　杨　红
王登婷

前　言

此书付梓之际，感到高兴，也有几分不安。

2008 年，海洋工程学会代表我国海岸工程科学技术界在德国汉堡正式承接于 2010 年在中国上海召开的第 32 届国际海岸工程会议(ICCE 2010)。该会议是国际海岸工程界最大规模的学术会议，自 1950 年召开第一届会议以来，每两年召开一次，此届会议是第一次在中国大陆召开。为了更好地与国际同行交流，学会决定以大会主题报告形式介绍我国近十多年来海岸工程的进展。然而，海岸工程所涉范围宽广，各技术领域均取得重大成绩，以一篇报告的形式来概述确实很困难，同时我们这一时代的技术人员也应该将这一海岸工程技术发展辉煌时期的足迹记录下来，有必要编纂一本与此相适应的书籍。《中国海岸工程进展》编写委员会成立暨第一次工作会议于 2009 年 2 月在南京召开，会议讨论了在 ICCE 2010 中介绍我国海岸工程进展的重点，推选谢世楞院士为该书编写委员会主任委员，并对该书的主要章节进行讨论。

ICCE 2010 于 2010 年 7 月 1 日至 5 日在上海举行，来自 40 余个国家的 600 余名代表及参展单位参加了会议，其中境外代表 490 余人。邱大洪院士代表地方组委会致开幕词，学会秘书长窦希萍教授作“中国海岸工程进展”的主题报告。上海和长江口深水航道建设的成就给与会国际同行留下深刻印象。

第一次编委会议后，特别是 ICCE 2010 结束后，在各位编委的支持下，本书的编著工作积极推进，得到了来自各个方向和方面的第一手资料。然而，收集到的资料十分庞杂，整理工作量巨大，一方面限于编者水平难以全面编纂成为体系；另一方面因所涉工程太多，且这些年进展太快，即使成册，必然遗漏甚多，因此颇感畏难，几想辍笔，是参编的同行，尤其在海岸工程建设一线的科技人员对此书支持的热情，激励着编者，终成此书。

本书由左其华、窦希萍主编，负责全书的总体结构和各章的完善。40 余个单位参与编著，涉及大陆、台湾、香港不同地域，交通、水利、海洋、渔业、核电等不同行业，总人数达 170 余人，编写人员名单详见附录。

全书共分为 12 章。凡属工程各章均原则上先对工程历史演变、目前规模等加以概述，然后就自然(设计)条件、平面布置、水工建筑物以及附属设施等进行分述，最后尽可能给出其规划。每章列出一定的参考文献。各地域海岸工程从北向南依次叙述。

第1章从宏观上介绍了我国渤海、黄海、东海、南海沿海(岛)逾38 000 km岸线的气象、水动力、泥沙、地质、地震等自然情况，以便读者对与海岸工程有关海域的总体状况有一基本了解。本章由南京水利科学研究院主编，大连理工大学等单位有关人员参编。

第2章介绍了长江口、黄河口、珠江口以及海河流域主要河口、钱塘江口和瓯江口等河口综合治理工程及其规划。长江口和珠江口还重点介绍了深水航道治理工程的进展。本章由水利部水利水电规划设计总院、南京水利科学研究院、交通运输部长江口航道管理局、黄河水利委员会黄河口研究院、浙江省防汛抗旱指挥部办公室等单位有关人员编写。

第3章主要介绍海堤工程、侵蚀性海岸及其保滩工程、养滩工程和我国沿海挡潮闸工程建设状况。本章由南京水利科学研究院、上海同济大学等有关人员编写。

第4章对我国沿海的环渤海、长江三角洲、东南沿海、珠江三角洲和北部湾五大港口群所属港口演变、规模、主要水工建筑物和规划进行了介绍。主要港口包括丹东、大连、营口、锦州、秦皇岛、唐山、天津、黄骅、潍坊、烟台、青岛、日照、连云港、南通、南京、苏州、上海、宁波－舟山、福州、湄洲、泉州、厦门、深圳、广州、珠海、湛江、北部湾、海口、洋浦以及香港、台湾等。本章主要由中交水运规划勘察设计院，中交第一、二、三、四航务工程勘察设计院有限公司以及南京水利科学研究院等单位有关人员编写。

第5章在概述我国围海工程总体状况之后，对渤海沿岸、苏沪浙、福建、华南和北部湾沿海典型围海工程进行了介绍。工程主要包括曹妃甸、天津、江苏、长江口及杭州湾北岸、浙江宁波－舟山港区、福建、华南的广州、香港和澳门国际机场、钦州湾、铁山湾、防城湾等围填海工程。本章由中交上海航道勘察设计研究院主持编写。

第6章能源设施海域工程包括滨海核电站海域工程和海洋能发电工程两部分。滨海核电站海域工程介绍了岭澳、红沿河、海阳、田湾、福清、台山、昌江等核电站的海域工程，由中国核电工程有限公司，中交第一、四航务工程勘察设计院，中广核台山核电合营有限公司，天津市海岸带工程有限公司等单位人员编写；海洋能发电工程介绍了我国海洋能资源和潮汐、波浪、潮流等能源的利用状况，由南京水利科学研究院主持编写。

第7章主要包括跨海大桥、隧道和轮渡工程三部分。跨海桥梁部分主要介绍了青岛海湾大桥、杭州湾跨海大桥、舟山大陆连岛工程、东海大桥、厦门等主要跨海大桥以及施工中的港珠澳大桥；跨海隧道部分主要介绍了胶州湾、厦门翔安海底隧道和港珠澳跨海大桥岛隧工程；这两部分均由中交公路规划设计院主持编写；轮渡工程部分主要介绍了烟台－大连和粤海铁路轮渡工程，由中交第四航务工程勘察设计院编写。

第8章主要包括修造船和海洋工程基地工程两部分。修造船部分主要介绍了大连、天津、山海关、青岛、南通、上海、浙江、厦门、泉州等修造船基地工程；海洋工程部分主要介绍了青岛、南通、上海、广州海洋工程装备制造基地工程。本章由中国船舶工业总公司第九设计院编写。

第9章主要包括渔港工程和海上养殖工程两部分。渔港部分主要介绍了黄渤海、东海、南海北部海区的中心渔港工程，包括大连杏树和董砣、山东石岛、江苏如东、浙江定海和沈家门、福建祥芝、广东闸坡、广西南沥等渔港；海上养殖部分介绍了深水网箱、筏式和人工鱼礁等养殖工程。本章由中国水产科学研究院渔业工程研究所和大连理工大学主持编写。

第10章介绍了我国海洋功能区划、海域使用、海岸生态保护、海岸工程结构和技术标准等海岸工程管理与生态环境保护的进展。本章由南京水利科学研究院编写。

第11章主要就我国近年在海洋水文、泥沙、水工建筑物和地基处理等方面的现场观测及其体系建设、物理模型模拟及其在重大工程中应用和实验室建设、数学模型海岸工程科学研究作了介绍。本章由南京水利科学研究院主持编写。

第12章在前几章我国已有的海岸工程技术进展回顾和总结基础上，就海岸动力监测体系的完善、河口海岸普遍侵蚀加剧及其防护、大型海岸工程的深水和离岸趋势、极端气象条件下结构安全、岛礁工程开发技术及其在围海工程应用、海岸工程管理与数字海岸建立、亲水工程需求、海洋能技术利用和谨慎开发、海岸工程科学研究的多学科交叉与多手段复合9个问题阐述了编者自己的观点，供读者参考。

此书最初的本意是介绍2010年前我国已经完成或正在建设的海岸工程，但编著历时较长，内容在编改中时有增减，因此各章对不同时期的工程截止时间并不一致。同时2009年以来，我国海岸工程建设仍在高速发展，现有参编人员不可能涉及我国全部海岸工程，甚至一些大的工程也没有包括在内。每章涉及的参考文献都很多，限于篇幅，一些参考文献被引用了，但没有被一一列出。这些都是编者在完稿之日感到惴惴不安之处。敬希读者鉴谅。

谢世楞院士对本书给予热情支持；大连理工大学李玉成教授、东南大学朱大同教授、上海航道局林风教授、中交第一航务工程勘察设计院季则舟总工对本书有关章节提供了修改意见；海洋工程学会秘书处段子冰、滕玲、王红、杨红等，南京水利科学研究院王兴会、明经平、丁绿芳、孙高霞等对本书编辑工作做了大量工作；南京水利科学研究院和海洋工程学会为本书提供了出版资金，在此一并表示感谢！

编　者

2014 年 1 月 8 日

目 次

第1章 海岸自然环境

1.1 概述

我国毗邻的海域有黄海、东海、南海和内海渤海(图1-1)。东部和南部大陆海岸线超过 1.8×10^4 km，海岛岸线长约19 000 km，内海和边海的水域面积逾 470×10^4 km^2。海域分布有大小岛屿7 600多个，其中台湾岛最大，面积35 798 km^2。我国为世界上海岸线最长的国家之一，沿岸有近千条河流入海。

我国地跨热带、亚热带和温带三个气候带，处于亚热带的大陆岸线范围最长，占总岸线长度的60%。沿海南北气候条件差异明显，渤海和北黄海每年约有2~3个月的冰冻期，其余大部分岸段冬无严寒，夏无酷热。

渤海位于37°07′—41°0′N，117°35′—121°10′E之间，为辽东半岛、山东半岛与黄海所隔，是辽宁、河北、山东、天津三省一市之间的半封闭海域。渤海海域面积 7.8×10^4 km^2，大陆海岸线长2 668 km，辽东半岛南端老铁三角与山东半岛北岸蓬莱遥相对应的渤海海峡是渤海与黄海沟通的潮汐通道，海峡口宽109.268 km，有30多个岛屿，总称庙岛群岛或庙岛列岛。渤海通过渤海海峡与黄海相通。渤海由五部分组成：东北部的辽东湾、西部的渤海湾、南部的莱州湾、中央的浅海盆地和渤海海峡。主要入海河流有辽河、滦河、海河、黄河等。

黄海位于31°40′—59°50′N，119°10′—126°50′E，是一个半封闭浅海，南北长约870 km，东西宽约556 km，面积约 38×10^4 km^2，整个海域位于大陆架上。北岸在辽宁省境内，西岸在山东、江苏境内。以山东半岛成山角与朝鲜的长山连线为界，可将黄海分为北黄海和南黄海两部分。北黄海面积约为 7.1×10^4 km^2，南黄海面积约为 30.9×10^4 km^2。从山东日照市岗山镇佛手嘴到连云港市高公岛一线以西称海州湾，面积约为876 km^2。

东海位于23°00′—33°10′N，117°11′—131°00′E之间，纵跨温带和副热带，为亚热带季风气候区。它北起中国长江口北岸圆陀角到韩国济州岛一线，与黄海毗邻，东北面以济州岛、五岛列岛、长崎一线为界，南以广东省南澳岛到台湾岛南端的鹅銮鼻一线同南海为界，东至日本琉球群岛，并经对马海峡与日本海相连，濒临中国的沪、浙、闽、台4省市。海区面积超过 77×10^4 km^2。我国沿海岛屿约有60%分布在该区，主要有台湾岛、舟山群岛、澎湖群岛、钓鱼岛等。东海的主要海湾有杭州湾、象山湾、三门湾和乐清湾等，以杭州湾最大。流入东海的江河，长度超过100 km的河流有40多条，其中长江、钱塘江、瓯江、闽江等四大水系和台湾的浊水溪是注入东海的主要江河。东海是中国近海营养盐比较丰富的水域，其盐度在34以上。东海海区气温月平均值1月份最低，南北海区差异多达14℃；7月份最高，大致为25~28℃，南北差别不大。

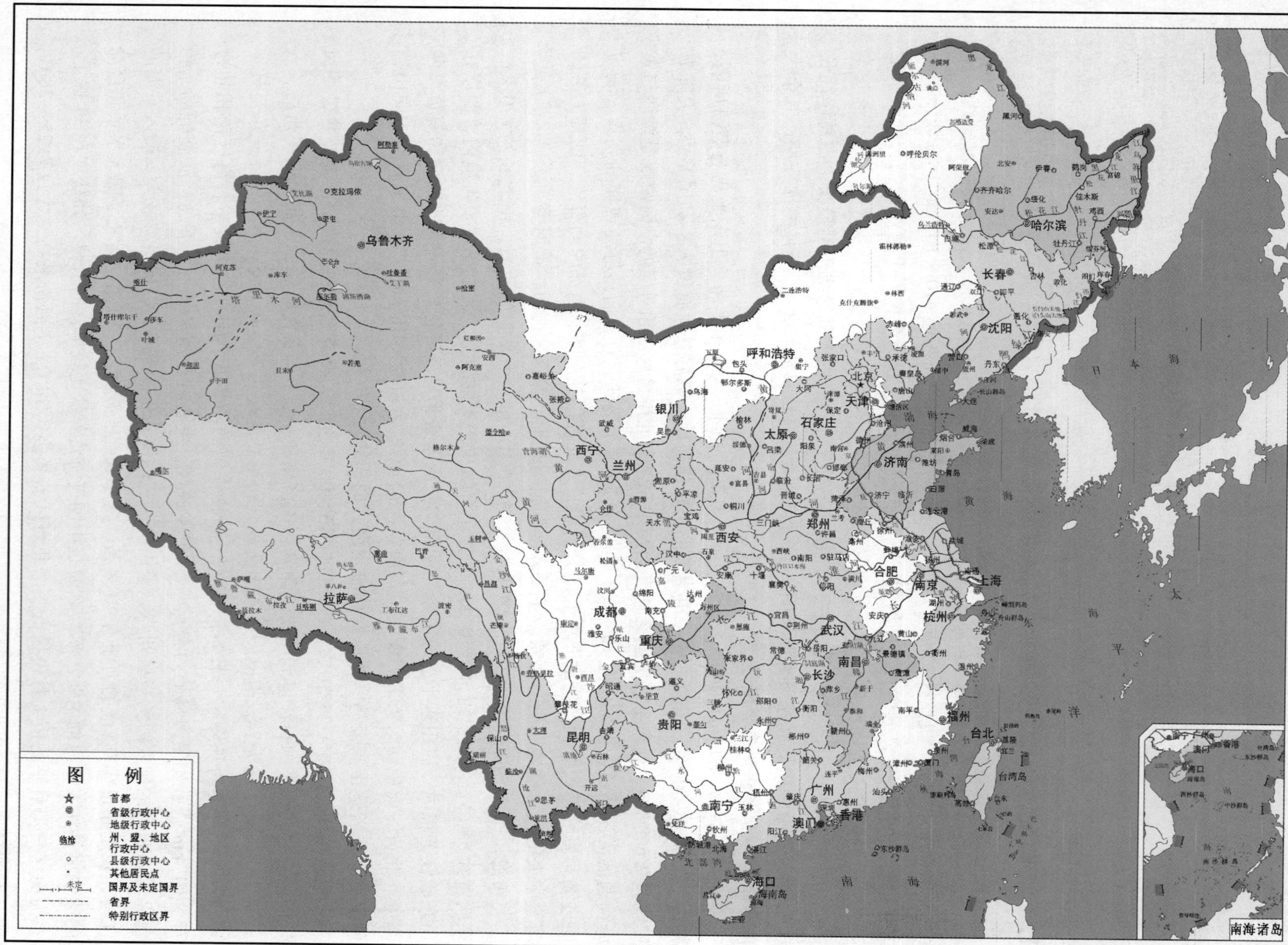
乌鲁木齐
拉萨
西宁
兰州
银川
呼和浩特
北京
天津
石家庄
太原
济南
郑州
西安
成都
重庆
贵阳
昆明
南宁
广州
澳门
香港
海口
长沙
武汉
南昌
合肥
南京
上海
杭州
福州
台北
沈阳
长春
哈尔滨
日本海
黄海
太平洋
南海
台湾岛
海南岛
南海诸岛
图 例
首都
省级行政中心
地级行政中心
州、盟、地区行政中心
县级行政中心
其他居民点
国界及未定国界
省界
特别行政区界

图 1-1　我国行政图

南海是东亚大陆最南的一个边缘海，位于2°30′—33°10′N，99°10′—121°50′E之间，北面以我国台湾海峡、福建、广东、广西海岸起始，东、南、西面分别以九段线为边界的海域，总面积356×10^4 km^2。南海外形大体呈扁菱形，是毗邻我国大陆四个边缘海中最大最深的一个，平均水深1 212 m，中部海盆深达4 200 m，已知最深点5 377 m。南海海底地形四周高中间低，为一较完整的深海盆。海床地形自海盆边缘向中心呈阶梯状下降，依次分布水深0～150 m的大陆架、150～3 500 m的大陆坡以及3 500～4 200 m的深海盆。南海有两大海湾——泰国的泰国湾和我国的北部湾。北部湾东侧和北侧为我国海南、广东、广西等省(区)，西侧为越南，南以海南岛西南的莺歌海角与越南的耒角连线为界，湾口宽约227.4 km，面积12.9×10^4 km^2。南面分别与马来西亚、文莱、印度尼西亚相邻，东面与菲律宾群岛相邻。南海海域属热带海洋季风气候，受低纬热带天气系统副热带高压、台风与热带低压和热带辐合带等控制，并略受中、高纬度天气系统的影响；常夏无冬，盛行季风。5月下旬至9月盛行西南风，11月至翌年4月中旬盛行东北风，4—5月和10月为过渡季，风向多变。引起南海出现6级以上大风的天气系统有台风、热带低压、热雷暴、寒潮、西南季风潮等。每月均有强风出现，强风频繁。

按海岸形态、成因、物质组成和发育演变阶段等地貌特性综合考虑，中国海岸可分为基岩、砂(砾)质、淤泥质以及生物海岸等不同类型，这些不同类型的海岸形成中国海岸工程的多姿特色。

1.2 地质地貌

我国的海岸轮廓、沿海地形以及海岸地貌深受地质构造影响，特别是中生代以来的新华夏构造体系以及新第三纪末期以来的新构造运动，决定了我国海岸的总体格局。沿海以杭州湾为界，北部多平原，下辽河、华北、苏北三大平原临海；南部多山地丘陵，浙、闽、粤弧形隆起带与海岸轮廓一致，山丘台地峰峦起伏。

新华夏构造体系隆起带和沉降带相间使我国沿海形成山地海岸和平原海岸交错的布局，其走向为NNE，主体由一系列相互平行的隆起带和沉降带组成。第一隆起带构成西太平洋岛弧褶皱带；第一沉降带形成了东海、南海等陆缘海。我国东部沿海的低山丘陵则系第二隆起带的组成部分；松辽平原、渤海海盆、华北平原向南可能直至北部湾为第二沉降带的范围。第三隆起带仅局部展现于辽西、冀东沿海。

在华夏构造体系发生的同时，形成了NNE—NE和NNW—NW二方向断裂组成的“X”型交叉构造，我国山地丘陵海岸的岸线走向尤受前者制约。如辽东半岛西侧的沈阳—营口大断裂，控制了辽东半岛西侧的海岸廓线；旅大—凤城大断裂则控制着辽东半岛东侧的海岸廓线；山东半岛南部的海岸线走向则与日照—荣城北东向大断裂吻合。

NNE—NE向断裂还控制着华南和东南沿海的岸线走向和岛屿分布方向。浙江沿海北起象山，南迄沙埕港一线，有一系列冲断层断续相连，左右了海岸和岛屿的走向；长乐—南澳断裂. 则构成了闽北—粤东沿海的“古海岸基线”；广东沿海的四会—吴川断裂，控制了粤西海岸线的展布方向。台湾东海岸更是在NNE向大断裂的控制下造成断崖壁立、直插洋底的壮丽地貌景观。

中小型“X”断裂构造在我国沿海地区发育更为广泛，在东南沿海不仅众多山溪性河流（瓯江、闽江和韩江等）形成特殊的格状水系；在海岸形态上，不少岛屿、半岛和港湾在两组交叉断裂的分割下具有定向排列的特点，在平面上呈矩形或菱形。长山列岛和舟山群岛等在“X”断裂支配下，总体排列呈北东向展布，而其中单个海岛的长轴方向则往北西向延伸，在平面格局上似有东西成行、南北成带的特点。甚至不少海湾的湾口朝向也反映了“X”断裂的影响，其中一类朝向东南，有辽宁的大连湾、山东的丁字湾、浙江的三门湾、福建的兴化湾、广东的大鹏湾和大亚湾以及广西的钦州湾等；另一类湾口向西南，如浙江乐清湾、福建东山港和绍安湾、广东鉴江河口湾、广西防城湾和珍珠港等。

两组相互交叉的断裂也为山地丘陵海岸的河口三角洲平原的发育提供了地质背景，如珠江三角洲平原，福建的泉州平原和广东的潮汕平原等海岸平原等。此外，一些山丘溺谷海湾或台地溺谷海湾，如象山港、三都澳、那扶溺谷和大风江溺谷等，深入陆地达数万米，它们多半是沿“X”断裂或沿其中一组发育而成，这些溺谷常常形成“大湾套小湾”的格局，在广西形象地称其为“鹿谷湾”。

由于原始地貌的不同，我国在大海侵以后形成的海岸线，有沙岸与岩岸的不同。沙岸大致分布在杭州湾以北，但杭州湾以南的闽江口、珠江口，电白以西的雷州半岛和钦州、廉州一带，也有局部的沙岸。这些地方地形平坦，海岸单调平直，很少屈曲。沙岸的形成与水文因素有关。我国主要河流多发源于西部高山地带，向东流入大海，挟带到下游的泥沙很多。黄河及其以北的海河水系和辽河向海输沙量巨大，淮河、长江、珠江等南方河流，其水流对河床的冲刷、搬运和沉积作用也十分显著。各条江河搬运来的沉积物，大量在河口附近的海底堆积，逐渐构成近海三角洲平原，并不断地向外海伸展，与此同时，海潮的力量或导致河口附近地区的大量沉积，或者侵蚀海岸导致陆地坍塌，也影响到海岸线地貌的发育。

我国岩岸主要分布在杭州湾以南的沿海地区，但北方如辽东半岛的大东沟到盖平间，渤海西北小凌河口附近的连山到北戴河间以及山东半岛掖县虎头崖到苏北连云港间，也有局部的岩岸。这些岩岸地区海岸曲折，状如锯齿，形成许多优良的港湾。我国岛屿 90% 以上都分布在岩岸地方。岩岸的形成与地质因素有关，我国杭州湾以南及辽东半岛、山东半岛一带，山脉逼近海岸，并且互相平行，一般河流短促，含沙量较小，不能起海底堆积作用。只有闽江、珠江等南方大河源流较远，流域较广，含沙量较多，因而在南方岩岸地区也兼有局部沙岸的存在。至于分布在海外的岩岛，则原系沿岸山丘因海水内侵与大陆分离而成。

1.2.1 海岸类型与分布

1.2.1.1 海岸类型

到目前为止，尚无统一公认的海岸类型划分系统。按照海岸形态、成因和物质组成特征，我国海岸可概括为基岩海岸、砂（砾）质海岸、淤泥质海岸和生物海岸四种。

（1）基岩海岸

我国沿海的基岩海岸主要分布在辽东半岛和山东半岛沿岸、杭州湾以南的浙闽粤沿岸、海南南部和台湾东部沿岸。其中台湾东部沿岸多为挺直的断层海岸，其余多属岸线曲折、岬角海湾相间分布的岬湾式海岸。

辽东半岛向西南突出将黄海和渤海分开，沿岸多为古老的变质岩系，结构致密，风化壳薄，河流源短流急。在半岛前端，岸线突露，泥沙来源不足，岬角之间的海湾沉积物不厚，水深较好，大连、旅顺因之成为天然良港。山东半岛突出于黄海中，岸线曲折，许多暴露的花岗岩岬角都有海蚀崖和岩滩分布。

杭州湾至闽江口的浙东、闽北的基岩海岸岸线非常曲折，岸外岛屿众多，许多港湾深入陆地，呈溺谷状。闽江口以南的闽南海岸与浙东、闽北沿海较为类似，但岸外岛屿屏蔽作用较小，且泥沙来源有限，岬湾间海岸堆积作用较弱。地处热带的广东沿海，花岗岩分布广，风化壳厚，为海岸提供了丰富的碎屑物质，沿岸沙堤、沙嘴、沙坝和连岛沙坝等均非常发育，甚至可将一部分海水封闭在内形成潟湖或沼泽。

海南岛的南部海岸大致从感城到万宁，由花岗岩构成的山地离岸很近，由于岛上河流长度有限，以供给粗颗粒泥沙为主，基岩岬角之间多为沙滩。台湾岛东海岸为典型的基岩断层海岸，北起三貂角南至鹅銮鼻，全长约 360 km，除在宜兰、花莲港和台东港有小片平原外沿岸均为峭壁。

（2）砂（砾）质海岸

除天津、上海二市外，其他各省均有砂砾质海岸。辽宁主要分布在辽东半岛部分岸段和辽东湾西侧，为全国最长，约 850 km，占全国的 43%；还有河北滦河口三角洲、山东半岛的北部、江苏海州湾北部、浙江和福建的部分海湾顶部、粤东、广西部分岸段、海南靠近外海侧的岸段和台湾的西海岸。

（3）淤泥质海岸

我国的淤泥质海岸是我国大陆海岸的重要组成部分，长逾 4 000 km，约占我国大陆海岸的 22%。大体可分为三类：淤泥质河口三角洲海岸、淤泥质平原海岸、淤泥质港湾海岸。主要分布在渤海湾的河北与天津；山东的莱州湾和黄河口三角洲；江苏的废黄河口以南岸段；上海；浙江的杭州湾和浙东海湾和一些中小型河口；福建闽江口以北和多数港内；广东的珠江口和韩江口等。

（4）生物海岸

生物海岸分为红树林海岸和珊瑚礁海岸。对于红树林海岸而言，中国的红树林主要分布在广东、广西、海南沿海，福建和台湾南部沿海也有分布。它们大多生长在海湾和潟湖中，尤以海南岛的红树林最为繁茂，计有红树植物 11 科 18 种，而台湾和福建仅有 6 种红树。中国红树林生长的北界可达 27°20′N 左右的沙埕港。

我国珊瑚礁主要分布在南海诸岛、海南岛沿海、雷州半岛南部沿海、澎湖列岛和台湾南部及其邻近岛屿。根据礁体和岸线的关系，珊瑚礁分为岸礁（裙礁）、堡礁（堤礁）和环礁。珊瑚礁与海岸之间有狭窄水道的又叫离岸礁。

1.2.1.2 海岸类型分布

（1）渤海海岸类型及分布

渤海是一个半封闭的内海，海底平坦，多为泥沙和软泥质，地势呈由三湾向渤海海峡倾斜态势。辽东半岛西侧为基岩海岸伴随着矶头控制的淤泥质海湾，辽东湾湾顶的辽河口淤泥质三角洲海岸，辽东湾西岸的葫芦岛到曹妃甸以东的砂质海岸，曹妃甸到渤海湾顶的海河口属于淤泥质海岸，渤海湾顶黄骅港到莱州湾为淤泥质、粉砂质海岸。

渤海海岸分为粉砂淤泥质岸、砂质岸和基岩岸三种类型。渤海湾、黄河三角洲和辽东湾北岸等沿岸为粉砂淤泥质海岸，滦河口以北的渤海西岸属砂（砾）质岸，山东半岛北岸和辽东半岛西岸主要为基岩海岸。

（2）*黄海海岸类型及分布*

黄海海岸主要含有辽东半岛海岸、山东半岛海岸和江苏海岸三部分。

北黄海北岸的辽东半岛海岸由从丹东的鸭绿江口到大连以东的淤泥质海岸，伴随部分粉砂质海岸，大连市黄海沿岸的基岩海岸组成。

黄海西岸的山东半岛海岸主要为基岩海岸伴随着砂质海岸，基岩海岸主要分布在山东半岛的烟台至青岛，附近岸段夹杂着局部砂质海岸，胶州湾为矶头控制的海湾型淤泥质海岸，山东半岛南部的海岸以砂质海岸为主。

南黄海的江苏海岸多为淤泥质海岸，但性质有所差异，其中海州湾北部为砂质海岸，海州湾南部为淤泥质海岸，废黄河口附近为粉砂质侵蚀海岸，江苏南部的海岸为辐射沙洲淤泥质海岸。

（3）*东海海岸类型及分布*

东海海岸涵盖长江口以南的上海、浙江省和福建省的海岸。

上海市的海岸包括长江三角洲南沿的淤泥质海岸和杭州湾北翼的淤泥质海岸，以淤泥质海岸为主。

浙江省海岸多为淤泥质海岸或岬角海湾型淤泥质海岸，长期受长江和省内大江河输沙形成，以海湾型淤泥质海岸居多。比较大的河流如瓯江、飞云江和鳌江，海湾型淤泥质海岸如杭州湾、象山港、三门湾、台州湾和温州湾。其中舟山群岛和穿山半岛含有部分基岩海岸。

福建省海岸复杂，福建北部多为北部山区基岩控制的海岸、岬角控制的海湾淤泥质海岸，岸线曲折。沙埕港为基岩海岸，三沙湾、罗源湾，闽江口、兴化湾、湄洲湾多为岬角控制的淤泥质河口或海湾，泉州湾以南的海湾岸线多为砂质海岸或砂质间杂淤泥质海岸的岸线，如厦门湾内距河口较近的或波浪动力较弱的海岸多为淤泥质海岸，动力较强的岸段多为砂质海岸。此外，福建省南部的海湾还间杂分布有部分红树林海岸。

福建省海岛多为基岩海岸和岬角淤泥质海湾。

（4）*南海海岸类型及分布*

南海的海岸包括广东海岸、港澳海岸、广西海岸、海南省和台湾海岸，还有南海诸岛岸线。

广东省海湾面对南海，属于典型的海洋气候，岸线曲折，除少数纵深较大的海湾外，多为开敞式海湾，雨水多、温度高，海岸类型分布多。广东省的海岸多为砂质、淤泥质和生物海岸组成，以砂质海岸居多。广东省的淤泥海岸多为有大河、大江入海，纵深比较大的海湾，如伶仃洋、黄茅海、雷州湾和湛江湾等，长期的河口输沙及湾内波浪掩护较好的岸段塑造了湾内的大片淤泥质海岸。其他较为开敞的海岸多为砂质海岸；此外，广东省海岸还间杂分布有少数红树林海岸，海岛上零星分布着珊瑚礁海岸。

香港和澳门镶嵌在伶仃洋内，伶仃洋内多为淤泥质海岸，因此香港、澳门的海岸多为淤泥质海岸，局部会有砂质海岸。

广西壮族自治区面向北部湾，海岸类型与广东省海岸相近，局部河口控制纵深较大或者半封闭的海湾多为淤泥质海岸，开敞海岸砂质海岸居多，局部零星分布着红树林海岸。

海南省海岸为岛屿控制的海岸，除少数纵深较大河口海岸外，多为砂质海岸，海南省海岸中珊瑚礁海岸较多，特别是深海的岛屿上，此外也间杂分布零星的红树林海岸。海南岛和雷州半岛沿海的珊瑚礁为裙礁，礁平台宽度从几百米至2 000 m不等，平台表面有许多浪蚀沟槽和蜂窝状孔穴，大多为侵蚀型珊瑚礁。海南岛的增长型珊瑚礁仅见于一些隐蔽的海湾内。

广东、海南和台湾等省沿海的珊瑚礁都属岸礁或离岸礁类型。堡礁呈长条状平行海岸分布，礁体与海岸相距几千米至几十千米，以潟湖或带状海湾与大陆或岛屿相隔。

我国南海诸岛大多属环礁类型，礁体厚度达一千多米，其中著名的有南沙的郑和环礁、九章环礁、永登环礁，西沙的宣德环礁、东岛环礁，中沙环礁、黄岩环礁和东沙环礁等。

澎湖列岛是中国珊瑚礁的北界，在该群岛的每座岛屿周围几乎都发育有裙礁和堡礁。此外，台湾南部沿海及其附近的绿岛、兰屿等地也有裙礁发育。

1.2.2 海岸地貌

1.2.2.1 黄海、渤海海岸地貌

黄海、渤海海岸地貌有三大特征：①受NE和NNE向地质构造控制；②受河流影响地貌变化比较活跃；③堆积性和侵蚀性等各类典型地貌比较齐全，如黄河口、滦河口的水下三角洲地貌，冀东北的砂坝潟湖体系，天津、河北、苏北的贝壳堤，江苏的辐射沙洲，辽宁、山东一带的各种海蚀地貌等。

渤海平均水深18 m，最大水深85 m，20 m以浅的海域面积占一半以上。渤海地处北温带，夏无酷暑，冬无严寒，多年平均气温10.7 ℃，降水量500 ~ 600 mm，海水盐度为30。

渤海是一个典型的半封闭的浅海陆架。渤海地貌的主要特征是，渤海的断弦构造格局控制着海底地貌，动力环境和河流入海泥沙形成的陆源沉积作用改变着海岸和海底地貌（图1－2）。渤海的海底与海岸地貌特征表现为海蚀地貌、海积地貌、河海堆积地貌和古河湖堆积地貌。图1－3为渤海海底地形图。

(1)辽东半岛

鸭绿江口为强潮河口，共有5 ~ 6条彼此平行的潮流沙脊，相对高差5 ~ 10 m，宽5 ~ 10 km，长6 ~ 12 km，主要由细砂组成，中径2 ~ 4 φ，分选好。

辽东半岛海蚀地貌主要分布在庄河、大连（石槽、老虎滩、小平岛）、旅顺和金州等处。堆积型海滩主要分布在辽东半岛西侧海岸和半岛南端，组成为砂、砾石、砂砾等。半岛西岸的海滩通常有一二百米宽，半岛南端则一般小于50 m。沿岸堤（滩脊）见于庄河、新金、金县、熊岳等处，一般长几百米至几千米，宽数十米至数百米。在辽东半岛端部一些小海湾内分布有沿岸砾石堤，其中以旅顺柏岚子的砾石堤较为典型。其长约2 000 m，宽约50 m，由石英岩砾石组成。大连湾的沙脐子沙嘴长1 000 m，宽35 ~ 70 m，高5 ~ 6 m，由砾石和砂组成。连岛坝

分布在大连小平岛、和尚岛、太平角和营口仙人岛等处。砂坝潟湖规模都不很大，见于大连凌水河、小平岛、鸡冠山等处。潮滩主要分布在辽东半岛东侧鸭绿江口至大洋河口约 100 km 长的岸线内，由鸭绿江、大洋河、庄河、碧流河、登沙河等供给物质，滩面宽度 3 ~ 4 km；潮沟主要发育在大洋河以东的潮滩滩面上，多呈树枝状，主潮沟宽可达 5 ~ 10 m，深 2 ~ 3 m。

水下浅滩在半岛东侧淤泥质海岸最为发育，半岛端部金州湾一带也很典型，最大宽度可达 20 km，基岩海岸滩宽 3 ~ 4 km，砂砾质海岸滩宽居中。水下浅滩组成以黏土质粉砂为主。

辽东半岛的水下三角洲以大洋河口的形态比较明显，其前缘大致在 5 m 等深线附近，受岛屿阻隔，水下三角洲向偏西方向发育，表面由砂质粉砂组成。

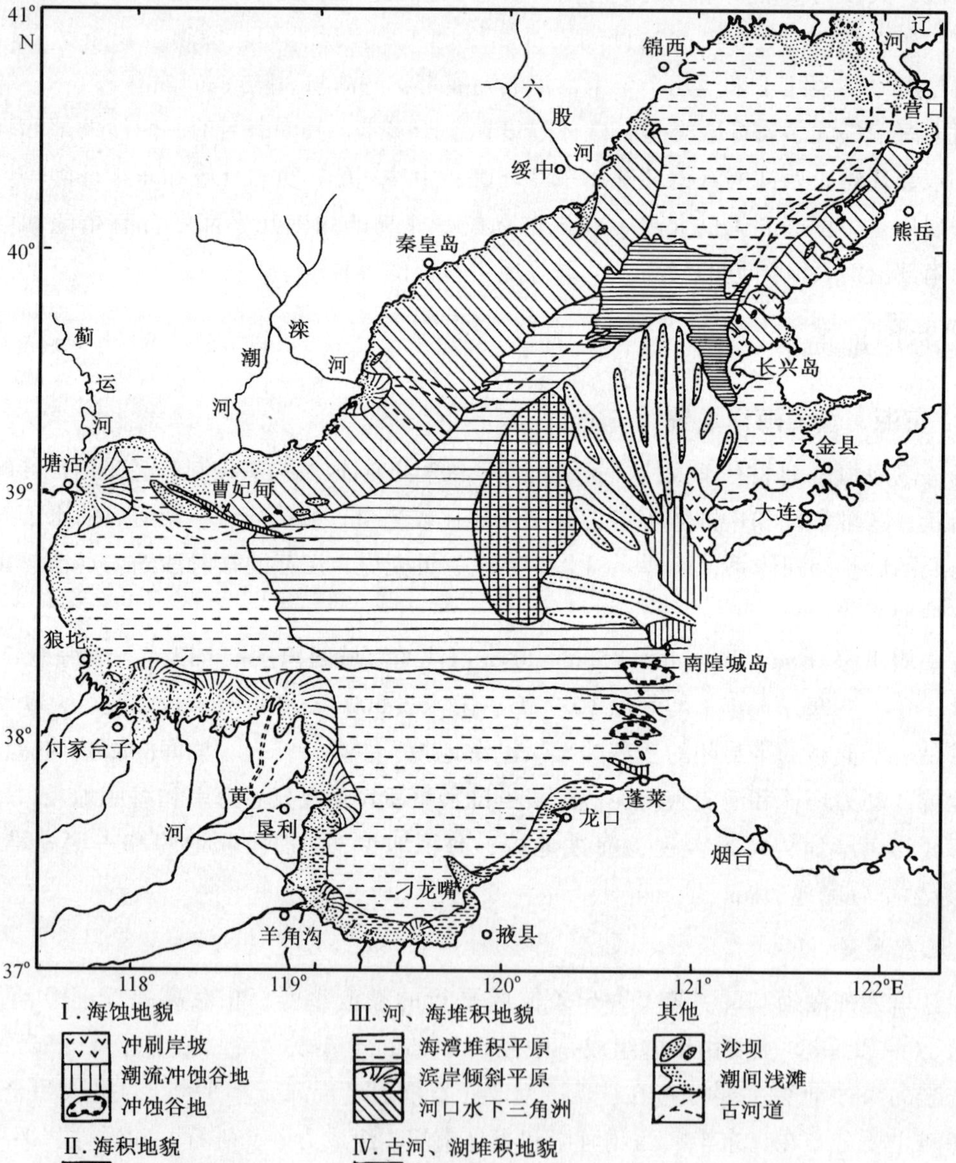

图 1－2　渤海海底地貌示意

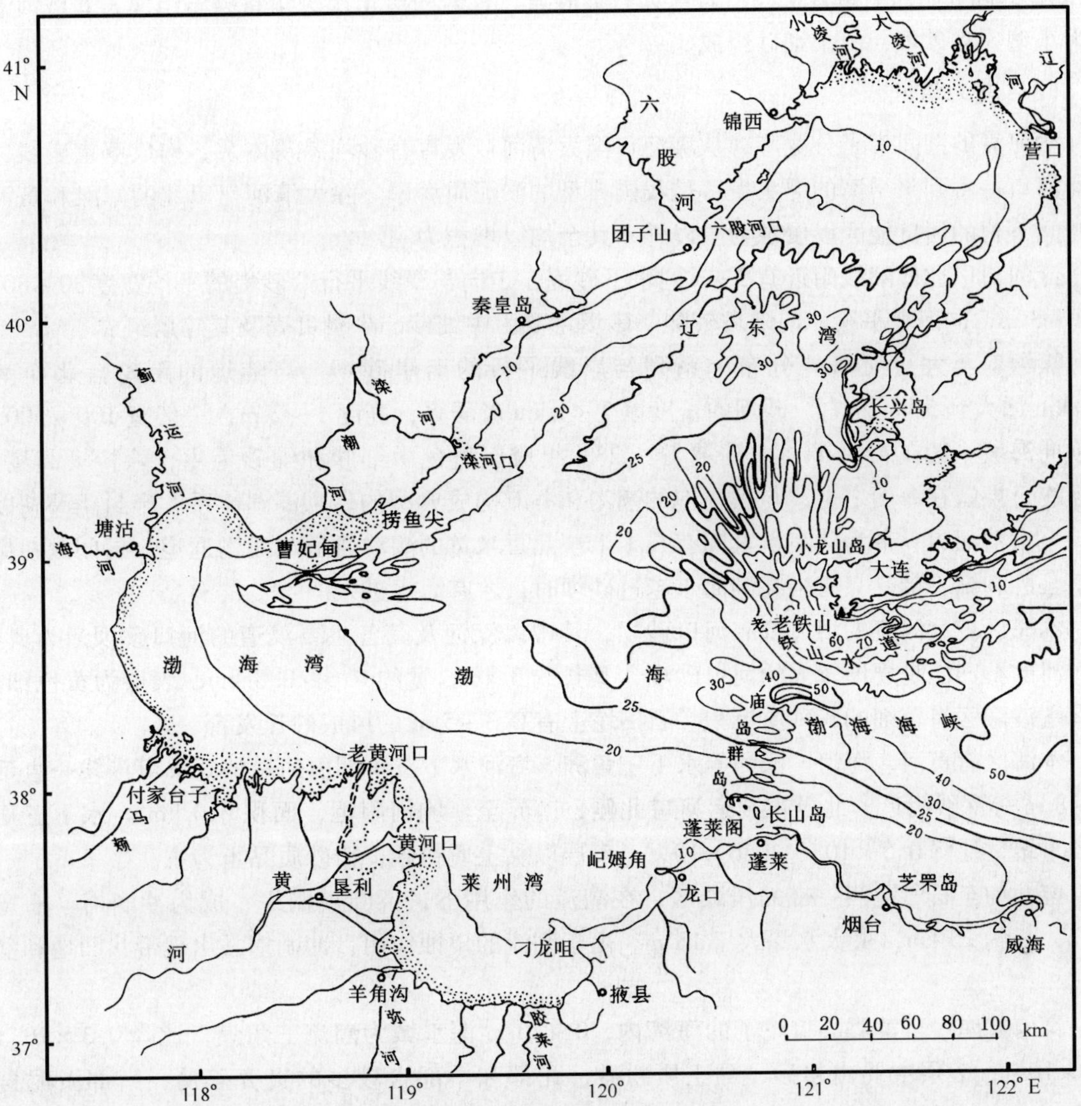

图 1-3 渤海海底地形示意

(2) 辽东湾

辽东湾西岸(包括冀东北海岸)与辽东半岛西侧相似，既有海蚀地貌又有海积地貌，海蚀崖、海蚀平台和海滩、沙嘴分布广泛，而营口—锦州一带淤泥质潮滩广阔连片，海积地貌比较发育。

海蚀崖多分布于锦西望海寺北戴河小东山、大东山、金山嘴、山海关老龙头和秦皇岛南等山崖临海处；海蚀平台分布于锦西、绥中、秦皇岛等岬角处，宽度 50～300 m，规模不大；辽西和冀东北海滩比较发育，宽几十米至数百米，在河口附近滩宽更大。沿岸砂堤主要分布在兴城、绥中、秦皇岛、抚宁一带的高潮线附近，堤高 2～3 m，位于绥中六股河口的一组沿岸砂堤长约 4 km，宽 1 km，高出海面 3～4 m，由北东向西南排列，其组成主要是粗砂。秦皇岛往东至石河口海岸分布有一系列沿岸砾石堤，自东北向西南平行分布，高一般 2～5 m，宽 20～60 m，组成与石河河床质相同。该岸段河口均发育有河口砂嘴，其长达数百米、宽达数十米以上。砂嘴几乎都向西南偏转，其组成为细砂及中细砂。辽西大笔架山连岛砂坝长约 1.5 km，宽30 m，高3 m，呈鱼脊状，由岩性为石英砂岩、片岩的棱角次棱角状碎石组成，北戴河老虎石为小型连岛砂坝，由中细砂组成。

（3）*渤海湾*

渤海湾的潮间带十分宽广，从滦河口至大清河口发育有砂坝潟湖体系，构成双重岸线，自大清河口一直到莱州湾的虎头崖，是我国典型的淤泥质海岸。除大清河口以北的岸滩和黄河废弃时间不长的河口地区以侵蚀为主以外，其余均以堆积为主。

滦河口以北低潮线附近有2～3列水下砂堤，走向与岸线平行。砂堤的平均宽度30～80 m，高1～3 m，向海坡平缓，向陆坡较陡。砂堤主要由中细砂、少量贝壳及其碎屑组成。

滦河口至大清河口外分布一系列与岸线平行的离岸砂坝，与陆地的距离自北而南由0.2 km增大到5 km左右。砂坝的长度以2～4 km者居多，高度1～2 m，一般宽100～500 m。砂坝向海坡一般在4°～6°，向陆坡1°～2°，组成以黄色中细砂和细砂为主，除特大高潮外，砂坝终日裸露在海面之上，与其环抱的潮沟和海滩构成典型的砂坝潟湖体系。半封闭潟湖以滦河口至大清河口一带为代表，其间有几十米至几百米宽的潮汐通道与海沟通道；封闭潟湖见于乐亭县胜利铺一带，只有当高潮海水越过砂坝时，才有海水进入。

本海区较大河流的河口都有河口砂坝，其中以滦河及其各主要汊道的河口砂坝最为典型。大清河的石臼坨是规模较大的河口砂坝，其长约3 km，宽约0.6～0.8 km，表层为黄色细砂，西南端波隐区有较细的粉砂质沉积。石臼坨上有高3～5 m的风成砂丘发育。

本海区有黄河、海河、滦河等水下三角洲。海河水下三角洲由河口的0 m等深线一直延伸到−8 m等深线附近，北界在蓟运河口北侧，南界至驴驹河附近，面积210 km^2。水下三角洲比较平缓，比降0.5×10^{-3}～0.6×10^{-3}，表层以黏土质粉砂，粉砂质黏土为主。

曹妃甸至石臼坨西一带的浅滩区，在潮流的作用下，不断被刷深，成为冲刷槽，槽宽约2 km，长约25 km，最大水深大于15 m。由于潮流的侵蚀作用，冲刷槽常出现带状凹地和盆状深穴。

滦南县南堡至黄骅县狼坨子的海湾内，0～20 m深水域为潮流三角洲，比降0.3×10^{-3}～1.0×10^{-3}，表层主要由粉砂、黏土质粉砂，北部和中部含较多的贝壳碎屑，南部淤泥含量较高。

（4）*黄河三角洲海岸*

黄河三角洲水下岸坡分布在莱州湾沿岸黄河现行河口外，水深在0～5 m，口门及沙嘴北部坡度偏大，为3/1 000～5/1 000，南部明显变缓。黄河以其巨量泥沙塑造了水下三角洲，并不断使它向海推进，部分泥沙在海洋动力作用下南行，会同沿岸入海泥沙，使莱州湾沿岸弥河口以西水下岸坡处于堆积状态，沉积物多为黏土质粉砂。

强烈侵蚀的水下岸坡分布在刁口大嘴—神仙沟大嘴岸外0～8 m或13 m水深之间。其上部（0～5 m水深）系黄河故道河口沙嘴、潮滩被波浪侵蚀淹水而成，中下部（5 m水深以下）是滨外浅滩受波浪及平行海岸的往复潮流共同侵蚀而成。

现代黄河水下三角洲覆于古黄河水下三角洲平原之上，轴线ESE向延伸。北翼靠近五号桩外的无潮区，水深较大，水动力条件较强。南翼伸入莱州湾，水浅，动力条件较弱。因此，水下三角洲发育呈南翼大北翼小的不对称形态。三角洲前缘坡较陡，为1/350～1/200，等深线呈密集弧状向海凸出，且向海推进相当快，平均达2 500 m/a，前缘陡坡年淤高1.0 m，最大2.5 m。前三角洲平原海底坡度1/3 500，年平均淤高0.25～0.40 m不等。

现在黄河水下三角洲的组成物质以黏土质粉砂为主，在前缘坡上局部出现粉砂质砂等较粗物质。烂泥区发育在轴线南北两侧前缘坡之下，主要由高含水的粉砂质黏土组成，呈半流状，大风不起浪，可供渔船避风。

（5）山东半岛

山东半岛海岸以波浪作用为主，侵蚀和堆积地貌均较发育。因潮差、气候和构造影响，半岛北岸连岛坝、海岸沙丘发育，半岛南岸多潮汐汊道海湾和沙坝潟湖，而半岛东端则为过渡地段。

本区段海滩包括直线形海滩、对称弧形海滩、不规则弧形海滩和对数螺旋型海滩等类型，直线形海滩见于牟平县双岛湾、金山港一带，岸线方向基本垂直常波向。宽 120 ~ 180 m，滩面平坦，滩脊发育，由中细砂组成。对称弧形海滩出现于芝罘岛、蓬莱八所、荣成北等处。岸线基本垂直于当地的波向，宽度一般小于 150 m，个别地点可达 160 ~ 170 m。不规则弧形海滩在本区广泛分布，其平面外形、规模取决于两侧岬角的分布状况及陆源碎屑来源的多寡。对数螺旋型海滩见于龙口湾沿岸、石虎嘴、三山岛一带，龙口湾北和北东向强风和常风产生的波浪受阻于龙口连岛坝，而北西向波浪直接作用于与其基本垂直的龙口镇以南的海岸，因而形成这种对数螺旋形海滩。

在山东半岛海岸，无滩脊的海滩通常宽度较窄，多数仅几十米宽，坡度可达 1/20 ~ 1/10，组成滩地物质较粗；有滩脊的海滩则稍宽至 100 ~ 200 m，坡度 0.9% ~ 2.6%，滩脊通常高 20 ~ 60 cm，宽 30 ~ 40 m，滩槽宽度 20 ~ 40 m。牟平、乳山、掖县西部的海滩都有滩脊和滩槽，有的海滩只有一条滩脊，如潮里、烟台、初村等处，有的有多条滩脊，如朱旺等海滩。

本区段岩滩也很普遍，宽一般几十米至几百米，一般表面比较平坦，大多微向海倾斜，个别有轻微的倒坡。烟台、白沙口一带的岩滩宽 150 m 左右，上接 15 ~ 20 m 高的砾石滩。

潮滩见于胶州湾和海州湾临洪口等地。胶州湾的高潮滩为粉砂质泥滩，滩面上有潮浪落淤的软泥，厚 30 ~ 50 m，潮沟发育；中潮滩为粉砂或泥质粉砂滩，滩上有潮沟及线形凹坑，波痕发育；低潮滩为粉砂质软泥滩，软泥厚 50 cm。临洪口一带的潮滩宽 2.5 ~ 3 km，滩地组成物质从岸向海逐渐变粗，该处潮滩处于缓慢淤长的稳定状态。

山东半岛潟湖沙坝体系比较发育，主要分布在威海—石岛、白沙口—丁字湾及鲁南石臼所沿岸等中等潮差海岸。在潮差较弱的威海早期发育的潟湖多已消亡转为湿地。山东半岛潟湖有沙嘴型和沙坝岛型两种，以前者最为普遍。较大的沙嘴型潟湖有双岛湾、朝阳港、马山港（月湖）、斜口流、凤凰港（石岛湾内）、白沙口、羊角畔、潮里、万平口等，规模一般较大，水深 0 ~ 2 m；沙坝岛型潟湖则规模较小，主要见于胶南和日照一带海岸。

乳山湾为一构造成因的海湾，口门只有 300 m 宽，是典型的潮汐汊道型海湾，但在口门外形成了落潮流三角洲，表层沉积物由细砂组成。丁字湾是在丁字型构造基础上发育的溺谷型海湾，面积 126 km^2，有山东半岛地区最长的河流——五龙河等十几条河流入湾，海湾淤塞严重。胶州湾是在断陷盆地基础上形成的汊道型海湾，面积 438 km^2，是典型口窄腹阔的半封团式海湾，平均水深 10 m；最深 67 m，有沧口、中央和黄岛水道自湾口向湾内伸入，三条水道下段的水深均大于 15 m，是我国少有的深水潮汐汊道。

连岛沙坝分布在栾家口—龙口、象岛—芝罘岛、石岛—褚岛等地。

山东半岛海蚀地貌比较多见，烟墩海蚀崖高 10 m，海蚀洞高 7 ~ 8 m，宽 2 ~ 3 m，深 3 m，洞内有砾石滩，外有高 10.9 m 的海蚀柱和大面积岩滩。此外蓬莱、栾家口一带的黄土海蚀崖在全国比较罕见，海蚀崖高可达 20 m。

水下浅滩是本区海底地貌中分布最广的类型，一般宽 2 ~ 3 km，但有的可达 10 km，组成物在 5 m 等深线内侧多为粉砂、细砂及淤泥质粉砂，外侧多为泥质粉砂、粉砂或粉砂质泥。

本区最大的水下三角洲在黄河和老母猪河口，分布于 0 ~ 7 m 等深线间，为两个扇形凸体组合而成，三角洲前缘有向海伸展的水下沙坝，高 1 m 左右，表层由含贝壳的砂质粉砂组成。付疃河口水下三角洲分布于 5 m 等深线内。丁字湾口、乳山口和白沙口外有潮流三角洲。

（6）苏北海岸

本区段海岸海滩宽广，潮滩发育且分带明显，由潮间带一直延伸到浅海海域的辐射状潮流沙脊群形成独特的地貌类型。

位于灌河口与新洋港口之间的水下三角洲是 1855 年以前黄河入海形成的。该三角洲外形为微凸的扇面，宽约 160 km，前缘伸至现废黄河口以东 72 km 的 17 m 水深处，面积达 6 000 km^2。废黄河水下三角洲表层由黄褐色粉砂质黏土构成，三角洲外缘由黏土质粉砂组成，厚度小于 1 m，下部为厚 2 ~ 3 m 的粉砂层。水下三角洲外侧水深 17 ~ 40 m。在废黄河的延伸方向有一宽 10 ~ 16 km，长约 22 km 的由潮流改造的水下古河道，它是 1855 年前的黄河尾闾河槽由于岸线急剧后退而淹没于水下的残留部分。

射阳河口至东灶港长 365 km 的潮间带为宽广的潮滩和沙脊群分布区。潮滩宽 10 ~ 13 km，根据其地貌、沉积以及动力特征可分成四个带：潮上泥滩（草滩）带，高潮位泥滩（盐蒿泥滩）带，中潮位泥、粉砂混合滩带和低潮位粉砂滩带。

本区浅海海底地貌主要有废黄河水下三角洲和潮间带延伸到海底的辐射状沙脊群。辐射状潮流脊群以弶港为顶点，向海呈指状伸展，北达废黄河入海口以南，东距岸十万余米，东南抵启东嘴岸外，总面积超过 1×10^4 km^2。这个庞大的水下沙脊体系，系强潮流塑造而成，故称潮流脊群。在沙脊群的扇形面上，沙脊和槽道相间分布。单个沙脊一般长 100 km、宽 10 km 左右，脊槽相对高差 10 ~ 15 m，最大可达 30 m 以上。沙脊群横断面的特征是沙脊被多条水道分割，而且随着距沙脊群顶点距离的远近，其剖面形态发生有规律的变化。整个沙脊群，以蒋家沙为界，大致可分为南北两部分。北部诸沙脊脊槽宽度和沙脊长度均较大，沙脊末端向北偏转，具平行排列的形态特点；南部诸沙脊脊狭槽深，沙洲面积小，沙脊规模比北部明显要小，沙脊尾端有向东南偏转趋势，但基本上呈顺直形态。沙脊的横剖面，在北部诸沙是西高东低，南部诸沙则是西南高东北低。

1.2.2.2 东海海岸地貌

东海陆架北宽南窄，北缓南陡。等深线大体以长江口为顶点，呈扇形展布，但 40 ~ 50 m 等深线又从虎皮礁之外向海岸迂回，朝长江口尖突，勾勒出古长江的喇叭河口地形。东海北部主要包括古黄河与古长江河间高地及长江水下三角洲与杭州湾平原（图 1 - 4）。

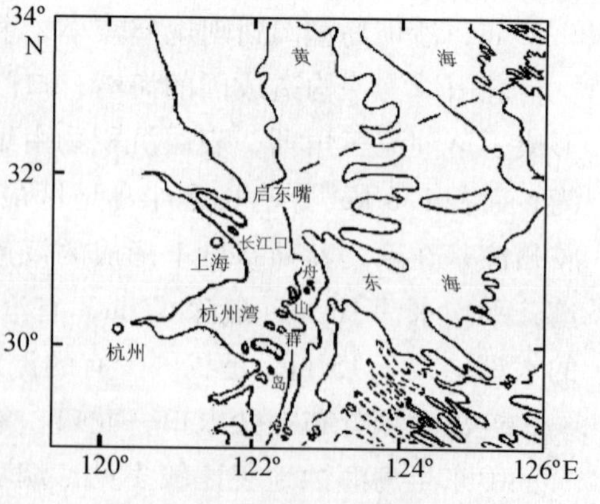

图 1 - 4　东海北部地形图

（引自许东禹等，1997）

长江水下三角洲东北与古河间高地相邻，东南有舟山群岛环围，东侧与长江古河道相邻，等深线由 30 m 急降至 50 m，三角洲表面大部分水深在 15 m 之内。

杭州湾是钱塘江喇叭状河口湾，开口朝向东北，湾口平原与长江三角洲相连，水深小于 10 m，其西北岸有平行海岸的冲刷槽，靠近南岸有些潮流沙脊。

(1) 长江口区

长江口岸滩地貌包括长江口南边滩、崇明东滩，长兴和横沙滩地以及启东嘴潮滩等。

南边滩从高桥水文站至芦潮港长 79.4 km，在平面形态上为一向海突出的滩嘴。它是长江径流入海扩散和长江口南槽与杭州湾北岸两股水流共同作用下形成的地貌形态。川(沙)、南(汇)分界以北岸滩冲淤变化较小，基本上属于稳定岸段，从川、南分界到石皮勒全长27 km为淤涨岸段，从石皮勒到芦潮港长约 11 km 为侵蚀岸段。南汇东滩与位于杭州湾北岸的南滩之间存在着彼冲此淤、此冲彼淤的现象。

崇明东滩是长江北支、北港落潮岛影缓流区的堆积地貌形态，呈向东伸展的滩嘴，延伸最大距离达 11 km，为淤涨岸段，高潮滩、中潮滩和低潮滩分带明显。

长兴岛位于南北港之间，为长江口第二大冲积岛，最大滩宽达 3.5 km 左右。淤涨岸滩主要分布在北部和西部，侵蚀岸滩位于东南和南侧。横沙岛位于长兴岛东部，与其隔着横沙水道相望。滩地主要分布在西南部和东部，属淤泥粉砂潮滩。

启东嘴滩地位于海防断面以南岸段。高潮滩由黏土质粉砂组成，平均粒径 6.5 ϕ，滩宽 500 ~ 700 m，大米草生长茂盛。中潮滩由 5 ϕ 左右的砂质粉砂组成，滩宽 1 000 m，坡度 1:120。低潮滩由 2.6 ϕ 左右的细砂组成，宽约 1 000 m。启东滩地近 10 年来有明显的淤高，但外涨不明显。

(2) 钱塘江—杭州湾河口区

杭州湾北岸芦潮港—中港为侵蚀岸，长约 15 km，滩地宽度约 260 m。芦潮港滩的 0 m 线，从 1958—1981 年后退了 900 m。由于强劲的水动力作用下，滩面受到冲刷，形成宽浅的波蚀坑。低潮位附近有侵蚀陡坎。中港—漕泾为淤涨岸，长约 30 km，滩宽约 700 ~ 2 300 m，其中柘林岸段最宽，向两侧逐渐缩窄，近年来该潮滩不断向外淤涨。

杭州湾南岸的曹娥江口、慈溪、庵东滩地属于淤涨岸滩，由于人为促淤工程加速了岸滩淤积速度，如杭州湾南岸海王山附近。慈溪县境内滩地的季节冲淤变化表现为夏淤冬冲，淤积与冲刷厚度均达 20 ~ 40 cm。杭州湾南北两岸不但动态演变有差异，而且年内变化也不同。冬半年西北风盛行，北岸处于背风区，加上北邻长江口，在西北风吹送下，长江水沙进入杭州湾北部，丰富的泥沙来源利于滩面沉积，而此时南岸却处于迎风区滩面发生冲刷；夏半年东南风为主，杭州湾北岸处于迎风面，滩面冲刷，而南岸则相反。

(3) 浙中南及闽东北沿海

本区段海岸以基岩海岸和淤泥质海岸为主，亦有小部分砂质海岸及红树林海岸。

基岩海岸约占本区段海岸的50%以上，主要由中生代火山岩和花网岩构成，分布在浙南、闽北以及岛屿迎风面，岸线轮廓受 NE、NNE 及 NW 构造线的控制，岸线非常曲折。海岸濒临开敞海域，波浪为该海岸的主要动力。根据 NNE 蚀作用的强度和水动力条件，又可分为强侵蚀型和弱侵蚀型基岩海岸两种。前者主要分布在浙南、闽北海岸及岛屿迎风面；后者主要分布在港湾内的岬角和基岩岸，如象山港、乐清湾、沙埕港、罗源湾、三都澳等湾内，因为所处位置较为隐蔽，波浪、水流冲蚀作用较弱。

淤泥质海岸分布在河口和港湾岸段，如椒江口、瓯江口、甬江口、飞云江口和象山港、三门湾、乐清湾、罗源湾、三都岙等港湾内。此类海岸，多数在基岩港湾岸背景上，长期接受河流物质和近海侵蚀物质的充填发育而成。海岸较为低缓，淤积作用强，岸前淤泥质潮滩发育，宽阔平缓，最宽达 7 km，主要由黏土质粉砂或粉砂质黏土组成。

红树林海岸主要分布在闽东北港湾内，水动力较稳定，底质较细的潮滩上宜于红树林生长，多呈零星片状，红树林种属也较为单一，主要以秋茄为主。大部分红树不高，约 1 m 左右，零落稀疏；在罗源湾的大获和沙埕港八尺门发育较好，沿岸成片分布，宽约 30 ~ 50 m，树高 1 ~ 2 m，向海渐变稀疏。北界可达浙江乐清湾。

岩滩（亦称海蚀平台）是基岩海岸海蚀地貌类型之一，是高能条件下海蚀作用的结果。浙江普陀山白云洞岩滩宽 40 m，长 15 m；闽北三都牛尾长 100 m，宽 75 m，岩滩面高低起伏，且很少有细粒沉积物沉积。

浙江大衢山岛沙岭交村砾石滩，滩顶发育洪积 - 冲积扇，由角砾、砾石成层排列，前缘陡崖高 10 ~ 20 m，在高滩位附近形成砾石滩，砾石直径 1 ~ 5 cm，浑圆至次棱角状，在平均高滩位附近形成砾石滩尖地貌。朱家尖岛东南乌石塘，在特大高潮位附近形成砾石堤，堤宽 20 m，呈阶梯状向海递降，至低潮位高差达 8 m 以上，向海坡度 15° ~ 20°。沙滩多见于腹地较大的开敞海湾顶部，分布在浙江岛屿的海湾，如普陀山千步沙、百步沙，朱家尖岛南沙等海湾。

淤泥滩分布在象山港、三门湾、乐清湾、三都澳和罗源湾等半封闭港湾的内部。湾口均有岛屿作屏障，有潮汐水道与外海相通。在潮汐通道之间，潮汐通道与岸之间形成舌状淤泥滩。环境隐蔽，动力条件弱，物质来源不丰富，沉积缓慢，物质为粉砂质黏土。滩宽 1 ~ 3 km，坡度 1×10^{-3} 以下，滩上地貌单调，仅有树枝状潮沟发育，在低潮位有一陡坎插入潮汐通道，仅在 20 ~ 30 m 距离内，高差达 3 ~ 5 m。岸滩稳定，即使在暴风过境时，滩面仍较稳定。

浙江中南部和闽北沿海港湾众多，岛屿罗列，潮汐通道相当发育。潮汐通道口外均发育潮流三角洲，如闽东北的三都澳和罗源湾口外潮流三角洲，自可门和东冲口起，向东略偏南呈喇叭状扩展，介于黄歧和东冲水下岩坡之间，在约 20 m 等深线以内的海底发育，其组成物质为粉砂质黏土；又如浙北金塘水道西口所发育的潮流三角洲，由若干脊、槽组成，高差 2 ~ 3 m，呈北西向与潮流方向一致，其物质由细砂组成。

在瓯江口、椒江口和鳌江口都发育了规模不大的拦门沙。瓯江口北口目前是涨、落潮流的主要通道，南口已渐趋衰亡，北口口门附近发育了水深 0 ~ 2 m 的三角沙浅滩，其物质由细砂组成；椒江口门发育的拦门沙称之为"台州浅滩"，其地形起伏变化不大，河口纵剖面水深低于 2 m 的范围长达 18 km，长期变化不大。物质由黏土质粉砂组成。

（4）闽江口区

闽江是在断裂构造基础上发育而成的山溪性河流，沿江海岸类型复杂，按成因形态和组成物质可分为山地基岩陡崖岸、滨海砂质岸、河口平原淤泥质岸和人工岸等。

山地基岩陡崖岸主要分布于马尾以下至口门，如闽安峡谷两岸及口外的一些岩岛都可见到，此类海岸，山丘迫岸，多岩石陡崖，一般崖高在数米至数十米，由花岗岩和火山岩组成，岸面不太平整，多呈锯齿状，岸前多岩礁。滨海沙质岸多见于口门以外滨海平原岸段，以琅岐岛东岸、长乐县东部海岸为典型，沿岸沙质堆积地貌发育，沙滩宽阔，沿岸风沙成带分布。河口平原淤泥质岸与人工海岸多分布于宽阔的河口两岸，岸线低平顺直，外有宽窄不等的河口边滩和潮滩，由粉砂质黏土组成。目前因河口开发，沿岸多建有防洪防潮大堤，构成河口区特有的人工海岸，一般多为石砌坡面，大堤高 5 ~ 8 m。

闽江河口边滩是发育在河口河道两岸的潮间带地貌，一般宽度在几十米至几百米之间，口门外，面临开敞海域，滩地的宽度达千米之上，滩面平缓，坡度约 $1 \times 10^{-3} \sim 3 \times 10^{-3}$。在口门以内，由于滩地高程较高，仅在高潮位时淹没，时间短，水层薄，流速小，波浪影响不大，一般沉积物较细，主要为黏土质粉砂或黏土，有芦苇和水草生长；在口门以外，受波浪影响，沉积物略粗，浅水区以砂为主，深水区过渡到以粉砂为主。滩地冲淤复杂，一般高潮区滩面较为稳定，中、低潮区滩面因水动力较强，流速较大，加之波浪作用，一般冲淤变化较大，滩面不稳定。

闽江口由于河道宽窄不同，江流携带泥沙进入宽阔河段和口门后，因流速顿减，能量消耗，大量泥沙停积，形成心滩、沙坝和沙洲等沙质堆积地貌，一般长数百米到数千米，宽数十米至数百米不等，一般高度在0.5 m，地面较平坦，多数为粉细砂和黏土质粉砂组成。

闽江口出海口由琅岐岛将河槽分成长门汊道和梅花汊道，长门汊道出金牌门又被粗芦岛、川石岛分汊成乌猪水道、熨斗水道及川石水道。在川石水道口门附近发育拦门沙浅滩，是闽江口主要的通海水道上的拦门沙，由粉砂和黏土质粉砂组成。该浅滩冲淤变化复杂，具有洪冲枯淤的变化规律，浅滩上 −5 m 水道（主航道）时通时断，−2 m 水道的宽度也时大时小，摆荡不定。

闽江口外水下三角洲，主要发育于闽江海口以东的口外海滨，呈扇形向东南方向展布，其外缘于马祖列岛和白犬列岛一线，长约32 km，宽约20 km，水下三角洲的顶积层和前积层，由琅岐岛东侧海滩、北侧乌猪港沙嘴、中部铁板沙腰子沙、南侧佛手沙、鳝鱼沙和梅花浅滩等沙质堆积体和辐射状潮汐通道系统构成，基本上沿5~10 m之间的等深线延伸，水下三角洲前缘由粉砂质黏土组成，在15 m水深内，形成纵贯南北的平坦浅滩。

闽江口为多级分汊河口，自分汊口往外海有三角洲地貌发育，琅岐岛和川石岛东侧均发育形成宽广沙洲，沙洲依托已有岛屿向东延伸，滩面泥沙较粗，粒径一般介于0.2~0.4 mm。

（5）*闽南沿海*

本区海岸有基岩海岸、砂质海岸、淤泥质海岸、河口平原海岸和红树林海岸等类型。

基岩海岸包括山地丘陵港湾岸和断崖岸等。主要分布于宫口、古雷、六鳌、流会、围头、崇武、平海等较大的半岛以及东山岛、金门岛、南日岛、平潭岛等岛屿的岬角。总的特征是：山丘临海，岸线曲折，岬湾众多，岛礁错落，水深坡陡，几无海滩沉积，海蚀地貌频现。有些基岩岸段在断裂构造的控制下，往往发育成崖壁平整、悬垂海面高达30~40 m的断崖陡岸，海蚀洞、海蚀拱桥、海蚀沟槽等穿插其间，景象宏伟壮观。

砂质海岸多见于基岩岬角之间较大的开敞海湾内，主要分布在长乐的梅花至首祉、平潭岛的海坛湾、莆田的平海湾、惠安的大港、晋江的深沪湾和围头湾、厦门岛的东南岸、金门岛的料罗湾、龙海的港尾湾和隆教湾、漳浦的浮头湾和将军澳、东山岛的乌礁湾、诏安的大埕湾等处。它们多数背靠丘陵台地，海湾宽浅，常呈新月形向陆凹入，岸线较为顺直，海积地貌发育，形态多样，其中大部分为沿岸沙堤、沙坝、沙嘴、滨海平原和阶地所占据。一般在腹地较大的开敞海湾内，都有沙堤发育，沿岸呈新月形展布，长数百米至数千米，宽十余米至数百米，高5~8 m。堤内常因沙堤封闭发育为潟湖，成为沙坝潟湖海岸。

淤泥质海岸主要见于隐蔽的海湾顶部，如诏安湾、东山湾、旧镇湾、厦门港、安海港、泉州湾、湄洲湾和兴化湾等。这些海湾，深入陆地达数千米至数万米，三面为山丘、台地环抱，湾中有湾，湾口常有岛屿屏障，波能较弱，有利于细粒物质沉积，发育有带状滨岸平原和宽阔的淤泥质浅滩。此类海岸多数是在溺谷海湾的背景上，长期承接沿岸河流和台地冲刷的物质充填而成，海岸低平，淤泥质潮滩宽阔平缓。

河口平原海岸主要分布于闽江、木兰溪、九龙江等较大河流河口，如闽江口的福州平原，木兰溪口的兴化平原、晋江口的泉州平原和九龙江的龙海平原等。这些平原，都是在断陷构造的基础上，经历了山间河谷盆地和溺谷河口湾的发育过程，长期在河海交互作用下，由河流物质的填充发育而成。因本区河流多属山溪性河流，来沙较少，河口仍然处在三角港的状态，潮滩广阔，地形宽浅。

红树林海岸主要分布于漳江口和九龙江口，其次在旧镇湾、泉州湾、湄州湾和兴化湾也可见到，多数生长在隐蔽条件较好、水动力较弱、底质较细的淤泥质潮滩上部，林宽 30 ~ 50 m，最宽达 100 m 左右，树株高约 1 ~ 2 m，最高达 3 m 余。带状连片分布的红树林(如九龙江口草埔头一带)，构成海上绿色屏障，起着挡风防浪护岸的作用。

该段海岸的潮间带分布有岩滩、海滩和潮滩等三类地貌。岩滩主要分布于基岩岬角和岛屿的迎风面浪的岸段。如崇武大蚱岬角东侧。岩滩呈岩礁滩状突伸入海，长达 500 m，宽约 150 ~ 300 m。海滩多见于开敞的海湾内，按组成物质的粗细分砾石滩和沙滩。砾石滩如龙海的流会一带火山岩岬角，滩宽约 20 ~ 30 m，滩坡较缓，砾石直径约 3 ~ 5 cm，大者 10 cm，呈浑圆状或扁平状，在中、低潮位处多没入中细砂层内；沙滩主要分布于大埕湾、浮头湾、将军澳、隆教湾、港尾湾、厦门岛的东南岸、围头湾、深沪湾、平海湾、长乐的梅花至首祉等处。开阔海域中的岛屿，如东山的乌礁、金门岛的料罗湾、平潭岛的海坛湾等处也有沙滩分布。一般沙滩宽度由数十米至数百米，以长乐江田一带为最大，滩宽可达 1 000 多米。潮滩分为隐蔽的港湾潮滩、开敞的港湾潮滩和河口潮滩等三类。隐蔽的港湾潮滩主要分布于诏安湾、东山湾、厦门湾、泉州湾、湄州湾和兴化湾等几个大型海湾的顶部。这些港湾伸入内陆，三面被山环抱、湾口小，且有岛屿屏障，湾顶地形隐蔽，淤泥质潮滩发育，宽度由数百米至数千米，坡度约 0.5% ~1%。为粉砂质黏土组成，滩面地形单一，滩地浮泥稀软，潮沟蜿蜒深切，多呈树枝状或蛇曲状分布。开敞的港湾潮滩多见于各大港湾湾口两侧，滩面宽阔平缓，组成物质较杂，微地貌发育，季节变化大，地貌相带明显。如厦门同安湾的钟宅潮滩，面迎东北常风向，后背红土台地，涨潮时海浪冲蚀物质就地堆积，形成宽约 20 ~ 50 m 的高潮沙带，呈滩脊状沿岸分布，有如黄色镶带；中潮平滩带宽约 300 m，滩面平坦如台，坡度小于 0.5%，为含泥的中细砂组成，具有向淤泥质不断加多变细的趋势；低潮缓波带宽约 500 m，坡度 1% ~1.5%。滩面平滑，为粉砂质黏土组成，表层常为浮泥，厚约 10 ~ 20 cm。河口潮滩主要指闽江、九龙江、晋江等几条大河入海处的潮滩。滩面略呈扇状向海突伸，组成物质较复杂，多数为中细砂或泥质砂，滩面起伏不平；冲淤变化大，常因入海径流和潮流的分割呈片状和指状展布，往往是以边滩河口沙坝或沙洲的形式出现。

九龙江口水下三角洲位于河口湾内，长达 8 km，坡度约 0.1%，前缘水深约 10 m，其间潮流通道发育，把水下三角洲切割成片，呈指状沙坝向湾口展开。组成物质顶积层较粗，主要为中细砂；前积层为青灰色粉砂质黏土或黏土质砂组成；下覆地层为陆相冲洪积砂砾石层(或风化黏土层)，可能属晚冰期低海面时九龙江古河床相沉积。

潮流脊系分布在兴化湾和福清湾，尤以兴化湾最为典型，由一系列潮流脊和潮流通道所构成。从湾口到湾顶长达 60 km 范围内，发育了一系列辐射状沙脊和冲刷槽，显示了潮流分流冲刷－停积作用。

潮流三角洲主要见于海坛海峡北口和厦门港外金门水道南口，呈扇形展布，规模较小，如金门水道南口潮流三角洲，长约 12 km，宽约 10 km，为潮流冲刷槽所分割，脊槽相间分布。由粉砂和黏土质粉砂组成。

拦门沙坝主要分布在泉州湾以南各河口湾口门之外，多呈不规则状向海扩展，长达数千米，常为潮流切割成片。以泉州湾口大附岛外拦门沙坝为典型，长约3~4 km，横亘于口门水道之中，相对高度2~3 m，沙坝顶水深约4 m，最浅处水深只有1 m。

1.2.2.3 华南海岸地貌

华南沿海大陆岸线(闽粤省界至中越边境)长约5 000 km，海南岛岸线长约1 500 km。

(1) 粤东海岸

粤东海岸东起粤闽交界处的德洲岛，西至香港的九龙半岛，有汕头港(榕江口)、海门湾(含企望湾)、碣石湾、红海湾、大亚湾和大鹏湾等6个海湾和韩江河口。该区段海岸类型都存在基岩海岸，其中，汕头港有淤泥质海岸，企望湾、海门湾以及大鹏湾局部地区存在砂质海岸；碣石湾、红海湾、大亚湾海岸类型比较多样，为基岩海岸，局部存在砂质海岸，淤泥质海岸和红树林海岸。碣石湾局部还存在沙堤。

粤东沿海潮差普遍较小，波浪作用较强，因此海岸沙滩宽度窄，坡度1/200~1/50。海滩主要由石英砂组成，有粗、中、细砂和粉砂多种粒径，并含有较多的生物碎屑。在沙滩分布区常有海滩岩发育，它们由碳酸盐类矿物胶结而成。

基岩砾石滩分布于沿海山丘或台地构成的岬角部位，如海丰的后门砾石滩；红树林海滩由粉砂黏土组成，上长红树林植物，主要分布在大亚湾沿岸；汕头港(榕江口)湾内有大片的淤泥质潮滩；在韩江河口外发育有砂质水下三角洲地貌。

(2) 珠江口区

珠江水系各河道进入珠江三角洲河网区后，分由虎门、蕉门、洪奇门、横门、磨刀门、鸡啼门、虎跳门和崖门八大分流河口注入南海，珠江口是上述八大分流河口与河口湾以及湾外水域的总称。

珠江口地貌轮廓可分为四大单元：东部为伶仃洋喇叭状河口湾，北自虎门向南发育了川鼻-矾石-暗士敦水道和伶仃水道以及东、中两系列纵向潮滩和潮流沙坝；中部自伶仃洋西北侧至黄茅海东北侧属珠江水系的西、北江六大分流河口(蕉门、洪奇门、横门、磨刀门、鸡啼门、虎跳门)的淤积带，三角洲和三角洲前缘及前三角洲沉积极为发育；西部为黄茅海喇叭状河口湾，它北自崖门向南发育，有较深潮道(水深7~11 m)，其余均为水深小于5 m的潮滩或沙脊；南部为珠江口外斜坡浅海区，属南海大陆架内北缘部分。

珠江口中部六大分流河口及其附近以沙质堆积为主，沉积物粒径中值为1~5 ϕ，伶仃洋东北部也有局部潮成沙质堆积；分流河口以外广大的浅滩和浅海以粉砂黏土占优势，沉积物粒径中值为5~9 ϕ；颗粒最细的沉积物分布于伶仃洋东北侧的潮滩和潮道以及黄茅海西南潮滩区。万山群岛水域及其他一些峡岛通道区因水流冲刷沉积物又渐见粗，为砂、粉砂、黏土混杂堆积。其中暗士敦至香港急水门潮道底部或有基岩出露。河口动力特征是径流作用为主、潮流作用较弱，河口多心滩、天然堤和弓形拦门浅滩发育，口门汊道水深很浅(2~3 m)。磨刀门是最大的分流河口，口外海湾有横琴、横洲、三灶岛等岛屿罗列，河口通过主槽和洪湾水道以及白龙河等水道与海相通。目前主槽水深5~10 m，其南段(大横琴岛西南部)发育一巨型水深仅1~2 m的弓形拦门沙坝，主槽以西为鹤洲交杯沙纵向浅滩；再西为龙屎窟潮流深槽和白藤浅滩。

(3) 粤西海岸

粤西沿岸东起台山上川岛，西至粤桂交界的英罗半岛，分布有广海湾、镇海湾、海陵湾、水东港、湛江港、雷州湾、安铺港等7个大型海湾，该区段的海岸主要由淤泥质海岸、砂质海岸、基岩海岸和红树林海岸所组成。

在广海湾、镇海湾、海陵湾等地发育有淤泥质潮滩，潮滩通常宽度较大、坡度较缓（1/1 000 ~ 1/500），沉积物多为黏土或粉砂，含有较多有机质。在雷州半岛沿岸分布有基岩砾石滩和风浪淘洗形成的砂滩。

水东湾属典型的砂坝潟湖海岸，潟湖面积超过20 km²，沉积物以细颗粒淤泥质粉砂为主，由一潮汐通道与外海沟通，口门两侧发育有与海岸基本平行的大型砂坝。

（4）广西海岸

广西的北部湾海岸东起铁山港，西至北仑河口，共有大小海湾6个，依次为铁山港、廉州湾、大风江口、钦州湾、防城港和珍珠港。铁山港地处北部湾东北部顶端，广西沿海南部，该港湾潮差较大，而且口门敞开宽敞，风浪较大，为强潮型海湾。湾口沿岸受到潮流、波浪的侵蚀作用大。廉州湾地处北部湾顶，北海市区北侧，湾口朝西呈半开敞，该湾为断裂河口湾，在各种海岸动力因素，诸如波浪、潮流及河流等的长期作用下形成。大风江口位于北部湾顶端，地处钦州湾和廉州湾之间，该港湾实际上是一个脱离了河口性质的溺谷海湾。根据水动力因素、海水进出、冲淤形态、河谷性质等可把该湾分为三段：①河流段，该段受海水影响小，河床沉积物粗，分选差，边滩不发育，少泥滩和红树；②河海过渡段，特点是受到潮水作用，发育有边滩和心滩，淤泥滩及红树林滩发育；③湾口段，该段潮水大量进出，沿岸发育沙堤和海积平原，海滩比较宽阔，海底发育潮成深槽和拦门沙坝等。钦州湾位于北部湾顶部，广西沿岸中段，该湾由内湾和外湾所构成，中间狭窄，两端宽阔，东、西、北三面为陆地所环绕，南面与北部湾相通，是一个半封闭型天然海湾。防城港位于北部湾北部顶端，湾口朝南，口门东是企沙半岛，西为白龙半岛，北为丘陵所环绕。珍珠港地处广西沿海西部，整个海湾呈漏斗状，东部、北部丘陵直逼海湾，西部由沙堤和海堤所围，仅南面湾口与北部湾相通。

（5）海南岛沿岸

海南岛沿岸共有13个海湾，按顺时针方向依次为海口湾、铺前港湾、清澜湾、小海湾、新村湾、牙龙湾、榆林湾、三亚湾、洋浦湾、后水湾、金牌湾、马袅湾和澄迈湾。

海口湾位于海南岛北部，琼州海峡中段南侧，属砂质海岸。铺前湾介于海口湾和海南湾之间，是海南岛面积最大的溺谷湾，砂质、粉砂淤泥质海岸类型共存。清澜湾是一个半封闭型的天然潟湖海湾，南面与南海相通，是琼东北重要海湾之一，地貌类型较为复杂，有砂质、红树林海岸，东海岸有珊瑚礁分布。小海湾是海南省面积最大的潟湖湾，西北和南面为砂质海岸，其余为泥质海岸。新村湾海底地貌类型单调，为一较平坦的浅海潟湖盆地，存在砂质和泥质海岸。牙龙湾和榆林湾海底地貌类型单调，海底地势开阔平坦，沿岸多为山地丘陵；基岩、砂质和珊瑚礁海岸并存。三亚湾海底地貌类型较为单调，为平坦的砂质海滩，海湾底部发育有大面积的珊瑚礁盘。洋浦湾海底地貌类型比较复杂，浅滩、深槽交错分布，该湾为一台地溺谷海湾，由内湾——新英湾和外湾——洋浦湾组成，且湾外有洋浦鼻等作天然屏障，使其北部成为相对隐蔽的环境，类型包括基岩、泥质和珊瑚礁海岸。后水湾位于琼州海峡西口，海底地貌类型单调，海底地势变幅不大，属基岩海岸，南侧浅海发育有面积较大的珊瑚礁。澄迈湾发育有扇形水下堆积体和沙洲等堆积地貌，沿岸基岩、砂质、泥质类型并存。

(6) 琼州海峡

琼州海峡为一东西向长约80 km的水道，平均宽度为25 km。海峡处在琼雷凹陷区中部断裂构造破碎带部位，两岸出露第三系砂页岩和第四系未固结的砂砾、黏土层以及玄武岩。

该水道主要动力为潮流，在海峡中央的底层流速高达2 m/s，深切出50 m深的槽谷，谷底沟壑、垄岗和沙波起伏，最深处可达120 m。东西峡口外潮流辐散，峡内侵蚀砂砾在此沉积成潮流三角洲，三角洲上滩槽相间呈指状延伸，滩槽深6～27 m，波浪和沿岸流也将海岸一部分泥沙带至潮流三角洲处沉积。

(7) 台湾海岸

淡水至基隆间一线以北为大屯火山区，由一系列火山所组成。由火山口流下的熔岩形成两大岬角：一为富贵角，另一为麟山鼻。其组成物质为两辉安山岩，质地致密坚硬，不易受蚀。而附近由凝灰岩组成的海崖则不断后退，遂使岬角突出于海中。台湾岛东部断崖海岸走向为NNE—SSW，大致以花莲港为界，分南北两段：北段由中央山脉组成，南段由海岸山脉组成。南部恒春半岛珊瑚礁海岸是我国珊瑚礁发育最好的地区之一，它可分为隆起珊瑚礁和岸礁两类，前者发育较好。隆起珊瑚礁分布在恒春半岛东西侧，呈大片和缓倾斜台地。台湾西部雁行沙嘴分布于台西平原西边，为沿浊水溪口至曾文溪口之间的海岸，由三支大致互相平行的箭状沙嘴所组成。每支沙嘴又分成多段，各支的形态与动态特征也有所差异。南支沙嘴分布在沿八掌溪口至曾文溪口海岸，长逾30 km，由一道沙堤组成。中支沙嘴分布在沿尾溪口到北港溪口海岸，长12 km，沙嘴末端离海岸数千米。北支沙嘴分布在沿浊水溪口到虎尾溪口海岸，为新近发展起来的沙嘴，沙嘴长约5 km，宽约600 m，离岸3 km，其上未见沙脊，低潮时才大部分出露。

(8) 南海诸岛

南海诸岛包括西沙、中沙、南沙和东沙群岛，几乎全部位于北回归线以南的低纬区。南海诸岛有低潮隐现水面的干出礁63座，其中环礁53座，台礁10座。此外，还有一批水下暗沙、暗礁和塔礁。南海诸岛气候湿热，自然环境优良，开发历史悠久，自公元前3世纪秦朝统一岭南后便进入开发阶段。南海岛、礁众多，星罗分布在大陆架和大陆坡上，仅个别分布于深海盆中(如黄岩岛)。南海岛礁的成因大致有三种：①大陆岛，原本属陆地的一部分，后由于相对海平面上升，沦为海中岛。此类岛屿数量多，面积大，多已开发利用。②火山岛，由海底火山的喷出物堆积出露海岸形成，数量屈指可数，面积很小，无人居住。③珊瑚礁灰沙岛，由波浪和大风将珊瑚礁坪生物碎屑搬运、堆积、垒高于潮间带而成，基本为松散堆积的石灰质砂砾，局部可胶结成海滩岩和沙丘岩。主要分布在大陆架和大陆坡上，沿海和深海盆上较少，面积也较小，高仅若干米。灰沙岛集中分布在我国东沙群岛、西沙群岛和南沙群岛中，南沙群岛有太平岛等22座，西沙群岛有永兴岛等28座，东沙群岛只有东沙岛1座。

1.2.3 海岸地质

对于海岸工程影响最大的是大量存在的沿海软黏土，表1-1示出我国沿海某些地区的软黏土的物理力学性质。从表1-1中看出，我国沿海的软黏土主要有四类，而且分布在各地的同类土的性质十分相似，也可能说明我国沿海大部分地区的软黏土的成因基本上相同。

表 1-1 我国沿海地区典型软黏土的物理学性质

土类	地区	含水量（%）	密度/（g/cm³）	孔隙比	液限（%）	塑限（%）	塑性指数	透水系数 10^{-7}/（cm/s）	颗粒组成			压缩系数 a_{1-2}/ MPa^{-1}
									砂粒	粉粒	黏粒	
淤泥	天津	71	1.59	1.98	58	31	27	0.1	—	—		1.53
	连云港	72	1.57	2.03	53	25	28		—	—	45	1.83
	温岭	56	1.67	1.68	51	26	25				40~50	1.58
	温州	63	1.62	1.79	53	23	30		—	—	45	1.93
	福州	68	1.50	1.87	54	25	29	0.8				2.03
	厦门	87	1.48	2.42	60	32	28				48	1.90
	深圳	83	1.52	2.23	54	20	24	0.4	7	45	35	2.19
	湛江	88	1.49	2.39	55	28	27	0.4	8	42		2.09
淤泥质黏土	天津	46	1.76	1.30	42	21	21	1				
	连云港	45	1.74	1.29	47	23	24					0.91
	上海	50	1.73	1.40	42	22	20	6				
	杭州	47	1.73	1.34	41	22	19					1.42
	舟山	51	1.73	1.38	40	21	19	3				
	宁波	50	1.70	1.42	45	25	20	1	6	58	36	0.26
	镇海	47	1.75	1.31	40	20	20					0.95
	温岭	50	1.73	1.28	40	21	19		5	55	40	0.97
	福州	42	1.71	1.17	41	20	21	5	—	—	35	1.16
	湛江	51	1.72	1.34	51~60	26~28	25~32					
淤泥质亚黏土	天津	39	1.81	1.07	34	19	15					0.65
	上海	37	1.83	1.03	34	21	13					0.72
	杭州	35	1.84	1.02	33	18	15	20				
	舟山	36	1.80	1.03	34	20	14		4	62	34	0.65
	宁波	38	1.86	1.08	36	21	15	15				0.72
	镇海	40	1.81	1.10	38	24	14		4	63	33	0.66
淤泥混砂	深圳（五湾）	32	1.85	0.90	34	21	13					0.50
	深圳（赤湾）	39	1.81	1.05	33	19	14		52	15	33	
	湛江	41	1.78	1.14	33	20	13					0.78

1.2.4 地震和海啸

1.2.4.1 地震

中国沿海及邻域濒临世界上最活跃的地震带——环太平洋地震带，主要有台湾地震带、东南沿海地震带、郯城—庐江地震带、河北平原地震带、燕山地震带和唐山—蓬莱地震带。这个区域的地震具有活动频率高、强度大、群发性强和危害性严重的特点。

1）华北平原海岸带有三个强震区，即郯城—庐江地震带、河北平原地震带和燕山地震带。

这三条地震带交汇部位的NWW向地震带有两个强震活动区，即渤中强震区和唐山—滦县强震区。

2）东南沿海地震带，又称闽、粤地震带，呈NNE向，分布在闽南、粤东沿海。有两个强震区，一个在泉州附近；另一个在潮汕平原和南澳岛附近。16世纪以来共发生破坏性地震6级以上的7次，7级以上的2次，都发生在南澳。

3）台湾地震带，也是太平洋岛弧地震带的一部分，强地震大多发生在台湾省的东部及其以东的海域中。1900年以来记录到震级 $M \geqslant 7.0$ 的地震12次，其中有8级地震2次（见表1－2）。这里地震频度之高为我国其他地区所不及，也是我国东部地震活动性最高的地区。

4）此外，还有一些分散的强震区，如雷琼震区、阳江震区和灵山震区。

据记载，我国历史上曾发生震级 $M \geqslant 8$ 的大地震17次，其中有3次发生在海岸带地区，1次在福建泉州附近，2次在台湾东海岸沿海。详见表1－2。

表1－2 在中国发生的等于或大于8级地震与断裂

编号	地震名称	发生日期	震中位置		震中烈度	震级 M	震源深度/km	断裂名称	断裂产状
			N	E					
5	福建泉州地震	1604－12－29	25.0°	119.5°		8			
11	台湾花莲海外地震	1920－06－05	24.0°	122.0°		8		菲律宾海盆中心断层	走向北西，直立，右旋平移断层
15	台湾火烧岛东南地震	1972－01－25	22°56′	122.37°		8	29	菲律宾海盆中心断裂	

20世纪以来，我国已发生 $M>6$ 的破坏性地震650多次，其中7级及7级以上的地震107次，8级以上的巨大型地震9次。上述地震中近1/2强震分布于沿海和沿海地区，台湾岛及其邻域地震最为强烈，仅1949年以来便发生了7级及7级以上的地震20次。在中国近海及邻域除南海中南部较为稳定外，其余海区均发生过多次强震，各海区最大震级为：渤海 $M=7.5$、黄海 $M=6.8$、东海 $M=6$、南海 $M=6$、台湾海峡 $M=8$、台湾以东海沟地带 $M>8$。

中国海域地震占全国地震总数的85%。在中国沿海地区的各个省市均发生过多次地震，屡遭地震灾害破坏。其中，辽宁省共发生30多次破坏性地震，尤以1975年海城地震损失最重；河北省近400年来共发生6级以上强震21次，多为危害性大的浅震，震级最大的一次为1979年三河平谷8级地震，损失最大的一次即为震惊世界的1976年发生的7.8级唐山地震；天津市有史以来震级最大的一次为1976年的6.9级宁河地震；山东地震灾害较发育，破坏性较大的有历史上著名的郯城8.5级巨震及近代菏泽7级强震；江苏省历史上地震次数较多，但震级普遍较低，1975年以来共发生5次5级以上地震；上海市历史上地震活动性较差，但与其相邻的南黄海海域和溧阳等中强震区对其有一定的威胁性；浙江省属弱震区，且多为浅源地震，危险性较小，区域稳定性较好；广东省地处东南沿海地震带，在华南地区，地震活动性仅次于台湾，多为破坏性地震，以1918年南澳岛7级地震和1969年阳江的6.4级地震为代表；广西地震活动性较弱，危害性相对较小；海南省地处东南沿海地震带西南部，地震活动强烈，琼北地区尤为突出，最大震级为1605年7.5级琼山大地震。地震活动具有明显的周期性和重复性，东部沿海地区的地震活动周期大约300年，而台湾地区仅为几十年。

我国沿海地区的地震主要分布在6个板块地区，①辽东半岛，包括丹东，大连、营口和盘锦，地震动峰值加速度最大值在大连普兰店，为0.20g；②京津唐地区，最大值在唐山，地震动峰值加速度0.20g；③位于郯庐断裂的山东苏北地区，连云港、威海、烟台受其影响；④江苏中部，主要是盐城地区；⑤闽南及台湾地区，涉及泉州、厦门、潮汕及台湾岛，其中台中、嘉义的地震动峰值加速度最大值大于0.40g；⑥琼州半岛及海南岛，其中海口的地震动峰值加速度最大，为0.30g。

关于地震烈度，新标准规定地震基本烈度数值可由该标准查取地震动峰值加速度并按表1－3确定。

表1－3　地震动峰值加速度分区与地震基本烈度对照表

地震动峰值加速度分区/g	<0.05	0.05	0.1	0.15	0.2	0.3	≥0.4
地震基本烈度值	<Ⅵ	Ⅵ	Ⅶ	Ⅶ	Ⅷ	Ⅷ	≥Ⅸ

表1－4给出了《建筑抗震设计规范》（GB 500011－2001）中规定的我国沿海主要城市的建筑物抗震设防烈度情况。

表1－4　我国沿海主要城市地震烈度表

城镇	抗震设防烈度/度	设计基本地震加速度/g	城镇	抗震设防烈度/度	设计基本地震加速度/g
北京	Ⅷ	0.20	舟山	Ⅶ	0.10
丹东	Ⅶ	0.15	温州	Ⅵ	0.05
大连	Ⅶ	0.10	福州	Ⅶ	0.10
营口	Ⅶ	0.15	泉州	Ⅶ	0.15
盘锦	Ⅶ	0.10	金门	Ⅷ	0.20
秦皇岛	Ⅶ	0.10	厦门	Ⅶ	0.15
唐山	Ⅷ	0.20	台中	Ⅸ	0.40
天津	Ⅶ	0.15	台北	Ⅷ	0.30
黄骅	Ⅵ	0.05	高雄	Ⅷ	0.20
东营	Ⅶ	0.10	汕头	Ⅷ	0.20
烟台	Ⅶ	0.10	广州	Ⅶ	0.10
威海	Ⅶ	0.10	深圳	Ⅶ	0.10
青岛	Ⅵ	0.05	香港	Ⅶ	0.15
日照	Ⅶ	0.10	阳江	Ⅶ	0.10
连云港	Ⅶ	0.10	湛江	Ⅶ	0.10
盐城	Ⅶ	0.10	海口	Ⅷ	0.30
南通	Ⅵ	0.05	三亚	Ⅵ	0.05
上海	Ⅶ	0.10	防城港	Ⅵ	0.05
宁波	Ⅶ	0.10	北海	Ⅵ	0.05

我国唐山大地震(1976年7月28日)后，交通部组织有关业务部门对受其影响的主要港口秦皇岛港和天津港进行调查。据此，对沿海有关港口进行了本地区中长期地震烈度鉴定，见表1-5。

表1-5 沿海港口地震烈度

港口名称	营口	丹东	葫芦岛	秦皇岛	天津	烟台	青岛	连云港	上海	广州	湛江	海口
原定地震烈度	Ⅵ	Ⅵ	Ⅵ	Ⅵ	Ⅵ	Ⅵ	Ⅵ	Ⅵ	Ⅵ	Ⅵ	Ⅵ	Ⅷ
现预报地震烈度	Ⅶ	Ⅶ	Ⅶ	Ⅶ	Ⅷ	Ⅶ	Ⅵ	Ⅷ	Ⅵ	Ⅶ	Ⅶ	Ⅷ

1.2.4.2 海啸

国际上将中国划为海啸危险区之一，特别是台湾海域和印度尼西亚北部的南海海域有发生海啸和受海啸影响的可能性，中国同时处于西太平洋地震带上。有专家认为，中国东部有三个主要地震海啸冲击危险区，即京津唐、台湾和苏北、南黄海地区。据说，公元前47年到2002年，中国共发生海啸29次，其中9次为海啸，13次为高度可疑的海啸，基本上不具有危害性。

据统计，台湾近海1867年发生过海啸为2级。1781年台湾地区发生的海啸，死亡4万人，被认为是历史上最严重的一次海啸危害。20世纪以来的8次8级以上大地震，就有2次发生在台湾附近海域，1950—1990年间的49次7级以上强震中，发生在海底和台湾的就达19次，占全部的1/3，有些也引起一定强度的海啸。但是，1975年2月海城强震(7.3级)和1976年7月唐山强震(7.8级)，尤其是1969年7月渤海海底强震(7.4级)，均未引起明显海啸。因此，在国内曾盛行一种说法，即中国至少在大陆沿海无破坏性地震海啸。例如，有关文献认为，渤海可视为无地震海啸区，或者认为其是无有感海啸区。一些文献认为，我国海区不易发生地震海啸，其他海域发生的地震海啸不会对我国海区造成灾害。

中国大陆以东受宽阔的大陆架和一系列岛弧保护，包括日本列岛、朝鲜半岛、琉球群岛、台湾岛、菲律宾群岛、印度尼西亚群岛、中南半岛等，太平洋的远洋海啸波传播到我国近海，经过岛弧和浅海大陆架，能量极大衰减，这种天然地理屏障，可以阻挡太平洋传播来的远洋海啸，以1960年智利特大地震海啸为例，当地波高25 m，到日本时为6 m，香港仅为38 cm，长江口只有20 cm。1983年5月26日晨，日本海东北部发生7.7级地震海啸，傍晚时上海附近验潮站记录到波高约40 cm的海啸波。

中国海区一般没有现今活动的板块俯冲带和海沟构造，近代垂直差异运动表现不强烈。已发生的地震震源断层多为走滑型，而走滑型的地震不容易引发海啸，所以大多数地区发生地震海啸的可能性不大。我国渤海平均深度18 m，黄海平均深度44 m，因此，渤海、黄海产生灾难性本地地震海啸的可能性不大。东海平均深度340 m，南海平均深度超过1 200 m，因此，东海和南海特别是台湾岛附近海域具备本地地震海啸发生的深度条件，是产生灾难性地震海啸的危险地段，这两个海区海水相对较深，海底摩擦力较小，发生在菲律宾海、琉球海沟的地震海啸可能传播过来，其沿岸是大洋地震海啸影响的可能地区。

据统计，近4 000年以来共有51次大于6.5级的地震发生在中国近海。1904—1968年西北太平洋海底共发生了350次左右的7级以上的强地震，其中只有33次，亦即约10%发生在中国近海，其中仅有两次引起了海啸。换言之，中国近海海底地震伴生海啸的比例只有6%，远低于25%的全球平均水平。由此可见，我国大陆沿海地震海啸发生的频度是很低的，但并不能排除某次强地震诱发大海啸的可能性，特别是台湾和南海，在中国历史上记录的地震海啸中约有70%以上的过程集中于此。例如，1918年2月广东南澳、汕头附近地震(震级7.3，烈度X)并伴有海啸发生；1992年1月4—5日海南岛西南方海域(18°N，108°E)海底发生群震，最大震级3.7，震源深度8~12 km，受其影响，海南榆林站5日16时记录到高0.78 m的海啸，周期17 min(16时03分—16时20分)，与此同时三亚站则测到0.5~0.8 m海啸，持续发生4~6次，而东方站的验潮曲线也出现明显锯齿状，这是我国近海浅源地震所诱发海啸的首次仪器记录。由此表明我国存在近海或本地地震海啸发生的潜在危险。如从其灾害的频发程度上看，确实比其性质相近的风暴潮灾害少得多，但它毕竟是对我国沿海工程设施具有强大破坏力的自然动力因素，尤其台湾和闽南—粤东岸段是强地震最活跃的区域，应予以足够重视与关注。

1.3 海岸动力

1.3.1 风

中国东部沿海的季风气候又可分为热带季风气候、亚热带季风气候和温带季风气候。春夏时节，西北太平洋和印度洋的副热带高压影响中国沿海，东南季风和西南季风覆盖沿海地区。偏南向季风在没有强对流天气时风力较弱，一般为3~4级。秋冬时节，西伯利亚地区有冷高压存在，冷空气南下，此时西北季风控制中国大部分沿海地区。

(1) 热带气旋

我国是世界上热带气旋登陆最多、受灾最严重的国家之一。从辽宁到广西漫长的沿海地区都可能有台风登陆，而东南部地区更是频繁遭受热带气旋灾害。

根据美国国家海洋和大气管理局(NOAA)所属气象部门(National Weather Service)的数据统计，1945—2009年的65年间西太平洋共有1 898次热带气旋生成，年均29.2个，其中登陆中国沿海(包括台风中心距离陆地小于80 km)597次，年均9.2个，登陆台风个数占生成台风总数的31.5%。美国海军联合台风警报中心(JTWC)提供的热带气旋最佳路径资料库数据统计，近58年(1945—2002年)西北太平洋和中国南海共有1 698个热带风暴生成，平均每年29.3个，其中，源自南海的热带风暴242个，平均每年4.2个，占总数的14.25%；源自太平洋的热带风暴1 456个，每年25.1个，占总数的85.75%。

登陆我国的热带气旋主要集中在广东和海南，约占登陆我国大陆热带气旋总数的2/3；其次是台湾、福建和浙江；上海和长江以北的沿海省市极少(如图1-5)。中国沿海的热带气旋主要发生在7—9月，登陆我国大陆最早的在5月3日，最晚的在12月2日。

濒临中国的西北太平洋的热带气旋，在冬春季节(11月至翌年5月)，台风主要在130°E以东的海面上转向北上，在16°N以南往西进入南海中南部或登陆越南南部，还有少数在120°—125°E的近海转向北上，少数台风也可能在5月和11月登陆广东；在7—9月的盛夏季节，台风路径更往北、往西偏移，从广西到辽宁的沿海省份在此季节都有可能遭受台风侵袭；在6月和10月的过渡季节，台风主要在125°E以东海面上转向北上，西行路径较偏北，在15°—20° N之间，少数可登陆广东和台湾、福建、浙江(见表1-6)。

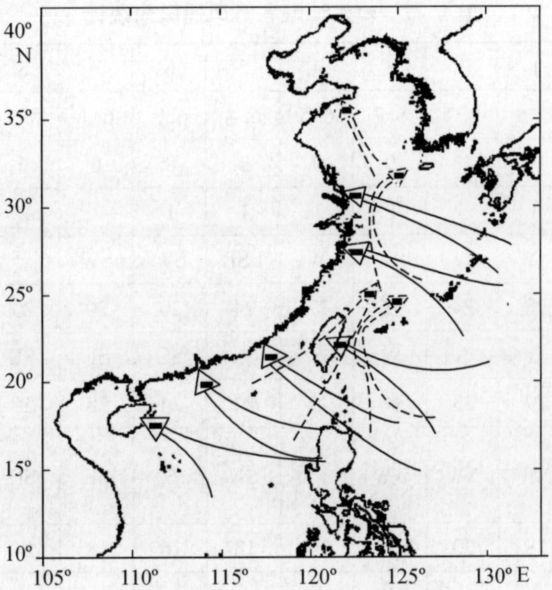

图 1－5 热带气旋登陆路径分布

表 1－6 1945—2009 年台风登陆我国各地的次数分布

登陆地点	基本路径	登录次数
海南岛及雷州半岛东部	EW1	164
珠江口附近	EW2	128
广东北部至福建南部	EW3	47
台湾省东部	EW4	106
浙江省	EW5	39
长江口至江苏省北部	EW6	5
山东及以北	SN4	9
台湾省南端	SN1	38
台湾省东部折射	SN2	26
浙江省至上海之间折射	SN3	23
其他	无规律	12
合计		597

（2）寒潮大风

在我国冬季，寒潮一般是每隔 3 ~ 8 天出现一次，但比较强大的寒潮，平均每年有 4 次左右，大致出现在 10 月底至翌年 1 月下旬，个别年份在 2 月下旬也有寒潮发生，一般从 10 月中旬起，冬季寒潮大风开始陆续影响东部各省市沿海海域。

表 1－7 是渤海海峡各月风速风向统计，可见寒潮时期的最大风速要超过夏季季风及温带气旋产生的风速。

表 1 – 7 渤海海峡各月风速风向统计

月份			1	2	3	4	5	6	7	8	9	10	11	12
平均风速/(m/s)			8.5	7.7	6.7	6.5	6.4	6.3	6.1	5.7	6.2	7.1	7.8	8.5
6 ~ 7 级风频率(%)			17	13	9	9	8	8	6	5	8	15	18	21
≥8 级风频率(%)			4	3	2	1	1	1	/	/	1	2	2	2
最大风		风向	NW	N	SW	W	ESE	SW	SW	E	N	NW	NE	N
最大风		风速/(m/s)	28	24	26	22	24	20	20	20	20	25	23	22
主要风向频率	最大	风向	N	N	N	S	S	SE	SE	SE	NE	N	N	N
主要风向频率	最大	频率(%)	29	23	18	17	22	24	28	21	16	20	22	28
主要风向频率	次大	风向	NW	NW	NW	SE、W	SE	S	SE	SE	N	S	NW ~ W	
主要风向频率	次大	频率(%)	18	20	15	14	18	16	18	14	14	18	14	18
主要风向频率	第三	风向	W	W	W	SW	SW、W	E	SW	NE	W	NW、SW	SW	SW
主要风向频率	第三	频率(%)	15	12	14	13	12	15	10	12	13	13	13	15

(3) 风暴潮

风暴潮在浙、闽、两广的南方海区受台风影响，发生频率较高，比较明显的每年平均发生 2 ~ 3 次，其中最大增水值为在海南岛的南渡受 8007 号台风影响形成 5.92 m 的特大增水值。我国中部长江口吴淞最大增水值 2.76 m，杭州湾内的乍浦为 4.34 m，浙南温州为 3.88 m。

1997 年出现的 9711 号台风，是近年内影响我国沿海范围较大的一次强台风，造成的经济损失为近半个世纪来最大，在 9711 号台风风暴潮期间，从福建北部沿海到渤海湾沿岸，几乎所有的验潮站都超过当地警戒水位。据不完全统计，沿海有 18 个站的高潮位超过当地警戒水位，分别是：福建的三沙、沙埕；浙江的鳌江、瑞安、温州、坎门、海门、健跳、定海、镇海、乍浦；上海的高桥、黄埔公园；江苏的燕尾、连云港；山东的石臼所、青岛；天津的塘沽。其中，健跳、海门、乍浦、镇海、定海、高桥、连云港、石臼所和青岛 9 个站的潮位记录突破历史极值。经计算，这些站的高潮位重现期，最低为 70 年一遇(连云港)，最高为千年一遇(健跳和海门)，健跳和海门站的高位超过当地警戒水位 2.2 m 左右，超过历史极值 1.0 m 左右。上述的 18 个站中风暴增水超过 1.0 m 的有 16 个站，超过 2.0 m 的有 4 个站，最大增水发生在浙江省健跳，达 2.61 m(见表 1 – 8)。

表 1 – 8 中国沿岸严重的 20 次台风风暴潮(1949—2000 年)(引自苏纪兰，2005)

时间	测站	最高风暴潮/cm	最高潮位/cm	影响区域	台风编号
1956 – 08 – 01	澉浦	502	437	杭州湾等	5612
1965 – 07 – 15	南渡	287	333	雷州湾等	6508
1969 – 07 – 18	汕头	302	328	韩江口等	6903
1969 – 09 – 27	梅花	199	457	闽江口等	6911

续表

时间	测站	最高风暴潮/cm	最高潮位/cm	影响区域	台风编号
1974-08-20	尖山	224	609	杭州湾等	7413
1980-07-22	南渡	594	593	雷州湾等	8007
1981-09-01	吕四	203	439	长江口等	8114
1986-07-21	石头付	117	396	广西东部沿海	8609
1986-09-05	南渡	352	337	雷州湾等	8616
1989-07-18	三灶	176	275	珠江三角洲	8908
1989-09-15	海门	146	467	浙江台州湾等	8923
1990-09-08	温州	241	387	温州湾等	9018
1991-08-16	南渡	384	270	雷州湾等	9111
1992-08-30	瑞安	203	430	飞云江口等	9216
1993-09-17	灯笼山	162	262	珠江三角洲	9316
1994-08-21	温州	269	488	温州湾等	9417
1996-07-31	梅花	220	456	闽江口等	9608
1997-08-18	健跳	261	527	浙江三门湾等	9711

注：从当地平均海平面起算。

1.3.2 波浪

我国沿海渤海海峡、山东半岛成山角以南至石臼港沿岸，涌浪出现比较频繁，辽东半岛所在的北黄海沿岸及渤海沿岸以风浪为主，东海杭州湾以北沿岸风浪出现频繁，杭州湾以南海岸风浪和涌浪相当，南海的波浪受季风制约，东北季风期盛行东北浪，西南季风期盛行西南浪。南海波浪普遍大于黄海、渤海和东海，南海受涌浪影响显著，年平均波高涌浪为1.8 m，风浪为1.3 m，波高冬季北大南小，夏季中部浪大，南北浪小，波浪周期随季风强弱不变，东北季风时期风浪平均周期4.0~4.5 s，涌浪周期7.5~8.0 s；西南季风时期，风浪平均周期3.0~3.5 s，涌浪7.0 s，强冷空气、西南季风潮和热带气旋可使南海大面积海面被10级以上大风控制，掀起8~9 m以上的大浪，12级风可掀起14 m以上的巨浪。

(1)波向

就平均风浪的浪向来看，中国近海风浪浪向的分布趋势可归纳为三种类型：冬季型、夏季型和春季型。除局部海域外，秋、冬二季的波向相近。冬季型的浪向分布特点是，渤海多为NW向浪，黄海为N向和NW向浪，东海、台湾以东洋面为N向和NE向浪，南海浪向几乎转为NE向。夏季型相反，南海多为SW向浪，东海、台湾以东洋面转为SE向和S向浪，黄海、渤海多为SE向和E向浪。春季型的浪向较乱，南海南部、中部多为S向浪，南海北部多为SE向浪，东海、台湾以东洋面多为SE向和E向浪，台湾海峡多NE向浪，黄海、渤海多为SE向和S向浪。

冬季渤海、黄海盛行涌浪向以N向涌浪为主；东海北部、中部和南部部分的部分海域，盛行涌浪向为N向，台湾海峡和台湾以东海域盛行涌浪向为NE向；南海盛行涌浪向为NE向。春季渤海的盛行涌浪向已转为S向(北部)和SW向(南部)；黄海盛行涌浪向则以S向为主；

东海北部盛行涌浪向为E向和N向，中部为NE向，南部为NE向和E向；南海则随地区而异。夏季涌浪向比较有规律，盛行偏S向。秋季渤海盛行涌浪向为W向(北部)和N向(南部)；黄海北部盛行涌浪向为NW向和N向，中部为N向，南部为N向和NW向；东海盛行涌浪向为N向和NE向，台湾海峡及台湾以东海域为NE向；南海北部和中部盛行涌浪向为NE向，南部则为NE向和N向。华南沿海每年10月至翌年3月以NE向风浪和SE向涌浪为主，4—8月多S—SW向风浪和涌浪。夏秋季节中国南海海岸常遭台风侵袭，粤东和珠江口近海可形成高达10 m左右的大浪。但是华南海岸各段海岸的走向不同，因此它们所承受不同方向的海浪的作用程度和强度亦不相同。从总体来看，琼州海峡与北部湾沿岸的波浪动力条件不及东部海岸强。北部湾沿岸以SW向和S向波浪为主。

波向分布的常浪向，辽东湾为SW向，北黄海自辽东半岛至石臼港为偏S向，江苏、上海、浙江、福建、广东海岸为SE向和NE向，广西沿岸为NE向和SW向，海南岛西部为SW向。在强浪向上，北黄海沿岸为SE向，辽西海岸和辽东湾为N向和NNE向，渤海湾为SW向，山东半岛北部和渤海海峡为NNE向和SW向，山东半岛海州湾、江苏海岸为NNE向、NE向和E向，长江口和杭州湾为E向和NNE向，杭州湾以南的浙、闽沿海为SE向，两广沿岸为SE向，海南岛北岸为N向和NE向，西岸为SWW向和NNW向，南岸为SEE向和SSW向，东岸为NE向。

(2) 波高与周期

沿岸平均波高，在黄渤海海峡处较大，其余沿岸均较小，一般在0.5 m左右；东海沿岸普遍超过1.0 m，长江口0.95 m，浙、闽1.0～1.5 m，南海海岸的广东沿岸1.0 m左右，广西、海南岛沿岸为0.5～0.7 m。最大波高大多由台风引起，一般出现在夏、秋季节，其次出现在冬季寒潮南下的大风时期，在我国东北的辽东半岛及辽东湾，最大波高在4～5 m，渤海湾为3 m，渤海海峡最大偏北向波浪可达8 m以上，山东半岛东部最大波高可出现4～5 m的大浪，南部最大波高可达6 m，成山角达8 m。从江苏连云港经杭州湾，最大波高在5 m左右，杭州湾口大戢山至福建沿海一带，最大波高变化较大，嵊山、南麂、北礵、平潭均出现10 m以上的大浪，最大可达15～16 m，广东沿海最大波高为4～5 m，遮浪站和硇洲岛分别出现9 m和7.5 m的波高，广西沿岸最大波高一般为2～3 m，白龙尾站极值波高为4.1 m，在海南岛的西部莺歌海最大波高达9.0 m，北海最小为2.0 m，其余在3～4 m之间(见表1－9)。

(3) 台风浪

中国近海的天气系统受亚欧大陆和太平洋的影响，南、北冷暖气流交换异常活跃。冬季受西伯利亚、蒙古等地区冷高压影响，夏季经常受副热带高压的控制以及热带气旋的侵袭，春、秋季常常受温带气旋的影响，冷、暖气团交替频繁，所以形成中国近海及邻近海域海浪分布的天气系统主要四类：台风型、冷高压型、气旋型、冷高压与气旋配合型。

从1976—1985年资料统计看出，渤海受台风型海浪场(波高≥4 m)影响的频率为0.1%，相当于年平均0.4天；黄海的频率为1.8%，相当于年平均6天；东海的为4.9%，相当于年18天；台湾海峡的为5.7%，相当于年平均21天；南海的为8.8%，相当于年平均32天。

表1－9　中国海岸波浪年平均强度及最大波高统计

单位：m

站名	H_a	H_{max}	站名	H_a	H_{max}	站名	H_a	H_{max}
大鹿岛	0.56	4.0	小麦岛	0.70	6.1	大亚湾	0.75	2.2
小长山	0.50	5.5	石臼所	0.59	3.5	荷包岛	1.13	5.6
老虎滩	0.54	8.0	连云港	0.66	5.0	川　岛	0.70	2.3
长兴岛	0.80	4.2	高　桥	0.31	3.2	水　东	0.78	4.4
鲅鱼圈	0.44	2.7	引水船	1.02	6.2	硇洲岛	0.96	8.1
葫芦岛	0.58	4.6	大戢山	1.04	6.0	白沙门	0.54	2.4
芷锚湾	0.67	3.6	嵊　山	1.07	17.0	玉　苞	0.61	7.7
秦皇岛	0.57	3.5	滩　浒	0.59	4.0	东　方	0.75	4.8
塘　沽	0.72	3.8	乍　浦	0.23	6.0	莺歌海	0.72	9.0
北隍城	1.06	8.3	南　麂	0.96	10.0	榆　林	0.49	4.6
屺㟂岛	0.95	7.2	台　山	1.26	4.7	琅琊湾	0.51	3.6
芝罘岛	1.44	4.7	平　潭	0.91	16.0	铜彭岭	0.94	3.0
青矶岛	0.83	5.9	崇　武	1.18	6.9	涠洲岛	0.64	5.0
成山角	0.66	7.0	云　澳	1.03	6.5	北　海	0.32	2.0
石　岛	0.59	6.3	表　角	1.07	4.6	白龙尾	0.61	4.1
千里岩	0.97	5.4	遮　浪	1.18	9.0			

1.3.3 潮汐和潮流

1.3.3.1 潮波运动

东中国海的潮波主要是太平洋潮波经台湾和九州之间的水道传入的谐振潮，而由天体引潮力直接产生的强迫潮很小。南海的潮波主要是太平洋潮波经吕宋海峡传入的谐振波，但引潮力的作用也很强。东海和南海在环台湾岛海域进行水量和潮能交换。

在东中国海，太平洋半日潮波在琉球群岛几乎以平顶前进波传入东海，其同潮时线和等振幅线接近平行等深线。在台湾东侧 M_2潮波的同潮时线以南北走向紧靠台湾岛。在台湾和冲绳之间传入的半日潮波向西北传入浙江三门湾，使同潮时线以三门湾为顶点，分成南北两支，呈“八”字形向两旁伸展，且波峰线突出。因海岸反射，在这里形成潮能集中、波振幅激增的波腹区。南支与由台湾岛北部进入的太平洋潮波汇合，在浙江、福建曲折海岸的反射和台湾岛的作用下，形成基隆附近的左旋“退化旋转潮波系统”，使潮波继续由台湾海峡向南传播。北支与冲绳和九州之间的前进波汇合继续沿东海北上，其中小部分经对马海峡传向日本海。进入黄海的前进潮波由于受到山东半岛的反射，相互叠加而在南黄海形成左旋的旋转潮波系统，于江苏弶港附近形成波能聚集的波腹区。同样，北黄海的前进波受到辽东半岛的影响形成成山角附近的旋转潮波系统。由渤海海峡进入的渤海的潮波由于渤海湾的特殊地形作用也形成两个旋转潮波系统。环台湾岛海域的潮波是由太平洋潮波在东边界传入，由于台湾岛的阻挡而分成南北两支，北支即是东中国海潮波的主要来源，而南支则是南海潮波的主要来源；两支潮波在台湾海峡内交汇。南海的半日潮波主要是经巴士海峡传入的太平洋潮波。在台湾海峡南端，半日潮波越过吕宋海峡，除一小部分绕过台湾浅滩和沿台湾岛西南侧的深沟进入台湾海峡外，大部分潮波传入广阔的南海。由于南海盆地水深很大，所以潮波传播速度很快，在右侧南海潮波很快遇到海南岛和越南海岸，潮波顺着北部湾地形继续进入北部湾，形成北部湾的潮振动。一部分向西传播遇到琼州半岛发生反射，在湛江外海形成波腹区。进入北部湾的潮波又有一部分穿过琼州海峡向东传向南海，湾内在越南海防附近形成一退化无潮点。当南海潮波越过广阔的南海盆地遇到西南陆架浅海时，发生了很大的变形。

1.3.3.2 潮汐分布

(1)半日潮

在渤海有两个旋转潮波系统，在北黄海和南黄海各有一个旋转潮波系统，在台湾岛北端、广东海门湾附近、越南海防附近各有一退化的旋转潮波系统，在南海南部的亚南巴士岛附近存在一潮波旋转系统。各旋转系统及无潮点的位置分布形成了中国近海的潮波系统主要特征。从等振幅线的分布看，各无潮点附近潮差最小；波腹区潮差最大，如福建沿海、杭州湾、弶港外海、朝鲜半岛西海岸。东海潮差呈现的主要特征是东面小，西面大。琉球群岛潮汐属于大洋潮汐性质，潮差小，而我国浙闽沿海潮差大。黄海潮差由于无潮点向我国海岸靠近使得中国沿海潮差相对较小。渤海潮差在辽东湾和渤海湾顶最大，而无潮点附近的秦皇岛和营口潮差很小。

环台湾岛海域潮汐分布的整体趋势是，东侧潮时明显要早于台湾海峡两侧，福建东山附近最晚。从等振幅线来看，环台湾岛的 M_2 分潮振幅在 20 ~ 200 cm 之间变化。台湾岛以东属于大洋潮汐，潮差在 40 cm 以下，台湾岛西南方巴士海峡的深水部分振幅最低，仅为 20 cm。最大振幅在福建中部超过 200 cm，由此向南经过很大的等振幅线梯度减小至 20 cm。

南海由于区域广阔，水深地形结构复杂，潮汐分布也十分复杂。在南海盆地，由于水深很大，等迟角线稀疏，大致平行呈东南走向，M_2 分潮振幅在 10 ~ 20 cm 之间，变化很小，呈大洋潮波的性质；但在近岸和海湾，振幅有很大变化，在北部湾内 M_2 分潮最大振幅在 30 cm 左右。

(2) 全日潮

东中国海的 K_1 分潮主要是琉球群岛那霸以北的太平洋 K_1 分潮传入的结果。等迟角线在东海几乎与我国海岸线垂直，等振幅线则差不多和岸线平行，二者保持正交。在黄海中央的左旋旋转潮波系统差不多决定了整个黄海的 K_1 分潮分布。与半日潮不同的是在江苏弶港外海没有波能幅聚。渤海在烟台外海有一旋转潮波系统。渤海、黄海 K_1 分潮的振幅都较小，平均在 20 cm 左右。

东海的潮波向南经过环台湾岛海域，在台湾海峡北部由于地形束窄，波能稍微幅聚。但在台湾浅滩附近没有波能幅聚区，说明由巴士海峡传入的全日潮波没有传向台湾海峡，因而没有在此交汇。台湾岛东侧的等迟角线向南倾斜，说明从东海岸传入的太平洋潮波受台湾岛的阻挡而折向南传播。

南海的全日潮波在北部湾口形成一旋转潮波系统，等振幅线则由湾口向里递增，在湾顶达到最大，振幅将近 1 m。等迟角线显示，潮波在琼州海峡由西向东传播。

O_1 分潮的潮汐分布和 K_1 分潮相似，但振幅略小。相比 P_1、Q_1 分潮的等振幅线要简单得多，除北部湾和泰国湾以外，很大区域内振幅在 10 cm 以下，最大值在北部湾超过 25 cm。Q_1 分潮振幅非常小，在 1 cm 左右。

1.3.3.3 潮汐性质

渤海大部分海域属于不正规半日潮，在渤海海峡蓬莱近海全日潮无潮点周围是正规半日潮海区；而在秦皇岛近海的半日潮无潮点附近，有一小范围的正规全日潮区，周围由不正规全日潮包围着；在黄河口外海的半日潮无潮点周围有小块不正规全日潮区。

黄海大多数海岸和海域属于正规半日潮，在海州湾外半日无潮点周围极小范围内出现不正规全日潮，而不正规半日潮镶嵌其中，范围要相对大得多。在成山头近岸的半日无潮点附近极小范围出现正规全日潮，其周围被不正规全日潮和不正规半日潮包围。

东海整个海区属于半日潮海区。西北侧除杭州湾、舟山群岛附近海域为不正规半日潮外，均属于正规半日潮；而东南侧为不正规半日潮。

南海以不正规全日潮为主。福建沿海，台湾海峡北部海域为正规半日潮，台湾海峡南部至吕宋岛、台湾岛东海岸与东海不正规半日潮海域连成大范围的不正规半日潮海域。琼州海峡以东，珠江口以西沿海一带属于不正规半日潮。珠江口以东，广东东南沿海至南海大部分海域为不正规全日潮海域。北部湾的潮汐以全日潮为主，其北部为正规全日潮，南部为不正规全日潮。在全日潮无潮点顺化附近，为不正规半日潮。

(1) 潮流类型

采用潮流判数 F 来划分潮流性质。$F \leqslant 0.5$ 时，为正规半日潮流，$0.5 < F \leqslant 2.0$ 时为不正规半日潮流，$2.0 < F \leqslant 4.0$ 时为不正规日潮流，$F > 4.0$ 时为正规日潮流。

黄海、渤海近岸水域的潮流性质呈相间分布。辽东半岛东部沿岸，大致以庄河—石城岛一线为界，向东至鸭绿江口一带水域为正规半日潮流，并且半日潮流有向东逐渐增强的趋势；渤海海峡附近、渤海中部和辽东湾中部为不正规半日潮流。位于渤海内的辽东湾、渤海湾及莱州湾沿岸均为正规半日潮流。庙岛群岛至威海以西和龙口港附近为不正规全日潮流，而烟台芝罘岛、崆峒岛和养马岛附近为正规全日潮流。山东龙口至成山头一带，则主要表现为不正规半日潮流，其中有些地段，如威海附近则属于正规半日潮流区。

从山东半岛的成山角至广东汕头以南 23°N 一带沿海，包括台湾浅滩、澎湖列岛至台湾的中部以北大片海域，潮流性质比较单一，除水深较大的少数区域属于不正规半日潮流外，其他水域 F 值普遍小于 0.5，基本上属于正规半日潮流。

南海区的潮流性质比较复杂，自汕头经珠江口到湛江南侧的雷州湾一线，除粤东的红海湾为不正规日潮流外，其他均为不正规半日潮流。琼州海峡西端和海南岛南部及西南部近岸水域为正规日潮流，而琼州海峡东端，海南岛东部、西北部及雷州半岛西部和广西沿岸水域则以不正规日潮流为主，仅局部地区出现不正规半日潮流。

由于沿岸水域水深比较浅，一般水深不足 20 m，浅水分潮效应相当明显，通常以 W_{M4}/W_{M2} 来表征。在渤海湾内、苏北沿岸水域、长江口、杭州湾及闽浙沿岸的一些港湾内其值一般超过 0.1，因此这些半日潮流水域严格来说应称为不正规浅海半日潮流区。

(2) 潮流运动的主要形式

我国近岸水域的潮流以往复流为主，大多数测站主要分潮流椭圆率小于 0.2，而旋转流主要是出现海面开阔的局部地区内。湾口、河口地区的潮流，其主流向一般与口门正交。而在平直海岸的水域，潮流主流向大多与岸线平行。

连云港以北近岸带仅在辽东半岛沿岸庄河至石城岛一带出现旋转流，其他水域均为往复流。连云港以南的江苏沿岸及整个东海沿岸，除了在连云港外海，苏北辐射沙洲以东海域和长江口拦门沙以东水域出现旋转流外，在苏北沿岸，浙闽沿岸以及长江口内和杭州湾均为往复流。南海广东、广西的近岸水域潮流仍表现为往复流，但广东近岸主要分潮流的椭圆率较北部、东部海区大些，其平均值略大于0.2，而广西近岸潮流椭圆率一般小于0.2。

潮流旋转方向有顺时针方向和逆时针方向两种。我国近海水域位于北半球，受科氏力作用，一般按顺时针向(右旋)旋转。如在辽东半岛沿岸潮流以逆时针向旋转为主，但辽东湾内离岸较远的深水区仍按顺时针向旋转。渤海湾内潮流旋转方向较复杂，表层以海河口至黄河口连线为界，北侧海域为顺时针向旋转，南侧为逆时针向旋转；底层主要为逆时针向旋转，仅在南堡和大沽塔海域为顺时针向旋转。黄河口附近基本上为顺时针向旋转。在山东半岛沿岸，丁字湾以北，除烟台至威海一带的潮流为逆时针向旋转外，其他地区为顺时针向旋转；而在丁字湾以南至江苏省射阳河口以北则为逆时针向旋转。

江苏、上海、浙江和福建沿岸潮流主要为顺时针向旋转，但江苏射阳河口以北以及浙江南部至福建平潭岛一段为逆时针向旋转区。

南海潮流性质变化较大，潮流旋转方向也复杂多变。粤东、珠江口水域以及广西沿岸潮流以顺时针向旋转为主；而在粤西、琼州海峡、海南岛周围和雷州半岛西岸潮流旋转方向不一致，有些测站顺时针向旋转，有些测站呈逆时针向旋转，甚至上下层旋转方向相反。

北黄海和渤海的强潮流主要出现在鸭绿江口、老铁山水道、黄河口、成山头外水域、渤海湾口及莱州湾口等地区。大潮时最大流速在120 cm/s以上。其中老铁山水道和成山头外两处实测最大流速分别为350 cm/s和200 cm/s。秦皇岛以及海河口附近为相对的弱流区，最大流速一般小于50 cm/s。

海州湾以东水域，涨落潮流速相对较小，两者也比较接近，最大涨落潮流速均在100 cm/s左右。苏北辐射状沙洲、长江口和杭州湾及浙闽沿岸许多港湾、岛屿和中、小河口，常引起潮波能量聚积，因此潮流总的来说比较强盛。杭州湾是一个强潮流区，实测最大涨落潮流速可达300 cm/s以上。长江口附近实测最大流速达260 cm/s以上。江苏辐射沙洲处也有一个强潮流区，王港附近实测最大流速达到400 cm/s。

南海的潮流历时及流速分布比较复杂，粤东、琼州海峡、海南岛东部涨潮流历时大于落潮流历时，涨潮流速小于落潮流速。珠江口、粤西及海南岛西部沿岸的涨潮流历时较短，涨潮流速一般大于落潮流速。南海的强潮流区主要出现在琼州海峡及海南岛西部海岸，最大流速可达200～250 cm/s；珠江口、雷州半岛东、西两岸的潮流也较强，最大流速均达150 cm/s。本海区的弱潮流区主要位于海南岛东南部沿岸，最大流速仅25 cm/s。

据有关资料，广东惠来县石碑山以东海区，涨潮流向东北，落潮流向西南，流速一般大于51.4 cm/s；石碑山以西海区、涨潮流向西北，落潮流向东南，平均流速40.1 cm/s；北部湾潮流方向与该湾的纵轴走向基本一致，涨潮流偏北，落潮流偏南，平均流速85.4 cm/s；琼州海峡潮流呈东至西方向，平均流速222.8 cm/s。海流状况亦比较复杂，粤东东部沿岸(石碑山以东)全年为东北向海流，平均流速25.7 cm/s以上；粤西沿岸全年为西南向海流，平均流速夏半年约15.4 cm/s，冬半年约25.7 cm/s；琼州海峡除6—7月外为西向海流，平均流速15.4 cm/s左右。粤东西部沿海、粤西外海和海南岛东南沿岸冬半年以西南向海流为主，平均流速25.7 cm/s；夏半年为东北向海流。广州湾和北部湾全年有逆时针环流出现，流速缓慢。

1.3.4 近海海流

中国近海海流主要由两部分组成，一是流经巴士海峡、台湾东岸的黑潮分支（如台湾暖流、对马暖流）和流经巴士海峡进入台湾海峡以及南海东北部的黑潮分支；二是来自大陆的大量径流入海，如辽东、黄海、东海（即浙闽）、粤东和粤西沿岸流等。这些海流的强度、消长及其影响范围均有明显的季节变化。

黑潮在流经东海途中有四个分支影响中国近海海流：①对马暖流；②黄海暖流，是对马暖流的一个分支，通过北黄海和老铁山水道进入渤海，成为黄渤海流动主要部分；③台湾暖流，在台湾东北沿浙闽外海北上，可达长江口外附近海域；④黑潮的南海分支，黑潮在台湾东南分出两分支，其中之一向北进入台湾海峡，无论冬、夏均沿台湾西岸北上，成为控制台湾海峡海水运动的重要组成之一；另一分支向西南流入南海，特别是在冬季，这一分支延伸更为深远。

我国沿海的流系大体分为如下三个：黄海、渤海海流系；东海流系和南海海流系（如图1－6）。

辽东沿岸流和黄渤海沿岸流同进入该海区的黄海暖流及其余脉组成黄海、渤海海流系统。在渤海辽东湾内黄海暖流余脉分支同辽东沿岸流形成一顺时针环流，而在渤海湾和莱州湾内则形成逆时针环流。

渤海的环流主要由黄海暖流的余脉和渤海沿岸流组成，形成一个相对稳定的弱环流系统。当黄海暖流余脉进入渤海后，因季节不同表现亦不同。夏季沿辽东湾东岸北上，其中一部分在到达长兴岛之前有部分海水转向西，然后转向南沿 30 m 等深线由海峡南端流出渤海。大部分北支海水则一直沿辽东湾东岸北上到湾底后分为两支，向东一支形成顺时针涡旋，另一支沿辽东湾西岸转向西，经渤海湾和莱州湾从海峡南端流出。这是渤海的逆时针大循环环流。此外，渤海湾内有一支明显的顺时针回流，与另一支环流方向相反。除 6—8 月外，从渤海海峡进入渤海的黄海暖流由中央延伸至渤海西岸，并分成南、北二支。北支沿辽东湾北上，南支由渤海湾南折而下，在莱州湾南岸逆时针流出渤海。

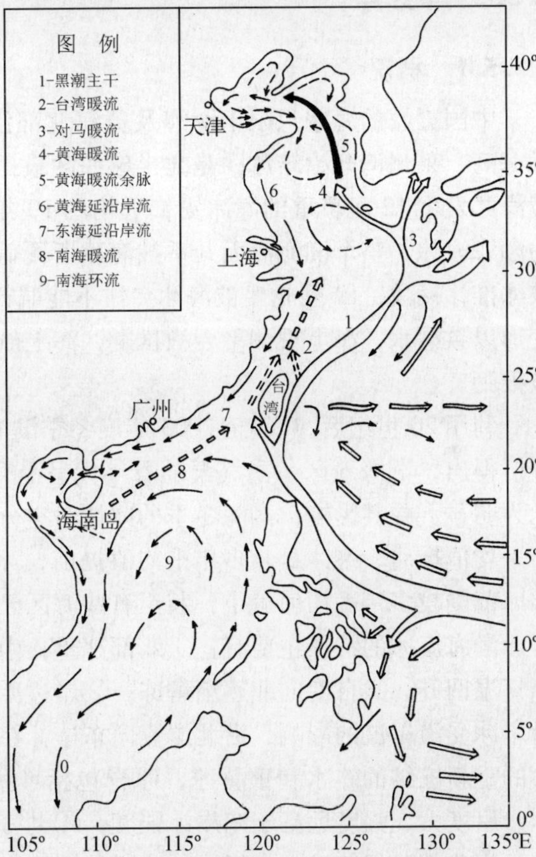

图 1－6 中国近海主要流系示意

黄海海区内的永久性海流主要为黄海暖流和黄海沿岸流，这两大流系构成黄海环流的基本骨架。黄海暖流是来自太平洋的高温盐水系，其流动方向是由胶州岛的西南大致沿黄海海槽向北流动，主要出现在黄海海槽内，是对马暖流的一个分支。黄海沿岸流是一支终年经山东和江苏沿岸向南流动的冲淡水。它起自渤海湾，沿山东半岛北岸流动，绕过成山角后向南和西南方向流动，与黄海暖流及其余脉形成两个逆时针环流，而在黄海暖流的东侧，西朝鲜沿岸流沿朝鲜西岸南下。受地形影响，黄海沿岸流有较大的地区性变化：在山东半岛北岸沿岸流的增幅较宽，夏季时可达 50 km；在成山角附近流幅变窄，流速增大；越过成山角后，由于地势平坦，流速剧减；但至海州湾以南，由于海湾附近沿岸水流加入及地形趋于狭窄，流速又渐增，在34°N以南流速可达20.6 cm/s以上。

东海流系在浙闽沿岸流春、秋、冬三季沿长江口以南海岸线流向西南；夏季随长江冲淡水流向东北。在沿岸流外侧海域台湾暖流终年流向偏北。在台湾海峡，黑潮支流冬季从巴士海峡进入台湾海峡南口后，沿台湾西岸北上，浙闽沿岸流则沿福建沿岸扩展到平潭一带，而下层和中下层及海峡南部仍为南海水所控制，并向北流动。夏季整个海峡区均为东北流，海峡西部及中部均为南海来的海流，而台湾岛西岸仍为北向黑潮支流。

南海海流系春、秋、冬三季浙闽沿岸流经台湾海峡进入南海，同广东沿岸流汇合一起流向西南，在珠江口和雷州半岛之间形成一逆时针环流。在夏季，广东沿岸流则汇合珠江冲淡水流向东北。在广阔的南海中部区域存在较大的逆时针环流，主要是SW—NE向，西部流速较东部强。此海流内侧有一NE向的"南海暖流"，它与两侧的环流形成相间分布的复杂流场。

1.3.5 海冰

1.3.5.1 概况

中国近海的海冰只限于渤海及黄海北部沿岸。渤海每年11月至翌年3月先后从辽东湾、渤海湾、莱州湾开始结冰，是北半球纬度最低的结冰海域之一。据统计，1895—1990年渤海、黄海共发生12次严重的海冰灾，平均约10年一遇。海冰的破坏力是相当大的。如1969年初的渤海海冰，整个渤海海面几乎被海冰所覆盖，冰外缘线一直延伸到整个渤海海峡，7艘轮船被冰推移搁浅，19艘轮船被海冰夹住不能航行，5艘万吨货轮被海冰撞坏，多艘船舶被冰挤压变形以致漏水，海上观测平台被推翻，海上航标灯被冰带走，重达500 t的渤海2号采油平台被推翻。

利用20世纪后50年至2003年度冬季渤海地区气温作为与渤海冬季冰情有关的气候指标，分析得出，渤海地区冬季气温随着年代呈上升趋势，特别是20世纪80年代中期至21世纪初尤为明显。受其影响，渤海冬季的冰情时空分布状况发生了较大变化。其特点是：初冰日较多年平均值推后、终冰日较多年平均值提前，冰期较多年平均值偏短，冰厚较多年平均值偏薄，结冰范围较多年平均值偏小，甚至有些海区已数年未曾见到海冰。

渤海海冰的特征主要有：①北部冰重，南部冰轻。入冬气温降低，自北向南逐渐结冰，翌年气温回升，又自南向北逐渐解冻；②岸边冰重，海中冰轻；③辽东湾东岸冰重，西岸冰轻。沿岸冰受沿岸流的影响，沿北岸流向东岸，在东岸鲅鱼圈外海形成广大的堆积冰区，存在厚度大的重新冻结的碎冰和重叠冰，冰脊包括堆积冰多，冰面积尺度大。西岸多半是平整的单层冰，厚度大，强度远高于东岸冰强度；④渤海湾西岸和南岸冰重，北岸冰轻。由于沿岸流的作用，将北部曹妃甸浅滩上形成的冰运移到西岸和南岸，并在那里形成重叠和堆积；⑤莱州湾海冰较以上两区轻，但春季易返冻，而且冰情不稳定，严重时能将数百艘渔船冻在海上；⑥严重冰情年份，辽东湾形成的海冰可以在东北大风驱动下进入渤海中部海域，然后在渤海湾形成重冰，全渤海水域大部水面被冰面覆盖。

1.3.5.2 渤海海冰物理和力学性质

(1)海冰温度

渤海辽东湾海冰冰层温度的现场调查得到：①生长期，冰内存在准线性温度梯度；稳定期，冰内温度出现非线性并且由于卤水"热库"调解能力出现"冷中间层"或"热中间层"；融冰期，表面冰温因辐射而可能处于0℃左右，有时略高于气温。②冰层底面温度与水温相同，为-1.4℃，它是盐度为32的海水对应的冰点温度。③冰层温度剖面受水温和气温联合制约。④表面冰温与气温在夜间基本相同。⑤冬季降雪很少，不存在雪盖对冰温的影响。冰层夜间表面温度 θ_s 与气温 θ_a 的统计关系可写为：

$$\theta_s = \theta_a \qquad (-3℃ \geqslant \theta_a \geqslant -20℃) \tag{1-1}$$

（2）盐度

将渤海多年冰情调查的200多组盐度资料按冰层表、底和中部分别平均统计，获得冰层盐度与冰层厚度 H 统计关系，式(1-2)、式(1-3)给出冰层表、底层、中部的平均盐度，统计结果为：

$$S_{s,b} = 27.428H^{-0.439} \qquad (r = 0.916\ kg/m^3) \tag{1-2}$$

$$S_m = 18.949H^{-0.438} \qquad (r = 0.965\ kg/m^3) \tag{1-3}$$

式中：S_m 和 $S_{s,b}$ 分别为冰层中部盐度和冰层表面及底面盐度。

（3）密度

冰密度随冰类型和冰期变化较大，而各类冰层密度垂直剖面可以认为在整个冰层内是一致的。大量结果表明，冰生长和稳定期，密度范围是867~922 kg/m³，平均913.2 kg/m³；冰融化期是728~884 kg/m³，平均816.9 kg/m³；岸边搁浅冰的密度取融冰期的密度。

（4）冰样力学参数与孔隙率

几年来的系列海冰力学性质试验获得了峰值单轴压缩强度、峰值弯曲强度和峰值侧限剪切强度同孔隙率的关系。根据149个水平面内加载的单轴压缩强度试验，获得了出现在韧脆过渡区的峰值单轴压缩强度及其同孔隙率的最佳关系

$$\sigma_{c,max} = 14.625\nu^{-0.369} \qquad (r = 0.897) \tag{1-4}$$

与峰值单轴压缩强度相似，峰值弯曲强度、峰值剪切强度同孔隙率的关系见式(1-5)和式(1-6)。

$$\sigma_{f,max} = 1\,983.7\nu^{-0.362\,1} \qquad (r = 0.803) \tag{1-5}$$

$$\tau_{max} = 16\,470\nu^{-0.682\,6} \qquad (r = 0.997) \tag{1-6}$$

弹性模量的几次试验结果比较分散，引用国际和渤海资料，建议的关系如式(1-7)。

$$E = 160\,000\nu^{-0.929} \tag{1-7}$$

式(1-4)至式(1-7)中：$\sigma_{c,max}$、$\sigma_{f,max}$、τ_{max} 和 E 分别为冰样的峰值压缩强度(MPa)、峰值弯曲强度(kPa)、峰值剪切强度(kPa)和弹性模量(GPa)；ν 为冰样内孔隙率(‰)。

（5）渤海冰物理和力学参数分布

1）渤海基本输入参数的分布。在工程实践中，有2种冰情资料，即实时资料和历史资料。对于冰管理，使用实时资料；对于冰区结构物设计，因考虑重现期，必须使用历史资料。冰工程区划目的需要的是历史资料，为此引用渤海1月历史平均气温和平均水温分布作为特征值，并将它们放入1/6经度×1/6纬度的网格内。而历史平均水温分布表明渤海冬季海冰有3个区域，即冻结区，过渡区和融化区。因此水温分布分以下4种情况：ⓐ当水温和气温都高于冰点时，水温使用气温；ⓑ当气温低于冰点而水温高于冰点时，水温取冰点温度；ⓒ固定冰下的水温取-1.6℃；ⓓ流冰下的水温取-1.4℃。

图1-7给出渤海25年、50年和100年重现期设计冰厚分布。

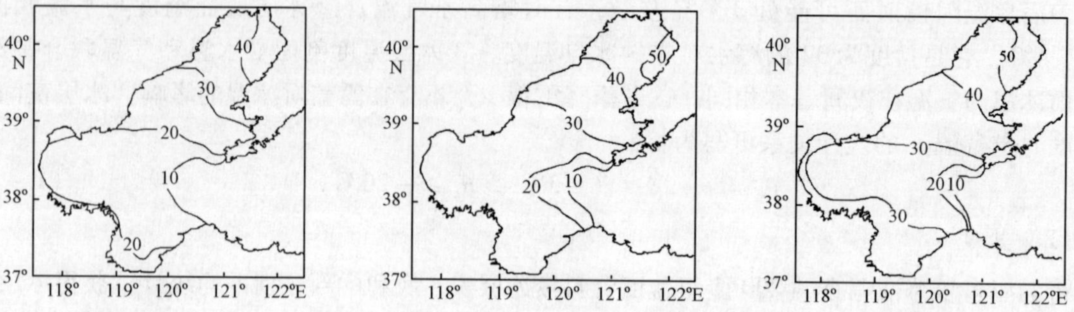

(a) 25年 (b) 50年 (c) 100年

图1-7 渤海25年、50年和100年重现期海冰设计冰厚分布（单位：cm）

2）渤海冰层力学参数分布。图1-8至图1-11分别给出渤海25年、50年和100年重现期的力学参数分布。

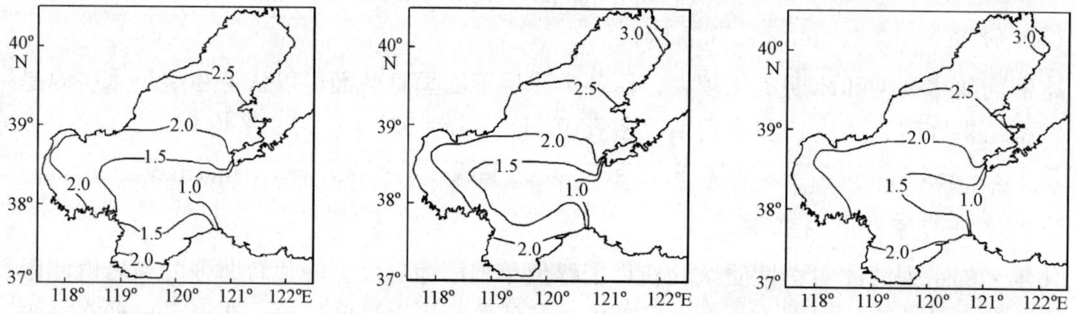

(a) 25年 (b) 50年 (c) 100年

图1-8 渤海25年、50年和100年重现期海冰峰值压缩强度分布（单位：MPa）

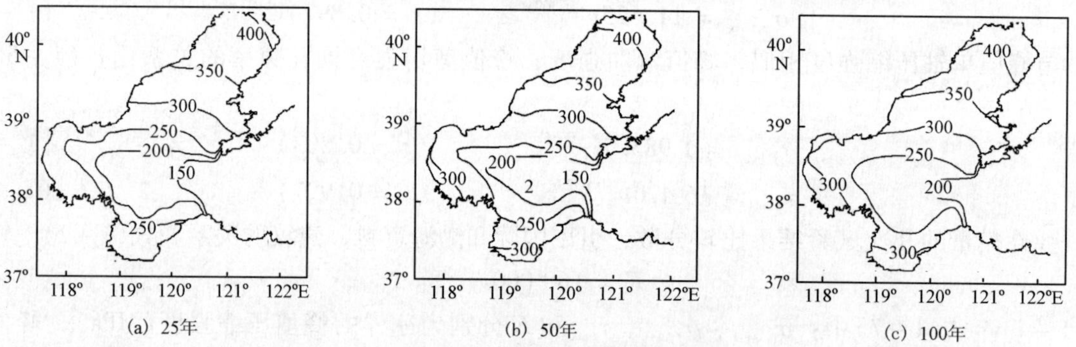

(a) 25年 (b) 50年 (c) 100年

图1-9 渤海25年、50年和100年重现期海冰峰值弯曲强度分布（单位：kPa）

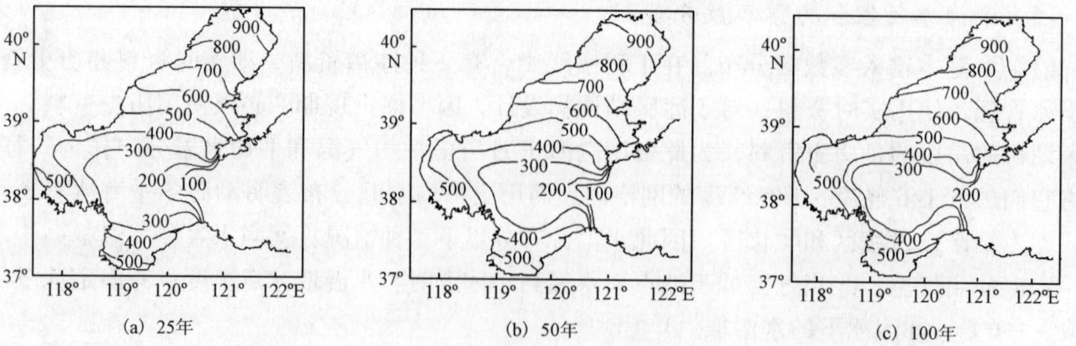

(a) 25年 (b) 50年 (c) 100年

图1-10 渤海25年、50年和100年重现期海冰峰值剪切强度分布（单位：kPa）

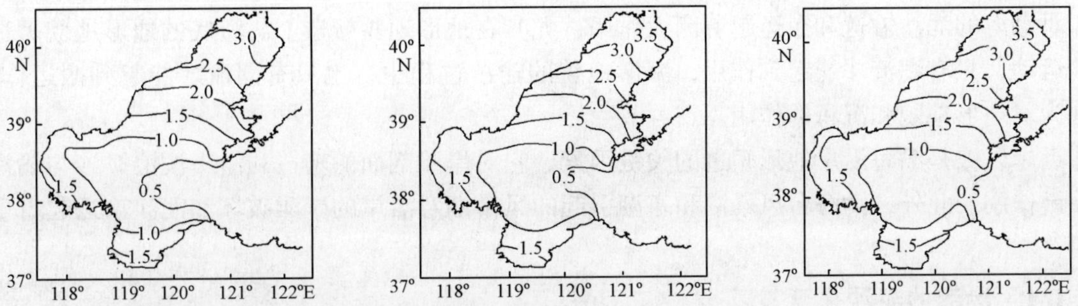

(a) 25年 (b) 50年 (c) 100年

图1-11 渤海25年、50年和100年重现期海冰弹性模量分布（单位：GPa）

3)基于渤海冰物理和力学参数的冰工程区划。定义冰厚同峰值压缩强度之积为区划指标。区划的指标范围定义为：Ⅰ区小于20 MN/m，然后以20 MN/m的间隔增加到160 MN/m，对应从Ⅱ区到Ⅷ区，Ⅸ区的指标大于160 MN/m。图1-12给出25年、50年和100年重现期的渤海冰工程分区。与过去分区的区别是将结构物设计需要的重现期概念引入区划，不同重现期对应的同一区的地理位置不同，这表明重现期越短，同一地理位置的抗冰能力越低。在按100年重现期设计时，渤海分9个区；50年重现期设计时，渤海分8个区；25年重现期设计时，渤海分7个区。

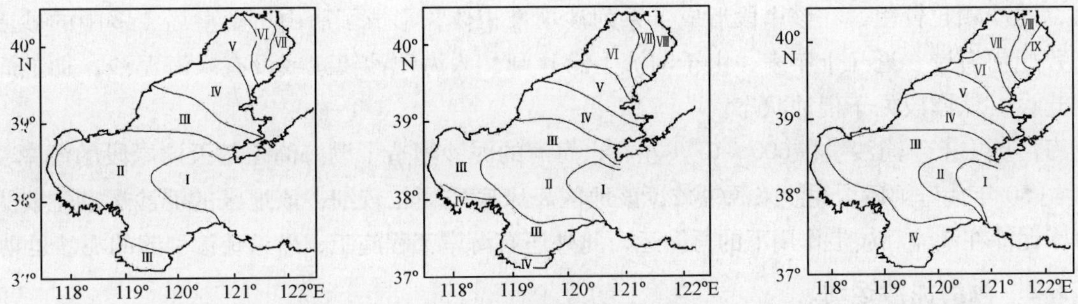

(a) 25年 (b) 50年 (c) 100年

图1-12 25年、50年和100年重现期的渤海冰工程分区

1.4 泥沙运动

1.4.1 渤海沿岸

渤海的海湾动力为环流、潮流和近岸风浪，对海湾的泥沙运动起着重要的作用。

渤海的环流夏季沿辽东湾东岸北上，其中部分海水转向西，然后由海峡南端流出渤海，将渤海中的低浓度悬沙带出。大部分北支海水则一直北上到湾底后分为两支，向东一支形成顺时针涡旋，阻碍辽河和大凌河的河流泥沙运移至湾外。渤海的逆时针大循环环流将沿岸的悬浮泥沙，主要是莱州湾沿岸黄河来源的沿岸细颗粒级泥沙带出渤海。除6—8月外，从渤海海峡进入渤海的黄海暖流南支由渤海湾南折而下，在莱州湾南岸逆时针流出渤海，带出黄海的细颗粒泥沙。

渤海环流对细颗粒的泥沙起着重要的搬运作用，范围大，距离长，受局部地形影响比潮流小；形成涡旋时对沉积物的输送影响大，但因流速较小，对环境的影响整体不显著。

渤海潮流对渤海的地形地貌起着重要作用，其周期性强，流速量值大，相当于环流的10倍，对渤海的泥沙输送和搬运起着巨大作用，尤其在地形地貌塑造上。海底的地形地貌塑造及泥沙运动，只有潮流才能起到作用，海岸地貌的输沙过程中，也只有潮流才能起到搬运作用，表现为对地形地貌和沉积的作用。

近岸风浪是渤海沿岸地形塑造的关键因素，它对岸滩剖面的塑造和沿岸波浪掀沙与输沙起着关键作用。此外，渤海台风暴潮和寒潮引起的风暴潮对沿岸的岸滩破坏和泥沙输送起着重要作用。

1.4.1.1 渤海的泥沙来源

渤海沉积物以淤泥和粉砂淤泥为主。渤海泥沙主要来源有沿河流入海的陆源泥沙，这是主要的；还有海岸侵蚀泥沙，海底沉积物的再搬运，风吹泥沙和海洋生物形成的泥沙。

渤海陆源入海的泥沙主要来自黄河、辽河、大凌河、滦河和辽河及其他小河流。黄河是渤海的最大沉积物来源，每年到达河口的泥沙平均 10×10^8 t左右，居世界第二位，近年数量显著减少。黄河入海的泥沙约有2/3沉积在河口及潮间带，1/3输往浅海，其中大部分沉积在离岸20 km以内，对莱州湾沿岸具有关键的影响，对渤海湾西南部有着重要作用。

辽河、大凌河每年输沙总量约在 $3\ 500\times10^4$ t左右，注入辽东湾，对辽东湾顶部的海岸塑造起着重要作用。

滦河历史上年输沙量 $2\ 670\times10^4$ t，塑造了滦河三角洲，六股河、大清河之间的其他山区河流，泥沙颗粒较粗，在该岸段形成了系列沙坝堆积体，形成了唐山、秦皇岛、绥中的砂质海岸和曹妃甸海岸。近几十年来，由于河流上游建闸，入海泥沙锐减或没有入海泥沙，加上海岸工程建设，该岸段处于侵蚀状态。

海河历史上年输沙量在 600×10^4 t左右，海河的泥沙塑造了渤海湾顶部天津岸段的海岸，但20世纪50年代建闸后，泥沙来源锐减，该地区海床底质颗粒较细，该地区的泥沙运动主要为当地海床泥沙在潮流和波浪作用下的再搬运，此外还有海岸工程施工、航道疏浚引起的泥沙运动。

1.4.1.2 渤海泥沙运动

渤海由莱州湾、渤海湾、辽东湾及渤海中东部、中西部四部分组成，海岸泥沙运动与泥沙来源、动力条件密切相关，不同地域差别很大，对渤海的泥沙运动分析需要分别对不同地域的泥沙运动进行分析。

(1)*辽东湾*

辽东湾顶部地形平缓、水深较大，来自辽河、大凌河的泥沙在潮流的顶托下主要沉积在河口10 km处形成的水下三角洲，部分再悬浮的泥沙随落潮流沿辽东湾东岸进入湾口，部分进入中央部水域。辽东湾西岸葫芦岛以西，为砂质海岸，水体泥沙含量很小，在风浪作用下掀起的悬浮的泥沙运动明显，存在沿岸搬运。从葫芦岛到唐山岸段，风浪掀沙，潮流和沿岸流输沙明显，有沙坝存在，风沙对泥沙运动有部分影响。寒潮引起的波浪掀沙和潮流单向输沙非常明显，对京唐港附近的航道骤淤有着关键的影响。

(2)*渤海湾*

老黄河口海岸侵蚀的泥沙沿岸向西北方向移动，其影响达到岐口一带，在渤海环流的作用下，细颗粒泥沙在湾内循环。

海河口一带的海床底质为细颗粒、黏性含量极高的淤泥质泥沙，高浓度悬浮泥沙主要是当地潮滩沉积物在风浪下再悬浮的结果，另外本地区的施工、航道疏浚的泥沙对本地区有一定影响。滦河沉积物对渤海湾影响不大。

从天津的独流减河向南到黄骅港、滨州一带的海岸，海床底质较海河口一带颗粒变粗、黏性颗粒含量降低，为典型的淤泥质细粉砂质海床，该种泥沙易起动、易沉积。潮流和波浪对本地区的泥沙运动都有较大影响，对风浪和风暴潮的作用尤为敏感，大风浪条件下含沙量极高，尤其寒潮作用下会形成强烈的输沙条件，对航道的骤淤具有关键的影响，历史上有多次对黄骅港航道造成骤淤。2007 年航道整治后，大风浪引起的泥沙回淤明显减少。

(3)莱州湾

莱州湾的泥沙运动与黄海的入海泥沙密切相关，在季节性显著的径流、与径流流向垂直的潮流、波浪及渤海环流的作用下，黄海入海的泥沙最细的部分受环流影响主要输往东南方向，略粗的细颗粒泥沙沿岸向西北方向做往复运动，但大部分泥沙都在口门一带就地沉积下来。莱州湾的海床以黏性含量极低的细粉砂为主，波浪对本地区的作用明显，存在明显的大风天大含沙量的特征，有较强烈的掀沙和搬运特征。

(4)渤海中部和东部海区

渤海东部地区与老铁山水道相连，属于强潮区，也是黄海暖流进入渤海的通道，底层流速最大达 1.00 m/s 以上，泥沙难以沉积，由于受外海潮流控制，水体含沙量极低。黄海暖流自抵达渤海西岸后形成南、北二支环流，对极细颗粒泥沙运动产生重要影响，其南支向东南方向与渤海南岸沿岸流一同进入黄海，这是渤海细颗粒泥沙流入黄海的主要通道，但含沙量极低。

1.4.2 黄海沿岸

黄海的泥沙来源以陆源物质为主，沿岸运动的泥沙主要来自河流输沙、海岸侵蚀和风的搬运，外部海区来沙对沿岸泥沙运动的影响甚小。

黄海周边入海河流众多。黄河、长江都曾由黄海南部入海；目前尚有鸭绿江、大洋河、灌河、新沂河、新淮河和射阳河等入海河流。其中公元 1128—1855 年期间由苏北入海的古黄河泥沙，对黄海沉积塑造起着极其重要的作用；更新世时，长江曾有相当长时间在苏北入海，形成了巨大的长江水下三角洲，成为今日南黄海水下沙脊群的沉积基础；其他一些河流的入海泥沙也为各个河口附近的沿岸泥沙运动带来了各自的特色。因此，无论是海床沉积泥沙在波浪和潮流作用下的运移，还是现代河流入海时的扩散，黄海沿岸运动的泥沙均主要为陆源泥沙。

控制黄海沿岸泥沙运动的主要动力分别为海流、近岸波浪和潮流。其中，海流的分布控制着沿岸泥沙运动总体趋势，局部岸段波浪和潮流动力则对不同岸段泥沙运动有重要影响。

受黄海环流中相对近岸的自北向南的沿岸流控制，黄海沿岸泥沙运动呈自北向南的总体趋势。废黄河三角洲海岸侵蚀的泥沙向南输移的距离和影响范围远大于向北，近岸泥沙粒径北部略粗、南部稍细的分布特征以及长江口入海泥沙主要向南运移的情势均反映了上述趋势。

黄海近岸不同岸段波浪和潮流动力也对泥沙运动有重要影响。

北黄海海域泥沙来源主要来自于现代黄河和辽东半岛东侧河流(鸭绿江、庄河、碧流河等)入海泥沙。黄河入海的细颗粒泥沙随黄河沿岸流沿山东半岛北侧东进，在渤海海峡与进入渤海的黄海暖流相遇，一部分泥沙向北偏东方向流动并沉积，形成泥质区；另一部分继续前进，并在沿岸弱流区部分沉积，于成山角外遭遇黄海暖流，细颗粒泥沙随黄海暖流向西北前进并落淤呈北偏西走向的粉砂区，而主流绕过成山角后向西南进入海州湾。另一方面，黄海暖流余脉北上直冲湾顶，遭遇岸界后分别向东沿朝鲜半岛西侧呈顺时针旋转和向西沿辽东半岛东侧呈逆时针旋转，鸭绿江入海泥沙受东、西两侧环流的作用，一部分被搬运至北黄海中部沉积，另一部分则随辽南沿岸流向东南向前进，在辽东半岛东侧形成东北—西南走向的沉积区。

海州湾北侧海域由于岚山头岬角的突出，岸线发生明显转折，呈 NNE 走向的海岸与 NE—E 向强浪向锐角相交；同时，近岸潮流在南黄海潮波系统控制下，SW 向的涨潮流速大于 EN 向落潮流速，沿岸泥沙自北向南经岚山头向湾内运移。但运移过程中，由于沿途入海河流泥沙逐年减少且随岸线与波峰线交角的不断调整，泥沙流的补给逐渐减少，自北向南泥沙流的强度逐渐减弱。海州湾南侧则由于废黄河三角洲海岸侵蚀泥沙的供给而出现来自东南方向的泥沙流，但随沿途海岸侵蚀强度减弱，这股由废黄河口向海州湾顶运移的泥沙流强度也逐渐减弱。因此，海州湾近岸存在着两股不同方向的泥沙流，它们分别从岚山头方向和废黄河口一带向海州湾湾顶汇合，目前由于沿途泥沙补给来源减少，其强度也都在减弱。近岸水体含沙浓度分布，主要取决于风浪的掀沙、潮流的沿岸输移和向外海的扩散作用。通常表现为近岸破波影响范围内含沙浓度较高，并在与岸线近乎平行的往复性潮流作用下，泥沙以纵向运移为主，破波带以外海域含沙浓度较低，并在旋转性潮流作用下，泥沙以向外海扩散输移为主。

南黄海辐射状沙脊在古长江水下三角洲沉积的基础上发育，古黄河入海泥沙以及废黄河三角洲海岸侵蚀泥沙也是其形成的主要物质来源。但由于现代长江入海泥沙主要向南运移和近 40 年来废黄河三角洲海岸侵蚀后退的有效控制及水下三角洲侵蚀殆尽，外部泥沙对辐射状沙脊的影响已很小。辐射状沙脊海域的泥沙运动主要为风浪和潮流作用下的沙脊群内部的泥沙运移，总体表现为沙脊群外缘在风浪作用下侵蚀，侵蚀泥沙沿潮流通道随潮流向沙脊群内缘区运移堆积。由于受太平洋前进潮波和南黄海旋转驻波两大潮波系统辐合的影响，辐射状沙脊群海域潮差大，潮流强，潮流动力环境较为复杂；并且辐射状沙脊群内潮流水道相互串连，水道之间水、沙交换频繁，沙脊群海域的泥沙运动虽主要由潮流动力控制，但不同区域的泥沙运动情势以及由此引起的滩槽变化均各具特点。

1.4.3 东海沿岸

东海海域海底沉积物呈带状分布，近岸为粉砂、粉砂质软泥和软泥；中部为广大的细砂、中砂和砾石，间或有软泥细粒沉积；冲绳海槽为黏土质软泥。

长江口至杭州湾外一带为黏土质粉砂，长江口至杭州湾外的 NW—SE 向为细砂带，杭州湾内部为粉砂。东海北部外陆架细砂与泥质沉积(即黏土质粉砂、粉砂质黏土和黏土的合称)之间的区域为粉砂质砂和砂质粉砂。

东海悬沙的主要来源是长江及其他入海河流携带入海的泥沙。长江来沙的多寡直接影响着长江口悬沙浓度的高低；黄海沿岸流携带黄海悬沙，包括废黄河口被侵蚀的泥沙，主要在冬季从南黄海向东南方输运至东海北部。

在平面分布上，悬沙浓度自海岸向外海降低，以 123°E 为界分为东西两部分，西部浓度高，东部浓度低，等值线走向基本与海岸线平行，长江口外 122°—123°E 之间出现浓度变化梯度带；终年悬沙高值区见于河口区，以长江口、杭州湾悬沙浓度最高；以 30°N 为界分南北两部分，东海北部悬沙浓度高于南部。

在垂直分布上，悬浮体的浓度通常是表层小，随着深度的增加而增加，河口近岸区的浓度垂直梯度远大于陆架区(这里指 123°E 以东)，夏季大于冬季。悬浮体浓度随时间的变化，河口近岸区远大于陆架。在河口近岸区，悬浮体浓度随涨、落潮的变化因地而异；大潮浓度远大于小潮。东海悬浮体浓度有明显的季节变化，冬半年明显大于夏半年，以4月份最高，到8月份达到最低，10月份以后浓度开始升高，分布范围也开始扩大。

东海海域的暖流和沿岸流的共同作用对东海海域悬沙分布与输运过程有着重要的影响。秋、冬两季，尤其是冬季，南向流动的苏北沿岸流、长江冲淡水、浙闽沿岸流连成一片，与之相应的浑浊水体亦沿岸成带状分布。

长江入海径流是影响悬浮泥沙扩散的重要因子。同时，长江冲淡水、浙江沿岸流共同形成的冷水区(冬季)或暖水区(夏季)与台湾暖流水之间的锋面强度，也对悬浮泥沙和冲淡水的扩散方向和范围有着重要影响。

长江入海悬沙全年以向东南平流运移为主，沿途发生明显沉积，且夏季大于冬季；自苏北—长江口—杭州湾—闽浙沿海的浑水带是连续的，流向也是一致的。大部分悬沙(约50%)沉积在123°E以西的长江口区，在122°—123°E之间的海域沉积最为显著；约20%～30%的长江入海泥沙，在冬季被东海沿岸流沿浙江近岸夹带南下，最远可抵达福建闽江口；其余约20%～30%的悬沙以涡动扩散形式向外陆架和冲绳海槽运移。

长江口及其毗邻陆架泥沙运移图显示，长江泥沙入海后主要向东南方向搬运，少量向东北方向搬运，但其边界一般到123°30′E为止。在口门北面及123°30′E以东主要是从黄海来的物质，部分来自苏北沿岸流挟带的泥沙，部分是废黄河口被风浪、潮流侵蚀后带到黄海南部中去的，还有大陆架上残留沉积物再悬浮产生的泥沙及少量由外海带入的物质。这显示了水动力条件对泥沙的控制作用，同时也说明泥沙沉积有其自身的特点，如比重、絮凝等机理的作用亦不可忽视。

以123.5°E为界，东海西部的表层沉积物为长江型物质，东部泥质沉积区主要为黄河型物质。东海陆架沉积的泥沙在黑潮、潮汐、暴风浪的叠加作用下，发生再悬浮，并具有向冲绳海槽方向搬运的趋势，海底峡谷往往成为陆源物质向陆架外搬运的重要通道；由细粒的黏土质粉砂和粉砂质黏土组成的内陆架沉积泥沙在潮流、余流和波浪等动力作用下，发生再悬浮，具有向岸运移的趋势，并沉积在浙闽近岸和港湾区域。

冬季近岸流系比较稳定，在一定程度上影响着苏北沿岸流泥沙向长江口的扩散，并制约着入海悬浮泥沙的扩散途径，悬沙浓度较高。长江口附近终年维持高悬浮物浓度，且浓度变化幅度较大，口内含沙量低于口外海域，其等值线为环带状分布。

春季悬沙浓度总体变化趋势是由沿岸向外海方向递减，长江口及杭州湾外为悬沙浓度高值区，向海其值迅速降低，长江及钱塘江携带入海的悬沙均在河口附近迅速沉降。

夏季大部分长江入海的悬沙在冲淡水转向之前已迅速沉降，仅有少量入海悬沙向外海扩散，且最远不会超过124°E。

秋季悬沙浓度明显低于春季，长江的入海泥沙向外海输运、扩散，长江口东面124°E附近海域有一悬沙浓度相对较高的区域。

1.4.4 南海北部沿岸

南海北部海岸和大陆架的现代沉积物，主要来自华南陆域入海河流泥沙的供应。华南沿海沿岸有大小入海河流数百条，其中流域面积在1 000 km^2以上者不下20条，如珠江、韩江、黄冈河、榕江、练江、龙江、螺河、漠阳江、鉴江、九洲江、南渡河、万泉河、昌化江、北门江、南流江、钦江、茅岭江和防城河等。这些入海河流以珠江流域面积最大，水沙最为丰沛，韩江其次，其他均属中小河流，入海水沙较少。

上述河流地处我国亚热带和热带范围，各江河年径流深度 700 ~ 2 000 mm 不等，它们每年的入海水量约 $4\ 000 \times 10^8\ m^3$，其中珠江为 $3\ 283 \times 10^8\ m^3$，韩江为 $241 \times 10^8\ m^3$。汛期(大陆 4—9 月，海南岛 5—9 月)的入海水量占全年入海水量的 70% ~ 90%，非汛期占 30% ~ 10%。各江河的年平均含沙量为 0.06 ~ 0.38 kg/m^3 不等，年平均悬移质输沙总量 1×10^8 t 以上，其中珠江为 $8\ 735 \times 10^4$ t，韩江为 7 275 t。总推移质输沙约 0.1×10^8 t(以悬沙的 10% 计)，溶解质输移量约 0.36×10^8 t(以悬沙的 35% 计)。泥沙的输出亦主要出现在汛期(占全年输沙量 80% ~ 90%)。珠江每年来自流域的悬沙约有 80% 被输往口门外。由此推算，南海沿岸主要河流每年进入南海的悬沙实际为 0.81×10^8 t 左右，多沉积于河口湾或湾外浅海区域，并有部分被海岸流(或海流)挟带扩散至附近海岸或陆架区域。推移质泥沙粒径较粗，多堆积于河口口门附近或被波浪输入沿岸地带。溶解质属胶体离子，最易随水流漂移扩散，它们进入南海后，比悬沙进行更大范围的搬运和沉积，可以进入深海区域。

1.4.4.1 泥沙运移和扩散范围

(1) 推移质

华南入海河流的推移质泥沙，以石英、长石和各种重矿物为主要成分。其滚动组分粒径一般粗于 0.5 mm，跃移组分粒径为 0.125 ~ 0.5 mm。这些泥沙在径流或落潮流的紊动作用或底剪应力作用下，滚动组分以底沙运动的形式被水流自上游推向河口，跃移组分以跳跃的形式被水流送入河口或河口湾。推移质泥沙在河口的运移距离和沉积部位，与河口径流(量)和潮流(量)的相对比值有极大关系。在以径流作用为主的河口，如韩江各分流河口，珠江口的蕉门、洪奇门、横门、磨刀门和虎跳门水道以及龙江、螺河、漠阳江、鉴江、南流江、南渡江和昌北江，其细沙或细沙粒级以上的推移质泥沙，主要是汛期由径流或落潮流所形成的惯性力推入河口的。当水流至河口扩散消能，底剪应力降低，泥沙于河口口门附近沉降下来，发育成河口天然堤、心滩或决口扇地形，构成三角洲沉积的指状沙体。

以潮流作用为主的河口、如粤东的榕江口、珠江口的虎门水道和崖门水道以及海南岛的万泉河口，经常受潮流控制，由于径流作用相对弱小，潮流深入河口内较远，其推移质泥沙多于其近口段内沉积，它们较少进入河口段或口外海滨。

以河流作用为主的河口，如蕉门、洪奇门和横门水道外的伶仃洋、虎跳门水道外的黄茅海，由于波浪作用微弱，推移质泥沙在河口的堆积形态一般都相当稳定，很少被带入河口区以外的沿岸地带。

河口向外是较开阔的海域，如韩江口外、珠江磨刀门口外、鉴江口外、南渡江口外等，由于受海浪的经常作用、输沙强度较大，推移质泥沙在河口口门附近的堆积形态便经常受到侵蚀破坏，并被波浪的沿岸矢量(或沿岸流)输入河口左右两侧地带。

北部湾沿岸以西南向和南向波浪为主，沿岸漂沙主要向东和东北方向运移，海岸年总输沙率一般为 $1 \times 10^5\ m^3$ 以下，在沿岸没有形成大规模泥沙流。广东大陆与海南岛东南沿岸主要承受 SE 向、E 向和 NE 向(对广东大陆海岸来说绕射后呈 SE 向)风浪和涌浪的重大影响，沿岸漂沙主要向西或西南方向运移，年总输沙率可达 $2 \times 10^5 \sim 115 \times 10^5\ m^3$。但由于锯齿状海岸的半岛或岬角掩护，漂沙多在各海湾内移动和堆积，亦没有形成长距离大规模的沿岸泥沙流。因此华南入海河流的推移质泥沙，一般都堆积在离口门不远的海岸带范围内。

(2) 悬移质和溶解质

珠江夏秋季节入海的细粒泥沙除大部分沉积于河口段和口外海滨以外，另一部分通过粤西沿岸流向粤西近岸和雷州半岛东岸输移，行进过程中又汇入了漠阳江和鉴江等河流的细粒泥沙，更加强了这股泥沙流的强度，其中溶解质扩散运移的范围更广。它们除进入粤西沿海和大陆架外，还可在广东外海海流的影响下，向珠江口外和粤东大陆架扩散。粤东沿海河流（黄冈河、韩江、榕江、龙江、螺河等）的悬移质和溶解质大部分沉降于河口湾或海湾内，另一部分被海流带往粤东和闽南大陆架，但是由华南入海河流的悬移泥沙粒径通常细于 3 φ（0.125 mm），如珠江口的悬沙粒径细于 5 φ 者占 61% ~84% 。

溶解质是指溶于水中的各种胶体和离子，形成所谓“化学径流”。这些细颗粒泥沙由径流挟带自河流上游向下游搬运，其中一小部分因自身重量于沿途水流低压区（如边滩）沉降，而大部分进入河口段或口外海滨以后，由于咸淡水交汇混合而出现絮凝沉降。悬移质和溶解质絮凝沉降的速度主要取决于河口段和口外海滨的盐度状况。现场实测资料表明，珠江口和韩江口的河口段和口外海滨盐度值一般为 2 ~32，水体中细颗粒泥沙因絮凝沉积作用，其含量都有向外海递减的趋势。因此华南入海河流的悬移质和溶解质有较大部分在各河口段或口外海滨沉积，另一部分被潮流、海流或海岸流带入附近海岸或陆架沉积，但亦有少量进入深海。

悬移质和溶解质在南海北部的扩散运移起主要控制作用的是潮流和海流（包括沿岸流）。由于华南沿海河流的汛期主要出现在夏半年，这段时间入海泥沙数量占全年的绝大部分（如珠江夏半年悬沙输移量占全年 81% ~95%），因此夏半年的海流和海岸流的活动对河流入海悬移质和溶解质的扩散运移更为重要。由于总来沙量不大，因此影响轻微。北部湾东北沿岸的河流（昌化江、九洲江、钦江、防城河）入海的悬移质和溶解质，由于湾内逆时针方向的环流存在，向北或向西扩散运移，沉积于附近的海岸或陆架区域。至于海南岛北部、东部和南部河流入海的悬移质和溶解质，除南渡江的细粒砂主要向西扩散进入海口湾并影响琼州海峡外，万泉河的泥沙主要沿海岸向东北方向运移并进入大陆架。

1.4.4.2 海岸沉积特征

华南海岸表层沉积物类型较多。一般地，滨岸沉积物较粗，且沉积类型复杂，向海沉积物逐渐变细，且类型趋于简单。沉积物来源以陆源碎屑为主，如河流供沙和海岸（岛屿）侵蚀供沙。此外，已沉积在海岸和内陆架的陆源碎屑物质经海洋动力的重新搬运又可形成再生砂源。海洋生物供沙数量虽少，但在局部岸段可形成有意义的沉积。

（1）粤东岸段

粉砂黏土广泛分布于滨外浅海和水深浪小的海湾内，如在碣石湾、红海湾和大亚湾。粗粒沉积以细砂为主，零星分布在汕头岸外，表角至靖海、神泉、甲子、螺河日外、油尾、鳕门至平海等地的滨岸区域。砂砾沉积偶见于海岸岬角处，如在表角、靖海和平海等地。粤东粗粒泥沙主要来自韩江、螺河等中小河流，再经波浪分选聚集在河口和滨外波浪作用带，部分来源于海岸基岩侵蚀，一般搬运距离不远。

（2）珠江河口

沉积物以珠江提供的悬沙沉积为主（图 1 – 13），这种沉积物在伶仃洋的东南部和中部，高栏岛至万山群岛一带和黄茅海西南部有大面积分布。由于沿岸流的扩散作用，珠江入海悬沙分布范围东可达大亚湾，西可至川岛近岸海域。而在珠江的蕉门、洪奇门、横门、虎跳门和磨刀门等河口的拦门沙是珠江推移质泥沙停积部位，含较多细砂。珠江河口段各大口门河床底质较粗，尤其是在潮控河口的涨、落潮冲刷槽内。

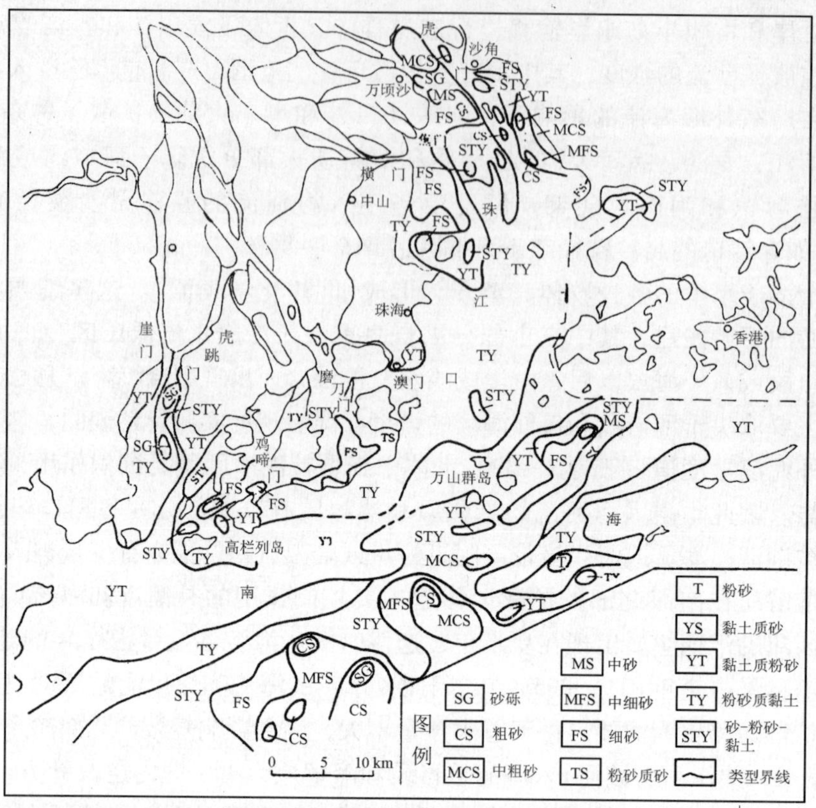

图 1－13　珠江口海岸带底质类型

(3) 粤西岸段

北津港以东岸段以粉砂黏土沉积为主，主要来源于随沿岸流扩散的珠江口入海泥沙；北津港以西至雷东半岛岸段以东细砂沉积为主，主要来源于海岸抗蚀力较弱的第四纪地层。海陵湾和沙扒港的湾内外有中细砂沉积物的分布，漠阳江、鉴江等区域性小河在河口附近亦有部分粗物质的沉积。近岸基岩、礁石和老的残留沙丘受侵蚀后也可提供更粗的沉积物，经波浪向岸输送在局部岸段形成反粒序沉积，即近岸沉积物细、远岸沉积物粗的分布，如博贺至水东岸段便有这种情况出现(图 1－14)。

(4) 北部湾沿岸

北部湾大致以大风江口为界，以西至珍珠港，各港湾内沉积物较粗，以中细砂、细砂为主，湾外浅海则以粉砂黏土的细粒沉积为主，如钦州湾、防城港和珍珠港；大风江口以东至雷州半岛以西近岸，沉积物呈粗细相间，与海岸近乎垂直排列，如北海港为黏土质砂，北海至安铺港为大面积的中粗砂，安铺港为黏土质砂，而在雷西盐灶和海田一带粗颗粒的沉积物呈舌状垂直向海延伸长达 20 km。至企水港、海康港和乌石港，湾内外则多为细粒沉积物。北部湾沿岸沉积物分布特征与沿岸地质、物质来源及海岸动力有关。大风江口以西沿岸多为基岩丘陵，陆源粗物质为数不多且停积于港湾内，而大风江口以东至雷西沿岸主要为抗蚀力低的松散的北海组地层，泥沙来源丰富。沉积物粗细相间与岸垂直的分布现象可能与沿岸纵向输沙作用不强有关。

(5) 南海诸岛沿岸

海南岛近岸沉积物以砂质为主，其分选较好，向海沉积物变细。在岛的东北，东南和西南部海底都有大片砂砾分布。海南岛海岸沉积物来源于岛周边被侵蚀的基岩和岛上有限的几条中小河流。海南岛周围为开敞性波能较高的海岸，因此滨面坡度陡，海底物质粗(图 1－15)。

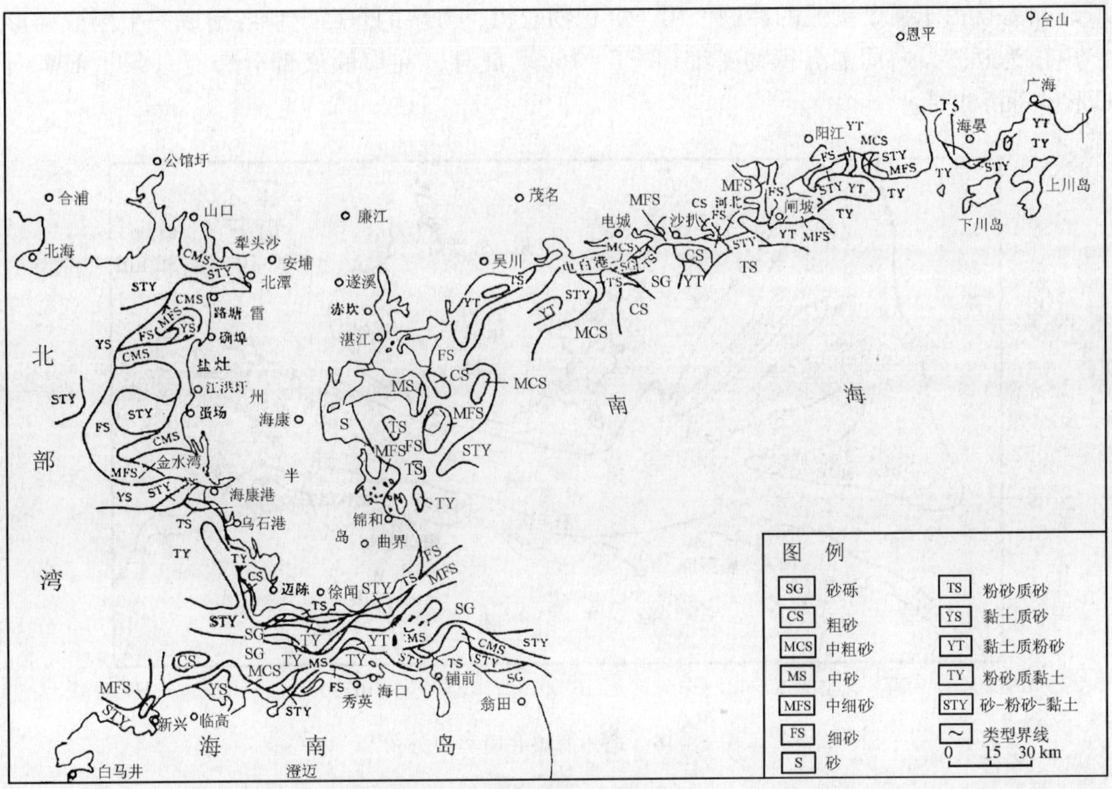

图 1－14　粤西海岸带底质类型

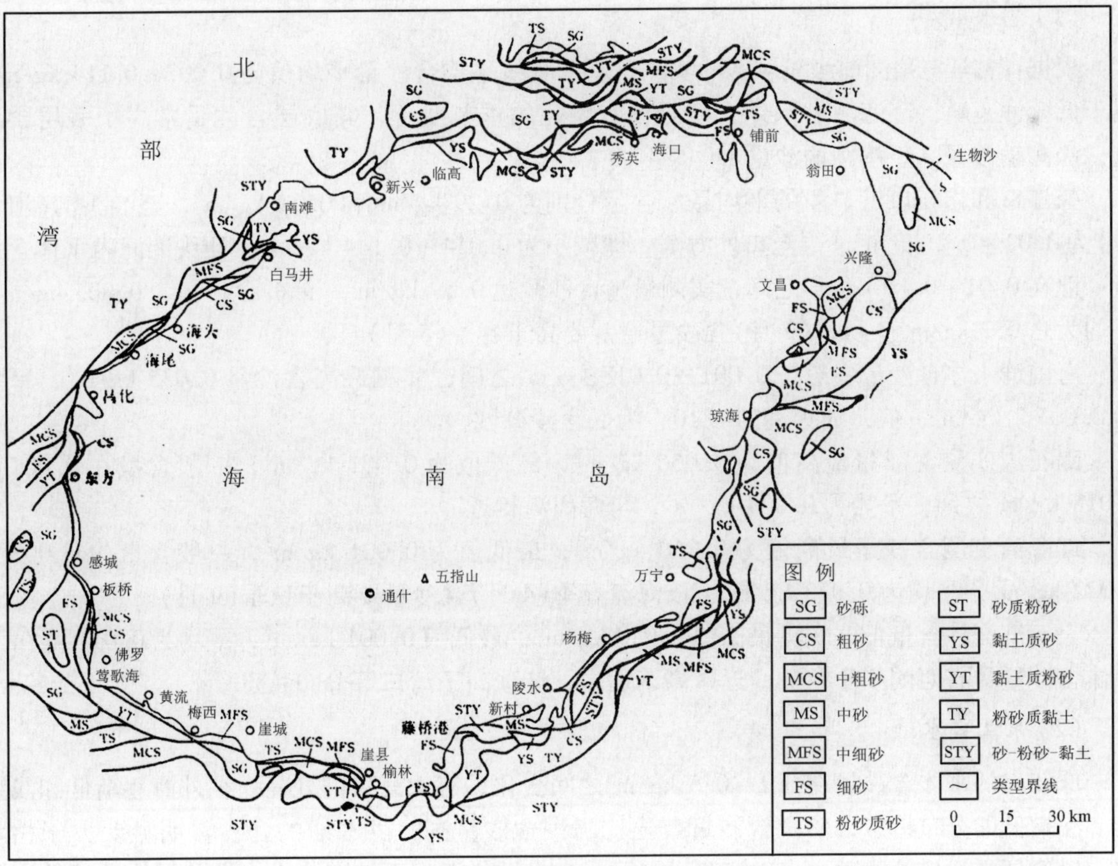

图 1－15　海南岛周边海岸底质类型分布

琼州海峡由于强劲潮流的冲刷作用，沉积物较粗，海峡的东西出口各形成一个潮成扇形沙体，扇顶为砾砂，向周围沉积物变细(图 1－16)。此外，在海峡底部分布有一条呈 EW 向的“S”形砂砾沉积带。

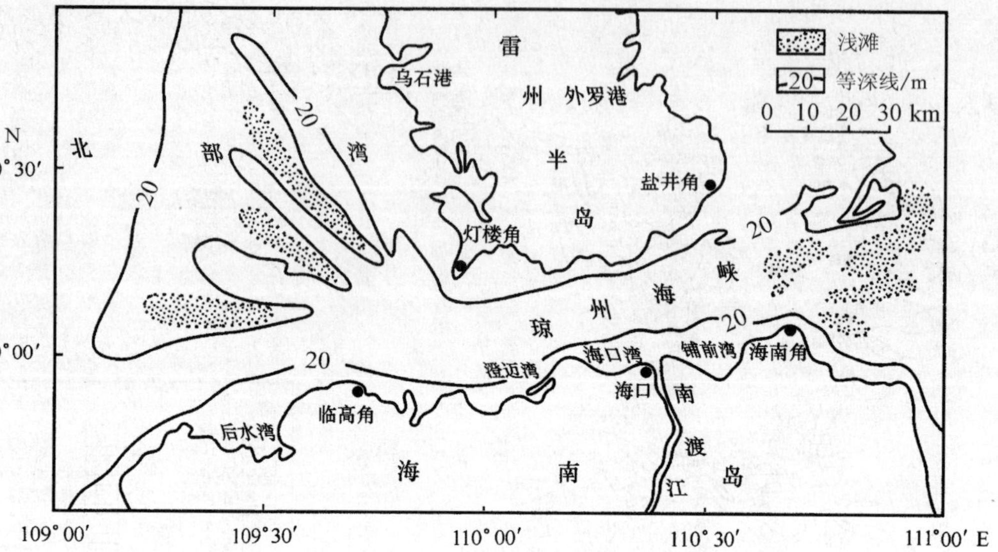

图 1－16 琼州海峡底质类型分布

1.4.4.3 含沙浓度分布

(1)粤东沿岸

根据在韩江三角洲前缘浅滩区的实测资料，垂线平均含沙量平均值为 0.007～0.114 kg/m³，属于低含沙范畴。该海域的水体含沙量没有明显的季节变化，其底层含沙量常高于表层含沙量，涨潮输沙量高于落潮输沙量。

韩江口和榕江口近口段的平均悬沙含量分别为 0.29 kg/m³和 0.21 kg/m³，至汕头湾(河口段)为 0.02～0.2 kg/m³，再至口外海滨，即减小为 0.014～0.144 kg/m³。汕头港湾内水体含沙量一般在 0.01～0.10 kg/m³之间，实测最高含沙量达 0.59 kg/m³，最低含沙量为 0.005 kg/m³，平均为 0.052 kg/m³。秋季(9 月)含沙量通常要高于春季(5 月)。

海门湾水体含沙量一般在 0.001～0.018 kg/m³之间，实测最高含沙量 0.035 kg/m³，平均为 0.005 2 kg/m³，仅是汕头港的 1/10，为低含沙海域。

碣石湾实测含沙量最高值为 0.066 kg/m³，最低值为 0.001 kg/m³，一般含量在 0.001～0.018 kg/m³之间，平均为 0.005 kg/m³，与海门湾相近。

红海湾实测含沙量最高值为 0.250 kg/m³，最低值为 0.001 kg/m³，一般含量为 0.003～0.022 kg/m³，平均为 0.012 kg/m³。该海湾春季(4 月)含沙量要高于秋季(9 月)。

大亚湾泥沙含量低，实测最高值 0.040 kg/m³，最低值 0.001 kg/m³，平均为 0.011 kg/m³。水体含沙量具有西侧高于东侧、近岸高于远岸、湾顶高于湾口等分布特点。

(2)珠江口水域

珠江口的水体含沙量在 0.1～0.5 kg/m³之间变化，有入海口门处高、往外海逐渐低和浅滩高、深槽低的分布特点，落潮含沙量普遍比涨潮含沙量高，洪水期的含沙量明显要大于枯水期。以伶仃洋河口湾为例，多次实测资料显示，在同样潮型下该海湾洪水期的平均含沙浓度是枯水期的2倍左右。

珠江口各口门附近水体悬沙含量为0.16～0.22 kg/m^3，外至桂山岛—大横琴岛—三灶岛—南水岛—黄竹湾10 m等深线附近，含沙量已减小至0.1 kg/m^3；再向海至30 m等深线附近，含沙量已小于0.01 kg/m^3。

伶仃洋潮流作用较强，泥沙上溯占优，夏季下泄泥沙受东南季风影响形成横向输沙易在边滩上落淤；磨刀门泥沙运动受径流控制，夏季和冬季均向外海输移，下泄泥沙在口门附近受波浪及沿岸流顶托落淤，河口拦门沙发育明显；黄茅海主槽夏季泥沙下泄，冬季泥沙上溯，但西部浅滩受强劲北风影响时泥沙仍往口外西南方向下泄。

(3)粤西沿岸

广海湾的水体含沙量一般在0.005～0.013 kg/m^3，实测最大泥沙含量超过0.10 kg/m^3。平均含沙量通常小潮要比大潮略高，其平面分布具有湾内含量低、湾口含量高的趋势，小潮期表现得更为显著。东、西两侧湾口，高含沙水舌向湾内延伸，表层泥沙浓度西口高于东口，底层泥沙浓度则东口高于西口。

镇海湾的水体含沙一般在0.118～0.776 kg/m^3，明显比东侧的广海湾高很多。其中，漭洲岛东部海域泥沙含量最高，一般在0.5 kg/m^{3}左右，下川岛北部海域较低，在0.3 kg/m^{3}左右。小潮泥沙含量一般大于大潮，春、夏两季尤为突出。

海陵湾水体含沙量一般在0.01 kg/m^{3}以下，实测最大含沙量为0.37 kg/m^3，出现在小潮期海湾底层。与前两个海湾类似，也是小潮期水体含沙量较大。水体含沙量大、中潮时具有湾内低、湾口高的分布趋势，小潮时则分布较均匀。

水东湾的水体含沙量一般为0.002～0.015 kg/m^3，最大值为0.025 kg/m^3，属低含沙海域。该海湾水体含沙量春季要比秋季大1～4倍，水体含沙量分布具有表层由岸向海渐降、底层由岸向海渐增的变化趋势。

湛江湾外浅区平均含沙量春季为0.005～0.012 kg/m^3，秋季为0.012～0.019 kg/m^3，春季与秋季平均含沙量的比值约为3:5。湛江湾内(霞山以北)平均含沙量为0.020～0.030 kg/m^3，实测最大含沙量一般不超过0.30 kg/m^3。当海水含沙量达0.004～0.005 kg/m^{3}以上时，湛江湾内就形成浑水。风浪型浑水一般所形成的含沙量较高，多发生在如南三岛东岸和口门外拦门沙浅滩；潮流型浑水一般多在大潮涨、落急时段出现，涨潮浑水带规模较大，高值区分布在口门和峡道边缘，落潮浑水带规模较小，通常出现在中央深槽、口门及口外拦门沙浅滩一带；暴雨在湾内形成的径流型浑水，一般都漂浮于海水之上，随落潮流向外海排泄。

(4)广西沿岸

铁山湾陆域来沙极少，平时水体含沙量仅为0.001～0.01 kg/m^3，属冲泻质泥沙。该海湾主要是波浪作用下粗颗粒泥沙的推移运动。该海域含沙量的分布变化主要取决于风、浪、流及地形等因素，一般浅滩高于深槽、近岸高于外海。据观测资料统计，该海湾夏季含沙量约为0.05 kg/m^3，冬季含沙量较夏季小一个数量级，仅为0.005 kg/m^3。

1.4.4.4 沿海漂沙情况

华南入海河流泥沙在海岸和大陆架扩散及影响的范围如图1－17所示。由图1－17可归纳出以下基本特征。

韩江及粤东入海河流泥沙主要扩散和沉积范围在水深30 m以内的近岸带，受惠来石碑山以东海域全年东北向海流影响，韩江的入海泥沙趋于向东运移扩散至大陆架。

珠江及粤西入海河流泥沙扩散和沉积的范围，主要在珠江口至雷州半岛东部水深 50 m 以内的近岸带和大陆架内。但珠江口外夏季受东北向海流影响，珠江入海泥沙可向东南方向扩散至水深 100 m 的海域。

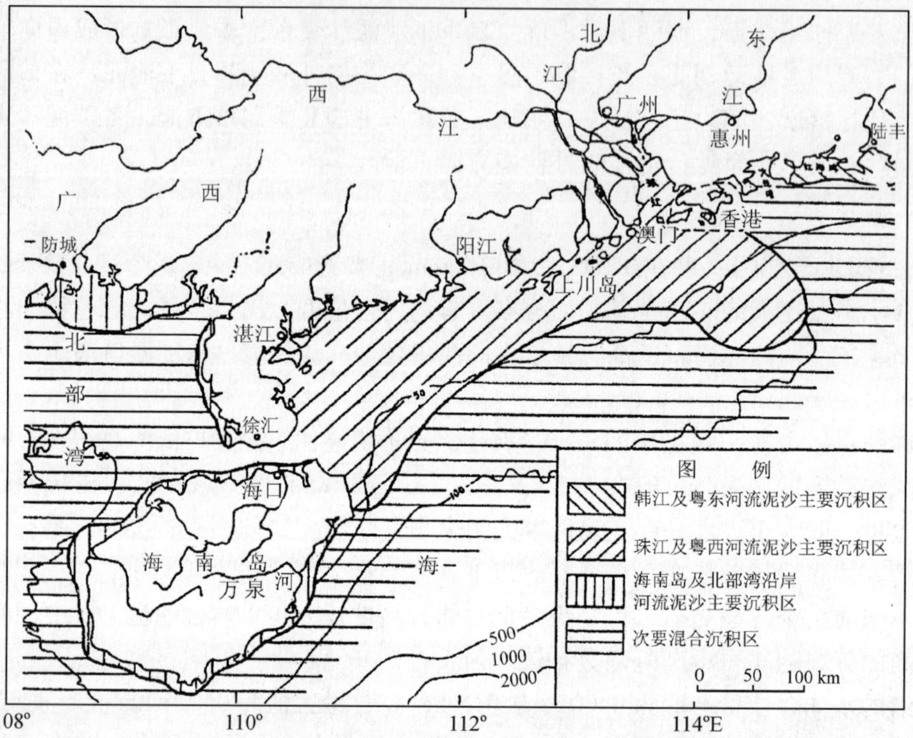

图 1－17　华南入海泥沙扩散及影响范围示意

海南岛沿岸和北部湾东北岸入海河流泥沙主要扩散沉积在水深 30～40 m 以内的近岸带。

在上述三个主要扩散和沉积带以外，属于不同岸段河流泥沙混合影响区域。因为潮流和海流在南海北部的大范围活动，使不同河流入海的细粒泥沙可以在陆架区相混合，其中越南红河的入海泥沙可以影响到北部湾东北部海域。

波浪作用的沿岸漂沙只限于各河口及近岸带。由于华南海岸多呈锯齿形状，河流出口一般镶嵌于河口湾或海湾湾顶。由于两侧有半岛或岬角突出，不可能形成长距离的大规模沿岸漂沙。

参考文献

包澄澜．1991．海洋灾害及预报．北京：海洋出版社．

陈吉余，陈介胜．1993．中国海岸带地质．北京：海洋出版社．

丁德文．1999．工程海冰学概论．北京：海洋出版社．

国家地震局．1981．中国地震烈度区划工作报告．北京：地震出版社．

李剑，黄嘉佑，等．2005．黄、渤海海冰长期变化特征分析．海洋预报，22(2)：22－32．

李志军，王永学．2000．渤海海冰工程设计特征参数．海洋工程，18(1)：62－65．

马宗晋．1993．中国重大自然灾害及减灾对策(分论)．北京：科学出版社．

苏纪兰．2005．中国近海水文．北京：海洋出版社．

孙湘平. 2006. 中国近海区域海洋. 北京：海洋出版社.

王相玉，等. 2007. 渤、黄海北部海冰年代时空变化特征分析. 海洋预报，24(2)：26－32.

王颖. 2013. 中国海洋地理. 北京：科学出版社.

许东禹，等. 1997. 中国近海地质. 北京：海洋出版社.

严恺. 1992. 中国海岸工程. 南京：河海大学出版社.

阎俊岳，陈乾金，张秀芝，等. 1993. 中国近海气候. 北京：科学出版社.

杨国金. 1998. 中国近海工程环境参数区划. 海洋预报，15(3)：132－139.

叶林，等. 1994. 中国的地震海啸及其预警服务. 自然灾害学报，(1).

中国海岸带水文编写组. 1995. 中国海岸带和海涂资源综合调查专业报告集——中国海岸带水文. 北京：海洋出版社.

第2章 河口治理工程

2.1 概述

我国有1 500余条流域面积大于1 000 km^2的河流入海。河口按照平面形态可分为河口湾和三角洲河口，前者海洋水域入侵大陆，如钱塘江口；后者大陆三角洲伸入海洋，如黄河口。按照潮差可分为弱潮河口(潮差 <2 m)，中潮河口(2 m$\leqslant$潮差$\leqslant$4 m)，强潮河口(潮差 >4 m)。如黄河口为弱潮河口，长江口为中潮河口，钱塘江为强潮河口。按照水动力可分为海相强混合型河口，海相缓混合型河口，陆海双相缓混合型河口，陆相弱混合型河口。

全国河口总入海水量多年平均达15 914 $\times 10^8$ m^3，河口地区淡水资源丰富；河口外及相邻海岸滩涂淤涨，土地资源潜力大；入海径流含溶解质达6 $\times 10^8$ t以上，给海洋生物充裕饵料，河口是鱼类洄游重要通道，滩涂是蟹虾和贝类养殖场所，河口外常有广阔渔场，水产资源条件优越；大、中河口常拥有稳定的深水岸线，具有发展海运、海－河联运的“港口资源”；有些河口还具有景观及自然古迹，如钱塘江口涌潮、闽江口两岸峭壁等，旅游资源价值甚高。资源的多样性使河口成为人类活动最为活跃的地区，在其开发利用时形成产业交错重叠、相互影响、相互制约的格局。遇到最多的是水利、航运、围垦相互之间的矛盾与协调。如长江口航运与围垦，黄河口采油与防洪，珠江口淡水利用与航运、围垦，钱塘江治理中的稳定堤防与围垦和涌潮景观等问题。在开发过程中，河口地区沿河、沿海岸线，特别是深水岸线及其邻近陆域与水域的分配布局涉及交通、水利、电力、水产等多种部门和城镇、工业等各方面的需求和利益。

濒临黄渤海、东海、南海的河口，直接承受由太平洋传播来的潮汐、风浪、海流，特别是台风、暴潮的影响，常给河口地区带来严重灾害。入海河口径流与潮流相互作用，咸淡水混合，带来细颗粒泥沙絮凝沉降、最大浑浊带、拦门沙浅滩等复杂问题。河流还挟带不少污染物质入海，日益危害着河口淡水资源和生态环境。

国内外实践经验表明，河口地区要实行“综合治理、综合开发”的方针，合理地安排各种资源开发利用的布局与比重，进行有计划、有重点的多目标开发，采用统筹兼顾的综合治理设施，才能既保护资源与环境，又获得最大的社会经济效益。我国各大中型河口均已制定了河口综合整治开发规划，为河口防潮减灾和资源开发与保护奠定了基础。

本章将介绍近十多年我国长江口、黄河口、珠江口等三大主要河口以及钱塘江口、海河流域入海河口和瓯江河口等大中型河口的治理工程进展。

2.2 长江口治理工程

2.2.1 概况

长江发源于青藏高原腹地唐古拉山脉主峰各拉丹冬雪山的西南侧，干流流经青、藏、川、滇、渝、鄂、湘、赣、皖、苏、沪等11省(自治区)和直辖市进入东海，全长6 300 km，流域总面积超过180×10^8 km^3。长江口上起徐六泾，下迄口外50号灯标，全长约181.8 km，徐六泾断面河宽约5.7 km，口门宽约90 km。长江口河段平面呈扇形，总体呈三级分汊、四口入海的河势格局(图2-1)。在徐六泾以下，崇明岛将长江分为南支和北支，南支在吴淞口以下又被长兴岛和横沙岛分成南港和北港，南港又被九段沙分为南槽和北槽，共有北支、北港、北槽、南槽四个入海通道。长江口治理主要是围绕深水航道建设、滩涂围垦、淡水资源利用并结合河势控制进行的。2010年3月长江口12.5 m深水航道开通。2011年1月8日，长江口12.5 m深水航道延伸至太仓，2012年8月28日南京以下12.5 m深水航道一期工程开工，工程分三期，预计在2015年内建成，届时5万吨级船舶将可直达南京。

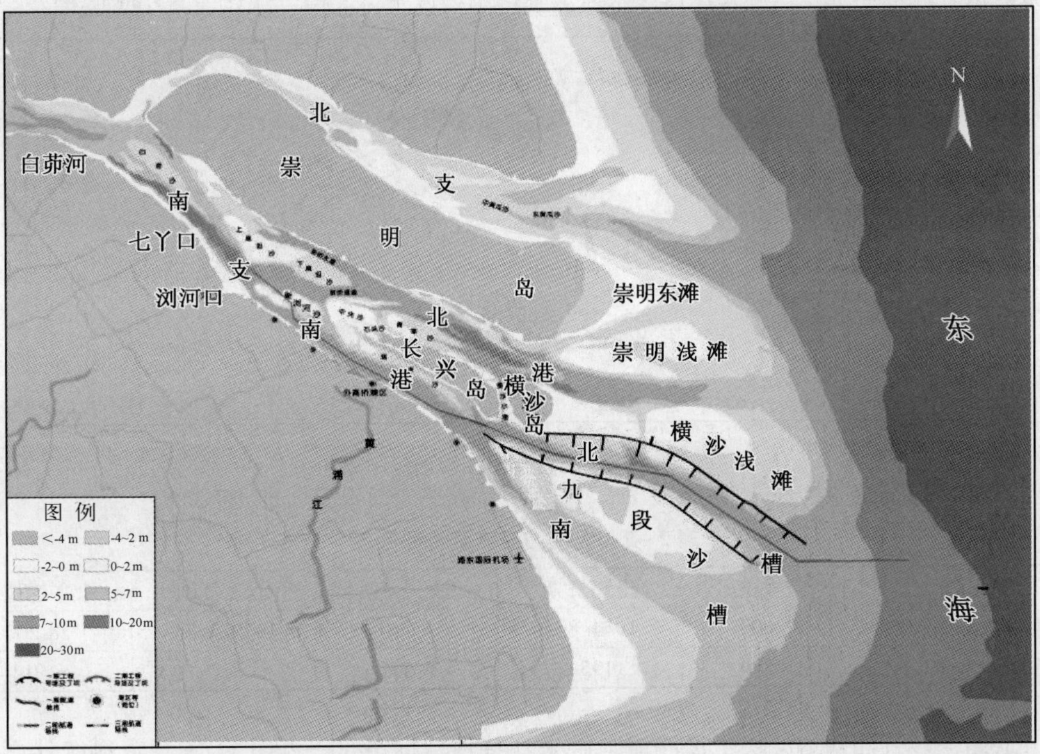

图2-1　长江口河势格局

2.2.2　自然条件

长江口地处长江三角洲地区，位于30°52′—31°53′N，120°59′—122°27′E，河道流经江苏省海门、启东、常熟、太仓等县市和上海市的崇明、宝山、浦东新区、南汇等区县。

长江口地区径流特征基本可以用大通站(位于安徽大通，距离长江口门640 km，如图2-2)实测资料来代表(见表2-1)。据大通站1950—2011年资料统计，多年平均流量28 200 m^3/s，相应多年平均径流量$8\ 914 \times 10^8$ m^3。5—10月份径流量占全年的70.73%。历年最大年径流量为1954年的$13\ 600 \times 10^8$ m^3，历年最小年径流量为2011年的$6\ 696 \times 10^8$ m^3。

长江口是中等强度的潮汐河口，口门中浚站多年平均潮差为2.66 m，最大潮差为4.62 m，属不正规的半日潮。一日内两涨两落，日潮不等现象较明显，一涨一落平均历时约12小时25分。年最高潮位在6—10月均可出现，以7—9月居多。

长江口河段年最高潮位和年最低潮位一般上游高于下游。自河口愈向上游，涨潮历时愈短，落潮历时愈长，落潮历时大于涨潮历时。南支潮差向上游沿程递减；北支潮差由口门往内逐渐增大，过灵甸港后又逐渐减小了；北支最大潮差及多年平均潮差均大于南支。长江口潮量随天文潮和上游径流大小而变化，两个全潮总进潮量可达 60×10^8 m^3。南支河段落潮量大于涨潮量，以落潮流占主导地位。北支河段自 1958 年以来已演变为涨潮流占优势的河段。北支分流比从 18 世纪以来逐渐减小，南支分流比逐渐增大。北支分流比从 1958 年的 8.7% 减至目前的 5% 以下。1958 年以来，南、北港分流比基本稳定，变化幅度相对较小，北港落潮分流比变化范围为 43.6% ~56.5%，南港为 43.5% ~56.4%。北槽自形成以来呈不断发展态势，分流比逐步增加，至 1963 年后北槽分流量大于南槽。此后南北槽分流比互有消长。1984 年后南港北槽成为长江口的通海航道。1998 年北槽实施长江口深水航道整治工程以来，北槽分流比一直小于南槽。

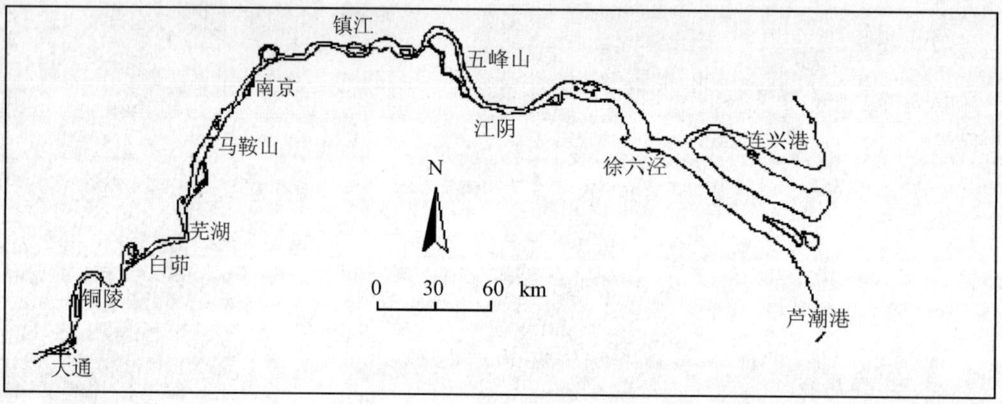

图 2 -2 大通至长江口形势图

表 2 -1 大通站径流量特征值表

项 目	最大值	出现日期	最小值	出现日期	平均值
流量/(m^3/s)	92 600	1954.8.1	4 620	1979.1.31	28 200
年径流量/$\times10^8$ m^3	13 600	1954	6 696	2011	8 914

大通站泥沙特性基本反映了长江口上游来沙特性。据 1950—2001 年实测资料统计，多年平均含沙量为 0.428 kg/m^3，多年平均输沙量 4.30×10^8 t。最大年平均含沙量为 0.697 kg/m^3，最小年平均含沙量 0.28 kg/m^3。年最大输沙量 6.78×10^8 t，年最小输沙量 2.39×10^8 t。输沙量与流量基本同步，且沙量的年内分配比水量更集中。长江口河床质主要为极细砂和粉土，粒径中等偏细，中值粒径为 0.009 8 ~0.056 mm。悬沙中值粒径在 0.006 5 ~0.031 mm。纵向变化为愈向口外愈细，横向变化为南港较粗，北港次之，北支较细。三峡工程蓄水后(2003—2008 年)：平均输沙总量为 153.610 6 t，其中 5—10 月输沙量总和为 125.410 6 t，占全年输沙量的 81.6%。

大通站长期监测数据表明，20 世纪 80 年代开始，长江入海泥沙总量和含沙量开始出现显著下降，1950—1984 年平均输沙量 4.81×10^8 t，1986—2002 年平均输沙量 3.43×10^8 t，2003—2011 年平均输沙量 1.43×10^8 t，这与流域水土保持与支流梯级开发拦蓄泥沙有关。2003 年三峡水库蓄水后，拦截了部分下泄泥沙，大通输沙量明显下降(图 2 -3 及图 2 -4)。

长江口地区风暴潮绝大部分是由台风所引发。影响长江口地区的热带气旋平均每年 2 ~3 次，5—10 月均可能出现，并集中发生在 7—9 月，占全年总量的 90% 以上。一次台风影响长江口的时间平均持续 2 ~3 天。登陆型约占 40%，其中 90% 为长江口以南登陆，所引起的最大增水在空间分布上有南支大于北支、同一河段南岸大于北岸的特点；海上转向型约占60%，所引起的最大增水在空间上也有南岸大于北岸之势，但分布不明显，且基本上呈口外增水大，渐向上游增水减小的格局。年最高潮位通常出现在台风、天文大潮和上游大洪水三者或两者遭遇之时。天文潮在年最高潮位中所占比重最大，风暴潮对河口地区年最高潮位的发生起着加强以至形成特高潮位的作用，上游洪水的作用稍弱。长江口地区1997年及2000年实测最高潮位均发生在台风(9711及0012)与天文大潮遭遇之时。

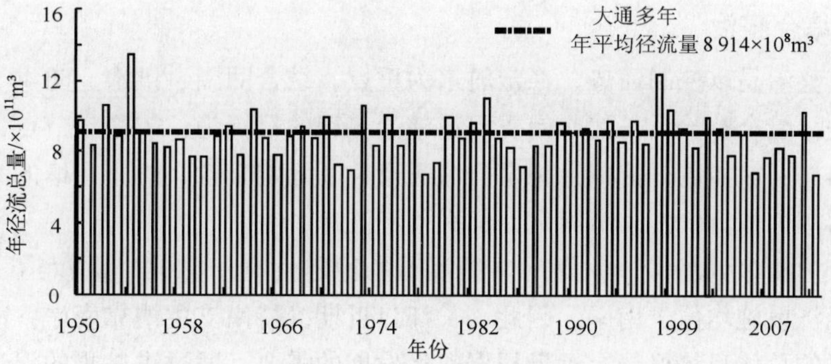

图2-3　1951—2011年大通站年径流量分布

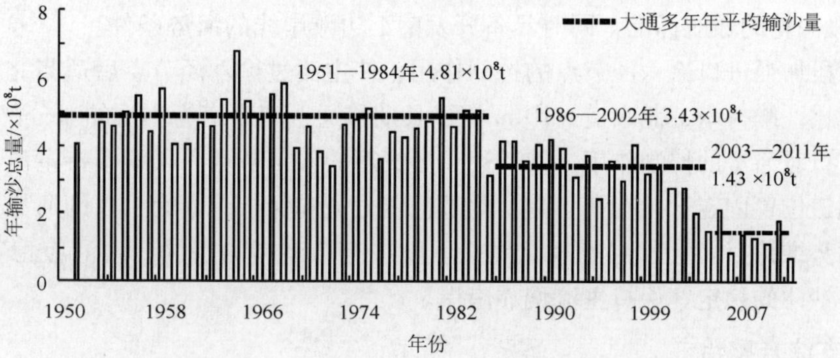

图2-4　1950—2011年大通站年输沙量分布

长江口的四条入海通道构成咸潮入侵的通道，其咸潮入侵强度主要受河口形态、潮差和上游径流量等因素的影响。北支盐度居首，其咸潮入侵界枯季一般可达北支上段，洪季一般可达北支中段；南支咸潮入侵界枯季一般可达南北港中段，洪季一般在拦门沙附近。在特定枯水与大潮组合下，北支咸潮入侵可达南北支分流口并倒灌南支；在特大洪水与小潮组合下，南支拦门沙以内可全为淡水占据。长江口咸潮入侵一般发生在枯季11月至次年4月，1—3月含氯度超标的天数较多。1979年初咸潮入侵波及常熟市的望虞河口，徐六泾以下江段遭受咸潮侵袭时间长达5个月之久，北港堡镇和南港高桥两站含氯度超标天数分别达170天和146天。1982—1992年10年间，陈行水库、宝钢水库每年1—3月都发生不同程度的氯化物超标现象。20世纪90年代以来，北支上段围垦和泥沙淤积，导致潮差显著增大，长江口盐水入侵开始出现在大通流量较高的时期，特别是2001年3—4月份，大通流量15 000~20 000 m^3/s时依然发生较强的盐水入侵；2001年9月大潮期间长江口盐水入侵严重，陈行水库水质超标5~6天；2006年9月至2007年4月间发生16次盐水入侵事件，其中2007年4月份在大通流量高达17 000 m^3/s的情况下，依然出现河口盐水入侵，其中长江下游抽引水的影响不可忽视。长江口盐度日变化过程与潮位过程基本相似，具有明显的日不等现象，也呈季节变化。长江口盐度一般是由上游向下游逐渐递增，过口门后急剧增加。各汊道相近断面盐度的高低主要受径流分配的影响。径流分流量大，盐度就低，反之则高。在复式河槽中，同一断面涨潮槽的盐度比落潮槽高。在同一河槽中，始涨时岸边盐度比中泓高，涨急和涨憩时中泓盐度比岸边高，落急时又是岸边比中泓高；北岸盐度比南岸高。盐淡水混合在垂向上有强、缓和弱三种混合类型。同一测站的混合强度是大潮期比小潮期强，径流量小时比径流量大时强。

2.2.3 长江口治理总体布局

2.2.3.1 南支综合整治

长江口南支整治是以控制河势、稳定航道为重点，结合圈围、供水、防洪、维护优良生态环境等要求，进行综合整治。长江口南支河道整治工程的目标为：①稳定节点，保持长江口三级分汊的基本格局；②控制分流口，稳定分流通道；③固定暗沙，防止主槽的大幅摆动；④控制中、洪水期落潮主流流向，缩窄河宽，加大落潮流速。

长江口南支主槽多偏靠南岸，靠南岸的汊道的稳定性高于靠北岸的汊道，且大型厂矿企业、主要国民经济设施均位于南岸。因此，长江口近期维持南支主槽靠南岸，南港为主汊、入海深水航道通畅的总体河势格局。远景根据航运发展的需要，通过进一步的河道整治工程及航道整治工程，使北港形成主流稳定、能乘潮通航 3 万 ~5 万吨级海轮，使南槽达到乘潮通过 1 万 ~2 万吨级海轮的通航标准，同时具备开发南汇边滩岸线的河势条件。

白茆沙河段加强进口徐六泾节点的控制作用，使主流过徐六泾节点后适当北偏，以适当增加北水道分流比，维持南、北水道 -10 m 深槽长期贯通、南水道为主汊的双分汊河势格局。

加强七丫口对河势的控制作用，使其逐步形成新的人工节点。长期维持主流偏靠南岸，分流口及分流通道位置固定，并有利于南、北港稳定分流和保持南港为主汊的河势格局。

北港的河势维持目前上段主流靠北岸、下段主流靠南岸的格局。南港应稳定进口分流通道，维持瑞丰沙体的稳定，保持主流偏靠南岸。

2.2.3.2 北支综合整治

北支综合整治目标为减轻或消除北支水沙盐倒灌南支，为淡水资源的开发利用创造有利条件；减缓北支淤积萎缩速率，维持其引排水功能，为远期进一步整治创造条件；逐步改善北支通航条件，以支撑地区经济社会的可持续发展；结合整治，合理开发滩涂资源，满足地方经济发展对土地资源需求。近期整治采用中缩窄方案，并考虑通过上段疏浚措施，改善上口进流条件，增加北支分流比，并适当改善北支上段航道条件。对北支沿岸现有崩岸段和整治工程实施后近岸流速增加的岸段加强守护。北支近期综合整治工程措施主要包括北支中下段河道缩窄工程、护岸工程、北支上段疏浚工程等。远期在北支缩窄的基础上，继续深入研究建闸及顾园沙潜堤等口门拦沙措施的工程效果及相关影响，在适当时机再考虑实施北支下段建闸或其他可行方案，同时进一步稳定岸线。

2.2.3.3 航道发展布局

(1) 主航道

主航道指长江口深水航道及其两侧小船航道。主航道走向为北槽—南港—南支—徐六泾，包括北槽航道、南港航道和南支航道三段，全长 166 km，除包括现长江口深水航道及其两侧小船航道外，外高桥沿岸航道、宝山支航道、白茆沙北航道以及宝山南航道等也是主航道的组成部分。主航道为大型集装箱、干散货船和油轮进出长江口的主通道，满足 5 万吨级集装箱船

(实载吃水 11.5 m)全潮、5 万吨级散货船满载乘潮双向通航，兼顾 10 万吨级远洋集装箱船舶和 10 万吨级满载散货船及 20 万吨级减载散货船乘潮通航。

除局部浅段外，主航道大部分区域航道水深条件良好，自然水深在 12.5 m 以上。主航道建设条件包括：南支河段需对白茆沙、扁担沙和南北港分流口进行治理。通过白茆沙治理工程固定白茆沙沙体，稳定河势和航槽，塑造南支上段良好的河势格局；通过扁担沙治理工程治理上、下扁担沙，稳定南支河势和航槽，限制越滩水流发展的趋势；通过南北港分流口工程在扁担沙治理工程的基础上，形成良好的分流口河势。南港河段需进行瑞丰沙治理工程，稳定瑞丰沙沙体，限制瑞丰沙串沟的横向水流，稳定南港航道并改善南港、北槽航道的维护条件，改善和维持外高桥码头前沿和长兴水道的水深条件。

(2) 主航道分流航道

主航道分流航道包括南槽航道、北港航道和北支航道三条。南槽航道全长约 75 km，上接南港航道，下至口外，除南槽下段存在水深约 5.5 m 的拦门沙浅段外，南槽航道自然水深均在 8 m 以上，是北槽航道的分流航道，主要分流万吨以下船舶及空载大船。南槽航道是上海较小船舶及空载大型船舶进出长江口的主通道，是浏河口以上沿江港口较小船舶来往南方沿海的重要通道，也是长江 - 洋山港江海联运的重要通道。规划南槽航道在治理拦门沙的基础上，形成 8 m 航道，其航道规划尺度为 8 m × 250 m × 1 050 m，满足万吨级船舶乘潮通航的需求。北港航道全长 90 km，上接南支航道，下至口外，除拦门沙浅段航道自然水深在 5.5 m 左右外，北港航道自然水深均在 10 m 左右。北港航道暂未开发，开发后作为主航道的重要分流通道。规划北港航道分阶段开发形成 10 m 航道，航道规划尺度 10 m × 300 m × 1 050 m，满足 3 万吨级集装箱船全潮、3 万吨级散货船及 5 万吨级船舶乘潮通航的需求。北支航道全长 85 km，上接南支上段，下至口外，三条港以上航槽自然水深约 2 m，三条港—连兴港段航槽自然水深在 5 ~ 6 m。规划北支航道上段(崇启大桥以上)逐步开发 3.2 m 航道；北支航道下段(崇启大桥以下)先期利用自然水深开通 6 m 航道；根据沿岸经济发展需要，在治理顾园沙的基础上，择机开通 8 m 航道。

2.2.3.4 航道整治工程

南支河段整治工程实施后，白茆沙河段可形成南北水道 - 10 m 深槽皆贯通、南水道为主汊的优良河势，但同时可能还存在水流切割白茆沙尾导致底沙下泄影响下游航道稳定的问题。在河势控制工程的基础上，进一步采取工程措施维持白茆沙体的稳定。近期工程是对白茆沙河段进行整治，沿白茆沙脊布置一道龙骨顺坝，两侧布置格坝六条，控制沙体漫滩水流及其切滩作用，缩窄河床过水面积，稳定白茆沙体，以利形成完整的白茆沙心滩。南支河段在河势控制工程实施后，应注意新浏河沙包的变化及其可能对新宝山水道的航道尺度造成的影响，必要时应加以控制。北港河段在河势控制规划实施后对拦门沙河段进行航道治理。南槽航道碍航段采取疏浚措施解决。随着南汇边滩圈围开发，南槽河道得到一定的缩窄，水深可能有一定的加大，有利于提高通航保证率，要进一步研究南北槽分流口航道整治工程方案。北支航道在河势控制规划实施以后，尤其是近期工程实施后，航道尺度可能仍存在问题，可采取必要的疏浚措施，维持航道尺度。

2.2.3.5 水土资源开发利用

根据上海市城市总体规划，2020 年上海城市最大日原水供水量为 $1\ 400 \times 10^4\ m^3/d$。为满足上海城市近、远期供水要求，重点实施陈行第二水库以及青草沙水库等水源地建设。确保上海城市供水安全，远期还可结合南汇嘴控制工程，建设没冒沙生态水库。为了解决崇明岛水资源的需要，规划在崇明岛西南原明珠湖所在地，结合边滩开发利用，规划建设以解决饮用水为目的的水库，规划库容为 $1\ 000\times10^4\ m^3$，供水规模为 $47\times10^4\ m^3/d$；长兴岛、横沙岛地表水缺乏，目前拟对地下水取水能力进行扩建，地下水供水量由现状 $1.4\times10^4\ m^3/d$ 扩大至 $3\times10^4\ m^3/d$(不包括电力工业用水)，今后两岛需水通过青草沙水库解决。

长江口湿地面积353 454.39 hm^2(表2-2)。沿江沿海湿地总面积85 691.72 hm^2，占长江口湿地总面积的24.24%，主要分布于长江口南岸(西起白茆口，东至芦潮港)、长江口北支、杭州湾北部(南起金丝娘桥，北至芦潮港)地区，其中沿江湿地约占81%；沙洲岛屿湿地总面积为267 463.67 hm^2，占长江口湿地总面积的75.67%，主要分布于长江口一些离岛沙洲，有露出水面成陆并被人类开发利用的，如崇明岛、长兴岛和横沙岛；还有露出水面成陆并未被人类开发利用的，如九段沙和青草沙等；另有未露出水面的阴沙，如扁担沙、中央沙、铜沙等。崇明岛、长兴岛和横沙岛大部分已被开发成村镇和农场，仅在沙岛海堤外缘有一些自然湿地，这部分湿地加上其他沙洲湿地构成长江口沙洲岛屿湿地。

表2-2　长江口湿地类型、位置及面积

<table>
<tr><th colspan="5">湿地类型及名称</th><th>分布范围</th><th>面积/hm^2</th><th>湿地分类面积/hm^2</th><th>备　注</th></tr>
<tr><td rowspan="7">近海及海岸湿地</td><td rowspan="6">潮间淤泥海滩</td><td rowspan="3">杭州湾北岸</td><td colspan="2">金山区边滩</td><td rowspan="3">西始于金丝娘桥，东至南汇汇角</td><td>5 703.15</td><td rowspan="3">13 494.97</td><td rowspan="3"></td></tr>
<tr><td colspan="2">奉贤县边滩</td><td>5 954.70</td></tr>
<tr><td colspan="2">南汇县边滩</td><td>1 837.12</td></tr>
<tr><td rowspan="3">长江南支南岸边滩</td><td colspan="2">吴淞口北宝山边滩</td><td>吴淞口北至浏河口</td><td>5 554.07</td><td rowspan="3">59 594.9</td><td rowspan="3">含铜沙沙嘴</td></tr>
<tr><td rowspan="2">吴淞口南</td><td>浦东新区边滩</td><td>吴淞口至浦东机场</td><td>5 954.70</td></tr>
<tr><td>南汇边滩▲</td><td>浦东机场至南汇角</td><td>58 085.13</td></tr>
<tr><td>岩石海岸</td><td colspan="3">大小金山三岛▲</td><td>位于金山边滩南东海域，距金山嘴5.5 km</td><td>2 501.85</td><td>2 501.85</td><td>原自然保护区申请45 hm^2</td></tr>
<tr><td rowspan="8">河口水域</td><td colspan="4">崇明东滩▲</td><td>北八滧起向东、南至奚家港</td><td>71 895.77</td><td rowspan="6">257 453.57</td><td>含佘山岛，为上海市市级鸟类自然保护区</td></tr>
<tr><td colspan="4">崇明岛周缘</td><td>除东滩外，崇明岛北缘、西缘、南缘滩涂</td><td>41 188.24</td><td>北含黄瓜沙，南含扁担沙</td></tr>
<tr><td colspan="4">长兴岛周缘</td><td>主体为长兴岛北部、西部滩涂</td><td>15 483.91</td><td>含青草沙、中央沙、新浏河沙</td></tr>
<tr><td colspan="4">横沙岛周缘</td><td>主体为位于横沙岛以东滩涂</td><td>50 549.87</td><td>含横沙浅滩、白条子沙</td></tr>
<tr><td colspan="4">九段沙▲</td><td>位于横沙岛与川沙南汇边滩间，距浦东机场14 km</td><td>40 610.88</td><td>上海市自然保护区</td></tr>
<tr><td colspan="4">长江口北支▲</td><td>海门沙阴至启东启兴沙(包括永隆、兴隆、临隆、带鱼、兴隆东、东黄瓜、启兴等沙)沿岸江滩等以及北支内低潮位6 m水域区</td><td>47 734</td><td>其中包括江苏省省级湿地自然保护区</td></tr>
<tr><td colspan="4">宝钢水库</td><td rowspan="2">位于长江南支南岸近宝钢侧</td><td>164.00</td><td rowspan="2">299.00</td><td rowspan="2">原名石洞口水库</td></tr>
<tr><td colspan="4">陈行水库</td><td>135.00</td></tr>
<tr><td colspan="7">合　　计</td><td>353 454.39</td><td></td></tr>
</table>

注：表中未统计除水库以外的人工湿地；▲为重要湿地；长江口(北支)湿地面积仅为保护区面积。

长江口滩涂圈围总体上必须符合长江口河道演变的自然规律，不能对河口地区生态环境、河势稳定、防洪安全以及水利交通设施正常运行产生明显的不利影响，在长江口治导线控制的范围内进行；坚持保护与开发并重，多促淤少圈围，先促淤后圈围；坚持适度开发利用，统筹考虑圈围的社会效益、经济效益和生态效益，实现动态平衡，满足经济社会可持续发展。开发利用总体规模及分期实施安排见表2－3。

表2－3 长江口滩涂圈围总体规模及分期实施安排

项目分类	位　置	工程规模/万亩*	
		圈围	促淤
近期实施	新通海沙、白茆小沙、中央沙、常熟边滩、浦东新区边滩、大新港至灵甸垦区边滩等圈围；太仓边滩、南汇边滩、横沙东滩、青草沙、崇明北缘等促淤及圈围；堡镇沙及外团结沙、江亚南沙等促淤	62.42	84.70
远期实施	太仓边滩、堡镇沙、外团结沙、南汇边滩、崇明北缘边滩圈围以及横沙东滩促淤	18.59	38.90
合　计		81.01	123.60

长江口岸线总长约541 km，其中大陆岸线总长约247 km，江岛岸线总长约294 km，深水岸线总长约133 km。目前已利用各类岸线总长约122 km。长江口综合整治工程实施后，深水岸线长度约增加39.3 km。长江口岸线功能分区划分为开发利用岸线、保护岸线、保留岸线三大类。开发利用岸线指用作港区开发、工业开发、过江设施、取排水口、水库等用途的岸线，共七大段，总计约232.24 km；保护岸线主要包括两类岸线：一类为生态保护岸线，另一类为控制利用岸线，主要指为维护河势稳定，不能在河道中兴建阻水建筑物的岸线，共四大段，总计约134.99 km；保留岸线包含两类岸线，一类为目前的水域条件一般，或正在向深水岸线方向发展，可作为远景港区或工业开发类预留的岸线，另一类为目前淤涨型岸滩，近岸水域水深较浅，不宜作为港区、工业类开发的岸线，共六大段，总计约215.93 km。岸线功能分区见表2－4。

表2－4 长江口岸线功能分区

分类	位　置	总长度/km
开发利用岸线	徐六泾至三井村、浏河口南—三甲港、水山围堤—海太汽渡、白茆小沙外缘、崇头—东风沙段、南门港—堡镇港、长兴岛四周(含中央沙、青草沙)	232.24
保护岸线	海太汽渡—大新河、崇头—新跃沙、崇明东滩、横沙岛	134.99
保留岸线	三井村—江苏、上海分界、三甲港—南汇嘴、新建河—南门港、堡镇港—团结沙港、大新河—连兴港、新跃沙—崇明北沿边滩东端	215.93

2.2.3.6 防洪(潮)布局

据2000年社会经济资料统计，江苏省堤防保护区面积5 005.62 km^2，保护区人口473.75万人，耕地面积452.73万亩，国内生产总值753.13亿元。据1998年社会经济资料统计，上

* 注：亩为非法定计量单位，1亩 = 1/15 hm^2。

海市堤防保护人口581.05万人，耕地面积614.67万亩。目前江苏省主江堤已基本达到流域确定的防洪标准(《长江流域综合利用规划简要报告(1990年修订)》(简称《长流规》))。上海市堤防已形成抵御一定防洪潮标准的堤防工程体系。结合近期和远期保护区域的经济发展水平、洪潮灾影响，拟定长江口各堤段防洪潮标准见表2-5。

表2-5 长江口各堤段不同规划水平年防洪潮标准及堤防等级

分片	市、区	2010年		2020年	
		防洪标准	堤防等级	防洪标准	堤防等级
江苏省	常熟、太仓、通州、海门、启东	《长流规》标准	2	百年一遇	2
上海市	宝山区、浦东新区	二百年一遇	1	二百年一遇	1
	崇明岛、长兴岛、横沙岛、南汇区	百年一遇	2	百年一遇	2

2.2.4 长江口防洪治理工程

2.2.4.1 南北港分流口控制与青草沙水库工程

南支下段(七丫口至吴淞口-堡镇断面)的不稳定主要表现在南北港分流口的上迁、下挫和通向南北港的分流通道演变。南北港分流口和分流通道的频繁变迁，不仅直接影响南支下段的河势稳定，同时每一次新通道的产生，大量的切滩泥沙向下游南北港搬运，加速南北港的淤积。因此，稳定南北港分流口和分流通道是保证南支下段和中央沙、青草沙及南北港河势的关键所在。

已经实施的青草沙水库是南北港分汊口控制工程的组成部分。该工程是青草沙水源地原水工程的主体工程，位于长江口南北港分流口下方，包括长兴岛头部和北部外侧的中央沙、青草沙以及北小泓、东北小泓等水域，为蓄淡避咸型水库。在非咸潮期自流引水入库供水，在咸潮期通过水库预蓄的调蓄水量和抢补水来满足受水区域的原水供应需求。水库库区总面积约70 km^2，由中央沙库区、青草沙库区、水库弃泥区组成，工程等级为Ⅰ级。青草沙水库环库大堤由南堤、西堤、北堤、东堤及长兴岛海塘组成，总长48.41 km，其中青草沙库区新建北堤、东堤22.99 km，加高、加固中央沙南堤、西堤10.47 km，加高、加固长兴岛海塘15.96 km。另外，按水库隔堤标准改造中央沙北围堤7.13 km。

青草沙水源地供水规模719 $\times 10^4$ m^3/d，相应水库设计有效库容4.38 $\times 10^4$ m^3，死库容0.89 $\times 10^8$ m^3。青草沙水库咸潮期最高蓄水位7.0 m，运行常水位6.20 m，死水位-1.50 m；非咸潮期运行高水位4.00 m，运行低水位2.00 m。设计要求在咸潮期间最长可确保68天连续供水。其设计规模占上海市原水供应总规模的50%以上，受益人口超过1 000万人。青草沙水源地原水工程于2007年6月开工建设，2010年12月起陆续投入试运行，2011年6月全面投入运行，2020年将达到设计规模。

青草沙水库的建设可以遏制中央沙沙头和西北侧滩地的继续后退，对稳定南北港分流口河势将起积极的作用。

2.2.4.2 滩涂围垦与河势控制工程

根据2003年3月水下地形图测算，长江口地区0 m等深线以上滩涂总计约7.62 $\times 10^4$ hm^2，2 m等深线以上滩涂总计约13.95 $\times 10^4$ hm^2，5 m等深线以上滩涂总计约26.31 $\times 10^4$ hm^2，这

些滩涂主要分布在新通海沙、白茆小沙、白茆沙、扁担沙、中央沙、青草沙、堡镇沙、外团结沙、瑞丰沙、南汇边滩、横沙东滩、铜沙浅滩、九段沙、杭州湾北岸、新跃沙、新村沙、崇明北缘以及崇明东滩等区域。

2004年以来，结合河势控制、航道整治，长江口地区目前已实施或正在实施的滩涂圈围工程有太仓边滩圈围工程、常熟边滩圈围工程、中央沙圈围工程、青草沙水源地工程、新通海沙圈围工程等，其中青草沙圈围工程实施后，北港河段河宽将缩窄1/2左右，新通海沙圈围工程实施后，徐六泾节点段河宽缩窄1/3左右。北支围垦不仅可以增加大量土地资源，同时束窄了北支河宽，为减少北支的进潮量，减少北支盐、沙倒灌南支以及建桥工程创造了非常有利的条件。工程促淤圈围面积31.57万亩。

根据《长江口综合开发整治规划要点报告》(2004年修订)，确定北支近期整治方案采用中缩窄方案。崇明北沿促淤圈围工程总面积约1.46×10^4 hm^2，整个工程计划分4期实施，其中一期工程已于2003年完成。

(1)南汇东滩滩涂促淤圈围工程

1999年10月起，对南汇东滩南起石皮勒、北至浦东国际机场全线22 km海岸线0 m线以上滩涂，分两次进行了11万亩的工程促淤，至2001年5月底全面完成。其中三期2.27万亩的圈围工程已交付使用；四期3.63万亩的圈围工程，建设标准为200年一遇高潮位加12级风正面袭击，2005年5月底完工；五期5万亩的圈围工程2004年下半年动工，2006年5月底完工，建设标准为200年一遇高潮位加12级风正面袭击。

(2)崇明北沿滩涂促淤圈围工程

工程位于长江口北支南岸黄瓜沙夹泓及以下河段，是长江口北支治理的起步工程。通过围垦，束窄北支下段河道，减少盐水和泥沙倒灌南支，为长江口淡水资源开发利用、南支河势稳定、改善北支通航条件和北支水土资源综合利用创造条件。

采用锁坝、顺坝、隔坝等组合促淤、圈围工程措施，结合生物促淤手段，在省界上海一侧促淤应保留土地22.14万亩，分期实施。其中，“十五”期间实施工程促淤16.51万亩，圈围4.51万亩；“十一五”期间实施工程促淤5.63万亩，圈围12万亩。

(3)横沙东滩促淤造地工程

横沙东滩位于横沙岛尾的东端，处于长江口北港与北槽两股水流的交汇区，易于泥沙的落淤、外延而形成广阔的滩地。天然条件下，北港与北槽之间存在着漫滩水流，使得滩面难以大幅淤高。长江口深水航道治理一、二期工程北导堤自横沙岛岸堤向东延伸，总长49.16 km。导堤工程实施后，拦截北港与北槽之间的漫滩水流，从而有利于该滩面的淤涨。

长江口深水航道治理工程中，有大量疏浚和航槽维护土方，可利用进行吹填。这样一可加快滩面淤涨速率；二可减少疏浚抛泥，避免抛泥对环境的不利影响，防止抛泥随水流回流到港槽，减少航槽回淤的泥沙来源；三有利于深水航道北导堤的稳定。

横沙东滩促淤造地工程东西向长约24 km，南北宽平均4.7 km，共分成成陆区(西片)、促淤区(中片)和保滩促淤区(东片)三大区域。各区域东西向长分别为7 km、12 km和5 km，面积分别为5.31万亩、7.2万亩和4.58万亩，共促淤、圈围17.09万亩，总投资约51亿元。“十五”期间实施工程促淤12万亩、圈围约5万亩；“十一五”期间实施工程促淤5.1万亩、圈围约7万亩。

2003年下半年开始实施横沙东滩一期(西片)5.31万亩促淤工程。主要工程措施是：自横沙岛东大堤起，沿北港南侧 0 m 线，布置 7 km 长促淤堤，顶标高 +4.0 m；相应南侧长江口深水航道北导堤(长 8 km)标高自现在的 +2.0 m，加高至 +4.0 m；区域东侧筑一堤坝，标高 +2.0 m，并适时加高至 +4.0 m。形成“口袋”后，一方面促使泥沙淤积，另一方面利用长江口深水航道二、三期工程部分疏浚弃土吹填上滩，加快成陆速度。

2004 年下半年，实施横沙东滩二期(中片)7.2 万亩促淤工程。北港南侧 0 米线促淤顺堤 11.8 km，顶标高 +4.0 m；相应南侧长江口深水航道北导堤(长 11 km)标高自现在的 +2.0 m，加高至 +4.0 m；区域东侧筑一堤坝，顶标高 +2.0 m，并适时加高至 +4.0 m。

2005 年下半年，开始实施西片区域的三期圈围工程，规模为圈围 5 万亩。筑圈围大堤 18.2 km，建设标准为百年一遇加 11 级风正面袭击组合，同时，围区内吹填至 +3.5 m 标高以上(含预加固结量)。

(4) 中央沙、青草沙圈围工程

中央沙位于长兴岛头部，处于长江口南北港分流口下游的缓流区，南北宽 4 km，东西长 12 km。由于分流口和分流通道的不稳定，直接影响中央沙沙体的稳定。青草沙位于北港河槽南侧，上部与中央沙相连接。青草沙垦区面积达 5 000 亩。垦区南侧的北小泓将青草沙与长兴岛隔离，垦区东北侧的东北小泓将青草沙分离为上下两块沙体，水流紊乱，影响到北港河槽的稳定态势。

中央沙、青草沙圈围工程的目的：①可稳定中央沙滩地，保护中央沙滩地资源；②有利于南北港分流口的治理，稳定分流通道；③缩窄北港河段过大的河宽，促使北港河槽崇明南岸的微弯型优良河势的恢复；④可结合圈围工程的实施，建设江心水库，为上海工农业生产和人民生活用水提供优质水源，从根本上改变上海水质型缺水的状况。

由于中央沙、青草沙处于自然淤涨过程中，原规划只安排了 1 万亩的圈围任务，后来根据实际情况，认为可以扩大，且较有利，建议放大规模，圈围 5 万亩。

(5) 扁担沙促淤工程

扁担沙位于长江口南支主槽和新桥水道之间。近几年来，淤积范围扩张很快，东、西扁担沙几乎已连成一体，沙体呈加速淤积态势。由于沙体为“铁板沙”性质，种青不易留苗，需采取工程手段，辅以生物促淤措施，固沙、淤涨滩面，为下一步开展圈围工程创造条件。计划促淤 30 000 亩。

(6) 东风西沙圈围工程

东风西沙位于长江口白茆沙北水道，紧邻崇明岛。沙体南沿受白茆沙北水道落潮流的影响，易受冲刷后退，导致白茆沙北水道逆时针偏转，影响北水道的稳定。东风西沙的圈围，对水道的稳定有促进作用。

东风沙分为东风东沙和东风西沙。西沙位于崇明新建港和庙港出口之间，滩势条件较好，2001 年下半年动工，对高程在 3.6 m 以上的沙体面积约 5 500 亩进行圈围，2002 年完工。

(7) 崇明团结沙保滩护岸应急工程

崇明东滩南侧、北港北侧有大面积的暗沙，标高在 +0.5 m 以上。东滩与暗沙之间为一泓道，有一条涨潮沟和一条落潮沟，平均标高在 −4.0 m，最深处达 −7.0 ~ −6.0 m。设想筑一拦沙坝，截断夹泓水流，促使上下游大面积淤积，范围可涵盖整个东滩。拦沙坝工程实施后，不仅解决了团结沙一线海塘防汛防台压力，同时在东滩促淤 17 万亩，增加 0 m 线以上面积 7

万亩，既优化了东滩湿地功能，又为下一步实现适度圈围目标打下良好的基础。

该工程由一长3 500 m的锁坝和长3 600 m的导堤(护滩工程)组成，目前尚未动工。

(8)奉贤南滩促淤圈围工程

奉贤柘林塘和华电灰坝东滩涂促淤工程于2002年4月份开工，2003年3月份完工，共促淤9 400亩。促淤工程完工后，顺坝内侧已逐渐淤涨至1.2～1.5 m，促淤区平均淤涨至+2.0 m以上，2005年10月实施圈围工程，2006年年底完工。

(9)其他零星圈围工程

金山漕泾张家库至公馆桥滩涂圈围工程即现在的九九塘。工程在1996年促淤的基础上实施圈围，规模2 450亩，于1999年11月份动工，2000年12月份已完工。漕泾西部位于杭州湾北岸近年成陆的化工区与金山石化总厂之间，促淤围垦工程规模为圈围4 228亩，2003年11月动工，2004年12月完工。

五号沟地区、长兴岛南岸圈围工程，是为满足黄浦江功能调整和2010年世博会的需要，也为建设国际航运中心和造船基地项目创造条件，在五号沟地区和长兴岛南岸马家港至西镇港之间，开展的滩涂圈围工程建设。五号沟至赵家沟0 m线岸线长约2 km，平均宽度约500 m左右，圈围面积约1 500亩，主要用地功能为上海市港务集团五号沟多功能码头建设，2003年10月动工，2004年12月完工；长兴岛南岸在马家港至西镇港之间，0 m线岸线长约8 km，平均宽为200～300 m，圈围规模3 600亩，主要用地单位是中海集团公司和江南造船厂，主要用地功能是造船基地建设，2003年10月动工，2004年12月完工。

奉贤三团港塘圈围工程于2002年下半年动工，2003年10月完工，总规模圈围670亩。

横沙岛红星港北侧滩涂圈围工程位于横沙小港泓道西侧、红心港北侧+2.0 m线以上滩涂，结合红星港节制闸外移改造工程实施，工程规模圈围1 300亩，2003年10月动工，2004年10月完工。

2.2.5 长江口深水航道治理工程

2.2.5.1 简况

长江口各入海汊道均存在天然水深远较其上、下游浅的“拦门沙”，拦门沙滩顶自然水深为5.5～6.0 m。长江口深水航道治理工程前，北支已逐渐淤浅，只能通航小船；北港和南槽为6.0 m水深的自然航道；北槽通过疏浚维持7 m通航水深(图2－5)，年维护量约为1 200×10^4 m^3，吃水9.5 m(相当于1.5万吨级)的船舶平均一天也只能乘潮通过15艘左右，远远不能满足上海港及南京以下110多个万吨级以上泊位船舶的进出需求，成为长江下游诸港和上海港海上运输的瓶颈。

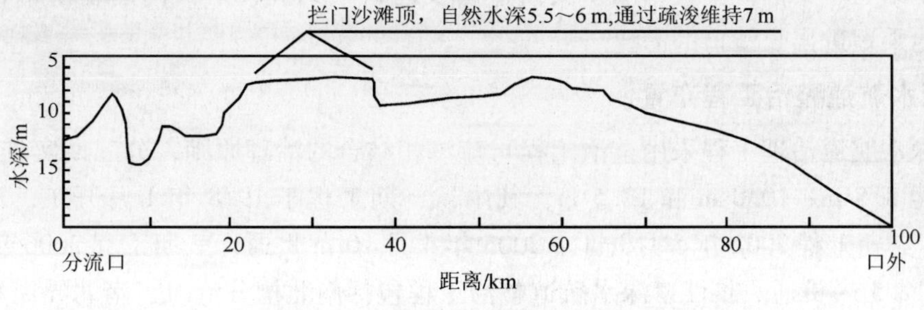

图2－5 北槽河床高程的纵向变化

长江口深水航道研究工作始于1958年，通过长期、多学科联合攻关，综合运用现场测验、物理模型和数学模型研究、卫星遥感图片及室内试验、资料分析等手段，基本掌握了长江口潮流、径流、波浪、盐水和泥沙的运动特征，拦门沙的形成机理，总体河势及各分汊河段的河床演变规律。在大量系统研究成果的基础上，从河势稳定性、动力条件、泥沙条件、口外条件、拦门沙浅滩长度及地理位置等六个方面对北港、北槽和南槽三条入海汊道作了对比分析（表2－6），得到“在长江口总体河势基本稳定的条件下，可以选择北槽先期进行工程治理”的结论，制定了“利用落潮优势流、实施中水位整治、稳定分流口、采用宽间距双导堤加长丁坝群，结合疏浚工程”的总体治理方案。

表2－6　长江口深水航道选槽方案比较

序号	比选内容	选槽方案		
		北港	北槽	南槽
1	本河段河势稳定性	易变	稳定	易变
2	上游河势变化对航道的影响	较大	不大	较大
3	河势发展趋势	局部有变	较好	较差
4	进入航道的底沙量	较少	少	多
5	悬沙淤积量	少	较少	多
6	落潮优势流促使泥沙向外输移	较快	较快	较慢
7	口外人工航道底沙淤积量	最少	较少	多
8	口外人工航道悬沙淤积量	较少	少	多
9	风浪产生骤淤的可能	不易	较不易	容易
10	波浪对挖槽回淤影响	小	较小	大
11	受风浪影响大小	小	较小	较大
12	浅段长度	短	较短	较长
13	疏浚工程维护量	小	较小	大
14	工程地质条件	好	较好	差
15	继续增深难易程度	易	易	较易
16	航路顺畅情况	不顺	较顺	较顺
17	符合浦东开发的要求	较差	符合	符合
18	符合长江口综合治理规划的程度	较好	较好	较差

长江口深水航道治理工程于1998年1月27日开始实施，在长江口南港北槽河段共建造导堤、丁坝等整治建筑物169.165 km，完成基建疏浚方量约3.2×10^{8} m^3，航道水深由7 m逐步增深至12.5 m。2010年3月全长92.2 km、宽350～400 m、水深12.5 m的长江口深水航道全面建成，满足第三、第四代集装箱船全天候进出长江口，第五、第六代集装箱船和10万吨级散货船及油轮乘潮进出长江口的需要。

2.2.5.2　深水航道整治工程布置

长江口深水航道治理工程采用整治工程与疏浚相结合的治理原则，分三期实施，使航道水深分期增深至8.5 m、10.0 m和12.5 m，其中，一期工程于1998年1月开工，2000年3月8.5 m贯通；二期工程2002年5月开工，2005年4月10 m贯通；三期工程2006年9月开工，2010年3月12.5 m贯通。长江口深水航道整治工程包括南北槽分流口、南北导堤和19条丁坝（图2－6）。航道整治建筑物和各阶段的建设规模见表2－7。

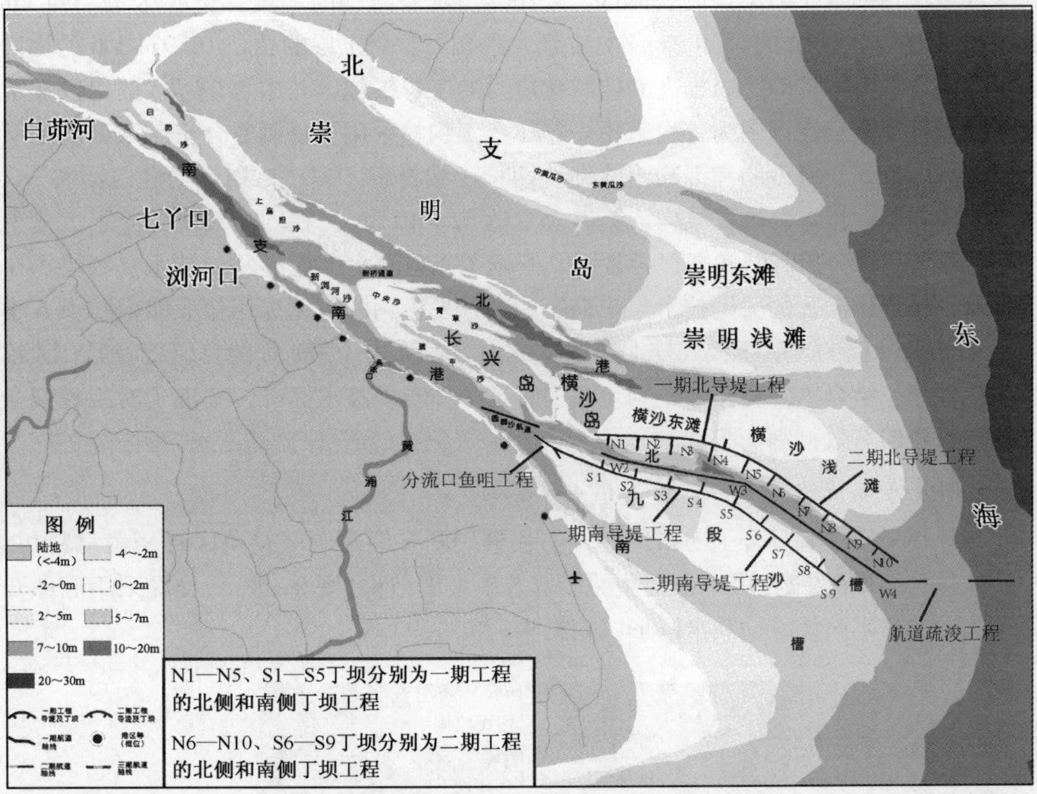

图 2-6　长江口及其深水航道治理工程平面布置

表 2-7　长江口深水航道分阶段建设规模

<table>
<tr><td colspan="2" rowspan="2">实施阶段</td><td colspan="2">一期工程</td><td colspan="2">二期工程</td><td rowspan="2">三期工程</td><td rowspan="2">合计</td></tr>
<tr><td>计划</td><td>实际</td><td>计划</td><td>实际</td></tr>
<tr><td rowspan="2">分流口</td><td>南线堤/km</td><td>1.60</td><td>1.60</td><td></td><td></td><td></td><td>1.60</td></tr>
<tr><td>潜堤/km</td><td>3.20</td><td>3.20</td><td></td><td></td><td></td><td>3.20</td></tr>
<tr><td colspan="2">南导堤/km</td><td>20.00</td><td>30.00</td><td>28.08</td><td>18.08</td><td></td><td>48.08</td></tr>
<tr><td colspan="2">北导堤/km</td><td>16.50</td><td>27.89</td><td>32.70</td><td>21.31</td><td></td><td>49.20</td></tr>
<tr><td colspan="2">丁坝(座)/km</td><td>6/9.17</td><td>10/11.19</td><td>18/20.51</td><td>14/18.9</td><td></td><td>19/30.09</td></tr>
<tr><td colspan="2">航道水深/m</td><td>8.5</td><td></td><td>10</td><td></td><td>12.5</td><td>12.5</td></tr>
<tr><td colspan="2">航道底宽/m</td><td>300</td><td></td><td>350/400</td><td></td><td>350/400</td><td>350/400</td></tr>
<tr><td colspan="2">航道疏浚长度/km</td><td>51.77</td><td></td><td>59.7</td><td>59.5</td><td>92.2</td><td>92.2</td></tr>
<tr><td colspan="2">疏浚量/$\times 10^4$ m^3</td><td>4 496</td><td>4 074</td><td>7 635</td><td>5 920</td><td>17 208</td><td></td></tr>
<tr><td colspan="2">工期/a</td><td>3</td><td>1998 年 1 月至
2001 年 9 月</td><td>3</td><td>2002 年 5 月至
2005 年 6 月</td><td>4</td><td>10</td></tr>
</table>

2.2.5.3　整治建筑物

根据长江口深水航道治理原则，整治建筑物工程必须满足“导流、挡沙、减淤”的功能要求，且结构形式必须适应本工程软基、大浪、工程量大、施工强度高(平均每个月需建成导堤或丁坝 2 km 以上)、石料来源匮乏等特点，提出“具有高抗浪能力，对地基承载力要求低的轻型重力式结构”的设计思想，并结合因地制宜选用工程材料的原则，合理确定整治建筑物结构形式。全部堤段均铺设了新型护底软体排，采用新型堤身结构的堤段总长度达 92. 594 km，占全部堤坝总长 141. 484 km 的 65. 44%。对二期工程含易软化土层的总长 16. 971 km 的堤段采用对近表层软黏土做有限加固，以提高其抗软化能力的工程措施，其中 3. 48 km 的堤段在结构底面增设了橡胶阻滑板，在国内为首次采用。排体土工织物采用了针刺复合土工布，满足了保土透水的要求，开发了长管砂肋和混凝土联锁块两种压载材料。一、二期整治建筑物共 38. 1 km 的堤段采用了袋装砂堤芯斜坡堤结构，充砂总量达 52×10^4 m^3。在国内首次建立了大范围长基线全球定位系统(GPS)控制网和高程异常网，开发了无验潮水下地形测量技术。解决了在长江口开阔水域三维定位测控的关键技术。二期工程中开发应用的大型专用作业船(机)共 6 类，27 艘(台)，带边抛功能的自航耙吸式挖泥船改造成为舱容量达 9 300 m^3 的自航耙吸船，大幅提高了装舱施工效率。结合本工程实际，制定和完善了 7 项专项技术标准，实现了对工程安全、质量、工期和投资的有效控制。

(1)一期导堤工程结构

南北双导堤采用针刺复合土工布护底，与长管砂肋和混凝土联锁块两种压载材料相结合，形成护底软体排结构(图 2-7)。采用袋装砂堤芯斜坡堤结构(图 2-8)。导堤采用底部开孔的半圆形结构、充砂半圆体结构和半圆形沉箱结构(图 2-9)。

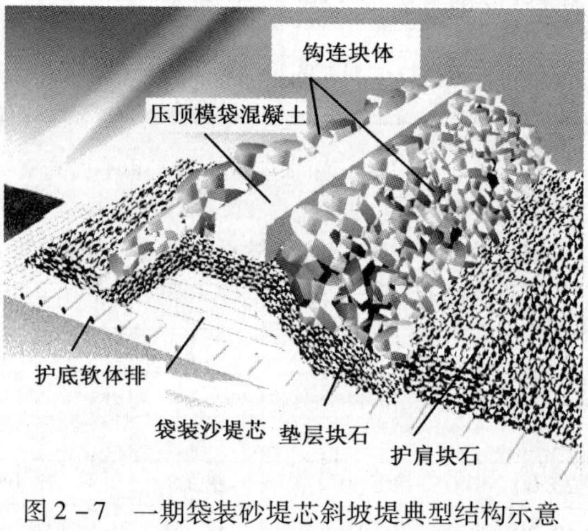

图 2-7　一期袋装砂堤芯斜坡堤典型结构示意

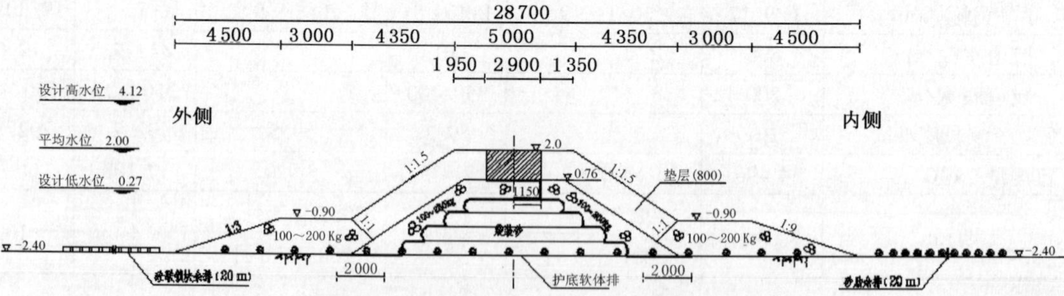

图 2-8　一期袋装砂堤芯斜坡堤典型断面

(2)二期工程结构

为了满足长江口二期工程北堤堤头段极软弱地基的承载力和结构整体稳定性要求，导堤堤身采用新型空心方块斜坡堤结构，由边长 2. 5 m、单件重达 14. 4 t 的钢筋混凝土中空立方块体随机堆放而成，堤身自重仅为抛石堤的 30%。二期工程共使用新型空心方块 27 028 块，建成堤坝3.08 km。根据对该区段的监测成果，堤段经历了多次台风大浪的考验，结构稳定。如图2-10和图2-11所示。

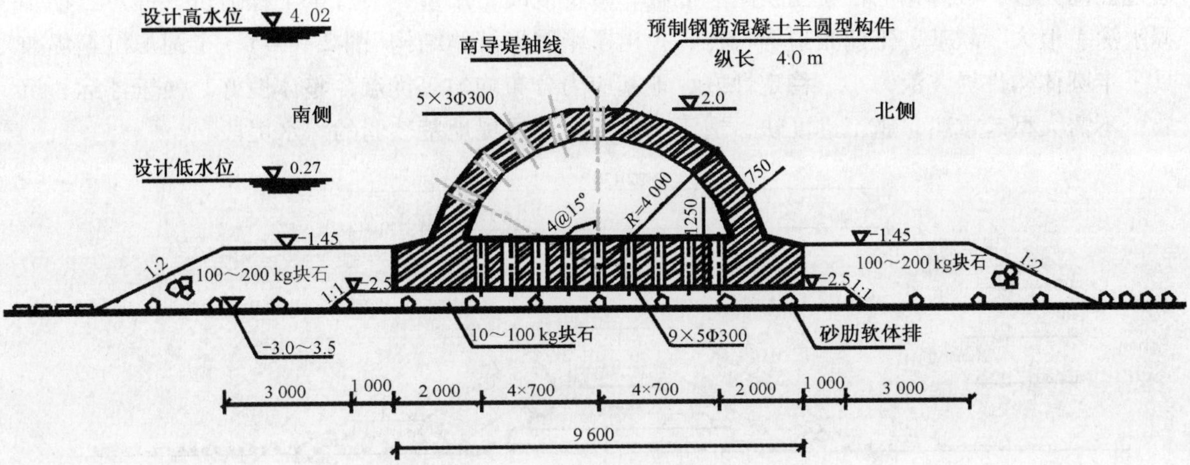

图2-9　一期工程半圆形导堤代表断面

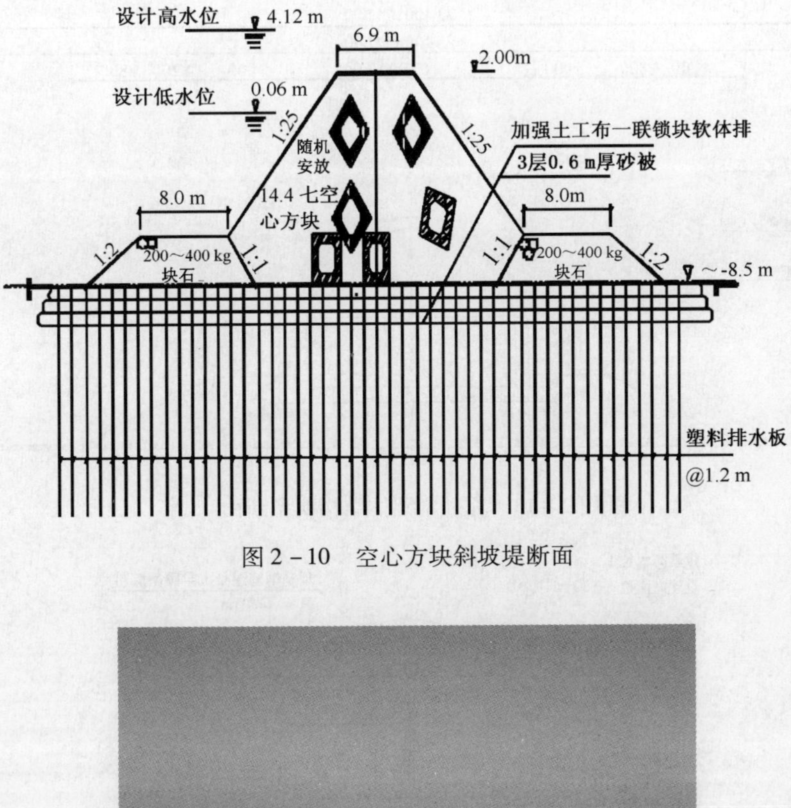

图2-10　空心方块斜坡堤断面

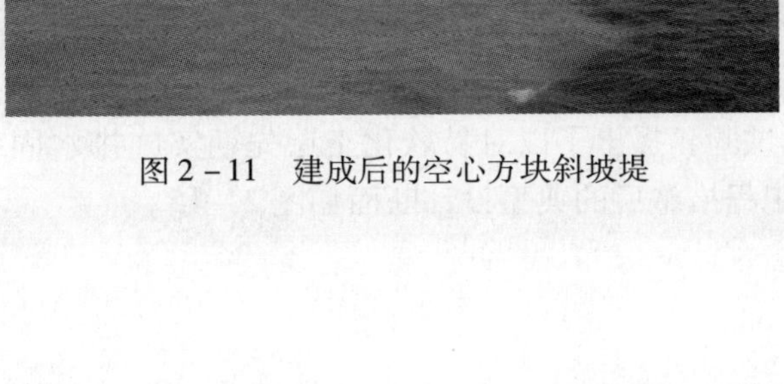

图2-11　建成后的空心方块斜坡堤

二期工程袋装砂结构取消了压顶模袋混凝土，增强了坡面钩连块体的抗浪稳定性(图2－12)。采用了充砂半圆体混合堤结构形式(图2－13)，改善了结构在施工及使用期的受力状况；通过腔内充砂，减薄钢筋混凝土拱圈和底板，减少混凝土用量，节省了工程造价。针对二期工程水深、浪大、软基、工期紧迫等特点，提出了半圆形沉箱结构(图2－14)。半圆形沉箱堤兼具了半圆体构件堤波浪力小、稳定性好、地基应力分布均匀等优点，整体性好，便于浮运、沉放，不需大型起重船，施工进度快，适于二期工程北导堤地基软弱的深水堤段。

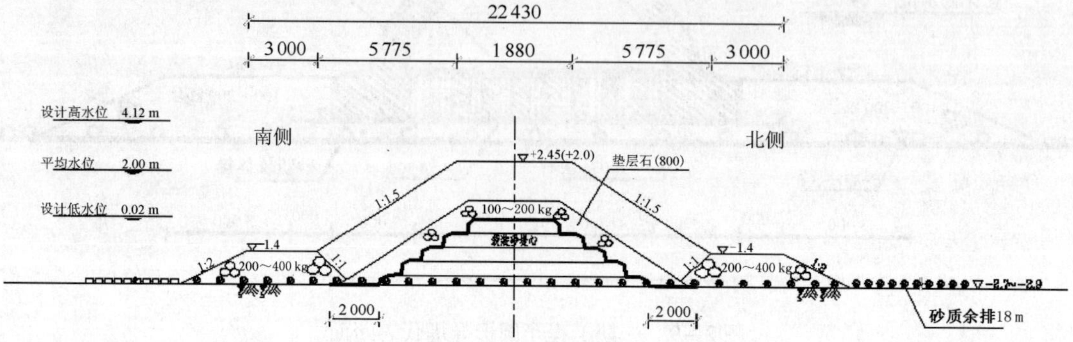

图2－12 二期袋装砂斜坡堤典型断面

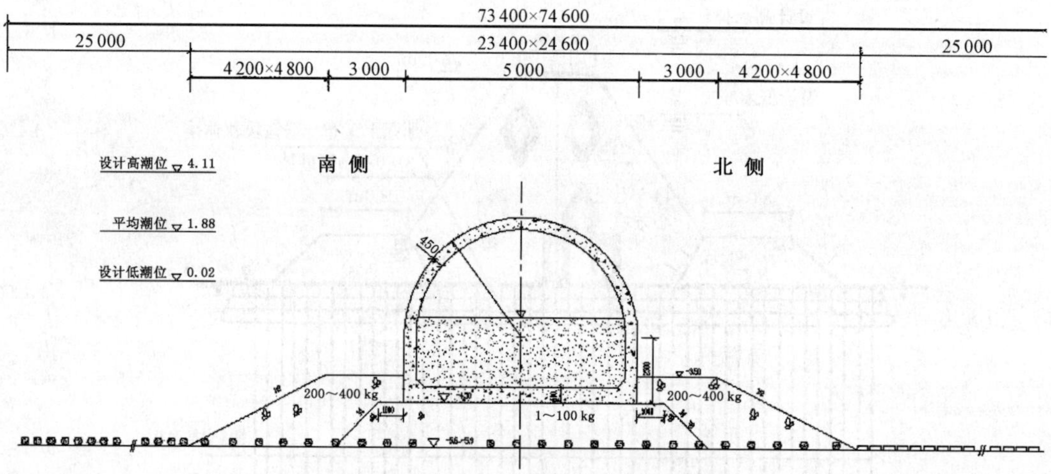

图2－13 充砂半圆体结构典型断面

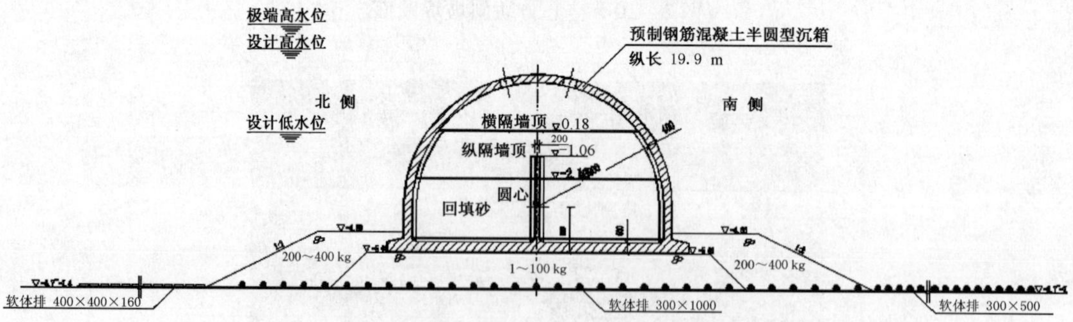

图2－14 半圆形沉箱结构典型断面

针对二期工程沉箱段出现的异常沉陷破坏，经大量调查分析，并开展了模拟波浪重复荷载作用的地基土动/静三轴试验，提出了以对易软化土层先期实施排水固结为主要特征的抗软化工程措施，采取抗软化工程措施后的典型设计断面如图2－15。

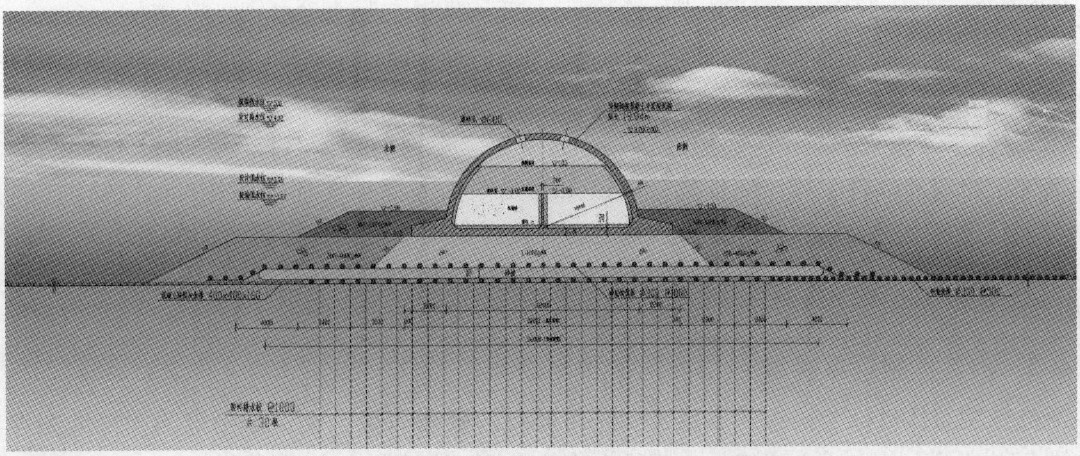

图 2－15 北导堤 N44＋000～N45＋000 设计断面

二期工程中有 3.48 km 的堤段使用了橡胶阻滑板，与日本用于增大抗滑阻力不同的是，本工程作为抗地基土动力软化的一项工程措施而提出，其设计思想是通过在半圆沉箱底面设置橡胶阻滑板，增大堤身结构与抛石基床间的摩擦系数，在满足堤身结构波浪力作用下抗滑稳定性要求的前提下，减少箱内填砂以减轻结构自重，从而大幅度减小地基应力，满足动力软化后地基的承载力和整体稳定性要求。

2.2.5.4 工程效果

长江口深水航道治理工程的实施遏制了江亚南沙头部的冲刷后退，南北槽分流口河段河势得到有效控制，保障了邻汉的自然功能，维持了长江口总体河势的稳定。北槽河势稳定，拦门沙河段得到有效治理，淤积环境得到改善。整治建筑物工程发挥了对流场的调节作用，有效地增强了北槽主槽落潮动力，使河床主槽容积和平均水深增加，北槽河床形态由宽浅向窄深方向调整；北槽全槽已形成了一条上段及下段连续、稳定、平顺相接的微弯深泓，且以相当的宽深尺度覆盖了北槽深水航道。

经过三期治理工程的实施，长江口航道平均水深为 12.5 m，为深水航道上延南京创造了条件。目前正在进行长江口深水航道减淤措施研究。

工程前后不同阶段航道水深沿程变化如图 2－16。

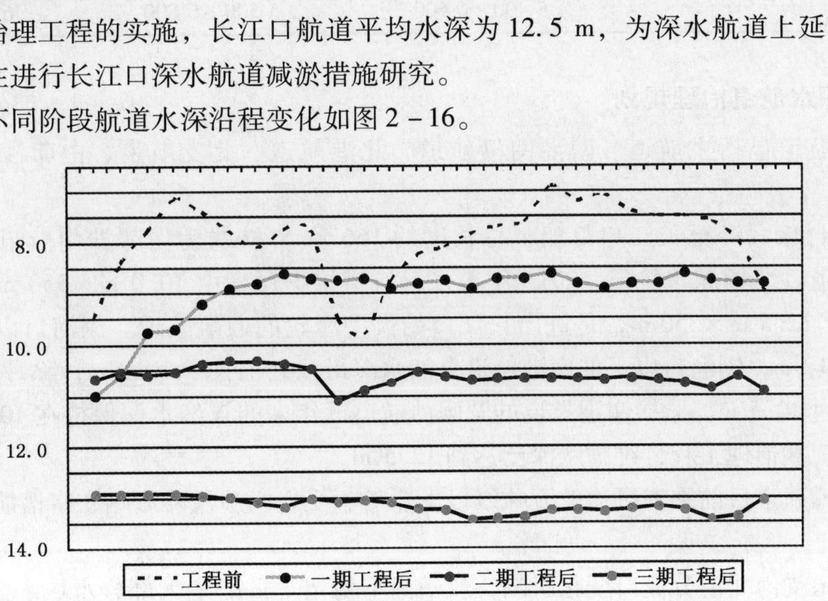

图 2－16 工程前后北槽航道沿程水深分布

2.2.6 长江口治理工程规划

2.2.6.1 简况

以2005年为现状基准年，2020年为规划水平年，规划的总体目标为：通过工程措施和非工程措施，稳定和改善河势，逐步改善航道条件及淡水资源开发利用条件，保障防洪(潮)安全，合理开发水土资源，加强环境保护和生态建设，实现多目标综合整治。航道规划基准年为2007年，规划水平年为2020年，阶段水平年为2010年和2015年，适当考虑远期(2030年)的规划。

2.2.6.2 河势控制总体规划

河势控制总体目标为：进一步稳定长江口河段的整体河势，在保证南港为主汊的条件下，使北港朝微弯单一、上段主流偏北、下段主流偏南的河道形态方向发展，为北港的岸线利用和北港航运条件的改善创造有利条件。改善南槽水深条件，为南槽的航运发展和南汇岸线的开发利用创造有利条件。结合远期治理，进一步减轻或逐步消除北支水、沙、盐倒灌南支的现象，进一步改善北支航运条件。河势控制总体规划包括治导线规划、河道整治工程规划、滩涂圈围规划及护岸保滩工程规划等。各河段代表性断面的合理河宽见表2－8。

表2－8 长江口各河段代表性断面合理河宽

<table>
<tr><td rowspan="2">北支(0 m河宽)/m</td><td>青龙港</td><td>三条港</td><td>六滧港</td><td>连兴港</td></tr>
<tr><td>1 800～2 200</td><td>4 500～5 000</td><td>7 000～8 000</td><td>6 000～9 000</td></tr>
<tr><td rowspan="2">南支下段(滩面以下宽度)/m</td><td>七丫口</td><td colspan="2">浏河口</td><td>石洞口</td></tr>
<tr><td>5 500～6 500</td><td colspan="2">6 000～7 000</td><td>8 000～9 000</td></tr>
<tr><td rowspan="2">南港及南槽/m</td><td>南港高桥</td><td colspan="2">南港五号沟</td><td>南槽江亚南沙末端</td></tr>
<tr><td>5 200～6 200</td><td colspan="2">5 500～6 200</td><td>6 500～7 500</td></tr>
<tr><td rowspan="2">北 港/m</td><td>大港</td><td colspan="2">奚家港</td><td>横沙岛中部段</td></tr>
<tr><td>5 400～6 600</td><td colspan="2">5 500～6 800</td><td>6 000～7 000</td></tr>
</table>

2.2.6.3 深水航道治理规划

长江口航道包括主航道、南港南槽航道、北港航道、北支航道、白茆沙北航道及支线航道。

主航道自徐六泾至长江口灯船，总长度约166 km，航线为白茆沙南航道→南支下段航道→南港航道→北槽深水航道。2011年1月起航道维护尺度由10.0 m×350 m(水深×航宽，下同)增加至12.5 m×350 m，是进出长江口的大型海轮的通航航道。浏河口以上主航道自然水深均大于12 m，浏河口以下的南港航道自然水深最浅处也大于10.0 m，除月浦附近4 km以外水深均超过12.5 m。紧接南港航道的圆圆沙航道近年来的自然水深保持在10.0 m左右。北槽航道经过三期治理工程，维护水深已达到12.5 m。

南港南槽航道目前乘潮可通航万吨级以下船舶。受拦门沙浅滩影响，南槽航道部分水深仅6.0 m左右。

北港航道受南北港分流口变化影响，航槽尚不稳定。目前绝大部分水域水深已达10.0 m，唯有北港下段崇明东滩及横沙浅滩之间受拦门沙浅滩的影响，部分航槽的水深仅6.5 m，目前乘潮可通航万吨级以下船舶。

北支由于河槽淤浅，局部航道水深已不足2 m，目前仅能通航500吨级以下的货船，已成为候潮通航航道。

白茆沙北水道受北支水沙倒灌、白茆沙头后退等因素的影响，航道稳定性较差，近年来 -10 m深槽一度中断，现航道维护标准为4.5 m×500 m，小型船舶可根据各自的吃水情况选择通行。崇明岛南缘的新桥水道及长兴岛南缘的南小泓为支线航道，其两条支线中、下段水深均达10 m以上，具有较大的发展潜力。

结合河势控制工程，采取治理工程和疏浚维护相结合的措施，自下而上分段治理，进一步改善北港、南槽及北支的航道条件，依据《长江干线航道总体规划纲要》，先期将12.5 m深水航道上延至江苏太仓，2015年实现长江南京以下12.5 m深水航道初步贯通，适时实施南京至河口河段航道治理工程，逐步改善通航条件，将长江口深水航道逐步向上延伸。

长江口航道及主要可通航水道现状见表2-9。

表2-9 长江口航道及主要可航水道现状

航道	航段	里程/km	航道类型	航道尺度（水深×航宽×弯曲半径）或自然水深
深水航道	徐六泾-南港	74	人工维护	12.5 m×(500~800) m×1 050 m
	南港北槽	92	人工维护	12.5 m×(350~400) m×1 050 m
南槽航道	南槽航道上段	20	自然水深	水深约10 m
	南槽航道下段	55	自然水深	水深约5.5 m
北港航（水）道	新桥通道段	15	自然水深	水深约10 m
	北港中段	30	自然水深	水深约10 m
	北港拦门沙段	45	未设标	水深约6 m
北支航道	海门港-三条港	60	自然水深	水深约2 m
	三条港-连兴港	25	自然水深	水深约6 m
其他航（水）道	外高桥沿岸航道	15	自然水深	水深约10 m
	宝山支航道	16	自然水深	水深约8 m
	白茆沙北航道	25	自然水深	水深约8 m
	宝山南航道	11	自然水深	水深约10 m
	新桥水道	23	自然水深	水深约10 m
	长兴水道	17	自然水深	水深约10 m
	横沙通道	9	自然水深	水深约8 m

注：航道宽度沿用惯例：深水航道徐六泾-南港段宽度为设标宽度，南港北槽段为航道底宽。

规划长江口航道分阶段发展目标包括：根据南北港分流口以上沿江航运发展以及南港船舶分流的需要，分阶段开通北港航道；规划2011年北港利用自然水深开通航道，分流部分万吨级以下船舶；2016年前北港航道可乘潮分流少量万吨级船舶；2018年前北港应具备分流部分1万~3万吨级船舶的通航条件。北港航道开发还有利于促进崇明、长兴、横沙诸岛沿岸的港口码头建设和岸线资源开发，为上海港国际航运中心增加深水岸线资源。长江口航道2015年和2020年规划目标分别见表2－10及表2－11。适应进出上海港船舶流量的增加和船舶流量进一步大型化的趋势，远期南槽航道还应进一步增深。展望远期(2030年)，长江口将形成以主航道(12.5 m)、北线支航道(10 m)和南线支航道(8 m)三条梯次搭配入海航道的网型结构。长江口航路规划如图2－17所示。

表2－10　长江口航道2015年规划目标

航路	航道	航道尺度/m 水深×航宽×弯曲半径	通航代表船舶
主航道	北槽航道	12.5×(350～400)×1 050	5万吨级集装箱船
	南港深水航道	12.5×(350～460)×1 050	
	南支深水航道	12.5×(350～460)×1 050	
南线支航道	南槽航道	自然水深航道	
	南港支航道	自然水深航道	
	南支支航道	自然水深航道	
北线支航道	北港航道	自然水深航道	
北支航道	北支航道	自然水深航道	

注：1)主航道全线开通12.5 m深水航道；

2)北港2011年前后开通自然水深航道。

表2－11　长江口航道2020年规划目标

航路	航道	航道尺度/m 水深×航宽×弯曲半径	通航代表船舶
主航道	北槽航道	12.5×(350～400)×1 050	5万吨级集装箱船
	南港深水航道	12.5×(350～460)×1 050	
	南支深水航道	12.5×(350～460)×1 050	
南线支航道	南槽航道	自然水深航道	
	南港支航道	自然水深航道	
	南支支航道	自然水深航道	
北线支航道	北港航道	10.0×300×1 050	3万吨级集装箱船
北支航道	北支航道	3.2×100×7 20	通航3 000吨级船舶

注：1)北港航道，2018年前后开通10 m水深航道，其中2016年前阶段性开通8 m航道。

2)北支航道为内河航道标准。其中三条港以下根据沿岸经济发展需要，可开发水深约6 m的自然水深航道。

2.2.6.4　长江口深水航道上延工程

在12.5 m深水航道向上延伸至太仓的基础上，将整治和疏浚工程相结合，需对白茆沙、扁担沙和南北港分流口进行治理，2015年前实现12.5 m深水航道向上延伸至南京。白茆沙治理工程的主要目的是通过护滩堤和护滩潜堤等工程措施，固定白茆沙沙体，稳定河势和航槽，并与徐六泾节点控制工程一起，塑造南支上段良好的河势格局。扁担沙治理工程主要目的是稳定南支河势和航槽，限制越滩水流发展的趋势。南北港分流口工程主要目的是在扁担沙治理工程的基础上，形成良好的分流口河势。白茆沙治理工程由护滩堤、滩头护滩潜堤和崇头潜堤组成。扁担沙治理工程包括：依托东风沙圈围工程，基本沿上、下扁担沙右侧布置的护滩潜堤，护滩潜堤穿越上、下扁担沙之间的南门通道和新新桥通道，至新桥沙向东北方延伸，至新桥沙沙尾，其中南门通道布置限流潜堤。南北港分流口工程在新浏河沙护滩和南沙头通道潜堤工程基础上进行，包括南侧堤延伸工程和护滩潜堤工程。

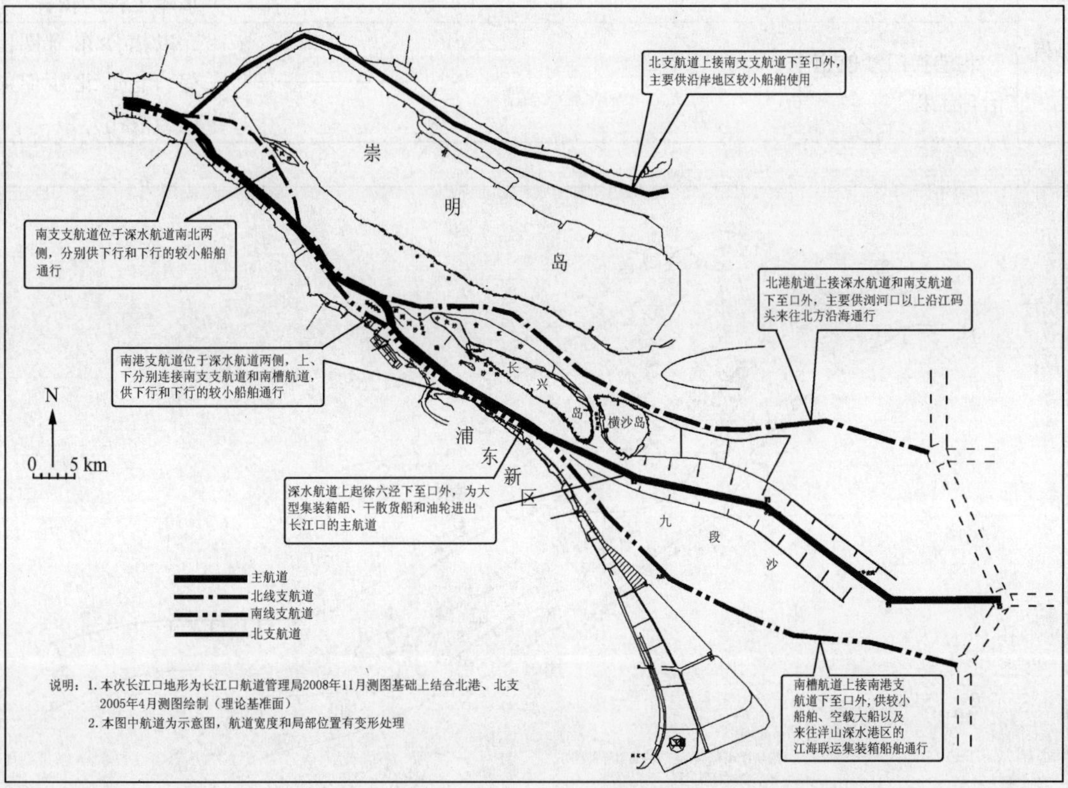

图2-17　长江口航路规划示意

北港航道治理工程包括北港中段治理工程和北港拦门沙航道治理工程。依托扁担沙治理工程和中央沙圈围、青草沙水库工程，实施堡镇沙护滩工程，稳定北港中段河势，维持良好的航道条件。拦门沙航道治理工程主要通过兴建双导堤、丁坝及限流潜堤等整治建筑物，与疏浚工程相结合，增深北港航道。航道整治建筑物可在横沙东滩圈围工程、北港北沙促淤工程等基础上实施。航道整治工程包括北港北沙串沟限流潜堤工程和依托横沙东滩围垦堤、北港北沙促淤潜堤布置的双导堤以及丁坝等。

建设项目分期安排见表2-12。长江口航道规划总体建设方案布置(2020年)如图2-18所示。

表2-12　长江口航道发展规划建设项目分期安排表

航路	建设项目	2006—2010年	2011—2015年	2016—2020年	备注
主航道	深水航道向上延伸到太仓工程	——			以瑞丰沙治理工程为基础
	深水航道向上延伸到徐六泾工程		——		以白茆沙治理工程和扁担沙治理工程为基础

续表

航路	建设项目	2006—2010 年	2011—2015 年	2016—2020 年	备注
北线支航道	北港中段治理工程				以扁担沙治理工程、中央沙圈围、青草沙水库工程为依托
	北港拦门沙航道治理工程			——	以横沙东滩圈围工程、北港北沙促淤工程为依托

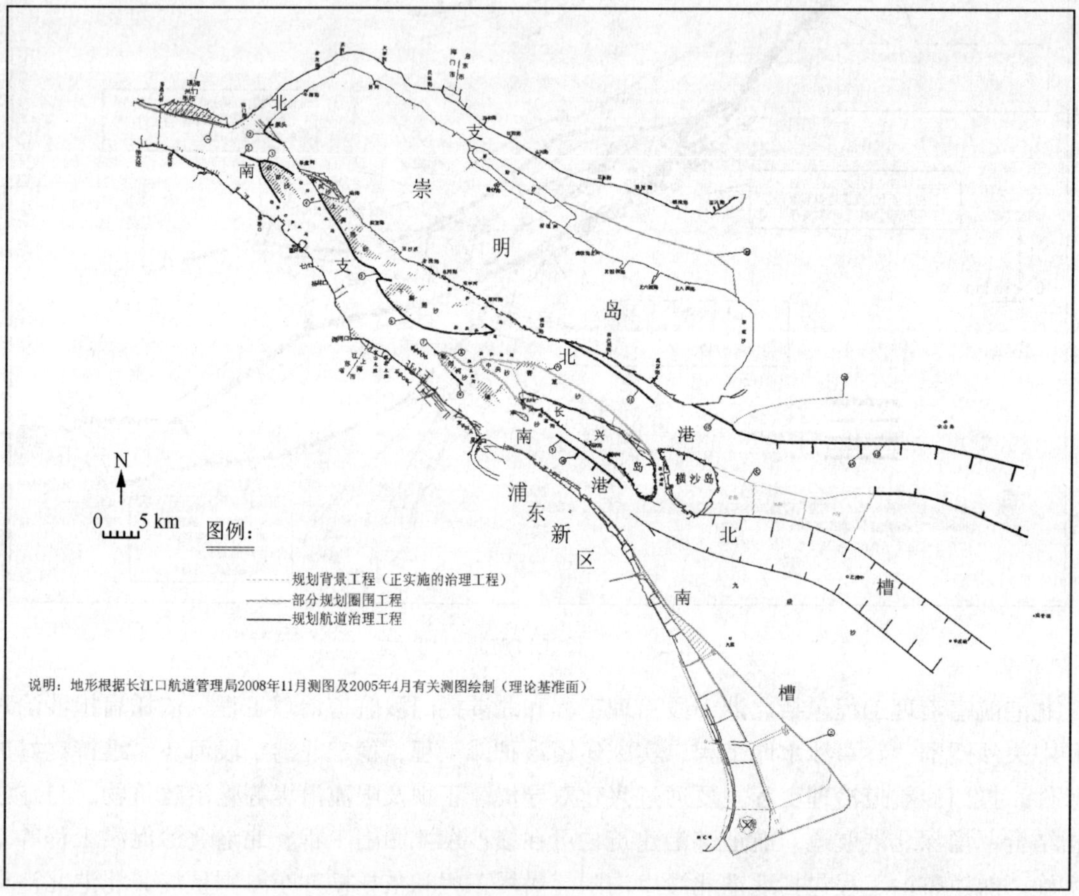

图 2-18　长江口航道规划总体建设方案布置(2020 年)

2.3　黄河口治理工程

2.3.1　概况

黄河自 1855 年改道夺大清河入渤海以来，在相当长时间内，河口地区人类活动很少。黄河河口地区包括黄河河口三角洲及其相关陆地和浅海地区，陆域面积约 8 300 km^2，海岸线长约 370 km，浅海海域面积约 5 300 km^2。河口三角洲位于渤海湾与莱州湾之间，一般指以宁海为顶点，北起套尔河口，南至支脉河口，面积约 6 000 km^2 的扇形地区。黄河水少沙多，河口海洋动力相对较弱，属弱潮陆相河口，大量泥沙进入河口地区以后，大部分淤积在滨海，使河口不断淤积延伸。新中国成立后，黄河三角洲开发受到党和国家的重视，1961年开始石油开发，随后组织石油会战，建立了胜利油田。特别是1983年东营建市以来，黄河三角洲的经济社会发生了很大的变化，目前已成为我国重要的石油开采及加工基地。东营市为黄河河口地区的主体部分，滨州市仅涉及小部分地区。2005年，东营市总人口194.62万人，其中城镇人口108.27万人，乡村人口86.35万人，国内生产总值910.95亿元，人均国内生产总值5.05万元。东营市工业以石油为主体，2005年石油产量$2\ 695\times10^4$ t，天然气8.80×10^8 m^3。

随着河口外延和河长增加，为适应输沙和排洪的需要，上游河段河床和水位相应抬高。在适当的水流条件下，入海流路会出现由下而上，范围由小而大的出汊摆动，摆动点一直上延到有堤防等人为控制的地方，形成尾闾河道的一次改道，之后河口的淤积延伸摆动改道又在新的基础上进行。河口淤积、延伸、摆动、改道不断循环演变，使入海口不断更迭，海岸线不断外移，河口三角洲的面积不断扩大。入海流路的不断变迁，不但对黄河下游河道的冲淤变化产生影响，而且对河口地区的经济社会发展造成一定的影响。由于受河流、海洋、陆地和人类活动等多种动力系统的共同作用，黄河河口三角洲地区具有生态脆弱的特点，同时石油、土地、海洋等自然资源丰富，开发潜力巨大。

1996年国家批复的黄河河口流路一期治理工程，由水利部、山东省政府和石油部门三家共同投资建设与管理。石油部门负责崔家护滩以下北岸治理工程，水利部和山东省人民政府负责崔家护滩以下南岸及其以上河道治理工程以通信设施及管理工程。在三方共同努力下，一期治理工程基本完成并发挥了显著效益。为加强河口防洪工程的管理，2006年开始由黄河河务部门对黄河河口防洪工程实施统一管理。

黄河口治理存在的主要问题：①随着小浪底水库拦沙库容的淤满，河口地区的年平均来沙量又将增加到5×10^8t左右。大量的泥沙进入河口地区以后，使黄河河口不断淤积延伸，对黄河下游河道产生溯源淤积的不利影响。②现行流路防洪工程不完善，防御洪水能力低。③滩地横比降大，若遇大水漫滩，易发生横河，危及堤防安全。④防潮工程体系不健全，风暴潮灾害威胁严重。东营市防潮工程经过多年建设已具备一定的防潮能力，但由于缺乏统一规划，防潮工程体系不健全，致使整体防潮能力降低。⑤当地水资源短缺，水资源污染和浪费严重。⑥在生态胁迫和干扰影响下，黄河口生态系统的发展呈恶化趋势，表现在淡水湿地萎缩和功能退化，生物多样性受到威胁。

黄河口治理目前主要是从石油开发、防洪等方面进行一些工程，东营港也在开发，但目前规模较小。黄河口附近一些岸段海岸呈冲刷态势，海岸防护任务较为艰巨。

2.3.2 自然条件

黄河口位于渤海湾与莱州湾交汇处，37°15′—38°10′N、118°10′—119°15′E之间，是1855年黄河于铜瓦厢决口改道夺大清河入海演变形成的陆相弱潮堆积型河口，由河流近口段、三角洲及滨海区组成。

黄河三角洲海域水深较浅，坡度较缓，但各个岸段有较大的差别，以中部神仙沟口外海域最深，5 m、10 m、15 m等深线距岸3.3 km、7.5 km、17 km，最大水深可达20 m；西部渤海湾次之；南部莱州湾最浅，10 m等深线距岸达34 km。

黄河三角洲海域潮汐的固有振动很小，观测到的潮汐主要是大洋潮汐的胁迫振动。黄河三角洲沿岸潮差分布，以神仙沟口外的“无潮点”区最低，向渤海、莱州两海湾里呈逐渐增高的

“马鞍”形，平均潮差 0.73 ~ 1.77 m。

黄河尾闾河道变迁情况见表 2 – 13 和图 2 – 19。黄河河口段河道基本情况见表 2 – 14。

表 2 – 13 1855 年以来黄河入海流路变迁统计表

改道顶点	次序	行河时间	改道地点	入海位置	改道原因
		1855 年 7 月至 1889 年 4 月		肖神庙	铜瓦厢决口夺大清河入海
宁海附近	1	1889 年 4 月至 1897 年 6 月	韩家垣	毛丝坨	凌汛漫溢
	2	1897 年 6 月至 1904 年 7 月	岭子庄	丝网口	伏汛漫溢
	3	1904 年 7 月至 1926 年 7 月	盐窝	顺江沟	伏汛决口
			寇家庄	车子沟	
	4	1926 年 7 月至 1929 年 9 月	八里庄	刁口	伏汛决口
	5	1929 年 9 月至 1934 年 9 月	纪家庄	南旺沙	人工扒口
	6	1934 年 9 月至 1938 年春	一号坝	神仙沟、甜水沟、宋春荣沟	堵岔道未成而改道
		1947 年春至 1953 年 7 月	一号坝		
渔洼附近	7	1953 年 7 月至 1963 年 12 月	小口子	神仙沟	人工截弯，变分流为独流入海
	8	1964 年 1 月至 1976 年 5 月	罗家屋子	刁口河	凌汛人工破堤
	9	1976 年 5 月至今	西河口	清水沟	人工截流改道

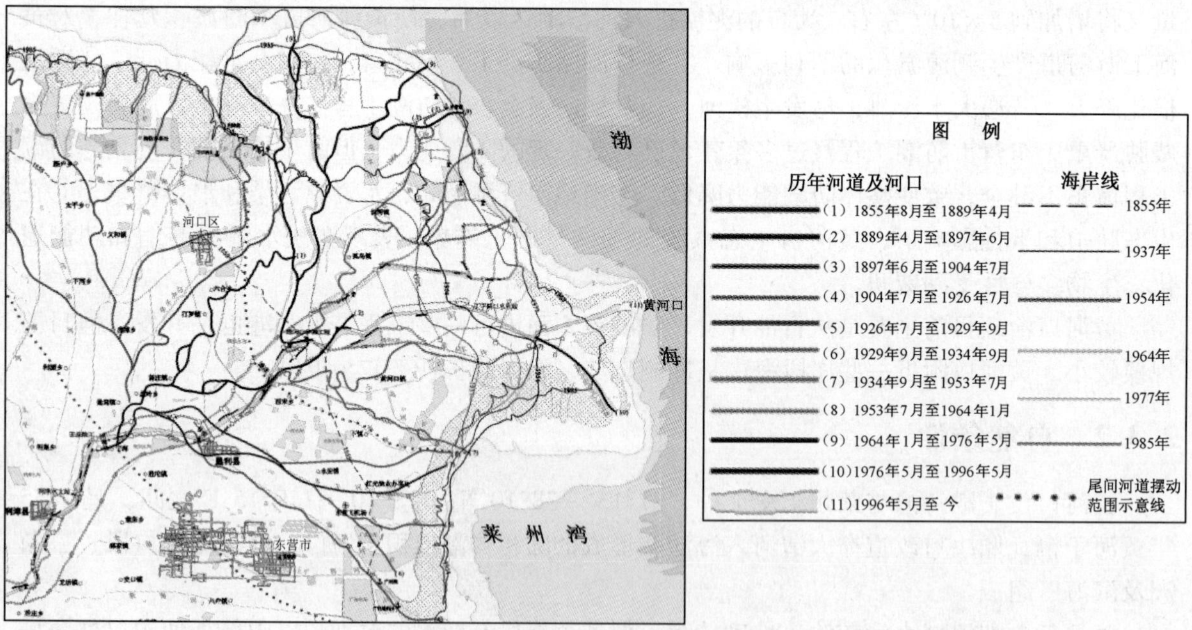

图 2 – 19 黄河尾闾河道变迁示意

黄河入海泥沙的淤积分布除与来水来沙、三角洲地形地貌条件有关外，还与流路入海口门处的海洋动力条件密切相关，输往外海泥沙的比例，三条流路相比以神仙沟最大，刁口河流路次之，清水沟流路最小。根据 1950 年 7 月至 2005 年 6 月利津水文站实测资料统计，进入河口地区多年平均水量、沙量分别为 $320\times10^8\ m^3$、$8.01\times10^8\ t$，平均含沙量为 $25\ kg/m^3$。黄河河口多年平均水量仅为长江口的3.4%，而沙量为长江口的1.66倍。利津水文站20世纪50年代、60年代、70年代、80年代、90年代及小浪底水库运用以来的2000年7月至2008年6月年平均沙量分别为 $13.15\times10^8\ t$、$11.00\times10^8\ t$、$8.88\times10^8\ t$、$6.46\times10^8\ t$、$3.79\times10^8\ t$ 及 $1.55\times10^8\ t$，20世纪90年代沙量为50年代沙量的28.8%，由于小浪底水库的拦沙作用，水库运用以来的8年年平均沙量仅为50年代沙量的11.7%。黄河河口泥沙淤积分布特征见表2－15。

表2－14　黄河河口段河道基本情况统计

断面名称	间距/km	距利津/km	宽度/km		
			堤距	河槽	主河槽
利津		0.00	0.65	0.58	0.33
路家庄	5.16	5.16	0.75	0.79	0.31
王家庄	3.98	9.14	1.60	0.53	0.31
宁海	4.88	14.02	1.70		
东张	1.10	15.12	2.15	1.00	0.62
章丘屋子	6.64	21.76	3.45	0.90	0.52
一号坝	5.73	27.49	3.40	0.68	0.50
前左	4.10	31.59	2.90	1.05	0.50
朱家屋子	3.76	35.35	4.21	1.15	0.66
渔洼	5.58	40.93	5.30	1.22	0.44
cs6	5.33	46.26	6.00	1.53	0.29
cs7	2.07	48.34	4.65	2.55	0.86
西河口	0.50	48.84	4.55		
清1	3.68	52.51	6.32	2.11	0.85
清2	6.84	59.35	7.11	1.32	0.34
清3	6.28	65.63	10.17	2.10	0.40
清4	5.64	71.27	14.30	1.93	0.33
清6	6.76	78.03		1.68	0.37
清7	5.42	83.45		1.55	0.38
汊1	5.83	89.28		2.22	0.33
汊2	3.25	92.53		2.47	0.34
汊3	2.29	94.82			
汊4	5.00	99.82			
汊5	5.02	104.84			

注：河槽为实测断面图上的标准主槽。

表 2－15　黄河河口泥沙淤积分布特征

流路	时段	利津来沙量/×10^8 t	陆地部分		滨海区		总淤积量	输往外海比例(%)
			淤积量/×10^8 t	占来沙(%)	淤积量/×10^8 t	占来沙(%)	占来沙(%)	
神仙沟	1950—1960 年	134.6	35	26	47	36	62	38
刁口河	1965 年 6 月至 1970 年 9 月	67.2	10.22	15	33.22	49	65	35
刁口河	1970 年 9 月至 1976 年 5 月	41.6	4.22	10	27.94	67	77	23
刁口河	1965 年 6 月至 1976 年 5 月	108.7	14.44	13	61.16	56	70	30
清水沟	1976 年 5 月至 1980 年 8 月	36.8	11.4	31	16.2	44	75	25
清水沟	1980 年 8 月至 1992 年 10 月	73.8	11.9	16	48.2	65	81	19
清水沟	1992 年 10 月至 2000 年 6 月	27.4	3.57	13.0	18.2	66.4	79.4	20.6
清水沟	1976 年 5 月至 2000 年 6 月	138.0	26.87	19.5	82.6	59.9	79.3	20.7

注：表中数据由 36 个现场断面资料得到。滨海区是指北起湾弯沟口、南至小清河口的 36 个固定断面之间的海域；外海是指 36 个固定断面以外的海域。

2.3.3　黄河口治理总体布局

黄河口治理总体布局是控制入海流路淤积延伸速率和河床抬高速率，充分利用入海流路行河潜力，相对稳定流路，河口段达到防御设防流量洪水的能力，保障河口地区防洪安全。以黄河口自然保护区淡水湿地需水、河口洄游鱼类需水和入海生态基流为重点，优化配置水资源，黄河正常来水年份保证利津断面非汛期最小生态流量，对河口自然保护区淡水湿地进行修复，在确保防洪安全的前提下，对自然保护区湿地进行相机补水，建立河口生态与环境监测系统，促进河口湿地生态良性维持。合理安排生活、生产和生态用水，通过南水北调东线一期工程供水，有效缓解东营市经济社会发展水资源短缺问题，提高灌溉水利用系数和工业用水重复利用率。按照 50 年一遇标准基本建成黄河河口三角洲防潮工程体系。建立符合黄河河口实际的黄河河口综合治理管理体制和机制，加强入海流路管理。

在黄河口三角洲地区选择清水沟、刁口河、马新河及十八户流路作为今后黄河的入海流路，规划期主要使用清水沟流路(图 2－20)行河，并尽可能保持稳定和维持较长期使用，进行刁口河湿地生态补水，清水沟流路行河完成后优先启用刁口河备用入海流路，马新河和十八户作为远景可能的备用流路，加强多条流路同时行河方案研究。清水沟流路继续使用清 8 汊河，清 8 汊河行河至西河口以下 10 000 m^3/s 水位 12 m 时改走北汊，北汊行河至西河口10 000 m^3/s 水位 12 m 时改走 1996 年前行河的清水沟流路原河道。

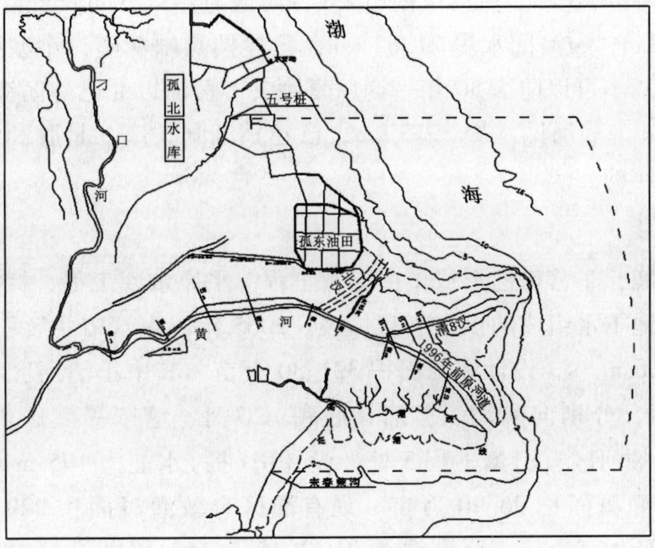

图 2－20 黄河河口清水沟流路行河方案示意

2.3.4 黄河口综合治理工程

2.3.4.1 入海流路治理与防洪工程建设

为了适应黄河口社会经济的发展，在保障黄河下游防洪安全的前提下，河口三角洲的摆动顶点暂时从宁海下移至渔洼，进行了三次大的有计划的人工改道。黄河口现行入海流路为 1976 年 5 月人工改道的清水沟流路，海域范围南至宋春荣沟，北至五号桩，宽约 62 km。1976 年清水沟流路行河以来，经历了清水沟流路原河道行河和清 8 汊行河两个时期。清水沟流路原河道经过淤滩成槽、溯源冲刷发展和溯源淤积的演变过程，至 1996 年西河口以下河长达到 65 km，为有利于胜利油田的石油开采，实施了清 8 改汊。清 8 汊位于清水沟流路的中间地带，2007 年在汊 3 断面以下 2 km 出现了向北方向的入海水流，目前西河口以下河长为 60 km，西河口 10 000 m^3/s 水位为大沽高程 10.62 m，流路状况尚好，还有较大的行河潜力。

1950 年以来，河口的防洪工程不断进行建设和完善。截至 2008 年，河口地区共有各类堤防长 206.331 km，其中北大堤、南防洪堤等设防堤长 77.466 km；北大堤退守堤、南大堤、东大堤及其他堤防长 128.865 km，为不设防堤段。左岸设防堤自利津四段至孤东南围堤末端长 49.731 km，由北大堤（自四段至孤东南围堤 3 号险工，长 44.631 km）和孤东南围堤（自 3 号险工至末端，长 5.100 km）两段组成。右岸设防堤（南防洪堤）自垦利二十一户至末端长 27.735 km。河口河段的 22 km、30 km、38 km 和 42 km 等 4 处险工均分布在左岸，工程总长 3.101 km，坝垛 23 道。河口段的 11 处控导工程分布在清 4 断面以上，坝垛 203 道，工程长 20.717 km，其中左岸 5 处，右岸 6 处。

2.3.4.2 防潮工程

黄河三角洲风暴潮灾害严重，1992 年、1997 年发生的特大风暴潮均给东营市造成严重的经济损失和人员伤亡。20 世纪 70 年代以来，为保障石油开发、地方工农业生产和人民生命财产安全，胜利油田和东营市陆续建设了部分防潮工程。目前，在北起潮河口，南到支脉河口的范围内已建防潮堤254.03 km，其中临海防潮堤203.11 km，顺河回水堤50.92 km，已建挡潮闸14座，小型引排水涵闸8座。黄河以南(以现行河道为界，下同)已建防潮堤78.50 km，其中临海防潮堤56.88 km，顺河回水堤21.62 km，已建挡潮闸9座，小型引排水涵闸8座，主要是近年来新建的，基本可以防御50年一遇风暴潮灾。黄河以北已建防潮堤175.53 km，其中临海防潮堤146.23 km，顺河回水堤29.3 km，已建挡潮闸5座，是胜利油田和地方根据各自的需要在不同时期修建的。

2.3.4.3 水资源利用

经过几十年的发展，东营市已形成了由引黄工程、平原水库工程、拦河闸工程等地表水以及机电井工程为主的地下水组成的供水工程体系。2005年，东营市主要引黄工程有13处，设计总引(提)水能力500 m^3/s，设计灌溉面积321.30万亩，其中小清河区有引黄工程8处，设计引水能力305 m^3/s，分别向麻湾、曹店、胜利、双河、垦东等灌区供水，设计灌溉面积224.40万亩；徒骇马颊河区有引黄工程5处，设计引(提)水能力195 m^3/s，分别向宫家、王庄等灌区供水，设计灌溉面积96.90万亩。现有灌区有效灌溉面积229.72万亩，其中农田有效灌溉面积216.27万亩，林、草灌溉面积13.45万亩。引黄灌区共有干渠(分干渠)长633.92 km，完成衬砌250.88 km，支渠长1 100 km，斗渠约2 860 km，基本没有衬砌。共有平原水库658座，总库容8.31×10^8 m^3，其中大型水库1座，总库容1.14×10^8 m^3；中型水库17座，总库容3.73×10^8 m^3。现有拦河闸14座，总库容$5\ 095\times10^4$ m^3，设计灌溉面积34.32万亩。在小清河以南冲积扇地区有地下水生产井和配套机电井各9 000余眼。2005年东营市总供水量为9.94×10^8 m^3，其中地表水供水量为8.74×10^8 m^3，地下水供水量为1.20×10^8 m^3；农业用水量为6.25×10^8 m^3，其次为工业用水2.93×10^8 m^3，生活用水共0.75×10^8 m^3。

2.3.4.4 生态环境保护

近年来，东营市生态环境保护与建设取得了显著进展。自然生态保护方面，黄河三角洲国家级自然保护区管理局于2002年和2005年分别建设了两期自然保护区湿地恢复工程，共修复湿地15万亩。2005年东营市编制完成了《东营生态市建设总体规划(2003—2020)》。一系列生态保护工程的建设促进了生态环境质量的改善，使东营市生态环境恶化的趋势逐步得到控制。然而，黄河三角洲独特的地理位置决定了其生态环境较为脆弱，自然恢复能力很弱，极易受到干扰破坏。近年来，受人类对三角洲开发利用强度的不断加大以及石油开发、生态用水难以得到满足等方面的影响与制约，生态环境保护形势依然严峻。

2.3.5 黄河口治理工程规划

2.3.5.1 黄河河口入海流路规划和控导工程

入海流路规划如图2-21所示。河口段控导工程示意如图2-22所示。控导工程总体规划见表2-16。

2.3.5.2 防洪工程规划

河口段防洪保护的主要对象，左岸为孤东、孤岛、五号桩等油田，此外还有孤岛镇、仙河镇、河口区、济南军区生产基地及东营港等，其堤防的防洪标准为100~200年一遇，相应的堤防工程级别为1级；右岸主要为黄河农场总场、乡镇、企业、部分油田及小型工矿企业，保护人口不超过10万人，其防洪标准为10～20年一遇，考虑到上下游、左右岸堤防级别的协调，且河口地区经济发展较快，右岸堤防级别按2级设计。

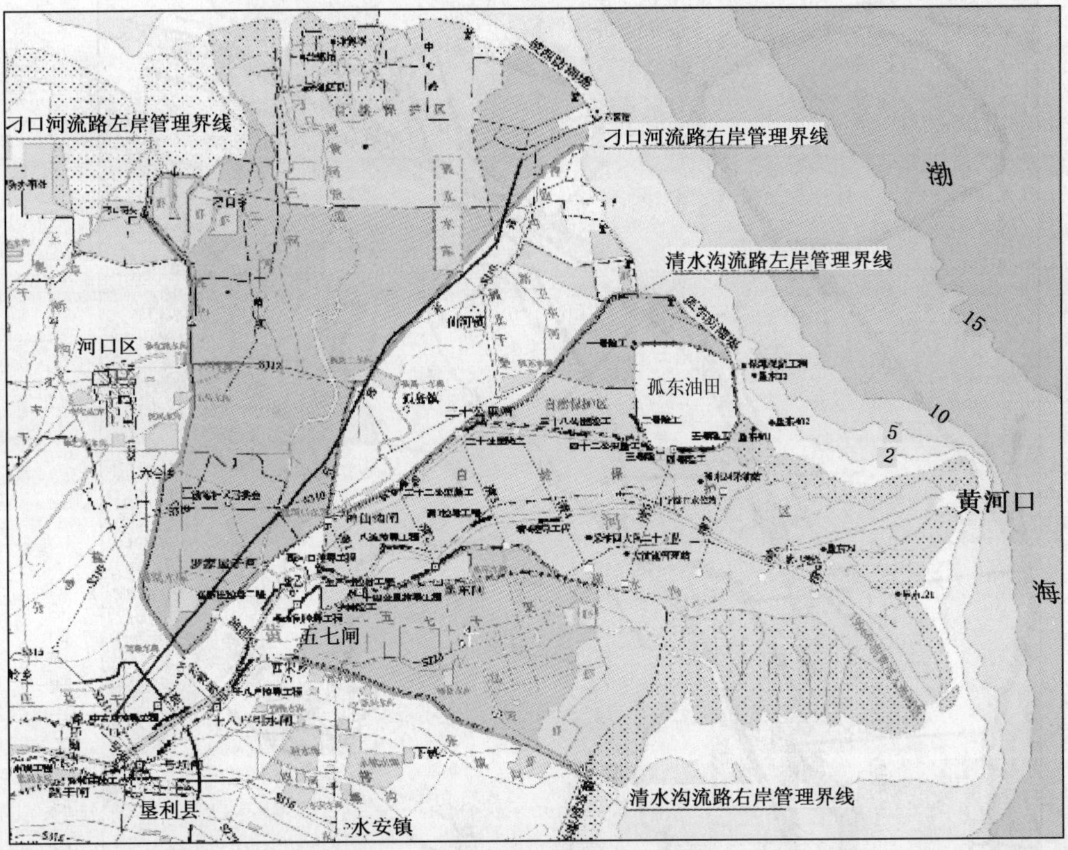

图2－21　黄河河口入海流路规划

黄河口设防流量为10 000 m^3/s，北大堤设计堤顶超高为2.1 m，南防洪堤设计堤顶超高为1.9 m；堤顶设计宽度河口左岸1级堤防为10 m，右岸2级堤防为7 m；河口地区堤防的临背河边坡皆确定为1:3。目前北大堤、孤东南围堤堤顶高程及宽度尚未达到设计要求，规划全线加高帮宽北大堤、孤东南围堤49.73 km。为满足防汛抢险需要，规划硬化北大堤、孤东南围堤及南防洪堤堤顶道路77.47 km，并在堤防临河侧建设防浪林，防浪林带宽度为30 m。

为避免中常洪水冲决大堤，规划近期改建加固左岸4处险工，工程长度3.10 km。为控制河势，规划新建、续建控导工程2处，工程长度5.0 km；加高加固现有3处控导工程，工程长度5.68 km。为相对稳定清水沟流路，充分利用清水沟流路海域容沙能力，减轻溯源淤积影响，应结合流路行河状况，考虑尾闾改汊并辅以必要的河道疏浚等工程措施。

借鉴近年来实施挖河工程取得的经验，确定近期治理期间挖河疏浚的主要目标是：通过挖河，减轻河口河段主河槽的淤积，同时，利用挖河泥沙，加固堤防、淤滩改土。规模为：开挖河段安排在渔洼断面至清4断面，为保证疏浚效果，对清4断面以下河段进行必要的疏通。拟定开挖断面宽200 m左右，同时考虑挖沙设备作业条件等因素，深度取1.6 m左右。为保证疏浚效果，对清4至清7河段的弯道过渡段进行疏通，疏挖宽为50 m，挖深为1 m，近期共安排挖沙量636.11×10^4 m^3。远期重新对渔洼以下河段（渔洼—汊1）进行开挖，开挖河段长55.63 km，开挖长为39.6 km，开挖断面仍采用200 m×1.6 m，按5年开挖一遍，远期10年考虑挖二遍，开挖方量为2 644.4×10^4 m^3。

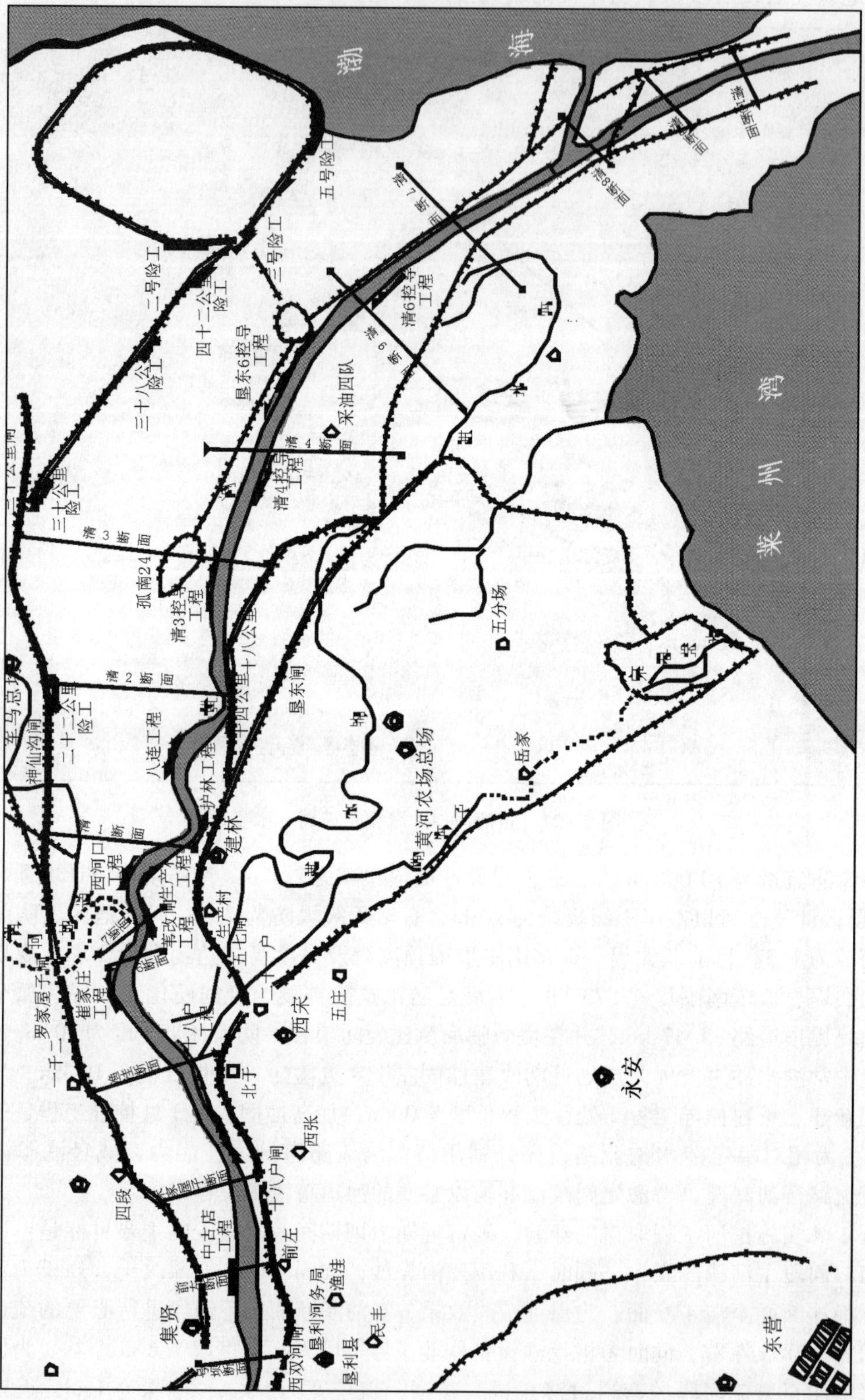

图2-22 黄河河口控导工程示意

表 2－16　黄河河口河段控导工程总体规划

岸别	工程名称	规划工程长/m	坝垛数/道				备注
			丁坝	垛	护岸	小计	
左岸	中古店	2 097		21		21	全为现有工程
	崔家庄	2 536	12	13		25	现有 1 736 m，续建 800 m
	西河口	2 720	3	20		23	现有 1 520 m，续建 1 200 m
	八连	2 864	6	22		28	现有 2 464 m，续建 400 m
	清 3	2 600		26		26	全为现有工程
	垦东六	3 500	24	11		35	新建
	小计(6 处)	16 317	45	113		158	
右岸	十八户	5 320	11	41		52	现有 2 720 m，续建 2 600 m
	苇改闸	1 700		15		15	现有
	护林	1 150	6		17	23	现有
	十四千米	1 770	2	20		22	现有
	清 4	2 700	5	10	1	16	现有 2 200 m，续建 500 m
	清 6	1 500		15		15	新建
	小计(6 处)	13 340	34	83	18	135	
合计(12 处)		30 457	69	214	18	301	

2.3.5.3　河口防潮规划

根据黄河河口三角洲经济社会发展、石油开发现状和发展规划，考虑行政区划和受益对象等因素，将三角洲防潮规划岸段划分为 4 段，即沾利河—挑河、刁口河—黄河、黄河—小岛河、永丰河—支脉河，各段防潮堤防潮标准均为 50 年一遇，堤防级别均为 2 级堤防。新建防潮堤堤顶公路宽度取 7 m，临海防潮堤堤顶宽为 9 m，顺河回水堤堤顶宽度为 8 m；防潮堤堤顶超高为 3 m；临海防潮堤迎水面边坡 1∶3，背水面压重台以上边坡为 1∶2，边坡以下为 1∶3，顺河回水堤内外边坡均为 1∶2；临海防潮堤潮沟段迎水面消浪平台以上，采用厚度为 0. 10 m 的预制混凝土板护坡，外加厚度为 0. 20 m 的预制栅栏板消浪；顺河回水堤内边坡采用厚度为 0. 10 m 的预制混凝土板护坡。

规划防潮堤总长 187. 64 km，其中临海防潮堤 125. 69 km，顺河回水堤 61. 95 km。现状利用防潮堤 142. 49 km，其中临海防潮堤 100. 68 km，顺河回水堤 41. 81 km；规划新建防潮堤 45. 15 km，其中临海防潮堤 25. 01 km，顺河回水堤 20. 14 km。新建防潮工程仅涉及河北防潮堤、广支防潮堤，在草桥沟规划新建挡潮闸 1 座，新建防潮堤布置小型排涝引水涵闸 3 座。

2.3.5.4　水资源资利用与规划

黄河口地区水资源利用保护规划范围为黄河口三角洲的东营市全部，土地面积 7 923 km^2（图 2－23），共划分 6 个一级水功能区，分别是黄河山东开发利用区、黄河口保留区、小清河山东开发利用区、淄河山东开发利用区、支脉河淄博东营开发利用区、潮河滨州开发利用区。共划分了5个二级水功能区，其中1个饮用水水源区，4个农业用水区：黄河东营饮用工业用水区，小清河东营、淄河广饶、支脉河广饶和潮河滨州等农业用水区。其中，潮河滨州农业用水地跨东营、滨州两市。根据水功能区纳污能力和规划水平年污染物入河量，2020年若入河量小于纳污能力，则入河量作为其入河控制量；若大于纳污能力，入河削减率控制在40%左右。2030年各水功能区均应达到该功能区水质目标，若入河量小于纳污能力，则入河量作为其入河控制量；若大于或等于纳污能力，入河控制量等于纳污能力。对未划分水功能区河流，2020年小清河水质达到地表水IV类标准，其他河流水质应能满足一般鱼类生存用水的要求，并满足渤海海洋有关环境保护规划的有关要求。

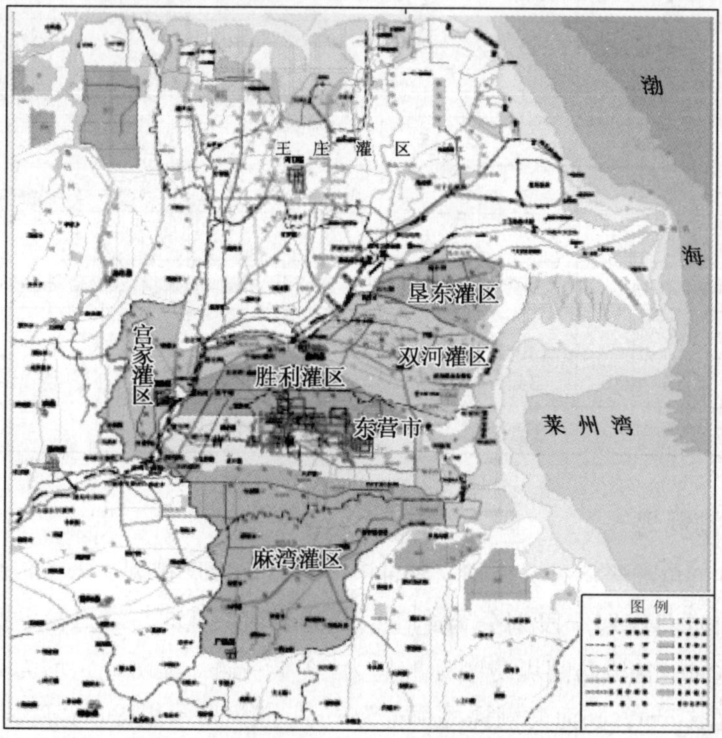

图2－23 黄河口地区水资源利用规划示意

对灌区干、支渠道进行衬砌，2010年完成干渠衬砌129 km、支渠衬砌220 km；2020年完成干渠衬砌95 km、支渠衬砌330 km；2030年完成干渠衬砌95 km、支渠衬砌220 km。田间节水2010年、2020年、2030年分别安排田间工程16.0万亩、12.0万亩、12.0万亩。高效节水工程2010年、2020年、2030年安排高效节水灌溉面积分别为15.8万亩、16.2万亩、16.2万亩，到2030年高效节水灌溉面积达到农田有效灌溉面积的21.6%。

2.3.5.5 生态环境保护规划

近期目标是大力实施湿地工程，恢复湿地生态系统功能，使退化湿地面积的80%得到修复与重建。远期目标是实现湿地生态系统平衡，退化湿地基本达到恢复和重建，生物多样性丰富，湿地生态生产力得到提高，珍稀濒危动植物物种得到有效保护。

根据黄河口生态系统的特征、功能及生态环境需水量要求对象的不同，黄河口生态需水量应主要满足以下四方面的需求：①维持一定规模河口湿地以保证河口敏感生态系统稳定的水量需求；②维持河口近海水生生物繁衍生存及其生物多样性的水量需求；③维持鱼类洄游和河流生态连通的最低水量需求；④黄河输沙及防止海岸侵蚀的水量需求等。黄河利津断面11月至翌年4月的最小生态流量为75 m^3/s，适宜生态流量为120 m^3/s；5—6月的最小生态流量为150 m^3/s，适宜生态流量为250 m^3/s。仅依靠黄河自身的水量条件而不采取外流域调水，在远期规划水平年情境下，黄河口地区的水量配置难以满足适宜生态水量的要求，特别是5—6月份因近海水域所需的入海水量较大，河口生态需水的进一步保证程度难以得到改善。生态需水保障措施要把河口生态需水纳入黄河下游水资源统一调度目标，实施生态调度，以维持河口三角洲生态系统良性循环；加快南水北调西线工程建设立项，充分利用调水调沙及汛期洪水对湿地进行生态补水；加快湿地修复补水工程规划及建设；强化资源管理，杜绝生产用水挤占生态环境用水，逐步满足河口生态需水，加强生态与环境监测建设。

2.4 珠江口治理工程

2.4.1 概况

珠江三角洲由西、北江思贤滘以下，东江石龙以下河网水系和入注三角洲诸河组成，三角洲河网区内河道纵横交错，其中西、北江水道互相贯通，形成西北江三角洲，主要水道近百条，总长约1 600 km，思贤滘及东海与西海水道的分汊点是西北江三角洲河网区重要的分流分沙节点，其水沙分配变化将对河网区水文情势产生重大的影响；东江三角洲隔狮子洋与西北江三角洲相望，基本上自成一体，仅占三角洲河网区面积的14.2%，主要水道5条，总长约138 km(详如图2-24)。

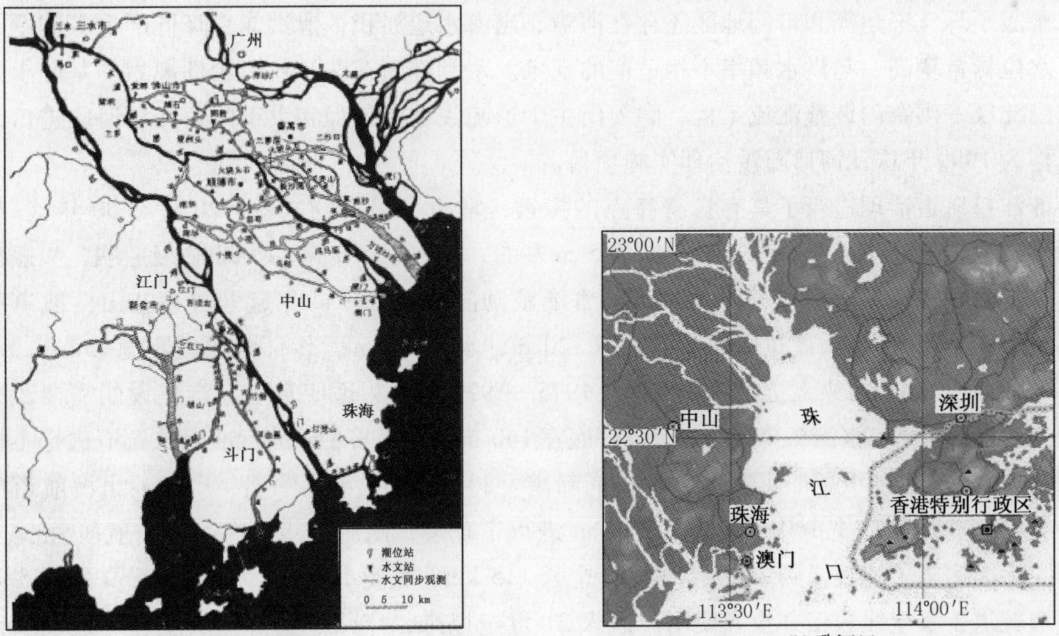

(a) 珠江三角洲　　(b) 珠江口

图2-24　珠江三角洲河网总体示意

西、北、东江水沙流入三角洲后经八大口门出海，形成“三江汇流，八口出海”的格局。珠江河口八大口门按地理分布情况分为东、西两部分，东四口门为虎门、蕉门、洪奇门(沥)和横门，其水沙注入伶仃洋河口湾；西四口门为磨刀门、鸡啼门、虎跳门和崖门，其中磨刀门直接注入南海，鸡啼门注入三灶岛与高栏岛之间的水域，虎跳门和崖门注入黄茅海河口湾。八大口门动力特性不尽相同，泄洪纳潮情况不一，磨刀门、横门、洪奇门、蕉门、鸡啼门、虎跳门为河优型河口，以河流作用为主，其中磨刀门泄洪量居八大口门之首；位于东、西两侧的虎门和崖门属于潮优型河口，以潮汐作用为主，其中虎门的潮汐吞吐量排在八大口门首位。

现状利用大陆海岸线和滩涂围垦成陆岸线总长 983 km。其中，黄埔至虎门水域长约 142 km；内伶仃洋水域长约 333 km；深圳湾水域北岸长约 45 km；外伶仃洋西侧水域长约 31 km；磨刀门水域长约 150 km；鸡啼门水域长约 55 km；虎跳门水域长约 33 km；银洲湖水域长约 98 km；黄茅海水域长约 96 km。根据 2000 年实测水下地形图量算，珠江河口边滩 −2 m 以浅滩涂总面积为 23 516 hm^2，其中，内伶仃洋水域滩涂 11 839 hm^2；深圳湾滩涂 2 067 hm^2；外伶仃洋西侧水域滩涂 616 hm^2；磨刀门水域滩涂 2 209 hm^2；鸡啼门水域滩涂 2 268 hm^2；黄茅海水域滩涂 4 517 hm^2。

在珠江口综合治理方面，按照“全面规划，综合治理，因势利导，统筹兼顾，治理与开发相结合，以开发促整治”的方针及“河口的治理开发必须有利于泄洪、维护潮汐吞吐、便利航运交通、保护水产、改善生态环境”的治理原则，近 30 年来，先后开展了伶仃洋及东四口门治导线、广州—虎门出海水道治导线、黄茅海及鸡啼门浅海治导线、珠江河口澳门附近水域治导线等规划工作，从总体上拟定了珠江河口八大口门整治的总体布局，制定了口门整治开发活动必须遵守的规划治导线，初步提出了各口门整治的规划措施、堤防标准、航道整治方案、滩涂开发利用的功能及布局、各类工程措施的实施程序和加强管理的意见。1994 年、1998 年的大洪水暴露了珠江三角洲和口门地区还存在河障、出海水道淤积，泄洪能力降低严重等问题，出现了水位异常壅高，与洪水频率不相适应的现象。水利部门在珠江口门治理规划的基础上，安排横门北汊—洪奇门调整汇流工程、磨刀门主干道疏浚整治工程和洪奇门鸭仔沙河段进口疏浚工程作为 1999 年珠江河口疏浚治理实施项目。

珠江口航道治理进行了具有自身特点的探索，取得了显著的成就。20 世纪 50 年代以前，广州港出海航道处于天然状态，最浅水深 5 m 左右，仅可通 5 000 ~ 7 000 吨级船舶，大船出虎门后多走矾石水道(东槽)—暗士敦水道经香港咸汤门出海。1954 年起开辟莲花山西航道和伶仃西航道，至 1959 年，莲花山西航道底宽 120 m、水深 7.2 m，伶仃西航道底宽 150 m、水深 6.9 m，万吨级船舶可乘潮进入黄埔老港。1975—1979 年，为适应黄埔新港建设的需要，按虎门以内底宽 140 m、水深 9.0 m，虎门以外底宽 160 m、水深 8.6 m 的标准对该航道进行了拓宽浚深，至此，2 万吨级船舶可乘潮进入黄埔新港。20 世纪 90 年代中期，广州港出海航道虎门以外航段(南段)按底宽 160 m、水深 10.5 m 进行了疏浚，随后几年，虎门以内航段(北段)也按相同标准实施了疏浚。到 2000 年年底，全长 115 km、底宽 160 m、水深 11.5 m 的 3.5 万吨级出海航道工程全线竣工并投入使用。进入 21 世纪以来，广州港出海深水航道的建设步伐进一步加快，到 2006 年年底，该航道全线浚深至 13.0 m；到 2008 年年底，该航道南段被浚深拓宽成底宽 250 m、航深 15.5 m 的深水航道，10 万吨级船舶乘潮、5 万吨级船舶全天候可进出南沙港。目前，广州港出海航道已是我国河口港中等级最高、通过能力最强的深水航道，成为珠三角乃至华南地区集装箱和大宗散货海上运输的主干通道。

2.4.2 自然条件

2.4.2.1 水文泥沙特征

按1956—2000年资料统计，珠江流域多年平均径流量为3 381 × 10^8 m^3，其中西江2 301 × 10^8 m^3，北江510 × 10^8 m^3，东江274 × 10^8 m^3，珠江三角洲295 × 10^8 m^3，分别占珠江流域径流总量的68.1%、15.1%、8.1%、8.7%。径流年内分配不均，西江、北江、东江控制站马口、三水、博罗站径流量汛期分别占年总量的76.9%、84.8%和71.7%左右，枯水期分别占年总量的23.1%、15.2%和28.3%左右。据1956—2006年实测径流资料系列统计，年均径流量马口水文站为2 291 × 10^8 m^3、三水水文站为472 × 10^8 m^3，与1956—2000年实测径流系列年均径流量相比，马口水文站减小1.3%，三水水文站增加4.7%。

根据近20年资料计算分析，八大口门近年来的平均径流分配比为：虎门24.5%、蕉门16.8%、洪奇门(沥)7.2%、横门12.5%、磨刀门26.6%、鸡啼门4.0%、虎跳门3.9%、崖门4.5%。珠江流域西江、北江、东江常常在6—8月发生大洪水。西江洪水多发生在6月、7月，西江高要站多年平均最大洪峰流量为32 100 m^3/s，实测最大洪峰流量为55 000 m^3/s。北江洪水一般多发生在5月、6月，石角站多年平均最大洪峰流量为9 800 m^3/s，实测最大洪峰流量16 700 m^3/s。东江洪水兼受锋面雨和热带气旋雨影响，博罗站多年平均最大洪峰流量为4 870 m^3/s，实测最大洪峰流量12 800 m^3/s(1959年6月16日)。西江、北江洪水通过思贤滘沟通调节后经马口、三水进入西北江三角洲网河区，洪水过程呈平缓肥胖型，相似于西江而略带北江的特征。实测最大洪峰流量，马口为53 200 m^3/s，三水为16 300 m^3/s。

珠江河口的潮汐为不正规半日混合潮型。因受汛期洪水和风暴潮的影响，最高潮位一般出现在6—9月，最低潮位一般出现在12月至翌年2月。珠江八大口门平均潮差在0.85～1.62 m之间，属于弱潮河口，其中以虎门的潮差最大，黄埔最大涨潮差达到3.38 m。磨刀门、横门、洪奇门(沥)、蕉门等径流较强的河道型河口，潮差自口门向上游呈递减趋势，而伶仃洋、黄茅海河口湾，自湾口至湾顶潮差沿程增加，赤湾多年平均涨潮差为1.38 m，到黄埔达到1.62 m。根据近20年资料计算分析，八大口门多年平均山潮比为：虎门0.38、蕉门1.79、洪奇门2.51、横门3.68、磨刀门6.22、鸡啼门1.72、虎跳门3.43、崖门0.24。口门外的赤湾、三灶、荷苞岛站涨、落潮历时几乎相等，潮水过程呈对称型。

珠江三角洲河流输沙主要以悬移质为主，含沙量较小，各主要控制站多年平均值为0.11～0.31 kg/m^3。

2.4.2.2 三角洲河道及口门区演变特征

内伶仃洋水域经20世纪80年代至90年代中期的大规模围垦造地，使内伶仃洋大量近岸浅滩水域变为陆地。据遥感信息资料，该水域面积减少近230 km^2，其中西部近岸减少172 km^2，占75%，东部近岸减少58 km^2，占25%。20年左右的时间，内伶仃洋水域面积减少了22%。伶仃洋西部口门均向外发展，到2000年蕉门口已从口外水下滩槽格局转变为一主一支的河道型格局。其中，凫洲水道长约5 km，与虎门直接交汇；蕉门延伸段延伸约12 km，汇入伶仃洋西槽中段。洪奇门(沥)水道左岸向东南方向延伸约8.3 km；横门北汊与洪奇门汇合延伸河道右岸向东南方向延伸约 11 km。内伶仃洋形态变化后，三滩两槽的大格局基本保持不变，但局部区域水动力环境发生了改变，主要体现在西部各口门外从原来宽阔的水下滩槽逐步转变为河道型水道，促使落潮动力加强，其动力向东或东南移动，涨、落潮交汇区形成的滞流区明显向东、东南及南移动，导致口门淤积区域向东南和南面发展；内伶仃洋逐步形成喇叭形河口后，有利于涨潮流集中沿潮汐通道上溯，虎门至西槽一线的潮流动力加强。

磨刀门经过整治后，一主一支格局基本形成，口门向外延伸 16.5 km，直接面向南海。口外拦门沙呈扇形发育，横洲口下泄洪水径流冲破拦门沙，形成中汊（东南偏西方向）和东汊（东南向）为主的两支槽道，中汊为磨刀门下泄径流的主通道，展现出磨刀门横洲口外新的滩槽发育格局。磨刀门已面临南海，口门外动力环境发生了较大变化，主要表现为横洲口外径流动力明显增加，更多的径流泥沙可从横洲口经拦门沙输送至外海，拦门沙区除受径流、潮流的影响外，风浪、西南沿岸流对口门的影响作用明显加大，动力环境更趋复杂化。

鸡啼门是 1958 年白藤堵海后形成的一个珠江分流河口。1978—2003 年，鸡啼门水道东岸围垦约 16.15 km^2，西岸围垦约 11.52 km^2。受南水岛与高栏岛连岛大堤及鸡啼门口外滩地开发的影响，鸡啼门口外的水动力环境发生了变化，主要表现为涨潮流主流方向东偏。目前，鸡啼门涨潮流主流经青洲岛东侧上溯，以北偏西的流向汇入主槽后向北进入口门。西滩将成为缓流区，泥沙淤积加重。

黄茅海水域于 20 世纪 80 年代至 21 世纪初，因实施崖南垦区和大海环及其他区域的围垦工程，使黄茅海河口水域面积减少了约 124 km^2，其中西部近岸减少了近 54 km^2，东部近岸减少了 70 km^2。近 20 年间黄茅海水域面积减少了约 18%。湾顶原为一宽阔的水域，自崖门与虎跳门交汇水域边滩被围占和崖南围垦、雷珠围垦工程实施后，湾顶过水断面缩窄，原水下深槽已发展成为河道型槽道，使下泄水流动力加强，径流作用范围向下扩展，滞流区下移，中滩向海推进发展。虎跳门在黄茅海—崖门—银洲湖潮汐通道强大的潮汐影响下，口门基本上处于停止发展状态。黄茅海东岸（包括大海环浅水区）因滩涂开发利用变成了平直的岸线，近岸涨落潮水流上下顺畅，近岸淤积有所减缓。西滩仍为主要的淤积区，有加剧之势，且向东南快速发展。湾口东槽以涨潮流动力作用为主，南水岛—高栏岛连岛大堤兴建后，拦截了鸡啼门径流泥沙的进入，改善了周边水域的水流流态，而珠海港防波堤兴建后，防波堤对涨潮流起挑流作用，造成局部出现回流，近期高栏岛东南侧海床及东槽部分槽段出现淤积加快之势，与该水域的水动力环境变化有着较大的关系。

近些年来，三角洲河道演变具有以下几个特征：

1）河床普遍下切。多年的大规模采砂活动导致三角洲河床由总体缓慢淤积转变为大范围的下切。据 1985—2005 年河道实测地形资料对比分析，2000 年以前，西北江三角洲 86% 的河道都呈下切趋势，西江主要泄洪河道（西江干流—磨刀门水道）平均下切 1 ~ 2 m 的河段占 70%，东海水道加深超过 3 m；北江主要泄洪通道（北江干流—顺德水道—沙湾水道）下切尤甚，特别是顺德水道，平均水深增加达 3 m 以上；2000 年以后，西江干流河槽的下切速度比北江干流快。

2）河槽变化不均衡。受无序采砂的影响，西北江三角洲河床变化呈现出不均衡性，北江干流及以下河道的河床变化较大，容积增加了 12.7%，而西江干流及以西河道变化相对较小，容积仅增加了 7.6%。河槽变化的不均衡性还表现在河道的上游段下切深度较下游段大，北江三角洲总是上中游河段比下游河段下切深度大，如上游河段容积增加22.2%，而下游河段仅增加6.6%；西江干流2000年以前中下游河段下切幅度大，2000年以后则是上游河段的下切幅度大。

3）河道向窄深型发展。挖砂同时导致河道形态向窄深发展，如磨刀门水道20世纪80年代的宽深比为3.9~9.36，1999年减小为3.16~7.74，洪奇门水道出口段从5.19~5.51减小到3.84~4.52，东海水道从3.44减小为2.45。2000年以后上述河道断面比较稳定，而上游的西江干流河道形态向窄深发展。

2.4.3 珠江口防洪治理工程

自20世纪80年代初选择磨刀门作为珠江河口整治试验口门以来，各口门陆续实施了部分治理工程。2001—2003年实施的《1999年珠江河口疏浚治理工程实施方案》共完成941.83×10^4 m^3疏浚量，治理河道总长14.36 km。改善了横门北汊与洪奇门出流交汇条件，有助减轻口门的泄洪压力，调整了部分河汊泄洪量。疏浚工程实施后，整治河段的泄洪量增加，洪奇门万顷沙西河段泄洪量增加0.22%；上横沥、下横沥分别减小0.28%、0.24%；横门站泄洪量增加0.22%；灯笼山增加0.15%；初步达到了逐步调整口门干支水道泄洪分流比的规划意图。

2.4.3.1 磨刀门治理工程

为加强磨刀门排洪输沙能力，理顺磨刀门口外水域流态，改善排水条件，合理开发滩涂资源，20世纪80年代以来已经开始陆续实施磨刀门治理工程，包括磨刀门主干道的东、西导堤和洪湾水道的南、北导堤工程，目前已基本形成磨刀门口门区一主一支水道的格局。

磨刀门主干道西治导堤1984年3月开始抛石，2000年基本完成，从东六围尾延伸至横洲口，延伸约13 830 m；东治导堤1990年5月抛石，1997年完成，从洪湾水道分流口延伸至大井角，共9 250 m。

支汊洪湾水道已从宽阔的水域缩窄成500 m河宽的规则水道，北治导堤1985年5月开始抛石，1988年基本建成；南治导堤1990年动工，1995年9月建成；1991—1993年进行了河槽疏浚。

由于磨刀门口门仅开展了治导堤工程建设，而河道疏浚整治未能实施，仍存在洪水排泄不畅的问题，为加强磨刀门排洪输沙的主导作用，减轻上游防洪压力，组织实施了主干道疏浚工程。2002年1月至2003年3月，磨刀门主干道开始实施疏浚整治第一期工程，疏浚工程北起东八围，南至鹤洲冲下游，疏浚河段长8.41 km。

磨刀门整治后，主干道主槽趋于稳定，河床有所加深，过洪断面面积加大，在宣泄“9406”、“9806”、“0506”大洪水中发挥了重要作用。整治后的洪湾水道，河道水深加大，通航等级明显提高，已成为重要的出海航道。

2.4.3.2 蕉门治理工程

为调整蕉门口外凫洲水道与蕉门延伸段之间的水沙关系，维护伶仃航道的稳定，蕉门在20世纪80—90年代陆续兴建了凫洲水道南堤、蕉门延伸段东导堤及西导堤。凫洲水道南治导堤20世纪90年代开始抛石，2000年高程为0.2~1.0 m，进口断面缩窄为1 200 m；蕉门延伸段为支汊，西导流堤为万顷沙垦区东堤，东导流堤为鸡抱沙和孖沙垦区的西堤，于1985—1995年期间修建，东导流堤长14 km。目前，蕉门一主一支洪潮通道已基本形成。蕉门整治工程实施后，初步调整了主支水道的水沙分配，今后还需实施蕉门延伸段疏竣工程。

2.4.3.3 横门治理工程

横门一主一支水道格局也已基本形成，南汊为支，北汊为干。南汊从芙蓉山口已延伸10.5 km，其西导堤(除珠海官塘湾以北)于1989—1996年抛石，已形成较规则岸线；东治导堤在1989—1995年间逐步成堤并延伸至二茅。横门北汊南、北治导堤于2001年建成，导堤间水面宽750 ~ 1 500 m，向东北与洪奇门水道汇合；北汊与洪奇门水道汇合延伸段长4 km，左右岸分别为1986—1997年间逐步建成的万顷沙垦区西治导堤和横门垦区东治导堤。

2001年3月，横门北汊—洪奇门调整汇流工程开工建设，2001年11月完成，疏浚河段4.5 km，修筑了民众围导流堤、沥心沙尾围导流堤和水泥围导流堤工程。工程实施后，横门北汊水流流向由原来的东北向引导至东南向，与洪奇门水道水流的汇流夹角减小，改善了汇流条件，初步达到了增大横门北汊及洪奇门泄洪流量的目的。

2.4.3.4 洪奇门治理工程

为了调整洪奇门水道与上横沥、下横沥水沙分配，恢复洪奇门水道排洪作用，2003年6月，对万顷沙西进口河段实施了清障，于2003年12月完成，拆除围外围1.45 km。工程实施后，洪奇门水道排洪能力初步得到了加强。

2.4.4 珠江口航道治理工程

2.4.4.1 航道选线

广州港出海航道起于珠江口伶仃洋湾口深槽，止至狮子洋水道北端的黄埔新港墩头基码头，途经大濠水道、伶仃水道、川鼻水道、大虎水道、泥洲头水道、莲花山水道和赤沙水道，全长115 km。广州港出海航道全线主要有两个浅段，即莲花山浅段和伶仃浅段。莲花山浅段位于东江口汇入的狮子洋水道上段，平均河宽约2 km，长约10 km，中部发育的心滩形成东、西两个河槽，自然水深5 ~ 6 m；伶仃浅段位于伶仃洋西槽，西槽长约30 km，自然水深5 ~ 10 m，5 m以下槽宽500 ~ 1 500 m。

伶仃洋东槽(矾石水道)天然水深大，含沙量低，离蕉门、洪奇门和横门等径流型河口远，水沙环境总体较为优越，但该航线下段要穿越铜鼓浅滩，开发难度很大，且与深圳西部港区航道共线，易相互干扰，缺陷明显；伶仃洋西槽(伶仃水道)槽顺流强，与下游深槽衔接自然，又是多年习惯性航道，通航条件相对较好，但该航线北段天然水深较小，离蕉门、洪奇门和横门等河口浅滩较近，水体含沙量较大，航道开挖后回淤强度可能要比东槽更大一些。伶仃西水道具有航路顺直、航程较短、水流夹角小、地质条件好、疏浚土处理方便、工程量较小、维护费用较低等明显优势，适合作为深水出海航道(图2－25、图2－26)。此后的出海航道一、二期工程及三期预备工程(南段航道拓宽浚深工程)的顺利实施，充分证明选线方案的正确性。尤其是近年来南沙深水港区及南沙开发区的建设，即得益于临近出海航道的便利，又获得了大量宝贵的土地资源。西岸的开发既消化了部分航道疏浚弃土，同时也规顺了入海河口的水沙流路，拦门沙航段的水沙环境得到明显改善。

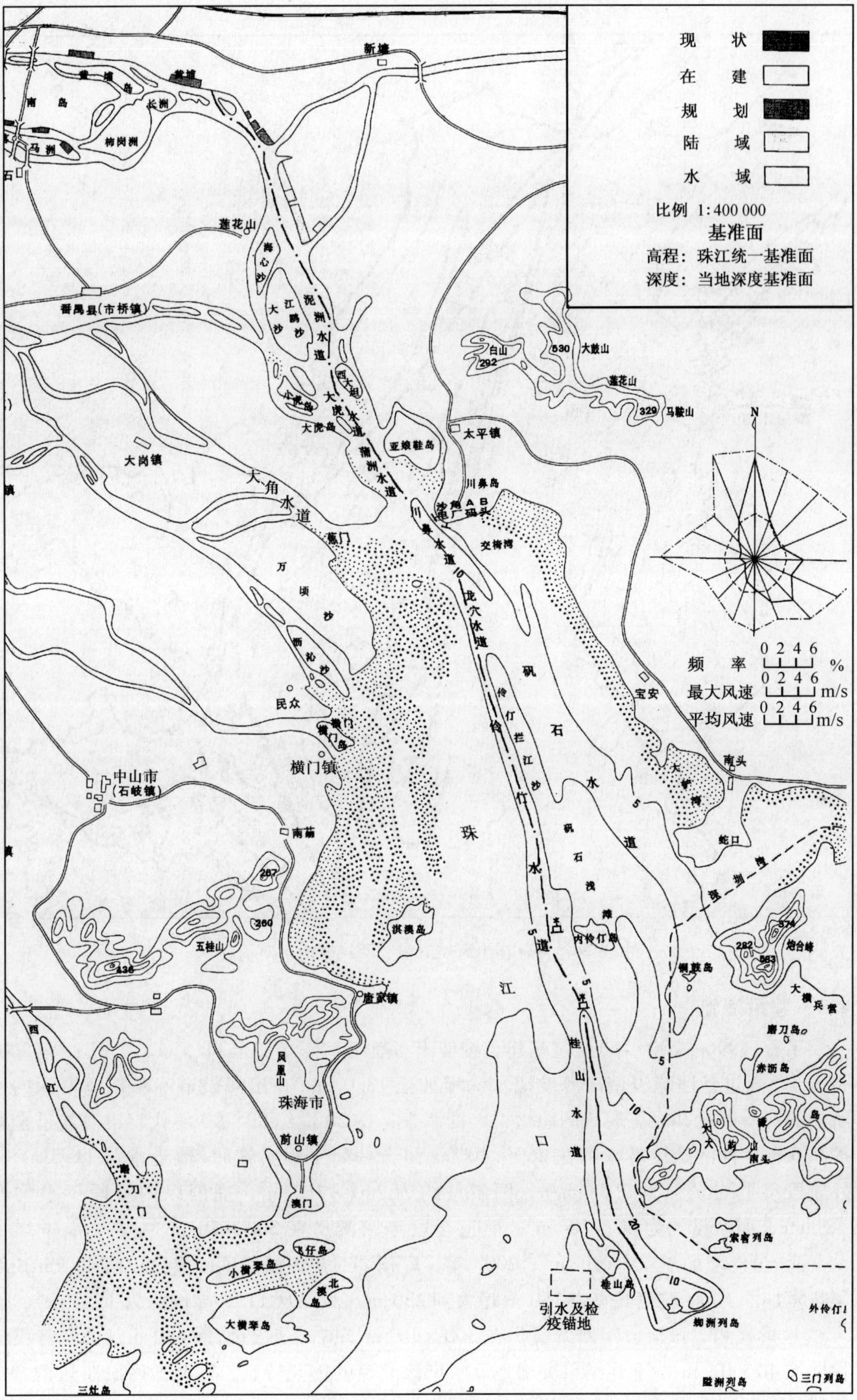

图 2－25 广州港出海航道示意

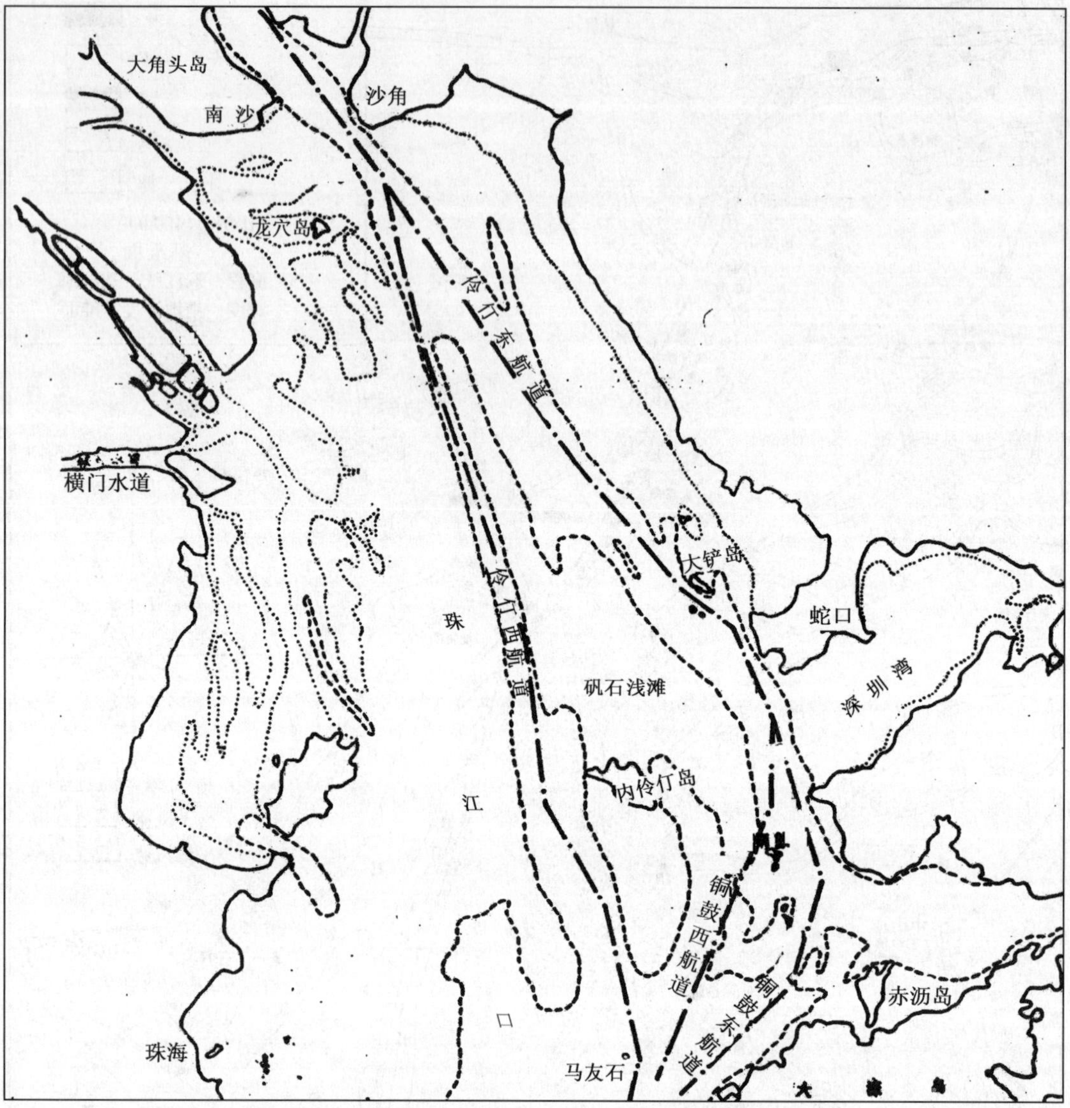

图 2－26　伶仃洋出海航道东、西线航道走向示意

2.4.4.2　整治措施

一期工程(1996—2000 年)通过基建疏浚使出海航道水深增加至 11.5 m，二期工程(2004—2006 年)也是通过基建疏浚使出海航道水深增加至 13.0 m。在出海航道不断拓宽增深的过程中，航槽的泥沙回淤并没有成比例地增大。据调查，在 20 世纪 80、90 年代，出海航道全段每年维护 9.0 m 水深的疏浚量大约在 $260\times10^4\ m^3$；当一期工程实施后(航道水深 11.5 m)，虎门以外航段年平均淤强为 0.38 m/a，回淤量约为 $240\times10^4\ m^3$，虎门以内航段年平均淤强为 0.18 m/a，回淤量约为 $60\times10^4\ m^3$，航道全段年回淤量在 $300\times10^4\ m^3$ 左右，航道增深了 2.5 m，回淤量仅增加了 $40\times10^4\ m^3$；2007 年，广州港对出海航道南沙港区以南 46 km 长航段实施了拓宽加深工程(航道底宽由 160 m 增大到 230 m，水深从 11.5 m 增深为 15.5 m)，经过 2008 年的地形检测，该航段年回淤量仍在 $300\times10^4\ m^3$ 左右，航道增深 4.0 m，回淤量仅比一期工程增加 $40\times10^4\ m^3$。上述结果突出地反映出该航道的重要特点，即泥沙回淤对航槽增深并不很敏感，广州港出海航道有继续增深的条件。

试验研究和工程实践均表明：对于伶仃洋这样的潮流型河口湾，具有潮量大、风浪小、主流集中、含沙量低等特点，潮流脊型滩槽格局长期保持稳定，航槽具备良好的可挖性与可塑性，无须依靠整治建筑物，通过疏浚开挖即可实现航道逐步增深的目的。

2.4.4.3 疏浚土处理

广州港出海航道全长115 km，航道加深1 m，挖泥量就要上千万立方米。如一、二期工程的航道增深，每次基建开挖都要产生五六千万立方米的疏浚土，而且航道每年的维护性疏浚也要挖泥三四百万立方米。巨量的疏浚弃土如何处理已成为广州港出海航道工程可行性与经济合理性的关键控制因素，也是近年来海洋、环保部门特别关心的问题。在伶仃洋海区经国家有关部门批准划定有淇澳岛东北、淇澳岛东南和黄茅岛南等3处水下抛泥区(图2－27)。

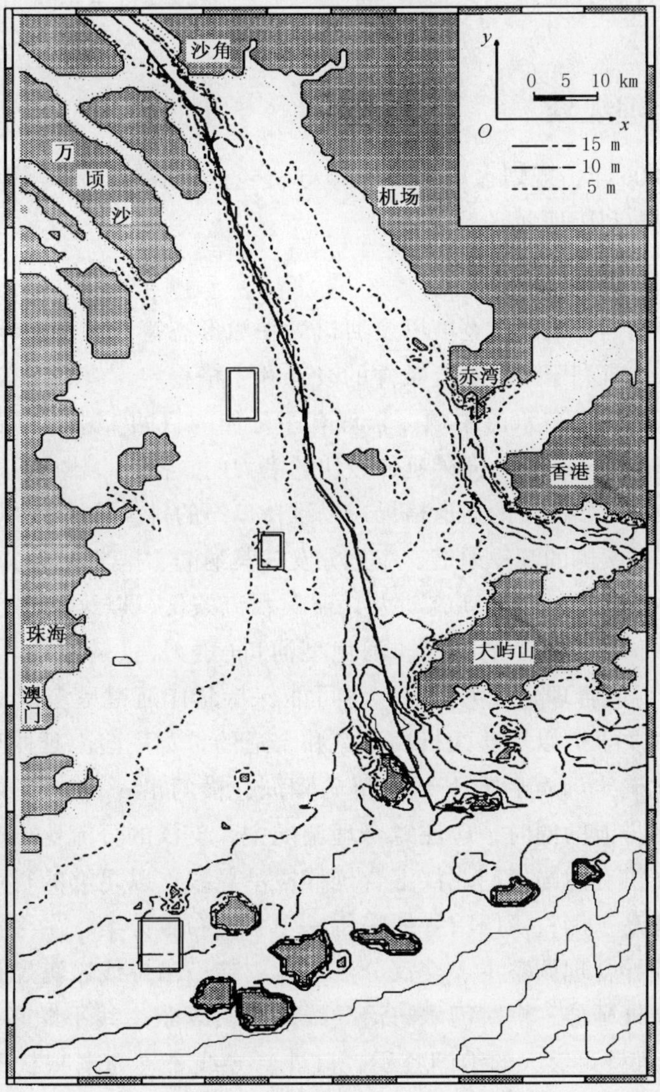

图2－27 伶仃洋抛泥区位置示意

广州港出海航道在早期建设阶段，基建疏浚量不大，疏浚弃土主要在离航道不远的淇澳岛东北和东南两个抛泥区抛卸处理。随着使用时间的增长，这两个抛泥区的纳泥容量已大幅缩减，且水深变浅致使大型挖泥船无法作业。另外因抛泥区离航道较近，疏浚弃土还会形成航道复淤，对邻近的中山港口门水域影响也很大，因此近年来这两个抛泥区已基本被废弃。黄茅岛南水下抛泥区位于伶仃洋湾口内侧，水深大且有岛屿掩护，纳泥量预计可超过 $1\times10^8\ m^3$，该抛泥区对周边海域的环境影响很小，也不会造成出海航道的复淤，是伶仃洋未来处理疏浚弃土的主要场所。该抛泥区的主要缺点是位置偏南，离出海航道主要施工段较远，疏浚成本因此会增加很多。

考虑到上述因素，出海航道在二期工程设计中，依据疏浚弃土尽可能综合利用原则，结合南沙港区开发需要大量泥沙充填的有利条件，把出海航道内伶仃岛以北航段的疏浚土通过二次吹填处理，内伶仃岛以南航段的疏浚土则就近至黄茅岛抛泥区抛卸。如此处理，既降低了疏浚成本，又缩短了施工工期，既为南沙开发提供了充沛的泥土资源，又减少了水抛弃土对海洋环境的影响，充分体现了现代工程建设追求"资源充分利用、效益争取最好、环保优先考虑"的科学理念。

2.4.5 珠江口治理规划

现状水平年为2006年，规划水平年为2020年。重点开展河口治导线规划、河口泄洪整治规划、岸线滩涂保护与利用规划。

2.4.5.1 河口治导线规划

规划目标是使口门延伸走向、宽度以及河口湾平面形态符合水沙运动和河势发展的规律，满足泄洪纳潮的要求，有利于河口水流条件的改善和主槽稳定，有利于航道维护和港口建设，有助于河口管理，以达到河口水流平顺、合理有序延伸的目的。总体思路是按照因势利导原则，合理控导径流作用相对较强、向外延伸较快的磨刀门、横门、洪奇门、蕉门和鸡啼门的延伸方向，并保持延伸水道多汊道的通道格局，以维持口门的排洪输沙能力；伶仃洋和黄茅海河口湾是珠江河口东、西两侧的潮汐通道，应充分发挥其纳潮、排洪、通航和生态功能，加大虎门、崖门口的潮汐吞吐能力，加强潮流动力，理顺水流条件，以维护潮汐通道的稳定，充分发挥伶仃洋—虎门—狮子洋水道的功能。河优型河口(磨刀门、横门、洪奇门、蕉门、鸡啼门、虎跳门)以控导口门合理延伸为重点，尽可能保持延伸河道呈多汊道格局。磨刀门治导线沿一主一支布置，主干道以足够的行洪河宽和合适的扩宽率向南延伸至横洲口，支汊洪湾水道以合适的分流比确定河宽后向下延伸至马骝洲；横门沿一主一支的泄洪通道布置治导线，在满足上游洪水排泄的同时，应注意合理调配主、支汊的分流比，减少横门北汊与洪奇门水道的汇流夹角；洪奇门与横门北汊汇合延伸段治导线，以足够的行洪宽度和合适的扩宽率沿深槽延伸至淇澳岛东侧；蕉门治导线采用一主一支布置方案，主干为凫洲水道，支汊为蕉门延伸段，通过控导合理调整主、支汊分流比；鸡啼门治导线以满足行洪要求的河宽和合适的扩宽率沿深槽向外延伸；虎跳门水道治导线基本沿现状岸线平顺布置。潮优型河口(虎门、崖门)应尽可能维持足够大的纳潮容积，口外治导线布置为喇叭状形态，以利纳潮。广州—虎门水道两岸治导线基本沿现状岸线平顺布置；虎门水道外的内伶仃洋，东、西治导线采用河口湾大喇叭状布置方案，西治导线沿伶仃洋西滩边缘布置，控制西滩向伶仃洋深槽扩展，并与横门、洪奇门、蕉门治导线出口合理衔接；东治导线沿伶仃洋东滩边缘布置，控制东滩的开发活动对伶仃洋深槽的影响；崖门外的黄茅海，东、西治导线也沿东、西边滩布置，形成喇叭状河口形态。

2.4.5.2 泄洪整治防潮规划

珠江河口泄洪整治规划的任务是研究磨刀门、蕉门、洪奇门、横门等主要泄洪口门和深圳湾的综合整治措施，以畅通尾闾，加大口门泄洪能力，适应新的洪水形势。珠江三角洲城市及重要地区堤防标准为50年一遇，通过龙滩、大藤峡、飞来峡、新丰江、丰树坝和白盆珠水库对西江、北江及东江上游洪水的拦蓄，可降低珠江三角洲100年一遇洪水位值。珠江八大出海口门“以泄为主”的整治措施是流域防洪体系的重要组成部分，河口泄洪整治规划目标是安全下泄50年一遇洪水，同时加强磨刀门泄洪主通道的地位，维持虎门、横门、蕉门的排洪能力，恢复洪奇门的排洪作用，适度调整口门出流主干、支汊的分流比，改善口门间的汇流条件，适当清障、开卡，疏浚排洪断面，维持河口稳定和畅通。

保护重要城市的海堤，规划防潮标准为100年一遇，列为1级；保护较为重要城市或保护农田面积在5万亩以上的海堤，规划防潮标准为20~50年一遇，以50年一遇为主，列为2级；保护农田面积在1万~5万亩的海堤，规划防潮标准为20年一遇，列为3~4级；保护农田面积在1万亩以下的海堤，规划防潮标准为10年一遇，列为5级。海堤工程附属的闸、涵、泵站建筑物及其他构筑物的设计标准，不低于海堤工程的防潮标准，并留有适当的安全裕度，一般比海堤设防标准提高一级。

2.4.5.3 岸线、滩涂保护与利用规划

口门区规划岸线功能分为四类，分别为岸线保护区、岸线保留区、岸线控制利用区和岸线开发利用区。规划岸线总长度979 km。

按照不同区域滩涂生态敏感程度的差异及各滩涂区现有的生态功能、未来对生态功能的需求，将珠江河口滩涂划分为三个等级，分别是强生态敏感保护区、中等生态敏感保护区和弱生态敏感保护区(表2-17)。

表2-17 珠江河口滩涂保护区等级划分

等级	特征	滩涂位置
强生态敏感保护区	自然保护区 有特殊生境或珍稀物种	内伶仃洋水域 黄茅海西侧
中等生态敏感保护区	生物多样性较为丰富 鸟类或重要物种活动场所	外伶仃洋西侧水域 鸡啼门水域 黄茅海东侧
弱生态敏感保护区	非自然保护区 无特殊生境、珍稀物种	磨刀门水域 其他滩涂

河口滩涂治导线范围内的滩涂面积利用规划见表2-18。含治导线范围内的浅水区域合计39 889 hm^2。自然保护区指“海洋和海岸生态自然保护区”。滩涂按利用功能分为五类，分别为：养殖区、港口区、工业和城镇建设区、保留区和自然保护区。养殖区包括养殖和增殖区；港口区包括港口、码头和仓储区；工业和城镇建设区用作工业基地、城镇建设和交通设施建设；保留区一般是暂时保留不予开发利用的区域；自然保护区一般不改作其他用途。

表 2-18 珠江河口滩涂利用规划

区域	功能	地点	滩涂面积/hm^2	合计/hm^2
内伶仃洋东滩	港口区	伶仃洋东滩	2 621	6 567
	工业和城镇建设区	伶仃洋东滩	1 135	
	保留区	伶仃洋东滩	2 811	
内伶仃洋西滩	养殖区	横门边滩	2 382	14 910
	港口区	鸡抱沙北片	570	
		孖沙南侧	1 905	
	工业和城镇建设区			
	保留区	横门垦区南侧	4 544	
	自然保护区	万顷沙南	5 509	
深圳湾	养殖区			896
	港口区			
	工业和城镇建设区	深圳湾后海	401	
	保留区	深圳湾北侧	495	
磨刀门	养殖区			1 870
	工业和城镇建设区	白龙河西岸	1 079	
		交杯三沙	541	
	港口区			
	保留区	白龙河东侧	250	
鸡啼门	港口区	鸡啼门西滩	2 770	4 766
	工业和城镇建设区	鸡啼门东滩	0	
	保留区	鸡啼门东滩	962	
		鸡啼门西滩	1 034	
黄茅海	养殖区	黄茅海西滩	2 288	10 880
	港口区	高栏港	1 183	
		黄茅海东滩	2 209	
	工业和城镇建设区			
	保留区	黄茅海西滩	5 200	
合计	养殖区		4 670	39 889
	港口区		11 258	
	工业和城镇建设区		3 156	
	保留区		15 296	
	自然保护区		5 509	

2.4.5.4 其他规划与保护

珠江河口有深圳湾福田国家级红树林湿地、珠海淇澳岛大围湾红树林湿地等。福田国家级红树林自然保护区，面积逾200 hm^2，是全国唯一在市区内的国家级自然保护区；淇澳岛西北岸的大围湾湿地逾130 hm^2 红树林，是珠海市设立的红树林自然保护区。为加强珠江河口红树林的保护，应积极治理沿岸城镇区域水污染，严格控制红树林岸线的排污；研究采取引种试验与驯化红树林的方式，完善红树林保护区生态系统，提高湿地生态功能。

对珠江河口湿地生物多样性要进行动态保护，根据滩涂湿地不断淤涨扩大的自然规律，因地制宜，适时适地，采用保护性圈围、保护性开发利用方式，规划确定的保留区在未开发前都应以湿地保留。

2.5 其他河口治理工程

2.5.1 概况

近十多年来，结合当地社会经济发展，我国各入海河口都实施了不同程度的治理工程。鸭绿江河口结合丹东港开发，完成了大东港区主航道、西南航道、庙沟港池等10万吨级矿石、10万吨级散杂货泊位、10万吨级集装箱泊位、1—3号挖入式港池等，进行西水道整治。辽河口结合盘锦新港建设，完成了疏港引堤和五万吨级泊位等工程，进行了盘山闸扩建工程。钱塘江口及杭州湾结合河势控制进行围垦，先后进行了尖山河段整治工程、海宁河势控制工程、上虞—余姚河势控制工程和萧绍护岸工程等，建设了曹娥江挡潮闸。瓯江口防洪与温州港开发和城市用地相结合，完成防洪堤建设、航道治理和温州浅滩围垦等工程。椒江口北岸结合头门港建设，以15.6 km疏港公路工程连接了头门岛和临海东部陆地，进行了河口北侧北洋涂围垦一期工程和河口南侧十一塘围垦。闽江口进行了围垦和拦门沙航道增深整治工程。

本节主要介绍钱塘江、海河流域、瓯江入海河口的治理工程。

2.5.2 钱塘江河口治理工程

2.5.2.1 简况

钱塘江河口是著名的强潮河口。潮波从东海进入杭州湾，由东南向西北传入湾内，上溯到湾顶，继而影响到钱塘江河口至富春江电站坝址断面。钱塘江分为三段：富春江电站至萧山闻家堰的富春江段为河口河流段，以径流作用为主；闻家堰至澉浦为河口近海段，受径流、潮汐的影响都较大；澉浦以下河口潮流段称为杭州湾，主要受潮汐影响。

对钱塘江河口影响较大的控制性工程主要有新安江水库和富春江电站。新安江水库建成于1960年，集水面积10 442 km^2，总库容216.26 $\times 10^8$ m^3，为多年调节水库；富春江电站为其反调节水库，坝址以上集水面积31 829 km^2，总库容4.41 $\times 10^8$ m^3，属日调节水库。

从富春江电站到澉浦长194 km的钱塘江河口，区间汇入分水、浦阳、曹娥等支流，感潮河段流域面积1.8万 km^2；钱塘江河口江道宽度自上而下从1 km变化到19.4 km，平均放宽率为0.028；从闻家堰向下游，河床呈倒坡向下游抬升，形成口内沙坎，其顶点在仓前附近，倒坡平均坡降约为0.12‰，坎顶至乍浦顺坡坡降平均约为0.1‰，沙坎顺水流方向绵延约130 km；钱塘江河口河床为分选性良好的细粉砂，中值粒径为0.01 ~ 0.05 mm；河槽极度宽浅，低潮时水深仅为1～2 m，宽深比高达20～40，为游荡型河道，历史上主槽最大摆幅达几千米至数万米。钱塘江河口又为冲积性很强的河口，在潮流和径流共同作用下，易冲易淤，呈现“冬冲夏淤、洪冲潮淤”的自然特性，历史上河床冲淤变幅最大达几米到十几米，随着季节变化及上游径流与下游潮差消长而不同。

在“缩窄江道、减少进潮量、加大山潮水比值”的治理思想指导下，20世纪60年代以来，钱塘江河口开展了大规模的治江围涂，南北两岸累计围涂92.4万亩，加上杭州湾围涂工程，围涂面积合计达134万多亩。至20世纪80年代海宁八堡以上河段按规划治导线基本实施完成，游荡型江道基本得到控制。目前，正在实施的尖山河段治理格局也已初步形成。结合大规模围涂的钱塘江河口整治活动，有效地控制了江道摆动，提高了河口地区防洪御潮能力，为浙江省经济发展提供了宝贵的土地资源。但缩窄江道的同时，减少了过水断面面积，加强了潮波反射，再加上上游新安江和富春江建库控制了下泄流量，增加了河口的萎缩趋势。

2.5.2.2 自然条件

钱塘江河口位于长江三角洲南翼，北邻上海，南邻舟山群岛，以雄伟壮观的涌潮而著称。澉浦至入海口门为河口湾，习称杭州湾，长85 km，以潮流作用为主，河床相对稳定，平均潮位以下水深8～10 m，湾口宽约100 km(图2－28)。

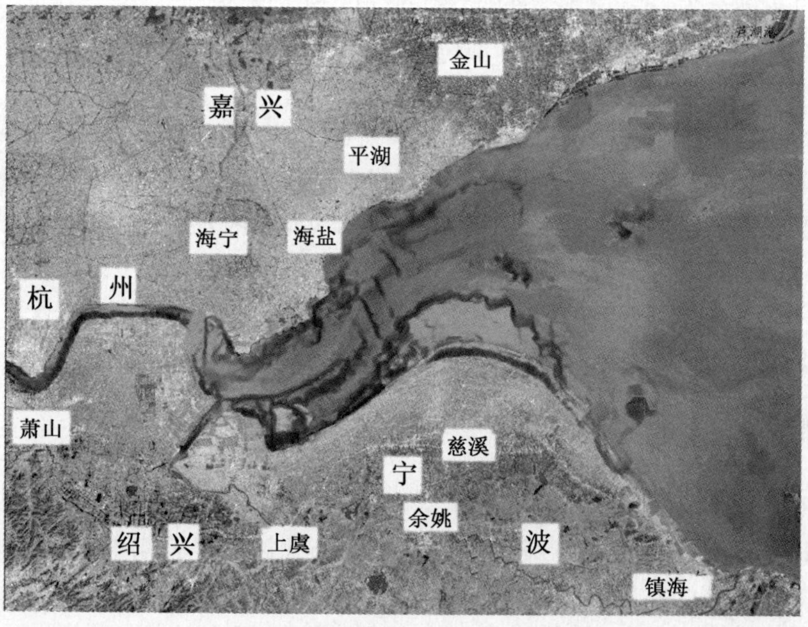

图2－28 钱塘江河口平面位置

钱塘江河口自杭州以下呈弯曲的喇叭形，杭州市闸口江道宽度在1.0 km左右，至海宁盐官宽度在2.5 km左右，以后急剧放大，在海宁尖山为14 km，至澉浦扩展为16.8 km，至入海口则达到100 km左右。纵剖面异常独特，自东江嘴以下河床底坡呈倒坡向下游抬升，形成口内沙坎，其顶点在萧山四工段附近，倒坡比降约为0.12‰，坎顶至平湖市乍浦顺坡比降约为0.1‰。

钱塘江多年平均径流量为436×10^8 m^3，实测最大洪峰流量为29 000 m^3/s。在潮区界平均含沙量为0.2 kg/m^3，澉浦以西的河口段，湾口的平均含沙量在2 kg/m^3左右。

东海潮波进入杭州湾向西传播过程中，因河宽急剧收缩，潮能聚集，潮差沿程增大，其多年平均潮差5.57 m，比湾口的南汇嘴增大74%，湾顶澉浦站实测最大潮差为9.11 m，居全国之冠。澉浦以上河床迅速抬高，潮差沿程减小，涨潮历时缩短，落潮历时延长。因潮波变形剧烈，在尖山附近形成波澜壮阔的涌潮。海宁大尖山至杭州闸口均属涌潮影响河段，在海宁的盐官至八堡一带，涌潮高度一般在1～2 m，实测最大涌潮高度超过3 m。

钱塘江河口地区为自然灾害多发区，每年需承受洪水、潮汐和台风的侵袭。河口水文条件复杂，江宽水浅，潮强流急，河床为易冲易淤的粉质砂土，常导致江道主槽迁徙无常，滩岸坍涨不定，纵向冲淤剧烈，钱塘江尖山河湾曾出现过的最大平面摆幅达20 km、纵向冲淤幅度超过30 m，历史上曾有一昼夜高滩退蚀245 m的记录。由于塘前滩地冲淤变幅大，潮差大，涌潮汹涌，水动力条件强，对沿江建筑物破坏力极大。

钱塘江流域发生较大洪(潮)灾害的频次有不断增加的趋势。据统计，从公元775年到1949年的1 100多年间，钱塘江流域发生较大洪潮灾害达230次，平均每5年发生一次；而在1949—1999年51年间发生险情并出现危急局面就达27次之多，平均每两年发生一次。同时，近年来钱塘江洪(潮)水位有不断增高的趋势。如闸口站，近50年来历年最高水位超过警戒水位8.8 m的次数不断增加，特别是自20世纪70年代以来，闸口站年最高水位超过警戒水位的次数几乎每10年增加一倍，详见表2-19。

表2-19 闸口站不同年代超警戒水位出现的频次

水域	闸口站				
年限	1953—1962	1963—1972	1973—1982	1983—1992	1992—2003
出现次数	2	2	2	4	6

2.5.2.3 治理工程总体布局

从环杭州湾地区经济社会可持续发展对钱塘江河口开发、利用和保护的要求出发，根据钱塘江河口自然条件，按照资源、经济、社会、环境协调发展的原则，以确保河口周边地区防洪御潮度汛安全为重点，进行河口治理，加强河口资源优化配置，协调资源开发利用与保护，改善河口自然生态环境，以资源的可持续利用支撑经济社会的可持续发展。按照不同地段保护对象确定防洪御潮标准：秦山核电厂为1 000年一遇标准；杭州市城区为300年一遇至500年一遇标准；河口周边其他区域为50年一遇至300年一遇标准；杭嘉湖平原和萧绍宁平原排涝不低于20年一遇标准。公共水厂用水保证率为97%；一般用水及农业灌溉用水保证率为90%；改善水环境用水保证率为80%。根据钱塘江河口水深条件和桥梁建设标准，航道分段确定标准为：海宁八堡以上航道水深主要满足千吨级船舶；海宁八堡至曹娥江口航道水深满足3 000吨级船舶乘潮进出港要求；曹娥江口至澉浦断面航道以及上虞港区航道水深满足5 000吨级船舶乘潮进出港要求；嘉兴港乍浦港区、海盐港区满足5 000吨级至3.5万吨级船舶通航要求；独山港区航道水深满足5万吨级船舶进出港通航要求。

河口治理以提高河口地区防洪御潮排涝能力、控制河势为目标，遵循钱塘江河口自然演变规律，抓住江道变化有利时机，因势利导，按照“治江结合围涂，围涂服从治江”的原则，实施河口治理工程。河口治理工程包括：海塘(围堤)加固工程，治江围涂工程，江道整治工程，排涝工程等。

海塘加固大致分为两种：一是海塘的防洪重现期不变，但因缩窄方案实施后导致高水位提高及塘脚冲刷加深等影响，需进行适当塘顶加高和塘脚防冲加固。这类海塘均分布在风浪不大的上游河口段，大多为近几年加固的重现期100年的海塘，两岸塘长共计33 km。另一种为适应保护区社会经济发展需求，海塘防洪(潮)标准进一步提高，原100年一遇标准提高到300年一遇的堤塘长为87 km，原50年一遇标准提高到100年一遇的堤塘长66 km，主要对外坡护面结构、堤顶防浪结构、内坡护面结构、塘前底脚防冲等做相应加强。海塘(围堤)加固工程总长251 km，其中北岸146 km，南岸105 km。

治江围涂工程南岸主要集中在澉浦断面以下的慈溪庵东边滩；北岸主要分布在尖山河段以西、海盐以及平湖白沙湾。治江围涂工程包括围堤、围区隔堤、促淤丁坝、盘头、排涝闸、河道护岸等。规划围涂工程84万亩，围堤183 km。

钱塘江河口岸线利用是在确保河口防洪御潮安全的前提下，结合沿江各地的城市发展总体规划，兼顾城市沿江景观和防护林带建设，并保留一定的滨海湿地保护区，合理分配和开发使用岸线。主要有：防洪(潮)工程、港区码头、沿江重大企业取排水口、排涝闸站、城市污水排放口、跨江交通、城市沿江景观带、穿堤管线、湿地保护等。

拟建设工程应进行涌潮景观影响专题论证，避免对涌潮景观观赏带来重大影响。

2.5.2.4 治江围涂和中水整治工程

钱塘江尖山河段从海宁十堡—海盐澉浦，长约45 km，位于钱塘江河口庞大沙坎的下游坡，平面上呈弯曲喇叭形，河段中部南岸有曹娥江汇入，是钱塘江河口段向杭州湾过渡的十分特殊而又敏感的位置，河床宽浅、泥沙交换量大，河床中经常发育心滩，导致主槽摆动范围大而频繁，河床的高低及主槽摆动直接制约十堡以上江道的潮汐强弱和泥沙输移，同时对其下端的杭州湾产生影响。尖山河段的整治不仅关系到该河段江道主槽的稳定、河势控制、两岸地区防洪御潮和排涝等的安全，而且关系到水土资源的开发利用和航运条件的改善，对两岸地区的产业布局和社会经济发展有着决定性作用。20世纪80年代中期开始进行了较系统的关于尖山河段河道主流走北、中、南的治导线研究，分析了不同治导线河床总容积及断面形态的差异以及对上游防洪、排涝、咸水入侵，与下游杭州湾的衔接及淤积影响，确定了“全线缩窄、走中弯曲、稳定主槽、维护杭州湾北槽，控制南股槽南偏，避免纳潮量锐减”的整治原则，于1995年提出了《钱塘江河口治理及尖山河段岸线规划》，后经过反复论证，于2000年底完成《钱塘江尖山河段整治规划》，2002年8月省政府批复了该规划。整治规划实施后，尖山河段海宁十堡堤距为3 km，曹娥江口河宽为9 km，澉浦断面河宽为16.5 km。

根据钱塘江河口治江与围涂相结合的全线缩窄江道的治江方略以及“因势利导，以围代坝”的整治工程经验，规划治导线的实施需通过治江围涂工程来实现。按照尖山河段的整治规划线，北岸需完成尖山围涂工程9万亩，建设50年一遇围堤工程28.2 km；南岸需完成围涂工程15.4万亩，建设50年一遇围堤工程81.2 km。

通过近20年的实施，尖山河段南北两岸逐步向治导线推进，已基本到位，但曹娥江口附近江面仍有10 km宽，尖山河湾仍然存在“洪水走北，潮水走南”的规律，涨落潮流路分歧，江道主流仍然会随丰、枯年而有2 ~4 km的摆动。河口上段江道整治工程主要是采用短丁坝、盘头、板桩、抛石护岸、坦水等护塘建筑物，控制河势，防止涌潮和洪水对海塘及护塘建筑物本身的破坏。实施赭山湾河势控制工程，河口中段为稳定主流在南岸凹岸，达到洪水期保证主流贴近萧山、绍兴码头，减少曹娥江大闸淤积，采用工程措施，稳定河势，控制尖山河段主流，实施南股槽整治工程、尖山河段河势控制工程；河口下段江道整治工程主要是在江道主流顶冲位置或深槽靠岸引起的海塘前沿刷深的局部岸段，采取保护措施，确保海塘安全。

尖山河段达到整治规划线后，上游端河宽为3 km，下游澉浦断面河宽为16.5 km，仍会因径流的丰枯造成涨落潮流路的分歧而演进成主槽较大的摆动，因此还需进行中水河道的整治，以进一步控制主槽稳定，促淤保滩护塘，提高海塘的防洪抗潮能力，同时为航道整治奠定基础。中水整治工程为控制主槽摆动的河势控制工程和控制主槽临塘段主槽冲刷塘脚保护海塘安全的护岸工程，主要有海宁河势控制工程、上虞—余姚河势控制工程和萧绍护岸工程三部分。

2.5.2.5 曹娥江大闸工程

曹娥江大闸位于浙江省绍兴市，钱塘江下游南岸主要支流曹娥江河口距绍兴市约30 km，是《曹娥江流域综合规划》、《钱塘江河口尖山河段整治规划》中的关键性工程，也是浙东引水工程的配水枢纽，具有防潮(洪)、治涝和水资源开发利用作用，兼顾水环境改善和航运等综合利用效益。

大闸工程由挡潮泄洪闸、堵坝、鱼道、导流堤、闸上江道防洪堤脚加固等组成。挡潮泄洪闸总宽697 m，总净宽560 m，共28孔，单孔净宽为20 m。挡潮闸顺水流方向长502.5 m，从上游至下游布置有上游抛石防冲槽、防冲小沉井、上游护底、上游护坦、闸室段、下游消力池、下游海漫、下游防冲大沉井和下游抛石防冲槽。正常蓄水位3.9 m(1985国家高程基准，下同)，正常蓄水位以下库容为$1.46\times10^8\ m^3$，堵坝最大坝高21.5 m，坝长574 m，工程总投资12.5亿元，为大(1)型水闸，Ⅰ等工程。

曹娥江大闸于2005年12月30日主体土建工程开工，2008年12月18日正式下闸蓄水。平时关闸挡潮，阻挡外海泥沙入江，洪水期开闸放水，逐步带出建闸前淤积在河道的泥沙，表现为“单向冲刷”，形成建闸条件下新的河床平衡断面。大闸的建设可彻底消除钱塘江河口段的风暴潮灾害，提高两岸平原的防洪排涝能力。

曹娥江大闸是河口两岸平原水资源利用的“枢纽工程”。大闸建成后，可挡潮蓄淡，拦蓄曹娥江流域日常径流。非洪水期曹娥江径流在满足闸下冲淤的情况下，可由两岸水闸引水入平原，然后向北、向东从沿杭州湾的排涝闸排入杭州湾。这样既满足了平原的用水需求，也增加了河网水体的流动性，改善了河网水质，从而大大改善两岸平原水环境。同时，曹娥江大闸的建设可大大提高杭甬运河500吨级改造工程的通航保证率，使通航水深保证率达到95%以上，并减少船闸数目。

2.5.3 海河流域河口治理工程

2.5.3.1 简况

海河流域主要入海河口自北向南分别为永定新河、海河、独流减河和漳卫新河等，入海河口见表2-20。永定新河、海河、独流减河位于天津市境内，是海河流域和天津市主要行洪排涝河道；独流减河左堤、永定新河右堤是天津城市防洪的南北防线；漳卫新河地处河北、山东两省交界处，是漳卫河系洪涝水的主要入海通道。

由于各入海河道下泄径流匮乏，潮水可直接上溯到河口防潮闸下，潮流动力对河床形态的塑造起着主导作用，而河口底质均为淤泥质，潮水中含沙量大，致使河道淤积严重，行洪能力大幅度下降。为维持河口的泄流通畅，每年汛前需对河口进行清淤。由于部分河口地区没有统一规划，往往因排泥场用地与地方矛盾较大，影响清淤工程正常进行。随着河口地区经济发展，治理与开发矛盾将日益加剧，部分海口枢纽工程老化，影响正常使用。针对各河道状况，海河流域入海河口实施了一系列河道治理工程，使河口以上河道能够达到设计防洪标准。

表 2－20 海河流域主要入海河口的海岸类型

岸段类型	河口名称	包括河流
淤积岸段	滦河口	滦河
	大清河口	大清河
	沂河口	沂河
	小青龙河口	小青龙河
	双龙河口	双龙河
	沙河口	沙河
	陡河口	陡河
	永定新河口	蓟运河，潮白新河，北京排污河，金钟河，永定新河
	海河口	马厂减河，海河干流
	独流减河口	独流减河
	马棚口	青静黄排水渠，子牙新河主槽
	岐口	北排河，沧浪渠
	捷地减河口	捷地减河
	老石碑河口	老石碑河
	南排河口	南排河，廖家洼排干，石碑河，黄浪渠
稳定岸段	黄南排干河口	黄南排干
	大口河口	连洼排干，大浪淀排水渠，淤泥河，宣河，漳卫新河
侵蚀岸段	马颊河口	马颊河，德新河
	套尔河口	赫家沟河，同家河，秦口河，胡营河，徒骇河
	潮河口	潮河
	马新河口	马新河
	沾利河口	沾利河
	草桥沟河口	草桥沟河，刁口河
	挑河口	挑河

2.5.3.2 自然条件

永定新河口地理坐标为39°04′03″—39°06′19″N，117°43′19″—117°45′18″E，地处天津市区北侧。永定新河开挖于1971年，西起天津市北辰区的屈家店，东至塘沽区的北塘镇入渤海，全长66 km，流经天津市北辰区、宁河县、东丽区和塘沽区。永定新河除承担宣泄永定河洪水入海的任务外，左岸依次还有机场排水河、北京排污河、潮白新河和蓟运河，右岸有金钟河、北塘排污河、黑猪河等河汇入，实际上是海河流域北系四河(永定、潮白、北运、蓟运)洪水的入海通道。河口控制北四河流域面积$8.3\times10^4\ km^2$。

海河口位于渤海湾西岸，地理坐标为38°58′5″—39°6′16″N，117°41′39″—117°44′7″E，历史上海河干流曾是南运、子牙、大清、永定、北运等五大河洪水的入海通道，由于河道狭窄，泄流量大，经常泛滥成灾，直接威胁天津市安全。海河干流流经天津市中心区、东丽区、南郊区和塘沽区，通过海河防潮闸入渤海。其范围包括屈家店闸以下的北运河段15.15 km，西河闸以下的子牙河(即西河)段16.54 km，子北汇流口以下至防潮闸的海河段73.45 km，全长105.14 km。根据海河流域规划和天津市城市防洪规划要求，海河干流除承泄大清河和永定河部分洪水外，还具有排涝、蓄水、航运、旅游和改善城市环境的功能。海河干流沿途可通过新开河和金钟河与永定新河相连接，通过洪泥河与独流减河相连接。

独流减河口位于渤海湾西岸湾顶，在海河以南约28 km，地理坐标为38°45′43″—38°46′21″N，117°33′51″—117°35′27″E，位于天津市区南侧，是承泄大清河系洪水的主要入海尾闾。该河始挖于1953年，西起进洪闸，流经静海、西青、大港区，于工农兵闸入渤海，全长67 km。

漳卫新河位于38°03′57″—38°20′24″N，117°35′02″—117°56′59″E之间，是漳卫河系洪水、涝水的主要入海通道，上自山东省武城县四女寺枢纽接卫运河，下至无棣县大口河入渤海，全长255 km，地处河北、山东两省交界处，涉及河北省的吴桥县、东光县、南皮县、盐山县、海兴县及黄骅市，山东省的德州市德城区、宁津县、乐陵市、庆云县及无棣县。

2.5.3.3 河口防洪治理工程

(1)永定新河

永定新河全部是以深槽行洪为主的复式河槽，河宽500～600 m，设计深槽底宽160～200 m，河底纵坡比降：上段26 km为1/13 000、下段36 km为1/9 000。自1971年以来，由于各汇入河道上游对径流的拦蓄，一般年份下泄径流很少，遇枯水年几乎无径流下泄，随潮流上溯的大量海域来沙，不断在河道沉积，致使河道行洪能力大幅度下降，防洪标准不足5年一遇。为缓解永定河洪水对天津市的威胁，1986—1989年间，天津市对北京排污河口以上河道按原设计主槽断面进行清淤，清淤后该段河道的行洪能力达到1 200 m^3/s。1999—2005年陆续进行应急度汛清淤工程，对北京排污河口至潮白新河口段河道分段进行了主槽局部清淤，清淤后该段河道汛期行洪能力达到900 m^3/s。2007年开始对潮白新河口以下河段按3 000 m^3/s清淤，在河口(63+041)修建防潮闸，防潮闸设计泄洪流量为4 640 m^3/s，校核泄洪流量为4 820 m^3/s，闸下河道近期一期工程按3 000 m^3/s规模进行清淤，工程于2010年建成。永定新河河口防潮闸及河口左岸天津滨海旅游区临海新城、右岸天津港东疆港区围海造陆完成后，根据研究分析，预测防潮闸下河道年回淤量将达到380×10^4 m^3。目前永定河下游防洪标准可达100年一遇。

(2)海河

1949年以后，特别是1963年大洪水后，遵循“上蓄、中疏、下排、适当地滞”的治理方针，海河上游兴建大量水利工程，初步建立了海河流域防洪体系，改变了各河由海河集中入海的不利局面，并先后兴建了西河闸、屈家店闸，有效地控制了大清河、永定河的洪水。为了利用海河干流蓄淡防咸，促进海河两岸工农业发展，1958年在入海口修建防潮闸，设计流量1 200 m^3/s。1985年在海河军粮城附近(距防潮闸39.5 km)兴建二道闸，设计流量1 200 m^3/s。由于河口及河道严重淤积、堤防下沉、护岸和沿河建筑物老化失修、桥梁阻水严重等原因，河道的过流能力由原设计1 200 m^3/s下降至250 m^3/s左右，即下降了80%。为了保护天津市防洪安全，1991年开始对海河干流进行全面治理，至1999年，河道过流能力已达到800 m^3/s，堤防治理完成了190 km。河口左侧根据天津港南疆港区发展需要，沿海河口规划左治导线修建了南疆港区南部一期和二期围堰，堤头已修到闸下10 km位置；河口右侧天津临港工业区从海河闸下3 km处，沿海河口规划右治导线进行了围堤建设，堤头已修建到闸下7 km处。海河口自 1999 年按满足 800 m^3/s 的治理规模进行河口清淤后，在不发生大的风暴潮前提下，海河闸下河道每年淤积约 70×10^4 ~ 100×10^4 m^3。由于近几年海河口没有发生过大的风暴潮，1999—2004 年年际内的清淤河段回淤情况基本相近，清淤规模根据汛前实测地形计算，一般在 110×10^4 m^3左右。2010 年以前，闸下河道每年的清淤规模为 100×10^4 m^3，闸上 4 ~ 5 年清淤一次，清淤量按 40×10^4 m^3计，2006—2010 年清淤总量为 540×10^4 m^3。2010 年以后，左右导堤修建到闸下 14.3 km 后，闸下河道的淤积量将逐渐减少，不考虑风暴潮影响，闸下通道建设港区后年均清淤量由 100×10^4 m^3减少到 44×10^4 m^3。

在河口两岸陆续修建了面积为 523×10^4 m^2的排泥场，其中面积 323×10^4 m^2的排泥场被用作开发和建设用地，现可用的排泥场有 6 个，面积为 200×10^4 m^2，循环使用。

(3) 独流减河

独流减河建于 1953 年，为东淀分流入海的泄流工程，进口建有 8 孔进洪闸(旧)一座，设计流量 840 m^3/s。1969 年治理大清河中下游时，在进洪闸(旧)南侧建独流进洪新闸一座，设计流量 2 360 m^3/s，并对独流减河按 3 200 m^3/s 规模进行了扩建。上段独流进洪闸至管铺头长约 18.5 km 进行了深挖、展堤和复堤，两堤堤距 850 m，下段管铺头到万家码头进行了疏浚和堤防加固，河内开辟了南、北两个深槽，其中管铺头(18 +450)至小孙庄(32 +000)深槽底宽各 260 m，小孙庄(32 +000)至万家码头(43 +500)深槽底宽各为 320 m，两堤堤距 1 020 m。万家码头以下北大港段辟有宽 5 km 的行洪道，长 18.7 km，其南北两侧分别开挖了一个 40 m 和 35 m 宽的深槽。行洪道下口东千米桥以下至工农兵防潮闸河道长 5.6 km，堤距 1 000 m。河内辟有底宽各 120 m 的两个深槽。河口建有设计流量 3 200 m^3/s 的防潮闸一座(1994 年按原规模改建完毕)。

根据 1993 年天津城市防洪规划，独流减河泄洪规模由原规划的 3 200 m^3/s 增加到 3 600 m^3/s。独流减河自第二次扩建以来，已运行了 40 年。在此期间，海河流域未出现过较大洪水。独流减河防潮闸除 1977 年汛期最大泄流曾达到过 1 090 m^3/s 外，其余年份泄量均不超过 1 000 m^3/s。独流减河口自 1967 年修建河口防潮闸以来，防潮闸常年处于闭闸状态，造成闸下海相泥沙大量淤积，严重影响泄洪。此外，堤防沉陷，芦苇阻水，已使河道泄洪能力由原设计的 3 200 m^3/s下降到 2 000 m^3/s。闸下 2.0 km 河道主槽累计淤积 166×10^4 m^3，淤厚近 3 m，河道行洪能力由原设计的 3 200 m^3/s 下降到 2 000 m^3/s。闸下右岸现有 3 个排泥场，总面积约 136×10^4 m^2。

(4) 漳卫新河

漳卫新河辛集闸—海丰段河道长 25 km，两岸均有堤防，左堤(辛集—海丰)长 25.35 km，右堤(辛集—孟家庄挡潮闸)长 24.10 km，堤高一般 5 m 左右，堤顶宽 8 m，堤距埕口以上 500 ~ 600 m，埕口以下逐步扩大到 1 000 m，局部达 1 360 m。河道为复式断面，设计主槽底宽 70 ~ 80 m，河底纵坡 1/8 900 ~ 1/8 000；边坡 1:5，设计河底高程辛集闸下 -2.34 m，埕口 -3.79 m。滩地高程一般低于 2.0 m，局部滩地高程高于 3.5 m，滩地平均宽度 200 m 左右。海丰—大口河为天然河道，未进行过整治，河道长约 12 km，现状主槽上口宽 140 ~ 200 m，河道主槽弯曲，主槽深泓点高程 -3.94 ~ -8.08 m，左、右两岸滩地高程 1.4 ~ 2.1 m，一般高潮即可上滩。大口河以下为渤海淤泥质海滩，距岸 10 km 海床高程从 -0.2 m 逐步下降到 -5.5 m，河口左侧 800 m 处为黄骅港引堤，引堤总长度约 11 km。

漳卫新河两岸滩涂多数已经开发成盐场及水产养殖场，盐场围堤纵横分布，围堤高程多数在 3.5 ~ 5.0 m，围堤宽度 3 ~ 5 m，沿漳卫新河两侧为挡潮堤，左侧挡潮堤设计防潮标准为 30 年一遇，堤顶超高为设计潮位以上 1.0 m，堤顶宽度 5 m，堤顶高程 4.12 m，局部采用浆砌石护砌，右侧鲁北化工集团的盐场挡潮堤设计防潮标准为30年一遇，堤顶宽度5 m，堤顶高程4.5 m，部分盐场挡潮堤紧邻河道主槽，最窄处河宽仅200多米。

辛集闸下断面在原设计行洪水位时过流能力为1 950 m^3/s，相当于原设计的56%。漳卫新河辛集—海丰之间主槽淤积量为854 $\times 10^4$ m^3，辛集闸下断面在原设计行洪水位下过流能力仅为1 950 m^3/s，相当于原设计的56%。

2.5.3.4　海河流域河口治理工程规划

2.5.3.4.1　永定新河口治理规划

(1)河口治导线

右治导线自永定新河防潮闸右翼墙边缘开始，沿现有海挡岸线，经河北省水利厅拆船厂至塘沽第二拆船厂东北的码头处(67 +084)，再以平滑曲线延伸至70 +500，后沿正北114°方向向外海延伸。左治导线永定新河防潮闸至现状盐田边缘(65 +200)为平滑曲线连接，向东南以直线延伸到69 +745，69 +745至70 +500段以平滑曲线连接，70 +500段以下与右治导线平行向外海延伸。70 +500以下左、右治导线间距为1 700 m。河口治导线为行洪的边界线，两岸防波堤堤身和码头不得侵入到治导线以内区域。

(2)河口治理方案

永定新河河口治理设计防洪标准为100年一遇，采用建闸清淤方案，设计行洪流量为4 640 m^3/s。建闸后需在每年汛前对闸下游进行清淤。为避免与左岸临海新城用地产生矛盾，将排泥场安排在蓟运河和永定新河交汇口以上的陆域，面积2.2 km^2，同时在临海新城东侧设水下抛泥区，面积约8.9 km^2。

(3)河口管理范围

纵向为永定新河防潮闸闸上500 m至闸下19 000 m，并随两岸开发治导线延伸而延伸，横向闸上以河道两岸堤防外坡脚线以外30 m为界，闸下左侧13 000 m以上以规划治导线为界，13 000 m以下至19 000 m以规划治导线以外1 150 m为界，闸下右侧9 000 m以上以规划治导线为界，9 000 m以下至19 000 m以规划治导线以外1 150 m为界。河口防洪清淤排泥场以围堤外坡脚线以外30 m为界。

2.5.3.4.2　海河口治理规划

海河口50年一遇设计洪水流量800 m^3/s；天津市区、塘沽市区除涝标准为20年一遇，郊区10年一遇，河口最大设计排涝流量809 m^3/s。

(1)河口治导线

左岸治导线自海河闸左翼墙边缘开始至左治导线桩号3 +684(对应河道中泓桩号4 +000，以下同)以上沿现有防浪墙和南疆1号、南疆2号、规划3号排泥场的临海围堰布置，从桩号3 +684(4 +000)处距天津新港南防波堤600 m向东与南防波堤呈8°夹角以直线向外海延伸至18 +015，再以19°夹角折向东南，平行大沽沙航道向外海延伸。右治导线自渔航道右岸“海字炮台遗址”起至右治导线桩号7 +333(7 +278)以上沿规划1号、新6号排泥场临海围堰和临港工业区北围堤布置，桩号7 +333(7 +278)以下平行于临港工业区北部围堰向外海延伸至18 +465拐点，再以17°夹角平行左治导线向外海延伸，间距1 260 m。左右治导线间距在右治导线桩号9 +324(9 +000)处为1 100 m，桩号14 +606(14 +300)处为1 260 m。

(2)河口治理方案

海河口治理推荐方案为导堤结合清淤方案，即沿左右治导线布置导堤，堤内主槽按设计泄流 800 m^3/s 清淤，以维持河口泄洪通道。在闸下 5 km 以内的河口两侧，现有 6 个排泥场，总面积约 200×10^4 m^2，循环使用基本能够满足要求。

(3)河口管理范围

纵向为海河防潮闸闸上 500 m 至闸下 22 000 m，并随两岸开发治导线延伸而向外海延伸，横向闸上以河道两岸防洪墙为界，闸下以规划治导线为界，有导堤的以导堤外坡脚线以外 15 m 为界。河口防洪清淤排泥场以围堤外坡脚线以外 15 m 为界。

2.5.3.4.3　独流减河河口治理规划

(1)河口治导线

独流减河口工农兵闸下河道设计洪水流量 3 600 m^3/s；河口区按行洪流量 4 500 m^3/s 确定治导线。河口右治导线自防潮闸起，沿现状岸线、油田防浪墙、规划 4 号排泥场北边线至闸下 3+000 处，然后折向正东向外海延伸。左治导线自独流减河防潮闸北侧起，与南治导线对称布置至大港电厂泵站沉沙池南堤(闸下 0+740)，然后沿南堤至东端点，再向北至泵站取水口北侧后折向东南，再向东延伸，与左治导线平行。左右治导线间距为 1 600 m。

(2)河口治理方案

独流减河河口治理推荐清淤方案。即每年汛前对防潮闸以下按设计泄流 3 600 m^3/s 清淤，以维持泄流通畅。闸下右岸现有 3 个排泥场，总面积约 136×10^4 m^2，规划在 3 号排泥场的东侧新增 4 号排泥场，面积约 80×10^4 m^2。

(3)河口管理范围

纵向为独流减河防潮闸闸上 5 00 m 至闸下 16 500 m，并随两岸围海造陆向外海延伸，横向闸上以河道两岸堤防外坡脚线以外 30 m 为界，闸下左侧 2 430 m 以上以左堤为界，2 430 m 以下至 16 500 m 以规划治导线以外 200 m 为界；闸下右侧 570 m 以上以右堤为界，570 m 以下至 13 500 m 以规划治导线为界，13 500 m 以下规划治导线以外 200 m 为界。

2.5.3.4.4　漳卫新河河口

(1)河口治导线

左岸治导线从海丰村东边现有堤防末端起，向北约 2 km 后折向东北方向，至宣惠河口，宣惠河口以下沿现有黄骅港 3 000 吨级码头，接黄骅港港区预留发展区边界及南防沙堤边界向外海延伸。右岸治导线从孟家庄村北右堤末端起，向北约 3 km 后折向东北，至水沟堡村西边后，继续沿东北方向至大口河现状海堤处，海堤以外按距左侧治导线 1.5 km 控制，向外海延伸。治导线间距，大口河以上为 1 200 m，大口河以下为 1 500 m。两岸防波堤堤身和码头不得侵入到治导线以内区域。

(2)河口治理方案

漳卫新河河口推荐清淤方案。防洪按 50 年一遇标准治理，设计流量 3 650 m^3/s；恢复以 1 250 m^3/s 排涝规模，近期按 900 m^3/s 治理；防潮标准采用 50 年一遇。清淤方案包括对辛集—海丰段淤积严重的河道主槽进行清淤，对治导线以内滩地进行清障，以恢复河道行洪能力，并兼顾改善两岸排涝条件。治导线外侧筑堤，以保护两岸虾池、盐田等免遭洪潮侵害。

(3)河口管理范围

堤防护堤地管理宽度为堤防背水坡堤脚以外 5 m，迎水坡堤脚以外 3 m。海域的管理范围为：左侧以黄骅港右导堤为界，右侧平行黄骅港右导堤 5 km 宽为界；纵向沿规划治导线向外海延伸至 -5.5 m 等深线。在新筑防洪堤防外侧划定 20 m 宽的管理用地。

2.5.4 瓯江河口治理工程

2.5.4.1 简况

瓯江为浙江省第二大江，发源于浙闽交界的仙霞岭，向东流经温州市，注入温州湾。干流全长 388 km，流域面积 18 100 km^2，河口上游河势受地质断裂构造和山体基岩控制，为山溪性河流，源短流急。自青田温溪镇以下受潮汐影响，为感潮河段，长约 78 km，江道自上而下自然放宽外形呈喇叭口形。温溪至梅岙，长约 25 km，为河口径流段，河道一般比较窄深，断面多呈“V”形，河宽一般 300 ~ 500 m，河床多由中、细沙物质组成，径流塑造着河床的形态，是河口区相对稳定的河段。梅岙至龙湾，长约 38 km，为河口过渡段，从梅岙开始，江道逐渐放宽，河流分汊，沙滩众多，滩槽变动频繁，河口断面多呈“W”形，加上支流楠溪江的汇入，使得流态十分复杂，径流和潮流相互消长地共同塑造河床，是河口区最不稳定的河段。龙湾至口门，长约 15 km，为河口潮流段，江面宽阔，断面多呈不标准“U”形，河段微弯，动力拐点受茅竹岭、龙湾和盘石矶岩的制约，使得动力轴线长期稳定在凹岸一线，河床基本受潮流控制，成为河口区最稳定的河段，如图 2 - 29 所示。

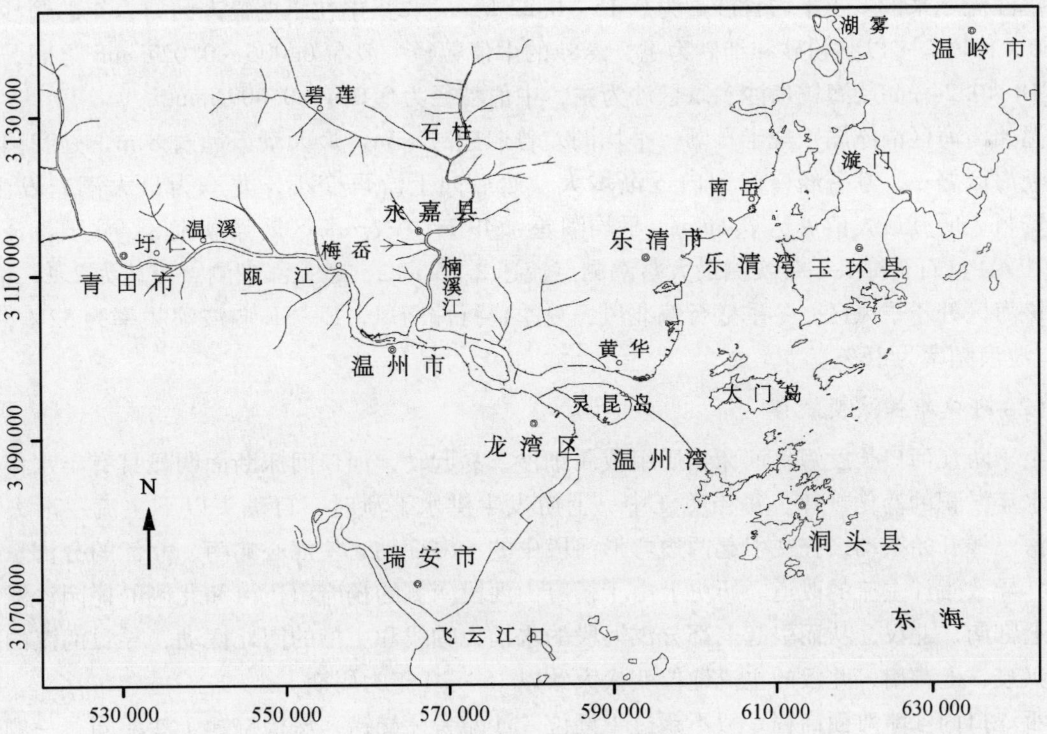

图 2 - 29 瓯江河口平面形势

瓯江河口治理工程始于 20 世纪 70 年代温州港的建设和河口地区的防洪减灾与围垦建设。2000 年始，结合城区防洪堤的堤线选择及其整治措施工程，进行了鱼旗山—杨府山河段的防洪堤建设，将瓯江大桥到鱼旗山段防洪堤外移。2002 年开始温州浅滩一期围涂工程的研究，工程主要目标是围涂2.37万亩和抛筑灵(昆)霓(屿)海堤，长9.24 km，使灵昆与霓屿二岛相连。2003年进行了七都岛堤岸防护工程，使其防洪标准达到百年一遇。2003年开始了瓯江口航道治理工程，采取导堤与丁坝相结合的方案，对温州浅滩进行整治，与疏浚相结合，使一期航道治理工程水深达到6.0 m。同期还进行了龙湾水道的治理。口外的状元岙港区围垦工程于2003年开始研究，稍后进行了大、小门岛围垦工程的研究。南口工程瓯江口的重要整治工程，20世纪70、90年代分别进行部分实施，1978年对灵昆岛南水道抛筑一条堵口潜坝，坝顶约在平均潮位下1.5 m；2001年为便于温州汪滩围涂工程的施工，潜坝工程抬高0.9 m；2007年再次提到可行性研究日程上来的南口工程是将南口全封堵或半封堵。2008年开始实施温州浅滩的二期围涂工程，将灵昆和霓屿二岛用南北二堤相连，将二岛之间的浅滩实施围涂。2009年开始的瓯江口航道治理二期工程是在一期工程的基础上，通过导堤、护头、丁坝工程将中水道及其和黄大岙水道上下深槽间的乌仙嘴拦门沙滩达到7.0 m的航深。

瓯江口数十年的整治，实现了港口建设大发展，促进了地方经济，保证了城市防洪安全。

2.5.4.2 自然条件

(1)水文泥沙

瓯江流域全年雨水充沛，流域上游地区以梅雨为主，下游地区则以台风暴雨为主。瓯江上游圩仁站(控制流域集水面积88%)资料表明，1912年8月发生过流量30 300 m^3/s的大洪水，1954年实测最大洪峰流量为22 800 m^3/s，1967年实测最小流量仅为10.6 m^3/s，多年平均流量446 m^3/s。洪水汛期一般在4—9月，汛期下泄水量占全年72%～76%。

瓯江流域来沙多年平均含沙量为0.15～0.22 kg/m^3，集中在汛期输入河口，年总输沙量约为260×10^4 t，多以细粉砂和细砂为主，悬沙的中值粒径一般在0.006～0.027 mm之间，床沙在0.18～0.24 mm。海域来沙多以悬沙为主，中值粒径为0.004～0.009 mm。

温州湾海区潮汐属正规半日潮，平均潮差普遍超过4 m，最大潮差超过8 m，是我国著名的强潮海区之一。潮差经口门向内逐渐增大，然后向上游再变小，龙湾为最大潮差发生处。统计资料表明其最大值可达7.21 m，平均潮差4.49 m左右。海区属强潮流区，主要潮流向是SE—NW，盘石至崎头一带实测最大落潮测点流速2.85 m/s，最大涨潮测点流速为2.17 m/s。

该海区处于季风区，冬季盛行偏北风，夏季盛行偏南风，E—SE向波浪频率为52%，N—NE向波浪频率为36%。

(2)河口滩槽演变规律

由于瓯江河口长度短，河床物质组成属细沙，易起动，河口河床断面明显具有丰水年冲刷和枯水年淤积的变化规律。每当瓯江中、上游发生洪水下泄时，自礁头以下主流逐渐失去控制，深泓线开始摆动，往往引起两边弯形河段中的沙滩变动，使江心屿南、北江的分流量发生剧变，导致瓯江主流的改道。历史上由于杨府山河段南侧的杨府山边滩和北侧的梅园沙滩交替通过七都南、北汊，从而引起七都分汊河段的水动力轴线和主槽的南北摆动，导致两汊的交替冲淤兴衰，七都南、北汊的主流地位变换大致以15～20年为周期。

瓯江口内沙滩滩面高程一般不超过中潮位。沙滩犬牙交错，深槽蜿蜒于沙滩间，一侧边滩冲刷下移，同侧的下游深槽就出现淤积，反之亦然。港区河段江面宽阔，河道顺直，在潮流和径流共同作用下，滩槽变动频繁，其间又有支流楠溪江的汇入，是瓯江河口最不稳定的河段。上游段江心寺南、北二江主槽变迁易位，常导致杨府山河段深槽的摆动和沙滩的变动。由槽轴线变化图(图2－30)可知，杨府山河段深槽摆动幅度遍及南、北二岸整个河宽。深槽的摆动和沙滩移动，其结果是航道不稳，浅滩水深不足，影响船舶的安全通航。

瓯江出灵昆北口的主深槽即为中水道，在其与黄大岙水道上、下深槽之间存在的乌仙嘴拦门沙浅滩(图2-31)是目前大型船舶进出温州港的主要碍航浅滩，多年来水深一直在4.0 m左右摆动，不足5 m水深的浅滩长度在4 km左右。1958年浅滩最小水深仅3.3 m，长度为5.5 km；1964年浅滩水深为4.1 m，1986年经挖泥后水深达4.5 m，至1999年水深回淤至4.1 m，长度已缩短为2.3 km，2004年10月开挖前实测浅滩最浅水深为3.7 m。

介于灵昆岛与霓屿岛之间的温州浅滩是瓯江口外规模最大、发育最完善的拦门沙滩。浅滩在下延同时，滩面不断淤涨，按滩体上、中、下三段统计历次测图滩面高程可以看出前30年(1958—1986年)滩面平均淤高1.3 m左右，后13年滩面平均淤高0.36 m。目前灵昆岛与温州浅滩的整体形态为仰舌形。据1999年测图计算，4 m以上高滩有0.54万亩，2 m以上滩面有1.9万亩，0 m以上滩面3.76万亩。

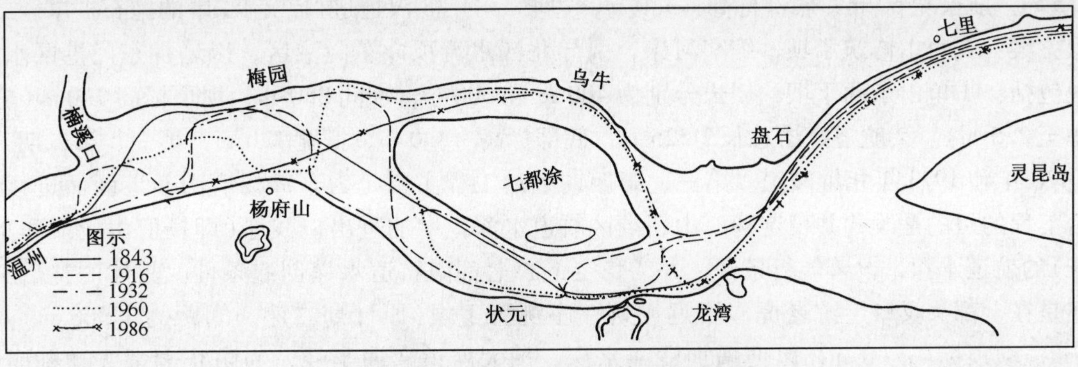

图2-30 瓯江河口过渡段历年深槽轴线变化

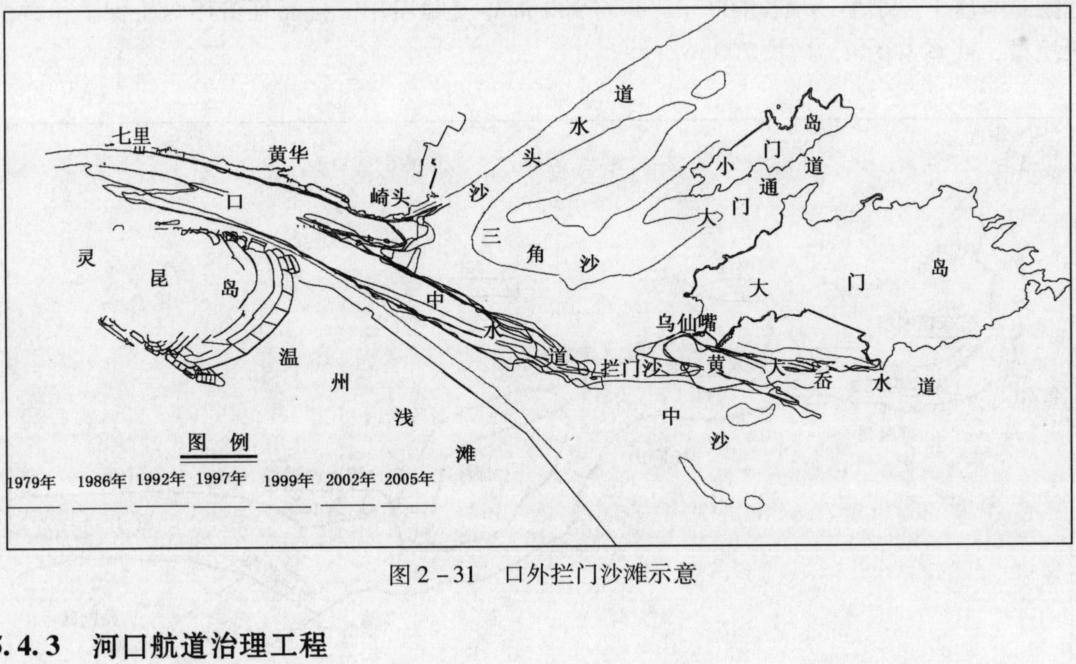

图2-31 口外拦门沙滩示意

2.5.4.3 河口航道治理工程

(1)口内航道治理工程

温州港老港区(在江心屿南岸)距口门38 km，在河口段的右岸，自1958年以来由于上游河势变动，进入港区分流量逐年减少，河床淤浅，航道和码头前沿水深由6 m淤浅至0.5 m，虽在1964年和1968年进行局部疏浚，均未见效。1970—1973年对市内港区先后进行一、二期整治工程。温州港出东门港区，进入杨府山河段，该河段江面宽阔，河道顺直，滩槽变动频繁，断面冲淤复杂，在仅10 km河段内，即存在二个碍航浅滩。1975年杨府山浅滩水深只有1 m多，航道弯曲过度，拐弯半径只有700 m，船舶航行极为困难。1979年灰桥浅滩水深也只有2 m左右，3 000吨船舶必须减载候潮进港。为配合开辟杨府山新港区，增加浅滩水深，稳定港区航道码头水深，根据瓯江河口整治规划线，于1979年和1981年又进行了三、四期整治工程。四期工程平面布置见图2－32。根据港区航道河床演变规律，一期工程整治方案是修筑上村顺坝，固定边滩，稳定河势，在顺坝下端北江内抛筑潜坝调整水量分配，引导落潮主流转向南江，并在南江辅以挖槽引流，一期整治工程包括：①由上村至新涂的导流顺坝全长3 870 m，坝顶标高2.5 m(吴淞基面，下同)，其中下端潜坝长350 m，坝顶标高为0 m。②疏浚进口喇叭口及新涂至朔门港区的南江航道，挖槽全长4 150 m，进口底宽450 m，底面标高－4.5 m，航槽宽60 m，底部标高－3.0 m，边坡1:4。③汉道进口二侧江岸的抛石护岸。二期工程方案：在龟山修筑丁坝，缩窄河床，引导北江水流顶冲东门港区，以增加东门港区水深，工程包括：①龟山东西丁坝，坝长分别为400 m和600 m，坝间850 m，坝顶标高1.0 m(施工中抛至2.5 m)。②航道挖槽总长2 525 m，底部标高－4.0 m，槽宽120 m，第一、第二期工程于1970年和1973年相继竣工。第三、第四期整治工程主要是为开辟杨府山新港区而进行的，整治工程的目的是改善并稳定杨府山新港区航道水深，增加进出口浅滩(即杨府山浅滩和灰桥浅滩)的航道水深，改善航行条件，并为稳定下游七都南航道水深创造条件。具体的整治工程方案是在七都头汉口上游老虎岩附近抛筑一座挑流丁坝(原计划二座，间距为1 300 m)，长905 m，坝顶标高为0 m，以便增加浅滩水深，加大航道弯曲半径，为防止七都头冲刷崩岸，须抛石护岸，为七都南航道成为主航道创造条件。第四期整治工程采用丁顺坝方案，即三六家滩上抛筑一座下挑丁坝，坝长600 m，并与900 m导流顺坝相衔接。坝头用盘头保护，并配合浅滩挖槽，底宽120 m，槽长700 m。

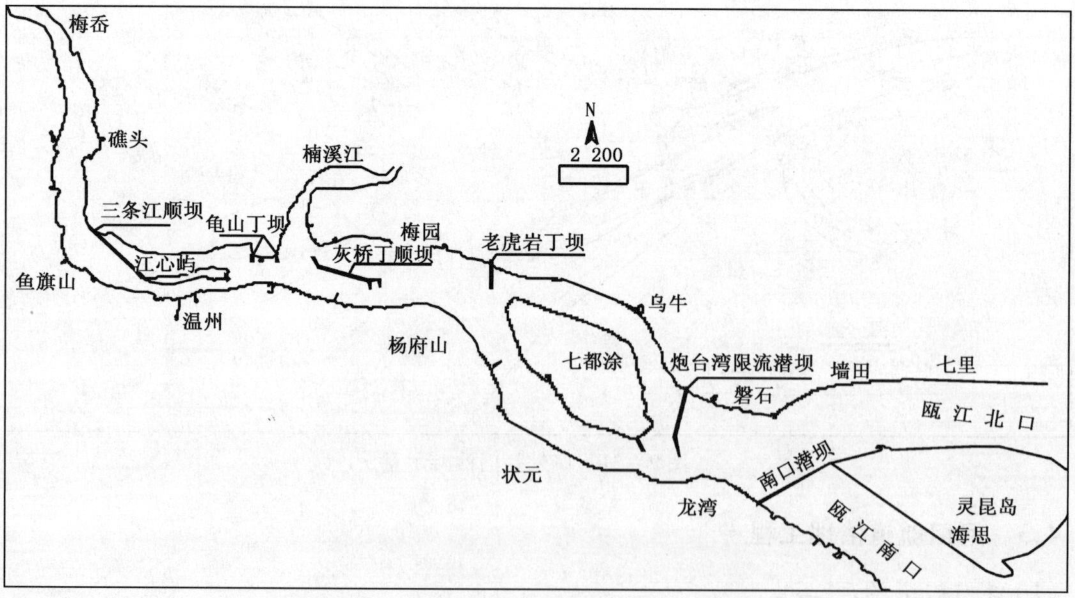

图2－32　瓯江口内航道治理工程布置

龙湾港区整治方案为修建炮台沙潜坝，长度1 580 m，坝顶标高分别为 -1.0 m(近坝根580 m段)、-3.0 m(中间300 m)和 -0.5 m(其余700 m段)，保护炮台沙沙头潜坝，护滩部分长度为500 m，坝顶标高为0.9 m。龙湾港区整治于2003年3月开工，并于2003年10月完工。炮台沙潜坝的作用是遏止炮台沙水道的冲刷发展，增加前沙水道落潮分流量，加强南下顶冲挤压力量。在七都南汊尾建长度374 m，坝顶标高2.0 m的潜坝，目的是减弱茅竹岭矶头挑流作用，进一步增加码头前沿落潮水流，工程平面布置见图2-33。

温州港区整治效果主要表现在：①由于港区分潮量逐年增加，加大了南江落潮流速，港区及航道水深逐年增加，由整治前0.5 m增至5 m以上，3 000吨船舶可停靠码头，正常装卸，收到了显著的经济效益。②稳定了河势，控制了主流，彻底改变了西门港区逐年淤积状态，有利于自然水深的维持，免除了挖槽，每年可节约大量疏浚费用。③由于落潮主流转入南江，使原遭受严重冲塌的北江岸坡得到了遏制，保护了大片农田。部分高滩可以围垦种植。④整治后杨府山浅滩水深由2.3 m增加至4.3 m，航道转弯曲径由700 m增加至1 500 m，显著地改善了航道条件。⑤整治后灰桥浅滩水深由1.7 m增至3.4 m，杨府山新港区5 m，航槽拓宽至150 m以上，5 000吨级码头可以投入正常使用。

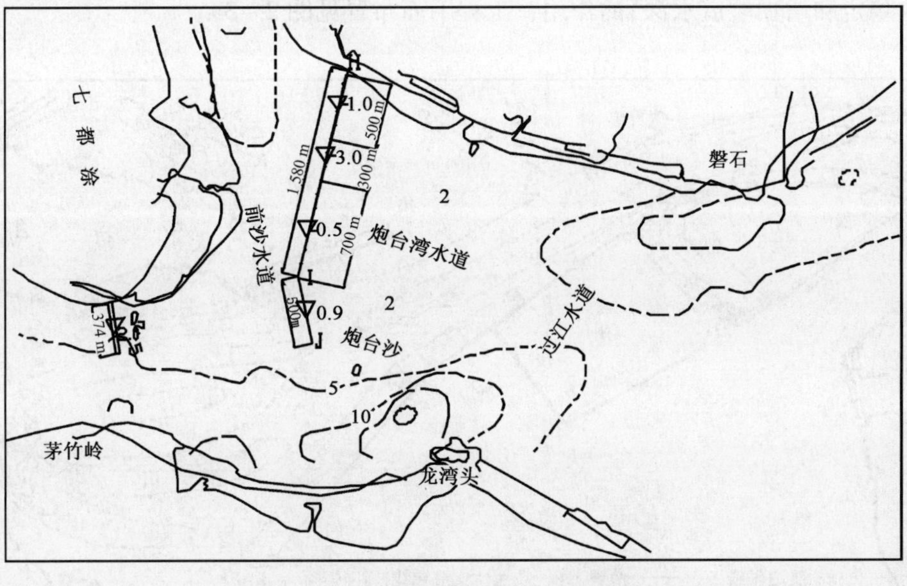

图2-33　龙湾港区整治方案平面布置

温州港区整治也存在着不足，江心屿南、北江分流比调整过度，严重威胁到南江岸坡的稳定性。如整治前的1970年1月，江心屿南、北江落潮分流比为15∶85，整治后的1975年10月，落潮分流比为67∶33，1983年10月为75∶25，1991年4月为80∶20，2000年4月为88∶12。整治后南江分流比逐年增加，1979年以前的第一个9年，南汊分流比平均每年增加6%，2000年以前的9年，平均每年增加0.9%。南江分流比的增加，直接导致南江河段河床全面冲刷，北江全面淤积。至1999年12月，南江河段0 m高程河床容积由整治前的$291\times10^4\ m^3$，增加到$1\ 528\times10^4\ m^3$，冲刷了$1\ 237\times10^4\ m^3$；同期北江由$1\ 034\times10^4\ m^3$减少到$203\times10^4\ m^3$，淤积了$831\times10^4\ m^3$。其原因主要与如下人类活动有关：①上村至新涂的导流顺坝坝顶高程在实际施工中可能有被加高现象(坊间调查，无文字记载)。②80年代江心屿北江被人为抛筑两条短潜坝(其中较长的为200 m)及局部围垦。③90年代末，温州市政府调整了港区布局，搬迁了温州老港区，港区内长期停泊船舶的现象减少，降低了南江的阻力，导致近岸冲刷严重。

龙湾港区整治效果主要表现为：①前沙水道航道最浅水深由2.1 m冲深至2.9 m，2 m等深线宽度由160 m展宽至250 m，基本上满足了5 000吨级船舶通航要求。②炮台沙水道淤积萎缩，炮台沙水道水深平均淤浅了1 m，5 m等深线下移了100多米，初步达到了对炮台沙水道限流的目标。③龙湾港区码头前沿水深大部分有所改善，码头前沿水深大部分有所增加，增幅在0.1～1.0 m不等，过江浅滩水深稳定，5 m线贯通，满足万吨级船舶候潮通行。

(2)口外航道治理工程

口外拦门沙滩航道治理工程分为二期，每期由整治工程和疏浚工程两部分组成。

模型试验研究成果推荐北导堤抛筑近大门岛4 000 m长度的导堤，并在拦门沙区域布置两条丁坝，长度分别为上游910 m，下游800 m。北导堤与丁坝坝根顶标高均为1.0 m，坝头为0.0 m。南导堤依托温州浅滩围涂工程的灵霓大堤，从上至下分别布置四条短丁坝，长度分别为390 m、530 m、630 m和900 m，丁坝坝根顶标高均为1.5 m，坝头为0.0 m。中沙护头工程北侧潜堤长度为2 000 m，南侧长度为1 000 m，顶标高为0.0 m。拦门沙航道整治工程起到挡沙(阻挡温州浅滩和三角沙浅滩的滩面泥沙在风浪条件下的被掀起，在航道中再沉降)、固沙(稳定中沙，确保两侧分汊水道流量分配平衡)和治沙(以丁坝群缩窄水面宽度，调整断面横向流速分布，稳定和增加航道水深)的作用，工程平面布置见图2－34。

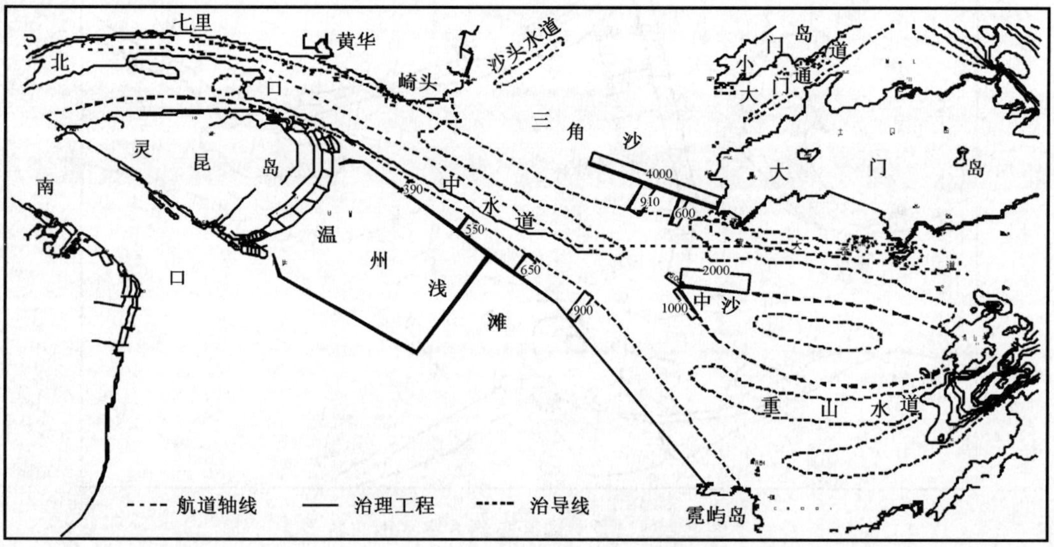

图2－34 瓯江口外拦门沙航道治理工程布置

一期工程航道为单向，长16.8 km，宽140 m，深6.0 m，整治工程于2004年9月开工，2005年7月竣工。导堤东起大门岛，西到三角沙滩顶，设计顶高程为理论基面2.5 m，边坡1:2.5。疏浚工程基槽为9.46 km，宽度为140 m，于2004年10月开工，2005年1月完成第一阶段，航道设计深度5.5 m，超深0.6 m，边坡1:10。2005年1月到9月底为维护疏浚，2005年10月到2006年2月为第二阶段疏浚。一期工程经历了2006年次强台风的考验，乌仙头浅滩段航道水深由疏浚前的4.0 m仍保持为5.3 m。

瓯江口航道治理二期工程可行性研究于2009年9月通过，工程治理目标是航道水深达到7 m(理论深度基准面)。拟采用双向航道，底宽260 m，满足2万吨级集装箱船和散货船乘潮通航90%保证率的要求，兼顾3.5万吨级肥大型浅吃水散货船的乘潮进出港。

2.5.4.4 滩涂开发工程

温州浅滩工程又称半岛工程，规划在龙湾区灵昆岛东侧到洞头县霓屿岛西侧的滩涂上，建南、北两条围涂大堤(北堤长14.5 km，南堤长16.5 km)，把灵昆岛与霓屿岛连成一片，两岛之间可围涂13.2万亩。北堤又称灵霓大堤，全长14.5 km，是我国目前最长的跨海大堤，一端连接着浙江洞头县的霓屿岛，一端经灵昆岛连接着陆地。工程于2003年4月正式开工建设，2006年4月建成。一期堤身按50年一遇风浪设计，堤顶相对黄海基准高5 m多，顶宽10.5 m，基础底宽最大达210 m。一期围涂工程围涂3.5万亩，其东围堤和南围堤工程于2010年4月合龙，目前正进行大规模的围区回填和半岛起步区的开发(图2－35)。

温州浅滩工程的实施将使温州城市发展空间东延60 km，新增包括洞头诸岛在内的超过200 km^2 面积，使温州港由河口型港口转为“大、中、小”组成的以海湾为主的综合型港口，为开发深水港资源，建设临港工贸区、中心渔港与滨海休憩区等创造了条件。

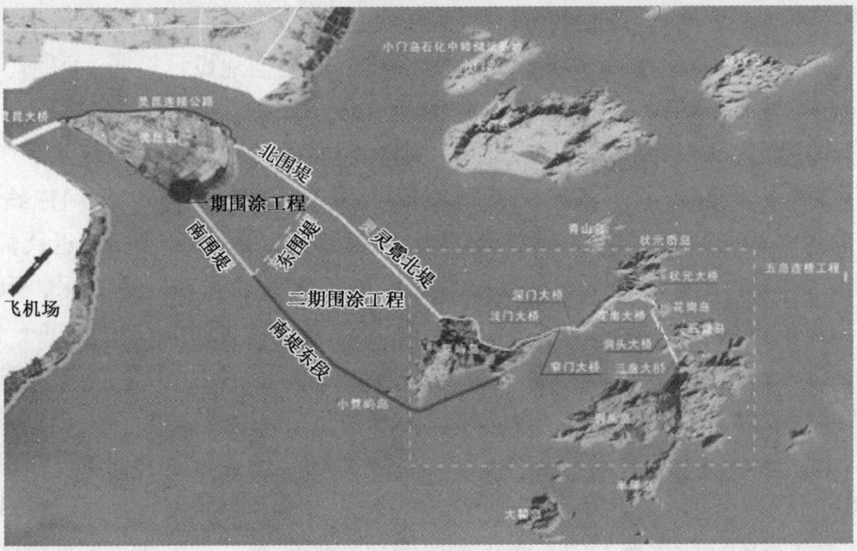

图2－35 温州浅滩工程规划

参考文献

顾金山，陆晓如，顾玉亮. 2009. 上海青草沙水源地原水工程规划. 给水排水，35(1).

交通运输部长江口航道管理局. 2011. 长江口深水航道治理工程项目自我总结评价报告.

交通运输部水运局. 2010. 中国水运建设60年(技术卷).

交通运输部. 2005. 珠江三角洲高等级航道网规划(要点).

金元欢. 1988. 国内外河口分类研究进展. 海洋通报，7(2).

李殿魁，杨玉珍，程义吉，等. 2002. 延长黄河口清水沟行水年限的研究. 郑州：黄河水利出版社.

水利部长江水利委员会. 2004. 长江口综合整治开发规划报告(2004年修订).

水利部珠江水利委员会. 2010. 珠江河口综合治理规划.

曾庆华，张世奇，胡春宏，等. 1997. 黄河口演变规律及整治. 郑州：黄河水利出版社.

第3章 海岸防护工程

3.1 概述

我国沿海筑堤挡御海潮和波浪已有数千年的历史，有记载的至少可追溯至汉代。江浙沿海地区开发较早，闽粤略迟，渤海和北黄海沿岸则较晚。长期以来，我国人民饱受风暴潮浪的侵袭困扰，也在不同时期不同地区的围海和筑堤标准和工程技术方面积累了大量的经验。经过近几十年的不断加固扩建，其防护结构形式越来越多样，但受当地设计经验、习惯、水平和建筑材料等的影响，各地海岸防护工程均带有一定的地方色彩。

我国是海岸侵蚀灾害极为严重的国家之一，70%左右的砂质海岸线以及几乎所有开阔的淤泥质岸线均存在海岸侵蚀现象。江苏废黄河口附近海岸，1855—1970年间岸线以平均每年147 m的速度后退，20世纪70年代以来，岸线后退速率仍达20 ~ 40 m/a；近代黄河三角洲钓口至神仙沟岸段，每年后退达350 m以上；海南省文昌县由于珊瑚礁被开采，海岸已后退逾200 m，造成大量的椰树林被海水推倒。总体上看，长江口以北的海岸侵蚀重于长江口以南。广东、海南、广西三省(区)被侵蚀海岸长度占其海岸总长度的比例分别为17.9%、57.3%和15.5%。导致海岸侵蚀的原因依次为河流入海泥沙减少、人工采砂、海岸工程以及海平面上升等。人类活动是导致现代海岸侵蚀灾害的主要因素。沿岸采砂、海岸工程建设、沿岸开采地下水和采伐红树林等人类活动是直接导致海岸侵蚀的常见原因，而河流向海洋输沙减少以及海平面上升也受人类活动的间接影响。为了防止海岸侵蚀和保护海堤，出现了多种形式的保滩促淤工程，植物护滩也是其中方法之一。随着沿海开发和社会经济的发展，一些地方开始进行人工养滩工程，以满足人们对生活娱乐旅游的需求。近十余年来，珠江三角洲、福建和河北沿海都做了不少的尝试。

建于滨海地段或河口附近用来挡潮、蓄淡、泄洪、排涝的挡潮闸，具有双向挡水的特点，其重要性与防洪(挡潮)堤相当。防洪(挡潮)堤上的水闸级别应高于或等于防洪(挡潮)堤的级别。随着海堤达标工程的建设，近些年来挡潮闸的建设也有了较大的进展。由于受涨落潮的历时、流速、流量、潮波变形、潮汐水道变化以及围垦切断滩面等因素的影响，沿海挡潮闸下游淤积问题始终困扰着海岸防护工程的管理，对区域生态环境影响也越来越引起人们的关注。

3.2 海堤(塘)工程

3.2.1 概况

海堤在我国不同地区有不同称谓。河北、天津一带称为海挡；浙江、上海一带则称为海塘；山东一带称为挡潮堤。对于入海河口河堤与海堤的分界尚不十分明确，通常认为潮汐和风浪作用对工程设计影响明显的河口段堤防可称为海堤。

我国沿海北起辽宁鸭绿江口，南至广西北仑河口，大陆海岸线总长约19 000 km，分布于全国沿海的11个省(区、市)。沿海已建海堤约13 000 km，保护近7 000万人口和约5 000万亩耕地的安全(表3-1)。由于沿海各个保护区的经济发展水平不同，遭受风暴潮袭击的频率和灾害程度不同，因此，海堤工程设计防洪(潮)标准也有所区别。我国1994年颁布《防洪标准》(GB 50201—94)以前，海堤的防汛标准由省、市或建设单位自定。一些省(市)在海堤工程的设计和建设中，研究并确定了本地区海堤工程防洪(潮)标准以及技术规定，如浙江、福建、广东颁布了地方海堤工程技术规程或设计导则。9414和9711台风给东南沿海带来重大损失以后，沿海各省市提高了海堤工程建设标准，建立起与各地区社会经济相适应的海堤达标工程。保护区各项经济社会发展指标较高的，遭受风暴潮侵袭频繁，灾害损失相对较大的地区，其海堤工程的防洪(潮)标准较高，以适应整个地区社会经济发展的要求(以潮位重现期或风速量级表示)。东海沿岸的上海市、浙江省、福建省海堤建设标准相对较高，据2000年调查资料，保护上海市区的海堤防洪(潮)标准为在100年一遇风暴潮位上加12级风的影响，保护对象以农村为主的海堤标准是在100年一遇风暴潮位上加11级风；浙江省规定的海塘防洪(潮)标准为保护50万人口以上的城市、100万亩以上农田的海堤(塘)，按照100年一遇风暴潮加同频率风的影响；福建省海堤设计防洪(潮)标准为保护万亩以上的海堤防御50年一遇风暴潮。南海沿岸的广东省对于保护重要城市或20万人口以上的海堤防潮标准为50年一遇；广西自治区海堤防洪(潮)标准为保护5万亩农田以上的海堤防洪(潮)标准为50年一遇，保护1万亩农田以上的海堤标准为20年一遇。全国到近年已建达标海堤超过7 000 km，占海堤总长的50%以上。从全国堤防建设的情况来说，国家技术监督局和建设部也曾于1998年联合发布了国家标准《堤防工程设计规范》。水利部也陆续发布了有关堤防施工和管理的规范或标准，但是，这些标准更多地是针对江堤和河堤，对与海堤有关的技术内容大多只是原则性的，缺乏具体明确的技术要求。事实上，海堤与江堤、河堤相比，不仅受到洪水的淘刷破坏，而且还受到海浪的强烈冲击，无论是受冲击破坏特性还是其自身结构特性都与江河堤防有着较大的差异，建设中碰到的有关技术问题也十分复杂。2008年水利行业标准SL-2008《海堤工程设计规范》规定海堤工程的级别应根据其防潮(洪)标准确定(表3-2)。

表3-1 我国沿海海堤建设状况(截至2005年)

省市(区)	海堤长度/km	保护区面积/km^2	保护区人口/万人	保护耕地/万亩
辽宁	1 120		185.87	
天津	119	1 753.3	93.69	37.8
河北	378	4 966.7	112.9	352.4
山东	1 546	7 420	458	714
江苏	775	15 368	833.3	1 084.3
上海	508	2 600	250	390
浙江	1 634	14 380	2 481	1 277.1
福建	1 603	3 667	1 727	450
广东	4 032	3 873.98	534.89	470.3
广西	685	463.02	81.65	44.24
海南	259	146.05	38.07	15.51
全国海堤保护区	12 659	54 637.75	6 796.07	4 836.05

表 3-2 海堤工程的级别

防潮(洪)标准(重现期/a)	≥100	100~50	50~30	30~20	<20
海堤工程的级别	1	2	3	4	5

目前，全国各地实施的海堤设计标准各不相同，主要包括两种情况：一种主张风、潮、浪重现期相同(即同频率)，如浙江省和广东省；另一种主张三者重现期不必相同，如上海市和江苏省。前者认为沿海地区年最高潮位主要由台风增水引起，所以高潮位与风速、风浪关系密切；后者认为风、潮、浪频率不同，因此采用设计潮位与相应频率(或一定级别)的风遭遇的方法进行设计。水利部《海堤工程设计规范》(SL 435-2008)规定设计波浪和设计风速的重现期宜采用与设计高潮(水)位相同的重现期，如采用其他设计标准，须经分析论证。在具体设计时，对海堤的设计标准还应灵活把握，对遭受潮(洪)水灾害或失事后损失巨大，影响十分严重的海堤工程，防潮(洪)标准可适当提高；对遭受潮(洪)水灾害或失事后损失和影响较小的海堤工程，防潮(洪)标准可适当降低。防潮(洪)标准的提高或降低，存在两种情况：一种是工程级别的变化，包括设计潮(水)位、设计波浪和设计风速重现期的变化以及安全超高和结构安全系数的变化，在设计选择时应该慎重；另一种是工程级别一定，只是设计潮(水)位、设计波浪和设计风速重现期的变化，而安全超高和结构安全系数不变，这种情况比较普遍。对位于淤积型海岸带的、建设是逐步向外推进的、堤内是水产养殖区的、设有二、三线海堤的一些围垦工程也可考虑适当降低海堤防潮(洪)标准。

海堤的主要结构形式为自然岸坡、斜坡式、直立式和混合式。直立式堤主要优点是堤身断面较经济，占地面积小，工程造价可能较低。缺点是直立堤对地基要求高，稳定性较差，不利消浪。斜坡式堤优点是能较好地适应滩涂的软土地基条件，整体稳定性较好，能有效吸收波浪，消浪效果明显，对强风浪区有较强的适应性；筑堤土料和围内填土一般可就地取材；施工工艺不复杂；维修养护较容易。目前，沿海地区将斜坡堤作为海堤的基本结构形式。例如：江苏省和上海市的海堤，基本上是斜坡式土堤或斜坡式土石堤。斜坡式堤适用于高、中、低潮带围堤，也适用于深水围堤，缺点是工程量相对较大，工程造价相对较高。直立式与斜坡式相结合的复合式堤，兼有直立式堤、斜坡式堤的优缺点，适用于深水围堤，其中特定水位，如低潮位以下部位采用直立式堤，受风浪作用部位采用斜坡式堤。为适应沿海地区风浪大的特点，海堤的结构形式常采用斜坡式及复合式。

我国海堤堤身常采用土或土石结构。护坡结构有干砌块石、浆砌块石、灌砌块石等。护坡支承体及平台护肩采用混凝土结构。为消减波浪对护坡的压力和削减波浪爬高，在堤坡上设置消浪平台，安放消浪块体，在堤顶设置弧形反浪墙。平台结构与护坡结构可以相同。通常使用的消浪块体有扭王字块体、翼形块体、工字体、扭工字块体、四脚方块、栅栏板、螺母块体、蛙式块体等。堤前护底宽度一般应大于堤前的半个波长。对于软地基结构，还应满足深层滑动反压的要求。护底主要由抛石组成。堤身可以采用钢筋混凝土沉箱结构，也可以直接采用浆砌石挡土墙结构。

我国海堤建设经历了一个由单纯防御风暴潮到与自然和谐相处的发展过程，海堤结构由混凝土、石块等刚性结构逐渐转变为有利于生态环境保护与改善的生态海堤，在充分考虑当地自然条件及海堤功能要求基础上，以传统的土堤替代混凝土、石块结构，营造一种植物护岸与湿地保护相配合的海岸生态系统，形成以抗御风暴潮为主，同时兼顾绿化、湿地保护、生物多样性、人与海洋亲和性等多目标的海堤模式，经过多年的探索与实践，已对海岸地区生态环境产生明显作用。

随着社会经济的发展，城市化建设进程日新月异，海塘结构也从单一防浪挡潮功能逐渐向注重与城市交通道路、港口工程、城市景观等相结合的综合功能转化。海塘建设与城市交通道路建设相结合，充分利用海堤结构特征，将堤顶平台作为城市市政道路交通的一部分进行规划设计；海塘建设与港口工程相结合，融海塘防潮与港口功能于一体；海塘建设与城市景观建设相结合，将海堤建设与城市滨海景区、城市生态绿化带建设相结合，打造生态城市。

3.2.2 辽、津、鲁海堤工程

3.2.2.1 辽宁海堤工程

辽宁沿海6市是辽宁省重要的经济带，依次有丹东、大连、营口、盘锦、锦州和葫芦岛及所属的20余个县(区、县级市)。海域面积约6.8×10^4 km^2。东起鸭绿江口，西至绥中县老山头，全长2 920 km，其中大陆岸线长2 292 km，岛屿岸线长627.6 km，滩涂面积2 070 km^2。2008年末，沿海地区常住人口约1 800万人，占全省人口的41.7%。2009年7月国务院批准了《辽宁沿海经济带发展规划》，把辽宁沿海开发提升到国家战略层次。

近年辽宁省已建成各类堤防约1 236.4 km，其中重点海堤436.4 km，一般海堤800 km。在这些海堤中，有5.7 km达到100年一遇防洪标准；45.3 km达到50～100年一遇标准；153 km达到20～50年一遇防洪标准；达到10～20年一遇防洪标准的有168.2 km；达到10年或低于10年防洪标准的有295.9 km(见表3-3、表3-4)。

对于一些河口地区，如营口市大辽河河口海堤整治工程一般为Ⅱ级，堤顶宽为6.0 m，临海侧和背海侧护坡坡比均为1:3.0。利用涂塑钢绞线连接砌块，使砌块即具有整体性，又具有柔性，可有效防止局部破坏。

表3-3 辽宁省海堤基本情况(2005年)

市别		大连	丹东	锦州	营口	盘锦	葫芦岛	合计
大陆海岸线长/km		1 906	93.5	105	96	118	258	2 576.51
规划海堤总长/km		930	196.9	50.58	84	172	47.6	1 480.1
现在海堤总长/km		750.2	195.9	40.48	59	168	22.8	1 236.4
保护面积/km^2		74.1	54.6	10.5	35.7	192	88.2	455.1
保护人口/万		77.3	96.4	4.19	31.84	37.7	13.14	260.6
重点海堤情况	规划长度/km	258	149.6	21.5	40	68	14	551.1
	已建长度/km	210	149.6	21.5	16.3	33	6	436.4
	达标海堤/km	168	17.01	21.5	16.3	26	2	250.8
一般海堤	规划长度/km	672	46.3	29.1	44	104	33.6	929
	已建长度/km	540	46	19	43	135	17	800
	达标海堤/km	349	11	3.4		37	16	417
达标海堤	保护耕地/万亩	36.4		0.08	3	66	27.5	132
	保护人口/万	58.4	11.88	0.6	6.5	24	13.4	114.8

表3-4 辽宁省海堤达标建设情况

单位：km

项目		大连	丹东	锦州	营口	盘锦	葫芦岛	合计
100年一遇以上/km	规划		17					17
	已建		5.7					5.7
50~100年一遇/km	规划	70	28.44					98.44
	已建	51	29.24					80.24
	达标	34	11.31					45.31
20~50年一遇/km	规划	188				26		214
	已建	159	10			26		195
	达标	134				19		153
10~20年一遇/km	规划	248	13.5	50.58	40	42	34	428.1
	已建	158	14	40.48	16.3	7	17.3	253.1
	达标	106		24.91	16.3	7	14	168.2
10年一遇以下/km	规划	424	137		44	104	13.6	722.6
	已建	382.2	137		42.7	135	5.5	702.4
	达标	243	11.11			37	4.8	295.9

2011年8月，受台风“梅花”影响，筑于基岩上的大连金州开发区一化工企业沿海处在建防潮堤坝发生溃坝，引起海水倒灌。

3.2.2.2 河北省海堤工程

河北省大陆岸线长487 km，海岛132个，海岛岸线长199 km，主要由基岩质、砂质和淤泥质海岸构成。河北省海堤工程涉及唐山、秦皇岛、沧州3市及其所辖的3个市区、8个县(市)、3个经济开发区。海堤布置系结合现有堤防状况设计成沿海岸或河口走向，与河道防潮闸相接，海堤规划总长度为503.82 km。近年新修海堤216.64 km，占规划总长度的43%，其中唐山新修海堤131.82 km，秦皇岛新修海堤21.35 km，沧州新修海堤63.47 km。

秦皇岛位于渤海西岸中段，海岸线全长126.4 km，沿岸自北向南有8条河流入海，即石河、汤河、戴河、洋河、饮马河、新开河、大蒲河、滦河。从海岸物质组成分析，有基岩海岸、砾石海岸、砂质海岸及少量粉砂淤泥海岸，其中砂质海岸占83.78%，达105.9 km。秦皇岛市区海堤采用50年一遇潮位、7级风标准设计。

唐山市海岸位于渤海湾北侧，东起滦河入海口，西至洒金坨，海岸线总长206.4 km，海堤总长326.3 km。临海县市区包括丰南市、唐海县、滦南县、乐亭县、南堡开发区、京唐港开发区。防潮海堤工程建设始于1940年，1949年后开始了大规模的防潮海堤建设，至1993年，全市共建成海堤(含河口堤)326 km，受当时条件所限，防御风暴潮能力较差。1998—2002年，加固海堤115 km，新建、维修防潮闸32座，至2002年年底，全市共建成海堤(含河口堤)326 km，为3级堤防工程，设计防潮标准为30年一遇。曹妃甸海堤工程是该地区标准最高的工程。东南海堤一期、二期为曹妃甸工业区东南部第一道永久性海堤(图3-1)，为规划的310 km^2陆域提供防御海水冲刷、侵蚀的安全屏障。海堤全长约21 km。设计确定了“双五十标准”，即设计水位和波浪重现期均取50年，设计水流流速1.7 m/s。海堤采用抛石斜坡堤结构。

一些码头的陆域挡浪墙顶高程较高，一般在 +9.00 m 以上，而陆域高程一般在 4.5 m 左右。设计考虑将海侧坡面设两个及以上平台，护面采用消浪效果好的扭王字块体，胸墙顶高程可大大降低，以满足人们亲水需求。

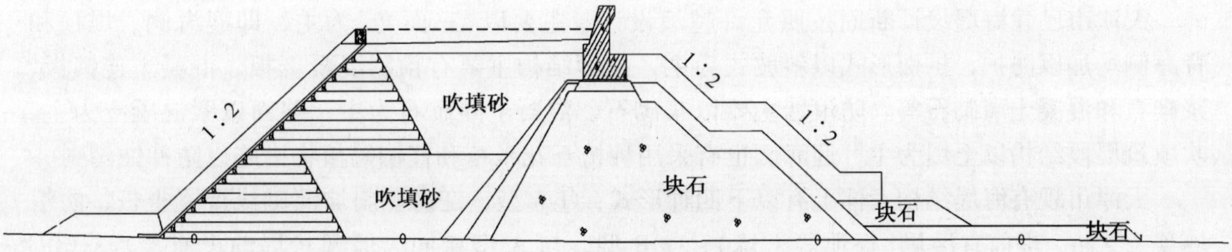

图 3-1　曹妃甸东南海堤断面示意

沧州沿海位于河北海区南部，渤海湾的西海岸，海岸线长 98 km，现分属于黄骅市、渤海新区、海兴县。沧州沿海滩涂宽阔，近海水浅。海堤自北排河入海口至漳卫新河二官闸全长 119 km，其中黄骅市 46 km，海兴县 47 km，渤海新区 26 km。1998 年以前海堤防潮标准不足 10 年一遇，海堤多为砂质壤土，部分堤段为贝壳及柏油路面组成，遇有灾害性风暴潮，毁损较大。1997 年风暴潮后，海堤进行了修建并将防御标准提高到 30 年一遇，1999—2003 年完成海堤建设 50.56 km。工程大部分在黄骅港开发区段，整个工程共有 17 处穿堤涵洞。海堤高 4 m 多，顶宽 5 m。迎海面砌石护坡，厚度达 40 cm，堤上的浆砌石防浪墙高 50 cm、厚 60 cm，顶部设有 10 cm 厚的钢筋混凝土防护帽。新建海堤在抗御 2003 年的特大温带风暴潮中发挥了作用。黄骅港海堤采用 50 年一遇潮位、7 级风标准设计；其他堤段采用 30 年一遇潮位、7 级风标准设计。新建海堤基本维持原有海堤走向。修建和维修海堤总长度 111 km，规划安排南排河、新黄南排干、新石碑河、老石碑河、淤泥河、大浪淀排水渠 6 个河口建防潮闸。

2005 年前新建海堤中，河北省海堤除秦皇岛市区设计标准为 50 年一遇外，其他海堤设计标准大多仍均为 30 年一遇，标准较低，且新修海堤也大多只满足断面要求，往往仅能甚至不能满足初步“一面光”的设计要求，堤身稳定性较差，特别是只设干砌石护坡及抛石护脚未加设土工布的堤段，防御风浪冲刷能力还较低，堤身土方流失严重，极易发生坡面坍塌，部分已经加固的海堤，虽然堤顶高程已达设计标准，但临海坡的防护未衬砌，堤身受到台风及风暴潮的威胁，存在较大的安全隐患。尚未进行维修加固的老海堤和无堤段有 287.18 km，占海堤规划总长度约 50%，其中约 53 km 为敞口段，这部分海堤防潮标准低，防潮能力差，在风暴潮冲刷下很容易漫溢甚至决堤。有些地区沿海风沙雨蚀比较严重，只有很小的防御风暴潮的能力。

3.2.2.3　天津市海堤工程

天津市地处渤海沿岸，有 155 km 长的海岸线，属风暴潮灾害的多发区。风暴潮一年四季均有发生。1972 年 7203 台风在塘沽登陆，塘沽最高潮位 5.40 m，沿海 69 个村庄遭海水侵袭，33 个村庄被困。1985 年 8509 号台风时塘沽出现 5.45 m 的高潮位。由于地面沉降，致使新港、新港船厂等被海水浸泡，塘沽区海水最深达 2 m。1992 年的 9216 台风塘沽出现 20 世纪最高潮位 5.93 m，增水达 1.72 m。9711 台风塘沽最大增水 193 cm，最高潮位 5.59 m，风暴增水 1.14 m。

天津市现有海堤起自天津市东北部与河北省交界的涧河口，止于天津市沧浪渠入海口北堤，全长为 139.62 km（截至 2010 年），其中原汉沽区段长 30.614 km，原塘沽区段长 80.749 km，原大港区段长 28.257 km。据天津市市政府[津政办发（1997）49 号]文批复的“海堤工程建设安排意见”，一般段海堤达到防御20年一遇潮位加7级风，重点段达到50年一遇潮位加7级风标准。工程措施段堤顶高程一般段为7.0 m，（塘沽海洋站理论深度基准面，下同）个别临时段堤和重点段堤顶高程为7.5 m。吹填筑堤段设计防潮标准为50年一遇设防，设计堤顶高程为8.0～8.5 m。

天津市已建海堤设计断面按照允许越浪设计，主要以“三面光”为主，即迎海侧、堤顶和背海侧均加以防护，护面形式以斜坡式为主，护面结构主要有预制混凝土板、混凝土连锁板、浆砌石和混凝土灌砌石等。防浪墙主要以浆砌石、混凝土灌砌石为主，路面以素混凝土为主。吹填筑堤段结构以土堤为主，迎海侧也有采用种植互花米草和柽柳等植物措施以防冲蚀淘刷。

天津市现有海堤结构大体上有以下四种形式：①A型，迎海侧斜坡灌砌或混凝土板，防浪墙顶7.5 m，堤前有潜堤（虾池等土埝）；②B型，与A型相同，但现状堤前没有潜堤；③C型，没有防浪墙，堤顶高程7.0 m，斜坡砌石结构，有潜堤；④D型，防浪墙陡墙式结构，墙顶高程7.0～7.5 m（图3-2至图3-5）。

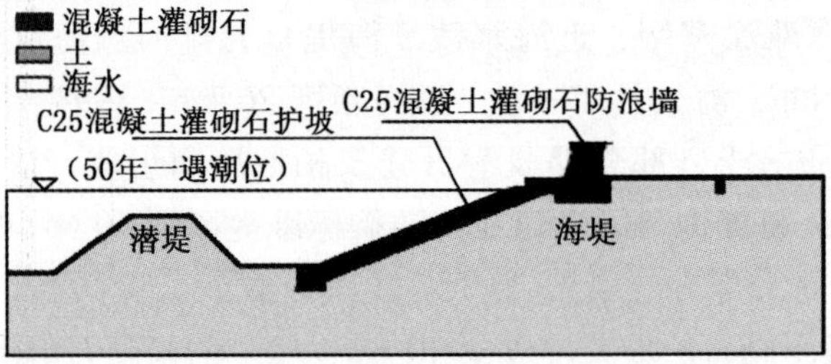

图3-2　A型典型海堤断面形式

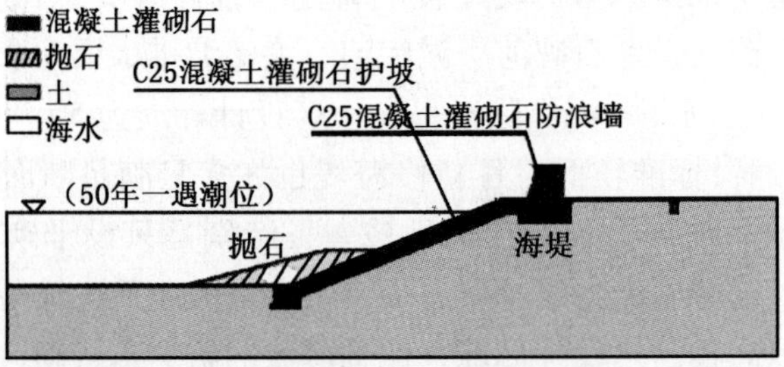

图3-3　B型典型海堤断面形式

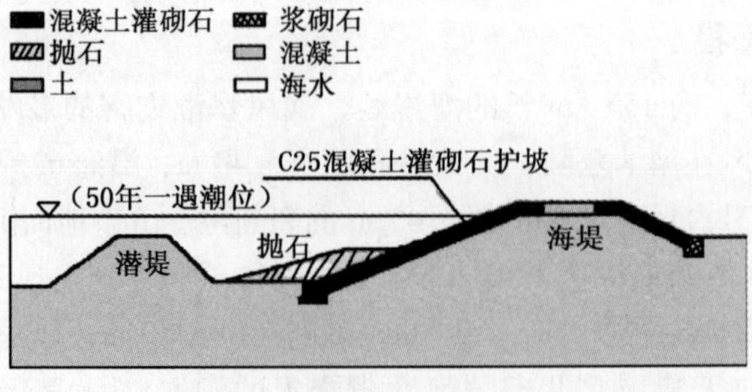

图3-4　C型典型海堤断面形式

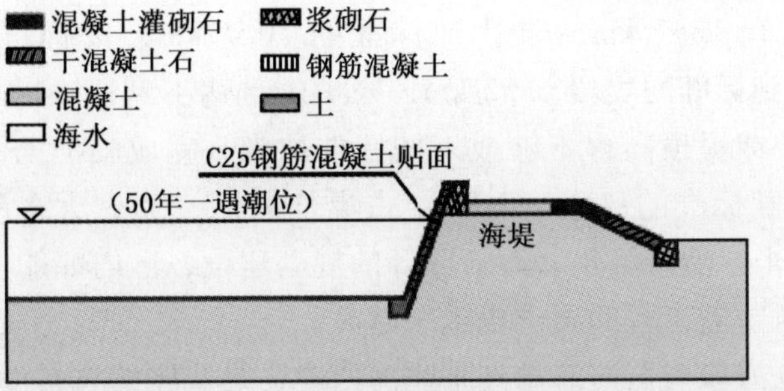

图 3-5　D 型典型海堤断面形式

天津海岸为典型宽滩涂泥质海岸，大断面海堤是一种新型海堤结构，利用海湾淤泥加固堤防，节约土资源，保护环境，以植物护坡形式达到保土固堤、绿化海堤的目的，为海岸地区生态环境建设提供了有力的技术支撑。在塘沽区蛏头沽大断面海堤工程为主要试验基地，利用天津沿海滩涂丰富的淤泥资源，构筑大断面，研究实施了互花米草－轻型护坡－柽柳的组合护坡结构(表 3-5)，开展 12 000 m^2植物护坡试验，750 m^2组合护坡试验；建立典型海堤结构的波浪原型观测点，开展消浪观测试验，分析典型区域潮流及海岸冲淤变化特征，确定互花米草、柽柳等耐盐碱植物在天津地区适宜的生长区域，并具有明显的消浪促淤、保土固堤的作用。互花米草作为海堤护坡组成部分，具有良好的消浪促淤效果，海岸滩涂生存区域为 2.2～2.9 m 高程，坡度(1∶50)～(1∶25)，成活率可达 80%以上，互花米草带理想宽度为 30～50 m，可以降低波浪能量 70%以上。考虑潮汐变化规律，迎水坡柽柳种植高程应高于 4.0 m，成活率可达 70%以上，如辅以土壤改良及排水措施，可进一步提高成活率。

表 3-5　组合护坡方案

高程/m	坡度	长度/m	护坡形式
4.0～6.0	1∶8	16	柽柳护坡
3.0～4.0	1∶8	8	简易刚性护坡
2.4～3.0	1∶50	30	互花米草护坡

3.2.2.4　山东半岛海堤工程

山东半岛有 3 024.4 km 海岸线，占全国海岸线的 1/6，次于福建省、广东省和浙江省，居全国第 4 位，从北至南依次分布在滨州、东营、潍坊、烟台、威海、青岛和日照市。海堤总长逾 1 500 km，保护区面积超过 7 400 km^2。9216 号强热带风暴溃堤 508 km，毁坏码头 73 座，毁坏房屋 38 000 间。

滨州市位于山东省北部，地处渤海南岸，海岸线长 272.5 km。20 世纪末以前，由于缺乏必要的防潮工程设施，潮灾发生频繁，严重威胁着保护区内人民生命财产安全，特别是 1992 年、1997 年和 2003 年的 3 次特大海潮，造成海水吞没盐田，农作物受灾，房屋损坏，冲毁交通道路、供电线路和多处水利工程等基础设施，造成了重大经济损失。自 2004 年到 2007 年共建成防潮堤 202.4 km，挡潮闸 2 座，防潮工程初具规模。然而，为施工方便，减少工程量以及避免矛盾，防潮堤实际走向与规划差异较大，减少防护面积 69.7 km^2。此外，防潮堤断面减少，降低了防潮标准。原规划防潮堤总长214.8 km，按50年一遇标准设计，其中临海防潮堤33.4 km，临河防潮堤181.4 km，公路桥梁4座，挡潮闸10座。实际完成临海防潮堤达到50年一遇防潮标准的只有12.7 km，未达到标准的20.7 km，按标准完成坡面护砌的堤段10.3 km，已护砌未达到标准的堤段6.52 km，未护砌且达不到标准的堤段16.58 km。未达到标准主要是堤身断面小或堤顶高程不够或未按标准护砌。完成临河防潮堤长177.8 km，土堤断面达到50年一遇防潮标准的仅33.23 km，占堤长的18.3%，大多防潮堤标准仅相当于20年一遇。自2007年以来，随着滨州北海新区等的规划建设，区内船舶制造、化工、电力需求，经济载量不断加大，对防潮工程的要求也越来越高。

东营市地处黄河入海口与黄河三角洲莱州湾西岸，是我国的风暴潮频发地之一，也是世界上少数的温带风暴潮频发区。东营市海岸线北起套儿河河口，南至小清河羊角沟老码头正东，全长超过350 km。已建海堤253.5 km，其中未护坡的土堤长124 km，砌石和混凝土板护坡的土堤长130 km。东营市防潮堤工程以黄河入海口为界，分为黄河以南和黄河以北防潮堤工程。黄河以北防潮堤工程北部呈东西走向，东部呈南北走向。西起河口区潮河河口，向东经马新河、沾利河、挑河、黄河故道，至老十号排涝站，向东南至黄河海港、东营海港，再向南至黄河北大堤，全长约185.4 km，由河口区段防潮堤、利津县新刁口渔业海堤、胜利油田防护海堤等组成。堤断面形式一般为梯形断面，临海面边坡为1∶3，采用C25混凝土板护坡。护脚采用C25混凝土齿墙形式，齿墙顶面高程为0.8 m。堤顶设计高程4.70～4.80 m，挡浪墙顶高程5.50～5.60 m。河口区段防潮堤20世纪50年代初曾在新户乡以北，这段海堤已被1964年大海潮摧毁。70年代以后修建的从潮河右岸至草桥沟左岸，长44 km。修筑段防潮标准按1938年大潮水位加超高1.5 m确定堤顶高程，堤身选在地面高程1.5～2.3 m之间。堤顶高程为5.6 m，堤顶宽8.0 m，临海边坡3.6 m高程以下为1∶7.3，3.6 m高程以上为1∶4。其他堤段也是20世纪70年代初修筑，标准较低，一般堤顶高程4.5 m左右，堤顶宽6 m左右。1992年16号热带风暴后和1997年11号台风后，实施防潮堤恢复工程，长度13.6 km，1997年堵复决口163处，改造维修建筑物7座。胜利油田1976年开始修筑海堤工程，到2001年末，共建成各类海堤164 km，其中临海海堤118 km。黄河以南有防潮堤68 km，呈南北走向，北起黄河口，南至小清河。永丰河口至黄河右堤末端，主海堤28 km，永丰河水堤2.0 km，防潮标准为50年一遇，设计潮水位3.63 m，海堤高4.6 m，防浪墙顶高5.7 m，堤顶宽9 m。工程等级为Ⅱ等，建筑物级别为2级，2005年完工。

水力插板桩坝技术是针对黄河三角洲海岸蚀退的特点发展起来的一种新型堤坝建设技术。按照工程的实际，在地面上预制成不同的混凝土板，用水力喷射切割地基，将具有导向定位功能的钢筋混凝土板桩沉入地基中。应用水力插板建设堤坝，可省掉传统建坝施工过程中修围堰、开挖基础坑、降水打基础等工序，具有预制化程度高、施工速度快、工程造价低（是传统防潮堤坝建设投资的1/3）、堤坝根基深、整体连接好、抗水毁能力强、维修管理少等优点。特别是堤坝根基深和能够直接在浅海水域中进行施工，对于黄河三角洲（或泥质海岸）修建海岸防潮堤具有重要的作用。水力插板桩构造通常采用矩形、“T”形、“工”形、环形和双“T”形等截面。板常用的厚度为200～400 mm。宽度一般采用1 000～1 500 mm，当施工条件允许时，可适当增宽，但不宜超过3 000 mm。水力插板桩用双面双向配筋，桩长大于20 m时，还应满足吊装的要求。水力插板桩的造孔桩在中部预埋纵向导流钢管，管径应大于76 mm，板底预埋横向喷射管，喷射管孔径3.2～3.5 mm。插板桩的一侧预埋导轨形成滑道，另一侧预埋钢筋，以便于施工时进行导向定位控制，保证板间相对位置。插板插完之后，板与板之间按预留通道灌入水泥浆，形成钢筋混凝土整体结构。

威海“十一五”防潮堤工程主要包括乳山市白沙口防潮堤续建工程、高技区北海防潮堤工程、文登市金浪和埠口港防潮堤工程、荣成市石岛湾防潮堤工程。银滩旅游度假区是山东省的重要旅游胜地，濒临黄海，沙质洁白细腻，享有“天下第一滩”的美誉。自1998年以来，已实施了5期防潮堤建设工程。北海防潮堤按50年一遇防潮标准设计。金浪防潮堤按20年一遇重现期防潮标准设计。埠口港防潮堤按50年一遇重现期防潮标准设计。位于荣成市南部石岛湾，面临黄海、背靠石岛湾省级旅游度假区，拟定防潮堤标准为50年一遇，工程等级为Ⅱ等，主要建筑物为2级。

青岛市全市海岸线(含所属海岛岸线)总长为870 km，其中大陆岸线730 km，占山东省岸线的1/4。海堤工程建设标准一般为50年一遇高潮位加50年一遇海浪超高，属2级堤防工程，也有按20年一遇高潮位加20年一遇波浪超高，属4级堤防工程设计。

3.2.3 苏、沪、浙海堤(塘)工程

3.2.3.1 江苏省海堤工程

江苏省沿海海堤建设已有千余年的历史。著名的范公堤是江苏省黄海沿岸防风防海潮堤坝，是当地老百姓为纪念北宋范仲淹主持修建捍海堤坝而命名的，全长大约300 km，历经元、明、清、民国，一直到新中国，经多次维修加固延长。

江苏省海堤北起赣榆县绣针河口，南至长江口启东嘴，涉连云港、盐城、南通3市。现有海岸线长954 km，主海堤775 km，其中侵蚀性堤段长338 km(含严重侵蚀段长100 km，主要分布在沿海北部)。江苏省海堤达标工程从1997年开始，工程设计标准为50年一遇高潮位加10级风浪爬高和安全超高。海堤堤顶高程按设计潮位和堤顶超高确定。设计潮位按重现期50年一遇高潮位。对于历史最高潮位超过上述所列设计潮位的岸段，可取历史最高潮位为设计潮位。堤顶超高指10级风风浪爬高加安全加高。海堤设计断面堤顶宽度不小于6～8 m。土堤迎水坡坡度一般为1:5，有护坡的海堤迎水坡坡度根据堤防高度、堤身结构、土质、潮水位、风浪等情况，经稳定计算确定。背水坡坡度一般为1:3。风浪较大的地段海堤及海塘临水侧为1:3。风浪较大地段的海堤及海塘临水侧宜设置消浪平台，其宽度2～3 m，其高程可等于设计潮水位或略低于设计潮位。在取土确有困难或风浪较大的地方可建防浪墙，防浪墙顶高程即为海堤堤顶高程，防浪墙净高不超过1.2 m。

连云港市海堤走向是NW—SE，北起绣针河口，南到灌河口，海岸线全长161.5 km，海堤沿线从北向南，途经赣榆县、连云区、灌云区、灌南县，海堤保护区域面积共计2 156 km^2，保护人口145万人。赣榆县海堤长56.7 km，其中兴庄河以北的30.1 km为严重侵蚀性沙质海岸，以南的26.6 km为淤积型淤泥质海岸，市区海堤仅1.5 km。灌云县沿海海堤长约32.5 km，1998年以前大多采用单坡形式，后采用2级消浪复式护坡形式(见图3-6)。

盐城市海岸线北起灌河口，南至东台市新港闸，长达582 km，占江苏省海岸线总长近50%。一线海堤总长413 km，其中射阳河以北为侵蚀型，涉及响水、滨海和射阳3县，长154 km；射阳河以南为淤涨型，涉及射阳县和大丰、东台两市，长259 km。射阳河以北的侵蚀型海岸多设有二线海堤。滨海县境内废黄河两翼现有主海堤长55.01 km，均处于严重侵蚀状态，每年台风来临均有险情发生，系全省最严重的侵蚀性海岸段，也是全国典型侵蚀性海岸段之一。图3-7是废黄河口海堤典型断面形式。采用管桩护底，多级护坡，块石理砌，碎石

垫层，抛石基层，顶部为反弧防浪墙。2008 年 14 号台风“黑格比”于 9 月 23 日在此区登陆，护岸安全经受住了台风考验，说明其消浪形式是成功有效的。射阳县一线海堤长 137. 325 km，沿线建有大、中型闸 11 座，其他小型涵闸 18 座。大丰市海岸属于盐城市的淤长型海岸，现有挡潮一线主海堤 114. 04 km，绝大多数已达标建设。防护工程以生物防护为主，工程防护为辅，工程防护有干砌块石护坡、灌砌块石护坡和干砌块石顺坝 3 种。东台市已建一、二线海堤及附属堤防 199 km，其中一线主海堤走向均为 NS 向，50 年一遇标准的有 60. 2 km；二线海堤 53. 7 km，附属堤防 77 km。一线挡潮闸主海堤按达标海堤的断面标准施筑。各堤段结构保护范围均为堤外 200 m，堤外岸滩均为淤长型海岸，堤坡除挡潮排涝闸下游及周边为块石护坡或混凝土护坡外均为草皮护坡防护。迎海坡度(1:5) ~ (1:3)，背水坡度 1:3。

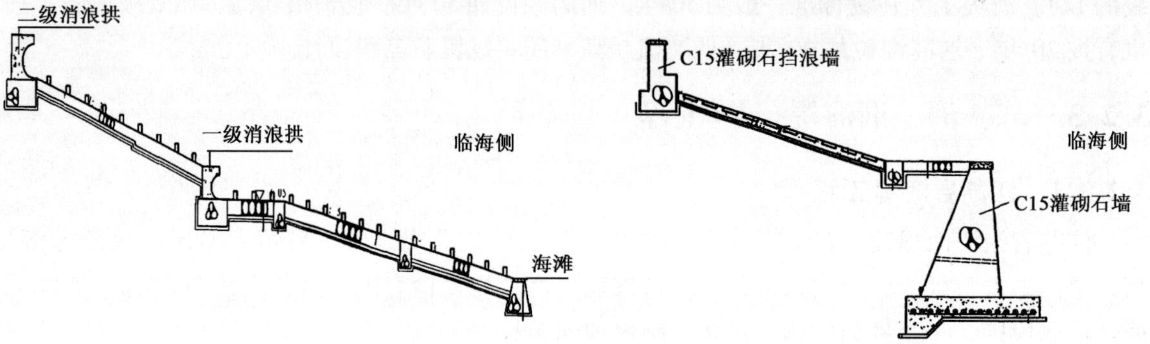

图 3 - 6　连云港海堤典型断面示意

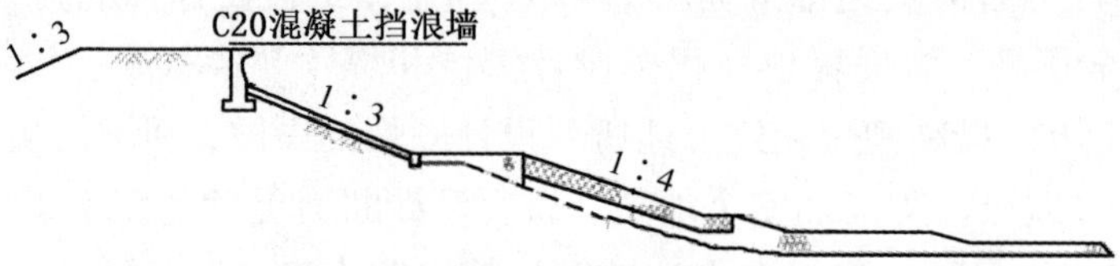

(a) A型典型堤断面形式

(b) B型典型堤断面形式

图 3 - 7　废黄河口海堤两种典型断面形式

南通海岸南起长江口北支的圆陀角，北至海安县老坝港，岸线总体呈 SE—NW 走向，海岸线总长 206 km。海岸为粉砂淤泥质海岸，岸外为南黄海辐射状沙脊群南部。近岸浅滩平缓宽阔，其中圆陀角与蒿枝港之间 55 km 海岸属稳定型岸线，蒿枝港与东灶港之间 29 km 海岸属侵蚀型岸线，东灶港与老坝港之间 122 km 海岸属淤长型岸线。南通市现有海堤长度 216. 45 km，保护区总面积 5 614. 3 km^2，占全市陆域面积的 70. 2%。海堤堤顶高度一般为 8. 0 ~ 10. 8 m，堤顶宽度为6～8 m，少数地段顶宽10～15 m；堤内坡一般为(1∶20)～(1∶3)。主海堤上建有浆砌块石、干砌块石、灌砌块石、竹筋混凝土、水泥土护坡、预制混凝土板等护坡工程长83.1 km。建有不同长度的护堤丁、顺坝20多条。海堤共有穿堤建筑物36座，其中中型闸10座，小型闸20座，穿堤涵洞6座。堤顶现有沥青混凝土、晴雨简易防汛路53.7 km。南通市海堤均为土质堤芯，土质大部分为沙壤土和粉砂土，当地认为这种堤芯材料也可满足工程安全需要。侵蚀性岸段(启东吕四堤段和海门东灶港堤段)的海堤外坡全线护砌；淤积性岸段以生物护坡为主；稳定性岸段的海堤外坡设有平台，平台以下护砌，以上以生物护坡为主。护坡结构形式一般为浆(灌)砌块石、竹筋混凝土护坡等。块石护砌面厚度一般为0.35 m，混凝土护坡厚度不小于0.12 m。海堤内坡主要为生物护坡。南通海堤挡浪墙以满足防洪功能为主，基础埋深不小于0.3 m，压顶厚度0.25 m。挡浪墙高度有大于1.2 m、0.6～1.2 m和小于0.6 m 3种，结构均为灌砌块石结构，工程等级均为2级堤防。近年来海堤受损破坏主要表现为台风高潮导致护坡顶以上的土方流失，进而淘空护坡基础造成大面积护坡损毁。现有海堤的护坡工程尚需翻新或加高接长。南通沿海的穿堤建筑物，1998年以来的海堤达标建设加固或翻新22座，工程老化现象较为普遍。

近年来，江苏在一线主海堤以外已实施大量围海工程，但这些围海工程的围堤并未完全纳入行业海堤管理范围。南通沿海70%以上的一线主海堤外均为新建围堤。尽管上述海堤也采用江苏省达标海堤标准，但起围高程均低于现状海堤，并且普遍存在围堤过程中直接在堤外取沙的现象。根据江苏省沿海滩涂围垦及开发利用总体规划，2020年前江苏省南部沿海规划进一步围垦百万亩以上滩涂，需新建平行和垂直于现海岸的围堤约200 km。

3.2.3.2 长江口沿岸堤防工程

利用1950—2001年共52年的潮位资料，对1997年最高潮位作特大值处理(对中浚、横沙站2000年最高潮位作特大值处理)，采用P－Ⅲ型适线成果，设计潮位见表3－6。

表3－6 长江口主要潮位站不同频率设计潮位

站名	设计潮位/m	
	0.50%	1%
江阴	5.55	5.35
天生港	5.24	5.03
徐六泾	4.91	4.71
青龙港	4.90	4.69
三条港	4.94	4.74
石洞口	4.71	4.51
吴淞	4.54	4.35
高桥	4.56	4.37
崇头	4.89	4.68
南门	4.71	4.54
堡镇	4.55	4.37
长兴	4.46	4.29
横沙	4.33	4.15
中浚	4.54	4.34
芦潮港	4.10	3.96

目前江苏省长江口段主江堤已基本达到长江流域确定的防洪标准(长流规)。上海市堤防已形成抵御一定防洪潮标准的堤防工程体系，考虑的防洪潮标准与设计风速的组合为100年一遇防洪潮标准对应11级台风，200年一遇及以上防洪潮标准对应12级台风。

江苏省堤防近期堤顶高程7.07～7.30 m，远期堤顶高程7.57～7.74 m；上海浦东新区、宝山近远期堤顶高程7.54～7.73 m，南汇近远期堤顶高程7.18 m，崇明岛近远期堤顶高程7.29～7.74 m，横沙岛近远期堤顶高程7.15 m，长兴岛近远期堤顶高程7.29 m。各堤段堤顶现状与规划堤防堤顶高程比较见表3－7。

表3－7　现状与规划堤防堤顶高程比较

<table>
<tr><th rowspan="2">分片</th><th rowspan="2">堤段</th><th colspan="2">2010年</th><th colspan="2">2020年</th></tr>
<tr><th>防洪标准频率(%)</th><th>堤顶欠高/m</th><th>防洪标准频率(%)</th><th>堤顶欠高/m</th></tr>
<tr><td>苏南片</td><td>常熟、太仓</td><td rowspan="3">“长流规”</td><td>－0.02</td><td>1</td><td>0.29～0.42</td></tr>
<tr><td rowspan="2">苏北片</td><td>通州东方红农场、海门江心沙</td><td>－0.01</td><td>1</td><td rowspan="2">0.40～0.63</td></tr>
<tr><td>海门青龙港、北支三、启东</td><td>0.00</td><td>1</td></tr>
<tr><td rowspan="3">上海大陆片</td><td>宝山</td><td>0.5</td><td>0.16～0.38</td><td colspan="2" rowspan="6">同2010年</td></tr>
<tr><td>浦东</td><td>0.5</td><td>－0.01～－0.51</td></tr>
<tr><td>南汇</td><td>1</td><td>0.41</td></tr>
<tr><td rowspan="3">上海岛屿片</td><td>崇明</td><td>1</td><td>0.42～1.37</td></tr>
<tr><td>长兴</td><td>1</td><td>0.22</td></tr>
<tr><td>横沙</td><td>1</td><td>0.08～0.78</td></tr>
</table>

3.2.3.3　上海市海堤工程

上海市海岸线总长度450 km。海塘工程按位置可分为3个大区域：长江“三岛”(崇明、横沙、长兴)、长江口南岸和杭州湾北侧，范围涉及所属的宝山、浦东、金山、南汇、奉贤和崇明县等区(县)。海塘总长约510 km(其中大陆海塘200.3 km，“三岛”海塘308 km)。达标的堤防为282 km；滩涂淤涨区域为191 km；尚未达标堤防为35 km，具体详见表3－8。

表3－8　上海海塘长度及防御现状(截至2004年)　　单位：km

区县	海塘长度			海塘防御现状	
	合计	其中：公用段	占用段	已达标长度	淤涨区域
金山	26.06	10.43	15.63	26	/
奉贤	40.26	30.16	10.1	40	/
南汇	51.19	9.77	41.42	8	43
浦东	53.19	21.57	32	47.5	6
大陆	26.21	5.48	23.73	29	/
宝山长兴	60.52	44.78	15.74	38	18
横沙	31.63	30.25	1.38	31.5	4
崇明	215.83	141.47	74.36	95	120
合计	508.27	293.91	214.36	317	191

20 世纪 90 年代初期，上海市海堤工程按“八五标准”实施建设，即堤顶高程 8 m(吴淞零点)，顶宽 5 m；1996 年开始按《上海市海塘规划》统一实施。截至 2003 年年底，上海市海堤总长约 510 km，丁坝 357 道、长 49 km，顺坝护坎 101 km。9711 台风期间，正处于上海市海堤达标建设的初期，沿线海堤局部遭受一定的损坏，遭受破坏的以长江三岛(崇明岛、长兴岛、横沙岛)的土堤为主，因土堤前沿芦苇消浪带宽度不足或生长不理想，造成外坡土方冲塌多处，但未形成缺口。2005 年麦莎台风期间，建设中的海堤遭受了不同程度的损坏，主要破坏部分处于堤脚前的保滩坝或促淤工程，如南汇五期工程前沿保滩工程、金山化学工业区前沿保滩工程、奉贤促淤工程等，保滩或促淤工程顶部护面结构局部开裂，或护面块体局部失稳等。

按照《上海市海塘规划》要求，上海地区一线海堤至 2010 年城市化地区按 200 年一遇潮位加 12 级风的设计标准，非城市化地区按 100 年一遇潮位加 11 级风的设计标准。具体实施时划分为长江口、杭州湾海塘标准和长江口“三岛”标准。郊区海堤的防汛标准为 50 年一遇高潮位加 11 级风力同时袭击；黄浦江防汛墙按 1 000 年一遇高潮位设防；宝山钢铁总厂江堤的防汛标准为 1 000 年一遇高潮位加 12 级风力同时袭击；上海石油化工总厂围堤的防汛标准为 100 年一遇高潮位加 50 年一遇风速同时袭击。随着用地需要，一些一线海塘外侧再次进行了圈围，新圈围的海堤按照 200 年一遇或 100 一遇的标准建设，从而使达标加固后的海堤防洪能力超过 200 一遇或 100 年一遇的标准。与国内其他沿海省相比，上海市海堤建设标准普遍较高，堤身主要采用人工块体护面(扭王字块体、扭工字块体、栅栏板、四角空心块体等)，提高了堤身的整体稳定性，加强了防浪冲击的能力，大幅度提高了消浪效果。上海市海堤工程普遍重视堤前保滩建设，一般在堤前有一段 20 ~ 30 m 的保滩段，保滩段的前沿一般规则安放 1 排扭王字块体，对于滩段和堤身的保护起到了很好作用。在有条件的滩地上种植芦苇，起到了很好的消浪效果。但近年来，芦苇的种植难度增大，原因是部分围海工程向海洋深延的过程中，或很难有较宽的滩地，或滩地上海水深度增加，不适宜芦苇生长。

20 世纪 90 年代以前建成的上海海堤多以碾压土坝为主，堤身多以黏土或亚黏土为主，采用人工与机械碾压为主的方式筑堤，多为中高滩堤防；90 年代以后新建的海堤多以粉砂类土为主，采用水力吹填内外充泥管袋双棱体断面，棱体间吹沙形成围堤下部堤身，平台以上土方采用吹泥管袋小棱体并吹填沙土逐步抬高。主要结构形式有斜坡式土石坝复式围堤、斜坡式土石坝围堤；堤身采用内外充泥管袋棱体，堤芯为吹填土的构筑形式；海堤外坡护面结构以栅栏板或人工块体(主要有扭王字块体和扭工字块体)为主，堤顶为直立式或反弧式钢筋混凝土防浪墙。

宝山区海塘从江苏太仓交界至吴淞口，现有一线海塘，长约 30 km，该海塘对宝山钢铁总厂厂区等起直接保护作用。宝钢建设初期该海塘建设标准为抵御 100 年一遇高潮位和 12 级风浪袭击。随着对岸线的逐步开发利用，先后建起了罗泾港区、宝钢水库、陈行水库和石洞口电厂堆灰场等，尔后把该海塘的建设标准提高为抵御 200 年一遇高潮位和 12 级风浪袭击。因此，该段海塘的防御标准相对较高，海塘典型断面结构见图 3 - 8。

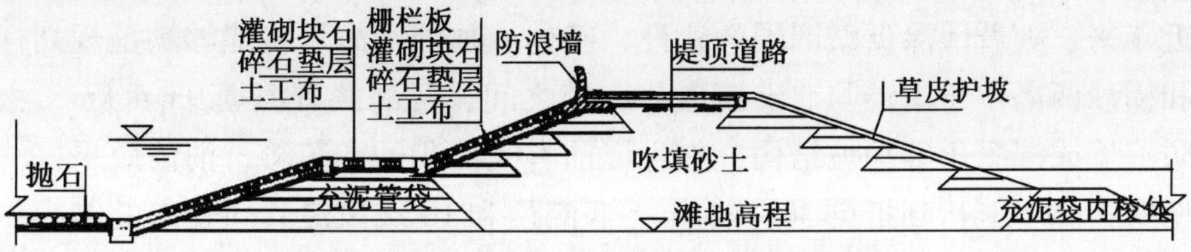

图 3 - 8 宝山区海塘典型断面结构示意

上海市对吴淞口、长江口沿线的一些海堤进行了改造，在保证不降低防汛标准和原海堤自身安全前提下，利用独特的地理位置、环境，将长江、黄浦江的滨江自然景观与海堤紧密结合起来。如小海滨江森林公园段海堤改造工程主要建立景观平台。工程在保留原防浪墙、消浪平台、护面块体等防汛设计基础上，重点改造栅栏板护坡。原二级平台栅栏板拆除后，加宽消浪平台，海侧增加翼形块体，其结构见图 3－9。

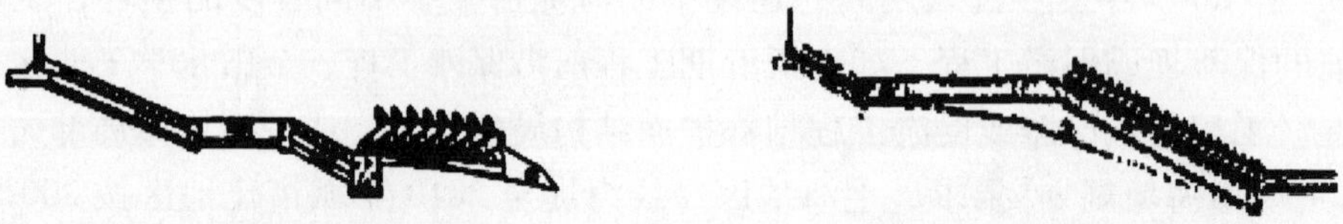

(a) 原海堤结构　　(b) 改造后的海堤结构

图 3－9　滨江森林公园段海堤断面结构示意

浦东新区海塘北起吴淞口弓长港，南至川南交界的界河港，现有长 57.6 km 的国家主塘。根据滩涂情况，该岸线以五号沟为界，大致可分为南北两部分，其中五号沟以北段约为20 km，面对南港深水航道，深水逼岸，历来是防汛抢险的重要堤段。20 世纪 90 年代后，按照上海市城市总体规划对岸线实施利用的要求，该段建有外高桥港区、电厂煤码头、浦东修造船厂码头等，沿岸线海塘建设标准为抵御 100 年一遇高潮位和 12 级风浪正面袭击的城市区域标准。五号沟以南段，堤外为位于长江口南港分叉处的江亚浅滩，该浅滩为南槽和北槽的南沿滩地，滩面稳定，冲淤平衡，滩势发育缓慢。沿岸滩建有五号沟—赵家沟滩涂圈围的码头工程、绿波水上乐园、三甲港旅游区、浦东国际机场围堤等。海塘建设标准相对较高，达到了抵御 200 年一遇高潮位和 12 级风浪袭击。海塘典型断面结构如图 3－10 所示。

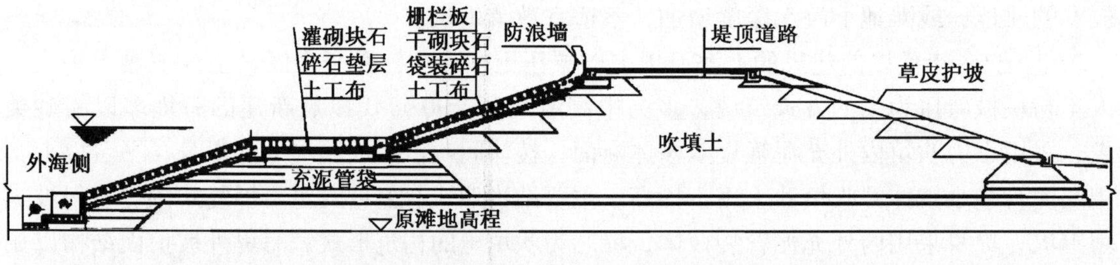

图 3－10　浦东新区海塘典型断面结构示意

崇明岛位于长江口南支与北支河道分流点间，是我国的第三大岛，该岛四面环水，以堤为障，环岛一线大堤，可直接抗御台风、暴雨的侵袭。崇明岛现有的海塘长度为 214.3 km。为保证南沿海塘安全运行及外滩稳定，堤前多建有间隔为 100～600 m 的短丁坝，组成丁坝群。海塘达标建设后，堤身结构和堤前护滩结构均得到了维修和加固，提高了海塘防御灾害的能力。崇明岛典型的海塘断面结构如图 3－11 所示。崇明北沿海塘以土堤为主。受北支萎缩、东滩淤长及台风侵袭等外界环境的影响，部分堤段外滩坍势严重，海塘相应的防护标准和防护能力较弱。近年来，随着滩涂促淤圈围的建设，新建或加固的海塘将能够满足规划标准的要求。

长兴和横沙两岛位于南港与北港河道分流处之间，两岛共有海塘 93.4 km，大堤外坡均建有块石、防浪墙或混凝土等护坡结构，加之堤前有大面积的芦苇滩，消浪效果好。海塘达标建设后，海塘防护基本能达到抵御 30～50 年一遇潮位和 10 级风浪共同袭击的能力。根据上海市土地规划需求，近年来陆续在长兴岛北沿和横沙东滩进行圈围，其中长兴岛北沿圈围的大堤结合中央沙促淤圈围工程和青草沙水源地原水工程的实施，建设标准达到抵御200年一遇高潮位和12级风浪共同袭击的能力。横沙东滩位于横沙岛尾的东端，圈围大堤的建设标准为抵御50年一遇高潮位和10级风浪共同袭击的能力。两岛海堤典型断面结构如图3－12所示。

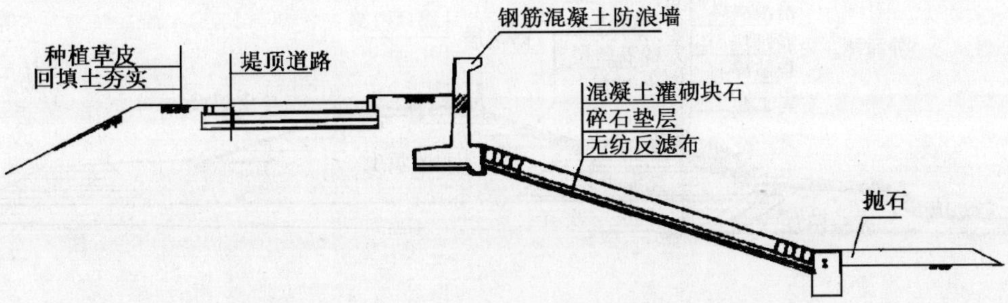

图3－11　崇明海塘典型断面结构示意

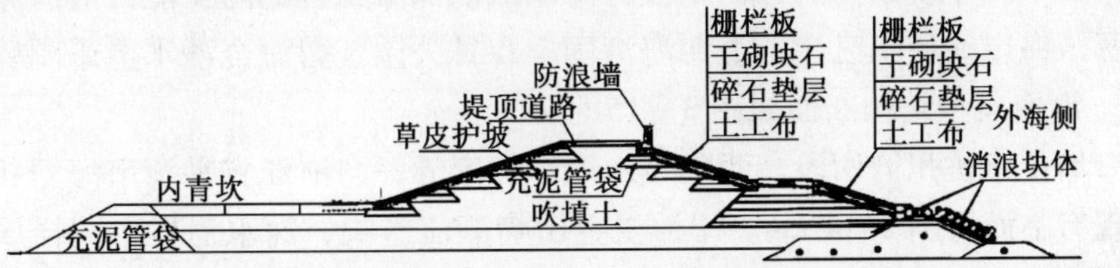

图3－12　长兴岛、横沙岛海塘典型断面结构示意

南汇区东临长江口（东海），南濒杭州湾，海岸线从南汇区与浦东新区交界起始至汇角。1999—2006年，在南汇东滩老海塘外侧进行促淤圈围工程，范围为北起浦东国际机场，南至石皮勒港，占用陆地岸线22 km。将原海岸线向海推进了2～3 km。海塘建设标准为抵御200年一遇高潮位和12级风浪袭击。海塘典型断面结构如图3－13所示。

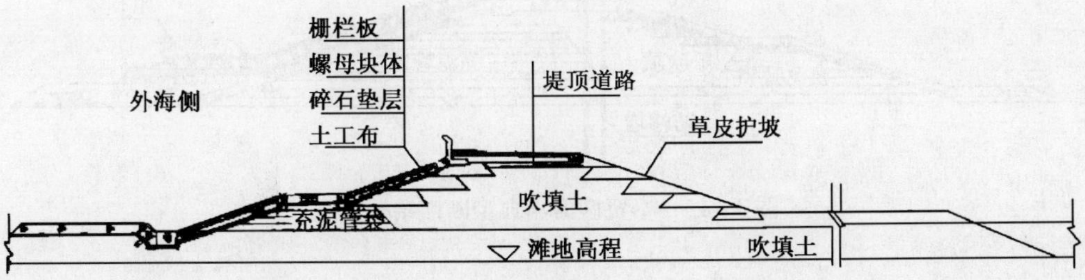

图3－13　南汇北部海塘典型断面结构示意

杭州湾北侧海塘涉及南汇南部、奉贤和金山3个部分，西自沪浙边界，东至汇角。南汇区南部段海塘位于杭州湾北侧东段，从奉贤区与南汇区交界至汇角，属冲刷型岸段，深水逼近海塘，其中芦潮港位于长江口和杭州湾交汇处，近岸水域水沙条件复杂，地形冲淤多变。历史上，南汇嘴东滩和南滩之间经历过多次冲淤交替变化，造成南汇嘴前端地形突出部位相互易位（俗称“摇头沙”），历年来长江口下泄入海泥沙南下与杭州湾水域交换通道内输沙量的变化和岸滩演变之间的关系直接影响到岸滩的稳定。该段范围建有港城大堤、人工半岛等圈围工程。根据上海国际航运中心临港新城的建设要求，目前在芦潮港至南汇区与奉贤区交界处范围内，

对高程为 -2.0 m 的低滩进行圈围，建设标准为抵御200 年一遇高潮位和12 级风浪袭击。海塘典型结构断面如图 3 - 14 所示。

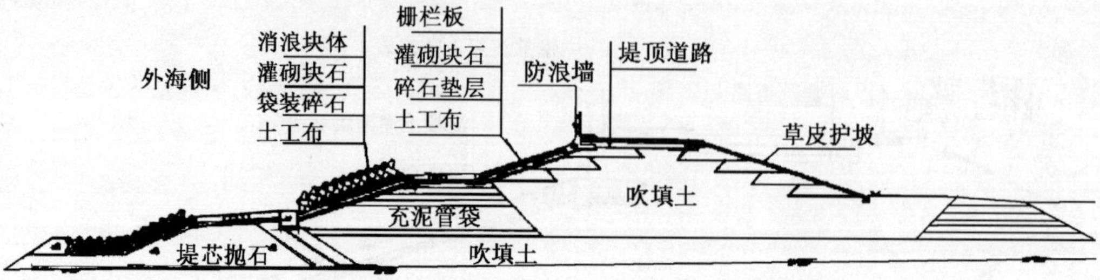

图 3 - 14　杭州湾海塘典型断面结构示意

奉贤区海塘位于杭州湾中段，海塘达标建设后，达到抵御 100 年一遇高潮位和 11 级风浪袭击的标准。由于属于杭州湾的冲刷岸段，海塘滩前保滩工程的防护能力对海塘的安全至关重要。目前奉贤区海岸线周围已建有上海海湾国家森林公园、碧海金沙水上乐园、上海化学工业区(东段)等。海塘典型结构断面如图 3 - 15 所示。

金山区海塘位于杭州湾西段，西起金山卫镇裴家弄，与浙江省平湖市海塘相连，东至奉贤区胡桥镇，现有临海海塘 25.4 km。岸滩受金山嘴潮流影响，深水逼岸，同样属于杭州湾的冲刷岸段。沿线建有上海化学工业区、上海石化等区域围堤。围堤建设标准为抵御 200 年一遇高潮位和 12 级风浪袭击，围堤断面采用斜坡式复式断面加堤前保滩顺坝。金山区其余海塘工程达标建设后，基本达到了抵御 100 年一遇高潮位和 11 级风浪袭击的能力，但部分区域海塘外滩地冲刷比较严重，保滩工程措施明显不足。海塘典型结构断面如图 3 - 16 所示。

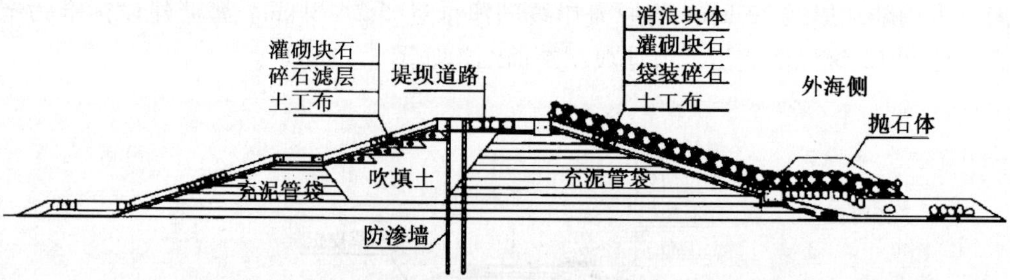

图 3 - 15　奉贤区海塘典型断面结构示意

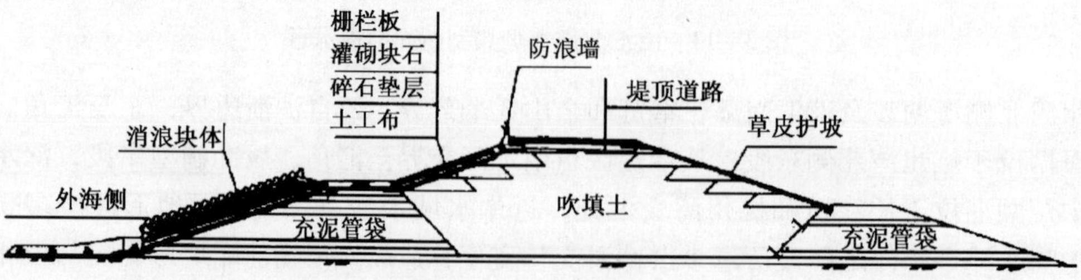

图 3 - 16　金山区海塘典型断面结构示意

3.2.3.4 浙江省海堤工程

浙江省岸线北自与上海毗邻的嘉兴平湖金丝娘桥，向东经杭州、宁波、台州至温州苍南马站与福建相接，海岸线长约1 800 km。加上岛屿所筑的海塘，浙江省海堤总长逾2 600 km，沿岸海堤全长2 132 km，其中钱塘江海堤长400 km，浙东海堤长1 732 km。以钱塘江为界，分为东西两大部分。西起杭州，东到平湖，长170 km，为我国古代最为壮观的海堤工程，称为浙西海堤，始建于汉代。钱塘江以东，南到温州平阳为浙东海堤。岛屿部分的海塘主要分布在舟山群岛，共有海塘长约500 km(包括舟山群岛，宁波的大榭、梅山，台州的南田、高塘、花鼓漫、蛇盘，温州的洞头岛、海山、沙门、七都、灵昆等岛屿)。保护区内有杭州、嘉兴、宁波、舟山、温州、台州等6个大中城市和近30个县市，土地2 000多万亩，生产总值占全省的80%以上。近海的潮波自南太平洋传入，在三门湾口附近形成高潮，潮波沿着大陆架进入浅海后，由于沿海岛屿、河口港湾犬牙交错及岸线曲折多变，致使潮波类型多样。近海和沿海岛屿基本属正规半日潮区，但深入港湾和河口区为不正规半日潮。浙江沿海均属强潮地区，年平均潮差3~4 m，最大潮差6~9 m，湾顶潮差更大。杭州湾的澉浦年平均潮差5.62 m，最大潮差9.00 m；乐清湾与三门湾湾顶年平均潮差约4.5 m，最大潮差7.5~8.0 m。浙东沿海的涨落潮平均流速达1.0~1.5 m/s，最大可达2~3 m/s。沿海台风暴潮频发，以开敞式海域居多，潮高浪大，浙东沿海实测最大波高达10 m以上，涂低水深，堤身较高。沿海地质条件复杂，多为淤泥质软土地基，施工和地基处理技术要求高。钱塘江河口是闻名世界的强涌潮区，潮流强、潮量大，涌潮流速最大达12 m/s，最大波压力达8 t/m^2，冲击破坏力巨大，地基又多为粉土或粉质黏土，保滩固基(脚)是海堤修建最关键的工程之一。因此，浙江沿海地区修建标准海堤具有海洋水文条件恶劣、地质地形复杂、技术难度大、工程量大、费用高等特点，明显有别于其他沿海省份。

20世纪60—70年代开始，浙江曾对围海造地海堤堤顶高程做过规定，采用历史最高潮位加10级风波浪爬高作为堤顶高程。1980年编订出《浙江省海塘工程技术规定》第一册(高程部分)，1989年又编订了《浙江省海塘工程技术规定》第二册(结构部分)(以下简称“浙江规定”)，对海堤高程设计、堤身结构、软基处理、施工技术、维护管理等内容作了全面规定。1997年以前修建的海堤总体防御能力较低，钱塘江海堤多数为20~50年一遇标准，浙东海堤为5~10年一遇标准。9417强台风的登陆给浙江带来了巨大的损失，海堤损毁520 km，死亡1 200多人；9711台风造成浙江海堤损毁800 km，死亡200余人。为了根治台风暴潮屡毁海堤的祸患，适应沿海经济发展和保障人民生命财产安全的需要，认真总结海塘毁损的经验教训，优化塘身结构断面，提出“三面光”的结构思路，增强了海塘抗风浪能力。1999年浙江省对“浙江规定”进行了修订。浙江省用3~4年的时间把防御能力偏低的1 400多km海堤全部建成了高标准的海堤，迎潮面、塘顶面和背坡面3个面均实行工程保护。工程完工后至今，海堤抵御了多次台风暴潮的袭击，为浙江省经济的高速发展提供了工程保障。

浙江省沿海重要海塘列于图3-17，主要有：①海宁直立塘；②海盐黄沙坞塘；③海盐五团塘；④乍浦围堤；⑤岱山榜门大坝；⑥郭巨塘；⑦北昆仑亭塘；⑧宁波红卫塘；⑨象山门前涂塘；⑩宁海青珠塘；⑪三门大敖塘；⑫椒江山东十塘；⑬乐清胜利塘；⑭乐清盐盘塘；⑮瑞安丁山海塘；⑯苍南东塘。

根据强台风沿浙江沿海5条路径登陆且遭遇年天文高潮位时所造成的最高风暴高潮位与海堤高程比较，浙江海堤高程大致分为4类：①风暴高潮位超过挡浪墙顶高程，如杭州湾顶的海盐黄沙坞海堤、三门湾内的宁海青珠塘和三门六敖塘；②超过堤顶但低于挡浪墙的，如杭州湾内的海宁直立塘、五团斜坡塘、乍浦围堤，乐清湾内的乐清盐盘塘；③低于堤顶 1 m 以内，如处于开敞海区的椒江十塘、瑞安丁山塘和苍南东塘；④低于堤顶 1 ~ 2 m 的，如三门湾口外至象山港开敞或半开敞海区的海塘，有宁波郭巨塘、昆亭塘、红卫塘和象山门前涂塘。

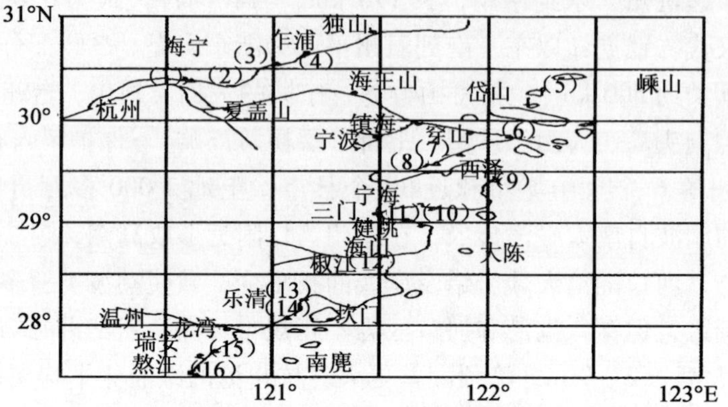

图 3 - 17　浙江省沿海重要海塘

浙江省修建的“三面光”海堤断面结构主要特点有：对于迎潮面护面，大于 5 m 高度且风浪较大的直立式海堤设置宽 3 m 以上的消浪平台，护面结构一般为混凝土灌砌石或贴面混凝土；斜坡式海堤高度大于 5 m 的设消浪平台，护面以混凝土贴面和混凝土灌砌石层居多，也有混凝土异形块和栅栏板等结构；混合式海堤设置消浪平台或采用四脚空心块等混凝土异形体进行防护。堤顶护面结构一般采用混凝土居多，少数为沥青混凝土。经试验分析，堤顶护面上平均最大打击力约为 20 kPa，当垫层密实，不架空，表层混凝土质量好时，15 cm 厚的混凝土能起到可靠的保护作用。特高潮位时越浪水体剩余能量往往很大，对背坡面及堤脚冲刷严重，一般采用 30 ~ 35 cm 厚度的干砌石体，也有用厚 10 ~ 12 cm 的混凝土预制块（六角形、螺母形等），越浪量较大的海堤还要采取对干砌石作勾缝处理或实施浆砌等办法。

浙江沿海地基土质多为高含水量、高压缩性、低强度、低渗透性软土，地基需进行加固处理，软土地基处理措施主要有堤身自重预压法、镇压层法、塑料排水带法、土工织物铺垫法、打桩法以及爆破挤淤法等，其中镇压层法应用较普遍，土工合成材料法应用也日趋广泛。保滩固脚对钱塘江等河口海堤稳固很重要，在确定设计标准下的堤前最低冲刷高程后，因地制宜采用抛丁坝、顺坝、镇压平台（护坦）、混凝土异型块体等水平防护，或堤脚防冲板桩、小沉井等垂直防护措施，或水平和垂直防护措施结合考虑。浙东海堤软土地基处理，采用较多的是镇压层处理措施，其厚度一般为堤身高度的 1/4 ~ 1/3，宽度为堤身高度的 2 ~ 3 倍，也有与土工布铺垫及 PVC 塑料插板排水固结等相结合的地基处理方法，并控制好堤身施工速率和施工程序。

对钱塘江河口海堤影响较大的是在浙江沿海登陆的台风，1949—1999 年间共有 27 次，平均每 2 年发生 1 次。在洪水和台风暴潮作用下，历史上钱塘江海塘屡有损毁。1997 年 I 号台风期间，钱塘江临江海塘有 3 处破堤，最大破口宽度为 78 m。在洪水与潮水（特别是台风暴潮）共同作用下，因漫溢、滑坡、管涌、风浪淘刷、水流冲蚀等而发生破堤。随着围涂工程的逐步实施，钱塘江两岸形成了数道海塘，共同保护围区及其后方土地和重要城镇安全。1997 年后，两岸逐步兴建了 50 ~ 100 年一遇的标准海塘，其主要结构形式有斜坡式和直立式 2 种。为密实堤身土体，普遍采用水力吹填，外江侧采用混凝土（或混凝土灌砌/浆砌块石）护坡，二者之间为石碴(或碎石)和无纺土工布柔性垫层，堤脚普遍采用钢筋混凝土沉井(或板桩)与钢筋混凝土护坦相连的垂直防冲结构，同时抛石进行水平防护。钱塘江海塘典型设计断面如图 3－18 所示。陡墙或直立塘是杭州湾典型海塘之一，主要位于海盐沿岸，海塘以抛石作为镇压层，直立墙支撑平台，平台上设有子埝，直立墙建于明清时代，子埝则建于 20 世纪 90 年代。断面形式如图 3－19 和图 3－20 所示。

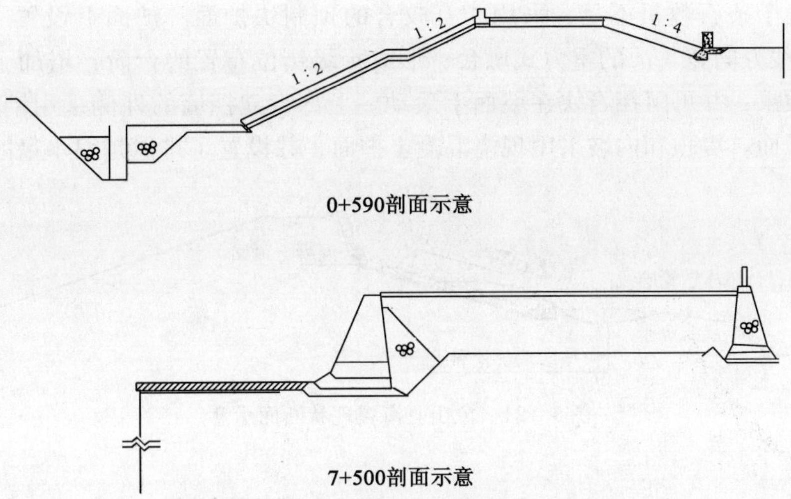

图 3－18　钱塘江海塘典型断面示意

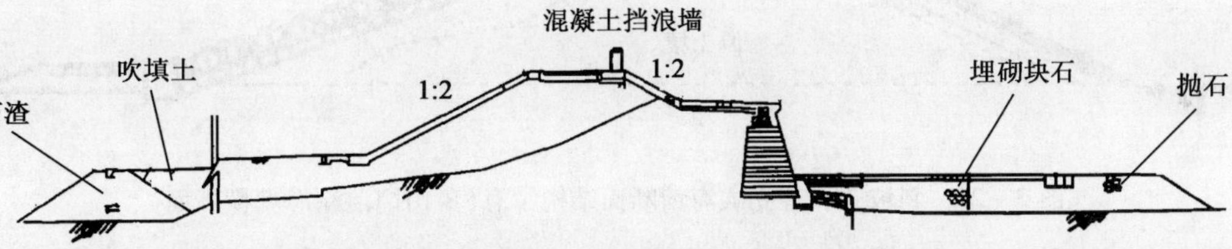

图 3－19　杭州湾直立堤断面示意(独山至水口段)

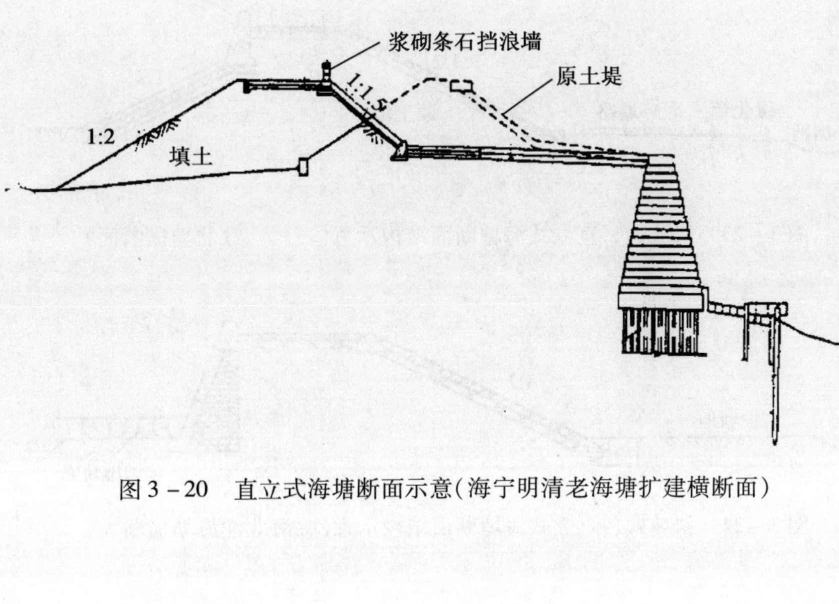

图 3－20　直立式海塘断面示意(海宁明清老海塘扩建横断面)

考虑到浙东海堤受长周期涌浪作用较多，设计波周期长达10多秒，为了降低海堤高度，迎潮面采用消浪效果较好的上陡（墙）下斜（坡）中间带消浪平台的组合式结构。为了缩小海堤断面，尽量降低消浪平台的高程。浙东海堤陡墙式和斜坡式结合如图3－21至图3－24所示象山、三门、临海典型海塘结构；复式结构如图3－25至图3－27所示温岭、椒江、玉环典型海塘结构。直立式结构如图3－28、图3－29所示岱山、乐清典型海塘结构。图3－30是台州五门的大门坝海堤结构图，海堤外坡护面采用原75 cm长的条石丁向灌砌，以提高整体性和抗磨蚀能力；上部由于条石数量不足，采用相互咬合的预制块护面。护面上设置了外缘高0.9～1.4 m、沿坝轴线方向宽8 m的重力式墩台，形成4级错位布置的台阶，增加了防护结构的整体强度和消浪效果，并可阻挡石块在坡面上滚动。上部直立挡墙的外侧采用钢筋混凝土贴面，形成挑浪的反弧面。堤顶和内坡采用现浇混凝土护面，并设置了排泄越浪水量的设施。

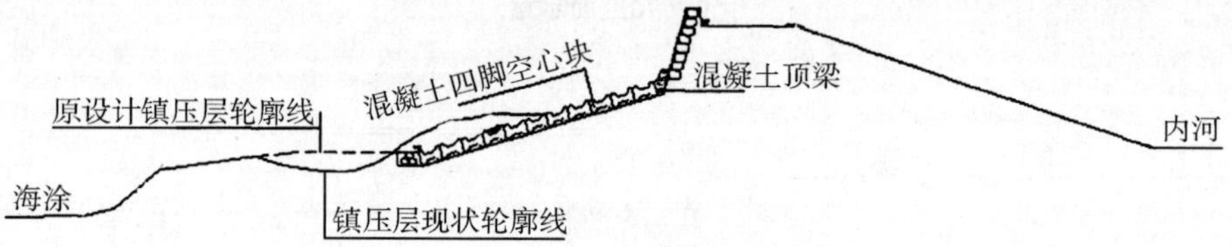

图3－21　象山县海堤现状断面示意

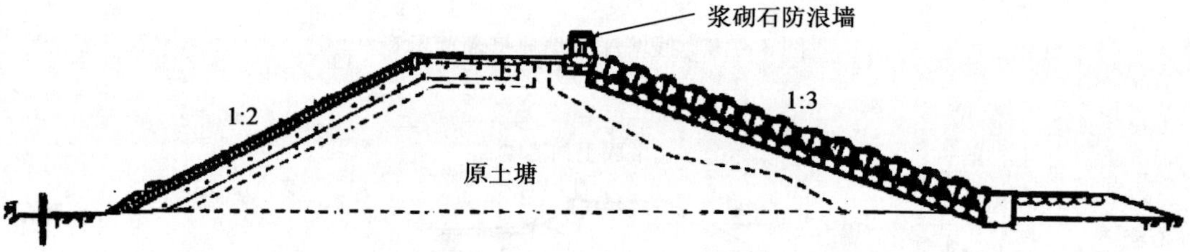

图3－22　斜坡式、直立式海塘断面结构示意（象山门前涂海塘横断面）

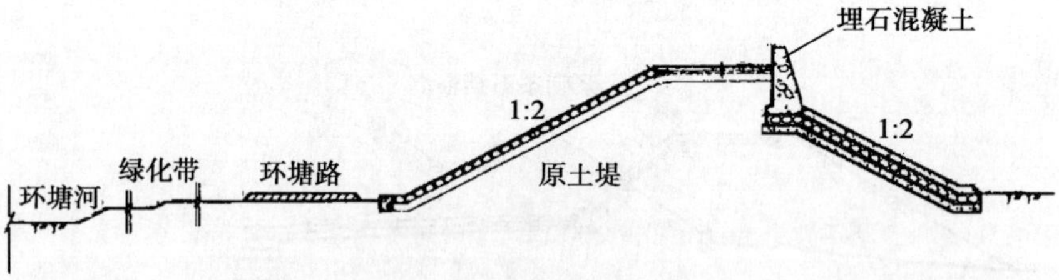

图3－23　斜坡式、直立式海塘断面结构示意（三门六敖北塘横断面）

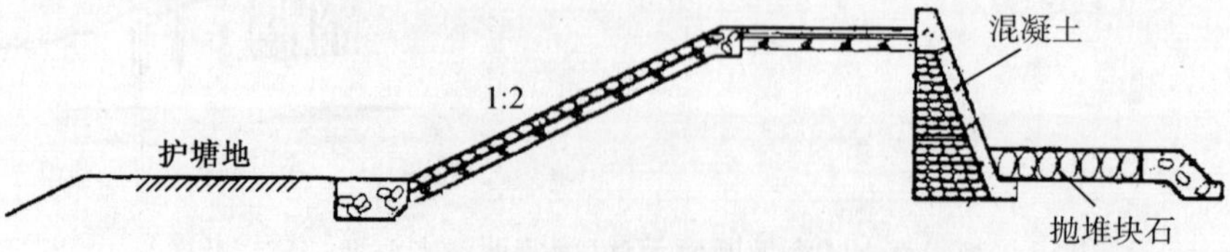

图3－24　斜坡式、直立式海塘断面结构示意（临海北洋海塘横断面）

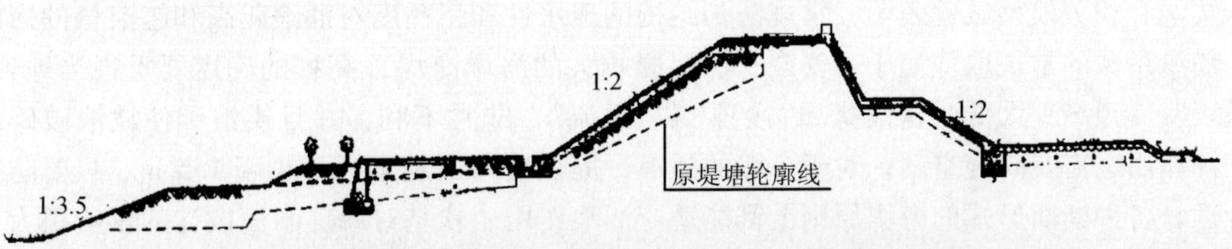

图3－25　复式海塘断面结构示意(温岭东埔新塘横断面)

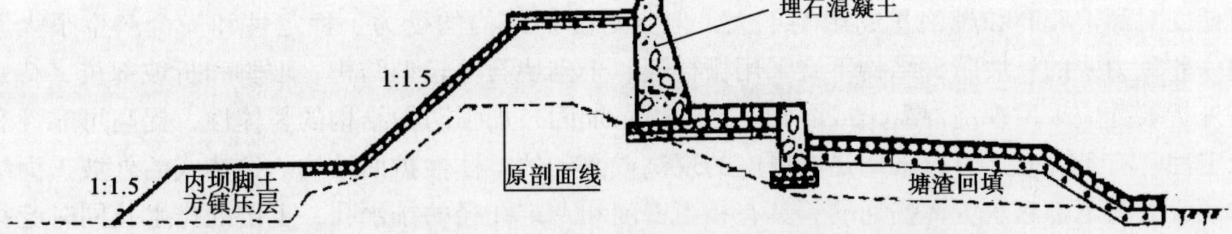

图3－26　复式海塘断面结构示意(椒江山东十堰农村段横断面)

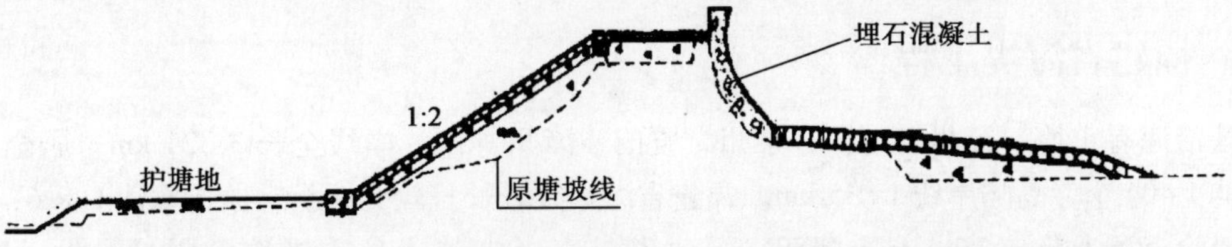

图3－27　复式海塘断面结构示意(玉环解放二塘横断面)

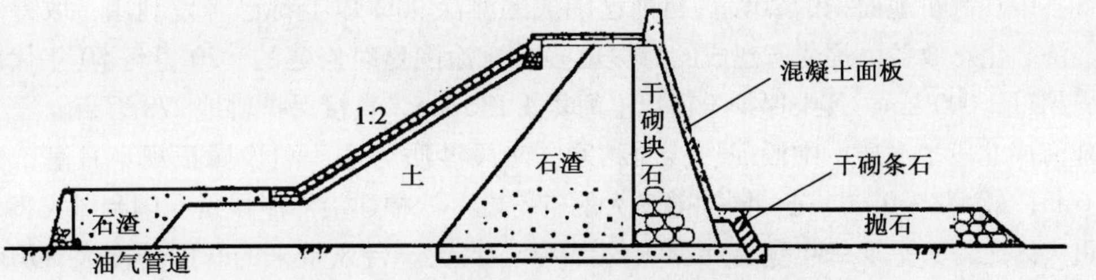

图3－28　直立式海塘(岱山北峰海塘横断面示意)

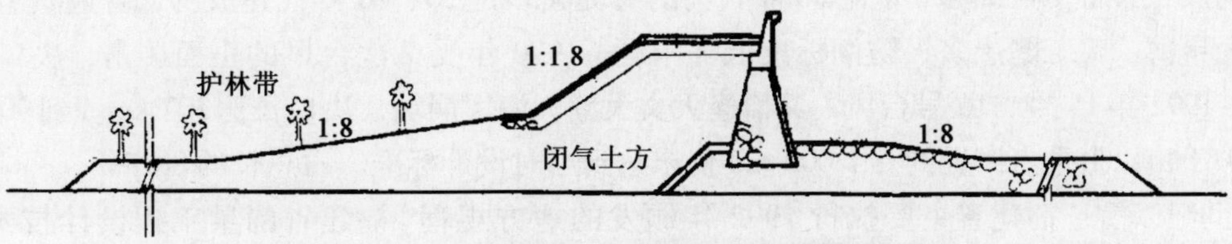

图3－29　直立式海塘(乐清胜利海塘横断面示意)

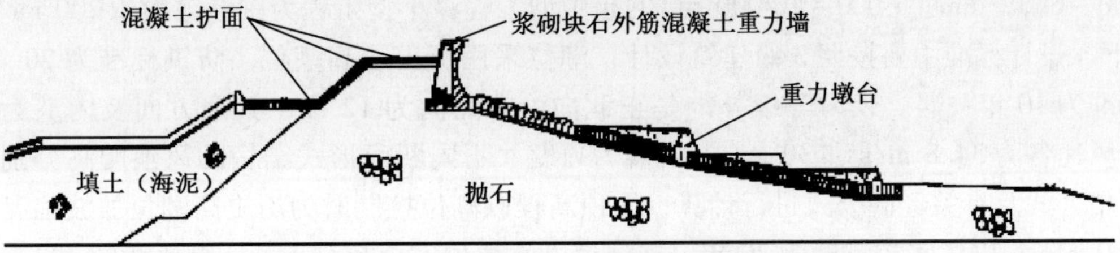

图3－30　台州五门的大门坝海堤结构断面示意

实践和相关模型试验表明，常规防护结构的透水性和粗糙度对涌浪爬高和越浪量的影响很小，糙渗系数的常规取值偏于不安全；涌浪影响大的海岸海堤顶高程的确定要重视当地经验。实践表明堤顶高程太低时越浪犹如"漫顶"和"溢流"，非常不利，并且挑浪和使波浪破碎的设施发挥作用也需要高度空间；对于一般的涌浪，堤顶应高出规定且不小于 1.5 m。只要防护措施合理，各种断面形式的海堤原则上都能适应涌浪作用。软基对海堤断面设计的影响很大，通常下部采用与软基处理措施相配合的斜坡式土石结构，而上部具备抢潮施工的部分设置重力式挡墙，形成复式断面，以减小工程量，提高抗浪能力。虽然涌浪作用下的海堤外坡的透水性和粗糙度对涌浪爬高和越浪量的影响不大，但会对防护结构的受力、稳定性和安全产生很大影响。非重力式的外坡防护结构不宜采用栅栏板、干砌块石等轻型结构。坡脚和折坡部位，特别是外折坡处应采用现浇混凝土或灌砌石结构进行加固，加强防护结构的整体性，提高可靠性和稳定性；有条件时，可以采用足够厚度的现浇或灌砌的整体性护面结构。整体式的外坡护面结构须设置与下部透水堤体畅通的、具有相当密度和一定孔径的排水孔，上部的排水孔同时起排气的作用。处理好推移质对外坡防护结构撞击破坏和磨蚀的问题。涌浪的爬高和越浪量难以控制，须采取应对较大规模越浪水量冲击的防护措施。

3.2.4 福建省海堤工程

福建沿海有宁德、福州、莆田、泉州、厦门、漳州等市，岸线全长 3 324 km，居全国第 2，大小岛屿 1 404 个，岛屿岸线 1 835 km。福建省海岸线较长且较为曲折，曲折率达 1∶5.6，居全国首位；滩涂资源十分丰富，土质肥沃。福建省一直以来都十分重视滩涂围垦开发，据统计，1950—2005 年底，全省已建成大小围垦工程 1 000 多处，总面积超过 9.333×10^4 hm^2，相当于福建沿海各县市现有耕地面积的 20%。目前已围成的滩涂 90% 以上都已开发利用，取得了显著的社会、经济、生态效益。福建省建成的海堤也多是滩涂围垦时修建的，20 世纪 50 年代以来已建防潮海堤超过 2 000 km，其中保护千亩以上海堤 1 136 km，直接保护耕地 278 万亩。

福建海岸北段多泥质，中段泥、沙质相间，南段沙质为主。潮汐属正规半日潮，平均潮差 4.8 ~ 6.6 m，最大 8 ~ 9 m，是全国潮差最大的省份之一。福建沿海岸段是我国台风灾害多发岸段和主要重灾区之一，平均每年登陆和影响的台风 5 ~ 6 次。台风带来的暴雨强度大，历时短，降雨集中，一般在 200 ~ 400 mm，局部超过 700 mm。北部石礵海洋观测站实测最大波高达 15 m；平潭站实测最大波高达 16 m，具有开敞海域的波浪特点。波浪往往表现为风浪和涌浪组合的混合浪，平均波长大于 100 m。20 世纪 90 年代前的海堤大多是 50、60 年代建成的，普遍具有老化失修、断面单薄、险工隐患多、防潮标准低等问题。1990 年受 7 次台风的正面袭击，决口垮堤达 188 km。1992 年 15 号、16 号台风，又恰逢天文大潮，海堤崩坍，决口长达 307 km。到 90 年代末全省保护千亩以上重点海堤约有 1 000 km 仍未达到当时设计标准，占总长的 88.7%。

21 世纪以前，福建省主要执行 1992 年颁发的地方规程《福建省围垦工程设计技术规程》（试行），对围垦工程等级划分为围垦毛面积 666.7 hm^2（10 000 亩）以上的是大型工程；围垦毛面积 200 ~ 666.7 hm^2（3 000 ~ 10 000 亩）的是中型工程；小型工程为围垦毛面积 200 hm^2（3 000 亩）以下。设计标准主要按照 3 级建筑设计，潮位采用历史最高潮位，防洪标准为 20 年一遇，除涝标准为 10 年一遇。风力等级外港是正北向、东北向为 12 级，其余方向及内港为 11 级，相应的风速各为 34.8 m/s 和 30 m/s。抗震为Ⅶ度。不同断面形式结构的风浪爬高分别采用莆田试验站公式及有关经验公式进行计算。堤顶高程以潮位控制时为历史高潮位加波浪爬高加安全超高 0.5 m；以洪水控制时为 20 年一遇河道洪水位加安全超高 1 m。堤顶宽度 3 m；堤外坡依形式不同确定，内坡1∶1.5；长乐、莆田、海澄、晋东四大海堤的达标设计有关特征值列于表3－9。当时达标海堤的结构形式如图3－31所示，为直立式墙接斜坡式、单坡式折坡式和带平台的复合式结构形式。深水达标海堤如莆田南洋海堤、三江口海堤，宁德的东湖塘、西陂塘等海堤大都是带平台的复式堤。

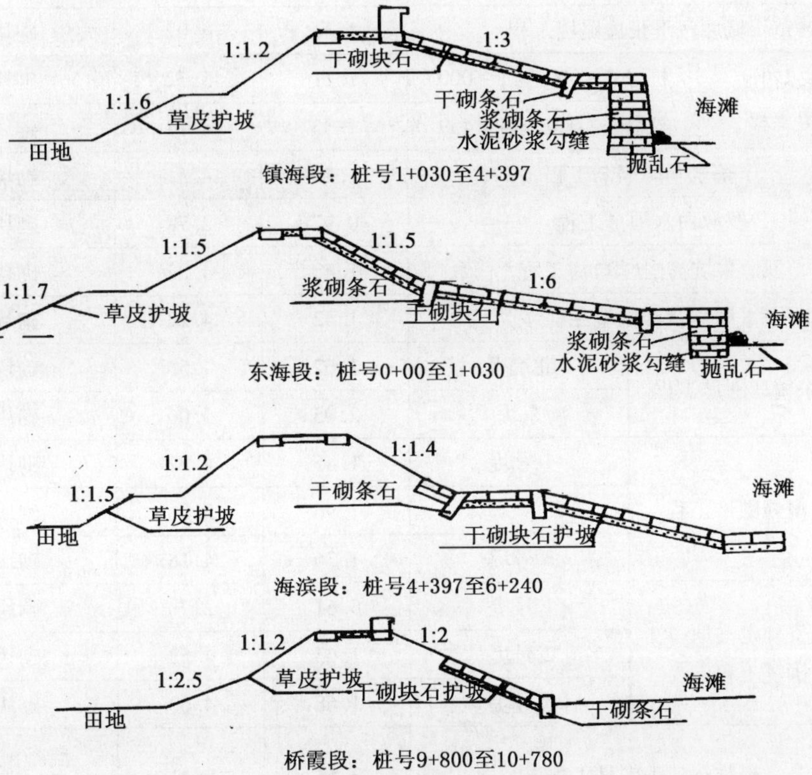

图3－31 典型海堤的结构形式

福建省拥有丰富的山石资源，建设海堤也因地制宜地充分利用了当地的山石材料，外坡护面主要有干砌块石护坡、丁砌条石护坡、凹凸型加糙丁砌条石护坡、混凝土框格内加糙丁砌条石护坡、理砌块石面层铺设栅栏板护坡等。外海侧设置抛石棱体，堤身闭气材料分海泥、山土和吹填沙3种，堤身主要填筑材料为填筑山土。当 $H_{13\%}<2.5$ m时，一般选用块石防护；当 $2.5\ \text{m}\leqslant H_{13\%}\leqslant 4.0$ m时，考虑选用混凝土框格内凹凸型插砌条石、栅栏板、四脚空心方块等防护；当 $H_{13\%}>4.0$ m时，考虑采用扭王或扭工大型块体防护。防浪墙顶面伸出的条石略有阻浪越顶的作用。福建部分海堤的外坡护坡形式见表3－10。

表3－9 福建省四大海堤达标设计指标参数

海堤名称		历史最高潮位/m	浪爬高/m	堤顶高程/m	堤顶宽/m	内坡	外坡
长乐海堤		7.0	2.36～2.31	9.6～10.0	3.0	(1∶2)～(1∶1.4)	(1∶2.5)～(1∶3)
莆田海堤	南洋	7.42	0.87～2.06	8.9～1.2	3.0	1∶1.5	(1∶2)～(1∶3)
	北洋	7.42	0.74～1.73	8.9～10.5	3.0	1∶1.5	(1∶2)～(1∶3)
海澄海堤		4.42	0.84～1.97	6.1～6.9	3.0	1∶1.5	1∶2
晋东海堤		7.18	1.18～1.91	9.0～9.6	3.0	1∶1.5	1∶2.5

表 3－10 典型海堤的结构形式

地型位置	工程名称		波浪要素		外坡防护形式
			H_s/m	$\overline{T}$/s	
港湾海域	福安福屿路堤工程		0.74	3.00	砌块石(30 cm)
	莆田城厢区下张边路堤工程		1.31	4.02	砌块石(45 cm)
	莆田妈祖城海堤工程	桩号 0＋000 至 1＋000	1.11	3.72	砌块石(35 cm)
		桩号 1＋000 至 4＋459	1.35	4.12	砌块石(45 cm)
	宁德全马防潮潮工程		1.42	4.31	砌块石(50 cm)
	罗源白水围垦工程		0.97	2.78	砌块石(40 cm)
	罗源牛坑湾围(填)海工程		1.82	4.82	砌块石(60 cm)
	平潭幸福洋围垦工程		1.42	4.23	砌块石(50 cm)
	福清东壁岛围垦工程	北堤Ⅱ	1.62	4.53	砌块石(60 cm)
		东堤	2.03	5.06	砌块石(60 cm)
	莆田澄峰围垦工程	1 号堤	1.85	4.97	砌块石(50 cm)
		2 号堤	1.96	5.06	砌块石(60 cm)
		3 号堤	1.36	4.18	砌块石(40 cm)
	惠安外走马埭围垦工程	1 号堤	0.61	2.78	砌块石(30 cm)
		2 号堤	1.63	4.52	砌块石(60 cm)
		3 号堤	1.68	4.60	砌块石(60 cm)
开敞海域	福鼎岙歧头围垦工程		3.61	9.41	混凝土框格内凹凸型插砌条石(60～80 cm)
	霞浦沙头围垦工程		4.88	12.06	四脚空心方块(3.0 t/只)
	长乐外文武围垦工程	1 号堤堵口段－黄沙礁	5.05	12.40	混凝土框各内凹凸型插砌条石(80～95 cm)
		2 号堤防洪闸－黄沙礁	4.73	12.32	混凝土框各内凹凸型插砌条石(80～95 cm)
	莆田东吴路堤工程		4.10	9.90	栅栏板(5.25 m×4.20 m×0.45 m)
	莆田平海湾路堤工程		7.61	13.72	一层扭王字块体(13 t/只)

福建省海堤工程的基础与护坡(岸)是该地区两大常见的工程问题。基础问题主要是地基的沉陷、失稳及基础冲刷和渗漏等。淤泥软基占多数，厚度从几米到几十米，连江大官坂海堤最深软基达 24.4 m，含水量达 70% 以上，强度低，压缩性大，常出现由不均匀沉陷引起海堤的外倾现象。其次是沙质土地基，分布于岛屿四周、大陆海岸，特别是河口处，如闽江、九龙江、晋江、木兰溪入海口的四大海堤便属此类，地基沉陷量小，透水性好，一般沉陷变形较小，但有堤基渗漏现象。由于海堤长期受涌潮冲击，堤前护坦逐渐破坏，护岸崩塌，基础外

露，从而引起海堤外倾或失稳。如莆田胜利海堤因渗漏及海潮的双重袭击，发现堤脚冲刷塌洞多处。小规模围垦的海堤多采用直墙式护坡，而大规模围垦则斜坡式和混合式居多。砌石护坡破坏以反滤垫层淘空、护坡崩塌、挤压变形、滑动脱落较多见，多发生在高潮位附近。针对存在的上述两大工程问题，福建省海堤基础加固的主要方法是对砂质土采用扩大基础法、补桩法、减载法等；对于淤泥软基则因荷载增大产生侧向挤出以及存在滑移问题，采用抛石压载法，反压体高于隆起最高点 30 ~ 40 cm，抛填粗砂垫层 1 m 厚加快排水固结以及再做排水砂井等法。护岸加固主要采用抛石，坡度不宜陡于 1∶1.5；严重冲刷的堤段，抛石不宜陡于 1∶1.8，块石直径 30 ~ 50 cm，重 40 ~ 120 kg，其次采用砌石挡土墙、抛筑丁坝、植物等措施。

宁德的金马海堤工程始建于 1958 年，1965 年 5 月完成闭气施工，1969 年遭遇 11 号台风袭击，漫顶决口，同年修复并全线加高。堤基地表层为海泥，厚约 8 ~ 30 m，中层为砂卵石层，底部为残积土层。海堤修建初期，在堤基内、外侧水下抛石压载，中间填土，土石之间设置过渡层。堤基抛入相当数量石料，特别是堵漏段更为复杂，竹笼、石料、土石混合兼有，大量石料切入海泥层。观测资料显示，海堤建成初期每年下沉 80 cm，后期由于堤基排水固结，沉降趋于稳定。针对海堤漏水隐患，当地政府多次进行维修加固，至 1973 年观测渗漏量为 0.73 m^3/s。此后又经 1994 年强化加固，虽有所改善，但无法根治。据 2001 年观测，其中最大漏水点渗漏量达 0.1 m^3/s。渗流作用下，外侧出现 7 条较大的漏水冲沟。原因是内外堆石体串通、闭气土料质量差、堵口段两端堤头处理不当形成漏水通道和导滤层设置不当等。针对漏水所造成的各种险情采取了灌浆、灌砂、塌坑填土、斜墙式内闭等多种防渗堵漏措施，但收效甚微。2001 年对强漏水段闭气土体区采用高压旋喷结合帷幕灌浆方案，2002 年完成试验堤段压水试验，结果无法达到设计要求。鉴于堤身存在着土层、砂卵石、抛石层三种不同介质的混合地层，加固设计采用截弯取直方案，新建海堤采用堤前填滩闭气防渗处理。在外滩面直接抛填黏性山土防渗，外坡面及防渗体底部滩面铺设一层防渗土工布，当防渗体土方达到设计高程后，进行块石护砌，外坡脚设置抛石护脚，兼做压载。2005 年金马海堤堤前填滩闭气加固方案开始实施，2007 年年初完工通过验收，达到了预期的防渗效果，海堤内外漏水通道被完全切断，漏水隐患得到了根本性的解决。图 3 – 32、图 3 – 33 为其典型结构断面图。图 3 – 34 为东湖塘围垦海堤断面图。

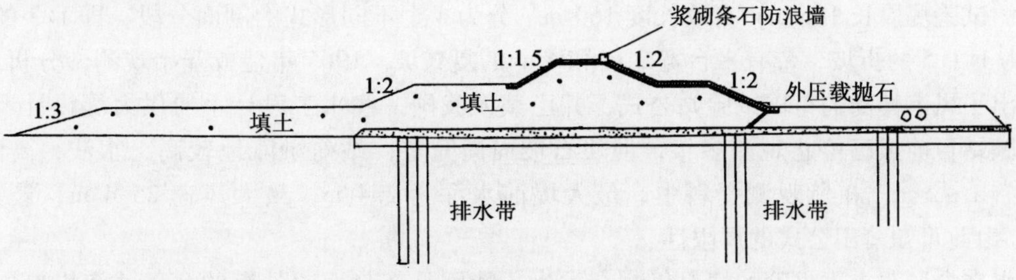

图 3 – 32　金马海堤裁弯取直堤段设计断面示意（桩号 0 +080 m）

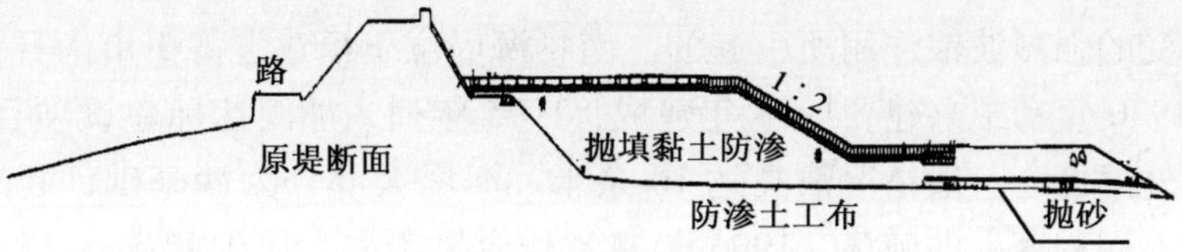

图 3 – 33　金马海堤堤前填滩闭气堤段设计断面示意（桩号 0 +600 m）

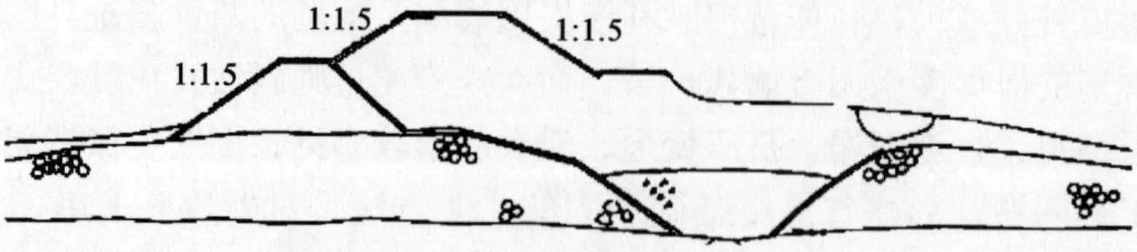

图 3－34 东湖塘围垦海堤断面示意

罗源白水围垦工程围垦面积 1.2 万亩，海堤全长 3.4 km。海堤地基为海相沉积淤泥，淤泥层厚 13～34 m，大部分堤段大于 25 m，淤泥为深灰－灰色，孔隙比 1.6～2.5，含水量达 60%～90%。在此软基上建造 7～10 m 高的海堤，海堤按 3 级水工建筑物设计，海堤断面为斜坡式复合断面(典型设计断面如图 3－35)。针对深厚淤泥地基的特点，采用平面抛砂垫层、竖向排水带、基础铺设加筋土工布和抛石压载的综合措施进行地基处理。砂垫层厚度 0.4～0.6 m，打设塑料排水带深度 10～13 m，间距 1.3 m。根据挡潮要求，海堤顶高程 7.0 m，防浪墙顶高程 8.0 m，堤顶宽 3.0 m。海堤外坡设抛石棱体，棱体顶高程 4.5 m，顶宽 3.0 m。海堤内坡设堤后公路，路面高程 4.0 m，宽 4.5 m，主要为抛石路基。为防止海堤渗漏，海堤内外两个抛石体之间采用海泥和山土闭气。1.5 m 高程以下为海泥掺砂闭气，1.5 m 高程以上为山土闭气，闭气土体底部的最小宽度为 8 m。工程于 1998 年 3 月开工，2003 年 7 月完工，经过多年运行的考验，围垦海堤未发现渗漏、失稳等问题。

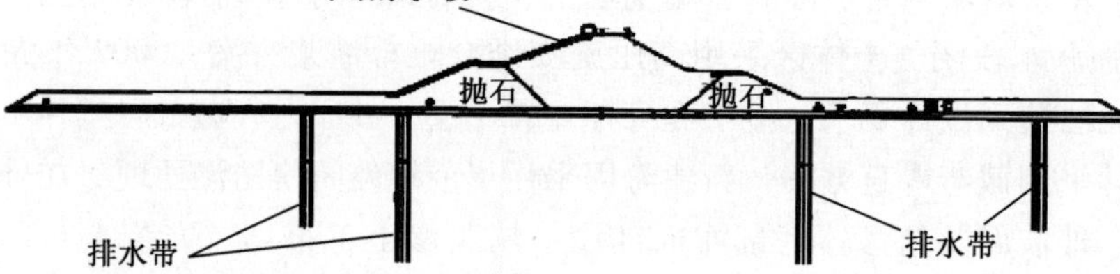

图 3－35 罗源白水围垦海堤工程典型设计断面示意

莆田市地处福建省沿海中部，海岸线总长 343.6 km，现有保护千亩以上海堤 51 条，长 253.51 km。莆田海堤试验站在福建莆田兴化湾内南洋海堤镇海段，由观测站和试验堤段两部分组成。试验堤段长 186 m，有效长度 160 m，分为 4 个不同形式的剖面分段，即 1∶3 的单坡，1∶3 上为 1∶1.5 的折坡，带有平台宽 2 m 和 4 m 的复式坡。1965 年建成开始观测，分析 6 年的资料得出了风浪爬高的莆田试验站公式，并已载入我国一些水工设计手册供海堤设计者应用。莆田试验站目前虽已停止观测多年，但块石坡面尚完整，站前淤滩地较高，水浅，高潮位时水深仅有 1～2 m，在所观测资料中，最大堤前水深为 2.4 m，最大风速 25.4 m，最大波高 1.3 m，由此可知莆田公式的局限性。

海堤在台风袭击下出险的情况仍时有发生，特别是部分面向外海的开敞式海堤屡屡出险，给海堤工程安全度汛带来严峻考验。如南日海堤在 1996 年 8 号台风中决口、赤歧海堤在 2006 年“碧利斯”台风中滑坡、岩下海堤在 2006 年“格美”台风中决口等，这些险情的发生，主要是由开敞式海堤承受的强烈波浪作用所引起的。南日海堤位于福建省莆田市南日镇东南部，海堤全长 2.36 km，1970 年动工兴建，1978 年建成，1995 年列入加固达标建设项目，于当年 11 月竣工。海堤地处外海区，一般情况浪高达 10 余米。海堤大部分为沙基础，建成以后多次遭受台风袭击，均遭不同程度上的破坏。1996 年遭 8 号台风袭击，风浪爬高达 15 m，造成海堤水毁决口 12 处，长度超过 700 m，决口最大长度达 228.5 m，刷深至－1.985 m 高程，冲垮堤后道路1.3 km及公路桥1座、纳潮闸1座3孔，迎水坡及背水坡护坡多处坍塌，全线绝大部分防浪墙倒塌。修复工程中避免大潮台风季节进行堵口工作。取小龙口宽度为60 m，不同堰高采用不同重量的石头，应用铁笼抛石或人工铁笼块石处理；堰顶用铁笼保护。堵口施工采用平堵为主、平立堵结合的方法。当堵口截流后即进行闭气，在闭气前先在截流堤及防冲体部位用直径3~5 cm碎石作倒滤层1道(厚50 cm)。1997年11月修复竣工以来，历经10多次台风考验，海堤堤身基本稳定，运行情况良好。

石狮市伍堡海堤，正临台湾海峡，为开敞式海域，该海堤全长11.3 km，有涵洞3座、排水明渠1座。堤型为复合斜坡式砂土堤(图3-36)，迎水坡坡比1∶2.5，丁砌条石护坡。外坡设一消浪平台，堤顶混凝土路面高程6.80 m，反弧式钢筋混凝土防浪墙顶高程7.80 m。防潮标准为30年一遇，相应工程等级为Ⅲ，主要建筑物等级为3级。工程于2001年底开工，2002年9月受16号台风“森拉克”外围影响，海堤遭受严重水毁。当时海堤部分防浪墙已施工完毕，堤后填土已达设计高程，部分堤段堤脚施工结束，堤身尚未开始填筑。“森拉克”在台湾东南方向海面移动，伍堡海堤海域潮水和暗涌均出现异常。当晚21∶30潮水涨至4.00 m，波浪局部超过5.38 m；22∶30潮水涨到4.50 m左右，已建防浪墙堤段海浪最大爬高达10 m高程，高过防浪墙近2 m，未施工防浪墙的堤段堤后越浪纵深大于20 m。凌晨潮水渐退，部分堤段条石护坡结构全部松动损坏，堤后填土部分被冲刷流失。当即紧急加固，平均筑填厚度1.50 m。此时虽已逐渐偏离16号台风外围影响，但却遭受了暗涌更大的冲击，离海堤外侧100 m处波长超过100 m。11点左右潮水位已涨至5.50 m，波浪爬高最大达12.00 m高程，部分堤段原松动的丁砌条石和混凝土梁被冲散，被冲流失的块石中有些重达1.5 t以上。部分反弧式钢筋混凝土防浪墙(每块长15 m、自重64 t)被大浪击倒4块，位移6块，最大位移达3.0 m。至夜潮水冲击力逐渐减弱，海域逐渐恢复平静。水毁给伍堡海堤上部结构造成极大的破坏，但海堤下部结构——海堤坡脚部位保存完好。除堤脚外侧的块石棱体被大浪冲击后向坡脚方向略有移动外，基本上没有受损。单块质量大于500 kg的压脚棱体块石对保护混凝土堤脚起了十分重要的作用，保护了海堤的基础部位，使伍堡海堤在特大暗涌的冲刷下没有受到更大的损坏。水毁后，加高加固防浪墙及内侧堤顶，堤顶改为混凝土路面。防浪墙钢筋混凝土后趾长度由0.5 m加长到2.0 m。堤身部分增加坡面的整体性，坍塌段和未施工段护坡增设钢筋混凝土框梁。伍堡海堤2003年工程结束，当年经过2次台风的考验，虽有不同程度的越浪，但越浪后水体排入堤后排水沟，对海堤未造成损坏。

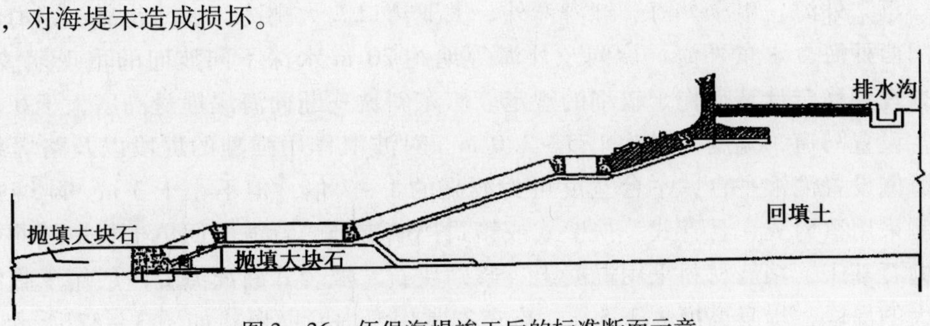

图3-36　伍堡海堤竣工后的标准断面示意

3.2.5　广东省海堤工程

广东省海岸线总长3 368 km，占全国海岸线总长的1/5，是我国海岸线最长的省份；另有500 m^2 以上的岛屿759个，岛屿海岸线长达1 649.5 km。广东省有海堤1 020条，总长

4 032 km，保护耕地面积462.45万亩，人口400万，其中保护耕地5万亩以上的海堤有22条，堤线长710 km；保护耕地10 000～50 000亩的海堤有110条，堤线长1 690 km。

广东省也是我国受台风灾害最严重的省份。我国平均每年约有9.5次台风登陆，其中广东就有3.54次，占37%。据统计，1949—2001年的53年间，登陆广东沿岸的台风就有191次。登陆广东的台风一般都是正面袭击沿岸，引发的台风暴潮常常造成严重的灾害。1996年登陆吴川市沿海的9615号台风，造成粤西大量海堤漫顶崩溃，形成20世纪50年代以来广东受灾最严重的台风暴潮，受灾人口873.5万人，死亡330人，失踪200多人。2008年第14号台风"黑格比"于9月24日早上6:45在电白县沿海登陆，正面袭击阳江、茂名和湛江3市，海堤工程损坏严重，其中造成堤围损坏2 072处，长度达642.6 km；决口740处，长度达27.2 km。"黑格比"台风是广东省多年来未遇到的强台风，台风中心附近最大风力为15级，风力达50 m/s，10级风圈半径有180 km，全境掠过廉江和遂溪时，中心风力依然有13级(风力达40 m/s)，10级风圈半径依然有50 km。"黑格比"经过的大部分地区潮水位均超过了历史最高潮水位，增水最严重的是廉江北部湾海域，达到2.0～2.2 m，离登陆点最近的2个潮水位站烽火角和北津港站均出现了超200年一遇的高潮位。台风登陆时，风眼附近风向改变迅速，新发展的风浪和已经有的风浪互相交叉，互相冲击，形成很高的水柱，加上台风增水，台风在移动时就会形成向前倾泻的巨浪，在廉江观测到的最大海浪高度达到约13 m，在遂溪观测到的最大浪高约有7～8 m。"黑格比"台风以较大风力影响某一地区持续的时间约有5～6 h，在廉江的雅塘、石颈、青平3个镇除台风的袭击外，还遭受了龙卷风的袭击。

广东省早在1955年就制定了地方海堤设计标准，并于1959年、1963年修改和提高标准。1995年广东重新修订和颁布了《广东省防洪(潮)标准和治涝标准》(试行)，1997年广东省政府决定实施"千里金堤"建设计划，选择部分海堤作为先行示范点进行加固建设。通过几年的努力，海堤防潮防浪能力得到大大加强。2004年发布了《广东省海堤工程设计导则》(试行)(以下称"广东导则")，对当地海堤工程的防潮(洪)标准及级别进行了规定，对沿海各潮位站、气象站的潮位、风速频率分析结果表明，广东沿海20年一遇洪潮水位与200年一遇洪潮水位的差值为38～53 cm，不同频率间的洪潮水位差值较小。"广东导则"给出了云澳、遮浪、大万山、硇洲4个海洋水文站的长期测波资料推算的重现期波浪要素以及海门外海、惠来外海、甲子外海、红海湾外、大亚湾口、大鹏湾口、荷包岛、镇海湾外、北津外海、阳西外海、水东外海、徐闻东外海等地约20 m水深不同波向的重现期波浪要素，还对软基处理和稳定计算也作了较细的规定。广东斜坡式断面海堤堤身高度大于6 m时，背海侧坡面常设置马道，宽度一般为1.5～2.0 m。对波浪作用强烈的堤段以及路堤结合的堤段，在临海侧设置消浪平台，平台宽度可为波高的1～2倍，但不小于3 m。陡墙式断面海堤，临海侧采用重力式、悬臂式、扶壁式或箱式挡墙支挡，背海侧回填土料填筑而成，底部基础多用抛石基床，挡墙材料采用混凝土、浆砌块石。混合式断面海堤一般用于临海侧滩脚低、波浪大的堤段，堤身高度大于5 m。广东省常用海堤断面形式如图3－37所示。综合考虑消浪、波浪淘刷、工程量、施工期沉降和土方流失等因素，图中改进式堤型是适应性较强的堤型，由抛石棱体、石墙、墙后填土和前后压台组成，特点是抛石棱体可增大石墙的基础宽度，分散地基应力，压载平台可增加海堤的稳定性，还可削减波浪强度，防止堤脚淘刷。图3－37(e)还显示了压载平台的作用，且底宽大，地基应力分布较均匀，适应变形能力较强。

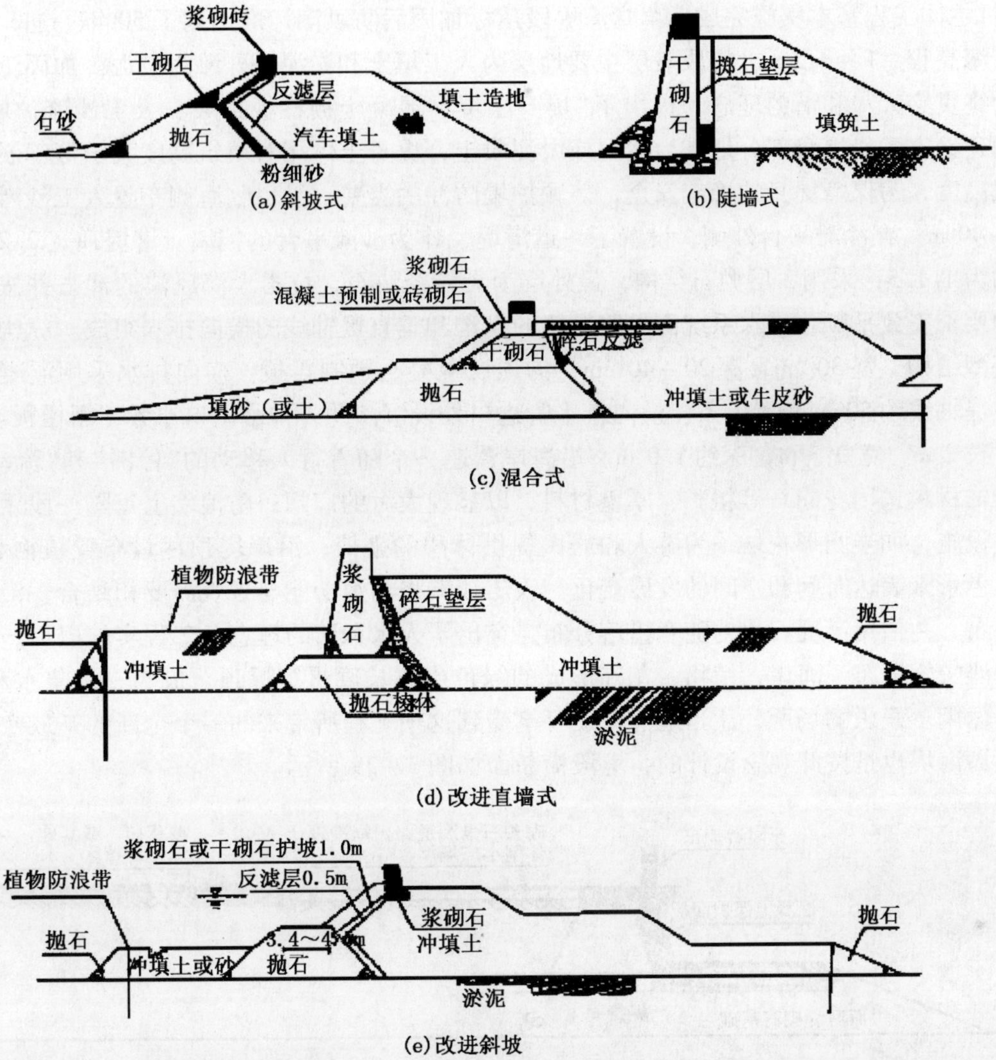

(a)斜坡式
(b)陡墙式
(c)混合式
(d)改进直墙式
(e)改进斜坡

图3-37 广东省常用海堤断面形式

珠海市为了与其滨海旅游城市相协调，海堤建设按允许越浪式海堤形式加固建设，以保证珠海景观文化与亲水情结的充分体现。该市位于珠江口西岸，濒临南海，辖区拥有大小岛屿约145个，分布在香港、澳门周围，环岛海岸线长690 km，已建海堤超过500 km，其中100 km海堤位于城市繁华城区。珠海市100年一遇设计高潮水位为2.90 m，50年一遇台风增水值为2.0 m。《珠海市城市整体规划》中规划城区地面标高为3.40 m，100年一遇标准不允许越浪海堤堤顶高程为5.00 m。珠海海堤堤顶高程取3.70 m，为尽可能降低越浪量及越浪距离，海堤迎水坡采用岸坡直立胸墙形式(图3-38)。这种形式海堤主要面临的问题就是消浪设计。在水深较大堤段，消浪平台可采用格栅板填充形式。在水深较浅、岸滩较长堤段，设置人工沙滩作为消浪平台。通过吹填方式筑造的人造沙滩，降低海浪对海堤胸墙的冲击能力及越浪高度，起到消浪作用，并能营造一个休闲景观沙滩，缺点是投资较大。草堂湾堤段位于珠海市三灶机场快速公路沿线，现堤防长3 km，沿线自然景色优美、人文氛围厚重。采用干砌石防洪墙结构，防洪潮标准为20年一遇，堤内为宽约35 m的机场快速公路，堤外无滩，直接面临南海海域，易遭受海潮冲刷和飓风影响。2003年7号台风“伊都布”造成该堤段全线崩塌溃口，致使保护范围内一系列重要基础设施丧失防洪保障。珠海市作为2004年度应急工程优先予以实施，同年10月主体工程基本实施完成。草堂湾堤段达标加固后防洪潮标准达到了50年一遇，堤外高程为南海高程 -1 ~ -2 m。堤段表层主要地层为人工填土和淤泥，外滩为淤泥。加固工程设计中，始终贯穿人水和谐的理念，提出了“堤身土堤、混凝土栅栏板护坡、人工沙滩护底”的工程加固建设方案。堤身部分地基为淤泥或淤泥质土，堤身土体相对填筑高度大于等于淤泥的允许堆载高度，为保障堤身的稳定安全，兼顾护堤防冲的需要，沿堤临海侧布置人工沙滩，沙滩宽30 ~40 m。在沙滩平台外侧，设置了一道潜堤，作为沙滩平台的挡墙。潜堤顶宽2.2 m，内外坡均为1:1.5，采用3层抛石结构，最外层为大粒径块石，抗击大海风浪的冲击并按照景观设计的要求安放平顺。排水系统由沿路布置的纵沟和垂直堤轴线的横向排水组成。纵沟采用混凝土箱型结构，宽30 cm，深20 ~40 cm，沟顶设混凝土预制盖板。横向排水采用混凝土预制管，沿堤轴线约50 m布置1条。横向排水管进口处设沉沙井，排水出口布置于栅栏板空隙处。沉沙井长2 m，宽0.3 m，深约1.0 m。沿海岸营造一个随着行人移动的“停滞”和“流动”的空间。装饰材料选用花岗石等粗犷、厚重材料，以显现大海的广阔；防浪墙上每隔一段距离布设一些小设施，如半圆形花坛，为游人和居民提供休憩的坐椅；沿岸堤顶尽量布置植物和花卉，利用其色彩来表达时间和空间的发展变化。人工沙滩将消浪功能与景观需要相结合，沿海岸线曲线展布，并借用潜堤石块的随意错落分布，突出了人水和谐的理念。工程实施以后，岸边白色的沙滩蜿蜒分布于海岸，植物、花卉形成的绿色生态长廊贯穿堤顶，成为一个集水利工程、景观、休闲、娱乐的场所，让当地群众还可享受到这项工程所带来的一个全新的开放空间。湛江调顺岛海堤也是按此观念设计的，堤段横断面如图3－39所示。

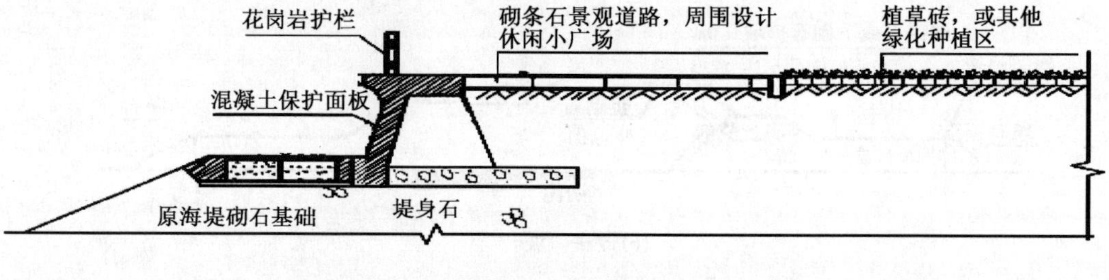

图3－38　珠海岸坡直立胸墙海堤结构断面示意

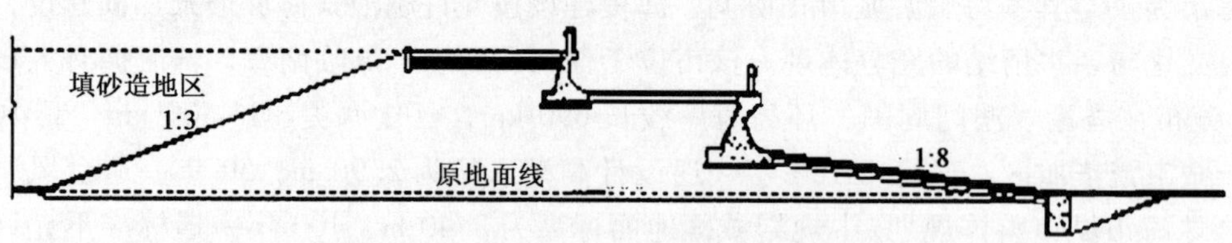

图3－39　湛江调顺岛堤段横断面示意

3.2.6　桂琼海堤工程

3.2.6.1　广西海堤工程

广西沿海地区属于海积漫滩、三角洲平原、河流冲积平原和山地区域地带，表层覆盖为泥炭黏土、粉砂壤土、黏土质泥土等。沿海的潮汐主要是由太平洋潮波传入南海后，经湾口进入北部湾而形成的。北海以东属于不正规全日潮，北海以西至北仑河口属于全日潮。沿海海岸是北部湾的最大潮差区，平均潮差2.13~2.48 m，最大潮差6.25 m。据1949—1996年共47年统计资料，共有38次台风影响本区，其中对海堤有较大破坏，风力达10级以上的有11次。强台风平均3~4年1次，最多可达1年5次。

广西北部湾海堤共349处，总长1 073.75 km，保护人口257.9万人，保护耕地面积116万亩。截至2008年年底，广西北部湾累计建成标准海堤112 km，仅占海堤总长的10.5%，低于其他沿海省份。海堤大多建于20世纪70—80年代，限于当时的建设条件，潮位资料和风速资料系列短，无堤防设计规范作依据，对设计潮位未进行论证，对风浪爬高也未详细计算，尤其是对风浪爬高未采取有效措施加以限制，堤顶高程一般凭经验确定，致使所建海堤标准普遍偏低，一般为2~5年一遇，少数达10年一遇。1986年7月9号台风，造成北海、钦州、防城等处海堤超过300 km被冲毁。原建设的海堤堤型基本为土堤，就近挑土(沙)填筑而成，在迎海面砌约40 cm厚浆砌石护坡，基本无反滤设施，护坡坡度为(1:0.7)~(1:1.2)，多数为1:1.0。受潮浪长期冲蚀，易使堤内沙土沿护坡空隙流失而引起护坡倒塌而溃堤，较典型的是北海西竹海堤，以粉砂土填筑，1996年、2003年、2004年均是在大潮后期出现沙土流失过量使护坡塌陷而溃堤。

广西于1991年颁发《广西沿海海河堤工程设计防御标准》，但标准仍偏低。近年拟定的重点海堤加固整治工程设计标准为：堤围保护耕地面积在1万亩以下的按10年一遇潮位、风浪设计；保护耕地面积在10 000~50 000亩按20年一遇潮位、风浪设计；保护耕地面积在5万亩以上的按20~50年一遇潮位、风浪设计；个别感潮河段堤围承担有城市防洪任务的(如钦州东、西堤等)按50年一遇防洪标准、20年一遇排涝标准设计。海堤加固整治工程建设包括在原有的堤围上加高加宽堤顶，部分堤线截弯取直或联围；设置防浪墙、护脚、护坡；涵闸除险加固接长，增设消力池和齿墙；处理软弱堤基及堤身与涵闸等建筑物接合部位薄弱环节。广西已建标准海堤工程大部分经受了“黑格比”、“科罗旺”等多次强台风考验，实践证明，广西已建标准海堤经济基本合理，结构安全。

广西海堤典型堤形结构形式见表3-11。由表可知，已建标准海堤断面结构形式主要为斜坡式和陡墙式。据统计，斜坡式占90%，这与广西北部湾海岸带工程地质条件有关，基岩埋藏较深，其岩性为砾砂、中粗砂、粉细砂、淤泥质砂、砂质淤泥等，压缩性大，承载能力差，选择斜坡式海堤断面结构形式较经济。广西标准海堤建设大部分是旧堤加固，旧堤往往是采用干砌石护坡，边坡比较陡，长期的运行中，地基和堤身不断固结密实，地基的承载力得到提高，经技术经济分析，有些堤段虽然基岩埋藏较深，但选择陡墙式要比斜坡式经济，此类断面结构在合浦县应用较广泛。

表3-11 广西海堤典型堤型结构形式

工程名称	断面结构形式	外护坡及垫层种类	断面类型			
			防浪墙顶高程/m	堤顶高程/m	外坡坡比系数	堤顶宽度/m
银海区大坎	斜坡式	浆砌石厚60 cm，碎石垫层厚30 cm	5.80	5.00	1.75	5.00
	陡墙式	浆砌石挡墙，砂石垫层厚50 cm	6.60	5.00	0.4	5.00
银海区大冠沙	斜坡式	C20模袋混凝土厚20 cm，复合土工布一层	6.80	6.00	1.5	5.00
	斜坡式	C20混凝土预制块50 cm，砂石垫层厚30 cm	6.80	5.90	1	5.00

续表

工程名称	断面结构形式	外护坡及垫层种类	断面类型			
			防浪墙顶高程/m	堤顶高程/m	外坡坡比系数	堤顶宽度/m
铁山港区白龙	斜坡式	C20 混凝土预制块 50 cm，砂石垫层厚 20 cm	6.0	5.20	1	4.0
	陡墙式	C20 混凝土预制块 30 cm，浆砌石 40 cm，砂石垫层厚 20 cm	5.5	4.70	0.7	4.0
铁山港青山头	斜坡式	C20 现浇 40 cm，垫层为原有浆砌石	8.08	7.23	1	6.3
	陡墙式	C20 混凝土预制块 40 cm，灰土、石渣垫层厚 50 cm	7.24	6.44	0.7	5.0
合浦县西沙	斜坡式	浆砌石 40 cm，灰土、石渣垫层厚 50 cm	7.7	6.9	1.5	5.80
	斜坡式	C20 混凝土预制块阶梯砖厚 40 cm，灰土、石渣垫层厚 50 cm	7.20	6.4	1.5	5.4
合浦县更螺	斜坡式	C20 混凝土预制块 60 cm，砂石垫层厚 50 cm	7.20	6.4	1	5.00
	斜坡式	C20 混凝土预制块 40 cm，碎石、粗砂垫层厚 30 cm	6.20	5.4	1	4.0
饮南区康熙岭	斜坡式	C20 混凝土预制块 15 cm，碎石、粗砂垫层厚 30 cm	6.00	5.2	1	4.5
饮南区沙井	斜坡式	3.0 m 高程以下浆砌石厚 60 cm，3.0 m 以上为 C20 混凝土预制块厚 60 cm，碎石垫层厚 30 cm	6.50	5.7	1.5	5.6
防城港口区界排	斜坡式	浆砌石厚 40 cm，砂砾石垫层厚 20 cm	5.40	5.0	1.5	3.5
东兴市榕树头	斜坡式	浆砌石阶梯形护坡厚 50 cm，垫层为原浆砌石	7.20	6.2	2	4.5
东兴市五七	斜坡式	现浇 C20 混凝土厚 15 cm，垫层为原浆砌石	6.80	6.0	1.2	5.0

广西斜坡式海堤常见外坡护坡形状有单一斜坡式和阶梯式。护坡材料有浆砌石、混凝土预制块、现浇混凝土、模袋混凝土等；护坡软基础常用松木桩处理。广西常采用插砌条石或预制混凝土块对坡面进行加糙，施工方便，取得了较好的消能效果，如钦南区犁头嘴海堤迎海面堤段 3.0 m 高程以上设 6 排梅花型混凝土消浪墩、大冠沙海堤（一期工程）3.8 m 高程以上设 3 排梅花型混凝土消浪墩。阶梯式结构在旧堤加固、裁弯取直段得到广泛应用，如合浦县西沙海堤、南域海堤。为克服阶梯式护坡对堤身变形适应能力差的缺点，先用编织袋充砂护坡，将堤身吹填至堤顶设计高程，沉降量超 80% 以后，进行阶梯护坡的砌筑。

广西海堤堤身填筑材料大部分使用滩涂上的砂质淤泥和淤泥质砂，如西沙、青山头、沙井、城南、沙潭江、五·七、白龙、大坎海堤等。已建斜坡式标准海堤外坡坡比（1:2.5）~（1:1.0）；陡墙式海堤临海陡墙主要采用浆砌石结构，陡墙外侧坡比（1:0）~（1:0.7），部分已建标准海堤堤身坡比小于经验值。迎海面护坡加固主要结构有混凝土预制砖护坡（图3－40），混凝土预制砖步级护坡（图3－41）、现浇混凝土护坡（图3－42）、混凝土混合护坡（图3－43）。

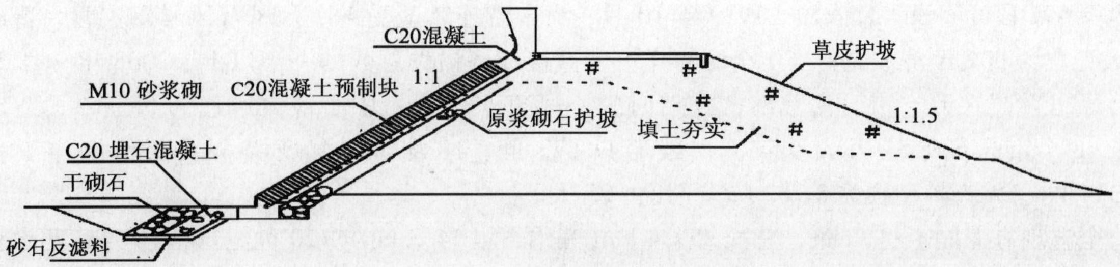

图3－40　混凝土预制砖护坡示意

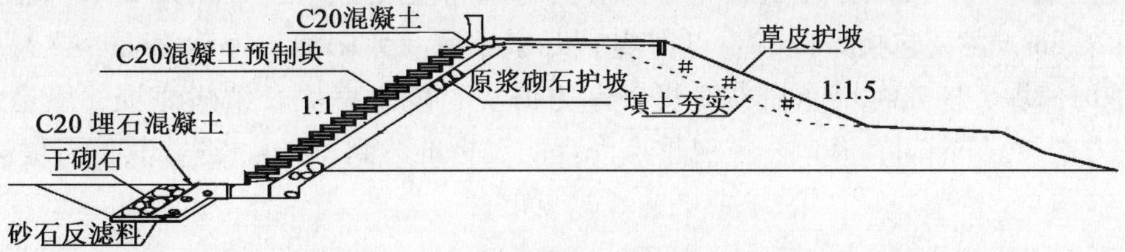

图3－41　混凝土预制砖步级护坡示意

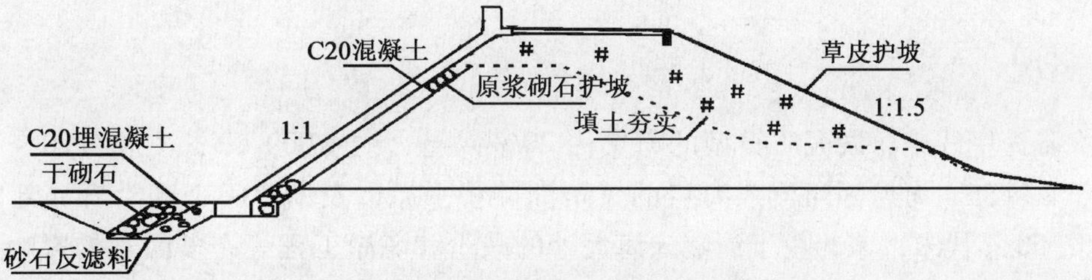

图3－42　现浇混凝土护坡示意

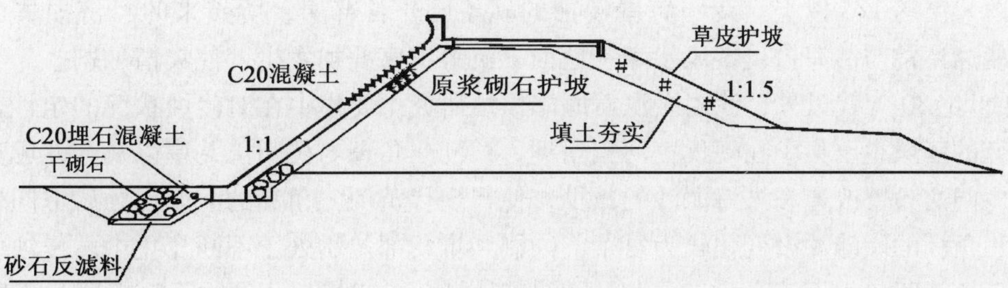

图3－43　混凝土混合护坡示意

3.2.6.2　海南省海堤工程

海南省四面环海，沿海地区为海口、文昌、琼海、万宁、陵水、三亚、儋州、乐东、东方、昌江、临高、澄迈和三沙13个市县。沿海各市县海岸线中，文昌市海岸线最长，为278.5 km；其次是儋州市和三亚市，分别为267.3 km和258.6 km，而昌江黎族自治县海岸线最短，仅为63.7 km，其次是琼海市和乐东黎族自治县，分别为82.3 km和84.3 km。风暴潮是海南主要自然灾害之一。1980年7月22日，台风袭击海南省北部九市县，文昌、琼山、海口、澄迈、临高等市县沿海地区海潮暴涨，接近历史最高潮位，遭灾人口达230万人，冲毁江海堤围497段，淹没大片农田。1989年10月，海南省连续遭受4次台风及风暴潮灾害，造成93人死亡，直接经济损失占当年全国海洋灾害直接经济损失总数的一半以上。2005年9月26日台风“达维”在万宁市沿海登陆，登陆时中心风速45 m/s，中心最大风速为55 m/s，造成全省18个市县630.54万人受灾，损毁船只673艘，冲毁崩决海塘堤防及其他海洋工程66.314 km，水产养殖损失8 782 hm^2，死亡25人。

全省现有海堤工程77条，总长259.4 km(其中石堤54.3 km)。20世纪60—70年代建设的海堤多为土堤，严重威胁着堤防保护区内人民群众的生命财产安全。1998—2003年年底期间主要建设了海口市重点海堤海甸溪左岸、滨海段、长城堵海、琼海博鳌、培兰、万宁小海、三亚河河口、新和、东方敦头、陵水长城等重点海堤，建设堤防长50.7 km，由治理前的2~5年一遇标准提高到20年一遇设计标准。根据《海南省水利发展“十五”计划及2015规划》，重点海堤总长125 km，主要包括海口市重点海堤、万宁小海及太阳河出海口海堤、文昌铺联、乐东海堤、琼海海堤、三亚海堤、临高海堤、东方海堤、陵水海堤、儋州海堤、澄迈海堤、昌江海堤等。“十二五”期间，海口、三亚重点海堤防洪标准达到50年一遇，其他海堤达到20年一遇。

3.3 海岸侵蚀与保滩工程

3.3.1 概况

我国大陆海岸线中，淤泥质类型的海岸占20%以上，约4 000 km，主要分布在长江、黄河、珠江、钱塘江、海河等河流入海口的三角洲冲积平原以及浙、闽、粤沿海局部的港湾地区。20世纪50年代末以来，由于河流入海泥沙的减少和海岸工程等许多因素的影响，很多海岸的岸段发生了不同程度的侵蚀后退，侵蚀范围呈不断扩大的趋势。据统计，目前已有近70%的砂质海岸和几乎全部开阔水域的淤泥质海岸处于侵蚀后退状态，侵蚀岸线长度已占全国大陆岸线总长度的1/3以上。我国海岸侵蚀的现象已非常普遍，所带来的经济损失也十分惊人，海岸侵蚀还常与沿海台风、风暴潮和地面下沉等灾害叠加发生，使灾情加剧。

自20世纪80年代以来，我国淤泥质海岸侵蚀研究主要集中在对侵蚀状况的定性及定量分析上，研究的区域主要集中在现代黄河三角洲、长江三角洲与杭州湾北岸以及苏北废黄河三角洲。黄河尾闾的频繁改道和入海泥沙的减少，使得现代黄河三角洲的海岸侵蚀后退问题十分突出。长江三角洲的岸滩冲淤变化较为复杂，冲刷和堆积部位均处于不断变化中。侵蚀发生的部位主要位于长江河口水下三角洲、港区以及南汇周边。2000年以前的研究表明，现阶段长江三角洲岸段的侵蚀问题并不十分突出。有人利用地理信息系统(GIS)技术，分析了北港1973—2003年间的冲淤变化，认为北港河段整体呈冲刷之势，泥沙冲刷量为$1.58\times10^8\ m^3$，平均冲刷量为$0.05\times10^8\ m^3/a$；分析1984—2004年间外高桥新港区岸段河槽冲淤变化，认为2000—2004年港区河槽转为冲刷，平均刷深了0.24 m；奉贤滩地侵蚀主要发生在-7 m以上的岸坡和潮滩，侵蚀速率以滩前深槽岸坡为最快，年侵蚀率达17.9 cm/a，并呈加速的趋势，海岸线向陆后退速率为31 m/a，冲淤的闭合深度约为-9.5 m。随着三峡工程等大中型水库的不断兴建，今后几十年，长江来沙量将明显低于冲淤临界值，因此总体上长江口三角洲岸滩将被侵蚀。江苏废黄河口岸段海岸曾经是侵蚀状况最为严重的岸段，但近几年来发生了很大变化，年均自然蚀退速率在 45 m 以下，呈减少趋势；南部海岸侵蚀最强的则在大洋港至茅家港，年均自然蚀退速率在 20 m 以下。从华南地区的情况看，广东、海南、广西三省(区)被侵蚀海岸长度占其海岸总长度的比例分别为 17.9%、57.3% 和 15.5%。目前因防护工程的作用，海岸侵蚀虽有减缓，但一些重要河口水下三角洲的侵蚀现象已引起人们的关注。

由于各地区海岸的自然条件和人类活动状况的不同，其海岸侵蚀的原因也各不相同，而且影响海岸侵蚀的各因素之间也是相互作用、相互影响的。人类活动是导致现代海岸侵蚀灾害的主要因素。入海河流上游拦河工程、沿岸采砂、海岸工程建设、沿岸开采地下水和采伐红树林等都是人类活动直接导致海岸侵蚀的常见原因。在河流供沙作为海岸唯一或主要物质来源的岸段，河流入海泥沙量的减少很可能导致海岸的侵蚀。在不同的海岸地区，上述各因素对海岸侵蚀影响的程度是不同的。

保滩工程结构形式的选择应因地制宜，因其与当地的海岸动力条件、泥沙等有密切的关系，目前国内主要采用的保滩(促淤) 工程结构形式见表 3－12。

表 3－12　常见保滩(促淤)工程结构形式及特点

结构形式	主要结构	优点	缺点	工程效果
管桩顺坝结合丁坝	海堤前滩面一定范围内施打高预应力管桩加抛石，每隔一段距离设封头丁坝	维护工程量较小	不适用于粉砂土质、桩体施工时易发生液化	效果明显
抛石顺坝结合丁坝	采用抛石形成抛体结构	施工方便	维护工程量大，块石质量要求高	效果较好
抛石加预制异型块体压护顺坝结合丁坝	针对抛石顺坝块石质量小易被卷走，增加异型混凝土块体压护	稳定性好	预制工艺较复杂，造价比管桩顺坝稍高	效果较好
混凝土铰链沉排	以土工合成材料为主的柔性防冲结构，主要用于坝岸工程基础防护	对易冲性河床有良好适应性	钢筋连接件或尼龙绳结构连接件在海水中的耐久性差	护岸效果明显
抛石丁坝	沿海堤每隔一定距离布置抛石坝体结构，在掩护区形成淤积	适用于砂质海岸	易形成上游侧冲刷，维护工作量大	砂质海岸效果较好，淤泥质效果差
半圆形结构离岸堤	钢筋混凝土结构半圆形混合堤，建造在抛石基床上	节省石方	造价较高	效果较好，适用水深 5 m 以上海区
合金钢网柔性块体	采用不锈钢丝，以“六角网”形式纺织成网袋状，内装块石抛投至指定位置	与滩面贴合较好	在海水环境中耐久性能尚不清楚	河岸工程效果较好

互花米草(*Spartina alterniflora*)等盐生植物用于海岸防护，作为一种“软工程”技术，是对传统海堤护坡形式的补充，它不仅是一种良好的消能促淤土程结构，其牧草、饲料、医药等价值的开发同样具有很大潜力。在改善沿海滩涂周边地带的生态环境方面，国内许多研究成果显示，由于互花米草作用而带来的一些海生多毛类、甲壳类动物和鸟类动物的出现，初步形成了多种动植物并存的复杂生态系统。1963 年，从英国引进大米草(*Spartina anglica*)，当时只有 21 株成活苗，但经过几十年的推广种植和自然传播，在我国北起辽宁锦西县、南到广东电白县共 90 多个县(市)的沿海海滩上均有生长，间断分布在 40°35′—21°27′N，由鸭绿江口至广西合浦县全长 15 000 km 的海岸带范围内。到 1981 年底我国大米草共有 3.6×10^4 hm^2，分布面积跃居世界首位，而且目前还在以惊人的速度扩散。福建省自 1981 年在罗源湾引种大米草 667 m^2，至今已发展到 1×10^4 hm^2。江苏省 1982 年试种互花米草，已经扩展至 12 500 hm^2。据估计，目前全国沿海滩地的大米草面积已达 10×10^4 ~ 13×10^4 hm^2，在我国海岸滩涂上引种成功，生长良好，形成茂密的草滩。江苏、浙江、福建等地 70 年代开始对大米草消浪促淤效果进行了大量现场试验，探讨大米草海堤护岸的综合效果，通过大米草消浪促淤的研究，提出一定宽度大米草可以减少冲刷 50% ~70% 以上的观点，是一种良好的植物护滩材料的结论，初步形成了大米草综合开发的循环经济模式，对大米草的推广起到巨大作用。河北省沿岸的赵家堡、石臼沱岸滩上也都种植了大米草，收到了良好的效果。天津沿岸，如海河口以南河口及岸滩上，也零星地种植了大米草，有的地方生长较茂盛，呈小片密集分布，高度超过 20 cm，起到了促淤护滩的作用，保护着海堤的安全。大米草本身所具的各种特性使其成为保滩护岸，促淤造陆的先锋植物、优良的牧草饲料的同时，也正是由于其极强的抗逆性，蔓延的速度远超过人们的控制能力，以至于原有的滩涂生态遭到严重破坏，致使航道被淤，滩涂被占，严重影响了沿海航运、滩涂养殖及海滩旅游。大米草强烈的促淤功能也使得大米草所在地的水文学特征发生变化：潮汐流减弱，水体交换能力差，尤其在河口区，排水不畅，易发生涝灾，并诱发赤潮的产生。历史上，中国红树林面积曾达 25.0×10^4 hm^2，20 世纪 50 年代为 5.0×10^4 hm^2，目前已锐减到 1.5×10^4 hm^2，占世界红树林面积的 1‰左右。红树林面积锐减的主要原因是进行围海造田、围塘养殖或海岸工程建设所造成的大规模砍伐。早在 1994 年，中国就将红树林保护与管理列入 21 世纪议程优先项目，重视红树林及其生境保护，规定凡是红树林湿地均应列为重点湿地，加强管理，建立红树林保护区。自从 1975 年香港米埔红树林湿地被指定为自然保护区，1980 年建省级东寨港红树林自然保护区以来，至今我国已建以红树林湿地为主要保护对象的自然保护区 18 个，其中国家级 5 个(海南 1 个，广西 2 个，广东 2 个)，省级 5 个(海南 1 个，香港 1 个，福建 2 个，台湾 1 个)，县市级 8 个(台湾 2 个，海南 6 个)。总面积已占现有红树林一半以上，为我国红树林湿地的有效保护提供了重要基础。

3.3.2 辽、津、鲁海岸侵蚀和保滩工程

3.3.2.1 辽东湾两侧砂质海岸侵蚀灾害与防治

辽宁省是我国海岸侵蚀灾害多发省份之一，辽东湾东岸的盖州—熊岳近 60 km 岸段和西岸绥中的六股河口—南江屯近 40 km 岸段是较为严重的侵蚀岸段。海岸侵蚀不仅曾冲毁房屋和公路，毁坏海岸工程设施，加剧土地流失和沙漠化，造成防风林带及风景区受损，加重土地盐渍化，同时还加速了海滩宽度的缩短，导致近岸海底底质浮泥层加厚，使生物栖息环境受到破坏。近期辽东湾东、西两侧海滩逐年萎缩，沿岸堤和水下沙脊高度降低、物质粗化，沙嘴和连

岛坝消失，沿岸沙丘裸露，海防林和沿海基础设施受到威胁。

辽东湾东、西两侧，即营口的盖州和葫芦岛的绥中，拥有140 km连绵宽厚肥大的初始沙砾海岸。众多的海积地貌，如水下沙坝、海滩、沿岸堤、海积平原、沙嘴等海滨系列地形十分发育。20世纪60年代以来，海岸侵蚀范围逐年扩大，不断加剧。辽东湾两侧沙岸侵蚀岸段长约350 km，占该区沙岸总长度的74%，其中强侵蚀岸段占15%。特别严重的地区最大后退达10 km，导致辽东湾东岸有近20 km^2的海滩受损，海滩宽度束狭，成为我国海岸侵蚀最为严重的地区之一，如图3-44中粗黑线处所示。20世纪90年代在辽东的熊岳和辽西的绥中海岸设置若干标志桩的观测数据发现，早年相对稳定的滩肩陡坎，受海水进侵影响而加剧冲刷，连年大幅度蚀退。辽西绥中六股河口至南江屯之间岸段出现了较为严重的侵蚀，最大侵蚀速率为3.1 m/a，岸段平均后退速率为1~2 m/a。绥中刁龙嘴1994年达6.0 m/a。2001年和2002年对绥中海岸进行标志桩监测的结果表明，近2年的岸线蚀退速率减小。天龙寺以北基本保持稳定，局部地区呈现淤积状态。刁龙嘴以西海岸基本是遭受侵蚀，侵蚀速率一般为1 m/a左右，南江屯附近沿岸局部地区侵蚀后退速率为3.8 m/a，主要是由近岸不合理海岸工程造成的。

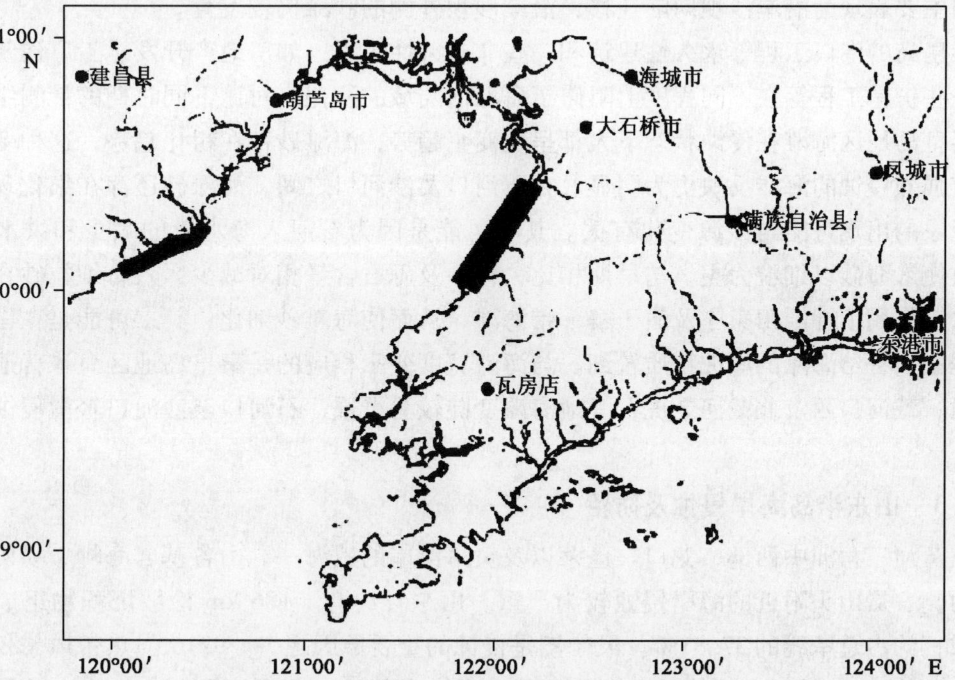

图3-44 辽东湾海岸侵蚀最为严重的地区

从20世纪60年代中期开始，辽东湾沿岸区域泥沙一直处于不饱和状态，流域来沙减少和人为采砂，使得原本为堆积岸段变为缓淤或转侵。还有不当的海岸工程，如一些突堤的建立和风暴潮浪的影响，但总的来讲，辽东湾海岸侵蚀致因中岸滩采砂和河流输沙锐减是导致沿岸泥沙亏损和海岸侵蚀的直接原因。

3.3.2.2 秦皇岛保滩工程

秦皇岛地区海滩主要为砂滩、砾质砂滩和岩滩，在不考虑海滩物质组成和海滩侵蚀原因等条件下，依陆域岸坡物质组成可将秦皇岛地区侵蚀性海滩分为几类：①基岩岸海滩；陆域岸坡由基岩构成，主要分布在戴河口至赤土山河口的北戴河旅游区、秦皇岛南山和山海关老龙头。②沙丘或沙地岸海滩；陆域岸坡为风积沙丘或沙地，主要分布在滦河口至洋河口西、赤土山河口至山东堡南的南大寺一带。③砂砾堤或海积阶地岸海滩：陆域岸坡为砂砾堤或海积阶地，前者主要分布在沙河口至老龙头西、沙河口西部局部岸段；而后者主要分布在山东堡南至汤河口、洋河口附近、新开河口东侧局部岸段和老龙头东至张庄湾的山海关船厂西。④三角洲岸海滩：该类海滩仅指滦河三角洲沿岸沙坝外侧的海滩。⑤人工建筑岸海滩：陆域岸坡为港工建筑或护岸工程等，主要分布在汤河口至沙河口西的秦皇岛港区和张庄湾姚山小河以东的山海关船厂区。

秦皇岛地区海滩遭受侵蚀的原因主要是陆域水利工程所导致的入海泥沙的减少。陆地水利工程主要包括水库、跨流域引水工程和农业灌溉工程等。下游河道径流量及输沙量减少，影响了入海沙量。在沙丘、沙地、砂砾堤和海积阶地所构成的海岸区，虽然海岸及海滩均遭受侵蚀，但海滩的旅游功能基本保持完好，因为随着岸坡侵蚀后退，沙丘或砾堤等逐渐演化为海滩。岸坡的侵蚀为海滩的发育提供了空间和物源，从而保证了海滩的充分发育，海滩基本稳定或海滩侵蚀变窄速率小于海岸侵蚀速率。滦河三角洲自20世纪80年代以来基本处于侵蚀状态，但其沿岸沙坝及三角洲平原能够提供沙滩发育空间和物源条件。目前，侵蚀状态下的滦河三角洲主要表现为沿岸沙坝向陆迁移，沿岸沙坝外侧的沙滩仍较发育。

秦皇岛的港口工程等永久性建筑和一些非永久性工程，如房地产开发、工厂建筑、沿海公路及一些护岸工程等在不同程度上阻碍了海滩向陆域的演化。对比不同时期的量测结果可以看出，秦皇岛地区海滩在侵蚀状态下大都呈现变窄趋势，海滩砂存在粗化趋势，这种变化趋势在遭受较强烈侵蚀的海滩反映更为明显。在石河口及沙河口之间，海滩砂还存在细化现象。局部细化现象的出现可能与砂源变化有关。其一可能是因为石河入海水量的减少和洪水特征的变化，致使入海砂以细粒为主，与早期相比，粗砂及砾石含量相对减少，入海细粒砂在西南向的纵向水流作用下补给田家庄及唐子寨一带海滩，从而使海滩砂细化；其二可能是在岸滩侵蚀演化过程中，补给海滩的岸坡物质较细。与海滩宽度变窄相应的是秦皇岛地区海滩普遍变陡，汤河口西、戴河口西及北戴河老虎石等地海滩变陡较为严重，石河口至沙河口轻微侵蚀岸段变化较小。

3.3.2.3 山东半岛海岸侵蚀及防治

在黄河三角洲中西部、龙口—蓬莱以及黄海沿岸的威海—乳山各基岩海岬、崂山头及胶州湾口两侧、岚山头附近的海岸侵蚀较为严重。山东省约有1 186 km松散沉积物组成的海岸发生侵蚀，约占总岸线的37.81%。风暴潮是侵蚀的重要原因之一。9216强热带风暴仅土地损失就达466.2 hm^2。海冰与风浪的共同作用是山东海岸侵蚀又一重要原因。渤海、黄海北部沿岸海域以及山东半岛部分海湾的盛冰期一般是1月下旬至2月上旬。海冰依靠风和波浪的推动而刨蚀岸滩，寒潮加剧了莱州湾海岸的侵蚀。蓬莱西北部沿海地区受风向季节变化的影响，冬春季节现代海岸侵蚀十分强烈，在偏北大风的影响下，波浪至岸边波浪破碎，造成强烈侵蚀。婆婆口附近海岸北临广阔的北黄海海域，每年11月至翌年3月往往产生波高2.5～3.0 m的海浪。若与天文大潮同时出现，波浪可直冲海岸，造成明显的侵蚀。9216台风之后，婆婆口东侧海积阶地彻底消失，西侧基岩海蚀崖发生多处崩塌。无序开采海岸沙砾石资源，使海浪对海岸侵蚀强度增大，导致岸线后退。渤海沿岸泥沙岸下大多有宽阔的沙滩，向有“黄金海岸”等美誉。然而因掘壳挖沙已使贝堤溃不挡潮，坝体变窄，坝心变空，基岩裸露，沙粒粗化。海滩采砂已相当普遍，以龙口、福山、牟平、荣城、乳山、胶南、日照最为严重。蓬西庄海域外侧登州浅滩，浅滩轴线和岸线夹角约45°，基本呈NE走向，由四人洲、二日洲、潮待洲和新井洲四个沙洲组成，长约6.6 km，平均宽度0.6 km，面积约4.0 km^2，原是天然的鱼虾繁衍场，由于在附近挖沙装船外运达1.25×10^7 m^3，海滩已大部荡然无存，不但破坏了水沙动态平衡和天然渔场，也失去了防波护岸作用，因而导致岸线后退。不合理的海岸工程是另一重要因素。1970年建成的长700 m的岚山港突堤，导致堤北侧出现大面积的沙体堆积，在南侧则发生严重剥蚀，高潮线海滩被吞噬，剥蚀大片基岩新滩，低潮线向岸逼近100 m。

黄河三角洲虽然总的趋势是淤长，但除行水河口附近海岸外，普遍遭受侵蚀。20世纪80年代以前，黄河平均每年入海泥沙超过10×10^8 t，年均造陆面积在25 km^2左右。近30年来，黄河来水来沙明显减少，1996—2002年7年共来水487.810×10^8 m^3，来沙11.2×10^8 t，仅相当于50—60年代1年的水沙量。随着黄河中下游对黄河水资源开发利用力度的加大，黄河下游的水沙条件发生了更大变化，泥沙来源日趋减少。黄河口海岸线变化趋势由过去的淤进蚀退并存转化为净蚀退。

根据近年来的海岸蚀积状况，现代黄河三角洲海岸可分为弱侵蚀和强侵蚀海岸。弱侵蚀海岸主要分布在挑河湾以西，强侵蚀海岸主要分布在挑河湾以东的刁口河、神仙沟和孤东岸段。强侵蚀海岸从挑河湾到孤东临海堤北端，全长约66 km。现阶段黄河入海口地区，原每年向海延伸1~2 km，年均淤积造陆面积25 km^2左右，除1996年清8改汉当年淤出不足30 km^2的小三角洲外，这些年来沙仅维持了口门动态平衡，而远离口门的地方处于加速蚀退的状况。1964—1976年，平均蚀退约28 km，蚀退速率达225 m/a，尤其是1976年，黄河从刁口河改走清水沟入海，从此刁口河出现断流断沙，导致河口的沙嘴及附近海岸线不断受到海水侵蚀；1976—1986年间，刁口河沙嘴蚀退了约6 km，1976—1989年一般高潮线蚀退面积达109.4 km^2。1986—2002年，沙嘴蚀退了1 km左右，蚀退面积约37 km^2。已经改道的黄河口故道地区，如刁口河流路由于停水停沙海岸发生严重蚀退。0 m水深线，1976—2000年蚀退10.5 km，平均每年蚀退437 m。1976—1999年间，2 m水深线蚀退7.89 km，平均每年蚀退343 m。5 m水深线蚀退4.18 km，平均每年蚀退182 m，其中1992—1999年蚀退1.6 km，平均每年蚀退229 m，蚀退速度有加快趋势；10 m水深线蚀退1.239 km，平均每年蚀退54 m；15 m水深线基本处于稳定状况。在已建防潮堤的地区，虽控制了海岸的水平蚀退，然而，在这些地方海岸蚀退的表现形式主要是大堤外地面高程不断降低，以桩西海堤为例，1986年修建海堤时堤外地面高程为1.53 m(黄海基面)，到2000年堤外地面高程降至-1.48 m，14年中地面高程下降3.01 m，平均每年降低0.215 m 。

海岸线蚀退给该地区经济发展构成严重威胁，其中胜利油田深受其害。胜利滩海油田海域地处莱州湾西北部、渤海湾南部的黄河冲积平原北部海域，冬季多偏北大风，夏季多偏南风，强风向为NW-NNW和NNE-ENE。在神仙沟附近有一无潮区。潮汐类型大多属不正规半日潮，潮差较小，平均潮差为0.89 m ，最大潮差为2.32 m。该海域历年的风暴潮增水变化较大，一般年份在1.0~1.6 m ，极值增水平均为1.4~2.3 m，埕岛油田海域潮差最小，然后向西和向南逐渐加大。黄河于1976年改道清水沟流路以后，使得飞雁滩油田区的岸滩长期处于侵蚀状态，滩地高程的下降，使得井台、站台和漫水路堤前水深加大，给防护工程的安全带来了极大隐患。

胜利油田保滩促淤工程是在滩海与路堤之间用高潮位时淹没低潮位时露出的潜堤相连接，在潜堤与堤路之间形成的坝田，减弱进入潜堤后的波浪，降低波高，使潮流挟带的泥沙在坝田内淤积下来。潜堤距现有海堤的距离为100 m左右，为减小顺岸潮流对保滩促淤效果的影响，每隔一定距离设置一道丁坝作为隔堤，以截断顺岸潮流，同时方便潜堤后期的观测与维护，相邻隔堤间的距离约为 1 km。潜堤顶高程在设计高水位附近，一般高出目标淤积高程 1 m。2001 年 9 月在河口飞雁滩建成了油田第一条潜堤，该潜堤是在迎海侧打入 1 道板桩墙，然后在板桩墙后现浇台阶式水下不分散混凝土砌片石。潜堤施工完后，在遭遇 9 月底至 10 月初连续 3 次较大风暴潮的冲击下，潜堤工程局部出现了塌陷和裂缝，迎海侧和背海侧均出现了冲坑，2002 年对该潜堤进行了加固处理，在潜堤前抛石，并上压扭工字块体防护。飞雁滩油田保滩促淤先导试验收到了明显的成效，到 2002 年底，潜堤后滩地平均淤高了约 20 ~ 70 cm，工程建成后的第一年平均淤积速度约为 50 cm。当潜堤后的滩地高程淤积到潜堤顶高程以下 1 m 左右时，潜堤后的滩地基本不再淤积。

胜利油田的孤东海堤全长 17 km，建于 1985—1987 年，围海造陆 76 km^2。由于人为改变了海域的边界条件，加上自 20 世纪 90 年代以来黄河入海泥沙量的持续减少，孤东海堤堤前海域水深迅速增加。根据 1998—2003 年的海域测量结果，该海域海底年平均蚀退 0.3 m，且没有减缓的趋势。根据 2000—2004 年 4 年二次监测结果，孤东岸段在 4 ~ 7 m 等深线之间，已形成 1 条由西北向东南延伸的冲刷沟槽，强侵蚀带宽度约 115 ~ 215 km，侵蚀深度在 0.5 ~ 2.4 m。2003 年始结合已建的进海路和人工岛采油工程，孤东海堤的保滩促淤先导试验工程投入建设，至 2004 年 10 月已建成双排管桩丁坝 1 000 m。丁坝沿堤东偏南 20°方向向海中延伸，主要作用是将顺岸潮流挑向外海，使之远离海堤堤脚，与已建进海路等共同构成对孤东海堤东大堤堤前滩地的保护(图 3 - 45)。双排管桩丁坝由 PHC 预应力高强钢筋混凝土成品管桩组成，外径 0.5 m，桩长 15 m，混凝土强度等级为 C80，抗冻等级为 F150。双排桩之间中心距为 5.5 m，桩纵向净间距为 0.3 m，管桩顶面高程为 1.0 m，底高程为 - 14.0 m。管桩间为抛填毛石填充(图 3 - 46)。丁坝迎浪面和背浪面均有抛石，迎浪面抛石顶面高程为 - 2.0 m，顶面宽度为 4.0 m，边坡比为 1:3，抛石顶面设有 2 层扭工字块体，背浪面设计抛石宽度为 5 m，抛石厚度为 1.0 m。双排管桩丁坝的入土深度很深，稳定性好，且两侧又设有抛石和扭工字块体保护，可保证坝体的稳定。双排管桩丁坝的造价比同种情况下基础护面类、抛石类、混凝土异形块体类和插板类结构的丁坝造价高 3 ~5 倍。

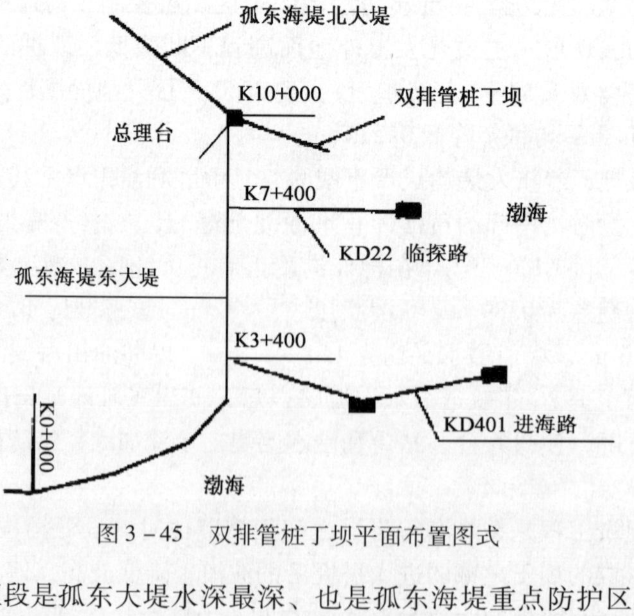

图 3 - 45 双排管桩丁坝平面布置图式

护滩工程的另一区段是孤东大堤水深最深、也是孤东海堤重点防护区段。自 2005 年 3 月至 11 月，在该段陆续修建了一条长约 650 m、宽 7 m 的离岸堤。该堤的两侧为密集的钢桩插入海底，两排钢桩之间为石块填充。离岸堤可以透水，高潮时海水可以越过堤顶进入内池。从2005年12月测量结果可以看出，该段水深为4~7 m，7 m等深线主要位于海堤和新建的离岸堤边缘，在离岸堤外测边缘形成长约400 m、宽约20 m的冲刷沟槽。离岸堤基部有石堆、石块等堆积物。离岸堤建成之后，当年坝田内淤积厚度约0.5 m。从所测的水深点比较来看，池内淤积是明显的，对海堤起到了保护作用。

胜利油田还试验性种植互花米草，试验段取得良好淤积效果。

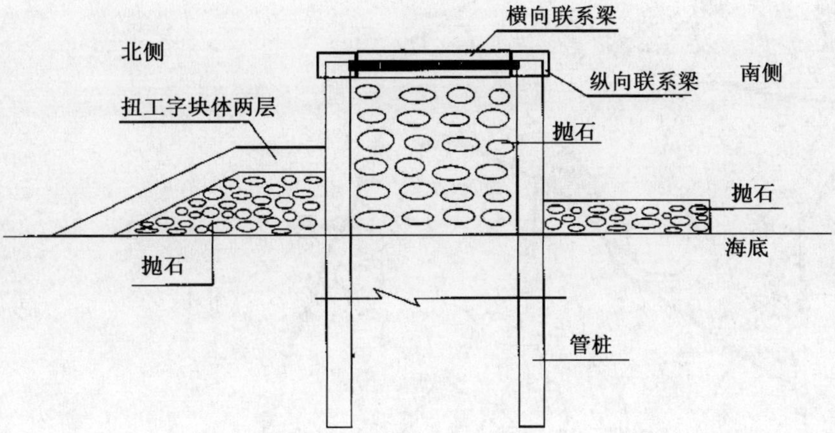

图3-46 结构断面示意

3.3.3 苏、沪、浙保滩促淤工程

3.3.3.1 江苏省保滩促淤工程

江苏省苏北沿海地区包括连云港、盐城和南通3市，海岸带北起鲁苏交界的绣针河口，南至长江北支河口，海岸线长954 km，绣针河口至兴庄河口长约30 km为砂质海岸，连云港西墅至烧香河北闸长40 km为基岩海岸，其余为粉砂淤泥质海岸，占岸线总长的93%以上（图3-47）。其中，粉砂淤泥质海岸又可分为淤积型、稳定型和侵蚀型3种。淤积型海岸具有坡度缓、滩面阔、水深浅的地貌特点，且周边沙源丰富，浅滩淤泥松软，很容易在潮流作用下发生悬扬和输移，风浪作用更使潮流输沙率成倍增加；侵蚀型海岸的潮间带滩面狭窄，坡度较陡，床面覆盖层粗化，几乎不存在浮泥，潮流及波浪的动力较强，周边的泥沙供应不足，造成该类海岸不断侵蚀后退，这类海岸的河口水域通常淤积都比较轻微。但是侵蚀严重的海岸会形成高含沙水流，进入河口后会增加淤积。如江苏海岸的废黄河口水下三角洲是典型的侵蚀性海岸，被侵蚀的泥沙由潮流和沿岸流携带到一些河口水域形成海相泥沙淤积；稳定型海岸常位于弧形海岸的顶部地带，滩面较窄，坡度较陡，床沙粒径较粗，周边来沙较少，在不同季节的波、潮动力作用下此类岸段的不同部位会发生时冲时淤的交错变化，但整体变化幅度不大，总体呈现平衡状态，对河口的冲淤影响不大。

（1）连云港市护滩工程

近50年来，绣针河入海口的海岸动态变化很明显。20世纪60年代河口东岸原有一长条状沙嘴向西南延伸，河口沙嘴长约3.3 km，宽60~120 m。由于这条沙嘴的存在，绣针河口向西南开口，河口宽度840~900 m。除河流供沙外，岚山头岬角以北沿岸也有少量来沙。由于1971年建成的突堤和佛手湾岩滩区拦阻了泥沙，越过岬角区进入海洲湾的泥沙数量随之减少，

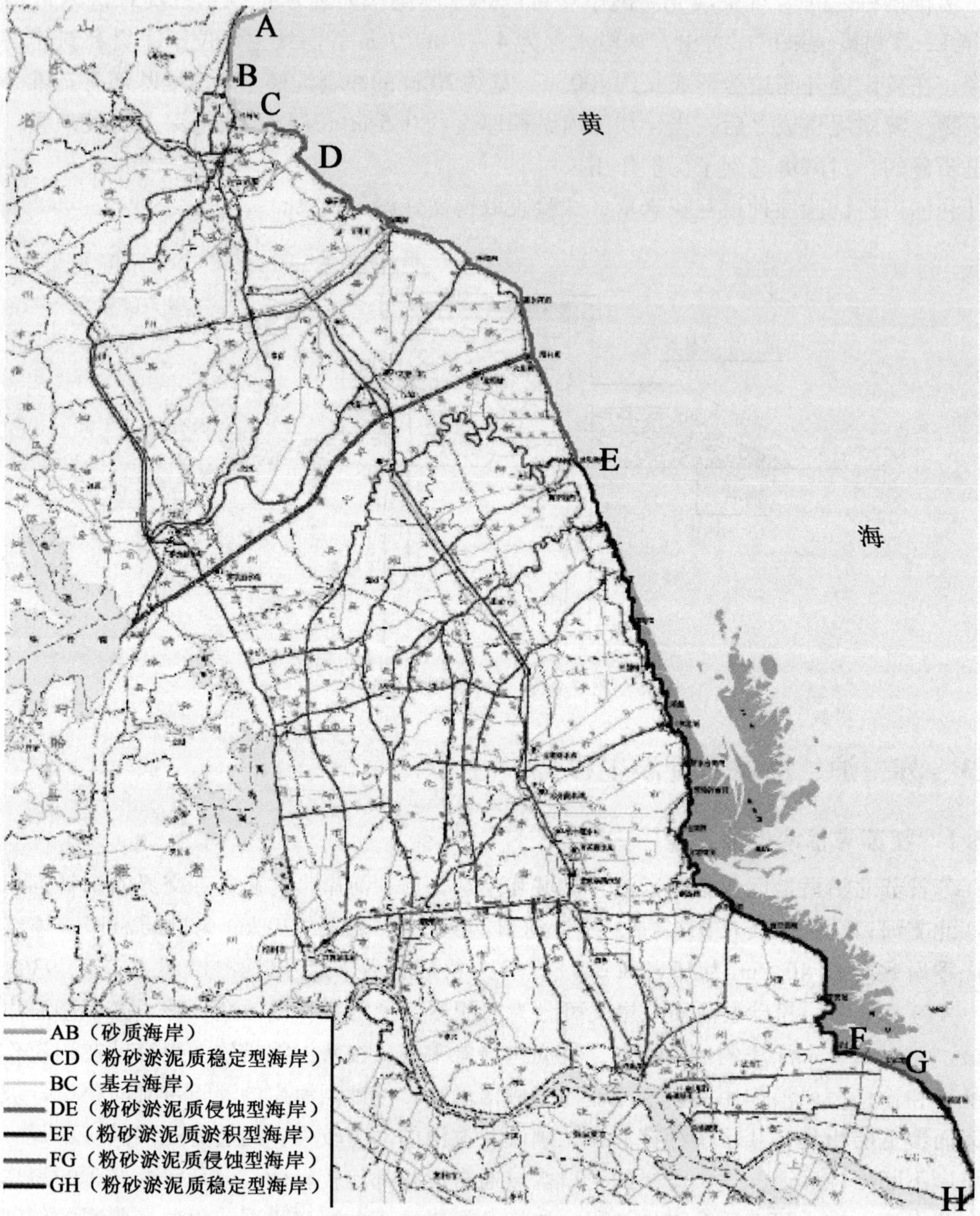

图 3-47　江苏海岸类型及特性分布

河口沙嘴现已消失。大新庄至韩口海岸段长约 6 km，岸线平直，走向近南北，一直处于侵蚀后退状态，平均蚀退速率为 3 ~ 6 m/a；在大路旁、柳树底、秦家沙、大新庄等地距现今海堤几百米远的滩面上，仍可见到因受海水侵蚀而遭冲毁坍塌的一道或多道废弃海堤。小口段海岸原为自然沙堤，堤顶高 5 m 左右，迎浪面边坡(1∶10) ~ (1∶8)。1992 年在浴场以南 1 500 m 处兴建长 300 m 的拦沙堤，1992 年 7 月建成，1993 年 9 月观测发现拦沙堤迎沙面坡脚外延 49 m，向北影响范围 691 m，平均淤高 1.2 m，滩面平均淤高约 0.5 m，外延 197 m。2001 年又在龙王河北岸 300 m 范围内兴建 6 条小丁坝，长 60 m，高出原自然滩面 0.4 m，于 2001 年 10 月建成，到当年 11 月测量发现岸顶与坝顶齐平，滩面外延 57.3 m，滩顶平均淤高 0.2 m。到 2002 年 7

月堤前滩面增高0.8 m。小口海滨浴场固沙保滩工程与海堤达标建设结合，工程从龙河口开始全长3 260 m，其中间浴场段1 000 m，左侧980 m和右侧1 280 m按标准海堤采用二级消浪护坡，浴场段高程5.0 m以上采用1∶3块石护坡加消浪桩，消浪桩改成混凝土预制长凳，堤顶设混凝土消浪拱，可抗御多年一遇的高潮。在浴场南侧建有一条长300 m的拦沙坝，同时辅以16条小丁坝，丁坝长60 m，间距50 m，从而达到拦沙固滩、抗台防潮的目的。工程于2003年5月底竣工，到6月底拦沙坝迎沙面坡脚外延12.2 m，向北影响范围达61 m，平均淤高0.37 m；滩面平均淤高0.18 m，外延45.6 m，达到了预期的效果，为改善浴场环境和抗台防潮奠定了基础。

(2)盐城市护滩工程

盐城市海岸以射阳河为界分为侵蚀型和淤涨型两种海岸类型。射阳河以北为侵蚀型海岸，涉及响水、滨海和射阳3县，为废黄河三角洲。盐城市侵蚀性海岸为粉砂淤泥质海岸，粉砂和细砂为最主要的组成物质，而粉砂和细砂在波浪和水流作用下易于起动、在水动力作用减弱时可迅速沉降。1855年黄河北归后，废黄河三角洲海岸由以河流作用为主的堆积过程转变为海洋动力作用下的侵蚀过程。1个多世纪以来，废黄河口海岸蚀退近20 km。虽然目前海岸侵蚀的强度已有所减缓，但潮上带黏土层陡坎的蚀退仍高达20～30 m/a，滩面下蚀速率约0.1～0.2 m/a。废黄河三角洲海岸侵蚀的主要动力是波浪作用，尤其是2 m以上的大浪对海岸侵蚀起决定性作用，海岸面向黄海，外围缺少岛屿、沙洲掩护，且岸线向海突出，易于波能集中，波浪作用较强。在波浪和水流共同作用下，形成了深水和浅水区岸坡较缓、而－5～－10 m岸坡较陡的侵蚀岸坡形态。1998年以来盐城市结合海堤达标工程进行保滩工程建设，至2006年年底盐城市共实施海堤护坡工程约508 km、保滩工程约20 km；2007—2008年实施保滩工程11.02 km，工程的实施起到了较好的防护效果。保滩工程采用了管桩顺坝结合丁坝和抛石顺坝结合丁坝2种结构形式。

响水县海岸线长43.14 km，全部属于侵蚀性海岸。连响闸段海堤是最具代表性的侵蚀性海岸，1996年前该段滩面平均高程为2.5 m，至2000年，在该段近3 km海堤中，滩面低于高程2.0 m的有1.8 km，其中滩面最低高程已下降至高程1.2～1.4 m。连响闸段海堤防护工程已于2002年11月竣工，工程表明透空式管桩顺坝与抛石顺坝相比，具有抗浪稳定性好，促淤效果好的优点，经过对已完成工程滩面初步测量结果分析，海堤陡墙与管桩顺坝之间滩面淤积明显，滩面平均淤高0.5 m左右。波浪通过管桩后破碎，消浪作用明显，陡墙与管桩(抛石)顺坝之间的由于海浪减小滩面淤高有利于大米草生存，大米草从中央不断繁殖延伸，逐渐形成一条绿带，起到固沙保土作用，而且消浪效果显著。

滨海县废黄河一线1980年以来该段海堤先后3次退建，每次退建200～500 m。在未采取有效防护措施的情况下，平均每10年即退建1次。实践证明退建后3年内堤前滩面高程从2.0 m左右刷深至0.5 m左右，多数堤段高潮潮水直刷堤脚，退建海堤不能有效制止海岸蚀退及滩面蚀降。侵蚀性岸段已建护坡工程必须配套保滩工程。主海堤前已建9条抛石离岸顺堤和3条抛石丁坝，经比选确定用管桩顺坝与封头丁坝相结合方案。管桩离主海堤50～100 m，与主海堤平行。C20的混凝土圆柱式空心管桩净间距0.4～0.8 m，外径0.6 m，打至－9.0 m，桩顶高程为1.0 m。护底采用桩前8～12 m，桩后5 m，抛石70 cm厚。桩前抛石为100～120 kg/块，桩后为40～60 kg/块。保滩工程结构参见图3－48。管桩两端各布置一条封头丁坝以降低沿岸流流速。一端与主海堤相连，另一端与管桩顺坝相连。坝顶高程为0.2～0.8 m(向海侧渐降)，顶宽 3 m，长 70 m，外坡 1:4，内坡 1:3。坝体为抛石，表面用扭王块体压护。管桩顺坝建成后促淤效果明显，1997—2006 年六合庄海滩断面测量显示，管桩顺坝至主海堤坡脚间的滩面高程基本稳定在 -1.0 ~ -2.0 m，冲淤基本平衡，保护了主海堤堤脚滩面的稳定，已基本控制了岸线全面蚀退，达到了初步的防护效果。但由于已有护滩工程(如丁坝和离岸堤等)多以短、矮、密为特点，防护功能局限在堤前较小范围内，防护工程外侧滩面仍在侵蚀下切。该护滩工程维修费用低，但工程造价高，在海上施工受风浪严重影响。

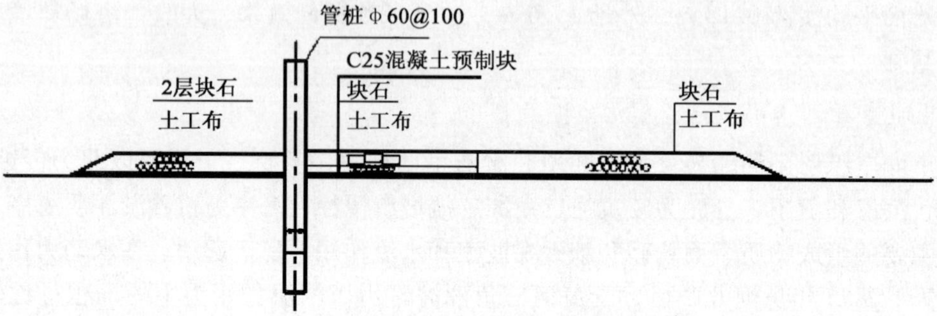

图 3-48　保滩工程结构示意

(3) 南通市护滩工程

南通 212.8 km 海岸线中侵蚀性海岸长 46 km。启东吕四的蒿枝港至海门东灶港之间约 29 km 岸段是南通岸段主要侵蚀部分。由年内冲淤变化来看，冬季是海滩侵蚀的主要时段，海滩一致呈冲刷动态，夏季则总体上处于淤积过程。台风暴潮影响下，吕四海岸存在着短期强烈冲刷。1981 年吕四近岸遭 14 号强台风袭击，平均风速 20 m/s，平均波高 2.0 m，最大波高 3.5 m，近岸最大波高 2.2 m，波向为 NNE、N、WNW，台风影响期间正值大潮，最高潮位 7.6 m，接近历史最高潮位，海堤前沿水深达 4 m。此次台风造成吕四近岸浅滩普遍刷深，滩面平均冲刷深度 5 ~ 14 cm，局部最大冲刷深度达 80 ~ 90 cm。据统计，该次台风冲走吕四海滩泥沙约 $678 \times 10^4\ m^3$，滩面平均刷深 9 cm，接近该段海滩 1 年的侵蚀量。东灶港至茅家港共 18 km 为强侵蚀性岸段，ESE—WNW 走向，潮间浅滩开阔，自堤边到低潮边线平均宽 5 km，坡度为 0.6% ~ 0.8%。滩面土质为粉砂夹淤泥，滩面槽沟发育。1984 年为增强茅家港岸段丁坝护滩效果，在两条长 200 m、间距 500 m 的丁坝坝头之间增设一条长 200 m 的顺坝，顺坝相对高度 3 m；丁坝坝头与顺坝之间分别以相对高度 2 m 和 1 m 的高、低潜堤连接。顺坝距岸 200 m，与岸平行，顶宽 2 m。工程建设后不同时期的淤积过程反映，组合护滩工程的淤积首先发生在顺坝与高潜堤内侧，顺坝内侧呈向陆倾斜的滩面地形；其后，淤积体逐渐向近岸发展，尤其工程防护区的海堤前沿滩面逐渐淤高，顺坝与海堤之间滩面呈马鞍形。丁坝建设 1 年后，丁坝内普遍有所淤积，坝根附近平均淤高 12 cm，离岸 100 m 处平均淤高 7.5 cm。由于吕四近岸波浪引起的沿岸流多为自西向东，丁坝西侧的促淤效果较东侧明显，西侧较东侧多淤高 20 ~ 30 cm。吕四茅家港岸段工程效果见图 3-49。

南通植物护滩工程起于 20 世纪 70 年代后期，先主要种植大米草，但冲刷严重，滩面高程低，效果不好，以后又试用互花米草，略好，但进展不快，主要是滩面高程低，常受盐水浸渍。南通植物护滩的实践表明：①风暴期间的大米草可抵御短期内 1 m 左右的风浪；②粉砂淤泥质岸滩仅采用丁坝防止侵蚀，不能达到理想效果。

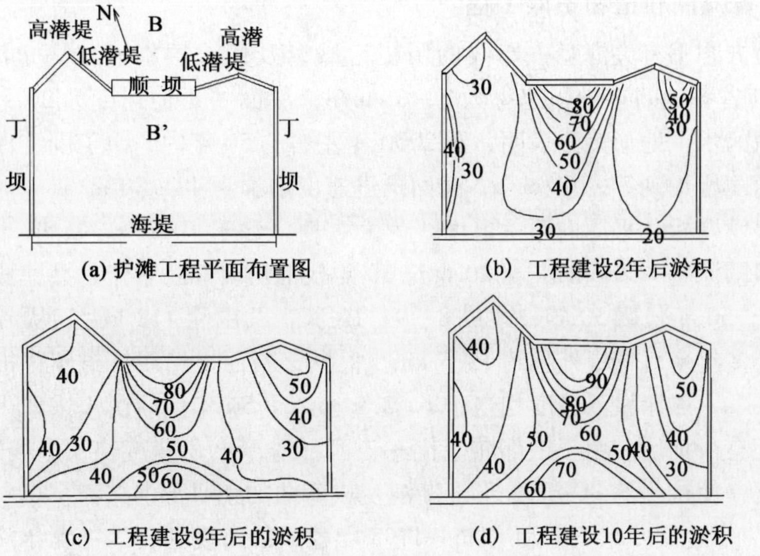

(a) 护滩工程平面布置图　(b) 工程建设2年后淤积

(c) 工程建设9年后的淤积　(d) 工程建设10年后的淤积

图3-49　吕四茅家港岸段护滩涂工程效果图(单位：cm)

3.3.3.2　上海保滩促淤工程

为保护海塘堤脚稳定，防止滩涂冲刷，江苏省与上海市在长江口修建了大量的保滩护岸丁坝、顺坝与护坎。崇明、长兴岛南沿，受涨落潮流影响，主要是采用丁坝挑流方式，使主流远离岸滩，同时保护丁坝坝田区域免受冲刷。顺坝与护坎的主要区别是顺坝的坝体比较大，坝顶高程较高，一般在平均高潮位以上，约3.5~4.5 m，护坎的坝身较小，坝顶高程一般在2.5~3.0 m。顺坝与护坎一方面可以防止风浪淘刷，维护滩面，另一方面又可以起到促淤作用，高潮时泥沙进入顺坝或护坎内，落潮时沉淀淤积，抬高海堤堤前滩面，降低堤前水深，起到保滩与保护大堤的双重作用。透空桩式离岸堤结构是上海护滩工程主要结构形式，主体为预应力高强钢筋混凝土管桩，将其间隔排列构成离岸堤，用于消减近岸区浅水波浪的波高，改变波态，以达到保护海滩的目的。目前已在上海南汇东滩二期围垦促淤工程、奉贤南港及青年河、宝山横沙保滩工程等多处应用。

杭州湾上海奉贤边滩促淤圈围工程分二期实施。一期促淤，二期圈围成陆。2002年完成距岸约550 m等高线为-5~-2 m的水域构筑1条平行于岸陆老海堤的半潜式顺坝，长约5 000 m，标准断面为PHC管桩堆石组合型，其顶高程为3.50 m。经3年消浪拦沙淤长，潜坝外侧高程平均为-3~-2 m，内侧近坝脚处为-1.0~0 m，距坝脚50 m直到岸陆老海塘处，高程为1.0~2.5 m递增，原被海潮终年浸没的潮下带水域转变成低平潮露出滩面的潮间带。二期工程于2005年9月开工，12月闭气合龙；2006年2月围堤吹填土固结后达到设计顶高程8.4 m，6月围堤迎浪面度汛工程结构达到设计和施工规范要求，12月完成堤顶防浪墙、防汛道路、内坡保护和围区内吹填砂土成陆工程。

上海市的海堤工程普遍重视堤前保滩建设，一般在堤前有一段20~30 m的保滩段，保滩段的前沿一般规则安放1排扭王字块体，对于滩段和堤身的保护起到了很好的作用。上海市海堤在有条件的滩地上一般种植了芦苇，既美观，又起到了很好的消浪效果，但近年来，芦苇的种植难度增大，原因是部分围海工程向海洋深延的过程中，或者很难有较宽的滩地，或滩地上水深增加，不适合芦苇生长。

3.3.3.3 浙江省滩涂和植物护滩工程

从浙江省地方志书有关海塘、岸线的历史记载以及用浅层剖面仪测定沉积物资料推算，1950年以前浙江省各地的年淤积速率为2~6 cm/a，涂面的延伸速度为20~30 m/a。1950年以后大多数海域的水下地形测图表明，至2000年左右的50年内，由于围涂促淤活动规模的增大，滩涂淤积速度增加到5~10 cm/a，滩面推进速度增加为40~80 m/a。

钱塘江河口南岸姚北平原内第一道塘线为大古塘，建于1047—1341年。14世纪后，滩涂淤涨加快，筑塘围涂基本未间断，至20世纪50年代前历时600余年，共建成塘线7条。共围垦土地560 km^2，50年代后50年，建成8、9、10塘，共围涂118 km^2。从浒山至坎墩及四灶浦闸断面间600多年来海塘岸外移约15.5 km。根据该断面上塘线修筑年代推算，南岸线外推速度为15~70 m/a，滩涂淤涨速度相当于1~3.5 cm/a。50年代后由于采取人工促淤措施，海塘向外推进速度有所加快。由于中部滩涂比东、西部滩涂淤积速度快，岸线逐渐变成弯弓形，南岸线上述变化，使杭州湾的平面外形逐渐演变成弯曲的喇叭形河口湾。

瑞安市1552年建成城东石塘和1736—1795年建成的新横塘，二三百年间，海岸向海域推进2 km之多，相当于每年推进10 m、淤高1 cm。1958年建成的人民塘(泥质塘坝)，至今又向海域推进了3~4 km，相当于每年推进100 m。特别是1970年以来实施的促淤工程措施，促使滩涂淤涨，淤涨速度为自然淤积速度的4~7倍，至1989年梅头附近岸线又向外推进约2 km，近年来岸线年均推进速度为30~40 m/a。

椒江河口及台州湾岸线从海门沙堤(1145年)至今，海塘以外推了11 km，向海推进堤速度从3~4 m/a提高到现在的23~42 m/a。椒江口南侧的围垦自明弘治至清末400多年共围涂30.6万亩，50年代以来至1987年围垦17万亩。

三门湾海域1964—1994年30年来海床有冲有淤，淤积主要发生在西北部三山涂、双盘涂、蛇盘涂、正屿涂潮滩和胡陈港至白礁水道之间的下洋涂潮滩以及下洋涂之花岙岛之间的水下浅滩，淤积速率约2~3 cm/a。车岙港1952年堵港，在其港口附近淤积，0 m线外涨3 000 m左右；胡陈港1973—1976年完成堵口后，据宁海水利志记载坝前出现大量的淤积，在低潮时胡陈港坝前出露一片潮滩，港道深槽消失，至1983年潮滩等高线外移了280 m，年平均外移约60 m，平均淤高5 cm。

浙江省的植物护滩工程也促进了滩涂资源的增长。

(1)温州植物护滩工程

温州市濒临东海，海岸线355 km（不含岛屿），其中平原型泥质滩涂约53 300 hm^2。自西北向东南，乐清市、龙湾区、瑞安市和平阳县以平原海岸为主(图3-50)，南端的苍南县岩石海岸占多，泥质海岸主要是鳌江河口、大渔湾和沿浦湾。早在1985年前后，龙湾区灵昆岛的渔民自发栽植互花米草，几年后，温州地方政府有组织地引进，并向乐清、瑞安、苍南引种。在高潮到达的泥沙质滩涂形成高密度的连续分布的互花米草带，高度在2 m以上；在滩涂下部(低潮可及处)呈点、丛、片状分布，密度较小，高度一般不超过1.5 m。互花米草在温州沿海的适应性和竞争力很强，几年内使本土耐盐植物基本消失，成为单优种群。1993年互花米草的面积是391.53 hm^2，至2003年达到623.52 hm^2，平均每年增加4.6%；其中2000—2003年间增长较快，年均增长11.8%。1993年前主要分布在龙湾区，为343.53 hm^2，占温州全市的88%，但随后一直减少，到2003年只有109.47 hm^2。其他4个县市10年来互花米草不断扩大。温州沿海不同时期互花米草面积变化见表3-13。

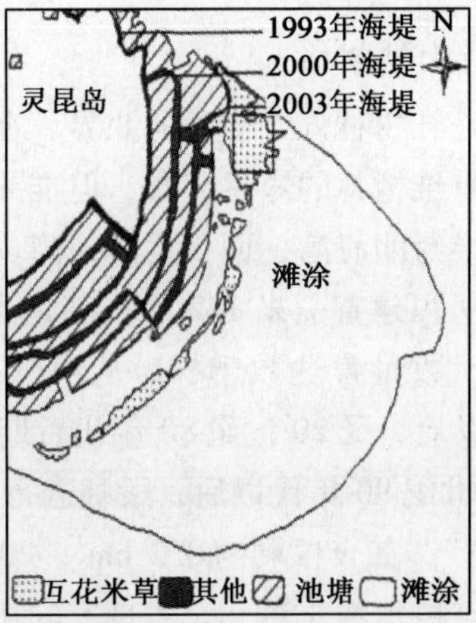

图 3-50 温州沿海及互花米草滩涂分布

表 3-13 温州沿海不同时期互花米草面积变化

年份	互花米草/hm^2					
	乐清市	龙湾区	瑞安市和平阳县	苍南	温州市	
					面积	年均变化/%
1993	6.27	343.53	0.0	41.73	391.53	0.00
2000	46.98	165.21	123.6	119.40	455.19	4.60
2003	141.45	109.47	260.6	112.0	623.52	4.96

灵昆岛从 1985 年开始引种互花米草，到 1993 年、2000 年和 2003 年面积分别为 252.53 km^2、59.19 km^2和 87.69 km^2，面积减少的原因是互花米草滩涂被开挖成海水养殖池塘。从 1993—2003 年间，其海水养殖池塘面积从 117.76 hm^2增加到 537.16 km^2，限制了互花米草分布的范围。引种互花米草全灵昆岛滩涂的面积扩大明显，1993 年为 242.68 hm^2，2000 年和 2003 年达到 688.31 hm^2和 1 285.10 hm^2，每年以 158.69～172.20 m 的速度在东南方向淤涨；2000—2003 年间的年增长速度是 251.57～259.40 m/a（表 3-14）。

表 3-14 灵昆岛 1993—2003 年间互花米草及滩涂等变化状况

项目		1993—2000			2000—2003			1993—2003		
		变化距离/m	变化率（%）	年变化/（m/a）	变化距离/m	变化率（%）	年变化/（m/a）	变化距离/m	变化率（%）	年变化/（m/a）
互花米草	样线 B	683.12	11.31	97.59	179.63	6.94	59.89	862.75	10.00	86.28
	样线 C	316.18	5.90	45.17	449.89	19.58	149.96	766.07	10.00	76.61
围垦海堤	样线 B	630.69	7.05	90.10	646.77	16.88	215.59	1 277.46	10.00	127.75
	样线 C	1 424.30	10.58	203.47	489.54	8.64	166.18	1 922.84	10.00	129.28
养殖唐	样线 B	630.69	9.26	90.10	342.48	11.73	114.16	973.17	10.00	97.32
	样线 C	623.67	7.94	89.10	498.54	14.81	166.18	1 122.21	10.00	112.22
滩涂	样线 B	1 205.37	6.64	172.20	1 388.65	17.84	462.88	2 594.02	10.00	259.40
	样线 C	1 110.86	6.31	158.69	1 404.87	18.61	468.29	2 515.73	10.00	215.57

(2)浙南红树林

浙南是红树林人工引种的北界。在浙江省，除了温州市的瑞安、苍南、平阳和七都岛等地区外，均有红树林的零星分布，但唯一成片分布区位于温州市乐清湾西门岛。乐清湾是浙南一个重要的半封闭海湾，面积宽阔，湾内海水平静，营养盐丰富。1957 年春秋两季，当地渔民先后 2 次从福建省引来 122 株秋茄，当时引种栽植成活率较高。经 20 年后自然繁殖至第 2 代和第 3 代，数量曾达数千株，从西门岛南岙山村的西北滩涂一直到西南滩涂，面积扩大到 10.0 hm^2以上。受 20 世纪 80 年代后期的堤塘改建和海岸工程建设的影响，西门岛大片红树林被毁；20 世纪 90 年代以后，毁林进行围塘养殖以及各种临海工程建设屡有发生，昔日优美的“海上森林”，如今仅剩约 0.2 hm^2。2001 年，浙江省首次红树林资源调查，发现浙南沿海共有红树和半红树植物 3 种。全省现有红树林 20.6 hm^2，未成林红树林地 236.1 hm^2，宜林地面积 5 195.6 hm^2(表 3 – 15)。

表 3 – 15　浙江省红树林资源分布状况

类型			面积/hm^2				
			合计	舟山市	宁波市	台州市	温州市
红树林现有林		合计	256.7	0.6	0.1	18.0	238.0
	红树林	小计	20.6	0.6	0.1	16.5	3.4
		秋茄	3.4				3.4
		苦槛蓝	16.5			16.5	
		海滨木槿	0.7	0.6	0.1		
	红树林未成林造林地	小计	236.1			1.5	234.6
		秋茄林	234.6				234.6
		苦槛蓝林	1.5			1.5	
	宜林地		5 195.6		201.2	714.0	4 280.4

近几年来，红树林作为一种海岸防护林，对保护沿海湿地生态系统和生物多样性，维护海湾和河口地区生态平衡，抵御海潮和风浪等自然灾害以及防治近海海洋污染等方面的重要性逐渐被人们所认识。乐清湾西门岛村民已把岛上仅存的红树林列为重点保护基地，把周边 4.8 hm^2滩涂湿地作为发展试验基地，进行红树林栽培试验。台州地区于 2002 年开始引种栽培秋茄树，在乐清湾和台州湾的玉环县、温岭市、椒江区等地已营造防护林 100.0 hm^2。通过 2 年的观察，表明年生幼树平均高 50 cm，最高达到 80 cm，年高生长比福建省原产地增加 8.6%。在温州的七都岛和瓯北镇以及其他县，秋茄红树引种造林面积达 38.2 hm^2。2005 年 5 月，经国家海洋局审批，乐清市正式建立了西门岛海洋特别保护区，把红树林区列为重点保护基地，同时从浙江苍南马站与福建福鼎交界处引种秋茄苗，种植秋茄林面积达到 2.0 hm^2，但存活率较低。2006 年 6 月又在西门岛南岙山村滨海湿地种植了 10 万株秋茄胚轴苗，面积达 14.0 hm^2，树苗存活率约为 30%。浙南红树林面临的主要威胁因素有：①近岸海域水质污染严重；随着沿海工业的快速发展和沿海城镇人口的激增，大量工业、生活废水以及养殖农药等排放注入海域，近海湿地污染严重。②海洋生物的危害；螃蟹是红树林育苗期及幼苗期主要有害

生物。藤壶类生物在红树植物表面的附着性与营生性，影响了红树林的正常生长而成为危害红树林面积较大的污染生物。③滩涂养殖影响；浙南大部分滩涂都用于围塘养殖，侵占了红树林自然延展的区域。④近岸海域固体废弃物的影响；随着潮水的涨退和大浪的冲击，使种植在滩涂上的苗木拔起或将苗木压倒，影响红树林的自然更新和人工造林的成活率。

3.3.4 福建省海岸侵蚀

福建省受侵蚀的海岸线长868 km，占全部岸线的26%，其中沙质侵蚀海岸长度为38 km，土崖侵蚀海岸长52 km，基岩侵蚀海岸长778 km。基岩侵蚀海岸在福建省广泛分布，侵蚀强度相对较小；沙质和土崖侵蚀海岸侵蚀速率大。福建海岸侵蚀受人类活动的影响较大，海滩不合理的构筑物、海岸防护林破坏、河流上游建坝和滩面及近滨采沙等，尤以后两项为主，导致了泥沙供应的减少，滩面泥沙向海搬运。20世纪80年代之前海岸侵蚀并不明显，自从80年代以后，人工采沙兴起，海岸蚀退才逐渐显现出来，短短的20余年，许多地区海岸侵蚀后退已经不可恢复。

从总体来看福建省海岸侵蚀可以分为4个大的区域(图3－51)。①强侵蚀区域；从宁德最北部到闽江口北。此区域以强侵蚀为特征，许多地区强烈侵蚀后退，蚀低。②无侵蚀区域：从闽江口至平潭北。由于闽江的输沙供给，此处侵蚀现象并不明显。③人为因素为主的强侵蚀、下蚀区域：福清至厦门区域是以人为因素为主的强侵蚀、下蚀区域。该区域多数岸段修筑人工护岸，但其后侧曾经的强侵蚀痕迹依然可见，在一些强烈侵蚀岸段常见护岸垮塌。④弱侵蚀区域：漳州区域砂质岸段以岸线长、滩面宽为特征，后滨多发育风成地貌，海岸局部侵蚀，但总体侵蚀较弱。

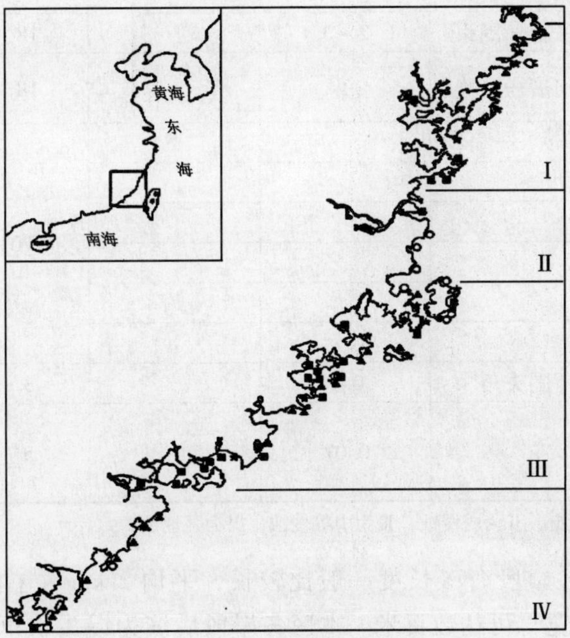

图3－51　福建海岸侵蚀略图

Ⅰ—Ⅳ为岸线侵蚀等级，具体见表3－16

宁德至闽江口北岸岸段区域内砂质海岸宽度一般较小而且窄，束缚于广泛发育的基岩海岸，基岩往往直插入海。一般近岸区水动力比较强，海滩沙比较容易迁移。当后滨为冲洪积、残坡积平原时，往往形成侵蚀陡坎，由于采沙等原因造成的海岸侵蚀严重。晴川湾筦笪、里山湾青官兰岸段、福宁湾三澳三农岸段、东冲半岛北部积石大京岸段及其南部留金岸段等都有明显的侵蚀后退现象；而一些岸段如留金、积石、青官兰等处由于侵蚀，滩面为砾石滩，几乎没有沙存留；闽北沿海地区多山，砂质海岸零星分布于山间，很少做有效的防护措施。福建省海岸侵蚀状况按不同地质海岸分类可见表 3－16。

表 3－16 福建省海岸侵蚀状况

岸线类型	侵蚀岸段名称	侵蚀岸段起止点	20 世纪 80 年代以前侵蚀速率/(m/a)	20 世纪 80 年代以来侵蚀速率/(m/a)	侵蚀岸段长度/km	20 世纪 80 年代以来海岸损失面积/km²	岸线侵蚀等级
沙岸	霞浦外浒	外浒		4	4	320	Ⅳ
	长乐江田	江田	4～5	–	8	600	Ⅳ
	莆田嵌头	嵌头	7～10		3	600	Ⅳ
	湄洲岛下李	下李	1	1	2	80	Ⅱ
	深沪湾	深沪湾		（下蚀）5			Ⅳ
	围头湾	白沙—潘径	3		5	300	Ⅳ
	厦门岛	沙坡尾—前村	1～1.5		12	360	Ⅱ
	东山南门湾	南门湾	1		2	40	Ⅱ
	东山金銮湾	金銮湾	1～2		2	60	Ⅱ
土崖岸	平潭岛流水—西楼	流水—西楼	1～2	1～2	4	180	Ⅱ
	莆田乌宅	乌宅	0.7～1	0.7～1	2.5	100	Ⅰ
	惠安峰尾—峥嵘	峰尾—峥嵘	1.5		5	220	Ⅱ
	惠安塘头—松林	塘头—松林	0.4		4.5	36	Ⅱ
	围头潘径—围头	潘径—围头	2～3		18	900	Ⅲ
	厦门何厝—高崎、鳌冠	何厝—高崎	1		18	360	Ⅱ
基岩岸	三都澳				770		Ⅱ
	罗源湾与定海湾						Ⅱ
	福清湾						Ⅱ
	兴化湾						Ⅱ
	湄洲湾						Ⅱ
	东山岛						Ⅱ
	围头湾	围头角	0.1		3	6	Ⅱ
	厦门五通头、香山、石冒头、白石头、胡里山		0.07		5	7	Ⅱ

注：岸线侵蚀等级：Ⅰ为基本稳定，Ⅱ为弱侵蚀，Ⅲ为中等侵蚀，Ⅳ为强侵蚀。

闽江口至平潭北侧各岸段海滩长度一般比较长，平均 2 km 左右，最长的滋澳岸段长达 5～6 km，滩面宽度比较宽，可达数百米。本区各岸段后滨为馒头状草丛沙丘构成的沙丘群蔓延展布，沙丘群上有木麻黄等防风植物。潮间带沉积物一般由细砂、中细砂组成，滩面十分平缓，坡度一般小于 3°。该区域绝大多数海岸无明显侵蚀现象。

平潭南至厦门各岸段包括兴化湾、湄洲湾、泉州湾和厦门港四个较大的海湾。该区域砂质海岸侵蚀一般较强；后滨为侵蚀剥蚀台地、红土台地和老红砂等易受侵蚀的海岸类型，潮间带沉积物颗粒比较粗，以中、粗砂为主，最粗可及砾砂；滩面坡度陡，平均坡度大于 5°。高潮区坡度可达8°以上。该区海岸侵蚀受人类活动影响明显，尤其是泉州、厦门等地，经济发达，沿海许多砂质海岸建渔港码头和养殖池等，如崇武半月湾东侧的码头拦截了上游泥沙，其西侧强烈侵蚀后退。沿海修筑了大量的人工护岸，保护海岸免遭蚀退，护岸带来的直接结果是沙滩下蚀，侵蚀特点为滩面沉积物粒度粗化、重矿物富集、滩面礁石裸露、下伏地层出露。如平海湾东潘、东周半岛墩南、湄洲岛莲池、湄洲湾坑园、泉州湾北下坑村、深沪湾华峰、围头湾建设、大嶝岛阳塘等。无人工护岸的岸段其后滨为残坡积平原、红土台地、老红砂时往往形成侵蚀陡崖，平均高度大于2 m，只有极少数沙堤、沙嘴、沙丘、潟湖海岸的岸段，侵蚀比较弱，如平海湾石井岸段，石狮新沙堤树东岸段、围头塘东沙嘴等。

厦门基岸岬角缓慢侵蚀海岸零星散布在厦门东北和东南岸的突出部和一些基岩岛屿，如胡里山角、白石头、石胃头、五通头等岸段，鼓浪屿南北方岸，鳄鱼屿西南岸，大离亩屿及鸡屿等，这些岸段多由坚硬花岗石或火山岩及变质砂岩构成，常年受波浪冲蚀，年平均蚀退约为6 mm，为缓慢侵蚀岸段。厦门红土台地强烈侵蚀岸段，主要有3处，即厦门北和东北岸的高崎至何厝岸段，长约19 km。

漳州沿海砂质岸滩一般比较长而宽，平均长度3～4 km，最长如乌礁湾、浮头湾可达10 km，宽度200 m以上。后滨大都有风成沙堤和风成沙丘，上面种植木麻黄防护林，对缓解岸滩侵蚀起到很大的作用。滩面沉积物以细砂、中砂为主，滩面坡度较平缓。该区域海岸一般呈现弱侵蚀状态，少数海岸下伏老红砂出露，并侵蚀呈陡坎状，如浮头湾、将军湾等。两东山岛乌礁湾、金銮湾和富口湾悬钟段则是后滨沙丘、沙堤遭受侵蚀，其上防护林树根裸露，有倒塌的现象。漳州各岸段总体侵蚀不强，但在砂质海岸的局部往往发生侵蚀后退，反映出该海岸沙滩沉积物的输移方向。

福建省海岸侵蚀保护已采取多种方式。对于已经开发的海岸，如经济比较发达的泉州和厦门，因在后滨甚至滩面上修建了许多人工建筑，之后以直立护岸的形式来保护海滩，造成海岸动力改变，海滩下蚀。在厦门东海岸，20世纪海岸侵蚀非常严重，许多岸段滩面裸露基岩风化壳，已经没有景观效果和旅游价值，因此厦门选用了人工补沙的方法重新建造沙滩，或辅以人工修筑岬头以控制沿岸输沙。

3.3.5 海南省生态防护工程

海南省的海岸分为4种，分别是砂质海岸、养殖区海岸、基岩海岸和红树林海岸。全省海岸线长约1 822.8 km，其中自然岸线长约1 226.5 km，占全省总海岸线的67.3%；人工岸线长约596.3 km，占全省海岸线的32.7%。海南省自然岸线的海岸线类型最主要是砂质岸线，全长785.7 km，占全省海岸线长度的43.1%，分布于小海湾中。其次是养殖区岸线，全长362.2 km，占全省海岸线长度的19.9%，主要分布于入海河口和潟湖港湾两侧。第三是基岩岸线，全长190.1 km，占全省海岸线长度的10.4%，主要是延伸入海的山脉形成的岬角岸线，分布于东北部的文昌市铜鼓岭等沿岸。第四是红树林岸线，这是具有南海热带特色的生物岸线，全长约153.7 km，占全省海岸线长度的8.4%，主要分布于潟湖港湾和入海河口岸段。海南省砂质海岸中约有一半以上的岸段因侵蚀而后退，主要集中在文昌邦塘、三亚湾、洋浦半岛、澄迈湾、海口湾、南渡江口至白沙角等岸段。

海南省是我国红树林植物种类最多、分布和保存面积最大的区域，其红树林主要分布于沿海一带河口港湾的滩涂上，即北部的海口（东寨港）、文昌（八门湾）、澄迈（花场湾）、临高（后水湾）、儋州（新英湾），南部的琼海、万宁、陵水（新村港和黎安港）、三亚，西部的东方、昌江等市县。珊瑚礁、红树林、海防林被称为海岸线的三道防线。这三道防线共同作用，对于防止海岸线侵蚀和风浪袭击，保护沿海农作物，保护人民的生命和财产的安全起着巨大的作用。海南省沿海市县常遭到热带低压、热带风暴、强台风及其他风挟带的暴雨和巨浪的袭击，对人民生命财产的安全构成了威胁，尤其是沿海地区，海堤被冲垮，居民房屋被刮倒等。东寨港红树林自然保护区曾经遭受过多次台风的袭击，但凡在前面有红树林防护，海堤就安然无恙。

青皮是海南岛热带雨林的优势物种之一，在海南热带雨林生态系统中地位极其重要。青皮林具有保护生物多样性、增加降雨量、涵养水源等多种生态系统服务功能。目前青皮林受人为破坏较为严重，特别是毁林种植热带作物使青皮林的种群数量锐减。分布于海南岛东部万宁市沿海海岸青皮林，离潮汐线仅 50 m，是海南岛重要的海岸防线，这片青皮林长 16 km；宽 400 m，总面积 949 hm^2，其中核心区面积 319 hm^2，缓冲区 33 hm^2。

近年海南岛东海岸超过 300 km 的优质海岸线基本都处于开发建设之中。从南向北，三亚市的三亚湾、大小东海、亚龙湾、海棠湾，再到陵水县的南湾半岛、清水湾、香水湾，万宁市的杨梅湾、石梅湾以及琼海的博鳌水城、文昌市的椰林湾等地，一些红树林有被破坏的危险。

3.4 人工养滩工程

3.4.1 概况

当海滩自然供沙相对不足时，可进行人工海滩喂养，即将异地一定粒级的砂石通过水力或机械搬运到某些遭受侵蚀海滩的一定部位，迅速增加平均高潮位以上海滩后滨的宽度，并辅以导堤促淤或外防波堤(或潜堤)掩护。最早的人工养滩始于美国纽约市 1922 年的柯尼岛公共岸滩计划，截至 1996 年，美国东海岸有 154 处海岸，进行过至少 573 项海滩养护工程。欧洲海滩养护工程总量与美国相近，工程大都采用海滩喂养与丁坝和离岸堤相结合的方法。日本非常重视以养滩作为海岸防护的主要措施，工程主要以海滩喂养与抛石潜堤或离岸堤相结合为主，更多地关注到海岸的娱乐休闲功能和生态环境的改善，推动了潜堤与离岸堤的研究，年平均海滩喂养工程数约达 5 个，并于 1979 年出版了《人工海滩手册》。几十年的实践表明，人工海滩喂养是当前防护海滩侵蚀最有效的措施之一，不仅可以保护海岸，减缓海岸侵蚀，降低台风带来的海岸带风暴潮灾害，而且在改善海岸环境，推动旅游业发展方面作用巨大。以美国佛罗里达州南端迈阿密的人工海滩喂养为例，15 年间，其收入已达到初期养护海滩投资费用的 40 倍，经济效益十分可观。

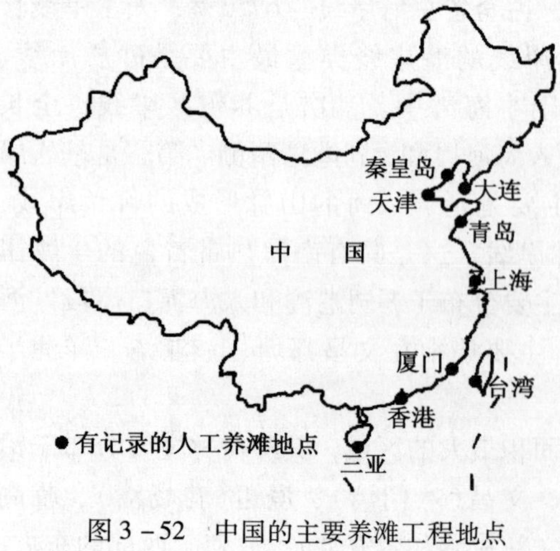

图 3－52　中国的主要养滩工程地点

我国大陆海岸，如青岛、茂名一带，20 世纪 70 年代已开展了养滩工作，但规模小，连年补沙，连年被侵蚀。我国最早成规模的人工养滩工程始于 1990 年香港的浅水湾。2005 年以后，全国各地陆续开始实施了数起不同规模的养滩工程。图 3－52 标出了我国各地主要养滩工程地点。今后将有更多与旅游和休闲结合的海岸养滩工程。本节主要介绍大连、天津、北戴河、上海、厦门、三亚、香港、台湾等规模较大的养滩工程建设及其设计。

3.4.2 环渤海海岸人工养滩工程

3.4.2.1 大连星海湾

大陆的首例人工养滩工程为大连星海湾的养滩工程。星海湾岸线总长 2 km，位于大连市南部重点风景区的西段，东面是风景秀丽的滨海路，西面是星海公园与海水浴场。整治前，大连市一条重要的排洪及排污河道马栏河在海滩东端入海，除了马栏河外，海滩上还散布多个小型排污口。海岸上分布着水产养殖等 10 余个单位，近岸水域则是水产养殖场的养殖海域。由于多年未加治理，海滩长期受到污水严重污染，海滩与海床底质以及海水水质严重超出污染标准。随意倾倒建筑垃圾，海滩上夹杂大量的碎石，大部分海滩被废弃的建筑材料所覆盖。岸线凹凸不齐，地面高低不平，是南部风景区突出的落后环节。为消除污染源，大连市政府实施了马栏河排污工程，对河道进行了整治，同时决定对该段海岸改造。海滩物质采用一次充填，用建筑物固定使之不流失，将陆域填筑的岸线一分为三，修建成为互不关联的 3 个海滩(图 3 – 53)，每个海滩分别用"T"形防波堤、"L"形防波堤以及潜堤等建筑物加以固定，工程总填沙量为 $31.5\times10^4\ m^3$。因为是大陆首例养滩工程，不可避免地缺乏一些工程设计经验的积累，工程后海滩侵蚀较快，砂砾粗化，需重复补沙。

图 3 – 53 大连星海湾的养滩工程

3.4.2.2 天津港东疆人工海滩

天津地处淤泥质海岸，东疆人工海滩的建设改变了这一状况。该人工海滩为目前国内面积最大的人工海滩，2007 年完工，2010 年进行改造提升，用半圆形围堤隔离含泥量高的海水，形成封闭隔离式海滩(图 3 – 54)。工程填沙 $28\times10^4\ m^3$，填沙段长 1 260 m，分为 390 m 的宾馆区和 870 m 的公共游乐区，填沙宽度为 140 m。

图 3 – 54 天津港东疆人工海滩

3.4.2.3 北戴河西海滩恢复治理工程

流经秦皇岛的河流主要是洋河及戴河。洋河从秦皇岛西北部流入，贯穿全市，向东南注入渤海，多年平均径流量为 $1.107\times10^{8}\ m^{3}/a$。戴河流经秦皇岛的东部，多年平均径流量为 $2.74\times10^{7}\ m^{3}/a$。两条河流都起源于燕山山脉，具有山溪性河流的特点，流程短、落差大，汛期洪水量大，旱季水量骤减以至干涸。由于河流落差大，冲刷力强，河流河床积物较粗，多以砂和砾石为主。河流在入海处河口段常常造成壅水，使得河口砂嘴后退，形成葫芦形态。20世纪60年代初，为解决洋河、戴河下游平原区洪水灾害及发展农田灌溉，先在洋河上游修建了洋河水库，后在戴河中游修建了1座小型水库，这些都大大削减了洋河、戴河的入海水量。进入80年代后，由于连年干旱，除汛期河道行洪或接纳水库弃水外，春、秋、冬季两条河流的下游均出现过断流。河口入海水量的减少，使得海洋潮波侵入形成负流，洋河、戴河的潮汐界均有向上延伸的趋势。该区 W、WSW 向为常风向，ENE、E、SSE 向为强风向。S 向为常浪向，ENE 为强浪向。半日潮波在渤海南、北部各有一旋转潮波系统，在当地自然环境综合影响下，秦皇岛港附近海域的潮汐变化较为复杂。秦皇岛港多年平均潮差为 0.74 m，与中国沿岸平均潮差相比，属弱潮区。冬季(1 月份)潮差最大，由于此时正值偏北大风季节，减水显著，最大潮差高达2.63 m；夏季(7 月份)潮差最小，7 月最大潮差仅为1.91 m。潮流主轴大体与岸线平行，但在近岸受地形的影响，潮流流速、流向的空间差异较大。在近岸，最大涨潮流流速约为0.26 m/s，最大落潮流流速约为0.25 m/s，且潮流强度自开阔海域向岸边递减。

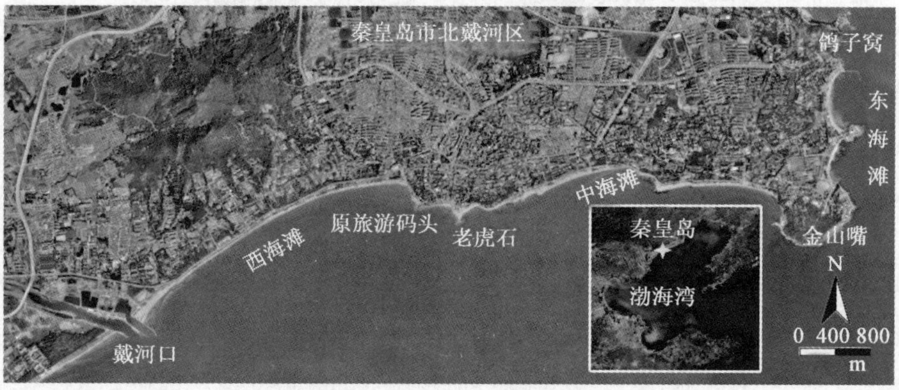

图 3－55 北戴河海滩地理位置

北戴河区海岸线长18.4 km，在东起鸽子窝，西到戴河口的绵长海岸线上，分布着众多海滨浴场。由于多方面的原因，各浴场海滩均遭受不同程度的侵蚀。西海滩长约3.5 km，位于北戴河西侧，西邻戴河口，是北戴河开发历史最长的海滩，为基岩岬湾海岸向砂质海岸的过渡区(图 3－55)。西海滩为两端均有岬头保护的岬湾状海滩，西端为戴河口导流堤，东端为基岩岬头。金山嘴附近水深较深、地形较陡，其他海域地形平缓，呈现自西北向东南缓倾。除近岸处坡度较陡外，整体上坡度较缓，0～2 m 等深线海域坡度较大，介于11.8‰～17.2‰，2～5 m 等深线坡度为3.2‰～3.4‰，5～10 m 等深线之间坡度最小，介于0.94‰～0.98‰之间。东海滩大体呈 S—N 走向，岸线长约3.89 km；中海滩包括金山嘴—东二路宾馆和东二路宾馆—老虎石公园两个岬湾，岸线走向由 E—W 向转为 NEE—SWW 向，岸线长约4.65 km；西海滩从老虎石公园—戴河口，为岬湾海岸向砂丘海岸过渡区，岸线长约3.57 km。岸滩地貌主要为剥蚀台地和海积砂地构成的岬湾地貌。剥蚀台地主要分布于东海滩，个别地段基岩直接裸露于地表。潮间带地貌形态主要为海积砂地，包括海积阶地、海蚀崖、礁石、岩滩、海滩、连岛沙坝、水下沙坝等类型。海积阶地、海蚀崖、礁石、岩滩主要分布在东海滩，海岸曲折陡峭；海滩主要分布于中海滩西海滩，以细砂、中细砂为主，中海滩东二路宾馆、老虎石—平水桥附近出露礁石，在老虎石公园受礁石遮蔽形成连岛沙坝，岸线较为稳定；中海滩、西海滩距岸 100 ~ 300 m 的范围内，2 ~ 3 m 水深处分布有不连续的水下沙坝，以细砂为主，分选较好（图 3 – 56）。

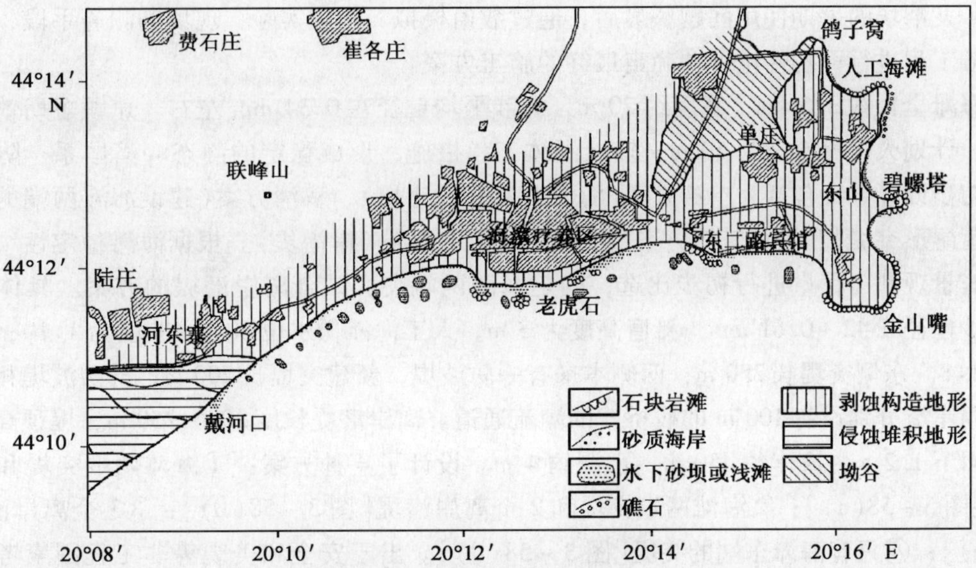

图 3 – 56 北戴河海域岸滩地貌图

20 世纪 50—80 年代，西海滩岸滩侵蚀速率为 2. 31 m/a，20 世纪 80 年代至 21 世纪初侵蚀速率为 3. 07 m/a，2002—2007 年侵蚀速率为 3. 28 m/a。60 年代北戴河西海滩宽度均匀，平均宽度约 110 m。80 年代海滩最宽约 76 m，位于平水桥浴场；最窄约 26 m，位于中直浴场；平均宽度约 55 m。2000 年平水桥浴场最宽处为 58 m，中直浴场宽度变为 15 m。尤其是 80 年代后，人们在洋河、戴河河口处的无序挖砂，使得河床遭到破坏，导致了海潮上溯与海水在河口河道内的滞留。到 2007 年，只能靠填砂维持，西海滩平均宽度变为 17 m，与 60 年代相比，海滩平均后退宽度为 85 m（见图 3 – 57）。

图 3 – 57 北戴河西海滩海岸变迁遥感解译成果图

养滩工程设计目标是采用近自然的养滩方法，塑造西海滩弯月形自然沙滩风貌，扭转北戴河海滩平淡刻板的印象，充分体现“阳光、沙滩、休闲”的滨海城市景观，恢复并扩展整个西海滩自然沙滩的规模，提供优质亲水休憩空间，提高海滨旅游品质，抵御风暴潮灾害，建立人工构筑物配合养滩方法的海滩恢复治理示范区。由于缺乏近年来西海滩岸线演变的具体测量资料，且工程量巨大，故设计了西海滩中直六、九浴场的应急试点工程，为整个西海滩养滩的设计积累经验，并为数值模型的建立和调试提供依据。同时，应急试点工程也解决了2008年西海滩六、九浴场的暑期使用问题。最后，通过数值模拟、物理实验、现场勘测等手段，对大范围的养滩工程进行可行性论证并确定最终的施工方案。

西海滩全长约3.5 km，宽度约20 m，泥沙平均粒径在0.34 mm左右。兼顾短期效果和长期保护，计划人工养滩宽为50 m，辅以硬体工程措施，形成稳定的静态岬湾体系，防止填砂流失。初步设计方案包括大单湾方案(海滩两端建设突堤)、双湾方案(建设海滩两端的突堤和中间的鱼尾形突堤)和潜堤三湾方案(海滩两端突堤结合离岸潜堤)。根据海滩稳定性、海岸环境、海滨景观和工程量进行初步比选，确定海滩两端突堤结合离岸潜堤的方案。具体设计参数：补砂粒径0.42～0.61 mm，滩肩高度为3 m，人工海滩低水位以上的坡度为1∶10，低水位以下为1∶8。东侧突堤长250 m；西侧本来有一防波堤，新建突堤长200 m，与防波堤相连。在两突堤靠岸端分别设有100 m的栈桥式的潮流通道。离岸潜堤长度200～250 m，堤顶高程在平均海平面下1.2 m，离岸约450 m，水深约4 m。设计了4种方案：①海滩两端突堤和3个离岸潜堤[图3－58(a)]；②海滩两端突堤和2个离岸潜堤[图3－58(b)]；③3个离岸潜堤[图3－58(c)]；④只有海滩东端的突堤[图3－58(d)]。出于安全和美观等非工程因素考虑，进行方案③和方案④的模拟来研究突堤对工程的影响和作用。经过对岸线演变、潮流场、波浪场的数值模拟以及物理模型试验，得到的最优方案为宽50 m人工养滩结合海滩两端的突堤和3个离岸潜堤方案(如图3－59所示)。预测可形成一条适度弯曲的岸线，工程后数年内整个海滩的所有位置处都不会被侵蚀到养滩之前的岸线，岸线在工程后数年逐渐稳定，工程后人工海滩的面积开始略有减小，之后则将增加；突堤掩蔽区的潮流流速得到大幅度的削减，整个近岸区的流速和近岸区的波高将得到大幅度削减；在5年一遇的大浪作用下，海滩东端和西侧有较明显的侵蚀，但在恢复浪的作用下岸线能够在很大程度上恢复形状。

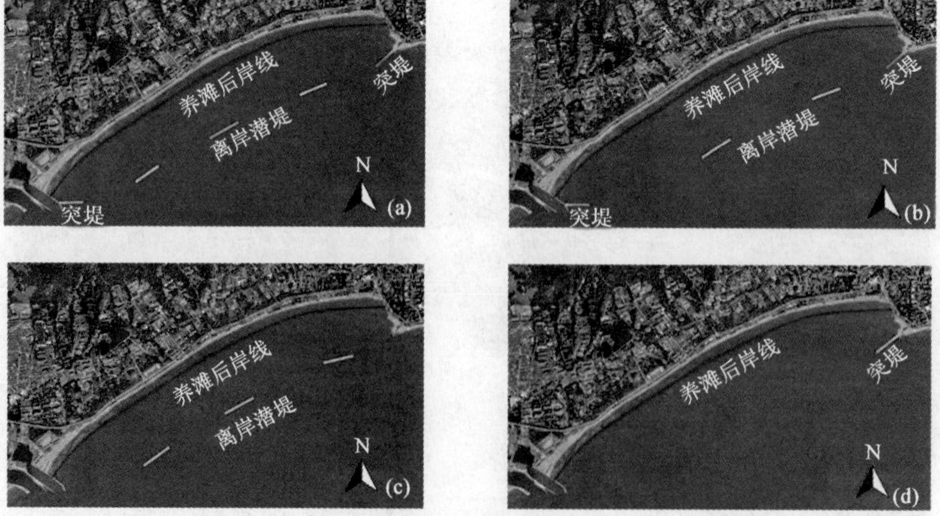

图3－58 设计方案

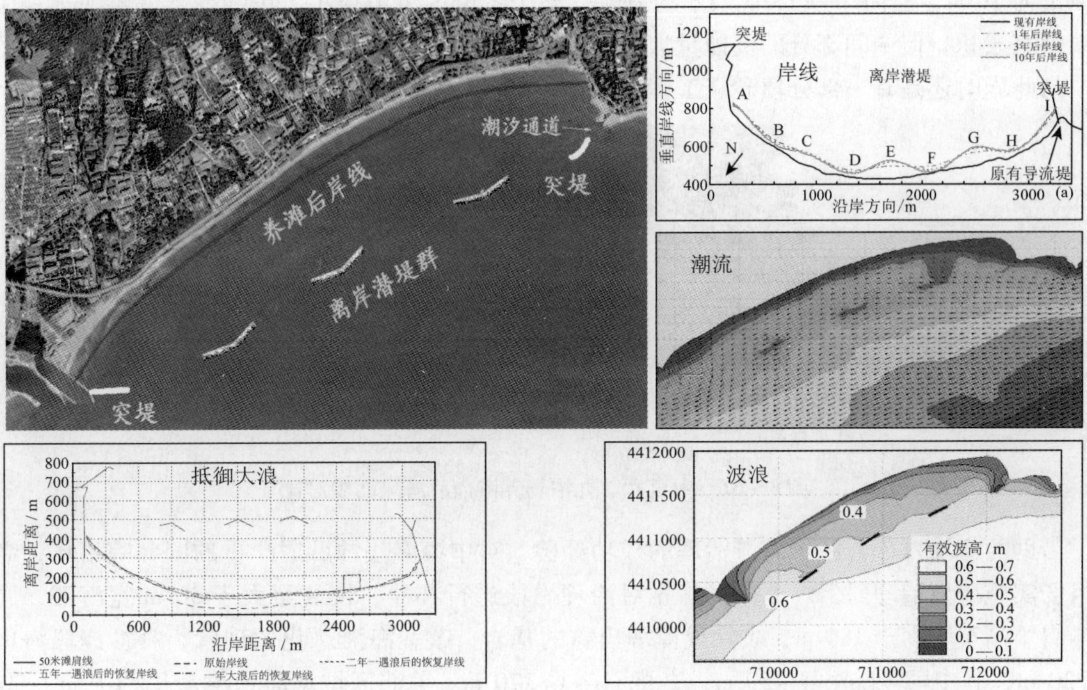

图 3-59　最优方案 50 m 人工养滩结合海滩两端的突堤和 3 个离岸潜堤方案

中直六、九浴场位于秦皇岛市北戴河区西海滩靠东的位置(图 3-60)，是选定进行试点工程的浴场。工程前，浴场海滩已几乎侵蚀殆尽，涨潮时海水直冲浴场更衣室，试点工程的进行不仅能够为整个海滩的养滩工程积累经验和提供设计参数，且能够直接挽救六、九浴场的使用。工程首先对中直六、九浴场海滩进行补沙，恢复至大于 30 m 宽的海滩，同时将滩肩填高至 2 m 左右，去除或掩埋出露的基岩；之后在六浴场向海 350 m 处构筑离岸潜堤；在施工过程中及完工后，对海滩剖面进行实时监测并记录数据以供今后研究之用。工程于 2008 年 5 月 2 日正式开工，至 2008 年 6 月 12 日完成，历时 42 天。工程突出了“应急”二字，在较短的时间内实现了海滩浴场功能的恢复，解决了中直六、九浴场 2008 年暑期使用问题。图 3-60 给出各剖面近岸的监测数据，其中剖面 2~6 的测量包含了工程之前(2008 年 4 月 21 日)的海滩剖面形状。从图中可以看出，各剖面有侵有淤，但监测期间的侵淤量与工程填砂量(即 2008 年 6 月 11 日与 2008 年 4 月 21 日的岸线差值)相比较都不大，工程填砂大部分都得到了保留；整个冬季(2008 年 11 月 22 日与 2009 年 2 月 11 日)期间的剖面变化非常小。图 3-61 给出应急工程后各时期的岸线位置，可以看出，自完工后工程岸段的中间部分即开始遭受侵蚀，半年后最大

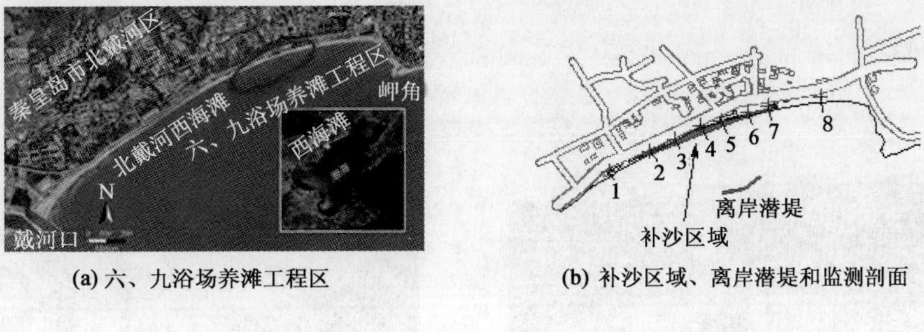

(a) 六、九浴场养滩工程区　　(b) 补沙区域、离岸潜堤和监测剖面

图 3-60　六、九浴场养滩工程区位置和补沙区域、离岸潜堤和监测剖面

侵蚀量为 10 m，但仍保持了 20 余米的海滩；整个冬季因风浪很小，岸线变化并不明显；岸段两端略有淤积，但中间部分的侵蚀量大于两端淤积量。该过程可以看作一个岸线恢复自然的过程，与此同时还是有一部分填砂从工程区域流失掉。

(a) 工程前

(b) 工程后

图 3－61　中直六、九浴场养滩前后海滩面貌对比

借助西海滩六、九浴场海滩治理的成功经验，对中海滩侵蚀后退严重的国务院浴场、老虎石浴场实施应急治理(图 3－62)。首先对治理岸段进行补沙，恢复至大于 30 m 宽海滩，同时将滩肩填高至不高于 1.9 m，去除或掩埋出露的基岩，改变海滩恶化的现状，补沙岸段海岸线长 720 m，其中国务院浴场 450 m，老虎石浴场 270 m。养滩区域总面积约 5.8×10^4 m^2，其中国务院浴场 3.5×10^4 m^2。老虎石浴场 2.3×10^4 m^2，与此同时在国务院浴场近岸处实施土工织物袋人工岬头吹填。

(a) 工程前

(b) 工程后

图 3－62　国务院浴场养滩前后海滩面貌对比

北戴河东海滩省府浴场恢复治理工程采用人工养滩配合人工潜礁的方法来保护填沙(图 3－63)。2009 年 6 月填沙完工，9 月人工岬头施工完毕。补沙岸段海岸线长 400 m，养滩区域总面积约 1.5×10^4 m^2，填沙量 3.11×10^4 m^3。

(a) 工程前

(b) 工程后

图 3－63　省府浴场养滩前后海滩面貌对比

3.4.3 东南沿海人工养滩工程

3.4.3.1 上海金山城市沙滩

2006年6月建成完工的上海金山城市沙滩结束了上海有海没有滨海沙滩的历史。“碧海金沙”人工海滩是上海建设滨海服务产业带的一个组成部分，总面积79 $\times 10^4$ m^2，用围堤圈围，其中沙滩区东西长1.3 km，包括30 m宽的海边树林和50 m宽露出水面的金色沙滩，4.6 $\times 10^4$ t优质细沙由海南运来铺设(见图3－64)。近滩的68 $\times 10^4$ m^2海区采用人工的海水变蓝技术，先将“泥沙海水”引入浑水区，经过24 h泥沙沉淀和除菌治污，通过水闸引入清水区，海水在阳光之下就会呈现蔚蓝色。经防疫检验，处理的海水符合海水泳场的水质标准。

图3－64 上海金山城市沙滩

3.4.3.2 厦门鼓浪屿东海岸

2007年2月，为了改善鼓浪屿东岸沙滩的凌乱现状，美化海岸环境，提升鼓浪屿景区整体景观效应，在鼓浪屿东岸进行试验填沙的海岸景观修复工程。工程区如图3－65所示，填沙段岸线长735 m，滩面宽度25～50 m；填沙岸点(海滩与直立式护岸的交界点)高程填至黄海零点0.6 m，按4°坡度放坡至填沙外边界；填沙平均厚度0.48 m，总填沙量1.14 $\times 10^4$ m^3。海滩养护工程施工前后的海滩剖面变化如图3－66所示。

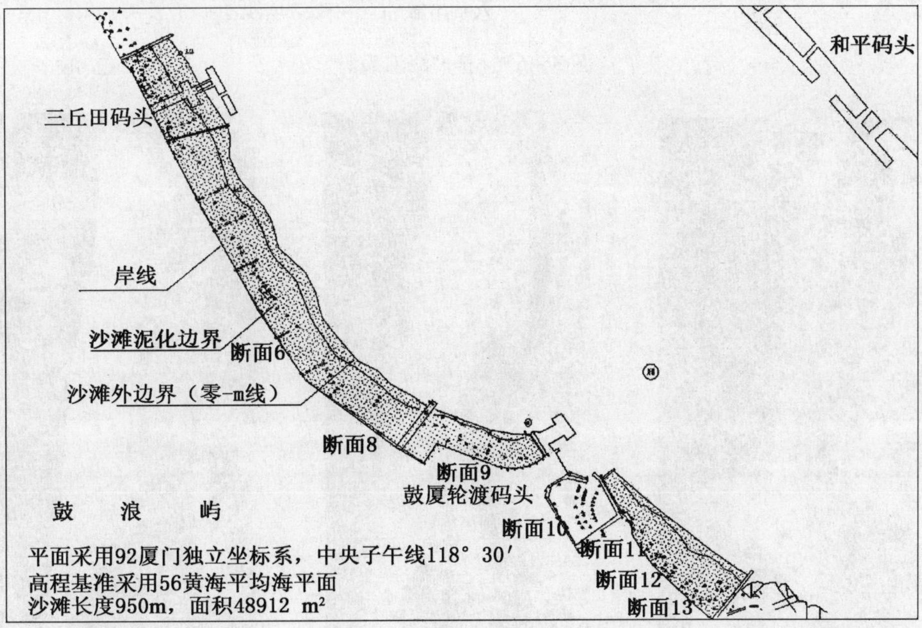

图3－65 鼓浪屿东岸海滩整治工程填沙范围

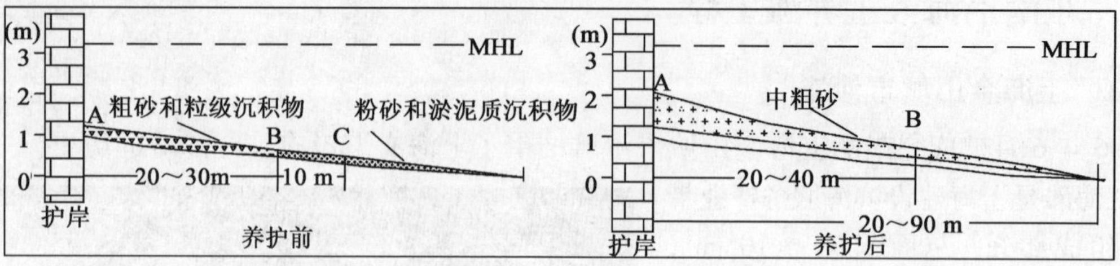

图 3－66 鼓浪屿东海滩养护前后滩面对比

3.4.3.3 厦门香山至长尾礁海滩

香山至长尾礁沙滩位于厦门东海岸，工程海域东、南受大小金门岛及众多小岛屿环列，北面与同安区海岸相望，工程海岸 NE—ENE 朝向围头湾，是该海岸可形成最长风区的风浪向，然而受周边海域岛屿等地形的屏蔽，外海波浪难以传入。20 世纪 70 年代，该岸段原岸段高潮区为宽约 10～50 m 不等的沙滩带，改革开放以后，人为开发活动造成沙滩退化，到了 80 年代末，岸段原始沙滩已消失殆尽。为恢复原有沙滩面貌，对该岸段进行人工养滩。养滩工程于 2007 年 10 月完工，为目前国内已实施的最大填沙规模的人工养滩工程，填沙 82×10^4 m^3，填沙段长度 1 446 m，滩肩高程在黄海零点以上 4.0 m，填沙宽度 80 m。海滩设计剖面如图 3－67 所示，海滩养护工程施工完成之后数年保持稳定(图 3－68)。

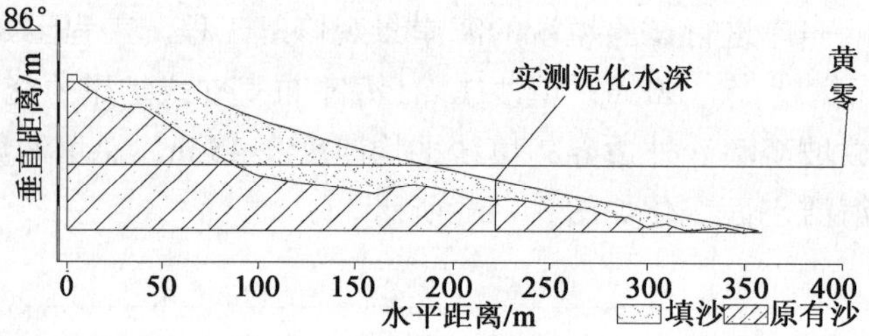

图 3－67 养护海滩设计

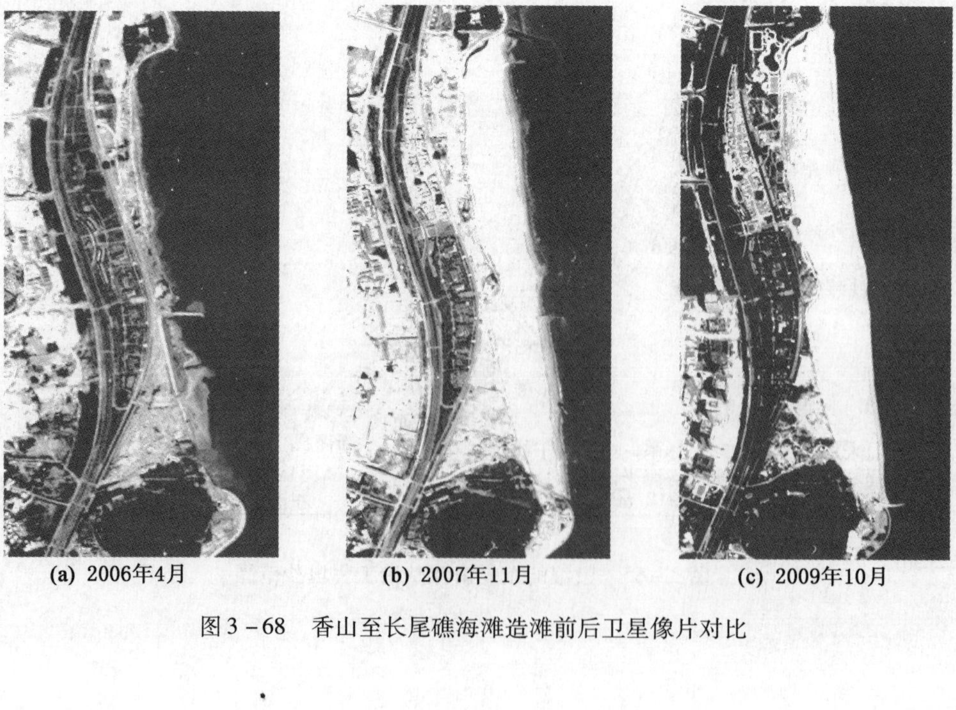

图 3－68 香山至长尾礁海滩造滩前后卫星像片对比

3.4.4 海南省人工养滩工程

3.4.4.1 桂林洋海滩

海南省桂林洋开发区位于南渡江以东的铺前湾南岸。桂林洋海滨距离海口市约15 km，海岸线长6.8 km。由于桂林洋海滩沙底质沉积物为细颗粒的黏土质粉砂，而且海滩宽度也较窄，为了建设海区高级浴场和公共浴场，改造局部沙滩环境，进行了人工沙滩改造填沙整治工程（图3-69）。填沙岸段长1 000 m，总填沙量为4.5×10^4 m^3。

图3-69 海南桂林洋海滩

3.4.4.2 三亚湾

三亚湾位于海南岛南部，海底平坦，地貌单一，西起天涯海角岬，东至鹿回头半岛，依山面海，向西南敞开。湾内有东瑁、西瑁两海岛。海湾内发育大型复合沙坝，西起烧旗河口，向东延伸至三亚河口，全长16 km，东部平坦，西部因沙坝（沙嘴）而高陡。在沙坝向海侧，发育了宽度40~60 m的现代海滩。鹿回头半岛系由连岛沙坝填充山地海峡而成，将三亚湾与大东海分隔开来。鹿回头连岛坝发育于珊瑚礁基底上，其西东两侧发育鹿回头湾和小东海两个小海湾。小海湾内珊瑚礁基底上发育小型砂砾质海滩。大东海两端岬角的内侧亦发育了珊瑚礁平台，湾顶发育半月形沙坝，沙坝向海侧发育现代海滩。受季风影响，三亚地区冬半年盛行NE风；夏半年盛行S风和SW风。海湾岸线东西走向，朝向南方开敞外海，为不正规日潮混合潮型，多年平均潮差0.79 m，最大潮差2.26 m，属弱潮海区。平均涨、落潮流速分别为11.2 cm/s、19.4 cm/s，最大实测涨、落流速分别为57 cm/s和75 cm/s。三亚河是流入三亚湾最主要的河流，多年平均径流量2.11×10^8 m^3，50年一遇的洪峰流量约2 375 m^3/s，其他季节河水流量仅5~6 m^3/s。流域植被发育较好，加之上游水库调节，水土流失不严重，河流输沙量较少。水流流经海湾中已固结的红土型老沙坝区时，坡降减缓，河道蜿蜒，河流输沙大部分落淤于中、下游河床，淤填海湾为农田或红树林沼泽，故而进入三亚湾的入海输沙量有限，平均约为266.2×10^4 kg/a，原始曲折的基岩港湾岸因逐渐堆积、不断充填，使岸线推进并平直化。三亚湾形成后，因两侧岬角阻隔，湾外泥沙补给少，在波浪与海流作用下，湾内泥沙不断调整，渐形成处于相对平衡状态的对数螺旋形海湾。1980年以来，三亚城市化进程和旅游业发展加快，大规模的公共设施建设给海岸生态环境带来了严重影响和压力。由于三亚湾潮差小，海水的扩散能力弱，污染物基本淤积停留在海滩，并附着在砂粒表面，造成了三亚湾海滩的“泥化”现象。

小东海湾海域是经国务院批准的三亚国家级自然保护区之一。海域的水质为一类，各种海洋生物有600多种。保护区有古朴的木质建筑，具有浓郁的休闲气息，海底有美丽丰富的珊瑚族群和热带鱼，区内设有水肺潜水、海底漫步、夜潜、观光船、半潜艇、拖曳伞、深海垂钓、水下摄像及沙滩休闲等各类海洋娱乐活动。在工程实施之前，海滩宽度略显不足，最窄的地方仅有20 m。人工养滩工程(图3－70)于2005年实施，填沙4.8×10^4 m^3，填沙段长度400 m，使得沙滩宽度最宽达到40～50 m。

图3－70 三亚小东海海滩

鹿回头湾位于三亚鹿回头半岛的西侧，海水清澈，阳光充足，海湾东临的鹿回头山是三亚市区森林植被自然保护区的核心地带，属常绿热带季雨林生态类型，植物种类丰富，有许多国家级和海南省特有物种，风景迤逦，但海滩宽度略显不足。为增加海滩宽度，人工养滩工程于2008年实施(图3－71)，填沙6×10^4 m^3，填沙段长度400 m，使得沙滩宽度最宽达到80 m。

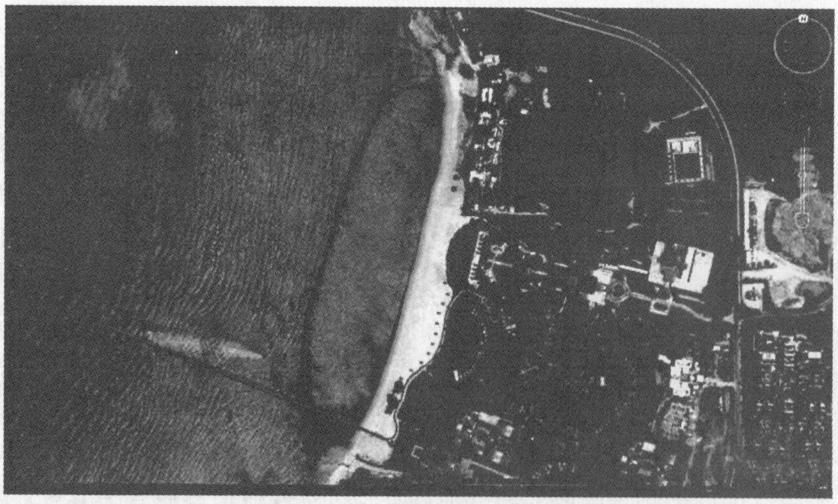

图3－71 三亚鹿回头湾海滩

3.4.5 香港、台湾地区人工养滩工程

3.4.5.1 香港浅水湾

浅水湾号称“天下第一湾”，也有“东方夏威夷”之美誉，是香港最具代表性的沙滩(图3－72)。浅水湾在香港岛之南，依山傍海，海湾呈新月形，坡缓滩长，波平浪静，水清沙细，沙滩宽阔洁净而水浅，且冬暖夏凉，水温在16～27℃，历来是香港人消夏弄潮的胜地，也是游人必至的著名风景区。昔日香江八景之一的“海国浮沉”指的就是浅水湾的海滨浴场。1990年香港对南岸的浅水湾海滩进行了填砂补滩工程，以扩大海滩宽度，满足发展旅游业的需要，共填砂20×10^4 m^3，砂来自于16 km以外的海底，挖砂后，用海底管道输至浅水湾，填砂海滩长度约520 m。其人工养滩工程(图3－72)美化了城市环境，为旅游业的发展提供了条件。

图3－72 香港浅水湾的养滩工程

3.4.5.2 台湾安平港

台湾首例人工养滩工程为安平港人工养滩工程(图3－73)。2003年，台湾将安平港疏浚航道挖出的泥沙用于海岸的人工养滩，利用静态平衡岬湾海岸理念，在安平港北防波堤和渔港南防波堤处分别建筑350 m和300 m的马刺形突堤作为稳定泥沙的岬头，堤趾水深4 m；工程填砂量约为150×10^4 m^3，平均填砂长度约1 300 m，海滩宽度平均增加105 m。

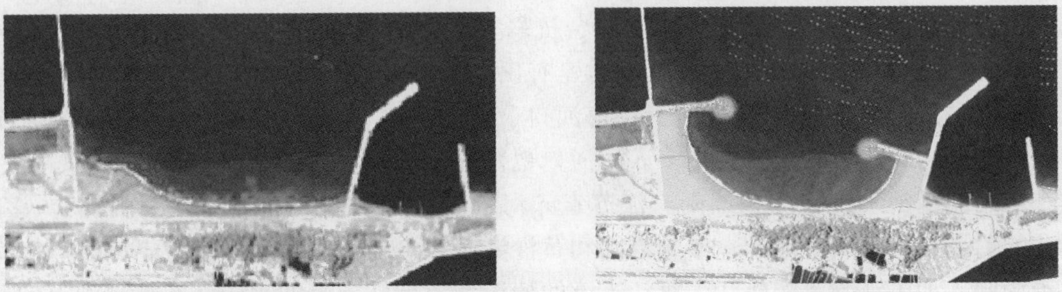

(a) 工程前 (b) 工程后

图3－73 台湾安平港养滩工程

3.4.5.3 台湾其他人工养滩

自2003年安平港的人工养滩工程起，台湾进行了数处人工养滩工程(图3－74)。例如：白沙湾通过修建105 m的人工岬头构造静态岬湾；大鹏湾通过修建“L”形、“T”形突堤和离岸

堤将 1.6 km 的岸线分成两个海湾进行补沙；另外，花莲港、西子湾等地也正在筹划进行人工养滩工程。

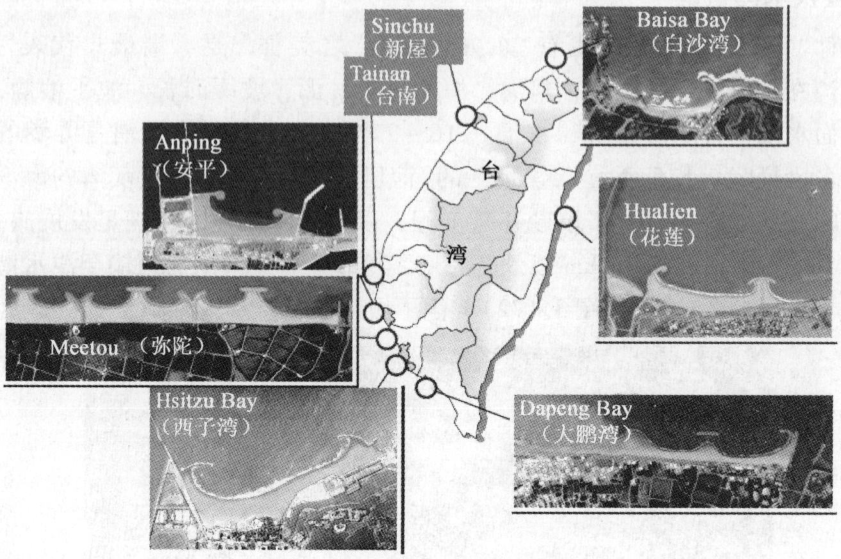

图 3－74 台湾人工养滩工程

3.5 挡潮闸工程

3.5.1 概况

据不完全统计，我国现有大中型挡潮闸 320 余座（泄水 100 m^3/s 以上），最大泄洪量 230 000 m^3/s。其中，建在砂砾质海岸和粉砂质海岸的大中型挡潮闸 60 余座，主要集中在华南一些山溪性河流的入海河口；建在淤泥质河口的大中型挡潮闸 250 余座，主要分布在渤海湾、苏北海岸、浙东及珠江口一些入海河口。

自 20 世纪 50 年代以来，为解决河口地区农业用水和防止土地盐碱化，修建了许多挡潮闸挡潮御海、蓄淡灌溉、排洪除涝以及防台抗暴等。辽宁省辽河口（大辽河）与双台子河口（辽河）两条最大的入海河口的河口段分别建有田庄台闸和双台子河闸，还有些小河口建闸的。河北省的入海河口共有 36 个，其中海河口、大清河口、沂河口、小青龙河口等 34 个入海河口修建了挡潮闸。山东省的许多入海河口也修建了水闸，如徒骇河口、马新河口等，还将建仝家河挡潮闸和神仙沟挡潮闸。江苏省入海河口挡潮闸更是普遍，挡潮闸有 90 多座，如苏北的射阳河闸、新洋港闸、斗龙港闸和黄沙港闸等。浙江沿海地区也有不少入海河口已建了挡潮闸，如甬江支流的姚江、瓯江支流的楠溪江、椒江支流的永宁江、杭州湾上的曹娥江。福建省九龙江河口也建有西溪闸、南溪闸和北溪闸，木兰溪河口上也将要建闸。广东汕头地区 1 000 m^3/s 以上的大型挡潮闸有 11 座，韩江三角洲 17 个入海口除 12 个已堵截外，余下 5 个也都修建了挡潮闸。广西沿海也有部分入海河口修建了挡潮闸。全国主要入海河口挡潮闸见表 3－17。

表 3－17 沿海大型挡潮闸概况

所在省份		河闸名称	孔数×孔宽/m	设计(校核)流量/(m^3/s)	建闸年月
辽宁	1	大清河西海拦河闸	40×2.85	2 520	1972年10月
	2	辽河(双台子河)闸	14×10	5 000(改建为3 000)	1968年11月(1997年改建)
河北及天津	3	蓟运河防潮闸	14孔	1 300	1968年8月(2010年改建)
	4	潮白新河宁车沽闸	22×8	2 100	1972年7月
	5	永定新河屈家店闸	11×10	1 400	1971年
	6	海河闸	8×8	1 200	1958年10月(2000年加固)
	7	独流减河工农兵闸	22×10	3 200(现2 000)	1968年(1994年改建)
	8	子牙新河主槽闸	3×(1×10+2×7)	864(972)	1967年7月
山东	9	漳卫新河辛集闸	12×10	3 500	1972年
	10	马颊河孙马村闸	9×10		1969年3月
	11	徒骇河坝上闸	14×10		1970年7月
	12	新河防潮闸	34×6	1 588	1976年8月
江苏	13	新沭河三洋港闸		1 380(2 320)	
	14	太平庄闸	22×5	1 000	1977年7月
	15	临洪闸	26×5	2 320	1959年12月
	16	善后新闸	10×10	1 250	1958年6月
	17	新沂河口南深泓闸	12×10	2 028	1999年7月
	18	新沂河口北深泓闸	10×10	1 497	1999年7月
	19	新沂河口南橡胶坝	10×60	1 330	1999年7月
	20	新沂河口北橡胶坝	10×60	1 330	1999年7月
	21	入海水道海口北闸	11×10	1 542	2003年12月
	22	射阳河闸	35×10	6 340	1956年5月
	23	运棉河闸	15×6	1 467	1960年7月
	24	黄沙港闸	16×5(8)	1 418	1972年6月
	25	新洋港闸	17×10(11.8)	3 077	1957年5月
	26	斗龙港闸	8×10	1 260	1966年6月
	27	王港闸	19×4(6)	1 500	1959年7月
上海	28	苏州河口挡潮闸	1×60		1991年4月
浙江	29	长山河长山闸	7×8	871	1980年
	30	曹娥江上浦闸	17×6	6 100	1981年
	31	甬江姚江闸	36×3	725	1959年
	32	敖江朱家站闸	5×8	1 140	1965年
	33	金清新闸	10×(2×10+8×8)	1 446	1998年7月

续表

所在省份		河闸名称	孔数×孔宽/m	设计（校核）流量/(m^3/s)	建闸年月
福建	34	宁德东湖塘水闸		1 696	1965年6月
	35	闽江营前港闸		1 200	1973年6月
	36	长乐文武沙闸	18×4	1 000	
	37	洛阳江洛阳桥闸	32×3	1 530	1972年12月
	38	晋江金鸡桥闸	28×10	4 500	1972年6月
	39	九龙江北溪桥闸		9 380	1980年
	40	九龙江西溪桥闸			1970年6月
	41	九龙江南溪桥闸			1966年7月
	42	鹿溪旧镇桥闸	32×4		
	43	漳江北江闸	34×5		1966年5月
	44	漳江南江闸			1966年6月
	45	黄岗河东溪闸	46×3.6	1 800	1962年
	46	黄岗河三百门闸	30×3	1 000	
	47	高沙水闸	38×3	1 330	
广东及海南	48	韩江东里桥闸	60孔	2 550	1960年3月
	49	韩江莲阳桥闸	90×5	3 300	1960年1月
	50	韩江外砂桥闸	106×3	2 274	1959年2月
	51	韩江梅溪桥闸	20×3.5+2×6	1 000	1965年8月
	52	练江海门湾闸	71×4	3 200　校核3 850	1970年10月
	53	龙江邦山闸	34×4	3 300	
	54	乌坎闸	15×3.2；18×3.2	4 000	1963年
	55	螺河桥闸	50×4	4 740	1967年
	56	黄江东溪闸	31×3.5+11×3.5	1 630	1966年9月
	57	黄江西溪闸	38×3.5	1 585	1966年9月
	58	大液河闸	32×3.5	1 440	1978年
	59	大岗沥南尾顺闸			
	60	横门东河口闸	32×5	1 020	1974年
	61	磨刀门石角嘴闸	38×3+1×7+8×5	720	1976年
	62	磨刀门大涌口闸	34×5	1 654	1966年7月
	63	磨刀门西河口闸	30×5	1 075	1972年
	64	坭湾门白藤水闸	30×(通航孔6，其余5)	1 140	1974年9月

续表

所在省份	河闸名称		孔数×孔宽/m	设计(校核)流量/(m^3/s)	建闸年月
广东及海南	65	大隆洞河烽火角闸	48×3.2	2 537	1960年5月
	66	鉴江塘尾分洪闸	23×10	4 150	1972年8月
	67	鉴江吴阳闸		4 350	
	68	南渡河闸			
	69	营仔河闸	22×3		
	70	文教河坡柳闸	6×3.5+5×5	1 050	
广西	71	水东水闸		2 400	
	72	青山头闸	宽约8	1 214	
	73	南流江总江桥闸			
	74	钦江青年水闸			

建闸河口可按其位置、引河长短、港道类型进行分类。按建闸位置的不同，可分为海口建闸、支流口门建闸、潮区界附近建闸及干流建闸4类。海口附近建闸的特点是易淤易冲，淤积强度大而总量少，冲刷时不需要太多的水量，不妨碍泄洪与排涝；支流口门建闸一般不会引起主干道河床断面的明显变化，可乘低潮时开闸放水；潮区界附近建闸不会引起河口的潮波变形以及纳潮量的改变，是开发利用水资源的一种好方式，但在海向来沙河口，若拦截流量过多，则下游河床会发生严重淤积；干流建闸后大多淤积严重，河床断面面积减小，影响到防洪排涝。按闸下引河长度的不同可分为长、短引河两类。短引河建闸位置离河口很近，一般在潮流界下段；长引河的建闸位置一般在径流段或者在径流与潮流作用相当的过渡段，引河长度一般大于10 km，长者可达数十千米。渤海湾中南排河、永定新河、漳卫新河等属于长引河建闸河口，子牙新河、青静黄、北排河等属于短引河建闸河口。长引河建闸河口的淤积规律具有在上游河道落淤、逐年向下发展、建闸后第1年回淤量最大的特点，纵向表现为河床普遍抬高，宽度减少。短引河河口虽然纳潮量远比长引河小，但由于引河很短，潮波反射强烈，回淤速度很快，闸下引河可在不到1年的时间迅速淤到一定高程，随着淤积量的增加，纳潮量减小，淤积速度会越来越慢。淤积型海岸闸下港道包括河道型和滩槽型港道两种类型。河道型港道是指闸下港道的中上段受到两岸围垦或高滩的影响，其平面形态相对稳定，仅其入海口处于滩槽中，其平面形态主要受河道主槽落潮流控制，如海河流域的海河、永定新河和独流减河闸下港道；滩槽型港道是指闸下港道的上段受到两岸围垦或高滩的影响，其平面形态相对稳定，而其中下段处于滩槽中，其平面形态除了受主槽落潮流控制外，滩面归槽水对其也有一定的影响，以江苏的斗龙港、王港、川东港、小洋口为代表。

挡潮闸工程一方面为沿海防潮御卤提供了保障，同时也带来了一些生态、闸下泥沙淤积等问题。我国河口建闸之多，闸下河道淤积之严重，是世界上少见的。据统计，江苏沿海修建的58座排水流量大于100 m^3/s的挡潮闸，闸下发生严重淤积的有15座，一般淤积的有20座，淤积较少的有18座，基本淤死的有5座。海河流域各建闸河口的上下游河道普遍发生淤积，一般淤厚为1.0~2.0 m，最大淤厚达6.0 m，闸下河道的平均过流能力下降了30%~60%，海河口建闸后泄洪能力降低了80%。由于闸下淤积十分严重，入海河道行洪能力锐减，一旦发生强降雨，极易造成洪涝灾害，给河口及上游地区防洪安全带来很大威胁。

为了保证挡潮闸的安全和功能，建闸设计中应充分掌握河口闸下淤积的机理并进行必要的防淤措施，进行合适的闸位、闸门的设置。目前防淤减淤措施主要是径流调节(闸门调度)和工程整治(裁弯取直、修筑导堤等)，植物措施防淤减淤有一定的效果，但对生态环境有一定的影响。一般来说，随着引河长度的增长，纳潮量的增长幅度要大于淤积率的减小幅度，从而闸下淤积量随引河增长而增大。根据一般潮水前峰挟沙量大的特点，涨潮前(特别是大潮汛前)开闸放水，顶住浑水，使清水先冲满闸下引河，一般在涨潮前2~3 h开闸放水，能取得较好的效果，大大减少淤积量。对于海域来沙的河口而言，修建导堤能够起到束水归槽、加大退水流速、减小退水泥沙下沉和延长港槽有效退水时间的作用，并能阻断滩面退水中泥沙进入港槽，还可以加速促进滩涂的发育。随着海岸线不断向外淤长及河口海岸演变，河口段河道弯曲、加长，河道阻力增加，排水不畅，同时沿程淤积增加，将影响行洪。对于弯曲过大的河口段港道，通常采用人工裁弯取直的整治措施，达到了改善排水冲淤的条件。利用集泥坑使泥沙在集泥坑内相对集中淤积以供利用，同时可以达到闸下河道减淤的目的。从清除淤积量角度看，闸门采用深浅孔方案比全浅孔方案有利。

机械清淤是清除港道淤积行之有效的措施之一，主要方式有清淤船拖耙、绞吸式挖泥船清淤等。机船拖淤属于搅动式疏浚，利用机动船舶牵引耙状装置在河床淤泥上移动，或直接使用机动船舶自身动力装置对淤泥进行粉碎、扰动和悬浮，再配合拖耙作业，从而达到清淤目的。拖耙主要有单面齿耙、双面齿耙、掺气耙及改进型掺气耙。1965年研制的第一代耙具，主要由三角形耙齿、框架和拖杆三部分组成，具有重量轻，结构简单，价格低廉的特点。当年在江苏新洋港闸下游港道，用2条60 kW的渔船分别牵引2台耙具拖淤60天，清除淤土$12.3\times10^4 m^3$。用单面齿耙清淤比自然状态下冲淤效率可提高3.5倍。在单面齿耙施工过程中发现，牵引船转弯时，耙体会产生翻转，需将耙体复位方能继续工作。另在牵引船快速行驶时，拖淤耙上浮不着地，处于空运行状态。为此，将单面齿改为双面齿，并加大耙齿尺寸和耙体重量，改变安装高度，双面齿耙拖淤比自然状态下冲淤效率提高到10倍左右。1978年、1979年连续2年干旱，射阳河、新洋港两闸下游港道濒临淤死。1979年采用掺气耙，即耙体在牵引船拖动时，淤泥由刮刀刮起，随水流进入导口，在涡流室形成涡流，涡流室的后侧装有高压水嘴，进一步搅动已形成涡流的水体和被耙起的淤泥，加大水体的紊动程度，提高水流的输沙能力，从而达到清淤目的。通过运行试验对比测定，结果掺气耙拖淤效率是双面齿耙的2.6倍。20世纪90年代中期对掺气耙进行改进：①将刮刀改称三角形耙齿，并在耙尾端加1排三角形耙齿以提高耙淤工效；②在涡流室后壁板安装高压水嘴，借助高压水冲击块状土，使其变成泥浆；③增加喷气嘴数目，以加大水体的紊动程度。江苏大部分建闸河口都采用了机船拖淤的措施，特别是射阳河、新洋港、黄沙港斗龙港等里下河“四大港闸”，采用清淤船拖耙清淤取得了很好的效果。自20世纪70年代以来，海河流域的子牙新河、青静黄排水河和陡河等对闸下河道均采用了机船拖淤进行清淤。浙江省也进行机船拖淤除淤，并提出了主动拖淤耙，使拖淤效率得到大幅度的提高。

机船挖淤通常在港道淤积非常严重，上游水位低，机船拖淤效果不明显时采用。简易绞吸式挖泥船清淤，早在1979年就已使用。它利用刀轴带动主附刀片旋转，切割水下泥层，使之绞成泥浆状态，通过泥浆泵将泥浆送至岸上。用绞吸式挖泥船对闸下港道进行清淤，因受潮位涨落的影响较大，清淤工效相对较低，成本高，但不需要开闸放水配合，清除的淤泥可以直接输送上岸。在不具备拖淤耙清淤施工条件时，可以采用这种施工方法。

高压水泵冲淤主要用于切除边滩、河心岛、河道水上部分淤泥。在船只上或木排上直接用高压水泵对河心岛、边滩、河道水上部分淤泥进行冲刷使其变陡坍塌，部分变成悬沙或淤泥，随开闸水流或退潮潮流流走。

水力冲淤可分为逢大潮、低高潮时开闸冲淤、引水冲淤、纳潮冲淤等。一般情况下，低高潮后落潮潮差较大，选择大潮汛的低高潮后开闸，可以获得相对较小的河道水深和较大的势能，从而增加冲淤效果。同时，还可以顶住下一个潮差较大的涨潮，起到清顶浑的作用。江苏省有许多引水冲淤的成功实例，如南通市小洋口闸以及其他一些挡潮闸多年来采用的引江水冲淤，均收到良好的效果。1966 年河北省石碑河河口建挡潮闸后，由于闸下淤积严重，渔船无法进出港，1969 年将闸门拆除，使潮水在河道内自由涨落，当年即将河口的淤泥冲开。1994 年河北省子牙新河上的主槽闸和青静黄闸下河道进行了纳潮冲淤、纳潮冲淤和拖淤相结合清淤的试验，发现单纯纳潮冲淤仅对闸下游河道起到一定的减淤作用，但冲淤效果并不理想，还产生了上游河道的淤积问题。1973 年和 1978 年江苏省东台县梁垛河闸曾进行了 2 次纳潮冲淤试验，试验结果表明，闸下港道冲淤效果显著。

采用水下爆破清除闸下河道淤泥是近年来发展起来的一项新技术，通过差分引爆使淤泥从河床上被连续掀起，利用开闸水流或落潮水流向河口外输移，达到清淤目的。

防淤帘有网式防淤帘、水力帘和空气帘。网式防淤帘是根据柔性网帘缓流促淤，使泥沙在网前落淤，阻止浑水流入，该设备主要用于由异重流引起的引水渠内防淤。水力帘是在航道底部布置开管道，压力水由管道小孔垂直向上喷出，在航道口门形成垂直于河底的射流紊动区，以阻止或减弱高含沙水流进入航道口门内。对于由异重流引起的淤积，采用水帘实施减淤可收到显著效果。气帘有纵向布置和横向布置两种形式，一般横向布置比纵向布置效果好。

淤泥质海岸泥沙容易活动，遇到大风大浪时，泥沙随涨潮流进入河道，使得航道内泥沙淤积严重。控制滩面上泥沙起动，减少海域来沙，也可以减少闸下河道的淤积。在浅海滩涂种植大米草，将悬浮泥沙拦截于大米草滩带，使泥沙就地落淤，能有效地抑制后续沙源补给，达到减轻闸下河道淤积的目的。但是这类型的植物由于具有极强的繁殖力，如蔓延到河道内，反倒起了河道促淤作用和增大河道阻力，给防洪排涝带来不利作用。

从挡潮闸工程结构来讲，我国海堤水闸大多数是 20 世纪 60、70 年代兴建，当时设计标准偏低，大中型涵闸防洪标准不足 100 年一遇，排涝不足 10 年一遇标准；加上设计过程中洪水、潮水资料缺少，造成设计单宽流量偏小，上、下游水头差不准确等情况，设计规模满足不了工程要求。在结构设计上混凝土标号偏低，采用圬工结构或少筋混凝土，对工程后工情、水情发展和变化估计不足。这些往往导致闸室不稳定、闸身不均匀沉降、止水破坏、闸门启闭困难、消能工破坏、渗流破坏引起个别水闸甚至形成闸基淘空现象和钢筋混凝土碳化等问题。

3.5.2 环渤海地区挡潮闸工程

3.5.2.1 辽河口

辽河干流下游为感潮河段，每天 2 次涨水，2 次落水。为了减小潮水上溯对两岸工、农业生产的不利影响，在距河口 57.3 km 处修建了盘山闸。

盘山闸（亦称双台子河闸）位于辽河干流下游（双台子河）的盘锦市。该闸于 1968 年建成，原计划主要作用是防止潮水倒灌，抬高水位，调蓄水量，为 $3.91\times10^4\ hm^2$ 水田和 $4.3\times10^4\ hm^2$ 苇田提供灌溉用水。工程包括拦河闸、拦河坝、船闸、双绕灌区进水闸、小柳河倒虹吸和导流堤及相关分洪设施。主要建筑物等级为2级。拦河闸总宽160.6 m，共14孔，每孔净宽10 m，平板钢闸门，尺寸为10 m×8.3 m，闸底板高程 -4.0 m。船闸闸室净宽7.5 m，长60 m，底高程 -2 m。引航道长120 m，设计通航水位5.76 m。拦河坝位于拦河闸上游原河道上，坝顶高程9 m，顶宽6 m。左侧分洪导流堤长1 km，滩地分洪道宽800~1 200 m，分洪斜堤顶高程6 m，全长4.1 km。双绕灌区进水闸共3孔，每孔净宽4.5 m，高3 m，底高程0.8 m，设计最大引水流量75 m^3/s。小柳河倒虹吸进口共7孔，每孔均设钢筋混凝土拱形闸门。盘山闸设计总泄流能力为5 000 m^3/s，其中过闸单宽流量3 500 m^3/s，滩地分洪1 500 m^3/s，设计闸上水位6.87 m，闸下水位6.70 m；分洪口水位7.09 m。设计正常挡水位3.8 m，相应库容1 920×10^4 m^3/s。1970年汛后，为扩大灌溉面积，增加调蓄库容，将闸门加高0.6 m，正常挡水位由3.8 m抬高到4.5 m。

由于建闸后改变了闸上、下游水沙条件，又因辽河流域属于资源性缺水地区，在运用方式上未按设计的调水调沙方式控制。自1969—1985年，适逢辽河连续10多年的枯水期，为调节径流满足沿河工业引水及灌溉要求，长年不开闸门，使得闸上、下游河道均产生了严重的淤积。河槽过水面积明显减少，因此降低了盘山闸的泄洪能力和分洪标准，降低了灌溉用水的补偿调节能力，也影响了闸体本身的安全。1985年、1986年连续2年及1994年、1995年连续2年辽河发生洪水，辽河下游河道发生了普遍冲刷，闸上、下游河道的过洪能力有了较大的恢复性提高，闸上库容也有所恢复。

通过对盘山闸1985年实际洪水的泄洪能力的检测，推算出总泄量仅达2 670 m^3/s，只及原设计泄量的53.4%。为维持原泄洪能力，1995年10月开工对盘山闸进行加固改建，1997年竣工并投入运行。改建工程对原拦河闸、双绕进水闸、船闸、翼墙等进行了抬高和加固。原拦河闸墩加高2.5 m，交通桥加高2.5 m并加固；导流堤、岸翼墙原墙顶高程均加高1 m，双绕进水闸形式改开敞式为暗涵式；拦河闸闸门形式改为双扉闸门，上扉闸门高3.9 m，下扉闸门高5 m。盘山闸设计流量仍为5 000 m^3/s，其中闸泄流量为3 000 m^3/s，滩地分洪为2 000 m^3/s。考虑盘锦城市防洪要求，盘山闸校核流量为6 800 m^3/s，其中闸泄3 955 m^3/s。设计闸上洪水位8.29 m，闸下水位8.10 m；闸上校核洪水位9.27 m，闸下水位9.02 m；设计正常挡水位3.8 m，最高挡水位4.30 m，最高灌溉水位7.90 m。

2001年盘锦城市防洪工程(市区段)竣工，河南村完成动迁。南堤北移后，闸下的分洪区已被取消，形成单一的河道。原盘山闸滩地分洪的条件已不复存在。因此盘山闸的扩建工程又成为辽河防洪及盘锦市城市防洪迫切问题。初选设计方案是在滩地上增建22孔闸以泄洪，再建永久性的挡水坝。22孔滩地闸全长256.5 m，单孔闸门尺寸为10 m×4.9 m(宽×高)，闸底板高程为3.0 m，闸墩顶高程10.5 m。挡水坝长1 050 m，坝顶高程10.42 m，与左岸大堤相连。盘山闸扩建工程建成后，将基本解决辽河洪水入海通道的“卡口”问题，提高辽河洪水下泄能力，保证辽河行洪安全，将辽河防洪标准提高到50年一遇，泄洪流量达6 800 m^3/s，可将原有分洪堤废除，并取消分洪区，增加城市用地5 583 hm^2，经济效益和社会效益明显。

近期到2015年，辽河流域辽河干流石佛寺至盘山闸段防洪标准可望达到100年一遇，辽河干流石佛寺以上和盘山闸以下、西辽河、东辽河、浑河、太子河、大辽河、绕阳河主要防洪保护区基本达到50年一遇防洪标准。

3.5.2.2 海河流域

(1)简况

海河流域包括海河、滦河和徒骇马颊河3大水系、7大河系、10条骨干河流。海河水系是主要水系，由北部的蓟运河、潮白河、北运河、永定河(称海河北系)和南部的大清河、子牙河、漳卫河(称海河南系)组成；滦河水系包括滦河及冀东沿海诸河；徒骇马颊河水系位于流域最南部，为单独入海的平原河道。天津海岸河口密布，汇集了永定新河、海河、独流减河、大沽排污河、子牙新河、青静黄排水河、北排河和沧浪渠等河口。近几年，海河流域海河口、永定新河口、独流减河口等三河口地区的开发建设已成为滨海新区经济建设的热点，特别是随着滨海新区纳入到全国总体发展战略布局后，加速了海河口和永定新河口地区的经济开发，对陆域和海域的使用需求量在不断扩大。

为了抵御海水入侵，海河流域海河、永定新河、独流减河、陡河、子牙新河、北排河、南排河、沙河口、漳卫新河和马颊河等河道均建有挡潮闸，已建的挡潮闸见表3－18。

表3－18 海河流域各水系已建的挡潮闸统计

水系	所在地区	闸名
滦河水系	河北省乐亭县	大清河闸，海田闸，尹郑刘闸
	河北省秦皇岛市	沙河闸，潮河闸
	河北省丰南县	黑沿子闸，涧河闸
	河北省滦南县	香河口西闸
	河北省抚宁县	赤土山闸
	河北省唐海县	双龙河闸，第一排水渠闸
海河水系	天津市塘沽区北塘镇	蓟运河闸
	河北省丰南县	西排干闸
	天津市塘沽区西宁车沽	宁车沽闸
	天津市北辰区	大张庄闸
	天津市东丽区	金钟河闸
	天津市武清县	陈赵庄闸，渔苇区闸，北京市排污河闸
	天津市大港区塘家河	独流减河闸
	天津市塘沽区	海河闸
	天津市津南区马棚口	海口枢纽子牙新河主槽闸
	山东省吴棣县辛集	辛集闸
	河北省黄骅县	高尘头新闸
徒骇马颊河水系	山东省无棣县	孙家马村闸
	山东省沾化县坝上	坝上闸，下洼闸
黑龙港及运东地区诸河水系	天津市津南区马棚口	青静黄排水渠挡潮闸，北排河闸，朱庄闸
	河北省黄骅县	歧口闸
	河北省海兴县	宣惠河闸，小浪淀闸

海河干流设计行洪流量为800 m^3/s，当大清河与永定河洪水遭遇时，可分别由北运河和西河各分洪为400 m^3/s入海河；当大清河洪水不与永定河洪水遭遇时，西河可相机承泄1 000 m^3/s入海河，由海河干流承泄800 m^3/s，并通过耳闸由新开河、金钟河相机分泄为

200 m³/s 入永定新河。根据 2008 年国务院批复的《海河流域防洪规划》，官厅水库遇 100 年一遇及以下洪水，永定新河承泄 1 400 m³/s 于北塘入海，北运河下泄 400 m³/s 经海河干流入海。将来修建陈家庄水库后，与滞洪水库和大宁水库联合调度。大宁水库入小清河水量由 100 年一遇下泄 214 m³/s，提高到 100 年一遇不下泄，200 年一遇下泄量不超过 500 m³/s。永定河遇 200 年一遇超标准洪水，为确保天津市区安全，由永定新河强迫行洪 1 800 m³/s，北运河仍分泄 400 m³/s 经海河入海，必要时利用三角淀、七里海或淀北临时滞洪。北运河遇 100 年一遇超标准洪水，温榆河来水 2 480 m³/s，由北关分洪闸分洪 1 200 m³/s 入运潮减河，北关闸下泄 1 280 m³/s。洪水至狼儿窝分洪闸，向大黄堡洼加大分洪量，分洪闸以下河道洪水泄入潮白新河。潮白河遇 100 年一遇超标准洪水，苏庄来水流量为 3 560 m³/s，加入运潮减河、引泃入潮来水后，下游河道尽量利用堤防设计超高行洪。并利用分洪闸加大向黄庄洼分洪量。分洪闸以下河道承泄洪水与青龙湾减河洪水汇合后，经宁车沽防潮闸入永定新河。蓟运河干、支流遭遇 50 年一遇超标准洪水，至三河站流量为 1 870 m³/s。

这些年来，海河流域主要河口闸下河道淤积问题较为显著(见表 3 - 19)。因此也进行了较多的闸下清淤方法的尝试。

表 3 - 19　海河流域主要河口闸下河道淤积情况

河口名称	统计年代	淤积部位	淤积量/ $\times 10^4$ m³
陡河	1970—1998	挡潮闸下	56
沙河	1975—1998	挡潮闸下	150
永定新河	1989—1999	挡潮堰以下 33.7 km	4 736
海河干流	1958—1995	防潮闸下 11 km	2259
独流减河	1967—1998	防潮闸下 2 km	139
子牙新河	1967—1998	子牙新河主槽挡潮闸上 10 km，至闸下 3.6 km	541
北排河	1967—1998	挡潮闸以下	100
南排河	1969—1987	扣村闸下 22 km	1 022
漳卫新河	1973—1999	辛集闸下约 40 km	1 518
马颊河	1970—1986	孙马村闸—汇合口 24.6 km	590

(2) 海河防潮闸

海河防潮闸位于天津市塘沽区海河入海口处，主要功能是将子牙河、大清河、南运河、北运河、永定河五大水系在天津汇流后的部分洪水经海河干流宣泄入海，并具有防洪排沥、挡潮、蓄淡之功能，是海河干流重要的水利控制工程，1958 年 12 月始建，等级为Ⅰ级。海河防潮闸水闸结构形式为开敞式，孔数为 8 孔，每孔净宽 8 m，净宽 64 m，连同闸墩总宽 76 m，闸底板高程 -6.59 m，设计闸上水位 3.01 m(塘沽海洋站理论深度基准面，下同)，闸下水位 1.71 m，设计行洪能力 1 200 m³/s，闸门顶高程 6.0 m，闸下设计潮位 4.85 m(72 年潮型)。1963 年 8 月 28 日洪水最大实测流量为 1 698 m³/s。随着时间的推移，由于地面沉降、闸上下游河道淤积等原因，河口防潮闸过流能力下降。根据对海河口泄流能力的研究，在 1995 年 8 月河口地形条件下，海河口设计行洪能力仅为日均 231 m³/s；将闸上设计水位提高到 2.03 m，日均过流能力为 627 m³/s；闸下再辅以设计清淤条件，海河口过流能力可增加到日均 807 m³/s。1999 年 10 月 26 日至 2000 年 11 月 30 日，海河下游管理局对海河闸进行了加固。2001 年，水利部海河水利委员会编制的《海河流域海河口、永定新河口、独流减河口综合整治规划报告》(报批稿)将海河口的设计洪水流量调降至800 m^3/s。

海河口建闸前，潮汐影响到上游的屈家店、杨柳青附近，感潮河段长约100 km，纳潮量2 000×10^4～3 000×10^4 m^3，涨潮历时6 h，落潮历时7 h，涨潮平均流速为1.09 m/s，落潮平均流速为0.76 m/s，涨潮流速大于落潮流速。1958年河口建闸后，受闸门运用条件的限制，感潮河段仅几千米，纳潮量降至400×10^4 m^3，相当于建闸前的15%～20%，涨潮历时4 h 52 min，落潮历时7 h 33 min，涨潮流速为0.512 m/s，落潮流速为0.319 m/s；涨潮平均含沙量为0.279 kg/m^3，落潮平均含沙量为0.045 kg/m^3。入海径流和泥沙大幅度减少，河口动力和泥沙条件发生重大改变。20世纪70年代中后期以来，海相泥沙造成了闸下严重淤积。1958年海河口建防潮闸至1995年，闸下11 km主河槽(无河槽段按宽2 km计)累计淤积量2 259×10^4 m^3，闸下6 km河道普遍淤高4～7 m，闸址部位形成阻水高坎。建闸后的前3年，闸下5.8 km范围内基本淤平，1958—1969年累计淤积977×10^4 m^3，占建闸以来总淤积量的43%。从闸下河道淤积分布看，近闸段(0～2 km)淤积最为严重，达575.3×10^4 m^3，累积淤积厚度可达5～6 m；内深渊段(2.0～6.0 km)次之，淤积量为872×10^4 m^3，淤积强度略小，为4～5 m；再向外淤积逐渐减轻，外深渊段(6～8 km)及大沽沙口门(8～11 km)淤积相对较轻，淤积总量分别为345×10^4 m^3和465.3×10^4 m^3。如果计及历年的清淤量和沉降量，闸下11 km主槽内共淤积3 329×10^4 m^3。2001年3月在海河口闸下进行了淤积测量，在闸下0.6～1 km范围内的回淤强度最大，为3.5 m左右，闸下4 km河段平均淤厚3.2 m。

为了安全度汛，1973年起每年汛前进行河口清淤。1973年汛前在闸下700～800 m范围内，1975年汛初在闸下800～1 200 m范围内曾用挖泥船清淤。从1977年开始，每年在闸下2.1 km范围内清淤，除采用挖泥船清淤外，也试用过拖淤的方法。1977—1980年前2年是试用拖淤的办法，后2年主要是采用挖泥船清淤，累计清淤量161.3×10^4 m^3。1981年以后清淤土方量一般年在50×10^4 m^3，采用挖泥船清淤，至1986年共清淤314.08×10^4 m^3。1986年因闸上游淤积严重，闸下2.1 km河道原有投资每年只能清1 300 m左右，大沽沙底床逐年上移抬高，所以采用了加长清淤长度，适当减小挖深，进行闸上清淤和打通大沽沙的方案。1973—1995年的20多年闸下共清淤超过1 100×10^4 m^3，年均清淤量约为50×10^4 m^3。1995年以后，为了配合海河干流治理，加大清淤力度，1995年、1996年清淤量为100×10^4 m^3，1997年、1998年按海河干流400 m^3/s标准进行清淤。为了满足海河干流泄流800 m^3/s的要求，1999年以后按海河干流800 m^3/s标准进行清淤，清淤长度为闸下4 km，宽100 m，底高程－4.0 m，年清淤量在100×10^4～200×10^4 m^3。从1995—2000年的6年间累积清淤量约为800×10^4 m^3，年均清淤量130×10^4 m^3以上。主要采用绞吸式挖泥船和机船拖淤。

海河口建闸对海河口规划治导线方案有着重要影响。原设计左、右治导线口门宽度1 900 m，左岸治导线自海河闸至下游3.5 km以内沿现有防浪墙和南疆1号、2号吹泥地临海围堰布置，闸下游5 km以外在新港南岸防波堤以南600 m平行南防波堤布置，闸下游3.5～5 km范围内以圆弧连接。右岸治导线在海河闸下游2 km以内沿现有排泥场临海围堰布置，左、右治导线间距250～650 m，闸下游4 km沿中泓南侧浅滩边缘布置，左、右治导线间距由650 m逐渐扩展到1 000 m，闸下游4 km以外折向东南至闸下游9 km处，左、右治导线间距由1 000 m逐渐扩展到1 900 m，闸下游9 km以外按平行于左治导线布置(见图3－75)。通过对治导线外端间距1 000 m、1 200 m、1 600 m和1 900 m工况的泄流能力研究表明，对泄流能力起控制作用是闸下4 km河道，在闸下河道每年进行清淤的条件下，通道口门宽度缩窄至1 200 m是可行的。

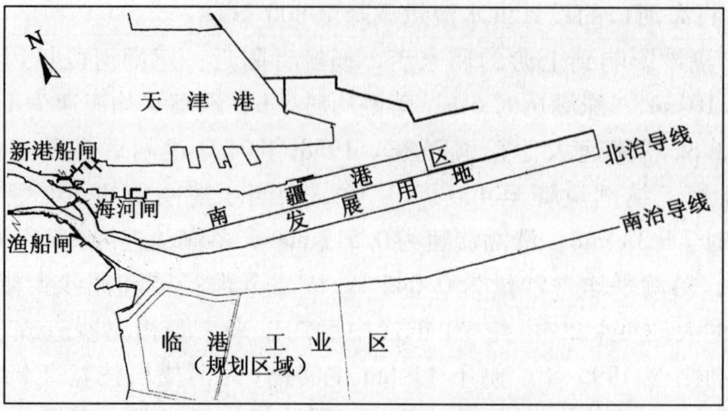

图 3-75 海河口规划治导线方案

(3)永定新河防潮闸

永定新河是永定河、北运河、潮白河和蓟运河洪水的入海通道，西起北辰区屈家店，东至塘沽区北塘街入海，河道全长 66 km，自屈家店闸以下 62 km 皆为感潮河道，控制着四河 8.3×10^4 km^2流域面积，其右堤作为天津城市防洪圈北部防线。永定新河 1971 年开挖，设计行洪(排水)能力为屈家店至机排河 1 400 m^3/s，机排河至北京排水河 1 420 m^3/s，北京排水河至潮白新河 1 640 m^3/s，潮白新河以下为 4 640 m^3/s。永定新河投入运行以后径流逐年减少，枯水年份几乎无径流下泄。河道长期受潮汐水流控制，出现了严重的海相泥沙淤积。1971—1986 年淤积了 $2\,100\times10^4$ m^3，行洪能力不断下降。1989 年筑埝以前，大潮可直接到达屈家店闸下，由于涨潮流输移的海相泥沙不断在河道内沉积，河道上段严重淤积，淤积量为 $1\,565\times10^4$ m^3，占总淤积量的 62.3%。中游段淤积减缓，河口段出现冲刷，至 1989 年 3 月，淤积末端已向下游推移，全河道淤积总量为 $2\,513.5\times10^4$ m^3，年均淤积量为 141×10^4 m^3。1997 年河道的设计泄流能力由 1 640 m^3/s 下降至 260 m^3/s，泄流能力下降了约 84%，行洪能力已由原来的 1 400 ~ 4 620 m^3/s 降至 600 ~ 1 500 m^3/s，导致永定河、北运河、潮白河和蓟运河洪水基本失去入海出路，一旦上游发生较大洪水，分洪淹没面积达 1 160 km^2，将造成巨大的经济损失。为了保持河道的防洪标准，缓解洪水威胁，天津市对永定新河由上而下实施了分段清淤复堤，并共计修建了 4 道挡潮埝防止河道回淤(图 3-76)。然而，风暴潮对感潮河道尤其是长引河建闸河道的淤积影响仍是十分严重的，因此挡潮闸应下移。

新防潮闸位于蓟运河口以下约 1 km 处，右岸为北塘街。2007 年 11 月永定新河治理一期工程正式开工建设，2010 年 6 月竣工(图 3-77)。一期工程主要包括修建河口防潮闸(20 孔)1 座，右堤复堤 2.58 km，新建左、右引堤和清淤河道 13 km 等。设计流量 4 640 m^3/s(50 年一遇)，校核流量 4 820 m^3/s(100 年一遇)。工程按泄洪能力 50 年一遇设计、100 年一遇校核标准。防潮闸主要建筑物为二级建筑物，次要建筑物为三级建筑物。具有双向挡水功能，设计挡潮潮水位 3.39 m。设计挡潮重现期为 100 年。闸下设计潮位取历史最高潮位平均值 4.93 m。防潮闸单孔净宽 15 m，共布置 20 孔。深孔 8 孔，底板高程 -6.0 m；浅孔 12 孔，底板高程 -1.0 m。闸顶高程 5.8 m。闸室布置采用筏式整体平底板，总宽度 347.0 m。闸室长 29.0 m，上、下游侧为交通桥和工作桥，桥面宽度分别为 9.0 m 和 2.0 m，桥顶高程 5.8 m，闸室中部布置 1 道工作门。防潮闸采用深孔与浅孔相结合布置，深孔底板高程 -3.4 m，浅孔底板高程为 1.64 m，单孔净宽 15 m，闸顶高程为 8.44 m。闸下新建码头 1 座，右堤 2.58 km 复堤，新建左、右引堤和清淤 13 km 河道等。

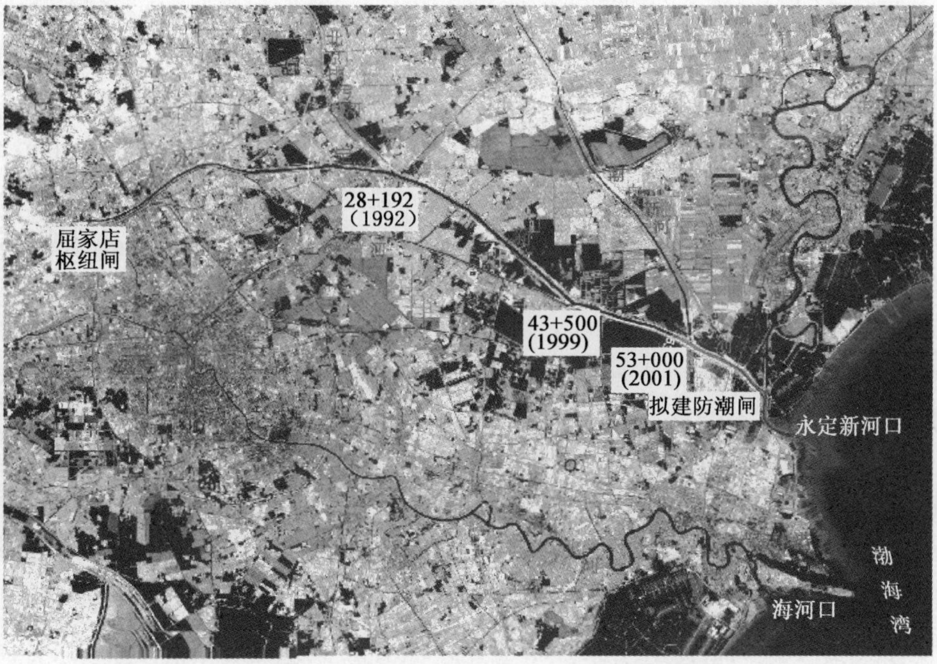

图3-76 永定新河挡潮埝位置不断下移示意

为了满足永定新河口两岸围海造陆的需要，对河口治导线间距分别为1 400 m、1 600 m和2 000 m工况的泄流能力进行了研究，认为间距2 000 m工况闸下通道内（清淤槽和滩地）的泥沙淤积强度和泥沙淤积总量与间距1 600 m工况相比有较为明显的增大趋势。

图3-77 永定新河挡潮闸

（4）独流减河口

独流减河属大清河系，引泄大清河和子牙河洪水直接入海的人工河道，始挖于1953年，从静海县开始，流经静海、西青、大港3个区县，至海口防洪闸。当初在独流减河进口处建有进洪闸1座，设计流量840 m^3/s，河道始于第六堡至万家码头，经与马厂减河平交后从北大港入海，全长43.5 km，河道设计流量1 020 m^3/s。1966年后该河道经历过多次扩建和延伸，1967年在河口处修建了工农兵防潮闸，设计流量为3 200 m^3/s。1969年治理大清河下游时，在独流减河进口另建了1座进洪新闸，设计流量2 360 m^3/s，并对独流减河按3 200 m^3/s的规模进行了扩建。1993年，独流减河泄洪规模由原规划的3 200 m^3/s增加到3 600 m^3/s，当年对工农兵闸按原规模进行了除险改建，1994年底改建竣工，改称为独流减河挡潮闸，结构形式为开敞式。改建后的防潮闸共26孔，其中22孔过流，每孔净宽9.8 m，闸室总宽287.2 m，设计流量3 200 m^3/s，相应闸上水位5.5 m，闸下水位3.35 m；校核流量4 660 m^3/s，相应闸上水位6.65 m，闸下水位4.55 m。闸门底高程 -0.16 m，闸门顶高程6.64 m。独流减河防潮闸的主要功能是平时挡潮御砂，汛期宣泄洪水，并随机调度控制水位，利用上游河道深槽向北大港水库输水蓄存，大港电厂建成以后，又利用闸前蓄水作为冷却池。2004—2006年对进洪闸进行了改建。现独流减河西起(第六埠)进洪闸，流经西青、静海、滨海新区，经防潮闸入渤海，全长67 km。根据独流减河治理规划，现有防洪标准为在东淀第六埠控制运用水位6.44 m、进洪闸闸下水位6.29 m的条件下，设计行洪流量3 600 m^3/s，河口防潮闸闸上、闸下水位分别不超过3.81 m和3.42 m。

1967年防潮闸以下独流减河尾渠长2 km，底宽50～260 m。自建闸以后，逐年淤积，至1976年累计淤积量已达237.6×10^4 m^3。独流减河第2次扩建以来，运行了近40年，此间，海河流域未出现较大洪水。1977年汛期独流减河最大流量达到1 090 m^3/s，其余年份均不超过1 000 m^3/s。1980—2002年，有入海径流的年份仅6年，占27.2%，其中能够有效冲刷闸下泥沙的年份只有2年。1995年发生了最大瞬时流量为1 450 m^3/s，约为设计流量的45.3%，全年最大日均流量324 m^3/s。1997—2007年，独流减河连续11年无径流下泄入海。从1967—1998年3月，闸下2 km以内主槽累计淤积139.2×10^4 m^3；2.2 km范围内河道总淤积量达到166×10^4 m^3(未计入每年汛前清淤量)，平均淤厚累计3 m左右，尤以近闸段最为严重。河道泥沙淤积使得挡潮闸在设计水位3.75 m的情况下，过流能力约为1 630 m^3/s，仅为设计流量的51%。近年来由于每年采用挖泥清淤和拖淤等措施，使得淤积量有所减少。闸下年回淤量约为50×10^4 m^3左右。独流减河口一直采用每年汛前挖泥清淤(少数年份配以拖淤)的方式以减少泥沙淤积量，增强过流能力。

(5)其他挡潮闸

陡河口位于渤海湾北岸、河北省丰南县境内，在涧河村附近入海。陡河为排洪排沥河道，人工开挖于1966年。为了防潮泄洪蓄淡，1967年在河口建一陡河防潮闸，设计为钢筋混凝土轻体排架结构，胸墙式挡潮蓄水闸，闸基础为ϕ60 cm井柱桩基础，水闸原设计7孔，钢筋混凝土闸门，闸门尺寸为3.2 m×3.3 m，闸孔净宽3 m，设计过水能力为180 m^3/s；一机多门式单吊点卷扬式电动启闭机。1977年扩宽达19孔，设计过水能力267 m^3/s。陡河闸总净宽为57 m(19孔)，闸底板高程0.0 m(大沽基面)，顶高程3.2 m。闸上游设计水位为3.42 m，设计泄量为392 m^3/s。陡河口从陡河闸算起，全长约2.1 km为短引河口，河底设计比降1/10 000。

宁车沽防潮闸位于天津市塘沽区宁车沽村西，潮白新河入永定新河处，1971年7月建成。该闸的主要功能为泄洪、排涝、挡潮、蓄淡、供两岸工农业用水，对确保海河流域北系的防洪安全具有重要作用。宁车沽防潮闸设计流量2 100 m^3/s，相应闸上、闸下水位为2.84 m(56黄海高程系统，下同)和2.67 m；校核流量3 000 m^3/s，相应闸上、闸下水位3.88 m和3.60 m。全闸共22孔，其中中部20孔过流，两端边孔以混凝土墙封堵。中孔底板高程为 -5.50 m，内边孔和外边孔呈阶梯式抬高，底板高程分别为 -4.50 m和 -1.70 m。每孔净宽8.00 m，中墩厚1.10 m，闸室总宽为199.10 m，闸室长16.00 m。采用分离式底板，灌注桩基础，墩底板厚1.40 m，跨中小底板厚0.70 m。每个墩底板下布置有6根直径为850 mm灌注桩，桩长为21 m和23 m不等。工作闸门设在闸室偏下游侧，为升卧式钢闸门，靠上游侧为叠梁式检修钢闸门。闸室上部设有工作桥，桥面高程8.50 m，桥面宽6.00 m，由4根"T"形梁组成，并由墩墙和独立柱支撑。工作桥上设有12台2×250 kN和8台2×160 kN固定卷扬启闭机以及1台2×160 kN活动台车，前者供主闸门启闭，后者供检修门启闭。防潮闸上游设15.00 m长钢筋混凝土阻滑板、10.00 m 长浆砌石框格海漫、15.00 m 长的 1∶10 斜坡式浆砌、干砌石海漫、6.00 m 长干砌石水平护底，总护底长 46.00 m。下游设有 16.00 m 长消力池，其尾坎高 1.00 m，其后为 10.50 m 长浆砌石框格水平海漫、24.50 m 长 1∶10 坡降浆砌、干砌石海漫、10 m 长抛石防冲槽，总计 61.00 m。防潮闸顺河自上而下工程总长 123.00 m。

北排河口位于子牙河右侧，是结合修筑子牙河右堤开挖的一条人工河道。该河道上起滏东排河下的冯庄闸，下至天津市大港区新马棚口村，是黑龙港流港域的骨干排涝河道。北排河口挡潮闸闸门宽度 76 m，设计流量 500 m^3/s，校核流量 900 m^3/s。河口长约 3.7 km，属于短引河口，设计底宽 76 m，设计比降 1/19 500。北排河新挡潮闸位于老挡潮闸右侧，于 1979 年 3 月开工，1979 年 7 月建成投入运行。1998 年 8 月进行改建设计。此闸闸型为河床式，全闸共 8 孔，其中：4 个中孔，2 个泄流边孔及 2 孔混凝土挡水死门。中孔设有 8 m×7 m 工作门，边孔设有 8 m×5.5 m 工作门。中间门顶高程 2.5 m，设有 8 m×6 m 检修门。工作闸门为升卧式平板钢闸门，共 6 扇，用 QPQ2 ×16 t 固定卷扬机启闭。检修闸门采用直升式平面钢闸门，用 2×16 t 活动式台车启闭。机架桥桥面高程 9.2 m，公路桥桥面高程 6.0 m。

南排河口位于漳卫新河口北侧的渤海湾西岸，是河北省黑龙港地区的一条主要排水入海尾闾。该河口入海河段从扣村(现改建为朱庄闸)闸算起，全长 22 km，属于长引河。河口设计底宽为 76 m，河底比降为 1/16 800。挡潮闸(扣村闸)建于 1966 年，闸门总宽度为 76 m(4.5 m×16孔)，闸底板高程 -3 m(黄海高程，下同)，顶高程 2.5 m。闸门上游设计水位2.0 m，设计泄量 552 m^3/s。

子牙新河口位于渤海湾西岸、独流域河口的南侧，地处天津市大港区最南边的马棚口，是子牙河的入海尾闾，以行洪排涝为主。该河口为典型复式河床，分为滩地和主槽，河道左右两堤距为 2.5 ~3.6 km，主槽宽约 40 m，行洪以滩地为主，主槽用于一般年份的排沥和排涝。河口最大入海泄量 9 000 m^3/s，其中主槽设计泄量 600 m^3/s。1967 年在马棚口处子牙新河口修建主槽挡潮闸，闸门共 3 孔，总净宽度为 24 m，其中中孔宽 10 m。闸底板高程 -4.3 m，上游设计水位 1.65 m，深槽(平滩)的设计泄量 300 m^3/s，主槽最大设计泄量 600 m^3/s。河口主槽挡潮闸引河长约 3.6 km，属于短引河。主槽河底是以倒坡形式伸向外海，比降为 1/27 600。

沙河口位于渤海湾北岸、陡河口以西约 10 km 处。沙河为排洪排沥河道。1975 年建河口防潮闸(沙河闸)，闸门净宽 64 m。闸底板高程 -1.2 m(大沽基面，下同)，顶高程 3.6 m。上游设计水位 3.4 m，设计泄量 502 m^3/s。沙河口从沙河闸算起，全长约 3.7 km，为短引河口，河底设计比降 1/10 000。

漳卫新河为黄河三角州沿海地区主要河流之一，担负着河南、山东、河北、天津以及津浦铁路防洪任务。辛集闸为漳卫新河下游大型节制闸，闸右岸位于山东省无棣县泊头乡，左岸位于河北省海兴县辛集乡。洪水到来时，漂浮物多且峰前涨势甚猛。该站曾在 1963 年、1996 年发生过洪峰流量 1 260 m^3/s、1 390 m^3/s 的较大洪水，造成下游河道堤防险象环生。辛集闸防洪水位 7.89 m，流量 3 500 m^3/s，强迫行洪 5 000 m^3/s。排涝水位 4.66 m，流量 1 250 m^3/s。

3.5.3 江苏省挡潮闸工程

3.5.3.1 简况

江苏沿海地区主要入海河流有 60 余条，承担着流域防洪、区域和垦区排涝的任务，形成了流域、区域及垦区排水工程体系(图 3 -78)。这些入海河流划分为北、中、南 3 大片，并由流域性行洪河道分成沂南、沂北、里下河、渠北、废黄河和通南地区等 6 大水利分区。北片在废黄河以北，属淮河流域沂沭泗水系的沂北、沂南地区；中片在废黄河以南、如泰运河以北，分为淮河流域下游的里下河地区（斗南、斗北）、渠北和废黄河地区；南片在如泰运河以南至328国道，属长江流域的通南地区。通扬运河以西地区的涝水主要通过南北向河道入江；以东地区的洪涝水通过南北向的通扬运河、九圩港、新江海河及东西向的通启运河、通吕运河等排水入海。

图3-78 江苏省水系及河口闸

江苏海岸沿线建有涵闸258座，其中大中型涵闸65座，小型涵闸193座，涵闸排涝面积达$2.9\times10^4\ km^2$，设计排涝流量$2.8\times10^4 m^3$。截至2005年底，经安全鉴定，共评定江苏沿海大中型挡潮闸61座，其中三类闸52座（大型水闸6座），四类闸9座。江苏主要入海河口挡潮闸见表3-20。

表3-20 江苏主要入海河口挡潮闸

序号	河口	河口闸经纬度坐标	入海河道	沿海挡潮闸	闸规模	设计流量/(m^3/s)	实际最大流量/(m^3/s)
1	兴庄河口	119.191 196 E,34.886 585 N	兴庄河	兴庄河闸	12×2.4 m+5 m	273	
2	青口河口一带	119.199 158 E,34.834 829 N	青口河	青口河闸	6×5 m+10.4 m	500	
			朱稽河	朱稽河闸	5×5 m	149	
			范河	范河新闸	7×5 m	208	

续表

序号	河口	河口闸经纬度坐标	入海河道	沿海挡潮闸	闸规模	设计流量/(m^3/s)	实际最大流量/(m^3/s)
3	临洪口	119.246 934 E,34.787 053 N	新沭河	太平庄闸	22×5 m	1 000	漫闸
			蔷薇河	临洪闸	26×5 m	1 700	565
			大浦河	大浦闸	3×7 m	246	98
			范河	范河闸等	2×8.5 m+8.5 m	367	200
4	烧香河口	119.461 923 E,34.679 558 N	烧香河	烧香河北闸	5×10 m	1 050	
			排淡河	大板跳闸	5×5 m	159	
5	埒子口	119.664 969 E,34.544 194 N	善后河	善后河闸	8×6 m+8 m	604	
				善后新闸	10×10 m	2 100	
			车轴河	车轴河闸			
			烧香河	烧香河闸	6×8 m	586	
			五图河	五图河闸	10×2.5 m	213	
6	灌河口	119.808 296 E,34.492 437 N	新沂河、灌河及其支流、五灌河等	新沂河海口闸		7 000	
			灌河	武障河闸	12×6 m+2×8 m	347	927
			灌河	龙沟河闸	17×6 m	303	636
			灌河	义泽河闸	4×8 m	73	345
			灌河	北六塘河闸	9×6 m	222	730
				一帆河闸			
				南潮河闸			
			灌河	五灌河闸	4×10 m+10 m	486	
			灌河	燕尾闸	5×6 m+6 m	332	300
7	中山河口	120.094 949 E,34.392 905 N	废黄河	滨海闸	21×3.8 m	600	936
8	废黄河口	120.286 051 E,34.261 522 N	淤黄河	淤黄河闸	3×4 m	115	80
			翻身河	翻身河闸	10×4 m+4 m	541	
9	二罾河口一带	120.321 883 E,34.154 027 N	南八滩河	南八滩闸	3×5 m+8 m	208	
			中八滩河	二罾闸	5×6 m		255
			北八滩河	振东闸	6×8.8 m	413	
10	扁担口	120.325 864 E,34.110 233 N	淮河入海水道	入海水道河口闸			
			苏北灌溉总渠	灌溉总渠六垛闸			

续表

序号	河口	河口闸经纬度坐标	入海河道	沿海挡潮闸	闸规模	设计流量/(m^3/s)	实际最大流量/(m^3/s)
11	夸套河口	120. 357 715 E, 34. 070 420 N	夸套河	夸套闸	3×6 m	147	
12	双洋河口	120. 389 565 E, 33. 994 776 N	双洋河	双洋河闸	7×3. 7 m+8 m	332	
13	运粮河口	120. 413 453 E, 33. 939 037 N	运粮河	运粮河闸	6×6 m+8 m	388	
14	射阳河口	120. 469 191 E, 33. 815 617 N	射阳河	射阳河闸	33×10 m+2×10 m	6 340	2 560
			运棉河	运棉河闸	14×6 m+6 m	1 467	394
			黄沙港	黄沙港闸	16×5 m+8 m	1 418	984
			利民河	利民河闸	10×5 m+8 m	756	453
15	新洋港口	120. 576 686 E, 33. 648 403 N	新洋港	新洋港闸	17×10 m+11. 8 m	485	1 640
			西潮河	西潮河闸	4×10 m	655	255
16	斗龙港口	120. 608 536 E, 33. 493 133 N	斗龙港	斗龙港闸	8×10 m+10 m	1 260	648
			大丰干河	大丰闸	7×10 m	619	
17	四卯酉口	120. 676 218 E, 33. 341 843 N	四卯酉河	四卯酉闸	10×5 m+8 m	818	234
18	王港口	120. 731 956 E, 33. 190 554 N	王港河	王港闸	19×4 m+6 m	1 500	719
19	竹港口	120. 783 713 E, 33. 130 835 N	竹港河	竹港闸	6×5 m+8 m	562	285
20	川东港口	120. 803 620 E, 33. 059 172 N	川东河	川东北闸	4×10 m+10 m	660	384
21	东台河口	120. 867 320 E, 32. 955 658 N	东台河	东台河闸	3×10 m	320	
22	梁垛河口	120. 915 096 E, 32. 883 995 N	梁垛河	梁垛河闸	8×6 m+8 m	580	667
			南闸干河（三仓河）	梁垛南闸	4×8 m+8 m	571	597
23	方塘河口	120. 887 227 E, 32. 688 911 N	方塘河	方塘河闸	4×8 m+8 m	292	541
24	新川港口	120. 954 909 E, 32. 609 285 N	北凌河	北凌新闸	2×8 m+10 m	210	593

续表

序号	河口	河口闸经纬度坐标	入海河道	沿海挡潮闸	闸规模	设计流量/(m^3/s)	实际最大流量/(m^3/s)
25	小洋口	121.006 665 E, 32.553 547 N	拼茶运河、南凌河、九洋河	小洋口闸	8×8 m+8 m	309	834
			拼茶运河、南凌河、九洋河	洋口外闸	6×10 m+12 m	740	
26	掘苴口	121.185 824 E, 32.473 921 N	掘苴河	掘苴闸	12×3 m	282	
27	东凌港口	121.388 870 E, 32.274 857 N	如泰运河	东安闸	9×4 m	321	305
28	遥望港口	121.361 001 E, 32.211 156 N	遥望港	遥望港闸	2×8 m+8 m	260	254
29	大洋港口	121.599 878 E, 32.095 698 N	通吕运河	大洋港闸	4×6 m+8 m	368	
30	塘芦港口	121.826 812 E, 31.936 447 N	通启运河	塘芦港新闸	6×6 m+9 m	278	590

江苏沿海岸线主要为泥质海岸，由于沿岸淤积细粒泥沙具有较强的流动性，在风浪作用下，泥沙很容易被搅起并且被潮流所挟带而输运，随涨落潮落淤至闸下河段。因蓄水灌溉，挡潮闸闭闸期很长，有的在10个月以上，闸下河道几乎普遍发生了淤积，大部分挡潮闸闸下河床淤积1.0 m以上，河床断面较建闸初期缩小了20%~30%以上。如东滩中心河闸下游引河长1.5 km，河床底普遍淤积至1.0 m以上，河床断面较建闸初期缩小20%以上；夸套河闸下游引河长3.5 km，河床底普遍淤积至1.2 m以上，河床断面较建闸初期缩小了30%以上。川东港闸1966年建成，建闸初期闸下游港道长约1 km，由于潮滩的淤涨，目前已蜿蜒长达13.4 km，近10年来平均1~2年就淤死1次；大丰市南部的竹港闸下游港道1994年淤死至今未开通；王港闸建成于1959年，曾先后于1969年、1972年、1978年和2005年淤死。六垛南闸始建于1952年，至2002年，引河各段面测量数据显示闸下引河段深泓高程平均抬高约3.2 m；小洋口闸建于1955年，由于闸下河道淤积严重，1997年开始新建洋口外闸，建成后3年内，闸下港槽持续淤积，淤积厚度最大达3.8 m。射阳河、新洋港、斗龙港和黄沙港（简称“四港”）是里下河地区排水入海的主要通道，自1956年相继建挡潮闸后，据不完全资料统计，在历年清淤和局部集中整治情况下，与建闸初期相比，四港闸下淤积量，1991年前约4 500×10^4 m^3，2006年汛前达5 020×10^4 m^3，1998年、2003年、2005年等几个大水年份与1991年大水冲成后港道断面相比，平均淤积量约900×10^4 m^3。

20世纪90年代末以来，沿海滩涂的大规模围垦以及疏浚不及时，挡潮闸下游河道淤积状况明显加重（表3-21）。据2008年资料，基本淤死和严重淤积的挡潮闸由20座增加到34座，连云港地区的太平庄闸、范河新闸、五图河闸由淤积很少或一般淤积转为严重淤积；盐城地区的竹港闸、东台河闸由严重淤积变成基本淤死；二罾闸、南八滩闸、夸套闸、双洋河闸、运粮河闸、运棉河闸、利民河闸、川水港闸、梁垛河闸、梁垛河南闸和方塘河闸等由一般淤积或很少淤积转为严重淤积；南通地区的东安闸由一般淤积转成严重淤积。

为了减小挡潮闸下河道淤积，扩大排涝效益，江苏沿海挡潮闸清淤措施主要有水力冲淤、机械冲淤、纳潮冲淤和闸下裁弯切滩等措施。

表 3－21　江苏沿海挡潮闸淤积情况统计

淤积情况	所在城市	闸数/座	闸名
淤积较少	连云港	7	大浦闸，太平庄闸，范河闸，燕尾港闸，善后新闸，烧香河新闸，大板跳闸
	盐城	5	环洋洞，运棉河闸，运粮河闸，梁垛河闸，梁垛河南闸
	南通	6	七门闸，大洋港闸，团结河闸，遥望港闸，小洋口闸，北凌新闸
一般淤积	连云港	8	五图河闸，图西闸，烧香河闸，善后河闸，朱稽河新闸，朱稽河副闸，青口河闸，兴庄河闸
	盐城	10	四卯酉河闸，西潮河闸，利民河闸，夸套闸，南八滩闸，二罾闸，滨海闸，黄沙港闸，双洋闸，六垛南闸
	南通	2	塘芦港新闸，东安闸
严重淤积	连云港	1	临洪闸
	盐城	13	东台河闸，川东港闸，竹港闸，王港闸，大丰闸，斗龙港闸，新洋港闸，射阳河闸，六垛北闸，振东闸，翻身河闸，民生河闸，南潮河闸
	南通	1	掘苴河闸
基本淤死	盐城	4	新港闸，三仓河闸，建川闸，三里闸
	南通	1	北凌闸

3.5.3.2　射阳河闸

射阳河闸位于射阳县海通镇，距离入海口 20 km，是江苏省沿海规模最大的挡潮排涝工程，也是江苏北部里下河地区主要排水干道射阳河出海口的挡潮闸。1955 年 9 月兴建，1956 年 5 月建成，闸址距河口 29 km，控制流域 4 036 km^2，为大(2)级水闸。设计日平均流量 960 m^3/s，设计最大流量 3 360 m^3/s，按 100 年一遇潮水位设计，1 000 年一遇校核。主要任务是挡潮、排涝、御卤、控制河网水位、蓄淡灌溉结合平潮过船。射阳河闸主要建筑物有挡潮闸、上下游引河、拦河坝及海堤等。闸身为钢筋混凝土结构，共 35 孔，每孔宽 10 m，高 5.5 m，总净宽 350 m，闸总长 410.1 m。中间 33 孔排水，为弧形钢闸门，两边各设一通航孔，为上下扉直升钢闸门。弧形钢闸门顶上为钢筋混凝土胸墙，闸顶高程 7.5 m(废黄河基准面，下同)，附近海堤堤顶与之平齐，闸底高程 －3.5 m。河底高程 －4.5 m，底宽 392 m。建闸 50 年多来，累计开闸 1.6 万余潮次，排水逾 $2\ 200 \times 10^8\ m^3$，年均排水量约 $40 \times 10^8\ m^3$。

射阳河闸建闸初期闸下港道 29 km，断面积为 2 140 m^2。建闸后闸下河道出现大量淤积，运行3年后，1960年断面面积为1 050 m^2，至1980年只剩下330 m^2，排涝能力急剧下降。1956年6月至1962年6月的6年间，共淤积3 400×10^4 m^3，河槽容积缩小一半。为了解决闸下河道淤积带来的排涝不畅，1980—2008年射阳河闸下先后实施3期裁弯取直工程(图3-79)。1980年在射阳河闸下游东小海至河口之间进行人工裁弯取直，裁弯新河长5.4 km，裁弯后，射阳河闸至河口的距离缩短至16.2 km。二期工程实施闸下近闸段淤滩抽槽，调顺水流；三期工程在闸下桩号5.0~9.0 km裁弯取直并对港道进行疏浚清淤。经过整治，闸下港道逐步平顺，断面积保持在1 000 m^2左右。1991年之前采取日常清淤措施，港道有所改善，之后停止日常清淤，淤积逐步增加，年淤积量保持在2 000 m^3以上，2008年达到2 353×10^4 m^3。

2006年12月3—10日运行冲淤方案，每日2潮，平开平关，闸下河道监测断面淤积11.74×10^4 m^3(计算水位-1.00 m)；12月11—17日关闸，淤积0.043×10^4 m^3；12月18—24日带0.80 m水位差开闸，冲淤量达54.97×10^4 m^3；12月25—31日带0.80 m水位差开闸，并用3条掺气耙清淤船拖淤，冲淤量达33.98×10^4 m^3；2007年1月1—7日关闸时，回淤较大，淤积量130.98×10^4 m^3。在2006年12月3日至2007年1月7日试验期内，闸下河道总淤积量为53.81×10^4 m^3。

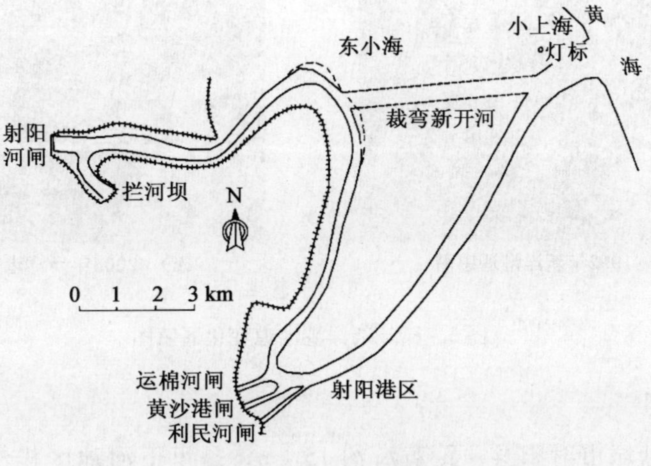

图3-79 射阳河口闸下河段裁弯工程示意

3.5.3.3 新洋港闸

新洋港闸位于江苏省盐城市境内，也是里下河地区主要排水入海工程。1957年5月建成，控制流域2 478 km^2，为大(3)级水闸，设计日平均流量485 m^3/s，设计最大流量1 540 m^3/s。闸身全长200.09 m，共17孔，左岸边孔为通航孔。通航孔为弧形钢闸门，净宽11.84 m；排水孔亦为弧形钢闸门，净宽10 m。建闸近50年来，累计开闸1.5万余潮次，排水超过980×10^8 m^3，年均排水量约20×10^8 m^3。

建闸初期，闸下河道长约20 km，闸下0 m高程以下平均河床断面积为1 820 m^2。建闸后，闸下河道淤积严重，河床普遍淤浅，过水断面缩窄，建闸初期的3年，闸下河床断面积减小了55%。至1969年9月，20 km河段内淤积超2 100×10^4 m^3，平均105×10^4 m^3/km，河槽容积仅有建闸前的1/3。从闸口向外8 km内河槽相对比较稳定，8 km以下港道两侧的滩面较低，港道的弯曲发育频繁，部分弯曲河段汛前汛后河槽位移量可达300~400 m。1971年和1992年曾2次进行裁弯取直，使闸下河道缩短至10.6 km。但裁弯后5~6年又有新的弯道形成。港道的出海口摆动幅度大，建闸初和1969年的出海口距离南北相差达6.9 km。1991年年底至1992年5月下旬在闸下5 700 m以下进行裁弯，裁弯段长度由原来的4 000 m缩短为1 400 m。1992年以后，由于港道两侧滩面高程较高，并逐渐在港道两侧实施了匡围，新洋港闸下港道大部分已属于两岸有堤防控导的河道型引河，平面形态基本稳定，河槽宽度也基本稳定，仅在入海口3~4 km的港道无控导工程处，存在一定的平面形态摆动。1991年大水以后，连年干旱，闸下港道断面面积逐年减小，在1995年达到最小。1995年大旱，汛前淤积为历史最大值，闸下0.00 m以下平均断面面积239.3 m^2，为建闸初的13%；2001年汛前0.00 m以下平均断面面积364.5 m^2，为建闸初的19.8%。随后的整治工程及清淤措施，闸下港道减淤效果明显，闸下港道断面面积逐年增大；2002年新洋港裁弯后又适逢2003年大水年，冲刷效果明显；2005年汛后断面面积基本与2003年大水后相当，汛前断面面积与1991年汛前对比，闸下港道断面扩大了18.8%，排水能力基本恢复到1960年的水平。至2006汛前，闸下港道又发生淤积，但通过清淤措施，2006年汛后的闸下港道情况得到很大改善。1992年和2004年新洋港港道变化见图3-80。

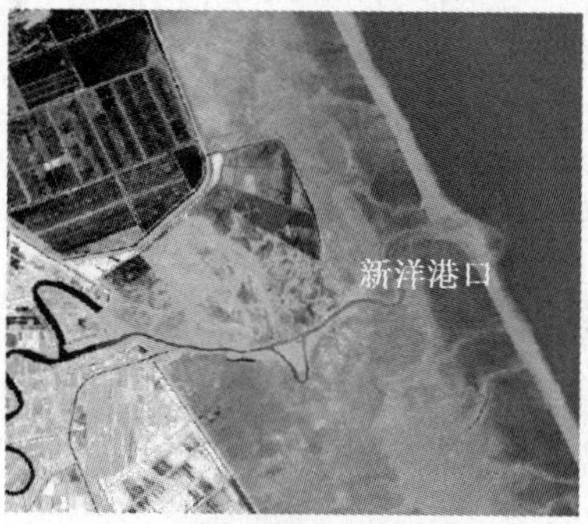

(a) 1992年新洋港遥感图

(b) 2004年新洋港遥感图

图3-80 新洋港港道变化遥感图

3.5.3.4 黄沙港闸

黄沙港闸位于盐城市射阳县，距黄海约15 km，是里下河地区排涝挡潮控制工程之一。1973年6月建成。控制流域面积865 km^2，设计日平均流量200 m^3/s，最大流量1 418 m^3/s。全闸共分16孔，其中15孔为排水孔，为平面直升钢闸门，每孔净宽5 m，高5.3 m；左岸1孔为通航孔，为平面直升上下扉钢闸门，净宽8 m，高7.8 m。全闸总宽117 m，闸孔总宽83 m。南岸设鱼道净宽为2.8 m。通航孔底槛顶高程-3.0 m(废黄河基面，下同)，排水孔底槛顶高程-3.5 m，闸下消力池长8 m，防冲槽10 m，防冲槽表面高程-5.5 m，防冲槽以下设缓坡至河床底高程-3.5 m，下游引河底宽100 m，边坡坡比为1∶3。建闸30多年来，累计开闸1万余潮次，排水330×10^8 m^3，年均排水量约10×10^8 m^3。

黄沙港闸始建时闸下河道长13.6 km，1972年工程还未完全建成，就急于排洪，采用了局部人工开启方式，导致下游冲塘，以后河床迅速缩小，至1978年最大深泓维持在-4.0~-3.0 m之间，防冲槽表面淤积近2 m。从1978—1991年，基本维持在-4.5~-3.0 m。1991—1994年由于排水量减少，河床又出现大量淤积。1994—2006年汛后，最大深泓一直维持在-3.5~-2.5 m，造成这一现象的主要原因是年排水量减少。1978—1992年汛后14年中年平均排水量为15.3×10^8 m^3，平均河床容积为13.11×10^4 m^3，是设计值的74.85%；而从

1992年汛后到2006年间年均排水量为12.99×10^{8} m^{3}，平均河床容积为12.19×10^{4} m^{3}，是设计值的69.6%。河床最大深泓平均抬高1 m多，河床平均抬高了0.2 m。根据1973—2007年共34年的实测资料，目前闸下500 m河床容积与设计河床容积比较，枯水年1978年、1994年的汛后分别只有原设计断面的50%和65%，丰水年1981年、1990年和2003年分别为原设计断面的79.5%、104.4%和77.7%。

黄沙港闸冲淤试验分3个阶段进行。2006年12月3—10日为第一阶段，黄沙港闸每日开闸2潮，平开平关，这期间下游港道的泥沙冲刷入海，冲淤量为12.05×10^{4} m^{3}。12月10—17日，黄沙港闸关闸，这期间泥沙淤积下游港道，淤积量为2.80×10^{4} m^{3}。12月18—24日为第三阶段，黄沙港闸带0.80 m水位差开闸，同时3条清淤船清淤，这期间下游港道的泥沙冲刷入海，冲淤量为8.32×10^{4} m^{3}。12月25—31日，黄沙港闸关闸，这期间泥沙淤积下游港道，淤积量为4.00×10^{4} m^{3}。2007年1月1—8日，黄沙港闸带0.80 m水位差开闸，这期间下游港道的泥沙冲刷入海，冲淤量为8.31×10^{4} m^{3}。从2006年12月3日至2007年1月8日，在黄沙港闸不同开闸、拖淤等工作情况下，总体是下游港道的泥沙冲刷入海，总冲淤量为21.87×10^{4} m^{3}。

3.5.3.5 斗龙港闸

斗龙港闸位于江苏省大丰县，是控制里下河入海及挡潮的三级建筑物，建成于1966年6月，控制流域4 428 km^{2}，设计日平均流量200 m^{3}/s，设计最大流量1 260 m^{3}/s。闸身系钢筋混凝土结构，全长90.575 m，共8孔。左岸边孔为通航孔，为直升式上下扉钢闸门，净宽10.3 m；其余7孔为排水孔，为弧形钢闸门，净宽10 m。中闸墩厚1.1 m，边闸墩厚0.9 m。闸身底板4块，左岸通航孔为1块，右岸挡潮孔1块，中间6孔分为2块，每块3孔。闸底板顺流向长17 m，板面高程−3.0 m。挡潮孔胸墙底高程为2.5 m，顶高程6.5 m，另加1 m高的挡浪板。建闸40年来，累计开闸1.1万余潮次，排水超过480×10^{8} m^{3}，年均排水量约12×10^{8} m^{3}。

3.5.3.6 小洋口闸

小洋口闸位于如东县西北部沿海，建于1995年，闸孔净宽72 m，设计平均排涝流量309 m^{3}/s，最大排涝流量596 m^{3}/s，担负着如东、如皋、海安3个县(市)近13.3×10^{4} hm^{2}农田的排涝、降渍及沿海地区排咸任务。下游引河在泄洪时宽80 m，底高程−2～−1 m；冬春枯水季节下游引河宽50～60 m，底高程约−0.5 m。由于多年运行，闸下游引河淤积严重，港道弯曲长达10 km以上，特别是近年来连续干旱少雨，冲淤水源不足，导致下游港道淤积加剧。1996年1月风暴高潮掀沙使港道淤高至1.5 m以上，比原标准高出2.5 m，导致港道淤塞。虽然采取了机械清淤等措施，但清淤效果不甚明显。经多方案研究，结合滩涂围垦、渔港建设，决定新建洋口外闸，项目分3期实施，2002年全面投入运行。小洋口外闸港槽全长约1.5 km，设计河底高程−3 m，河底宽100 m。小洋口闸建成后的3年内，闸下港槽持续淤积，如2004年6月份后由于农业灌溉用水增加，冲淤水量减少，闸下港槽淤积明显加快，日均淤积高度4 cm，最大达7 cm；淤积最明显期是每年的秋冬季节，此时可用于冲淤的水量有限，闸下港槽全线淤积，除闸口因船只通行频繁淤积尚不明显外，闸下90 m以外均有明显淤积。2004年、2006年小洋口岸滩及口外港道地形遥感图如图3−81所示。

(a) 2004年

(b) 2006年

图 3-81 小洋口岸滩及口外港道地形遥感图

3.5.4 浙江省挡潮闸工程

浙江省有八大水系，分别为苕溪、运河、钱塘江、甬江、椒江、瓯江、飞云江、鳌江。除苕溪注入太湖、京杭运河沟通杭嘉湖平原水网外，其余均为独流入海河流。杭州湾南岸、椒江口、瓯江口、飞云江口、鳌江口两岸为淤泥质海岸。浙江省入海河流的干流上建闸的较少，支流建闸较多，如甬江支流的姚江、瓯江支流的楠溪江、椒江支流的永宁江、杭州湾上的曹娥江。甬江支流姚江 1959 年建闸后，第一年内闸下甬江河段的淤积量 $9.43\times10^8\ m^3$，占口内河段各年累积淤积量的 42%，以后逐年减少。闸下河道的淤积厚度也有类似变化，第一年最大，达 1.10 m，第二年便迅速减少。大致到 1973 年甬江河道的淤积渐趋轻微且稳定。椒江支流的永宁江 1961—1978 年，三江口至北洋 38 km 内共淤积 $2\ 231\times10^4\ m^3$，平均淤积 $58.71\times10^4\ m^3/km$。近几年建造的最大挡潮闸是曹娥江大闸。

钱塘江尖山河段位于从海宁八堡至海盐澉浦，长约 45 km，钱塘江下游最大的支流曹娥江汇入尖山河段的南岸。钱塘江河口治理前，曹娥江汇入口处钱塘江河宽逾 20 km，随着钱塘江尖山河段主槽的摆动，曹娥江汇入钱塘江的出口方向也随之变化。尖山河段潮强流急，澉浦多年平均潮差约 5.57 m，最大潮差 9.0 m。涌潮形成于尖山河段，曹娥江口附近涌潮流速可达 5~6 m/s。底沙和悬沙均为粉砂，中值粒径为 0.02~0.04 mm，易冲易淤。江口附近最大含沙量在 $20\ kg/m^3$ 以上。自 20 世纪 70 年代治江围涂以来至 90 年代后期，曹娥江口门两岸已基本达到南岸规划线，曹娥江口门堤距缩短了 12.5 km 左右。1997 年以后北岸开始抛坝促淤围涂，河势逐渐南摆弯曲，不仅使堤距又缩短了 2.5 km，更主要的是主槽南移。曹娥江口外的低滩线离岸距离从 20 世纪 90 年代初的平均 7.75 km 缩短到平均 1.8 km。因曹娥江出口方向不同，造成曹娥江口主槽长度差异，从而导致曹娥江河口泄洪和排涝能力的变化，历史上曾出现过曹娥江河口低潮位高于萧绍平原排涝水位的情况，严重威胁曹娥江河口两岸的排涝。因此，曹娥江出口江道整治在尖山河段治理中占有重要地位，其治理规划最终目标是在口门建闸。

为了了解曹娥江河口建闸以后的泥沙淤积问题，在现场调查的基础上，选择曹娥江大闸下游 26 km 左右的余姚陶家路闸开展闸下潮沟冲淤试验。陶家路闸为 5 孔，每孔净宽 4.0 m，闸底高程 -0.43 m。闸港长 200 m，泥沙粒径 $d_{50}=0.03$ mm，滩面高程在 -2.0~3.0 m，闸下潮沟长 2.0 km，宽 65~150 m。闸外泥沙粒径、滩面宽度、潮沟长度以及潮汐特性等与拟建的曹娥江大闸有许多相似之处。通过现场先后2次开闸放水冲刷试验以及冲刷试验期间(36天)对闸港和闸下潮沟的回淤观测，对关闸期间闸港、潮沟边滩和深槽所测的地形逐日观测分析，得到边滩平均淤积强度为5 cm/d；闸港内15天和36天内平均淤积强度分别为13 cm/d和8 cm/d；潮沟内15天和36天的平均淤积强度别为12.8 cm/d和7 cm/d。潮沟底部以冲刷为主，冲刷强度约10 cm/h。冲刷后岸坡变陡，弯道潮沟因受水流顶冲，出现坍塌，潮沟面宽增大。潮沟下游段走向很不稳定，出口方向总趋势顺涨潮流方向上移。处在中、低潮位以下的潮沟因受主流涨、落潮流影响而易摆动。

曹娥江大闸位于钱塘江下游右岸主要支流曹娥江河口，闸址距绍兴市区约30 km，距上虞市区约47 km，距杭州市约85 km，距宁波市约158 km，是我国强涌潮河口地区第一大闸。设计泄洪流量11 030 m^3/s，为Ⅰ等工程，主要建筑物为1级建筑物，防洪标准为100年一遇洪水，挡潮标准为100年一遇高潮位。大闸枢纽主要由挡潮泄洪闸、堵坝、导流堤、鱼道、闸上江道堤脚保护以及管理区等组成(图3-82)。挡潮泄洪闸总净宽560 m，闸底板高程-0.5 m，共设28孔，闸孔净宽20.0 m；堵坝布置在导流堤与右岸堤防之间，长574 m，高约20 m；长约500 m、宽约450 m的鱼道分别布置在大闸左侧堤防和右侧导流堤上。工程建筑物及管理区占地1 064亩。工程建设期为2005年12月至2009年6月。曹娥江大闸的兴建，可以解决曹娥江河口段的淤积问题，从而提高了曹娥江两岸的防洪潮能力和两岸平原的排涝能力；有利于水资源的开发利用，并大大改善了航运条件，提高其水运规模效益、环境优美的景观水域，带动沿江两岸的社会经济的蓬勃发展。

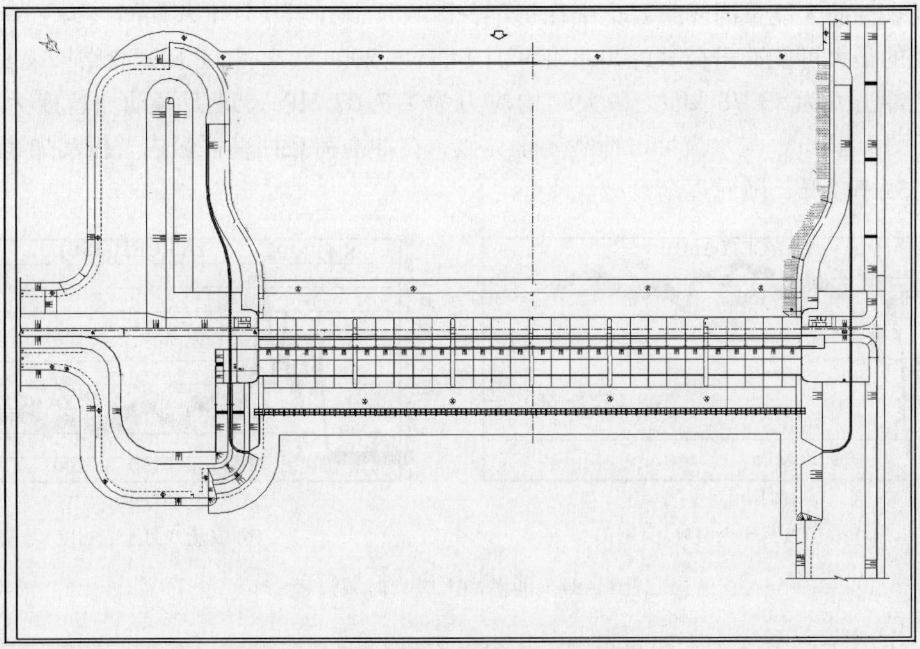

图3-82 曹娥江大闸平面布置示意

针对强涌河口挡潮闸关键技术的研究现状和存在的问题，工程研发了大掺量磨细矿渣活化剂，将大掺量磨细矿渣、强纶纤维和防裂网片等措施应用于体型复杂的薄壁混凝土结构中，有效地解决了混凝土开裂和近海工程中大体积混凝土的耐久性难题；采用了鱼腹形双拱空间结构闸门体系，改善了传统平面闸门的受力形式，具有简洁流畅、刚度大、重量轻的优势；通过涌潮现场观测研究了大闸所受的涌潮作用力及分布以及闸下泥沙淤积状况。

钱塘江涌潮时，潮水由远及近，随着河口的收缩变窄，河底抬升水深变浅，潮波变形渐趋剧烈，潮头坡度变陡，水面壅高显著，翻滚掺气剧烈，形成闪耀的白浪，过曹娥江河口后形成与曹娥江轴线呈 45°～60°的行进涌潮直逼大闸，随涌潮时间和部位的不同，涌潮高度约在 1.0～2.0 m 范围内变化。涌潮对闸门冲击作用包括二部分，一部分是直接受涌潮冲击部分，另一部分是涌潮冲击边墙或闸墩后回荡冲击门体部分。涌潮冲进闸室，有时呈现为一股水墙直接倾压而来，有时形如倾泄的水流急速倾泻而来直接冲击门体，随着水流撞击门体后受到门体阻拦迅速折返，受涌潮后面水体挤压而在门前形成往复撞击门体的震荡波。涌潮及其冲击门体形态如图 3－83 所示。

（a） 大潮远景形态　　（b） 大潮逼近大闸涌潮形态

图 3－83　涌潮及其冲击门体形态

最有代表性的大能量涌潮主要集中在每年农历八月十五至八月十八期间，为了考察曹娥江大闸所承受的最大可能冲击荷载，2008 年 9 月 14 日至 2008 年 9 月 17 日试验结果表明，1 号闸门最大水流冲击力为 53.78 kPa；最大结构应力为 147.67 MPa；最大振动加速度为 －6.42～6.30 m/s^2（图 3－84）。与水流冲击荷载变化类似，在冲击荷载回荡区域内，振动加速度起伏变化较大，且频率较低，随后逐渐衰减。

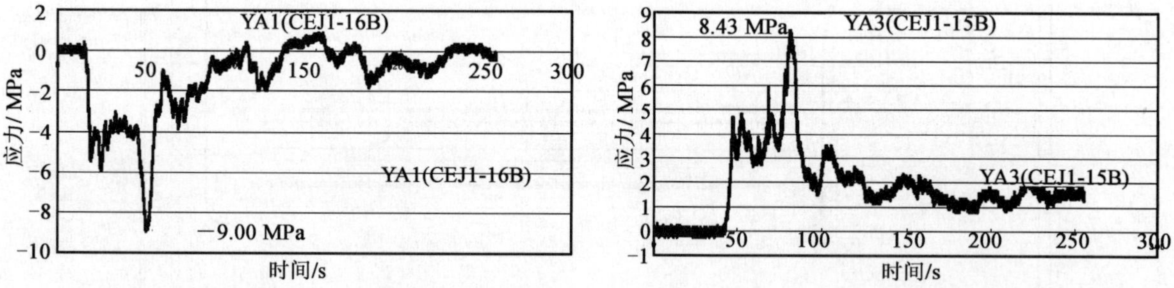

(a) 农历八月十六日晚1号闸门　　(b) 农历八月十五日晚1号闸门

图 3－84　涌潮冲击应力时域过程

2011 年 6 月大闸关闸蓄水期间布置了 3 个断面进行了 4 次测量，测量时间间隔均为 3 天。实测资料表明闸下 3 个断面的 10 天平均回淤速率分别为 9.2 cm/d、8.6 cm/d 和 9.8 cm/d。大潮的回淤速率大于中、小潮，而测量期间均为中、小潮，故回淤速率略低于以前的预测速率 10 cm/d。

3.5.5　福建省挡潮闸工程

福建省沿海河口有 456 座水闸，大多已运行二三十年，普遍老化失修，由于资金缺乏，福建省在千里海堤除险加固达标中，未能对海堤水闸进行同步加固，但在挡潮闸除险加固中也积累了经验，近年来在除险加固和新建挡潮闸中提高了工程标准。新建的九溪挡潮闸为大（Ⅱ）型水闸，设计过闸流量为每秒1 035 m^3，挡潮标准为100年一遇，相应潮位为4.75 m，防洪排涝标准为50年一遇。为了满足城市建设和生态需求实施一些挡潮闸改扩建工程。莆田市木兰溪下游拦河挡潮闸也在规划建设中。

龙海市保护千亩以上海堤有224座水闸，水闸下游冲刷破坏是普遍存在的主要工程问题。通过多年来工程实践，已经形成一整套有效的处理措施。如水闸下游冲刷破坏形成冲刷坑不大，可采用砂回填冲刷后，设置完善的消能措施，包括消力池、海漫和防冲槽。先通过水力计算确定各种消能工的结构尺寸，其中消力池部分如破坏不严重或与计算尺寸相差不多，可通过设置尾槛、齿坎或消力墩等辅助消能工，用来提高消能效率；反之则应按设计尺寸重新设置，常用浆砌条石或钢筋混凝土护砌，厚度为0.5～1.0 m。海漫部分则应因地制宜选取适宜护砌材料，通常有干砌石、浆砌石、钢筋混凝土海漫等。防冲槽则一般采用抛石防冲槽。对已建水闸闸基沉降控制最有效的处理措施是采用高压旋喷灌浆处理，通过在闸基中高压旋喷灌浆形成水泥土摩擦桩，提高闸基承载力，达到控制沉降的目的。龙海市角美壶屿港水闸由于软基不均匀沉陷，闸基沉降最大达到0.63 m，加固时采用单管高压旋喷灌浆处理，每个闸墩上、下游侧和中间各设5个灌浆孔，沿闸墩轴线两侧布孔，灌注水泥浆，成桩直径0.5 m，伸入闸基础10.5 m，采用灌浆压力为20 MPa，经处理后闸基沉降基本得到控制。对闸室淘空处理通常通过水闸上游防渗，如设置水平铺盖或垂直防渗控制闸基渗流，然后再对闸室进行灌浆处理。龙海市紫泥新港口水闸由于闸基渗流造成闸室底板多个部位被淘空，加固时采用每孔闸纵轴线加密每闸打3孔3排呈梅花布设灌浆孔，孔深5 m以上进行帷幕灌浆防渗。然后对闸室淘空部位采用钻孔灌浆处理，先灌细砂，注满后，再灌水泥砂浆，最后灌水泥浆。

马銮湾原有水域面积约为22 km^2。1957年开始兴建盐场，1960年建成马銮海堤。海堤建成后，马銮湾与西海域之间水体交换功能即基本丧失，成为封闭水体，历经40多年盐业和水产养殖，造成大量淤积，水体严重缺氧，底层水已基本处于绝氧状态，浮游动植物种类少，东部水深处已无底栖生物。根据《厦门市马銮湾地区分区规划》(2004)，马銮湾片区未来将成为厦门市的副中心，以发展中高档滨水居住区、高科技工业区和研发区为主，并配套建设以生态和滨水环境为基础的大型休闲、游乐、运动设施。作为马銮湾综合整治开发项目的基础先导工程，马銮海堤开口改造工程是实现上述前景的保证。工程实施后将有效扩大厦门西海域的纳潮面积，减少嵩鼓水道的泥沙淤积，有利于厦门港区及航道的水深维持，加大西海域的水体交换能力，对马銮湾的水质条件有较大改善；关闸蓄水可在马銮湾内形成平静宽阔的水上运动场；马銮湾地区防洪标准将达到50年一遇，挡潮标准将达到100年一遇。马銮海堤开口改造工程基础为花岗岩地基。在钻孔揭露深度范围内的岩土层按成因、形成顺序和岩性由上至下分别为：素填土层、抛石－抛砂层、淤泥－淤泥质黏土层、砂质黏土－黏土层、含泥中粗砂层、残积砂质黏性土层、全风化花岗岩、砂砾状强风化花岗岩、碎块状强风化花岗岩、中风化花岗岩。常有台风在本市或附近沿海登陆，台风登陆时最大风力可达12级以上，风速38 m/s以上。据统计，当地6级以上大风的最多风向为NE风，频次占26%，对施工有较大影响。潮位一般在－1.55～2.44 m，平均潮差3.99 m。工程新建1座9孔挡潮闸，1座单线双向通航船闸。水下翻板闸门的启闭设备分列于闸门两侧，水闸孔口宽度为60 m。

参考文献

常汉林，孙宏图. 2007. 河北省海堤工程调研报告. 河北水利.
陈国宁. 2007. 开敞式海堤波浪计算初探. 水利科技，(6).
陈坚，黄发明，陈峰. 2005. 福建省海岸侵蚀状况与对策. 海底科学发展战略研讨会论文集.
陈茂林. 2009. 滨海地区城区海堤加固设计探讨. 中国新技术新产品，(17).
陈伟，兰国玉，等. 2007. 海南岛青皮林生态系统服务功能及保护对策. 西北林学院学报，22(5).
窦希萍. 2011. 河口建闸引起的水沙环境变化和综合治理研究(综合报告).
高学平. 2001. 天津海挡防护研究报告. 天津大学建工学院水力学所.
季小梅，等. 2007. 三亚海岸演变与人工海滩设计研究. 第四纪研究，27(5).
康瑛，汪恒强. 2007. 浙江省曹娥江大闸闸下冲淤调度研究初探. 水利水电技术，(3).
匡翠萍，等. 2010. 北戴河中直六、九浴场养滩工程效果分析与预测. 同济大学学报，(4).
蓝永强. 2006. 厦门市西海域杏林段海堤除险加固及岸线整治工程的设计. 大众科技(7).
李玉宝，梁福根，严丽华. 2009. 温州沿海互花米草变迁及其与滩涂开发响应. 海洋环境科学，(3).
刘雅萍，黄保国，熊敬东. 2003. 盘山闸对上下游河道冲淤的影响和防淤措施. 东北水利水电，(6).
毛昶熙，等. 2003. 堤防渗流与防冲. 北京：中国水利水电出版社.
南京水利科学研究院. 2001. 江苏海堤调研报告.
蒲高军，张日向，等. 2005. 开敞式滩海油田保滩促淤工程研究. 海岸工程，24(2).
上海市水务局. 2006. 上海市海堤工程建设情况概要.
宋向群，等. 2005. 星海湾人工海滨浴场的规划设计研究. 土木工程学报，(4).
王广禄，蔡锋，等. 2009. 厦门香山至长尾礁沙滩修复实践及理论探讨. 海洋工程，(3).
王静. 2005. 海堤工程防洪(潮)标准与区域社会经济发展. 水利监督. (3).
王培元. 2008. 新型双排管桩丁坝在胜利油田孤东海堤保滩促淤中的应用. 海岸工程，27(3).
王玉广，李淑媛，苗丽娟. 2005. 辽东湾两侧砂质海岸侵蚀灾害与防治. 海岸工程，(24).
王云盛. 2007. 金马海堤除险加固技术探讨. 水利科技，(3).
徐光杰. 2008. 滨州市防潮工程建设调查与实施对策. 山东水利.
张成. 2009. 海堤建设标准分析及工程设计探讨. 广东科技，(5).
张从联，等. 2008. 上海、浙江、福建三省市海堤现状调查. 水利水电科技进展，28(2).
赵庆英，王小波，等. 2008. 绣针河口附近岸线变迁特征. 海洋学研究，26(2).
卓存实. 2009. 福建省罗源白水围垦工程海堤施工关键技. 海峡科学，(4).
邹世平. 2009. 广西海堤堤型结构优化研究. 广西水利水电.

第4章

海港工程

4.1 概述

我国大陆北起鸭绿江口，经辽宁、河北、天津、山东、江苏、上海、浙江、福建、广东、广西，到北仑河口，全长逾18 000 km海岸线上，分布着沿海港口150余个(含长江南京及以下港口)(图4-1)。这些港口对满足国家能源、原材料等大宗物资运输，支持国家外贸快速稳定发展，保障国家参与国际经济合作和竞争起到了重要作用。

图4-1 沿海港口分布示意

20世纪50年代，全国(除台湾省)仅有万吨级泊位60个，码头岸线总长逾20 000 m，年总吞吐量逾500×10^4 t。60年代，我国开始有计划地发展航运业并积极恢复港口；70年代，随着我国对外关系的发展，对外贸易迅速扩大，外贸海运量猛增，沿海港口货物通过能力不足。周恩来总理于1973年初发出了“三年改变港口面貌”的号召，开始了第一次建港高潮。改革开放后，“六五”(1981—1985年)计划将港口建设列为国民经济建设的重点，沿海港口成为我国对外开放的窗口，港口建设进入第二次建设高潮。沿海15个主要港口开工建设万吨级以上泊位132个，建成54个，初步改善了港口布局。在“七五”、“八五”、“九五”期间，我国重点建设了海上主通道的枢纽港及煤炭、集装箱、客货滚装等3大运输系统的码头，基本形成了以大连、秦皇岛、天津、青岛、上海、深圳等20个主枢纽港为骨干，以地区性重要港口为补充，中小港适当发展的分层次布局框架。“十五”和“十一五”期间，兴建了一批大型化、专业化、信息化的综合港口。2003年我国颁布了《中华人民共和国港口法》。2006年国务院通过了《全国沿海港口布局规划》，我国沿海港口建设与发展进入了新的历史阶段。目前，我国初步建成了布局合理、层次分明、功能齐全、河海兼顾、内外开放的港口体系。沿海已形成五大港口群体，分别是环渤海地区港口群体、长江三角洲地区港口群体、东南沿海地区港口群体、珠江三角洲地区港口群体、西南沿海地区港口群体(图4－2)，形成以大连港、天津港、青岛港、上海港、宁波港、厦门港，深圳港、广州港为核心的八大国际航运物流中心。宁波港口和厦门港国际航运物流中心也是上海国际航运中心的重要支撑和组成部分；深圳港与广州港也是香港国际航运中心的重要支撑。

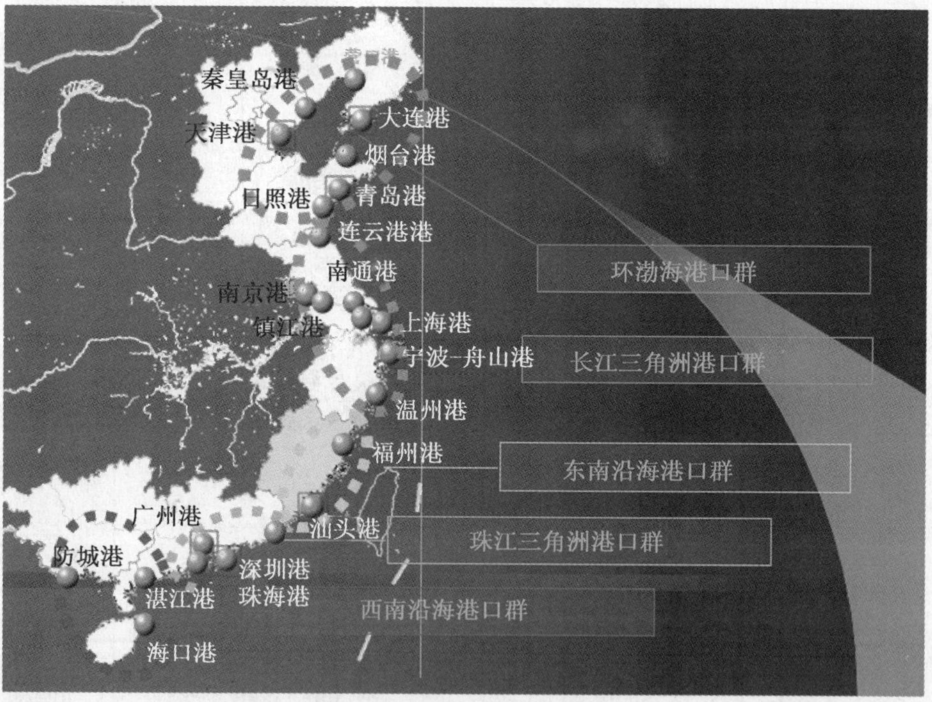

图4－2　五大区域港口群布局示意

近十几年来，一些高新技术的应用使我国在海港建设方面形成了一批具有国际先进水平的技术和装备。为适应在恶劣、复杂环境条件下海港建设的需求，开发了许多新型结构，突破了一系列深水港口建设中的关键技术。重力式码头成功引进了格型钢板桩、大直径钢筋混凝土薄壁圆筒、开孔消浪沉箱结构，开发了具有我国特色的抛石基床水下夯实和爆炸密实方法和水下深层水泥搅拌法（CDMA），从而在软基上亦能采用重力式结构；高桩码头在深水情况下成功采用了全直桩结构和依靠自身变形吸收船舶能量的柔性靠船结构；开发了新型的斜拉（顶）桩式板桩码头和遮帘桩板桩码头，以适应板桩码头结构大型化发展的需求；开发了爆破填石的防波堤软基处理技术和大空心率空心方块轻型斜坡堤；开发了削角直立堤、开孔消浪沉箱结构、环保型的梳式沉箱结构及削角空心方块混合堤、桩基透空堤、箱筒型基础结构；引进、创新、推广了半圆形结构混合堤及大直径圆筒结构等；成功研发了水下基床抛石整平机械化施工工艺、大型沉箱出运、海上远距离拖运和安放工艺、疏浚与吹填施工新工艺等，大大提高了施工质量和效率，满足了国家重点工程的建设需要，部分工艺与技术达到世界先进水平。在航道治理方面，攻克了大型深水航道建设中的关键技术，开发了复杂河口航道整治技术，并成功应用于长江口等深水航道治理工程。我国的泥沙研究水平随着我国港口建设的快速发展获得了全面的提升，特别是粉砂质海岸研究方面处于世界领先地位。为配合深水海港工程施工，我国研制出了大型打桩船、起重船、疏浚船、水下基床抛石整平机等施工装备，大大缩短了海港工程的施工周期。依托我国水运事业的快速发展，信息化、智能化水运已经实现从研究走向产业化实施的转变，产生了巨大的社会效益和经济效益。在上海、深圳等枢纽港完成了基于现代港口的散杂货物流服务示范工程，成功实践了“资源节约型、环境友好型”散杂货港区总体规划布局新理念。这些新技术的开发和应用促使了我国海港建设从有掩护水域向半开敞、开敞、深水水域的发展。

截至2010年，沿海港口总吞吐能力与吞吐量之比达到1.1，总吞吐能力达到53×10^8 t左右，码头能力紧张状况全面缓解；完成长江口航道整治工程，建设珠江口出海航道以及营口、天津、连云港、宁波－舟山、汕头、深圳、湛江、防城、海口等主要港口深水航道，港口航道与大型深水码头的建设相匹配，基本适应到港船舶大型化的需要；基本适应国民经济和社会发展的需要，形成干线港、支线港、喂给港层次分明、布局合理的港口集装箱运输体系；码头吨级结构、功能结构调整取得明显成效，安全、便捷、高效和优质的服务水平有较大幅度提高。

4.2 环渤海港口群

4.2.1 概况

环渤海港口群是由辽宁、河北、天津、山东诸港组成，包括以大连港、天津港、青岛港为核心的三个国际航运中心。大连港国际航运中心以大连港为核心，辽东半岛及辽宁沿海的营口港、锦州港、丹东港、长兴岛港为两翼，也是东北亚地区重要的区域性国际航运中心；天津港国际航运中心，以天津港为核心，秦皇岛港、黄骅港、唐山港为两翼，作为以腹地服务型和以环渤海地区为服务网络、以煤炭能源输出的大港，是中国北方重要的区域性国际航运中心；青岛港国际航运中心以青岛港为核心，日照港、烟台港、龙口港、威海港等为两翼，辐射华北和西北地区，以东北亚国际集装箱货物中转和腹地出海货物中转为服务对象，是中国北方重要的区域性国际航运中心。主要港口分布如图4－3所示。

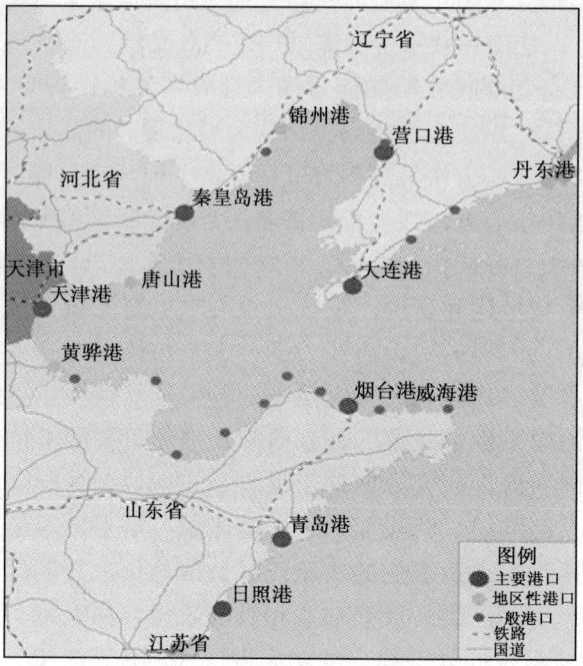

图 4-3　环渤海主要港口分布示意

4.2.2　丹东港

4.2.2.1　简况

丹东港位于辽东半岛东北部，鸭绿江入海口西岸，南临黄海，东与朝鲜半岛隔江相望，是我国大陆海岸线最北端的国际贸易商港和东北东部地区最便捷的出海通道。丹东港 1907 年 3 月正式开港，成为鸭绿江流域木材、矿产、粮食的集散地。1950 年朝鲜战争爆发，丹东港封港，于 1954 年恢复航运。1979—1986 年间，改建和扩建了丹东港区，新建一号、二号码头和铁路专用线；1991 年后，丹东港区的码头设施迁往浪头港区。

浪头港区历史上是丹东港外港，与丹东港区同时建设。“七五”期间，在浪头港区建成投产了 3 个 0.3 万吨级泊位；“八五”期间，丹东在浪头港区上游建成了 0.3 万吨级油码头。1972 年，交通部港口普查小组经过踏勘，选定大东港港址，1986 年正式开工建设一个 0.5 万吨级(结构 1 万吨级)泊位，1988 年码头建成。1994 年大东港区续建工程 3 个万吨级散杂货泊位投产；1998 年一座 3 万吨级专用煤泊位投入运行；2004 年，3 万吨级散杂货泊位(7 号泊位，后升级改造为 5 万吨级泊位)和 3 万吨级集装箱泊位(8 号泊位)建成投产；2005 年 9 号、10 号泊位建成投产，尚有多个码头建设项目正在实施。庙沟、大东沟 1 号、2 号港池泊位建设中的 10 万吨级矿石泊位、散杂货泊位和液体化工品泊位于 2010 年 11 月份竣工投入使用。20 万吨级矿石泊位正在建设中。

丹东港货物吞吐量以煤炭、金属矿石、钢铁、矿建材料、木材、粮食、集装箱等七个货类为主，其吞吐量占全港总吞吐量的 70% 以上。2008 年全港完成货物吞吐量 $3\ 259 \times 10^4$ t，其中浪头港区完成 393×10^4 t，大东港区完成 $2\ 271 \times 10^4$ t。丹东港正努力使港口吞吐量达到亿吨。

4.2.2.2　自然条件

丹东港(大东港区)属温带温润地区，台风影响甚少。由于朝鲜薪岛列岛作天然掩护，外海波浪很难传入港区，0.6 m以下的波浪占97%。港口属于天然不冻港，流冰厚度一般为5~15 cm，不影响船舶航行和靠泊作业。常风向NE，次常风向NW。各月平均风速以4月最大，风向NW。最低气温-28.2℃。初冰日为12月上旬，盛冰日1月上旬，融冰日2月中旬，终冰日3月中旬，总冰期约100天，盛冰期约45天。冰期影响港口码头作业天数约10天。最高潮位7.72 m(庙沟验潮零点，下同)，最低潮位-0.57 m，平均潮位3.52 m，最大潮差6.93 m，最小潮差1.6 m，平均潮差4.58 m，平均涨潮历时6 h 09 min，平均落潮历时6 h 15 min。

4.2.2.3 总平面

丹东港由河港、海港两部分组成，岸线总长度7 km。河港浪头港区位于40°7′N，124°24′E；海港大东港区位于39°38′N，124°09′E，与朝鲜的绸缎岛隔江相望。

浪头港区位于上距丹东市区11 km的浪头镇内，水域范围从丹东鸭绿江旧铁桥下游75 m外起，至浪头日隆山码头之间；海港部分水域范围东起鸭绿江西水道厦子沟口，西至鸭绿江1号浮标领海分界线中国一侧。

丹东港现有岸线总长度2 568 m。已有的1—11号泊位以及预留0号泊位组成大东作业区，通过能力约1 500×10^4 t。现有生产性泊位10个。目前，大东港区11号通用泊位即将建成，12号、13号粮食泊位和外1—外4通用泊位正在建设，近期将开工建设14号粮食泊位。大东港区现状如图4-4所示。

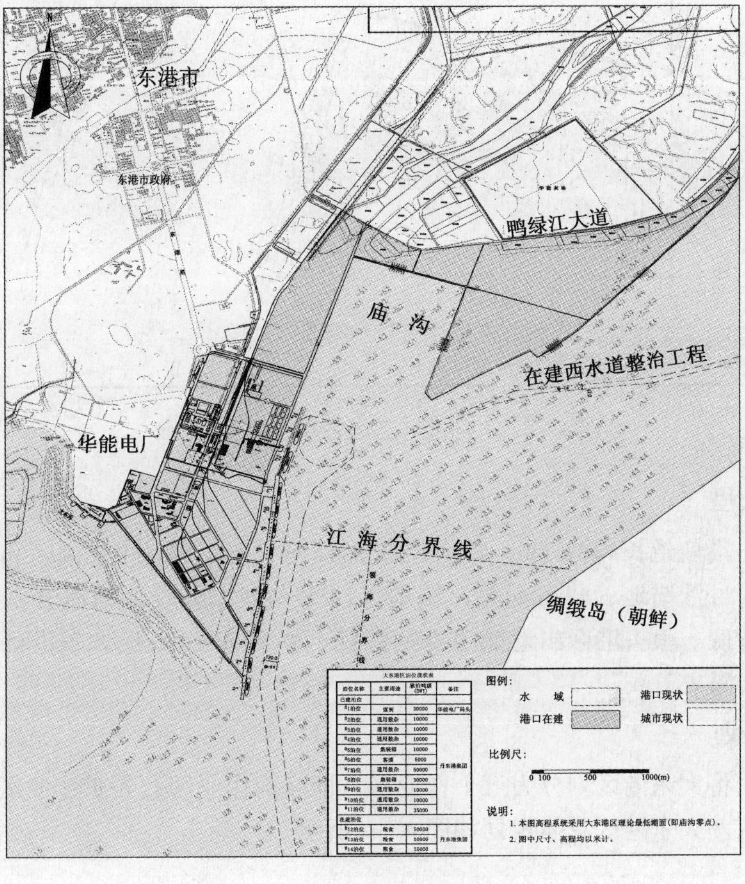

图4-4 大东港区现状布置示意

4.2.2.4 水工建筑物

大东港区码头工程区域的地质条件是，上部为海相沉积层，厚20 m左右，主要为粉砂及中砂；下部为黄色的陆相冲击层，主要为卵石层。该地质是理想的桩基结构的地基基础，下部的卵石层是桩基良好的持力层，其上覆盖的砂层厚度既能满足桩基的嵌固要求，亦能为桩基提供合适的侧摩阻力。因钢管桩贯入能力较强，且考虑该地区冬季有流冰出现，大东港区所有在建工程均采用钢管桩结构。大东港区典型码头断面详如图4－5所示。地基处理均采用强夯方式。

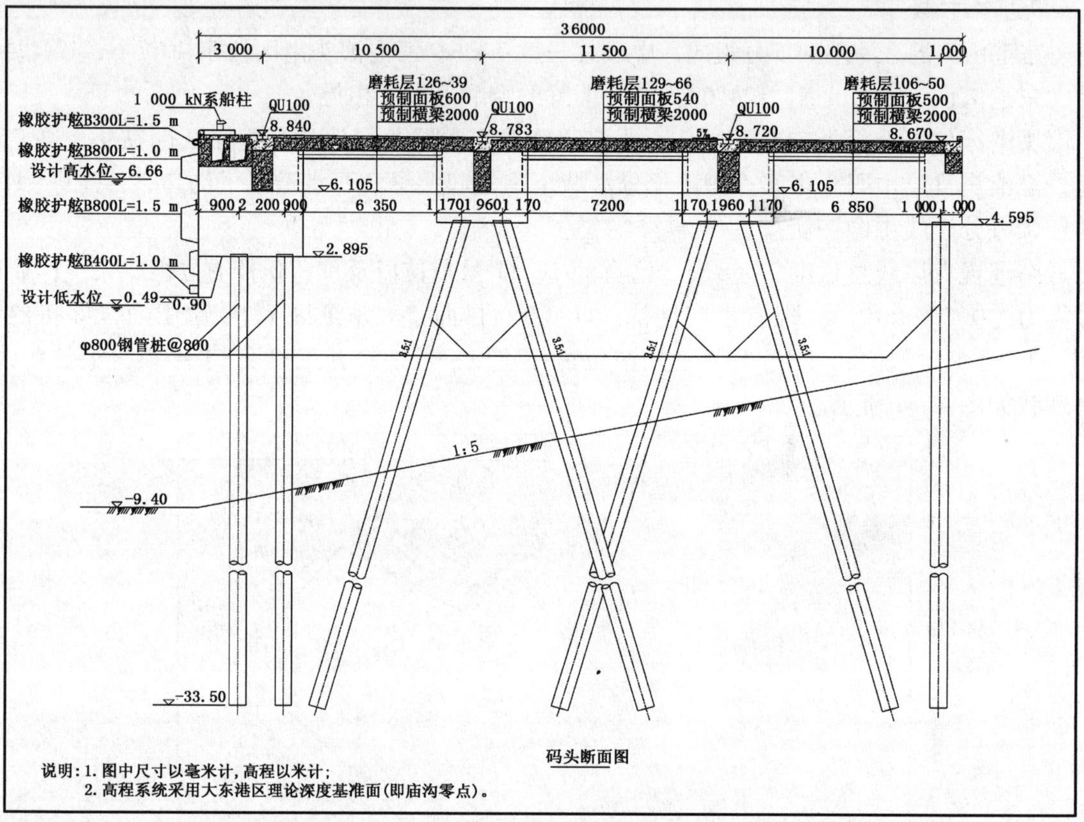

图4－5 大东港区已建9号泊位码头断面

4.2.2.5 辅助工程

大东港区的进港航道长约18 km，沿航道布放13座航标，均为直径1.5 m的浮标。共有锚地4处。中水道1号浮锚地、薪岛6号浮锚地、14号锚地、1号浮锚地分别位于鸭绿江口海面和薪岛，均为沙底。浪头港区出港航道为鸭绿江，水深2～4 m；大东港区出港航道，全长10 n mile，平均水深9.1 m。

4.2.2.6 港口规划

按照码头岸线将大东港区划分为五个作业区，即庙沟作业区、大东作业区、东沟一区、东沟二区、东沟三区。大东港区总体规划如图4－6所示。

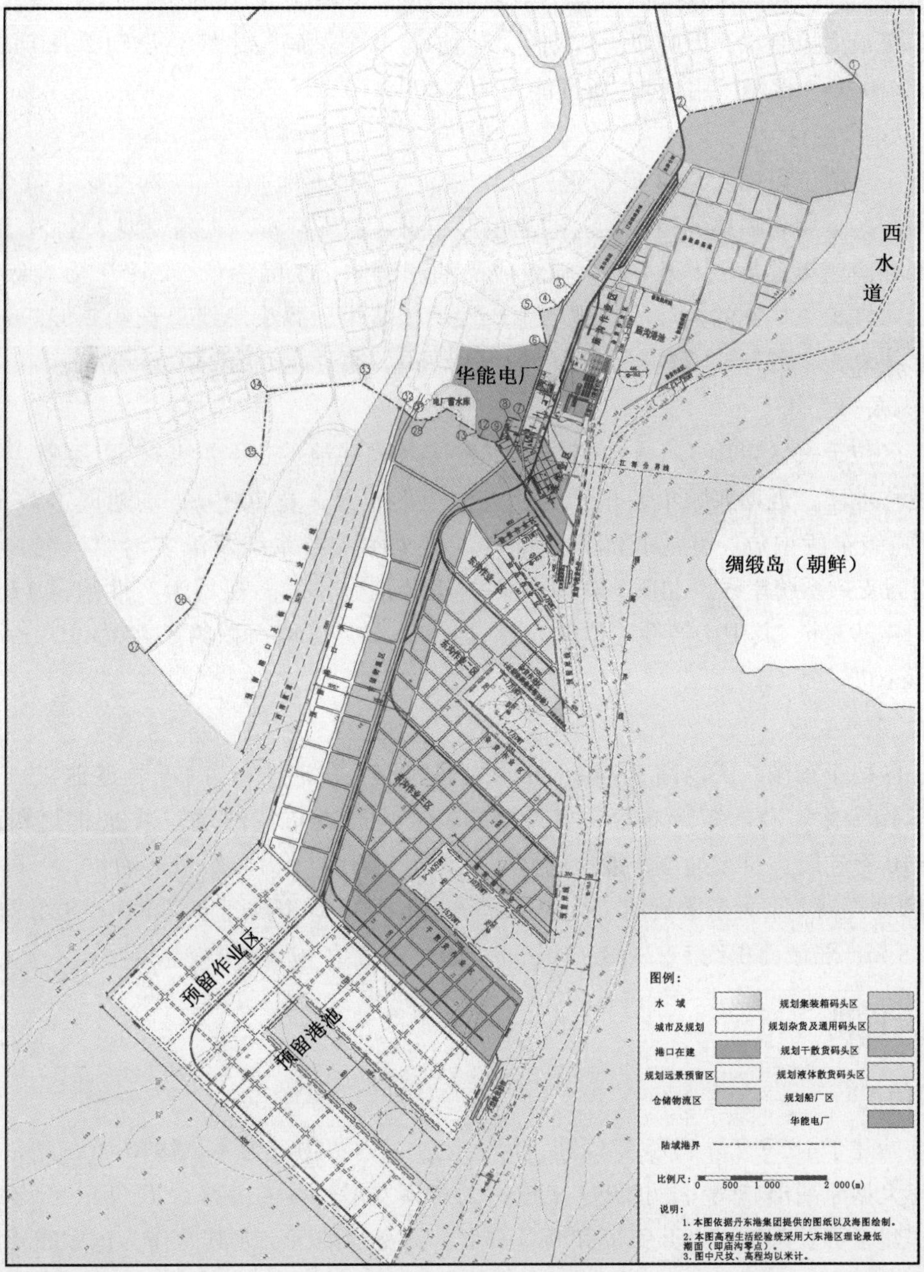

图 4－6　大东港区规划示意

4.2.2.6.1　大东作业区

1—11 号泊位以 6 号客滚泊位为分界点，进行功能分区。1—5 号泊位为散货泊位，与 1 号泊位南侧预留 0 号泊位、东沟一号港池北侧和港池底部新建散杂货泊位共同形成以散货为主的散杂货作业区；7—11 号泊位为杂货泊位。规划陆域纵深 830～920 m，主要承担传统的散杂货装卸、储存功能。

4.2.2.6.2　庙沟作业区

庙沟作业区位于大东作业区 11 号泊位以北，规划为挖入式港池，将发展散粮运输，安排杂货运输功能。挖入式港池宽度 700～900 m，长 2 190 m，宽 400 m。港池西侧布置生产泊位，北侧和东侧规划为造船岸线。在庙沟作业区规划防沙导流堤的外侧，分布有天然深槽，为充分利用岸线资源，在防沙导流堤外侧布置小型杂货泊位。考虑航道淤积问题和生产需求，庙沟作业区泊位等级最大控制在5万吨级。规划生产性泊位9个，码头岸线总长约2 180 m，陆域面积约1 145 $\times 10^4$ m^2（含船厂用地），通过能力约1 500 $\times 10^4$ t。

4.2.2.6.3　东沟一区

在现有1号泊位以南大东沟口布置挖入式港池（一号港池）作为东沟一区，规划以油品、散货运输为主，近期兼顾集装箱功能。港池矩形布置，宽600 m，北侧规划2个5万吨级散货泊位，底部和南侧布置5个1万~5万吨级成品油和液体化工品泊位、2个7万吨级集装箱泊位。口门处布置长400 m的挡沙堤。规划生产性泊位9个，码头岸线总长约2 927 m，其中生产性泊位岸线总长2 527 m，陆域面积约582 $\times 10^4$ m^2，通过能力约2 200 $\times 10^4$ t。

4.2.2.6.4　东沟二区

东沟二区位于一区以南1.1 km处，规划为挖入式港池（二号港池），以钢铁、木材运输为主的杂货作业区，近期兼顾集装箱功能。港池矩形布置，宽700 m，港池周边共布置17个1万~7万吨级杂货泊位。港池底部700 m岸线规划为支持系统及滚装泊位岸线，其中南侧400 m规划为支持系统岸线，北侧300 m规划为滚装泊位岸线。规划生产性泊位17个，码头岸线总长约4 393 m，其中生产性泊位岸线总长3 993 m，陆域面积约824.2 $\times 10^4$ m^2，通过能力约1 500 $\times 10^4$ t。

4.2.2.6.5　东沟三区

东沟三区位于东沟二区以南1.8 km处，规划为挖入式港池布置（三号港池），以集装箱、大宗散货运输为主。港池矩形布置，宽900 m，港池周边布置泊位，港池北侧和西侧布置8个5万~10万吨级集装箱泊位，港池南侧布置8个7万~15万吨级散货泊位。另外，在外海-15 m深槽处规划2个大型散货泊位，码头岸线长1 000 m。规划生产性泊位18个，码头岸线总长约6 628 m，陆域面积约1 225.8 $\times 10^4$ m^2，通过能力约10 500 $\times 10^4$ t。

4.2.3　大连港

4.2.3.1　简况

大连港始建于1899年。1975年以前，海上运输以内贸物资为主。1976年在鲇鱼湾建成了我国第一座大型原油出口码头，拉开了大连港大规模发展建设的序幕；20世纪80年代大连港先后重点扩建了香炉礁港区、开辟了和尚岛和大窑湾深水港区，尤其是作为国家重点开发的大型国际深水港区之一，1992年大窑湾4个大型集装箱和通用泊位投产。2001年大连港进入我国7个亿吨大港的行列。2008年年底全港共有各类生产性泊位198个，完成货物吞吐量2.46 $\times 10^8$ t，其中集装箱吞吐量452.55 $\times 10^4$ TEU。2010年，港口吞吐量突破3 $\times 10^8$ t。集装箱通过能力达到近800 $\times 10^4$ TEU。

4.2.3.2　自然条件

大连港位于38°55′44″N，121°39′17″E。主要港区地处辽东半岛南端大连湾内，港阔水深，冬季不冻，万吨货轮畅通无阻。年均气温10.4℃。全年以北风及西北风最强，次数最多。春、夏季以南风居多，冬季以北风及西北风最强。潮汐属半日潮型。历年最高潮位4.6 m，最低潮位0.66 m，平均潮位2.14 m，平均海面1.63 m。每年冰冻期为1月初至3月初，港区有的年份可有部分结冰，约为60天，结冰厚度5~20 mm，对船舶航行靠泊无影响。

4.2.3.3 港口总平面

大连港主要有分布在大连湾内的寺儿沟、大港、黑嘴子、香炉礁、甘井子、大石化、和尚岛西、和尚岛东；大孤山半岛的北良、散矿中转；鲇鱼湾和大窑湾等共12个主要生产性港区，以及庄河、皮口和旅顺等3个主要港站，此外还有大连湾内由石化、造船、钢铁等企业建设的自用码头。大连湾港口总体布局如图4－7所示。全港共有防波堤9座，总长7 000 m。其中大港区的东、西、北三面有防波堤环抱，东口门宽度360余m，外国籍船舶主要在东口门进出港口。

图4－7　大连湾港口总体布局示意

全港共有航道7条。大港航道位于大港区东面，方向110°(290°)，底高程－10 m，航道底为淤泥，宽270 m，长度2 500 m，吃水在10 m左右的船舶可随时进出；寺儿沟航道位于寺儿沟第一码头与第二码头延长线上，自码头端处起北接大港航道，水深9.5 m，宽120 m；甘井子航道在大港航道北方2 n mile，底为淤泥，水深9.0 m，宽180 m；香炉礁航道接于甘井子航道，水深9.0 m，宽100 m；鲇鱼湾航道自新港1号灯浮至新港3号灯浮，水深17.5 m；和尚岛航道自第二货轮检疫锚地11号灯浮至15号灯浮段方向170°(350°)，自15号灯浮至18号灯浮段航道方向150°(330°)，水深9.1 m，航道总长1.35万m。大窑湾航道为天然航道，海底高程－10.7 m，宽210 m。大连湾码头航道为天然航道，海底高程－9.5 m，宽100 m。

(1)大窑湾港区

大窑湾位于辽东半岛南端，濒临北黄海，与大连湾以大孤山半岛相隔，湾口朝向东南。岛式防波堤地处湾口段，位于已建成的南防波堤兼散粮泊位北侧。大窑湾港区(图4－8)水域条件较好，湾口处天然海底高程达－10 m，湾外2～3 km海底高程超过－15 m。大窑湾湾口建设南、北单堤和中部岛堤，使全湾形成一个有良好掩护的封闭式港湾，整个湾内规划水深15 m，并预留进一步加深的条件。湾内深水码头岸线基本顺岸布置，岸线和陆域可分为南岸、北岸、湾底三大功能区。其中南、北岸功能区以集装箱运输为主，兼顾部分散粮运输，并围绕集装箱货物提供全方位的物流服务；湾底以商品汽车滚装运输及其保税、物流、贸易为主，兼顾通用杂货运输及其相应的附加服务。整个港区最终规模将形成约 45 个深水泊位，其中专业化集装箱泊位约 35 个，通过能力超过 2 500 × 10^4 TEU。

图 4 - 8　大窑湾港口总体布局示意

(2) 鲇鱼湾港区

鲇鱼湾港区位于大孤山半岛东南端，北接大窑湾港区，向西延伸为散矿中转港区。南侧岸线以开敞式大型码头为主，由东至西依次布置 2 个 30 万吨级原油码头和 1 个可停靠 26.7 × 10^4 m^3 船舶的 LNG 码头及其接收站；东侧岸线以成品油和液体化工泊位为主，可容纳约 21 个中型 - 大型成品油和液体化工泊位，既有的 15 万吨级原油出口泊位也在本区域。港区陆域分为原油、成品油、液体化工品等储运区、LNG 接收站、辅助生产区和国家战略原油储备区等 6 大功能区。

(3) 散矿中转港区

散矿中转港区位于鲇鱼湾港区西侧。港区主要由 1 个 30 万吨级(图 4 - 9)和 1 个 15 万吨级大型专业化矿石码头、专业化矿石堆场和生产辅助区构成，其中专业化矿石堆场的容量可以满足货物周转的需要，也具有一定的储存调节能力。

图 4 - 9　大连 30 万吨矿石码头

(4) 北良港区

北良港区(图 4 - 10)位于大孤山半岛的西侧。规划有 3 万 ~ 8 万吨级散粮码头、1 万 ~ 3 万吨级植物油码头、1 万 ~ 2 万吨级散杂货码头所组成的港口区，以散粮储运、加工为主的粮油食品物流园区、进出口粮油食品加工区。

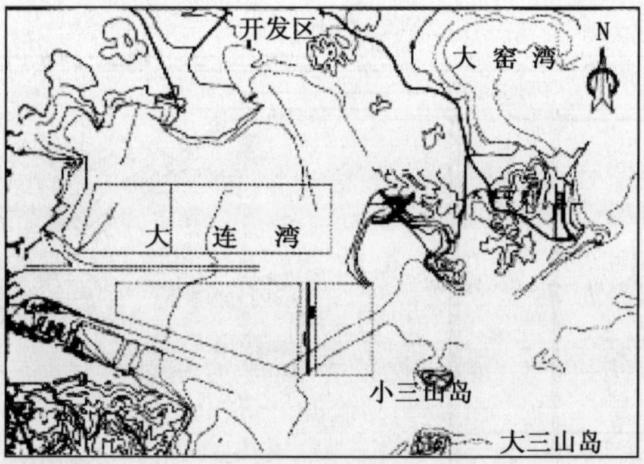

图4-10 大连北良粮食码头位置示意

(5)和尚岛港区

和尚岛港区背依大孤山西边的和尚岛。规划以现状港区(大连湾港区)为基础，逐步向南、北两翼扩展，码头岸线的布置为顺岸加突堤形式。结合港区主要货种，码头和陆域大体分为5个主要功能区域：汽车滚装区、钢材木材业、煤炭区、杂货区和粮食区，其他货种分布其中，港区共布置生产泊位22个。

4.2.3.4 水工建筑物

大连港码头水工建筑物结构形式主要采用重力式结构，也有部分采用桩基结构。

(1)沉箱重力式(连片式)

重力式连片结构分布于多个港区，包括大窑湾、和尚岛、大港等。大窑湾港区三期集装箱码头结构是其典型代表。大窑湾港区码头区域地层自上而下依次为淤泥质(粉质)黏土、粉质黏土、砂砾石、粉质黏土、碎砾石、红黏土，局部有少量粗砂、砾砂及粉质黏土或粉土夹层；下卧基岩有泥灰岩、板岩，局部为辉绿岩和石灰岩。码头的持力层根据基岩埋藏深度，多选为中风化岩面，抛石基床的厚度一般在1.0~6.0 m之间。

码头采用沉箱结构(图4-11)，沉箱顶标高为2.60 m，上部现浇混凝土胸墙。沉箱平面尺寸为19.75 m×14.85 m(含趾)。沉箱前后趾长均为1 m，沉箱后为抛石棱体和回填开山石，沉箱间设碎石倒滤井。岸桥后轨道梁采用弹性地基梁，为倒“T”形结构，梁高2 500 mm，底宽2 500 mm，其下为现浇混凝土垫层和碎石基床。碎石基床直接座在经强夯处理的回填地基上。

(2)沉箱重力式(墩式)

鲇鱼湾港区原油码头、散矿中转港区矿石码头等采用重力墩结构形式。大连30万吨矿石码头采用的是开孔透浪圆沉箱重力墩式结构(图4-12)。根据地质条件，码头水工主体宜采用重力墩梁板结构，但设计波浪的水面壅高较大。为达到减(消)浪效果，有效减小水面壅高，采用了开孔透浪圆沉箱方案。沉箱顶部7.0 m范围内按20%的比率对箱壁开孔，使码头面高程降低了2.5~3.0 m，并使码头墩基承受的波浪力减小了20%~30%。国内大型墩式码头中首次成功采用开孔圆沉箱结构，节省了工程造价，也为自然条件复杂区域的开敞式码头建设提供了新的思路。

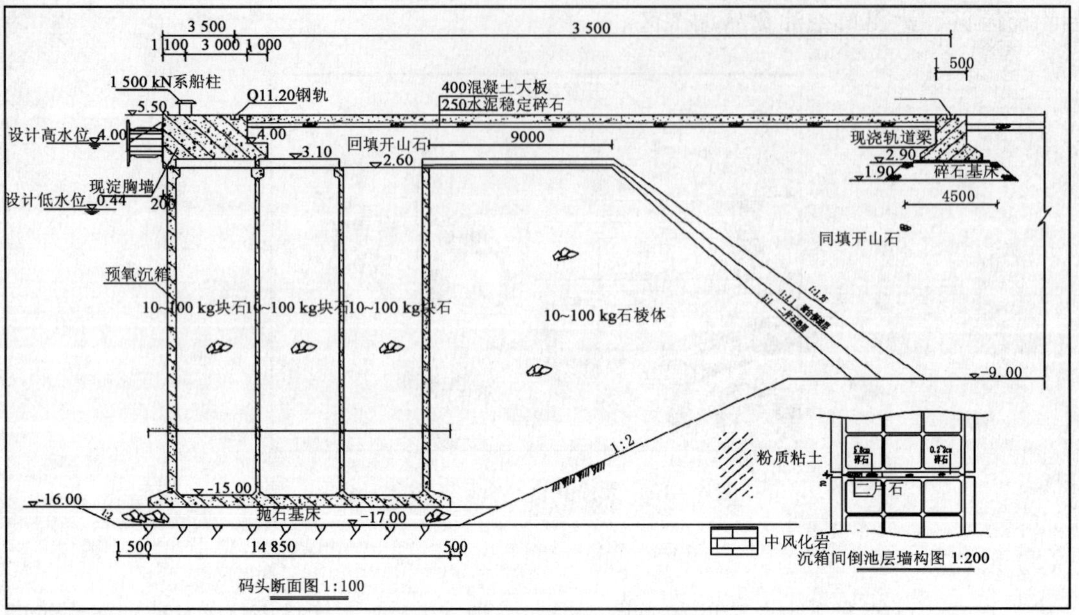

图 4-11 大窑湾三期码头断面示意

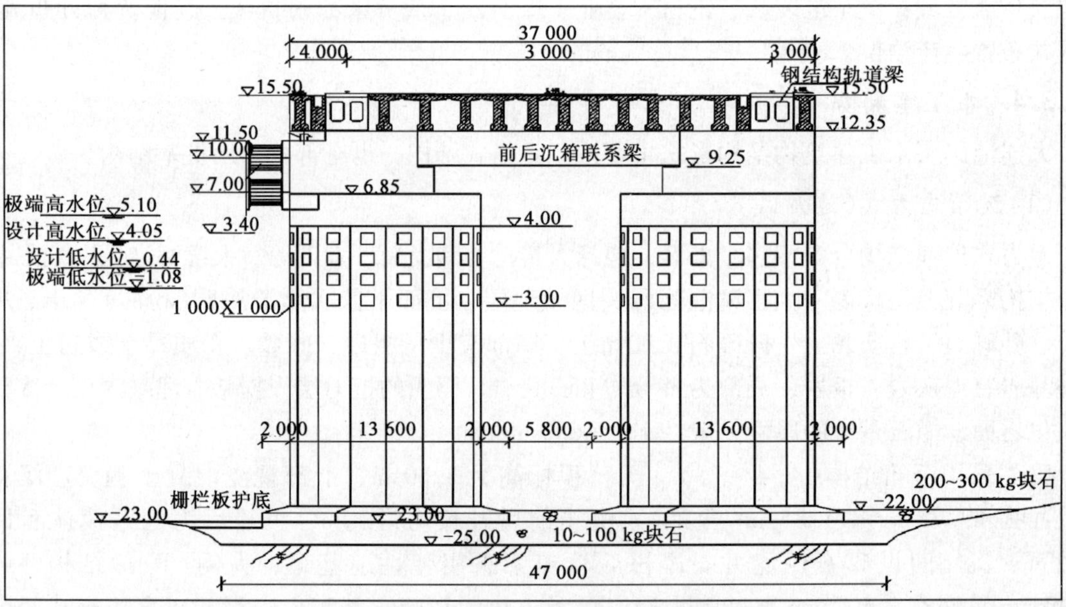

图 4-12 30 万吨矿石码头断面示意

(3)高桩梁板

长兴岛通用泊位以及部分油品码头采用高桩梁板结构。拟建码头区的五大层土中，表层含水量较大，物理力学指标较差；第二层土较厚，平均标贯值低于 25 击；第三大层土标贯击数仍然较低且深度过深，无法作为重力式结构持力层；第四大层土厚度深、底部标准贯入击数达 100 击以上，强度较高，是桩基结构的良好持力层；第五大层为下伏基岩，埋深 71.6 m，桩基无法到达。根据上述条件，采用了高桩梁板结构。考虑码头条件和工期要求，基桩采用钢管桩；堤顶设置混凝土挡土墙，挡土墙后设置管沟。为了岸坡稳定和减少沉降量，采用水上施打塑料排水板进行处理。码头断面如图 4-13 所示。

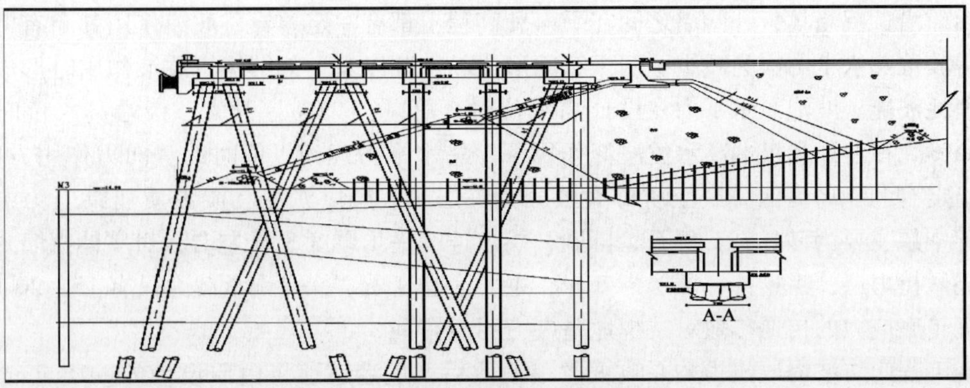

图 4-13 长兴岛通用泊位码头断面示意

(4)梳式防波堤

大窑湾湾口宽约 4 km，纵深 8 km，全湾水域面积 33 km^2。建设南北防波堤和岛堤掩护全湾。两个口门宽约 700 m。口门岛式防波堤长 643.75 m，堤顶高程 9.0 m，堤底高程 -11.0 m。设计高水位 4 m(大连港筑港零点，下同)，设计低水位 0.44 m，极端高水位 5.1 m，极端低水位 -1.08 m，乘潮水位 2.4 m。梳式防波堤是传统的方沉箱防波堤中的方沉箱按适当比例取出代之以沉箱翼板，用以透水，具有透流、消浪、降低地基应力的特点。堤身主体采用矩形钢筋混凝土沉箱。沉箱主尺度为 12 m×16 m×14 m。两侧各设 3 m 翼板。板顶与箱顶齐平，板底标高 -3 m。箱体自重 1 600 t。翼板底至海底 7 m。沉箱顶标高 +3 m，其上设现浇混凝土胸墙，胸墙采用阶梯形。沉箱下设抛石基床至砂卵石持力层顶面，持力层下卧次生红色亚黏土原状保留。梳式防波堤沉箱主体断面分别如图 4-14、图 4-15 所示，翼板断面如图 4-16 所示。

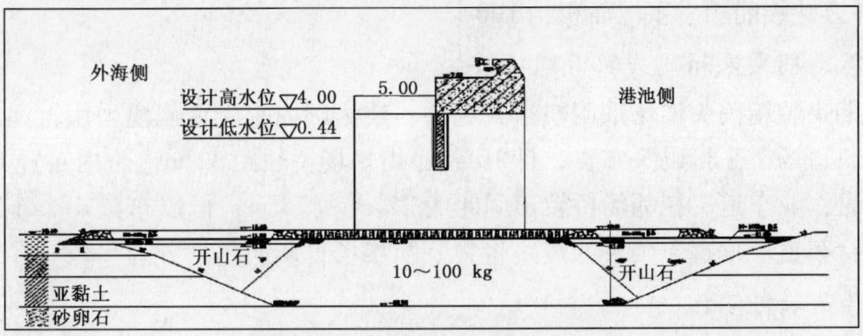

图 4-14 梳式防波堤断面示意

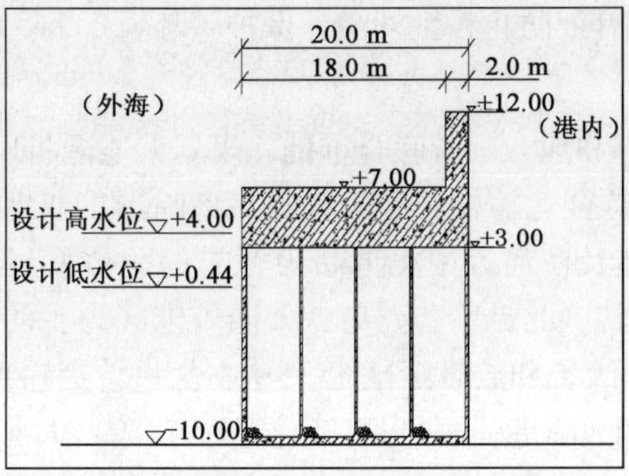

图 4-15 沉箱主体断面示意

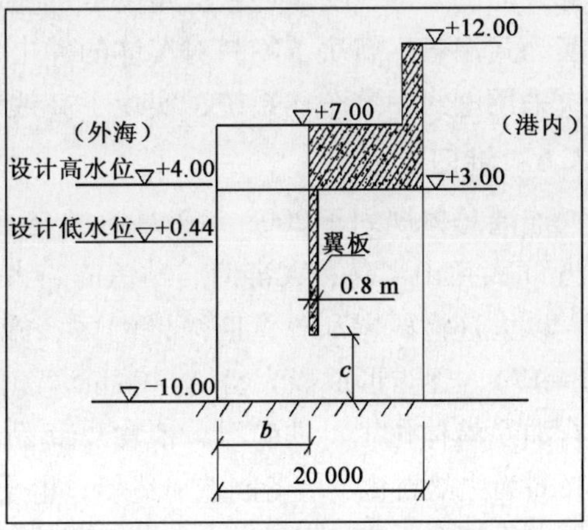

图 4-16 翼板断面示意

沉箱前沿、沉箱翼板、胸墙之间在平面和高程上都有一定差异，波浪作用其上有明显相位差，使得波浪总水平力大为减少。两沉箱间形成的空腔以及上部结构，波浪作用时形成涡流和紊动，消耗波能。波浪总水平力在设计高水位时，可减少27% ~38%；极端高水位时可减少22% ~36%。在设计和极端高水位波峰作用下，总水平力达到极值时的竖向力作用方向向下，对结构稳定有利。岛堤区海底土质可大致分为三层：表层以淤泥和淤泥质亚黏土为主，层厚4 ~8 m；中层主要为砂卵石、砾石、砾砂，层位连续平均厚度3 m左右，对实体直墙式防波堤此层不能做持力层，需挖掉；下层为基岩，主要为副变质岩，允许承载力只有15 ~20 kPa。梳式结构沉箱底应力的传递扩散对减少地基应力明显有利。

一期工程南防波堤改建为8万吨级散粮泊位后，进港航道将由原设计的 -10.7 m加深至 -13.5 m，北侧进港航道也是深水航道。波浪在航道边界处折射导致波能重分布，防波堤前局部有效波高增大幅度高达52%，导致岛堤投资骤增。为此，在航道两侧适当开挖改变水深变化边界可有效地抑制波能集中程度，从而降低堤前波高。

(5)地基处理

大连港口建设中陆域形成主要有开山回填和疏浚吹填两种形式，相应的地基处理方法主要有强夯和堆载预压，也有部分区域采用振冲方式。强夯法在大窑湾、鲇鱼湾、散矿中转港区、和尚岛、长兴岛等均广泛采用。堆载预压包括普通堆载预压和真空联合堆载预压，主要应用在大窑湾港区。振冲置换和振冲密实方法在大窑湾部分区域以及其他港区基础处理中有所采用。

4.2.3.5 辅助工程

(1)锚地

水域内有8个锚地，其中货轮检疫锚地3个，油轮检疫锚地2个。另有锚泊点7个，最大系泊能力为10万吨级船舶。水域面积约190 km^2。

(2)大窑湾三期集装箱码头轨道式场桥

大窑湾三期集装箱码头堆场采用轨道式场桥，成为国内率先大规模采用轨道式场桥的集装箱码头之一。轨道场桥平行码头布置，计10条箱街。场桥轨距32 m，跨内布置10排重箱，两侧外伸臂下布置作业车道。相邻场桥轨道间距为22 m和24 m，可以布置4个车道，两个作业车道和两个走行车道。垂直于码头的道路将集装箱堆场自东向西划分为6块。

(3)矿石码头装卸工艺

30万吨矿石码头将煤炭装车技术用于铁矿石装车。考虑矿石与煤炭在含水率、粒度与流动性等方面的差异，对缓冲仓壁角度等进行改进；考虑容重等方面的差异，将伸缩式出料溜管改为摆动式溜管，解决了物料对车体的冲击、粉尘大以及给料不均匀等问题；在矿石码头工程中首次采用全封闭装车楼系统，实现了高效装车，有效防止粉尘外溢，保护了环境。

4.2.3.6 港口规划

大连港总体规划于2008年7月通过交通运输部和地方政府联合审批，规划大连港将以“一岛三湾”(大孤山半岛；大窑湾、鲇鱼湾、大连湾)综合运输核心港区和长兴岛临港工业港区为核心，以大连湾西岸和普兰店湾诸港区、旅顺新港及庄河等中小港站为补充的总体发展格局(图4 -17)。逐步形成以大窑湾、鲇鱼湾、散矿中转、北良、和尚岛、大港等港区为主的集装箱、石油及液体化工、铁矿石、粮食、商品汽车、滚装和旅客运输七大专业化中转运输系统；以长兴岛为主的石化、装备制造、造船、电子信息四大临港临海产业基地；以大窑湾、大港港区为主的现代综合物流、国际海上旅游、国际航运商务三大服务中心。各港区平面布局如图4 -18。

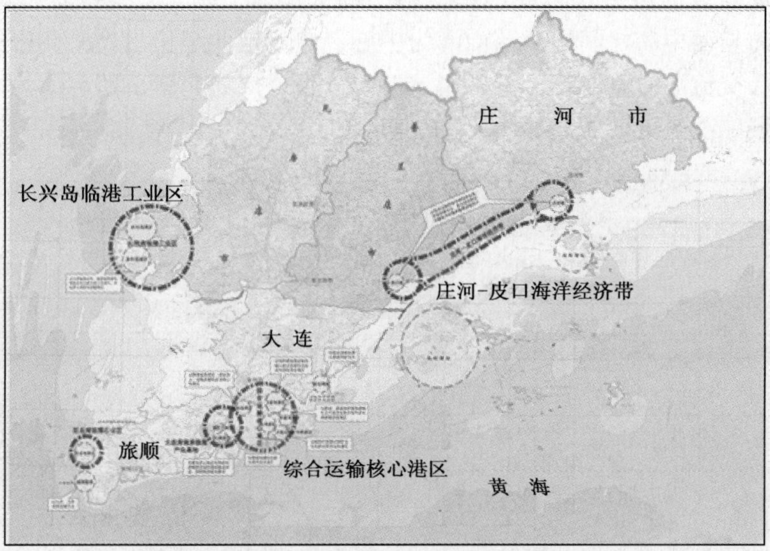

图4－17　大连市港口布局规划示意

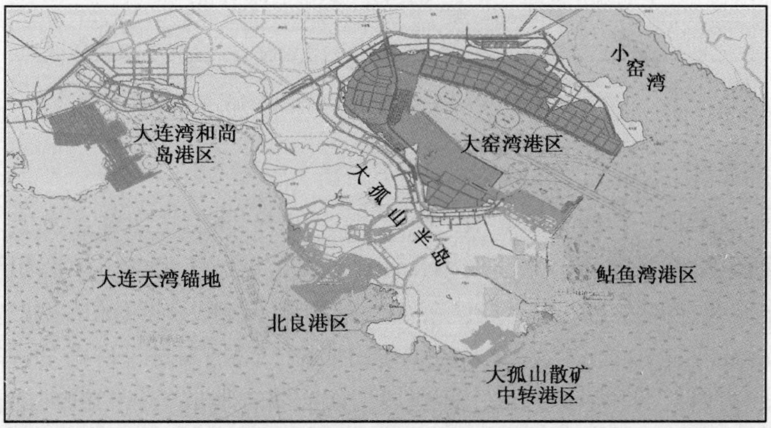

图4－18　“一岛三湾”核心港区布置

大窑湾港区大孤山半岛以东、大孤山半岛与大地半岛之间的整个港湾将以国际集装箱运输为核心，加速发展成为大型现代化的综合性国际深水港区，成为大连国际集装箱干线港、东北地区的区域物流中心和东北亚重要的国际航运中心的主要载体。

鲇鱼湾港区以原油、成品油 LNG 和各类液体化工产品运输为主，是大连港主要的石油及液体化工品转运基地，逐步发展成为我国主要油品转运、战略储备和临港石化工业基地之一。

大孤山散矿中转港区以接卸外贸进口铁矿石为主的大型专业化港区，逐步发展成为东北地区最大的外贸进口铁矿石中转运输基地，形成东北地区重要的散矿物流配送中心。

北良港区规划为东北地区主要的散粮中转运输基地。港区将依托现代化的港口储运设施，逐步发展成为我国重要的粮食储存、加工和贸易基地以及东北地区最大的粮食物流、贸易、深加工临港产业园区。

大连湾和尚岛港区以各类散杂货和跨海峡客货滚装（货运类为主）运输为核心，西区兼顾支持系统和船舶维修基地的发展，东区围绕港口运输逐步拓展各种现代综合物流服务功能，形成国际航运中心的重要组成部分。

长兴岛港区规划范围包括长兴岛西部、西中岛大部及交流岛（凤鸣岛）东北部部分区域。整个港区以长兴岛与西中岛之间的葫芦山湾为中心，向北延伸至长兴岛北侧岸线、向南延伸至西中岛南侧岸线和交流岛北侧岸线。港区由北至南分为长兴岛北岸、葫芦山湾区域和董家口远景发展区三个区域。港区平面布局如图 4－19 所示。

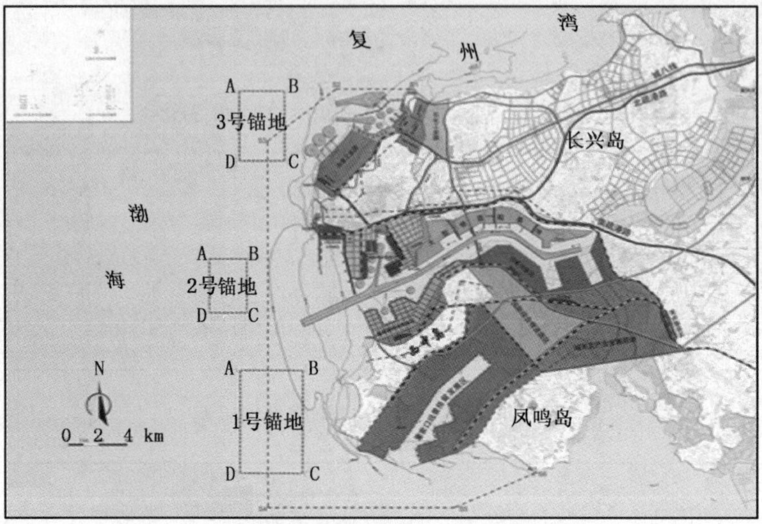

图 4－19　长兴岛港区平面布局

（1）长兴岛北岸

北侧岸线起于马家嘴子，终于高脑山，自然岸线 10.6 km，规划重点发展以冶金、石化为主的临港工业。西侧岸线水深适合建设大型开敞式码头，后方考虑开山填海相结合形成纵深约 1 500 m 的港口作业及仓储物流用地，外侧布置 5 个 10 万～30 万吨级的大型散货泊位。沿回填区东侧边界顺岸折线布置 10 个 2 万～5 万吨级通用泊位，满足钢材等件杂货需求。东侧为石化工业区，由通用码头西北端和东侧鸡冠山新建两道防波堤，形成单口门的环抱式港池，内侧形成 25 个 0.5 万～10 万吨级油品及液体化工品泊位，外侧深水海域布置 2 个 30 万吨级大型原油码头。

（1）葫芦山湾区域

规划建设横跨湾口的防波堤对全湾形成掩护，采用吹填和开山填海相结合的方式拓展港口用地，逐步向内开挖形成内港池。北岸自西向东依次布置大型深水码头预留区、通用码头作业位区、大型修造船基地等三个主要功能区。大型深水码头预留区位于长兴岛五道沟西嘴至二道沟之间，受到长兴岛掩护，天然海底标高在－15 m 以下，规划岸线长 1 500 m，布置 3 个 25 万～30 万吨级大型泊位。通用码头作业区集中布置在湾北岸、葫芦山嘴以外至北防波堤之间，分为东、西两区。西区岸段利用开山土和疏浚泥土向海填筑直至湾的中心区域，形成单侧作业的不规则宽突堤式布局，可建设 13 个 5 万～15 万吨级通用散杂货码头；东区岸段自北向南顺岸布置，在葫芦山嘴附近向海侧填筑形成一个宽度 800 m 的突堤，建设 14 个 2 万～10 万吨级多用途或通用散杂货泊位。大型修造船基地自葫芦山嘴渐次向东发展，使用自然岸线 11.5 km，规划岸线 19.6 km，其中约 1 200 m 岸线作为公用码头岸线。基地总体规划陆域面积 12 km^2。南岸用于建设大型集装箱码头和通用码头，采取突堤和港池相间的布局，由松树嘴向北沿防波堤内侧布置一个宽度 800 m 的突堤，向东依次形成长 1 300 m，宽 1 000 m 的港池和

990 m 的不规则突堤，其余岸线以顺岸方式逐步向东延展，经葫芦山嘴后进入内湾。规划集装箱码头岸线8.7 km，可供建设3万～7万吨级集装箱泊位20余个，陆域面积11.4 km^2，通过能力1 300 $\times 10^4$ ～1 500 $\times 10^4$ TEU。

考虑港区功能的搭配完善和初期起步的需要，根据内湾掩护条件较好和局部地段陆域纵深较窄的特点，在内湾湾口段安排2 km通用码头岸线，可连续布置7个5万吨级通用泊位，陆域面积120 $\times 10^4$ m^2。由通用码头作业区向东至湾底，规划19.4 km岸线作为预留岸线，作为修造船基地或公用码头泊位群使用。

(3)董家口远景发展区

规划董家口湾作为远景预留区，接续葫芦山湾南岸大型集装箱港区的主要功能。董家口湾湾口朝向西南，南北两侧分别受到西中岛和凤鸣岛掩护，距 -20 m 等深线较近，湾内自然水深较浅，但地质条件优良，预计浚深后基本不存在淤积问题。规划在湾口南、北两端分别建设防波堤形成单口门，使湾内水域全部得到有效掩护，在自然岸线的基础上，通过一边开挖、一边吹填的方式人工形成深水码头岸线及其作业场地，港池总体呈长条矩形，并可根据地形条件和实际使用要求进行局部调整，规划形成深水码头岸线约20 km。

4.2.4 营口港

4.2.4.1 简况

营口港历史悠久，距今已有140多年的历史，曾是我国东北地区唯一通商口岸，以“东方之贸易良港”闻名中外。20世纪70年代开始建造鲅鱼圈港区。1984年重新恢复对外开放，港口吞吐量持续快速发展。21世纪以来，随着国家振兴东北老工业基地经济战略的实施以及《辽宁沿海经济带发展规划》上升为国家战略，营口港已形成营口老港区、鲅鱼圈港区、仙人岛港区和盘锦港区4个大型港区。建有不同使用功能的水工建筑物，包括不同结构形式的码头岸线，总长约14 km；防波堤和护岸总长约60 km。

截至2010年底，营口港全港共有各类生产性泊位65个，其中万吨级以上深水泊位40个，码头岸线长度13 314.4 m，货物年综合通过能力10 080 $\times 10^4$ t，其中集装箱通过能力225 $\times 10^4$ TEU。2010年港口吞吐量超2 $\times 10^8$ t。

4.2.4.2 自然条件

营口港位于40°17′42″N，122°06′00″E。常向风为S向；强风向为NE向。鲅鱼圈港区潮汐属不正规半日潮。历年最大潮差4.37 m，最小潮差0.71 m，平均潮差2.56 m。老港区最大潮差4.48 m，最小潮差0.13 m，平均潮差2.71 m。港区附近为往复潮流，涨潮流向NNE，落潮流向SSW，涨潮流速大于落潮流速。强波向为NNE，常波向为SW。一般11月中旬初见冰，终冰在翌年3月初，平均冰冻期95天，严重冰冻期68天，实际结冰期84.5天。港区近海海域以流冰为主，近岸浅水地带则为固定冰。平均冰厚1月份为5～10 cm，2月份为10～15 cm。老港区一般在12月份中旬至翌年3月中旬为结冰期，封冻期间停止作业。

地质资料显示，一港池附近区域在大地构造上属于中国东部NNE向老爷岭—千山隆起带与松辽凹陷交接部位，处于岸线凸出的一岬角为基岩海岸，向西开敞。码头区域所在位置工程场区上部淤泥质土不厚，下部为更新世陆相沉积黏性土和中粗砂，粉质黏土、黏土与中粗砂相互叠成，基岩埋深大都在 -50.0 m 左右。

4.2.4.3 港口总平面

4.2.4.3.1 总体布局

营口港现由营口老港区、鲅鱼圈港区和仙人岛港区三部分组成。目前已形成以鲅鱼圈港区为重点服务腹地的中转运输，老港区服务城市物资交流，仙人岛港区重点发展临港工业开发、现代物流等功能的布局合理的总体发展格局。三个港区平面位置如图 4－20 所示。生产性码头泊位见表 4－1。

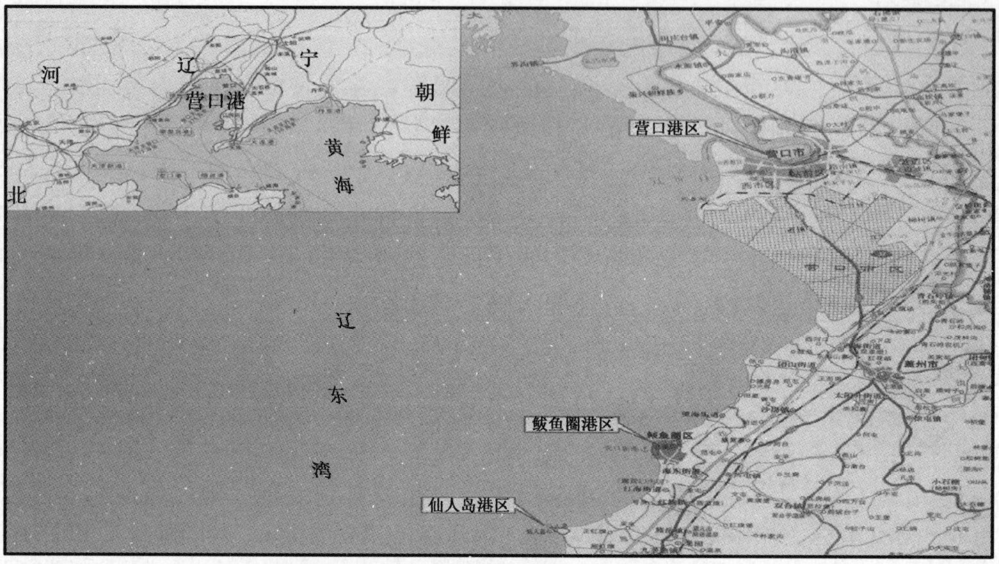

图 4－20 营口港港区平面位置示意

表 4－1 营口港生产性码头泊位（截至 2010 年年底）

位置	泊位数	深水泊位数	年通过能力/ $\times 10^4$ t	专业化泊位数							
				集装箱	原油	煤炭	石油	矿石	散粮	滚装	大件
全港	65	40	10 080	8	1	1	8	2	1	1	1
老港区	14		290								
鲅鱼圈港区	49	39	7 990	8		1	7	1	1	1	1
仙人岛港区	2	1	1 800		1		1				

老港区位于辽河口内，地处营口市区，是具有多年发展历史的老港口。现有生产性泊位 14 个，码头岸线 1 597.2 m，2008 年完成 929.6×10^4 t。主要服务于市域范围内的成品油、金属矿石、非金属矿石、钢铁和矿建材料等物资的沿海转运。老港区港口资源现已全部利用，受陆域条件、通航条件的限制，港口发展空间甚小。

老港区航道全长 39 km，分内、外航道。外航道有一段拦门沙浅滩，长逾 3 000 m，最浅端底标高 －1.7 m。3 000 吨级船舶可乘潮出港，3 000 吨级以上船舶需在锚地过驳减载后乘高潮进港。外航道东西各有一个导流堤。内航道最小底标高 －4 m。航道沿辽河走向，外航道乘潮水深 5.56 m，可通航 3 000 吨级满载船舶；内航道乘潮水深 7.06 m。2000 年前，鲅鱼圈港区航道长 8.5 km，单向航道，设计底宽为 110 m，底标高为 －8.7 m，口门宽度 324 m，有效宽度210 m，现分别建设了15万吨、25万吨级和30万吨级航道。

4.2.4.3.2 鲅鱼圈港区

鲅鱼圈港区是营口港的主体港区，北起张屯，南至红海河口，天然岸线长度约为32.2 km。综合性港区陆域纵深约2 km；钢铁基地至张屯向东控制约2~3 km纵深。截至2010年底共有生产性泊位49个，码头岸线长度11 900.2 m，其中万吨级以上泊位42个。鲅鱼圈港区进港航道15万吨级，设计底标高 -18.0 m，底宽230 m。平面布置如图4-21所示。

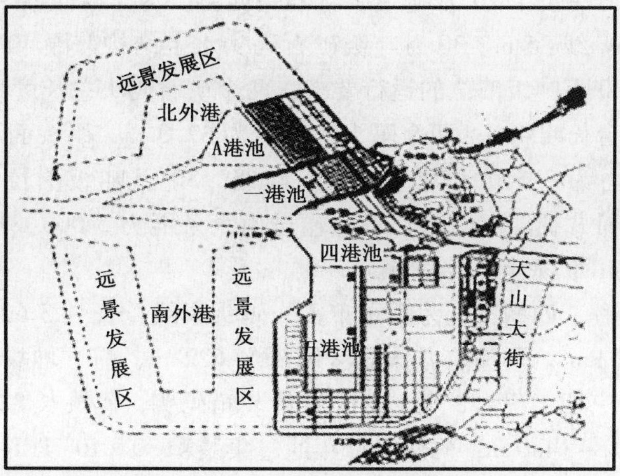

图4-21 鲅鱼圈港区平面布置

鲅鱼圈港区由一至五港池和A港池组成，形成北部散货作业区、中部通用货物作业区和南部集装箱、通用作业区等三部分。北部散货作业区主要包括一港池和A港池，分液体散货(油类)区和大宗干散货区两部分。液体散货码头位于一港池北防波堤两侧及其顺岸北侧，包括8万吨级成品油及液体化工品泊位一个，3万吨级成品油及液体化工品泊位2个。港区防波堤长度为792 m，其内侧原设计拟建8万吨级和1万吨级泊位各1个，防波堤根部预留一个3万吨级泊位，后调整为在不增加防波堤长度的条件下，在防波堤内侧建设8万吨级泊位1个，2个可分别停靠3万吨级船的泊位。防波堤内侧建设泊位总长758.8 m。大宗干散货区位于一港池南侧及其顺岸南侧和A港池顺岸，其中一港池南侧包括20万吨级矿石和30万吨级矿石码头各1个；顺岸南侧为7万吨级煤炭泊位1个；A港池顺岸为6个12万吨级通用散货泊位，A港池北侧规划岸线长度为3 350 m。北部散货作业区共可形成陆域面积约 820×10^4 m^2。中部通用货物作业区主要包括二、三、四港池，生产性泊位18个，码头岸线全长3 941 m，陆域面积 132×10^4 m^2，年设计通过能力为 $2\ 250\times10^4$ t，功能调整后将以通用件杂货、专业化散粮、商品汽车滚装等功能为主。南部集装箱、通用作业区主要发展集装箱、钢铁等专业化、集约化运输。五港池顺岸集装箱码头岸线长度3 660 m，共形成8个集装箱泊位，5个钢材泊位(预留发展为集装箱泊位)。五港池南侧和西侧布置钢铁泊位作业区，岸线长度3 180 m。六港池作为远期长远发展共可形成岸线7 730 m。南部集装箱、通用作业区陆域面积约 $2\ 150\times10^4$ m^2。

根据鲅鱼圈港区所处的开敞环境和功能要求，综合性港区依托现有港区向南北扩展，并向外海开拓，形成环抱式总体布置。北部顺一港池向北继续延伸，形成A港池，呈"L"形布置。其中顺岸码头长度1 840 m，陆域纵深1 100 m；北侧岸线3 350 m，陆域纵深1 300 m。在现有四港池南侧顺岸布置3 660 m码头岸线至红海河口，以此为界向外海发展，形成"F"形的总体布置。其中东西突堤宽分别为1 600 m、1 150 m；中突堤东侧岸线与五港池顺岸码头间形成

700～1 100 m 宽的港池，中突堤宽 800～1 200 m，中突堤西侧岸线全长 3 500 m，东侧岸线全长 2 080 m；外突堤宽 1 500 m，岸线全长 3 430 m，与中突堤间形成宽 880～1 390 m 的港池。A 港池防波堤与港区南防波堤在主航道 4＋000，－8.0 m 等深线附近合围形成口门，口门宽度为 1 000 m。

目前营口港拥有 20 万吨级矿石码头 1 座，为了满足鞍本钢铁集团鲅鱼圈钢厂建设的需要，拟建 30 万吨级矿石码头 1 座，两座码头呈"一"字形布置在一港池的南部(二港池北防波堤的北侧)，30 万吨级矿石码头位于 20 万吨级矿石码头西侧。为了保证现有北防波堤的稳定，码头前沿线离开北防波堤基线 85 m。30 万吨级矿石码头水工结构兼顾 40 万吨散货船减载靠泊。考虑 20 万吨级泊位和 30 万吨级泊位的运行要求，两个矿石码头总长度 809 m。其中 30 万吨级码头长 452 m，工作平台长 404 m；两个码头宽度均为 37.3 m，码头面顶高程均为 8.0 m。两个矿石码头年卸船能力为 3 500 × 10^4 t，20 万吨级、30 万吨级泊位分别设 3 台额定效率 2 500 t/h、27 500 t/h的桥式抓斗卸船机；水平输送由三条能力 5 000 t/h 码头皮带机组成；两个泊位共用 37.4 × 10^4 m^2堆场及配套设施。

鲅鱼圈港区三期工程、四期工程为顺岸布置，码头岸线全长约 3 626 m，陆域纵深平均为 1 500 m，造陆面积 5.2 km^2。码头前方作业区纵深约 622 m，前方堆场内设有重箱堆场 8 条，后方堆场为空箱堆场。三期工程为 3 个 5 万吨级集装箱码头，码头长 826 m，码头顶面高程为 5.5 m，前沿海底标高为－14.0 m，码头设计年通过集装箱 30 × 10^4 TEU；四期工程为 5 个 7 万吨级集装箱码头和 5 个 7 万吨级钢铁码头，码头顶面高程为 5.5 m，前沿海底高程为－15.5 m。码头设计年通过集装箱 150 × 10^4 TEU，钢杂 780 × 10^4 t。预留 5 个钢杂集装箱泊位，从而形成该港的集装箱码头中心区。30 万吨级矿石码头正在建设中。

鲅鱼圈港区 25 万吨级航道工程自里程 18＋900 至一港池支航道，主航道轴线方位为原 15 万吨级航道轴线方位，即一港池支航道轴线方位为 73°—253°，与主航道夹角为 25°；主航道里程 1＋300 至 13＋400 段航道轴线方位为 98°—278°，里程 13＋400 至 18＋900 段航道轴线方位为 74°—254°，转弯半径 4 000 m。航道里程 18＋900 以外为新增航道，轴线与仙人岛港区外海段航道轴线方位一致，为 52°—232°。里程 18＋900 以外新增航道与 13＋400 至 18＋900 段航道轴线夹角为 22°，航道转弯半径 4 000 m。航道设计底高程为里程 18＋900 以内航道设计底高程为－22.0 m，里程 18＋900 以外航道设计底高程为－22.5 m；航道有效宽度为 280 m，同时可以满足 7 万吨级散货船双向通航。

4.2.4.3.3 仙人岛港区

仙人岛港区位于鲅鱼圈以南约 14 km 的熊岳河口至白沙湾北部的仙人岛，可利用的自然岸线长 7.8 km。港区采取环抱式总体布置，通过南北两道防波堤将港区环抱，其中北防波堤以不影响熊岳河的泄洪为原则，自熊岳河南岸向西北至－7 m 水深，再向西延伸至－9 m 水深后，折向西南方向延伸至－9.5 m 水深；南防波堤以不破坏仙人岛的原貌为原则，自仙人岛根部沿西北方向向外海推进，在－9.5 m 水深附近与北堤合围成口门。口门宽度 700 m，朝向正西，航道为 E—W 走向，与辽东湾深水区连接。港内主要靠填海造地形成陆域和岸线，码头按照用途分别布置成栈桥墩式、突堤式和顺岸式。仙人岛港区平面布置如图 4－22 所示。

港区依托南防波堤和自然岸线形成南部港区四个港池、一栈桥、一突堤的平面布置；依托北防波堤形成北部港区三个港池、三个突堤的平面布置；南北突堤间水域宽度按 1 000 m 控制。规划围填海面积 34.4 km^2，其中成陆面积 21.9 km^2，水域 12.5 km^2。30 万吨级原油码头位于仙人岛港区南防波堤内侧，长 502 m，设计年通过能力 1 800 × 10^4 t。码头前沿设计底标高

-25.0 m，工作平台顶面高程9.0 m，系缆墩、靠船墩顶面高程为8.0 m。码头采用蝶形布置，最小兼顾船型为8万吨级原油船舶。码头轴线方位为156°58′45″~336°58′45″，与港内南防波堤口门段轴线方位一致；通过栈桥与南防波堤相连。输油管线经工作平台→钢栈桥→南防波堤与陆上罐区连接。为了本工程及后续工程防浪、防冰等，该工程协同仙人岛港区首期工程中的其他项目共同修建仙人岛港区的南、北防波堤。辅建区布置在港区规划岸线与南防波堤相交处，陆域面积约2×10^4 m^2，总建筑面积约为2 024.3 m^2。

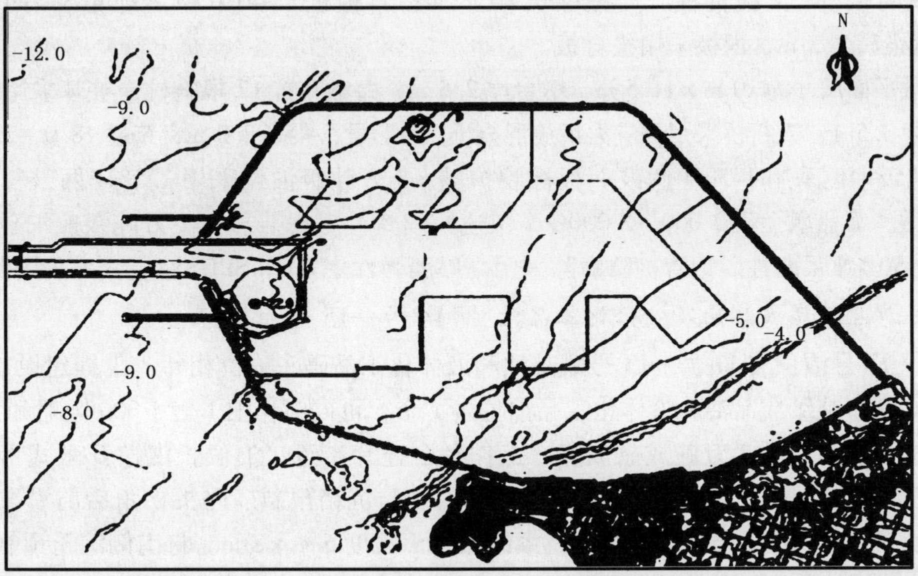

图4-22　仙人岛港区及30万吨级原油码头平面布置

仙人岛港区30万吨级航道轴线自里程0+000至17+800，轴线方位为90°—270°；里程17+800至27+850段航道轴线方位为52°—232°。航道转弯半径4 000 m。结合渤海湾水深条件、30万吨级油轮的实际吃水情况以及工程投产初期大型船舶到港数量较少等因素，工程初期设计底高程按照-22.0 m，底宽按照300 m实施，远期适时拓宽至-22.5 m底高程，有效宽度350 m。该项目同时可以满足7万吨级散货船双向通航。

4.2.4.4　水工建筑物

4.2.4.4.1　鲅鱼圈港区

鲅鱼圈港区现有泊位中，除一港池18号矿石泊位、11号—15号成品油及液体化工品泊位、A港池1号、2号成品油及液体化工品采用桩基结构形式外，大都采用重力式结构形式。A港池水工结构为重力式沉箱，其他以重力式方块码头为主。

(1)一港池成品油及液体化工品泊位(11号—13号泊位)

成品油及液体化工品码头工程位于港鲅鱼圈港区一港池。本工程共有3个泊位，11号泊位可靠泊$0.1\times10^4\sim8\times10^4$ DWT油船，12号和13号泊位可靠泊$0.1\times10^4\sim3\times10^4$ DWT油船。3个泊位可实现汽油、柴油、燃料油和液体化工品的装卸作业。每个泊位设输油臂基础8个，11号和12号泊位一期均安装输油臂5台，预留3台位置；13号泊位安装输油臂4台，预留4台。

码头面高程为7.3 m。8万吨级泊位由输油平台、靠船墩和系缆墩组成。靠船墩间距90 m。根据要求，8万吨级泊位，兼靠1万吨级船。为靠泊安全和便利，考虑1万吨级船靠泊在码头装油平台上，其长度60 m。两个3万吨级泊位由输油平台和系缆墩组成，兼靠1 000吨级油船。工作平台兼作靠船墩，其长度为80 m。8万吨级泊位设计底高程 -16.0 m，平台尺寸25 m×61.5 m。3万吨级泊位设计底高程 -13.0 m，平台尺寸25 m×81.5 m。8万吨级泊位和3万吨级泊位码头均采用高桩梁板式结构，桩基采用ϕ1 000钢管桩。排架间距10.0 m。8万吨级泊位共7榀；3万吨级泊位，共9榀，平台两侧排架每榀6根桩，横向叉桩2.5对，1根直桩；典型排架每榀7根桩，横向叉桩2.5对，2根直桩。其他排架每榀8根桩，2.5对横向叉桩，1对纵向叉桩，1根直桩。直桩桩长44.5 m；斜桩桩长46.0 m，斜度3.5∶1。横梁高2.3 m，纵梁高2.3 m，面板采用叠合板。

系靠墩平面尺寸为10 m×11.5 m，墩台厚2.5 m，每墩布置12根斜桩，桩基采用ϕ1 000钢管桩，斜度3.5∶1。人行桥采用预应力钢筋混凝土“T”形梁，梁高2.0 m，跨度18.0~25.0 m。

8万吨级泊位采用1450H两鼓一板橡胶护舷，3万吨级泊位采用1250H两鼓一板橡胶护舷，系缆墩、靠船墩上设2 000~3 000 kN快速脱缆钩。考虑兼靠0.1万吨级船泊位，各码头平台上设450 kN系船柱。钢管桩防腐除采用高厚膜弹性聚氨酯(SPU)涂层，另采用阴极保护。

(2)一港池顺岸成品油及液体化工品泊位(14号—15号泊位)

14号—15号泊位与11号—13号成品油和液体化工品码头泊位相邻。工程建设规模为0.3万吨级和0.5万吨级成品油和液体化工品泊位各1个，可同时靠泊1艘3 000吨船和1艘5 000吨船，最大可靠泊一艘3万吨成品油船。工作平台连片布置，泊位长度按开敞式考虑，总长296 m，工作平台尺度为210 m×22 m。码头前沿线与沉箱预制厂码头拐角后前沿取齐。整个泊位由1个工作平台、1个系缆墩组成，系缆墩平面尺度6 m×8 m。将南侧沉箱预制场码头已有的650 kN系船柱改造为1 000 kN系船柱，满足3万吨级成品油船系缆要求。

码头工作平台长210 m，分3个结构段。排架间距为7 m，共计32榀排架，每榀排架5根ϕ800 mm钢管桩，1对叉桩，1对半叉桩，1根直桩。桩尖打至中粗砂层或亚黏土层，直桩桩长40 m，斜桩桩长42 m。上部结构采用纵横梁等高布置，梁高1.8 m，纵横梁、输油臂梁均采用“T”形结构。面板为叠合板，预制400 mm，现浇200 mm。工作平台与后方港内护岸之间设1座架管桥和1座人行桥，桥跨度28 m，设2根混凝土灌注桩，桩径1.2 m。

系缆墩平面尺寸为6 m×8 m，墩台厚2.5 m，布置6根ϕ800 mm钢管桩，系缆墩和工作平台之间的人行桥为钢结构。

(3)A港池顺岸成品油及液体化工品泊位(1号、2号泊位)

A港池成品油和液体化工品码头工程位于一港池防波堤外侧。建设规模为2个5万吨级成品油及液体化工品泊位，可同时兼靠3个1万吨级成品油船。将两个5万吨级泊位的工作平台连片布置，在码头两端各布置一个装卸区，供5万吨级船舶和两侧的1万吨级船舶使用，适当加大2个5万吨级泊位之间的安全距离，在码头中间布置一个装卸区，供中间的1万吨级船舶使用。

码头总长度为666.0 m。整个码头由1个工作平台和6个系船墩组成，工作平台尺度为456 m×28 m，系船墩平面尺度为9 m×10 m。工作平台上布置综合控制楼1座。2座接岸引桥，东侧架管桥宽14.5 m；西侧引桥宽6 m。

码头平台分7个结构段，排架间距为10 m，共计50榀排架，每榀排架7根ϕ1 000 mm钢管桩，1对半叉桩，2对叉桩，1根直桩。桩尖打至中粗砂层或亚黏土层，直桩桩长40 m左右，斜桩桩长42 m左右。上部结构采用纵横梁等高布置，梁高1.8 m，纵横梁、输油臂梁均采用"T"形结构。面板为叠合板，预制400 mm，现浇200 mm。平台两侧各设置3个系缆墩。系缆墩平面尺寸为10 m×9 m，墩台厚2.5 m，每个墩台布置10根ϕ1 000 mm钢管桩。

原北防波堤宽15 m，堤顶布置已建8万吨级和3万吨级成品油泊位工艺管线带及通道。为满足本工程的需要，同时考虑到北防波堤西侧规划中的3个泊位，将北防波堤加宽19.5 m。

工作平台与后方防波堤之间设1座架管桥和1座人行桥。架管桥跨度28 m；人行桥跨度43 m，宽度14.5 m。接岸引桥桥墩打设4根ϕ1 000 mm钢管桩。

(4)鲅鱼圈港区三期、四期工程

三期、四期码头为顺岸连片布置，按停靠10万吨级集装箱船和钢铁类杂货船设计。码头面高程5.5 m，码头前沿底高程－15.5～－14 m。码头主体结构形式为重力式带卸荷板的方块码头结构(图4－23)。设置4层方块，底层方块宽8.5 m。上、下层方块间设有榫槽。卸荷板底高程－1.3 m。悬臂长2.5 m，悬臂部分厚1.5 m。卸荷板与顶层方块间通过预留孔连接。现浇钢筋混凝土胸墙后的抛石棱体和吹填砂之间设置二片石和混合倒滤层。方块最大质量为270 t。

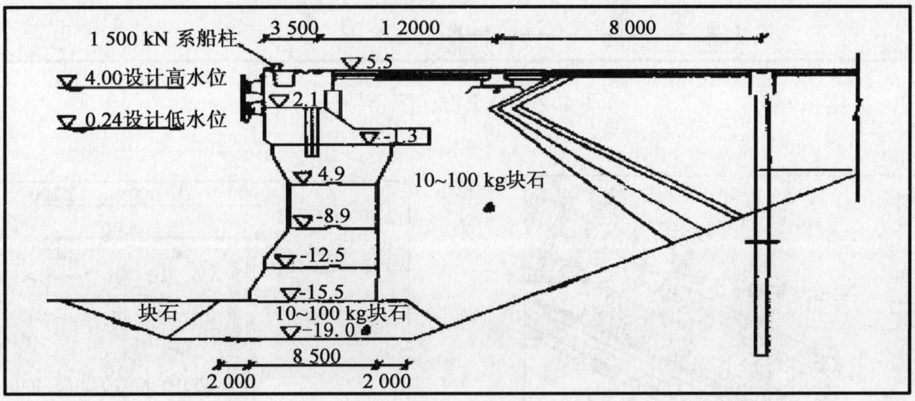

图4－23 设有卸荷板的方块重力式码头结构断面

坐落在中粗砂和粉质黏土层上的抛石基床，最小厚度3.5 m。轨道梁基础采用直径1.1 m灌注桩。胸墙和轨道梁间设拉杆，间距5 m。该结构为国内最深的方块重力式结构之一，采用混凝土实体方块是解决抗冻和抗冰问题的好方法。持力层位于中粗砂和粉质黏土层上，在码头各部分均预留有沉降量，以解决结构沉降变形问题。通过调整抛石棱体的回填方式，使轨道梁灌注桩不穿透抛石棱体。可调高型轨道扣件系统改善了抛石棱体上轨道梁的后期维修条件。

(5)鲅鱼圈港区A港池通用泊位工程

A港池通用泊位码头平面布置为顺岸连片式，岸线长约1 800 m，结构按停靠12万吨级通用散杂船设计。码头面高程5.5 m，前沿底高程－18 m。码头结构选择重力式沉箱结构(图4－24)。沉箱高为20.5 m，底宽为16.0 m，长为18.5 m，前趾长1.0 m。共12个仓格，每个仓格尺寸为4.6 m×4.3 m；沉箱前墙厚0.40 m，后墙厚0.40 m，侧墙厚0.35 m，隔墙厚0.2 m。单个沉箱重2 640 t，吃水12.38 m。码头胸墙为现浇钢筋混凝土结构。

(6)鲅鱼圈港区20万吨级和30万吨级矿石码头工程

20万吨级和30万吨级矿石码头工程为顺岸相连(图4－25)，包括栈桥总长909 m。码头顶高程8.0 m. 前沿底高程－24.5 m，宽37.3 m。码头基桩采用直径1.2 m的钢管桩。码头排架间距6.5 m，在装船机轨道下增加1根直径1.2 m的钢管桩。桩底设计高程－58～－48 m。

水位变动区及以上部位采用涂刷变厚膜弹性聚氨酯 EPC 涂料，水下部位采用牺牲阳极保护。码头上部梁系的底面涂刷混凝土防腐涂料。码头基槽挖泥边坡采用 1∶2.5。码头端部设 1 个系缆墩，系缆墩长 20 m，宽 12 m，顶高程 8 m。系缆墩上部采用现浇承台结构。承台上设 2 000 kN 系船柱。系缆墩和码头主体间人行钢桥宽 2 m，长 32.2 m。码头梁板采用较大的预制构件，结构设计考虑了流冰的影响。高桩梁板式码头结构断面如图 4－26 所示。

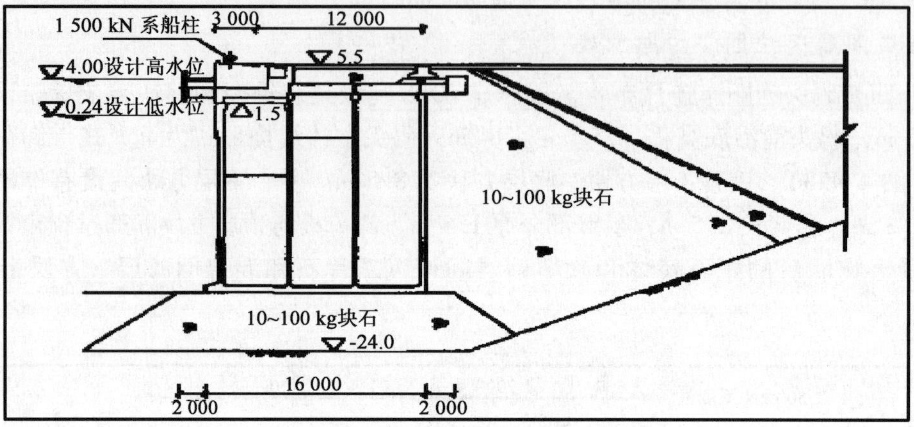

图 4－24　重力式沉箱结构

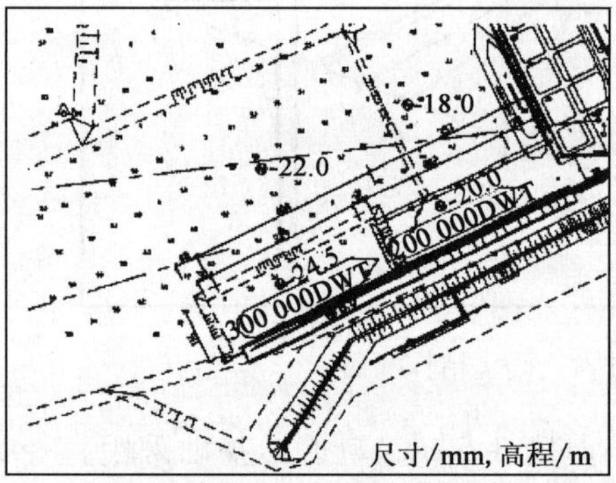

图 4－25　30 万吨高桩码头平面布置

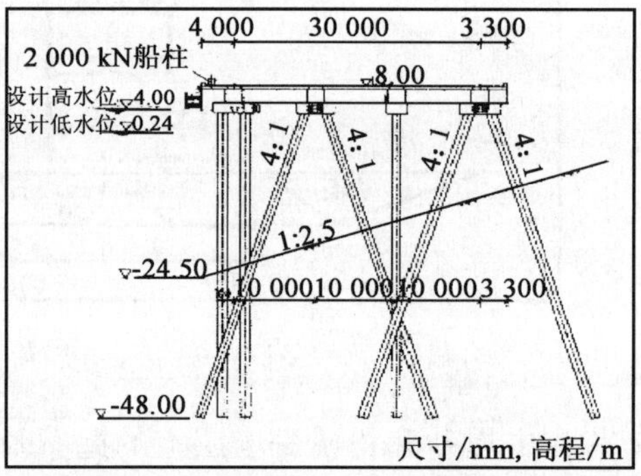

图 4－26　30 万吨高桩码头结构断面

(7)仙人岛港区 30 万吨级原油码头工程

30 万吨级油码头为重力式钢筋混凝土圆沉箱墩式结构(图 4－27)，包括工作平台 1 个(4 个沉箱基础)，靠船墩 4 个，系缆墩 6 个，引桥墩 1 个，人行钢桥 10 跨，管线桥 2 跨。工作平台平面尺度为 42 m×42 m，顶面标高为 9.0 m，由 4 个直径 16 m 的圆沉箱组成；每个靠船墩和系缆墩分别由 1 个直径 16 m 的圆沉箱组成，顶面标高均为 8 m。码头前沿水深底标高为－25 m。各单体均为圆沉箱墩，沉箱高 27.1 m，重 2 680 t。沉箱下为抛石基床，厚度为 2.0～7.5 m。采用 150～250 kg 块石护底。沉箱内回填 10～50 kg 块石。沉箱顶面为预制钢筋混凝土肋型盖板。工作平台和南防波堤之间采用引桥墩过渡，桥宽为 3.5 m 或 3.3 m。人行钢桥采用上承式钢桁架或板梁式结构，最大桁高 3.5 m。每个靠船墩上安装 1 套两鼓一板 2500H 型橡胶护舷，为水平放置。每个靠船墩上安装 1 套两钩 1 500 kN 快速脱缆钩。每个系缆墩上安装 1 套四钩 1 500 kN 快速脱缆钩和 1 个 1 500 kN 系船柱。码头和防波堤之间采用板梁式钢桥连接，跨长 33 m。主梁梁高 2.45 m，桥面全宽 13.5 m。其中主梁中心距 7 m，车道侧悬臂部分4.5 m，检修通道侧悬臂部分为2 m，共2跨。临近口门处的系缆墩上各设置一组防冰锥体，采用预制钢结构组合构件。

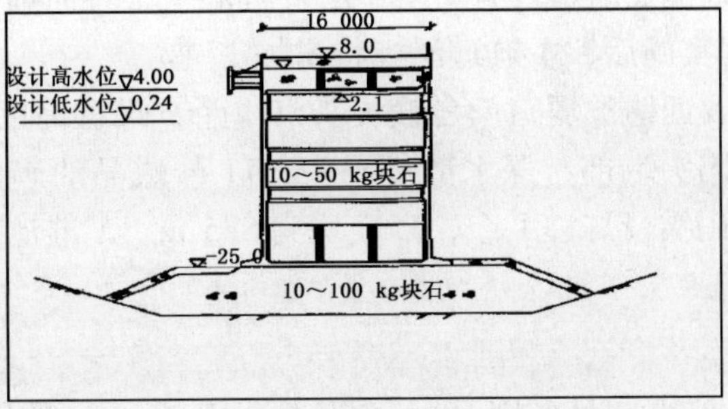

图4－27　30万吨高桩码头圆沉箱墩式结构

(8)防波堤和护岸的主要结构形式

鲅鱼圈港区和仙人岛港区永久性防波堤总长约35 km；分期实施的内防波堤和护岸总长约30 km。防波堤堤头最深处水深底标高－10 m。仙人岛港区南、北防波堤和鲅鱼圈港区南防波堤根部表层天然泥面多为淤泥质粉质黏土或淤泥质粉质黏土混砂，最厚为2 m。其下即为可塑、硬塑状的粉质黏土或中粗砂。鲅鱼圈港区南防波堤外部和北防波堤处，表层天然泥面为2～4 m厚的淤泥质粉质黏土，其下为可塑－硬塑状的粉质黏土。由于本地开山石材料丰富，斜坡式结构比直立式结构造价低，抗冰能力较强，消浪效果更好，且施工简便，防波堤和护岸采用斜坡式结构。根据不同区段的条件，堤芯部分采用陆上推进法回填500 kg以下开山石结合水上抛填10～100 kg块石；内侧临时采用大块石护面；外侧护面的形式包括：3 t扭王字块体护面，堤脚处铺设100～150 kg护底石；栅栏板护面，堤脚处铺设护底石或堤脚块；500～1 500 kg块石作为宽肩台护面。堤顶高程为7.5～9 m，顶宽9.4～11 m。宽肩台护面的斜坡堤结构断面如图4－28所示。

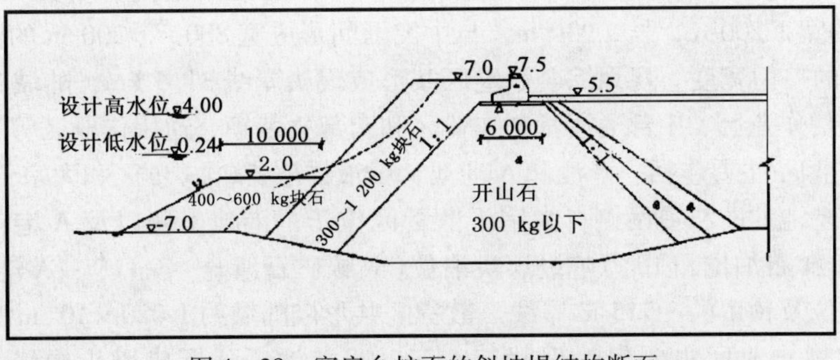

图4－28　宽肩台护面的斜坡堤结构断面

4.2.4.5　辅助工程

4.2.4.5.1　锚地

营口港有锚地2处，一为过驳锚地，水深9～12 m，可锚泊3万吨级船舶；一为联检及候潮锚地。鲅鱼圈港区有联检候泊锚地1处，乘潮水深11 m，万吨级以上船舶可乘潮进出港。

4.2.4.5.2　水上导助航

(1)鲅鱼圈港区

鲅鱼圈港区现有灯塔1座，位于港区陆域后方的台子山上。灯塔高20.9 m，高程为

131.4 m。港区主航道现有1对实体中心标，前标位于三突堤端部，顶高程30.5 m；后标位于铁路第一分区车场东侧，顶高程56.5 m。前、后标间距1 773.5 m。一港池在矿石堆场边缘设有一组支航道中心标。A港池支航道设有1对中心导标和1个转向标。15万吨级航道设置浮标24个。25万吨级航道工程实施后，主航道浮标将增加17座。

鲅鱼圈港区北防波堤及西防波堤口门各设堤头灯1个，灯桩高度11.8 m。一港池20万吨级矿石码头端部、成品油码头端部、深水散货码头、11号成品油码头设灯桩1个，高度均为14 m。一港池顺岸成品油码头设灯桩1个，高度均为8.5 m。A港池南侧成品油码头两端设码头灯桩2个，高度8 m。

(2)仙人岛港区

航道两侧需设置浮标39个，另备用19个；设置冰标39个，另备用19个。港区内南、北防波堤口门处设堤头灯2座。

4.2.4.6 港口规划

仙人岛港区南部为近期发展区，自西向东依次布置液体散货作业区和通用泊位区，港区北部为远景发展区，并预留发展修造船工业。仙人岛港区包括围、填海形成的港域和占用现有土地港域两部分。占用现有土地港域靠近海侧现为风力发电区、海防林区及烽火台占用地。根据港区发展需求和两港域资源特点，仙人岛港区规划为三大片区：①风貌自然区——保留现有土地港域靠近海侧区域；②港口生产区——围填海形成水陆域；③相关功能发展区——现有陆域除风貌自然区以外的陆域，安排石化仓储区、港口加工区、物流保税区及综合行政区。港区规划年设计通过能力约为1.86×10^4 t。

鲅鱼圈综合性港区依托现有港区向南北扩展，并向外海开拓，形成环抱式总体布置。北部顺一港池向北继续延伸，在海域形成反弯形的人工突堤，弯段内为A港池，三段码头岸线分别长2 700 m、1 235 m、1 580 m，突堤宽1 100～1 300 m。在现有四港池南侧顺岸布置3 660 m码头岸线至红海河口，以此为界向海发展，形成"F"形的总体布置，东西突堤宽1 150 m；中突堤东岸线与现有防波堤相接，与顺岸码头间形成900 m宽的港池，中突堤宽1 200 m，长3 825 m；外突堤宽1 200 m，长3 930 m，与中突堤间形成宽800～1 200 m的港池，并与北突堤形成1 150 m的口门宽度。规划综合性港区共形成码头岸线31.3 km，陆域33 km^2。综合性港区形成北部散货作业区、中部通用货物作业区和南部集装箱、通用作业区等三大板块。

北部散货作业区 主要包括一港池和A港池，分液体散货(油类)区和大宗干散货区两部分。液体散货位于一港池北防波堤两侧；大宗干散货区位于一港池南侧以及A港池，其中一港池南侧为20万吨级矿石泊位和10万吨级煤炭泊位(兼顾矿石清仓)各1个；A港池为6个12万吨级通用散货泊位及预留的3 715 m岸线。散货区共形成陆域约$1\ 020\times10^4\ m^2$。

中部通用货物作业区主要包括现状二、三、四港池，已形成码头岸线3 661 m，陆域$132\times10^4\ m^2$，经功能调整后将以通用散杂货、专业化散粮、商品汽车滚装等功能为主。

南部集装箱、通用作业区主要发展集装箱、钢铁等专业化、集约化运输。五港池规划顺岸集装箱码头岸线长度3 660 m，共形成13个集装箱泊位；五港池南侧和西侧布置钢铁泊位作业区。六港池作为远期长远发展。

4.2.5 锦州港

4.2.5.1 简况

锦州港始建于1986年，1990年10月正式开港，同年12月经国务院批准为国家一类对外开放口岸。目前，锦州港已建有生产性泊位16个，其中万吨级以上泊位(含万吨级)14个，最大泊位可以靠泊12万吨级船。码头岸线总长度为4 262 m，年通过能力为3 175 × 10^4 t和集装箱60 × 10^4 TEU。现拥有21个生产泊位，港口主航道可通过25万吨级油轮和5万吨级货轮。2009年全年吞吐量5 200 × 10^4 t，集装箱68 × 10^4 TEU。2010年全年吞吐量6 008 × 10^4 t，集装箱吞吐量75.5 × 10^4 TEU，名列辽宁省第三位。

4.2.5.2 自然条件

锦州港位于40°48′N，121°04′E，在锦州湾北侧。冬季多为N—NW风，夏季盛行S—SW风。常风向NNW，强风向NNW。常波向SSW向，强波向SSW向。附近海区属不正规半日潮，潮流基本上呈往复流形态。最高高潮位4.22 m，最低低潮位 -1.12 m；平均高潮位2.63 m，平均低潮位0.58 m；最大潮差4.06 m，平均潮差2.05 m。涨潮流向大致呈NNW向，落潮流向大致呈SSW向。常浪向SSW，次常浪向为S；强浪向为SSW，实测最大波高2.6 m；次强浪向为SSW和S。每年12月出现初生冰。流冰多出现在1、2月份，浮冰流向大致呈ESE—WS向，流冰速度0.2 m/s左右。

4.2.5.3 总平面布置

锦州港从东到西为石化作业区、粮食及件杂货作业区、集装箱作业区、油品作业区、通用散杂货作业区、专业化散货作业区和预留发展区等(图4-29)。石化作业区位于第一、五港池，目前已基本形成。粮食及件杂货作业区位于第二港池的东侧岸线，目前为通用散杂作业区，已全部建成，主要完成煤炭、粮食、矿石等大宗散货作业。集装箱作业区位于第二港池西岸、北岸以及第三港池东岸和北岸。

图4-29 锦州港总体平面布置

现有主航道底标高为 -15.0 m，底宽198 m，全长25.95 km。航道北段走向为5°—185°，在航道里程7 +750处向东偏转13°，航道南段方位为352°—172°，长18.2 km，可供10万吨级的船舶乘潮航行。

现有锚地三处。第一锚地面积1 077 × 10^4 m^2，海底标高 -10 ~ -9 m，底质为软泥。第二锚地面积1 077 × 10^4 m^2，海底标高 -12 ~ -11 m，底质为泥沙。第三锚地面积1 077 × 10^4 m^2，海底标高 -22 ~ -20 m，底质为泥沙。

油品作业区位于二突堤西半部，规划岸线1 068 m，陆域纵深东侧450 m，北侧400 m。通用散杂货作业区位于第三港池西岸，规划岸线长度1 600 m，陆域纵深750 m。专业化散货作业区位于规划四港池的北岸，规划岸线长度1 400 m，最大陆域纵深1 500 m。第四港池西、南侧岸线规划为预留远景发展区。根据锦州港总体规划，10万吨级油码头位于第三港池南侧(图4－30)，其泊位北端距二、三港池间的大突堤南端约200 m，码头方位为155°～335°，泊位长度480 m。码头由作业平台、靠船墩、系缆墩和联系桥组成。作业平台顶面高程为9 m，码头前沿设计底标高为－18 m(远期为－23 m)。近期港池和支航道按12×10^4 DWT油船设计，设计底标高为－16.8 m，支航道底宽200 m。港池水域布置在泊位西侧，港池内设置直径670 m的船舶回转水域，港池与现有主航道通过支航道相连。作业平台不承受船舶作用力，其前沿线较靠船墩前沿线后退1 m。系缆墩为蝶型布置。船舶靠泊在码头的西侧，在港池与进港主航道之间设支航道，支航道与主航道夹角30°。锦州港总体规划如图4－31所示。

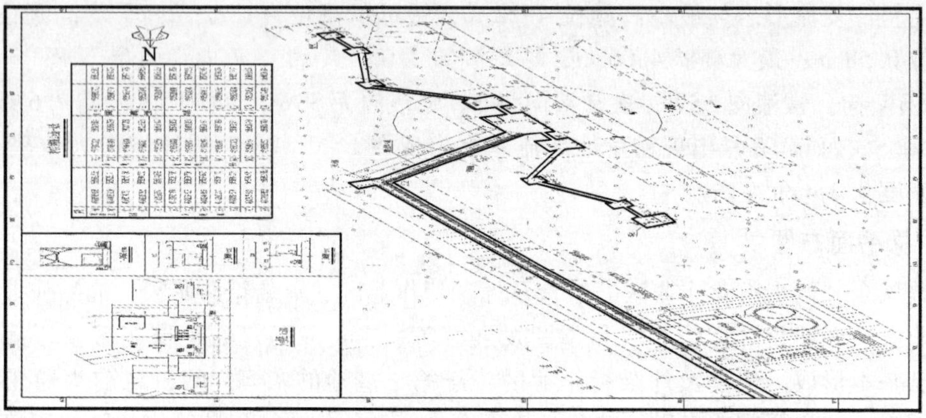

图4－30　10万吨级油码头平面布置

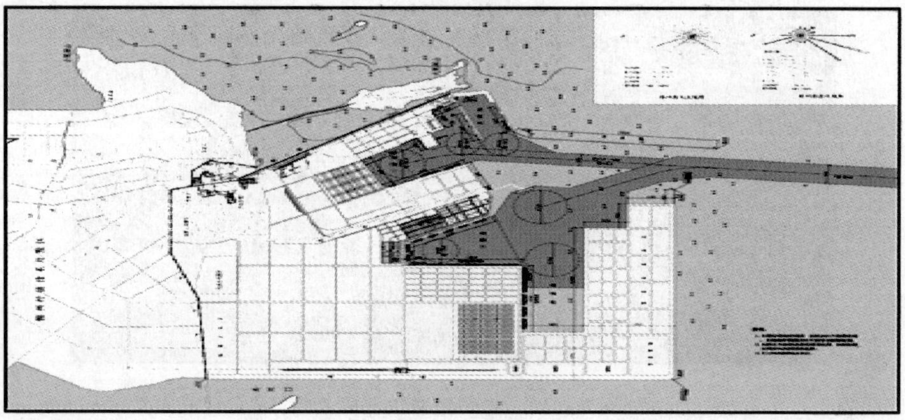

图4－31　锦州港总体规划示意

4.2.5.4　水工建筑物

根据码头拟建处的工程地质条件，10万吨级油码头结构采用墩式结构，包括1座50 m×30 m的装油平台、2个靠船墩、6个系缆墩、2个引桥墩和接岸结构等。采用桩基墩台结构，各墩台之间以钢桥连接。装油平台尺寸为50 m×30 m，基础采用49根ϕ1 200的钢管桩，桩顶端为现浇混凝土墩台，墩台厚度2.8 m。靠船墩墩台尺寸为24.6 m×24.3 m，厚4.1 m，基础为31根ϕ1 200的钢管桩。系缆墩墩台尺寸为14 m×14 m，厚3.5 m，基础为16根ϕ1 200钢管桩。钢管桩桩长约52 m。为加强桩基抗弯和抗冰性能，在桩顶一定范围内灌注桩芯混凝土。桩端进入强风化岩层，个别桩需要嵌岩，嵌岩桩采用灌注型，嵌岩深度分别为

3 m和4.5 m。钢管桩采用牺牲阳极和涂防锈涂料进行防腐处理。

工程区泥面标高为 -3.5 m左右，水深较浅，为节省投资，方便施工，码头与岸连接的接岸结构采用抛石斜坡引堤。引堤长344.31 m，堤顶宽12.0 m，堤顶标高7~9 m，堤顶东西两侧设混凝土挡浪墙，墙顶标高东侧为8.5~9.5 m，西侧为9.5 m。引堤堤芯采用开山石，由陆上推进形成。开山石东西两侧分别回填10~100 kg的块石，块石外面采用3 t扭王字块体护面。堤脚采用60~100 kg的块石护底。引堤堤头安放一个直径14 m的圆沉箱作为架管桥的基础。

接岸结构与装油平台之间通过引桥连接。引桥长140 m，宽12 m，桥面标高9 m。钢桥共两跨，每跨桥长66.5 m，宽13.55 m。

4.2.6 秦皇岛港

据传春秋战国时代著名的碣石海港就是秦皇岛港的前身，近代正式开埠于1898年。20世纪初期，扩建了老港区的大、小码头；20世纪50年代后，兴建了乙码头，虽然港口通过能力和吞吐量逐步提高，但长期以来徘徊在 500×10^4 t左右。1973年东港区原油码头建成投产，使秦皇岛港成为我国重要的原油输出港之一，1975年油码头建设了我国第一座开孔消浪直立堤；同时新建了甲码头，初步形成了东、西港区发展的格局。改革开放以后，秦皇岛港作为"西煤东运、北煤南运"的主要煤炭装船港，对乙码头进行煤炭专业化改造，之后，煤一期至煤五期专业化煤炭码头和矿石码头在东港区先后建设投产。同期，西港区也相继建设了丙、丁、戊、己码头，以满足件杂货和集装箱运量增长的要求，形成了东港区以能源和大宗散货运输为主，西港区散杂货、集装箱和煤炭等散货运输共存的局面。随着地方经济的发展，相继建设了新开河港、秦山化工码头、山海关港区等码头。秦皇岛港是中国最大的煤炭输出港，现拥有生产性泊位45个，其中万吨级以上生产性泊位42个，最大泊位为15万吨级，码头岸线总长度12 628 m，通过能力 $22\,285\times10^4$ t/a。2009年，秦皇岛港货物吞吐量达 2.438×10^8 t。煤炭年吞吐量已达到 2.06×10^8 t，占全国港口沿海煤炭下水量50%左右。

秦皇岛港位于39°54′24″N，119°36′26″E，汤河口东北侧。常风向WSW，强风向为ENE。春、秋季多西南风或偏西南风，冬季为东北或偏东北风，夏季多南风。潮汐类型是以日潮为主的相对不正规的混合潮型，最高高潮位2.55 m(理论深度基面)，最低低潮位 -1.43 m，平均海面0.89 m，平均高潮位1.24 m，平均低潮位0.53 m，平均潮差0.7 m。涨潮流向为WSW，落潮流向为ENE，属往复流。波浪以风浪为主，约占75%，常浪向是S向；实测最大波高3.3 m。附近海域每年初冰日为11月下旬，终冰日为翌年3月上中旬，冰期平均为105天，最长可达124天，冰的厚度一般为10~30 cm，5 m等深线以外很少出现固定冰，对船舶航行和港口装卸运输生产无影响。

港口现有陆域9 km^2，港口水域61 km^2，锚地54 km^2，形成以新开河为界的东、西两大港区，东港区以能源输出为主，西港区以进出口杂货为主的格局(图4-32)。煤炭港区总平面布置如图4-33所示。现有主航道、东航道、西航道、老航道、煤三期航道、10万吨级航道共6条(表4-2)。秦皇岛港煤炭港区已建工程见表4-3。一期至五期工程从西向东、从近岸到深水，除一期码头为顺岸布置外，其余均为突堤式布置。五期工程位于三、四期工程的东侧，建设5万~15万吨级泊位4个，岸线长1 187 m。南段的三个码头泊位长899 m，前沿设计底高程为 -19.7 m；北端的5万吨级泊位长288 m，码头前沿设计底高程为 -14.9 m。根据工程地质特点，秦皇岛港码头多采用沉箱重力式沉箱结构。

图 4－32　秦皇岛港建设现状示意

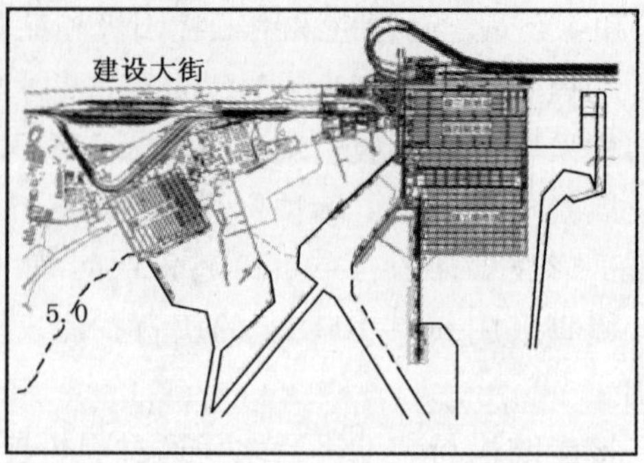

图 4－33　煤炭港区总平面布置

表 4－2　秦皇岛港航道基本情况

航道名称	方　位	基本尺度				备　注
		长度/m	底宽/m	设计底高程/m	实际底高程/m	
10 万吨级航道	150°～330°	16 800	200	－16.5	－16.5	卵石，10 万吨级
主航道	160°～340°	6 910	120	－13.5	－13.5	5 万吨级
东航道	011°～190°	4 486	120	－13.5	－13.5	5 万吨级
西航道	130°～310°	4 843	120	－13.5	－13.5	5 万吨级
老航道	172°～352°	3 350	100	－10	－8.5	1 万吨级
煤三期航道	022°～215°	2 475	120	－13.5	－11.7	5 万吨级
新开河航道	137°～317°	3 150	60	－7.5	－7.5	1 万吨级

表 4－3　秦皇岛港煤炭港区已建工程

工期	泊位吨级/泊位数	码头岸线长度/m	泊位水深/m	设计通过能力/(×10^4 t/a)	堆场面积/×10^4 m^2	后域总面积/m^2
一期工程	5/1	275	14	500	12.0	15.2
	3.5/1(结构 5 万)	232.4	14	500		
二期工程	5/2	615.4	14	2 000	25.0	30.8
三期工程	10/1	340	16.2	1 000	32.0	47.5
	3.5/2	500	12.5	2 000		
四期工程	10/1	341.1	16.3	1 000	38.0	51.8
	3.5/2	430	12.5	2 000		
四期扩容工程	5/1	265	14.9	500	26.7	32.2
	3.5/1(结构 5 万)	230	14.9	200		
五期工程	5/2	571	14.9/29.7	2 120	77.0	109.2
	30/1(结构 15 万)	282	29.7	1 550		
	15/1	329	29.7	1 500		
合计	16	4 415.9		15 500	203.7	286.7

秦皇岛港现有锚地5个，即西锚地、东锚地、油轮锚地、10万吨级船舶重载锚地和山海关船厂锚地，水域总面积221.3 km^2。锚地底质均为泥沙，易于着锚，水深适中，是良好的港口锚地。

4.2.7 唐山港

4.2.7.1 简况

唐山港口建设始于20世纪80年代，1993年唐山市与北京市开始联合建设京唐港。曹妃甸最明显的地理和水深优势为大型深水港口和临港工业的开发建设提供了得天独厚的条件，尤其21世纪以来，取得重要进展。2005年9月起停止使用“京唐港”港名，将曹妃甸港区、京唐港区和丰南港区合并，恢复使用“唐山港”港名。

京唐港区地处渤海湾北岸的大清河口与滦河口之间，是我国第一个在典型的砂坝－潟湖海岸建设大型挖入式港池和粉砂质海岸建设的大型港口。京唐港建设起步于1989年，1991年投产，1995年开始挡沙堤二期工程建设。港区建港以来曾出现过3次比较严重航道骤淤，分别为1992年11月、1993年12月和2003年10月，其中后者最严重。2003年10月以后，为配合港区10万吨级航道的建设，基于挡沙堤起步工程和二期工程的经验，京唐港从2004年开始进一步对港区泥沙淤积开展研究，逐步完成了京唐港区挡沙堤二期工程改造和三期工程设计建设。目前，已建成第一、第二港池全部和第三、第四港池部分泊位，包括散杂货、件杂货、集装箱、煤炭、液化石油气等1.5万～10万吨级泊位28个，码头设计通过能力为$6\ 828\times10^4$ t和集装箱20×10^4 TEU，形成了煤炭、矿石、钢铁、集装箱、液化产品运输五大业务板块。建成的7万吨级航道可以满足10万吨级船舶单向、万吨级以下船舶双向通航；各类货物堆场超过300×10^4 m^2。2001年，港口吞吐量突破$1\ 000\times10^4$ t，2009年首次突破亿吨。2010年，唐山港京唐港区10万吨级航道实现5万吨级船舶双向正式通航。

曹妃甸港区位于唐山市南部70 km南堡地区曹妃甸岛，一个距离海岸18 km的带状小沙洲，因有曹妃庙而得名，东距京唐港区为33 n mile。岛前西南及南侧水深条件良好，距岸600 m处即为渤海湾主潮流通道的深槽海域，10 m等深线距0 m等深线200～500 m，甸前500 m水深达20～30 m，深槽水深达36 m。由曹妃甸向渤海海峡延伸，有一条水深达27 m的天然水道，经海峡通向黄海，是渤海唯一不需要开挖航道和港池即可建设30万吨级大型泊位的天然港址。曹妃甸地区建港的研究从1958年开始至90年代初，属于一般性的科学普查工作。1992—1995年，结合冀东油田和首钢矿石码头选址，开展了海洋工程地质调查工作和海洋水文初步勘测和分析。1996年以后对曹妃甸深槽深水岸线资源（建设25万吨级及以上深水码头工程）和北侧大片浅滩土地资源的开发利用，进行了系统的研究工作。曹妃甸港区规划岸线122 km，可建设428个适合不同功能需要的泊位。近年来曹妃甸港区已初具规模。曹妃甸25万吨级矿石码头、30万吨级原油码头先后建成投产。2011年吞吐量过亿吨，增幅在全国港口居首。

丰南港区位于唐山市丰南区涧河村陡河河口至黑沿子沙河河口之间，建港自然条件优良。

唐山港2010年完成货物吞吐量$2.506\ 2\times10^8$ t，其中，曹妃甸港区吞吐量1.3×10^8 t，京唐港区吞吐量1.2×10^8 t，业务范围涵盖煤炭、矿石、石油、钢铁、水产进出口等多个领域。

4.2.7.2 自然条件

京唐港区位于39°3′0″N，119°1′0″E。常风向为南风和西南风，强风向为东北风。盛冰期为1—2月份，对船舶行驶无影响。潮汐为不正规半日潮型，最高潮位2.244 m，最低潮位0.04 m，平均潮位1.23 m。潮流呈往复流，涨潮流向西南，落潮流向东北。自20世纪70年代以后，滦河中上游兴建水库蓄水，入海沙量大幅度减少，本区海岸以普遍蚀退为特点，港区附近海岸建港前宏观上处于轻微侵蚀状态。建港后，原有海滩冲淤状态发生较大变化。平常年份港口附近岸滩表现为“里淤外冲”，东西挡沙堤两侧水深较浅的滩地处在淤积状态，而水深相对较深的区域则处在微冲状态。在强风暴潮期间，港口附近岸滩表现为“里冲外淤”，岸滩剖面的横向调整现象明显。总体上京唐港区附近海域岸滩泥沙介于细砂和粉砂之间。-3~0 m等深线以内主要为0.1~0.2 mm的细砂；-8~-3 m等深线之间的泥沙粒径较细，主要为0.06~0.09 mm的粗粉砂；-8 m等深线之外则以黏土质粉砂为主。航道中淤积泥沙中值粒径为0.06~0.09 mm。

曹妃甸港区位于38°55′N，118°30′E。冬季盛行偏西北风；春、夏季盛行偏南和东南风；秋季多偏西南风。海域受台风(热带气旋)影响，平均每三年一次，常发生在7、8月，可引起附近海岸较大幅度的增水。潮汐属不正规半日潮。平均潮差1.73 m，最大潮差3.54 m。常浪向为S；次常浪向为SW；强浪向为ENE；次强浪向为NE。海域潮流为往复潮流，距曹妃甸甸头和浅滩较远海域潮流呈东西向往复运动，涨潮流向西，平均流速0.24~0.97 m/s；落潮流向东，平均流速0.21~0.70 m/s。距甸头和浅滩较近海域潮流系顺岸或沿等深线方向运动。初冰日为12月下旬，终冰日为2月下旬。一般年份盛冰期浅滩固定冰宽度为3~5 km，流冰厚度为10~20 cm，重叠冰厚度可达30~40 cm。港区砂质地基工程区地层以海相沉积为主，新近沉积土层较为松散软弱。土层以粉细砂、粉质黏土、粉砂互层为主，表层局部液化。工程场地地震基本烈度为Ⅶ度，设计基本地震加速度值为0.155 m/s^2。

4.2.7.3 港口总平面

4.2.7.3.1 京唐港区

京唐港区从1988年建造1.5万吨级泊位起步，近期建港以散杂货泊位为主，随着钢铁工业的发展，将发展成为以钢铁为主的综合性港口。港外锚地在航道出口东侧，水深12 m，4个锚地，可系泊1.5万吨级及以上船舶。进港航道垂直于岸线，进入港池走向135°—315°。平面布置如图4-34所示。

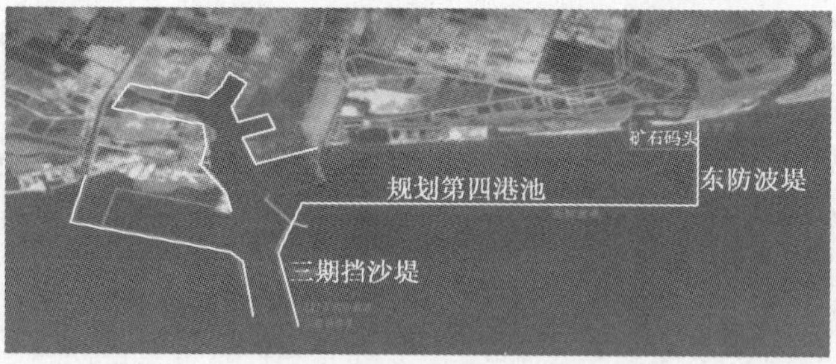

图4-34 京唐港平面布置

京唐港区起步工程(一期)挡沙堤采用环抱式长短堤平面布置呈倒锥形，东挡沙堤堤头至-4.0 m，西堤堤头至-3.0 m，基本延伸至泥沙剧烈活动带的边缘，以对5 000吨级航道形成有效的掩护。起步工程于1989年8月开工，其间针对航道集中淤积的问题，挡沙堤的平面布置进行过多次调整，东堤堤头沿至-5.0 m，总长约1 840 m，并在东堤1+500 m处增加挑流堤750 m，其中300 m出水，450 m为潜堤。

挡沙堤二期工程包括东挑流堤全部出水，增加920 m环抱堤，其中堤根150 m为出水堤，其余770 m为动态平衡潜堤，其高度自海床面以上3 m；在堤根处增加二次挑流潜堤，堤长300 m；西堤相应延长出水堤500 m和动态平衡潜堤800 m。完工后挡沙堤二期工程如图4－35所示。二期工程建设期间，京唐港航道扩建到2万吨级规模，于1998年年底航道竣工，底宽110 m，水深10.5 m。

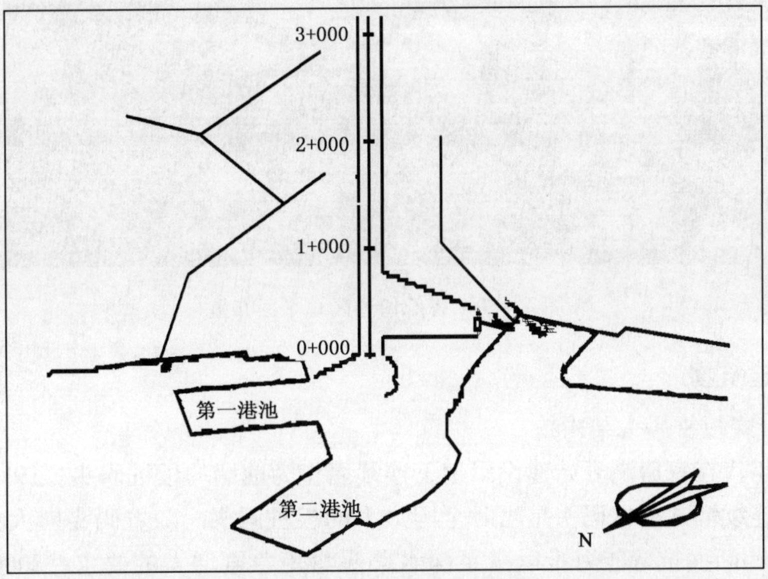

图4－35　京唐港挡沙堤建设进展及二期工程

2003年9月，京唐港区3.5万吨级航道竣工，底宽160 m，通航水深12 m。2003年10月10—12日受风暴潮影响，淤积总量约150×10^4 m^3，沿程平均淤厚约为1.9 m，最大淤厚5.5 m，淤积部位位于东环抱潜堤延长线与航道中心线的交点处。在这次强风暴潮中，二期工程东挡沙堤挑流堤没有使集中淤积部位外移，环抱潜堤也没有明显减轻所掩护范围内航道淤积强度。为保证10万吨级航道的通航安全和为码头提供掩护条件，提出了挡沙堤二期改造和三期工程方案，在已有挡沙堤建设的基础上，东、西挡沙堤向深水延伸。鉴于二期挡沙堤的东挡沙堤环抱潜堤堤头离航道轴线约260 m，因而三期挡沙堤轴线只能选择平行航道或者是偏离航道向深水延伸。这将使现有航道口门加宽，涨落急时在口门附近一定范围形成回流，因此采取平行航道向深水延伸。综合分析不同口门宽度条件下对航道泥沙淤积、口门流态以及考虑港口未来发展规模等诸多因素，最终方案为东堤646 m环抱出水堤接700 m导流出水堤，堤头至－8 m水深；西堤2 402.6 m出水堤，堤头水深－9 m，口门宽度为700 m，可满足未来建设10万吨级散货船双向航道标准。

4.2.7.3.2　曹妃甸港区

目前，曹妃甸港区已建和在建码头工程主要集中在甸头和一港池(图4－36)。其中甸头区的矿石码头一期工程于2005年投入运营，其规模为2个25万吨级泊位(码头结构兼顾30万吨级)，码头总长度为808 m，设计年通过能力为$3\ 000\times10^4$ t。甸头东侧的曹妃甸原油码头已建成1座30万吨级泊位，码头总长度为522 m。一港池东岸线靠近口门处的2个5万吨级通用散杂货泊位于2006年投入运营，码头总长度为525 m，设计年通过能力为300×10^4 t。一港池东岸线的煤码头起步工程也于2009年5月试运营，其建设规模为5个5万～10万吨级泊位，码头总长度为1 514 m，设计年通过能力为$5\ 000 \times 10^4$ t；通用码头起步、二期工程于2009年9月建成投产。

图4－36 曹妃甸港区总平面布置

4.2.7.4 水工建筑物

4.2.7.4.1 遮帘式板桩码头结构

20世纪80年代在京唐港开始建设以地下连续墙作为前墙的板桩码头。1989年开始建设的3.5万吨级地下连续墙式板桩码头是当时全国最大的板桩码头。随着码头向大型化、深水化方向发展，板桩结构断面抗弯能力难以满足深水码头弯矩急剧增大的要求。2000年京唐港区把二港池14号、15号两个2万吨级泊位加深改造为5万吨级泊位，开发出了半遮帘式板桩码头结构；2003年开始了唐山港京唐港区四港池31号泊位(7万吨级)，32号泊位(10万吨级)设计，开发出全遮帘式板桩码头新结构形式。该工程于2004年开始施工，并建成。2005年又开始了10万吨级泊位的设计和施工。

半遮帘式板桩码头结构如图4－37所示。将2万吨级板桩式码头改造为5万吨级泊位，码头前沿底高程由原来的－11.0 m加深到－13.5 m，采用半遮帘桩有效地减小前墙的受力，避免拆除原码头面层及其他构筑物再对板桩码头加深改造，码头前沿线可不前移，不占用港池水域，不影响门机吊臂的有效长度；施工可全部在陆上进行，且施工期内船舶仍可靠泊码头。造价比其他方案节省14%～78%。

全遮帘式板桩码头结构系在前板桩后面做遮帘桩，遮帘桩用拉杆与锚碇结构相连，遮帘桩与前墙之间采取钢拉杆相连方案(图4－38)或用钢筋混凝土上部结构连成整体方案。该结构的开发源于有轨道式装卸机械的板桩码头必然要做轨道梁及其桩基，但这一排桩以往设计中是无锚的，起不到遮帘作用，遮帘式板桩码头结构就是将这一排桩适当改造并与锚碇结构连接起来，减小了前墙的土压力和内力，又可起到轨道梁基桩的作用，大大减小了基桩的受力，保证了其强度和安全性，使其受力趋于合理。遮帘式地下连续墙码头结构可实现多头施工，且不受风浪等条件的影响，从而大大缩短了工期。京唐港31号、32号2个10万吨级泊位，工期10个月；32号—34号泊位主体工程平均工期4月/泊位；曹妃甸2个10万吨级泊位主体工程工期100天。

曹妃甸港区一港池东岸线南段2个5万吨级通用散货泊位工程(码头结构预留为10万吨级)和西岸线南段长度为1 514 m的10万吨级煤码头起步工程码头结构也采用了全遮帘式钢板桩方案。煤码头二期工程共建设10万吨级码头长度为1 435 m，前地连墙厚为1.1 m，底标高

为 -29.0 m，顶标高为 0.0 m。在前地连墙后 3.5 m 处打设一排遮帘桩，间距为 2.4 m，底标高为 -33.0 m，桩顶标高为 0.0 m，其上浇筑导梁。前地连墙和遮帘桩间采用 550 级 ϕ75 的钢拉杆相连，遮帘桩和锚碇墙之间设置 550 级 ϕ90 的钢拉杆，拉杆间距为 1.6 m。锚碇墙距前墙 40.0 m，厚 1.2 m，底标高为 -12.0 m，顶标高为 -0.5 m，导梁顶标高为 3.0 m。为尽量减小地连墙后的剩余水压力，在前地连墙极端低水位处设置排水孔，并在墙后回填碎石倒滤层。前轨道梁采用现浇弹性地基梁结构形式。码头前沿设置 1 000 kN 的系船柱，系船柱间距约为 24 m，码头前沿橡胶护舷选用 SUC1450 超级鼓形橡胶护舷，布置间距约为 24 m。

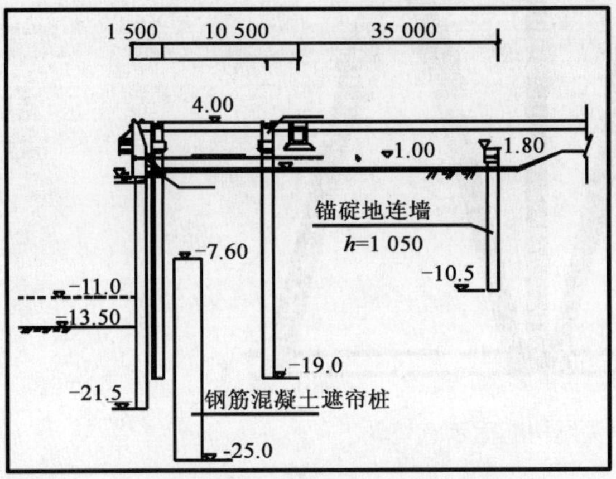

图 4-37　半遮帘式板桩码头结构

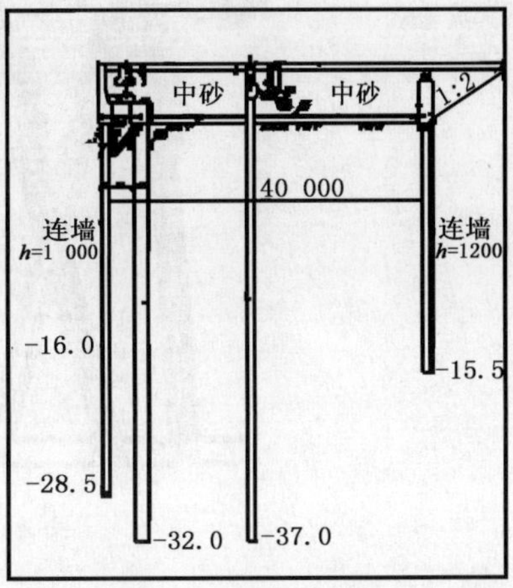

图 4-38　全遮帘式板桩码头结构

4.2.7.4.2　曹妃甸港区甸头区码头结构

甸头区利用天然深槽建设码头，码头前沿天然水深较深。为了尽量避免码头结构对流场、泥沙运动的影响，还有若采用重力墩式结构，由于地基存在深厚的淤泥质土层，承载力低，须换填或处理，造价较高，甸头区已建成 2 个 25 万吨级矿石泊位和 1 个 30 万吨级原油泊位，均采用高桩码头结构。矿石码头二期工程采用高桩墩式结构，墩台平面尺寸为 25 m×31 m，墩中心距为 46.3 m，共 16 个。墩台为现浇钢筋混凝土承台，厚 3.8 m。墩台基础为 ϕ1 400 mm 钢管桩，每个墩台共 37 根。墩台之间设置后张预应力钢筋混凝土"T"形梁和箱形轨道梁，"T"形梁高 2.5 m，箱形轨道梁高 3.5 m。钢管桩桩尖打至持力层。钢管桩防腐采用涂层加牺牲阳极保护和预留厚度。为增强码头的抗冰能力，在外侧钢管桩内灌注混凝土。墩台上设 SUC2500H 两鼓一板标准型橡胶护舷以及 1 000 kN 双钩或四钩快速脱缆钩。

作为曹妃甸港区的第一座码头，2005 年 12 月曹妃甸港区 25 万吨级矿石码头是一标志性工程。结构采用钢管桩高桩梁板结构、锥面低承台桩基抗冰设施的方案(图 4-39)。码头上部为预应力混凝土结构。面板采用预制预应力混凝土空心板。码头排架间距为 9 m，每榀横向排架设 4 个现浇桩帽，共 7 根钢管桩(包括 3 组叉桩和 1 组直桩)。除了靠海侧斜桩的斜度为15:1以外，其他斜桩的斜度均为 4:1。为减小桩力和轨道梁的内力，在每跨轨道梁中间增设 1 根直桩。基桩采用直径 1.2 m 的钢管桩，桩内灌注钢筋混凝土。桩长 67 m 左右，桩尖打入持力层 1~2 m(持力层为粉细砂层)。码头两端设系缆墩及抗冰设施，每侧 1 组系缆墩和 2 组抗冰设施，垂直码头方向布置(图 4-40)。抗冰设施采用锥面低承台桩基结构。因现场冰情观测资料较少，设计了"防抗结合"方法，即水工建筑物结构本身设计抵抗 50 年重现期的流冰，若超出该标准，采用凿冰或使用具有破冰能力的拖轮等防冰措施。锥面低承台桩基抗冰结构方案是采用承台与打入地基的基桩组成稳定结构体系，流冰作用在低承台上，承台设计成利于冰排爬升、折断、翻落破碎的锥面形状(图4－41)。为避免出现稳定爬坡越顶现象，锥面承台上部设置直径6.2 m、高3.0 m的短柱。通过合理选择与冰排接触的建筑物形状，使流冰产生弯曲破坏，达到抗冰目的。研究表明，锥面低承台桩基结构方案的经济性明显优于单直桩挤压抗冰方案。

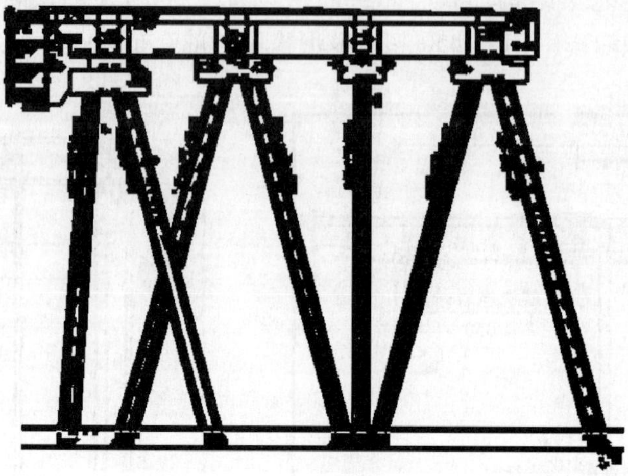

图4－39 码头结构断面示意

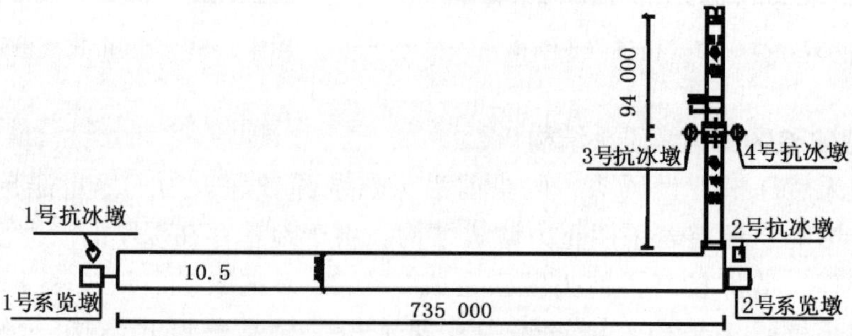

图4－40 系缆墩、抗冰墩布置

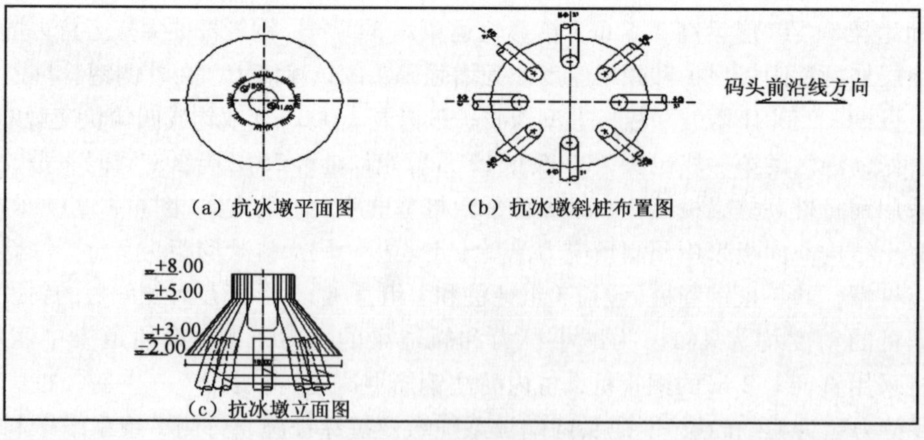

图4－41 抗冰墩结构示意

4.2.7.4.3 曹妃甸中石化原油码头工程

该码头紧邻曹妃甸矿石码头一期工程。码头结构总长522 m，采用蝶型布置，由1个工作平台、2个靠船墩和6个系缆墩组成（图4－42）。码头前沿停泊水域设计底标高近期为－23.50 m，远期为－25.80 m。

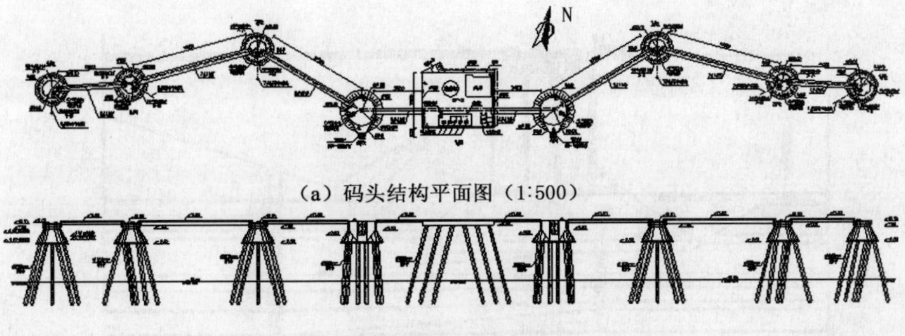

（a）码头结构平面图（1:500）

（b）码头结构立面图（1:500）

图4－42 原油码头结构总平面布置

工作平台平面尺寸为45 m×35 m，顶标高11.00 m，采用高桩承台结构形式。工作平台采用直径1.8 m、最大壁厚30 mm的钢管桩，桩顶部分灌注钢筋混凝土。沿码头轴线方向排架间距为8.0 m左右，垂直码头轴线方向桩间距为7.0 m左右。钢管桩持力层为粉细砂层，桩长74～76 m。平台上部采取现浇3 m钢筋混凝土墩台结构。

靠船墩与工作平台中心线对称，顶高程为11.00 m，采用锥面低承台桩基结构形式，基础采用29根φ1.8 m、最大壁厚30 mm的钢管桩，桩长64～67 m；上部采用圆锥体与圆柱体的钢筋混凝土组合结构，圆锥体下部直径为27.0 m、上部直径为18.0 m，高程为－2.50～5.50 m；圆柱体直径为18.0 m，高程为5.50～11.00 m。在锥体和柱体中部挖空以减少混凝土方量，其上加盖钢筋混凝土盖板。

系缆墩共6座，在码头首尾端部，沿码头轴线依次向靠船墩侧各布置系缆墩3座。墩顶高程为10.00 m，采用锥面低承台桩基结构形式。基础采用12～14根φ1.8 m、最大壁厚30 mm的钢管桩，桩长66～75 m；上部采用2个圆锥体与1个柱体的钢筋混凝土组合结构，下圆锥体上部直径为10.0 m，下部直径为21.0 m，高程为－2.50～7.00 m；上圆锥体上部直径为12.0 m、下部直径为10.0 m，高程为7.00～8.00 m；高程8.00 m以上为圆柱体。码头与陆域间采用全长783 m大跨度系杆钢管混凝土拱桥连接，桥单跨长117 m，桥墩采用高桩承台结构。

2006年3月工程开始试桩施工。工程历时两年多。码头钢管桩的单桩直径大，长度长，重量重；码头靠船墩、系缆墩的钢套箱体积大，质量大，钢套箱海上安装施工形式为国内首创；原油码头引桥采用了单跨引桥陆上预制、海上整体吊装的技术，每个拱桥实际吊装重量达610 t，是迄今为止我国水运工程领域所进行的长度最长、重量最大的钢拱桥一次性海上整体吊装。2008年8月30万吨级原油码头顺利实现首艘油轮靠泊一次成功。

4.2.7.4.4 曹妃甸通用码头起步、二期、三期工程

码头位于曹妃甸港区1号港池东侧岸线转折点以北。自转折点开始向北依次布置三期、二期和起步工程，岸线轴线方向0°—180°，总长1 842 m，共建设5万～7万吨级泊位6个。码头面高程4.80 m，前沿底高程－15.00 m（预留到－15.50 m）。港池宽450 m，底高程为－14.50 m（预留－15.00 m）。港内航道方向0°—180°，宽142 m（预留170 m）。陆域后方纵深

953.7 m。码头前沿作业地带宽45 m。水工建筑物采用沉箱结构方案，按10万吨级考虑。沉箱底宽17.28 m，长16.35 m，高17.5 m，前(后)趾宽1.5 m，箱内回填粉细砂(图4-43)。基床厚度为8 m左右。沉箱后设置抛石棱体，棱体顶面高程-3.50 m。每个沉箱上胸墙高2.8 m。梁下基桩采用ϕ1 200灌注桩。

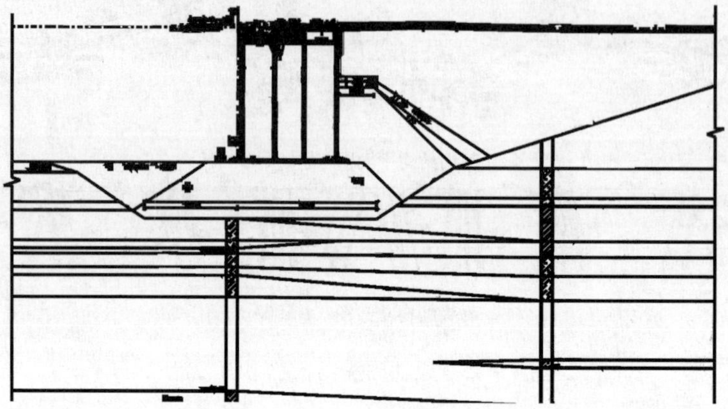

图4-43　码头结构断面示意

4.2.7.4.5　曹妃甸港区二港池及其防波堤工程

二港池位于曹妃甸港区西侧，宽1 200 m，南北向长约4 500 m，口门位于曹妃甸西侧次深槽末端，主要安排5万吨级以下泊位；东侧岸线后方陆域受到港岛形态局限，主要发展以管道输送为主的液体化工品泊位；西侧岸线与陆侧填筑板块相连，根据临港工业发展需要机动使用。二港池外侧依托南堡深槽布置10万吨级左右的LNG泊位或其他液体散货、干散货泊位，两港池之间南侧护岸外可以利用的岸线长度约3.8 km，后方作业区预留纵深约0.5 km。港池口门布置东、西两座防波堤，初期按照满足5万吨级船舶可乘潮航行规模建设，口门宽度预留远期进一步拓宽、浚深的可能性。外航道自第一、第二分道通航之间的警戒区沿150°—330°至港池口门前约2 100 m位置转至0°—180°，然后沿该方向进入港池内航道。初期航道人工开挖标准段宽度口门外为180 m，口门内为160 m，口门有效宽度280 m。人工开挖航道总长8 142 m。东防波堤堤头位于-10 m等深线位置，方位为94.3°—274.3°，堤长486.4 m；西防波堤堤头位于-13 m等深线位置，方位为151.11°—331.11°，堤长693.3 m，口门宽度约560 m，口门朝向198.59°。防波堤总长1 179.7 m。堤顶高程按允许少量越浪考虑。斜坡堤堤顶高程定为5.5 m，直立堤堤顶高程定为6.3 m。东西防波堤工程区域水深为-13～-5 m之间，地质条件较好，采用抛石斜坡堤结构。

4.2.7.5　港口规划

4.2.7.5.1　京唐港区

根据《唐山港总体规划》，京唐港区共规划建设6个港池(图4-34)，逐步形成集装箱码头作业区、液体散货作业区、干散货作业区、杂货码头作业区、通用散杂货码头作业区、综合物流区等6个功能区及远景预留发展区。京唐港区规划自然岸线长度19 km，规划岸线总长45 km，可建设各类泊位近150个；港区规划面积88 km^2，其中，规划水域面积23 km^2，陆域面积65 km^2；航道等级为20万吨级。

4.2.7.5.2　曹妃甸港区

曹妃甸港区功能定位为服务曹妃甸循环经济示范区和大宗散货转运为主的大型综合性港

区，为临港冶金、石化、能源、装备制造、建材等大型重化工业服务；利用深水岸线资源优势，发展大宗原材料转运功能，并承担“北煤南运”的任务。

1）甸头区域。利用天然深槽形成大型深水码头岸线约5.9 km，根据岸线特点及后方陆域情况，西部约1.6 km岸线布置4个大型干散货码头，专供首钢进口原料及辅料使用；中部约2.4 km岸线布置6个大型干散货泊位，主要提供公共运输服务；东部约1.9 km岸线布置4个大型原油码头，主要用于支持后方临港石化工业的发展。

2）西翼第一港池。主要发展5万~10万吨级泊位。东侧岸线自钢厂北边线向南为钢铁泊位区，其中约2 km岸线直接与厂区紧密相连，最南侧已建900 m码头由钢厂使用，其余北段1.6 km岸线及其后方约0.8 km纵深陆域规划为钢铁物流区；东侧岸线自钢厂北边线以北为通用码头作业区，可包括通用杂货、多用途或集装箱、通用散货等泊位，主要用于支持其他临港工业的发展，码头作业区及陆域纵深约1 km；港池西侧7.8 km岸线及其后方1.5 km纵深的陆域为分别安排专业化煤炭下水码头及其他专业化散货码头作业区，主要满足“北煤南运”和临港工业区其他大宗散货的运输需求。

3）西翼第二港池。口门处位于西侧次深槽的末端，主要安排4万吨级以下泊位。东侧岸线约4.5 km，后方陆域受到港岛形态局限，缺少临港工业的发展空间，岸线及集疏运条件适合于发展以管道输送为主的液体化工品泊位；西侧岸线与陆侧填筑板块相连，根据临港工业发展需要机动使用，码头作业区陆域纵深暂定1.2 km。

4）二港池外侧。依托南堡深槽布置10万吨级LNG泊位，占用岸线约1 km，后方作业区纵深约0.5 km。

5）东翼第三港池。利用老龙沟直通沙岛内侧潟湖浅滩的天然条件，在老龙沟辐射水域西侧开挖形成第三港池，兼做老龙沟潮流通道的纳潮水域。鉴于老龙沟存在局部浅段，人工开挖后的维护和治理有一定难度，初步考虑控制开发深度，港池水深以适应2万吨级以下运输船舶为主，规划主要用于修造船及其他重型装备制造工业岸线。

4.2.7.6 丰南港区

建设1万~2万吨级杂货泊位6个、4万吨级多用途泊位2个、5万~7万吨级散货泊位4个，并建设相应的港池、航道、防波堤、堆场、道路、装卸工艺及配套设施等。港区建成后，丰南港区年吞吐量可达$2\ 050\times10^4$ t。

4.2.8 天津港

4.2.8.1 简况

天津港是我国最大的人工港，位于海河入海口。塘沽新港始建于1939年，1949年以后经过3年恢复性建设，于1952年10月重新开港通航。天津港经过60余年的发展，港口规模由原来74×10^4 t的吞吐量，港口等级从1952年只能进1万吨的船，现在发展到可以接待30万吨的船，已经形成了以集装箱、原油及制品、矿石、煤炭为支柱，以钢材、粮食等为重点的货源结构。天津港自建港以来，港口的泥沙回淤一直深受世人瞩目，通过几十年的研究和采取工程措施，取得了良好的减淤效果，年挖泥量与年吞吐量的比值到20世纪90年代下降至0.08~0.09，低于荷兰鹿特丹港80年代0.115的比值。最新的研究成果表明，天津港已属轻淤港，泥沙回淤已经不再是港口发展的制约因素。天津港现有水陆域面积约为260 km^2，陆域面积72 km^2。主航道长44 km，航道底宽最宽已达260 m，水深底标高最深已达−19.5 m，25万吨级船舶可以随时进港，30 万吨级船舶可以趁潮进港。天津港共拥有各类泊位 140 余个，岸线总长 2.77×10^4 m，其中万吨级以上泊位 76 个。“十一五”期间天津港已建成 25 万吨级航道和 30 万吨级原油码头等重要设施。30 万吨级航道一期工程，全长 33.3 km，疏浚工程总量达到 2.7×10^8 m^3，2011 年 3 月正式开工建设，在天津港 25 万吨级航道及其拓宽工程的基础上，航道浚深至设计底标高 -21.0 m，以满足乘潮吃水在 20 m 以下的 30 万吨级油轮和散货船进出港通航需要，于 2012 年 4 月竣工。目前，天津港吞吐量位居世界港口第五位，国内港口第三位；集装箱吞吐量位居世界港口第 14 位，国内港口第 6 位。2010 年天津港货物吞吐量突破 4×10^8 t，集装箱突破 $1\ 000\times10^4$ TEU，货物吞吐量在北方港口中位居第一。根据规划，至 2015 年、2020 年，天津港吞吐量将达到 5.5×10^8 t、7×10^8 t 的水平。

4.2.8.2 自然条件

天津港位于 38°59′08″N，117°42′05″E。常风向为 E 向；次常风向为 S 向；强风向为 E 向。潮汐为不正规半日潮型，年最高高潮位 5.81 m，最低低潮位 -1.03 m，平均高潮位 3.74 m，平均低潮位 1.34 m，平均海平面 2.56 m，最大潮差 4.37 m，平均潮差 2.40 m。设计高水位 4.30 m，设计低水位 0.50 m，极端高水位 5.88 m，极端低水位 -1.29 m。港区水域潮流呈往复流性质。港内海流方向基本与航道轴线平行，涨潮流速大于落潮流速。初冰日在 12 月下旬，终冰日在 2 月下旬，总冰期约 60 天，严重冰期年平均仅为 10 天，正常年份海冰对港口营运及船舶航行无甚影响。

港区土层自上而下主要分为三大层：人工吹填的冲填土；海相沉积的淤泥和淤泥质黏土、黏性混贝壳土；河口三角洲相沉积的粉土、粉质黏土、粉土及粉细砂、粉质黏土、粉土、粉细砂。本工程所处位置抗震设防烈度为Ⅶ度，设计基本地震加速度值为 0.15g。

4.2.8.3 港口总平面

天津港主要分为北疆、南疆、东疆、海河四大港区（图 4-44）。北疆港区以集装箱和件杂货作业为主；南疆港区以干散货和液体散货作业为主；海河港区以 0.5 万吨级以下小型船舶作业为主；东疆港区为天津港的一个新港区，规划面积为 30 km^2。地处海河南侧的临港工业港区也正成为天津港口的一个重要组成部分。

图 4-44 天津港总平面布置

4.2.8.3.1 北疆港区

北疆港区作为天津港主体港区，也是天津港的老港区，其功能以集装箱运输为主，兼顾钢铁、粮食、商品汽车等货类运输。为适应经济发展和吞吐量快速增长的需要，解决泊位装卸能力不足以及泊位吨级与船型大型化趋势不相适应等问题，天津港近年来在北疆北港池区域先后建设了多个大型工程(图 4－45)，包括已经建成的联盟国际和欧亚国际集装箱码头和正在建设中的北港池杂货码头工程。

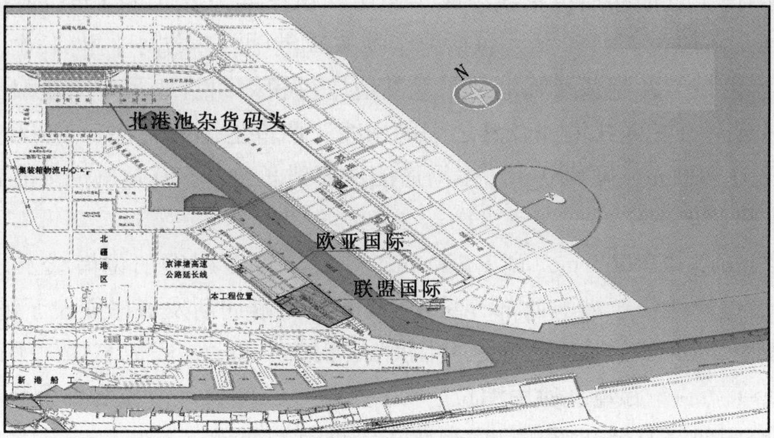

图 4－45 天津港北疆港区总平面布置

联盟国际集装箱码头岸线总长 1 100 m，近期按 10 万吨级集装箱船靠泊建设水域设施，水工结构可满足 15 万吨集装箱船到港装卸作业的需要。靠泊的集装箱船舶利用北航道进出北港池区域，底标高可达 －15.5 m，疏浚土吹填至北港池东侧的东疆港区造陆。港区陆域纵深 800 m 左右。欧亚国际集装箱码头规模和等级与联盟国际相同。北港池杂货码头工程位于北港池第二分支港池北岸线东部，新建 2 个 10 万吨级泊位和 2 个 4 万吨级泊位。码头采用顺岸式布置，岸线长 1 075 m，码头顶标高为 6.0 m。该工程西侧规划为杂货泊位，东端转向南侧规划为 10 万～15 万吨级集装箱泊位。为便于后续工程衔接，在本工程范围内西侧布置两个 4 万吨级杂货泊位，东侧布置两个 10 万吨级泊位。西侧和东侧泊位中间各预留一个船舶岸电接电箱的位置及其至后方的通道，减少船舶在港期间污染排放。

4.2.8.3.2 南疆港区

南疆港区位于海河口大沽沙航道北侧，天津港主航道南侧，东西向长度约 16 km，南北向宽度约 700～1 200 m。南疆港区规划为天津港腹地煤炭出口、铁矿石进口、石油及液体化工产品进出口为主的大宗散货专用港区，是天津港支持系统发展基地。港区岸线分为北侧岸线和南侧岸线两大区域。北侧岸线从西向东分别为支持系统岸线 3 800 m、液体散货码头岸线 1 228 m，大型干散货码头岸线 7 275 m，大型液体散货岸线 1 825 m。南侧支持系统岸线 1 500 m，生产性岸线 8 700 m，规划建设通用泊位及液体散货泊位。

4.2.8.3.3 临港工业港区

天津临港工业区位于天津市塘沽区海河入海口南侧滩涂区域，距市区 40 km，距离塘沽中心区约 10 km，北侧以海河口南治导线为界，与天津港南疆港区隔海河口相望。港区陆域规划面积约 30 km^2。岸线总长 30.2 km，包括北部岸线和东部岸线，分为港口支持系统岸线、通用泊位岸线、液体化工及油品泊位岸线、港航设施及装备制造业基地岸线、多用途泊位岸线和大型液体散货泊位岸线；水域包括 10 万吨级大沽沙航道和 60 km^2 锚地。港区岸线分为南排污河右岸岸线、临港工业区北部岸线和东部港池岸线三部分。南排污河近岸支持系统岸线共 2 100 m。港口支持系统岸线布置在排污河口右侧，长度 650 m，满足港区辅助生产船舶的停靠，也可作为施工岸线或大型设备出口岸线使用。排污河左侧 600 m 岸线以及河口以西至南疆之间海河右侧 850 m 岸线作为预留多功能支持系统岸线。

临港工业区北部岸线分为东、西两段。西段与临港工业区一期开发边界相适应，主要由通用泊位岸线、液体化工及油品泊位岸线组成。通用泊位岸线总长 1 215 m；液体化工及油品泊位岸线长 4 700 m；东段长 13 150 m，包括两个挖入式港池，东端于临港工业区开发边界，规划布置船舶修造、机械装备制造及临港加工业基地岸线和粮油基地及多用途泊位岸线。前者岸线长 9 600 m，包括两个挖入式港池及其之间的岸线。西港池南北方向长 1 700 m，宽 1 200 m；东港池南北方向长 1 700 m，宽 800 m。多用途泊位岸线长度 3 550 m，位于前者东侧。码头等级为 1 万 ~10.0 万吨级。

东部港池岸线长度共 9 069 m，宽 1 200 m，规划布置多用途泊位岸线及预留远期发展岸线。其中多用途泊位岸线位于港池西部，长 4 827 m；预留远期发展岸线位于港池南部、东部，长度 4 242 m。截至 2009 年，临港工业区共围海成陆约 60 km^2，完成三通一平的工业用地约有 35 km^2。建成 6 个 1 万 ~5 万吨级通用泊位、1 个万吨级液体化工泊位和 1 个 5 万吨级液体化工泊位，进行新港船厂船坞及舾装码头、中粮码头等项目的建设。

4.2.8.4 水工建筑物

4.2.8.4.1 联盟国际集装箱码头

码头结构采用天津港常用的高桩梁板结构。为减少岸坡软黏土变形及其对桩产生的推力，改善接岸处桩基的受力条件，减窄桩台宽度和充分利用本工程所在位置处泥面较高的特点，采用了真空预压联合堆载的方法对地基先行进行处理。接岸结构详如图 4－46 所示。采用该工程接岸结构形式和施工方法，表层约 2 m 土体抗剪强度增加 2 ~3 倍，其下约 7 m 抗剪强度增加 1 ~2 倍，至标高 －15 m 抗剪强度增加 40% 到 1 倍，加固前的欠固结土处理后基本接近正常固结土，相应桩台宽度较常规的加固方法缩窄约 15%，整个施工期间接岸结构变形较小，使用期间接岸结构挡土墙后方沉降较小。

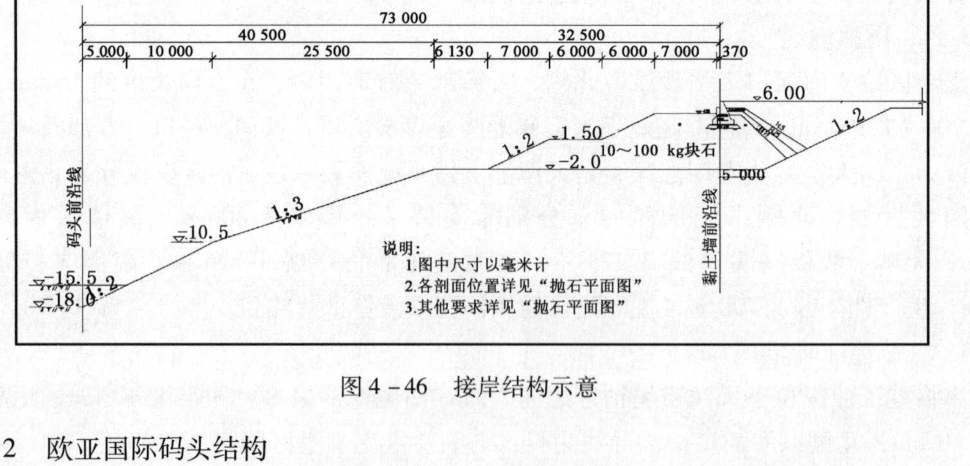

图 4－46 接岸结构示意

4.2.8.4.2 欧亚国际码头结构

码头采用高桩梁板的结构形式(图 4－47)。排架间距 7 m，每个排架共设有 4 根直桩，2 对 4∶1 叉桩，其中轨道梁下的基桩采用 ϕ1 200 mm 钢管桩，其他位置的基桩均采用

ϕ1 000 mm 的钢管桩；各构件均采用现浇钢筋混凝土接头组成整体连续结构。

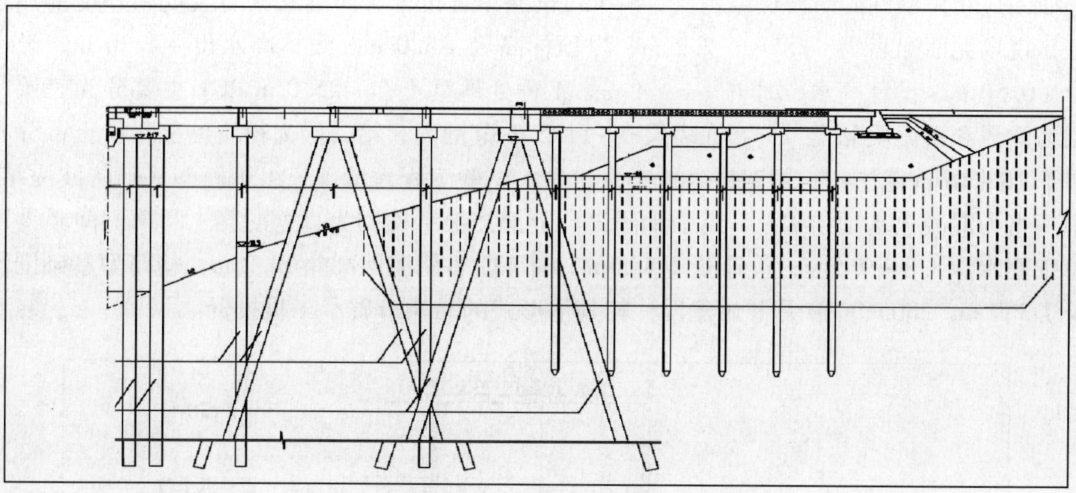

图 4－47　高桩梁板结构

4.2.8.4.3　北港池杂货码头

10 万吨级泊位水深相对较深，桩基持力层较深，采用当地投资较少的预应力混凝土空心方桩不能满足结构使用要求，所以采用大直径管桩。钢桩为天津港传统的桩基形式，施工速度快，施工经验成熟，但钢材贵，维护费用高。PHC 桩可一次成型，每节长度不小于 39 m，克服了大管桩多接头的缺点，且造价略低，在南方地区应用较多，但对桩身的抗冻问题研究较少。近年来 PHC 桩空心内存水的冻涨问题采取在管桩内结冰范围浇注补偿收缩混凝土填实的方法解决。为增加 PHC 桩穿硬土层的能力，在有防腐要求处采用 PHC 桩，其下接用钢管桩形成组合型桩，吸取了 PHC 型桩与钢桩的优点。该工程区域内，－40.0～－20.0 m 之间缺少天津港地区普遍存在的不同厚度的粉细砂夹层（只有较少区域存在薄砂夹层），只有在约－45 m 以下为粉细砂，这一特点对于 PHC 桩型的施打非常有利，同时由于该泊位为 10 万吨级码头，其承载能力极限状态最大设计压桩力为 5 480 kN，按摩擦桩设计，桩底标高约为－50.0～－45.0 m，即进入粉细砂层 1.0 m 以上厚度即可。码头断面详如图 4－48 所示。本工程采用 PHC 管桩比钢管桩投资节省 10% 以上。

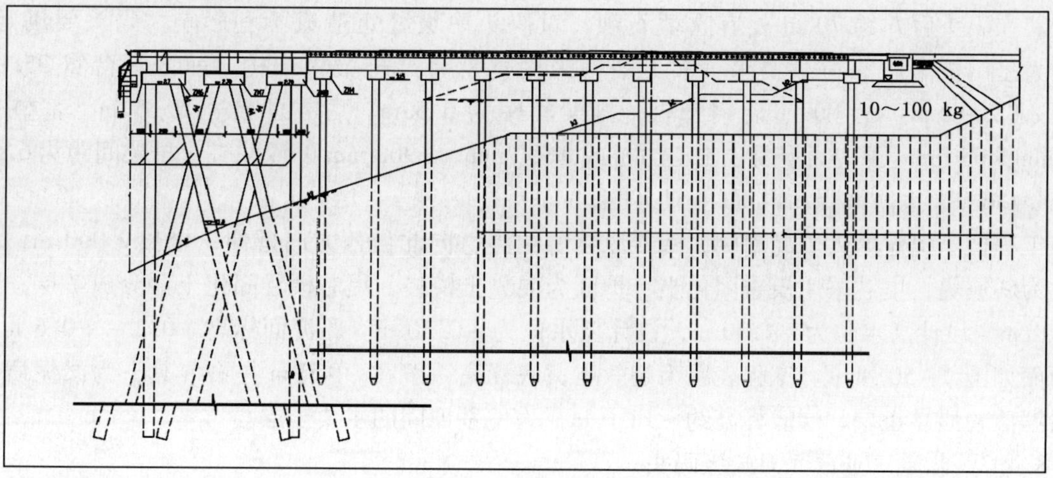

图 4－48　码头断面示意

4.2.8.4.4　插入式箱筒型基础防波堤结构

插入式箱筒型基础防波堤结构(图 4-49)试验工程位于天津港北大防波堤东外堤南端延长线上，现场泥面标高为 -2.5 ~ -2.2 m，堤顶标高为 +5.0 m。设计高水位 +4.30 m，设计低水位 +0.50 m。设计高水位时 $H_{1\%}$ =4.1 m。工程处地基土在 -25.0 m 以上主要分为三层，第一层为淤泥和淤泥质黏土，分布在表层 0 ~ 11.5 m 范围内；第二层为粉质黏土和粉土，分布在表层下 10 ~ 16 m 范围内；第三层为粉土及粉砂。试验工程建造了三组箱筒型基础防波堤结构，其中两组为混凝土基础结构，一组为钢圆筒。上部挡浪结构均为直立混凝土圆筒。南疆港区北围埝工程水深 8.8 ~ 9.5 m，设计波高 5.5 m，围埝前后侧泥面高差 10.2 m，箱筒型基础围埝结构长 1 389 m。2005 年 10 月开始建设，较其他形式的结构节省了工程投资。

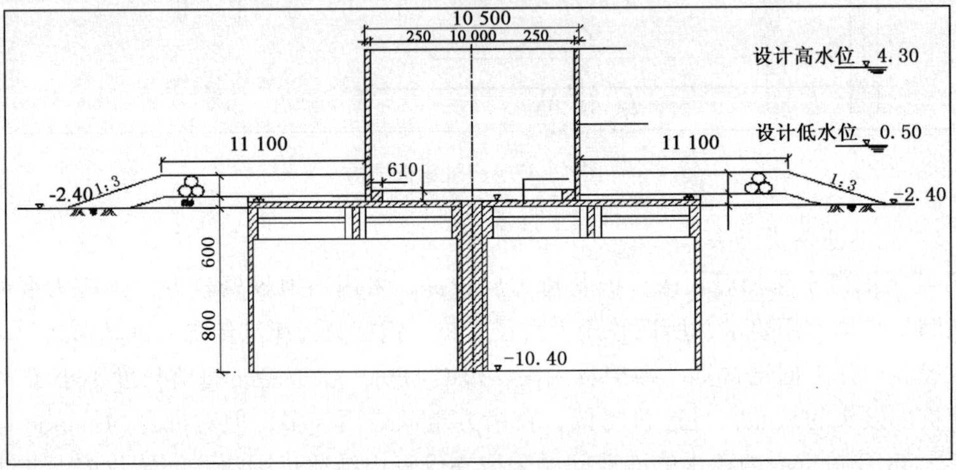

图 4-49　插入式箱筒型基础防波堤结构

4.2.8.4.5　南疆焦炭泊位工程和 12 号通用散货泊位工程

南疆焦炭泊位工程工程处上部地层为海相沉积，以淤泥质土为主，-13.0 m 左右为亚黏土，下部以亚黏土、亚砂土及粉细砂为主。上下土层土质差异很大。码头采用了高桩梁板结构，基桩采用 650 mm×650 mm 预应力混凝土方桩，采取了加大桩断面、加厚钢筋保护层、涂防腐涂料等措施。

南疆 12 号通用散货泊位工程位于港区中部。该处地质条件差，表层淤泥含水量高，强度低。在码头后方约 70 m 处有吹填石坝，对码头岸坡稳定造成不利影响。码头要满足近、远期大型门机作业等荷载要求。水工结构采用宽承台高桩梁板结构。前方承台宽 35.0 m，采用 φ1 200 mm、φ1 000 mm 钢管桩，排架间距为 6.5 m。后方承台宽 55.5 m，基桩采用 650 mm×650 mm 预应力混凝土空心方桩或 φ800 mm、φ900 mm 的灌注桩，排架间距为 6.5 m。

4.2.8.4.6　北大防波堤西内堤(一期)工程

工程位于拟建的人工岛南侧，南接原北防波堤，向北偏西方向延伸，全长 2 000 m。结构形式为斜坡堤，堤芯采用模袋固化土，护面为混凝土模袋。堤芯模袋固化土共分成 7 层，每层厚 50 cm。设计高水位为 +4.30 m，设计低水位为 +0.50 m。原泥面标高 +0.2 ~ +0.6 m。典型断面如图 4-50 所示。工程表层为超软土，底标高一般在 -9.0 m 左右。其下为淤泥质黏土和淤泥质粉质黏土层，层底标高约 -14.0 m，为地基加固的主要土层。

4.2.8.4.7　临港工业区 5 万吨级码头

临港工业区 5 万吨级码头均采用常规桩基结构，基桩采用 650 mm×650 mm 预制预应力混凝土空心方桩。接岸结构采用现浇混凝土挡土墙结构，挡土墙坐落在碎石垫层或抛石棱体上，下部为经过真空预压处理的地基。

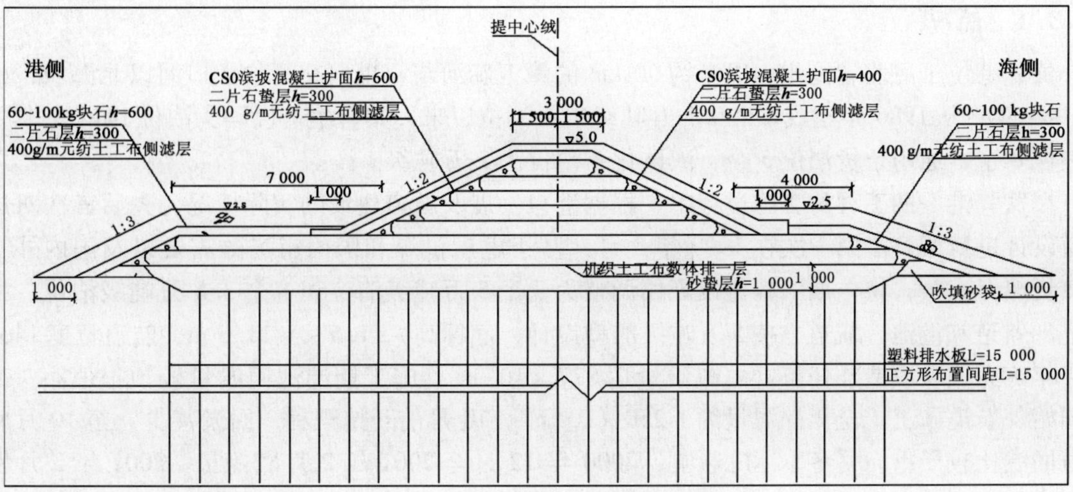

图 4－50　工程典型断面

5 万吨级思多而特液体化工码头由高桩墩台结构、高桩梁板结构和系缆墩组成，墩台段每个排架上布置 7 根桩，包括一对双直桩、两对叉桩和一根单直桩。梁板段承台排架间距为7 m，18.0 m 宽承台每个排架上布置 6 根桩，包括一对双直桩和两对叉桩，25.0 m 宽承台每个排架上布置 7 根桩，包括一对双直桩、两对叉桩和一根单直桩。墩台厚度为 2.0 m。

5 万吨级通用泊位码头前方承台宽度为 21 m，后方承台宽度为 52.75 m。前方承台排架间距为 7.0 m，基桩采用 650 mm × 650 mm 预应力混凝土空心方桩。后方承台排架间距为 3.5 m，在打桩船能够施打的范围内选用 600 mm × 600 mm 预应力混凝土空心方桩，其余部分选用 ϕ800 mm 灌注桩。接岸结构采用现浇混凝土挡土墙结构。

4.2.8.5　港口规划

天津港口总体规划如图 4－51 所示。

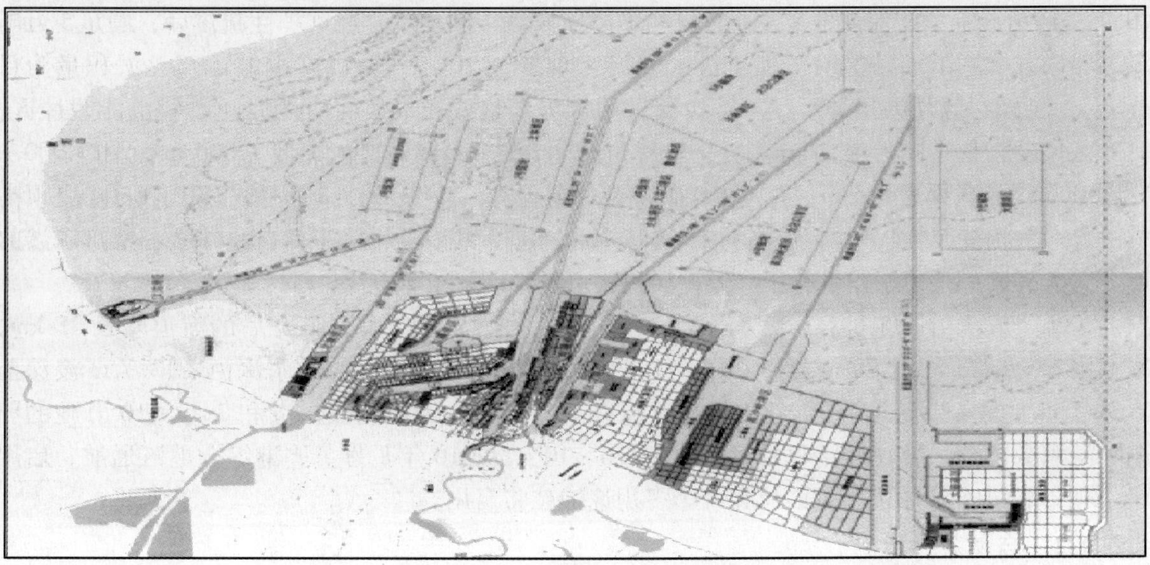

图 4－51　天津港口总体规划布置

4.2.9 黄骅港

4.2.9.1 简况

黄骅港位于河北省沧州市以东约 90 km 的漳卫新河与宣惠河交汇的大口河以北海域，始建于1984 年，从1986 年建成2 个0.1 万吨级码头泊位以来，共有生产性码头泊位14 个，其中煤炭泊位8 个，通用杂货泊位5 个，液体化工泊位为 2 万吨级 1 个。

在黄骅港一期工程的实施过程中，根据港口发展及航道建设的实际情况，先后三次对进港航道设计进行调整。第一次在 1999 年 3 月，基于电厂供煤和国内市场的需要以及国内外实际干散货船保有量，将一期工程建设规模调整为 2 个 5 万吨级泊位和 1 个 3.5 万吨级泊位，相应的进港航道和港池、航道也按5 万吨级船型设计，底标高 -11.5 ~ -11.0 m，航道宽度140 m。当年年底完成吹填造陆任务，总疏浚量达 877×10^4 m^3，施工期港池回淤量较预报值小。2000 年开始外航道施工，全年挖泥量约 1 250×10^4 m^3，10 月前开挖顺利，回淤甚少，至 10 月底外航道回淤比较严重。受冬季冰冻影响，2000 年 12 月至 2001 年 2 月底停工。2001 年 3 月恢复施工，航道产生近 1 000×10^4 m^3 回淤，其中外航道 W3 +000—W8 +000 整个航槽较原泥面淤高约 0.5 m。经过钻探取样分析，回淤物质属粉土，贯入击数在 19 ~21 击，容重在 1.8 ~ 1.9 t/m^3之间，耙吸船施工十分困难。虽采取增派挖泥船，改进施工方法等措施，但收效甚微。现场施工表明，5 400 m^3耙吸式挖泥船挖泥入舱浓度只有 4% ~5%，工效仅相当于挖原状土的 1/4 左右。2001 年 6 月上旬，经方案论证比选，将航道自外航道 W3 +000 处向南偏转 4°30′00″，调整后的航道轴线走向 59°30′00″—239°30′00″。第三次调整在一期运营后的 2002 年 1 月，为满足外贸船进出港，将进港航道提高到 6.5×10^4 t 标准，使得 5 万吨级运煤船每潮均可进出港，调整后航道底标高为 -12.3 m，航道宽度 140 m。

黄骅港航道的突出问题是大风泥沙骤淤。2003 年 10 月 10—13 日，黄骅港外航道发生严重骤淤，总淤积量约为 970×10^4 m^3，强淤区范围明显扩大，最大淤强达3.5 m，淤强大于2 m 的分布长度超过16 km，此次大风淤积已严重影响了黄骅港正常的作业生产。当年11 月确定，外航道整治工程应以防止骤淤为主。结合国内类似工程经验，建议整治工程骤淤重现期标准为年最大骤淤重现期为 20 ~25 年。考虑到投资问题，后将标准调整为“在相当于年最大骤淤重现期 10 年一遇情况下，能保证3.5 万吨级煤船不碍航满载乘潮出港，经维护性疏浚后，满足5 万吨级煤船满载乘潮出港，整治工程年最大骤淤重现期为 10 年，并以减少航道年总淤积量为目标”。为了较好地解决骤淤问题，防沙堤采用双堤环抱式布局，两防沙堤间设置消能缓冲区，缓冲区尺度为长 4 km，宽 2 km。堤头位置位于水深 -6.0 m，口门宽度 1 000 m。W0 +000—W8 +000 堤顶高程为 3.5 m，W10 +500 处堤顶高程为 -1.0 m。W8 +000—W10 +500 堤顶高程由 3.5 m 渐变至 -1.0 m，坡降约 1.8‰。2005 年 10 月该工程竣工，自此外航道抵御骤淤的能力大大提高，常年淤积量有所降低，淤积物可挖性明显改善。

2006 年 7 月至 2007 年，黄骅港又进行了新的航道拓宽工程，拓宽后的航道全长 35 km，底宽由 140 m 拓宽到 170 m，水深由 -11.5 m 全线浚深 -14 m，泊位水深由 -13.7 m 浚深至 -14.7 m。黄骅港航道目前能够满足 5 万吨以下船舶的全天候满载出港和 7 万 ~10 万吨的船舶乘潮满载出港。2007 年港口吞量完成 8 170×10^4 t。2010 年 8 月黄骅港综合港区通航，启用 10 万吨级的 4 个通用散杂货泊位和 4 个多用途泊位将启用。

4.2.9.2 自然条件

黄骅港位于 38°18′N，117°53′E。本区域属不正规半日潮型。平均最高潮位 3.58 m，平均最低潮位 1.28 m，平均潮差 2.30 m。

4.2.9.3 港口总平面

黄骅港及其港池一期工程平面布置如图 4－52 和图 4－53 所示；黄骅港总体平面布置如图 4－54 所示。一期工程建设 2 座 5 万吨级和 1 座 3.5 万吨级煤炭装船专用泊位，设计煤炭出口能力 $3\ 000\times10^4$ t/a，水工防护建筑物包括防波堤约 9.2 km，隔堤长 2 km 以及港内护岸等，外航道长约 31 km，2002 年初投产。一期完善项目建设 1 座 1 万吨级泊位，设计煤炭出口能力 500×10^4 t/a，2003 年 6 月投产；南北防波堤堤头位于 －2.5 m 水深处。二期工程建设 2 座 5 万吨级和 1 座 10 万吨级煤炭装船专用泊位，卸车能力 $3\ 600\times10^4$ t/a，装船能力 $3\ 000\times10^4$ t/a，于2004 年10 月建成投产。拥有专业化的煤炭装船泊位 7 座，设计能力达到卸车 $7\ 100\times10^4$ t/a，装船 $6\ 500\times10^4$ t/a。一期港池宽度为 400 m，二期港池宽度为 487 m，现码头前沿及港池水深为 14 m。一期工程进港航道按 3.5 万吨级浅吃水肥大型散货船设计，航道宽度为 140 m，底标高为 －9.4 m，外航道长约 31 km，航道轴线方位为 55°00′—235°00′。5 万吨级双向航道实施后，航道总长度为 34.84 km(约 19 n mile)，底宽 170 m，航道边坡比为 1∶5，目前使用水深 －14 m。

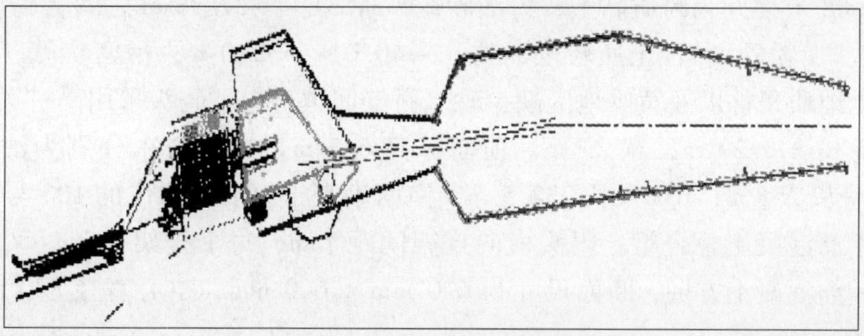

图 4－52 黄骅港一期工程平面布置

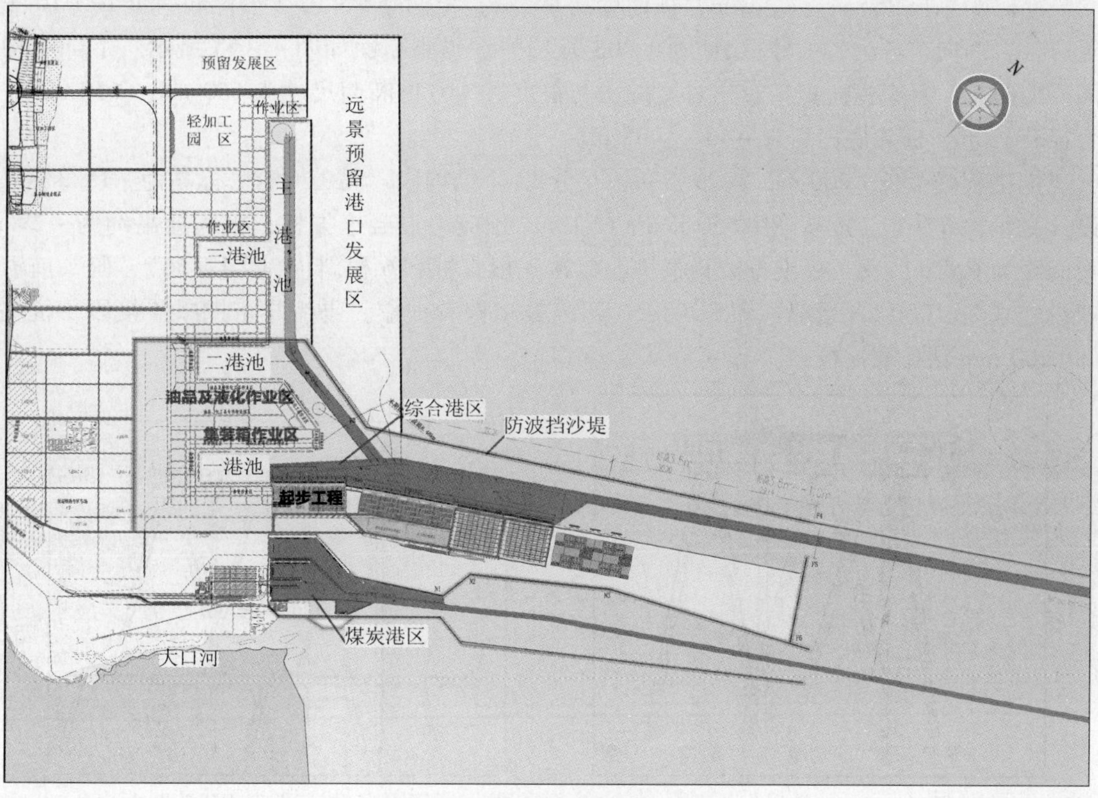

图 4－53 黄骅港港池平面布置

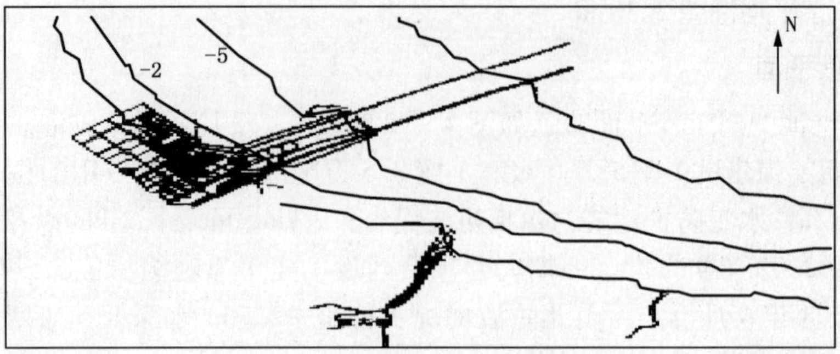

图 4-54 黄骅港总体平面布置

4.2.9.4 水工建筑物

4.2.9.4.1 码头结构

码头工程附近区域的土层层底标高在 -12.30 ~ -8.98 m 之间为淤泥、淤泥质黏土；-23.43 ~ -19.08 m 之间为粉质黏土、粉细砂；-31.31 ~ -27.78 m 之间为粉质黏土、黏土；陆相冲积层(粉土、粉砂)黏性土质较硬，约在 -40.0 ~ -32.0 m，呈密实状，为良好桩尖持力层。鉴于以上地质条件以及黄骅地区缺少砂、石等回填材料，码头采用高桩梁板式结构。

一期码头总长 879.29 m，宽 23 m，顶面标高 6.3 m，自西向东分别为泊位 101 号，长 267.5 m；102 号长 255 m；103 号长 232.5 m。南面垂直于 101 号泊位的 100 号泊位长 213 m。横梁为预应力钢筋混凝土叠合梁。码头横向排架间距 7 m，每个排架有 2 对叉桩、3 根直桩。基桩为预应力钢筋混凝土方桩，断面尺寸为 600 mm × 600 mm，空心直径 330 mm。桩尖底标高为 -46 ~ -36 m。

二期码头总长 955 m，宽 23 m，顶面标高 6.3 m，由两个 5×10^4 t 泊位和一个 10×10^4 t 泊位组成，自西向东分为 201 号、202 号、203 号泊位。码头断面如图 4-55 所示。上部结构基本同一期码头，每个横向排架有三对叉桩、两根直桩。方桩断面尺寸为 650 mm × 650 mm，空心直径350 mm。桩尖底标高为 -46 ~ -38 m。

三期工程码头长 1 200 m，宽 29.5 m，共分 22 个结构段。码头前沿底标高为 -15.3 m，顶面设计高程为 6.3 m。桩基采用 650 mm × 650 mm 预应力混凝土方桩，桩底标高约为 -39 m。排架间距为 6.5 m。每个标准排架 9 根桩，包括 3 根直桩和 6 根斜桩(图 4-56)。码头前沿系靠船设施采用 1 000 kN 系船柱和 SUC1450 超级鼓型橡胶护舷。码头与东护岸连接段，桩基采用 ϕ1 200 mm 钻孔灌注桩。

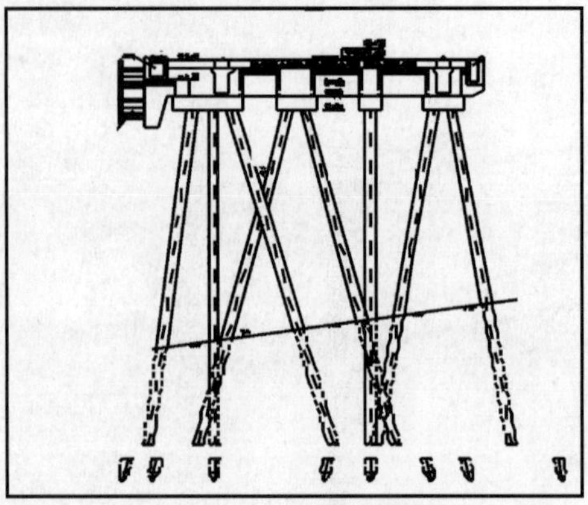

图 4-55 二期码头断面

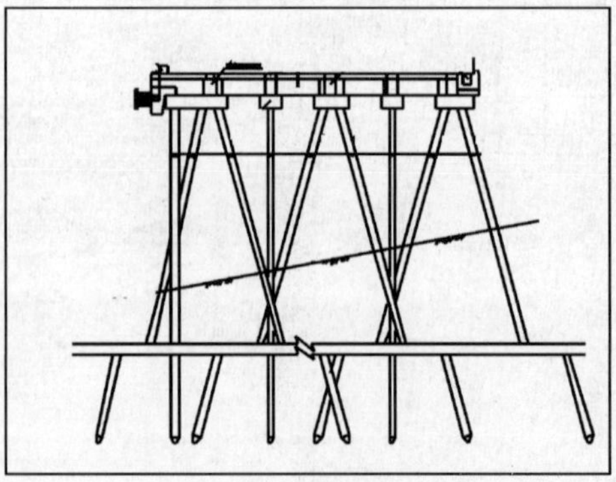

图 4-56 三期工程码头断面

4.2.9.4.2 防波(沙)堤结构

防波堤分为两期建设。一期工程防波堤采用斜坡堤结构(图4-57)，堤底采用土工布，地基未做处理。海底高程从-2.5~±0.0 m，胸墙采用了倒“L”形。胸墙内侧设一前趾，趾的根部与“L”形直立部分交汇处设排水孔，以减小浮托力。

W0+000—W6+000间单堤长度约6.3 km，堤顶高程为+3.50 m。北堤原泥面由-3.30 m高程降至-4.90 m，南堤原泥面由-3.30 m高程降至-4.40 m。堤芯石外侧抛填厚60 cm、60~100 kg块石垫层，垫层上铺设厚55~65 cm栅栏板护面。两侧堤脚抛填200~300 kg块石护底。抛石斜坡堤顶宽5 m，顶部现浇胸墙。结构断面如图4-58所示。

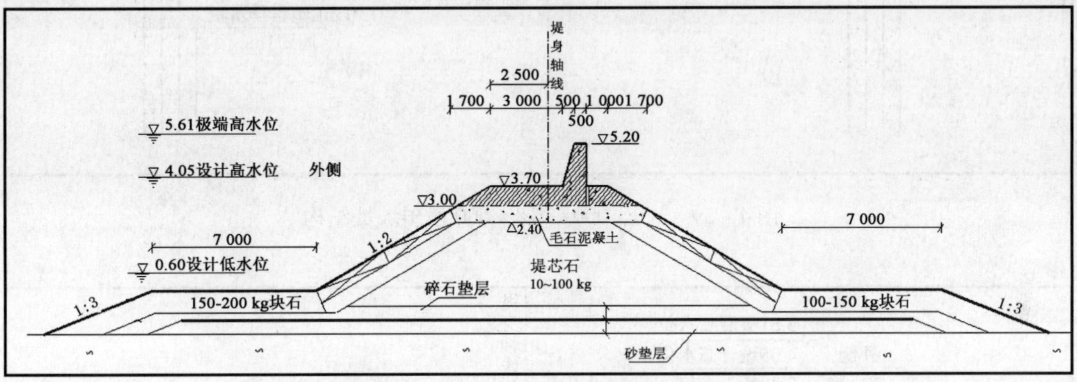

图4-57 一期工程防波堤断面示意

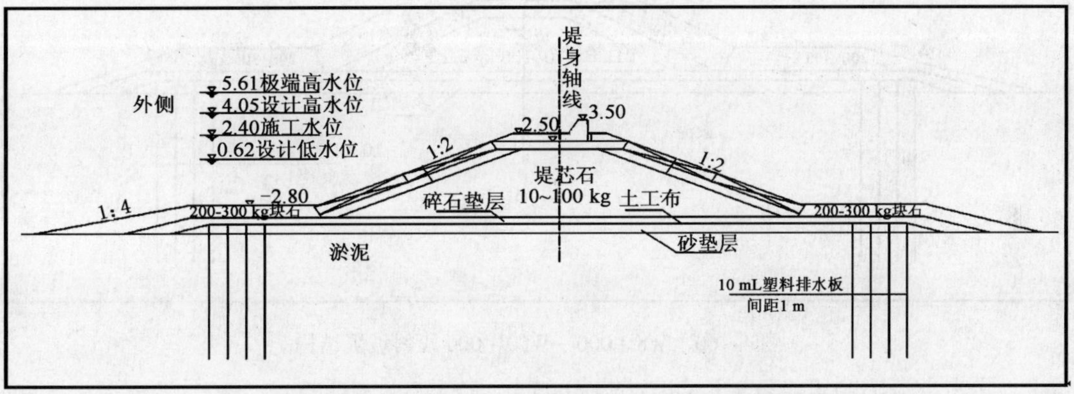

图4-58 W0+000—W6+000段抛石斜坡堤结构

W6+000—W8+000间单堤长度约2 km，堤顶高程+3.50 m，北堤原泥面由-4.90 m高程降至-5.50 m，南堤原泥面由-4.40 m高程降至-5.10 m。堤芯石外侧抛填厚1 m、200~300 kg块石垫层，块石垫层上安放4 t扭王字块护面。两侧堤脚抛填200~300 kg块石护底。堤顶宽9 m，肩部安放6 t扭王字块护面，顶部安放带胸墙的空心方块，块体内部先做1 m厚水下混凝土，其上抛填10~100 kg块石，扭王字型块体顶部现浇倒胸墙。结构断面如图4-59所示。

W8+0—W10+5间单堤长度约2.5 km，堤顶高程由+3.50 m以1.8‰的等坡度降至-1.00 m，北堤原泥面由-5.50 m高程降至-6.00 m，南堤原泥面由-5.10 m高程降至-5.70 m。堤芯石外侧抛填厚1 m、200~300 kg块石垫层，垫层上安放4 t重扭王字块护面。内、外两侧堤脚抛填200~300 kg块石护底。堤顶宽5 m，顶部安放6 t扭王字块护面。结构断面如图4-60所示。

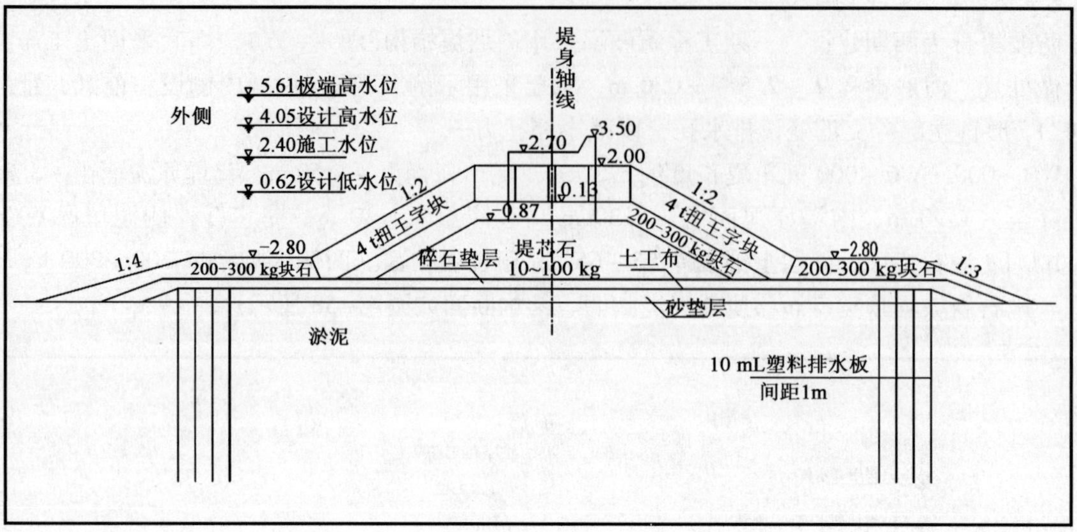

图 4－59　W6＋000—W8＋000 段斜坡堤结构

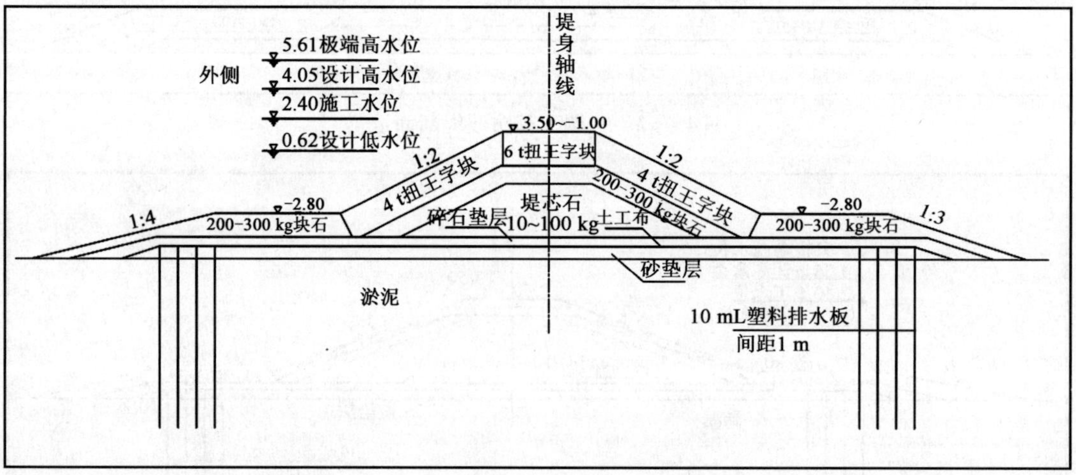

图 4－60　W8＋000—W10＋000 段斜坡堤结构

以上三种结构均在原泥面上抛填 70 cm 厚沙垫层，打设间距 1 m 的塑料排水板（平均长度 10 m），其上铺设 20 t/m 拉力土工布并铺设 50 cm 厚碎石垫层，垫层上抛填 10～100 kg 堤芯石，抛石边坡为 1∶2。

4.2.9.4.3　地基处理

黄骅港陆域全部由港池、航道的疏浚土吹填而成。地基处理采用真空预压方案。轨道梁基础下的土基在预压加固后再加水泥搅拌桩复合地基处理。

4.2.9.5　辅助工程

黄骅港共有 3 个锚地。1 号锚地位于 38°25′N，118°10′E，底高程为 －9 m；2 号锚地位于 38°28′N，118°18′E，底高程为 －12 m；3 号锚地位于 38°30′N，118°26′E，底高程为 －15 m；灯桩 3 座，分别在南防波堤堤头、北防波堤堤头和煤码头。

4.2.9.6　港口规划

黄骅港规划分为煤炭港区、综合港区、散货港区和河口港区。其中，综合港区、散货港区规划岸线45.52 km，用地52.43 km^2，建设万吨级以上散杂货泊位101个。综合港区和散货港区的建设将分“三步走”。第一步建成10万吨级；第二步建成15万吨级；第三步建成20万吨级兼备25万吨级。起步工程主要包括：建设4个10万吨级通用散杂货泊位，4个10万吨级多用途码头；新建一条10万吨级航道；建设防沙堤、防波堤等配套设施。综合港区于2009年正式开工建设，分为公用基础设施工程、码头工程和航道工程三大部分。港区建设将分三个阶段，第一阶段建成一条航道，8个10万吨级码头，设计通过能力将达$5\ 000 \times 10^4$ t；第二阶段的15万吨级码头和第三阶段的20万吨级兼备25万吨级码头建设，将实现港口由单一的煤炭港向多功能、现代化、综合型港口的转变。黄骅港综合港区将建泊位209个，期望达到每年5×10^8 t吞吐量。

4.2.10 烟台港

4.2.10.1 简况

烟台港作为我国20个主枢纽港之一，依托烟台市，主要为山东半岛及河南、河北、山西等地区服务，有芝罘湾港区、西港区、龙口港区、蓬莱港区四大港区。芝罘港区原是烟台港的主体，位于芝罘湾内。现有码头岸线长度约8 200 m，陆域面积5.6 km^2，以客货运滚装、集装箱、粮食及其他散杂货综合运输为主。港区内共有生产性泊位45个，其中万吨级以上深水泊位22个，最大可停泊10万吨级船舶。拥有集装箱专用码头3个，通过能力32×10^4 TEU；滚装客运码头9个，年通过能力车辆73.3万辆，旅客254.2万人次。烟台港多次加深了进港航道，每年仍然有大量船舶需要过驳后才能进港装卸，给港口生产效率和港口经济效益带来巨大损失。烟台港2010年完成吞吐量突破2×10^8 t，集装箱吞吐量160×10^4 TEU。

4.2.10.2 自然条件

烟台港位于37°32′51.8″N，121°23′46.9″E。潮流属不正规半日潮流。芝罘湾湾口附近涨潮流速大于落潮流速，最大涨潮流速0.6 m/s，最大落潮流速0.38 m/s。湾内最大流速为0.18 m/s。潮汐性质属于正规半日潮。涨落潮历时基本相等，约为12 h 25 min。历年最高潮位3.36 m；历年最低潮位−0.87 m；平均高潮位2.29 m，平均低潮位0.66 m；平均潮差1.64 m；最大潮差2.88 m，最小潮差0.33 m；平均海面1.45 m。外海常浪向为NW向；强浪向为西北偏北向，实测最大波高为4 m。海区泥沙来源为沿岸侵蚀，淤积量不大。近岸自然水深条件好，建万吨级码头不需开挖航道。一般年份无海冰出现。

港区近岸基岩埋深受原始地形的控制，芦洋湾区埋藏基岩面坡度比较平缓，芦洋湾以北至初旺湾近岸基岩面坡度较陡。初旺—芦洋湾北侧近岸基岩埋深较深。距岸150～200 m基岩埋深10 m；距岸300 m左右基岩埋深15～47 m，由岸向海逐渐加深。港区地层自海底向下大致分五层，分别为泥质粉砂层、砂质粉砂层、黏土质粉砂层、亚黏土与亚砂土互层和亚黏土与亚砂土(砾砂土)层。

4.2.10.3 港口总平面

烟台市海岸线长702.5 km。八角港区(西港区)岸线总长16 km，属基岩海岸，深水近岸，岸滩稳定。港区海岸带呈倒“L”型，由东、北两部分组成。东部芦洋湾，南起八角东岛嘴，北至龙洞嘴，是一个开口向东的浅弧形海湾。湾内平均水深约15 m，湾口宽6 km，岸线长约9 km，海湾最大纵深1.5 km，面积约8 km^2。北部东起龙洞嘴，西至九曲河口，是一个面向渤海湾口的开敞岸线，长约7 km。东部近海为一个深槽，平均水深约22 m。西部近海平均水深约 14 m。整个海湾北部 10 m 等深线均贴近海岸，海湾南部坡度较为平缓。港区北部龙洞嘴至九曲河口岸线较为平直开阔，近水水深大，滩宽一般 30 ~ 50 m。近岸海底以细砂为主，岸滩较为稳定。东侧龙洞嘴外侧西北方向，距岸 100 ~ 200 m 处有一侵蚀洼地，水深 24 ~ 28 m，底质为砂砾，是建设大型泊位的天然港池。

烟台港港区水域面积 867.4 km^2，水深域阔，不冻不淤，共有各类泊位 76 个，万吨级以上深水泊位 37 个，泊位最大水深处底标高为 −20 m。码头岸线总长约 14 000 m。主航道底标高 −17 m，底宽 180 m，15 万吨级船舶乘潮可自由进出港口（图 4 − 61）。芝罘湾港区以集装箱、客货滚装运输和矿石、煤炭、粮食、钢材等散杂货作业为主，共有泊位 48 个，万吨以上深水泊位 25 个，最大水深处底标高为 −20 m，码头岸线长 8 300 m。西港区是烟台港核心港口区，规划港区水域面积约 500 km^2，陆域面积约 50 km^2，其中港口作业区面积 24 km^2，码头岸线总长 19 000 m，码头前沿最大水深处底标高为 −28 m。规划为石油、液体化工、大宗散货、通用散货和集装箱等五大作业区，将建成 5 万 ~ 30 万吨级化工泊位 65 个，最终实现港口吞吐能力 2×10^8 t 和 $1\ 500\times10^4$ TEU。油品码头工程的建设规模为 2 个 5 万吨级油品泊位，设计吞吐量 200×10^4 t。工程是在 5 万吨级液体化工码头工程的基础上，将码头向北延长，近期先建设一个 5 万吨级泊位，北端与北防波堤之间的码头结构按照 10 万吨级预留。码头方位角 16°—196°。结构形式采用重力式连片布置方式，利用码头结构自身形成半掩护式港池。码头长度为 293 m。

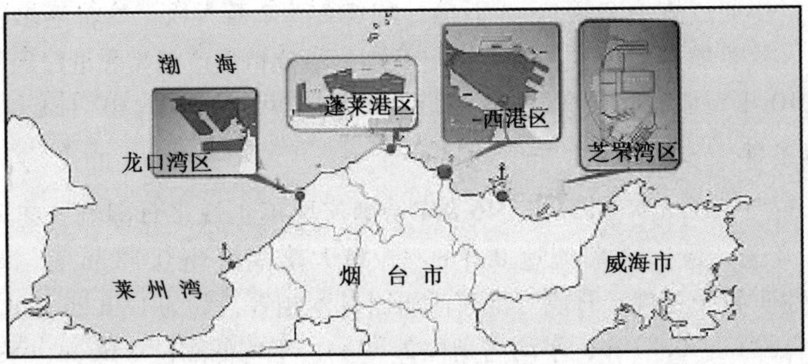

图 4 − 61 烟台港港区总平面布置

龙口港现有码头岸线约 6 200 m，生产泊位 27 个，其中 10 万吨级 5 个，5 万吨级 5 个，万吨级 7 个，年核定通过能力 $4\ 000\times10^4$ t。主航道底标高 −15.5 m，底宽 200 m，10 万吨级船舶可正常进出港。港区库场面积 140×10^4 m^2。

蓬莱港区以通用散货和客货滚装作业为主，拥有生产泊位 7 个，万吨级以上泊位 2 个，码头岸线长度 1 400 m。

烟台港有南北两条航道，南航道为东港池航道，走向 67.8°，底宽 80 m，水深 8.7 m，总长 2.9 km，吃水 8.7 m 以上的船舶可乘潮进出港。北航道是芝罘湾新港区航道，走向 68°，底宽 100 m，水深 10.2 m，总长 3.8 km，吃水 10.2 m 以上的船舶可乘潮进出港。

4.2.10.4 水工建筑物

4.2.10.4.1 西港区一期工程

西港区一期工程建设矿石进口泊位 20 万吨级和 30 万吨级泊位各一个，满足 40 万吨矿石船停靠；同时考虑建设 7 万吨级煤炭进口泊位 1 个、7 万吨级球团矿出口泊位 1 个。港池水域宽度可满足 7 万吨级船舶调头作业。30 万吨级单向航道有效宽度为 320 m，设计底标高 −24.5 m。40 万吨级散货船在航速不大于 6 kn 时进出港基本满足航行要求。码头选用重力式双排沉箱构成连片式结构。临海侧布置较宽沉箱形成防波堤，靠船侧布置较窄沉箱作为 30 万吨级码头及 20 万吨级码头。7 万吨级码头结构，南侧顺岸码头结构采用直立沉箱与透空堆石斜坡间隔布置，间断布置的沉箱间距采用 5.0 m，上部结构连续布置；直立式引堤结构采用单排间断布置的重力式沉箱结构。间断布置的沉箱间距和上部结构布置同前。引堤和护岸结构采用常规的抛石斜坡堤结构，护面块体采用扭王字形混凝土人工块体。

4.2.10.4.2 液体化工码头及油品码头工程

西港区液体化工码头工程，为西港区起步工程，建设规模为一个 5 万吨级液体化工泊位，兼靠 1 000 吨级以上船舶，并可同时停靠两个 3 000 吨级液体化工船舶。码头年吞吐能力 190×10^4 t。西港区液体化工码头工程 2010 年 5 月投产。

码头布置为突堤形式，利用码头结构自身形成半掩护式港池。码头长 450 m，其中前方 300 m 为码头，根部 150 m 为直立岸壁，作为工作船码头。工作船码头通过引堤与陆域连接，引堤长 150 m，临海侧护岸共 1 485 m。

码头结构采用混合式结构，即东部港池侧采用连片的重力式沉箱结构形成码头岸壁，西部临海侧采用抛石斜坡堤结构抵御波浪的作用，并与沉箱岸壁连接以满足使用宽度要求。

工作船码头与主体码头相接，也采用重力式沉箱结构，沉箱基础为开挖基槽后坐落在中粗砂上的抛石基床。西侧抛石斜坡堤的结构与主体码头西侧结构相同。

4.2.10.4.3 顺岸通用泊位

西港区顺岸通用泊位建设规模为 3 个 5 万吨级泊位，最小兼顾 1 万吨级散、杂船舶。码头方位布置为 90°—270°。码头结构采用重力式连片布置方式，长 775 m。码头东侧为长 180 m 的护岸。航道设计底高程为 −14.0 m。港池和航道总挖泥量为 180×10^4 m^3。远期结合规划的港池，利用进港主航道通航。尽管西侧液体化工和油品码头对西侧和西北侧波浪形成良好掩护，但北侧及东北侧波浪对港池作业船舶的泊稳影响也较大，因此，同步建设北侧防波堤，以进一步改善港池泊稳条件，增加泊位作业天数。

护岸结构顶标高按基本不越浪考虑，采用常规的抛石斜坡堤结构。

4.2.10.5 辅助工程

烟台港避风锚地水深 7 ~ 9 m，面积 857×10^4 m^2。第一引航检疫锚地长 2 932 m，宽 1 852 m，水深 7 ~ 14.5 m，面积 543×10^4 m^2。第二引航检疫锚地长 3 666 m，宽 2 778 m，水深 17 m，面积 $1\,018 \times 10^4$ m^2。油轮过驳锚地长 2 199 m，宽 1 548 m，水深为 18 m，面积 339×10^4 m^2。锚地底质为泥质。主要航行标志有 3 处，即崆峒岛灯塔、烟台山灯塔和小山子灯桩。

4.2.10.6 港口规划

西港区北部岸线东段（初家渔业码头至李家渔业码头）可作为 10 万吨级及以上码头使用岸线，主要布置大型原油、矿石、煤炭等散货码头；西段岸线（顾家渔业码头至九曲河口）布置 1 万 ~ 5 万吨级液体散货及通用泊位，并同时在港池北侧布置防波堤。西港区东部岸线，从初家渔业码头至东岛嘴，依芦洋湾海岸地势，结合后方陆域情况布置为顺岸形式，相应安排不同吨级的码头。考虑东侧掩护形成人工岛，岛内港池掩护条件良好，布置 2 万 ~ 5 万吨级泊位，岛外侧布置为大型集装箱泊位。为适应中、近洋集装箱的运输，远期留有发展余地。西港区南起东岛嘴，北至龙洞嘴，西到九曲河口，形成码头岸线总长约19 000 m，共布置1万~10万吨级码头近45个，另在龙洞嘴北侧近海深槽布置了两个15万~30万吨岛式码头或单点系泊码头。远期在防波堤外侧可形成陆域作为发展余地。

按照泊位性质，以龙洞嘴分界，港区岸线分南北两段。龙洞嘴附近利用深槽布置4~5个大型干散货泊位和两个大型液体散货泊位；在东港池防波堤北侧，利用干散货泊位的掩护布置港区工作船港池，岸线长300 m；北部岸线自龙洞嘴以西顾家渔业队码头，向西布置5~6个1万~5万吨级液体化工泊位，岸线长1 200 m；再向西至九曲河口，布置8~10个2万~3万吨级临海工业码头，岸线长2 500 m；考虑码头泊稳及作业条件，港区北侧岸线布置防波堤和护岸掩护，防波堤总长3 000 m，护岸长2 200 m。南部岸线自龙洞嘴以南初家渔业队码头，向南顺岸布置5~6个2万~5万吨级通用泊位，岸线长1 450 m；再向南顺岸布置5~6个3万~5万吨级集装箱泊位，岸线长1 650 m；东侧布置1 500 m宽的突堤，突堤根部位于东岛嘴五哥石，突堤外(东)侧布置9~10个5万~10万吨级全集装箱泊位，岸线长3 400 m；突堤内(西)侧布置5~6个5万~10万吨级全集装箱泊位，岸线长2 200 m。

港区外航道根据港区进港船型和港区分布，包括主航道和分航道。主航道为单向航道，按照40万吨级散货船进出港考虑，全长约38 km，航道宽300 m，底标高-25.5 m。北部港区分航道长1 300 m，宽260 m，底标高-17.0 m；东部港区分航道长2 300 m，宽260 m，底标高-17.0 m。东部支航道按照10万吨级集装箱船全天候进出港设计。北支航道可考虑乘潮进出港。

4.2.11 潍坊港

4.2.11.1 简况

潍坊港地处莱州湾南岸白浪河入海口西侧的潍坊市寒亭区央子镇境内，南距潍坊市区约60 km，始建于1996年，1998年10月通航运营。码头呈离岸岛式布置，通过一条伸入海中长约10 km的引堤将码头区与陆域连接。万吨级码头及航道工程于2007年6月开工建设，先期建设西疏港路堤、东、西防波挡沙堤、3个万吨级码头和万吨级航道等，2010年正式投入使用。潍坊港于2009年正式对外开放，完成货物吞吐量1 100×10^4 t。

4.2.11.2 自然条件

潍坊港位于37°10′N，119°11′E。常风向为SSE向，其次为S向。强风向为NE向，次强风向为NNE向。根据潍河口外-5.0 m水深处，1989年春夏季短期波浪观测资料分析，常浪向为N向，其次为NNE向。强浪向NNE向。属不正规半日潮海区。从当地理论最低潮面起算，平均海平面1.23 m；平均高潮位1.96 m；平均低潮位0.36 m；平均潮差1.60 m；最高潮位3.47 m；最低潮位-0.63 m。潮流呈往复流的性质。河口深槽以外开敞海域，涨潮流速大于落潮流速，潮流较弱，实测最大垂线平均涨、落潮流速为0.25 m/s左右。

渤海莱州湾沿岸是我国风暴潮灾害频发且严重的区域，历史上曾发生多次强风暴潮灾害。风暴潮一般发生在台风过境和春秋季北方南下冷空气形成渤海海面区域性的大风而诱发严重的增水现象。莱州湾夏营潮水文站在1960—1978年间就观测到53次明显的温带风暴潮资料，年均2.8次。

潍坊港中港区附近属于粉砂质海岸。海区无海向来沙补给，沿岸输沙很小。本海区岸滩沉积物的含泥量由浅水至深水呈由低至高的趋势，-4 m以内含泥量约11%~20%，-6~-5 m

为24% ~35%，当水深达到 -6 m以后，含泥量的增值明显，-8 ~ -7 m再增至40% ~49%。当出现海向大风时，则水体含沙量会明显增加，现场实测最大含沙量为1.02 kg/m^3。

港区位于潍坊凹陷的北端，自西向东有五条活动断裂通过。万吨级码头及航道工程建设区域内主要为河口三角洲相沉积地层，土层分布较有规律，由上到下主要为粉土、粉质黏土和黏土交互分布，码头结构地基持力层为粉质黏土和黏土层。

4.2.11.3 港口总平面

潍坊港现有码头位于白浪河口西侧，通过一条伸入海中长约10 km的引堤将码头区与陆地连接。由于潮流作用在堤头附近形成了一个冲刷深槽，深槽与外海 -4 m等深线贯通，港区目前仍依靠深槽的天然水深维持0.3万 ~0.5万吨级船舶乘潮通航，未开挖人工航道。

港口总体布局为离岸式双堤环抱港岛码头，分为东作业区和西作业区(图4 -62)。东作业区现有的7个泊位，码头岸线总长895 m，包括2个0.3万吨级通用泊位、散杂泊位(结构为0.5万吨级)和3个0.3万吨级杂货泊位。0.5万吨级船舶可乘潮进出港口作业。3个2万吨级通用泊位位于东作业区、3个1万吨级通用泊位位于西作业区。万吨级码头位于进港航道西侧规划的散杂货码头区，码头前沿线与航道中心线平行，间距350 m，方位为227.5°—47.5°，码头总长510 m，顶面高程为5.0 m，底高程为 -9.8 m，港池最小宽度为225 m，回转水域直径为300 m；陆域纵深为800 m。

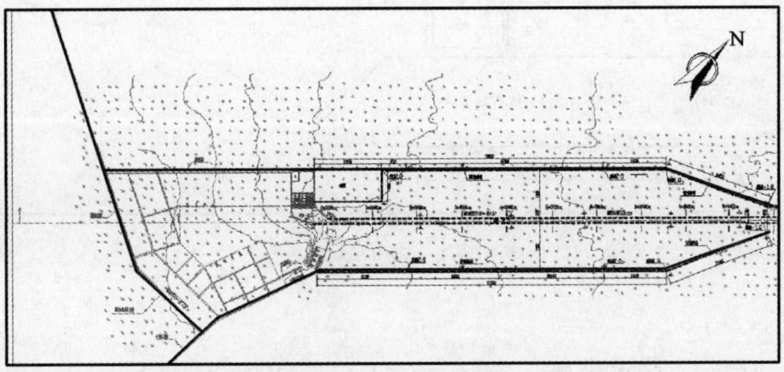

图4 -62 潍坊港中港区防波挡沙堤平面布置

航道按1万吨级杂货船双向航道设计，其设计标准为正常情况下可以满足1万吨级杂货船满载乘潮进出港，但在发生重现期10年一遇的风暴潮骤淤的情况下，能保证0.5×10^4 DWT杂货船乘潮满载不碍航，经过维护性疏浚后，能够满足1×10^4 DWT杂货船乘潮满载通航。

根据潍坊中港区的总体规划，中港区采用“单一口门、双堤环抱”的布置形式。万吨级航道方位为227.5°—47.5°，该方位与深水区距离较近，且与浪、流的夹角较小。航道设计底宽190 m，口门附近局部加宽至210 m，设计底标高 -8.7 m，航道长度约21.2 km。

为减少泥沙在航道和港池内的淤积，同时也兼具防浪功能，在航道东西两侧设防波挡沙堤。东防波挡沙堤堤根位于现有港区引堤约10 km处，西防波挡沙堤堤根位于新建的万吨级码头后方，东、西两道防波挡沙堤沿平行航道方向向深水延伸，堤头至天然泥面高程为 -6.0 m处，西防波挡沙堤总长10.302 km，东防波挡沙堤总长10.242 km，东、西防波挡沙堤之间间距为2.3 km。由天然水深 -5.5 m开始，东、西两道堤潜堤向航道方向收拢，在 -6.0 m水深处形成宽600 m的口门。

4.2.11.4 水工建筑物

万吨级码头及航道工程水工建筑物包括3个万吨级码头、护岸、疏港路堤及防波挡沙堤等。设计高水位 2.64 m；设计低水位 -0.03 m；极端高水位 4.82 m；极端低水位 -0.80 m。

4.2.11.4.1 码头

码头前沿水深 -9.8 m，采用重力式沉箱结构(图 4-63)。护岸、疏港路堤及防波挡沙堤均采用抛石斜坡堤结构。码头结构安全等级为一级，底宽 8.95 m，高 11.5 m。沉箱顶标高 1.7 m，沉箱上部为现浇混凝土胸墙，沉箱舱格内回填 10~100 kg 块石，沉箱后设抛石减压棱体。码头基础采用 10~100 kg 抛石基床，厚 4.5 m。码头前沿 1.0 m 处设 550 kN 系船柱，当风力大于九级时船舶需离开码头。每段胸墙上设置两组护舷，采用 SA-B800HXL1500 超级拱形橡胶护舷。

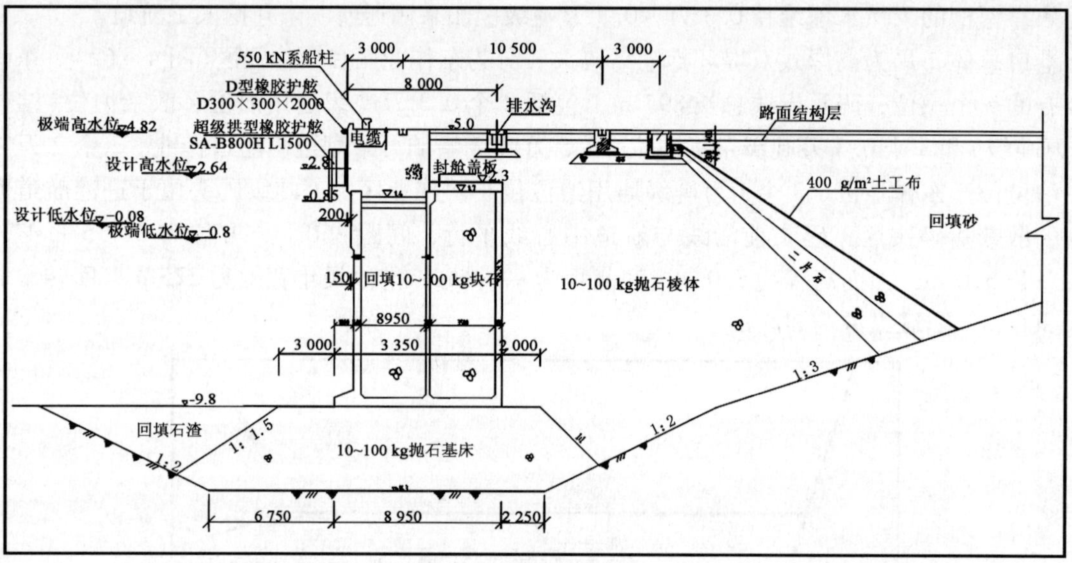

图 4-63 码头结构示意

4.2.11.4.2 防波挡沙堤

防波挡沙堤包括东、西两道堤，总长 20.54 km，为半潜堤和潜堤，堤顶标高为 -10~2.0 m。防波挡沙堤采用抛石斜坡堤结构(图 4-64)，堤芯为 10~100 kg 块石，边坡为 1:1.5，护面结构在天然泥面高程为 -3.0~5.5 m 之间采用钢筋混凝土栅栏板结构；泥面高程为 -6.0~-5.5 m 段，选用 3.0 t 扭王字块体结构作为护面。护底的宽度外海侧为 15.0 m，内侧为 5.0 m。堤头处扭王字块体护面的坡度放缓为 1:2，护底宽度堤两侧均为 30.0 m，并在护底碎石下铺设土工布软体排。

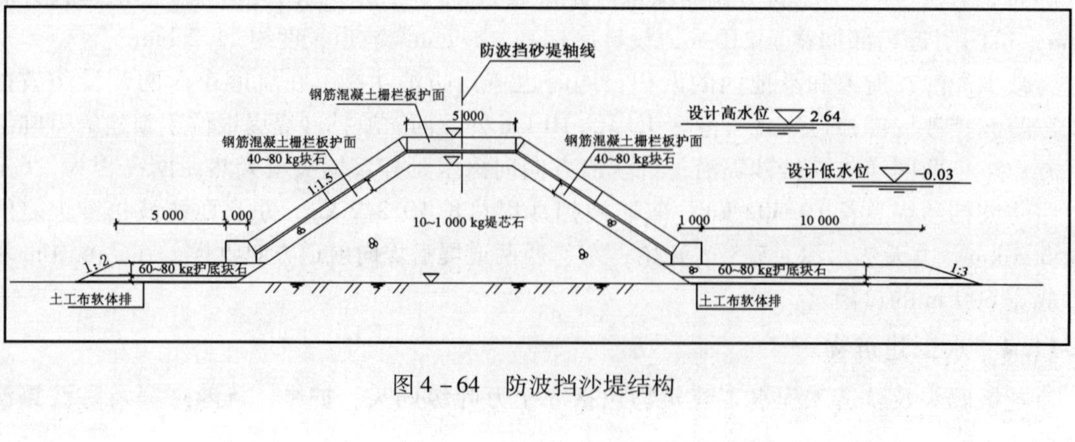

图 4-64 防波挡沙堤结构

4.2.11.4.3 护岸、疏港路堤

护岸、疏港路堤和防波挡沙堤结构安全等级为二级，采用抛石斜坡堤结构。南、北护岸总长1 177.5 m，顶面标高为5.0 m。堤芯采用10～100 kg块石，外侧边坡为1:1.5，内侧边坡为1:1。北护岸护面采用景观效果较好的钢筋混凝土栅栏板，其下设40～80 kg的垫层块石，堤顶设浆砌块石挡墙，挡浪墙顶标高为7.0 m；南护岸采用200～300 kg块石护面，堤顶浆砌块石挡浪墙顶面标高为5.5 m，护底宽度为5.0 m。

疏港路堤长4 644 m，堤顶标高为5.0 m，堤顶宽22.5 m(图4－65)。采用两侧填筑子堤，子堤内回填砂形成堤身。外侧边坡为1:2，内侧边坡为1:1。标高2.0 m以上采用浆砌块石护面；标高2.0 m以下设100～150 kg的棱体块石。万吨级码头后方陆域形成采用吹填，吹填料为港池和航道的疏浚土。吹填后的地基处理设计采用高真空击密法。

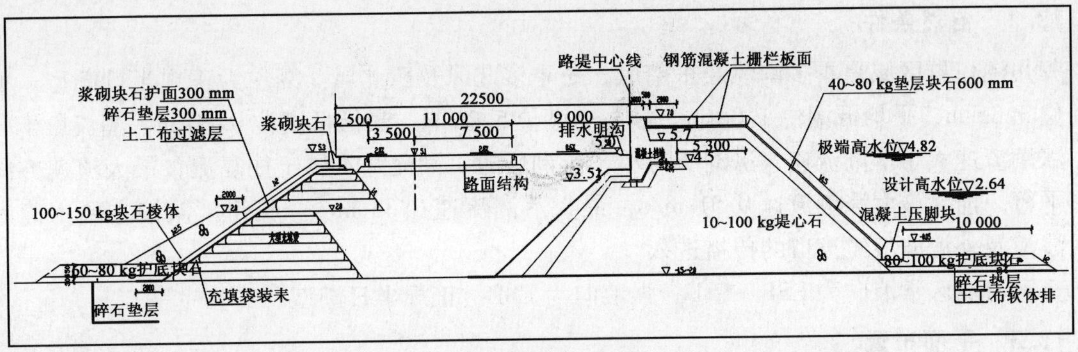

图4－65 疏港路堤结构示意

4.2.11.5 港区总体规划

根据潍坊港口总体规划，到2020年潍坊港将主要开发两个港区，设潍坊港中港区、以羊口港现有码头为基础开发建设潍坊港内河港区(图4－66)。港区呈双堤环抱的形式，航道两侧设防波挡沙堤，堤间距为2 300 m。口门位于－6.0 m等深线处，宽度为600 m，中间布置航道，在航道东西两侧布置码头岸线。在航道的西侧为500 m的液化专用泊位和1 010 m的散货码头区；在港池的底部为长度700 m的修造船工程岸线及其他码头岸线。

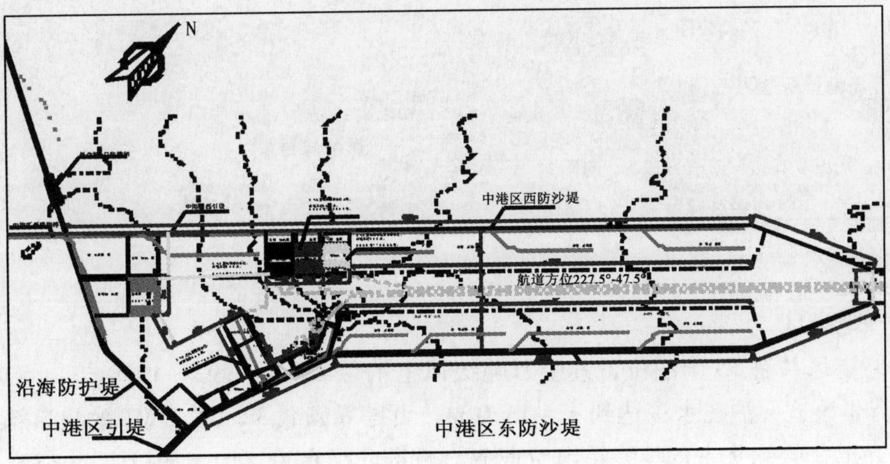

图4－66 潍坊港中港区总体规划

4.2.12 青岛港

4.2.12.1 简况

青岛港始建于1892年，现已形成以环胶州港口群综合运输枢纽为核心，鳌山湾港区和董家口港区为两翼，地方小型港站为补充的多层次港口发展体系。环胶州港口群包括青岛老港区、黄岛油港区、前湾新港区及四方港区四大港区，主要从事集装箱、原油、铁矿石、煤炭、粮食等各类进出口货物物流和国际国内客运服务。拥有可停靠 1.5×10^4 TEU 船舶的集装箱码头，20万吨级现代化矿石码头、40万吨级原油码头和10万吨级煤炭码头。青岛港近年来建成9大码头，35个深水专业化泊位，一直保持全国最大铁矿石接卸港的地位，进口原油吞吐量居全国港口第一位。2010年青岛港吞吐量突破 3.5×10^8 t。

4.2.12.2 自然条件

胶州港口群区域夏季多南风及东南风，冬季多北风及西北风。潮汐为正规半日潮型，平均高潮位3.85 m，平均低潮位1.08 m，最高高潮位5.36 m，最低低潮位0.70 m。潮流属半日潮流，涨潮流速大于落潮流速，涨潮历时小于落潮历时。潮流基本属于往复流，最大流速方向与海岸平行。前湾最大涨潮流速0.51 m/s，最大落潮流速0.33 m/s。胶州湾波浪主要为湾内小风区波浪及外海波浪经湾口的传播进入。

董家口港区常浪向为ESE—SSE。强浪向为ESE。正规半日潮型。

4.2.12.3 平面布置

青岛港主要由老港区、前湾港区、黄岛港区及新规划的董家口港区组成(图4-67)。

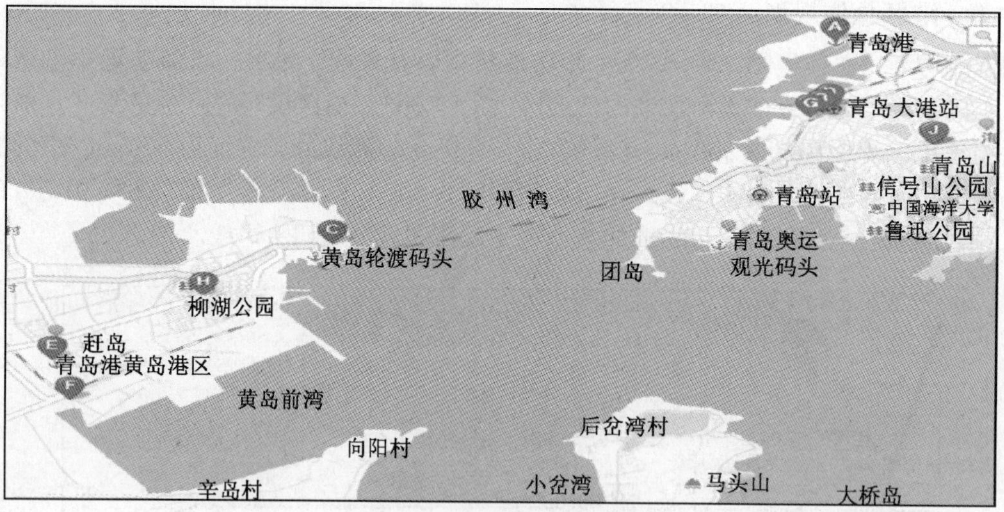

图4-67 青岛港平面位置

4.2.12.3.1 老港区

青岛港老港区共有55个泊位，其中万吨级以上泊位8个。1992—1998年，青岛港陆续对8号码头进行了改造，泊位水深达到了-13.0 m，可停靠满载 3×10^4 DWT的集装箱，

其中现在的8号码头主营集装箱内贸业务。航道底标高为-10.6 m(图4-68)。

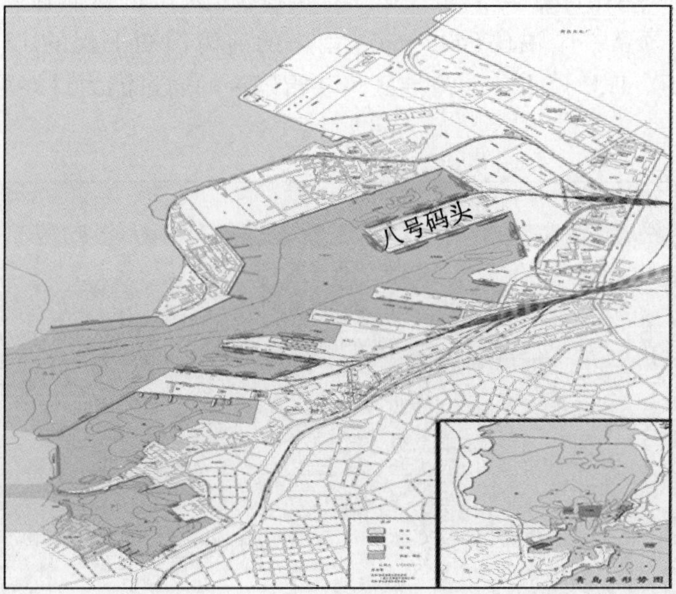

图 4－68　青岛港老港区现状图

4.2.12.3.2　前湾港区

前湾是一个口朝向东北的海湾。前湾港区是青岛港综合运输核心枢纽的骨干，以国际集装箱干线运输为主，同时承担青岛港铁矿石、煤炭下水等大宗干散货运输服务，兼顾钢铁等杂货运输，形成现代化的大型国际化综合深水港区(图 4－69)。前湾港区码头围绕湾的周边分布，自然形成北岸、湾底及南岸三个作业区。港湾水域呈内小外大喇叭形，湾底宽 900 m，口门处宽 1 200 m。湾内用于船舶调头的水域宽 720～850 m，平面尺度略显小。前湾港区建设从北岸的湾口开始，一期工程于 20 世纪 90 年代初建了 2 个 5 万吨级突堤式煤炭出口码头及 4 个2 万～5 万吨级顺岸散杂货泊位，随后将东侧一个散杂货泊位改造为矿石装卸泊位。煤码头既自身掩护，也构成了整个前湾的湾口。1995 年建的前湾二期接着一期的顺岸泊位继续向西延伸，建有 1 万吨级、2.5 万吨级、5 万吨级 3 个集装箱泊位后又形成了小型散杂货突堤，突堤东侧布置了 3 个 1.5 万吨级散杂泊位。三期工程自突堤西侧继续兴建大型顺岸泊位 7 个，西至镰湾河为止。岸线长 2 413 m，底标高 －17.5 ～ －16.0 m。三期工程建设 7 个集装箱泊位，岸线全长 2 413 m，泊位底标高 －17.5 ～ －16.0 m，可停靠 0.8×10^4 ～ 1×10^4 TEU 超大型集装箱船。陆域纵深 1.5～1.9 km。前湾港区集装箱码头二、三期基本参数见表 4－4。北港区一期工程煤码头 63 号泊位外侧为 20 万吨级矿石专用泊位，设计年吞吐量 $1\,100\times10^4$ t，后经改造，现已达 $3\,000\times10^4$ t。码头长 420 m。船舶回旋区位于码头正前方，直径 630 m，底高程 －18.5 m，舶制动水域取 1 700 m。码头前停泊水域底高程 －21.0 m。工程于 1999 年投产。

湾底 2 个 10 万吨级、3 个 3 万吨级、1 个 2 万吨级共 6 个集装箱专用码头，2 个 3 万吨级多用途泊位，设计年吞吐能力为集装箱 250×10^4 TEU 和杂货 60×10^4 t。1 号、2 号两个 10 万吨级集装箱深水泊位可使用岸线长度达 790 m，底标高 －17 m。第 3 个 10 万吨级泊位、6 号和 7 号多功能泊位也已于 2008 年投入使用，到 2009 年底，码头泊位全部建成投产。

南岸岸线长 3 846 m，自西向东前湾港区四期工程的码头岸线 3 408 m 布置 10 个 3 万～10 万吨级集装箱泊位，码头设计底标高 －20 m，可以停靠 15 000TEU 的集装箱船。截至 2009 年年底，四期工程的前四个泊位(码头岸线 1 320 m)已进入试运营阶段，后续泊位也在建设中。四期工程东侧尚预留一个泊位(438 m)。南岸的前湾四期工程的 12 个大型集装箱泊位通过能力在 1 000 × 10^4 TEU 以上。前湾港区集装箱码头的通过能力最终可达 2 000 × 10^4 TEU 以上。

图 4 – 69　前湾港区形势图

表 4 – 4　前湾二、三期港区集装箱码头基本参数

项目	前湾二期	前湾三期 1 – 4 号泊位	前湾三期 5 – 7 号泊位
工期	1995 年 5 月至 1999 年 12 月	2000 年 6 月至 2003 年 9 月	2003 年 8 月至 2005 年 12 月
泊位数量/个	3(4)	4	3
泊位长度/m	766(1 026)	1 480	933
泊位底标高/m	– 11. 6， – 11. 8， – 14. 5	– 16， – 17， – 17. 5	– 17. 5
港池底标高/m	– 13. 0	– 15. 0	– 15. 0
码头宽度/m	56	68. 5	68. 5
陆域纵深/m	910	1 490 ~ 1 723	1 723 ~ 1 946
陆域面积/ × 10^4 m^2	71. 4	352. 7	
其中堆场/ × 10^4 m^2	25	96. 0	70. 8
码头水工结构	重力式沉箱结构		

4. 2. 12. 3. 3　黄岛港区

黄岛港区位于胶州湾西岸、黄岛开发区，与前湾港区毗邻，以接卸外贸进口原油和成品油、液体化工品运输为主，是青岛港石油及液体化工品主要转运基地，位置如图 4 – 64 所示。

港区原油码头分别是一期油码头，于 20 世纪 70 年代建成，最大 5 万吨级；二期油码头，

20万吨级，2007年建成投产；三期油码头，水工结构可停靠44万吨级船舶。60号泊位可靠泊0.5万~3万吨轮；61号泊位可靠泊1.5万~7万吨油轮；62号泊位可直靠实载8万~28万吨油轮。液体化工码头建设规模为1个5万吨级泊位，同时能停靠2艘5千吨级船舶，年通过能力202×10^4 t/a。泊位长321 m，码头平台长191.5 m，宽28 m。航道有效宽度195 m，底标高-12.5 m，长1 120 m；续建一期5 000吨级泊位一个，泊位长204.6 m，码头平台尺寸50 m×26 m，架管桥长53.2 m，宽12 m，航道有效宽度120 m，底标高-9.8 m。续建二期为1个8万吨级液体化工品及成品油泊位，长388.0 m，码头按蝶型布置，设工作平台及系缆墩和靠船墩，南侧系缆墩与已建液化泊位最北侧系缆墩间隔10 m，码头前沿线相对已建液化泊位向港池方向平移16 m。码头面高程8.0 m。码头前停泊水域宽92.0 m，底高程-16.9 m。船舶回旋水域直径662.5 m，底高程-14.9 m；续建三期工程为两个5 000吨级(兼顾1万吨级)液体化工品泊位，与油一期码头、液化一期、二期和5万吨级液化码头邻近。航道底标高-14.9 m，有效宽度320 m，最大可通航12万吨级成品油船。

4.2.12.4 水工建筑物

4.2.12.4.1 20万吨级矿石码头

湾矿石专用码头的水工建筑物包括一个20万吨级矿石码头及栈桥、引堤等工程。进港船舶直线航行即可进入矿石码头前的港池，入泊角度小于30°，重载的进港船舶可直接靠泊码头。码头采用重力墩结构(图4-70)。基墩主体采用圆沉箱结构，沉箱高23.5 m，直径12.5 m。码头横断面上由两个沉箱组成一个基墩，基墩纵向中心距26.5 m。沉箱上预制安装扇形块，再现浇混凝土支座梁兼胸墙。前后沉箱之间用后张预应力混凝土箱型联系梁连接，联系梁上设后张预应力混凝土"T"形梁，构成码头上部结构，轨道梁采用后张预应力混凝土箱型梁。系缆墩墩体采用沉箱之上现浇混凝土墩台。栈桥采用高桩梁板结构。桩基为600 mm×600 mm预应力混凝土方桩，排架间距15 m。面板为预制安放预应力混凝土空心板。

图4-70 青岛20万吨级矿石码头

码头工程陆域在原泥面上吹填砂形成，经振冲砂桩加强夯处理后，采用螺旋压砂浆桩补强方案。压浆材料由水泥砂浆代替水泥浆，掺入少量粉煤灰。

4.2.12.4.2 前湾港区三期集装箱码头

前湾港区基岩埋深至-25~-15 m。一、二、三、四期工程均采用沉箱岸壁式结构，三期集装箱码头结构断面如图4-71所示。三、四期工程箱内、箱后均采用吹填砂的结构形式。

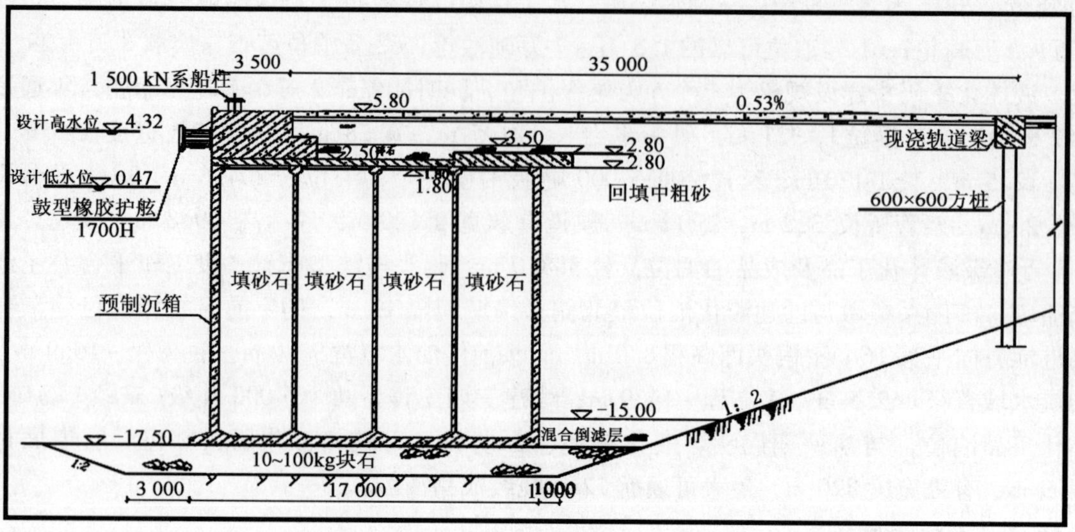

图 4－71　前湾港区三期集装箱码头结构断面示意

4.2.12.4.3　黄岛港区

原油一期码头为钢管桩基、上部梁板式结构。二期码头根据基岩埋深采用重力式沉箱墩式结构。三期码头位于黄岛东南，码头水深 26.2 m。工作平台长 50 m×40 m，为重力墩式结构，4 个直径为 15.1 m 圆沉箱。共有靠船墩 4 个，墩体也为直径 15.1 m 的圆沉箱。设 6 个系缆墩，北侧 3 个采用圆沉箱重力墩，直径 14.1 m，南侧 3 个系缆墩采用高桩刚性墩台结构，桩基采用 12 根 ϕ1 800 mm 钢管桩，墩台采用 3 m 厚现浇混凝土结构。引桥宽 11.25 m，桥墩全部采用圆沉箱重力墩，桥面采用大跨变截面混凝土连续箱形梁桥方案，墩基础中心距 80 m。

液体化工码头续建一期工程 0.5 万吨级码头平台采用整体墩台结构，码头北侧设置两个系缆墩。引桥长 336.6 m，采用排架搭接预应力空心板桥结构。引桥排架间距 16 m，每排架设 2 根直桩，1 对叉桩。续建二期码头平台 42.8 m×28 m，采用高桩板梁式结构，上部梁系采用正交结构。钢管桩排架间距 7.2 m，标准断面每榀排架设 4 根叉桩和 2 根直桩。码头靠船墩平面尺寸为 24 m×15 m，每墩采用 24 根 ϕ1 200 钢管桩。引桥全长 224.2 m，排架间距 14.8 m，排架桩基采用 ϕ1 000 钢管桩。续建三期为重力式沉箱墩式结构，沉箱采用 13.5 m×17 m 方沉箱，沉箱间由预应力梁联系。平台两侧分别设置两个系缆墩，基础为沉箱。引桥长 170.4 m，顶高程 7.0～8.0 m。桩基采用直径 1.0 m 的钢管桩。原油船舶最大限制吃水 −20.5 m。

4.2.12.4.4　前湾港区地基处理

前湾港区码头工程中，沉箱后壁至码头前沿线后 60 m 范围内，地基处理采用振冲法进行处理；码头前沿线后 60 m 至围埝坡脚线之间，地基处理采用柱锤强夯法。围埝内大面积采用插塑料排水板—堆载预压—普夯，局部采用真空联合堆载预压处理方式。后方陆域形成材料为回填开山石料，采用振冲和强夯方法。沉箱或护岸后方 30 m 范围内采用振冲法就地振密。其他范围采用强夯法。

4.2.12.5　港口规划

前湾港区是青岛港综合运输核心枢纽的骨干和主要基础，其规划如图 4－72 所示。黄岛港区在现有港区基础上逐步向西拓展，港区远景将发展至红石崖，即跨胶州湾大桥桥位附近（图 4－73）。利用深水优势，30 万吨级原油码头集中布置于港区东端：油二期码头以南建

30 万吨级原油码头(油三期)，油二期以北布置一个 30 万吨级原油码头。港区自油一期码头向西，主要建设 10 万吨级以下成品油及液体化工品泊位，其中油一期码头至大石头段岸线为码头以单堤式布置为主；大石头至红石崖段岸线，港区规划在城市规划红线基础上继续向海侧推进 450 m 至 2 m 等深线附近作为港区用地，主要用于建设储运灌区和生产辅助建筑，先期使用 2 km 岸线建设一个环抱式港池，以满足石化工业的发展需求。

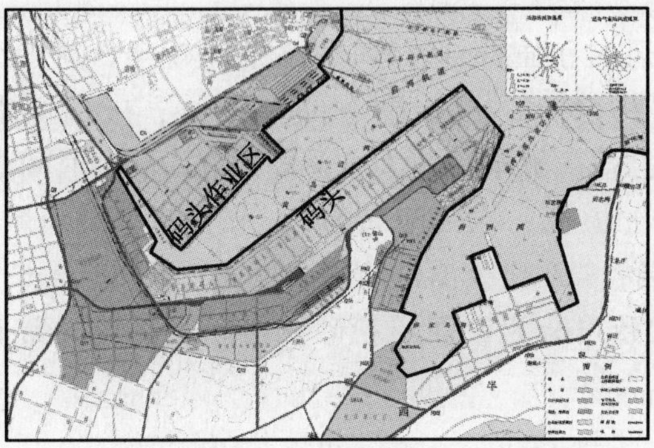

图 4－72　前湾港及海西湾港区规划示意

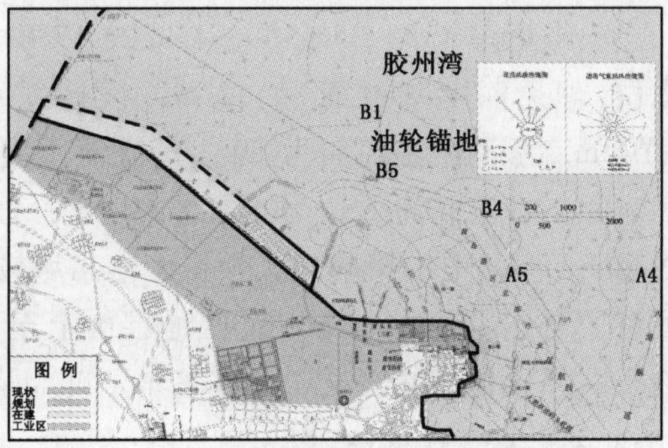

图 4－73　黄岛油港区规划示意

4.2.13　日照港

4.2.13.1　简况

日照港于 1994 年建成，由石臼港区和岚山港区组成。石臼港区的前身为石臼港，位于日照市老城区东南 10 km 的石臼所镇，自宋朝时期就有经商帆船出入，1917 年之后有小型海轮与上海、青岛等地通航。1967 年建成石臼港，有 500 吨级的客货泊位和渔业码头，年吞吐量 $25\times10^4\sim30\times10^4$ t。1982 年国家决定在石臼港建设大型煤炭出口深水码头，开启了石臼港现代港口的建设。石臼港是“六五”期间建设、“七五”初期投产的大型专业化深水煤炭装船港，一期工程于 1986 年建成 2 个 10 万吨级煤炭专用泊位，年通过能力 $1\,800\times10^4$ t，对解决我国西煤东运、北煤南调有较大的促进作用。之后，石臼港陆续建成东港区一期、二期工程，改造中港区，建设西港区等。

岚山港区位于黄海海州湾北岸，地处日照市岚山区佛手湾，居山东沿海最南端，距日照市区 40 km；水路南至连云港 24 n mile，北至石臼港 22 n mile。岚山港区前称为岚山港，1951 年建一木质趸船浮码头，1955 年建斜坡式简易码头，1959 年建直立式小码头，共有两个泊位，高潮时可停靠 100～200 吨级小货轮；1971—1984 年间在新港区(佛手湾段)相继建成 0.05 万、0.1 万、0.5 万和 2 万吨级泊位各一个；1989 年正式成为一类口岸对外开放。经过 20 年的建设与发展，有生产性泊位 11 个，泊位总长 2 285 m,，设计水深 －14～－7.5 m。设计通过能力为 910×10^4 t/a；2007 年完成吞吐量 $3\,338\times10^4$ t，主要货种为金属矿石、粮食、煤炭、钢铁等散杂货和成品油及液体化工品。在建 10 万吨级油码头泊位和 30 万吨级原油码头。

4.2.13.2　自然条件

4.2.13.2.1　石臼港区

石臼港区位于35°22′48″N，119°33′18″E。当地属正规半日潮流。码头位置附近涨潮时主流向 SW，中层最大流速为 0.89 m/s，落潮时主流向 NE，中层最大流速为 0.60 m/s。最大潮差

4.90 m。常浪向 ESE、SE；强浪向为 NE、E 和 SE，50 年一遇 $H_{1\%}$ 波高分别为 6.0 m、6.7 m 和 7.1 m。石臼湾是基岩砂砾质海岸，海湾冲填物几乎全部是附近基岩的海蚀物质，无外部泥沙影响。石臼嘴风化岩面从 NW 向 SE 方向倾斜且覆盖层随水深增加；奎山嘴岬角岩脉自矶头往海中延伸。为满足 10 万吨级煤码头结构和港池航道开挖的要求，岩层顶面应在 -20.0 m 左右为宜，因此码头位置选择在 -12.0 m 天然水深约处。

4.2.13.2.2　岚山港区

岚山港区位于 35°05′35″N，119°22′17″E。常风向和强风向为 N。潮汐属正规半日潮。设计高水位(理论深度基准面)5.12 m；设计低水位 0.56 m，极端高水位 6.32 m，极端低水位 -0.64 m。涨潮流主流向为 SW，落潮流主流向为 NE。涨潮流速大于落潮流速，涨潮时间小于落潮时间。常浪向为 ES，次常浪向为 NE；强浪向为 NE；次强浪向为 E。岚山港向外海敞开，受 N 和 SE 向波浪的影响较大。岚山港水域较宽阔，2 万吨级泊位前沿自然水深可达 10 m。港区可利用自然岸线约 6 km。港区地层由上至下大致可分为淤泥质粉砂或粉砂质淤泥、黏土及亚黏土、强风化片麻岩层。地震基本烈度为Ⅵ度。

4.2.13.3　港口总平面

4.2.13.3.1　石臼港区

石臼港区总体布置图如图 4-74 所示，分为东、北、西、南四个作业区。东作业区位于石臼嘴东侧，远离市区，集中发展煤炭出口、铁矿石中转等大宗干散货运输，同时承担水泥、焦炭等运输任务；北作业区位于石臼嘴西侧，由于基岩埋深较浅，陆域纵深小，主要为连接东、西两个作业区之用，并发展建设中小型泊位及支持系统泊位；西作业区位于港区西部，背靠日照市区和经济开发区，陆域开阔，公路集疏运便捷，重点发展集装箱运输，兼顾粮食、木片、钢铁等多货种运输；南作业区位于奎山嘴南侧及西侧，为新规划未开发作业区。

图 4-74　石臼港区总体布置

东港区码头工程有 10 万吨级和 2.5 万吨级的出口煤炭泊位各 1 个。对 10 万吨级煤码头布置形式进行了开敞式与合并式(外侧为防波堤，内侧兼作码头)方案的技术经济比较。合并式方案因有防波堤掩护，作业天数较多，但需在水深 12 m 处修建长 1 300 m 的防波堤，工程投资大，施工期也长。根据对当地波浪观测资料的分析，波高 $H_{4\%} \geq 1.5$ m 的仅占 3.2%；平均周期 T 绝大部分在 6.0 s 以内。经论证确定采用开敞式布置方案。码头方位与海流主流向接近一致，码头轴线方向为 SSW—NNE。

西港区散粮码头是根据日照港发展建设规划，将原有木片泊位改造为木薯干专用泊位的同时，在石臼港西区原木片泊位南侧建设2个散粮和2个木片专用泊位。为适应这一发展，一次规划建设双侧靠船窄突堤码头一座，先期建设突堤码头350 m，以满足7万吨级散粮泊位和4万吨级木片泊位的需要，远期进行突堤码头加长续建。4个大型泊位仅占用自然岸线长度54 m（突堤码头宽度），节省了岸线资源，也美化了港区环境。

4.2.13.3.2　岚山港区

现有生产性泊位11个，泊位总长度2 285 m，设计通过能力为910×10^4 t/a；在建10万吨级油码头泊位1个、30万吨级原油码头及栈桥和岚桥防波堤(图4－75)。30万吨级原油码头工程位于岚山老港北侧，紧邻现有童海码头。码头前沿布置在－11.0 m水深处，轴线方位为40°—220°。码头长500 m，蝶型布置，工作平台平面尺寸为50 m×40 m。码头东北侧为2个预留30万吨级油码头。码头通过东北侧的引桥和大堤与陆岸相连，码头与引桥呈"L"形布置，引堤长239.1 m，引桥长794.2 m，引堤西北端与10万吨级油码头引堤堤头相连。

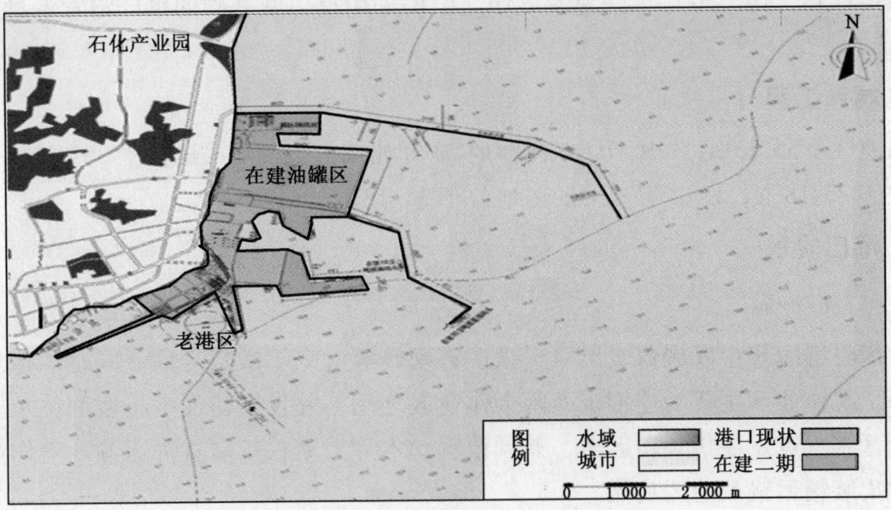

图4－75　岚山港区现状示意

4.2.13.4　水工建筑物

4.2.13.4.1　石臼港区东港区煤炭码头

10万吨级煤码头的前沿设计水深－17.0 m，为了避免大范围炸礁，基岩埋深应在－19.0 m以下，据此确定码头建在离岸约1.7 km，天然水深－12.0 m处。码头区风化岩面从西北向东南倾斜，覆盖层厚度随水深而增加，－21.6 m以下为风化岩。开敞式码头外侧为1个10万吨级泊位，内侧为1个2.5万吨级泊位(结构按10万吨级船设计)。设计波浪采用重现期为50年一遇，$H_{1\%}=7$ m。码头岸线长417 m，宽18.5 m，顶高程15.0 m，前沿水深18.0 m。共有5个靠船墩，每个墩由2个直径为14 m的沉箱组成，沉箱之间的胸墙块体顶部设有联系梁；另有5个系船墩，每个墩由1个直径为18 m、重量达2 700 t沉箱组成。码头结构选用透空式沉箱重力墩。沉箱顶安置大型预制扇形混凝土块体。靠船墩上的支座梁为双孔箱型后张预应力混凝土梁，每根梁重430 t，梁断面内布置有58束预应力钢筋。装煤机轨道为箱形钢梁，长32 m，采用热喷铝加封闭层涂料防锈保护，其保护寿命能达20～30年以上。

4.2.13.4.2　石臼港区西港区集装箱码头

码头结构采用重力式沉箱结构，码头持力层选为强风化岩面，抛石基床的厚度为1.0 m。沉箱顶标高为2.00 m，沉箱平面尺寸为20.0 m×14.0 m(含前趾1.0 m)，并在沉箱上设置卸荷板，卸荷板长1.8 m。沉箱内抛填10~100 kg块石。

4.2.13.4.3　岚山港区水工建筑物

岚山港区现有码头都为方形沉箱重力式结构。30万吨级油品码头平台基础由安放在抛石基床顶面4个圆沉箱组成，沉箱按2排2列正交方式摆放，沉箱直径14.1 m，墩与墩之间由预应力混凝土梁、板搭接形成50 m×40 m码头工作平台，平台两端各设置1个1 500 kN系船柱。靠船墩基础由安放在抛石基床顶面的圆沉箱组成，沉箱直径15.1 m，沉箱顶部为现浇混凝土上部结构，每个靠船墩设置一套两鼓一板2 500H高反力型鼓型护舷。系缆墩沉箱直径与靠船墩相同。首尾系缆墩上设置1 500 kN系船柱和4钩1 500 kN快速脱缆钩，中间系缆墩上设置1 500 kN系船柱和3钩1 500 kN快速脱缆钩。引桥采用重力墩基础的系杆钢管混凝土拱钢引桥结构。

4.2.13.5　辅助工程

第一锚地位于35°20′N，119°37′E，泥沙地20万吨以下；第二锚地位于35°20′N，119°39′E；第三锚地位于35°18′N，119°37′；第四锚地位于35°18′N，119°39′E。

4.2.13.6　港口规划

4.2.13.6.1　石臼港区

东作业区将继续集中发展煤炭出口、铁矿石中转等大宗干散货运输，同时承担水泥、焦炭等运输任务。北作业区主要为连接东西两个作业区之用，并发展建设中小型泊位及支持系统泊位。西作业区将重点发展集装箱运输，兼顾粮食、木片、钢铁等多货种运输。南作业区将主要发展杂货和集装箱运输及造船功能。

4.2.13.6.2　岚山港区

规划岚山港区泊位共202个，岸线总长59.3 km。详见图4－76和表4－5。

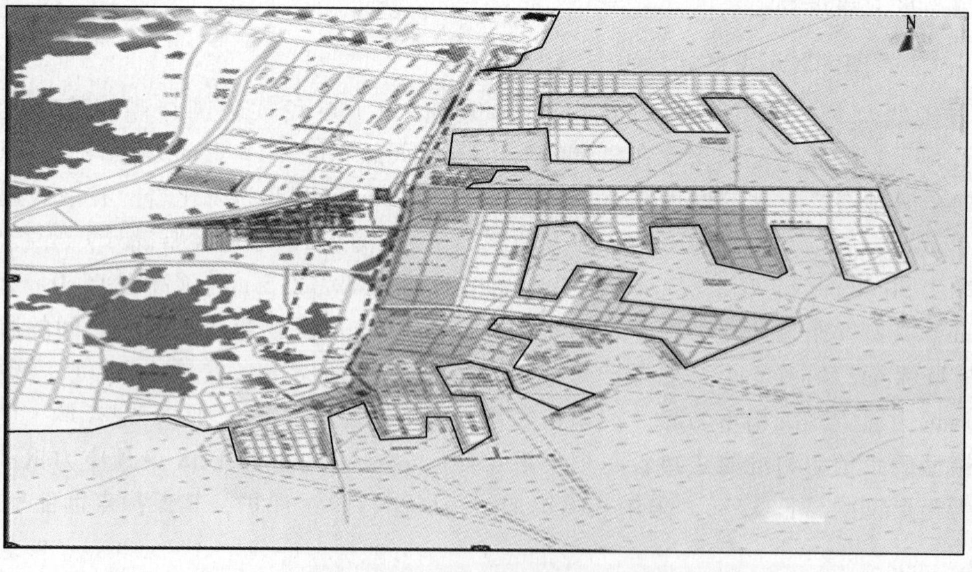

图4－76　岚山港区规划布置示意

表 4 – 5　岚山港区规划最终规模指标

作业区	项　目	规划最终规模		
		泊位数/个	码头岸线/m	陆域面积/×10⁴ m²
	合　计	202	59 318	5 203.8
南作业区	小　计	35	8 931	565.5
	2 万 ~ 10 万吨级杂货及通用泊位	32	8 141	
	0.5 万 ~ 1 万吨级通用泊位	3	490	
	工作船及支持系统岸线		300	
中作业区	小　计	45	13 064	729.1
	30 万吨级原油品泊位	3	1 500	
	10 万 ~ 15 万吨级原油泊位	3	1 150	
	0.1 万 ~ 5 万吨级油品、液体化工泊位	39	9 659	
	支持性和工作船码头岸线		755	
北作业区	小　计	122	37 323	3 909.2
	20 万 ~ 30 万吨级大宗散货泊位	12	4 591	
	0.5 万 ~ 10 万吨级散、杂货及通用泊位	61	14 259	
	3 万 ~ 15 万吨级集装箱泊位	14	4 505	
	远景预留发展区	35	12 868	
	船　厂		1 100	

4.3　长江三角洲港口群

4.3.1　概况

长江三角洲港口群是以上海为中心、以宁波 – 舟山港为南翼、以连云港港为北翼、以长江诸港为纵深的港口群。该港口群包括覆盖江苏、浙江、福建沿海及长江中下游港口的上海国际航运中心和主要服务于浙江及周边地区的宁波港区域性国际航运中心。

江苏沿海和南京以下沿江港口主要有连云港港、盐城港、南通港、南京港、镇江港、苏州港等。连云港港 2010 年完成货物吞吐量 1.35×10^8 t、集装箱 387×10^4 TEU。盐城港主要有滨海、射阳、大丰三个港区。南京港是我国内河第一大港，现也是我国沿海主要港口之一。镇江港 2009 年吞吐量达 0.87×10^8 t。2010 年上海港货物、集装箱吞吐量均位居世界第一。浙江沿海港口经组合现已形成以宁波—舟山港为主，还有温州港和台州港等重要港口。温州港拥有海岸线 350 km，由状元岙、乐清湾、大小门岛、瓯江、瑞安、平阳、苍南等七大港区组成，2009 年起成为中国大陆对台直航港口。台州港由大麦屿、临海、海门、黄岩、温岭、健跳六港区组成，拥有生产性泊位 122 个，其中万吨级以上泊位 4 个，泊位(码头线)总长 7 886 m。还有椒江在规划大陈岛深水岸线。2009 年宁波—舟山港货物吞吐量达到 5.7×10^8 t，2010 年货物吞吐量达 6.3×10^8 t。本节将主要介绍连云港港、南京以下沿江港口、上海港和宁波港。

4.3.2 连云港港

4.3.2.1 简况

连云港港前身大浦港于1905年正式对外开放。现港址始建于1933年，1936年建成一期工程6个3 000吨级泊位，1948年时码头倒塌，航道淤塞，千吨级船舶不能进港，年货物吞吐量不足10×10^4 t，后经多次改扩建，于1956年对外开放。1973年改扩建了马腰港区，1982年开辟庙岭新港区，1987年庙岭一期工程2个煤炭泊位建成投产；1988年开工建设二期工程5个专业化泊位(其中1个集装箱泊位)，1993年建成投产；同年西大堤工程完工，形成了环抱式港池，开辟了近6 km的岸线。墟沟一期工程6个杂货泊位1999年建成投产，形成南岸马腰、庙岭、墟沟三大主体港区。“十一五”期间，连云港港新增生产性泊位25个，包括庙岭三期集装箱码头、旗台25万吨级矿石码头、通用散货泊位等一批大型深水泊位，新增货物通过能力$5\ 411\times10^4$ t。至2010年底全港共有生产性泊位59个，其中万吨级以上泊位41个，最大靠泊吨级30万吨级。通过规划建设新港区，连云港港将逐步走向“一体两翼”，形成连云、赣榆、前三岛、徐圩和灌河五个港区共同发展的格局。

4.3.2.2 自然条件

连云港港地处黄海海州湾西南岸。冬季盛行偏北风，干旱少雨；夏季盛行东南风。常风向为E向，春、夏季为E—ESE向，秋季为N、NNE向，冬季为NE、NNE向。受台风边缘影响多年平均每年1.5次，每年受寒潮影响3~5次。海域属正规半日潮。各站位特征值见表4-6。海流以潮流为主。湾内涨潮流向西，落潮流向东，落潮历时大于涨潮历时，涨潮流速大于落潮流速。主港区外航道-6 m等深线以外为旋转流。海峡内以悬移质淤积为主。海湾处年平均含沙量0.24 kg/m^3，回淤强度0.8~0.9 m/a；湾口区-3 m以里泥沙以过境转移为主，-3 m以外沿外航道含沙量逐渐降低至0.1 kg/m^3。岸滩和水下岸坡宽缓，-5 m等深线平均距岸5~8 km，-10 m等深线平均距岸10 km以上。

表4-6 各站潮位特征值(以连云港理论最低潮面起算)

项目	庙岭站	连云港站	庙岭煤码头站	墟沟船厂站
最高高潮位/m	6.10	5.88	5.94	5.89
最低低潮位/m	-0.36	0.56	0.62	0.59
平均高潮位/m	4.78	5.00	5.09	5.06
平均低潮位/m	1.23	1.39	1.47	1.43
平均潮差/m	3.54	3.61	3.62	3.63
最大潮差/m	5.61	5.10	5.14	5.19
最小潮差/m		1.81	1.82	1.86
统计年限	1987—1994年	1994年8月1—31日		

本港区基底岩层以白云片麻岩为主，埋藏普遍较深。岩层上部堆积第四纪堆积物，含中、下更新统陆相沉积物和上更新海相、陆相及海陆交互相沉积层；表层为海相淤泥层，4~30 m厚，近岸浅薄，海峡中部、东部较深，西部较浅。

本港区地震烈度为Ⅶ度，地震动峰值加速度0.1g。

4.3.2.3 平面布置

连云港港位于 34°44′32″N，119°27′28″E 附近，由连云港区中马腰、庙岭、墟沟、旗台、大堤等港区(图4－77)组成，今后将包括赣榆、徐圩、灌河等港区。

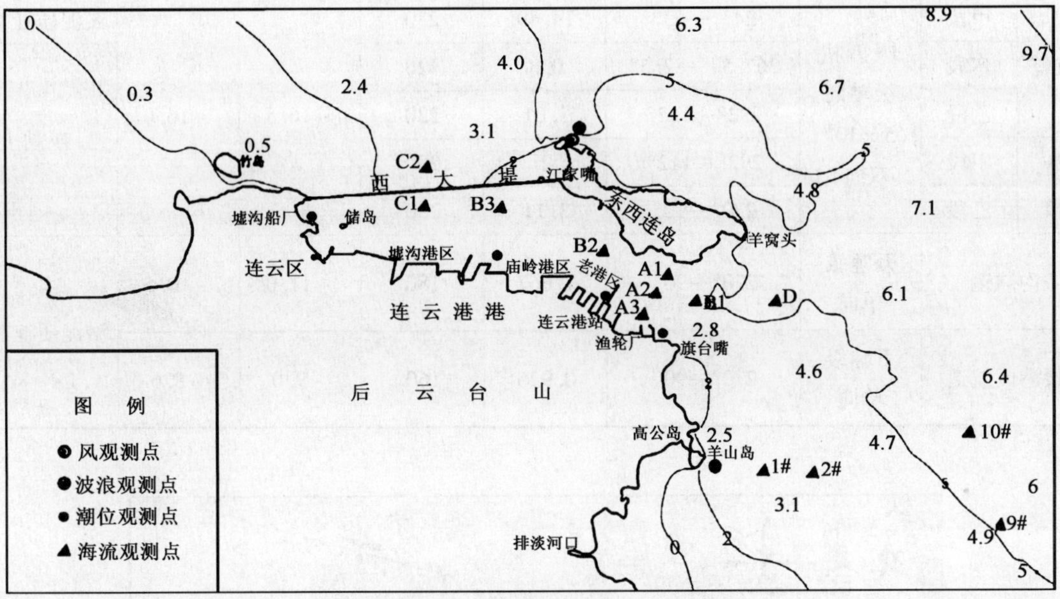

图4－77 连云港港主要港区平面布置

马腰港区共有生产性泊位 14 个(含 2 个待泊泊位)，其中深水泊位 11 个，泊位总长度为 2 538 m，通过能力 715×10^4 t，除 14 号泊位为散货泊位、16 号泊位为液体化工品专用泊位外，其余均为通用散杂货泊位。

庙岭港区共有生产性泊位 16 个，均为万吨级以上泊位，总长度 3 976 m，设计吞吐能力为 $3\ 020\times10^4$ t，集装箱通过能力 274×10^4 TEU。其中散货泊位 7 个：现有的 3 个 1.5 万～3.5 万吨级煤炭泊位、1 个 3.5 万吨级散粮泊位、1 个 5 万吨级煤炭泊位、1 个 10 万吨级铁矿石泊位和 1 个 10 万吨级焦炭泊位。集装箱泊位 9 个，其中第 2—4 代集装箱泊位 2 个，第 4—5 代集装箱泊位 7 个。

墟沟港区共有生产性泊位 11 个(61－69 号，58 号、59 号)，均为万吨级以上泊位，总长度为 2 118 m，设计吞吐能力 893×10^4 t。

旗台作业区共有生产性泊位 6 个，均为万吨级以上深水泊位，总长度 1 934 m，设计吞吐能力 $5\ 199\times10^4$ t。其中矿石专用泊位 2 个(30 万级和 10 万级各 1 个)、液体散货泊位 2 个、氧化铝专用泊位 1 个和散化肥专用泊位 1 个。

连云港港航道由主航道(甲段、弯段、乙段)、庙岭航道(甲段、乙段)、墟沟航道和马腰港区支航道组成，总长约 31.3 km(表4－7、图4－78)。主航道和庙岭航道为 15 万吨级单向航道，长约 26.449 km，设计通航水深 16.0 m；墟沟航道和马腰港区支航道为万吨级单向航道，分别长 1.667 km 和 0.926 km，设计通航水深分别为 11.0 m 和 9.0 m。目前正按 25 万吨级航道标准扩建主航道，有效宽度 270 m、设计底标高 －19.8 m。

表 4 - 7　连云港港航道现状

名称		等级	轴向	长度/km	底宽/m	水深/m		底质
						疏浚	通航	
主航道	甲段	15 万吨级单向（5×10^4 t 双向）	243°—63°	14. 49	230	- 16. 5	- 16. 0	淤泥质亚黏土
	弯段		267. 5°—87. 5°	0. 8	420			亚黏土
	乙段		292°—112°	3. 01	230			
庙岭航道	甲段		292°—112°	2	230			
	乙段		270°—90°	3. 11	230			
墟沟航道		万吨级单向	270°—90°	1. 667	180	- 11. 0	- 10. 5	淤泥质亚黏土
马腰港区航道		万吨级单向	270°—90°	0. 926	160	- 9. 0	- 8. 6	

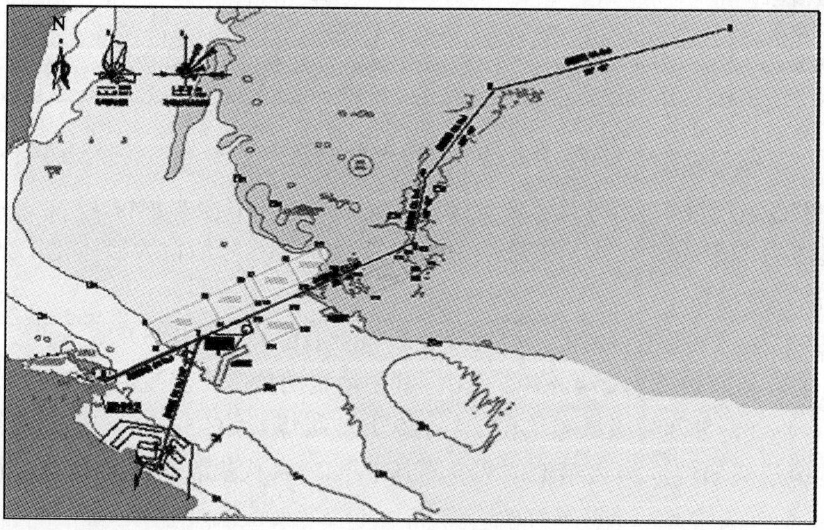

图 4 - 78　连云港港航道示意

4. 3. 2. 4　水工建筑物

连云港港区各区工程设计水位（连云港零点）见表 4 - 8。码头水工建筑物多以高桩梁板式结构为主，庙岭三期顺岸泊位工程是其典型结构（图 4 - 79）。工程建设 2 个第四代集装箱，兼顾第五代集装箱船的顺岸泊位，岸线长 644 m，陆域纵深 460 m，港区陆域面积 31.4×10^4 m^2。码头面顶标高 7. 0 m，前沿设计泥面标高 - 15. 0 m。码头主体水工建筑物排架间距10 m，基础采用 ϕ1 200 后张法预应力混凝土大管桩。一般钢筋混凝土构件在水位变动区和浪区的钢筋保护层厚度为 80 mm，板的钢筋保护层厚度为 50 mm；混凝土表面采用 40% 浓度的硅烷浸渍保护。码头主体工程于 2003 年 9 月开工，2004 年 12 月竣工。连云港港区西大堤工程从墟沟一侧的黄石嘴至连岛一侧的江家嘴，全长 6 700 m，设计顶宽 12 m，顶面高程 + 7. 0 m，迎海侧设挡浪墙，并在标高 1. 5 m 处设置戗台，设计边坡为 1∶1. 5，典型断面如图 4 - 80 所示。

表4-8 各区工程设计水位

设计水位	庙岭、墟沟港区	大堤港区	旗台港区
设计高水位/m	5.36	5.40	5.35
设计低水位/m	0.45	0.50	0.48
极端高水位/m	6.70	6.75	6.60
极端低水位/m	-0.73	-0.73	-0.70

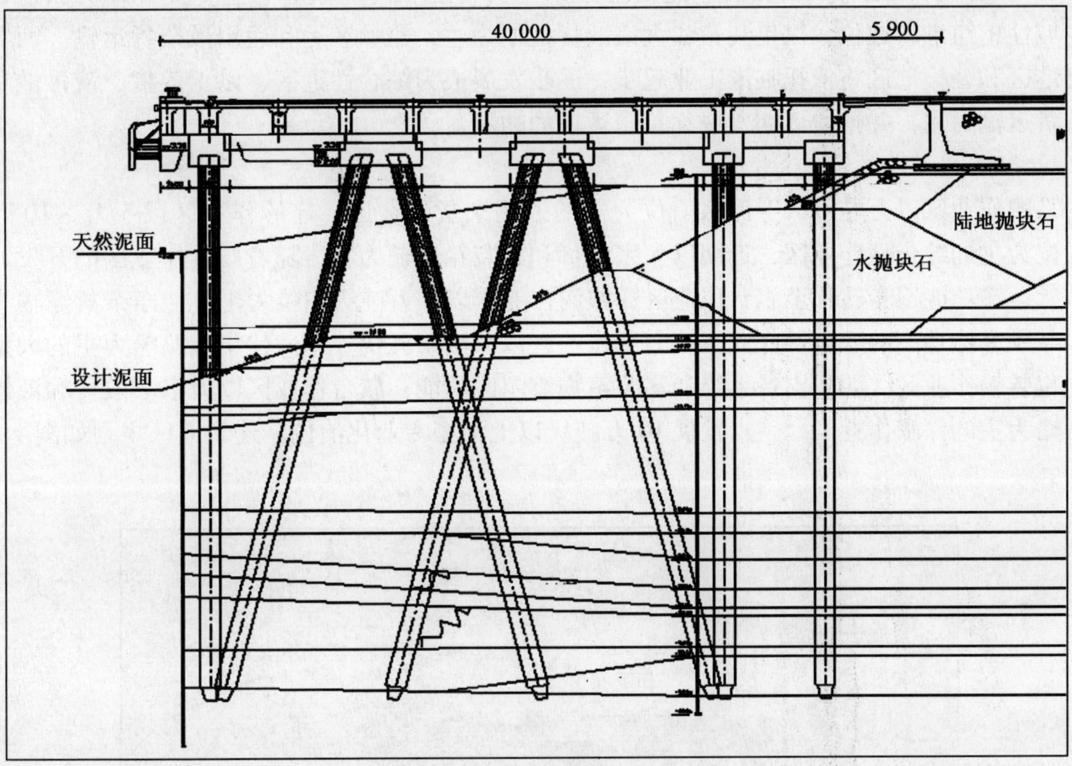

图4-79 连云港港庙岭三期顺岸泊位码头

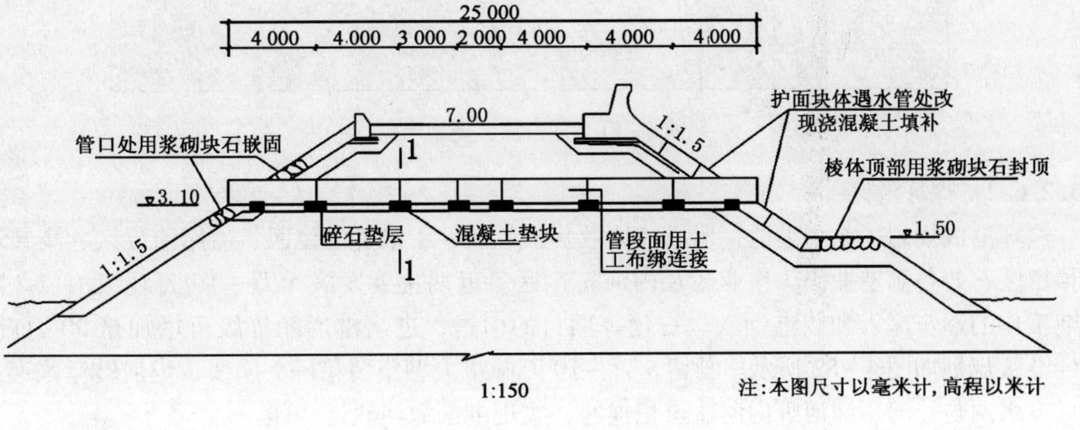

图4-80 连云港西大堤典型断面

4.3.2.5 辅助工程

连云港港现有引航检疫锚地6处，均为万吨级以上锚地。一号锚地水深9～14 m；二号锚地水深14～17 m；三号锚地水深16～20 m；四号锚地水深18～22 m；5号锚地水深19～25 m；危险品锚地水深15～19 m。锚地底质除一号为淤泥、危险品锚地为淤泥/黏性土外，其余均为黏性土。

4.3.2.6 港口规划

连云港港将形成由湾内连云港区、湾外北翼赣榆、前三岛港区和南翼徐圩、灌河港区共同组成的"一体两翼"总体发展格局。连云港区以物资转运和商贸流通为主、提升并巩固连云港港区域性枢纽港口地位，以集装箱和大宗散货运输为主，兼顾客运和通用散杂货运输。两翼的徐圩港区和赣榆港区将依托临港工业起步，逐步发展成为综合性港区，以干散货、液体散货和散杂货运输为主，并预留远期发展集装箱运输的功能。

4.3.2.6.1 连云港区

马腰作业区以万吨级以上深水泊位为主的通用杂货作业区；庙岭作业区以5万～10万吨级泊位为主的综合性作业区，近期以大宗散货和集装箱运输为主，随着旗台作业区的开发，部分散货运输功能逐步转移至旗台作业区；墟沟作业区以5万吨级泊位为主、洁净杂货运输为重点、兼顾客运功能的综合性作业区；大堤作业区以靠泊第五代、第六代集装箱船为主的大型专业化集装箱作业区，兼顾支持系统和集装箱物流园区功能；旗台作业区以大宗干散货和液体散货运输为主的深水作业区，重点发展10万吨级以上大型专业化泊位。连云港区规划如图4－81所示。

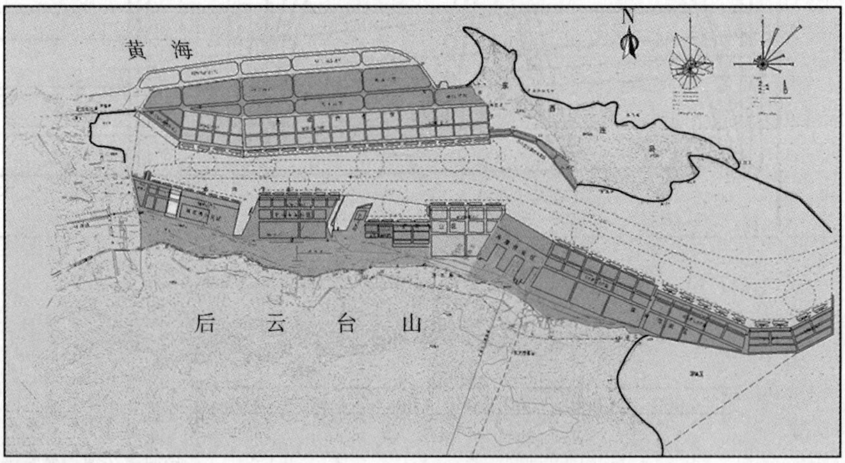

图4－81 连云港区规划示意

4.3.2.6.2 徐圩港区

徐圩港区规划了6个港池，形成液体散货泊位区、干散货泊位区、通用泊位区、集装箱码头预留区、装备制造业码头作业区及内河转运区。近期主要发展5万～10万吨级泊位。随着前期工作的逐步深入和临港钢铁、石化等项目的引进，进出港船舶等级可增加至30万吨级。徐圩港区规划如图4－82所示。预留5万～10万吨级大型集装箱码头岸线；内河转运区通过港区后方水网与盐河、灌河等内河航道相连通，实现港区海河联运功能。

4.3.2.6.3　赣榆港区

赣榆港区定位于为腹地经济发展和后方临港工业服务的综合性港区，近期以服务于后方临港工业园区为主，远期兼顾为腹地物质中转运输服务。港区主要由液体化工品泊位区、通用泊位区、干散货泊位区、预留发展区组成，泊位等级以建设 5 万 ~ 10 万吨级泊位为主。图 4 - 83 为赣榆港区规划示意图。

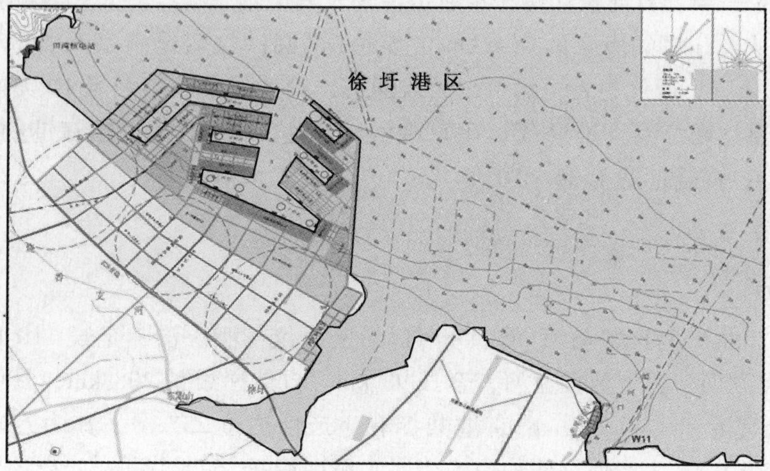

图 4 - 82　徐圩港区规划示意

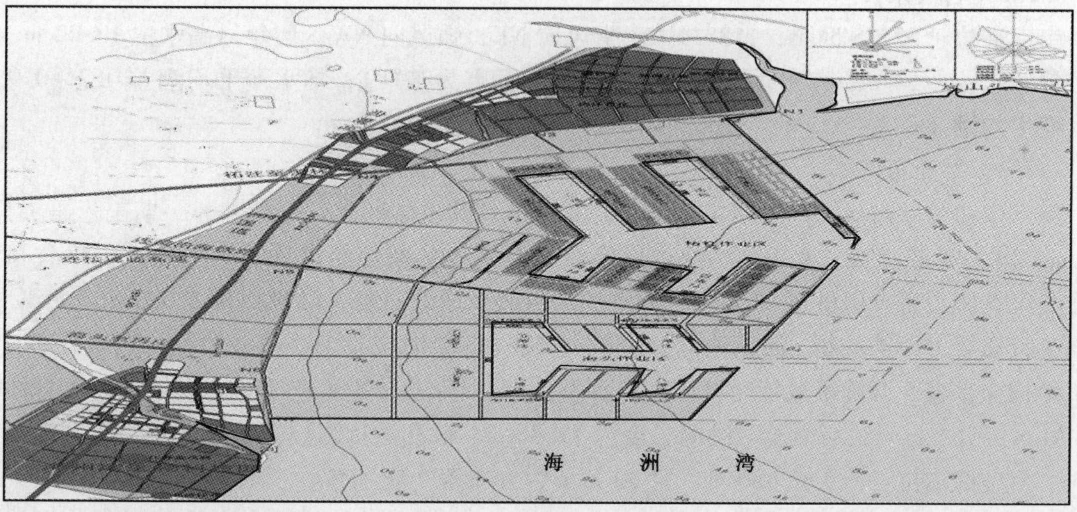

图 4 - 83　赣榆港区规划示意

4.3.3　南京以下沿江诸港

4.3.3.1　简况

南京港早在三国时就成为军港和商港，元代和明代起是南粮北运起运港口之一，也是明代航海家郑和下西洋的基地港。1949 年至 90 年代前，先后在南京港进行了 3 次大工程。第一次是 1959—1965 年对浦口煤码头的改造，形成年吞吐量 633×10^4 t 的生产能力。后又经过改造，年吞吐能力现已达到 $1\,200 \times 10^4$ t。第二次是 1971 年建成原油中转码头，1978 年油港开业，南京港成为我国内河最大油港；第三次是 1984 年新生圩外贸港区建成，南京港成为我国内河最大的外贸港口。1987年，南京港成为我国内河专业化程度最高的集装箱港口；2002年底南京港又成为长江上唯一拥有专业化滚装泊位的港口；2004年3月底，龙潭集装箱港区试投产，新增52万标准集装箱吞吐能力。

南京以下长江南岸有镇江、常州、无锡、苏州等市，长江北岸有泰州、扬州、南通等市。沿江两岸港口密集，一类开放口岸有10个，万吨级以上码头到2004年已达156座，是上海国际航运中心的重要一翼。目前长江口深水航道治理及其上延工程，将大大改善长江南京以下各港的通航条件。从长江口到南京的364 km主航道(圆圆沙灯船至南京八卦洲尾)水深将达到10.5 m及以上，第三、四代集装箱船可全天候通航，第五代集装箱船及10万吨级散货船乘潮可进入上海港，直达南京港。2009年，南京港吞吐量达1.2×10^8 t；镇江港约0.9×10^8 t；苏州港达2.2×10^8 t；南通港达1.36×10^8 t。

4.3.3.2 南京港

4.3.3.2.1 简况

南京港在长江北岸上自驷马河(乌江)河口，下至仪征泗源沟，全长110 km(含八卦洲汊道)；南岸上自慈湖河口，下至大道河，全长98 km。自然岸线长208 km，其中已利用岸线长度120 km，尚余宜港岸线43 km。南京港共拥有生产性泊位257个，其中万吨级泊位44个，总通过能力1.6×10^8 t。生产性锚地泊位5个，水域面积26.57×10^4 m^2。待泊锚地7处，水域面积386×10^4 m^2。使用岸线11 457 m。

4.3.3.2.2 自然条件

南京港位于32°05′54″N，118°44′E。常风向NE，强风向NW。历年最高水位10.22 m，

最低水位1.54 m，年平均水位5.31 m(吴淞零点为基准)；枯水期平均潮差0.7～0.9 m，洪水期平均潮差0.3～0.5 m，最大潮差1.56 m，最小潮差0.1 m。

4.3.3.2.3 平面布置

南京港口的总布局如图4-84所示，龙潭港区是其主体港区。龙潭港区一期工程码头长为910 m，码头宽43.5 m，水工结构按可以停靠5万吨级集装箱船设计。码头采用栈桥式布置，后沿共设5座引桥，引桥宽18 m。后方堆场平行码头岸线布置，陆域纵深1 000 m。龙潭港区二期工程布置1个4×10^4 t海轮泊位、1个3×10^4 t海轮泊位与1个长江泊位，码头长580 m。水工结构全部按5万吨级散货船设计。码头宽30 m，后方布置4座引桥，宽15 m，引桥间净距170 m，引桥自码头后沿至防洪墙长度为72.46 m。三期散货泊位工程建设1个5万吨级、1个3.5万吨级泊位。码头长480 m，宽30 m。后方布置2座引桥，引桥间净距256.6 m，引桥自码头后沿至长江围堤长度分别为164 m和114 m。四期工程建设5个3万吨级集装箱泊位，计年吞吐量120×10^4 TEU，码头长1 400 m，宽43.5 m。后方布置6座引桥。锚地共有八处，分别是梅中锚地、梅子州锚地、上元门锚地、新生圩锚地、栖霞山锚地、乌渔州锚地、仪征锚地和联检锚地。

4.3.3.2.4 龙潭港区水工建筑物

本港区码头结构均采用透空式高桩梁板结构。码头前沿设上、下两层带缆系统。码头采用600 mm×600 mm预应力混凝土方桩(局部水深较深处斜桩采用φ900 mm钢管桩)基础，排架间距7 m，每榀排架布置9根桩：江侧轨道梁下呈品字形设置3根直桩，岸侧轨道梁下及岸侧纵梁下分别设置1对叉桩，其余为直桩。基桩采用水上沉桩，桩尖进入粉细砂或含砾细砂持力层。引桥排架间距为11 m，每榀排架布置4根直桩。靠江侧1～3个排架处的基桩采用

600 mm × 600 mm预应力混凝土方桩。近岸处引桥基桩均采用 φ900 mm 钻孔灌注桩。陆域由吹填长江砂形成。陆域形成设计高程为 6.8 ~ 5.3 m。港区在吹填砂的基础上回填山皮石，并通过强夯法进行地基加固处理。

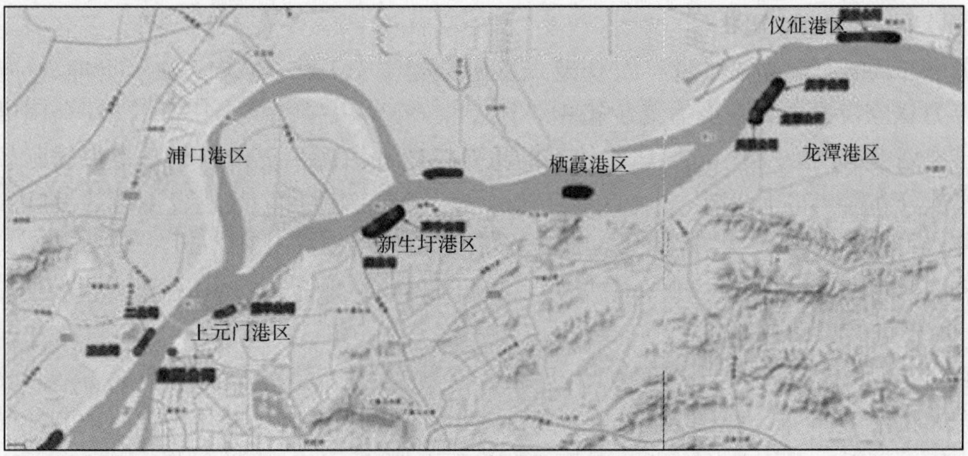

图 4 - 84　南京港口总布局

4.3.3.2.5　龙潭港区规划

散货区由七乡河口至龙潭河口，上游结合华能电厂的建设，形成煤炭中转运输和电力一体区；下游建设大型专业散货泊位区。集装箱泊位区由龙潭河口起，至已建成的龙潭一期工程，规划布置岸线长 3 675 m，从上游至下游分别为龙潭六期（前期）、四期与一期工程，岸线长度分别为 1 365 m、1 400 m、910 m。通用泊位区和支持系统岸线紧邻集装箱泊位区，自一期工程下游角点起至三江河口，规划布置通用泊位区岸线长 1 520 m，从上游至下游分别为龙潭二期（建成）与龙潭七期（前期）工程，岸线长度分别为 580 m 与 940 m，合计 1 520 m。龙潭港区规划布置详如图 4 - 85 所示。

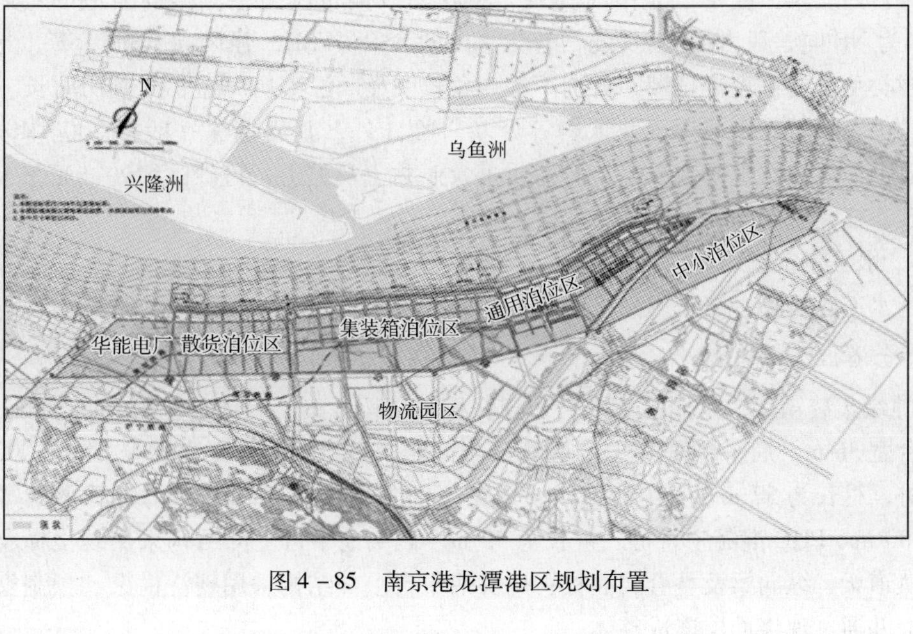

图 4 - 85　南京港龙潭港区规划布置

4.3.3.3 苏州港口工程

4.3.3.3.1 简况

苏州港由太仓、常熟、张家港三港区组成，其中以张家港为主。太仓港区古称刘家港，元明时便是号称“天下第一码头”、“六国码头”的重要海港。1405—1433 年间，著名航海家郑和先后七次率部从刘家港起锚。近年太仓港开发建设起步于 1992 年，1996 年批准为一类口岸。1999 年 9 月国家批准原太仓港为集装箱中转港。太仓港区三期工程是苏州港在全国沿海港口总体布局规划中定位为“我国综合运输体系的重要枢纽和沿海主要港口，是上海国际航运中心重要组成部分和集装箱干线港”之后首个启动的集装箱港口项目，共建设 4 个 5 万吨级集装箱专用泊位，码头结构按 10 万吨级集装箱泊位设计，共使用岸线 1 309 m。

常熟港区水路离吴淞口约 70 km；陆路离苏州 60 km，离无锡 63 km；境内主要通航水道有望虞河、常浒河、白茆河等。

张家港港区原名张家港港，始建于 1968 年，最初为上海港的分流港和战备港。改革开放以后，作为长江下游四个主要接卸海轮的港口之一，张家港港区相继建设了一批万吨级以上外贸深水泊位，成为江海物资转运港。20 世纪 90 年代先后完成了二期工程、浮码头改造工程、集装箱码头泊位建设工程等。目前，张家港港区吞吐货物以木材、化工品、集装箱、铁矿石、钢铁和粮食为主，成为长江三角洲地区最大的木材转运中心，是苏州港吞吐规模最大的港区。港区码头主要分布在福南水道、浏海沙水道和通州沙西水道下游。福南水道南岸上游以木材、钢材、铁矿石等外贸物资和集装箱等运输为主，下游主要有货主和商贸码头，以液体化工品和粮油运输为主。浏海沙水道南岸码头主要依托后方大宗能源和原材料运输为主。通州沙西水道下游为新开发的深水岸线，目前已建 2 个 2 万吨级泊位和宏泰 2 个万吨级通用泊位，以铁矿石运输为主。2008 年年底，张家港港区共有生产性泊位 136 个，通过能力 $9\ 770 \times 10^4$ t，其中万吨级以上深水泊位 59 个，通过能力 $6\ 989 \times 10^4$ t。

4.3.3.3.2 自然条件

冬季盛行西北风，夏季以东南风为主，春秋季以偏东风为主。影响当地的台风平均 2 ~ 3 次/a，多为 NE 向，风力在 6 ~ 8 级。沿江常风向 SSE、ESE，强风向 ESE、SE。港区属感潮河段，潮汐类型为非正规半日潮，日潮不等现象较明显。涨潮历时短，落潮历时长。除上游右岸肖山、长山，下游左岸狼山、龙爪岩等处基岩临江外，基岩埋深一般在 200 ~ 400 m 以下。港区土层自上而下依次主要为淤泥、淤泥质土、亚黏土及黏土、粉砂、细砂、亚黏土夹砂、淤泥质土夹砂、亚黏土、角砾、圆砾、粉砂岩。

4.3.3.3.3 水工建筑物

苏州港水工建筑物一般采用高桩梁板结构。

(1) 太仓港区

10 万吨级集装箱码头采用前后平台、现浇横梁结构方案。码头总宽 50 m，分前、后平台，其中前平台宽 36 m，后平台宽 14 m。码头排架间距 7 m。每榀排架布置 9 根 ϕ1 000 mm PHC 混凝土管桩，桩长为 57 m。其中装卸桥轨道梁下部各布置 2 根基桩。码头后平台每榀排架布置 3 根 ϕ800 mm PHC 混凝土管桩，桩长为 52 m。码头前平台上部结构采用现浇横梁、预制安装叠合式轨道梁、纵向梁及叠合式面板；码头后平台上部结构采用现浇横梁、预制安装预应力混凝土面板并通过现浇面层连成整体。

(2)常熟港区

兴华作业区分三期建设，共计码头总长度1 465.6 m。一期工程建设1万吨级多用途泊位2个(码头结构按3万吨级集装箱船设计)，长400 m；5 000吨级件杂泊位1个，长156 m。于1996年建成投产；二期工程建设5万吨级和1万吨级件杂泊位各1个(码头结构均按5万吨级散货船设计)，长400 m，于2004年建成投产；三期工程建设5万吨级途泊位1个、3.5万吨级泊位2个(码头结构均按5万吨级船设计)，码头长665.6 m，于2006年建成投产。

兴华作业区二期工程。码头采用引桥连片式布置形式，总长423.2 m，其中平台长355.2 m，宽34 m，东端长68 m处设系缆墩一座，采用2座16 m宽引桥与后方陆域连接。基桩采用60～67 m超长600 mm×600 mm预应力混凝土方桩(图4－86)。排架间距6.4 m，每榀排架布置10根桩。码头区桩基持力层在－62～－57 m之间，方桩长细比高达100～112。沉桩初期在桩架上增设软背板以减小桩的自由长度；设计选用5∶1斜桩；桩顶设置钢抱箍，其2 m范围内的混凝土掺入钢纤维，提高桩头抗锤击能力。在不超过其张拉力(300 t)的前提下适当增加方桩预应力钢筋的配置，以提高方桩承受打桩应力的能力。配置4根φ28和8根φ25冷拉Ⅲ级钢筋；在桩的实心与空心截面交界处，增设长6 m φ16的Ⅱ级钢筋。后方陆域场地回填料为吹填砂，地基处理采用真空井点降水加振动碾压法，有效处理深度取5～8 m。

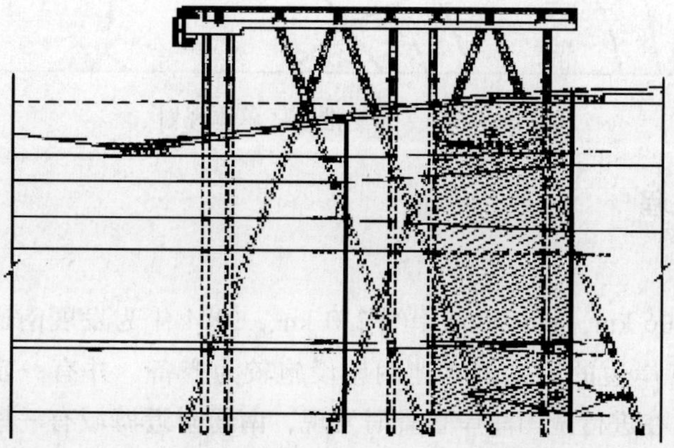

图4－86 码头结构断面

(3)张家港港区

设计高水位3.00～3.18，设计低水位－0.6～－0.4 m。码头水工建筑物结构形式一般采用高桩梁板式结构，个别岸壁式码头采用板桩结构。高桩码头桩基一般采用600 mm×600 mm预应力混凝土空心方桩、PHC管桩或钢管桩，上部结构一般采用预制混凝土纵向梁系及叠合面板。接岸引桥桩基一般与码头相同或钻孔灌注桩。板桩码头结构一般采用钢板桩或钻孔灌注桩连续布置形成岸壁，桩顶设置钢筋混凝土胸墙，胸墙后设置钢拉杆，拉杆上下均设置碎石垫层进行防护，采用钢筋混凝土锚碇墙作为锚碇结构。系船柱单独设钢拉杆，胸墙后至锚锭墙前回填块石(10～100 kg)，码头后方回填土夯实，其间设倒滤结构。

4.3.3.3.4 港口规划

根据苏州港总体规划，常熟港区和张家港港区总体规划布置分别如图4－87和图4－88所示。张家港港区定位是以煤炭、铁矿石、粮食等大宗散货、集装箱、液体化工品和件杂货运输为主，分为长山、张家港、化学工业园、新港、冶金工业园和东沙6个作业区。

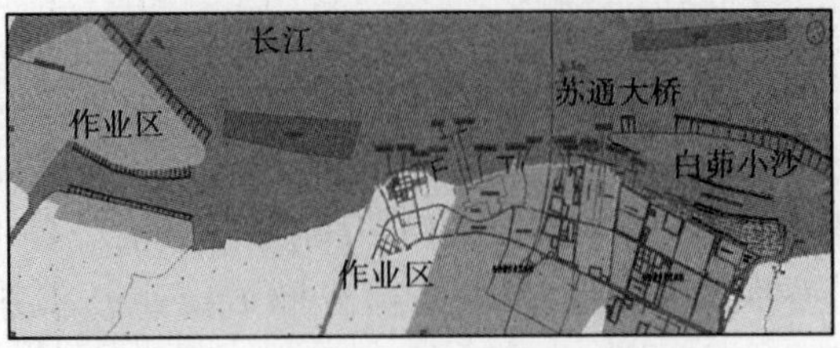

图 4－87　常熟港区总体规划

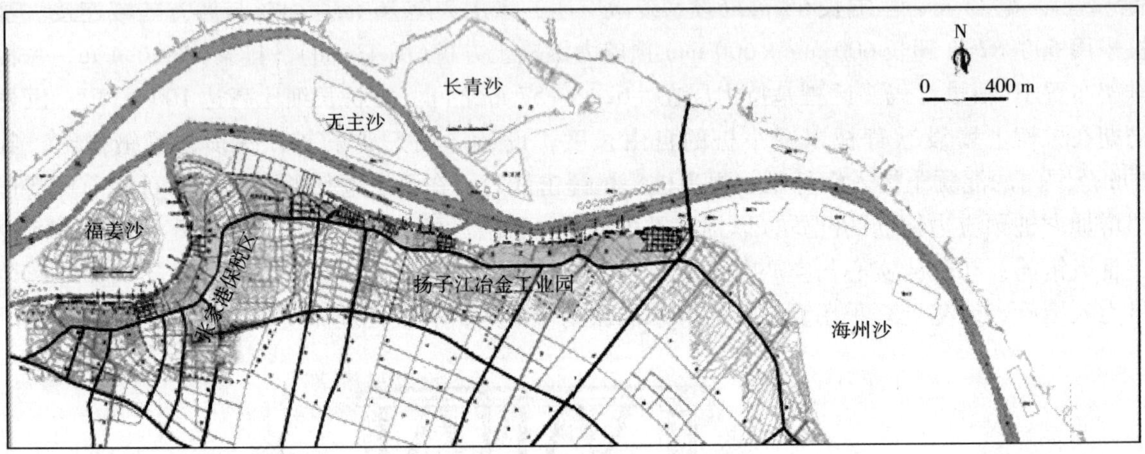

图 4－88　张家港港区总体规划

4.3.3.4　南通港口工程

4.3.3.4.1　简况

南通拥有海岸线 206 km，长江沿江岸线 230 km。1904 年为发展南通地方实业需要，著名民族实业家张謇于长江岸边的天生港兴建两座设施较为齐备、并有一定规模的“通源”、“通靖”码头。80 年代初，在进行全国海岸普查时发现，南通附近海域有一些较深的水道，如北部的西洋，中部的黄沙洋和烂沙洋，南部的小庙洪水道具有建造港口的条件，其中尤以烂沙洋北水道水深条件最好，具备开发建设为大吨位级深水航道的前景。以后的 10 余年，地方政府一直致力于沿海港区的开发建设，但限于当时的社会发展现状进展缓慢。2003 年 11 月，经国务院批准的 30 km^2 临港工业区围涂工程施工开始，拉开了洋口港区开发建设的序幕。2005 年 3 月，由中国石油为主体的江苏省 LNG 项目预可行性研究通过评估，2007 年年初经国家发改委的核准批复。2007—2008 年人工岛和 LNG 码头工程开始建设，同期南通港口岸扩大开放规划得到国务院批准。

4.3.3.4.2　自然条件

南通港口位于 32°00′N，120°48′E。沿江常风向 ES，强风向为 ESE。南通河段受径流和潮流双向水流影响，为不正规半日潮。最高潮位 6.38 m；最低潮位 0.42 m；平均高潮位 3.82 m；平均低潮位 1.86 m；最大潮差 4.01 m；平均潮差 1.96 m。涨潮平均历时 3 h 32 min，落潮平均历时 8 h 51 min。水流方向基本与岸平行，呈往复流，落潮流速大于涨潮流速。沿海冬季盛行西北风，夏季盛行东南风，常风向是 ESE，次常风向为 NE，强风向 NNE；常浪向是 N，次常浪向 NNW、NNE，强浪向在 NW—N—NE 之间。潮流在小庙洪内主要呈往复运动。实测大潮平均含沙量0.35 kg/m^3；小潮平均含沙量0.09 kg/m^3。长江口南支平均落潮历时略大于涨潮历时，而潮滩上的涨潮历时远小于落潮历时。平均流速在口门附近涨潮略大于落潮，潮滩上的水流流速则落潮大于涨潮。涨落潮流最大值出现在半潮位附近，南支水道中最大落潮流速可达2 m/s以上，大于1 m/s的流速在涨落潮流期间均可延续3～4 h。

航行于南通航段船只主要经白茆沙、浏海沙、通州沙至南通港沿江水域，最大通航船舶吨级在3万吨级左右，一般吃水不超过10.5 m。国际航行船舶离浏河锚地上驶至南通港区，须驶经白茆沙水道、通州沙水道以及南通水道。南通水道，自龙爪岩以上，主航道水深为理论最低潮面下10.5 m。

4.3.3.4.3　水工建筑物

(1)华能南通电厂煤码头迁建工程

工程位于澄通河段天生港水道左岸，与长江主流间有横港沙相隔。卸煤码头位于该段横港沙外侧长江主流水域，采用高架栈桥的方式，跨越横港沙和天生港水道，直接将煤输送至电厂。建设50 000 DWT(水工结构兼顾70 000 DWT)煤炭进口泊位一个和4 000 DWT煤炭水上转运出口泊位一个，并预留一个煤炭进口泊位。码头前沿线与长江主流水流流向线基本平行，平台前沿与栈桥呈83.5°。码头设计前沿线布置在－14.0 m等高线附近。

码头水域位于横港沙外侧长江主深槽。该水域－10 m槽宽达2 600 m，－15 m槽宽达1 100 m。河底边坡坡脚有水下平台，平台高程大致为－17～－13 m，宽度在300 m左右。该平台比较稳定，河床冲淤变幅较小。码头设计高水位(吴淞基面)为4.73 m；设计低水位为1.35 m；极端高水位6.60 m；极端低水位0.42 m；码头面设计高程7.70 m；底高程－13.20 m(50 000 DWT散货船)；－3.60 m(4 000 t驳船)；输煤栈桥最高通航水位6.40 m；输煤栈桥最低通航水位0.65 m；输煤栈桥连接码头平台段高程为7.70 m；天生港水道通航段顶面高程为34.6 m。

码头平台尺度为275 m×28 m，采用高桩梁板结构。排架间距7.0 m，共40榀。排架基础为ϕ1 000 mm预应力混凝土管桩，每榀排架设1对叉桩、2根斜桩和4根直桩。工程于2006年开工，2008年竣工。

(2)狼山港区三期工程通用散货泊位

工程位于姚港河口4号丁坝处与长江港池之间，建设2个10万吨级卸船泊位(后升级为15万吨级泊位)、1个5 000吨级和2个3 000吨级长江驳船装船泊位、1个3 000吨级长江驳船待泊泊位。泊位总长度为710 m，港池内泊位总长度286 m；陆域纵深为381～468 m。该工程为长江沿岸最大规模的专业散货码头。于2007年正式投入使用。

本工程所处的位置是著名的险工段，中段曾发生数次崩塌，原丁坝头部及两侧河床严重冲刷，深潭区40 m水深。针对本工程地局部地质地形的特点，深潭区首次采用先大面积抛砂被、再抛石、然后再进行桩基施工的方案，码头上部结构采用现浇横梁、预制纵梁系与现浇桩帽、桩顶形成刚性节点，减小了轨道梁的跨度，同时优化轨道梁下部空间布局，使码头排架间距由原设计的8 m增大至10 m。丁坝区丁坝拆除采取了分层削头，层层渐降，不产生明显的挑流，码头桩打好后，再将残余的丁坝由原标高－12.0 m挖至－18.0 m。地基处理根据当地的地质条件，采用HEC固结剂作为胶凝材料固结吹填砂，以取代道路和堆场结构中的砾石砂垫层。对于部分建筑物下的地基加固采用了粉体喷射搅拌法，对含水量高的软土加固效果显著。

(3)洋口港LNG码头

洋口港LNG码头位于西太阳沙，水工建筑物主要包括人工岛、码头、栈桥。码头由一个工作平台、四个靠船墩、六个系缆墩、墩间人行钢引桥及连接 LNG 码头和人工岛的栈桥组成，均为高桩墩台结构(图 4－89)。墩台均采用现浇钢筋混凝土结构，混凝土均采用 C35 混凝土。工作平台长 45 m，宽 23 m，顶标高为 14.5 m；墩台厚 2.5 m，为平台基础采用 40 根 ϕ1 200 的钢管桩基础。靠船墩长 13 m，宽 18 m，顶标高为 11.0 m；墩台厚 3 m，基础采用 18 根 ϕ1 200 的钢管桩基础。每个墩上安装一套 1 500 kN 双钩快速脱缆钩，靠船墩前沿安设二鼓一板 SUC2250H 超级鼓形橡胶护舷一套。系缆墩长 12 m，宽 12 m，顶标高为 11.0 m；墩台厚 2.5 m，基础采用 13 根 ϕ1 200 的钢管桩基础。每个墩上安装一套 1 500 kN 3 钩快速脱缆钩。连接 LNG 码头和人工岛钢栈桥全长 1 970 m，采用抛物线形桁架桥，桁架长度为 85.4 m，主桁内净宽 7.5 m，布设管线带，主桁外一侧布设车道带，车道带净宽 4.5 m，桁架桥由 10 个节间组成，跨中最大桁高 11.2 m；钢栈桥材质采用 Q345，支座采用盆式橡胶支座。

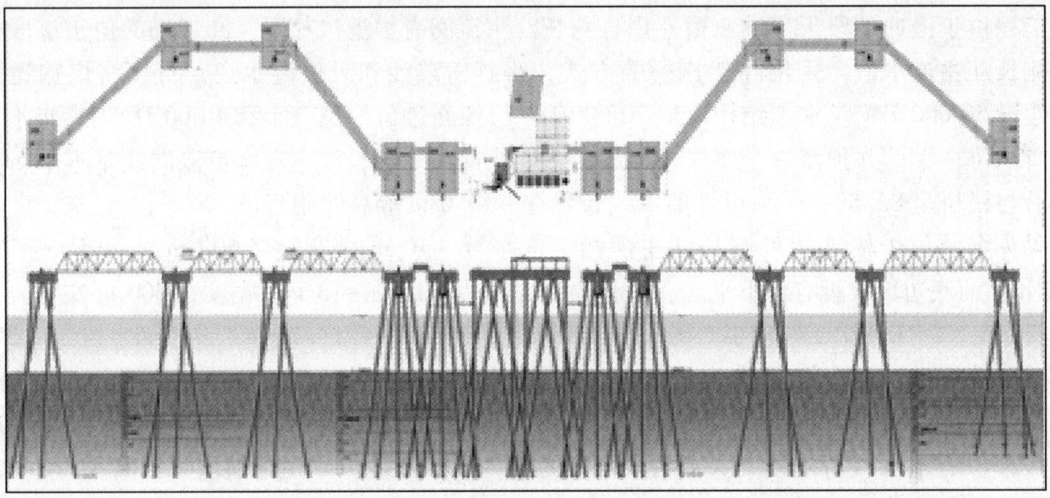

图 4－89 洋口港 LNG 码头及栈桥工程

根据拟建工程区所处的地形地貌、地质、水文等自然条件及施工条件，并综合考虑人工岛岛壁不同方向波浪作用、地震、波、流引起的堤前冲刷等方面的安全性能和使用功能要求，南侧和西侧岛壁主要作用为吹填施工期间的隔堤，为降低工程造价，加快施工进度，隔堤结构采用充填袋斜坡堤结构方案。东北岛壁结构如图 4－90 所示。抛石斜坡堤方案的堤芯采用10～100 kg 块石，外坡坡度为 1∶2，堤芯石外设置垫层块石和扭工字块体护面；内坡坡度为 1∶1，堤后吹填砂；堤顶设置混凝土弧形挡浪墙；人工岛外岛壁北侧、东侧段采用立护和平护相结合的方法进行防冲护底。人工岛北侧和东侧外岛壁挡浪墙顶标高为 16.5 m，南侧和西侧隔堤堤顶标高为 10.5 m。

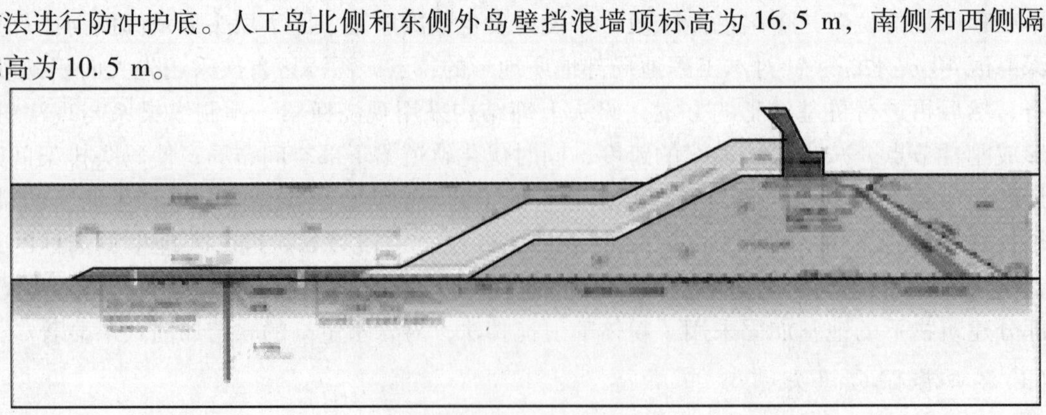

图 4－90 东北岛壁结构示意

(4)吕四港区水工建筑物

码头位于小庙洪水道南支的中段。码头前沿位于－15 m等深线和－14 m等深线之间(85高程)。平面布置为引桥式，码头、引桥呈“L”形，采用顺流、顺岸布置。码头长度按停泊2艘35 000吨级散货船舶要求设计，长480 m，根据装卸工艺的要求，码头宽度取为28 m；码头与电厂围堤之间以引桥连接，引桥长3 405 m，宽12.5 m。

码头、引桥结构采用高桩结构(图4－91和图4－92)。结构按靠泊5万吨级船舶要求进行设计。受施工期浪流力控制，码头斜桩只能采用钢管桩，引桥采用排架结构，排架间距25 m和30 m，上部结构采用预应力混凝土箱梁，为先简支后连续的结构形式，除接岸基础采用灌注桩外，根据水深变化引桥桩基分别采用ϕ800 mm、ϕ1 000 mm的PHC桩和ϕ1 000 mm的钢管桩。

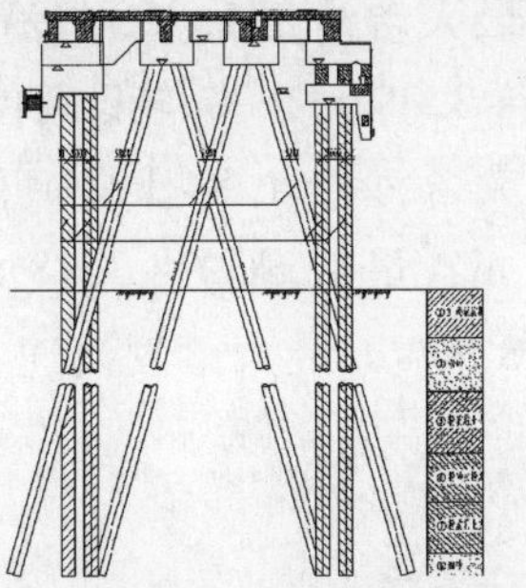

图4－91 码头结构断面示意

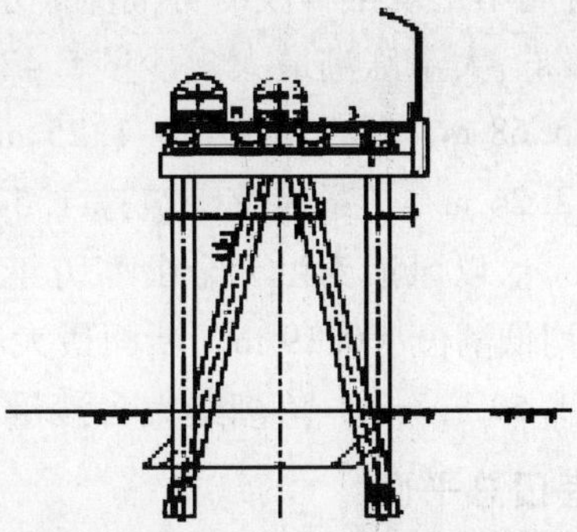

图4－92 引桥结构断面示意

4.3.3.5 辅助工程

内河港区锚地分狼山锚地，1号锚地、2号锚地和海轮过驳作业锚地及联检锚地与油轮锚地等。狼山锚地水深7～25 m，可锚泊2.7万吨级船舶；1号锚地区域40×10^4 m^2，锚泊船舶15艘，最大系泊能力2 000吨级；2号锚地区域400×10^4 m^2，锚泊150艘船舶，最大系泊能力5 000吨级；海轮过驳作业锚地，允许锚泊3艘船舶，系泊能力为2.5万～3万吨级之间；联检锚地区域150×10^4 m^2，水深10～25 m，可锚泊船舶5艘，系泊能力为2.5万～3万吨级；油轮锚地允许停泊2艘油轮，最大系泊能力7 000吨级。导航标志共27座，其中灯桩1座，浮标25座，灯塔1个。灯塔设在龙爪岩。

洋口港区航道两侧及转角拐点设置浮标，共设置浮标20座。直线段浮标间距为2 225 m。在码头上共设置2个堤头灯。

4.3.4 上海港

4.3.4.1 简况

早在宋代，青龙镇就有“江南第一贸易港”的称号。1404年开拓形成黄浦江后，上海港凭借黄浦江的优良航道而日益壮大。1840年鸦片战争后，上海港被迫对外开放。20世纪初，黄浦河道局对吴淞口和黄浦江的局部河段进行了整治和疏浚，万吨级船舶可以乘潮进入黄浦江。20世纪30年代，上海港已经成为远东航运中心，世界上重要的港口城市。

1949年以后，特别是改革开放以来，上海港在黄浦江内新建了张华浜、军工路、共青、朱家门、龙吴五个港区；长江口南岸建了宝山、罗泾和外高桥港区，宝钢集团、石洞口电厂、外高桥电厂等也各自建了专用码头，上海港吞吐能力不断扩大。1995 年国家决定建设上海国际航运中心。2005 年 12 月 10 日，洋山深水港区一期工程建成投产。目前上海港已成为一个综合性、多功能、现代化的大型主枢纽港，并跻身于世界大港之列。2010 年上海港货物、集装箱吞吐量均位居世界第一。

4.3.4.2 自然条件

上海港全年以东南风为主，强风向为东北风。台风多发生在夏秋之季，风力在 10 级以上的强台风平均两年一遇。黄浦江系感潮河流，潮汐属正规半日潮。平均潮差为 2 ~ 2.5 m。崇明岛历年最高潮位 5.89 m，最低潮位 -1.28 m，平均高潮位 3.33 m，平均低潮位 0.94 m。东风沙附近最大涨潮流速为 2.87 m/s，最大落潮流速 1.68 m/s。涨潮最大含沙量 0.664 kg/m^3，落潮最大含沙量 0.664 kg/m^3。外高桥（以吴淞基面为准）平均高潮位 3.27 m，平均低潮位 0.9 m，潮流属不正规半日浅海分潮流。水域内往复流极为典型，实测最大潮 2.05 m/s，涨潮流速 1.89 m/s。大汛涨潮最大含沙量 1.426 kg/m^3，落潮最大含沙量 1.053 kg/m^3。南汇嘴历年最高高潮位 5.68 m，最低低潮位 -1.25 m，平均高潮位 +3.39 m，平均低潮位 0.29 m。最大涨潮流速为 2.26 m/s，最大落潮流速 1.57 m/s。涨潮最大含沙量 1.84 kg/m^3，落潮最大含沙量 1.17 kg/m^3。以风浪为主。金山嘴历年最高潮位 5.93 m，最低潮位 -3.78 m，平均高潮位 3.68 m，平均低潮位 -0.19 m。断面最大涨潮流速为 2.58 m/s，最大落潮流速 1.86 m/s。涨潮最大含沙量 1.59 kg/m^3，落潮最大含沙量 1.71 kg/m^3。

4.3.4.3 港口总平面

上海港口主要分布在黄浦江、长江口南岸和杭州湾北岸。“十一五”期间，上海港主要建设了长江口沿岸的罗泾港区、外高桥五期多用途泊位和崎岖列岛附近水域的洋山港。马迹山港是服务于宝钢的又一深水泊位。黄浦江航道自吴淞口溯江而上全长 67 km；大部分靠疏浚维持航道底宽 140 ~ 250 m，水深 -8.0 m，可乘潮通过 1.5 万 ~ 2.5 万吨船舶；长江口航道自浏河口向下游到长江口约 120 km；杭州湾航道自绿华山经崎岖列岛到金山总长 139 km。

4.3.4.3.1 罗泾港区

罗泾港区 1984 年被作为上海新港区选址之一，1993 年 12 月煤码头开工建设，于 1996 年完工。根据上海市城市总体规划的要求，罗泾港区功能定位为以运输和中转煤炭、矿石、钢杂等为主的大宗干散货专业港区，形成散货物流园区。罗泾港区总岸线长 3 162.1 m，二期工程位于长江口南支河段南岸、陈行水库下游、石洞口华能电厂上游，隔江与崇明岛相望，距吴淞口约 17 km。二期工程岸线长 2 720.1 m，码头前沿线总长 5 535 m。水工建筑物为离岸布置型式。码头前沿线布置在 -11 ~ -10 m 等深线之间，其走向与涨落潮主流向最大夹角为 7°。工程包括钢杂、矿石、煤炭三个作业区，共建设 33 个泊位（不包括已建的煤一期）。9 个万吨级以上的海轮泊位（包括 1 个 7 万吨级煤炭卸船泊位，2 个 20 万吨级矿石卸船泊位，6 个 3 万 ~ 5 万吨级钢杂通用泊位）以及相应的中转小船泊位 24 个（其中矿石 9 个，煤炭 4 个，钢杂 11 个）。总体位置和平面布置如图 4 - 93 和图 4 - 94 所示。

由于本工程区水流流速较大，水流方向与船行方向垂直，对船舶行驶影响较大，且进出口门的小型船舶数量很多，速度较慢，机动性略差，故口门宽度取 300 m。

图4－93　各作业区总体位置布置

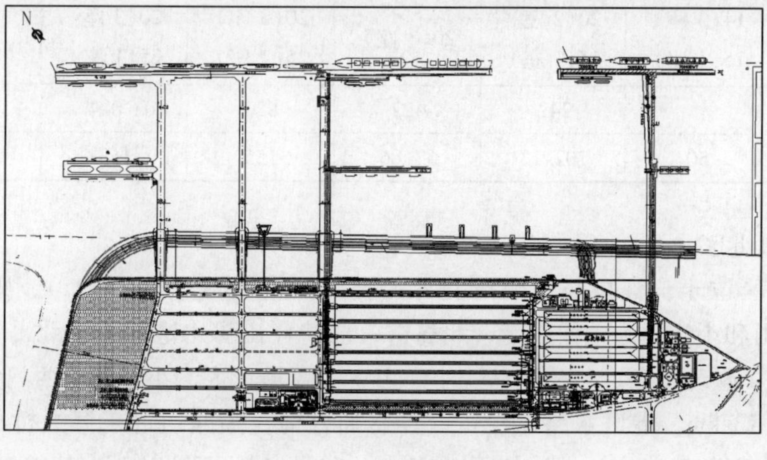

图4－94　总平面布置

4.3.4.3.2　外高桥港区

为适应腹地经济发展对集装箱运输的需要和集装箱船舶大型化的趋势以及满足黄浦江两岸公用码头搬迁的需要，从1998年开始，上海港外高桥港区一期至五期16个泊位的现代化集装箱码头群相继建成投产，已建有16座大型集装箱专业码头，码头总岸线4 825 m，设计底高程－14.2～－12 m，陆域面积534 ha。六期将建设3个7万～10万DWT和2个5×10^4 GT汽车滚装码头。各期规模见表4－9。

表4－9　外高桥港区各期规模

项　目	外一期（改造）	二期	三期	四期	五期	六期
开工(年月)	1997年7月	1997年9月	1999年10月	2000年3月	2003年3月	
完工(年月)	1998年6月	1999年8月	2001年11月	2003年1月	2004年12月	
泊位数/个	3	3	2	4	4	3(集)+2(汽)
泊位等级	5×10^4 DWT	5×10^4 DWT	5×10^4 DWT	5×10^4 DWT	5×10^4 DWT	7×10^4～10×10^4 DWT；5×10^4 GT

续表

项　目		外一期（改造）	二期	三期	四期	五期	六期
泊位长度/m		900	900	665	1 250(+187)	1 110 +190	1 008(集) +530(汽)(+225，汽)
泊位水深/m		－12.0	－13.2	－13.2	－14.2(－8.7)	－14.2(－4.5)	－15.1，－10.7(－7.6)
码头面宽/m		42	50	50	54.5 +30	58 +30	58(集)，50 ~60(汽)
陆域纵深/m		553	1 200	1 020	1 200	1 220	约 1 200
引桥	数量/座	4	4	3	4	4	5
	宽度/m	14(3 座) 15(1 座)	20(2 座) 15(2 座)	20(3 座)	20(3 座) 25(1 座)	20(3 座) 25(1 座)	20(3 座)；21(1 座)；25(1 座)
	总长/m		242	422	820	1 084	1 363
陆域面积/ $\times 10^4$ m^2		50	102.13	63.86	155	163	194

4.3.4.3.3　洋山港区

洋山深水港区位于长江口与杭州湾交界处崎岖列岛海区（图 4 －95），距上海南汇嘴约 33 km，以大洋山和小洋山为主构成南、北岛链，已建洋山深水港区依托北岛链，自西向东包括大、小乌龟岛、颗珠山岛、蒋公柱岛、小洋山、镬盖塘、大、小岩礁、西门堂岛、中门堂等岛屿，岸线长约 13 km。港区水路东经黄泽洋直通外海，陆路通过东海大桥与上海芦潮港连接，布置 30 多个集装箱泊位，设计年吞吐能力 1 500 $\times 10^4$ TEU 以上。其中已建成投产的一、二、三期码头岸线总长 5 600 m，16 个 7 万 ~15 万吨级泊位，陆域总面积约 834 $\times 10^4$ m^2，设计年吞吐能力 930 $\times 10^4$ TEU，是世界上首座外海依托岛礁地形建设的大型集装箱枢纽港。

洋山深水港址所在的多岛礁多汊道海域，水深、潮流强、流态紊乱、含沙量高，港区形态布置是工程最为关键的技术问题。港区的总体布置自西向东顺岸式“一”字排列，分成四个港区，即小洋山西港区、小洋山港区（一、二期工程）、小洋山中港区（三期工程）和小洋山东港区，岸线总长约 13 km，陆域纵深 550 ~1 700 m（图 4 －95）。

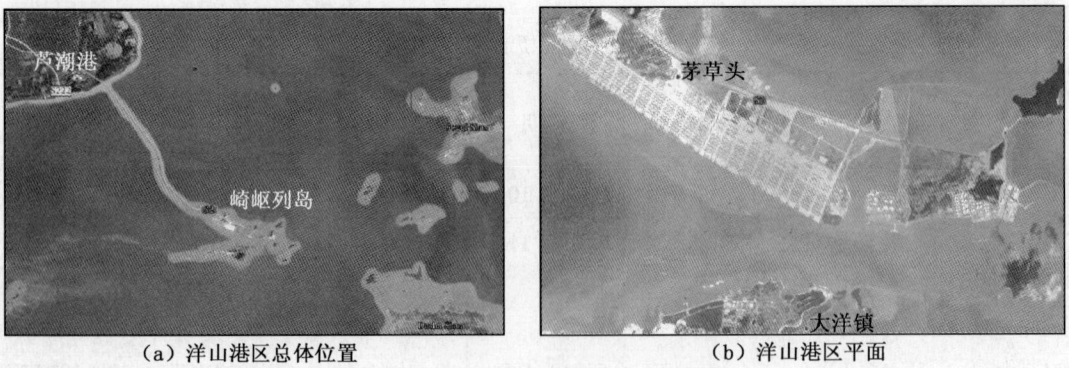

（a）洋山港区总体位置　　（b）洋山港区平面

图 4 －95　洋山港区总体位置和平面布置

港区一期工程位于小洋山岛东南侧小洋山—镬盖塘之间，岸线长度1 600 m，陆域面积 153×10^4 m^2，共建5个7万吨级集装箱泊位(兼顾15万吨集装箱船靠泊)，设计年吞吐量 220×10^4 TEU。陆域设计标高为7.30 m，码头顶面设计标高8.10 m，前沿设计泥面标高为 -15.50 m。二期工程码头位于一期工程的西侧，码头岸线长度1 400 m，陆域总面积约 88.83×10^4 m^2，共建4个7万吨级集装箱泊位(兼顾15万吨集装箱船靠泊)，设计年吞吐量 210×10^4 TEU。三期工程位于一期工程东侧，码头岸线长度2 600 m，陆域总面积 591.8×10^4 m^2，共建设7个7万~15万吨级集装箱泊位，设计吞吐量为 500×10^4 TEU。码头前沿泥面高程为17.5 m。

4.3.4.3.4 马迹山港

马迹山岛海岸线总长10 998 m(其中基岩10 718 m)，可利用岸线2 500 m。前沿水深10~25 m，25 m等深线距岸200~300 m。马迹山港位于嵊泗海域中部马迹山岛的南岸，南距舟山岛73 n mile，西北距上海南汇县芦潮港30.8 n mile。后缘陆域需开山填海筑堤。港池水域宽阔，外航道水深大于25 m。已建成宝钢马迹山25万吨级(兼顾30万吨级)矿砂中转码头。2002年5月接靠第一艘来自澳大利亚矿石进口轮。2010年马迹山港全年完成吞吐量5 640.2×10^4 t。

4.3.4.4 水工建筑物

4.3.4.4.1 罗泾港区

二期工程基本在滩地为石洞口电厂吹填粉煤灰场上建筑，标高在+2.5~+4.2 m之间，地形平坦开阔。陆域前沿及港区上游侧建设防汛堤及围堤，全长约3 200 m，堤顶标高+8.0 m，胸墙顶标高+9.8 m。水工建筑物下游部分-10 m深水处布置大型煤炭深水泊位，-6 m浅水处布置水水中转泊位；中部-10 m深水处布置大型矿石深水泊位，-6 m浅水处布置水水中转泊位；上游-10 m深水处布置大型钢杂深水泊位，-6 m浅水处布置水水中转泊位。水工码头和引桥均采用高桩梁板结构，桩基采用PHCϕ800(1 000)mm AB型管桩或600 mm×600 mm预应力钢筋混凝土方桩。码头排架间距7 m，标准分段长60 m，纵横梁相交处布置桩基。几个主要码头结构断面如图4-96所示。

为满足港区发展、罗泾钢厂建设和石洞口第一电厂堆灰需要，二期工程进行了江堤外移。驳岸前沿线位于-0.5 m等深线(吴淞基面)，正堤处滩面高程在-1.1~0.9 m，西侧堤处滩面高程在0.18~0.96 m之间。陆域形成面积 57×10^4 m^2。共分4个区，最上游库区用作绿化带，其余3个区作为灰库。新建灰堤防洪防浪标准为按20年一遇设计高水位叠加20年一遇设计波浪、按100年一遇设计高水位叠加20年一遇设计波浪校核。堤顶总宽度8 m，围堤采用袋装砂棱体与吹填砂相互依托的斜坡堤。防浪墙采用反弧形钢筋混凝土防浪墙。内护坡采用干砌块石。灰库采用防渗土工膜防渗。引桥上部结构采用大跨度的空心板梁，排架间距18~20 m。空心板梁为预应力结构，梁高1.15~1.25 m。堤身采用大型袋装砂形成(图4-97)，外侧用厚0.5 m的干砌块石护面，标高4 m处设置宽3 m的平台。标高5.0 m以上引堤两侧采用现浇钢筋混凝土挡土墙结构，标高2.0 m以下采用大于150 kg的块石护脚。

罗泾港区二期工程陆域表层覆盖约4 m厚饱和、松散的吹填细砂层，吹填细砂层下为0.5~3 m厚的饱和松散粉煤灰层，下卧层基本为约20 m深厚的淤泥质黏土，地下水位高，场地年平均地下水埋深为0.5 m，外排水条件差。在建设工期紧迫的情况下，针对超深软土

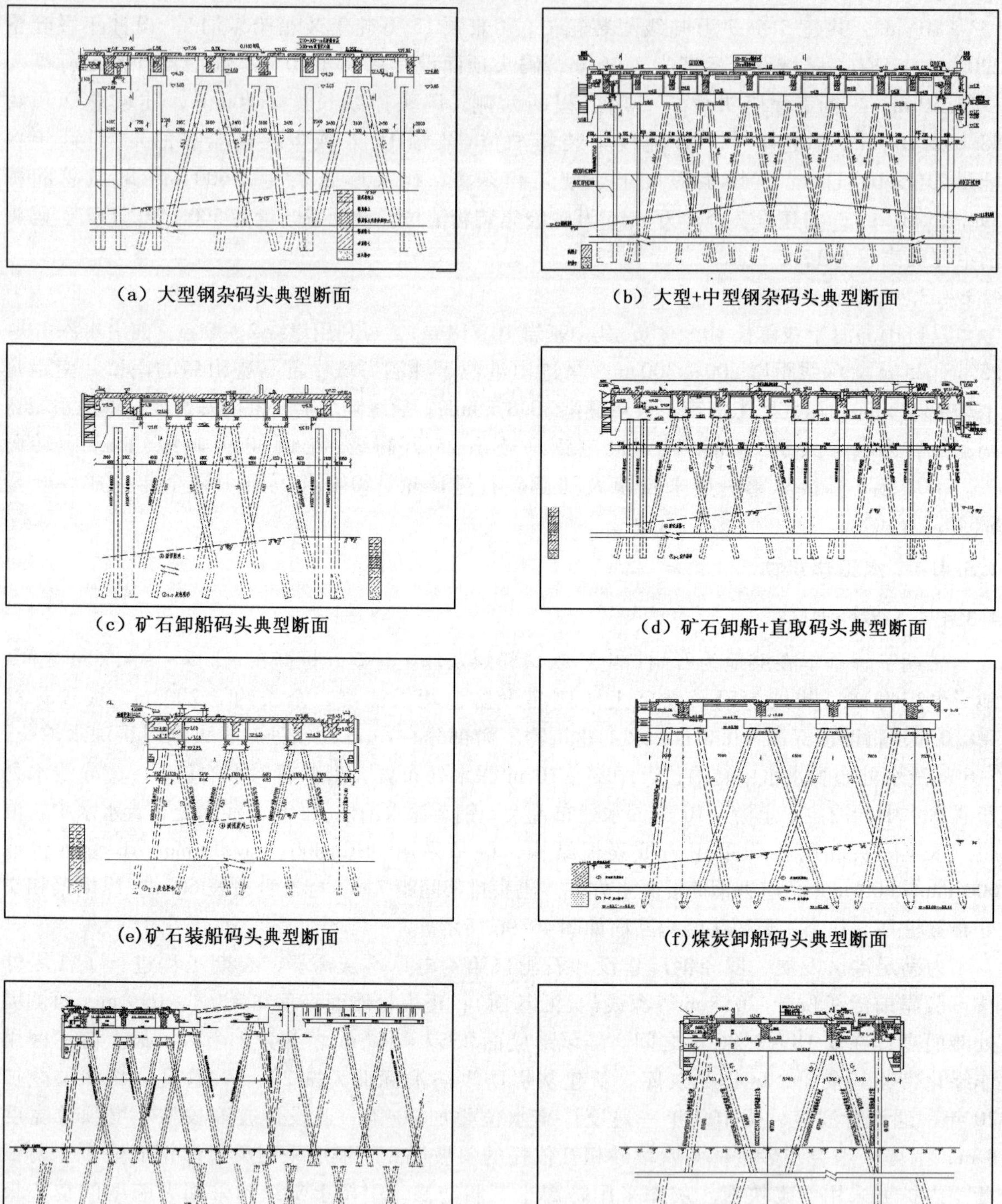

(a) 大型钢杂码头典型断面　(b) 大型+中型钢杂码头典型断面

(c) 矿石卸船码头典型断面　(d) 矿石卸船+直取码头典型断面

(e)矿石装船码头典型断面　(f)煤炭卸船码头典型断面

(g)煤炭直取码头典型断面　(h)煤炭装船码头典型断面

图 4-96　几个主要码头结构断面示意

地基大面积、高强度(30 t/m^2)堆载需求，堆场采用插整体热熔排水板加变能量强夯的地基处理方法；对于斗轮堆取料机轨道抗扭曲及差异沉降的要求，采用铺设 20 t/m^2 双向高强格栅复合加筋层的可调整轨道基础。矿石堆载区地基处理采用先振冲后插 26 m 整体热熔排水板加使用期矿石分级压载方案。在堆场建筑物与堆场堆载区之间的过渡区设置压力释放带，压力释放带采用整体热熔排水板，振冲后结合面层施工完成排水板插设。

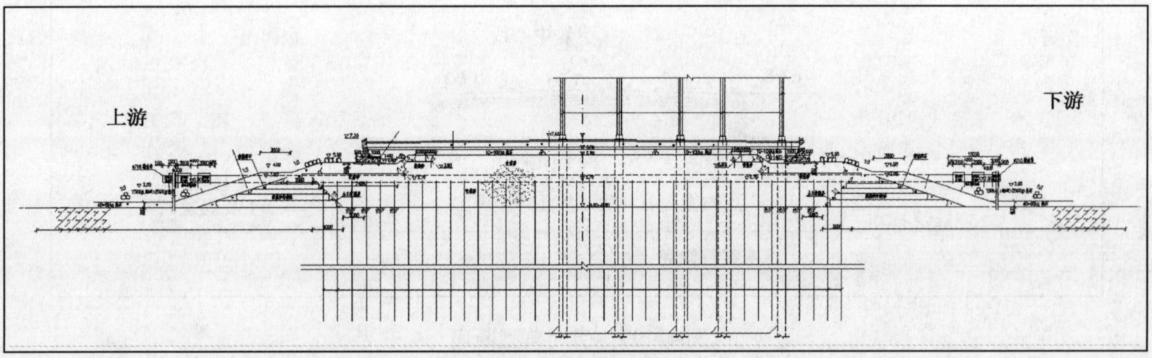

图 4－97　引堤典型断面

4. 3. 4. 4. 2　外高桥港区

水工建筑物均为离岸布置形式，由码头和引桥组成。码头前沿线布置在－10 m 等深线附近，且基本与涨落潮流一致。码头上部结构按不直接承受波浪力设计，码头面标高 7. 0 m。

码头和引桥均采用高桩梁板结构(图 4－98)，桩基为 600 mm × 600 mm 预应力钢筋混凝土方桩，桩长 50 m 左右；六期工程应用了 ϕ800 mm 的 PHC 桩。桩基持力层选用粉砂层。码头排架间距 7 m，标准分段长 60 m。滚装汽车码头上部结构由于码头面标高降低，码头纵横梁和面板设置消浪孔，孔径 150 mm、280 mm。码头前沿采用带攀梯防冲板鼓型橡胶护舷，保证高、低水位均可使用。专业滚装汽车码头前沿线布置在－10 m 等深线附近，与外六期集装箱码头前沿线一致。码头面高程确定为 5. 8 m，内侧泊位码头前沿顶面高程确定5. 0 m。引桥上部结构采用大跨度的空心板梁，排架间距 18～24 m，为预应力结构，梁高0. 9～1. 25 m。

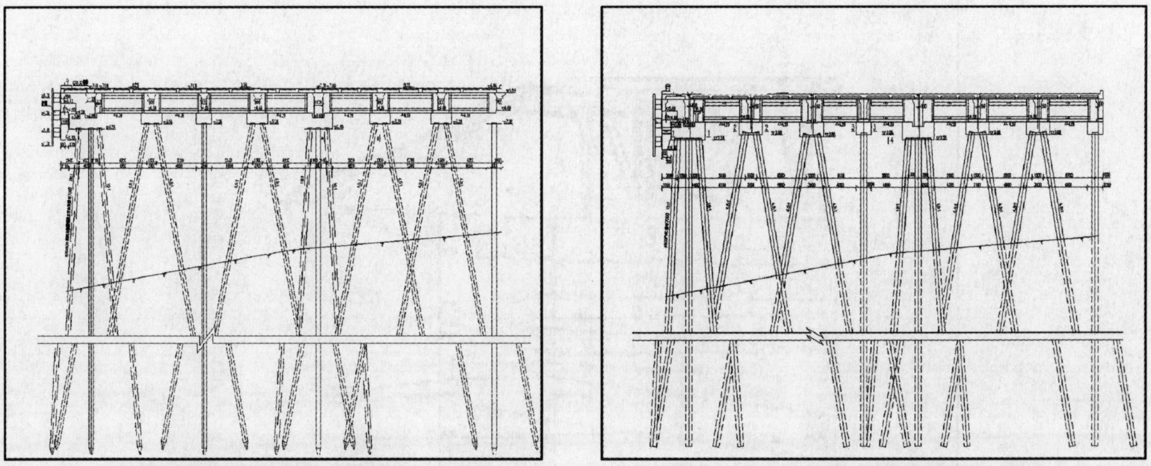

(a) 集装箱码头典型断面(方桩)　　(b) 集装箱码头典型断面(PHC桩)

图 4－98　高桩梁板结构

引堤为抛石斜坡堤结构(图 4－99)，干砌块石护面。引堤两侧采用现浇钢筋混凝土挡土墙结构，墙间填 10～100 kg 的堤芯石。外高桥新港区开发应用了自行式防汛钢闸门，防御长江最高潮汛的侵袭，保护防汛大堤的安全。闸门有效宽度 20～25 m。

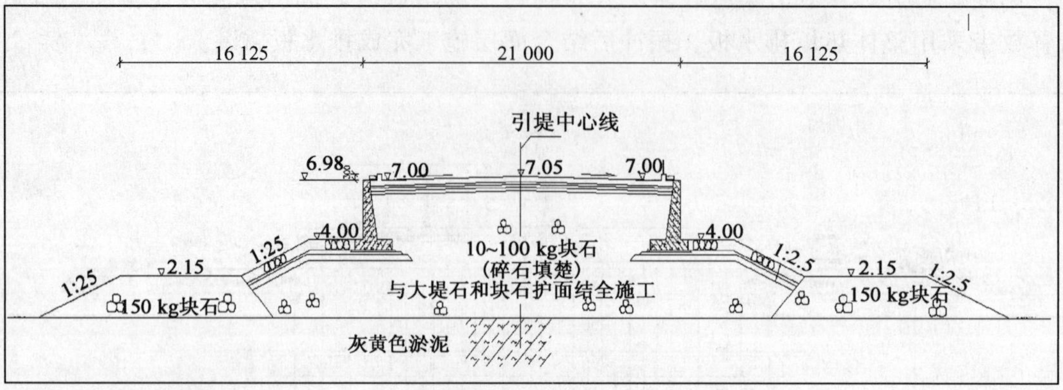

图 4 - 99　引堤典型断面

4.3.4.4.3　洋山港区

洋山一期工程码头与驳岸结构选型采用高桩码头 + 斜顶桩板桩承台结构为码头主体工程的结构形式(图 4 - 100)。码头与接岸结构均为独立的稳定结构，码头与承台施工基本不受陆域施工的影响，挡土结构的墙后回填料可以在接岸承台结构完成后进行回填。深水强潮流裸露基岩实施袋装砂人造基床稳桩和深厚软土地基上大直径砂桩(直径 100 cm)，加固了粉细砂地基深度近 20 m，解决了 20 ~ 40 m 高填土、深海软基(15 m 以上水深、淤泥土平均厚度达 30 m)建造码头的难题，满足了工期要求，开辟了无填料振冲加固深厚砂土地基新途径(图 4 - 101)。码头主体结构的宽度为 37.0 m。斜顶桩板桩承台分段长 20 m，宽 13 m(局部 18 m)；海侧采用直径 1 700 mm 钢桩作为斜顶桩，斜度 3.5∶1，每个分段布置 4 根桩，桩距 5 m，用于支撑高填土的水平作用；中间板桩采用 ϕ1 700 mm 的钢管桩，桩距 1 800 mm，用于挡石；后方为支承桩为 ϕ1 200 mm 钢桩，间距 5 m。

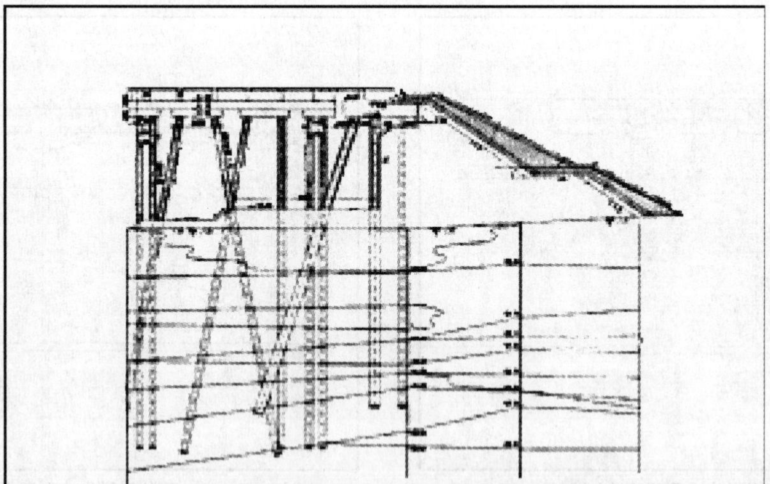

图 4 - 100　洋山港一期工程斜顶桩板桩承台接岸结构

二期工程码头宽 37 m，排架间距一般为 12 m，每榀排架下布置 10 根 ϕ1 200 mm 钢管桩。前后轨道梁下的桩帽节点布置 1 200 mm 钢管桩。码头上部结构采用现浇桩帽节点和预制预应力混凝土梁、叠合面板结构形式。码头与后方接岸结构之间采用简支板连接。接岸结构总宽

23 m，包括斜顶桩板桩承台底宽 13 m。

三期工程码头宽 42.5 m，排架间距也为 12 m，每榀排架设计 10 根 ϕ1 500 mm 的钢管桩。接岸结构宽 23.5 m，包括斜顶桩板桩承台等。承台分段为 24 m，底宽 13 m，厚 3.0 m，采用斜顶嵌岩桩板桩承台结构，承台基础海侧采用 ϕ1 000 mm 钢管斜顶桩，斜度为 3:1，桩距为 6 m；中间采用 ϕ1 900 mm 钢管板桩挡抛石棱体，每个承台共设 12 根钢管板桩，桩距约为 2.0 m；后方采用 ϕ1 500 mm 钢管桩支撑承台，桩距为 6 m。

图 4－101　无填料振冲加固深厚砂土地基示意

4.3.4.4.4　马迹山港区

马迹山港矿石一期工程码头区大部分覆盖层较厚，适宜桩基板梁结构，但局部基岩裸露或覆盖层很薄，采用钢套管嵌岩桩全直桩方案，并在现场进行了施工试验。为了稳桩需要，在工程区沉放 4 只钢筋混凝土套箱，套箱内灌粗砂，再在砂内施打 ϕ2 800 mm 的钢套管，打入强风化层一定深度，达到施工期稳桩的目的。然后架设钢平台进行嵌岩钻孔，嵌岩长度进入中微风化层 5 m 以上，钻孔结束后放钢筋笼并浇筑水下混凝土。

4.3.4.5　辅助工程

罗泾港区卸船作业采用桥式抓斗卸船机，装船作业采用移动式装船机，堆场采用斗轮堆取料机、堆料机和斗轮取料混合作业方式。公用堆场采用斗轮堆取料机完成堆取料作业，专用堆场采用堆料机、取料机完成堆取料作业，既可满足公用码头矿石水水中转量大、快进快出的作业要求，又能满足钢厂高炉高频次、小批量的上料要求。

洋山港区一期工程码头采用前伸距 65 m，吊具下额定起重量 65 t，轨距 30 m 岸边集装箱装卸桥；二期码头采用 65 t/65 m 双 20 ft 箱吊具岸桥和 80 t/65 m 双 40 ft 箱轨距 30 m 岸边集装箱装卸桥；三期码头轨距为 35 m。

上海港现有锚地 8 处，分别是长江候潮锚地、绿华山过驳避风锚地、鸭窝沙候潮锚地、大型船舶临时候潮锚地、检疫联检锚地、宝山联检候潮锚地、宝山临时大型铁驳编解锚地、宝钢大型铁驳锚地等。总水域面积达 $1.29\times10^4\ m^2$。

4.3.5 宁波—舟山港

4.3.5.1 简况

宁波港发端于秦汉之际，唐代时为中国最大的开埠港，宋代与泉州港、广州港并列为中国三大对外贸易港口，为海上丝绸之路的重要出发点。1973 年，镇海港区开始建设，宁波港开始由内河港走向河口港。1979 年 1 月，北仑港开始建设，宁波港开始转变为海港。宁波港地处中国大陆海岸线中部，长江三角洲和长江南端的"T"形交汇点，有舟山群岛为天然屏障，水深流顺风浪小，不冻不淤，30 万吨级船舶可自由进出港，是中国大陆进出 10 万吨级以上超大型巨轮最多的港口。

宁波港由北仑、镇海、甬江、大榭、穿山、梅山、象山、石浦等港区组成，是一个集内河港、河口港和海港于一体的多功能、综合性的现代化深水大港。甬江港区是其最早的港区，位于宁波三江口。1989 年，宁波港被国家确定为中国大陆重点开发建设的四个国际深水中转港之一。至 2000 年，宁波港货物吞吐量突破亿吨。2002 年开始了北仑港区四期集装箱码头工程和大榭招商国际集装箱码头工程建设。宁波港现有生产性泊位 298 座，其中万吨级以上深水泊位 67 座，是中国大陆大型和特大型深水泊位最多的港口，包括 25 万吨级原油码头，20 万吨级（可兼靠 30×10^4 t 船）卸矿中转泊位，可接卸载箱量 8 000 标准箱以上的超大型集装箱船以及 5 万吨级液体化工专用泊位。宁波港也是中国大陆铁矿石、原油、液化产品中转储存基地和华东地区主要煤炭中转储存基地。2008 年北仑四期工程完成。

舟山群岛诸岛屿是港口的天然屏障。舟山港唐宋时曾为中国南北航运和国际航运的避风港和中转港。舟山港港区主要分布在宁波镇海、北仑海岸以及舟山岛南海岸，有定海、沈家门、老塘山、高亭、衢山、洋山、泗礁、绿华山、金塘、六横、马岙等港区。大型国际远洋船舶经虾峙门深水航道进出。

2006 年 1 月，宁波和舟山两港实现资源整合，组建成宁波—舟山港。2009 年 10 月，舟山跨海大桥建成，加速两港的实质性合并。2009 年宁波—舟山港货物吞吐量达到 5.7×10^8 t，2010 年货物吞吐量达 6.3×10^8 t。

本节主要介绍宁波港北仑和大榭等港区。

4.3.5.2 自然条件

常风向为 NW—N 向，其次为 SE—SSE 向。强风向为 NNE 向，其次为 N 向。水域潮流性质为不正规半日浅海分潮流。北仑港区港区后方陆域由滩涂围填和电厂粉煤灰场组成，−60.0 m以上土层划分为：Ⅰ层淤泥质亚黏土及亚黏土；Ⅱ层黏土、亚黏土、轻亚黏土、粉细砂；Ⅲ层亚黏土、中砂；Ⅳ层砾卵石、亚黏土、中细砂。大榭港区港区后方陆域由滩涂围堰、开山及部分非耕用地组成，工程区域土层分为多个工程地质层，包括淤泥、淤泥质粉质黏土、粉质黏土、含碎石粉质黏土、含黏性土砾砂、含黏性土细砂、全－强风化晶屑凝灰岩等。

4.3.5.3 港口总平面

宁波港近几年集装箱码头和大型油码头建设。已建及在建集装箱泊位情况详见表 4－10，其中尤以北仑集装箱泊位为多，北仑港区位置如图 4－102 所示；各期平面图如图 4－103 所示。

表 4-10 宁波港集装箱泊位一览

项目	北仑二期	北仑三期	北仑四期	大榭招商国际	北仑五期	金塘大浦口	梅山保税港区
泊位数量/个	3	4	5	4	5	5	5
泊位长度/m	900	1 238	1 785	1 500	1 625	1 774	1 800
泊位吨级/万吨级	7~10	7~10	10	10	10	10	10
泊位前沿设计底标高/m	-13.5（吴淞）	-15（吴淞）	-15~-17（吴淞）	-17(85国家)	-15.4~-17.6(吴淞)	-18.0（理基）	-17.5（85国家）
陆域面积/$\times 10^4$ m^2	—	—	209.0	163.5	224.8	243.4	139.07
堆场面积/$\times 10^4$ m^2	—	—	90.9	79.36	111.7	135.7	97
设计通过能力/$\times 10^4$ TEU	—	—	202	224	258	261	304.14

图 4-102 北仑港区位置

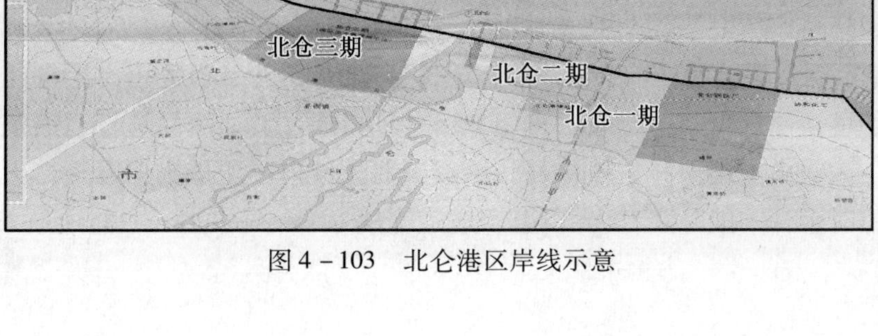

图 4-103 北仑港区岸线示意

4.3.5.3.1 北仑港区

北仑港区三期工程位于杭州湾口外金塘水道南岸，北仑山西侧，其东与北仑金光粮油码头相接，西与北仑电厂码头相邻。码头附近水域开阔，有金塘、黄蟒及舟山本岛为天然屏障，浪小水深，岸滩稳定。四期工程建设规模为 5 个 5 万 ~10 万吨级集装箱泊位(水工结构均按 10 万吨级集装箱船舶设计)，码头总长 1 785 m，顺岸布置，与潮流流向大致平行，选用透空高桩梁板结构。码头平台宽 55 m，通过 6 座引桥与后方陆域相接。大榭招商国际集装箱码头工程建设规模为 4 个 5 万 ~10 万吨级集装箱泊位(水工结构兼靠 15 万吨集装箱船舶)，码头总长 1 500 m，年通过能力 240×10^4 TEU。至 2008 年年底，北仑四期 5 个泊位竣工投产。

2005 年开始了五期及金塘大浦口集装箱码头工程的建设。五期工程建设规模为 1 个 10 万吨级、1 个 7 万吨级、2 个 5 万吨级和 1 个 2 万吨级集装箱专用泊位，岸线长1 625 m，设计年吞吐量 250×10^4 TEU。金塘大浦口集装箱码头工程建设规模为 2 个 10 万吨级和 3 个 7 万吨级集装箱泊位，岸线长度 1 774 m，设计年吞吐量 250×10^4 TEU，第一阶段先建西北侧长 510 m 码头(2 个泊位)。水工结构均按靠泊 15×10^4 t 集装箱船设计。至 2009 年年底，北仑五期工程建成 3 个集装箱泊位，金塘大浦口建成 2 个泊位。码头采用顺岸栈桥式布置，岸线段深水近岸，码头前沿线布置在自然水深 -17 ~ -15 m 等深线处，驳岸线布置在 0 m 等深线处，方位角为 113.293°—293.293°，与水流夹角约 5°，码头前沿线距离驳岸线为 165 m，码头宽 50 m，前沿设计泥面标高为 -15 m。

协和 20 万吨级石油化工码头工程平面布置如图 4-104 所示，含 20×10^4 t 原油码头、3 万 ~5 万吨级成品油码头、0.5 万吨级液体化工码头及有关配套设施。泊位应用柔性靠船墩，能较好地适应外海恶劣的自然条件。

图 4-104 协和 20 万吨级石油化工码头工程平面布置

4.3.5.3.2 大榭港区

大榭港区主要是招商国际集装箱码头工程，位于浙江省杭州湾口外金塘水道的东口段、大榭岛的西北部，隔海与金塘岛、舟山本岛相望。港区现有南北二条主要航道，南航道自虾峙门引检锚地起，经虾峙门、峙头洋、螺头水道、金塘水道至本工程码头前沿港池水域，全程约 28 n mile，航道水深最浅点为 18.2 m，航道宽度在 700 ~5 500 m 之间，为自然水深航道，20 万吨级以下船舶可自由进出，是宁波、舟山地区各港口的主要通海航道。北航道由西经过金塘水道、七里屿、大戢山直通上海，连接长江沿线及北方港口。航道水深除夏老太婆礁附近水深较浅外，高水位时水深一般都在 12 m 以上，航道宽度 1 600 ~3 700 m，能通航 2.5 万吨级以下的船舶。设计年吞吐量 240×10^4 TEU。码头岸线长度 1 500 m，共建 4 个大型集装箱泊位，其中 1 个 7 万吨级集装箱泊位、3 个 10 万吨级集装箱泊位，码头水工结构按 15 万吨级集装箱泊位设计(兼顾 12 500 TEU 集装箱船型靠泊)。码头宽 55. 50 m。码头与后方陆域共布置 6 座引桥；港区陆域纵深达 1 050 m，陆域总面积为 163.50×10^4 m^2。码头采用顺岸栈桥布置形式，长1 500 m，宽 55. 50 m，前沿设计水深 -17. 0 m，码头面标高 5. 20 m(85 国家基准面)。大榭港区还兴建了一批大型油码头，可停靠 20 万吨、30 万吨、45 万吨油船。图 4 - 105 为宁波港大榭岛 30 万吨级油码头平面布置。

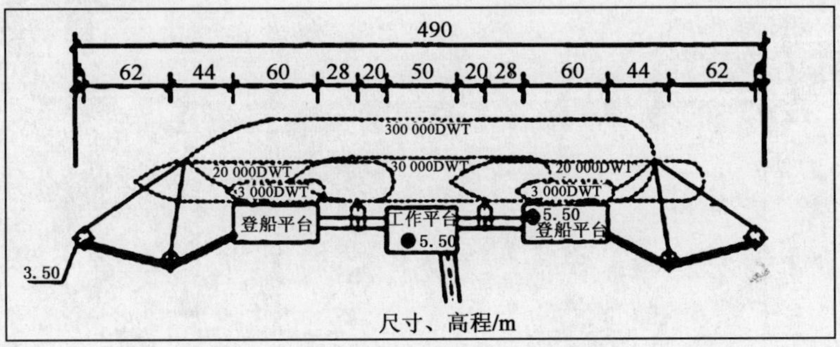

图 4 - 105　宁波港大榭岛 30 万吨级油码头平面布置

4. 3. 5. 3. 3　穿山港区和梅山保税港区

穿山港位于穿山半岛的北部，北临螺头水道，距北仑港区 20 km，是远期大型集装箱码头发展区，有 9 km 的深水岸线，码头前沿基本不淤，后方陆域开阔。受地形影响，流况复杂，流速较大。码头基础适宜采用桩基。陆域形成可采用水上取砂充填和陆域开山回填。

梅山保税港区集装箱码头工程于 2008 年开始，建设 5 个 7 万 ~ 10 万吨级集装箱泊位，码头总长 1 800 m，年通过能力 300×10^4 TEU，于 2010 年 6 月底建成。

4. 3. 5. 4　水工建筑物

4. 3. 5. 4. 1　北仑港区

北仑四期工程 55 m 宽的码头结构选用桩基为 ϕ1 200 mm 大管桩的整体式结构方案(图 4 - 106)。码头分 23 个结构段，最长的分段长度为 85 m。排架间距 10 m，每榀排架布置 13 根 ϕ1 200 mm 大管桩，其中 5 根直桩，8 根斜桩，桩长 55 ~ 62 m，桩斜度根据桩基布置及受力情况取 10∶1、8∶1、6∶1 和 5∶1。

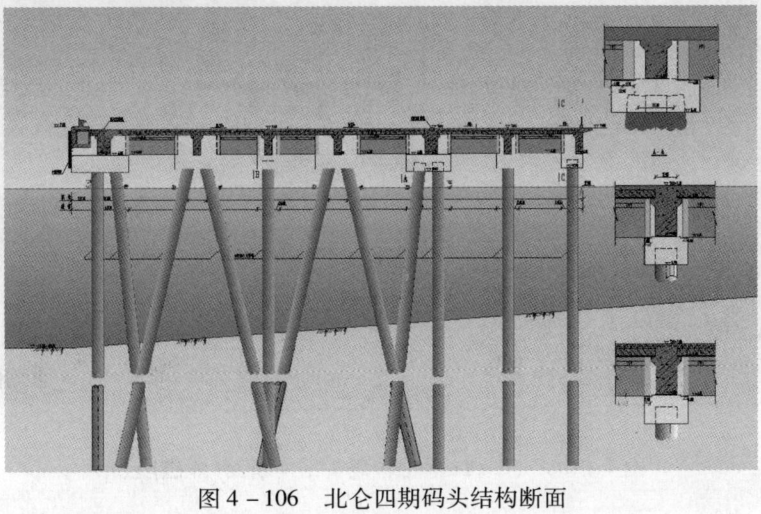

图 4 - 106　北仑四期码头结构断面

北仑五期工程 9 号泊位由于局部持力层埋藏较浅，布置 11 根 ϕ1 200 mm 钢管桩(其中 5 根直桩，6 根斜桩，斜度根据桩基布置及受力情况取 5∶1 和 8∶1)和 2 根 ϕ1 200 mm 大管桩直桩，桩长 35 m 左右。第 1 节点前排 2 根钢管桩和每个结构段两端各 3 个排架的第 2、4、5 节点向海侧倾斜的钢管桩进行锚杆嵌岩，嵌入中风化岩层不小于 6 m，每根锚杆嵌岩桩内设 3 个 ϕ170 mm 锚孔，每个锚孔设置由 3 根 ϕ36 mm 高强粗螺纹钢筋组成的钢筋束，结构断面如图 4－107 所示。

图 4－107　北仑五期码头 9 号泊位结构断面

北仑五期 10—11 号泊位由于后方陆域狭小，平面采用满堂式方案，该区域基岩起伏较大，还有竹湾山嘴伸入水中，基岩外露，需炸礁才能满足码头前沿水深要求。竹湾山嘴处经炸礁后的码头结构分 3 个结构段，结构段长度 43. 25 ~ 43. 5 m，宽 41. 5 m，排架间距 9. 5 m，采用全直桩嵌岩方案，每榀排架设置 4 根 ϕ2 200 mm 钢管桩嵌岩，嵌岩直径 2 m，进入中微风化层一般不小于 8 m；为有效传递荷载，采用倒“T”形现浇钢筋混凝土横梁。轨道梁、纵梁采用预应力混凝土芯棒结构。桩基施工期采用人工基床稳桩措施(图 4－108)。

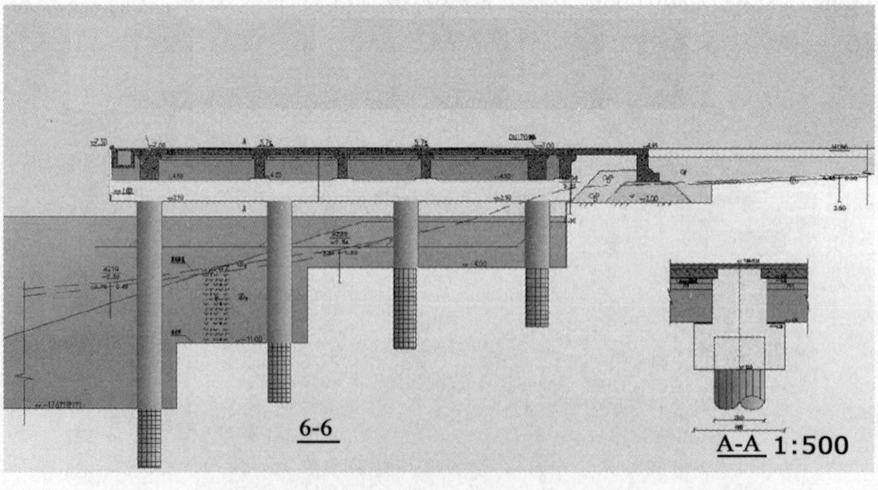

图 4－108　10—11 号泊位码头结构断面(炸礁段)

该区域其他码头结构采用宽承台结构方案(图4－109)。持力层埋藏较浅，布置11根 ϕ1 200 mm钢管桩，其中5根直桩，6根斜桩(局部为全直桩)，桩的斜度取5∶1和8∶1，桩长19～47.5 m，部分钢管桩进行全断面芯柱嵌岩。前平台宽29.29 m，结构分段、排架间距与码头结构基本相同；后平台41.67 m，与接岸结构通过简支板连接。接岸结构采用通长袋装砂堤身，上设“L”形混凝土挡墙的斜坡堤结构，软基处理结合后方陆域采用真空联合堆载预压方案。引桥水深较小、波浪较小，2—6号引桥采用600 mm×600 mm预应力钢筋混凝土方桩，接岸墩台桩基采用 ϕ1 200 mm大管桩。引桥典型结构如图4－110所示。

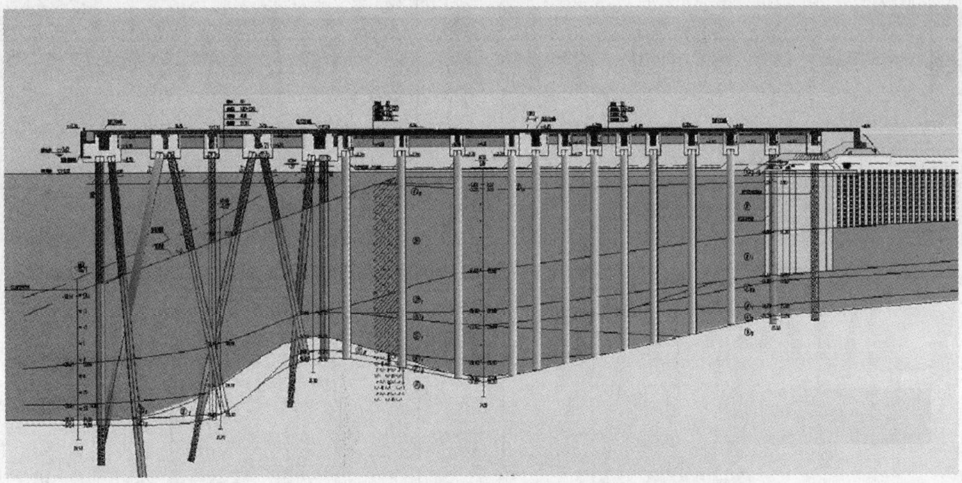

图4－109　10—11号泊位码头结构断面(非炸礁段)

(a)　(b)

图4－110　引桥结构断面

4.3.5.4.2　大榭港区

码头的地质条件复杂，桩尖持力层埋藏较深，且码头垂直和水平荷载较大，码头前沿底高程最深达－20 m，还存在－41～－36 m的深潭，桩长一般均在76 m左右。桩基选用强度高、抗冲击力强、沉桩相对容易的结构。为减少工程投资和满足施工沉桩要求，桩基采用 ϕ1 200 mm B_2型预应力混凝土管桩和钢管桩拼接成组合桩。对于码头局部区域基岩面较高，覆盖层比较薄，岩面倾斜，采用钢管桩和桩尖用锚杆嵌岩的措施。码头排架间距11 m，每榀排架布置14根基桩，轨道梁下面每个节点各3根桩，纵梁下面每个节点1～2根桩。码头结构断面详如图4－111。

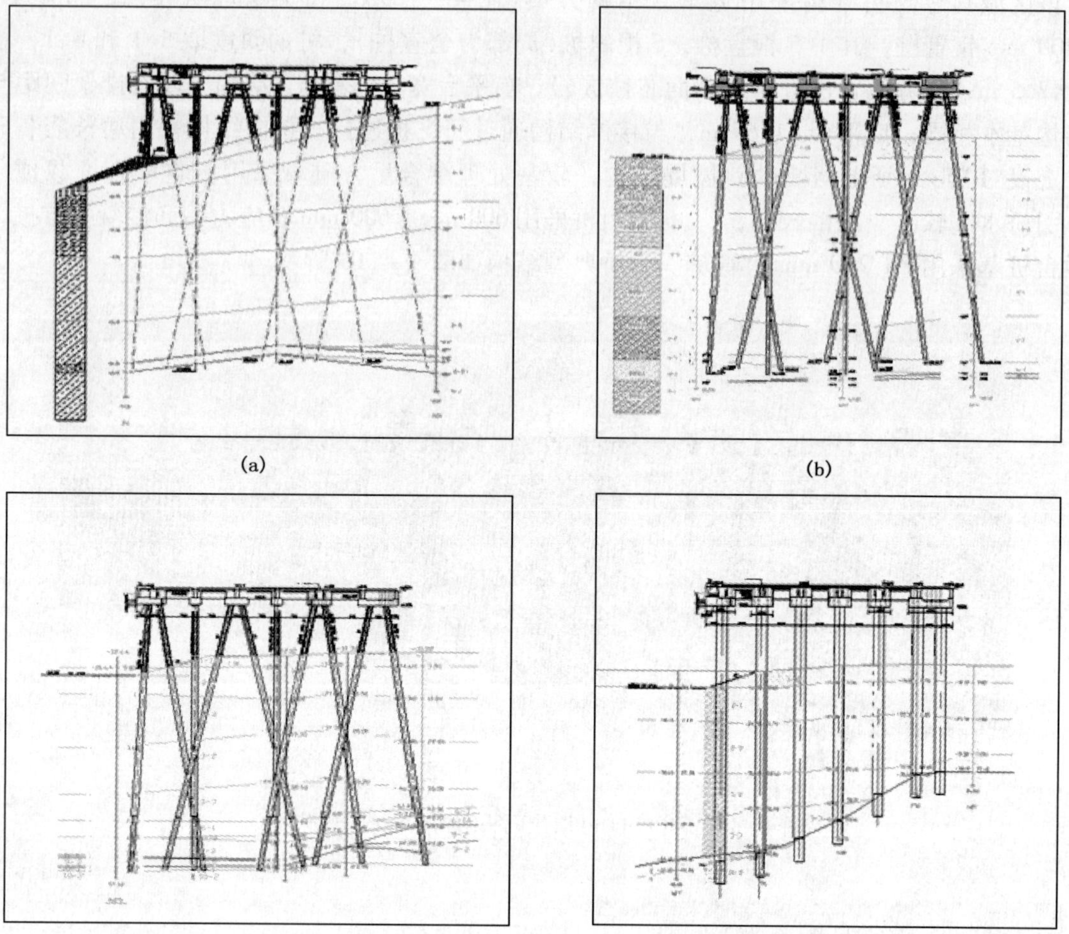

(a) (b)

(c) (d)

图 4－111　大榭港区码头结构断面

4.3.5.4.3　岱山深水防波堤

2009 年，拟建的浙江舟山群岛的岱山两段连岛防波堤，选用抛石斜坡堤，共长约 653 m。其中，深水连岛段约 300 m 水深处于－62.0～－22.0 m，是国内目前水深最大的斜坡堤。设计采用 50 年一遇水位和相应波要素，并以 100 年一遇水位和相应波要素进行复核。深水段采用 1 层25 t 扭王字块体，肩台以下采用 15 t 扭王字块或双层扭工字块体做护面，堤顶设挡浪墙，高程按基本不越浪设计。其断面如图 4－112 所示。

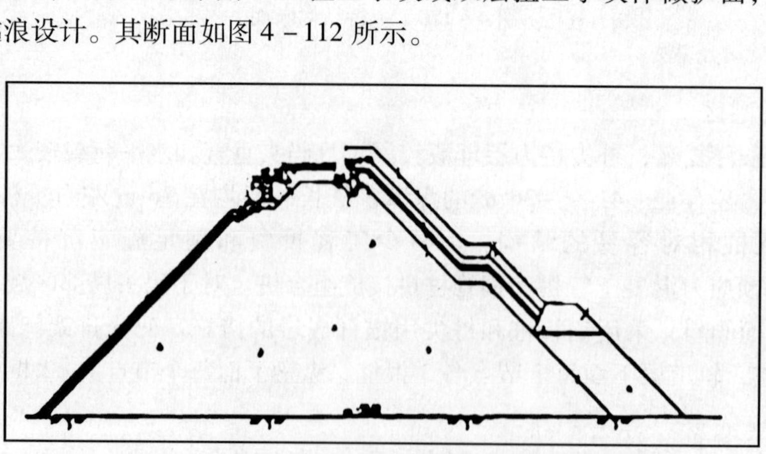

图 4－112　岱山深水防波堤断面

4.4 东南沿海港口群

4.4.1 概况

东南沿海地区港口群大陆部分主要包括厦门、漳州、泉州、莆田，福州、宁德等港，目前已组合成福州、湄洲湾、厦门三大港口群。在此港口群中包括厦门港国际航运物流中心，以厦门港为核心，以福州港、泉州港为两翼，是海峡西岸国际航运物流中心。这一港口群大陆部分与其他港口群相比略弱些，台湾沿海港口较为发达，其中高雄港曾数年踞国际大港之列。受历史条件的限制，20 世纪 50 年代以来，福建沿海港口发展相对缓慢。福建有众多的优良深水港湾，可建设 10 万吨级以上的深水港湾 7 处，深水岸线 246.3 km，可建设 20 万 ~ 50 万吨级的超大型深水码头岸线 47 km。1974 年福州港马尾港区建设结束了福建无深水码头的历史。1976 年东渡港区动工兴建万吨级深水泊位。近几年随着两岸关系缓和，福建沿海港口发展迅速，在对台通航上发挥了重要作用，2008 年对台直航集装箱占全国对台总量的 1/5。2008 年年底全省生产性泊位达 477 个，其中海港 391 个。全省深水泊位达 100 个，总吞吐能力达 2.3×10^8 t，其中集装箱专业码头 31 个。2010 年全省沿海港口吞吐量超过 3×10^8 t，集装箱吞吐量达 $1\,100\times10^4$ TUE。2011 年，福建沿海 11 个泊位投产，新增吞吐能力 $1\,677\times10^4$ t，总吞吐能力达到 3.4×10^8 t，建成投产可靠泊 15 万吨级集装箱船的厦门港海沧港区 14—17 号泊位、可靠泊 30 万吨级散货船的福州港可门港区 4—5 号泊位等重大项目，全年沿海港口完成货物吞吐量 3.72×10^8 t。东南沿海港口群正处在迅速发展阶段。

4.4.2 福州港

福州港历史悠久。明代作为与东南亚国家互市的港口，对外交通与海运贸易更加繁盛。1842 年被列为五口通商口岸之一。由于港口设施处于自然或半自然状态，港道水浅，1 000 吨以上的外轮与商船以水深的马尾对面的白岩潭为锚泊装卸和旅客转搭地。1919 年，在闽江沿岸抛石筑坝进行疏浚，整治了马尾到福州城区的航道，曾一度使千吨级轮船可驶抵城区码头。1972 年以前，福州港仅为一靠泊能力不过 5 000 吨级、吞吐量不足 80×10^4 t、设施简陋的河口小港。1978 年之后，福州港吞吐量迅速随之发展，逐渐成为大型港口。

福州港分为河口港和海港，原包括闽江口内港区(河口港)、江阴、松下、罗源湾等港区。河口港在闽江下游河口段、全长 67.2 km；海港分布在闽江入海口南北翼的福清湾、罗源湾等深水港湾。福州港东距台湾基隆港 149 n mile。2011 年 9 月福州港整合了原福州港、宁德港、平潭综合实验区辖区内的所有港区，共辖 9 个港区，分别是平潭、三都澳、赛江、三沙、沙埕、闽江口、江阴、松下、罗源湾等。平潭港区分为金井、流水、澳前和草屿四大作业区，将逐步发展成为客货兼备、功能完善、特色突出的现代化综合性港区。三都澳、赛江、三沙、沙埕四港区属原宁德港；闽江口、江阴、松下、罗源湾四港区属原福州港。

4.4.2.1 宁德港域

原宁德港位于 26°18′—27°40′N，118°32′—120°44′E 之间，北起福鼎沙埕，南至三都澳，海岸线全长 878 km，由沙埕、三沙、赛江、三都澳 4 个港区组成，共 16 个作业区。

沙埕港区是东南沿海良好的避风港，下辖沙埕、杨岐、后港、澳腰、钓澳壁、八尺门 6 个作业区。杨岐作业区以近洋件杂、集装箱运输为主；后港作业区以后方临海工业为依托，以散杂货为主；澳腰作业区利用良好的深水条件、顺直的航道条件和开阔的后方陆域，预留为中远期宁德港北部远洋集装箱运输服务；钓澳壁作业区靠近沙埕湾口门，前沿水深条件好，但后方陆域纵深小，可发展为大型油品中转及液体化工等危险品作业区；八尺门作业区靠近福鼎市区，为福鼎市区经济服务的中小型作业区。

赛江港区天然掩护条件良好，唯有南向出口开敞无掩护，7 级以上西南风时涌浪较大。常风向为 SSE 向，强风向为 WN 向；涨潮流向为 NNW 向，落潮流流向为 SSE 向；泥沙主要源自上游三溪径流来沙。多年平均的含沙量 0.15 kg/m^3。地层分布上层以淤泥，淤泥质黏土等软弱土层为主，下层为卵石层可用为桩基持力层。港区下辖赛岐、林炉、下白石 3 个作业区。赛岐作业区是现有主体作业区。林炉作业区在白石大桥的上游，受大桥净高限制，只能发展 1 000 吨级以下小型泊位。下白石作业区在白石大桥下游已建有一个 5 000 吨级泊位，还可以发展 3 ~4 个 3 000 吨级至 5 000 吨级泊位。

三沙港区常风向为 ES 向，强风向为 E 向；涨潮流向为 SSW 向。落潮流向为 NNE 向。外海风浪以 NNE 为主，涌浪以 ENE 为主。水域平均含沙量一般为 0.1 kg/m^3左右。港区场地属海湾浅海岩岸地貌，海岸陡峻，小礁岛众多，海湾内基岩埋深达 -50 m。淤泥层很厚，中间夹有黏土层，以下为细砂。三沙港区可利用建港岸线较少，集中在古镇一带，现建有 1 个 3 000 吨级杂货码头，规划立足于对台贸易为基础，发展成为闽东对台贸易的集散中心。

三都澳港区属半封闭海湾，湾口大屿至牛角坡水域宽度 3 km 左右，口门偏东南向开敞。港内大小岛屿星罗棋布，四周陆域均为海拔 300 m 以上的山脉所环抱，外海波浪难以从口门直接传入湾内。常风向为 ES，强风向为 WN；港域属强潮海区，潮差大，潮流急，且落潮流速大于涨潮流速涨潮流向为 NW 向；落潮流向为 ES 向。港区泥沙主要来源于高溪和霍童溪的入海泥沙。多年平均含沙量 0.14 kg/m^3。台风形成的台风浪对本区的局部地段物质运移起较大的作用。

宁德港主要有大小码头泊位约 80 个。主航道水深达 30 m 以上，50 万吨级船舶可自由进出。2009 年货物吞吐量达 1.24×10^8 t。

4.4.2.2 福州港域

闽江口、江阴、松下、罗源湾四港区属原福州港，位于 25°58′N，119°28′E 附近，北起罗源湾，南至兴化湾北岸，东到平潭岛，海岸线总长 1 137 km，拥有码头岸线 9 443.6 m，万吨级能上深水泊位 43 个，5 万吨级以上深水泊位 14 个。

闽江口强风向和常风向均为 NE 向。罗源湾强风向为 WNW 向，常风向为 SSE 向。福清湾强风向和常风向为 NE 向。兴化湾强风向和常风向为 N、NNE 向。河口港涨潮最大流速 1.55 m/s，落潮最大流速 1.99 m/s，平均高潮位 4.51 m，平均低潮位 0.74 m，平均潮差为 3.77 m。平均高潮位 4.99 m，平均低潮位 -0.15 m，平均潮差 5.14 m。福清湾、兴化湾平均高潮位 4.76 m，平均低潮位 -0.46 m，平均潮差 5.22 m，平均高潮位 4.76 m，平均低潮位为 -0.46 m，平均潮差 5.22 m。闽江河口港区平均含沙量 0.11 ~0.55 kg/m^3；其他港区平均含沙量约为 0.03 ~0.08 kg/m^3。闽江河口港区沿岸岸滩区主要为砂、淤泥、淤泥质黏土，覆基岩起伏较大；松下港区地层自下而上主要为砂、沙质黏土基岩；江阴港区地层主要为淤泥、中沙、黏性土和强风化花岗岩；罗源湾港区北岸地层主要为淤泥、淤泥混沙、黏土、淤泥质黏土和残积性黏土，南岸地层主要为淤泥、黏土、碎石、风化残积层。进港航道从白犬列岛正南 5 n mile 经该岛西南航行，进而逐次进入引航、检疫锚地。港内航道自川石岛引航、检疫锚地至马尾码头，万吨级海轮可乘潮进出港。马尾至台江鳌峰洲航道长16.4 km，江面较窄，乘潮可通航1 500吨级以下海轮，500~1 000吨级船舶可直接靠泊码头或锚地。淮安至湾边航道为季节通航航道。

罗源湾位于闽江口以北约50 km，是少有的天然深水港湾，可全天候靠泊30×10^4 t轮船。罗源湾北岸的狮岐3万吨级多用途码头是罗源湾建设的第一个万吨级以上的码头，水深港宽，长年不淤，避风条件好，航道稳定，可建设66个万吨级以上泊位，10万~30万吨船舶可自由出入。狮岐距马祖岛仅38 n mile，距台湾基隆港142 n mile，是大陆距台湾基隆港最近最大的一个深水码头。罗源湾南岸的可门将建设25个码头，包括集装箱、干散杂货，液体化学品、通用码头等。

闽江口内港区有罗星塔、营前、筹东、亭江、壶江五处锚地，底质均为沙质，目前主要使用亭江锚地。计划新辟象屿锚地位于闽安峡谷出口下游的象屿附近，作为油轮和危险品专用锚地；长安锚地位于英沙下游主航道北侧；琯头锚地位于琯头镇南、主航道北侧，以上三处锚地锚泊均采用双浮筒形式。七星礁锚地位于闽江口外，是口内港区的外海锚地，主要供来港大船候潮使用，规划将面积扩大到6 km^2，可锚泊1万~2万吨级船舶15艘。松下港区锚地位于东洛岛东南水域，面积为3 km^2，水深-14.5~-12.8 m，可锚泊3万吨级船舶6艘。防台避风锚地建议在兴化湾内。江阴港区锚地以及备用锚地规划在进港航道南北侧水域，面积分别为4.3 km^2和3.3 km^2，水深在18 m以上；待泊、避风锚地规划在湾内牛屿东南侧，面积为5.9 km^2，水深-23~-15 m，共可锚泊5万吨级船舶。罗源湾港区锚地规划在口门外北侧水域，面积为5 km^2，水深在18 m以上，可锚泊3万吨级以上船舶。船舶避风规划在湾内岗屿南、北水域。

2003年10月开通往西非的远洋航线，结束了福州港没有深水海港区和远洋航线的历史。至2008年年底，福州港共有生产性泊位132个，其中万吨级以上深水泊位36个，千吨级以上79个。2009年"南北两翼"重点项目建设有序推进，海港发展粗具规模。松下港区牛头湾作业区2号泊位和江阴港区4号、5号泊位以及罗源湾港区碧里作业区5号泊位4个5万吨级以上码头建成投入使用，新增吞吐能力$1\ 002\times10^4$ t，集装箱82×10^4 TEU。江阴港区6号、7号，松下港区牛头湾作业区3号泊位和将军帽15万吨级（结构按30万吨级）等一批5万吨级以上泊位工程也开工建设。2009年货物吞吐量达0.8×10^8 t。

4.4.3 湄洲湾港

4.4.3.1 简况

湄洲湾港位于福建省湄州湾内，濒临台湾海峡西侧，东至基隆178 n mile，至高雄194 n mile，是福州和厦门两港货物分流中转港，也是我国重点建设的四大国际中转深港之一。早在6世纪中叶开始，湾内秀屿岛就有海运，到11世纪已成为港埠。1981年7月经批准秀屿港区为外贸起运点。1987年三江口港区经批准为国轮外贸运输装卸点。自2009年8月起，福建省湄洲湾内泉州港的肖厝、斗尾港区、与莆田港的秀屿、东吴港区合并组成新的湄洲湾港，辖秀屿、东吴、肖厝、斗尾等港区。秀屿港位于莆田县莆头村，港内-10 m以上深水域有100 km^2。东吴港（吉了港），古称鸡了港，位于湄洲湾中枢。秀屿港区范围从秀屿西北的石头鼻至东南龙虎礁止长9 km。另由罗屿北端起至白礁止长3.5 km水域宽750 m。港区自然岸线长8.5 km，水域面积637.5×10^4 m^2，陆域面积150×10^4 m^2。肖厝港位于福建省湄洲湾南岸惠安县肖厝镇境内，湄洲湾内澳西南岸。港区西起屿仔，东至虾屿，长 2.7 km，水域辽阔，面积516 km^2。港口距岸 50 m 处水深 16.5 m，距岸 100 m 处水深达 43 m。1985 年 12 月开始在肖厝沙格建造 1 万吨级杂货码头。1990 年 2 月，建造 10 万吨级石油专用码头。1995 年经国务院批准为国家一类口岸。肖厝港港阔水深浪小，港区主航道水深 10 ~ 20 m，5 万吨级船舶可自由进出。斗尾港东临台湾海峡，距 30 万吨级主航道 2 n mile，是未来大泉州北翼重化工业的重要组成部分。2011 年建设规模为 40 万吨级湄洲湾港主航道、肖厝 15 万吨级航道、莆头 7 万吨级航道、5 万吨级分道通航航道等工程。

4.4.3.2 自然条件

湄洲湾港位于 25°04′N，119°08′E 附近，盛行 NE—E 风。7—9 月为台风季节。湄洲湾属正规半日潮，最高潮差为 7.37 m，平均潮差为 4.97 m。潮流为往复流型，涨潮平均流速 0.65 m/s，落潮平均流速 0.33 m/s。平均含沙量 0.01 ~ 0.02 kg/m^3。水下岸坡基本稳定。

湄洲湾是一半封闭海湾，自然岸线长为 76 km，其中深水岸线长 7.7 km，一般水深为 15 ~ 30 m，30 万吨级船舶可直达斗尾，可建 20 万吨级以上泊位 4 个。湾口有湄洲岛和港内的大竹岛、大生岛的屏障，阻挡了外海波浪传入，水流不急。盘屿、大竹屿、小竹屿、小霜屿等呈东北—西南排布；还有罗屿、横屿和洋屿平列，形成三道屏障，掩护条件极好。湄州湾深入内陆约 18 n mile，航道长且宽。沿岸有多处深水岸段，其中北岸的秀屿，水深 10 ~ 16 m，深水岸线长约 2 000 m；南岸的泉港，水深 10 ~ 20 m，深水岸线长达 2 400 m。5 万吨级轮船可自由进出，10 万吨级轮船可趁平潮进出。黄瓜屿与斗尾一带可停泊 30 万吨级船舶。

4.4.3.3 平面布置

肖厝港位于 25°12′08″N，118°58′36″E。港区西起屿仔，东至虾屿，长 2.7 km，水域辽阔，面积 516 km^2。港口距岸 50 m 处水深 16.5 m，距岸 100 m 处水深达 43 m。航道水深 10 ~ 20 m，5 万吨级船舶可自由进出。肖厝港现有码头泊位 7 个，其中 10 万吨级油码头 1 座，万吨级杂货码头 1 座，0.5×10^4 t，0.3×10^4 t，0.1×10^4 t 成品油码头各 1 座。5×10^4 t 集装箱码头 1 座，年设计吞吐能力为 $1\,340 \times 10^4$ t。

斗尾港位于 24°56′15″—25°05′06″N 和 118°51′38″E—119°02′05″E，东临台湾海峡，距 30 万吨级主航道 2 n mile，是未来大泉州北翼重化工业的重要组成部分。

湄洲湾进港航道在南口门内岛屿分为 4 条航道。最北侧的盘屿西北航道，一般水深都在 10 m 以上，仅进口处螺港礁东侧有一浅段，水深 6.4 ~ 9.0 m，长约 0.5 n mile。大竹岛北航道一般水深 10 m 以上，局部水深 7 ~ 8 m，长约 0.5 n mile，最大水深 27 m，万吨级船舶可乘潮进港；大竹航门和后屿航门航道，水深条件都较好，一般在 20 m 左右。大竹航门较为宽阔，最小宽度 500 ~ 600 m，最大水深达 35 m；后屿航门稍为狭窄，最小宽度约 300 m，最大水深达 52 m。港内航道从秀屿至枫亭港区 300 ~ 500 吨级驳船需乘潮 30 分钟可进港靠泊。湄洲湾已开辟 10 万吨级船舶通海航道，自剑屿起点，经黄干岛、林齿礁、白牛浅滩、秀屿港至肖厝作业区，航程全长 31.53 km，航道底宽 300 m，航道最小通航水深 14.5 m。为适应湄州湾港口建设和发展的需要，正在对湄洲湾进港航道进行拓宽和浚深。目前，湄洲湾港深水航道包括 10 万吨级主航道、福建炼油厂 30 万吨级进港航道、肖厝 5 万吨级进港航道、福建炼油厂 10 万吨级支航道等；二期工程 25 万吨级主航道直达罗屿作业区。

4.4.3.4 水工建筑物

4.4.3.4.1 肖厝港区 4 号泊位工程

肖厝港区常风向为 NE 向，其次为 ENE 向，强风向为 NE 向，次强风向为 SE 向。采用筑港零点基准面，设计高水位6.72 m，设计低水位0.14 m，极端高水位8.05 m，极端低水位 -0.71 m。码头区域覆盖层分布不均匀，基岩埋藏深浅不一。码头结构采用重力式无卸荷板大沉箱结构(图4-113)。码头基础采用抛石夯实基床，基床厚度为1.5~8.5 m，码头下部采用预制钢筋混凝土沉箱结构，外形尺寸为13.6 m×15.9 m×19.70 m，单个重量为1 910 t。码头面层采用高强混凝土联锁块铺面结构。

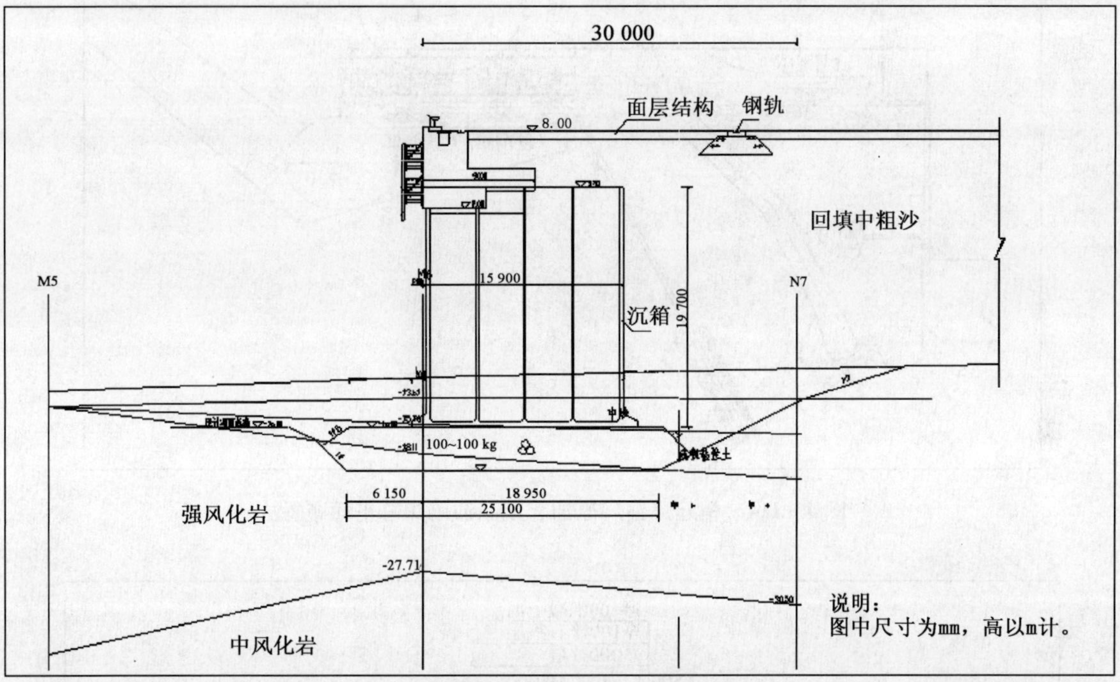

图4-113 码头断面示意

4.4.3.4.2 福建炼油厂10万吨级码头工程

福建炼油厂码头位于湄洲湾南岸惠安县(图4-114)，接岸点在鲤鱼尾，利用距离礁盘仅200 m的-16.0 m深槽布置码头，码头轴线方向0°—180°，码头东侧天然海底标高达-16.5 m(当地理论深度基准面)，满足10万吨级泊位水深要求。码头西侧天然海底标高-8.0~-10.0 m，便于布置5 000吨级、3 000吨级泊位。主油码头通过引桥、引堤与陆域相连，呈“L”形布置。引堤长436 m，宽16 m；引桥长231 m，宽8 m，跨距48 m。码头为直线形布置，长415 m，两侧靠船。10吨级原油泊位布置在东侧，由1个工作平台、2个靠船墩和6个系缆墩组成。系缆墩兼作架管桥墩。码头面高程10.0 m，工作平台尺度为33 m×23 m。靠船墩(图4-115)和艏艉系缆墩直径15 m，其他为10 m。架管桥宽10 m，共4跨，跨度为62 m。码头区土层自上而下主要分为淤泥质土层、花岗岩风化残积层和花岗岩层，花岗岩层埋深适中。结构采用沉箱重力墩结构，底高程为-16.5 m。平台下设4个直径为10 m的圆沉箱，沉箱上部现浇混凝土圈梁结构。每个靠船墩上设4个ϕ2 400×H2 000充气帽型橡胶护舷，1个2 000 kN系船柱。艏艉系缆墩上设2个2 000 kN系船柱，其他系缆墩上设1个系船柱。

10万吨级码头西侧自南至北分别布置5 000吨级和3 000吨级成品油泊位，各设工作平台兼靠船平台1座，尺度分别为48 m×12 m和40 m×12 m。系缆墩与10万吨级原油泊位共用。码头面高程10 m，前沿设计底标高分别为-10 m和-8 m。1 000吨级泊位布置在引堤南侧，码头轴线方向为90°—270°，码头通过引桥与引堤相连，码头与引桥呈“T”形布置，码头泊位长度100 m，码头平台为36 m×12 m，系缆墩为8×8 m；引桥长116 m，宽6 m。码头面高程8.5 m，前沿设计底标高分别为-5.3 m，码头和引桥墩采用重力式混凝土方块结构。

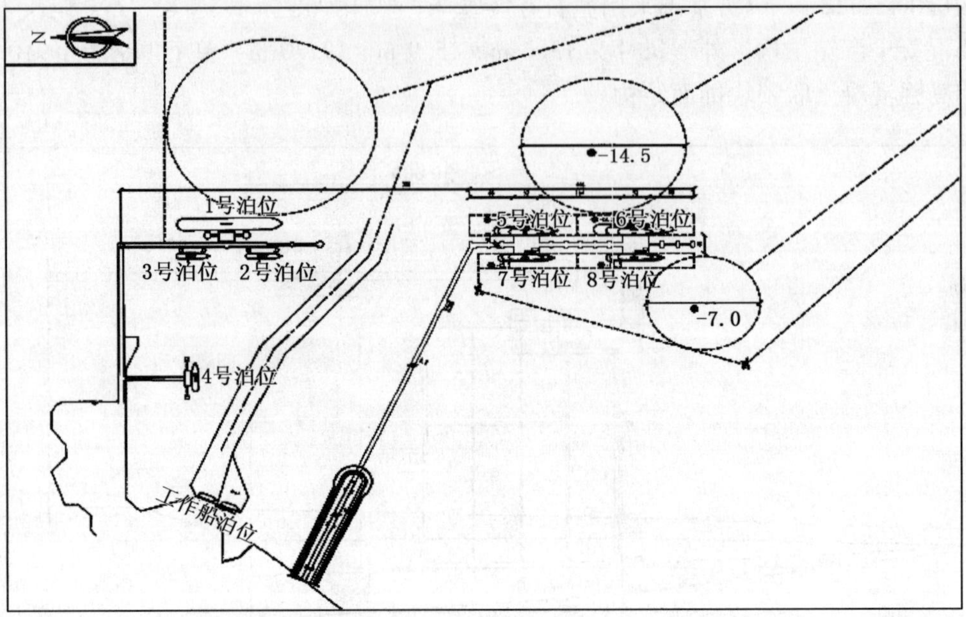

图4-114 福建炼油厂原油、成品油码头总平面布置

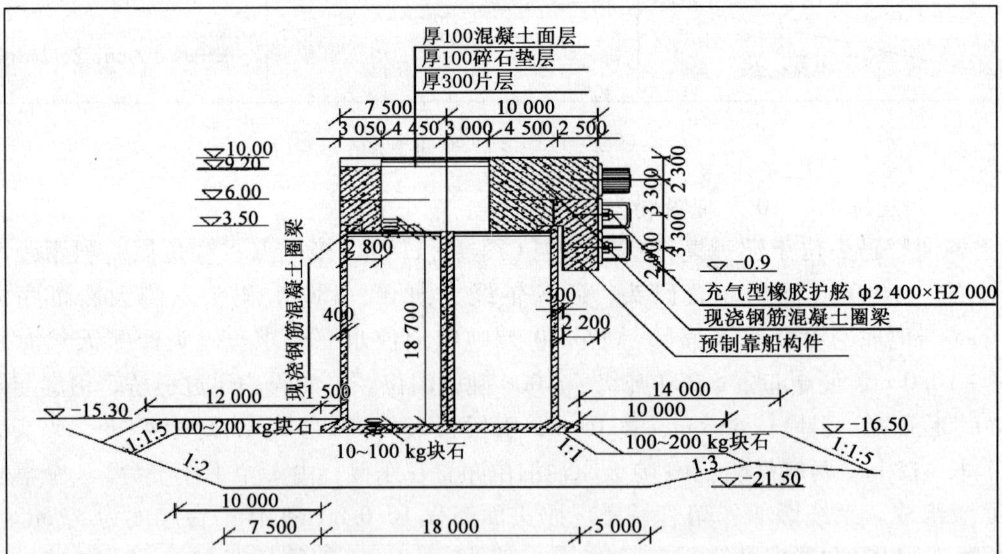

图4-115 10万吨级码头靠船墩结构断面

4个成品油泊位布置在10万吨级原油码头南端系缆墩以南300 m处。码头总长446 m，内外两侧靠船，前沿方位角为0°—180°。外侧布置2个5 000吨级泊位，自北向南依次称为5号、6号泊位，其中5号泊位兼顾靠泊10 000吨级船舶，前沿设计底标高为-12.7 m；6号泊位兼顾靠泊20 000吨级船舶，前沿设计底标高为-14.2 m。内侧布置2个3 000吨级泊位，兼顾靠泊5 000吨级船舶，依次称为7号、8号泊位，前沿设计底标高为-11.5 m，码头面标高均为6.0 m。成品油码头共设工作平台兼靠船平台2座，平台平面尺度为52.0 m×44.0 m，内外侧

两个泊位共用一个工作平台兼靠船平台。系缆墩共设 11 座。引堤长 436 m，宽 16 m，采用斜坡抛石堤结构，堤芯石为 10 ~ 100 kg 块石，边坡坡度为 1∶1.5，护面采用丁砌条石结构。

4.4.3.5 辅助工程

秀屿联检引水锚地位于黄干岛与平屿之间，水域半径为 550 m。联检引水备用锚地位于黄干岛以东，水域半径为 550 m。避风锚地位于横屿东南侧约 5 km，可锚泊 10 万吨级船舶（乘潮进入）。南城锚地可锚泊万吨级船舶，底质局部为石质。过驳装卸锚地及浮筒锚地主要为内港锚地，设有单点系泊浮筒 3 个，分别为 5 万吨级、2 万吨级、1 万吨级。三江口作业区锚地有 3 处，可锚泊 1 000 吨级及 500 吨级船舶。锚地水域底质多为泥和泥沙。

4.4.3.6 港口规划

肖厝作业区规划形成泊位数 18 个，码头泊位岸线 5 131 m，综合通过能力为 $5\ 935 \times 10^4$ t（图 4 – 116）。液体化工码头区岸线基本为西北—东南走向，共布置 5 个大、中型液体化工泊位，自南向北依次布置 14 号泊位，5 万吨级，泊位长度 319 m；15—18 号泊位，均为 5 000 吨级，泊位总长 629 m。共形成码头岸线长 948 m，综合通过能力 520×10^4 t。

电厂区位于南埔镇东侧岸线，共布置 2 个煤炭卸煤泊位，一个 5 万吨级泊位和一个 7 万吨级泊位。形成码头岸线长 680 m，通过能力 $1\ 215 \times 10^4$ t。

通用码头区位于南埔电厂以南——沙格岸线，共布置 1 万 ~ 10 万吨级通用泊位 5 个，泊位总长 1 422 m。其中 1 号、2 号（1 万吨级）、3 号（5 万吨级）、11 号（7 万吨级）泊位已建成，4 号（10 万吨级）在建。共形成综合通过能力 $1\ 700 \times 10^4$ t。形成码头区陆域面积 164×10^4 m^2。

多用途码头区位于沙格—肖厝村岸线，共布置 1 万 ~ 10 万吨级多用途泊位 6 个，泊位总长 2 081 m。其中 5—8 号 泊位远期发展为专业集装箱泊位。共形成综合通过能力 $2\ 500 \times 10^4$ t/ 250×10^4 TEU。形成码头区陆域面积 204×10^4 m^2。

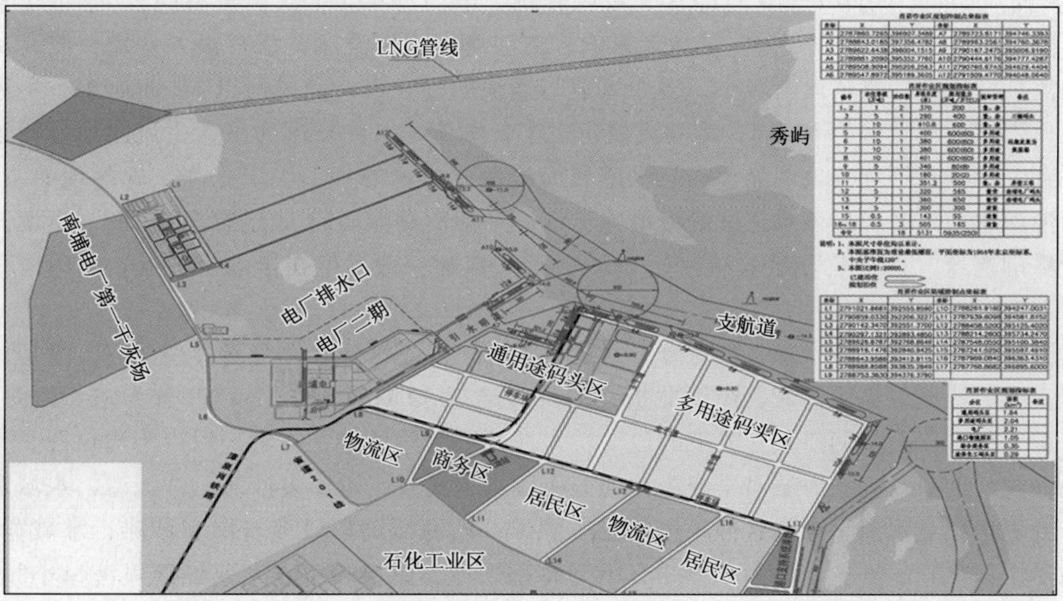

图 4 – 116 肖厝港区规划图

4.4.4 厦门港

4.4.4.1 简况

厦门港1684年就正式设立口岸发展对外贸易，1842年被辟为“五口通商”口岸之一。1880年建成第一座趸船浮码头，1921—1933年建成低桩承台浆砌条石驳岸2 800 m，1936年全港进出港船舶达2 493艘次。厦门港原有和平、东渡、高崎和海沧4个港区。和平港区位于厦门内港东岸南段，紧临老市区，开发最早。70年代初，新建高崎驳岸和盐业公司小轮码头。东渡港区位于厦门内港东岸中段，始建于1982年，1984年建成投产。1983年东渡一期工程正式投产。80年代末，厦门港围绕西海域厦门岛西侧岸线续建了东渡二期工程，初步形成东渡港区以货运为主、和平码头为客运中心的港区分工，共新增4个深水泊位、14个中级泊位、5个小轮泊位。至90年代末，厦门港建设了一批深水泊位，东渡港区19号泊位(3.5万吨级煤码头)、12号泊位(象屿码头2.5万吨级集装箱码头)，海沧、嵩屿港区博坦油码头、电厂煤码头和海沧2号、3号泊位等。2006年1月厦门湾内港口实行整合，组建厦门湾内的东渡、海沧、嵩屿、刘五店、客运、招银、后石、石码八大港区。2007年年底，厦门港共有生产性泊位131个，其中深水泊位45个，集装箱深水专业化泊位24个、通过能力586×10^4 TEU。2010年8月将漳州的古雷港区、东山港区、云霄港区、诏安港区并入厦门港，厦门港的港区达到12个。厦门港2012年共完成货物吞吐量1.72×10^8 t，集装箱吞吐量720.17×10^4 TEU，集装箱增幅在南部沿海港口中排第一位，在全国主要沿海港口中排第三位。

4.4.4.2 自然条件

厦门港(东渡港区)位于24°29′N，118°04′E。春、夏两季以SE向风为主，秋、冬两季以NE向风为主。每年7—10月经常受台风影响，平均每年3.7次。常浪向为E—ESE—SE向，强浪向为SE—SSE—S向。受地形影响，厦门湾内、外波浪要素有很大差别，波高从湾口的流会向湾内的嵩屿逐渐减小，多为风浪与涌浪的混合浪；台风浪以SE向居多；冬季寒潮大风引起的风浪多为NE向。湾潮流属正规半日潮流，以往复流为主，主流向与深槽等深线一致。潮汐日不等现象明显。嵩鼓水道和海沧深槽主槽的中、底层先涨、先落现象明显，厦门港深水航道开辟后该水道涨潮流增强。海区一般落潮流历时大于涨潮流历时。落潮流速大于涨潮流速，垂线平均流速34～70 cm/s；最大流速一般发生在半潮位附近。厦门湾西海域有九龙江注入。

厦门湾是潮汐汊道型基岩港湾海岸，湾口朝向东南，口外有大金门、小金门、大担、二担、青屿、浯屿等岛为屏障，岸线曲折，伸入内陆近30 km。厦门岛将其分为东、西海域。东海域又称同安湾；西海域在鼓浪屿以北称东渡湾或厦门西港，鼓浪屿以南为湾口段，其西侧是九龙江河口湾。东海域沿岸澳头—刘五店段水道顺直，沿岸多沙滩、沙泥滩，水域多礁石，刘五店以北水道呈树枝状伸入湾顶泥质潮滩。西海域湾口段多岩岸和沙滩，水域宽阔；湾内沿岸以低丘、红土台地为主，间有小型海积平原，岸滩较窄。九龙江河口湾口小腹大，自东向西分布有墓前礁、青礁、鸡屿、目屿、海门岛等岛屿。东海域高集海堤—潘涂海堤附近浅滩淤积较明显；浅滩扩淤，潮流通道缩窄并略有冲深，湾口段潮流冲刷槽基本不淤。厦门西港受九龙江泥沙的影响小，是湾内低含沙区；湾顶和内湾微淤；东渡等水道狭窄段微淤微冲；猴屿以南受主流动力轴线和鼓浪屿北浅滩变化的影响，有冲有淤。西海域湾口段天然水深大，潮流通畅，含沙量低，淤积缓慢。九龙江河口湾微冲微淤；南岸受径流影响较大，含沙量略高，有一定的淤积。北港河床萎缩很快，但北岸涨潮流较强，北港口浅滩北侧仍保留潮流通道。进港航道口外段地层以粉细砂为主；青屿水道段基岩埋深在 -16 m 以下，覆盖层以淤泥夹粉细砂为主；内航道以淤泥为主，层底高程 -27 ~ -16 m；海沧支航道强风化岩面高程一般在 -15 m 以下，覆盖层为淤泥。

本海区地震基本烈度为Ⅶ度，地震动峰值加速度为0.15g。

4.4.4.3 港口总平面

厦门港几个主要港区平面位置如图4-117所示。东渡港区(一期)岸线总长976 m，拥有4个万吨级以上深水泊位，其中1个万吨级集装箱泊位，2个可靠泊5万吨级船舶的散货泊位。东渡二期岸线总长650 m，拥有2个分别为2.5万吨和3.5万吨级集装箱泊位和1个2万吨级杂货泊位。高崎港区位于厦门内港东岸北段，邻近高集海堤和鹰厦铁路，是以散杂货中转为主的中、小泊位港区。海沧港区位于厦门内港西岸南部，始建于1990年。拥有2个分别为3万吨级和2万吨级的集装箱泊位，另在建的2万吨级泊位1个。厦门港进港航道全长约40.3 km，海底高程达到 -14 m，10万吨级船舶可乘潮出港。现有锚地面积18.99 km^2，规划锚地面积52 km^2。

4.4.4.4 水工建筑物

以厦门理论最低潮面起算，最高高潮位7.10 m，最低低潮位 -0.20 m、平均高潮位5.39 m，平均低潮位1.40 m，平均潮差3.99 m，最大潮差6.92 m，最小潮差0.99 m。乘潮2小时，保证率90%的乘潮水位为4.60 m。各港区的工程设计水位见表4-11。各规划港区50年一遇设计波要素见表4-12。

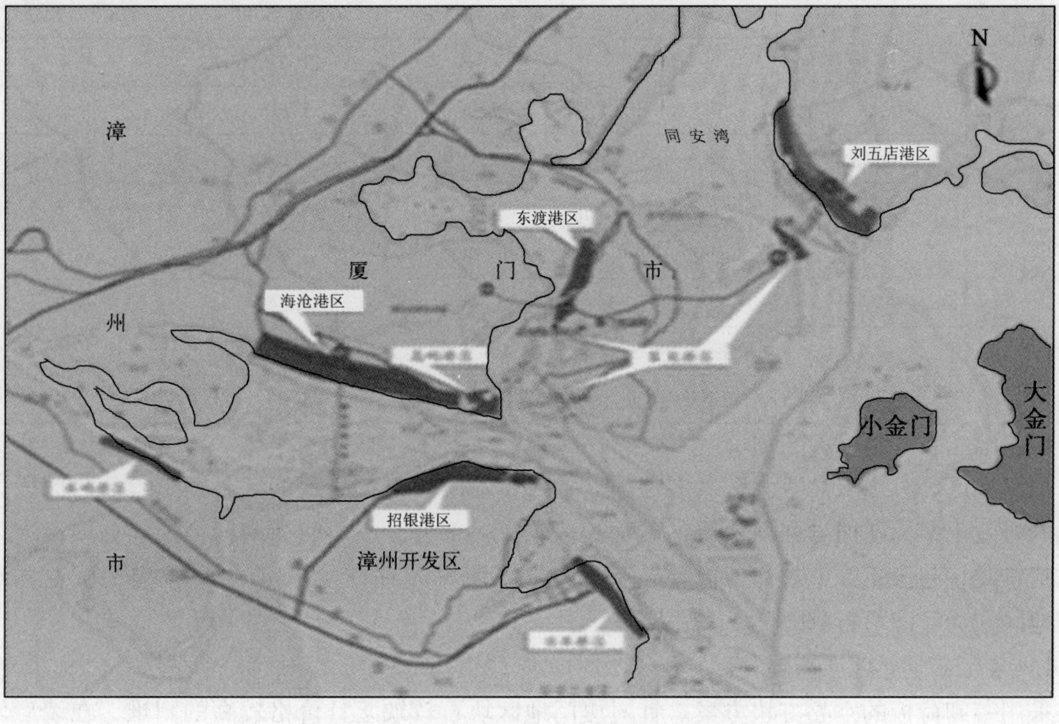

图4-117 厦门港几个主要港区平面布置

表 4-11　各港区工程水位

水位	东渡港区	招银港区	海沧港区	后石港区	刘五店港区
设计高水位/m	6.07	6.14	6.21	5.99	6.16
设计低水位/m	0.65	0.67	0.67	0.46	0.31
极端高水位/m	7.27	7.43	7.49	7.17	7.38
极端低水位/m	-0.29	-0.28	-0.28	-0.39	-0.44
代表站位	鼓浪屿	黄河油码头	海沧	后石	五通

表 4-12　各港区设计波要素

<table>
<tr><th colspan="2">港区</th><th>浪向</th><th>$H_{1\%}$/m</th><th>$H_{1/10}$/m</th><th>T/s</th></tr>
<tr><td rowspan="4">海沧港区</td><td rowspan="2">鸡屿东北</td><td>ESE</td><td>4.75</td><td>4.06</td><td>6.4</td></tr>
<tr><td>SE</td><td>3.53</td><td>3.01</td><td>5.5</td></tr>
<tr><td>北岸东段</td><td>ESE—SE</td><td>2.76 ~ 3.67</td><td>2.39 ~ 3.18</td><td>4.9 ~ 5.7</td></tr>
<tr><td>北岸中—西段</td><td>E—ESE</td><td>2.21 ~ 2.88</td><td>1.92 ~ 2.50</td><td>4.8 ~ 5.2</td></tr>
<tr><td rowspan="4">招银港区</td><td>港机厂附近</td><td>ESE—SE</td><td>4.76</td><td>4.10</td><td>7.2</td></tr>
<tr><td>打石坑</td><td>NE—ENE</td><td>2.82 ~ 3.44</td><td>2.38 ~ 2.92</td><td>4.8 ~ 5.4</td></tr>
<tr><td rowspan="2">田乾</td><td>ENE</td><td>3.62</td><td>3.11</td><td>5.6</td></tr>
<tr><td>NE</td><td>2.78</td><td>2.36</td><td>4.8</td></tr>
<tr><td>浒茂洲</td><td>东段</td><td>E—ESE</td><td>3.10</td><td>2.70</td><td>5.4</td></tr>
<tr><td rowspan="4">后石港区</td><td rowspan="3">塔角</td><td>ESE—SSE</td><td>6.48 ~ 6.62</td><td>5.84 ~ 5.96</td><td>8.1 ~ 8.7</td></tr>
<tr><td>NE</td><td>3.16</td><td>2.72</td><td>6.4</td></tr>
<tr><td>E</td><td>6.22</td><td>5.60</td><td>8.0</td></tr>
<tr><td>后石</td><td>SE—SSE</td><td>6.95</td><td>6.03</td><td>9.0</td></tr>
<tr><td rowspan="3">刘五店港区</td><td rowspan="2">澳头</td><td>S—SSE</td><td>4.66</td><td>4.08</td><td>7.2</td></tr>
<tr><td>ESE—SE</td><td>4.18</td><td>3.63</td><td>6.8</td></tr>
<tr><td>刘五店</td><td>S—SSE</td><td>3.98</td><td>3.46</td><td>6.6</td></tr>
<tr><td colspan="2" rowspan="2">五通</td><td>ESE 至 S—SSE</td><td>4.32 ~ 4.54</td><td>3.75 ~ 3.94</td><td>6.8 ~ 7.2</td></tr>
<tr><td>ENE—NE</td><td>3.48</td><td>3.04</td><td>5.9</td></tr>
</table>

东渡港区码头水域海底大多岩层裸露，上部覆盖层较薄；海沧港区一期工程部分区段表层较厚的淤泥下即为花岗岩强风化层，岩面起伏较大，部分区段岩面标高较高。嵩屿港区水下岩面坡度较陡，起伏不平，规律性极差，风化岩标高埋深为 -25 ~ -14.11 m。重力式结构形式是该地区最为经济可行的方案。

4.4.4.4.1　东渡港区三期工程

采用带卸荷板的空心方块方案。针对厦门地区块石较缺乏且价格较高的困难，在墙后回填料和在卸荷板底面以上回填减压块石棱体结构，减少水工结构底宽的尺寸，使码头断面结构合理，投资较省。厚基床开挖底宽为22.0 m，-20 m 以下不再加大。5 号泊位码头结构按5 万吨级散货泊位预留，基床顶标高 -13.10 m；10 号、11 号泊位北段 320 m 码头结构按 5 万吨级集装箱泊位预留，基床顶标高 -13.3 m，10 号泊位南段 90 m 码头结构按 3.5 万吨级集装箱泊位预留，基床顶标高 -12.2 m，与 9 号泊位一致；5 000 DWT 泊位码头基床顶标高 -7.5 m；1 000 DWT 泊位码头基床顶标高 -4.7 m。工程码头结构断面详如图 4-118 和图 4-119。

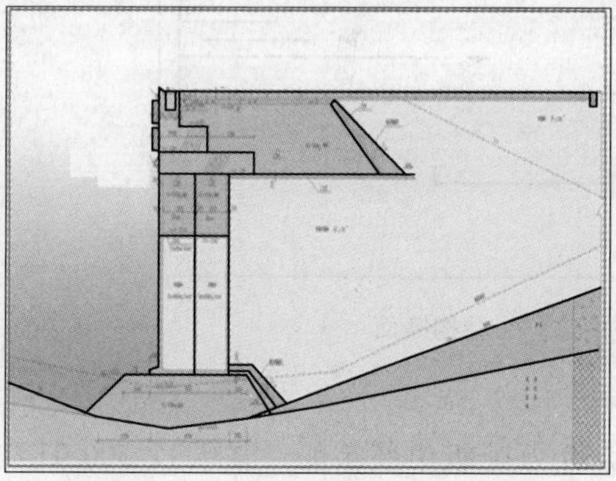

图 4-118　5 号泊位码头结构断面

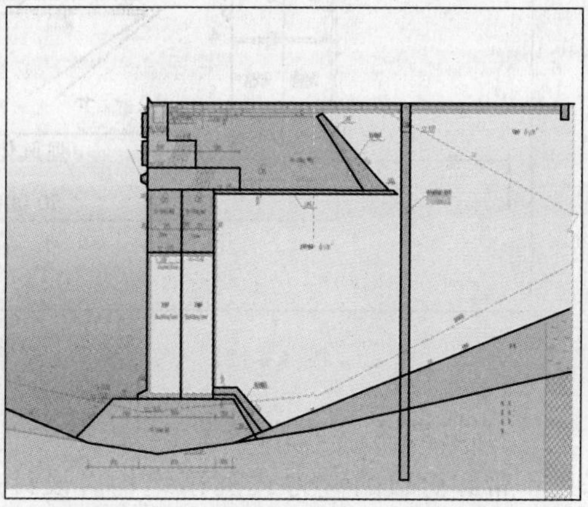

图 4-119　10 号、11 号泊位码头结构断面

4.4.4.4.2　海沧港区一期工程（原 1 号、5 号、6 号泊位）

1 号集装箱泊位结构（图 4-120）按靠泊 12 万吨级集装箱船预留设计，前沿底高程为 -17.5 m。沉箱底宽 11.8 m，沿码头长度方向 10.45 m，高 18.7 m，沉箱前壁厚 35 cm，后壁厚 30 cm，隔板厚 20 cm，底板厚 50 cm，总重 960 t，沉箱内吊孔以下填中粗砂，吊孔以下填块石，沉箱后设两级抛石棱体。卸荷板厚 1.8 m，悬臂 3.5 m，卸荷板与其上部胸墙通过卸荷板预埋钢筋连成整体。5 号、6 号 多用途泊位结构按靠泊 10 万吨级集装箱船预留设计，前沿底标高为 -15.3 m。沉箱底宽 10.0 m，沿码头长度方向 7.8 m，高 16.5 m，前壁厚 35 cm，后壁厚 30 cm，隔板厚 20 cm，底板厚 50 cm，总重 625 t。沉箱内下填中粗砂和填块石，沉箱后设两级抛石棱体。卸荷板厚 1.8 m，悬臂 3.5 m，卸荷板与其上部胸墙通过卸荷板预埋钢筋连成整体（图 4-121）。

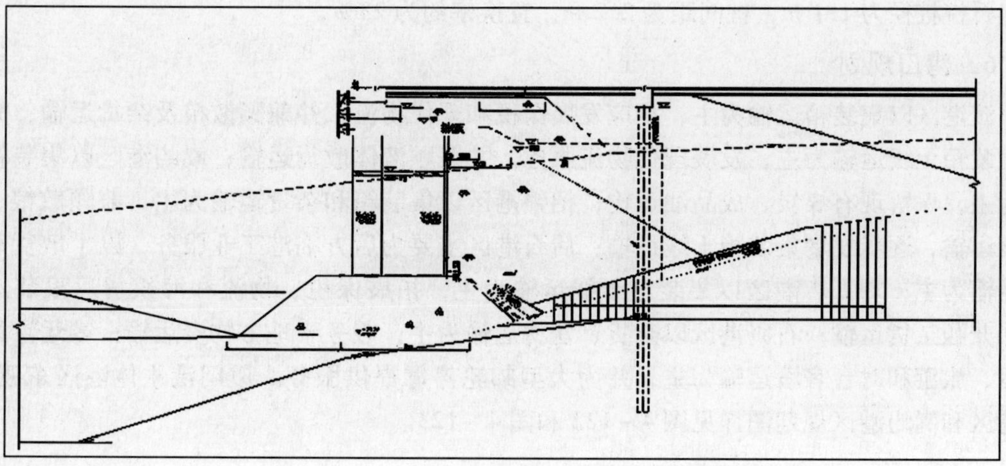

图 4-120　海沧 1 号集装箱泊位码头结构断面

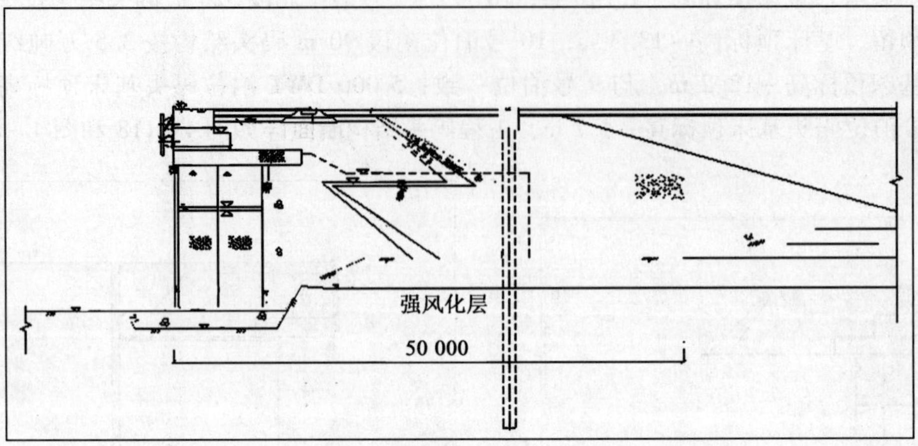

图 4－121 海沧 5 号、6 号多用途泊位码头结构断面

4.4.4.4.3 嵩屿港区一期工程

采用不带卸荷板的重力式沉箱结构。设计船型为 10 万吨级集装箱船，兼顾 12 500 TEU 集装箱船靠泊。码头前沿 70 m 范围内均布荷载 30 kN/m^2；距码头前沿 70 m 后均布荷载 60 kN/m^2。码头持力层为强风化岩，基床顶标高为－17.0 m，基床抛填 10～100 kg 块石。沉箱长 16.6 m、底宽 13.0 m、标准沉箱高 20.0 m，前、后壁厚 0.35 m，侧壁厚为 0.30 m，底板厚 0.55 m，前趾宽 1.0 m，侧趾宽 0.5 m，标准沉箱单件重约 2 015 t。沉箱内回填 10～50 kg 块石。上部为现浇 C40 钢筋混凝土胸墙，胸墙顶标高为 8.2 m，高 5.2 m，宽 5.0 m。码头后方设 10～100 kg 抛石棱体。码头采用 AA1200 三鼓一板标准橡胶护舷，设 2 000 kN 系船柱。

4.4.4.5 地基处理

东渡港区三期、象屿码头及保税区专用码头的堆场，靠码头前沿线约 200 m 范围内，在码头沉箱基床开挖时采用清淤后换填砂的方法进行处理，后方陆域由于淤泥较薄采用强夯加固地基。海沧港区一期 1 号泊位码头前方也采取清淤后换填的方法处理。嵩屿港区一期工程回填区陆域采用大开挖清淤＋回填砂＋振冲处理的方案。海沧港区 4 号、5 号、6 号泊位针对不同场区地质条件的差异，分别采用了插板堆载预压、强夯、强夯置换、振冲碎石桩等方法进行处理。碎石桩桩径为 1.1 m，桩间距为 2.2 m，置换率约为 23%。

4.4.4.6 港口规划

东渡港区以集装箱运输为主，相应发展保税和现代物流，并兼顾散粮及杂货运输；海沧港区以集装箱干线运输为主，发展现代物流服务，并兼顾液体散货运输；嵩屿港区以集装箱干线运输为主，保留现有煤炭、成品油运输；招银港区以集装箱和杂货运输为主，兼顾散粮、建材和客滚运输，逐步发展集装箱干线运输；后石港区主要为后方临港工业服务，以干散货和液体散货运输为主；刘五店港区以集装箱干线运输为主，拓展保税、物流和海峡货运滚装运输功能，并兼顾杂货运输；石码港区以杂货、建材运输为主，服务于地方物资运输；客运港区以沿海客运、旅游和对台客滚运输为主，并为大型邮轮停靠提供服务。厦门港主体港区东渡港区、海沧港区和嵩屿港区规划图详见图 4－122 和图 4－123。

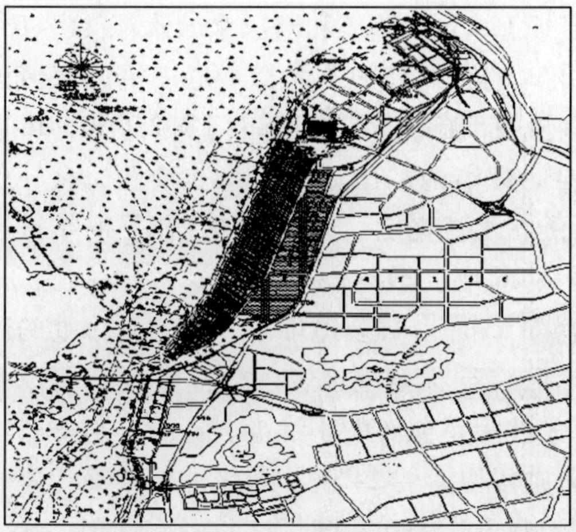

图 4－122　东渡港区规划布置

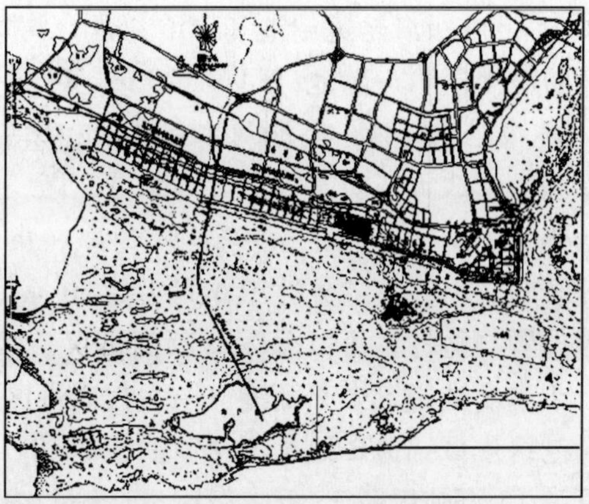

图 4－123　海沧嵩屿港区规划布置

4.4.5　台湾港口

台湾省环岛港口较多，主要有高雄港、基隆港、台中港、花莲港、苏澳港 5 个国际港口，还有台东、绿岛、兰屿、东港、安平、马公等中小型港口。

4.4.5.1　高雄港

高雄港位于台湾岛西南端，为全省最大的商港，也是军港和渔港，扼台湾海峡与巴士海峡交汇之要冲，是美、欧、亚海运必经之道(图 4－124)。高雄港所在海湾区是一狭长海湾，原为一潟湖，总长度 12 km，宽度约为 1～1.5 km，春、夏、秋三季风力平均 2—3 级，平均大潮

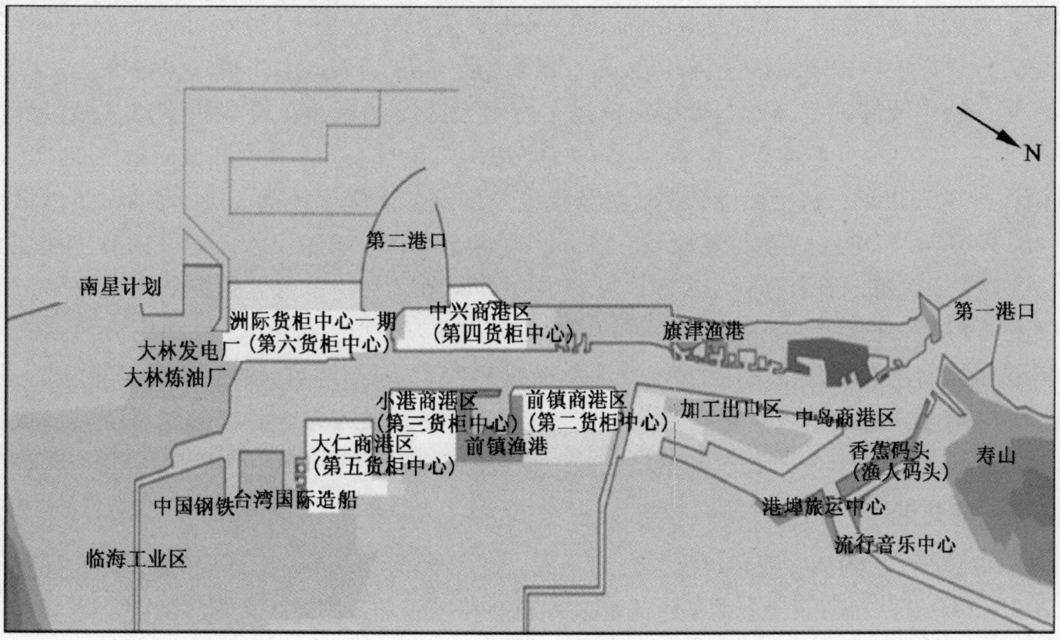

图 4－124　高雄港平面示意

潮差 0.88 m，平均小潮潮差 0.49 m，是一极具潜力的天然良港。港口土地面积 $1\ 390\times10^4\ m^2$，水域面积 12.76 km^2。有两个入海通道，进出港航道长 18 km，航道和港区水域水深 11～16 m，可供 15 万吨级海轮进出港和停泊，是台湾货物进出口的首要门户与集散中心。港区海域设有两套防波堤。第一港池口门宽 120 m，可通行 3 万吨级船舶；第二港池口门宽 250 m，可通行 10 万吨级船舶。第一港池两侧有寿山和旗后山。自第一港池的旗后山至第二港池，有一条狭长沙洲，形成天然防波堤，港内水域宽敞，水面平静，水流稳定，内陆腹地辽阔。高雄港现有营运码头 121 座，其中杂货码头 32 座、集装箱码头 26 座、散装码头 30 座、谷类码头 3 座。此外客轮、军舰、港务、工作码头共 30 座。另有仓库 63 座。集装箱堆场 6 处。高雄港的码头依照位置与特性，可以分为蓬莱商港区、盐埕商港区、苓雅商港区、中岛商港区、前镇商港区、小港商港区、中兴商港区与大仁商港区。还有一些零星分布的小渔港、造船厂与修船场等等。港区水域锚地 2 处，设浮筒泊位 24 组，可泊万吨级以上船 24 艘，超级油轮浮筒 2 座，分别可泊 15 万吨级和 25 万吨级巨型油轮。锚泊地总泊数可达 190 多艘。

2000 年前，高雄港集装箱装卸量曾一度名列世界前三名。2011 年集装箱吞吐量达 964×10^4 TEU。高雄港国际集装箱中心第二期建设工程正在进行，工程位于高雄港二港口南侧外海水域，将兴建外围堤 6 515 m，造地约 4.225 km^2，兴建 19 座深水码头，其中包括 5 座新水集装箱码头，可提供 18 000 TEU 级大型集装箱船靠泊作业，货柜装卸能量每年可达 400×10^4 TEU 以上；10 座石化码头，可供现有旧港区石化业者迁移到该处码头作业，重新建立南部石化储运中心，提升台湾石化产业竞争力。另 4 个为散杂货码头，可提供中岛港区部分大宗散杂货码头迁移。

4.4.5.2 台中港

台中港位于 24°19′40″N，120°29′27″E，台湾西岸中部的大甲溪口与大肚溪口之间，属台中县梧栖、清水 2 镇，是台湾新辟的国际港（图 4－125）。因年中有长时期（10 月至翌年 3 月尤盛）北及东北风形成的海流，向南漂沙量大，本不利于建港，但因基隆和高雄两港吞吐能量将近饱和，此处位置较适中（北距基隆港约 108 n mile，南距高雄港约 120 n mile），故决定建筑新人工港，以供发展西中部地区经济和调节南北两大港海运。1973 年开始兴建台中港，1976 年加入营运。台中港港区范围北起大甲溪南岸，南至大肚溪北岸，东接大甲平原，西临台湾海峡，南北长 12.5 km，东西宽 2.5～4.5 km，总面积约 37.93 km^2，其中陆域面积占 28.20 km^2，水域面积占 9.73 km^2；包括商港、工业港及渔港三部分。港区土地面积 149.5 km^2，港区泊地水域 $487\times10^4\ m^2$。港口航道水深 12.5～13 m，可容 5×10^4 t 船舶出入，港区内各主航道水深 13 m。到 90 年代初，该港有仓库 8 座，可容纳 16.1×10^4 t 货物；营运码头 29 座，长 6 530 m，可停船泊 29 艘。现有码头 50 座。

台中港距台湾海峡西岸厦门 127 n mile、福州 117 n mile，是两岸通航的最佳港口之一。台中港以大宗谷类、肥料等散货运输为主，2009 年货物装卸量与吞吐量已超越基隆港，成为岛内第二大国际港。2010 年货物装卸量破亿吨，集装箱吞吐量 136×10^4 TEU。

4.4.5.3 基隆港

基隆港位于 25°09′N，121°44′E，台湾岛北端，是台湾北部海上门户，重要的海洋渔业基地，20 世纪 60 年代前一直是台湾最大的港口，2009 年以后是台湾第三大国际港（图 4－126）。港口三面环山，沿海湾建有 40 余个泊位。港区土地面积 1.898 km^2，港区水域面积 $379\times10^4\ m^2$（包括内港 $98.5\times10^4\ m^2$，八尺门区 $95.5\times10^4\ m^2$）；港区各主航道水深为 10～26 m；港口水深

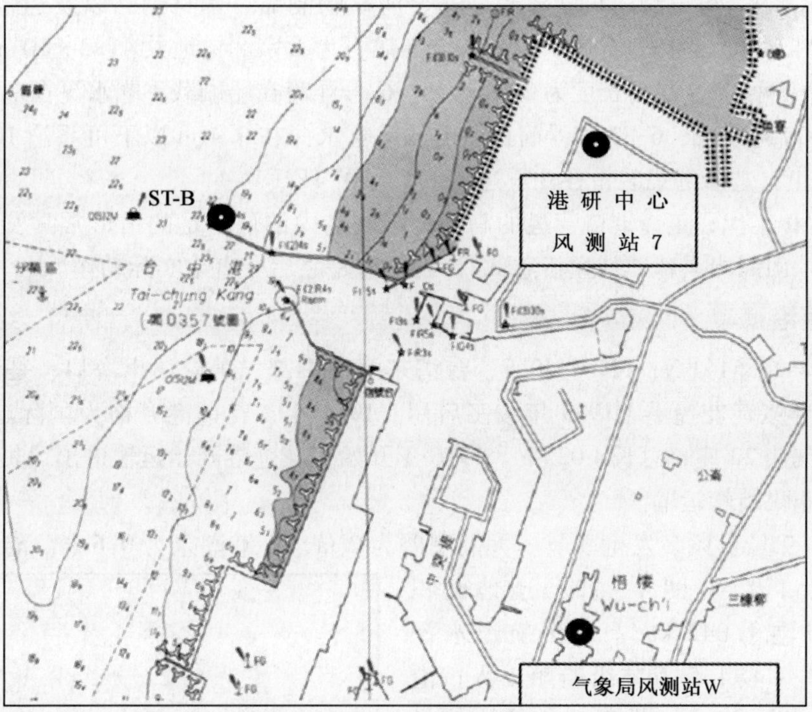

图4－125 台中港平面布置

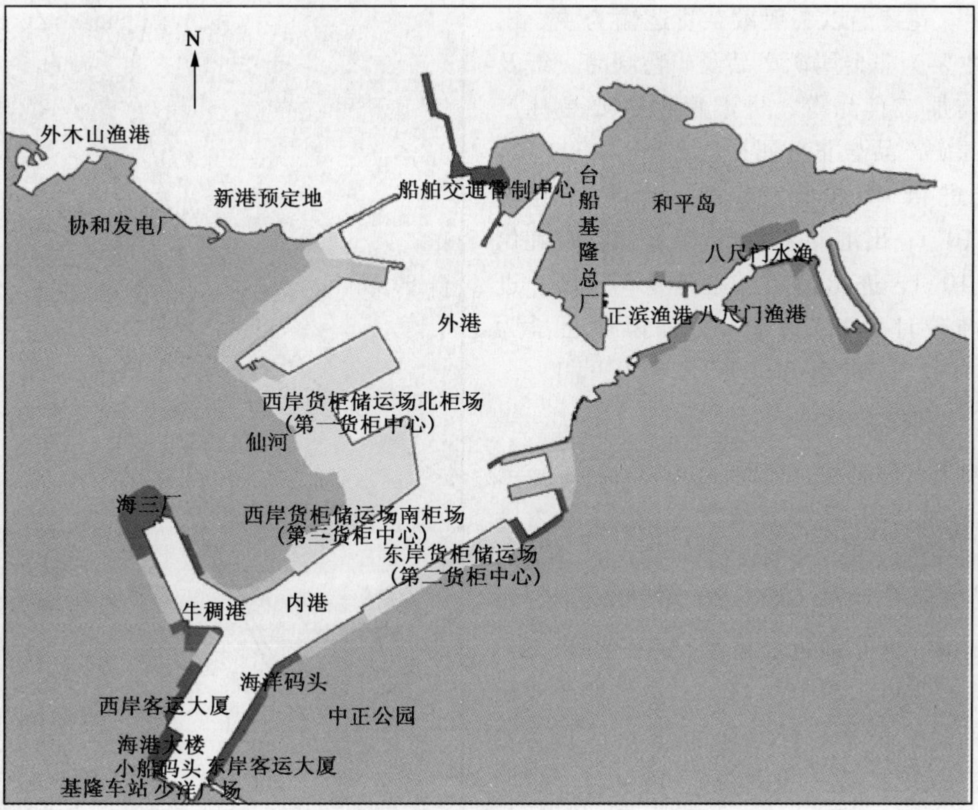

图4－126 基隆港平面布置

达11.5 m。港区船舶停泊能量计68艘。码头58座(可容船舶58艘)，其中营业码头40座，长7 545 m。出港货物以纺织品、化学材料、非金属矿物制品、木材制品以及运输工具为大宗，进港以化学材料、农产品、非金属矿产品和金属矿石为大宗。锚地共41.2×10^4 m^2，可容船舶5艘；浮筒3个(两组)，浮筒长度为200 m。5—6号浮筒在船舶载重吃水深在9.1 m以下可系泊6 000～10 000吨船舶；6—7号浮筒在船舶载重吃水深在9.4 m以下可系泊10 000～15 000吨船舶。2007年，基隆港集装箱吞吐量达221.5×10^4 TEU。

基隆港于80年代，正逢港口营运的高峰，当时港内泊位不足的情形常常发生，提出在基隆港以西的外木山海岸兴建“基隆新港”的计划，但是之后一直未实际动作。

4.4.5.4 花莲港

花莲港位于23°51′0″N，121°33′0″E，台湾东海岸中部，美仑溪出海口，是台湾东部最大的港口。1931年兴建花莲港，1939年竣工启用。1963年，花莲港升格为国际港。到90年代初，该港营业码头22座，总长4 025 m。1996年开始，花莲港开始运输进出口集装箱，但运量不稳定，后停止集装箱运输。

花莲港6—9月台风多发生季节。大潮潮差为2 m，小潮潮差为0.6 m。港口可进出6万吨级船舶。港口港区(图4－127)土地面积0.938 km^2，外港1.042 km^2。港区航道水深9.7～17.5 m，可容1.5万吨级船舶出入；港区内各主航道水深10 m。港区船舶停泊能量内港16艘，外港6艘，合计22艘。锚地共7 200 m^2。花莲港以一般散杂货运输为主。出港货物主要为非金属矿产品及矿物制品、纸及纸制品与加工食品等；进港货物主要是林产品、能源矿产品与非金属矿产品等。2002年，花莲港进港船舶2 336艘，进港总吨位$1\,555\times10^4$ t；出港船舶2 337艘，出港总吨位$1\,556\times10^4$ t，进出港船舶合计4 673艘；进出港总吨位计$3\,111\times10^4$ t；货物吞吐量为$2\,033\times10^4$ t，货物装卸量$1\,716\times10^4$ t。

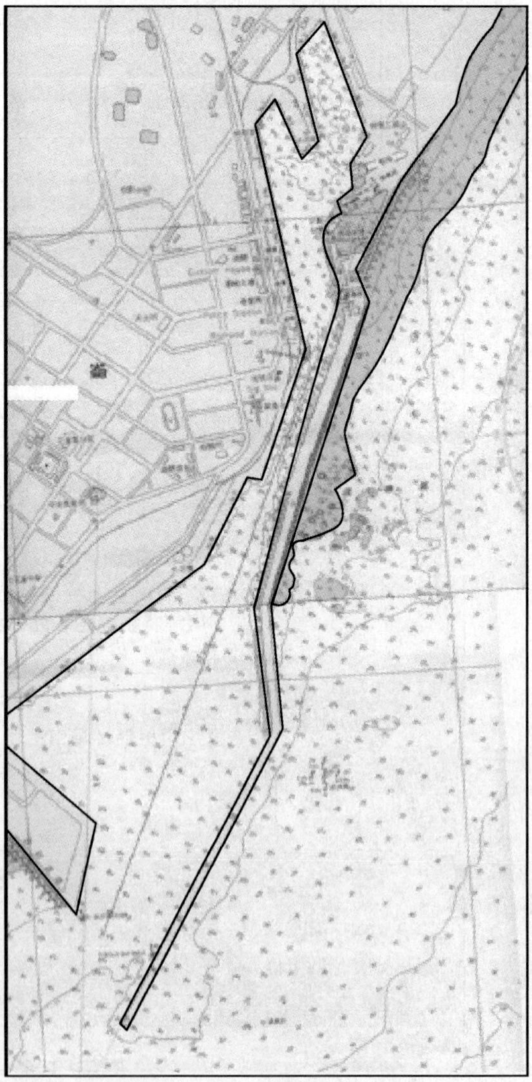
图4－127 花莲港平面布置

4.4.5.5 苏澳港

苏澳港昔称东港，三面环山，东向太平洋，是由北方澳、苏澳和南方澳形成的自然港澳，台湾北部的第二大港口(图4－128)。苏澳港港区土地面积约90×10^4 m^2，水域面积28.4×10^4 m^2；港区航道水深24 m，可容8×10^4 t船舶出入；港区水深10～15 m；港区船舶停泊能量合计船舶16艘；锚地56×10^4 m^2，可容船舶3艘；码头13座，长度为2 610 m，可容船舶13艘。该港主要运输货物相对集中，进口以煤炭为主，出口以水泥为主。

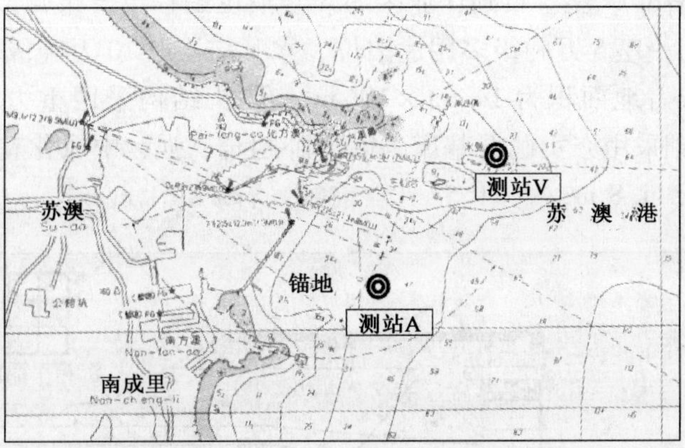

图 4－128　苏澳港平面布置

4.4.6　泉州港

泉州港 1 500 多年前曾有三湾十二支港的记载，于 1951 年对外开放，1959 年封闭。1983 年，泉州港的后渚作业区恢复对外。泉州港海岸线长达 427 km，深水岸线 37.6 km，现已开发的港口岸线近 11 km。泉州港现辖泉州湾、深沪湾、围头湾 3 个港区。泉州湾港区由秀涂、石湖、祥芝、后渚、锦尚五个作业区以及崇武、内港两个作业点组成；深沪湾港区由深沪、梅林两个作业区组成；围头湾港区由围头、石井、安海、东石、菊江 5 个作业区组成。有万吨级以上泊位 10 个。泉州湾深水航道底标高为 －12.5 m，可全天候进出 5 万吨船舶。2009 年全港吞吐量达 0.76×10^8 t，集装箱超过 125×10^4 TEU。

泉州湾港区工程区域的常风向为 NNE—NE 向，次常风向为 SSW—SW 向，强风向为 N—NE 向，次强风向为 SE、SSW 向。潮汐类型属于正规半日潮。采用当地黄海零点为基准面，设计高水位 3.14 m，设计低水位 －2.19 m，极端高水位 4.68 m，极端低水位 －3.14 m。平均含沙量为 0.06～0.17 kg/m^3。

石湖作业区是泉州港内贸集装箱运输的主要作业区（图 4－129），共规划 16 个泊位，泊位长度 3 720 m，规划年通过能力 $6\,550\times10^4$ t（其中集装箱 620×10^4 t）。已建 3 000 吨级泊位 2 座，万吨级泊位（1 号泊位）、3 万吨级泊位（2 号泊位）和 5 万吨级泊位（3 号泊位）各 1 座，在

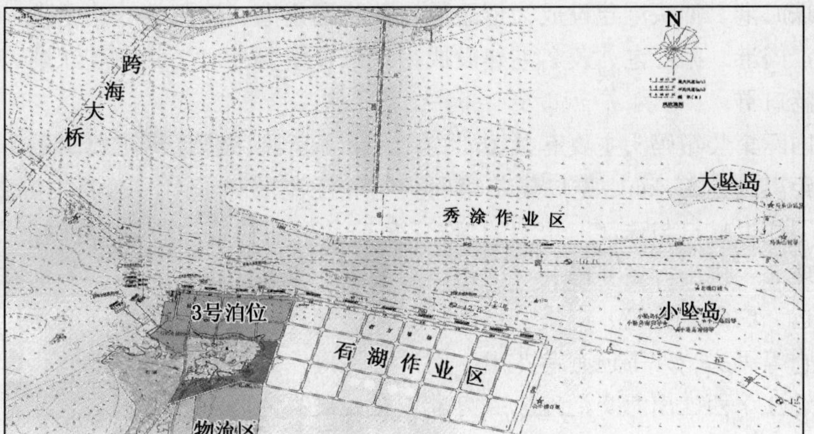

图 4－129　泉州港泉州湾港区石湖作业区规划

建5万吨级泊位(4号泊位)1座。石湖作业区的3号泊位工程位于泉州湾南岸，大坠门和小坠门岛的西部。该工程为一座5万吨级多用途泊位，水工结构按10万吨级集装箱船舶靠泊设计，泊位长度330 m，陆域占地面积为14.63×10^4 m^2。码头结构采用重力式有卸荷板沉箱结构(图4－130)。码头基础采用夯实抛石基床，以下卧的全、强、中风化花岗岩层作为基床持力层。沉箱主要尺度为长11.8 m，宽11.5 m(含前趾)，高17.1 m。

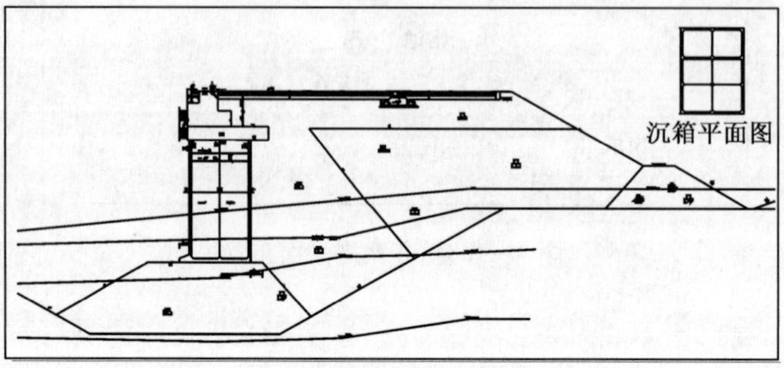

图4－130　泉州港石湖作业区码头断面

4.5　珠江三角洲港口群

4.5.1　概况

珠江三角洲地区港口群以广东港口(除西部的湛江港等外)为主，大陆方面包括深圳港国际航运物流中心和广州港国际航运物流中心。深圳港国际航运物流中心是华南物流的重要中转集散地；广州港国际航运物流中心是以珠江流域和珠江三角洲地区的主枢纽港广州港为核心的。这两个中心也是香港国际航运中心的重要支撑。从广义上讲，香港港口也是这一群体的重要组成部分。

广东全省有通航河流998条，通航里程14 213 km。到2002年底，全省共有港口109个，其中沿海港口36个、内河港口73个，生产用码头泊位3 066个，码头长度17.9万m。主要港口有广州、深圳、珠海、汕头、湛江，佛山、东莞、中山等。广东目前确定将广州港、深圳港、湛江港、珠海港、汕头港建设成为枢纽港口，将潮州港、揭阳港、汕尾港、惠州港、虎门港、中山港、江门港、阳江港、茂名港建设成为地区性重要港口。其中湛江港因其地域关系归类于西南沿海港口群。

深圳港口国际集装箱码头主要有盐田、蛇口、赤湾等港区。赤湾与妈湾码头连在一起。盐田与蛇口港间距离约是35 km。蛇口集装箱码头与珠江流域和华南沿海各主要港口连为一体，已经成功开发了往返蛇口与珠江三角洲的“珠三角公共驳船快线”，服务范围涵盖黄埔、顺德、江门、中山、珠海、佛山等主要码头。广州港沿岸多达十几个港口码头，分别有新沙港区、旧港、港澳、外运、广州集装箱、广裕、乌冲、新风、建祥、嘉利、穗港、全通、广保通、罗冲围、东江外运仓等码头，外围还有莲花山、南沙码头等。既是散什货集散地，也是集装箱集散地，是珠江、北江、西江出海交汇地。珠海港正在发展高栏和淇澳岛深水港区。

汕头港开埠于1861年，已有140多年的历史，素有“岭东之门户，华南之要冲”的称誉。汕头港是我国沿海5个港口群中的主要港口之一，拥有珠池、广澳、马山、礐石、老港区等五个港区，3.5万吨级、2.5万吨级、2万吨级、1.5万吨级、5 000吨级、3 000吨级集装箱、杂货、煤炭、客运等码头泊位30多个。

珠池港区在目前汕头港深水泊位最多，码头岸线长2 159 m，陆域纵深900 m，码头前沿底标高 −11.7 m，拥有通用件杂货和集装箱泊位13个，其中1万~2.5万吨级泊位9个。一期工程于1995年底建成投产，包括2万吨级多用途泊位1个、1.5万吨级杂货泊位1个等项目。二期工程建设2个2万吨级泊位，2个1.5万吨级泊位，1个1万吨级泊位，设计用途为钢材、杂货、集装箱等，于2004年10月试投产。

广澳港区位于广澳湾内，水深条件优越，−10.0 m等深线距岸边仅1~1.5 km，泥沙淤积轻微，工程地质属于构造活动相对稳定的地区，是粤东唯一的天然深水良港。港区水域面积4.77 km^2，陆域东西长约3 000 m，南北纵深平均1 335 m，最深达2 300 m。广澳港起步于1996年底，包括2万吨级多用途码头1座，长240 m，码头前沿底标高 −13 m。一期工程于2002年11月开工建设，建成2个5万吨级泊位，长435 m，码头前沿底标高 −15 m。广澳港区具有良好的发展前景，湾内岸线全长10 km，规划建设2万~30万吨级泊位39个，其中，规划有10万级集装箱码头和成品油码头、15万吨级散货码头、30万吨级原油码头等大型泊位。

马山港区陆域面积15×10^4 m^2，岸线长1 040 m，拥有3.5万吨级煤炭专用泊位1个，长度为235 m，码头前沿水深 −11 m，是粤东地区最大的煤炭装卸码头。汕头港航道分为港外航道和港内航道。港外航道长9 400 m，宽200~500 m，航道水深为4.7~7.0 m；港内航道长9 150 m，宽350~500 m，航道水深5~8 m。2011年加快规划建设广澳港区10万吨级码头和10万吨级航道，开工建设广澳港区防波堤和海门煤炭中转基地等项目，力争新增通过能力$5\,000 \times 10^4$ t左右，新增集装箱通过能力约120×10^4 TEU。港口总通过能力达到$8\,000 \times 10^4$ t以上，集装箱达到180×10^4 TEU左右。到“十二五”期末，争取全港货物吞吐量达到$8\,000 \times 10^4$ t左右；集装箱吞吐量达到220×10^4 TEU左右。

茂名港现辖水东港区、博贺新港区、博贺港区三个港区，是一个以散装油品、化学品运输为主的港口，现有500~3万吨级码头12座，拥有全国首座25万吨级单点系泊原油接卸系统。2008年石油化工产品吞吐量达$1\,100 \times 10^4$ t，占港口总吞吐量的80%。2009年，茂名港已建成500吨、3 000吨、5 000吨、1万吨、2万吨、3万吨及30万吨级等各类码头泊位16个(不含旅游、渔业等码头等)，其中万吨级以上泊位9个。根据广东省政府2009年4月批准实施的《茂名港总体规划》，茂名港将形成以水东港区为依托，博贺新港区为重点，博贺港区为补充和预留的总体发展格局。水东港区重点开展成品油、液体化工产品运输；博贺新港区规划吞吐能力3.5×10^8 t、76个万吨以上的码头泊位，其中30万吨级码头泊位1个，20万吨级码头泊位2个。石化产业在现有30万吨单点系泊系统以东2 500 m处再建设一个30万吨单点系泊系统。电力方面近期和远期分别计划建设10万、15万吨级煤码头各一个。冶金方面近、远期规划建设20万吨级铁矿石(粉)专用码头各一个，两个2万吨级钢铁产品专用码头。造船方面远期规划建设30万吨级船厂，建造480 m和360 m船坞各一座，能制造17.5万吨级“好望角”型散货轮船和30万吨级油轮，同时配套两个15万吨级码头及航道。

香港港位于22°30′N，114°20′E，地处华南沿岸，潮汐属于不正规半日潮。香港港是全球最繁忙和最高效率的国际集装箱港口之一，也是全球供应链上的主要枢纽港，有香港仔、青山(屯门)、长洲、吉澳、流浮山、西贡、沙头角、深井、银矿湾、赤柱(东)、赤柱(西)、大澳、大埔、塔门和维多利亚等15个港区，其中维多利亚港区(Victoria Harbour)最大。维多利亚港区有平均超过10 m深的港内航道，是香港岛和九龙半岛之间的海港，海底多为岩石星底，航道无淤积，平均水深为12.2 m，万吨级的远洋巨轮可以全天候进出港口。港内有三个海湾和两个避风塘能躲风避浪。九龙半岛向南伸入海中，消减了风浪，使港区相对平静。维多利亚港有三个主要出入水道，是进入香港的门户，目前有72个供远洋轮船停靠的泊位。港宽1.6～9.6 km，可以停泊远洋巨轮，水域面积52.0 km^2，可停泊长305 m的大型船舶，范围东至鲤鱼门，西至汲水门北至青衣南部海域。海港内包括青洲、小青洲、九龙石等岛屿。香港最主要的集装箱物流处理中心葵青港区集装箱码头年吞吐量超过1 800×10^4 TEU，占全港集装箱吞吐量的68%。葵青港区共有9个码头，占地2.75 km^2，共有24个泊位，水深15.5 m，深水岸线8 530 m。葵涌集装箱码头(Kwai Chung)位于维多利亚港区西北部，面积0.85 km^2，有6个泊位，岸线总长2 378 m，水深12 m。香港港口设施计有葵涌、昂船洲货柜码头的停泊处，总长6 000 m；公众货物装卸区的停泊处，总长7 750 m以及58个远洋船系泊浮标。2011年处理集装箱2 440 ×10^4 TEU。为了增加香港港的国际国内竞争能力，香港港也在规划建设新的集装箱码头。

本章主要介绍深圳港、广州港和珠海港等。

4.5.2 深圳港

4.5.2.1 简况

深圳港地处珠江口东岸，被九龙半岛分为东、西两大部分。其中，西部港口位于珠江口矾石水道东岸，水路南距香港20 n mile、北至广州40 n mile，通过内河水网可沟通珠江三角洲、港澳及广大华南地区，海轮经暗士敦水道可通达国内沿海及世界各港。东部港口主要分布在大鹏湾内，盐田港区位于大鹏湾北岸，西起沙头角，东至正角嘴，向东为大、小梅沙旅游区。

改革开放前，深圳只是一个与香港接壤的小镇，港口仅有内河几个小码头，年吞吐量约10×10^4 t。1980年建成顺岸式中级码头长340 m，开挖底标高为－6.0 m的航道6 100 m，可接纳5 000吨级海轮的港区。1991年成为全国沿海十大港口之一。90年代以来，新建了盐田、赤湾等专业化的集装箱港区，初步形成了东、西两翼港口协调发展的大格局，实现了港口布局和结构的调整。到2000年，成为了全国第二大集装箱干线港。2001年至今重点建设了一大批集装箱、多用途泊位，实施了西部集装箱港区的资源整合，货物总吞吐量先后达到1×10^8 t和2×10^8 t，集装箱吞吐量突破2 000×10^4 TEU，成为全球第四大集装箱干线港。2007年年底，深圳港共有各类码头约164个，其中生产性泊位141个(深水泊位61个)，码头岸线总长约26.0 km，货运通过能力1.94×10^8 t；现有专业化集装箱泊位35个(深水泊位33个)，通过能力1 825×10^4 TEU。

4.5.2.2 自然条件

东部盐田港位于22°34′N，114°15′E。最高潮位2.97 m，最低潮位－0.31 m，平均高潮位1.69 m，平均低潮位0.62 m，最大潮差2.72 m，平均潮差1.07 m。进港航道限制最大吃水15.5 m。

西部港口位于伶仃洋，是珠江口虎门、蕉门、洪奇门和横门注入的河口湾，湾型呈喇叭状，走向接近NNW—SSE向，湾顶宽约4 km，湾口宽约30 km，纵向长达72 km，水域面积2 110 km^2。东部沿岸多湾，由北往南有交椅湾、大铲湾、深圳湾；西岸由北往南多滩，蕉门、洪奇门和横门的出口附近堆积着许多浅滩；中部有淇澳岛和内伶仃岛扼守湾腰，东南有暗士敦水道经香港的汲水门水道连接维多利亚港，湾口西南侧有洪湾水道与磨刀门河口相通。湾内有岛屿散布其间，如龙穴岛、舢舨洲、横门山岛、大铲岛、小铲岛、内伶仃岛、淇澳岛和大濠岛等。伶仃洋属弱潮河口，潮汐属不正规半日混合潮类型。潮差从湾口向湾顶逐渐增大。东岸潮差大于西岸。多年平均含沙量在0.1～0.2 kg/m^{3}之间变化。

海区常风向为E向，强风向受季风影响显著，冬季多北或北偏东向风，夏季受台风影响，多出现偏东风或东南向风，影响本海区的台风多年平均为4.6次/a，台风过境影响天数为9.2天。常浪向以S—SSW为主，强浪向以SSW、S、SE向为主，波型多为风涌混合浪。

4.5.2.3　港口平面布置

4.5.2.3.1　主要港区

深圳港基本形成了西部以蛇口、赤湾、妈湾为主，东部以盐田为主的四大货运中心，共包括蛇口、赤湾、妈湾、大铲湾、东角头、机场、盐田、下洞、沙鱼涌和内河等10个港区和核电、大鹏LNG等专用码头；按其区域分为龙岗、盐田、南山、大铲湾、宝安等五大港区(图4－131)。

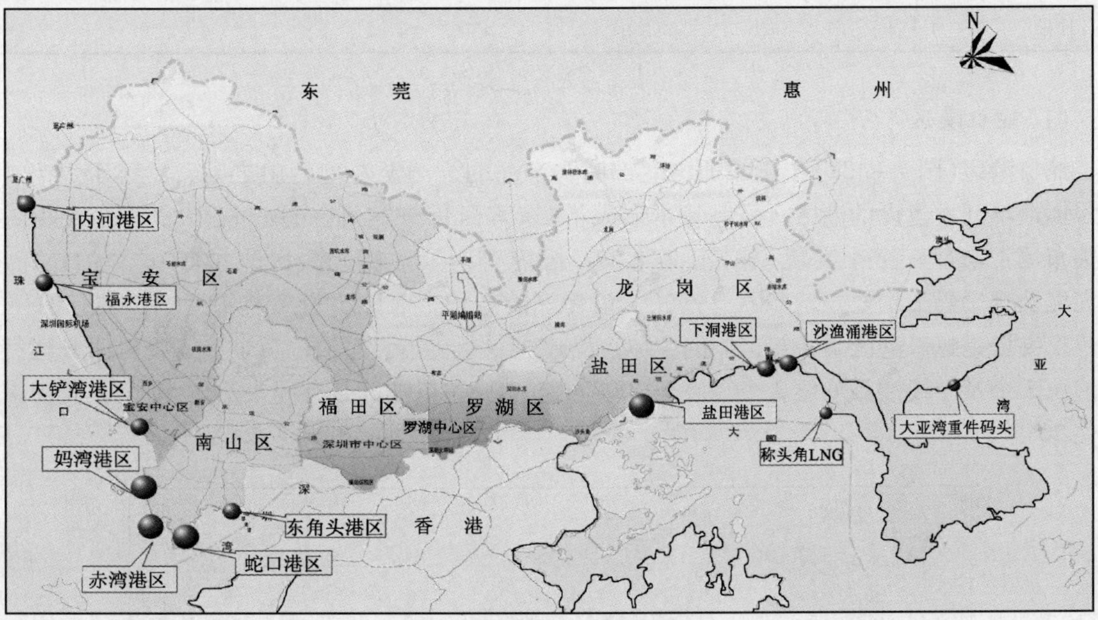

图4－131　深圳港平面位置

截至2007年，深圳港码头设施现状见表4－13。深圳港东部水域共有8个锚地，西部水域共有12个锚地。锚地底质多为淤泥。

表4－13　深圳港码头设施现状

港区名称	全部生产性码头泊位情况					内：专业化集装箱泊位情况	
	码头岸线长度/m	泊位数		码头通过能力		泊位数/个	能力/×10^4 TEU
		小计/个	内：深水/个	小计/×10^4 t	内：集装箱/×10^4 TEU		
合计	25 961	158	64	19 397	1 929	35	1 825
盐田	5 280	16	16	7 104	878	13	830
蛇口	6 540	50	20	4 781	466	8	410
赤湾	3 741	26	11	2 962	310	8	310

续表

港区名称	全部生产性码头泊位情况					内：专业化集装箱泊位情况	
	码头岸线长度/m	泊位数		码头通过能力			
		小计/个	内：深水/个	小计/$\times 10^4$ t	内：集装箱/$\times 10^4$ TEU	泊位数/个	能力/$\times 10^4$ TEU
妈湾	4 321	16	11	2 549	175	4	175
大铲湾	740	2	2	800	100	2	100
下洞	1 898	9	3	433			
沙渔涌	704	6		40			
东角头	391	5		40			
机场	442	5		51			
内河	753	13		187			
其他	1 151	10	1	450			

(1)蛇口港区

蛇口港区(图4－132)位于深圳湾北部南头半岛的五湾至左炮台山之间，始建于1979年，是深圳最早开发建设的港区，目前基本形成了“东客西货”的功能布局和三大、三小突堤式的码头布局：东部三个小突堤(栈桥)为港澳、国内客运及车渡码头区，共有16个泊位；一、二突堤及顺岸码头主要经营矿石、钢铁、粮食等散杂货，兼顾少量集装箱运输，共有泊位17个。三突堤是蛇口港区集装箱运输的主体，已建成专业化集装箱泊位7个。三突堤西侧建有修船泊位3个及中级油品泊位2个。截至2007年年底，蛇口港区共有码头泊位50个，其中深水泊位20个。

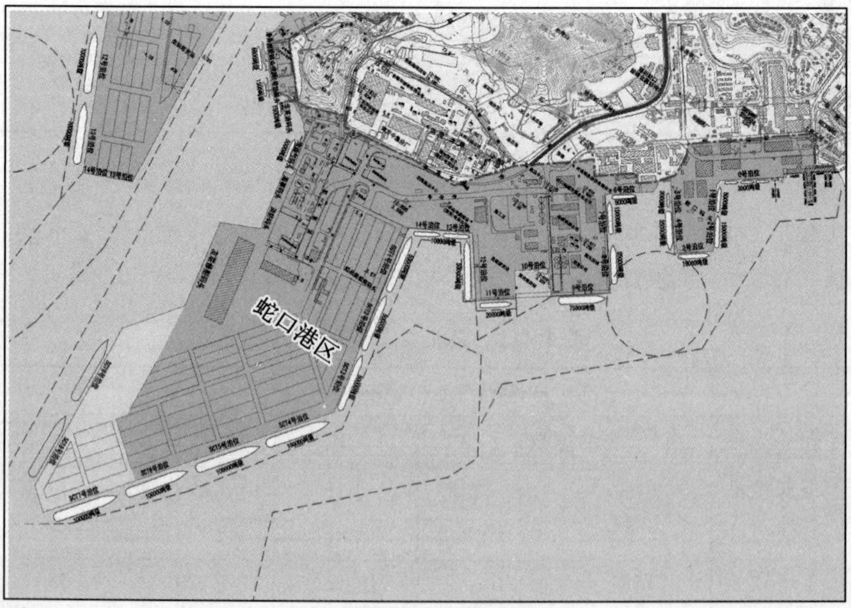

图4－132　蛇口港区

(2)赤湾港区

赤湾港区(图4－133)位于南头半岛端部左右炮台间的赤湾内，始建于1983年，依托自然港湾逐步形成目前环抱式港池格局。港池东部已建成7个泊位，主要为海上钻井平台及导管架的制造、运输和海上油田生产、生活物资运输服务；东侧口门建有中级油品泊位25个；港池西部1—8号泊位主要承担散杂货运输，兼顾部分近洋、内支集装箱运输和外贸空箱倒运任务；港池内工作船泊位2个；大突堤外侧是目前集装箱运输的主体，已建9—13号5个大型专业化集装箱泊位，为目前港区内集装箱运输的主体，岸线总长1 758 m；堤头为2个2 000吨级泊位，主要承担集装箱驳船装卸运输任务；是赤湾港区的深水作业岸线。1989年年底开工建设，1992年首建9号多用途泊位，以后相继建成的10—13号泊位。13号泊位于突堤外侧最南端，于2005年建设。截至2007年年底，赤湾港区共有泊位26个，其中深水泊位11个，年通过能力2 962 $\times 10^4$ t，其中集装箱能力310 $\times 10^4$ TEU。

图4－133　赤湾港区全景照片

(3)妈湾港区

妈湾港区(图4－134)位于南头半岛西侧，南临赤湾港区，北至大铲湾口南侧，始建于1990年。港区总体格局呈顺岸形式，自南向北已建成2个5万吨级煤炭接卸泊位、7个3.5万吨级以上多用途和通用泊位及3个2 000～5 000吨级通用泊位、5 000吨级燃油泊位、3.5万吨级油品泊位、1个3.5万吨级和1个5 000吨级化工泊位；目前共有生产性泊位16个，其中深水泊位11个。2007年完成吞吐量1 821 $\times 10^4$ t。

图4－134　妈湾港区总体布置

(4)盐田港区

盐田港区位于大鹏湾，毗邻香港，水深港阔，天然掩护条件较好，无泥沙回淤，三面环山，港口用地几乎全部开山填海形成，建设成本较高，集疏运基础条件较差。港区总平面布置分东、西、中三个区(图4－135)。

图4－135 盐田港区平面鸟瞰

西港区已建成泊位3个，岸线总长617 m。其中1号、2号、3号泊位分别为1万、2.5万、3.5万吨级多用途泊位。4—6号泊位建设规模为3个5万吨级集装箱泊位，水工结构按7万吨级考虑，占用岸线长度1 142 m(其中包括3号泊位续建长度140 m)。

中港区一期工程于1994年建成，由1个5万吨级、3.5万吨级集装箱泊位及1个2.5万吨级多用途泊位和工作船泊位组成，岸线长1 486.6 m；二期工程由3个5万吨级的集装箱泊位组成，岸线长950 m。三期工程位于二期工程东侧，岸线与二期工程岸线夹角为90°，长度1 400 m，为4个10万吨级泊位。扩建工程位于三期工程东北侧，与三期工程岸线相背，共同形中港区突堤，并与一、二、三期工程连成中港区整体，10—15号的10万吨级深水泊位占有岸线长度为2 104 m。工作船泊位岸线长度为297 m。突堤南端深水岸线长度为886 m，可同时停靠2条10万吨级集装箱船舶。根据深圳港总体布局规划，东港区有2 500 m岸线，为集装箱港区专用岸线。

截至2007年底，港区共有生产性泊位16个，集装箱通过能力878×10^4 TEU；实际完成吞吐量$1\ 002\times10^4$ TEU。盐田集装箱码头扩建6个3万～7万吨级集装箱泊位，年设计吞吐能力370×10^4 TEU，2010年底前全部竣工投产。

(5)大铲湾港区

大铲湾港区(图4－136)位于伶仃洋东岸大铲湾水域，其上游为伶仃洋东滩和公沙水道，下游为深圳港西部港区公共航道，西侧大、小铲岛及岛间浅滩把矾石水道(伶仃洋东槽)与港区分隔开来，是深圳港“十五期”新开发建设的集装箱港区。依托湾口由北往南延伸的大突堤工程形成深水码头岸线，一期工程位于大突堤南端西侧，岸线总长1 830 m，设计通过能力250×10^4 TEU，可同时靠泊3艘10万吨级和2艘7万吨级集装箱船，包括603 m南侧的直立深水岸壁，陆域纵深600 m、总面积112.1×10^4 m^2。港池自2008年开挖成形后，每年需要维护疏浚300×10^4 m^{3}左右。

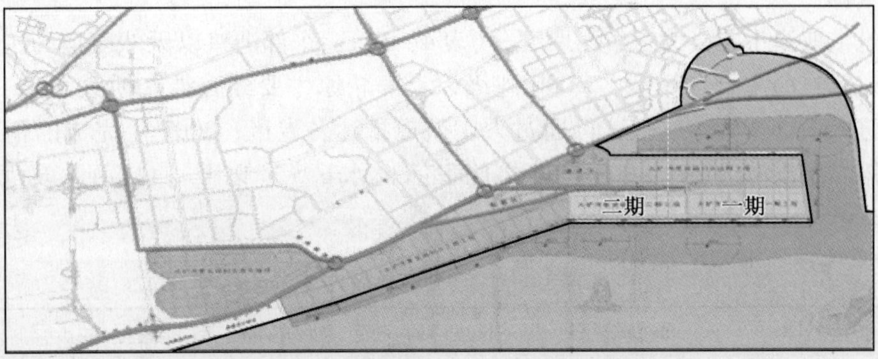

图4－136 大铲湾港区一期工程总平面布置

(6)其他港区

东角头港区位于深圳湾内蛇口灯光山下，年吞吐能力40×10^4 t。下洞港区位于大鹏湾顶下洞附近，东邻沙鱼涌港区，西距盐田港区约9 km。现有三座栈桥式码头，通过能力433×10^4 t。其中1.4万吨级及千吨级油品专用泊位各1个；1个5万吨级及2个5 000吨级液化气泊位。沙鱼涌港区位于大鹏湾顶的葵涌附近，主要为东部港区建设提供砂石料运输。机场港区位于珠江口东岸，福永河以南岸段，主要有500吨级客运泊位2个及5 000吨级航空油进口泊位1个。

内河港区由深圳河的上步、皇岗、新洲和宝安区的西乡河、东宝河、茅洲河等地的内河码头组成，航道水深为1.0～1.5 m。有一些企业的专用码头，如大亚湾核电站、深圳能源东部电厂重件码头；10万吨级的LNG码头1个；电厂3 000吨级重件码头4个；机场配套码头工程。友联船厂修船基地码头工程拥有3 400 m的码头岸线，除原有的两座浮船坞外，另新建超30万吨和30万吨的干坞各一座，可满足大型油轮、LNG、邮轮、下一代集装箱船、大型散货船及钻井平台修理改造。

蛇口港客运站建立于1981年，紧邻大南山脚，是深圳市水上客运枢纽，几经扩建，最终形成16个客运泊位、1 025 m长岸线的规模。主要航行于香港九龙、中环、赤沥角机场、澳门以及珠海九洲港间。选用钢管桩、重力式框架、带卸荷板的空心方块等多种结构。

龙岗港区广东大鹏液化天然气码头1999年底立项，2006年一期工程正式投产(图4－137)。根据规划，工程总规模为700×10^4 t/a，其中一期工程设计规模为370×10^4 t/a，二期工程预计在2020年前建成投产。

图4－137 龙岗港区液化天然气码头

4.5.2.3.2 航道

深圳港进港航道主要分为东、西两部分(表4－14)。东部港口以天然航道为主。西部港口均为人工航道，目前主要有6条。5 000吨级以上海轮原主要经香港东博寮水道、马湾水道、暗士敦水道进入西部港区南航道，再通过人工航道抵达各港区；2007年完成的铜鼓航道一期工程形成了第二条出海通道；5 000吨级以下海轮(吃水6.5 m以下)直接由龙鼓西航道进入西部各港区。

表4－14 深圳港航道现状

港口	航道名称	通航等级	长度/km	底宽/m	底标高/m	备注
东部港口	盐田港区航道	10万吨级	18.6	400～1 000	－18.0	天然
		10万吨级	3.8	400	－16.0	人工
	沙渔涌港区航道	5千吨级	0.4	500	－7.0	天然
	下洞华安码头航道	5万吨级	0.5	200	－13.1	天然
	秤头角LNG专用航道	10万吨级	3.3	300	－14.1	天然
西部港口	铜鼓航道	10万吨级	22.1	210	－15.8	人工
	西部港区公共航道	10万吨级	8.9	210	－15.8	人工
	蛇口港区航道	5万吨级	4.4	180	－14.5～－8.1	人工
	赤湾港区航道	10万吨级	2.7	200	－16.0	人工
	妈湾港区航道	5万吨级	1.5	190	－14.0	天然
	机场客运码头航道	500吨级	2.0	40	－3.5	人工
	机场油码头航道	千吨级	1.9	60	－4.0	人工

铜鼓航道选线工作分为可分为两个阶段。1995年至2004年7月，围绕水流、泥沙、对周边环境影响、航行方便等原则选线，提出了西线、中线、东线三个方案，因东线方案不能满足香港新机场飞机安全飞行和航运的需要，中线方案需穿越香港白海豚保护区，远期发展需要炸礁，风浪流条件也较差，因此推荐采用西线方案并提出避开香港水域选线建议。2004年7月以后，将方案分为两类，即改造和不改造天然气管线。最终确定航道建设规模为10万吨级(8 000 TEU)集装箱船不乘潮单向航道，通航水深15.8 m，设计底标高－15.8 m，有效宽度210 m，边坡1∶7，人工开挖长度约22.57 km，疏浚工程量约7 030.80 × 10^4 m^3。航道总长22.57 km，南段6 318 m在广州港航道(伶仃西航道)的基础上浚深；中段长12 509 m，以23°44′20″—203°44′20″横切浅滩，为减少疏浚工程量，并保证与西部各港区进港航道平顺衔接，航道北段方位角调为38°35′31″—218°35′31″，长3 747 km。航道与天然气海底管线相交于伶仃洋航道下卧段，横切浅滩段东底边线距天然气管线最小距离150 m，西底边线距内伶仃岛约2.4 km。总平面布置方案详如图4－131。航道轴线－17 m以上以淤泥、淤泥质土为主，可满足航道远期发展的需要。航道沿线共布置了30座航标，间距约1 500 m。锚地选择在蜘蛛岛南侧，水深达15～22 m，底质为泥，可满足10万吨级船舶锚泊。

深圳西部港区公共航道工程位于珠江口伶仃洋东侧，其北、南、西面有大铲岛、小铲岛、孖洲岛、内伶仃岛、大濠岛环绕。深圳西部港区公共航道为东槽暗士敦水道—矾石水道过渡段，西侧为矾石浅滩，其南连铜鼓航道，北至大铲湾港区进港航道，连接了蛇口、赤湾、妈湾、前湾、大铲湾等深圳西部主要码头区。

深圳西部港区公共航道为10万吨级集装箱船不乘潮单向航道，考虑大型集装箱船舶一般处于不满载状态，航道底标高取 -15.8 m，有效宽度 210 m，疏浚边坡为 1∶8，疏浚工程量约 $2\ 683.8\times10^4\ m^3$，疏浚土以流泥、淤泥为主。航道平行于西部赤湾突堤集装箱码头、妈湾电厂煤码头和妈湾港区的码头前沿线布置，尽量贴近已开挖的港池边线。自铜鼓航道北端开始，走向为38°35′31″—218°35′31″，在警戒区折向NNW，走向为158°50′14″—338°50′14″，在妈湾港区再次转向为176°27′47″—356°27′47″，最终接至大铲湾港区船舶制动水域的起点。

4.5.2.4 水工建筑物

4.5.2.4.1 蛇口港区

(1)蛇口二突堤东侧3.5万吨级码头

码头工程结构采用“三根桩”(钢板桩、“H”形钢桩、冲孔灌注桩)，以钢板桩和“H”形钢桩组成斜拉桩抵抗水平力，挡土并支承前轨道梁，在回填开山石上施打冲孔灌注桩支承后轨道梁，上部结构为预制梁板，构成卸荷平台(图4-138)。

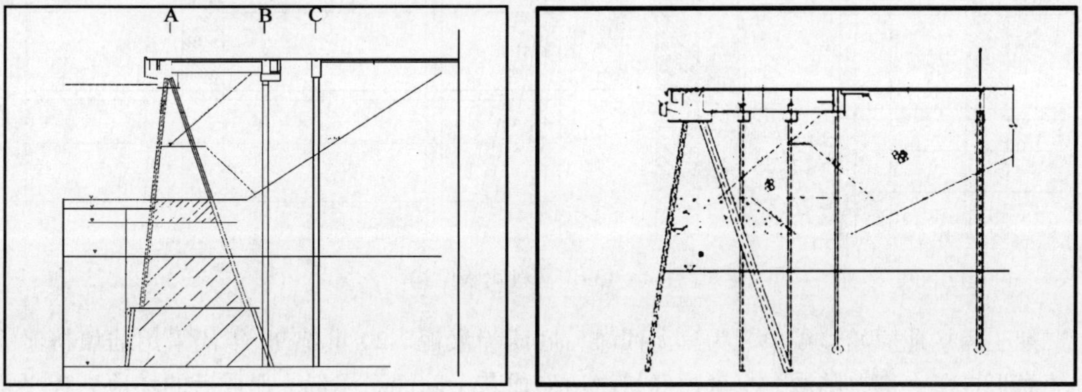

(a) (b)

图4-138 码头工程结构示意

(2)蛇口集装箱码头一期工程

工程位于蛇口三突堤东岸根部1号、2号两个5万吨级泊位，岸线长654 m，设计底标高 -13.5 m。码头结构主体采用钢板桩斜拉桩加卸荷平台方案，清除淤泥层至 -13.09 ~ -11.09 m。码头前轨道梁下施打 7∶1 组合 PU32 钢板斜桩及 3∶1 的斜拉钢管桩，斜拉桩直径800 mm，间距为3 m。组合钢板桩与斜拉钢管桩组成一对叉桩。板桩每5根含1组合桩，组合桩采用PU32钢板桩对扣焊接而成，并打入风化岩持力层中。板桩后设钢筋混凝土卸荷桩台，桩台宽度18 m，排架间距6 m，每排架设2根 ϕ600 钢管桩和1根 ϕ600 钻孔灌注桩，板桩后棱体抛至 -7.09 m，然后以 1∶1.1 抛石棱体接岸。后轨道梁下施打钻孔灌注桩，直桩600 mm，桩距3 m。

(3)蛇口集装箱码头二期工程

工程位于港区三突堤东侧和南侧，建集装箱专用泊位2个，靠泊船型为载箱量6 600 TEU的大型集装箱船，兼顾船型为12 500 TEU集装箱船。码头区下卧土层表层土质以粉质黏土为主，层底标高 -33.5 ~ -21 m，平均厚度约10 m；中层土质以砾砂间粉土为主，平均厚度约3 m，承载力250 kPa；下层为风化岩，基岩顶面标高为 -44 ~ -27 m。鉴于表层土厚度较大以及本工程4号泊位前方正对主航道，为减少码头立面对波浪反射和避免恶化航道航行条件，采用高桩梁板结构(图4-139)。码头基桩选用φ1 000~1 100 mm钢管桩。码头需满足50年不大修的标准，在主腐蚀区涂覆重防腐涂料和桩内设置了桩芯混凝土芯柱，其长度根据桩芯混凝土与钢管桩间弯矩及轴向力传递的情况确定。码头梁板混凝土采用透水模板，可排出新浇混凝土表面多余空气和水；梁底和侧面采用硅烷涂覆；码头面表层混凝土掺用聚丙烯纤维。

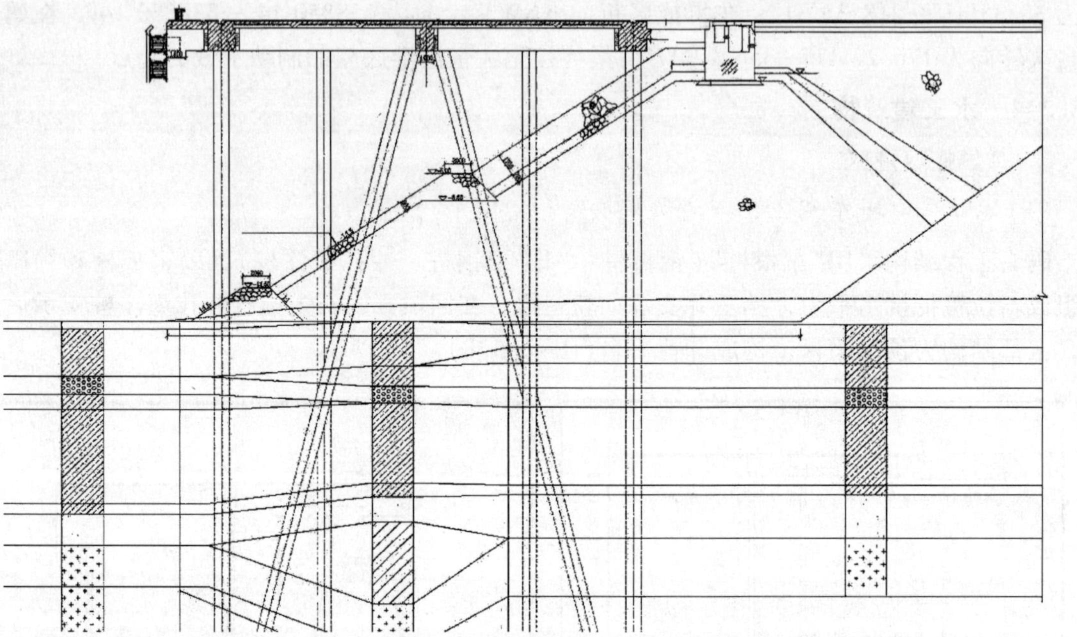

图4-139 高桩梁板结构

二期工程场地原始地貌单元为滨海浅滩，底质为淤泥。20世纪90年代采用陆填挤淤方式筑堤填海形成了大部分陆域，场区内经挤淤后形成若干隐性淤泥包。形成后的场地高程平均在4~4.8 m(当地理论最低潮面，下同)，局部区域达到8 m，历年中进行了多次改造与处理施工，各土层厚度分布极不均匀。有的区域形成了12~20 m厚松散的回填(土)石层，有的区域则埋藏有近13 m的淤泥，且埋置深度有很大差异。同一场地内，有的地段曾设有围堰，有的地段未设围堰；区域填料中石块粒径大小和含石量不一，形成了封闭的被覆盖淤泥包区和不封闭的被覆盖的淤泥区。曾对其中少量被覆盖淤泥进行了软基加固施工，但效果不一样。二期工程地基加固主要以表层填土及下卧淤泥类软土为对象，其中以深厚淤泥土为重点。淤泥类土采用堆载预压法，开山(土)石回填区采用强夯加固法。处理后场地高程为4.6~4.9 m。堆场设计荷载为60 kPa，地基容许承载力达到200 kPa。场地变形要求在使用荷载作用下残余沉降量小于300 mm，差异沉降量小于100 mm。本工程中对堆载预压区双层地基的处理效果很好。经预压后，平均强度增长了1.4倍，承载力均达到或超过了设计要求。

(4)蛇口三期工程集装箱码头

5个10万吨级集装箱码头结构按靠泊15万吨超大型集装箱船舶设计。设计高水位为2.91 m；设计低水位0.41 m；极端高水位3.98 m；极端低水位-0.24 m；施工水位1.70 m。50年一遇 $H_{1\%}=2.77$ m，平均周期5 s。5号、6号、7号泊位岸线总长1 200 m，8号、9号泊位岸线长889.19 m。北护岸长347.19 m，南护岸长137.31 m；港区陆域总面积659 745 m^2。5—9号泊位总设计通过能力 300×10^4 TEU/a。码头前沿顶高程均为5.41 m，底高程均为

-18.0 m，停泊水域宽度为90 m；近期疏浚底高程均为-15.8 m。5—7号泊位、8—9号泊位共用回旋水域。回旋水域调头圆直径700 m。内航道有效宽度190 m。码头采用全直桩大管桩结构(图4-140)。前后轨道梁下各布置2根φ1 400大管桩，中间布置4根φ1 200大管桩，每个排架布置8根桩，排架间距9 m。7号泊位结构类似，但全为C2增强型双直桩。φ1 400、φ1 200大管桩钢桩靴长分别925 mm、800 mm。5号泊位1—2结构段为钢管桩段，排架间距分别为8 m和9 m，轨道梁下桩径分别为φ1 100 mm和φ1 200 mm双直桩，中间布置4根φ1 000 mm钢管桩，其中1对3.5:1叉桩，2根直桩。码头桩台宽度39 m。采用二鼓一板的SUC1450低反力橡胶护舷，设计反力1 498 kN。码头设置1 500 kN系船柱。

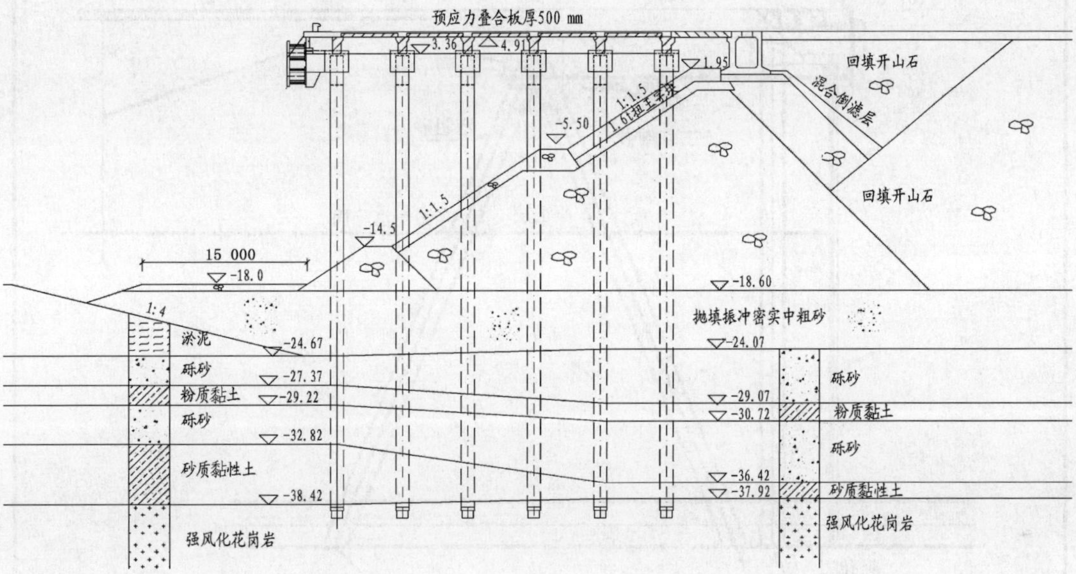

图4-140 5号、6号泊位码头结构典型断面

(5)赤湾港区

赤湾港区1号泊位是赤湾第一个码头，也是深圳首个万吨级深水码头。码头结构采用带后悬臂钢板桩(图4-141)，主要考虑特区建设初期缺乏预制场地，建筑材料匮乏，建港人力、设备不足等特点，又充分利用紧邻香港，钢材免税及价廉、便捷、质量可靠等优势，并以港池开挖的中粗砂和开山的土石方同时回填形成陆域，取得了较好的经济效益。

9号泊位是赤湾突堤外侧码头建造中的第一个泊位，采用φ1 200 mm预应力混凝土大管桩作为码头的桩基础，是我国在大型海港码头中首次采用的全直桩梁板式码头结构(图4-142)。工程建造在开敞式海域，波高浪大，码头区域风化岩起伏较大，覆盖层不一，土性硬软变化复杂。整个突堤系人工抛填形成，抛填高度达20 m。码头承受的垂直和水平荷载都较大。码头排架间距10 m，每榀排架布置8根直桩，其中码头前沿4根为φ1 200 mm预应力单绞线混凝土大管桩，后沿4根为φ1 200 mm预应力双绞线混凝土大管桩。在轨道梁下沿码头纵向布置两根φ1 200 mm大管桩，其余节点为单根。桩尖持力层是强风化花岗岩。上部结构为正交梁板体系。7号、8号泊位位于赤湾大突堤内侧，设计为2万~5万吨级的杂货码头泊位，始建于1993年，断面结构布置与9号泊位类似。10—11号泊位基桩采用φ1 200双绞线大管桩，12号泊位采用了φ1 200三股钢绞线大管桩，13号泊位的设计等级最大为15万吨级，采用了

ϕ1 400 大管桩。赤湾港区 9—13 号泊位的工程实践是大管桩全直桩梁板式码头结构形式逐步发展的历程，为工程节省了投资。

为适应赤湾港区 5 号、6 号泊位工程区域软弱地基条件，码头结构设计采用了双肋排架轻型重力式结构，结构下部为空心方块，上部为框架式卸荷板（图 4－143），减少了土压力和结构自重，亦取得了较好的消浪效果和码头泊稳条件，且耐久性好，维修量小，牢固可靠，主体码头工程投资省。

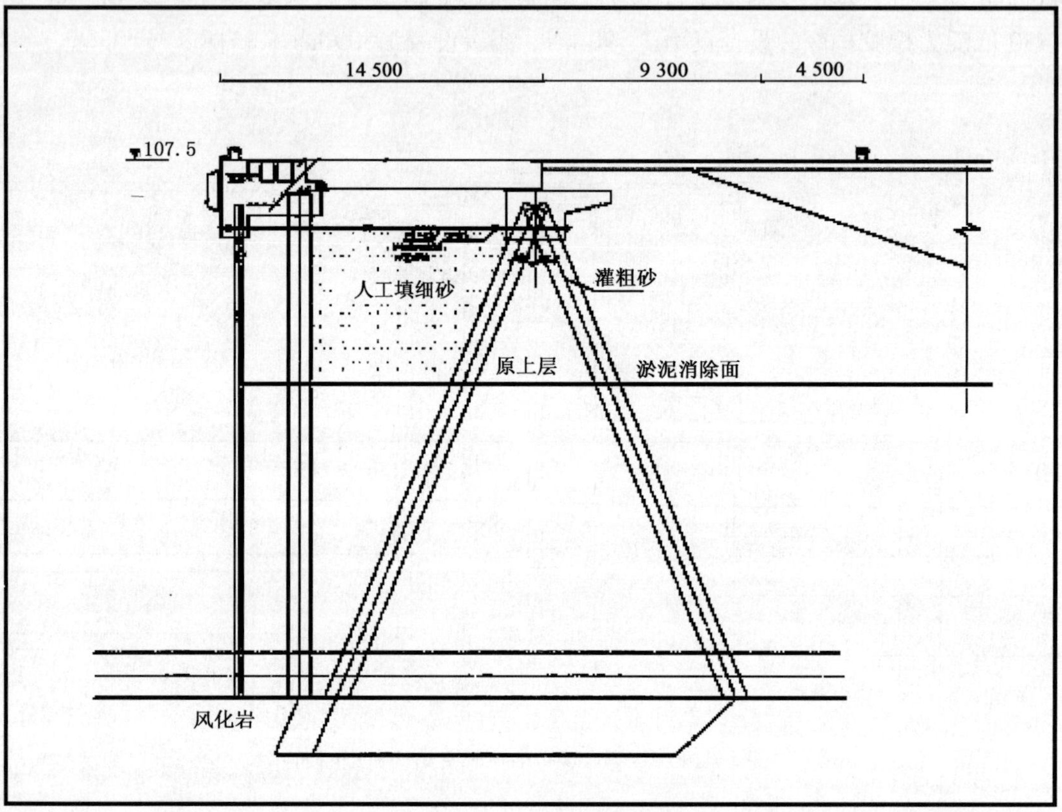

图 4－141　1 号泊位部分结构

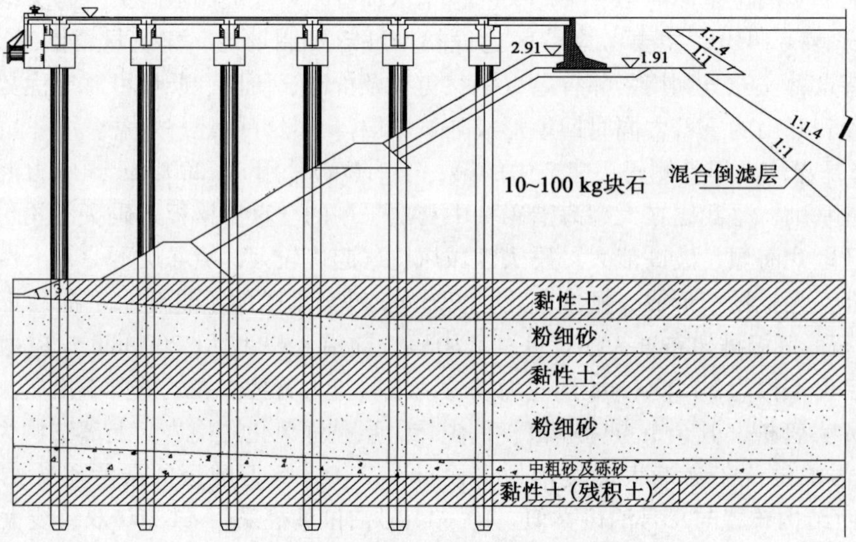

图 4－142　9 号泊位码头结构断面示意

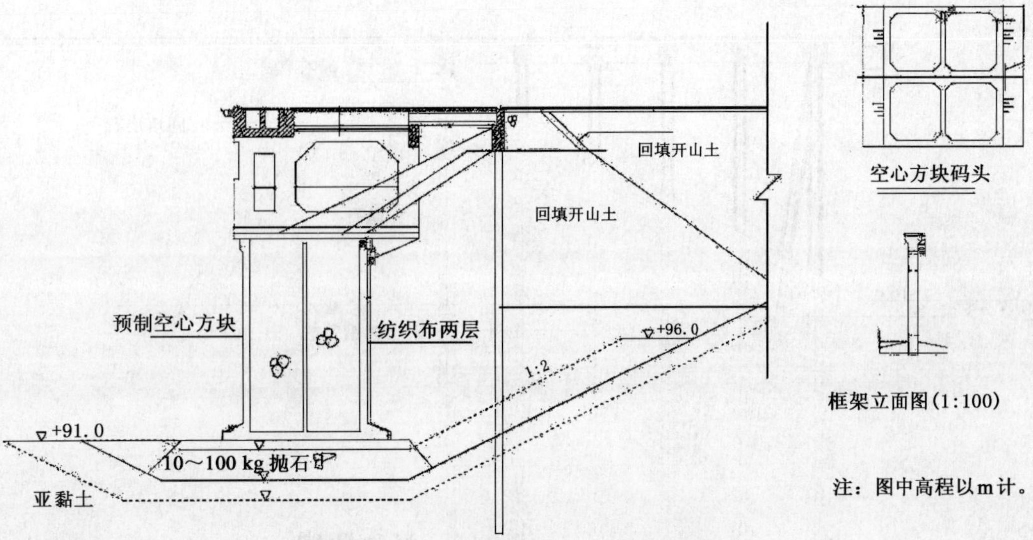

图4-143 赤湾港区5号、6号泊位结构

(6)妈湾港区

妈湾港区亿升液体仓储石化码头工程是深圳西部唯一的大型液体石化码头，可停靠3.5万吨级液体化工船，内侧为1万吨级泊位。该码头采用高桩墩台栈桥式结构，其主要特点在于内侧泊位采用了柔性靠船钢桩簇，即将两组3根ϕ1 200钢管桩顶部刚性连接，利用钢管桩的变形来吸收船舶靠泊能量。

5—7号泊位总长1 080 m，陆域纵深约450 m，结构按照靠泊12 500TEU超大型集装箱船舶设计。码头面高程+5.31 m，底标高-17.0 m。50年一遇波高 $H_{1\%}=2.90$ m。10万吨级集装箱船靠泊速度0.12 m/s，15万吨集装箱船靠泊速度0.10 m/s。采用SUC1450二鼓一板橡胶护舷，隔跨布置。设计吸能954 kJ，设计反力1 448 kN。船舶系缆力1 500 kN。结构采用大管桩方案，桩长一般为31～42 m。码头分段长度69 m，宽度为39 m，排架间距9.0 m，每排架布置8根桩，前后轨道梁下采用2根ϕ1 400 mm双直桩。5号和6号泊位中间布置4根ϕ1 200 mm单直桩，7号泊位中间布置4根ϕ1 400 mm单直桩，桩长37～42 m。针对局部砂层及花岗岩全风化层偏厚的情况，ϕ1 200 mm钢桩靴长0.8 m，壁厚18 mm，ϕ1 400 mm钢桩靴长1.0 m，壁厚20 mm，钢材采用Q345。码头中部局部风化岩面较浅，层顶标高-22～-18 m，在桩端设4～8 m长的钢桩尖，壁厚20 mm，将钢桩尖打入强风化岩。部分衔接段采用大管桩和灌注桩的混合桩基础，既适应地基分布有块石棱体的情况，又可提高端部段的水平抗力。

(7)盐田港区

盐田港区码头结构均为梁板式高桩结构(图4-144)，基桩布置形式采用以直桩为主，轨道梁跨间设单斜桩。码头宽度36.5 m，码头排架间距取6.4 m，标准分段长度60.8 m。每个分段布置4组SUC2000一鼓一板超高反力鼓形橡胶护舷及系船柱。码头梁系采用现浇纵横梁体系，均为非预应力钢筋混凝土结构。接岸采用斜坡式结构，开挖基槽抛填块石形成斜坡式堤芯。临海侧护坡采用大块石护面，坡度1∶1.8。工程采用了斜桩全截面嵌岩技术，在桩基中设置了高强锚拉杆系统，通过锚碇装置将拉力传至基岩。为满足工程50年不大修的设计标准，码头上部结构分段、附属设施均采用规格化布置，梁系采用现浇十字等高体系；在钢管桩内浇注钢筋混凝土芯；运用高品质混凝土、高效透水模板、混凝土表面硅烷浸渍等技术。

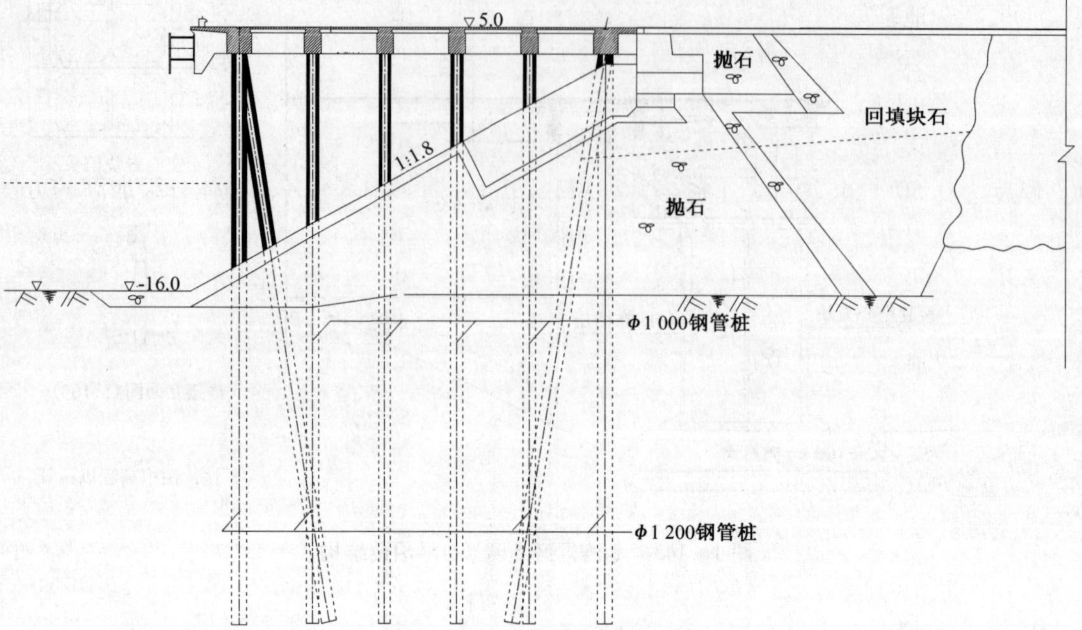

图 4-144　码头典型结构断面

(8) 大铲湾港区

大铲湾港区一期工程岸线长度 1 830 m。码头前沿高程为 5.8 m；前沿设计底高程近期为 -15.5 m，远期预留至 -18.0 m，可停靠 15 万吨集装箱船。前沿停泊水域宽度为 86 m，港池回旋水域按椭圆形布置，椭圆长、短轴分别为 1 000 m 和 626 m，港池设计底标高 -15.5 m。大铲湾港区的突堤宽度 1 200 m，两侧岸线各利用陆域纵深 600 m。顺岸段陆域纵深 360 ~ 1 050 m。工程区域风化岩埋深较浅，因此码头结构采用了重力式沉箱结构(图 4-145)，沉箱底宽为 14.1 m，长 17.92 m，高 19.8 m，前趾宽 1.2 m。本工程陆域回填材料为中粗砂，且沉箱后方抛石棱体的边坡未至后轨道梁下，后轨道梁下设 ϕ600PHC 桩双排布置。陆域主干道采用袋装砂路堤施打塑料排水板排水固结法对下卧软土层进行地基处理，下卧软土采用低标号素

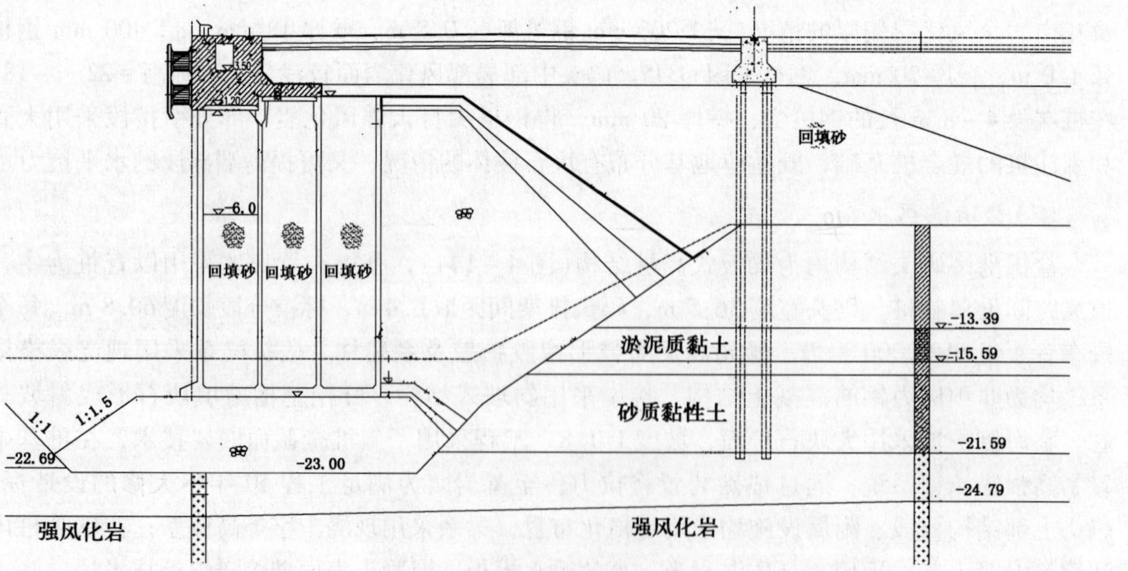

图 4-145　重力式沉箱结构

混凝土桩复合地基处理方案。LC桩主要采用振动成孔施工方式，桩径450 mm，间距分别为2.5 m×2.5 m至3.0 m×3.0 m。桩长进入下卧层厚度为3 m，桩顶标高进入淤泥顶吹填砂堤身不小于1 m。桩顶以上回填1~3 cm碎石，用成孔机械振动密实(图4-146)。

围堤结构采用大袋砂方案(图4-147)。主要软弱土层为表层的流泥、淤泥，淤泥多被扰动，厚度为0.50~14.20 m；下卧岩基埋深-20 m左右。围堤采用多棱体分级加高的方法。一级棱体顶标高设置在设计高水位以上。海侧采用35 cm厚螺母块护面块体。二期、远期正堤及分隔堤因有充足的时间，采用排水板固结方案(图4-148)。二期正堤海侧护面块体采用栅栏板。建筑物基础处理区采用水泥搅拌桩复合地基。搅拌桩间距1.00 m×1.00 m，下部应穿透淤泥层进入下卧层1.0 m。

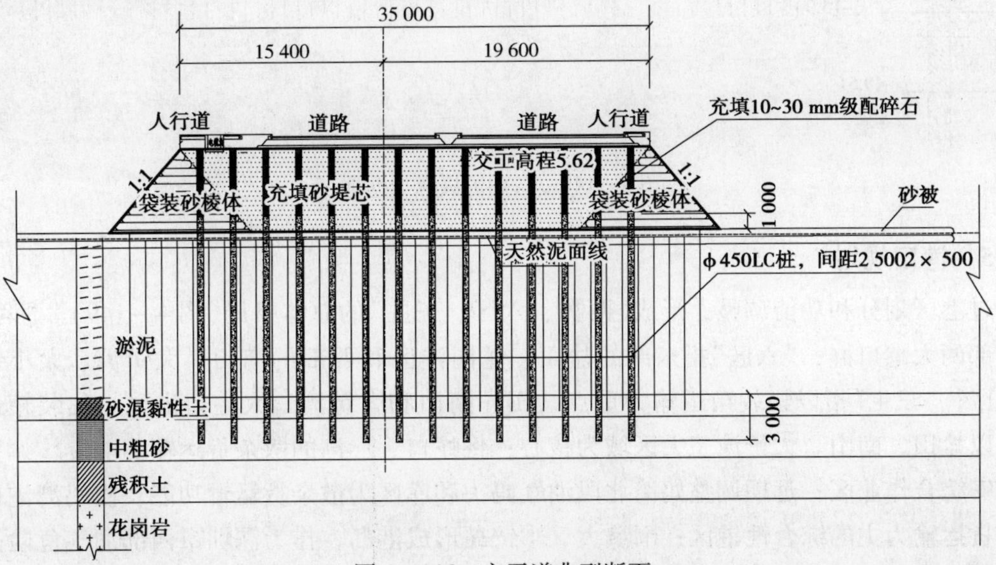

图4-146　主干道典型断面

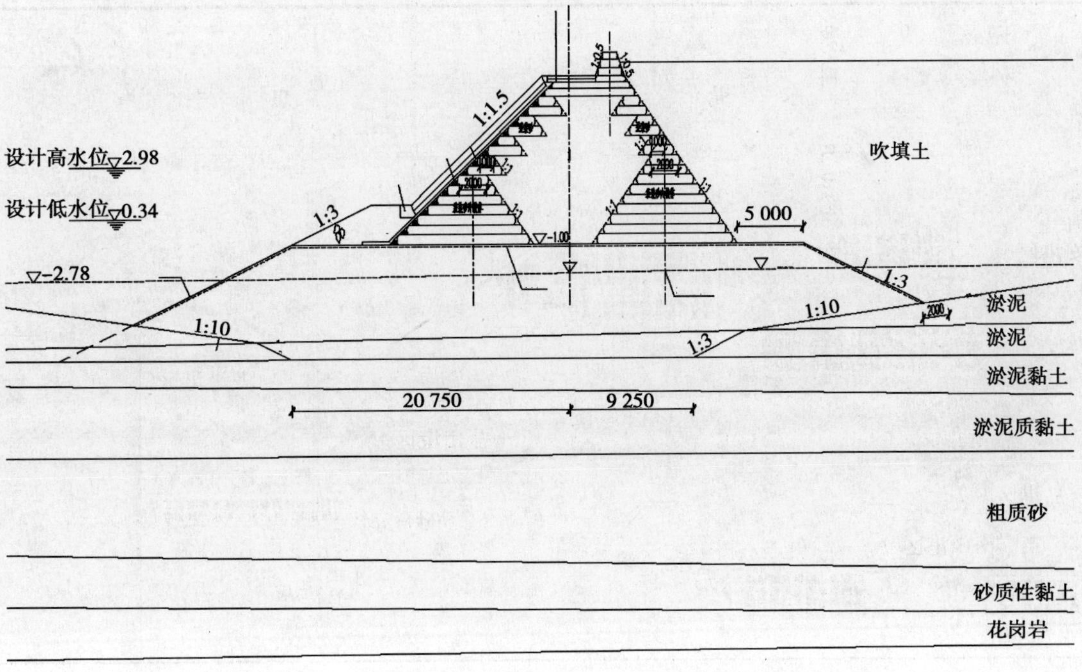

图4-147　一期正堤典型断面

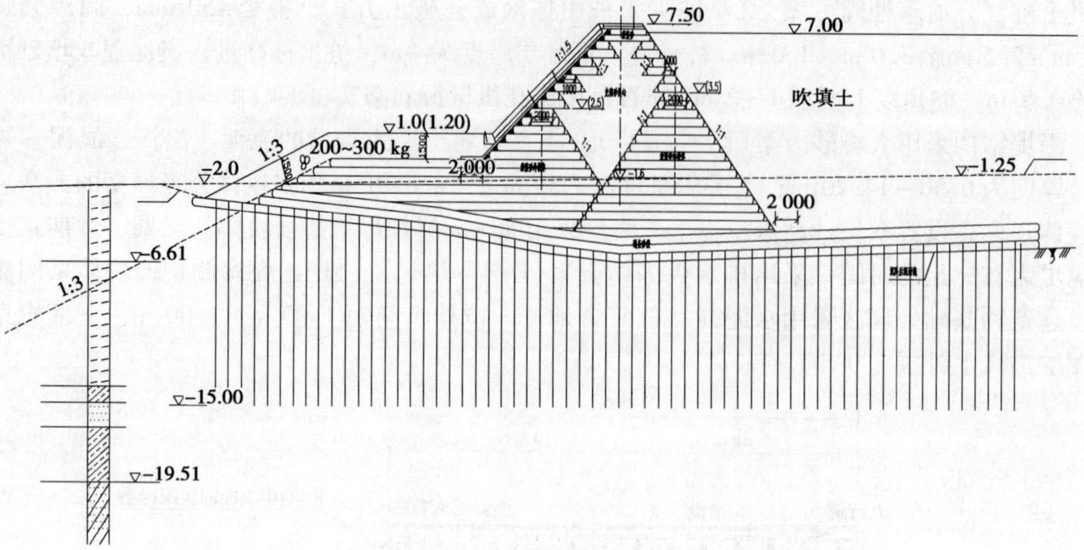

图 4－148　二期围堤典型断面

4.5.2.5　港口规划

通过港区划分和功能调整，形成“两翼、六区、三主”的总体格局(图 4－149)。“两翼”指东、西部两大港口群；“六区”指东部的盐田、龙岗港区和西部的南山、大铲湾、大小铲岛和宝安港区；“三主”指以集装箱运输为重点盐田、南山和大铲湾三大主体港区。集装箱运输仍然维持以盐田、南山、大铲湾三大区域为核心；将蛇口、赤湾的散杂货运输功能逐步调整至妈湾和宝安综合作业区；远期调整妈湾北段油气码头和库区为散杂货运输功能，使妈湾港区成为以散杂货运输为主的综合性港区；围垦大、小铲岛形成港岛，作为深圳市西部油气危险品集中储运基地。搬迁蛇口、赤湾现有油气品码头和库区；妈湾北段油气码头和库区近期控制规模，

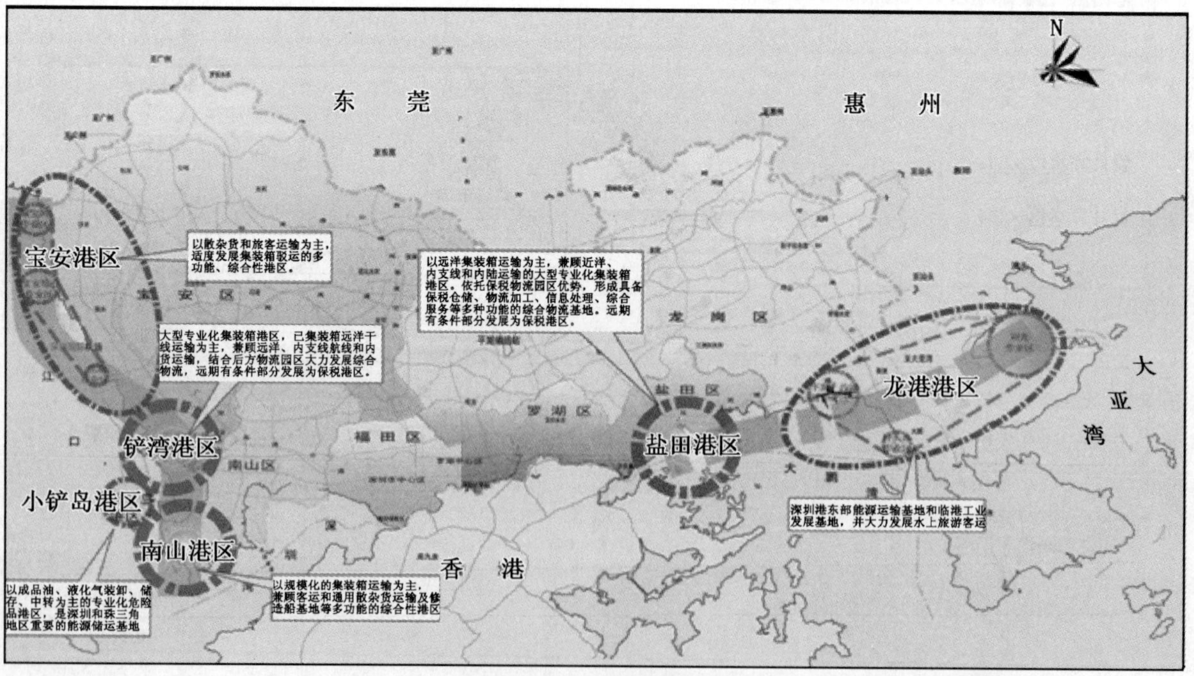

图 4－149　港区总体布局

远期调整至大小铲岛。西部客运码头以提高能力和完善功能为主。配合东部旅游休闲产业的开发，在大、小梅沙、南澳和西涌布点发展以近海旅游观光为主的旅游客运码头。建设孖洲岛大型修造船基地和海上石油生产设备供应基地，逐步外迁蛇口、赤湾港区附近水运依赖度较低的临港工业，调整为集装箱运输直接生产用地。

4.5.2.5.1　盐田港区

盐田港区规划以远洋集装箱运输为主，兼顾近洋和内支线、内贸运输的大型专业化集装箱港区(图 4－150)。

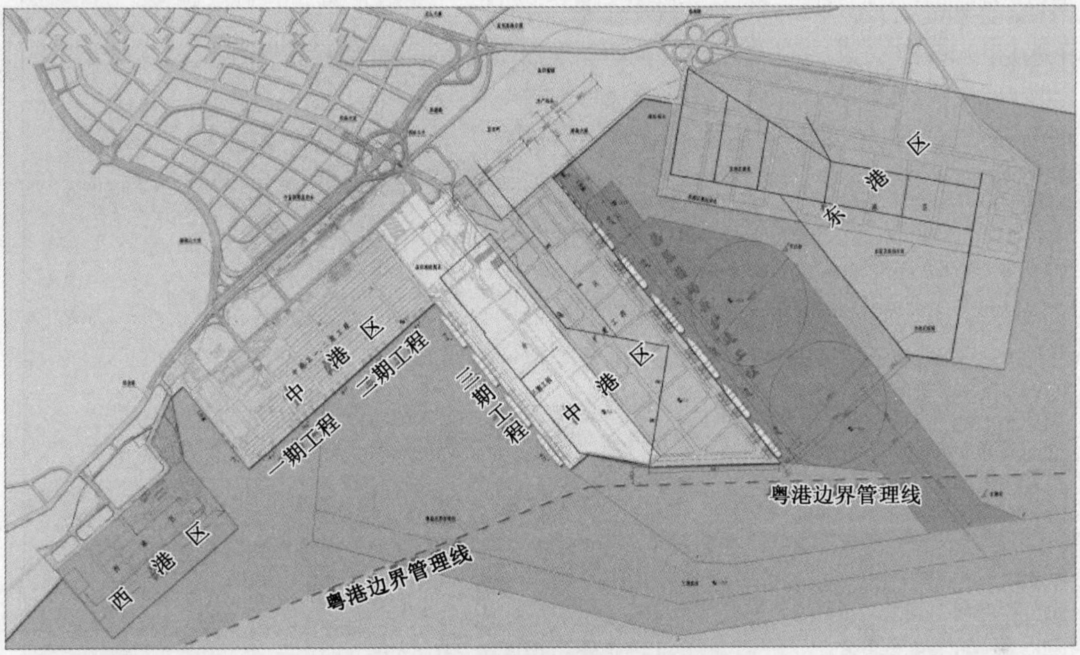

图 4－150　2005 年盐田港区规划布置

4.5.2.5.2　龙岗港区

由下洞、沙鱼涌、秤头角和坝光四个货运作业区和大小梅沙、南澳、西涌三个客运站组成。下洞作业区为以成品油、液化气装卸、储存和外轮免税供油为主的危险品作业区；秤头角是珠江三角洲地区重要的 LNG 接卸和储运基地之一；坝光作业区将以液体化工品和干散货运输为主，兼顾部分通用散杂货运输，主要服务于后方临港工业；沙鱼涌以小批量通用散杂货运输为主。大小梅沙、南澳、西涌三个客运站以近海旅游观光的旅客运输为主。

4.5.2.5.3　南山港区

蛇口、赤湾、妈湾、前海湾港区、孖洲修造船基地、东角头港区同处南头半岛，主要为集装箱、散杂货运输和临港工业服务。对现有集装箱、多用途及部分通用码头进行整合，形成近远洋航线以蛇口三突堤、赤湾大突堤、妈湾 5—7 号泊位、前海湾为主；内贸和内支线运输以蛇口二突堤(预留远期发展邮轮客运)及西侧顺岸、三突堤西北侧、赤湾内港池码头为主。

(1)蛇口港区

蛇口作业区规划为客运商务区和集装箱泊位区两个功能区。通过适当填海造地，将一突堤向南、向东扩展，总体形成新的大突堤布局。突堤西侧和端部为客运码头岸线，东侧至游艇码头之间为城市生活岸线，自西向东相应形成客运枢纽综合区和航运商务区两个功能区(图 4－151)。

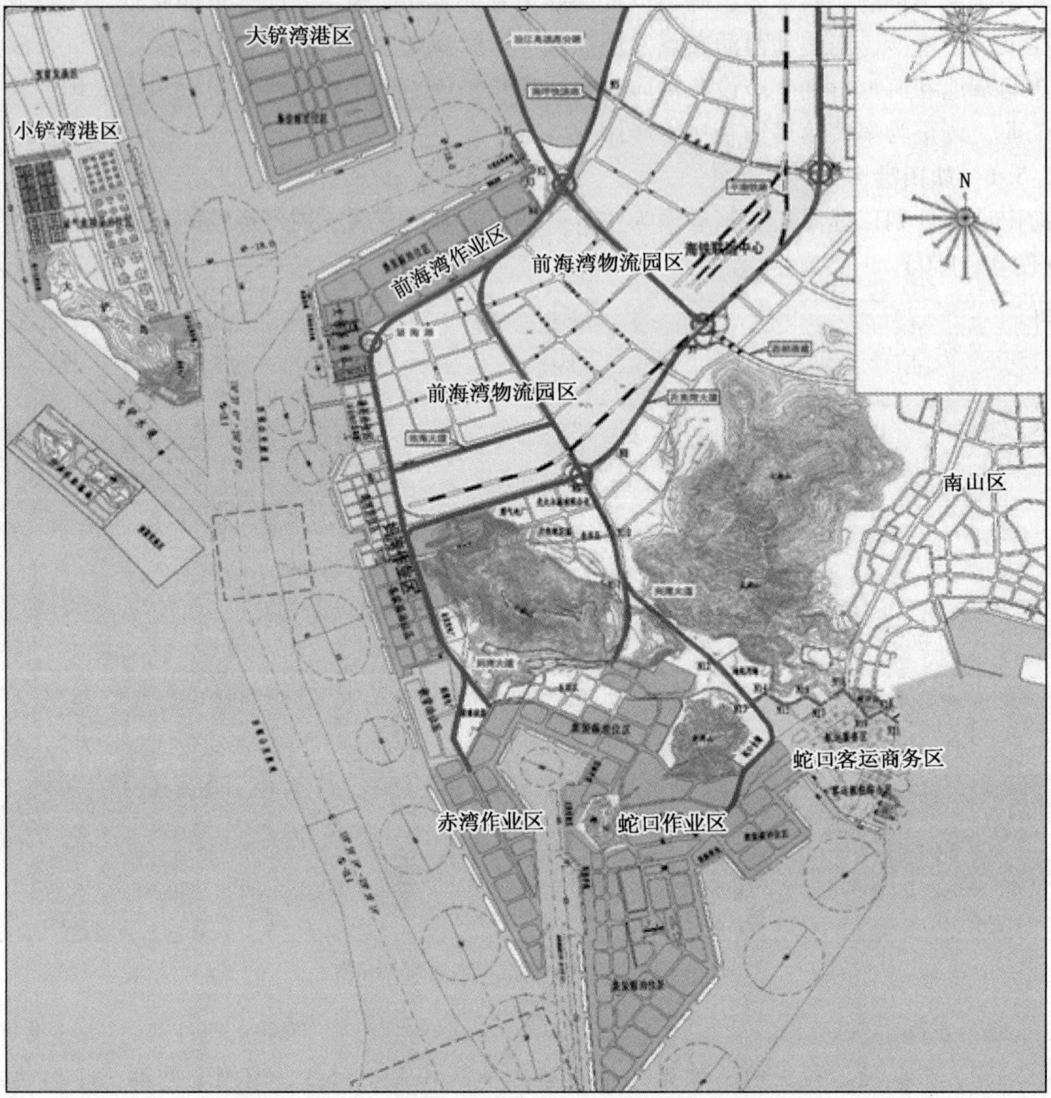

图 4－151　蛇口港区

一突堤西侧岸壁延长后呈折线布置，拐点与二突堤基本齐平。拐点以北岸线与二突堤形成规则矩形港池，码头岸线长约 485 m，近期发展客滚、客运和部分工作船泊位，远期可调整为国际邮轮泊位。拐点以南岸线逆时针旋转约 30°，形成 410 m 岸线，可布置 1 个 15 万吨级国际邮轮码头。突堤东南端部通过小突堤和小港池相结合的形式，可布置客运码头 14 个以上。突堤东侧至游艇码头之间规划为航运商务区。将二、三突堤全部调整为集装箱码头岸线。一、二突堤间顺岸岸线及二突堤作为内贸集装箱泊位区，码头岸线长 1 850 m，布置 1 万～5 万吨级集装箱泊位 7 个。远期预留改造为国际邮轮码头的可能性。二、三突堤间顺岸为驳船岸线，长约 310 m，可布置 4 艘千吨级驳船。三突堤是南山港区远洋集装箱的主要泊位区之一。东侧岸线长度 975 m，布置 3 个 5 万吨级集装箱泊位。南侧岸线基本平行于进港航道走向，岸线长 1 580 m，布置 4 个 10 万吨级集装箱泊位。对三突堤西侧现有码头进行搬迁，全部整合为集装箱码头岸线，与赤湾进港航道基本平行，南端的 1 515 m 布置 4 个 10 万吨级集装箱泊位，北侧约 855 m 规划为驳船岸线，可布置 8 个千吨级驳船泊位。

(2)赤湾作业区

赤湾作业区调整为专业化的集装箱作业区(图4-152)，规划大突堤外侧以远洋集装箱运输为主，兼顾部分近洋运输；东侧湾内以近洋和驳船支线运输为主，兼顾部分内贸集装箱运输和支持系统岸线。突堤外侧岸线长1 759 m，已建有5万~7万吨级泊位5个，根据要求适时升级改造为10万吨级泊位，码头岸壁可适度向南延长。突堤东侧湾内，东侧北端岸线长约580 m，现为2个5万吨级多用途泊位，近期兼顾部分散货运输功能，远期改造为专业化的集装箱泊位；西侧和湾顶岸线长约1 220 m，规划改造现有散杂货泊位为4个2万~3万吨级集装箱泊位；东侧岸线后方，陆域纵深小，调整为集装箱驳船岸线和部分支持系统岸线。赤湾与妈湾作业区后方陆域空间形成连片布局，形成码头后方陆域平均纵深为530 m，陆域面积为560×10^4 m^2。

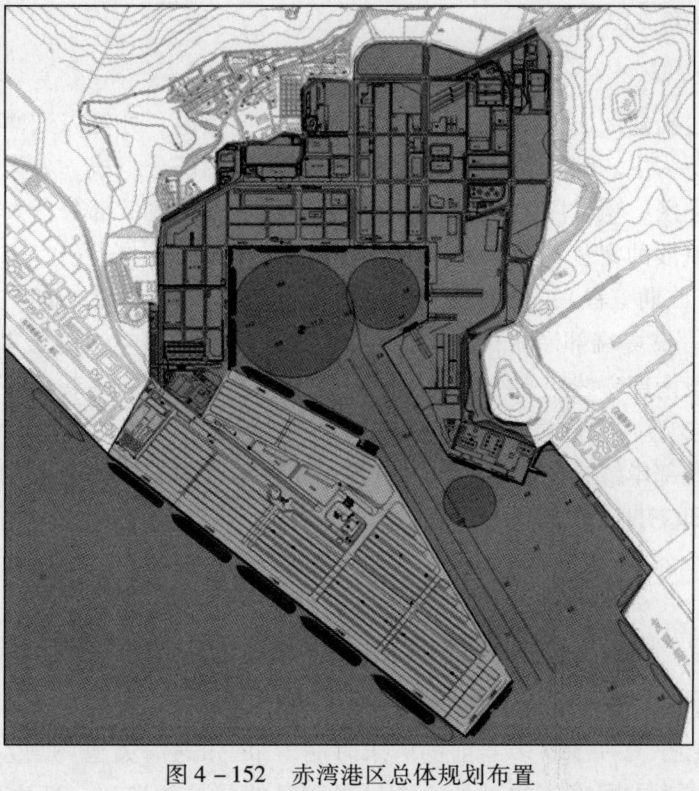

图4-152　赤湾港区总体规划布置

(3)妈湾作业区

妈湾作业区以散杂货运输为主，兼顾内贸集装箱运输功能的综合性作业区，规划自南向北形成散货泊位区、集装箱泊位区、通用泊位区三个功能区。散货泊位区紧邻赤湾作业区，岸线长约985 m。集装箱泊位区岸线长度为1 103 m。通用泊位区紧邻集装箱泊位区一侧约1 100 m岸线，近中期为散杂货运输的重点区域，远期预留调整为集装箱泊位的可能性；远离集装箱一侧长约775 m岸线，已布置4个5 000~3.5万吨级的液化化工和油品泊位，远期随着大小铲岛港区开发，逐步将油气化工危险品运输功能调整上岛，相应将现有石化码头改造为散杂货码头。

(4)前海湾作业区

前海湾作业区位于大铲湾南岸，南接妈湾作业区，通过填海造地，形成码头岸线长约为3 400 m，分为支持系统岸线和集装箱码头区两部分。支持系统岸线紧邻妈湾作业区北侧，岸线长约 770 m；北段的 200 m 码头岸线可统筹布置 1 个 3 万 ~5 万吨级集装箱泊位，兼顾大型集装箱码头配套的驳船岸线功能。集装箱码头区东侧 330 m 反“L”形岸线规划为支持系统岸线。北侧岸线与大铲湾港区隔水相望，规划为大型专业化集装箱码头区。由于船舶进入前海湾作业区和大铲湾集装箱港区的内港池需经过近 90°的转弯，中间水域布置为西宽东窄，东侧最窄处宽度控制为 850 m。北侧岸线长约 2 095 m，可布置 6 个 5 万 ~10 万吨级集装箱泊位。近期为了承接蛇口、赤湾部分散杂货运输功能的转移，码头起步建设时考虑部分散杂货运输功能。最东端的集装箱码头兼顾汽车滚装运输功能。

(5) 孖洲修造船基地

孖洲修造船基地位于孖洲岛，通过连岛工程形成，主要作为深圳西部港口群航运服务的重要配套基地，同时接纳南山港区内的船舶修造、胜宝旺海洋平台等工业基地的搬迁。孖洲修造船基地陆域面积为 105×10^4 m^2。

(6) 大铲湾

大铲湾港区通过新建形成规模化的集装箱港区，大突堤内、外侧以远洋航线为主，顺岸段以近洋、内支和内贸为主。大铲湾港区由大突堤和顺岸段两部分组成，分为大突堤的一期、二期、远期工程及辅建区、顺岸段的三期工程、配套区和后方堆场 7 部分。大突堤内、外两侧主要接纳大型的远洋航线的集装箱船舶。外侧码头岸线长 3 530 m，布置 9 个 10 万 ~15 万吨级集装箱泊位(即一期、二期工程)；内侧码头岸线长 2 400 m，布置 6 个 10 万 ~15 万吨级集装箱泊位(即远期工程)。突堤端部岸线长 1 206 m，布置 3 ~4 个 5 万吨级以上集装箱泊位，兼顾支线驳船运输。顺岸段南部岸线为支线码头岸线，以接纳近洋航线的集装箱船为主，码头岸线长 1 855 m，布置 6 个 3 万吨级泊位(即三期工程南段)，岸线中部预留大、小铲岛港区跨海大桥通道位置；顺岸段北部岸线为驳船岸线，为珠江三角洲地区内支线和香港航线的船舶服务，码头岸线为 2 620 m(即三期工程北段)。

4.5.3 广州港

4.5.3.1 简况

早在 2 000 多年前的秦汉时期，广州古港就是中国对外贸易的重要港口，是中国古代“海上丝绸之路”的起点之一。1 300 多年前的唐宋时期，“广州通海夷道”是世界上最长的远洋航线。至清朝，广州成为中国唯一的对外通商口岸和对外贸易的港口。新中国成立后，广州港一直被国家列为重点发展港口之一。20 世纪 50 年代初，广州港开始建设，通过对老旧码头的整合改造，在黄埔老港区新建设第一批万吨级泊位，对出海航道的莲花山段和伶仃洋段开辟西航道，奠定广州港华南地区最大港口和对外贸易口岸地位。1973 年，黄埔新港兴建了两万吨级以上的散货和油品泊位，码头泊位开始迈向专业化。改革开放以来，腹地社会经济飞速发展推动了广州港口建设发展进程，广州港迅速成为国家综合运输体系的重要枢纽和华南地区对外贸易的重要口岸，港口吞吐量不断实现新跨越。1999 年广州港成为我国大陆第二个货物吞吐量超亿吨的大港。2006 年货物吞吐量突破 3×10^8 t，成为我国第三个跨入 3×10^8 t 行列的港口；2008 年集装箱吞吐量突破 $1\,000\times10^4$ TEU，成为我国第三个跨入千万标准箱行列的港口；2010 年，广州港货物吞吐量突破 4×10^8 t，集装箱吞吐量突破 $1\,200\times10^4$ TEU，位居全球第五位。

20 世纪 50 年代以前，黄埔航道仍处于天然状态，最浅水深 5 m 左右，仅可通航 5 000 ~

7 000 吨级船舶，大船出虎门后多数走矾石水道—暗士敦水道经咸汤门出海。1954 年起开辟莲花山西航道和伶仃西航道，至 1959 年莲花山西航道底宽 120 m，底标高 -7.2 m；伶仃西航道底宽 150 m，底标高 -6.9 m，万吨级船舶可乘潮进入黄埔老港。1975 年黄埔航道(黄埔新港以下)按虎门以内底宽 140 m，底标高 -9.0 m；虎门以外底宽 160 m，底标高 -8.6 m 的标准进行拓宽浚深，工程于 1979 年竣工。1981 年对进入黄埔老港的大濠洲航道按底宽为 120 m，底标高 -8.0 m 的标准进行疏浚和清礁，同年 12 月竣工，至此 2 万吨级船舶可乘潮进入黄埔新港，1.5 万吨级船舶可乘潮进入黄埔老港。1996—2000 年实施广州港出海航道一期工程，航道水深由底标高 -9 m 浚深至 -11.5 m，有效宽度 160 m，工程于 2000 年完工，满足 3.5 万吨级船舶乘潮通航并兼顾第三代集装箱船进出港。2004—2006 年实施广州港出海航道二期工程，航道水深由底标高 -11.5 m 浚深至 -13 m，有效宽度 160 m，工程于 2006 年年底完工，满足 5 万吨级船舶乘潮通航兼顾第四代、第五代集装箱船进出港。2005—2006 年实施了广州港南沙港区出海航道拓宽工程，南沙港区至珠江口航道有效宽度由 160 m 拓宽至 255 m，满足 5 万吨级船舶双向乘潮通航，兼顾 10 万吨级船舶乘潮进港。广州港出海航道三期试挖工程于 2006—2007 年实施，全长 66.39 km，航道底标高由 -13 m 浚深至 -15.5 m、有效宽度 230 m，满足 10 万吨级集装箱船乘潮单向通航，5 万吨级船舶不乘潮双向通航。广州港出海航道三期工程，按照全天候 10 万吨级集装箱船不乘潮通航，兼顾 12 万吨级散货船乘潮单向通航的标准建设，航道长度约 71.8 km，设计底标高 -17.0 m，有效宽度 243 m，预计 2012 年完工。航道建设的每一次实施，对港口的发展都起到了大的促进作用。

4.5.3.2 自然条件

广州港秋、冬季多偏北和东北风，春、夏季多东南风，常风向 N，强风向 NE。热带气旋多产生在 5—11 月份，阵风可达 10—11 级。台风影响出现的增水在横门平均约为 0.43 m，南沙为 0.61 m；虎门至泗盛围河段最大达 2.30 ~ 2.43 m。珠江多年平均年径流量 $3\ 260 \times 10^8\ m^3$，由八大口门入海。广州港出海航道沿线有东部四个口门汇入，占八大口门的年径流量的 53.4%。

广州港水域属不正规半日混合潮，日潮不等现象显著。广州港范围内几个具有代表性的长期验潮站潮汐特征值(自各站理论最低潮面起算)见表 4-15。

表 4-15 各站潮汐特征值

潮汐特征值	浮标厂	黄埔(三)	泗盛围	舢舨洲	赤湾
最高潮位/m	3.73	3.76	4.23	4.10	4.14
最低潮位/m	-0.45	-0.37	-0.12	0.00	-0.22
平均高潮位/m	1.98	2.29	2.65	2.51	2.31
平均低潮位/m	0.60	0.68	1.04	0.93	0.95
平均潮位/m	1.34	1.55	1.86	1.90	1.67
理论最低潮面在珠江基面以上/m	103.79	103.44	103.09	103.00	103.09

广州港水域的潮流基本上为往复流。虎门以内涨、落潮流的方向与河道平行。洪季落潮流速明显大于涨潮流速，枯季涨、落潮流速相差不大。伶仃洋水域涨潮流速自南向北沿程增大，

落潮流速自北向南呈减小趋势。东、西两槽的流速在内伶仃岛以北东槽稍大，以南西槽略强；涨潮流速均以枯季为大，落潮流速以洪季稍大。海区的最大流速出现在虎门—舢舨洲附近，表层最大流速可达 2 m/s。

虎门内河段枯季平均含沙量约 0.14 kg/m^3，大于洪季含沙量 0.054 kg/m^3。洪季含沙量纵向变化不大；伶仃洋上段含沙量洪季大于枯季、西槽大于东槽；下段含沙量洪、枯季差异不大，西槽略小于铜鼓水域。广州港内港港区所处河段多水少沙，含沙量仅为 0.06 kg/m^3。南沙港区淤积维持在 1.0 m/a 左右。

已建和拟建码头区域的工程地质，表层一般为淤泥；中层多为杂色黏土、亚黏土及灰白和灰黄色的中细砂、中粗砂及卵石层。基岩层多为粉砂岩和泥页岩层。地震基本烈度为Ⅶ度。

4.5.3.3 港口总平面

广州港位于23°06′N，113°36′E 附近。港区分布在广州、东莞、中山、珠海等城市的珠江沿岸或水域，从珠江口内向口外，依次为内港港区、黄埔港区、新沙港区和南沙港区(图 4－153)。

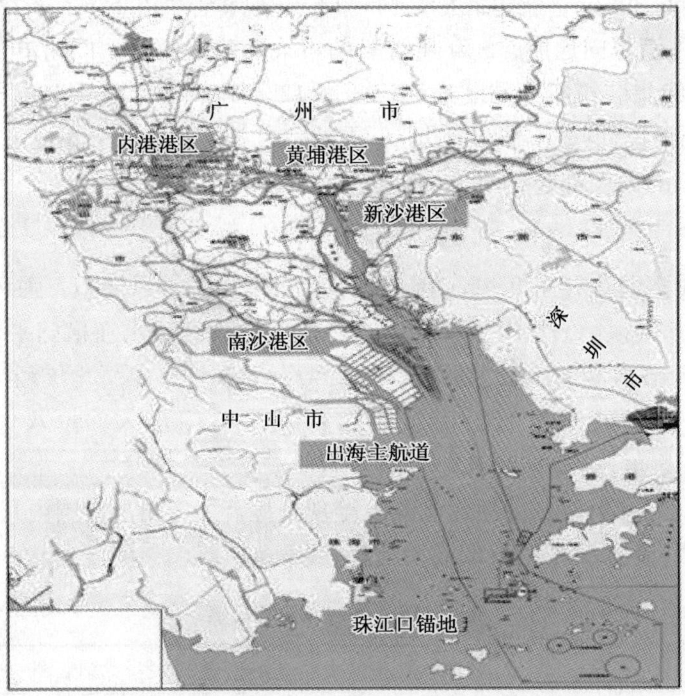

图 4－153 广州港总平面位置

内港港区由位于西河道、南河道、东河道两岸码头陆域和水域组成。主要码头包括如意坊、黄沙、内三、内四、广钢码头、广船码头、广东省五矿码头、沥滘海心沙、中石化南村码头、中燃新造码头、长洲码头、洲头嘴、大沙头、沿江码头等。2010 年共有生产用千吨及以上泊位 69 个，其中万吨级及以上泊位 1 个。

黄埔港区由位于黄埔鱼珠至东江口沿岸的老港和新港，包括沙仔岛、小虎、芦湾、南沙 4 个作业区组成。主要码头包括黄埔老港、新港、西基煤炭、新港油、黄埔油库、中外运黄埔仓码和东江仓码、文冲造船厂、中远航修站、中海航修站、洪圣沙、黄埔造船厂和东江集装箱驳船等。2010 年共有生产用千吨及以上泊位 81 个，其中万吨级及以上泊位 23 个。

新沙港区地处东莞，西望莲花山，由麻涌口至破流水闸沿岸的作业区组成。一期工程已建成10个3.5万吨级以上的深水泊位，包括煤矿泊位3个，集装箱泊位3个，散粮泊位1个，汽车滚装码头1个，杂物和通用泊位共2个。预留超过30个深水泊位的发展空间。

南沙港区由位于南沙的沙仔岛、小虎岛、龙穴岛沿岸的沙仔岛作业区、小虎作业区、芦湾作业区、南沙作业区组成。2010年共有生产用千吨及以上泊位61个，其中万吨级及以上泊位28个。海港集装箱码头占地2.23 km^2，岸线长度达2 100 m。主航道底标高 -15.5 m，宽250 m，长35 km。共有6个泊位，其中2个泊位底标高达 -16 m，4个泊位底标高达 -15.5 m，港池宽度有600 m，可满足目前世界上最大的集装箱船停泊作业。

至2010年底，广州港口拥有各类码头泊位823个(其中万吨级以上泊位64个)。码头总长度63 666 m，其中生产用泊位652个，(其中万吨级以上泊位62个)。码头总长度53 073 m，泊位年综合通过能力28 723 $\times 10^4$ t，集装箱吞吐能力740 $\times 10^4$ TEU，旅客吞吐能力3 131万人次，滚装船商品汽车吞吐能力63万辆；非生产用泊位171个，码头总长度10 593 m。2010年广州港口主要专业码头分类见表4-16。

表4-16 2010年广州港口主要专业码头分类情况

码头使用性质	码头长度/m	泊位个数/个	设计能力/ $\times 10^4$ t
集装箱码头	9 049	65	650 $\times 10^4$ TEU
石油化工码头	9 977	86	5 331
煤炭码头	3 095	30	4 882
粮食码头	1 697	16	793
汽车滚装码头	416	2	33万辆

出海航道自珠江口桂山锚地至黄埔港区，沿经珠海、深圳、中山、东莞等市，全长约153 km，包括大濠水道、榕树头水道、伶仃航道、川鼻航道、大虎航道、坭洲航道、莲花山东航道、莲花山西航道、新沙航道、赤沙航道、大濠洲航道、黄埔航道。二期工程全线完工后，出海航道底标高为 -13.0 m，底宽160 m，可满足5万吨级船舶乘潮进出港；目前，南沙港区至珠江口桂山锚地段出海航道底标高为 -15.5 m，有效宽度230 m，可满足5万吨级船舶双向不乘潮、兼顾10万吨级集装箱船舶单向乘潮进出南沙港区。

其他航道总里程约170 km，主要包括西河道、东河道、白沙河、沙贝海、南河道、沥滘航道；东洛围、小洲、官洲、仑头、三枝香、员岗南、新造、海心岗、汾水头、铁桩、浮莲岗、小虎沥、龙穴南、凫洲等水道，可通航5 000吨级以下的船舶。

内河航道有287条，总里程1 154 km。主要有白坭、沙湾、大沙、市桥、蕉门等水道，各河流经虎门、蕉门、洪奇门三个出海口门汇入南海。

广州港拥有锚地88个，其中生产用过驳作业锚地45个，最大锚泊能力为30万吨级；锚泊浮筒23个。广州港乘潮时间为3 h。航道底质大多为泥沙、部分为石。

4.5.3.4 水工建筑物

广州港各港区设计水位(自各自站理论最低潮面起算)见表4-17。码头的水工建筑物形式有高桩梁板结构、重力式方块结构、格型钢板桩、扶壁式码头结构、重力式沉箱等多种形式。

表 4－17　码头工程设计水位　　单位：m

水位	内三码头	黄埔老港	新沙港区	泗盛洄站	舢舨洲站
设计高水位	2.58	2.78	3.05	3.24	3.28
设计低水位	0.24	0.30	0.37	0.53	0.54
校核高水位	3.75	3.86	4.06	4.32	4.40
校核低水位	－0.51	－0.63	－0.41	－0.18	0.04

南沙港区深水码头起步(集装箱码头一期)工程码头结构采用重力式沉箱结构(图 4－154)。沉箱底宽 15 m，沿泊位长度方向长 17.84 m，高 18.9 m，沉箱前壁厚 38 cm，后壁厚 35 cm，隔板厚 20 cm，底板厚 65 cm，单个沉箱重超过 2 200 t。码头护舷采用 SUC1450 两鼓一板标准型鼓型橡胶护舷，系船柱为 1 500 kN。沉箱后设置小棱体和倒滤层，棱体顶标高为－7.10 m。沉箱上现浇钢筋混凝土胸墙。沉箱后回填抛石棱体至－8.20 m，棱体后回填砂振冲密实至少 $N \geqslant 20$ 击。桩基采用 ϕ600 mmPHC 桩，局部区段由于基槽开挖较深，需穿透墙后抛石棱体，桩基础采用 ϕ1 200 mm 钢管桩，桩距为 4.0 m，桩基持力层为强风化岩。选取不液化的中粗砂层为码头结构持力层，局部采用标贯击数不小于 20 击且不液化的粉细砂层为持力层。根据地质条件，基槽开挖至－27.5～－21.0 m 标高。基床采用厚度不小于 4 m 的 10～100 kg 抛石基床，爆夯夯实，顶标高为－17.0 m。一期工程的中粗砂层顶标高约在－27～－20 m，分布均匀，厚度较大，平均厚度超过 10 m，是良好的结构持力层，基槽开挖深度相对较浅，平均基床厚度 6～7 m。二期工程大部分区域中粗砂的埋深超过－30 m，且厚度不均，部分区域只有 2～3 m，甚至没有。部分区域的埋深在－24 m 左右，厚度为 8～10 m，但该中粗砂层以下与风化岩间存在一层黏土和粉质黏土层，底高程在－37～－34 m，厚度为 3～7 m，物理力学性能相对较差。二期工程对沉箱结构断面进行了优化：①沉箱海侧仓格回填料由 1.90 m 标高降至－4.0 m，在满足码头抗倾抗滑稳定的前提下，减少沉箱海侧仓格的回填料高度，降低基床顶面应力；②沉箱结构墙后采用二级棱体，并抛填至码头面高程，避免了基槽大开挖产生的地基承载力不足问题，基槽开挖深度由－36 m 左右提高到－25 m 左右，减少了基槽挖泥和回填工

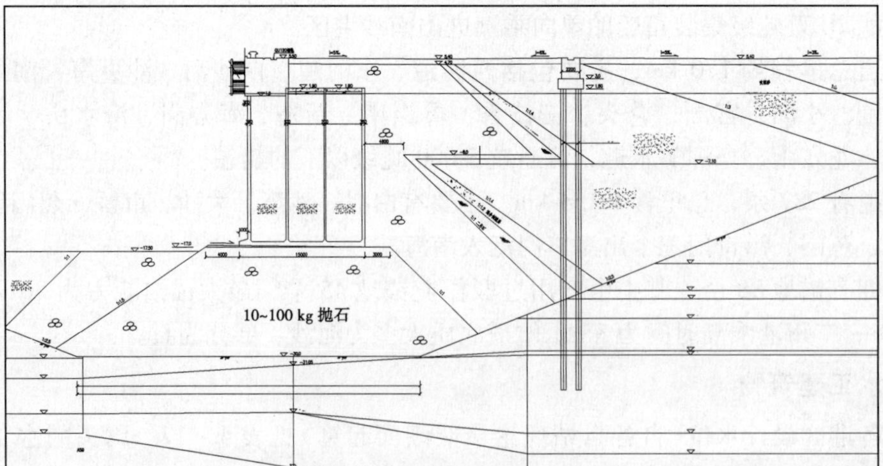

图 4－154　码头结构断面

程量，方便施工，缩短工期，并节省了投资。南沙港区陆域都是利用港池、航道的疏浚土，主要由淤泥和淤泥质土等软土组成，其含水量、压缩性都很高。吹填土下面原状土为淤泥和淤泥质土，厚度 15 ~ 25 m，整个港区陆域软土厚度达到 20 ~ 30 m，普遍采用真空预压排水固结法对地基进行加固。

4.5.3.5 港口规划

“十二五”期间，广州港重点开展出海航道浚深拓宽工程建设。到 2015 年，广州港的货物吞吐量预计达到 5×10^8 t，集装箱吞吐量 1 800 × 10^4 TEU。内港港区规划港口岸线长度约 19.5 km，水深 3.0 ~ 7.5 m，主要为广州市及珠江三角洲地区能源、原材料、粮食、散杂货和集装箱的装卸及旅客运输服务。黄埔港区规划岸线 9 km，水深 9.0 m，主要承担沿海、近洋集装箱运输和粮食、煤炭、化肥、成品油等散货的运输，其中洪圣沙码头主要承担粮食中转及西江沿线非金属矿石运输。新沙港区规划岸线长度 3.5 km，水深 12.5 m，以集装箱、煤炭、矿石、粮食和化肥等物资运输为主。南沙港区建设粮食及通用码头 6 个 5 万 ~ 10 万吨级泊位，并完成南沙港区集装箱三期工程 2 个 10 万吨级泊位等大型深水泊位的建设。沙仔岛作业区规划岸线 4.1 km，水深 10.0 m，以汽车滚装、杂货运输为主；小虎作业区规划岸线 4.8 km，水深 12.0 m，以能源、液体化工运输为主；芦湾作业区规划岸线 3.4 km，水深 8.0 m，以杂货运输为主；南沙作业区规划岸线 60 km，水深 17.0 m，以外贸集装箱运输为主，相应发展保税、物流、商贸等功能，并结合临港工业开发承担大宗散货的运输。图 4 – 155 是各港区规划图。

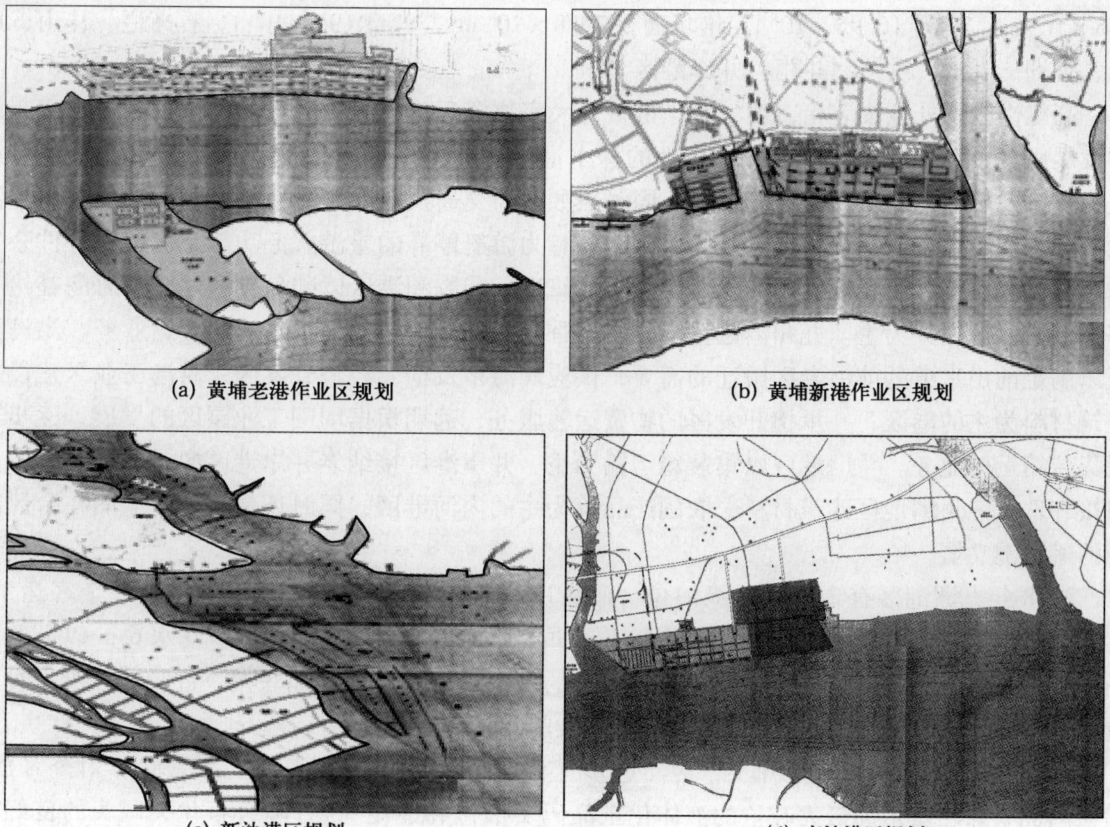

(a) 黄埔老港作业区规划 (b) 黄埔新港作业区规划

(c) 新沙港区规划 (d) 南沙港区规划

图 4 – 155 广州港主要港区规划布置

4.5.4 珠海港

4.5.4.1 简况

珠江港在珠江口的西南岸，虎跳门、崖门及鸡啼门之间，距澳门 23 n mile，距香港 45 n mile，内连西江，濒临南海的北侧，是广东省南部的综合性、区域性的深水枢纽港。珠海港已形成西区以高栏港区为主，东区以桂山港区为主，市区以九洲、香洲、唐家、前山、井岸、斗门等港区为主的 3 个港口群体，其中高栏和桂山为深水港区，其他为中、小泊位区。高栏港区是珠海港的主体港区。珠海港的货物吞吐量由 2007 年的 $3\ 712 \times 10^4$ t，增加至 2010 年的 $6\ 056 \times 10^4$ t，2011 年港口吞吐能力过亿吨，其战略地位从沿海主要港口提升为国家综合运输体系的重要枢纽。

4.5.4.2 自然条件

珠海港位于 21°44′N, 114°20′E 附近。常风向东南及东南偏东；春季多东北风，夏季多东南风，秋季多南风，冬季多北风。台风季节为 6—10 月。潮汐属不正规半日潮，平均潮差为 2.6 m。最高潮位 2.27 m，最低潮位 −1.90 m，平均最高潮位 0.4 m，平均最低潮位 −1.7 m。潮流涨潮流速 0.36 m/s，落潮流速 0.2 m/s。

4.5.4.3 总平面布置

珠海港已建成各种生产性泊位 94 个，码头总长约 6 500 m，其中万吨级以上的泊位 9 个，总吞吐能力达货运 $2\ 015 \times 10^4$ t/a。共有一类开放口岸 5 个，二类口岸 17 个。货物仓库面积约 $5.6 \times 10^4\ m^2$，容量 10.95×10^4 t；堆场面积 $79.8 \times 10^4\ m^2$，容量 194×10^4 t。有高栏、桂山、唐家、香洲、九洲、洪湾、斗门、井岸港区。

高栏港区以外贸集装箱、油气和干散货等大宗物资运输为主，同时为临港工业、物流园区的发展服务，逐步成为多功能、综合性的深水港区。桂山港区以油品为主的大宗散货中转港区，逐步发展油品储备、配送等业务，同时兼顾陆岛交通及船舶维修、补给服务功能。唐家港区主要为周围地区的集装箱运输服务，同时兼有为游艇停靠的旅游服务功能，保留部分件杂货的运输功能，逐步搬迁现有的油气码头和船舶修造厂。香洲港区以陆岛交通运输、海岛补给和海岛旅游运输服务为主。九州港区重点开展至香港、珠江三角洲地区的快速客运业务。洪湾港区以满足前山水道的前山港区搬迁的需要，供应珠海市及横琴经济开发区、洪湾工业区建设用建筑材料为主的港区，并承担开发区的物资运输服务，远期根据周围工业园区的发展，逐步开展集装箱运输业务。斗门港区以集装箱运输为主。井岸港区接纳老井岸港区搬迁的新港区，是以接卸珠江三角洲地区建筑材料、农副产品等为主的内河港区，同时还具有内河船舶在台风时期的避风港功能。

2008 年九洲港区有 2 个万吨级泊位，码头岸线长 962 m，1 个货运作业区，2 个客运站。港湾自然水深 4 m，万吨级船舶需通过 18 km 的桂山至九洲人工航道进港。吃水 6 m 以下的船舶，可进九洲西北的引航锚地；吃水 7 m 以上的船舶，可驶桂山锚地联检、过驳、补给。香洲港区码头前沿水深 2 m，乘潮可靠泊 1 000 吨级船舶。有客运码头 5 座。

1990 年高栏港连岛大堤开工，翌年起步工程 2 个 2 万吨级码头动工，1996 年对外开放。高栏港拥有珠江三角洲最大吨位的液体化工品码头泊位和建设 30 万吨级石化大码头的良好自然条件，主航道距国际航道(大西水道) −27 m 等深线仅 11 km。现已建成生产性泊位 35 个，其中万吨级以上泊位 15 个(包括 2 个 5 万吨级集装箱泊位和 2 个 2 万吨级的多用途泊位)，拥有珠三角地区最大的8万吨级液体化工品码头和8万吨级成品油码头，港口货物吞吐量从1996年开港时的90×10^4 t增至2009年的$2\,829\times10^4$ t。

2008年以前，珠海港的货品主要是成品油、液化气和化学品。近几年，10×10^4 t煤码头开工建设，国家煤炭应急储备基地落户高栏，10万吨级和20万吨级干散货码头仓储项目以及华南最大LNG登陆点、南海海气登陆点($120\sim200$ m^3)、中化300×10^4 m^3原油战略储备库选址高栏港。高栏港区正努力形成“一港、二中心和一门户”(即中国沿海集装箱干线港，华南地区大宗散货、油气化学品集散中心和区域物流中心，中国内地对外开放的门户)的新格局(如图4－156所示)。珠海港的航道分为西区、东区和市区3部分，西区、东区为深水航道，市区为3 000吨级以下航道。位于西区的高栏港区主航道是按通航5万吨级煤炭船舶设计的人工航道；桂山港区为天然水深航道。

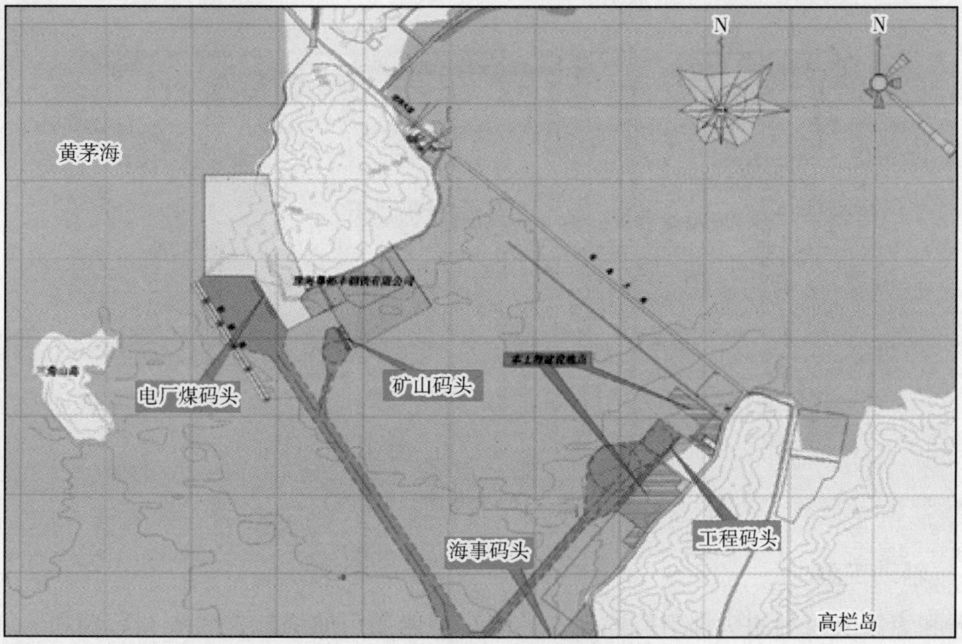

图4－156　高栏港码头总平面布置

4.5.4.4　水工建筑物

高栏港区是珠海港深水码头的主要区域。南水作业区位于南水半岛和高栏岛之间的连岛大堤西侧，其南港池的南顺岸。工程建设规模为2个5万吨级集装箱专用泊位，码头结构按停靠10万吨级集装箱船设计。泊位长度824 m。码头面高程4.95 m，前沿底标高－14.0 m(远期10万吨级为－15.5 m)，设计年通过能力80×10^4 TEU。码头主体于2007年开工，于2009年投入试运营。

工程地点掩护条件好，50年一遇$H_{1\%}=2.3$ m，设计潮流流速1.0 m/s，船舶离泊风速22 m/s。码头区域地质条件变化较大，表层以软弱淤泥－淤泥质土为主，平均层厚为6.84 m；其下为黏土－粉质黏土，厚度大，局部有夹中粗砂或粉细砂层，平均标贯击数$N=9.2\sim12.6$击，平均层顶标高为－13.6 m，平均层底标高为－34.18 m，在黏土－粉质黏土中间夹有较为软弱的淤泥质土，平均层厚为8.53 m；下卧残积土、全风化岩和强风化花岗岩强度高，强风化花岗岩为良好的桩基持力层，层顶标高在－55.36～－26.37 m，最大厚度达17.5 m，最小厚度只有0.15 m。

码头结构设计采用宽桩台方案，通过放缓接岸结构边坡坡度和增加反压平台宽度来满足整体稳定需要。码头前方桩台宽41.5 m，后方桩台宽27.73 m，排架间距9.0 m。前方桩台每排架设9根桩，桩径有φ1 200 mm、φ1 000 mm、φ800 mm三种规格；后方桩台每排架设4根直桩，桩径φ800 mm，桩端持力层为强风化岩层或中风化岩层。前方桩台横梁为现浇混凝土矩形梁，轨道梁和纵梁采用预应力混凝土叠合结构，后方桩台纵、横梁均为现浇结构，并采用等高连接，面板为预应力混凝土叠合板。码头基桩采用灌注桩结构，共布置3个排架，排架间距为9.0 m，桩端持力层为中风化岩层。码头断面图如图4－157所示。

堆场区软基处理采用堆载预压方案。后方堆场区采用塑料排水板＋堆载预压处理；靠近码头的接岸带采用开挖换填＋砂桩置换＋堆载预压处理。

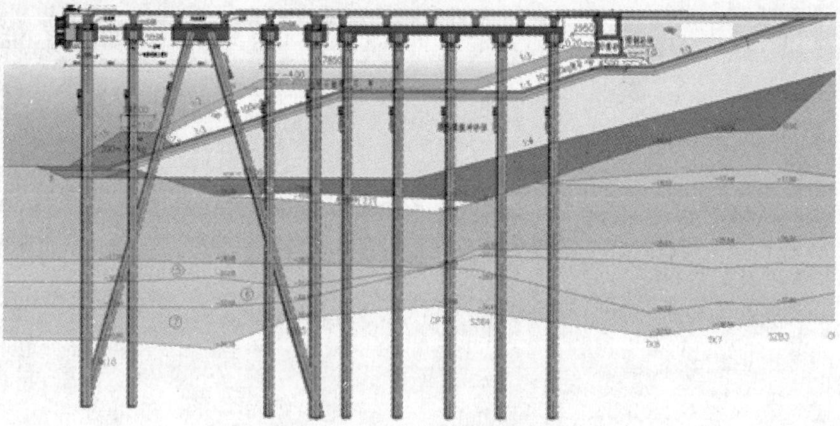

图4－157　码头断面(标准段)

4.5.4.5　辅助工程

九洲和唐家港区利用头洲引航锚地、港澳小型船舶引航锚地、大头洲后潮和装卸锚地及桂山引航、检疫和装卸锚地等4处锚地。桂山锚地水深为18 m，有系船浮18个。桂山港区利用桂山国际锚地。高栏港区锚地是新开辟的，位于高栏岛南侧，航道口门东侧，面积为$8\ 325\times10^4\ m^2$。

4.5.4.6　港口规划

根据《珠海港总体布局规划》和《临港新城整合规划》，高栏港区规划及现状可建设用地127 km^2，其中现状可建设用地面积约40 km^2，规划填海区面积约87 km^2；可形成建港岸线逾80 km，其中深水岸线占85%以上，下辖南迳湾(22.05 km)、南水(16.3 km)、黄茅海(30.92 km)、荷包岛(16.38 km)作业区，具备建设30万吨级以上大型码头的条件。“十二五”期间，将以调整和优化港口结构为主线，重点打造高栏港区，加快建设万山港区，形成以高栏港区为主、万山港区为辅、其他港区为补充的“一港七区”的港口总体格局，构筑矿石、煤炭、集装箱、油气化学品四大运输体系，实现“十二五”期末港口货物吞吐能力超过2×10^8 t，集装箱吞吐能力达500×10^4 TEU。高栏港区定位为以发展大宗干散货、油气品等能源物资中转、储存为主，并积极发展集装箱运输，同时为港后工业、保税仓储、修造船工业发展创造条件。

4.6 西南沿海港口群

4.6.1 概况

西南沿海港口群由粤西、广西沿海和海南省的港口组成。该地区港口的布局以湛江、防城、海口港为主，相应发展北海、钦州、洋浦、八所、三亚等港口，服务于西部地区开发。港口集装箱运输系统布局以湛江、防城、海口及北海、钦州、洋浦、三亚等港口组成集装箱支线或喂给港；进口石油、天然气中转储运系统由湛江、海口、洋浦、广西沿海等港口组成；进出口矿石中转运输系统由湛江、防城和八所等港口组成；以湛江、海口、三亚等港口为主布局国内、外旅客中转及邮轮运输设施。

西南沿海港口群在我国五大港口群中所占比例最小，起步最晚，但也是近年发展最快的一个港口群。自2007年2月14日成立北部湾国际港务集团以来，已经成功实现了北海、钦州、防城港三港统一规划、统一建设、统一管理的目标。湛江港和北部湾港的迅速成长为西南沿海带来了生机和活力。湛江港30万吨级油码头、30万吨级深水航道和30万吨级矿石码头建设；北部湾港把服务临港工业的发展作为企业核心发展战略，延伸港口服务功能；洋浦港凭借洋浦港区已建一、二、三期工程共计8个2万~5万吨级泊位和神头港区已建30万吨级原油码头及在建的洋浦30万吨级油码头等，正努力发展成为北靠华南腹地、连接北部湾、面向东南亚的区域性航运和物流中心及主枢纽港。2009年，西南沿海港口群完成货物吞吐量2.3×10^8 t，同比增长16.16%，完成集装箱吞吐量114×10^4 TEU，同比增长14.57%。

4.6.2 湛江港

4.6.2.1 简况

湛江港旧称“广州湾”，1974年正式更名为“湛江港”，位于中国大陆最南端的雷州半岛，东临南海，南望海南岛，西靠北部湾，北倚大西南，有东海岛、硇洲岛和南三岛作为天然屏障，自古就是我国的海防要地和港埠，是新中国成立以后自行设计和建设的第一个现代化深水良港。自1956年第一期工程第1个万吨级码头泊位建成，经数十年的发展，湛江港已形成现有调顺岛港区、霞海港区、霞山港区、宝满港区和坡头港区5个港区，共有生产性泊位38个，其中万吨级以上26个。

在2002年已建成全国最大的30万吨级陆岸油码头的基础上，2005年以来，把深水航道从25万吨级(预留30万吨级)续建为30万吨级，成为亚洲最深的人工航道，全天候可进出30万吨级超大型船舶；把铁矿石码头从20万吨级技改升级为25万吨级，成为华南地区最大、专业化和自动化程度最高的铁矿石码头。现有的30万吨级航道底标高已达到了−22 m，乘潮可进出30万~35万吨级大型船舶。建设40万吨级航道，只需再浚深2 m，并把底宽由目前的310 m扩至350 m。2008年湛江港完成货物吞吐量1.04×10^8 t，实现了亿吨大港的跨越。湛江港40万吨级航道工程已于2011年开工。

4.6.2.2 自然条件

湛江港位于21°11′55″N，110°24′38″E附近。2—4月盛行东风，4—9月盛行东南风，10月至次年3月盛行北风。每年5—11月有台风侵袭，主要集中在8—9月，年平均5~6次。潮汐属不正规半日潮，潮差较大，达4~6 m，平均高潮位4.33 m，平均低潮位2.04 m，最高潮位

7.09 m，最低潮位 -0.65 m，平均潮位0.57 m。潮流方向与航道方向基本一致，退潮时流速比涨潮时流速快，进口航道最大流速涨潮 1.54 m/s，退潮 1.95 m/s。

4.6.2.3 港口平面布置

湛江港现主要有调顺岛、霞海、霞山三个港区。

霞山港区主要由四部分组成：①散杂货为主部分，共有生产性泊位 15 个，其中 3.5 万吨级散粮专用泊位 1 个，万吨级以上通用泊位 11 个，5 000 吨级杂货泊位 2 个；②铁矿石码头部分，从 2005 年开始拥有一个 20 万吨级铁矿石码头；③油品类为主泊位，共有生产性泊位 12 个，其中 30 万吨级原油泊位和 5 万吨级原油泊位各 1 个，2.5 万吨级成品油泊位 1 个(现扩建成 15 万吨级)，5 000 吨级及 1 000 吨级成品油泊位各 3 个，1.5 万吨级散化专用泊位 1 个，2 万吨级木片专用泊位 1 个；④集装箱类泊位，现有生产性泊位 2 个，均为 1.5 万吨级。

调顺岛港区位于湛江港湾北端(赤坎区)，现有生产性泊位 6 个，其中 3.5 万吨级煤炭泊位 1 个，万吨级以上金属矿石泊位 3 个，万吨级以上杂货泊位 2 个。

霞海港区现有生产性泊位 3 个，其中万吨级杂货泊位 1 个，5 000 吨级泊位 2 个。出入该港的航道有大船航道和南三河航道。湛江港航道从南海经硇洲岛以北水域进入广州湾，全长 60 km，水深 10 ~ 12 m。设有引航、待泊及防台锚地共 23 处，其中万吨级以上锚地 19 处，千吨级锚地 4 处。万吨级以上防台浮筒 10 个。底标高为 -19 ~ -9 m，均为天然水深，地质为泥沙。

4.6.2.4 水工建筑物

(1)30 万吨级原油码头

为配合湛江港深水航道疏浚工程，满足船舶大型化发展的需要，霞山港区 202 号泊位由 2.5 万吨级改建成 15 万吨级原油泊位，同时兼顾 3 万 DWG 至 30 万吨油船停靠。原码头前沿线与正北夹角为 9.29°。港址处中、底层涨潮流向为 5°—13°，落潮流向为 174°—180°，与泊位方向存在偏角，将码头岸线略微偏转为与流向大致一致，并布置在 202 号泊位南侧，保留一定安全距离，保证 202 号和 201 号泊位的码头结构安全，同时避免浅滩区挖泥，节省工程造价。

码头采用蝶形布置(图 4 - 158)，泊位长度 470 m，由 1 个工作平台、4 个靠船墩、6 个系缆墩组成。水域布置采用“重载靠泊，减载调头”，码头前沿停泊水域按 30 万吨船型计，底标高为 -22 m，调头水域按照 15 万吨级船型计，15 万吨级以上船舶与 20 万吨级铁矿石码头调头圆合用，调头区占用进港航道。码头采用高桩墩式结构，栈桥和引桥墩采用桩基墩式结构。工作平台 40 m×25 m；靠船墩对称布置在工作平台两侧，内排靠船护舷中心距为 76 m，外排靠船护舷中心距为 114 m；首尾缆系缆墩 4 个，其中心距码头前沿 40 m；横系缆墩 2 个，其中心距码头前沿 70 m。工作平台与原 202 号泊位间用宽 9 m、长 334 m 的栈桥相连，其余墩之间用宽 2.5 m 的人行桥相连；与陆上连接的引桥宽 12 m，长 584 m，布置在原引桥南侧。工作平台、靠船墩、系缆墩顶标高均为 6.5 m。该工程建设充分利用原有资源，消除了原 202 号的安全隐患，扩大了原油泊位的通过能力。

(2)20 万吨级铁矿石码头

为适应经济腹地内的钢铁、冶金等企业的生产需要，利用一区南二期突堤端部工作船码头 412 号泊位及护岸向外改扩建一个 20 万吨级的矿石码头及相应配套设施(图 4 - 159)。码头南侧为二区油码头，西侧为一区南二期 407—411 号泊位，东侧为主航道麻斜航道。为保证码头开挖不影响411号、412号泊位结构安全和靠泊，码头前沿线布置在－9 m等深线以外，方位角与二区油码头前沿线相同，为11.27°，与平均流向基本一致。码头前沿线距412号泊位156 m，保留了411号泊位发展空间，距南侧二区油码头241 m。

图4－158　湛江港30万吨级原油码头

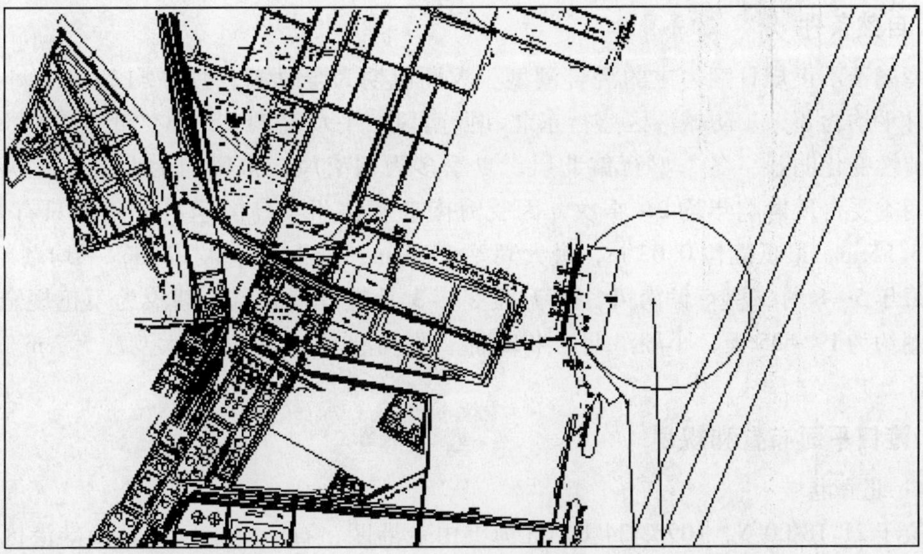

图4－159　湛江港20万吨级铁矿石码头

4.6.3　北部湾港

4.6.3.1　简况

北部湾港由原广西沿海防城港、钦州港和北海港三大港口合并而成，2008年12月经交通运输部批复原则同意成立。

防城港位于广西南部北部湾北岸，是中国大陆海岸线最西南的深水良港，是广西乃至西部最大的港口。防城港始建于1968年，至1986年建成7个1万～2.5万吨级深水泊位，1992年建成第一个 3 万吨级泊位。目前防城港港已成为以大宗散货为主、同时具备集装箱、件杂货、油气等货种装卸储运、中转换装、物流配送等多功能的综合性港口。

钦州港三面环陆，南面向海，是天然的避风良港，水深，港池宽，潮差大，回淤少，后方陆域广阔。钦州湾为典型的溺谷型海湾，由内湾和外湾组成，内湾沿岸为低山丘陵环绕，湾口向南。内湾水域宽达 3 km，海底标高为 $-28 \sim -15$ m，外湾水域呈喇叭形展布，形成东、中、西三条水道。钦州港始建于 1992 年，1994 年 1 月 2 个万吨级起步泊位投入使用，2007 年 9 月底，工业泊位共 39 个，其中 7 万吨级 2 个，5 万吨级 5 个，3 万吨级 1 个，1 万吨级 3 个，1 000 ~ 5 000 吨级 16 个，1 000 吨级以下 12 个。

北海港管辖北海老港区，石步岭港区，铁山港港区和大风江港区。老港区现有生产用泊位 5 个。石步岭港区现有泊位 4 个：1 万吨级 2 个，2 万吨级 1 个，3.5 万吨级 1 个。铁山港港区 2 个 2 万吨级杂泊位。石步岭港区三期工程项目包括新建 2 万吨级、3 万吨级和 5 万吨级多用途泊位码头各一个，项目计划于 2012 年完工。

到 2008 年年底，广西沿海港口共有生产性泊位 191 个，总吞吐能力达 $9\,420 \times 10^4$ t。2010 年货物吞吐量为 1×10^8 t。"十二五"期间，广西北部湾港将形成"一港、三域、八区、多港点"的港口布局体系；形成由渔沥港区和企沙西港区组成的矿石运输系统；由大榄坪港区（钦州保税港区）、渔沥港区、石步岭港区组成的集装箱运输系统；由企沙西港区、金谷港区、铁山港西港区构成的煤炭运输系统；由金谷港区、大榄坪港区、铁山港西港区构成的石油及油品运输系统；以石步岭港区为主，马鞍岭、三娘湾等共同发展的北部湾休闲、旅游、客运系统。

4.6.3.2 自然条件

北部湾属于不正规日潮为主的混合潮型。大潮汛期为全日潮，月平均 22 天。小潮汛期为半日潮，月平均为 8 天。防城港区盛行东北和西南风。平均高潮 2.7 m，低潮 1.9 m。北海港区风向季节性变化明显，冬季盛行偏北风，夏季多为东南风，常风向为北向，其次为东南东向，夏秋两季受台风影响年均 2 ~ 4 次，因受海南岛和雷州半岛的阻挡，一般只有 6—10 级。最高潮位 5.55 m，最低潮位 0.03 m，最大潮差 5.36 m，最小潮差 0.17 m，平均潮差 2.55 m。钦州港区每年 5—8 月，盛行偏南风，10 月至翌年 3 月盛行偏北风。潮汐为不正规全日潮，一月内全日潮约为 19 ~ 25 天，小潮汛期为半日潮 。平均潮差 3.5 m，最大潮汐 5.7 m。潮流具有往复流特征。

4.6.3.3 港口平面布置和规划

4.6.3.3.1 北海港域

北海位于 21°18′00″N，109°2′24″E。北海港由老港区、石步岭港区、铁山港港区和大风江港区组成。铁山港位于 21°28′40.8809″N，109°32′58.0238″E，北海市东部，东邻湛江市，南邻北部湾，是北部湾港重要港区。2006 年年底铁山港区有地方码头 11 个，主要有 5 万吨级电厂专用煤码头 1 个，2 万吨级商业起步码头 2 个，其余为万吨级地方小型码头泊位。铁山港一期深水码头工程 1—4 号泊位于 2007 年 5 月开工建设，共建 4 个 15 万吨级散货泊位，设计吞吐能力 $2\,000 \times 10^4$ t。码头岸线长 1 306 m，前沿停泊地宽度 90.2 m，底高程为 -17.8 m（3 号、4 号泊位底高程为 -18.1 m），调头地直径 568 m，底高程为 -13.0 m。1 号、2 号泊位工程于 2009 年 12 月投入试运行。3 号、4 号泊位于 2011 年年底完工。2011—2013 年计划开工建设铁山港 5—10 号泊位 3 个 15 万吨、3 个 10 万吨级通用泊位和铁山港东港区 1—5 号泊位，新增年通过能力 4 000 万吨；期望到"十二五"期末，铁山港将建成拥有 22 个 5 万 ~ 15 万吨级泊位，3

个 5 000～10 000 吨级泊位，年设计通过能力达到 1×10^8 t 的现代化大型港口。北海港仍在规划建设涠洲岛 30 万吨级原油码头。

新老港区航道基本上都是坐南朝北，面对廉州湾水域。走向为由南向北，向东折转进入新、老港区。外航道进行浚深扩宽。第一段于 -12 m 水深处，由 0 号标至 6 号标走向为 10°—190°，长约 7 n mile；第二段由 6 号标向东偏北至 9 号标，走向为 238°—58°，长约 2 n mile。第三段走向 130°52′，至码头岸线长 1 700 m。内外航道总长约 17.28 km，底标高 -12.9～8 m，宽为 100～130 m。铁山航道在排敦至青龙沙段，长 10 km，宽 750～1 400 km，底标高 -18～-6 m，从青龙沙开始分东、西两水道，东水道长 8.5 km，宽 800 m，底标高 -6～10 m，出口栏门沙宽为 2.5 km，底标高 -3.5～-2.2 m。西水道长 10 km，宽 800～1 600 m，底标高 -10～-8 m，其中有浅滩长 1.5 km，底标高 -2.7 m（均属自然航道）。铁山港 5 万吨航道一期工程航道全长 15.07 km，设计航道底标为 -11.5 m，底宽 160 m。工程于 2005 年 12 月开始疏浚，2006 年 8 月投入使用。二期 5 万吨航道的建设在 2007 年完成。随着铁山港工业区的快速发展，进一步开展铁山港 10 万吨级航道的建设工作。

北海港区 1—3 号锚地共长 2 650 m，宽 450～550 m，底标高 -5～9 m，面积 1.37×10^4 km^2，海底为沙质，可同时停泊 1 万～3 万吨级轮船 6～8 艘。方位为 21°29′14″N，109°01′14″E。助航灯浮 19 座。检疫锚地位于冠头岭南海域 0 号灯浮，底标高 -12 m，海底平坦为泥沙质。

4.6.3.3.2 钦州港域

2009 年年底拥有生产性泊位 49 个，设计（核准）年通过能力 4 653.5 万吨（其中集装箱 125×10^4 TEU），实际年通过能力 8 667×10^4 t（其中集装箱 125×10^4 TEU）。钦州港已有主要设施见表 4-18。钦州港还有 10 万吨原油接卸泊位、5 000 吨和 3 000 吨成品油泊位各 2 个；10 万吨级煤码头泊位 1 个；大榄坪港区 1 号、2 号泊位为 2 个 10 万吨级国际集装箱专用码头，3—8 号 6 个 7 万吨级多用途泊位。一期工程建设万吨级泊位 2 个；二期工程建设 5 万吨级通用泊位 2 个；5 万吨级油气泊位 2 个；3 万吨级油气泊位 1 个；万吨级油气泊位 1 个；钦州港三期工程建设 5 万吨级集装箱泊位 1 个，5 万吨级散货泊位 2 个（水工部分按 10 万吨级设计）；15 万～20 万吨级矿石泊位 3 个；1 万～4 万吨级泊位 5 个；10 万吨级散货泊位 1 个；2 万～5 万吨级泊位 5 个；10 万吨级油码头 1～2 个；三墩 25 万～30 万吨级码头前期工作正抓紧进行。中石油 30 万吨级石油减载平台工程正在建设。三墩 30 万吨级航道于 2012 年底建成投入使用。钦州港平面布局和 2015 年前的主要工程如图 4-160 所示。

表 4-18 钦州港泊位情况

序号	泊位名称	泊位吨级/DWT	泊位水深/m	功能
1	9 号泊位	50 000	-13.9	集装箱
2	10 号泊位	25 000	-12.9	集装箱
3	11 号泊位	50 000	-13.9	粮食专用码头
4	12 号泊位	50 000	-14.1	多用途泊位
5	13 号泊位	70 000	-15.1	多用途泊位
6	14 号泊位	70 000	-15.1	硫黄专用码头
7	15 号泊位	70 000	-14.1	磷肥专用码头

续表

序号	泊位名称	泊位吨级/DWT	泊位水深/m	功能
8	16 号泊位	50 000	-14.1	煤炭专用码头
9	17 号泊位	50 000	-14.8	有色金属矿石专用码头
10	18 号泊位	70 000	-18.5	多用途泊位
11	19 号泊位	150 000	-18.5	铁矿石专用码头
12	20 号泊位	150 000	-18.5	散货
13	21 号泊位	150 000	-18.5	散货
14	22 号泊位	150 000	-18.5	散货
15	20 万吨级泊位	200 000	-19.5	铁矿石专用码头
16	东湾液体化工码头	50 000	-4.4	液体化工

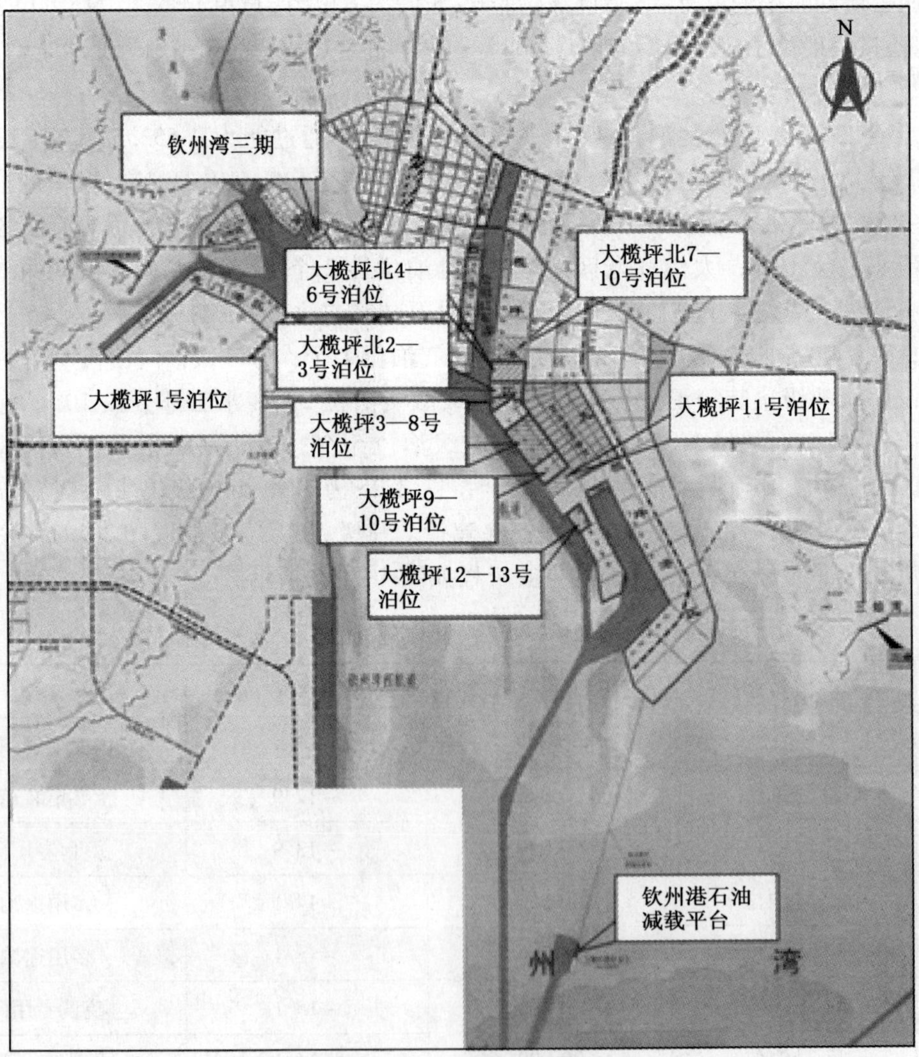

图 4-160 钦州港建设项目

目前船舶进出钦州港主要利用钦州港东、西两水道。万吨级西航道底宽95～110 m，设计通航水深9.6 m，底标高为－6.6 m，至勒沟作业区航道全长24.4 km。3万吨级东航道连贯11个作业区，航道全长33.7 km，设计底宽110～120 m，设计通航水深12.3 m，底标高－8.9 m，乘潮可进出5万吨级船舶。10万吨级航道走向基本与3万吨级航道一致，由内段航道、大榄坪段航道、三墩段航道及南段航道组成，长30.7 km，连贯可建10万吨级以上泊位的8个作业区，设计水深16.65 m，设计底标高－13 m，除三墩段航道设计底宽为190 m外，其他段航道的设计底宽为160 m。钦州港区港外锚地设在航道进口处西南5.6 km水域。钦州港规划岸线约60.8 km，其中深水岸线44.6 km，内湾深槽天然水深一般－22～－15 m，最深处达－28.5 m，避风、回淤小、港池宽、潮差大，是我国非常宝贵的天然深水良港。规划12个作业区，可建1万～30万吨级深水泊位约200个，其中10万～30万吨级大型深水泊位30多个；整个港口远期年吞吐能力可达亿吨以上。钦州港湾外三墩、大面墩和大风江口附近岩面标高均在－26～－24 m范围内，可建设25万～30万吨级以上深水泊位多个。

4.6.3.3.3　防城港域

防城港区位于21°37′N，108°21′E。防城港现有渔沥、企沙、江山、茅岭、东兴等五个港区(点)，共有生产性泊位95个，万吨级以上泊位22个，岸线利用8.347 km，其中深水岸线利用5.323 km。万吨级以上泊位包括1万吨级4个，1.5万吨级3个，2.5万吨级3个，3万吨级1个，5万吨级6个，7万吨级4个，20万吨级1个。现状和总体规划如图4－161所示。防城港钢铁基地项目码头工程(图4－162)位于企沙半岛西南端，分两期建设，码头岸线长度6 316 m，共布置19个泊位，其中10万～25万DWT煤炭、矿石进口泊位4个，1万～5万吨级散货、件杂进出口泊位19个。散货进口泊位布置于东湾口门处，临近防城港现有航道。防城港现有航道等级为15万吨级，航道基岩面较高，航道升级改造投资较大，受其影响钢铁项目矿石进口泊位等级为25万吨级。防城港外航道升级工程完工后的航道等级为标准20万吨级航道。散货、件杂进出口泊位布置于防城港钢铁项目填海形成的厂区西侧岸线。码头结构均为直立式岸壁结构。根据当地的使用经验和工程特点，采用了无底大圆筒结构，码头设一排共11个圆筒。圆筒底座直径22.6 m，筒身直径20 m，壁厚400 mm，圆筒高度22.5 m。

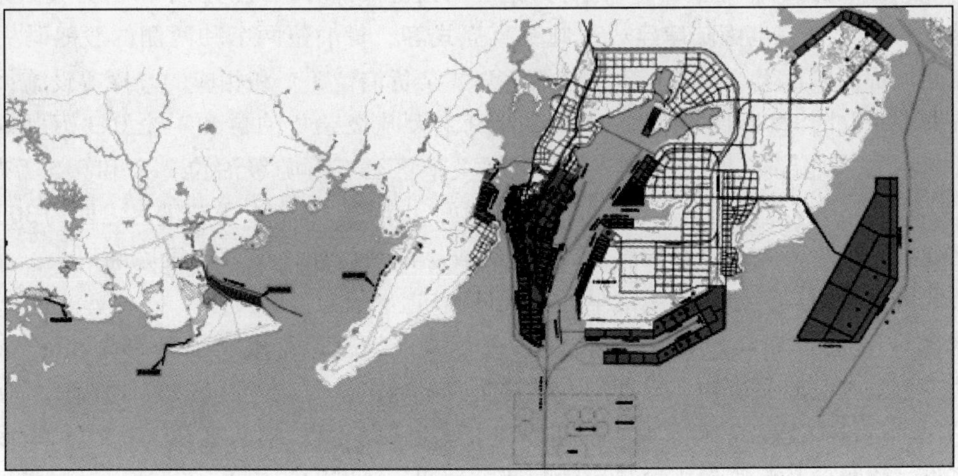

图4－161　防城港总体规划布置

图 4-162 防城港钢铁基地项目位置

目前防城港老港区(渔沥岛西岸港区)建设已完成，港口规划主要发展渔沥岛南岸、西岸及企沙半岛。渔沥岛南岸规划为散货岸线，西岸规划为件杂及液体化工岸线。企沙半岛规划岸线长度 50.3 km，有通用泊位、散货泊位、支持系统岸线、渔业岸线、船舶及海洋工程岸线、件杂货岸线、集装箱岸线、预留深水岸线、预留发展区等，规划建设深水泊位 200 多个，港口货物吞吐能力为 4.3×10^8 t。

4.6.4 海口港

4.6.4.1 简况

海口港地处南海航运中枢，素有“琼州门户”之称，是宋元以来海南岛对外贸易重要港口，也是历代重要海防要塞。南宋时称白沙津(亦称神应港)。清代前期已是一个外贸繁荣的港埠，第二次鸦片战争结束，被迫辟为全国沿海十大开放商埠之一。至 1950 年仅存一条 396 m 长的长堤码头靠泊木帆船，港口运输和对外贸易陷于停顿。1952 年底开始修建秀英码头，1954 年 5 月竣工投产，并改称为海口港。海口港分海港和河内港两部分。海港位于市西秀英村附近，又称秀英港。50 年代先在港南陆岸建成千吨级直立式客、货泊位两个和两侧的驳船码头；70 年代又将东防波堤西侧加宽，建成 0.3 万吨级直立式杂货泊位 3 个和相应的仓库等设施；80 年代在东突堤北端沿北防波堤向西伸展，建成 3 个 0.5 万吨级杂货泊位和 1 个 0.3 万吨级客运泊位。1988 年在港口北部扩建，到 1992 年年底秀英港区已有万吨级泊位 2 个和 0.5 万吨泊位 3 个，0.3 万和 0.1 万吨级泊位各 4 个，共计大、中、小泊位 18 个。秀英港区之西约 30 km 的马村附近已建成一个 2 万吨级煤炭泊位，2 万吨级成品油泊位和 3.5 万吨级原油码头。海口河内港位于市北海甸河河口，原是海南最早的出入口渡口。

根据《海口港总体布局规划》，新港区将进行城市化改造，建成游艇码头和渔人休闲区。近期兼营少量油气危险品货物，规划期内转移至其他港区；秀英港区规划为国际邮轮、国内客运、商品汽车运输和支持系统码头。近期以集装箱运输、国际旅游客运和国内长短途客运为主，以客滚运输和商品汽车专用滚装运输为辅，远期建成国际国内客运基地；马村港区为未来海口港中心港区，以集装箱运输为主，大宗散杂货运输为辅，建成油品、煤炭等能源物资中转基地和综合物流中心。2015 年前开始马村港区二期扩建，建设规模为 4 个 2 万吨级件杂货泊位，年设计吞吐能力 250×10^4 t。

4.6.4.2 自然条件

海口港强风向为 ENE、SE 和 N，最大风速超过 40 m/s，全年以 NE 风频率最高，ENE 和 SSE 风次之。每年 6—11 月为台风期，对港区有影响的台风和强热带风暴年平均 4.3 次，最多可达 8 次。潮汐属不正规日潮混合潮型，一个月内日潮天数为 15 ~ 8 天，其他时间为正规半日潮，潮汐不等现象显著。日潮时平均最高潮位 2.4 m，平均低潮位为 0.5 m。半日潮时平均高潮位 2 m，平均低潮位 1 m。海域区内最大潮差 3.6 m，平均潮差 1.1 m。港口附近潮流为往复流，港内在涨潮时流向东北，历时 15 h，最大流速为 0.9 m/s，落潮时流向西南，历时 8 h，潮流有时受季风影响而改变流向。海口湾湾口流速较大，约 1.1 m/s，流向为东北到西南。常、强浪向为 NNE，其次为 N 和 NE。港区泥沙主要有三方面的来源，即南渡江径流输沙、海岸受侵蚀提供的沙源和琼州海峡深槽受冲刷提供的沙源。

秀英港区土层分布依序为淤泥、亚黏土、中粗砂和黏土层；新港港区土层由上而下分为淤泥、杂色黏土、灰色黏土；马村港区土层为按其岩性及工程地质性质，自上而下分为碎、砾石层，淤泥或淤泥混沙，黄杂色亚黏土和灰色亚黏土四层。

4.6.4.3 港口平面布置

秀英港区位于琼州海峡南侧之海口湾南岸(图 4 - 163)，在南渡江支流海甸溪入海河口外方，位于 20°01′24″N，110°16′27″E。新港港区位于海口湾海甸溪入海口左岸，位于 20°03′05″N，110°19′27″E。马村港区位于海南岛西北部，琼州海峡澄迈湾之西，与东水港、黄花港毗邻，位于 19°57′18″N，110°01′18″E。马村港一期扩建工程建设规模为 5 个 2 万吨级散杂泊位，2007 年年底开工，2010 年完工。

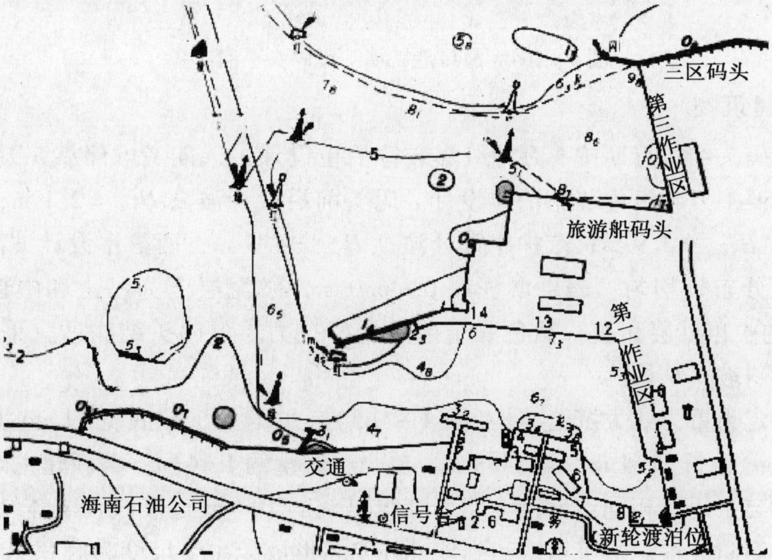

图 4 - 163 秀英港区平面布置

海口港二期工程码头接一期工程向外填海形成(图 4 - 164)。工程建设 2 个 3 万吨级的集装箱泊位。工程从已建的一期万吨级泊位岸线往北顺延，顺接海口港已建第一期两个 1 万吨级深水泊位的北侧，作 196 m 的过渡段，过渡段结构按可以兼靠 1 万吨级集装箱泊位进行设计；

然后岸线折向西与一期深水泊位岸线成120°夹角，布置成东西走向的第二横突堤，与海口港两个五千吨级港区突堤基本平行并隔水相望，整个港区呈反“F”形。航道有效宽度为140 m，设计底标高为－12.3 m，方位角为163°08′34″—343°08′34″。航道延伸至外海－12.3 m天然水深处，长度约为4.2 km，满足3万吨级集装箱船乘潮进港。二期工程码头全长786.6 m，包括590.6 m的主码头和196 m的过渡段码头，护岸全长2 984.4 m，包括东护岸772 m，北护岸1 351 m，西护岸691.4 m，直立式南护岸170 m。码头工程于2006年12月开工，2008年9月完成。从外锚地至港口门的主航道4 984 m，宽100 m，水深9 m。自港口至港池航道长800 m，水深9 m左右。航道吃水限深6 m。

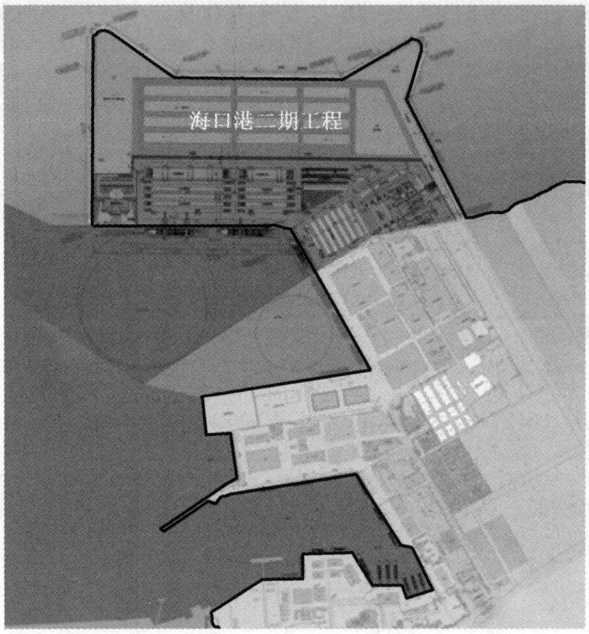

图4－164 海口港二期工程码头平面布置

4.6.4.4 水工建筑物

二期工程主码头结构近期按3万吨级集装箱泊位设计，远期考虑停靠5万吨级集装箱船。过渡段码头，按照1万吨级集装箱泊位设计。码头前沿设计波高 $H_{1\%}=2.1$ m；北护岸设计波高 $H_{1\%}=5.2$ m，$H_{13\%}=3.9$ m；东护岸设计波高 $H_{1\%}=4.3$ m；西护岸设计波高 $H_{1\%}=3.5$ m。码头区域的地质分布较均匀，表层淤泥厚0～6.0 m，淤泥层下为黏土和中粗砂层，埋藏在－16～－10 m的中粗砂层和灰－黄色黏土层是良好持力层。码头结构适宜采用重力式结构，护岸采用常规的斜坡式结构。

码头结构确定为重力式大沉箱结构(图4－165)。主码头沉箱底宽11 m(其中包括前趾板宽1 m，厚0.5 m)，长21.4 m，高14.8 m，单个沉箱重约1 443 t。与新建主码头衔接的96 m过渡段主体结构与主码头相同。衔接一期万吨级码头的100 m过渡段，主体结构(图4－166)则直接利用拆除旧防波堤矩形沉箱搬运到该处并安装形成，主要尺度为底宽10 m(其中包括前趾板宽0.8 m，厚0.45 m)，长度8.29 m，高11.2 m，单个沉箱重约466 t。选取粗砂层或黏土层作为码头结构持力层。基床材料为10～100 kg块石。基床上部采用平接方式安装矩形沉箱。沉箱顶上现浇“L”形钢筋混凝土胸墙。沉箱后设置10～100 kg块石减压棱体。东护岸、北护岸、西护岸均采用斜坡式结构。该区域表层淤泥层厚度为0.0～6.0 m，平均厚度为3.3 m。

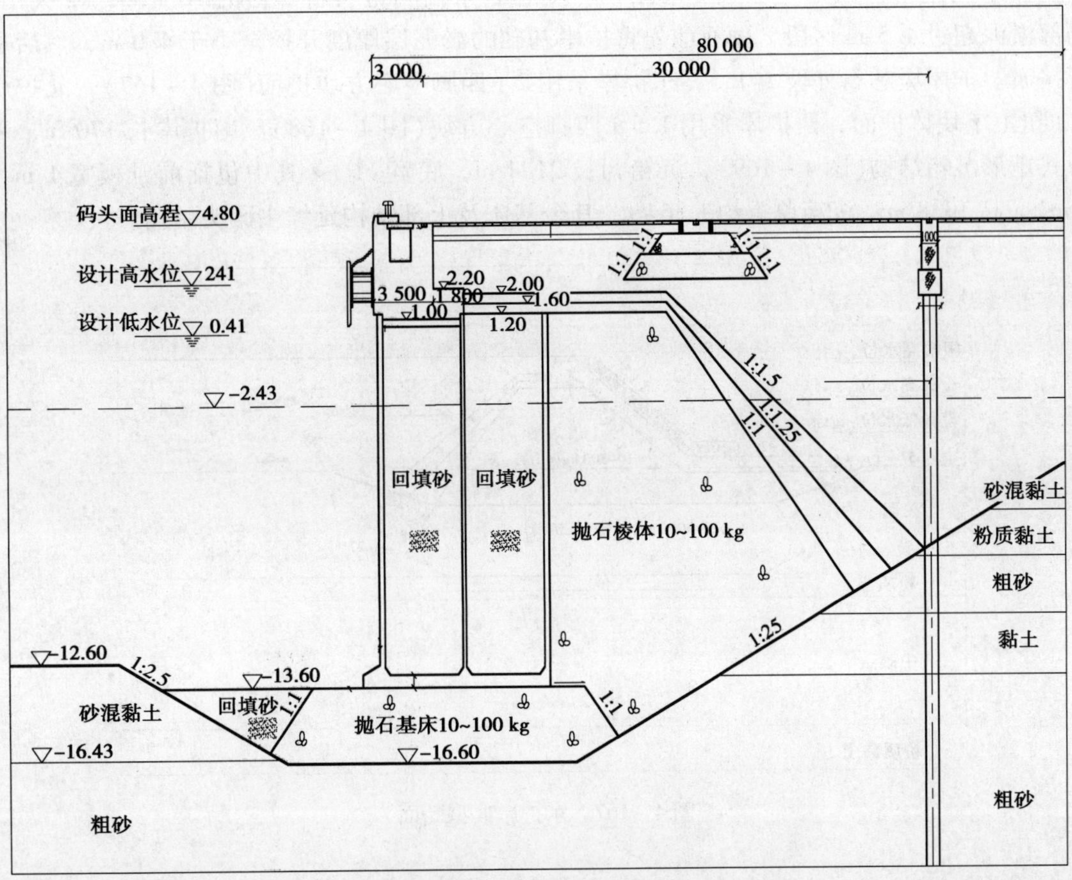

图4－165　主码头断面

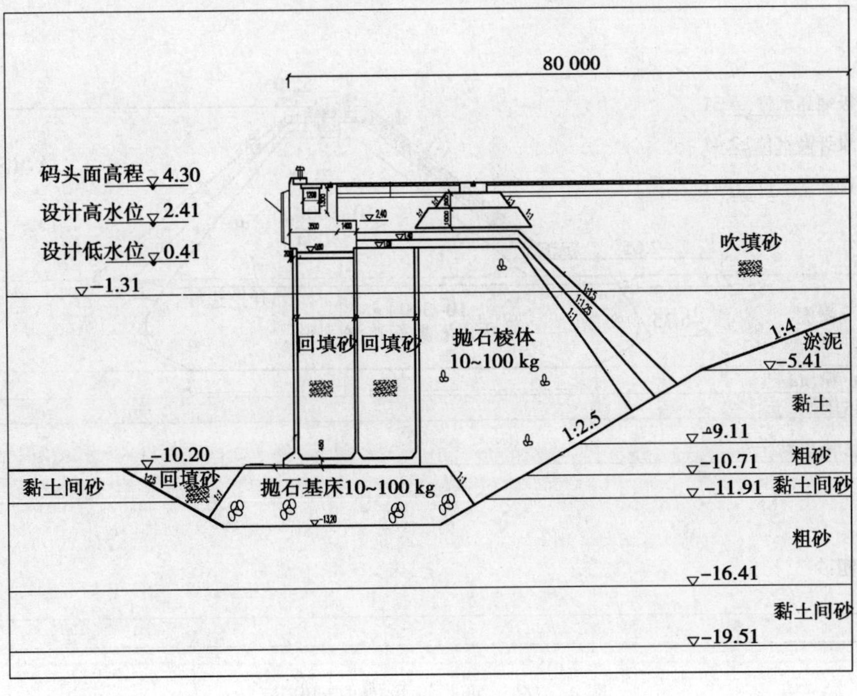

图4－166　过渡段码头断面

护岸主要采用抛石挤淤形式形成堤芯结构，堤芯石采用当地材料丰富的 10 ~ 300 kg 火山石。对局部淤泥超过 4.5 m 区段，抛石前先将护岸基础的淤泥层厚度开挖至小于 4.0 m，然后进行抛石挤淤。护岸堤芯石外坡 1:1.5，东护岸采用 2 t 四脚空心方块护面(图 4 – 167)，北护岸采用 3 t 扭王字块体护面，西护岸采用 1.5 t 四脚空心方块(图 4 – 168)。南护岸长 170 m，采用重力式矩形沉箱结构(图 4 – 169)，沉箱为长 21.4 m，底宽 11 m(其中包括前趾板宽 1 m，厚 0.5 m)，高 13.8 m，沉箱单重约 1 364 t。其余基床及上部结构延续主码头结构。

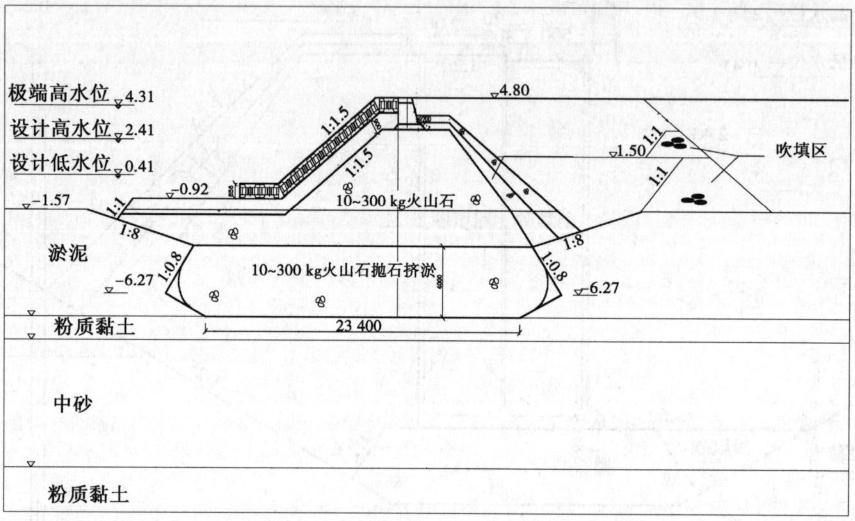

图 4 – 167 东护岸典型断面

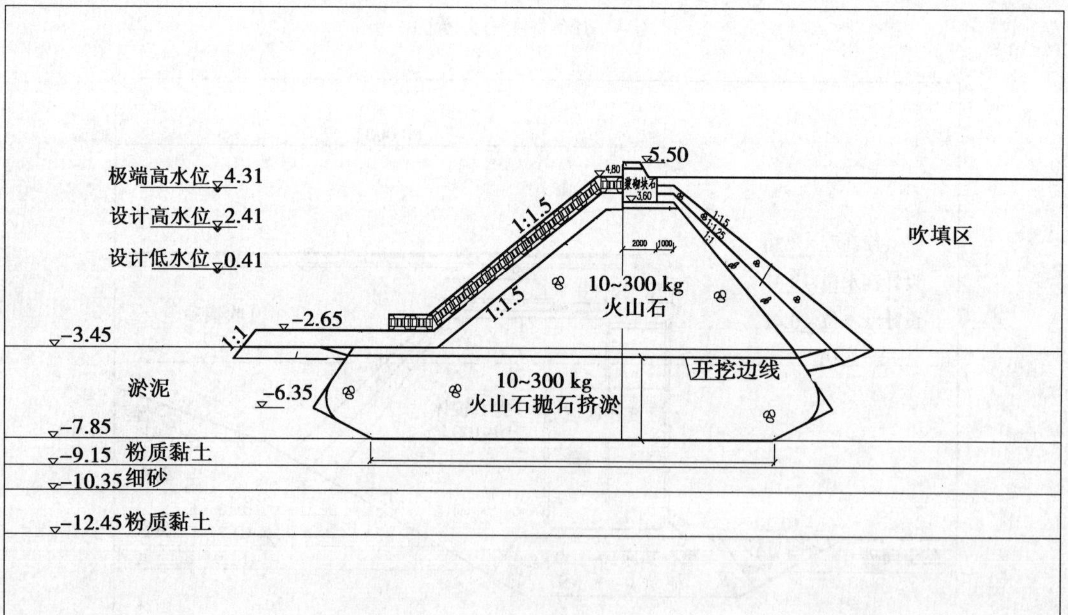

图 4 – 168 西、北护岸典型断面

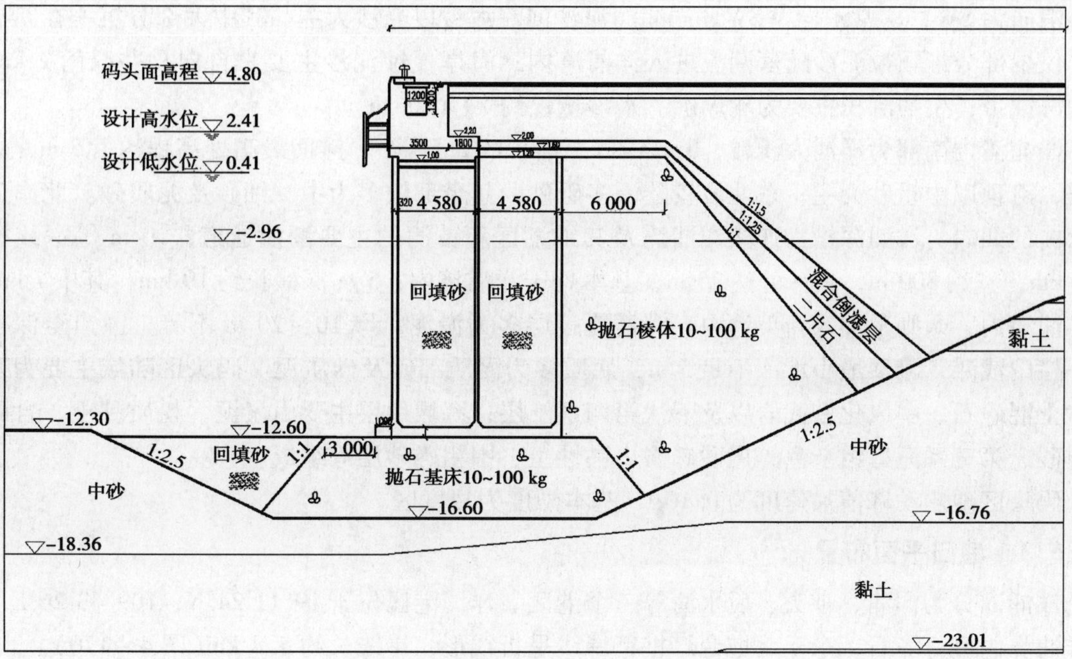

图4－169 直立式南护岸典型断面

4.6.4.5 辅助工程

锚地位于港口的外海，总面积446×10^4 m^2，1~3号锚地水深8~10 m；4号锚地为引航检疫锚地，水深17 m；5号锚地为危险品装卸锚地，水深6~7 m。锚地均不设置浮筒。新港外海装卸锚地长900 m，宽180 m，能停泊500吨级船7艘，港内装卸过驳和避风锚地位于人民桥下游至港池，长800 m，宽200 m，水深3.0~3.5 m，能泊100吨级船30艘。

4.6.5 洋浦港

4.6.5.1 简况

洋浦港位于海南省西部洋浦湾内，是新兴深水工业港和洋浦经济开发区的依托港。洋浦港具有优良掩护条件和建港条件，1987年一期工程开工，兴建2万吨级通用泊位和多用途泊位各1个，1990年竣工。1997年12月，国家批准了洋浦港二期工程建设，新建2个2万吨级通用泊位和1个集装箱泊位(码头水工结构均按3.5万吨级泊位建设)。三期工程于2005年12月开工，2006年30万吨级原油进口码头、成品油港区和专用码头相继建成投产。三期工程新建3个2万吨级通用散货泊位(其结构均按5万吨级散货泊位设计)，2009年8月通过竣工验收。

4.6.5.2 自然条件

洋浦湾为一向西开敞的新月形港湾，由珊瑚礁构成的大、小铲岛并立于湾口。该区受季风影响，冬半年多ENE和NE风，夏半年多SW及SSW风，常风向ENE，次常风向NE。强风向SW。本地区受热带风暴和台风影响，年平均影响3~4次。洋浦港属正规日潮潮型。平均潮差为1.81 m。最高潮位4.06 m，最低潮位0.24 m，平均潮位1.91 m，最大潮差3.60 m。洋浦湾内潮流为往复流，涨落潮流方向近于NE—WS。湾内近似为正规日潮流；湾外表层为不正规日潮流，中、底层则为不正规半日潮流。湾外有一定的旋转流特性，主流向近似为N—E向。湾内流速大于湾外流速。最大流速一般出现在深槽。春夏多SW向浪，冬季多SE向浪。常浪向和强浪向为 SW，次常浪向 WSW。洋浦湾泥沙河流泥沙以悬沙为主，其中大部分沉积在新英湾内，仅少部分细颗粒泥沙随落潮流进入洋浦湾内；海岸侵蚀泥沙主要来自白马井以南 2 km 左右的海蚀带；生物沉积主要为珊瑚礁。来沙量仅约 10×10^4 m^3。

洋浦湾内南部为洋浦大浅滩，0 m 线以上面积约 2.5 km^2，滩面最高处高程达 1.5 m，低潮出露，滩顶以中粗砂为主，东北坡较陡，多砾砂，其余部位多为中、细砂及泥质砂。北岸为岸线弯曲的凹岸。洋浦深槽为连接洋浦湾及其纳潮区新英湾的主要潮汐通道，10 m 等深线槽长约 5 km，宽约 300 m，最深处达 25 m，基本处于洋浦湾内；5 m 深槽长约 10 km，其中 7 km 处于洋浦湾内，余则延伸入新英湾内；深槽覆盖层多为淤泥，厚 10 ~ 20 m 不等。湾口至深槽间有一拦门浅滩，滩顶最小水深不足 5 m，底质多为泥质细砂及砂质泥。码头区陆域主要为残积黏性土混碎石、中风化玄武岩以及下伏第四系土层；海域地层主要由淤泥、粉质黏土、含砾黏土质砂、第三系海口组杂色碎屑砂砾岩、黏性土、中粗砾砂层等组成。

码头区地震动峰值加速度为 0.10*g*，基本烈度为Ⅶ度区。

4.6.5.3 港口平面布置

洋浦港分为洋浦、神头、后水湾等三个港区。洋浦港区位于19°11′24″N，109°43′26″E。西起洋浦鼻内侧灯塔石，东至北炮台灯桩，岸线呈折线形，岸线长约 5.8 km(图 4－170)。

湾口有大铲岛、小铲岛、洋浦鼻和洋浦浅滩的天然屏障，具有良好的掩护条件。陆域较平坦，天然地面高程在 6.0 ~ 12.5 m 之间。目前在该岸段内建有万吨级油码头 1 座以及洋浦港一、二、三期工程，码头占用岸线长度 1 851 m。

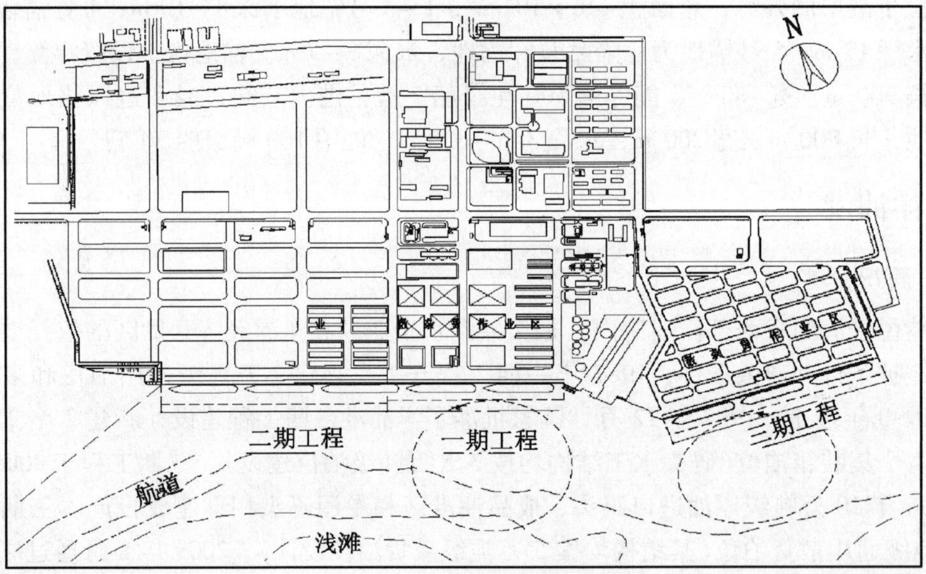

图 4－170 洋浦港区形势

一期工程为洋浦港起步工程，建设有 2 万吨级多用途泊位(1 号泊位)、通用泊位(2 号泊位)及 3 000 吨级工作船泊位各 1 个。多用途泊位和通用泊位布置于一条直线上，码头长度 444 m，工作船泊位位于 2 号多用途泊位东侧，与 1 号、2 号泊位码头前沿线成 150°夹角。占用岸线总长度544 m。调头圆布置于码头前方，直径为 330 m。进港航道长度为 8 100 m，其中人工航道长度 4 100 m，航道底宽 100 m。航道及调头圆底高程均为 －9.20 m。

二期工程位沿一期工程 2 号通用泊位向西顺延布置个 1 个集装箱泊位(3 号泊位)和 2 个 2 万吨级通用泊位(4 号、5 号)。占用岸线长度 800 m，泊位总长 577 m。二期工程陆域总面积

38.3×10^4 m^2。船舶调头区在一期工程基础上拓宽至400 m。

三期工程布置在一期工程东侧，新建3个2万吨级通用散货泊位(6—8号泊位)。最西侧的6号泊位西侧端与一期工程东端距离约280 m，其间布置大型沉箱预制场。8号泊位的东侧端与现有洋浦轮渡之间距离约120 m。陆域总面积27.28×10^4 m^2。码头前沿线走向为92°—272°。因码头前后水域位于西浦村与对岸白马井之间的潮汐通道上，潮流流速相对较大，回旋水域呈椭圆型布置，短轴直径380 m，长轴直径475 m，设计底高程－9.3 m。停泊水域宽65 m。30万吨级原油码头位于神尖角岬角，长470 m；成品油港区位于干冲，包括10万吨级泊位1个，5 000吨级泊位3个。专用码头位于神尖角，建有原料进口及成品出口泊位7个，其中5万吨级泊位1个，3.5万吨级泊位1个，2万吨级泊位2个，5千吨级泊位3个。

洋浦港航道在原潮汐汊道基础上开发建成，航道总长8.1 km，其中口门段4.1 km由疏浚形成。航道轴线方位225°—45°，底宽100 m，从洋浦前灯桩至暗礁灯桩处，为接近90°之弯形航道，暗礁灯桩至外海的航道顺直。底标高－9.2 m。满载通航最大船舶吨级(不乘潮)为2万吨级；乘潮可通航5万吨级船舶。1994年3月乘潮通航过5.3万吨级巨轮。航道为单向。洋浦港有锚地4处，总面积360×10^4 m^2。1号锚地位置19°43′30″N，109°07′00″E；2号锚地位置为19°42′30″N，109°07′00″E；3号锚地位置为19°43′30″N，109°08′00″E；4号锚地位置19°42′30″N，109°08′00″E；锚地底标高－16 m。

4.6.5.4 水工建筑物

码头水工建筑物适宜采用重力式结构，持力层为硬塑的黏性土混砂、中粗砾砂、密实－极密实砂层。

4.6.5.4.1 一期工程

一期工程1号2万吨级多用途泊位和2号通用泊位设计海底高程为－10.80 m，工作船泊位设计海底高程为－6.50 m。码头面设计高程为5.50 m。考虑到洋浦地区地震按Ⅷ度设防，水工结构采用实心方块结构(采用填芯水下混凝土)，单件重量200 t。水工结构断面详如图4－171所示。由于填芯钢筋混凝土的加强作用，码头整体性大为提高。为方便施工，方块侧边预留半径为5 cm的半圆槽，用直径为10 cm的尼龙编织袋填砂，按方块高度分层堵缝。码头采用ϕ600 mm×300 mm×1 500 mm的圆筒形橡胶护舷。

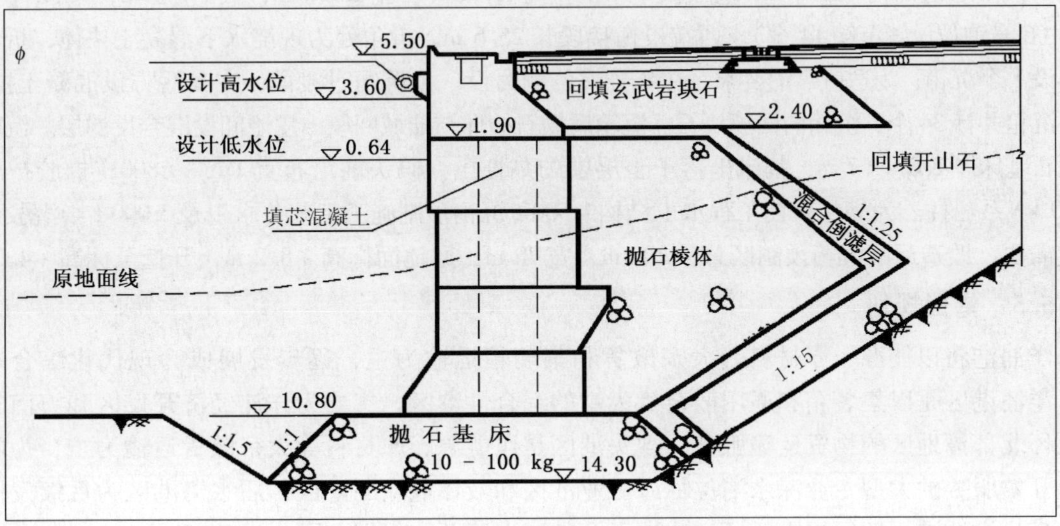

图4－171 洋浦一期工程水工结构断面

4.6.5.4.2 二期工程

二期工程码头长度为577 m。考虑到将来洋浦开发区的货物将以集装箱运输为主，结合码头区持力层埋藏较深的特点，码头水工结构均按3.5万吨级集装箱泊位建设。港池和航道水深暂按2万吨级泊位考虑。设计海底高程为 -12.30 m，码头面设计高程与一期工程一致，为5.50 m。采用方沉箱方案。沉箱底宽8.25 m(包括前趾)，长7.95 m，高13.8 m，外壁厚30 cm，内壁厚20 cm，单件重约486 t(考虑现场预制并采用500吨浮吊进行安装施工)。沉箱顶设钢筋混凝土卸荷板，卸荷板上为现浇混凝土胸墙。码头沉箱岸壁坐落在抛石基床上，后方回填块石减压棱体。码头面及前沿设置750 kN系缆柱，胸墙突台设置DA-A600H型橡胶护舷。水工结构断面图详见图4-172。二期工程和一期工程码头过渡段受一期工程西侧翼墙及护坡的影响，采用现浇水下混凝土方案。

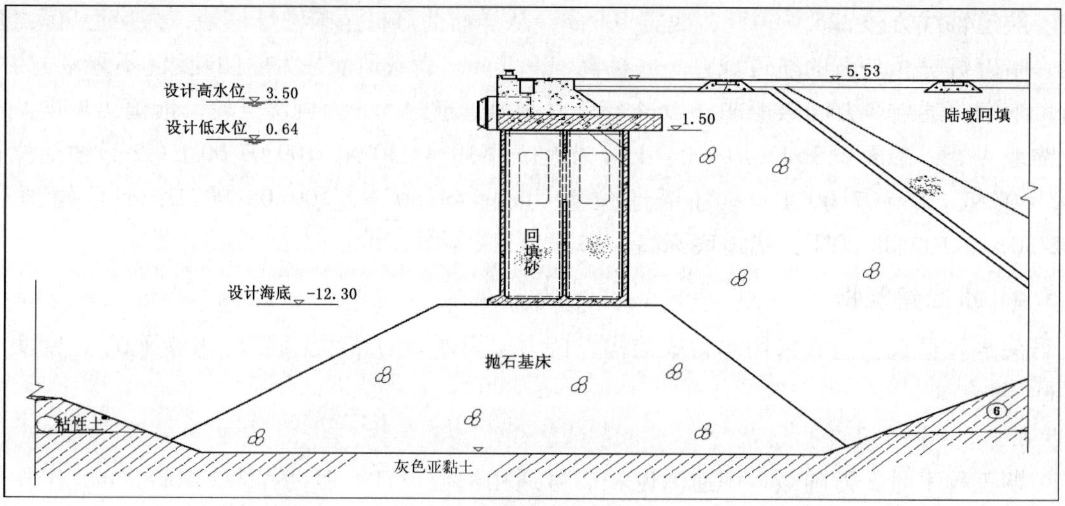

图4-172 洋浦二期工程水工结构断面

4.6.5.4.3 三期工程

三期工程码头结构均按5万吨级散货泊位设计。码头总长607 m(其中主体575 m，过渡段32 m)，为重力式大沉箱结构(图4-173)。码头面高程 +5.5 m，前沿设计底高程 -13.5 m。沉箱顶高程1.90 m，底高程 -13.5 m，直线段单个沉箱高15.40 m，宽10.75 m，长17.79 m，共32个沉箱(其中6号泊位设置沉箱14个)。西端设衔接段长25.6 m，折角处为现浇水下混凝土块体，折角后另再设1个沉箱；为适应靠泊要求，在8号泊位侧另设一个沉箱过渡段，在其后方设混凝土挡墙。码头沉箱共计34个，沉箱内回填块石。沉箱后抛石棱体与陆域回填山皮土间设混合反滤层。沉箱下部抛石基床厚2.0~7.7 m，基床坐落于土层中的黏性土。码头前沿布置DA-A800H橡胶护舷及1 000 kN系船柱。为满足三期工程水工结构1 500 t沉箱预制施工工艺要求以及5 000 t半潜驳出运作业需要，改造后的沉箱预制区总长203 m，宽70 m，原地面标高 +8.2 m，开挖至标高 +4.0 m。

4.6.5.5 港口规划

洋浦港将以能源、原材料等大宗散货和集装箱运输为主，逐步发展成为现代化综合性港口。洋浦港区是以集装箱和通用散杂货为主的综合性港区，主要为洋浦经济开发区和海南省西部及环北部湾地区的物资运输服务；神头港区是以能源、原材料等大宗散货运输为主，为临港产业开发服务的大型专业深水泊位临海工业港区和液体危险品港区；后水湾港区为后续发展港区，满足洋浦港远期发展需要。洋浦港区及神头港区总体规划如图4-174所示。

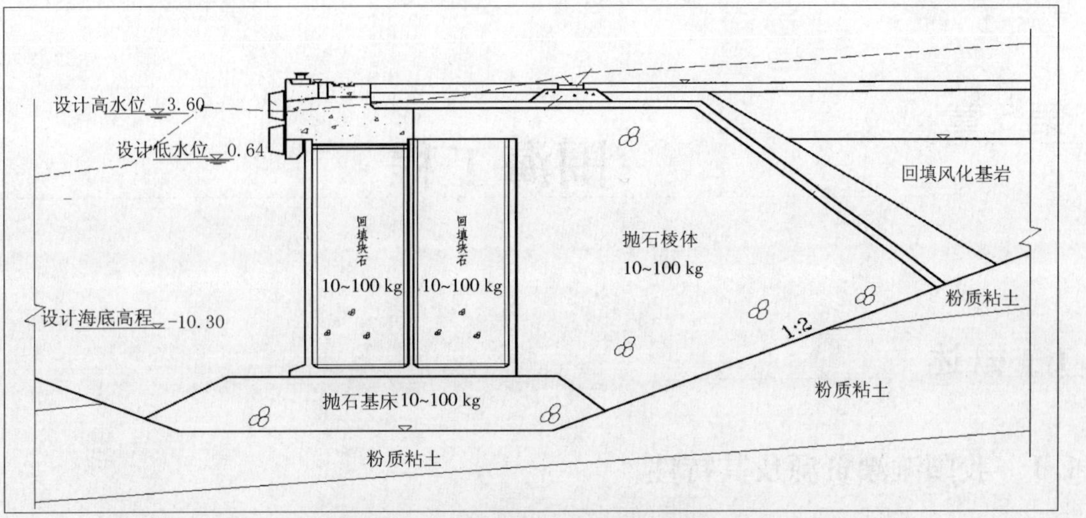

图 4 - 173　洋浦三期工程水工结构断面

图 4 - 174　洋浦港区及神头港区总体规划

参考文献

胡明，袁永华. 2006. 我国沿海港口建设发展历程回顾. 水运工程.（9）：1 - 6.

胡雄伟，程泽坤. 2008. 深圳盐田国际集装箱码头工程设计理念. 水运工程.（10）.

黄明俊，邹滂. 2010. 营口港水工建筑物结构形式的应用. 港工技术. 47(4).

连云港港年鉴编委会. 2010. 连云港港年鉴.

厦门港口管理局. 2009. 厦门港总体规划.

徐萍. 2010. "十二五"期间我国港口发展趋势分析. 综合运输.（03）：17 - 20.

张俊健，等. 2011. 营口港仙人岛港区防波堤口门优化布置. 港工技术. 48(1).

中交第三航务勘察设计院有限公司. 2010. 深圳港盐田港区二期工程、三期工程、扩建工程施工图设计件.

第5章

围海工程

5.1 概述

5.1.1 我国滩涂资源及其特性

我国地势西高东低，沿海千余大小入海河流每年携带大量泥沙入海，为海陆界面上的潮间带发育滩涂资源提供了物质基础。我国海岸以杭州湾为界，往北以平原海岸滩涂为主，往南以山地丘陵港湾海岸滩涂为主。我国滩涂资源大体可分为三类：①平原型滩涂资源；②河口型滩涂资源；③港湾型滩涂资源。全国滩涂资源面积分布(未包括台湾省)见表5-1。

表5-1 全国滩涂资源面积分布(未包括台湾省)

岸段		滩涂资源			构成(占本岸段)(%)		
		面积/ $\times 10^4\ hm^2$	占总量(%)	占本海区(%)	海滩涂	滩涂沼泽	河口滩地
渤海沿岸		68.04	31.32	100	75.1	17.5	7.4
其中	辽宁	24.18	11.13	35.5	70.7	29.3	—
	河北	11.0	5.06	16.2	70.0	26.2	3.8
	天津	5.87	2.7	8.6	63.7	23.5	12.8
	山东北	26.99	12.43	39.7	83.7	1.9	14.4
黄海沿岸		58.2	26.8	100	79.3	20.4	0.3
其中	山东东	6.88	3.16	11.8	92.1	5.9	2.0
	江苏	51.32	23.64	88.2	77.6	22.4	—
东海沿岸		55.49	25.58	100	84.5	6.3	9.2
其中	上海	6.15	2.84	11.1	72.7	27.3	—
	浙江	28.86	13.3	52.0	79.7	5.0	15.3
	福建	20.48	9.44	36.9	94.8	1.8	3.4
南海岸段		35.36	16.3	100	86.8	12.3	0.9
其中	广东	20.42	9.41	57.8	89.8	9.6	0.6
	海南	4.89	2.26	13.8	80.8	15.1	4.1
	广西	10.05	4.63	28.4	93.7	16.3	—
总计		217.09	100		80.6	14.5	4.9

注：此表内容引自严恺主编的《中国海岸工程》。

21 世纪前，围海工程主要分布在长江口、杭州湾、香港及澳门沿岸地区。随着沿海港口、滨海火力发电、大型临港工业、大型河口水库、滨海城市、滩海石油开采的发展，围海工程用途呈现多元化趋势。总体上，围海强度越来越高，单位围海规模越来越大。沿海地区的经济持续快速发展，环渤海地区、东部和南部、西南沿海地区都实施大规模围海工程。环渤海地区围海工程规模以曹妃甸工业区和天津滨海地区为大；东部沿海地区围海工程规模以上海地区和浙江的杭州湾南岸为大；南部沿海地区围海工程规模以广州的南沙港区为大。

虽然我国滩涂资源有着巨大的开发潜力，新中国成立后的大规模围海工程，许多海岸线因裁弯取直而缩短长度，有文献认为现有海岸线比 20 世纪 50 年代初缩短超过 1 500 km。近年来的大量滩涂的开发利用，加快了围海工程技术的进展，然而，由于河流入海泥沙的大量减少，我国滩涂资源正在急剧减少，对于沿海生态环境的影响也有待观察。

5.1.2 围海工程基本原则和状况

围海工程总体布置一般遵循以下原则：①符合城市、港区、工业区等规划、海洋功能区划和水域规划线；②充分考虑对海洋动力、海床及岸滩稳定、港池航道回淤的影响，河口内、外两侧围海工程尚应充分考虑对径流动力、防洪排涝、河势及岸滩稳定的影响；③妥善处理与周边已有设施及相关规划的关系；④根据陆域、道路、河道等布置与顺序，施工、龙口设置等因素确定围海造地分区和隔堤布置；⑤陆域使用高程应满足防洪、排涝要求，便于与相邻工程之间的衔接，兼顾景观需要，并考虑工程投资，通过经济技术比较综合确定。

工程的围堤一般布置在理论最低潮面 0 m 以上。当 0 m 等深线以上滩涂资源不足以满足土地面积需求时，则以满足土地面积为原则确定。位于长兴岛北岸的青草沙水库，为了满足蓄水量规模需要，经技术论证，外围围堤基本布置在 -11 m 等深线。江苏大唐吕四港电厂围堤吹填工程，围堤基本位于平均低潮位。

依托岛屿的围海工程可分为依托大岛实施局部围海造地和依托岛屿链实施围海造地两大类。前者与近岸围海工程相类似；后者设置围堤连接岛屿链，形成大面积围区，往往需要封堵一定数量的潮汐通道，同时要保留必要的潮汐通道，以维持海洋动力和海床的冲淤平衡。

人工岛长轴尽量与潮流的主流向一致，端部尽量采用圆形或菱形，以平顺水流。避免布置在潮汐动力强劲的潮沟内，以减少对海洋动力、海洋环境的影响。国内近年来港口人工岛往往需要布置在深水海域，建设条件恶劣，造价高昂，其应用尚处于探索阶段。根据洋口港人工岛和同类工程经验，对于潮沟、沙洲相间的海域，尽可能利用水下沙洲布置，以减少工程量和工程造价，同时减小对周边海域的影响。洋口港人工岛布置在西太阳沙沙洲的 -3 m 等深线以上范围，围堤堤线尽量与水下沙洲的等深线走向一致。冀东南堡油田海油陆采平台人工岛建设减轻不利影响主要措施有：①在满足钻井经济控制半径的前提下，尽可能布置在冲淤稳定的海域上；②合理确定人工岛面积；③必要时可在岛体四角布置护岛潜堤，保障岛体稳定安全；④登陆点及引桥采用透空式墩台结构。城市人工岛的典型工程有香港和澳门机场人工岛。一般采用人工端岛形式，由离岸人工岛和 1 ~2 座陆岛连接通道组成。离岸人工岛与大陆之间形成宽度适当的人工海峡，作为潮汐通道，维持潮流动力，陆岛连接通道采用引桥形式或引桥和引堤相结合的形式。

当围海规模较大时，为适应分区建设或分标段同步建设以及围区合龙需要，设置必要的分隔堤，划分为若干围区。

陆域竖向布置包括陆域使用、吹填、地基处理等高程，应根据结构层厚度、地基处理垫层厚度、地基沉降量等确定。港口护岸工程防浪墙顶高程的确定按现行水运行业建设标准执行；

具有堤防功能的围堤防浪墙顶高程的确定按国家和水利行业建设标准执行。

围堤与陆域竖向布置的协调一般有以下几种形式：①矮墙、高堤、低陆域。这种形式的优点是安全度高，回填方量少，投资省，堤顶道路可作为交通干道，景观较好，缺点是陆域高程较低，需要设置坡道与堤顶道路，风暴潮时需要泵站强排内涝。一般用于风暴潮增水效应显著、陆域面积大的工程，是国内大部分围海造地工程的形式。②矮墙、高堤、高陆域。这种形式优点是大堤安全度高，防浪墙不超过 1.2 m，景观性好，风暴潮时陆域排水可用重力自流方式，承受超标准越浪能力强，堤顶与陆域没有高差，陆域利用率高；缺点是陆域回填方量大，投资高。一般用于风暴潮增水效应不显著或陆域面积小的工程，特别是人工岛工程。

经过多年的围海工程实践，我国围海技术得到快速发展，由浅水到深水、河口到沿海、海湾内向开敞海域、一般地基到超软地基、由依托大陆到海上孤岛等，解决了不同用途围海工程关键技术问题，编制了一系列国家及行业规范，形成了完整的建设技术体系，在围堤工程、龙口技术、超软地基处理等方面取得了长足进步。

5.1.3 围堤工程

围堤工程技术涉及标准的选择、围堤结构形式等方面。传统围堤包括黏土斜坡堤、抛石斜坡堤、陡墙式围堤、沉箱式直立堤、拉锚板桩直立堤。20 世纪 80 年代研制出了爆破挤淤斜坡堤和充填袋斜坡堤，经不断改进，被推广应用；90 年代石油开采部门研制出了对拉板桩直立堤。21 世纪以来，港口部门研制出了斜顶板桩直立堤等，在长江口深水航道治理工程中针对软土地基条件研制出了空心方块斜坡堤、抛石基础半圆体(含异形)。为适应深水、沿海、开敞海域、软土地基、海上孤岛条件下围堤施工需要，工程界研制出了可以适应深水铺袋和铺排的专用铺排船、深厚淤泥的水上插板船。专用铺排船排水量从最初的 600 吨级，发展到 5 000 吨级，“洋山三号”排水量达 5 000 t，最大铺排长度达 200 m 左右，铺排宽度超过 40 m，应用水深 - 18 m(洋山港)。水上插板船有效插板深度从最初的逾 10 m 发展到超过 30 m，最大排水量可达到 5 000 t。

围堤按使用年限可分为永久性建筑物、准永久性建筑物和临时建筑物。由于使用功能和标准的不同，围堤设计水位一般分为堤防工程和港口护岸工程两种。堤防工程的设计水位采用重现期高低潮(水)位，重现期与堤防工程的防洪标准重现期相同。对于许多大型围海工程，初期防护对象较少，重要性较低，为了降低初期投资，防洪标准可分期达标，初期可采用与初期防护对象相适应的防洪标准，远期采用远期防洪标准。如上海长江口内围海造地工程在 20 世纪 90 年代建设时防洪标准按 25 ~ 50 年一遇，21 世纪以来，按 200 年一遇标准进行加高加固。分期实施的围海工程，可根据分期实施步骤和时间间隔，采取相应的防洪标准。

5.1.3.1 土工织物充填袋斜坡堤围堤工程

土工织物袋俗称袋装砂，在水利工程界又称充泥管袋。土工织物充填袋筑堤技术自 20 世纪 80 年代成功应用以来，经过近 30 年的实践，设计施工技术已十分成熟，并于 20 世纪 90 年代末完成国家和行业标准修编。近年来，为适应软土地基、大风浪条件和深水条件，袋装砂筑堤建设技术得到不断发展，开发出了可以适应浅水地区护底的砂肋软体排、深水强流大浪地区护底的混凝土联锁块软体排、水下强流大浪地区地基排水固结的排水砂被、较大风浪作用下的复合土工充填袋、开敞海域大风浪作用的机织布充填砂袋、超软地基的加筋沙被(通长砂袋)等多项技术，研制出了可以适应深水铺袋和铺排的专用铺排船、深厚淤泥的水上插板船，解决了深水地区护底和超前护底、充填袋自身抵御风浪能力、深水铺袋充灌、深厚淤泥插板、土工织物充填袋加筋理论等关键技术问题，从而使土工织物充填袋斜坡堤在开敞海域、大风浪地区、深水地区、超软地基条件下得到广泛应用。洋山深水港区北围堤应用水深达到 - 18 m，在深圳、天津、温州、连云港等淤泥、流泥地基条件应用也取得了成功。

(1)基本原则

使用袋装土工布宜遵循一些基本原则：①应根据工程的环境特点，选择适合工程特点和充填料的袋体土工布。在风浪较小地区，袋体布料一般采用单位重量较小的编织布。在有风浪影响地区，采用单位重量较大的编织布及其复合布。风浪很大的地区，袋体布料应采用强度更高的机织布及其复合布。对于抛填袋装砂，根据现场试验，为避免抛填时袋体损坏，须采用机织布，如洋山港一期北导堤工程。②应根据工程特点和砂源条件，选择适宜粒径级配的充填料，以确保充填后的排水固结速度。充填料优先采用细砂，其次采用粉砂，也可采用粉土，含泥量不宜超过10%，在自然砂料缺乏地区，也可采用中粗砂。③袋装砂结构围堤要成为永久性大堤的堤芯，必须采取可靠的反滤措施。④施工期袋装砂承受风浪能力较弱，在有风浪作用情况下，其保护必须及时，暴露时间根据当地风浪工况条件确定，避免袋装砂堤坝直接承受台风、寒潮的风浪侵袭。⑤堤坝建设过程中和建成后，往往会产生不同程度的沿堤流和绕堤流，应设置可靠的软体排护底措施，确保滩面稳定。对于砂质滩地，还需要实施超前护底。

(2)地基处理的应用

20 世纪 90 年代以来，充填袋斜坡堤逐渐应用到淤泥地基甚至流泥地基，在工程实践中，逐渐发展出了排水砂被、水下超长排水板、加筋砂被、高强度土工格栅。

排水砂被就是将符合砂垫层要求的砂料采用水力输送方式充灌入土工织物充填袋，砂料起排水作用，充填袋起滤水、成型和固砂作用，以避免砂垫层流失，同时起土工织物加筋作用，整体性好，可有效提高堤坝的整体稳定性和软弱地基的初始承载力。砂被平面尺度较大时可设置若干隔舱，以保证厚度的均匀性。排水砂被还可用作陆域吹填软土地基处理的垫层和水平排水层，有效提高软弱地基的初始承载力，以满足水平排水层施工、堆载施工和施工机械荷载对地基初始承载力的需要，加快工程进度。采用排水砂被并利用围堤自重排水固结方法在太仓、连云港港、宁波港北仑、天津临港工业区、深圳大铲湾、乐清湾港区等围海工程中得到了成功应用，取得了良好的经济效益。

采用水下超长排水板处理地基条件差引起的过大沉降，可解决传统排水板系列板带因较大挠曲和通水量不足而产生排水固结效果降低甚至局部区域处理失效的问题。高强塑料排水板的芯板具有齿槽挺直、光滑、通水量大、通水阻力小、抗拉抗撕裂强度大等特点，在软土地基发生较大沉降量时，排水板弯折扭曲后仍能保持较大的通水能力，排水耐久性能好。同时，排水板滤膜能承受施工机械的损伤撕破和挤压顶破等环境条件，确保滤膜具备隔土渗水的功能。因其纵向通水量大，可适当放宽排水板间距，减小了施工时插板机对土壤的扰动，井阻小，排水速率快，固结效果好。

以往采用土工加筋垫层提高堤坝的整体稳定性，有加筋效果，但一般只能单层使用，加筋效果有限，存在松弛现象，无法兼作袋装砂使用，需要专门铺设，增加了施工工序和工程费用。为了适应软土地基筑堤需要，在工程实践中，将土工织物充填袋和土工加筋垫层有机结合，提出了加筋砂被技术，又称通长袋装砂。该技术采用较高强度的土工织物制作成充填袋，以水力输送方式充灌砂料后形成。土工织物的强度及充填袋的层数根据结构稳定需要确定。用于软弱地基情况下充填袋斜坡堤时，可作为堤身的一部分，且利用土工织物的加筋作用，形成半刚性“筏基”，有效提高堤坝的整体稳定性和地基的初始承载力，减小堤坝的沉降和侧向变形，为袋装砂在深厚淤泥地基情况应用解决了关键技术问题。目前采用760 g/m^2机织布制作形成加筋砂被，抗拉强度达到200 kN/m。

单向土工格栅具有强度较高，延伸率较小(5%左右)的特点，以往主要用于公路路基的加筋，20世纪90年代以来，单向土工格栅被逐步应用到堤坝加筋，但单向抗拉强度一般不超过100 kN/m。为适应软土筑堤需要，21世纪以来，研制了高强度土工格栅，单向抗拉强度达到200 kN/m。近年来，这一技术在浙江等地低潮露滩的筑堤工程中得到了成功应用，大大减小了堤坝的沉降和侧向变形。但由于土工格栅在拼接加工成大尺度加筋层、水下铺设及压载等方面存在一定困难，目前仅应用于低潮露滩的筑堤工程，在水下筑堤工程中尚无应用。

(3)施工技术

为适应土工织物充填袋斜坡堤应用向深水、大风浪地区发展的需要，土工织物充填袋设计施工技术发展主要有深水袋装砂和船铺工艺、抛填袋装砂和抛填工艺、防老化土工布等。

在太仓港一期围堤吹填工程中采用大袋体结构(尺度达20 m×50 m)以提高铺设效率，增强堤身的整体性，适应淤泥软弱地基变形，形成了陆上缝制袋体—民船沉放—充灌砂料压载—泥浆泵充灌砂料的船铺工艺，应用水深首次达到5 m。在长江口深水航道治理一期工程北导堤工程中，借鉴软体排船铺工艺，采用工厂定型制作，专用铺排船边展开，边充灌沙料，边铺设沉放，解决了6 m以内深水袋装砂的铺设问题。在洋山深水港区一期工程中，北围堤水深达到18 m，原有铺排船充袋工艺受到翻板宽度、侧向稳定等制约，深水袋装砂采用抛填袋装砂技术，抛填袋由机织布制作，4~8 m^3/袋，采用网络抛袋法、翻板抛袋法施工，取得了很好的效果。在长江口深水航道治理一期工程北导堤工程中，针对土工合成材料老化问题，提出了添加碳黑、防老化剂等防老化措施。

(4)其他结构

袋装砂在围堤工程中应用主要有反滤结构、护底结构和防渗结构。在洋山深水港区一期工程北围堤水深大，采用砂肋复合反滤布，由反滤布主体、加筋带和砂肋组成，其中反滤布主体由机织布与无纺布复合而成。作为护底结构，20世纪90年代后期，先后研制出了砂肋软体排和混凝土连锁块软体排，21世纪初研制出了软体排+抛石长短结合平护、护岛潜堤和改进型混凝土连锁块软体排。长江口深水航道治理一期工程中，针对砂性土地基冲刷幅度大，水流对护底厚度敏感的特点，使用混凝土连锁块软体排护底，同时在施工过程中超前护底，有效地防止了地基的冲刷问题。混凝土连锁块软体排由排体和混凝土连锁片组成，混凝土块之间存在0.1 m的间隙。为了适应露滩条件下的护底需要，改进型混凝土连锁块软体排，将混凝土块之间的间隙控制在2 cm左右。吕四港电厂围堤吹填工程中，借鉴丁坝和抛石平护的优点，采用长短结合抛石平护+软体排护底结构，发挥长平护的挑流护底作用。作为防渗结构，江苏吕四港电厂围堤吹填工程灰渣场采用压延型复合土工膜防渗，2布(聚酯无纺布)1膜(聚乙烯薄膜)，单位重量700 g/m^2，渗透系数10^{-11} cm/s。上海青草沙水库围堤采用充填袋斜坡堤，防渗结构采用高压旋喷桩形成的防渗墙，长度约25 m。

5.1.3.2 爆破挤淤填石斜坡堤

爆破挤淤堤一般包括端爆、侧爆和爆夯。端爆是在堆高石料正前方一定距离处淤泥内部埋设炸药，进行循环端爆，持续向前方推进；侧爆是在已完成端爆的石料两侧淤泥内部埋设炸药；爆夯是在堤顶补抛石料，在坡脚位置安放炸药包，爆炸后补抛的石料以及原有石料重新组合，以达到设计断面。爆破挤淤堤的堤身及基础的断面呈梯形，随着处理软土层厚度的加大，挤淤置换所需的石料量成倍增加，造价也急剧提高；爆破挤淤堤施工进度慢，工期较长，形成吹填边界时间长；对后方交通压力较大。一般适用于软土地基较厚、石料供应充足且价格低廉、施工速度要求快、工后沉降要求小、周边环境施工噪声及震动不敏感的工程。

1984 年，爆破挤淤法在连云港首次提出并在西大堤上通过试验获得成功。1998 年交通部制订了《爆炸法处理水下地基和基础技术规程》(JTJ/T258－98)。近年来，爆破挤淤填石斜坡堤置换淤泥厚度由以往的 12 m 以内提高到 30 m；置换断面形式由以往的梯形发展到深厚淤泥条件下的倒梯形；起爆方式在以往集中爆破的基础上，为减小震动速度，发展出了延时爆破。

(1)倒梯形置换断面形式

以往在淤泥厚度不大于 12 m 情况下，置换断面形式为梯形。随着淤泥厚度的加大，若继续采用梯形置换断面，造价也急剧提高。由于堤芯石良好的抗剪作用，在置换断面呈倒梯形情况下，中部堤芯石落底，而两侧堤芯石不落底，堤身仍可以保持稳定。为减少石料用量、降低工程造价，在深厚淤泥条件下，置换断面采用倒梯形，这一方法在水运工程界称之为“不侧爆(单侧不侧爆和两侧不侧爆)爆破挤淤填石法”筑堤，在水利工程中称之为“爆炸置换法”。该形式适用于不吹填的堤坝，如引堤、防波堤、陆岛连接通道等，或者内侧吹填厚度不大、外侧不开挖的堤坝，如吹填围堰，但不能适应内侧吹填厚度很大或外侧开挖的堤坝，如距离码头前沿线很近的港口护岸。洞头县北岙后二期围涂工程采用“爆炸置换法”基础处理技术的堤坝结构，主要由爆填堤芯石、细石混凝土灌砌石挡墙及护坡、混凝土堤顶路面和闭气土等部分组成，涂面以下近似为一“悬浮式”倒梯形结构，最大置换深度为 20 m，最大置换底宽 21 m，最大置换腰宽 42.29 m。

(2)置换淤泥厚度

爆破挤淤堤置换厚度已由最初的 5～6 m 发展到逾 20 m，最大处理厚度可超过 30 m(表 5－2)。2001 年连云港港 7 万吨级航道扩建工程配套围堤吹填工程，处理淤泥厚度最大已超过 15 m；2008 年连云港港 25 万吨级矿石码头围堰工程，处理淤泥厚度超过 27 m；福州可门火电厂护岸工程处理淤泥厚度达到了 30 m。

(3)延时爆破技术

连云港港 7 万吨级航道扩建工程配套围堤吹填工程距离后方危险品库区较近，为了避免爆破施工对危险品库区的影响，在爆破挤淤施工中首次采用延时爆破技术，保证了工程质量和环境安全。

表 5－2　爆破挤淤法工程实例

编号	工程名称	软基	处理厚度/m
1	连云港海军防波堤工程	淤泥	17
2	连云港港 25 万吨级矿石码头围堰工程	淤泥	27
3	舟山发电厂 AC 堤软基处理工程		15
4	上海 LNG 接受站场址围堤工程		22
5	汕头华能发电厂围堤工程		28
6	浙江象山 9924 工程围堤		26
7	洞头县中心渔港防波堤工程		22

续表

编号	工程名称	软基	处理厚度/m
8	福州可门火电厂护岸工程		30
9	浙江三门核电北围堤工程		15
10	温州港状元岙港区围垦工程		27
11	宝钢马迹山港扩建项目围堤工程		21

5.1.3.3 桩式直立堤和斜顶桩板桩承台接岸结构

近年来，桩式直立堤在围海工程中也有所发展和应用，其中典型的有对拉排桩式直立堤、斜顶桩板桩承台接岸结构。对拉排桩式直立堤主要用于海油陆采通道工程。该结构沿进海路两侧边线打入两排板桩，利用预制的小型钢筋混凝土构件装配成框架，在框架中填充毛石，形成实体的对拉板桩路基结构。设计标准一般较低，顶高程以满足平潮以下水位可安全通行为原则。

在洋山深水港区一期工程中首次提出并应用斜顶桩板桩承台接岸结构，作为码头接岸结构和港区陆域形成的围堤结构，解决了深厚软土地基上回填25 m以上沙土对码头结构的影响以及陆域施工与码头建设同时进行的问题。现场施工实践证明，在墙后高填土严格按照设计要求的进度实施情况下，一期工程监测承台向海测最大变形在5.5 cm左右。

5.1.4 龙口工程

常规的龙口合龙方法可分为平堵和立堵。大型土工织物充填袋是近些年来广泛使用的合龙工艺，已日趋成熟，通常为平堵。近些年，随着圈围工程规模不断的扩大，龙口合龙出现了一些新型的工艺，如采用框笼+块石平堵合龙等。围海工程龙口属于临时建筑物，以往规范没有对龙口的设计标准作出规定，可根据围海工程等级及重要性程度、失效后果、龙口使用时间、合龙时间安排、径流潮汐和风浪条件、龙口构筑及合龙造价，综合考虑论证确定龙口设计标准。一般采用5年一遇的重现期标准。

龙口的平面布置一般遵循：①龙口大小根据陆域形成面积、潮差及有效库容，结合陆域平面布置、陆域分区交付计划等因素确定；②龙口位置根据围区分区、分区实施顺序、标段划分、分区及标段间协调要求、排水通道等因素确定；③龙口宽度、高程根据围区分区、龙口位置，经龙口水力计算确定。

合龙时机一般安排在非汛期小潮汛进行。当有多个围区、多个龙口时，由于涉及相邻围区的排水通道、隔堤的渗透稳定性等问题，一般包括同时合龙和逐个合龙。

采用充填袋合龙时，龙口宽度一般在100~300 m，允许最大流速一般不超过2 m/s，控制流速不超过3 m/s。在龙口保护期，首先完成龙口护底。护底结构及其尺度应根据龙口流速及流场分布、龙口宽度、潮差、使用时间、材料供应、施工条件等因素确定，结构形式一般有软体排+砂被压载、软体排+抛石压载等，可进一步在龙口外侧设置抛石堤以减小流速。堤身段以及内侧通常采用软体排+1层大型土工织物充填袋护底，外侧采用软体排+抛石护底。龙口两侧各设置一处砂库。砂库容量一般不少于合龙需要砂量的2倍。合龙期，龙口处内外两侧采用充填袋同步加高，平堵合龙，在充填袋加高的过程中往中间吹填砂料，形成闭气。堤身出水后，快速加高至堤顶后往内侧吹填砂料，进一步保护龙口。

利用爆填堤芯石基础一般采用先按设计断面预先进行爆炸置换法处理堤基础，然后再将龙口底槛以上部分爆填堤芯石挖除以形成排水龙口，利用龙口底槛以上部分挖除的爆填堤芯石进行上、下游护坦块石抛填的方式进行，这样便于永久工程和临时工程结合以及节约投资；由于龙口基础经过爆炸置换法处理，爆填堤芯石结构致密，抗冲刷能力强，故龙口基础条件相对较好，若石料条件具备，龙口最大允许流速可按6～8 m/s控制。基础经过爆炸置换法处理的围堤龙口设计和施工及管理均较简单，若爆填堤芯石石料坚硬且足够大，则可以不设龙口护底。

框笼合龙是一种新型合龙工艺，目前仅在青草沙水库及取输水泵闸工程中有过应用。

5.1.5 吹填工程

吹填设备大型化、现代化、专业化，尤其是近10年设备的换装速率进一步加速。耙吸挖泥船已从20世纪70年代购置的4 500 m^3耙吸船换装为多艘舱容大于10 000 m^3的大型耙吸挖泥船；绞吸挖泥船新近建造了大批生产量大于3 000 m^3/h的新船，其中“天麒”号生产量达4 500 m^3/h，总装机功率达10 800 kW，排距达6.3 km。民营港航疏浚与吹填业发展迅速，从拥有小型抓斗船、绞吸船、吸沙船到目前的大中型耙吸挖泥船、绞吸挖泥船，也拥有较强的疏浚能力。新近建造的船舶均采用了目前先进、自动化程度高挖泥船装备。近年来，吹填造地工程趋向深水海域，多数大型疏浚吹填项目均在受风浪影响较大的开敞深水区域进行，填筑区域的水深4～20 m不等，最大超过30 m。吹填技术进展主要体现在砂源调查和选择、吹填工艺和防尘固沙等方面。

5.1.5.1 砂源勘察和选择

以往砂源调查一般采用标贯试验并取扰动样的方法，以便掌握砂料的物理力学指标，判别可挖性，但速度慢，成本高。浅钻及浅地层剖面仪技术具有速度快、成本低、面广的特点，近年来与标贯组合使用，被广泛用于砂源大范围调查。浅钻技术利用柱式取样器采取表层土样，对于砂性土取土厚度可达到4～6 m，对于软土取土厚度可达到1～2 m。该技术是利用声波在地球物理特性不同的地层界面的反射，测取水下各地层连续界面的一种方法，可以根据反射信号的强弱，结合必要的浅钻和深钻，判断土层分布规律及厚度，可以走航式进行。

对可供选择的吹填料和取土区进行综合评价应遵循：①可开采性和环保原则。取土区选择应充分考虑所在区域的政策条件、土地和水域开发规划、海洋功能区划、水产养殖、生态环保等限制因素，应避开海底管线走廊、水下障碍物、爆炸物、水产养殖区及环境敏感区；避让相关规划工程范围；不应影响附近建筑物、航道、河势、堤防及海岸的稳定。②方便施工原则。③满足要求原则。取土区土料的质量、可开采量，应满足设计要求，合格土料的开采深度应在挖泥船正常作业深度之内。④低施工成本原则。取土区应靠近吹填区，缩短运距。⑤疏浚土综合利用原则。⑥低地基处理成本原则。

吹填料及取土区的选择与布置主要有以下几种形式：①利用港池航道疏浚土吹填成陆。优点是吹填距离近，效率高，实现疏浚土综合利用，避免传统外抛方式对海洋环境和港池航道回淤的影响，综合效益好；缺点是吹填料质量取决于疏浚土质量，缺乏可选择性。该形式为大部分港区及临港工业区所采用，典型工程有曹妃甸工业区及港区和天津临港工业区等。②中远距离取沙吹填成陆。优点是吹填料具有选择性，砂质好，后期地基处理成本低；缺点是对海洋环境有一定影响，运距或排距相对较远，吹填成本相对较高。该形式主要为海上人工岛、承载力要求高、工期紧的港区所采用。典型工程有洋山深水港区一、二、三期工程和江苏大唐吕四港电厂围堤吹填工程等。③就近取土吹填成陆。主要为工业、城市、农业等围海工程区所采用。

典型工程有上海南汇东滩圈围工程。

5.1.5.2 吹填工艺

吹填工程常用施工工艺主要有绞吸船吹填工艺、非耙吸船挖运吹工艺、耙吸船挖运吹工艺、抛吹工艺和抛填工艺等。

绞吸挖泥船效率高，对土壤适应性强，成本低，施工干扰少，适合近距离吹填。以往我国大型绞吸船生产量普遍不超过2 500 m^3/h，抗风浪能力差，吹填距离近。近年来，我国引进和建造了许多生产量2 500 ~3 500 m^3/h 的绞吸船，基本可以适应开敞海域连续作业需要，吹填距离也得到增加，一般单泵情况下可达4 km，双泵串联情况下可达6 km。对于超长距离的吹填，采用船泵和陆上接力泵接力，最大吹填距离达到16 km。

抓斗挖泥船、链斗挖泥船或吸沙船在取土区开挖吹填料并装泥驳，由泥驳运至吹填区，吹泥船将吹填料吹填入吹填区，一般用于有掩护水域的吹填作业。江苏太仓港、上海外高桥集装箱港区陆域吹填工程位于长江口内，取沙区分别布置在白茆沙和瑞丰沙，自航驳运沙，1 000 m^3/h吹泥船吹沙，效率高、成本低。

耙吸挖泥工艺分为耙吸船挖运艏吹工艺和艏喷工艺，在取土区挖泥装舱后航行到吹填区，通过艏吹管线将泥土输送到吹填区或通过艏喷管将泥浆喷射到制定吹填区。适合地处外海开敞海域或风浪大、取土区与吹填区距离超出绞吸船适应排距的吹填工程。目前耙吸挖泥船艏吹设备一般为高流量、低扬程型，吹填作业时船管与岸管的快速接头已得到有效解决，最大吹填距离达2 ~3 km。上海外高桥一期集装箱港区陆域吹填工程采用舱容4 500 m^3耙吸船挖运艏吹工艺，吹填距离1.5 km。洋山港一期工程陆域采用舱容12 888 m^3的新海龙耙吸船挖运艏喷工艺。

抛吹工艺主要有耙吸船 - 绞吸船抛吹和其他抛吹二种。耙吸挖泥船或斗式挖泥船在取土区挖泥装舱航行到吹填区附近的储砂坑后，由绞吸挖泥船将泥土吹填至吹填区。耙吸适用于取土区风浪大、运距远、吹填量大的工程，近年来被广泛用于国内外大型、远距离吹填工程，如澳门机场人工岛、青岛港前湾港区、广州港出海航道、长江口深水航道治理工程航道等疏浚工程；斗式挖泥船适用于风浪较小、疏浚土质较硬的工程，但设备配套复杂，时间利用率较低，且船组抗风浪能力相对较差。抛填工艺主要有：①用开底驳或开体驳装运沙到抛填区后，将沙抛填到抛填区。②在运沙船上安装有皮带运输装置，运沙船停靠抛填区边缘，通过皮带机将沙抛入抛填区。适用于抛填区水深不能满足泥驳吃水、围海纵深较小、抛填中粗砂沙的工程。③耙吸挖泥船在取土区挖泥装舱后航行到抛填区，将沙抛填到抛填区。

5.1.5.3 吹填砂性土的防尘和固沙措施

吹填料为粉土、粉砂、细砂等砂性土时，由于吹填料缺乏黏结力，在风的作用下，将出现扬尘现象，不仅造成环境影响，而且流失量大。若当地风速较大或后续建设时间间隔较长，应采取防尘和固沙措施，主要有工程、生物、化学等措施。

工程防沙措施主要包括铺设土工织物，铺盖沙障、草沙障、枝条沙障，设置防风沙栅栏、截沙沟等。铺设土工织物一般用于短期防沙。其他工程措施的作用是改变沙地下垫面性质，降低风速，防止沙吹蚀和阻沙，适用于少雨缺水地区防沙，或用来保护植物前期生长。这些方法见效快，能利用当地材料，施工简便；缺点是需要进行养护维修，适用年限有限，且无法治本。

生物治沙措施是通过种树植草的途径固定沙地和改变沙地的理化性质，以降低风速，防止吹蚀和阻沙，适用于雨量多或有引水和打井抽水灌溉条件的地区。该措施是治本的方法，缺点是需要有水条件，见效慢，一次性投资较大，流沙地区开始时生物不易成活，要辅以工程措施。

化学固沙措施能固结沙地表面，起到固沙和防止吹蚀的作用，并能改变沙层理化性质，目前常用的是喷洒乳化沥青或渣油的方法，也有利用造纸废液提取工业木质素制备植被用可降解的固沙材料。该措施适用于少雨缺水地区固沙，并能保护和促进沙生植物的成活和生长，见效快，但成本高，工艺复杂以及容易造成环境污染。

5.1.6 陆域地基处理

围海工程陆域地基处理在常规地基处理技术的基础上进行了改进和发展，形成了适合于围海工程的技术，如适合淤泥质土处理的真空动力固结、设竖向排水体低能量强夯；适合沙性土、粉性土处理的无填料振冲、大功率振动碾压；适合淤泥、淤泥质土处理的直排式真空预压、低位真空预压等。

新吹填砂土颗粒间的空隙较大，在振动荷载作用下，一方面促使砂土液化，砂粒重新排列、孔隙减少；另一方面依靠振动力将回填砂及来自孔壁塌陷的原砂充入加固体内一并挤压加密，从而使砂土空隙比减少，增加了相对密度，提高了承载力和压缩模量，提高抗液化能力。该法适用于无填料振冲处理的土质，主要是级配良好的松散砂性土，可得到显著的挤密效果。30 kW 的振冲器加固深度可达 9 m；75 kW 的振冲器加固深度可达 15 m。振动碾压机械适用于处理松散砂性土和砂质粉土，加固深度一般可达 1 ~ 2 m；采用真空降水联合低能量强夯法加固吹填砂质粉土、粉砂，为提高表层加固效果，须联合采用振动碾压法。加固厚度为 5 ~ 6 m 时的加固效果较好，地基承载力一般达 100 ~ 150 kPa，可消除地震和动荷载作用下的液化。

通过十几年的研究和工程实践，以真空预压技术为基础，逐步发展出了一批针对淤泥材料的地基处理技术，各种型号的塑料排水板在围海工程的地基处理中得到了广泛应用，直排式真空预压法、低位真空预压法、电渗降水联合真空降水方法等得到发展。

直排式真空预压法是针对超软淤泥的特点，通过对真空传导系统的改进和优化，采用排水板与真空滤管直接连接或通过专用手形接头与真空管连接，使真空系统通畅，真空阻力大幅度减少，排水板内真空度可提高 50% 以上，同时密封膜采用了 PVC 增强膜，高真空度可以达到更深的深度，软土中的空隙水快速排出，土体固结，地基强度提高，工后沉降消除，适合于处理新吹填的高扰动淤泥土。在天津临港工业区和温州经济开发区吹填淤泥地基处理中均取得了较好效果。

低位真空预压软土地基法是利用吹填泥浆取代塑料膜作为真空系统密封层，并将其水平真空管网布置在吹填淤泥下部，通过真空系统使管网中造成负压而使吹填淤泥土体中的空隙水向竖滤水管网中强制释水固结。该方法施工简便，工期合理，固结效果好，环保无污染。真空预压联合电渗法是一种大面积处理渗透性极差的吹填淤泥的方法，通过电渗和真空预压联合的联合作用，使软土中的孔隙水逐渐排出，从而达到土体固结的目的。该方法适合于处理极细颗粒、高塑性、高含水率的流泥。

真空电渗降水联合低能量强夯法是一种处理含水量高、渗透性极差的吹填淤泥的方法。该法通过电渗改变淤泥质土的特性，达到固结的效果。场地软土在真空电渗降水作用下，经真空负压、电泳(电渗)共同作用后，将大部分的孔隙水经真空管排出，该软土的含水量降至塑性附近。经真空电渗降水后，虽含水量大幅降低，但孔隙比基本无太大变化，而通过低能量强夯的动力荷载作用，使软土的孔隙比大幅度减小，使浅层软土达到超固结。广州中船龙穴岛造船基地软土地基加固工程是其实例之一。

5.2 渤海沿岸典型围海工程

5.2.1 概况

改革开放特别是进入21世纪以来，环渤海地区经济呈现持续快速的发展势头。港口作为重要的交通基础设施以及依托港口的临港工业得到了快速发展，成为当地经济的重要支撑。为适应这一需要，环渤海地区实施了大规模围海工程，主要集中在曹妃甸工业区和天津临港工业区以及冀东南堡油田人工岛等工程。

曹妃甸工业区依托曹妃甸甸头深槽的深水资源和近岸数百平方千米的浅滩，规划建设以深水港口为依托的大型临港工业区，规划围海造地总量将达233 km^2。自曹妃甸通岛路于2003年开工以来，截至2010年，曹妃甸工业区已建围海造地面积约123 km^2，吹填量$5.55\times10^8\ m^3$；在建围海造地面积约27 km^2，吹填量$1.28\times10^8\ m^3$；海上填筑路基约115 km。天津市近年来迅速发展的滨海新区(图5-1)，启动了国内最大的城市围海造地工程，在南疆海岸滩涂造地超过50 km^2、天津港北部港区规划吹填约33 km^2；临港产业区规划造地总面积150 km^2，全部是通过疏浚吹填或挖砂吹填形成的。

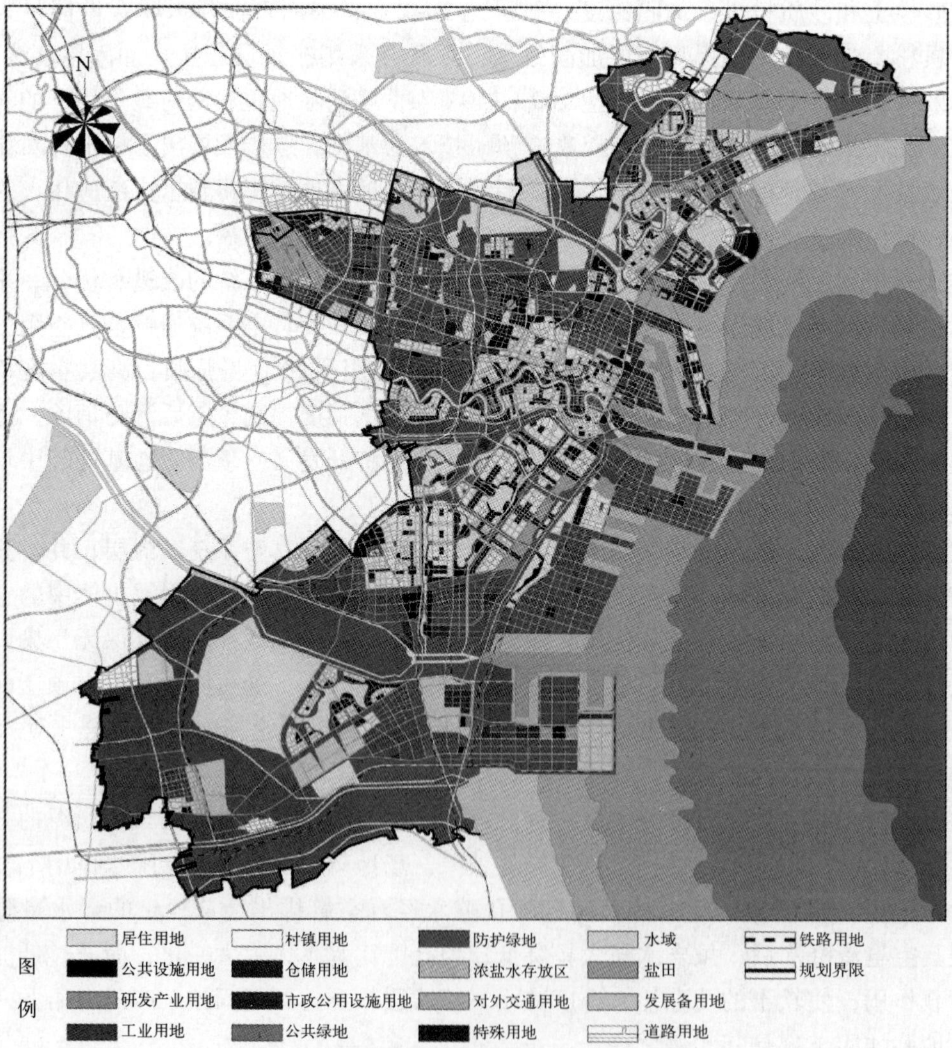

图5-1 天津滨海新区用地规划(2009—2020年)

5.2.2 曹妃甸围海造地工程

曹妃甸岛与后方之间发育曹妃浅滩，由三个地貌单元构成，自北向南跨越滨海浅滩。浅水潟湖，南接曹妃甸沙岛，浅滩位于理论最低潮面以上 0.0 ~ 1.5 m，高潮时淹没，低潮时水浅甚至出露，总体地势较为平坦，具有实施大规模围海造地的滩地资源。工程海域为不正规半日潮，平均潮差 1.71 m。曹妃甸以北为大片浅滩，部分浅滩低潮时出露水面，水流强度较低，全潮平均流速 15 ~ 25 cm/s。常浪向为 S，次常浪向为 SW，强浪向为 ENE，次强浪向为 NE。工程海区属于渤海湾浮冰区，处于 5 级冰情的分布范围内。冰冻期为 12 月中下旬至翌年 2 月下旬，盛冰期历时一个月。曹妃甸附近不产土、石料，开山土、石料距离曹妃甸超过 100 km。

曹妃甸围海工程主要用于工业区及港区建设(图 5 - 2)，基本位于潮间带滩地，规划面积 310 km^2，一港池、二港池、三港池，曹妃甸工业区及港区陆域全部利用港池疏浚土吹填形成。土方基本挖填平衡，吹填距离近。一、二港池疏浚土基本为砂性土、粉性土，三港池基本为粉质黏土、黏质粉土，采用绞吸船直接吹填工艺，效率高，围海造地工程成本低，吹填后排水固结较快，经真空动力固结、强夯、振动碾压处理后地基承载力即可达到 80 ~ 120 kPa，在形成港池的同时完成工业区及港区的陆域。

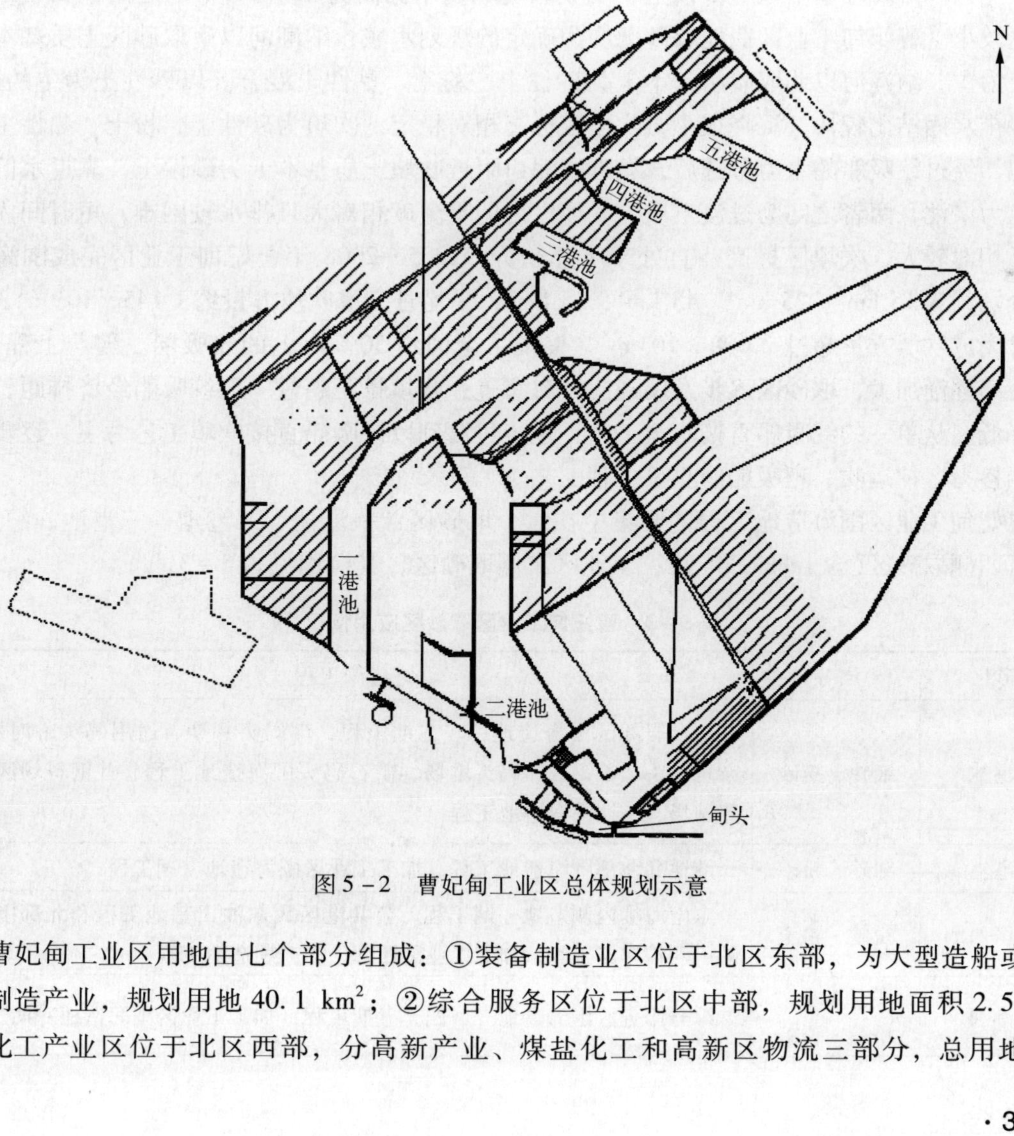

图 5 - 2 曹妃甸工业区总体规划示意

曹妃甸工业区用地由七个部分组成：①装备制造业区位于北区东部，为大型造船或重型装备制造产业，规划用地 40.1 km^2；②综合服务区位于北区中部，规划用地面积 2.5 km^2；③盐化工产业区位于北区西部，分高新产业、煤盐化工和高新区物流三部分，总用地规模

45.5 km^2；④石化产业区分储油、炼油、石化和石化港口四个部分，总用地规模约 34 km^2；⑤钢铁物流区分钢铁协调、仓储两个部分，总用地规模约 27.2 km^2；⑥甸头区依托首钢京唐公司，向北发展钢铁协调区，规划用地面积约 40.2 km^2；⑦港池区分港区和物流两个部分，总用地规模约 24.7 km^2。

曹妃甸与陆地之间为大面积潮间带，有 450 km^2古滦河浅滩与陆地相连，为临港产业发展提供良好的自然条件。曹妃甸工业区港池、纳潮河水域面积 83 km^2，陆域面积 300 km^2，陆域均为浅滩上造地形成。港区充分利用甸头深水资源和澙湖内的潮沟、浅滩，顺应地貌和自然环境特点，以填筑、开挖相结合的方式形成港口水、陆域，利用甸头深槽建设 20 万吨级以上码头；西侧利用二龙沟和受掩护的浅滩形成挖入式一、二港池，东侧借助老龙沟辐射水域形成挖入式三港池，通过纳潮河将东西两翼港池连通以利于水体交换。目前建设中的四、五港池均为开挖形成。挖入式港池大量土方需疏浚，陆上缺少合适的土源，故曹妃甸围海造地基本上采用吹填成陆，造地结合港池开挖土方综合利用。

曹妃甸工业区围海造地形式以吹填为主，回填为辅。2009 年以前，结合曹妃甸港池、纳潮河等规划水域的开挖，曹妃甸工业区实施采用吹填方法进行围海造地。从 2009 年起，随着铁路公路运输设施的完善，逐步具备陆上回填的运输条件，开始出现陆上回填的造地方式。曹妃甸工业区浅滩高程基本在 0 m 以上，工业区陆域使用标高为 4.0 ~ 5.0 m 之间，回填或吹填的厚度较小。曹妃甸工业区造地取砂区均为确定的规划水域，纳潮河以南取砂区土质基本上以砂性土为主，纳潮河以北取砂区基本上为砂性土、粉土、黏性土混合。以砂性土为主的造地，吹填砂排水固结比较快，沉降很小，吹填区标高相对稳定；吹填为砂性土、粉土、黏性土混合的造地，经过绞吸船的水力分选后，靠近吹泥口附近吹填土质基本上为砂性土，靠近水门附近基本上为淤泥，两者之间为过渡土质，吹填区内的平整度相对大且排水较困难，短时间内吹填土沉降相对较大、吹填区标高一直处于下降趋势。2005—2008 年曹妃甸工业区完成围海造地面积分别约为 15 km^2、25 km^2、45 km^2、35 km^2，平均月完成吹填方量约 $1\ 145 \times 10^4\ m^3$，高峰期间月完成吹填方量超过 $2\ 000 \times 10^4\ m^3$，聚集了全国约 50% 以上的绞吸船。随着工程进展，砂源距离逐渐加大，取砂区逐步发展到向外海布置，吹填排距超过一般绞吸船经济排距，施工效率降低。从单一的绞吸船直接吹填工艺，逐步过渡到以绞吸船直接吹填工艺为主，逐步增加绞吸船接力、挖运吹、耙吸船艏吹等多种工艺。

曹妃甸工业区围海造地工程主要集中在六个取砂区：一港池、二港池、三港池、纳潮河、工业区西侧取砂区(含 1 号取砂区)、工业区东侧取砂区，其应用见表 5 - 3。

表 5 - 3　曹妃甸工业区取砂区应用情况

取砂区	土层分布	应用工程
一港池	细砂、粉砂	综合服务区围海造地一、二期工程，煤码头一期、通用码头临时围堰、杂货码头、首钢成品码头堆场、矿石码头围海造地工程，首钢料场区及铁路站场、一期围海造地工程
二港池	细砂、粉砂	港池岛北部围海造地工程、加工工业区围海造地二期工程
工业区西侧	粉砂、粉土	东南海堤内侧造地一期工程，公共港区冀东油田基地工程和北部围海造地、西护岸路工程，加工工业区西部一、二期造地工程
纳潮河	粉质黏土、粉土、粉砂	综合服务区围海造地三、四、五期工程，加工工业区围海造地一期工程

续表

取砂区	土层分布	应用工程
三港池	粉质黏土 粉砂、粉土	化工管线带地、仓储区、德龙重工、滨海休闲区工程，钢铁产业区北部、东南基地工程，综合服务区四、五期工程，装备制造基地围海造地一、五期工程
工业区东侧	粉质黏土、 粉土、粉砂	装备制造基地围海造地一、二期工程，装备制造基地围海造地三、六期工程

对于潮(水)位与波浪不同重现期的组合，在曹妃甸地区围海工程风、潮联合分析推算设计潮位及设计风速中发现，渤海湾内潮位具有明显的偏西风减水和偏东风增水现象。该水域历年高潮位往往出现在天文大潮遭遇偏东向持续大风期间，即历年高潮位主要受向岸方向持续大风作用产生的增水影响，而不会出现历年高潮位与偏西向大风同时出现的情况。因此，在曹妃甸钢铁基地围海造地工程和煤码头通路路基工程设计中，偏西风作用时不考虑增水，设计高潮位取天文高潮位叠加50年一遇波浪，从而降低了工程造价。

5.2.2.1 通路路基围填海工程

曹妃甸岛与大陆之间为宽广的浅水滩涂，缺乏与大陆的连接通道，通路路基工程就是建立陆、岛之间的交通联系，进而依托深水码头、利用滩涂资源进行曹妃甸工业区综合开发。2001年决定采用引堤方式，在曹妃甸岛与后方陆域之间的潮间带建设18.44 km通路路基工程，为系统开发曹妃甸岛创造有利的条件。工程于2003年2月开工，2004年7月竣工。

通路路基长度为18.447 km，路基顶总宽度为19.25 m，净宽度为17.85 m，公路路面宽7 m，满足一线火车道和两车道公路及综合管线带布置的要求。路基按港口工程2级水工建筑物设计；防洪标准为50年一遇，堤顶满足载重20 t的汽车重载通行。

路基结构采用实体式结构形式。路基轴线布置在曹妃甸甸后浅滩滩脊，基本为曹妃甸浅滩涨潮流汇流区和落潮流分流区的分水岭。工程实施后，局部潮位有所升降，其中东部潮沟高潮位最大升高5 cm左右，低潮位最大升高24 cm左右；工程对曹妃甸深槽区水流影响仅在码头前沿局部水域，对整个深槽区水流影响不大。工程建成后一年的地形测图表明，与工程建设前比较，两侧浅滩无明显冲淤变化，曹妃甸前沿深槽及岸滩无明显变化。

堤顶简易路面及路基顶标高为4.7 m，远期路面顶标高5.0 m，防浪墙顶高程为6.0～6.3 m。护底结构采用抛石、软体排，堤身结构采用二级袋装砂棱体与吹填砂堤芯相互依托结构，反滤结构采用袋装碎石、土工布联合反滤，护面结构采用栅栏板，防浪墙采用钢筋混凝土反弧型防浪墙(图5－3)。

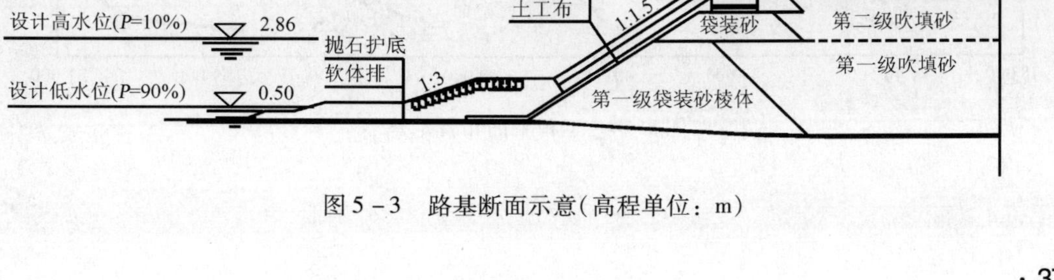

图5－3 路基断面示意(高程单位：m)

根据砂源调查，两侧滩地浅层埋藏的粉土、粉砂、细砂，储量丰富，含泥量小于15%，可以满足砂质及储量需要。设计采用附近滩面浅藏粉土、粉细砂作为筑堤用料，采用袋装砂及吹填方式筑堤，堤顶有效宽度增加近一倍，工程造价仅为抛石堤方案的50%，计划工期1年，尽管遭受了50年一遇风暴潮的影响，导致工期延长半年，但仍比原抛石堤方案缩短1年。

在受冻地区采用袋装砂筑堤实践经验较少，为掌握袋装砂土工织物材料的抗冻性能，试验土工织物在冻融循环下，其强度及织物孔径的物理力学性能变化，进行了土工织物抗冰冻试验。结果表明，土工织物冻融试验中，强度没有出现明显的下降，织物伸长率变化和有效孔径也没有出现异常的情况。土工织物能用于截断毛细水，限制冻胀。参照有关抗冻设计规范，对海上路堤进行了冰冻影响评价并提出了经济合理的抗冻措施。施工情况表明，袋装砂棱体及无纺土工布具有较强的抗冻能力，袋装砂筑堤技术可在北方推广应用。

5.2.2.2 钢铁围海造地和迁曹铁路海域路基工程

曹妃甸钢铁围海造地工程依托已建的通路路基工程及矿石码头陆域形成工程，利用曹妃甸岛后浅滩资源，实施围海造地工程(图5-4)。该工程原滩地高程-0.9~2.0 m(曹妃甸理论最低潮面，下同)。工程区域地层主要为淤泥质粉质黏土、粉土(粉砂)、粉质黏土相间沉积，淤泥质黏土层厚0.6~0.8 m，仅局部分布，粉土(粉砂)均有分布，厚度大。围海造地面积11.95 km^2，其中A1区4.22 km^2、A2区3.30 km^2、A3区3.45 km^2、A4区0.98 km^2。围堤总长度20 km，吹填标高为4.5 m，吹填方量为5 486×10^4 m^3。吹填及筑堤砂料采用排水性能较好的粉土、粉砂、细砂，选取规划内港池作为取砂区，选用生产量1 600~3 500 m^3/h绞吸船。工程于2005年冬季不卧冬连续施工，吹填工程于2006年完工。

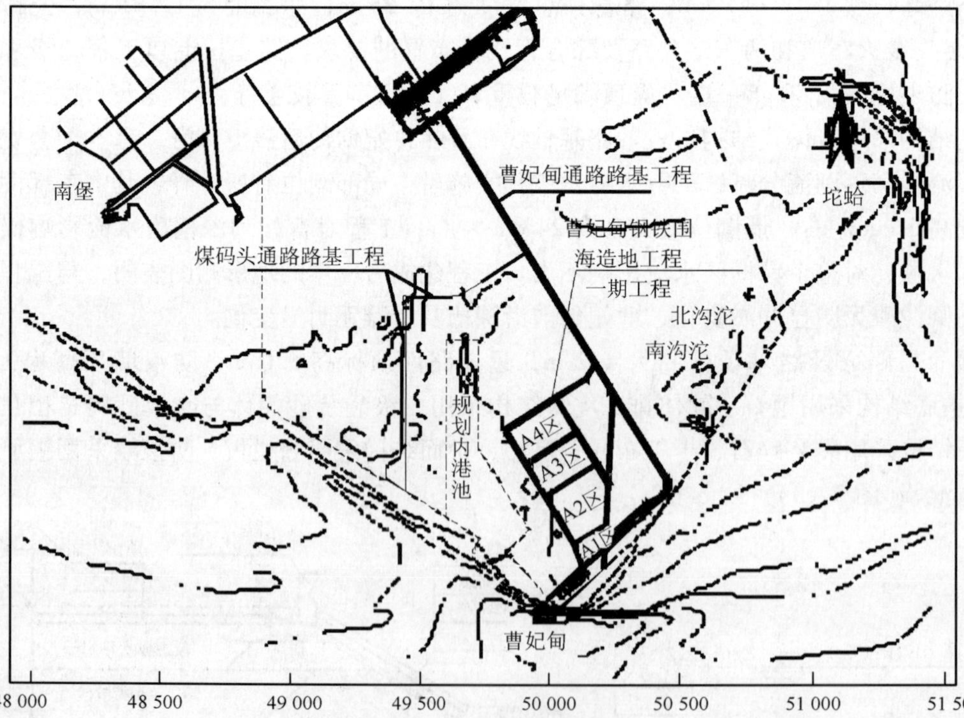

图5-4 工程平面布置示意

围堤设计原则上采用50年一遇标准。在工程实施过程中，由于西侧围海造地项目在第二年即已开工建设，因此，在施工过程中取消了防浪墙施工。采用袋装砂斜坡堤结构(图5-5)，围堤堤顶宽度9.0 m，围堤采用二级棱体结构，第一级采用内外双棱体、中间吹填砂结构，第二级采用外侧袋装砂棱体、内侧小袋装砂、中间填筑砂结构。采用栅栏板或抛石护面，抛石和软体排护底，袋装碎石+无纺土工布联合反滤，堤顶面层采用山皮石简易路面，满足施工期20 t汽车重载通行需要。

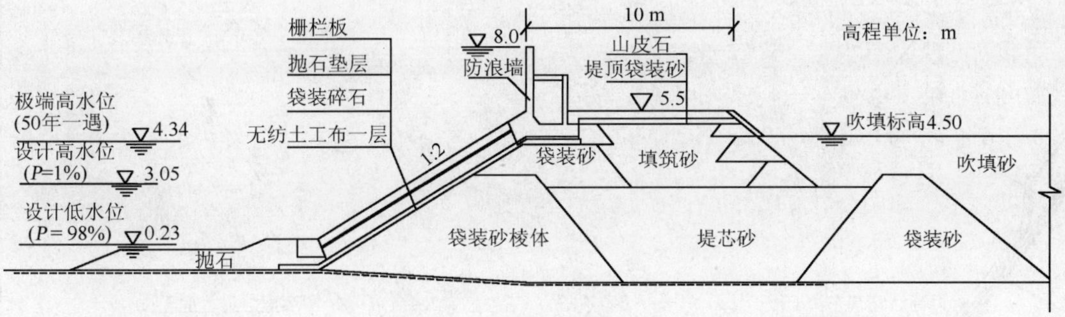

图5-5　围堤断面示意

迁曹铁路海域路基工程总长度为19.7 km，占用宽度约18 m，地基处理总面积47.8 $\times 10^4$ m^2。吹填土为粉土，天然地基为粉质黏土、粉土和淤泥质粉质黏土。地基处理后的场区地基要求：①加固的有效深度为5~6 m；②0~2 m的地基承载力特征值达到150 kPa；③路堤工后沉降不大于20 cm，沉降速率不大于5 cm/a；④满足抗震设防烈度Ⅶ度(设计基本地震加速度值为0.15g)的抗震设防要求。该工程工程采用"三遍降水、三遍强夯"的真空降水联合低能量强夯法加固吹填砂质粉土、粉砂，单击夯击能为800~1 500 kJ，点夯击数为3~4击。根据砂源土质密实的特点，为提高疏浚效率，在绞刀头加装高压冲水设备，增强破土能力，提高疏浚效率。根据曹妃甸冰情调查，在10月底前形成围护条件，采用大型绞吸船机，抗风浪能力强，特冷天气时尽量开机，保持管内水的流动，以减少管内水结冰。

5.2.2.3　仓储区围海造地工程

曹妃甸工业区仓储区围海造地工程为曹妃甸工业区仓储物流区提供建设用地，主要用于钢铁石化等原料及工业成品等物资中转。围海造地面积8.62 km^2，围堤总长8.17 km，吹填标高为4.5 m。围堤工程采用袋装砂斜坡堤结构。吹填工程量4 431.5 $\times 10^4$ m^3。本取砂区位于曹妃甸工业区规划三港池西南部。取砂区大致呈矩形，面积约3.2 km^2，距吹填区直线距离约10.7 km，最大距离为16 km，滩面平均标高约-1.6 m，取砂控制底标高-15.0 m。取砂区土质主要由淤泥质粉质黏土、粉质黏土、粉砂夹粉质黏土、粉土组成。采用绞吸船和接力泵站接力工艺。2008年4月开工，2009年12月底工程竣工。

该工程吹填距离达到11~16 km，属于超长排距吹填。由于吹填区与取沙区之间缺乏设置储泥坑及临时航道的条件，采用绞吸船和接力泵站接力工艺，选用生产量3 500 m^3/h绞吸船和一座接力泵站接力，满足了工程需要(图5-6)。

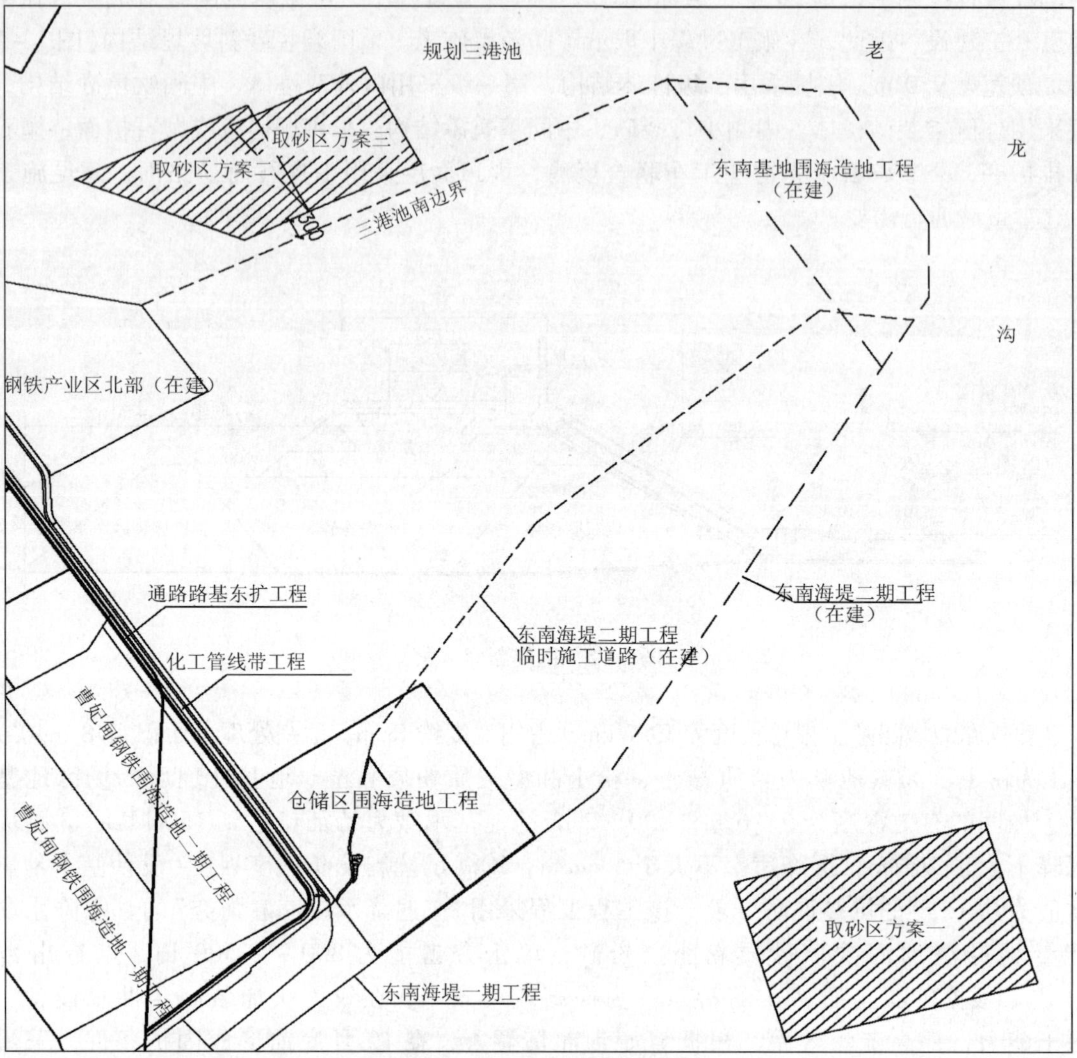

图5－6　工程及取砂区位置示意

5.2.3　冀东南堡油田人工岛及进海路工程

冀东油田人工岛及进海路工程位于河北省唐山市南堡外浅滩，曹妃甸西北约10～20 km。为满足浅海钻井采油需要，经对传统的海洋石油钻井平台方式和海油陆采平台方式进行经济技术比较，推荐海油陆采平台方式，布置系列人工岛，其中1号人工岛采用与后方进海路连接，其余人工岛采用水运连接。工程内容包括1号岛及进海路、2号岛及附属设施。1号人工岛为端岛形式，与后方陆域采用总长1.657 km的进海路连接。人工岛面积27.48 hm^2，呈近似椭圆形，平面尺度为704 m×416 m。进海路设置两座长42 m的通水引桥。2号人工岛为海上孤岛形式，面积22.98 hm^2，呈近似椭圆形。为满足各岛之间的交通联系，各人工岛均建设1 000吨级登陆点一座。1号人工端岛及进海路工程于2007年完工，2号人工岛工程于2008年完工，3号人工岛于2009年完工，4号人工岛于2010年完工。

5.2.3.1　工程条件

工程区海底地势为从东北向西南方向倾斜，坡度较缓，浅滩高程为－3.5～＋2.5 m。属不正规半日潮，平均潮差2.02 m。潮流呈NW—SE向往复运动，潮沟最大落潮流速1.16 m/s，涨潮流速0.66 m/s。场区内饱和砂土、粉土大部分为不液化土层。工程处于外海，沙脊上水深普遍达2~3 m，风浪流条件差。地震烈度为Ⅶ度。

5.2.3.2 平面布置

人工岛位置根据区域探明油藏的分布情况确定(图5-7)，考虑到海域地形条件复杂、安全环保要求高、粉砂质海床岸滩演变等因素，必须充分利用现有地形水文条件，尽量减少对海域、潮流的影响。该工程海域的槽、滩局部地形虽然有一定的冲淤变化，岸滩总体上保持基本稳定，人工岛东西两侧滩地也处于微淤状态，人工岛护岛潜堤头部有所冲刷，但冲刷范围很小。工程实施过程中采取监控及监测措施，可保证工程安全。

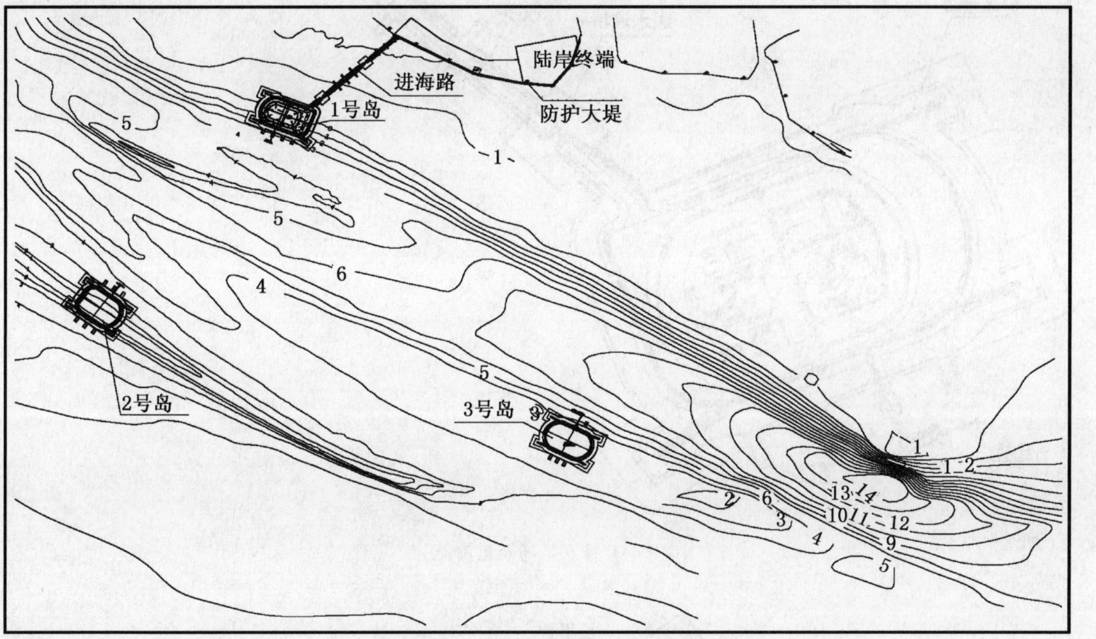

图5-7 冀东南堡油田海油陆采平台人工岛平面布置示意

岛体采用椭圆形+护岛潜堤形式，保障岛体稳定安全。登陆点及引桥采用透空式墩台结构，减少对海域的影响，满足抵抗冰荷载要求。

1号人工端岛[图5-8(a)]位于潮沟以北2 m等深线以浅的浅滩，滩面标高为-2.2~0.5 m。端岛平面尺度为704 m×416 m，岛长边向与等深线基本平行，造地面积27.48 hm^2。在人工端岛的西北、西南、东南三个角点布置护岛潜堤，使人工端岛四角点附近的强紊流区向外移，岛坡脚及附近滩地免受冲刷。进海路连接1号人工岛与现有海挡，总长1 657 m，滩面地形呈北高南低，滩面高程0.5~2.5 m。为实现进海路引堤两侧水流交换，每隔1 km设置通水引桥一座，引桥长42 m，共设置两座通水引桥。2号人工岛[图5-8(b)]位于潮沟以南3 m等深线以浅的砂脊，滩面标高为-3.0~-0.6 m。岛平面尺度为604 m×416 m，岛长边向也与等深线基本平行，面积22.98 hm^2。在人工岛的四个角布置护岛潜堤，确保人工岛围堤安全。在1号、2号人工岛各设置登陆点一座。

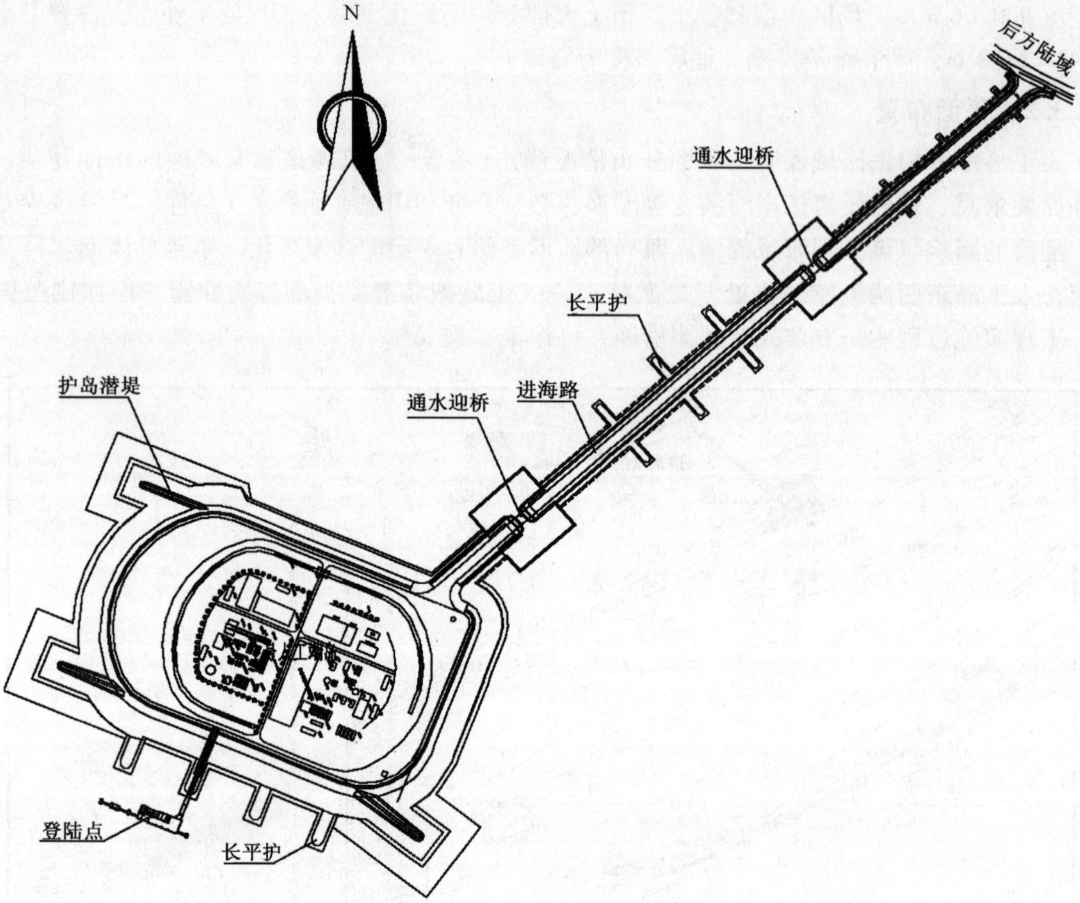

(a)1 号人工岛及进海路

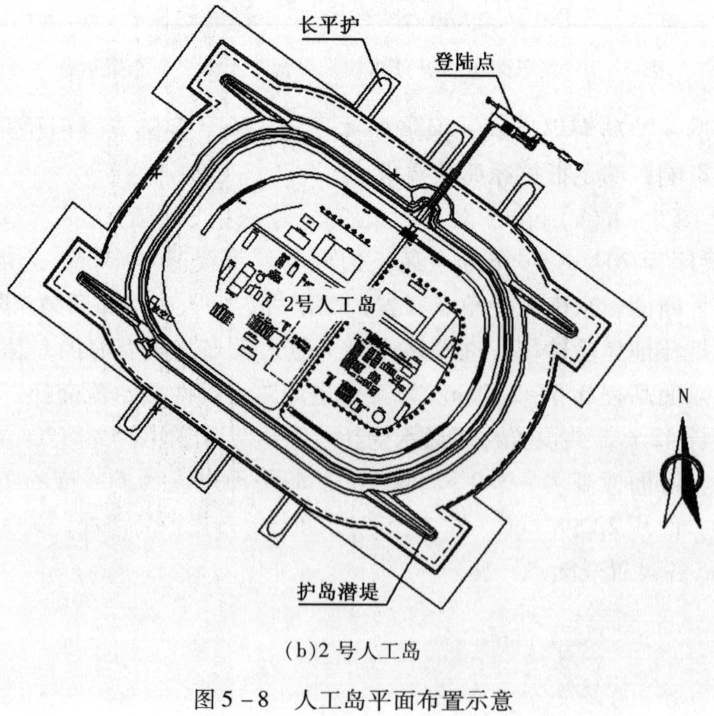

(b)2 号人工岛

图 5－8　人工岛平面布置示意

5.2.3.3 工程结构

围堤工程防洪标准为重现期100年，1级堤防，港口工程1级水工建筑物，1级滩海水工建筑物设计，Ⅶ度抗震设防，设计基本地震加速度为0.185g。

1号岛北侧堤防浪墙顶标高为8.8 m，堤顶总宽度12 m；其余围堤宽为9.2 m，堤顶标高8.0 m。2号岛围堤宽为9.1 m，堤顶标高7.9 m。围堤结构采用袋装砂棱体与吹填砂相互依托的斜坡堤。堤身结构采用二级堤身形式，一级、二级堤身均由袋装砂棱体和吹填砂堤芯组成，外侧袋装砂棱体采用机织复合布充填袋。1号人工岛一级外坡及平台采用扭王字块体护面，二级外坡采用四脚空心方块护面（图5－9）。2号人工岛全部采用扭王字块体护面。护底结构采用软体排＋抛石平护（长短结合），局部流速较大处采用混凝土联锁块软体排。防浪墙净高1.2 m，采用钢筋混凝土结构（图5－10）。

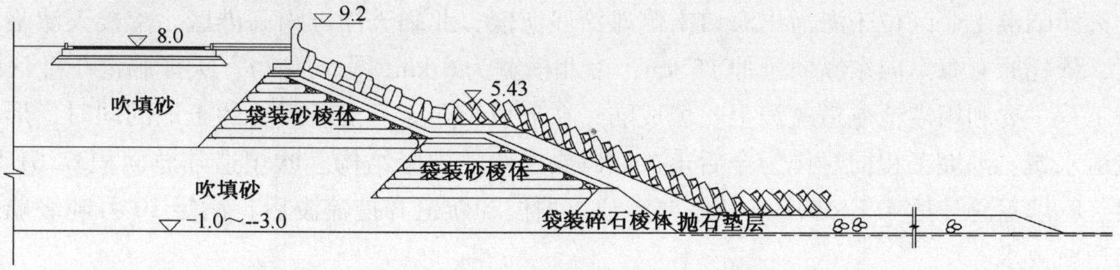

图5－9 1号人工端岛围堤断面示意（高程单位：m）

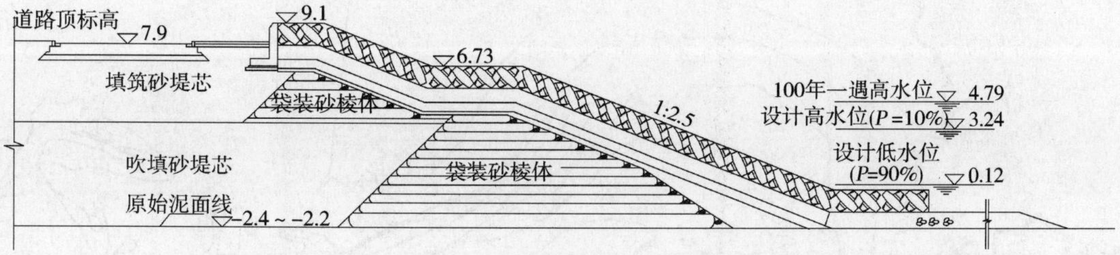

图5－10 2号人工岛围堤结构示意（高程单位：m）

1号人工岛吹填竣工验收标高为8.2 m，吹填工程量合计约320×10^4 m^3；2号人工岛吹填竣工验收标高为8.2 m，吹填工程量合计约275×10^4 m^3。人工岛吹填砂料就近取砂，采用细砂、粉砂、粉土，含泥量均小于10%。

进海路路基结构采用袋装砂斜坡堤结构，堤身为两侧袋装砂棱体＋中间堤芯砂结构，一级斜坡，采用栅栏板护面，护底结构为软体排＋抛石护底，长短平护相结合。堤顶两侧设置钢筋混凝土防浪墙。道路按三级厂外道路设计（图5－11）。

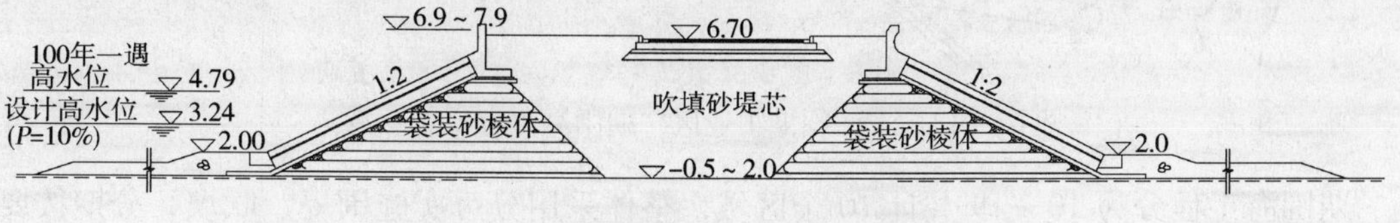

图5－11 进海路断面示意（高程单位：m）

该工程滩面地质为粉土、粉细砂，易冲刷，施工过程中，临时堤头附近沿堤流、绕堤流明显增加，主要措施是在人工岛角点设置护岛潜堤，将急流挑离岛体，设计合适的潜堤长度、平面布置、高程等。围堤外侧采用长平护与短平护相结合的护底措施。施工过程中，临时堤头前设置一定长度的超前护底。局部流场增加较大部分提前防护。根据不同的使用功能及条件，采用砂肋、混凝土联锁块、砂肋+联锁块混合等软体排。

5.2.3.4 人工岛地基处理

采用偏心锤击密法加固防汛道路地基，地基处理深度10~15 m，振冲点采用三角形布置。地基处理后，承载力设计值不小于150 kPa，工后沉降不大于20 cm。西线进海路及1号人工端岛工程采用无填料振冲法。吹填土主要为粉砂。要求地基处理后工后沉降不大于20 cm；地基承载力特征值不小于150 kPa；人工端岛采用无填料振冲+振动碾压的方法，采用75 kW振冲器，振冲间距为2.5 m，加固深度为10 m。加固后地基承载力一般为100~150 kPa。

5.2.4 天津临港工业区二期围海造地工程

天津临港工业区位于海河出海口南侧滩涂浅海区，北临天津港南疆港区，南接天津临港产业区，依托原有海岸向东纵向延伸15 km，南北横宽为6 km(图5-12)。天津临港工业区二期围海工程主要利用港池航道疏浚土吹填成陆，在形成工业区开发所需要的土地的同时，形成港池航道水域。围堤工程同时作为今后永久性码头岸线的护岸结构。吹填造陆总面积37.81 km^2，疏浚、吹填量总计达4.1×10^8 m^3。主要港池、泊位和航道开挖疏浚后，满足10万吨级船舶靠泊和通航要求。

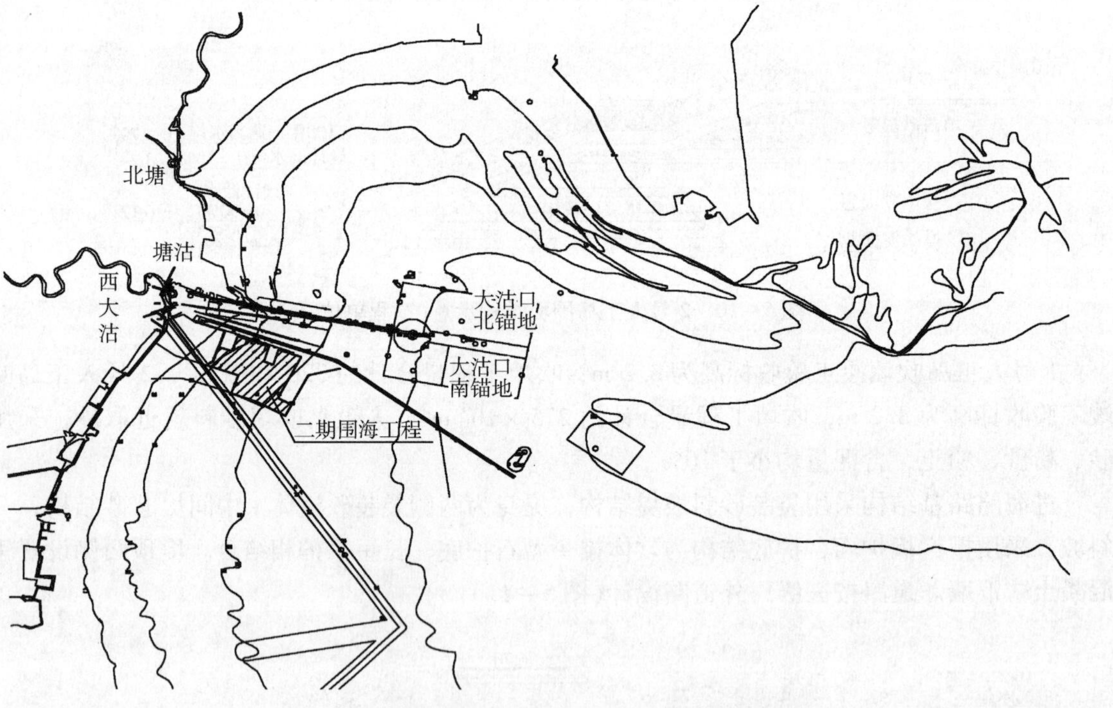

图5-12 天津临港工业区二期围海工程位置示意

二期围海工程分为T0—T9共计10个区域，整体采用分区实施围堤、吹填，分期按要求交地验收的方式。工程由2006年年底开始，总工期约为5年，其中围(隔)堤工期近4年(2006年12月至2010年10月)，疏浚吹填工程工期为4.5年。截至2009年9月，吹填工程已完成T0—T3区的吹填，围堤工程已完成约23 km，防波堤工程完成约3.3 km。

5.2.4.1 工程条件

工程区位于潮下带滩地，自然水下地形标高为 -2 ~ -6 m(当地理论最低潮面，余同)，防波堤位于围区东侧 -6m 等深线处。平均潮差 2.4 m。潮流呈往复运动，涨潮平均流速为 0.15 ~0.29 m/s，落潮平均流速为 0.14 ~0.27 m/s。常浪向 ENE 和 E，强浪向 ENE。根据土层的时代特征、成因类型及土层的物理力学性质，该工程区域下土层可分为 5 大层，其中淤泥质粉质黏土、淤泥、淤泥质黏土对堤身稳定起决定性因素。淤泥质粉质黏土夹有粉团，流塑状态，高压缩性，表层分布不均匀土层；淤泥厚度约 5.0 ~8.0 m，含水量 60% 左右，饱和重度 16.5 kN/m^3。淤泥质黏土呈软塑 - 流塑状态。该工程地区地震烈度为Ⅶ度。

5.2.4.2 平面布置

天津临港工业区二期围海工程(图 5 - 13)东西纵长近 8 km，南北横宽约 6 km。由内凹型堤线布置和东侧防波堤掩护形成良好的港内水域，深水岸线总长近 20 km。规划有 3 个港池和 10 万吨级双向航道，港内水域通过防波堤口门向东与 10 万吨级双向航道——大沽沙航道连接。围堤总长度为 32.032 km，隔堤总长 21.35 km。防波堤位于围区东侧 -6 m 等深线处，堤长度为 5.5 km，堤顶标高 +5.5 m。

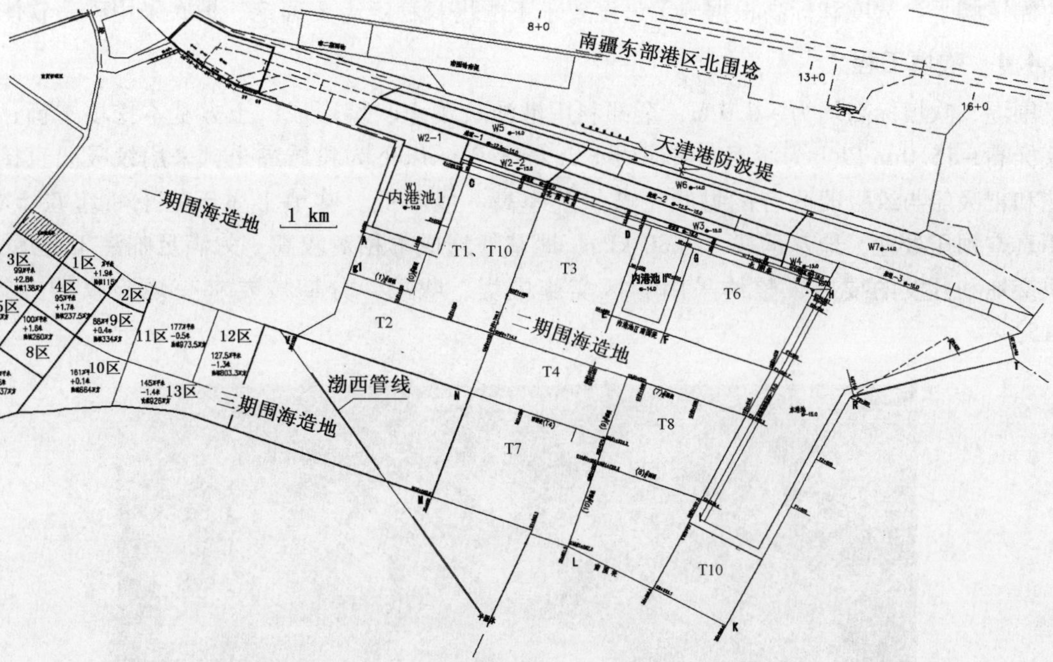

图 5 - 13　二期围海工程平面布置示意

5.2.4.3 围堤和防波堤工程

围堤工程按永久性码头护岸设计，水工建筑物安全等级为 2 级。设计重现期根据堤段不同分别为 25 年或 50 年。围堤堤顶宽度 5 m，堤顶标高 6.0 m，防浪墙顶标高 7.0 m(满足临时挡浪需要)(图 5 - 14)。采用排水板袋装砂斜坡堤结构，分为上、下两级，底部为多层通长砂被，上部为小棱体。采用通长砂被加筋联合砂被、排水板排水固结的地基处理方式。堤身外坡设置无纺土工布 + 袋装碎石反滤层。内、外坡根据不同的波浪工况和冰凌工况设置栅栏板等不同的护面结构。外坡镇脚反压层采用抛石平护。

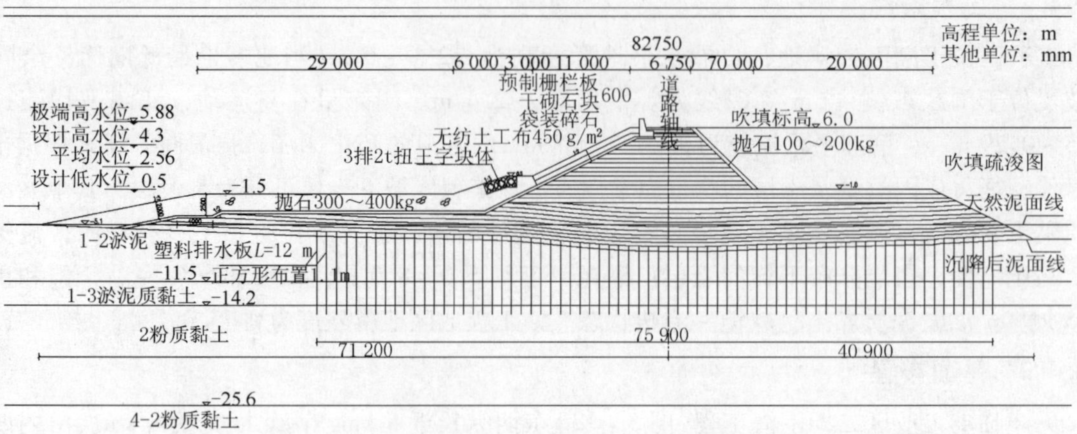

图 5 - 14　围堤典型断面示意(高程单位：m；其他单位：mm)

防波堤工程水工建筑物安全等级为 2 级。设计重现期为 50 年。采用袋装砂斜坡堤结构，堤顶高程 +5.5 m，地基处理采用砂被 + 塑料排水板排水固结方案。堤顶宽度按满足安放 3 块 5 t 扭王字块体确定，为 5.5 m；防波堤内、外坡 1∶1.5，两侧采用 5 t 扭王字块体护面。防波堤两侧镇脚平台宽度和标高根据施工进度要求下的堤身稳定需要确定。护底采用砂肋软体排。

5.2.4.4　吹填工程

围堤、吹填标高均为 +6.0 m，全部利用港池疏浚土吹填形成。土方基本挖填平衡；疏浚土底标高 -15.0 m 以上为淤泥和淤泥质土，-15.0 m 以下为粉质黏土，采用绞吸船直接吹填工艺和耙吸船与绞吸船联合的抛吹工艺，效率高，成本低。吹填土属于软土 - 超软土状态，采用真空预压处理，地基承载力约 80 kPa，地基处理成本相对较高。为满足临港工业区分期、分块交地和开发的要求，整体采用分区实施围堤、吹填，分期按要求交地验收的方式(图 5 - 15)。

图 5 - 15　施工现状航拍照片

堤基主要持力土层为厚约 12 m 的高含水量、高压缩性的软弱淤泥土。为满足业主的分区围堤、分区吹填交地的要求，围堤后方的吹填土要求在堤身形成后快速达到 +6.0 m 吹填标高，各区筑堤和吹填往往在1年内完成，吹填土快速加载对堤身稳定的不利影响大。采用砂被＋排水板的堤基处理方法，较好地适应了地基差、工期紧的特点，实现了各个节点目标。

围堤结构采用袋装砂斜坡堤，堤基处理采用砂被＋塑料排水板，相比抛石堤、半圆体结构节省工程投资约40%。砂被＋排水板的堤基处理方法较好地适应了地基差、工期紧的特点，工期节省约25%。

天津临港工业区内造修船基地C、D区，面积约47×10^4 m^2，分为Ⅰ、Ⅱ、Ⅲ三个区，均为直排式真空预压区。该工程为吹填航道疏浚淤泥后形成陆域，吹填淤泥厚度约6~7 m，下卧土层为淤泥或淤泥质黏土。排水板正方形布置，间距0.85 m，板长约15 m，在砂垫层表面铺设水平排水滤管，真空滤管与排水板直接相连作为水平排水通道。“真空预压”加固处理要求膜下真空度大于85 kPa，抽真空有效时间约120天。项目实施后，承载力特征值达到80 kPa，1年内的工后沉降小于30 cm，达到了设计要求。

5.2.5 天津大港油田进海路及人工岛工程

大港油田滩海区位于渤海西部，北自涧河口与冀东油田滩海相接，南到泗女寺河与胜利油田滩海相接，西以海岸线为界，东至海图5 m水深线附近的矿区登记线，海岸线长154 km，东西宽15~35 km。大港油田多年来针对滩海区特殊的工况条件，探索开发了多种海工技术，建起了多条进海路和多座人工井场。21世纪以来，研究、探索和实践了对拉板桩进海路、箱筒型基础围堤和桩基承台－抛石斜坡堤等新型海工建设技术，取得了很好的效果，建设了埕海1－2、埕海1－1、埕海2－2等一系列进海路和人工岛。其中埕海1－2进海路和人工岛工程于2001年10月开工，工期7个月；埕海1－1进海路工程于2003年8月开工，工期15个月；人工岛工程于2005年4月开工，工期18个月；埕海2－2进海路和人工岛工程于2008年3月开工，至2009年7月完成主体工程。埕海1－2进海路及人工岛工程经过一年多的使用后，在2003年10月特大风暴潮中，人工岛东侧防浪墙被冲倒，井场受到海水浸泡，工程受到一定的损毁，修复后经受住了冬春季寒潮的考验。埕海1－1进海路及人工岛工程在总结完善了前期试验工程的经验教训后，提高了工程建设标准，自投入使用以来已安全运行数年。

大港油田滩海区进海路及人工岛工程均位于潮间带滩地，前方人工岛所在滩面高程约为－3.8 m(黄海高程，下同)，向岸逐渐抬高。平均高潮位1.5 m，平均低潮位－1.5 m。潮流流速较小，主流方向为E－W向。常浪和强浪向均为E向。海区潮间带冬季平整冰最大厚度为0.25 m，海冰极限抗压强度为2.1 MPa。大港油田滩海区位于古黄河入海回淤区，表层淤泥层厚度一般约为10~19 m，最厚大于40 m，特别是表层3~4 m厚度淤泥含水量达75%，流塑性较高，抗剪强度和地基承载力较低，在荷载作用下压缩量和沉降量均较大。

大港油田进海路及人工岛由南向北依次为埕海1－1进海路及人工岛、埕海1－2进海路及人工岛、埕海2－1进海路及人工岛和埕海2－2进海路及人工岛。各工程平面位置如图5－16所示。图5－17是埕海1－1人工岛平面图。埕海1－2进海路路面宽4.4 m，长1 413 m，人工岛呈矩形布置，有效使用宽度57 m，长度93 m，面积为0.53×10^4 m^2。埕海1－1进海路路面宽5 m，长5 412 m，人工岛呈正方形布置，有效使用长宽均为140 m，面积为1.96×10^4 m^2。埕海2－2进海路路面宽7 m，长4 398 m，其中对拉板桩结构段长3 928 m，栈桥长170 m，抛石引堤长300 m，人工岛呈矩形布置，有效使用宽度110 m，长度140 m，面积为1.54×10^4 m^2。

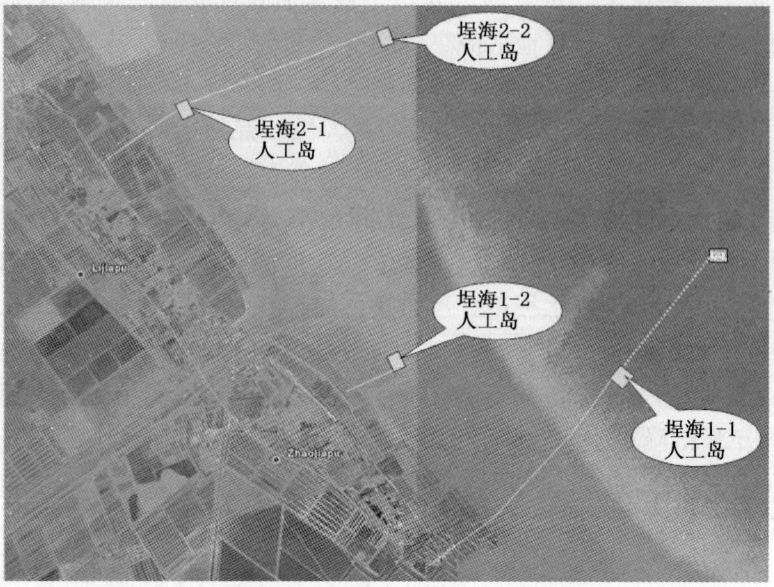

图 5-16　大港油田进海路及人工岛工程平面布置示意

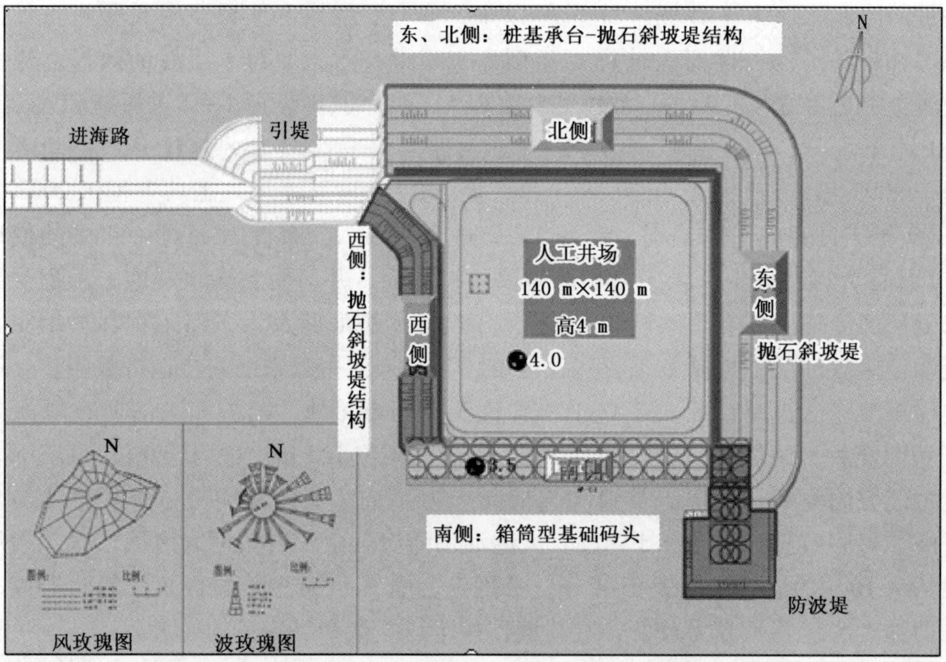

图 5-17　埕海 1-1 人工岛平面示意(高程单位：m)

大港油田进海路工程依托埕海 1-2 进海路开展了对拉板桩结构先导性试验，又陆续建设了埕海1-1和埕海 2-2 进海路工程。对拉板桩结构利用预制的小型钢筋混凝土构件，在海上现场装配成框架，再在框架中填充毛石，利用毛石的侧向塌落力(主动土压力)向外侧挤压，促使构件相互锁定，使框架形成有桩基的实体路基结构。设计要求平潮以下水位可安全通行。路顶标高 1.8 m(黄海高程)，管线沟顶面高程为 2.2 m。工程结构如图 5-18 和图 5-19 所示。板桩外侧设置毛石护坡，护坡面层块石重量不小于 200 kg，坡比为 1∶2，护肩最终高程为 1.25 m。错车台结构设置护坡，护面结构采用 2 t 的扭王字块体。

针对滩海区水深不大、软土层较厚的特点，埕海2-2栈桥采用钢箱筒型基础结构（图5-20），具有现场工作量小、施工便捷等特点。

图5-18　对拉板桩结构示意

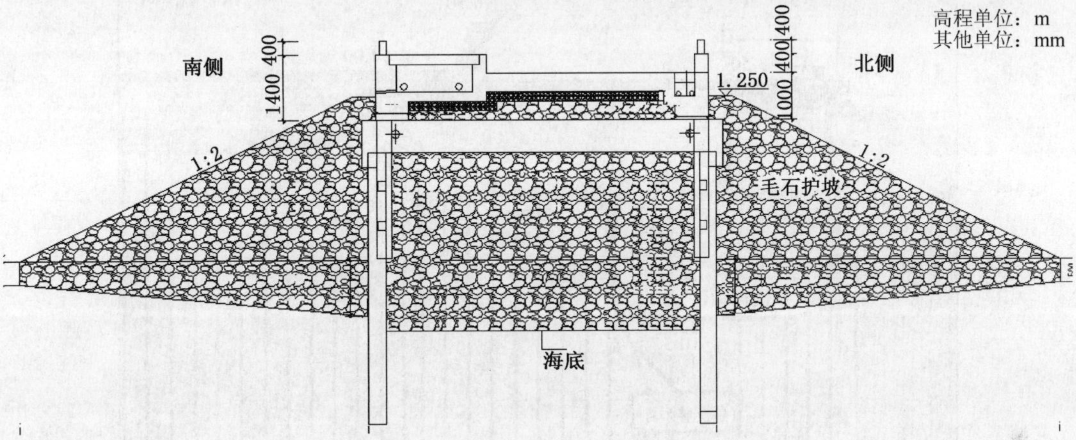

图5-19　埕海2-2进海路断面示意

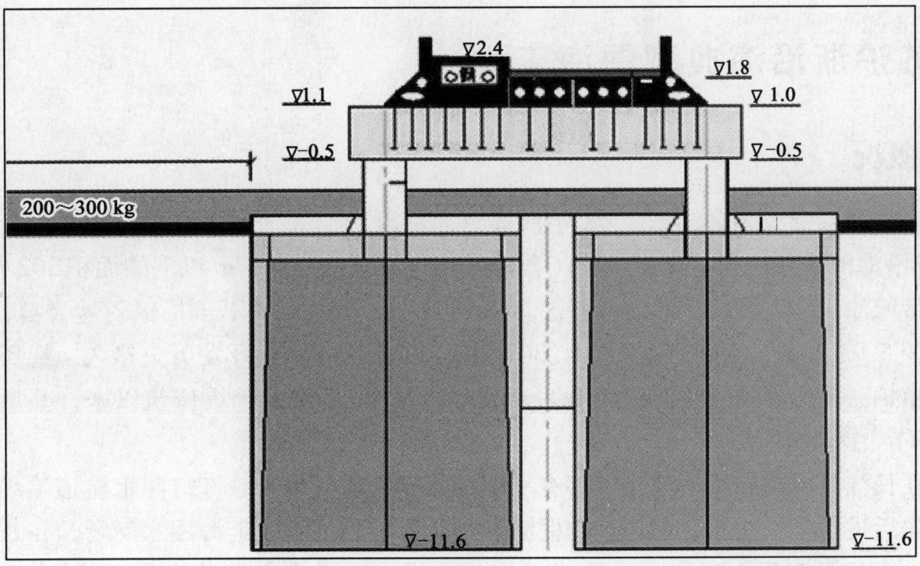

图5-20　钢箱筒基础栈桥结构示意（高程单位：m）

埕海 1－1 人工岛是南部滩海区海底管道登陆、油气集输上岸的近岸基地，并作为海上交通运输、污油污水及海上应急的船舶临时停靠点。岛面标高 4.0 m，防浪墙顶标高 5.0 ~ 9.0 m。东侧和北侧围堤采用桩基承台抛石斜坡堤结构，围堤地基采用塑料排水板进行处理，护面采用扭王字块体结构，护底采用抛石结构，采用反弧形防浪墙，墙底采用混凝土灌注桩，墙顶标高为9.0 m。防浪墙外侧设置两级平台，一级平台顶标高为1.5 m，宽度为8 m；二级平台顶标高为4.0 m，宽度为10 m。南侧围堤与船舶临时停靠点相结合，船舶临时停靠点采用重力式方块结构。船舶临时停靠点前沿线内侧采用塑料排水板进行地基预处理，其外侧采用砂桩进行地基处理，并采用软体排护底。船舶临时停靠点平台下方采用钢箱筒型基础，箱筒型基础上方设置混凝土方块形成直立式岸壁，方块内侧抛石形成平台，平台内侧设置混凝土防浪墙。该平台顶标高为3.5 m，宽度为18 m，防浪墙顶标高为6.5 m。人工岛南侧围堤(船舶临时停靠点)结构如图 5－21 所示。

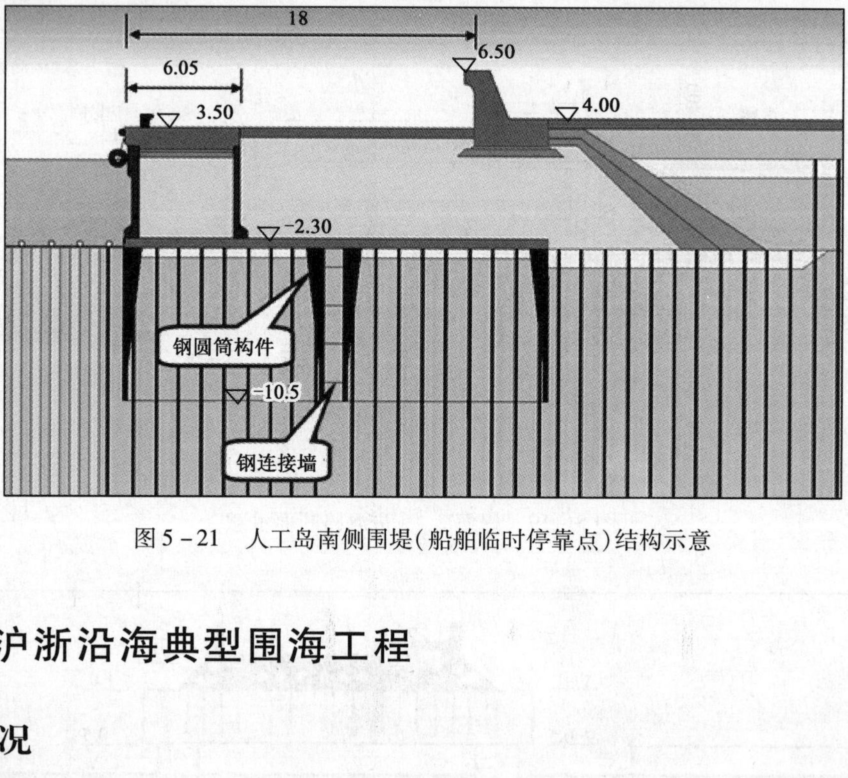

图 5－21　人工岛南侧围堤(船舶临时停靠点)结构示意

5.3　苏沪浙沿海典型围海工程

5.3.1　概况

江苏沿海滩涂资源丰富，据 2008 年江苏近海海洋综合调查与评价(国家 908 专项江苏部分)，江苏沿海滩涂总面积750.25 万亩(含辐射沙脊群理论基面0 m 以上的面积302.63 万亩)，其中潮上带滩涂 46.12 万亩，潮间带滩涂 704.13 万亩。南通市(不包括辐射沙脊群)沿海潮上带滩涂面积 5.95 万亩，潮间带滩涂 201.30 万亩。江苏沿海滩涂开发历史悠久，经历了兴海煮盐、垦荒植棉、围海养殖、临港工业等多个阶段。从 11 世纪范公堤修筑以来，共垦植开发了近 3 000 万亩沿海滩涂。

上海在长江口南岸和杭州湾北岸都有一定的滩涂资源。结合长江口深水航道治理工程，在横沙浅滩先后进行了一、二、三、四期促淤圈围工程。为了解决上海用水问题，在长江口进行了青草沙水库建设工程。南汇东滩位于长江口南岸，边滩宽广，淤涨速度较快。20 世纪 90 年代以来，上海市在南汇东滩组织实施促淤、圈围工程，相继完成上海市人工半岛圈围造地工程和南汇东滩圈围工程，前者圈围面积 33 km^2，作为上海临港新城用地，后者圈围面积

56.8 km^2，作为上海水稻种植的农业用地，总面积达90 km^2。

20世纪50年代以来浙江省滩涂的自然淤涨再生约为4.6万亩/a。2001年，在第四次全面调查(1997—2001年)滩涂资源基础上，编制了浙江省滩涂围垦总体规划，这是我国大陆沿海地区第一个省级滩涂围垦总体规划。2002年经浙江省政府同意后实施，规划项目实施坚持“老滩成陆，促淤保湿”的原则。2005年，对浙江省滩涂围垦总体规划进行了修编，修编的规划在规划环评论证基础上提出垦区确保12%以上的水面率；坚持对象山港、乐清湾等重要港湾采取以保护为主，三门湾围垦持慎重的态度，钱塘江滩涂围垦与钱塘江治理相结合，围垦服从治江，重视湿地保护，海岛等区域宜采取先促淤后围垦的开发利用方式，涉及河口综合规划及治导线调整及敏感区域的滩涂围垦项目进行深入研究等原则。规划确定全省适宜造地的规划滩涂区约262万亩，至2020年前实施192万亩，促淤超过9万亩。浙江省自20世纪50年代初以来至今累计围垦面积约330万亩，主要分布在杭州湾、宁波、舟山、台州、温州等地区。

5.3.2 江苏沿海围海工程

5.3.2.1 简况

江苏省从1951—2008年累计匡围滩涂207个垦区，总面积412万亩。到1999年修筑的海堤总长度已达到1 228 km。围海工程主要在连云港、盐城、南通三市。连云港以满足港口建设为主，盐城以前主要以围垦为主，兼有满足港口的要求。大丰、东台二县有优裕的滩涂资源，受自然保护区等因素制约，发展规模受到限制。南通近些年围海工程进展迅速，其用途也是多方面的。

随着围垦的加剧，潮滩淤涨速度明显低于围垦速度，可供围垦的面积不断减小。新建的海堤破坏了潮滩水流、泥沙和地形之间经过长期调整所形成的均衡状态，从而引起了潮滩剖面形态的剧烈调整。海堤建成后，由于潮滩中下部水流很少受到影响，输沙能力并没有减小，但随着向岸的推进，水流速度因受到海堤的顶托作用而减小，大量的泥沙开始沉积。由于泥沙供应量没有减少，而潮滩上部水域面积减小，从而使堤前潮滩淤积速度加快。通过江苏竹港垦区围垦前后情况的对比研究发现，建堤后堤前潮滩淤积速率是潮滩正常淤积速率的17倍；随着向海方向的推进，滩面淤积速率降低，在潮间带中部，围垦后滩面淤积速率仅为正常淤积的2.3倍。潮滩剖面不同部位淤积速率的差异，致使潮滩原始上凸型剖面剧烈调整。研究发现，在海堤建成初期，潮滩剖面由上凸型迅速变化为上部潮滩下凹、下部潮滩上凸的正“S”形剖面；随着水动力、泥沙与地形之间相互作用时间的增加，剖面不断地被调整，逐渐演变为潮滩剖面上部上凸、下部下凹的反“S”形剖面形态；随着水沙与地形之间关系的进一步调整并逐渐达到新的均衡状态时，潮滩剖面又重新发育为上凸型的均衡剖面。滩涂围垦也会影响潮水沟发育过程，通过对1999年江苏王港地区港南潮间带中上部滩涂围垦前后对比研究发现，围垦所建造的新海堤横切几个宽度和深度都比较大的潮水沟，一年后，这些大的潮水沟都发生了严重淤积，多数已经被沉积物淤平，只有一个潮水沟通过人工疏浚而得以维持原有形态。

5.3.2.2 连云港港区陆域形成工程

随着连云港港的快速发展，为满足港区陆域的需要，近年来实施了较大规模的港区陆域形成工程，其中具有代表性的工程有连云港港7万吨级航道扩建工程配套围堤吹填工程和连云港25万吨级矿石码头陆域形成工程。

5.3.2.2.1 连云港港7万吨级航道扩建工程配套围堤吹填工程

该工程位于庙岭作业区二期与老港区西防波堤之间、庙龄三期作业区范围内，本期工程为连云港港7万吨级航道扩建工程中庙岭航道、泊位疏浚土处理的配套围堤工程，今后经地基处理后作为庙龄三期作业区的港区陆域。围堤吹填工程2000年开工，于2001年年底完工。

(1)工程条件

该区域滩地平缓，地貌类型单一，滩地标高自后方海岸线2.0 m向外逐渐降低，至规划岸线处降为0.0~1.2 m(局部-1~0 m)，后方海岸线陆域标高一般为8 m以上。属不正规半日浅海潮性质，平均潮差3.69 m。海湾内潮流以东西向往复流为主。常浪向和强浪向均为NE向，其次是E向。围堤所在区工程地质层为淤泥，浅部为流泥或粉质黏土。淤泥厚度8.90~13.10 m，含水量73.6%，压缩系数2.21 MPa^{-1}。工程后方有危险品码头、油罐等对爆破震动敏感建筑物。东侧为老港区西防波堤，兼作危险品码头的管线通道，为直接抛石挤淤斜坡堤结构，建于20世纪30年代，1995—1996年经加固加宽，顶标高达到6.5 m，顶宽8.5 m，钻孔显示，块石没有落底，底部淤泥厚度达7~8 m。

(2)平面布置

围堤吹填工程范围为正堤、西侧堤与老港区西防波堤、后方目前海岸线所围的范围，大致呈矩形。陆域形成长度630~830 m，纵深270~420 m，总面积24.98×10^4 m^2，天然泥面标高0.0~3.0 m(连云港零点)。正堤长度820 m，西侧堤长度422 m，西防波堤加固450 m，围堤堤顶标高7.5 m，吹填标高7.0 m，吹填容量137×10^4 m^3(图5-22)。

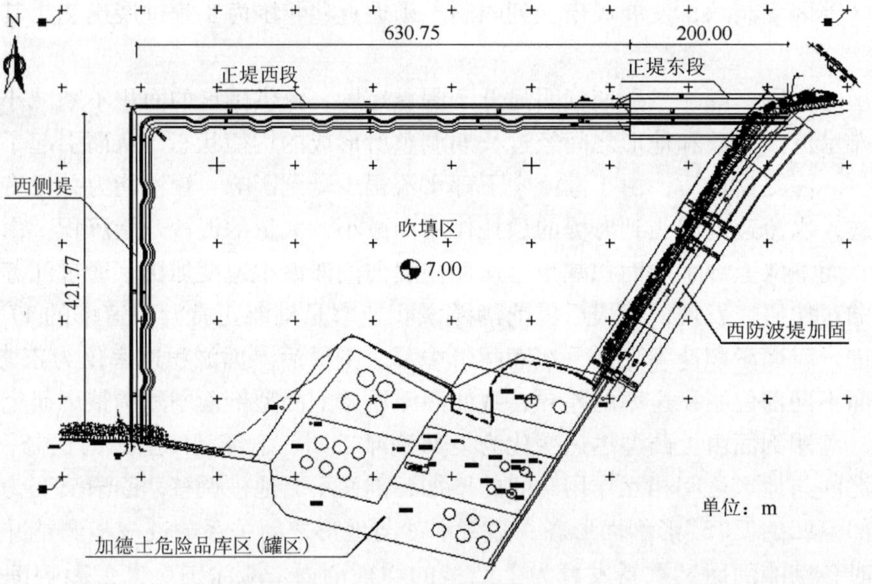

图5-22 工程平面布置示意

(3)围堤工程

设计标准均按港口工程Ⅲ级水工建筑物设计。正堤西段、西侧堤采用抛石堤身+爆填爆夯处理地基的斜坡堤结构；正堤东段采用大型土工织物充填袋结合抛石堤身+砂桩处理地基的斜坡堤结构。正堤西段、西侧堤围堤(图5-23)堤顶总宽度6 m，堤顶标高6.5 m。堤身结构由陆上抛石形成。采用爆破排淤填石法为主、爆夯法为辅的综合爆破法处理地基。正堤东段围堤尺寸与西段相同。堤身上部采用抛石堤芯结构(图5-24)，堤身下部采用袋装砂结构，同时实现分层堆载，确保围堤稳定。采用砂桩+砂被地基。砂桩正方形布置，直径600 mm，底标高至淤泥层底标高以下0.5 m，桩长8～13 m。充填砂料采用中粗砂，含泥量小于5%。采用砂被作为水平排水层，同时可加强堤身的整体性，砂被厚0.5 m。

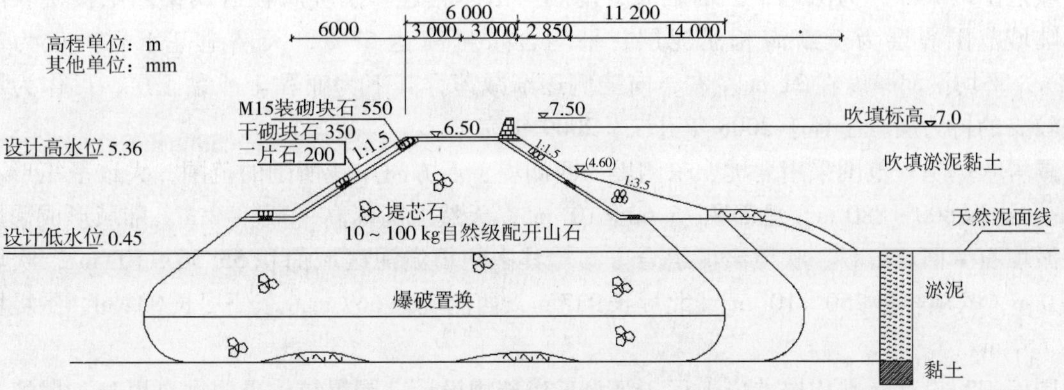

图5－23　正堤西段、西侧堤结构示意

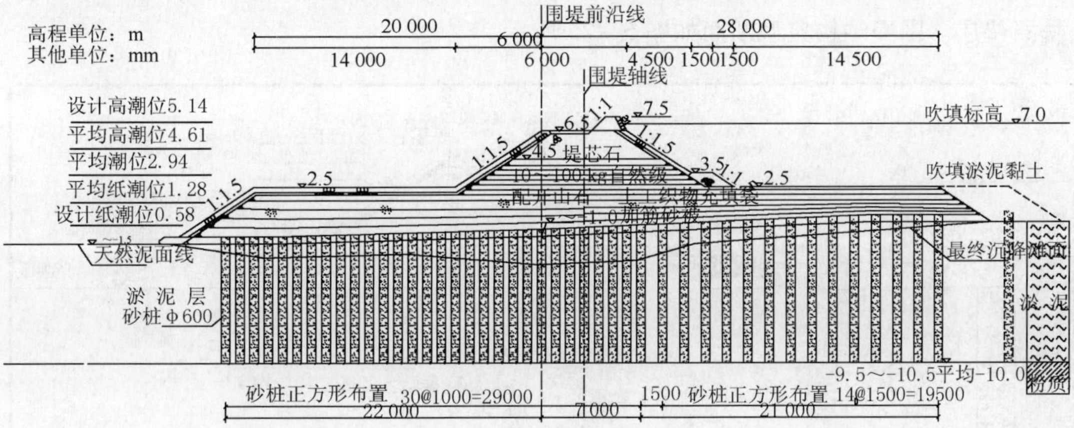

图5－24　正堤东段结构示意

(4)施工技术

该工程配套围堤吹填工程距离后方危险品库区较近，而该库区场地条件是在8 m淤泥地基上直接抛石成陆，没有进行任何地基处理，一直处于沉降固结过程之中，因而对爆破震动极为敏感。为了避免爆破施工对该危险品库区的影响，借鉴陆上建筑物延时定向爆破技术，在爆破挤淤施工中首次采用延时爆破技术，减小了爆破震动速度，确保了对爆破震动敏感建筑物的安全，同时西防波堤的爆破地震安全距离由200 m减少为150 m。据此，将砂被堤由200 m缩短为150 m，缩短了工期，创造了良好的经济效益，为今后类似工程积累了经验。

吹填竣工验收标高为7.0 m，吹填工程量约137×10^4 m^3。吹填料及取土区为连云港航道扩建工程中的庙岭航道、泊位疏浚土。该工程将大型土工织物充填袋斜坡堤应用在深厚淤泥地基中。连云港地区淤泥具高压缩性、高灵敏度、流变、触变等特点，地基条件极差。工程采用砂桩与淤泥形成复合地基，直接提高地基承载力；采用砂桩竖向排水和砂被横向排水相结合，利用堤身自重，使得地基排水固结，进一步提高地基承载力；采用通长砂被(加筋砂被)技术起加筋作用。大部分沉降均在施工期完成，总沉降量小于20 cm，基本没有水平位移。

5.3.2.2.2 连云港港25万吨级矿石码头陆域形成工程

该工程位于旗台作业区西部，为连云港港25万吨级矿石码头工程提供港区陆域。工程所在区域范围内大部分为滩地，三面临海，南侧与山体相连。围堤所在区属第四纪接松软沉积物。陆域范围表层为全新海相淤泥层，平均含水量高达67%，天然地基承载力仅为25~35 kPa，平均淤泥厚度在21 m左右，向陆侧逐渐减薄，其下为亚黏土或黏土层，可作为堆场地基较好的持力层。工程于2008年开工，2009年完工。

围堤吹填工程范围采用北堤、东侧堤、西侧堤、后方海岸线所围的范围，大致呈矩形，宽906 m，纵深800~880 m，总面积$75.60\times10^4\ m^2$，天然泥面标高−3~−2 m。陆域形成采用爆破挤淤填石+回填石料、吹填淤泥组合方案。其中吹填淤泥区域面积$55.36\times10^4\ m^2$，吹填标高6.0 m，吹填容量$250\times10^4\ m^3$。北堤长937 m，西侧堤长667 m，东侧堤长838 m，围堤堤顶标高7.0 m。

围堤工程设计标准均按港口工程2级水工建筑物设计。围堤结构采用抛石堤身+爆填爆夯处理地基的斜坡堤结构。堤顶总宽度6.05 m，堤顶标高7.0 m(连云港零点)。堤身结构采用抛石形成。采用爆破排淤填石法为主、爆夯法为辅的综合爆破法地基处理。外护坡结构用扭王字块，块石垫层。围堤结构典型断面如图5−25所示。

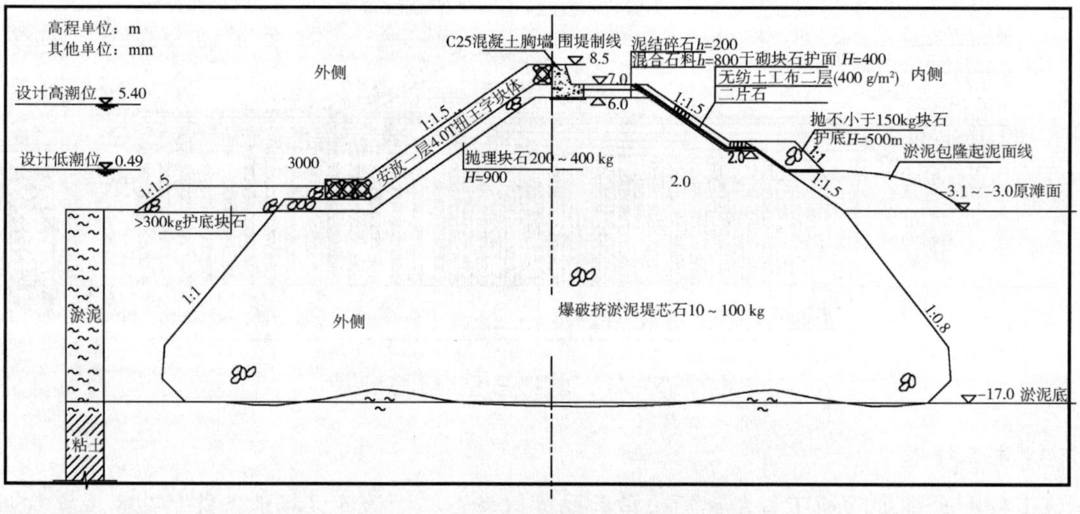

图5−25 北堤、东侧堤围堤结构示意

斗轮机基础区域采用爆破挤淤+回填石料。吹填淤泥主要用于堆场区的陆域形成，吹填竣工验收标高为6.0 m，吹填工程量约$250\times10^4\ m^3$。工程爆破置换淤泥厚度普遍达到18 m，端爆效果总体良好，但侧爆效果欠佳，后结合前方码头港池疏浚，进一步采取补充爆破，达到设计断面。地基处理后，斗轮机地基承载力不小于200 kPa，残余沉降量不大于50 cm。

5.3.2.3 条子泥围海工程选线和辐射沙洲高滩滩涂围垦

5.3.2.3.1 条子泥围海工程选线

条子泥沙洲位于江苏岸外辐射沙脊的辐聚中心区，是辐射沙洲区面积最大的已并岸沙洲(图5−26、图5−27)，也是江苏最大的具有围海开发利用价值的滩涂资源。江苏规划对条子泥整体实施40万亩匡围工程。

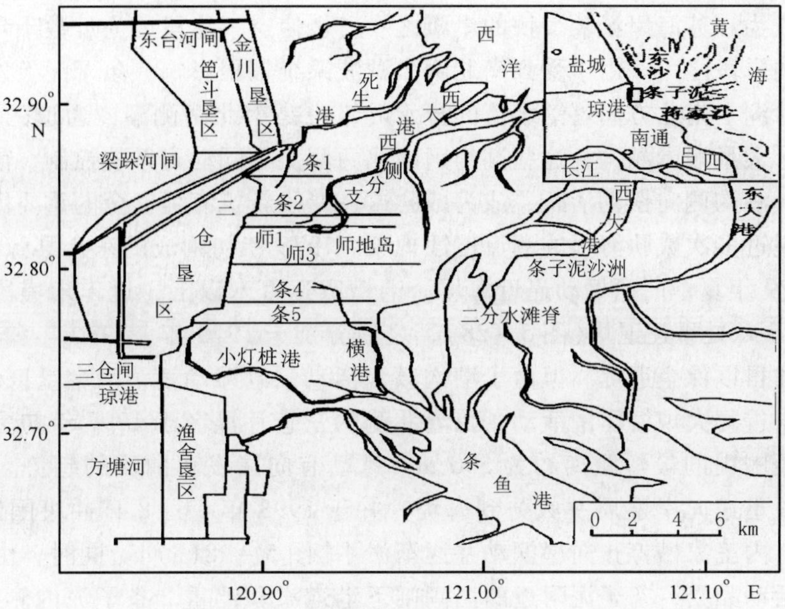

图5-26 研究区区位图(据2003年1月TM影像)

图5-27 条子泥辐聚海域形式及近期实施的围垦工程(据2011年3月遥感影像)

南黄海旋转潮波和东海前进潮波及其潮汐主槽多在条子泥附近辐聚，丰富的泥沙来源使得其陆侧潮滩成为江苏海岸淤长最快的岸滩之一，也使这一岸段成为近数十年来江苏沿海围垦活动最频繁的岸段之一。由于受到南北两大潮波系统辐聚影响，条子泥上发育有独特的二分水滩脊，是沙洲上南北方向落潮水流的分水岭，也是南北两侧潮汐通道的交汇处。因此，条子泥上发育有大量顺岸潮沟，这些潮沟因南北两侧受不同动力系统控制，南北水量交换频繁且变化较多，潮沟侧向摆动活跃，成为威胁这一岸段新筑海堤安全的重要因素。数十年来弶港海岸曾出现过多次威胁海堤的潮流侵蚀现象。1978 年初围成的东台县弶港镇渔舍垦区，由于王家槽 1979 年夏季向西摆动逼近海堤，港槽宽达百米以上，近千米堤段发生险情，被迫在海堤以内1 km 处重建退堤(图 5－28)，之后分别于 1979 年、1980 年和 1982 年对海堤进行三次加固才得以保全退堤。但由于潮沟频繁活动，潮滩动荡，渔舍垦区围垦后 30 余年间，此处一直未进行大规模匡围活动。弶港北侧的三仓片垦区于 1997 年初围成，其时围堤外的内王家槽距围堤的最短距离约为 500 m，且已有向岸发育曲流的趋势。围垦工程结束后，潮沟弯曲段迅速向岸发展并威胁到海堤，并于 1998 年 1 月 8 日冲决围区东南角海堤，围堤被迫退建，内王家槽停止向岸摆动并逐渐淤平[图 5－28(a)]。同时，由于海岸淤长迅速，加之围垦活动频繁，条子泥附近的挡潮闸下港道淤积严重。条子泥内侧 1955 年建成三仓河闸后，由于地处辐射沙洲淤涨中心的弶港，1960 年初闸外 5 km 便基本淤为平地，失去排水功能；1964 年建成的新港河闸，1976 年 2 月闸下 4 600 m 已淤至 2.4 m 高程，此后便不能发挥排水作用；于 1992 年新建的方塘河闸，其闸下港道也已严重淤积，亟待外迁。由于潮滩围垦速度大于盐沼植被恢复速度，江苏沿海潮滩逐渐陡化，堤外天然盐沼面积越来越少，淤泥质盐沼湿地生态功能逐渐降低，在淤长型海岸，由于盐沼的年增长速率与潮滩的淤长速度呈正相关，盐沼的恢复速度与围垦以后新海堤外侧余留的盐沼面积有关。在海平面上升及海岸侵蚀大背景下，辐射沙洲沉积动力环境的调整使得横港与西大港西侧分支仍存在西移的可能。

从条子泥附近的潮沟活动特点看，在潮沟横向频繁活动主要集中在平均高潮位以下的中低滩区域，当潮滩淤长至平均高潮位以上后，潮沟陆侧归槽水量骤减，潮沟活动一般不再频繁。因此，条子泥岸段围堤选线一般以平均高潮位以上的近岸高涂为主，围区均为顺岸分布的条带状，以随潮滩淤长逐步推进的形式围垦。为避免围堤建设形成沿堤潮沟，在围堤无法避免跨越小的潮沟时，尽可能选择以横切的形式切断潮沟。

在条子泥岸段围垦工程的围堤选线中，为减小对挡潮闸下港道淤积的影响，一般尽可能减小占用挡潮闸下港道的归槽滩面面积，并避免切断与闸下港道有关联的南北贯通的水道。为减轻对条子泥南北两侧的方塘河闸和梁垛河闸影响，条子泥近岸十多年来形成的围区均相对远离两河闸的闸下港道，形成闸口附近相对“内凹”的岸线形态。

由于条子泥位于辐射沙脊辐聚中心两大潮波系统复合的敏感区域，围堤选线的基本思路应综合考虑围垦对潮滩均衡态调整的可能影响及围垦的工程效益 。主要应考虑：①堤线滩面高程在平均高潮位基础上适当提高；②堤线与周边潮沟主槽保持 1.0 km 以上的距离；③堤线方案对闸下排水及淤积影响较小；④堤外盐沼保留与围垦效益；⑤跨越潮沟末梢的围堤需考虑块石护坡、堤外种植互花米草等适当的稳定加固措施，并加强监测。

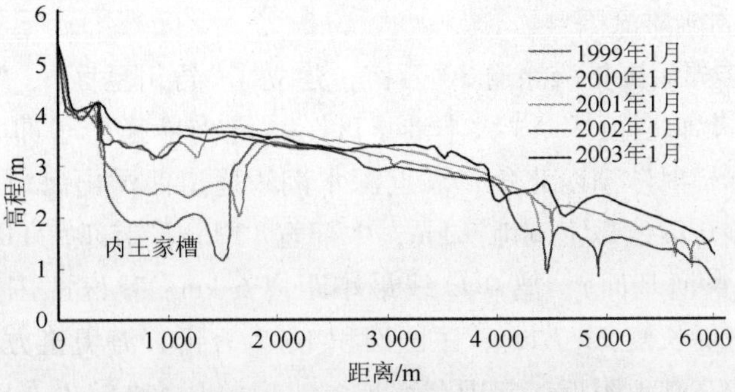

(a)1999—2003 年条 4 断面[位置如(c)]变化情况

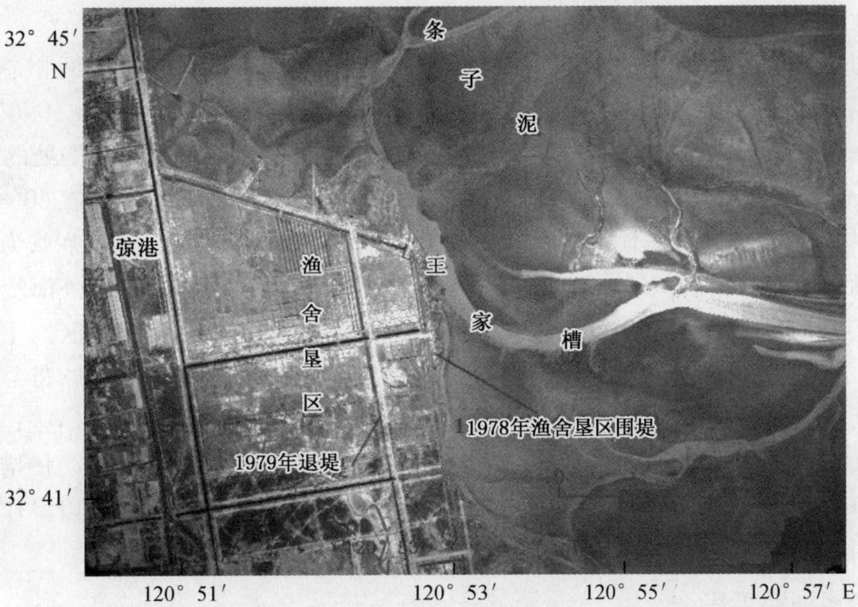

(b)1980 年 4 月低潮时航片

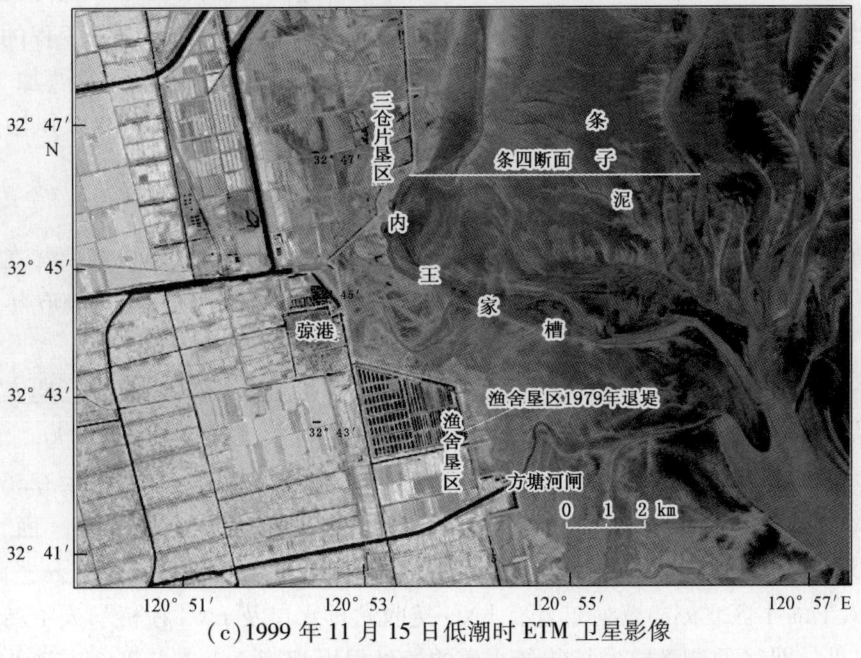

(c)1999 年 11 月 15 日低潮时 ETM 卫星影像

图 5-28 条子泥附近潮沟向岸摆动造成海堤变迁

5.3.2.3.2 辐射沙洲高滩滩涂围垦

1990年以来，大丰先后围垦滩涂逾30万亩，建立了“竹川垦区”、“建川垦区”、“斗南北垦区”、“东川垦区”、“海北垦区”、“大丰港垦区”、“港南垦区”、“卯龙围垦”、“海王垦区”等。海北垦区位于江苏辐射沙洲西北角，靠近深水潮汐通道西洋出海口西侧，斗龙港外南侧，四卯西闸外北侧。北侧0 m线以上潮滩9 km，中部宽12 km，南部宽11.5 km。围区最外侧海堤位于2.2 m高程(废黄河基面)，离0 m线最小距离6 km。垦区匡围于1999年，北起大丰闸，南至四卯西闸，海堤长度22.7 km，匡围面积10.2万亩，海堤土方460×10^4 m^3。海北垦区滩涂起围高程在平均高潮位附近，起围高程高，地势平坦，港汊少。垦区匡围后，内部不需吹填，可以直接进行农业开发利用。垦区西侧为大丰干河，淡水资源丰富，垦区利用初期以发展淡水养殖业为主，远期随着土壤盐碱度的下降，逐步过渡到水稻种植业。

东台市海岸线180 km，20世纪50年代以来，共围成19个垦区，土地面积总计逾123万亩。其中弶港以北、蹲门口以南区域的主要有黄海、笆斗、三仓片、金川、仓东、梁南等垦区，其堤外高程分别为3.5~4.5 m、4.1 m、4.0 m、4.8 m，但截断大型潮沟处的滩面在3 m、甚至是2.5 m以下，总体上仍以潮上带围垦为其特点。围区植被覆盖率至少在60%以上，有的接近90%。围垦时植被覆盖率有明显降低，最低的仅30%，植被类型也由茅草为主转向以互花米草和盐蒿为主，裸滩面积增大。仓东垦区位于三仓垦区(1997年匡围)外海堤以东，南近三仓河闸下港堤，北近梁垛河闸，匡围于2004—2005年，面积32 000亩。区内主要种植农作物；海堤外坡防护主要通过草皮护坡、植树等方法，低滩段海堤辅以防老化吹砂袋护脚；对强风迎风面、拐角段等可能引起海堤冲刷的地段，采用混凝土护坡等硬质防护措施；海堤外侧海滩通过移栽大米草方法，扩大外滩面大米草草滩面积，堤外滩面采取了生物防护措施。垦区处于东台市沿海供水末梢，供水水质、水量保证率较低，垦区内农业产业结构以旱作及经济作物为主，适量引水抗旱。

5.3.2.4 南通围海工程

近年来，南通沿海开展了大规模堤外围海工程，主要用于围垦、养殖、临海工业。上述匡围工程均凸出原海堤2~3 km，除吕四港电厂围填处潮间下带外，其余围海工程的围填前沿仍处在潮间上带。围海工程的围堤设计标准，吕四港电厂为200年一遇高潮位叠加50年一遇波浪，其余围海工程的围堤均按江苏省达标海堤标准(50年一遇高潮位加10级风浪爬高和安全超高)设计。

5.3.2.4.1 洋口港人工岛工程

根据南通港洋口港区总体规划和江苏如东液化天然气(LNG)项目建设需要，在如东岸外距陆域岸线约13 km的西太阳沙建设了人工岛工程(图5-29)，该人工岛于2006年12月施工，2008年完工。

人工岛的建设按建设规模和先后时序统筹规划，分期实施，分区建设。近期实施Ⅰ区、Ⅱ区和Ⅲ区，共1.44 km^2，远期建设Ⅳ区、Ⅴ区，共1.05 km^2，总面积为2.49 km^2。Ⅰ区为LNG接收站区，围填面积为29.976×10^4 m^2；Ⅱ区为油品及化工品区，面积为32.66×10^4 m^2；Ⅲ区为矿石及煤炭区，面积为80.67×10^4 m^2，其中Ⅱ区、Ⅲ区先期回填区面积为22.634×10^4 m^2。人工岛的平面形状采用圆角矩形，岛壁结构总长度为4 688.5 m，内隔堤总长3 477.1 m。人工岛Ⅰ区北侧岛壁处布置有LNG接收站排水口及LNG栈桥与人工岛相接的连接通道，人工岛Ⅱ、Ⅲ区西侧岛壁处与陆岛通道的接岛引堤相接，人工岛Ⅲ区南侧岛壁与工作船码头栈桥连接并布置有连接通道。西太阳沙人工岛工程建设规模见表5－4。各区平面布置如图5－30所示。

图5－29 洋口港区1.44 km^2西太阳沙人工岛

表5－4 西太阳沙人工岛工程建设规模概况

序号	项 目	第一分区	第二分区		第三分区		小计
		Ⅰ区	Ⅱ区	Ⅲ区	Ⅳ区	Ⅴ区	
1	岛壁结构长度/m	2 330	4 470		4 070		10 870
2	填方量/$\times 10^4$ m^3	299	372	694	494	534	2 393
3	对应造陆面积/km^2	0.3	1.14		1.05		2.49

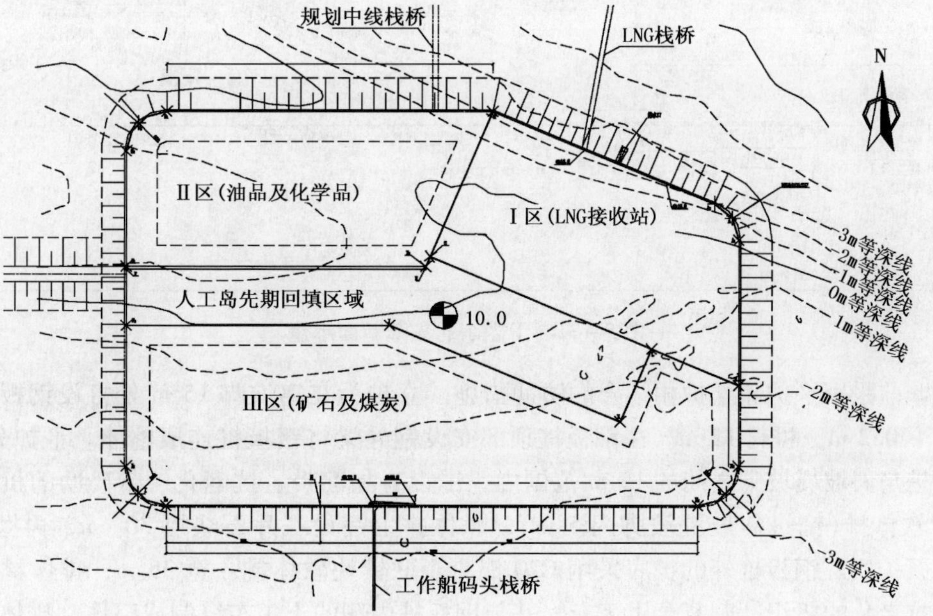

图5－30 西太阳沙人工岛工程各区平面布置示意

工程地质条件自上而下主要分为五大层，即①粉砂；②$_1$粉砂与粉质黏土互层，②$_2$粉质黏土与粉砂互层；③粉砂；④$_1$粉砂与淤泥质粉质黏土互层；④$_2$淤泥质粉质黏土和⑤粉砂。

结构按抗震设防烈度Ⅶ度、地震动峰值加速度为0.15g进行抗震设计，LNG收站人工岛岛壁并按抗震设防烈度Ⅷ度、地震动峰值加速度为0.23g进行安全检验并采取抗震构造措施。

西太阳沙海域50年、100年一遇高潮位分别为9.0 m和9.2 m，相应潮位下的50年一遇$H_{1\%}$为6.04 m和6.28 m，波周期9.75 s。为满足岛内LNG接收站对堤顶越浪量的要求，挡浪墙顶标高为16.5 m，底标高为9.5 m。人工岛岛壁结构安全等级为永久建筑物，结构安全等级为一级，其设计使用年限为50年。内隔堤为临时建筑物，结构安全等级为三级。Ⅰ区北侧和东侧岛壁、Ⅱ区北侧岛壁、Ⅲ区东侧和南侧岛壁东段的940 m采用抛石斜坡堤结构；Ⅱ区西侧岛壁、Ⅲ区西侧和南侧岛壁其余部分采用充填袋斜坡堤结构；内隔堤设计考虑外岛壁对堤身波浪掩护作用，采用充填袋斜坡堤结构；LNG接收站排水口构筑物采用钢筋混凝土排水箱涵结构，并通过排水箱涵与岛内排水构筑物相接，排水箱涵采用灌注桩基础。

Ⅰ区岛壁结构采用抛石斜坡堤，外坡坡度为1∶2，护面采用重量为6 t扭工字块体二层；内坡由二片石、0.5～8.0 cm碎石和土工布组成倒滤层结构。为防止施工期波浪冲刷砂质海底，在堤底下铺设带砂肋的机织针刺复合土工布软体排。人工岛堤前采用水平护坦和防冲板桩结合的方法护底，防冲板桩采用鞍Ⅳ型钢板桩，在离坡脚15 m处打设，钢板桩长度为12～14 m。水平护坦分两部分，在钢板桩和斜坡堤坡脚之间的15 m范围内，铺设软体排，并用块石护底；在钢板桩外的护底采用混凝土联锁块软体排，护底宽度在东北角圆弧段和圆弧段向南150 m、向西250 m为42 m，其余段为37 m；混凝土联锁块软体排上抛填块石护底。人工岛岛壁堤顶设置混凝土弧形挡浪墙，路面采用带孔的混凝土块体结构(图5－31)。

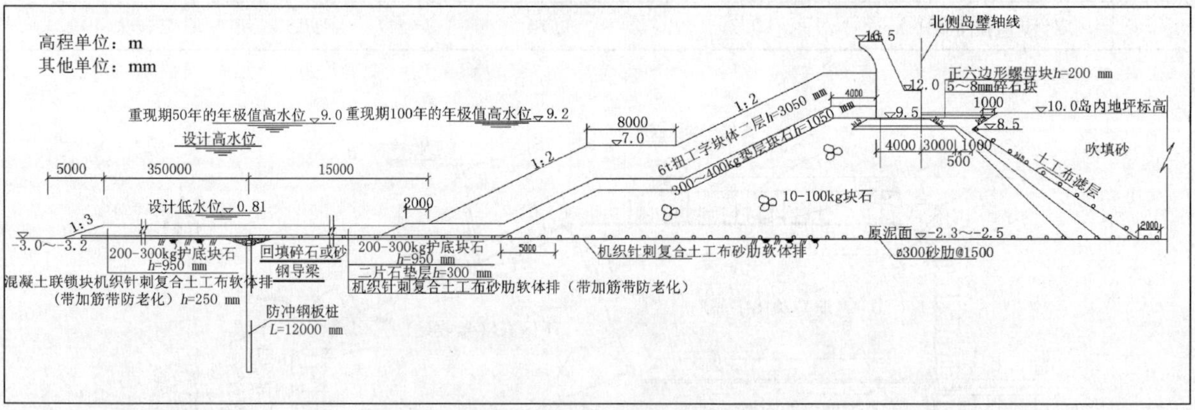

图5－31 Ⅰ区东北岛壁断面示意

在岛壁前采用平护和立护相结合的防冲措施。立护为在离坡脚15 m处打设钢板桩，桩顶为原泥面下0.2 m，桩长12 m。在钢板桩顶部安设钢导梁将钢板桩连成整体。平护分两部分，其中钢板桩与斜坡堤坡脚之间的15 m范围内，铺设有加筋带、抗老化、带砂肋的机织针刺复合土工布软体排(铺进斜坡堤坡脚内5 m)，软体排上铺设二片石垫层30 cm，再抛填200～300 kg块石护底。钢板桩外的护底采用C20混凝土联锁块软体排，宽35 m，排体材料采用设加筋带、抗老化的机织针刺复合土工布，并与钢板桩内侧的土工布缝制成整体，排体压载采用绑扎绳将混凝土联锁块与排体连接成一体。

5.3.2.4.2 吕四港电厂围堤吹填工程

吕四港电厂布置在现有海塘外滩地，利用现有海塘外宽阔的滩涂资源，依托现有海塘，通过围堤吹填形式，建设人工半岛，形成电厂厂区陆域、灰渣场和淡水库。工程位于辐射状沙群的尾部，前方发育小庙洪水道。海塘与南水道0 m(理论最低潮面)等深线之间滩地宽度达4～4.5 km，主要沉积物为粉砂和砂质粉土，平均海滩坡度为0.000 9。水道的北部一块面积很大的沙洲叫腰沙，沙洲轴线方向与深槽轴线方向基本一致，沙洲的西部与如东浅滩相连。电厂围堤吹填工程位于潮间带滩地，前方正堤所在滩面高程－1.7 m(国家85高程)，向岸逐渐抬高至1.0 m。工程于2003年开工，2005年完工。

(1)工程条件

工程所在水域属不正规半日潮，平均潮差3.53 m。潮流呈往复运动，最大落潮流速2.05 m/s。厂区前沿200年一遇设计高水位加50年一遇波高设计 $H_{13\%}=3.72$ m，$T=7.78$ s。围堤所在区域地质各层可分成：①粉砂，局部为细砂，呈零星状分布于表层，层厚0.70～4.60 m；②砂质粉土，顶板标高－5.63～0.93 m，底板标高－16.55～－9.07 m；③粉质黏土夹粉砂，顶板标高－16.55～－9.07 m，底板标高－21.21～－15.15 m；④粉砂夹粉质黏土或互层；⑤粉质黏土夹粉砂。场区内饱和砂土、粉土大部分为不液化土层。地区地震烈度为Ⅵ度。

(2)平面布置

该工程处在江苏沿海南北长达200 km的辐射状沙群的尾部，形成了浅滩、深槽、沙洲相间分布的海岸地貌形态，由于底质为粉砂细砂，抗冲性较差，对流场变化十分敏感，长期以来处于动态平衡状态。另一方面，现有海塘外滩地发育，海塘距离10 m深槽6～6.5 km，距离0 m等深线4～4.5 km，利于利用潮间带滩地进行围堤吹填工程的建设，不利的方面是厂区与码头之间引桥较长，若纵深过大，将影响拟建码头前沿水流流态，引起码头泥面冲淤，进而影响码头作业和码头水深，甚至对小庙洪水道及附近河势产生不利影响，引发沙洲、深槽动荡。因此，围堤纵深的确定必须以不影响小庙洪水道及附近河势的稳定为前提。在不影响河势的前提下，尽可能扩大围垦纵深，增加陆域形成面积，减少岸线占用长度，可缩短引桥和取排水口的长度，降低基建投资和营运费用。论证确定围堤纵深为3.0～3.4 km，距10 m深槽3 km。

围堤吹填工程岸线长度1 158 m，呈宽丁坝状。电厂厂区离岸布置在外侧，呈矩形，纵深930 m。淡水库依托现有海塘外侧、海塘与近期灰渣场之间，呈梯形，纵深547～1 045 m。近期灰渣场位于厂区与淡水库之间，纵深1 500 m，呈矩形。围滩总面积 374×10^4 m^2，其中厂区陆域 107×10^4 m^2，近期灰渣场 175×10^4 m^2，淡水库 92×10^4 m^2。围堤吹填工程平面布置如图5－32所示。

(3)厂区围堤吹填工程

该工程处风大，浪高，流急，潮差大，施工工况较为恶劣，尤其是冬春季寒潮影响频繁，对施工作业和结构安全影响很大，夏季台风正面袭击1～2次/a，破坏力强。最初设计袋装砂袋体采用编织布制作，袋装砂堤外侧设置临时抛石棱体和临时抛石护坡，但由于临时抛石棱体和护坡进度严重滞后，使得袋装砂棱体直接暴露在寒潮风浪之下，导致施工初期袋装砂棱体被寒潮风浪损坏的现象屡屡发生，造成经济损失并严重影响进度。为此，对于受风浪影响较大的堤段，采用机织布制作袋体，提高袋装砂自身抵御风浪作用的能力，提高袋装砂在护面形成之前的安全度，降低施工期风险。2004年在“蒲公英”台风袭击下，机织布充填袋无破坏、变形、位移现象。

围堤工程为1级堤防工程，200年一遇高水位叠加50年一遇设计波浪。堤顶总宽度12 m，防浪墙顶标高10.0 m(85国家高程)，堤顶标高8.8 m。防浪墙采用反弧形钢筋混凝土结构，净高1.2 m。围堤结构形式采用袋装砂棱体与吹填砂相互依托的斜坡堤(图5-33)，采用二级堤身形式，一级堤身由内外袋装砂棱体和吹填砂堤芯组成，二级堤身由内外小袋装砂棱体和吹填砂堤芯组成。外护坡采用栅栏板(圆弧段四脚空心方块)。前方小庙洪水道深槽及附近沙洲蕴藏丰富的粉砂、细砂砂源，袋装砂堤可分段全线展开，施工面大，推进速度快，且与吹填工程可相互依托、交叉同步施工，大大提前吹填时间。根据测算，袋装砂堤较抛石堤，工程造价降低54.5%，工期提前12~18个月。

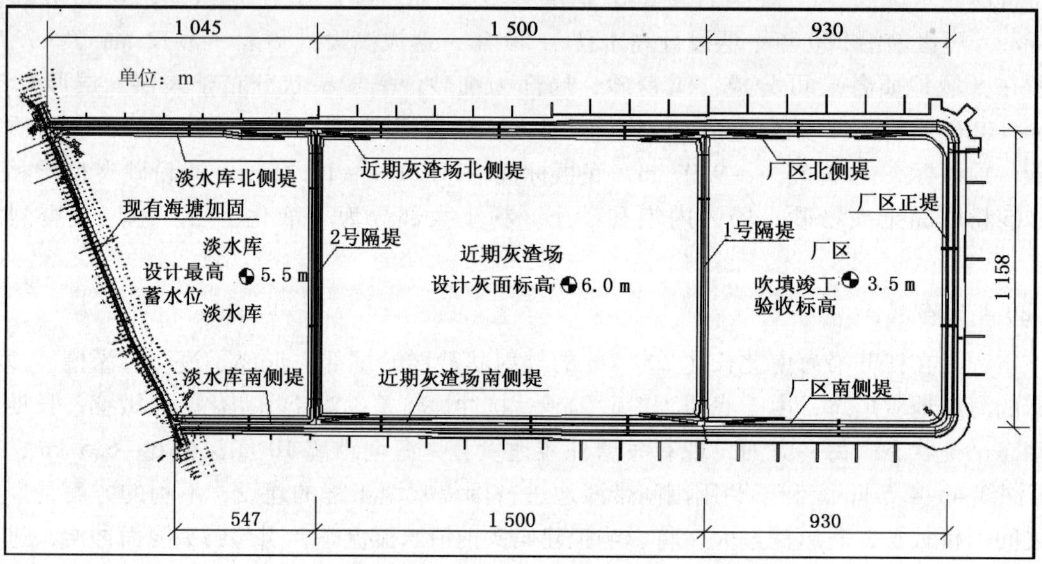

图5-32 围堤吹填工程平面布置

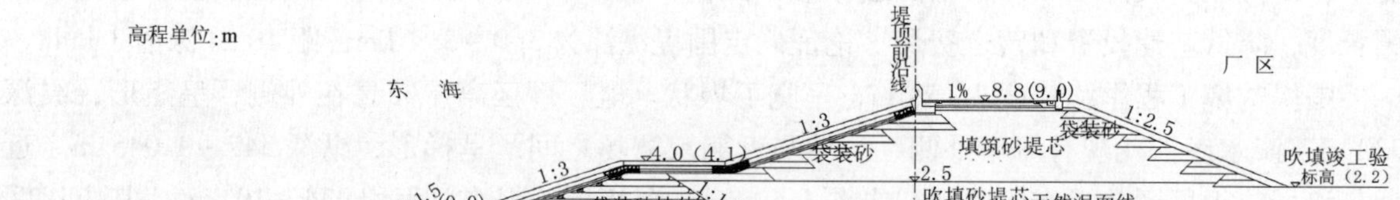

图5-33 厂区围堤断面示意

围堤吹填工程中借鉴丁坝和抛石平护的优点，采用长短结合抛石平护+软体排护底结构(图5-34)，发挥长平护的挑流护底作用，避免沿堤流直接逼近抛石平护，又避免了丁坝大量阻水对流态的不利影响；缩短了短平护的宽度，节约了抛石平护总量和工程费用。

吹填工程分为北区和南区，吹填竣工验收标高分别为2.15 m和3.65 m，吹填工程量约510×10^4 m^3。根据使用要求和砂源情况，北1区采用粉砂为主，取砂区布置于边滩凸嘴；北2区、南2区采用砂质粉土为主，取砂区布置在灰渣场场内；南1区采用细砂为主，含泥量均小于10%，取砂区布置在10 m深槽范围。

图 5－34 软体排＋长短结合抛石平护

(4)淡水库和近期灰渣工程

水库工程等别为3级，围堤为2级堤防工程。按50年一遇高水位叠加50年一遇的波浪爬高设计；100年一遇高水位叠加50年一遇的波浪爬高校核。堤顶总宽度12 m，防浪墙顶标高8.5～9.0 m，堤顶标高7.3～7.8 m。围堤采用袋装砂棱体与吹填砂结合的斜坡堤。结构基本同厂区围堤。

灰渣场围堤为2级堤防工程，防洪标准与水库工程相同。堤顶总宽度12 m，防浪墙顶标高9～10 m，堤顶标高7.8～8.8 m。围堤内护坡采用干砌块石，其余结构基本同淡水库围堤。

5.3.2.4.3 其他围海工程与围堤结构

(1)海门市滨海新区区域建设围海工程

工程位于东灶国家中心渔港的东、西两侧浅滩(图5－35)。东区围海面积11 329.5亩，起围高程－0.5 m，围堤长8 144 m；西区11 700亩，起围高程0.5 m左右，围堤长5 768 m。围堤按Ⅱ级堤防设计(图5－36)，50年一遇高潮位取4.93 m，10级风浪爬高加安全超高为3.51 m，堤顶防浪墙顶高程8.44 m，围堤堤芯为土堤。外坡采取灌砌块石护坡，坡度1∶3，高程4.8 m处设5 m宽消浪平台；灌砌块石厚度0.358 m，堤芯吹填土与灌砌石之间铺设土工反滤布和碎石滤层。堤内坡采用草皮护坡，坡度1∶2.5。挡浪墙采用反弧曲面钢筋混凝土墙，挡浪墙高1.2 m。

(2)通州区高涂围垦养殖围海工程

工程位于小庙洪水道尾端南侧，分为南、北两个区域。南区围海面积12 510亩，围堤长4 475 m，北区面积14 793亩，围堤长6 790 m，起围高程均为0 m左右。围堤按2级堤防设计，设计标准与江苏达标海堤标准一致，堤顶高程8.21 m。围堤堤芯为袋装砂填筑；外坡采用灌砌块石护坡，坡度1∶3，高程5.0 m处设5 m宽消浪平台，灌砌块石厚度0.35 m；堤内坡覆0.4 m厚壤土，坡度1∶2.5。挡土墙采用C25灌砌块石墙身，挡浪墙高1 m。堤外坡堤脚采用抛石防护，抛石护脚宽10 m，厚0.8 m。工程位置和结构分别如图5－37和图5－38所示。

图5－35　海门市滨海新区围海工程示意

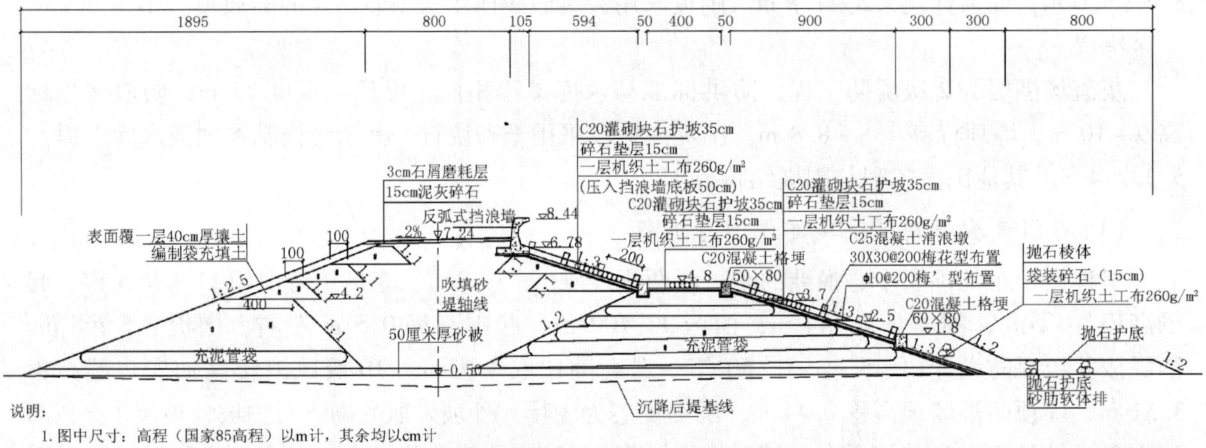

图5－36　海门市滨海新区围海工程围堤断面示意

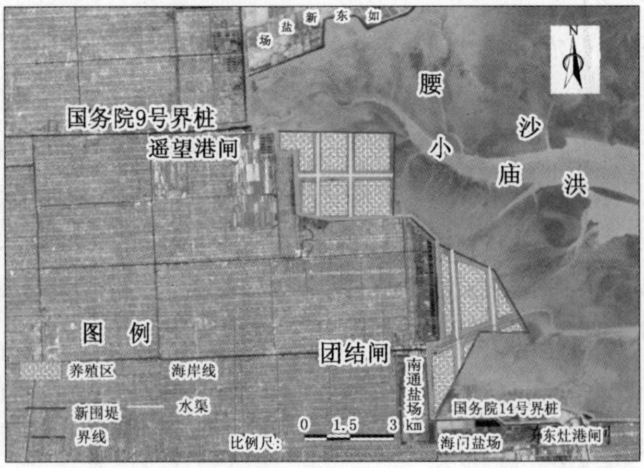

图5－37　通州区高涂围垦养殖围海示意

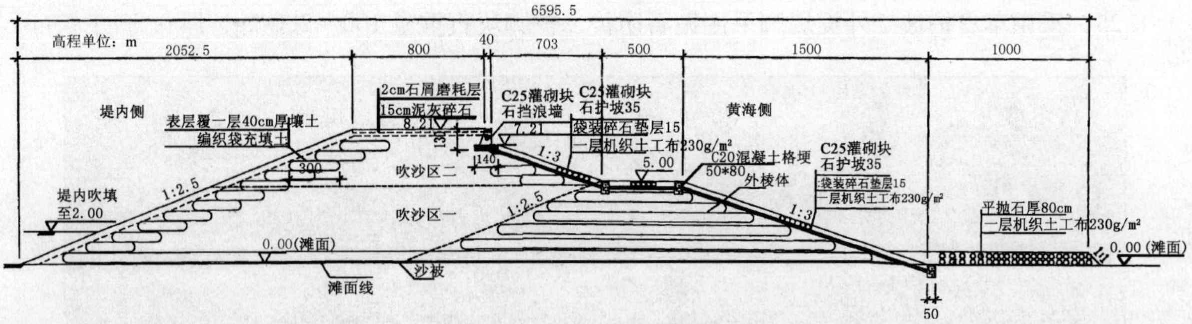

图5－38　通州区高涂围垦养殖围海工程围堤断面示意

(3)如东县豫东垦区围垦和掘苴垦区高涂围垦养殖围海工程

豫东垦区围垦工程围区基本处于潮上带，围垦面积30 660亩，围堤总长133 510 m。围堤按2级堤防设计，堤顶高程8.6 m。围堤堤芯为袋装砂，内、外坡比均为1∶3，外坡采用灌砌块石防护，在5.0 m处设宽5 m的平台，外坡堤脚采用抛石防护，护脚宽5 m，厚度0.6 m。防浪墙采用C25灌砌块石墙身，防浪墙高1 m。垦区围堤断面如图5－39所示。

掘苴垦区高涂围垦养殖围海工程位于如东县掘苴闸西侧，起围高程1.5 m左右。围垦面积29 145亩，围堤总长为12 346.91 m。围堤按2级堤防设计，设计标准与江苏达标海堤标准一致，堤顶高程9.5 m。围堤堤芯为土堤，内、外坡比均为1∶3。外坡采用C25灌砌块石防护，外坡在6.0 m处设宽5.0 m戗台，戗台为C25素混凝土结构。挡浪墙高0.5 m。垦区围堤断面如图5－40所示。

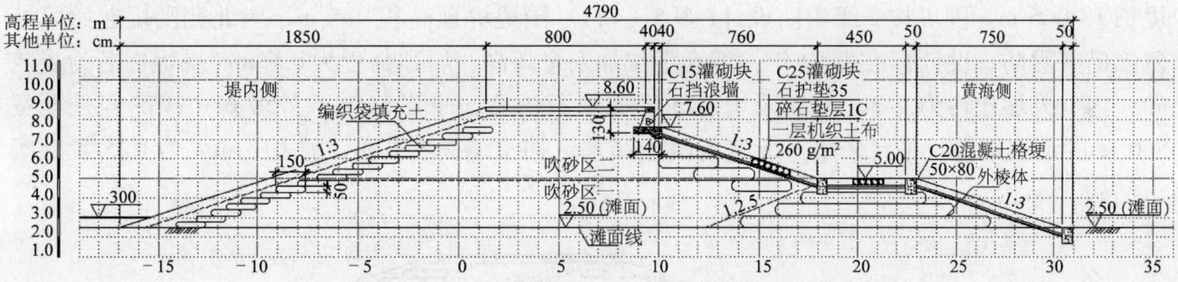

图5－39　如东县豫东垦区围堤断面示意

图5－40　如东县掘苴垦区高涂围垦养殖围海工程围堤断面示意

(4)南通港洋口港区临海工业围涂工程

工程位于洋口港区西太阳沙人工岛近岸(图5－41)，起围高程1.0 m左右，围区面积14 790亩，外堤长4 252 m，东、西侧堤各长2 286 m和2 660 m。围堤按2级堤防设计，堤顶高程9.7 m。外堤堤芯为聚丙烯编织袋填充土，护面采用钢筋混凝土栅栏板，厚0.35 m。外坡高程5.5 m处设有消浪平台，平台护面为灌砌块石，厚度0.5 m。外坡坡度1∶3，内坡坡度

1:1.25，采用草皮护坡。外堤堤脚采用抛石防护，护脚块石重量100～200 kg，厚0.5～1.5 m。

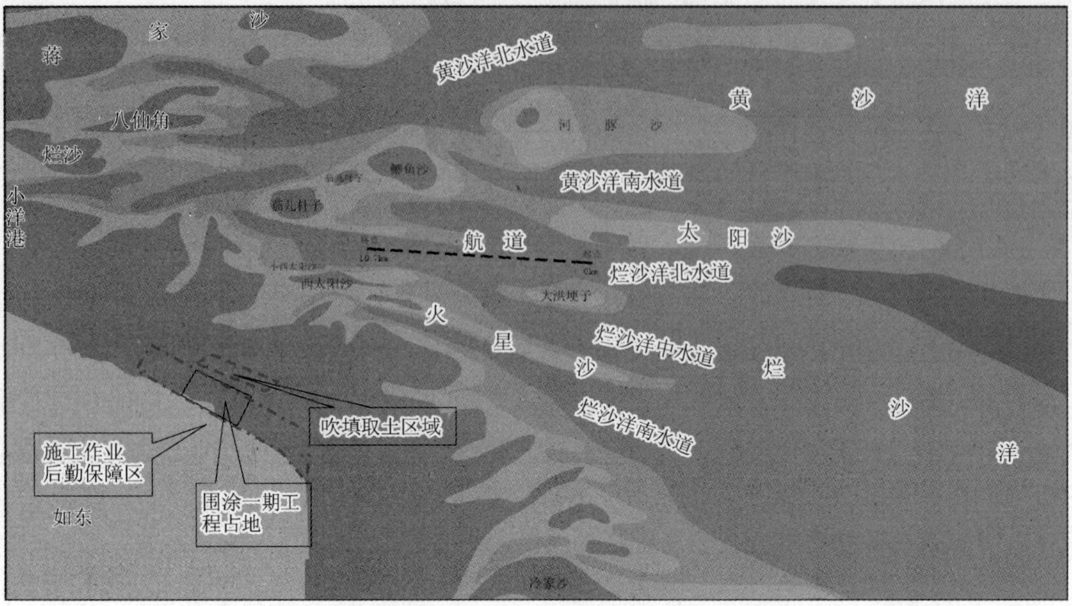

图5－41　南通港洋口港区临海工业围涂工程示意

(5)海安新希望特种水产健康养殖区围海

围区处于当地平均高潮位以上的潮上带，起围高程3.1 m左右，围区面积约2.2万亩，围堤长13 066 m。围堤按2级堤防设计(图5－42)。围堤堤顶高程9.5 m，因北侧围堤起始段外侧因已有堤防，设计标准为50年一遇高潮位加安全超高，堤顶高程为8.0 m。围堤堤芯为袋装砂，内、外坡比均为1:3。外坡采用C25灌砌块石护面，厚0.35 m，外坡6.0 m高程处设宽5.0 m的消浪平台，平台采用C25素混凝土结构。挡浪墙高1.0 m，厚0.3 m，为C25素混凝土结构。

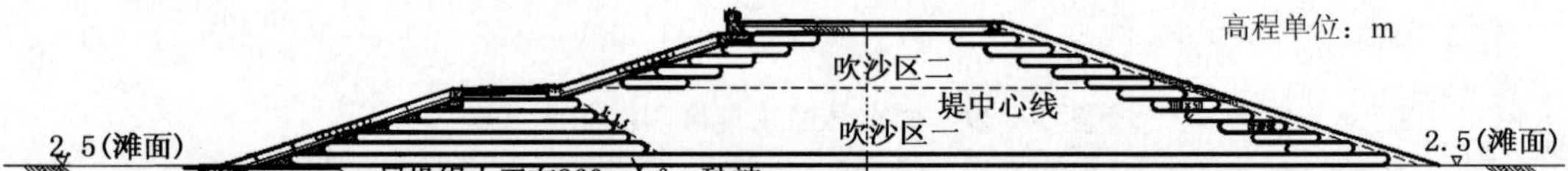

图5－42　海安新希望特种水产健康养殖围海工程临海段围堤断面示意

5.3.3　长江口及杭州湾北岸围海工程

5.3.3.1　简况

长江口南侧沿岸及杭州湾北岸发育大量滩涂资源，20世纪80年代特别是21世纪以来，为适应长江口、杭州湾地区港口码头、火力发电、临港工业、河口水库、滨海城市、农业围垦的建设需要，实施了大规模的围海工程，范围涵盖江苏太仓、上海宝山、外高桥、崇明、长兴岛边滩、横沙东滩、南汇东滩、杭州湾北岸边滩、洋山港等地区。

5.3.3.2　横沙东滩促淤圈围工程

横沙东滩是长江口比较发育的浅滩之一，靠近横沙岛附近浅滩顶高程在0 m以上，局部浅

滩高于 +1.0 m。随着长江口深水航道治理工程北导堤的建设，采取促淤工程结合长江口疏浚土吹填上滩等措施，实施横沙东滩促淤圈围工程，工程分为五期。

该工程位于横沙岛东侧、北港与北槽之间的大面积浅滩上，西与横沙岛陆域相连接，南以已建长江口北导堤工程为依托，北望崇明浅滩，东侧为标高 -2.0 ~ 0.0 m 的横沙浅滩滩地(图 5-43)。工程区域滩面较为平坦，除原白条子沙窜沟、横沙东滩窜沟水深较大外，其他滩面标高基本在 -1.0 ~ +2.0 m 之间(吴淞基面，下同)，平均标高 -0.4 m。工程区潮汐属不正规半日潮，平均潮位 2.0 m，潮流呈往复运动，浅水区流速的变化非常复杂，表现为流速一般偏小，流向集中程度偏弱。NNE 向 50 年一遇设计波要素为 $H_{13\%}=3.39$ m，$T=6.9$ s。地质土层上部为 12.3 ~ 14.3 m 厚的粉砂及砂性土层；中间为 15 ~ 16 m 厚的第 4 层淤泥质黏土；再下层是第 5-1 层粉质黏土。横沙地区地震烈度为Ⅶ度。

图 5-43　工程位置示意

(1)促淤圈围一期工程

一期工程西临横沙岛，南侧依托长江口深水航道治理工程北导堤，结合长江口工程二、三期疏浚土处理吹泥上滩，围区促淤面积 36 km^2。工程 2003 年开工，2005 年完工。通过 2005 年 3 月与 2003 年 8 月测图比较，促淤区内平均淤积厚度 0.35 m，总量约 1 300 × 10^4 m^3。

南侧利用长江口一期工程顶标高 +2.0 m，长 8.0 km 北导堤，新建 4.571 km 的东侧堤和 7.216 km 的北侧堤工程，东侧堤顶标高为 +4.0 m，北侧堤顶标高为 +2.0 m，同时在东侧堤 2+500 至 3+500 处设置 1.0 km 的纳潮口。

北导堤加高工程的设计标准为极端高水位叠加 50 年一遇设计波浪，依托北导堤加高至 4.0 m。围堤结构形式根据不同堤段采用不同的加高结构。N1+500 至 N3+782 段采用袋装砂斜坡堤，栅栏板护坡，浆砌块石压顶，内坡采用模袋混凝土保护；N3+782 至 N6+500 段采用袋装砂斜坡堤，灌砌块石护坡；N6+500 至 N8+000 段采用抛石斜坡堤，抛石护面。顶宽均为 3.0 m。东侧堤工程设计标准为极端高水位叠加 25 年一遇设计波浪。采用袋装砂斜坡堤(图 5-44)，外侧护面采用 2 t 钩连块体，内侧护面采用模袋混凝土，压顶为浆砌块石，堤顶宽 3.87 m。护底采用砂肋软体排。

北侧堤工程设计标准为极端高水位叠加 50 年一遇设计波浪。由抛石堤和消浪桩组成的桩石坝结构(图 5-45)。灌砌块石护面斜坡堤结构，堤顶标高 +2.0 m，堤顶宽 2.0 m，两侧设抛石镇脚。堤身下采用一层砂肋软体排护底。抛石堤北侧设 PHC 消浪桩，桩中心距堤轴线 30 m，桩长 15 m，顶标高 4.0 m，桩两侧设 5 m 宽护底抛石，外侧铺设混凝土联锁块排。

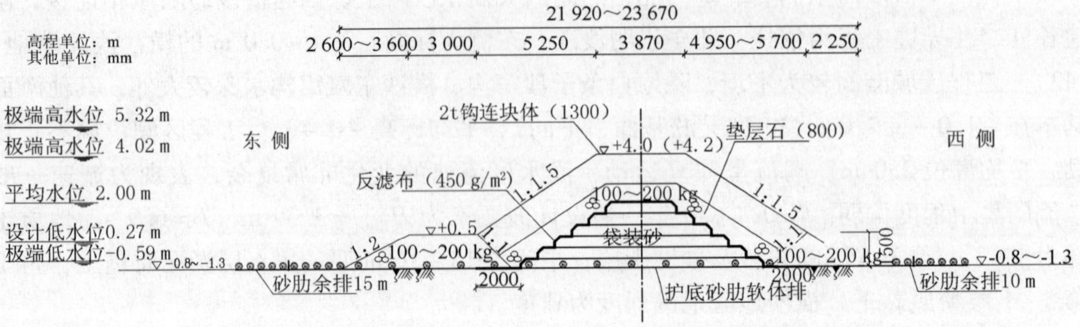

图 5－44　一期东侧堤结构示意

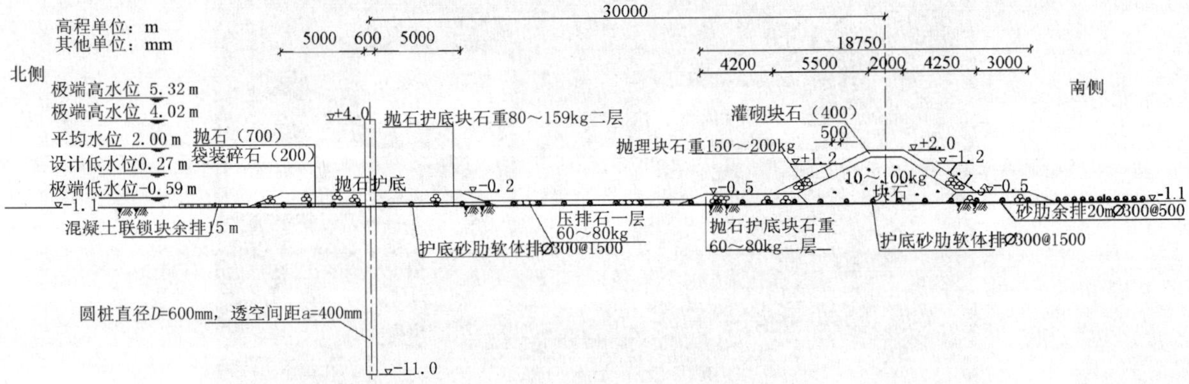

图 5－45　一期北侧堤结构示意

(2) 促淤圈围二期工程

二期工程位于一期工程东侧，其主要任务是加快一、二期促淤区成陆及综合利用长江口深水航道疏浚土泥沙资源，促淤面积 4.7 万亩。围区促淤面积 31.3 km^2。南侧利用长江口一期工程北导堤 7.53 km，新建 3.93 km 的东侧堤和 7.694 km 的北侧堤工程。北导堤和一期北侧堤加高顶标高为 +3.5 m，北侧堤顶标高为 +3.5 m，同时在北侧堤新设置若干纳潮口以及在东侧堤设纳潮口。对工程实施后的促淤效果进行了监测，通过运行期实测资料的分析，二期促淤效果要好于一期。工程等级为 3 级。设计标准为最不利水位与 10 级风下限组合。工程于 2006 年开工，2007 年完工。

北侧堤促淤堤堤线基本上沿北港主流流向布置在横沙东滩北侧滩地边缘，堤线滩面标高(除冲沟以外) －0.9～0.4 m，为增加促淤效果，对一期北侧堤促淤区适当进行加高。北导堤加高工程采用抛石堤芯 +2 t 扭王字块护面斜坡堤结构(图 5－46)，顶宽 3.85 m，顶标高 3.5 m，南侧采用抛石平护。一期北侧堤加高(图 5－47)是在原抛石促淤堤基础上向北侧加高培厚，加高后顶面高程为 2.30 m，促淤堤堤顶(四脚空心方块顶面)高程 3.50 m，堤顶宽度 3.3 m，外坡面采用 1 t 扭王字块体护面。堤顶安放四脚空心方块，内坡面采用理砌块石护面。二期北侧堤和东侧堤采用抛石斜坡堤(图 5－48)，促淤堤堤顶(四脚空心方块顶面)高程 3.50 m，堤顶宽度 3.3 m，外坡面采用 2 t 扭王字块体护面，外坡脚设抛石护底，抛石护底向外设 15 m 混凝土联锁块软体排。堤顶安放四脚空心方块。

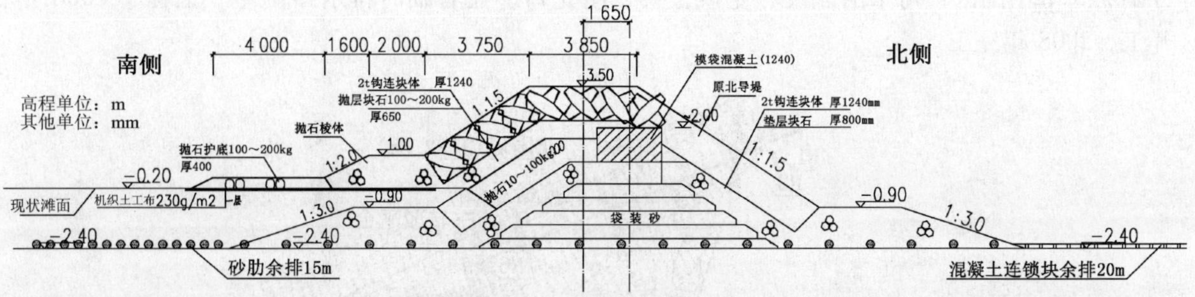

图 5－46 北导堤加高结构示意

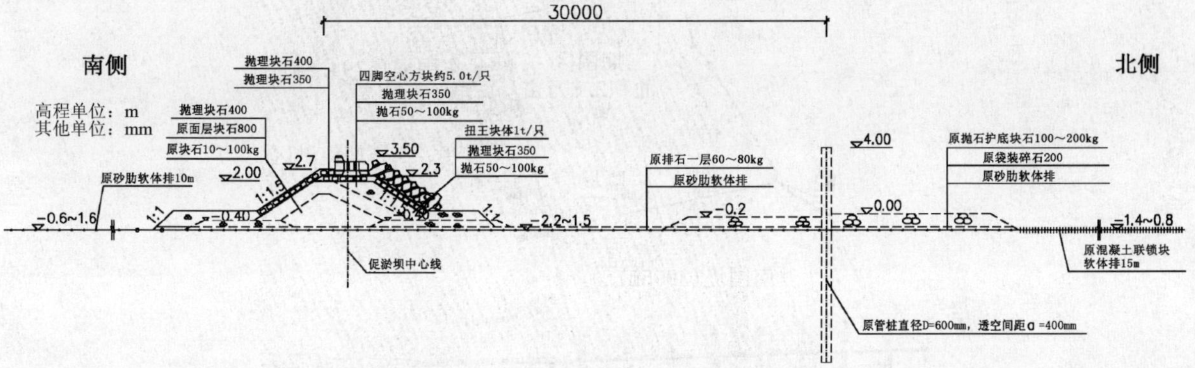

图 5－47 一期北侧堤加高结构示意

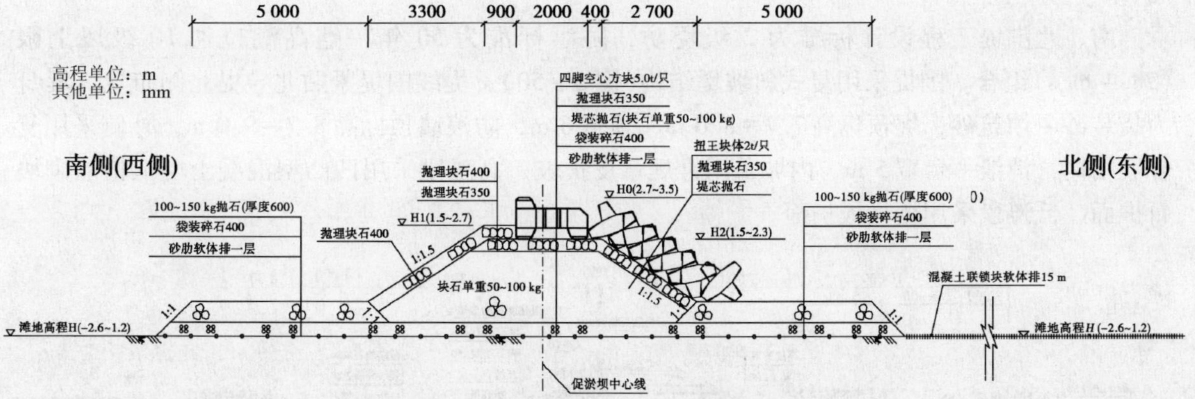

图 5－48 二期北侧堤、东侧堤结构示意

运行过程中主要存在两个问题：①沿堤出现强烈冲刷沟槽及深坑，坑最深－15.3 m，冲刷使现有建筑物存在较大安全隐患；②促淤工程实施后整体效果不佳，且长江口大量吹泥上滩的泥沙利用率低。

(3)促淤圈围三期工程

三期工程(图 5－49)位于一期工程促淤区内，圈围面积为一期促淤区面积的一半左右，其主要任务是充分、合理地利用横沙东滩的滩涂资源，为上海发展提供用地和长江口深水航道工程大量的疏浚土提供弃土场地。围区圈围面积 17.31 km^2。围堤总长 13.512 km，其中南围堤堤长 3 995 m，北围堤长 3 722.5 m，东围堤长 5 794.5 m，围区内设置 2 条东西向隔堤，围区分割为3个小围区，每个围区设一龙口，共3座龙口，还有临时排水口两座。工程于2006年开工，2008年完工。

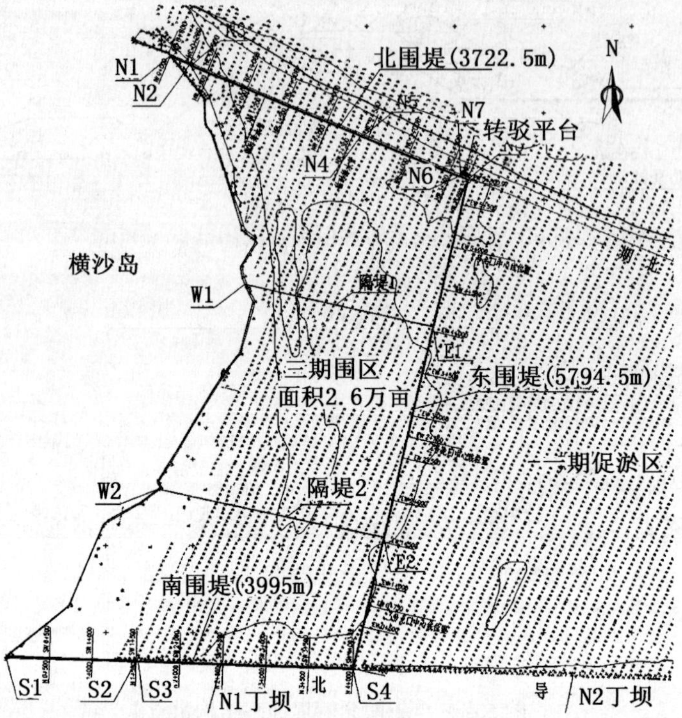

图5-49 三期工程平面布置示意

南、北围堤工程设计标准为2级堤防，防洪标准为50年一遇高潮位加10级风上限(28.4 m/s)组合。围堤采用复式斜坡堤结构(图5-50)，堤线围堤紧贴北导堤北侧布置，堤身为袋装砂+填筑砂，堤顶标高7.7~8.0 m，顶宽6 m，防浪墙顶标高8.7~9.0 m，外侧采用复合坡结构，消浪平台宽5 m，内坡采用常规草皮护坡，高滩段采用凹凸型混凝土埂框格灌砌块石护面，低滩段采用栅栏板护面。

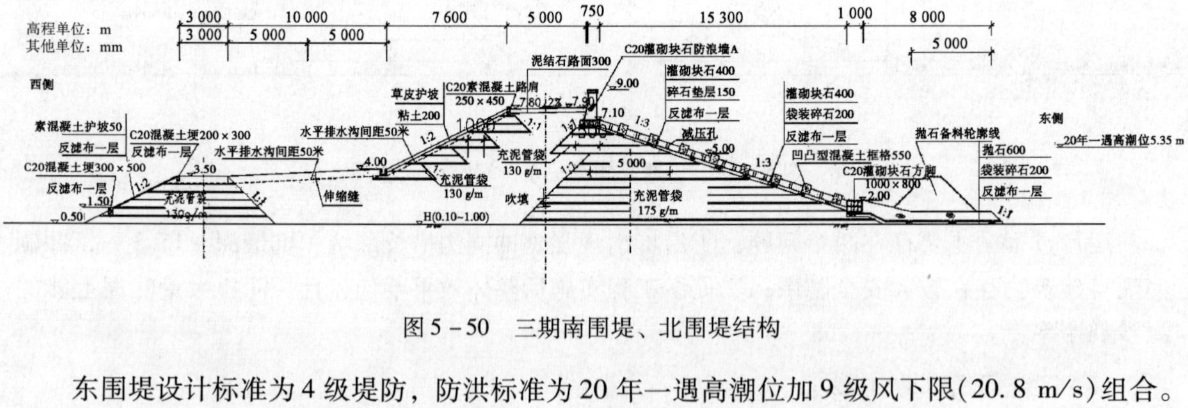

图5-50 三期南围堤、北围堤结构

东围堤设计标准为4级堤防，防洪标准为20年一遇高潮位加9级风下限(20.8 m/s)组合。围堤采用单坡袋装砂斜坡堤结构(图5-51)，堤顶标高7.8 m，顶宽5 m，防浪墙顶标高9.0 m，护面采用凹凸型混凝土埂框格灌砌块石结构，以减少波浪爬高，降低堤顶标高。镇脚采用抛石平护。

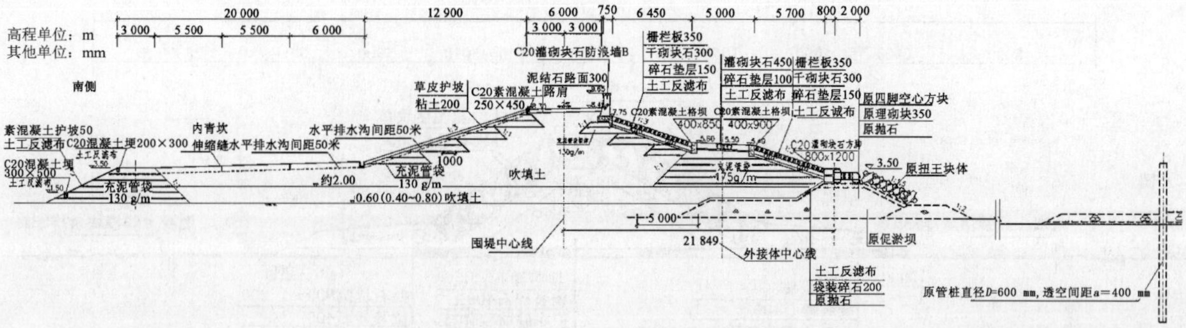

图 5－51　三期东围堤结构示意

(4)促淤圈围四期工程

四期工程主要任务是充分利用自然条件下丰富的来沙，促进围区自然淤积(图5－52)。围区促淤面积 15 km^2，南侧利用长江口一期工程北导堤 3.0 km，新建4.83 km的东侧堤和5.04 km 的北侧堤工程，对二期东侧堤纳潮口3.52 km进行加高。北导堤加高顶标高为 +3.5 m，北侧堤和东侧堤顶标高为 +3.5 m，在北侧堤新设置纳潮口。工程于 2007 年开工，2009 年完工。

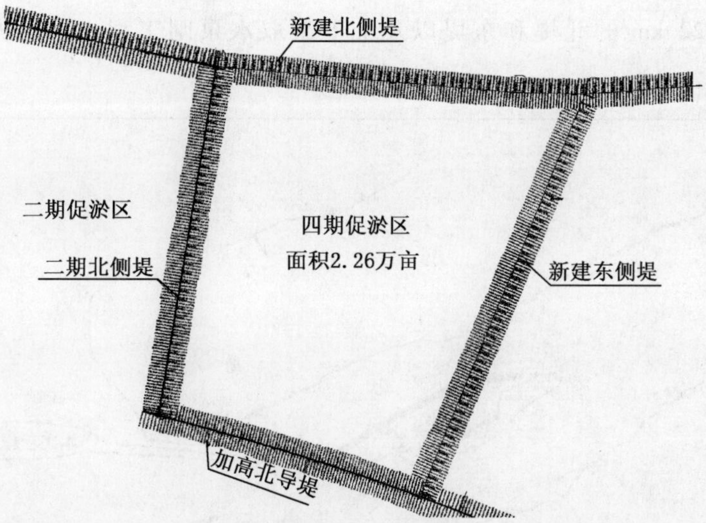

图 5－52　四期工程平面布置示意

四期工程北侧堤堤线基本上沿北港主流流向布置，上游与二期工程北侧堤相连，下游与新建东侧堤相连，并设500 m 延伸段；南侧利用加高的深水航道北导堤；在四期区域滩面中间新建东侧堤，分隔促淤区。

围堤工程等级为 3 级建筑物。设计标准为最不利水位与 10 级风上限(28.4 m/s)组合，并按 50 年一遇波浪进行校核。北导堤加高工程采用抛石堤芯 +2 t 扭王字块体护面斜坡堤结构，顶宽 4.0 m，顶标高 3.5 m，南侧采用 5 m 抛石平护。东侧堤、北侧堤采用抛石斜坡堤(图 5－53)，促淤堤堤顶高程 3.50 m，堤顶宽度 4.0 m，坡面采用 2 t 扭王字块体护面，坡脚采用抛石护底，抛石护底向外设混凝土联锁块软体排(部分堤段砂肋软体排)。

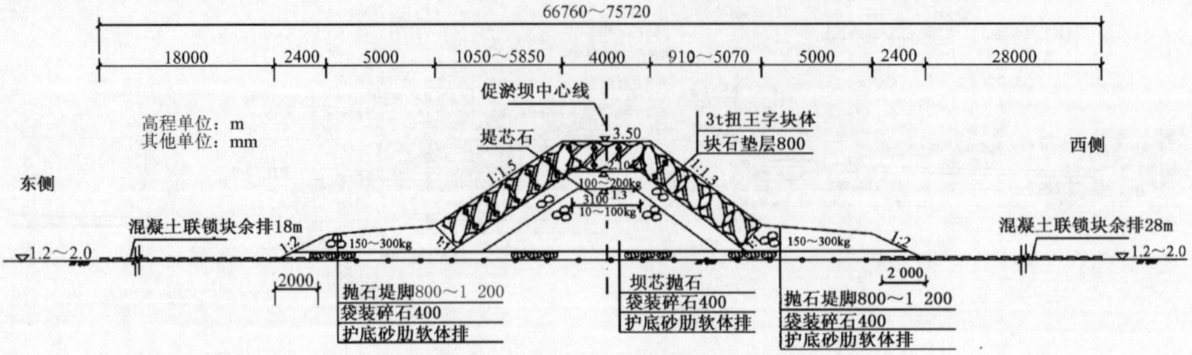

图 5－53　四期北侧堤、东侧堤结构示意

5.3.3.3　青草沙水库工程

(1) 工程简况

青草沙位于长江口南支水道北港的上口、长兴岛西北侧(图 5－54)。早在 20 世纪 90 年代初，上海市就提出在青草沙水域建筑青草沙水库作为上海新的水源地的构想。青草沙水域从水质、水量来看是长江河口最为理想的水源地。青草沙水库属蓄淡避咸型水库，库区总面积 66 km^2，分青草沙库区和中央沙库区两部分，其中中央沙库区面积 14 km^2，青草沙库区面积 52 km^2，需要新建 22 km 的北堤和东堤以及上下游取水泵闸工程，新建堤线长且涉及深水堤段。

图 5－54　工程地理位置示意

水库 2010 年和 2020 年供水设计规模分别为 636×10^4 m^3/d 和 719×10^4 m^3/d。2010 年水库设计有效库容为 3.94×10^8 m^3，设计总库容为 4.82×10^8 m^3；2020 年水库设计有效库容为 4.38×10^8 m^3，设计总库容为 5.26×10^8 m^3。取水泵站先按抢引淡水和提预蓄水避咸两者规模

最大值作为初步确定规模，然后针对设计典型年含氯度过程线进行调算，基本选定为200 m^3/s。工程于2007年开工，主龙口于2009年1月完成截流，2010年全面建成。

(2)工程条件

工程所处区域为长江口三角洲的前缘地带，总体上地貌属河口、沙嘴、沙岛类型。青草沙水源地包括中央沙、青草沙以及北小泓、东北小泓等水域范围。青草沙是位于北港上口的一块沙洲，滩面高程约1～2 m(吴淞零点，下同)，与长兴岛北沿相隔形成上口封闭的北小泓涨潮沟，其0 m线上滩地与中央沙连成一片，北堤及东堤段地形变化剧烈，区内最低处位于拟建青草沙水库中下游水域的北小泓深槽，最低高程 -11～-9 m。潮汐属不正规半日潮，平均潮差2.43 m，涨、落潮流主要为NW-SE向往复流。该河段垂线平均流速一般小于1.0 m/s。库外100年一遇 $H_{13\%}$ 为2.76 m，周期为7.35 s；300年一遇 $H_{13\%}$ 为2.93 m，周期为7.56 s；库内风成浪 $H_{13\%}$ 为1.3 m，周期为4.05 s。围堤所在区属第四纪接松软沉积物，分层为：①堤身填土，厚5.30～6.80 m；②淤泥质黏性土，厚度0.90～4.00 m，局部揭露；③粉砂层，厚度1.10～11.99 m，广泛分布；④粉质黏土，厚度1.00～4.10 m，局部揭露；⑤淤泥质粉质黏土，厚度0.70～9.90 m，局部揭露；⑥淤泥质黏土，厚度7.70～16.00 m；⑦黏土，厚度3.70～20.73 m，广泛分布。本地区地震烈度为Ⅶ度。

(3)围堤工程

本阶段新建范围由新建北堤、新建东堤以及已建中央沙围堤和长兴岛现有海塘所围的范围，呈东西向狭长行布置。天然泥面标高起伏较大，滩面在 -11～2 m。

围堤工程包括北堤18 958 m、东堤3 030 m。围堤临江侧的设计防洪(潮)标准采用100年一遇高潮位加同频率风浪，校核防洪(潮)标准采用300年一遇高潮位加同频率风浪；库内侧设防标准采用最高蓄水位加相应风浪。堤顶总宽度10.3 m，堤顶标高8.0 m，防浪墙标高9.2 m。采用大型土工织物充填袋+吹填砂堤芯作为堤身结构。地基处理采用排水板+抛填袋装砂。外坡采用栅栏板+灌砌块石、灌砌块石、扭王字块、抛石组合护坡结构，护坡结构下设袋装碎石、反滤布。采用长度约25 m的高压旋喷桩防渗墙(图5-55)。

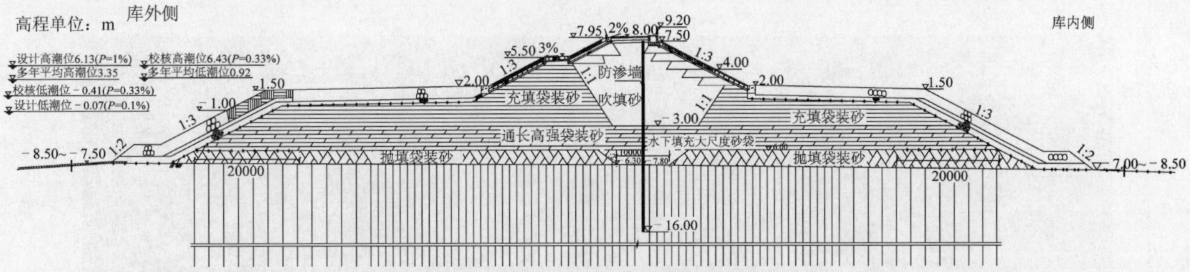

图5-55 东堤围堤结构示意

(4)龙口工程

该工程建设共设置主龙口、副龙口两个龙口。主龙口位于东堤，设计标准非汛期10年一遇最大潮差，滩面 -10～-3.5 m，龙口设计宽度800 m，底标高 -4 m，采用框笼+抛石平堵合龙。副龙口位于北堤，滩面 -2 m，龙口设计宽度300 m，底标高 -1.5 m，采用大型土工织物充填袋平堵合龙。框笼采用型钢焊接而成(图5-56和图5-57)，单个框笼顶宽12 m，底宽15 m，高7.5 m，长10 m。

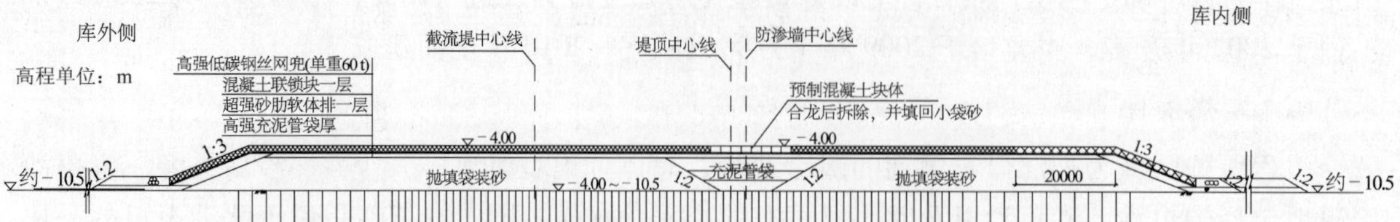

图 5-56　青草沙水库框笼合龙龙口保护期结构示意

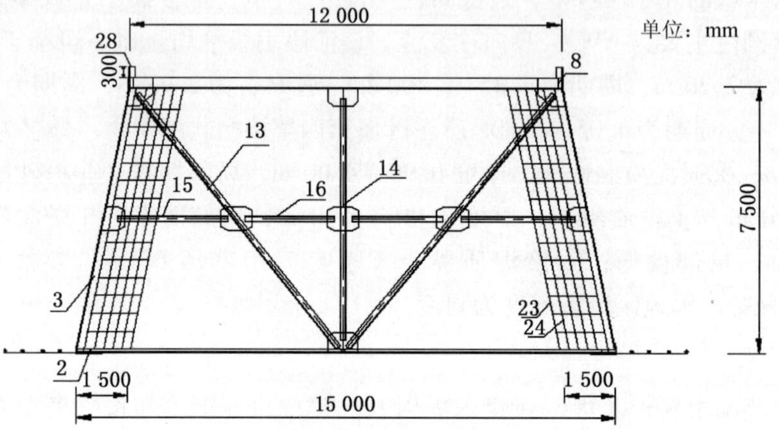

图 5-57　框笼结构示意(龙口断面方向)

根据研究成果，主龙口合龙过程中在非汛期 10 年一遇大潮时最大流速均超过 7 m/s，其中在 0 m、-1 m 高程时流速最大，在 7.5 m/s 左右；小潮汛时流速较小，在 3 m/s 以下。合龙难度大，构造复杂。龙口合龙步骤为安放框笼—框笼内抛填块石截流—内侧施工闭气结构、外侧加宽、顶部加高—完成合龙。选择在小潮汛期间，安放预制好的框笼，全部安放完毕后，往框笼内抛填块石，使内部块石同步抬高，直至出水，完成截流。断面方向采用梯形结构，上底宽 12 m，下底宽 15 m，两侧迎水面采用钢筋网挡块石，网格间距 0.5 m×0.25 m(图 5-58)。

图 5-58　超大型龙口框笼安放完成

主龙口设计安放框笼 80 个，在实际施工过程中，由于框笼间的空隙，共计安放了 78 个框笼。利用寒潮间隙进行框笼安放操作，采用船机现场吊装安放。从 2008 年 12 月 15 日下午开始安放，至 2008 年 12 月 26 日框笼全部安放完成，单船日安放框笼数最大为 12 只，框笼安放过程中经受住了7—8级大风的考验。合龙期间涨潮时最大流速一般都超过4 m/s，最大流速达5 m/s。

为确保合龙顺利完成，现场抛石备料约10×10^4 m^3，同时50余艘船满载约4×10^4 m^3石料现场待命。2008年12月31日下午开始龙口抛石截流工程，每轮次由25艘船同时进行抛石截流施工，经过4轮次的连续抛石截流，800 m宽超大型龙口完成截流(图5-59)。在龙口保护期，首先抛填土工织物充填袋加高龙口基础，往上依次采用高强大型土工织物充填袋一层、超强砂肋软体排一层、混凝土联锁块一层、高强低碳钢丝网兜(单重60 t)进行龙口保护。

图5-59 超大型龙口完成截流

5.3.3.4 太仓港围堤造地工程

(1)工程简况

太仓港区位于长江口南支水道的南岸，拥有优越的深水岸线资源和边滩资源。1997年，首先利用边滩资源围堤吹填，进行陆域形成工程，即为太仓中远国际城港区一期工程围堤吹填工程。2002—2007年，太仓港区相继实施了二期、三期、四期、五期、六期围堤吹填工程(图5-60)。在一系列围堤吹填工程中，以二期和三期围堤吹填工程建设规模最大。

一期工程位于长江口南岸太仓市浮桥镇，建设4个2.5万吨级集装箱泊位及多用途泊位。港区陆域利用长江大堤外边滩，采用围堤吹填方式形成。工程包括围堤工程和吹填工程两大部分，分正堤、东侧堤、西侧堤和吹填四部分。驳岸线长960 m，纵深987~1 130 m，陆域形成面积约105.12×10^4 m^2，围堤总长3 067 m，吹填总量523×10^4 m^3。二期工程位于一期工程上游与浪港口之间范围，岸线长2 400 m，可建设8个5万吨级集装箱泊位，驳岸前沿线位于-3 m等深线，陆域形成面积约260×10^4 m^2，围堤总长3 449 m。三期工程位于一期工程下游与七丫口之间范围，岸线长3 000 m，可建设10个5万吨级集装箱泊位，驳岸前沿线位于-3 m等深线，陆域形成面积约259×10^4 m^2，围堤总长4 237 m。一期围堤工程1997年开工，1998年完工。二期围堤吹填工程于2002年开工，2004年完工。三期工程2003年开工，2005年完工。

(2)工程条件

工程所在地段地形平坦，水域滩地发育，前方为白茆沙南水道，深水贴岸，深槽稳定，岸线顺直。平均潮差2.27 m，水流呈往复流状态，强浪向为NNW—NE、ESE。该工程40 m以内土层均为第四纪松散堆积物，其中控制围堤稳定的表层逾20 m深度范围土层自上而下分别为：①粉细砂（西侧堤滩地段遍布、正堤缺失），层厚1.2～2.0 m；②淤泥质黏性土，层厚1～2.5 m；③淤泥，层厚2.0～3.0 m；④淤泥质亚黏土，层厚2.2～5.0 m；⑤淤泥质黏土，层厚5～8.4 m；⑥淤泥质亚黏土，层厚2.5～5.0 m；⑦亚黏土。

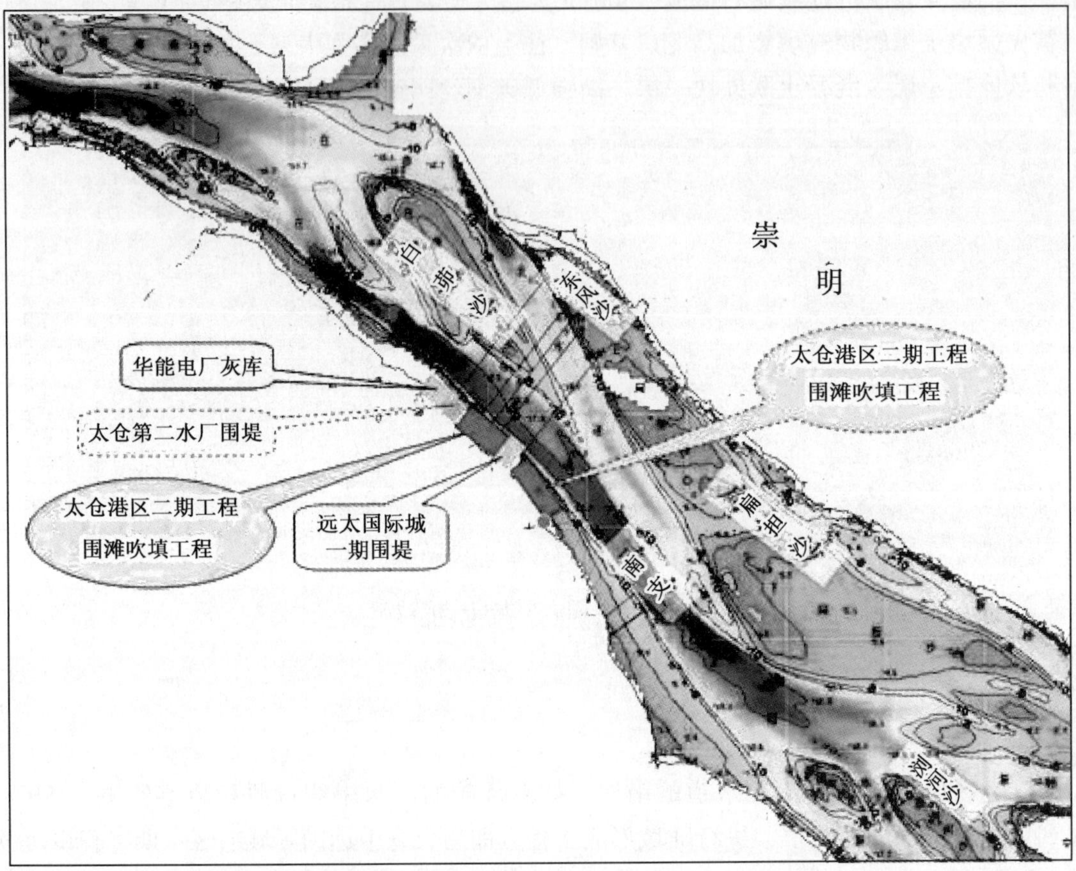

图5－60 太仓港区一、二、三期围堤吹填工程位置

一期工程驳岸线（正堤前沿线）基本沿－3 m线布置。正堤包括圆弧段长1 060 m，东、西侧堤总长2 007 m。围堤堤顶标高6.0 m，陆域吹填标高4.3～5.5 m。一期围堤工程正堤按Ⅱ级水工建筑物设计，防浪标准按50年一遇高潮位叠加50年一遇波高。东、西侧堤按Ⅲ级水工建筑物设计。堤顶总宽度6 m，顶高程6.5 m。围堤结构形式采用袋装砂斜坡堤。正堤堤身采用三级棱体组成，东西侧堤采用二至三级棱体。筑堤砂料选用粉细砂（白茆沙），$d \geqslant 0.05$ mm以上的颗粒含量超过70%，黏粒含量小于10%。围堤采用（袋装）碎石、（袋装）瓜子片和无纺土工布三层反滤。正堤外坡采用栅栏板护坡，下设干砌块石垫层。正堤圆弧段外坡采用四角空心方块护坡（图5－61）。东西侧堤外坡均采用干砌块石护坡，采用抛石平护加软体排护底，软体排采用砂肋加筋软体排结构。太仓围堤工程深水袋装砂、软体排的应用成功，摸索出了一套深水袋装砂和软体排设计及施工方法，解决了袋装砂、软体排深水应用难题，为长江口深水航道整治北导堤工程运用袋装砂、软体排技术奠定了基础。采用堆载排水法处理地基，利用围堤自重逐步加载。垂直排水采用塑料排水板，长度15～20 m，间距1.4 m。采用厚0.5 m砂被作为水平砂垫层，充填砂料采用含泥量小于3%，渗透系数不低于3～10 cm/s的细砂（白茆沙）。

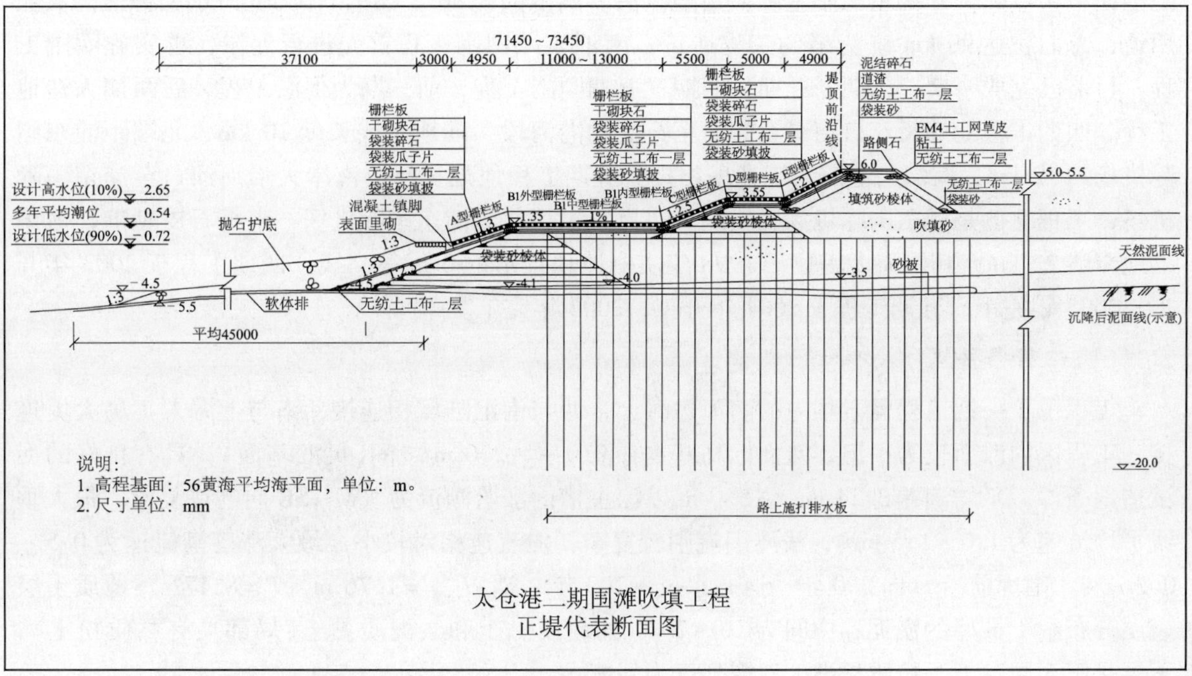

图5-61 正堤典型断面示意

工程采用分层袋装砂围堤、分层吹填，袋装砂围堤与吹填紧密结合，交叉同步施工的方法，减小堤身断面，降低围堤投资；缩短吹填时间，加快围堤吹填施工速度，使围堤与吹填相互依托，增强了施工期围堤防台度汛的安全性；施工全部在水上展开，工作面大，进度快、施工周期短。吹填成陆面积 $105.12\times10^4\ m^2$，吹填工程量 $523\times10^4\ m^3$，吹填标高4.3(后方)～5.5(前方)m。工程前方水域江心沙——白茆沙表层以细砂为主，储量丰富，运距较近(5～6 km)，易于开采，取砂费用低廉，排水固结快，强度高。研究表明，在白茆沙中下部适当取砂，不会影响河道河势。工程采用 $750\ m^3/h$ 链斗、$8\ m^3$ 抓斗挖泥船装驳→拖轮泥驳→$1\,000\ m^3/h$ 吹泥船→吹填区→尾水经水门排入长江。

二、三期工程袋装砂采用防老化编织布，尽管由于诸多原因导致反滤严重滞后，袋装砂堤身暴露在阳光下时间较长，但未出现老化现象，达到了预期效果。地基处理方面，将一期工程中采用的水下排水板改为陆上排水板，待堤身填筑至平均潮位后在一级平台上施打，提高了施工效率和质量，也降低了工程费用。

5.3.3.5 南汇东滩与杭州湾北岸围海工程

5.3.3.5.1 简况

为了利用杭州湾北岸边滩资源，自20世纪90年代以来，上海市制订了杭州湾北岸水域规划线，基本位于理论最低潮面以下5 m等深线处，围垦主要用于工业用地、城市沙滩水库、港口陆域。由于围堤和围海造价较高，实际实施过程中，基本采取了分期实施的办法，首先实施到0 m等深线，以后视需要再实施到规划驳岸线。上海市在杭州湾北岸实施的围海造地工程主要有化学工业区、奉贤柘林塘南滩涂促淤、奉贤碧海金沙、金山城市沙滩等围垦工程。

5.3.3.5.2 南汇东滩圈围工程

南汇东滩位于长江口南岸，边滩宽广，淤涨速度较快。20世纪90年代以来，上海市在南汇东滩组织实施促淤、圈围工程，相继完成人工半岛圈围造地工程和南汇东滩圈围工程，前者圈围面积33 km^2，作为上海临港新城用地，后者圈围面积56.8 km^2，作为上海水稻种植的农业用地，总面积达90 km^2。为节约工程造价，南汇东滩圈围工程首先进行促淤，再实施圈围工程，目前已完成一期、二期、三期、四期、五期圈围工程，前三期为促淤工程，后两期为造地工程。四期工程地处长江口南岸大治河至石皮勒港河段，陆地岸线长度10 km，北端距浦东国际机场约12 km，南端与上海人工半岛相接。五期工程地处长江口南岸大治河河口至浦东国际机场，工程北侧是浦东国际机场大堤的南边界，工程北起浦东国际机场，南至石皮勒港，占用陆地岸线22 km，其围海大堤位于1998年实测滩地地形的0 m等高线。四期工程于2003年开工，2005年完工。五期工程于2004年开工，2006年完工。

(1)工程条件

工程位于一期工程促淤坝内的南汇边滩上，西与南汇陆域相连接，南与上海人工岛大堤连接，工程区内滩面较为平坦，滩面标高基本在0.0～+2.0 m之间(吴淞基面)，具有良好的促淤造地条件。平均潮差3.24 m，-5.0 m以深主槽内涨落潮流为NW—SE向的往复流，最大垂线平均流速为1.0～1.5 m/s，浅滩潮流则较复杂，但流速相对较小，最大涨落潮流速为0.5～0.7 m/s。围堤前沿E向200年一遇高水位+200年一遇 $H_{13\%}=1.76$ m，$T=8.17$ s。地质土层表层分布约1 m厚的淤泥，中间为10～20 m的粉质黏土和淤泥质黏土(局部夹有黏质粉土)，下层是第5层黏土及粉质黏土。地震烈度为Ⅶ度。

(2)平面布置

四期、五期工程平面布置如图5-62所示。四期工程围区圈围面积24.2 km^2，吹填总方量3 170×10^4 m^3，外侧新建9.7 km的顺堤和1.84 km的北侧堤，围区内设3条隔堤，4个龙口和8座排水口。顺堤设在促淤坝内，与原促淤坝相距40 m；北侧堤沿原促淤坝位置布置，与已建三期工程北侧堤接顺。围区分4个小围区，每区设1个宽240 m(合龙时缩至120 m)龙口，合龙后围内吹填，每小区另设临时排水口2座。

图5-62 工程位置示意

五期工程围区圈围面积32.6 km^2，新建13.91 km的顺堤和3.26 km的南侧堤，围区内设3条隔堤，4个龙口和10座排水口。顺堤设在促淤坝内，其外侧堤脚与原促淤坝轴线相距15～30 m；北侧堤沿原促淤坝位置布置，距四期北侧堤400 m。围区在现有促淤坝基础上再新建一条隔坝，分4个小围区，每区设1个龙口，设临时排水口2～3座。

(3)围堤工程

四期顺堤堤防等级为1级。按城市用地考虑，设计标准为200年一遇高潮位加同频率风浪组合。围堤结构采用袋装砂斜坡堤，堤顶防浪墙顶高程9.8 m，为圆弧形反浪墙结构；堤路面宽9.5 m，为沥青混凝土路面；外坡1∶3栅栏板护坡；外坡5.5 m高程处设5 m宽消浪平台，顺堤堤脚与促淤坝间距为40 m，促淤坝加抛块石，并在坡面安放2.0 t翼型块体，坝顶高程为4.0 m，顶宽1.5 m，用灌砌块石固定外坡面上部翼型块体，促淤坝前设10 m宽抛石护底；堤身采用内外充泥管袋棱体，堤芯为吹填土的构筑方式。五期顺堤堤防等级为2级堤防。围区土地功能尚未明确，设计标准为50年一遇高潮位加10级风的上限风速(28.4 m/s)。其余基本同四期顺堤。图5-63为圈围大堤效果图。

图5-63 圈围大堤效果

5.3.3.6 奉贤柘林塘南滩涂和华电灰坝东滩涂促淤围垦工程

奉贤柘林塘南滩涂和华电灰坝东滩涂促淤围垦工程位于杭州湾北岸上海段微弯岸段。工程下游侧为奉贤海湾旅游游乐场，上游侧为上海化学工业区圈围工程。该工程的主要任务是对工程区域滩涂实施圈围形成土地，是2010年世博会顺利实施的保证之一。圈围面积2.4 km^2，新建围堤包括顺堤、西侧堤、东侧堤，总长4 407.7 m。围区内吹填至+3.80 m，吹填总方量约为179 $\times 10^4$ m^3。围区内设1条隔堤，1个龙口和2座临时排水口。工程于2005年开工，2006年完工。

拟建场地属于河口、砂嘴、砂岛及前沿潮坪地貌类型。于2003年实施了促淤工程，经过三年促淤，拟建围区内高程约1.5~4.0 m，为沿海潮间带，地形平缓，坡比约1.7‰~3.3‰。工程区域属于不正规的浅海半日潮，潮汐日不等现象比较明显，平均潮差3.7 m，潮流属往复流性质，潮下带涨落潮流向与等深线走向大致平行，-2.0 m线涨潮实测最大流速为1.01 m/s。顺堤前沿200年一遇高潮位+12级风，$H_{13\%}=2.75$ m，$T=6.75$ s。工程范围内地基土层可分为五个主层，其中第⑤层可分为3个亚层，-20 m以内浅层土质分布情况如下：$②_3$层砂质粉土，中压缩性，层厚1.70~11.80 m；③层淤泥质粉质黏土，层厚1.90~6.70 m；$⑤_1$层淤泥质粉质黏土，夹粉砂薄层，土质不均，层厚2.70~10.5 m。工程区地震烈度为Ⅶ度。顺堤堤线按原促淤坝堤线后退50 m布置，西侧堤、东侧堤贴着促淤坝布置。建筑物等级为1级。顺堤采用袋装砂斜坡堤结构，堤顶高程+8.8 m，防浪墙顶高程+10.1 m，堤顶宽度8.0 m。外坡设一平台，平台高程+6.0 m，宽度6 m，采用栅栏板护坡，内坡为草皮护坡，堤顶采用沥青混凝土路面，护脚棱体宽5 m，厚1 m，内侧肩坎宽度20 m，标高+4.0 m(图5-64)。

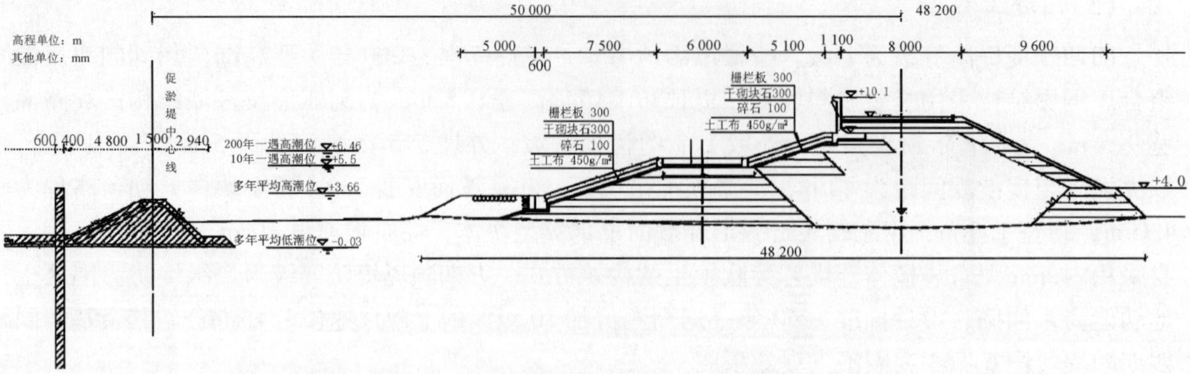

图 5－64 顺堤结构示意

工程区表层土质为易冲刷的冲填土、砂质粉土，与新建大堤衔接的促淤坝为透水结构，对水力坡降大的堤段采用设置垂直防渗帷幕（水泥搅拌桩）防渗，水力坡降相对较小的堤段采用开挖设置反滤层防渗。

5.3.3.7 洋山深水港区陆域形成工程

洋山深水港区陆域形成工程 2002 年 6 月开工，先后封堵了北港区的大乌龟岛—颗珠山汊道、小洋山岛—镬盖塘岛汊道、镬盖塘岛—小岩礁岛汊道，形成了 8 km^2陆域面积，吹填总方量达 1.1×10^8 m^3。2005 年 12 月建成投产一期工程 5 个集装箱泊位，2006 年 12 月建成投产二期工程 4 个集装箱泊位，2007 年 12 月建成投产三期一阶段 4 个集装箱泊位，2008 年 12 月建成投产三期二阶段 3 个集装箱泊位（图 5－65）。

图 5－65 洋山深水港区北港区总体布局

一期港区陆域在小洋山—镬盖塘之间的潮流通道，利用钢管板桩驳岸、北围堤、小洋山岛、镬盖塘岛形成封闭的区域吹填砂料成陆，陆域形成面积约 120×10^4 m^2。工程所在区域水深普遍超过 10 m，围堤轴线最深处达 －17 m 左右，吹填区最深处达 －30 m。工程水域水流流速快，尤其是涨潮时，实测垂线平均最大涨潮流速 1.98 m/s，涨潮时底流速大于表面流。涨落潮经过小洋山、镬盖塘和将军帽之间通道时，形成复杂的流态；北围堤位于小洋山和镬盖塘之间，在堤轴线方向呈两边高、中间低的地势，高程变化快，纵坡较陡。受东北向风浪直接作用，施工工况条件差，全部水上作业，不具备后方保障条件。一期工程总工期紧，为尽快为陆域形成和码头施工创造条件，北围堤出水截流工期仅5~6个月。图5-66是一期工程陆域形成平面图。

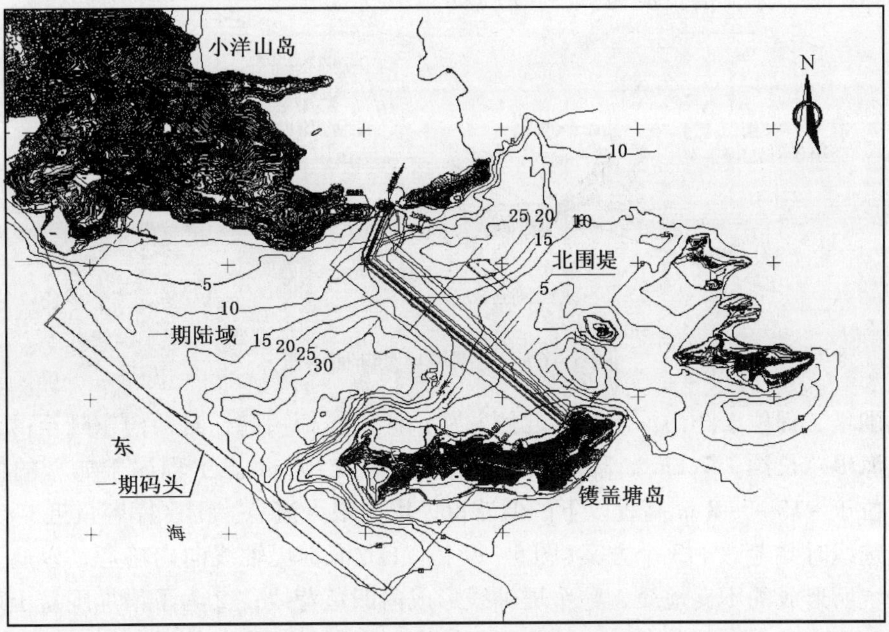

图5-66 洋山深水港区一期工程陆域形成平面布置

港区疏浚土为黏性土，若利用其吹填成陆，须采取堆载预压、真空预压等工艺，地基处理费用高，承载力难以满足集装箱堆场要求，地基处理时间长。为了在距洋山深水港区尽量近的区域寻找合适的砂源，采用浅层取样、浅剖与深钻相结合的方法，于2001年1月至2002年4月，多次开展了较大规模的砂源调查工作，对大、小洋山附近的区域进行了大面积勘探，对距离较远的已知砂源也进行了分析和进一步调查了解。经过多次砂源调查，探明洋山深水港区附近砂源储量大于$3\ 500 \times 10^4\ m^3$，砂质为粉细砂，平均中值粒径0.08~0.12 mm，运距最大逾30 km，最小为5 km，可满足一期工程陆域形成吹填需要。吹填料采用大小洋山附近、徐公岛、长江口内瑞丰沙的细砂和粉砂，采用耙吸船挖运艏喷工艺、吸沙船吸沙—自航驳运沙—吹泥船吹沙工艺。吹填成本相对较高，受风浪和距离影响，效率相对较低，但砂质好，后期地基处理成本低，周期短，满足了建设进度要求。

一期陆域形成总体方案是利用斜顶桩板桩承台接岸结构、北围堤、小洋山岛、镬盖塘岛形成封闭的区域吹填砂料成陆。北围堤位于洋山一期港区北缘，连接小洋山和镬盖塘，总长1.2 km，南侧设临时潜堤1 340 m。施工初期利用北围堤、南侧临时潜堤、小洋山岛和镬盖塘岛形成基本封闭区域，进行陆域抛填、吹填施工。陆域吹填与钢管板桩驳岸同时施工。后期在斜顶桩板桩承台接岸结构合龙后进行吹填施工。

南侧临时潜堤属吹填施工围堰，按3级建筑物设计。结构采用袋装砂斜坡堤，堤身由多级双棱体和堤芯组成，护底采用抛填小袋装砂（深潭区）和砂肋软体排，施工期采用多级砂肋复合布（外坡）防冲刷。地基无需处理。潜堤在-8.5 m和-4.0 m设置300 m宽供耙吸船、开体驳进出的临时通道，采用分级平堵的方法施工。

一期工程北围堤按50年一遇重现期、2级建筑物设计（图5-67）。采用袋装砂堤，堤顶标高 8.5 m，防汛墙顶标高 11.0 m。堤身由多级双棱体和堤芯组成，反滤采用多级砂肋复合布，护底根据将军帽—镬盖塘岛截流堤的实施进度采用砂肋软体排，护坡采用钩连块体和抛石，堤顶设置钢筋混凝土防汛墙。地基无需处理。北围堤合龙口方案采用平堵的方法施工。北围堤采用砂肋软体排护底，余排的宽度为 10 ~45 m。

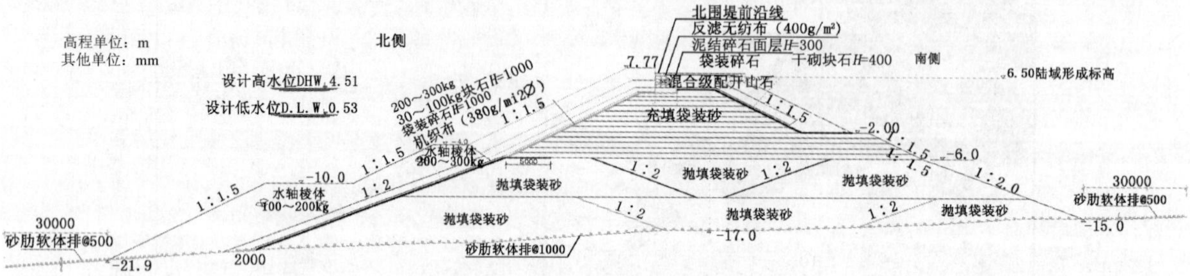

图 5 -67　北围堤典型断面示意

北海堤围垦工程位于洋山深水港区北侧，从小洋山杨梅嘴起，自西向东延至薄刀嘴岛，呈带状分布。海堤总长约 7.7 km，陆域形成总面积 765 ×10^4 m^2。工程属于典型的低滩围垦工程，堤线多位于 -13 ~ -8 m 高程以下的低滩上，堤前浪大流急。围区库容量近 1 ×10^8 m^3。对北海堤轴线选线时共考虑了 3 个方案（图 5 -68）：①北海堤堤轴线向内略弯，以避开薄刀嘴西侧人工取沙坑所形成的不良地质，整个堤轴线形成内凹鱼背线；②为了增加围垦土地面积，将堤轴线拉直，比方案①约增加 200 km^2 土地；③将方案②轴线向外推移 200 m，比方案①约增加 280 km^2 土地。研究表明，堤轴线向内略弯有利堤身稳定，堤轴线不宜超过 - 10 m 水深。在围垦区域外边界上先建成潜堤并开设纳潮口门有利于围区促淤，潜堤顶高程以平均高水位为宜，保证潜堤后方泥沙有效落淤，控制堤线边界不变。波浪在越过潜堤后波高折减，可保证后方浅水堤的安全。北海堤初期建成潜堤，后期再与围区的吹填同步加高，海堤分级加载间隔时间加长，堤身下方软土固结度可有效地提高，从而减小堤身断面，降低造价。

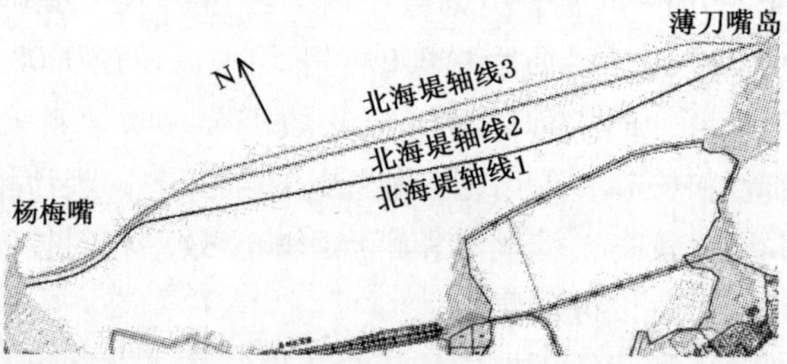

图 5 -68　北海堤轴线选线 3 个方案布置示意

工程初期沿 -5 m 等深线的浅水区筑堤形成围区。考虑起步工程的建设速度要求，浅水围区内促淤成陆速度较慢，采用吹填成陆，同时在北海堤轴线位置建设潜堤，并在各围区开设纳潮口门，由自然淤积改成人工促淤，提高围区的促淤强度。中期在潜堤的基础上形成北边界，围区在前期促淤的基础上进行吹填并形成相应的陆域，到后期完成所有陆域。通过隔堤的设置来分阶段建设，陆域分 6 个分区，水深较浅的直接吹填成陆；其余各分区通过建设潜堤并开设 400 m 宽纳潮口门方式进行促淤。

北围堤水深普遍在 10 m 以上，最大水深达 17 m，原有工艺无法满足施工需要。经过施工工艺试验最终确定深水袋装砂采用抛放小袋装砂。水上袋装砂为传统的大袋装砂，采用人工铺设、水力充填工艺。对于深水抛填，先后开展了开体驳、网络、翻板、升降平台等多种抛袋工艺试验，最终选择网络和翻板抛袋工艺。网络抛袋采用吊机船抛袋。翻板抛袋利用大型铺排船“长江口一号”、“长江口二号”的翻板，在翻板上充灌好小砂袋后，通过转动翻板，让袋体自动滑落水中。袋装砂施工效率最高达到 2×10^4 m^3/d，对北围堤的快速完成起到了决定性作用。

由于该工程水深超过 10 m，常用的反滤结构无纺土工布和袋装碎石、瓜子片联合反滤无法解决铺设施工和压载问题。借鉴砂肋软体排的设计施工经验，采用砂肋加筋复合布反滤层。水下砂肋复合反滤布采用软体排铺设船进行铺设，水上反滤布采用人工铺设。

5.3.4 浙江沿海围海工程

5.3.4.1 简况

浙江省海岸线绵长，河口众多，滩涂资源得天独厚，全省理论深度基准面以上的滩涂面积为391 万亩，理论深度基准面与2 m 深度基准面之间为199 万亩，2 m 深度基准面与5 m 深度基准面之间为355 万亩。年沿岸泥沙补充量约为 $1.8\times10^8\sim2.2\times10^8$ t，其中钱塘江河口杭州湾、舟山地区群岛约 1.2×10^8 t，椒江河口及台州湾约 $2\,900\times10^4$ t，瓯江、飞云江、鳌江及温州湾约 $2\,000\times10^4\sim3\,000\times10^4$ t，滩涂处于不断的淤涨状态，自然条件下岸滩外移平均每年 10~20 m，最大可达40 m 以上，岸滩宽而坡缓，年淤积的滩涂面积约为围垦面积的71%，滩涂处于动态平衡状态。

1950—2009 年，浙江省围涂拓疆新增土地面积335 万亩，尤其近十年来，滩涂围垦更是备受关注，2000—2009 年间，全省新开工重点围涂项目 50 项，建设总规模达 130 万亩以上，圈围 90 万亩，其中宁波市完成面积占全省比重的45.6%，台州市占21%。浙江围海工程主要有河口治江、高滩、堵港、促淤围垦等类型。钱塘江河口经过多年的试验研究和工程实践，提出了控制据点，乘淤围涂，以围代坝，治江与围涂相结合的措施，在河道整治规划线内有计划地分片围涂，仅澉浦以上河口段围垦就达 $7\,153\times10^4$ hm^2，杭州闸口到海宁新仓 67 km 河段的河宽缩窄到规划堤线，促使河势稳定，出海航道也有所改善，获得了巨大的社会效益和经济效益，为强潮河口围海提供了宝贵的经验。高滩围垦工程的堤线涂面高程高于平均高潮位，随着滩涂的不断淤涨，逐步向外筑海堤。由于滩涂较高，露滩时间长，人工可就地取土筑堤，施工困难少。淤积型海岸围垦后涂面会继续淤高，几年后又可进行围垦，如台州浅滩；椒江、路桥从 1951 年七塘开始至今已筑至十塘。堵港围垦工程常是为了改善当地的交通条件，缩短防潮防汛线路，缓解缺水矛盾而建设，虽然堤线相对较短，每米堤线围的面积大，但一般地基承载力低，施工难度大，如大塘港、胡陈港、方江屿等工程。平直海岸在低滩上常采用丁坝、顺坝、潜堤等促淤围垦，如瑞安丁山、慈溪海皇山等工程；在岛屿间堵港促淤，数年后就可进行连岛围垦，如漩门一期、仇家门等工程。

杭州湾主要有萧山和慈溪围垦区。萧山是浙江省第一围垦大县，20 世纪 50 年代以来已围垦面积 54 万亩，占其土地总面积的1/4。其中工业和房地产用地 13.37 万亩，占围垦总面积的 25.71%，还有以自然、生态、绿色为主题，把农业产业、观光旅游、科研开发、科普教育融为一体，打造出生态优美、经济发达、人与自然和谐发展的新型农业园区。慈溪是典型的围垦城市，一直承担着掘浦挖渠、排泄内涝的重任。1950—2005 年已围垦面积 33.41 万亩，河网、水库等组成的湿地面积达 8.25 万亩，占围垦总面积的 1/4，有 118 种湿地水鸟在此栖息。宁波－慈溪湿地项目分为自然湿地和工程湿地两大部分。自然湿地位于杭州湾跨海大桥西侧，总面积约6.53万亩，包括围垦淡水湿地、滩涂湿地和沙洲湿地等三种湿地类型，将原有的滩涂养殖的渔塘整理成接近自然潮间带湿地的状态，使之成为滩涂和湿地种群恢复的核心区，亦成为候鸟和越冬鸟类适宜的觅食地。自然湿地项目区内将建造一个环境教育中心，成为国际湿地和环境保护活动的重要交流中心之一。工程湿地位于杭州湾新区内，占地约1 325亩，用做对工业和生活污水进行深度后置处理，将成为东亚地区湿地保护样板，是展示宁波环保产业和循环经济的示范工程。

舟山的东港围涂工程位于舟山本岛的东端，与朱家尖、普陀山隔海相望，围涂规模1.13万亩，为东港经济开发区提供建设用地和码头岸线。按“一次规划，分步实施，先易后难，滚动发展”的开发规划，于1991年启动，已分别完成一、二期0.91万亩，6.41 km围堤，3座箱涵闸。围垦区建成后能容纳10万人口。1993年一期工程就使用塑料排水板、土工布、碎石垫层结合的海堤地基处理方法，是该方法在围涂工程中首次应用；同时针对码头岸线利用，设计了低坝宽平台亲水型海堤断面结构，有利于码头的布置；整体箱涵闸结构设计制作及浮运安装，节省围堰施工时间和投资。二期工程使用的活塞式淤泥输送技术，大大提高闭气土方施工效率，为围涂工程加快建设步伐提供了保障。

玉环县原处海岛，与大陆原隔一条漩门港，1977年漩门堵坝使玉环岛成陆。境内多丘陵山地，人均耕地仅0.25亩，土地、淡水匮乏是制约玉环县经济社会发展的瓶颈。1950—2005年围垦面积11.03万亩，其中千亩以上的围垦面积9.43万亩，内有海涂水库6个，面积2.46万亩，库容8 904 $\times 10^4$ m^3，河道及调蓄水面0.43万亩，水产养殖塘0.6万亩，盐田0.51万亩，湿地面积达4万亩，占千亩以上围垦总面积的42.42%。1996年实施的漩门二期蓄淡围涂工程规模5.6万亩，其中可垦面积3.2万亩，蓄淡面积2.4万亩，形成8 312 $\times 10^4$ m^3库容，工程建设了7.84 km围堤，1座引水闸，1座泄水闸。围堤技术方面解决了30～40 m深水地区土工布水下铺设和塑料排水板插设的施工难题，探索了海堤内侧土方稳定的合理边坡等技术问题。漩门三期围垦工程，围垦面积6.795万亩，主堤长4 077 m，其中3万亩是河道、水产养殖塘和景观湖泊，可以解决海岛土地资源紧缺的问题，有利于围区上游的排涝泄洪，增强防洪抗台能力，同时还将增强涵蓄淡水能力。玉环县在大力发展滩涂围垦的同时，还开辟了浙江第一个滩涂湿地生态功能保护区——玉环县海山乡滩涂湿地生态功能保护区，并编制了滩涂湿地生态功能保护区规划，对不同的功能分区采取有针对性措施加以保护。海山乡滩涂湿地生态功能保护区也成为全省唯一的国家一级保护野生动物——黑嘴鸥的越冬栖息地。

滩涂围垦为保障浙江省经济社会可持续发展发挥了十分重要的作用，产生了明显的经济效益、社会效益和生态效益，缓解了土地供需矛盾，维持了耕地占补平衡，为防台减灾保平安发挥了巨大作用。近几年，在大力推进围垦发展的同时，更加重视对生态建设和环境保护，坚持滩涂围垦发展与生态环境保护并举，力争做到经济、社会、生态三种效益共同提高。1950—2005年全省千亩以上的围垦共432片，计265.5万亩，其中有海涂水库35个，面积8.02万亩，库容30 441 $\times 10^4$ m^3，河道及调蓄水面16.24万亩，水产养殖塘48.31万亩，盐田9.07万亩，其他湿地16.99亩，湿地面积达98.63万亩，占围垦总面积的37.15%。全省围垦区湿地面积108.85万亩，沿海岸线两侧湿地总量已达500万亩左右。

2006年浙江省人民政府批准了《浙江省滩涂围垦总体规划(2005—2020年)》，规划范围为27°06′—31°03′N，120°00′—123°10′E之间，理论深度基准面以上以及钱塘江、瓯江等河口的滩涂，北起浙沪交界的平湖金丝娘桥，南至浙闽交界的苍南县沿浦以及舟山等海岛地区滩涂，分属杭州、嘉兴、绍兴、宁波、舟山、温州、台州7个市和近32个县(市、区)。根据地理位置、行政区域以及自然特性，将大陆沿岸划为20个岸段，岛屿地区分为两个岸段，并确定了各岸段的开发利用方向与主导功能，划定全省适宜造地的滩涂面积约262万亩，对象山湾、乐清湾等重要港湾以保护为主，对三门湾围垦持慎重态度。钱塘江滩涂围垦与钱塘江治理相结合，围垦服从治江，同时重视对湿地保护。海岛等区域的围涂工程因地制宜，采取先促淤后围垦的开发利用方式。规划至2020年滩涂围垦总建设规模192万亩。实施工程项目规划时，要求根据水资源状况和围区地形建库蓄淡，解决水资源的不足，坚持在滩涂围垦工作中高度重视环境保护工作，禁止围垦乐清湾西门岛红树林、南麂列岛等自然保护区，动态保护慈溪庵东、灵昆东滩湿地，建设沿海防护林，积极创建人工湿地，确保围区保留12%以上的水面率。

5.3.4.2 宁波—舟山港港区陆域形成工程

(1)北仑四期集装箱码头围堤及陆域形成工程

工程位于宁波北仑穿山半岛北部的凹岸，大榭岛以东螺头水道的南岸，是大型的集装箱港区，设计码头岸线长3 km，深水集装箱泊位9个，港区陆域范围由老堤外的0 m线附近向陆侧纵深1.2 km布置，港区总面积约426.46 × 10^4 m^2。工程内容包括在老堤外新建围堤，新、老堤间吹填海砂、回填塘渣、陆域地基处理以及牛轭江东侧老堤加固等。工程规模为新建围堤总长度3 702 m，老堤加固1 250 m，填筑总面积为356.92 × 10^4 m^2，填筑总工程量为1 470 × 10^4 m^3。工程于2001年开工，2006年完工。

工程岸线段属山前海积地貌，主要有低丘陵和滨海平原，成陆区地形地貌复杂，老堤外为滩涂，老堤内有鱼塘、农田、乡间公路、居民和丘陵山地等，地坪标高大概在 -3 ~ +3 m之间。平均潮差1.82 m，潮流呈旋转流运动形式，逆时针方向旋转，涨潮、落潮平均流速62 cm/s。工程下卧土层浅部主要由高压缩性淤泥质土组成，含水量约为40% ~50%，地基承载力约为50 kPa，厚度大多在20 ~ 30 m，其中①$_2$层淤泥质粉质黏土，层厚1.5 ~ 5.0 m。②层淤泥质粉质黏土，层厚9.5 ~ 19.9 m。③$_1$层淤泥质黏土、淤泥质粉质黏土，层厚1.5 ~ 11.1 m不等。

新建围堤总长度3 702 m，老堤加固1 250 m。新建围堤轴线布置在0 m等深线附近，围堤与一线海塘间滩地平均宽150 m。围堤为浙江省Ⅱ级海塘，设计重现期为100年一遇。围堤采用单坡高防浪墙斜坡堤结构(图5 - 69)，防浪墙顶标高8.5 m，堤顶道路与陆域结合，外侧边坡1:2，护面采用2 t扭王字块体结构。西区围堤堤身棱体采用抛石斜坡堤结构，东区围堤采用袋装砂斜坡堤结构，堤基采用砂被 + 排水板进行地基处理。护脚采用软体排 + 抛石平护并兼作镇压层。

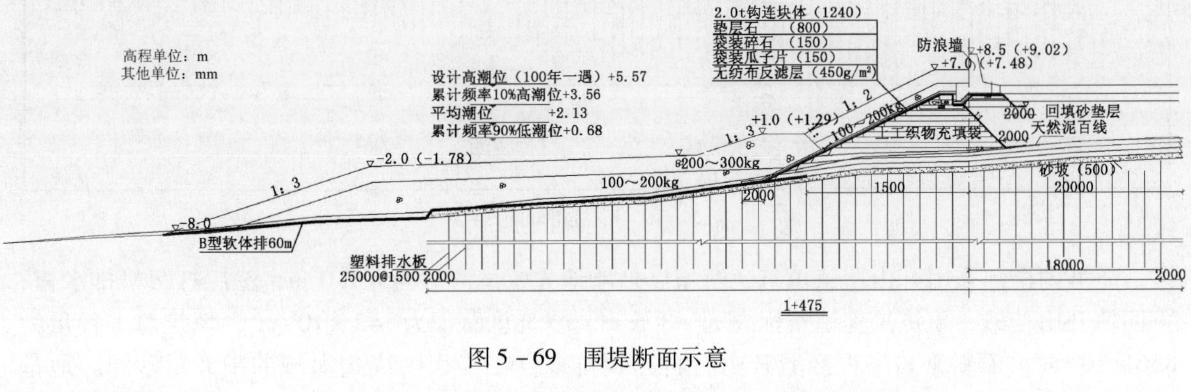

图5 - 69 围堤断面示意

老堤内主要采用开山塘碴填筑，形成场地 $306\times10^4\ m^2$；老堤外和新建围堤之间主要采用海砂吹填成陆，形成场地约 $51\times10^4\ m^2$。填筑工程填筑标高为 +5.5 m，填筑总面积为 $356.92\times10^4\ m^2$，填筑总工程量为 $1\,470\times10^4\ m^3$。石料来自工程区域开山石料，砂料来自在距工地 10.0 km 处的涂泥嘴海域的中、粗砂源。地基处理采用排水板堆载预压和排水板强夯两种方案。

(2)大榭招商国际集装箱码头围堤及陆域形成工程

工程位于浙江省宁波市北仑区大榭岛西北角，金塘水道的东口段，是继北仑四期后宁波港又一大集装箱港区，设计年吞吐量 160×10^4 TEU，码头岸线长 1 500 m，深水集装箱泊位 4 个，港区陆域总面积 $160\times10^4\ m^2$，陆域纵深 900 m。工程规模为新建围堤总长度约 2.7 km，填筑总工程量约 $840\times10^4\ m^3$。工程于 2003 年开工，2006 年完工。

该工程地貌类型为潮间淤积滩地、水下岸坡和海积平原地貌。码头部分海域泥面标高 −13.0 m 左右(局部为 −18 m 左右)，引桥部分泥面标高 −13.3 ~ −1.9 m，围堤与老海塘间滩地泥面标高 −1.9 ~ −1.2 m，地形平坦，但岸滩前沿有一水下陡坡，陡坡向西北方向倾斜，坡度约为 1:2.5 ~ 1:5。东区大部分围堤正好落在该陡坡上，对围堤的安全影响较大。海区平均潮差 1.82 m。水流总体沿等深线方向运动，呈现往复流运动。设计涨潮流速为 1.01 m/s，落潮流速为 1.40 m/s。工程下卧土层浅部主要由淤泥及淤泥质土组成，厚度达 20 ~ 30 m，含水量 40% ~ 50%，天然承载力 40 ~ 50 kPa，其中$①_1$ 层淤泥、淤泥质粉质黏土，厚度 2.0 ~ 8.0 m，$①_2$ 层淤泥质粉质黏土，厚度 2.7 ~ 15.2 m；$②_1$ 层淤泥质黏土、淤泥质粉质黏土，厚度 2.4 ~ 13.1 m，$②_2$ 层淤泥质粉质黏土厚度 2.4 ~ 17.0 m。

该工程填筑区范围为围滩区和农田区。正堤堤顶前沿线布置在 −3 ~ −2 m 等深线间，距码头后沿线 105 m。围堤为浙江省 2 级海塘，设计重现期为 100 年一遇。围堤采用高防浪墙斜坡堤结构(图 5 − 70)，防浪墙顶标高 6.7 m，护面采用 2 t 扭王字块体结构。堤身棱体采用袋装砂与抛石的混合筑堤方案。采用砂被 + 排水板进行地基处理。护脚采用软体排 + 抛石平护并兼作镇压层。

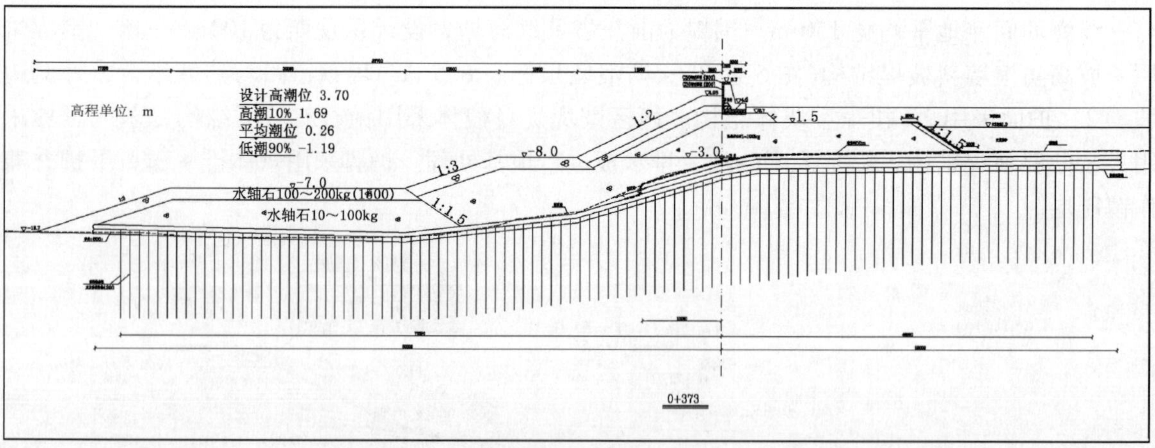

图 5 − 70 围堤断面示意

海塘内全部采用开山塘碴填筑，海塘以外滩地先吹填海砂至 +1.0 m，然后打塑料排水板，再回填开山塘碴。填筑工程填筑标高为 +3.5 m，填筑总面积为 $142\times10^4\ m^2$，填筑总工程量为 $836\times10^4\ m^3$。石料来自工程区域开山石料，砂料来自在工程区周边海域的中、粗砂源。地基处理采用排水板 + 真空堆载预压方案。

(3)舟山金塘大浦口集装箱码头围堤及陆域形成工程

工程位于舟山金塘岛大浦口西南侧，北起大浦口，南至外湾山嘴，隔金塘水道与宁波港北仑港区相望，设计码头岸线长1 774 m，深水集装箱泊位4个，港区陆域面积约$230\times10^4\ m^2$，通过围堤吹填、回填开山石碴和地基处理方式形成集装箱堆场陆域。工程规模为新建围堤2.15 km，填筑面积2.13 km^2，总回填量约1 130 $\times10^4\ m^3$，塑料排水板地基处理面积约$186\times10^4\ m^2$。工程分两阶段实施，第一阶段围堤总长877 m，吹填砂约$470\times10^4\ m^3$，排水板约85万根，于2005年9月开工，2008年6月完工；第二阶段待海底电缆拆除后再考虑实施。

工程成陆区地形地貌复杂，老海塘外为潮间淤积滩地、水下岸坡，老海塘内为滨海平原地貌，有民用设施，地坪标高在0~2 m之间。南、北部为丘陵山地。平均潮差2.03 m。该工程水域总体流况平缓，南、北山嘴内侧为典型的弱流区。本海区主要是风成浪，冬季为NW向浪，夏季为SE向浪。堤前100年一遇$H_{13\%}=3.4$ m，$T=6.5$ s。地基浅部广泛分布淤泥及淤泥质土，厚度达20~30 m，含水量35%~45%，天然承载力50~55 kPa。其中，①$_2$层：淤泥质粉质黏土层厚2.8~7.7 m；②$_1$层：淤泥质黏土，层厚3.0~14.1 m；②$_2$层：淤泥质粉质黏土，层厚3.0~8.9 m。

该工程填筑区范围为海塘外和海塘内回填区。围堤轴线布置在-6~-2 m等深线间，距码头后沿线182 m，新建围堤长1 857 m。受海底电缆影响，海塘外滩地分阶段成陆，在海塘外、港区经三路南边线设置一道长291 m的临时隔堤，将海塘外回填区分为南、北两个区。北区先行成陆，面积$12.27\times10^4\ m^2$，围堤长686 m；南区待海底电缆拆除后再成陆，面积$27.46\times10^4\ m^2$，围堤长1 171 m。围堤为浙江省2级海塘，设计重现期为100年一遇。围堤采用高防浪墙斜坡堤结构，防浪墙顶标高7.2 m，堤顶道路与陆域结合，外侧边坡1∶2，护面采用2 t扭王字块体结构。北区围堤堤身棱体采用袋装砂斜坡堤结构，南区围堤采用抛石斜坡堤结构，堤基采用砂被+排水板进行地基处理。护脚采用软体排+抛石平护并兼作镇压层。围堤断面如图5-71所示。

该工程先吹填海砂至+2.35 m作为排水垫层，然后打塑料排水板，再回填1.8 m厚开山石碴作为覆盖层。场地使用标高为+3.64 m，填筑面积2.13 km^2，总回填量约1 130 $\times10^4\ m^3$。石料来自工程区域开山石料，砂料来自在工程区周边海域粉细砂源。堆场铺面采用连锁块。地基处理采用排水板堆载预压方案，上部回填塘碴。

5.3.4.3 洞头北岙后围涂工程

洞头县北岙后二期围涂工程围涂总面积4 260亩，属浙江省重点围垦工程。工程主要由东、西两条围堤和三座水闸组成。其中采用西围堤为3级建筑物，长1 034 m，堤顶高程8.0 m（1985国家高程基准，下同），堤顶宽8.0 m，堤高约8.0 m(不包括挡浪墙)，堤身主要由石坝和闭气土两部分组成。西围堤基础筑在涂面高程约为0 m，最深厚达21.2 m的淤泥层上。采用“爆炸置换法”基础处理技术的堤坝结构方案。设计爆填堤芯石涂面以下近似为一“悬浮式”倒梯形结构，最大置换深度为20 m，最大置换底宽21 m，最大置换腰宽42.29 m。堤芯石采用单块重10~1 000 kg弱风化混合石料。标准断面结构如图5-72所示。

西围堤采用爆炸置换法进行基础处理，东围堤堤基采用PVC排水板处理。该工程龙口原设在东围堤，工程开工建设后，爆炸置换法处理软土地基的西围堤施工进度很快，而东围堤施工特别是闭气土填筑严重滞后，为加快东围堤及协调东、西围堤施工进度，决定将龙口改设在西围堤。龙口度汛期间最大流速为4.98 m/s，最大单宽流量为27.78 $m^3/(s\cdot m)$；龙口堵口设计最大流速则为4.48 m/s，最大单宽流量为13.45 $m^3/(s\cdot m)$。

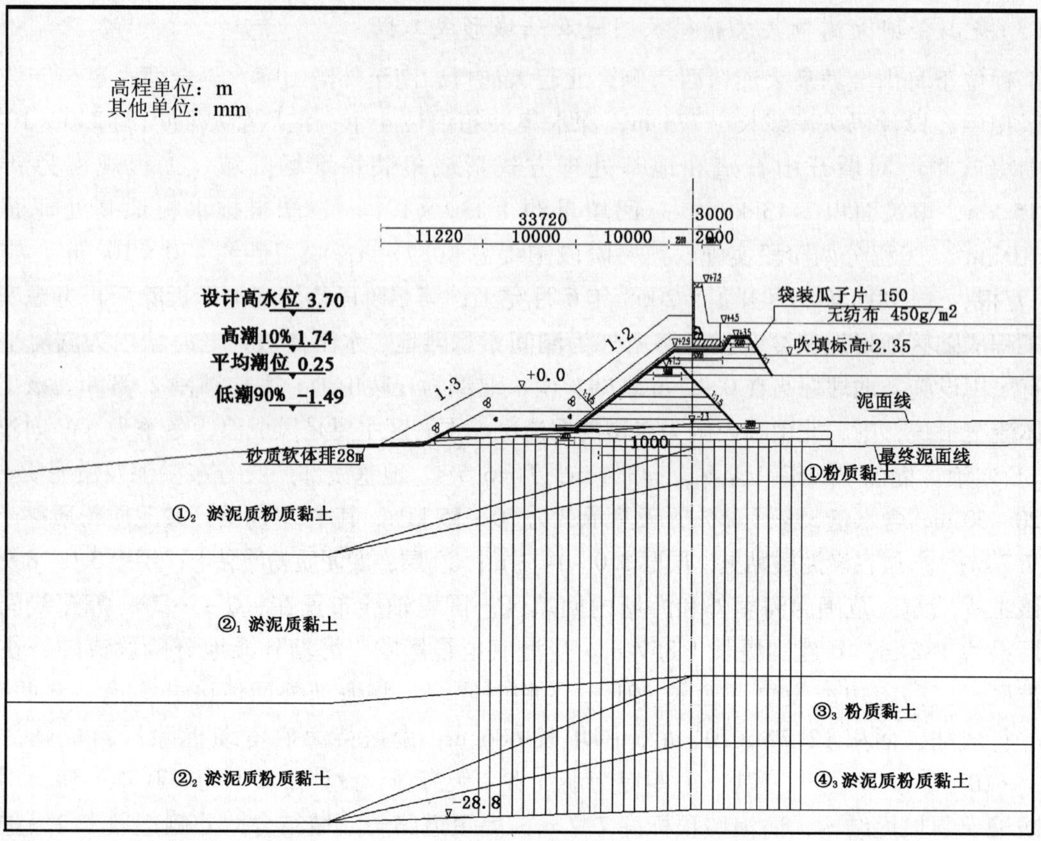

(a)北区围堤断面图

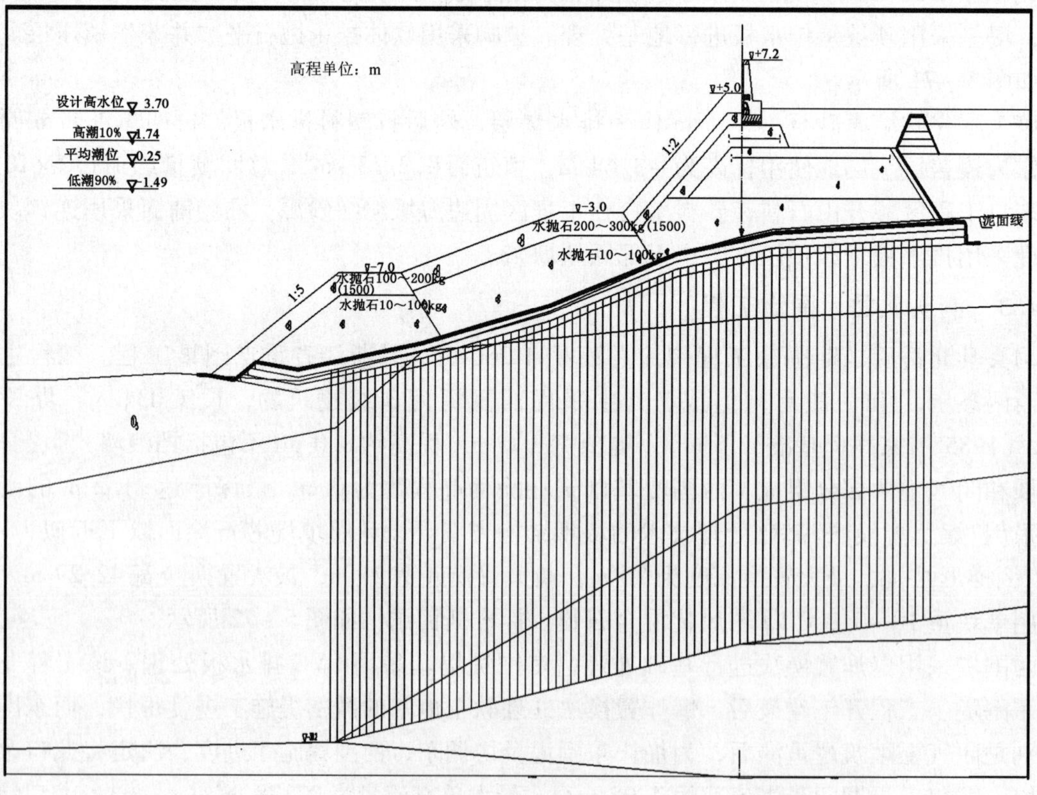

(b)南区围堤断面图

图5－71　围堤断面示意

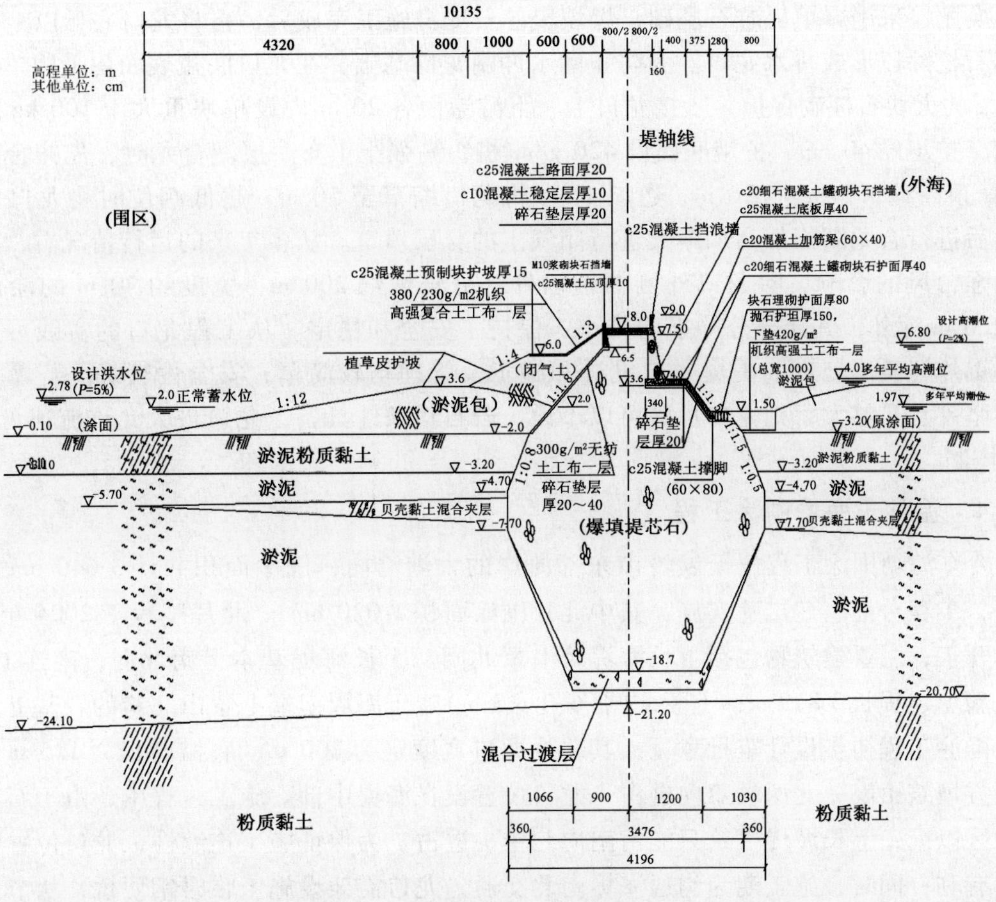

(a) 二期围涂工程围堤结构

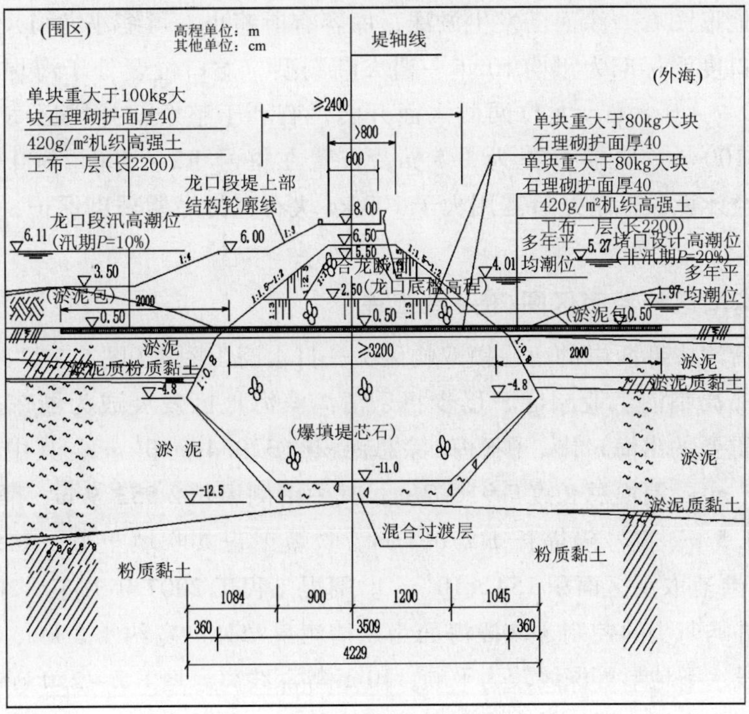

(b) 龙口段围堤断面图

图5-72 二期围涂工程结构断面

置换龙口采用爆填堤芯石基础，爆填堤芯石堤身施工完成后，再将龙口底槛以上部分爆填堤芯石挖除以形成排水龙口。为防止潮水冲刷龙口基础，在龙口底槛表面均采用单块重大于80 kg的大块石理砌保护，紧接龙口上、下游涂面各20 m内设单块重大于100 kg的大块石理砌，护坦厚40 cm，护坦底面设420 g/m^{2}机织高强土工布一层。合龙时，先按合龙抛石小断面(顶高程5.5 m，宽6 m，边坡1∶1)将龙口缩窄至50 m，趁低潮位时将龙口一气合龙，然后进行合龙断面加高加厚及进行闭气土的分层填筑。从多年来的运行情况看，虽经历了几次强台风的影响，除龙口外侧护坦以外部分长度约200 m，宽度约30 m的涂面冲刷1.0～2.0 m深外，其余部分冲损均较小，保持了安全和稳定。从工程龙口的实践可见，基础经过爆炸置换法处理的围堤龙口设计和施工及管理均较简单，安全性较好。若爆填堤芯石石料坚硬且足够大，则龙口护底可以不设。若石料条件具备，龙口最大允许流速可按6～8 m/s控制。

5.3.4.4 温岭东海塘围涂工程

温岭东海塘围涂工程位于温岭市东部海岸的大港湾内，围涂面积共计3 640 hm^2，属3级海塘，工程分南、北二片实施，其中北片围涂面积1 020 hm^2。北片工程于2004年9月3日正式开工，主要建筑物包括上长海堤及上蒙北闸。上长海堤基本呈南北向，南连上蒙岛，北接长新塘，堤长3 819 m；上蒙北闸(6孔×3 m)建于海堤南端上蒙山北麓的岩基上。根据东海塘围涂工程初步设计审批意见，其北片龙口宽度定为200 m，底槛高程为1.5 m，上长海堤石方填筑由南、北两端双向进占，龙口位置设在海堤中部。施工过程中，由于石料场位于工程区以南，上长海堤填筑只能由南向北单头进占。为保证施工连续性，龙口位置适当北移更为有利；同时，施工期为沟通海堤南北交通，龙口需架设施工临时钢便桥，从节约工程造价、方便施工等角度出发，宜缩小龙口宽度。再考虑到北片围区自初设至今已有8年时间，从近期实测地形图看，涂面已发生淤涨，库容有所缩小，可缩小龙口尺寸。该工程为Ⅲ等工程。选定龙口度汛标准为汛期10年一遇大潮潮型。龙口位置处于海堤中段偏北，原始涂面高程为－0.9～－0.8 m，龙口两侧水面开阔，有利于整个北片围区海水的吞吐。工程龙口宽度选定为100 m，底槛高程为1.5 m，布置在桩号K2＋500～600 m，涂面高程为－0.8 m左右。经计算，平堵龙口需用大于100 kg块石进行底槛理砌保护，两侧堤头用大于200 kg块石保护。

5.3.4.5 乐清湾港区一期南区围(海)涂工程

工程位于乐清湾中部西岸的南岳镇双屿码头—打水湾山附近(图5－73)，规划通过依托深水港区开发，布局临港工业园区，逐步将乐清湾滨海地区发展成为浙东南地区的交通枢纽、物流中心和重要的出海口岸。围(海)涂总面积约329.4×10^4 m^2，其中代建调整灰库区面积约41.6×10^4 m^2；围堤总长度7 916.2 m，其中南侧堤长2 553.9 m，顺堤长2 467.7 m，1号隔堤长1 624.5 m，2号隔堤长1 270.1 m。吹填工程共吹填土方1 115 m^3，回填面积287.8×10^4 m^2，港池取土区面积154×10^4 m^2。围堤工程于2007年开工，2009年完工。

受打水湾与外屿矶头的控制，该段海面为乐清湾最窄处，宽约4.5 km，中间分布大、小乌山岛，所在岸段水下地形等深线较为平顺，10 m等深线离海塘1.2～2.0 km，水深大于10 m深槽位于大乌山西侧水域。潮汐具有明显的半日潮性质，平均潮差4.77 m，潮流呈往复流形态，实测最大涨潮流速1.59 m/s，最大落潮流速0.89 m/s。区域内的低山丘陵(包括沿海岛屿)岩性多为晚侏罗世火山碎屑岩及燕山期侵入岩。第四纪地层上部为全新统的淤泥、淤泥质黏土，下部为冲海相、湖海相的黏土、粉质黏土夹砂砾层。场地地基土自上而下可分为：①$_1$淤泥；①$_2$淤泥；②$_1$淤泥质黏土；②$_2$黏土；③黏土。淤泥含水量为90%～110%，厚度30 m以上。场地地震基本烈度为Ⅵ度。

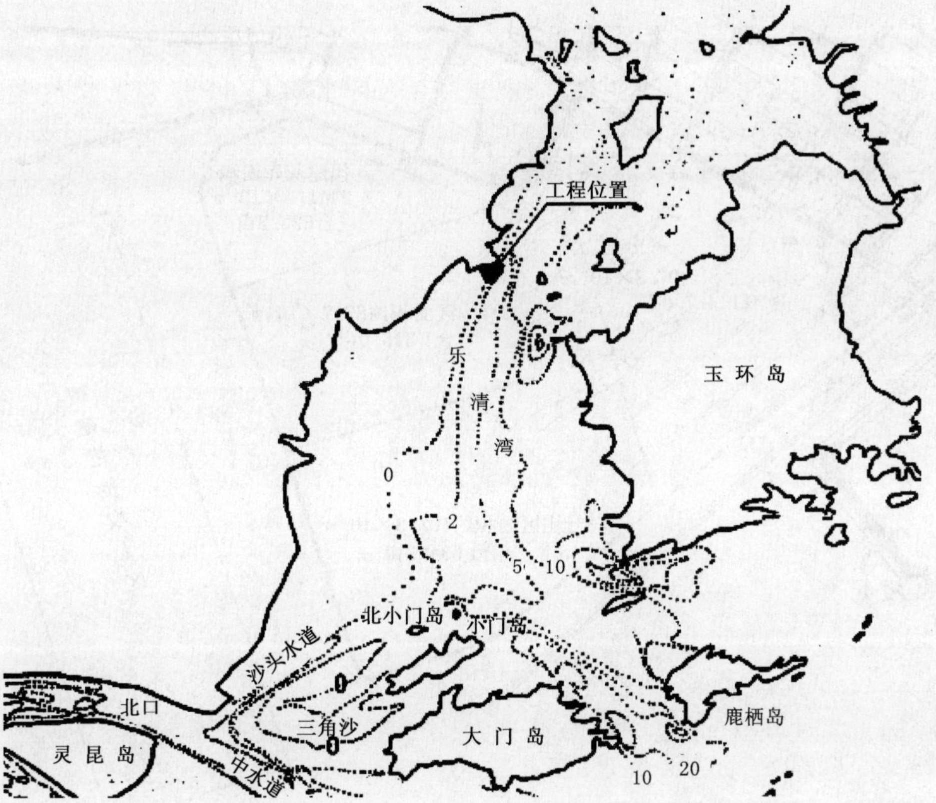

图5－73　工程位置示意

围堤工程依托现有海塘进行布置(图5－74)。围堤为2级堤防工程，设计重现期50年。堤顶宽度6 m，防浪墙顶标高7.8 m。采用排水板袋装砂斜坡堤结构(图5－75)。堤身结构分为上、下两级，底部为多层通长砂被，上部由两侧小棱体和中间吹填砂堤芯组成。采用通长砂被加筋联合砂被、排水板排水固结的地基处理方式。顺堤外护坡采用2 t扭王字块体，下设块石垫层；南侧堤外护坡采用干砌块石；内护坡采用螺母块体。护底结构采用抛石软体排。

吹填工程验收标高为1.8 m，吹泥工程量约1 115×10^4 m^3。取土区布置在该工程顺堤东侧350 m的规划港区港内水域，平面尺度为2 200 m×700 m，均为淤泥土类。该工程堤基处理深度需达30 m左右，且淤泥土性差，最大沉降量达5 m左右。为确保堤身稳定、堤基排水固结达到预期处理效果，采用高强塑料排水板替代常规塑料排水板，其物理力学性能指标比常规塑料排水板均有较大改善，特别是纵向通水量、滤膜渗透系数、抗拉强度均有明显提高。排水板滤膜具备抗拉抗撕裂强度大，能承受施工机械的损伤撕破和挤压顶破等环境条件，确保滤膜具备隔土渗水的功能。采用较宽的排水板，其纵向通水量大，可适当放宽排水板间距，减小了施工时插板机对土壤的扰动，井阻小，排水速率快，固结效果好。在超深软基上采用排水固结法联合多层通长砂袋，充分发挥地基强度和通长砂袋的加筋作用，建净高达 12 m 以上的袋装砂围堤。采用砂被、排水板排水固结法充分利用地基强度，同时在砂被上增加铺设 6 层 110 ~ 160 m 长的通长砂袋，发挥加筋作用，使得堤基压力分布较为均匀，防止堤基产生局部大变形，有效提高堤身的整体稳定性。

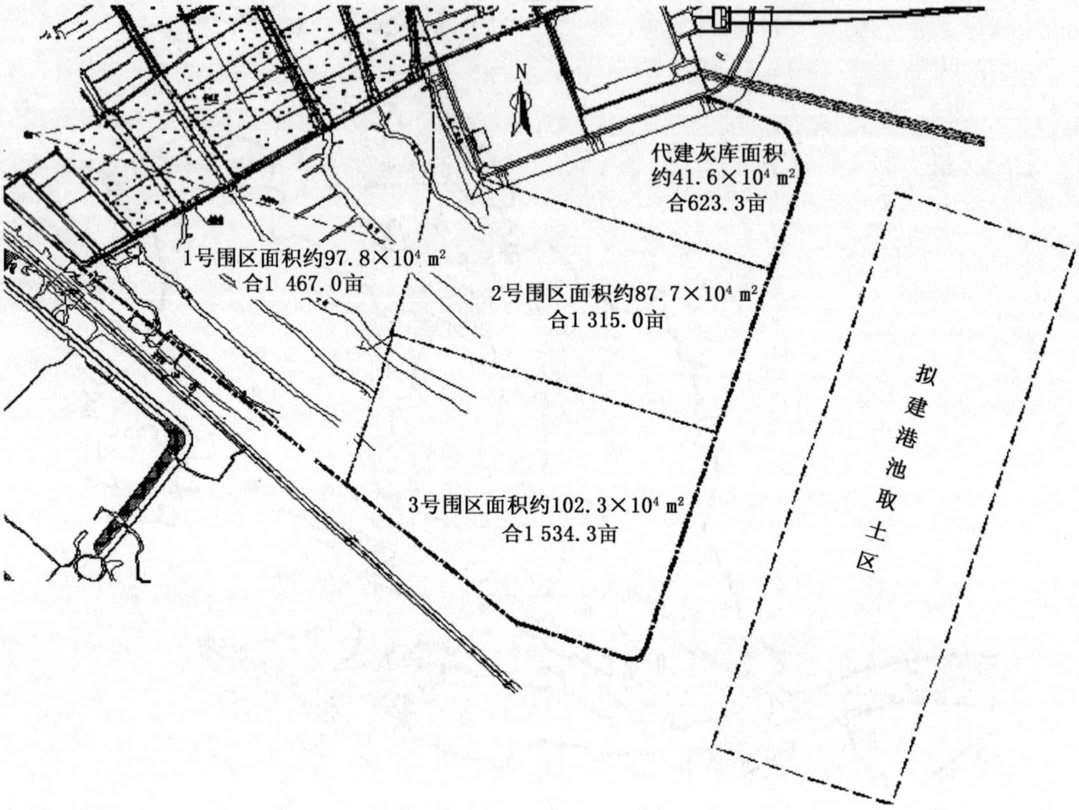

图 5 – 74　工程平面布置示意

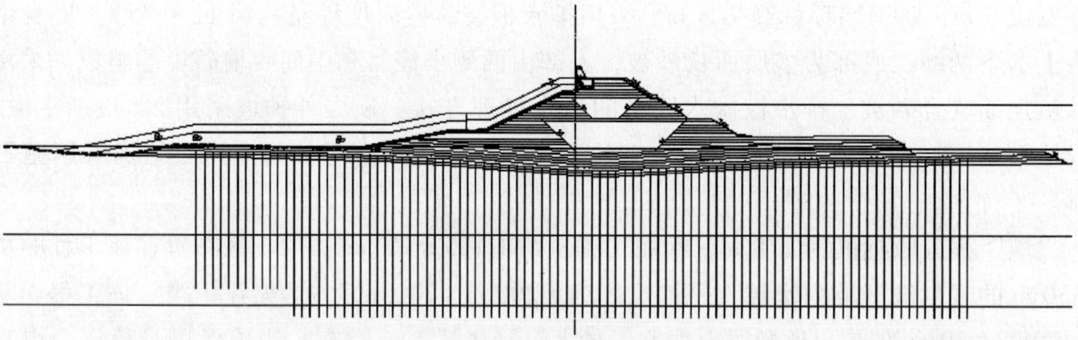

图 5 – 75　围堤结构典型断面示意

5.4 福建沿海典型围海工程

5.4.1 概况

福建岸线曲折，大陆海岸线长 3 752 km，0 m 等深线以上可开发滩涂资源约 436.82 万亩。沿海潮汐除浮头湾以南属不正规半日潮外，其余均属正规半日潮，平均潮差一般在 3.96 ~ 5.35 m 之间，实测最大潮差一般为 6.60 ~ 8.54 m。平均每年登陆和影响的台风 5 ~ 6 个。多年平均波高 0.9 ~ 1.5 m，极端最大波高 12.0 ~ 16.0 m。建海堤较多的港湾地基表层多为淤泥、下部为淤泥质黏土，属滨海相沉积层，该软弱土层(淤泥或淤泥质黏土)厚度一般在 10 ~ 25 m，含水量一般在 50% ~ 80% 之间，个别工程可达 90% 左右，表层淤泥承载力只有 30 ~ 40 kPa。为防御连年不断风暴潮的袭击及有效开发利用滩涂资源，历年来福建沿海修建了 1 603 km 海堤，其中保护面积在千亩以上的海堤有 1 136 km；建成大小围垦 1 040 处，围垦总面积达 153 万亩，相当于福建沿海各县市现有耕地面积的 20%，所围滩涂 90% 以上都已开发利用，取得了显著的社会、经济、生态效益。

5.4.2 福清东壁岛围垦工程

东壁岛围垦工程位于福清湾的西南部，龙高半岛东北侧，距福清城关 37 km，围垦面积 4.34 万亩(图 5 - 76)，海堤总长 4.82 km，是福建目前建成的第二大围垦项目。该工程工期 2 年 6 个月。工程于 2004 年 4 月开工，2005 年 5 月东堤一次性合龙成功，2006 年 10 月整体工程完工，2008 年 5 月 30 日通过竣工验收。

图 5 - 76 东壁岛围垦工程平面布置

湾口有天然东壁岛，退潮后北堤全部露滩，地形较平坦，滩涂高程在 0 ~ - 2.72 m 之间，东堤部分露滩，部分为水域，平均高程为 - 5.2 ~ - 2.76 m 之间(黄海零点高程，下同)，其中桩号 0 + 950 至 1 + 150 为一冲沟，沟底最低高程为 - 12.8 m。围垦工程区潮型为正规半日潮，50 年一遇高(低)潮位 5.14 m(- 3.65 m)；堵口期 20 年一遇高(低)潮位为农历八月大潮

4.54 m(-3.15 m)，公历11—12月3.69 m(-2.81 m)，公历1—3月3.83 m(-3.00 m)。北堤地基土层主要有淤泥质粉质黏土、泥质粉砂、中细砂、淤泥质黏土、粉质黏土等，工程地质条件相对较好，主要存在的工程地质问题是砂基土层的渗透变形和层淤泥质黏土的变形稳定问题。东堤对基础影响较大的地层主要有：表层淤泥、(粉)细砂、淤泥夹粉细砂及淤泥质黏土等。淤泥为软塑状，淤泥质黏土为软-可塑，该两层土均为软弱土层，具高压缩性、低强度的特点，加荷后变形量大，稳定时间长。

工程主要建筑物由海堤及水闸组成，按3级建筑物设计，相应的防潮标准为50年一遇，高潮位与同频率风浪组合，按允许越浪进行设计；水闸抗震设计烈度为Ⅶ度。海堤分为北堤和东堤两部分。北堤朝向大致为北，西端起于龙田镇龙尾，经土礁及上礁，止于东端东壁岛九使山，长3 247.5 m。东堤朝向大致为东，北端起于东壁岛南尾，止于南端三山镇北陈，长1 572.5 m。堵口小口门设于东堤深港段，控制桩号为东0+820至东1+270，宽度450 m。共布置3座纳潮闸和2座排洪闸，其中东堤布置北陈排洪闸和南尾纳潮闸各1座，北堤布置九使山排洪闸1座及上礁纳潮闸和土礁纳潮闸各1座。垦区规划建设3万亩高效农业种(养)殖区，其余1.34万亩为水产养殖区。

北堤被岛屿分隔成三段，采用单斜坡式或复合斜坡式断面。海堤内外侧为抛石棱体及压载，堤身用山土填筑闭气，堤顶宽度为4.0 m，堤顶高程根据朝向及断面的差异分别采用6.1 m和7.3 m，海堤背水侧在4.0 m高程设一条堤后交通道路，宽6.5 m，海堤迎水坡根据不同堤段设计波要素的大小分别采用干砌块石或丁砌条石护坡，背水坡采用干砌块石护坡，堤顶采用浆砌块石护面。北堤高度在6.1~8.8 m之间，总宽度在32~53 m之间。

东堤采用混合式断面(图5-77)，内、外侧为抛石棱体及压载，堤身用海泥沙及山土填筑闭气，堤顶设计高程7.5 m，防浪墙顶高程8.3 m，堤顶宽4.0 m，浆砌块石护面；海堤迎水侧在4.8 m高程设3 m宽的消浪平台，消浪平台下部为抛石棱体，棱体外坡坡度为1:1.5，用0.8 m长丁砌条石护坡，消浪平台到堤顶为理石混凝土直墙，直墙表面为浆砌条石结构，外坡脚设2~4级抛石压载；海堤背水侧在4.0 m高程设一条堤后交通道路，宽度7.5 m，交通路到堤顶坡度为1:2(堵口段为1:3)采用干砌块石护坡，交通路下部以(1:13)~(1:17)的缓坡接到2.5 m高程，采用草皮护坡，然后以1:2的坡度接至1.0 m高程，采用干砌块石护坡，1.0 m高程为一宽度5~8 m的内抛石棱体(堵口段为闭气土方)平台，平台以(1:3)~(1:5)的坡度接至原滩涂面。东堤高滩段高度在8.5~12.5 m之间，堤宽在60~110 m之间，深港段小口门处最大堤高20.3 m，总宽202 m。海堤基础表面采用铺高强机织土工布进行处理，遇淤泥处，则增加一层中粗砂垫层。

5座水闸均布置在岸边或岛屿有岩基处，地质条件好。水闸结构大体相同，由闸室、内外消力池、护坦及捕捞墩等组成，闸室采用浆砌条石闸墩。

东堤深港堵口水流条件恶劣，龙口软基淤泥最大厚度达18 m，设计采用大型平面铁丝笼护底及大型液压开体船抛投特大块石进行堵口合龙等新技术，实现了在大库容、大潮差、大水深及深软基上的高难度条件下一次性堵口合龙成功，从开工到堵口合龙仅用13个月。图5-78是东壁岛堵口截流堤断面图。根据施工阶段勘察，工程区附近存在足够的山土料场，且本工程基础含砂量大，承载能力较高，从简化施工工艺及便于施工角度考虑，将堤身闭气填筑料改为山土，以达到加快施工进度及节省投资的效果。

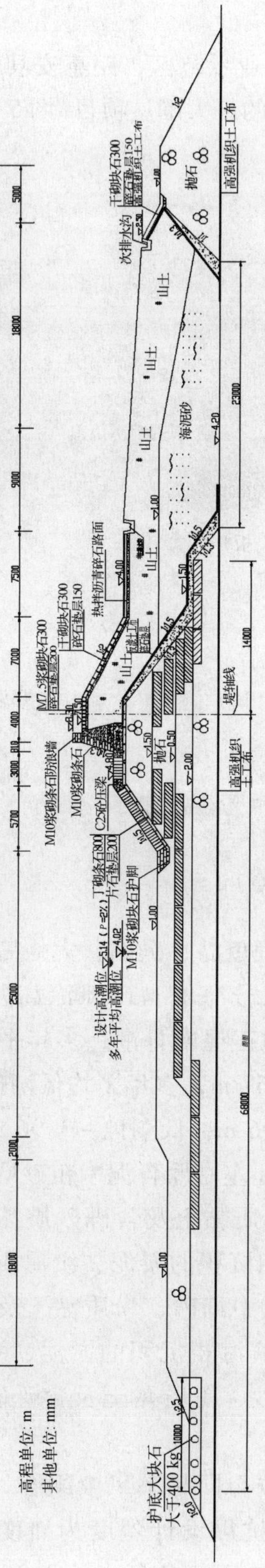

图5-77 东壁岛东堤典型断面示意

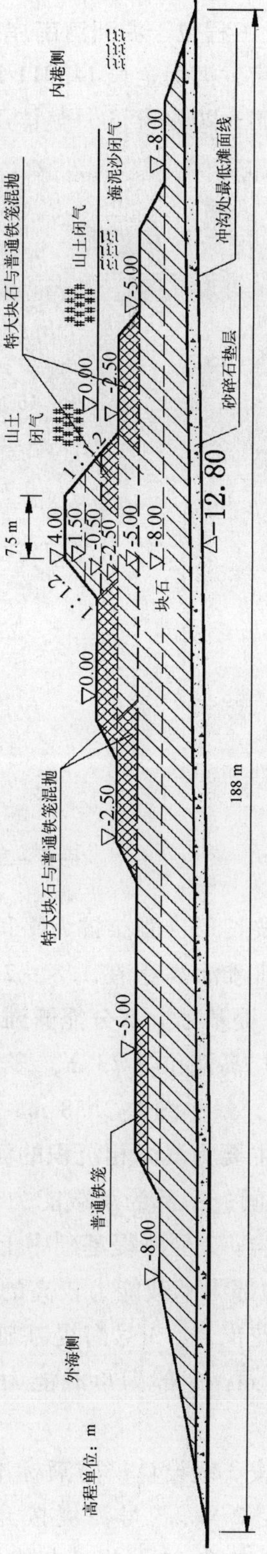

图5-78 东壁岛堵口截留典型断面示意

5.4.3 泉州外走马埭围垦工程

外走马埭围垦工程位于湄洲湾南岸，西接走马埭现代农业示范区，距惠安县城关 10 km，围垦面积 5.15 万亩，海堤全长 14.011 km，是福建目前建成的最大围垦项目(图 5－79)。工程于 2005 年 3 月开工，2009 年 3 月整体工程完工。

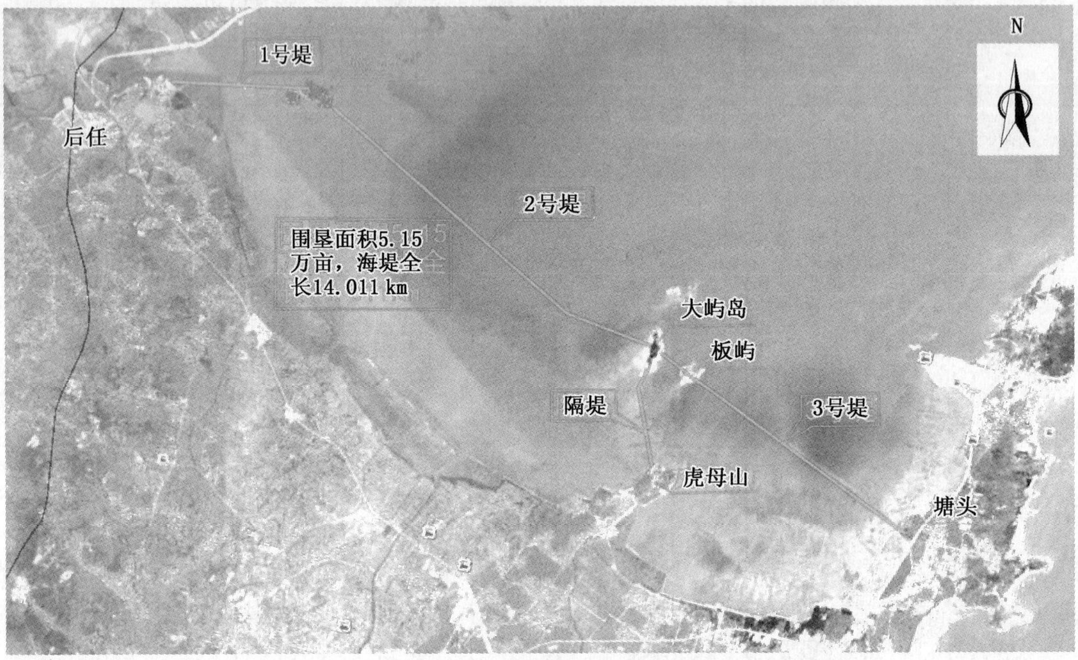

图 5－79 外走马埭工程平面示意

围垦区域呈狭长形，滩涂较为平坦，围堤沿线分布有鲤鱼岛、黑礁、大屿岛、板屿等岛礁，1 号海堤基础滩涂高程在 1.8～2.6 m 之间，2 号、3 号海堤基础滩涂高程为－4.0～0.0 m，退潮后海堤基础大部分能露滩。围垦工程区潮型为正规半日潮，多年平均最高潮位 4.26 m，多年平均高潮位 2.73 m，多年平均最低潮位－3.67 m，多年平均低潮位－2.24 m，最大潮差 7.37 m，最小潮差 2.38 m，50 年一遇高潮位 5.06 m，低潮位－3.96 m。1 号海堤基础中上部地层主要为滨海相沉积的淤泥，中间夹厚 2.5 m 左右厚含泥中粗砂层，总厚度在 7.7～10.72 m 之间；中部为承载能力较高淤泥质黏土、粉质黏土及含砾砂质黏土等；下伏片麻状粗粒花岗岩。2 号海堤基础中上部地层主要为滨海相沉积的淤泥、淤泥质黏土，层厚 2.0～16.6 m；中部为承载能力较高的淤泥质粗砂、淤泥质中细砂、粉质黏土及含砾砂质黏土等；下伏混合花岗岩。3 号海堤基础中上部地层主要为滨海相沉积的淤泥、淤泥质黏土，层厚 1.15～17.6 m；中部为承载能力较高的淤泥质中细砂、粉质黏土及含砾砂质黏土等；下伏混合花岗岩。

主要建筑物按 3 级设计，防潮标准为 50 年一遇高潮位与同频率风浪组合。1 号海堤按不允许越浪设计，2 号、3 号海堤按允许越浪设计；水闸抗震设计烈度为Ⅶ度。海堤全长 14.011 km，共分三段。1 号堤西起辋川镇后任村旧海堤往东至鲤鱼岛，长 2.26 km；2 号堤从鲤鱼岛往东南经黑礁折往大屿岛，长 6.842 km；3 号堤从大屿岛往东南延伸经板屿至净峰镇塘头，长 4.909 km。1 号堵口布置在 2 号海堤黑礁靠大屿岛侧，2 号堵口布置在 3 号海堤大屿岛与板屿之间。共布置3座纳潮闸和1座排涝闸，3座纳潮闸分别布置在鲤鱼岛、大屿岛及塘头，1座排涝闸布置在板屿。垦区规划建设3.17万亩高效农业种殖区，1.0万亩为水产养殖区及0.5万亩工贸用地等。

1号海堤采用单斜坡式断面(图5－80)，堤顶高程为5.90 m，最大堤高4.1 m，堤顶外侧防浪墙顶高程为7.10 m，堤顶宽3.50 m。海堤外海侧大部分在4.50 m高程，设置宽度为5.0 m的抛石压载，抛石表面理砌，堤身采用黏土防渗墙防渗，砂包土填筑闭气。堤内海侧设置宽度为6.0 m的检修道路，高程在4.50～5.50 m之间。海堤迎水坡消浪平台以上坡比为1:2.5，采用0.3 m厚干砌块石护坡，堤后道路以上边坡采用草皮护坡，道路以下边坡采用石渣护坡，堤顶采用干砌块石防护，堤后道路为沥青路面。海堤基础不打排水板。

2号、3号海堤朝向大致为NNE，海堤断面基本相同，均采用复合斜坡式断面(图5－81)，顶高程分别为6.60 m和6.70 m，设计最大堤高分别为10.6 m和10.3 m。堤顶宽度为3.50 m，堤顶外侧设0.8 m高防浪墙，海堤外海侧在4.50 m高程设置宽度为3.0 m的消浪平台，消浪平台底部为抛石棱体，堤身采用海泥砂及山土填筑闭气，海堤内海侧在3.00 m高程(堵口段为4.00 m高程)设置宽度为6.0 m的堤后检修道路，海堤内外侧采用抛石压载；海堤迎水坡消浪平台以上坡比为1:2.5，消浪平台以下坡比为1:2.0，采用0.6 m厚丁砌条石护坡。海堤堤后边坡采用干砌块石护坡，堤顶采用浆砌块石防护，堤后道路为沥青路面。基础采用插塑料排水板结合滩涂淤泥表面抛中粗砂垫层方法处理。

本工程围垦面积大，为降低堵口难度，在垦区中部沿大屿岛至南侧凸出的虎母山设置隔堤1条，长1.717 km，将垦区分为两部分，1号堵口对应面积为3.4万亩，2号堵口对应面积1.75万亩。1号堵口地质条件较差，2号堵口位于两个岛屿之间，地质条件较好，且2号堵口对应垦区面积也小。考虑利用隔堤及2号堵口为1号堵口分流，可降低1号堵口护底难度，后期因2个标段堵口施工进度协调有难度，2号堵口先行合龙。1号堵口合龙时，因2号堵口先行合龙而无法参与分流，且原定应进行分流的水闸施工进度滞后也无法参与分流，陡增了堵口的合龙难度。在口门底槛从护底高程－0.5 m抬高到1.0 m时，确保能在有利的3天小潮期内完成底槛抬高施工，采用的主要措施有：采用车抛块石立堵的方法将口门一次性抬高到2.0 m高程，因棱体顶高程略高于小潮期最高潮位，汽车能全天24小时不间断作业，加快了截流进度；加宽截流棱体宽度以便于机械化高强度施工；采用便于机械化施工的大型平面铁丝笼保护截流棱体。图5－81为外走马埭堵口截流堤典型断面图。

5.4.4 双鱼岛填海工程

双鱼岛(招商局漳州开发区人工岛)填海工程位于漳州大磐浅滩海域(图5－82)，是经国务院审批通过的国内第一个完全用于旅游、居住和生态开发建设的人工岛，是漳州开发区的重要组成部分。

人工岛基本形态为两条嬉戏的海豚形成的圆形设计方案(图5－83)，总面积为221.67×10^4 m^2，半径为840 m，需填海及地基处理形成陆域面积为184.07×10^4 m^2，人工岛规划通过两座桥梁与陆地联络，一座位于西北向，一座位于西南向。人工岛沿岸分别布置了游艇码头、客运码头、人工沙滩等工程。防洪、防潮和排涝工程按重要城市(2级)标准设计设防。

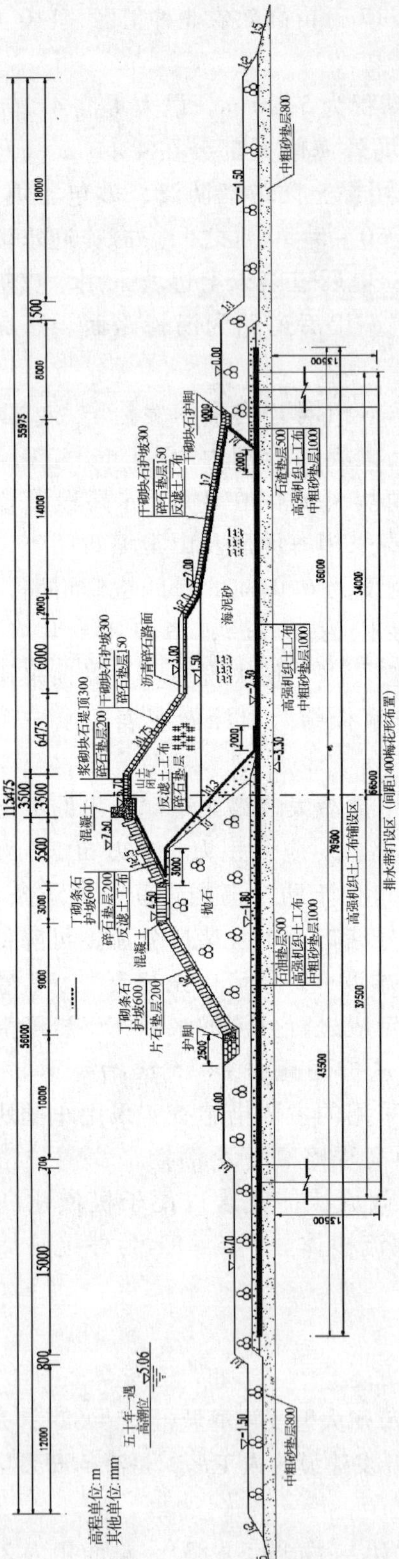

图5-80 外走马埭海堤典型断面示意

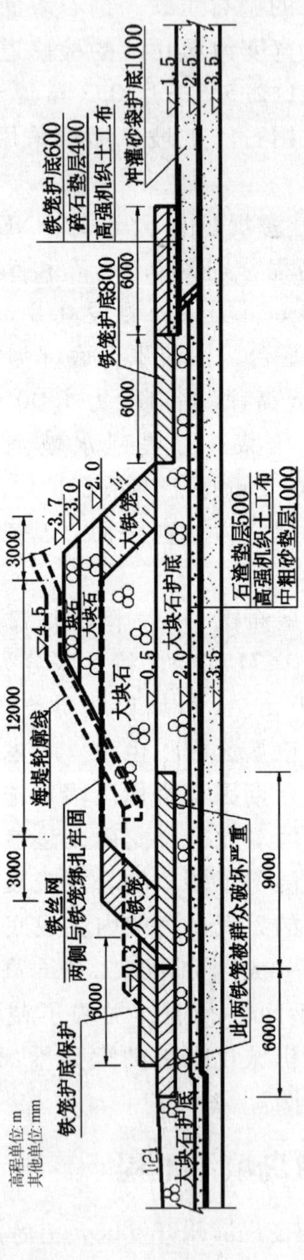

图5-81 外走马埭堵口截流堤典型断面示意

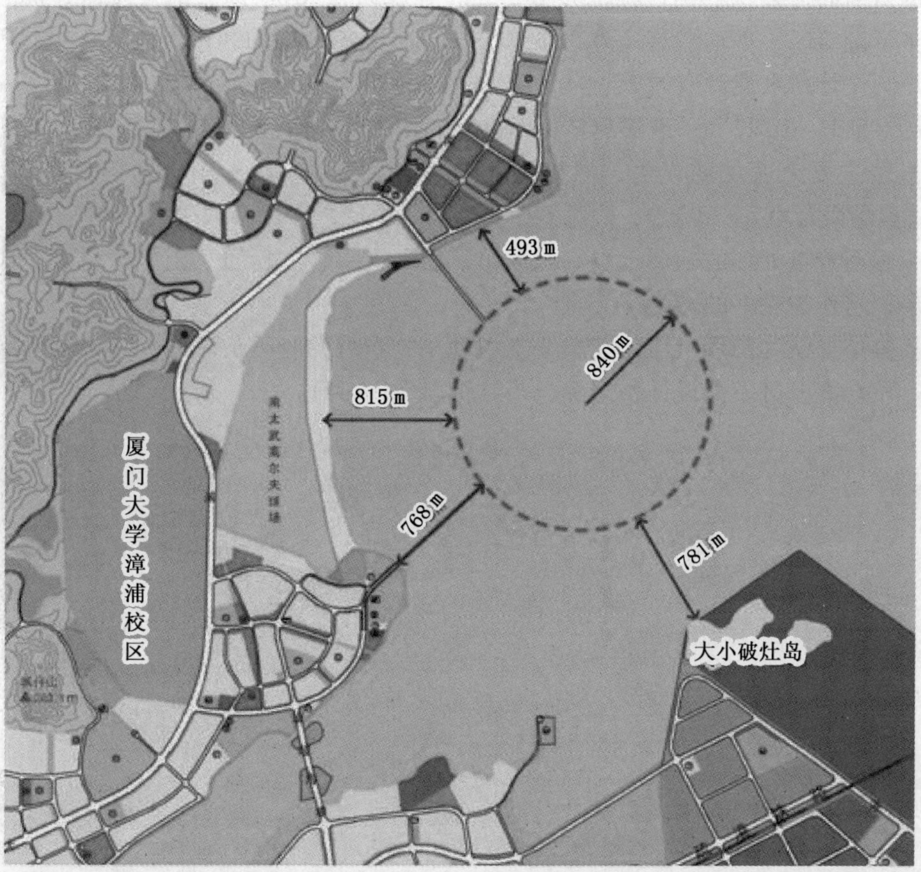

图5－82　工程区域位置示意

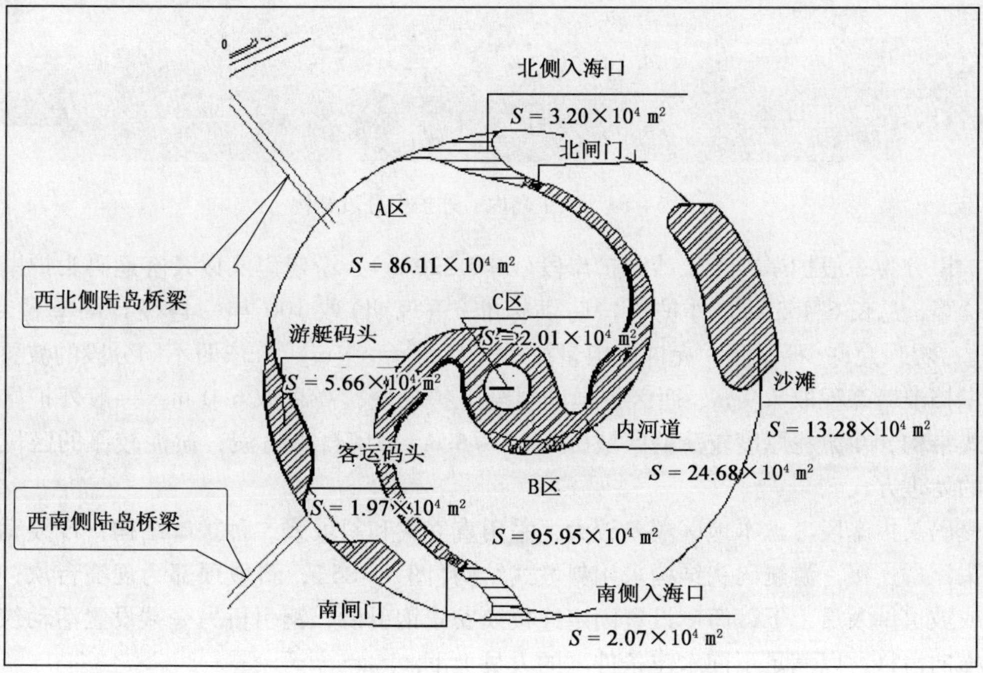

图5－83　人工岛总平面布置

本海区常风向为 E 向、出现频率为 16.1%，强风向为 NNW 向，最大风速为 23 m/s；潮汐属于正规半日潮流区，平均潮流速为 0.0 ~ 0.8 m/s。人工岛东侧和东南侧 100 年一遇设计波浪较大，ESE 向设计高水位对应的 $H_{1\%}$ 为 5.45 m。场地处于潮间带 - 水下岸坡带，分布有礁石，海底标高约 -5.33 ~ 0.47 m；地形总体由西向东，由岸侧向海侧逐渐变深。对人工岛建设产生影响的软土层主要为表层的淤泥，厚度变化较大，为 0.40 ~ 23.50 m，容许承载力为 20 ~ 50 kPa，直剪黏聚力为 7 ~ 13 kPa，内摩擦角为 0.4° ~ 1.5°，渗透系数为 3×10^{-7} ~ 8×10^{-7} cm/s，是人工岛工程需着重处理的软弱土层。淤泥层下主要为中砂、粉质黏土、中粗砂、残积黏性土和风化岩层，可作为较好的持力层。

人工岛整体形状为圆形，但功能岸线不规则，分布有游艇码头岸线、人工沙滩岸线和内河出海口等。按功能分区不同设计护岸和码头结构(图 5 - 84)。

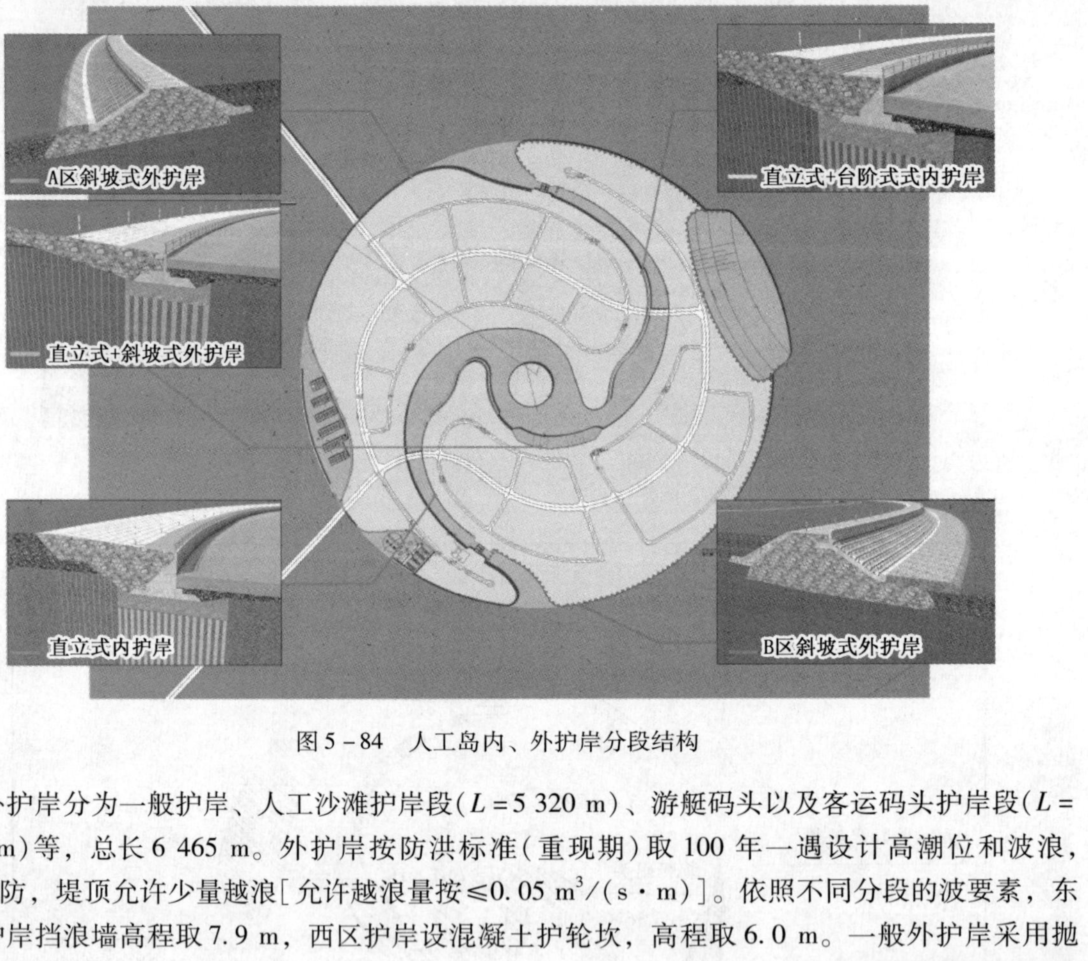

图 5 - 84　人工岛内、外护岸分段结构

外护岸分为一般护岸、人工沙滩护岸段(L = 5 320 m)、游艇码头以及客运码头护岸段(L = 1 145 m)等，总长 6 465 m。外护岸按防洪标准(重现期)取 100 年一遇设计高潮位和波浪，1 级堤防，堤顶允许少量越浪[允许越浪量按≤0.05 m^3/(s · m)]。依照不同分段的波要素，东区外护岸挡浪墙高程取 7.9 m，西区护岸设混凝土护轮坎，高程取 6.0 m。一般外护岸采用抛石斜坡式结构，在淤泥厚度较薄的区域(小于 3 ~ 5 m)采用自重挤淤，淤泥较厚的区域采用爆破挤淤的处理方式。

游艇码头护岸段考虑本地区潮差较大，采用直立式和斜坡式二种护岸结构，设置钢引桥与游艇码头浮桥连接。游艇码头结构采用斜坡式结构(图 5 - 85)，斜坡顶部为现浇台坎，岸侧设置台阶或坡道供人员上下，海侧设置固定连接绞安置钢引桥，钢引桥另一端设置活动绞，沿游艇浮桥横向滑移，以满足不同水位条件下的人员上下。

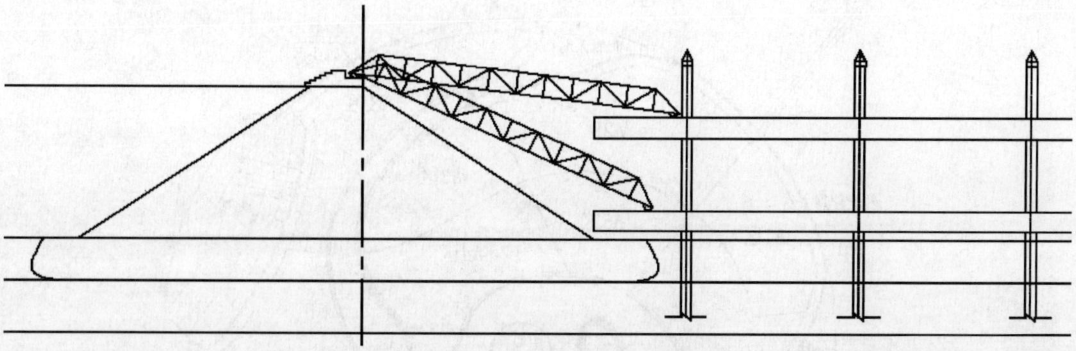

图5-85 游艇码头护岸结构示意

客运码头护岸段采用直立式沉箱结构，对斜坡式结构采用倒开挖，基床整平后安放预制沉箱，上部现浇胸墙，墙后回填块石，码头前沿设置橡胶护舷和系船柱，为满足不同水位下的船舶靠泊和人员上下，胸墙内设置二、三层系缆设施，满足了本地潮差较大条件下的船舶靠泊、人员和货物的安全。

内护岸是指南北出海口水闸之内的、沿人工岛内河道两岸布置的护岸结构，受外护岸及水闸掩护，结构设计侧重于考虑多样性和景观性，内河沿岸分布有滨海居住区、内河文化区和闽南文化区，重点考虑滨水岸线景观空间的开放性和亲水性，体现可游性、可赏性和可参与性。内护岸按3级水工建筑物标准设计，顶高程为4.5 m，内河道底标高为-1.0 m，内河道通航常水位标高为2.5 m，保持通航常水深为3.5 m。内护岸按内河道沿线宽度不同，分段采用直立式、斜坡式和台阶式三种型式，结构采用钢筋混凝土扶壁型式，采用抛石基床和砂桩复合基础。

人工岛实际形成陆域面积为 $149.05 \times 10^4\ m^2$。陆域东高西低，东区陆域平均高程取6.4 m(胸墙顶高程为7.9 m)，西区陆域平均高程取5.4 m(胸墙顶高程为6.0 m)，各区陆域最终设计高程结合区域用地功能和景观建筑要求确定。利用护岸、隔堤将人工岛分成12个子区(图5-86)，分区筑堤和分区回填，按同步交叉、不间断流水作业的原则实施。陆域形成回填料主要来源：工程地点附近的鼎仔内山体有大量可开采的土石方 $1\,500 \times 10^4 \sim 1\,700 \times 10^4\ m^3$，土石比例约为3:7；九龙江提供的砂源，以中、细砂为主；人工岛西侧浅滩挖泥，以满足航道通行和一定水深景观要求，约有 $600 \times 10^4\ m^3$，以超软淤泥质土为主。

东人工岛平均水位以下为吹填挖泥和海砂，以上为回填开山土石料，陆域回填层厚度平均为9.0~14.7 m，天然淤泥层厚度最大超过20 m，总沉降量为1.76~5.75 m，沉降主要由回填层产生。要求建筑物的地基变形值，不应大于地基变形允许值。道路及场地区岛内地基工后沉降不大于500 mm，20 m范围内的差异沉降不大于100 mm，地表承载力80 kPa以上。地基处理普遍采用塑料排水板+堆载预压法(图5-87)，用工程附近大量的砂、开山石料作为良好的堆载材料。

采用可测深的高性能塑料排水板，板芯采用纯新聚丙烯塑料原料生产，无纺布滤膜选用涤纶长纤维热黏无纺布滤膜，滤膜的有效孔径在80~130 μm范围，对排水板施打长度监督采用单导线微波测深式技术。大面积陆域形成和地基处理结束后，对规划路网区采取强夯法加固密实。

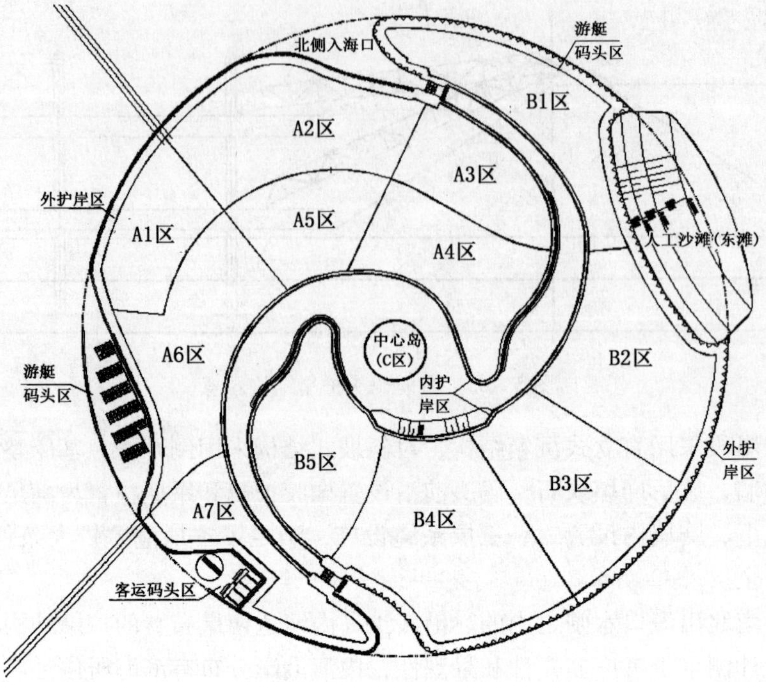

图 5-86 陆域形成分区

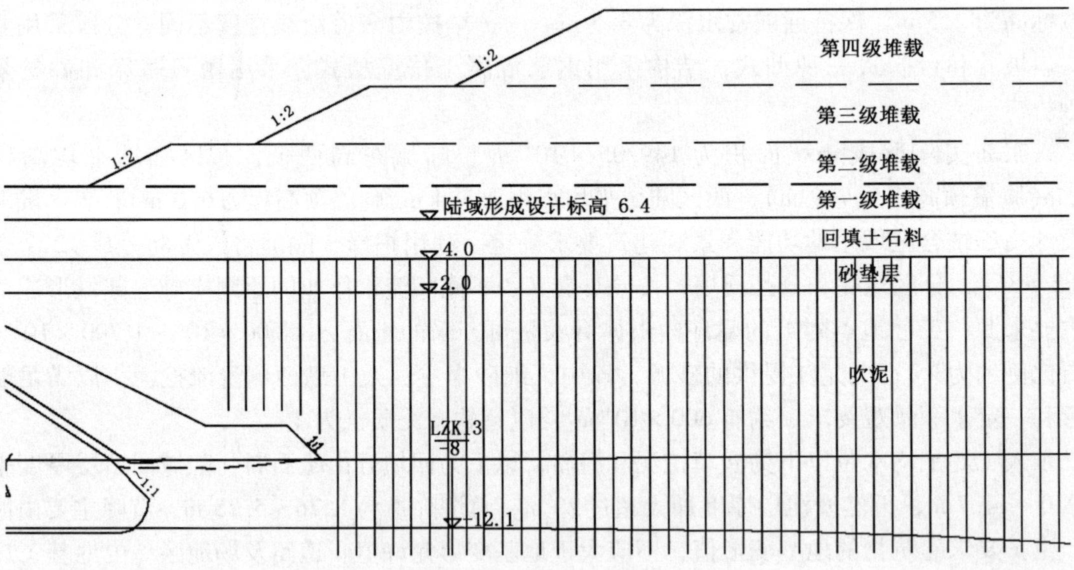

图 5-87 地基处理典型断面示意

5.5 南部沿海典型围海工程

5.5.1 概况

21 世纪以来，随着经济持续快速发展，为适应沿海港口、滨海火力发电、大型临港工业、滨海城市的建设需要，南部沿海地区实施了相当数量的围海工程，分布涵盖广东的韩江口、伶仃洋、黄茅海、北部湾、南渡江口等海域。

图5－88为新津河口、外砂河口不同时期围海状况。1999年经广东省人民政府批准，规划围海总面积5 600亩，其中海域面积2 100亩，陆域面积3 500亩。2006年在新津河口及外砂河口片区，规划围垦滩涂18.95 km^2（整个河口规划可利用滩涂面积24.87 km^2），扩大城市发展空间，将可直接增加城市建设用地17.96 km^2，通过堤路结合，连接沿海交通，带动澄海、南澳等地的快速发展。

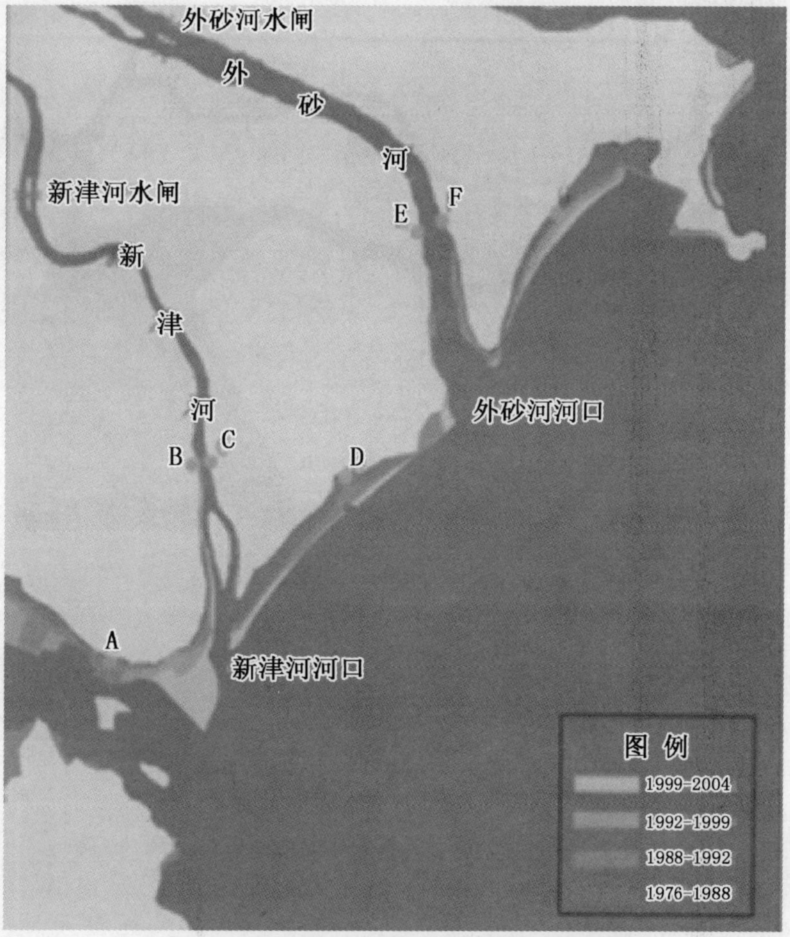

图5－88 新津河口、外砂河口不同时期围海状况

进入珠江三角洲的泥沙年平均超过8 000×10^4 t，其中20%在三角洲网河内沉积，大部分随水流通过八大口门在口外堆积，形成河口滩涂。这些滩涂主要分布在伶仃洋西岸、磨刀门口外浅海区和黄茅海东、西水域。珠江河口滩涂开发利用已有数千年历史。前期主要利用高滩自然成陆，后期则开始采用工程促淤方式开发水下潮滩。近50年来，仅珠海、中山、江门三市及广州番禺区滩涂围填成陆部面积就达480 km^2。图5－89为伶仃洋不同时期围海状况及其河口治导线规划；图5－90为磨刀门水域不同时期围海状况；图5－91为黄茅海不同时期围海状况。

典型工程有深圳大铲湾集装箱港区陆域形成、广州南沙港区陆域形成等；人工岛围海工程有20世纪80年代的澳门机场、90年代的香港机场和近年的港珠澳大桥人工岛工程。

(a)不同时期围海状况

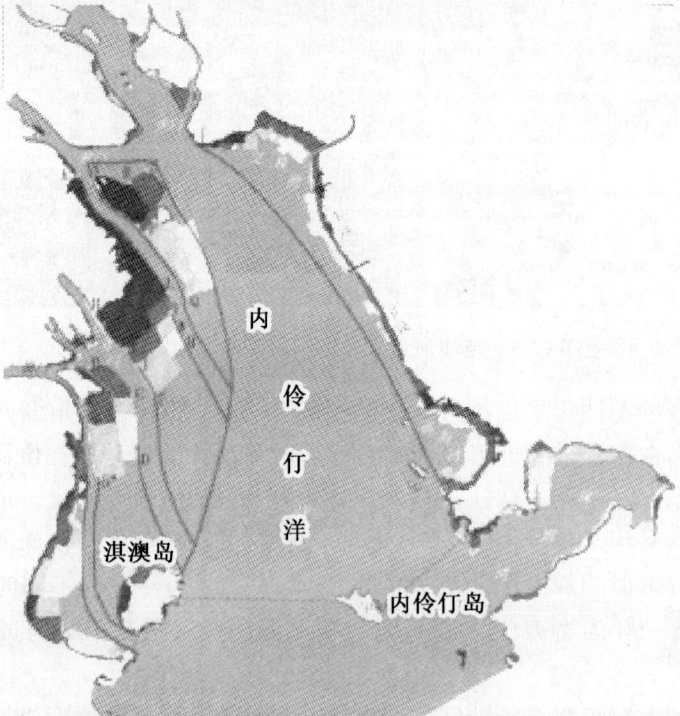

(b)治导线规划

图5-89　伶仃洋不同时期围海状况及其河口治导线规划

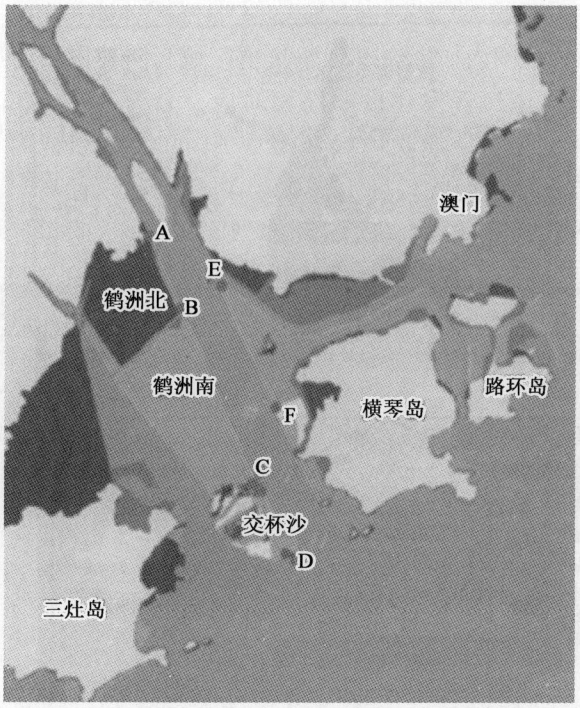

图 5－90　磨刀门水域（1978—2010 年）围海状况

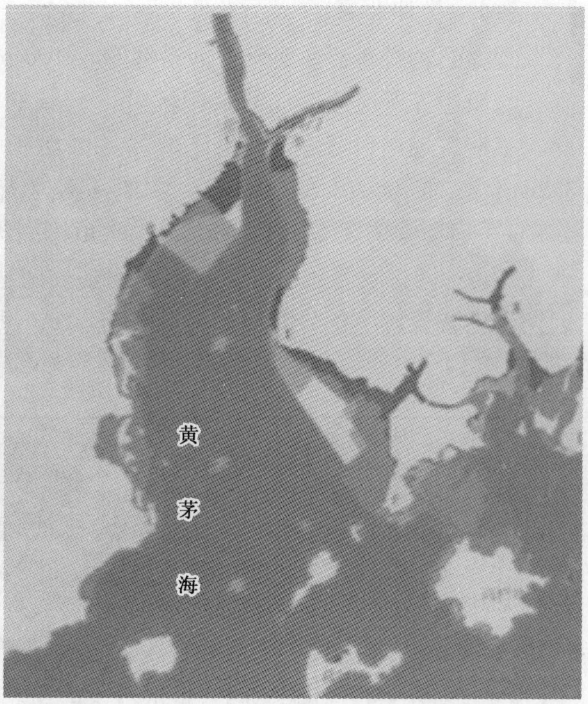

图 5－91　黄茅海、鸡啼门（1978—2010 年）围海状况

5.5.2　深圳大铲湾集装箱港区陆域形成工程

5.5.2.1　工程简况

深圳港大铲湾港区是深圳西部港区的主要集装箱码头区，位于深圳西部大铲湾内，在宝安区西乡街道坪洲接岸，具有优越的建港自然条件和水陆集疏运条件。根据总体实施计划，一期码头工程 4 个泊位，建设期为 2003—2009 年，其中 2 个泊位要求 2007 年完成，并要求相应陆域、港池及进港航道满足开港要求。为满足港区陆域用地需要和一期港池疏浚泥土处理需要，2004 年初开始实施大铲湾港区陆域形成工程，工程采用一次围堤，将一期港池航道疏浚泥土吹填至一期、二期、三期、远期和辅建区。建设围堤总长 19.08 km，疏浚吹填总量 $2\,428.05\times10^4\ m^3$，共形成陆域 486.2 hm^2。工程于 2007 年底完工。

5.5.2.2　工程条件

工程成陆区内滩面平坦，滩面平均标高约为 0.5 m。其中一期正堤的滩面标高较低，约为 －2.0 m。在西乡河、坪洲涌、劳动涌等排水通道入海口处，滩面有冲沟存在，冲沟底标高为 －2 ~ －1 m，局部达 －5 m（西乡河口处）。成陆区外侧水域水底标高为 －6 ~ －3 m，大铲岛以南可达 －10 m。水域受大、小铲岛掩护，水文、波浪条件良好，年作业天数较长。工程设计高水位（赤湾理论最低潮面，下同）2.98 m；设计低水位 0.34 m；极端高水位 4.08 m；极端低水位 －0.36 m。各区围堤的设计波浪重现期为 25 年。工程区表层基本都覆盖有流泥、淤泥两层软土层，流塑状态，广布勘区表层。流泥平均厚度约为 5.2 m，淤泥平均厚度为 3.2 m。下卧土质较好，岩基埋深 －20 m 左右。地震动反应谱特征周期 0.35 s，地震动峰值加速度 0.1g。

5.5.2.3 平面布置

围堤的轴线布置在距码头前沿线80~100 m的范围内(图5-92)。吹填区域为新建围堤与现有陆域边界所连接形成的封闭区域，区域划分与港区开发建设顺序相对应，分为一期、二期、三期、远期和辅建区五块区域。各区面积分别为：一期吹填区90.1×10⁴ m²，吹填标高8.2 m；二期吹填78.5×10⁴ m²，吹填标高为7.0 m；三期吹填区127.0×10⁴ m²，吹填标高为4.5 m；远期吹填区137.1×10⁴ m²，吹填标高为6.5 m；辅建区吹填区53.5×10⁴ m²，吹填标高5.0 m。考虑围堤、疏浚、吹填、地基处理甚至码头工程能交叉同步进行，在一期、三期和远期区内各设置一条分隔堤，将其各分为A、B两个区，即一期A、B区，三期A、B区和远期A、B区。

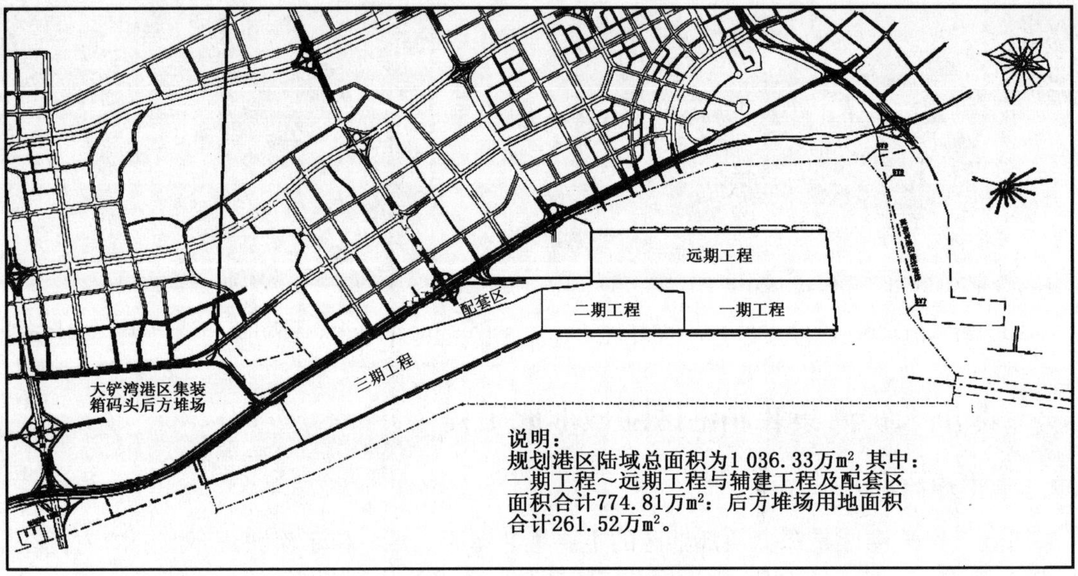

图5-92 工程平面布置示意

5.5.2.4 围堤工程

该工程的围堤属吹填围堰，仅需确保吹填施工至码头完工期间的安全。围堤按港口工程3级建筑物标准，护面结构按25年一遇波浪进行设计。堤顶标高设在吹填标高以上0.5~1.0 m，堤顶宽度除进港道路设计按30 m路面宽度一次形成外，均按单车道4 m设置。外围堤外坡1∶1.5，内坡1∶1.0，内隔堤内外边坡均1∶1。采用袋装砂斜坡堤结构，由两侧小棱体和中间吹填砂堤芯组成。远期及辅建区正堤护面采用30 cm的干砌块石，一期、二期、三期正堤及南、北侧堤护面采用螺母块体结构。一期及其他围堤工程结构如图5-93和图5-94所示。

一期围堤考虑到一期港区码头工期较紧，为满足进度要求，同时确保结构安全，采用清淤换砂方案，将淤泥全部置换为砂，消除软弱夹层，适应临海侧快速成堤、快速吹填、港池开挖的稳定要求；避免防止出现港池内炸礁爆破引发围堤滑坡现象。其他围堤采用通长袋装砂加筋联合排水固结法进行地基处理。采用三至四层通长袋加筋，以提高地基承载力和围堤整体性，同时采用砂被排水板方案，利用堤身自重，逐步排水固结，施工期控制加高速率。

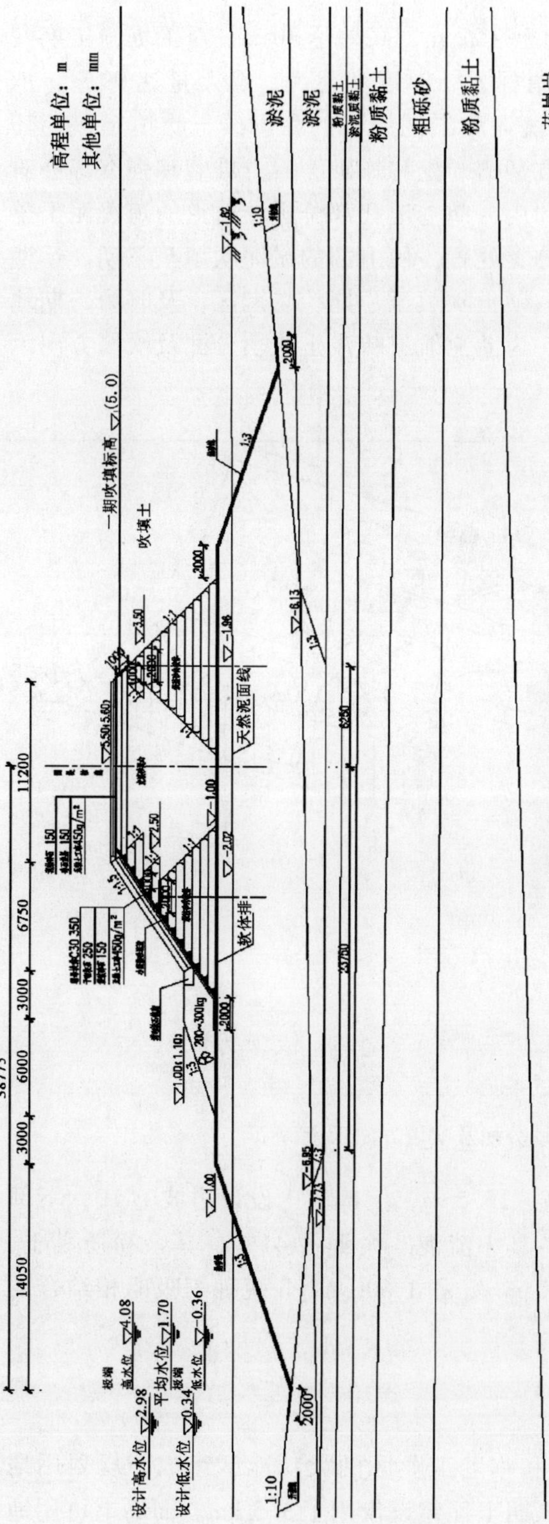

图5-93 一期围堤断面示意

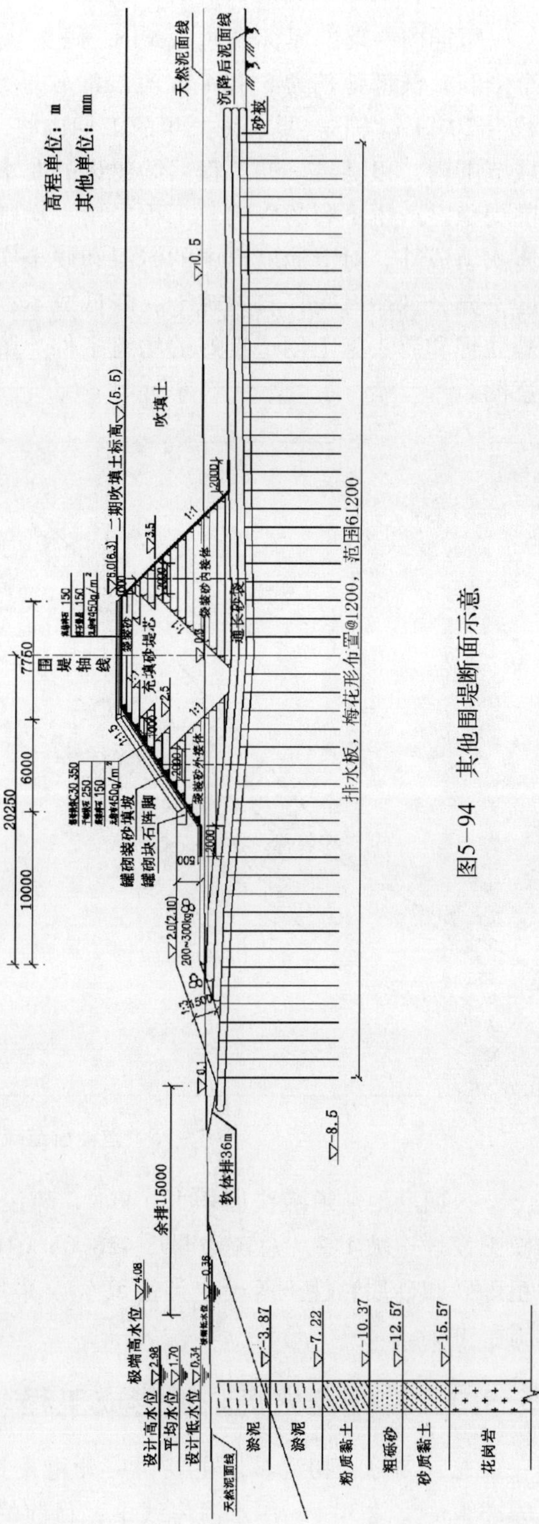

图5-94 其他围堤断面示意

5.5.2.5 疏浚和吹填工程

短期内一期围堤标高达7.5 m，码头基槽开挖至 -22 m，高差达30 m，对围堤施工期安全不利。浅部地基为5~14 m流淤泥软基，力学指标差、厚度变化大，含水量达99%，承载力20 kPa以下。要求在一年的工期内将下卧于流泥和淤泥层下的黏土砂土吹填至一期陆域范围内，以满足一期工程后续建设的要求。前方基槽开挖和炸礁、后方堆载和强夯都会对围堤稳定产生不利的影响。工程采用一次围堰，利用一期港池和部分进港航道的疏浚泥土整体吹填成陆。对港池航道中的淤泥和硬土实现了分类处置，使上部的淤泥吹填至三期、远期区，充分利用时间，自然晾干，降低成本；下部的硬土吹填至一期、二期区，及时为一期地基处理和码头施工创造良好的场地条件。图5-95为港池航道疏浚土吹填分配及吹填方向示意图。

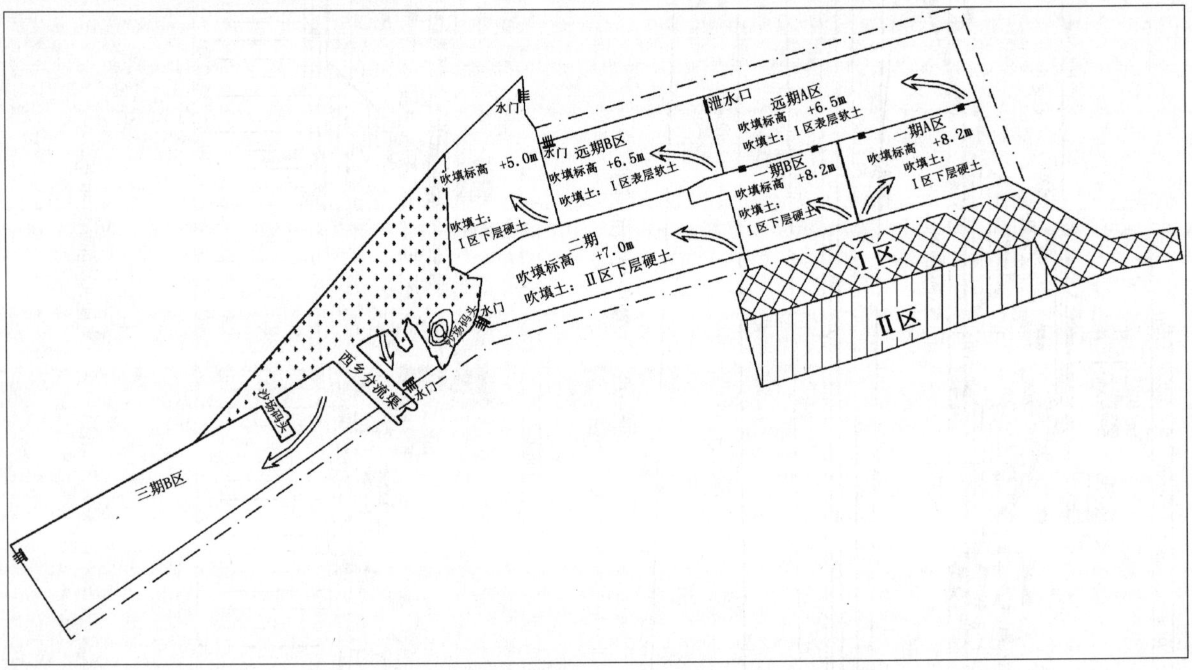

图5-95 港池航道疏浚土吹填分配及吹填方向示意

一期港池航道疏浚面积1.6 km²，疏浚底标高 -15.5 m，上部软土设计边坡1:10，下部硬土设计边坡1:3。总疏浚量2 428.05 × 10^4 m³，其中流泥、淤泥占41%，其余粉质黏土、粗砾砂和砂质黏性土等硬土类占59%。采用2 500 m³/h和1 600 m³/h两种绞吸船相结合的施工方案。

5.5.3 广州龙穴岛陆域形成工程

龙穴岛综合物流基地主要由广州港南沙港区和临港工业区两大功能区组成，规划用地63.3 km²。约30 km深水海岸线中，目前的一、二期工程建设仅用了3.5 km。而岛上可用地还有20 km²以上没有形成陆地，前期工作仍在进行中。

广州港南沙港区一期工程位于南沙龙穴岛，新建4个5万吨级多用途泊位，其设计年吞吐能力为集装箱30 × 10^4 TEU、散杂货160 × 10^4 t；配套建设1 000吨级驳船泊位4个，交通船泊位2个、工作船泊位2个。码头采用顺岸连片式布置，码头岸线长度1 400 m，陆域纵深1 245 m。水工结构采用重力式沉箱结构方案，单个沉箱重2 211 t。港区陆域范围内由于软土深厚，需在吹填后的场地上进行地基加固处理。软基面积约$200\times10^4\ m^2$，采用了真空预压处理工艺，一次性处理完成。该工程于2001年12月底动工，2004年9月建成并试投产。

广州港南沙二期工程地处一期工程码头南侧。新建6个10万吨级集装箱专用泊位及相应配套设施，设计年吞吐能力近期为240×10^4 TEU，远期可达400×10^4 TEU以上，码头岸线长度2 100 m，港区纵深1 300 m，形成陆域面积$224\times10^4\ m^2$。工程主体为119个超过2 000 t的沉箱。工程于2005年2月动工，2007年9月底全面投产。南沙港区出海航道拓宽250 m、浚深至13 m工程同时投入使用，可满足大型船舶双向通航。南沙港区二期工程后方仓储用地陆域形成工程围堰工程围堰总长度约4 556 m，其中外堤围堰长度约2 810 m，分隔围堰长度约1 746 m。护岸围堰及试挖工程陆域场地（南段）软基处理中细砂约为$85.7\times10^4\ m^3$，中粗砂约为$69.55\times10^4\ m^3$。插塑料排水板约1 004.27万延米；真空预压约$44.21\times10^4\ m^2$。水域维护疏浚面积约$220\times10^4\ m^2$，维护疏浚量约$380\times10^4\ m^3$，其中一期工程维护疏浚量约$251\times10^4\ m^3$，二期工程维护疏浚量约$129\times10^4\ m^3$，疏浚土采用二次转吹上岸。

广州中船龙穴岛造船基地位于虎门外珠江右岸、龙穴岛围垦区的东岸线上。工程区原状淤泥平均厚7 m，于2004年12月至2005年12月吹填约4~5 m厚含水量高、承载力较低淤泥。该工程总加固面积$58.49\times10^4\ m^2$，其中土质最差的约$2\times10^4\ m^2$采用真空预压联合电渗法的施工工艺，其余各区均采用传统真空预压工艺。电渗井点深层电渗管深度为6.0 m，布置密度为4 m×2 m，正方形布设；阳、阴极电渗井点间距为4 m×4 m，深度为6 m。结合强夯，工程结束后孔隙比降低了约22%，地基承载力达到87.5 kPa。

5.5.4 香港和澳门机场人工岛工程

5.5.4.1 香港机场人工岛工程

20世纪70年代起，香港政府就新机场选址及规划进行了研究，但由于建筑新机场的费用高昂，计划一直没有落实。直至80年代，启德机场的容量已经接近饱和，搬迁刻不容缓。1989年香港政府公布了香港机场建设计划，在新机场选址及规划研究中，新机场选址包括大埔区吐露港、南丫岛南部以及大屿山赤鱲角。鉴于可发展潜力最大，决定选址于大屿山。

香港国际机场位于大屿山以北的人工岛上，包括原赤鱲角岛、榄洲以及填海所得的土地，总面积为1 248 hm^2。机场设有两条跑道，长3 800 m，宽75 m。第一条跑道启用后，每年可处理旅客5 000万人次及货物400×10^4 t。第二条跑道启用后，每年能够处理的客运量将达8 700万人次，货物吞吐量达900×10^4 t。工程于1992年正式动工，第二条跑道于1999年5月启用。图5-96为其平面图。

工程建于水深约-10 m左右的区域。最初期的填海方式，只是把开发时所产生的沙泥碎石，直接倾倒进海里去。这种方式，造出来的陆地最接近自然海岸。不过，若填海地所处的水流比较急，水流对海岸的冲击，会渐渐侵蚀填海区。香港机场人工岛填海是先用比较稳固的填料在填海范围修筑堤围，然后再把填料倾倒进堆填区内。填海方案为开山回填和围海填砂相结合的方法。

图5-96 香港机场人工岛建成后的卫星照片

5.5.4.2 澳门机场人工岛

澳门国际机场于1989年由澳门政府批准建设，机场选址位于澳门氹仔岛一路环岛东侧的开敞海域，是澳门有史以来最大的建设项目。工程包括人工岛、跑道区及联络桥工程。1992年3月开工，1995年3月竣工。据2007年统计，乘客流量550万人次；货运量180 900 t。

该工程海域平均流速0.7～0.9 m/s，最大波高3.3 m，上部地质土为近代淤积层即上下淤泥层，中部为海相冲积层即软硬黏土层，以下为风化的花岗岩。

机场采用填海方式兴建，占地面积192 hm^2，包括航站区、引桥、跑道区三大部分。跑道长度3 360 m，宽度60 m，标高+6.2 m(平均海面标高)。航站区采用开山和围海填砂相结合的方法，总面积33.75×10^4 m^2，围海面积19.77×10^4 m^2，围堤采用清淤换砂抛石堤结构，场地回填砂后采用排水板进行地基处理。跑道区采用在海中填海形成陆域人工岛形式。人工岛总长3 549 m，北端宽269 m，南端宽381.5 m，陆域面积115×10^4 m^2，由南、北两座联络桥与航站区连接(图5-97)。两座跨海联络桥分别长700 m、1 600 m，宽44 m，为桩基梁板式结构。护岸总长7 770.5 m，抛石斜坡堤结构。其主要工程量包括清淤2 515 m^3，吹填砂3 536 m^3，抛石328 m^3，打设塑料排水板870万延米，预制安装各型钩连块体118 430件，混凝土方量236 643 m^3。跑道、滑行道振冲砂基570 m^3，堆载预压土方207 m^3，跑道混凝上面层31.5 m^2。

跑道区人工岛围堤采用清淤换砂抛石堤结构。场地地基处理采用换填地基法和堆载排水固结法相结合的方案。综合应用全清淤、吹填砂、打设塑料排水板、堆载预压、振冲加固以及振动碾压等多种地基处理技术，处理深达50 m左右的软土地基，消除了90%以上的总沉降量，严格控制了差异沉降，达到了跑道纵横向比降均小于1.5‰的关键要求。联络桥采用PHC大管桩基础梁板结构，并实现了整桩远距离海上安全拖运。在深填土可压缩地基上采用刚性道面。挖泥船采用自行研制开发的“电子图形监控系统”、“水深及高程测量计算机成图系统”和“施工现场计算机指挥调度系统”，实现了全天候高效优质施工。

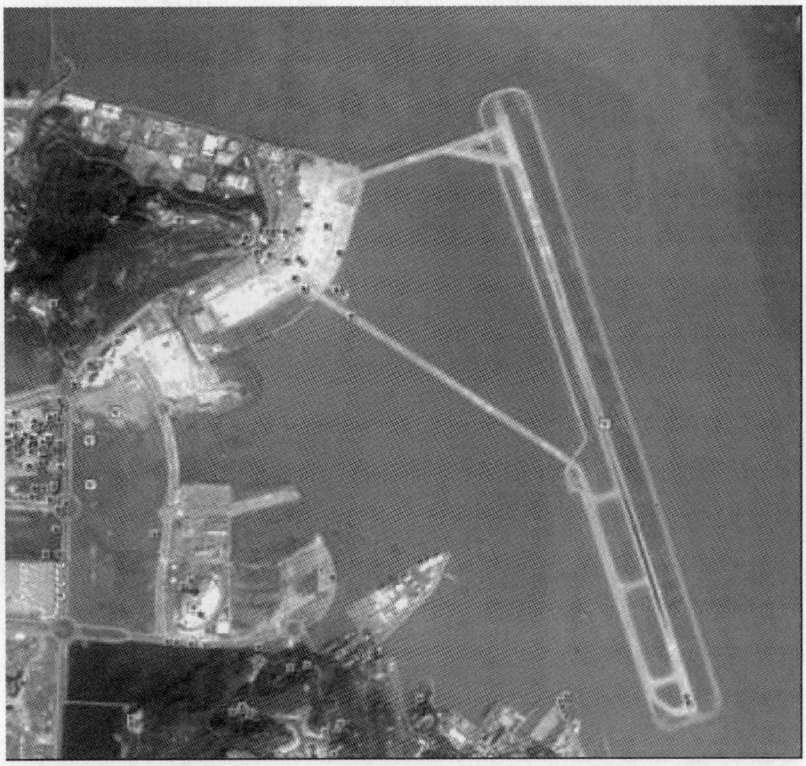

图 5－97　澳门机场人工岛建成后卫星照片

5.6　北部湾围海工程

5.6.1　概况

北部湾湾口朝南开敞，自湾口顺时针方向环湾陆域分别为越南、广西、广东和海南。其中，广西北部湾海岸线西起北仑河口，东止洗米河口，长约 1 629 km，沿岸分布有广西三大海港——防城港、钦州港和北海港。20 世纪 80 年代以前，广西北部湾海域围海主要用于渔业养殖、盐业及农业，之后主要用于港口建设和临港工业建设。

北部湾海域潮汐以全日潮为主，一般一个月内有超过 20 天只出现一次涨、落潮过程，6 ~ 8 天每天出现两次涨、落潮。自西往东潮差逐渐增大，防城港历史最大潮差约 5.39 m，铁山湾石头埠站最大潮潮差可达 6.25 m。开敞海域一般涨潮历时长于落潮历时，落潮流速大于涨潮流速；个别岸形呈束窄状的口门区，涨急流速大于落急流速，如钦州湾的龙门水域；潮波往内湾传播时，受局部地形及径流影响，存在强弱不等的潮波变形情况。

沿海自西往东有北仑河口、珍珠湾、防城湾、钦州湾、大风江口、廉州湾、铁山湾等海域或河口，入海河流一般径流量不大，相对较大的仅有防城河、茅岭江、钦江，其年输沙量分别为 23.7×10^4 t、31.9×10^4 t、27.0×10^4 t。各海湾均有拦门沙存在，20 世纪 80 年代以前的防城湾拦门沙水深仅约 3 m；钦州湾湾口是三槽两滩，西水道和中水道的拦门沙水深分别约 4 m 和 3 m；铁山湾是东、西两槽错槽格局，西槽为涨潮沟，东槽为落潮沟，落潮沟拦门沙水域水深仅约 2 m。拦门沙沙体均属沙质，泥沙来源并非现代河口输沙引起，而是最后一次海侵淹没的台地或古河口泥沙堆积体，是数千年的风浪潮流共同作用下形成的动力平衡带。拦门沙水深不足5 m，内湾滩涂十分广阔，且5 m以浅水域绝大部分属沙质浅滩，围海造地成本低廉。广西沿海水浅，流弱，浪小，沙粗，具有良好的围填开发前景，也易引起海湾环境恶化。20世纪80年代以前珍珠湾西侧的京族三岛因围海造地变成为接岸的人工半岛，现在正研究复岛工程方案。

5.6.2 铁山湾围海工程

铁山湾地处北部湾东北部顶端，港湾形似指状，湾口朝南敞开，呈喇叭状(图5-98)。口门宽32 km，全湾岸线长约170 km，其中人工海岸约70 km。海湾面积约340 km^2，其中滩涂面积约26万亩。海岸以沙质为主，内湾湾顶局部有基岩海岸分布，泥质海岸相对较少，红树林海岸有一定的分布。

铁山湾是广西沿海开发历史较早的一个港湾，早期开发以水产养殖及盐业为主，其中合浦珍珠的开采历史超过4 000年，盐业也有2 000年的历史。铁山港(古称永安港)就是合浦古港口之一，汉代合浦是"海上丝绸之路"的一个商港，古港口的埠头是在湾中部西岸的石头埠，新中国成立后，在古港基础上扩建形成现在的石头埠港口。早期的滩涂养殖业发展并没有大规模的围海工程，盐业发展有过一定的围海。20世纪50年代以后铁山湾共有三个国营盐场，其中，榄子根盐场和白沙头盐场是在老盐场基础上扩建，北暮盐场是1951年围垦建场。1988年统计三个盐场面积为1 054 hm^2，其中，生产面积为871 hm^2。

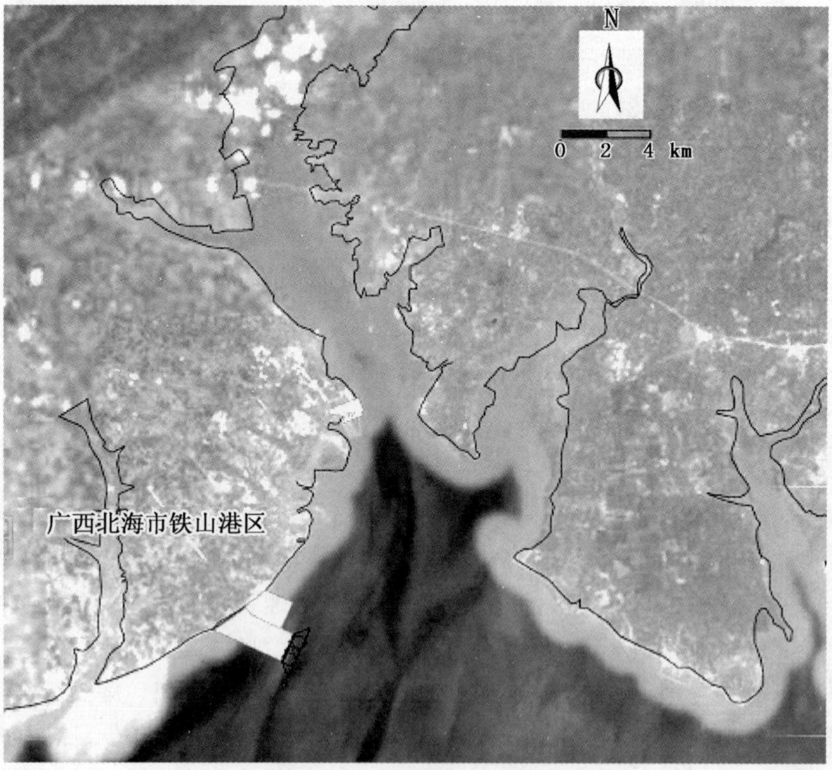

图5-98 铁山港现状图

石头埠港占用岸线约300 m，码头为浆砌石顺岸式，基本没有围海；沙田港是1985年建成，码头长仅50 m，也没有明显围海；1992年前后，营盘渔港建设有少量围海；1995年建设北海电厂时在铁山湾中部的内湾口附近进行了小范围的围海造地；之后，直到国际港务集团的1—4号泊位工程建设才开始在铁山湾西岸进行较大规模的围海工程。其中1—2号泊位工程于2007年7月开工，2009年8月投产，后方围海造地工程按1—4号整体考虑，但3—4号后方局部保持原状，以便于其泊位施工。1号、2号泊位码头工程位于北海市铁山港区兴港镇，西北距北海电厂5.4 km。建设规模为2个10万吨级通用泊位，设计吞吐量820×10^4 t/a。该处海底地形开阔，地面自海岸缓缓外倾，高程-15.82~0.89 m。码头陆域宽590~625 m，陆域纵深571~606 m，总面积357 470.8 m^2。码头结构采用重力式沉箱结构，主要水工建筑物为钢筋混凝土沉箱，沉箱安装在抛石基床上，沉箱顶部现浇轨道梁和胸墙。泊位南北侧岸坡进行护坡处理，护岸长度568 m，护坡采用斜坡结构，坡比为(1:3)~(1:1.5)，护坡堤芯采用抛理块石或大型编织袋装砂，水位3.0 m高程以下护面结构施工采用抛理块石或四脚空心方块护面，3.0 m高程以上采用浆砌石护面。3—4号泊位工程于2010年11月开始基槽开挖，码头工程于2012建成。5—12号泊位工程及其后方围海工程将陆续开展。

铁山湾的港口总体规划从2005年开始研究，确定的规划思路为近期港口的开发建设仍依托涨潮潮沟进行，待远期开发中间沙时再打通落潮潮沟拦门沙航道。规划方案于2010年得到广西壮族自治区人民政府批复(图5-99)。

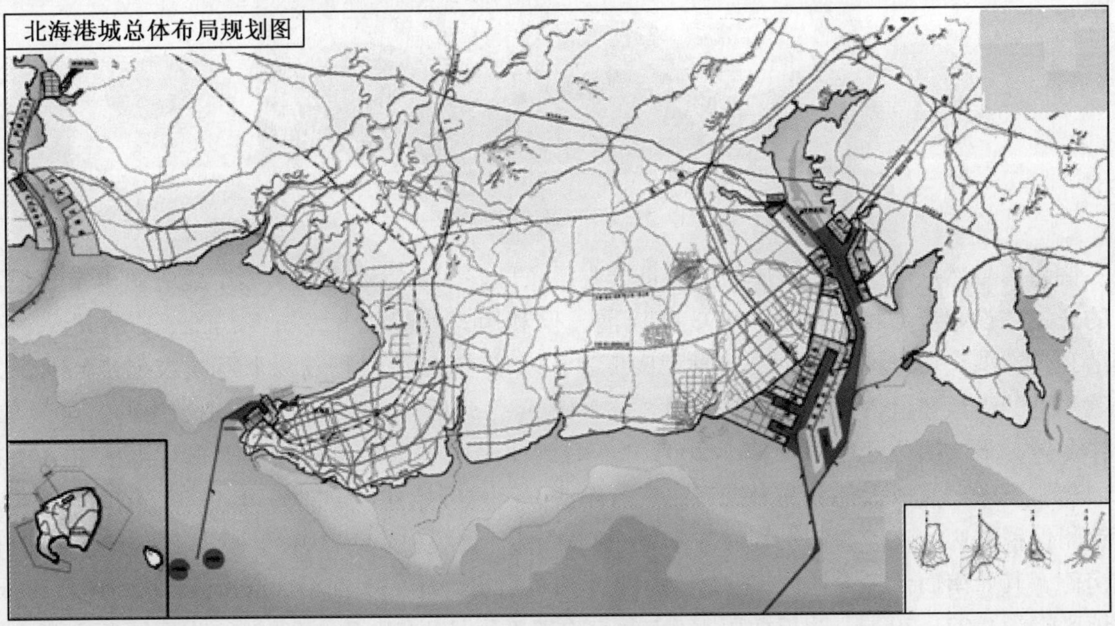

图5-99　铁山港规划围海工程示意

5.6.3 钦州湾围海工程

钦州湾位于广西沿海中部，由内湾(茅尾海)和外湾(钦州湾)所构成，中间狭窄，两端宽阔，东、西、北三面为陆地所环绕，湾口朝南(图5-100)。钦州湾湾口宽约29 km，海湾纵深39 km，海岸线总长约336 km，海湾面积380 km^2，其中滩涂面积为200 km^2。

据1987年统计资料，港湾及附近沿岸滩涂面积达28 400 hm^2，其中泥滩面积最大，为9 800 hm^2，约占滩涂总面积的34.1%；其次为淤泥滩，面积约8 953.3 hm^2，占31.5%；第三为沙滩，面积6 893 hm^2，占24.3%；第四为红树林滩，面积为2 073.2 hm^2，占7.3%；岩滩最少，约为 713.3 hm^2，仅占 2.5%。到 1987 年止，周边沿岸乡镇和犀牛脚国营盐场已围垦滩涂约 1 546.7 hm^2，用于种植业 633.3 hm^2，养殖业 326.7 hm^2，盐业 586.7 hm^2。

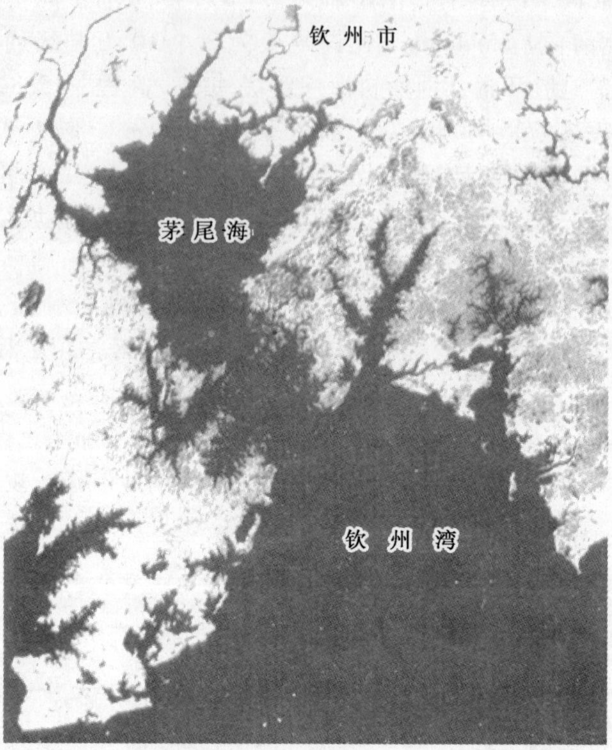

图 5－100　钦州湾形势

钦州湾虽然水域宽阔，地质条件优良，避风条件好，适宜建港的天然岸线资源丰富，但港口的开发建设起步却相对较晚。1993 年以前，仅利用天然岸线开发有龙门港、企沙港、犀牛脚港和勒沟港，均以渔港为主，开发程度低。1994 年始在勒沟建成两个万吨级起步码头，之后钦州港的港口建设进入了快速发展期，至 2008 年已先后建成勒沟、果子山、鹰岭、金鼓江 4 个作业区，最大泊位达 10 万吨级。2008 年 5 月钦州最大的填海港区——大榄坪港区进入快速发展期，至今已完成大部分围海工程，三墩作业区已也开始建设。2009 年 11 月至 2011 年 4 月对钦州保税港区的二、三期工程后方陆域进行了围海吹填（图 5－101）。吹填区位于一期工程东南侧，其西南面位于大榄坪作业区 3—11 号泊位后方，距码头前沿 300 m，长度2 163.50 m，吹填区纵深 2 271.70 m，吹填面积 466 hm^2，吹填工程量 3 801.7 $\times 10^4$ m^3。吹填区东、南面及西南面靠海侧进行岸坡防护处理，护岸建设总长 4 916.8 m。护岸护面采用干砌块石（花岗岩）护面，水下（2.0 m 标高以下）抛理块石（花岗岩）护脚。

钦州湾的港口建设及临港工业围海工程规划如图 5－102 所示，钦州湾内湾的滨海新城规划、外湾的老人沙和伞沙港区、湾口的企沙东港区和三墩外扩等的围海工程，目前正在组织设计。

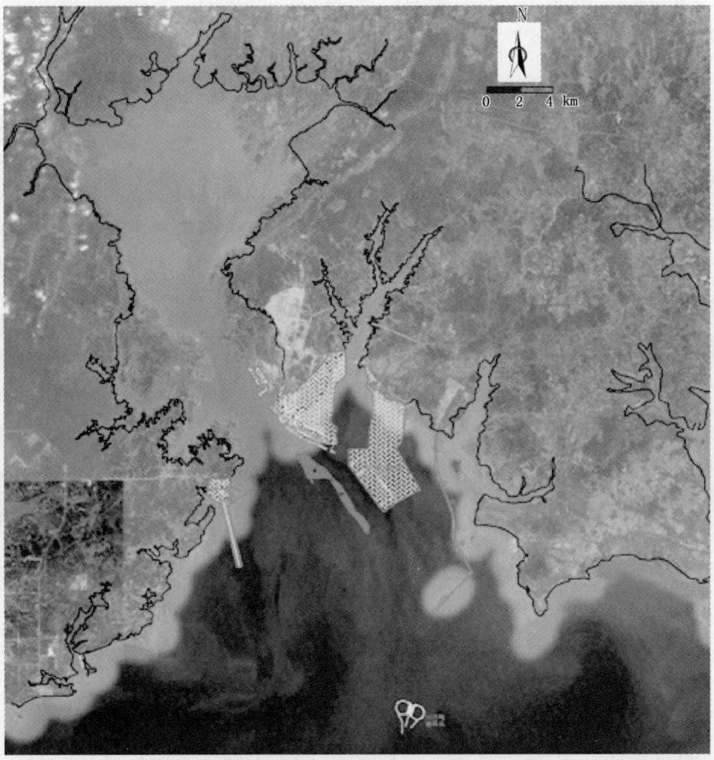

图5－101 钦州湾现状示意

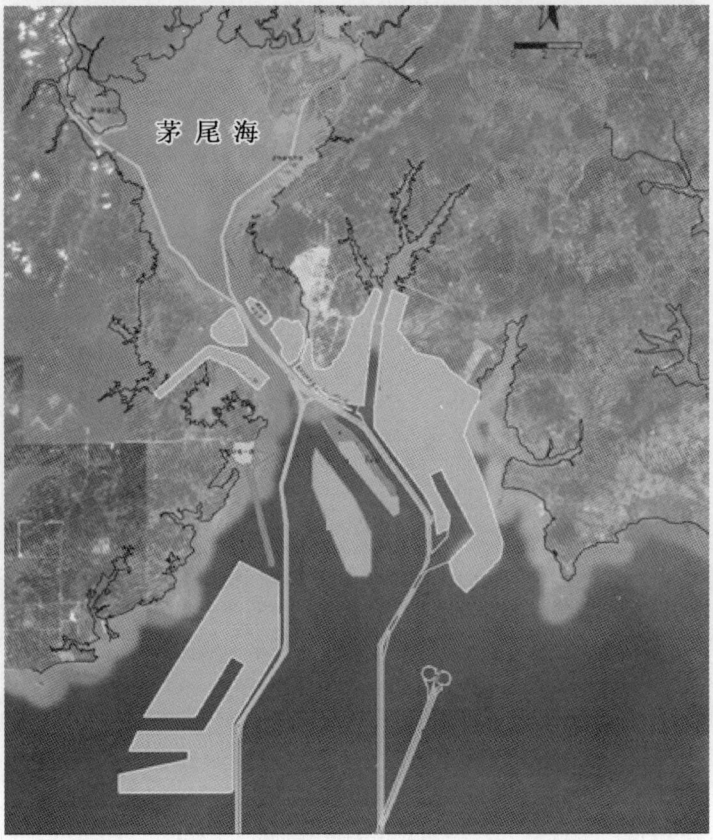

图5－102 钦州湾的港口建设及临港工业围海工程规划

5.6.4 防城湾围海工程

防城湾湾口朝南，口门东是企沙半岛，西为白龙半岛，北有丘陵环绕。NE—SW 走向的渔沥岛将海湾分隔为东、西两个内湾。湾口宽度约 10 km，海域面积约 115 km^2，该海域大部分海域水深较浅，滩涂宽阔，据 1987 年统计资料，港湾及附近沿岸滩涂面积达 17 700 hm^2，其中沙滩面积最多，为 53.10%，沙泥滩占 24.86%，红树林滩占 12.39%，淤泥滩占 6.97%，岩滩最少，仅占 2.67%。20 世纪 80 年代末，沿岸已围垦滩涂 1 049.1 hm^2，用于种植业 374.7 hm^2，养殖业 334.1 hm^2，盐业 144 hm^2。

图 5－103 给出了 1980 年以前防城港西湾南部水域围海区域示意图，历史上曾出现过一定的滥围现象。南部有一道人工堤坝，堤坝南侧仍可见格状区块，为早先的盐场或虾塘；格状区块间有潭蓬古运河，防城港西湾与珍珠湾的沟通也被堤坝隔断。图 5－104 所示防城河入海水道原有三汊，长榄岛与西岸的连岛堤封堵了水道西汊，与洲墩岛之间的连岛堤坝几乎封堵了防城河入海中汊水道。这种连岛堤坝破坏了西湾北部水域的动力环境，两头龙附近原本美丽的白沙滩逐渐覆盖上了厚厚的黑臭淤泥，中水道两侧也逐渐被淤泥覆盖。

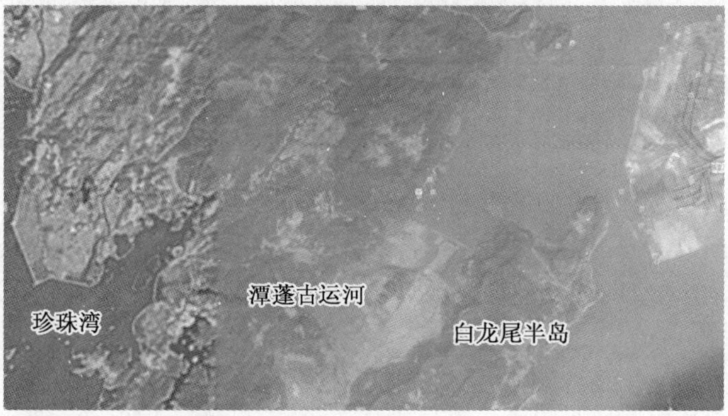

图 5－103 防城港西湾南部早期围海工程

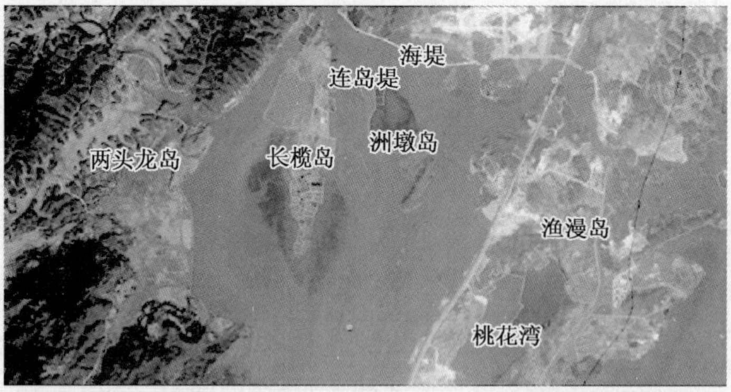

图 5－104 防城港西湾北部的早期滥围堤坝

近期 30 年防城湾的围海工程与港口和临港工业建设发展过程有着紧密的联系(图 5－105)。

1973—1986 年依托渔沥岛南端向西和向南圈围岛礁先后建成 7 个万吨级泊位，渔沥岛新岸线距牛头岭约 950 m。1991—1992 年，按 3—7 号码头前沿线走向向西南延伸，围填大独石(顶面高程约理论基面上 1.1 m)水域形成后方堆场建成第 8 号泊位，码头前沿线至牛头岭间的距离进一步缩窄为500 m左右。嗣后，渔沥岛继续往东南侧有小范围填海筑陆，1996—1999年，建成9号、10号泊位，至此，牛头岭与渔沥岛之间的潮汐通道最窄处仅约426 m。8号和9号码头前沿线形成折角，自9号泊位起，码头前沿线折向东南，与进港航道基本平行。2003年7月至2004年1月完成11—12号泊位后方吹填；2005年12月至2006年7月完成20万吨码头后方陆域吹填；2006年11月至2008年2月完成13—17号泊位后方吹填；18—22号泊位后方吹填陆域工程于2008年5月开工，于2010年2月完工。

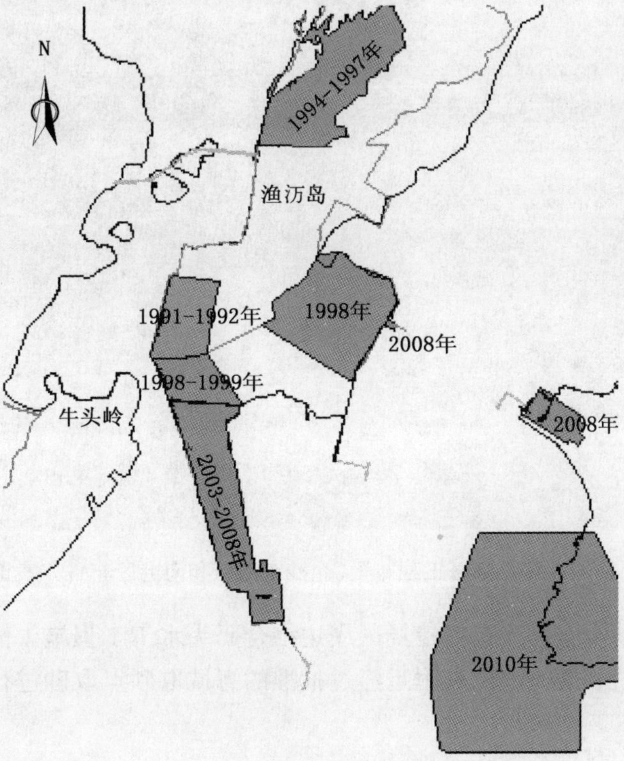

图5－105 防城湾近30年围海区域示意

因防城港城市用地的需要，1994—1997年间配合高速公路建设，围填了西湾的桃花湾水域，桃花湾围填引起西湾纳潮量显著降低。

渔沥岛岸形随着港口向西、向南发展的同时，向东也有所扩张，2004年6月开工建设东湾口液体化工码头，2006年年底建成投产，其后方陆域约于1996—2006年之间形成。液体化工码头北侧陆域于1996年已形成较大范围，1998年继续向东形成了昌润突堤和局部围填区。渔沥岛向东的发展，使得企沙半岛的赤沙陆域至渔沥岛新岸线之间的距离局部缩窄到2.8 km左右。防城港火电厂建设向西填海400 m之多，最大填海堤长约478 m，使赤沙段断面的水域宽度仅约2.5 km。2012年东岸的防城港第四港区和第五港区也已开工建设或即将开工建设，昌润突堤将被拆除，东湾通道赤沙段水域宽度可增加约360 m，达2.8 km以上。

防城湾西侧的企沙半岛规划为工业半岛，近年的建设步伐加快，继防城港电厂建成后，先后建立了钢铁基地、核电、大型冶炼工业(金川)工程。核电布置在企沙半岛的东岸，围海等海工建筑物在钦州湾内；金川项目围海工程主要布置在企沙半岛南侧水域，现在还没有开工；钢铁基地有近9 km^2的围海工程布置在防城湾的湾口区，2010年已完成围海工程。

防城港的港口规划在2004年得到了交通运输部和广西壮族自治区人民政府联合批复，2012年对防城港的港口总体规划修编稿进行了评审。规划围海工程布置如图5－106所示，图中内湾的围填海区域可能会在近几年内部分实施；湾口外的企沙东港区已作为防城港市2012年重点工程，企沙南港区已有金川码头工程起步在即。

图5-106　防城港规划围海工程布置（企沙东港区和南港区布置方案正在研究中）

防城湾围海工程基本上是先在拟建场区周边结合码头水工工程施工修筑围堤结构，形成掩护条件后，利用港池、基槽疏浚土和附近经过批准的海域取砂点取砂进行吹填造陆，并对软土地基进行处理。

（1）403—407号泊位

防城港403—407号泊位位于已建20万吨码头岸线北端与已建东湾液体化工码头岸线南端的连线上。工程建设规模为两个10万吨级和三个5万吨级多用途泊位。建设场地位于暗埠江入海口区域，为近岸浅海，地面高程为-11.49～-2.15 m，地势较平缓，地面均被海水淹没，为滨海-浅海带，属浅海地貌。码头前沿陆域宽1 751 m，陆域纵深568～758 m，总面积1 224 345 m^2。码头陆域分为码头生产区（码头前沿作业区和堆场）和生产管理区。

码头结构采用重力式圆筒码头结构，水工建筑物主要为钢筋混凝土圆筒，圆筒筒体外径为20～21 m，圆筒安装在抛石基床上，圆筒顶部现浇卸荷板和胸墙。泊位南北侧岸坡进行护坡处理，护岸长度848 m，护坡采用斜坡结构，坡比为(1:2.5)～(1:3)，护坡堤芯采用抛理块石或大型编织袋装砂，护面结构施工水位2.0高程以下采用抛理块石或四脚空心方块护面，2.0 m高程以上采用浆砌石或四脚空心方块护面。

（2）钢铁基地围海工程

防城港钢铁基地项目布置在防城湾东湾湾口的东侧、企沙半岛的东南侧，围填海区南北长3.8 km，东西宽2.5 km，总面积约9 km^2，填海区域大部分属于海滩滩涂，平均标高在0.00 m左右。项目完成以后将企沙东南侧原有海岸线向东推移2.0 km，向南推移1.6 km，项目围填岸坡距对岸渔沥岛20万吨级码头前沿线2 088 m。

该工程大部分填海位于东湾口门以外，对东湾的纳潮量并未带来大的影响，项目的实施缩窄了防城湾东湾的口门，东湾口门处落潮流速大于涨潮流速的特性仍然不变，湾口附近大部分区域的涨、落潮动力有所增加。采用海上吹填和陆域回填相结合的方式，吹填利用港池及航道疏浚土方，回填利用钢铁项目陆域挖方。陆域形成工程采用先围堰再吹填的方法施工，同时在吹填区设隔堰增加吹填物的流径，促进泥沙沉淀。

陆域形成四周设置护岸防浪结构，南侧护岸堤芯采用抛填块石结构，东侧护岸堤芯采用袋装砂结构，堤顶设防浪墙，岸坡外侧设混凝土块体（扭王字块或四角空心方块）护面，护岸安全等级按50年一遇标准设计。护岸结构典型断面如图5－107所示。

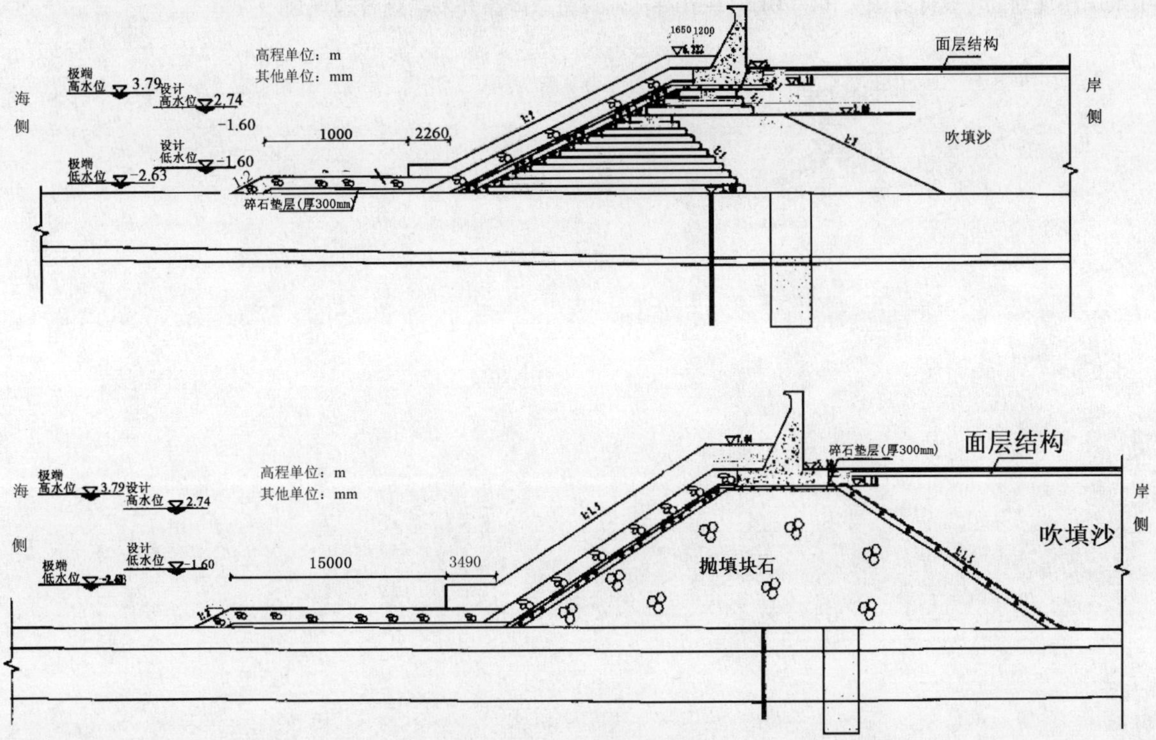

图5－107　护岸断面示意

参考文献

陈学良，马兴华．2005．土工合成材料在长三角地区堤坝工程中的应用．产业用纺织品，(3)．

胡明华，俞炯奇．2008．海堤闭气土方加速固结应用技术研究．浙江水利科技，(3)．

江炳茂，黄东海，蒋基安．2010．软基围海工程中的袋装砂围堤边坡稳定影响分析．水运工程，(5)．

李加林，王艳红，张忍顺，等．2006．潮滩演变规律在围堤选线中的应用—以江苏辐射沙洲内缘区为例．海洋工程，24(2)：100－106．

陆小村，李忠林．2006．东海塘围涂工程北片龙口设计优化．浙江水利科技，(4)．

南京水利科学研究院．2012．深圳西部沿海围填工程水动力环境影响研究．

上海国际航运中心洋山深水港区一期工程论文集．2006．北京：人民交通出版社．

上海航道勘察设计研究院．2000．连云港港7万吨级航道扩建工程配套围堤吹填工程设计．

上海水利工程设计研究院，上海勘测设计研究院．2006—2008．上海青草沙水库工程设计．

上海水利工程设计研究院．2003—2004．上海南汇东滩圈围四、五期工程设计．

徐承祥，俞勇强. 2003. 浙江省滩涂围垦发展综述. 浙江水利科技，(1).
徐瑞宝，张嘉华. 2006. 深厚淤泥软基的爆破挤淤施工. 水运工程，(6).
严恺，等. 1992. 中国海洋工程，南京：河海大学出版社.
中国水运工程建设技术. 2003. 北京：人民交通出版社.
中交上海航道勘察设计研究院有限公司. 2007. 连云港港25万吨级矿石码头陆域形成工程设计.
中交上海航道勘察设计研究院有限公司. 2006. 南通港洋口港区人工岛工程设计.
中交上海航道勘察设计研究院有限公司，上海水利工程设计研究院，上海市政工程设计研究院. 2003—2007. 上海横沙东滩促淤圈围一、二、三、四期工程设计. 上海：中交上海航道勘察设计研究院有限公司.
中交上海航道勘察设计研究院有限公司. 2007—2010. 天津临港工业区二期围海造地工程设计.
中水珠江规划勘测设计有限公司. 2012. 珠江韩江河口海岸滩涂开发治理管理规划.

第6章

能源设施海域工程

6.1 概述

涉及海域工程的沿海能源设施主要有核电、火电、海洋能、风能、太阳能等工程。

6.1.1 核电能

核电作为清洁能源，随着国家核电发展政策从“适度发展”调整为“积极发展”，核电中长期发展规划的目标初步定为“到2020年的核电发展规划为装机容量4 000 $\times 10^4$ kW，在建1 800 $\times 10^4$ kW”，核电建设的速度将会加快。

我国核电站选址工作始于20世纪70年代，秦山核电厂一期工程1985年开始建设，1991年建成并投入运行；大亚湾核电厂1987年开始建设，1994年建成并投入运行。截至2012年，全国共有18台运行核电机组，23台在建核电机组，包括秦山核电基地1台30 $\times 10^4$ kW级压水堆型机组、4台60 $\times 10^4$ kW级压水堆型机组和2台从加拿大引进的70 $\times 10^4$ kW级重水堆型机组；广东大亚湾核电基地2台从法国引进的百万千瓦级压水堆型机组、4台在大亚湾核电厂基础上改进的机组；江苏田湾核电厂2台从俄罗斯引进的百万千瓦级压水堆型机组；浙江三门和山东海阳在建的4台从美国引进的百万千瓦级非能动压水堆型机组；广东台山在建的2台从法国引进的170 $\times 10^4$ kW级压水堆型机组(EPR)；辽宁红沿河、浙江方家山、福建宁德和福清、广东阳江和广西防城港已运行和在建的18台在岭澳3号、4号机组基础上进一步改进的自主设计百万千瓦级压水堆型机组；海南昌江正在建设的2台以秦山第二核电厂3号、4号机组为参考的60 $\times 10^4$ kW级压水堆型机组。截止2012年底，我国发电装机总容量达到11.44 $\times 10^8$ kW，其中核电1 257 $\times 10^4$ kW，装机比例占1.1%。已建和在建核电站分布及基本情况见图6－1和表6－1。

2011年日本地震海啸对核电站的影响引起世界各国的重视，我国从2011年3—12月，对全国41台运行、在建核电机组，3台待建核电机组以及各民用研究堆和核燃料循环设施进行了综合安全检查。检查结果表明，我国运行和在建核电机组基本满足我国现行核安全法规和国际原子能机构最新标准的要求，安全和质量是有保障的。按照国家对核电规划安排，2012年年底前，将根据调整后的地震区划图，完成对所涉及研究堆的抗震校核及必要的改造工作，并重新优化其运行管理程序；2013年底前，将结合各核电厂可能遭遇水淹情况的评估结果，落实各核电厂防水淹措施；2015年底前，开展外部事件概率安全分析。

2005年底前，仅华东地区火电厂新增装机容量就达490 $\times 10^4$ kW，增加水运煤量1 000 $\times 10^4$ t。“十一五”期间，长三角火电厂约有1 907 $\times 10^4$ kW电建项目，电煤运输量达5 000 $\times 10^4$ t以上。2006年我国沿海主要港口煤炭吞吐量是1995年的3倍。这些都说明近十年我国火电的需求大，发展快，但其海域工程规模一般不大，除温排水工程外，与其他海岸工程相比差异也不大。

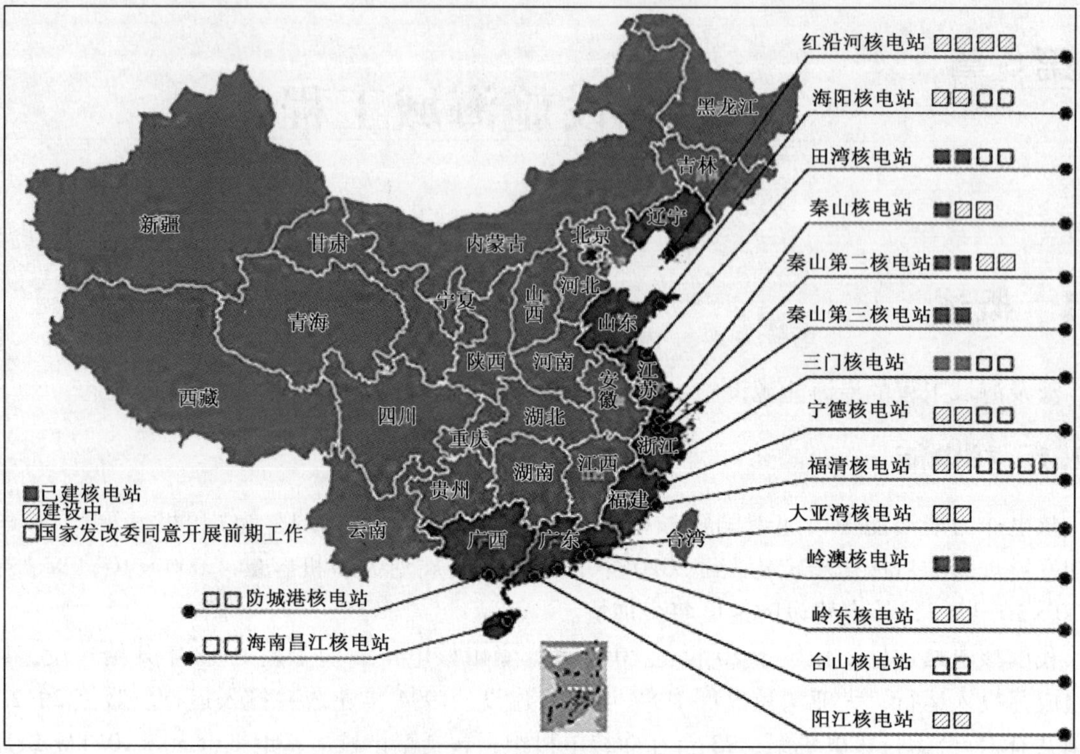

图 6－1 我国已建和在建核电站位置(2012 年年底统计资料)

表 6－1 我国已建和在建核电站核电厂基本情况

核电厂名称		堆型	额定功率/MW(e)	开工日期
浙江秦山核电厂		PWR	320	1985－03－20
广东大亚湾核电厂	1 号机组	PWR	2×984	1987－08－07
	2 号机组			1988－04－07
浙江秦山第二核电厂	1 号机组	PWR	4×650	1996－06－02
	2 号机组			1997－03－23
	3 号机组			2006－04－28
	4 号机组			2007－01－28
广东岭澳核电厂	1 号机组	PWR	2×990	1997－05－15
	2 号机组			1997－11－28
	3 号机组		2×1 000	2005－12－15
	4 号机组			2006－06－15
浙江秦山第三核电厂	1 号机组	PHWR	2×728	1998－06－08
	2 号机组			1998－09－25
江苏田湾核电厂	1 号机组	PWR	2×1 060	1999－10－20
	2 号机组			2000－09－20

续表

核电厂名称		堆型	额定功率/MW(e)	开工日期
辽宁红沿河核电厂	1号机组 2号机组 3号机组 4号机组	PWR	4×1 080	2007-08-18 2008-03-28 2009-03-07 2009-08-15
福建宁德核电厂	1号机组 2号机组 3号机组 4号机组	PWR	4×1 080	2008-02-18 2008-11-12 2010-01-08 2010-09-29
福建福清核电厂	1号机组 2号机组 3号机组 4号机组	PWR	4×1 080	2008-11-21 2009-06-17 2010-12-31 2012-11-17
广东阳江核电厂	1号机组 2号机组 3号机组 4号机组	PWR	4×1 080	2008-12-16 2009-06-04 2010-11-15 2012-11-17
浙江方家山核电厂	1号机组 2号机组	PWR	2×1 080	2008-12-26 2009-07-17
浙江三门核电厂	1号机组 2号机组	PWR	2×1 250	2009-04-19 2009-12-15
山东海阳核电厂	1号机组 2号机组	PWR	2×1 250	2009-09-24 2010-06-20
广东台山核电厂	1号机组 2号机组	PWR	2×1 750	2009-11-18 2010-04-15
广西防城港核电厂	1号机组 2号机组	PWR	2×1 080	2010-07-30 2010-12-28
海南昌江核电厂	1号机组 2号机组	PWR	2×650	2010-04-25 2010-11-21

6.1.2 海洋能

海洋能是海水运动过程中产生的可再生能，主要包括潮汐能、波浪能、潮流能、海流能、盐差能和温差能等。我国拥有丰富的海洋能资源，其中沿海理论波浪能年平均功率超过 1.3×10^{7} kW，潮汐能理论估算值为 10^{8} kW 量级，海流能年平均功率理论值为 1.4×10^{7} kW。舟山群岛一带是世界上海洋能功率密度最大的地区之一；温差能的年平均功率约为 1.5×10^{8} kW，其中99%在南中国海；盐差能估计在 1.1×10^{8} kW，主要集中在各大江河的出海处。从总体看，我国海洋能资源十分丰富，可开发利用量达 10×10^8 kW 的量级。其中，我国沿岸的潮汐能资源总装机容量为 $2\ 179\times10^4$ kW，年发电量为 62.4 TWh，主要集中在东海沿岸，福建、浙江两省合计装机容量占全国总量的 88.3%；沿岸波浪能理论平均功率为 $1\ 285\times10^4$ kW，以台湾省沿岸最多，占全国总量的 1/3，其次是浙江、广东、福建沿岸较多，占全国总量的 42% 以上；潮流能 130 个水道的理论平均功率为 $1\ 394\times10^4$ kW，以浙江沿岸最多，占全国总量的 41.9%；近海及毗邻海域温差能资源可供开发的总装机容量为 $17.47\times10^8\sim218.65\times10^8$ kW；沿岸盐差能资源理论功率约为 1.14×10^8 kW；近海风能资源达到 7.5×10^8 kW。全球各类海洋能总储量及我国可开发的能量见表 6－2。在海洋能利用技术方面，1985—2003 年，国家知识产权局先后公告的海洋能专利共计 282 项，具体数据见表 6－3。

表 6－2　各类海洋能全球总储量及我国可开发的能量

类 别	全球储量/ $\times10^8$ kW	我国可开发能量/ $\times10^8$ kW	类 别	全球储量/ $\times10^8$ kW	我国可开发能量/ $\times10^8$ kW
潮汐能	17	1.1	盐差能	20	1.1
波浪能	20	0.23	海流能		0.3
温差能	100	1.5	化学能		0.18

表 6－3　我国海洋能专利数(1985—2003 年)

申请人属地	波浪能	潮汐能	温差能	海流能	多功能综合	水轮机
境外	12	3	1	0	0	4
中国大陆	104	21	7	8	14	108
合计	116	24	8	8	14	112

6.1.3　风能和太阳能

由于海上风电具有资源丰富、发电利用小时数高、不占用土地和适宜大规模开发的特点，近几年欧美等国均把风电开发的重点转向海上，许多大型风电开发企业、设备制造企业正积极探索海上风电发展之路。据估计，我国海上风力资源有 7.5×10^8 kW，陆上风力资源有 2.5×10^8 kW，海上风能是陆地风能的 3 倍。图 6－2 绘出了我国沿海风能资源分布图。

我国利用风能的历史悠久，古时用风车带动水车输水是风能在水利中应用的范例。近些年，在国家新能源利用优惠政策激励下，在引进、开发新技术，利用风能发电方面取得不少进展。哈尔滨工程大学、天津大学、中国海洋大学、上海交通大学、华南理工大学等高等院校做了一定研究，仅在浮式发电装置上就研究了半潜式、SPAR、泊船式、张力腿式等形式。中国海洋石油总公司(以下简称“中海油”)在渤海建立了 5 个海上风电项目，实现了我国第 1 台 1.5 MW 海上风力机，还完成了海上风力机基础设计及设计标准。华南理工大学研究的垂直轴风机，2011 年安装后经历了 3 次台风，未受到损坏且发电良好。我国沿海风电厂约 52 家，其中台湾省新竹、云林、澎湖装机台数有 12 台，装机容量达 8 540 kW。表 6－4 列出了我国一些海上风电项目建设情况。

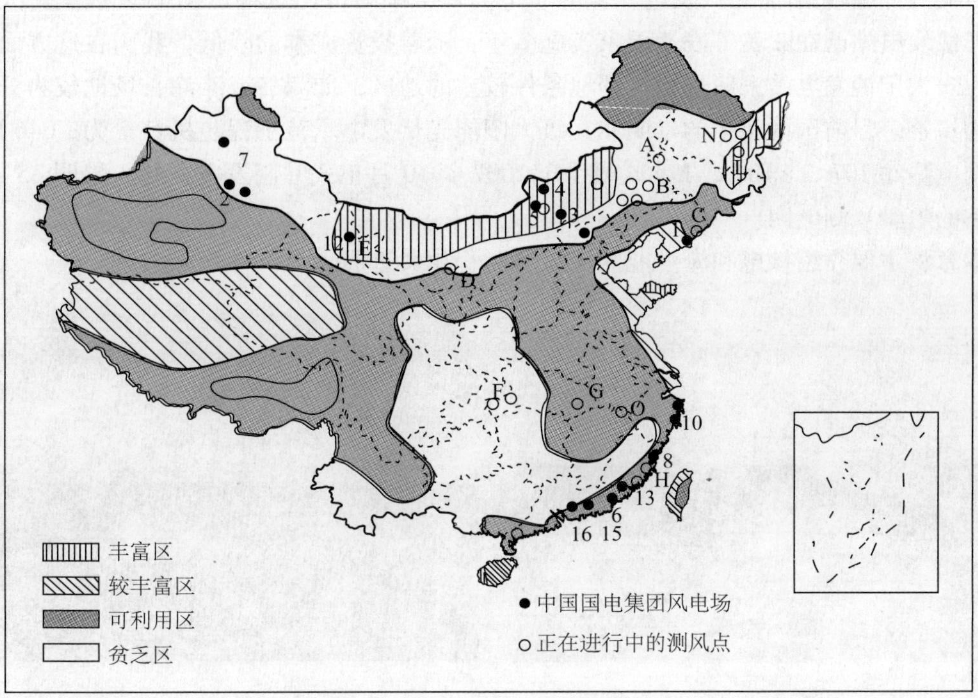

图6-2　我国风能资源分布图

表6-4　我国海上风电项目建设现状

名称	容量/MW	建设状态	说明	名称	容量/MW	建设状态	说明
东海大桥海上风电示范项目	102	2010年7月建成	单机容量3.0 MW	东海大桥海上风电二期项目	102	2012年开工	单机容量3.6 MW
中海油绥东海上风电试验项目	1.5	2007年建成	利用已有石油钻井平台做基础	江苏第一批海上风电特许权项目	1 000	2012年开工	单机容量3.0 MW
东海风电大容量海上试验样机	8.6	2011年9月建成	3.6 MW、5.0 MW各1台	华能江苏大丰海上风电示范项目	300	2012年开工	单机容量3.0 MW
中闽-湘电风能5 MW海上试验样机	5.0	2012年3月建成	1台5.0 MW	上海临港海上风电示范项目	102	2013年开工	单机容量6.0 MW

图6-3为2个典型海上风电场工程。2010年9月底，江苏如东32 MW（潮间带）试验风电场投产；2012年11月，150 MW海上（潮间带）示范风电场二期50 MW工程竣工。作为国家发改委核准的国内首个海上风电场示范项目，如东示范风电场除一期工程选用21台国外2.38 MW风电机组以外，其余37台（一期工程17台、二期工程20台）风电机组都来自国内制造商。东海大桥风机基础形式采用高桩混凝土承台，基础下设有8根直径1.70 m、壁厚30 mm的钢管桩。

据预测，太阳能光伏发电在21世纪会占据世界能源消费的重要席位，不但将替代部分常规能源，而且将成为世界能源供应的主体。预计到2030年，可再生能源在总能源结构中将占到30%以上，而太阳能光伏发电在世界总电力供应中的占比也将达到10%以上。大型并网太阳能光伏发电站已在欧美等发达国家实施多年，随着投资成本的降低，我国在这方面已开始有所作为。太阳能发电站一般选择在场地条件较差的地区，如海岛或滩涂，场地较为开阔，周围无建构筑物。目前国内最大的崇明兆瓦级太阳能光伏发电示范工程装机容量为1 046 kW，年平均上网电量约107.3×10^4 kWh，该项目于2007年10月正式并网发电，接入崇明35 kV前卫村变电站的10 kV侧电网。

本章将主要介绍核电和海洋能利用海域工程相关进展。

(a)如东海上(潮间带)试验风电场

(b)东海大桥风电场

图6-3　我国典型海上风电场工程

6.2　滨海核电站海域工程

目前我国运行和在建的核电厂均位于滨海地区。滨海核电厂的海域工程是保障核电厂安全运行的重要组成部分之一，主要包括防波堤和防浪护岸、取排水构筑物以及重件码头等。防波堤和防浪护岸的主要作用是保护核电厂安全重要物项抵御外海风暴潮和波浪的侵袭；取水构筑物用以保证核电厂冷却水取水的水量和水质，并兼顾防浪、挡沙、挡冰等作用；排水构筑物是将核电厂温排水引向大海，尽量减小温排水对海域环境和取水温升的影响；重件码头主要用于核电厂建设期间重、大件设备装卸运输。

核电厂不同于一般工业设施，其防洪安全要求高，冷却用水保证率要求高，尤其是核电厂正常运行工况下与核岛冷却相关的安全用水系统和核电厂事故工况下执行余热导出功能的最终热阱系统，无论遇到任何极端工况(地震、风暴潮、海啸等)均要求保证供水的安全性和可靠性，因此根据核安全法规和导则的有关规定，对于执行核安全相关物项功能的海工构筑物的设计标准要比一般港口和海岸工程构筑物的设计标准高，包括设计潮位标准、设计波浪标准、允许越浪量标准、抗震标准和结构安全准则等。核电厂中执行非核安全相关物项功能的海工构筑物与港口和其他海岸工程中的同类构筑物在功能定位、设计标准、结构设计、基础处理和施工方法等方面基本相同。

核电厂海域工程的设计直接关系到核电厂的运行安全性、技术可行性、环境相容性和投资经济性。由于核电厂所在海域环境条件千差万别，而且不同反应堆堆型对取水水量及可靠性的要求不同，因此海工构筑物所执行的安全功能和遵循的设计标准也会有所差异。

本节将分别介绍辽宁红沿河核电站、山东海阳核电站、江苏田湾核电站、福建福清核电站、广东岭澳核电站、广东台山核电站和海南昌江核电站的基本概况、自然条件和海工工程的设计标准与结构形式。

6.2.1 红沿河核电站一期工程海域工程

6.2.1.1 简况

辽宁红沿河核电站位于辽宁省大连市瓦房店东岗镇，西距温坨子岛 700 m，南距大连港 110 km，北距海城 160 km，距沈阳 270 km(图 6 -4)。该核电厂是我国“十一五”期间首个批准开工建设的核电项目。电厂一次规划、分期建设 6 台百万千瓦级核电机组，其中一期工程建设 4 台核电机组。1 号机组已于 2012 年投入商业运行，预计 2014 年 4 台机组全部投入运营。

图 6 -4　红沿河核电站地理位置

6.2.1.2 自然条件

红沿河核电站站址位于渤海辽东湾东海岸上，三面环海，地形为北高南低，属丘陵地貌，海岸线曲折不规整。厂区西南侧海岸海滩较缓，水深较浅，岸边有中细砂滩分布。厂区西侧和北侧海岸多为裸露岩石构成的陡崖，陡崖下海水较深，10 m 水深线距岸边约 70 m。

本区属东亚季风区，冬季受西伯利亚和蒙古冷空气的影响，盛行偏北风，而夏季受太平洋暖湿气流的影响多偏南风。常风向为 N 向，次常风向为 SSE 向，强风向为 NNE 向。

工程海域属不正规半日潮型，主要潮位数据为(1985 国家高程基准，本节下同)：平均高潮位 0. 66 m，平均低潮位 - 0. 67 m，平均潮差 1. 33 m，平均海面 0. 01 m，最高天文潮位 1. 79 m，最低天文潮位 - 1. 42 m；设计基准洪水位[最高天文潮 + 可能最大风暴潮增水(下同)] 4.41 m；100 年一遇高潮位 2.37 m；100 年一遇低潮位 -2.80 m；历时累积频率 1% 潮位 1.40 m；历时累积频率 98% 低潮位 -1.16 m。

工程海域位于辽东湾东岸的强流区内，涨、落潮的主流向呈 NE—SW 向。常波向 N 向，次常波向为 NNE 向，强波向 N 向，次强波向为 NNE 向。全年 $H_{4\%}>1.5$ m 出现频率 5.9%，其中 N 向、NNE 向出现频率达 4.8%。

工程区地层分布较为简单，西侧沿岸为裸露的基岩，南侧沿岸基岩埋深逐渐加大，上部覆盖层主要为冲洪积成因的粗砾砂层，表层覆盖一层海相沉积的细砂。厂址地区的地震基本烈度为 Ⅶ 度，设计基本地震加速度值为 0.15g。

6.2.1.3 海工构筑物总平面布置

核岛布置在厂区的北部高地上，地坪标高为 8.0 m。核电厂取、排水采取北取南排方案。取水口位于厂区北侧沿岸山凹处，天然泥面高程为 -10.0 m，通过隧洞引入泵房取水前池。一期 4 台百万千瓦机组，每台机组取水流量约为 50 m^3/s。排水口位于厂区南岸，一、二期分排，一期 4 台机组共用一个排水口。总平面布置如图 6-5 所示。

核电厂一期工程海工构筑物包括取水构筑物、排水构筑物、护岸、护坡和重件码头。

护岸位于厂区南岸，天然泥面高程在 -6.0 ~ +1.0 m 之间，总长 1 548.52 m。护坡位于厂区西岸，为裸露岩石构成的陡崖，崖脚水深 ±0 m 左右，总长 869.2 m。

重件码头位于厂区的西南海岸，呈突堤形式布置，与南护岸垂直，码头轴线方位为 34°—214°，按 5 000 吨级海运驳船靠泊进行设计，码头的主要功能为接卸核电厂的重大件设备，除此以外还用于电厂建设期内建设材料的接卸。码头长 120 m，宽 40 m，码头面高程为 6.5 m，前沿设计底高程为 -6.6 m，码头通过 50 m 的坡道与后方陆域连接，连接处的陆域高程 7.5 m。港池及调头水域尺度按 5 000 吨级驳船设计，码头前沿停泊水域取 2 倍设计船宽为 40 m。调头水域调头圆直径取 2.5 倍设计船长为 210 m。港池底高程取为 -6.4 m，无需浚深，天然水深即可满足船舶全天候进出港。

6.2.1.4 护岸工程

护岸工程位于厂区西南侧，其布置是根据土石方挖填平衡来确定海域回填边线，从而确定了本护岸工程的轴线，总长 1 548.52 m，堤顶高程为 6.5 ~ 7.5 m。护岸后方回填开山土石形成陆域作为厂区辅建区。

6.2.1.4.1 设计标准

护岸工程除北端个别堤段外，大部分区域位置离核岛厂区较远(约 1 km 以外)，其损坏不会危及核岛。离核岛厂区边线相对较近的堤段(最近点约 110 m)，因核岛厂区地坪标高较高，为 8.0 m，其损坏也不会使核岛淹没而危及核岛安全。因此，形成厂区辅建区的护岸构筑物为非核安全物项。根据护岸工程在核电厂防洪设计中所执行的功能及其重要性，对不同部位的护岸采用了不同的设计标准，但均高于一般港工标准。

为确保厂区的防洪安全，离核岛厂区较近的护岸北段局部堤段采用重现期为 100 年一遇的设计波浪进行设计，并采用设计基准水位进行稳定性和越浪量校核。其他部位的护岸堤段采用重现期为 50 年一遇的设计波浪进行设计，并采用重现期 100 年一遇的波浪进行校核。

在护岸北段局部离厂区相对较近堤段的结构设计中，要求在设计基准洪水位与相应的波浪作用下，以结构主体稳定为原则，允许个别护面块体位移或滚落、允许堤顶胸墙少量位移、允许堤顶路面和后坡局部损坏。

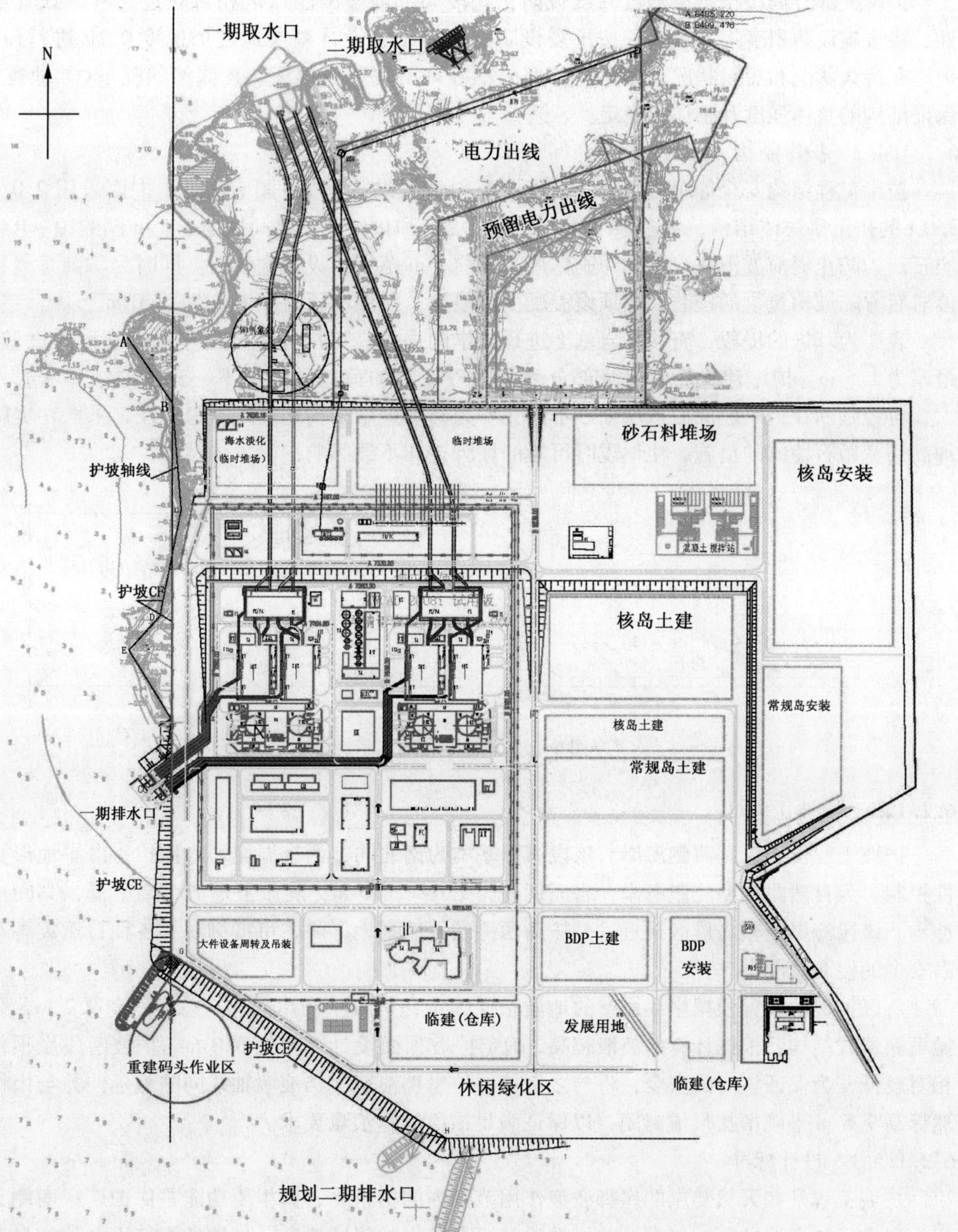

图6-5　红沿河核电站平面布置图

为保证护岸的顶部和厂区建筑物不受海浪影响，挡浪墙顶高程按《火力发电厂设计技术规程》（DL 5000-2000）第4.0.5条执行，即100年一遇高潮位、50年一遇 $H_{1\%}$ 波浪不越浪。对于北段局部距厂区相对较近的堤段，在执行该规程第4.0.5条基础上，采用设计基准洪水位进行断面稳定校核和越浪量计算。

护岸大部分堤段按抗震烈度Ⅶ度设防，北段局部堤段因距厂区相对较近，考虑到其重要性，将抗震设防烈度提高1度，按抗震设防烈度Ⅷ度、设计基准地震加速度0.2g进行设计。护岸在持久状况和短暂状况下，结构各部分不容许出现任何损坏。在偶然状况下（如地震）要保证结构的整体强度和整体的稳定。

6.2.1.4.2 护岸结构

护岸工程结构安全等级为Ⅰ级，采用抛石斜坡堤结构形式（图6-6）。护面采用2.0 t和3.0 t的扭王字块体结构，堤芯采用开山石，在堤芯和垫层块石之间抛填1.5 m厚的10~100 kg块石。为防止堤前波浪底流速的冲刷作用，堤前5 m范围内设护底块石。同时为防御海潮和风浪对后方陆域构筑物的侵袭，堤顶设混凝土挡浪墙，挡浪墙顶高程为7.5~8.0 m。

表层为基岩的堤段，直接在岩基上进行护岸的抛填；表层为细砂的堤段，细砂厚度较小，最厚为1.5 m，护岸建成后，堤身部分表层细砂在附加荷载的作用下，充分固结，承载力加大，再经判断在护岸建成后该层细砂不液化。为确保护岸结构地震时的稳定性，采取在堤脚处加高加宽抛石棱体的措施，使地震时可能的坡脚损坏不致影响护岸主体结构。

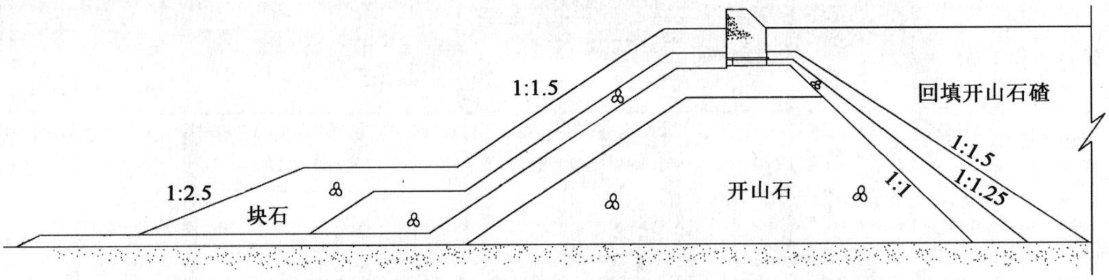

图6-6 护岸结构断面示意

6.2.1.5 护坡工程

护坡工程位于厂区西侧海岸。该段海岸基本为南北向，西有温坨子岛掩护，海岸地形受岩性控制，为自然曲线型陡崖海岸，岩面标高为7.0~22.0 m，陡崖上地势北高南低，其间夹有冲沟。该段海岸距核岛厂区最近，是核岛西侧的天然高地屏障，可抵御海上各种自然灾害对核岛安全的侵袭及危害。

厂区护坡的布置根据岸线崖壁的地质条件确定，护坡依崖岸而建，总长约869.2 m，采用抛石斜坡式结构。根据计算的波浪爬高，确定护坡顶面设计高程为6.0 m。护坡南段崖顶标高相对较低，为保证核岛的安全，将与之衔接的护岸挡浪墙沿挡浪墙轴线向陆侧延伸并与山体天然标高9.5 m平顺衔接形成封闭，以保证满足该段的越浪量要求。

6.2.1.5.1 设计标准

护坡工程是在天然陡崖的崖脚波浪作用范围内的构筑物，其主要功能是保护厂区西侧天然岩石岸坡不被海浪冲刷与侵袭，减小波浪对原有崖岸的侵蚀速度。护坡的损坏不会使核岛淹没而危及核岛，护坡为非核安全物项。

护坡与厂区的生产区相临，个别区段距核岛较近。为确保厂区的绝对安全，护坡采用重现期为100年一遇的高潮位、重现期为100年一遇的设计波浪进行设计。岸基的海底坡度约为1/50，崖岸前水深不大。100年一遇高潮位2.37 m时，崖岸前水深亦不足3 m，在大浪的情况下，崖岸前皆为破碎波，波高取极限波高。

护坡南段由于地势相对较低，且距核岛较近，不能利用天然地势作为屏障，因此此段护岸在执行《火力发电厂设计技术规程》(DL 5000－2000)第4.0.5条基础上，采用DBF水位及相应波浪条件下进行了结构和越浪量复核，以保证在该条件下结构的稳定性和越浪量满足要求。

护坡在地震状况下保证结构的整体强度和稳定，保证总体功能不丧失。

6.2.1.5.2 护坡结构

护坡结构安全等级为Ⅱ级，采用抛石斜坡堤结构形式(图6－7)。堤芯采用10～100 kg块石，边坡为1:2.5，堤顶标高为6.0 m。因该处水深较浅，波浪较小，护面采用300～400 kg块石护面，护面厚度为1 100 mm，护面与堤芯石之间设600 mm厚的40～60 kg垫层块石，坡脚采用80～100 kg块石护底，护底宽度10.0 m。

护坡南段由于岩面较低，且距离核岛相对较近，根据物模试验结果，满足DBF水位下越浪量要求的标高为9.5 m，因此，将与之连接的护岸挡浪墙向陆侧延伸并与山体天然标高9.5 m相接，形成封闭，以保证DBF水位时的越浪量要求。

护坡基础为陡峭的岩岸，表层为裸露的礁石，直接在岩基上进行护坡抛石堤的填筑。

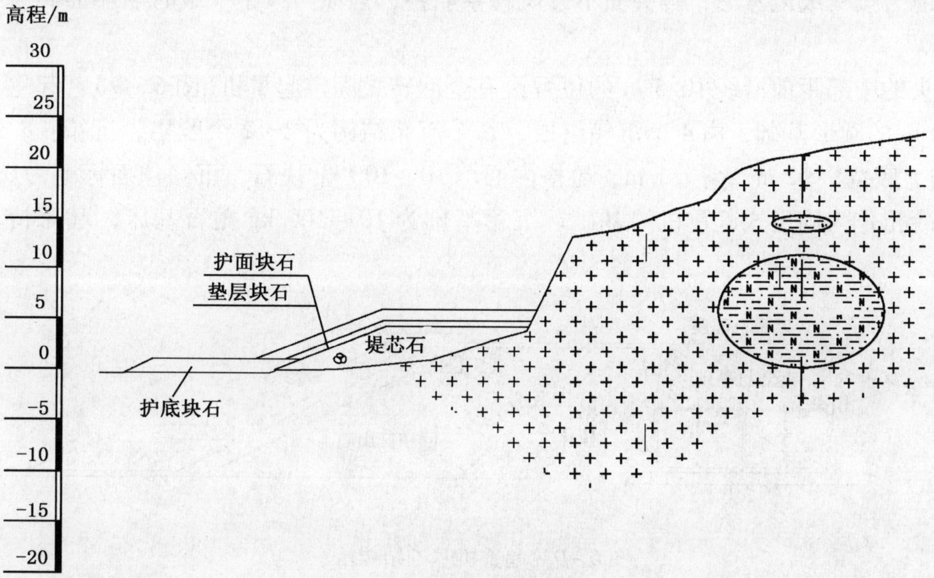

图6－7 护坡结构断面示意

6.2.1.6 重件码头结构

重件码头主要接卸核电厂的重大件设备和建造期间的建设材料等。重件码头工程为非核安全物项。水工建筑物结构安全等级为Ⅰ级。

码头呈突堤布置，长120 m，宽40 m，顶面高程为6.5 m，前沿设计底高程为－6.6 m。码头通过50 m长的斜坡道与后方陆域相连。码头采用直立和斜坡式混合结构(图6－8)，靠船侧为直立岸壁，另一侧为抛石斜坡式结构。

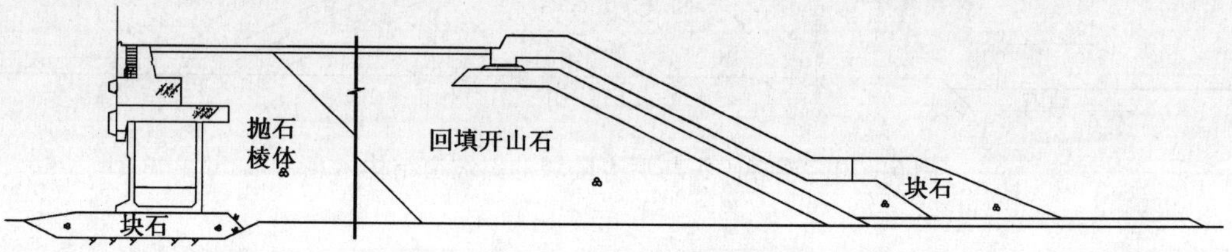

图6－8 重件码头结构断面示意

靠船侧的直立岸壁采用带卸荷板的重力式沉箱结构。沉箱为“日”字形，长 10.15 m，腰宽 5.65 m，底宽 6.65 m，高 7.1 m，单个沉箱重量为 278.5 t。沉箱顶面高程为 0.5 m。沉箱顶安放钢筋混凝土卸荷板，其上为现浇混凝土胸墙。卸荷板悬臂长 2.0 m。沉箱舱格内回填 10 ~ 100 kg 块石，为减小地基应力，沉箱后设抛石减压棱体。码头基础采用 10 ~ 100 kg 抛石基床，基础持力层为强风化岩。

码头另一侧为非靠船侧，采用抛石斜坡堤结构，堤芯采用开山石，外坡侧采用 3.0 t 和 5.0 t 的扭王字块体护面，护面块体下为垫层块石。在堤芯和垫层块石之间抛填 1.5 m 厚的 10 ~ 100 kg 块石。斜坡堤全部由陆上推进回填形成，顶面高程为 6.5 m，堤顶外侧设混凝土挡浪墙，挡浪墙顶面高程为 7.5 m。为防止堤前波浪底流速的冲刷作用，堤前设护底块石。

由于码头顶面高程较高，而海域潮位较低，为便于船舶的停靠，在码头卸荷板临海侧的靠船构件和上部胸墙上分别设置一组靠船设施。靠船设施采用 DA - A600H2000L 超级拱形橡胶护舷。为使船舶靠泊码头时系缆更加安全，避免吊缆状况，在胸墙 4.0 m 标高处设 450 kN 系船柱。系缆力按 9 级风考虑，码头面不设风暴系船柱，当风力大于 9 级时船舶需离开码头，到锚地停泊。

在码头的中部距前沿线 10.5 m 的位置设有全回转式固定起重机(图 6 - 9)，起重机基础为直径 11.0 m 的圆形基础，由 4 个沉箱组成，每个沉箱结构为 2 ×2 个舱格，沉箱长8.98 m，腰宽 8.92 m，底宽 9.92 m，高 7.1 m，舱格内回填 10 ~ 100 kg 块石，沉箱顶面标高为 0.5 m，其上现浇混凝土作为固定式起重机的基础。沉箱基础为 10 ~ 100 kg 抛石基床，基床持力层为风化岩。

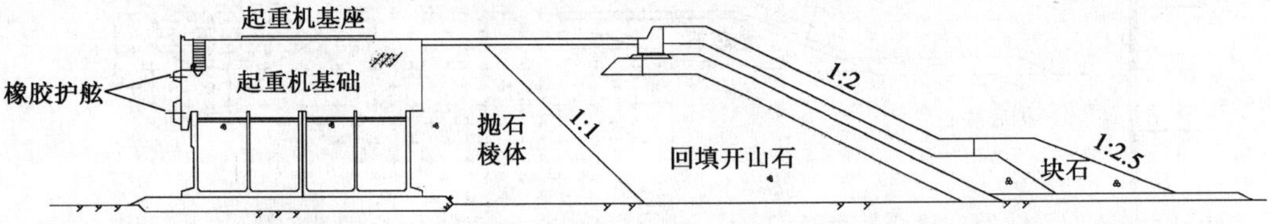

图 6 - 9　起重机基础结构示意

连接码头与后方陆域的斜坡道采用抛石斜坡堤结构(图 6 - 10)，堤芯为开山石，外侧采用 5.0 t 的扭王字块体护面，内侧为直立方块翼墙，堤顶高程为 6.5 ~ 7.5 m，堤顶两侧设混凝土挡浪墙，分别与护岸的挡浪墙相接。

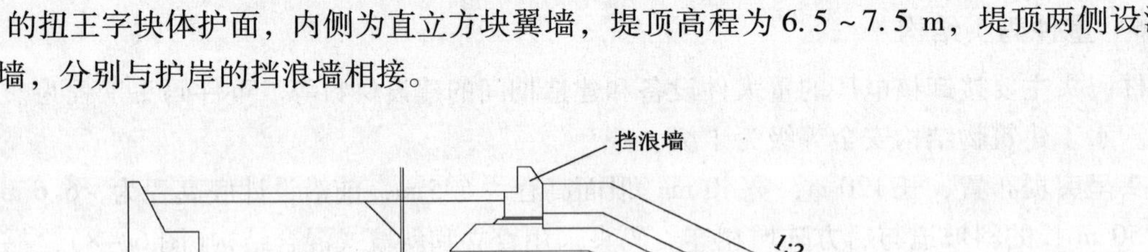

图 6 - 10　连接码头与后方陆域的斜坡道结构示意

6.2.2 海阳核电站海域工程

6.2.2.1 概况

山东海阳核电站位于山东省海阳市留格庄镇董家庄（图 6 – 11），西北距海阳市约为 22 km，北距烟台市 93 km，西南距青岛市约 107 km。海阳核电厂是由中国电力投资集团公司控股建设的核电项目。工程规划分三期建设 6 台百万千瓦级压水堆机组。一期工程建设 2 台从美国西屋公司引进的百万千瓦级非能动压水堆机组（AP1000），1 号机组已于 2009 年 11 月开工建设。该项目是国家“十一五”期间的重点建设工程。

图 6 – 11 山东海阳核电站地理位置图

6.2.2.2 自然条件

海阳核电站厂址三面环海，地处乳山湾西南岬角东南端，厂区地形平缓，东西宽，南北窄，仅北侧有一狭长的颈状地带与大陆相接，自然地面标高一般在 5 ~ 12 m（56 黄海高程，本节下同）。半岛东犄角为草岛嘴岬角，西端为鹁鸽岚岬角，两岬角间距 4 km。厂址西面沿岸是大片浅于 1 m 的沙质浅滩；南面是黑石头礁石区，并以浅滩形式向西南方延伸，其 5 m 等深线距岸边约 2 km；东面是深水区，5 m 等深线几乎就在岸边。半岛东西两侧为呈对数螺线形的典型砂质海湾。

厂址区域南临黄海，北靠山东半岛丘陵，属暖温带大陆性季风气候。气旋和冷锋是主要影响厂址区域的天气系统。全年平均降水量为 632.1 mm，日最大降水量为 194.0 mm。常风向 SSE，频率为 12.33%，次常风向 N 和 SW，频率为 11.10% 和 10.68%；强风向 S，实测风速不小于 17.2 m/s 的频率为 0.27%，最大风速为 20.8 m/s，出现在 S 向。

工程海区的潮汐类型属正规半日潮。主要潮位数据为：平均高潮位 1.39 m，平均低潮位 –1.18 m，平均潮位 0.04 m，平均潮差 2.57 m；设计基准洪水位 7.96 m；1 000 年一遇高潮位 4.81 m，100 年一遇高潮位 3.59 m，50 年一遇高潮位 3.26 m；1 000 年一遇低潮位 –3.46 m，

100 年一遇低潮位 -3.07 m，50 年一遇低潮位 -2.95 m；历时累积频率 1% 潮位 1.87 m，历时累积频率 98% 潮位 -1.65 m。

工程海域常浪向为 SSE 向，年出现频率为 18.38%；次常浪向在 SSW、SE 和 S 向，年出现频率分别为 13.45%，10.85% 和 10.85%。强浪向为 ESE，次强浪向为 SE，波高 $H_{1/10} \geqslant 1.6$ m 的年出现频率分别为 0.56% 和 0.28%。

地貌类型主要为平缓的剥蚀夷平台地，岛南近海受海浪的冲蚀作用，多形成海蚀陡崖，崖下为海滩，向海微斜。陡崖的坡面多为地层层面或与层面近乎正交的裂隙面组成。崖下地面标高与高潮水位大致相当。崖下附近局部堆积有宽约 10~40 m、厚约 0~3 m 的碎石与砂，分布于高潮水位附近，经常受海浪的冲刷。海岸堆积物以外为 400~500 m 宽的潮间带，由于受潮水和海浪冲刷，潮间带大部分场地岩层裸露清晰，涨潮时被水所覆盖，局部基岩分布较深，表层岩石一般为中等风化岩，沿岸多见礁石。厂区西、西南为高约 2~8 m 的现代海蚀崖，崖下为海滩，向海微倾，厂区护堤沿线为耕地。该区域土层自上而下主要分为：海相沉积的 ①$_1$ 淤泥、①$_2$ 淤泥质粉质黏土；陆相沉积的 ②$_1$ 粉质黏土、②$_2$ 粗砂；白垩系莱阳组(K11)的 ③$_1$ 全风化岩、③$_2$ 强风化岩、③$_3$ 中风化岩、③$_4$ 微风化岩。

厂址地区的地震基本烈度按 Ⅶ 度设计，设计基本地震加速度值为 0.10g。

6.2.2.3 海工构筑物总平面布置

本工程海工构筑物的总平面布置是在核电厂总体布置方案的基础上进行的，总体布置为东南方向取水，西北向排水。海工构筑物分为取水工程、排水工程及大件运输码头工程三个部分（图 6-12）。取水工程由取水明渠、南防波堤及东防波堤组成，其防波堤兼有对厂区护堤、泵房前池及“干厂址”（即场地平面不会积水）的防护功能。排水工程由排水口、南、北导流堤组成。大件运输码头利用位于厂区东北侧的已有渔业码头进行改造，需满足核电厂建设期间重、大件设备装卸运输的要求。上述海工构筑物的设计工作已于 2007—2009 年间全部完成，一期工程施工工作也已于 2009—2011 年全部完成。

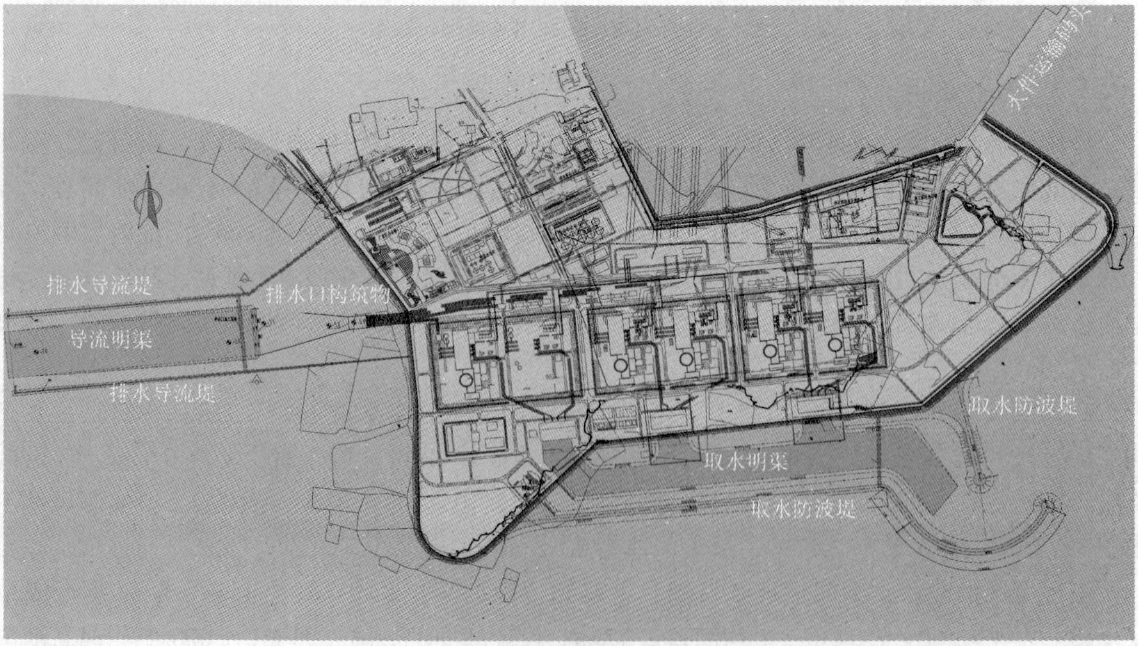

图 6-12　山东海阳核电站海工总平面布置图

6.2.2.3.1　取水口平面布置

在与厂区南部护岸平行方向(东西向)设置一条长约1 215.8 m的直线段防波堤，然后向东南方向转折设置一段长138 m直线段防波堤，并与半径为250 m圆弧相连，弧线长约518.8 m，将南堤堤头布置在底高程－8.0 m处，南防波堤的总长度约1 872.6 m。在厂区南护岸与东南护岸相交处东侧约125 m处，与等深线基本垂直方向，向南偏东约13.5°，另设一长约321.9 m的东防波堤，其堤头布置在－7.0 m等深线附近。为掩护ESE向波浪，口门方向布置成NNE向，口门有效宽度约150 m。两条防波堤内形成取水明渠，取水口处标高为－7.0 m，取水明渠的沟槽宽度从取水口处至三期循环水泵房进水口为120 m，三期进水口至二期取水口为100 m，二期取水口至一期工程取水口宽度为80 m(图6－13)。

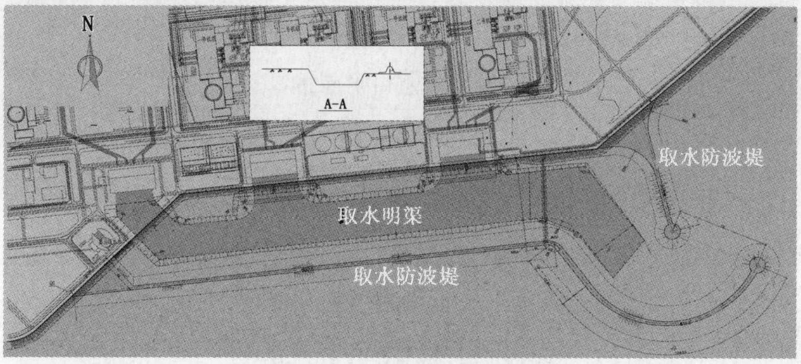

图6－13　取水口平面布置图

为了减小温排水对取水口的温升影响，在南防波堤与核电厂护岸平行的直线段防波堤上进行防渗隔热处理。为了减少工程投资，降低施工难度，在南防波堤防渗隔热结构东端与三期取水口东侧布置取水明渠施工围堰，此围堰和过厂区南护岸后陆上3.0 m岩面之间均进行防渗处理，使其西侧的取水明渠在开挖炸岩时可以排空海水，进行陆上施工。通过此方法处理后，取水明渠开挖炸岩费用可节省约1.1亿元。同时在二、三期泵房前布置二、三期取水泵房施工围堰，减小二、三期泵房炸岩施工时对一期泵房取水的影响。

6.2.2.3.2　排水口平面布置

本工程一、二期4台机组的循环水排水由厂址西面合并排放；三期工程2台机组的循环水排水拟由厂址东北面排放(图6－14)。采用明沟排水，厂区循环水排水渠出厂区大堤后即设置喇叭形排水口，一、二期排水口出口接底宽为150 m的排水明渠，在排水明渠两侧布置排水导流堤，堤长均为744 m，明渠将循环水引至－3.0 m等深线处排放。在排水口构筑物两侧布置排水口南、北护岸，与南、北导流堤及电厂现有护岸相接，长度分别为549.7 m和419.1 m；在南、北导流堤东端之间布置排水口施工围堰，将排水口构筑物围在其中，并对排水口南、北护岸和施工围堰采取防渗处理，以便排水口构筑物和电厂的排水暗渠进行干施工。

6.2.2.3.3　大件运输码头平面布置

大件运输码头位于核电站厂区北部，在已有渔码头上改建而成(图6－15)。本工程区域主要受SE向浪的影响，码头采用突堤布置型式，码头轴线布置为216°—36°，码头可以形成自身掩护。码头长145 m，大件接卸采用人字桅杆吊结合滚装方案，并用平板挂车运输大件。码头岸线由原渔码头西侧岸线向海侧平移10 m建设，码头宽为66.125 m，可以满足装卸工艺的要求。

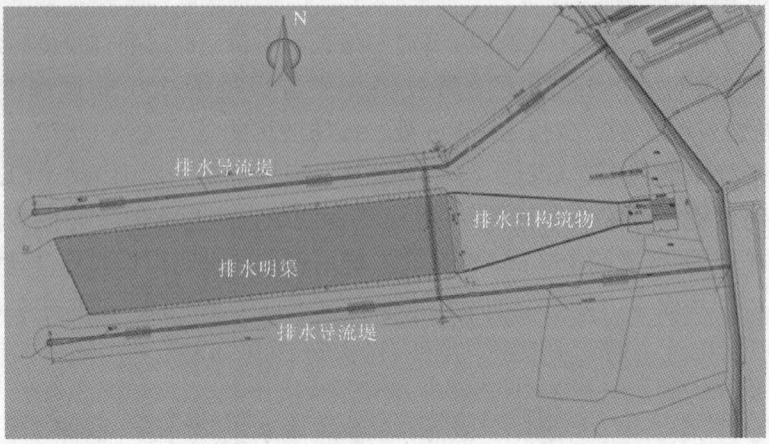

图 6 - 14 排水口平面布置图

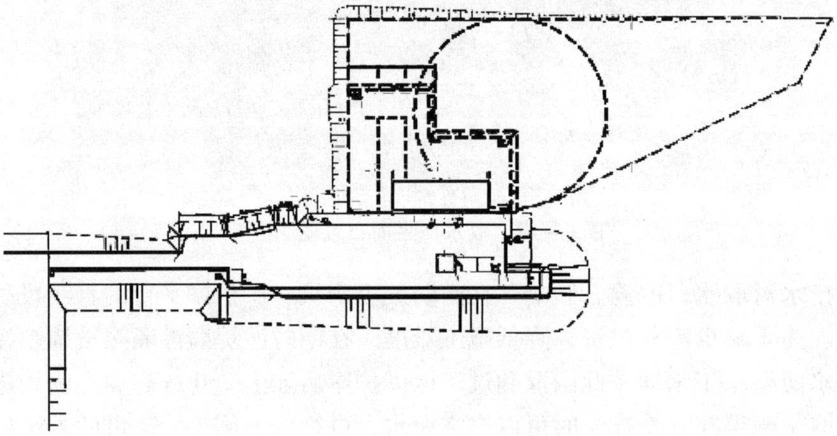

图 6 - 15 大件运输码头平面布置示意

码头前沿设计底高程 - 6.5 m，顶面高程 3.8 m。设置坡道连接码头与后方陆域，满足大件设备运输车辆的交通需要。港池设计底高程与航道取一致，为 - 5.5 m。本工程水域条件较好，港池少量浚深和航道利用天然水深，无需浚深即可满足设计要求。船舶调头圆布置在码头前方，调头圆直径 170 m。航道设计宽度为 120 m。

本工程各段防波堤主体均采用常规的抛石斜坡堤结构，外侧护面结构采用 5 ~ 12 t 混凝土扭王字块体，堤内侧护面为四脚空心方块，堤顶高程约为 10.5 m。防波堤施工主要采用陆上推进方式进行。在工程实施时，堤芯石分层填筑。考虑到潮汐和海上风浪的影响，首层填筑标高在 4.0 m 左右，待垫层块石及外层护面块施工至 4.0 m 后，进行堤芯柔性地连墙的施工。上部堤芯石在柔性地连墙完成后继续填筑。取水渠开挖炸岩量高达 $96.83 \times 10^4\ m^3$，其中陆域炸岩为 $87.26 \times 10^4\ m^3$，水上炸岩 $9.57 \times 10^4\ m^3$。排水口构筑物采用干施工方式进行施工。

6.2.2.4 取排水工程

6.2.2.4.1 设计标准

海阳核电厂核电机组采用的是非能动 AP1000 技术，核岛厂用水系统遵循非核级设计基准，因此系统及相关设备失效时不会影响到相关系统的安全功能，取水防波堤的功能就是保证泵房前池波稳要求，减少温排水回流对取水的影响；特别是要求在设计基准洪水位工况条件下，波浪在取水防波堤的堤顶越浪后在堤后产生的再生波不会对厂区护岸及核岛造成洪水影响。

考虑核电厂的设计寿命、建设的施工期及二、三期工程的建设间隔，核电厂永久性海工建筑物的设计使用年限按100年考虑。取水防波堤、二、三期工程取水泵房施工围堰采用100年一遇的设计水位及相应波浪重现期（取水防波堤已建成投入使用，相应波浪指经取水南、东防波堤入口传到泵房围堰处的波浪）。排水工程的南、北导流堤及排水口南、北护岸采用100年一遇的设计水位及50年一遇的设计波浪重现期。取、排水工程的永久性构筑物按Ⅲ类物项设计。

核电厂所在地区的地震基本烈度为Ⅵ度，取水工程防波堤的抗震设防按提高1度进行设计，取水工程的抗震设防烈度为Ⅶ度，设计基本地震加速度值为0.1g；排水工程的抗震设防烈度仍为Ⅵ度。

6.2.2.4.2　取水工程

海阳核电厂取水工程海工建筑物主要包括南防波堤、东防波堤、二、三期工程取水泵房施工围堰、取水明渠施工围堰及厂区内截渗结构。

取水防波堤由南防波堤与东防波堤两部分组成，防波堤的堤头布置在－8.2 m等深线附近。南防波堤内侧为底宽80～120 m的取水明渠，明渠底标高为－7.0 m。取水南防波堤与取水明渠施工围堰及陆域岩盘依次连接形成核电厂施工期的干施工围堰，在此干施工围堰内进行一期工程取水泵房及二、三期工程取水泵房施工围堰等核电厂构筑物的施工，因此取水工程也是影响整个核电厂工期的节点工程。

（1）南防波堤直线段

堤前泥面标高为－4.0～1.8 m。堤顶高程为9.3～10.0 m，堤顶宽度为8.1～8.4 m，该防波堤堤身内、外坡度均取1∶1.5；堤顶的外侧、内侧分别安放两排8～10 t扭王字块体、两排6 t四脚空心方块护面；堤身外坡、内坡的护面块体分别采用8～10 t扭王字块体、4 t四脚空心方块（坡顶为两块6 t四脚空心方块护面）；堤芯石采用250 kg以下开山石，外坡护面的垫层块石重量为300～500 kg；在开山石堤芯和护面垫层之间设置0.6 m厚的10～100 kg块石。泥面标高－4.0～－2.0 m范围内，外侧护底重量为200～300 kg，其他区域的堤前护底块石重量为150～200 kg（图6－16）。

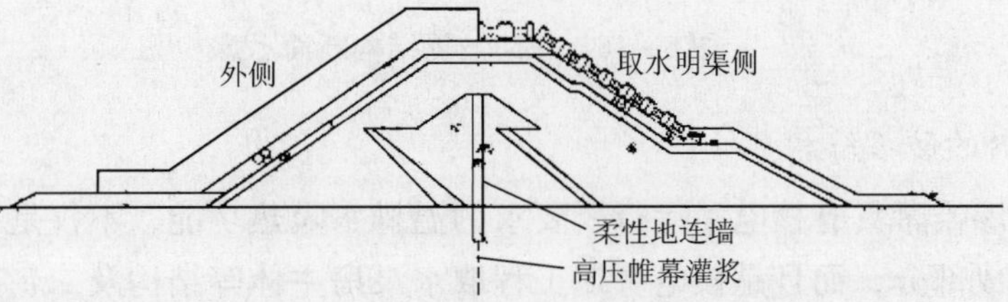

图6－16　南防波堤直线段结构断面示意

根据核电厂隔热、防渗及取水工程施工围堰的止水要求，在该防波堤断面内设0.8 m厚柔性地连墙截渗结构，顶标高为4.0 m；在柔性地连墙范围内回填较易于地连墙施工的石碴，柔性地连墙进入风化岩面以下2.50 m，柔性地连墙下为高压帷幕灌浆截渗结构，其底部至岩体透水率10 Lu位置处。

(2)南防波堤曲线段

防波堤的堤前泥面标高为 -8.2 ~ -4.0 m。防波堤堤顶高程为 10.5 m,堤顶宽度为 8.84 m,该防波堤堤身内、外坡度均取 1:1.5;堤顶的外侧到内侧分别安放两排 12 t 扭王字块体、一排 6 t 四脚空心方块及一排 12 t 扭王字块体护面;堤身外坡、内坡的护面块体分别采用 12 t 扭王字块体、5 t 扭王字块体(坡顶为两排 12 t 扭王字块体护面);堤芯石采用 250 kg 以下开山石,外坡护面的垫层块石重量为 400 ~ 600 kg;在开山石堤芯和护面垫层之间设置 0.6 m 厚的 10 ~ 100 kg 块石。护底块石重量为 200 ~ 300 kg(图 6-17)。

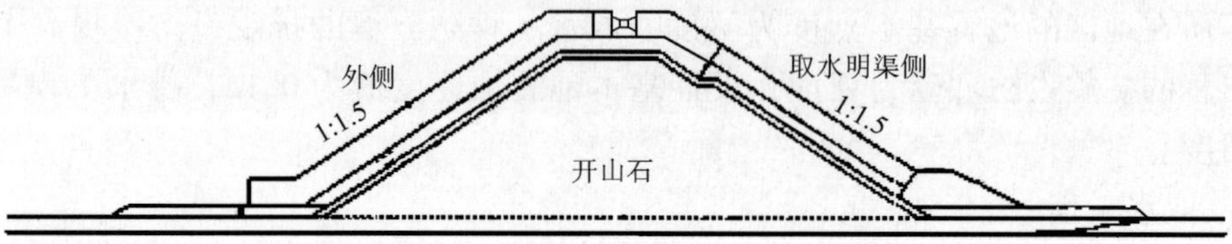

图 6-17 南防波堤曲线段结构断面示意

(3)东防波堤

该段防波堤堤前泥面标高为 -7.0 ~ -3.5 m,堤顶不设挡浪墙,其堤顶高程为 9.50 ~ 10.0 m,堤顶宽度为 8.158 ~ 8.448 m,该防波堤堤身内、外坡度均取 1:1.5;堤顶的外侧到内侧分别安放两排 8 ~ 10 t 扭王字块体、一排 6 t 四脚空心方块及一排 8 ~ 10 t 扭王字块体护面;堤身外坡、内坡的护面块体分别采用 8 ~ 10 t 扭王字块体、5 t 扭王字块体(坡顶为两排 8 t 扭王字块体护面);堤芯石采用 250 kg 以下开山石,外坡护面的垫层块石重量为 300 ~ 500 kg 和 400 ~ 600 kg;在开山石堤芯和护面垫层之间设置 0.6 m 厚的 10 ~ 100 kg 块石。外、内侧护底块石重量分别为 200 ~ 300 kg 和 150 ~ 200 kg(图 6-18)。

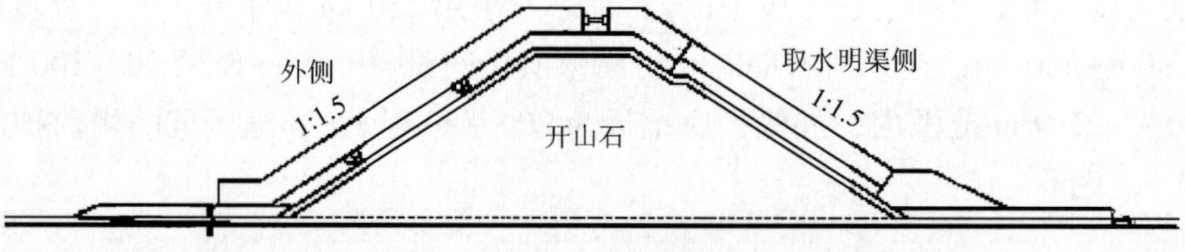

图 6-18 东防波堤结构断面示意

(4)防波堤内的防渗结构

南防波堤防渗帷幕具有核电站运行所要求的温排水隔热功能,不仅是核电站循环水取、排水工程的重要组成部分,而且是核电一期工程取水泵房主体等结构及二、三期工程取水泵房施工围堰形成干施工条件的重要截渗措施。

防渗结构的设计方案主要由其所在工程区域的水文地质条件决定,由于南防波堤的隔热、防渗结构为永久性结构,鉴于本工程所在区域岩面埋藏较浅,柔性地连墙在岩体(特别是中、微风化岩)中成槽的难度很大,且造价高,防波堤防渗结构采用了柔性地连墙与高压帷幕灌浆相结合的防渗结构方案,在国内同类工程中属首例。

6.2.2.4.3 排水工程

排水工程海工建筑物包括排水口构筑物、北导流堤、南导流堤、排水口北护岸、排水口南护岸、排水口施工围堰及厂区内截渗结构等。排水导流堤的作用是确保核电站循环冷却水排水和核岛排水(合排)流道的形成和排水安全。

(1)南导流堤

导流堤的堤顶高程为3.0 m，堤顶宽度为5.54 m。防波堤堤身内、外坡度均取1∶1.5；堤身外、内坡的护面块体均采用4 t扭王字块体，在堤顶的中间安放一排7 t四脚空心方块，在其两侧各安放一排4 t扭王字块体；堤芯石采用10～100 kg开山石，外坡护面的垫层块石重量为100～200 kg；导流堤断面在原泥面上铺一层土工格栅，护底块石重量为100～150 kg(图6－19)。

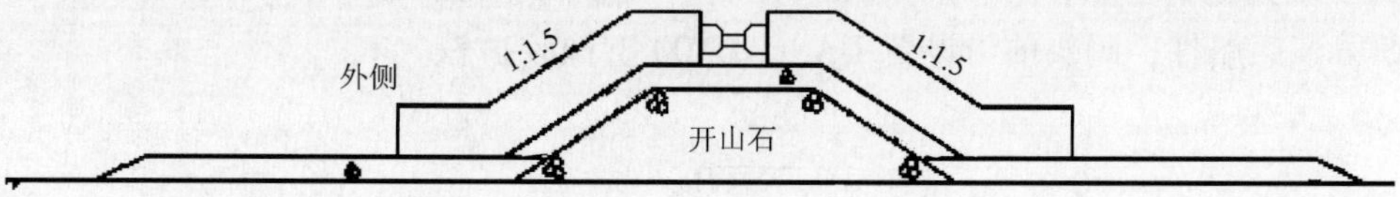

图6－19 排水导流堤结构断面示意

(2)北导流堤

导流堤的堤顶高程为3.0 m，堤顶宽度为4.74 m。防波堤堤身内、外坡度均取1∶1.5；堤身外、内坡的护面块体均采用2 t扭王字块体，在堤顶的中间安放一排6 t四脚空心方块，在其两侧各安放一排2 t扭王字块体；堤芯石采用10～100 kg开山石，护面的垫层块石重量为60～100 kg，导流堤断面在原泥面上铺一层土工格栅，护底块石重量为80～100 kg。

(3)排水口构筑物

根据排水工艺布置，排水口构筑物包括翼墙、底板(尾坎)及外侧护坦。排水口构筑物的平面呈喇叭形，其进水口宽度为40.0 m，出水口宽度为150 m；排水口翼墙顶标高0 m，底板顶标高为－5.00～－2.60 m、水平总长度为375 m。排水口构筑物的翼墙顶标高为0 m，底宽为3.08～3.40 m，后方回填10～100 kg块石，顶标高为0 m，顶宽为10 m。采用重力式混凝土挡土结构，持力层为强风化岩。排水口的底板及尾坎采用现浇钢筋混凝土结构，底板厚度为50 cm，底板顶标高为－5.00～－2.60 m，翼墙、排水口底板与强风化岩面持力层之间自上而下分设素混凝土、碎石、10～50 kg块石垫层。排水明渠距排水口尾坎50 m范围内设60～100 kg外侧护坦。

(4)排水口护岸

排水口护岸分南、北护岸两部分。该护岸在排水口施工期间兼作排水口的施工围堰，在核电厂运行期间则作为排水口两侧的永久护岸。所在工程区域的天然泥面为砂质海岸，其天然泥面标高约－0.6～3.5 m，排水口护岸只是在北护岸的西端表层细砂之下存在一层淤泥质土层，随排水明渠挖泥时清除；其他工程区域不存在淤泥质土等软弱土层。根据排水口工程区域的水深和地质条件，排水口护岸拟采用抛石斜坡结构方案，天然地基均可作护岸的持力层。北护岸挡浪墙的顶高程为5.7 m，护岸顶高程为5.2 m，堤顶有效宽度为5.0 m。南护岸挡浪墙的顶高程为6.5 m，护岸顶高程为6.0 m，堤顶路面宽度为5.0 m。排水口南、北护岸断面采用与取水南防波堤相同的截渗结构方案。柔性地连墙截渗结构的顶标高为3.0 m。

6.2.2.5 大件运输码头

海阳核电厂通过利用、改造大埠圈渔港的水工构筑物，使其成为核电厂大件运输码头。大埠圈渔港水工建筑物为突堤式，由引堤、原有渔码头及新建渔码头三部分组成。大埠圈渔码头原有基础资料已经缺失，原码头结构虽然不能直接作为核电厂设备海运码头的主体结构而加以使用，但其主体结构仍作为“突堤”式码头的本体而原地利用，因此新建核电厂设备海运码头工程的码头、护岸及内护坡的建造，实际上是外加或倚靠原渔港老码头及其配套的水工构筑物，这样可以加快施工进度和降低工程投资。

核电厂大件运输码头按港口工程标准设计(图6-20)。本工程充分利用现场的施工条件，码头主体结构采用小沉箱方案，可在原渔码头上预制，用200 t起重船吊运。沉箱内回填块石，上部结构为卸荷板、现浇胸墙。每个沉箱重约180 t，其尺寸8.4 m×4.85 m×6.4 m(长×宽×高)。码头基础为抛石基床，持力层为强风化岩，墙后回填抛石棱体，现浇码头路面。码头面上设置350 kN系船柱；码头前沿设置DA-AH400型橡胶护舷。

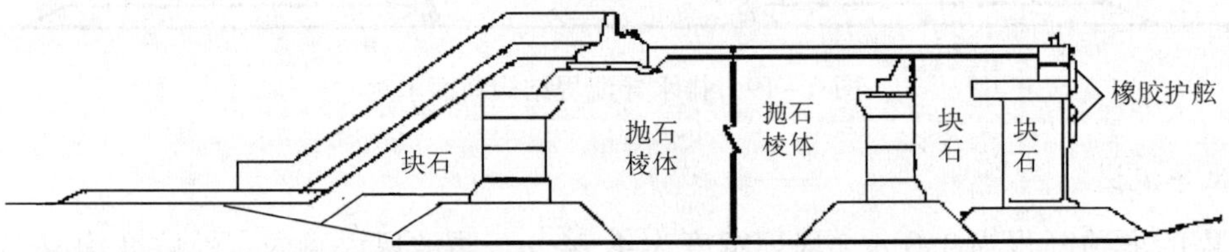

图6-20 大件码头结构断面示意

6.2.3 田湾核电站海域工程

6.2.3.1 简况

田湾核电站是我国“九五”期间开工建设的重点工程之一，位于江苏省连云港市后云台山南麓扒山头，距连云港港口约5 km。厂区按6台百万千瓦级核电机组规划。一期工程建设2台单机容量106×10^4 kW的俄罗斯AES-91型压水堆核电机组，1、2号机组已分别于1999年10月和2000年9月开工建设，于2007年5月和8月投入运行。根据国家核电规划，田湾核电站3~6号机组的设计工作已于2012年正式启动。

6.2.3.2 自然条件

田湾核电站厂址背靠云台山，东临黄海，属东亚季风区，冬季受西伯利亚冷空气控制，干旱少雨，气温偏低，盛行偏北风；夏季受西太平洋副热带高压与东南季风控制，温、湿度偏高，盛行东南风。多年平均气温14.2℃，多年平均降水量859.1 mm。常风向为E向，次常风向为ESE向，出现频率分别为12.1%和11.9%；强风向为N向，次强风向为NNE向。

工程海域为正规半日潮，主要潮位数据为(高程系统采用56年黄海高程系，本节下同)：平均海平面0.03 m，平均高潮位1.92 m，平均低潮位-1.77 m，平均潮差3.69 m；设计基准洪水位7.04 m，设计基准低水位-6.11 m；100年一遇高潮位3.84 m，100年一遇低潮位-3.63 m。

工程海域海流属于正规半日潮流，为旋转流性质，旋转方向为逆时针，涨潮流主流向为SW—WSW向，落潮流主流向为NE—ENE向。从全潮平均状况看，涨潮流速略大于落潮流速，冬夏两季流速无明显差异。

根据连云港海洋站多年(1981—1997年)观测资料统计，工程海域常波向为NE向，出现频率为21.0%；强波向为NNE和NE向，$H_{4\%}>1.3$ m出现频率为8.32%，其中NNE向和NE向出现频率达6.1%。

工程海域除取水头部近岸局部区域海底有砂及粉砂外，其他区域均为泥质海滩。根据地质勘察成果，工程区域地层中表层淤泥、淤泥质土具有高含水量、高孔隙比、高压缩性、极低的渗透性和强度，且层厚较大，最厚可达25 m，该层土对海域工程设计影响较大，需加以处理，以保证地基稳定，减小建筑物后期沉降。厂址场地地震基本烈度为Ⅶ度。

6.2.3.3 海工总平面布置

田湾核电站一期工程采用以海水为冷却水的直流供水系统，2台机组的总用水量为98.88 m^3/s，其中循环冷却水96.88 m^3/s，安全厂用水2 m^3/s。根据核电站总体布置(图6-21)，海域工程主要包括：①海水取水工程：包括取水头部、厂区前池边墙、前池防波堤；②排水工程：包括循环冷却水排水口，安全厂用水排水口；③厂区护岸工程；④自备码头工程。

图6-21 田湾核电站厂址鸟瞰图

取水头部位于核电站厂外引水隧洞进水口以外，包括引水明渠、拦沙防波堤、防撞设施。引水明渠的主要功能是将核电站所需的循环冷却水及安全厂用水引至取水隧洞，保证核电站的正常、安全运行。拦沙防波堤布置于引水明渠两侧，其功能是减少引水明渠的泥沙淤积，满足引水隧洞进口的防浪掩护要求，保证取水的安全性和可靠性。防撞设施布置于引水明渠入口处，其主要功能是防止偶然情况下船舶进入渠道，影响电站正常取水，防止水面上的漂浮杂物顺水进入取水口，保证取水的清洁。

循环冷却水经厂外引水隧洞进入厂区前池，从厂区前池进入厂区。厂区前池东侧设置前池防波堤，由于前池具有安全厂用水储水池的功能，因此周边建筑物(包括前池边墙、前池防波堤和北护岸等)的布置必须保证前池拥有足够的水域面积，并维持前池储水量能够满足安全厂用水要求。前池边墙分为东、南、西边墙，其中前池南边墙上布置电厂取水构筑物。前池防波堤用于保护前池不受外海波浪、泥沙影响，保证核电站取水水质和水量，同时对北护岸及后方厂区形成掩护，施工期前池防波堤还兼做围堰的一部分。前池防波堤顶部设有进厂道路，堤内设置防渗墙以防前池水体泄漏和厂外温排水进入前池。

循环冷却水和安全厂用水均采取东排方案，即穿过东护岸排入大海，安全厂用水排水口位于循环冷却水排水口北侧258.8 m。循环冷却水排水口由扩散段、导流堤及护坦组成。安全厂用水排水口由消力池和海漫组成。

根据厂区总体布置，在电厂东、南、北向分别设置厂区东护岸、南护岸和北护岸，其功能是保护核电站厂区不受外海波浪作用，维护电厂机组正常安全运行。

电厂自备码头位于电厂北部，前池防波堤北端外侧为3 000吨级顺岸码头，其功能是接卸核电站的重大件设备及建设期部分建材。

根据海域工程各建筑物的功能及在核电站运行中的重要性，综合确定了其核安全类别：①取水明渠防波挡沙堤：非核安全级、Ⅲ类抗震物项；②前池防波堤：非核安全级、Ⅲ类抗震物项；③前池边墙：核安全3级、I类抗震物项；④循环冷却水排水口建筑物：非核安全级、Ⅲ类抗震物项；⑤安全厂用水排水口建筑物：非核安全级、Ⅲ类抗震物项；⑥厂区护岸：非核安全级、Ⅲ类抗震物项；⑦自备码头：非核安全级、Ⅲ类抗震物项。

6.2.3.3.1 海水取水工程

(1)取水头部

取水头部海工建构筑物包括取水明渠、拦沙防波堤和防撞设施(图6－22)。

根据核电站取水总体方案，海水取水系统的输水部分采用有压隧洞取水。进水口门位置位于距原军港防波堤堤头垂直距离100 m处，口门朝向为东向，拦沙防波堤采用双堤堤头平齐的布置方案。右侧拦沙防波堤长约191.2 m，左侧拦沙防波堤长约469.7 m，两堤中心间距145 m。引水明渠的尺度按两期工程引水规模设计，总长约571 m，其中厂外引水隧洞进口闸门前直线段长69 m，该段明渠设计底宽70 m(一期)，渠底设计高程为－10.0 m；过渡段长87 m，设计底宽一端为70 m，另一端为25 m，渠底标高由－7.5 m过渡至－10.0 m；其余引水明渠渠底设计宽度为25 m，渠底标高为－7.5 m。

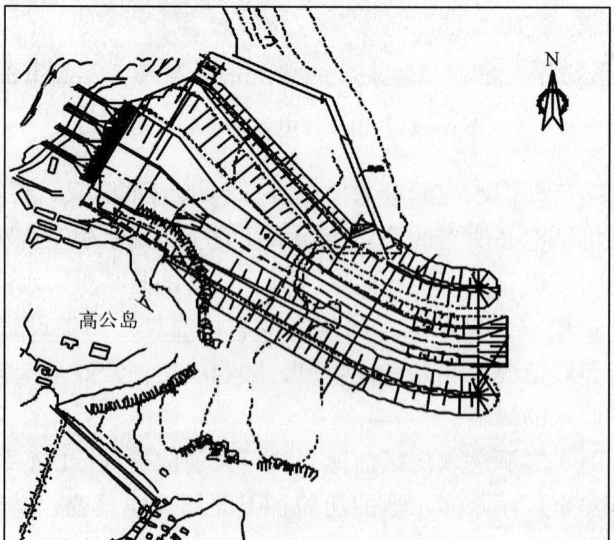

图6－22 田湾核电站取水头部平面布置示意

(2)厂区前池边墙和防波堤

前池防波堤从东护岸与北护岸的交点起向东北方向延伸到公路转弯处的山嘴止，总长419.2 m(图6-23)。前池边墙分为东、南、西边墙，东边墙长195 m，西边墙长251.8 m，南边墙长190 m(其中电厂取水构筑物段长57.45 m)。

6.2.3.3.2 排水工程

(1)循环冷却水排水口

循环冷却水排水采用东排方案，即穿过东护岸排入大海，每台机组循环冷却水设2条3.5 m×3.5 m排水暗沟。一期工程4条暗沟并排布置穿过东护岸至排水口，排水口中心线至北护岸距离为602.3 m，排水轴线与东护岸垂直。循环冷却水排水口由扩散段、排水导流堤、护坦等组成。

图6-23 田湾核电站厂区前池

循环冷却水排水口平面布置采用双短堤方案，即出水堰以外不设排水导流堤，只保留排水口扩散段两侧各128 m导流堤。循环冷却水从暗沟排出后，经过排水口扩散段喇叭口，再排入大海。扩散段底标高为-5.5~-2.5 m，底宽为18.6~66.6 m，长度为120 m，水流扩散角11.31°。喇叭口外80 m设置抛石防冲护坦。

(2)安全厂用水排水口

安全厂用水采用东排方案，即向东穿过东护岸排入大海。排水口中心线距东护岸北端点343.5 m，排水轴线与东护岸垂直。每台机组设置1条双孔排水暗沟，共2条。暗沟每孔净尺寸为1.6 m×2.0 m，排水暗沟出口伸出东护岸挡浪墙轴线以外28 m。安全厂用水从暗沟排出后，经消力池、海漫排入大海。

消力池由斜坡段和水平段组成，全长24.1 m。斜坡段全长13.5 m，宽4.1~6.0 m，扩散角为4.03°，斜坡坡度为1:4，底标高-2.80~0.13 m；水平段长10.6 m，宽6.0 m，底标高为-2.80 m。消力池外设置海漫以防冲刷，其长度为15 m，宽度为46.1 m。海漫顶标高取为-2.0 m，与海床面相同。

6.2.3.3.3 厂区护岸工程

厂区护岸的布置取决于电厂的总体设计及取水工程工艺布置。护岸分为东护岸、南护岸和北护岸3部分，其中东护岸长1 035 m，南护岸长674.76 m，北护岸长375 m。北护岸东端与东护岸和前池防波堤交点相接，西端与前池东边墙相接；南护岸东端与东护岸相接，西端与电厂排洪沟护坡相接。

6.2.3.3.4 自备码头

自备码头布置于厂区前池防波堤北端外侧水域，受高公岛、羊山岛掩护，浪、流条件较好，同时后方为进厂道路，运输方便。码头采用顺岸式布置，码头长70 m，宽50 m。大件接卸采用固定塔式全回转起重机，运输采用平板挂车。码头前沿设计底标高为 -6.5 m，顶面标高为5.7 m。码头后方陆域设置坡道与进厂道路衔接，以满足大件设备运输需要。船舶调头圆布置在码头前方，直径120 m。航道设计宽70 m，长640 m，设计底标高 -3.4 m。

6.2.3.4 海工建(构)筑物

6.2.3.4.1 海水取水工程

(1)设计标准

考虑到拦沙防波堤、前池防波堤、前池边墙对核电站取水的重要性，采用100年一遇高潮位与100年一遇波浪组合进行设计，按最高天文潮加100年一遇增水与100年一遇波浪组合进行校核。此外，采用设计基准洪水位与可能最大台风浪组合，复核建筑物抗浪稳定性，在此条件下，水工建筑物主体须保持稳定，局部损坏以不丧失总体防浪功能为原则。

对斜坡式结构的护面块石(体)、护底块石，设计波高采用 $H_{4\%}$；对斜坡式结构的挡浪墙，设计波高采用 $H_{1\%}$。

拦沙防波堤、前池防波堤按非核安全级、Ⅲ类抗震物项设计。抗震设计遵照《水运工程水工建筑物抗震设计规范》有关规定执行。考虑到其重要性，在地震基本烈度基础上增加1度即Ⅷ度作为地震设计烈度。前池边墙按核安全3级、Ⅰ类抗震物项进行设计，即按 SL2 = 0.2g 地震动参数设计。

(2)取水头部拦沙防波堤结构

取水头部拦沙防波堤采用抛石斜坡堤结构(图6-24)，堤顶标高按历时累积频率1%的潮位加1 m考虑，取为3.5 m。左侧拦沙防波堤中部采用4 t扭王字块体护面，右侧拦沙防波堤及左侧拦沙防波堤堤头采用6 t扭王字块体护面。堤芯采用级配较好的小于250 kg开山石，含泥量不大于5%，最大粒径不超过50 cm。地基处理采用爆破挤淤方案。

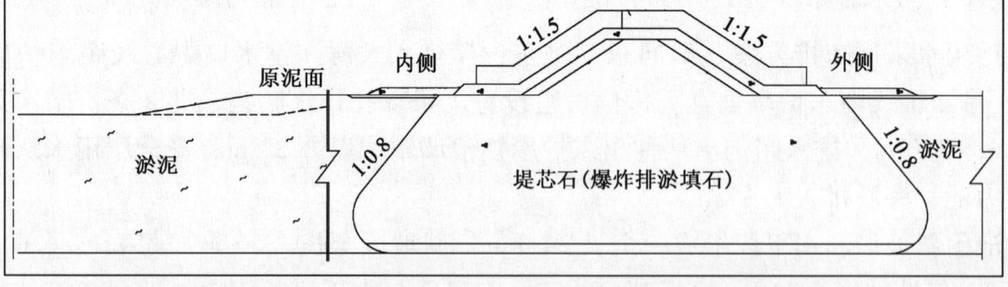

图6-24 田湾核电站拦沙防波堤结构断面示意

(3)厂区前池边墙及前池防波堤结构

考虑到前池边墙作为核电站Ⅰ类抗震物项在使用上的特殊要求，为满足结构的稳定性、地基承载力和变形要求，前池边墙采用现浇钢筋混凝土箱型结构(图6-25)，以增强结构整体性能，减小自身变形；上部为现浇钢筋混凝土胸墙，基础采用入岩的钻孔灌注桩。

箱型结构由前墙、后墙、隔墙、侧墙和底板等组成。箱体内部分填块石，以增加结构的稳定性，且前、后仓填石高度不同以改变地连墙基础的应力分布，使其趋于均匀。箱型结构与上部胸墙及下部的灌注桩基础均为刚性连接，使整个结构一体化，以确保其稳定及变形满足核安全要求。结构分段，每段长19.5 m，各段间设6 cm的变形缝，缝中设置橡胶止水带进行防渗。箱型结构底宽12.5 m或13.7 m，前、后墙厚度均为0.4 m，隔墙厚度0.3 m，底板厚度2.0 m。对非岩基段，采用直径为1.2 m的钻孔灌注桩基础，进入中等风化岩1.5 m。

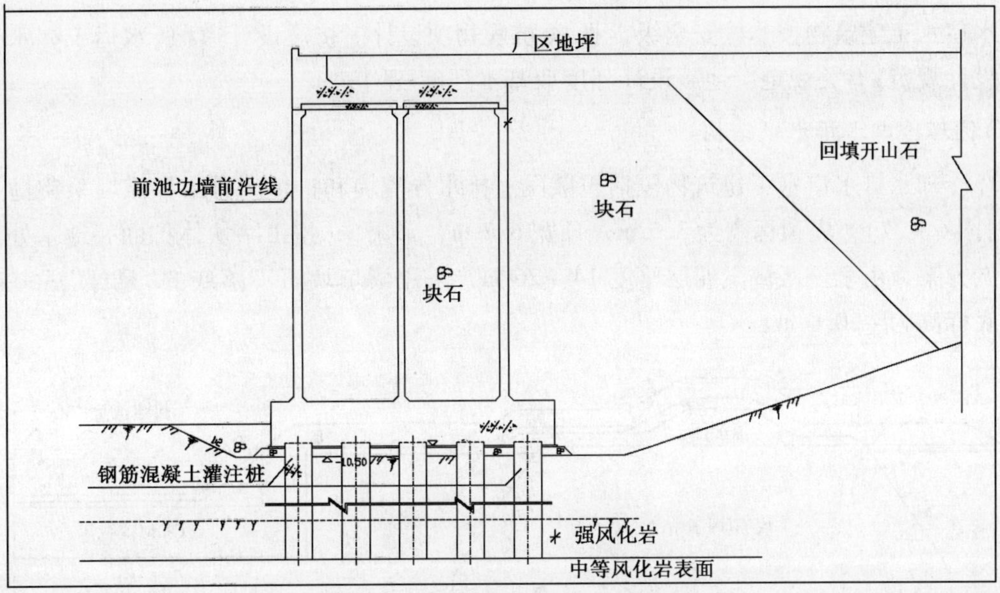

图6－25　田湾核电站前池边墙结构断面示意

厂区前池防波堤一端与东护岸、北护岸交点相接，另一端与山体相接，对北护岸形成掩护。前池防波堤采用抛石斜坡堤结构（图6－26），外侧护面采用消浪效果较好的扭工字块体，以减小越浪，扭工字块体的重量为5 t；内侧护面采用40 cm厚干砌块石。防波堤堤芯采用级配较好的小于250 kg开山石，堤顶标高7.2 m，顶宽14.5 m，挡浪墙顶标高为9.0～9.5 m。前池防波堤所在位置水深较浅、淤泥较薄，地基处理采用开挖方案，与北护岸及东护岸北段一致，施工时与前池开挖一同进行。为保证前池蓄水水量和水质，前池防波堤内设置防渗心墙，心墙采用耐久性和抗震性能好的柔性地连墙结构，厚度0.8 m，其顶标高为4.0 m，底标高为－26.0～－21.0 m。

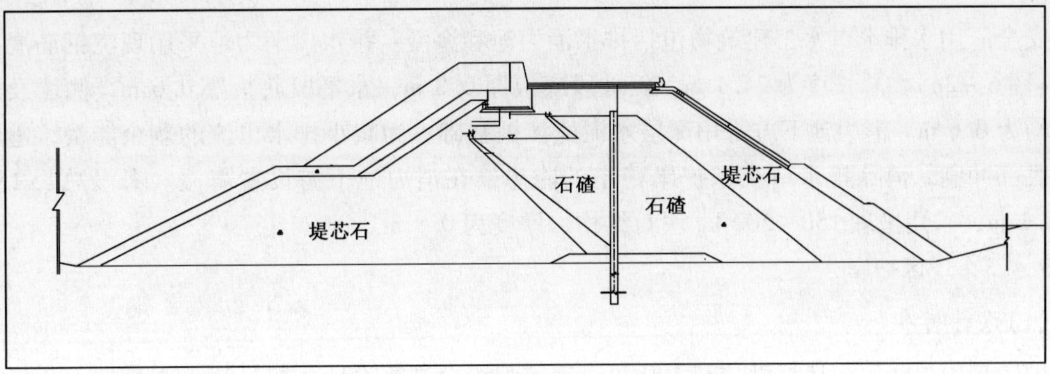

图6－26　田湾核电站前池防波堤结构断面示意

6.2.3.4.2　排水工程

(1)设计标准

循环冷却水及安全厂用水排水口水工建筑物，采用100年一遇高潮位与100年一遇波浪组合进行设计，按最高天文潮加100年一遇增水与100年一遇波浪组合进行校核。

对斜坡式结构的护面块石(体)、护底块石，设计波高采用$H_{4\%}$；对斜坡式结构的挡浪墙及直立式结构的墙身，设计波高采用$H_{1\%}$。

排水口水工建筑物按非核安全级、Ⅲ类抗震物项设计。抗震设计遵照《水运工程水工建筑物抗震设计规范》有关规定。地震设计烈度取基本烈度Ⅶ度。

(2)循环冷却水排水口结构

循环冷却水排水口水工建筑物包括扩散段、排水导流堤和护坦。排水导流堤采用抛石斜坡堤结构(图6-27)，堤顶标高为3.5 m，顶宽6.7 m，采用3 t扭工字块体护面，地基处理采用爆破挤淤方案，由于该区域淤泥层厚度14~26 m，采用爆填块石不落底的“悬浮”式基础，爆填块石底标高为-20.0 m。

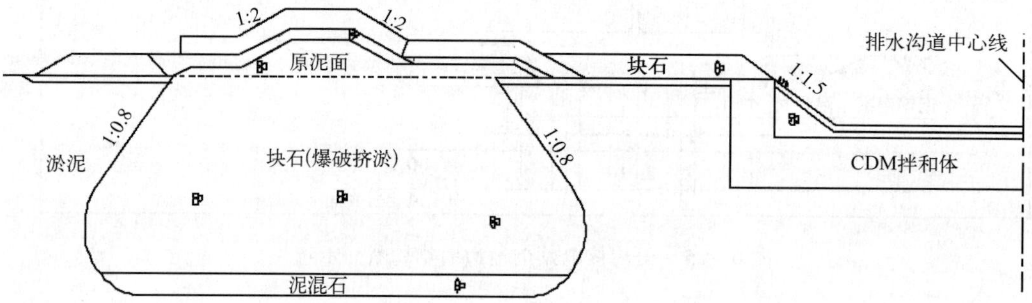

图6-27　田湾核电站排水导流堤结构断面示意

与排水暗沟相接的40 m扩散段，由钢筋混凝土翼墙和底板组成，其厚度为0.4 m，地基处理结合施工围堰采用深层水泥搅拌桩；其余80 m段采用抛石结构并与导流堤内坡相接，根据排水口处的波浪条件和出水流速，抛石重量为80~150 kg块石，为避免出水堰外地基冲刷，扩散段外设护坦，护坦采用抛填80~150 kg块石，其下设置二片石、碎石及中粗砂垫层。

(3)安全厂用水排水口结构

安全厂用水排水口水工建筑物包括排水消力池和海漫。排水口消力池采用现浇钢筋混凝土结构(图6-28)，总长度为24.1 m，斜坡段底板厚0.8 m，水平段底板厚0.6 m，侧墙及尾槛厚度均为0.6 m。消力池下方采用深层水泥搅拌桩基础。为减小排水出流的剩余能量，避免排水口底部冲刷，消除排水口及东护岸稳定的隐患，在消力池下游设置海漫。海漫总长15 m，宽46.1 m，采用抛理150~200 kg块石结构，厚度为0.8 m。

6.2.3.4.3　厂区护岸

(1)设计标准

护岸采用100年一遇高潮位与100年一遇波浪组合进行设计，按最高天文潮加100年一遇增水与100年一遇波浪组合进行校核。采用设计基准洪水位(DBF)与可能最大台风浪组合复核建筑物抗浪稳定性，在此条件下，水工建筑物主体须保持稳定，局部损坏以不丧失总体防浪功能为原则。

对斜坡式结构的护面块石(体)、护底块石，设计波高采用 $H_{4\%}$；对斜坡式结构的挡浪墙，设计波高采用 $H_{1\%}$。

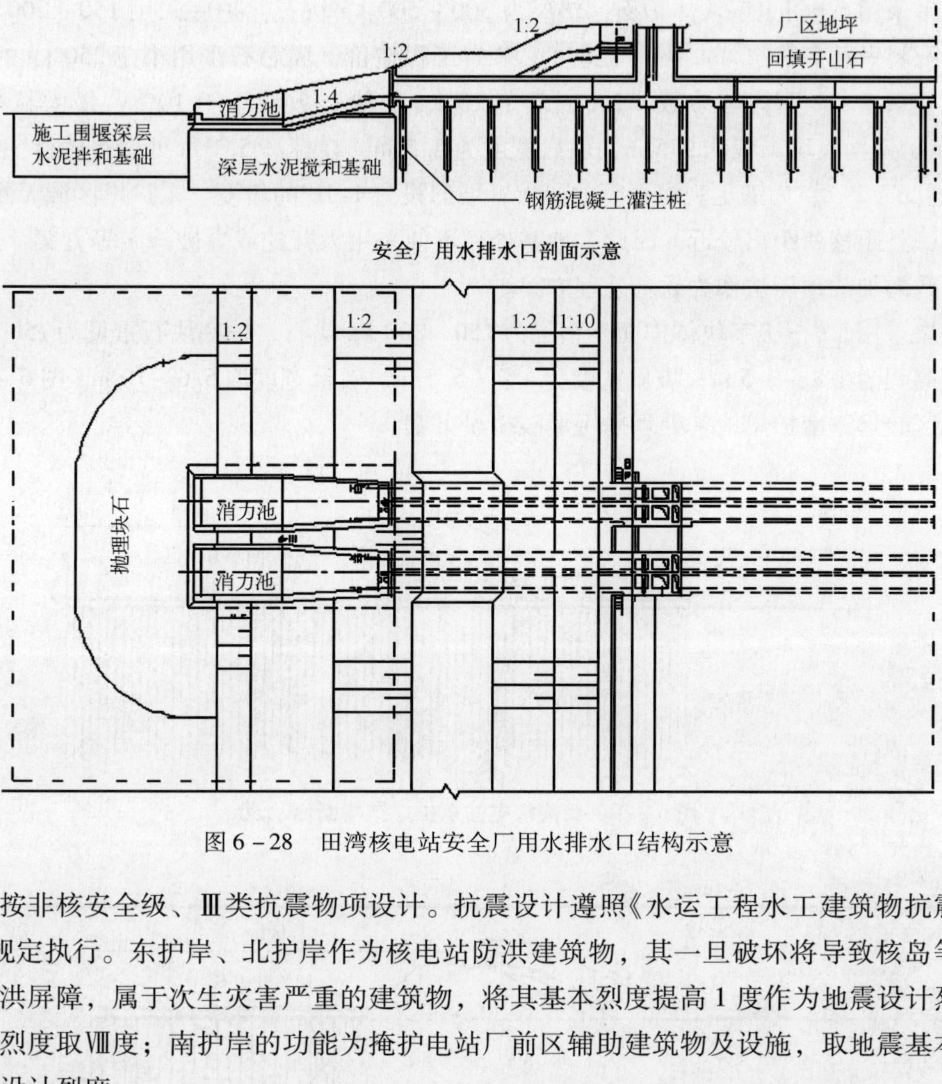

图6-28 田湾核电站安全厂用水排水口结构示意

护岸按非核安全级、Ⅲ类抗震物项设计。抗震设计遵照《水运工程水工建筑物抗震设计规范》有关规定执行。东护岸、北护岸作为核电站防洪建筑物，其一旦破坏将导致核岛等重要设施失去防洪屏障，属于次生灾害严重的建筑物，将其基本烈度提高1度作为地震设计烈度，即地震设计烈度取Ⅷ度；南护岸的功能为掩护电站厂前区辅助建筑物及设施，取地震基本烈度Ⅶ度为地震设计烈度。

根据核电站总体布置、排水及防淹设计，考虑护岸后方排除越浪水体的可能性确定允许越浪量标准如下。

1)东护岸及北护岸：在最高天文潮加1 000年一遇增水与1 000年一遇波浪、风线性组合时，护岸挡浪墙顶越浪量小于0.02 $m^3/(s·m)$；在设计基准洪水位与100年一遇波浪、风线性组合时，护岸挡浪墙顶越浪量小于0.033 $m^3/(s·m)$。

2)南护岸：在100年一遇高潮位与100年一遇波浪、风线性组合时不允许越浪；且要求在设计基准洪水位与该水位风、浪线性组合时，南护岸越浪水体到达核岛围墙的水面高程低于8.0 m。

(2)护岸结构

鉴于核电站厂区需开山平地，有大量弃石需要处理，因此护岸采用抛石斜坡式结构，以充分利用开山土石方。由于护岸允许越浪量标准较严格，且下方为软基，护岸的护面块体选择消浪性能好、对地基沉降适应性强的扭工字块体。

东护岸采用5 t扭工字块体护面，垫层为300～500 kg块石，护底采用150～200 kg块石。为避免对石料做过多筛选，加快施工进度，节省工程造价，堤芯石采用小于250 kg的开山石，要求含泥量≤5%，不均匀系数≥2.5，低于10 kg的块石数量小于10%，最大粒径不超过50 cm。东护岸挡浪墙高程为9.5 m，坡肩宽度为5.5 m，在标高5.1 m处设置戗台，戗台宽度取10 m(图6－29)。为满足观海视野的要求，坡肩设置1:10的坡度。东护岸区域天然泥面浅，软土层厚，且距核岛距离较近，因此，地基处理不便采用大开挖或爆破挤淤等方案，选择与后方厂区一致的加载预压法作为软基处理方案。

南护岸采用3 t扭工字块体护面，垫层为150～300 kg块石，护底块石重量为150～200 kg。挡浪墙顶高程为5.8～9.5 m，坡肩宽度为4.7～5.5 m，戗台宽度取6.6～10 m(图6－30)。考虑到距厂区较远，南护岸地基处理采用爆破挤淤方案。

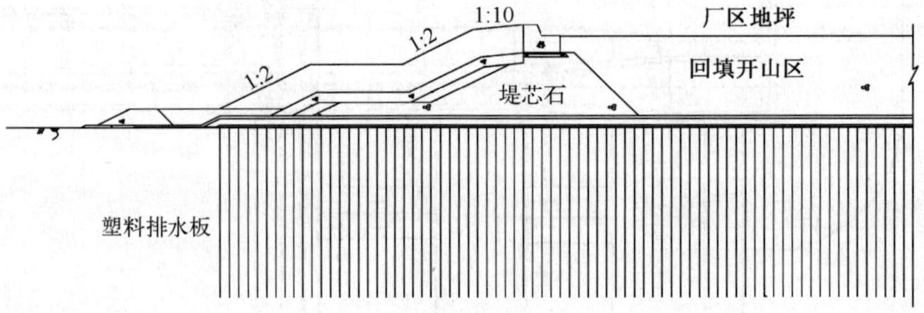

图6－29　田湾核电站东护岸结构断面示意

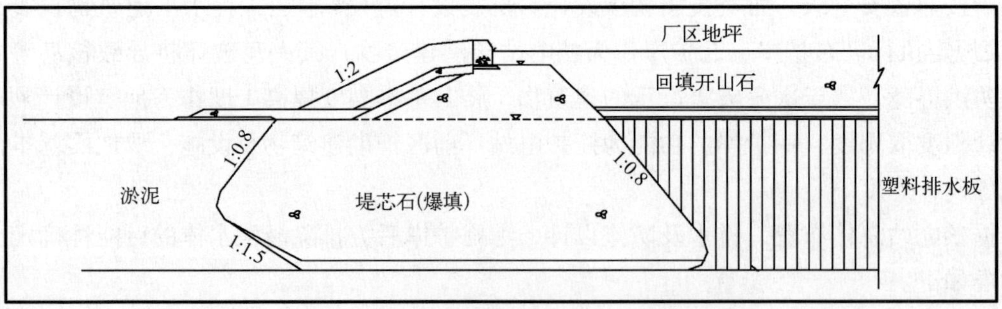

图6－30　田湾核电站南护岸结构断面示意

北护岸受前池防波堤掩护，护面采用40 cm厚干砌块石结构，挡浪墙顶高程为8.5 m(图6－31)。考虑到防渗需要，堤身内设置防渗心墙，心墙采用耐久性和抗震性能好的柔性地连墙结构，厚度为0.8 m，其顶标高为4.0 m，一端与前池防波堤的防渗墙相接，另一端与岩体相接。考虑到前池的开挖施工，北护岸地基处理采用大开挖方案。

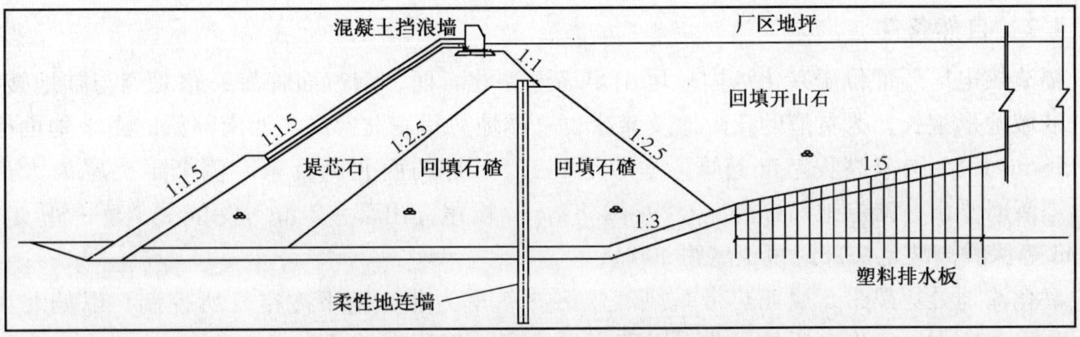

图 6 – 31　田湾核电站北护岸结构断面示意

6.2.3.4.4　自备码头

自备码头长 70 m，两端为护岸。按照一般港工标准进行结构设计。码头采用工字型空心方块结构，主体由空心方块、卸荷板、胸墙及抛石基床组成。空心方块底宽 5.6 m，前后墙厚 0.35 m，底板厚 0.5 m，顶标高 1.2 m，卸荷板厚 1.3 m，兼做靠船构件。码头抛石基床厚 2.0 m，持力层为中风化岩。墙后为 10 ~ 100 kg 抛石棱体，其后回填开山石。码头前沿设 250 kN 系船柱及 DA – A500H 型橡胶护舷。

在码头的中部距前沿线 11 m 的位置设有全回转式固定起重机，起重机基础由 4 个沉箱组成，每个沉箱 4 个舱格，沉箱高 7.7 m，舱格内回填 10 ~ 100 kg 块石，沉箱顶面标高为 1.2 m，其上现浇混凝土联为一体作为固定式起重机的基础，基础平面尺度为 20.19 m × 18.19 m。沉箱基础为 10 ~ 100 kg 抛石基床，基床持力层为中风化岩。

6.2.4　福清核电站海域工程

6.2.4.1　概况

福清核电站位于福建省福清市三山镇，距福州市 71 km，距长乐市 58 km，距福清市 32 km（图 6 – 32）。该核电厂是中国核工业集团公司和中国华电集团公司共同出资营建的商业性核电项目，规划建设 6 台百万千瓦级压水堆核电机组，分三期建设，一、二期工程每期分别建设 2 台在岭澳 3、4 号机组基础上进一步改进的自主设计百万千瓦级压水堆型核电机组，4 台机组已于 2008 年 12 月开始陆续开工建设，1 号机组预计 2014 年投入运行。

图 6 – 32　厂址地理位置图

6.2.4.2 自然条件

福清核电厂厂址位于兴化湾内岐尾山半岛上，北、西、南三面临海，东北侧与陆地接壤。厂址区域地形狭长，为贫瘠的丘陵地及滩涂，总体地势呈东北部高，西南部低，山地地面标高 10 ~ 56 m(1985 国家高程基准起算，本节下同)。厂址的西北侧及东南侧至牛头尾为大片滩涂，退潮时干出，滩涂地面标高 -2.29 ~ 2.87 m。岐尾突出部 -2 m 等深线呈 NW—SE 走向，-9 m 等深线离岐尾头部最短距离约 200 m。

兴化湾地处亚热带，属亚热带季风气候区。冬季为北方南下冷空气所控制，以偏北风为主，夏季受西太平洋副高压的影响，以偏南风为主。工程海域的常风向为 NE—N 向，次风向为 SW—S 向。多年平均气温 19.3℃，多年年平均降水量 1 383.3 mm。

工程海域属正规半日潮型，平均高潮位 2.83 m，平均低潮位 -2.28 m，平均海平面 0.28 m，平均潮差大于 4.5 m；最高天文潮位 4.34 m，最低天文潮位 -3.98 m；设计基准洪水位(DBF) 8.38 m；100 年一遇高潮位 5.34 m；100 年一遇低潮位 -4.35 m；历时累积频率 1% 的潮位 3.53 m；历时累积频率 98% 的潮位 -2.98 m。

根据 2005 年 7 月至 2006 年 7 月现场波浪观测，工程海域常浪向为 SW—S 向，强浪向为 SSW 向。工程海域波浪较小，1.0 m 以上的波高所占频率仅为 0.3%。

兴化湾位于半日潮驻波波腹区，其潮流仍然较强；相位差也使涨潮流最大流速出现时间提前，落潮流最大流速出现时间滞后。潮流基本上表现为往复流，厂址附近海域总体上表现为落潮流历时长于涨潮流历时，余流值相对较小，一般在 10 cm/s 以下。

厂址所在岐尾山为基岩海岸典型的岬角，山体岩性为燕山早期花岗岩。山体有岩脉侵入，主要岩脉有辉绿岩、花岗斑岩和闪长玢岩等。岐尾山山体地貌类型为丘陵和红土台地二类，岸滩地貌为单一的泥质滩涂潮间带和水下泥质海底，取水明渠防波堤位于泥质滩涂和水下泥质海底上。泥质海底和潮间带较为平缓，向海中的坡降为 0.5%，泥质成分为淤泥及淤泥混砂，为近时海相沉积的软弱土层，软土层分布厚度从近岸 1.5 m 变化至远岸 12 m，软土层具有含水率高、压缩性高、灵敏度高和强度低的特征。

防波堤头部段和明渠导流堤段位于 -8.0 ~ -5.0 m 水深处，防波堤端部为海陆交接处，可见基岩露头，海岸处于侵蚀后退状态中，但海岸受侵蚀后退的速度相当缓慢，而且人工堆积已改变了天然海岸的形态。

厂址抗震设防烈度为 Ⅶ 度，设计基本地震加速度值为 0.10g。

6.2.4.3 海工总平面布置

福清核电厂的厂坪标高 11.00 m，高于设计基准洪水位。为了防御外海台风浪的影响，在厂区东、西、南方向修筑海工构筑物(防波堤、护岸等)。海域工程包括核电厂取排水工程、厂区护岸工程和大件码头工程，总平面布置如图 6-33 所示。

(1)取水工程

取水工程海工主要建(构)筑物包括取水明渠防波堤、取水明渠导流堤、取水明渠等。取水明渠防波堤布置在厂区北侧，该防波堤与厂区北侧内护岸夹角约 4.3°，并将防波堤堤头布置在 -9.0 m 水深处，全长约 1 919.3 m，取水明渠防波堤堤顶高程为 9.0 m。

取水明渠导流堤布置在厂区西北侧，在一期泵房西南沿厂区内护岸方向向海侧延伸 59.9 m 后向西折拐 39°设置一条长 278.8 m 直线导流堤，两段直线之间用半径为 750 m 的圆弧连接，圆弧半径约为 5 倍取水明渠设计底宽，弧长 506.2 m，并将导流堤堤头布置在 -9.5 m

水深处，导流堤全长约853.8 m，取水明渠导流堤堤顶高程为9.5 m。

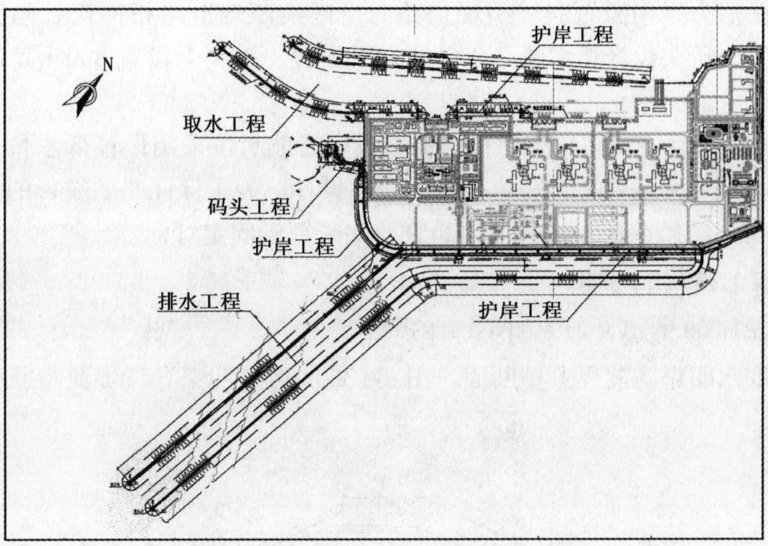

图6－33　海域工程总平面布置示意

取水明渠口门布置在天然水深9.0 m处，口门底宽160 m，取水明渠内一至三期共用段设计底宽为140 m，二、三期共用段设计底宽为100 m，三期独立段设计底宽为60 m，由外向内逐步收缩。

取水明渠防波堤和导流堤堤头各设置堤头灯1座。取水明渠口门内设置拦污防撞设施1套。

(2)排水工程

排水工程海工主要建(构)筑物包括排水明渠导流堤、排水明渠等。

排水明渠导流堤布置在厂区西南侧，为了使电厂的排水沿着明渠排出，在明渠两侧分别布置东、西两条导流堤。西导流堤长1 921.0 m，布置在南北走向排水明渠的西侧。东导流堤全长3 498.9 m分为3段，由位于南北走向排水明渠东侧长1 822.1 m的导流堤、半径200 m、长143.1 m的圆弧段导流堤和位于南护堤南侧长1 533.7 m的导流堤段组成。排水明渠西导流堤堤顶高程为6.0～10.2 m(与南护岸相接)，排水明渠东导流堤堤顶高程为6.0 m。

排水明渠口门布置在天然水深8.4 m处，口门底宽90 m，南北走向的排水明渠从口门起向北至一期排水口西侧，此段为一、二、三期共用段，明渠全长3 401.8 m。排水明渠导流堤2个堤头各设置堤头灯1座。

(3)护岸工程

护岸工程主要建(构)筑物包括厂区南护岸、厂区内护岸。

厂区南护岸布置在厂区西南、东南侧，共分四段，全长2 469.5 m，顶高程为10.2 m，挡浪墙顶高程12.0 m。

在取水明渠防波堤掩护范围内，沿核电厂主厂区陆域北侧边界线布置厂区内护岸，一期工程厂区内护岸长度约723.8 m，顶高程为11.0 m。

(4)大件码头工程

大件码头工程建(构)筑物主要包括海运大件码头、码头引堤、港池、航道及相关附属设施。

码头采用顺岸式布置在厂区西南端半岛端头的较高山体地形外侧，与厂区西北—东南横向道路平行，码头后方采用抛石斜坡引堤道路与厂区最西端道路相连接。码头平面布置整体为开敞式掩护方案。码头设计船型为3 000吨级甲板驳，码头上设置800 t固定旋转式起重机1座。

码头航道通航船舶为3 000吨级甲板驳船，设计通航水位采用设计低水位，码头航道水域水深较好，天然水深可满足要求。航道按单向航道设计。为了保证船舶航行的安全，需在航道口门处并沿港池配布浮标4套(备用2套)，在码头端部设固定灯标。

6.2.4.4 主要海工建(构)筑物

6.2.4.4.1 取水明渠防波堤及取水明渠导流堤

图6-34为取水明渠防波堤典型断面。图6-35为取水明渠导流堤典型断面。

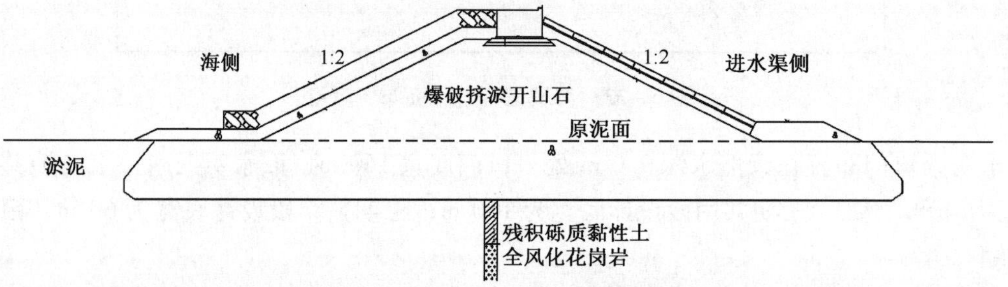

图6-34 取水明渠防波堤典型断面示意

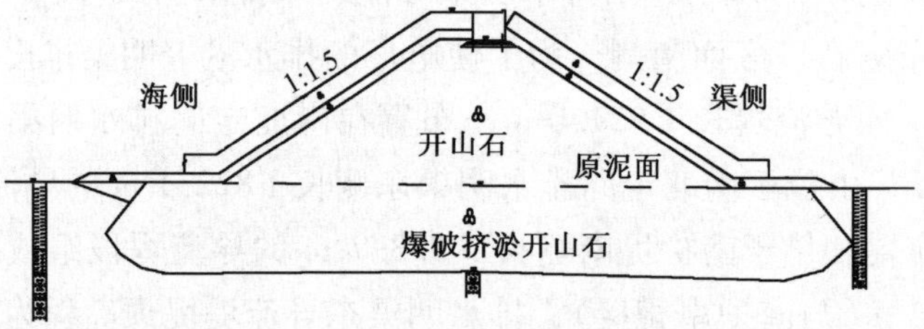

图6-35 取水明渠导流堤典型断面示意

(1)设计标准

取水明渠防波堤的主要作用是减少外海波浪在取水明渠中引起水面的波动，保护泵房取水不受波浪影响，同时保护核岛厂区免受波浪的袭击，为核安全相关物项。取水明渠导流堤的主要作用是与取水明渠防波堤、内护岸及取水明渠构成完整的取水流道，并起到导流和拦沙的作用，为非核安全相关物项。

设计高水位采用100年一遇高潮位，校核高水位采用最高天文潮+100年一遇增水的组合潮位；设计低水位采用100年一遇低潮位，校核低水位采用最低天文潮+100年一遇减水的组合潮位。

设计波浪重现期采用100年一遇，设计基准洪水位对应的可能最大台风浪进行验证。设计波浪的波列累积频率见表6-5。

表6-5 取水明渠防波堤和导流堤设计波浪的波高累积频率

结构形式	部位	设计内容	波高累积频率 $F(\%)$
斜坡式	胸墙、堤顶方块	强度和稳定性	1
	护面块体	稳定性	4
	护底块石	稳定性	4

取水明渠防波堤确定为Ⅱ类抗震物项，采用运行安全地震震动 SL-1 进行抗震设计，极限安全地震震动 SL-2 进行检验，满足以下条件：

1)100 年一遇高潮位+100 年一遇波浪组合工况下不越浪；

2)100 年一遇高潮位+100 年一遇波浪时，泵房前池的 $H_s \leqslant 0.4$ m(短周期波)；

3)设计基准洪水位及其对应台风浪工况下，越浪海水引起的取水明渠内再生波 $H_s \leqslant 1.5$ m。

在持久状况下，各水工构筑物的各部位不允许出现任何损坏；在短暂状况下，亦不允许出现破坏，但各部位的安全储备与持久状况相比可减小。在设计基准洪水位与相应的波浪作用下，以导流堤主体稳定和不丧失总体防浪功能为原则，允许个别护面块体位移或滚落。

(2)结构形式及构筑物主要尺度

取水明渠防波堤及取水明渠导流堤为人工块体护面的抛石斜坡堤。

取水明渠防波堤由 0~500 kg 开山石堤芯、堤顶方块、人工块体护面、垫层块石和护底块石组成。堤顶高程 9.0 m，采用长 4 m、宽 3.3 m、厚 2 m 的现浇素混凝土方块压顶。堤芯石内、外坡面的坡度均为 1:2。堤头段及连接段内、外坡均采用 3 t 扭王字块体，护面块体下设置 150~300 kg 块石垫层；北侧直线段外侧护面采用 2 t 扭王字块体，护面块体下设置 100~200 kg 块石垫层，内侧护面采用长 2.5 m、宽 2.0 m、厚 0.4 m 的栅栏板。同时，为防止堤前波流的冲刷作用，堤前采用 100~200 kg 或200~300 kg 块石护底，护底宽度为 5.0 m。

取水明渠导流堤由 0~500 kg 开山石堤芯、6 t 扭王字块体护面、200~300 kg 垫层块石和护底块石组成。堤顶高程 9.5 m，采用长 4 m、宽 3.3 m、厚 2 m 的现浇素混凝土方块压顶，堤芯石内、外坡面的坡度均为 1:1.5，内、外侧护面均采用 6 t 扭王字块体，护面块体下设置 200~300 kg 垫层块石。同时，为防止堤前波流的冲刷作用，堤前采用 200~300 kg 块石护底。

(3)地基处理

当淤泥性土厚度≤3.0 m 时，斜坡式导流堤地基处理采用抛石挤淤方案；当淤泥性土厚度>3.0 m 时，地基处理采用爆破排淤填石方案。

6.2.4.4.2 排水明渠导流堤

排水明渠导流堤典型断面如图 6-36 所示。

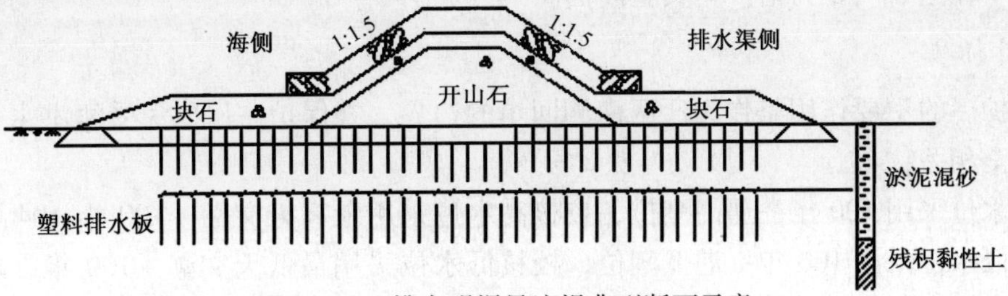

图 6-36 排水明渠导流堤典型断面示意

(1)设计标准

排水明渠导流堤的主要作用是与排水渠道一并构成完整的排水流道，主要起到导流、拦沙作用，排水导流堤为非核安全相关物项。

设计高水位采用历时累积频率1%潮位，校核高水位采用50年一遇高潮位；设计低水位采用历时累积频率98%潮位，校核低水位采用50年一遇高潮位。

设计波浪重现期采用100年一遇，设计波浪的波高累积频率见表6-6。

表6-6 排水明渠导流堤设计波浪的波高累积频率

结构形式	部位	设计内容	波高累积频率 F(%)
斜坡式	护面块体	稳定性	4
	护底块石	稳定性	4

排水明渠导流堤按Ⅲ类抗震物项设计，即按本地区的抗震设防烈度设计，并满足交通部行业标准《水运工程抗震设计规范》(JTJ 225-98)的要求。

在持久状况下，各水工构筑物的各部位不允许出现任何损坏；在短暂状况下，亦不允许出现破坏，但各部位的安全储备与持久状况相比可减小。

(2)结构形式及构筑物主要尺度

排水明渠导流堤为人工护面块体的抛石斜坡堤，由0~200 kg开山石堤芯、人工块体护面、垫层块石和压脚护底块石组成。堤顶高程为6.0 m，堤顶宽度为5.28 m，堤顶块体采用5 t扭王字块体。当海底泥面较低时，根据堤身整体稳定要求，内、外坡需压脚反压，压脚采用300~500 kg和30~100 kg块石，在堤身内外两侧-1.5 m高程处分别设置肩台。内、外坡面的坡度为1:1.5或1:2，采用3 t扭王字块体护面(堤头处内外坡采用5 t扭王字块体护面)，护面块体下设置150~200 kg块石垫层。为防止堤前波流冲刷，堤前采用300~500 kg或150~200 kg块石护底。

(3)地基处理

由于排水明渠导流堤位置处海底表面淤泥质土层普遍较厚，地基处理采用水上打设塑料排水板利用回填土石方分级加载预压固结软土地基方案。首先挖除表层部分淤泥，水上抛填2 m厚中粗砂垫层，形成水平排水通道，排水砂垫层的砂料含泥量应小于5%。塑料排水板底部应打穿淤泥质土层，排水板顶应在砂垫层上，排水板间距为1 m，呈正方形布置。在砂垫层上铺设一层600 g/m^{2}高强土工布和一层土工格栅(单向断裂强度≥150 kN/m)。0~200 kg堤芯开山石分级回填，控制加荷速率，以确保每级加载时的地基稳定性。

6.2.4.4.3 南护岸

图6-37和图6-38为南护岸典型断面图。

(1)设计标准

厂区南护岸的主要作用是作为厂区南侧回填的边界，并保护主厂区免受海洪水淹影响，南护岸为核安全相关物项。

设计高水位采用100年一遇高潮位，校核高水位采用最高天文潮+100年一遇增水的组合潮位；设计低水位采用100年一遇低潮位，校核低水位采用最低天文潮+100年一遇减水的组合潮位。

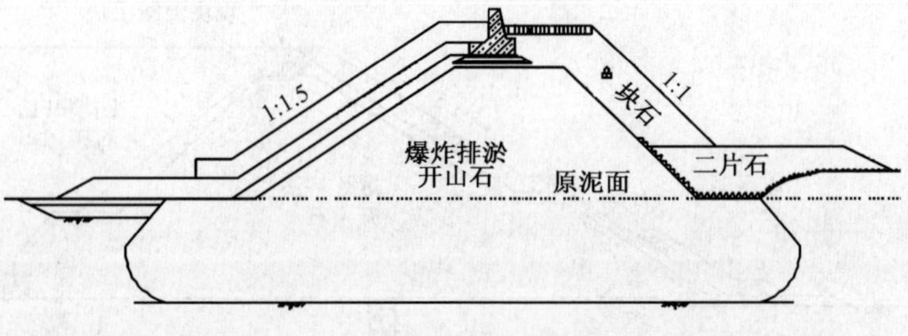

图6-37 厂区南护岸AC段典型断面示意

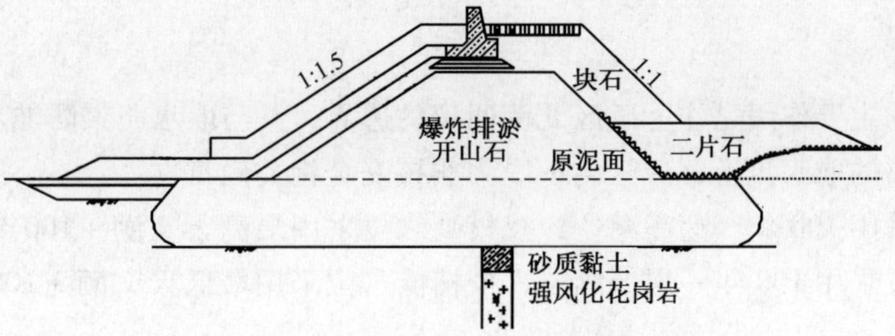

图6-38 厂区南护岸CH段典型断面示意

设计波浪重现期采用100年，设计基准洪水位对应的可能最大台风浪进行验证。设计波浪的波列累积频率同表6-5。南护岸AC段为Ⅱ类抗震物项，采用运行安全地震震动SL-1进行抗震设计，极限安全地震震动SL-2进行检验。CH段按本地区的抗震设防烈度设计，并满足交通部行业标准《水运工程抗震设计规范》(JTJ 225-98)的要求。

在100年一遇高潮位和100年一遇波浪组合工况下不越浪；设计基准洪水位及其对应台风浪工况下，越浪海水不能越到厂区，危及到核岛安全。

在持久状况下，各水工构筑物的各部位不允许出现任何损坏；在短暂状况下，亦不允许出现破坏，但各部位的安全储备与持久状况相比可减小。在设计基准洪水位与相应的台风浪作用下，以构筑物主体稳定和不丧失总体防浪功能为原则，允许个别护面块体位移或滚落。

(2)结构形式及构筑物主要尺度

南护岸为人工块体护面的抛石斜坡堤。由0~500 kg开山石堤芯、人工块体护面、垫层块石和压脚护底块石组成。护岸顶高程10.2 m，胸墙顶高程为13.0 m。外坡面的坡度为1:2，采用6 t扭王字块体护面，护面块体下设置150~300 kg块石和10~100 kg块石垫层。为防止堤前波流的冲刷，堤前采用150~300 kg块石护底。

(3)地基处理

对含水率为60%、标贯击数小于1、厚度不大于4 m的纯淤泥层，采用抛石挤淤的地基处理方案。对淤泥土层、淤泥质粉质黏土层、淤泥混砂层的地质区段，其厚度大于4 m时，地基处理采用爆破排淤填石方案。

6.2.4.4.4 厂区内护岸

图6-39为厂区内护岸典型断面图。

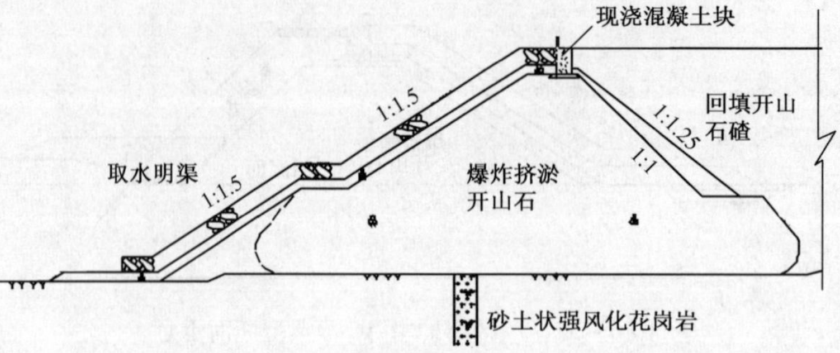

图 6-39 厂区内护岸典型断面示意

(1)设计标准

厂区内护岸的主要作用是作为厂区北侧回填的边界，并与取水明渠防波堤、导流堤、取水明渠一并构成完整的取水流道，厂区内护岸为非核安全相关构筑物。

设计高水位采用100年一遇高潮位，校核高水位采用最高天文潮+100年一遇增水的组合潮位；设计低水位采用100年一遇低潮位，校核低水位采用最低天文潮+100年一遇减水的组合潮位。

设计波浪重现期采用100年一遇，设计基准洪水位对应的可能最大台风浪进行验证。

在持久状况下，各水工构筑物的各部位不允许出现任何损坏；在短暂状况下，亦不允许出现破坏，但各部位的安全储备与持久状况相比可减小。

(2)结构形式及构筑物主要尺度

厂区内护岸为人工块体护面的抛石斜坡堤。抛填0~500 kg开山石作为堤芯石，形成堤身主体，然后在堤身外侧抛理垫层块石，在垫层块石上安放单块重量为2 t的四脚空心方块形成护面层，在高程1.07 m以下抛填两层200~300 kg护面块石。在堤身顶部设浆砌块石墙。堤芯棱体后回填开山石碴，达到厂坪标高。

(3)地基处理

根据地质条件，内护岸地基处理采用爆破排淤或开挖回填方案，其中淤泥较厚位置采用爆破排淤，其余部分均采取开挖的方法进行地基处理，即开挖取水明渠与内护岸地基处理一并进行。

6.2.4.4.5 大件码头工程

(1)设计标准

设计高水位采用历时累积频率1%潮位，校核高水位采用50年一遇高潮位；设计低水位采用历时累积频率98%潮位，校核低水位采用50年一遇高潮位。

设计波浪重现期为50年一遇。设计波高采用$H_{5\%}$。

按《水运工程抗震设计规范》(JTJ 225-98)执行，抗震设防烈度为Ⅵ度，设计基本地震加速度值为0.05g。

(2)结构形式

大件码头为3 000吨级泊位，码头泊位长95 m，宽40 m，顶高程为7.0 m，码头前沿底标高为-8.4 m。码头采用带卸荷板的重力式小沉箱结构，沉箱为“田”字形结构，顶面标高

1.6 m，单个沉箱重量控制在500 t以内，可以现场预制，采用500 t起重船吊装。沉箱顶部为现浇钢筋混凝土卸荷板，卸荷板悬臂长2.0 m，其上为混凝土胸墙。沉箱舱格内回填10～100 kg块石，为减小地基应力，沉箱后抛填10～100 kg减压棱体块石，棱体块石后设二片石和碎石倒滤层。码头基础采用10～100 kg抛石基床，基础持力层为强风化岩。

(3)地基处理

码头结构持力层为强风化岩，需将表层的淤泥全部挖除，并局部炸礁形成基槽。基槽形成后抛填10～100 kg块石为码头结构基础。

6.2.5 岭澳核电站海域工程

6.2.5.1 概况

广东岭澳核电站位于广东省深圳市龙岗区大鹏半岛东南侧，西距深圳约45 km，西南距香港约55 km(图6-40)。岭澳核电站厂址西侧与大亚湾核电站相邻，规划建设有4台百万千瓦级压水堆核电机组，分两期工程建设。首期建设2台机组，采用大亚湾核电站技术及其改进方案，1号机组于1997年5月开工建设，于2002年底投入运行。二期工程采用CPR1000核电技术方案，是我国首座采用自主品牌技术路线建设的百万千瓦级核电项目，2台机组分别于2010年、2011年投入运行。

岭澳核电站海工工程集陆域形成、海岸防护、循环冷却水取、排放设施于一体，是保证核电站安全运行的重要设施之一。由于当时国内没有成熟的核电站海域工程设计标准和工程实践，因此正确理解和把握核电安全标准并使海工工程设计标准相对应以确保工程的安全性和可靠性是工程设计的关键，特别是保证反应堆冷却所需的安全用水要求更增加了设计的难度。设计按照核电工业循环冷却水取水条件、取水流量、水质要求等，严格执行核安全法规标准，在潮位、波浪、风速和地震等多项因素影响海工建筑物安全标准方面做了大量的试验研究，解决了一系列技术难题，取得了突破性的成果，为制定适合我国国情并符合海岸工程设计原则的滨海核电站海工工程奠定了基础，成为其后我国众多滨海核电站海工工程设计的重要参考依据。

图6-40 广东岭澳核电站地理位置

6.2.5.2 自然条件

岭澳核电站位于大亚湾的东北岸。大亚湾南临黄海，其余三面为低山丘陵环抱，海区等深线分布大致与海岸线平行。厂址附近海岸带基本稳定，无明显冲淤变化，-5 m 等深线离岸边约500 m，-10 m 等深线离岸边约1 km。

海域潮汐类型属半日混合潮型。平均高潮位(PRD 珠江基面，本节下同)0.24 m，平均低潮位-0.78 m，平均潮差1.01 m，平均海平面-0.20 m，最高天文潮位1.17 m，最低天文潮位-1.53 m；设计基准洪水位6.35 m；历时累积频率1%的潮位0.87 m；历时累积频率98%的潮位-1.16 m。

工程海域的北、西、南三面为陆地包围，东北至东南面为大亚湾海域，而大亚湾南部的中央列岛及大、小辣甲岛极好地阻挡了东北至东向的外海波浪，因此工程海域具有较好的天然掩护条件。威胁工程海域的波浪主要来自外海 ESE—SE 向夏季强烈而多发的台风波浪。常浪向和强浪向均为 ESE—SE，全年中0.8 m以下的波高出现频率为67.61%，1.0 m以下的波高出现频率为85.18%。波浪的平均周期多在4.1~8.0 s。受台风影响，大浪多发生在每年的7—9月。

工程海域的海流以潮流为主，除东部流速较强以外，大部分海域属弱流区，因受地形和气象的联合作用，由潮流的弱流性导致了流场的复杂性和多变性。东部和南部从高山角至螺汗角一带的近岸海域以往复流为主，东部的往复流向以南至北向为主，南部以西北至东南方向为主，其他地区以不正规的旋转流为主。

由于受季风和地形的影响，工程海域的风速和风向的季节性变化比较明显。冬、春、秋季以东北风向为主，夏季以偏西南向风为主，全年常、强风向均以 ENE 向为主，E 向次之。台风是威胁本海区工程安全的最主要的自然因素，根据多年统计，影响本海区的台风主要出现在每年的7—9月，年平均出现3.3次。

厂址属低山丘陵地形，地坪标高为7.00 m。厂址内以剥蚀地形为主，基岩大片裸露，是一个稳定至较稳定的地块。根据钻探揭示及土工实验结果，土层的成因可分为海相沉积土和陆相坡积土，未发现特殊不良地质现象。

厂址地区的地震基本烈度为Ⅶ度，厂址的设计基准地震动 SL-2 为0.20g。

6.2.5.3 海工总平面布置

根据工程海域潮流和海水温度的特点，设计最终采用了西取东排的平面布置方案(图6-41)。该方案采用明取明排方式，取水口尽可能远离排水口向西布置，取水明渠进水口朝向SW，取水口呈喇叭状且外堤长于内堤，以阻止波浪侵入、保证取水前池水面波动不大于0.3 m，同时为了满足环境保护对取水口流速限制的要求，其长度和宽度均经波浪物理模型试验确定。取水渠道长约970 m，呈“S”形状，渠底标高由口门的-9.0 m过渡至-8.5 m。由于岭澳核电站西侧紧邻大亚湾核电站，其排出的热水环绕岭澳核电站的取水海岸，严重影响了岭澳核电站的循环冷却水取水温度和质量，因此排水采用合排方式，排水渠从大亚湾核电站排水口处向 NE 向延伸，长度约1 300 m，渠底标高-4.5 m，出水口布置在厂区东侧。排水渠与取水渠交叉处采用立体交叉箱涵，使大亚湾核电站的排水穿越岭澳核电站的取水明渠。在总体设计中创造性采用的立体交叉箱涵渡槽设施和柔性地连墙隔热堤，将冷热水立体交叉、分流排取。这一设计上的创新避免了采用长距离水下箱涵取水方案，不仅节约了大量工程投资、降低了施工难度，而且充分保证了循环冷却水取水的可靠性和耐久性，同时也大大降低了工程的维护工作量。在取水渠和排水渠中间设置了防渗中隔堤，避免出现由于核电厂温排放导致的热水短路。

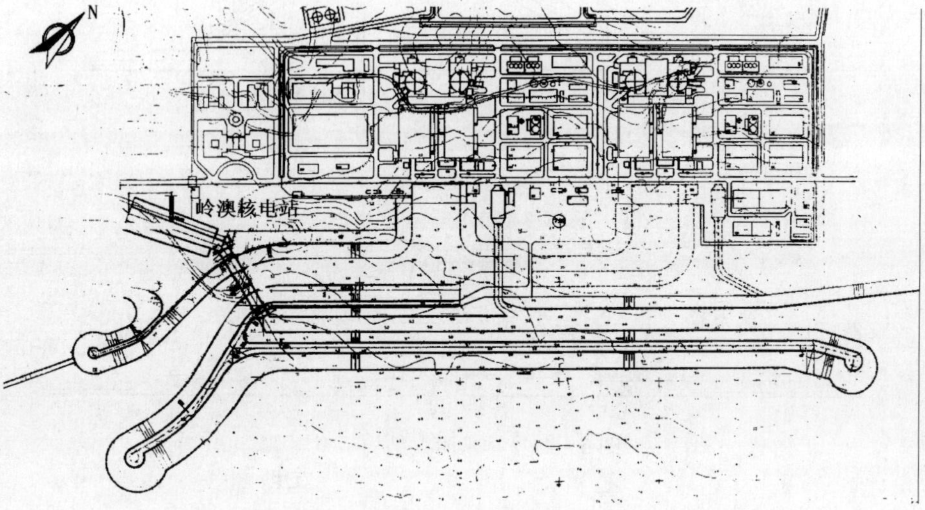

图6-41 岭澳核电站海工总平面布置示意

6.2.5.4 海工建(构)筑物

海工工程主要包括防波堤、排水明渠、防渗隔热中隔堤、取水明渠、取排水立体交叉箱涵和部分厂区护岸。

在海工结构设计中按照建(构)筑物不同性质和重要性制订了不同的设计标准，其中防波堤按其他类抗震物项设计，Ⅱ类抗震物项校核；中隔堤、排水渠防渗结构和立体交叉箱涵结构按Ⅱ类抗震物项设计，Ⅰ类抗震物项校核。防波堤在设计基准洪水位及相应波浪作用下不会丧失其功能。特别是安全厂用循环冷却水取排放系统是保证核电站安全运行的重要设施，其安全等级按核安全法规列为核安全物项，具有很高的设计和使用要求。

取水口内的取、排水渠交叉口和取水泵房是保证核电站正常运行的重要建筑物，为防止船舶进入进水渠，在取水口设置了防撞设施，采用钢管防撞簇桩，簇桩之间由型钢相连，形成防撞网。

(1)设计标准

在确定设计潮位标准和设计波浪标准时，岭澳核电站海工工程没有简单套用当时《港口工程技术规范》中的设计标准和其他核电站的相关设计标准，而是根据核电站安全运行的特殊要求，在确保海工建(构)筑物不因损坏而丧失整体功能的前提下制订了一系列潮位和波浪设计标准。

海工建筑物采用100年一遇的设计高水位进行设计，采用校核高水位(最高天文潮+100年一遇增水)进行校核。设计波浪采用重现期为100年一遇，对于斜坡式防波堤，设计波高采用$H_{4\%}$；对于直立式防波堤和斜坡式防波堤的胸墙，设计波高采用$H_{1\%}$。

(2)工程结构

防波堤、排水明渠、防渗隔热中隔堤、取水明渠、取排水交叉口渡槽、厂区护岸的典型断面结构图如图6-42至图6-46。

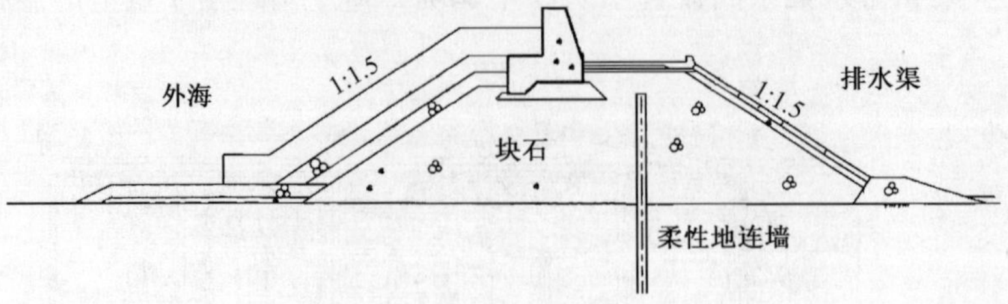

图 6-42　防波堤结构示意

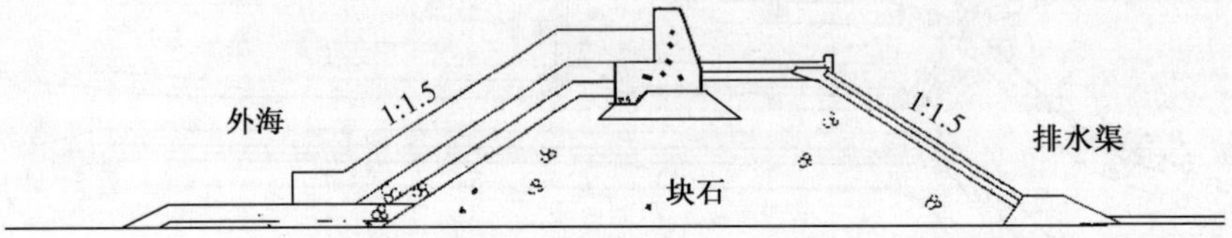

图 6-43　排水明渠结构示意

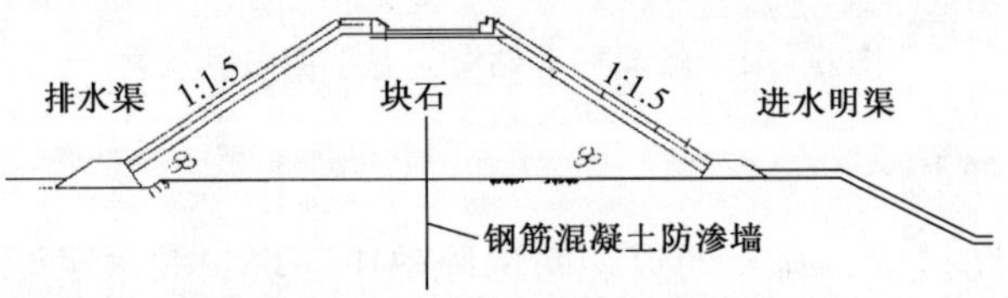

图 6-44　防渗隔热中隔堤结构示意

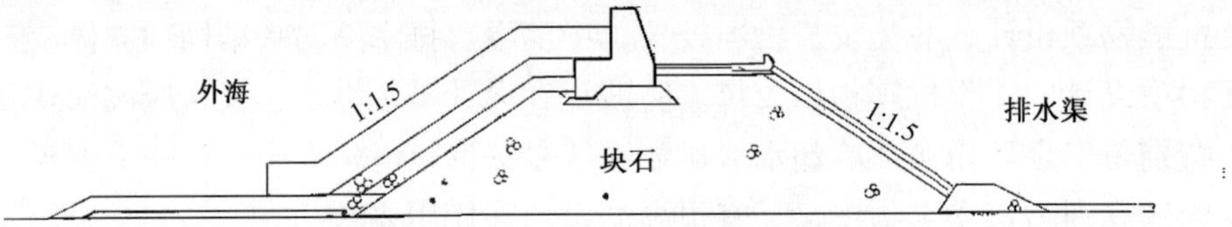

图 6-45　取水明渠结构示意

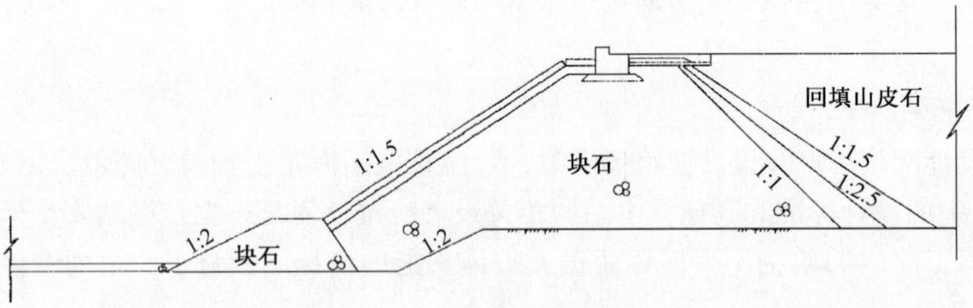

图 6-46　厂区护岸结构示意

6.2.6　台山核电站海域工程

6.2.6.1　概况

广东台山核电厂位于广东江门台山市赤溪镇腰古湾，距离台山市 44.5 km（图 6-47）。厂址建设采取一次规划，分期实施。一期工程 2 台机组已分别于 2009 年 11 月和 2010 年 4 月开工建设，机组采用从法国引进的第三代 170×10^4 kW 级压水堆型机组（EPR）。

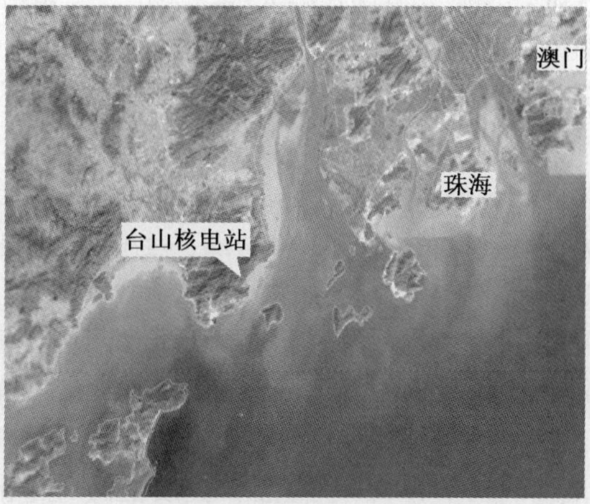

图6-47 台山核电厂厂址位置图

台山核电厂海工取排水工程是迄今为止国内滨海核电厂址中规模最大、最复杂的核电海工工程项目，除包括厂区防洪护岸和重件码头等常规海工构筑物外，还有规模宏大的厂外取、排水构筑物等海工项目，主要包括：取水明渠、跨海取水隧洞、厂区输水明渠(海水库)、排水明渠以及重要厂用水系统(SEC)取水短隧洞等海工构筑物。由于台山核电工程海域近岸滩缓水浅，泥沙含量高，近岸水温高，水质差以及珠江口治导线的制约等不利因素，核电站冷却水近岸取水条件极差，台山核电项目针对海工工程设计开展了多项专题研究，经过长达数年的方案论证研究，最终台山核电站冷却水取水口选在距离厂区7 km之外的大襟岛风尾嘴。从取水口，经2.6 km长的取水明渠和4.35 km长的跨海取水隧洞进入厂区海水库，再经约1 km长的厂区输水明渠(海水库)进入循环水泵房，完成机组冷却循环后，通过3 km长的排水明渠排入大海。

海工设计的另一难题是核电厂重要厂取水问题。因跨海隧洞穿过软土层，无法满足核安全抗震要求，因此需要另设重要厂用水备用取水方案，经过多年方案研究论证，最终选择在腰鼓嘴近岸设置SEC取水备用短隧洞。该隧洞正常运行期间处于关闭状态，当发生地震导致跨海取水隧洞失去取水功能时，非能动装置自动启用SEC短隧洞供应核岛设备冷却用水。其开敞式简洁布置及非能动自动切换装置独具特色。

6.2.6.2 自然条件

台山核电厂位于珠江八大出海口之一的崖门和虎跳门出口黄茅海西侧出海口，与大襟岛隔海相望。厂址东侧面临黄茅海，其余三面高山峻岭。厂址海区系大片水深小于2 m的潮坪，属于黄茅海西滩的一部分，是潮水挟带的细颗粒泥沙主要落淤场所。

本区属亚热带季风气候区，受海洋影响，常年气候温暖。厂址多年平均气温22.7℃，多年平均年降雨量2 172.6 mm，常风向为N向和NE向。根据1949—2005年57年间资料统计，在此区间登陆的热带气旋有111个，平均每年1.95个。

工程海域属不正规半日潮，主要潮位数据为(1985国家高程基准起算，本节下同)：历年最高潮位3.32 m，历年最低潮位-1.21 m，多年平均潮差1.09 m；最高天文潮位2.34 m，最低天文潮位-1.18 m；设计基准洪水位7.58 m，设计基准低水位-3.35 m；100年一遇高潮位4.41 m，100年一遇低潮位-1.57 m；历时累积频率1%的潮位2.03 m，历时累积频率98%的潮位-0.53 m。

工程水域偏南侧海域开阔，近岸处有高栏、大襟、大杧、三角山及南水诸岛，星罗棋布的岛屿对外海向工程水域传播的大浪有明显的遮拦作用，同时也使其波浪要素更加复杂化。根据厂址专用测波站一年观测资料，工程水域的常浪向为 ESE 向，次常浪向为 S 向和 SE 向，强浪向为 SE 向。

本海区内的潮流主要为不正规半日潮流，且潮流的运动形式主要为往复流。

海区海底表层沉积物类型有：砾砂(GS)、粉砂质黏土(TY)、黏土质粉砂(YT)、砂－黏土质粉砂(S－YT)，其中以黏土质粉砂(YT)为主。根据勘察场区地质资料分析，海域场地地层复杂，在垂直方向土层可分为三大层：第一海相层为(淤泥性土)软土层，第二海相层为(可塑－硬塑状)黏性土层，第三层为基岩风化岩。土层下卧基岩为二类岩性的花岗岩和粉细砂岩。

厂址场区地震烈度为Ⅶ度。SL－2 级地面运动基岩水平向和竖直向峰值加速度分别为 0.18g 和 0.12g，SL－1 级地面运动基岩水平向峰值加速度值为 0.09g。

6.2.6.3 海工总平面布置

台山核电站主厂区一期 1、2 号机组以单堆排列，由包括核岛和常规岛的两个主厂房群组成。台山核电海工工程主要分为三大部分，即厂区海域防洪工程、取排水工程、重件码头工程。海工总平面布置如图 6－48。

厂区海域防洪工程即厂区防洪护岸；取、排水工程包括取水明渠、海底取水隧洞(CRF 取水隧洞)、海水库、重要厂用水备用取水短隧洞(SEC 取水隧洞)、排水明渠等构筑物；重件码头工程包括重件码头、引桥及防波堤等构筑物。

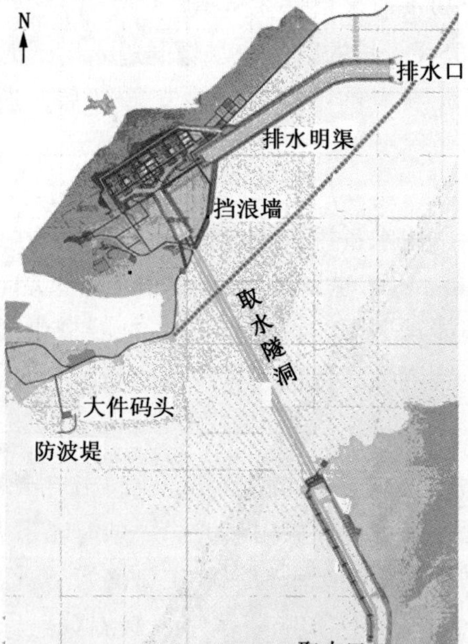

图 6－48 台山核电厂海工总平面布置图

6.2.6.4 厂区防洪护岸构筑物

厂区防洪护岸位于厂前区，护岸后方是一条 12 m 宽过境道路，其路面高程为 8.5 m。过境道路后方 4 m 范围内布置有排水沟和厂区围栏，在厂区围栏内为海水库。防洪护岸长约 1 400 m，北端与排水明渠护岸相连，南端与腰鼓嘴相接，护岸挡浪墙顶高程为 9.5 m。

(1)设计标准

厂区护岸为抗震Ⅲ类物项。

设计高水位采用100年一遇高潮位，校核高水位采用最高天文潮+100年一遇增水的组合潮位；设计低水位采用100年一遇低潮位，校核低水位采用最低天文潮+100年一遇减水的组合潮位。采用设计基准洪水位作为极端校核工况。

设计、校核工况波浪采用100年重现期标准，极端工况采用最大可能波浪。设计波高的波列累积频率标准为：防洪护岸挡浪墙的强度和稳定性计算时，设计波高采用$H_{1\%}$；防洪护岸护面块体、护底块石的稳定性计算及波浪爬高计算时，设计波高采用$H_{4\%}$。

在设计工况下，挡浪墙后越浪量要求小于1×10^{-6} $m^3/(s\cdot m)$；在校核工况下，堤后越浪量要求小于0.05 $m^3/(s\cdot m)$；极端工况下，要求越过挡浪墙的波浪不对防浪护岸结构造成整体破坏；在设计水位及相应波浪作用下，不允许护岸出现任何损坏，扭王字块体的容许失稳率为0%，挡浪墙顶基本不越浪；在极端高水位及相应波浪作用下，也不允许护岸出现任何损坏，扭王字块体的容许失稳率为0%，挡浪墙顶没有成层水体越浪，安全储备比设计高水位时相对较小；设计基准洪水位及相应可能最大波浪作用下，允许少量护面块体发生位移或下滑，但不发生滚落，护岸整体仍保持稳定，整体防浪功能不丧失；在设计基准洪水位及其相应波浪作用下，越过挡浪墙的海水不进入主厂区，且在海水库泵房前池产生的水体波动满足循环水泵对前池波稳的设计要求。

(2)结构形式及构筑物主要尺度

厂前区防洪护岸采用抛石斜坡堤的结构形式(图6-49)，软基采用爆炸挤淤方式进行处理。护岸堤芯石采用0~500 kg的开山石，以粗砂或粗砂混黏性土作为持力层，形成稳定的堤芯。堤芯石外侧坡脚平台宽12 m，内侧坡脚平台宽10 m。在前坡坡脚平台外侧，采用大开挖的方式将表层的软弱土层进行清除，换填开山石。在堤芯石内侧，陆上推填开山石进行临时防护，待后方软基处理完毕后再回填开山石，形成陆域。护岸外坡采用4 t的扭王字块体护面，护底块石下方为100~150 kg块石基础。在厂前区防洪护岸堤顶前沿线处设置挡浪墙，挡浪墙的后方为过境道路和大件运输道路。

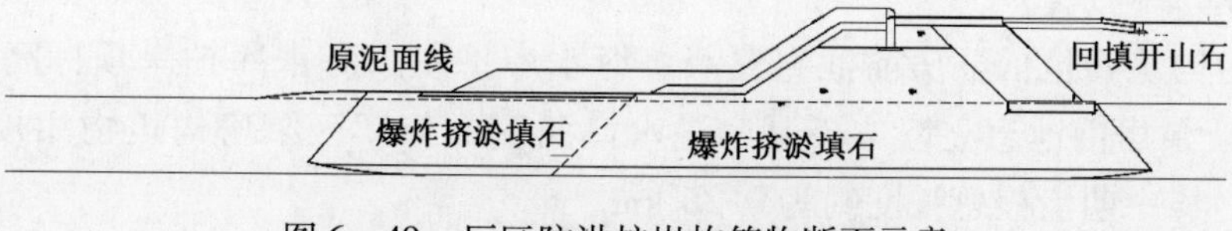

图6-49 厂区防洪护岸构筑物断面示意

6.2.6.5 取水工程

台山核电厂发电用冷却水和核岛冷却水采用海水直流冷却方式，一期2台机组总用水量约为200 m^3/s。取水工程包括取水明渠、海底取水隧洞、海水库、重要厂用水备用取水短隧洞等构筑物。

取水明渠的进水口布置在大襟岛南部的凤尾嘴西侧，从进水口向西北沿大襟岛西岸布置取水明渠及导流防波堤，直至大襟岛西端狮子头嘴处，利用单堤与大襟岛西南岸线自然走势相吻合，形成取水明渠，使得取水构筑物本身对周边自然环境的影响降到最低。

取水明渠总长度约为2.6 km，明渠设计过水底标高为-6.3 m，底宽为150 m，考虑1.0 m

备淤深度，设计泥面标高为 -7.3 m；明渠口门处设计过水底标高为 -6.0 m，底宽为 300 m，考虑0.5 m 备淤深度，设计泥面标高为 -6.5 m。

从大襟岛西端狮子头至厂区腰鼓嘴之间布置跨海取水隧洞，隧洞为直线布置，采用盾构法施工，长度为4.3 km，隧洞埋深于 -20 m 至 -38 m 之间，是目前国内最长的海底盾构取水隧洞。由于采用了海底隧洞取水方案，既克服了珠江口治导线的制约，也避免了工程建设对珠江口行洪和海洋环境的影响。

隧洞穿越地层复杂，其两端穿过岩石层，中间大部分区段处于黏土层，盾构机选型难度高，是目前国内外施工难度最大的跨海盾构隧洞之一。取水隧洞分期建设，一期为一机一洞共2条，隧洞内径为7.3 m。

在狮子头嘴处布置连接取水明渠与海底隧洞的进水口构筑物，从隧洞进水口竖井至厂区海水库之间布置跨海取水隧洞，再在海水库与隧洞间布置出水口构筑物，从而将大襟岛南侧水质较好的海水引入泵房前池，完成厂外取水过程。

海水库(即厂区内输水明渠)为“Y”形布置，隧洞出水口即为海水库进水口，向西北沿一条直线至泵房外前池附近，形成长约950 m 的海水库直线段；然后，其中一开口转向东北进入一期泵房外前池，另一开口转向西进入二期泵房外前池。海水库设计底标高 -14.0 m，厂区海水库直线段及泵房外前池渠底宽度由 150 m 逐步过渡至 35 m。

另设重要厂用水备用取水短隧洞(SEC 取水短隧洞)，当跨海取水隧洞在地震工况下失去取水功能时，自动启用 SEC 短隧洞供应核岛设备冷却用水。

按照台山核电厂取水工程工艺设计，正常运行工况下，台山核电厂 CRF 和 SEC 冷却水均取自厂址东南方向的大襟岛西南侧，通过沿大襟岛西侧修建的取水明渠进入跨海海底隧洞，通过约 4.3 km 的海底隧洞进入海水库而后进入泵房前池。在极端地震工况下，当跨海取水隧洞失去输水功能时，通过从安全级的 SEC 取水短隧洞取水来满足重要厂用水。因此，取水构筑物在进入海水库之前的部分均与核安全无关，为非核安全构筑物，包括取水明渠防波堤、跨海底隧洞和隧洞进出口闸门井构筑物。按照《压水堆核电厂物项分级》(GB/T 17569—1998)中有关规定，上述物项为抗震Ⅲ类物项。海水库构筑物、SEC 取水短隧洞及进出口构筑物均为核安全相关构筑物，为抗震 I、II 类物项。

6.2.6.5.1　海水库构筑物

海水库周边构筑物包括泵房前池直立墙、海水库护岸。海水库护岸顶标高为 8.50 m，长度约为 2.5 km。泵房前池直立墙位于泵房进水口两侧，与厂区泵房构筑物相接，是海水库的主要维护结构，其一期工程总长度约为 0.26 km。

(1)设计标准

按照《压水堆核电厂物项分级》(GB/T 17569—1998)中有关规定，海水库护岸为抗震 II 类物项，泵房直立墙为抗震 I 类物项。

海水库构筑物结构安全准则：在持久状况下，构筑物各部分不允许出现任何损坏；在短暂情况下，亦不出现破坏，但各部位的安全储备与持久状况相比可减小；在极限安全地震 SL-2 作用下，以防波堤主体稳定和不丧失总体功能为原则，允许个别护面块体位移或滚落；允许局部损坏。

(2)结构

海水库护岸堤顶高程 8.50 m，混凝土挡块顶高程 9.50 m，堤脚底标高 -14.00 m，护岸堤顶肩台宽1.50 m，在标高0 m和-5.50 m设置长度为10.00 m的肩台，护面采用0.3 m厚干砌块石，在0 m标高以下采用抛填二层150~300 kg块石护面(图6-50)。由于海水库护岸大部分区段分布有淤泥、淤泥质土以及地震中容易液化的粉砂层，因此地基处理方式采用挖除软弱土层及液化的粉砂层，将0~300 kg堤芯石直接坐落于力学性指标较好的土层上。

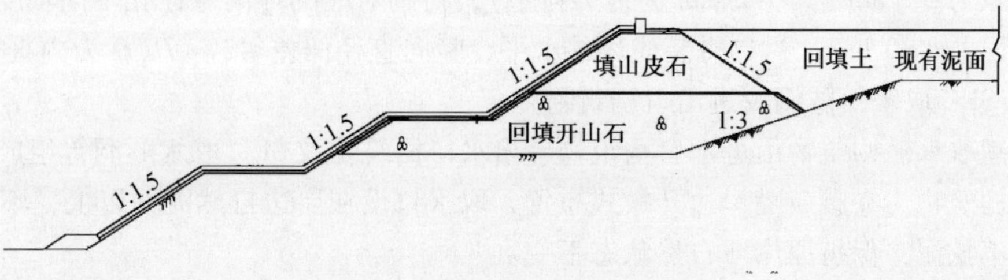

图6-50 海水库护岸结构断面示意

6.2.6.5.2 CRF取水隧洞及进、出口构筑物

(1)主尺度

1、2号取水隧洞穿越陆域腰鼓嘴至大襟岛之间的海域，为两条平行的输水隧洞，隧洞中心间距29.2 m，隧洞建筑长度约4.3 km/条。隧洞平面轴线为直线，北西—南东向展布，最大埋深约55.75 m。隧洞连接陆域侧和大襟岛侧取水构筑物，隧洞两侧部分岩石段采用钻爆法施工，其余段采用盾构法施工，进出口构筑物采用明挖施工。隧洞内径为7.3 m，盾构施工段采用盾构管片和二次衬砌复合支护结构。其中盾构管片厚度为0.4 m，作为隧洞的主体结构，二次衬砌厚度0.3 m。运营期间，取水隧洞满流，水位与海平面齐平，管内流速为2.39 m/s。

(2)结构设计与施工

结构设计使用年100年，安全等级为一级。

隧洞主要穿越粗砂、中砂、细砂、粗砂混黏性土、粉质黏土、黏土及基岩。大襟岛侧，隧洞穿越的基岩主要为微风化粉砂岩；在陆域电厂侧，隧洞穿越的基岩主要为全风化花岗岩、微风化花岗岩层。跨海隧洞采用盾构法施工，盾构井和进出口构筑物围护结构采用明挖钻爆法施工。

盾构工作井的结构尺寸是根据盾构施工需要(组装、拆卸、进出洞、推进等)而拟定的，其结构除应满足其本身施工阶段强度、裂缝宽度要求外，还应保证工作井后靠井壁与土体稳定性。盾构工作井按明挖法施工，围护结构采用喷锚支护体系。盾构井与两端闸门井统筹考虑，盾构井也作为以后检修时的排水泵井。

盾构井和进出口构筑物基坑采用明挖钻爆法施工，采用喷锚初期支护和模筑混凝土二次衬砌的联合支护结构形式。初期支护主要由锚杆、钢筋网喷射混凝土构成，二次衬砌采用C40钢筋混凝土现场模筑。盾构井和闸门井主要施工步骤先后顺序如下：钻爆法平整场地至场地设计高程→分层钻爆开挖→施做锚杆、喷混凝土和锚索→布置监控量测→铺底→施做主体结构。

隧洞由普通衬砌圆环、进洞特殊衬砌圆环、出洞特殊衬砌圆环组成。钢筋混凝土采用C50高性能混凝土，抗渗等级为1.5 MPa，钢筋采用HPB235级、HRB335级钢，在高精度钢模内制作成型。

盾构管片为通用管片，由1块封顶块、2块邻接块和4块标准块构成。管片衬砌混凝土强度等级C50，抗渗等级为S12。管片宽度1.5 m，厚度0.5 m。二次衬砌厚度0.3 m，C40钢筋混凝土。

衬砌拼装和盾构掘进施工要求达到的精度主要有：相邻环的环面间隙≤1.0 mm；纵缝相邻块块间间隙为2^{+2}_{-0} mm(其中2 mm为传力衬垫)，衬砌对应的环向螺栓孔不同轴度小于1 mm。推进时轴线误差≤80 mm；衬砌拼装成环的水平、竖向直径偏差≤2‰ D(D为内直径)。

6.2.6.5.3　SEC取水短隧洞及进出口构筑物

SEC纳潮取水建构筑物由进水口构筑物、出水口构筑物及SEC取水隧洞等组成。SEC取水系统取水口构筑物为在腰鼓嘴岸边开敞式布置，取水口设在岸边自然泥面以上，不建任何导流挡沙堤坝，不挖泥，保持原岸滩自然状态不变。

(1)主要尺度

SEC取水系统进水口纵向长35.5 m，宽52 m；出水口构筑物与"Y"形海水库连接，纵向长22.2 m，宽22.9 m。进水口与出水口之间采用SEC取水隧洞相连。SEC取水隧洞由分离的2条隧洞组成，隧洞中线间距为14.2 m，单条隧洞长度约为0.45 km。

根据台山核电厂一期工程SEC纳潮取水建构筑物水工工艺要求确定进、出水口建构筑物结构底板标高，隧洞在进水口处内轮廓底标高为-7.0 m，出水口处内轮廓底标高为-9.0 m，采用单面下坡，其中A1线隧洞坡度为4.41‰，A2K线隧洞坡度为4.51‰，隧洞内径为3.2 m(图6-51)。

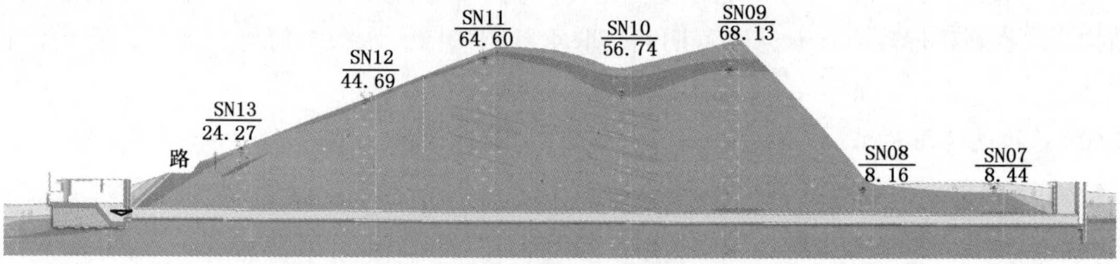

图6-51　SEC取水构筑物纵剖面示意

(2)设计标准

根据《核电厂抗震设计规范》，SEC纳潮取水建筑物为核安全物项，属于抗震I类物项。

SEC进水口构筑物为临海开敞式布置，其水位及波浪设计标准与厂区防洪护岸相同。

(3)结构设计

进水口构筑物和出水口构筑物主体结构采用C50防水混凝土，根据水工工艺要求和结构受力情况确定结构布置形式和尺寸。

进水建筑物由进水前池和闸室组成(图6-52)。进水考虑泥沙清淤的要求，海底自然泥面标高约为-1.6 m，进水前池平台底标高为-1.0 m，平台高出海底自然泥面0.6 m作为备淤深度。闸门后设置橡胶坝(充气状态下顶标高3.5 m，底板顶标高-1.5 m)，与隧洞相接段底板顶标高-9.0 m。由于在进水口构筑物与隧洞相接段安装闸门，需设置闸门升降通道，考虑闸门检修的需要，通道在隧洞中线上的宽度为2 m。在构筑物侧墙角部设置2个2 m×2 m排水泵坑，泵坑深度1.5 m。出水口顶部设置钢闸门起吊道路，道路暂按汽车吊考虑，宽度6 m，转角处为半径12 m的圆弧段。闸门设置区结构与矿山法隧洞段相接处按隧洞衬砌断面延伸0.5 m设置一道变形缝。

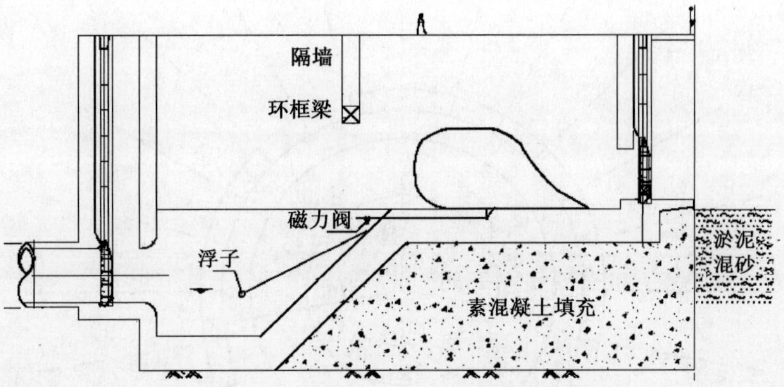

图6-52 SEC进水口构筑物剖面示意

出水口构筑物与海水库直接连通，出水口部底标高9.0 m，闸门与海水库间为出水室（图6-53）。为满足出水口构筑物抗倾覆要求，在出水口与隧洞相接段设计了长7 m的明挖隧洞段。明挖隧洞段采用矩形断面，结构厚度为0.7 m，与出水口构筑物整体浇筑，考虑与构筑物连接处的局部应力集中而设置倒角，并在与矿山法隧洞相接处设置一道变形缝。在构筑物侧墙边设置2个2 m×2 m排水泵坑，泵坑深度1.5 m。

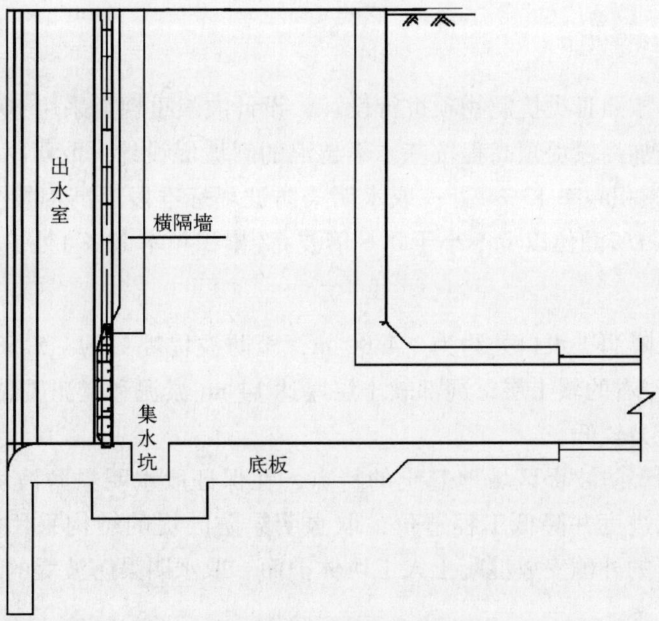

图6-53 SEC出水口构筑物剖面示意

SEC取水隧洞采用初期支护加二次衬砌的复合式衬砌。隧洞内轮廓为直径3.2 m圆形断面，衬砌厚度0.3 m（图6-54）。隧洞按围岩级别和埋深情况，根据隧洞设计方案进行隧洞结构断面计算，二次衬砌计算模式为水土分算，并考虑内水压力作用按最不利情况考虑。

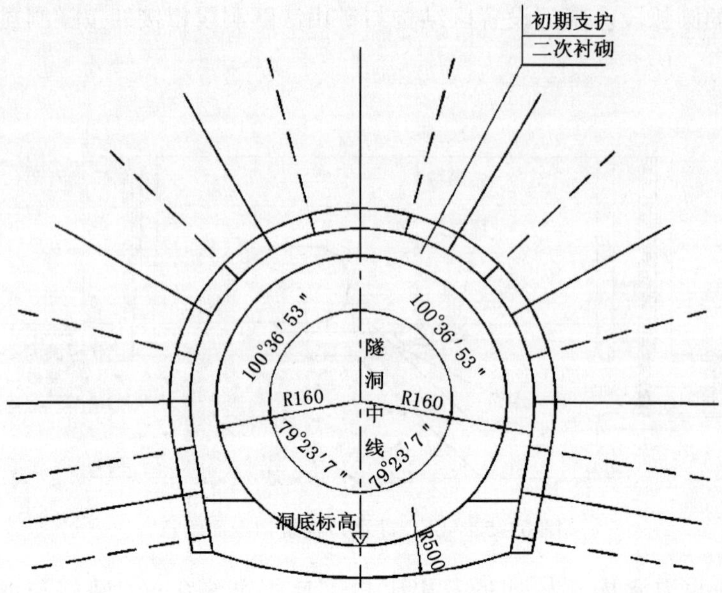

图 6-54 SEC 短隧洞断面图

6.2.6.5.5 大襟岛取水明渠防波堤

从取水明渠口门起到取水隧洞进口构筑物前外侧翼墙止，取水明渠防波堤总长度约 2.6 km。靠近隧洞进口构筑物的防波堤(长度为 0.2 km)堤顶高程为 5.8 m，其余标准段的堤顶高程均为 4.9 m。

(1)设计标准

取水明渠防波堤按照Ⅲ类抗震物项进行设计，设计波浪重现期采用 100 年一遇。

取水明渠防波堤加高段堤顶高程按基本不越浪的斜坡堤设计，取历时累积频率 1% 潮位以上不小于 1 倍波高(累积频率 13%)处；取水明渠防波堤标准段顶高程按少量越浪的斜坡堤设计，取历时累积频率 1% 潮位以上不小于 0.6 倍波高(累积频率 13%)处。

(2)结构形式

泥面标高由取水隧洞进水口处约为 -4.00 m，至防波堤堤头约 -5.50 m 等深线处泥面以下覆盖有厚 6~9 m 左右的软土层，局部软土层厚达 14 m(淤泥和淤泥质黏土)。该层土工程性质较差，地基承载能力较低。

鉴于拟建取水明渠防波堤区域地基土的特点，在保证取水明渠防波堤结构安全与稳定的前提下，为加快施工进度并降低工程造价，取水明渠防波堤的结构采用抛石斜坡堤结构(图 6-55)，抛填堤芯石的外侧安放混凝土人工块体护面。取水明渠防波堤的地基处理采用打设塑料排水板软基加固方案。

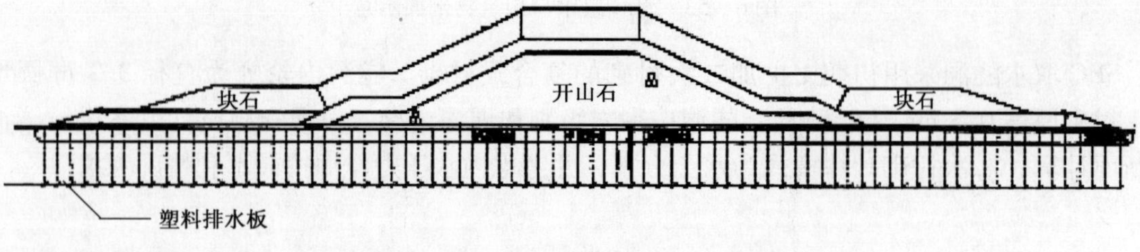

图 6-55 取水明渠防波堤标准段防波堤断面示意

6.2.6.6 排水工程

核电厂冷却水排水经虹吸井(HCA)、排水暗涵(净尺寸为4 400 mm×4 400 mm)至排水明渠，再通过排水明渠排向大海。由于受珠江口治导线的制约，排水明渠只能采用沿岸线布置(图6-48)，排水明渠口门紧邻治导线。

厂外排水工程构筑物主要包括排水暗涵出水口闸门井构筑物、闸门井两侧护岸及排水明渠拦沙导流堤。排水闸门井及其两侧护岸从排水明渠口门起到厂区护岸止，护岸轴线长度为1.0 km。排水明渠导流堤共有2条，长度为3.3 km，明渠的设计底标高-4.0 m，底宽为131 m。排水导流堤标准段堤顶高程为3.2 m，另考虑对主厂区的保护功能，将与护岸相连接的1 km设为加高段，堤顶高程为8.0 m。

(1)设计标准

排水明渠护岸和拦沙导流堤按照Ⅲ类抗震物项进行设计。设计高水位采用历时累积频率1%潮位，校核高水位采用50年一遇高潮位；设计低水位采用历时累积频率98%潮位，校核低水位采用50年一遇低潮位。排水明渠导流堤设计波浪重现期采用50年一遇。排水明渠导流堤在设计工况下允许少量越浪。排水明渠护岸采用与厂区护岸相同设计标准。

(2)排水明渠护岸结构形式

排水明渠护岸采用抛石斜坡堤式结构(图6-56)。斜坡堤由0~150 kg开山石堤芯、人工护面块体和护底块石组成。护岸顶高程为8.00 m，胸墙顶高程9.50 m。斜坡堤的内、外侧坡面的坡度为1∶1.5。护岸外侧护面采用1 t四脚空心方块，方块下设置块石垫层。护底块石规格为100~150 kg。

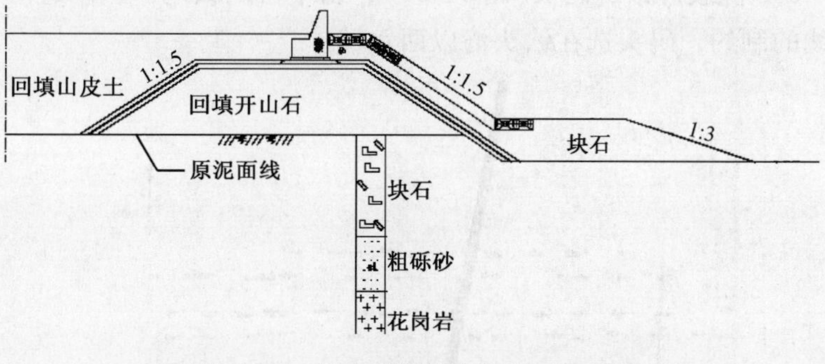

图6-56 排水明渠护岸结构断面示意

(3)排水明渠导流堤结构形式

根据排水导流堤海域的地质钻探资料，导流堤处泥面标高约为-1.2 m，泥面以下覆盖有厚8~12 m的软土层，该层土工程性质较差，地基承载能力较低。鉴于拟建排水导流堤区域的地基土的特点，排水导流堤采用与取水明渠防波堤相同的结构形式，即抛石斜坡堤结构。

排水导流堤加高段结构采用爆炸挤淤置换法加固地基，斜坡堤由1~100 kg开山石堤芯、人工块体护面和护底块石组成(图6-57)。堤顶高程为8.0 m，斜坡堤的内、外坡面的坡度为1∶1.5，内、外侧护面采用2 t四脚空心方块，块体下设置100~150 kg垫层块石。堤内、外侧设置水下棱体，水下棱体的块石重量为300~400 kg。两侧均有300~400 kg块石护底。

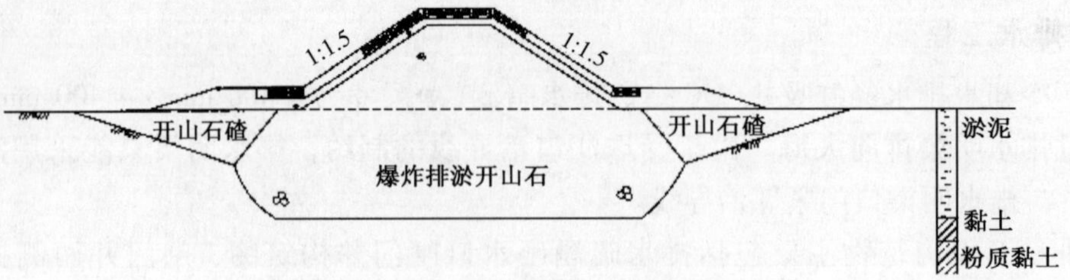

图 6-57 排水导流堤加高段结构断面示意

排水导流堤标准段结构采用打设塑料排水板加固地基，斜坡堤由 100 kg 以下开山石堤芯、人工块体护面和护底块石组成(图 6-58)。堤顶高程为 3.20 m，斜坡堤的内、外坡面的坡度为 1:2，内、外侧护面采用 2 t 四脚空心方块，块体下设置 100～150 kg 垫层块石。堤内、外侧设置水下棱体，水下棱体的块石重量为 300～400 kg。

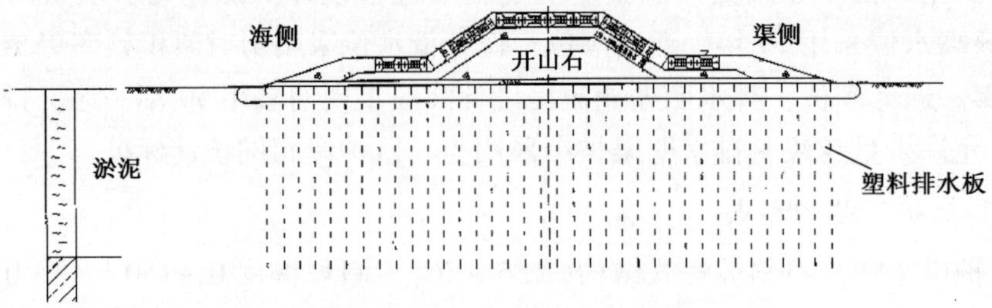

图 6-58 排水导流堤标准段结构断面示意

6.2.6.7 重件码头

重件码头为 3 000 吨级件杂货码头(图 6-59)，由于台山核电厂区附近海域水深普遍较浅，且有珠江口治导线的制约，码头选在钦头湾以西水域。

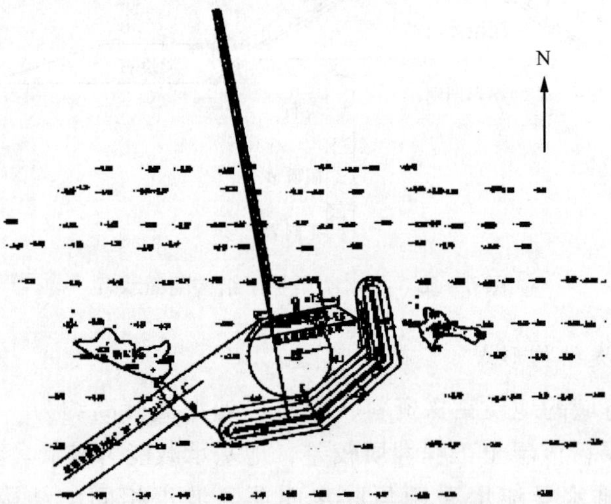

图 6-59 重件码头平面布置示意

重件码头位于天然水深 -3.3～-3.0 m 处，泊位长度为 150 m，宽 60 m，采用高桩结构，其中工作平台长 102 m，宽 60 m，码头高程 7.50 m。在工作平台两层各设置一个 6 m×6 m 的系缆墩，顶面高程为 6.5 m。在工作平台和系缆墩之间通过人行天桥连接，人行桥净跨为 18 m。码头通过长 563.22 m、宽 12 m 的引桥与陆域连接，引桥与码头相互垂直。

码头作业港池防波堤位于重件码头港池东面及南面，采用半掩护布置，防波堤平面布置轴线总长 572 m，成反“L”形布置，主要用于阻挡来自 ESE—S 向的波浪。防波堤轴线距岸线 832 m，距码头前沿 209 m，距珠江口治导线延长线距离为 135 m。

6.2.7 昌江核电站海域工程

6.2.7.1 概况

海南昌江核电厂位于海南省昌江县海尾镇塘兴村，东距儋州市约 70 km，东南距昌江县城约 30 km，东北距海口市约 160 km(图 6－60)。该项目是由中国核工业集团公司、中国华电集团公司共同出资营建的商业性核电站，规划建设 2 台 650 MW(e)级压水堆核电机组和 2 台百万千瓦级核电机组，一次规划，分期建设。一期工程建设 2 台 650 MW(e)核电机组，1 号机组已于 2010 年 4 月开工建设，计划 2015 年投入运行。

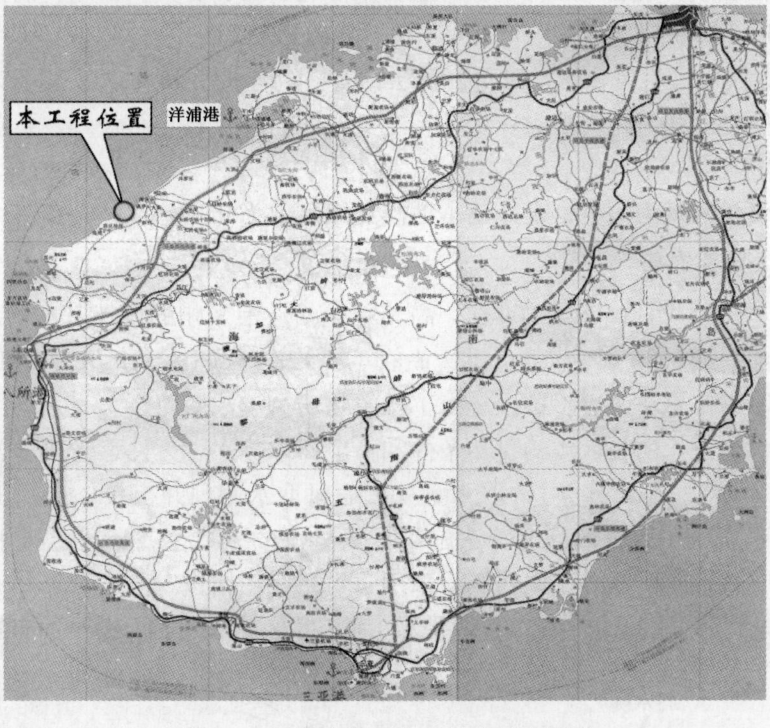

图 6－60　海南昌江核电站地理位置图

6.2.7.2 自然条件

昌江核电站厂址濒临北部湾。工程海域水深条件较好，海域地形等深线基本与岸线平行，－6 m 等深线距离岸边约 600 m，－10 m 等深线距离岸边约 1 000 m，－15 m 等深线距离岸边约 2 000 m。

厂址区域的年平均气温 24.9℃，年平均风速 4.2 m/s，全年常风向 NE，发生频率为 23%；年均降水量为 970.5 mm。

工程海域水体含沙量较小，床面长期以来处于基本稳定状态，其泥沙来源主要为海域与河口悬沙以及岸滩局部侵蚀。工程海岸为砂质海岸，但砂质海岸带窄，破碎带也较窄(约宽 250 m)，岸线平直段距离较短，且当地海岸岬角及河口湾相间，因此岸线附近的粗颗粒泥沙很难形成沿岸输沙，只能就地搬运。

工程海域属正规全日潮。平均高潮位(1985 国家高程基准，本节下同)1.75 m，平均低潮

位 -0.24 m，平均潮差 1.99 m，平均海面(高程)0.55 m；设计基准洪水位 6.60 m；100 年一遇高潮位 3.31 m，100 年一遇低潮位 -1.53 m；历时累积频率 1% 的设计高潮位 2.31 m，历时累积频率 98% 的设计低潮位 -0.82 m。平均涨落潮历时分别为 13 h 35 min 和 11 h 15 min。

利用厂址工程海域 10 m 等深线处 2008 年 7 月至 2009 年 6 月实测资料统计分析可知，工程海域偏北向浪出现的频率较高，共占 64.5%；W—NW 向次之，为 33.1%；常浪向为N—NE 向和 W 向，强浪向为 N 向和 NNW 向。观测到的 $H_{1/10}$ 最大为 4.37 m，波向 N，相应周期为 5 s。

本海域潮流类型基本属不正规全日潮流性质，潮流基本属往复流。2008 年 6 月和 12 月，在工程海域开展了 12 个点的海域夏季、冬季同步水文泥沙测验工作，实测涨、落潮平均流速大潮分别为 0.36 m/s 和 0.40 m/s，中潮分别为 0.24 m/s 和 0.29 m/s，小潮分别为 0.09 m/s 和 0.16 m/s。

海工工程所在区域岩土层上层为中砂，主要成分为长石、石英、云母，混少量黏性土，标准贯入击数 $N=18\sim22$，分布标高纵海底为 -7.0 m(砂层底面) ~ -1.0(砂层顶面)，分布厚度约为 6 m。中砂层底面为风化岩、风化岩上层约有 2 m 厚的强风化岩，其下为中风化岩，其岩性为黑云母花岗岩。强风化岩多为碎块状，主要成分为钾长石、斜长石、石英、黑云母，标准贯入击数 $N<100$。

本地区抗震设防烈度为Ⅵ度，设计基本地震加速度值为 0.05g。

6.2.7.3 海工总平面布置

海南昌江核电厂地坪标高为 11.00 m，高于不包括波浪影响的设计基准洪水位(6.60 m)，可有效防御波浪的影响。由于厂址距离岸边尚有 1.6 km，其间的大片天然地形构成了厂址防洪的屏障，因此不需修筑防波堤、护岸等海工构筑物防御波浪威胁。

结合海南昌江核电厂所在区域的自然条件和核电厂取排水、大件运输要求，取水工程采用隧洞(陆域部分)+明渠(海域部分)的取水方式，通过取水闸门井衔接；排水工程采用陆域部分钻爆法施工排水隧洞+海域部分沉管法施工排水隧洞的方式，二者通过排水闸门井进行衔接；大件码头布置在取水明渠导流堤西侧，采用重力式沉箱结构。

海南昌江核电厂海工工程包括核电厂取排水工程和大件码头工程，总平面布置见图 6-61。

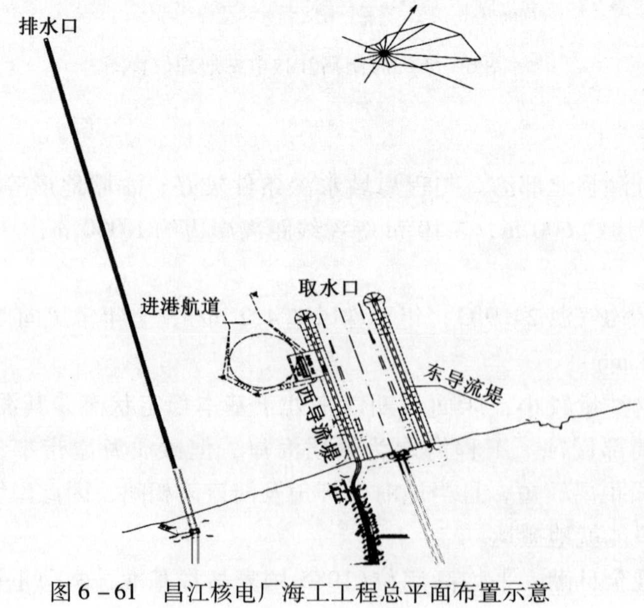

图 6-61 昌江核电厂海工工程总平面布置示意

6.2.7.4 取水工程

海南昌江核电厂取水工程海工主要建(构)筑物包括取水明渠东防波堤、取水明渠西防波堤(码头防波堤)、取水明渠等。取水明渠防波堤仅承担导流及拦沙作用，经论证其在地震作用下破坏不会阻塞取水渠道，因此取水明渠导流堤为非核安全相关物项，其设计标准参照港工标准。

取水明渠东、西防波堤呈平行直线布置，二防波堤轴线距离约 222 m，堤头位于海床等深线 –5.5 m 处。取水明渠东防波堤总长度为 562.7 m，堤头段(117 m)堤顶高程 5.5 m，其余部分堤顶高程 5.0 m。取水明渠西防波堤(码头防波堤)总长 555 m，其中北段长 121 m，堤顶高程 5.5 m，南段长 334 m，堤顶设置大件运输道路，路面标高 6.0 m。取水明渠底标高为 –5.5 m。

取水明渠东、西防波堤堤头各设置堤头灯 1 座；取水明渠口门处设置拦污防撞设施。

6.2.7.4.1 取水明渠东导流堤

(1) 设计标准

取水明渠东导流堤设计高水位采用 50 年一遇高潮位，校核高水位采用 100 年一遇高潮位；设计低水位采用 50 年一遇低潮位，校核低水位采用 100 年一遇高潮位。

设计工况下波浪重现期采用 50 年一遇，极端工况下波浪重现期采用 100 年一遇。设计波浪的波高累积频率见表 6 –7。

表 6 –7 设计波浪的波高累积频率

结构形式	部位	设计内容	波高累积频率 F(%)
斜坡式	胸墙、堤顶方块	强度和稳定性	1
	护面块体	稳定性	4
	护底块石	稳定性	4

取水明渠东导流堤的抗震设计按本地区的抗震设防计烈度进行。

(2) 结构形式

取水明渠东导流堤结构安全准则：在持久状况下，各海工构筑物的各部位不允许出现任何损坏；在极端的短暂状况下，亦不允许出现整体破坏，各部位的安全储备与持久状况相比可减小。

取水明渠东导流堤为人工块体护面的抛石斜坡堤(图 6 –62)，东导流堤长 562.7 m，分两段设置堤顶方块，一段堤顶高程 5.5 m，一段堤顶高程 5.0 m。斜坡坡度堤身为 1∶1.5，堤头为 1∶2；防波堤采用扭王字块体护面，由北向南护面块体重量分别为 8 t、5 t 和 3 t；垫层分别采用 400 ~ 800 kg，250 ~ 500 kg 和 150 ~ 300 kg 块石。堤芯采用 10 ~ 100 kg 块石。

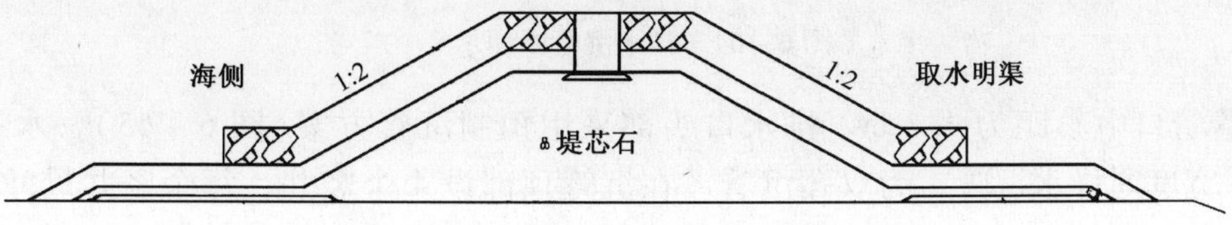

图 6 –62 取水明渠东导流堤典型断面示意

6.2.7.4.2 码头防波堤(取水明渠西防波堤)

(1)设计标准

码头防波堤设计高水位采用50年一遇高潮位，校核高水位采用100年一遇高潮位；设计低水位采用50年一遇低潮位，校核低水位采用100年一遇高潮位。

设计工况下波浪重现期采用50年一遇，极端工况下波浪重现期采用100年一遇。

码头防波堤的抗震设计按本地区的抗震设防计烈度进行。

码头防波堤堤头至码头北翼墙处的防波堤按允许少量越浪斜坡堤设计，北翼墙以南的防波堤按基本不越浪设计。

(2)结构形式

码头防波堤为人工块体护面的抛石斜坡堤(图6-63)。以码头分为南北两段，南北两段共长555 m。北段长121 m，设置堤顶方块，堤顶高程5.5 m。南段长334 m，设胸墙，顶高程7.5 m。码头防波堤斜坡坡度为堤身为1:1.5，堤头为1:2；防波堤采用扭王字块体护面，由北向南护面块体重量分别为8 t、5 t和3 t；垫层分别采用400~800 kg，250~500 kg和150~300 kg块石。堤芯采用10~100 kg块石。

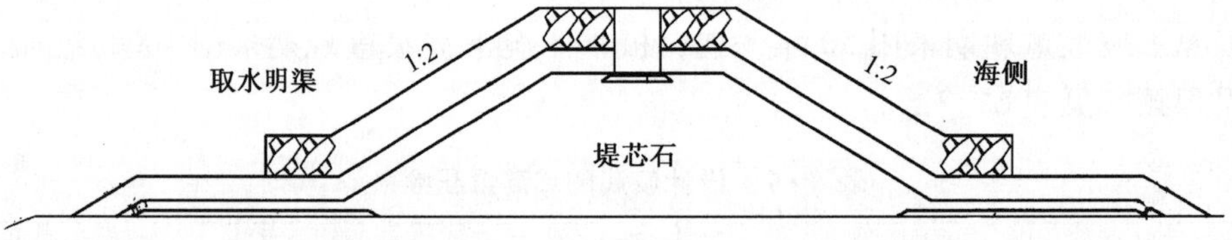

图6-63 码头防波堤典型断面示意

6.2.7.5 排水工程

海域部分排水工程采用沉管施工，单机单孔、两孔共壁布置(图6-64)。排水沉管位于核电厂取水明渠西侧约500 m、垂直海岸线布置，排水口位于海域-16.7 m水深处，排水沉管总长度为2 263.6 m。

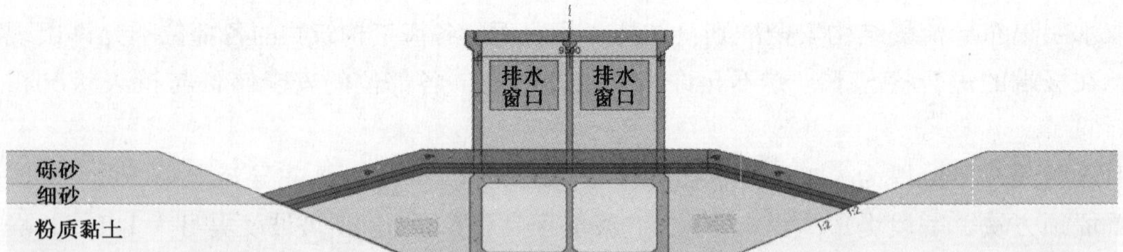

图6-64 排水沉管断面示意

两沉管管口中心距为4.7 m。排水口头部采用预制沉管方案(图6-65)，水平段长约40.54 m，宽度同排水沉管，为双孔沉管。在沉管顶部设4个竖井，每个竖井尺寸为4.4 m×4.4 m，竖井顶部设一层盖板，盖板顶高程为-9.15 m；在每个竖井周围设置2个3.5 m×2.0 m出水窗口，出水窗口底部高程为-13.0 m。

排水口及排水沉管位于近岸海域，需设置标志标示排水口及管道登陆点位置。管线标志包括水上灯浮标和岸上管线标牌。

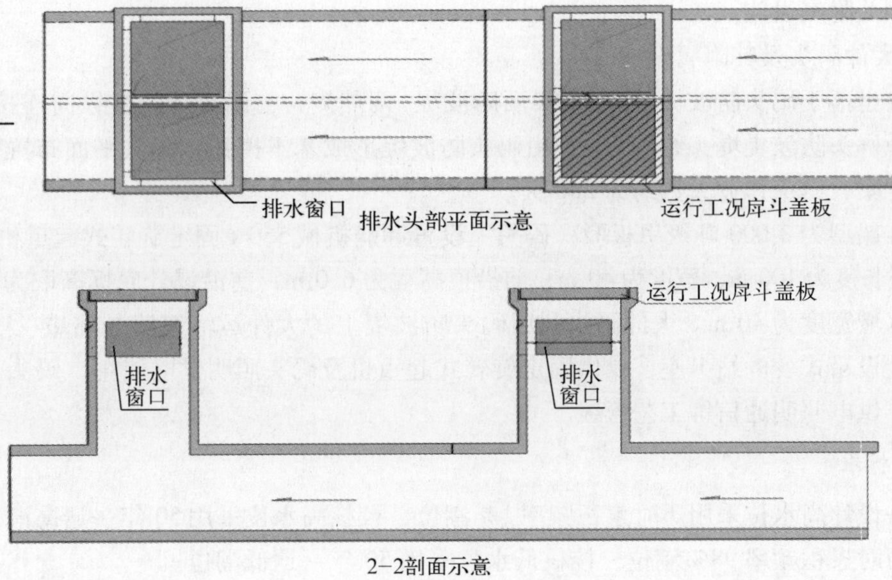

图6-65　排水头部结构示意

(1)设计标准

排水工程设计高水位采用历时累积频率1%潮位，校核高水位采用50年一遇高潮位；设计低水位采用历时累积频率98%潮位，校核低水位采用50年一遇低潮位。

设计工况下波浪重现期采用50年一遇。

厂址的抗震烈度为Ⅵ度，设计基本地震加速度值为0.05g。根据《核电厂抗震设计规范》(GB 50267-97)，排水沉管确定为非核安全级、抗震设计按港工构筑物抗震标准设计，抗震设计遵照《水运工程抗震设计规范》(JTJ 225-98)有关规定，考虑构筑物为确保核电厂安全运行的重要构筑物，抗震烈度按Ⅶ度设防。

(2)结构形式及构筑物主要尺度

预制排水沉管共74节，其中长度30 m标准段69节；长度为15 m沉管4节；长度为26.636 m沉管1节。沉管过流断面采用单机单孔、两孔共壁布置，单孔断面尺度4.4 m×4.4 m；断面结构的顶板、底板、侧壁均为40 cm，中隔板为30 cm。为了满足不阻碍船舶通航要求，排水沉管及上覆层顶控制不高出原泥面，同时为了满足船舶可能出现的抛锚情况，为防止抛锚对沉管的破坏，沉管顶部须一定厚度覆盖层。设计针对以上因素，考虑沉管顶面覆盖石料层厚不少于1.5 m，从上往下依次为150~200 kg厚85 cm，重量小于80 kg的礁渣石料厚30 cm，重量小于50 kg的礁渣石料厚35 cm。

排水头部构筑物采用沉管结构，每节沉管长约20.0 m，壁厚及内径与排水沉管一样，顶板、底板、侧壁均为60 cm，中隔板为30 cm。在沉管顶部设置2个戽头，每个戽头设3个排水窗口。沉管过水断面尺寸为4.4 m×4.4 m，过水孔道顶高程为-18.70 m；排水窗口的尺寸为3.5 m×2.0 m，排水窗口底部高程为-13.0 m。

6.2.7.6 大件码头工程

大件码头工程建(构)筑物主要包括海运大件码头、码头防波堤(取水明渠西防波堤)、港池、航道及相关附属设施。

6.2.7.6.1 大件码头及其附属设施

大件码头坐落于码头防波堤(取水明渠西防波堤)西外侧，与码头防波堤纵向连接成一体，码头北边线距码头防波堤堤头约117 m，由码头防波堤形成基本掩护，码头平面布置整体为半开敞式掩护方案，码头作业天数约为260天。

码头设计船型为3 000吨级甲板驳，码头上设置卸船机械550 t固定旋转式起重机1座。

码头泊位长度为100 m，宽度为40 m；前沿顶高程为6.0 m，前沿设计底标高取为－6.5 m；码头前停泊水域宽度为40 m。大件码头利用码头防波堤上的大件运输道路与陆域(大件道路)连接。码头上设箱式变电站1座，以供固定旋转式起重机及码头照明供电使用。码头上设有给排水、消防、供电照明通信等工艺管线。

(1)设计标准

大件码头设计高水位采用历时累积频率1%潮位，校核高水位采用50年一遇高潮位；设计低水位采用历时累积频率98%潮位，校核低水位采用50年一遇低潮位。

设计工况下波浪重现期采用50年一遇。

按《海港水文规范》(JTJ 213－98)有关规定，码头的上部结构、墙身的强度和稳定性计算时，设计波浪的波高采用$H_{1\%}$；基床和护底块石稳定性计算时，设计波浪的波高采用$H_{5\%}$。

海运大件码头按《水运工程抗震设计规范》(JTJ 225－98)执行，抗震设防烈度为Ⅵ度，设计基本地震加速度值为0.05g。

(2)结构形式

大件码头结构形式为重力式沉箱结构(图6－66)。码头岸线长100 m。码头宽40 m，顶高程为6.0 m，底标高为－6.5 m。抛石基床为10～100 kg块石。沉箱上部为现浇混凝土胸墙。沉箱预制按不超过500 t控制，安装采用500 t起重船。码头岸线和直立翼墙共由18个沉箱组成，沉箱内填10～100 kg块石，沉箱后抛填10～100 kg棱体块石，棱体块石后方回填1～300 kg开山石。固定旋转吊基础为现浇混凝土块体，块体下部由4个沉箱矩阵排列。码头设550 kN系船柱。靠船设施选用DGH－B600橡胶护舷。

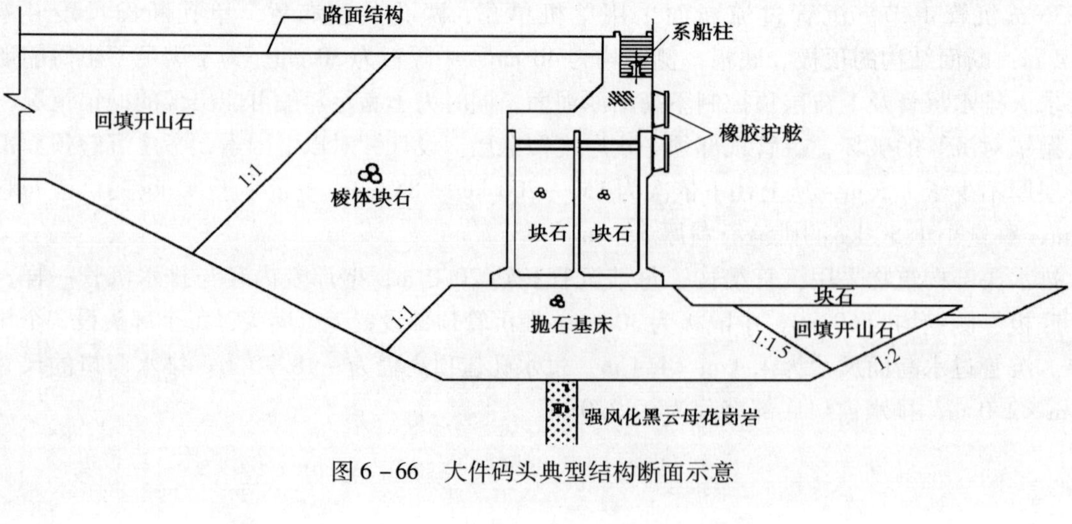

图6－66 大件码头典型结构断面示意

(3)地基处理

码头结构持力层为强风化岩，需将表层的珊瑚礁混砂全部挖除形成基槽。基槽形成后抛填10～100 kg块石为码头结构基础。

6.2.7.6.2 港池、航道及附属设施

码头航道通航船舶为3 000吨级，设计通航水位采用设计低水位，可以使船舶在满足通航安全的情况下基本满足实时进出的要求。

航道设计底标高为－6.0 m(理论最低潮面标高－5.04 m)，航道轴线采用与等深线垂直的布置方案；航道按单向航道设计。由于驳船需拖轮帮助拖带航行，3 000吨级船舶航道宽度取90 m，鉴于航道天然水深好，疏浚工程量很小，故取100 m作为本工程航道宽度；港池(船舶回旋水域)直径为203 m，船舶回旋水域设计底标高与航道相同为－6.0 m。

为了保证船舶航行的安全，在航道口门处并沿港池配布浮标4套(备用1套)，在防波堤端部设固定灯标。

6.2.7.6.3 装卸工艺及运输方案

在码头上配置一台550 t固定旋转式起重机。该机具有起升、旋转、变幅三大工作机构，运行平稳，操作容易，可带载满负荷进行360°回转；大件设备、工程建筑施工材料(钢材、砂石料等)、其他杂货、设备均可采用固定旋转式起重机装卸船。

核电厂大件设备的陆上水平运输，采用组合式平板拖挂车。其他杂货、设备、工程施工建筑材料(钢材、砂石料等)的陆上水平运输采用重型卡车或汽车。

6.3 海洋能发电工程

6.3.1 概况

我国海洋能技术发展从20世纪50年代开始。改革开放以来，这一发展可以分为以下四个阶段。

1)20世纪80年代初至80年代中期，海洋能开发利用研究受到众多部门的重视，参与海洋能开发利用研究的单位和电站等最多时近50个，其中波浪能最多，其次是潮汐能。各地新建、续建、扩建、技术改造、设备更新的潮汐电站陆续完成，至80年代中期建成并长期运行发电的潮汐电站达8座。

2)20世纪80年代中期至90年代中期，浙闽两省对几个大中型潮汐电站进行了考察选址、规划设计和预可行性研究。随着改革的深入和计划经济向市场经济的过渡，由于海洋能技术研究未列入“七五”科技计划，研究经费困难等原因，80年代末参与海洋能技术研究的专业单位很快减少，至90年代中期仅剩4～5个，主要是开展海洋能资源、潮汐能、波浪能和潮流能技术研究。温差能、盐差能研究已停顿。多数潮汐电站因社会作用下降，经济效益降低，设备老化等原因而相继停止运行发电，仍在运行发电的仅剩3座。

3)20世纪90年代中期至21世纪初，国家各有关部、委、局对海洋能开发利用的重视达到前所未有的高度，均把开发海洋能特别是中型潮汐能电站列入“九五”计划。但是，由于种种原因，主要是投资不落实，终究没有立项开始中型潮汐电站研建。潮汐能项目也未列入科技计划，因此90年代末潮汐能研究被搁置。

4)2006年以来，由于国家颁布、实施了《可再生能源法》等一系列鼓励可再生能源开发的法规、政策，为海洋能开发利用创造了良好的大环境，不少著名大学和科研、设计院所已经或准备整合人才、设备等资源，成立专门机构，重新或开始开展海洋能技术研发，其中有国家“863”计划的9个课题，支撑计划1个专项6个课题，国家“908”专项的3个专题以及自然科学基金课题等。中国海洋石油总公司、华能集团公司、大唐集团公司、国电龙源集团公司等国内常规能源集团公司和民营公司已开始参与海洋能开发。

总之，中国潮汐发电技术经过40多年的实践，小型潮汐发电技术已基本成熟，已具备开发中型(10 MW级)潮汐电站的技术条件。潮汐发电技术整体上处于世界较先进的水平。但是整体开发规模的单机容量还很小，大中型潮汐水轮发电机组尚待研究，水工建筑物结构形式和施工方法还欠先进，电站单位装机造价高于常规水电站，多数电站虽社会效益显著，但在不计社会成本的现状下尚不具备与常规燃料电站竞争的能力，这些均是中国潮汐能开发中存在的主要问题。

本节主要介绍潮流能、潮汐能、波浪能等工程技术进展。

6.3.2 潮流能发电技术

我国潮流能储量丰富，据对我国沿海130个水道统计，理论平均功率为13 958.2 MW。按海区分，以东海最多，95个水道，理论平均功率为10 958.15 MW，占全国总量的78.6%；其次是黄海，沿岸12个水道，理论平均功率为2 308.38 MW；南海沿岸较少，有23个水道，理论平均功率为681.99 MW。按省区分，浙江最多，有37个水道，理论平均功率为7 090.28 MW，占全国一半以上，其次是台湾、福建、山东和辽宁。中国沿海潮流能密度较高的水道有杭州湾北部水道(28.99 kW/m^2)、舟山金塘水道(25.93 kW/m^2)、龟山航道(23.89 kW/m^2)、西堠门水道(19.08 kW/m^2)、渤海海峡老铁山北侧(17.41 kW/m^2)、福建三都澳三都角西北部(15.1 kW/m^2)、山东北隍城北侧(13.69 kW/m^2)、长江口北港(10.30 kW/m^2)以及台湾澎湖列岛渔翁岛西南(13.69 kW/m^2)。特别是舟山列岛，许多地方潮流流速达4 m/s以上，开发环境和条件很好。国家在《新能源和可再生能源发展纲要(1996—2010)》中提出：“潮汐能的开发重点以浙江和福建等地区为主”。

中国是世界上最早开展潮流能发电试验的国家之一。早在1958年建设潮汐电站的热潮中，广东和山东就开展了潮流能发电试验。广东顺德县在桂畔海水闸进行了潮流能发电试验，试验水轮机转子直径0.60 m，长4.5 m，两台装置均可在1 m/s流速及以上的潮流下发电，但发电功率仅700 kW左右。试验表明此类电站结构简单，方便易行，投资较小，不影响排灌，但功率较低。同年冬天，在山东荣成县斜口湾进行了潮流能发电试验，在2台相连的船上安装2台直径0.8 m，长2.78 m的水轮机带动1台5 kW的发电机发电，但由于结构设计不当，在最大流速0.8~0.9 m/s时，输出电压也不足200 V。1969年，江苏有关单位在南京长江大桥下进行了水流发电试验，试验采用3台直径为5 m的螺旋桨式水轮机，当水流速度为1.3 m/s时，水轮机转速为15 r/min，计算结果表明，螺旋桨式水轮机水力效率可达50%左右，1台直径5 m的水轮发电机组可发电7 kW，机组总效率30%。

20世纪70年代末，浙江省舟山首先进行了潮流发电现场实体原理性实验，采用装在船尾的2台卧轴螺旋桨水轮机，通过油压传动发电成功。当流速为3 m/s时，机组输出功率达5.7 kW。

20世纪80年代哈尔滨、青岛、浙江一些单位进行过千瓦级潮流能发电船的试验，利用潮流冲击安装在锚定船舶两侧的水轮机转动发电。80年代初，我国开始采用漂浮系泊的竖轴、自调直叶、摆线式水轮机方案，开始潮流发电研究。自1984年起开始垂直轴潮流能发电研究，分别在实验室及河流中进行了小功率模型样机的试验；2002年设计了70 kW双转子漂浮式潮流能试验电站，并在浙江舟山市的官山水道进行第一次海试。电站为漂浮结构形式，主要包括电站载体、双转子水轮机、锚固系统、液压恒频发电与控制系统等部分。工作流速范围为1.6~4.2 m/s，抗风能力10级，耐波高度3 m。电站载体是双转子水轮机、控制系统和发电装置的搭载平台。在"八五"、"九五"科技攻关计划支持下，进行了10 kW潮流实验电站设计研究后，又进行了70 kW潮流实验电站的研究。2002年4月，装机容量为70 kW的中国第一座潮流实验电站，在浙江省舟山市岱山县龟山水道建成。2005年进行了5 kW级水下风车的原理性样机研制，并于2006年在浙江省舟山市岱山县进行了海试。该样机采用定桨距的功率控制方式及重力式的安装方式，在1.7 m/s左右的流速下最大发电功率达到2 kW。"十五"期间在国家"863"项目支持下，研制了40 kW座海底式潮流能独立供电系统，2006年在岱山县高亭港内试运行。通过水槽模型试验和数值模拟对垂直轴柔性叶片及水轮机转子结构、参数和性能进行了优化配置，我国于2008年在青岛市胶南斋堂岛水道进行了5 kW样机的海上试验。据报道，样机在1.7 m/s流速下发出了3.2 kW电能。2008年研制成功1 kW水下漂浮式水平轴潮流能发电装置和5 kW柔性叶片水轮机潮流能发电装置。2009年研制成功25 kW固定式水平轴潮流能发电装置。2008年开展了25 kW半直驱潮流能发电机组及20 kW液压传动式潮流能发电机组的研究。2009年5月在岱山县进行了25 kW机组的海上试验。该机组运行正常，最大瞬时发电功率接近30 kW。另一台20 kW级机组也于2010年5月完成了调试工作及厂房试验，该机组利用液压传动及电液比例技术可实现稳定的功率输出及变桨距运行。

1997年我国与意大利、英国等联合完成了"中欧合作舟山潮流能开发技术可行性研究"。对舟山海域的金塘、西堠门和龟山3个强潮流水道的潮流资源和环境条件进行了调查后，经过分析对比评价，推荐龟山水道为试验水道；对欧方提出的竖轴可调叶片的KOBOLD涡轮机进行了适应舟山潮流特性的选型研究。

中国潮流能利用研究还刚进入实际海况下的应用示范研究阶段，要使潮流能技术向产业化发展，在提高水轮机性能、完善设计方法、扩大单机容量以及电力并网技术、电站群体化技术、急流和强风浪下水轮机、载体及锚泊系统运行可靠性与安全性等方面还有很多技术问题待研究。目前我国潮流能电站关键技术研究与示范已纳入《国家中长期科学技术发展规划纲要2006—2020》，处于组织实施中。

6.3.3 潮汐能发电技术

6.3.3.1 我国潮汐能资源

根据《中国沿海潮汐能资源普查》和《中国沿海农村海洋能资源区划》对全国沿岸单坝址可开发装机容量大于200 kW的426个海湾和河口坝址的统计，中国沿岸的潮汐能资源总装机容量为2 179 $\times 10^4$ kW，年发电量为624 $\times 10^8$ kWh（表6-8）。在较平直海岸的滩涂上，尚有数量可观的潮汐能资源，未统计在内。

潮差是反映潮汐能量密度的指标。我国潮汐能资源分布不均，沿海平均潮差分布的总趋势是东海较大，渤海、南海较小，黄海介于其间（见表6-9）。在沿海省市中，以浙江、福建两省潮汐能最为丰富，约占全国的90%，其中福建省最多，站址88处，总装机容量

10 332.9 MW；浙江省次之，站址 73 处，总装机容量 8 914 MW；然后是长江口北支，属上海市和江苏省，总装机容量 705 MW；辽宁为 597 MW、广东为 573 MW、广西为 394 MW、山东为 124 MW 等。表 6－10 为沿海省、市、自治区可开发潮汐能资源统计表。1978 年对 156 个坝址的普查分析表明，技术上可开发的潮汐能蕴藏量为 2 000 $\times 10^4$ kW 和 380 $\times 10^8$ kWh。根据 1981 年的估算（坝址已增加到 500 个），潮汐潜能有 110 $\times 10^8$ kW 和 2 700 $\times 10^8$ kWh。东南沿海有很多能量密度较高、自然环境条件优越的坝址，平均潮差 3.5～4.3 m，最大潮差 7～8 m。可建 $\times 10^4$ kW 级以上电站的坝址有浙江杭州湾、浙江乐清湾、长江北支、浙江象山港、福建大官坂等。其中浙江杭州湾最大潮差达 8.9 m，潮汐能蕴藏量居全国首位。近期开发条件较好的有福建大官坂（14 MW，0.45 $\times 10^8$ kWh）、八尺门（36 MW，1.8 $\times 10^8$ kWh）和浙江三门湾的健跳港（20 MW，0.48 $\times 10^8$ kWh）、黄墩港（59 MW，1.8 $\times 10^8$ kWh）、广西白虎头（1 000 kW）和广东粤西（2 000～3 000 kW）等。

表 6－8　中国沿岸潮汐能可开发资源

省区	200～1 000 kW			全部潮汐能**		
	装机容量/ $\times 10^4$kW	年发电量/ $\times 10^6$kWh	坝址数/个	装机容量/ $\times 10^4$kW	年发电量/ $\times 10^8$kWh	坝址数/个
辽宁	1.20	32.87	28	59.66	16.40	5.3
河北*	0.92	18.30	19	1.02	0.21	20
山东	0.84	16.78	12	12.42	3.75	24
江苏	0.11	5.46	2	0.11	0.06	2
长江口北支				70.4	22.80	1
浙江	2.12	44.32	54	891.39	266.90	73
福建	1.69	44.72	26	1 033.29	284.13	88
台湾	0.49	13.54	7	5.62	1.35	17
广东	1.63	32.24	23	57.27	15.20	49
广西	2.70	84.21	56	39.36	11.12	72
海南	0.61	12.17	14	9.06	2.29	27
全国	12.31	304.61	242	2 179.60	624.21	426

注：* 河北含天津市；** 全部潮汐能资源为《中国沿海潮汐能资源普查》和《中国沿海农村海洋能资源区划》合计结果，已减去重复部分。

表 6－9　沿海省、市、自治区平均潮差统计

省、市、自治区	辽宁	河北、天津	山东	上海、江苏	浙江	福建	广东	广西	台湾（台中）
平均潮差/m	2.57	1.01	2.36	3.04	4.29	4.20	1.38	2.46	3.5

表 6－10　沿海省、市、自治区可开发潮汐能资源统计

省、市、自治区	辽宁	河北	山东	上海、江苏	浙江	福建	广东	广西	全国
装机容量/ $\times 10^4$ kW	58.6	0.5	11.8	70.5	880.2	1 032.2	64.9	38.7	2 157.6
年发电/ $\times 10^8$ kWh	16.1	0.1	3.6	22.8	263.4	283.8	17.2	10.9	618.1

(1)江苏省潮汐能资源

江苏潮汐能资源主要分布在河流入海口段，最主要集中在长江北支。北支西起崇头，东至连兴港，全长约为79 km，属非正规浅海潮，其中青龙港断面平均涨潮历时3.6 h，平均落潮历时8.8 h，最大潮差4.81 m，平均潮差2.69 m；海口断面平均涨潮历时4.8 h，平均落潮历时7.6 h；三条港最大潮差为5.95 m，平均潮差为3.04 m。理论统计，北支潮汐能总装机容量为70×10^{4} kW，年发电量可达23×10^{8} kWh，具有较好的开发利用前景。

目前江苏已建成的潮汐能电站是浏河潮汐能电站。该电站位于苏州市太仓县浏河口，是利用长江潮汐能量依靠水闸挡落差进行双向发电的试验电站，于1973年初兴建，1976年8月建成。该电站具有水头低、能量大的特点。最低水头0.3 m，设计水头1.2 m。装有75 kW卧轴半贯流式水轮发电机组2台，总装机容量为150 kW，设计年发电量为25×10^{4} kWh。1978年7月并网运行。

根据江苏省远景规划，如东有开展潮汐发电项目的可能性。总之，江苏省在潮汐能利用方面规模较小，未建有大型的潮汐能电站。先天的地理因素决定了江苏省的潮汐能资源欠丰富，因此很难大规模发展潮汐能电站。

(2)浙江省潮汐能资源

浙江省近岸均为强潮区，河口、港湾众多，自北向南分别有：杭州湾、象山港、三门湾、台州湾、乐清湾、温州湾等。平均潮差4.29 m，沿海潮差自南向北逐渐减少，南部港口的年平均潮差在4 m以上，往北至杭州湾口外及舟山群岛一带年平均潮差仅有2~2.5 m，当潮波进入港湾后，因断面缩窄，潮差又会有所增大，如杭州湾、乐清湾，湾顶潮差均较湾口处大。浙江全省潮汐能的理论蕴藏量约863×10^{8} kWh/a，潮汐能理论装机容量为$2\ 896\times10^{4}$ kW，可开发的潮汐能装机容量为891×10^{4} kW，年发电量可达263×10^{8} kWh，约占全国总量的40%。各主要港湾及河口的潮汐能蕴藏情况见表6-11。

表6-11 浙江省主要港湾、河口潮汐能资源估算表

港湾及河口	理论装机容量/ $\times10^4$kW	理论蕴藏量/ ($\times10^4$kWh/a)	港湾及河口	理论装机容量/ $\times10^4$kW	理论蕴藏量/ ($\times10^4$kWh/a)
杭州湾	1 560	465	破坝港	52	15.4
象山港	200	59	甬江	5.16	1.54
三门湾	638	191	椒江	43.3	11.7
乐清湾	212	63.2	瓯江	68.5	20.6
大渔湾	43	13	飞云江	42.7	12.8
南关湾	16.5	4.87	鳌江	12.5	3.6

(3)福建省潮汐能资源

福建省海岸线曲折，港湾多，平均潮差4.2 m，在沿海各省中，仅稍逊于浙江。其中，三都澳和兴化湾平均潮差分别是5.34 m和5.15 m，最大潮差分别达8.32 m和8.74 m，是全国罕有的大潮差海湾。由北到南主要的海湾有：沙埕港、福宁湾、三都澳、罗源湾、黄岐湾、福清湾、兴化湾、湄洲湾、泉州湾、围头湾、厦门湾、东山湾、诏安湾、宫口港，其主要潮差值见表6-12。福建省潮汐能的理论蕴藏量为$3\ 424.68\times10^{4}$ kW，年平均发电量966.42

$\times 10^8$ kWh。其中，可开发的潮汐能装机 1 033.27 $\times 10^4$ kW，年发电量 283.84 $\times 10^8$ kWh（表 6－13），占全国可开发潮汐能年发电量的46%，居全国首位。福建省潮汐能资源主要集中于三都澳、福清湾、兴化湾和湄洲湾（表 6－14），这四处可开发的潮汐能装机容量均超过 100 $\times 10^4$ kW，合计装机容量 604.51 $\times 10^4$ kW，占全省潮汐能可开发总装机容量的 58.5%。除此之外，全省可开发装机容量 100～50 000 kW 的有 18 处，5～5 000 kW 的有 25 处，小于 5 000 kW 的有 17 处。

表 6－12　福建沿海主要港湾潮差情况

站址	最大潮差/m	最小潮差/m	平均潮差/m	站址	最大潮差/m	最小潮差/m	平均潮差/m
连江大官坂	8.93		4.95	兴化湾郎官司站	8.74		5.60
三都澳三都站	8.38		5.34	泉州港后渚	6.93		4.52
平潭东沃站	6.70	1.05	4.24	厦门港鼓浪屿	6.92	0.99	3.96
福州港梅花	7.04	1.18	4.46	东山湾	4.16		2.27

表 6－13　福建省可开发潮汐能资源地区分布

地市	合计		其中					
			$0.05 \times 10^4 \sim 2.5 \times 10^4$ kW		$2.5 \times 10^4 \sim 25 \times 10^4$ kW		25×10^4 kW 以上	
	装机容量/（$\times 10^4$ kW/处）	年电能/$\times 10^8$ kWh	装机容量/（$\times 10^4$ kW/处）	年电能/$\times 10^8$ kWh	装机容量/$\times 10^4$ kW	年电能/$\times 10^8$ kWh	装机容量/$\times 10^4$ kW	年电能/$\times 10^8$ kWh
合　计	1032.10/65	283.84	20.14/33	5.55	217.80/24	59.9	794.16/8	218.39
宁德市	263.04/16	72.34	8.17/8	2.25	50.35/6	13.85	204.53/2	56.06
福州市	253.35/30	69.68	10.01/20	2.76	39.47/7	10.85	203.85/3	98.88
莆田市	378.99/7	103.99	1.31/3	0.31	17.46/2	4.80	359.58/2	
泉州市	45.99/4	12.65			45.99/4	12.65		
厦门市	26.69/2	7.33	0.47/1	0.13		17.75	26.21/1	7.21
漳州市	64.89/6	11.85	0.36/1	0.1	64.53/5	27.75		

表 6－14　福建省可开发的超大型潮汐能电站概况

海湾名称	电站名称	海堤长度/km	发电库水面积/km^2	平均潮差/m	理论蕴藏量		可开发	
					装机容量/$\times 10^4$ kW	年电能/$\times 10^8$ kWh	装机容量/$\times 10^4$ kW	年电能/$\times 10^8$ kWh
三都澳	三都澳	5.7	233.02	5.34	438.55	127.62	129.34	35.57
福清湾	福清湾	9.9	326.08	4.21	381.45	111.00	115.59	13.79
兴化湾	兴化湾	12.9	451.89	5.15	791.03	230.19	239.71	65.92
湄洲湾	湄洲湾	5.7	289.52	4.55	395.58	115.11	119.87	32.97
合　计	4处	34.2	1 300.51		2 006.61	583.92	604.51	148.25

(4)广东省潮汐能资源

南澎列岛由破涌礁、赤仔屿、顶澎岛、旗尾屿、中澎岛、南澎岛、芹澎岛、东母礁等岛礁组成，呈东北至西南方向排列，全长13 km，总面积1.1 km^2。潮汐属不正规半日潮性质，平均潮差可保持1.5 m以上。该海区海流以风生流为主，其次有沿岸流和暖流。涨潮流流速为1.5 n mile，落潮流流速可达2.5 n mile。海区盛行东北季风，在东北季风时风浪较大，浪高平均达2~3 m。当有较强寒潮南下入海时，最大波高可达7 m以上；当有台风吹袭时，浪高随风力的增加而增加。因此，南澎列岛虽然平均潮差不是很高，但是潮能足，潮量高，能够形成足够的水流压力，具备利用潮汐能发电的自然资源条件。

(5)海南省潮汐能资源

海南省海岸线曲折漫长，环海南岛海岸线就有1 528 km，加上240多个海岛的岸线，岸线长度在2 700 km以上。据统计，海南省海洋能资源中仅潮汐能资源就有37.7×10^4 kW，按可利用率30%计算，可发电11.1×10^4 kW。

6.3.3.2 主要潮汐电站

潮汐电站通常由7部分组成：潮汐水库，闸门和泄水道建筑，堤坝，输电、交通和控制设施，发电机组和厂房，航道、鱼道等。按照运行方式及设备要求的不同，潮汐电站分单库和双库方案两种。

我国潮汐电站建设始于20世纪50年代。1956年，山东建成了我国第1座潮汐电站。之后，山东、广东、江苏、浙江、上海、辽宁等省市相继建起小型潮汐电站，一度达到76座，但由于技术、管理等方面的原因，这些电站大多相继关闭。80年代还有8座，目前仅剩浙江江厦、海山和山东白沙口等3座尚在运行，总装机容量为6 120 kW，其中江厦潮汐试验电站最大，装机容量3 200 kW，全球排名第四。

我国潮汐发电大致经历了4个阶段。

1)20世纪50年代是中国潮汐发电的第一个阶段；1956年，中国第1座小型潮汐电站在福州市泼边建成。据1958年10月召开的全国第1次潮汐发电会议统计，全国兴建了41座潮汐电站，总装机容量583 kW，当时正在兴建的还有88处，总装机容量7 055 kW，这一时期建设的潮汐电站后来大部分相继废弃。

2)20世纪70年代为中国开发利用潮汐能的第二个阶段；在此阶段，人们总结了50年代潮汐发电的经验教训，注重科学和施工质量，建成了一批较好的潮汐电站，有的至今仍在运行。1970年，顺德县为了解决全县60%的用电量，动工兴建甘竹滩洪潮发电站，共约7 000人参与工程建设，1974年一期工程竣工并投产。甘竹滩洪潮发电站是我国落差最小的微水头发电站，只有0.3 m高的潮差即可发电，水轮机组设计时考虑适应“低水头、大流量”的特点，水轮做得较大，可以最大程度接受低落差的水流冲击。甘竹滩电站的总装机容量为5 000 kW，平均年发电1 030×10^4 kWh。1978年，山东省乳山县白沙口潮汐电站建成，装机容量960 kW，年发电量2.3×10^6 kWh；同年，福建大官坂潮汐电站动工建设，该电站位于福建连江县大官坂垦区，垦区面积4.13万亩，最大潮差8.16 m，电站远期总装机容量为8×10^4 kW，近期为1.4×10^4 kW，设计水头3.7 m，最高水头6.5 m，以退潮单向发电为主，1982年竣工。

3)20世纪80年代，建成了江厦潮汐电站和幸福洋电站，并对以前建设的潮汐电站及其设备进行了治理和改造，为中国试验电站建设第三阶段。其中，1985年在浙江省温岭市乐清湾建成的江厦潮汐试验电站装机容量最大，是当时亚洲最大的潮汐电站，也是我国第一座单库双向式潮汐试验电站。该电站有 6 台 500 kW 机组，总装机容量 3 000 kW，年平均发电量 1.07×10^7 kWh。1988 年在江苏太仓浏河口建成了我国第一座自动控制的 150 kW 的潮汐电站。

4)20 世纪 90 年代至今是中国万千瓦级潮汐电站选址阶段，也是其发展的第四阶段。1991 年 9 月，从全国潮汐能第二次普查获得的浙闽沿海数十个万千瓦级以上的站址中，筛选出几个条件较好的站址进行了重点规划设计，开展了大型潮汐电站的设计和前期科研工作。2009 年浙江三门健跳港潮汐电站工程正式启动，该站属正规半日潮，港内潮汐较强，平均涨潮潮差和落潮潮差均为 4.19 m，平均涨潮、落潮历时均为 6 h，规划容量 2×10^4 kW，静态总投资 6.8 亿元，建成后将成为国内规模最大的潮汐能电站。

近几十年来，中国在有关潮汐电站的研究、开发方案及设计方面做了许多工作，在机组可靠性、水库泥沙防淤、连续供电、防腐和防污、浮运法施工、操作系统自动化和优化调度等方面取得了显著成果。小型潮汐发电技术已基本成熟，已具备开发中型(100 kW 级)潮汐电站的技术条件。但建成投运的潮汐电站数量还很少，目前正常运行或具备恢复运行条件的电站有 9 座(表 6－15)。各潮汐电站主要技术指标见表 6－16。其中甘竹滩电站因滩口的西江水位常未达到发电的最低水头而常不开启发电。

表 6－15 国内目前尚在运行的主要潮汐电站

站名	所在地	装机容量/MW	运行方式	建成时间
江厦	浙江	1×0.6，3×0.7	单库双向	1985 年
沙山	浙江	0.04	单库单向	1959 年
幸福洋	福建	1.28	单库单向	1989 年
海山	浙江	2×0.075	双库单向	1975 年
白沙口	山东	0.96	单库单向	1978 年
浏河	江苏	2×0.075	单库双向	1976 年
岳浦	浙江	4×0.075	单库单向	1971 年
果子山	广西	0.04	单库单向	1977 年
甘竹滩*	广东	5. 0	洪潮	1974 年

(1)白沙口潮汐电站

白沙口潮汐电站位于山东省乳山市白沙滩，装机容量 6×160 kW，1978 年 8 月 1、2 号机组发电，1987 年 9 月 6 台机组全部并网发电。其运用方式是涨潮纳水，退潮时发电，单向控制。大潮时，一日可发电 18 h，中潮时 12 h，小潮时 8 h。电站最大工作水头 2.14 m，设计工作水头 1.2 m，最小工作水头 0.5 m；单机流量 13.2 m^3/s，装机容量 960 kW，设计年发电量 232×10^4 kWh。大坝长 704 m，坝顶宽 9 m，高 5.5 m，坝顶高程 16 m，上游流域面积 40 km^2，最大潮位时库容 204×10^4 m^3，中潮位时 155×10^4 m^3，小潮位时 105×10^4 m^3，死库容 20 m^3，水库最大面积 3.2 km^2。有 25 孔门帘式进水闸，总宽 89 m，单孔宽 2.5 m，高 3 m，一孔进船闸，净宽 4 m，闸顶高程 15 m。电站厂房长 44 m，宽 12.5 m，高 8 m，地面高程 12 m，水轮机安装高程 9 m。

该站建成后因原电站选址不当，坝前泥沙淤积严重，流量减小，影响电站出力。设计要求安装 6 台单机容量 160 kW 的单向灯泡贯流机组，总装机容量 960 kW，目前仅达到设计的 2/3，发电量只有设计的 43%。经过长期治理，现已基本解决。

白沙口潮汐电站所在海域平均潮差仅2.48 m，属我国潮差较小地区。该站建成发电至今，一个突出的特点是库区综合利用，多种经营，在统一管理下，库区开展了多种水产养殖，获得了很好的收益。

(2)浏河潮汐电站

浏河潮汐电站位于江苏太仓浏河口，1973年初兴建，采用与闸相结合建造的厂房，利用长江潮汐能量依靠水闸挡落差进行双向发电。装有75 kW卧轴半贯流式水轮发电机组2台单机容量75 kW的竖井式贯流机组，总装机容量为150 kW，设计年发电量为25×10^4 kWh，该电站具有水头低、能量大的特点，最低水头0.3 m，设计水头1.2 m，每天二潮，退潮(正向)发电4~5 h，涨潮(反向)发电3~4 h，双向运行每天发电16~18 h。1978年7月并网运行，现已基本停止运行。

表6-16　我国一些潮汐电站主要技术参数

站名	沙山	甘竹滩*	岳浦	海山	浏河	果子山	白沙口	江厦	幸福洋
地点	温岭	顺德	象山	玉环	太仓	钦州	乳山	温岭	平潭
装机容量/kW	40	5 000	300	150	150	40	960	3 900	1 280
机组台数	1	22	4	2	2	1	6	6	4
单机容量/kW	40	250×12 200×10	75	75	75	40	160	(500+600)×1 700×3 1台待装	320
投产年份	1961	1970	1971	1975	1976	1977	1978	1980	1990
机组型式	立轴 定浆	竖井 贯流	轴伸 贯流	立轴 定浆	竖井 贯流	立轴 定浆	竖井 贯流	灯泡 贯流	竖井 贯流
转轮直径/m	0.8	3.0	0.8	0.8	2.0		2.0	2.5	1.9
设计水头/m	2.5	1.27~ 1.3	3.5	3.39	1.25	2.0	1.2	2.3~3	3.02
设计流量/(m^3/s)	2	24.8/ 31.0		2.57	12.8		13.2	28	15.96
水轮机设计效率(%)		80					78.5	79.3	77.4
额定转速/(r/min)	750	60/250		260	60		73.5/ 500	118/500 125	150/500 164/2.54
运行方式	单库 单向	洪潮 单向	退潮	双库 单向	退潮 可双向	退潮	单向	双向	单库 单向
防污防腐措施	涂料	淡水	涂料	涂料	淡水		涂料	涂料 阴极保护	涂料 阴极保护
调速器	手动	手动 电动	电子 手动	手动	自动	手动	电动	液压 电调	YT-1000
发电机额定电压/V	400	400		400	400		400	3150	400
年发电量/MWh	93	10 300	160	120	150	20	1 000	10 000	1 990

(3)海山潮汐电站

海山潮汐电站位于浙江乐清湾中部，茅埏岛南端，创建于1972年，1975年建成，为连程式电站，由上库、下库、进水闸、泄水闸、控制闸、主厂房等水工建筑物组成。上库库容28×10^4 m^3，下库库容5.87×10^4 m^3，装机容量2×75 kW，年发电量31×10^4 kWh，是我国至今为止唯一的双库、单向、全潮蓄淡、蓄能发电和库区水产养殖综合开发的小型潮汐电站。

建站初期，投入1台75 kW水轮发电机组单库单向发电，由于电能间断和不稳定，不能满足岛上人民生活、生产用电的要求，加上电站发电库区泥沙淤积，直接影响了电站生存和发展。1987年海山电站扩容装机量2×125 kW，设计年发电量40×10^4 kWh。建有进水闸2座4孔，冲淤闸1座2孔，排水闸1座3孔，控制闸1座1孔。进水闸和冲淤闸负责上库进水和冲淤排泄淤泥。尾水泄水闸、下库泄水闸和控制闸2座4孔，调节发电尾水单独泄入大海或下库。其全部斗闸启闭集中在厂房控制操作(电站厂房建于上下库之间)，海塘坝超过2 000 m。电站设计上库面积0.26×10^4 m^2，下库面积2.6×10^4 m^2，日连续发电20 h。由于对电站发电尾水排泄进行了科学调节(电站整个枢纽布置，分大海、上库、下库3个既独立又互相关联的有效库区，在发电尾水建一控制闸控制发电尾水流向，这是双库单向全潮发电的主要功能)，这一开发形式将间隙性潮汐能转变为连续性的常规能源，使日连续发供电达到20.5～22.1 h，比单库单向日发供电增加12 h，比单库双向潮汐电站日发供电增加5～7 h，年发电量比单库单向增加3倍。运行方式是：涨潮时开启进水闸，使上库蓄满水，发电尾水排向下库贮存；落潮时开启尾水泄水闸和下库泄水闸，发电尾水和下库蓄水分道泄向大海，下库放空后关闭下库泄水闸，使下库保持空库，当潮位升高至最小发电水头时关闭泄水闸，开启下库控制闸，发电尾水进入下库；如此往复循环，连续不断地工作。

该电站运行30多年来，产生了很好的社会经济效益，潮汐发电时的提水蓄淡，有效地积蓄海岛淡水资源，保证岛上居民生活、生产用水需求。在干旱季节，积蓄的淡水能供岛上居民使用70天以上，同时使67×10^4 m^2农田达到旱涝保丰收。此外，在台风季节时，发电库区又成了岛上渔船的避风港；库区还开展水产养殖等综合利用。该站也曾出现过泥沙淤积问题，经治理现已基本解决。1988年海山潮汐电站已通过海底电缆与大陆联网。

(4)江厦潮汐电站

江厦潮汐电站是我国已建成的最大潮汐电站，位于浙江省乐温岭市南郊。该电站是1974年在原“七一”塘围垦工程的基础上建造的，集发电、围垦造田、海水养殖和发展旅游业等综合利用于一身。该电站平均潮差5.08 m，港湾面积5.3 km^2，按此面积电站可装机容量达1×10^4 kW，但当时把围垦土地放在重要位置，同时考虑电站为试验电站装机不宜过大，故设计为6×500 kW。从1980年5月至1985年底，共安装5台灯泡贯流水轮发电机组，总装机容量3.2 MW；预留的第6个机坑，在“863”计划支持下，研制安装了1台700 kW的灯泡贯流新型机组，于2008年安装，现总装机容量为3.9 MW。该电站迄今仍在世界潮汐电站中位居前五位，年总发电量$1\ 070\times10^4$ kWh，规模仅次于法国朗斯潮汐电站、加拿大芬地湾安那波利斯潮汐电站以及近年建造的韩国SIHWA潮汐电站。水库面积1.37 km^2，水库内围垦土地约360×10^4 m^2，可耕地约331×10^4 m^2。

该电站的单机容量500 kW和700 kW的灯泡型贯流式双向水轮发电机组等设备和工程，全部由国内各单位联合攻关完成研究、设计和施工。电站开发方式为双程单库布置，堤坝长670 m，最大坝高15.5 m，水库有效库容275×10^4 m^3。厂房设在堤坝左岸，夹于堤坝与山坡之间，电站机组可正反向发电和泄水，水轮机模型效率正反向分别为81.2%和70.7%。防海水腐蚀涂料则采用以BCAD厚浆型环氧沥青漆为底漆，氯化橡胶涂料作中间漆，高接触型氧化亚铜防污涂料为面漆，这套防腐涂料不仅具有良好的耐海水腐蚀性能，而且还具有良好的防止生物附着的功能。通过多年运行，对用电子计算机预报潮位、土建、综合利用等方面开展了全面的科学研究。在建设中首次成功地研制了双向灯泡贯流式水轮发电机组，在防海水腐蚀、海生物附着和防止水库泥沙淤积方面也取得了经验，使我国潮汐能开发的技术水平上了重要的台阶。除发电外，通过建坝挡潮和控制水库运行水位，库边围垦农田，水面滩涂发展水产养殖，农副业和水产养殖效益已高于发电效益，给综合开发利用潮汐能以重要启示。

(5)岳浦潮汐电站

岳浦潮汐电站位于浙江三门湾口的南田岛，当地最大潮差6.5 m，年平均潮差约为3.6 m。建站主要目的为将河道蓄水进入海涂水库提供动力。在海涂上筑堤围成发电水库，其总面积约为21 333 m^2，可蓄水40×10^4 m^3。总装机容量300 kW，2台单机容量75 kW的轴流式水轮发电机组及2台可调的立式贯流水轮机，以单库单向发电运行。电站于1970年11月开始建设，至1971年11月建成，1972年5月投入运行。

(6)幸福洋潮汐电站

幸福洋潮汐电站位于福建省平潭县幸福滋养围垦区。采用单库单向退潮发电方式和竖井贯流式水轮发电机组。站址平均潮差4.54 m，最大潮差7.16 m，最小潮差1.14 m，总库容167.06×10^4 m^3，发电有效库容133.09×10^4 m^3，机组设计水头为3.02 m，共有4台单机容量320 kW竖井式机组，总装机容量为1 280 kW，年发电量为315×10^4 kWh。第一台机组于1989年6月启动运行，并网发电成功。

(7)健跳港潮汐电站

健跳港潮汐电站位于浙江省三门湾内，规划容量2×10^4 kW。2009年开始建设，施工期4年。该站属正规半日潮，港内潮汐较强，平均潮差为4.19 m，最大潮差7.16 m，平均涨潮、落潮历时均为6 h。电站建筑由预制钢筋混凝土沉箱制成，包括发收沉箱、水闸沉箱和坝体沉箱及堆石堤等。电站共灯5台泡贯流式机组，单机容量3 000 kW，设计水头2.5 m，年发电量$4\ 494\times10^4$ kWh。

6.3.3.3 主要潮汐电站规划

通过40多年的实践，我国开发利用潮汐能的技术、设备和实践已经有较好的基础和丰富的经验积累，小型潮汐发电技术与设备已基本成熟。潮汐电站与蓄能电站相结合，能获得显著效益，保证调度灵活可靠、提高电能质量。我国的潮汐发电技术整体上处于世界较先进的地位，目前世界规模最大的韩国SHIWA潮汐电站就是我国工程建设单位承建的。但是整体开发规模的单机容量还很小，大中型潮汐水轮发电机组尚待研究，水工建筑物结构形式和施工方法还欠先进，电站单位装机造价高于常规水电站。

我国经济高速增长的地区，也是常规能源短缺的地区，如浙、闽、沪，工农业产值约占全国的1/3，而常规能源占全国的比重是煤炭68%，陆上石油16%，水力36%，能源不足严重制约了这些区域的经济发展。与之相应的是，浙、闽、沪地区可开发潮汐能装机容量占全国总量的92%，装机规模在50×10^4 kW以上的大型潮汐电站库址均在这些地区。国家发改委颁布的《可再生能源中长期发展规划》在重点发展领域中提出了积极推进海洋能的开发利用，制定了到2020年建成潮汐电站 10×10^4 kW 的目标。可以预见，随着我国相关可再生能源法规的完善，在不远的将来，潮汐发电必将得到蓬勃的发展。表6－17列出了我国可建大型潮汐电站的站址；表6－18列出了浙江和福建二省主要规划站点及其工程特性。

表6－17　我国可建大型潮汐电站的站址

站址	所属省市	可开发装机容量/MW	平均年发电量/ $\times10^4$ kWh	站址	所属省份	可开发装机容量/MW	平均年发电量/ $\times10^4$ kWh
鸭绿江口	辽宁	300		兴化湾	福建	4 780	112.0
胶州湾	山东	600	15.0	福清湾	福建	1 560	37.6
长江北支庙港	上海 江苏	800	26.4	白马港	福建	1 590	38.3
杭州湾乍浦	浙江	4 720	130	湄洲湾	福建	1 380	32.4
三门湾牛山－南田	浙江	1 940	53.4	三都澳	福建	726	17.45
象山港西泽	浙江	604	16.6	罗源湾	福建	982	23.7
破坝港白帝门	浙江	156	4.3	东山港	福建	745	17.85
乐清湾江岩山	浙江	642	17.6	沙埕港	福建	390	9.4

表6－18　浙江和福建两省主要规划站点及其工程特性

站址	浙江						福建				
	黄墩港	狮子口	岳井洋	健跳港	乐清湾	八尺门	长屿	大官坂	罗源湾担屿	马銮湾	厦门
地点	象山港	象山港	三门湾	三门湾	洪岩山	沙埕港	沙埕港	罗源湾	罗源湾	西港	东西港
平均潮差/m	3.91	3.91	3.93	4.30	4.96	4.17	4.17	5.02	5.02	3.99	3.99
水库面积/ m^2	19.3	60.8	47.1	6.6	178.3	20.0	42.8	9.1	160	20.8	60~70
开发方式	单向落潮	单向落潮	单向落潮	单向落潮	单向落潮	单向落潮	单向落潮	单向落潮	单向落潮	单向落潮	单向落潮
蓄水位/m	3.0	2.8	3.2	3.0	3.1	3.0	3.0	3.5	3.0	3.5	3.5
装机容量/ $\times10^4$ kW	2.4	7.2	5.5	1.5	39	3.3	6.6	1.4	51	3.3	27.5
年发电/ $\times10^4$ kWh	5 901	18 245	14 385	4 494	104 240	8 638	6 953	4 544	130 637	8 448	61 400
机组台数/台	8	24	10	5	26	6	12	2	34	6	50
单机容量/kW	3 000	3 000	5 500	3 000	15 000	5 500	5 500	7 000	15 000	5 500	5 500
水轮机型式	贯流式	贯流式	贯流式	贯流式	贯流式	贯流式	贯流式	全贯流式	贯流式	贯流式	贯流式

续表

站址	浙江						福建				
	黄墩港	狮子口	岳井洋	健跳港	乐清湾	八尺门	长屿	大官坂	罗源湾担屿	马銮湾	厦门
平均水头/m	2.38	2.35	2.81	2.61	2.77	2.68	2.66	2.9	2.78	2.34	2.5
海床特性	淤泥	淤泥	淤泥	淤泥	淤泥	微风化基岩	浅层淤泥	微风化基岩	微风化基岩	微风化基岩	粉砂质泥
含沙量/(kg/m^3)	0.15	0.15	0.15~0.333	0.01~1.5	0.261~0.314	0.168~0.172	0.168~0.172	0.08~0.12	0.08~0.12	0.02~0.065	极小
坝型	混凝土坝	土石坝	土石坝	土石坝	土石坝	混凝土沉箱	土石坝	土石坝	土石坝	土石坝	土石坝
开挖量/$\times 10^4$ m^3	120.76	127.8	447.1	73.3	458.3	51.4~61.1	66.6	17.3	175.5	45.5	700

6.3.4 波浪能发电技术

6.3.4.1 简况

波浪发电是将波浪能转换为电力。波浪能的转换一般有3级：第一级为波浪能的收集，通常采用聚波和共振的方法把分散的波浪能聚集起来；第二级为中间转换，即能量的传递过程，包括机械传动、低压水力传动、高压液压传动、气动传动，使波浪能转换为有用的机械能；第三级转换又称最终转换，即由机械能通过发电机转换为电能。利用波浪发电，必须在海上建造发电装置。各种装置均应考虑海水腐蚀、海生物附着和抗御海上风暴等工程问题，以适应海洋环境。

波浪能装置被分为沿岸式(on - shore 或 shoreline)和离岸式(off - shore)两类。从技术发展来分，沿岸式波能装置为第一代，离岸式波能装置为第二代或第三代装置。除了第一代波浪能装置外，其余装置均无对海岸的要求。沿岸式波浪能装置比较便于观察、研究和改进，但建造难度大，成本高。为了降低成本，沿岸式波能装置首选水下地形陡峭、岩石完整海岸作为站址。采用控制爆破，留下岩坝，炸出基坑，在基坑内形成干地施工条件；再在基坑内建造波能装置；最后再通过控制爆破，将岩坝炸碎并抛入大海。如果岩石不完整，或岩石虽然完整，但海岸地形平缓，则必须通过爆破形成基坑，再采用预制的外模形成内部静水环境，水下浇筑，建造波浪能装置。

受风能分布的影响，波浪能资源最丰富的区域为太平洋、大西洋东岸南和30°—60°N一带。因此位于太平洋东岸的加拿大、美国和智利以及位于大西洋东岸的爱尔兰、英国、法国、西班牙和澳大利亚等国的波浪能能流密度较大，这些国家比较注重降低成本、提高效率以实现波浪能的大规模利用。中国、日本等位于太平洋西岸的国家，波浪密度相对较小，因此比较注重将海洋能作为特殊能源使用，注重与远离大陆的海岛用户或海上需求相结合。目前国际上已发明了多种波浪能转换装置，并建成了数十座波浪能示范电站，其中以英国、挪威、日本等国开发利用的水平较高。

据世界能源委员会的调查显示，全球可利用的波浪能达到20×10^8 kW，相当于目前世界发电能量的2倍。据估计，我国波浪能总储藏量约为1.5×10^8 kW(也有人认为可达5×10^8 kW)，可供开发的能量约0.35×10^8 kW，沿海波浪能能流密度大约为2~7 kW/m，其中东海、南海各占46%。在沿海省市中，以广东、海南、福建、浙江4省波浪能最为丰富，总共占全国的88%。我国沿海波浪能受季风影响，一般秋、冬季波浪偏大，而春、夏季波浪偏小，特别是冬季在强劲的偏北风作用下，从黄海到南海形成一个大浪带，平均浪高2 m以上，有利于波浪能发电。有学者认为全国沿岸波浪能资源平均理论功率可超过$1\,000\times10^4$ kW，其中台湾省沿岸最多，为429×10^4 kW，占全国总量的1/3；其次是浙江、广东、福建和山东等沿岸较多，为161×10^4~205×10^4 kW，合计为706×10^4 kW，占全国总量的55%；其他省市沿岸则较少，为14.4×10^4~56.3×10^4 kW。

我国波浪能发电研究起步较晚，自20世纪70年代以来，在数处水域进行了不同形式的波浪能发电试验，已投放多台小型波浪能发电装置。1975年我国制成了1 kW波电浮标，并在浙江省嵊山岛试验。1978年上海借鉴日本研究成功的气动式原理，研制了1台千瓦级空气涡轮波力发电浮筒，曾在浙江省舟山群岛的绿华山海域进行试验并发电，但由于测试手段不足，未测得确切数据。20世纪80年代，研制了1 kW后弯管振荡水柱装置两台，出口日本；对固定式和漂浮式振荡水柱波能装置以及摆式波能装置等进行研究，成功开发了利用对称翼透平的航标灯用波浪发电装置。

20世纪80年代初，波力发电研究非常活跃，很快从上海扩展到广州、北京、大连、青岛、天津和南京等地，从事波浪发电研究的单位有十几个。虽然由于种种原因，80年代中期以后继续研究并坚持至90年代中期的仅有中国科学院广州能源所。但波力发电技术经近30年的开发研究，却获得了较快的发展。气动式航标灯浮用微型波力发电装置，首先获得成功，并已商品化生产，现已有600多台在沿岸海域的航标和大型灯船上推广应用。与日本合作研制的后弯管型浮标波力发电装置已向国外出口，该技术属国际领先水平。

1989年中国科学院广州能源所在珠海市大万山岛完整岩体上通过爆破技术建造了第一座多振荡水柱型岸基式试验波浪电站，其装机容量为3 kW，对称翼透平直径0.8 m，发电的平均“总功率”大都在10%~35%，于1990年试发电成功，开创了低成本建造的一种模式。1996年，广州能源所又研建成功了20 kW岸式波力实验电站和5 kW波力发电船；国家海洋技术中心在山东青岛大管岛研建成功5 kW摆式波力实验电站。此后，中国科学院广州能源研究所又在广东汕尾研建完成了100 kW岸式波力实验电站，这是一座与电网并网运行的岸式振荡水柱型波能装置，波能转换效率较高，达到了设计要求。国家海洋技术中心在青岛大管岛研建完成了30 kW摆式波力实验电站，并分别实现了并网和与风力发电联网运行。1998年，开始研究在一般海岸建造振荡水柱装置的方法，提出采用钢壳作为振荡水柱装置气室的外模，将钢壳固定于海底，在钢壳内浇筑气室，然后再在气室上建造机房，安装透平发电机组。1999年9月，由国家海洋技术中心研建的100 kW摆式波力电站，在青岛即墨大官岛试运行成功，该波力电站设有过压自动卸载保护、过流自动调控、水位限制、断电保护、超速保护等功能，所有保护功能均在计算机控制下自动执行，大大减少了人工干预，使波能装置在实用化道路上迈出了坚实的一步。

“十五”期间中国科学院广州能源研究所在国家“863”等项目支持下，研究独立稳定的波浪能发电系统。2005年1月在汕尾进行波浪能独立发电系统10 kW量级实海况试验获得成功。从试验结果看，波浪独立发电系统在抗冲击、稳定发电、小浪发电等方面已达到预计效果。该系统由独立发电系统、制淡系统及漂浮式充电系统三部分组成。一座总装机容量50 kW、允许最大波浪能峰值功率400 kW的波浪能独立供电系统在汕尾市遮浪镇基本研制成功，可惜在当年8月的一次台风过程中，在运行29 h后，因装置被巨浪击毁而停止运行。该系统由一个振荡水柱装置和一个振荡浮子装置俘获波浪能，通过具有能量缓冲器的液压系统，波浪能被转换成稳定的液压能，再通过液压系统把液压能转换为稳定的电能，该装置发电频率在50±2% Hz，电压控制在370~390 V。此装置是目前国内较先进的波浪能转换装置。我国的波浪能能流密度小，因此其波能转换必须建立在高效、廉价的能量转换基础上，否则波浪能就会因为成本过高失去实用价值。

总之，我国波力发电研究虽然起步较晚，但发展较快。微型波力发电技术已经成熟，并已商品化；小型岸式波力发电技术也已进入世界先进行列；已有10~100 W的多种型号的波浪发电装置在中国沿海使用并出口到国外，该技术属国际领先水平。1985—2007年共申报注册波浪能发电装置的发明专利10项以及一些实用新型专利。然而，与波力发电先进的挪威、英国和日本相比，我国的波力发电装置示范试验的规模还较小，试验的开发方式类型也较少，且小型装置距实用化还有一定距离，装置运行的稳定性和可靠性等也有待进一步提高。

6.3.4.2 典型波浪发电工程

(1)大万山岛岸式振荡水柱型示范波力电站

我国第一座试验波力电站于1986年建于中国南海的珠海市大万山岛一块巨大的岩石上(图6-67)，为一座多振荡水柱型的波力电站，主体混凝土结构完工于1989年。1989年、1990年及1991年分别对其做了3次3 kW的海上运行试验，研究了实海况下气室、透平及电机的性能。振荡水柱波力电站的原理及结构如图6-68，主要包括前港、气室、Wells透平及电机。在入射波的作用下，气室内的水柱受激振荡，推动其上方的空气往复地通过Wells透平，将振荡的水柱能量转换变成透平的机械能量，从而驱动电机发电。电站的设计波况为$H_{1/10}$=1.5 m，平均周期为6.5 s。设计来波平均功率为4.4 kW/m。气室宽4 m、长3 m，与开口宽6 m、长6 m的喇叭口形港相连。Wells透平的直径为0.8 m，叶片的稠密为0.824 2，轮毂叶梢直径比为0.6，叶型为NACA-0021，叶片数为10。电机额定功率为3 kW，转速为1 500 r/min。在气室与Wells透平之间装有一个安全控制蝶阀。

图6-67 大万山岛岸式波力电站位置

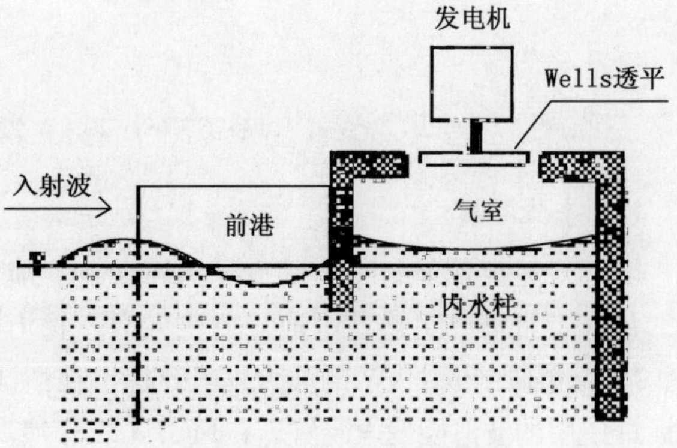

图6-68 波力电站原理图

在实海况运行试验中，利用研制的测量系统得到电站的各种参数记录，包括水柱运动，气室压力，Wells透平的转速及电机的输出功率等。波况由位于电站前方400 m远处的SBF1-1型自动遥控测波仪测得。负载以分级形式调整，且与电流同步。波力电站的初级能量转换(波能到气流能量的转换）性能极好，平均气室能量俘获宽度比为50% ~150%，最大时超过250%。这意味着波力电站可以吸收其开口以外的波能。电站的总能量平均俘获宽度比大都在10% ~40%的范围内。由于装机容量的限制，试验中的电机额定功率为3 kW，未能获得大波$H_{1/10}>2$ m时的电站平均输出功率。但基于这些有限的数据，也可得到以下结论：中国首座波力电站具有良好的能量转换性能，增大装机容量可以获得更大的平均输出功率。实海况试验同时也反映了电站存在着可靠性和安全性方面的问题。由于气室顶到平均海平面的距离太小（约5 m），水柱容易直接打击透平和电机，电站缺乏长期运行的能力。

20 kW波力电站在3 kW波力电站的结构上建造，主要目的是为了展示波浪能的实际应用，在3 kW波力电站中发现的问题也在这个20 kW波力电站中得到改善（如图6-69）。出于安全方面的考虑，特设计了一个带有破浪锥的过渡气室及气道，将机组提高到海面上约16 m的高处，大大地减小了海浪对机组直接打击的可能性。发电装置为一变速恒频电机，发出的电将与柴油发电机联网，为岛上居民提供补充电源。该电站的主体混凝土结构已于1994年9月完成。透平与电机于1996年2月安装并开始试发电。初步试验的结果表明，20 kW波力发电机组在$H_{1/10}=1.2\sim1.5$ m，平均周期$T=5\sim6$ s时的电力平均输出为3.5~5 kW，峰值功率可达14.5 kW，总能量平均俘获宽度比约20% ~40%，优于日本、英国和挪威的同类电站。

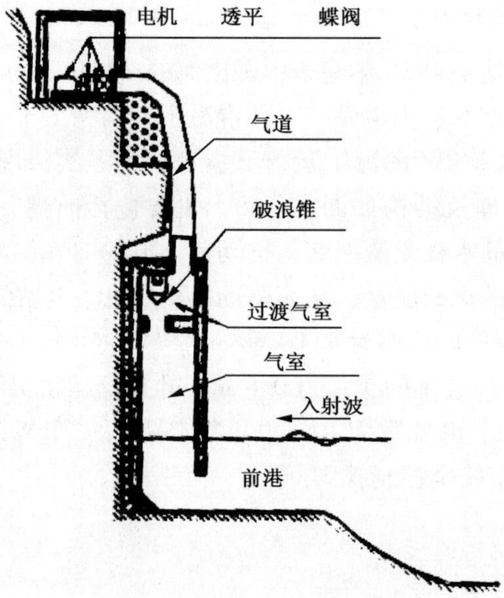

图6-69　20 kW波力电站结构草图

（2）导航浮标

航标灯是船舶航行安全的重要保障设备。航标灯平均能耗约4 W左右，一般采用蓄电池供电，每3个月需要更换蓄电池，造成人力、物力的较大浪费。

1975年研制成1 kW的波力发电浮标，在浙江省嵊山岛进行了试验。1980年又研制成一种供航标灯使用的波浪能发电装置，在风力3级、浪高0.2 m时，最大功率可达60 kW、1天的发电量可供航标灯使用3天。1984年研制成功6 W小型波力发电装置，用于导航灯标，随后按不同导航灯标的要求，又开发了系列产品。与日本合作研制的后弯管型浮标发电装置，已向国外出口，该技术属国际领先水平。此后，中国和日本开展了卓有成效的研究，逐渐形成了定型产品。中国生产了共700余台航标灯用波浪能装置，部分出口日本、英国、菲律宾等国。

6.3.5 其他海洋能发电技术

(1)温差发电技术

温差发电是利用热带及亚热带海洋表层和深层海水间存在的温差进行发电。我国南海是世界热带海洋能开发的优越海区。南海海域处于低纬地带，表层水温较高，而且海水深度多在2 000 m以上，从表层向下500~1 000 m深处，即可获得5℃的冷却水。尤其是我国南海中有众多的岛屿、礁石、浅滩、暗沙，从岛缘向外很快就可达2 000 m水深，是温差能发电的理想场所，在那里设置温差能电站，将能大大缩短管道长度，减少投资费用。

20世纪80年代初，广州、青岛和天津等地开展温差发电研究，1986年广州研制完成开式温差能转换试验模拟装置，利用30℃以下的温水，在温差20℃的情况下，实现电能转换。1989年又完成了雾滴提升循环试验研究，有效提升高度达20 m，为当时世界同类设备达到的最高值。但进入90年代后，由于种种原因，终止了研究。“十一五”期间，我国重点开展了闭式海洋温差能利用的研究，完成了海洋温差能闭式循环的理论研究工作，并完成了250 W小型温差能发电利用装置的方案设计；2008年承担了“十一五”科技支撑计划15 kW海洋温差能关键技术与设备的研制课题；2005年承担混合式海洋温差能利用系统的理论研究课题，并就小型化试验用200 W氨饱和蒸汽透平进行了研究开发。

台湾省从1980年开始，对台湾岛东海岸的海洋温差能资源进行了调查研究，并对花莲县的和平溪口、石梯坪和台东县的樟原等3个初选地址进行了自然环境条件调查研究评价和方案设计，曾计划1995年采用闭式循环建设一座4×10^4 kW的岸式示范电站。

目前，理论上的设计已不是主要问题，随着将来试验工作的开展，技术和设备问题将逐步解决，西沙群岛可望建设小型实用的温差能试验电站。

(2)海洋盐差能技术

盐差能是指海水和淡水之间或两种含盐浓度不同的海水之间的化学电位差能，是以化学能形态出现的海洋能。主要存在于河海交接处。同时，淡水丰富地区的盐湖和地下盐矿也可以利用盐差能。盐差能是海洋能中能量密度最大的一种可再生能源。我国1980年前后开始盐差能发电研究，1985年在西安采用半透膜研制成功干涸盐湖浓差能发电实验室装置，半透膜面积为14 m^2。试验中溶剂(淡水)向溶液(浓盐水)渗透，溶液水柱升高10 m，水轮发电机组发电功率为0.9~1.2 W。

盐差能的研究以美国、以色列的研究为先。但总体上，对盐差能这种新能源的研究还处于实验室试验水平，离示范应用还有较长的距离。

参考文献

陈玉瑜，袭龚尊. 1991. 国内外潮汐发电综述. 广西水利水电，(4)：71－77.
戴庆忠. 2010. 潮流能发电及潮流能发电装置. 东方电机，38(2)：51－66.
核工业南京工程勘察院. 1999. 连云港核电站海水取排水工程地质勘查报告.
李俊峰，施鹏飞，高虎. 2010. 中国风电发展报告2010. 海口：海南出版社.
天津市海岸带工程有限公司. 2009. 福建福清核电厂大件码头工程初步设计/施工图.
天津市海岸带工程有限公司. 2009. 福建福清核电厂排水工程初步设计/施工图.
天津市海岸带工程有限公司. 2008. 福建福清核电厂一期工程取水工程初步设计/施工图.

天津市海岸带工程有限公司. 2009. 海南昌江核电厂取水及大件码头工程初步设计/施工图.
天津市海岸带工程有限公司. 2009. 台山核电厂1、2号机组海域工程取排水工程施工图.
王传崑，施伟勇. 2010. 中国海洋能资源的储量及其评价. 中国可再生能源学会海洋能专业委员会第一届学术讨论会文集.
王传崑. 2009. 我国海洋能技术的发展. 太阳能，(1)：22-25.
游亚戈，李伟，刘伟民，等. 2010. 海洋能发电技术的发展现状与前景. 电力系统自动化，34(14)：1-12.
中交第四航务工程勘察设计院有限公司. 2010. 海南昌江核电厂排水工程初步设计/施工图.
中交第四航务工程勘察设计院有限公司. 2008. 台山核电厂1、2号机组海工工程厂前区防洪护岸工程施工图.
中交第四航务工程勘察设计院有限公司. 2008. 台山核电厂1、2号机组海工工程自备重件码头施工图.
中水珠江规划勘测设计有限公司. 台山核电厂重件码头防波堤施工图. 2011.
中铁第四勘察设计院有限公司. 2012. 台山核电厂1、2号机组SEC纳潮取水构筑物施工图.

第7章 跨海桥隧和轮渡工程

7.1 概述

7.1.1 跨海桥梁工程概述

过去20年间以及今后数十年里，我国沿海经济已经并将继续高速发展，这将对连接各大沿海工程建设提出更多的需求；同时，技术及经济的发展也为大型跨海(包括海湾、海峡、大陆与岛屿间以及岛屿之间)交通工程的建设提供了可能。

1991年12月正式通车的厦门大桥(原称“厦门高集海峡大桥”)是国内第一座跨海大桥，是厦门岛与大陆的交通连接工程，为厦门市的经济发展发挥了重要作用。2002年6月开工建设的东海大桥是我国第一座真正意义上的跨海大桥，大桥始于上海浦东芦潮港，跨越杭州湾北部海域，在浙江省嵊泗县崎岖列岛中大乌龟岛登陆，沿大乌龟山、颗珠山岛至小城子山小洋山港区一期交接点，为洋山深水港提供了唯一的陆上通道，为我国外海建桥积累了经验。2008年5月建成通车的杭州湾跨海大桥北起嘉兴市海盐郑家埭，止于宁波市慈溪水路湾，全长约36 km。大桥建成通车后，上海到宁波的陆路交通距离缩短120 km。大桥共有各类桩基7 000余根，水中钢桩4 000多根，其工程规模突破了国内建桥史纪录。舟山大陆连岛工程总长近50 km，是我国第一座集群跨海桥梁工程，工程包括岑港、响礁门、桃夭门、西堠门、金塘等5座大桥和9座谷桥、2座隧道、6处互通立交。金塘大桥长27 km，其中跨海部分长约18.5 km，是继杭州湾跨海大桥、东海大桥后国内第三长跨海大桥。西堠门大桥是舟山连岛工程5座跨海大桥中技术要求最高的特大型跨海桥梁，主桥为两跨连续钢箱梁悬索桥，主跨1 650 m，是目前世界上最大跨度的钢箱梁悬索桥。港珠澳大桥是我国首座跨海桥隧组合工程，工程主线总长约56 km，是世界最长桥隧组合工程，其中桥长48 km，隧道长7 km，岛隧工程于2010年正式开工建设，海中桥梁主体工程于2011年开工建设。

20多年来跨海大桥的建设已经取得巨大的成就，特别在大规模快捷安装设计与施工技术、海洋环境下材料及结构耐久性技术、新结构技术和新材料等方面得到了迅速发展。

7.1.1.1 大规模快捷安装设计与施工技术

跨海大桥要求穿过的海域一般较为宽阔，其桥梁部分少则数千米，多则十几千米甚至几十千米，如东海大桥长约32 km，舟山大陆连岛工程长约25 km，青岛海湾大桥全长约26 km，杭州湾跨海大桥长约36 km。鉴于跨海大桥规模大、离岸距离长及海洋环境条件复杂，“工厂化、大型化、预制化、机械化”是设计的总体指导原则，大规模快捷安装设计与施工技术成为跨海大桥工程创新的重点。

厦门大桥上部结构在我国首次采用了滑模逐跨现浇技术，使等跨等高度预应力混凝土连续梁桥施工实现了整体化和机械化，大大加快了施工进度，确保了施工质量，结构的整体性得到加强。该方法在厦门大桥成功应用后，在国内得到大规模推广，成为 50 m 左右跨度混凝土连续梁桥优先考虑采用的技术。

杭州湾跨海大桥水中区 70 m 跨度预应力混凝土连续箱梁桥、南岸滩涂区 50 m 跨度预应力混凝土连续箱梁桥采用了整跨预制逐孔安装技术。70 m 跨度箱梁单件预制重量达到了 2 200 t，采用了整体液压内模、大体积混凝土整体浇注、预应力真空辅助压浆、早期裂缝控制等先进技术，确保了预应力混凝土大块件预制的质量；50 m 跨径箱梁预制除采用 70 m 跨径箱梁预制相关技术外，还采用了保温保湿蒸汽养护及预制箱梁双层存放等创新技术。安装方面，70 m 跨径预制箱梁采用了大型专用运架船架设；50 m 跨径预制箱梁采用了梁上运梁，解决了整体预制在滩涂区难以实施的难题，使梁上运梁架设梁重达到 1 430 t。

东海大桥、青岛海湾大桥也采用了与杭州湾跨海大桥类似的整跨预制逐孔安装技术。该技术的应用，有效解决了海上混凝土现浇存在的施工难题，有利于海洋环境保护，加快了施工进度，提高了施工质量，是解决跨海长桥施工难题的主要方法。深圳西部通道深圳湾大桥引桥跨度为 75 m 左右，采用了较为环保、快速、保证质量的节段预制拼装技术。

港珠澳大桥深水区引桥考虑采用钢结构方案，主梁一改常用的双向双幅结构，采用了双向整幅结构，箱梁顶板宽达到 33.1 m，充分发挥了钢结构重量轻的优点。施工采用整孔出运、运输、吊装，逐孔合龙，形成多跨连续梁，整跨安装构件外形尺寸达到 110 m × 33.1 m × 4.5 m，最大净重达 2 270 t。

类似于上部结构的预制安装技术也在下部墩身和承台中得到逐步推广，如杭州湾跨海大桥、东海大桥、青岛海湾大桥、港珠澳大桥建设中均有不同程度的运用。

7.1.1.2 海洋环境下材料及结构耐久性技术

厦门大桥建设时极其重视混凝土结构的腐蚀问题，从增加混凝土密实性的防腐理念出发，提出了“双掺”技术(掺加粉煤灰和减水剂)，提高混凝土自身的抗渗性能；在结构设计方面，参照港口工程技术规范加大结构混凝土保护层厚度、采用箱形梁结构以减少外露面、全预应力并使受拉区保持一定压应力，取得了较好的效果。

杭州湾跨海大桥开展钢管桩防腐蚀研究，形成了综合防腐多层保护技术。首先，采取结构措施加强承台与钢管桩的连接，包括在钢管桩内一定深度以上填筑混凝土、设置钢筋笼和剪力环等；其次，在钢管桩外表采用多层熔融结合环复合涂层工艺进行整体防腐，对桩头、中部及其余部分不同区域采用不同的涂层厚度；再次，沉桩后采用高效铝阴极防护措施，设计年限按 30 年考虑；最后，钢管桩壁留有必要的富裕厚度，确保设计使用年限内满足结构防腐要求。

东海大桥混凝土结构采用高性能混凝土和适当增加混凝土保护层的技术措施。浪溅区的承台和墩柱表面涂防腐涂料；钢管桩结构采用了重防护涂层牺牲阳极的阴极保护措施；钢主梁采用电弧喷铝保护系统施工，并编制了《东海大桥结构混凝土耐久性施工技术要求》，建立了一套从原材料、混凝土级配、运输、浇筑、养护等施工质量控制制度。

综上所述，跨海大桥在混凝土结构方面采用的耐久性设计技术主要有海工高性能混凝土、海上部分混凝土表面涂层防腐、适当增加混凝土保护层厚度等；在钢管桩结构方面采用技术主要有：加强钢管桩与承台的连接、钢管桩表面涂层防腐、外加电流阴极防护、牺牲阳极的阴极保护、钢管桩壁厚留有一定腐蚀安全厚度等。

7.1.1.3 深水基础设计与施工综合技术

跨海大桥建设中影响基础建设的关键因素主要是离岸距离远及海洋环境问题。基础结构主要是钻孔灌注桩或钢管打入桩群；施工需考虑便于大型水中吊装设备特性的发挥，工作面多，可通过结构预制安装加快工程进度，提高施工质量等。大多数的预制承台仅仅是预制了一个承台外壳，起到现浇承台的模板作用，一般称作预制混凝土套箱。这种技术在东海大桥和青岛海湾大桥上得到应用，用以代替钢套箱的围水和模板作用，对承台耐久性及营运养护有利，同时也减少了现浇混凝土量。承台总是通过现浇，使桩和预制部分连接成整体。重点主要是如何使桩与承台可靠连接，确保传力；其次是连接部的耐久性以及尽量减少现浇混凝土量。港珠澳大桥非通航孔桥基础设计对这些问题提出了较好的解决措施，承台现浇部分仅局限于桩顶以上适当范围。主要技术措施有：采取多重止水措施，确保止水效果；采用剪力键，保证可靠传力；改进施工工艺，保证预制承台安装进度；底节墩身与承台一起预制，保证承台与墩身连接位置的耐久性等。

7.1.1.4 重大跨海工程的结构和材料技术

悬索桥的主缆和斜拉桥的斜拉索一般由钢丝组成。强度为1 670 MPa的镀锌钢丝多年来一直是斜拉桥和悬索桥常用材料。通过几年的研发，采用微合金化技术和纯净钢冶炼技术及特殊控轧控冷技术，宝钢成功开发了专用盘条，其实物质量水平达到或接近国外相关产品水平，在此基础上成功开发的桥梁主缆 $\phi 5.0$ mm系列1 770 MPa级镀锌钢丝于2003年在广西柳州红光桥上首例使用，并于2004年在跨径1 650 m的浙江舟山西堠门大桥上成功应用；同时，难度更大的 $\phi 7.0$ mm系列于2006年在世界最大跨径斜拉桥——苏通大桥上成功应用。这些产品具有我国自主知识产权，相关制造技术已达到国际先进水平。

超大跨度悬索桥的抗风稳定是一个值得关注的问题，尤其对于跨海大桥。为抗风需要，西堠门大桥主梁采用了分离式扁平钢箱，两幅梁间距为6 m，通过箱形横梁和工字梁连接成整体。风洞试验表明，对提高大桥抵抗风致颤振能力的效果明显。

带刚性铰的多跨连续斜拉桥结构体系是保证长大跨海桥梁连续结构的有效方法。已有跨海大桥采用多跨连续结构以70 m左右的预应力混凝土连续梁为主，这种跨度的桥梁用于深水区将明显不合理，增大连续长跨结构的跨度是一个值得研究的课题。跨越白令海峡采用了标准跨度为366 m的多跨斜拉桥，水深最大达54 m；琼州海峡通道规划研究中对水深大于25 m的区段提出了300 m多跨斜拉桥方案；设想中的渤海海峡通道中，提出350 m连续多跨斜拉桥方案。嘉绍大桥主桥采用了七跨连续斜拉桥，中间五个主跨全部采用跨度428 m的多跨连续斜拉桥，刚性铰的采用是多跨连续斜拉桥技术的一个重大突破，为今后深水超多跨连续斜拉桥的建设提供了借鉴。

钻孔灌注桩是跨海大桥最重要、最常见的基础形式之一。钻孔灌注桩施工时需要设置护筒，以确保在淤泥等软土中不发生施工质量事故。水下基础采用的护筒一般均为钢材制成，通常仅作为施工用材料，而不作为结构受力材料，这对于深水基础将是非常浪费的。另一方面，对于跨海长大桥梁，由于风、船撞、地震、温度等作用，桩的抗弯强度往往控制或与承载力同时控制基础结构设计。变截面钢混组合桩将施工用钢护筒用作结构承载的一部分，较好地解决了这个问题。钢管复合桩的成功应用需要解决两个问题：①确保钢管与混凝土紧密结合的问题；②钢管的有效计算厚度问题。苏通大桥应用了该结构技术。港珠澳大桥设计过程中也提出了相应的技术措施。对钢管与混凝土间的结合问题提出了在钢管内设置“剪力环”的方法，即根据受力需要在钢管内壁按照一定间距，焊接多道环形钢板，待浇注混凝土后，环形钢板便嵌入其中，形成齿槽，传递混凝土与钢管之间的剪力，确保钢管和混凝土之间不发生相对滑移；对钢管的有效计算厚度问题初步考虑环氧粉末涂装加牺牲阳极式阴极保护的钢管防腐措施，同时还在设计寿命期内考虑海水环境钢管腐蚀余量，将钢管扣除一定腐蚀余量后的厚度作为其有效计算厚度进行结构设计。

7.1.2 海底隧道工程概述

海底隧道与陆地隧道相比，具有以下难点与特点：①通过深水进行地质勘测比地面更困难，造价更高且准确性较低。遭遇未预测到的不良地质(如断层、破碎带等)的风险更大，特别是断层破碎带可能带来的突然涌水等。必须加强施工期间对不良地质体和涌水点的预测，并采取针对措施提前整治。②很高的孔隙水压力会降低隧道围岩的有效应力，降低成拱作用，从而使地层稳定性变差。很高的渗水压力可能导致水流有高渗透性，若扰动区域与水面有渠道相通，可造成灾难性的涌水与塌方；水下隧道不能自然排水，堵水技术是关键技术。应先注浆加固围岩，堵住出水点，然后再开挖。堵水的同时加强机械排水，以堵为主，排堵结合。③高水头造成衬砌承受较大的荷载。由于长期受较大的水压力作用，衬砌结构设计应遵循一次支护承受全部土压力，二衬只承受水压力的设计理念进行。④沿海底隧道线路布置施工竖井困难很大，导致连续单口掘进长度很长，从而对施工期间的后勤和通风有更高要求。⑤海水对施工设备、钢筋、混凝土及运营期机电设备的腐蚀作用。

海底隧道可分为海底段隧道和陆域段隧道，一般由三孔组成，两侧为行车道，中间孔(或综合管道)为服务隧道，其主要功能：①紧急避难通道和检修通道；②利用服务隧道掘进可有效地超前探明地质情况，取得对局部不良地质地段处理的方法和工艺，保证主洞掘进速度；③利用服务隧道设置的行车横洞，可为主隧道开辟多个工作面。同时，对于局部不良地质地段，可借助服务隧道先行处理，不影响其余地段施工；④服务隧道设置后可利用其作为检修通道，其上下空间又可作为城市管线通道，行车主隧道断面可适当缩小。

目前修建海底隧道的基本方法有钻爆法(Drilling and Blasting)、掘进机法(Tunnel Boring Mechine，即TBM法)、盾构法和沉管法(Immerged Tunnel)。跨越海峡可将以上几种方法混合使用，或采取桥隧联合的方法。

钻爆法采用传统爆破技术进行隧道开挖施工，包括钻孔、爆破、通风及岩石装运等，通常可适用于各类岩石地层的隧道施工。采用钻爆法开挖洞室通常可分为全断面开挖、台阶开挖、导洞开挖和分部开挖4类。一般根据具体地质条件、洞室断面大小、支护形式、装运条件及施工队伍与设备条件等因素综合选择合理经济的开挖方法。钻爆法在国外水下隧道施工中的应用很多，20世纪40年代日本修建的关门海峡水下隧道是世界最早用钻爆法修建的，之后又用该法修建了青函海底隧道。作为世界上最长的水下隧道，青函海底隧道穿过津轻海峡，全长53.85 km，海底段长23.30 km。该隧道在水平钻探、超前注浆加固地层、喷射混凝土等技术上有巨大发展，尤其在处理海底涌水技术方面，独具一格。挪威已建成的约100 km的水下隧道均采用钻爆法施工，最长一座隧道为4.70 km，最大埋深达到180 m。挪威采用钻爆法修筑水下隧道的技术发展迅速，在应对海底不良地质段的施工方面，除应用注浆法之外，还针对不同地质情况和围岩条件，有的隧道设或不设二次混凝土衬砌。采用钻爆法必须采取有效措施预防塌方、涌水、突泥等地质灾害。在海底岩层中穿越的隧道工程，勘测、定位和选线受限制很大，穿越断层破碎带的几率高，数量也多。海底隧道都是处于水系之下，地下水富存，断层破碎带若与其上或其附近的水系相沟通，随时都有可能给工程带来淹没、塌通、涌水或形成泥石流的危险。如日本青函隧道发生过四次较大塌方涌水事故，最严重的一次1976年5月6日发生在北海道侧平行导坑内，由凝灰岩断层破碎带内的高压水引起，涌水量高达70 m^3/min，经修挡水墙、压浆堵水封断水源，开挖迂回坑道，用了5个月时间才绕过了涌水段。钻爆法穿越断层破碎带的问题的关键是断层破碎带的支撑和加固堵水。目前国内外通常采用的方法是强行穿越法、注浆法、冷冻法和其他辅助方法。工程实践中为了合理地选用穿越断层破碎带的技术方法，必须就断层破碎带规模、断层内构造岩特色、水文地质条件、破碎带部位等方面情况进行方案设计。实践证明，穿越一个较大规模的断层破碎带，有时要选用两种以上的技术方法进行组合应用。

隧道掘进机法是一种将机械破岩和出渣各工序联合作业，并连续掘进的大型工程机械。通常有两种基本类型：部分断面掘进机和全断面掘进机，通常适用于中硬以下岩石的隧道掘进施工，具有掘进快速、经济安全、岩层适应性好等特点，超挖量一般不超过5%，不扰动地层，可提高作业面的稳定性，已成为长大海底隧道建设中一种很有吸引力的施工方法。英法海峡隧道(50.5 km)就是采用全断面隧道掘进机(TBM法)修建的。我国香港地铁中环线海底隧道和地铁将军澳线海底隧道都是采用双管掘进法施工的。

盾构法一般限制在港湾下浅水区和沿海地带软土地层施工，在深堆积层等软弱不透水黏土中最为适用。盾构机主体部分是一个可移动的高强度钢套壳。在隧道掘进时，钢套壳插入土内，在永久衬砌施作之前用以支撑隧道四周的地层，以保证永久衬砌的施工而免去临时支撑。盾构外壳断面一般为圆筒形，也有按隧道实际需要做成异形断面的。盾构法速度快，效率高，人员作业环境较好，安全保证程度高。但是盾构掘进机构筑的隧道断面形式和线型受限，灵活度不大，曲线半径不能太小；机件复杂，设备昂贵，建设成本中设备费用占用比率较高；对地层地质和水文情况敏感度极高，在掘进前方不良地质、严重水害和障碍物难以探明的情况下，建设风险较大；在隧道掘进中途需要更换刀具和整修刀盘，工艺复杂；隧道洞口附近需要有较大的施工整备场地，包括预制管片的场地，代价较高。

沉管隧道是将若干个预制管段分别浮运到海(江)面现场，沉放安装到已疏浚好的水底基槽内。通常在干坞中预制管段，基槽底面和隧道底部之间的空间应事先准备好砾石垫层或在隧道下面泵送砂垫层或喷射砂垫层，必要时可采用桩基处理基槽。沉管隧道的结构形式有钢结构和钢筋混凝土结构两大类，钢结构一般为圆形断面，钢筋混凝土一般为矩形断面。美国习惯于使用圆形的钢壳沉管，而欧洲国家则习惯于采用矩形钢筋混凝土结构，日本则两种形式的沉管隧道都有修建。目前全球已建成100多座铁路或公路沉管隧道。其中丹麦于1999年建成的鄂尔森通道(Oresund Fixed Link)工程的卓戈登(Drogden)海底沉管隧道长为3 510 m，是目前世界上最长的交通混凝土沉管隧道。

海底隧道的发展是从1751年提出英法海底隧道设想开始的，但限于当时的技术和资金上的困难，直至1994年这一设想才得以成为现实。日本关门海峡海底隧道1939年动工，1944年竣工。20世纪70年代之后，日本、挪威、英国等国大量的海底隧道相继建成。日本1988年贯通了穿越津轻海峡的青函海底铁路隧道以后，世界各国横断海峡的热情迅速高涨，如丹麦大海峡铁路隧道，全长7.9 km，于1995年贯通，1996年对外运营开放。目前许多国家都在对跨越海峡的隧道工程进行规划和可行性研究，如连接西班牙和摩洛哥的直布罗陀海峡隧道，海平面下412 m，总长约60 km，海底段28 km；连接意大利本土和西西里岛的墨西拿海峡隧道工程是公铁隧道，总长17 km，海底段6 km；阿拉斯加和楚科奇西伯利亚之间相隔90 km的白令海峡通道工程，连接亚洲和美洲，水深约54 m；从日本福岗通过对马海峡到达韩国釜山的日韩隧道工程，总长约250 km，海底段约150 km；从德国到丹麦的费门海底隧道，海平面下深约50 m，长约19 km；连接爪哇岛和苏门答腊岛之间宽40 km，深200 m的海峡通道；马六甲海峡通道等。挪威有十几座海底隧道也在规划研究之中，其中：Ryfast公路隧道，长13.5 km，最深285 m；Rogfast（Boknafjorden）公路隧道，长22.7～24.2 km，最深350 m。还对一些可能实施的海底隧道进行研究，如从挪威大陆到近海油田长60 km的海底隧道以及极具挑战性的长132 km、深630 m的Hareid隧道。

我国自20世纪90年代开始兴建跨海隧道工程以来，在线路规划、穿跨复杂地质、工程结构防渗和耐久性等方面的设计施工取得了重要进展，目前琼州海峡通道、渤海湾通道等已开始前期研究。大连、海南等地都在积极酝酿、规划海底隧道的建设，包括海南琼州海峡隧道；连接辽东半岛与胶州半岛的渤海湾隧道，长约108 km。此外，连接中国大陆与台湾的海峡海底隧道也由两岸专家、学者提出了构想。台湾海峡长约330 km，宽约120～250 km，水深约20～160 m，平均水深约50 m。台湾海峡隧道目前有北线和南线方案：①北线方案：取道台湾海峡最窄处，从福建平潭到台湾新竹，直线距离约120 km；②南线方案：厦门—金门—澎湖列岛—台湾新港，全长约210 km。根据台湾海峡工程地质条件、海底地形、海水深度，海峡隧道埋深可在120 m左右，其中基岩厚度取60 m左右。为了利于解决通风等问题，台海隧道宜建成铁路隧道，汽车过海峡采用列车过驳，即采用英法海峡隧道方式。

7.1.3 跨海轮渡工程概述

铁路轮渡是20世纪发展起来的一种运输方式。铁路轮渡码头与一般码头相比，具有如下特点。

1）安全正点要求高：穿梭于两铁路轮渡港之间的船舶是专用的铁路渡船，且码头与船舶之间具有一对一的关系。码头—渡船—码头是整条铁路运输线路的一部分，必须满足整条铁路的运输能力和安全正点要求，因而渡船靠离泊码头要快速便捷，靠船频率比普通码头要高。由此造成码头结构、护舷以及码头前沿海底床面抗冲刷要求与普通码头不同。

2）作业标准要求高：为满足铁路运输运量及安全正点的要求，铁路轮渡码头的作业标准及年作业天数均超出普通码头。火车渡轮在9级以下风要正常作业（普通码头为7级以下风），因此作业天数多于普通码头，而港内的泊稳情况，如波浪作用下的船舶运动量，又有较严格要求，码头防浪要求高于普通码头。

3）港船作业面接口要求高：一般码头的作业面只有一侧，船舶与港口装卸设施之间的接口关系较为简单，而铁路轮渡的作业面可同时出现在渡船的艉部和侧部，有艉部的铁路活动栈桥与渡船、侧面的汽车活动栈桥与渡船以及旅客登船桥与渡船三个接口连接，接口关系复杂，准确性和安全性要求高，如渡船与铁路栈桥要求对接轨道空隙宽度不大于5 mm、左右偏差及高低偏差不大于1 mm。轮渡码头平面布置的主要原则是尽量避开主浪向对码头的影响，确保与铁路引线连接顺畅，码头与铁路引线之间应留有足够的待渡场面积，并尽量选在地质条件良好的区域。

铁路渡船依靠自身动力操纵系统独立完成回旋调头及靠离泊码头，以满足轮渡港快速便捷的运输要求。英国标准BS6349《海工建筑物》建议渡船侧靠码头时的法向速度取0.5 m/s，粤海铁路轮渡设计时采用此值，码头设置了SUC1450四鼓一板超高反力护舷；烟大铁路轮渡根据粤海铁路轮渡运营情况和实测数据并结合渡船具有良好动力配置和操纵性能的特点，取渡船靠泊码头的法向速度为0.2 m/s，轮渡码头设置了SUC1450两鼓一板超高反力护舷。经联合调试验证，粤海铁路渡船、烟大铁路渡船靠岸速度都能控制在0.2 m/s以内。

由于铁路轮渡港所具有特定的安全性要求和使用条件要求，因而有必要对其中部分港内作业标准重新评估和确定。

1）影响铁路栈桥与渡船间安全对接及火车渡运能力、安全正点要求的因素主要是波浪和风况。渡船与铁路栈桥对接后，在波浪和船舶装卸载不均匀共同作用下，渡船将会产生运动，其中影响最大的为横摇，由此引起的船舶横摇值总和必须满足铁路栈桥和船体抗扭的承受能力。渡船允许最大横摇角宜为2°，其中不均匀装载引起的横摇角以不大于1.5°控制，波浪引起渡船横摇角以不大于0.5°为控制标准。

2)在风况作业标准方面，把港内作业允许的风况从一般码头的6级风提高到8级风，这对缩小海上运输与陆上运输在可作业天数上的差异有显著作用。与通常港口作业天数相比，粤海轮渡和烟大轮渡分别能增加17天和30天。经与船舶设计单位研究分析，这一标准在技术上可以实现，对保证通道有足够年营运天数有着决定性作用。

3)降水对铁路轮渡装卸作业的影响很小，对汽车和人员上、下也没有大的影响，但大雨时由于湿滑和能见度低，对渡轮装卸作业的安全性有一定影响，因此，设计中采用中国现行港工规范中港内允许作业日降水量标准不大于50 mm。

4)能见度标准方面，由于铁路轮渡航线及渡轮均配有雾航设施，渡轮在能见度较低时仍可安全航行，但此时渡轮靠泊作业有困难，给汽车和人员上、下船增加了不安全因素，因此，对渡轮作业能见度指标仍沿用目前港工规范作业能见度值标准不大于1 km。

5)水流方面考虑原则与中国港工规范一致，轮渡码头应尽量布置在水流较小地方，其走向尽量与流向平顺。

铁路渡船作业时如在大的离岸风作用下偏离码头，将严重影响铁路活动桥、汽车活动桥和旅客登船桥与渡船的安全连接，甚至会发生铁路桥扭坏或汽车和旅客活动栈桥脱离渡船的安全事故。渡船的受风面积较大，受大风吹袭时所受的风荷载也较常规船舶大，加上渡船上的出缆点较高，缆绳的系缆效果相对较差。为确保各缆绳的系缆效果，按船上的出缆点位置，有针对性地布置系船柱，并将系船柱布置在码头前沿线后方适当位置，以尽量减小缆绳与码头面的竖直夹角。为确保限制渡船在不同潮位、风力及装载情况下的超限位移，渡船上配备恒张力绞缆设备，确保所有缆绳都在恒张力状态下工作。

目前，世界上铁路轮渡运营较多的国家有英国、德国、法国、丹麦、挪威、芬兰等欧洲国家，开通航线近百条，大部分是沿海或海峡航线。我国有较多河流，较长的海岸线，较大的海峡，为了解决铁路跨江、过海问题，铁路轮渡在中国应运而生。中国铁路轮渡有着70多年历史，在长江上先后建成了四条铁路轮渡，在琼州海峡和渤海海峡上建成了两条跨海铁路轮渡。目前，有江阴、粤海和烟大三条铁路轮渡线在运营。此外，国际铁路轮渡——中韩跨海铁路轮渡展开了前期研究工作，两国间政府主管部门也达成了初步合作意向。我国也是世界上少数同时拥有内河和跨海铁路轮渡的国家之一。

7.2 跨海桥梁工程

7.2.1 概况

据不完全统计，到目前为止，我国已建或正在建设的主要跨海(峡、湾)大桥见表7-1。

从桥型来看，目前跨海大桥主桥大部分采用悬索桥和斜拉桥，其中，西堠门大桥主跨为1 650 m，是目前世界上最大跨度的钢箱梁悬索桥；香港昂船洲大桥主跨1 018 m，是目前世界上第二大跨度斜拉桥；海沧大桥主桥采用230+648+230=1 108 m三跨连续全漂浮体系钢箱梁悬索桥，为亚洲首座三跨连续全漂浮悬索桥。在非通航孔桥方面，以50~75 m预应力混凝土连续梁桥居多，一般采用整垮预制逐跨吊装或逐跨现浇混凝土连续梁桥方案。基础大部分为钻孔灌注桩和钢管打入桩群桩基础方案，其中嘉绍大桥钻孔灌注桩最大直径达 4 m。

表 7－1　我国主要跨海(峡、湾)大桥

桥名	主(副)桥桥型	主跨/m	桥址	所在海域	建成时间	备注
厦门大桥	等跨等截面预应力混凝土连续箱梁桥	45	福建厦门	厦门岛北海域	1991 年 5 月	我国第一座跨海峡大桥
汕头海湾大桥	双塔三跨吊悬索桥	452	广东汕头	礐石海	1995 年 12 月	
青马大桥	双塔两跨吊悬索桥	1 377	香港	马湾海峡	1997 年 5 月	
香港汀九桥	三塔四索面斜拉桥	475 + 448	香港	蓝巴勒海峡	1998 年 5 月	
厦门海沧大桥	双塔三跨吊悬索桥	648	福建厦门	厦门岛西海域	1999 年 12 月	
桃夭门大桥	双塔斜拉桥	580	浙江舟山	杭州湾、东海交汇处	2003 年 12 月	舟山大陆连岛工程
澳门西海大桥	双塔斜拉桥	180	澳门	珠江口	2004 年 12 月	
东海大桥	双塔斜拉桥	420	上海	杭州湾、长江口、东海交汇处	2005 年 12 月	
深圳湾大桥	倾斜独塔斜拉桥	210	深圳－香港	深圳湾	2006 年 6 月	
湛江海湾大桥	双塔斜拉桥	480	广东湛江市	湛江海湾	2006 年 12 月	
杭州湾大桥	双塔斜拉桥 独塔斜拉桥	448 318	浙江嘉兴－宁波	杭州湾	2008 年 5 月	
西堠门大桥	双塔两跨吊悬索桥	1 650	浙江舟山	杭州湾、东海交汇处	2008 年 12 月	舟山大陆连岛工程
上海长江大桥	双塔斜拉桥	730	上海	长江入海口	2009 年 10 月	南接上海长江隧道工程
昂船洲大桥	双塔斜拉桥	1 018	香港	蓝巴勒海峡	2009 年 12 月	世界第二跨度斜拉桥
金塘大桥	双塔斜拉桥	620	浙江舟山	杭州湾、东海交汇处	2009 年 12 月	舟山大陆连岛工程
青岛海湾大桥	独塔自锚悬索桥 双塔斜拉桥 独塔斜拉桥	260 260 120	山东青岛	胶州湾	2011 年 6 月	
厦漳跨海大桥	双塔斜拉桥	780	福建厦门－漳州	九龙江入海口	施工中	
嘉绍跨海大桥	六塔斜拉桥	428	浙江嘉兴－绍兴	杭州湾	施工中	
港珠澳大桥			香港－珠海－澳门		建设中	

本章介绍的跨海桥梁工程主要有青岛海湾大桥、杭州湾跨海大桥、舟山大陆连岛工程、东海大桥、厦门主要跨海大桥以及设计中的港珠澳大桥等。

7.2.2 青岛海湾大桥

7.2.2.1 简况

青岛海湾大桥又称胶州湾跨海大桥，位于黄海中部、胶东半岛南部的胶州湾，是国家高速公路网青岛至兰州高速公路的起点段，也是山东省“五纵四横一环”公路网框架的重要组成部分。大桥将青、红、黄三岛便捷地联系在一起，使青岛至黄岛陆路距离缩短到近 30 km，对进一步完善青岛市东西两岸跨海交通联系，加快胶州半岛城市群发展，推动环渤海湾经济圈形成意义重大。大桥全长 41.58 km(含连接线)，为双向六车道高速公路兼城市八车道快速路，设计行车时速 80 km，桥梁宽 35 m，设计基准期 100 年。工程包括三座可以通航的航道桥和两座互通立交以及路上引桥、黄岛侧接线工程和红岛连接线等，于 1999 年底批准立项，2005 年 3 月获核准；2006 年 12 月正式开工建设；2011 年 6 月建成通车。

7.2.2.2 自然条件

工程区冬季盛行 NNW 风，夏、春以 ES 风为主，秋季则以偏 N 风为主。2005 年 4 月在红岛的西大洋设立了一个 65 m 高的观测塔。观测塔在距地 10 m、30 m、40 m 及 60 m 处建立观测点，进行逐日 24 次正点 2 min、10 min 平均风速、风向以及风时，逐日 2 min、10 min 平均最大风速、风向以及风时，逐日瞬时最大风速、风向以及风时的观测。同时，在梯度塔 40 m 和 60 m 高处开展风脉动观测，为桥位湍流特征分析提供现场资料。

胶州湾属于半封闭型强潮海湾，以团岛和黄岛的黄山嘴连线为界，分为内湾和外湾。胶州湾内红岛、黄岛都已成为陆连岛，只有冒岛尚处海中。另外湾内还有马蹄礁、中沙礁、湔礁及安湖石等礁滩。潮型属正规半日潮，但低潮有日不等现象，涨潮时间相对较短，落潮时间相对较长，两者相差 70 min 左右。不同重现期年极值高、低水位详见表 7-2。

表 7-2 工程区设计潮位计算结果

项 目	重现期/a			
	20	50	100	300
极端高潮位/m	3.04	3.20	3.33	3.54
极端低潮位/m	-3.20	-3.34	-3.44	-3.61

胶州湾深入内陆，腹大口小，岸线长 187 km。湾口朝东南方向，通过一条宽约 3 km，深 30~40 m 的深水槽与黄海相通。湾内水深域阔，东西宽 27.8 km，南北长 33.3 km，水域面积 382 km^2，0 m 等深线以下的水域面积为 256 km^2。湾底地势总体上自北向南倾斜，平均水深 7 m 左右，最大水深 64 m；西北部有 7~8 km 宽的潮间滩地和宽阔的浅水区；桥线经过区位于海湾中北部，因沉积物淤积，地势较平坦，在水深小于 5~10 m 区域，形成大片浅水滩，地形坡度小于 13°。桥位区两端以丘陵为主，主要分布于青岛市区及红石崖南侧，由花岗岩及胶南群变质岩系构成，山顶浑圆，山坡平缓，形成连绵起伏的低矮山丘，沟谷切割深度小于 100 m，以风化剥蚀成因为主。

工程区地质自上而下划分为 5 大层组：①层为青灰色淤泥、淤泥质亚黏土、淤泥质黏土、粉砂、细砂，沿线海域广泛分布，层厚 1.6 ~ 9.0 m；②层为亚黏土，主要分布于桥位区的青岛、红岛、黄岛侧陆域，厚 1.00 ~ 2.05 m；③层主要为灰黄色亚黏土和中粗砂厚为 1.60 ~ 15.70 m；④层为灰黄色黏土和中砂、粗砂、砾砂，厚 9.00 ~ 12.75 m；⑤层主要为灰黄色黏土和中砂、粗砂、砾砂厚 3.00 ~ 13.50 m。

桥位区基岩岩性沿桥轴线有较大的变化，起伏较大，测线西端和中部红岛以南基岩埋深小，其余部分为两个埋深较大的凹陷。基岩埋深与岩性明显受断裂的控制。

桥区地震基本烈度Ⅵ度。

7.2.2.3 总体布置

青岛海湾大桥东起青岛侧胶州湾高速李村河大桥北，在红岛南侧附近通过，呈弓形跨越胶州湾海域，西经黄岛红石崖，止于胶州湾高速东 1 km 处，顺接南济青线起点。路线总体走向如图 7 - 1 所示。

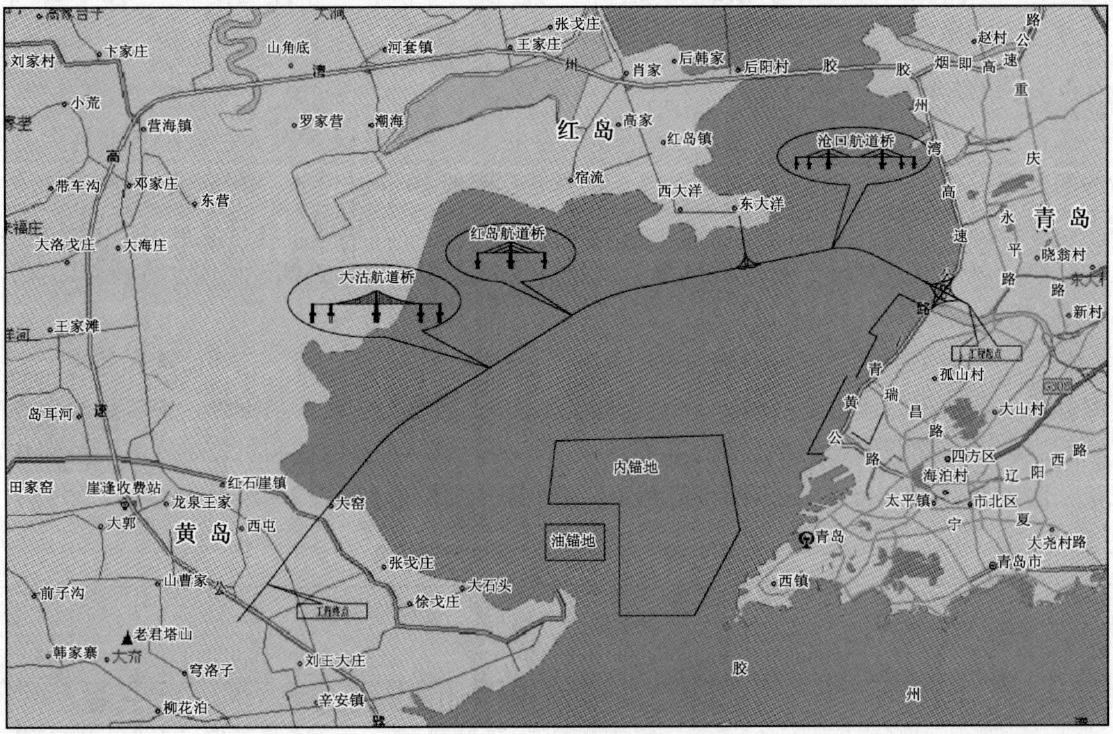

图 7 - 1　全桥桥位总平面布置

青岛海湾大桥包括沧口航道桥、红岛航道桥和大沽河航道桥、海上非通航孔桥和陆上引桥、两岸接线工程和红岛连接线。主线全长约 26.707 km，其中跨海大桥长 25.880 km，青岛侧接线长 0.749 km，黄岛侧接线长 0.827 km，红岛连接线长 1.3 km。

工程跨越整个胶州湾，海面宽阔，设置三个航道，从东至西分别为沧口、红岛和大沽河口航道。沧口航道位于胶州湾东部，基本上是南北走向，为天然深水航道，且回淤很小，航道稳定；预留的红岛航道为青岛港至红岛的客船和渔船主航道；大沽河口航道位于港内锚地至大沽河口，为东营港船舶进出主航道。各通航孔净空尺寸见表 7 - 3。通航净高考虑 2.5 m 的富裕高度；大沽航道桥除考虑沿海万吨级货轮外，还需要考虑打桩船进出。打桩船桩架放至最低时至水面高度为 46 m。鉴于大桥受航空限高、水道条件以及港口开发的不确定性等因素影响，考虑大沽河口和沧口航道桥仅满足万吨级海轮单向通航要求，结合本工程桥位通航密度特点，设计最高通航水位采用年最高潮位频率分析5%的水位3.04 m。

表7－3 通航净空尺寸

通航孔名称	航道类型	代表船型	通航净高/m	通航净宽/m
沧口航道	单孔单航道	10 000吨级杂货船、油船	40.5	190
大沽河航道	单孔单航道	10 000吨级杂货船、油船	48.5	190
红岛航道	单孔双航道	300 GT渔船	15	85

7.2.2.3.1 沧口航道桥桥型

沧口航道桥布置如图7－2，为双幅分离双塔双索面平行斜索钢箱梁斜拉桥，桥跨布置为80＋90＋260＋90＋80＝600 m，边跨设置辅助墩，采用五跨连续半漂浮结构体系，斜拉索采用平行索布置。采用双幅分离的设计方案，有效改善了结构受力性能和景观效果。

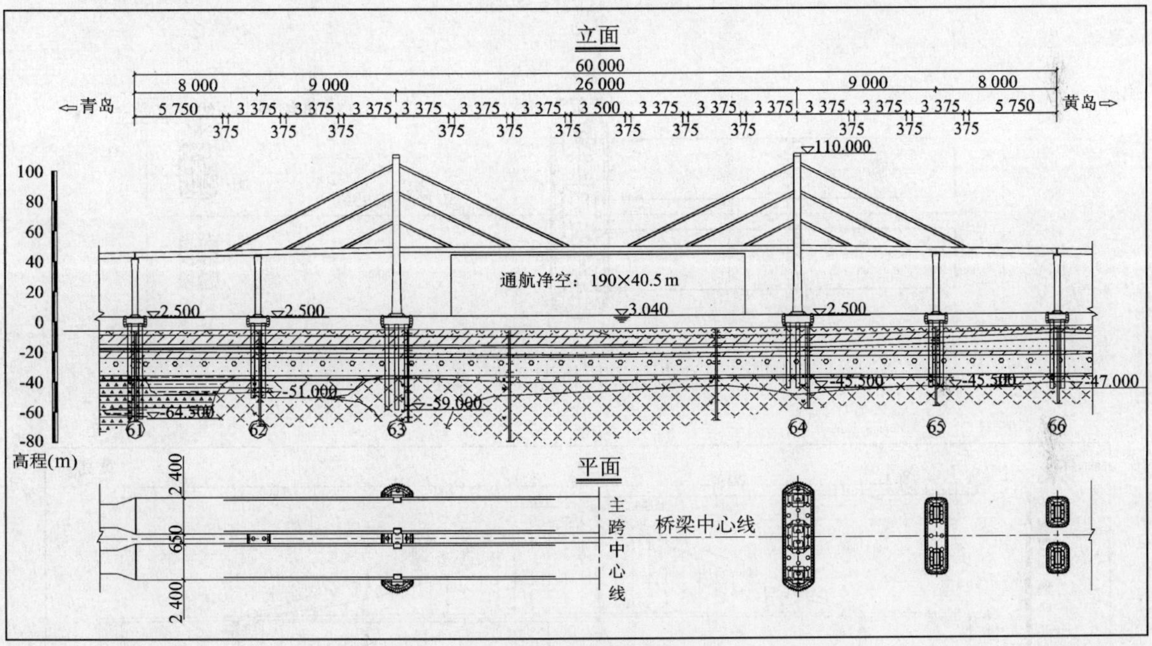

图7－2 沧口航道桥桥型布置(单位：cm)

7.2.2.3.2 红岛航道桥桥型

红岛航道桥布置如图7－3，采用主跨120 m独塔平行稀索钢箱梁斜拉桥，其跨径布置为120＋120＝240 m，采用两跨连续半漂浮结构体系，斜拉索采用平行索布置。

7.2.2.3.3 大沽河航道桥桥型

大沽河航道桥布置如图7－4，是三座航道桥中规模最大、设计和施工难度最大的一座。采用独塔自锚式悬索桥，桥跨为80＋260＋190＋80＝610 m。为克服主缆锚固处加劲梁支座的一部分上拔力，采用自锚和边跨两侧各布置了80 m跨度的辅助跨，主跨和边跨为悬吊体系。

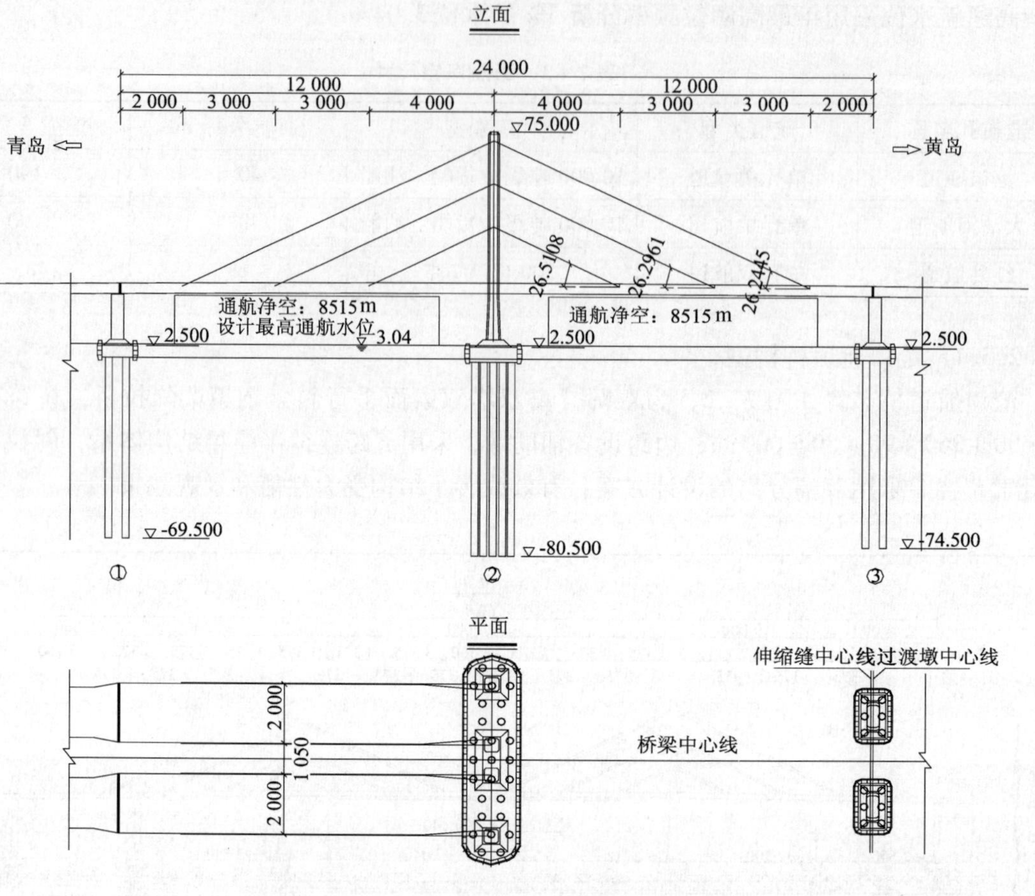

图 7－3　红岛航道桥桥型布置(单位：cm)

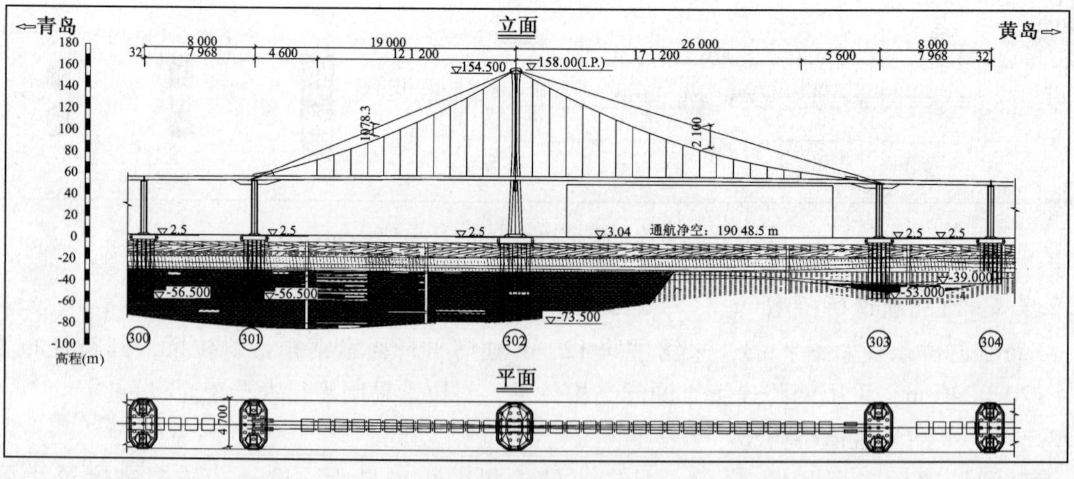

图 7－4　大沽河航道桥桥型布置(单位：cm)

7.2.2.3.4　非通航孔桥桥型

非通航孔桥全长 24.191 km，占总规模 90% 以上。海上非通航孔桥采用跨径 60 m 整孔吊装施工的连续梁，西岸滩涂区采用跨径 50 m 移动模架浇筑施工的连续梁。

7.2.2.4 水工建筑物

7.2.2.4.1 沧口航道桥

沧口航道桥的索塔如图7－5所示。两幅桥索塔分离，单幅索塔为“H”形结构。分离索塔间距30.5 m，塔柱间距20.6 m，塔高105 m，为预应力混凝土结构。塔柱断面为倒角的矩形断面，标准断面3.0 m(横)×4.5 m(顺)。索塔斜拉索采用鞍式斜拉索锚固。索塔基础为整体式，采用28根直径2.5 m的钻孔灌注桩。承台为圆倒角矩形承台，长67.5 m、宽17.0 m、厚5 m，外设防撞消能设施。辅助墩及过渡墩墩身为空心墩(图7－6)。墩身为倒角的矩形断面，墩底尺寸为7 m×3.6 m，墩顶尺寸为9 m×4.5 m。辅助墩基础为整体式，采用14根直径2.5 m的钻孔灌注桩。过渡墩基础为分离式，采用6根直径2.5 m的钻孔灌注桩。

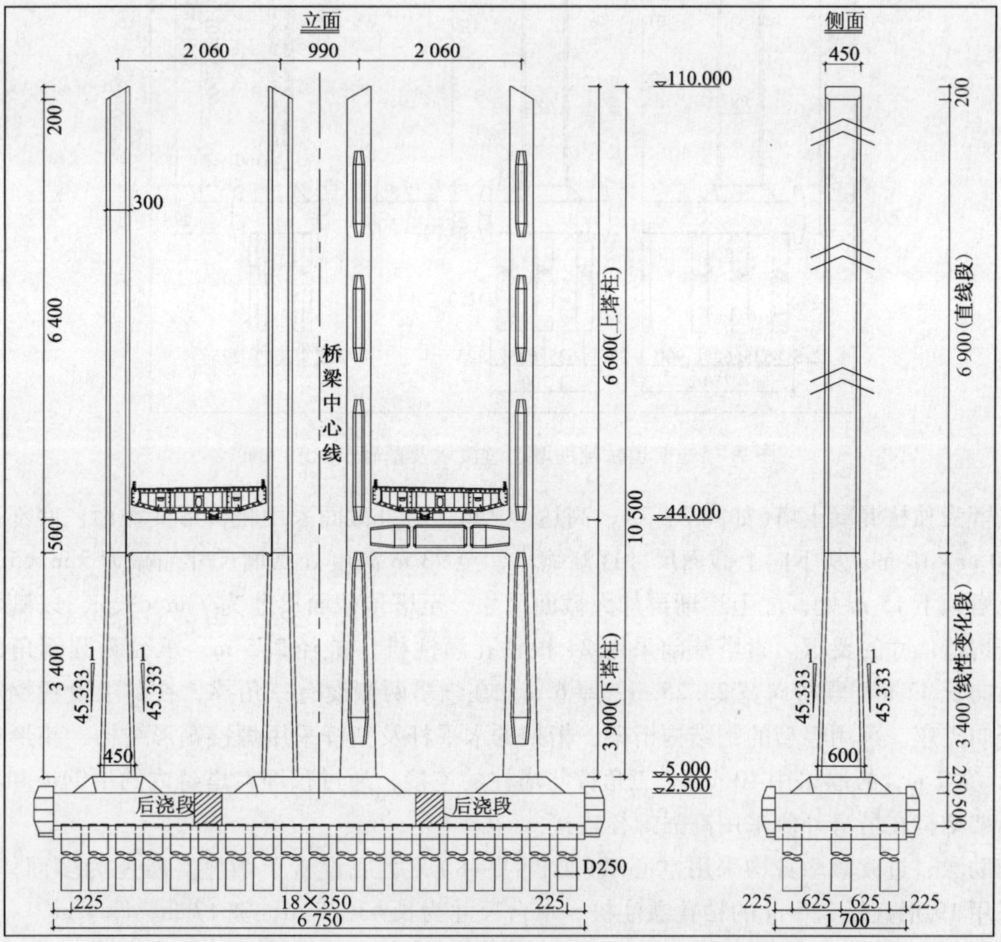

图7－5 航道桥索塔及基础(单位：cm)

7.2.2.4.2 红岛航道桥

红岛航道桥两幅桥索塔分离，单幅索塔为“H”形结构。索塔的间距为30.5 m，塔柱间距为20.6 m，索塔为钢筋混凝土结构，横梁为预应力混凝土结构，塔柱断面为倒角的矩形断面，标准断面3.0 m(横)×3.5 m(顺)。索塔基础采用27根直径2.2 m的钻孔灌注桩，承台为圆倒角的整体式矩形承台，长68.5 m，宽15.1 m，厚5 m，外设防撞消能设施。

7.2.2.4.3 大沽河航道桥

大沽河航道桥是整个大桥的重点和关键控制性标志工程。大桥为独塔独柱自锚式悬索桥，采用大跨径空间索面，主梁为“双体钢箱梁＋横梁”结构，塔柱采用钢结构三角撑支撑钢箱加劲梁，主缆与加劲梁的锚固的结构。航道桥采用“双边钢箱梁＋横向连接箱”结构，为国内首次采用。其中，主塔塔柱采用国内先进的液压自爬模施工工艺，选用高压混凝土泵一级混凝土泵送方案进行塔柱混凝土浇筑。

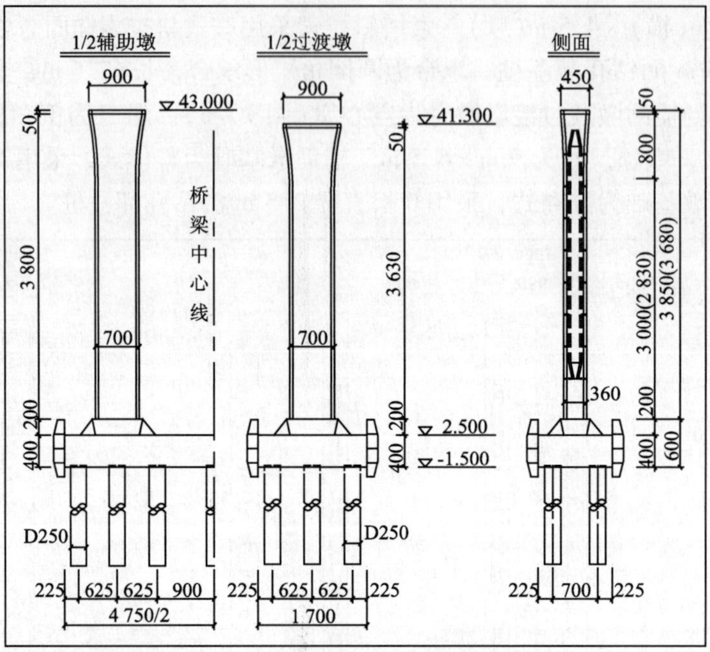

图7－6　航道桥辅助墩、过渡墩及基础(单位：cm)

主塔为独柱混凝土塔(如图7－7)，高达149 m。塔身截面采用哑铃形变截面，底部截面尺寸为10 m×10 m，从下向上截面尺寸逐渐缩小，至93 m高度处截面尺寸缩减为5 m×5 m，等截面至塔顶下15 m处，之上逐渐再加大截面尺寸，至塔顶截面尺寸为7 m×7 m，以满足塔顶主索鞍构造尺寸的要求。索塔基础采用24根钻孔灌注桩，桩径2.5 m，承台为圆倒角的八边形，横向长42 m，顺桥向宽23.25 m，厚6 m。在索塔两侧设有三角撑，在其上设置钢箱加劲梁的竖向支座。采用轻型的钢结构桁架，桁架的水平杆及斜杆采用焊接箱形结构，箱形结构高1.2 m、宽2 m，板厚采用40 mm。三角撑与塔柱的连接，通过预埋在塔身内的由钢板和型钢组成的桁架结构在塔身外侧采用高强螺栓连接。

辅助墩、过渡墩墩身均采用空心墩(如图7－8)，墩底设置了墩座，墩座为多面体结构。基础采用19根直径2.5 m的钻孔灌注桩，承台尺寸为长43.75 m，宽17 m，厚4 m。

主塔基础施工方法为用打桩船插打钢管桩搭设施工平台，利用浮吊和振动打桩机插打钢护筒，采用反循环钻法成孔。钢套箱上部采用双壁防撞套箱，下部采用单壁。上部双壁防撞钢套箱尺寸为47 m×26.65 m×7.1 m，壁厚1.1～2.5 m；下部单壁套箱全部位于土中，高4.4 m。由于施工现场水深不适合大型船舶驻位作业，钢套箱采用后场分块加工，并将上下双、单壁板块连接成一体；在施工墩位处临时拼装平台上分块组拼成整体。由12台110 t千斤顶组成下沉系统进行钢套箱整体下沉，套箱入泥后往双壁套箱内注水、套箱内侧吸泥辅助下沉。下沉到位后采用水下混凝土进行封底。承台混凝土分两次浇筑完成，每次浇筑为3 m厚，并布置冷却管控制混凝土内温度。

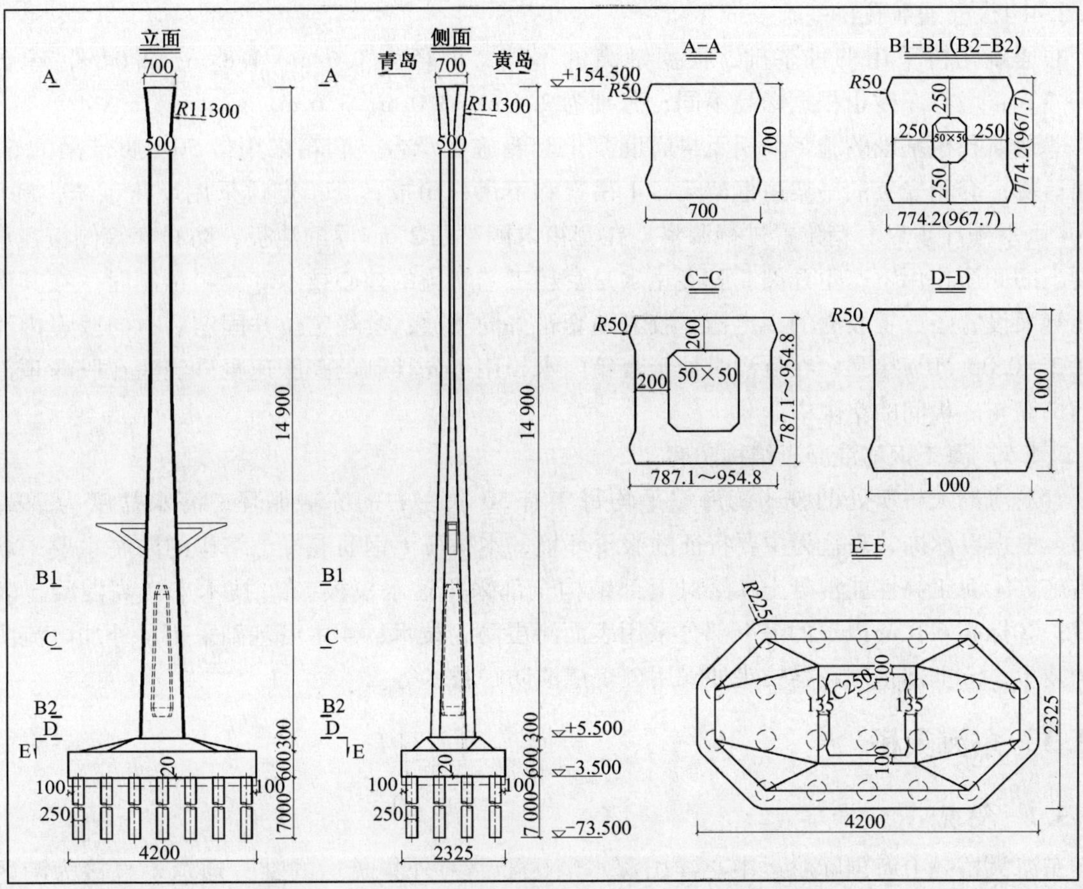

图7-7 大沽河航道桥索塔及基础布置(单位：cm)

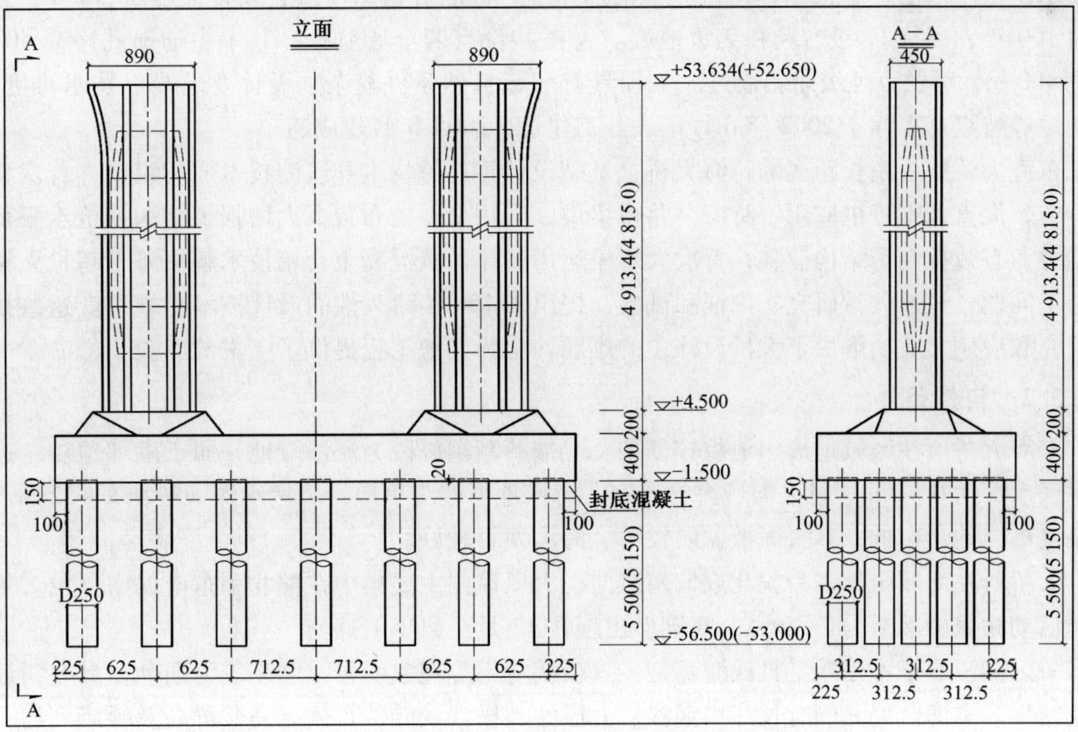

图7-8 大沽河航道桥辅助墩墩身及基础布置(单位：cm)

7.2.2.4.4 非通航孔桥基础

非通航孔桥采用群桩基础，根据墩高的不同，桩径为 1.6 m、1.8 m、2.0 m，承台厚 2.5 ~ 3 m，墩身厚度也根据墩高不同，分别为 2.4 m、3.0 m、3.6 m。

非通航孔桥基础的施工采用无封底混凝土套箱施工承台。套箱采用带 50 t 履带吊的 600 t 驳船运输；套箱安装的吊架由框架梁、上吊素和下吊杆组成；套箱定位采用反压系统，利用 8 个 5 t 水平千斤顶对套箱位置进行调整。在套箱内侧黏贴 2 cm 厚泡沫板，防止套箱侧板在承台混凝土的侧压作用下产生开裂。胶囊止水是套箱工艺实施的核心技术。套箱预制时，在其底板开孔侧面设置了放置胶囊的固定槽，胶囊随套箱一同下放；套箱定位并固定后，向胶囊内注水至 0.2 ~ 0.35 MPa 压强；在低潮时抽干套箱内水，用事先拌制的膨胀速凝砂浇注在胶囊顶部以上钢护筒与底板间的空隙中。

7.2.2.4.5 海工钢筋混凝土结构防腐

青岛海湾大桥所处的胶州湾海域平均每年有 50 次左右的冻融循环，海水盐度为 29.4 ~ 32.6。根据以冰冻、高盐为主要特征的服役环境，本桥海工钢筋混凝土结构的防腐主要采取以下措施：①海工高性能混凝土；②对下部结构全部采用透水模板(布)技术来提高混凝土表面质量；③标高 6.0 m 以下的海上部分采用表面涂层防腐技术；④主塔基础采用了外加电流阴极防护技术；⑤上部预制箱梁接头处采用硅烷浸渍防护技术等。

7.2.3 东海大桥

7.2.3.1 简况

东海大桥是上海国际航运中心洋山深水港区陆路对外集疏运的唯一通道，直接为港区供水、供电、通信等提供服务，是我国建造的第一座真正意义上的跨海大桥。东海大桥始于上海市浦东新区芦潮港，总长 31.05 km，双向六车道，标准桥宽 31.5 m，设计速度 80 km/h，预期寿命 100 年，可抗 12 级台风和 7 级地震。大桥共设有四个通航孔，其中主通航孔净高 40 m，净宽 400 m，可供万吨级船舶通过。工程具有海域自然条件复杂、设计要求高、技术难度大、工期短等特点。工程于 2002 年 6 月正式开工建设，2005 年底建成通车。

东海大桥作为超长距离的跨海大桥，基础设计将建桥技术和筑港技术成功结合，首次将超长管节、大直径钢管桩应用于跨海公路桥梁中，采用全斜桩布置大大增强了结构抵抗水平荷载的能力，有效控制了结构位移；首次大规模运用整体吊装混凝土套箱技术解决海上超长大桥承台施工问题；经过大量研究、论证和试验，提出了 100 年耐久性的设计技术措施等。这些技术的研究和应用，成功解决了大桥设计中的难题，也为其他工程提供了宝贵的经验。

7.2.3.2 自然条件

东海大桥所在区域地形、地貌较复杂。北端芦潮港区段为泥沙滩地，属于潮坪地貌，近岸浅水区水深为 0 ~ 5 m。桥区海域海势稳定，海床地形较为平坦，天然水深一般在 8 ~ 12 m。近岛段受岛礁地形影响，基岩面覆盖层较薄，海沟发育较好。

大桥所在海域全年多为偏北或偏南风向，大风风向主要集中在偏北和东南偏南方位。热带风暴活动频繁的季节为 7—9 月，寒潮多出现在 12 月至翌年 1 月。

海区潮汐属于不正规半日浅海潮型，日夜潮汐不等现象明显，潮流较为强劲，具有明显往复流特性。本海区偏北侧有长江口铜沙、九段沙、横沙浅滩；东侧有马鞍群岛及嵊泗列岛；东南向和南向有大衢山、岱山、舟山群岛。这些岛屿对于该海域有较好的掩护作用，使得外海长周期涌浪不能直接传入。该海域西南和西向为杭州湾岸线；东北向水域开阔，为强浪向，50年一遇有效波高3～4 m。本区受长江口扩散泥沙影响以及潮流作用，水体含沙量较高，一般在1.0 kg/m^{3}左右。

本海区最常见的底质为黏土质粉砂。一般区段上部地质土层分布灰黄色淤泥、灰黄－灰色粉质黏土、淤泥质粉质黏土、砂质粉土、粉细砂等土层。基岩埋藏一般较深，基岩面顶高程在－200 m以下，近岛段较浅。场区未发现活动断层。

本海域地震活动相对较弱，历史和现代地震对于场区最高影响烈度为Ⅴ度。

7.2.3.3 总体布置

东海大桥的线路布置主要考虑以下原则：①在满足桥梁轴线与水流关系及道路线形前提下，大桥长度尽可能短，以减少投资；②大桥通航孔的法线与潮流主流夹角不宜太大，以利于船舶通行；③与芦潮港陆域道路和深水港区规划相协调；④对现有海底管线和光缆等影响小。

东海大桥从浦东芦潮港地区的老防汛大堤K0＋006.500（1号墩）至洋山深水港区一期交接点K31＋047.929（487号墩），全长31.05 km。整个工程分为三大区域：陆上段桥梁工程（长2.26 km）、跨海段桥梁工程（长25.32 km）、港区连接段工程（长3.48 km，包括海堤、开山、颗珠山大桥）。其中跨海段又分为非通航孔、辅通航孔、主通航孔三段。大桥分为上、下行双幅桥面，采用双向六车道加紧急停车带的高速公路标准。

穿越东海大桥桥区水域航线主要有申甬客班轮航线（内航线）、芦潮港至嵊泗车客度航线、杭州湾北岸小型船舶航线以及洋山深水港集装箱航线，通航等级要求不高。全桥设5 000 DWT主通航孔1处，1 000 DWT辅通航孔1处，500 DWT辅通航孔2处，其余皆为非通航孔。5 000 DWT主通航孔桥跨径布置为73＋132＋420 ＋132＋73＝830 m，通航净空为300 m×40 m，为单孔双向航道。1 000 DWT辅通航孔桥跨径布置为80＋140＋140＋80＝440 m，通航净空为100 m×25 m，为双孔单向航道。500 DWT辅通航孔桥两座，位于芦潮港侧的跨径为70＋120＋120＋70＝380 m，通航净空为56 m×17.5 m，为双孔单向航道。位于深水港侧的跨径为90＋160＋160＋90＝500（m），通航净空为143.2 m×17.5 m，为双孔单向航道。上述通航净宽是指桥梁轴线法向与潮流主轴向的夹角小于5°时的净宽值。非通航孔跨度在50～70 m。东海大桥工程鸟瞰如图7－9。

图7－9 东海大桥工程鸟瞰

7.2.3.4 水工建筑物

东海大桥设计波流要素是根据沿桥轴线布设的47个测点的实测资料经准调和分析推算，并按照潮位与流速的对应关系分区段确定的。东海大桥在国内首次提出了“主体结构100年以上不大修”的耐久性目标。位于水位变动区钢管桩采用环氧重防腐涂料（厚度1 100 μm，伸入承台部分100 μm），初次实施设计使用寿命20年（可根据腐蚀状况决定是否复涂），钢管桩预留腐蚀厚度8 mm，牺牲阳极阴极保护；位于水下区和泥下区均采用裸钢，钢管桩预留腐蚀厚度分别为8 mm和4 mm，牺牲阳极阴极保护。为防止100年内不可预见的腐蚀情况出现，预留的腐蚀厚度中留有一定的余量。阴极保护采用高效铝合金，首次实施使用寿命35年，100年内更换2次，在有效防腐蚀年限内保护度不低于95%，即钢管桩的腐蚀速率降至无保护桩的5%以下。由于钢管桩与承台内钢筋电性连接，在牺牲阳极设计中需考虑对承台钢筋的保护钢管桩数量大，从沉桩完成至牺牲阳极安装之间采用设计寿命2年的临时牺牲阳极保护（直接焊在钢管桩上沉桩）。

东海大桥承台采用混凝土套箱结构，套箱既是承台结构的一部分，又是施工过程的模板和围堰。70 m跨径桥梁的承台套箱（直径为11 m，承台内布置8根钢桩）断面如图7－10。套箱内设上、下二层钢结构支撑，上层用于安装、固定套箱，下层用于封底混凝土施工，二层之间设钢吊杆。主要施工流程为陆上整体预制混凝土套箱、套箱就位、桩顶和钢扁担梁连接、底板拼装、浇筑封底混凝土、拆除部分钢扁担、浇筑第一层承台混凝土、拆除全部钢扁担、浇筑第二层承台混凝土。

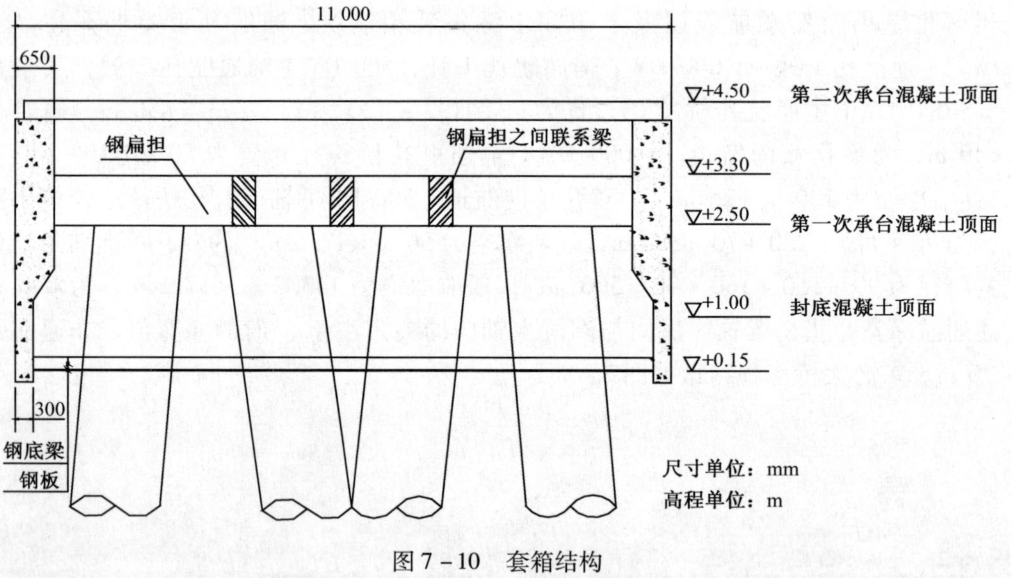

图7－10 套箱结构

承台的耐久性采用了以高性能混凝土为基本措施辅助加大保护层厚度的方案，主要控制指标：水胶比≤0.4，最大氯离子含量不大于胶结材料的0.06%～0.1%，90天氯离子扩散系数≤1.5×10^{-12} m²/s，28天电通量$C\leq1\ 000$；混凝土保护层厚度控制值为：侧面80 mm，顶面90 mm，底部设封底混凝土80～100 mm。

根据本工程的地质条件，基础采用桩结构。经过综合比较，对于主通航孔桥基础采用灌注桩，一般非通航孔桥采用施工速度快、成桩质量稳定的打入钢管桩；采用全斜桩布置，可大大提高结构抵抗水平荷载的能力，有效控制桥墩的位移，满足使用功能要求。考虑承受波浪水流作用因素，承台选择圆形或橄榄形结构形式（如图7－11）。

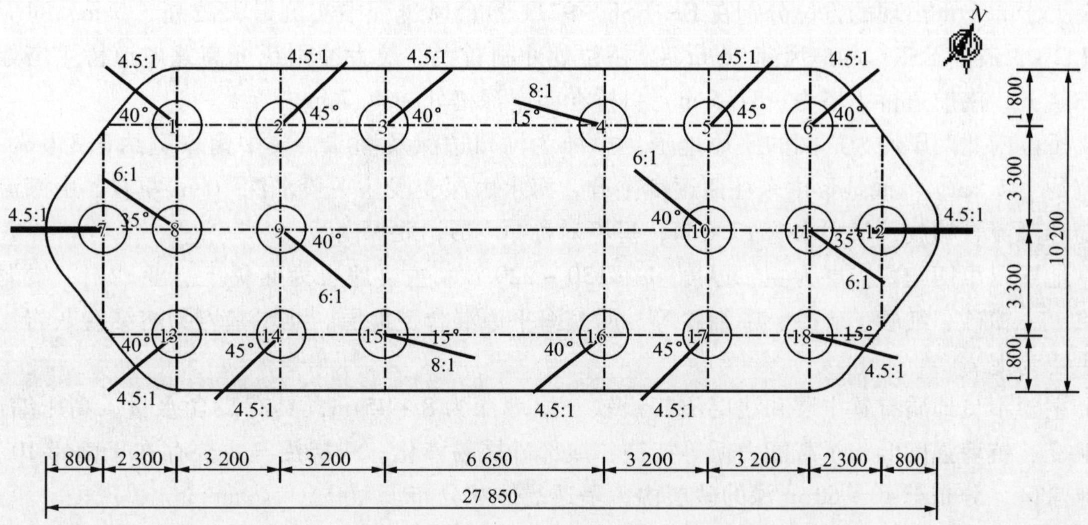

图7-11 东海大桥基础结构形式

7.2.4 杭州湾大桥

7.2.4.1 简况

杭州湾跨海大桥位于杭州湾中部偏上游，连接浙江的宁波和嘉兴两市，是我国“五纵七横”国道主干线中同江—三亚沿海大通道和沈阳至海口高速公路跨越杭州湾的重要工程，也是浙江省2010年规划建成的“两纵、两横、十八连、三绕、三通道”公路网主骨架的重要组成部分。它的建成大大缩短宁波到上海的陆上交通距离，成为我国东部沿海发达地区内联系的便捷通道，并与沪杭、杭甬高速公路一起构成沪、杭、甬两小时交通圈，进一步促进了我国东部沿海核心地区的协调发展。该工程于2002年5月经国家计委批准立项，2003年3月可行性研究获国家发改委批准；2003年11月正式开工；2008年5月建成通车。

杭州湾跨海大桥工程规模浩大，水文气象条件复杂，有效作业时间短(年均180天左右)；浅滩区桥梁长并存在浅层沼气，施工难度大；处于海洋强烈腐蚀环境。工程在实施过程中，主要实现了以下突破：①大桥50 m箱梁采用“梁上运架设”技术，架设运输重量从过去的900 t提高到1 430 t，刷新了目前世界上同类技术、同类地形地貌“梁上运架设”的新纪录；②大桥深水区上部结构采用70 m预应力混凝土箱梁整体预制和海上运架技术，解决了大型混凝土箱梁早期开裂的难题，提出并实施了预应力“二次张拉”技术；③大桥钢管桩的最大直径1.6 m，单桩最大长度89 m，最大重量73 t，为国内外大直径超长螺旋钢管桩工程之最；④首次在浅层气富集区建设大型桥梁，开创性地采用有控制放气的安全施工工艺，并形成了成套施工技术。

7.2.4.2 自然条件

桥位处年平均降水量为1 200～1 300 mm，多集中在5—10月。冬季主导风向为NW风，夏季主导风向为SE风。桥位区10 m高设计风速为39.0 m/s。灾害性天气主要有台风(2～3次/a)、龙卷风(较少出现)、2小时以上大雾(2～4次/a)、雷暴等。

杭州湾为典型的喇叭形海湾，属于不正规半日潮海区，涨潮历时略短于落潮历时，潮流为往复流。实测最大潮流速度达5 m/s，最大潮差近8 m。桥位处平均含沙量为1.25 kg/m^3，平均含盐度为10.787 g/kg；总体上处于整体比较稳定状态，冲淤特点为“冬冲夏淤，北冲南淤”。常浪向为E和NW，春、夏季常浪向为E，秋、冬两季为NW；强浪向为E和ESE。多年最大波高大于 2.5 m 出现的方位分别在 E—ESE。9711 号台风过程中实测最大波高 3.5 m，对应周期 7.2 s，波向 ESE，相应风速 26 m/s。桥位处冲刷较大，最大冲刷线标高北航道桥主塔处为 -33.4 m，南航道桥主塔为 -31.5 m，引桥在南岸深槽处 -34.7 m。

桥位南北两岸均为广阔的平原地形。岸滩为河口边滩及潮滩，其中南岸宽约 7.3 km，北岸宽约 1.5 km。湾底地形由东往西逐渐抬升，海水由深变浅。一般水深 10 m 左右，由潮流冲刷槽和潮流脊构成，最大水深 13.6 m，呈不对称“U”形，北深南浅。

地层以第四纪覆盖层为主，厚度多在 130 ~ 220 m，主要地层为亚黏土、亚砂土、淤泥质亚黏土、粉砂、细砂、砾砂、中细砂等，属滨海平原混合型地层。北岸基岩为熔结凝灰岩，南岸主要为泥岩。

主要不良地质有软土层和浅层沼气。软土层埋深为 8 ~ 45 m，具有高含水量、高压缩性、易触变、抗剪强度低、承载能力低等特征，浅部砂层易液化。浅层沼气主要存在于南岸 10 km 的滩涂区，分布于 40 ~ 60 m 深的砂层内，呈透晶体状分布。

桥位处地下水主要为第四纪松散岩类孔隙水，分别为潜水、微承压水及承压水。潜水主要分布于海底表层亚砂土中；第一层承压水埋深 50 m 左右，含水介质为亚砂土、粉细砂；第二层承压水埋深 80 m 左右，含水介质为中粗砂。地下水及海水对结构具有弱腐蚀性。

地震基本烈度Ⅵ度。

7.2.4.3 总体布置

杭州湾跨海大桥地理位置如图 7 - 12。大桥线位北岸位于乍浦港一期工程上游约 6 km，起点位于杭州湾北岸的东西大道与乍嘉苏高速公路交点以南嘉兴海盐县郑家埭，以基本垂直的方式跨越北航道、南航道，在杭州湾宽阔的海面上形成美观流畅的微“S”形曲线，在南岸上跨十塘海堤，止于慈溪市水路湾。大桥全长 36 km，包括北引线、北引桥、北航道桥、中引桥、南航道桥、南引桥和南引线，其中，南北引线长 327 m，桥梁工程共长 35 673 m(包括北航道桥长 908 m，南航道桥长 578 m)。大桥为双向六车道高速公路，桥面宽 33.00 m。

图 7 - 12　杭州湾跨海大桥地理位置

通航净高按设计最高通航水位 5.19 m(1985 国家高程基准)起算。北航道主通航孔按 3.5 万吨级海轮标准及深水港条件设计，通航净空 325 m × 47 m，两侧副通航孔按 1 000 吨级海轮标准设计；南航道主通航孔按3 000吨级海轮标准设计，通航净空125 m×31 m，两侧副通航孔按300吨级海轮标准设计。船舶撞击力见表7-4。大桥各段桥跨布置见表7-5。

表7-4 船舶撞击力

通航孔		代表船	撞击速度/(m/s)	船撞力/MN	
				横桥向	顺桥向
北航道	主通航孔	5 000吨级多用途船	4.0	30.0	15.0
	边通航孔	1 000吨级沿海货轮	4.0	9.4	4.7
南航道	主通航孔	3 000吨级沿海油轮	4.0	15.2	7.6
	边通航孔	300吨级渔政船	4.0	3.4	1.7
水中引桥		26 m沿海渔船	2.0	2.35	1.2

表7-5 桥跨布置一览

区域位置	起讫桩号/m	工程长度/m	桥跨布置/m	结构形式
北岸陆地、滩涂区引桥	K49+015.5~K51+579.0	2 563.5	3.5+15×30+10×50+3×60+50+50+80+50+24×50	预应力混凝土连续箱梁
北航道桥北侧高墩区引桥	K51+579.0~K52+069.0	490	7×70	预应力混凝土连续箱梁
北航道桥	K52+069.0~K52+977.0	908	70+160+448+160+70	五跨连续半漂浮体系钢箱梁斜拉桥
北航道桥南侧高墩区引桥	K52+977.0~K53+957.0	980	14×70	预应力混凝土连续箱梁
中引桥	K53+957.0~K63+337.0	9 380	134×70	预应力混凝土连续箱梁
南航道桥北侧高墩区引桥	K63+337.0~K64+037.0	700	10×70	预应力混凝土连续箱梁
南航道桥	K64+037.0~K64+615.0	578	100+160+318	三跨连续半漂浮体系钢箱梁斜拉桥
南航道桥南侧高墩区引桥	K64+615.0~K65+315.0	700	10×70	预应力混凝土连续箱梁
南引桥水中低墩区	K65+315.0~K71+335.0	6 020	86×70	预应力混凝土连续箱梁
南岸滩涂区引桥	K71+335.0~K81+435.0	10 100	202×50	预应力混凝土连续箱梁
南岸陆地区引桥	K81+435.0~K84+688.5	3 253.5	50+80+50+4×50+60×30+50+34×30+3.5	预应力混凝土连续箱梁

北航道桥采用70 +160 +448 +160 +70 =908 m钻石型双塔双索面钢箱梁斜拉桥，半漂浮体系，五跨连续结构。

南航道桥采用100 +160 +318 =578 m A型独塔双索面钢箱梁斜拉桥，三跨连续结构。

海上水中区引桥全部采用70 m跨度整孔预制吊装的先简支后连续预应力混凝土箱梁，共计70 m跨预制箱梁540片，一片预制梁的吊装重量为2 260 t。

北岸滩涂区及较浅水区域引桥采用以50 m跨度移动模架逐跨现浇的预应力混凝土连续箱梁为主结构，局部根据需要，跨度加大到80 m。

南岸滩涂区及较浅水区域引桥长10 100 m，约占整个桥长的28%，全部采用50 m跨度整孔预制梁上运梁架设的先简支后连续的预应力混凝土箱梁，共202孔，计50 m跨预制箱梁404片，一片预制梁重量为1 350 t。

7.2.4.4 水工建筑物

7.2.4.4.1 北航道桥

北航道桥主塔一般构造如图7 -13，钻石型混凝土结构。每个基础下设26根直径为2.8 m、护筒直径为3.1 m的钻孔灌注桩。平均桩长为125 m，桩底标高为 -125.8 m。承台为48.5 m×23.7 m×6 m的六边形圆倒角整体式结构，顶面标高为5.2 m，底面标高为 -0.8 m；承台上部设置塔座，塔座为圆端台，其上部尺寸为33.5 m×15 m，下部尺寸为38.5 m×20 m，厚2.5 m。过渡墩采用群桩基础。承台为水流适应性强的圆形分离式结构，直径为13.0 m，厚度为4.0 m，顶面设计标高分别为2.0 m、3.0 m，每个承台下设4根直径为2.5 m，护筒直径为2.8 m的钻孔灌注桩，桩长分别为95 m、96 m，桩底标高为 -97 m。辅助墩采用群桩基础并考虑船撞力的作用。承台为水流适应性强的圆形分离式结构，直径为17.0 m，厚度为4.0 m，顶面设计标高为4.0 m，每个承台下设7根直径为2.5 m、护筒直径为2.8 m的钻孔灌注桩，桩长分别为85 m、90 m，桩底标高分别为 -85 m、 -90 m。

在承台中及墩身浪溅区(标高 +10.2 m以下)使用环氧树脂涂层钢筋并根据试验使用钢筋阻锈剂。

7.2.4.4.2 南航道桥

南航道桥主塔一般构造如图7 -14，A型混凝土结构。每个基础下设38根直径2.8 m、护筒直径3.1 m的钻孔灌注桩，平均桩长为120 m；承台为81.4 m×23.7 m×6 m的哑铃形整体式结构，顶面标高为5.2 m，底面标高为 -0.8 m；承台上每个塔柱下部设置塔座，塔座为圆台，其上部半径为15 m，下部半径为20 m，厚2.5 m。

钻孔平台布置如图7 -15，平面尺寸为138.0 m×29.0 m，由下游起始平台、护筒区平台和上游辅助平台三部分组成。三个平台通过上、下层平联和支撑梁系形成整体，其中钢护筒区平台是钻孔施工作业平台。平台支撑桩由38根钢护筒和46根 ϕ1 500 mm×16 mm、2根2 000 mm×20 mm的钢管桩组成。两端各有两排斜桩，其余均为直桩。下层平联中心标高为 -1.0 m，起始平台的最终顶标高为 +9.30 m。

钻孔桩穿过亚砂土层、淤泥质黏土层、黏土层、细砂层等地层，孔底距平台面130 m。由于本桥处于杭州湾海域中间位置，距离南北两岸均在16 km以上，采用海水泥浆。海水泥浆建议配合比见表7 -6。

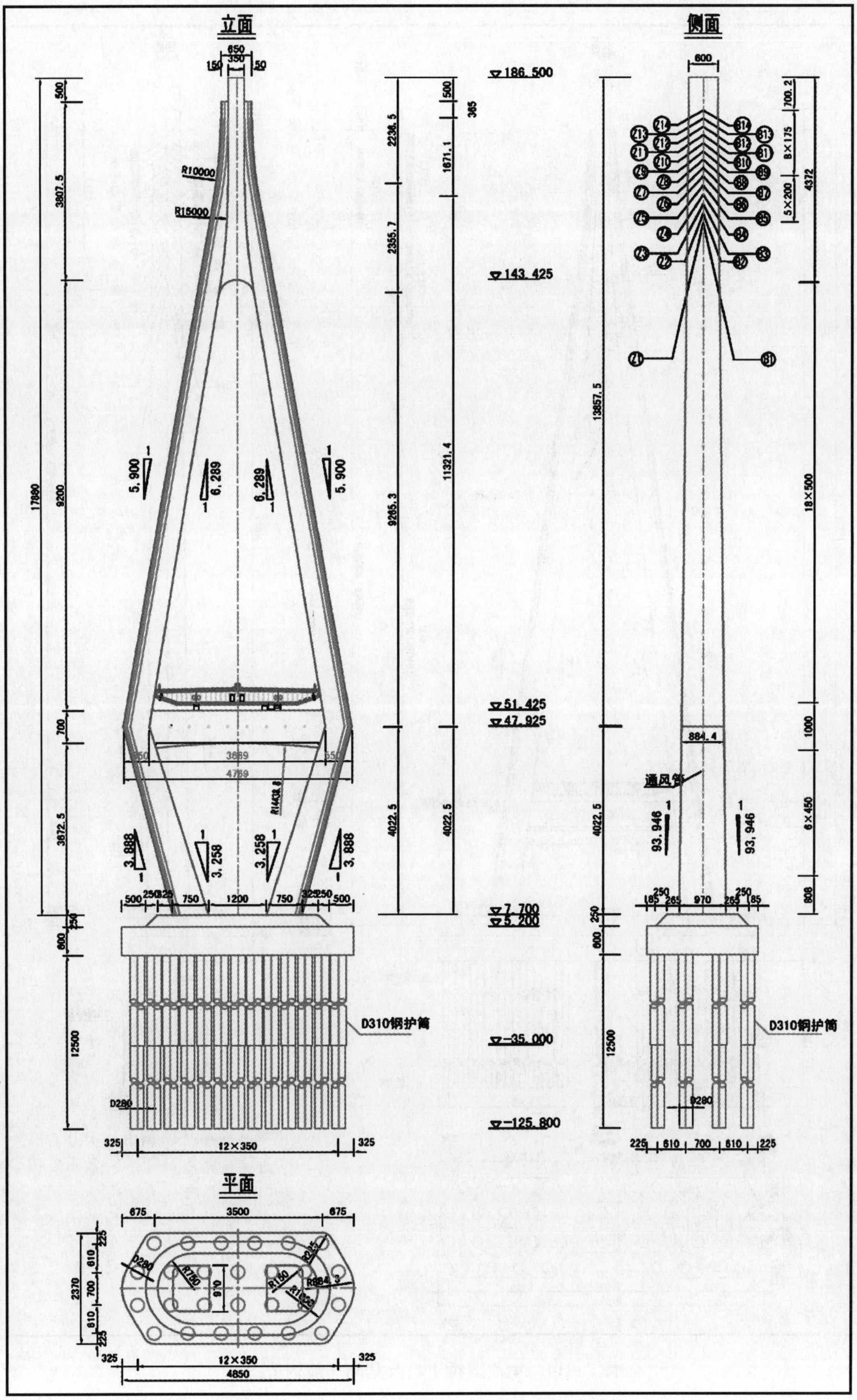

图7－13 北航道桥主塔及基础构造

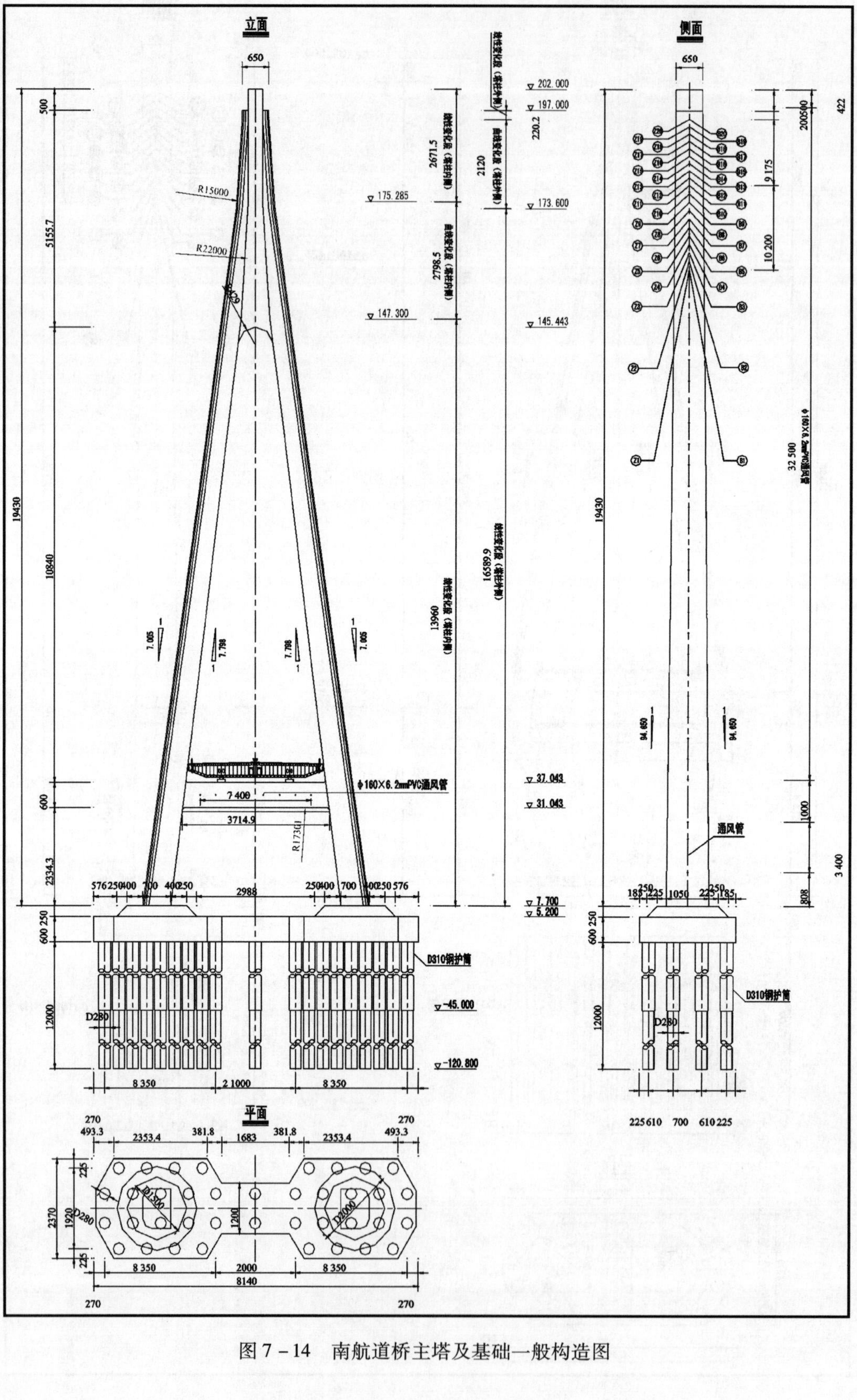

图 7－14　南航道桥主塔及基础一般构造图

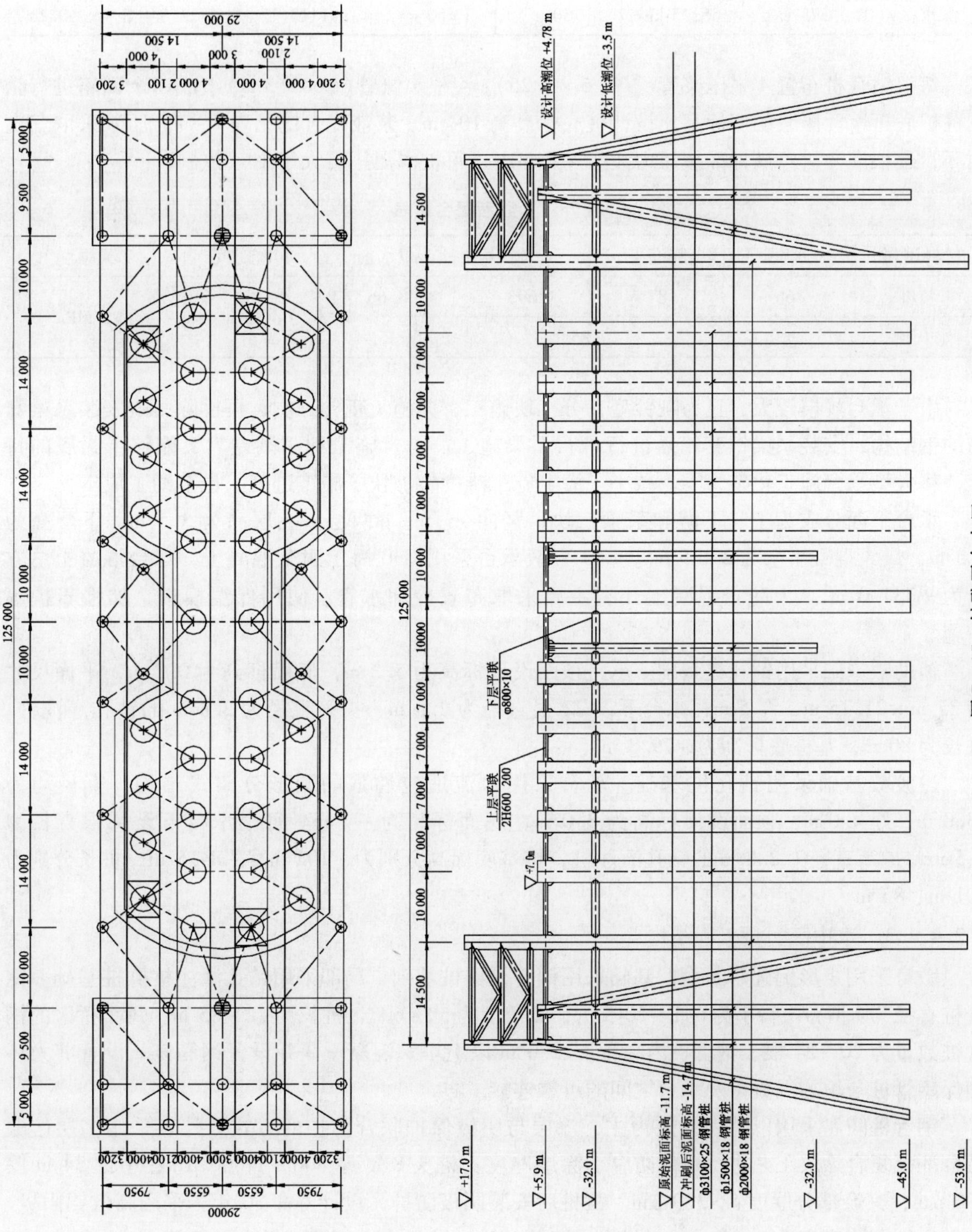
29 000
125 000
设计高潮位 +4.78 m
设计低潮位 -3.5 m
下层平联
φ800×10
上层平联
2H600 200
+17.0 m
+5.9 m
-32.0 m
原始泥面标高 -11.7 m
冲刷后泥面标高 -14.7 m
φ3100×25 钢管桩
φ1500×18 钢管桩
φ2000×18 钢管桩
-32.0 m
-45.0 m
-53.0 m

图 7－15　钻孔平台布置

表7-6 海水泥浆建议配合比表

序号	海水	钠土	PAC	纯碱	相对密度	黏度(Pa·s)	pH值
深水区	375 L	56.25 kg	750 g	750 g	1.13	22.84	9.1

每根钻孔桩布置4根压浆管(ϕ33.5×3.25)、4根声测管(ϕ60×3.5)组成四个回路进行钻孔桩桩底压浆。压浆的底标高比设计桩底标高高10 cm。浆液配合比见表7-7。压浆采取三次循环，逐根灌注。停灌标准按压力大于4.5 MPa、每桩水泥用量大于10 t控制。

表7-7 浆液配合比表

材料用料	水泥	膨润土	水	减水剂	初凝时间	7天强度
重量/kg	866	87	693	8.66	5 h	>5 MPa
水灰比	0.85					

由于承台规模较大，且为哑铃型，分三块施工，先施工哑铃二侧，再拆除影响安装系梁套箱的钢结构，安装系梁钢套箱后进行承台系梁施工。承台施工利用潮差大、能够干封底的特点，将大型承台施工化整为零，减小了海上施工难度，加快了施工进度，也节约了成本。

承台平面分成为上、下游和系梁三块，竖向分上、下两层。上层高为3.5 m，下层高为2.5 m，最大混凝土量为2 485 m^3。D13号墩承台采用C30海工耐久混凝土，承台混凝土总方量为9 731.0 m^3。为防止混凝土开裂主要采取布置冷却水管、使用保温模板、加强养护等措施。

辅助墩基础采用钻孔桩基础。承台顶面设计标高为5.2 m，底面标高为0.2 m，平面尺寸为37 m×21.15 m，厚5 m；承台下设22根直径为2.5 m、护筒直径为2.8 m的钻孔灌注桩，桩长为80 m，基桩底标高为-79.8 m。

过渡墩基础采用钻孔桩基础。承台采用水流适应性强的圆形分离式结构，直径均为13.0 m，厚4.0 m，顶面设计标高为3.0 m，底面标高为-1 m。每个承台下设4根直径为2.5 m、护筒直径为2.8 m的钻孔灌注桩，桩基底标高分别为-102 m、-84.8 m，桩长分别为101 m、85 m。

7.2.4.4.3 水中区引桥工程结构

墩身采用矩形倒圆角断面，基础采用钢管桩群桩基础，局部采用钻孔灌注桩群桩基础。钢管桩直径为1.6 m，斜率为6:1~20:1，平面角度为5°~60°，桩长为72~85 m，每个桥墩的钢管桩数量为20~24根。钢管桩内高程-12.0 m以上填筑混凝土，并设置钢筋笼。设置剪力环确保钢管桩与填芯混凝土及承台之间的可靠连接。

钢管桩防腐采用以外表涂装为主，涂层与阴极保护联合防护的方式。外表采用多层熔融结合环氧复合涂层工艺进行整体防腐。涂层厚度：桩头8 m厚800~1 000 μm；中部34 m厚600 μm；其余部分厚度δ>300 μm。沉桩后安装阴极防护，设计寿命30年，采用高效铝阳极，初期保护电流密度148 mA/m^2，保护电位-1.05~-0.9 V。牺牲阳极采用悬挂方式。

7.2.4.4.4 滩涂区引桥

滩涂区桥梁50 m连续梁下部结构均采用钻孔桩群桩基础，根据自然条件不同，采用了三种不同型式的基础。靠近十塘区段床面较高，冲刷浅，基础采用4根ϕ1.5 m钻孔灌注桩，桩间距4.0 m，承台为圆形，直径8.5 m。滩涂中间区段床面平缓，冲刷较深，基础采用5根ϕ1.5 m钻孔灌注桩，按半径3.5 m的圆周环向布置，桩最小间距大于4.0 m，承台为圆形，直径9.8 m。滩涂前沿段床面较低，冲刷较深，水流速急，基础采用4根ϕ2.0 m钻孔灌注桩，桩间距5.20 m，桩长105 m，承台为圆形，直径11.2 m。

南引桥滩涂区浅层气，分布在标高－50 m以下的粉细砂层中，钻孔桩施工工艺流程和控制性预排放施工工艺流程如图7－16、图7－17所示。

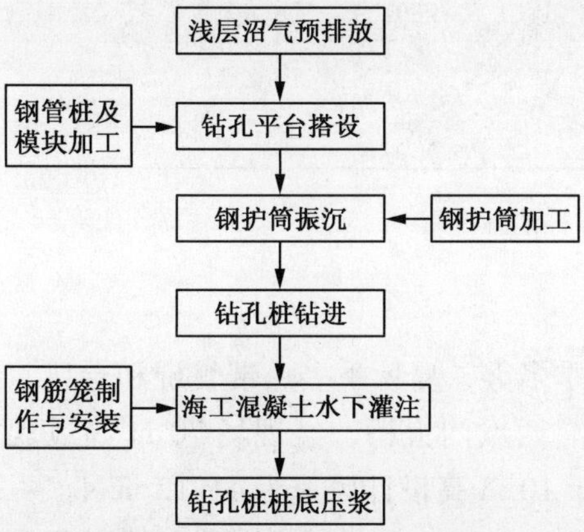

图7－16 钻孔桩施工工艺流程图

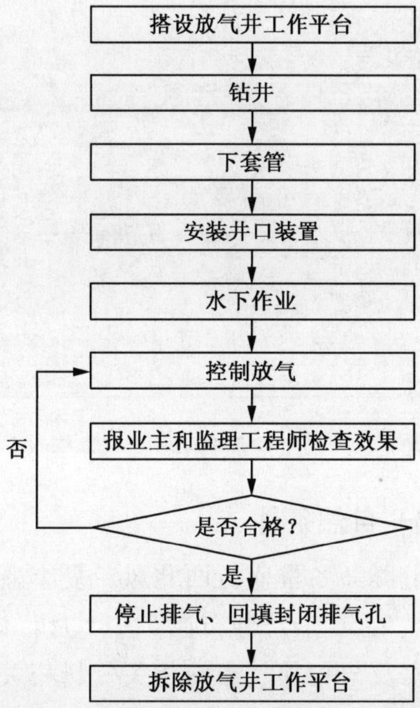

图7－17 浅层气控制性预排放工艺流程

7.2.5 舟山大陆连岛工程

7.2.5.1 简况

舟山大陆连岛工程位于浙江省东海海域，连接舟山、宁波两市，是舟山群岛与大陆的重要跨海通道。工程西距杭州湾大桥约90 km，到杭州市约120 km，是《国家高速公路网规划》中杭州湾环线联络线的重要组成部分。该工程的建设完善了国家及区域干线公路网，进一步促进了舟山海洋资源的开发及其经济发展。工程地理位置见图7－18。

工程起于舟山本岛，途经里钓、富翅、册子、金塘四岛，跨越岑港、响礁门、桃夭门、西堠门四水道和灰鳖洋，与宁波沿海北线高速公路衔接，全长约48 km，包括金塘、西堠门、桃夭门、响礁门和岑港等5座跨海大桥。其中，连接金塘岛和册子岛的西堠门大桥是目前世界上仅次于日本明石海峡大桥的大跨度悬索桥。工程于1999年9月开始建设，于2009年12月底全线通车，历时10年。其中，岑港大桥于2001年11月建成，响礁门大桥和桃夭门大桥于2003年4月建成，西堠门大桥和金塘大桥于2009年11月建成。

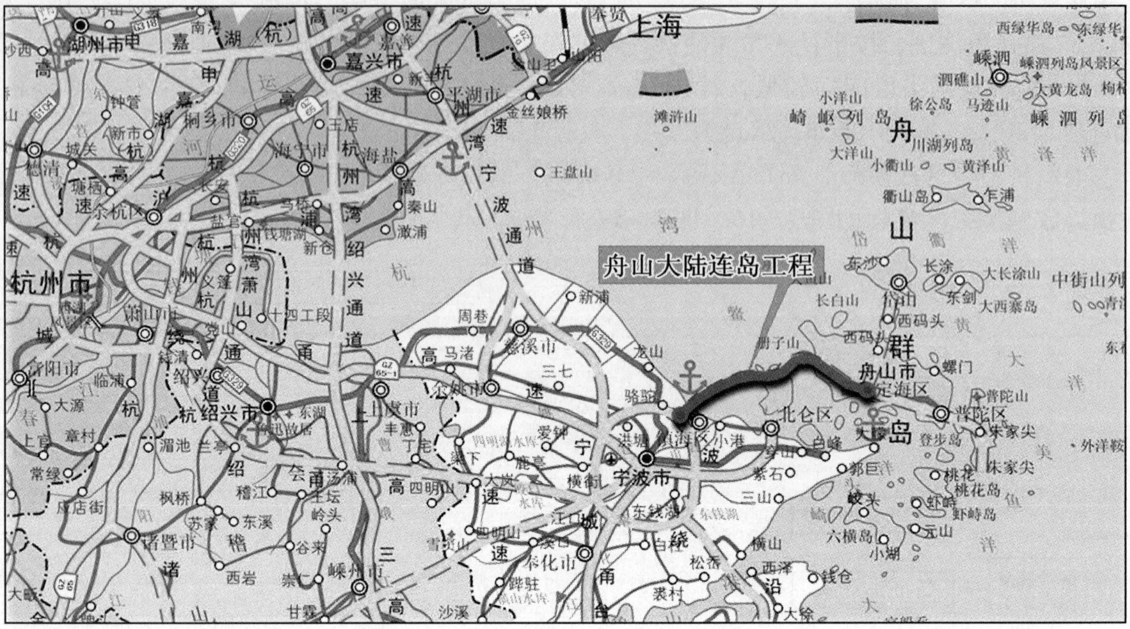

图 7-18 舟山大陆连岛工程地理位置

7.2.5.2 自然条件

舟山群岛冬季盛行西北风；夏季盛行东南风。春季多雾，夏秋季多热带气旋和台风。多年平均台风 2.56 个，分布在 5—11 月，以 7—9 月居多。西堠门大桥，经现场 70 m 高风观察塔风速观察及与相邻气象站相关资料相关性分析，100 年 10 m 高设计风速为 41.12 m/s。

岑港大桥水域最大水深为 9 m，涨落潮最大流速 0.85 m/s 左右；响礁门大桥水域最大水深为 25 m，涨潮最大流速 1.63 m/s、落潮 1.04 m/s；桃夭门大桥水域最大水深为 62 m，涨潮最大流速 3.52 m/s、落潮 3.74 m/s；西堠门大桥处的南北汊水道最大水深分别为 95 m、80 m，最大涨落潮流速分别为 2.66 m/s 和 3.65 m/s；金塘大桥除主槽附近最大水深达 30 m 外，普遍水深为 6～8 m，涨潮最大流速为 2.54 m/s、落潮 3.02 m/s。

工程区潮汐类型为不正规半日潮，附近的镇海和定海验潮站潮位特征值见表 7-8。

表 7-8 镇海和定海验潮站潮位特征值表（采用 1985 国家高程基准）

项目		镇海	定海	统计资料序列
潮位/m	最高潮位	3.28	3.15	至 2000 年
潮差/m	最低潮位	-2.12	-2.13	
	平均高潮位	1.14	1.19	
历时	平均低潮位	-0.75	-0.87	
	最大潮差	3.67	3.67	
	平均潮差	1.76	2.01	
	平均涨潮历时	6:18	5:43	
	平均落潮历时	6:07	6:41	

各水道受强潮流制约，深槽内含沙量变化基本不受流速变化影响。响礁门、桃夭门和西堠门水道水动力相对较强，悬沙基本上为过境泥沙，海床继续发生侵蚀切割，受边界束缚，其过程将是缓慢和长期的。金塘大桥海域地处从相对狭窄的金塘水道至宽阔的灰鳖洋海域，海床变化主要受潮滩发育、岸线边界变化以及海域上下游围垦等人类活动的影响。镇海海域甬江口以北海床将继续西侧微淤，东侧微冲；金塘水道西出口，平均海床有所冲淤，但其幅度有限。

群岛地貌受 NNE 主构造线控制，岛屿分两列向东北延伸；地势由 WS 向 NE 倾斜，南北差 400 m。受 NNW 构造线影响，上述两列岛屿又被分割为 WN—ES 向四行。整个群岛的岛屿分布呈西南部密集，岛屿较大，东北部反之的态势。群岛地貌类型为海岛丘陵，多数岛屿在海拔 200 m 以下。最高峰为桃花岛对峙山，海拔 544.3 m。

桃夭门大桥桥位区基岩直接裸露，局部地段有较薄覆盖层，工程地质条件总体较好。基岩属于硬质岩。西堠门大桥桥址区属海岛低山丘陵区，地形起伏较大。陆域为基岩裸露半裸露丘陵区，一般有厚 1.5 ~ 2.5 m 的残坡积层，局部厚度大于 5 m；水下地形以潮流冲刷槽为主，覆盖层较薄，存在裸露的孤丘和水下暗礁。金塘大桥桥位处第四纪覆盖层厚度一般大于80 ~ 110 m，海底表层为淤泥和亚砂土，累计厚 15.7 ~ 24 m；中、深部物理力学性质较好的地层有含黏性土粉砂、粉砂、细砂、中砂、含砾中砂、含黏性土圆砾和亚黏土、黏土。

西堠门大桥和金塘大桥地震基本烈度为Ⅶ度，其余大桥的地震基本烈度为Ⅵ度。

7.2.5.3 总体布置

舟山大陆连岛工程起自舟山本岛国道 329 线鸭蛋山环岛公路，向西北经里钓岛和富翅岛跨越岑港、响礁门、桃夭门等水道，拐向西南，经册子岛南侧跨越西堠门水道到达金塘岛，经杵山北侧跨越金塘水道到达镇海区，与绕城高速公路相连接。路线总体方案见图 7 – 19。

图 7 – 19　舟山大陆连岛工程路线总体方案

工程全长 49.96 km，由 5 座跨海大桥组成，分别为岑港大桥、响礁门大桥、桃夭门大桥、西堠门大桥、金塘大桥，跨越岑港水道、响礁门水道、桃夭门水道、西堠门水道和金塘水道。桥梁全长为 26 249 m，其中，岑港大桥长 793 m，响礁门大桥长 951 m，桃夭门大桥长 888 m，西堠门大桥长 2 588 m，金塘大桥长 21 029 m。

工程全线均按双向四车道高速公路设计，但因各座大桥的自然条件、路段交通量、建设时期等存在差异，因而采用了不同的技术标准。岑港大桥、响礁门大桥及桃夭门大桥执行《公路工程技术标准》(JTJ 001－97)，设计行车速度60 km/h，桥面净宽22.5 m；西堠门大桥和金塘大桥执行《公路工程技术标准》(JTG B01－2003)，西堠门大桥设计行车速度为80 km/h、桥面净宽24.5 m，金塘大桥设计行车速度100 km/h、桥面净宽26 m。工程各大桥的通航要求情况见表7－9。各部分桥梁的桥跨布置见表7－10。下面简要介绍桃夭门大桥、西堠门大桥和金塘大桥方案。

表7－9　通航净空一览

大桥名称	代表船型	通航净宽/m	通航净高/m
岑港大桥	300吨级	2×40	17.5
响礁门大桥	500吨级	135	21
桃夭门大桥		280	32
西堠门大桥	30 000吨级	630	49.5
金塘大桥	50 000吨级	544	51

表7－10　各部分桥梁桥型方案

大桥名称	桥跨布置/m	结构形式
岑港大桥	145＋120(引桥)＋150(主桥)＋280＋95(引桥)	预应力混凝土连续T梁
响礁门大桥	50＋80＋150＋80＋11×50	主桥：预应力混凝土连续箱梁 引桥：预应力混凝土连续T梁
桃夭门大桥	48＋48＋50＋580＋50＋48＋48	双塔双索面混合式斜拉桥
西堠门大桥	578 ＋1 650＋6×60＋6×60	主桥：两跨吊钢箱梁悬索桥 引桥：预应力混凝土连续箱梁
金塘大桥	1 000 m(金塘侧引桥)＋460 m(东通航孔桥)＋2 700 m(东段非通航孔桥)＋1 210 m(主通航孔桥)＋209 m(中段非通航孔桥)＋330 m(西通航孔桥)＋128 m(西段非通航孔桥)＋550 m(浅水区引桥)＋162 m＋1 050 m＋540 m(镇海侧引桥)	主通航孔：双塔双索面钢箱梁斜拉桥 东通航孔桥：预应力混凝土连续刚构 西通航孔桥：预应力混凝土连续梁 引桥：预应力混凝土连续箱梁

7.2.5.3.1　桃夭门大桥桥型

桃夭门大桥为48 m＋48 m＋50 m＋580 m＋50 m＋48 m＋48 m双塔双索面七跨连续混合梁斜拉桥，每侧边跨设两个辅助墩，采用半漂浮体系，建成时其主跨跨径居世界第九。桥型方案总体布置如图7－20。

7.2.5.3.2　西堠门大桥桥型方案

西堠门大桥为主跨1 650 m的两跨连续钢箱梁悬索桥，主缆分跨为578 m＋1 650 m＋485 m，为世界上跨径最大的钢箱梁悬索桥。加劲梁采用结构先进、抗风性能优越的分体式钢箱梁，主缆采用 PPWS 索股，吊索为钢丝绳束，锚碇采用重力式。大桥全景如图 7－21，桥型方案总体布置如图 7－22。

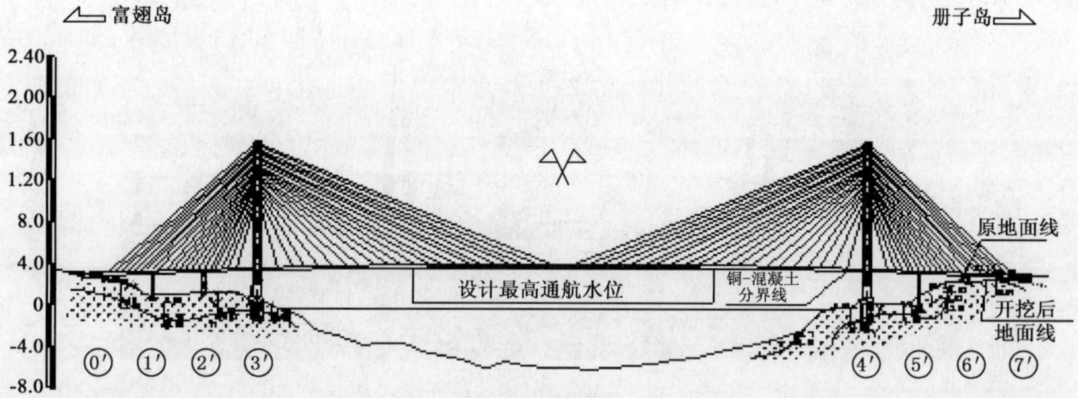

图 7－20　桃夭门大桥桥型方案总体布置

图 7－21　西堠门大桥全景

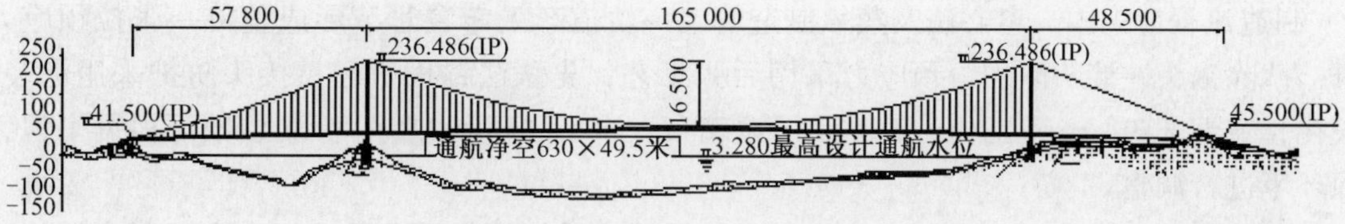

图 7－22　西堠门大桥桥型布置

7.2.5.3.3　金塘大桥桥型方案

金塘大桥由主通航孔桥、东通航孔桥、西通航孔桥、非通航孔桥、浅水及岸域引桥组成，跨海部分总长为 18.27 km，其中：通航孔桥全长 2.0 km、非通航孔桥全长 15.72 km、浅水区引桥长 0.55 km。主通航孔桥为 77 m＋218 m＋620 m＋218 m＋77 m 双塔双索面钢箱梁斜拉桥，图 7－23 为建成后全景。主梁采用抗风性能好的扁平流线型钢箱梁。

图 7-23 金塘大桥主通航孔桥全景

东通航孔桥为 122 m+216 m+122 m 预应力混凝土连续刚构，上部箱梁采用分离式单箱单室断面。桥型布置如图 7-24。西通航孔桥为 87 m+156 m+87 m 预应力混凝土连续梁，上部箱梁采用分离式单箱单室断面，桥型布置如图 7-25。

非通航孔桥长 15.72 km，占跨海桥梁长度的 86%，由 50 m 跨径连续梁、60 m 跨径连续梁和 118 m 刚构连续梁桥组成：50 m 跨径连续梁仅有一联（长 300 m），用于浮吊船舶吃水深度不够的区段；118 m 刚构连续梁桥设两联（长 1 320 m），用于海底标高大于 -30m 或覆盖层较薄区段，桥型布置如图 7-26；其他区段采用 60 m 跨径连续梁，总长度为 14.1 km。

7.2.5.4 水工建筑物

7.2.5.4.1 预应力大管桩基础

岑港大桥主桥及响礁门大桥的部分海中引桥采用 50 m 跨径连续 T 梁，其基础采用直径 1.2 m 预应力大管桩基础，每桥墩布置 12 根，按摩擦桩设计，持力层为密实的砂层。承台为长圆形整体式承台，横桥向长 23 m，顺桥向宽 6 m，高 3.5 m。

直径 1.2 m 预应力大管桩在跨海大桥中使用不多，首次大规模使用是在舟山朱家尖海峡大桥，共使用了 252 根，其特点是造价较低。管桩由预制管节（长 4 m）拼接而成，混凝土标号为 C60，制造流程为钢模、离心法及蒸氧制造管节→轨道车上布置管节形成整桩→张拉预应力并灌浆→截除锚头→接头防护。预应力采用后张工艺，先张法锚固机理。接头防护采用涂装法，一般在管节端部 30 cm 范围内，缠裹 4 层玻璃布、涂 5 层环氧树脂；涂装层数可根据工程区的腐蚀环境进行调整。

为增强桩的穿透能力，在桩尖一般增设钢桩靴。受打桩船吊重及桩架高度限制，桩长一般不大于 60 m。桩在施打过程中有可能产生顺长度方向裂纹，涂装防护常覆盖位于大气及水中桩身部分。近来，为解决大气及水中桩身的耐久性问题，研发了钢混凝土复合桩，位于大气及水中的上段采用钢管桩，泥面以下段采用预应力混凝土桩，因其重量减轻，桩长可达 80 m。

7.2.5.4.2 桃夭门大桥主塔基础

桃夭门大桥的索塔均位于岸域，索塔处为基岩直接裸露区，覆盖层较薄，基岩为硬质火成岩，工程地质条件较好。塔基均采用嵌岩桩基础。一个塔基设 12 根直径 2.2 m 的嵌岩桩，平均桩长为 15.61 m，嵌入微风化霏细斑岩的深度为 3.3 m。承台尺寸为 24 m×13 m×5 m。承台直接浇筑于开挖修整后的岩面上，承台与桩基共同受力。

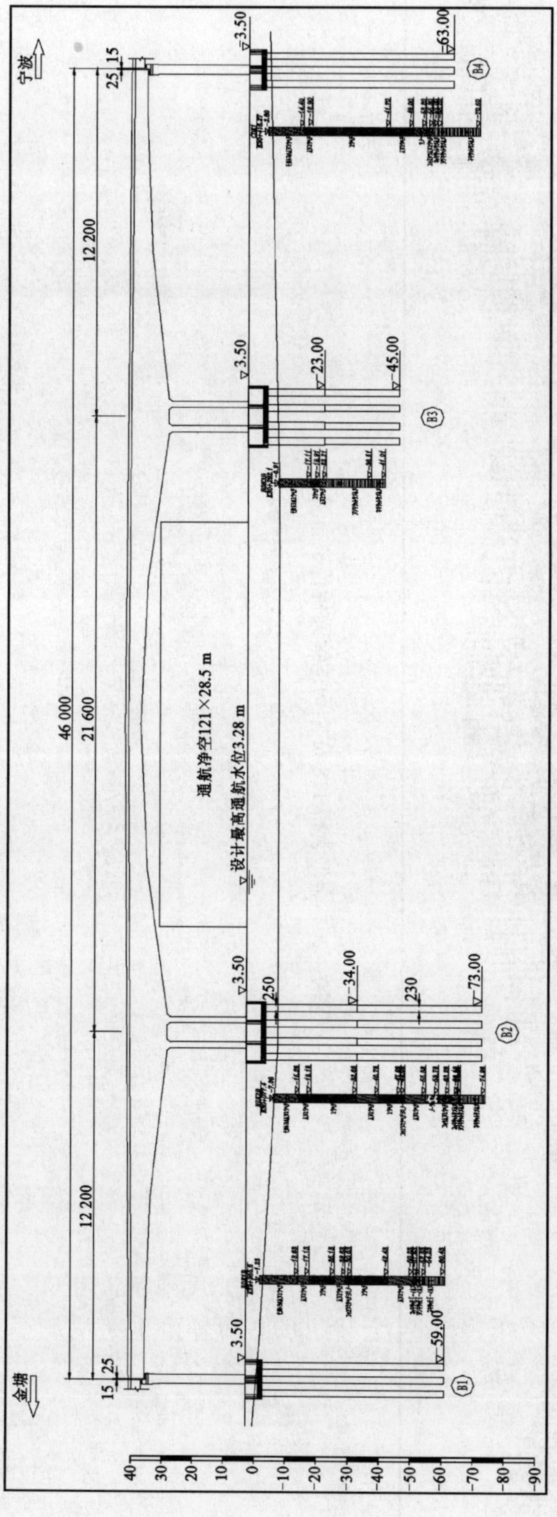

图7-24 金塘大桥东通航孔桥桥型布置

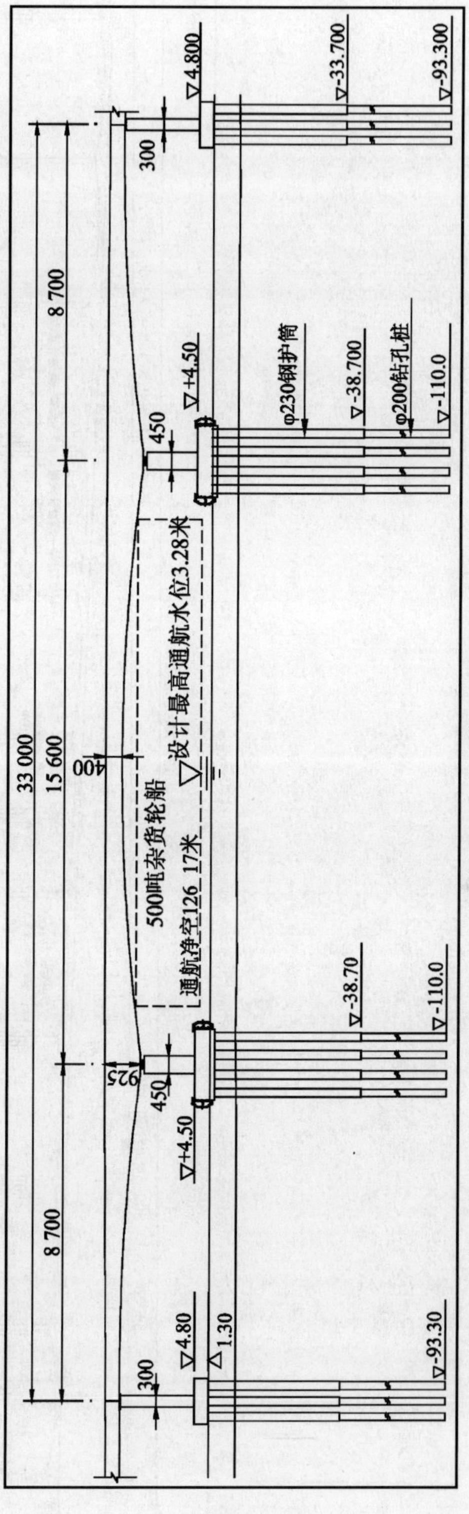

图7-25 金塘大桥西通航孔桥桥型布置

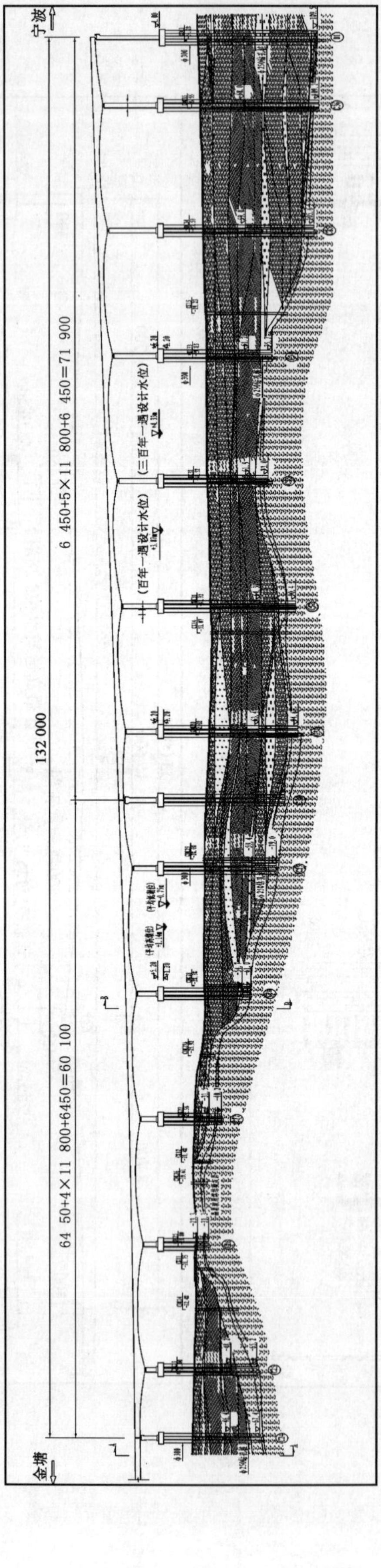

图 7－26　金塘大桥 118 m 刚构连续梁桥桥型布置

7.2.5.4.3 西堠门大桥主塔基础

西堠门大桥索塔处的地质条件与桃夭门大桥类似。设计采用门式框架索塔分离式基础。每个塔柱下承台平面尺寸为22.8 m×16.8 m，高度7 m，北塔两承台之间用高度6 m、截面尺寸为10 m×6 m的系梁联成整体。每个塔柱下设置12根直径2.8 m的嵌岩桩，南塔桩基嵌入微风化岩层3 m。北塔所处的老虎山四面临海，山体结构主要受F5、F7、F8等断裂构造及其他随机裂隙影响，整体完整性中等至一般，同时还存在缓倾结构面。为确保地基的稳定性，北塔嵌岩桩加长至40 m；同时，位于临空面的桩顶段设置长14.5 m的双套管消除桩基侧面因弹性压缩传递到岩层的竖向力，并在承台底加垫软木与地基脱空，使竖向力尽量传递到深层基岩；另外，对平均低潮位以上的地层进行局部范围的锚杆加框架锚梁防护，以阻止上部风化岩滑塌。北塔基础一般构造见图7－27。

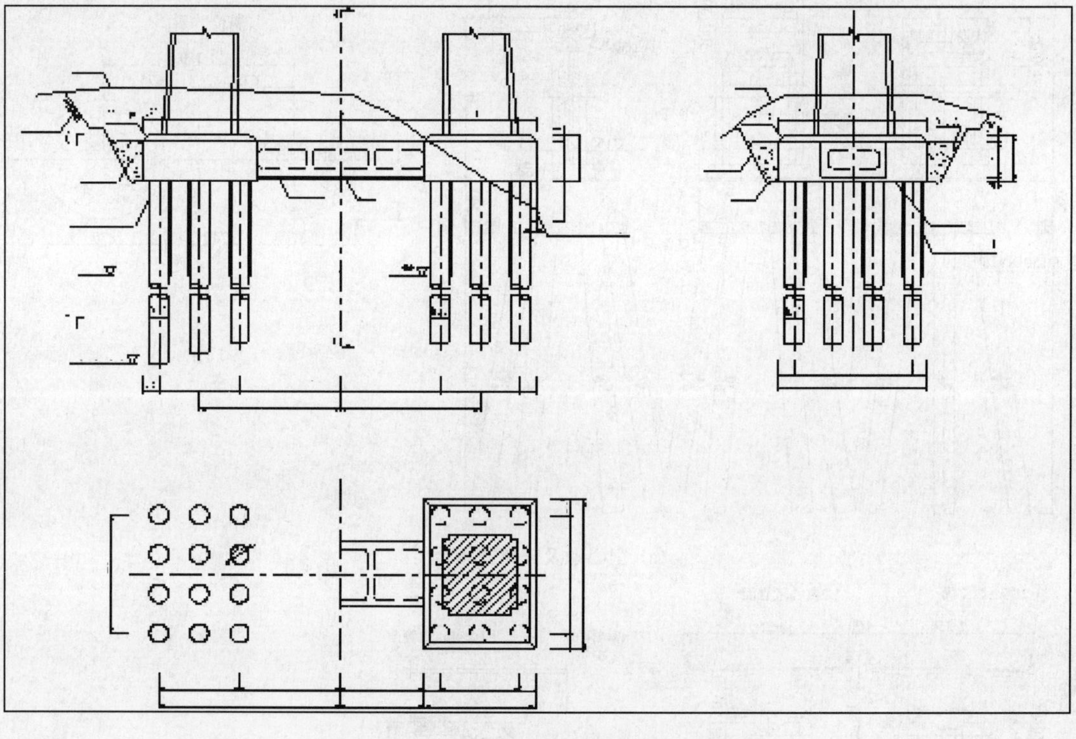

图7－27 西堠门大桥北塔基础一般构造

7.2.5.4.4 金塘大桥的D1.5 m钢管桩基础

金塘大桥60 m跨径非通航孔桥基础采用直径1.5 m钢管桩基础，持力层为密实的砂层或硬塑黏土层。覆盖层较厚且墩高较矮、水深较浅处采用分离式圆形承台，各配6根钢管桩基础；覆盖层较厚且墩高较高、水深较深处采用整体式端圆形承台配16根钢管桩基础。一般构造见图7－28。

钢管桩采用Q345C钢材。根据不同部位的受力、腐蚀环境及沉桩需要，钢管桩上节段壁厚为25 mm，采用卷制直缝焊管；下节段壁厚20 mm，采用螺旋焊管。钢管桩与承台连接方式采用直埋式，为增强钢管桩局部刚度，满足桩基防船撞及防腐要求，自承台底以下10 m范围内设置钢筋笼并填筑混凝土。为确保钢管桩与填芯混凝土及承台之间的可靠黏结，在各自接触面上设置剪力环。桩身防腐采取了以高性能熔结环氧粉末复合涂层整体涂装为主，以牺牲阳极的阴极保护方法为辅的联合保护方案。同时，设计钢管桩壁厚预留了5 mm腐蚀余量。承台底以下 30 m 桩长采用加强型双层环氧粉末涂层，涂层厚度 1 200 ~ 2 000 μm，且应具有抗紫外线性能；其余部分采用普通型单层环氧粉末涂层，涂层厚度为 300 ~ 600 μm。阴极保护中采用组合形式镯型阳极，选用铝 - 锌 - 铟 - 镁 - 钛合金为阳极材料。

主桥索塔处最大水深达 30 m，水深流急。施工平台由生活区平台、护筒区平台组成。起始及搅拌区平台使用打桩船进行钢管桩沉放。主墩承台采用钢套箱施工工艺，钢套箱由防撞体、底板和搁置支撑系统组成，长 60.88 m、宽 38.12 m、高 9.858 m，重 1 600 t。防撞钢套箱在陆上加工场地分片制作，用大型浮吊一次抬吊安装就位。

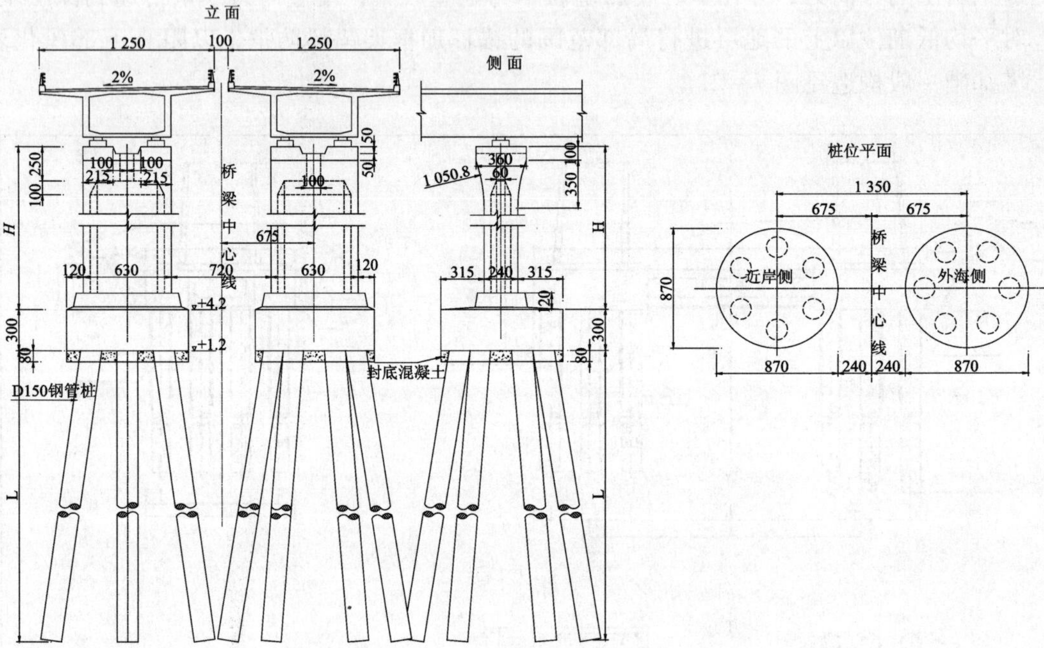

(a) 空心墩及分离式承台

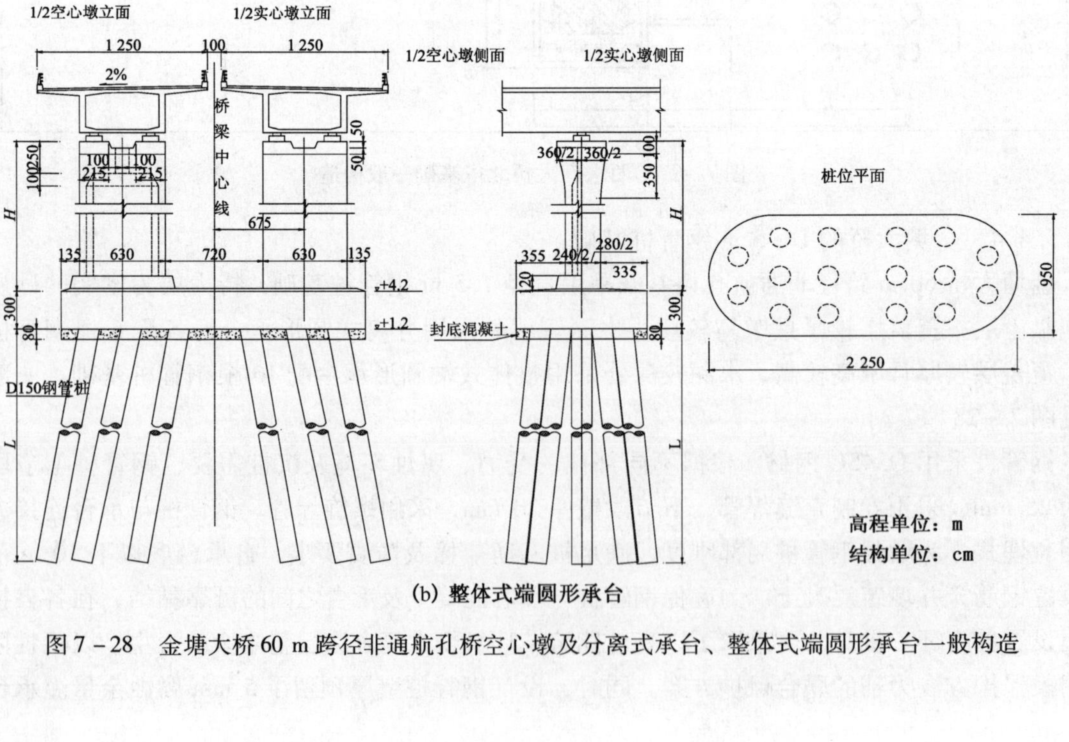

(b) 整体式端圆形承台

图 7 – 28　金塘大桥 60 m 跨径非通航孔桥空心墩及分离式承台、整体式端圆形承台一般构造

118 m 连续刚构桥 C26、C27 桥墩位置处水较深，河床基岩裸露，表面无覆盖层，海况恶劣，水文地质条件复杂，经过多种施工方案的综合比较分析，采用"护筒群导管架 + 钢围堰"的施工方案，即在陆地码头或驳船上将钢护筒、外围钢管桩(内插锚桩)、底部钢围堰整体加工制作，导管架采用驳船运输至墩位，采用大型浮吊横桥向安装就位，然后插打定位锚桩，浇注封底混凝土，搭设平台上部结构，形成施工平台。

7.2.6 厦门跨海桥梁

7.2.6.1 简况

厦门市由厦门本岛和周边大陆架组成。1955 年建成的厦门海堤位于厦门本岛北侧，是本岛与大陆联系的第一条陆路交通通道，该通道设有铁路和公路两种交通方式。20 世纪 80 年代后期，随着国家改革开放的深入，为适应本岛经济迅猛发展的需要，在厦门海堤东侧附近修建了第二条陆路交通通道——厦门大桥。随后，相继建设了海沧、集美、杏林(公铁两用)、厦漳(建设中)等跨海桥梁，如图 7－29，这些跨海通道的建设，对形成厦门交通干线路网主骨架，完善了厦门特区交通设施条件，加强厦门市内部及与周边地区的沟通，促进地区社会经济发展具有重要意义。

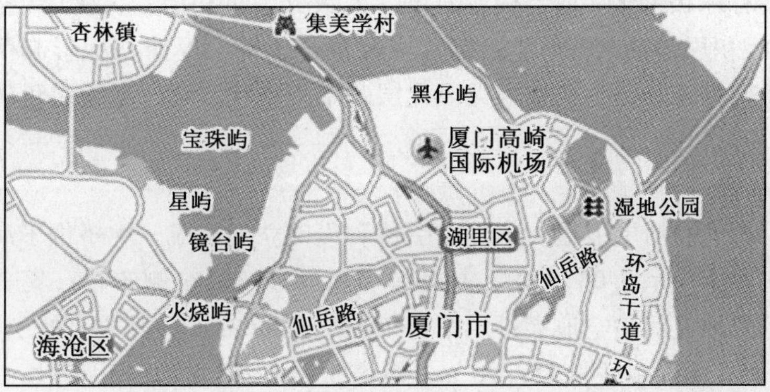

图 7－29 厦门跨海大桥位置

7.2.6.2 自然条件

厦门风向以东北向、东向和南风为主；每年 5—11 月为台风季节，以厦门正面登陆和在厦门至汕头之间登陆的台风影响最大。统计资料显示，厦门地区多年平均 6 级以上风日数为 30.2 天，历年最大风速为 38 m/s。台风增减水幅度在 －1.5 ~ 2.0 m 之间。

厦门地区属正规半日潮，一般潮差 4 ~ 5 m，历年最大潮差达 6.92 m；历史最高潮位为 7.78 m；历史最低潮位为 －0.06 m；平均高潮位为 5.75 m；平均低潮位为 1.59 m。南北潮滩范围冲淤变化不明显，主航道范围有淤积 4 cm/a。

厦门西港海域平面形态呈哑铃形，海域面积约 52 km^2，南北长约 14 km，东西最宽处达 7.5 km，最窄处约 1 100 m。西海域内岛屿、礁石星罗棋布，其中位于东渡码头与水头之间的火烧屿最大，面积约为 0.3 km^2。火烧屿将海域分为东、西航道，东航道为主航道，海面宽约 600 m，最大水深约 40 m；西航道海面较窄，宽约 250 m，水深约 20 m。

地震基本烈度为Ⅶ度。

7.2.6.3 厦门大桥

厦门大桥原名厦门高(崎)集(美)海峡大桥，1991 年 4 月更名为厦门大桥。厦门大桥跨越厦门岛北端的高(崎)集(美)海峡，西距 20 世纪 50 年代修建的海堤 155 ~ 230 m。大桥南引道从高崎镇东侧穿过，与“三南(湘南、赣南、闽南)”公路厦门岛内段相接，成为厦门市进出岛的必经之路。大桥北岸由引桥、集美立交组成，连接福厦公路、漳厦公路，成为沟通闽南金三角地区的交通枢纽。工程于 1984 年 10 月通过方案研究和论证。1987 年 3 月交通部批准了厦门大桥初步设计，1988 年元月正式开工，1991 年 4 月建成并试通车，1991 年 12 月正式通车。

7.2.6.3.1 设计条件

高集海峡宽约 2 000 m，潮滩地貌宽 1 600 m，约占海峡 4/5，海峡潮流通道(主航道)宽约 400 m，偏向高崎岸。海底横剖面呈碟形，水深一般为 5 ~ 7 m，最深达 11 ~ 12 m。航道将海峡分成南、北潮滩。北部集美潮滩宽约 1 300 m，以 3‰左右坡度向主航道倾斜，标高 2 ~ 3 m，20 世纪 70 年代挖有排水沟，宽 30 ~ 50 m，深 1 ~ 2 m，近岸段沟底有岩石露头。南部高崎潮滩宽约 350 m，高潮区砂积沿岸成带，宽 20 ~ 30 m，为粗砂砾组成，常见岩石和风化层露头。中、低潮滩坡度较缓，表面为淤泥，沉积层厚 2 ~ 4 m。

高集海峡属花岗斑岩区，风化程度不一；基岩石质坚硬，天然状态下的极限抗压强度为 130 ~ 230 MPa，夹有球状风化。地层构造简单，大致分为沉积层，风化层(全风化、中风化和微风化)和基岩。沉积层包括淤泥质土、砂性土和混合土等，厚薄与地形起伏有关。岩石风化层高崎侧较薄，集美侧较厚，主航道内无风化层。基岩产状连续，呈灰白色斑状花岗岩，采芯率较高。

7.2.6.3.2 总体布置

厦门大桥由主桥、高崎岸引道、集美岸引桥和集美立交组成。主桥位于海堤东侧，距海堤 155 ~ 230 m，与海堤走向呈 2.08°夹角；高崎岸引道靠高崎镇东侧布置；集美岸引桥从集美水电闸门工作间和龙舟池之间的空地穿过。全桥工程总长 6 695 m，其中高崎引道长 854.5 m；跨海主桥长 2 070.7 m；集美引桥长 759.98 m，匝道桥长 1 721.84 m，引道长 1 287.99 m。主线计算行车速度 80 km/h；桥面宽度 23.50 m。

主桥采用 45 m 等跨等截面预应力混凝土连续箱梁(分离双箱)，上部结构采用纵向滑移钢模架逐跨现浇施工技术，跨径布置从高崎向集美为 2 × 8 × 45 + 12 × 45 + 10 × 45 + 8 × 45 m。集美岸引桥跨径 25.5 m 预应力混凝土连续箱梁；匝道桥跨径为 20 m 和 16 m 钢筋混凝土连续箱梁。集美引桥和匝道桥共 120 孔，116 个桥墩，6 个桥台，桥墩台 80% 位于水中。

7.2.6.3.3 水工建筑物

(1)水中基础

集美立交陆上采用钻孔桩(部分采取了挖孔桩)，水中原为钻孔桩，施工时修改为筑堤围水，抽干水后明挖扩大基础。墩身为 1.8 m、1.6 m 和 1.4 m 圆柱墩，墩高 5 ~ 15 m。主桥 1 号墩在岸边，平均高潮水位以上 1 ~ 2 m；7 号墩地面标高在平均低潮水位以上 0.6 m。17—29 号墩处于断裂挤压破碎带范围内，覆盖层和风化层较厚，采用 0.55 m × 0.55 m 预制打入方桩，每个墩(半幅)20 根。顺桥向外侧采用了 8°斜桩。主桥其余各墩(半幅)采用 4 根 ϕ1.5 m 钻孔桩。潮滩区承台顶面标高位于原地面线；潮位变化区承台顶面标高在平均低潮以下 0.5 m。钻孔桩承台平面尺寸为 6.4 m × 6.4 m × 2.5 m，打入桩承台平面尺寸 7.7 m × 5.25 m × 2.5 m。主桥墩身分为 A、B、C 三种形式。A 为制动墩，B 为摩阻墩，其尺寸为 4.5 m × 1.6 m；C 为过渡墩，设双排支座，其尺寸为4.5 m×2.54 m；墩身高度为12～14 m。墩身顶宽4.5 m，向下设1/40侧坡。

(2)混凝土防腐设计

结构防海水腐蚀采取了混凝土“双掺”(掺粉煤灰和减水剂)技术和加大保护层措施；采用425、525R硅酸盐水泥，厦门当地砂石料；粉煤灰符合GB 1596－79一级标准，数量代换系数范围为1.2～1.3；外加剂掺量为水泥用量的0.5%～1.0%，缓凝剂为NH4B；混凝土配合比(以钻孔桩为例)：水泥量432 kg，粉煤灰67 kg，补加剂FDN 0.4%、NH4B 0.4%，坍落度18～22 cm。从厦门大桥防海水侵蚀试验研究看，在水下钻孔桩及承台浪溅区混凝土采用高效减水剂FDN和粉煤灰“双掺”技术，可明显提高混凝土密实性，减少水泥量，提高钢筋防锈能力，增强混凝土耐久性，改善了混凝土的和易性，方便了施工。2009年(通车18年后)厦门大桥做了一次全面检测，结果表明，结构混凝土和钢筋抵抗海水腐蚀能力仍保持良好状态，尽管在墩身边角处有局部剥落；上部结构有少数裂缝，裂缝宽度不大，未造成钢筋锈蚀。

(3)水中基础施工

主桥2—6号、8号、30—39号、43—47号墩位于潮滩地带，采用筑堤、砂袋护面，MT－150全护筒钻机成孔、钢板桩围堰内施工承台、墩身；9—16号、40—42号墩位于深水区，采用钢管桩贝雷梁平台，YKC－31改型冲击钻全护筒钻孔，钢套箱内封底施工承台、墩身；17—29号墩由于覆盖层和风化层较厚采用打桩船，KB－45锤沉桩。钢套箱内封底建承台、墩身；1号、7号墩筑岛明挖扩大基础。

7.2.6.4 海沧大桥

厦门海沧大桥是国家“九五”重点交通工程建设项目，西起厦门西海域西岸的海沧经济技术开发区(大陆侧)，东止厦门本岛东渡港。工程主线全长约6 000 m，包括东航道桥(主桥)、西航道桥、引桥、引道、互通立交等分项工程；大桥按双向六车道设计，设计宽度32 m，设计行车速度为80 km/h。工程于1996年12月开工，1999年12月建成通车。

7.2.6.4.1 设计条件

桥位处100年一遇20 m高10 min平均年最大风速为47.4 m/s。桥位区地下水主要为第四系孔隙水和基岩裂隙水；西岸的塘水、沟水具有酸性弱腐蚀性，东、西航道和火烧屿地下水水质具有弱腐蚀性，东岸水无腐蚀性。大桥设计潮位20年一遇为4.30 m，100年一遇为4.49 m。落潮平均流速大于涨潮平均流速，其比值一般为1.5∶1.0。桥位断面实测最大落潮流速1.22 m/s。

东航道桥位处海底表层沉积物东侧为粉砂质砂，西侧为粉砂质黏土，其含沙量自1980年明显增高，涨潮含沙量高于落潮含沙量，实测最高涨潮含沙量为0.466 kg/m^3，最高落潮含沙量为0.356 kg/m^3。东航道水域泥沙主要向北运移，海床冲淤变化不大，深槽南端1976—1993年17年间淤积厚1.4 m。

桥位区地层除第四系广泛分布外，由于受多次运动和岩浆活动的影响，岩性较为复杂，并具有不同程度的变质现象。覆盖层主要由人工填土、海相沉积层、洪积、坡积、残积层组成。基岩主要有流纹质晶屑熔结凝灰岩、流纹质晶屑凝灰熔岩、砂岩、片麻状花岗岩等。桥位区由于受区域地质构造和燕山运动的影响，发育了一些规模不大的次一级地质构造，使局部岩体有不同程度破碎和变质现象，对工程略有影响。

7.2.6.4.2　总体布置

工程可行性研究比选了火烧屿北、火烧屿南、牛粪礁三个桥位后，确定大桥工程西起海沧开发区内的马青公路，向东沿太平山南麓经水头村北侧后跨越西航道，经火烧屿北端后跨越东航道，通过东渡港小轮码头和牛头山，跨319国道后沿仙岳山北坡向东，终止于厦门市仙岳路与七星路交叉口。工程包括东航道桥(主桥)、西航道桥、引桥、引道、互通立交等，工程主线全长约6 000 m，其中桥梁工程长约3 200 m，引道工程长约2 800 m。

海沧大桥采用的主要技术标准为：双向六车道高速公路，考虑城市功能，速度标准适当降低；计算行车速度80 km/h；荷载标准：汽车—超20级，挂车—120；桥面宽32 m；通航净空：东航道桥，净高55 m，净宽450 m；西航道桥，净高37 m，净宽120 m。

东航道桥采用230 + 648 + 230 = 1 108 m三跨连续全漂浮体系钢箱梁悬索桥，为亚洲首座三跨连续全漂浮悬索桥，图7 - 30为东航道桥建成后全景，桥型布置如图7 - 31。

图7 - 30　东航道桥全景

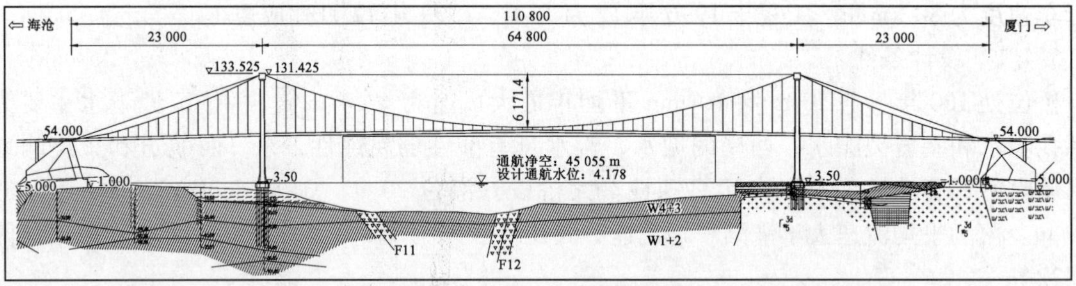

图7 - 31　主跨648 m三跨连续全漂浮悬索桥桥型布置(单位：cm)

主梁采用结构先进、抗风性能优越的扁平流线型钢箱梁；主缆采用PPWS索股；吊索为平行钢丝束；锚碇采用浅埋倒坡箱形扩大基础、空腹三角形框架式锚体重力式锚碇；主塔采用门式塔，基础采用大直径钻孔桩基础。

西航道桥位于半径为900 m的圆曲线与缓和曲线上，采用78 + 140 + 78 + 42 + 42 = 380(m)五跨连续预应力混凝土刚构桥，桥跨布置如图7 - 32。上部箱梁采用分离式单箱单室断面，箱梁连续刚构部分采用对称悬臂现浇法施工，两孔42 m连续箱梁采用落地支架现浇施工。

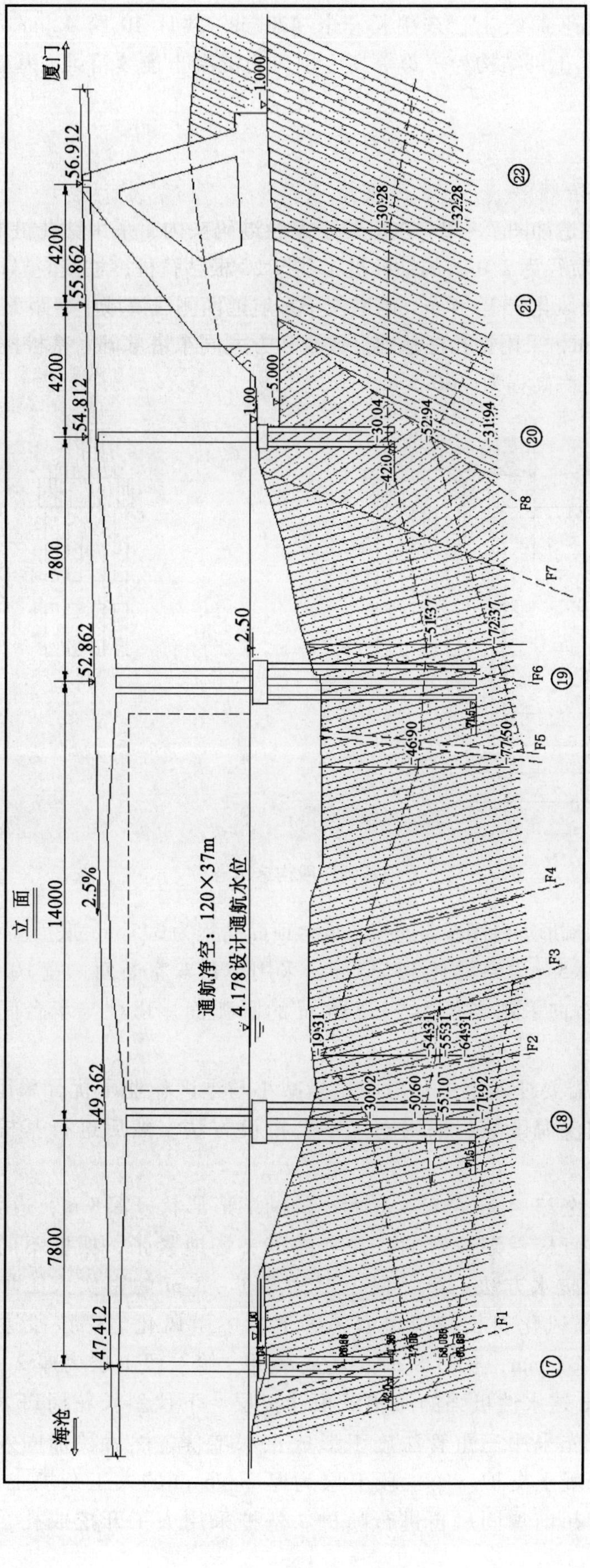

图7-32 西航道桥桥型布置

引桥位于半径不等的平曲线上，东引桥全长420 m，共计10跨42 m，西引桥全长718.4 m，共计17跨42 m，上部结构为等跨等高度预应力混凝土连续箱梁，基础为钻孔桩群桩基础。

7.2.6.4.3　水工建筑物

(1)东航道桥主塔及其基础

东、西索塔基础一般构造如图7－33。东塔位于东渡港码头内，采用钻孔桩群桩基础。每个塔柱的承台下布设14根直径为2.0 m的钻孔桩，共设28根钻孔桩，桩按嵌岩桩设计，桩底平均高程为－13 m，进入微风化岩3～4 m。西塔位于东航道西侧浅海域中，距火烧屿约150～200 m。最大水深为8～13 m，采用钻孔桩基础，数量和方式同东塔基础。基桩按摩擦桩设计，桩底置于中风化岩层内，桩底高程为－66.5 m。

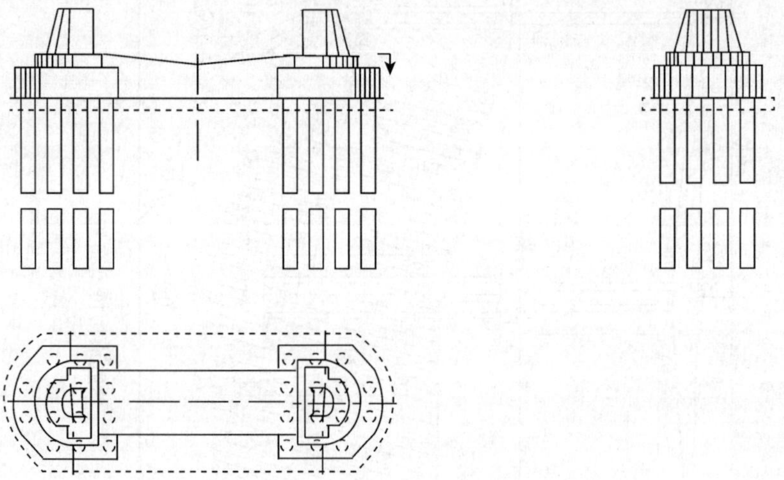

图7－33　索塔基础一般构造示意

承台采用哑铃形，两圆端形承台用系梁连接。承台顶面高程为3.5 m，底面高程为－1.5 m，宽17.5 m，长17.6 m，厚5 m。系梁长36.37 m，采用单箱双室断面，宽10 m，高5.5～6.506 m。系梁顶部在横桥向采用半径为93.546 m的圆弧面。塔柱与承台间设置2 m厚圆端形塔座。

东塔处于港区，承台需要埋入土中，考虑尽量减小与港区作业干扰，采用基坑开挖方法；西塔位于东航道西侧浅海区域，采用施工平台搭设方法。然后进行基桩、承台和底系梁施工。

东塔基坑上口是一个约73.4 m×28.6 m大小的圆端形形状，深8 m，边坡1∶0.5。由于基坑靠近海边，地下水直接受潮汐影响，并考虑码头场地紧张，根据不同的地质情况分三段采用不同边坡支护防水方法。第一段上层为厚1～3 m的密实人工填土，其下为3.5～5.5 m的全风化和强风化斜长花岗斑岩，再下为中微风化岩。该段边坡采用锚杆＋喷护支护，锚杆直径为22 mm，长有8 m、10 m两种。第二段上层为厚2～4 m的密实人工填土，其下为3～5 m透水性极强的海相沉积沙土层，下伏斜长花岗斑岩，其中上层为1～2 m的全风化。该段先采用三重管法施工形成止水帷幕，然后视加固效果采用锚杆喷射混凝土或锚管喷射混凝土支护。第三段上层为厚2～6 m的人工杂填土，富含块石，下伏基岩，采取插打锚管超前加固后再进行喷护。基桩采用人工开挖成孔、干浇混凝土施工。承台按大体积混凝土要求浇筑，设置了冷却管并分两层浇筑，分别为 3 m、2 m。底系梁受到承台约束，为防止因混凝土收缩出现开裂，底系梁中部设置了 2 m 的后浇段，采用膨胀混凝土并至少 7 天后浇筑。

西塔基础施工平台平面尺寸为 80 m × 26 m，面标高为 +6 m，由 41 根直径 120 cm 钢管桩组成，用 1 200 kN 振动锤振动下沉。为保证平台的稳定性，钢护筒、钢管桩间相互用槽钢连接形成整体，同时在钢管桩内填砂，顶部灌 50 cm 厚混凝土。承重横梁采用 3 组双排六四军用梁，横梁上铺设 I 36 的工字钢及工作面板。施工便桥连接施工平台和火烧屿，全长 142 m，跨径为 24 m；采用 ϕ1 200 × 6 mm 钢管桩；纵梁采用贝雷片以 45 cm 荷窗连接，横梁采用工字梁，间距 75 cm。河床底覆盖层较薄，仅采用振动下沉，无法满足钻孔施工要求，所以在回填黄泥与碎石后，又采用 10 t 冲击钻冲孔 5 ~ 7 m 深，再复振下沉护筒到要求深度。根据厦门地区海水及海底黄泥特点，采集海底黄泥以代替膨润土，加入适当的化学处理剂如 NaOH 和 CMC 调制泥浆。其相对密度在 1.05 ~ 1.15 t/m³之间，黏度为 23 ~ 28 Pa · s，含砂率不大于 3%，经过实际使用效果良好，成本低，取材方便。因工期较紧，采用成孔速度较快的气举反循环回旋钻进成孔的施工工艺，并配置空压机用于气举反循环排渣。

(2) 西航道桥主墩基础

18 号、19 号主墩单幅桥采用 9 根直径 2 m 的钻孔桩群桩基础，基桩按摩擦桩设计，设计桩长 70 m。承台左右幅分离，单个尺寸为 13.6 m × 13.6 m × 4 m，顶高程为 +2.5 m，确保枯水时不露出桩。17 号、20 号墩为过渡墩，单幅桥采用 4 根直径 2 m 的钻孔桩基础，基桩按摩擦桩设计，桩长为 40 m。承台左右幅分离，其尺寸为 7.6 m × 8.6 m × 3 m。主墩基础与西塔类似。

(3) 混凝土防腐设计

采用以优质粉煤灰和高功能外加剂的“双掺”混凝土作为防海蚀的主要措施。采用 525R 普通硅酸盐水泥；掺用粉煤灰以Ⅰ级粉煤灰为主，最大限量为：预应力混凝土 15%，钢筋混凝土 25%；外加剂主要采用 561 缓凝高效减水剂。对于抗渗等级大于 S12 混凝土，水胶比应满足 C30 以上混凝土不大于 0.45，C30 以下混凝土不大于 0.5。对海沧大桥进行了混凝土抗氯离子渗透试验，结果见表 7 – 11。

表 7 – 11　混凝土抗氯离子渗透试验结果(28 天龄期)

编号	C50	C40 浪溅	C40	C30 浪溅	C30 锚碇	C30	C25	C20	C30 水下
电导/$\times 10^{-4}$ S	12.5	13.7	14.7	13.2	12.4	12.8	17.2	14.1	14.4

7.2.6.5　集美大桥

厦门集美大桥及接线工程位于厦门岛北部的浔江海域，南接厦门本岛湖里区，北连集美区。工程于 2006 年 12 月开工，2008 年 7 月建成通车。

7.2.6.5.1　设计条件

同安湾潮汐类型属正规半日潮，潮流为往复流；涨潮流速一般小于落潮流速，实测最大流速为 93 cm/s。工程区不同重现期极端高、低水位见表 7 – 12。100 年一遇 10 min 平均年最大风速为 41.5 m/s。

表 7-12　设计年极值高、低水位(1956 黄海高程)

项目	重现期/a		
	20	100	300
极端高水位/m	4.13	4.42	4.62
极端低水位/m	-3.20	-3.32	-3.41

据工程附近五通短期测波资料分析表明，风浪主要为 E—ESE 向；强浪向为 SSE，次强浪向为 E。工程区 300 年一遇设计波高($H_{1\%}$)在 3.0～4.50 m，平均周期 $T=6.0$ s。

场区为阶地岸坡，高差变化较大，岸线高程一般在 5～6 m。工程区域处于潮间带及水下岸坡地带，地势整体呈西南侧陆域向东北侧海域方向倾斜的趋势。桥梁中部跨越浔江海域，厦门一侧海岸线大致呈凹状，稍微平直；集美一侧则平直，岸顶标高一般在 4～5 m。所经浔江海域有大面积的网箱养殖，两侧潮间带也有大量的海蛎架，海底标高在 -8.6～0.3 m，两侧岸线与漫滩呈陡坎接触，高差变化较大，约 2～4 m。

沿线土体自上而下为：填筑土在两侧岸线区分布，以一般黏性土、残积土和建筑垃圾为主；淤泥层厚度变化较大为 0.7～8.5 m，顶板埋深 5.7～10.0 m，顶板标高 -10.59～-6.54 m；黏土一般分布于海域地段，厚 2～10 m，粉质黏土厚 0.5～13.5 m。残积亚黏土厚度较大，容许承载力 180～230 kPa；含砾粗砂厚度不均，容许承载力 220～280 kPa。中砂层厚 0.8～2.8 m。全风化花岗岩层仅护岸区部分钻孔有揭露，厚 1.75～10.4 m。强风化花岗岩厚度 1～4 m，容许承载力 450～700 kPa。

7.2.6.5.2　总体布置

集美大桥南起环岛路与五石路的交叉口，以隧道方式下穿规划的机场和其他机场安全设施，在航空工业园区填海区岸边与规划新环岛路相接，以桥梁方式跨越浔江后在集美侧登陆并设互通与环东海域道路相接，此后出岛直接接入乐海路主路，以互通立交方式跨越和顺接同集路并跨越后主线落地(如图 7-34)。主线全长 8.171 km，其中跨海主桥长 3.82 km，下穿机场跑道隧道 1.4 km，集美端引桥长 1 km。

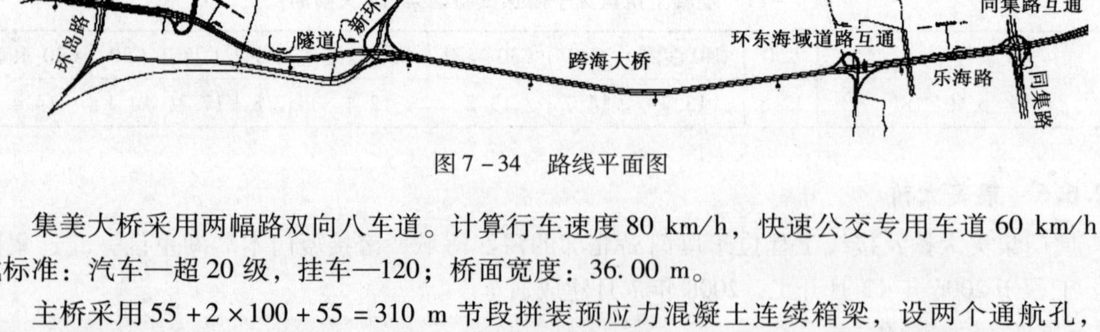

图 7-34　路线平面图

集美大桥采用两幅路双向八车道。计算行车速度 80 km/h，快速公交专用车道 60 km/h 荷载标准：汽车—超 20 级，挂车—120；桥面宽度：36.00 m。

主桥采用 55+2×100+55=310 m 节段拼装预应力混凝土连续箱梁，设两个通航孔，单孔单向通航。引桥全部采用 50 m 预应力混凝土箱梁，南岸新环岛路互通范围 10×50=500 m 采用支架现浇，北岸环东海域道路互通范围内 6×50=300 m 采用支架现浇，其余引桥采用预制拼装施工，包括南引桥 11×50=550 m，中引桥 30×50=1 500 m，北引桥 7×50=

350 m。

海上互通匝道桥均采用约30 m跨预应力混凝土箱梁，支架施工。基础采用钻孔灌注桩。互通匝道桥采用20~30 m跨预应力混凝土箱梁，基础采用钻孔灌注桩。下部结构墩身型式与主线桥梁保持一致。

7.2.6.5.3　水工建筑物

海中主桥采用双排桩基础形式。承台下设4根钻孔灌注桩，主墩承台下各桩径为2.5 m，过渡墩承台下各桩径为1.8 m。采用嵌岩桩或者摩擦桩，平均桩长60 m。承台均采用四边形圆倒角承台，中墩承台厚采用4 m，平面尺寸为10.25 m×10.25 m；过渡墩承台厚采用2.8 m，平面尺寸为7.5 m×8.5 m(公路桥)，BRT桥梁为7.5 m×7.5 m。承台均设半径1 m的圆倒角。

海中主桥公路桥墩身均采用圆端形断面实心墙式墩。中墩墩身尺寸6(横桥向)×3.5 m(顺桥向)；过渡墩墩身尺寸6 m×2.7 m。BRT桥墩身中墩墩身尺寸4.9 m×3.5 m；过渡墩墩身尺寸4.9 m×2.7 m。引桥基础设计方案与主桥方案基本相同。

海工耐久性混凝土通过掺入粉煤灰、高炉矿渣、微硅粉中的二种或三种掺料，来提高混凝土性能，各部位混凝土保护层厚度见表7-13。

表7-13　各部位混凝土保护层厚度

结构类别	部　位	保护层厚度/mm	区　域
箱梁	预应力钢绞线	70	
	外侧钢筋	40	
	内侧钢筋	40	
现浇墩身	钢筋	75	海中
		50	陆地
承台	钢筋	90	海中
		60	陆地
钻孔桩	钢筋	75	

基础采用先成桩后下围堰的施工方法。桩基采用“十”字形冲击钻头冲击成孔桩施工方案。主墩承台施工采用钢板桩围堰进行低桩承台施工方案；过渡墩和北引桥61—64号墩承台采用双壁钢围堰施工方案。

7.2.7　港珠澳跨海大桥

7.2.7.1　简况

港珠澳大桥位于珠江口，跨越伶仃洋海域，连接香港、珠海、澳门，工程主线全长约50 km，是一座由桥梁、隧道、人工岛组成的特大型复杂交通工程。港珠澳大桥工程建设面临风浪、潮流、泥沙、盐淡水混合等多种复杂环境，涉及水利、水运、生态、环境等诸多技术难题，是中国交通建设史上技术最复杂、标准最高的工程之一。大桥2010年底正式开建，珠澳口岸人工岛率先动工。预期于2015—2016年建成通车。

7.2.7.2 建设条件

工程所在区域热带气旋影响频繁，平均每年约2个，最多可达6个，多集中在6—10月；桥位处距海面10 m高重现期为120年的10 min平均年最大风速45.8 m/s。桥区会遭遇暴雨、大雾以及强对流天气带来的龙卷、雷击和短时雷雨大风等灾害性天气。

拟建工程区海域为不正规半日潮海区，平均潮差约1.24 m。西部浅水区为弱流区，实测垂线平均流速0.5 m/s左右，东部深水区实测流速约1 m/s。据澳门港务局九澳测波站统计，有效高度大于1 m的波出现频率为5%左右。

桥区所在的西侧海域微淤，海床稳定性良好；中部海域5 m深槽沟长期保持稳定，青洲水道中心线两侧1.5 km水深大于5 m，总体处于较为稳定的状态；东侧海域水深较大，水流较强，高盐陆架水常年由此入侵和上涌，是侵蚀冲刷的主要地段。近期桥区海床冲淤变化较小，处于相对稳定的状态。

工程沿线西部海域地形平坦，水深一般在5 m以内。九洲列岛以东至西人工岛西端约17 km范围内的水下地形变化较平缓，水深5~7 m。东、西人工岛水深较深，在10 m以上，最深点可达17 m。东人工岛以东水域水深5~10 m之间平缓变化。

工程主线区覆盖层厚24.0~89.3 m，按成因时代、岩性特征可划分为5个大层组。其中，第一层组为淤泥、淤泥质黏土和淤泥质黏土夹砂等软土；第二层组主要陆相沉积软－可塑状黏土，其埋藏浅，层厚较薄，分布不均匀；第三层组主要为海相冲积的淤泥质粉质黏土、淤泥质黏土和软－可塑状黏土，以软弱－中软土为主；第四层组为河流相冲积物，以中密－密实砂类土为主，承载力较高，在基岩埋藏较深的地段，可作为桥梁基础持力层；第五层组为基岩风化层，工程性能较好，可作为桥梁基础持力层。桥址区基岩主要为片麻状混合花岗岩、混合花岗岩，花岗岩质地坚硬，为良好的基础持力层。桥址海域软土分布广、厚度大，其稳定性差，特别是表层淤泥、淤泥质黏土和淤泥质黏土夹砂等软土，工程性能极差。

桥址区地下水可划分为松散岩类潜水、承压水和基岩裂隙水三大类型。水样分析结果表明，海水和地下水化学成分相似，对混凝土、钢筋和钢结构具有较强腐蚀性。

香港大屿山机场位于大桥东岸登陆点附近，澳门机场位于大桥西岸附近，大桥部分线位位于香港、澳门机场飞机起飞和降落区内，工程方案及其施工过程需满足大屿山机场和澳门机场航空限高要求。

大桥线位穿过珠江口中华白海豚保护区的核心区、缓冲区、试验区。

桥址区位于华南地震区的东南沿海地震带内，地震基本烈度为Ⅶ度。

7.2.7.3 总体布置

7.2.7.3.1 线位

初步设计确定的路线走向为：东岸起点为香港大屿山石散石湾，主线沿23DY锚地北侧向西，以隧道方式穿越铜鼓航道、伶仃西航道，继续向西以桥梁方式跨越青洲航道后拐向西南，以桥梁方式跨越江海直达船航道、九洲航道，到达澳门明珠附件海域，经人工岛分离设置珠海及澳门口岸区分线；珠海连接线经湾仔、珠海保税区北，止于珠海洪湾。路线布置总平面见图7－35。

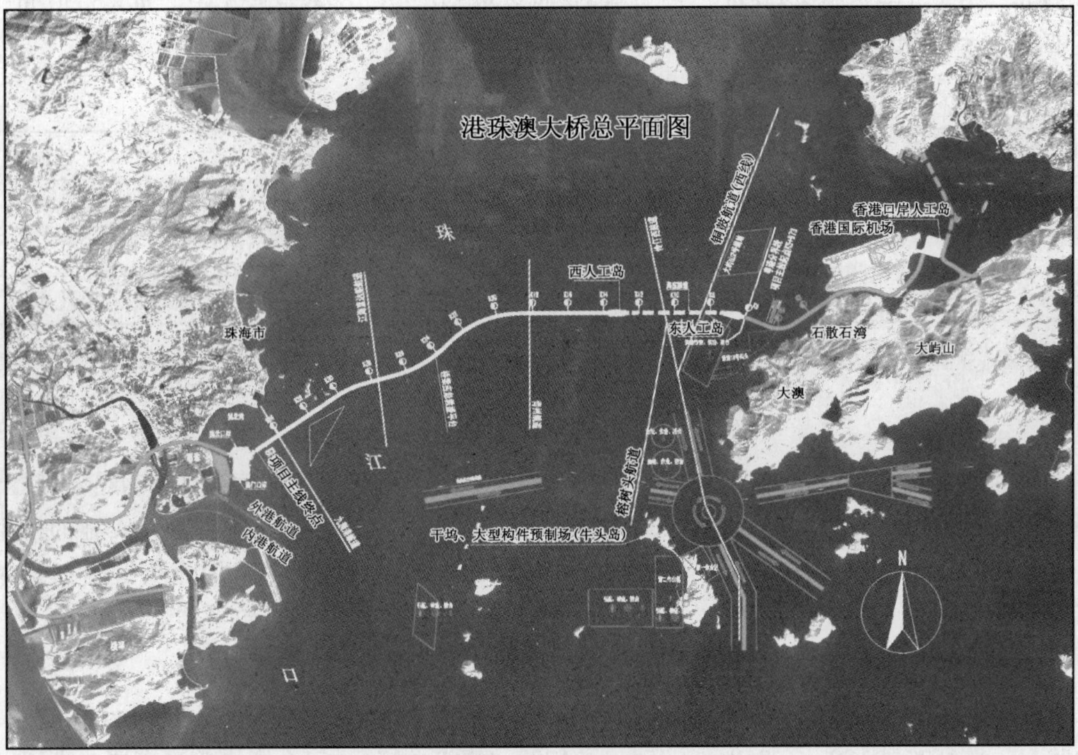

图7-35　港珠澳大桥路线布置总平面

7.2.7.3.2　总体规模

港珠澳大桥全部工程包括：海中桥隧工程；香港、珠海和澳门三地口岸工程；香港、珠海、澳门三地连接线工程。海中桥隧工程全长约35.6 km，包括长约6 km香港段和长约29.6 km的广东省境内(主体工程)段；广东省境内(主体工程)段包含穿越伶仃西航道和铜鼓航道段约6 km的隧道工程及由青洲航道桥、江海直达船航道桥、九洲航道桥、深水区非通航孔桥、浅水区非通航孔桥几部分组成的22.9 km长的桥梁工程。

为实现桥隧转换和通风井需要，主体工程隧道两端各设置了一个海中人工岛，东人工岛东边缘距粤港分界线约150 m，西人工岛东边缘距伶仃西航道约1 800 m，两人工岛最近边缘间距约5 250 m。

口岸采用三地三检模式，香港口岸设置在香港机场岛东北总面积约130 hm^2的人工岛上；内地珠海口岸和澳门口岸在澳门明珠点附近内地水域填海同岛分离设置，人工岛总面积约217 hm^2，分为港珠澳大桥主体工程管理区、珠海连接线衔接区、珠海口岸管理区以及澳门口岸管理区。珠海连接线起自珠海口岸人工岛，经湾仔、珠海保税区北，止于珠海洪湾，与拟建的珠江三角洲地区环线高速公路珠海南屏至洪湾段相接，全长约13.9 km；香港接线由粤港分界线起，到香港口岸，长约12 km。

7.2.7.3.3　主要技术指标

港珠澳大桥采用的主要技术指标为：①路线等级：双向六车道高速公路；②主线计算行车速度：100 km/h；③设计使用年限：120年；④荷载标准：《公路桥涵设计通用规范》(JTG D 60-2004)规定的公路-I级汽车荷载提高25%，同时满足香港《Structure design manual for highways and railways》中规定的活载要求；⑤桥面宽度：33.10 m，其中，行车道宽2 m×3 m

×3.75 m；中央分隔带宽2.00 m；左侧路缘带宽2 m×0.50 m；紧急停车带2 m×3.30 m；外侧护栏2 m×0.50 m；⑥通航净空：见表7－14。

表7－14　各通航孔净空尺度

通航孔所在航道	通航吨级	通航孔个数	净空高度/m	净空宽度/m	备注
青洲水道	10 000吨级	1	42.0	318	单孔双向
九洲航道	10 000吨级	1	40.0	210	单孔双向
江海直达船航道	5 000吨级	2	24.5	173	单孔单向

7.2.7.3.4　桥型方案

(1)青洲航道桥

青洲航道桥初步设计阶段共有三个方案，其中方案二采用双塔双索面整体钢箱梁斜拉桥，主跨458 m，跨径布置为110 m＋126 m＋458 m＋126 m＋110 m，是优化研究并实施的桥型方案(图7－36)。索塔高为168 m，有钢和混凝土索塔两个方案；主梁采用流线形闭口整体钢箱梁。

(2)江海直达船航道桥

江海直达船航道桥初步设计阶段推荐采用三塔独柱中央索面钢箱梁斜拉桥方案，主跨258 m，跨径布置129 m＋258 m＋258 m＋129 m(图7－37)。三个索塔等高布置，高106 m，分别研究了钢和混凝土两种索塔方案，主梁采用流线形闭口钢箱梁。

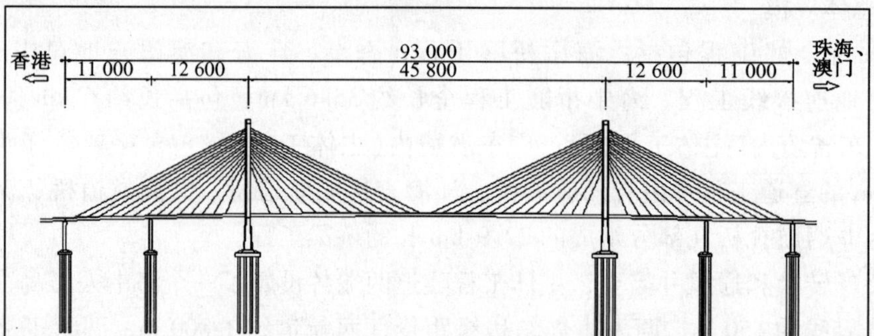

图7－36　青洲航道桥方案二桥型总体布置(单位：cm)

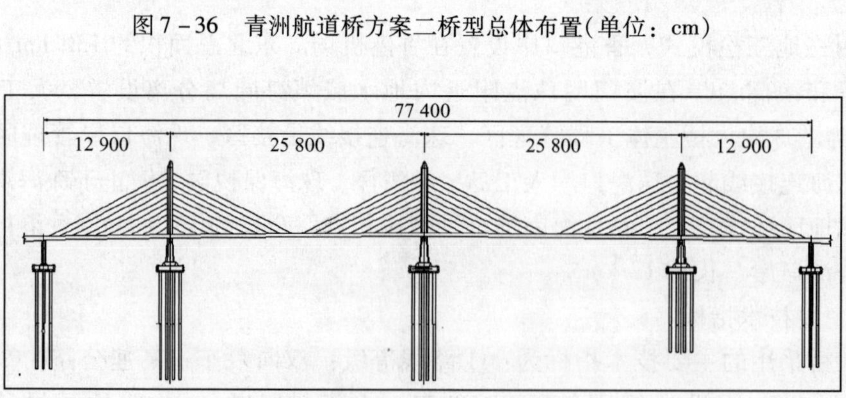

图7－37　江海直达船航道桥方案一桥型总体布置(单位：cm)

(3)九洲航道桥

九洲航道桥初步设计方案推荐采用双塔独柱单索面钢箱梁斜拉桥，主跨298 m，跨径布置75 m+150 m+298 m+150 m+75 m(图7－38)。索塔采用钢+混凝土方案，其中桥面以上为全钢结构，其余部位为劲性钢混凝土结构；主梁采用钢箱梁。

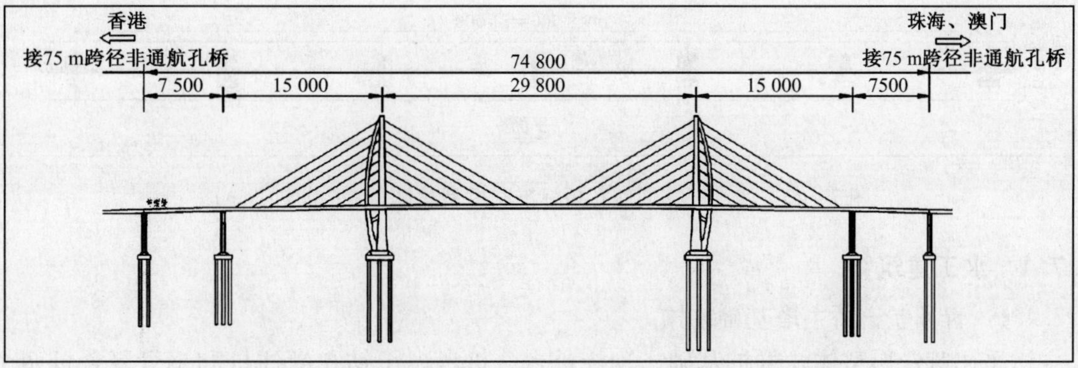

图7－38　九洲航道桥方案一桥型总体布置(单位：cm)

(4)深水区非通航孔桥

深水区非通航孔桥布置于西人工岛和青洲航道桥之间(K13+413—K17+633)、青洲航道桥和江海直达船航道桥之间(K18+563—K27+363)及江海直达船航道桥以西(K28+137—K29+237)，水深5~10 m，基岩埋深60~89 m。除个别地方采用150 m跨度外，其他主跨均为110 m，桥跨布置：5×110+5×6×110+(青洲航道桥)+5×6×110+4×5×110+5×6×110+(江海直达船航道桥)+2×5×110，标准联采用6×110 m一联。推荐采用整幅钢箱连续梁+整幅下部结构方案(图7－39)。

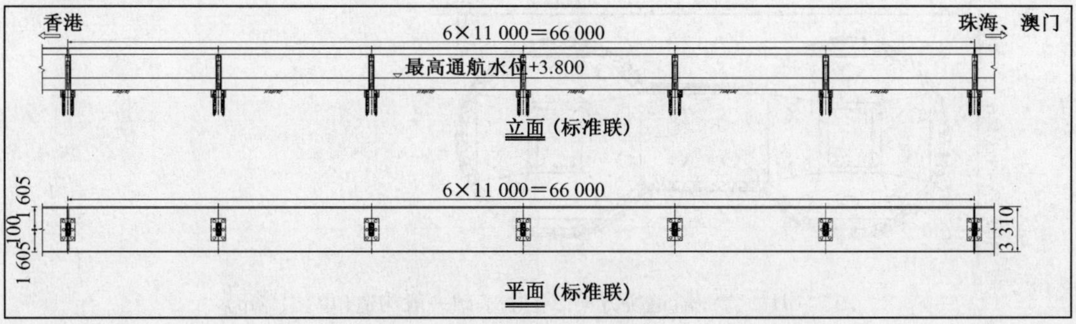

图7－39　深水区非通航孔桥标准联桥型总体布置(单位：cm)

(5)浅水区非通航孔桥

浅水区非通航孔桥布置江海直达船航道西侧深水区非通航孔桥与九洲航道桥之间(K29+237—K33+487)及九洲航道桥以西(K34+180—K35+200)，水深3~4 m，基岩埋深13~77 m。桥跨布置为7×6×85+7×85+(九洲航道桥)+2×7×85，标准联采用6×85 m跨径布置方案。推荐采用分幅组合连续梁+整幅下部结构方案，总体布置如图7－40所示。

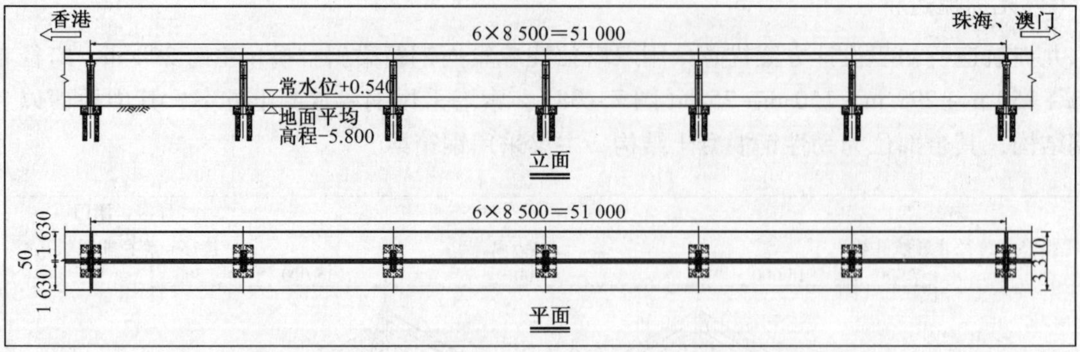

图 7-40　浅水区非通航孔桥标准联桥型总体布置(单位：cm)

7.2.7.4　水工建筑物

7.2.7.4.1　青洲航道桥主塔基础结构

主塔采用哑铃形整体式群桩基础，现浇承台，桩考虑了钻孔灌注桩和钢管复合桩两个方案，主塔基础一般构造如图 7-41 所示。

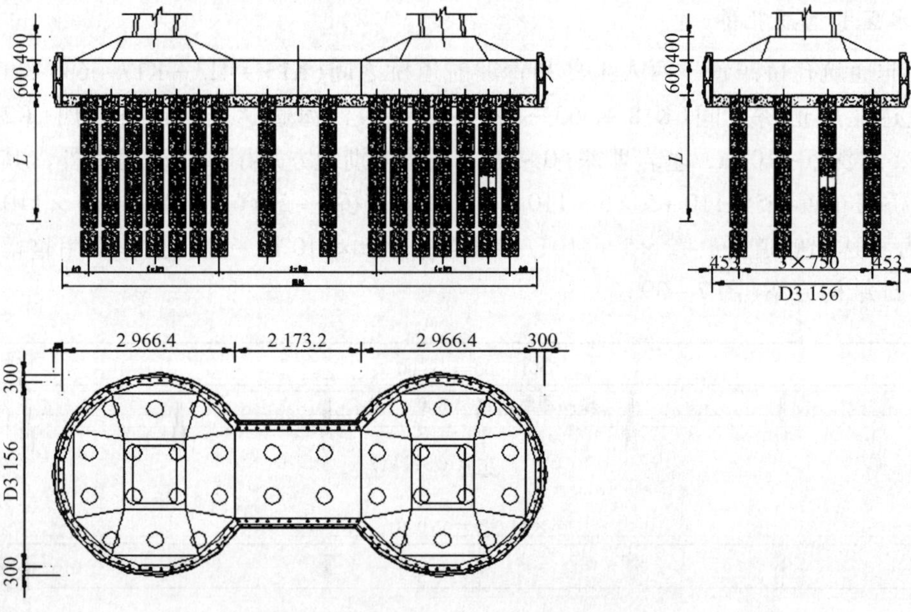

图 7-41　青洲航道桥方案二主塔基础一般构造(单位：cm)

7.2.7.4.2　江海直达船航道桥主塔基础结构

结合独柱塔，基础考虑类似矩形的布置方式，采用整体式群桩基础，现浇承台，桩考虑了钻孔灌注桩和钢管复合桩两个方案，主塔基础一般构造如图 7-42 所示。

7.2.7.4.3　九洲航道桥主塔基础结构

结合独柱塔，基础考虑类似矩形的布置方式，采用整体式群桩基础，现浇承台，桩考虑了钻孔灌注桩和钢管复合桩两种方案，主塔基础一般构造如图 7-43 所示。

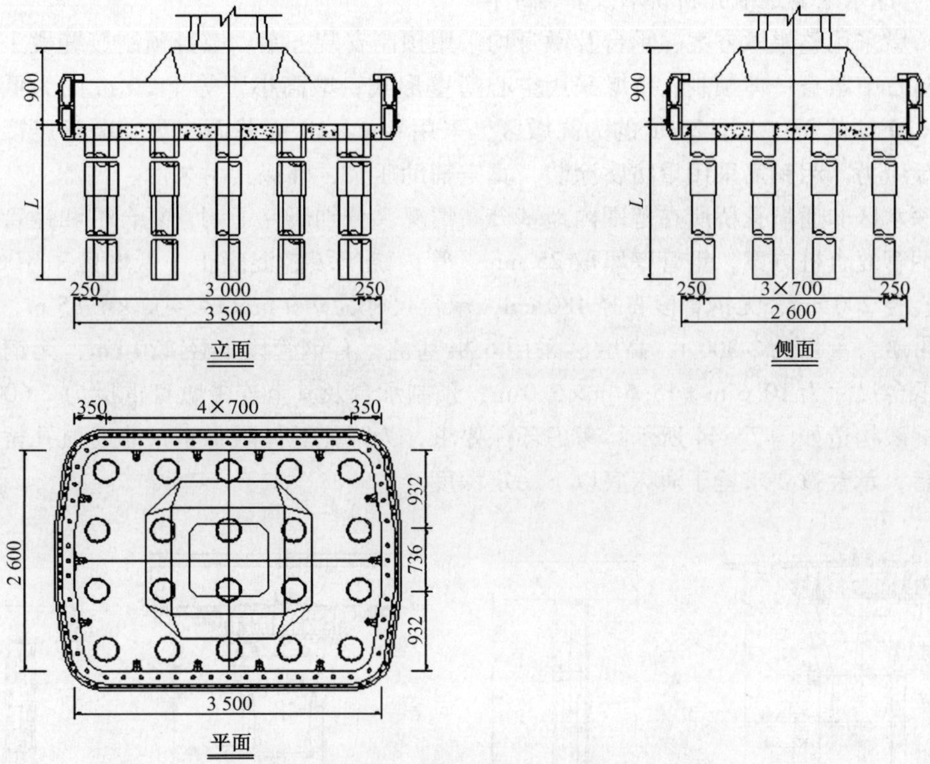

图7－42 主塔基础一般构造(单位：cm)

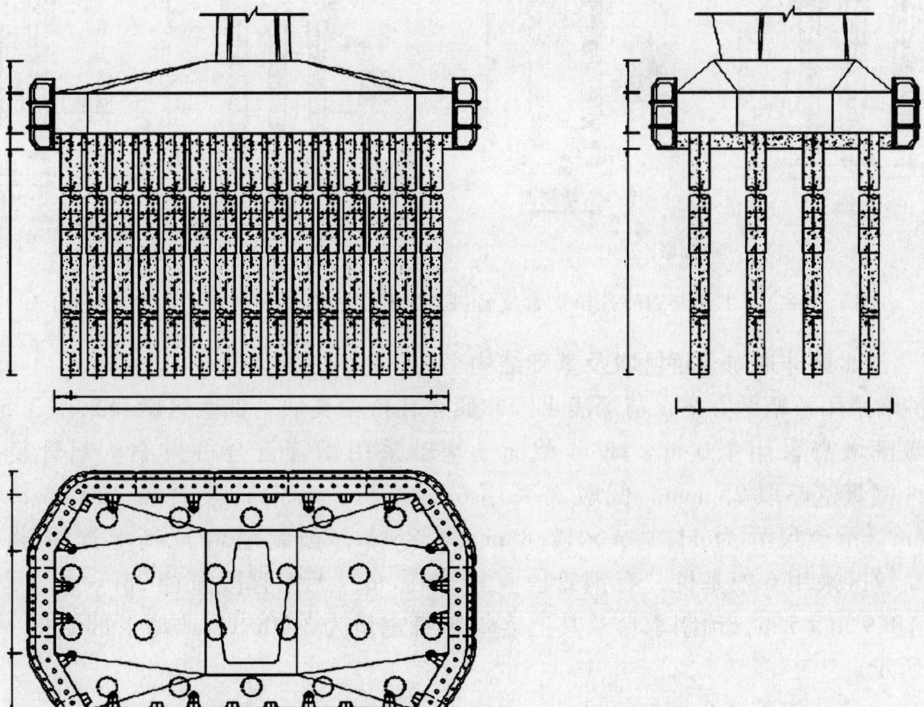

图7－43 九洲航道桥方案——主塔基础一般构造(单位：cm)

7.2.7.4.4 深水区非通航孔桥桥墩及基础结构

下部桥墩采用整幅墩方案，承台及墩身均采用预制安装方案。墩身预制接缝设于浪溅区以上且承台与首节墩身一体预制。桥墩采用空心薄壁形式，墩高小于等于 26 m 的为低墩区，采用 3.5 m×10 m 截面；大于 26 m 的为高墩区，采用 4 m×10 m 截面。预制墩身连接采用剪力键并施加预应力。粗钢筋采用重防腐涂装，真空辅助压浆，确保其耐久性。

根据深水区非通航孔桥所在范围内地基分布情况，分别研究了钢管复合桩和钢管打入桩方案。对于钢管复合桩方案，钢管壁厚取 25 mm，管内浇筑填芯混凝土。低墩区采用 6 根基桩，有钢管段直径 200 cm，无钢管段直径 180 cm，承台尺寸为 9.9 m×14.4 m×4.85 m，预制承台及其上连带墩身重量为 2 300 t；高墩区采用 6 根基桩，有钢管段直径 220 cm，无钢管段直径 200 cm，承台尺寸为 10.6 m×15.6 m×5.0 m，预制承台及其上连带墩身重量为 2 600 t。典型下部结构一般构造如图 7－44 所示。考虑环保要求，为降低总体阻水率，非通航孔桥基础均采用低桩承台，承台按要求置于海床底以下一定深度。

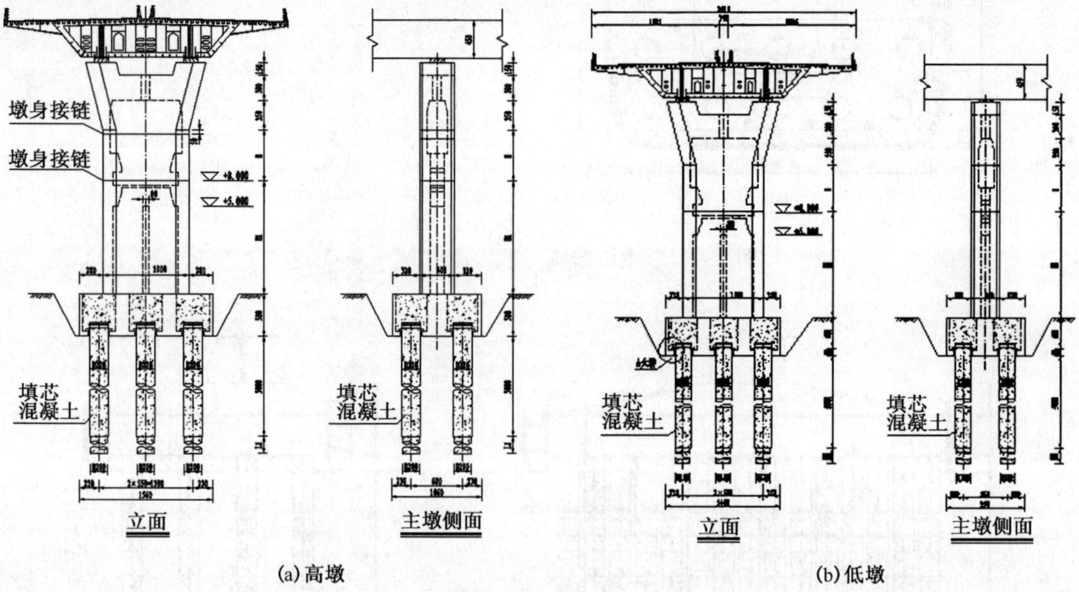

图 7－44 深水区非通航孔桥钢管复合桩方案桥墩及基础一般构造(单位：cm)

7.2.7.4.5 浅水区非通航孔桥桥墩及基础结构

下部桥墩采用整幅墩方案，与深浅水区非通航孔桥相类似。低墩区墩身采用 3.5 m×12 m 截面，高墩区墩身采用 4.0 m×12 m 截面。基础采用钢管复合桩方案。钢管复合桩采用变截面桩，钢管壁厚取 25 mm。低墩区采用 6 根基桩，有钢管段直径 220 cm，无钢管段直径 200 cm，承台尺寸为 11.1 m×17.8 m×4.85 m，预制承台及其上连带墩身重量为 2 800 t；高墩区采用 6 根基桩，有钢管段直径 250 cm，无钢管段直径 230 cm，承台尺寸为 11.9 m ×18.9 m×5 m，预制承台及其上连带墩身重量为 3 200 t。典型下部结构一般构造如图 7－45 所示。

7.2.7.4.6 大直径钢管复合桩与预制承台连接

大直径钢管复合桩与预制承台连接是本工程的一项关键技术。将带有钢围水结构的预制承台运输到现场，用吊架沉放预制承台。利用设置于预制承台上的导向、限位设施确保承台的平面位置和垂直度。混凝土承台下放到位后在承台壁上安装靠架，用千斤顶进行调节，然后安装反压牛腿，固定承台，完成对承台的准确定位。向钢管与承台间的止水胶囊注入高压水，胶囊止水后，低潮位时抽干承台内的水，向承台与钢管间缝隙(止水胶囊之上)灌筑速凝砂浆封堵。焊接预制承台底板预埋件与钢管外壁之间的剪力键。拆除四根钢管上的替打段，再切除钢管至设计标高，处理桩头并接长桩顶钢筋，补强承台钢筋，浇筑桩位承台混凝土。预制承台预留孔，在止水部分采用圆孔，止水以上部分采用方孔，承台受力钢筋位于方孔处采用墩粗直螺纹套筒连接形式。钢管复合桩与承台的连接构造见图7-46。

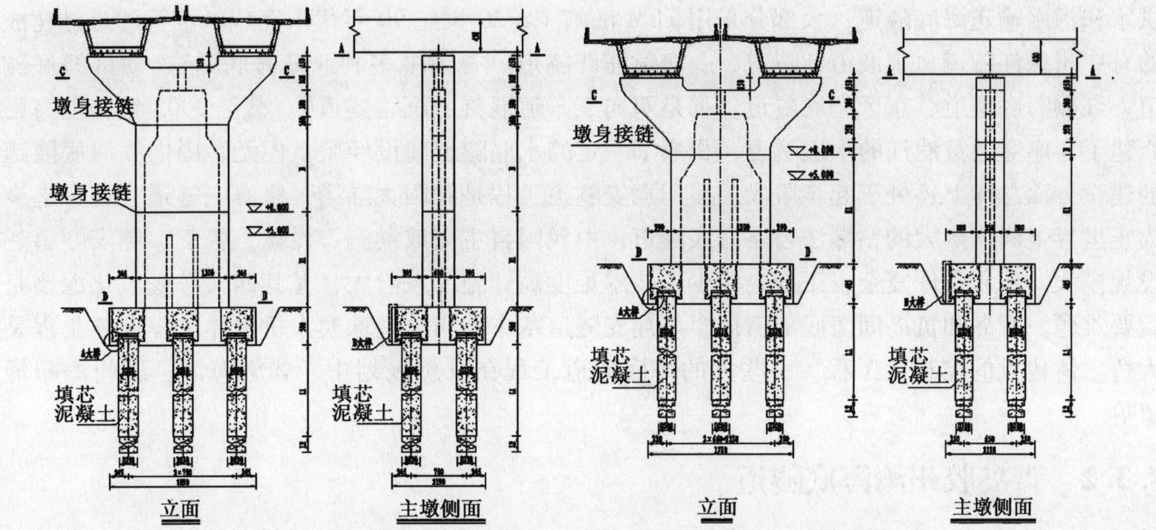

(a) 高墩　　(b) 低墩

图7-45　浅水区非通航孔桥钢管复合桩方案桥墩及基础一般构造(单位：cm)

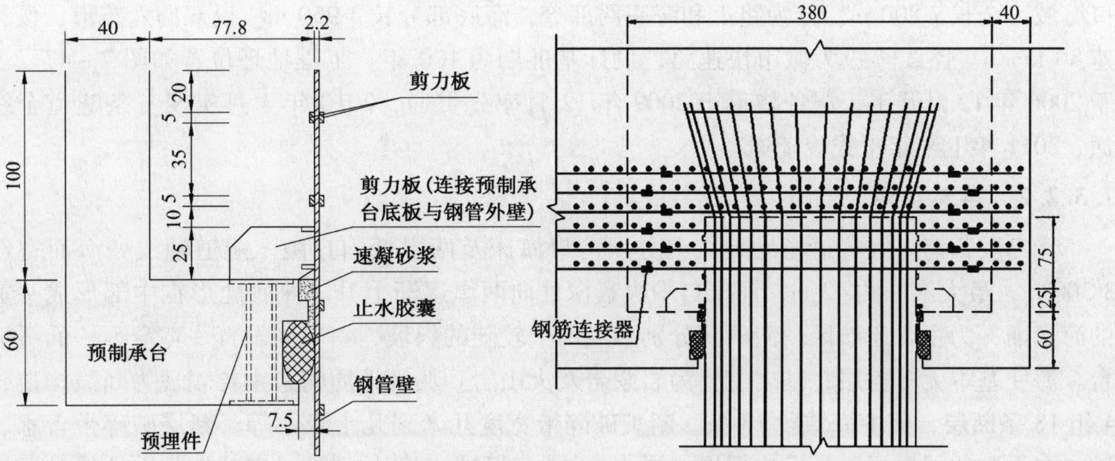

图7-46　钢管复合桩与预制承台连接构造(单位：cm)

7.3 海底隧道工程

7.3.1 概况

我国香港地区于20世纪70—80年代修建了5座海底隧道，包括3座公路沉管海底隧道，2座TBM法施工地铁轨道交通隧道。这些隧道长度都在1.5 km左右。此外香港地区还有数条供水和污水输送海底隧道，大部分采用TBM法施工，20世纪90年代末完成。沉管隧道已建成的有广州珠江隧道、宁波甬江隧道、上海黄浦江隧道、香港维多利亚港海底隧道(西区海底隧道、红磡海底隧道、东区海底隧道，都是双向三车道混凝土沉管隧道)。截至2005年，上海已修建了8座穿越黄浦江的水底隧道，积累了一定的水底隧道建设经验。但是，国内在海底隧道的建设方面总体上还处于起步阶段。厦门翔安隧道工程是我国大陆第一座海底隧道，也是迄今为止世界上断面最大的钻爆法公路海底隧道，由我国自主完成勘测、设计、施工。翔安隧道建设规模大，地质条件复杂，工程经验少，技术难度高，施工风险大，尤其四大海底风化深槽是重要难题。青岛和黄岛间海底隧道规模与翔安隧道基本相当。港珠澳大桥主体工程岛隧工程是大桥主体建设的控制性工程。一些大的海底隧道工程在设想规划中，如渤海湾、琼州海峡通道等。

7.3.2 青岛胶州湾海底隧道

7.3.2.1 概况

胶州湾海底隧道，又称胶州湾隧道，是我国最长的海底隧道，处于火山岩及次火山群地带，覆盖层较薄，共穿越18条断层破碎带，断面最大跨度达28.20 m，最深处位于海平面以下82.8 m。隧道位于胶州湾湾口，南接黄岛区的薛家岛，北连青岛主城区的团岛，下穿胶州湾湾口海域。全长7 800 m，分为路上和海底两部分，海底部分长3 950 m。设双向六车道，设计车速80 km/h。路线等级为城市快速路，设计基准期为100年。工程地理位置如图7-47。工程于2006年12月开工，服务隧道于2009年12月率先贯通，2010年4月实现三条隧道全线贯通，2011年上半年正式竣工通车。

7.3.2.2 自然条件

青岛胶州湾海底隧道场址地貌上分属湾口海床及两岸低山丘陵。隧道轴线处海面宽约为3 300 m，最大水深约42 m，海床自中央最深处向两岸逐渐上升。海底地形在中部形成一宽阔的海底面，为主要通航区。向两侧分别形成两个较陡的斜坡，斜坡间发育一宽窄不一的缓坡平台。海底基本无覆盖层，基岩主要为岩浆岩及火山岩。场区地质构造主要表现为断裂构造，共4组18条断层，其中海域段13条。断裂破碎带宽度几米到几十米不等。断层破碎带含水、破碎、夹泥和软弱夹层，易发生坍塌、涌水事故。工程场区新构造运动以长期间歇性抬升运动为特征，处于稳定、缓慢的整体上升之中，区内无强地震发震条件，场区地震基本烈度为Ⅵ度。

7.3.2.3 总体布置

青岛胶州湾海底隧道工程线路全长约7 120 m，其中隧道长6 170 m(左线隧道6 138 m，右线隧道6 170 m，服务隧道5 950 m，海底段约3 950 m)，路基段长950 m。横断面设计采用左右行车隧道加服务隧道的三孔隧道布置方式。工程线位如图7-48。隧道左、右线线间距一般采用55 m；青岛端接线线位分修，由于地形限制，左、右线在团岛间距由55 m渐变为26 m后分别沿二路布设，间距由26 m渐变至400 m以上；黄岛端接线线位通过曲线出洞后合并为整体式路基。工程平面布置如图7－49。隧道采用“V”形坡，最低点高程为－70.5 m，至海底面44.5 m，最小埋深25 m。行车隧道最大纵坡4%，服务隧道最大纵坡9%。

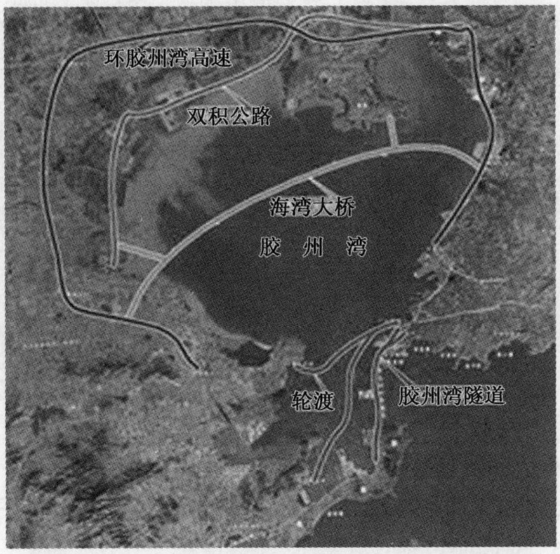

图7－47　青岛胶州湾海底隧道工程地理位置

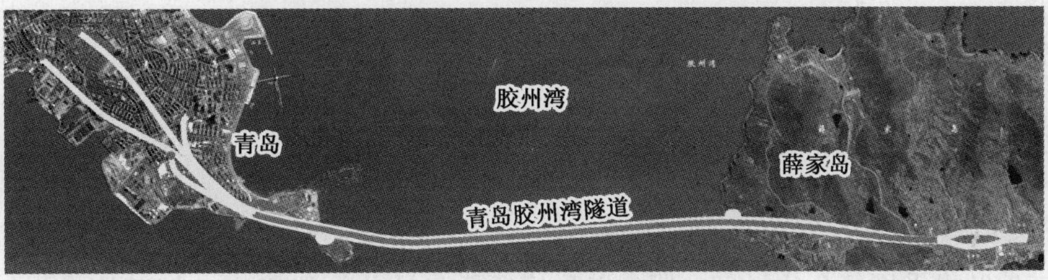

图7－48　青岛胶州湾海底隧道工程线位图

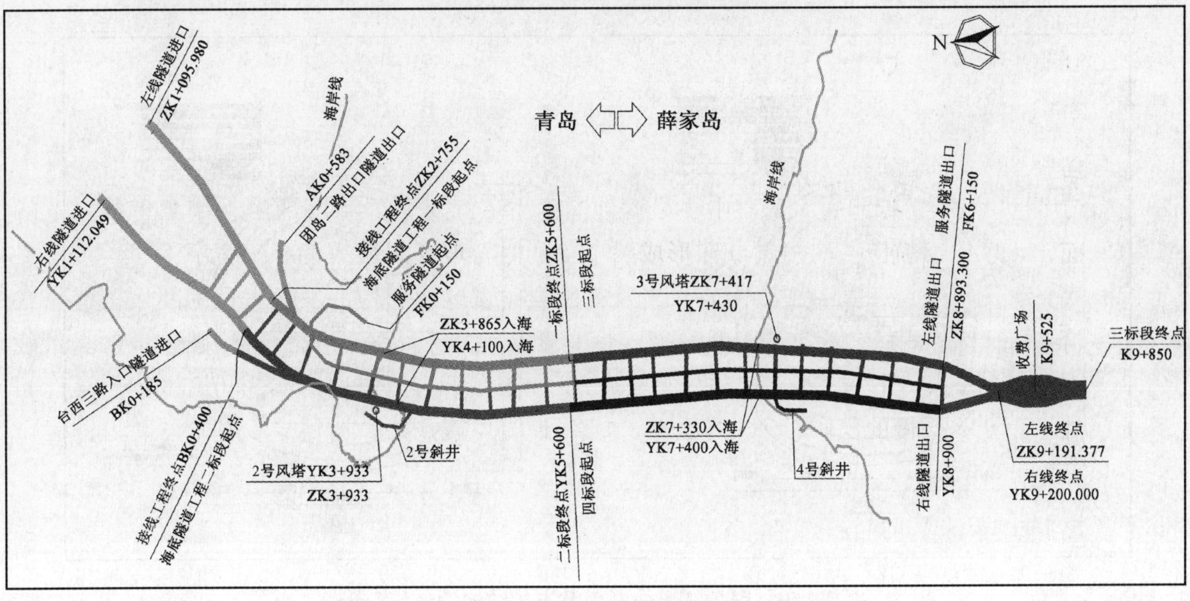

图7－49　青岛胶州湾海底隧道工程平面布置

7.3.2.4 工程结构

隧道设双向六车道，按城市快速道路标准，设计时速 80 km，使用年限 100 年。主要技术指标见表 7－15。

表 7－15 主要技术指标一览

项目	单位	青岛端接线	左线隧道	右线隧道	黄岛端接线	匝道	服务隧道
道路等级	级	城市道路	城市道路	城市道路	城市道路	匝道	等外
设计速度	km/h	60	80	80	80	40	20
路基宽度	m	26	13.5	13.5	26	9.5(8.5)	5.5
行车道宽度	m	2×10.75	10.75	10.75	2×10.75	3.5	3.0
平曲线最小半径	m	160	1 200	1 000	直线	220	60
最小缓和曲线长度	m	35	70	70	—	35	0
同向平曲线间最短直线	m	–	706.729	651.669	—	114.52	200.74
反向平曲线间最短直线	m	–	300.829	160.534	—	280.07	0
最大纵坡及坡长	%/m	3.5/751	4.0/797	3.9/830	1.0/150	5.0/58	－9.0/33
最短坡长	m	255	383.5	380	150	25.2	18
凸形竖曲线最小半径	m	4 500	5 800	6 000	12 000	1 000	400
凹形竖曲线最小半径	m	6 000	12 000	6 500	12 000	1 700	1 700
竖曲线最小长度	m	140	171	175	150	50	35

7.3.2.5 支护结构

隧道支护结构采用复合式衬砌，服务隧道横断面设计及Ⅴ级围岩支护结构设计如图 7－50 所示，行车隧道典型围岩级别下的支护结构设计如图 7－51 所示。

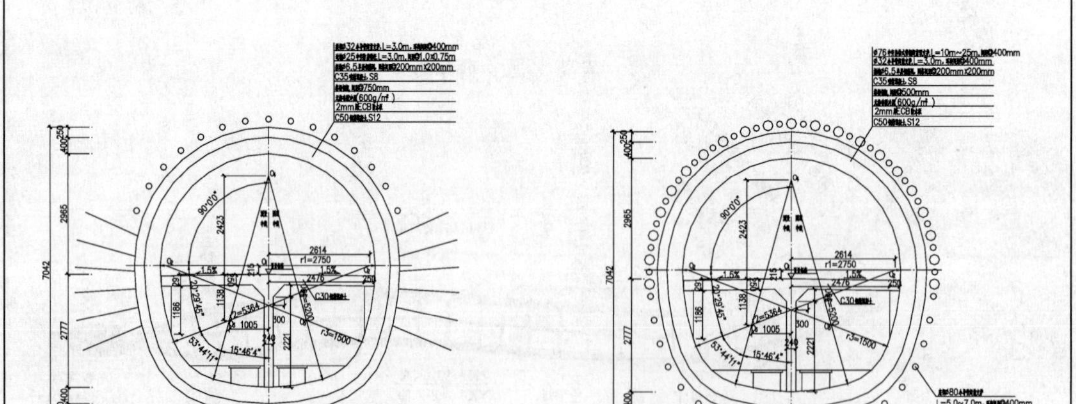

图 7－50 服务隧道横断面及支护结构设计(部分)

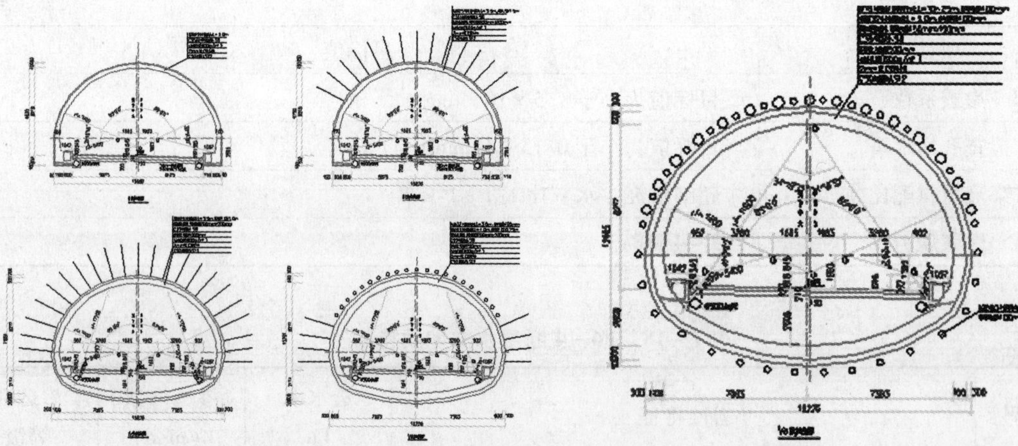

图 7－51 行车隧道横断面及支护结构设计(部分)

7.3.2.6 海域破碎带施工

隧道采用矿山法施工。断裂破碎带主要采用注浆堵水加固施工方案，根据破碎带长度分若干循环穿越破碎带。注浆方式及主要注浆参数设计原则见表 7－16 和表 7－17。

F4－4 断层水文地质特征见表 7－18 所示。行车隧道断层及影响过渡带分两个循环完成施工，各循环钻孔注浆参数设计见表 7－19、表 7－20。

表 7－16 破碎带注浆方式选用原则

注浆方式	适用条件
全断面注浆	①前方围岩破碎、断层岩体风化严重或存在断层泥；②V 级围岩地段；③超前探水孔单孔出水量大于 60 L/min；④探水孔水压≥0.6 MPa(服务隧道≥0.65 MPa)；当隧道通过以上特点断层长度大于 25 m，一次不能完成时采用全断面注浆
隧道周边帷幕注浆	①前方围岩比较破碎，围岩风化较严重；②超前探水孔单孔出水量 25～60 L/min；③探水孔水压 0.3～0.6 MPa(服务隧道 0.35～0.66 MPa)。其他有全断面需要注浆的特点，但隧道穿过长度小于 25 m 时，采用隧道周边帷幕注浆
局部断面超前注浆	①隧道局部断面围岩节理裂隙较发育或比较破碎，其余部位围岩比较完整；②超前探水孔单孔出水量 5～25 L/min；③探水孔水压≤0.3 MPa(服务隧道≤0.35 MPa)
服务隧道周边短孔超前注浆	①隧道围岩节理裂隙较发育；②超前探水孔单孔出水量大于 5～25 L/min；③探水孔水压≤0.35 MPa

表 7－17 主要注浆参数设计原则

项目	目标值
纵向注浆加固长度	25～35 m
径向注浆加固范围	主隧道开挖轮廓线外 5 m；服务隧道开挖轮廓线外 3 m
隧道开挖断面周围的涌水或渗水量	隧道注浆堵水后排水量不得大于 0.4 $m^3/(d \cdot m)$
	服务隧道注浆堵水后不得大于 0.2 $m^3/(d \cdot m)$

续表

项目	目标值
渗透系数	目标值为小于 1.5×10^{-5} cm/s
检查孔涌水量	目标值为小于 0.15 L/(min·m)
浆液材料配比	超细水泥，水灰比 1:1～1:0.8
注浆压力	3～4 MPa

表 7－18　F4－4 断层水文地质特征

断裂编号	岩性特征	透水率 Lu	渗透系数 /(m/d)	渗透性等级
F4－4	带内岩体为碎裂～镶嵌碎裂结构，裂隙以密闭型为主，少数为微张型，裂隙面浸染迹象不甚明显；该破碎带宽度小于 30 m	5～10	0.03～0.06	弱

表 7－19　F4－4 断层第一循环钻孔注浆参数设计

序号	参数名称	参数设计	备注
1	纵向注浆加固长度	30 m	YK6＋961—＋931
2	加固范围	开挖轮廓线外 5 m	
3	浆液扩散半径	2.0 m	
4	注浆压力	2～3 MPa	最大不超过 4 MPa
5	开孔直径	ϕ130 mm	
6	注浆孔直径	ϕ90 mm	
7	注浆速度	5～110 L/min	
8	终孔间距	≤3.5 m	
9	注浆方式	前进分段式注浆	
10	注浆步序划分	4 步(A、B、C. D)	A 序 13 m，B 序 20 m，C 序 30 m，D 序 6 m
11	注浆孔数量	147 孔	
12	孔口管	ϕ108 无缝钢管	$L=2.2$ m
13	浆液配比	W:C＝0.8:1～1.2:1	以超细水泥浆为主

表 7－20　F4－4 断层第二循环钻孔注浆参数设计

序号	参数名称	参数设计	备注
1	纵向注浆加固长度	25 m	YK6＋936—＋911
2	加固范围	开挖轮廓线外 6 m	

续表

序号	参数名称	参数设计	备注
3	浆液扩散半径	2.0 m	
4	注浆压力	2～3 MPa	最大不超过4 MPa
5	开孔直径	φ130 mm	
6	注浆孔直径	φ90 mm	
7	注浆速度	5～110 L/min	
8	终孔间距	≤3.5 m	
9	注浆方式	前进分段式注浆	
10	注浆步序划分	2步(A、B)	A序17 m，B序25 m。
11	注浆孔数量	48孔	
12	孔口管	φ108无缝钢管	$L=2.2$ m
13	浆液配比	W∶C=0.8∶1～1.2∶1	以超细水泥浆为主

7.3.3 厦门翔安海底隧道

7.3.3.1 简况

厦门翔安隧道位于厦门岛东部，隧道长6.05 km，跨越海域部分长约4.2 km，工程地理位置如图7－52。早在20世纪80年代，厦门就初步规划了东通道构想，随着厦门经济特区的发展，1997年前后全面启动前期工作。前期研究中，在厦门东侧海域横向宽度达8 km左右范围内，共提出了10多条路线方案，就堤坝、桥梁、隧道等各种修建方式进行了充分比选。预可研究阶段，对潮汐发电闸坝方案、桥梁方案、隧道方案进行了综合比选，考虑到闸坝方案将对工程场区中华白海豚、文昌鱼国家级保护区造成不良影响，推荐对桥梁和隧道方案作进一步研究。工程可行性研究阶段，经过综合研究论证，最终确定钻爆法暗挖海底隧道方案。2005年9月，翔安隧道正式开工建设，于2010年4月胜利通车。翔安隧道的建成，使得岛内五通到翔安西滨从原来将近1个小时的车程缩短到8分钟，对加快海西建设具有重要促进作用。同时，作为国内首开先河的海底隧道工程，其经验积累对促进我国海底隧道修建技术具有重要意义。

7.3.3.2 自然条件

隧址区陆域为风化剥蚀型微丘地貌，两岸地势开阔平坦，主要为残丘－红土台地，丘顶高程20～35 m，丘体多呈椭圆体，坡度和缓。海岸带为海蚀海岸及堆积海滩地貌，岸线曲折，岸坡以土质陡坎为主，坎高7～20 m，部分地段坎底基岩裸露。五通岸多为侵蚀海岸，海滩多礁石，西滨岸为堆积海岸，海滩宽阔，滩面被浮泥覆盖，被辟为海产养殖场。隧址区海域约4.2 km，五通侧水下岸坡稍陡，一般水深20 m，最深处25 m，海底起伏，多有礁石分布；西滨侧水下岸坡平缓，一般水深15 m，海底平坦，渐升至出露。

对隧址区地质构造具有控制意义的断裂构造为长乐—诏安断裂带和九龙江断裂带。诏安断裂带呈北东向平行海岸线展布，北起闽江口，经长乐、惠安、泉州、厦门、诏安，向南延伸至广东南澳、惠来入海，长约450 km，带宽38～58 km，地震活动较弱。九龙江断裂带分布于厦门、漳州和南靖等地，走向北西至东西，由2～3条次级断裂组合而成，长120 km以上。沿断裂带是地热异常带，发生过多次 5 ~ 6.5 级地震。海域隧轴线有三条强风化基岩深槽，呈北西及近南北向展布，F1 走向北西 276°，F2 走向北西 304.5°，F3 走向北西 345.5°，经钻孔验证，强风化层深厚，部分岩芯可见密集的高角度裂隙及碎裂特征。

图 7-52 工程地理位置图

场区地层主要为第四系覆盖层及燕山期侵入岩两大类。第四系地层以侵入岩残积土为主，其次为上更新统冲洪积、以白色基调为主的黏性土和黏土质砂，少量全新世冲坡积或海积砂土、黏性土、淤泥等。场区基岩以燕山早期第二次侵入的花岗闪长岩及中粗粒黑云母花岗岩为主，海域及五通岸为花岗闪长岩分布区，翔安侧潮滩及其以北地带为黑云母花岗岩分布区。其内穿插二长岩、闪长玢岩、辉绿岩（玢岩）等岩脉，以辉绿岩最为多见。主要不良地质分布为两端全强风化地层、翔安端富水砂层、海域多处全强风化深槽（F1、F2、F3、F4）。

陆域和海域范围内地层中的地下水据其赋存形式分为松散岩类孔隙水、风化基岩孔隙裂隙水、基岩裂隙水三种。其中松散岩类孔隙水赋存于第四系残积层中，风化基岩孔隙裂隙水赋存于基岩全-强风化层中，基岩裂隙水赋存于弱微风化基岩的风化裂隙及构造裂隙中。陆域地层中除可能存在的富水性好的基岩破碎带外，均为弱富水，渗透性较差，属于弱或微含水层。海域地层中除海积的砂层（主要赋积在 K10+900 以东西滨滩涂地段）及可能存在的富水性好的基岩破碎带外，总体上与陆域同，主要受海水的垂直入渗补给。

7.3.3.3 总体布置

隧道平面线位如图7－53所示。根据确定的海底隧道最大埋深和隧道最大纵坡，结合地质报告，以3.0%为最大控制纵坡，在厦门岸采用了－2.86%的长坡段后接－2.479%的下坡到达海域深处，海域段采用了0.632%的上坡，在翔安岸采用了3%～2.5%～3%的组合坡度，隧道长6.05 km。以左线计，路线全长8.695 km，平均每千米纵坡变更次数为0.88，最大纵坡为2.9%，最短坡长450 m，最小凸形竖曲线半径为18 000 m，最小凹形竖曲线半径为12 000 m，竖曲线占路线总长39.76%。左线隧道纵断面如图7－54所示。

厦门翔安隧道两侧为行车主洞，行车主洞为双向六车道，中间一孔为服务隧道（图7－55）。两相邻隧道最小净距根据围岩类别、断面尺寸、施工方法、爆破震动影响等因素分析，认为净间距大于22 m时，两隧道之间相互影响很小。从减少占地，节省造价的角度出发，厦门翔安隧道海域段主洞左右线的测设线间距为52 m。

图7－53 平面线位图

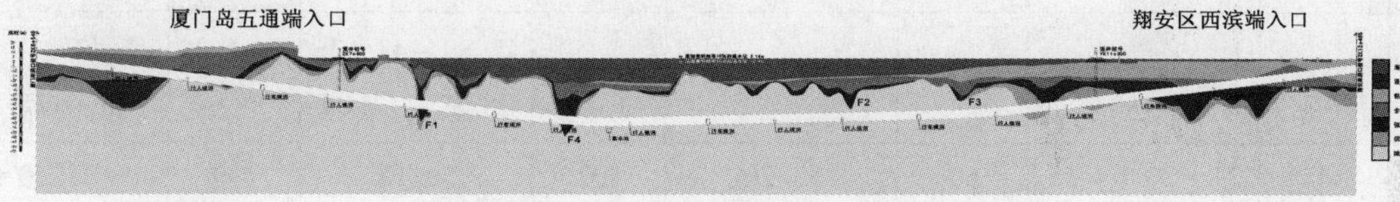

图7－54 左线隧道纵断面图

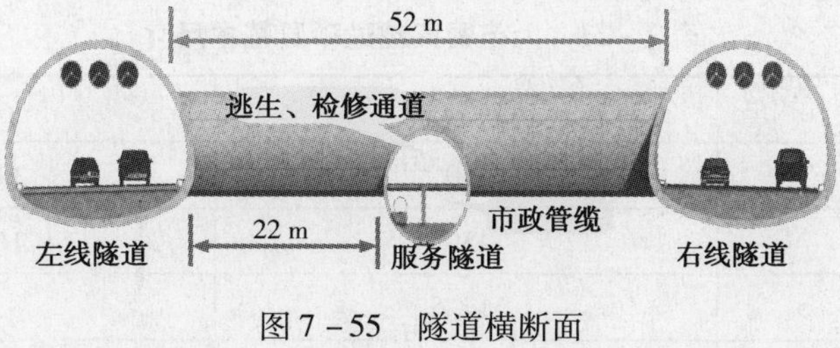

图7－55 隧道横断面

7.3.3.4 工程结构

厦门翔安隧道为高等级公路，同时兼具城市道路功能，设计基准期为100年。隧道两岸接线均与城市道路相连，采用高等级公路设计标准，计算行车速度采用80 km/h。行车隧道建筑限界净宽13.50 m，净高5.0 m；服务隧道上方预留检修车辆兼逃生空间3.0 m（宽）×2.5 m（高），下方设置供水管道预留空间2.6 m×2.15 m和电缆预留空间3.0 m×2.15 m。其他技术标准采用交通部《公路工程技术标准》（JTGB 01－2003）中的有关规定，个别指标采用城市道路的设计标准。表7－21是陆域和浅滩段长距离穿越全强风化花岗岩浅埋段基本尺寸。海域隧道地段存在多处风化深槽，岩体主要为全、强风化花岗岩，长度在 50 ~ 140 m，静水压力 0.5 ~ 0.7 MPa。在海域内，风化槽地段围岩风化不均匀，土石交结面渗水量大，矿物成分是由花岗闪长岩风化形成，主要成分为高岭石，含量达 50% ~ 77%，为长石的风化蚀变矿物，仍保留了原岩的结构。风化槽地段施工为该隧道施工中最困难的部分。翔安隧道在海底段穿越 F1、F2、F3 全强风化深槽以及 F4 全强风化深囊情况，见表 7 - 22。隧道大范围穿越过砂层，在翔安端海域浅滩段穿越富水砂层总长约 610 m，具体见表 7 - 23。

表 7 - 21　陆域和浅滩段长距离穿越全强风化花岗岩浅埋段基本尺寸

隧道	五通端		翔安端	
	长度/m	埋深范围/m	长度/m	埋深范围/m
左线隧道	989	6 ~ 27.6	1 300	5.85 ~ 38.767
服务隧道	974	7 ~ 33	1 200	12.279 ~ 41.939
右线隧道	905	5 ~ 30	879	4 ~ 36
合计	2 868		3 630	

表 7 - 22　海底段穿越软弱风化囊槽基本尺寸

隧道	F1		F2		F3		F4	
	长度/m	埋深/水深/m	长度/m	埋深/水深/m	长度/m	埋深/水深/m	长度/m	埋深/水深/m
左线	60	27.7 ~ 48/12.8	63	38.5/18.9	50	41.45 ~ 40.35 /7.75 ~ 9.36	113	33.6 ~ 38/26.2
服务隧道	92	36 ~ 53.7/18	57	44.9/18.2	110	45.89 ~ 43.626 /8.32 ~ 11.09	94	40.8 ~ 45.6/25.6
右线	148	21 ~ 30/8 ~ 15	50	53/20	102	50/18	199	24 ~ 27/20 ~ 22
合计	300		170		262		406	

表 7 - 23　大范围穿越过砂层基本尺寸

隧道	长度/m	埋深范围/m
左线隧道	650	11.97 ~ 33.081
服务隧道	459	16.479 ~ 36.94
右线隧道	612.5	9 ~ 31
合计	1 721.5	

7.3.3.4.1　横断面

隧道断面采用 R - 740 cm 和 R - 570 cm 的三心圆形式，内侧检修道下设置 55 cm × 80 cm 管沟，外侧余宽下设置 30 cm × 40 cm 管沟，路缘带两侧分别设置 ϕ25 cm 的预制边水沟排路面水，并在路面下设置 ϕ50 cm 侧排水沟排除衬砌背后水。隧道建筑内轮廓断面面积为 122.09 m^2（带仰拱），行车道以上净空断面面积为 100.5 m^2。隧道行车主洞横断面和服务隧道横断面见图 7 - 56 和图 7 - 57。服务隧道断面基本采用似圆形的马蹄型断面形式，拱部及边墙半径采用

R－325 cm，仰拱处为减少开挖及方便施工，采用R－460 cm和R－240 cm的三心圆形式，其建筑内轮廓断面面积为30.87 m^2。

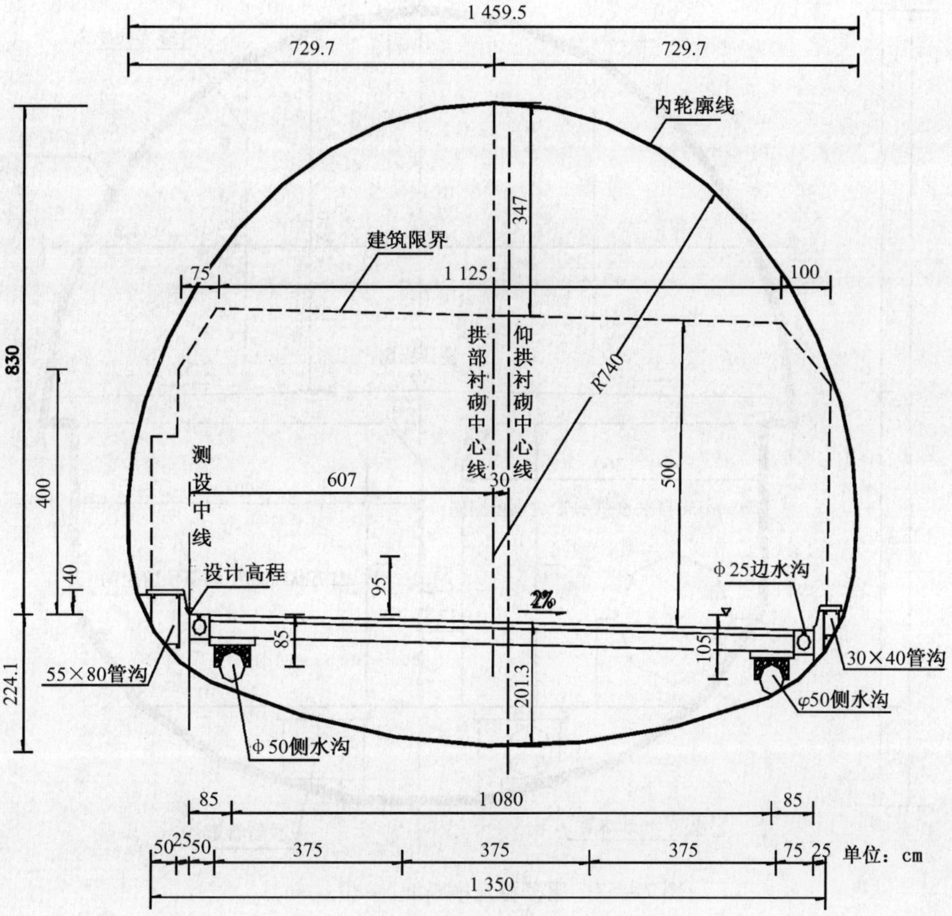

图7－56 隧道行车主洞横断面

7.3.3.4.2 主洞衬砌设计

从地质情况、水头高度、地下水对结构的腐蚀情况以及结构断面形式等方面考虑，主洞衬砌结构分为以下两大类方案。

(1)全封闭方案

主要用于全、强风化及海底风化槽地段。由于全、强风化段基本位于两端洞口，水头小于40 m，围岩渗透系数数量级约5～10 cm/s；而风化槽地段围岩渗透系数数量级约3～10 cm/s，水头达到70 m，涌水量较大，计算时外水压力不折减。全封闭复合衬砌在Ⅳ、Ⅴ级围岩地段按初期支护和其所加固的围岩承担大部分围岩压力、二次衬砌承担小部分围岩压力和全部静水压力；在Ⅰ—Ⅲ级围岩地段按初期支护和其所加固的围岩承担全部围岩压力、二次衬砌承担全部静水压力模式综合考虑计算。静水压力按照隧道埋置深度调整，翔安隧道最低设计高程为－69.281 m，最高潮水位4.51 m，拱顶最大静水压力按0.65 MPa取值。二次衬砌应采用不等厚截面形式，基础与仰拱接合附近截面加厚。衬砌示意如图7－58。

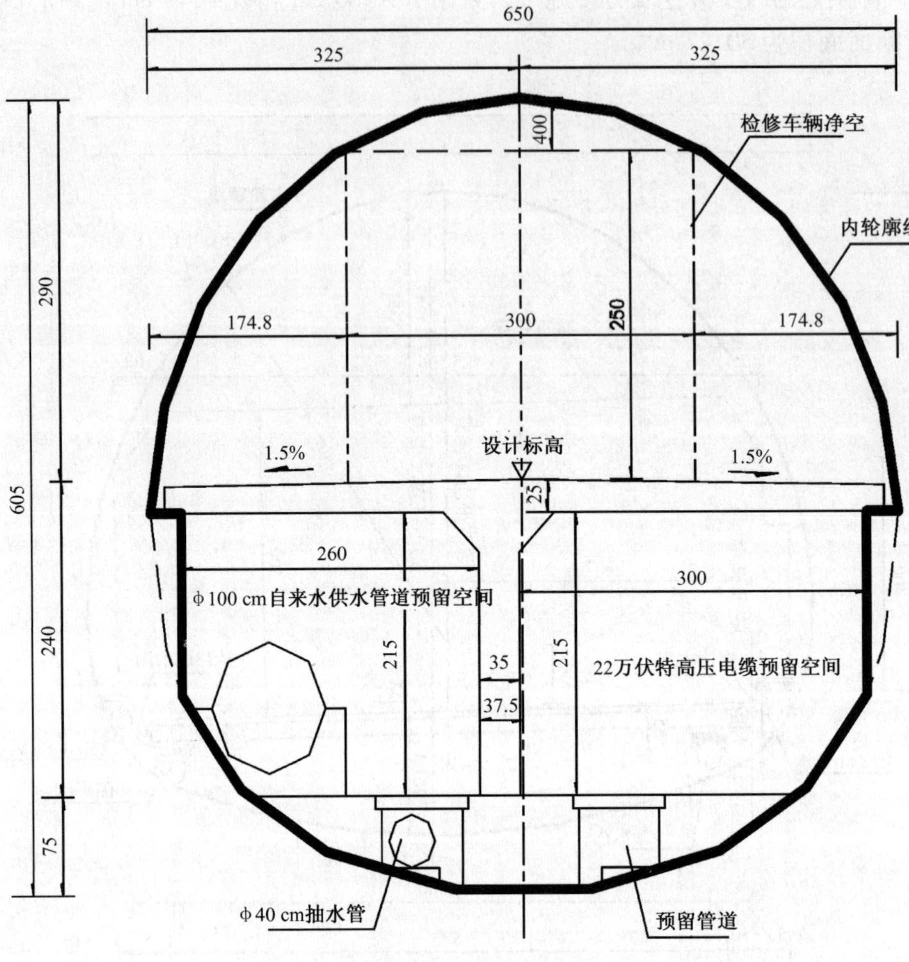

图 7－57　服务隧道横断面(单位：cm)

(2)限排导方案

主要用于Ⅰ级围岩地段、Ⅱ级围岩(与Ⅰ级围岩相交)地段、竖井圆变方及与主洞相交地段、横洞与主洞相交地段、横洞与服务隧道相交地段。外水压力只需要按 0.3 倍的外水压力(并不小于 0.1 MPa)对二次衬砌的强度进行校核。

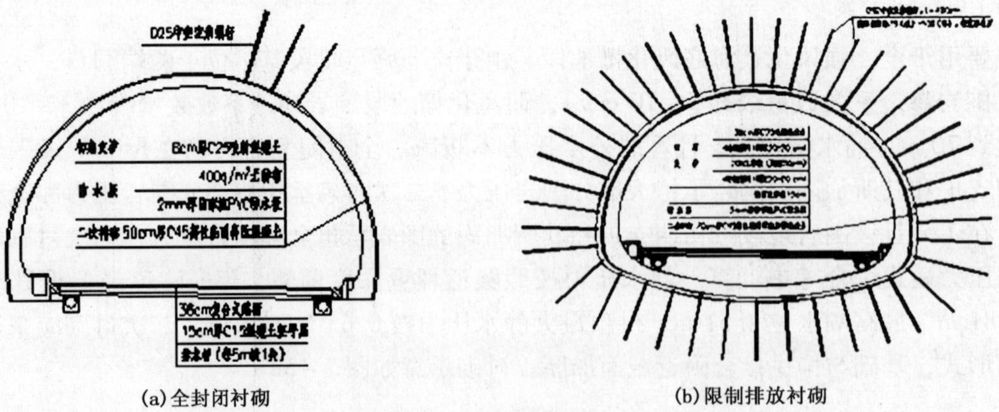

(a)全封闭衬砌　　(b)限制排放衬砌

图 7－58　衬砌示意图

7.3.3.4.3 通风竖井和横洞设计

厦门翔安隧道采用分段送排式通风，结合隧道两端的地质情况、通风要求，分别在厦门岸和翔安岸设置两处通风竖井(图7－59)。两处竖井均位于浅海区域，平均水深2～3 m。厦门岸竖井距厦门端洞口1.31 km，设置于左线隧道上方，对左线主洞进行送排风，同时还作为右线行车隧道在紧急情况下的排烟通道。顶面高程5.5 m，井底路面设计标高－40.12 m，井深约46 m。翔安岸竖井距翔安端洞口1.235 km，设置在右线隧道上方，对右线行车隧道进行送排风，也作为左线行车隧道紧急情况的排烟通道。顶面高程5.5 m，井底路面设计标高－45.947 m，井深约52 m。二竖井断面皆为圆形，半径8.3 m；竖井中间设风道隔板将送、排风流隔离，送风道面积27.01 m^2，排风道面积24.92 m^2。排烟通道断面为圆形，半径1.5 m，排烟通道面积7.07 m^2。

行人横洞设置间距为250～500 m，行车横洞设置间距为500～1 000 m，根据安全要求设置了12处行人横洞、5处行车横洞，行车横洞之间的间距约为1 000 m。

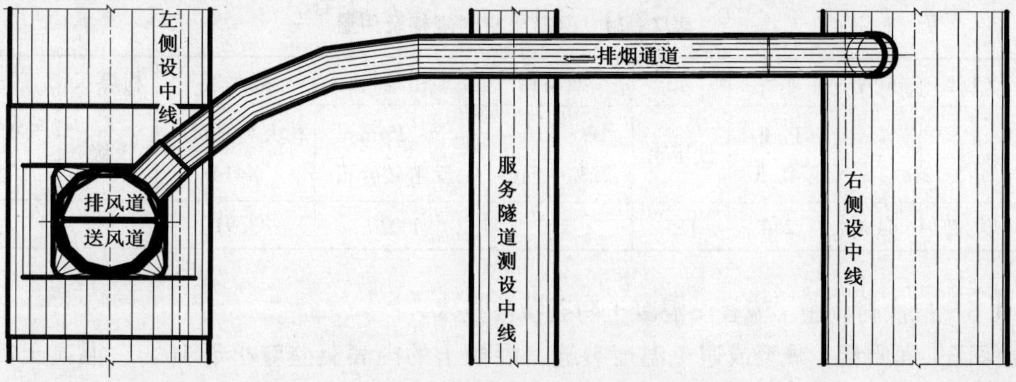

图7－59 竖井布置示意图

7.3.3.4.4 结构防水

地下水的处治有全封堵和排导两种方式(图7－60)。厦门翔安隧道的地下水和海水总水头在50～70 m，根据涌水量分析，左、右线裸洞全部排导衬砌最大涌水量为2 530 m^3/d和2 685 m^3/d，考虑注浆加固封闭裂隙和初期支护的封堵作用，部分地段采用排导衬砌方案，基本上不考虑衬砌的水压力荷载，从而使结构更经济合理。主隧道在全、强风化地段及断层破碎带地段采用全封闭方案；在Ⅰ、Ⅱ级围岩地段和横洞等结构交叉地段采用排导方案，允许少量渗水限量排放。服务隧道由于断面较小，全部采用全封闭衬砌结构方案。

7.3.3.4.5 海底隧道二衬混凝土耐久性

本工程二衬混凝土配合比设计要满足以下条件：①混凝土强度等级不得小于C45，衬砌混凝土3天强度不得低于21 MPa；②抗渗等级达到S12，90天氯离子扩散系数应小于$2.0\times10^{-12}\ m^2/s$，抗氯离子渗透性能小于1 200 C。配合比设计和原材料的选材以耐久性作为主要指标，以低水胶比、低用水量、混凝土密实度高为前提，掺加足够数量的矿物细粉掺合料和高效减水剂。海底隧道二衬混凝土配合比和各种材料规格及每方用量见表7－24。该配合比3天抗压强度为28.6 MPa，28天强度为61.7 MPa，28天抗渗等级达到S12，90天氯离子扩散系数为$1.241\ 8\times10^{-12}\ m^2/s$，均满足设计要求。

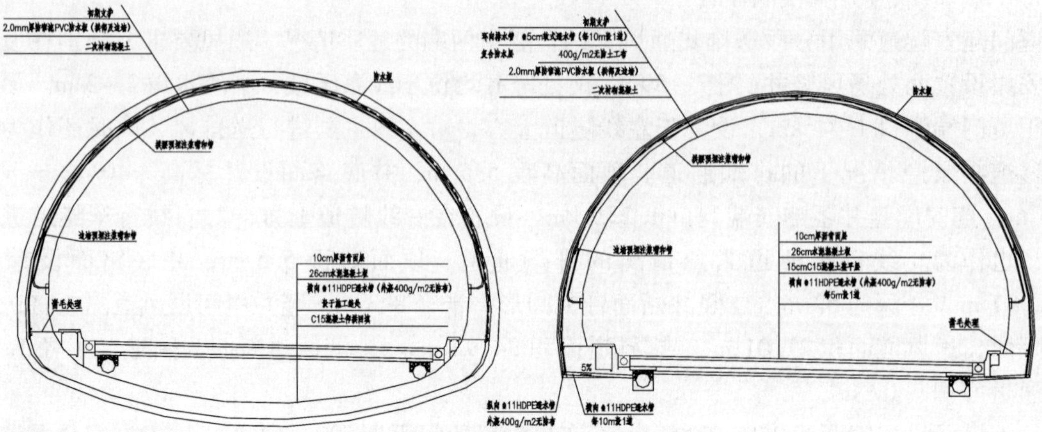

图 7－60　防排水系统结构断面图

表 7－24　混凝土材料规格及用量

材料	水胶比	砂率	水泥	水	细集料	粗集料	减水剂	粉煤灰	矿渣粉
材料规格	—	—	P. Ⅱ 42.5	饮用水	Mx =2.6～2.8 中河砂	5～25 mm 反击破碎石	意大利马贝—X414	1 级	S95 磨细矿渣粉
用量	0.32	41%	254	155	713	1 020	3.91	78	156

7.3.3.4.6　二次衬砌施工温控与混凝土防裂抗渗技术

为保证工程质量，减轻或避免温度裂缝，混凝土的内表温差应小于 16℃。混凝土的浇筑温度应小于 $T+2$℃，最高温升不超过 25℃。温控措施主要是：在满足混凝土设计要求的前提下，尽可能选用低热水泥，掺用适量的掺和料（粉煤灰、矿渣粉等），减少水泥用量，优化配合比，降低混凝土的水化热温升；选择气温较低的时间施工；降低入仓温度；表面保温；采用人工或自动喷淋的方法，加强混凝土的养生，使其在 21 天内始终保持湿润状态。为及时掌握温控信息，在混凝土内埋入应变计，测量混凝土的应变和温度应力，判断混凝土应力状态和抗裂能力，预料产生裂缝的可能性。

翔安隧道二衬混凝土的抗渗系数必须达到 S12。为提高混凝土的抗渗性能，主要措施有：①采用强度等级不低于 42.5 MPa 的水泥；②加强粗细集料的级配控制，粗集料最大粒径不宜大于 40 mm，其含泥量不得大于 1.0%，泥块含量不得大于 0.5%；细集料的含泥量不得大于 3.0%，泥块含量不得大于 1.0%；③混凝土水胶比小于 0.4。混凝土施工过程中，按照 500 m^3 混凝土抽检一组抗渗试件，对二衬混凝土进行了 37 组的抗渗试验，至达到抗渗要求时无一试件渗水。

7.3.3.5　隧道施工技术

7.3.3.5.1　隧道两端全强风化软弱地层施工工法

隧道两端洞口陆地及浅滩地段全强风化层较长，其中进口穿越近 900 m 全强风化花岗岩，出口穿越近 1 200 m 全强风化花岗岩，浅埋段隧道埋深仅 4～18 m。隧道所经全强风化花岗岩颜色已风化成褐红色或灰白色，状态为可塑状的残积黏性土，含云母较多，颗粒组成中粉粒含量几乎占一半，土含水饱和度达 94.9%，土的主要物理力学参数平均值见表 7－25。

表7－25 残积黏性土物理力学参数

土的物理性质		稠性限度		渗透系数/(cm/s)	压缩性		剪切试验	
含水量(%)	饱和度(%)	液限(%)	塑限(%)		系数/MPa^{-1}	模量/MPa	凝聚力/kPa	摩擦角(°)
36.7	94.9	44.4	28.0	3.8×10^{-5}	0.4	6.0	43.0	17.8

实际施工时，未扰动情况下，土的地基承载能力达200 kPa左右，但一经开挖受水的影响，部分只达到60 kPa左右。因此，应选择安全快速的施工方法通过如此长距离大断面含水软弱层。开挖的基本原则是保证围岩稳定或减少对围岩的扰动，在施工中坚持“先探后挖”，并将超前地质预报纳入施工工序中；同时本着稳定掌子面、及时闭合和加固地层的原则，相互补充，择优选择开挖方法。

由于行车隧道开挖净宽16.74 m，净高12.26 m，断面大，无法形成自然拱；地下水及海水补给充分而丰富。施工时采用将大的断面划分为四个部位的CRD工法(图7－61)进行暗洞开挖支护。陆域段CRD工法施工严格按照新奥法原理，十八字方针(管超前，严注浆，短进尺，弱爆破，快封闭，勤量测)的施工原则组织施工。开挖支护顺序是先开挖Ⅰ部，全封闭完成10～15 m后开始开挖Ⅱ部，此时Ⅰ、Ⅱ部同时向前开挖，在Ⅱ部开挖支护完成10～15 m后，再开挖Ⅲ、Ⅳ部，这样就形成了以Ⅰ—Ⅱ—Ⅲ—Ⅳ开挖支护顺序的开挖支护局面，四部同时施做，同时前进。隧道在陆域软弱围岩段，富水砂层段及海底风化槽均采用CRD工法施工(Ⅰ—Ⅱ—Ⅲ—Ⅳ施工步序)。

初期支护主要施工工序流程均为开挖后，初喷混凝土→系统支护(锚杆、钢筋网、钢拱架及连接钢筋)施工→复喷混凝土至设计厚度→辅助支护措施(超前小管棚、超前中空注浆锚杆、超前小导管、超前锚杆)。锁脚锚管设计及现场施工如图7－62。在浅埋软弱富水、富水砂层、风化深槽段大跨围岩段，由于围岩自稳时间短，为确保施工安全，加快施工进度，必须在开挖前对工作面前方的围岩进行超前支护，主要采用ϕ42×3.5 mm，$L=3.5$ m长的超前小导管进行预支护。其中两层小导管之间的搭接长度不小于1 m，环向间距30 cm。主要布置在Ⅰ、Ⅲ部。双层钢筋网片。主洞网片钢筋采用ϕ8盘条加工成200 mm×200 mm的格网，洞内铺挂。钢筋网混凝土保护层应不小于20 mm，且应与锚杆或钎钉联结牢固。用高压水冲洗受喷面，当受喷面遇水易泥化时，用高压风吹净岩面。在已有混凝土面上进行喷射时，清除剥离部分，以保证新老混凝土之间具有良好的黏结强度。新喷射的混凝土按规定洒水养护。喷射混凝土的回弹物不得重复利用。

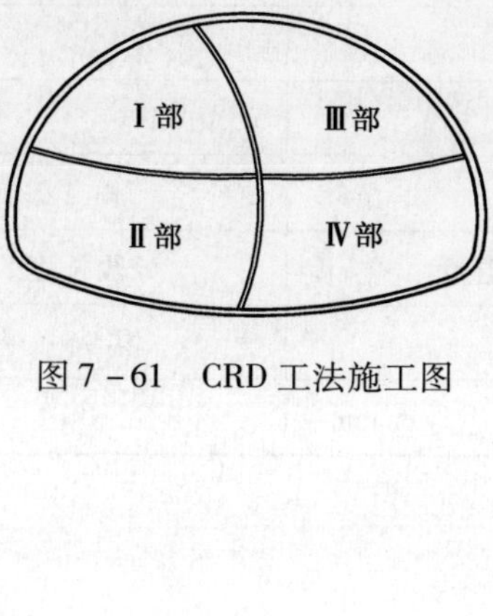

图7－61 CRD工法施工图

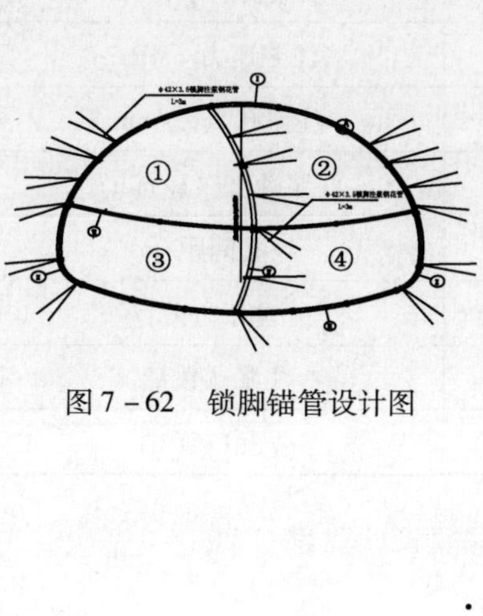

图7－62 锁脚锚管设计图

7.3.3.5.2　海底风化深槽施工

考虑风化深槽特殊的岩土水文地质，施工期间主要是防止其坍塌和涌突水。对隧道穿越风化深槽段预注浆堵水，加固围岩。快支护，早成环，直至通过风化深槽；开挖以人工机械为主，必要时弱爆破，严防对围岩产生大的扰动。开挖过程中严格做好超前管棚支护和注浆加固。总体施工原则：①做好超前地质预报工作；②做好帷幕注浆预加固工作；③采用 CRD 法或多台阶法开挖，支护适当加强；④做好应急抢险救援预案工作。

风化深槽超前地质预测预报总体方案为：物探钻探相结合，长短结合，先物探后钻探，先长后短。隧道施工在距离风化槽 50 m 左右采用 TSP203 长距离探测，初步探明掌子面前方的含水体、裂隙等地质情况，尤其是两端的土石交界面位置。在接近风化深槽时使用水平钻探准确探出土石交界面位置，穿越风化深槽时加大短距离预报密度，主要以地质素描、超前水平钻探、地质雷达和红外探水为主，同时可对 TSP 预报成果进行验证。在条件允许的情况下增加高密度电阻率法等物探手段，使用多种方法相互补充，相互印证。风化深槽地质钻孔采用直径 90 mm 的钻机，除中心钻孔在开挖轮廓线内，其余都在开挖轮廓线外 2 m 附近，对隧道周边围岩在一定范围内进行探明。在每一循环开始前进行超前地质探孔可得出前方一定深度的工程和水文地质准确情况，乃至出水量，对帷幕注浆施工有重要的指导作用。

海底风化深槽地段注浆主要采用劈裂注浆和挤密注浆，注浆压力从低到高逐渐加大，达到设计注浆量即可停止注浆，避免过多扰动地层。全断面帷幕注浆压力取值 2.0 ~ 4.0 MPa。注浆堵水材料主要选用普通 32.5 水泥单液浆、超细水泥单液浆（MFC）、普通 C－S 双液浆和高早强高强度混凝土（HSC）等。注浆材料的选择：$P<2$ MPa 时以普通水泥单液浆或普通水泥－水玻璃双液浆为主；$P>2$ MPa 时以超细水泥浆单液浆或超细水泥－水玻璃双液浆为主。注浆效果检查采用钻孔法，钻深为开挖段长度以内并预留 3 m。根据检查孔涌水量及强度来决定是否补设注浆孔。如果每孔每延米涌水量大于 0.20 L/min 或局部孔涌水量大于 3 L/min 则追加钻孔注浆，再次压注至达到设计要求为止。行车隧道全断面超前预注浆参数见表 7－26。

表 7－26　行车隧道全断面超前预注浆参数

序号	参数名称	参数值	备注
1	纵向注浆加固长度/m	30	
2	径向加固范围	开挖面及开挖轮廓线外 5 m	
3	浆液扩散半径/m	1.5	
4	注浆压力/ MPa	1.0 ~ 2.0	
5	注浆孔直径/mm	ϕ90	
6	注浆速度/（L/min）	5 ~ 110	
7	终孔间距/m	2.2	
8	注浆方式	前进式分段注浆	分段长度 3 m
9	注浆孔数量		共 96 个孔
10	孔口管	$L=2.0$ m，ϕ121，壁厚 5 mm	

7.3.3.5.3 大管棚支护施工

大管棚施工应用较多的是在进洞洞口超前加固施工，在洞内施工的工程较少，主要设计参数见表7-27。大管棚施工用地质钻机钻设 ϕ135 mm 钻孔，安装 ϕ130 mm、长度为2 m 的导向管，然后从导向管中钻 ϕ120 mm 孔，到设计深度后安设 ϕ108 mm 大管棚，对管棚进行全孔一次性注浆，注浆材料为超细水泥单液浆，浆液配比为 $W:C=(0.6\sim0.8):1$，注浆终压2~3 MPa。全断面(帷幕)注浆完成后，主洞采用 CRD 法开挖，服务隧道采用上下台阶法进行开挖，每一循环注浆30 m，开挖25 m，留5 m 作为下一循环注浆的止浆墙，开挖后及时施作初期支护。完成全部初期支护后，施作止浆墙。重复进行下一循环超前预注浆施工，直到安全通过风化深槽。

表7-27 大管棚设计参数表

序号	参数名称	参数值	备注
1	管棚长度/m	40	
2	管棚规格/mm	ϕ108、$\delta=6$	管棚上钻溢浆孔
3	每节长度/m	2.5~3.5	
4	环向间距/cm	30	
5	管棚个数/根	74	
6	注浆终压/MPa	2~3	

7.3.3.5.4 富水砂层段施工

厦门翔安隧道出口端在海域浅滩段有逾600 m 富水砂层(如图7-63和图7-64)，其中右线隧道有205 m，左线隧道有196 m 砂层直接侵入隧道开挖作业面，侵入砂层厚度0~6 m不等，其他未侵入段隧道拱顶为全风化花岗岩，距离砂层很薄。由于富水砂层覆盖影响大，为确保止水效果，保证隧道安全施工，首先采用地下连续墙止水。由于隧道经过的海域浅滩段已经被围堰及洞碴回填，可利用地下连续墙将整个砂层段分隔成仓，设置降水井分期抽水。切断海水对砂层的补给通道，并通过降水井疏干砂层中的水，消除隧道施工时砂层产生突水、涌水和坍塌的安全隐患。纵向连续墙沿左、右线行车隧道外侧15 m 进行布置，横向连续墙根据实际情况共设置3道横墙(图7-65)。地下连续墙导向槽采用 C30 钢筋混凝土浇筑，导墙埋深1~2 m，墙顶高出地面0.1~0.2 m，导墙内净距比连续墙厚度大3~5 cm；地下连续墙采用素 C25 水下混凝土，厚度为60 cm，与导墙搭接20 cm，地下连续墙垂直方向穿过砾砂层，深度进入全风化花岗岩层4.0~6.0 m，防止海水从连续墙底部绕流进入帷幕区内(图7-66和图7-67)。

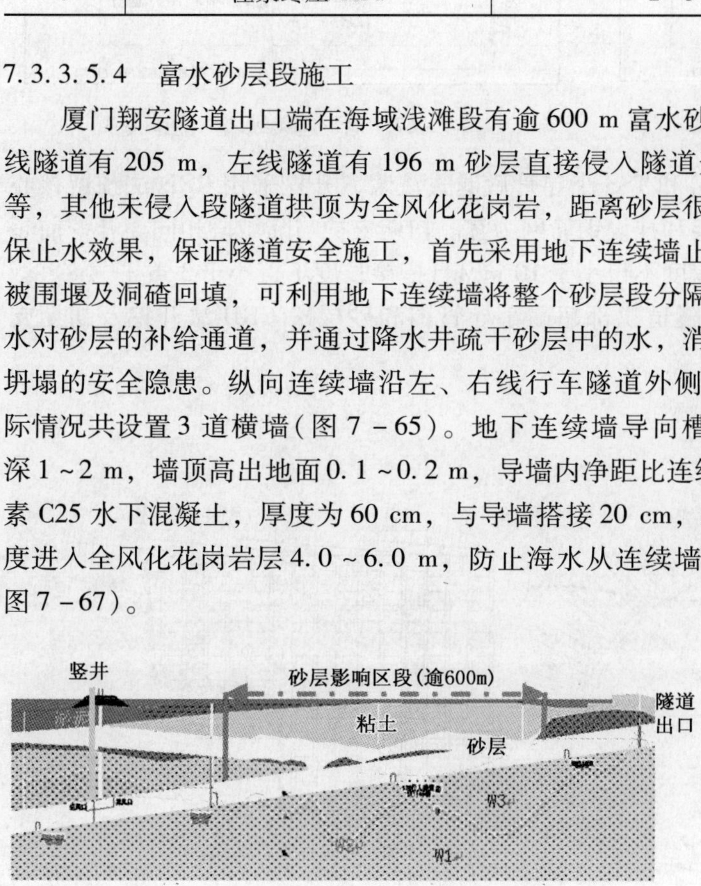

图7-63 浅滩段富水砂层位置纵断面

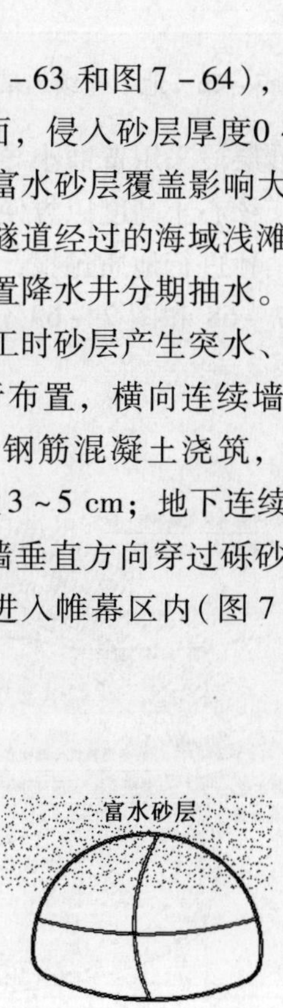

图7-64 富水砂层与隧道开挖方式

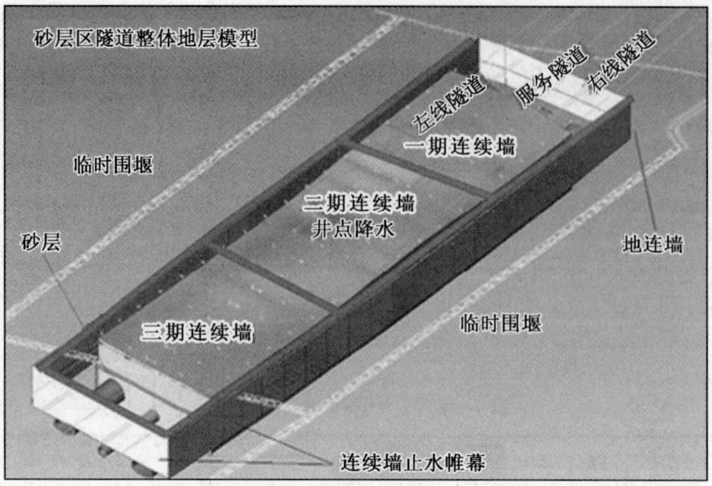

图 7－65　地下连续墙、降水井与隧道关系

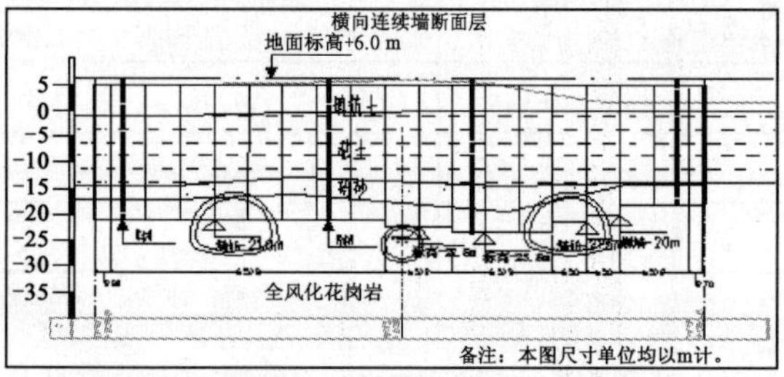

图 7－66　地下连续墙横墙与隧道关系

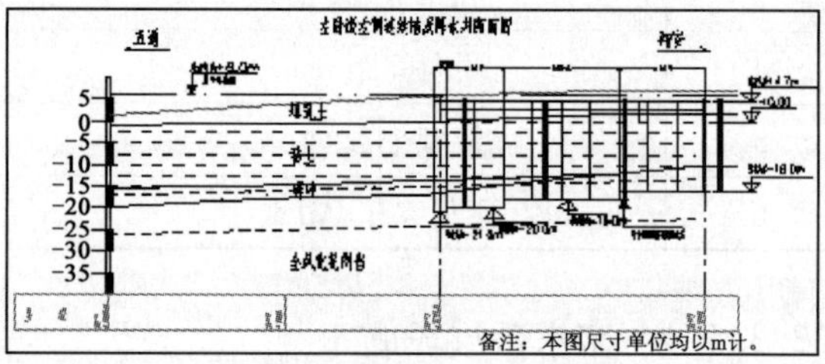

图 7－67　地下连续纵墙与隧道关系

在砂层段采用普通小导管（水泥浆）和 TSS 小导管后退式注浆，开挖采用 CRD 法预留核心土施工，核心土高度以方便架设钢拱架和挂设钢筋网为宜。初期支护与陆域段相同。开挖前超前水平钻孔进行地质预报，每次探孔深度不得小于 10 m，且搭接长度不得小于 3 m。

图 7－68 和图 7－69 分别为行车隧道拱部超前小导管图和砂层段 CRD 法开挖及初期支护图。

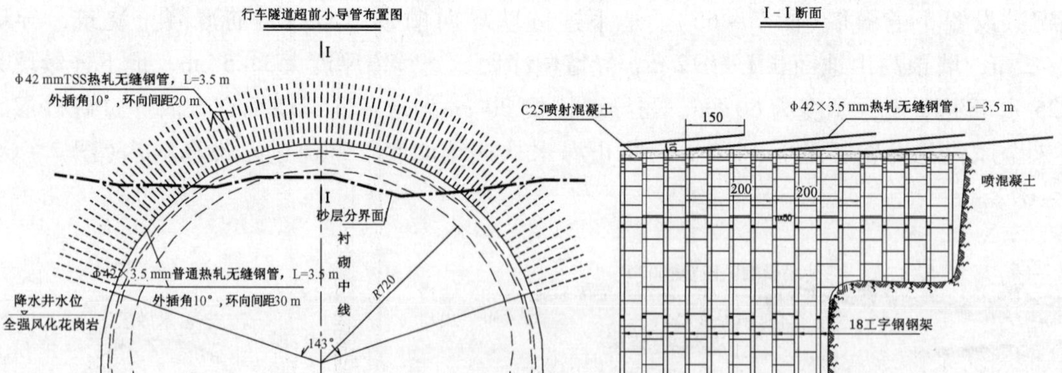

图 7－68　行车隧道拱部超前小导管

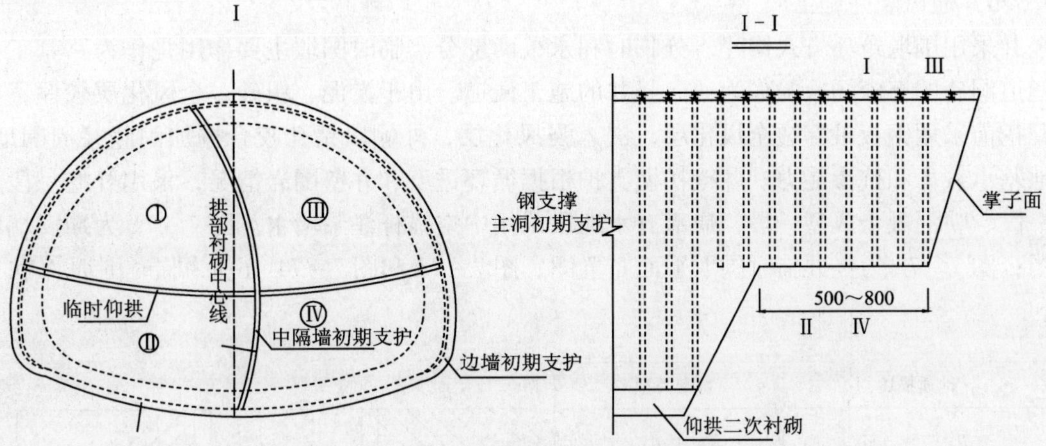

图7－69 砂层段CRD法开挖及初期支护

7.3.3.5.5 底部二衬混凝土施工

底二衬混凝土按隧道围岩级别分为找平层混凝土和仰拱及填充混凝土(图7－70)，其中，Ⅰ、Ⅱ级围岩为找平层混凝土，Ⅲ—Ⅴ级围岩为仰拱及填充混凝土。Ⅰ、Ⅱ级围岩不设仰拱。为确保混凝土结构的完整性，隧道Ⅲ—Ⅴ级围岩均采用全幅一次浇注的方法进行混凝土施工。拱墙混凝土施工时，首先进行初期支护表面处理，对表面不平顺和落差较大的，进行补喷平顺，对表面局部有渗漏水的进行拱背回填注浆止水；然后进行防水层施工。环向采用有钉热熔悬挂法铺设施工，纵向搭接。在初期支护变形基本稳定和二次衬砌灌注前进行防水板铺设，铺设施做点距爆破面大于150 m，距二次衬砌处大于20 m。防水板沿环向一次铺设，纵向搭接焊接。最佳焊接温度及速度见表7－28。施工缝、沉降缝施工主要由背贴式止水带、膨胀橡胶止水条、浸沥青木丝板及水泥基结晶渗透主动式防水等构成，最后进行二衬混凝土施工。混凝土采用水平分层、对称浇筑，相邻两层浇筑时间间隔控制在2小时之内；灌注施工采用整环灌注，至墙拱交界处时，间歇约1小时，以便于边墙混凝土沉实。

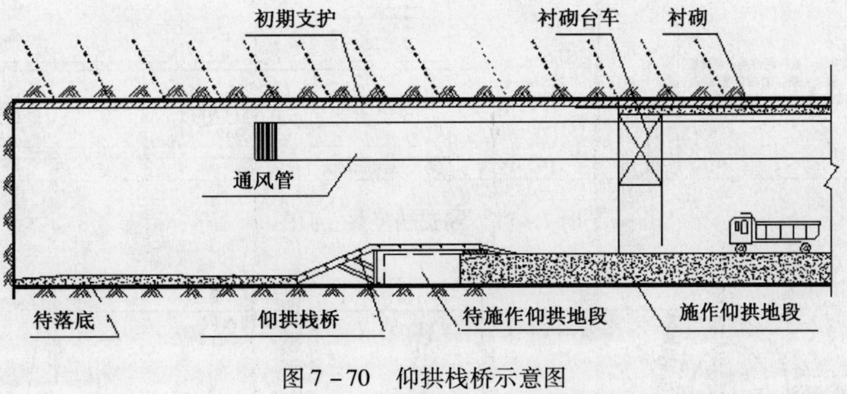

图7－70 仰拱栈桥示意图

表7－28 PVC防水板最佳焊接温度和速度

序号	项目	参数
1	焊接温度/℃	130～180
2	焊接速度/(m/min)	0.15

7.3.3.5.6 通风竖井施工

竖井采用围堰筑岛方式修建，分临时和永久两部分。临时围堰主要作用是作为路基工程挖方、隧道洞碴的弃碴场，并作为通向竖井的施工便道。由于淤泥、粗砂、全风化层较厚，在该地层开挖前采用钢板桩穿透全风化层，嵌入强风化层，外侧以钻孔咬合桩加固竖井周围地层，提高地基承载力和抗渗能力。井壁初期支护根据循环进度和井壁围岩情况，采用开挖一段、立钢架一段、喷混凝土成型一段，局部有水地段采用中空锚杆注浆堵水。图 7 – 71 为翔安端竖井立面图；图 7 – 72 为竖井临时围堰平面布置图；图 7 – 73 和图 7 – 74 分别为临时围堰 A 和 B 断面图。

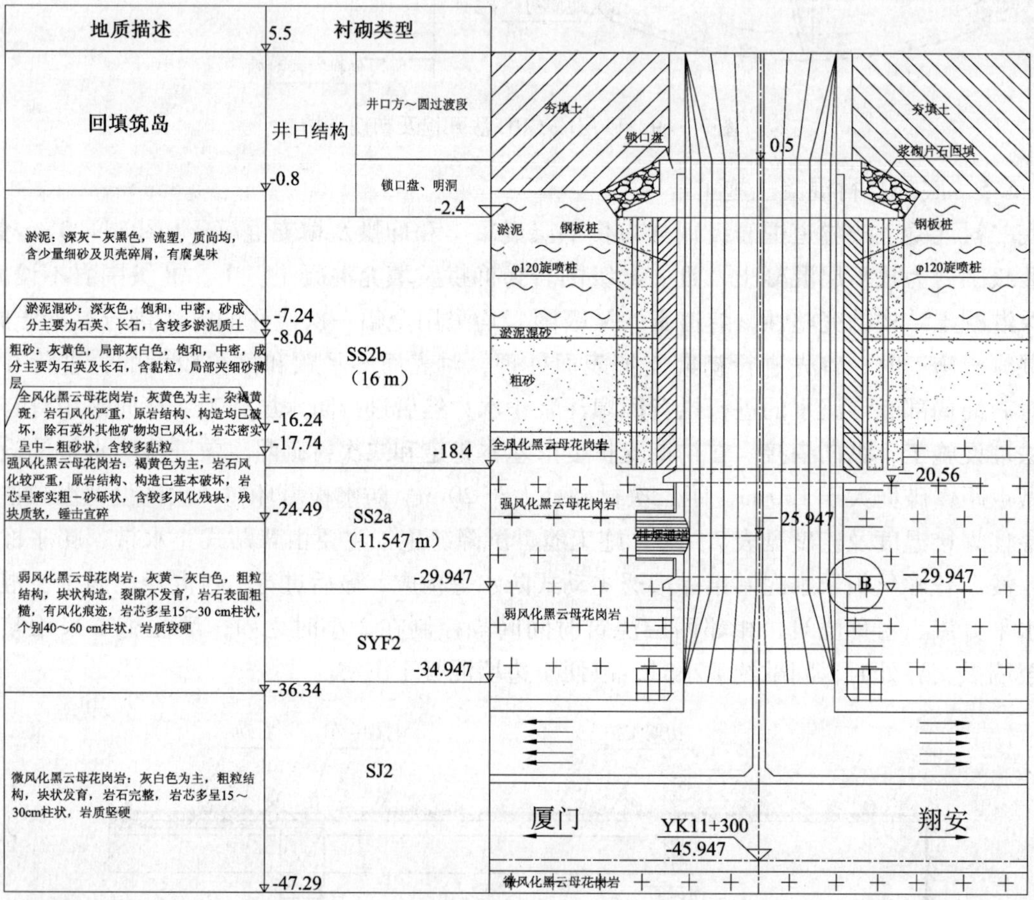

图 7 – 71 翔安端竖井立面图

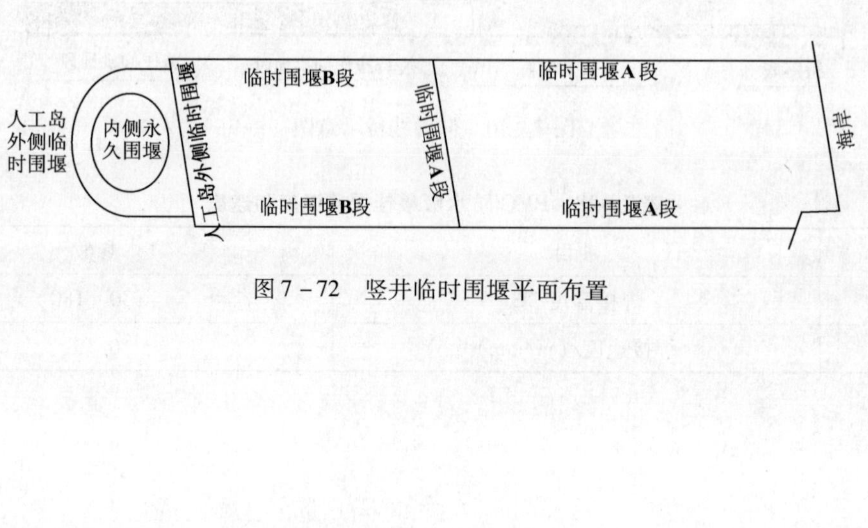

图 7 – 72 竖井临时围堰平面布置

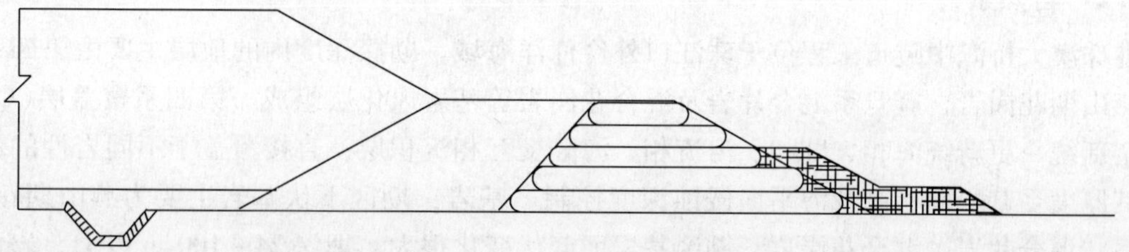

图 7-73　临时围堰 A 断面

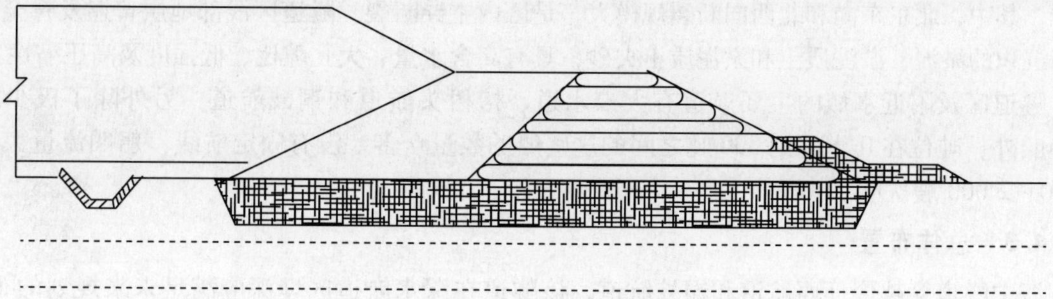

图 7-74　临时围堰 B 断面

7.3.3.5.7　爆破施工

翔安隧道基岩以花岗闪长岩、中粗粒黑云母花岗岩为主，内插二长岩、闪长玢岩、辉绿岩等岩脉。隧道在Ⅰ—Ⅲ级围岩地段均采用爆破方式施工。主隧道海底Ⅰ—Ⅲ级围岩的爆破方案主要有：①采用台阶法开挖；②钻眼直径可选为 ϕ42 mm；③循环进尺：上台阶和下台阶进尺均为 3 m；④掏槽方法：采用斜眼掏槽；⑤底板眼设计：底板眼孔距 30 ~ 40 cm。

7.3.4　港珠澳跨海大桥岛隧工程

7.3.4.1　简况

港珠澳大桥主体工程岛隧工程是大桥主体建设的控制性工程，包括长约 6 700 m 的沉管隧道，两个面积达 10×10^4 km^2的海中人工岛以及两侧长约 700 m 的岛桥结合部非通航孔桥梁。两个海中人工岛离岸 20 km，水深约 10 m，软土层厚度在 20 ~ 30 m 之间，采用直径达 22 m 共计 120 个钢圆筒(西岛 61 个、东岛 59 个)插入不透水层形成止水型岛壁结构，回填砂形成陆域，采用塑料排水板联合降水预压方案进行软基处理。

隧道采用沉管方案，其中东西人工岛岛上段各长 518 m，海中沉管段总长 5 664 m，共分 33 节，标准管节长度 180 m，宽 37.95 m，高 11.4 m，重约 7.4×10^4 t，最大沉放水深 44 m，是我国首条于外海建设的超大型沉管隧道，是目前世界上在建的综合难度最大的沉管隧道项目。岛隧工程技术难度大，作业区域穿越中华白海豚保护区、珠江口铜鼓航道和伶仃西航道，环保要求高，航运繁忙，大型船舶多、施工干扰多、风险大，工程建设中需设计、施工联动配合的工作非常多，工程采用了设计施工总承包管理模式。该工程于 2010 年底动工，现已完成人工岛围护结构施工、沉管预制厂建设、沉管基槽开挖、首批管节预制生产等任务，工程建设仍在逐步实施中。

7.3.4.2 自然条件

港珠澳大桥海中隧道工程位于珠江口外伶仃洋海域。勘探深度内的地层主要由第四系覆盖层，燕山期花岗岩、震旦系混合片岩及混合花岗岩等基岩风化层组成。第四系覆盖层(Q)：上部为全新统－更新统海相、陆相、河流相、海陆交互相沉积层，直接覆盖于不同岩性的剥蚀面上，其厚度受基岩面标高及海平面侵蚀深度控制。基岩：勘区下伏基岩主要为燕山期花岗岩、震旦系状混合片岩、混合花岗岩。勘区基岩面起伏变化很大，埋深24～100 m以上，岩面高程为－100～－27 m以下。区域新构造运动特征是在总的隆升背景上以断裂活动和以周边断裂为界的断块差异性升降运动为主。断裂构造发育，主要有北北东—北东向、北东东向、北西向和近东西向。其中，北东东向和北西向断裂规模大，是区内主导断裂。隧道区浅部地层普遍发育全新统海相沉积的淤泥、淤泥质土和淤泥质土夹砂，具有高含水量、大孔隙比、低强度及高压缩性。

隧道区及附近水域的主要航道有大濠水道、榕树头航道和铜鼓航道，另外除了极少数远洋渔船外，吨位在几十吨到300吨之间的这些船舶数量众多，没有固定航线，船舶流量大，约1 500～2 000艘次/d。

7.3.4.3 总体布置

海中隧道穿越伶仃西航道和铜鼓航道，该隧道在深水航道区埋深应满足未来规划的30万吨级油轮不乘潮满载通行要求，隧道最小埋深在当地理论最低潮面下不小于29 m。隧道区两人工岛口门内的最小通航净宽不小于4 100 m，其中满足30万吨级油轮安全通航深度－29 m的宽度应不小于2 810 m。受香港侧布线的限制，隧道东端及东人工岛采用半径为5 500 m的大圆曲线。隧道全长5 990 m(两岛之间的沉管段长5 664 m)，东、西人工岛现浇暗埋段的长度均为163 m。平面设计线形自东向西，分别为5 500 m大半径圆曲线与直线，大半径圆曲线延伸到隧道内的总长度956.362 m，其中伸入预制沉管段内793.362 m，隧道其余段落均位于直线段上。隧道平面线形如图7－75所示。

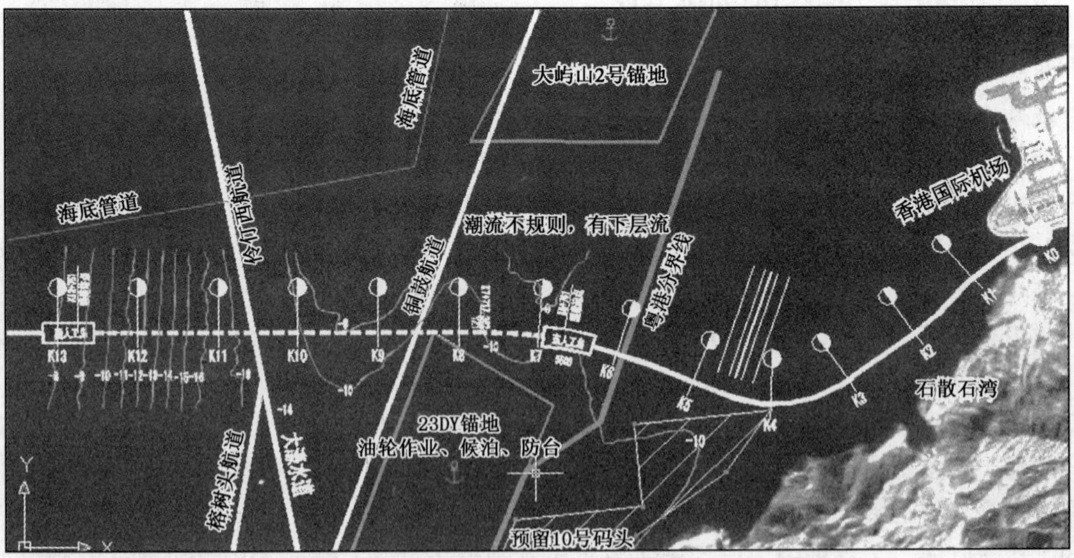

图7－75 港珠澳大桥海中隧道平面线形图

隧道纵坡最大取2.98%。在两主航道间采用“W”形纵断面以尽可能减少在两航道间的开挖疏浚深度，保证行车的舒适性，在隧道区K8＋135—K10＋945段满足30万吨油轮安全通航。宽度 2 810 m 范围内采用 0.3% 的最小纵坡，满足纵向最小排水需求；主航道间平缓段外隧道纵坡以 2.98% 快速起坡，减少隧道开挖量，隧道达到一定高度后分别以相对缓坡过渡的方式接东、西人工岛，并在人工岛护岸坡脚开始以最大坡度 2.98% 起坡，以便尽快出洞，缩短隧道人工岛的长度，有效降低阻水率。隧道纵断面如图 7 - 76 所示。

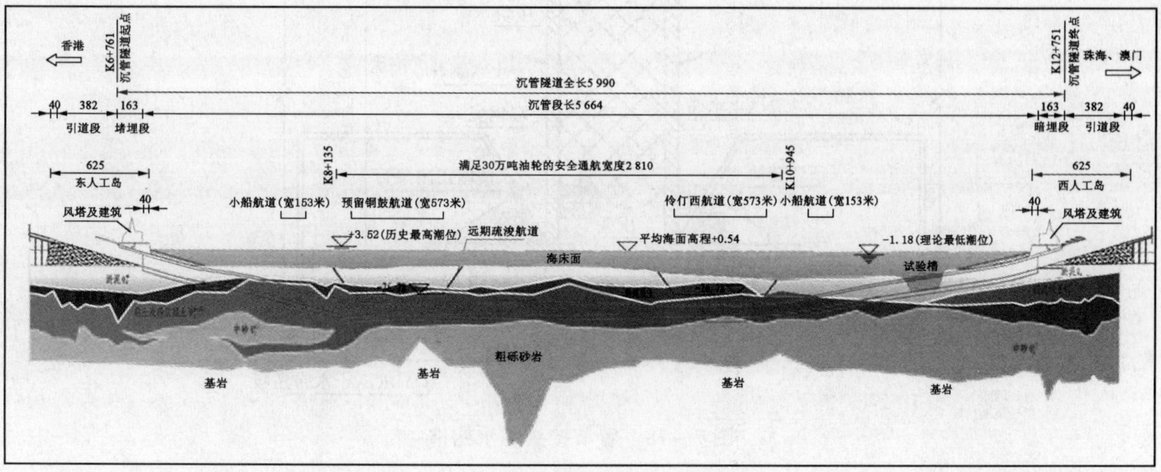

图 7 - 76　隧道纵断面图

结合通风方式，隧道采用两孔一管廊横断面，两侧为行车道孔，中间为综合管廊，管廊内分为三层，上层为专用排烟通道；中层为安全横通道，建筑限界高 2.2 m；下层为电缆沟和海底泵房。隧道中隔墙上每间隔 90 m 设置一处横向安全门，连通两车道孔及横向安全通道。中间管廊则根据排烟道面积、安全通道高度以及给排水管道高度等综合需求确定。隧道横断面如图 7 - 77 所示。管节断面总体外轮廓尺寸：37.95 m(宽) ×11.4 m(高)。

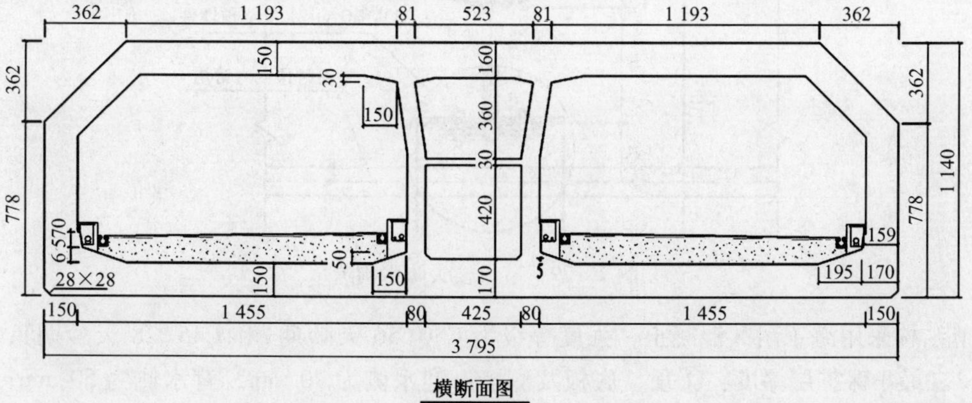

图 7 - 77　隧道横断面图(单位：cm)

7.3.4.4　工程结构

综合考虑耐久性、防水、建设成本、工期、工程质量、建设风险及专业施工经验，隧道拟采用标准管节长 8 m×22.5 m 节段式隧道。管节接头采用 Gina 止水带和Omega橡胶密封带相结合的防水构造体系(图 7 - 78)，节段接头采用遇水膨胀橡胶条、可注浆止水带和 Omega 橡胶密封带相结合的防水构造体系(图 7 - 79)。

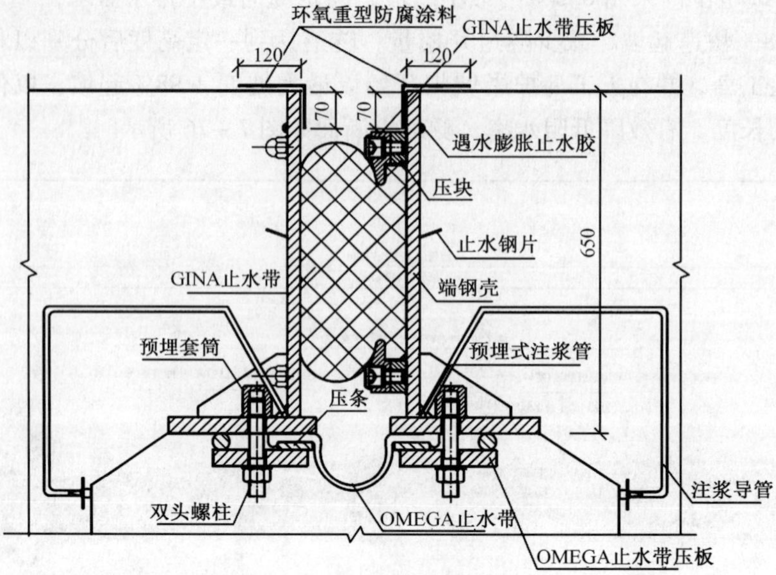

图 7－78　管节接头防水构造

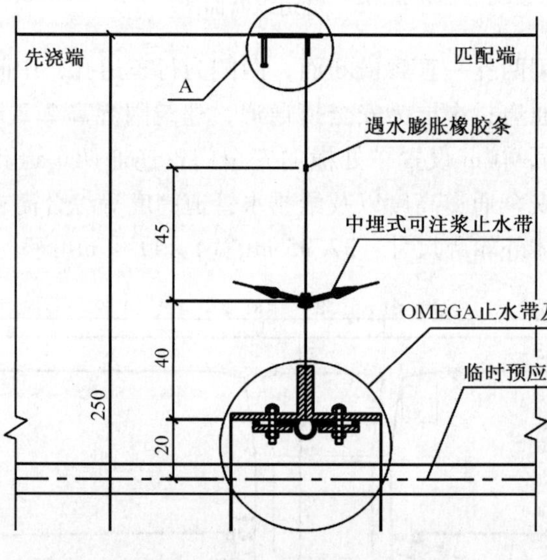

图 7－79　节段接头防水构造

管节结构采用海工耐久混凝土，强度等级为 C50（56 天龄期）和 C45（28 天龄期），抗渗等级为 P12。最小保护层厚度：①顶、底板及侧墙：迎水侧为 70 mm，背水侧为 50 mm；②管节接头、节段接头端面：70 mm；③中墙、缘石及中管廊上隔板等：50 mm。

7.3.4.5　施工技术

港珠澳大桥岛隧主体工程施工内容包括：干坞及系泊区施工、管节预制及舾装、人工岛岛上段施工、沉管基槽开挖、管节出坞及系泊、管节浮运、沉管基础施工、沉管基础垫层施工、管节沉放与对接施工、管节锁定及回填防护施工、管内接头及压重层施工、海中最终接头施工以及海中施工的临时航道设置等。工程建设本着“大型化、工厂化、标准化、装配化”开展施工组织设计。

7.3.4.5.1　干坞

场地选择规模较小、造价较低、便于质量控制和集中管理的牛头岛。干坞按照 3 + 3 布置、坞口外港池系泊 3 个管节、钢筋混凝土箱式坞门(图 7 – 80)。坞长 260 m，宽 432 m，中间为 20 m 厚坞墙，分隔成两个独立的干坞，每个坞可以同时预制 3 个管节。管节在系泊区内，直接采用坐底寄放方式。

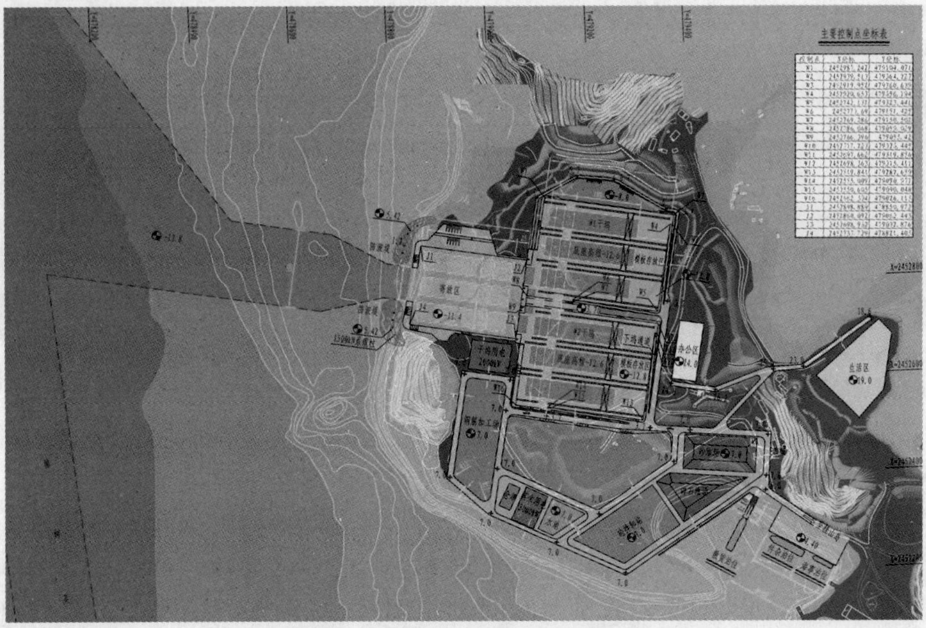

图 7 – 80　干坞及系泊场地布置图

7.3.4.5.2　岛隧结合部

为使西人工岛小岛尽可能快地提供管节对接条件，首期要完成的岛隧结合部暗埋段长 64 m。人工岛地基处理依托 22.0 m 钢圆筒及其副格形成的围闭结构，在圆筒、副格以及围闭的岛内区回填中粗砂，并降低中粗砂水位，使回填砂由浮容重变为天然容重，从而产生超大的预压荷载对下部软弱土体进行加固。岛上段包括岛上敞开段(U 形槽段、减光段)、岛上暗埋段及沉管隧道第一个管节的前两个节段，岛内软土层采用降水联合堆载预压 + 排水固结处理后，设置素混凝土桩或预制混凝土方桩形成复合地基，以控制隧道基础复合地基的沉降。

7.3.4.5.3　管节预制

标准管节长 180 m，每管节由长 22.5 m 的 8 个节段组成，节段与节段之间设有剪力键，内壁设置“Ω”止水带，节段通过纵向预应力索张拉拼接为整体。为了确保预制质量、严控裂缝产生，预制管节采用一次全断面浇注方案；模板采用全液压系统。全断面浇注工艺的关键是配备一套适应全断面浇注工艺的模板系统。模板系统由内模和外模组成，内模采用桁架式导梁受力，构件内不设受力支撑。在导梁上支撑起顶模板，悬挂内部侧模。导梁与模板之间连接液压杆，便于调试安装就位。内模可以在桁架导梁上滑移，实现内模行走移动功能。外模由桁架结构组成，桁架侧面由液压杆支撑侧模系统。外侧模由预埋在浇注台的埋地螺杆和侧模顶部桁架加以固定。侧模的桁架底部安装轨道，可以行走移动。图 7 – 81 为管节预制流程示意图。

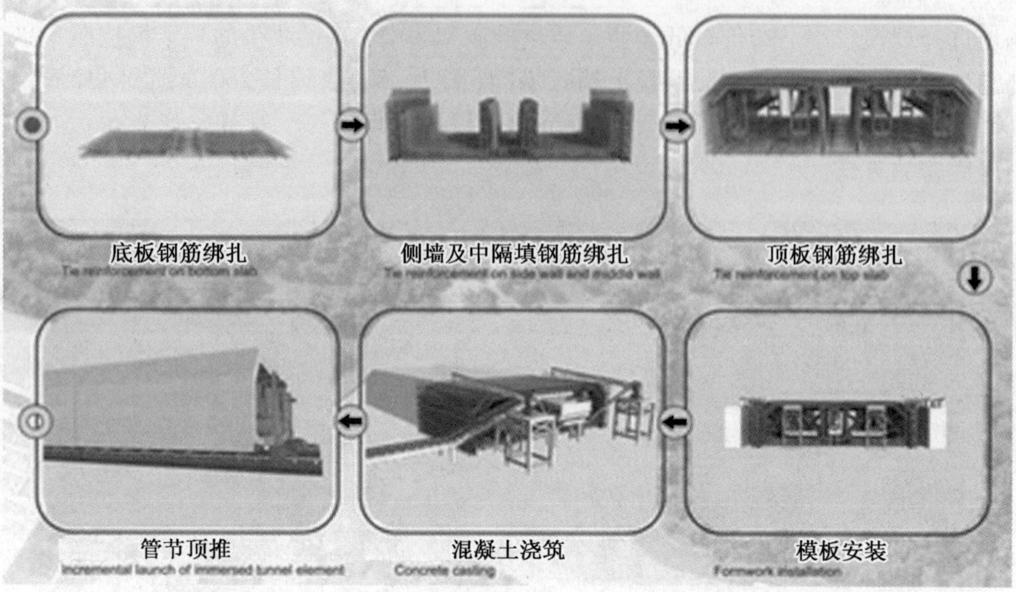

图 7-81 管节预制流程示意图

7.3.4.5.4 隧道基槽开挖

采用耙吸船、抓斗船组合施工的方法。基槽开挖分为通航段与非通航段分段施工。其中通航段主要采用耙吸船施工，非通航段则以抓斗船组施工为主。为避免通航段精挖与后续沉管施工工序对现有航道的通航影响，开挖临时航道。船舶粗挖施工按先浅后深的顺序作业，达到基本一致标高后分段分层均匀开挖，同步逐渐加深，粗挖、精挖施工方向均与管节安装的方向一致，即由西人工岛往东人工岛逐段推进。

7.3.4.5.5 地基加固

根据上部结构及地质条件不同，地基基础沿隧道主线分为岛上段、过渡段、中间段三段：岛上隧道基础采用素混凝土桩或预制混凝土方桩的复合地基，岛外过渡段采用超载预压高置换率的挤密砂桩复合地基，中间段采用已超固结黏土或密实砂层为持力层的天然地基。对于过渡段，淤泥较薄的区域宜直接清淤，开挖换填块石或碎石并分层夯实；淤泥较厚的区域，采用高置换率挤密砂桩+堆载预压，软土经预压处理后形成挤密砂桩和加固土层的复合地基，挤密砂桩直径 1.6 m，置换率分别为 41%、51%、62% 和 70%，置换率变化的位置位于节段中部。中间段沉管埋深较深，沉管底为超固结黏土或密实砂土，基础采用抛填 1.5~1.9 m 厚的块石强夯处理，然后铺设 0.6~1.0 m 厚碎石作为沉管基础。

7.3.4.5.6 基础垫层

设计采用碎石整平基础垫层方案(图 7-82)，专用基槽碎石整平船进行施工，整平船按垂直于沉管基槽的轴线进行布置，利用船上设置的钢桩及液压系统固定。下料管设有液压系统及平面、高程监测系统，保证碎石垫层的精度要求。

7.3.4.5.7 管节浮运

选择管节临时系泊区西侧的榕树头航道东侧(宽 160 m)作为管节浮运至沉放区的浮运航道。系泊区至榕树头航道的连接段应作必要的疏浚开挖，保证管节浮运航道底标高 -13.8 m 以上；要求榕树头航道西侧宽 160 m 范围的管节拖航航道达到 -13.8 m 以上。为使航道有更大的富余水深，拖航作业选择在白天大潮的涨潮期间浮运。管节拖航的航速定为 2~3 kn。海况条件为波浪高度不大于0.5 m、流速不大于1.0 m/s、风速小于6级，能见度大于1 000 m。采用4艘全回转大马力拖轮吊拖的方式进行管节浮运。浮运速度2~3 kn。图7-83为管节预制后浮运沉放施工流程。

图7-82 基础碎石垫层施工示意

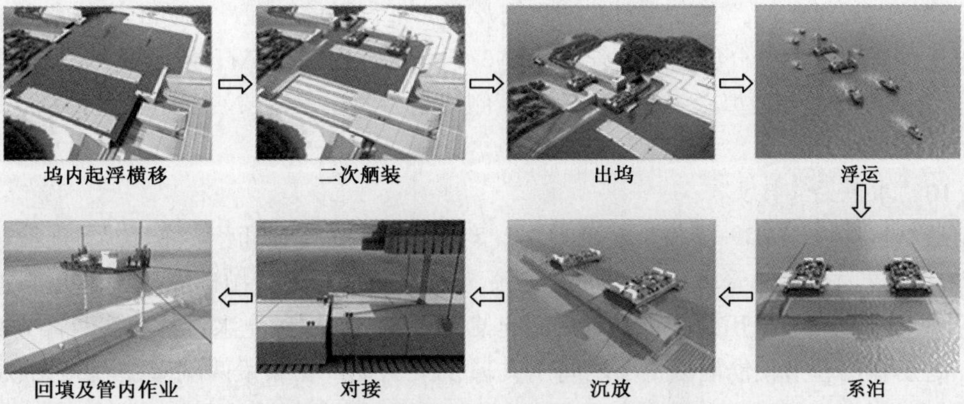

图7-83 管节预制后浮运沉放施工流程示意

7.3.4.5.8 管节沉放与对接

如图7-84所示，首先进行E1管节与西人工岛出入口处暗埋段的沉放对接，然后由西往东按顺序沉放安装E2、E3、E4、…、E28管节；再进行E33管节与东人工岛出入口处暗埋段的沉放对接，然后由东往西按顺序沉放安装E31、E30及E29管节，最后进行E29与E30之间的水下最终接头施工。管节浮运至沉放区后，立即对管节进行系泊作业。管节沉放过程的压载分两个阶段，克服管节干舷的压载以及负浮力的压载。管节压载以均衡为原则。在测量系统的严格监控及潜水员水下检测配合下，操作管节的两只专用浮箱及管节的纵、横调节系统，将管节逐级进行沉放，并适时调整管节的纵坡，当管节底部离最后水平面高度为1.0 m时，进行管节的初步对接。当管节完成对接后，进行放水压接作业。水力压接是两管节端封门之间通过GINA带形成一个相对水密空间之后，将端封门之间的水排出去，利用管节尾部的水压力将被沉放的管节向已装管节方向压接。

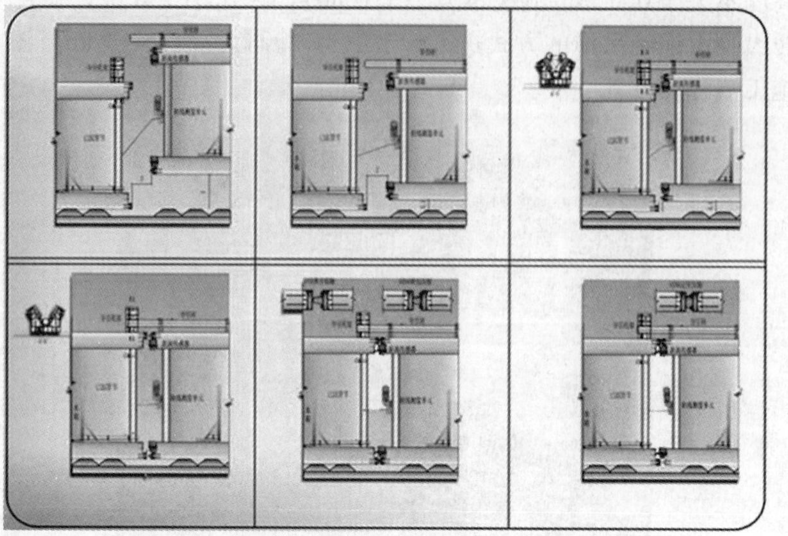

图 7-84　管节对接施工示意

7.3.4.5.9　管节锁定与回填

管节完成沉放对接后，在沉管的基础两侧及顶部进行回填处理，以防止管节发生侧移并对管节加以保护。回填要求分层施工，管底两侧 3.5 m 范围内级配碎石砂反滤层采用自带钩机民驳配料斗(下料管)定点抛填，工艺流程为：管侧锁定→抛填反滤层→管节覆盖回填(岛头附近另加防护、消浪块等)。

7.3.4.5.10　水下最终接头

水下最终接头设于 E29 与 E30 之间，长 2.5 m。最终接头采用水下临时密封连接、管内干施工的方法完成。在 E29 管节沉放之前，将预留合龙段基础进行抛碎石整平，并放置好底封板，待 E29 管节沉放后，用螺杆将底封板拉起使底封板上的橡胶止水带紧贴住两管节底部并加以固定，之后在两管节钢筋混凝土墙之间用支撑顶梁支撑，在顶梁两端灌注填充无收缩浆料，安装两边侧封板并收紧固定，最后安装顶封板并用螺栓固定。封板安装完成后，进行水力压接，以便密封。最后打开管节封门，进行混凝土浇筑，实现隧道整体贯通。

7.4　跨海轮渡工程

7.4.1　概况

1933 年中国建成了连接津浦和沪宁铁路的第一条铁路轮渡——南京铁路轮渡，1949 年前又修建了京汉和粤汉铁路之间的武汉铁路轮渡。1957 年 10 月武汉长江大桥率先建成通车，武汉铁路轮渡停止使用，随之整体搬迁至芜湖设渡。1968 年 9 月南京长江大桥投入使用，南京铁路轮渡停航。2000 年 9 月 30 日，芜湖长江大桥竣工通车，当时中国唯一的一条铁路轮渡线也完成了历史使命。世纪之交，伴随着沿海铁路通道的建设，中国铁路轮渡得到了快速发展，相继建成了江阴、粤海及烟大铁路轮渡线。

粤海铁路轮渡是我国建设的第一个跨海峡的铁路轮渡工程，跨越琼州海峡。烟大铁路轮渡项目经历了十年论证(1992—2002)、二年设计(2003—2004)、三年施工(2004 年 10 月至

2006年11月)的历程，以渡运火车为主兼有汽车和旅客运输，集铁路、港口、渡船系统工程于一体，是跨越东北、渤海湾、长江三角洲和珠江三角洲四大经济区的“八纵八横”沿海铁路通的重要组成部分，是中国第一条、世界上第35条超过百千米的海上铁路轮渡。该通道北起哈尔滨，南达广州湛江，全长超过4 000 km。烟大铁路轮渡的建设和开通集中反映了国家运输布局的战略形成，展示了我国铁路综合技术水平，标志着东部陆海铁路大通道的全线贯通。

7.4.2 烟大铁路轮渡工程

7.4.2.1 简况

烟大铁路轮渡北起大连市旅顺口区长岭子站，南到烟台市珠玑站，海上运输距离约86.28 n mile (159.8 km)。港口分为南、北两个港区。渡船分别与旅顺西站和烟台北站衔接，是大连到烟台铁路运输的最便捷通道，缩短铁路运输距离约500 ~1 600 km(图7-85)。

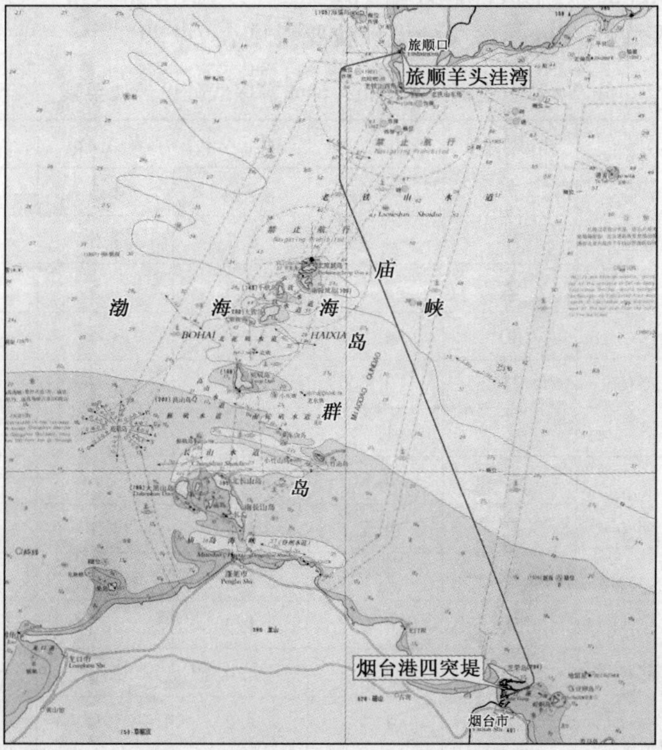

图7-85 烟大铁路轮渡地理位置

烟大铁路轮渡在客运滚装试运营期间，实行“三船三对”运输方式，即每天三班船大连到烟台对开。目前烟大铁路轮渡共有“中铁渤海号”3艘渡船来往于两地之间。这3艘渡船是我国首次采用综合全电力推进系统的滚装船，也是我国第一艘满足“两舱不沉”破舱稳性要求、第一艘采用计算机自动控制的纵倾调整系统的客运滚装船。该工程2003年年底动工兴建，2006年11月建成并投入试运营。

7.4.2.2 自然条件

7.4.2.2.1 北港

最高气温35.4℃，最低气温－19.0℃，年平均气温10.25℃，年最高平均气温32.45℃，年最低平均气温－16.4℃，多年平均降水量617 mm(1964—1982年)。历年平均雾日(能见度不足1 km)12.3天，年最多雾日38天，多发生于4—8月份，占全年总数69%。常风向NNE频率31%，次常风向N频率27%，强风向NNW最大风速30 m/s。大于6级风的天数34天，大于7级风的天数10天，大于8级风的天数2天。

潮型为不正规半日潮，但接近于正规半日潮。年平均潮位1.13 m，最高潮位2.90 m，最低潮位－1.35 m，最大潮差1.94 m。设计高水位2.27 m，设计低水位0.10 m，极端高水位(50年一遇)2.91 m，极端低水位(50年一遇)－1.52 m。水域为不正规半日潮流区。羊头洼湾口门附近涨、落潮流速最大流速分别为40～50 cm/s、80～120 cm/s，落潮流速大于涨潮流速。涨潮流向为10°～40°，落潮流向为160°～210°。

本工程分别使用北隍城、老虎滩海洋站、羊头洼湾口临时测波站、1号海洋站的统计资料进行分析，港区口门附近－6 m等深线处设计波要素见表7－29。

表7－29 港区口门附近－6 m等深线处设计波要素

深水波向	潮位	重现期/a	$H_{1\%}$/m	$H_{4\%}$/m	$H_{13\%}$/m	H/m	T/s
SW	设计高潮位	50	5.6	5.0	4.3	3.1	8.9
		25	4.7	4.1	3.5	2.4	8.2
		2	2.1	1.8	1.5	0.9	5.6
WSW	设计高潮位	50	4.5	4.0	3.4	2.3	7.9
		25	3.9	3.4	2.9	1.9	7.5
		2	1.7	1.4	1.1	0.7	5.3
W	设计高潮位	50	4.8	4.3	3.6	2.5	8.4
		25	4.2	3.7	3.1	2.1	7.8
		2	1.9	1.6	1.3	0.8	5.3
SSW	设计高潮位	50	4.9	4.3	3.7	2.6	8.7
		25	3.8	3.4	2.8	1.9	8.2
		2	1.5	1.2	1.0	0.6	5.5
NW	设计高潮位	50	5.2	5.2	5.2	5.2	10.8
		25	5.1	5.1	5.1	4.9	10.0
		2	3.8	3.3	2.7	1.8	7.4

场地地层自上而下主要由耕土、淤泥、卵石混砂、粉砂、淤泥质土、粉土、黏性土混角砾、强风化千枚岩(岩面标高－15.66～－4.69 m)、中等风化千枚岩组成。

工程区的地震动峰值加速度为0.1g，地震基本烈度值Ⅶ度。

7.4.2.2.2 南港

最高气温38.0℃(1972年6月10日)，最低气温－13.1℃(1970年1月4日)。年最多降水量965 mm(1951年)，年最少降水量434.8 mm(1968年)，年平均降水量737 mm，日最大降水量208 mm(1963年7月24日)，大于50 mm降雨天数2.9天。雾以春、夏季最多，秋季最少。夜间至上午出现雾，日出后逐渐消散，持续时间一般3 h左右，最长的为33 h 35 min，年平均雾日为17天。能见度小于1 km的年平均天数为4天。

常风向为SSW，频率为10%，静风频率为15%，强风向为SSW，风速20 m/s。8级以上大风年平均天数为3.2天。

本海区潮汐类型属正规半日潮型。最高潮位为4.03 m(1992年9月2日)，最低潮位为-0.87 m(1963年2月27日)，平均海面1.47 m，平均潮差1.64 m。设计高水位2.64 m，设计低水位0.20 m，极端高水位3.68 m，极端低水位-0.94 m。本海区属正规半日潮流区，涨、落潮流最大流速均为20~30 cm/s，落潮流速与涨潮流速相近。涨潮流向为200°~280°，落潮流向在40°~90°。波浪以风浪为主，影响港内的波向主要为ENE—E向。

场地地层自上而下主要由淤泥质粉土-粉土、粉质黏土、粉细砂、粉质黏土-粉土、砾石混黏性土组成。淤泥质粉土等软弱土层厚度9~11 m。

工程区的地震动峰值加速度为0.1g，地震基本烈度值Ⅶ度。

7.4.2.3 平面布置

北港区位于大连旅顺羊头洼港区，有轮渡码头泊位1座，长200.97 m，检修码头泊位1座，长220 m。航道长1 000 m，宽130 m，底高程-8.5 m。港池回旋水域直径350 m，底高程-7.60 m。北港平面布置如图7-86所示，特点是利用原有东、西防波堤掩护，减少SW向、SSW向波浪绕射后对码头的影响，满足作业要求，码头位置岩面埋深较浅。

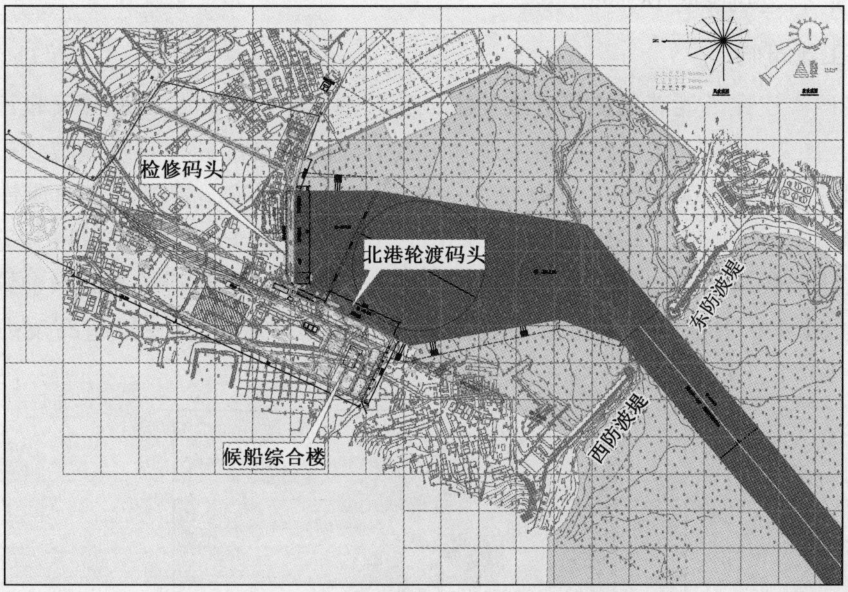

图7-86 烟大铁路轮渡北港总平面布置

南港区位于烟台四突堤港，有轮渡码头泊位1座，长181 m。工作船码头泊位1座，长50 m。航道长约1 600 m，宽130 m，底高程-8.1 m。港池回旋水域直径350 m，底高程-7.50 m。南港平面布置如图7-87所示，特点是码头与港口规划的四突堤北岸线呈15°角向北翘出，既减少了从外海传入的ENE—E主波浪向对码头泊稳的影响，又能克服港区陆域狭窄的不足，较好地解决一、二期码头建设的用地及运营问题。

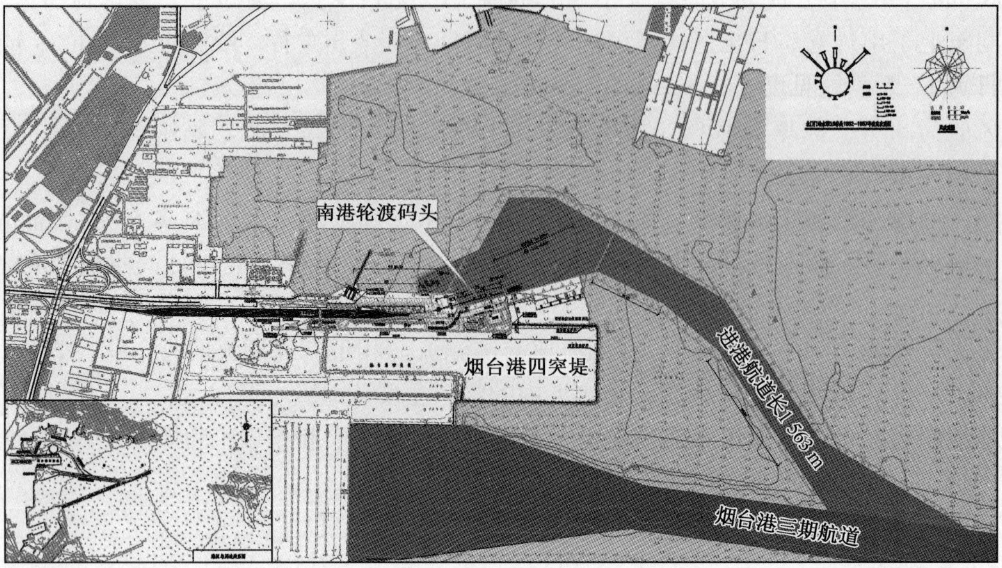

图 7-87　烟大铁路轮渡南港总平面布置

轮渡舱底有铁轨 5 对，每对放 10 节车厢；中层，汽车沿蓝色吊桥直接开进；上层，旅客由候船厅空中浅绿色专用通道进入。南北港各有一栋集候船、办公、宿舍于一体的候船综合楼。其中北港候船综合楼建筑面积 5 590 m^2，建筑高度 23.9 m，局部五层，南港候船综合楼建筑面积 4 200 m^2，建筑高度 18.7 m。

7.4.2.4　水工建筑物

北港轮渡码头建在既能满足铁路进线要求，受波浪影响较小，岩面埋深又较浅处，采用重力式沉箱结构（图 7-88），能很好地利用地基承载力高的特点，最大限度地减少码头基槽的挖泥量和炸礁量。橡胶护舷采用 SUC1250 两鼓一板超高反力护舷，能较好地适应铁路渡船靠泊频繁、船舶撞击力大的特点。采用 2.5 m×3.0 m×0.4 m、重 4.5 t 的栅栏板护底。

南港软弱土层较厚，轮渡码头选用强度高、抗撞击能量强的钢管桩基础墩台结构。码头下部结构主要为 ϕ1 000 的钢管桩基础。橡胶护舷采用 SUC1250 两鼓一板超高反力护舷。如图 7-89 所示。采用 2.5 m×3.0 m×0.4 m、重 4.5 t 的栅栏板护底。

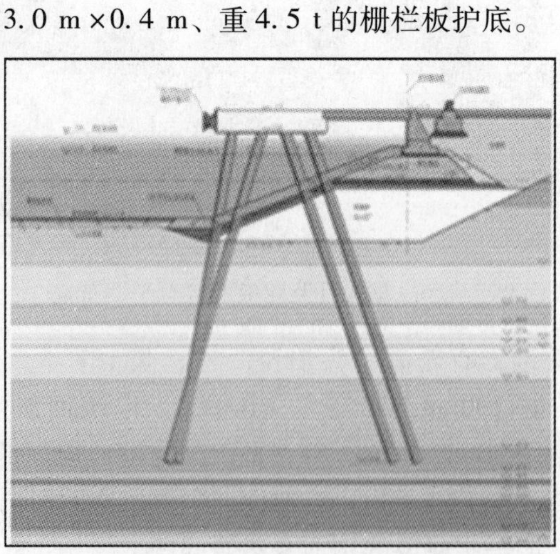

图 7-88　北港轮渡码头断面示意图

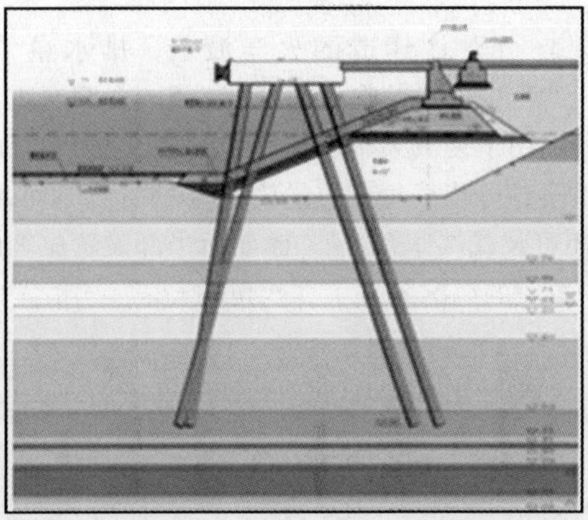

图7－89　南港轮渡码头断面示意

7.4.2.5　附属设施

码头附属设施主要包括旅客登船廊桥、汽车和铁路活动栈桥以及候船综合楼等。

南北港旅客登船廊桥主要由固定通道(引桥)、活动通道、接船平台组成。固定通道长分别为39.03 m和43.778 m，为玻璃侧壁封闭式轻钢结构。一端接候船楼，另一端固定在桥头堡上。活动通道长(两支座距离)均为16.075 m，由内、外2节通道及支撑座组成，外通道接固定通道，内通道与接船平台末端连接。活动通道能在动力驱动下平稳地纵向伸缩、上下运动。接船平台与内通道末端连接，并能随活动通道在动力驱动下运动。

汽车活动栈桥钢梁采用下承式板梁，桥梁全宽5.4 m、净宽4.5 m，计算跨径为32 m，开启时为悬臂结构，前端搭接渡船时呈简支结构受力状态。活动桥开启范围为－10°～20°，工作范围为－5.7°～2.2°，当开启至20°及－10°时下端由锁定装置固定。

铁路活动栈桥采用了“两跨一坡”与船随动自动调节及“一对五”滑动道岔创新技术，通过液压控制系统实现栈桥升降控制的几何直线动态追踪调整，可靠性和安全性高。

7.4.3　粤海铁路轮渡工程

7.4.3.1　简况

粤海铁路自广东省湛江至海安，经琼州海峡跨海轮渡到海南省海口市，途经澄迈县、儋州市至叉河车站，全长345 km，与既有线叉河至三亚铁路接轨，是我国第一条跨海铁路。粤海铁路的建设表明我国在建设跨海铁路上取得了关键技术的突破，填补了多项国内空白，为我国跨海铁路的建设、运营、管理提供了经验。

海南有着丰富的自然资源和旅游资源。但是，由于受地理位置的限制，海南岛四面环海，闭塞的交通自古以来就始终成为制约海南经济发展的“瓶颈”。粤海铁路通道为“九五”期间全国铁路的重点项目之一，地理位置如图7－90所示。工程于1992年批准立项，1996年完成项目可行性研究。1998年8月底粤海铁路通道的咽喉要道湛海线开工；同时，粤海通道火车轮渡南港防波堤在海口动工。2001年11月我国第一艘跨海火车渡轮“粤海铁一号”正式开工建造；湛海线于2002年元月建成通车；2002年7月“粤海铁一号”正式下水；2004年4月粤海铁路西环线暨全线建成投产；2004年12月粤海铁路客运开通，我国铁路史上首对跨海旅客列车正式开行。

“粤海铁一号”是我国自行设计建造的火车渡船，排水量 12 400 t，设计最小航速 15 n mile/h，总长 165.4 m、宽 22.6 m，吃水深度为 5.5 m，载车重量 4 080 t，是艉端开敞式渡船，从下到上三层甲板分别用于装载火车、汽车和旅客，主甲板为火车甲板。最底层的火车甲板有 4 股长约 145 m 的铁轨，可装载每节质量为 80 t 的货物列车 40 节，也可装载旅客列车 18 节。第二层的汽车甲板还可装载汽车 50 辆。渡船后半部设置旅客舱室，可载旅客 1 200 人，载客总定员 1 360 人。在 8 级风的海况条件下，仍可航行。一年之内，可保证 350 天左右可以航行。

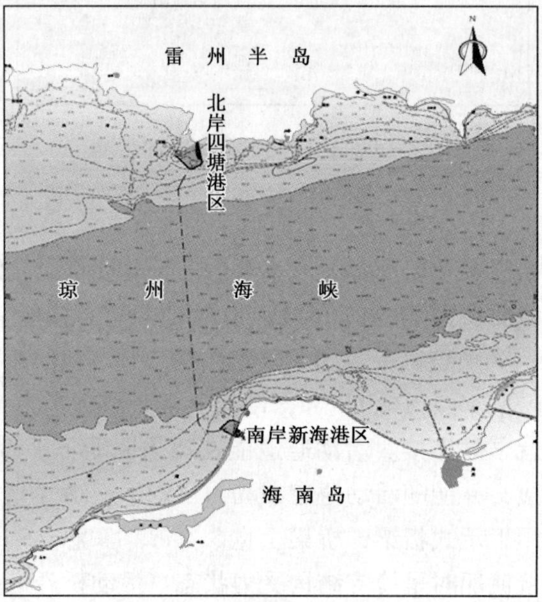

图 7－90　粤海铁路轮渡地理位置

7.4.3.2　自然条件

7.4.3.2.1　北港

工程区属热带季风气候，极端最高气温 38.8℃。年平均降水量 1 382.5 mm。冬季多偏 ENE 向风，夏季多偏 SE 向风。常风向为 ENE，次常风向为 E 向。全年 NNE—SE 向 6 个方向的风频率合计占 63%，偏西向的频率较小，强风向为 S 向，最大风速 31 m/s，其次为 SE 向。全年大于 8 级的大风日数平均为 6.4 天，最多年为 14 天。每年的 8—9 月受台风影响次数最多，平均每年台风影响次数为 27 次。登陆时风力大于 12 级以上。年平均雾日数为 23 天，最多为 43 天。雾多出现在 12 月至翌年 3 月。一般雾多发生在晚间，次日日出后消失，持续几小时，但也有持续 10 多小时的现象。

琼州海峡是东西走向的潮汐通道，海峡内的潮汐性质变化较大，无论东西方向，还是南北方向都有较大的差别。东、西两口的潮汐性质是由不正规半日潮逐步转变为全日潮。本区潮汐性质属全日潮。年最高潮位 2.85 m，年最低潮位 0.10 m，平均潮位 1.56 m，最大潮差 2.62 m，平均潮差 1.09 m。设计高水位 2.56 m，设计低水位 0.55 m。极端高水位 3.88 m，极端低水位 －0.37 m。潮流属不正规的全日潮流，以往复流为主，最大可能流速介于 0.71 ~ 2.4 m/s，流向 79° ~118°。波型以风浪为主，涌浪为辅，最多风浪向 E、NNE 向，次波向 SE、

SSE 向。台风浪的常、强波向均为 ESE—SE 向，$H_{1\%}$ 波高为 3.9 m，次波向是 SW、WSW 向，$H_{1\%}$ 波高为 3.0 m。

工程区主要土层自上而下为淤泥、玄武岩、黏土、亚黏土及中砂、粉细砂。

工程区地震烈度为Ⅶ度。

7.4.3.2.2　南港

工程区极端最高气温 38.9℃，日最高气温不低于 35℃的历年平均日数 24.2 天。年平均降水量 1 615.9 mm。每年的 10 月至翌年的 3 月，以偏 NE 向风为主，5—8 月盛行偏 S 向风，4 月和 9 月常风向为 NE，次常风向为 ENE 和 SSE 向，强风向为 N 向。全年出现大于 8 级风的日数平均为 13.5 天。年平均雾日数为 30.3 天，12 月至翌年的 3 月为多雾期，一般持续几小时，但最长一次持续 14 小时(1969 年 3 月 1 日)。每年 5—11 月常受南海和太平洋台风袭击和影响，平均每年台风影响次数为 4.6 次，最多可达 8 次。其中以 7—9 月份为台风影响盛期。一般台风影响时间为 1 ~ 2 天，最长达 4 天，风速可达 50 m/s，常伴有暴雨。

本区潮汐性质属正规的全日潮型。最高潮位 3.48 m，最低潮位 0.08 m，平均潮位 1.68 m。最大潮差 3.05 m，平均潮差 1.42 m；设计高水位 2.94 m，设计低水位 0.42 m；极端高水位 4.14 m，极端低水位 -0.36 m。潮流以往复流形式为主，东流流向基本为东偏北，西流流向为西偏南。东流流速一般大于西流流速，港址附近东流流速可达 1.0 m/s 以上，而西流仅 0.5 m/s 左右。潮流属不正规的全日潮流。台风所产生的大波出现在夏秋两季，主波向为 W—NW 之间。ENE 向沿顺时针方向至 WSW 各方向的波浪出现频率甚小。港区的常波向是 NW 向、NNW 向，次向是 WNW 向；强浪向是 WNW 向、NW 向，$H_{1\%}$ 的波为 5.0 m 和 4.8 m。次向是 W 向和 NNW 向，$H_{1\%}$ 的波为 3.8 m 和 3.4 m。

工程区表现为海成海岸阶地地貌单元，阶地走向与岸线基本一致，岸线较平直。码头与陆域区主要土层自上而下为平均厚度 5.5 m 的砂、2.1 m 厚的灰色淤泥 - 淤泥质土、3.2 m 厚的黏土 - 亚黏土、3.9 m 厚的粉细砂以及 15 m 以上厚度的亚黏土混细砂。

工程区地震烈度为Ⅷ度。

7.4.3.3　平面布置

北港港口水域由东、西两条防波堤环抱，口门 SW 朝向，避开 E 和 SE 的主浪向。港内水域宽阔，港内泊稳条件好(如图 7 - 91)。

南港港口水域由南、北两条防波堤环抱，口门 SW 再向北偏转 10°布置，既可以避开 NW、NNW 主浪向，又可以使航道尽量顺直；轮渡码头利用工程区澙湖砂坝、地形较高的特点，采用北侧靠船的挖入式“V”形港池布置，码头泊稳条件好(图 7 - 92)。

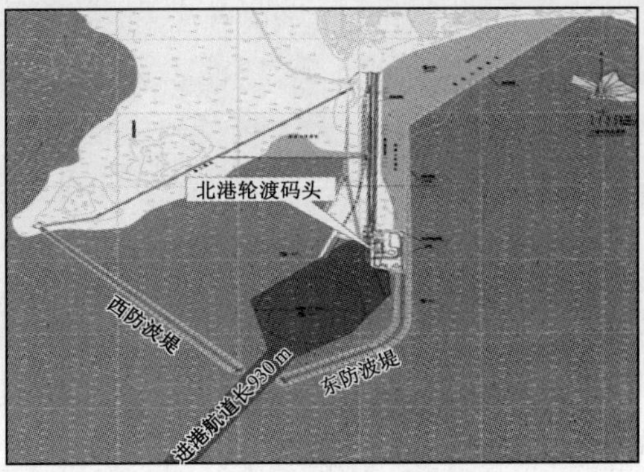

图 7 - 91　北港总平面布置

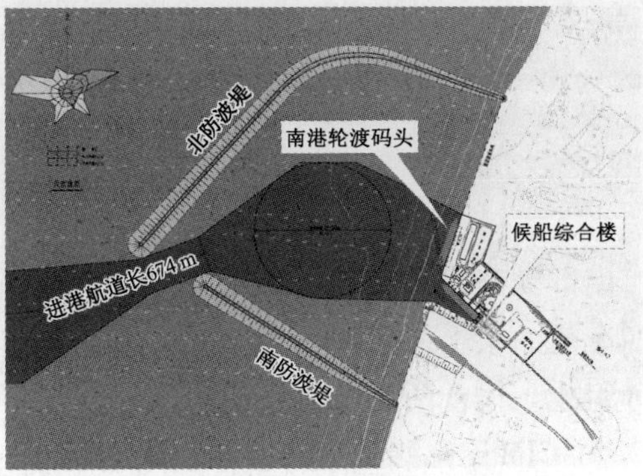

图 7 - 92　南港总平面布置

7.4.3.4 水工建筑物

北港轮渡码头布置在岩层埋深较浅的位置，结构选用重力式扶壁结构，能很好地利用地基承载力高的特点，最大限度地减少码头基槽的挖泥量和炸礁量。橡胶护舷采用 SUC1450 四鼓一板超高反力护舷。轮渡码头底部防冲刷采用 2.5 m×3.0 m×0.4 m，重 4.5 t 的栅栏板护底，如图 7－93 所示。

南港轮渡码头布置在潟湖砂坝、地形较高区域，码头为挖入式港池布置，采用抗弯模量大用钢量省和受力性能好的 AZ 型钢板桩结构。由于码头前沿线布置在原地面 2.0 m 标高以上，插打钢板桩、安装拉杆、现浇码头胸墙等都可以在陆上进行，施工难度小，速度快，质量容易控制，工程造价也较低。橡胶护舷采用 SUC1450 四鼓一板超高反力护舷。码头底部防冲刷采用 400～500 kg 重的块石护底，如图 7－94 所示。

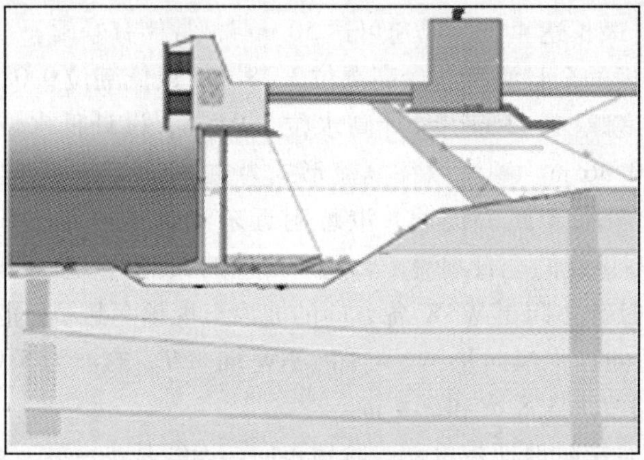

图 7－93 北港轮渡码头断面

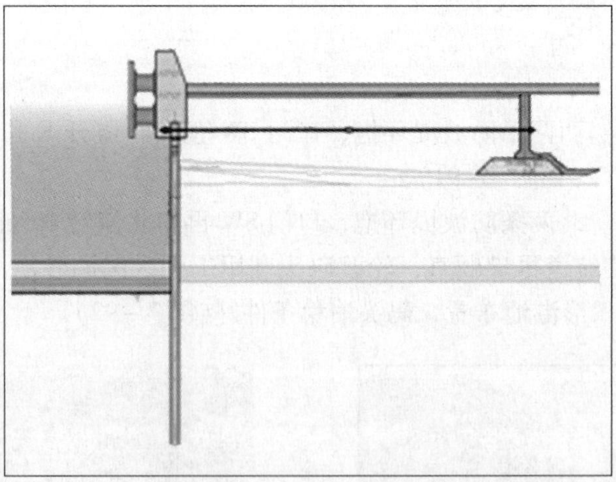

图 7－94 南港轮渡码头断面

南港铁路栈桥采用(32 m＋32 m＋24 m)上承式钢板梁多跨结构，与“粤海铁一号”对应分为四车道，梁上线间距为 4 m。栈桥由土建、钢梁及其他钢结构、液压及其电气自动控制三个部分组成。栈桥两侧各有 3 根液压油缸，它们分别与三组提升横梁连接。每一根液压油缸上安装 2 个“CIMS”位移测量传感器，随时将油缸位移数据传送给位于栈桥主控室内的双机热备的工控计算机系统。工控计算机根据“粤海铁一号”通过连接电缆传来的实时数据，潮位测量装置测定的潮位数据以及上下渡船的车辆数据等，自动调节6根液压油缸的位置，完成与“粤海铁一号”铁轨对接。总质量为1 600 t的两组火车，可以同时上下轮渡。

7.4.3.5 附属设施

码头附属设施主要包括旅客活动栈桥、汽车活动栈桥和铁路活动栈桥以及候船楼等。

旅客活动栈桥为单跨钢结构，单跨长18 m，宽2 m，采用液压控制系统升降，栈桥与船随动。汽车活动栈桥为单跨钢结构，单跨长25.5 m，净宽4.5 m，采用液压控制系统升降，栈桥与船随动。南北港均有一座候船楼。南港候船楼二层，呈六角形布置，面积3 150 m^2；北港候船楼三层，面积2 133 m^2。

参考文献

港珠澳大桥主体工程岛隧工程详细设计文件. 2010.

季辉，徐永利. 2009. 海工混凝土结构防护技术研究现状及应用. 公路，(9).

姜言泉，侯福金，等. 2009. 特大跨海桥梁水下无封底混凝土套箱关键技术. 公路，(9).

金素心，冯百义，杨世琪. 1991. 厦门高集海峡大桥主桥设计与施工. 土木工程学报，(3).

卢永成，丁建康，等. 2005. 东海大桥超大型跨海桥梁设计综合关键技术研究. 上海：上海建设科技.

罗先钰，曾洪贤. 2006. 青岛海底隧道F3断裂分析评价. 铁道勘察，(5).

潘世建，杨盛福. 2001. 厦门海沧大桥建设丛书. 北京：人民交通出版社.

青岛国信胶州湾交通有限公司. 2009. 青岛胶州湾隧道工程注浆技术报告.

青岛海湾大桥的总体设计及重点工程. 2006. 中国交通土建工程学术论文集.

沈旺，许宏亮. 2007. 舟山西堠门大桥、金塘大桥设计与施工. 全国桥梁学术会议论文集.

宋晖，孟凡超. 2008. 舟山西堠门大桥关键技术介绍. 第五届中美桥梁技术交流会论文集.

王仁贵. 2008. 杭州湾跨海大桥技术创新与应用. 杭州：浙江科学技术出版社.

王晓乾，于英梅. 2009. 青岛海湾大桥大沽河航道桥索塔承台施工关键技术. 公路，(9).

王学斌，黄和宾. 1999. 海沧大桥西航道桥的设计与施工. 公路，(8).

张挺军. 2010. 厦门集美海湾大桥潮汐深水条件下低桩承台施工技术. 铁道建筑技术，(4).

中国公路学会桥梁和结构工程分会. 2009. 面向创新的中国现代桥梁. 北京：人民交通出版社.

中交第二公路勘察设计研究院. 2005. 厦门东通道工程施工图设计文件.

中交公路规划设计院有限公司联合体. 2012. 港珠澳大桥主体工程岛隧工程沉管段管节结构施工图－E1、E2管节施工图设计文件.

中铁渤海铁路轮渡有限责任公司. 2009. 创新与实践：烟台至大连铁路轮渡工程建设总结. 北京：中国铁道出版社.

中铁大桥勘测设计院和交通部第三航务工程设计院. 2003. 杭州湾跨海大桥施工图设计.

中铁隧道勘测设计有限公司. 2007. 青岛胶州湾隧道工程施工图设计文件.

钟建锋，王保君. 2001. 厦门海沧大桥西塔关键施工技术. 广东公路交通，(2).

第8章　修造船和海洋工程装备制造基地工程

8.1　概述

8.1.1　修造船工程概述

船舶工业是现代大工业的缩影，是一个国家经济实力和技术水平的标志，是关系到国防安全和国民经济发展的战略性产业。我国现代船舶工业起步于清朝末年的洋务运动，清廷当时建设了上海江南造船厂和福建马尾船政局，已有百年以上的历史。由于船舶工业和钢铁工业、设备制造业等工业基础关联度很大，直到20世纪90年代，我国修、造船企业的基础设施和日本、韩国等亚洲先进的造船大国还有很大的差距，特别是大型船舶的修造设施发展缓慢。当时我国造船份额仅占世界造船量的9%，日本占35%，韩国占33%。

21世纪以来，我国的船舶工业已经成为具有较强国际竞争力的外向型产业之一。中国（大陆）沿海主要修造船厂分布如图8－1。国家从战略角度提出了规划建设环渤海湾、长江三角洲地区和珠江三角洲修造船工业圈的规划和相应的产业政策，促进了修造船设施的建设。同时改革开放以来各沿海大城市的经济发展，对原有的修造船企业提出了重新调整、规划的要求；船舶企业为适应产品的大型化也实施了整体搬迁，异地建设扩大了基础设施的产能，提高了技术水平。

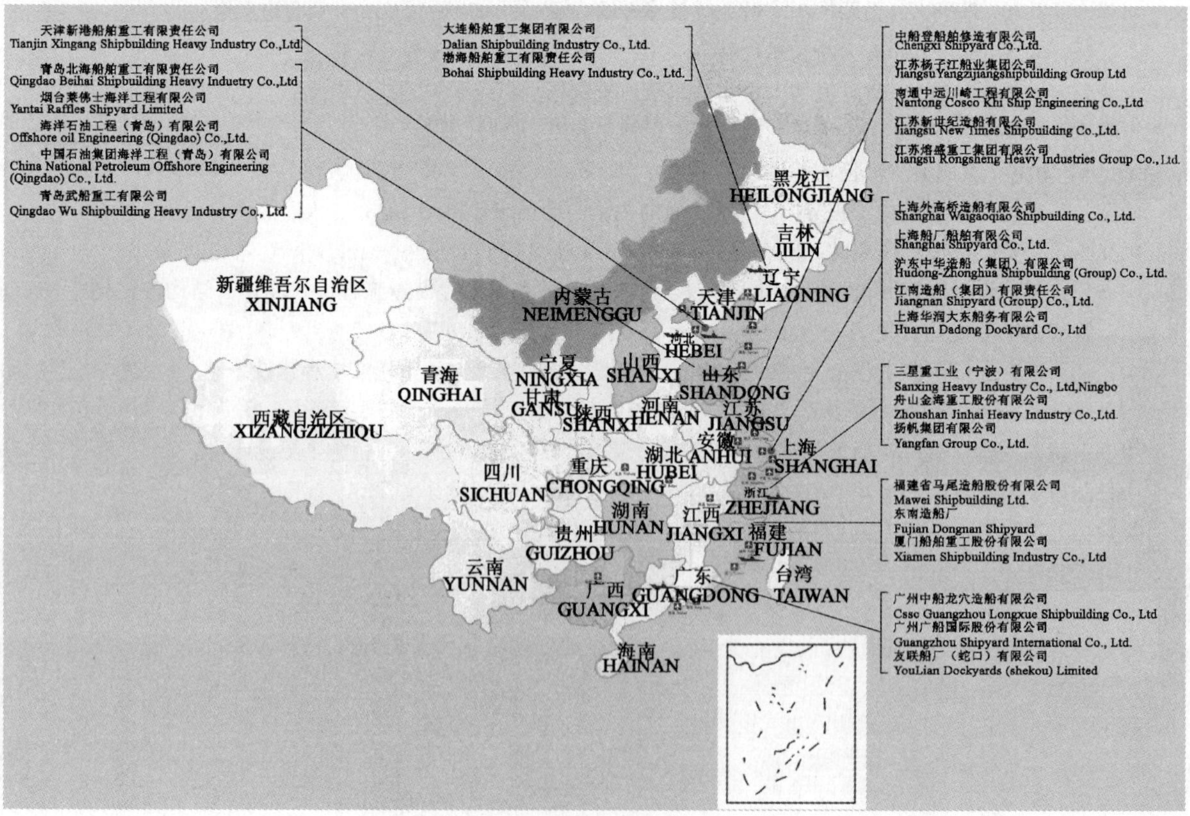

图8－1　中国（大陆）沿海主要修造船厂分布

(1)大规模炸山填海，围海造地技术

近20年来，船舶工业从内河走向海岸(岛)。由于修造船企业的特点，对陆域有其特殊的要求，不仅要求地块相对整齐，有足够的进深以及和外界交通的便利，而且要求一定的水深和岸线，对水流和工程建成以后的泥沙淤积也有要求。同时由于船厂的生产特点，对码头后沿陆域的堆载强度以及陆域形成后的工后沉降都有特殊要求，通常需要利用大规模的炸山填海，运用推填形成陆域或者围海吸沙造地形成陆域。兴建修造船设施要充分考虑形成陆域以后的工艺荷载，要注意形成陆域以后的岸坡稳定以及软土地基上大面积推填对边坡，特别是水下边坡稳定性的影响，要考虑接岸工程、码头结构沉桩过程中对岸坡稳定的影响等。海洋工程装备制造基地的陆域建设更要注重其地面滑道荷载偏大问题。在没有山的沿海，目前探索采用大规模的袋装沙形成围堤，在围堤中吹砂形成陆域，在新形成的陆域利用真空预压等加固技术对大面积的软土进行加固，以满足修造船基地的要求。

(2)多种形式的船坞围堰技术

大连造船厂船坞工程在码头沉箱抛石基床内实施升浆工程，形成施工围堰，取消了传统的临时施工围堰，大大减少了投资，缩短了工期，对升浆技术的开发和利用作出了新的探索。该围堰工程成功后，大连新船重工30万吨船坞接长工程、青岛北海船厂围堰工程、中海油青岛基地、武船重工青岛基地、福建泉州造修船基地也相继应用沉箱码头结合升浆兼作围堰技术，在施工围堰、坞墙永久帷幕等方面取得了初步成功。从以上工程成功应用可看出，升浆技术在以岩基为主的船坞工程建设过程中的应用有着相当大的潜力。

山海关船厂3号坞围堰建设中，采用单排钢板桩加预制混凝土方块作为围堰结构，然后将围堰拆除后的混凝土方块用于码头的结构，取得很高的工程性价比。这种将临时工程的构件应用于永久性结构的设计思路，对后来沉箱堵口围堰的采用具有启发作用。

船坞建设时，根据坞口水下基岩等深线走向，将坞口围堰斜向布置，在围住坞口的同时，使大部分水工结构布置在水下基岩较高部位，处于围堰内侧。这样，船坞坞口、底板等基岩爆破，均可干施工，降低了工程施工费用。青岛北船重工造修船基地，工程所在地基岩突出，顶尖有“黑孤石”存在。覆盖层下基岩面等深线呈“W”走势。设计循基岩走势将场区平面布置成凸字形，即将修、造船区顺势分割，又拉长了场区岸线总长度，且使码头前沿线的基岩面大致处于水深要求附近，为减少码头工程量创造了条件。

天津新港的坞口区域施工采用双排钢板桩大围堰法或土坝围堰进行了多方案比较，最终采用双排钢板桩围堰方案。围堰本身与主体结构脱离，相互干扰小，有利于抢工期，主体结构施工难度低，质量容易保证，与各种形式的坞墙均能很好地衔接。坞门在船坞中建造完后可直接浮运至坞口调试，同时可再次抽干坞门外区域以便干施工调试坞门，工序间牵扯少，施工周期相对较短。此前长江口地区的南通船坞、长兴造船基地等都采用双排钢板桩围堰。

(3)船坞海上无围堰接长技术

大连船舶重工接长改造30万吨级造船坞工程，提出了不用围堰，采用预制混凝土沉箱和大型钢壳浮箱，在水下拼装并做好止水后，直接形成坞壁结构和坞口结构的“无围堰湿法施工建坞”的新工艺、新技术。首次在无围堰条件下，直接采用预制钢筋混凝土沉箱作为坞壁、水泵房；预制钢壳浮箱作为坞口，在水上拼装组合止水处理后，将坞室内水抽干，再进行坞底板等施工；开拓了重力式船坞结构的一种全新建坞方式；解决了水下一次性形成坞墙、坞口和止水系统的技术难题；节省了工程投资，缩短了施工工期。

(4)坞室根据不同地质采用地下连续墙、组合钢板柱和现浇钢筋混凝土扶壁式结构技术

长江口地区和华南地区等的软土地基上的坞壁结构形式主要有四大类型：①桩基钢筋混凝土扶壁式坞壁结构；②锚拉式板桩墙作为坞壁结构；③自立式格形地下墙结构；④钢筋混凝土高桩承台坞壁结构。

桩基钢筋混凝土扶壁式坞壁结构，利用扶壁式坞壁结构自身的重量和刚度来实现挡土和止水功能，采用大放坡开挖后施工钢筋混凝土扶壁式结构，对环境影响大，一般运用于施工场地开阔和地质条件较好的地段；船坞坞壁结构采用前高桩承台后锚碇(板)桩结构，由前板桩(墙)、承台、拉杆、后锚碇板桩等结构组成，先建成坞壁结构再直接开挖施工底板，需要一定的场地锚碇区域宽度；船坞坞壁采用格形地下墙自立式结构，由内墙、中间剪力墙、外墙、承台板等组成，内墙是坑壁侧墙结构，内墙和外墙为"T"形断面地下墙，通过一字形剪力墙穿孔抗剪钢板连接，共同承受基坑外侧的水土荷载，实现结构和环境的稳定。格形地下墙槽段之间采用十字穿孔钢板连接，地下墙顶通过承台板和廊道结构连成一体，基坑开挖坑壁内侧的泥面下采用地基加固；钢筋混凝土高桩承台坞壁结构由高桩承台及其承台下的钢筋混凝土叉桩组成，利用坞壁叉桩结构承受基坑外侧的水土荷载，实现结构和环境的稳定。

钢筋混凝土板桩沉桩虽造价较低，但难度较高，止水效果较钢板桩差，工期较长；格形地下连续墙施工难度、工期及造价均较大；桩基钢筋混凝土扶壁式坞壁结构大开挖对周边影响巨大。南通地区中远川崎工程区域的土层分布主要为粉土和砂土性质，且受周边环境限制，经综合比较，采用组合钢板桩锚拉式坞壁结构为实施方案。坞室采用组合钢板桩兼作止水墙及永久性坞壁结构是船坞大型化、坞深大于10 m以上、建造周期和施工场地限制提出的课题。自川崎船坞工程后，外高桥、沪东中华、长兴造船基地都根据各自的工程地质和施工技术进行了实践。天津新港造船工程坞室主体结构采用单锚板桩加高桩承台结构，其中墙体采用地下连续墙结构。长兴和外高桥造船基地都有利用地下连续墙施工技术构筑船坞主体的实例。

(5)水上钢板桩基坑围护法建造坞口技术

坞口及其邻近区域的建造往往是对整个船坞工程设计施工影响最大的部分。以往在条件允许的情况下，一般均采用设大围堰(堤坝式或双排及格形板桩式)包围干施工大开挖的方案。长兴造船基地1号、2号船坞的坞口突出现有防汛大堤约60~90 m，整体位于水中。由于受总体布置及水下地形既深又陡的影响，采用大围堰在造价和工期上都不占优势，经过综合比较后，确定采用水上钢板桩基坑围护法先建坞口，后利用坞门挡水干施工其后方坞室及水泵房的方案；该方案具有影响范围小、总工期短、造价相对较低等优点。类似的设计曾在上海船厂7万吨级半坞式船台(40 m宽)口门建造中使用过，但其为半岛法施工且平面尺度及开挖深度均较小。在沪东中华的船坞工程中也做过探索。长兴1号、2号船坞工程利用二个相对独立的水上钢板桩围护深基坑，同时施工这两座特大型船坞的坞口，两个基坑的平面尺度分别为98 m×30 m和128 m×30 m，开挖深度自设计高水位起算为14.78 m，二者并列布置，净距28 m。将陆上高楼地下室基坑围护挡土的施工方法，经改造发展运用到修造船行业施工，形成坞口挡水建筑物的水上建造法。

21世纪以来是我国的船舶工业高速发展时期，产业规模实现了跨越式的增长，国际地位显著提升，产业技术水平和综合竞争力有了较大的提高，在修造船业攀登世界高峰的过程中其修造船工程船坞、码头的建设技术得到了长足的进步，不少技术为世界先进水平。2011年我国造船完工量7 696万载重吨；新承接船舶订单3 971万载重吨；手持船舶订单15 453万载重

吨；2012 年我国造船完工量 6 021 万载重吨；新承接船舶订单 2 041 万载重吨；手持船舶订单 10 695 万载重吨。

8.1.2 海洋工程装备制造基地工程概述

浩瀚的海洋蕴藏着丰富的资源，主要包括海洋矿产资源、海洋可再生能源、海洋化学资源、海洋生物资源和海洋空间资源。紧密围绕海洋资源开发，大力发展海洋工程装备制造业，对于开发利用海洋，提高海洋产业综合竞争力，带动相关产业发展，建设海洋强国，推进中国经济转型升级具有重要的战略意义。目前世界上多个沿海国家正在加紧对海洋高新技术进行开发，海洋油气开发成为世界高技术竞争的热点，发展海洋经济已列入各沿海国家的发展战略。资料表明，世界油气远景面积 $7\,746.3\times10^4$ km^2，其中海底约 $2\,639.5\times10^4$ km^2。全球海底石油总蕴藏量有 $1\,400\times10^8\sim2\,000\times10^8$ t，海洋天然气储量有 140×10^{12} m^3。目前已发现的油气田有 1 600 多个，并有 200 多个海上油气田投产，海上油气总量在整个油气采集中的比例已由 1970 年的 10% 迅速增加到目前的 45% ~50%，而且海洋油气开采量还在逐年增加。1999—2003 年，全世界新发现的油气田 2/3 在海洋，一半在深海。在此期间发现了 14 个大型油田，其中大部分在海洋。我国近海约有 240×10^8 t 石油，14×10^{12} m^3 天然气，发现了 71 个含油气构造，获地质储量石油 12×10^8 t，天然气 $2\,350\times10^8$ m^3。目前，已有 25 个海上油气田投入开发，形成了一个海上油气产业。南海海域发现了 7 个油气盆地，总资源量达 $320\times10^8\sim430\times10^8$ t，被预测为世界第四大油区。但受多种因素的影响，目前我国海洋石油的发现率仅为 18.5%，天然气的发现率为 9.2%。

以海洋油气资源为代表的海洋矿产资源是当前世界海洋资源发展的重点和热点。

我国已经在以大连、葫芦岛、天津、青岛为主的环渤海地区，以上海、苏中地区、舟山为主的长江三角洲地区和以广州为主的珠江三角洲地区形成了三大造船基地。在上述基地上已初步形成了以大连、天津、烟台、青岛为主的环渤海地区，以上海、苏中地区、浙江地区为主的长江三角洲地区，以广州、深圳、珠海为主的珠江三角洲地区的海洋工程装备制造大集聚区的雏形。

由于我国的海岸线长，沿海的工程地质差异性大，加之近期新建的修造船基础设施和海洋工程装备制造基地基础设施的规模和要求的水深等水域条件都有所增加，工程技术人员克服困难，创造了多个前所未有的工程实践，给我国的海岸工程带来了繁荣，也为今后的海岸工程提供更多的借鉴和思考。

8.2 修造船工程

8.2.1 概况

修造船厂和海洋工程装备制造基地均为临水而设或于大海之滨或江湖之岸，在我国沿海岸线和一些岛屿之周分布着众多的大小船厂和一些海洋工程装备制造基地。近些年来对一些老船厂进行扩建和技术改造，又兴建了许多具有世界先进水平和规模的大型修造船厂和海洋工程装备制造基地。这些工程的投产，使我国可建造出适航于任何世界海区的现代大型船舶，如超大型油轮(VLCC)、超大型矿石船(VLOC)、天然液化气运输船(LNG)、超大型 10 000TEU 集装箱船、汽车客滚船(POTC)等。我国造船工业已进入世界先进行列。

船厂与海洋装备制造工程中海岸工程大体可分防波堤工程、挡潮(防洪)防汛工程、保护岸壁稳定挡土工程，船厂的船坞工程、大型挡水的临时围堰工程以及作为船舶舾装和产品运输的各式码头工程，海(河口)边滩涂新吹填而成陆域之上的设施，还有超软土地基加固处理工程等。不同的海域和工程地质情况给海岸工程中的修造船工程带来了新的课题，也必然会促进新技术的发展。

本节将主要介绍环渤海沿海的大连、山海关、青岛、天津修造船工程；长三角南通、上海及福建沿海修造船工程；珠三角的广州、深圳修造船工程。

8.2.2 环渤海沿海修造船工程

8.2.2.1 大连修造船工程

(1)简况

大连造船业始于1898年。大连船舶重工近几年的发展形成舰船、民船、修船、海洋工程、重工五大产业发展的新格局。到2010年，造船能力达到600×10^4 t，产量达到500×10^4 t。规划2015年，造船能力达到800×10^4 t，产量达到700×10^4 t；2020年造船能力达到$1\ 000\times10^4$ t，产量达到900×10^4 t。

大连船舶重工的一工场船坞工程在码头沉箱抛石基床内实施升浆技术，形成施工围堰，取消了传统的临时施工围堰，大大减少了投资，缩短了工期，保证了船坞干施工条件，对升浆技术的开发和利用作出探索。自从该围堰工程成功后，大连船舶重工二工场的30万吨船坞接长工程、青岛北海船厂围堰工程、中海油青岛基地、武船重工青岛基地、福建泉州造修船基地也相继应用沉箱码头结合升浆兼作围堰技术，在施工围堰、坞墙永久帷幕等方面，均取得了初步成功。

下面主要介绍大连船舶重工的一、二、三工场的修造船工程情况。

(2)自然条件

大连年平均气温10℃，最低气温-21.1℃。主导风向为N和NNW，其频率为10%～15%，最大风速达34 m/s。其次为SE，SSE、S以及NW风，频率为8%～9%。

大连湾的潮流受沿岸海流影响，流向SE，港湾口处涨潮流速1.54 m/s，落潮流速为1.29 m/s；湾内潮流沿大港防波堤呈东西向，到黑嘴子码头附近，其流速降至0.51 m/s。厂区水域位于黑嘴子码头以西约1 km，接近湾底，其潮流速度低于0.5 m/s。

根据大连港水文站1909—1972年50年资料，历史最高高潮位(大连港零点为基准，下同)5.00 m；年最高高潮平均潮位4.37 m；平均高潮位3.19 m；平均潮位2.11 m；平均低潮位1.04 m；年最低低潮平均潮位 -0.28 m；历史最低低潮位-0.85 m。根据1953—1973年的潮位曲线，在06:00—18:00时段内，持续2小时的潮位保证率：大于2.8 m的潮位占67.9%；大于3.0 m的潮位占54.1%；大于3.4 m的潮位占26.9%；大于3.6 m的潮位占16.1%。设计高水位3.86 m；设计低水位0.68 m；校核高水位4.88 m；码头校核低水位-0.85 m。

大连湾内基本不存在淤积问题。二工场厂区北面水域在20世纪90年代中以前受大连化工厂排渣的影响，存在一定的淤积，最近几年大连化工厂只排放处理后的水，淤积已趋减少。

大连湾内结冰期约50天，时间在每年1月至3月初，冰厚15 cm上下，香炉礁地区水域海漫甚宽，受北风、西北风影响，气温较低，结冰期较长，冰凌厚达30 cm，有短期封冻。

拟建场地地震基本烈度为Ⅶ度。

(3)总平面

大连船舶重工由三部分组成(图 8－2)：一工场(原大连造船厂老厂)；二工场(原大连香炉礁造船厂)；三工场(原渔轮厂)，占大连湾大部分海岸线和沿线陆域面积。

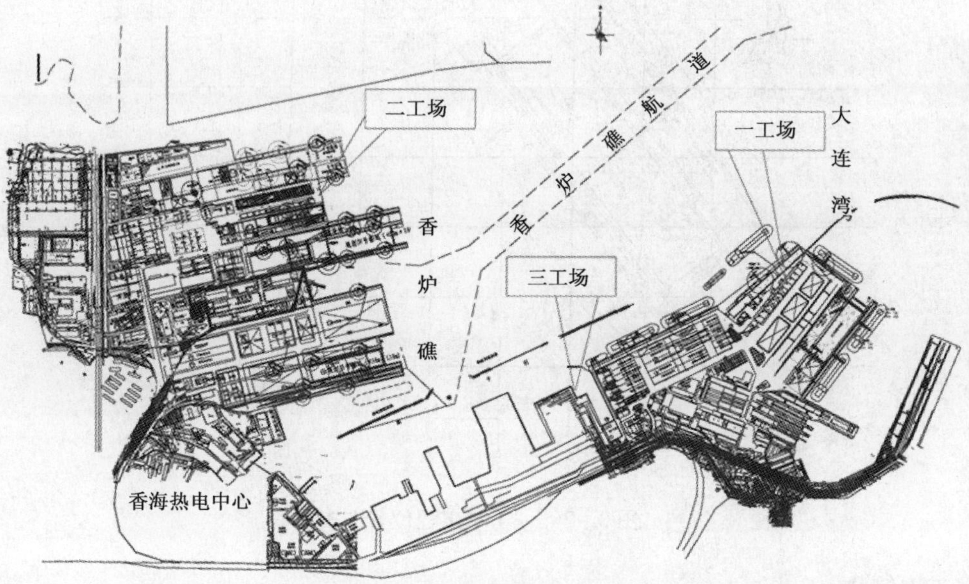

图 8－2　大连船舶重工总平面图

一工场位于大连湾的南边，处于大连湾大港区防波堤的保护范围之内。厂区水域在大港区的西侧。防波堤设有东、西两个口门，东口门宽 360 m，航道宽 270 m，水深 10 m，西口门宽 120 m，水深约 9 m。船舶进出港大部分通过东口门，西口门仅供厂区内船舶进出港使用。一工场厂区占地面积约 109×10^4 m^2，岸线长 4 150 m，码头长约 2 700 m。

二工场位于大连湾的西侧，原大连香炉礁造船厂(造船新厂)，属于大连市区北面的香炉礁地区，厂区北边为河套，港区内香炉礁航道可供 30 万吨级油轮通航。厂区占地面积约 176×10^4 m^2，码头长约 1 700 m。

三工场位于大连湾的南侧，一工场和二工场之间，目前规模相对较小。

(4)一工场新建船坞工程

1)简况。

本工程位于一工场厂区北侧，大连港防波堤内，场地由海域填筑形成，东侧距大连港 4 号码头约 355 m，西侧距防波堤约 257 m，北侧距防波堤 707.4 m，工程位置详见图 8－3。

该工程于 2001 年开工，2003 年竣工，历时约 24 个月，其中船坞主体仅约 20 个月。要求本工程的实施不得影响 4 号码头和渔轮码头的正常运行。

2)设计条件。

拟建场地土层按其成因类型和工程性质可划分为两个层次：一层为淤泥，含贝壳碎片和碎石，厚度约 0.10～5.10 m。该层底部局部混卵砾石及砾砂，其顶部为浮泥；二层为黏土、粉质黏土混角砾，可塑－硬塑。基岩岩性特征为：①出露面标高一般为－9.29～－6.97 m，大部分钻孔处淤泥之下即为中风化辉绿岩；②中风化岩岩面标高约－21.62～－6.64 m，岩芯一般为块状或短柱状，易沿节理等结构面断裂；③微风化岩岩面标高约－22.22～－19.42 m，岩芯呈短柱状，可见微细石英岩脉。拟建场地基岩渗透系数按 10^{-5} cm/s 考虑。

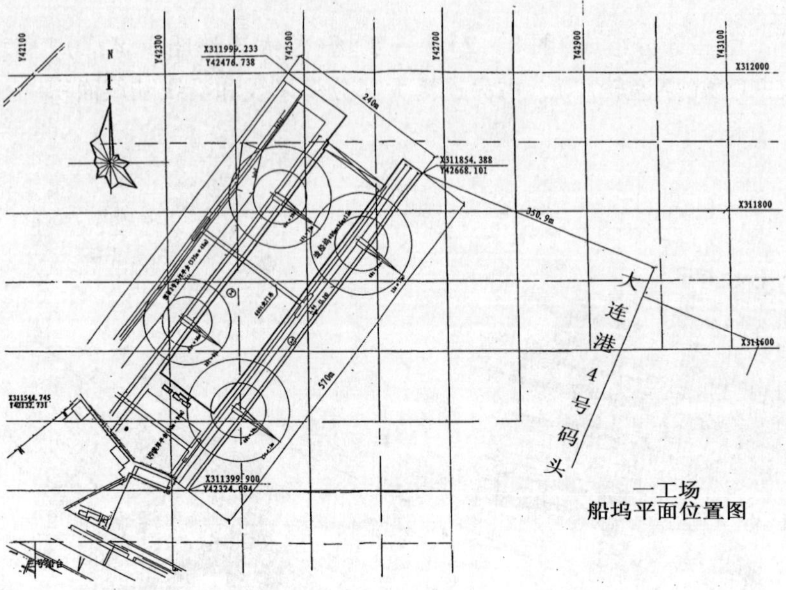

图 8-3　一工场工程位置图

3）水工构筑物。

船坞码头工程主要结构有两部分。第一部分主要由东侧舾装码头，总长 570 m；北侧码头，总长 103 m；北侧坞口段临时堵口围堰长 122 m；西侧土石围堰 570 m；南侧止水墙长约 172 m；不锈钢装焊场地码头 106 m、平台 102 m×96 m 六部分组成。第二部分主要由造船坞、水泵房、起重机轨道及其他公用设施组成。造船坞有效长度 400 m，宽 96 m，深 13 m，顶标高 +5.20 m，底面标高 -7.8 m。东码头 40 t 门座起重机西轨道，长 558 m；1 号龙门起重机轨道长 523 m×2；2 号龙门起重机轨道长 555 m×2；120 t 门座起重机轨道长 523 m×2。

由于设置了船坞施工围堰，船坞主体结构具备了干施工条件，坞墙采用扶壁式结构，底板为天然地基上钢筋混凝土大板，局部位置进行了岩基爆破。坞口为现浇 U 型结构。吊车道基础采用灌注桩基础上的连续梁结构。场地平台为钢筋混凝土板，地基采用强夯处理。

东、北码头既是舾装码头，又是施工围堰的一部分。码头结构形式为钢筋混凝土沉箱重力式结构，东码头总长 570 m，北码头总长 103 m。面标高 +5.20 m，底标为 -10.00 ~ -7.00 m。分段长度一般为 18 m。下部沉箱高度按码头底标高的不同为 9.8 ~12.8 m，宽度为 11 ~13 m。

在作为围堰的沉箱段，空腔内预埋橡胶止水带并回填水下混凝土。沉箱内回填山皮土，沉箱下部为 500 mm 厚碎石基床。作为围堰时，碎石基床采用升浆法充填水泥砂浆，下部基岩采用帷幕灌浆形成止水帷幕。沉箱后回填山皮土。胸墙及公用廊道伸缩缝宽 20 mm，沥青木丝板或泡沫塑料板嵌缝，有止水要求的墙缝用橡胶止水带，下部采用橡胶板嵌缝止水，墙后回填山皮土。施工阶段北码头西端基床采用水下混凝土代替较高的升浆混凝土，箱顶袋装黏土局部改为回填黏土，以达到止水效果。

围堰工程除东、北侧码头采用升浆基床兼作围堰外，西侧为土石坝围堰，北侧为堵口沉箱围堰，南侧设有止水帷幕。

西侧土围堰及南侧场地回填均采用由南向北、由陆地向海域推进的施工方法进行填筑。回填材料为山皮土（$c \geqslant 5$ kPa，$\varphi \geqslant 25°$）。土围堰顶标高为 4.0 m，堤顶宽度 10 m，临水面和基坑面均采用两级放坡，基坑侧和临水侧坡度1∶2和1∶1.5。临水面坡面采用混合倒滤层和块石进行护坡，厚度为500 mm和400 mm，内侧不另设护坡；南侧场地回填基坑面坡度及护面与围堰基坑面相同。围堰及南侧场地回填后施打钢板桩止水墙，钢板桩采用PU16型。板桩顶标高不低于5.0 m，底部打入基岩中0.5～1.0 m。北侧堵口围堰利用拟建码头沉箱加升浆基床，形成堵口围堰。施工阶段钢板桩未施打时，土石坝堤顶稳定受波浪威胁较大，堤顶标高改为+4.50 m。本工程由于钢板桩在西侧土石坝内打入岩面情况不理想，该段日漏水量约1×10^4～2×10^4 m^3，施工期间一直排水。

(5)二工场30万吨级船坞接长和新建南坞工程

1)简况。

本工程为30万吨级造船坞(老坞)接长改造和新增建一个小坞相结合的工程。工程位于二工场，大连湾臭水套出口，东水域南岸，厂区东侧和北侧，面临大海。老坞位于厂区东北角，20世纪90年代初建成。老坞北侧为30万吨级舾装码头(北码头)，北坞墙与北码头结构连为一体，总宽为30 m，坞墙上设有900 t龙门起重机轨道一根，160 t门座起重机轨道二根；南坞墙上设有160 t门座起重机轨道二根，坞墙南侧陆域设有900 t吊车道一根。老坞长365 m，宽80 m，深12.7 m。

2000年9月开始研究接长改造30万吨级造船坞工程，要求施工期不能影响工厂正常生产，工程只能是从老坞口及原6万吨级舾装码头前沿向海域方向发展，整个工程均在海上建设，同时应考虑到原造船坞约6个月坞门开启一次，供船舶出坞。若采用大围堰方案，难度高，施工工期长，坞口和坞门都被围在围堰内，从围堰合拢到工程施工结束，坞口将不能进出船只。由此放弃传统先做围堰再在围堰内干施工主体结构的做法，提出了“无围堰湿法施工建坞”的设计理念和新工艺。首次在无围堰条件下，直接采用预制钢筋混凝土沉箱作为坞壁、水泵房；预制钢壳浮箱作为坞口，在水上拼装组合下沉后，进行止水处理，然后将坞室内水抽干，再进行坞底板等施工；采用沉箱和坞口钢浮箱下基床升浆混凝土作为永久坞壁和坞口结构的组成部分，并依靠它同时解决基床强度、沉降和止水问题；采用预制沉箱，分期实施的形式作为船坞水泵房结构，达到预期效果；采用大型预制钢壳浮箱作为坞口，并利用原有坞门，为工程一次性抽水成功奠定了基础。

在采用无围堰湿法施工，接长坞工程取得成功后，用同样方法再建一个68 m×150 m的小坞。小坞于2003年5月开工，2004年11月竣工。

2)设计条件。

香炉礁地区50年一遇平均波高1.1 m(E向)，$H_{1\%}=2.47$ m，平均周期$T=7.0$ s。

该区域海底地形较为平坦，东部高于西部(−7.82～−3.62 m)，北部略高于南部(−6.70～−4.25 m)。受北部大连化工厂排放废物废渣影响，形成较大面积淤积区。土层划分自上而下分为以下几类。

a. ②层为淤泥，厚度0.20～4.70 m，上部为流泥，在原围堰的东南角及原“日本坝”等局部地段底部混有约0.5 m厚的碎石、块石；

b. ③层为淤泥粉质黏土，含贝壳屑及石英砂砾，厚度在0.40～4.00 m，主体结构区内，因疏通航道开挖过，该层普遍缺失；

c. $⑤_{A1}$层为粉质黏土，含少许贝壳屑及石英砂砾，质地较为均一，层厚0.40～6.00 m，局部因受疏浚及开挖，区域缺失；

d. ⑤$_{A2}$层为粉质黏土，局部孔底部夹有薄层粉砂，层厚为0.20～7.60 m，厚度变化较大，弱透水层，分布较均匀；

e. ⑤$_{A3}$层为砂砾石，主要为石英砂岩，占50%～60%，厚度为0.29～4.90 m，拟建场区分布较均匀，为透水层；

f. ⑤$_{B}$层为黏土，含碎石，碎石成分为灰岩、石英砂岩等，含量占20%～30%；

g. 岩溶充填物，混有碎石及少量细砂，透水性均较弱。未发现与海水直接连通的未充填空洞及其他通道；

h. Zzn震旦系南关岭组灰岩，中等风化，岩性坚硬致密，胶结较好，岩芯较为完整，大多数呈柱状或短柱状，少数孔岩芯较破碎；

i. 构造角砾岩，岩面少许呈强风化状，可见溶蚀现象，岩质较软，岩芯较完整。有关土层的物理力学性质指标详见表8－1。

表8－1 各土层主要物理力学指标

土层号	土层名称	含水量（%）	容重/（kN/m^3）	孔隙比	压缩模量/MPa	内聚力/kPa	内摩擦角（°）	标贯N 63.5击
②	黑色灰黑色淤泥	80.4	14.2	2.43	2.03	11.0	23.0	
③	灰色－淤泥质粉质黏土							1.6
⑤$_{A1}$	灰黄－灰褐色粉质黏土	26.9	19.2	0.76	4.48	20.0	21.0	6.3
⑤$_{A2}$	灰色－灰褐色黏质粉土	26.4	23.2	0.76	6.79	13.0	26.5	8.9
⑤$_{A3}$	棕黄色砂砾石							11
⑤$_{B}$	棕红－红褐色黏土							
Zzn	灰岩							

3）水工构筑物。

二工场位于大连湾西侧，厂区东北浅海湾内（图8－4）。

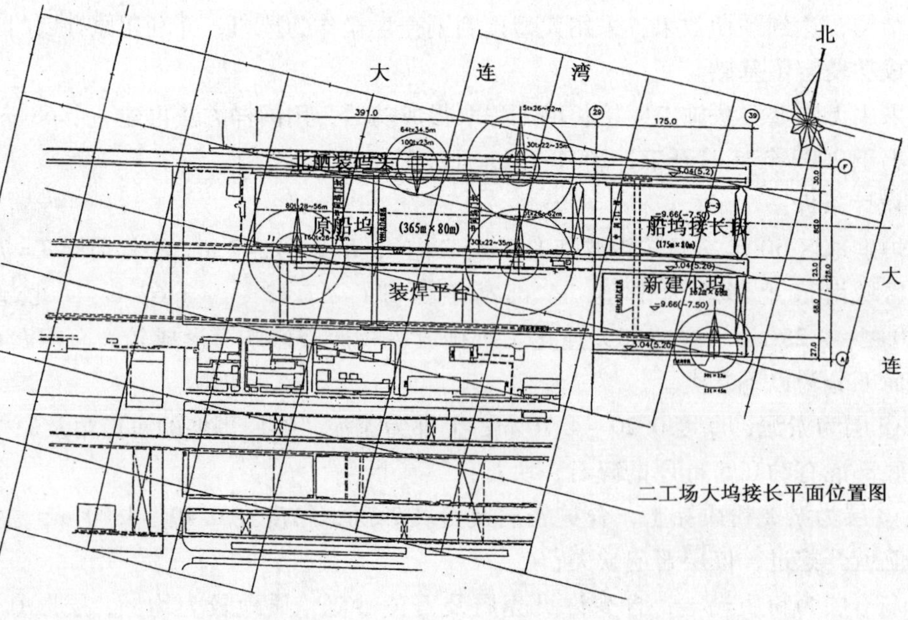

图8－4 二工场工程位置图

大、小船坞灌水时作用在底板上的最大均布荷载为127 kPa；坞墙顶部荷载为原900 t龙门起重机及新建600 t龙门起重机荷载；护舷荷载为VH500型，反力56 t；ϕ1 800滚动护舷单列反力为62 t；双列反力为124 t；小坞首部坞墙底部设置750 kN拉环；大、小坞两侧坞墙均设置250 kN拉环；车辆荷载为40 t平板车。

水工结构主要由老坞(北坞)接长、新增小坞(南坞)、北码头接长、新增南码头、新增共用水泵房及吊车道工程等。老坞接长改造的有效尺度为185 m×80 m×12.7 m(简称北坞)。新增建小坞有效尺度为151.8 m×68 m×12.7 m(简称南坞)。南、北两坞坞口并排相邻，中间坞墙为两坞共用，在共用坞墙前方紧靠坞口门墩处，设置两坞共用的水泵房一座，原30万吨级造船坞的水泵房继续使用，但对出水廊道进行了改造，廊道沿新建南坞西坞墙向南排入大海。在北坞北侧和南坞南侧坞墙外均需设置相应的舾装码头。

原船坞采用钢板桩大围堰，干施工方式建成，坞壁为现浇钢筋混凝土护壁式挡土结构，局部为现浇箱形结构，基础大部分为天然石灰岩岩基，部分岩面较深者，采用桩基。坞口为现浇整体"U"形结构，基础坐落在岩基上并设有锚杆，坞口外有二个箱形结构紧靠在两个坞墩外侧，箱型结构之间无底板且无止水系统，南箱位于岩基上，北箱位于预制桩基础上。坞室底板为现浇钢筋混凝土结构，其下设有减压排水系统，其基础大部分为岩基或块石混凝土，少数为预制桩。坞墙和坞口底板下岩基内设有高压注浆止水帷幕，桩基部分为定喷止水墙。北码头为嵌岩钻孔灌注桩基础，上部现浇钢筋混凝土梁板结构。

老坞接长工程是在老坞坞口向东(海域)接长，南坞位于船坞接长工程南侧，两个坞口相临、齐平，北码头为30万吨级舾装码头，接长工程与北坞同步向东延伸175 m，码头面标高为5.20 m，前沿泥面标高为-10.00 m，原900 t吊车道1根和160 t吊车道2根同样向东延伸；南码头前沿泥面标高为-7.50 m，其上部有900 t龙门起重机轨道1根和30 t门座起重机轨道2根；新增水泵房位于南、北两坞中间共用坞墙内，紧靠坞口门墩处，为南北两坞共用水泵房，外墙尺寸为23 m×14 m，结构顶标高为+5.20 m，底标高为-12.40 m，共分三层，各层层面标高分别为-11.00 m、-7.00 m、-2.20 m。原水泵房出水口位于老坞口南侧20 m处，南北共用坞墙将堵住该出水口，该廊道需改道重建。为尽量减少工程量，出水廊道与西坞墙结合，标高-2.25~0.25 m之间，宽2.05 m，高2.50 m，共3个。工程横剖面图如图8-5所示。

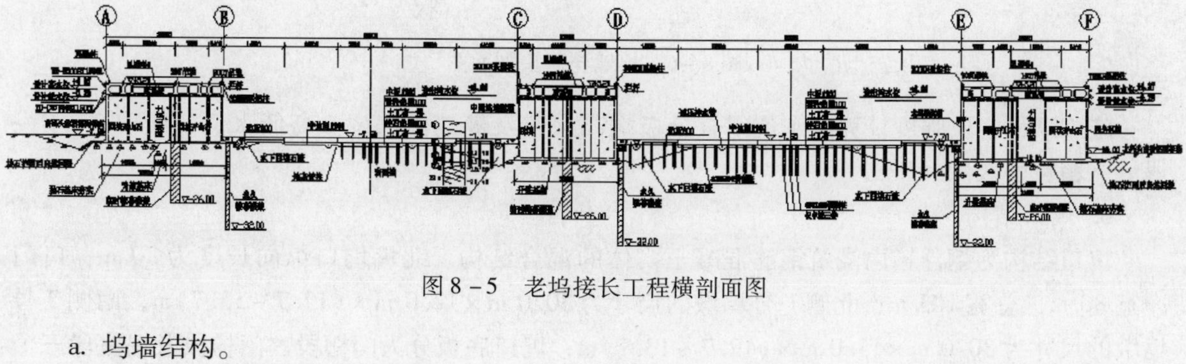

图8-5 老坞接长工程横剖面图

a. 坞墙结构。

坞墙采用升浆基床上预制钢筋混凝土沉箱加现浇廊道结构，分北坞墙、南坞墙、中间坞墙、西坞墙四个部分。北坞墙与北侧码头组成一个30 m宽的整体，北坞墙采用20.0 m×15 m ×14.5 m沉箱6个及12.58 m×15 m×14.5 m，11.92 m×15 m×14.5 m沉箱各1个。沉箱底标高均为-12.00 m，顶标高均为+2.50 m。南坞墙与南侧码头组成一个27 m宽的整体，南坞墙采用10.0 m×14 m×11.5 m沉箱5个及13.75 m×14 m×11.5 m沉箱1个，10.0 m×14 m×13.5 m沉箱7个。前6个沉箱底标高为-9.00 m，后7个沉箱底标高为-12.00 m，顶标高均为+2.50 m。中间坞墙采用15.0 m×24.0 m×14.9 m沉箱1个，12.0 m×24 m×14.5 m沉箱9个及21.5 m×18.0 m×14.5 m沉箱2个。沉箱底标高为-12.00 m，顶标高均为+2.50 m。西坞墙采用14.0 m×9.35 m×11.5 m沉箱4个，13.367 m×9.35 m×11.5 m、14.25 m×9.85 m×11.5 m、14.183 m×9.85 m×11.5 m沉箱各1个。沉箱底标高均为-9.00 m，顶标高为+2.50 m。西坞墙内主要为原水泵房出水廊道，出水廊道共3个，尺寸为2.05 m×2.55 m，出水廊道至南码头沉箱时，加大廊道尺寸为2.05 m×3.55 m。沉箱与沉箱之间的出水廊道设橡胶止水带。西坞墙上部结构为"L"形挡墙，挡墙顶宽为0.25 m，下宽1.2 m，底座宽9.75 m。

沉箱采用对头接形式，空腔内回填水下混凝土。坞室抽水后，施工垂直止水带。沉箱内回填山皮石。沉箱伸入现浇钢筋混凝土胸墙300 mm。胸墙及公用廊道缝间采用橡胶带止水，沥青木丝板或泡沫塑料板嵌缝。坞墙顶标高+5.20 m，承台面顶标高+2.50 m，承台上部为混凝土多孔公用廊道。坞墙顶布置有引船小车轨道，系船柱等，并分别设有起重机轨道。

坞墙与老坞口交接处，南、北坞墙分别外突1.7 m与2.3 m，为施工期间进出坞门。坞墙基础采用天然地基，岩面以上挖除软土，回填碎石并注浆。坞壁采用钢筋混凝土沉箱结构。如图8-6。

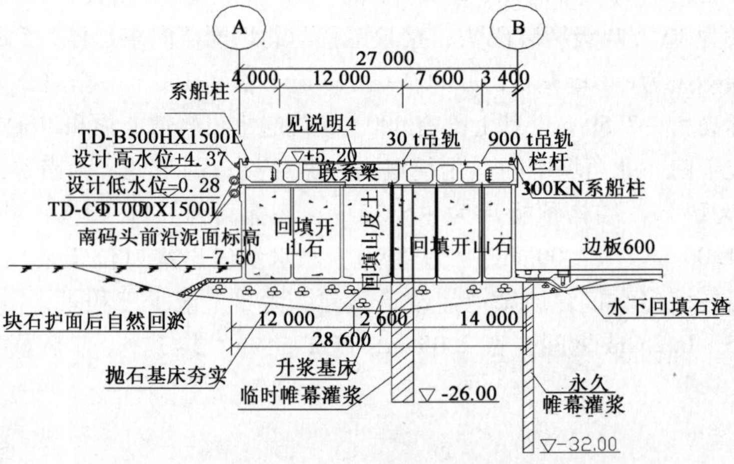

图8-6　坞墙与码头剖面图

施工期稳定及强度计算的水位组合分极端高水位及极端低水位。高低水位一般取20年一遇。沉箱重度取25 kN/m²。

b. 坞口结构。

坞口结构为钢浮箱内浇筑钢筋混凝土实体的混合结构。北坞坞口纵向长度为30 m，口门净宽80 m，总宽103 m；北侧1号坞墩的尺寸为30.0 m×12.0 m×(12.7~13.7)m，南侧2号坞墩的尺寸为30.0 m×11.0 m×(12.7~13.7)m；坞口底板分为门槽段、门槛段及坞室段三个部分。门槽段尺寸为103 m×12.75 m×5.0 m，门槛段尺寸为103 m×5.0 m×6.0 m，坞室段尺寸为103 m×12.25 m×(5.8~6.0)m；南坞坞口纵向长度为30 m，口门净宽68 m，总宽91 m；北侧3号坞墩的尺寸为30.0 m×11.0 m×(12.7~13.7)m，南侧4号坞墩的尺寸为30.0 m×12.0 m×(12.7~13.7)m；门槽段尺寸为91 m×12.75 m×5.0 m，门槛段尺寸为

91 m×5.0 m×6.0 m，坞室段尺寸为91 m×12.25 m×(5.8～6.0)m。南、北坞口坞墩顶标高均为+5.20 m。坞室设有横坡；其中门槛段和坞室段在钢壳浮箱外的混凝土实体采用二期混凝土浇筑，并通过锚筋与钢浮箱焊接连接。底板底标高均为－13.50 m。

c. 止水系统。

止水系统大体可分为三个部分，即岩面以下岩石内、抛石基床内和各结构物相互之间接缝的止水。根据现场压水和抽水试验，本工程基岩裂隙的渗透系数达10^{-4}～10^{-3} cm/s，深度为岩面以下10～15 m。岩面以下止水帷幕拟分二阶段进行：①第一阶段为施工期临时帷幕，共布三排孔；确定孔距为2.0 m，排距为1.0 m，底标高为－26.00 m。②第二阶段为形成干施工条件后，在坞壁内侧做永久性止水帷幕，共布二排孔；确定孔距为2.0 m，排距为1.0 m，底标高为－32.00 m，中间坞门下止水帷幕也在干施工条件下完成，底标高为－32.00 m。

在抛石基床施工中应考虑基床内(包括岩面以上至沉箱底板之间)止水，在基床内外两侧及50 m左右长分段之间铺设土工布，基床石料要求严格控制，以利于止水。止水采用注浆，利用上述三排帷幕注浆管，先注内外两排，压力略小，后注中间一排，压力增大。

沉箱在预制场预制时，在沉箱表面预埋橡胶止水带，为保证沉箱钢筋不被止水带断开，在止水带处沉箱表面混凝土向外突出10 cm；为防止沉箱在拖运、安装过程中止水带损坏，在止水带两侧加焊保护钢筋，与坞底板相连的永久止水带以“V”形钢板盒扣住，以避免升浆时将止水带埋住和拆除浮浆时止水带被损坏。沉箱之间预制企口，安装后合为一个1 m宽的空腔，沉箱侧壁预埋橡胶止水带，在空腔内用竖管法浇筑水下混凝土，形成施工期止水结构；沉箱前沿留的企口在坞内干施工时，安装固定止水带、伸缩缝板然后浇筑混凝土，形成永久止水结构。

d. 工程沉降和位移监测。

在施工过程中，重点对南侧坞墙、北侧坞墙、水泵房坞口等在坞室内抽水及底板施工阶段进行了沉降和位移监测。南侧坞墙沉箱最大沉降量为1.6 mm，沉箱最大位移量为3.4 mm，北侧坞墙沉箱最大沉降量为3.0 mm，沉箱最大位移量为7.8 mm，水泵房最大沉降量为1.6 mm，最大位移量为3.8 mm。坞口钢浮箱安装就位，在整体“U”形钢浮箱的两个坞墩上测量得到的偏差见表8－2。

2003年9月8日开始坞室内抽水，到2003年9月15日抽水至水位－7.70 m，经测量计算，9月8日日渗水量2 531 m^3；9月10日日渗水量3 504 m^3；9月14日日渗水量3 294 m^3，(上述渗水量均包括原老坞室内日渗水量约2 000 m^3)。

表8－2 坞墩测量情况

偏差	1号墩		2号墩	
	x	*y*	*x*	*y*
平面位置偏差/mm	+122	－15	+253	－51
竖向位置偏差/mm	+134		+47	

(6)三工场新建船坞工程

1)简况。

拟建工程位于香炉礁港务公司码头处，北邻大连造船新厂，南侧邻近黑嘴子防波堤。主要工程有船坞1座，尺度为370 m×86 m×14.6 m；码头、驳岸806 m(前沿泥面标高－10.0 m)；装焊平台2座，分别为348 m×86 m、743 m×67 m。三工场船坞工程平面布置如图8－7所示。

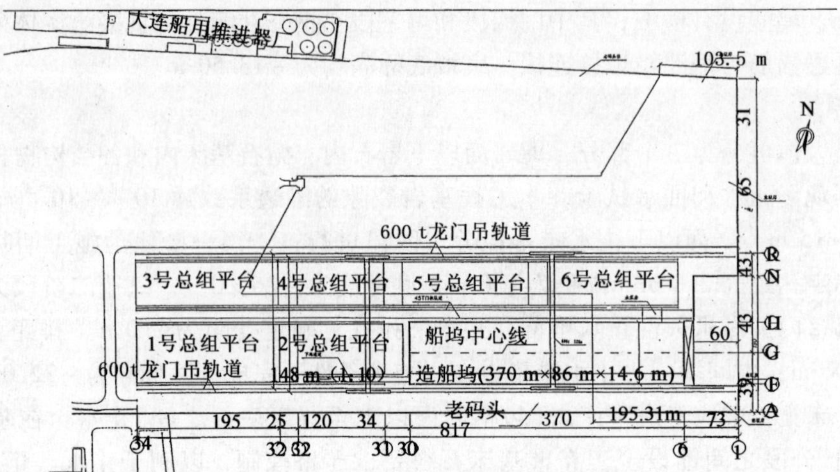

图 8－7　三工场船坞工程平面布置图

2）设计条件。

场地土层特征主要为：①$_1$层为素填土；①$_2$层为淤泥；③$_1$层为粉质黏土，层面标高 －11.13 ~ －5.65 m，厚度变化为 0.5 ~5.1 m，状态可塑－硬塑；③$_2$层为粉质黏土夹碎石层，分布不稳定，部分区域缺失，层面标高 －14.15 ~ －8.20 m，厚度变化为 0.9 ~9.1 m，渗透性大；④层为含黏性土碎石，分布不稳定，仅在部分区域分布，层面标高 －16.94 ~ －6.45 m，厚度在 0.4 ~12.3 m 之间；⑤层为辉绿岩，以侵入体形式出现，按风化程度划分为⑤$_1$层强风化和⑤$_2$层中风化，拟建场地侵入体分布范围较大，强风化呈土状－碎块状，中风化岩石结晶较好，含较多氧化铁，较为破碎；⑥$_1$层为强风化板岩，成层结构；⑥$_2$层为中风化板岩，变余结构。

3）水工建筑物。

根据工艺设计的需要，南坞壁距最南侧码头前沿 36 m，其后半部分长度范围位于原突堤码头陆域位置，前半部分长度范围位于原突堤码头前水域范围。突堤码头前沿泥面约为 －10.0 m 及 －8.0 m，为沉箱码头结构形式。船坞宽度 86 m，长 370 m，底标高为 －9.4 m，坞墙顶标高为 +5.20 m。坞室采用排水减压分离式结构。

a. 坞口和泵房。

坞口、泵房、坞墙均采用湿法施工，即坞口、泵房、坞墙主体均在水上施工，坞壁采用钢筋混凝土沉箱，沉箱安放后再施工廊道，坞口采用“U”形整体式钢浮箱。

由于坞口位置受邻近客运码头运行干扰，采用钢浮箱法施工。钢浮箱在船厂斜船台上制造并下水，在沉箱内直接预制下坞通道、泵房结构。坞口利用钢浮箱作外模。浮箱尺寸为 110 m×27 m×17.1 m，预制并浇筑部分底板混凝土浮运至现场，经整体沉放后浇筑坞口其余结构混凝土，在混凝土达到强度后安装坞门，形成坞口位置的围堰。浮箱基础为抛石基床，坞口永久帷幕采用基床升浆、基床下土基内旋喷、岩基内帷幕灌浆方案。

泵房沉箱尺寸为 34 m×24.2 m×18.4 m，全部质量为 1×10^4 t，尺寸和自身质量都超预制能力；连接下坞通道的沉箱逾 6 000 t，由于下坞通道偏在一侧，底板远比一般沉箱壁厚大，偏心严重。设计对上述两沉箱进行了处理，以灌压载水调平，逐个箱格控制压载水深度，对沉箱尺寸进行了适当放大，沉箱平面尺寸放大为 24.8 m×22 m。在泵房沉箱的外围设置了额外的舱格，用于减小沉箱吃水深度，对相邻结构、节点进行了加强。施工时直接在半潜驳上预制，在达到一定深度后浮运至结构位置，在水上接高。对水泵房沉箱内，除外部框架外，板、梁、柱在浮运就位前均不浇筑，以减少自身质量、吃水，结构受力由内部钢结构临时梁柱承受。

b. 坞墙。

大部分坞墙(共 796 m)采用沉箱结构，既作坞墙结构，又兼围堰沉箱，坞墙分段长一般为 20 m。沉箱底板下采用升浆基床、旋喷、帷幕灌浆作施工期临时止水帷幕，待围堰形成并抽干围堰内水后，在船坞侧沉箱前趾上设船坞帷幕压顶梁，压顶梁以下另设旋喷桩作为船坞坞墙永久止水帷幕。南坞墙邻近突堤老码头，老码头前沿设计泥面为 -10.0 m 及 -8.0 m，坞墙坞壁线距码头前沿线为 39 m，坞墙廊道上设有 2 根 600 t 龙门吊轨道，设计沉箱宽 16 m，前后趾宽 500 mm，沉箱结构下均设碎石基床。此工法即为湿法施工。

c. 下坞通道和坞底板。

下坞通道位于船坞南端，长 148 m，坡度 1:10，自地面放坡至坞尾 -9.60 m 处，根据埋深的不同，结构采用整体"U"形结构及矩形箱涵结构，结构均以天然地基为基础，施工时除首段采用大放坡施工外，其余采用基坑围护方式施工围护墙采用 D1000 钻孔桩排桩，桩后设旋喷桩作止水帷幕，钻孔桩、旋喷桩均需进入中风化岩一定深度，以满足嵌固、止水要求。

船坞底板位置岩面高低不平，部分位置要炸礁，大部分位置岩面较深，需要基础处理，设计对其中部分岩面较高的部位采用了毛石混凝土换填处理，对较深的部位，采用了挖孔桩处理，坞底板共约 3 000 根桩，此处桩不深，最深处 10 ~ 12 m。岩面上覆盖层状态较好，无淤泥，最差的是粉质黏土。挖孔桩选用混凝土护筒施工，壁厚根据深度调节。

坞室底板顶标高为 -9.4 m，横向设 0.5% 坡，底板结构从上到下分别为坞室底板、素混凝土垫层、土工布、倒滤层、土工布，底板下面还布置有纵横向网状的减压排水管。底板纵向分段一般按 20 m 一段，横向分为 5 块，之间采用凹凸榫槽抗剪，并设橡胶止水带。根据底板位置岩面高程的不同分布，采用不同桩长 D850 钻孔桩基础，桩基间距 2 ~ 4.3 m 不等。底板及其桩基础在围堰形成后干施工进行。

d. 止水帷幕体系。

沉箱围堰的抛石基床采用升浆处理，基床以下土基部分采用旋喷桩加固，岩基部分采用帷幕灌浆直至中风化岩内一定深度，与钢混凝土沉箱形成竖向止水帷幕。底板下土基部分采用旋喷桩加固，岩基部分采用帷幕灌浆直至中风化岩内一定深度，从而与坞口结构形成竖向止水帷幕。由坞墙沉箱与钢浮箱下止水帷幕共同组成施工期立体封闭的止水体系。使用期坞墙与底板接缝处另设一道止水帷幕(土基内旋喷桩 + 岩基内灌浆)作为沉箱下止水帷幕的补充与加强。

8.2.2.2 山海关修造船工程

(1) 简况

山海关修造船基地地处渤海辽东湾西岸南部海域张庄湾，距山海关城区约 6 km，秦皇岛港约 20 km，芷锚湾约 10 km。其前身为山海关船厂，1972 年开始兴建，主要从事制造、改装、拆解，海洋石油工程设备制造、维修，港口机械、钢结构制造，船舶备件供应，对 VLCC 等油轮、钻(修)井平台和各类船舶与海洋工程产品进行改装和修理，成功改装过汽车滚装船、浮船坞、钻井平台等，将28 万吨超级油轮改装单点系泊式 FPSO 工程、将单壳油轮改装成自卸式散货船、双壳矿砂运输船等，先后成功建造了 35 000 t 半潜式驳船、海洋风车安装船、70 000 t

举力的浮船坞、2 600 箱集装箱。

(2)自然条件

海区潮汐属正规日潮，潮差较小，年平均潮差约 0.7 m 左右。月平均海平面的季节性变化幅度较大，7 月份最高为 0.32 m，1 月份最低为 −0.24 m。根据秦皇岛港多年的资料，海区历年最高潮位(当地理论深度基准面，下同) +2.54 m，大潮平均高潮位 +1.60 m，平均潮位 +0.99 m，平均低潮位 +0.24 m，平均高潮位 +1.34 m，历年最低潮位 −1.90 m。

场区附近有老龙头断层及汤河断层，形成山海关地叠及秦皇岛断陷，河流沿断层发育，汤河及石河为本地区冲积物的主要来源。南山至石河之间的低洼地带主要为石河所填充。老龙头以东为丘陵剥蚀地带，古老地层广泛出露地表，岩石以花岗岩、片麻石、石英岩等为主。构造以 NEE 向为主，NE 向及 NW 向的节理很发育，其中常常插入石英岩脉、闪长岩脉及伟晶岩，一些大型岩脉往往突入海中构成岬角及礁石。场区基岩为花岗岩，东西两侧海边有基岩露头突入海中，沿岸中部风化岩面标高一般在 −6.0 ~ −5.0 m 之间，向陆逐渐升高。海域风化岩面标高一般在 −16.0 ~ −7.0 m 之间，东西两侧风化岩较高，风化岩以上土质有淤泥质粉质黏土、砂混粉质黏土、粉质黏土。陆域风化岩以上土质主要为砂、亚黏土，局部区域并有淤泥夹层。

场区抗震设防烈度为Ⅵ度。

(3)总平面

场区占地面积约 $201\times10^4\ m^2$，港池水域面积约 $150\times10^4\ m^2$。场区地坪标高 3.5 ~ 4.0 m。场区东部和南部为修船设施，西北部为造船设施。1972—2007 年间，场区占地面积约 $121\times10^4\ m^2$，水域由西防波堤和东南防波堤围成，面积约 $80\times10^4\ m^2$。2007 年新增用地面积约 $80\times10^4\ m^2$，港池水域面积约 $70\times10^4\ m^2$。总平面图见图 8−8。

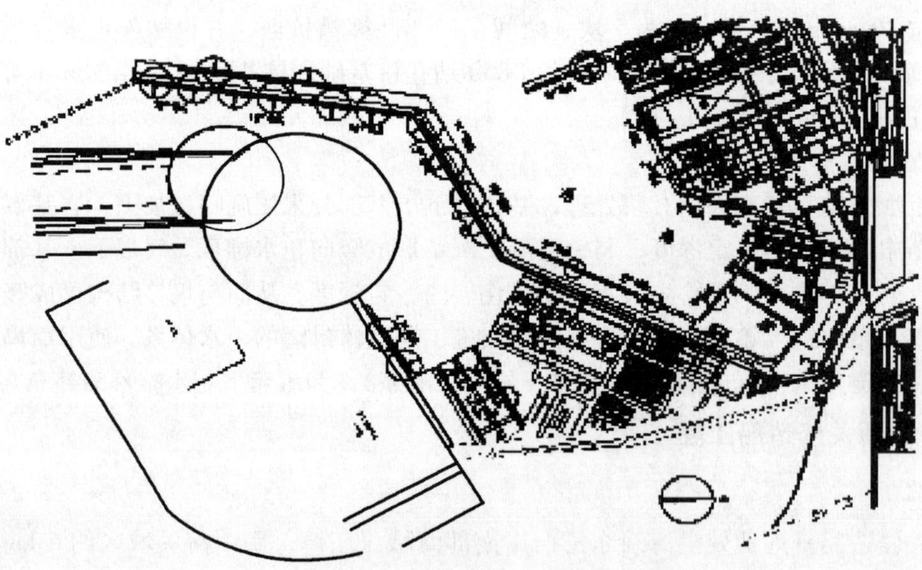

图 8−8　山海关修造船基地场区总平面图

修船区现有修船坞 2 座，分别为 6 万吨级的 2 号坞，15 万吨级的 3 号坞；另有规划的 30 万吨级 4 号坞(待建)，15 万吨级 5 号坞(在建)和 10 万吨级 6 号坞(在建)。现有修船码头 9 座，分别为 5—13 号码头；另有规划的 14—17 号码头(待建)。码头岸线总长约 4 300 m。造船坞2座，分别为3万吨级的1号坞和超30万吨级的西区造船坞。造船码头5座，分别为0号码头，1号、2号码头，3号、4号码头。码头岸线总长约1 200 m。

(4)水工建筑物

设计高水位+1.76 m，设计低水位0.00 m，极端高水位2.66 m，极端低水位-1.71 m，进出坞水位1.0 m。

1)船坞。

西区造船坞建成于2009年，为主要的造船设施。船坞长440 m，宽100 m，底板面标高-8.5 m，船坞顶面地坪面标高3.5 m。跨船坞和总组场地配置600 t门式起重机2台，跨距185 m；船坞西侧和东侧各分别配置32 t/80 m、45 t/65 m门座式起重机2台，轨距12 m。坞壁采用岩基上的衬砌结构或混合式结构；坞口采用重力式“U”形结构；泵房采用重力式空箱结构；底板采用岩基上的大板结构，厚度0.6～0.8 m，底板下设减压排水系统。船坞坞底基岩中止水帷幕沿坞壁、坞口、泵房的外沿设置。

1号船坞建于1978年，原主要用于修船。2007年年初将其接长70 m，并增设300 t门式起重机轨道，从而改造成造船坞。坞长240.5 m，宽28 m，底板面标高-6.3 m，船坞顶面地坪面标高3.5 m。

2号船坞长238.5 m，宽38 m，底板面标高-7.9 m，船坞顶面地坪面标高3.5 m。原有船坞坞壁采用钢筋混凝土重力挡土墙结构，为减少挡土墙所受水压力，墙后设有减压排水系统，接长段坞壁采用钢筋混凝土重力混合式结构；坞口采用重力式“U”形结构；泵房位于1号、2号船坞之间(二坞共用)，与坞口结合采用重力式空箱结构，紧邻泵房后侧设减压集水井，坞墙后减压排水系统通往该集水井排水；原有船坞底板采用岩基上的钢筋混凝土板结构，厚度0.8～1.3 m，底板下设减压排水系统。

3号坞建成于1999年，主要用于修船生产。船坞长340 m，宽64 m，底板面标高-9.3 m，顶面地坪面标高3.5 m。与其他船坞采用坞门灌水不同，3号坞采用廊道灌水。船坞坞壁采用钢筋混凝土重力混合式挡土墙结构，墙后设有减压排水系统；坞口采用重力式“U”形结构，二侧坞墩内设进水廊道、驼峰等结构，用于船坞灌水；泵房位于坞口西侧坞墩后方，采用重力式空箱结构；船坞底板采用岩基上的钢筋混凝土板结构，厚度1.0～1.2 m。

2)码头。

0号码头与西区造船坞同时兴建，用于造船舾装生产。码头长380 m，前沿设计底标高-9.0 m，码头顶面标高3.5 m。码头上配置1台50 t/100 m门座起重机。1—8号码头始建于20世纪。9号码头兴建于2007年，用于修船舾装生产。码头长约450 m，前沿设计底标高-9.0 m。码头顶面标高4.0 m。码头上配置1台50 t/100 m门座起重机，1台30 t/65 m门座起重机。10—13号码头同时兴建于2008年，用于修船舾装生产。10号、11号码头长约730 m，前沿设计底标高-6.6 m；12号、13号码头长约726 m，前沿设计底标高-9.0 m。顶面标高4.0 m。10号、11号码头目前配置30 t/65 m和25 t/42 m门座起重机各1台，12号、13号码头规划配置40 t/70 m门座起重机4台。

场区地基下卧岩层较浅，适合建造重力式码头结构。0号、5号、6号码头以及7号码头邻近3号坞的部分，利用船坞建设围堰形成的干施工条件，采用现浇钢筋混凝土重力扶壁结构；7号码头的其余部分利用3号坞围堰拆除下来的构件，采用预制重力方块平衡式结构；1—4号码头、8—15号码头均采用预制重力沉箱结构。

8.2.2.3 天津临港工业修造船基地工程

(1)简况

天津修造船工业(原名新港船厂)始于1940年，1990年以来，先后改装成功沥青船、成品油轮、LPG船、豪华客轮等高技术含量的船舶。2007年决定兴建天津临港工业修造船基地。工程结合当地实际情况，在深厚淤泥场地应用双排钢板桩围堰和坞墙结构，采用地下连续墙挡墙及锚碇桩结构等技术，取得了成功和良好的经济效益。

(2)自然条件

区域土层可分为四大层。①$_1$层为杂填土，以块石为主，主要为围堤堤脚处的抛石，直径约10~50 cm，标高2.87~2.37 m，最大厚度1.40 m；①$_{1-2}$层为粉砂，人工回填，厚度一般为1.85 m，为现状陆域进行地基处理的砂垫层；①$_{1-3}$层为淤泥质黏土，水力吹填后经地基处理，厚度一般为3.20 m，最大厚度6.8 m，主要以淤泥质黏性土为主，局部混夹粉砂；②层主要为新近浅海相沉积，在现状围堤北侧水域主要为淤泥质黏性土或淤泥为主，状态流塑-软塑；③层以软塑-可塑状粉质黏土及中密-密实状粉土为主；③$_1$层为粉质黏土夹砂质粉土；③$_3$层为砂质粉土，厚度一般为0.00~6.50 m，状态中密-密实；④层为粉砂，厚度一般为7.40~16.10 m，局部颗粒较细，表现为密实状粉土，夹少量薄层黏性土，突堤码头处层面起伏且厚度变化较大，标准贯入击数N一般为34.0~93.7击，平均标准贯入击数N为56.0击。

地震基本烈度为Ⅶ度，地震加速度0.15g。

(3)总平面

天津临港工业造修船基地位于渤海湾西部海河入海口南侧的滩涂上，与天津港南疆港区相邻，与现天津新港船厂相距约10 km，临港工业区二期用地内，土地均为填海造地形成。场址位置如图8-9所示。

图8-9 天津临港工业修造船基地场址位置

本工程先实施一期工程，并预留二期工程用地。一期工程场地总面积2.7×10^4 m^2，场地呈"L"形，西侧为造船区，设有造船坞2座；东侧为修船区，设有修船坞2座，造、修船坞坞尾及船坞两侧均设有装焊平台，场区自西向东设有码头3座，分别为1—3号码头，1号和2号码头之间设有水平滑道2座。在水平滑道和2号码头之间预留港机出海口，在1号修船坞西侧预留 15 000 t 浮船坞位置。总平面见图 8－10。1 号舾装码头工程于 2010 年完工，船坞主体目前也已完工，船坞已开始造船。

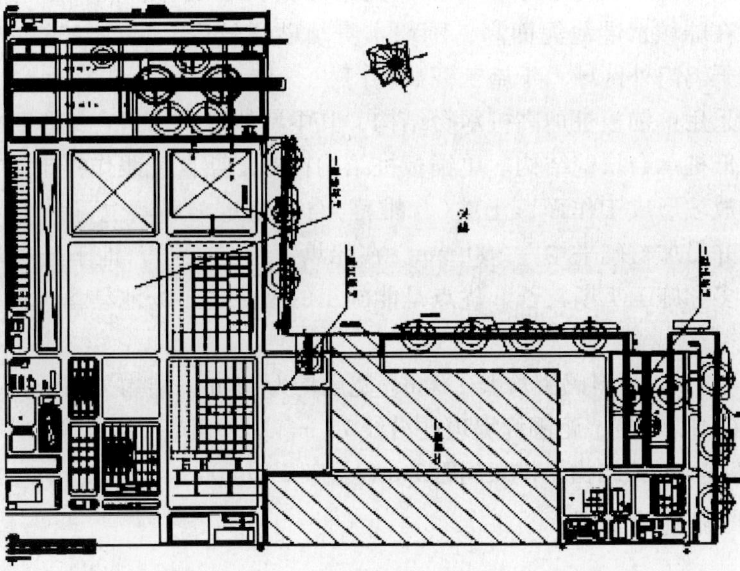

图 8－10 天津临港修造船基地总平面图

(4)水工建筑物

设计高水位(以大沽零点为基准面，下同)3. 30 m；设计低水位 －0. 50 m；极端高水位 4. 88 m(50 年一遇)；极端低水位 －2. 29 m(50 年一遇)；基地位置设计波高 $H_{1\%}$ 小于 0. 5 m。

一期工程共建造两座造船坞。1 号造船坞建造的代表船型为 15 万吨级船舶、10 万吨级船舶和 6 000 TEU 集装箱船，年造代表船型各 4 艘，兼顾 30 万吨级 VLCC 和 8 000 TEU 集装箱船的建造；2 号造船坞代表船型为 7 万吨级船舶，年造 10 艘，兼顾 4 000 TEU 集装箱船的建造。年造船共 22 艘，年造船吨位 198 万载重吨。场区水工建筑物主要尺寸见表 8－3。

表 8－3 场区水工建筑物主要尺寸

工程分区	水工构筑物	主 要 规 模	备 注
造船区	1 号造船坞	有效尺度：520 m× 110 m×13. 3 m	配 2 台 600 t 门式起重机
	2 号造船坞	有效尺度：440 m×80 m×13. 3 m	配 2 台 600 t 门式起重机
	1 号舾装码头	平面尺度：708 m×25 m	
	材料码头	平面尺度：150 m×25 m	
规划修船区	1 号修船坞	有效尺度：360 m×66 m×13. 5 m	
	2 号修船坞	有效尺度：320 m×52 m×13. 5 m	
	3 号修船码头	平面尺度：804 m×25 m	
规划非船区	5 000 t 水平滑道	长：160 m	
	下水码头	长：190 m	

坞口、泵房施工采用双排钢板桩围堰方案，钢板桩采用冷弯钢板桩，在坞口外港池水域采用总长约 400 m 的大围堰将两个坞口包围起来，坞口、泵房在大围堰内干施工。围堰平面形状

大体呈大拱形，轴线总长度约为450 m，两端围堰钢板桩伸入堤内约20 m。围堰内坞口区开挖标高为 -11.10 m，外排钢板桩桩顶标高 +6.50 m，内外排钢板桩中心距为15 m，拉杆标高内外排钢板桩间清除淤泥后填充中粗砂，围堰内侧紧贴钢板桩设有砂桩，围堰在施工完成后拆除。本工程坞口已在陆域，港池泥面高，围堰本身填砂量较少。坞门建造完后浮运至坞口调试，同时可再次抽干坞门外区域，干施工调试坞门。

坞墙主体结构采用单锚板桩加高桩承台结构，其中墙体可采用组合钢板桩结构或地下连续墙结构，也可采用低桩承台扶壁结构。单锚板桩结构在施工期自身兼作挡土结构，低桩承台扶壁结构依靠大开挖放坡形成工作面，土坡(含帷幕)自身稳定。坞墙也可采用“一”字形地下连续墙代替钢板桩，并另加衬砌平均厚300 mm。在船坞工程建设中，地下连续墙应用不多，主要原因是施工工序多和施工工期较长。优点是能施工的单位多，场地具备条件可立即开工，工程造价较低。

舾装码头长654.1 m，材料码头长150.9 m，宽度均为25 m。结构分段长度一般为66 m。码头前沿线平行于现有围堤布置，距围堤堤顶前沿线75 m。码头面标高 +6.0 m，前沿设计泥面标高 -9.0 m。采用高桩板梁式结构，排架间距7 m，排架下设600 mm×600 mm预应力方桩。

8.2.2.4 青岛造修船基地工程

(1)简况

青岛修造船业(原名青岛北海船厂)始建于1898年，1998年底启动迁址，2004年，从青岛市区迁到胶州湾口门西南侧的海西湾内，西邻青岛前湾港，距搬迁前的青岛北海船厂水上15 km。区域位置见图8-11。2005年7—8月，1号、2号修船坞相继进船修理，2005年11月，基地造船区建设开工。2009年6月造船坞围堰拆除，8月底2艘18万吨级散货船完工出坞，标志着海西湾造修船基地全面建成。基地占地面积逾330 hm^2，岸线长度9 km，码头长度近6 km，拥有50万吨级和30万吨级造船坞各1座，30万吨级、15万吨级和10万吨级修船坞各1座，600 t龙门吊4台，350 t、200 t龙门吊各1台。2008年投产，生产能力达到造船 200×10^4 DWT(远期扩大到 468×10^4 DWT)、建造海洋平台4座、救生艇500艘。

图8-11 青岛修造船基地区域位置图

(2)自然条件

场区海域属正规半日潮，涨潮时间较短，落潮时间略长。场区最高高潮位(青岛大港零点，下同）+5.43 m；平均高潮位 +3.85 m；平均海面 +2.46 m；平均低潮位 +1.08 m；最低低潮位 −0.57 m。

场区原由海、陆、滩、岛礁等地貌单元组成，陆域地势起伏大；海域道观嘴伸入海西湾，将其分为东、西二湾。湾底地形向东北缓缓倾斜，平均坡度约1‰。湾内平均水深约3 m左右。海岸类型为基岸港湾海岸，湾底有较宽的海滩发育。

海西湾位于胶州湾西南岸，场区总的构造线受新华夏构造体系控制，呈北东向展布，并形成压扭性断层。场区地质分层主要为：①层为淤泥及淤泥质粉土层，流塑状态，含水量自上而下逐渐减少，渐变为淤泥质粉质黏土；②层为淤泥质粉质黏土层，流塑－软塑状态，夹淤泥质黏土、粉质黏土，该层局部分3个亚层；③层为砾砂层，稍密状态，分布局限，局部为淤泥质粉土、粉细砂；④层为砂（砾）质黏性土层，可塑－硬塑状态，局部夹粉质黏土或砂土薄层，分布局限；⑤层为角砾层，密实状态，分部局限，以下为场区基岩。

场区抗震设防烈度为Ⅵ度。

（3）总平面

海西湾东、西、南三面受海西湾半岛环抱，具有良好的风浪掩护条件。湾口东有石岔嘴，西有显浪嘴，湾底中部有道观嘴岬角突出，道观嘴顶尖有黑孤石存在。故海西湾平面呈“W”形，基地即坐落在湾底凸出的岬角上。覆盖层下基岩面等深线呈“W”走势。总图布置设计循基岩等深线走势将场区平面布置成凸字形，将修、造船区顺势分割，拉长了场区岸线总长度，且使码头前沿线的基岩面大致处于船舶停靠的水深要求附近，为减少码头开挖或填方等工程量创造了条件。修船坞南北向布置，使修船区东、西两侧岸线完整用于舾装码头，充分利用黑孤石突出的基岩，使2座修船坞坞口、坞室均坐落在基岩上，降低了工程造价。造船坞布置在基岩面较适中的场区西部，同样使2座造船坞坞口、坞室坐落在基岩上，为控制造船坞投资奠定了基础。基地总占地面积$300.9\times10^4\ m^2$，其中造船区$249.5\times10^4\ m^2$；修船区$39.6\times10^4\ m^2$；办公区$11.8\times10^4\ m^2$。场区地坪标高5.8 m。基地平面布置呈“品”字形，三面临海，一面背山，临海域岸线总长约5 500 m。基地水域距10 m等深线0.6～1.0 km，距20 m等深线2.0 km，距青岛主航道3.5 km。场区总平面见图8－12。

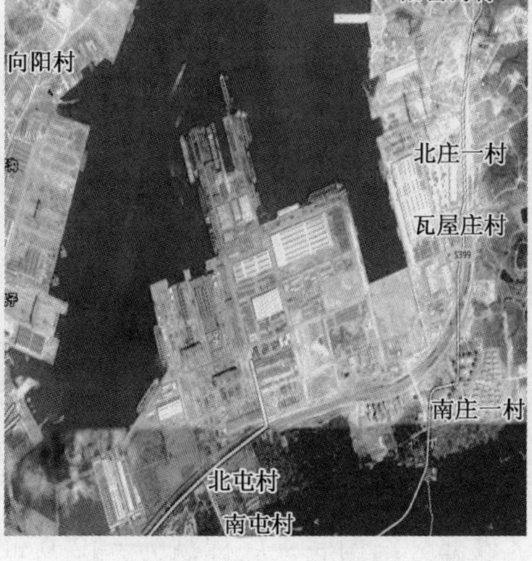

（a）海西湾现状卫星图

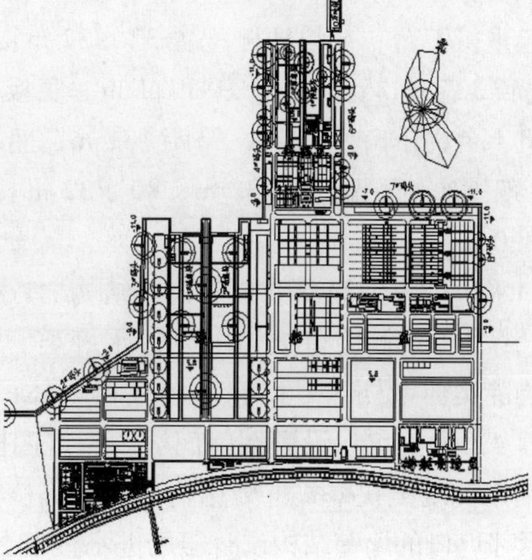
（b）场区总平面图

图8－12　海西湾现状卫星图及场区总平面图

(4)水工建筑物

设计高水位4.34 m；设计低水位0.37 m；极端高水位5.43 m；极端低水位-0.85 m；进出坞水位3.00 m。场区水域波浪主要是胶州湾内N向风浪，N向50年一遇设计波浪要素为$H_{1/100}=2.2$ m；周期$T=4.7$ s。

基地共有造船坞2座，修船坞2座，另有10万吨级浮船坞1座，用于修船作业。主要舾装码头6座。

1)造船坞。

1号船坞长480 m，宽96 m，深14.1 m；底板面标高-8.3 m。跨船坞和总组场地配置600 t门式起重机2台(不同轨)，跨距182 m；船坞西侧配置32 t/56 m、120 t/47 m门座式起重机各1台；船坞东侧配置45 t/56 m门座式起重机2台(与2号坞共用)。2号船坞长530 m，宽125 m，深13.1 m。底板面标高-7.3 m。跨船坞和总组场地配置600 t门式起重机2台(不同轨)，跨距219 m；船坞西侧配置45 t/56 m门座式起重机2台(与1号坞共用)；船坞东侧配置32 t/56 m、120 t/47 m门座式起重机各1台。起重机轨距均为12 m。船坞进出坞水位为3.0 m。

坞口采用现浇"U"形钢筋混凝土重力式结构。两坞坞口结构相互独立。沿船坞轴线方向长为28 m，底板最厚处4.0 m。两坞之间设突堤码头。突堤码头以及两坞东西侧翼墙，采用现浇重力扶壁结构，墙后回填$\varphi \geqslant 42°$的开山石。两坞坞壁采用现浇钢筋混凝土扶壁式重力结构，挡土高度最大为14.1 m。扶壁结构的内底板与坞区基岩面相应起伏。坞壁后回填料要求$\varphi \geqslant 32°$。坞艏下坞通道采用现浇钢筋混凝土箱形结构，近地面部位采用"U"形扶壁结构。泵房主体平面尺度为28.6 m×54.0 m×21.1 m。位置紧靠坞口门墩后方。泵房集水池和沉砂槽结构伸入2个坞室各约9 m。泵房采用基岩上现浇钢筋混凝土箱形结构。2座船坞所在位置的岩面普遍较高，开挖后现浇钢筋混凝土底板，厚度0.6~0.8 m。坞室底板下设减压排水沟，排水沟网格约30 m×(35~50) m。吊车道基础梁采用现浇钢筋混凝土连续梁结构。其下的桩(柱)身采用现浇钢筋混凝土结构。桩(柱)进入岩基部分为嵌岩结构，采用冲击成孔或人工挖孔。坞壁上的轨道利用重力式坞壁做基础。

2)修船坞。

1号修船坞长360 m，宽78 m，深13.1 m，底板面标高-7.3 m。船坞东侧配置32 t/32 m门座式起重机1台；船坞西侧配置32 t/32 m、80 t/32 m门座式起重机各1台(与2号坞共用)。2号船坞长325 m，宽58 m，深13.1 m。底板面标高-7.3 m。跨船坞和装焊平台配置200 t门式起重机1台(用于改装船)，跨距131 m；船坞西侧配置32 t/26 m、25 t/14 m门座式起重机各1台；船坞东侧配置32 t/32 m、80 t/32 m门座式起重机各1台(与1号坞共用)。船坞进出坞水位3.0 m。

坞口采用现浇钢筋混凝土重力式结构。1号坞西侧以及2号坞西侧坞口结构中设进水廊道和水池；1号坞东侧坞口结构中设进水廊道。2座船坞之间设结构分缝。为减少混凝土用量，坞口结构除实体墩外，尽可能采用底板一体的扶壁结构。坞口结构沿船坞轴线方向长25 m，底板最厚4.0 m。坞口设卧倒门门坑。门坑四周的围护采用锚杆加固的薄壁衬砌结构。坞壁采用现浇钢筋混凝土扶壁式重力结构。挡土高度最大为13.1 m。坞壁后回填料要求$\varphi \geqslant 30°$。1号坞东侧紧邻坞口的坞壁结构设有船坞进水池和虹吸管。该部分结构底板底标高为-12.0 m。坞艏下坞通道采用现浇钢筋混凝土箱形结构，近地面部位采用"U"形扶壁结构。泵房主体平面尺度为28.1 m×33.0 m×20.3 m。位置紧靠坞口门墩后方，处于二坞中间。泵房集水池和沉砂槽结构伸入2个坞室各约9.6 m。泵房采用基岩上现浇钢筋混凝土箱形结构。2座船坞所在位置的岩面普遍较高，开挖后现浇钢筋混凝土底板，厚度0.6~0.8 m。坞室底板下设减压排水系统，由汇水沟和减压排水沟组成。汇水沟网格约30 m×（20~35）m，排水沟网格约30 m×（35~50）m。吊车道基础梁采用现浇钢筋混凝土连续梁结构。其下的桩(柱)身采用现浇钢筋混凝土结构。桩(柱)进入岩基部分为嵌岩结构，采用冲击成孔或人工挖孔。坞壁上的轨道利用重力式坞壁做基础。

3)舾装码头。

2号码头总长660 m，前沿海底面标高-9.0 m，配置Gn32 t/42 m门座式起重机2台；3号码头总长600 m，前沿海底面标高南端240 m长为-9.0 m，北端360 m长为-11.0 m。配置Gn32 t/42 m、Gn50 t/51 m门座式起重机各1台；4号码头总长880 m，前沿海底面标高南端-9.0 m，北端-11.0 m。配置Gn32 t/42 m、Gn25 t/14 m门座式起重机各2台；Gn45 t/42 m门座式起重机1台；6号码头总长800 m，前沿海底面标高-9.0 m。配置Gn32 t/42 m门座式起重机2台；Gn45 t/42 m、Gn25 t/14 m门座式起重机各1台；7号码头总长774 m，前沿海底面标高由西端的-7.0 m加深至东端的-11.0 m。配置Gn50 t/51 m门座式起重机2台；Gn32 t/42 m门座式起重机1台；8号码头总长683 m，前沿海底面标高南端333 m长为-9.0 m，北端350 m长为-11.0 m。8号码头北段兼作基地造船材料码头。配置Gn35 t/35 m门座式起重机2台；Gn32 t/42 m门座式起重机1台。

场区码头前沿基岩埋深，普遍在码头水深要求附近，覆盖层不厚，场区舾装码头均采用重力式岸壁结构。为节约工程投资，根据基岩面起伏以及码头工艺对水深的要求，分别采用不同的结构和持力层。当码头前沿基岩面很浅，需要炸礁或仅需1 m左右厚度基床时，采用重力式圆筒作挡土结构，减少水下炸礁开挖工程量，如2号舾装码头以及3号码头南段；当码头前沿基岩面趋深，基床厚度增加到近4 m时，一般以岩基为持力层，采用重力式沉箱作挡土结构，减少抛石基床的不均匀沉降，如3号码头中段以及8号码头南段；当码头前沿基床厚度大于4 m时，一般适当增加码头水深条件，以④层为持力层，采用重力式沉箱作挡土结构，充分利用场区深水岸线条件，减少基槽开挖以及基床抛填量，如3号码头以及8号码头北段。

8.2.3 长江三角洲及福建沿海修造船工程

8.2.3.1 南通修造船工程

(1)南通中远川崎船舶工程

1)平面布置。

该基地工程占地104 hm^2，岸线长度1 345 m，陆域纵深520 m，建有30万吨级干船坞2座及舾装码头2座。设计生产能力达240万载重吨，具备8 000TEU集装箱船、5 000PCC汽车运输船、VLCC大型油轮、18.5万吨散货船建造能力。平面布置见图8-13，代表船型见表8-4。

表8-4 代表船型

序号	船舶种类	总长/m	型宽/m	型深/m	出坞时尾吃水/m	系泊时尾吃水/m
1	5.5万吨散货轮	189.90	32.26	17.80	2.50	6.0
2	巴拿马型散货船	230.00	32.26	19.10	5.0	6.8

续表

序号	船舶种类	总长/m	型宽/m	型深/m	出坞时尾吃水/m	系泊时尾吃水/m
3	17.3万吨好望角散货轮	289.00	45.00	24.50	3.20	7.5
4	大型散货轮(VLOC)	319.00	60.00	28.20	5.0	8.0~9.0
5	苏伊士型油轮	274.40	50.00	23.10	3.5	7.0~8.0
6	大型油轮(VLCC)	333.00	60.00	29.30	4.65	8.8
7	5 400TEU 集装箱船	280.00	39.80	23.60	6.20	8.5
8	10 000TEU 集装箱船	348.50	45.60	27.20	6.5	8.5~8.8
9	5 000PCC 汽车运输船	180.00	32.20		6.8	

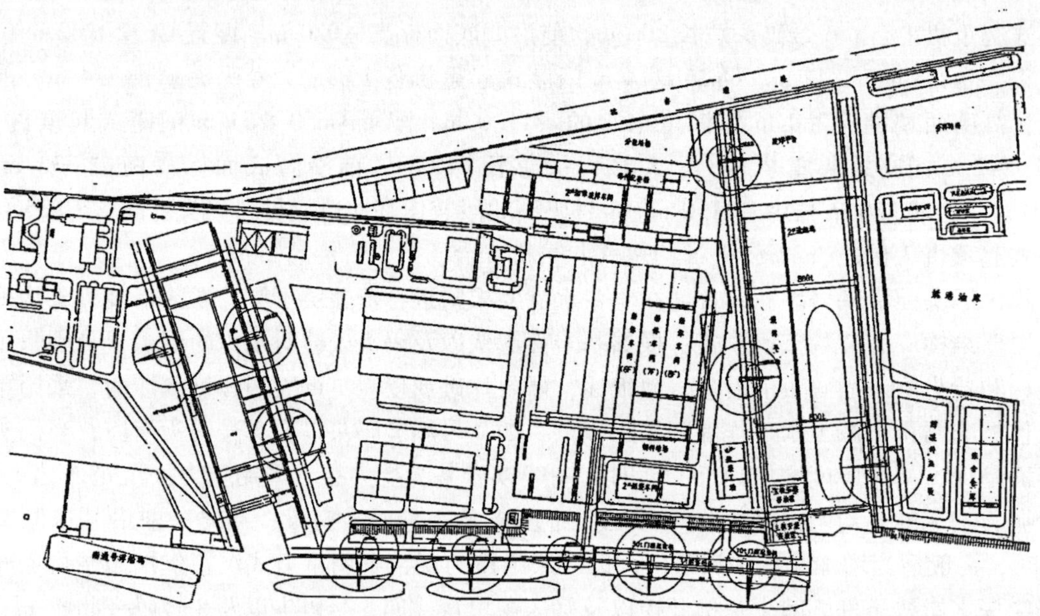

图 8-13　南通中远川崎船舶工程总平面布置

2）设计条件。

南通地区常风向为E向，强风向ESE。次强风向为NW；30年一遇设计风速25.5 m/s；50年一遇设计风速27.6 m/s。台风影响以7月、8月、9月三个月频率最高，平均每年2.1次。1949年7月25日台风上海站实测极大风速为39 m/s(NE向)，对南通地区造成较大的影响。

本工程河段潮汐属不正规半日潮型。历年最高潮位7.08 m(吴淞零点，下同)，最低潮位0.42 m；平均高潮位3.86 m；平均低潮位1.97 m；平均潮差1.91 m；最大潮差4.01 m；平均涨潮历时4 h 9 min；平均落潮历时8 h 6 min。潮流呈往复流性质。工程下游狼山港区码头前沿的垂直平均流速涨潮为0.41 m/s，流向320°；落潮为1.33 m/s，流向150°。工程上游粮油中转码头前沿实测最大涨潮流速1.22 m/s，流向311°；最大落潮流速0.99 m/s，流向108°；最大涨潮垂线平均流速1.04 m/s，流向325°；最大落潮垂线平均流速0.69 m/s，流向127°；夏季多偏南向风浪，冬季多偏北向风浪，对码头影响较大的为西南向风浪。

自上而下可分为9个工程地质层。$①_1$层为杂填土，夹有粉土和粉质黏土等，层厚一般1.00~1.90 m；$①_2$层为素填土，以粉质黏土、粉土、粉砂、淤泥质粉质黏土为主要成分，老江堤与长江间存在冲填土，层厚0.40～3.80 m；①$_3$层为淤泥，层厚0.30～2.00 m；②层为粉质黏土夹粉土，层厚0.50～4.90 m；③层为粉土夹粉砂，层厚5.30～10.20 m；④层为粉砂夹粉土，层厚6.90～17.20 m；⑤层为粉细砂，偶夹粉土薄层，局部缺失，部分临近长江地段该层土层面埋深在32.00 m左右，层厚0.00～8.40 m；⑥层为粉质黏土夹粉土，夹薄层粉砂和淤泥质粉质黏土，个别地段近乎缺失，部分临近长江地段该层土层面埋深在35.50 m左右，层厚0.60～14.60 m；⑦层为粉细砂夹粉土，密实为主，局部中密，层厚8.50～15.10 m；⑧层为粉砂，中密，夹粉土薄层，层厚5.80～8.00 m；⑨层为细砂夹中粗砂，密实、夹粉砂薄层。

地下水主要为孔隙潜水，约60 m深度以下地下水具微承压性质。稳定潜水位在地表下0.70～1.30 m，水位年变幅1.50 m左右，一般在标高0.50～2.00 m。本工程地层在30 m深度范围内主要为粉土、粉砂，各土层间水力联系密切，⑥层为相对隔水层。综合渗透系数1.917 m/d，影响半径37.84 m。场地范围内存在多条明沟，有的已经回填形成暗河沟，沟底卧有淤泥，沟深一般为2.00～3.50 m。在老江堤地段存在较厚的填土和新近沉积土层，强度较低，厚度3.00～4.50 m不等。

南通地区地震基本烈度为Ⅵ度。

3)水工构筑物。

码头设计高水位4.72 m；码头靠泊低水位0.5 m；设计低水位1.55 m；船坞设计出坞水位2.5 m(持续时间2 h，冬季保证率为90%以上)；100年一遇校核高水位6.72 m；50年一遇校核高水位6.54 m；100年一遇校核低水位0.38 m；50年一遇校核低水位0.48 m。船坞主体结构设计按Ⅶ度构造设防。场地按Ⅲ类土考虑。按Ⅶ度设防时，为不液化土。

1号船坞位于厂区西部，坞口朝南，船坞350 m(长)×68 m(宽)×12.8 m(深)。2号船坞位于厂区东部，坞口朝向西南，船坞500 m(长)×80 m(宽)×13.3 m(深)。1号码头位于1号船坞坞口东侧，码头大致呈西北—东南走向，码头长531.5 m，宽25 m。2号码头位于2号船坞坞口西侧，码头大致呈西北—东南走向，码头长394 m，宽25 m。

a. 船坞结构。

船坞结构纵剖面、坞口及坞室横剖面分别见图8－14至图8－16。

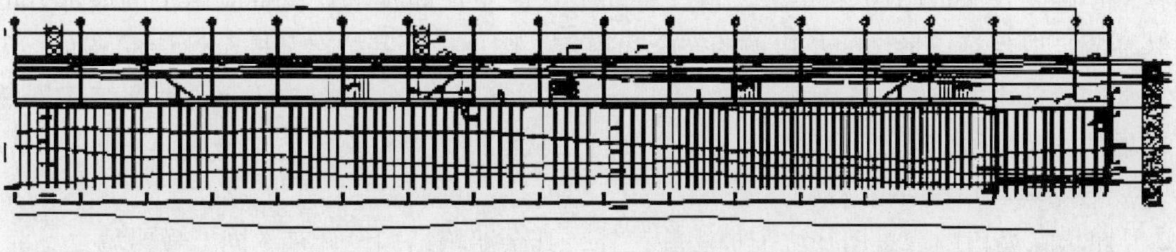

图8－14　船坞纵剖面图

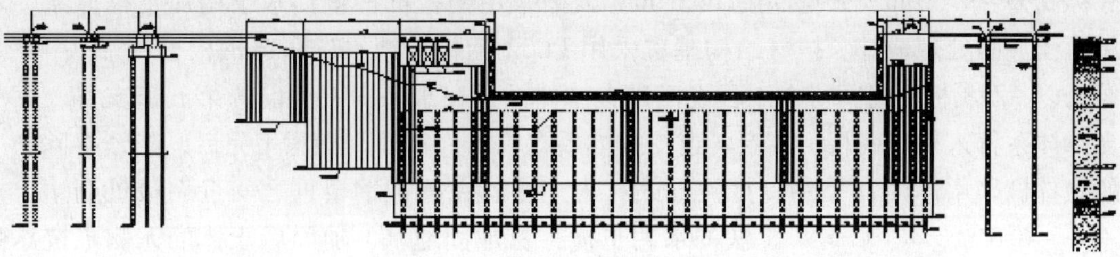

图8－15　坞口横剖面图

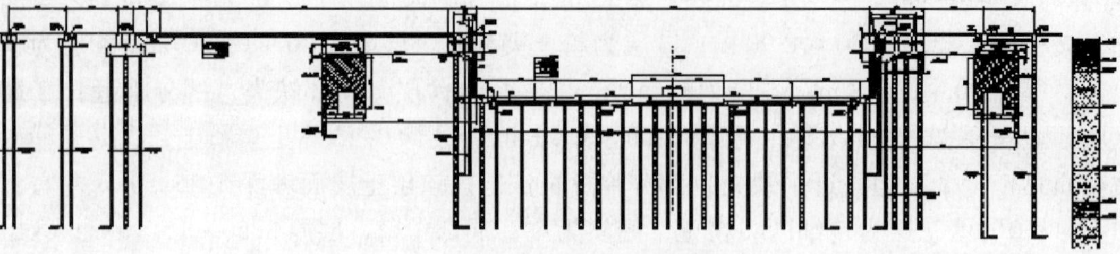

图 8-16　坞室典型横剖面图

• 1 号船坞。

1 号船坞为当时(1999 年)国内软基上的大型船坞之一，结构形式为减压排水式船坞，坞室和坞口采用分离式结构，是国内首座在建坞的同时在坞内建造新船和船坞坞门，并同时完工的船坞。坞墙由钢板桩、拉杆、锚碇墙结构组成。坞室底板为现浇钢筋混凝土结构，桩基基础。坞口为现浇钢筋混凝土“U”形整体式结构，桩基基础。船坞止水结构采用 CAZ 钢板桩(坞室部分)和 PU16 钢板桩(坞口部分)插入地基相对隔水层，在整个船坞区形成封闭。同时在船坞两翼利用驳岸结构形成防绕渗系统。船坞底板下设置混合式减压排水系统。施工围堰采用双排钢板桩大围堰。

在国内大型船坞建造中首次引进 AZ 型钢板桩，研究设计加工工艺及相关技术要求，在国内拼装成 CAZ 组合箱型钢板桩结构，并研究了沉桩工艺，有重大突破和创新；首次采用钢板桩结构兼作永久性的坞壁及止水帷幕结构，PHC 管桩排桩型结构作为板桩坞墙锚碇结构，墙前被动区采用水泥土搅拌桩地基加固及抛石棱体相结合的型式，船坞坞墙在施工及使用期的变形和位移达到设计要求；首次采用了施工期和使用期结构体系转换的功能，即施工期钢板桩坞墙及其锚碇系统为船坞基坑围护结构，使用期钢板桩坞墙及其锚碇系统兼作永久性的坞壁及止水帷幕结构，采取了不同的技术措施，保证了体系转换的成功，大大加快了施工进度，降低了工程造价；首次采用了 PHC 管桩作为船坞结构桩基。

在围堰结构设计中进行了充分的方案比选，确定采用双排钢板桩围堰结构，并针对坞口地区地基极软弱高压缩性特点以及围堰外侧邻近陡坡(距长江深槽仅 120 m)内侧逼近基坑(距坞口结构最小距离仅 3 m)的不利条件，首次将陆上水泥土加固技术及设备应用于围堰部分的水下地基加固，以保证围堰结构及边坡的安全和稳定。围堰内侧基坑在开挖至设计标高时，正逢百年未遇的长江洪水高潮(最高潮位达 7.085 m)，围堰挡水高度超过 21 m，围堰结构安然无恙。围堰的安全和稳定保证了船坞施工安全渡过了长江的 2 个汛期。

• 2 号船坞坞口围堰。

2 号船坞除坞口围堰采用基坑围护法施工外，其余船坞结构设计基本同 1 号船坞。

坞口围堰施工采用基坑围护法。基坑平面尺寸为 100 m×41.8 m，泥面标高在 -6 m 左右，基坑底标高为 -9.50 m，开挖深度 16.5 m。围护采用钢板桩护壁挡水结构加支撑体系，基坑内采用土体加固处理地基。护壁结构基坑采用 PU32 钢板桩挡水，两道钢板桩在端头 PU32 板桩转弯处以 AZ28 板桩封闭。本工程设四道支撑体系，在水泵房一侧设置第五道支撑，其中第四道支撑体系打入坞口底板，其余各道支撑体系在坞口底板、门槽施工完后，陆续拆除。支撑立柱的立柱桩采用焊接 H 型钢，打桩方式打入土中。在围护钢板桩之间近靠板桩周边，标高 -16.0 ~ -6.0 m，采用 SMW 工法的水泥土搅拌桩加固地基，加固后土体的无侧限抗压强度 $q_u = 1.5$ MPa，保证基坑开挖时的土体稳定和围堰的安全。坞口基坑开挖参照围堰法施工。

b. 码头结构。

码头为高桩梁板式结构(图 8-17)，排架间距为 7.5 m。每个排架基础为 7 根 φ800 PHC 管桩，前面 2 根为 1 对 7:1 叉桩，后面 1 对为 4:1 叉桩，中间 3 根为直桩。码头下横梁宽度为 1.2 m，上横梁宽度为 0.6 m。门机轨道预应力梁预制高度为 1.60 m，宽度为0.60 m。码头预制纵梁高度为 1.20 m，宽度为 0.45 m。码头及引桥面板为叠合板形式预制面板。

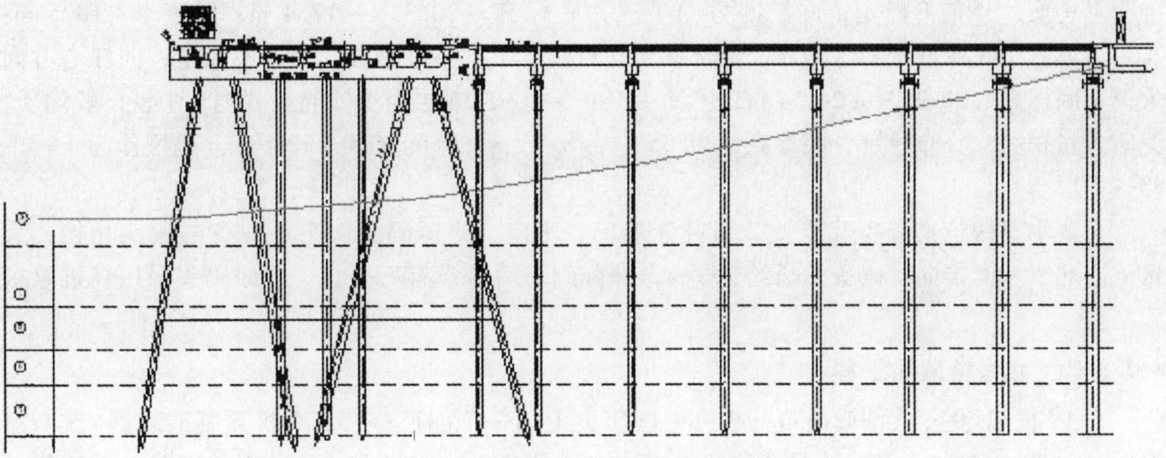

图 8-17　码头典型横剖面示意图

二期工程土层厚，沉桩困难，在老码头区域沉桩，部分区域只能使用灌注桩，地方小，只能采用基坑法进行坞口施工。采用预应力混凝土结构，增加桩基的抗拉承载力，桩端采用钢桩靴。桩头增加钢箍。龙门吊基础位于码头后方，无法采用预制桩，考虑设计承载力的要求和目前常用的后注浆工艺成功率不高，本工程中后注浆采用桩底预留碎石、“U”形管注浆的施工工艺，采用水冲法解决了坞墙钢板桩的施工难题，采用换撑法解决基坑法围堰拆除。

(2)南通中远船务工程

本工程与南通中远川崎船舶工程相邻，占地面积 21 hm^2，岸线长约 1 120 m。主要为大型船舶修理改装及海洋工程装备制造。船舶改装包括化学品船、油船单壳改双壳、苏伊士型油船改装重载型驳船、油船改装半潜驳、沥青船、汽车滚装船改装集装箱船等。海洋工程装备有 SEVEN650 半潜式钻井储油平台、SUPER M2 自升式钻井平台、350P0B 海洋生活驳、GM4000、OCTABOUY 半潜式钻井平台、穿梭油船等(图 8-18)。

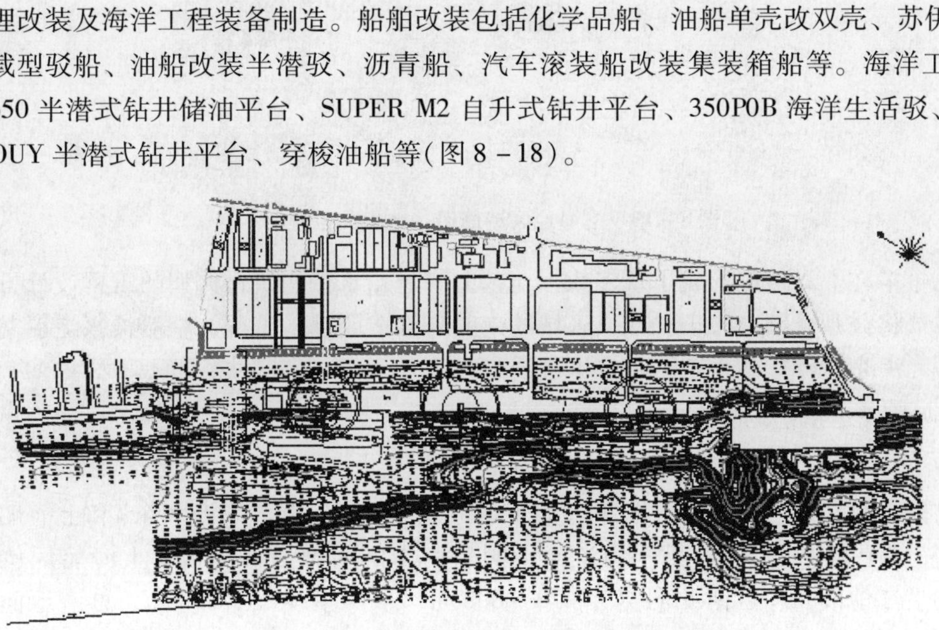

图 8-18　南通中远船务工程总平面布置图

拟建码头位于长江河口北岸河漫滩及河床边缘部位。码头前缘地面标高 -11.30 ~ -1.53 m，后部泥面标高 -0.30 ~ 2.30 m，地形向江面和下游方向倾斜，自然坡度较缓，最大坡度小于15°。码头区土体垂直江岸方向变化较大，从上到下依次为：①层为吹填土，主要由亚黏土组成，混杂亚砂土，不均质，分布于堤内地表部位；②层为淤泥质亚黏土，夹较多粉砂薄层，厂区内分布稳定，底标高 -20.124 ~ -9.33 m，厚度 8.50 ~ 20 m；③层为粉砂间亚砂土，不均质，分布不稳定，向江心方向尖灭，底标高 -20.3 ~ -17.4 m，厚度 0 ~ 10.5 m；④层为亚黏土间亚砂土，不均质，上部黏粒含量高，下部砂性增强，分布不稳定，向江心方向尖灭，底标高 -31.95 ~ -24.54 m，厚度 4.1 ~ 13.7 m；⑤层为粉砂混亚砂土，中密，较均质，泥质含量稍高，分布稳定，底标高 -39.55 ~ -48.93 m，厚度 10.0 ~ 22.9 m。该层作为工程主要持力层。

主要水工构筑物有 8 万吨、15 万吨浮船坞各 1 座，修船码头 4 座。1—3 号码头相接，大致呈西北—东南走向。码头总长约 758 m，部分码头后沿设有后平台。修船码头采用高桩梁板式结构。

8.2.3.2 上海修造船工程

自 19 世纪 60 年代清政府自行创办中国历史上第一个船厂——江南机器制造总局(江南造船厂的前身)以来，上海一直是我国船舶工业水平最发达的地区之一。2005 年 5 月，上海船厂在上海浦东陆家嘴地区的厂区全部搬迁至崇明岛，一期工程已初步形成了年造船 30 万载重吨的生产能力，开始了上海地区修造船业的新格局，目前拥有包括长兴基地、沪东、外高桥等众多大型修造船厂(基地)，产能和产量均居于国内前列。上海修造船工程平面位置如图 8 - 19。

图 8 - 19　上海地区造修船基地平面位置图

近十几年来在上海地区形成了众多软土地基上修造船水工构筑物典型的工程设计方案和施工工法。本节将分别介绍分布于长江口区域的崇明岛修造船基地工程、中船长兴造船基地、外高桥造船厂、沪东造船厂的水工工程技术进展。

(1) 崇明岛修造船基地

1) 简况。

崇明岛修造船基地工程包括上海华润大东船务工程(以下简称华润大东)和上海船厂船舶工程(以下简称上海船厂)，两船厂均位于崇明岛南岸的中部沿江地段。上海船厂位于竖新镇新江村的沿江地段，厂区南北向宽为 270 ~ 800 m，东西岸线长 2 350 m，总占地面积约为 151×10^4 m^2；华润大东面积 79.9×10^4 m^2，沿江岸线 2 300 m，码头岸线 1 350 m。两厂相距约

10 km。崇明修造船基地的建设起步相对较晚，结构形式的选择较为成熟。

2)设计条件。

春夏两季和初秋时期多偏E风和SE风，晚秋和冬季多NW风；春、冬及初夏多低压和冷空气大风，盛夏及初秋多雷暴大风和热带气旋大风。常风向为SE；强风向为ESE—SE。

潮汐属非正规半日潮流型。日潮不等现象较为显著，夏季夜潮大于日潮、冬季反之。落潮流大于涨潮流。累年最高潮位(以吴淞零点为基准，本节同)6.24 m；累年最低潮位-0.02 m；平均高潮位3.39 m；平均低潮位0.93 m；累年最大潮差4.82 m；累年最小潮差0.03 m；多年平均潮差2.42 m；年平均地下水高水位埋深可按0.5 m计，低水位埋深可按1.5 m计。根据崇明堡镇水文资料推算得50年一遇设计波浪的各频率波高见表8-5。

表8-5　50年一遇各频率波高

方向	潮位/m	$H_{1\%}$/m	$H_{5\%}$/m	$H_{13\%}$/m	T/s	L/m
SE	5.87	2.12	1.74	1.45	4.3	28.7
S	5.87	2.17	1.77	1.49	4.3	28.7
SW	5.87	1.99	1.63	1.36	4.1	26.2
W	5.87	2.32	1.90	1.59	4.5	31.4

据厂区水域测验资料分析，悬沙的中值粒径在0.01 mm左右。

地基土主要分层特性为：$①_1$层为吹填土，主要分布在新大堤的内侧，粉砂为主，夹少量黏性土，土质不均，老大堤以北状态较差；$①_{2-1}$层为淤泥质粉质黏土，近期淤积而成，夹较多粉性土不均，分布于水域江底表部，均呈现不均匀性，土性以淤泥质黏性土为主，表层以淤泥为主，混夹有粉砂或粉性土；$①_{2-2}$层为近期沉积形成，层面标高约-8.77~4.31 m，分布在吹填土下面，原为江滩表层土，以淤泥质粉质黏土为主；$②_{3-1}$层为黏质粉土夹淤泥质粉质黏土：层面标高约-11.33~1.48 m，一般厚度6.1 m，局部夹黏性土较多而呈淤泥质黏性土状；$②_{3-2}$层为砂质粉土，层面标高约-11.67~-4.72 m，一般厚度5.7 m，底部区段夹较多黏性土，在土质、土性上变化较大，部分区域缺失；④层为淤泥质黏土，层面标高约-13.1 m，一般厚度约9.45 m；$⑤_1$层为黏土，层面标高约-22.5 m，一般厚度约5.7 m，受河床切割变化而局部变薄，部分区域向粉质黏土渐变，状态自上而下呈渐好态势；$⑤_{3-1}$层为粉质黏土夹黏质粉土，层面标高约-28.2 m，一般厚度约10.3 m，夹少量薄层粉性土；$⑤_{3-2}$层为粉质黏土与砂质粉土互层，层面标高约-38.5 m，一般厚度约7.3 m，可作为拟建构筑物的桩基持力层；$⑦_1$层为灰色砂质粉土，层面标高约-45.85 m，一般厚度约5.05 m，平均比贯入阻力P_s=8.37 MPa，拟建构筑物对单桩承载力和沉降要求较高时，亦可作为桩基持力层；$⑦_2$层为粉砂，层面标高约-50.9 m，呈密实状，比贯入阻力P_s=15.61 MPa，局部区段砂性较重而呈细砂状。

场地抗震设防烈度为Ⅵ度，设计基本地震加速度值为0.05g，拟建场地属Ⅳ类建筑场地。

3)总平面。

华润大东和上海船厂占用崇明岛南部岸线总长度约4 650 m，码头前沿线位于一线大堤外80~100 m，水深-10~-8 m，可停靠30万吨级轮船。

a. 华润大东工程。

华润大东工程岸线从上游张网港港口至推虾港口，长度约2 300 m，南北宽度约510 m，厂区原占地总面积约为34.5×10^4 m^2，2009年改扩建后约为79.7×10^4 m^2，形成东区、中区、西区三部分，其中东区、西区为原厂区，主要以修船为主；中区将建设以修理大型改装船舶为主，改装海洋工程为辅的修船厂。华润大东拥有目前国内较大的17万吨级浮船坞（“大东”号）以及10万吨级浮船坞（“华东”号）、7万吨级（“兴东”号）浮船坞和5万吨级浮船坞（“润东”号）各1座，拥有舾装码头、拖轮、浮吊、交通艇等设施，可满足20万吨级船舶或8 500 TEU船舶的修理需求，具备年修理万吨级以上船舶240艘左右的能力。

扩建修船坞为改扩建的第一阶段工程，主要内容为建设一座修船坞及配套设施。船坞区坞口布置于现状3号修船码头及10万吨级浮船坞中间。新建修船坞总面积为39 140 m^2，长为380 m，宽为103 m，坞深为12.6～13.6 m。船坞上设计有4座50 t门座起重机，同时预留1台350 t跨度为178 m的门式起重机。船坞坞尾设置一段下坞通道。修船坞周边设置5座装焊平台，两侧平台配置10 t门式起重机。场地标高5.30 m。华润大东船务工程平面布置如图8－20所示。

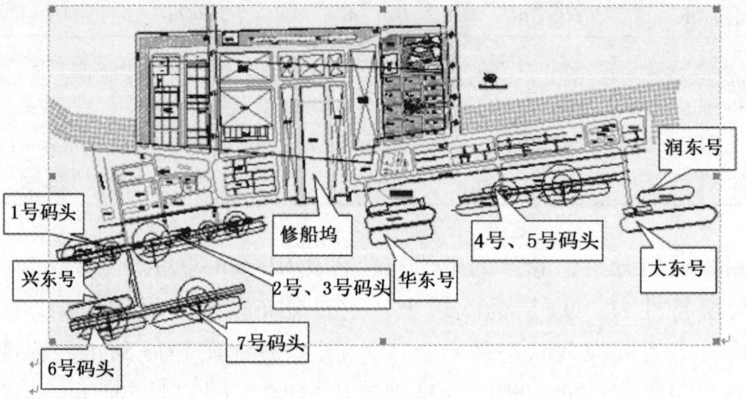

图8－20 华润大东船务工程平面布置图

b. 上海船厂。

上海船厂厂区主要分为三个区：造船区、修船区和海洋工程区。东侧为造船区，西侧为修船区，中间为海洋工程区。造船区已建成7万吨级船台1座，造船舾装码头长约850 m；修船区现有10万吨级和4万吨级浮船坞各1座，修船码头长760 m。海洋工程区为一海工基地港池，一个海工滑道。港池位于7万吨船台的上游，修船码头的下游，西侧池壁距离修船码头东端约184 m，港池口门布置在已建修船码头前沿线后方75 m处，在港池两侧设置突堤码头，突堤码头南端与已建修船码头前沿线齐平；海工滑道位于海洋工程港池的西侧，紧临修船区的东侧，布置于已建修船码头和在建海洋工程港池的西侧突堤码头之间，长江防汛大堤之外。

海工基地港池以大型半潜式钻井平台为代表产品，主要为大型半潜式钻井平台：120 m×94 m×40 m（长×宽×高），总重约30 000 t；400英尺深自升式钻井平台87.6 m ×86.56 m ×9.14 m，自重约16 500 t；滑道主要代表产品为7万吨级船舶分段，重量1 000～2 000 t；远期代表产品5 000 t组块和自升式平台，自升式平台下水重量控制在10 000 t内。海洋工程港池长度190 m，宽度110 m，深度13.1 m，港池顶标高5.8 m，港池底标高－7.3 m。设置4根水平滑道，从东至西宽度依次为10.5 m，12 m，12 m，10.5 m，间距为8 m、10 m、8 m。滑道区上方设置1台300 t门式起重机，跨距96 m。滑道末端设运出码头，码头长度为85 m，宽度同修船码头宽度，为25 m，码头前沿设计泥面标高为－10.5 m。上海船厂平面布置如图8－21所示。

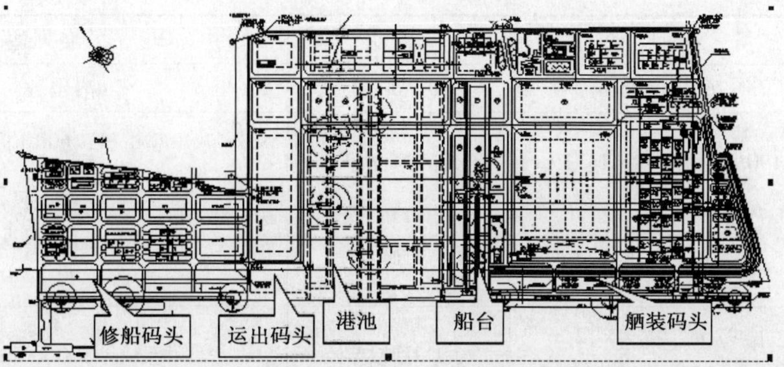

图 8-21 上海船厂平面布置图

4）水工建筑物。

工程设计高水位4.20 m；设计低水位0.52 m；极端高水位6.31 m（50年一遇）；极端低水位-0.27 m（50年一遇）。永久和临时防汛设施防御标准均为200年一遇高潮位（6.34 m）加12级风（V=32.7 m/s）正面袭击。华润大东和上海船厂新建一线大堤堤顶标高一般在8.0 m左右，挡浪墙顶标高9.2~9.4 m，华润大东修船坞坞口前沿线突出新大堤13~31 m，位于天然泥面标高0.0 m左右处。陆域场地一般原为农田、橘园等，地势相对较平坦，地面标高约3.0 m，新老大堤之间为吹填砂，标高约5.0 m。上海船厂港池口门前沿线突出新大堤堤顶约41 m，位于天然泥面标高-2.0~0.0 m处。陆域场地标高均为5.80 m。两船厂主要水工建筑物见表8-6和表8-7。

表 8-6 华润大东水工构筑物汇总

名称	名 称	平面尺度	等 级	备 注
船坞	大东号浮船坞		17万吨级	用囤船靠泊
	华东号浮船坞	靠墩距离180 m，宽25 m	10万吨级	
	兴东号浮船坞	靠墩距离175 m，宽25 m	7万吨级	
	润东号浮船坞		5万吨级	用囤船靠泊
	干船坞	380 m×103 m×12.6~13.6 m	30万吨级	
码头	1号码头	200 m×18 m	5万吨级	泊位数：1
	2号、3号码头	246 m×18 m	5万吨级	泊位数：2
	4号、5号码头	600 m×18 m	17万吨级	泊位数：2
	6号浮坞靠墩码头	300 m×25 m	10万吨级	泊位数：1
	7号码头	360 m×25 m	30万吨级（外档） 7万吨级（内档）	泊位数：2

表 8-7 上海船厂主要修造船水工构筑物规模汇总

名 称	平面尺度	等 级	备 注
半坞式船台	300 m×46 m	7万吨级	配150 t、120 t和100 t门座起重机各2座
造船舾装码头	860 m×25 m	10万吨级	泊位数：3

续表

名　称	平面尺度	等　级	备　注
修船码头	760 m×25 m	10 万吨级	泊位数：3
海洋工程港池	190 m×110 m×13.1 m	3 万吨海洋平台	起重机：600 t 门式 1 座 150 t 门座 2 座
运出码头	90 m×25 m	7 万吨级	配 150 t 门座起重机，含后平台长 72 m，宽 95 m
海工滑道	长 97 m，宽 2×12 m +2×10.5 m	1 万吨级	配 1 台 300 t 门式起重机

a. 船坞坞室典型结构。

两船厂船坞坞深均约 13 m，坞室结构均采用锚拉板桩式坞墙和减压排水桩基底板。华润大东板桩墙采用钻孔灌注桩排桩结构，桩后采用连续旋喷桩止水，上海船厂板桩墙采用钢板桩结构。锚拉系统均采用单锚混凝土板桩加块石棱体，桩前采用搅拌桩加固。船坞坞墙典型断面见图 8－22。

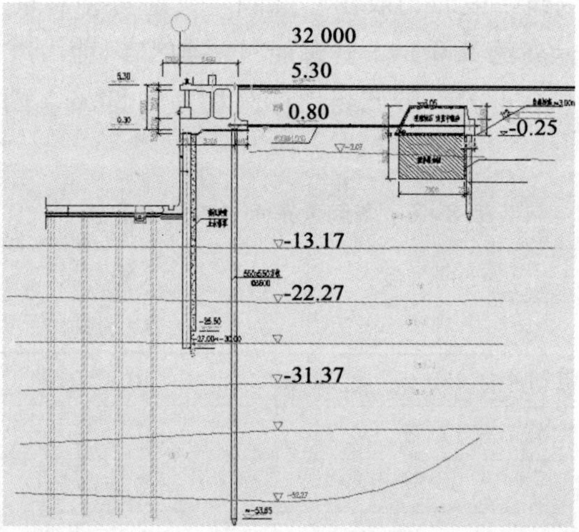

图 8－22　船坞坞墙典型断面(单位：高程 m；平面 mm)

b. 坞口区建造方式。

华润大东坞口前沿线与一线大堤斜交，突出现有防汛大堤堤顶线外侧 13～31 m，坞口位置现有泥面标高约＋1.0 m，坞口外泥面坡度基本大于 1∶10。坞口前沿包括两侧护岸总长度约 247 m，需破堤约 248 m，新大堤后方约 84 m 处为老大堤结构，堤顶标高为 6.20 m，防浪墙顶标高为 7.40 m，厂区老大堤均未拆除，新、老大堤之间场地标高约 5.0 m，老大堤以北地面标高约 3.0 m。由于坞口区域现有泥面相对较高，具有筑岛进行陆上施工的条件，尤其是船坞建造过程中不得影响下游侧的浮船坞正常使用，对场地范围限制较大，采用基坑围护法建造坞口区域。先在坞口及两侧护岸前沿筑岛至 3.00 m 标高，形成陆上施工平台，再进行基坑及护岸的施工。两侧护岸结构结合坞口建造形式，采用钻孔灌注桩排桩加拉锚结构，并转弯与两侧大堤连接。坞口主体设计时，考虑基坑围护结构，将通常设于坞口后方的独立水泵房结构设于坞墩结构内，在基坑围护内一起施工，坞口基坑平面尺寸为长 138.5 m，宽 39 m，开挖底标高一

般为 -11.6 m，泵房局部区域底标高为 -15.4 m。围护墙体临江面考虑今后拆除方便并作为永久止水帷幕，采用止水性能较好的钢板桩结构，其余三侧均采用钻孔桩作围护墙。钻孔桩采用低掺量搅拌桩进行预加固，在墙后采用三轴搅拌桩止水。坑内设4道支撑围檩体系，分别为混凝土结构、钢结构以及泵房处增加的一道钢支撑及围檩。基坑工程平面和剖面见图8-23和图8-24。新大堤拆除前，先用土坝型式连接新、老大堤，形成内凹式平面布置，作为临时防汛设施，防浪墙顶标高 +9.40 m。待坞墩和水泵房主体结构完成，坞门形成永久防汛设施后，拆除临时设施，进行坞室结构施工。

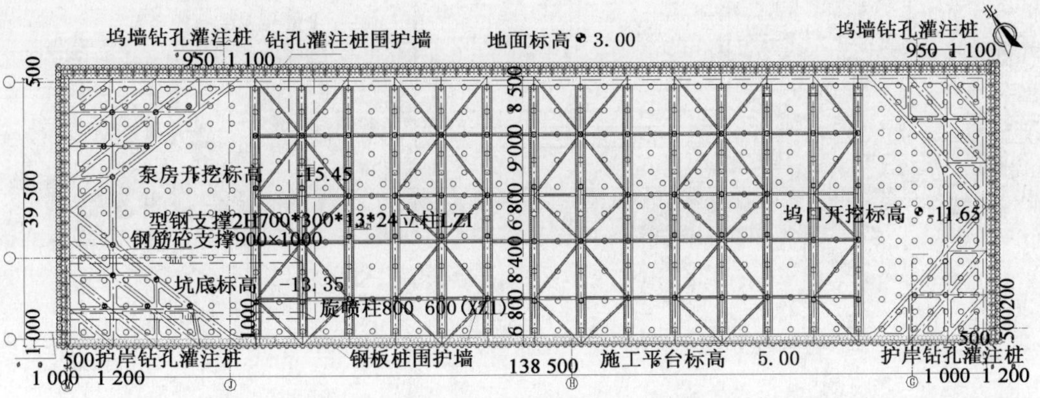

图8-23 华润大东船坞基坑典型平面图(单位：高程：m，平面：mm)

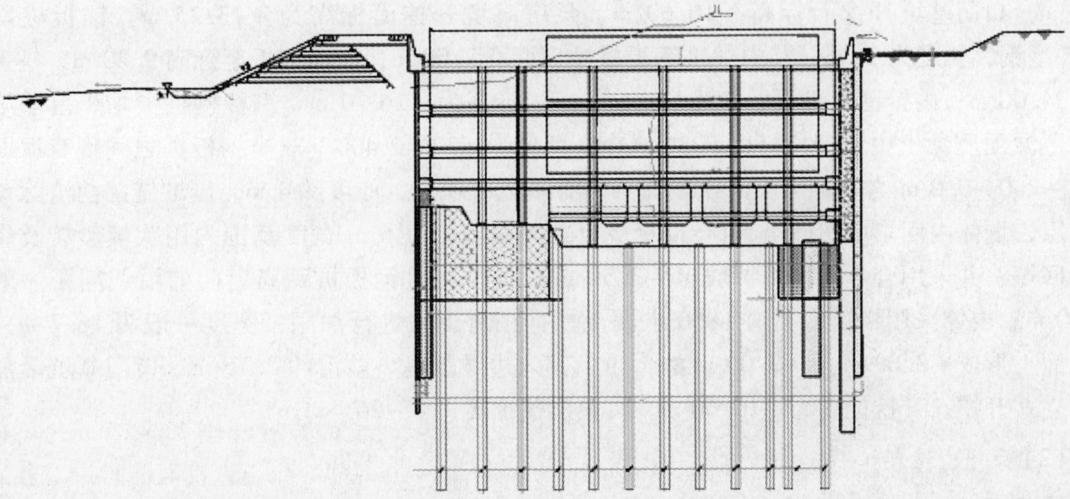

图8-24 华润大东船坞基坑典型剖面图

上海船厂港池工程口门前沿线突出现有防汛大堤堤线41.43 m，该处泥面标高在 -2.0 ~ 0.0 m。口门外50 m位置泥面标高为 -8.0 m，局部范围坡度较陡，为 -8.0 ~ -10.0 m，表层淤泥最厚达3 m左右。采用双排钢板桩大围堰，并与两侧大堤形成封闭系统。大堤内侧场地标高5.8 m，一线大堤顶标高8.0 m，防浪墙顶标高9.20 m。在口门施工区域内必须拆除现有大堤长度约323 m。围堰东端采用土坝过渡与现有大堤相连，西端与新建驳岸结构连接，形成临时防汛体系，并实现港池主体结构干施工。围堰内排钢板桩距口门前沿线净距离19.40 m，内、外排钢板桩中心宽度为 15 m，围堰前沿水平直线段总长度约 174 m，两侧为圆弧段，外排钢板桩总长度约 294 m。围堰平面布置见图 8－25。

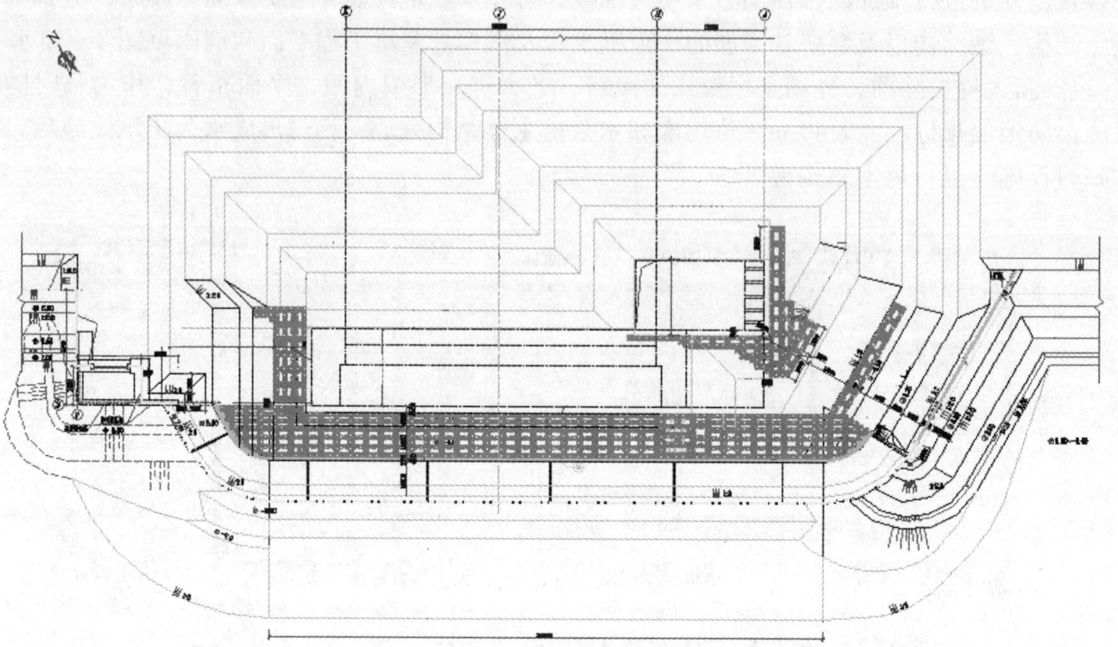

图 8－25　上海船厂港池围堰平面布置图

本工程双排钢板桩大围堰宽度 15 m，围堰设计高水位 4.13 m，200 年一遇高潮位为 6.27 m。口门基坑开挖面标高 －10.60 m、泵房基坑开挖面标高为 －13.25 m。钢板桩均为 PU25 型钢，长度为 31 m。其中外排钢板桩桩顶标高 7.00 m，上焊钢板至标高 9.20 m，桩尖标高 －24.00 m；内排钢板桩顶标高为 5.0 m，桩尖标高为 －26.0 m。钢板桩桩尖均坐落于第④层灰色淤泥质黏土中。钢拉杆标高 3.00 m，型号为 φ70@2 400。双排钢板桩之间现有泥面标高在 －2.0～0.0 m 之间。由于河床表面分布有新近沉积土，厚度约 4 m，围堰施工前清除该层淤泥层，堰体内回填中粗砂至 5.00 m 标高；在外排板桩外 6 m 宽度范围内用吹填砂袋及袋装碎石回填，并采用合金笼块石护坡至 －3.50 m 标高。内排钢板桩距离口门前沿线间距一般为 19.40 m；内侧采用格栅型三轴 φ850 水泥土搅拌桩对土层进行加固，宽度一般为 16.7 m，在横断面上形成 －3.00 m 及 －7.00 m 的台阶，其内边线距坞口前沿约 2.75 m，口门基坑沿加固体直立式开挖，开挖标高为 －10.60 m。其典型剖面见图 8－26。

(2)长兴岛造船工程

1)简况。

中船长兴造船基地位于长兴岛南岸的下游，分二期建设。其中一期工程结合上海市承办 2010 年世博会、将江南造船厂搬迁至长兴岛，并作进一步发展，占用岸线约 3.8 km，占地约 580 hm^2，设计造船能力为 450 万载重吨/a，是国内最大的综合性现代化造船厂。一期工程自 2005 年正式开工建设，历时 3 年，于 2008 年 6 月竣工。二期工程已于 2010 年 8 月核准，2011 年 7 月开工建设，占用岸线约 4.1 km。二期工程建成后，长兴造船基地将具有 9 座大坞，年造船能力超过 800×10^4 t，成为世界最大的造船基地。平面位置如图 8－27 所示。

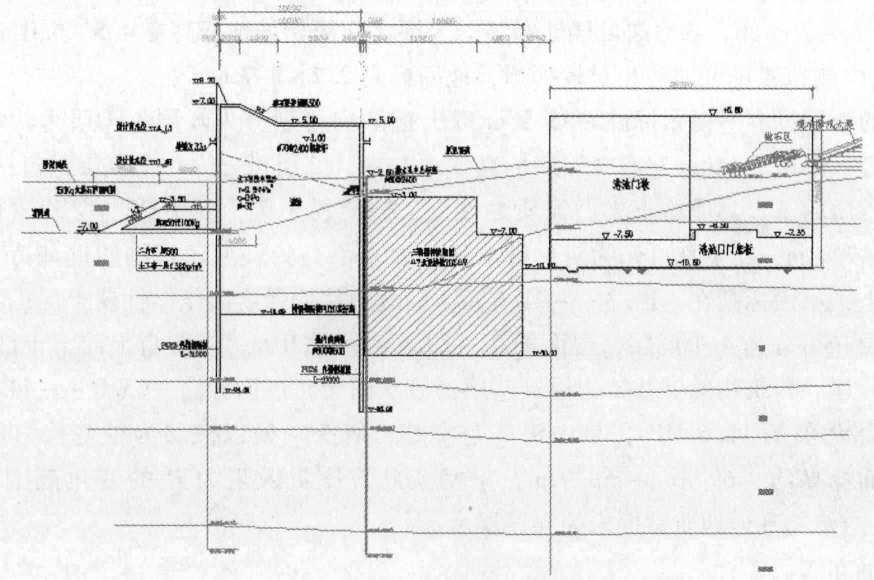

图 8－26　上海船厂港池围堰典型断面示意

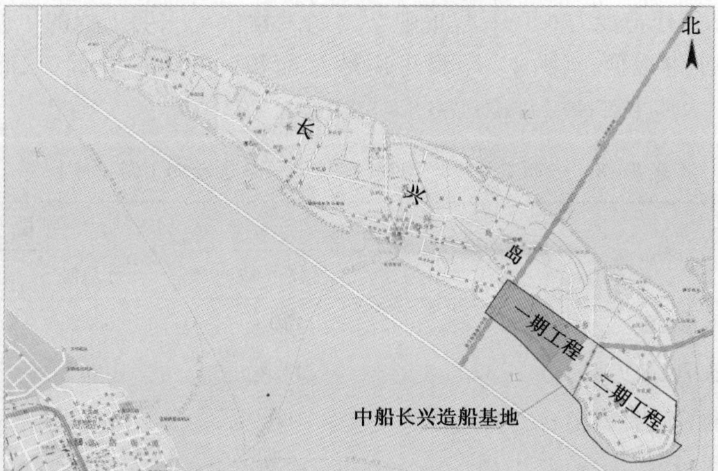

图 8－27　上海长兴岛地区造修船基地平面位置图

2）设计条件。

实测最高潮位 5. 88 m（1997 年 8 月 18 日，以吴淞零点为基准，本节同）；实测最低潮位 －0. 29 m（1969 年 4 月 5 日）；平均高潮位 3. 30 m；平均低潮位 0. 84 m；平均涨潮历时 4 h 54 min，平均落潮历时 7 h 31 min；平均潮差 2. 47 m。

工程前原有防汛大堤堤顶标高在 7. 0 m 左右，挡浪墙顶标高 8. 0 ~ 8. 50 m。工程在原有防汛大堤的基础上又向外围垦造地，新建防汛堤距老大堤 1. 0 ~ 1. 5 km，堤顶高程 8. 30 m、挡浪墙顶标高 9. 50 m。防汛大堤均采用编织袋吹填砂棱体加堤芯吹填砂结构，外坡护面一般采用栅栏板、灌砌块石、扭王字块体等。大堤建成后，堤脚处标高一般在 0 m 左右，－2 ~ 0 m 滩地宽度 20 ~ 30 m，滩地外水下泥面坡度一般在（1∶3）~（1∶4），但局部在原有丁坝处泥面较陡，坡度最大处达（1∶1. 5）~（1∶1）。拟建造修船舾装码头前沿线（约为 －10 m 等深线）和新大堤堤顶距离一般在100~150 m。大型造船坞坞口前沿线一般突出新大堤堤顶50~100 m，位于天然泥面标高-6~-2 m处。基地陆域场地在新老大堤之间原始场地标高在4.5~5.0 m(吹填砂标高)，老大堤内侧拟建场区地势相对较平坦，地面标高2.2~2.7 m。

基地内的土层勘察所揭示标高-75.9 m以上范围内可划分为6层。①层为吹填土、素填土、杂填土等，厚度3~6 m左右，层底标高0 m左右；②层可分为6个亚层，包括粉质黏土、黏质粉土、砂质粉土、黏质粉土夹淤泥质黏性土、砂质粉土等，其中$②_{3-3}$层砂质粉土层面标高-13.3~-7.4 m，其下部可作为对单桩承载力要求不高的轻型建筑物的桩基持力层；④层为淤泥质黏土，层面标高在-14.3~-21.6 m，呈流塑状低强度高压缩性软土层；⑤层为黏土或粉质黏土层，可分为4个亚层，层面标高-29.6~-20.0 m，一般自上而下土性逐渐变好，是陆域大部分建、构筑物的桩基持力层；⑦层为砂质粉土，层面标高-65.0~-44.0 m，其平均比贯入阻力P_s值约11.6 MPa，呈中密-密实状，码头一般以该层为桩基持力层；⑨层为粉细砂，层面标高约-69.8~-58.9 m，呈密实状，比贯入阻力P_s的变化范围为13.12~27.56 MPa，造修船基地地质钻探未揭穿该层。

3)总平面布置。

一期工程共分为三条船舶总装生产线和大型钢结构制造区。其中一、二号线为民品造船区，位于基地的上游，用地面积395.76 hm^2；下游为三号生产线及大型钢结构制造区。一期工程规划2015年达到年建造能力450万载重吨。二期工程位于一期工程的下游，即长兴岛南岸跃进港以东、横沙小港以西范围内，项目可用地总面积约603.6 hm^2。二期工程生产纲领为350×10^4 t/a。一、二期工程建设规模见表8-8和表8-9。

表8-8 一期工程生产纲领(船坞编号从上游向下游排序)

类 别	船舶名称	年产艘数	年 产 量		
			万载重吨	万总吨	万修正总吨
1号坞	VLCC等油船	4	120	63.2	18.96
2号坞	15万~22万吨散货船	12	212.4	106.2	31.6
3号坞	大型集装箱船	10	100	88.5	57.5
4号坞	大型LNG船	2	17.2	23.2	16.24
	合 计	28	449.6	281.1	124.3

表8-9 二期工程生产纲领

代表产品×艘数	年产艘数	年产载重吨/$\times10^4$ t	钢材耗量/$\times10^4$ t
集装箱船：10 000TEU×4/12 500TEU×4	8	108	25.2
250 000 m^3 LNG船×3/8 530TEU集装箱船×4	7	90	19.4
160 000 m^3 LNG船×2/110 000 t油船×8	约10	106	17.4
海洋工程(半潜式钻井平台)及军品	2	约50	4.4
合计	约27	约350	66.4

一号线、二号线采用二个平面上呈“∩”形的造船总流程布置，材料码头布置于中部，然后按照造船生产流程“∩”形向上、下游分别布置二条生产线的构筑物；船坞共4座，自上而

下依次编号为1—4号船坞，其中1号、2号和3号、4号分别并列布置，二组船坞相距约1.8 km。在舾装码头总平面布置上，3号和5号码头突出原规划码头前沿线约150 m布置，且考虑为双侧靠船，在平面上和其内档的2号和4号码头形成“F”形，这样在原布置基础上增加了近1 400 m的泊位长度，有效解决了岸线不足的矛盾。一期工程三号线受岸线长度限制，平面上设置了一座大型的挖入式港池以及与之配套的船舶总装及下水生产线。

跃进港以下为二期工程，布置4座大坞，总体流程和一期工程类似。由于岸线长度有限，且二期工程以建造LNG、LPG以及超大型集装箱船舶为主，码头周期普遍较长，因此舾装码头泊位数严重不足；受地形限制，二期工程无法像一期工程一样布置双排的“F”形码头；在二期工程最下游端沿长兴潜堤走向在其前沿布置约1 780 m舾装码头，以解决泊位数不足的矛盾。码头前期通过长引桥和陆域连通，后期根据规划，长兴潜堤后方可能造地成陆，对该区域的码头使用将更为有利。一期、二期工程平面布置如图8－28所示。

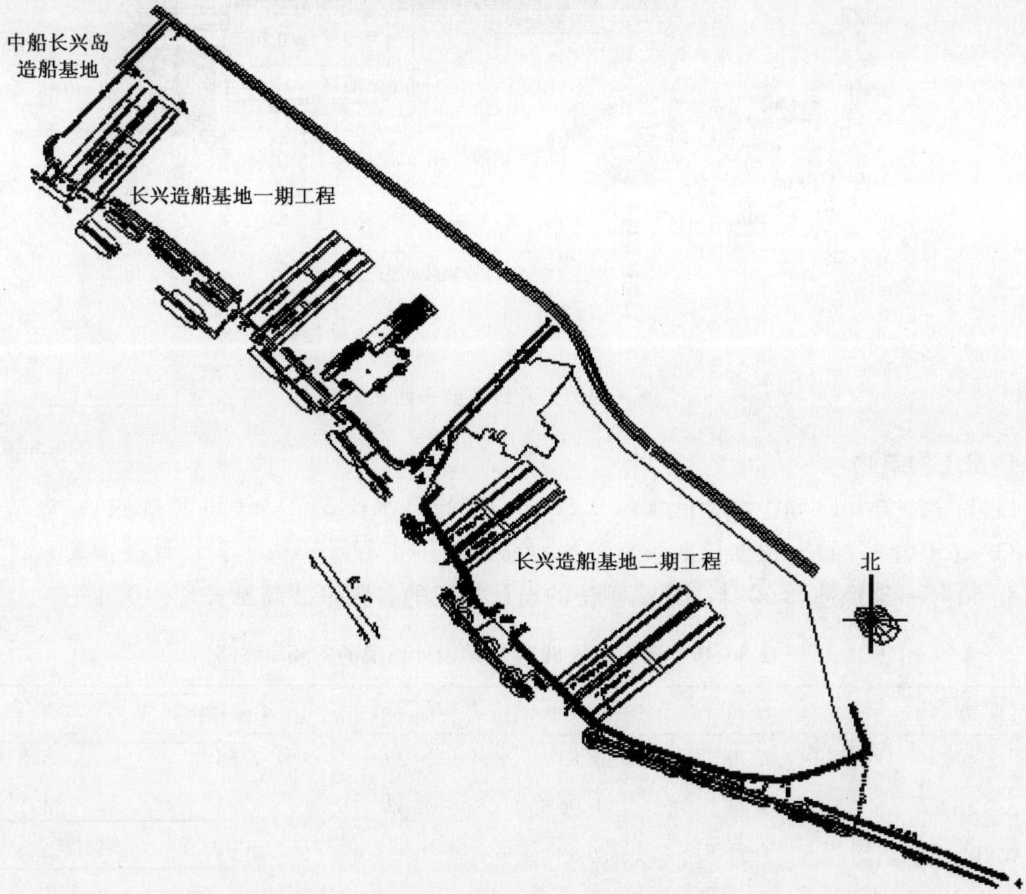

图8－28　中船长兴造船基地水工构筑物平面布置图

长兴造船基地一期工程，水域岸线长度严重不足，加上小型船舶泊稳条件要求较高，不宜靠泊在位于长江南港水域的码头，为得到足够岸线和确保小型船舶在码头的泊稳安全，一期工程水域岸线下游段，7号和8号舾装码头后方陆域设置挖入式港池。港池上游侧边线与4号造船坞中心线平行，相距573.2 m。港池设计高水位4.50 m，设计低水位4.00 m，港池顶高程4.80 m，设计水深10.0 m。港池平面形状为八边形，最长边长430 m，最大宽度285 m；水域面积11.5×10^4 m^2，设计低水位时，港池水体容积为114.8×10^4 m^3。港池周边设置11—17号舾装码头，泊位总长 1 380 m。港池连同布置在港池周边的四跨室内水平船台、1 座露天水平船台、1 座下水船坞、7 个舾装码头和 1 个船闸，组成独立的封闭体系，用于中、小型船舶建造、下水和舾装作业。平面布置如图 8－29 所示。

下水船坞与船闸分设在港池南北两岸。下水用船坞由船坞和浮箱平台组成，东侧为浮箱平台；平台的南翼为露天水平船台；北翼为四跨室内水平船台，有效尺度为 240 m × 40 m × 17.7 m，其上坞阶长度 218.5 m、宽度 116 m；船坞底板顶标高 －12.9 m，浮箱平台底板顶标高 0.2 m。在挖入式港池和长江南港之间建有船闸。船闸内闸口位于挖入式港池北岸，外闸口位于长江南港水域，将舾装港池和长江水域沟通。闸室有效长度 240 m，宽度 40 m，底高程 －7.40 m。闸口设横拉式闸门，内闸口设人字式闸门，开启时间均为 10 min。

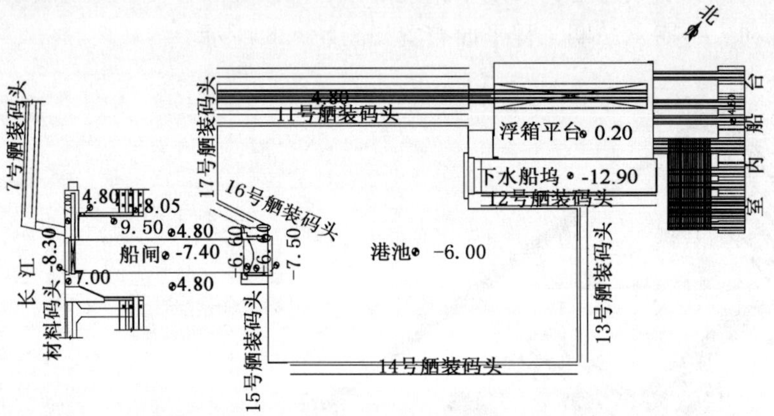

图 8－29　挖入式港池平面布置图

4) 水工构筑物。

设计高水位 4.13 m；设计低水位 0.56 m；极端高水位 5.79 m(50 年一遇)；极端低水位 －0.33 m(50 年一遇)。根据长兴岛造船基地前沿圈围工程及码头工程设计波浪要素计算，码头工程 50 年一遇风速和 50 年一遇高潮位的设计波浪的各频率波高见表 8－10。

表 8－10　码头工程 50 年一遇设计波浪的各频率波高

方向	$\bar{H}$/m	$H_{1\%}$/m	$H_{4\%}$/m	$H_{13\%}$/m	T/s
SSE	1.70	3.83	3.26	2.65	5.8
SSW	0.84	1.96	1.65	1.33	4.1
WNW(前卫)	1.23	2.83	2.39	1.93	4.9
WNW(园沙)	1.30	2.98	2.52	2.04	5.1

基地各水工构筑物的主要规模见表 8－11 所示。长兴岛地质属典型的软土地区，船坞工程施工一般采用板桩式坞墙。1—4 号船坞工程施工期开挖深度在 13.5 ~ 16 m 之间，采用单锚钢板桩加高桩承台组合的坞墙结构，钢板桩均采用 AZ 型板桩和国产槽型钢板焊接组合而成的箱型组合钢板桩。4 号坞坞深 14.1 m，施工期开挖深度 15.9 m。二期工程的舾装码头结构和一期工程码头基本一致，均为高桩梁板式结构。由于二期工程码头所处位置水下泥面标高普遍低于一期工程的码头，故和一期工程码头大部分采用 ϕ800PHC 管桩有所不同，根据码头功能及原

始泥面标高的不同分别采用了 ϕ800、ϕ1000、ϕ1200 三种不同直径的管桩。

表 8-11 一、二期工程主要修造船水工构筑物

工程分区	水工构筑物	主要尺度	备 注
前期工程圈围造地	围堤工程	主堤长 7.9 km 侧堤长 1.2 km 圈围面积 1.792 km^2	主堤外边线设置在 0 m 线以内，距老大堤堤顶外边线100 ~ 350 m
	吹填工程	总方量约 700×10^4 m^3	
一期工程一号线二号线	1 号船坞	有效尺度 520 m × 76 m × 11.6 m	配 2 台 600 t 门式起重机
	2 号船坞	有效尺度 510 m × 106 m × 11.6 m	配 2 台 600 t 门式起重机
	3 号船坞	有效尺度 580 m × 120 m × 12.6 m	为国内已建成最大船坞
	4 号船坞	有效尺度 365 m × 82 m × 14.1 m	800 t 门式起重机 下坞通道长 240 m
	1—9 号舾装码头	平面尺度 2 186 m × 20 m +954 m × 30 m	2 号、3 号和 4 号、5 号分别组成"F"形码头，3 号、5 号双面靠船
	材料码头	平面尺度 360 m × 28 m	
一期工程三号线	注水式船坞	有效尺度 240 m × 40 m × 17.7 m	国内软土地基上已建成的最深船坞
	浮箱平台	218 m × 116 m，低于地面 4.5 m	
	船 闸	有效尺度：240 m × 40 m × 12 m	外闸首东侧为 10 号码头
	港 池	12×10^4 m^2，岸壁总长约 1 400 m，深 10.8 m	岸壁为 11—17 号舾装码头
	水平船台区	水平船台 9 座，纵横移区 10 400 m^2	
二期工程	1 号船坞	有效尺度：660 × 132 × 13.1 (−8.30)	1 800 t × 2 台
	2 号船坞	有效尺度：560 × 120 × 12.6 (−7.80)	1 200 t × 2 台
	3 号船坞	有效尺度：420 × 92 × 12.6 (−7.80)	800 t × 2 台（沪东搬迁）
	4 号船坞	有效尺度：360 × 120 × 13.1 (−8.30)	600 t × 2 台
	1 号舾装码头	平面尺度：280 m × 25 m	
	2 号舾装码头及 1—4 号材料码头	平面尺度：1 100 m × 20 m	4 座材料码头为港池式，位于舾装码头两端的内侧
	3 号舾装码头	平面尺度：1 430 m × 20 m	后平台 20 m 宽
	4 号舾装码头	平面尺度：630 m × 20 m	后平台 20 m 宽

a. 一期工程 1 号、2 号船坞及坞口工程。

船坞采用基坑围护法建造。利用两座独立开挖的基坑建造二座船坞坞口区，待拆除基坑临时围护结构后再关闭坞门并利用坞门挡水施工坞口后方的坞室结构。由于坞口区域原始泥面相对较高，筑岛至 4.00 m 标高在陆上施工。两个坞口的基坑并列布置，净距约 30 m，同时开挖；在坞口结构施工的同时，进行坞口上下游两侧的直立式驳岸及防汛体系的施工。1 号、2 号船坞的坞口突出现有防汛大堤 60 ~ 90 m，整体位于水中。两个基坑平面尺度分别为 98 m × 30 m

和128 m×30 m，开挖深度自设计高水位起算为14.78 m，二者并列布置，净距28 m。

坞口基坑开挖面标高为－10.65 m，围护墙外侧设计高水位为4.13 m。钢板桩围护墙内设5道支撑围檩，主支撑间距一般为7.5 m，每隔30 m左右设置一个平面桁架，第一道圈梁外圈兼作防浪墙采用钢筋混凝土结构，局部顶标高7.00 m，支撑中心标高3.65 m；第二道至第五道支撑采用钢结构。桩长31 m，顶标高3.65 m，底标高－27.35 m。为了增强止水效果和抗风浪的稳定性，在外侧和东西两侧的围护墙外围距离3 m附加了一排16 m长的钢板桩，通过顶部的圈梁与挡浪墙连成一体，板桩之间回填砂。由于整个基坑系坐落于现有大堤外的水下坡面上，为了保持整个围护体系周边荷载的平衡，在坞口内、外侧分别通过削坡卸载和抛填加压的措施，尽可能使围护墙外侧周边的泥面标高保持一致。基坑内侧靠现有大堤处一定宽度范围内清除堤脚抛石并挖泥削坡至0.00 m标高，而基坑外侧围护墙外现有的水下泥面标高在－8～－5 m，进行抛填护坡、压脚，护坡顶标高同样设计为0.00 m。

水下抛填护坡结构主体采用袋装砂，坡脚棱体及护坡的坡面均采用“合金笼网兜”块石。在2号坞前沿和1号坞东半部外排板桩处现有泥面一般在－7～－6 m且比较平缓，抛填护坡棱体一般分为二级，在－4.00 m标高处设置一个4 m宽的戗台，1号坞西南侧由于水下泥面较陡，外坡抛填体坡脚的标高在－12～－10 m，在－8.00 m处也设置了一个4 m宽的戗台。

b. 一期工程3号、4号船坞双排钢板桩围堰。

3号、4号船坞坞口前沿线处原始泥面标高在－6～－2 m，坞口外侧30～40 m处泥面标高在－9～－8 m，具有运用双排钢板桩结构的有利条件，采用双排钢板桩大围堰包围干施工的总体建造方案。将双排钢板桩围堰主体布置在距坞口前沿线20 m处，前沿直线段总长度282 m；直线段两侧为圆弧段详如图8－30。由于围堰平面跨度较大，为了增强双排板桩的整体性，在围堰直线段282 m范围内，每隔47 m在两排板桩之间设置一道钢板桩横隔墙，在平面上形成了若干个隔仓。

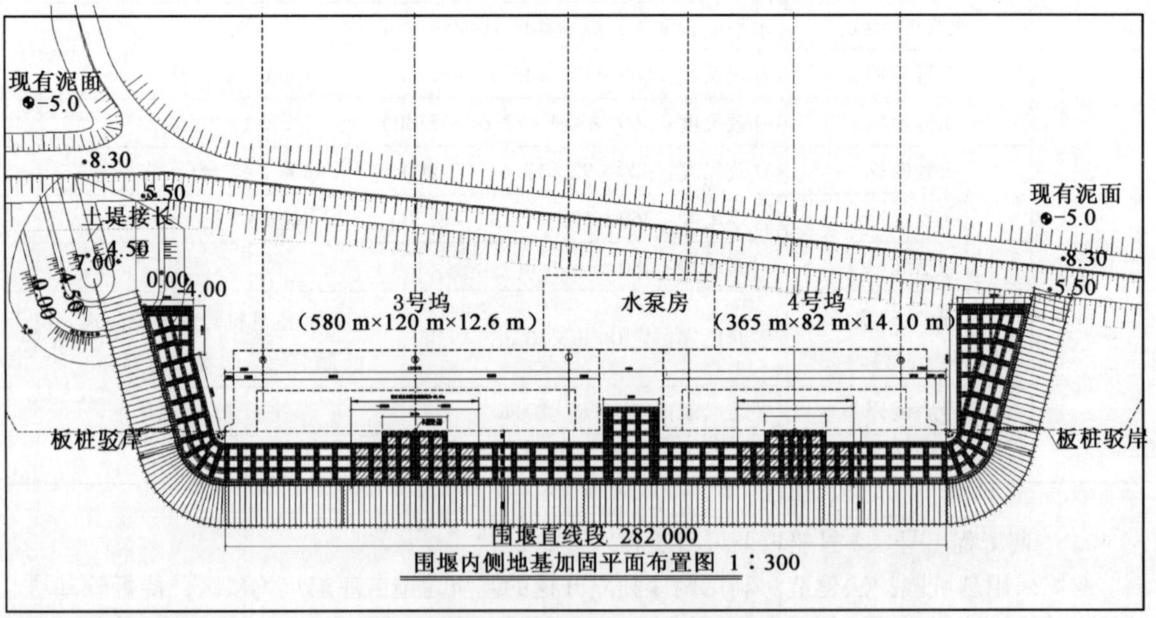

图8－30　3号、4号船坞围堰平面布置图

围堰堰体宽度15 m，钢拉杆标高1.80 m。堰体内回填中粗砂从－8.5～－6 m至4.50 m；在外排板桩外7 m宽度范围内用吹填砂袋及袋装碎石回填，并采用合金笼块石护坡至－4.00 m

标高。内排钢板桩距离坞口前沿线间距一般为 20 m；其内侧采用格栅型 SMW 工法三轴水泥土搅拌桩对被动区现有的土层进行地基加固。加固体宽度一般为 15.5 m，在横断面上形成 -4.00 m 及 -7.00 m、-10.0 m 的台阶，其内边线距坞口前沿约 4.5 m，坞口基坑沿加固体直立式开挖，其中 3 号坞挖至 -11.85 m，4 号坞挖至 -13.45 m。本双排钢板桩围堰的长度及挡水高度等规模均为国内之最，其典型剖面如图 8-31。

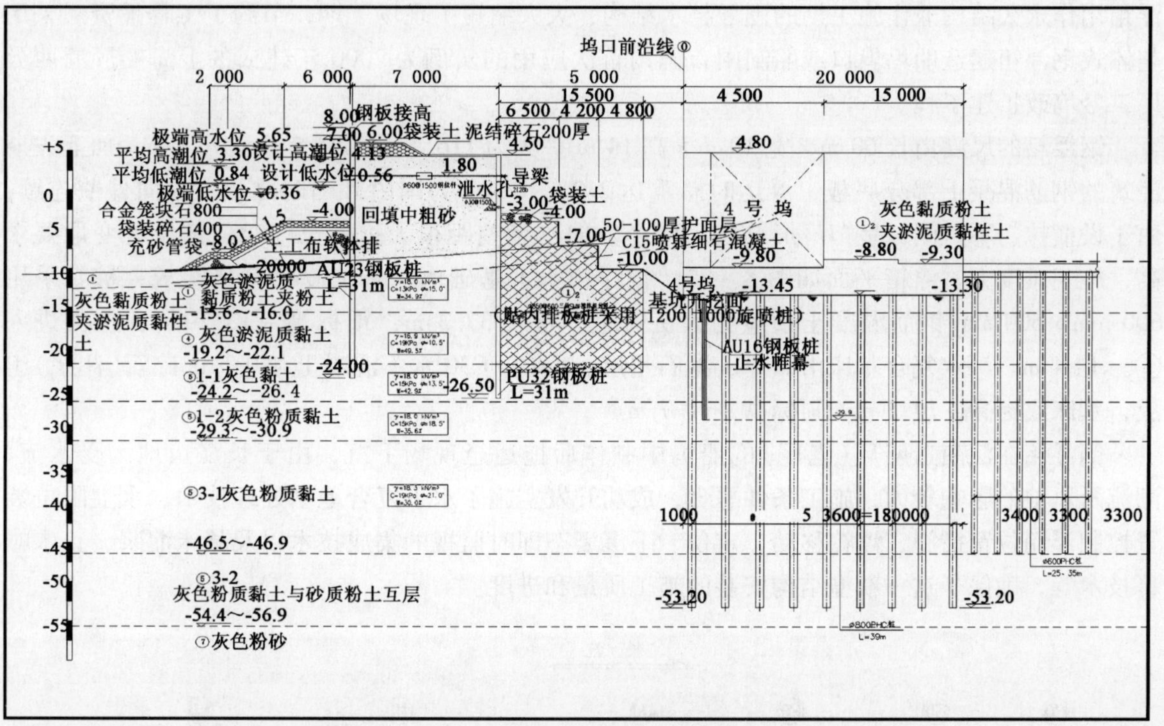

图 8-31 3 号、4 号船坞双排钢板桩围堰典型剖面

c. 一期工程三号线注水式船坞工程。

根据造船生产工艺的需要，一期工程三号线设置了一座注水式船坞，有效尺度为 240 m ×40 m×17.7 m，是目前国内最深的船坞工程，使用期挡土高度达 17.7 m，施工期基坑开挖深度近 20 m。采用格形地下连续墙坞壁结构方案，以满足超深船坞工程中的结构稳定性和变形控制要求，同时相对节省工程造价，方便施工，缩短工期。

该船坞水泵房位于坞口西侧，为桩基上箱形结构，采用两墙合一的地下连续墙结构，逆作法施工。坞口西侧门墩与水泵房结构相结合；东侧门墩与港池岸壁及坞墙相结合，采用十字格型地下墙结构。船坞浮箱平台紧靠船坞西侧，西侧坞墙结合一个浮箱位，30 m 宽，采用地下连续墙高桩梁板式宽承台结构；坞室东侧、北侧坞墙采用格型地下连续墙结构。格型地下墙宽 16.0 m，顶标高 -1.43 m；前墙厚 1 m，底标高 -28.50 m；后墙厚 0.8 m，底标高 -28.50 m；隔墙厚 0.8 m，底标高 -20.00 m。前后墙槽段间接头采用圆形锁口管，隔墙槽段间接头采用“十”字钢板接头。墙顶设置高 1.5 m、宽 2 m 的顶圈梁；坞内侧在前墙表面设置厚度 0.4 m 钢筋混凝土衬砌墙。

施工采取了搅拌桩预加固、降低地下水位、优化导墙断面和泥浆配比等措施；对“T”形及“十”字形槽段的异型钢筋笼制作、吊装和“十”字钢板接头等进行了专题研究。

d. 一期工程挖入式内港池及出海船闸工程。

长兴造船基地三号线设置一座大型的挖入式内港池，通过出海船闸和长江连通。港池总面

积近 12×10^4 m^2，岸线长度约 1 300 m，岸壁挡土结构为典型的单锚板桩式结构，采用了 0.6 m 厚地下连续墙和 CAZ17 型箱型板桩两种形式，拉杆规格为 φ75@1 500。船闸有效尺度为 240 m×40 m×12.2 m，由内闸首、闸室、外闸首三部分组成。内闸首为整体"U"形钢筋混凝土结构，施工时采用放坡大开挖施工；闸室岸壁挡土结构与港池类似；外闸首位于原有的防汛大堤外侧的水域中，原始泥面标高在 -6 ~ -5 m，采用整体式钢浮箱水上湿法施工方案。钢浮箱用作永久结构兼作施工期的围堰挡水结构，大大缩短了现场工期，节约了工程投资。采用整体式钢浮箱建造船坞坞口或船闸闸首国内首次应用的实例为 2000 年建成的上海船厂浦西分厂二号坞改扩建工程。

钢浮箱的尺度由长 60 m×宽 19 m×高 14 m 扩大为 116.5 m×20.5 m×16.8 m，加上先期浇筑的钢筋混凝土部分底板，浮运时总重达 2.2×10^4 t，为国内外当时之最；纵向外壁连续，由于设横拉门不封闭，呈"U"形结构，两个方向刚度差距很大；横拉门对门槽位置变形要求高，施工难度大。浮箱平面如图 8-32。钢浮箱水下基础由桩基加复合基床组成，桩基采用 600 mm×600 mm 钢筋混凝土预应力大头方桩，桩长 37.3 m，顶标高 -13.20 m，桩尖进入⑤$_{3-2}$层 4 m。深水复合基床由 0.2 m 抛石垫层、1.8 m C30 水下混凝土和 0.5 m 碎石（注浆）组成，基床底标高 -14.2 m，顶标高 -11.7 m。

钢浮箱在江南造船厂（老厂）的船坞中制作后拖运至现场下沉，由于长江口地区受水流、潮流及风浪的影响较大，施工条件恶劣，成功开发实施了水下复合地基处理技术、水上限位装置控制浮箱位置措施，浮箱移动、定位、下沉姿态即时监视的集成技术以及基床灌浆、止水帷幕技术等，确保了这一新型结构安装的施工质量和进度。

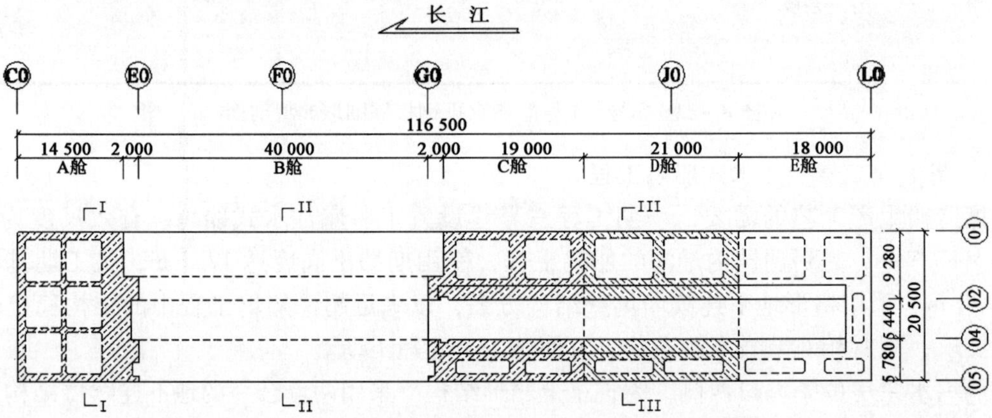

图 8-32 船闸外闸首钢浮箱平面图（单位：mm）

e. 一期工程舾装码头结构。

1—9 号舾装码头均为 30 万吨级。其中 2—5 号码头在平面上分别形成"F"形，位于外档的 3 号及 5 号码头均要求双面停靠，二座码头宽度为 30 m，其余码头宽度均为 20 m（部分另设有 20 m 宽后平台）。码头均采用高桩梁板式结构，码头面标高 7.0 m，前沿设计泥面标高 -10.0 m；排架间距均为 7.85 m，根据原始地形水深的不同分别采用 φ800、φ1 000 PHC 桩（二期工程中局部采用 φ1 200 PHC 桩），每排架桩数根据码头面宽度采用 7 根或 9 根，桩长度在 61 ~ 65 m，桩尖一般均进入第⑦层灰色砂质粉土层中。一般每个泊位均配置 1 ~ 2 台 32 ~ 50 t 门座起重机；材料码头配置 30 t 装卸桥式起重机。采用 φ1 000 二鼓一板鼓形橡胶护舷，每隔 3 个排架布置一件。码头前沿布置 2 000 kN 双柱系船柱，系船柱间距同橡胶护舷。

(3)外高桥造船工程

1)简况。

上海外高桥造船工程位于长江口南港河段南岸，西距吴淞口11 km，北临长江，对岸是长兴岛，江面宽度约6.5 km，上游边界距竹园排放口980 m。一期工程于1999年10月正式开工，2002年底基本建成，并全面进入生产。2003年10月通过总体竣工验收。2006年公司进行二期建设，并将2号坞接长。

2)设计条件。

工程所处外高桥地区历年最高潮位+5.64 m(吴淞零点，本节同)；平均高潮位+3.25 m；平均潮位+2.09 m；平均低潮位+0.91 m；历年最低潮位-0.43 m；工程所处水域波浪以风成浪为主，强浪向为NNW，其20年一遇波浪特征值为$H_{1\%}=2.0$ m，$H_{13\%}=1.42$ m，$T=4.35$ s。

工程场区原为长江口南港河段边滩，滩地标高0.0~0.5 m，地势较为平坦。1994年在原长江防洪大堤外侧450~600 m处构筑新防汛大堤，然后吹填形成基地场地，标高在4.5~5.6 m之间。新堤外侧100 m范围内地势平缓，河床面标高-1.0~0.5 m；100~150 m为-4.0~-1.0 m的陡坡，坡陡约1∶10；150 m外又是一个缓坡。场区各土层主要物理力学性指标见表8-12。

表8-12 场区各土层主要物理力学性指标

层号	层名	含水量(%)	重度/(kN/m³)	天然孔隙比	水平渗透系数 K/(cm/s)	固快直剪(峰值)		标贯值(实测)N63.5	地基承载力 f/kPa
						内聚力 C/kPa	内摩擦角 φ(°)		
①	吹填土	27.2	19.3	0.773	1.43×10^{-3}	7	31.0	3.5	60
②$_2$	灰色砂质粉土	29.5	19.0	0.840	5.10×10^{-5}	7	30.0	9.0	120
④	灰色淤泥质黏土	47.9	17.3	1.342	1.23×10^{-6}	13	12.0	2.5	70
⑤$_1$	灰色黏土	42.9	17.7	1.212	8.80×10^{-7}	15	13.0	4.5	80
⑤$_2$	灰色砂质粉土	30.8	18.9	0.866	2.33×10^{-4}	7	30.0	20	130
⑤$_3$	灰色粉质黏土	32.5	18.5	0.948	4.54×10^{-6}	20	24.0	12	
⑧$_1$	青灰色粉质黏土	35.9	18.3	1.027		25	18.5	11	
⑧$_2$	灰色粉砂夹黏性土	25.6	19.5	0.733		7	33.0	40	

场区抗震设防烈度为Ⅶ度。

3)总平面。

场区总面积216×10^4 m²，沿长江岸线长1 500 m。场区地坪标高5.2 m。场区前沿水域为长江口内航道，航槽水深为10~15 m，-10 m等深线水域宽度达2~2.5 km，局部最大水深达20 m。场区总平面图如图8-33。共有造船坞2座，1号坞480 m×106 m×12 m；2号坞540 m×76 m×14 m。船坞顶面标高均为5.2 m。舾装码头4座，其中1号与2号码头通长，总长640 m；3号与4号码头通长，总长758.8 m。码头顶面标高均为7.0 m，前沿江底面标高-10.0 m。场区堆场和生产场地约46.5×10^4 m²。

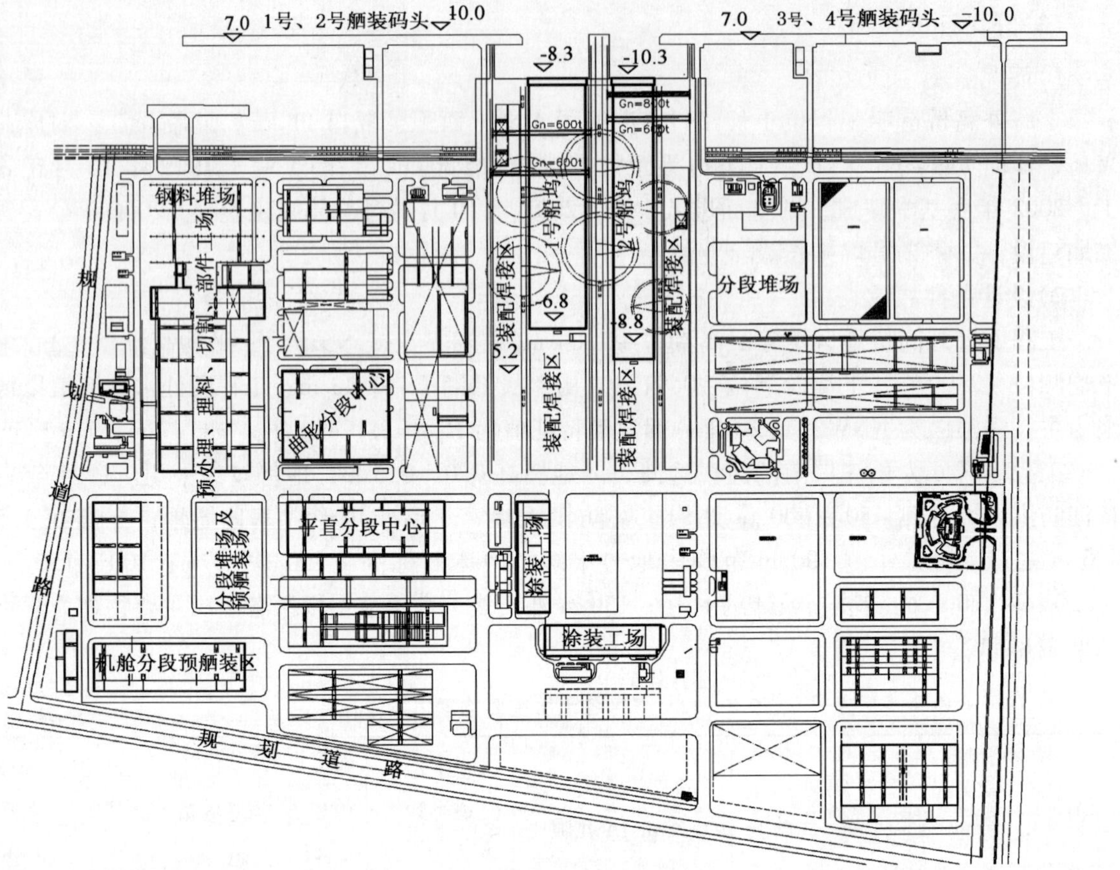

图 8－33　场区总平面图

4）水工建筑物。

设计高水位 4.13 m；设计低水位 0.00 m；极端高水位 5.65 m；极端低水位 －0.32 m；进出坞水位 2.00 m。

a. 船坞

1 号船坞长 480 m，宽 106 m，底板面标高 －6.8 m。跨船坞和总组场地配置 600 t 门式起重机 2 台，跨距 185 m；西侧配置 32 t/50 m 门座式起重机 2 台，轨距 10 m；东侧配置 32 t/65 m 门座式起重机 2 台（与 2 号坞共用），轨距 12 m。

2 号船坞长 540 m，宽 76 m，底板面标高 －8.8 m。跨船坞和总组场地配置 600 t、800 t 门式起重机各 1 台，跨距 155 m；西侧配置 32 t/65 m 门座式起重机 2 台（与 1 号坞共用），轨距 12 m；东侧配置 32 t/50 m 门座式起重机 2 台，轨距 10 m。

船坞采用大开挖现浇结构与非开挖先成墙结构相结合的方案，以降低土方工程量。1 号船坞坞壁围堤外与坞口相接段采用钢筋混凝土现浇低桩扶壁承台结构；围堤内采用单锚前板桩式高桩承台结构。低桩扶壁承台的桩基为 600 mm × 600 mm 钢筋混凝土方桩，持力层进入⑤$_2$层。单锚高桩承台前板桩为 CAZ25 组合箱形钢板桩。坞口采用桩基上的钢筋混凝土现浇“U”形结构，沿轴线方向长 27.5 m，宽 124 m。坞口桩基为 ϕ600PHC 桩，持力层进入⑤$_3$层。非开挖先成墙结构方案中，采用组合箱形钢板桩作坞壁。

1 号坞与 2 号坞共用泵房，采用桩基上的钢筋混凝土现浇空箱结构，沿船坞轴线方向长 24.6 m，宽 52 m。桩基为 500 mm × 500 mm 钢筋混凝土方桩，持力层进入⑤$_2$层。底板采用桩基上的大板结构，厚度1.0～1.2 m，最大分块尺度40 m×43.5 m。桩基平面呈非对称布置。底板下设减压排水系统，网格状布置，一般间距30 m×40 m。

b. 舾装码头。

1—4号舾装码头宽度均为20 m，前沿设计底标高－10.0 m，码头面顶标高7.0 m。前沿突出场区岸线约240 m，中间以10 m宽引桥相连。码头上配置32 t/40 m门座式起重机共4台。码头面前沿设2 000 kN、1 500 kN双柱系船柱，后沿设2 000 kN双柱系船柱。4号舾装码头长414.3 m，其中264.3 m新建，150 m由原海事码头改造(海事码头改造宽度23～26 m)。

码头均为高桩梁板式结构，排架间距约7.65 m，桩基采用ϕ800PHC桩。每排架下7根桩，其中4:1叉桩2对。桩基持力层为$⑧_1$层。4号舾装码头东端原海事码头改建工程原宽15 m，设计停靠船舶为5 000 t巡视船，桩基为44 m长600 mm×600 mm钢筋混凝土方桩。改造后码头宽度增加到23 m，在保留原有7 m排架间距及桩基基础上，增设ϕ800PHC桩，桩长50 m，$⑤_3$层为持力层。

(4)沪东造船工程

1)简况。

沪东中华造船厂位于上海市市区，距离长江口约20 km，地处黄浦江中下游，通达上海各港区，至吴淞口锚地、长江口锚地较近。厂区占地面积135×10^4 m^2，厂区岸线2 800 m。为国内外建造过各类大中型集装箱船、LPG船、化学品船、滚装船、储油轮、成品油轮、原油轮、散货轮、客船、特种工作船等共计3 000多艘。平面位置如图8－34所示。厂内原有船台2座，横移区及斜架滑道1座，内港池1个，码头多座，并配备相应的起重设备和装焊平台。其中两座船台，于20世纪70年代初期建成，后于1980年、1985年进行两次改扩建。其中一号船台长约218 m，滑道水下段长约52 m；二号船台长约227 m，滑道水下段长约25 m。船台建造能力均为10万吨级以下的船舶。20世纪末建设一座造船坞，利用厂区横移区斜架滑道和内港池进行改造建设。工程于2000年7月完成设计，2002年4月投入使用。

图8－34 船厂平面位置图

3)设计条件。

主风向夏季为东南风，冬季为西北风。历史最高水位(吴淞零点，以下同)5.58 m；平均大汛高水位3.98 m；平均高水位3.21 m；平均小汛高水位2.26 m；平均低水位1.08 m；最低水位-0.07 m；厂区水域为黄浦江弯道冲刷段，水流相对较大。涨潮流约在低潮后2小时开始至高潮后2小时左右止，其余均为落潮流。本工程所在河段涨潮流约持续4小时，落潮流约持续8小时。水流平稳，大汛最大涨潮流速为1.6 m/s，最大落潮流速为1.0 m/s。

厂区陆域地坪标高4.15~4.62 m。黄浦江江面宽度一般在430~560 m之间，水深-16~-9 m，最大水深达22 m。水域为黄浦江弯道冲刷段，主航道偏向浦东一侧。江面宽度约460 m，江底标高为-9.5~-5 m。场区沿江设有防汛墙，防汛墙顶标高一般在7.0 m左右。

船坞区域的土层物理力学指标自上而下见表8-12。场区地下水平均潜水位在+3.05 m左右，第⑦层粉性土或砂性土中的地下水属承压水，水头埋深约为7.8 m。

厂区所在地区的地震基本烈度为Ⅶ度。

表8-12　土层物理力学指标

土层号	土层名称	含水量 W(%)	层面标高 /m	N63.5/击	桩侧极限摩阻力 f_i/kPa	桩端极限承载力 f_p/kPa	内摩擦角 φ(°)
①	灰褐色淤泥质黏土	50.30	-3.300	0			9.100
④	灰色淤泥质黏土	51.30	-7.900	1	15		10.10
⑤	灰色黏土	38.20	-16.50	5	40		15.40
$⑥_1$	暗绿色粉质黏土	25.20	-21.40	9	75	1 800	22.50
$⑥_2$	草黄色粉质黏土	25.20	-23.95	22.5	85	2 300	23.20
$⑦_1$	灰色黏质粉土	27.30	-26.75	29	90	5 000	29.90
$⑦_2$	灰色粉砂	29.00		15.50	60	2 000	32.80
$⑦_t$	灰色粉质黏土	26.90	-39.75	44	100	6 000	21.50
⑧	青灰色黏土	38.00	-44.25	8	60	1 500	18.50

3)总平面。

船厂总平面见图8-35。主要修造船水工构筑物规模见表8-13。

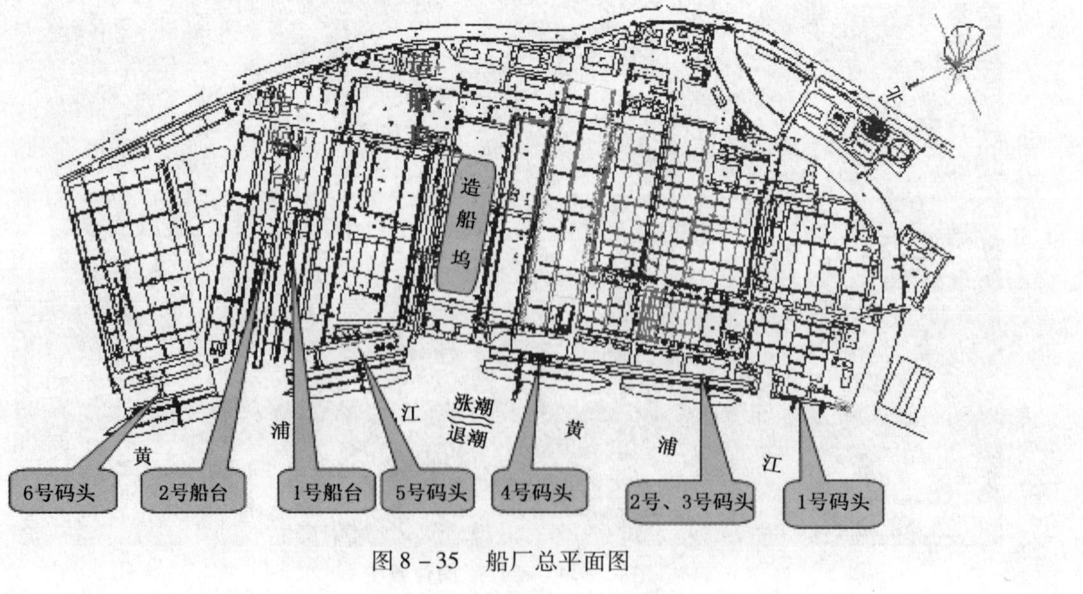

图8-35　船厂总平面图

表8-13 主要修造船水工构筑物规模

工程分区	水工构筑物	主要规模	备注
船坞	船坞	有效尺度：360 m×92 m×12.5 m	配2台600 t门式起重机，坞口两侧分别为4号和5号舾装码头
船台	1号船台	有效尺度：253 m×43.38 m	建造87 000DWT散货船、110 000DWT油轮
	2号船台	有效尺度：251 m×38.6 m	下水重量$1.15\times10^4\sim1.46\times10^4$ t
码头	1号码头	平面尺度：131 m×16 m	
	2号、3号码头	平面尺度：334.2 m×18 m	2号、3号为“一”字形顺岸布置，配S3248K10型32 t门座起重机1台
	4号舾装码头	平面尺度：127.8 m×18 m（前沿底标高 -8.7 m，码头面标高5.6 m）	靠泊8 100 TEU集装箱船和LNG船，配S4570K10型45 t门座起重机1台
	5号舾装码头	平面尺度：211.5 m×16 m	
	6号舾装码头	平面尺度：170 m×16 m	靠泊74 500DWT散货船

4)水工构筑物。

船坞工程进出坞设计水位2.80 m；设计高水位3.91 m；设计低水位0.88 m。工程处多为河口-滨海相沉积软土层。黄浦江主航道靠近沪东厂侧，船坞建设受现场水域限制。船坞建设前位于厂区港池和斜架滑道区域及厂区后方场地，陆域地坪标高4.3~4.6 m，港池底标高约为-4.0 m。船坞上游侧为原有的横向下水滑道及其护岸结构，下游侧为现有厂房和防汛墙结构。船坞坞口前沿线与规划驳岸线相交，离浚浦线最近距离约20 m，与滑道末端的最小距离约43 m。坞口位于厂区4号、5号码头之间，两码头最近距离为138 m，船坞建设过程中应确保码头正常使用。坞室开挖深度为14~16 m。根据船坞坞室生产工艺要求，在使用期，除坑底的钢筋混凝土底板作用外，整个坞室不允许有任何永久性支撑和隔墙结构。船坞建设过程中，尚有两条船舶须利用现有横向滑道下水，进出坞口施工区域。

船坞坞长360 m，坞宽92 m，深度12.50 m。船坞南北两侧配置40 t门座起重机两台，轨距为12 m，北侧轨道长度(单轨)304.0 m，南侧轨道长度(单轨)384.0 m。船坞区域配置600 t龙门起重机2台，均横跨船坞布置，轨距为170 m，2台600 t龙门起重机轨道长度(单轨)分别为402.0 m(北)，418.0 m(南)。船坞南侧设为装焊平台，坞口两侧设置驳岸防汛墙。下水设施水工建筑物基础除装焊平台为天然地基外，一般采用钢筋混凝土桩基。船坞结构总体采用坞室底板下设减压排水系统，坞墙采用前高桩承台后混凝土板桩的锚锭结构，墙身采用CAZ26组合箱形钢板桩结构。船坞两侧吊车道基础采用高强度预应力(PHC)管桩结构。

a. 坞口工程。

考虑到工程水域两侧有4号和5号码头及相应的防汛设施，将坞口前沿线确定在距离5号码头后侧1.5 m及4号码头端部1.3 m处，既满足水域规划线的要求，又确保工程建设的可实施性。坞口区域的土层主要为表层软弱浮泥、浅层软质黏性土和相对较深的粉性土或砂性土。为创造坞室干施工条件，先期施工完成的坞口与两侧的永久防汛墙必须起临时围堰的作用，并应满足坞室基坑开挖和降水等不利条件下的整体稳定要求。

为配合工厂的生产安排，不延迟开工时间，且保留原横向下水滑道舰船下水功能(工程结束时要废弃)，考虑坞墩和坞口底板分期实施的方案。选用钢壳沉井和围护钢板桩结合的施工方法，先施工坞墩沉井及相应的水泵房，后再采用基坑法施工坞口底板，与两侧沉井坞墩形成整体式坞口。

坞口结构由南北坞墩和坞口底板及其下桩基和防渗截水系统组成，沿船坞纵轴线方向长33 m，宽146 m。北侧坞墩设水泵房。进水廊道与位于坞口底板的前池相连通。底板顶标高为-7.90 m，厚3.5 m。板下桩基采用 ф800PHC 预应力钢筋混凝土管桩。底板下采用钢板桩(PU16)止水，并通过防渗齿坎与底板连接。考虑坞口前沿线与4号、5号码头的最近距离，坞墩和坞口底板分期建造，先完成沉井坞墩结构，待新建船舶从原有横向滑道上下水，经坞口工程施工区域预留的水道进入黄浦江后，然后施打坞口底板两侧的围护钢板桩，再采用沉井和钢板桩相结合的水上基坑围护法进行干施工坞口底板钢筋混凝土结构，以形成整体“H”形结构。由两个坞墩沉井和坞口底板组成坞口“H”形整体结构作为坞室施工时的围堰，在坞室开挖时，以共同抵挡黄浦江侧的水平力作用。先期建成的坞口主体结构及地基基础作为整体挡土止水结构，既是坞室施工时的临时围堰，又是坞口主体结构的一部分。

单只矩形沉井平面尺寸33 m×27 m，高度27 m，刃脚底标高-22.5 m，内隔墙间距5.4 m和8.4 m。坞墩沉井由下段钢壳沉井与上段钢筋混凝土沉井两部分组成。钢壳沉井为钢壳浮箱结构，高8 m，壁厚1.5 m，反梁高6 m，宽1.2 m，空壁内预留钢筋网，利用钢壳外钢板作为模板，同时适应首节混凝土浇筑时的地基差异沉降。钢沉井在船厂制作，采用水上浮吊吊运至现场墩址，安装后接浇上部钢筋混凝土。上段钢筋混凝土沉井高19 m，壁厚1.2 m。

坞口底板基坑围护平面尺寸92 m×36 m，采用钢板桩(PU32)护壁挡水结构加内支撑体系，两端利用坞墩沉井作重力式挡土止水结构，基坑底标高为-11.30 m，局部为-13.70 m，厂区地面为+4.60 m，基坑位置泥面标高在-4.23～-0.78 m之间。基坑挡水深度约15.9 m，局部为18.3 m。基坑内结合防水和坞口整体稳定在坑内进行土体加固处理地基。围护剖面见图8-36。坞口基础下的淤泥质黏土层地基加固采用搅拌桩和旋喷桩组合的方法。旋喷桩布置坞口底板周边，临坞室侧(远离黄浦江侧)距围护边3.5 m范围内，临黄浦江侧距围护边5.5 m范围内，南、北沉井侧距沉井边6 m范围内。围护内其余区域采用格栅形二轴搅拌桩，深度范围为自基坑底面向下6.0 m。沉井外侧在坞墩与坞口底板及坞室底板的接缝处设置止水片，在坞口底板与坞室底板的接缝处设置橡胶止水带，构成一个坞口截水系统。

b. 坞墙。

坞墙区域的土层分布主要为表层软弱浮泥、浅层软质黏性土和相对较深的粉性土或砂性土。所处地形标高不一，部分坞墙位于港池水陆交界的边坡位置。南北坞墙长360 m，端部坞尾长92 m，墙顶标高+4.6 m，坞墙顶布置有引船小车轨道，300 kN系船柱等。船坞的工作深度12.50 m，开挖深度约为14 m。经综合技术经济分析及坞口稳定要求，坞墙拟采用前钢板桩高桩承台后拉锚板桩结构方案，结构图如图8-37所示。

坞墙由钢板桩、承台、廊道、拉杆、锚碇板桩等结构组成，分段长度一般为21 m。墙身采用组合CAZ26钢板桩作止水墙及永久性坞壁结构。组合箱形钢板桩顶嵌入上部钢筋混凝土承台1.0 m，在坞室底板厚度范围内，钢板桩通过焊接钢板及钢筋插入坞室底板圈梁内锚固。现浇钢筋混凝土承台宽度分别为12 m和10 m。6 000 kN龙门起重机一侧的承台下桩基排架布置5根直桩，桩型均采用 ф800 PHC 预应力管桩，桩尖均进入$⑦_1$层。另一侧的承台下桩基采用

ϕ600 PHC预应力管桩。板桩锚碇系统采用 ϕ90 钢拉杆及混凝土板桩锚碇墙结构，拉杆一端嵌入钢筋混凝土承台底板，另一端伸入锚碇墙帽梁。锚碇墙为连续的混凝土板桩墙结构，桩顶设置现浇钢筋混凝土帽梁，墙前一定范围内的土体采用水泥土搅拌法格形加固并设置抛石棱体。

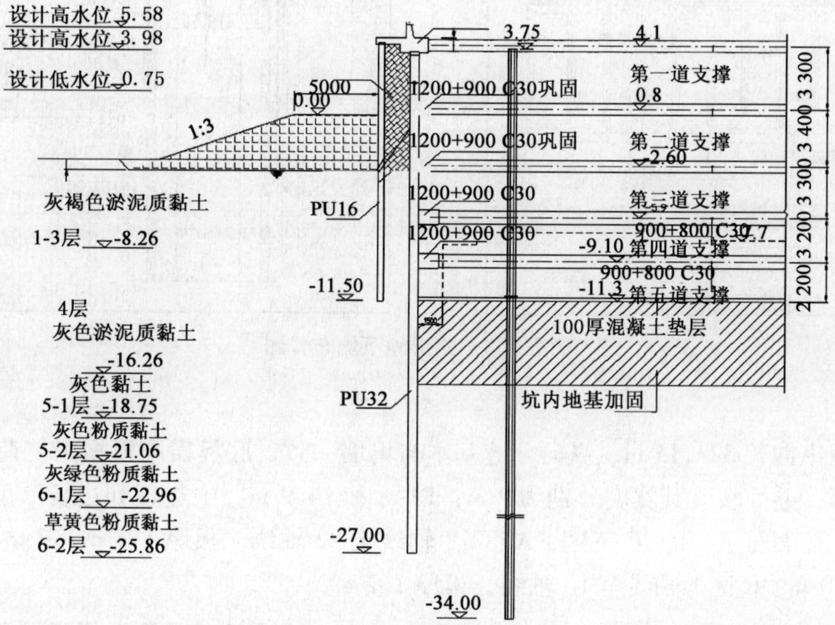

图 8－36　围护剖面图

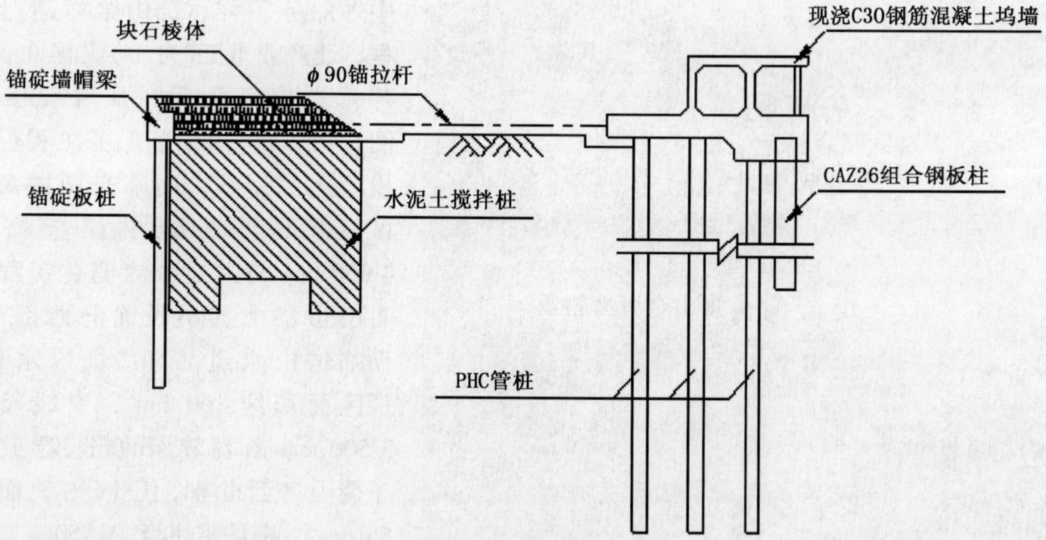

图 8－37　坞墙结构剖面图

工程实施时，在船坞北侧有一幢 7 层办公大楼，与北坞壁相距 14 m，大楼基础为条形梁桩基础，上部为钢筋混凝土框架结构。受距离限制，该处无法布置锚碇板桩。考虑到该工程区域的土层分布主要为软弱土质，确定该段坞壁采用格形地下连续墙坞壁自立式结构方案，两端与钢板桩坞壁结构顺接。格形地下墙结构在开挖阶段为坞室围护结构，使用阶段为主体结构侧墙及承重基础。长度为 42 m 的该段坞壁地下墙由“T”形槽段、一字形槽段和转角“L”形槽段组成，槽段之间采用十字穿孔钢板和上部承台板与廊道结构连成一体。格形地下连续墙结构总宽度为 11.23 m，无支撑开挖深度 14 m。格形地下墙布置如图 8－38 所示。

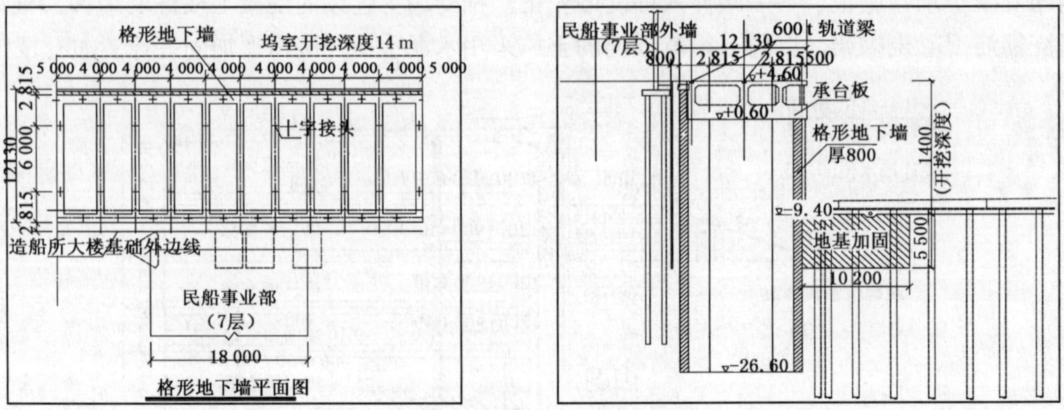

图 8－38 格形地下墙布置图

c. 坞底板。

坞室底板纵向长 323.15 m，纵向分缝基本与坞墙一致，底板横向根据工艺荷载分为中板，中边板和边板，共 5 块。其宽度分别为 9 m，13 m 和 14.9 m。中边板和边板一般厚度 0.8 m，中板根据工艺荷载分 A、B、C 三区，A 区 18 轴线至 22 轴线，板厚 1.4 m，B 区 10 轴线至 18 轴线，板厚 10 m，C 区 1 轴线至 10 轴线，板厚 1.2 m。

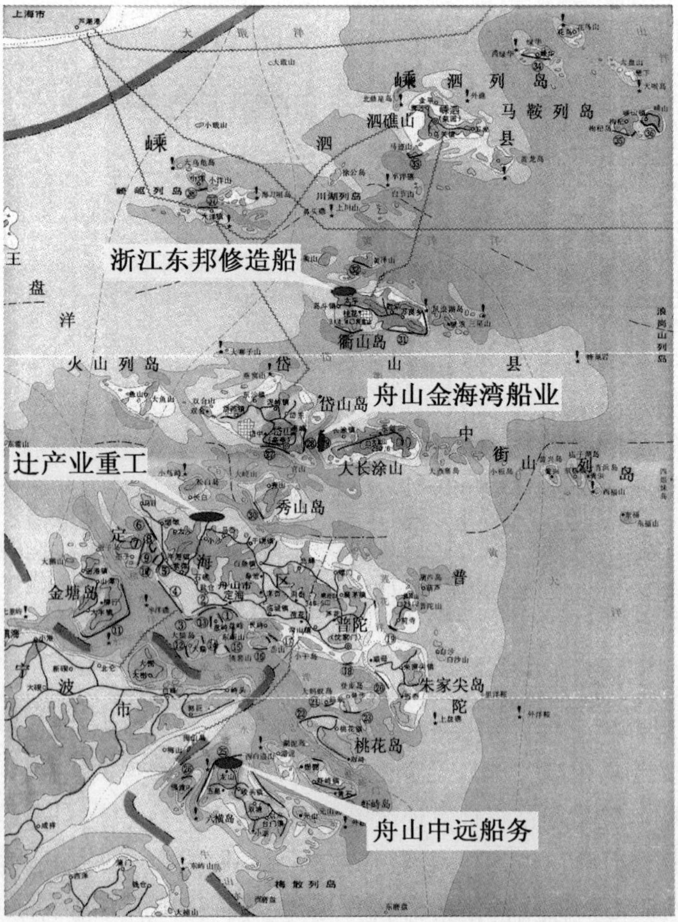

图 8－39 舟山地区修造船主要工程位置

8.2.3.3 舟山修造船工程

舟山地区修造船工程主要有舟山中远船务工程、舟山金海湾船业工程、过产业重工(舟山)工程、浙江东邦修造船工程等，其地理位置见图 8－39。舟山中远船务工程位于六横岛北端岸线，面临舟山内海。厂区面积约 193 hm^2，岸线长度约 4 060 m。舟山金海湾船业工程位于舟山市岱山县小长涂岛西部岸线，面临岱山水道，与岱岛隔水相望。厂区面积约 160 hm^2，岸线长度约 3 500 m。浙江东邦修造船工程位于衢山岛西北部，厂区占地面积约 55 hm^2，岸线长度约 1 850 m。过产业重工工程位于浙江省舟山本岛西北部，厂区水域面临长白水道，与长白岛隔水相望。厂区面积约 170 hm^2，岸线长度约 2 300 m。

(1) 舟山中远船务工程

1) 设计条件。

舟山中远船务工程位于舟山群岛

的南部海域六横岛，在虾峙门国际航道的西南侧，是舟山市第三大岛，占地约106.8 km^2。岛北端水域为穿山半岛和舟山群岛所环抱，形成一个近封闭水域。朱家尖岛、登步岛、桃花岛、虾峙岛、悬山、六横岛、佛渡岛和梅山岛等众多的岛礁呈东北西南向均匀、交叉分布，有效地阻挡了外海东至南面的波浪对水域工程建筑物的侵袭，为该工程建设提供了一个优良的自然条件。引用定海长期验潮站（1978—2003 年）资料，最高潮位（1985 国家高程，本节同）+3.15 m；最低潮位 -2.16 m；平均高潮位 +1.17 m；平均低潮位 -0.78 m；平均海平面 +0.22 m；最大潮差4.18 m；最小潮差0.03 m；平均潮差2.01 m。

1 号、2 号船坞基本位于山体之中，坞口位于山坡。山坡临海处坡脚高程为 -3.00 ~ -2.00 m。1 号坞坞口西侧水下地形相对较陡，在100 m范围内，泥面高程由 -2.00 m迅速降至 -40.00 m，平均坡度约为1∶2.5，部分边坡坡度为1∶1.5左右。坞口外约50 m范围的泥面在低潮位时能露出水面。地层自上而下依次为：①层为素填土，主要由砾砂，碎石及少量黏性土组成，局部为块石；$③_{-1}$层为粉质黏土，夹粉细砂薄层，含少量贝壳碎片；$③_{-2}$层为淤泥质粉质黏土，含少量贝壳碎片，夹粉细砂薄层；$③_{-3}$层为淤泥质黏土，含少量贝壳碎片，夹粉细砂，局部含少量砾砂及碎石，局部地段缺失；$③_{-4}$层为淤泥质粉质黏土，含少量贝壳碎片，夹粉细砂薄层，局部地段缺失；④层为碎石，含10% ~20%的黏性土，碎石一般粒径2 ~5 cm，最大粒径7 cm；$⑤_{-1}$层为粉质黏土混碎石，含10% ~20%碎石，局部夹砾砂；$⑤_{-2}$层为黏土，局部夹碎石；⑥层为黏土；⑦层为粉质黏土混碎石，含10% ~40%的碎石及角砾，局部为砾砂；$⑧_{-1}$层为强风化熔结凝灰岩，主要矿物成分为长石、石英，岩芯呈碎块和块状；$⑧_{-2}$层为中等风化熔结凝灰岩，主要矿物成分为长石、石英，岩芯呈短柱状及少量块状；$⑧_{-2a}$层为砾岩，砾石含量约20%。

1 号、2 号船台$①_1$层为填土，以近山人工开挖回填为主，含有大量的块石、碎石等，土质不均，稳定性差；$①_2$层为淤泥，夹粉砂薄层；$②_1$层为淤泥质粉质黏土，夹粉砂薄层及贝壳碎片；$③_1$层为可塑 - 硬塑状粉质黏土，夹有少量的高岭土颗粒，局部夹有少量的砂砾，埋深 -37.53 ~ -16.94 m，层厚1.7 ~17.0 m，土质较均匀；④层为软塑 - 可塑状黏土；$⑤_1$层为可塑 - 硬塑状粉质黏土，局部夹有少量的砂砾，埋深在 -65.69 ~ -39.99 m，层厚1.6 ~19.0 m，平均标贯击数30.4击，层厚变化较大；$⑤_2$层为粉质黏土夹砂砾，以粉质黏土夹砂砾石为主，砾石含量在20% ~45%，粒径在1 ~8 cm，埋深 -69.63 ~ -3.13 m，层厚0.5 ~18.3 m，平均标贯击数16.7击；⑥层为强风化凝灰岩，埋藏浅空间分布不稳定；⑦层为中等风化凝灰岩，为较好的桩基持力层。

1 号码头拟建场地位于六横岛北侧，地势起伏较大，自东向西并向海域方向倾斜，地面标高在 -11.77 ~ -0.92 m之间。①层为淤泥；$②_1$层为淤泥质粉质黏土，夹粉砂薄层及贝壳碎片；$②_2$层为黏土，夹粉砂薄层及粉土团点；③层为可塑状粉质黏土，夹粉土、粉砂，局部夹少量中粗砂、砾石，分布不稳定；⑤层以砂砾石夹粉质黏土、碎石，密实，砂砾为主，夹少量碎石，间隙为黏性土充填，砾石呈棱角状，含量自上而下渐增，分布较广，埋深较浅；⑥层为强风化凝灰岩，空间分布不稳定；⑦层为中等风化凝灰岩，工程性能好，是较好的桩基持力层。

5 号码头场地覆盖层厚度较大，达55.6 ~65.6 m。①层为淤泥；$②_1$层为淤泥质黏土；$②_2$层为粉质黏土，夹粉砂薄层及贝壳碎片，分布稳定；$③_1$层为粉质黏土，标贯击数10 ~25击，层厚0.8 ~20.7 m；$③_2$层为砂砾混黏土，砾石含量11% ~80%，层厚0.7 ~5.3 m，空间分布不甚稳定，下部土性稍软；$⑤_1$层为粉质黏土，标贯击数10 ~37击，层厚3.1 ~20.3 m；

⑤$_2$层为砂砾混黏土，层厚0.3～5.2 m，空间分布不连续；⑤$_3$层为粉质黏土夹砂砾，砾石含量变化较大，层厚9.4～15.3 m，分布稳定；⑥层为强风化凝灰岩；⑦层为中等风化凝灰岩。

2）平面布置。

舟山中远船务工程共分四期建设，全部建成后生产规模为修理、改装船舶200余艘；建造半潜式钻井平台为主的海工产品3项；建造57 000DWT散货船24艘、5 000车位滚装船3艘。现有4座船坞、2座船台和8座码头（图8－40）。

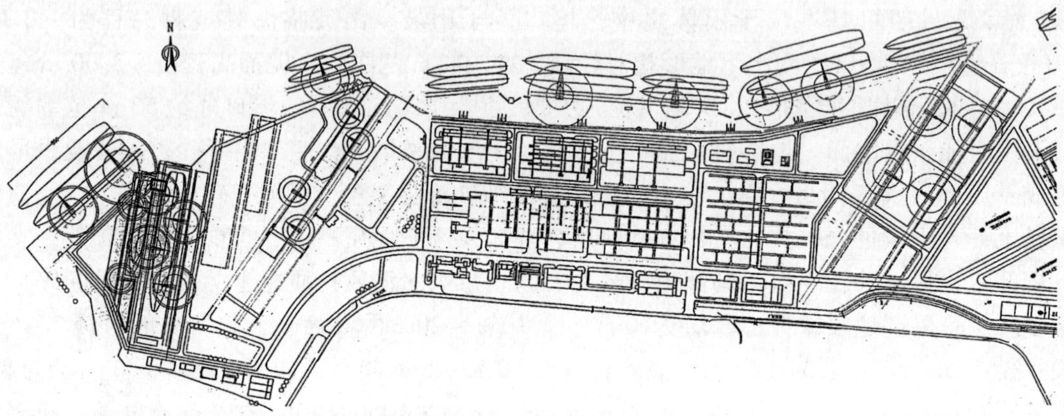

图8－40 舟山中远船务工程平面布置图

1号船坞位于厂区西侧西浪嘴，船坞轴线大致呈北—南走向。坞长280 m，宽40 m，深13.6 m，可修理7万吨级船或4 250TEU集装箱船。西侧坞墙配置50 t门座起重机2台，东侧配置50 t门座起重机2台（与2号船坞共用）。船坞西侧及后方设置拆件堆场。

2号船坞位于1号船坞东侧，与1号船坞共用中间坞墙，中间坞墙宽24 m。2号船坞长469.5 m，宽68 m，深15.0 m，可修理30万吨级船或1艘12 000TEU集装箱船。船坞东侧坞墙配置50 t门座起重机2台，西侧坞墙配置50 t门座起重机2台（与1号船坞共用）。坞尾设有下坞通道。船坞东侧设置拆件堆场。

3号船坞位于西浪嘴山体东侧坡脚，坞轴线大致呈西南—东北走向，原长292 m，宽49.2 m，深11.3 m，经过接长改造后，总长539 m，可串联修造1艘15万吨级船舶和1艘7万吨级船舶，或串联修造2艘10万吨级船舶。船坞两侧配置25 t门座起重机各2台，后坞室配置160 t龙门起重机1台。

4号船坞将位于厂区中部蟑螂山山体，规划的4号船坞轴线大致呈西南—东北走向，坞长460 m，宽108 m，深15.2 m，可并列修理30万吨级船舶和7万吨级船舶，或并列修理2艘15万吨级船舶并串联1座半潜式海洋工程平台。船坞东侧及后方设置装焊平台，船坞东侧与装焊平台之间配置150 t门座起重机和50 t门座起重机各1台，船坞西侧配置150 t门座起重机和50 t起重机各1台，船坞配置600 t龙门起重机2台。

2座船台位于8号码头与9号码头之间，并列布置，1号船台在西，2号船台在东，轴线垂直8号、9号码头前沿线。2座船台尺度相同，中间间隔16 m，船台水平投影长度250 m，宽45 m，坡度1/21，滑道伸出船台60 m，坡度1/21。船台可建造9万吨散货船，最大下水重量2×10^4 t。1号船台西侧及2座船台后方设置装焊平台。

1号码头位于厂区西端岸线，码头前沿线大致呈东北—西南走向。码头长350 m，宽25 m，西南侧设置1座独立带缆墩，泊位总长度400 m，码头面高程4.30 m，前沿设计泥面高程 -12.8 m，码头上配置50t门座起重机2台。码头东北端与1号船坞坞口区域连接，西北端设置1座引桥。码头设置30万吨级船舶泊位1个。

2号码头位于3号船坞坞口西侧岸线，长226 m，宽30 m，面标高4.0 m，前沿泥面设计标高-12.3 m。配置40 t门座起重机1台。东端与陆域连接。2号码头设置3.5万吨级船舶泊位1个，西端与2号船坞坞口之间尚有约230 m岸线，由于该段岸线规划未定，存在码头接长的可能性，故2号码头靠泊荷载按15万吨级船舶压载靠泊设计。

原3号码头为临时工作码头，已拆除，其位置为2号码头东端。

4号码头位于3号船坞坞口东侧岸线，面朝北略偏西，原长200 m，宽20 m，码头面标高3.7 m，前沿泥面标高-10.0 m，东侧设置有1座独立带缆墩，泊位总长度约272 m，码头经向西接长，并在后方设置系船柱后，泊位总长度约350 m，可靠泊15万吨级船舶。

5号码头位于4号码头东侧，长500 m，宽25 m，两侧各设置1座独立带缆墩，泊位总长度602 m，码头面高程4.30 m，前沿设计泥面高程-12.0 m，配置50 t门座起重机2台。码头后沿设置后平台，长223 m，宽15 m，后方设置1座引桥。设置30万吨级船舶泊位1个。

6号、7号码头位于5号码头东侧，依次排列。6号码头长300 m，7号码头宽210 m，2座码头泊位总长度为552 m。2座码头上配置25 t门座起重机1台和50 t门座起重机1台。码头设置7万吨级船舶泊位2个，或30万吨级船舶泊位1个。

8号码头拟位于4号船坞坞口东侧岸线；长476 m，宽25 m，后方设置15 m宽的后平台，码头面标高4.3 m，前沿泥面设计标高-12.8 m。码头上配置50 t门座起重机2台，西侧与4号船坞坞口突堤连接，东侧与船台区突堤连接，中部设置1座引桥，码头设置30万吨级船舶泊位1个。

9号码头位于8号码头东侧，与8号码头同一前沿线，中间间距174 m，作为1号、2号船台港池，码头长330 m，其余与8号码头基本同，码头设置10万吨级船舶泊位1个。

3）主要水工建筑物。

a. 1号和2号船坞。

1号船台、2号船台设计高水位1.779 m，设计低水位-1.231 m，下水水位1.50 m。

船坞主体结构采用完整基岩上减压排水的轻型分离式结构，其中坞墙采用岩基衬砌结构，坞室底板采用新鲜岩基上的现浇大板结构，坞口采用现浇整体式“U”形结构。

坞口为重力式“U”形结构。1号坞坞长280 m，宽40 m；2号坞坞长469 m，宽68 m，两坞净距为24 m。坞墩顶高均为4.30 m，1号坞坞底高程为-9.30 m，2号坞坞底高程为-10.70 m。坞口底板底高程分别为-11.80 m和-13.00 m。坞门槽的浮箱坞门靠座采用花岗岩，预埋在坞门靠墩上成“U”形布置，以二期混凝土与坞口混凝土结为一体。坞口底板上设置有排水沟，经坞底排水沟和水泵房前池相通。

坞墙分为廊道和墙体两部分，廊道顶面高程为4.30 m，底板底部高程均为0.50 m，由于坞墙基岩是新鲜完整的中等风化基岩，采用衬砌坞墙结构。廊道结构直接坐落在岩基上，墙体则以开挖的岩体为里、钢筋混凝土衬砌为面。衬砌墙以φ25的锚杆与岩体锚固，锚杆深入中风化岩体不少于2.5 m，间距为1.50 m，呈梅花形布置。衬砌墙后设有水平和纵向的排水系统，由纵向管连至坞底板下的减压排水井中。廊道和衬砌一般以20 m为一分段。

坞底板基础为中风化基岩。中板厚0.5 m，边板厚0.4 m。各板带纵向宽度与坞墙分段大部分宽20 m。底板下垫层采用无砂大孔混凝土。底板下减压排水管采用穿孔φ160UPC管。

下坞通道坡度为1∶10，净宽为6 m，净高不小于4.50 m。露天入口段采用直立挡墙结构，挡墙与底板连为一体。入口段与浅埋段之间采用衬砌结构，衬砌以ϕ25锚杆与岩体联系，衬砌后设排水系统。浅埋段净高4.50 m，顶部以拱形钢筋混凝土结构封顶，上部回填风化料和块石。两坞之间设有通道，靠近1号船坞坞尾处，净尺寸为4 m×4 m。

围堰挡墙建造在－1.00 m基岩线，在平面上成折形，夹角为135°，两端分别与山体相连，形成封闭体。围堰长度约为225 m。考虑到1号坞有可能先于2号坞投入使用，在围堰拐角处布置隔墙，连接围堰和山体或已建好的建筑相连，将两座船坞隔开。挡墙采用钢筋混凝土结构，以－1.00 m基岩线为基础。挡墙底板宽3 m、厚0.50 m，岸侧端头设置400 mm×400 mm趾脚。挡墙顶标高为＋4.00 m，墙身高4.50 m。挡墙顶部厚0.35 m，渐变至底部厚度为0.60 m，根部海侧设置200 mm×200 mm的加强角。挡墙后每隔4 m设置肋板，肋板顶高为＋2.50 m，厚0.20 m。设置ϕ25钢筋锚杆三排，将挡墙底板与基岩连接起来，排距为1 m。挡墙脚下铺设土工基垫布。挡墙13～15 m设一分段。挡墙下局部基岩面高程较低；无法干施工的，采取高压旋喷桩进行加固。设置4处泄水闸，闸宽1 m，深4 m，插板采用10 mm厚钢板；挡墙间止水使用橡胶止水带；挡墙底板与基岩间利用挡墙底板的齿槽止水并在齿槽后浇筑素混凝土；基岩内止水采用帷幕灌浆来实现。帷幕灌浆孔共布置两排，排距为1 m，排内孔距为2 m，间隔布置。

1号、2号船坞工程共有三组吊车轨道，轨距均为12 m。最外侧2条轨道以岩基为基础外，其余轨道均以坞墙廊道和坞墩、水泵房为基础。轨道梁一般以20 m设一分段。

水泵房出水池底高程为－4.20 m，宽11.90 m，纵向长5.50 m；海侧设3个插板闸门，孔高5.00 m，宽2.40 m。出水池后方为驼峰管及其基础。水泵房底高程为－15.80 m，局部高程为－16.80 m，以中等岩体作为基础，为整体钢筋混凝土箱体结构。水泵房长26.50 m，宽24 m，前池和沉砂池宽8.50 m。水泵房顶面高程为＋4.30 m，岩面开挖高程为－16.80 m，局部为－17.80 m；前池和沉砂池设在坞室内，长26.50 m，宽8.50 m；前池和流道层底与泵房同。水泵房南北墙体厚为11.00 m，内设插板闸门槽，厚度为2.80 m。水泵层底板面高程为－10.90 m，底板厚1 m；层顶为梁板结构，顶板面高程为－4.40 m。

b. 1号和2号船台。

船台滑道主要结构包括水下段、口门段、实体段以及架空段四个部分。

水下滑道段采用钻孔灌注桩基础上的预制井字梁结构。总长55 m，分为9段，为预制的“井”字梁结构。主梁宽2.0 m×高1.7 m、联系梁宽0.8 m×高0.8 m。每榀“井”字梁下均设置4根钻孔灌注桩，桩端进入⑤$_2$层粉质黏土夹砂砾中；顶部预埋钢格构桩帽；各榀“井”字梁通过梁端侧面的预埋螺栓套钢板连为整体。施工完成后在滑道梁周边一定范围内水下抛填块石保护桩基，抛石层厚度大于2 m。滑道末端设置收集平台，宽15 m，长15 m，采用钢筋混凝土预制结构，水下现浇混凝土节点并拼装。

口门段，采用“U”形钢筋混凝土整体结构，两侧坞墩宽度均为4.0 m，纵向长8 m。口门内标高为－0.9 m，口门外标高－1.54 m；底板底标高为－2.90 m；底板下设有PHC800 －110AB型管桩。坞墩顶标高5.2 m。底板两侧设置2.5 m×1.5 m×1.5 m的集水坑。

实体段可分为低于地面和高于地面两部分。高于地面段总长度154 m。中板宽21 m，厚1.2 m；板桩基采用PHC800－110AB型管桩。边板桩基采用PHC600－110B型管桩。低于地面段考虑到止水的需要，伸缩缝间均必须设置橡胶止水带。

架空段结构段总长93 m；纵向共分为2段，分段长度为46 m、47 m。船台面均采用架空梁板结构，纵向排架间距为4.8 m，横向每断面布置9根立柱，柱下中间三根为PHC800，两端为 PHC600 管桩，基础梁在井格的交接处局部放大。

150 t 起重机轨道基础采用 PHC800 管桩或 800 嵌岩钻孔灌注桩；600 t 龙门吊轨道基础采用两根 PHC800 管桩或 800 嵌岩钻孔灌注桩加桩帽，桩帽高 2.0 m，宽 1.2 m，上设轨道梁，断面尺寸 2.2 m×0.8 m。

港池驳岸位于船台北侧，长度约 230 m。驳岸为高桩墩台加拉锚结构：桩基采用前端 500 mm×600 mm 钢筋混凝土板桩，长 22 m；后端为 PHC800 桩，间距 4.00 m。承台底标高 0.3 m，顶标高 4.3 m，宽度 6.0 m，分段长度 15 m。承台后拉锚锚碇体采用连续锚碇墙结构。锚碇墙距离驳岸边线为 28 m，锚碇棱体为灌砌块石。拉杆采用 LG345 – D2 – 70 – 22000 钢拉杆，坞墙内拉杆间距为 1.50 m。板桩前后采用软土加固搅拌桩进行加固，加固宽度 6.40 m，加固深度至 –12.00 m。

c. 1 号码头。

码头长 225 m，宽 25 m，面标高 +4.30 m，前沿设计标高 –12.80 m。引桥长 54.5 m，宽 10 m。码头为高桩梁板式结构，共 3 个分段，每段长 75 m，排架间距 7.1 m，2.0 m 悬臂段；码头西侧 2 个分段 150 m 范围为 600 mm×600 mm 预应力方桩，中部 1 个分段 75 m 范围为 ϕ800 钻孔嵌岩灌注桩和 600 mm×600 mm 预应力方桩(端承桩)。码头 25 m 宽度范围内方桩桩基的排架为每排 7 根方桩，前沿为 1 对 7∶1 叉桩，后沿为 1 对 4∶1 叉桩，中间为 3 根直桩。灌注桩桩基与方桩桩基的排架，后沿为 1 对 4∶1 叉桩，前方为 5 根直桩。引桥排架间距均为 8.50 m，宽 10 m，每个排架为 2 根 600 mm×600 mm 预应力方桩。码头下横梁底标高为 1.30 m，下横梁宽为 1.1 m。上横梁宽为 0.50 m。门机轨道预应力梁预制高度为 1.60 m，宽度为 0.60 m。码头预制纵梁高为 1.20 m，宽为 0.40 m。预制边梁高为 1.20 m，宽为 0.40 m。码头及引桥面板为迭合板形式预制面板，预制高度为 0.18 m，现浇厚度为 0.22 m。

d. 5 号码头。

码头为高桩梁板式结构，长 500 m，宽 25 m，前沿底标高 –12.00 m，面标高 4.30 m。码头采用 6 个分段，长度分别为 82.4 m，75 m×2，82.1 m，89.2 m×2。码头采用桩基结构，选用 600 mm×600 mm 的预制预应力方桩，平均桩长 59 m；排架间距 7.1 m，每排由 7 ~ 10 根桩组成，其中 1 对 7∶1 前叉桩和 1 对 4∶1 后叉桩。横梁高 3.0 m，其中下梁高、宽均为 1.0 m；上梁高 2.0 m，宽 0.5 m。预制梁中纵梁断面为 450 mm×1 600 mm，轨道梁断面为 600 mm ×2 000 mm，后边纵梁断面为 450 mm×1 600 mm，前边纵梁高 1 600 mm。面层为钢筋混凝土叠合板，板厚 200 mm。码头前沿设置 1 000 kN 系船柱，后端设置 2 000 kN 双柱系船柱。

码头后平台为高桩梁板式结构，长 241.5 m，宽 15 m，面标高 4.30 m；采用 3 个分段，长度为 63.5 m、89 m 和 89 m。平台基础采用桩基结构，选用 600 mm×600 mm 的预制预应力方桩。后平台排架间距 8.5 m，每榀排架由 3 根直桩组成。横梁高 2.6 m，其中下梁高 0.8 m，宽 1.0 m；上梁高 1.8 m，宽 0.5 m。预制梁断面为 450 mm×1800 mm。面层为钢筋混凝土叠合板，板厚 180 mm。码头与海堤之间设置 3 座高桩梁板式结构引桥。码头两侧系缆墩采用高桩墩台结构，墩台尺寸 15 m×12 m×2.5 m，面标高 4.30 m，桩基由 16 根桩组成，墩台上设置 2 只 2 000 kN 双柱系船柱。

(2) 舟山金海湾船业工程

1) 设计条件。

主要工程为 4 号码头、5 号船坞。

5号船坞拟建场地地势较为平坦，场地标高在2.94～6.56 m(1985国家黄海高程，下同)。①层填土以填石为主，局部夹少量淤泥质粉质黏土；$②_1$层淤泥质粉质黏土，夹粉砂薄层及贝壳碎片；$③_2$层中密状粉质黏土夹砾砂，空间分布不稳定；$⑤_2$层砂砾夹粉质黏土，砂砾中密－密实，标贯击数平均大于50击；⑥层强风化凝灰岩，工程性质较好，但埋藏浅，空间分布不稳定，层厚变化较大；⑦层中等风化凝灰岩，坚硬，是较好的桩基持力层。

4号码头拟建场地地势略有起伏，向海域方向倾斜，地面标高在－18.70～2.62 m之间。①层为淤泥；$②_2$层为黏土，夹粉砂薄层及贝壳碎片；$③_1$层为可塑－硬塑状粉质黏土，局部夹砂砾、碎石；$③_2$层为中密状含黏性土砾砂夹碎石，局部夹碎石，直径可达10 cm以上，空间分布不稳定；④层为可塑状粉质黏土，局部粉性较重；$⑤_1$层为硬塑状黏土，局部夹砂砾、碎石；$⑤_2$层为砂砾夹粉质黏土、碎石，砂砾中密－密实，可选作常规桩基的持力层；⑥层为强风化凝灰岩，埋藏浅，空间分布不稳定，层厚变化较大，可作为顶面坡度较小部位拟建物的桩基持力层。⑦层为中等风化凝灰岩，是较好的桩基持力层。

2)平面布置。

舟山金海湾船业工程由修船区和造船区两部分组成。修船区规划为年修理改装代表船型165艘，包括油船、散货船、集装箱船等，水工设施为1号码头、2号码头、2—4号船坞。设计规模为年造船10艘，分别为15万吨级油船2艘、17.5万吨级散货船和8 000TEU集装箱船各4艘，年造船吨位为140万载重吨。造船区的水工设施为3号码头、4号码头、5号船坞。装焊平台共5块，分别位于船坞南北两侧和船坞坞尾，总面积约85 370 m^2。总体布置如图8－41所示。

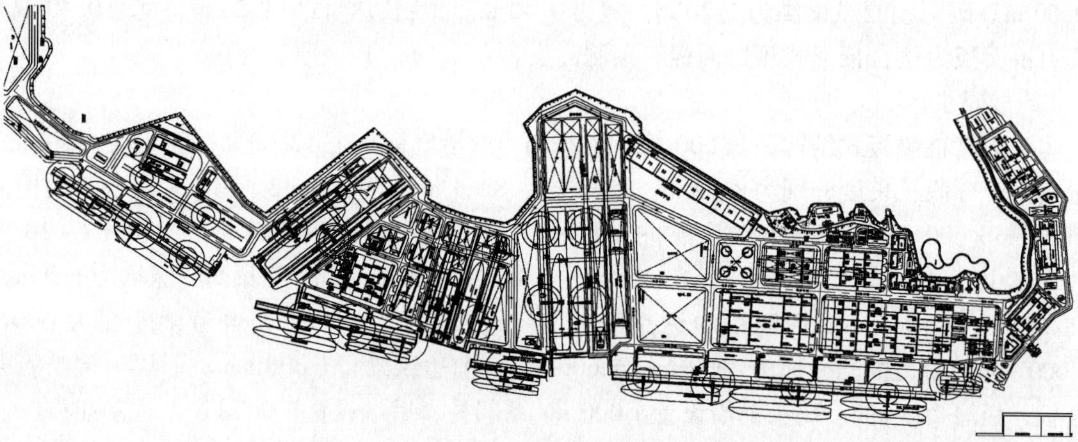

图8－41　舟山金海湾船业工程平面布置图

1号码头位于厂区北部岸线，东北—西南走向。码头设置30万吨级船舶泊位1个，7万吨级船舶泊位1个。码头总长650 m，宽25 m，码头面高程4.50 m(1985国家高程基准面，本节同)，前沿设计泥面高程－12.8 m，配置25 t门座起重机2台、50 t门座起重机1台。后沿设置后平台，长573.3 m，宽15 m。后侧布置4座引桥。4号引桥南侧设置矿砂船泊位，最大靠泊500 t矿砂船。

2号码头位于1号码头南侧岸线，码头设置15万吨级船舶泊位1个，7万吨级船舶泊位1个。码头总长562 m，宽25 m，码头面高程4.50 m，前沿设计泥面高程－12.8 m，配置25 t门座起重机1台、50 t门座起重机2台。后沿平台长440 m，宽15 m。后侧布置3座引桥。

3 号码头位于 4 号船坞南侧岸线，前沿线呈南北走向，设置 7 万吨级船舶泊位 1 个，长 278 m，宽 25 m，码头面高程 4. 50 m，前沿设计泥面高程 -12. 0 m，配置 32 t 门座起重机 1 台。码头后沿平台长 266 m，宽 15 m。码头后侧布置 3 座引桥。

4 号码头前沿线呈南北走向，设置 30 万吨级、15 万吨级船舶泊位、8 000TEU 集装箱船泊位各 1 个，总长度为 1 096 m，宽 25 m，码头面高程 4. 50 m，前沿设计泥面高程 -12. 8 m，配置 50 t 门座起重机、32 t 门座起重机各 2 台。码头后沿平台长 976 m，宽 15 m。码头后侧布置 6 座引桥。

2 号船坞位于 1 号码头和 2 号码头之间，坞轴线西北—东南走向，长 400 m，宽 80 m，深 14. 4 m，可修理 1 艘 30 万吨级船舶或 1 艘 12 000TEU 集装箱船，或者并列修理 2 艘 7 万吨级船舶。船坞北侧配置 25 t 门座起重机 2 台；南侧配置 100 t 和 40 t 门座起重机各 1 台。南侧为拆件堆场。

3 号船坞位于 2 号码头南侧，坞长 240 m，宽 30 m，深 12. 8 m，轴线大致呈西—东走向，可修理 1 艘 7 万吨级船舶。北侧配置 25 t 门座起重机 1 台，南侧与 4 号船坞共用 80 t 门座起重机 1 台。北侧为拆件堆场。

4 号船坞位于 3 号船坞南侧，共用中间坞墙。4 号船坞长 310 m，宽 54 m，深 14. 0 m，可单独修理 1 艘 15 万吨级船舶。南侧配置 25 t 和 40 t 门座起重机各 1 台，北侧与 3 号船坞共用 25 t 门座起重机 1 台。船坞南侧设置拆件堆场。

5 号船坞位于 3 号码头与 4 号码头之间，坞长 510 m，宽 120 m，深 14. 4 m，可并列半串联建造 1 艘 30 万吨级船舶和 1 艘 15 万吨级船舶。配置 800 t 龙门起重机 2 台，北侧配置 150 t 门座起重机 2 台，南侧配置 40 t 门座起重机 2 台。船坞南北两侧及后方设置装焊平台。

预留的 1 号船坞位于厂区最北端岸线，作为今后海洋工程平台修造发展之用，平面尺度为 120 m ×120 m。

3) 造船区水工建筑物。

进出坞水位 0. 50 m；设计高水位 1. 93 m；设计低水位 -1. 37 m；极端高水位 3. 23 m；极端低水位 -2. 50 m。

a. 5 号船坞。

- 围堰结构。

坞口水泵房、南坞墩位置基岩埋深较深，围堰采用钻孔排桩加钢支撑的围护体系；底板前沿区域因基岩埋深较浅，在坞口外 -2. 0 m 岩面上建造钢筋混凝土扶壁挡墙，和基岩形成施工围堰。护壁采用 ϕ850@1 000 钻孔灌注桩排桩支护，钻孔桩间空隙采用 ϕ800 旋喷桩进行止水挡土，钻孔桩桩底嵌入中等风化岩不小于 2. 0 m。灌注桩顶采用钢筋混凝土圈梁连成一体。基坑采用角撑构成水平支撑体系，沿基坑深度方向布置三道水平支撑和围令，支撑间距一般为 6. 0 m；支撑中心标高分别为 0. 40 m、-4. 60 m 和 -9. 10 m。围堰挡墙建造在基岩线时，采用钢筋混凝土结构，底板宽约 3. 5 m、厚 0. 50 m，海侧端头设置 400 mm×400 mm 趾脚。挡墙顶高程为 +3. 60 m，墙身高 5. 60 m。挡墙分段长度 13 ~15 m。

- 船坞结构。

坞口为重力式“U”形结构，采用浮箱式坞门。坞口纵向长 30 m，总宽 152. 6 m，即北坞墩（含水泵房）宽 22. 6 m，南坞墩宽 10 m，坞口净宽 120 m。坞墩顶高程 +4. 00 m，坞口底板中部高程为 -10. 40 m，向两边渐变至 -10. 668 m。坞门槛纵向长 4 m，顶高程 -9. 60 m，坞门搁置处高程为 -10. 60 m。坞口底板底高程 -13. 20 m，外沿设 2 m 宽、0. 5 m 深的齿坎。齿坎下设灌浆止水帷幕。坞门槽浮箱坞门靠座采用花岗岩镶面，底板上花岗岩镶面厚0.55 m、高0.80 m，坞墩上的花岗岩镶面厚0.55 m，长1.40 m。坞口底板上设置有排水沟与坞底排水沟和水泵房前池相通。排水沟宽0.8 m，底高程为-11.20 m。

廊道顶面高程为+4.00 m，底部高程为±0.00 m，坞墙根据所处基岩面出露高程分衬砌、半扶壁和扶壁三种结构形式。衬砌坞墙用于基岩面高于±0.00 m情况；基岩可开挖至±0.00 m高程，廊道结构直接坐落在岩基上，墙体则以开挖的岩体为里，钢筋混凝土衬砌为面。衬砌厚度0.40 m；衬砌墙以φ25的岩锚与岩体锚固，岩锚深入岩体2.0~2.5 m，上下左右间距为1.5 m，呈梅花形布置。船坞北侧和南侧约311 m均为该结构形式。拉杆和岩石缝隙采用注浆封闭。局部岩面较低的区段或岩面较破碎的区段在挖除松动的土石后施工，采用灌砌块石加拉锚结构，水泥掺量不小于30%，外墙衬砌厚度0.4 m，设置500 mm×800 mm(H)排水沟，顶标高为-10.668 m。半扶壁坞墙适用于基岩面-10.40~±0.00 m情况，基岩面以下墙体采取衬砌结构，基岩面以上墙体采取扶壁结构。船坞南侧一个分段为该结构形式。扶壁坞墙位于基岩面埋藏较深的部分，位于南侧坞墙近坞尾段包括坞尾段。底板长度12.0 m，其中前趾宽1.5 m，厚度1.3 m，设置500 mm×800 mm(H)排水沟，顶标高为-10.668 m；肋板厚0.5 m，4.5 m间距。

坞室基本均处于强风化和中风化基岩内，底板结构设计以构造为主，即中板厚0.5 m，中边板和边板厚0.4 m。各板带纵向宽度与坞墙分段大部分宽20 m；横向中板宽18 m，中边板和边板宽18.5 m和16.5 m。坞室除部分旋喷加固至基岩处底板厚度为1.0 m，其余厚度均为0.8 m。

止水系统以帷幕灌浆为主。岩石渗透性小于1.0×10^{-5}cm/s可不进行帷幕灌浆，直接以齿槽结构隔绝可能的渗水路径。坞墙底板后均应设置黏土铺盖。以φ160UPVC穿孔管为排水管。坞墙后设3~4道φ160UPVC排水管。

装焊平台分块尺度沿船坞纵向一般为20 m，横向约20 m。平台板采用天然地基上的弹性地基板结构。自上而下结构依次为现浇钢筋混凝土板、素混凝土垫层、三渣基层、碎石垫层、回填土及加固后地基。平面上按照20 m左右的尺度进行分块。

船坞南北两侧800 t龙门吊外延部分各设一座突堤码头，为高桩梁板结构。北突堤码头西侧约25 m范围内由于基岩面高、覆土厚度小，桩基采用4根φ1 000@3 000钻孔嵌岩桩。北突堤码头东侧和南突堤码头基础形式为2根600 mm×600 mm预应力直桩和1对600 mm×600 mm预应力叉桩。码头平面尺度为北码头12.5 m×62 m，南码头13.0 m×62 m，码头面标高为+4.00 m。由于码头面行走800 t龙门起重机，排架间距均设为3.5 m。下横梁底标高为0.70 m，宽度为1.3 m和1.1 m，上横梁宽度为0.50 m。轨道梁预制高度为1.50 m，宽度为0.60 m。码头预制纵梁高1.10 m，宽0.40 m。预制边梁高1.10 m，宽0.40 m。码头及引桥面板为叠合板式面板。

坞口南侧设置直立式驳岸作为顺岸码头使用。驳岸呈"L"形，有两根800 t门机轨道穿过。驳岸与现有防汛大堤相连接，构成封闭挡土挡水体系。顺岸码头长72 m，南侧驳岸长33.5 m，共105.5 m。驳岸地面设计标高均为4.00 m；顺岸码头采用低桩承台拉锚式岸壁结构，南侧驳岸采用低桩承台式岸壁结构。主体采用前钻孔灌注桩。码头钻孔灌注桩前沿设计泥面标高为-8.50 m。承台前部采用φ850@1 000钻孔灌注桩(嵌岩)，其后设置φ700@500搅拌桩挡土。承台后部设置φ800@4 000钻孔灌注桩(嵌岩)；桩上现浇"L"形承台总宽6 m，底面标高-1.35 m，顶面标高4.00 m。后方采用400 mm厚钢筋混凝土锚碇墙，墙顶标高1.20 m，高

4 m。承台分段长度为14～16.5 m。码头前沿设有250 kN双柱系船柱及H300拱形橡胶护舷。驳岸前沿线与锚碇墙内边线距离为30 m。钢拉杆中心标高－0.80 m，规格为ϕ80@1 450；锚碇墙与承台之间理抛15～100 kg块石，并灌砂增加密实度。承台钻孔灌注桩前沿设计泥面标高为原始泥面标高，一般为－3.50～－3.00 m，前部采用与码头相同的钻孔灌注桩，后部设置ϕ800@4 000钻孔灌注桩（嵌岩）；灌注桩上现浇“L”形承台，总宽5.40 m，底面标高为－1.35 m；顶面标高为4.00 m。

b. 4号码头。

采用高桩梁板式结构，码头长1 096 m，宽40 m，码头前沿底标高－12.00 m。码头面标高4.30 m。采用桩基结构。选用600 mm×600 mm预制预应力方桩，长45～63 m，共16个分段，分段长度为69.2 m，69.4 m×14，55.2 m；排距7.3 m，1.85 m悬臂端。码头分为前码头25 m和后平台15 m两个区域。码头每个排架7根方桩，前沿为一对7∶1叉桩，后沿为一对4∶1叉桩，中间为3根直桩；后平台每个排架3根直桩。码头下横梁底标高为1.60 m，宽度为1.2 m，上横梁宽度为0.60 m。纵梁高为1.20 m，宽为0.45 m。边梁高为1.20 m，宽为0.40 m。引桥排架间距均为8.50 m，每个排架为2根600 mm×600 mm预应力方桩，靠岸三个排架为2根ϕ800钻孔灌注桩，桩基进入中风化岩面。

（3）过产业重工（舟山）修造船工程

1）设计条件。

历史最高水位3.15 m，最低潮位－2.11 m；多年平均高潮位1.05 m，平均低潮位－0.87 m。

拟建场地地势起伏较大，地面标高在＋12.00～－23.40 m之间。地层自上而下依次为：①$_1$层为填土，由粉质黏土及碎石组成，部分区域该层为素填土，含贝壳碎屑；①$_2$层为淤泥；②$_1$层为淤泥质粉质黏土；②$_2$层为粉质黏土，夹粉砂薄层及贝壳碎片；②$_3$层为粉砂，由石英、长石、云母等构成，夹少量黏性土，局部黏性土含量较高；③$_1$层为可塑－硬塑状粉质黏土，夹粉土、粉砂，局部夹少量中粗砂，分布不均匀，埋藏较浅且部分区域底部存在粉质黏土；④$_1$层为粉质黏土，夹粉土薄层，局部夹少量粉砂，部分钻孔底部含砂砾，分布不稳定；⑤$_1$层为可塑状粉质黏土，局部夹少量砂砾，一般厚度0.5～17.7 m，天然含水量19.7%～42.7%，平均标贯击数23.2击，分布不均匀；⑤$_2$层为可塑状粉质黏土夹砂砾石，局部为坚硬状，夹砂砾、碎石，一般厚度0.4～12.7 m，天然含水量18.7%～31.8%，平均标贯击数大于50击，分布较广，是该工程较好的桩基持力层；⑥层为强风化凝灰岩，标贯击数大于50击/10 cm，厚度变化较大，空间分布不稳定；⑦层为中等风化凝灰岩，是较好的桩基及天然地基持力层。

2）平面布置。

设计规模年造3万吨级散货船36艘，共108万载重吨；规划以后发展到年造3万吨级散货船36艘、7万吨级散货船12艘、10万吨级油轮6艘，共54艘252万载重吨。现有2座船坞、2座水平船台、2座舾装码头。总平面布置如图8－42所示。

船坞区7万吨级船坞2座，1号、2号船坞并列布置，位于厂区中部偏西，船坞轴线大致呈东北—西南走向，2座船坞均长380 m，宽39.9 m，深12.3 m，可半串联建造7万吨级船舶。每座船坞各配置200 t龙门起重机2台，船坞与装焊平台之间配置32 t门座起重机各2台。

水平船台区船台2座，1号、2号并列布置，位于船坞东侧，船台、船坞轴线平行。2座船台均长600 m，宽50 m，可串联建造10万吨级船舶，每座船台配置200 t龙门起重机2台，与装焊平台之间配置32 t门座起重机各2台。船舶在船台上水平建造完工后，采用气垫水平移船至浮船坞，再至沉坞区起浮下水。

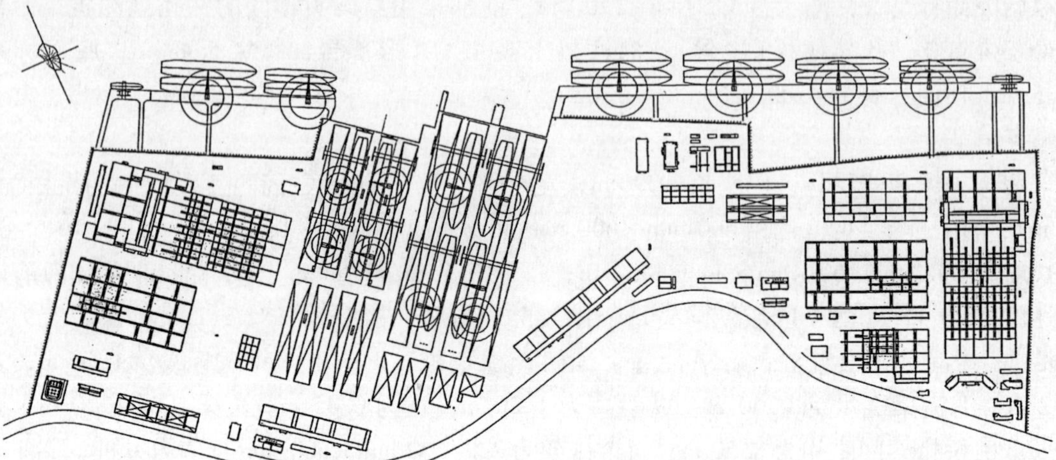

图8－42 过产业重工(舟山)工程总平面布置

1号舾装码头位于厂区东部岸线，大致呈西北—东南走向，长1 176 m，宽25 m，码头面高程4.30 m，前沿设计泥面高程－11.5 m。10万吨级船舶泊位2个，7万、3万吨级泊位各1个，3 000吨级运输船泊位1个。2号舾装码头位于厂区西部岸线，大致呈西北—东南走向，长580 m，宽25 m，码头面高程4.30 m，前沿设计泥面高程－11.5 m，码头设置7万、3万吨级船舶泊位各1个，3 000吨级运输船泊位1个。2码头上各配置40 t门座起重机2台、20 t带电磁头装卸桥起重机1台。

3）水工建筑物。

设计高水位1.82 m；设计低水位－1.56 m；设计低水位－2.11 m(历史最低潮位)；船坞出坞水位0.50 m。

a. 船坞。

• 围堰结构。坞口坞墩及底板沿船坞纵轴线方向长度为30 m，坞口底板基坑开挖底标高为－11.0 m。水泵房沿船坞纵轴线方向长为30 m，基坑开挖底标高为－14.1 m。坞口围堰采用钻孔嵌岩排桩板式支护体系的基坑围护形式，围护采用ϕ900@1 050钻孔灌注桩排桩支护，止水帷幕采用ϕ800@600旋喷桩，钻孔桩桩底标高为－27.0 m。桩内侧采用钢支撑进行支护。基坑内采用对撑、角撑构成水平支撑体系，沿基坑深度方向布置4道水平支撑和围令，4道支撑同一轴线布置，支撑间距一般为4.0 m；支撑的中心标高分别为－0.50 m、－4.50 m、－8.00 m和－10.70 m。主撑采用ϕ609×12钢管支撑，联系撑采用ϕ406×10钢管支撑。立柱采用ϕ609×12钢管。

• 船坞结构。坞门采用插板门，水泵房设在两坞中间。坞口均为重力式“U”形结构，坞门均采用插板门。坞口纵向长30 m，宽39.9 m。坞墩顶高程＋3.50 m，底板中部高程为－8.80 m，横坡向两边渐变至－8.90 m。门槛纵向长4 m，顶高程为－8.00 m，坞门底高程为－9.00 m。坞口底板底高程为－11.00 m。每个坞口底板设置后浇带两道，两侧主体结构施工完后再浇闭合块。坞门槽靠座采用花岗岩镶面，底板镶面厚0.50 m、高0.80 m，长1.40 m，以二期混凝土与坞口混凝土结为一体。坞口桩基采用 ϕ800 钻孔灌注桩，桩距 2.4 ~ 4.0 m，持力层选择⑦层中风化凝灰岩。

水泵房底高程为 -14.10 m，下设 ϕ800 钻孔灌注嵌岩桩作为基础，为整体钢筋混凝土箱体结构。水泵房长 17.3 m，宽 30.0 m，顶面高程为 +3.50 m。前池和沉砂池设在坞室内，长 17.3 m。

坞墙廊道顶面高程为 3.50 m。根据所处基岩面出露高程，坞墙分衬砌、半扶壁和排桩拉锚三种结构形式。衬砌坞墙适用于基岩面高于 +0.20 m 的情况，基岩开挖至 +0.20 m 高程，廊道结构直接坐落在岩基上，墙体则以开挖的岩体为里，钢筋混凝土衬砌为面。衬砌厚度 0.40 m；衬砌墙以 ϕ25 的岩锚与岩体锚固，岩锚深入岩体 2.0 ~ 2.5 m，间距为 1.5 m，梅花形布置。拉杆和岩石缝隙采用注浆封闭。外墙衬砌厚度 400 mm，其中前趾宽 1.5 m，厚度 1.2 m，设置 500 mm × 800 mm(H) 排水沟，顶标高为 -8.90 m。半扶壁坞墙适用于基岩面 -8.80 ~ +0.20 m 情况，基岩面以下墙体采取衬砌结构，基岩面以上墙体采取扶壁结构。排桩拉锚坞墙位于基岩面埋深大于 -8.80 m 的部分，排桩为 ϕ900@1 050 钻孔灌注嵌岩桩，后设 ϕ800@600 高压旋喷桩止水帷幕，排桩内设 200 mm 厚钢筋混凝土衬砌，与排桩中预留锚筋连接成整体。锚碇墙中心线距离板桩坞壁内边线距离为 35.0 m，采用现浇钢筋混凝土锚碇板结构，锚碇墙厚 0.4 m，顶标高 2.50 m，底标高 -1.90 m，墙高 4.4 m。锚碇墙纵向分缝间距一般为20.0 m，墙前设置块石棱体，增加土体被动土抗力。在标高 0.30 m 处设 ϕ70@1 450 钢拉杆一道，拉杆锚入承台板。

采用减压排水式桩基现浇钢筋混凝土底板结构，底板分段长度一般为 20 m，横向分 3 块，桩基中板宽 14.9 m，厚 0.8 m；边板宽 11.0 m，厚 0.6 m。中风化岩基部分板厚薄 0.2 m。边板与坞墙连接位置加厚至 1.2 m；各底板间以凹凸榫和橡胶止水带相连。基岩埋深较深处底板桩基采用 ϕ800 钻孔灌注桩，桩基持力层选择为强风化岩或中风化岩。桩基嵌岩深度不小于 2 m。

船坞止水系统以 ϕ800@600 高压旋喷桩和帷幕灌浆为主。旋喷桩底标高为 -25.00 m。岩石渗透性如小于 1.0×10^{-5}cm/s 直接以齿槽结构隔绝可能渗水路径。坞墩、坞墙、泵房间以橡胶止水带止水，相邻结构存在高差的接触部位以混凝土填塞再回填厚度不小于 1 m、宽度不小于 5 m 的黏土铺盖。扶壁、半扶壁坞墙底板后及衬砌坞墙廊道底板后设置黏土铺盖。排水管采用 DN300 硬聚氯乙烯加筋管，管壁上开孔，孔径 ϕ20。排水管置于 500 mm 厚的碎石滤沟中。

装焊平台共 6 块，分别位于船坞两侧和船坞坞尾。纵向一般为 20 m，横向一般约为 25 m。平台板采用天然地基上的弹性地基板结构。自上而下结构依次为：现浇钢筋混凝土板、素混凝土垫层、三渣基层、碎石垫层、回填土及加固后地基。地基加固为堆载预压。$②_1$淤泥质粉质黏土竖向排水通道采用 SPB-2 型塑料排水板，梅花形布置，间距 1.3 m，以进入粉质黏土 0.3 m 为准；若软土层下为粉砂层，塑料排水板插入距粉砂层面 0.5 m。平台板在平面上按照 20 m 左右的尺度进行结构分块。分块高度中间设置 ϕ25@500 传力杆。

1 号、2 号船坞西侧因 300 t 龙门吊外延部分各设一座突堤码头，为高桩梁板结构。码头桩基采用 600 mm × 600 mm 预应力方桩。东码头 21.4 m × 52 m，西码头 10.0 m × 52 m。码头面标高 3.50 m，码头排架间距均为 6.0 m，船台侧悬臂 1.8 m，海侧悬臂 2.20 m。下横梁底标高为 0.20 m，宽度为 1.5 m，上横梁宽度为 0.60 m。门机轨道梁预制高 1.82 m，宽 0.60 m。码头预制纵梁高 1.20 m，宽 0.50 m。预制边梁高 1.20 m，宽 0.40 m。码头面板为叠合板形式预制面板。

有6根300 t门机轨道穿过驳岸至突堤码头。驳岸与现有的防汛大堤相连接，构成封闭挡土挡水体系。驳岸地面设计标高均为+3.50 m，采用低桩承台拉锚式结构。主体采用前钻孔灌注桩低桩承台加拉锚结构。灌注桩前沿设计泥面标高为-9.20 m。承台前部采用φ850@1 000钻孔灌注桩（嵌岩），其后设置φ800@600高压旋喷桩挡土。承台后部设置φ800钻孔灌注桩（嵌岩）；灌注桩上现浇“L”形承台，总宽6 m，承台底面标高为-1.35 m；顶面标高为3.50 m，并设置护轮坎。后方采用400厚钢筋混凝土锚碇墙。现浇钢筋混凝土承台分段长度一般为150 m。驳岸前沿设有250 kN系船柱及H300拱形橡胶护舷。驳岸前沿线与锚碇墙内边线距离为30 m。钢拉杆中心标高为-0.80 m（-0.50 m），采用Q345b，规格为φ80@1 450；拉杆一端嵌入钢筋混凝土胸墙内，通过2根25 a导梁与承台连接，另一端穿过锚碇墙，在锚碇墙与承台之间采用理抛15~100 kg块石。

b. 船台。

• 1号、2号船台。1号、2号两船台间距为24 m，顶高程为3.50 m，中板宽28.0 m，边板宽11.0 m。船台板横向两侧排水，横坡为0.5%。在基岩面标高低于-1.0 m处，船台采取桩-筏结构形式，桩基采用φ800嵌岩灌注桩，嵌入中风化岩3 m。中板厚1.3 m，分段长50~70 m，中板桩距横向2.2~3.0 m，纵向为3.0~3.5 m；边板厚0.8 m，分段长50~70 m，边板下桩距横向一般4.0 m，纵向一般5.0 m。基岩面标高高于-1.0 m处，中板厚0.8 m，分段长50~70 m，边板厚0.4 m，分段长65 m。船台板采用人工换填压实地基，即挖除⑥层强风化以上的软弱土层，用厂区开山料回填。在船台口门处，船台板下设下部承台，承台厚1.0 m，设纵横梁系与船台板相连，承台底标高+0.40 m。承台端部设有靠船构件及橡胶护舷。承台φ1000、φ800嵌岩灌注桩，桩基嵌入中风化岩3 m。

• 装焊平台。1号船台口门东侧的1号装焊平台北侧58 m采用高桩梁板结构，桩基采用φ1 000和φ800钻孔嵌岩桩。平台面标高为3.50 m，平台排架间距除第一、二排架间距5 m外，其余均为7 m，悬臂2.1 m。码头下横梁底标高为1.40 m，宽1.4 m，上横梁宽0.60 m。码头预制纵梁高1.20 m，宽0.60 m。预制边梁高1.20 m，宽0.40 m。码头面板为叠合板形式预制面板。

在天然地基上装焊平台采用弹性地基板结构。分块尺度沿船台纵向一般为20 m，横向一般约为25.25 m。自上而下结构依次为：现浇钢筋混凝土板、素混凝土垫层、三渣基层、碎石垫层、回填开山料及岩基或加固后地基。平台板在平面上按照20 m左右的尺度进行结构分块。分块高度中间设置φ25@500传力杆。

1号、2号、4号、5号、6号装焊平台下有3~15 m厚的淤泥质粉质黏土。竖向排水通道采用SPB-2型塑料排水板，梅花形布置，间距1.3 m，以进入粉质黏土0.3 m为准；若软土层下为粉砂层，塑料排水板则插入距粉砂层面0.5 m。排水板顶标高为3.50 m，底标高为-15.00~-1.00 m。

水平向排水系统采用砂垫层，排水层为1.2 m厚中粗砂，中粗砂铺设前先铺一层土工布+土工格栅；排水主管和滤管均采用PVC管，主管为φ75，滤管为φ50，滤管间距6 m，滤管上滤眼直径8 mm，间距5 cm，用无纺土工布（≥200 g/m^2）包裹，覆盖200~300 mm厚的砂层。

密封墙深度为3.0~5.0 m，采用双排泥浆搅拌桩，桩径700 mm，桩、排距500 mm。搅拌桩进入不透水层500 mm以上。渗透系数要求小于1.0×10^{-6} cm/s。泥浆搅拌桩采用泥浆比重大于1.35，下搅速度小于1.2 m/min，上提速度小于0.8 m/min。采用双层聚氯乙烯真空密封膜。

1 号船台口门东侧及 2 号船台口门西侧的驳岸呈“L”形。同时，驳岸与现有的防汛大堤相连接。驳岸东侧 148.83 m，西侧 153.00 m，地面设计标高均为 +3.50 m。东侧驳岸采用低桩承台拉锚式及低桩承台式岸壁结构，西侧采用低桩承台式拉锚式岸壁结构和沉箱式岸壁结构。主体采用前钻孔灌注桩低桩承台加拉锚结构。钻孔灌注桩前沿设计泥面标高为 -8.00 m。承台前部采用 ϕ850@1 000 钻孔灌注桩，其后设置 ϕ800@600 高压旋喷桩挡土。承台后部设置 ϕ800@3 000~4 000 钻孔灌注桩；灌注桩上现浇“L”形承台，总宽 6~7 m，承台底面标高为 -1.35 m；顶面标高为 3.50 m。采用 400 厚钢筋混凝土锚碇墙，顶标高 3.50 m，墙高 3.8 m。现浇钢筋混凝土承台分段长度一般为 10.0~18.0 m。驳岸前沿设有 250 kN 系船柱及 H300 拱形橡胶护舷，前沿线与锚碇墙内边线距离为 30 m。钢拉杆中心标高 -0.80 m，为 ϕ80@1 450；拉杆一端嵌入钢筋混凝土胸墙内通过 2 根 25a 导梁与承台连接，另一端穿过锚碇墙。锚碇墙与承台之间采用理抛 15~100 kg 块石，灌砂增密。低桩承台式结构主体采用前钻孔灌注桩低桩承台结构。钻孔灌注桩前沿设计泥面标高为原始泥面标高，一般为 -1.00 m 以上。

2 号船台口门处局部基岩标高 -6.48~5.33 m，根据工艺要求需将基岩面炸礁至 -8.00 m 左右。主体采用钢筋混凝土沉箱式结构。沉箱前沿设计泥面标高为 -8.00 m。预制标准沉箱长 6.0 m，宽 6.5 m，预制总高 7 m。底板厚 500 mm，外壁厚度迎水面为 350 mm、其余三边为 300 mm；沉箱为一个隔仓，尺寸约为 3.65 m×5.10 m。单件沉箱预制质量在 200 t 左右；沉箱上现浇“L”形承台，总宽 6.65 m，承台底面标高为 -1.10 m；顶面标高为 3.50 m。抛石棱体块石质量为 10~150 kg；沉箱与沉箱接缝间，采用 200~400 kg 块石回填。

- 突堤码头。1 号船台西侧和 2 号船台西侧因 300 t 龙门吊外延部分各设一座突堤码头，结构形式为高桩梁板。突堤码头桩基采用 ϕ1 000 钻孔嵌岩桩。东码头 14 m×44 m，西码头 11.5 m×44 m。码头面标高为 +3.50 m，排架间距为 5.8 m，船台侧悬臂 1.8 m，海侧悬臂 1.60 m。码头下横梁底标高为 0.20 m，宽 1.5 m，上横梁宽 0.60 m。码头预制纵梁高 1.20 m，宽 0.50 m。预制边梁高 1.20 m，宽 0.40 m。码头面板为叠合板形式。

c. 1 号码头。

码头结构为高桩梁板式，共分 16 个分段，分段长 73.5 m，排架间距 7.0 m，1.75 m 悬臂端，桩基为 600 mm×600 mm 预应力方桩。每个排架 7 根预制打入桩，前沿为一对 7:1 叉桩，后沿为一对 4:1 叉桩。引桥排架间距均为 8.50 m，1~4 号长引桥中间设 7 m 的简支跨，其余均为一个分段。1~6 号引桥宽 10 m，每个排架为 2 根预制打入桩；7 号引桥宽 20 m，每个排架为 4 根预制打入桩。码头下横梁底标高 1.30 m，宽 1.2 m，上横梁宽 0.60 m。

(4) 浙江东邦修造船工程

1) 设计条件。

潮汐为正规半日潮；平均涨潮历时 6 h 06 min，落潮历时 6 h 20 min；历年最高潮位 4.43 m(当地理论最低潮面，本节同)，最低潮位 -0.46 m；平均高潮位 2.81 m；平均低潮位 0.90 m；平均海面 1.89 m；平均潮差 1.91 m；最大潮差 3.67 m；最小潮差 0.12 m。潮流呈往复式，涨潮流由东往西，落潮则反之。水文地质条件对工程施工影响不大。

1 号、2 号船坞拟建场地地形起伏变化较大。山坡临海处坡脚高程为 -1.00 m 左右。两坞拟建坞口前约 50 m 范围内，高程普遍在 -3.00~-2.00 m，再向海侧泥面变陡。该场地可划分为 5 个工程地质层。$①_2$层为淤泥；$②_1$层为淤泥质粉质黏土，呈流塑、软塑状态，夹粉砂薄层及贝壳碎片，高压缩性；⑤$_1$层为黏土；⑤$_2$层为粉质黏土夹砂砾，该层可选作持力层；⑥层为砂砾状强风化花岗岩，坚硬；⑦层为中等风化花岗岩，坚硬。东码头拟建场地②$_2$层为粉质黏土，呈软塑状，夹中粗砂薄层及少量砂砾、碎石，主要分布在东码头东段。

2）平面布置。

浙江东邦修造船工程有修船坞2座，修船码头2座。2号修船坞位于1号修船坞西侧，两坞并列建造，间距26 m，位于厂区中部，船坞轴线呈SSW—NNE向，坞体利用山体岩基建造，坞口位于自然标高0.0 m左右。1号船坞东侧场地作为预留船坞使用。西码头位于2号船坞西侧，前沿自然泥面标高为-10.0～-6.0 m，前沿线距离规划驳岸线约70～90 m。东码头位于预留船坞东侧，前沿自然泥面标高-14.0～-8.0 m，西端前沿线距离规划驳岸约112 m。总体布置如图8-43所示。规划规模为年修船130艘，其中集装箱船占40%。

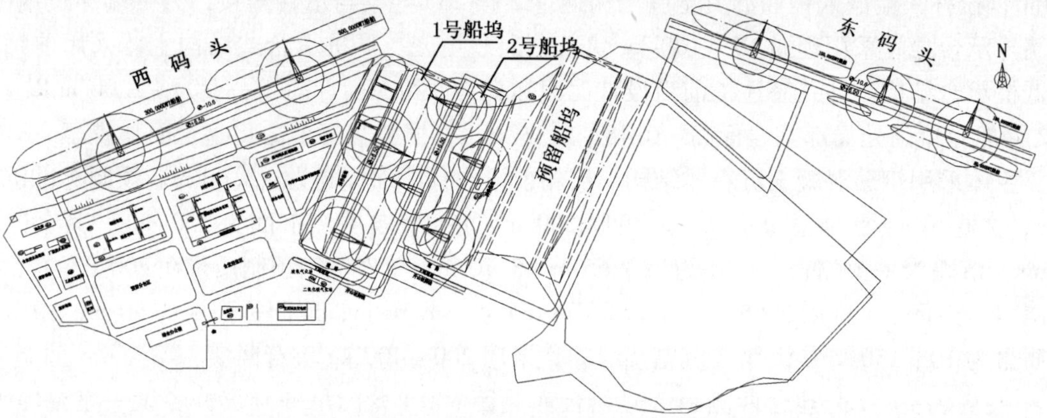

图8-43 浙江东邦修造船工程平面布置

1号船坞长360 m，宽76 m，深14.9 m，可单独修理1艘30万吨级船舶或10 000TEU集装箱船。船坞东侧配置30 t门座起重机2台；西侧配置80 t、30 t门座起重机各1台，与2号船坞共用；船坞东侧设置堆场。2号船坞长320 m，宽58 m，深14.5 m，可单独修理1艘15万吨级船舶或5 600TEU集装箱船。船坞西侧配置30 t门座起重机2台；东侧起重机与西侧同，与1号船坞共用；船坞西侧设置堆场。东码头长度约670 m，宽度25 m，码头面标高6.50 m，前沿设计泥面标高-10.5 m。东码头布置150 000DWT泊位2个，码头内侧布置材料码头泊位1个，配置50 t门座起重机2台、20 t门座起重机1台。码头后侧布置2座引桥，引桥宽10 m。码头后沿布置后平台，后平台宽度15 m，长约225 m。西码头泊位总长758 m，其中码头实体段长约640 m，宽25 m，码头面标高6.50 m，前沿设计泥面标高-10.5 m。码头西侧布置一座2 000 kN带缆墩，东侧利用2号船坞坞口西侧的系船柱，布置300 000DWT泊位2个。码头上配置50 t门座起重机2台、15 t门座起重机1台。码头后侧布置3座引桥。码头后沿布置后平台，宽15 m。

3）水工建筑物。

a. 1号、2号船坞。

• 围堰结构。围堰挡墙建造在+1.00 m基岩线上，两端分别与山体相连，形成封闭体。1号坞前围堰长约93 m，2号坞坞口前围堰长约109 m。挡墙采用钢筋混凝土结构，底板宽5 m、厚0.50 m。墙顶高程为+6.00 m，墙身高4.50 m。挡墙顶部厚0.35 m，渐变至底部厚度为0.60 m，挡墙根部海侧设置了300 mm×300 mm的加强角。挡墙后每隔5 m设置肋板，肋板顶高为2.50 m，厚0.20 m。挡墙前后分别设置块石镇脚，镇脚下铺设土工基垫布。海侧块石顶宽4 m，顶高程+2.00 m，坡度1:5；土工基垫布上铺设15~60 kg石块，厚度约为0.50 m，护坡面应铺设一到两层400~600 kg或更大块石。挡墙除末端和转角部位外，一般以15 m为一分段。

挡墙下基岩面高低不平，无法干施工的，采取高压旋喷桩进行加固；旋喷桩体宽9 m，深0~3 m，底端与基岩相接，顶端作为挡墙基础；高压旋喷浆压大于35 MPa，有效直径1 m，前后左右孔距均为0.80 m；采用耐海水的土体固结剂或高强、早强水泥加固。素混凝土浇筑成墙形，墙前后用抛石进行填筑护坡。使用锚杆将挡墙底板与基岩连接起来。锚筋采用ϕ25钢筋。锚杆共设置三排，排距为1.50 m，每排内孔距为1.0 m，锚杆拉力不少于5 t。

挡墙间的止水使用橡胶止水带。较严重的渗漏通道止水采用帷幕灌浆来实现。帷幕灌浆孔共布置两排，排距为1 m，排内孔距为2 m。围堰共设置4处泄水闸。泄水闸宽1 m，深4 m。

• 坞口结构。坞口为重力式"U"形结构。1号坞口纵向长22 m，总宽91 m，净宽76 m，坞墩宽7.50 m；2号坞口纵向长20 m，总宽67 m，坞口净宽54 m，坞墩宽6.50 m；两坞净距为24 m。

1号坞门槛长5 m，门座长10.5 m，底板厚2.5 m。底板面高程-8.40 m，门槛顶面高程-7.60 m，坞门座顶面高程-8.60 m。东西坞墩形状对称，墩长22 m，宽7.50 m，墩顶面高程+6.50 m。2号坞门槛长5 m，坞门座纵向长9.5 m。坞口底板厚2.5 m，底板面高程为-8.00 m，门槛顶面高程-7.20 m，门座顶面高程-8.20 m。东西坞墩长20 m，宽6.50 m。两坞坞门槽浮箱坞门靠座均采用花岗岩。两坞坞口底板上排水沟宽0.50 m，深0.50 m。

坞口以基岩为基础。如基岩为中等风化岩石则无需进行帷幕灌浆，坞口底板下设置齿槽。若基岩渗透性较大，坞口底板下齿坎位置处需进行帷幕灌浆防渗，其孔距和排距暂同围堰。坞墩下设置帷幕灌浆防渗帷幕。坞口底板前沿与基岩间的空隙以黏土回填并压实，坞口底板后侧与基岩间的空隙则以C20素混凝土充实。坞墩直接以基岩为模板面。

• 坞墙和坞室底板结构。船坞主体基本处于中等风化基岩，坞墙采取衬砌结构，廊道则以基岩为基础。1号坞西廊道、2号坞东廊道和坞艏廊道宽度为5.60 m，1号坞东廊道和2号坞西廊道宽6.30 m，一般以20 m设一分段，分段间以橡胶止水带和传力杆连接。廊道顶高程为+6.50 m，廊道底板顶面高程为+3.00 m。廊道底板厚度为0.50 m，顶板厚度为0.40~0.70 m，中隔墙厚0.40 m，边隔墙厚0.60 m。衬砌根据基岩开挖情况，其厚度为0.40 m。衬砌以ϕ25锚杆与基岩相连，锚杆间距为1.50 m。锚杆范围为廊道底板面下1 m处至坞室底板面上1 m处之间。衬砌墙后设有排水ϕ100弹簧管，弹簧管水平和纵向连成网，水平每3 m设一道。

坞室底板以中风化基岩为基础。两坞中板厚0.5 m，中边板和边板厚0.4 m。1号坞中板宽14 m，中边板宽15 m，边板宽14.5 m。2号坞中板宽12 m，中边板宽12.50 m，边板宽7 m。各板带纵向宽度与坞墙分段大部分宽20 m。板块间以凹凸榫和橡胶止水连接。底板下排水管采用穿孔ϕ160UPC管。排水管为带孔硬聚氯乙烯加筋管，横向一般间距40 m。

b. 东码头。

码头结构为高桩梁板式，西侧3个分段长度分别为66.5 m、66 m和66 m，排架间距7.0 m，1.50 m和2 m悬臂端，桩基形式为ϕ1 000钻孔嵌岩灌注桩，25 m宽处码头灌注桩桩基的排架为每个排架5根直桩，45 m宽处码头灌注桩桩基的排架为每个排架8根直桩。西侧第4个分段分别为66.5 m，每个排架采用3根ϕ800钻孔嵌岩灌注桩直桩和4根600 mm×600 mm预应力方桩和1对4:1的预应力方桩叉桩组合形式。码头其余的部分宽为25 m，方桩桩基每个排架7根方桩，前沿为1对7∶1叉桩，后沿为1对4∶1叉桩。码头下横梁底标高为3.60 m，宽1.3 m（φ1 000钻孔嵌岩灌注桩处）和1.1 m（φ800钻孔嵌岩灌注桩和600 mm ×600 mm预应力方桩处），上横梁宽度为0.50 m。门机轨道预应力梁预制高度为1.60 m，宽度为0.60 m。码头预制纵梁高度为1.20 m，宽度为0.40 m。预制边梁高度为1.20 m，宽度为0.40 m。码头及引桥面板为叠合板形式预制面板。引桥排架间距均为8.50 m，1号引桥宽10 m，每个排架为2根φ800钻孔嵌岩灌注桩。2号引桥宽10 m，每个排架为2根600 mm ×600 mm预应力方桩。

8.2.3.4 福建修造船工程

福建省地处长江三角洲和珠江三角洲的中间地带，与台湾隔海相望，具有连接港澳台和两个三角洲的区位优势、地缘优势。福建省修造船工程主要有厦门造船厂、马尾造船厂、东南造船厂等工程以及泉州船舶工业有限公司（泉州惠安斗尾港）和福建华东船厂（宁德罗源湾）等，闽江口也正在建设一些造船设施。本节主要介绍厦门造船厂、泉州船厂以及华东船厂等沿海修造船工程。

（1）厦门造船工程

1）简况。

厦门造船厂始建于1858年，原称新厦门船坞公司，是我国最早的船厂之一，原造修3 000吨级以下的舰船和民用船舶。于1996年搬迁至厦门海域西岸海沧区，厂址北背山南临海，工厂船台码头前沿为厦门港主航道，隔海对岸为东渡港区海天码头，连接厦门本岛和海沧区的海沧公路大桥（桥下净空55 m）位于工厂西侧约800 m。厂址占地面积约为48×10^4 m^2，占用水域岸线总长约1.3 km。平面位置如图8－44所示。

图8－44 厦门造船厂平面位置

2）设计条件。

潮流属正规半日潮型，为往复式流。落潮流速大于涨潮流速，据在排头对岸东渡港虎屿调头区实测，落潮最大流速1.1 m/s，流向西南；涨潮最大流速0.9 m/s，流向东北。排头水域位于厦门西港的内部，因有大陆、厦门岛、湾口鼓浪屿以及湾内的大小岛屿，特别是南侧火烧屿的掩护，外海东南方向的波浪不会对水域产生大的影响。50年一遇的波高约为1.0 m。

场地总体由西北向东南倾斜。陆域在4.15～12.38 m之间，水域在－10～－4.72 m之间。$①_1$层为素填土，系近期人工回填而成，局部有较厚的填石；$②_1$层为流泥，偶夹有粉细砂，厚度2.63～7.00 m，层顶标高为－4.72～0.08 m（厦门零点，本节同）；$②_2$层为淤泥，厚度在0.80～

14.60 m之间，层顶标高为 -7.98 ~2.02 m；②$_3$层为淤泥质土，流塑 - 软塑状，以黏性土为主，夹有腐殖质及有机质，局部混有粗砂；③$_1$层为中砂混黏性土，松散 - 中密状，砂以中粒级为主，拟建场地偶有分布；④层为粉质黏土，可塑状，主要由黏粉粒组成，场地零星分布；⑤$_1$层为残积黏性土；⑤$_2$层为砂页岩残积黏性土，层厚为0.70 ~ 12.40 m，标贯实测击数为12 ~ 49击；⑥$_1$层为强风化花岗岩；⑥$_2$层为强风化砂页岩，天然状态下工程性能好；⑦$_1$层为中风化花岗岩；⑦$_2$层为中风化砂页岩，层顶标高在 -28.87 ~ -0.51 m之间，分别属硬质岩石和较硬岩。

3)平面布置。

主要水工构筑物包括7万 ~8万吨级倾斜船台2座(配置300 t、400 t龙门起重机)及配套舾装码头泊位2个；正在建设中的三期工程技术改造在建8万吨造船坞1座及与之配套的舾装码头泊位1个(3号船坞及3号码头)。平面布置如图8 -45所示。

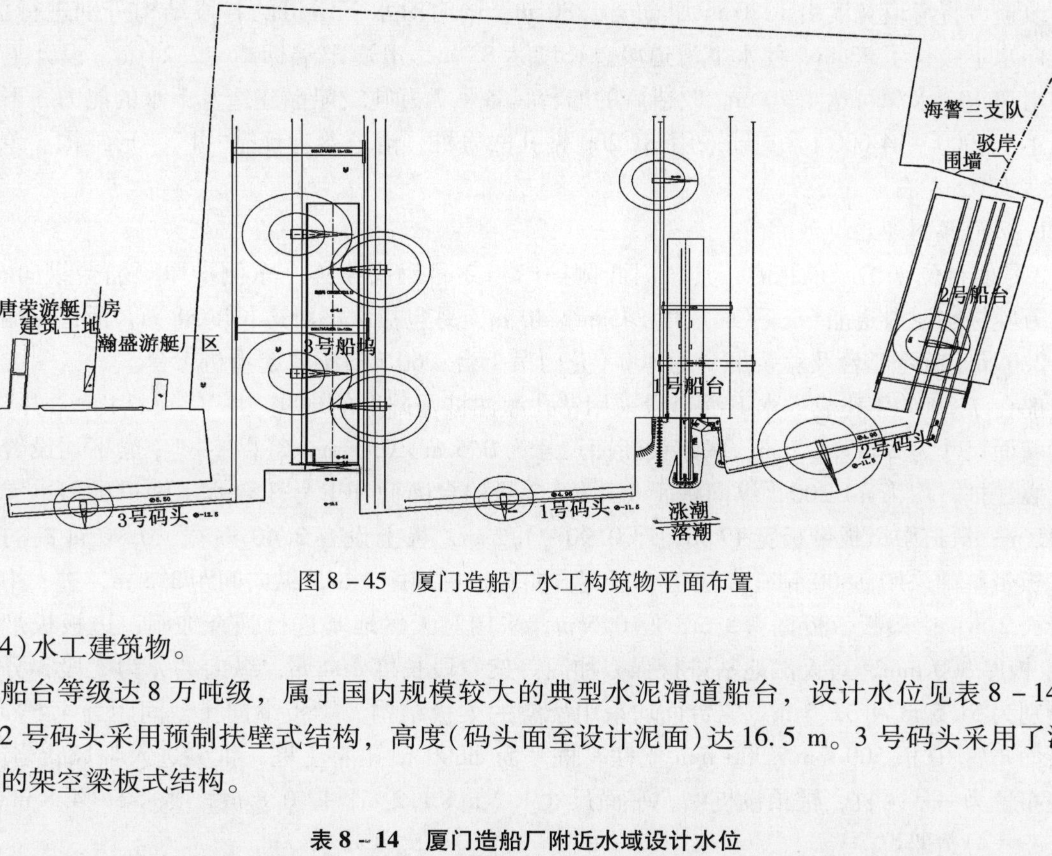

图8 -45 厦门造船厂水工构筑物平面布置

4)水工建筑物。

船台等级达8万吨级，属于国内规模较大的典型水泥滑道船台，设计水位见表8 -14。1号、2号码头采用预制扶壁式结构，高度(码头面至设计泥面)达16.5 m。3号码头采用了沉箱基础的架空梁板式结构。

表8 -14 厦门造船厂附近水域设计水位

水位	厦门零点	黄海零点	备 注
设计高水位	6.25 m	3.01 m	高潮累积频率10%
设计低水位	0.91 m	-2.33 m	低潮累积频率90%
极端高水位	7.71 m	4.47 m	50年一遇
极端低水位	-0.27 m	-3.51 m	
进出坞设计水位	4.94 m	1.70 m	持续2小时，年保证率61.4%

a. 1号倾斜船台。

1号船台位于工厂1号、2号舾装码头之间，船台口门距码头前沿线约90 m。1台300 t龙门吊跨度94 m；1台100 t龙门吊跨度67 m；1台60 t门座起重机；原有160 t止滑器对两对，下面一对距滑道首端135 m，两对间距35 m。

1号船台原为3.5万吨级船台，其设计船舶下水重量为8 000 t，于1997年建成。船台长195 m，宽36 m，坡度为1∶22；结构形式实体段长度155 m，钢筋混凝土架空梁板段长度40 m，地基基础均为岩基。船台设2根滑道，其中心距为8.0 m，单根滑道宽度1.20 m、高度0.80 m，坡度为1∶22；滑道顶端标高10.396 m（黄海零点，下同），末端标高为-0.74 m；滑道总长为195+50 =245 m。船台设计下水水位为2.46 m，滑道末端水深为3.20 m。船台口门以外的水下滑道长度为50 m，自上而下依次分为突堤6.80 m，桥台3.20 m，栈桥40.0 m。突堤段及桥台段为天然地基上的条形梁结构；栈桥段为钢管桩基础上现浇钢筋混凝土连续梁结构，梁宽1.46 m、高1.1 m；钢管桩桩径为800 mm。1号船台分别于2004年及2005年进行了二次改造，将滑道宽度由1.20 m加宽至1.80 m；同时对水下滑道的各段结构分别进行加固，滑道向水下接长了33 m，使水下滑道段总长度达83 m、滑道末端标高-2.24 m，设计下水水位时滑道末端水深可达4.70 m。改造后的船台具备了7万吨级船舶建造及下水的能力，下水重量可达13 000～14 000 t。基础采用ϕ1 200钻孔嵌岩桩；滑道梁为预制“井”字形结构、单榀梁质量在120 t左右。

b. 2号倾斜船台。

2号船台位于工厂东北侧，其口门西侧护岸与2号码头相连，东侧护岸顺船台纵向布置，为8万吨级水泥滑道船台，平面尺度245 m×40 m，另包括水下滑道长度88 m，滑道末端标高为-2.0 m。横跨船台及总装平台的300 t龙门吊1台；60 t门座式起重机1台。

船台于2007年建成。水下滑道段采用钻孔灌注桩基础上的现浇“井”字梁结构。“井”字梁主梁断面尺寸为2 m×1.2 m；联系梁断面尺寸为0.5 m×0.5 m。每榀“井”字梁下均设置4根钻孔灌注桩，均为ϕ1 200，纵向桩距4.0 m。2号船台断面和1号船台水下滑道类似。实体段长141 m；滑道中墩板带板宽17 m，厚0.90～1.2 m，板上设有2.40 m宽，0.90 m高的滑道梁，板带基础采用ϕ800钻孔灌注桩，板宽方向6根桩间距3 m，纵向间距3.5 m，进入中风化岩岩面2 m；中边板带板宽4.5 m，厚0.5 m，采用对天然地基进行强夯加固；边板板带板宽7 m，板厚300 mm，对天然地基进行强夯加固。架空段长度104 m，纵向共分为2段，分段长度分别为51.5 m和52.5 m。船台面均采用架空的梁板结构。梁板纵向排架间距为4.5 m，横向断面布置10根500 mm×500 mm立柱。桩基为ϕ800钻孔灌注桩，桩尖进入强风化岩3 m；桩基布置为一柱一桩，桩顶设桩帽，平面尺寸1.2 m×1.2 m，厚0.8 m，顶标高-4.8 m。

c. 3号造船坞。

造船坞位于厂区的西南侧，有效尺度为350 m×52 m×13.10 m，坞顶高程5.50 m、底板面标高-7.60 m。2组600 t龙门吊、1组120 t门机吊车、1组32 t门机吊车；总组装焊平台5座，平面尺度分别为358 m×48 m、80 m×48 m、80 m×52 m、80 m×32 m、395 m×32 m以及坞口外港池周边的直立式护岸。该船坞工程总体上采用沉箱式围堰挡水大开挖干施工的设计和建造方案。坞口采用钻孔灌注桩基础上的现浇“U”形整体式结构；水泵房为钻孔灌注桩基础上的现浇地下箱形结构。坞室采用排水减压式结构：坞墙分别采用大开挖施工的桩基扶壁结构、岩基上的全扶壁及两种不同底标高的衬砌加扶壁混合式结构；坞室底板部分采用桩基础，部分直接在天然地基上浇筑。新建吊车道一般采用桩基上的现浇连续梁结构，在岩面较高区域采用弹性地基梁结构，总组或装焊平台一般采用天然地基上的现浇大板结构。

围堰由船坞口门前的沉箱围堰及船坞两侧的土石围堰组成。由于1号、3号码头均采用沉箱重力式结构，在船坞施工期间，将 1 号、3 号码头靠船坞处沉箱先行施工，将二者之间长度约96 m 的“缺口”用临时沉箱封堵使三者连成一体，形成坞口前方的堵口主围堰。沉箱围堰净宽 12.60 m(沉箱宽包括前后趾总宽 13.6 m)，顶标高为 2.30 m，沉箱围堰上部结构为临时浆砌块石胸墙结构，临水侧胸墙顶标高为 5.5 m；内侧临空侧浆砌块石胸墙顶标高 5.0 m，无止水要求，箱顶两侧胸墙之间回填开山料至 5.0 m。沉箱围堰底部为 10 ~ 100 kg 块石基床，采用 ϕ1 000@800 的高压旋喷排桩结构止水。止水旋喷桩下帷幕灌浆达到渗透系数小于 3×10^{-5}cm/s。

坞室采用大开挖施工：坞墙采用扶壁式，其基础视基岩埋深情况分别采用桩基(钻孔桩)或天然地基；底板宽度方向分为三块，其中中板采用桩基、基岩外露可直接坐落于基岩之上，边板一般采用天然地基；船坞止水帷幕由布置于扶壁后趾的二排高压旋喷桩构成。

d. 舾装码头。

1 号、2 号舾装码头分别建成于 1997 年、2004 年，前沿线长度分别为 280 m 和 198 m，码头面标高 4.96 m，前沿泥面标高均为 －11.50 m；均配置 1 台 40 t 门座起重机，可用于停靠 3 万 ~ 8 万吨级空船进行舾装作业。2 座码头均采用预制扶壁重力式结构，扶壁下采用抛石基床，基床下的地基分别坐落于基岩及中粗砂垫层之上；1 号码头扶壁后方回填中粗砂，2 号码头扶壁后方回填抛石棱体、倒滤层、开山料。

3 号舾装码头位于工厂西南侧。码头总长 290 m，其中码头南侧约 212 m 突入海域，宽度 30 m，前沿泥面标高均为 －12.50 m。码头前沿为 10 万吨级舾装码头泊位，后沿可停靠 5 000 t 驳船。该码头地基适合建造重力式码头，但设计时当地政府海洋及环保部门提出必须采用透空式，因此采用了下部为间隔布置的沉箱、上部为梁板结构的特殊混合式透空结构。

(2) 泉州修造船工程

1) 简况。

泉州船厂位于福建省泉州市惠安县，为湄洲湾的南岸，属斗尾港区，介于 24°56′15″—25°05′06″N 和 118°51′38″—119°02′05″E 间。东临台湾海峡，东距台北和高雄分别为 170 n mile 和 186 n mile。地理位置如图 8 － 46 所示。泉州船厂规划包括修船区、小造船区及大造船区三大块，但大造船区正在进行前期工作。修船区及小造船区分别于 2008 年和 2011 年建成投产。占地面积 120 hm^2、岸线长 3 600 m，规划建设 30 万吨级、10 万吨级修船坞各 2 座、3 万吨级半坞式气囊船台 1 座以及 10 个舾装码头泊位。规划规模为年修理 30 万吨级以下各类船舶 250 艘，并能承担各类船舶的改装、海洋平台及模块的修理和改装工作。小造船区为年造 8 ~ 12 艘 5 万吨级以下小型油船及海洋工程辅助船。

图 8 － 46　泉州船厂平面位置

2）设计条件。

本工程位于福建省湄洲湾南岸。潮型属正规半日潮。斗尾平均低潮位低于崇武，平均高潮位高于崇武。工程偏北方向湾内水域相对宽阔，设计风速较大，能够产生较大风波。

本工程至岸边约1.0 km范围内海陆交互区域，退潮时部分露出水面，涨潮时全被海水淹没。坞口前沿线处现有泥面标高在－7～－4 m之间，与海岸线最大距离约240 m；拟建厂区可分为9个土层。①$_4$层为素填土，土质不均匀，砂性较重，多为黏性土及砂混少量碎石而成，主要分布于陆域农田区域，层厚1.9～0.9 m；①$_1$层为淤泥，含少量贝壳、粉砂及有机质，局部呈淤泥质粉质黏土，顶板标高－10.58～－3.94 m（国家黄海零点，本节同），层厚0.6～10.4 m；①$_2$层为淤泥混砂，土质不均，主要由黏粒和粉粒组成，混少量贝壳及粉砂，标高－15.32～1.44 m，底板标高－17.02～0.28 m，层厚0.5～5.4 m；①$_3$层为砂混淤泥，主要由中砂、细砂、淤泥及少量贝壳碎屑混合而成，含淤泥约15%，局部少量中砂，局部贝壳含量10%～30%，该层分布较广泛，顶标高－18.18～－2.92 m，底板标高－21.18～－3.62 m，层厚0.2～4.3 m；②层为中砂，主要以石英、长石为主，含少量黏性土及贝壳，顶板标高－12.07～＋3.39 m，底板标高－14.91～－1.99 m，层厚0.5～4.4 m；③层为粉质黏土，土层分布较广泛，底板标高－18.89～－16.75 m，层厚0.3～4.4 m；④层为残积砂质黏性土，场地内普遍分布，标高－13.05～＋15.7 m，底板标高－22.15～12.6 m，层厚0.8～9.8 m；⑤层为全风化花岗岩，岩芯具散体状结构，呈黏性土状；压缩性较低，土层分布较广泛，顶板标高－18.89～16.75 m，底板标高－24.3～14.95 m，层厚0.5～11.4 m，标贯击数32～48击；⑥层为强风化花岗岩，标贯击数大于50击或反弹，长时间泡水可软化，渗透系数平均值为8.61×10^{-7} m/s。顶板标高－24.3～16.71 m，底板标高－27.4～14.16 m，层厚0.3～11.6 m；⑦层为风化花岗岩，一般具块状结构，局部具碎裂状，下部近微风化花岗岩，渗透系数平均值为5.62×10^{-7} m/s，饱和单轴抗压强度平均值为46.90 MPa。

本区地震基本设防烈度为Ⅶ度，设计基本地震加速度值为0.15g。

3）平面布置。

本工程水工构筑物包括修船干坞4座、气囊下水造船台1座（下水重量6 500 t）、舾装码头9座（30万吨级、10万吨级），水工构筑物布置如图8－47所示。

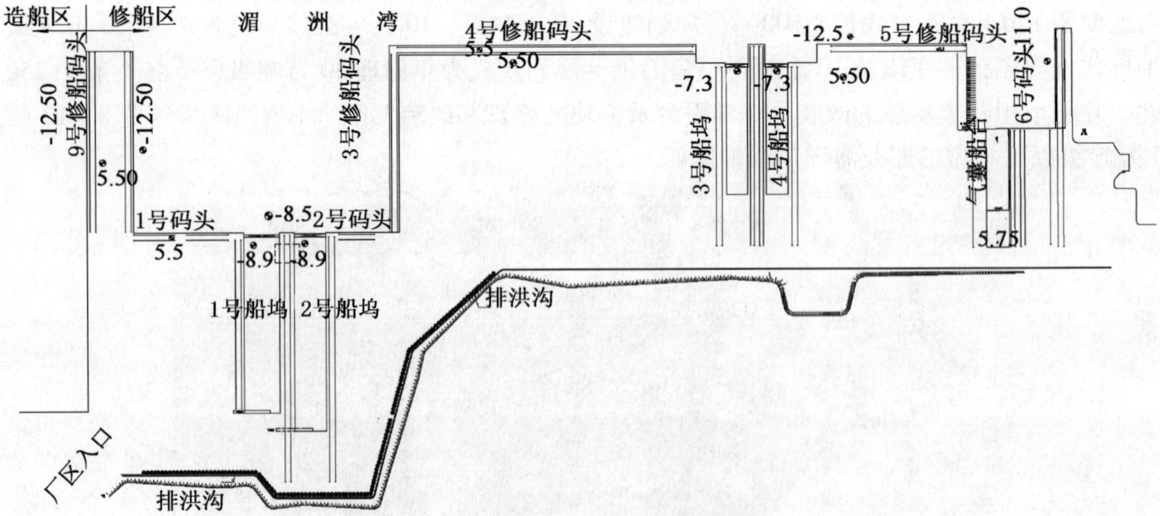

图8－47 泉州船厂修船区及小造船区水工构筑物平面布置

1号、2号船坞为30万吨级修船坞，有效尺度分别为380 m×80 m×14.40 m和420 m×68 m ×14.40 m；2座船坞并列布置，净距32 m。3号、4号船坞为10万吨级修船坞，有效尺度均为280 m×46 m×12.80 m；地坪标高5.50 m；2座坞并列布置，坞壁线之间的净距为40 m，船坞两侧设有32 t和700 t起重机轨道，二坞的坞尾均设有汽车下坞通道。

4）水工建筑物。

斗尾船厂设计水位见表8－15。利用崇武国家海洋观测站1962—2000年连续39年实测年极值波浪资料，选择莆田试验站公式进行工程前沿小风区风浪波要素计算，4号修船码头前沿50年一遇N(NNE)向设计波浪要素见表8－16。

表8－15 斗尾船厂设计水位

斗尾船厂	黄海零点	备 注
设计高水位	3.37 m	高潮累积频率10%
设计低水位	－3.01 m	低潮累积频率90%
极端高水位	5.06 m	50年一遇
极端低水位	－3.96 m	
进出坞设计水位	0.70 m	持续2小时，年保证率61.4%

表8－16 50年一遇N(NNE)向设计波浪要素

计算水位	设计波要素						
	$H_{1\%}$/m	$H_{4\%}$/m	$H_{5\%}$/m	H_s/m	$\bar{H}$/m	L/m	T/s
5.06	3.57	3.03	2.93	2.46	1.57	59.72	6.3
3.37	3.42	2.91	2.81	2.37	1.51	58.70	6.3
－3.01	3.19	2.75	2.66	2.26	1.48	51.49	6.3
－3.96	3.11	2.68	2.60	2.22	1.45	49.75	6.3

厂区地坪设计标高为5.50 m，2座船坞坞室底板标高均为－8.90 m(靠坞口处最深处，坞底板设1/300的纵坡)。坞室底板标高为－7.30 m(靠坞口最深处，坞底板设1/400的纵坡)。

a. 船坞围堰。

围堰采用前沿为沉箱、两侧为土石坝结构的组合形。沉箱围堰总长约420 m；土石坝总长约350 m；沉箱下的基床和土石坝均采用高压旋喷桩止水。利用3号、4号修船码头永久结构预制沉箱，其底宽13.50 m(包括前后趾各0.75 m)、高14.00 m，长19.95 m；标准型沉箱预制总质量在1 680 t左右。顶部堆袋装土，袋装土内外两侧利用预制毛石混凝土作为胸墙。基床的止水采用2～3排高压旋喷桩形成。为施工旋喷桩的需要，在基床中要施工的高压旋喷桩处两侧一定范围内先抛一部分4～15 cm连续级配碎石，保证沉箱后趾8 m范围以及前趾3 m范围的基床为10～100 kg块石。旋喷桩止水帷幕深度要求达到强风化岩面以下3 m。

b. 船坞主体结构和修船区舾装码头。

四座船坞均为全岩基上的排水减压式结构。坞壁为现浇扶壁或开山衬砌而成，底板直接坐落于强风化或中风化基岩之上；坞口为“U”形现浇重力式整体结构，坞门采用卧倒式坞门，2座船坞共用的水泵房位于二坞之间的坞墩后方；船坞底板下周边采用帷幕灌浆止水。

舾装码头除小造船区的6号码头为3万吨级码头采用扶壁重力式结构、设计泥面标高

-11 m 以外，其余均按照 30 万吨级修船舾装码头设计，结构形式均采用沉箱重力式，码头面标高 5.50 m、前沿设计泥面标高 -12.50 m。

c. 小造船区气囊船台。小造船区的气囊下水式船台长 195 m、宽 48 m；设计下水质量 3 000 t，相当于万吨级左右的船舶。该船台前期主要用于建造 6 500 t 双壳油轮；设计阶段在考虑本船台下水质量不大、船型较为单一以及投资、环保等优势，决定采用气囊下水方式。船台纵向分成两个区，自船台末端起 30 m 为船舶下水区，纵向坡度 1∶20；30 m 处至船台顶端的 165 m 长船舶建造区，纵向坡度 1∶60。船舶建造完毕后利用气囊和绞车将船舶平移至下水区，然后利用气囊将船体基线坡度调整至 1∶22，释放牵引装置的快速脱钩，依靠船舶自身质量下滑下水。

(3) 福建华东船厂工程

1) 简况。

华东修造船厂厂址位于福建省罗源湾北岸，地理位置为 26°27′05″N，119°42′58″E。船厂位置如图 8-48 所示。该船厂的船坞规划生产规模为：1 号船坞为 8 万吨级造船坞，年造 8 万吨级船舶和 1 300TEU 集装箱船各 2 艘，年钢材加工量 3.6×10^4 t；2 号船坞为 30 万吨级修船坞，年修理各型船舶 48 艘，年钢材加工量 1×10^4 t；3 号船坞为 8 万吨级修船坞，年修理各型船舶 62 艘，年钢材加工量 5 000 t。工程于 2008 年开工，2010 年逐步建成投产。

图 8-48　华东船厂平面位置

2) 设计条件。

潮汐属正规半日潮。码头区地面标高在 -15.27 ~ -4.73 m(国家 85 黄海零点，本节同)。场地工程地质自上而下可分为：①层为素填土，成分为场地较高处的强风化-中风化岩及孤石、残积土及淤泥等堆填物组成，含有贝壳。堆填时间为 1980—2007 年，厚 0.90 ~ 7.50 m；②层为淤泥，层面高程 -19.50 ~ 2.06 m；④层为粉质黏土，厚 2.20 ~ 2.50 m，层面高程 -14.91 ~ -10.20 m；⑥层为黏性土混碎石，黏性土含量不少于 58.1%，厚 0.50 ~ 33.10 m，层面高程 -24.93 ~ 5.20 m，场区普遍分布；$⑥_{-1}$层为黏土，厚 1.25 ~ 6.90 m；$⑥_{-2}$层为淤泥质土，局部分布于码头区域，厚 1.00 ~ 4.20 m；⑦层为凝灰熔岩残积砂质黏性土，遇水易软化，标贯实测击数少于 30 击，仅分布于局部区域，厚 2.40 ~ 6.00 m，层面埋深 1.60 ~ 30.80 m，层面高程 -37.00 ~ -7.96 m；$⑦_{-1}$层为残积砂质黏性土，主要为长石、石英，厚 0.50 ~ 4.90 m，层面高程 -43.34 ~ 7.14 m；⑧层为全风化凝灰熔岩，标贯实测击数小于 50 击，遇水易软化，层面埋深 1.40 ~ 33.60 m，高程 -41.06 ~ 1.64 m；$⑧_{-1}$层为全风化花岗斑岩，标贯实测击数小于50击，场区内分布于主要船坞区域低丘区西南侧、码头区域除东侧外的大部分钻孔，厚0.80～21.70 m，层面高程－46.89～9.20 m；⑩层为中风化凝灰熔岩，场区内多分布于船坞区域低丘区东北侧，最大厚11.13 m；⑩$_{-1}$层为中风化花岗斑岩，为较硬岩，岩体基本质量等级为Ⅱ—Ⅲ级。场区内分布于船坞区域和码头区域的大部分钻孔，最大厚11.30 m。

3）平面布置。

该工程包括1座造船坞、2座修船船坞和2座码头。其中1号船坞为8万吨级造船坞、2号船坞为30万吨级修船坞、3号船坞为8万吨级修船坞；坞的尺度分别为：1号坞295 m×50 m×14.40 m；2号坞360 m×72 m×14.90 m；3号坞245 m×41.8 m×13.90 m。码头分别按照10万吨级及30万吨级舾装码头设计。

4）水工建筑物。

设计水位及乘潮水位见表8－17。本海区的波浪要素推算结果见表8－18。

表8－17　设计水位

高程系统		三沙站水尺零点	1985国家高程
设计潮位	设计高潮位	8.09	3.46
	设计低潮位	1.48	－3.15
极端潮位	极端高潮位	9.67	5.04
	极端低潮位	0.39	－4.24

表8－18　设计波浪要素结果

波向	重现期/a	$H_{1\%}$/m	$H_{4\%}$/m	$H_{13\%}$/m	H_m/m	T/s
SE	50	2.89	2.35	1.92	1.21	5.21
E	50	2.72	2.13	1.73	1.09	5.01
S	50	1.25	1.06	0.78	0.50	3.11

a. 船坞工程。

厂区地坪设计标高为5.80 m。坞室底板标高1号、3号坞分别为－8.60 m及－8.10 m，2号坞为－9.10 m。3座坞坞口交错布置，1号、2号坞坞壁线之间的净距为36 m，2号、3号坞坞壁线之间的净距为24 m，1号船坞两侧设有450 t、150 t龙门吊机轨道，2号、3号船坞两侧设有45 t、25 t、80 t门座起重机轨道。工程采用大围堰包围、大开挖干施工。围堰采用土石坝结构；大部分为爆破挤淤后坝体坐落于粉质黏土层或黏性土混碎石层之上；土石坝中设置高压旋喷桩止水芯墙一道。坞口均采用现浇钢筋混凝土整体“U”形重力式结构，天然基岩基础；采用浮箱式坞门。坞口底板一般厚度2.0～2.5 m；沿底板外沿在底板下设2.5 m宽、0.6 m深的齿坎，齿坎下设灌浆或高压旋喷桩止水帷幕。

三个船坞坞墙结构根据地质条件分为衬砌式、浆砌块石、扶壁式三种。灌砌块石坞墙分布在1号、2号船坞靠近坞口的位置；扶壁式坞墙分布在1号、2号、3号船坞坞尾处，2号、3号船坞之间坞墙及3号船坞F轴线处；其余部分原为山体，按中风化基岩考虑设计时采用衬砌式结构。衬砌式坞墙衬砌厚度0.40 m，以φ25的岩锚与岩体锚固，岩锚深入岩体2.5～3.0 m，间距为1.5 m。拉杆和岩石缝隙采用注浆封闭。局部岩面较低的区段或岩面较破碎的区段在挖除松动的土石后采用灌砌块石加拉锚结构。扶壁结构 20 m 一段，局部坞尾处为异型扶壁结构。2 号船坞扶壁底宽为 10.5 m，1 号船坞扶壁底宽为 10.25 m，3 号船坞扶壁底宽为 10.00 m；肋板厚400@4 250，立板厚度为 400 mm。2 号船坞灌砌块石坞墙底宽为 10.5 m，1 号船坞坞墙底宽为 10.25 m，3 号船坞坞墙底宽为 10.00 m。

坞室底板除 2 号、3 号船坞 17—27 号轴线之间位于第⑥层外，基本均处于全风化或强风化基岩上。1 号、3 号船坞底板横向分三块，其中 1 号船中板宽 15 m，边板宽 16 m；3 号船坞中板宽12.8 m，边板宽 13 m。中板厚 0.6 m，边板厚 0.4 m。3 号船坞局部底板位于第⑥层上，在中板布置 ϕ600PHC 管桩。2 号船坞底板横向分五块，其中中板宽 15 m，中边板宽 14.5 m，边板宽 12.5 m。坐落于基岩上的中板厚 0.6 m，边板厚 0.4 m，坐落于第⑥层上中板厚 0.8 m，边板厚 0.4 m，并在坐落于软基上的中板布置 ϕ600PHC 管桩。

船坞止水系统采用基岩上帷幕灌浆、高压旋喷、高压旋喷与帷幕灌浆结合的方式。

b. 舾装码头。

舾装码头宽度 25 m，均采用高桩梁板式结构，排架间距 7.1 m，分段的两端设 2.0 ~ 2.5 m 悬臂端。桩基为 ϕ800PHC 管桩，每一排架下布置 7 根桩，前沿 1 对 7∶1 叉桩，后沿 1 对 4∶1 叉桩以及中间的 3 根直桩。码头后平宽度 15 m，也采用高桩梁板结构，桩基选用 ϕ800 钻孔灌注桩，每个排架布置 3 根直桩。引桥排架间距为 8.70 m，倒角处排架为 3 根 ϕ800PHC（AB 型）管桩直桩，末端考虑要穿透海堤抛石堤身采用 2 根 ϕ800 的钻孔灌注直桩，其余每个排架为 2 根 ϕ800PHC（AB 型）管桩直桩。

8.2.4 珠江三角洲沿海修造船工程

由于经济和自然条件的因素，珠三角长期以来一直是我国修造船产业发展的重要地区之一。目前珠三角沿海修造船厂主要包括广州中船龙穴造船基地、招商局友联修船基地、广州广船国际股份有限公司、广州文冲船厂等，其中后二者主要建造 10 万吨级以下中、小型船舶，且相对位于珠江口的上游。本节选择中船龙穴修造船基地、招商局友联修船基地作为珠三角沿海修造船基地的代表，分别介绍其规模和设计、施工概况以及水工构筑物的结构特点。二基地地理位置见图 8 - 49。

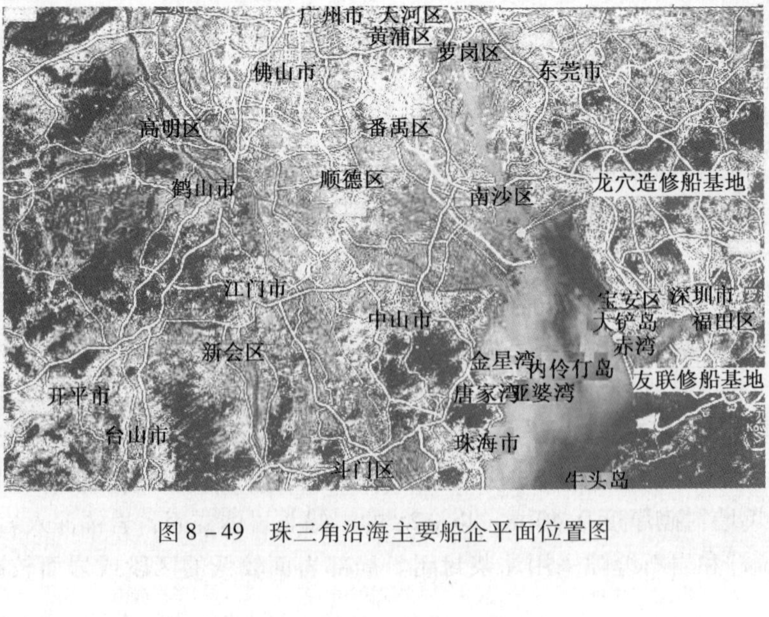

图 8 - 49 珠三角沿海主要船企平面位置图

8.2.4.1 中船龙穴修造船基地工程

(1)简况

基地位于广州南沙地区，虎门外珠江右岸、龙穴岛围垦区东岸线，地处珠江干流，22°40′N，113°40′E附近。其南侧与南沙经济开发区港区相邻，东侧与东莞市隔江相望，西面是万顷沙围垦区。水路距广州港新沙港区35 km，距广州市区65 km，距桂山岛锚地70 km，距香港71 km，距深圳西部港区45 km。龙穴是华南地区最大的造船基地。占地510×10^4 m²，其中造船部分为253×10^4 m²；修船部分为48.3×10^4 m²；海洋工程部分为118×10^4 m²；船舶配套部分18.8×10^4 m²；公用港池72×10^4 m²。岸线总长度约4.5 km，纵深1.3 km。

(2)设计条件

基地工程附近(当地理论深度最低潮面，下同)平均海平面1.90 m；平均高潮位2.63 m；平均低潮位1.03 m。

拟建场地上部覆盖层主要由淤泥、黏性土及砂土等组成，下部基岩为混合花岗岩。$①_1$层为吹填砂，厚约1.50 m；$①_2$层为吹填土，淤泥为主，局部含粉砂，一般厚3.50 m；$①_3$层为素填土，土质不均，状态松散，一般厚8.25 m；$②_1$层为海陆交互沉积层；$②_2$层为淤泥，场内普遍分布，平均厚6.80 m；$②_3$层为粉砂混黏性土，以粉砂为主，平均厚4.20 m；$③_1$层为粉质黏土，分布不连续，平均厚4.05 m；④层为淤泥质黏土，平均厚8.20 m；$⑥_1$层为粉砂混黏性土，以粉砂为主，分布不连续，一般厚5.10 m；$⑥_2$层含黏性土粉砂，以粉砂为主，一般厚3.20 m；$⑦_1$层为粉质黏土，分布不连续，一般厚为4.70 m；$⑦_2$层为粉砂，以石英砂为主，分布不连续，一般厚3.00 m；$⑦_3$层为淤泥质黏土，一般厚为6.90 m；⑧层为粉质黏土，由混合花岗岩风化残积而成，一般厚1.40 m，层顶高程 −25.00 m ~ −5.79；$⑨_1$层为全风化混合花岗岩，以粉质黏土、砂质黏性土及砾质黏性土为主，局部不连续，厚0.70 ~ 4.50 m，层顶高程 −30.08 ~ −6.78 m；$⑨_2$层为强风化混合花岗岩，层顶高程 −35.12 ~ −7.06 m；$⑨_3$层为中风化混合花岗岩，层顶高程 −38.88 ~ −8.66 m，岩质较硬，岩芯采取率约为80%，标贯击数大于200击。

场地抗震设防烈度为Ⅶ度，设计基本地震加速度值为0.10g。

(3)平面布置

考虑到批准使用的4 500 m岸线远不能满足生产所需的水域和岸线需要，采用设内港池的总体布置方案，港池尺度为900 m×800 m，港池内增加了约3.4 km长的码头岸线，相对不受泥沙淤积问题的困扰。港池布置在龙穴岛的北边，口门宽160 m，口门外调头区面积为700 m×530 m。港池北边线距厂区北边线约680 m。两造船坞布置在港池的南边，坞口临港池，船坞中心线与码头岸线平行，港池口门南边内侧布置1个码头泊位，厂区东边岸线布置3个码头泊位，码头前沿停泊水域宽度为140 m。前沿水域总宽度为440 m。港池底标高 −8.5 m。造船部分平面上按照造船生产流程"一"字形向北布置一条生产线的钢料堆场、预处理、船体、舾装、涂装、分段堆场、总组场地以及船坞(总装)等生产构筑物。修船部分位于基地南端，主要包括两座大型修船干船坞和1 500 m舾装码头，其中一座为30万吨级修船干船坞，另一座为20万吨级修船干船坞和配套的两座32 t门座式起重机、1座45 t门座式起重机。海洋工程部分位于基地北端。中船龙穴造修船基地各区域划分和平面布置见图8−50至图8−52。

(4)水工建筑物

造船区主要水工建筑物包括 1 号坞(490 m × 106 m × 13.1 m),2 号坞(480 m × 92 m × 13.1 m)。两坞间距 52 m,坞底标高 −7.90 m,坞顶标高 5.20 m;220 m 材料码头,790 m 顺岸舾装码头及 370 m 突堤码头,码头前沿泥面设计标高均为 −9.50 m,码头面标高均为 5.20 m。修船区主要水工建筑物包括 1 号坞(360 m × 65 m × 13.3 m),2 号坞(300 m × 74 m × 13.3 m),两坞间距 32 m,坞底标高 −8.10 m,顶标高 5.20 m;1 500 m 顺岸舾装码头,码头前沿泥面设计标高为 −9.50 m,码头面标高为 5.20 m。围堤长 13 km,吹填造陆面积约 $450 \times 10^4\ m^2$,吹填土方 $1\ 800 \times 10^4\ m^3$。

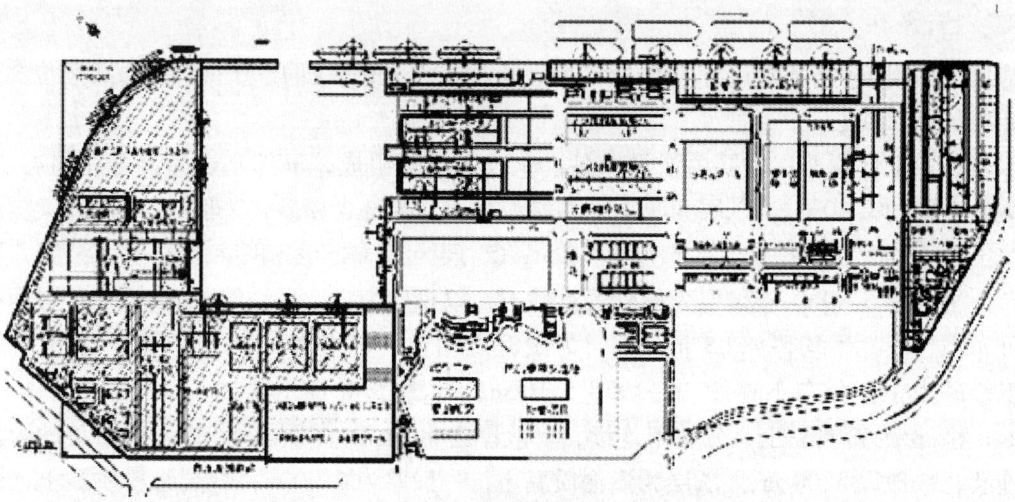

图 8 − 50 中船龙穴造修船基地各区域划分图

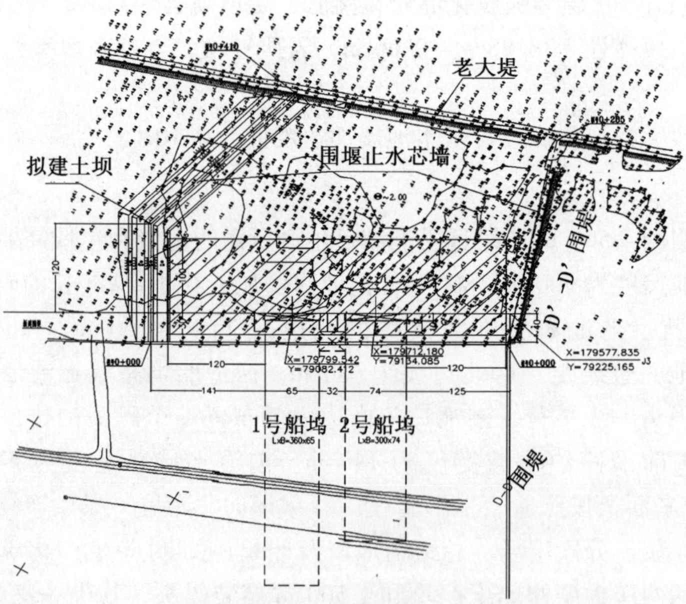

图 8 − 51 修船区坞口围堰平面图

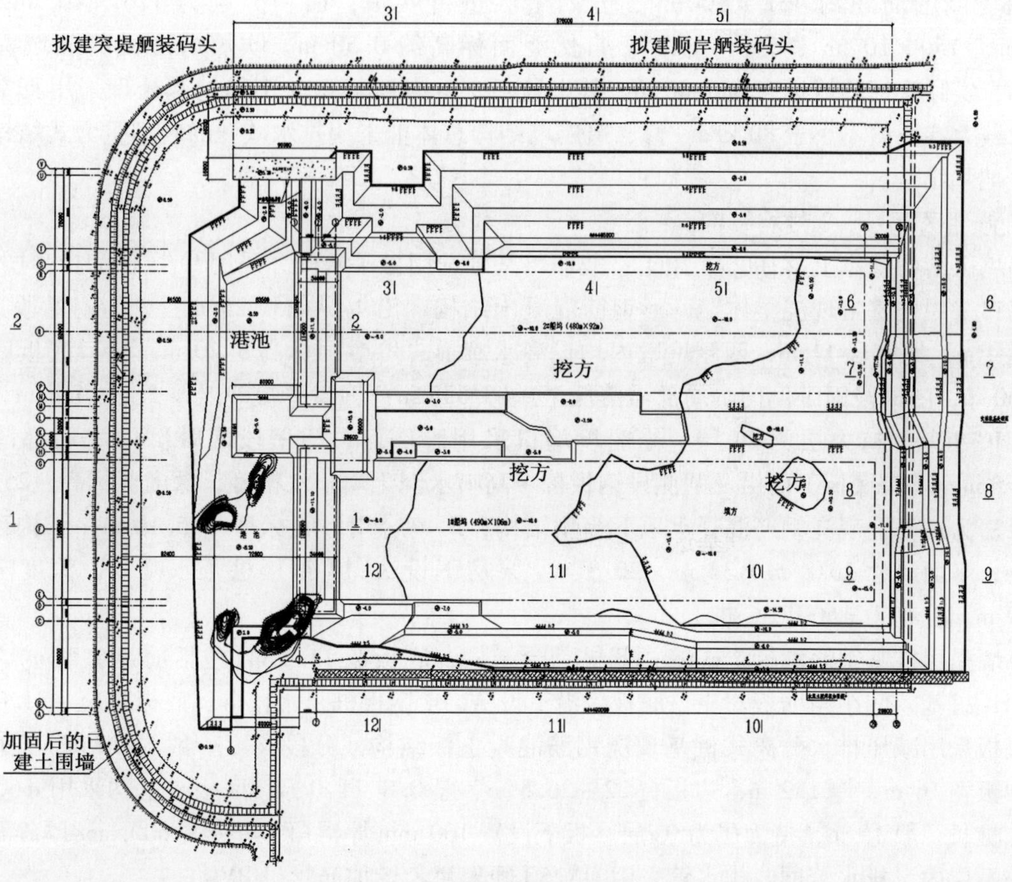

图 8－52　造船区坞口围堰平面图

设计高水位(高潮累积频率 10% 的潮位)3. 24 m；设计低水位(低潮累积频率 90% 的潮位) 0. 53 m；50 年一遇极端高水位 4. 44 m；50 年一遇极端低水位 －0. 10 m。南沙地区水域设计高水位条件下的波浪要素见表 8－19。

表 8－19　设计高水位条件下波浪要素

方向	重现期/a	$H_{1\%}$/m	$H_{4\%}$/m	$H_{5\%}$/m	$H_{13\%}$/m	H/m	T/s
SSE	50	2. 66	2. 24	2. 17	1. 81	1. 14	5. 1
	25	2. 54	2. 15	2. 07	1. 73	1. 09	4. 9
	2	1. 91	1. 61	1. 55	1. 29	0. 81	4. 0
SE	50	2. 59	2. 18	2. 11	1. 76	1. 11	5. 1
	25	2. 46	2. 07	2. 00	1. 67	1. 05	4. 9
	2	1. 67	1. 41	1. 36	1. 13	0. 71	3. 7
ESE	50	3. 03	2. 56	2. 48	2. 07	1. 31	5. 5
	25	2. 80	2. 37	2. 29	1. 91	1. 21	5. 1
	2	1. 53	1. 28	1. 24	1. 03	0. 64	3. 4
E	50	2. 96	2. 50	2. 42	2. 02	1. 28	5. 0
	25	2. 73	2. 31	2. 23	1. 86	1. 17	4. 6
	2	1. 38	1. 16	1. 12	0. 93	0. 58	3. 0

围堤圈围面积约 461×10^4 m²，分四个区进行吹填，面积分别为 116×10^4 m²、110×10^4 m²、150×10^4 m²、55×10^4 m²。自然泥面标高约 0.50 m，吹填后形成的陆域标高为 4.50 m，实际吹填陆域标高为 5.80 m，其中包括 1 m 厚吹填砂。工程地基处理采用真空预压法，承载力特征值不小于 80 kPa。修、造船坞结构总体上采用排水减压的轻型重力式结构。

1）船坞结构。

a. 修船区 1 号、2 号坞结构。

船坞区结构基本上落在②$_{3-1}$层上，故船坞基础选用桩基基础，采用⑨$_2$层作为持力层。

坞口采用桩基上现浇整体"U"形钢筋混凝土结构，沿坞纵向长 25 m，分为门槽段 10 m，门槛段 4 m，坞室段 11 m；两侧坞墩内均设灌水廊道；坞墩顶标高 5.20 m，坞口底板底标高 −11.60 m，门槽段因卧倒门坑局部需落低至 −16.635 m；坞口底板一般厚 3.5～4.3 m，下设 ϕ600PHC 桩基，持力层为⑨$_2$层。修船坞坞口采用卧倒门，门槽段因卧倒门坑局部落低至 −17.55 m。坞口底板下前沿及两侧设钢板桩 + 高喷水泥土墙止水帷幕，深度至标高 −25.0 m。

泵房为桩基上现浇钢筋混凝土地下箱型结构，两坞合用。底标高 −15.10 m，结构顶标高 5.20 m，平面尺寸 26.8 m × 32 m × 20.3 m。泵房下设 AU14 钢板桩止水帷幕，深度至标高 −21.0 m。桩基为 ϕ600PHC 桩。

坞墙采用桩基钢筋混凝土扶壁式低桩承台结构，底板宽 11.5 m（包括前趾 2.5 m），下设 ϕ600PHC桩基，间距与肋板对应。底板后沿下设 AU14 钢板桩止水帷幕，底标高至 −21.0 m。

底板采用减压排水分离式桩基现浇钢筋混凝土板结构，分段长度一般为 20 m，横向分 3 块，中板宽 16 m，厚 1.2 m，边板宽 22～26.5 m、厚 0.8～1.0 m；底板桩基均采用 ϕ600PHC 管桩，桩长一般 19 m，持力层为⑨$_2$层。板下设置 100 mm 厚混凝土垫层、600 mm 厚碎石排水层，碎石层内设排水管网。排水管采用 DN250 硬聚氯乙烯加筋管（UPVC）。

b. 造船区 1 号、2 号坞结构。

坞口采用岩基上现浇整体"U"形钢筋混凝土结构。沿船坞纵向长 30 m，分为门槽段 15 m，门槛段 7 m，坞室段 8 m；坞墩顶标高 5.20 m，坞口底板底标高 −11.10 m，底板一般厚 3.0～4.0 m。坞口下岩面为⑨$_{21}$层及⑨$_3$层。坞口底板下前沿及两侧设三排帷幕灌浆止水，其深度至强风化⑨$_{22}$层下 10.0 m 或⑨$_3$层岩面下 2.0 m，渗透系数小于 3×10^{-5} cm/s。泵房结构与修船区同。

坞墙采用岩基上现浇钢筋混凝土扶壁式结构。基岩面较高处采用扶壁加衬砌墙混合式结构，衬砌墙设置锚杆。后趾止水帷幕压顶后增厚至 1.50 m；立板厚 0.4 m，肋板厚 0.4 m，间距 4.0 m，分段长度一般 20 m；扶壁式坞墙底板宽 12.5 m（包括前趾 2.5 m）。墙后分层回填中粗砂。

底板结构基本同修船区，横向分 5 块，中板宽 18～20 m，中边板宽 20 m，厚 0.80 m，局部加厚至 1.0 m；边板宽 16.5～20.5 m、厚 0.80 m；当底板直接落在中风化岩面上时，采用衬砌式钢筋混凝土结构，板厚 0.80 m，板下设置 200 mm 厚无砂混凝土垫层及减压排水沟网；残积土层上的底板采用理砌块石基床 + 砂垫层方法，理砌块石基床厚 2 m，其下粗砂垫层振冲密实。

2）码头结构。

突堤码头采用抛石基床沉箱重力式结构形式。港池外侧单个沉箱尺度长 19.5 m，宽 8.2 m，沉箱高度 11.7 m，沉箱前后趾 0.5 m，沉箱间间隔 0.5 m；港池内侧单个沉箱长 16.0 m，沉箱间间隔 4.0 m，其余与外侧沉箱同；南端部沉箱尺度长 9.5 m，宽 22.5 m，沉箱高度11.7 m，沉箱前后趾板长度均为0.5 m。下为10～100 kg抛石基床，厚度为2.0～4.0 m，持力层为⑧层和⑨层，部分抛石基床下需换填砂。码头两侧沉箱间以叠合"Π"形板结构连接过渡。胸墙分段南端长30 m，其余均为20 m。

顺岸码头也采用抛石基床上沉箱重力式结构形式。单个沉箱尺度长19.95 m，宽11.5 m，高度11.5 m，沉箱前后趾均为1.0 m。沉箱下为抛石基床，厚度4.0 m，局部基岩面较低处，抛石基床下换填中粗砂，持力层为⑧层或$⑨_1$层。胸墙上安设45 t门座起重机轨道前轨、SUC1200H鼓型护舷及系船设施等。起重机后轨基础采用桩基上钢筋混凝土连续梁结构。

8.2.4.2 招商局友联修船基地

(1)简况

招商局友联修船基地建于深圳市以西珠江河口段的孖洲岛上，主要建设包括2座15万～30万吨级修船干坞和约2 500 m修船码头以及与之配套的陆上建构筑物。基地以东西孖洲岛为依托，通过码头及护岸的建设将两座小岛包围，并在其内部开山建坞、填海，以此形成整个基地，长1 150 m，宽550 m，总占地面积约为63×10^4 m^2，永久设计地坪标高为5.50 m(当地理论深度基准面，下同)。本工程在岩基条件下利用拟建码头的沉箱结构用作临时围堰，节省了工程投资；选择了沉箱基床旋喷桩加固与岩基帷幕灌浆相结合的止水方案，止水防渗效果良好。

(2)设计条件

孖洲岛位于深圳妈湾西面水域，大铲岛以南。与大铲岛之间是大铲水道。孖洲岛分东孖洲和西孖洲二个岛，长约1 100 m，宽约300 m。东孖洲岛顶高程约51.74 m，西北坡较缓，东、南坡较陡，覆盖层薄，部分坡面岩石出露；西孖洲岛顶高程约69.35 m，四面山坡较陡，覆盖层薄，部分坡面岩石出露。两岛均发现坡脚有大量滚石或崩塌岩块。低潮时两岛之间有一条砂砾质的连岛坝相连，高潮时水浸没后分为二岛。各岩土层地质特征见表8－20

表8－20 各岩土层地基承载力容许值

层号	土层名称	地基承载力容许值/kPa	层号	土层名称	地基承载力容许值/kPa
4	淤泥混砂	70	7－2	粉质黏土	210
4－1	粉质黏土	180	8	卵石、碎石	300
5	粗　砂	220	8－1	砂混黏土	160
5－1	砂混黏土	200	8－2	粉质黏土	220
6	砾　砂	240	9	残积土	250
6－1	砾砂混碎石	270	10	全风化花岗岩	400
7	黏　土	180	11	强风化花岗岩	700
7－1	淤泥质黏土	100	12	中风化花岗岩	1 500

本区抗震设防烈度为Ⅶ度，设计基本地震加速度值0.1g。场地类别为Ⅱ类。

(3)平面布置

基地主要包括2座15万～30万吨级修船干坞和约2 500 m修船码头以及与之配套的陆上建构筑物。1号坞尺寸为397 m×83 m×13.5 m；2号坞尺寸为357 m×67 m×14.0 m。2座船坞并列布置，净距 30 m；1 号修船码头，总长度 1 150 m；北侧岸壁码头为 2 号修船码头，总长度 1 150 m。本基地除正常修船功能外还兼顾了海洋工程的修造功能。修船基地平面布置见图 8 – 53。

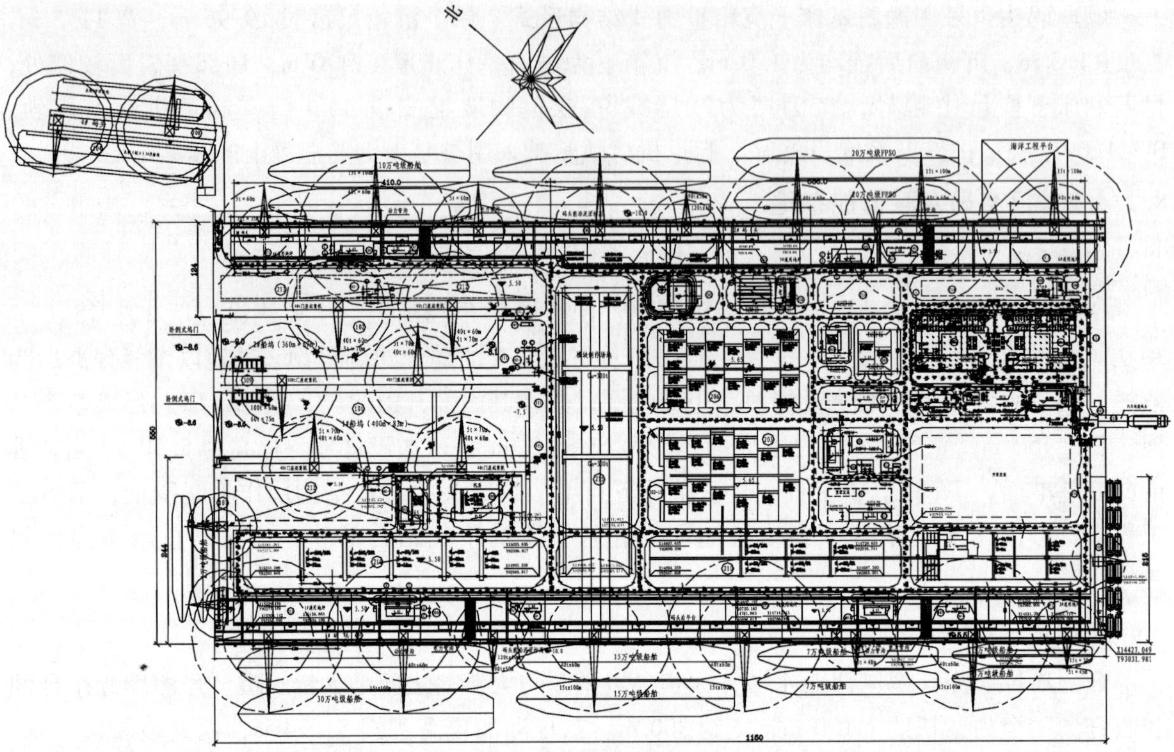

图 8 – 53　修船基地平面图

(4) 水工建筑物

设计高水位 2. 91 m；设计低水位 0. 41 m；极端高水位 4. 01 m；极端低水位 – 0. 29 m；进出坞水位 1. 76 m；WN 向(坞口处)50 年一遇波高 $H_{1\%}$ = 3. 39 m；$H_{13\%}$ = 2. 46 m。修船坞坞区地坪设计标高为 5. 50 m。两座船坞的主体均位于西孖洲岛的山体之中，属岩石地基上的大型修船坞。修船码头前沿设计泥面标高为 – 10. 00 m，码头面标高 5. 50 m。

1) 船坞围堰设计。

本工程所在地孖洲岛为北西—南东走向的低丘陵，岛周海床标高 – 3. 8 ~ – 0. 1 m。围堰工程包括总长约 341 m 的堵口围堰；南、北顺岸围堰，总长分别为 96 m、72 m；南、北土石围堰总长分别为 559. 3 m、294. 5 m。

临时围堰选用堵口及顺岸沉箱围堰加土石围堰的方案。堵口围堰的沉箱在完成围堰功能后，用于 1 号码头西段，总长约 341 m。南北顺岸围堰兼作船坞及码头间的岸壁。堵口围堰及顺岸围堰结构形式均为钢筋混凝土重力式沉箱结构。堵口围堰沉箱长 11. 0 m，宽 15. 0 m，高 12. 1 m，底标高为 – 9. 0 m，顶标高为 3. 1 m，沉箱底标高为 – 10. 0 m，顶标高为 2. 1 m。北顺岸围堰总长约 72 m，主要利用 2 号船坞和 2 号码头间岸壁部分沉箱结构。南顺岸围堰总长约 96 m，主要利用 3 号码头部分沉箱结构。顺岸围堰沉箱尺度长 24. 0 m，宽 11. 0 m，高 11. 1 m，底标高　– 9. 0 m，顶标高 2. 1 m，沉箱内回填开山石渣。围堰沉箱顶至场区地坪面标高 5. 50 m 间采用浆砌块石挡墙内填开山石渣，标高 5. 50 m 以上采用浆砌块石挡浪墙，墙顶标高 6. 5 m。

本工程场区上部覆盖层以孔隙型潜水为主，含水量较为丰富，但含较多黏土质，透水性较差，与高山体相接的土石坝围堰形成后，采用高压摆喷的方式施工止水芯墙，墙厚不少于300 mm，渗透系数应不大于 $1\times10^{-6}\sim3\times10^{-6}$ cm/s，墙底以下岩层内需施工灌浆帷幕，深度达到渗透系数小于 3.0×10^{-5} cm/s 的岩层(中风化岩)，28 天龄期强度不小于 5 MPa。

沉箱下基岩裂隙较发育，采用帷幕灌浆形成止水帷幕，深度达到中风化岩。抛石基床的止水采用升浆基床、高压旋喷止水等方式。当地处覆盖层浅薄的岩石地基时，采用升浆基床的方式止水，但当覆盖层厚薄变化较大时，考虑到施工能力，选择高压旋喷桩止水的方案，采用双排旋喷桩 ϕ1 000@800，单排注浆孔间距 800 mm，注浆孔正三角形布置，设计要求渗透系数不大于 3.0×10^{-6} cm/s。沉箱结构缝空腔内埋置橡胶止水带，并浇筑 C40 水下混凝土。为了沉箱的二次起浮(围堰功能完成后，起浮改作码头结构)，在沉箱底部铺一层土工布，沉箱间空腔侧壁涂抹隔离剂以防止沉箱间的固接。旋喷止水需要在沉箱中预置套管供旋喷及帷幕灌浆时使用，在浮运时需固定好导管以保证后期止水桩体的垂直度。

2)船坞结构。

a. 坞口。

采用现浇整体“U”形钢筋混凝土结构，1 号、2 号坞分开处理，中间采用现浇钢筋混凝土扶壁连接。1 号坞口总宽 103 m，两侧坞墩宽 10 m，总长 25 m，坞口底板一般厚 3.5 m，底板面标高 -9.0 m，坞口前设置坞门坑，坑底标高 -16.95 m，坞墩顶标高为 5.50 m。2 号坞口总宽 87 m，两侧坞墩宽 10 m，总长 25 m，坞口底板一般厚 3.5 m，底板面标高 -9.44 m，坞口前设置坞门坑，坑底标高 -15.95 m，坞墩顶标高为 5.50 m。坞口按重力式结构考虑，坞口底板底面下前沿及两侧均设置灌浆止水帷幕，进入中风化岩不少于 4 m 或微风化岩不少于 2.0 m，坞口门框采用花岗岩镶面。

b. 坞壁和底板。

坞壁为干施工现浇结构，分段长度约 15 m。在中风化岩面很高的区域，直接采用衬砌式坞墙，衬砌坞墙厚度约 0.6 m，后设 ϕ22@1 500 梅花形布置的钢筋锚杆，锚杆需进入稳定基岩中 2.0 m 以上；当岩面向水域逐步降低时，坞壁结构采用上部扶壁下部衬砌式的混合坞墙结构或全扶壁式坞墙，其中中风化岩面以上为扶壁结构，以下为衬砌式结构，衬砌后适当设置钢筋锚杆，扶壁底板最大宽度约 8.5 m，厚 600 mm，立板厚 400 mm，肋板厚 400@4 000，底板底标高根据岩面变化，采用素混凝土填空形成台阶。

坞室底板基本坐落在中 - 微风化岩面上，工艺要求纵向设 1∶400 的纵坡。底板结构采用钢筋混凝土板，分段长度约 15 m，横向分块宽度一般为 12 ~ 16 m，一般情况下中板厚 0.6 m，边板厚 0.35 ~ 0.45 m。底板下设置不小于 200 mm 厚的无砂混凝土垫层和减压排水系统。

船坞整体采用减压排水式结构，坞室周边的永久止水体系拟在坞室爆破开挖后沿底板周边施工一圈灌浆止水帷幕；船坞底板下设置减压排水管网系统。坞墙后设排水系统。船坞结构基础均为中等风化基岩，渗透性较弱，帷幕灌浆的深度进入中风化岩不少于 4 m 或微风化岩不少于 2.0 m；当透水率小于 0.02 ~ 0.03 L/(min · m^2)时，可认为止水体系满足要求。

c. 水泵房。

泵房位于二坞之间的坞口后侧，两座船坞共用，平面尺寸为 30 m × 37 m(宽 × 长)、底标高 -14.50 m。因船坞坞门为卧倒门，水泵房外侧设计了专门的灌水廊道。泵房主体采用全现浇的地下箱型结构，内部自下而上依次分为流道层、水泵层、电机层三层。泵房外墙钢筋混凝土厚 1 ~ 2 m，结构底板厚 2 m，底标高为 -16.5 m，均位于中风化基岩之上。水泵层及电机层设 800 mm × 800 mm 立柱和纵横梁系，底板厚度 1.0 m，电机层底板厚度 600 mm，顶板厚度一般为 400 mm。

灌水廊道内径 4 m×10 m(高×宽)，主体位于两座船坞的坞墩之间，也采用现浇的箱形结构。

3)码头结构。

岸壁码头均采用沉箱重力式结构。1 号、2 号码头前沿设计泥面 -10.00 m，标准沉箱长 18 m、底宽 12 m，高 12.1 m，单个沉箱预制质量近 1 200 t，其中作为围堰使用的 22 件沉箱因为外壁稍有加厚，预制质量约为 1 310 t。沉箱对接空腔宽度 0.5 m，上部为现浇钢筋混凝土胸墙，沉箱嵌入上部胸墙 0.3 m。码头基槽挖除全部海相沉积层和冲击相沉积层，使码头基础坐落在强风化基岩或强度较高的残积土层之上。基槽开挖后抛填中粗砂垫层并振冲密实，砂垫层之上抛填 40 cm 厚二片石垫层及约 4 m 厚的 10 ~ 100 kg 块石并重锤夯实。码头墙后一般回填 10 ~ 250 kg 的块石棱体，棱体顶宽一般填至码头前沿线后方 20 m。

8.3 海洋工程装备制造基地工程

8.3.1 概况

目前世界上很多沿海国家正在加紧对海洋高新技术进行开发，目前已发现的油气田有 1 600 多个，并有 200 多个海上油气田投产，海上油气总量在整个油气采集中的比例已由 1970 年的 10% 迅速增加到目前的 45% ~ 50%，而且海洋油气开采量还在逐年增加。表 8 - 21 是 2012 年全球深海油田生产装置。

表 8 - 21　2012 年全球深海油田生产装置

安装地点 平台类型	美洲			欧洲	非洲			亚洲			大洋洲	合计
	加拿大	墨西哥湾	巴西	北海	北非	西非	南非	中国	东南亚	印度	澳大利亚	
顺应塔式平台(Compliant Towers)	—	3	—	—	—	2	—	—	—	—	—	5
浮式生产储油船(FPSO)	2	3	31	23	5	37	1	17	20	1	17	157
半潜式生产平台(Semi FPS/FPUs)	—	10	21	15	—	1	—	1	1	1	—	50
Spar 平台(Spar/DDCV)	—	18	—	—	—	—	—	—	1	—	—	19
张力腿平台(TLP)	—	15	—	2	—	4	—	—	1	—	—	22
合计	2	49	52	40	5	44	1	18	23	2	17	253

随着我国海洋石油的钻探和采集，许多海洋开发工程应运而生，并不断地发展，初步形成规模，近年已成功地建造了 3 000 m 深水半潜式钻井平台(NPB)，400 英尺自升式钻井平台、单柱式钻井平台(SPAR)及海上浮式生产储油装置(SPSO)、浮式储油船(FSO)，这些必将加速我国对海洋油气资源的开发。海洋平台从最初的钻井架陆续发展为坐底式平台、导管架平台、自升式平台、半潜式平台、船式平台、FPSO、牵索塔平台、张力腿平台、圆筒型平台等。为

了开采海洋中的油气资源，国内陆续建造了一批海工产品的建造场地，较早兴建的，如中海油的塘沽、深圳赤湾、湛江等地的海工建造基地、烟台打捞局海工建造基地、中石化胜利油田东营桩西和龙口胜利港等地的海工建造场地，这些建造基地大部分以中小型模块和导管架为主要产品。较晚建造的，如中海油青岛、蓬莱海工建造基地，中石油青岛海工建造基地，中海油长兴海洋开发基地，广州海洋开发基地，上海临港海洋开发基地等，这些基地是较现代化的，陆续以大中型模块和导管架、自升式平台、半潜式平台等为主要产品。由于海洋工程本身的特点对场地提出了不同于船厂建设的要求，因此具有不同的特点。我国海洋工程装备制造业的发展取得了长足的进步，特别是海洋油气开发装备具备了较好的发展基础，年销售量占了世界市场的7%。

本节将重点介绍近年来建成的青岛地区、上海地区及广州的海洋工程建造基地。

8.3.2 青岛海洋工程装备制造基地

8.3.2.1 中海油青岛海工基地

(1)简况

2004年初，中国海洋石油业着眼于油田开发和海洋石油工程长远和全局发展，提出了建设中国“现代海洋重工”的战略思想和发展目标，着力控制国内海洋工程建造市场，拓展国际市场，在2010年前后建造能力达到25万~30万标准吨，选取位于黄岛开发区海西湾西岸作为新的基地。海西湾位于青岛偏南的黄海之滨，属天然不冻港，水深港阔。码头前沿距10 m等深线0.6~1 km，距20 m等深线约2 km，距青岛港主航道3.5 km，具有良好的水域条件和避风条件。海西湾属岩基海岸，下卧岩盘较浅，地基承载力高，适于兴建重力式水工建筑物及支撑桩式大型滑道。沿岸无河流入海，陆源泥沙很少，海动力条件平稳，海水含泥量小，基本属于不淤港，有利于今后的港池与航道水深维护，具备了建设大型组块、深水导管架等海洋工程产品的综合制造条件。该基地工程于2004年开始设计，2005年5月投入建设，2006年6月一期工程投产，2007年10月二期工程竣工。到目前为止，青岛基地已生产并出运了多座海洋工程模块和导管架(图8-54)。

图8-54 海西湾基地分布图

(2)自然条件

胶州湾内均为正规半日潮。平均海平面(大港高程，本节同)2.46 m。平均高潮位3.85 m。平均低潮位1.08 m。最大潮差4.61 m。平均潮差2.77 m。海区海流以潮流为主。实测最大流速为25~63 cm/s。对风、雨、雾、浪综合考虑，码头作业天数为5 000吨级码头320天。

地层自上而下共分为四层。①层为淤泥质粉质黏土层，以淤泥质粉质黏土为主，夹淤泥质黏土，分布较为广泛，平均厚7.38 m；②层为砂(砾)质黏性土层，局部夹粉质黏土或砂土薄层，场区主要分布在一期回填场地的中部，厚度较大，其他地区分布均较薄，平均厚度为2.27 m；③层为强风化正长花岗斑岩，致密，岩石风化强烈，主要矿物成分为长石、石英，岩石风化较强烈，该层标准贯入击数大于50击；$③_1$层为强风化煌斑岩脉，仅局部分布个别钻孔，以宽度不大的近似直立脉状侵入花岗岩体中；④层为中风化正长花岗斑岩，致密，岩石风化中等，主要矿物成分为长石、石英，节理裂隙发育，岩心呈短柱状。该中风化正长花岗斑岩层地基承载力容许值$f=2\ 000$ kPa。

(3)平面布置

基地设置产品总装下水滑道四组：1号滑道(可生产2 500 t/4 000 t导管架、组块)、2号滑道(可生产12 000 t组块)、3号滑道(可生产8 000 t导管架)、4号滑道(可生产30 000 t导管架及TLP/Spar等)。设置材料码头、驳岸码头共1 208 m。基地平面布置如图8-55所示。

图8-55　中海油青岛海工基地平面效果图

(4)水工建筑物

设计高水位4.32 m；设计低水位0.47 m；极端高水位5.52 m；极端低水位-0.83 m。利用显浪站13年观测资料，推算该处重现期50年NE向$H_{1/10}=2.0$ m。

四组滑道中12 000吨级和30 000吨级滑道是目前国内最大的海工滑道，采用桩基无梁大板结构。码头前沿滑道段，对小吨位滑道采用沉箱作为基础，对大吨位滑道采用沉箱内加桩基的结构形式。

1)造地工程。

工程要求工期为一年，完成包括填海造地工程、地基处理、1号及2号滑道结构等工程建成投产。场地要求满足600 t及以上重型履带吊载重作业，履带接地压力达到200～400 kPa，因此造地工程不能考虑先围堰再二次软基加固的施工方案。结合青岛地区开山混合料比较丰富的特点，直接开挖清除第①层淤泥质土，将承载力较高的开山混合料由陆域向海域抛填，边填边挤，向海域推进，以形成陆域。陆域形成后，对地基进行强夯加固以达到设计要求。采用直接推填挤淤结合强夯加固的方案。该方案施工速度快，施工工序单一，质量较为可靠，地基承载能力高以及后期沉降量小。回填开山混合料属于砂性材料，透水性较好，孔隙水应力容易消散，采用强夯加固施工速度快，效果明显。造地施工完成并经强夯地基加固处理后，土体大部分固结沉降已经完成，固结度达到0.94，残余沉降量约为80～100 mm。经检测，场地一般承载力都能达到200～400 kPa以上，满足设计要求。

2)码头工程。

本工程码头按顺岸式布置，其主要功能为船舶靠泊、导管架装船，兼作码头后方的挡土结构。码头所在位置岩面标高较高，约－16.30～－10.30 m，若采用重力式码头结构，其基床抛石最小厚度为0.5 m左右，不需炸礁。岩面上覆盖层主要为淤泥，平均厚度为11.0 m左右，局部位置岩面较低。考虑码头需要承受较大的水平船舶荷载、墙后水土压力和垂直滑道荷载，本工程岩面高程较适合于抛石基床，码头结构形式采用预制钢筋混凝土重力式沉箱结构。码头面标高＋5.80 m。沉箱底标高－10.00 m，沉箱顶标高2.30 m。沉箱上部为"L"形胸墙结构。材料码头段另设400 kN门座起重机轨道梁。

3)滑道工程。

滑道采用桩基无梁大板结构形式。滑道直接伸至码头前沿。桩基一般可以选择成孔桩或打入桩。拟建场地的陆域大部分由开山混合料推填并经强夯形成，厚度0～18 m不等，下部即为强风化及中风化花岗岩。若采用打入桩(混凝土桩或钢管桩)，地基中石块等障碍物众多，施工难度很大，本工程采用冲孔嵌岩桩。施工时采用钢护筒保证成孔质量和嵌岩长度。1—4号滑道桩基直径ϕ1 200～ϕ1 500，上部无梁大板厚度2 000～3 500 mm。滑道与码头前沿交接位置，基础采用沉箱内施工桩基的结构。上部产品竖向荷载由桩基承受，墙后填土压力及系缆拉力等水平荷载由预制沉箱承受。

中海油青岛基地一、二期工程建成投产后，又启动了三期工程的建设。三期工程新填海造地面积约35×10^4 m^2，建设干船坞一座，船坞尺度420 m×110 m×13.9 m(H)。船坞坞口采用整体"U"形结构，坞墙为天然基础重力式扶壁廊道型式，底板采用减压排水结构。

8.3.2.2 青岛武船重工海工基地

(1)简况

青岛武船重工海西湾海洋工程基地毗邻青岛前湾港和3号、4号锚地，紧邻青岛北船重工东侧。基地地理位置如图8－56所示。工程于2007年启动建设，2010年基本建成投产。

(2)自然条件

海西湾东、西、南三面受海西湾半岛环抱，具有良好的风浪掩护条件。湾口东有石岔嘴，西有显浪嘴。湾底中部有道观嘴岬角突出，将海西湾分为东湾(称小岔湾)、西湾(称薛家岛湾)。故海西湾平面呈"W"形，基地即坐落在东湾东岸上。

图 8－56　基地地理位置图

场区海域属正规半日潮。工程场区最高高潮位 5.43 m；平均高潮位 3.85 m；平均海面 2.46 m；平均低潮位 1.08 m；最低低潮位 －0.57 m。

基地场区原由海、陆、滩、岛礁等地貌单元组成，地势起伏大，植被茂密；海域道观嘴伸入海西湾，将其分为东、西二湾。湾底地形向东北倾斜，平均坡度约 1‰。湾内平均水深约 3 m。海岸类型为基岸港湾海岸，湾底有较宽的海滩发育。场区建设时，一区大部分已经回填至 5.0～6.0 m，并经强夯处理；二区则基本处于自然状态。场区地质分为 5 层。①层为素填土；以粒径小于 30 cm 的石渣为主，夹少量 50～100 kg 块石，局部夹有直径大于 1 m 的巨石。该层分布于一区的，已进行过强夯处理。②层为粉砂及淤泥质粉质黏土，局部夹中粗砂。③层为粉质黏土，局部夹细沙薄层。④层为砂混黏性土，局部夹细砂薄层，含中粗砂、砾砂亚层，具少量黏粒，局部含 2～6 cm 碎石，承载力特征值为 $f_{ak}=220\sim280$ kPa。⑤层为碎石，含少量黏粒，分布局限，承载力特征值为 $f_{ak}=250$ kPa，以下为场区基岩。

场区抗震设防烈度为Ⅵ度。

(3) 平面布置

基地分为一区和二区，总占地面积 119.8×10^4 m²，其中一区占地 44.69×10^4 m²，二区占地 75.15×10^4 m²。场区地坪标高 5.8 m（青岛大港高程，下同）。基地平面布置呈“L”形，其短边为一区，坐南朝北；长边为二区，背东面西。临海域岸线总长约 1 490 m。基地水域距 10 m 等深线 0.6～1.0 km，距 20 m 等深线 2.0 km，距青岛主航道 3.5 km。一区和二区平面布置分别见图 8－57 和图 8－58。

一区主要生产设施包括：1 号滑道长 250 m；2 号滑道长 120 m；1 号码头长 376 m，码头面标高 5.8 m，前沿设计水底标高 －10.0 m。另包括总装场 113 000 m² 以及加工车间等共计约 66 000 m²。二区主要生产设施包括：2 号码头长 920 m，码头面标高 5.8 m，前沿设计水底标高 －10.0 m；海工建造坞长 480 m，宽 115 m，深 13.6 m；另包括车间和一些场地。

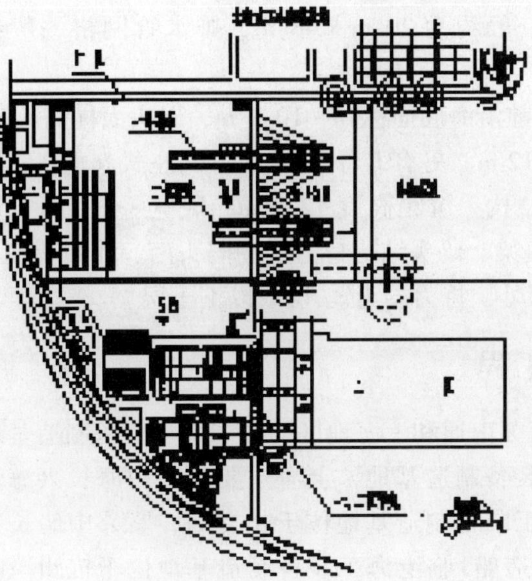

图8-57 一区总平面图

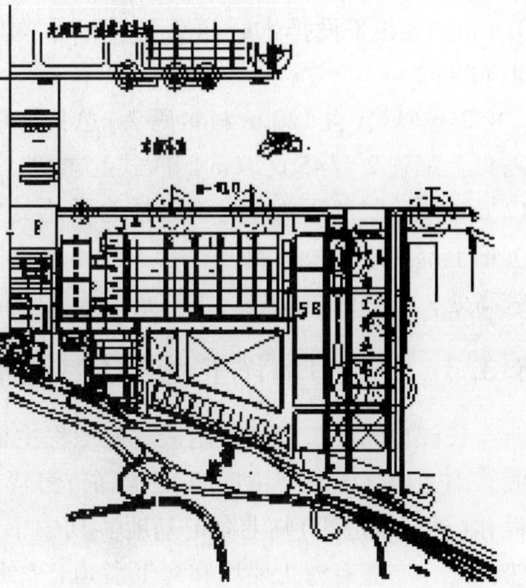

图8-58 二区总平面图

(4)水工建筑物

设计高水位4.34 m；设计低水位0.37 m；极端高水位5.43 m；极端低水位-0.85 m；进出坞水位3.00 m。场区水域波浪主要是胶州湾内北向风浪，N向50年一遇$H_{1/100}$波高1.56 m。

1)一区水工建筑物。

1号滑道长250 m，滑道板宽13 m，2根滑道中心距26 m，二侧设置顶升基础8个，滑道板面高程5.8 m。基础采用大直径钻孔灌注桩，桩径1.1~1.4 m，深入基底岩层，上部现浇钢筋混凝土板，板厚2.5~3.5 m。滑道进入码头沉箱部位，亦采用大直径钻孔灌注桩，桩径1.4~1.6 m。2号滑道长120 m，宽15 m，2根滑道中心距28 m，结构与1号滑道类似。

1号码头长376 m，码头面标高5.8 m，设计前沿水底标高-10 m。码头用于海工组块出运，采用纵向装船方式，最大船宽52 m。因下水驳船出运需要，码头前沿港池376 m×230 m范围均疏浚至-10 m。码头起重采用履带式起重机。前沿布置2 000 kN双柱系船柱15个。码头结构采用分层夯实块石基床上安装预制钢筋混凝土重力沉箱。在1号、2号滑道经过的部位，沉箱适当加强。

2)二区水工建筑物。

海工建造坞顶面地坪面标高5.8 m。船坞南侧配置40 t/70 m门座式起重机2台，轨距10 m；船坞北侧配置40 t/80 m门座式起重机2台，轨距12 m；船坞上跨总组及舾装场，配置2台(不同轨)600 t门式起重机，跨度198 m。

坞口采用现浇钢筋混凝土重力式结构。坞口沿船坞轴线方向的长度取28 m，北坞墩宽12 m，南坞墩宽15 m，兼作水泵房的出水廊道。泵房位于坞口南坞墩后方，主体平面尺度为32 m×19.5 m×20.8 m。泵房采用现浇钢筋混凝土箱形结构，主要承受高水头的浮托力。出水系统不另设出水廊道，利用南坞墩预埋出水管，并形成出水井。

坞壁采用现浇钢筋混凝土扶壁式重力结构。挡土高度最大为13.6 m。因坞区基岩面起伏不定，当中风化岩面到达场区地面附近时，坞壁结构采用锚杆衬砌结构。坞壁后回填料要求

$\varphi \geqslant 30°$。坞室底板为基岩上现浇钢筋混凝土板，底板分块一般在 20 m×20 m，厚度 0.6～0.8 m。底板下设排水减压系统。汇水沟网格一般约为 20 m×48 m，排水管网格一般约为 60 m×52 m。

2 号码头(含 120 m 材料码头)总长 920 m，前沿海底面标高 −10.0 m，码头面标高 5.8 m。码头上配置 2 台 45 t/70 m 门座式起重机，轨距 12 m。另有 1 台 32 t/32 m 门座式起重机，轨距 12 m，用于材料码头。码头主体为重力式沉箱结构。沉箱高度 12.3 m，底宽一般为 11.5 m。沉箱上部为现浇公用廊道和 45 t 门座起重机轨道梁。码头结构持力层在码头南、北两端基岩面较高处，采用强风化岩；在码头中段基岩面较深处，持力层为$③_3$层或以下土层。

8.3.3 长江口海洋工程装备制造基地工程

长江口海洋工程装备制造基地工程主要由江苏南通和上海地区的海洋工程装备制造基地组成。南通地区主要有中远船务(启东)海洋工程装备制造基地，上海主要包括中海长兴海洋工程和(外高桥造船)临港海工基地。其中中海海工装备制造基地位于长兴岛，紧邻中船长兴造船基地，布置有海工船坞和海工滑道；(外高桥造船)临港海工装备制造基地位于杭州湾畔的上海临港新区，布置有海工滑道。这些海工开发建造企业均能够建造半潜式钻井平台、自升式钻井平台和大型海工模块等。

8.3.3.1 中远船务(启东)海洋工程装备制造基地

(1)简况

本工程项目位于启东市寅阳镇，靠近连兴港，近长江入海口北岸，南侧为东海，隔长江北支与上海崇明岛相望，距沪崇苏越江大通道北桥头堡仅 10 km。厂区规划占地面积 98.08 hm^2，岸线长度约 2 100 m。项目拟建规模为年建造各类海工平台 6 座，修船和改装船 41 艘，其他钢结构产品 4.2×10^4 t，代表产品见表 8－22。

表 8－22 中远船务(启东)海洋工程装备制造基地代表产品

编号	船舶吨级	设计船型尺度/m				备 注
		总长 L	型宽 B	型深 H	码头吃水 T	
1	圆筒形海洋钻井平台	84	84	24.5	7.0	设计船型
2	半潜式钻井平台	81	65	—	7.5	
3	100 000DWT 船舶	246	43.0	21.4	7.0	结构预留船型，空载
4	自升式钻井平台	73.15	55.78	7.62	6.5	

(2)自然条件

连兴港邻近区域风况表现出明显的季风特征。受台风影响年平均 2.24 次。北支潮型呈不正规半日潮，据连兴港水文站实测资料统计，潮汐特征值(吴淞零点，本节同)见表 8－23。

20 世纪初以来长江口北支汊道一直处于萎缩状态下，三和港—连兴港的北支下游段河槽容积近年来则有所拓展，以冲刷为主。在拟建码头偏南前方有一条黄瓜沙、东黄瓜沙和顾园沙组成的沙链，有效地削弱了外海波浪对码头工程区的作用。2001 年 10 月拟建沪崇苏通道东线桥位测流资料，涨潮最大垂线平均流速 2.17 m/s，涨潮最大测点流速 2.48 m/s；落潮最大垂线平均流速 1.28 m/s，落潮最大测点流速 1.56 m/s。拟建码头前沿水域全年 $H_{4\%}$ ≥0.5 m 的出现率为 17.4%；$H_{4\%}$ ≥0.8 m 的为 4.5%；$H_{4\%}$ ≥1.0 m 的为 1.4%。

表 8－23　连兴港潮位特征(吴淞零点)

站　名	连兴港
历年最高潮位/m	6.14(1997 年)
历年最低潮位/m	−0.58(1987 年)
平均高潮位/m	3.63
平均低潮位/m	0.70
最大潮差/m	5.80
多年平均潮差/m	2.93
最小潮差/m	0.06
平均涨潮历时	5 h21 min
平均落潮历时	7 h04 min

拟建场地地势总体由北向南微倾。①层为素填土，以粉质黏土夹粉土为主，仅分布于堤岸以北陆域部位，层底高程 0.95～5.95 m，层厚 0.00～3.90 m；$①_{-a}$层为淤泥，分布于堤岸以南水域，层底高程 −6.10～1.10 m，层厚 0.00～2.30 m；$①_{-b}$层以粉砂为主，局部夹少量粉土薄层，分布于堤岸以南水域，不稳定，层底高程 −11.90～1.80 m，层厚 0.00～6.40 m；$②_{-1}$层为粉土夹粉质黏土，局部夹少量粉质黏土薄层，分布于堤岸以北陆域，层底高程 −0.41～2.86 m，层厚 0.00～4.00 m；$②_{-2}$层为粉砂夹粉土，局部粉土多见，分布于堤岸以北陆域及以南近陆水域，层底高程 −8.90～−2.20 m，层厚 0.00～10.00 m；$②_{-3}$层为淤泥质粉质黏土夹粉土，分布于堤岸以南水域，层底高程 −14.80～−7.80 m，层厚 0.00～8.00 m；$③_{-1}$层为粉质黏土夹粉土，欠均质，由陆域向水域缺失，层底高程 −9.30～5.25 m，层厚 0.00～5.50 m；$③_{-2}$层为粉砂夹粉土，局部夹少量粉土薄层，欠均质，由陆域向水域缺失，层底高程 −10.80～−6.70 m，层厚 0.00～3.50 m；$③_{-3}$层为粉质黏土夹粉土，由陆域向水域部位缺失，层底高程 −12.21～−8.78 m，层厚 0.00～3.00 m；④层为粉砂，含少量云母碎片，局部缺失，层底高程 −17.40～−10.70 m，层厚 0.00～6.50 m；⑤层为淤泥质黏土，偶夹少量粉土薄层，层底高程 −33.80～−26.40 m，层厚 15.00～22.80 m；⑥层为粉质黏土夹粉土，层底高程 −47.00～−38.40 m，层厚 8.20～15.00 m；⑦层为粉土，局部夹少量粉砂薄层，欠均质，均有分布，由西向东厚度由薄趋厚，层底高程 −57.40～−47.88 m，层厚 3.00～16.00 m；⑧层为粉土夹粉砂，夹少量云母碎片，尚均质，未揭穿，层厚大于 6.70 m；⑨层为粉细砂，极密实，以细砂为主，局部段混少量中砂，不均质，含云母片，均有分布。

(3)平面布置

本工程主要包括海工坞、滑道和舾装码头三部分。海工坞主尺度为长 170 m(长)×120 m(宽)×14.3 m(深)。滑道主尺度为 1 号滑道 100 m(宽)×350 m(长)(包括水上段)；2 号滑道 70 m(宽)×350 m(长)(包括水上段)。舾装码头主尺度为 650 m(长)×25 m(宽)。平面布置如图 8－59 所示。

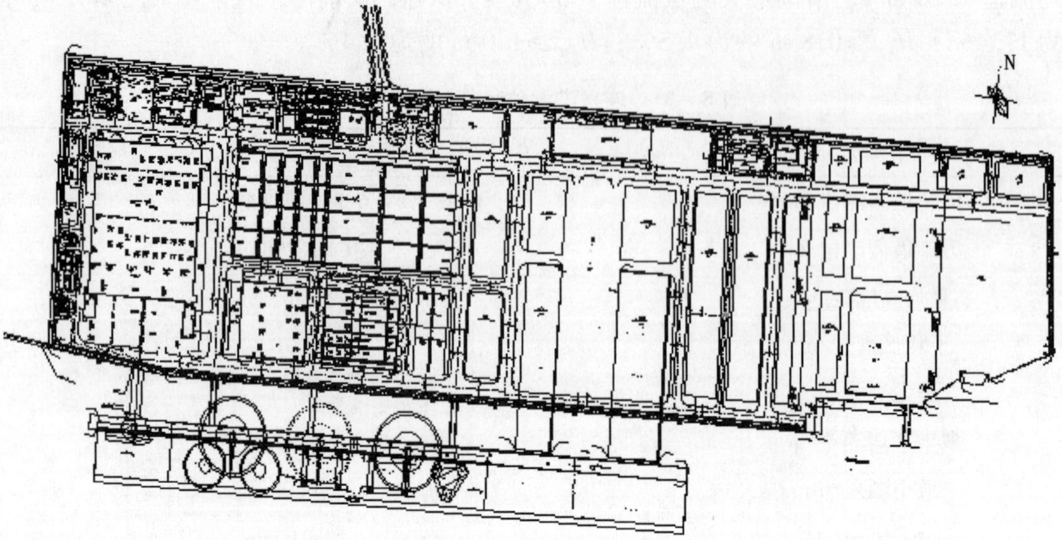

图 8－59　中远船务(启东)海洋工程基地总平面布置

(4)水工构筑物

设计高水位 4.55 m；设计低水位 0.07 m；极端高水位 6.24 m；极端低水位 －0.9 m。

1)海工坞结构。

坞纵剖面和典型横剖面如图 8－60 和图 8－61 所示。

由于场地的地质属软土地基，海工坞结构基础采用桩基，围堰采用土堤方案。土堤围堰结构简单，对已经施工的防汛大堤影响小，缺点是对土堤大堤防渗要求较高，工程造价相对高，施工周期长，土方作业量大，拆除工作量大。

坞口和中间坞门采用桩基基础上的重力式"U"形结构，为减少沉降对结构的影响，在底板上设置后浇带；泵房采用柱梁板结构；底板为桩基板式结构；坞墙采用桩基扶壁结构；坞底根据淤泥质土层较厚的现状采用减压排水式结构，坞四周设置旋喷桩防渗体系。坞口基础为桩基，采用 PHC800－110AB 型管桩，桩长 43 m。坞门靠座均采用花岗岩，预埋在坞门靠墩上成"U"形布置，以二期混凝土与坞口混凝土结为一体。水泵房设在西侧坞墩上，为坞口的一部分，基础同坞口。泵房采用空箱式梁板结构。坞口底板与坞室底板间设置 Z9－30 橡胶止水带。

坞墙结构分段长度一般为 20 m。坞墙顶标高 7.0 m，坞墙采用扶壁承台结构，上部为公用廊道，下部为扶壁结构。廊道、扶壁分缝处均设置橡胶止水带，廊道底板上设置传力杆。

坞底板纵向分段长 20 m。底板基础采用 PHC600－110AB 和 PHC800－110AB 管桩，桩长 42 m，桩芯采用 C40 无收缩混凝土，管桩嵌入底板厚度为 100 mm。

坞扶壁、中间坞门及坞口底板下设置高压旋喷桩止水帷幕，旋喷桩口门处设置三道，长度 20 m(板底起算)，坞墙与中间坞门处设置两道，长度 18 m，旋喷桩径桩距 1 000@800。施工顺序为先施工外排，再施工内排，最后封闭中间，以确保止水效果。

纵横向汇水沟间距为 40 m，并根据现场施工期的渗水量调整。减压排水沟由下至上分别为中粗砂垫层、土工反滤布、碎石垫层、土工反滤布包裹排水管、碎石垫层和土工反滤布及无砂混凝土垫层；汇水沟内回填混合滤料。纵横向排水管交接处均设置检修井。检修井深约2 m，平面 1.3 m×1.3 m，内设通径 ϕ50 的单向阀。中间坞门内外设置两个集水坑，用预埋管连接内外坞，管线上设置单向阀避免水倒灌。

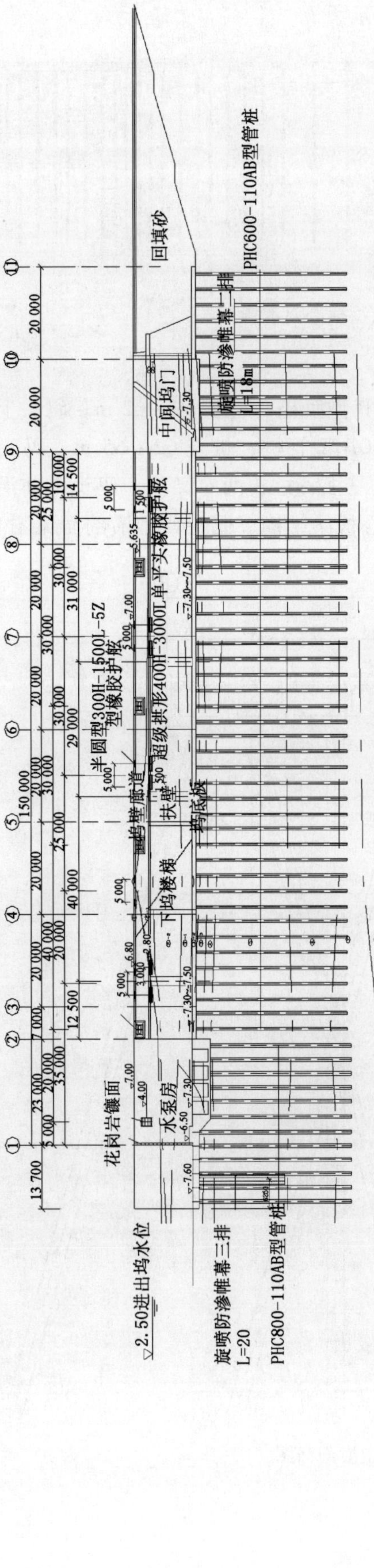

图8-60 坞纵剖面图

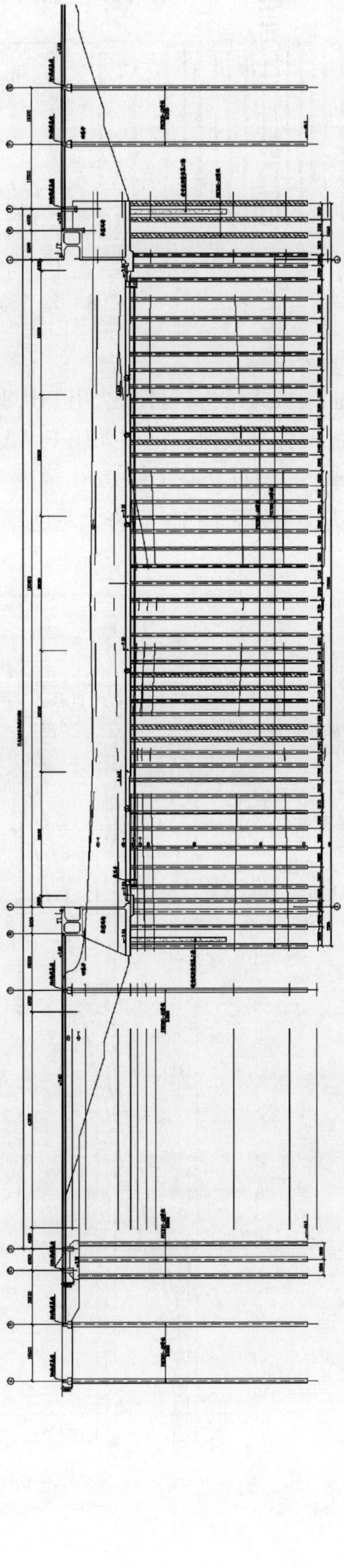

图8-61 坞典型横剖面图

2)海工滑道结构。

场地属软土地基。整个滑道采用桩基基础上的梁板式结构。桩基采用 PHC800(600)-110AB 型管桩,海工滑道典型横剖面如图 8-62 所示。

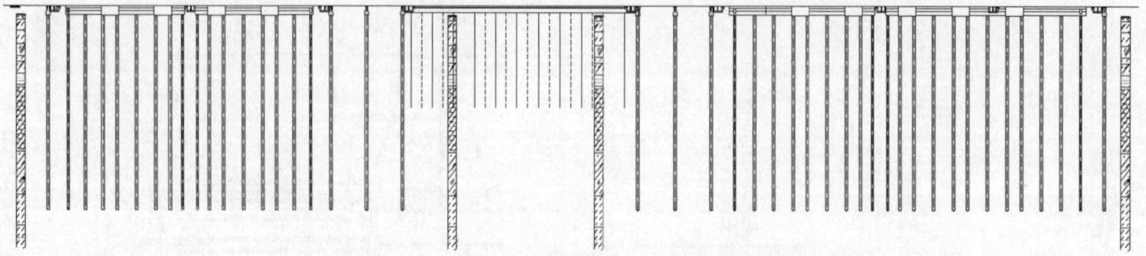

图 8-62　海工滑道典型横剖面示意

3)舾装码头结构。

采用高桩梁板式结构,桩基选用 PHC800-110B 型管桩,桩长 59~62 m。码头上游侧材料码头处由于泥面标高较低,沉桩采用 PHC1000-130B 型管桩,桩长 62~65 m。码头排架间距为7.0 m。每个排架桩基有 7 根 PHC 预应力管桩,三根直桩、两对叉桩。码头由前沿设置水平撑和靠船码头。引桥采用 15 m 跨大跨度预应力空心板梁结构。码头典型横剖面见图 8-63。

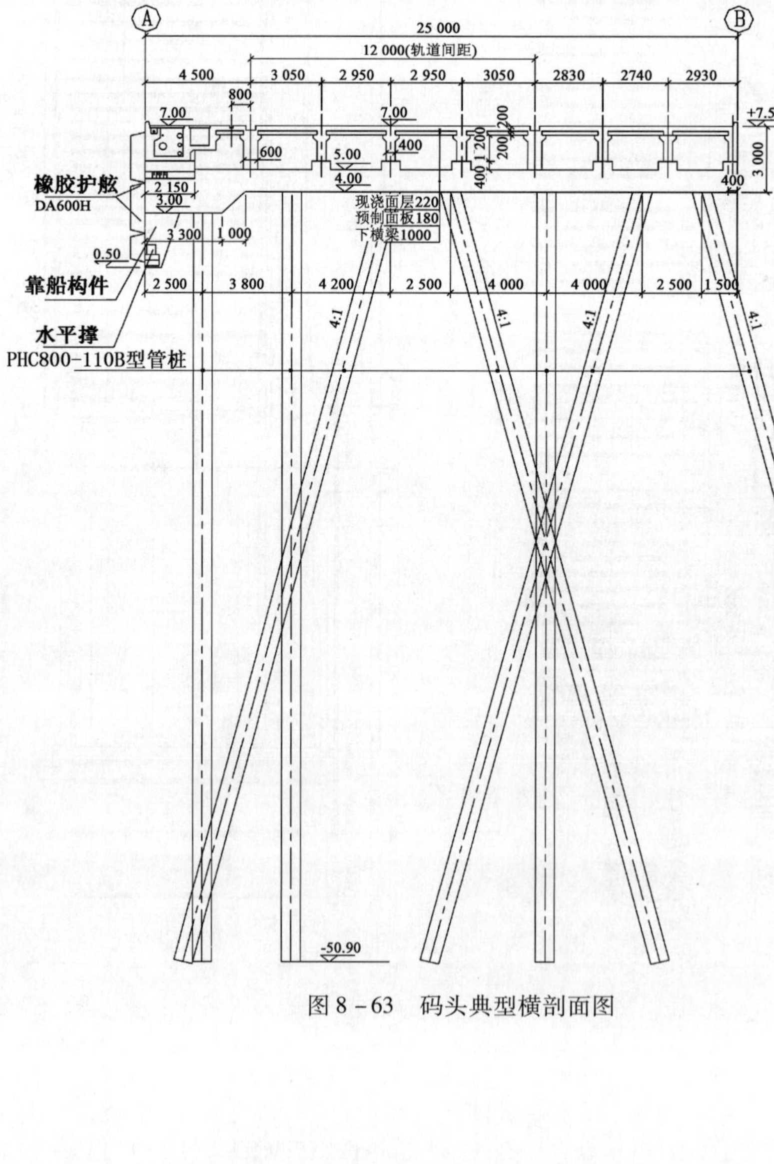

图 8-63　码头典型横剖面图

8.3.3.2 中海长兴海洋工程装备制造基地

(1)简况

中海长兴国际船务工程有限公司地处长江入海口的上海长兴岛，基地下游为中船长兴造船基地，上游为长兴岛电厂，沪崇苏大通道隧道段从厂区中部穿越。基地共拥有岸线长度约3 160 m，水深10 ~16 m，可容340 m长的超级油轮就地调头转向，也可用于常规的大型船舶修理。海洋工程业务包括各类钻井平台和FPSO的改装。中海长兴修造船及海工基地紧邻中船长兴造船基地布置，其工程的气象、水文和地质条件均与后者类似。

(2)平面布置

中海长兴基地共有两块建造场地，基地东部紧邻中船长兴基地，布置为海工滑道区，用于建造6 000 t以下的平台上部组块和自升式钻井平台；基地西部紧邻电厂，布置一座海工船坞，用于建造半潜式钻井平台和八角形半潜式钻井平台，平面布置见图8－64。

目前已建成8万~30万吨级修船泊位13个，同时拥有8万吨的“中海普陀山”、20万吨的“中海九华山”浮船坞和30万吨“中海峨眉山”浮船坞，可同时修理船舶近30艘。在海工建造区已建1万吨级海工滑道2座，并规划建造海工船坞1座。海工滑道区布置在厂区的东部，东侧紧靠中船长兴基地，设置2组主滑道(1号滑道和2号滑道)，2组滑道之间再设置1组副滑道。6 000 t组块建造周期约6个月/个，年造8个，需要4个工位，自升式钻井平台建造周期约6个月/个，年造4个，需要2个工位。根据现场地形，大堤至驳岸线距离约200 m，大堤外1号滑道布置2个自升式平台建造工位，2号滑道布置2个6 000 t组块建造工位，在大堤内，每组滑道均布置1个6 000 t组块建造工位。海工建造区设计规模为年产8个6 000 t平台上部组块，平面尺寸80 m×50 m；年产4个自升式钻井平台，平面尺寸75 m×56 m；年产2个半潜式钻井平台，平面尺寸110 m×98 m；八角形半潜式平台平面尺寸82 m×82 m。

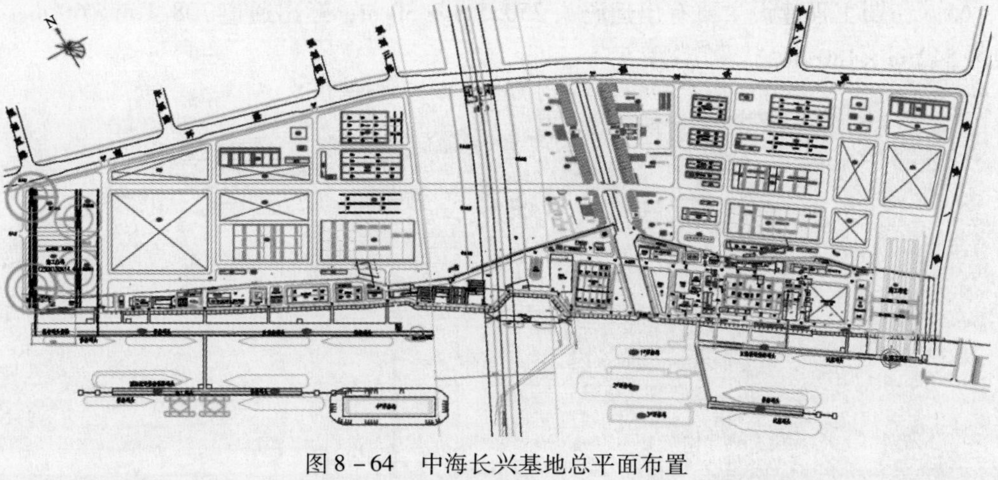

图8－64 中海长兴基地总平面布置

(3)水工建筑物

滑道长440 m(包括重件码头段)，码头段标高7.0 m，码头后方面标高6.5 m(吴淞零点基准面，下同)。1号滑道设置两根滑道，西侧宽10 m，东侧宽16 m，中心距21 m。2号滑道设置两根滑道，西侧宽16 m，东侧宽10 m，中心距21 m。海工滑道区布置2台400 t门式起重机，跨距164 m。海工滑道采用桩基上的现浇大板结构。

海工码头长180 m，宽18 m，码头面标高7.0 m，前沿底标高－9.0 m。码头除作为海工产品出海口外，兼作材料码头，亦可作为修船码头，码头上新增 1 台 25 t 门座起重机，用于材料装卸。码头采用典型的高桩梁板式结构。

海工船坞考虑设置前后两个半潜式钻井平台建造工位，为兼顾将来建造更大吨位的钻井平台，海工船坞尺度拟为长 250 m，宽 130 m，深 14.4 m。两侧各设置 2 台 40 t 门座起重机。船坞东侧设置一总组平台，在船坞和总组平台区，设置 2 台 600 t 门式起重机，跨距 218 m。

8.3.3.3 上海临港海洋工程装备制造基地

(1) 简况

上海临港海洋工程基地位于杭州湾口的上海芦潮港，是上海外高桥造船有限公司在上海临港重装备产业区建造的大型现代化海洋工程与高技术船舶制造专业配套基地，基地于 2010 年逐步建成投产。基地生产纲领见表 8－24。

表 8－24 基地生产纲领

类别	产品名称	年产量/座、个	钢材耗量/$\times 10^4$ t
1	自升式钻井平台	2	2.2
2	半潜式钻井平台	2	4
3	上层建筑(船用生活模块)	50	3
4	特殊分段	1 000	13

(2) 平面布置

临港海工基地占地面积 1 036 900 m^2，建设项目包括联合车间(包括钢料堆场、预处理工场、理料工场、切割加工工场、部件装焊工场)、涂装工场、浮体结构工场、模块结构装焊工场、上建总组场地、分段翻身场地、海工产品总装平台、出运滑道、出运码头等。总平面布置见图 8－65。一期工程建设主要有出运码头 250.5 m×30 m；运出通道 708.1 m×60 m；海工产品总装区 542 m×180 m。

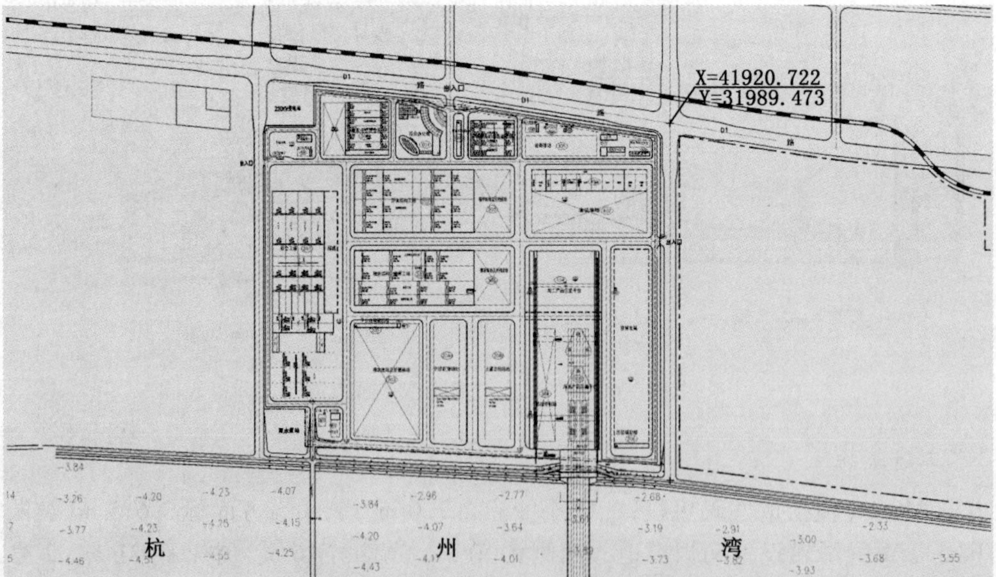

图 8－65 上海临港海工基地平面布置

(3)水工建筑物

运出码头由三部分组成，分别是临时材料码头、墩式码头和靠船墩部分。码头面标高7.00 m，前沿泥面设计标高 -7.00 m。临时材料码头为高桩梁板式结构，桩基采用 ϕ800PHC 管桩，桩长 42 ~43.3 m；墩式码头及靠船墩部分为高桩墩台式结构。其中墩式结构段长 64 m，宽 30 m，靠船墩部分由 5 个独立靠船墩及联络通道组成，单个靠船墩平面尺寸 6 m×10 m，桩基均采用 ϕ1 000PHC 管桩，桩长 43 ~45 m，桩端设置桩靴。

运出通道由四部分组成，分别为 8 m 跨段 228 m、6 m 跨段 348 m、坡面段 45.5 m、大堤段 86.6 m。前三部分位于水域。横向分三部分，中间宽 20 m，两侧宽 10 m，各部分净间距 10 m，以 2.5 m 宽人行便桥连接，总宽为 60 m。运出通道结构均采用高桩梁式，上部结构采用纵横梁系，横梁采用现浇倒“T”形梁，纵向为预制“∏”形梁，现浇面层厚度 200 mm。桩基采用 PHCϕ1 000 ~1 200(AB 型)管桩，桩端设置桩靴。运出通道横剖面见图 8 -66。

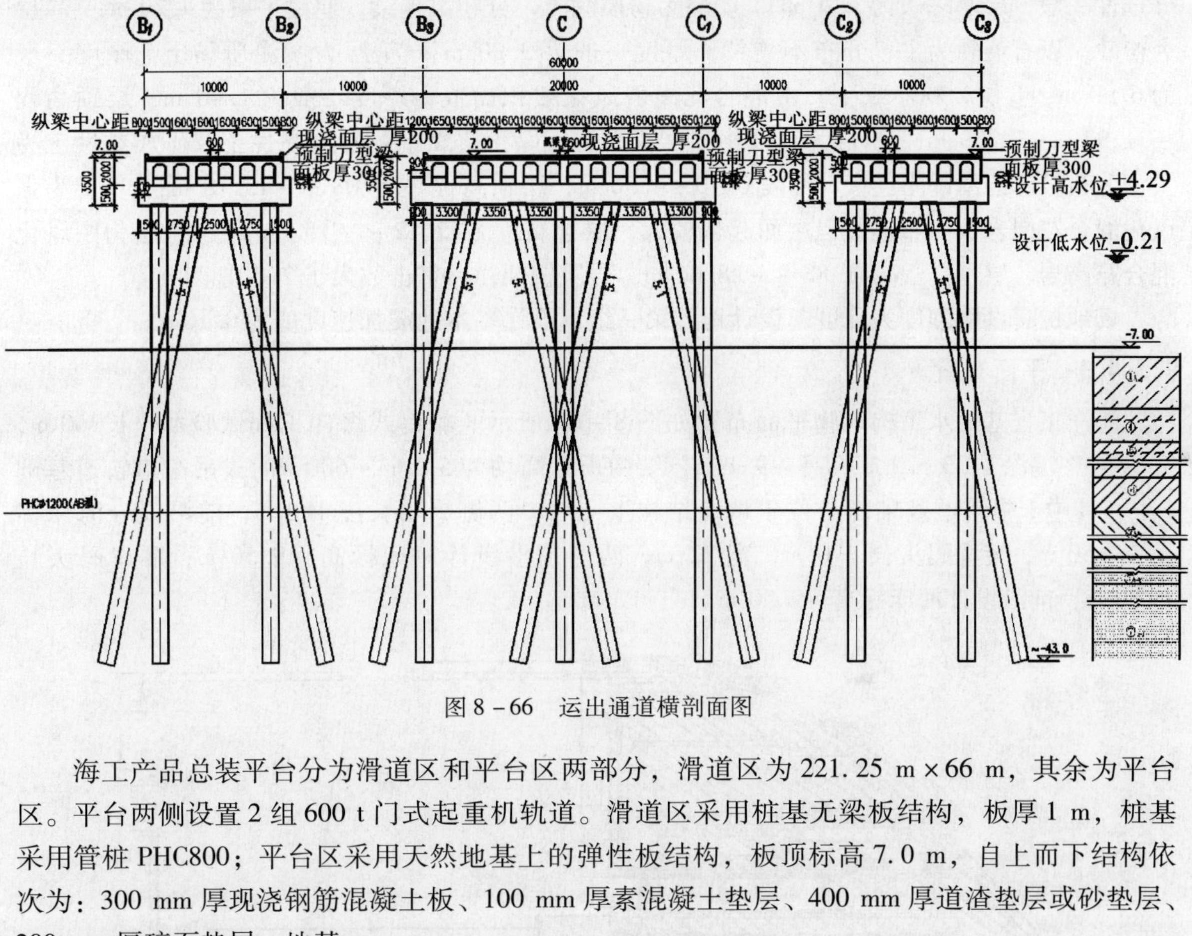

图 8 -66 运出通道横剖面图

海工产品总装平台分为滑道区和平台区两部分，滑道区为 221.25 m×66 m，其余为平台区。平台两侧设置 2 组 600 t 门式起重机轨道。滑道区采用桩基无梁板结构，板厚 1 m，桩基采用管桩 PHC800；平台区采用天然地基上的弹性板结构，板顶标高 7.0 m，自上而下结构依次为：300 mm 厚现浇钢筋混凝土板、100 mm 厚素混凝土垫层、400 mm 厚道渣垫层或砂垫层、200 mm 厚碎石垫层、地基。

8.3.4 广州海洋工程装备制造基地工程

8.3.4.1 简况

广州海洋工程装备制造基地工程位于虎门外珠江右岸，龙穴岛围垦区的东岸线上，其南侧与龙穴造船区相邻，东侧与东莞市隔江相望，西侧为万顷沙围垦区。该基地的生产能力及代表产品为：年产 2 座半潜式钻井平台主体，双浮体及上部模块结构；钢材加工量 60 000 t；最大下水质量 35 000 t。

8.3.4.2 自然条件

工程附近平均海平面 1.90 m（理论最低潮面为准，本节同）；平均高潮位 2.63 m；平均低潮位 1.03 m。

龙穴岛围垦区为近十年围垦出来的人造陆域，围垦区内主要是由顶高程 2.0～3.0 m 的堤埂和许多面积不等的鱼塘组成，鱼塘内泥面高程一般在 0.5～1.5 m 之间。经吹填造地后地坪标高 4.80 m。土层自上而下为：①$_1$层为吹填砂，厚约 1.50 m；①$_2$层为吹填土，以淤泥为主，局部含粉砂，一般厚 3.50 m；①$_3$层为素填土，土质不均，层厚一般为 8.25 m；②$_2$层为淤泥，场内普遍分布，平均厚度 7.50 m；②$_3$层为粉砂混黏性土，平均厚度 4.20 m；③$_1$层为粉质黏土，以黏性土为主，分布不连续，平均厚度 4.05 m；④层为淤泥质黏土，平均厚度 8.20 m；⑥$_1$层为粉砂混黏性土，分布不连续，厚度一般为 5.10 m；⑥$_2$层含黏性土粉砂，以粉砂为主，分选性一般，层厚一般为 3.20 m；⑦$_1$层为粉质黏土，分布不连续，厚度一般为 4.70 m；⑦$_2$层为粉砂，以石英砂为主，分布不连续，厚度一般为 3.00 m；⑦$_3$层为淤泥质黏土，厚度一般为 6.90 m；⑧层为粉质黏土，由混合花岗岩风化残积而成，厚度一般为 1.40 m，层顶高程 −31.93～−14.79 m；⑨$_1$层为全风化混合花岗岩，以粉质黏土、砂质黏性土及砾质黏性土为主，分布较广但局部不连续，厚度 0.70～4.50 m，层顶高程 −33.08～−13.78 m；⑨$_2$层为强风化混合花岗岩，分布连续但层面起伏较大，层顶高程 −37.12～−15.06 m；⑨$_3$层为中风化混合花岗岩，层顶高程 −41.88～−28.66 m，岩质较硬，标贯击数大于 200 击。

场地抗震设防烈度为Ⅶ度，设计地震第一组，设计基本地震加速度值为 0.10g。

8.3.4.3 平面布置

海洋工程基地水工构筑物平面布置如图 8−67 所示。船坞式海洋工程试验场，长360 m，宽96 m，坞深 14.3 m，底标高 −9.1 m，结构顶标高均为 5.2 m；600 t 门式吊车道轨道基础 4 根，其中 1 根轨道基础部分位于坞墙结构上；坞口两侧翼墙长度 180 m，前沿设计海床标高 −9.50 m；突堤码头长 370 m，宽 22 m，两侧前沿设计海床标高 −9.50 m；顺岸码头长 1 470 m，前沿设计海床标高 −9.50 m。

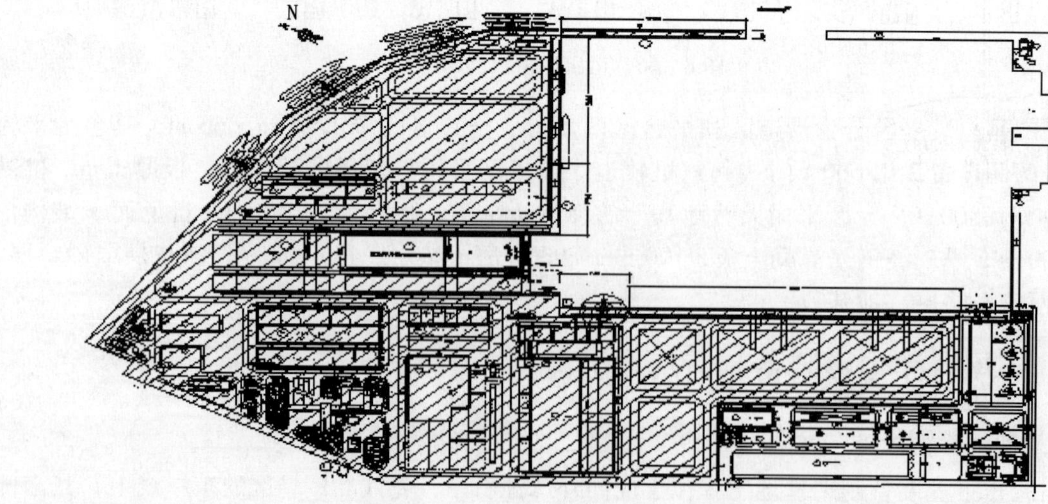

注：图中阴影区为海洋工程平面范围

图 8−67 海洋工程基地水工构筑物平面位置

8.3.4.4 水工建筑物

设计高水位3.24 m；设计低水位0.53 m；50年一遇极端高水位4.44 m；50年一遇极端低水位-0.10 m。设计高水位条件下波浪要素见表8-25。

表8-25 设计高水位条件下波浪要素

方向	重现期/a	$H_{1\%}$/m	$H_{4\%}$/m	$H_{13\%}$/m	H/m	T/s
SSE	50	2.66	2.24	1.81	1.14	5.1
	25	2.54	2.15	1.73	1.09	4.9
	2	1.91	1.61	1.29	0.81	4.0
SE	50	2.59	2.18	1.76	1.11	5.1
	25	2.46	2.07	1.67	1.05	4.9
	2	1.67	1.41	1.13	0.71	3.7
ESE	50	3.03	2.56	2.07	1.31	5.5
	25	2.80	2.37	1.91	1.21	5.1
	2	1.53	1.28	1.03	0.64	3.4
E	50	2.96	2.50	2.02	1.28	5.0
	25	2.73	2.31	1.86	1.17	4.6
	2	1.38	1.16	0.93	0.58	3.0

(1)船坞工程

船坞坞室结构采用软土地基上(采用桩基础)的分离式排水减压式结构。坞墙采用大开挖施工现浇桩基础上的钢筋混凝土扶壁式结构，底板厚0.8 m，前趾增厚至1.4 m，立板厚0.4 m，肋板厚0.4 m，间距2.6~3.0 m，肋板中间挖空；坞壁上部为现浇钢筋混凝土廊道结构。底板后趾下设AU14钢板桩止水帷幕。该坞墙典型断面见图8-68。

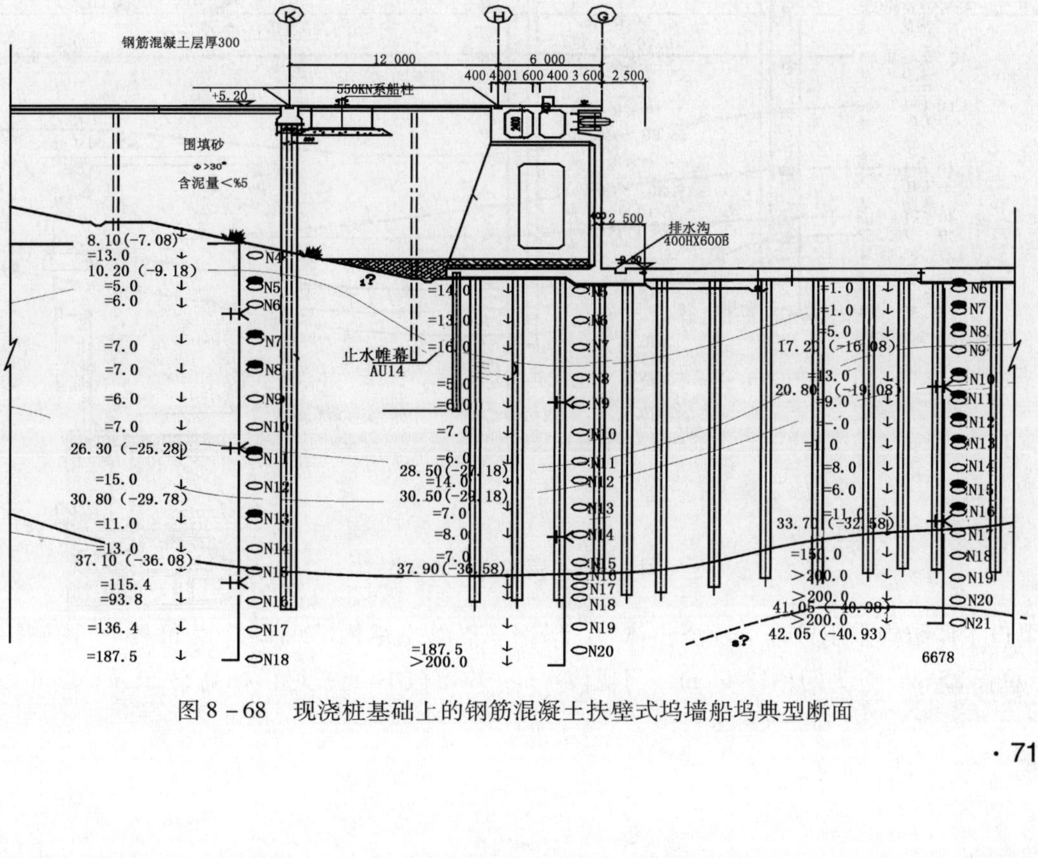

图8-68 现浇桩基础上的钢筋混凝土扶壁式坞墙船坞典型断面

采用减压排水分离式桩基现浇钢筋混凝土底板结构，底板分段长度一般为 20 m，横向分 5 块。中板宽 18 m，厚 1.27 m，中边板宽 19.5 m，厚 1.27 m，边板宽 17 m，厚 1.07 m；底板桩基均采用 ϕ600PHC 管桩，持力层选择在⑨$_2$层强风化岩，采用陆上送桩施工方法。

整个船坞由坞口底板下的钢板桩以及钢筋混凝土扶壁式坞墙底板后趾下钢板桩形成封闭的止水系统，同时在坞室底板下设满堂的减压排水系统，系统由板下的碎石排水层与排水管网组成。排水层自底板垫层下起由 250 mm 厚级配 $d=25\sim50$ mm 的碎石层、250 mm 厚级配为 $d=5\sim25$ mm 的碎石层及 100 mm 厚粗砂层，土工反滤布组成，在坞室底板下满堂式布置。排水管采用 DN300 及 DN225 硬聚氯乙烯加筋管，管壁上开孔，孔径 ϕ20。排水管置于 600 mm 厚的碎石滤层中，排水管管身及碎石倒滤层下均包裹或铺设土工布。

坞口位于围堤内，前沿线距围堤约 15 m，堤顶标高约 5.5 m，堤内场地标高约 5.0 m。围堤外主要为滩地，地势较为平坦，涨潮时水淹没泥面，退潮时大部分泥面裸露。受吹填取土影响，局部被挖成深沟。造修船基地内坞口两侧的翼墙及码头采用重力式沉箱结构，先水上施工坞口两侧重力式沉箱结构，坞口前 165 m 宽水域挖泥至 −7.0 m 标高后，采用双排钢板桩结构并与已施工的码头沉箱结构衔接，形成坞口干施工挡水屏障。双排钢板桩围堰宽度为 12 m，内外板桩型号均为 AU23 型；拉杆规格为 ϕ60@1 500。围堰两端和已建码头沉箱相连，将船坞的主体结构均包围在内实现干施工。围堰内排钢板桩距坞口前沿线 47 m，其内侧设置充填袋砂棱体，增强围堰的稳定性。围堰设计高水位 3.24 m，极端高水位 4.44 m；外排板桩顶标高 6.00 m、内排为 3.50 m。双排钢板桩围堰典型剖面见图 8 − 69。

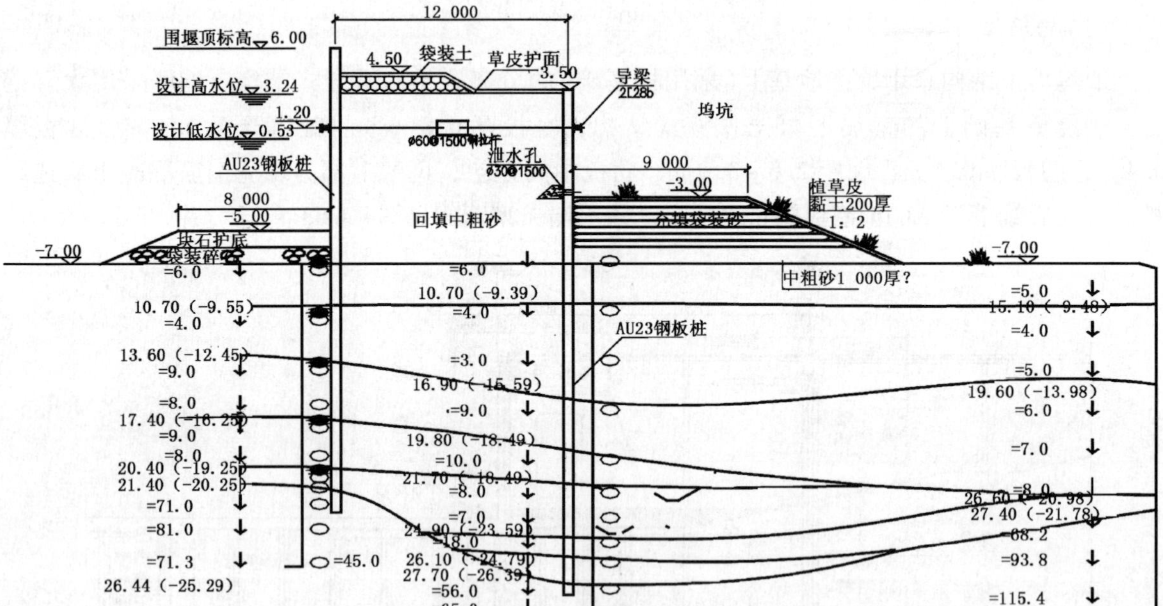

图 8 − 69　围堰典型断面图

坞口主体结构采用桩基上现浇整体“U”形钢筋混凝土结构。坞口总宽 114 m，两侧坞墩宽 9 m，总长 25 m，分为门槽段 11 m，门槛段 4 m，坞室段 10 m；坞顶标高 5.20 m，坞底板底标

高 -12.80 m；坞口底板厚3.5~4.5 m，坞口下设 ϕ600PHC 桩基，间距2.5~3.5 m，持力层选择在⑨$_2$层强风化岩，桩长一般12 m。坞口门框采用50 cm厚花岗岩镶面。坞口底板下前沿及两侧设 AU14 钢板桩止水帷幕，深度至标高 -25.0 m，钢板桩未至标高处，采用旋喷+帷幕灌浆。坞口桩基考虑采用陆上送桩施工方法。

坞口西侧为"L"形翼墙，总长120 m；坞口东侧为"一"字形翼墙，长度60 m。前沿设计泥面标高 -9.50 m，顶面标高5.20 m。根据地质条件及翼墙的功能划分，采用两种结构形式。一种采用抛石基床上沉箱重力式结构形式，单个沉箱尺度长19.95 m，宽11.5 m，高11.5 m，沉箱前后趾1.0 m。沉箱下为抛石基床，厚度4.0 m，持力层为⑧层残积土层或⑨层风化岩。其中部分码头沉箱抛石基床内设止水帷幕，作为坞口挡水围堰的一部分。结构典型断面见图8-70。另一种是现浇扶壁重力式结构，此部分结构为坞墩和已施工沉箱间翼墙，具备现场干施工条件；基础采用旋喷桩加固+灌砌块石基床，上部结构为现浇钢筋混凝土扶壁。扶壁底板厚0.6 m、宽11.5 m(包括前趾1.0 m)，立板厚0.4 m，肋板厚0.4 m，间距3.5 m；坞壁上部为现浇钢筋混凝土廊道结构，分段长度一般14 m。结构典型断面见图8-71。

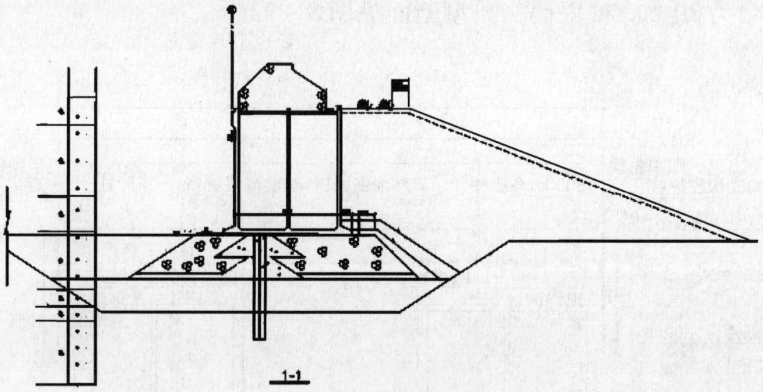

图8-70 沉箱结构翼墙断面示意图

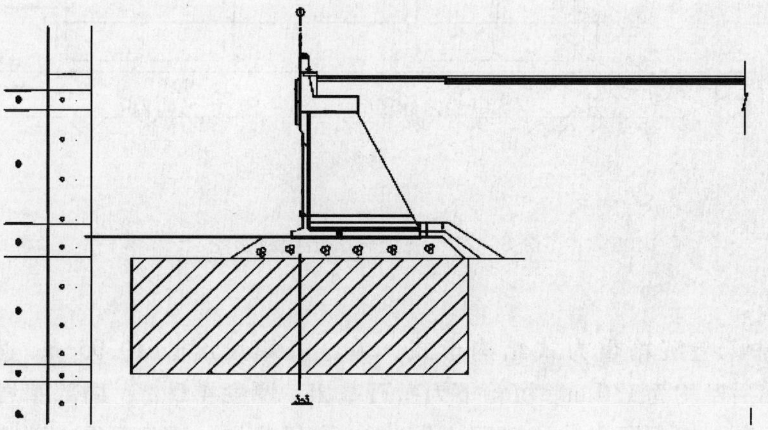

图8-71 扶壁结构翼墙断面示意图

泵房为桩基上现浇钢筋混凝土地下箱型结构。位置紧邻坞墩后方。泵房底板底标高 -15.30 m，结构顶面标高5.20 m，平面尺寸21.4 m×20.5 m×20.5 m。泵房内部为三层楼梁板结构，底层为导流层，中间为水泵层，上部为电机层，顶有起重机轨道梁通过。采用大开挖后现场干施工现浇；泵房下设止水帷幕。泵房桩基为 ϕ600PHC 桩，桩间距 2.5 m，持力层选择在⑨$_2$层强风化岩，采用陆上送桩施工方法。坞侧 600 t 轨道基础除部分利用坞墙结构外，均采用桩基上的现浇钢筋混凝土轨道梁结构；桩型为 ϕ600PHC 桩，每个桩帽下设 2 根，间距 4 m；现浇混凝土轨道梁尺寸为 2.05 m×0.8 m。

(2)码头工程

1)突堤码头。

采用抛石基床沉箱重力式结构形式。外排沉箱一般单个沉箱尺度长 19.5 m，宽 8.2 m，沉箱高度 11.7 m，沉箱前后趾 0.5 m，沉箱沿码头纵向间隔 0.5 m 连续布置；内排沉箱一般单个沉箱尺度长 16.0 m，宽 8.2 m，沉箱高度 11.7 m，沉箱前后趾 0.5 m，沉箱沿码头纵向间隔 4 m 连续布置；南端部沉箱尺度长 9.5 m，宽 22.5 m，沉箱高度 11.7 m，沉箱前后趾 0.5 m。箱内回填砂。沉箱下为 10～100 kg 抛石基床，厚度为 2.0～4.0 m，持力层为⑧层残积土和⑨层岩层面，部分抛石基床下需换填砂。沉箱上现浇胸墙，码头两侧沉箱间以叠合"Π"形板结构连接过渡。胸墙上设置 45 t 门座起重机轨道基础、公用廊道、护舷及系船设施等。分段长度为南端 30 m，其余为 20 m。突堤码头典型断面见图 8－72。

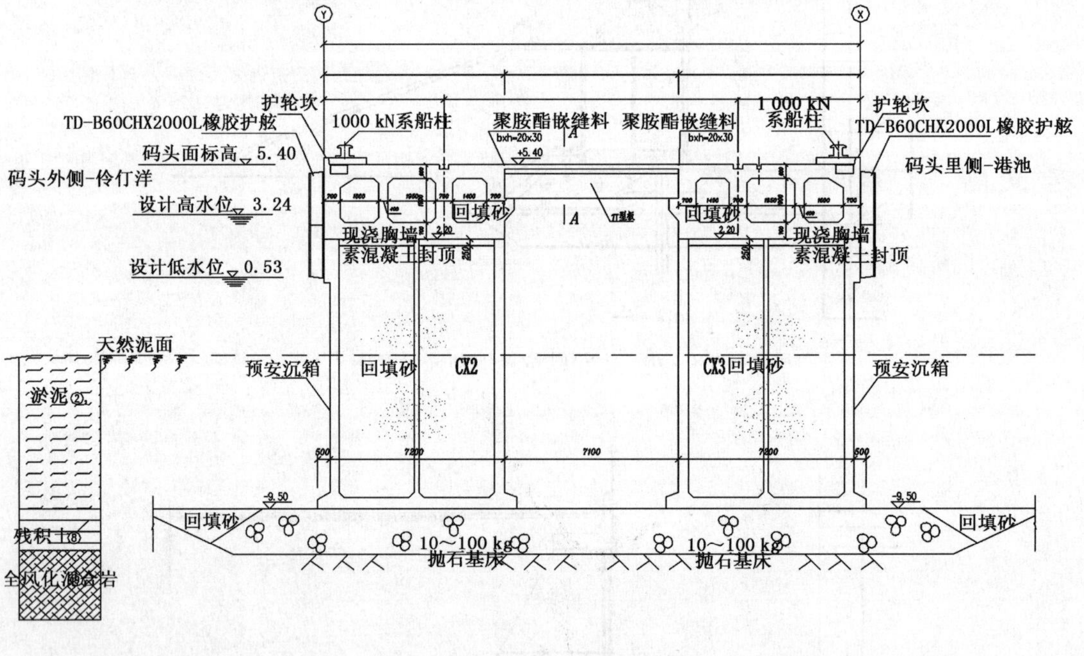

图 8－72　突堤码头结构断面图

2)顺岸码头。

采用抛石基床上沉箱重力式结构形式。单个沉箱尺度长 19.95 m，宽 11.5 m，高度 11.5 m，沉箱前后趾均为 1.0 m。沉箱下为抛石基床，厚度 4.0 m，局部基岩面较低处，抛石基床下换填中粗砂，持力层为⑧层残积土层或⑨$_1$全风化层。沉箱后回填中粗砂以形成陆域。沉箱上现浇胸墙。胸墙上安设 45 t 门座起重机轨道前轨、DA－H600 护舷及系船设施等。45 t 门座起重机后轨基础采用 ϕ600@3 200PHC 桩基上钢筋混凝土连续梁结构。顺岸码头典型断面见图 8－73。

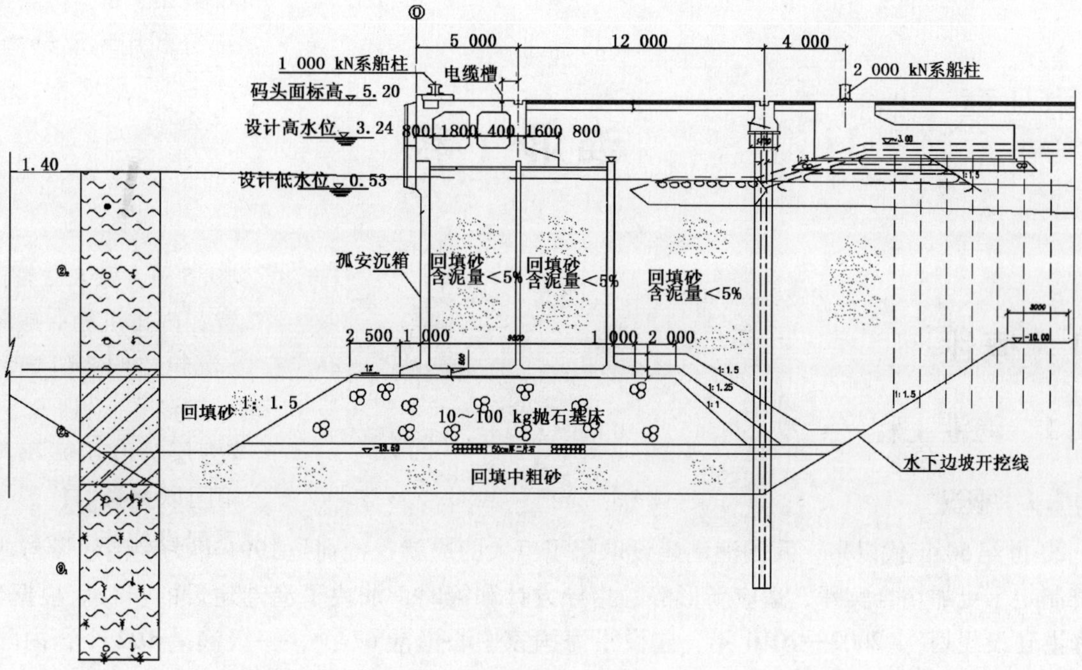

图 8－73　顺岸式码头结构断面图

参考文献

国家发改委，国防科工部．船舶工业中长期发展规划(2006 年－2015 年)．

张达群．2010．南通中远川崎船舶工程有限公司一期工程设计总结．造船工业建设，(4)．

中船第九设计研究院工程有限公司．2008．直挂云帆济沧海——中国船舶工业工程建设论文集．上海：上海科学技术出版社．

第9章

渔业工程

9.1 概述

9.1.1 渔港工程

9.1.1.1 概况

20世纪50年代以来，我国渔港建设取得了巨大的成就，特别是1991年为渔港建设与功能完善制定了更加切合实际、适应新形势的指导方针和策略，加快了渔港建设的步伐。根据《全国渔港建设规划》，2002—2010年，建设沿海国家中心渔港67个，一级渔港102个，内陆大江、大河、大库区及重点边境水域扩建内陆重点渔港52个，形成以国家中心渔港为重点，国家一级渔港为主体，二、三级渔港为基础的全国渔港经济服务体系。为达此目标，我国开展了渔港发展战略及相关工程技术的研究。针对渔港建设标准低、渔民生命财产安全问题仍然十分突出，港口水域污染严重，发展规划起点低，渔港区域经济辐射力不强，监督管理手段薄弱，投资机制与发展要求不相适应，重大工程技术研究严重滞后等问题，提出了我国渔港规划与建设应根据国情和现状，着重以基础设施配套和完善带动渔业村镇经济的发展和振兴，实现我国渔港的现代化；要求国家级渔港建设要充分体现总体规划高起点、因地制宜、近远期结合、总体布局合理、功能完善等特点，使其在推动我国渔业经济可持续发展中发挥越来越重要的作用。

我国沿海历来是自然灾害多发地区，渔业更是遭受台风和风暴潮灾害的高危险产业。近年来极端天气灾害频率和强度越来越高，超强热带风暴和极端天气风暴潮频袭我国沿海地区，渔港、渔村、渔船、网箱等养殖设施和渔民受到灾害威胁尤为严重。2006年渔业灾害经济损失达245.6亿元，占全国因公共安全造成的直接国内生产总值(GDP)损失的12%；渔业灾害死亡及失踪490人，占《2006年中国海洋灾害公报》公布死亡或失踪492人的99.6%；因海洋气象灾害造成渔业船舶沉没2 770艘，占全国2006年末海洋渔业船只拥有量的1%。渔业工程防灾、抗灾、救灾任务十分艰巨，迫切需要降低灾害风险的各项工程技术、对策的技术支撑。

9.1.1.2 渔港工程相关技术进展

(1)渔港防波堤设计标准提高

2007年以前，我国渔港工程潮位及波浪重现期标准主要为50年一遇。2007年，浙江省根据近年来实际遭遇的强台风影响，渔民生命财产安全受到的严重威胁，在“关于加快标准渔港建设若干意见”中明确防波堤达到100年一遇标准，码头、护岸达到50年一遇标准。国家“十二五”渔港建设规划中规定，今后我国渔港防波堤建设全部采用100年一遇标准。

(2)软弱地基处理技术

爆炸挤淤抛石法处理软弱地基技术在渔港应用也较早，适用范围广，解决了沉积型软弱地质物理力学指标低、软基技术处理难、造价大的难题，推动了我国沿海地区渔港防波堤的建设。浙江舟山地区正在施工的大衢渔港防波堤工程，其软弱土层厚度就超过了35 m。

(3)透空式和深水防波堤结构的应用

为保障防波堤掩护港内泊稳条件的作用，并避免防护建筑物造成潮流流场、流向、流速改变，造成港区泥沙淤积以及港区水域流速、流向、流量的改变，导致港区水体交换不彻底使水环境恶化的不利影响，采用透空式防波堤工程技术，保障了港内泊稳条件和水域不受污染，避免和减轻了港区泥沙淤积，保障渔港的正常使用年限。近年来防波堤工程建设发展较快，深水防波堤工程建设初见成果，浙江岱山高亭中心渔港的深水防波堤堤前等深线一般达 -50 m，最深处达 -60 m。

(4)渔港避风减灾对策及合理容量研究

由于对渔船避风塘(港)的规划设计目前没有直接可依照的标准，对于抵御台风等级、防灾减灾的预测缺乏较为科学的依据，使得强台风登陆后渔民不能科学地利用现有渔港资源，渔民生命财产遭受巨大损失。为此，进行了渔港避风减灾对策及合理容量研究，内容包括：①对现有渔船避风锚泊方式进行全方位的研究，提出符合我国国情的最佳渔船避风模式，为我国渔船避风塘(港)建设提供重要的参考依据；②研究现有渔港避风能力及合理容量，确定渔港避风能力的影响因素，按锚泊方式推算渔港避风塘可以容纳不同尺寸渔船的数量；③提出台风登陆之前的预防措施和台风期间减灾对策。

9.1.1.3 渔港工程技术亟须解决的主要问题

(1)渔港建设标准较低

渔港建设标准低，满足不了渔业发展和管理的需要，与渔港现代化的要求差距很大。据2003年统计资料分析，我国单艘渔船占用码头泊位岸线仅是日本、韩国的1/4，鱼货装卸仍显困难，渔船搁滩装卸、人工卸鱼方式在二、三级渔港中仍很普遍，与渔港现代化的要求具有相当大的差距。到目前为止，我国沿海一级以上渔港只能满足为全国17%的渔船提供服务，每当台风来临，因争抢避风水域引发渔事纠纷和船损人伤事件屡屡发生。休渔期间，由于停泊水域和岸线紧张，无法留有防火安全距离与疏散通道，极易引发重大灾难。

(2)港口管理不足

规划设计中环境保护及管理措施薄弱，特别是有的港口为了满足泊稳条件，没有考虑港口水体充分交换，采用水工建筑物进行近乎封闭式掩护，导致港口水域水体交换不足，港域水质环境受到严重污染。渔港发展规划起点低，经济辐射力不强。大部分二、三级渔港起不到吸引投资、带动区域经济发展的作用。渔港监督管理措施薄弱。渔港设施是公益性基础设施，一次性投资大，技术及使用要求高，其服务范围涵盖渔业捕捞、鱼货交易、加工、补给服务、旅游休闲等多级产业，但由于投资机制与发展要求不相适应，影响渔港功能的发挥。

(3)重大工程技术研究严重滞后

我国渔港建设技术及综合功能的发挥大大落后于发达国家，各级政府投入不足，特别在渔港规划技术、防灾减灾相关工程技术、防淤减淤技术、港域水域生态环境保护修复技术等研究方面落后于发达国家，并滞后于我国渔业经济的发展，严重影响了渔港在我国渔业经济中重要功能的发挥。

(4)渔业减灾技术与对策研究亟待加强

我国沿海地区，特别是东南沿海，常遭到台风、风暴潮的袭击，造成水产品损失、养殖水面和堤坝、泵站、涵闸、码头、护岸、防波堤等渔业设施损毁，甚至造成渔船沉没、人员伤亡等。沿海九省二市，共有渔业人口 5 331 092 人(其中传统渔民 3 081 218 人)，生产渔船 270 812 万艘，养殖水面为 1 774 119 hm^2，深水网箱 5 183 113 m^3 水体，普通网箱 25 453 811 m^2，直接遭受海洋灾害风险形势相当严峻，迫切需要降低灾害风险的各项工程技术、对策的技术支撑。

渔业减灾科学研究和技术创新还没有专门研究人员和队伍，加上国家财政支持力度不够，其降低台风灾害风险等课题研究严重滞后于渔业减灾的需求。由于我国对港口避风能力的等级、合理容纳进港安全避风的渔船数量还没有明确规定和标准，2006 年"桑美"台风正面袭击福建福鼎沙埕镇，在天然避风良港——沙埕港避风的渔船达万余艘，大大超出该港的合理容量，在港渔船遭受重大损失。全国拥有海洋渔业机动渔船个体小，数量大，经营主体为个人，渔船船员安全生产、法律法规意识有待加强；渔船作业地域包括远洋、近(远)海，停泊分散，渔船安全管理难度大；生产作业多为高海况条件，迫切需要利用现代技术建立安全监控指挥平台。

9.1.2 海上养殖工程

9.1.2.1 概况

我国人均耕地面积仅为世界平均水平的 1/3，且每年以逾 $1\ 000 \times 10^4$ 亩面积的速度递减，陆地农业发展面临着耕地日益减少和人口不断增加的双重压力，对食物供应安全构成严重威胁。发展海洋农业，向海洋索取资源，拓宽生存空间，是保障食物供应安全和满足人们对食品需求的重要途径。据有关研究显示，海洋农业单位面积产值是种植业的 4 倍，如将我国海域利用率提高 10%，可增加海洋农业面积 $2\ 500 \times 10^4$ 亩，相当于拓展耕地面积 1×10^8 亩。我国海洋国土面积达 300×10^4 km^2以上，其中 20 m 等深线内浅海面积 2.4×10^8 亩，40 m 等深线以内海域面积 8×10^8 亩，发展海水养殖的空间巨大。目前我国海上深水养殖产量在水产总产量中所占比重较小，发展空间和潜力很大，发展远岸深水养殖，实现海水网箱、筏式和吊笼养殖的可持续发展，对缓解食品供应安全压力具有重要意义。

我国已发展成为世界水产养殖大国，近海养殖在增加水产品产量、满足水产品需求、发展渔业经济、增加渔民收入等方面发挥了重要的作用。但随着海水养殖业的快速发展，近海养殖活动已超过了生态环境的承载量，致使养殖水域水质下降，养殖生物疾病频发和浅海生态环境的恶化，直接威胁着养殖业的可持续发展，而 -20 m 以外深水海域除石油开采和海洋捕捞外，基本未被利用于养殖生产。近年来，我国政府以及各级科技和渔业主管部门积极推动近海养殖向外海转移发展战略的实施，使我国的远岸深水养殖实现了跨越式发展。

长期以来，我国近海养殖生产基本处于低技术水平的数量规模化发展。目前，我国拥有的海水养殖网箱超过 100×10^4 箱，近海筏式养殖面积约 100×10^4 hm^2，但由于养殖设施装备水平落后，无法抵御较大风浪和较恶劣的海况条件，据不完全统计，每年因风暴潮和台风给近海养殖造成的损失均在几十亿元以上，养殖生产仍主要"靠天吃饭"。因此，利用高新技术开发外海深水养殖安全保障技术，提升海水网箱和筏式养殖的工程化水平，使我国的近海养殖从低层次的粗放、脆弱型生产向多元化科技稳定型转变，可有效保障养殖生产安全，同时还可为渔业转产和渔民就业增加收入提供一条有效的途径。

人工鱼礁的建设在整治海洋国土、建设海洋牧场、调整海洋产业结构、促进海洋产业的升级和优化、带动旅游及相关产业的发展、修复和改善海洋生态环境、增值和优化渔业资源中均起到重要的作用。人工鱼礁可改善海底环境，使生产力较低、鱼类资源较少的沙泥地环境变成鱼类较多的岩礁化环境，补充近海渔场的生物资源量；表面和附近会生长大量藻类，为海洋中的鱼类、虾类等提供丰富的饵料和良好的生长、繁殖环境；改变了海流的流向和流速，产生上升涡流和背涡流等，使海底丰富的营养物质随着海流传送到水体的各层中，从而使海水中营养物质的分布得到显著改善；本身结构及其固着生物所形成的孔隙、洞穴可以成为稚幼鱼虾的避敌场所，降低幼体的死亡率，从而促使资源增殖；可以提供休闲渔钓的理想场所，并带动滨海观光旅游及其相关产业的发展；可以利用大量废旧材料和构件，同时解决了废物处理问题。利用人工鱼礁对藻类的吸附作用、鱼礁附着生物的滤食作用、鱼礁去除大量生物摄食对赤潮引发因子的抑制作用以及水泥预制礁体阻碍海底的有机体的释放等功能机理，可降低水体富营养化程度，起到净化水质与减少赤潮发生的效用，这已在日本濑户内海得以验证。发展人工鱼礁建设对实现海洋生物资源的持续利用和海洋生态系统的良性运转具有重要意义。

9.1.2.2 近岸传统养殖工程

滩涂养殖是海洋水产业之一，指利用潮间带的软泥或沙泥地带加以平整，筑堤、建坝等进行海水养殖，或利用潮间带和低潮线以内的水域，直接或经整治、改造后从事海水养殖、增殖和护养、管养、栽培。通常直接利用滩涂进行养殖的，以贝类、海藻类为主；经整治或改造后建成潮差式、半封闭式或封闭式的鱼塭(亦称鱼港)进行养殖的，以鱼、虾类居多。该类型养殖成本低，为最传统也是最重要的开发类型之一。滩涂贝类养殖一般为食用双壳贝类，这些贝类通过滤食和外套膜吸附途径富集来自水体的物质，因内湾滩涂区域环境质量较差而出现死亡或卫生质量标准下降的现象比较多见。滩涂贝类养殖应提倡清洁养殖。

我国网箱养殖起步于20世纪70年代，发展初期主要在河流、湖泊等淡水水域中进行。70年代后期，近岸海水网箱养殖产业开始出现，并以惊人的速度迅速发展，至2004年我国沿海各省近岸网箱总数达100×10^4只，至今仍是重要的海水养殖形式之一。1995年海洋渔业总产量约1 439.1 $\times10^4$ t，其中养殖鱼类约412.2 $\times10^4$ t，仅占28.7%；2004年海洋渔业总产量约2 767.7 $\times10^4$ t，其中养殖鱼类约1 316.7 $\times10^4$ t，占47.6%。这一期间，海洋捕捞量变化不大，且呈逐步下降趋势，养殖产量对海洋渔业总产量的贡献非常明显(图9－1)。

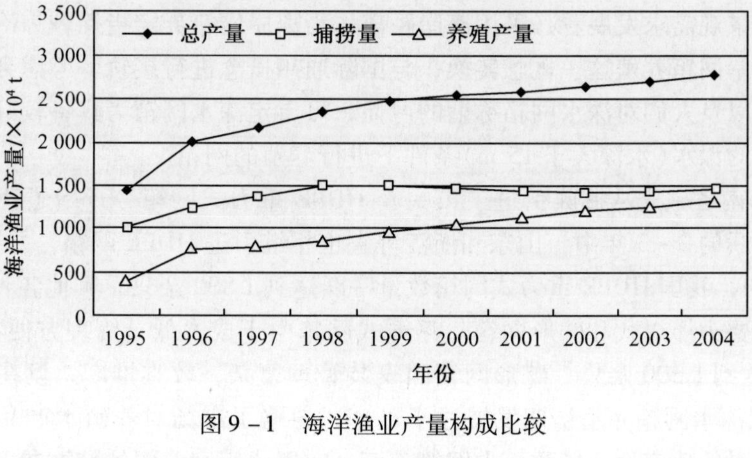

图9－1 海洋渔业产量构成比较

我国传统海水养殖网箱的数量众多，绝大多数传统网箱都是竹竿、木板或钢管结构的小型网箱。多为正方形，规格为3 m×3 m至5 m×5 m，网衣深度4~6 m。由于单个网箱容积较小，因此养殖业者往往是将几十个或几百个，甚至上千个网箱组合成片，密集敷设于浅海内湾水域。传统网箱在沿海各省的数量分布以福建、广东、浙江三省沿海最多，占中国海水养殖网箱总数的80%以上，山东、海南、辽宁等省亦有分布，但数量较少。大致情况见表9-1。

表9-1 传统小型网箱的数量分布情况

省 份	数量/只	省 份	数量/只
福 建	540 000	山 东	70 000
广 东	150 000	海 南	50 000
浙 江	100 000	其他省份	100 000

近岸网箱由于材料强度低，结构工艺简单，抗风浪性能有限，网箱悉数设置于近岸具有较好掩护条件的港湾内。面对迅速发展的近岸网箱养殖产业，相关海洋生态环境基础研究来不及跟进，加之地方有关部门及企业的急功近利，近岸网箱养殖产业发展规模和发展模式没有得到科学合理的规划和限制，导致近岸海洋生态环境恶化，赤潮病害频频发生。20世纪70年代，在中国仅发现9次赤潮，80年代75次，90年代猛增到262次，2001—2004年的4年中已发生赤潮371次，总面积超过6.6×10^4 km^2，其中仅2003年一年就发生赤潮119次，2004年一年发生赤潮面积26 630 km^2，有毒赤潮生物引发的赤潮20余次。面对严重的近岸环境污染，加之人们对食品安全意识的日益强化以及近岸海域景观需求开发，近岸网箱养殖产业势必将逐步减少，代之以新兴的深水网箱养殖。

9.1.2.3 离岸深水网箱工程

深水网箱养殖这一概念在国内被广泛应用，在国际上多数采用离岸网箱养殖(Offshore sea cage aquaculture)的提法，其“深水”是一相对概念。由我国当前多数深水网箱养殖基地所在海区特点，普遍采用-15 m等深线来界定深水网箱和近岸网箱。根据2008年年底至2009年年初，全国网箱养殖基地现场的调查结果表明，水深大于15 m的深水网箱养殖基地不到50%，超过20 m水深的基地几乎没有。“十一五”期间，在国家科技部资助的重点项目课题“新型离岸深水网箱成套装备及养殖技术”中，首次提出了离岸深水网箱的概念。按照项目指标要求，离岸深水网箱的概念仍限于以水深大于20 m作为界定指标，尚未真正体现“离岸”的概念。从海洋生态环境与景观需求发展看，采用离岸距离作为离岸网箱界定指标较为恰当，深水网箱养殖也应逐步向离岸网箱养殖这一概念转换，与国际通用概念进行接轨。考虑到我国当前网箱养殖业的实际情况以及人们对深水网箱称谓的习惯，可界定深水网箱为具备较好抗风浪性能，可在相对开放海域的深水(水深大于15 m)条件下进行养殖的网箱。

1998年，海南省率先从挪威引进了第一套HDPE重力式网箱，开始了我国深水网箱养殖产业的起步。随后的2~3年中，山东和浙江等省也相继引进HDPE网箱，并开始了规模仿制。短短的4~5年中，我国HDPE重力式网箱数量一跃达到1 800余只。其他各种类型的深水网箱也同步出现，主要为浮绳式和碟形网箱。浮绳式网箱由于成本低，管理方便，得到较大推广，至2005年数量达到1 300余只。碟形网箱因安装管理复杂，较难推广，仅在浙江省示范应用13只。由于我国深水网箱养殖初期发展过于迅速，忽略了市场对养殖水产品的消化能力和引进网箱对中国海况的适应性，导致不少网箱破坏、空置或废弃。国外网箱在引进初期就遇到强流和大浪条件下出现大变形和浮管破坏、碟形网箱中环折断破裂等问题，因此网箱结构性能优化和新型网箱研制很快引起各方的关注。从“十五”中、后期至今，我国已研制出气囊移动式、自减流低形变、多元生态养殖、鼠笼式钢结构、鲆鲽类等各类新型网箱10多种，在抗风浪和抗流方面以及养殖品种适应性方面均取得了进展，但耐强流大浪方面依然难以取得令人满意的效果。

经过10余年的发展，目前我国深水网箱总数已达3 800余只，尽管这一快速发展存在一定的盲目性，网箱空置率和废弃率较高，代价昂贵，但这些网箱设施检验了深水网箱在我国沿海的适应性，为新型深水网箱研发提供了重要的参考依据，为后期的科学发展奠定了基础，一批适应各海区特有的经济养殖品种的网箱形式被开发出来且已形成了若干良好的示范基地。黄海、渤海区主要以大连金州新区和山东胶南为基地，分别以养殖红鳍东方鲀和黑鲪作为主要品种，养殖产品外销日本和韩国；东海地区主要以浙江嵊泗和台州为基地，以养殖大黄鱼作为主要品种，产品主要出口日本和内销；南海地区主要以海南临高和广西北海为基地，以养殖卵形鲳鲹和军曹鱼为主要品种，产品主要销往香港和内地市场。“十五”期间，在国家政策扶持，尤其是国家“863”项目和各省部级项目的资助下，多个高校和研究院所开展了网箱设施研发工作，并逐步形成北、中、南同步发展的格局，如从事网箱水动力学基础研究的大连理工大学、黄海水产研究所、中国海洋大学、上海海洋大学和中山大学等。

9.1.2.4 人工鱼礁增殖工程

我国发展人工鱼礁大体可分为三个阶段：1980—1990年中期的初试阶段、1990—2005年的起步阶段和2005年至今的发展阶段。在第一阶段，由于国家基本建设投入不足，人工鱼礁研究基本处于停滞阶段。21世纪以来，海洋资源衰退对渔业经济的影响日益严重，沿海渔业各省都开始重视发展人工鱼礁的建设工作，特别是广东省，2002—2011年投放100座人工鱼礁，进行了12个人工鱼礁区及种苗增殖放流基地建设与科研调查及效果评估体系建设。

(1)初试阶段(1980—1990年中期)

1984年，人工鱼礁被列入国家经委开发项目，进行了人工鱼礁渔场的形成机理与条件、鱼礁区流场的特征、鱼礁投放试验及试捕调查、鱼礁区生物群落、鱼礁增殖鲍鱼和海参等研究，全国共投礁约10万 m^3 · 空，其中广东省投礁约1.8万 m^3 · 空。

(2)起步阶段(1990年后期至2005年)

经过一段时间的沉寂后，人工鱼礁的研究和建设于20世纪末到21世纪初又开始得到了较快的发展。广东沿海各市相继编制了人工鱼礁建设规划，率先启动了大规模的人工鱼礁建设；其他省区也相继开始了大规模人工鱼礁建设。沿海各省区相继针对礁区本底和跟踪调查、礁区选址、礁体设计及水动力效果、生态效应分析等各个环节进行了初步研究，开展了人工鱼礁结构的鱼类诱集效果观测、人工鱼礁水动力学及其规模和流场效应的研究，获得了水文、水质、底质、营养盐、浮游生物、底栖生物、游泳生物等较为丰富的现场调查资料，利用常规方法对人工鱼礁效果进行了初步调查评价，积累了有益的经验。

(3)发展阶段(2005年至今)

此阶段，我国设立了人工鱼礁的“863”计划重点项目“人工鱼礁生态增殖及海域生态调控技术”，在人工鱼礁的物理环境功能造成、抗滑移抗倾覆抗塌陷等礁体稳定性、人工鱼礁鱼类生态诱集、人工鱼礁工程设计与结构优化、人工鱼礁生物附着、渔业资源增殖及效果评价、海珍品增殖礁开发及增殖等技术方面进行了较为深入的研究，制定了人工鱼礁的优化组合方案、配置规模大小及礁区的整体布局模式，并已应用到人工鱼礁调控区建设实践中。我国编制了《全国人工鱼礁建设规划》，多个沿海省区开展了大规模的人工鱼礁建设，目前全国已投放人工鱼礁超过 200×10^4 m^3 · 空，取得了较好的人工鱼礁海域调控效果和渔业资源增殖效果。

9.1.2.5 海上养殖技术存在的主要问题

世界主要的深水网箱研发国家均有 20 ~ 30 年以上的研发历史，其中挪威、美国、日本、俄罗斯 4 国基本上代表了世界网箱工程发展先进水平。我国的深水网箱养殖 1998 年才开始起步，持续研发历史较短，与世界主要深水网箱研发国家相比滞后 15 年左右。

国外在 20 ~ 30 年的深水网箱工程发展过程中，已基本形成了适应各自国情的几种网箱类型。挪威沿海水深，浪流较小，对网箱的抗浪流性能要求不高，已形成框架式钢质网箱和重力式 HDPE 网箱两种主导产品。美国主要网箱装备有 4 种类型，包括 AquaSpar 网箱和 SeaStation 网箱（国内称碟形网箱）、JPS 网箱、OCAT 网箱（国内称塔形网箱）、Aquapod 网箱（国内称球形网箱）。俄罗斯主要网箱装备为 Sadco 系列网箱，有 3 种型式的 5 ~ 6 种不同规格。日本主要为钢质升降式网箱、钢质浮式网箱等。我国经历"十五"期间的发展，得以较大推广的主要为挪威的 HDPE 和日本的浮绳式网箱，占总数量的 95% 以上。然而，这两类网箱均属于重力式网箱，依靠配重维持有效养殖体积，而且受配套技术限制，多数没有升降功能，因此在我国尤其是东海区等浪高流急、台风频发的海域，不能很好地适应。到目前为止，我国虽已先后研发了一些专用网箱，但尚未形成主导的网箱型式。

目前应用最广的挪威 HDPE 网箱和日本浮绳式网箱并不太适合我国多数海域浪高流急的海况特征，我国新型网箱结构和网箱材料尚待研发。日本升降式钢质网箱和俄罗斯 Sadco 网箱具有较好的抗风浪和抗流性能，但这两类网箱均采用钢材作为网箱主体材料，在海水中应用面临防腐蚀问题，我国钢质网箱常常采用喷铝或喷锌结合环氧漆涂抹的防腐蚀技术，防腐性能有限。日本钢质网箱采用多层材料包覆技术，利用合金铜和微电池原理保护网具和框架材料，避免腐蚀和生物附着，实际应用效果较好。

经历了近 10 年的发展，我国已基本突破各类网箱结构的模型试验技术，实现了重力式 HDPE 网箱的数值模拟，但在其他型式的网箱和组合式网箱的数值模拟研究方面仍落后于国外。国外新型网箱都须经过模型试验、数值模拟和现场验证才能得以推广。当前包括重力式 HDPE 网箱、Sadco 网箱、球形网箱、碟形网箱在内的各种类型的网箱数值模拟研究技术已经成功实现，美国已建立 AquaFE 网箱专用有限元数值模拟软件，并在实际中得以广泛应用，国内成熟的软件系统尚未形成，未能对企业研发进行有力支撑。还有，我国目前人工鱼礁工程基础研究和管理水平整体落后，缺乏配套设施及其相关技术研究，如人工鱼礁选址方法尚不完善，缺乏人工鱼礁的建设规范和管理规定等。

9.2 渔港工程

9.2.1 概况

我国北起黄海、渤海，南至南海北部海区，分布 1 483 个大大小小的渔港。另在内陆大江、大河、大库区及重点边境水域分布内陆渔港 355 个。

我国渔港建设发展经历了三个发展阶段：1949—1990 年，群众渔港建设缓慢发展阶段；1991—2001 年为一级渔港建设起步阶段；2002 年以来，渔港建设全面开展阶段。

1991 年，国家采取民办公助的方式对 83 个群众渔港进行资金扶持。1998 年利用国债资金建设渔港后，我国渔港建设进入稳步发展阶段。据 2010 年 5 月前资料统计，1998—2010 年，国家共投资 24.05 亿元建设了 143 个渔港(中心渔港 55 个、一级渔港 56 个、内陆渔港 32 个)，共建设码头 55 372 m，新改建护岸 57 458 m，防波堤 64 482 m，港池、航道疏浚 $2\ 931 \times 10^4\ m^3$，形成有效掩护水域面积 5 000 hm^2。项目完成后，能够为全国 30% 的海洋渔船提供服务，可满足近 10 万艘渔船就近避风需要。

然而，我国是自然灾害多发地区，大风、海浪、风暴潮、海冰、海啸等海洋气象灾害给渔民生命财产安全造成严重威胁。特别是近年来台风灾害日趋严重，平均每年登陆我国并造成灾害的台风达 7 个以上，2008 年和 2009 年分别达 10 个和 9 个，并且呈现登陆早、密度高、风力强、变化多、破坏力大的趋势，风力超过 12 级的强台风、超强台风也时有发生。2008 年，台风、洪涝灾害共损毁渔船 5 903 艘、涵闸、码头及护岸和防波堤等也遭重创。

综上所述，我国渔港建设虽然取得了显著成效，但由于群众渔港数量大，基础设施薄弱，当前整体水平还比较低，与渔业安全生产和渔区发展需要还不相适应。

9.2.2 渔港分布

国家投资的中心渔港分布在辽宁、山东、河北、江苏、浙江、福建、广东、广西、海南 9 个省(自治区)(图 9－2)；一级渔港除上述地方外还有上海共 10 个省(直辖市、自治区)(图 9－3)。沿海地方投资的二、三级渔港及我国内河、湖泊及边境水域分布的内陆重点渔港不在此列。

本章主要介绍近几年重点建设的渔港工程。

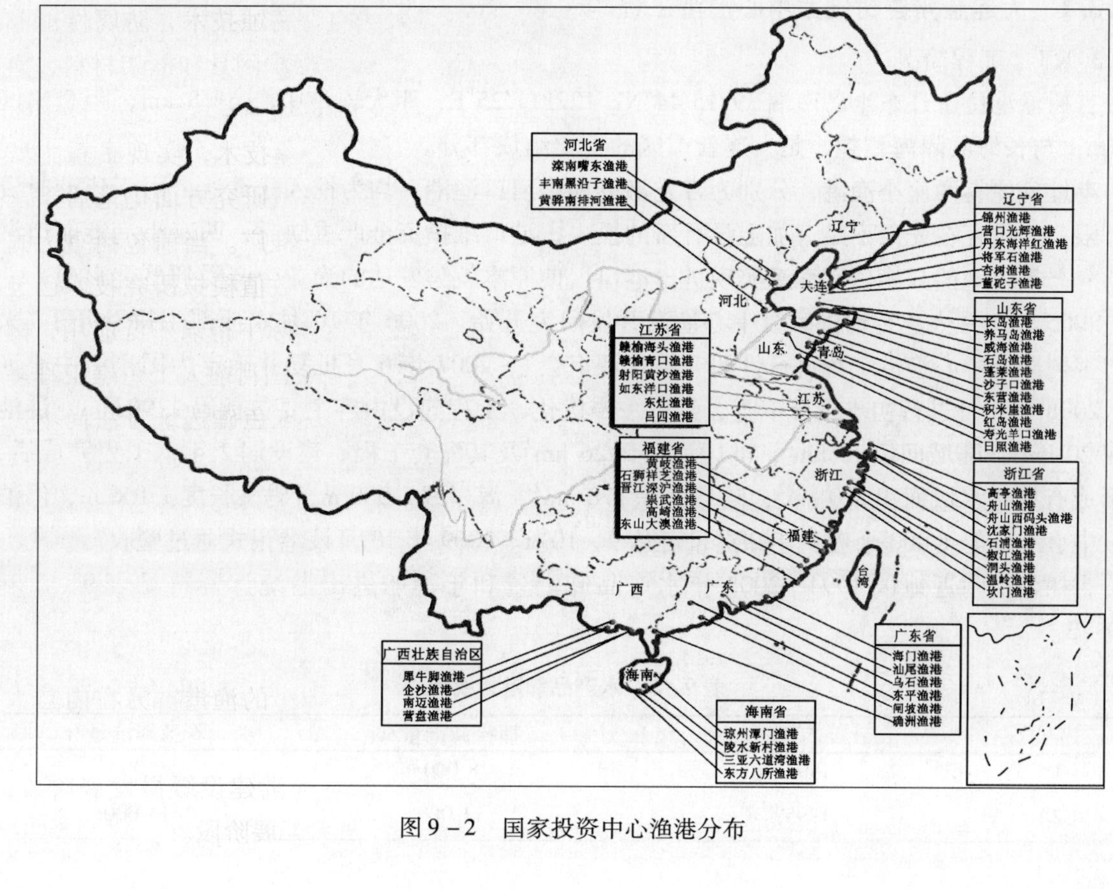

图 9－2　国家投资中心渔港分布

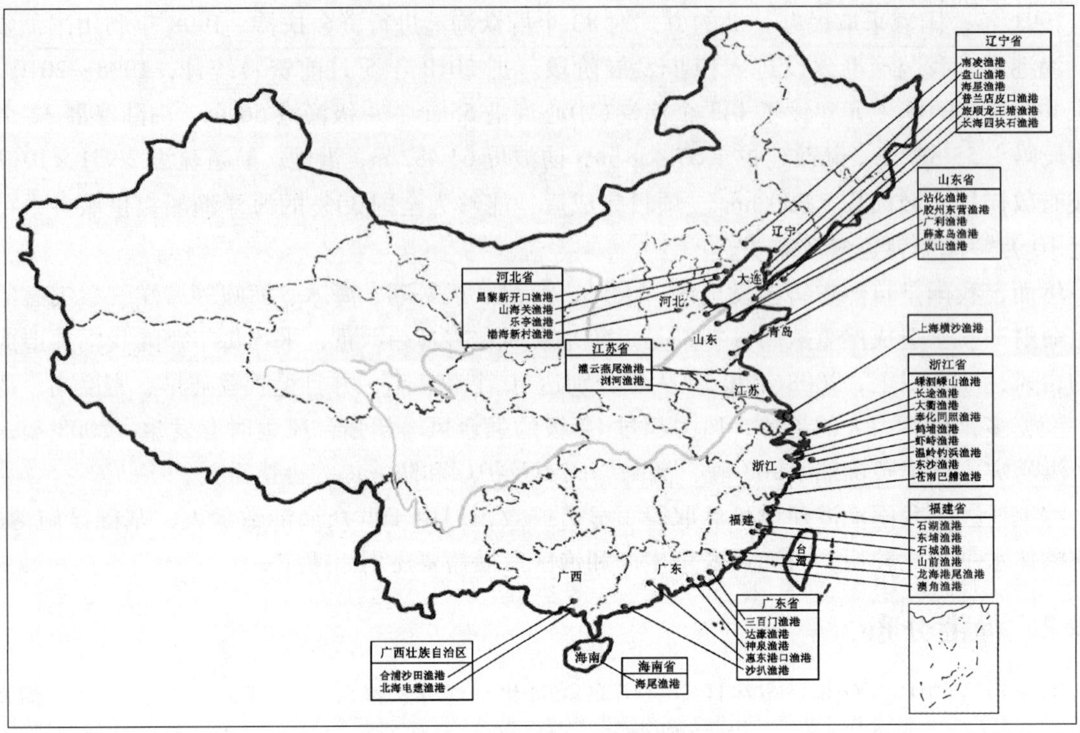

图 9－3　国家投资一级渔港分布

9.2.3　黄海、渤海海区渔港工程

9.2.3.1　大连金州杏树国家中心渔港工程

9.2.3.1.1　工程简况

杏树渔港位于辽东半岛南端 39°15′44″N，122°11′25″E，距大连市中心 61.8 km，距金州区 45 km，与长海县隔海相望，是大连新市区的重要组成部分。

港址处原有两座小渔港，分别为吉龙渔港和小河口渔港，均为挖入式港池，由于建港时资金有限，建设存在先天不足，加上没有新的投入，港口维护资金严重缺乏，两座小渔港航道淤积十分严重，渔船只能依靠涨潮实现进出港口，使原本就欠发达的渔业生产受到严重影响。

2005 年 3 月大连杏树国家级中心渔港开发研究开始。2006 年 10 月农业部主持召开了“大连市杏树国家中心渔港工程可行性研究报告评审会”，2007 年 6 月批复并确定为国家级中心渔港。2008 年 4 月进行初步设计审查，经进一步优化，工程建设内容主要包括码头 903 m，港池挖泥 20 hm^3，陆域回填 15 hm^3，港区道路 2.26 hm^2 及其配套工程。建设期 2 年，工程完成后，可形成有掩护水域面积 170 hm^2，陆域面积 170 hm^2，海岸线 2 000 m，码头长度 1 106 m，停泊大、中、小渔船 1 000 余艘，年卸港量可达 9×10^4 t。2009 年 10 月该港正式通过验收。

杏树渔港附近地区 1994—2005 年水产品卸港量和年渔船进出港统计资料见表 9－2 和表 9－3。

表 9－2　水产品卸港量统计

序号	年份	捕捞卸港量/t	养殖卸港量/t
1	1994 年	8 000	9 000
2	1995 年	11 000	14 000

续表

序号	年份	捕捞卸港量/t	养殖卸港量/t
3	1996 年	14 000	17 000
4	1997 年	17 000	19 000
5	1998 年	23 000	23 000
6	1999 年	28 000	26 000
7	2000 年	32 000	28 000
8	2001 年	40 000	30 000
9	2002 年	45 000	36 000
10	2003 年	48 000	40 000
11	2004 年	50 000	44 000
12	2005 年	51 000	50 000

表 9-3 渔船数量统计

年份	40 HP	80 HP	120 HP	200 HP	350 HP 以上	合计
1994 年	160	—	—	—	—	160
1995 年	200	150	—	—	—	350
1996 年	240	100	60	—	—	400
1997 年	300	220	80	—	—	600
1998 年	290	310	100	—	—	700
1999 年	300	360	140	—	—	800
2000 年	360	420	220	—	—	1 000
2001 年	320	510	200	70	—	1 100
2002 年	270	600	300	110	—	1 280
2003 年	190	400	550	220	40	1 400
2004 年	150	400	550	300	60	1 460
2005 年	150	400	600	360	80	1 590

9.2.3.1.2 自然条件

本港所在区域东南面向黄海。年平均雾日 21.1 天。年平均降水量 648.3 mm；每年 12 月至次年 3 月为冰冻期，岸边浅滩略有冰冻，港口作业不受影响。夏季以 SE 至 SSW 风为主，其他季节以 N 到 NW 风为主；强风向与常风向均为 NW，其次为 NNW。年平均大于 6 级风的天数为 20 天，年平均大于 7 级风的天数为 7.7 天。各向频率和最大风速统计值见表 9-4。

表 9-4 各向最大风速及风向频率

风向	N	NNE	NE	ENE	E	ESE	SE	SSE
最大风速/(m/s)	18	18	12	14	12	10	10	14
风向频率(%)	8	4	5	5	5	4	6	6
最大风速/(m/s)	10	12	10	18	14	12	24	19
风向频率(%)	5	6	4	4	4	6	14	9

该海域基本属于正规半日潮性质。采用皮口港资料（大连港筑港零点，下同）。最高高潮位4.37 m；最低低潮位 -0.97 m；平均高潮位2.70 m；平均低潮位0.57 m；平均海平面1.65 m；平均潮差2.13 m；最大潮差4.42 m。海流主要是潮流，潮流流速较小，涨潮时流向为东北后转北，落潮流向为西南后转南，流速为0.5~0.6 m/s。

该地区海岸为岬湾砂质海岸。港口坐落在老鹰嘴和三官庙的钓鱼台两个突出的岬角之间的小海湾内。海底水下浅滩水深为0~5 m，坡度为$1.67\times10^{-3}\sim5.0\times10^{-3}$。海底地形平缓，等深线平行海岸线，2 m等深线距岸约400 m，5 m等深线距岸约3 000 m。该区岸线一带是由砂砾、中粗砂、中细砂组成的沙滩，宽约250 m；海底为粉砂质黏土。

本场地地层自上而下分布为：①层淤泥；分布场区南部，厚度0.70~2.00 m。②层淤泥质粉砂；场区普遍分布，厚0.60~2.70 m。③层砾砂；分布于场区南、北部，厚0.80~3.30 m。④层粉质黏土；厚2.20~3.70 m。局部钻孔粉质黏土与粉细砂互层。⑤层黏土；场区普遍分布，厚1.00~5.40 m。局部钻孔黏土层夹多层粉细砂，层厚0.25~0.40 m。⑥层卵石；成分为石英砂岩，粒径0.50~5.0 cm，大者10 cm，含量占60%左右，充填物为中、粗砂。厚0.90~1.30 m。⑦层强风化片麻岩；岩石节理裂隙发育，岩芯呈碎粒状，为较软岩，较破碎，岩体基本质量等级为Ⅴ级。最大揭露厚度3.00 m。拟建场地内地基土承载力容许值的建议采用值：①层为40 kPa；②层为80 kPa；③层为270 kPa；④层为125 kPa；⑤层为180 kPa；⑥层、⑦层为350 kPa。

该地区地震基本烈度为Ⅶ度。场地类别为Ⅱ类，②层为液化砂土，是对建筑抗震不利地段。

9.2.3.1.3　平面布置

杏树渔港为双突堤环抱式港口，坐北朝南，由东、西两个港区组成。西港区为生产作业区，东港区为陆岛交通码头区。东、西两道突堤环抱，形成港内170 hm^2水域。港口口门朝西南，宽493 m。港区平面布置如图9-4所示。

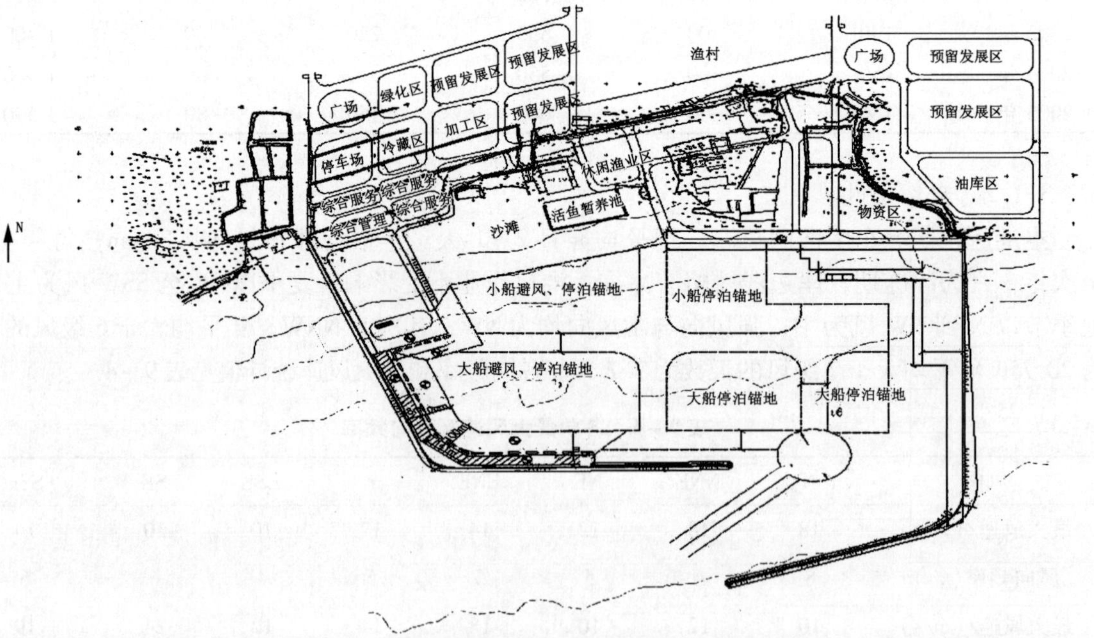

图9-4　大连杏树国家中心渔港港区平面布置

西港区自港区最西端沿东南向布置护岸528 m，由护岸南端沿护岸轴线布置防波堤长512 m，然后东拐折继续延伸888 m，防波堤内侧布置码头903 m。护岸内侧回填形成陆域

11 hm^2，其上布置渔港主要功能区。陆域前沿布置码头，东侧 107 m，南侧 203 m，码头前沿底高程 -2.3 m。防波堤内侧 903 m 码头前沿底高程 -5.0 m，港内可停泊渔船 1 500 艘。西港区共形成码头岸线 1 213 m，护岸及防波堤 1 928 m。

东港区自港区最东端布置南北向防波堤 1 219 m，然后向西南拐折布置防波堤 743 m，防波堤总长 1 962 m。防波堤内侧为陆岛交通码头，前沿底高程 -6 ~ -3 m，设有 1 000 t 客货滚装码头 2 个，1 000 t 杂货码头 2 个，快船码头 4 个，均为与长海县通航的陆岛交通码头。

E、SE 方向波浪入射时防波堤掩护效果均佳，港内几乎无波浪；SE 方向波浪入射时，2 年一遇港内 H_s 小于 0.1 m；S 方向波浪入射时，掩护效果相对较差，但港内泊位区水域 H_s 小于 0.2 m；SW 方向波浪入射时(小风区)，2 年一遇的港内泊位区水域 H_s 小于 0.1 m。各向均满足泊稳要求。50 年重现期波浪入射时，E 方向在口门附近及东防波堤南侧根部水域 H_s 达 0.6 m，90% 水域面积的有效波高小于 0.4 m；SE 方向港内约 25% 水域面积的 H_s 达 0.8 m 以上，35% 水域面积的 H_s 达 0.6 m，55% 水域面积的有效波高大于 0.4 m；S 方向波浪入射时，港内约 10% 水域面积的 H_s 超过 1.0 m，50% 水域面积的 H_s 大于 0.6 m；SW 方向波浪入射时，港内约 15% 水域面积的 H_s 超过 0.6 m，80% 水域面积的 H_s 小于 0.5 m。50 年重现期波浪入射时渔港有 20% ~40% 水域面积不能够完全满足防台风要求。

本港后方配套规划近 160×10^4 m^2 的陆域，陆域自西向东依次布置综合管理区、综合服务区、冷藏加工区、休闲渔业区、修船区、物资区、油库区及预留发展区。

9.2.3.1.4 水工建筑物

(1)设计条件

潮位、波浪重现期为 50 年一遇。安全等级均为Ⅱ级。设计高水位 4.26 m；设计低水位 0.2 m；极端高水位 5.36 m；极端低水位 -1.8 m。

影响渔港工程的波浪入射方向主要来自 E 向、SE 向和 S 向，此外，SW 方向的波浪也应考虑。E 向、SE 向和 S 向的波浪由丁家坟测站推算至工程所在地，SW 方向的波浪由小风区推算风浪。口门处设计高水位设计波要素见表 9 -5。设计船型见表 9 -6。系缆力 150 kN；地面荷载 15 kPa。

表 9 -5 口门处设计波高

重现期/a	波向	设计高水位			
		$H_{1\%}$/m	$H_{5\%}$/m	$H_{1/3}$/m	T/s
50	SE	3.71	3.02	2.5	7.5
25		1.65	1.32	1.10	7.0
50	E	3.32	2.65	2.2	6.8
25		2.56	2.03	1.7	6.4
50	S	4.72	3.84	3.18	8.2
25		3.89	3.18	2.62	7.6
50	SW	3.32	2.65	2.2	6.2
25		2.60	2.05	1.8	5.6

表 9-6 设计船型

船型	主机功率/kW	船长/m	船宽/m	艉吃水/m
600 HP	441	43.5	7.6	3.3

（2）码头结构

该水域地层覆盖层较薄，其下的全风化片麻岩承载力较高，码头采用沉箱重力式结构，结构断面如图 9-5。码头前沿顶高程 5.5 m，底高程 -5.0 m。墙体为预制钢筋混凝土小沉箱。基础采用暗基床，挖泥至持力层，抛填 10～100 kg 块石作为抛石基床。钢筋混凝土沉箱坐落于抛石基床上，底宽 5 m，高 7 m，前、后壁厚度均为 0.3 m，底板厚 0.35 m，箱内抛填 10～50 kg 块石。箱上为底宽 3.0 m，顶宽 1.2 m 的"L"形现浇混凝土胸墙，后设 10～100 kg 抛石棱体，边坡为 1:1。抛石棱体后设厚度不小于 60 cm 的混合倒滤层，码头后方回填开山石渣。码头前沿设橡胶护舷。

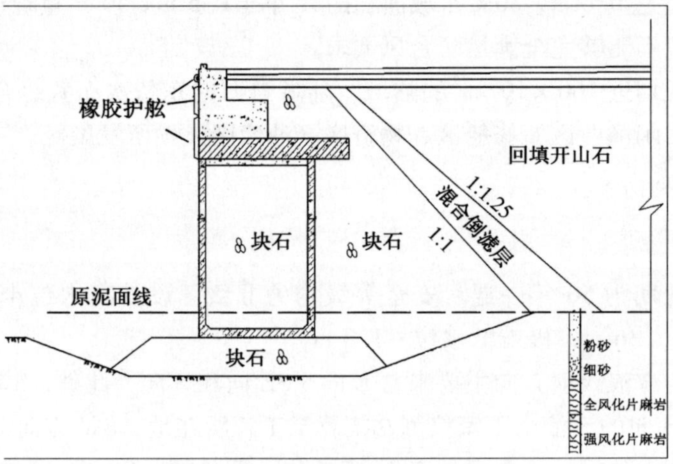

图 9-5 码头断面示意

（3）防波堤结构

防波堤采用斜坡式结构（图 9-6）。堤芯回填开山石，外侧采用 2.5 t 以上大块石摆放二层，坡度 1:2，坡顶及坡脚设 2.0 m 宽的水平段；护面下采用 150～200 kg 块石垫层；坡脚设 5.0 m 宽 150～200 kg 块石护底。堤顶设 3.0 m 宽挡浪墙，墙顶高程为 8.0 m。挡浪墙内侧为 8.0 m 宽的通道，路面采用现浇混凝土路面 20 cm；路边设浆砌块石路肩；内侧护面采用 150～200 kg 块石抛填二层，坡度 1:1.5。防波堤下表层为淤泥质粉砂，其下为承载力较好的强风化片麻岩，因软土层较薄（平均 2 m 左右），采用抛石挤淤法进行软基处理。

9.2.3.1.5 附属设施

已建平塘 1 座，净水厂 1 座，日供水量可达 1 000 t。设 66 kW 变电所 2 座，由港区自有高压电网引进的电源，经变电所变压，以 380 V/220 V 输送至各用电部门。渔船上油在供冰码头，油从贮油罐经管道输送到供冰码头前沿。

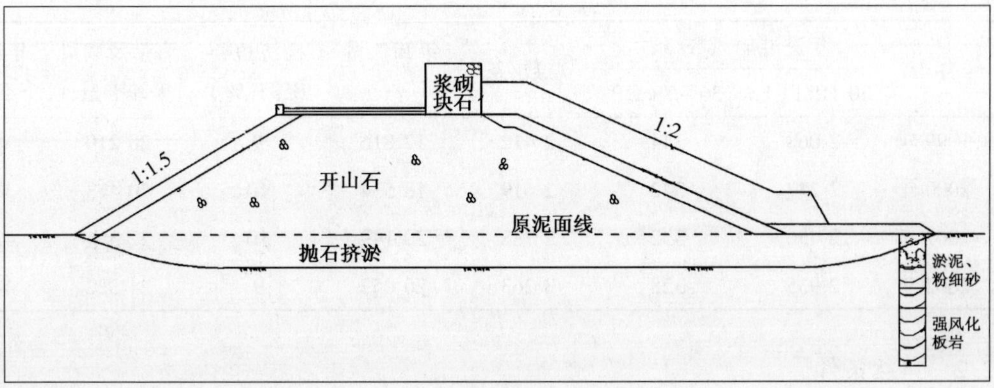

图 9－6　防波堤断面示意

9.2.3.2　董砣中心渔港工程

9.2.3.2.1　工程简况

董砣渔港位于38°52′22″N，121°07′00″E，辽东半岛最南端大连市旅顺口双岛湾内双坨岛南侧，地处环渤海经济区的圈首和东北亚经济区中心，与山东半岛隔海相望，距大连市区55 km，距旅顺市区12 km。

该港始建于1987年，扩建于1997年。自1999年起，经过6年多的规划、评审、论证，2003年12月被批准为国家中心渔港，并于2004年9月进行扩建，2006年竣工，是辽宁省继葫芦岛中心渔港后第二家、大连市首家国家中心渔港。董砣国家级中心渔港建成后，渔港码头泊位增至18个，年卸鱼量达到 10×10^4 t（含外地渔船卸港量），可满足1 000艘以上大、中、小型渔船进港停泊，成为环黄渤海地区重要的海产品集散地和防台风港。

董砣渔港自1989年投入营运后，生产规模和效益不断提高。表9－7统计了本港整个14年营运期间年卸港量、年到港渔船及分档渔船数量指标。近几年，港区逐年完善和增加了陆上各类设施，使港区陆域具备了容纳更大卸港量的综合营运能力。

表9－7　董砣渔港船只数量、年卸港量及经济鱼类统计

序号	年份	年进港船只数/条		总数/条	年卸鱼量/t	经济鱼类比例（%）	海带及扇贝年卸港量/t	年卸港量合计/t
		80 HP以上	36～79 HP					
1	1989年	—	34	34	87	52	—	—
2	1990年	10	229	239	927	50	—	—
3	1991年	20	501	521	1 595	44	—	—
4	1992年	200	649	849	2 531	40	969	3 500
5	1993年	598	1 310	1 908	4 715	31	1 428	6 143
6	1994年	765	1 236	2 001	6 898	26	3 212	10 110
7	1995年	543	1 421	1 964	9 082	19	5 024	14 106
8	1996年	583	1 141	1 724	11 266	15	6 316	17 582
9	1997年	1 079	894	1 973	13 616	12	8 651	22 267
10	1998年	2 107	350	2 457	15 831	10	12 231	28 062

续表

序号	年份	年进港船只数/条		总数/条	年卸鱼量/t	经济鱼类比例(%)	海带及扇贝年卸港量/t	年卸港量合计/t
		80 HP 以上	36～79 HP					
11	1999 年	2 068	344	2 412	17 816	9	20 210	38 026
12	2000 年	2 277	342	2 619	18 534	10	20 413	38 947
13	2001 年	2 456	332	2 788	20 149	10	22 354	42 503
14	2002 年	2 935	328	3 263	20 053	9	24 322	44 375

9.2.3.2.2 自然条件

(1)气象水文

根据水师营气象站(距港区约 10 km)1964—1985 年 22 年观测资料，当地常风向 NNE，频率 31%；次常风向 N，频率 27%；强风向 NNW，最大风速 30 m/s；次强风向 WNW。多年不小于 6 级风年平均天数 58.6 天，多年不小于 6 级风最多天数 96 天。各向风速资料见表 9－8。

表 9－8 各风向最大风速、平均风速统计

风向	最大风速/(m/s)	平均风速/(m/s)	风向	最大风速/(m/s)	平均风速/(m/s)
N	25	3.75	S	15	2.9
NNE	26	4.07	SSW	15	2.4
NE	24	3.62	SW	22	3.6
ENE	20	3.1	WSW	20	3.48
E	14	3.2	W	17	3.67
ESE	20.3	3.2	WNW	29	3.48
SE	14	2.97	NW	21	3.44
SSE	21	3.77	NNW	30	3.87

历年平均雾日 12.3 天；极端最低气温 －19℃；冰冻最早冻结始于 11 月 10 日，最晚冻结始于 12 月 6 日；最早融化始于 3 月 4 日，最晚融化始于 3 月 26 日；冻土深度 24～80 cm；旅顺口西侧海域绝大部分年份无海冰形成，是辽东半岛受海冰影响最小的海岸。

实测最高潮位(当地理论基准面，下同)2.55 m；平均高潮位 1.79 m；平均潮位 1.13 m；实测最低潮位 －1.12 m；平均低潮位 0.46 m；平均潮差 1.33 m；最大潮差 1.94 m。参照羊头洼渔港的波浪频率分布，各向波浪频率见表 9－9。

表 9－9 羊头洼港口门附近 $H_{1/10}$ 波浪统计

$H_{1/10}$/m	≤0.5	0.6～1.0	1.1～1.5	1.6～2.0	2.1～2.5	2.6～3.0	≥3.1	Σ
N(%)	3.05	0.71						3.76
NNE(%)	3.76	0.14						3.90
NE(%)	1.63	0.28						1.92

续表

$H_{1/10}$/m	≤0.5	0.6~1.0	1.1~1.5	1.6~2.0	2.1~2.5	2.6~3.0	≥3.1	Σ
ENE(%)	1.21							1.21
E(%)	1.49							1.49
ESE(%)	0.57							0.57
SE(%)	1.35							1.35
SSE(%)	2.84	0.14						2.98
S(%)	0.71							0.71
SSW(%)	1.06	1.14	0.14					2.34
SW(%)	0.78	0.21						0.99
WSW(%)	0.71	0.85	0.21					1.77
W(%)	0.14	0.21	0.35	0.07				0.78
WNW(%)	0.21	0.43	0.07	0.07				0.78
NW(%)	1.35	3.90	9.65	4.97	1.63	0.71	0.14	22.35
NNW(%)	5.32	4.68						10.0
Σ(%)	26.54	12.7	10.47	5.11	1.63	0.71	0.14	56.92

(2)工程地质

港口海底坡度2.17‰。本场地地层自上而下分布为：①层粉砂，含贝壳，含少量卵石，厚1.30~6.70 m；②层淤泥质粉质黏土，含有粉砂，厚2.60~6.80 m；③层粉砂，厚0.80~5.60 m；④层卵石，卵石含量为60%~70%，充填物为混粉质黏土，粒径1~6 cm，成分为石英岩、石英砂岩，场区分布局限，厚0.70~3.80 m；⑤层粉质黏土混碎石，碎石含量占30%左右，粒径1~5 cm，成分为石英砂岩、石英岩，场区分布局限，厚0.90~4.80 m；⑥层粉质黏土，厚0.90~10.40 m；⑦层细砂，局部含粉质黏土，厚0.50~2.60 m；⑧层碎石，碎石含量70%左右，粒径为1~5 cm，成分为石英砂岩，充填物为中粗砂，局部夹中粗砂、粉质黏土、粉细砂，该层未穿透。各层容许承载力值：①层为120 kPa，②层为60 kPa，③层为180 kPa，④层为240 kPa，⑤层为220 kPa，⑥层为210 kPa，⑦层为180 kPa，⑧层碎石为260 kPa。

(3)地震

该地区地震基本烈度为Ⅶ度，Ⅱ类建筑场地。本场地内地层①层及③层均为不液化砂土。

9.2.3.2.3 平面布置

从已建的128 m防波堤沿N21.1°—201.1°(原防波堤轴线)方位新建122 m防波堤兼码头，形成1号、2号2个600 HP泊位，再延伸282 m的斜坡式防波堤，然后以北58.8°—238.8°的方位外延170 m的斜坡式防波堤，形成总长702 m的防波堤。平面布置如图9-7所示。停泊锚地面积为59.3 hm^2，总掩护水域为71.4 hm^2。

码头岸线在防波堤内侧靠根部的250 m段，由前至后布置1—5号共5个泊位，长分别为60 m、53 m、44 m、44 m、49 m。在堤根部的顺岸段布置6号、7号泊位，长分别为49 m、60 m。在原有小突堤上冰泊位两侧，沿用原有两个上冰泊位，布置8号、9号共2个泊位，长50 m。顺岸上冰泊位的东侧岸线由于陆域宽阔，共布置10—12号3个泊位，长分别为72.7 m、60 m、60 m。参见表9－10。

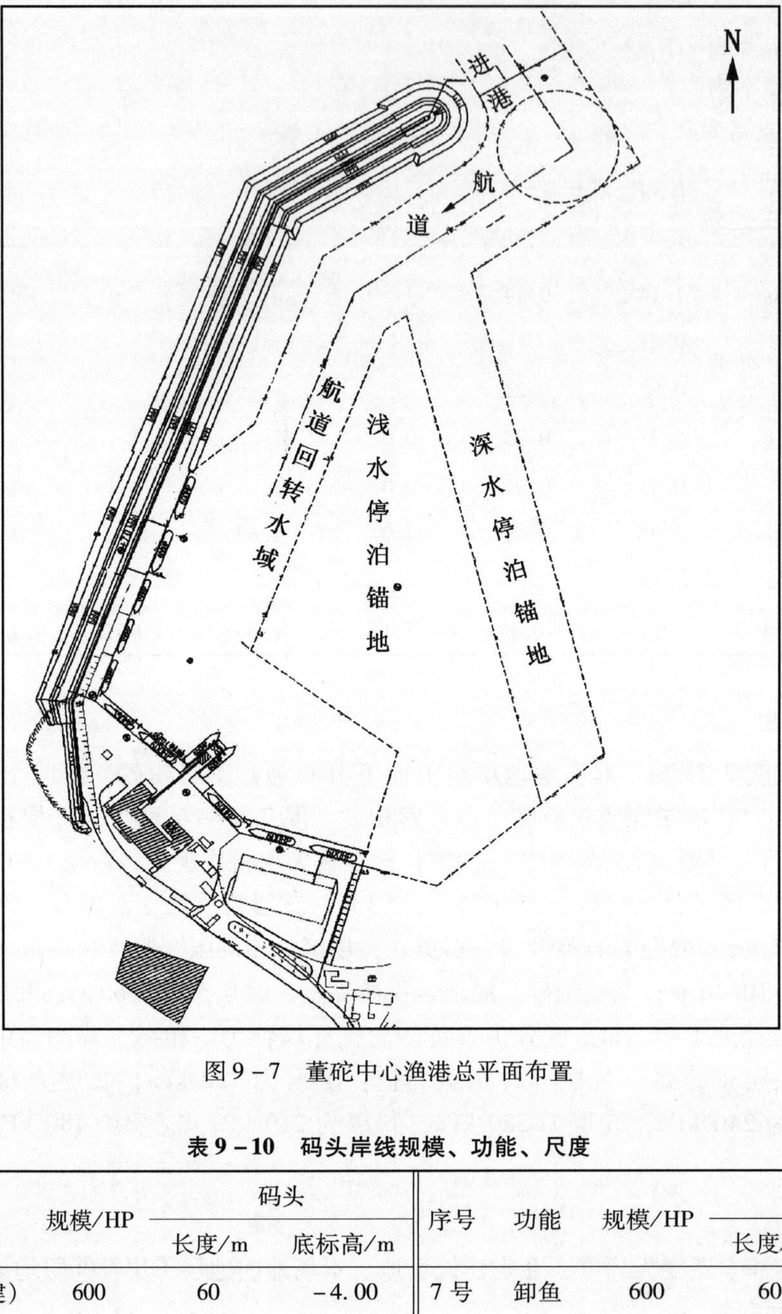

图9－7　董砣中心渔港总平面布置

表9－10　码头岸线规模、功能、尺度

序号	功能	规模/HP	码头		序号	功能	规模/HP	码头	
			长度/m	底标高/m				长度/m	底标高/m
1号	物资(新建)	600	60	－4.00	7号	卸鱼	600	60	－4.00
2号	物资(新建)	600	53	－4.00	8号	上冰	600	50	－4.00
3号	物资(改造)	350	44	－4.00	9号	上冰	600	50	－4.00
4号	物资(改造)	350	44	－4.00	10号	卸鱼	600	72.7	－4.00
5号	物资(改造)	350	49	－4.00	11号	卸鱼	600	60	－4.00
6号	卸鱼	350	49	－4.00	12号	卸鱼	600	60	－4.00

码头岸线总长651.7 m。停泊水域沿泊位长度布置成40 m的带状水域，其中6号、7号、10号泊位前停泊水域为57 m。回转水域带在停泊水域外边缘沿泊位全长布置，宽80 m。

口门处 NW 向2年一遇的 $H_{4\%}=2.7$ m，$T=7.4$ s；WNW 向 $H_{4\%}=1.8$ m，$T=5.4$ s。除NW向以外的其他向波浪作用时，停泊锚地范围内的 $H_{4\%}$ 波浪均小于0.8 m。NW向波作用时，$H_{4\%}>2.0$ m的频率为2.48%。港内机动渔船锚泊(靠泊内侧)时允许波高为0.5~0.6 m，渔轮(靠泊外侧)的允许波高为0.6~0.8 m，锚泊水域均基本满足机动渔船和渔轮的锚泊标准，总停泊锚地面积为59.3 hm^2，再加上停泊水域、回转水域、港内航道，则总掩护水域为71.4 hm^2。

9.2.3.2.4 水工建筑物

(1)设计条件

设计高水位2.17 m；设计低水位0.13 m；校核高水位2.77 m；校核低水位-1.06 m。深水波浪要素采用渤海海峡庙岛列岛上的北隍城海洋观测站的实测值，测波点浮标处水深约-20 m，资料年限为34年。推算得到-5 m水深处重现期为50年、25年及2年不同设计水位波要素见表9-11。

表9-11 等深线-5 m位置处设计波要素

深水波向	潮位	重现期/a	$H_{1\%}$/m	$H_{4\%}$/m	$H_{13\%}$/m	$\bar{H}$/m	$\bar{T}$/s
SW	设计高水位	50	4.4*	4.0	3.4	2.4	8.9
		25	3.8	3.3	2.8	1.9	8.2
		2	1.9	1.6	1.3	0.8	5.6
	设计低水位	50	3.3*	3.3*	3.0	2.2	8.9
		25	3.2*	3.2*	2.9	2.1	8.2
		2	1.77	1.5	1.3	0.8	5.6
WSW	设计高水位	50	4.2	3.7	3.2	2.2	7.9
		25	3.8	3.3	2.8	1.9	7.5
		2	1.6	1.4	1.1	0.7	5.3
	设计低水位	50	3.2*	3.2*	2.9	2.1	7.9
		25	3.1*	3.1*	2.7	1.9	7.5
		2	1.6	1.4	1.1	0.7	5.3
W	设计高水位	50	4.3*	4.0	3.4	2.4	8.4
		25	4.1	3.6	3.1	2.1	7.8
		2	1.8	1.6	1.3	0.8	5.3
	设计低水位	50	3.3*	3.3*	3.2	2.4	8.4
		25	3.2*	3.2*	3.1	2.3	7.8
		2	1.8	1.5	1.3	0.8	5.3
WNW	设计高水位	50	4.4*	4.4*	4.2	3.1	8.9
		25	4.3*	3.9	3.3	2.3	8.2
		2	2.1	1.8	1.4	0.9	5.4

续表

深水波向	潮 位	重现期/a	$H_{1\%}$/m	$H_{4\%}$/m	$H_{13\%}$/m	$\bar{H}$/m	$\bar{T}$/s
WNW	设计低水位	50	3.3*	3.3*	3.3*	3.0	8.9
		25	3.2*	3.2*	3.2*	2.4	8.2
		2	2.0	1.8	1.4	0.9	5.4
NW	设计高水位	50	4.6*	4.6*	4.6*	4.6*	10.8
		25	4.5*	4.5*	4.5*	4.5*	10.0
		2	3.2	2.7	2.3	1.5	7.4
	设计低水位	50	3.4*	3.4*	3.4*	3.4*	10.8
		25	3.3*	3.3*	3.3*	3.3*	10.0
		2	3.1	2.7	2.3	1.6	7.4

注：上标“*”表示破碎波高。

(2)码头结构

新建码头长122.0 m。码头断面如图9-8。码头面顶高程+3.7 m，底高程-4.0 m，前沿停泊水域宽度为40.0 m。码头面堆货荷载为20 kN/m²；汽车荷载为10 t汽车；船舶法向靠泊速度0.25 m/s。设计船型为600 HP渔船(L_c=44 m，B_c=7.6 m，T_c=3.6 m)。码头建于防波堤内侧，因持力层埋藏较深、软弱层较厚，全部采用灌注桩梁板方案。灌注桩为端承摩擦混合桩，共布置3排。前排和后排桩径为0.8 m，桩长29.19 m，进入碎石层4.0 m；中排桩径为1.0 m，长33.19 m，进入碎石层8.0 m。纵向排架间距取8.7 m，横向排架间距取8.55 m。上部采用梁板式结构，梁高0.9 m，板厚0.3 m。地基处理采用塑料排水板方案，排水板宽100 mm，厚4 mm，采用等边三角形布置，间距1.2 m。塑料排水板上设0.7 m厚粗砂垫层和0.5 m厚碎石垫层形成排水通道。

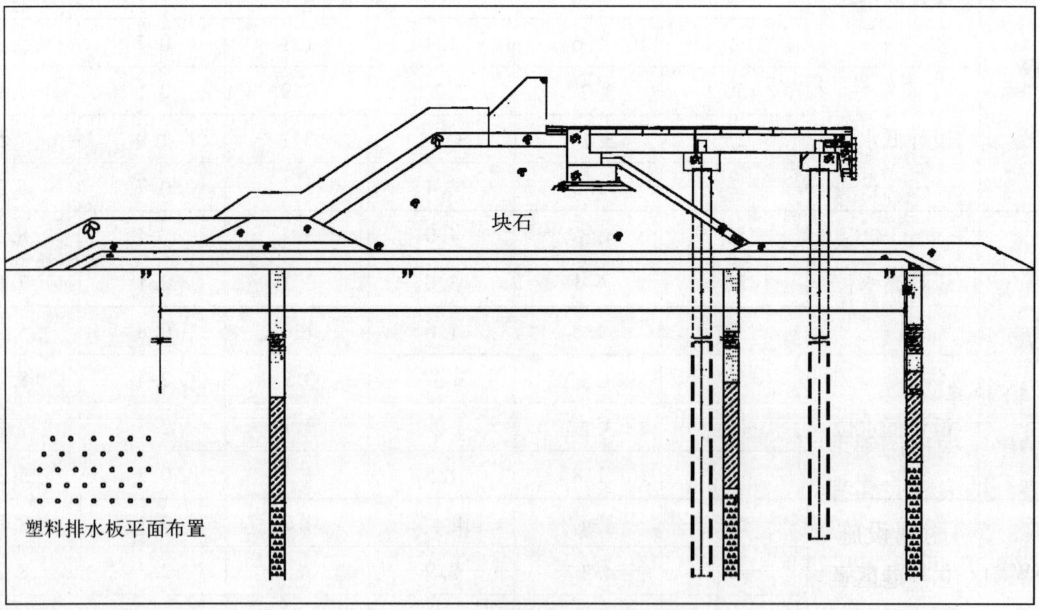

图9-8 防波堤兼码头断面示意

原码头总改造长度为128.0 m，加宽部分的结构同防波堤的外侧结构，堤芯为抛填10～100 kg块石，抛石顶高程为3.30 m，外侧都安放一层4.5 t扭王字块体护面，护面下为抛理二层150～300 kg块石垫层，坡角采用300～500 kg块石护底。堤顶为浆砌块石防浪胸墙，墙底高程为3.30 m，顶高程取7.0 m。结构改造断面如图9－9。

(3)防波堤

防波堤为斜坡式抛石堤(图9－10)，总长为452 m，其中堤身段总长为422 m，堤头段总长30 m。堤芯为抛填10～100 kg块石，抛石顶高程为3.30 m。堤身外侧安放一层4.5 t扭王字块体护面，内侧安放一层2.5 t扭工字块体护面或一层栅栏板护面。防波堤顶为浆砌块石防浪胸墙，墙底高程为3.30 m，顶高程取7.00 m。防波堤采用分级加荷施工，首先用船水上抛填粗砂垫层、碎石垫层及两侧的护底块石，然后采用陆上端进法施工。一级加荷顶标高为1.15 m；二级加荷顶标高为7.0 m。

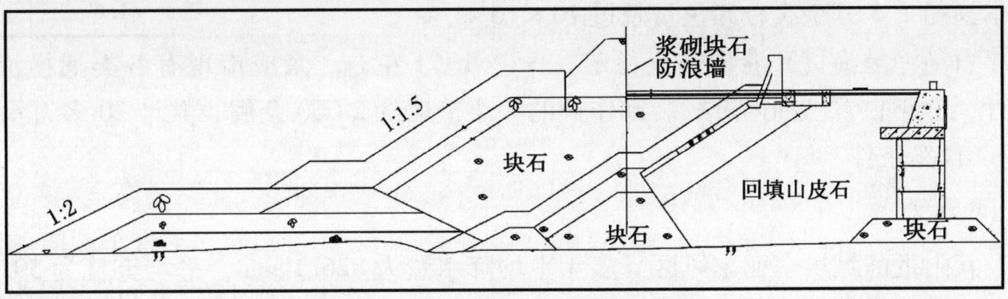

图9－9 原码头结构改造断面示意

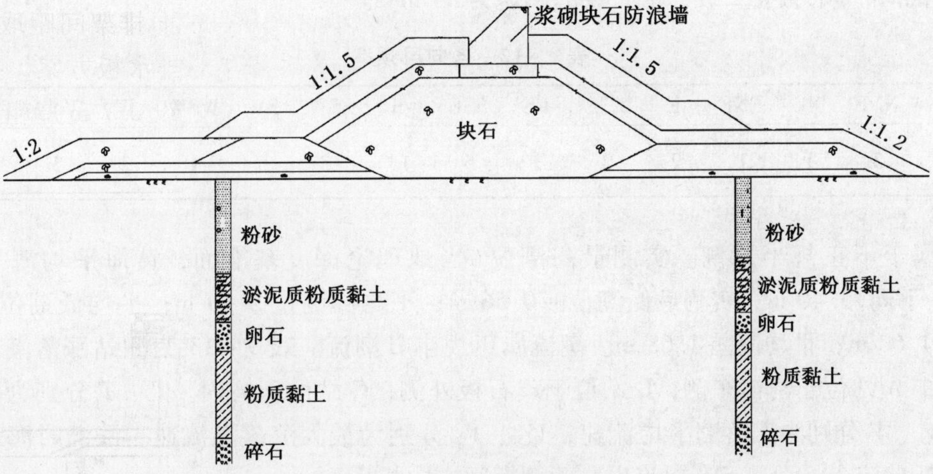

图9－10 防波堤断面示意

(4)护岸

护岸结构采用斜坡式抛石堤芯。堤芯采用10～100 kg块石，顶高程2.9 m，上部为浆砌块石挡浪墙，挡浪墙底高程为2.9 m，顶高程为5.0 m。护岸外侧采用一层2.5 t扭工字块体护面。

9.2.3.2.5 附属设施

油罐区位于港区西南角的山上，现有500 t油罐3个，1 500 t油罐2个，贮油能力4 500 t；有1 500 t冷藏、500 t制冰库各1座；蓄水池500 m^3，位于港区西南角的山上；港区东南侧有小型滑道1座，最大可修200 HP渔船；有1 200 m^2办公楼1栋和日处理20 t的污水处理厂1座。

9.2.3.3 山东荣城市石岛中心渔港工程

9.2.3.3.1 工程简况

石岛渔港位于36°53′N，122°25′E，山东半岛东南端荣成市石岛湾内南岸，距荣成市(崖头)34 km，成山角38 km。

石岛在清朝时就建有码头，与日本、朝鲜有贸易往来，渔业生产历史悠久，清道光二十年(1840年)编修的《荣成县志》中曾有记载。民国初年，石岛渔业在荣成乃至全省占有重要地位，所产海米、海参、干贝等海产品全国闻名。1944年全镇仅有小船60余只，舢板100余只，水产品产量仅逾300 t。新中国成立后，1952年成立初级渔业合作社；1956年成立高级渔业合作社；1958年设立渔业经济区；1962年重组为渔业生产大队。1970年黄海造船厂成功地制造了135 HP钢质渔船。1976年国家投资的石岛渔港主港建成。因地处烟威、石岛、连青石(连云港、青岛、石臼所)三大渔场中心，每年接待粤、台、浙、苏、沪、鲁、冀、津、辽等省市和朝鲜、日本渔船1.5万余次，卸鱼量超过10×10^4 t。

近几年石岛渔港渔货卸港量一直稳定在35×10^4 t左右。荣成市现有各类捕捞渔船3 089艘，据统计，常年在石岛渔港进行装卸作业的大小渔船约2 000余艘，共计20多万马力。

9.2.3.3.2 自然条件

(1)气象水文

石岛及其附近海域属东亚季风区。多年平均降水量为826.1 mm，平均雾日为59.8天。冬季盛行NE风，夏季多SE风。常风向为NNW；强风向为N、NNE。各向风频率见表9－12。1977年1月25—30日发生的强寒潮，风力达8级以上；1972年7月26日台风在荣成市登陆，当日20时进入渤海，风力达12级，定时观测风速为34 m/s。

表9－12 各向风频率

风向	N	NNE	NE	ENE	E	ESE	ES	SSE	S	SSW	SW	WSW	W	WNW	NW	NNW
频率(%)	12	3	1	1	2	3	3	5	13	13	5	1	2	3	10	16

本港属于不正规半日潮。实测最高潮位(当地理论深度基准面，黄海平均海平面以下1.565 m，下同)3.40 m；实测最低潮位－0.56 m；平均高潮位2.50 m；平均低潮位0.82 m；平均潮位1.60 m；平均潮差1.68 m。潮流属正规半日潮流。表9－13为测站涨落潮历时及流速值。其中A站位于湾口东侧，B站位于黄石板外侧，C站位于湾内。T_z、T_l分别为涨落潮平均历时，V_z、V_l分别为涨落潮平均流速，V_{mz}、V_{ml}分别为最大涨落潮流速。涨潮时海水由湾口东侧偏NW向流入，西侧SW向流出；落潮期间方向相反。

表9－13 测站涨落潮历时及流速

站号	层次	T_z	T_l	V_z/(cm/s)	V_l/(cm/s)	V_{mz}/(cm/s)	V_{ml}/(cm/s)
A	表	4 h 30 min	6 h	35	38	54	53
	底	4 h 30 min	5 h 15 min	40	43	57	57
B	表	4 h 53 min	4 h 45 min	47	50	72	79
	底	5 h	5 h 45 min	42	44	70	71
C	表	—	—	—	—	30	40
	底	—	—	—	—	37	32

渔港所在石岛湾波浪主要来自风浪，全年风浪以 SW 向为最多，E—SSE 方向的平均波高最大，为0.9～1.3 m，最大波高极值出现在 ESE 和 SE 方向。石岛湾通常不结冰。

(2)底质与港区淤积分析

砂质砾石分布于海湾口两侧，与礁石滩相近。砾石大者为70 mm×20 mm×15 mm。细砂分布在海湾西北部，含量79.7%～93.2%。粗粉砂分布在泥质粉砂外围，含量82.3%～92.3%。泥质粉砂在石岛湾分布最广，占海湾面积的40%左右，主要分布在海湾南部，面积约13 km^2。粉砂含量由北向南逐渐增高，由45.6%增至78.8%；泥则相反，由北向南逐渐降低，从51.7%降至21.2%，粉砂质泥分布面积较少，位于海湾中部和西南部(即渔港附近)，前者面积1.5 km^2，后者0.6 km^2，泥含量较高，平均60%，粉砂含量为38%。

石岛湾周边陆域汇水面积约80 km^2，海岸多为基岩陡崖和人工垒石岩。河流、冲沟直接入湾的汇水面积仅为80 km^2左右。最长的河流车脚河仅长3 km。河流入海泥沙很少。海湾西北和东北各有岸边潟湖，总面积15 km^2，其汇水面积占海湾汇水总面积的75%，区内的河流都流入潟湖，河流携带泥沙大部分沉积在潟湖内。海湾北部的局部地段为砂质岸和泥沙岸，在海流冲击下，海岸坍塌，泥沙会被海水带入湾内。由于港区附近为粉质泥或泥质粉砂，在波浪掀砂及潮流作用下，港内仍会有少量泥沙淤积。

(3)地质地貌

石岛湾岩岸和砂岸相间分布，海底地形向 SE 倾斜。海底在近岸为礁石和砂，湾内主要为泥质粉砂和粗粉砂。工区海域海底较平坦。拟建工区海域岩土自上而下可分为8层。①层淤泥质粉质黏土，成分不均匀；②层粉细砂，标准贯入度平均为26.6击；③层粉细砂，主要矿物成分为石英、长石，含贝壳碎片，分布较广，层厚变化较大；④层粉质黏土，含贝壳碎片、砂等，局部粉粒含量较高，呈粉质黏土状；⑤层粉细砂，标准贯入度平均为13击；⑥层粉质黏土；⑦层中粗砂，标准贯入度平均为21.6击；⑧层强风化基岩，风化强烈，基岩结构致密，强度高。⑦层和⑧层是良好的水工建(构)筑物地基基础持力层。各岩土层的容许承载力：①层为50 kPa；②层为200 kPa；③层为100 kPa；④层为70 kPa；⑤层为150 kPa；⑥层为210 kPa；⑦层为260 kPa；⑧层为800 kPa。

(4)地震

抗震设防烈度为Ⅵ度，设计基本地震加速度为0.05g，设计地震分组为第一组。

9.2.3.3.3 平面布置

石岛渔港坐南朝北，原有港内水域36 hm^2。新建防波堤布置在原有海军码头北部的海域、新建码头的外侧，长325 m，方位角144°—324°，内侧为180 m新建码头，堤头往西北伸出40 m，东南与外侧回填区相接。虽然 SE、E 向入射波波高较大，但与防波堤轴线夹角较小，掩护效果较好；NE 向对港内波况影响较大，极端高水位下50年一遇港内有效波高小于1.0 m的水域面积较大。现有西、南、东顺岸码头共长1 220 m，低潮时码头前水深3～5 m，水域面积约40 hm^2。2006年开始建设石岛中心渔港扩建工程，建成后，码头及护岸长度达1 860 m，港内有效避风水域面积可达53 hm^2。石岛中心渔港总平面布置见图9－11。原有石岛渔港北端为海军码头，为增加港内水域受掩护面积，中心渔港新建码头、防波堤布置在现有海军码头北部海域，建成后将其夹于中心渔港渔业码头中间，海军码头外迁至新建防波堤内侧码头，原海军码头改成石岛中心渔港的渔业码头。在原海军码头外侧向东偏北垂直建设180 m的简易斜坡护岸，护岸结构宽10 m，轴线方位角为54°—234°；原渔港东卸鱼码头前沿线的延长线上，与简易护岸相交往北建设34 m简易斜坡护岸及231 m长渔业码头，轴线方位角为14°—194°，布置4个600 HP泊位(或2个1 600 HP鱿鱼钓泊位加1个600 HP泊位)，码头前方结构宽度30 m；再往西北向建设180 m长、30 m宽的码头，轴线方位角为144°—324°，外侧为325 m长防波堤；经协商将海军码头搬迁到北端新建180 m长、30 m宽码头，现有海军码头改建成石岛中心渔港的渔业码头，布置3个600 HP泊位。

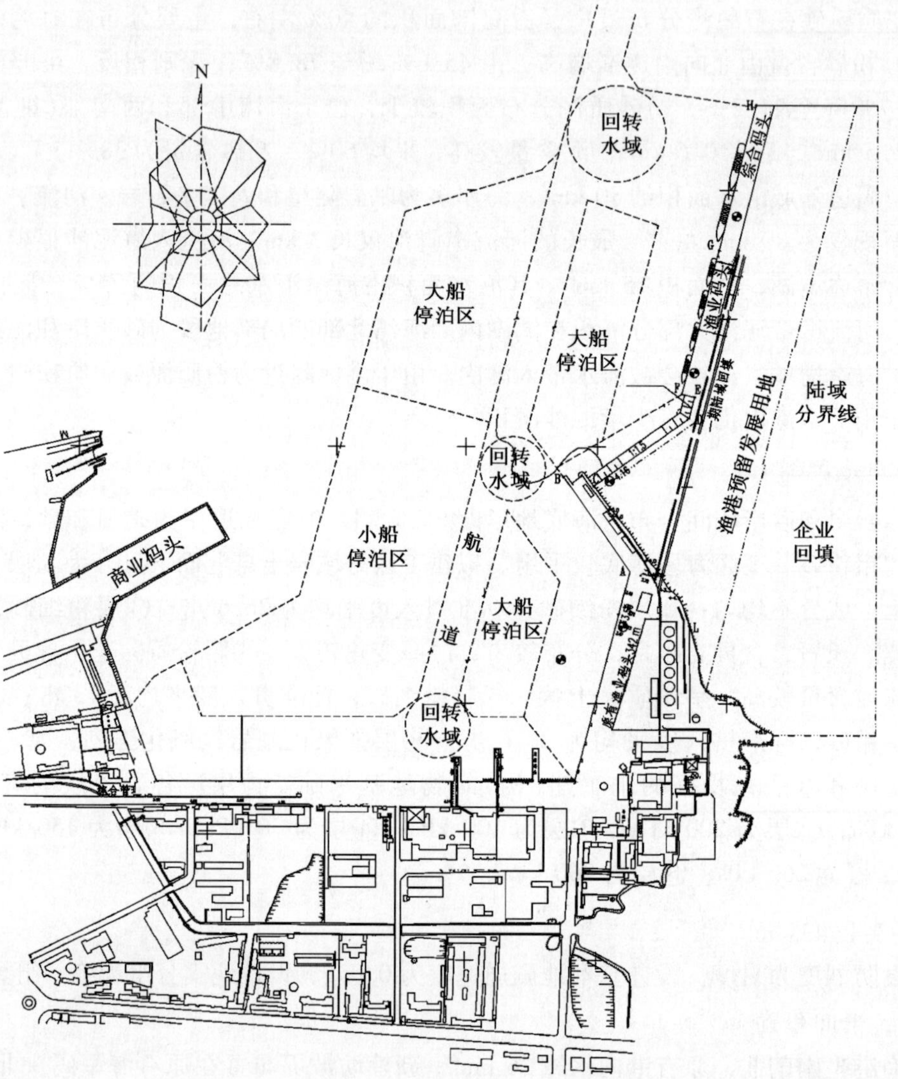

图9-11　石岛中心渔港总平面布置示意

考虑到中心渔港项目总投资不宜过大，在原海军码头端部向NE向先建设214 m简易斜坡护岸，其后方为陆域回填，远期根据渔业生产发展状况可在其外侧改建为渔业码头。

一期在新建护岸和码头东侧回填形成5 hm^2渔港陆域，陆域纵深100 m。再向东50 m宽为中心渔港预留发展用地，渔港陆域与外侧回填陆域建围墙隔开。

9.2.3.3.4　水工建筑物

(1)设计条件

防波堤、码头设计波浪及潮位标准采用50年一遇。防波堤、码头工程设计为Ⅱ级建筑物；

简易护岸工程为Ⅲ级建筑物。设计高水位2.90 m；设计低水位0.35 m；极端高水位3.84 m；极端低水位-0.87 m；码头前沿顶高程4.0 m，多为重力式方块码头结构。

拟建码头与石岛海洋环境监测站测波浮筒相距约1.3 n mile。采用石岛海洋环境监测站1960—2003年实测波浪资料，经折射或绕射后获得拟建防波堤外侧（-5 m等深线）及港内码头处的设计波浪要素。详见表9-14和表9-15。

表9-14 拟建防波堤前设计波要素（50年一遇）

波向	计算水位	$H_{1\%}$/m	$H_{5\%}$/m	$H_{13\%}$/m	T/s	L/m
SE	极端高水位	5.49	4.41	3.63	13.3	130.4
	设计高水位	5.0	4.04	3.27	13.3	130.4
E	极端高水位	4.04	3.41	2.87	10.0	98.0
	设计高水位	4.06	3.40	2.83	10.0	98.0
NE	极端高水位	2.21	1.90	1.58	9.9	92.1
	设计高水位	—	—	—	—	—

表9-15 港内码头设计波要素（50年一遇）

波向	计算水位	$H_{1\%}$/m	$H_{5\%}$/m	$H_{13\%}$/m	T/s	L/m	备注
SE	极端高水位	0.34	0.27	0.23	13.3	130.4	顺浪
	设计高水位	0.32	0.26	0.22	13.3	130.4	
E	极端高水位	2.00	1.66	1.36	10.0	98.0	
	设计高水位	1.96	1.61	1.30	10.0	98.0	
NE	极端高水位	1.24	1.00	0.82	9.90	92.1	
	设计高水位	1.20	0.98	0.81	9.90	92.1	

（2）码头结构

渔业码头长431 m。其中1 600 HP渔船泊位长180 m，600 HP渔船泊位长231 m。底高程均为-6.0 m。码头面均布荷载20 kN/m²，护岸均布荷载10 kN/m²，集中荷载按载重5 t汽车及5 t轮胎吊。

拟建码头处表层淤泥约5 m厚，其下为②层可作为重力式结构的持力层。码头结构采用图9-12所示重力式结构。码头水下墙身采用预制构件，上部由现浇胸墙连成整体。墙身为带卸荷板的预制混凝土实心方块，墙后为10~100 kg抛石棱体，墙底宽4.0 m，身宽3.3 m。为减少抛石基床工程量及考虑未来兼靠大型船舶，基床顶高程为-6.0 m，基槽开挖边坡1∶5。卸荷板为预制钢筋混凝土结构，悬臂长1.80 m，厚1.20 m，抛石棱体后为0.3 m厚二片石及混合碎石倒滤层。胸墙底标高1.50 m。基床下软弱夹层采用振冲碎石桩处理软基。1 600 HP渔船泊位下软基全部处理，基床底标高-10.50 m；600 HP渔船泊位码头处理软基162 m，基床底标高-10.5~-10.0 m，另69 m为直接挖泥抛石段不处理，基床底标高-10.00 m。

振冲碎石桩桩径取900 mm，桩距为1.8 m，采用等边三角形布置，碎石桩桩顶标高与基床底标高相同，为-10.50 m。桩底至⑤层或⑦层，码头横断面一排共12根桩。桩顶部抛1.0 m

厚的碎石并水下夯实，其上作抛石基床，复合地基承载力为165.3 kPa。根据试验段沉降位移观测结果(观测时间1个月)，码头前沿累计沉降量为4.0 cm，后沿累计沉降量为6.9 cm。

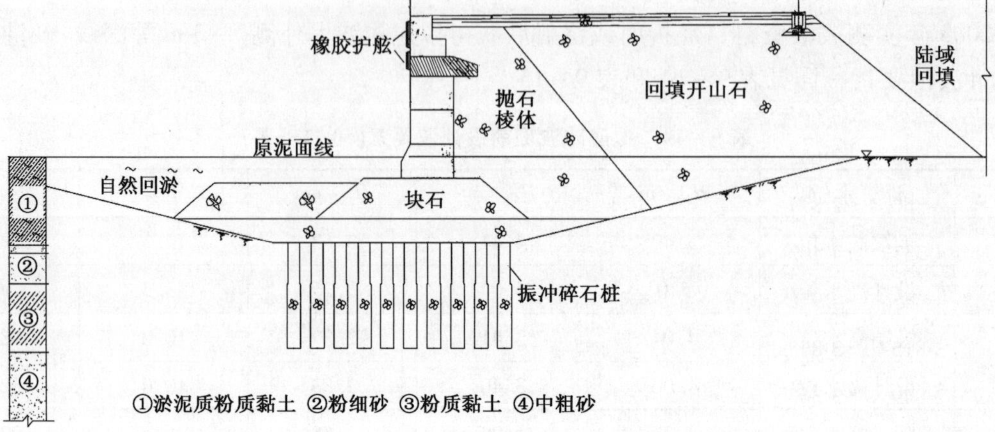

图9-12 码头断面示意

(3)防波堤和护岸结构

防波堤长度325 m，胸墙顶高程8.0 m，顶宽6 m。简易护岸长度214 m，前沿顶高程4.0 m。

9.2.3.4 江苏省如东县小洋口中心渔港工程

9.2.3.4.1 工程简况

小洋口国家中心渔港地处32°20′N，120°11′E，位于江苏省如东县城的东北部，距如东县城约35 km，是栟茶运河、九洋河、南凌河、浒洋河、东西长角河等河道汇集的入海口门，海岸线走向为NW—SE。距吕四渔场50 n mile，大沙渔场140 n mile，长江口渔场145 n mile。

长期以来，洋口港槽就一直存在，属天然形成之港，当时的范公堤(海堤)上建有三孔泄洪通道，沿海地区的渔民，利用天然的港湾进港卸货、补给、避风，从事简单的渔业生产。1949年以后，随着上游地区排涝量的增大和沿海地区渔船数量增多，1955年，在原址上重新建造了小洋口闸，港槽也相应拓宽，为渔船进出港提供了方便。为了满足渔船停泊和防汛排涝的需要，自2000年起小洋口闸外迁，建成集通航、排涝于一体的洋口新闸1座。渔港由原来闸下港迁至小洋口新闸内，渔港建设得到进一步发展。

如东境内海岸线近100 km，滩涂面积104万亩，占江苏省海岸带滩涂面积的1/9，盛产50多种海鲜产品。文蛤年出口量1×10^4 t左右，是全国最大的养殖出口基地，与鳗鱼、条斑紫菜、沙蚕列为“南黄海四珍”。洋口中心渔港面对大沙渔场、南临吕四渔场、舟山渔场以及长江口渔场。主要经济鱼类有带鱼、马鲛鱼、鲳鱼、大小黄鱼、鳓鱼等，近海盛产梅童鱼、凤尾鱼、黄鲫鱼；虾类有鹰爪虾、大白雨、毛虾等；蟹类有梭子蟹、青蟹等；滩涂贝类有文蛤、青蛤、四角蛤、缢蛏、泥螺、牡蛎等；藻类养殖品种主要为紫菜、红毛菜，每年8—9月份，近海海蜇资源十分丰富。洋口渔港历年水产品卸港量统计(1993—2002年)见表9-16。

2001年农业部决定在洋口建设国家一级群众渔港工程，开挖港池长3 300 m，宽170 m，码头总长680 m，护岸2 302 m。港区陆域总面积198 hm^2。根据渔港总体规划，2003年由农业部批准立项的中心渔港建设工程主要有港口西侧码头600 m、护岸1 100 m、30 hm^2渔船避风锚地疏浚、新建宽12 m的跨港大桥1座等其他工程。

表9-16 洋口渔港历年水产品卸港量统计 单位：t

月份	1993年	1994年	1995年	1996年	1997年	1998年	1999年	2000年	2001年	2002年
01	2 468	2 492	2 531	2 926	2 975	3 017	3 574	3 920	3 882	3 996
02	2 135	2 225	2 345	2 951	3 021	3 035	5 391	4 757	4 620	4 841
03	2 646	2 653	2 940	3 010	3 157	3 224	3 297	3 619	3 689	4 281
04	2 860	2 877	2 933	3 150	3 232	3 150	3 492	5 763	4 376	4 809
05	4 331	4 403	4 766	4 981	5 075	5 005	5 103	4 976	5 040	5 191
06	4 445	4 918	5 082	5 205	5 282	5 324	5 215	5 404	4 774	5 543
07	3 815	3 878	3 920	4 270	4 428	4 491	3 957	4 274	4 060	4 046
08	2 849	3 360	3 430	3 588	3 689	3 626	4 389	4 330	4 270	3 910
09	3 556	3 633	3 805	3 920	3 996	4 281	4 428	4 480	4 470	4 290
10	4 375	4 459	4 568	4 746	4 830	5 044	5 117	6 291	5 744	6 146
11	4 515	4 429	4 690	4 841	4 907	4 879	5 058	5 257	4 981	5 670
12	4 127	4 270	4 778	4 990	5 205	5 306	5 401	5 474	5 404	5 614
合计	42 122	43 597	45 788	48 578	49 797	50 382	54 422	58 545	55 310	58 337

洋口中心渔港建成后，为目前全国最大的人工渔港，已成为江苏北部地区最大的海产品集散地之一，年水产品交易量将达到9×10^4 t。

9.2.3.4.2 自然条件

(1)气象水文

本地区夏季盛行SE风，冬季盛行NW风。常风向为ESE，其次为SE、NNE、ENE和NE向。强风向为NNW，其次为NE、ESE、WNW、NW向。实测极大风速34 m/s。

小洋口闸外海区域位于黄海岸线，是半日潮为主的谐振潮，最大可能潮差及潮流速均居江苏沿岸之首。潮流属不正规半日潮流，落潮历时大于涨潮历时。小洋口闸下游外航道的涨潮流流向西南，流速为0.8 m/s；落潮流流向东北，最大流速0.5 m/s。根据小洋口站资料，平均高潮位3.08 m(废黄河基面，以下同)；平均低潮位0.86 m；最大潮差6.39 m；最小潮差1.96 m；平均潮差4.41 m。

渔港位于洋口新老船闸之间开辟的干河通道两边，护岸结构设计不考虑波浪力的作用。

(2)泥沙运动

本港主要受洋口闸影响。洋口闸两侧的三次大规模围垦，致使洋口闸退缩至匡围海堤内侧约7 km，且下游港槽经常摆动，弯曲多变，闸下港槽由建闸初期的2 km变为现在的10 km，闸下数次严重淤塞，大汛期淤积较快，每潮淤积6~8 cm，建闸几十年港槽淤积极为严重。洋口老闸下水道起点至黄沙洋主槽-10 m等深线处，全长16.6 km，近闸3.3 km，内底宽80 m，口宽130 m左右，底标高一般在-2.0~-1.0 m，由于常年采用闸西侧通航孔排水冲刷水道，近闸段水道逐渐向西偏并发生弯曲，形成"Ω"形弯套，1975年裁弯取直后，到1981年在原弯套处又形成新的"Ω"形弯套，闸下泄流不畅，加上近年来径流量减少，冲淤保港的水源严重不足，更加剧了闸下淤积。面对这种状况，当地的水利、围垦等部门率先投资，距原闸6.1 km处新建小洋口，洋口闸外迁后，使闸下港槽缩短近6 km，落潮流挟沙能力增强，新闸两边设通航孔，加上新老闸之间可利用小洋口潮差进行纳潮冲淤，闸下水力坡降增大，缓解冲淤保港水源不足的矛盾。

(3)工程地质条件

港区地貌形态为平行于海岸线伸展的平缓堆积地形，泥面高程在1.7～3.8 m之间，由西北向东南地势渐低。场区地基土自上而下分为：1层①－1粉土，分布于场地西北部表层，厚度薄，$f=140$ kPa。2层①－2粉土，分布于场地东南大部分区段，埋藏浅，厚度一般，$f=100$ kPa。3层淤泥质粉质黏土夹粉土，仅分布于场地局部区段，埋藏浅，厚度一般，$f=70$ kPa。4层②粉土与粉砂，埋藏较浅，厚度一般，$f=135$ kPa，可作重力式护岸天然地基持力层。5层②淤泥质粉质黏土与粉土，局部分布，埋藏较浅，厚度薄，$f=95$ kPa。6层③粉砂夹粉土，埋藏较深，厚度较大，局部缺失，$f=205$ kPa，是码头板桩桩基理想的持力层，基底摩擦系数$\mu=0.40$。7层③－粉土与粉砂，局部分布，$f=145$ kPa。8层④粉土、粉砂与(淤泥质)粉质黏土(埋藏较深)，$f=160$ kPa。9层⑤粉砂，$f=250$ kPa，可作码头桩基持力层。10层⑥黏土，厚度一般，$f=240$ kPa。11层⑦黏土与粉质黏土，$f=190$ kPa。12层⑧粉砂与粉质黏土，埋藏深，未钻穿，强度高，$f=200$ kPa。10、11、12层可作码头钻孔灌注桩桩基持力层。

(4)地震

本渔港所处地区地震烈度Ⅶ度，抗震设防烈度为Ⅶ度，设计基本地震加速度值为0.15g。

9.2.3.4.3 平面布置

本港位于小洋口新老闸之间，靠近新建洋口闸3 km东西河道的两侧，东侧岸边向后方600 m及西侧岸边后方650 m范围内。小洋口中心渔港总平面布置图如图9－13。洋口港原有岸线约4 000 m(两侧共8 000 m)，港槽淤积狭窄，最窄处的断面只有27 m，底标高0.8 m左右。现兴建洋口新闸在距原闸6.1 km处，规划期所有渔港工程全部在靠近新闸3 km范围内建设。码头在拟开挖的锚地内，采用顺岸式布置，总长度600 m。港池东侧原为一级渔港码头形成3 km岸线，已建码头泊位17个，长度共计680 m，此次维持现状。西侧疏浚渔船避风锚地，规模为500 m×600 m。可满足渔船1 000多艘在此停泊避风。开挖港池内新建码头600 m(14个泊位)、1 100 m护岸。

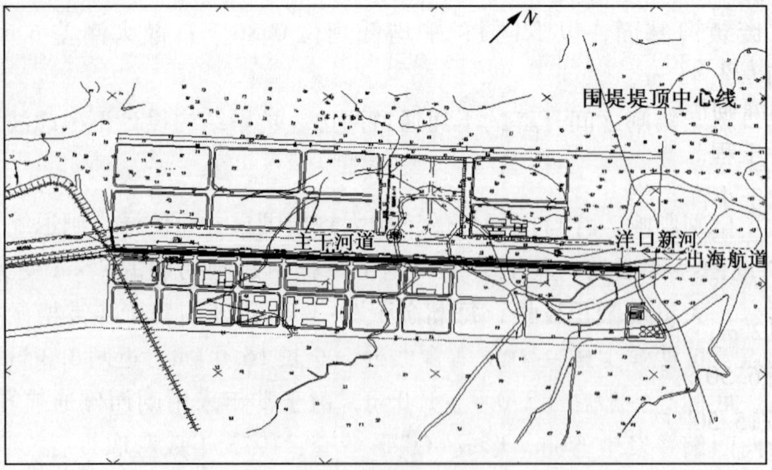

图9－13 小洋口中心渔港平面布置示意

9.2.3.4.4 水工建筑物

(1)设计条件

外海侧设计高水位4.08 m；设计低水位 -3.29 m。闸内河汛期正常水位2.20 m，非汛期正常水位1.90 m，警戒水位2.80 m，每年短时间水源紧张时水位1.40~1.60 m。套闸上游设计通航最高设计水位3.20 m，最低通航水位2.10 m。闸下最高通航设计水位4.08 m，最低通航水位2.10 m(校核1.90 m)。受船闸设计水位控制，渔港水工建筑物设计水位如下(闸内)：极端高水位3.91 m(内河历史最高水位)；设计高水位2.50 m(汛期正常高水位)；设计低水位1.90 m(内河控制最低水位)；施工水位(干地施工) -1.50 m。

(2)水工建筑物

1)码头工程。

码头面堆货荷载15 kPa；集中荷载汽 -10 t；系缆力100 kN。270 HP渔船为设计代表船型，尺寸为33.0 m×6.2 m×2.4 m。

码头前沿顶高程3.8 m，港池底高程 -1.5 m。码头前方作业宽度为20 m，后方宽度10 m可兼港内道路。水工建筑物采用干地施工。码头选用现浇重力式实心结构，顶面墙身为现浇掺石混凝土，底部为现浇混凝土基础，底宽3.8 m，其中前趾宽0.35 m。墙后为回填土夯实，要求ϕ >25°。码头基床为抛填10~100 kg块石，经夯实整平处理后其上为30 cm厚的二片石垫层，再浇筑20 cm的贫混凝土垫层，混凝土标号C15，然后浇筑码头墙身。见图9-14。

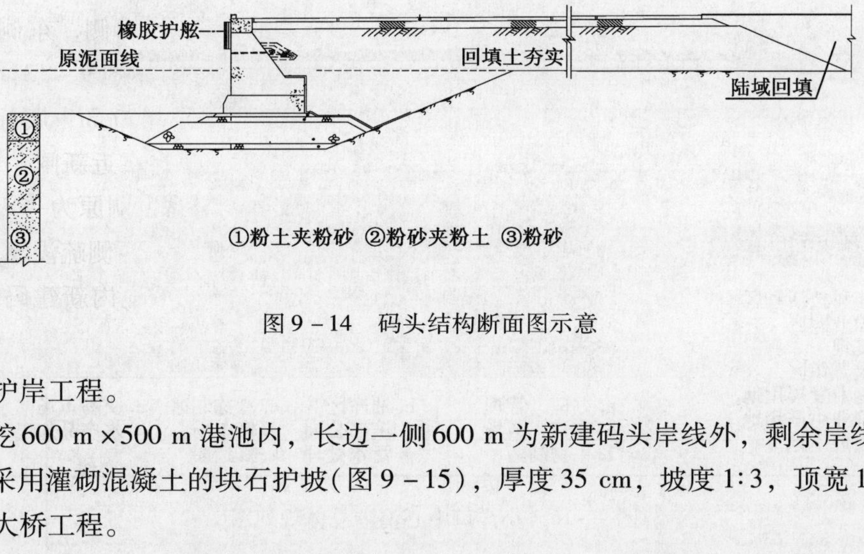

图9-14 码头结构断面图示意

2)锚地护岸工程。

在拟开挖600 m×500 m港池内，长边一侧600 m为新建码头岸线外，剩余岸线1 100 m为港池护坡。采用灌砌混凝土的块石护坡(图9-15)，厚度35 cm，坡度1∶3，顶宽10 m。

3)跨港大桥工程。

跨港大桥位于小洋口新建船闸及挡潮闸里的上游河间，距新闸中心线约3 550 m，桥址处引河宽约136 m，河东岸边与洋口大道中心线相距约60 m，洋口大道路基顶宽28 m。引桥与洋口大道为平面交叉，桥梁跨径布置为2×20 m+3×25 m+2×20 m，全长155 m，桥面净宽11 m，全宽12 m，上部构造板梁均采用先张法预应力混凝土空心板，下部为桩柱式墩台。通航高度按梁底6.50 m(废黄河高程系)控制，通航孔跨径布置要求不小于25 m。桥面按二次抛物线 $Y=3X^2/15\ 500$ 变化，引道纵坡为3%，交叉口高程为5.142 m。洋口大道高程为4.604 m。

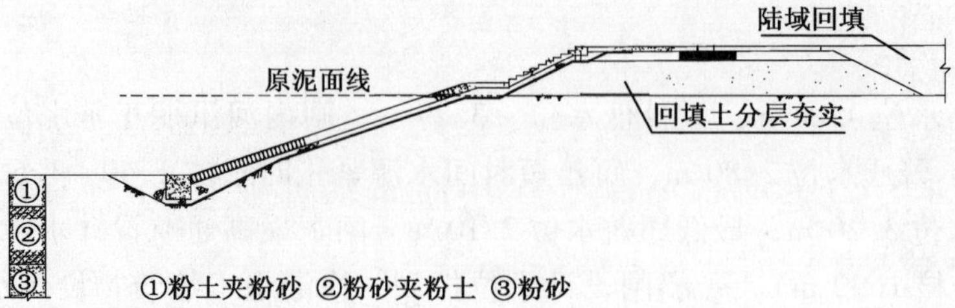

图 9－15　护岸结构断面示意

9.2.3.4.5　规划

本港现有渔轮主要为 100 HP 以下渔船占 80.95%，100～200 HP 占 7.14%，200～300 HP 占 11.91%。根据国家对渔船总马力实行控制的要求，因此最近几年渔船总数基本保持不变，大马力渔船有所增加，逐步淘汰小马力渔船。根据目前的渔船资料、渔港自然条件并考虑到今后的发展趋势，渔业码头以 270 HP 的渔船作为设计代表船型，总体规划如图 9－16 所示。

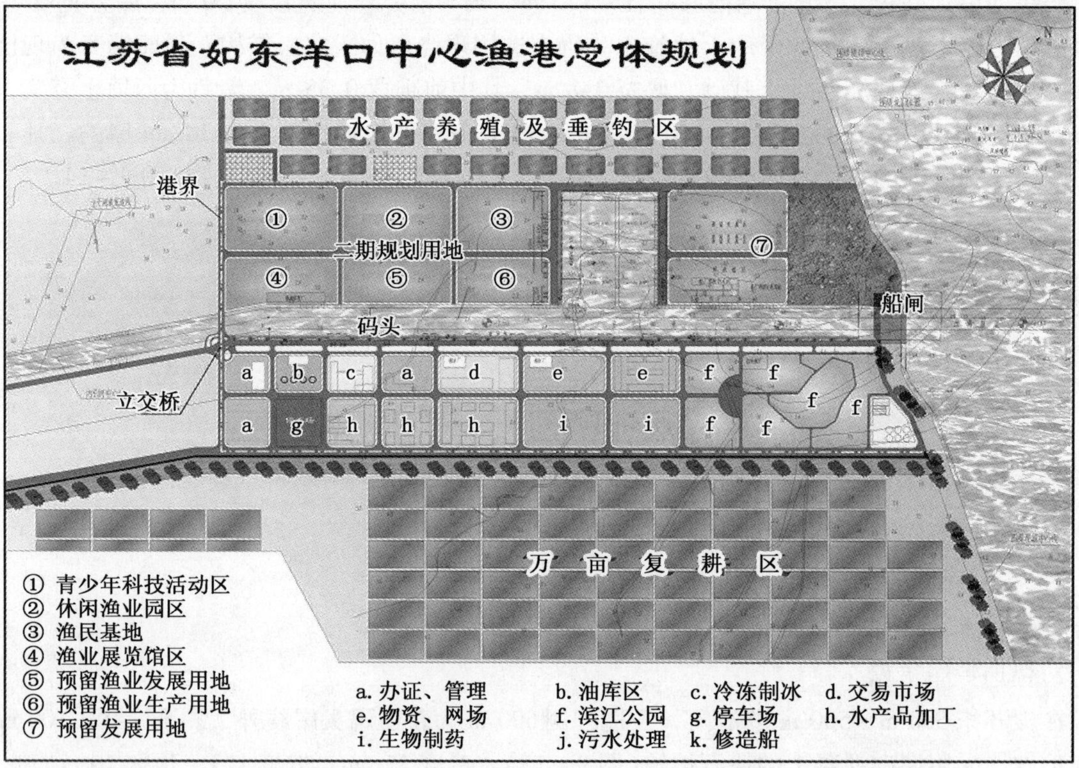

图 9－16　小洋口中心渔港总体规划图

9.2.4　东海海区渔港工程

9.2.4.1　浙江省舟山定海西码头中心渔港工程

9.2.4.1.1　工程简况

西码头渔港位于 30°07′03″N，122°08′15″E，舟山市定海区干览镇，舟山本岛北部岸线的中心位置。东、南与定海区白泉镇相邻；西与马岙、盐仓相连；北面临海，与岱山县秀山等诸岛隔海相望。岸线长达 4.2 km。北有上、下园山、秀山以及青山等诸多岛屿作天然屏障，整个港域呈弯月形，港区水域面积达 3.5 km^2，平均水深 10 m 以上(黄海基面，下同)。

西码头渔港是舟山北大门，水路距上海 51 n mile，还有高速客轮和车客渡穿梭于舟山各岛际之间。西码头渔港位置示意见图 9－17。

西码头在历史上已是著名渔埠，1990 年被列为国家二级群众渔港，2004 年 3 月成为国家一级渔港，2007 年 7 月被农业部批准为国家中心渔港，渔业人口达到 1.4 万人，拥有渔船 827 艘，总马力 101 600 HP，总吨位 52 700 t。2004 年捕捞量 9.22×10^4 t，卸港量 9×10^4 t。现有渔业码头 16 座(不包括群众的小型简易渔业码头)，水产品加工企业 35 家，冷藏能力 8 778 t/次，日结冻能力 353 t，日制冰能力达 200 t。油库 4 座，储量为 3 130 m^3。港界内共有船舶修造厂 5 家，修造船能力为 83 艘/次，年修船 1 520 余艘，年新造船 80 余艘，年修造船能力计 1 600 余艘。上园山东、西防波堤形成的 50 年一遇避台风锚地约 60 hm^2，可同时容纳大小渔船约 850 艘锚泊。

2007 年 7 月开工建设的西码头中心渔港项目主要有渔业码头 5 座(浮码头 3 座、固定码头 2 座)，渔港本岛晒盐塘码头前方作业带 17 600 m^2，小园山东防波堤(斜坡式)495 m，小园山西防波堤 730 m(其中 92 m 斜坡式，638 m 为桩基透空堤)以及配套设施等。2011 年中心渔港项目全部建成，水陆域配套设施更加完善，防灾抗灾能力进一步提高。

图 9－17　西码头渔港位置示意

西码头渔港包括辐射区 1995—2004 年鱼货年卸港量见表 9－17。

表 9－17　西码头渔港 1995—2004 年鱼货卸港量

年份	1995 年	1996 年	1997 年	1998 年	1999 年	2000 年	2001 年	2002 年	2003 年	2004 年
合计/t	26 665	27 046	31 955	38 230	48 417	60 661	65 480	76 305	86 857	90 078

9.2.4.1.2　自然条件

(1)气象水文

当地每年 1—3 月和 11—12 月以 N 风为主，4—8 月以 SE 偏南风为主，9—10 月以 NE 风为主，7—9 月是台风盛行季节。强风向为 N，多年实测最大风速达 40 m/s，其次为 E 向，实测最大风速为38.0 m/s，常风向则为SE，频率可达11.9%，见表9-18。7—9月为台风活动盛期，尤以8月份最多。近几年，“云娜”、“海棠”、“麦莎”和“卡努”台风对舟山地区的影响非常明显。

表9-18 风向频率、平均风速与风速年极值统计特征值(岱山海军气象站)

风向	N	NNE	NE	ENE	E	ESE	SE	SSE
多年平均值/(m/s)	17.57	15.70	14.63	12.67	16.93	15.23	17.07	15.87
多年最大值/(m/s)	40.0	36.0	29.0	20.0	38.0	32.0	35.0	35.0
出现频率(%)	11.1	5.6	3.5	5.8	5.2	7.1	11.9	9.2
风向	S	SSW	SW	WSW	W	WNW	NW	NNW
多年平均值/(m/s)	13.20	8.57	11.23	11.77	14.63	16.53	17.87	16.83
多年最大值/(m/s)	21.0	15.0	25.0	22.0	30.0	28.0	28.0	24.0
出现频率(%)	2.5	0.96	2.1	1.6	2.7	4.7	4.9	9.9

舟山本岛属正规半日潮，西部等沿海为非正规半日混合潮。港域潮流以往复流为主，涨潮流向西偏，落潮流向东偏，港域东、西向两出口处。平均涨潮历时6 h 13 min，平均落潮历时6 h 20 min，平均潮期为12 h 33 min。流态为往复流；涨潮流流向为SE—NW，落潮流流向为NW—SE。主流区在青山与橄榄角和青山与上、下园山之间，涨落急流速明显较其他地区大。

西码头渔港水域受上、下园山等岛屿的掩护，自东福山-30 m等深线处E方向入射的波浪传播到岸线前沿的50年一遇有效波高一般均在1.0 m以下。

(2)地质

西码头港域底层覆盖全新统海相沉积物(淤泥)，泥面向海微倾，坡降2%~3%，低潮时可露出较平坦的潮间带，潮汐冲蚀微弱，略有淤积。场地表层主要为第四纪海相沉积地层，分布有近20 m的淤泥质土层；下部为海陆交互相沉积的砂砾和圆砾层，第四纪覆盖层厚大于40 m。

(3)地震

本渔港所处地区的地震烈度Ⅶ度，抗震设防烈度为Ⅶ度，设计基本地震加速度值为0.15g。

9.2.4.1.3 平面布置

西码头渔港总平面布置如图9-18。根据水下地形图和现场观测，小园山东防波堤全长495 m，其中上园山北端有一长150 m、平均宽度约15 m(最宽处23 m，最窄处6.5 m)的岩礁，高潮时淹没，低潮时露出水面，礁顶高程0.5~1.9 m(黄海基面，下同)，利用岩礁建防波堤，节省大量资金；从礁顶北端与小园山南端连线长345 m。考虑到已建成的上园山西防波堤防浪掩护效果，新建的730 m长(其中638 m为桩基透空堤，92 m为实体斜坡堤)小园山西防波堤与前者相距只有850 m，波浪和地质条件两地基本相似，选择小园山西堤轴线与上园山西堤平行，堤轴线垂直于最不利波向NNW。

2005年建成的上、下园山之间160 m长的东防波堤以及上园山420 m的西防波堤(其中实体堤110 m，桩基透空堤310 m)，在控制性NNW向波浪作用下，堤后形成了一个掩护较好的避风浪水域，在水域中满足泊稳条件下，避风浪锚地面积达 60 hm^2，然而避风锚地面积仍小。

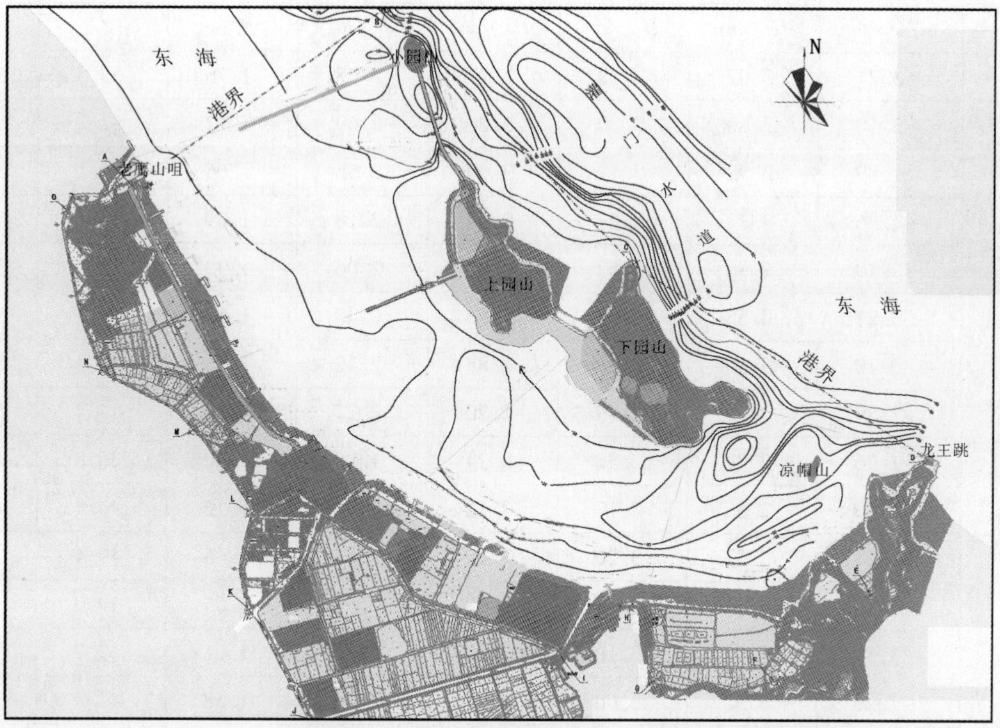

图 9-18　西码头渔港总平面布置示意

西码头中心渔港小园山东防波堤挡住 E—NE 向波浪，西防波堤挡住 NNW—NW 向波浪，两堤怀抱水域形成抗击 100 年一遇大风浪，且有效波高 $H_s \leqslant 1.0$ m，新的避风浪锚地 30 hm^2；此外，因小园山西防波堤的建设，减小了上园山西堤堤前波高，增加原内(老)港池有效掩护水域面积约 15 hm^2。小园山东、西防波堤的建设还提高了现有的上园山东、西防波堤形成的 50 年一遇的避台风浪锚地的等级，上园山西堤被小园山西堤挡住了 NW—NNW 向部分入射波浪。小园山东、西防波堤建成后，使得 100 年一遇 $H_s \leqslant 1.0$ m 的避风浪锚地面积达到 105 hm^2。

根据水文泥沙测验资料，西码头渔港的悬移质与床沙质粒径均较细，悬移质的中值粒径平均值为 0.01 mm，输沙以悬移质为主。在达到冲淤平衡时，西码头渔港新形成的避风浪锚地水域底高程仍为 -15 ~ -10 m，足以满足渔船航行和停泊。

9.2.4.1.4　水工建筑物

(1)设计条件

西码头渔港(85 高程，下同)100 年一遇极端高水位 3.21 m；50 年一遇极端高水位3.10 m；50 年一遇极端低水位 -2.10 m；100 年一遇极端低水位 -2.17 m；设计高水位 1.89 m；设计低水位 -1.26 m。

码头水工建筑物设计标准潮位、波浪重现期为 50 年一遇。码头一共 5 座，500 吨级固定渔业码头 2 座，500 吨级渔业浮码头 3 座。小园山防波堤工程设计潮位、波浪重现期 100 年一遇。建筑物安全等级为Ⅱ级。西防波堤工程设计波要素计算结果列于表 9-19。

表 9-19 小园山西堤 100 年一遇设计波浪要素(平均水深 -15.0 m)

波向	计算水位 /m	波要素						
		$H_{1\%}$/m	$H_{4\%}$/m	$H_{5\%}$/m	H_s/m	$\bar{H}$/m	L/m	T/s
NW	3.21	3.97	3.38	3.27	2.75	1.76	53.4	5.94
	3.10	3.88	3.30	3.20	2.69	1.72	52.3	5.87
	1.89	3.72	3.17	3.07	2.58	1.65	50.1	5.75
	-1.26	3.13	2.67	2.59	2.18	1.39	42.1	5.29
	-2.10	2.96	2.52	2.44	2.06	1.32	39.8	5.14
NNW	3.21	3.58	3.04	2.94	2.47	1.57	48.4	5.62
	3.10	3.50	2.98	2.88	2.42	1.54	47.3	5.56
	1.89	3.29	2.79	2.70	2.27	1.45	44.4	5.39
	-1.26	2.72	2.31	2.24	1.88	1.20	36.8	4.90
	-2.10	2.55	2.17	2.10	1.76	1.12	34.4	4.75
N	3.21	3.77	3.20	3.10	2.61	1.66	49.4	5.67
	3.10	3.74	3.18	3.08	2.59	1.65	49.0	5.66
	1.89	3.64	3.10	3.00	2.52	1.61	47.7	5.60
	-1.26	3.52	3.00	2.91	2.46	1.58	41.8	5.27
	-2.10	3.07	2.62	2.53	2.14	1.37	40.1	5.17
E	3.21	2.24	1.89	1.82	1.52	0.96	138.0	11.50
	3.10	2.22	1.87	1.81	1.51	0.95	137.8	11.50
	1.89	2.14	1.81	1.75	1.46	0.92	134.0	11.50
	-1.26	2.03	1.72	1.66	1.39	0.88	122.8	11.50
	-2.10	1.90	1.60	1.55	1.30	0.82	119.5	11.50

(2)码头工程

2 座固定式码头长 45 m。引桥长均为 52.9 m，码头总长 90 m。3 座浮码头长度分别为 50 m、50 m、36 m，宽分别为 12 m、12 m、8 m，引桥长度分别为 49.1 m、49.1 m、53.1 m。

固定码头为高桩梁板式结构，由引桥接岸。引桥为透空式高桩梁板式结构，宽 6 m，中间排架间距 10.0 m，端部分别为 3 m 和 1 m。基础为 ф800 mm 的钻孔灌注桩。每榀排架下设 2 根直桩。桩台面上设 15 t 系船柱。码头桩台通过一条引桥与陆域连接。码头桩台长 45 m，宽 10 m，排架间距 7 m，共 6 跨 7 个排架。基础为 600 mm×600 mm 预应力钢筋混凝土方桩。中间每榀排架设 1 根直桩，1 对斜度为 4:1 的叉桩，端部排架各设 2 组叉桩。上部结构采用现浇横梁、预制前边梁、空心板以及预制梁式靠船构件和现浇混凝土面层，桩台面上设 5 个 15 t 系船柱。见图 9-19。

浮码头囤船尺寸为 40 m×10 m，固定引桥长 18.0 m，支撑墩、桥墩、固定引桥均采用 ф800 mm 钻孔灌注桩基，桥墩 6 根桩，撑墩 4 根桩，固定引桥每排 2 根桩两排共 4 根桩，工程总桩数 14 根。见图 9-20。

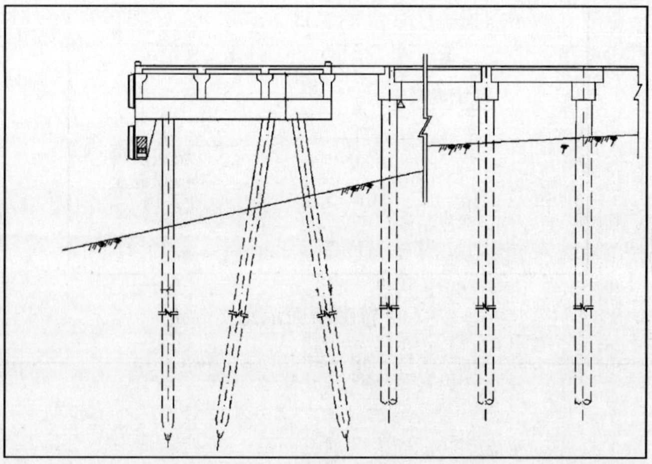

图 9-19 渔业码头断面示意

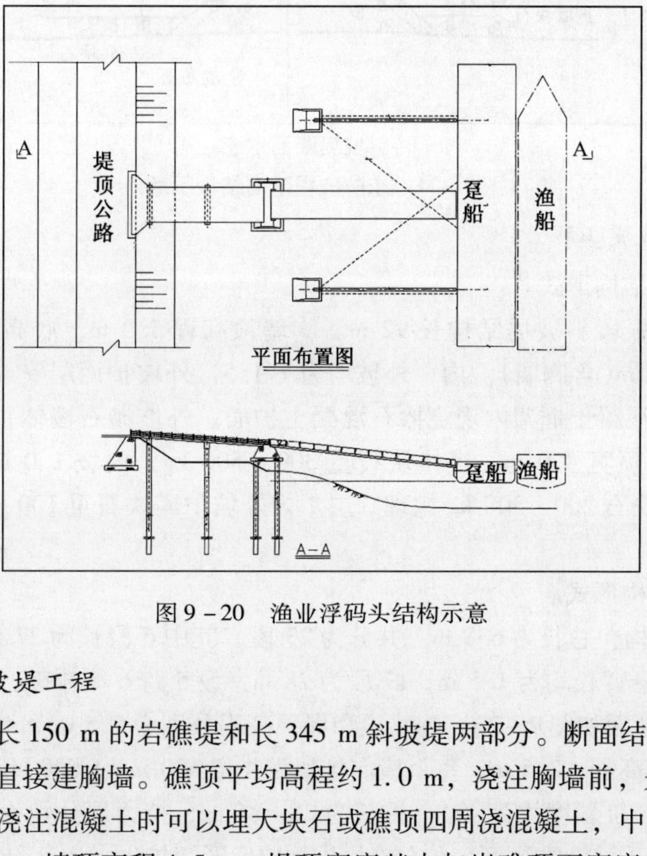

图 9-20 渔业浮码头结构示意

(3)小园山东防波堤工程

东防波堤主要有长 150 m 的岩礁堤和长 345 m 斜坡堤两部分。断面结构见图 9-21。

岩礁堤在礁顶上直接建胸墙。礁顶平均高程约 1.0 m，浇注胸墙前，先在礁顶上浇注混凝土至 2.5 m 高程处，浇注混凝土时可以埋大块石或礁顶四周浇混凝土，中间填石渣，在其上建胸墙；堤顶高程 3.5 m，墙顶高程 4.5 m，堤顶宽度基本与岩礁顶面宽度一致，可增加陆域面积约 2 000 m^2；岩礁堤内外两侧呈自然状态。

东防波堤为斜坡堤断面。胸墙顶高程 4.5 m，底高程 2.5 m，堤顶高程 3.5 m，顶宽 6.5 m（含胸墙）。内、外坡度均为 1:1.5，护面层安放 2.0 t 扭王字块体一层。抛石棱体顶高程 -5.5 m，底高程 -9.0 m，顶宽 4.5 m，棱体块石重 300~500 kg；高程 -9.0 m 以下护面块石重 200~300 kg；垫层块石重 100~200 kg；护底块石重 50~100 kg，宽 5.5 m。

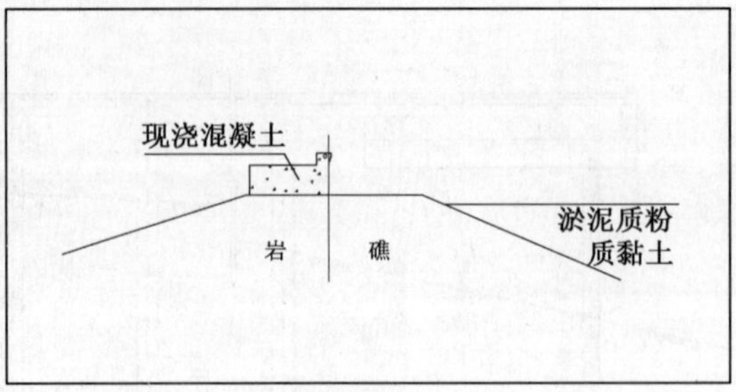

(a)岩礁断面示意

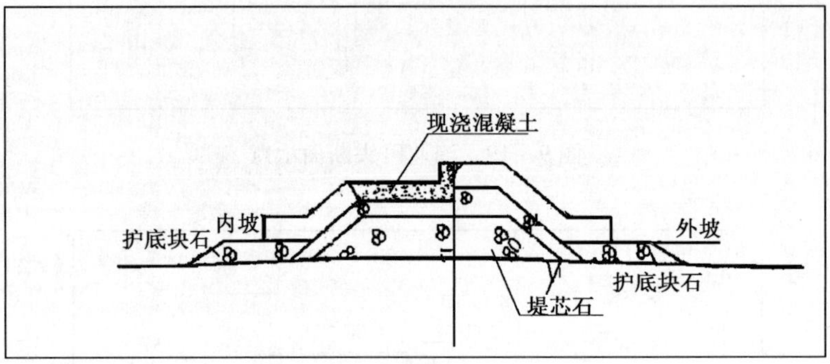

(b)斜坡堤断面示意

图9－21 东防波堤断面结构示意

(4)小园山西防波堤工程

1)堤根段斜坡堤结构形式。

西防波堤工程堤根段斜坡堤结构长92 m。胸墙顶高程5.0 m，底高程2.8 m，堤顶高程4.0 m，堤顶宽度6.5 m(含胸墙)。内、外坡均为1∶1.5，外坡护面层安放4.0 t扭王字块体一层，内坡护面为现浇混凝土框架内现浇掺石混凝土护面。外坡抛石棱体顶高程－5.0 m，底高程－8.0～－7.0 m，顶宽4.0 m，棱体块石重300～500 kg。内坡1.0 m处设混凝土护脚块体，1.0 m以下护面块石200～300 kg抛理二层。内外坡护底块石重100～200 kg，宽5 m，厚1.0 m(图9－22)。

2)桩基透空堤结构形式。

透空堤为桩式结构，总长为638 m。共分为23段，其中6段长为27 m，设6跨7个排架，排架间距4 m，两端悬臂长均为1.5 m；17段为28 m，设5跨6个排架，排架间距5 m，两端悬臂长均为1.5 m。断面如图9－23。胸墙顶和堤顶高程分别为5.5 m和4.0 m。堤顶宽11.0 m(包括胸墙)，挡板底高程－2.5 m。每个横向排架设4根600 mm×600 mm预应力混凝土方桩，4根桩组成两对叉桩，桩斜度均为4∶1。桩长为28～48 m，持力层分别为强风化花岗斑岩和含黏性土碎砾石、含碎砾石粉质黏土。在方桩桩头加“H”形钢桩尖。上部结构为承台，承台由现浇钢筋混凝土桩台底板、两侧预制挡板和现浇混凝土前后胸墙及回填石渣和混凝土地坪组成。

(5)问题

值得仔细深入讨论和研究100年一遇极端高水位下，满足100年一遇有效波高 $H_s \leq 1.0$ m的标准是否合理。非个案表明，渔船并不完全是被波浪“打翻”的，有的是被风“吹沉”的，即使在港内避风浪的渔船也不例外。

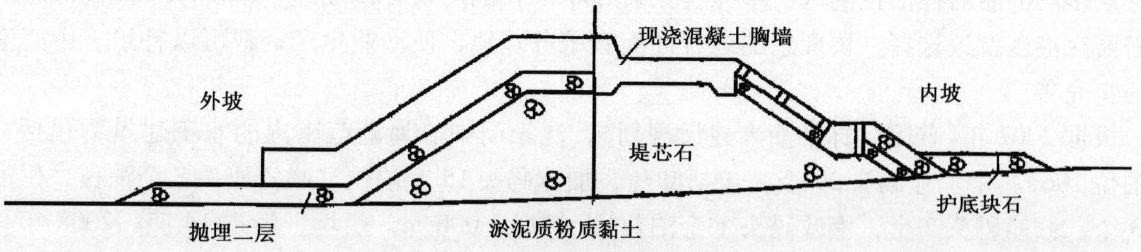

图 9－22　堤根段斜坡堤断面示意

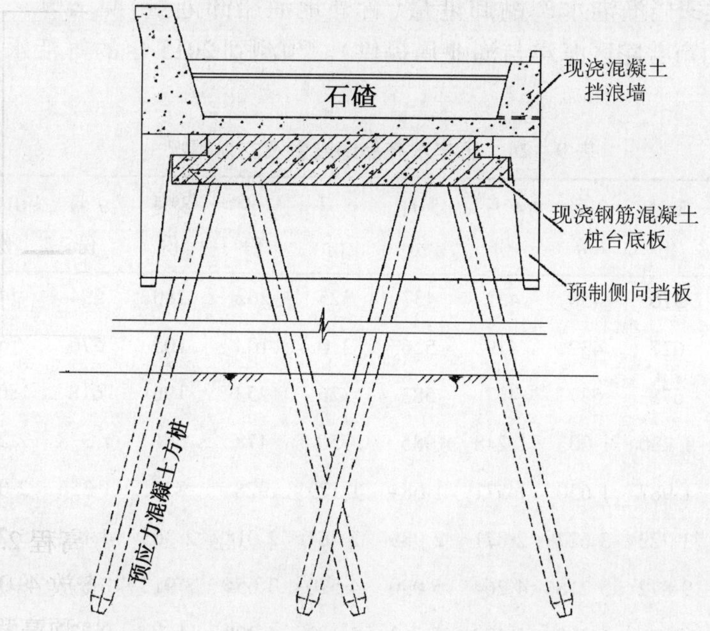

图 9－23　小园山西防波堤透空堤断面示意

9.2.4.2　浙江省舟山沈家门中心渔港

9.2.4.2.1　工程简况

沈家门中心渔港位于29°56′N，122°18′E，舟山本岛东南侧，面临东海，背靠青龙、白虎两山，构成了一条长约 5 km 的天然避风良港，是中国最大的天然渔港，与挪威的卑尔根港、秘鲁的卡亚俄港并称世界三大渔港。同时它与普陀山、朱家尖、桃花岛形成了东海旅游的金三角。中心渔港区域范围东起半升洞，西起勾山浦，全长11.50 km，港区宽度 190～700 m，港区面积约 10 km^2。港区中心位置，为一狭长形海峡。

沈家门早在战国时期开始捕捞作业，已有 4 000 多年的历史。清朝中期便形成了热闹的街市，曾有“市肆骈列，海物错杂，贩客麇至”的记载，素有“小上海”、“活水码头”之美誉。每逢渔汛，沿海十几个省市的数十万渔民云集港内，桅樯林立，形成了一道独特的海岛渔港景观。“尝海鲜、观海景、采海货”成为沈家门渔港的又一特色旅游项目。

沈家门渔港原属国家一级群众渔港。国家及地方政府曾先后投入上亿元资金建设港区岸线道路、水工工程。地方政府 1999 年间对港区一是投入数百万元资金，进行港区 150×10^4 m^3的疏浚挖泥，二是对 2 200 m 长的滨港道路进行改造，路面加宽增高，挡浪墙的兴建不但起到了挡浪防汛的实际效应，而且为旅游观光和人民休闲提供了良好的环境条件。随着禁渔期的延长，众多的渔船需停泊在港区，单靠鲁家峙 200 m 长的一块补网场地，解决不了渔民需求。因此需要在港区就近选择一块理想的综合性配套服务基地，使渔业生产资料可以补给，中心渔港进一步完善。

根据 2007 年《普陀区标准渔港建设规划》，沈家门中心渔港范围内的水工建筑物包括：码头泊位 106（其中渔业码头 29 个，包括卸鱼、加冰码头 15 个泊位，物资码头 8 个泊位，供油码头 3 个，修船码头 2 个，渔政码头 1 个泊位），护岸 3 000 m，船坞、滑道 14 座，2008 年马峙岛新建制冰码头 2 个泊位，2009 年交付使用 9 个渔业码头泊位，目前沈家门港区渔业码头泊位总数量已达到 40 个。

1989—2002 年沈家门渔港水产品卸港量（含外地渔船卸港量）见表 9－20；渔船数量见表 9－21（资料由舟山市普陀区海洋与渔业局提供）。预测到 2015 年的鲜活水产交易总量将达到 50×10^4 t。

表 9－20　历年水产品卸港量及交易概况

年份	全年卸港量/t	1 月份	2 月份	3 月份	4 月份	5 月份	6 月份	7 月份	8 月份	9 月份	10 月份	11 月份	12 月份
1989 年	6 425	685	576	456	452	437	325	262	280	594	740	750	688
1990 年	6 266	726	627	432	419	526	310	103	105	576	765	806	862
1991 年	7 160	783	678	537	467	583	326	253	196	618	860	906	953
1992 年	16 500	1 372	1 230	1 003	1 248	985	750	478	586	1 378	2 238	2 475	2 757
1993 年	22 000	2 894	1 987	1 650	1 571	1 684	1 179	928	820	1 356	2 036	2 771	3 124
1994 年	55 189	3 568	3 729	3 627	2 871	2 985	2 761	2 018	2 365	4 178	5 267	9 683	12 065
1995 年	87 150	10 367	9 872	5 218	4 264	5 090	4 520	3 654	3 915	8 891	9 346	10 650	11 417
1996 年	103 345	11 726	10 586	6 392	5 172	5 762	5 182	4 320	44 761	9 820	11 820	13 720	14 369
1997 年	114 097	13 821	10 949	7 681	6 285	6 172	5 637	4 518	4 321	10 284	12 610	15 819	16 000
1998 年	117 830	16 837	9 967	7 156	5 984	6 015	5 318	4 924	4 176	11 825	14 572	15 871	15 185
1999 年	156 888	15 267	14 831	9 821	8 716	8 585	7 653	5 178	5 026	15 367	21 864	22 680	21 900
2000 年	177 452	20 760	19 855	11 750	9 845	9 950	7 204	5 284	5 155	16 310	22 769	23 985	24 585
2001 年	198 924	24 763	20 981	14 320	11 730	10 872	7 583	6 458	5 264	16 827	23 570	28 880	27 676
2002 年	190 674	28 352	23 178	13 020	10 785	9 814	7 265	5 793	5 684	16 856	23 695	23 164	23 068

表 9－21　渔船数量

船型	船长/m	船宽/m	艉吃水/m	数量/艘
100 HP 以下	19.80	5.30	1.45	332
100～200 HP	24.20	5.60	1.90	345
201～300 HP	29.00	6.30	2.40	237
301～399 HP	29.00	5.50	2.80	120
600 HP 以上	55.80	10.80	4.80	80
合计				1 114

9.2.4.2.2 自然条件

(1)气象水文

历年雾天多发生在4—6月份，年平均21天。历年最大风速为北风，风速35 m/s，年平均风速5.2 m/s，年大风日26~72天。风速大于8级以上日数以1月份最多，6月份最少。潮汐为正规半日潮，港域有明显的涨落潮历时不等现象。平均涨潮历时5 h 57 min，平均落潮历时6 h 28 min。潮流大多为往复流，沈家门涨潮时，外海涨潮流通过乌沙门进入，沿乌沙水道，自东南向西北方向流入本区。落潮时，由西北向东南方向流。潮流初期主流仍沿乌沙水道北上，与东门口落潮流顶托后继续向北流入外海，大潮期间最大涨潮流速为2~3 m/s，而落潮流流速在2.5~3.5 m/s，小潮期间，涨潮最大流速为1~2 m/s，落潮流速为1.5~2.5 m/s。

实测最高潮位3.26 m(1997年8月8日11号台风)(1985国家高程基准面，下同)；平均高潮位1.39 m；平均潮位1.03 m；平均低潮位1.13 m；最低潮位-2.44 m(1963年1月7日)；最大潮差4.34 m；平均潮差2.54 m；最小潮差0.88 m。

(2)工程地质

陆上沿岸地区为淤积的平坦区，高程在2.60 m以下，拟建护岸工程位置高程在2.4 m左右，拟建码头区域位置高程在-1.0 m以内。沿岸水下地形等深线平行岸线，无特殊不良地形。本区段航道在舟山陆地和马峙岛之间，为潮流通道，中心航道稳定，水深在5 m以上。工程地质条件自上而下描述如下：①层淤泥，层厚在1.8 m以内；②层淤泥质粉土，层厚16~19 m，含有少量砂粒及贝壳碎屑；③层粉质黏土夹砂、砾石，碎石含量在20%~30%，大粒径为5~8 cm，砂含量在20%~30%，还含有贝壳碎屑等，层厚在0.3~3 m；④层粉质黏土，局部软可塑状态，层厚在3 m左右；⑤层全风化基岩，风化成砂土、砾砂状，其灌注桩桩端土承载能力为1 400 kPa，预制桩桩端土承载能力为6 000 kPa。

(3)地震

地震烈度为Ⅶ度，设计基本地震加速度值为0.15g。

9.2.4.2.3 平面布置

中心渔港一期工程东起国际水产城，西至舟渔二公司，岸线规划长度2 950 m。新建码头11个泊位：(从靠近渔二公司的西端开始)，1号、2号码头为2组600 HP浮码头4个渔船泊位，每组岸线长88 m；3号为500吨级渔政船浮码头1个泊位，岸线长42 m；4号为350 HP浮码头1个渔船泊位，岸线长36 m；在2号浮码头的右侧布置5号高桩码头1座3个泊位，其中2个600 HP渔船泊位，1个1 000吨级鱿鱼钓船泊位，岸线长159 m。墩头船厂的前方布置6号高桩单引桥修船码头1座，岸线长为51 m。码头东、西端布置以卸渔、加冰为主，物资码头布置在物资区前方。供油码头分为两部分，一部分在国际水产城与舟渔二公司码头中间地段，另一部分布置在马峙岛渔船供油区。7座老码头因年久失修、且水浅不利于停泊，有的距离扩建护岸较近而需要拆除。港池宽度为130 m，锚泊区分为大、中、小渔船泊位3个区。岸上布置2座桥。沈家门中心渔港总体规划平面图见图9-24。

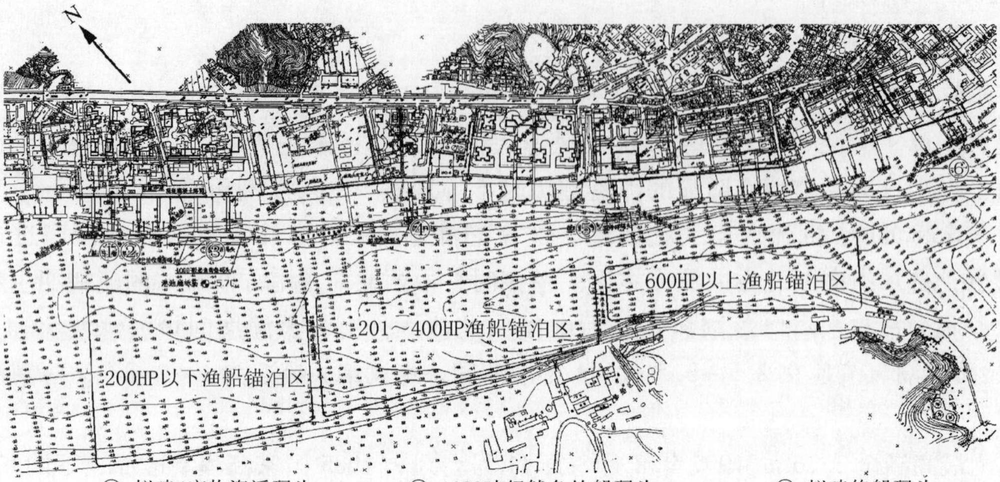

图 9－24　沈家门中心渔港总体规划平面示意

9.2.4.2.4　水工建筑物

水工建筑物安全等级为Ⅱ级。极端高潮位 3.30 m；极端低潮位 －2.79 m；设计高潮位 1.97 m；设计低潮位 －1.80 m。

码头结构主要有高桩梁板和浮码头 2 种。高桩码头，1 000 吨级及修船码头荷载较大而采用高桩码头结构，见图 9－25。浮码头趸船有钢质趸船和水泥趸船 2 种。

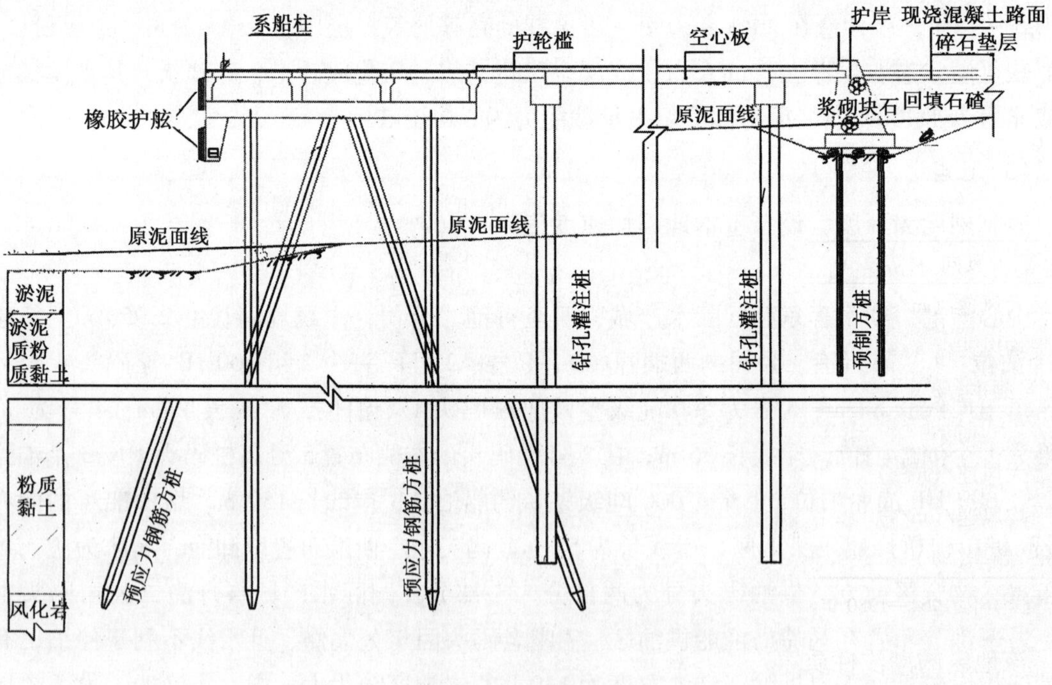

图 9－25　码头结构断面示意

1 300 m 护岸上部采用浆砌块石挡土墙，下部采用桩基基础。舟山地区海滨大道挡土结构基本采用这种方式。

9.2.4.3 福建省石狮祥芝中心渔港工程

9.2.4.3.1 工程简况

祥芝中心渔港位于24°35′N，118°50′E，泉州湾湾口南侧的祥芝半岛上，东临台湾海峡，北与惠安崇武半岛隔海相望，南部为晋江深沪港区和围头港区，西距晋江25 km，地处泉州湾口门，面向闽中渔场和台湾海峡渔场，历来是泉州市鱼货集散的重要口岸。

祥芝中心渔港“七五”期间被农业部列为一级群众渔港，是福建省最早开发建设的第一个一级渔港。现祥芝中心渔港由原祥渔一级渔港和祥农渔港组成。祥芝渔港依托天然环抱式海湾，湾内自然岸线长3 200 m，湾内水域面积约100 hm^2，港阔水深，常年不淤不冻。泥沙底质。湾口水深达10 m以上，渔船可全天候进出港，是渔船习惯停泊作业和避风的主要天然锚地。

祥芝镇2007年、2008年渔业经济概况见表9－22(表中卸港量含外地来港渔船卸港量)。

表9－22 祥芝镇2007—2008年渔业生产统计

年份	卸港量/$\times 10^4$ t	船数/艘	功率/$\times 10^4$ kW	产值/亿元
2007年	20.0	671	19.1	9.6
2008年	20.9	718	19.4	10.63

该港规划形成约54 hm^2的掩护水域，可供全市1 000多艘渔船靠泊避风，有效地改善抗台风能力。

9.2.4.3.2 自然条件

(1)气象水文

多年平均雾日29.9天。冬季多为北风，夏季盛行南风，常风向为NNE、NE，其频率为54%，强风向为NNE(N、NE)，最大风速为32.6 m/s，全年不小于8级风的日数为110.2天，最多达153天。实测各风向最大风速、平均风速、频率统计详见表9－23。

表9－23 实测各风向风速、频率统计

风向	N	NNE	NE	ENE	E	ESE	SE	SSE
最大风速/(m/s)	24	24	24	17	14	18	20	14
平均风速/(m/s)	4.1	8.2	8.4	6.5	4.1	3.6	3.9	4.0
频率(%)	5	28	26	8	2	1	1	2
风向	S	SSW	SW	WSW	W	WNW	NW	NNW
最大风速/(m/s)	18	21	18	18	9	12	10	18
平均风速/(m/s)	4.6	5.8	4.7	3.5	2.7	3.2	2.5	3.4
频率(%)	4	8	8	2	1	0	0	17

注：资料年限1964—1980年。

该地区的潮汐性质属正规半日潮，根据崇武海洋水文站资料统计，最高潮位4.24 m(黄海零点，下同)，最低潮位－3.45 m，平均高潮位2.38 m，平均低潮位－1.89 m，平均潮差4.27 m，最大潮差6.67 m，平均海平面0.22 m。最大落潮流速大于涨潮最大流速，涨落潮流向大致相同，均为W—E向。东、西、南三面环山，NE向面临东海风浪较大，NW向为泉州湾，风距短。

(2)地质地貌

拟建场址位于泉州湾南侧，属浅海地貌，场地高程介于 -10.75 ~ -4.50 m 之间。地层自上而下为：①淤泥，层厚0.55 ~4.00 m；②砂、贝壳、碎石混泥，以海相沉积物为主，主要为岩石风化碎屑的冲坡积物，层厚0.3 ~2.25 m；③黄亚黏土，仅见于部分地段，层厚大于6.95 m；④残积土(亚黏土 - 亚砂土)，层厚为3.75 ~8.35 m或更大；⑤强 - 中风化花岗岩，岩石破碎，杂乱堆积，形成暗礁和礁石群，分布在已建堤的东部或在勘察区域附近的海域，零星出露。各土层承载力见表9 -24。花岗岩残积土(亚黏土 - 亚砂土)层可作为持力层。但因其表层受自然条件影响，物理力学性质较差，故当采用该层为持力层时，应进入一定深度。

表9 -24 各土层容许承载力

土层	容许承载力/kPa
淤泥	35 ~45
砂、贝壳、碎石混泥	100
黄亚黏土	120 ~140
残积土(亚黏土 - 亚砂土)	200 ~250
强 - 中风化花岗岩	500

(3)地震

场区抗震设防烈度为Ⅷ度，动峰值加速度为0.2g。

9.2.4.3.3 平面布置

祥芝渔港原有简易码头7个，可为到港渔船卸渔、加水、加冰、加油，一级渔港新增卸渔泊位2个，长度89 m，可供600 HP以下渔船靠泊作业。祥农港已有对台码头73 m，引堤400 m。

祥芝中心渔港平面布置如图9 -26。防波堤堤根布置在西港陆域西北角，防波堤轴线方位角287°，长350 m，防波堤挡浪墙顶高程8.00 m，堤顶标高6.32 m，宽7.66 m。防波堤建成后可形成掩护水域53.77 hm^2。

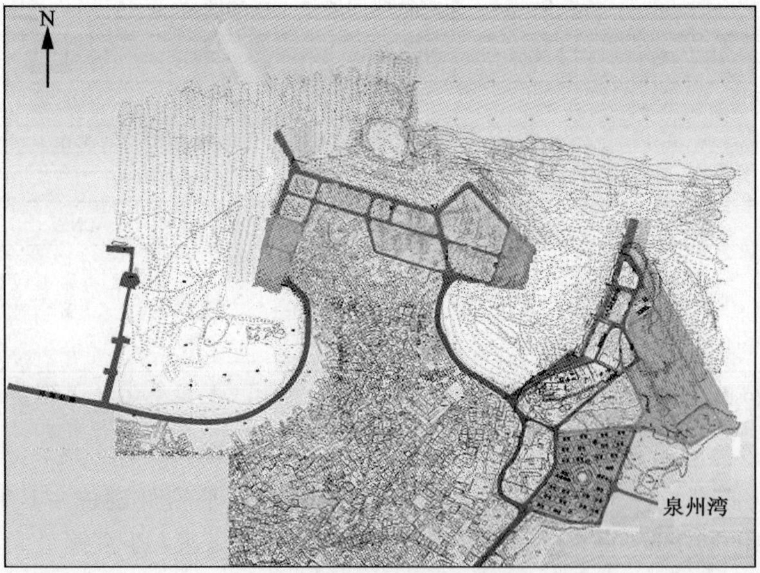

图9 -26 祥芝中心渔港平面示意

码头岸线呈顺岸式布置在 -10.0 ~ -5.0 m 等深线附近，共设 11 个泊位。其中，16—22 号泊位前沿线方位角为 197°，岸线长 334 m。在 22 号泊位南侧端部向 SE 向转 56.5°，形成岸线 96.0 m，布置 2 个泊位。远期规划在防波堤内侧布置 2 个码头泊位，岸线长 100 m。码头面前沿高程 4.8 m，前方作业地带宽 30 m，前沿停泊水域底高程 -7.2 m、宽 21 m，回旋水域底高程为 -7.2 ~ -6.0 m，直径 104 m。

陆域由北护岸 500 m、南护岸 82.5 m 以及码头岸壁围成，总面积为 10.24 hm^2。码头后方宽 30 m，护岸内侧道路宽 16 m，港内道路宽 9 m，进港路宽 16 m，码头、护岸后方道路与环海公路相通，绿化面积不小于 1.22 hm^2。

本工程港区港阔水深，码头外就是泉州湾，3 万吨级进港航道距本港区约 3 km，水深在 -7.3 m 以上，可满足渔港全天候进港要求，无需候潮。

9.2.4.3.4 水工建筑物

(1) 设计条件

设计潮位及波浪重现期标准 50 年一遇。防波堤、码头及护岸按Ⅱ级建筑物设计。均布荷载为 15 kPa；10 t 汽车及 8 t 轮胎吊；船舶荷载按 600 HP 渔轮设计。斜坡堤按 $H_{13\%}$ = 4.36 m 计算，直墙按 $H_{1\%}$ = 6.37 m 波高计算。设计高潮位 3.01 m；设计低潮位 -2.73 m；极端高潮位 4.34 m；极端低潮位 -3.90 m。NE 向波浪要素采用湾口北面崇武海洋站 1962—1982 年实测资料，见表 9-25。防波堤和口门处 NW 向波浪要素按小风区推算，见表 9-26。

表 9-25 NE 向波要素

水位工况	重现期/a	$H_{1\%}$/m	$H_{4\%}$/m	$H_{13\%}$/m	$\bar{H}$/m	$\bar{T}$/s
极端高水位	50	6.37	5.15	4.36	2.90	8.1
设计高水位	50	5.42	4.4	3.5	2.52	7.8

表 9-26 NW 向波要素（50 年一遇极端高潮位）

重现期/a	$H_{1\%}$/m	$H_{4\%}$/m	$H_{13\%}$/m	$\bar{H}$/m	$\bar{T}$/s
50	2.10	1.79	1.40	0.93	4.8

(2) 渔业码头

码头为重力式空心方块结构（图 9-27）。基础挖泥后在抛石基床上安放混凝土空心方块，空心方块底部尺寸 5.0 m × 6.0 m × 5.3 m，顶部尺寸 4.5 m × 6.0 m × 5.3 m，单重小于 200 t，方块上为钢筋混凝土卸荷板及浆砌条石胸墙，胸墙上为现浇混凝土压顶，墙后抛填块石减压棱体结构。

(3) 防波堤

防波堤采用斜坡式结构形式（图 9-28），外坡在斜坡面上设置 5 t 重的扭王字块体，坡度为 1∶1.5，其下为大于 300 kg 大块石垫层，堤顶现浇 C25 混凝土防浪墙，墙高 2.68 m，顶高程为 8.00 m，外侧坡底为大于 150 kg 护坦抛石。内坡在高程 0.00 m 处设一戗台，以下抛 500 kg 大块石护面，戗台内侧坡角现浇混凝土镇脚块，以上为丁砌条石护面，坡度为 1∶1.2，堤顶高程为 6.32 m，内坡坡底为抛填大块石棱体。

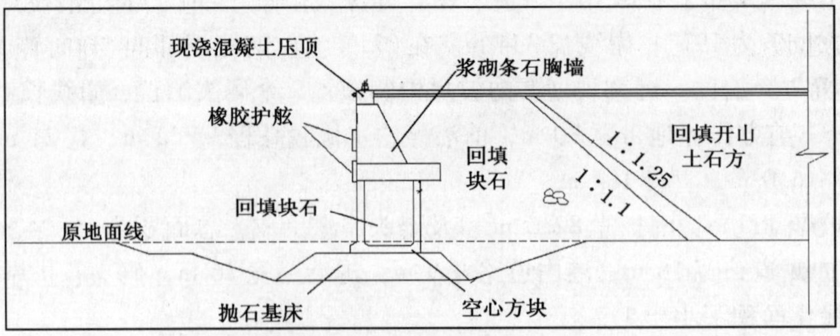

图 9-27 码头结构断面示意

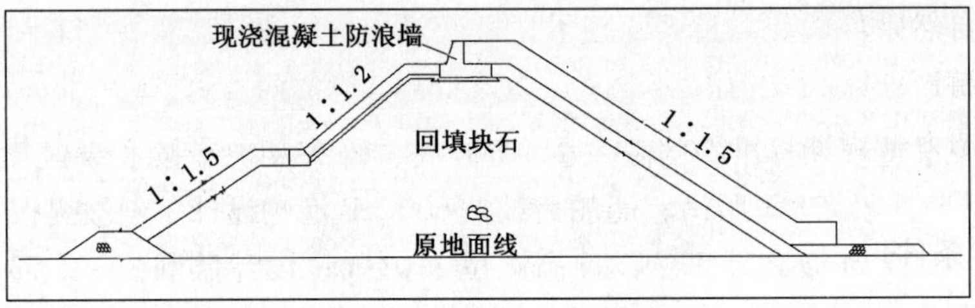

图 9-28 防波堤结构断面示意

(4)护岸

北护岸地势较低，采用斜坡式结构(图 9-29)，断面类同防波堤，采用扭王字块体护面，堤顶设有现浇混凝土防浪墙，顶高程为 8.00 m。南护岸地势较高，直接采用直立式浆砌条石结构，护岸顶高程为 5.00 m。陆域形成由码头与护岸合围而成，中间回填开山土石方。

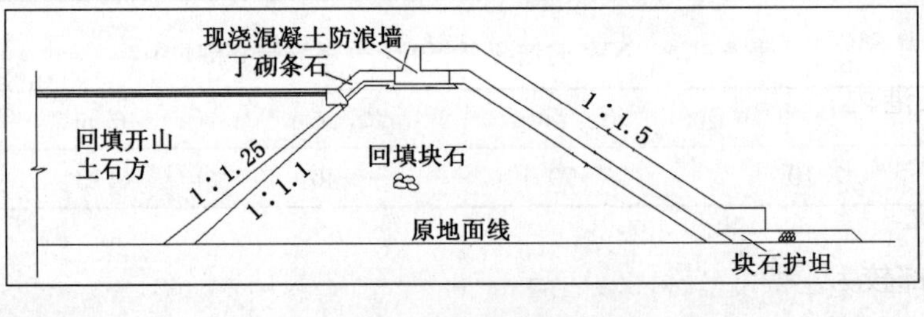

图 9-29 护岸断面结构示意

9.2.4.3.5 附属设施

现有 33 家水产品加工厂，20 座冷冻厂，祥农杂货码头泊位 2 个，油库储量达万吨以上。港区供水淡水采用自来水。渔港区用电装机容量为 4 466 kW。冻结能力 100 t/d，冷藏 600 t/次，制冰 275 t/d，贮冰 3 200 t/次，供冰能力不足以满足生产需求，需扩建。

9.2.5 南海北部海区渔港工程

9.2.5.1 广东省阳江市闸坡中心渔港

9.2.5.1.1 工程简况

阳江市闸坡中心渔港位 21°32′N，于 111°50′E，粤西海岸线中部，陆路距阳江市 48 km。

闸坡渔港形成于清初，至今已有 300 多年历史。该港三面环山，有宽阔的天然避风水域，因港区陆域为山坡，渔民上岸休息要站在山坡上，日久成名为站坡，谐音叫成闸坡。闸坡渔港于1975年正式建设，并于1993年获得国家一级群众渔港投资，至2002年建成南防波堤450 m，北防波堤70 m，洲仔峡防波堤86 m，小船避风防波堤220 m，港内水域面积1.4 km^2，港的东面有顺岸码头310 m及70 m长的丁字码头1座，港南面有顺岸码头465 m。

闸坡渔港渔船数量有1 200多艘，高峰期港区停泊大小渔船达到3 000艘左右；年鱼货卸港量达到12×10^4 t以上。2002年经农业部批复为国家级中心渔港，一期工程建设项目包括建设6 000 m^2渔业码头、2 500 m环港道路、加固450 m防波堤、疏浚39 hm^2港池航道4个主项目及其配套项目。一期工程已于2007年9月完工。在2008年“黑格比”超强台风的袭击中，当地海陵大堤被冲开14个缺口，但闸坡中心渔港防浪堤完好无损，渔港内无一艘船沉没，无一人伤亡，有力地保障了渔民群众的生命财产安全。

由于良好的自然条件，并经过多年建设，基础设施比较完善。渔港所在闸坡镇的主要产业为海洋渔业及旅游产业，大角湾海滨沙滩长达2 300 m，环绕沙滩建成风景优美的5A级大角湾风景区，被誉为南方北戴河，年接待游客超过200万人。旅游与海洋渔业互相促进，休闲渔业经济已初具规模。

9.2.5.1.2　自然条件

(1)气象水文

本港历年平均气温为27.8℃，最高达36.2℃。历年平均雾日为8.5天。该区强风向为E、NE、ENE，实测风速分别为41 m/s，36 m/s和35 m/s，其次为WNW。常风向为NE向及SE向。对本港有影响的台风年平均5~6次。

渔港所处海区的潮汐属于不正规半日潮型。口门附近潮流基本上属于往复流，涨潮流由西南外海进入海峡湾内，越过口门北上流至海峡湾顶。落潮流依上述相反方向流动。口门处涨潮流速略小于落潮流速，最大流速分别为0.6 m/s和0.9 m/s，平均流速为0.35~0.42 m/s。口门附近的常浪向为SW方向的外海来波，对港内水域有一定影响，同时由于口门向西敞开，西向浪可直接进入港内；WSW、WNW由于风距很短，风波小，又受地形阻碍，对本港影响较小。

(2)地质地貌

本港地形大部较为平坦，标高在-2.60~2.00 m之间(以当地深度基准面起算，下同)。地层自上往下分为：①冲积层，育于码头岸边，层厚1.00~2.30 m。②海相沉积层：$②_{-1}$淤泥混砂，分布广泛，层厚0.40~4.40 m；$②_{-2}$中砂，局部为粗砂、砾砂、含卵石砂，级配较好，分布较广泛，层厚0.90~4.00 m；$②_{-3}$淤泥质粉质黏土，局部为淤泥，混有少量的中细砂，局部夹粉质黏土，分布局限，层厚0.50~1.80 m；$②_{-4}$中、粗砂，局部为砾砂，级配较好，层厚0.30~2.30 m。③残积层：$③_{-1}$粉质黏土，局部夹薄层粉土，含较多的云母碎屑，分布较广泛，层厚为1.00~9.20 m，容许承载力为200 kPa；$③_{-2}$粉土，局部为粉质黏土，含有较多的云母碎屑，分布较广泛，层厚为0.40~20.10 m，容许承载力为250 kPa。④基岩：$④_{-1}$全化风岩带，含有较多的云母碎屑，分布较广泛，层厚0.30~16.40 m，容许承载力为350 kPa；$④_{-2}$强风化岩带，荐其容许承载力达500 kPa；$④_{-3}$中风化岩带，厚0.40~5.90 m。

9.2.5.1.3　平面布置

闸坡中心渔港一期工程建成后，有顺岸渔业码头，长1 085 m，丁字码头1座，长70 m，防波堤4座，共长826 m。进港航道水深达3.5 m，各类渔船可全潮进港；避风锚地水域面积达到1.2 km^2以上。目前已建成专用渔业供油3 000吨级码头1座，储油库2座可储油3 700 t；渔船修造厂4间，渔轮机修厂7间，船排3座；日产3 500 t的自来水厂1座，冷冻加工厂8间，水产品交易中心逾3×10^4 m^2；同时拥有1座现代化的精深水产品加工厂，年产面包虾10×10^4 t以上，是我国主要的面包虾出口加工基地。港口规划到2010年，建卸鱼码头8个，上冰码头4个，物资码头2个，修船码头2个，油码头2个，旅游码头1个，共19个。平面布置见图9－30。

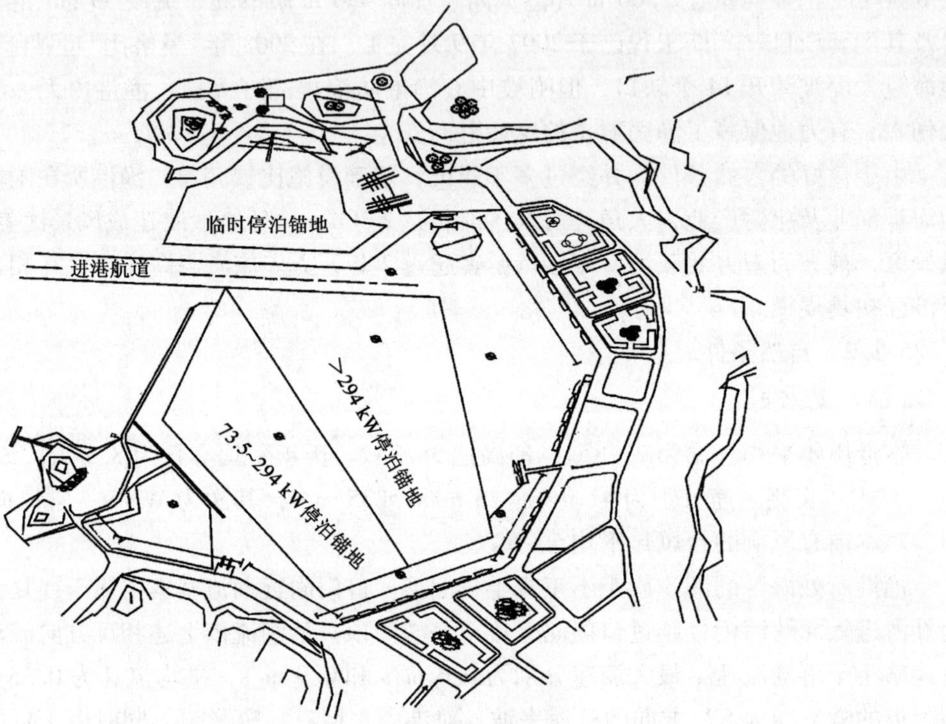

图9－30 闸坡中心渔港平面示意

闸坡渔港现有防波堤对SW向波浪具有较好的掩护效果。25年一遇的口门入射波高作用下，港内锚区内的波高值0.42～1.26 m，码头前沿的波高值为0.42 m；2年一遇的口门入射波高作用下，港内锚区内波高值0.24～0.48 m，码头前沿的波高值为0.24 m。口门布置方向对W向波浪掩护较差，经岸壁的反射作用，局部地区的波高较之入射波高明显加大。25年一遇的口门入射波高作用下，港内锚区内的波高值为0.55～1.65 m，码头前沿的波高值为0.55～1.1 m；2年一遇的口门入射波浪作用下，港内锚区内的波高值0.40～1.2 m，码头前沿的波高值为0.40 m。

综合考虑本港现状和地区性中心渔港需要，港口岸线规划范围南起马尾岛，北至长沙环，其总长约为8 000 m。港区分成三大区域：①南面旧澳湾为海洋渔业休闲区，实际可用岸线长600 m，规划作预留发展岸线。水域布置进出港航道连通外海、网箱养殖以及油码头作业；陆域可用面积约20 hm^2。②渔业主港区浦渔洲湾可用岸线约2 700 m，其中：西南段470 m，岸线前沿水域浅，淤积相对较重，不宜设置泊位，且后方无陆域，规划此段岸线为海滨绿化带并建设小型的海滨公园，以改善港区作业环境；东南段496 m岸线前水域较浅，规划为渔港临时锚泊岸线，泊位8个；东段310 m岸线其后方陆域为本港冷冻加工作业区，规划此段为渔船作业码头区，泊位5个；在东段岸线南北转折处建有一"T"形码头70 m，突堤宽6 m，本码头前沿水较深，一直是本港渔货卸货的主泊位，规划连接“T”形码头往北建渔货卸港作业泊位7个长390 m、宽20 m的透空式码头，不缩小港池水域，促进本港水产品流通。交易码头再向北有岸线505 m，岸线前沿水深较大，受风浪影响相对较大，拟建294 HP至735 HP渔港码头泊位8个；再往北，用60 m岸线建修船码头泊位1个，其余岸线则建护岸和船排等修船设施。水域设置3个停泊锚地：大吨位船只停泊锚地I号，设在进港航道南侧，面积约30 hm^2，锚地底标高为 -4.0 m；中等吨位船只停泊锚地设在防波堤以北，原进港航道以南，面积为23 hm^2，底标高为 -3.5 m；小吨位船只停泊锚地设在水域最为平静的西南端，面积为5.2 hm^2，底标高为 -2.5 m。调头区设置在各码头泊位前沿，宽120 m(3倍船长)。远期规划进港航道为E—W。现规划航道短，可减少开发挖量和泥沙淤积以及避免进港船只与大吨位停泊区内停泊船只的干扰。进港航道安排在I号停泊锚地外面，大吨位船只可得到防波堤的掩护，停泊条件得到改善。③北部长沙环有二级公路与浦渔洲湾主港区相连，规划在此建设海洋渔业深加工区。

9.2.5.1.4　水工建筑物

用闸坡海洋站20多年观测资料分析，得设计高潮位3.27 m，设计低潮位0.47 m，校核高潮位(25年一遇)4.24 m，校核低潮位(25年一遇) -0.41 m。-5 m等深线(口门处)波要素见表9-27。

表9-27　口门处波要素

重现期	$H_{1\%}$/m	$H_{1/10}$/m	$H_{1/3}$/m	$\overline{H}$/m	L/m
25年一遇S向	3.4	2.6	1.8	1.5	70.5
25年一遇SW向	2.9	2.1	1.4	1.2	70.5
2年一遇SW向	1.6	1.2	0.8	0.61	45.7

依据闸坡海洋环境监测站提供的1965—2001年西向风况资料，确定闸坡渔港口门处的设计波要素见表9-28。

闸坡中心渔港一期工程项目码头和防波堤按Ⅱ级建筑物设计，环港公路按Ⅱ级道路设计。防波堤处设计波高取3.1 m，码头设计波高取1.1 m。根据场地岩土层的稳定性、适宜性评价，码头基础类型采用桩基。码头长度309.55 m，桩基宽度20.6 m。

码头范围内地质起伏特别大，表层较浅的50 m段采用钻孔灌注桩，其余长度范围内均采用预应力方桩，并在靠近原有堤岸处，采用钻孔桩的结构。上部结构采用叠合板方案。防波堤采用外侧四脚空心方块护面，内侧用浆砌石护面，堤顶肩用四脚空心方块，堤顶中间用现浇混凝土。

表9-28　闸坡渔港口门处的设计波要素

波向	潮位		25年一遇		2年一遇	
	项目	数值/m	$H_{1/10}$/m	T/s	$H_{1/10}$/m	T/s
W	极端高潮位	4.24	1.1	3.7	0.8	3.2
	设计高潮位	3.27	1.1	3.7	0.8	3.2
	设计低潮位	0.47	1.1	3.7	0.8	3.2
	极端低潮位	-0.41	1.1	3.7	0.8	3.2

续表

波向	潮位		25年一遇		2年一遇	
	项目	数值/m	$H_{1/10}$/m	T/s	$H_{1/10}$/m	T/s
SW	极端高潮位	4.24	2.1	8.5	1.2	6.0
	设计高潮位	3.27	2.1	8.5	1.2	6.0
	设计低潮位	0.47	2.1	8.5	1.2	6.0
	极端低潮位	-0.41	2.1	8.5	1.2	6.0

9.2.5.2 广西北海南沥中心渔港工程

9.2.5.2.1 工程简况

南沥中心渔港位于21°26′—21°27′N，109°03′—109°04′E，北海市区的西南，东、西、北三面环陆，南面临海，水陆交通便利。

该渔港前身为广西北海渔业基地，为国家“五五”计划安排的项目，原计划年渔货卸港量7×10^4 t，停靠大型渔轮80艘(不含群众渔船)，建设的主要项目有防波堤2 108 m，渔业码头418 m，疏浚港池、航道面积30 hm^2以及冷藏、加工、船舶修造等陆上生产生活设施。经批准于1978年开始兴建，至今已30年之久，期间历经准建、缓建、复建三个阶段。截至2000年，基地已建成防波堤1 960 m，渔业码头275 m，港池、航道疏浚土方量83 hm^3，1 000吨级冷冻厂1座，15 000 t油库1座以及仓库、住宅等陆域配套设施。2001年，北海渔业基地被列为国家一级渔港进行建设，并在2002年升格为国家中心渔港，同年作为全国首批6个试点建设的中心渔港之一。由农业部批准立项建设，2003年批复的初步设计建设内容和规模为码头及停泊护岸523 m，简易护岸447 m，港池、航道和锚地疏浚土方量131 hm^3，港区道路1 hm^2以及水电、通信导航等配套设施。工程于2005年初开工建设，2009年底项目基本完工。目前共建有东、西两条防波堤，总长1 960 m，码头798 m(其中直立式码头670 m、台阶式码头128 m)，简易护岸450 m，形成港内水域总面积约60 hm^2，其中可供渔船停泊的港池及锚地水域面积40 hm^2以下。陆域建有1 000吨级冷冻厂1座，15 000 t油库1座以及水产品加工等生产和生活配套设施。

根据统计资料，2009年本港的渔货卸港量约为5.0×10^4 t。每年来港渔船数约为600艘，其中本地渔船400多艘。来港渔船船型主要以185~400 HP渔船为主。

9.2.5.2.2 自然条件

(1)气象水文

多年平均雾日数13.2天。冬季盛吹北风，夏季盛吹东南风，常风向为北风，次常风向为东南风，强风向为东南风。本地区的各风向频率和最大风速见表9-29。本地区夏秋两季常受台风影响，每年有2~4次，年平均大于8级的大风日数为10.8天。1954年8月30日台风最为强烈，风力在12级以上，曾给当地渔业和农业造成严重的危害。

本地区潮汐属不正规日潮为主的混合潮型。冬季潮汐涨落受偏北风影响，潮位较低，夏季受偏南风影响，潮位较高。日潮平均涨潮历时为14 h 40 min，日潮平均落潮历时为10 h 25 min。潮流类型主要为往复流，涨潮流自东南流向西北，落潮流则相反，一般落潮流速大于涨潮流速，西部大于东部，近岸大于浅海，表层大于底层。

历年最高潮位(北海零点，下同)5.55 m；历年最低潮位0.03 mm；平均高潮位3.90 m；

平均低潮位 1.35 m；平均潮位 2.55 m；平均潮差 2.49 m。波浪以风浪为主，频率在 80% 以上。常浪向为 SE，其次为 SW；强浪向分别为 SE 和 SW。

表 9－29 风资料统计

风向	频率(%)	最大风速/(m/s)	风 向	频率(%)	最大风速/(m/s)
N	21.8	18	S	5.0	18
NNE	7.3	17	SSW	4.2	10
NE	4.0	20	SW	3.0	18
ENE	4.0	28	WSW	1.1	8
E	6.8	28	W	1.0	8
ESE	9.9	28	WNW	1.0	10
E	9.9	29	NW	2.0	16
SSE	4.2	26	NNW	4.2	13

(2)泥沙运动与港区淤积分析

根据调查，北部湾东、西部及雷州半岛西岸 10～20 m 水深范围内分布有大量的粉砂质黏土沉积物，是近岸海区海相来沙的沙源之一。夏季近岸海区含沙量为 0.03～0.07 kg/m^3，冬季为 0.003 kg/m^3。根据 1976 年、1982 年、1987 年、1990 年实测水深地形图对比，表明渔港附近海区基本处于冲淤平衡，其等深线定向基本稳定。

(3)地质地貌

港区内工程地质自上而下分别为：①素填土，主要为人工筑堤或局部浚深港池堆填而成，以粗、中粒石英砂为主，含少量贝壳，层厚 1.5～3.3 m。②粗砂，主要成分为石英质粗中颗粒，含少量贝壳，局部含淤泥质土，层厚 1.0～3.3 m。③细(中)砂，含少量贝壳，层厚 0.4～2.0 m。④ 砾砂混淤泥，层厚为 1.5～1.8 m。⑤砾砂(或圆砾)，主要成分为石英质砾、粗颗粒，底部含较多的 10～16 mm 小圆砾，层厚 1.4～2.1 m。⑥黏性土夹砂，属中－低压缩性土层，分布于整个场地，为本区基本地层，夹有透镜状砂层，护岸所在的东区中密状态砂夹层较多，岩性及厚度变化亦较大，其层顶标高在 －3.29～－1.35 m，勘察揭示最大厚度为 14.9 m。根据夹层分布情况、岩性及力学性质等情况，分为⑥1 粗砂、⑥2 砾(粗)砂、⑥3 黏性土混粗砂三个亚层。

(4)地震

抗震设防烈度为Ⅵ度，设计基本地震加速度值为 0.05g，设计地震分组为第一组。

9.2.5.2.3 平面布置

南沥中心渔港水域主要由东、西两道防波堤围护而形成，港内水域总面积约 60 hm^2。码头泊位全部布置在港池的北面，新建的 523 m 码头沿港内原有的 275 m 码头向东延伸后，在港池北侧形成了长 798 m、宽 30 m 的渔业码头泊位，港内码头泊位采用连续布置的形式。为防止港池回淤和供陆域回填造地之用，在港池的东面和南面(东防波堤内侧)布置了斜坡式护岸堤，并规划在东防波堤内侧靠近口门处的位置布置一些游艇码头泊位，以供今后渔港发展休闲渔业使用。港池的西面则为远洋码头泊位和修船码头泊位的预留岸线。

码头前水域(港池)沿渔业码头泊位前沿通长布置，水域宽100 m，港池南侧的大范围水域布置为港内停泊锚地。为满足渔船港内双向通航的需要，港内航道宽50 m，并在渔业码头西侧，布置1个直径为100 m的回旋水域。图9－31为南沥中心渔港总平面图。

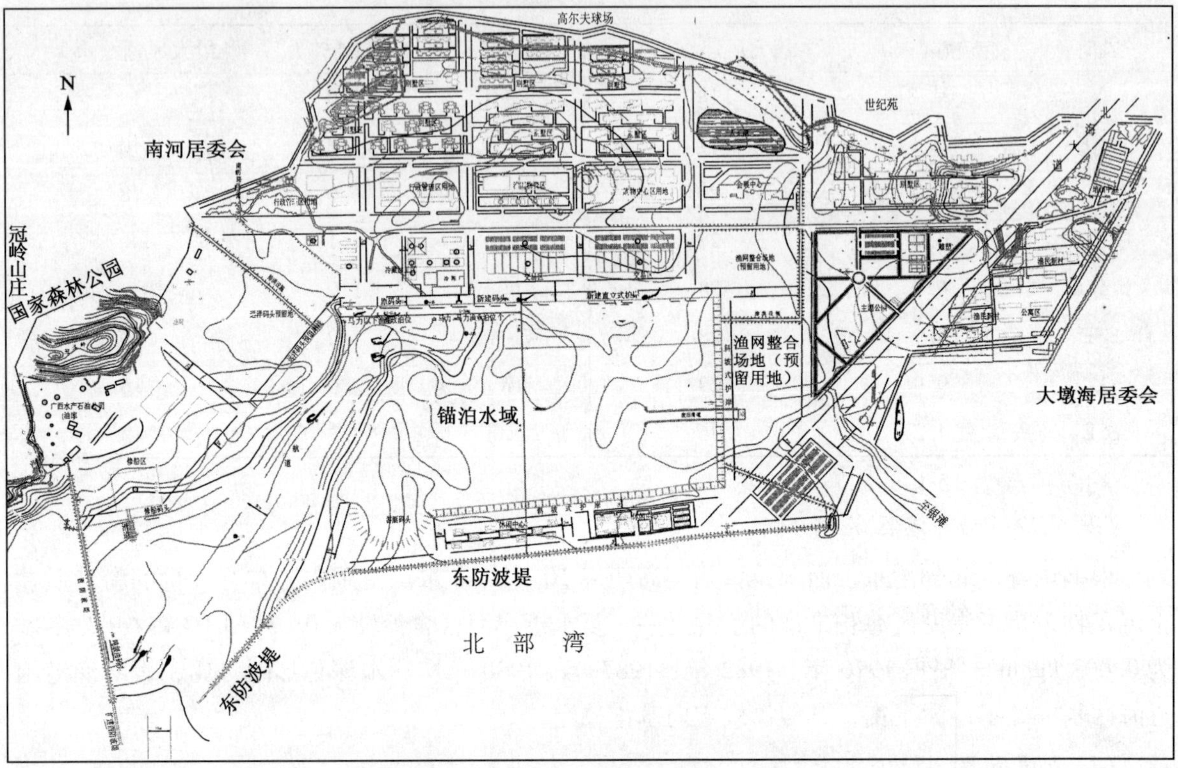

图9－31 南沥中心渔港总平面布置

中心渔港工程完成后，港内可供渔船停泊的港池及锚地水域总面积超过40 hm^2，其中港池面积约10 hm^2，设计低水位时水深约3.8 m，可供600 HP大型渔船停靠作业；港内停泊锚地水域面积约30 hm^2，设计低水位时水深约2.2 m，可供500余艘大小渔船停泊。港内航道长1 000 m，设计低水位时水深3.8 m，600 HP大型渔船可全天候进出渔港；港外航道自然水深满足渔船航行要求，无需开挖。

修船厂位于港池的西端。港池东端为渔网整合场地，可建设成绿地，同时也是一片预留发展用地。游艇码头靠近口门处休闲中心布置在港池正南侧和东防波堤北侧之间的回填土上，靠近游艇码头，集休闲渔业、文化娱乐、体育、假日旅店等为一体，偏于港区南侧，两面临水，南侧面向大海。港区最北端靠近高尔夫球场和世纪苑公园。港区绿化率大于30%。

9.2.5.2.4 水工建筑物

(1)设计条件

目前水工建筑物主要有东、西两条防波堤，总长1 960 m，码头798 m(其中直立式码头670 m、台阶式码头128 m)，简易护岸450 m，形成港内水域总面积约60 hm^2，其中可供渔船停泊的港池及锚地水域面积40 hm^2以上。防波堤、码头设计波浪及潮位重现期标准采用50年一遇。防波堤、码头工程设计安全等级为Ⅱ级建筑物；简易护岸工程为Ⅲ级建筑物。

设计高水位4.95 m；设计低水位0.65 m；50年一遇极端高水位6.05 m；极端低水位0.06 m；施工水位2.50 m。南沥海湾外－5.0 m等深线处SSE向和SW向的波浪要素见表9－30。

表 9-30 SSE 向、SW 向波浪要素（-5 m 等深线处）

波向	重现期/a	$H_{1\%}$/m	$H_{4\%}$/m	$H_{13\%}$/m	$\bar{H}$/m	T/s
SSE 向	100	5.5	5.0	4.4	3.2	9.2
	50	5.1	4.5	3.9	2.8	8.8
	25	4.5	3.9	3.4	2.3	8.1
	10	3.8	3.4	2.9	1.9	7.5
SW 向	100	6.2	5.5	4.7	3.3	8.5
	50	5.8	5.1	4.4	3.0	8.1
	25	5.2	4.6	3.9	2.6	7.7
	10	4.7	4.1	3.4	2.3	7.3

（2）码头工程

均布荷载为 15 kPa；集中荷载为汽-10 t；系缆力为 100 kN；设计代表船型 600 HP，船长 41.0 m，宽 6.7 m，艉吃水 3.3 m。码头前沿设计高程为 6.0 m；港池底设计标高为 -3.0 m。码头为直立式和台阶式两种结构形式，基础均采用抛石基床，基床底设计标高为 -4.2 m。墙身采用带卸荷板的预制钢筋混凝土空心方块结构，其中直立式码头上部为现浇混凝土胸墙；台阶式码头上部为现浇混凝土台阶。码头结构详见图 9-32 和图 9-33。

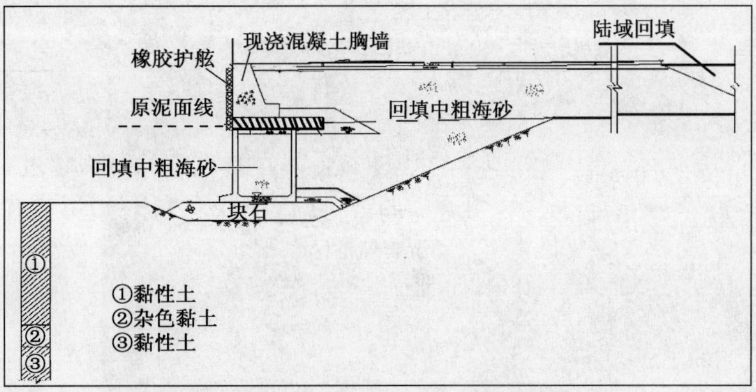

图 9-32 码头结构断面示意（一）

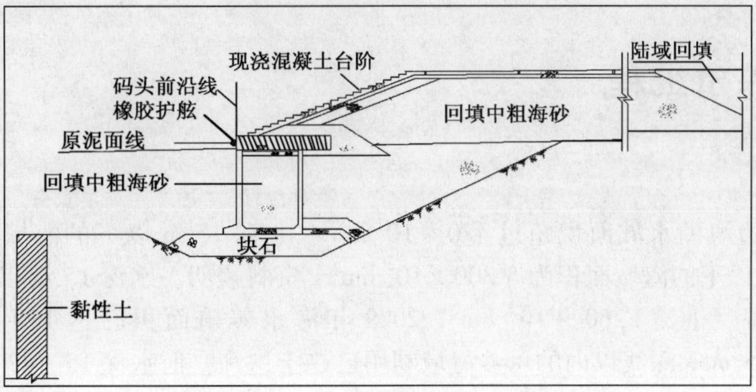

图 9-33 码头结构断面示意（二）

(3)防波堤工程和护岸工程

本港防波堤工程建于20世纪80年代，均采用直立式结构形式，防波堤基础为抛石基床，墙身采用钢筋混凝土沉箱，上部结构采用现浇混凝土(内部为浆砌块石)，其中东防波堤的堤顶高程为7.85 m，西防波堤的堤顶高程为8.45 m。

简易护岸工程采用斜坡式抛石结构，护岸高程与码头前沿高程一致，均设计为6.0 m。

9.2.5.2.5 附属设施

陆域配套设施1 000吨级冷冻厂1座，15 000 t油库1座及加油设施，渔港办公和职工住宅12 000 m^2，仓库及简易平房9 000 m^2，港区道路1 800 m，排污沟618 m，100 m^3水塔1座，800 m^3清水池2座，港区ϕ300供水主管道1 408 m及供水系统。

9.2.5.2.6 规划

考虑到渔业生产发展的规律性和渔港建设实施的可能性，二期工程(2015年末)主要包括扩建防波堤，修建远洋渔业码头和游艇码头等，陆域相应配套建设渔民新村和渔业休闲设施及其他附属设施，其建设目标是将南沥中心渔港建成为一个集渔业、商业和旅游休闲业等多种功能为一体的现代化中心渔港，目前正在进行前期论证。图9-34为其总体规划图。

图9-34 南沥中心渔港总体规划

9.3 海上养殖工程

9.3.1 概况

我国内海和边海的水域面积超过470×10^4 km^2。水深15 m以下的海域面积为1 238.02×10^4 hm^2；40 m以下的海域面积为5 300×10^4 hm^2。资料表明，水深15 m以下海水可养面积(包括浅海、滩涂、港湾)260×10^4 hm^2，2009年海水养殖面积已达185.9×10^4 hm^2，占71.5%。当前，15 m等深线以内的可养海域利用已趋于饱和，但水深15~40 m区域内利用率尚不足1%，开发潜力极大。从海洋渔业的发展趋势看，海洋养殖将逐步成为渔业发展的主导模式。长期以来，海洋捕捞占据我国海洋渔业生产的主导地位，但近10年来，海洋捕捞产量稳定在1 150 ×10^4 t水平，而海水养殖产量持续增长。至2004年，首次超过海洋捕捞产量，达1 151.3 ×10^4 t，2009年达到1 405.2 ×10^4 t，增长迅速，表现出强势的发展前景。

海上增养殖工程也称海洋增养殖工程，是指位于海岸线向海一侧，利用增养殖工程装备和技术开展鱼、虾、贝、藻等水产经济品种集约化开放式养殖和增殖保护的海上工程，分为"养殖工程"和"增殖工程"。前者主要包括网箱、筏式、围网等三大养殖工程；后者主要包括海底人工鱼礁、人工藻场、人工保育场等，常具有增殖和养护的双重功能。

在三大养殖工程中，规模最大的属筏式养殖，目前养殖面积约28.5 ×10^4 hm^2，产量高达388 ×10^4 t；全国普通网箱约有100余万只，养殖面积1 532 hm^2，产量32.5 ×10^4 t；深水网箱约6 000余只，养殖水体达450 ×10^4 m^3，产量5.9 ×10^4 t。人工鱼礁是指特意投放于海床上旨在对海洋生物资源的物理学、生物学或社会经济过程产生影响的、用以模拟天然礁的某些特点的人工水下构筑物。目前，全球已有50多个国家和地区开展人工鱼礁建设。我国人工鱼礁研究建设起步于20世纪70、80年代，至今我国沿海11个省市均已开展了大量的人工鱼礁试验和建设工作。如浙江省已规划在2003—2020年间，在全省沿岸岛礁附近建设以休闲、游钓为特色的休闲生态型人工鱼礁15 ~ 18座，每座礁群设置20个单位鱼礁，拟投放礁体200 ×10^4 m^3。广东省计划在2002—2011年间，在全省沿海建设12个人工鱼礁区，共100座人工鱼礁，礁区总面积约360万亩。人工鱼礁作为新渔场建造、近海渔业资源增殖、垂钓和潜水猎奇等生态旅游活动、海洋生态环境和生物多样性保护、海珍品增养殖、近岸海洋生态系统修复等方面的重要工程，将在未来得到更为广泛的应用。

9.3.2 深水网箱工程

9.3.2.1 简况

9.3.2.1.1 国内常见深水网箱结构

(1)HDPE重力式深水网箱

HDPE重力式网箱(图9 - 35)是国内应用最多、最普遍的深水网箱，目前总数量应在2 400只以上(含空置、废弃网箱)，一般由框架系统、网衣系统、配重系统、锚碇系统组成。根据其形状可分为圆柱形和方形网箱，或根据其是否可运动分为浮式和升降式网箱两种。框架系统一般采用双排或三排高密度聚乙烯(HDPE)浮管弯制成圆形，浮管直径为200 ~ 300 mm，框架系统的直径视网箱规模定，尺寸范围变化大，有向超大型发展的趋势。框架上方布置有扶手，采用浮管制成，直径一般为110 mm左右。结构一般由注塑三通连接件固定。框架主要为网箱提供浮力以及支撑网衣成型，也称为网架。网衣主要用于围护养殖水体，实际应用中有单层和双层2种，一般采用聚乙烯或尼龙。为减少对鱼类的摩擦损伤，常将网衣编织成无结节形式。网目大小根据养殖鱼类的品种及规格定。网衣系统一般为圆柱形，直接系挂于框架上，但为提高抗流特性，有时也做成圆台形。网衣系统包含侧纲、上纲、中纲和底纲，主要便于网衣和沉子悬挂，避免网衣撕裂。配重系统决定重力式网箱水动力特性及网衣变形，有多种形式，大小以及形式对于相同的网衣系统具有不同的影响，尤其对重力式网箱的影响更为显著，主要分为有底圈和无底圈两种形式。底圈一般采用钢管或HDPE管道弯制而成，往往在浮管内充填铁砂石以增加重量或者直接灌水，重力由沉子提供，底圈只起到防止网衣收缩的作用。配重系统若单独采用沉子时，一般用混凝土制成锥台形或金字塔形结构，均匀布置于网衣系统底端，但沉子不直接挂在网衣上，而是通过网衣系统中的侧纲连到框架系统。锚碇系统将网箱固定于指定养殖海域，限制网箱的漂移，一般包括水下网格、主锚绳锚链和浮球等结构。当网箱下潜时，通过浮球和水下网格协同作用控制网箱的下潜深度。

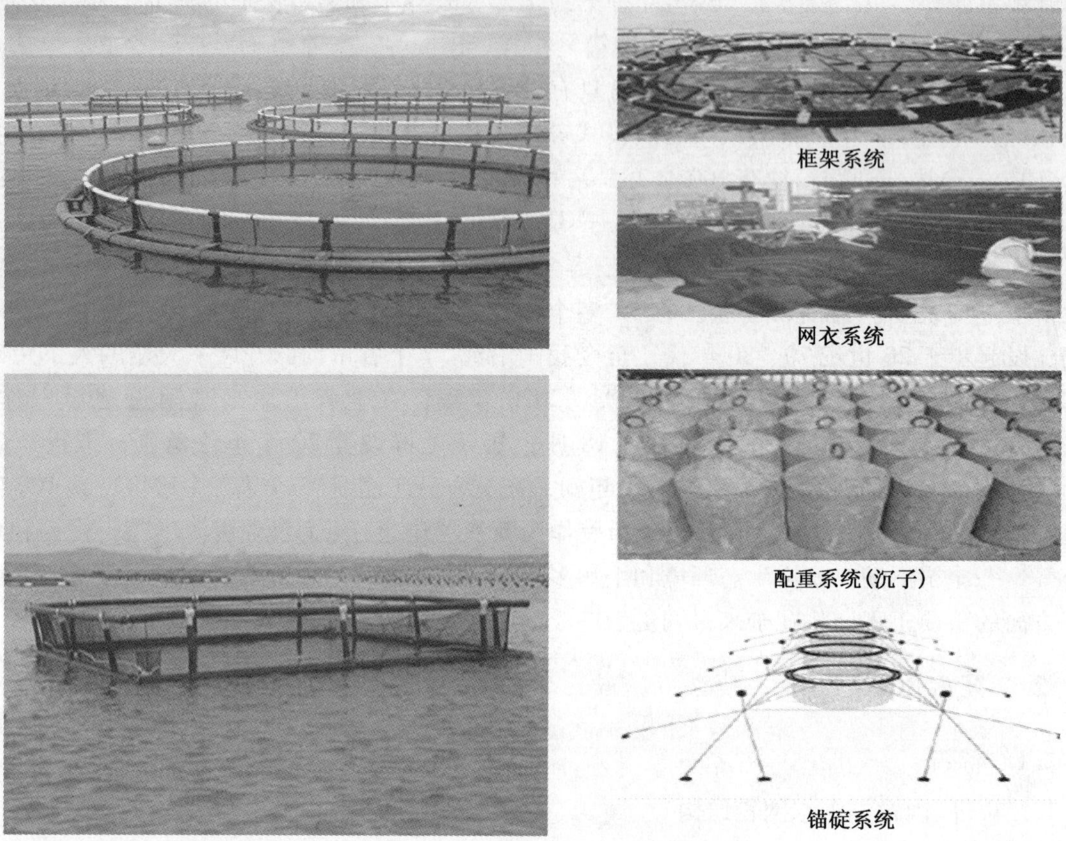

图 9-35　HDPE 重力式网箱系统

(2)浮绳式深水网箱

浮绳式深水网箱在国内应用数量仅次于 HDPE 深水网箱。“十五”期间，浮绳式深水网箱数量达 1 300 余只，之后无大的发展。浮绳式网箱最早出现于日本，与 HDPE 重力式网箱系统相似，同样由浮力系统、网衣系统、配重系统和锚碇系统组成(图 9-36)，但其浮力系统由泡沫浮子和绳索串连而成，一般由两根直径约 25 cm 的聚丙烯绳作为主缆绳，多根直径约 17 cm 的尼龙绳或聚丙烯绳做副缆连接成一组若干个网箱软框架，再用直径约 1 cm 的尼龙绳或聚乙烯绳作浮子绳，将浮子固定于框架的主、副缆绳上。浮子的间距一般为 50～100 cm。配重系统常常只采用沉子，视网箱配重可采用混凝土块或碎石袋，均匀布置于网衣底部。该网箱一般为方形，尺寸多为 6 m×6 m×6 m。柔性浮力系统可很好地实现箱体随波浪运动，使其整体抗风浪性能有较好的改善。这种柔性设计对锚碇系统有很高的要求，因为网箱的有效养殖体积完全依赖于稳定的锚碇系统，任何一根锚绳断裂或走锚均会导致整个网箱养殖的失败。另外，这种柔性结构的抗流性能较 HDPE 重力式网箱低，也因为缺乏必要的平台而不利于日常的管理和操作，不能很好地适应外海养殖的需求。

图 9－36　浮绳式深水网箱

(3)钢结构深水网箱

钢结构网箱在国内很早就有应用，由于生产工艺简单，规模较小，一直被认为是传统近岸网箱的一种。随着加工技术的提升，钢结构网箱规模和性能得到加强，逐步被作为深水网箱使用，尤其是在辽宁省和浙江省分别从日本引进钢质网箱之后得到进一步发展。目前全国范围内各类钢质深水网箱约 350 余只，一般均为方形，框架断面为三角形，规格 5 m×5 m 至 10 m×10 m(图 9－37)。与方形 HDPE 重力式网箱比较，除框架系统采用钢管外，其余系统组件均相同。

图 9－37　钢结构深水网箱

钢结构网箱框架系统的连接方式一般有焊接式、“U”形螺杆固定式、组装式等。焊接式需避免应力集中和焊接变形；“U”形螺杆固定式是将框架接头处互相搭接，然后用“U”形螺杆进行固定；组装式是将框架接头的页板通过螺杆直接固定，并在接头处的钢管采用套接技术。焊接式整体性最好，但不利于拆卸维修；“U”形螺杆固定式框架整体性最差，而且框架单元规格不同，给加工带来一定不便，但其拆卸维修最为方便；组装式框架采用专门的连接页板和套接技术，整体性高，但组装拆卸相对复杂。钢质网箱的网衣系统除采用常用的 PE 或 PA 网，也采用钢质网衣。国内尚未解决钢质网箱的防腐蚀技术，尤其是网衣的防腐和防生物附着技术，在很大程度上限制了钢质网箱的推广应用。

9.3.2.1.2 国内新型深水网箱结构

“十五”后期以来，我国致力于新型网箱的研发工作，取得了大量的网箱专利，但这些专利并没有得到很好的转化，究其原因与多数网箱专利的实用性较差有很大关系。当前，我国使用最广的是HDPE重力式网箱、浮绳式网箱和钢质方形网箱，研制的新型网箱几乎都处于性能测试阶段，或由于成本、抗风浪性能、产业市场等种种原因而没有得到推广应用。

(1)多层次结构网箱

多层次结构网箱(Embedded cage)属于重力式网箱的一种(图9-38)，已获国家发明专利。但严格来讲，这并不算新型网箱，而可看作一种新的养殖模式。该网箱系统结构相对简单，在原有HDPE大网箱内部增设1~3个直径2~3 m的圆形小网箱，小网箱由管径110 mm或160 mm的HDPE管弯制而成，为增加浮力，在小网箱框架上增加了若干泡沫浮球，小网箱通过绳索系缚于大网箱框架上。网箱的整体抗风浪基本取决于大网箱的抗风浪性能。由于大网箱的减流作用，小网箱内水流会有一定衰减，对于混养小规格鱼苗具有一定优势。从整个网箱来看，可以混养不同品种、不同规格的鱼类。目前该型网箱在我国舟山嵊泗海区有一定数量的应用。

图9-38 多层次结构网箱

(2)SLW顺流式网箱

SLW顺流式网箱属半刚性升降式网箱的一种(图9-39)。该网箱主体框架由中心支撑柱、垂直支撑杆、固定绳索组成，支撑结构一般采用防腐蚀处理的钢管做成，网衣系统依框架结构做成双锥筒形，在网箱两端的锥形头部覆盖帆布，可以较好地体现分流和减流的功能。受结构本身的限制，该型网箱适合在往复流海区顺流布置，或采用单点锚碇方式。网箱垂直位置可通过调节两端浮球与水平中心支撑柱连绳长度进行控制，在大风浪天气可实现下潜，躲避风浪袭击。该型网箱的另一个优点是可以绕水平轴自由反转，方便网衣清洗或曝晒，避免换网。视养殖需求，网箱的规格有400~2 000 m^3不等。据称网箱在水流1.5 m/s条件下，容积损失率小于5%。目前该型网箱在我国山东海区进行应用性试验。

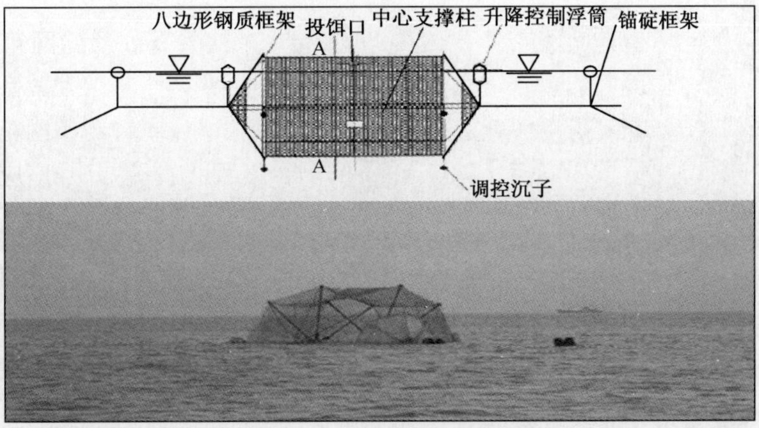

图 9－39　SLW 顺流式网箱

(3)鼠笼式沉式网箱

该型网箱据称由我国山东省一养殖户自行研发，属半刚性沉式网箱(图 9－40)。网箱主体框架由经防锈处理的钢管组装而成，网衣系统直接覆盖在网箱框架上，养殖期间不能更换。网箱顶部留有专用投饵口，可延伸至水面。在网箱周围设置浮箱以便在需要时上浮。由于操作性不甚方便，该型网箱规格一般较小，周长约为 30 m，养殖体积为 200～300 m^3。该种网箱具有良好的抗流性能，几乎不存在体积损失，而且由于网箱始终处于海底养殖，可有效地避免大风浪的袭击。但同样由于网箱内部复杂的支撑体系，鱼类起捕将成为较大的问题。目前，此类网箱在我国山东海域有一定应用，数量 30 余只。

图 9－40　鼠笼式沉式网箱

(4)HDPE 超大型深水网箱

网箱周长达 160 m，是国内目前最大的 HDPE 网箱(图 9－41)，单个网箱养殖容积可达 1.6×10^4 m^3，相当于普通深水网箱的 16 倍。网箱整体结构与普通 HDPE 无异，但浮管采用 400 mm 的 HDPE 管道制成。该型网箱适用于大型鱼类(如军曹鱼)的养殖，但由于容积太大，起捕不便，目前在我国配套设施相对落后的情况下，推广应用可能具有一定难度。该网箱已于 2007 年 6 月在湛江深水网箱养殖基地进行现场试验，经历若干台风后，除部分支架走位和立柱断裂外，整体情况良好。

图 9 – 41　HDPE 超大型深水网箱

(5)PDW 鲆鲽类专用升降式网箱

PDW 网箱是大鲮鲆、牙鲆等鲆鲽类鱼的专用养殖网箱(图 9 – 42)，属半刚性升降式网箱的一种。网箱为八边形结构，主体框架用钢管制成，垂直空间上分为多层，每层水平网衣可通过专门的张紧机构确保网片处于水平绷紧状态，为鲆鲽类鱼营造稳定的栖息生长环境。网箱底部设有支撑腿桩，便于网箱下潜时平稳着底。由于采用多层网衣结构，网衣更换不便，另外网箱为一体化结构，需要具有较大的安装场地和大型吊装设备。网箱直径一般为 12 ~ 16 m，抗浪高 5 ~ 7 m，抗流 1. 2 m/s。目前该型网箱在我国山东海区进行应用性试验。

图 9 – 42　PDW 鲆鲽类专用升降式网箱

(6) 自减流深水网箱

自减流深水网箱属柔性浮式网箱的一种(图 9 – 43)。该网箱上层主体框架与普通 HDPE 网箱相同，但在网箱中部增设了中环，中环一般由直径 250 mm 的 HDPE 浮管弯制而成，直径大于上层浮架直径，从而使网箱呈现双锥台形结构，网衣底部一般不再增设底环，而直接悬挂沉子。该型网箱中环可以充排气，从而实现中环升降，有利于起捕。双锥台形结构使得网箱的抗流性能得到改善。模型试验结果表明：该网箱在 1. 5 m/s 流速条件下，容积损失为 12%；在环境流速 1. 0 ~ 1. 5 m/s 的范围内，网箱内部流速平均衰减可达 25%。目前该网箱已在海区进行应用性验证试验。

图9－43 自减流深水网箱

(7)HDPE 鲆鲽类专用升降式网箱

HDPE 鲆鲽类专用升降式网箱属柔性升降式网箱的一种(图9－44)，主体框架与普通 HDPE 网箱相同，但规格相对较小，浮架系统可实现升降。网衣分上下两层，下层与网箱框架连接，悬挂于方形框架上；上层网衣四周系缚小浮球，为上层网衣提供一定的浮力。由于鲆鲽类鱼属底栖型鱼类，对底面积要求较高，但对垂直空间要求不高，因此这类网箱的网衣高度都相对较小。正常养殖时，网箱沉于水底，上层网衣留有饵料投喂口。起捕时将框架升起，此时框架可作为操作平台。该型网箱由于主体部分位于水下，可较好地减小表面波浪对网箱的冲击，为鲆鲽类鱼提供较稳定的环境。目前该型网箱在我国山东省海域进行养殖验证试验。

图9－44 HDPE 鲆鲽类专用升降式网箱

(8)钢质鲆鲽类专用升降式网箱

钢质鲆鲽类专用升降式网箱属半刚性升降式网箱的一种(图9－45)，主体框架与普通钢质网箱类似，上层方形框架结构完全一样，但在框架下部延伸60～70 cm钢管支架，底部有刚性方格，可为鲆鲽类鱼提供较为平稳的栖息平台。网箱主体尺寸为5 m×5 m至10 m×10 m，视养殖需求和配套设施及管理能力而定。通常网箱可沉于海底，也可沉于任何固定水层，并在日常维护时升至水面。网箱升降通过设置在网箱四角的浮筒进行控制。该型网箱由于主体部分位于水下，可较好地减小表面波浪对网箱的冲击，为鲆鲽类鱼提供较稳定的环境。目前该型网箱在我国山东省海域进行养殖验证试验。

图 9－45　钢质鲟鳇类专用升降式网箱

(9) 多元生态养殖网箱

多元生态养殖网箱属柔性浮式养殖网箱(图 9－46)，框架系统有 2～5 层不同直径的 HDPE 浮架，有绳索辐射式连接固定成同心圆状，具备相当好的整体稳定性。网箱内圈周长一般为 32 m，最外圈周长可达 120 m。该网箱可在任何一圈进行藻类、鱼类或贝类养殖，实现多元化生态养殖效果。若在外圈进行大型藻类(如海带等)养殖，可在较大程度上降低内圈网箱内的水流流速，起到较好的减流效果。目前该型网箱 4 只已应用于浙江东极海域。

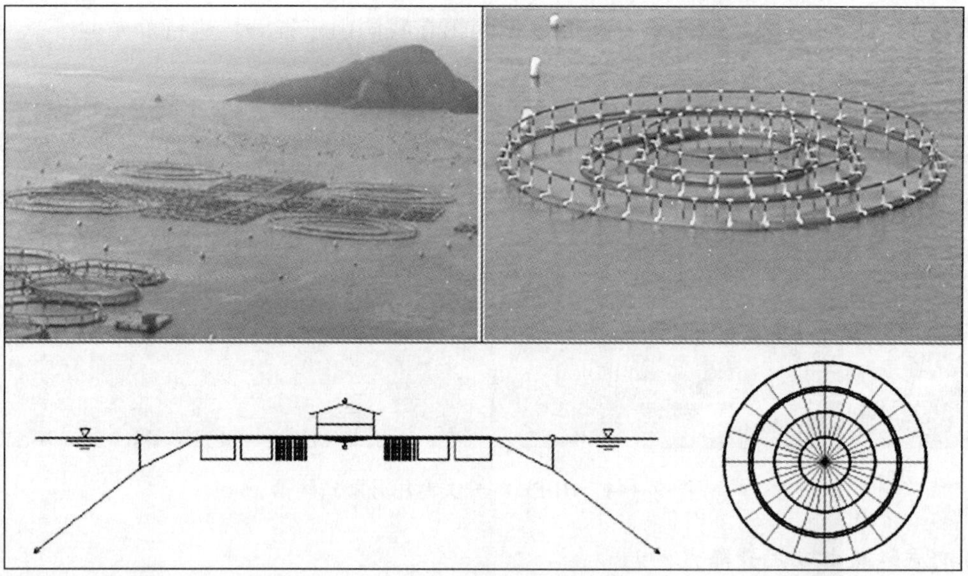

图 9－46　多元生态养殖网箱

(10) HDPE 组合式方形网箱

HDPE 组合式方形网箱属柔性浮式网箱，框架由 4 套 HDPE 方形框架通过“U”形支架连接，每个小方格一般为 5 m×5 m，4 个一组，形成 10 m×10 m“田”字形网箱框架，如图 9－47 所示。

从网箱整体结构看，实际上相当于将大网箱分割为 4 个小网箱，增加了网箱纵横向的连接，使网箱整体性得到很大提高，抗风浪性能将显著改善，但也增加了网箱的成本。另外，由于“U”形连接支架为模具生产，因此在网箱外围将出现多余突起，对网箱管理带来不便。目前，该型网箱在我国广西钦州海域有一定应用，数量约50只。

图9-47 HDPE组合式方形网箱

9.3.2.2 黄渤海区深水网箱工程

9.3.2.2.1 大连市金属网箱养殖工程

(1)工程简况

辽宁省大连市目前深水网箱数量发展到500多台(个)，大部为钢结构框架金属网箱，建立了以广鹿岛乡、金州新区大李家街道、金石滩为重点的8个大网箱养殖基地，开展了红鳍东方鲀、黄條鰤、花鲈、大泷六线鱼、许氏平鲉、真鲷、大菱鲆、牙鲆等近10个地方品种养殖，还引进大西洋鲑等新品种进行试养。初步摸索出包括海区选择、网箱安设以及放苗、投饵、管育、越冬、收捕在内的一套河豚深水网箱管养技术经验，并形成技术规范，开展标准化养殖，并基本形成从设备供应、苗种培育到养成加工、出口销售的产业化配套体系，使深水网箱养殖成为渔业经济新的增长点。图9-48为大连大李家深水网箱养殖示范基地示图。

图9-48 大连大李家深水网箱养殖示范基地

(2)养殖设施

1)钢结构框架。

深水抗风浪金属网箱的框架采用特种镀锌钢结构管材焊接而成(图9-49)，具有很强的力学抗击能力，比传统木筏网箱强度提高数十倍，抗风浪性能优异，可抗 12 级台风、5 m 以上大浪，耐流不大于 1.2 m/s。框架表面经过特殊的抗氧化喷涂技术进行防腐处理，在高腐蚀的海水环境中，正常使用寿命可达 10 年以上。

图 9 – 49　采用高强度钢结构框架

2）锌铝合金网衣。

一般钢结构网箱框架可以配置传统聚乙烯和新型锌铝合金两种网衣结构（图 9 – 50）。锌铝合金网衣采用先进的金属丝网加工工艺，由特殊电镀工艺制造的锌铝合金网线编织而成，网线采取双层电镀的技术，确保合金网衣的高抗腐能力，常年置于海水中防腐防锈可达 10 年以上。由于网衣为刚性材料，带有骨架，又有自重，可在水中自然展开，不需要配重或沉子，耐流性能显著，即使在高流速下容积率也能保持在 95% 以上；由于特殊金属材质，网衣的附着物明显减少且便于清洗，通常半年清洗一次，采用高压海水喷射枪，不对网衣造成损害；网衣结构坚固，避免了鱼类撕咬造成的破坏，并且不会随流卷入到船只螺旋桨内；养殖容积不易发生变化，网目分布均匀，水体交换稳定，放养密度较高，鱼类生长状态好；底网刚性好，弯曲度较小，适合养殖牙鲆、大菱鲆等底栖鱼类，光滑的材质可有效避免网衣对鱼体造成的机械损伤。

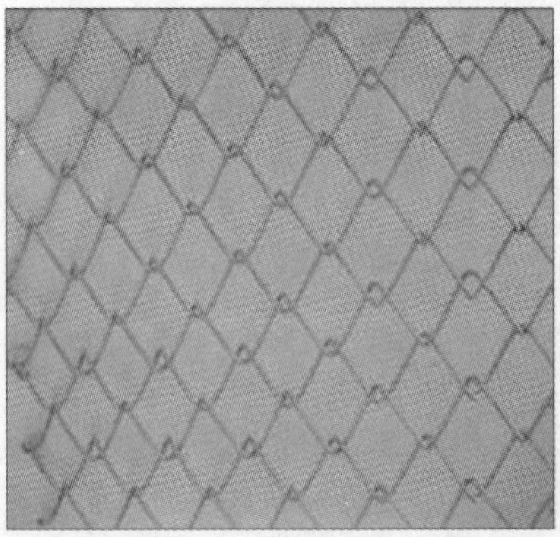

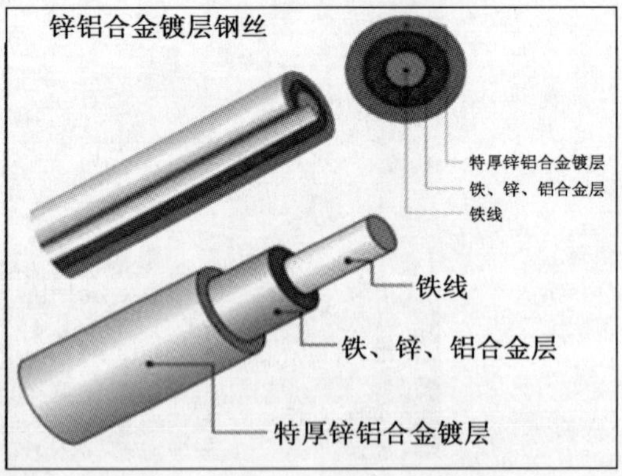

图 9 – 50　锌铝合金网衣

3）养殖效果。

以 10 m × 10 m × 8 m 的网箱为例，拥有 800 m^3 大容积养殖水体，放养密度可以得到有效控制，在外海深水养殖，水体流通好，鱼类生长接近野生品质，生长速度提高 15% ~ 20%，不容易产生疾病，饲料利用率高，无药物残留，无污染，顺应了我国当前节能减排、环境友好的要求(图9－51)。

钢结构浮式框架提供可操作平台(图9－52)，投饵方便，便于日常管理，平均每个工人可管理一组深水抗风浪金属网箱(即5台)，接近2万尾鱼。同时，这种网箱养殖管理模式不需要养殖业者在海上长期吃住，保护了当地海域环境，符合我国现有国情的需要。

网箱养殖区采用分散型纵向排列，可杜绝传统网箱因养殖过密造成的水体交换差、水质污染严重等弊端，纵排间可通航道，实现活鱼船与网箱采捕对接。整个养殖区布局美观、大方，符合城市近海海域建设规划，成为海上一道美丽风景线(图9－53)。

图9－51 深水网箱高效健康养殖河豚鱼

图9－52 自动投饵设备

图9－53 金属网箱布局美观

9.3.2.2.2 山东省长岛县深水网箱工程

长岛县有 HDPE 圆形重力式网箱 260 多只。北达深水网箱养殖基地位于 38°18′—38°19′N，120°47′—120°48′E，大钦岛南部 25 m 左右水深海区。该基地投放 HDPE 圆形重力式网箱 40 只。主要养殖品种为黑鲪，单个网箱养殖黑鲪 3 万尾左右。

9.3.2.3 东海海区深水网箱工程

9.3.2.3.1 浙江东极深水网箱养殖工程

(1)自然条件

浙江深水网箱养殖基地位于 30°1′N，122°4′E，舟山市东极列岛海域，舟山群岛最东端，距沈家门约 45.5 km^2。东极列岛陆域面积 11.7 km^2，共有 28 个大小岛屿，108 块礁，其中庙子湖、青浜、黄兴、东福山、西福山为 5 个主要岛屿。

东极列岛所处海域为国家级海洋特别保护区——中街山海洋特别保护区，海域开阔，海底平坦，平均水深 30 ~ 40 m。海水表层年平均温度 17.2℃，3—9 月为增温过程，10 月至翌年 2 月为降温过程，极端最低水温 6.5℃，极端最高水温 27℃。海水平均盐度为 26.2，最高为 29 ~ 30，最低为 22。海洋环境质量相对较好，透明度随季节和时间变化，一般在 1.2 m 左右。海域 pH、溶解氧(DO)、化学需氧量(COD)、滴滴涕(DDT)、重金属镉、铬、汞、砷符合一类海水水质标准，磷酸盐、铜、铅、锌符合二类水质标准，但无机氮超标 100%，容易受到赤潮影响，主要赤潮生物为夜光虫、中肋骨条藻、锯齿原甲藻、汉氏束毛藻、裸沟虫、洛氏角毛藻等，主要发生季节为 4—9 月，其中 5—6 月最甚。海区以正规或不正规半日潮为主，年平均潮差 2.42 ~ 2.66 m，最大潮差 4.1 ~ 4.42 m，年平均波高 0.5 m，最大波高 4.2 m。海区受台风影响，台风(热带气旋)一般出现在 5—11 月，以 7—9 月最盛(占总数 83.5%)，其中 8 月最多(占 34.1%)。

本工程在青浜岛西侧中部，所在海区呈矩形，朝向正西，南北长约 600 m，东西宽约 250 m，海区面积 15 hm^2，海区向西为青浜门，与庙子湖岛相距约 1 km。海区平均水深约 18 m，泥沙底质，水流流向主体为南北向，且受南北两个突出山岬的阻挡，区内最大流速一般不超过 1 m/s，适于深水网箱养殖工程建设。

(2)养殖工程

工程始建于 2007 年，分二期建设，2009 年 10 月竣工。一期工程位于海区南侧，占用海区面积约 5 hm^2，共建 HDPE 重力式网箱 21 套，分 3 排布置，每排 7 套。网箱主直径 12.7 m，单体最大有效养殖体积 800 m^3，为满足抗流要求，采用紧密布置设计，将 21 套深水网箱紧靠一起，网箱之间系缚废旧汽车轮胎，避免浮架之间的直接摩擦，并起到一定的缓冲作用。整个网箱群组采用水面网格式锚碇系统，主锚绳按水深比 1:3 设计，通过 12 门重达 1 t 的铁锚固定。

二期工程位于海区中段，海区面积约 6 hm^2，采用了改进型钢结构网箱和多元生态养殖网箱两种不同的网箱进行组合布置。其中改进型钢结构网箱共计 64 套，多元生态养殖网箱 4 套。钢结构网箱为方形网箱，尺寸为 5 m × 5 m，采用套接模式形成框架整体，大大提高了网箱的整体强度。采用喷砂 + 热喷铝 + 环氧漆三涂工艺达到防腐蚀效果。多元生态养殖网箱采用内外两组 HDPE 网箱嵌套布置，并通过直径 25 mm 的 PE 绳索呈辐射状固定。外层网箱周长 80 m，浮架主直径 25.5 m，内层网箱周长 40 m，浮架主直径 12.7 m。多元生态养殖网箱可进行贝、藻、鱼的多元复合养殖，内外层之间可吊养藻类和贝类。

在总体布局上，64 套钢结构网箱呈“十”字形布置，4 套多元生态养殖网箱位于“十”字的 4

个空余方位。“十”字中心设置12.8 m×12.8 m的管理平台。钢结构网箱之间设置废旧轮胎，防止网箱之间的碰撞和摩擦。多元生态养殖网箱与钢结构网箱间距1.0 m以上。

锚碇系统水面网格采用主绳贯穿，主要包括贯穿“十”字中心和贯穿钢结构网箱群组边缘的水面主绳，网箱主体布置轮廓如图9－54所示。网箱整体通过26门重1 t的铁锚固定，其中四角沿轮廓及对角线分别布置3门锚，南北中心各布置2门锚，左右各布置3门锚。

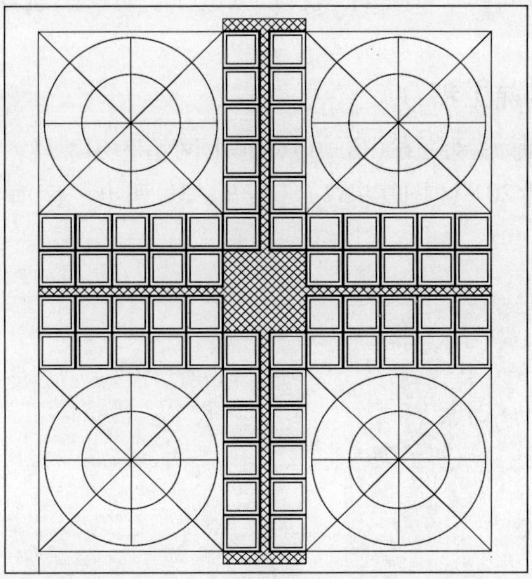

图9－54　网箱主体布置结构示意

本项目共计有效养殖水体达26 400 m^3，按单产6 kg/m^3计算，年最大产量可达158 t。项目竣工后，年产各种鱼类约62 t，后期功能完全开发后，预计年产可达100 t以上。

9.3.2.3.2　浙江省金属网箱养殖工程

浙江绿华岛、东极、大陈岛、玉环等基地均有金属网箱分布。网箱网衣可用锌铝合金材料、铜合金材料或传统纤维网衣材料。方形金属网箱的规格主要有5 m×5 m 、10 m×10 m、15 m×15 m等多种，深度一般在5～15 m之间。图9－55为浙江绿华岛基地金属网箱实景图。图9－56为浙江大陈岛基地的大黄鱼养殖用圆形铜合金网衣网箱实景图。

图9－55　绿华岛基地金属网箱

图9－56　大陈岛大黄鱼铜合金网箱

9.3.2.3.3 福建省网箱养殖工程

福建省先后在1998年和2001年开展了升降式抗风浪网箱研制和养殖产业化研究，成功研制出HDPE升降式网箱、HDPE棱台型网箱和非对称双圆台抗风浪网箱，并开发了网箱配套设备，包括鱼类自动分级、自动投饵、网箱安全监控等设施，形成了规模化生产能力。目前，该省深水网箱主体分布在霞浦、连江、福清、平潭、惠安、晋江等地，初步形成了规模化发展格局。养殖的品种有真鲷、大黄鱼、美国红鱼、石斑鱼、鲈鱼、黑鲷等。福建宁德三都澳的等地也有金属网箱。

9.3.2.4 南海海区深水网箱工程

截至2011年7月，南海海区三省(区)共有深水网箱3 612只，类型多为HDPE圆形浮式深水网箱，升降式网箱不到20只(图9－57)。表9－31列出了南海沿海各省(区)网箱数量分布，其中海南数量最多。

(a)升降式网箱　　(b)浮式网箱

图9－57　南海海区典型深水网箱

表9－31　南海沿海各省(区)各地网箱数量分布

省(区)	地点	网箱数量/只
广东省	饶平	184
	惠州	12
	深圳	32
	珠海	72
	阳江	12
	湛江	472
广西壮族自治区	防城	120
	钦州	16
海南省	三亚	16
	陵水	280
	海口	8
	澄迈	104
	临高	2 284
合计		3 612

海南省网箱养殖区水质优良，水深约15 m，平均流速0.5 m/s，潮差约2 m，沙泥底质，最大波高约3 m。1998年，海南省临高县引进1套挪威深水网箱，启动了中国深水网箱养殖。经过10余年技术研究和产业发展，该县深水网箱养殖发展迅速，到2011年7月为止，海南临高共有深水网箱2 284只，结构为HDPE圆形浮式网箱，主要分布在临高的金牌、兰水湾和新盈后水湾海域，主养品种为卵形鲳鲹和军曹鱼，年产量1.4×10^4 t，带动了当地300多养殖户参与深水网箱养殖，组建深海养殖合作社，已成为全国乃至亚洲最大的深水网箱养殖基地。预计"十二五"期间，全县将进一步扩大深水网箱规模，至2015年达到6 000只以上。

9.3.3 筏式养殖工程

9.3.3.1 简况

我国海水养殖历史十分悠久，贝类养殖已有2 000多年的历史，最早的文字记载见于明代郑弘图的《业蛎考》，但真正发展是从20世纪50年代开始的。半个多世纪以来，经历了以海带为代表的藻类养殖，以对虾为代表的甲壳类养殖，以扇贝、贻贝和牡蛎等为代表的贝类养殖和以网箱养鱼和工厂化养鱼为代表的鱼类养殖等四次产业浪潮，得到了长足发展。

筏式养殖技术日本开始较早，被广泛运用于牡蛎、扇贝和大型藻类的养殖。欧美一些国家也运用这种技术养殖牡蛎、贻贝及扇贝等。筏式养殖目前已是我国海水养殖的主要形式之一，最早开始于海带养殖，1957年在青岛试养筏式海带240台架，并获得成功。1958年开始，在全国建立了130个试点，仅用了5年时间，海带养殖从山东迅速向河北、江苏、浙江等省推广开来。1959年我国海水养殖面积增加到10.2×10^4 hm^2，海水藻类产量达到14.6×10^4 t，1960年我国的藻类产量达到25×10^4 t。随着养殖技术的不断完善，陆续发展了紫菜、扇贝、牡蛎、鲍、刺参、海胆、蟹等品种的筏式养殖技术，并由单一的筏式养殖演变为贝藻筏式养殖、鲍藻参筏式养殖、鲍参筏式养殖等多营养层次综合养殖模式。

国外关于筏式养殖结构的研究始于1986年。近年来围绕养殖区域规划、养殖设施(网笼、固定锚固设施)优化、抗风浪、网箱养殖生物的水下计算机监测、波浪和水流对网箱养殖结构影响的计算机模拟、筏式养殖结构设计标准等方面开展了诸多研究。我国的海水筏式养殖设施的种类比较单一，特别是针对一些特殊生态习性的养殖生物的养殖设施开发不够，有关养殖设施及其工程结构的研究较少。

当前世界范围内的筏式养殖技术主要集中在近岸20 m等深线以内水域，离岸深水养殖技术还刚刚开始起步。我国"十一五"期间启动了"863"计划"筏式养殖工程设施及生态养殖技术"，在筏式养殖设施和技术上取得了一些成果：如构建了充排水浮筒式自动升降抗风浪筏架、升降式新型筏式养殖系统、沉底潜式新型筏式养殖系统、一体化筏式养殖系统、多元生态筏式养殖系统等；使用了一些新型筏式养殖技术，如高海况海区大型藻类抗风浪沉绳式养殖技术、离岸海域栉孔扇贝筏式健康安全养殖技术等。这些筏式养殖系统和技术，有些处于理论研究阶段，有些处于试验阶段，尚缺少规模化养殖数据和经验。

未来筏式养殖工程的发展方向应该是开发离岸抗风浪装备、优化工程设施结构与布局，在深水水域推广应用鱼－贝－藻等多营养层次的新养殖模式与技术，实现向外海推进、拓展新的养殖空间的战略目标。未来筏式养殖工程的发展重点集中在：①养殖工程设施材料、结构和布局优化；设计新型的筏式贝藻养殖器材与工具，建立针对不同海况环境特征的筏架的架设方向、间距等。②深水筏式养殖工程设施抗风浪技术，筛选和优化适合深水养殖的抗风浪筏架结构、锚固系统和网笼材料，研制浮式、半浮式和潜式筏式养殖设施。③深水海区规模化生态高效养殖技术。

9.3.3.2 黄海、渤海区筏式养殖工程

9.3.3.2.1 山东桑沟湾贝藻筏式养殖工程

(1)自然条件

桑沟湾位于山东半岛最东端，湾口向东，属半封闭型港湾，面积133.3 km^2(图9－58)。海湾北岬为青鱼滩岩岬，南角为褚岛等连岛沙坝，湾顶有沙坝，坝内为潟湖。海湾口门宽11.5 km，湾内平均水深7～8 m，最大水深15 m。湾内地质类型较多，主要有基岩、砂砾石、中细砂、粉砂和泥质砂5种，以泥质砂为主，局部岩礁突起。

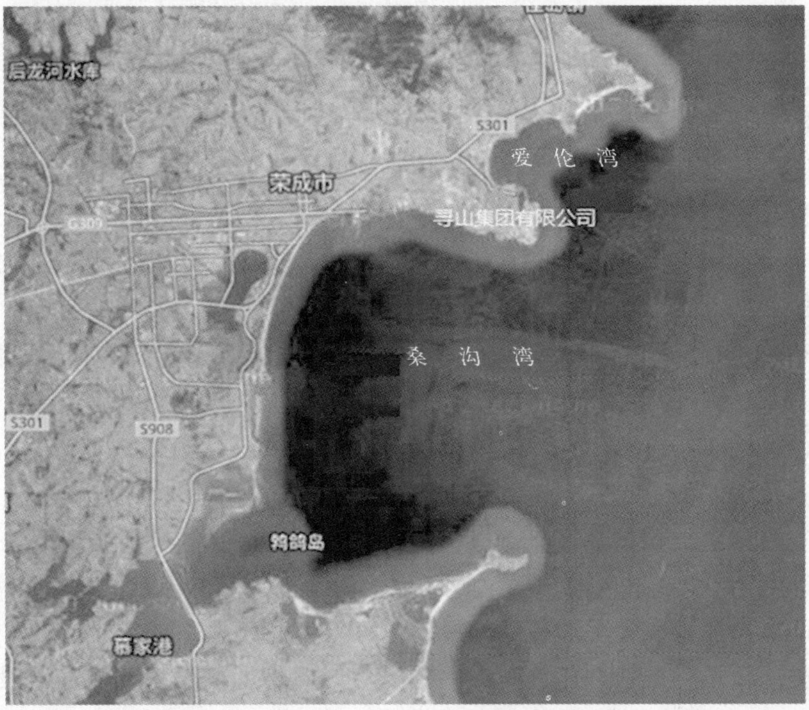

图9－58 桑沟湾地理位置

桑沟湾属不正规半日潮区，以往复流为特征，最大潮差3.5 m左右。涨潮潮水从东北侧进入，右旋，经西部近岸沿湾口南侧流出，流速一般为38.6 cm/s；落潮过程与涨潮过程相反，流速一般为41.2 cm/s。海湾受东南风浪的影响甚大。年平均水温表层为13.9℃，底层为12.7℃。表层海水近岸浅水区域较高(14.5℃以上)，水较深的湾东北部平均水温较低(13.5℃以下)，最高水温出现在9月(24℃左右)，到第二年2月平均水温降至全年最低值(1.5℃)。年平均盐度表层为31.8，表底层差异不大。湾内北部建有蜊江港，码头水深2 m。

桑沟湾入湾的主要有桑沟河、沽河、崖头河等，均为山溪河流，年平均径流量为1.7×10^8～$2.3\times10^8 m^3$，约占湾内海水总体积的19%，年输沙量为7.1×10^4 t。湾内水体交

换量大，自净能力强，保持了良好的海水理化因子，是我国最为著名的天然养殖海湾之一。养殖种类主要有海带、鲍鱼、牡蛎、扇贝和牙鲆、鲈鱼等。沿岸有芦苇荡、沼泽地、林地等，有国家一级保护鸟类白头鹤等18个科50多种鸟类，动植物资源丰富，是国家正式批准的首个国家级城市湿地公园。

(2)养殖工程

养殖基地位于桑沟湾北岸中东部，是最早开展筏式养殖工程建设的渔业基地。养殖工程始于1958年，70年代开展了扇贝养殖，80年代开展了鲍鱼养殖，90年代开展了鱼类和海参养殖。半个多世纪以来，已由单一的海带养殖逐步发展到藻、贝、鱼、参等多品种综合养殖，是我国规模最大的筏式生态养殖示范区(图9-59)，筏式养殖面积达到2万多亩。

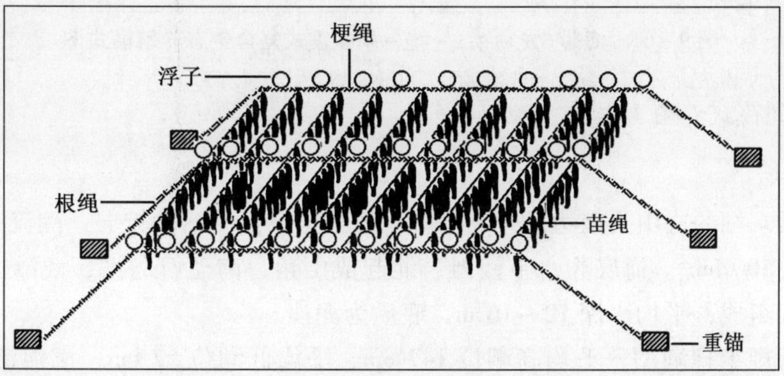

图9-59　桑沟湾筏式养殖工程筏架结构图

依据海湾养殖容量、环境容量、养殖生物间的互利关系和经济效益，筏式生态养殖确定合理的养殖密度和混养配比，构建了海带(龙须菜)与扇贝、皱纹盘鲍、刺参、鱼等筏式多营养层次生态养殖模式。

在水深15~20 m的浅海水域，利用同一养殖筏架进行扇贝或鲍以及刺参与海带复合养殖。在每亩4台筏架上吊挂400绳海带(龙须菜)，在海带吊绳间每隔2绳吊挂1个扇贝养殖笼，每亩吊挂200笼[图9-60(a)]，或在海带吊绳间每隔5绳吊挂1个鲍养殖笼，每亩吊挂80笼[图9-60(b)]以及在海带吊绳间吊挂鲍、刺参养殖笼，每亩吊挂80笼(图9-61)。

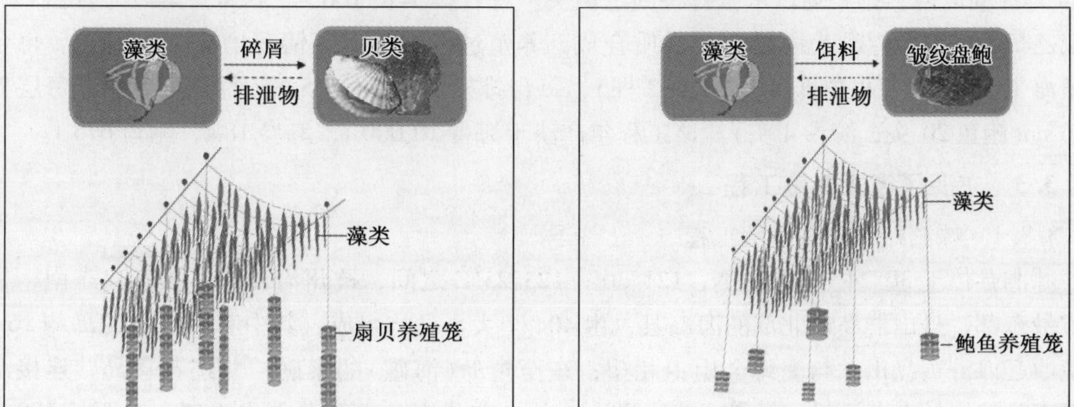

(a) 海带(龙须菜)-扇贝　　(b) 海带(龙须菜)-皱纹盘鲍

图9-60　筏式复合生态养殖模式图

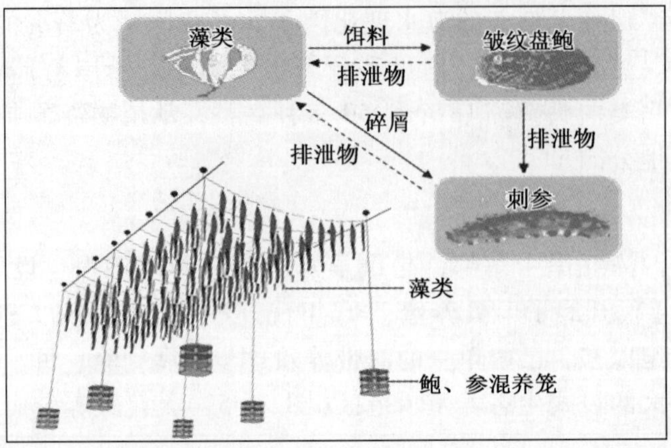

图 9－61　海带(龙须菜)－鲍－刺参筏式复合生态养殖模式图

9.3.3.2.2　俚岛筏式养殖工程

(1)自然条件

山东半岛最东端的成山头南边的俚岛湾畔岸线稳定，泥沙活动较弱，潮流流速小，海区水域开阔，面积 1 500 hm^2。海底为水下浅滩，北起成山角，南至石岛湾，浅滩由海湾的海底和岬角附近的海底组成，平均水深 12～16 m，底质为泥沙。

潮汐为不正规半日潮型，平均高潮位 147 cm，平均低潮位 57 cm；潮流流速一般在 25～30 cm/s。海湾受 NE 向风浪的影响较大。湾内建有俚岛港，码头水深 4～6 m。

俚岛湾海域开阔，水流交换通畅，海区水温适中，水质环境良好，无污染，浮游生物资源丰富，是鱼虾产卵索饵越冬的场所。该海域的生物多样性明显，没有珍稀和濒危生物。皱纹盘鲍、刺参和光棘球海胆是该海区最主要的生物资源，野生海带、鼠尾藻、马尾藻、大叶藻等藻类资源也相当丰富，是天然的海洋牧场。

(2)养殖工程

俚岛筏式养殖工程以海带养殖和参鲍混养为主体，兼顾扇贝、牡蛎和龙须菜养殖。海带养殖 7 500 亩，参鲍混养 3 000 亩。由于海区流向为 S—N，排架顺流向布设。养殖区水深在 10～25 m 等深线以内，排架均以木橛打桩固定两头。每台排架长 100～150 m，架绳为直径 22 mm 的聚乙烯合成绳，浮漂为丙烯塑料材质合成，养殖过程中视实际情况增减架漂数量。每台排养殖海带 100 绳(每根苗绳夹苗 28～32 棵)，每台排架养殖参鲍 15 笼(每笼分 3 层，每层养殖 5～6 cm 鲍鱼 20 头，海参 4 头)。该工程年产淡干海带 10 000 t，海参 18 t，鲍鱼 675 t。

9.3.3.3　东海区筏式养殖工程

9.3.3.3.1　嵊泗贻贝筏式养殖工程

嵊泗县位于 30°24′—31°04′N，121°30′—123°25′E 之间，杭州湾以东，长江口东南，是浙江省最东部、舟山群岛最北部的海岛县，由 404 个大小岛屿组成，其中有人居住的岛屿 16 个。县境西起滩浒黄盘山，与上海金山卫相望；东至童岛(海礁)的泰礁；北迄花鸟岛，连接佘山洋；南到浪岗的南北澎礁、马鞍山—白节山一线，与岱山县大衢岛隔水为邻。东西长 180 km，南北长 23～91 km，海陆总面积 8 824 km^2，其中陆域面积 86 km^2，海域面积 8 738 km^2，分别占总面积的 0.97% 和 99.03%。面积在 500 m^2 以上的岛屿 404 个，岛屿分布在西部洋山片 91 个，中部泗礁片 180 个，东部嵊山片 133 个。嵊泗冬无严寒，夏无酷暑，光照充足，温差较小。春季多海雾，夏季多气旋，秋季较干燥，冬季有霜冻。降水量春夏多于秋冬。年平均气温16.3℃，年最高气温17.4℃，年最低气温15.7℃。冬季盛行偏北风，夏季盛行偏南风。8级或以上大风年平均为112天。历年瞬间极大风速54.2 m/s，平均最大风速44.7 m/s。

嵊泗县海域水产资源丰富，有鱼类96种，虾类19种，蟹类15种，海藻类118种，还有软体动物及贝类，具有独特的旅游开发和海洋生态系统保护价值。嵊泗县筏式养殖工程始于1958年，至今已有50多年的养殖历史。筏式养殖工程由单一的海带养殖逐步发展到贝、藻、鱼、鲍鱼、海参等多品种综合养殖。其中贻贝养殖面积达2.5万亩，养殖产量达8×10^4 t。目前嵊泗县是浙江省规模最大的筏式生态养殖示范区(图9-62)，已形成贝、藻、鱼、参综合立体生态养殖模式。

图9-62 嵊泗县海上养殖区

9.3.3.3.2 洞头县筏式羊栖菜养殖工程

洞头县位于27°41′19″—28°01′10″N，120°59′45″—121°15′58″E之间，瓯江口外，西北距温州市区约53 km，南与瑞安市的北麂、北龙乡(大北列岛)隔海相望，西与瓯海区的永强、灵昆隔海相对，北望乐清、玉环两县，离大陆最近点为5.7 km，列岛散布于东海大陆架上(图9-63)。年平均气温为17.5℃，年平均降雨量1 319.4 mm，年平均总蒸发量为1 538.3 mm，年总日照为1 932 h。每年7—10月是台风频繁影响的季节，台风及台风带来的强降雨是影响本县最主要的灾害性气候。

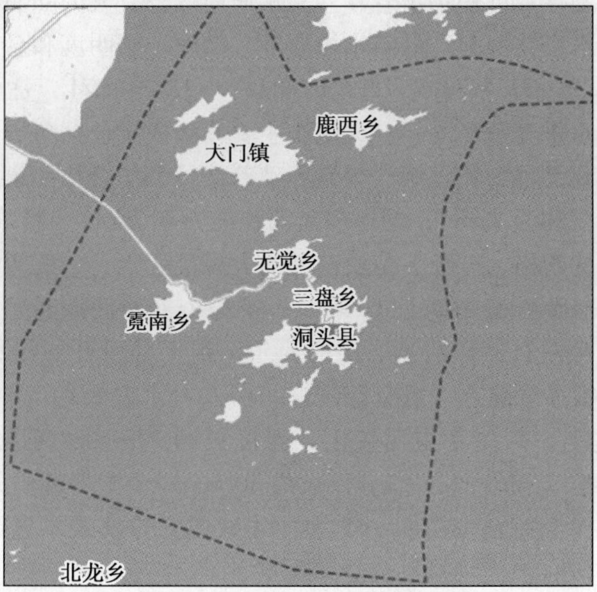

图9-63 洞头县地理位置图

洞头渔场是仅次于舟山渔场的浙江省第二大渔场，面积4 800 km^2，常年洄游的鱼、虾、蟹类达300多种，10 m等深线以内浅海26.6万亩，潮间带滩涂10.16万亩。洞头港是国家一级渔港，东沙港是国务院批准的活海鲜锚地，鹿西港是东南海上最大的水产品市场。全县建有5个海洋捕捞基地，6个海水养殖基地，拥有机动捕捞渔船1 200多艘，其中渔轮170多对，海水养殖面积4万亩，是全国最大的羊栖菜养殖加工出口基地和浙江省紫菜养殖基地。

洞头县筏式养殖工程始于1989年，20多年以来，筏式养殖工程由单一的羊栖菜养殖逐步发展到藻、贝、鱼等多品种综合养殖。其中羊栖菜养殖面积达3万亩，年产羊栖菜干品8 000 t，已形成了羊栖菜种苗培育、养殖生产、成品加工、出口销售一条龙的产业格局，成为浙江省规模最大的藻类筏式生态养殖示范区，国内规模最大的羊栖菜养殖、加工、出口综合性基地。洞头养殖如图9－64。

图9－64　洞头海上养殖区

9.3.3.4　南海海区大鹏澳筏式养殖工程

大鹏澳位于粤东大亚湾西南部，为典型的亚热带半封闭型溺谷湾，呈东西走向，面积约14 km^2，平均水深约5 m。潮汐属于不正规半日混合潮，存在明显的日不等现象，平均潮差约1 m，最大潮差达2.8 m。低温干燥的东北季风从10月开始至次年4月中旬止。养殖海域受较大的风力和风浪影响，易导致沉积物再悬浮。大鹏澳周围没有大的陆源径流输入，盐度变化主要由季节变化导致的降水变化引起，周年水域温度、盐度、透明度和悬浮物浓度的变化范围分别为19.2～30.8℃、21.3～32.4、1.3～5.6 m和0.3～12.3 mg/L，适合鱼、虾、贝类的增养殖，是广东沿岸二类海水增养殖区之一。大鹏澳主要养殖模式包括鱼类网箱养殖和贝类筏式养殖。贝类筏式养殖的主要品种为长牡蛎，少量养殖珍珠贝和华贵栉孔扇贝。

大鹏澳牡蛎养殖面积约为1 km^2；网箱养殖面积约为0.2 km^2。牡蛎幼苗在育苗厂孵化后，在自然海区暂养至一定的规格，避免下苗后苗种的大规模死亡。一般每年养殖2次：第一个养殖周期是9—12月，第二个养殖周期是1—6月。第一个养殖周期养殖的牡蛎，养殖90～100天可收获出售；在1月份左右，开始第二次的养殖，到4月份开始出售，一般6月份前后售完，到夏季(7月)水温很高之前，一般全部收获。7—9月水温太高，不适合牡蛎养殖。

牡蛎苗附着在苗绳上，两端系在浮筏上。浮筏长约200 m，间距为2.5 m。浮筏上每隔30 cm左右系一串牡蛎绳，养殖绳长约3 m，大约30 cm一个附着基。每串约10个附着基(牡蛎壳)，每壳上10～20个牡蛎苗。图9－65为牡蛎延绳平养模式示意图。牡蛎的出售以外销为主。

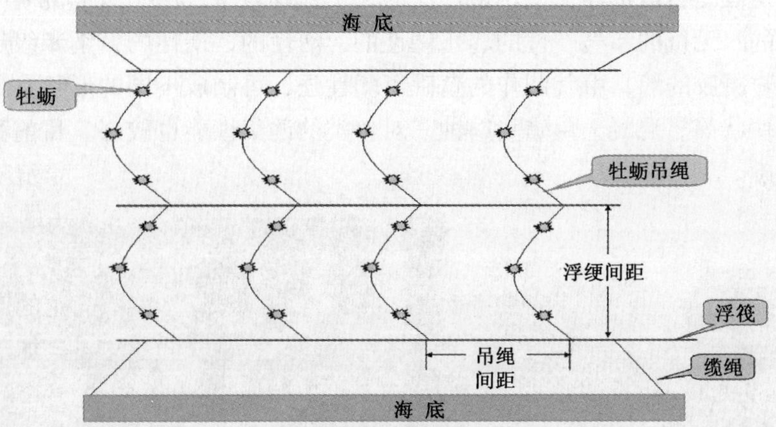

图9－65 牡蛎延绳平养模式示意

9.3.4 人工鱼礁工程

9.3.4.1 简况

20世纪90年代以后，日本的人工鱼礁建设进一步形成制度化，由民间自发行为提升为国家事业，每年由国家和地方投入大量资金，现已将鱼礁建设列为其国策。日本人工鱼礁的结构形状多种多样，以便适应各种海洋生物附着生长和繁殖，为不同体形和大小的鱼类提供栖息、索饵、避敌和生长繁育的良好环境。美国也是人工鱼礁建设较先进的国家，其建设人工鱼礁的主要目的是发展休闲渔业，并带动相关的行业。美国的建礁材料多样化，除了石头、树木、贝壳等天然材料外，主要是利用废弃物，如石油平台、轮船、飞机、坦克、车辆、锅炉、水泥管、轮胎以及混凝土构件等。另外，法国、德国、韩国、澳大利亚等许多国家也建设了一定数量的人工鱼礁，取得了显著的经济效益和社会效益。

我国也是人工鱼礁建设开始较早的国家，特别是21世纪以来，人工鱼礁建设在大陆沿海蓬勃发展。浙江省2000年率先提出了“通过人工鱼礁建设，改善海洋生态环境，保护和增殖水产资源，塑造人工渔场”的建设构想，2001年、2002年、2003年分别建设人工鱼礁2 400 m^3、28 000 m^3、61 000 m^3。广东省2002年完成了人工鱼礁建设的规划工作，据不完全统计，截至2010年6月已建立人工鱼礁区24座，正在建设人工鱼礁区15座，总体积约为1 527 400 m^3，建设礁区面积113.636 km^2。山东省自2000年开始，结合渔船报废开始了生产性人工鱼礁的建设，并计划2010年建造10个人工鱼礁示范区，面积达200×10^4 m^2，争取用10～20年时间，建成集海洋资源开发与增殖、海上游钓与休闲旅游于一体的“海上人工牧场”。台湾省至20世纪末共建设人工鱼礁区75处，投放人工鱼礁166 372个，礁区布点遍及台湾岛的四周和澎湖列岛、东沙群岛等处。香港仅1998—2002年期间在海下湾、印洲塘、蒲台岛等地建设了众多人工鱼礁。

人工鱼礁的类型较多，根据投放的目的和作用，可分成生态保护型(公益型)、渔业开发型和休闲渔业型等；按用途可分为诱集鱼礁、增殖鱼礁、产卵礁、幼鱼保护礁和藻礁等；按设置位置可分为底置鱼礁、中层鱼礁和浮鱼礁等；按礁体材料可分为钢筋混凝土鱼礁、钢制鱼礁、废弃物鱼礁、玻璃钢鱼礁、竹制鱼礁和木制鱼礁等。图9－66是两种典型的人工鱼礁结构。

混凝土人工鱼礁是目前世界上使用最广泛的人工鱼礁之一，由于组成混凝土的凝胶材料品种繁多，如有机的、无机的，气硬性的、水硬性的；活性的、惰性的，纳米级超细微粒的、数十毫米尺度大颗粒凝胶的等，由其制作的鱼礁可塑性强，可制成不同的形状，如立方体形、金字塔形、管状、块状等。混凝土鱼礁耐腐蚀，对鱼类的诱集性能也较好。目前我国普遍采用混凝土材料人工鱼礁。

图 9－66　人工鱼礁结构

钢制人工鱼礁是在工厂制作好部件后，运输至码头，然后现场组装与投放，适合于制造投放于深海域的大个体鱼礁，能够抵抗风浪，并且不会滑动。目前，日本正在制造的 70 m 高的钢制鱼礁，可以诱集金枪鱼、鲣鱼等，但是钢制鱼礁的成本高，不易普及推广。

关于废弃物人工鱼礁，早期采用的材料是用废旧轮胎、汽车、船体等堆放形成的。这种人工鱼礁可以使废品重复利用，成本低。对用报废船制成的人工鱼礁进行铺设模式优选方法的研究结果表明：船礁能够产生上升流，在雷诺数比较大的时候产生紊流和涡流，水越深，产生的湍流强度就越小，集鱼效果就越低；单体船礁比方体鱼礁和三角形鱼礁更容易产生上升流和背涡流；大礁体更容易产生湍流。但是，由于有些废品含有油漆等，容易对环境产生污染，因此，日本正在逐年减少这种人工鱼礁的使用，土耳其也于 1999 年 1 月禁止使用废弃物人工鱼礁。由于人工鱼礁的材料要求具有耐久性、经济性、稳定性以及生态性，同时不能有任何污染环境的物质渗漏，因此材料综合化是人工鱼礁建设的一大趋势。大量的研究资料表明，不同材料组成的人工鱼礁要比同材料鱼礁的效果好得多。因为不同材料可同时发挥不同的作用，从而诱集多种海洋生物生长、栖息和繁殖等，进而使渔获量增加。

由于玻璃钢可以制成多种形状，其附着面广，孔穴数量多，因此更适合鱼类栖息。据统计比较，玻璃钢鱼礁的渔获量要比废弃物制成的鱼礁的渔获量增加 5～6 倍。竹制鱼礁和木制鱼礁的抗风浪性差，加上易被腐蚀等因素而使用较少。

人工鱼礁的建设已引起世界各地的普遍重视，但相关的基础研究投入却远远不够。我国应加大这方面研究工作的力度，既要借鉴国外的先进经验和技术，又要根据中国国情和当地实际情况，从建设的规模、布局、选址、设计、施工、利用以及管理等各个方面认真论证，探索出适合当地特点的人工鱼礁建设方案和技术规范。

9.3.4.2　山东荣成俚岛人工鱼礁工程

荣成俚岛人工鱼礁工程位于 37.21°—37.23°N，122.60°—122.64°E，威海荣成市马他角以北、外遮岛以南海域（图 9－67）。

工程包括近岸区和外海区两个区块，总面积0.9 km^2，水深9～18 m，底质表层为2～10 cm的淤泥，中间层为30～50 cm的半硬质沙泥，底层为硬质底。该海域历史上盛产皱纹盘鲍、刺参、光棘球海胆等海珍品和褶牡蛎、栉孔扇贝、魁蚶、红螺等经济软体动物以及海带、大叶藻等大型海藻，大泷六线鱼和许氏平鲉是该海域最主要的礁岩性鱼类。工程旨在通过海参、鲍鱼等海珍品增养殖活动带动休闲渔业发展，共投放大料石10×10^4 m^3、混凝土构件礁6.5×10^4 m^3·空、报废渔船60艘。图9－68为山东荣成俚岛人工鱼礁工程所投放的部分礁体。

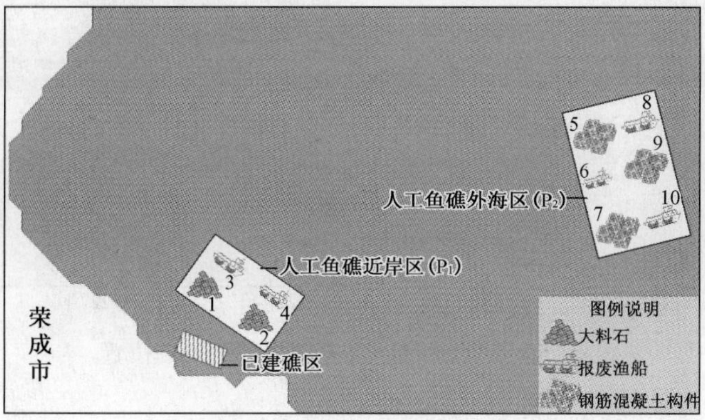

图9－67　山东荣成俚岛人工鱼礁工程的地理位置

图9－68　山东荣成俚岛人工鱼礁工程所投放的部分礁体

9.3.4.3　浙江嵊泗人工鱼礁工程

嵊泗人工鱼礁工程位于30°47.8′—30°48.5′N，122°39.2′—122°40.6′E，舟山市嵊泗县东库山与求子山之间海域。图9－69为其工程位置。

海域年平均气温15.8℃，年平均表层水温17℃左右，由于受沿岸低盐水、黄海冷水团及黑潮暖流等的影响，该海域盐度具有明显季节变化。潮汐为正规半日潮。该海域曾盛产大黄鱼、小黄鱼等多种名贵经济鱼类和其他海产经济动物，是舟山渔场的重要组成部分。嵊泗人工鱼礁工程于2005年1月开始投礁，先后建成13座单位鱼礁，共投放各类礁体1.7×10^4 m^3·空，形成礁区面积3.4 km^2。图9－70为该水域人工鱼礁工程所投放的部分礁型。

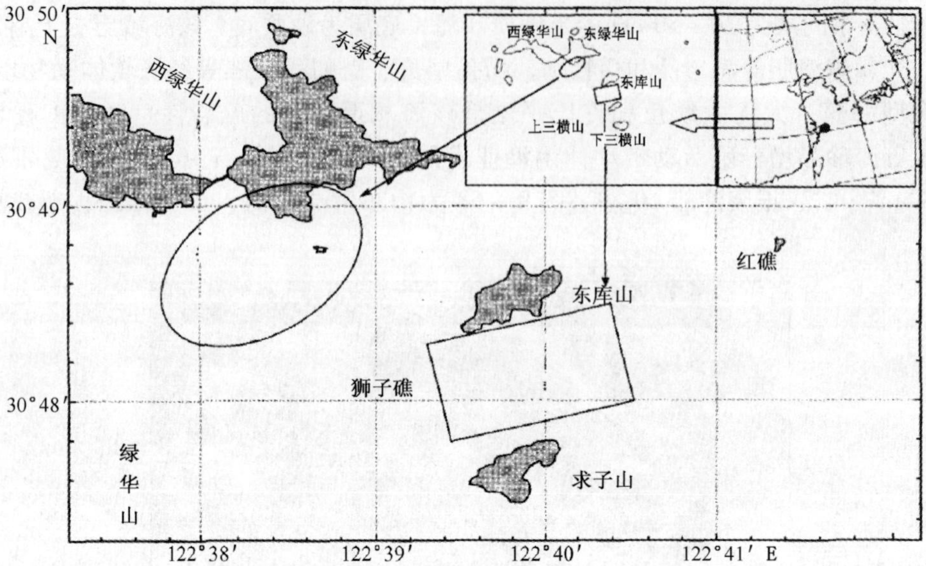

图 9－69　浙江嵊泗人工鱼礁工程的地理位置

图 9－70　浙江嵊泗人工鱼礁工程的部分礁型

9.3.4.4　大亚湾人工鱼礁工程

大亚湾湾口朝东南，海岸线曲折，长达 92 km。海底地形从湾顶向湾口逐渐加深，平均水深 11 m，湾口深 20 m 以上(图 9－71)。湾底均为平坦的水下浅滩，主要由黏土质粉砂和粉砂质黏土所组成，沉积厚度 20～30 cm。年平均潮差小于 1.0 m，最大潮差 2～2.5 m。湾内整体的潮流动力较弱，水体交换能力较差，湾口流速大于湾内、深槽流速大于浅滩。潮流性质以不正规半日混合潮流为主。湾内余流较小，夏季主要表现为逆时针方向环流，最大可达 17 cm/s；冬、春和秋季则主要表现为顺时针方向环流，2～11 cm/s。对于大亚湾的海水更新来说，潮汐和余流共同作用下，大约每两周更新一次。常浪向和强浪向为 E—SE，湾内波高通常在 3 m 以下。最大波高出现受热带气旋的影响，6—11 月为 2.9～4.6 m。湾内海水温度从 3 月份起开始升温，夏季表层 27.17～30.66℃，底层 21.39～27.36℃。冬季表层 17.03～18.03℃，底层 17.00～18.00℃。湾内夏季表层盐度分布范围为 29.08～34.31，底层为 33.78～34.41，盐度变化自湾顶向湾外递减。冬季表层盐度分布范围为 32.47～32.72，底层为 32.43～32.71，盐度水平变化较均匀。

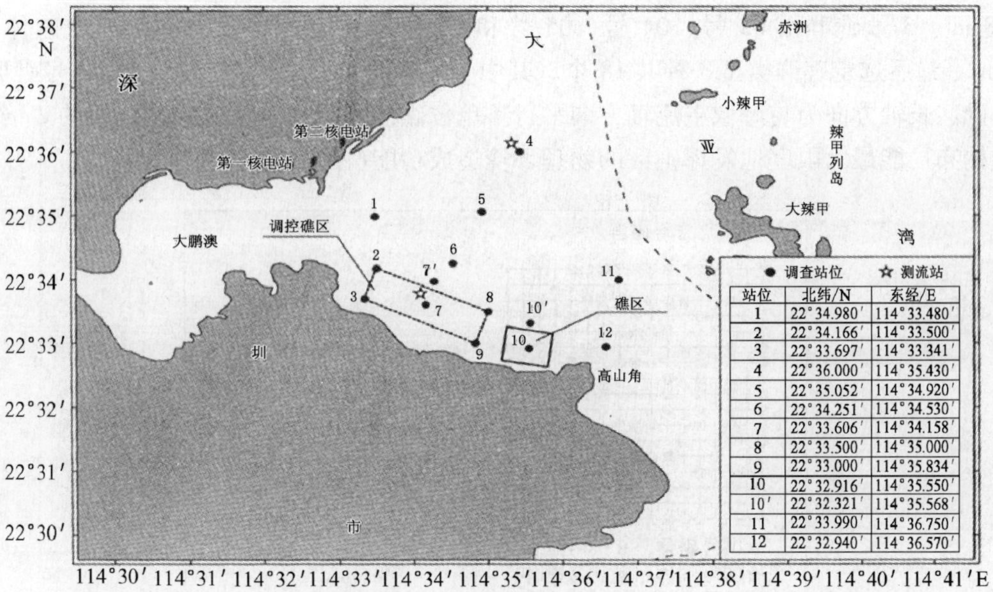

站位	北纬/N	东经/E
1	22°34.980′	114°33.480′
2	22°34.166′	114°33.500′
3	22°33.697′	114°33.341′
4	22°36.000′	114°35.430′
5	22°35.052′	114°34.920′
6	22°34.251′	114°34.530′
7	22°33.606′	114°34.158′
8	22°33.500′	114°35.000′
9	22°33.000′	114°35.834′
10	22°32.916′	114°35.550′
10′	22°32.321′	114°35.568′
11	22°33.990′	114°36.750′
12	22°32.940′	114°36.570′

图 9－71　大亚湾杨梅坑人工鱼礁区

以初步设计的 30 种礁体为基础，选择了 10 种设计礁体原型进行了典型模拟研究，比较了大亚湾不同海况条件下礁体的抗倾覆抗滑移能力，掌握了 10 种单礁模型和 11 组多礁组合对 7 种试验生物诱集效果，研究了不同鱼礁材料和不同环境下的生物附着效果，最终选定了 12 种礁型用于杨梅坑人工鱼礁生态调控区建设(图 9－72)，礁高水深比为 0.25(水深 16 m，礁高 4 m)。

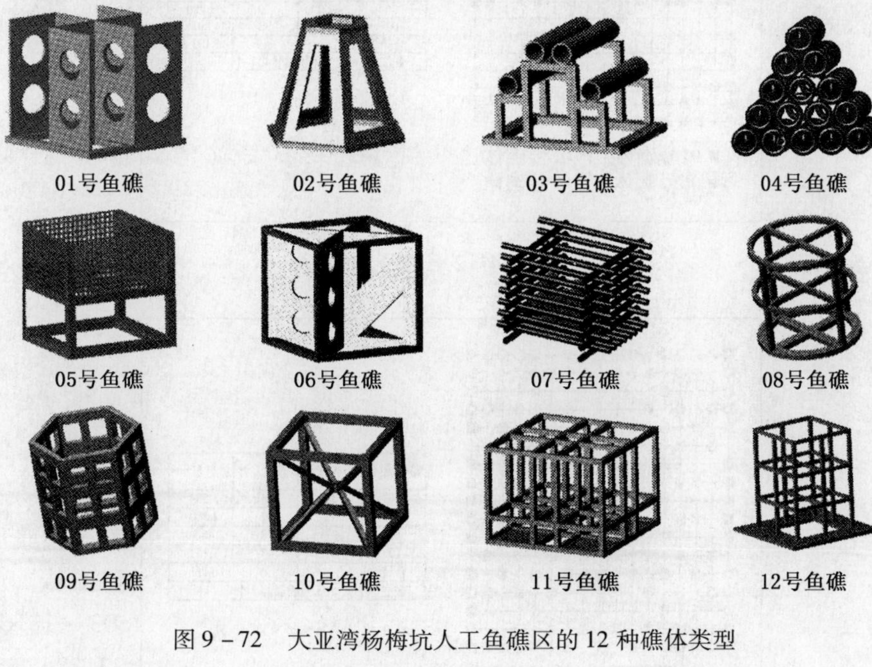

图 9－72　大亚湾杨梅坑人工鱼礁区的 12 种礁体类型

根据生态调控区的海况条件、海洋生态特点和主要渔业资源生物习性，优化设计 3 种礁群类型(图 9－73 至图 9－75)。其中，1 号礁群由 07 号至 12 号 6 种礁型构成，共 120 个礁体，体积9 355 m^3。2号礁群由01号、02号、06号和07号4种礁型构成，共119个礁体，体积5 103.8 m^3。3号礁群由03号、04号、05号和07号4种礁型构成，共137个礁体，体积6 111 m^3。最后选定礁群类型3种共18个，其中1号礁群4个，2号礁群7个，3号礁群7个。人工鱼礁区长轴方向为与海域主流轴方向平行。单位礁群间距约是单位礁群边长的2倍。这种总体结构布局能最大限度地发挥礁区的物理环境造成功能(图9－76)。

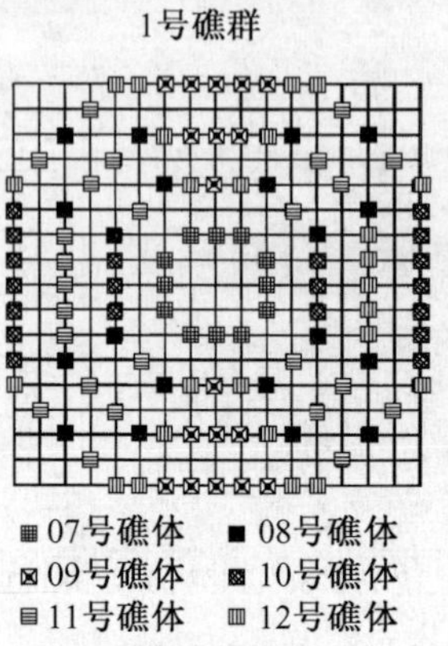

特性表

礁体编号	空方/m^3	数量/个	总空方/m^3
07	27.0	12	324
08	50.2	20	1 004
09	41.5	18	747
10	64.0	20	1 280
11	144.0	25	3 600
12	96.0	25	2 400
合计		120	9 355
备注	1号礁群共4个		

图9－73　1号礁群结构

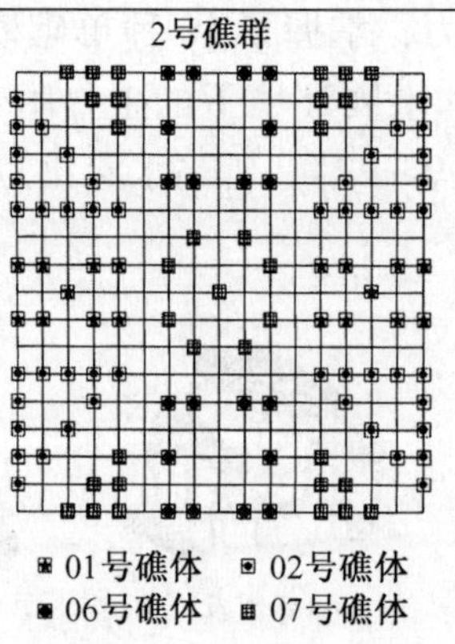

特性表

礁体编号	空方/m^3	数量/个	总空方/m^3
01	64.0	18	1 152
02	37.1	48	1 780.8
06	64.0	20	1 280
07	27.0	33	891
合计		119	5 103.8
备注	2号礁群共7个		

图9－74　2号礁群结构

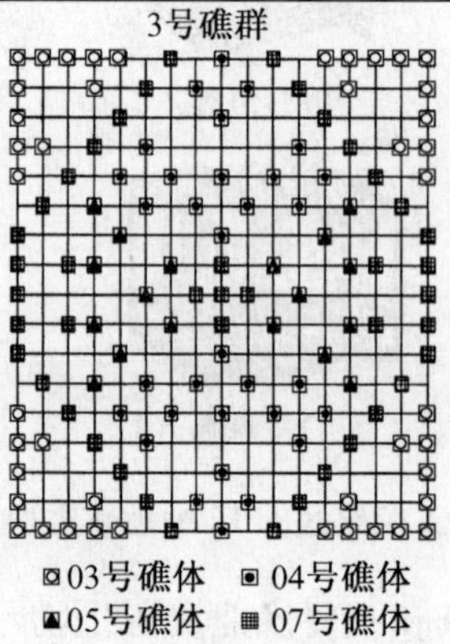

特性表

礁体编号	空方/m^3	数量/个	总空方/m^3
03	36	44	1 584
04	90	32	2 880
05	27	18	486
07	27	43	1 161
合计		137	6 111
备注	3号礁群共7个		

图9－75　3号礁群结构

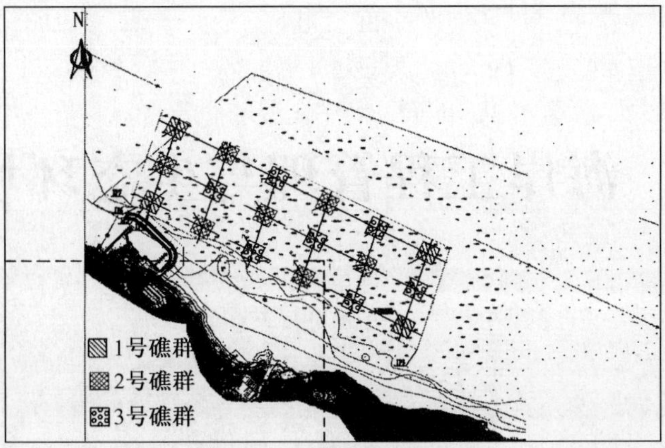

图9-76 人工鱼礁整体布局

参考文献

常抗美，吴常文，王日昕，等．2002．大型深水抗风浪网箱的发展现状和鱼类养殖技术．浙江海洋学院学报：自然科学版，(4)：369-373.

陈国强．2002．广西北海南中心渔港总体规划．北京：中国水产科学研究院水产规划设计所．

陈连源，赵汉星．2005．碟形升降式网箱的设计和制作[J]．渔业现代化，(1)：39-41.

陈勇，于长清．2002．人工鱼礁的环境功能与集鱼效果．大连水产学院学报，17(1)：64-69.

谌志新，江涛，王书晶．2006．国内抗风浪网箱研究存在的问题及发展方向．渔业现代化，(3)：27-28.

大连：大连理工大学土木建筑设计院，2003．大连市旅顺口区董砣中心渔港工程可行性研究报告、初步设计、施工图．

大连水产规划设计研究院有限公司．2006．大连市杏树国家中心渔港工程可行性研究．

关长涛，林德芳，杨长厚，等．2005．HDPE双管圆形深海抗风浪网箱的研制．海洋水产研究，26(1)：61-67.

广东省海洋与渔业勘测设计院，2002．广东省阳江市闸坡渔港(中心渔港)一期工程初步设计(修订版)．

桂福坤，王炜霞，张怀慧．2002．网箱工程发展现状及展望．大连水产学院学报，17(1)：70-78.

国家海洋局杭州海洋勘察设计研究中心，2001．沈家门渔港(墩头段)工程初步设计说明书．

河海大学设计院，2008．浙江省舟山市西码头渔港小园山西防堤工程可行性研究报告(修改稿)．

河海大学设计院，2006．浙江省舟山市西码头中心渔港工程可行性研究报告(修改稿)．

贾晓平，陈丕茂，唐振朝，等．2011．人工鱼礁关键技术研究与示范．北京：海洋出版社．

柯曙生，陈衍顺．2003．福建省石狮市祥芝国家中心渔港工程总体规划设计．福建省水产设计院．

李杰人．2002．中国水产养殖业的现状及展望．饲料广角，20：7-9.

李文涛，张秀梅．2003．关于人工鱼礁礁址选择的探讨．现代渔业信息，18(5)：3-6，122.

刘同渝．2003．国内外人工鱼礁建设状况．渔业现代化，(2)：36-37.

山东省水产设计院，2003．山东省石岛中心渔港工程可行性研究报告(修订本)．

张本．2005．介绍一种近海养鱼张力腿网箱：深水抗风浪网箱技术研究．北京：海洋出版社，172-174.

中国水产科学研究院渔业工程研究所，2003．江苏省如东洋口中心渔港可行性研究报告．

LI Y C. 2009. Hydrodynamic behavior of net cages in the open sea[M]//Handbook of Coastal and Ocean Engineering. World Scientific Publication.

ZHAO Y P, LI Y C. 2007. Numerical simulation of hydrodynamic behaviors of gravity cage in waves. China Ocean Engineering, 21(2): 225-238.

第 10 章 海岸工程管理与生态环境

10.1 概述

我国从 20 世纪 50、60 年代开始围填海活动，随着我国沿海地区社会经济的快速发展，填海造地的需求日益迫切。据有关分析，1990—2008 年间，我国围填海总面积从 8 241 km^2 增至 13 380 km^2，平均每年新增围填海面积 285 km^2。随着沿海港口、滨海能源、大型临港工业、大型河口水库、滨海城市、跨海桥梁、滩海石油开采等各种海岸工程的发展，围海用途呈现多元化趋势。总体上看，围海强度越来越高，单位围海规模越来越大，从高滩围垦向低滩围垦发展。环渤海地区、东部、南部和西南沿海地区都实施了大规模围海工程。环渤海地区规模以曹妃甸工业区和天津滨海地区为大；东部沿海地区规模以上海地区和浙江的杭州湾南岸为大；南部沿海地区围海工程规模以广州的南沙港区为大。

海岸工程的发展促进了海岸工程管理的进步。从 20 世纪 80 年代初期开始，我国在全国范围内海岸(岛)资源调查基础上，从地方至全国逐步编制了沿海海岸用海相关规定。2002 年建立了我国第一个全国性海洋功能区划，对沿海各区域的功能及其开发应用范围进行了法律上的规定，制定了渤海、黄海、东海和南海海岸带的功能区划和发展规划。在此基础上，海岸工程建设使用管理方法也随之制定。目前，全国海洋功能区划(2011—2020)已经发布。

近年来，国家与地方相结合的立体海洋环境监测与评价体系逐步形成。海洋保护区的数量和面积稳步增长，已建各级各类海洋保护区 221 处，其中海洋自然保护区 157 处，海洋特别保护区 64 处，总面积超过 330×10^4 hm^2(含部分陆域)。已建立海洋国家级水产种质资源保护区 35 个，覆盖海域面积达 505.5×10^4 hm^2。通过红树林人工种植等生态修复工程，恢复了部分区域的海洋生态功能。

为了保证海岸工程与生态环境的协调，在海岸工程规划、设计和施工各个不同阶段，都致力于近水工程建设和尽量减小工程对海域自然条件的影响。曹妃甸工业基地的建设强调保留原有的潮汐通道，以避免对海岸动力的影响；珠海城市防洪堤建设采用适当允许越浪的标准以保持城市景观；港珠澳大桥建设考虑了白海豚的栖息。一些早期建设对生态环境造成影响的海岸工程被拆除或改建，新的水工建筑物结构形式被开发利用。

为了规范海岸工程的建设过程，国家、行业、地方根据发展的需要制订、修订了不同类型的技术规程(范)。各大中河口都确定了与防洪相应的开发利用治导线；《港口工程技术规范》已几经修订，其中的《海港水文规范》在不同行业的海岸工程实施中被参考或应用；在海岸防护方面，一直以来仅有些地方技术规程，近年来在行业标准的基础上，国家已发布了海堤技术标准；核电站建设规划由原有技术手册上升为技术规程，2007 年国家批准了《国家核电中长期发展规划(2005—2020 年)》。

然而，我国在海岸工程管理和生态环境保护方面仍存在或面临一些问题。海域管理的法律法规、制度与任务要求不相适应，海域监管能力薄弱；海岸和近岸海域开发密度高、强度大，可供开发的海岸线和近岸海域后备资源不足；工业和城镇建设围填海规模增长较快，海岸人工化趋势明显，部分围填海区域利用粗放；陆地与海洋开发衔接不够，沿海局部地区开发布局与海洋资源环境承载能力不相适应；近岸部分海域污染依然严重，滨海湿地退化形势严峻，海洋生态服务功能退化，赤潮、绿潮等海洋生态灾害频发，溢油、化学危险品泄漏等重大海洋污染事故时有发生；地方利益与海岸工程管理及其生态环境保护的矛盾有时还相当尖锐，导致由于环境质量退化引起的生态问题，如沿海滩涂湿地、红树林和珊瑚礁均遭受严重破坏，赤潮频繁发生等；海岸侵蚀、港湾河口淤积、沿岸土地盐渍化、河口乃至海岸咸水入侵地表(下)淡水层、沿海地面沉降等；海砂过度开采造成的海岸侵蚀、海水倒灌，导致耕地、植被、道路、堤坝等被破坏，养殖业、渔业生产受损。

海岸工程带来的主要生态环境的问题有以下几方面。

1)引起局部海洋动力条件、海岸带冲淤状况的改变。围海造地在一定程度上可以改变局部的海洋动力条件，从而引起海岸带冲淤状况的改变，对海岸带生态系统、航运等产生影响。围海造地会改变岸线、海底的形态，影响自然条件下的潮流场与泥沙运动规律，在某种情况下会造成局部持续淤积，破坏海岸与海底的自然平衡状态。如果在海湾内盲目围垦，还会降低进潮量，可能致使海湾通道淤浅，航运不畅。

2)对生态敏感区、天然湿地的生境损失难以恢复。围海造地对生态敏感区及湿地的生境影响颇大，甚至难以恢复。围海造地会打破生态敏感区、湿地范围内的海岸与海底的自然平衡状态，海洋植物和动物生存环境受到严重影响，致使生物栖息地破坏或减少，许多重要的鱼、虾、蟹、贝类生息、繁衍的场所消失，许多珍稀濒危野生动、植物绝迹，生物物种迁徙，生物多样性迅速下降，湿地面积锐减，大大降低了湿地调节气候、储水分洪、抵御风暴潮及护岸保堤等功能。

3)导致海洋自然性状改变，海洋灾害潜在威胁加大。围海造地会造成天然海湾的消失、河口束狭、岸线趋于平直等自然形状特征的改变，自然纳潮空间区域缩小、滩涂消失，减少甚至消失了波浪消能的空间，加大了潮灾隐患，海岸侵蚀、海水入侵、海岸风沙等灾害会更加突出。数据表明，我国的海岸线比新中国成立初期缩短了1 500 km以上，海湾减少百余个，近千个岛屿消失或名存实亡，众多沙滩消退。

4)填海材料的污染致使环境质量降低。围海造地可导致潮差变小，潮汐冲刷能力降低，海水自净能力减弱。围填海材料中的污染物质和围填海活动过程中产生的大量悬浮泥沙也对海洋环境产生一定影响。最终的环境效应将导致海湾生态功能退化、生产能力下降。

本章主要介绍我国海洋功能区划制定、海域使用的管理、各级自然和海洋特别保护区的建设，为适应海岸工程管理和生态环境要求的不同海岸工程结构、我国现有的海岸工程技术标准，包括水运工程、防潮工程和渔业工程技术标准等。

10.2 海岸功能区划

10.2.1 概况

自20世纪70年代末以来，我国越来越重视海洋资源的开发利用。1979年8月，经国务院批准，国家科委、国家农委、军委总参谋部、国家海洋局和国家水产总局共同启动了全国海岸带和海涂资源综合调查工作。1980 年 2—3 月，国家海洋局主持召开了全国海岸带和海涂资源综合调查领导小组扩大会议，明确要求调查工作应当增加中国海涂资源区划方案、中国海岸带合理利用区划设想方案、中国海涂资源合理利用区划设想方案等内容。这是最早提出在海上开展区划工作，也是我国海洋功能区划工作的雏形。1986 年全国海岸带和海涂资源综合调查工作结束后，国家海洋局决定利用其成果，开展海洋功能区划工作，以此作为综合管理我国管辖海域、协调海洋资源合理开发利用，保护海洋环境的依据。1988 年 10 月，国家机构编制委员会指定国家海洋局的主要职责为“组织拟定海洋发展规划和重要海区综合利用区划”。1989 年，海洋功能区划工作进入了起步阶段，组织制定了《全国海洋功能区划大纲》和《全国海洋功能区划简明技术规定》；1993 年完成了《中国海洋功能区划报告》和《中国海洋功能区划图集》的编写和编绘工作；1997 年 11 月，国家技术监督局发布了《海洋功能区划技术导则》(GB 17108—1997)；1997 年 12 月，第一次中国海洋功能区划成果通过评审，区划比例尺近岸海域为 1∶30 万，外海为 1∶150 万～1∶370 万，个别地区为 1∶4 万～1∶10 万，全国共划分海洋功能区 3 663 个（包括海域和近岸陆域功能区）。

此后，为了准确把握和量化海域的自然属性和社会属性，提高功能区划的实用性和可操作性，使区划成果为海域使用管理工作和海洋环境保护工作提供科学依据，我国提出在全国开展大比例尺海洋功能区划，即第二次全国海洋功能区划工作，并将其纳入《国家海洋局“九五”计划和 2010 年远景目标纲要》。2001 年末，沿海 11 个(区、市)完成了大比例尺海洋功能区划编制工作。2003 年上半年，辽宁省、山东省、广西壮族自治区、海南省海洋功能区划经省(区)人民政府审核同意后报国务院审批。全国近 50 余家科研院所、约 400 家涉海管理机构、近万名工作人员参与投入到这次大比例尺海洋功能区划编制工作，完成了沿海 11 个省(区、市)及 2/3 以上市、县(市)的区划报告，并建立了全国和部分地区海洋功能区划管理信息系统。全国共划分海洋功能区 1 万余个，是第一次全国海洋功能区划划分功能区的近 3 倍。

自 2000 年开始，我国着手编制《全国海洋功能区划》，设立了沿海地区经济社会发展与海洋产业布局研究、全国海洋功能分区、四大海区和重点海域的主要功能、海洋功能区划技术导则修订和海洋功能区划管理信息系统建设等专题研究。在此基础上，完成了《全国海洋功能区划》的编制并于 2002 年 9 月 10 日发布，实施期限至 2010 年。《全国海洋功能区划》根据海域区位、自然资源、环境条件和开发利用的要求，按照海洋功能标准，将海域划分为不同类型的功能区，目的是为海域使用管理和海洋环境保护工作提供科学依据，为国民经济和社会发展提供用海保障。

2002 年 1 月 1 日《中华人民共和国海域使用管理法》实施，沿海各地根据经济和社会发展的需要，统筹安排各有关行业用海，保障海上交通安全和国防安全等海洋功能区划原则的要求，在大比例尺海洋功能区划成果基础上，形成了海洋功能区划制度确立后的第一轮区划成果。2004 年以后国务院还陆续批准了沿海省、自治区、直辖市海洋功能区划(上海市除外)。同时，全国沿海省和部分市、县也基本完成了当地的海洋功能区划的编制工作。

考虑到全国区划于 2010 年底到期，沿海省级海洋功能区划的修编需求强烈，且国务院批准的“我国近海海洋综合调查与评价”(简称 908 专项)工作已经基本结束，获取了大量的海洋资源环境和社会经济资料，对海洋资源环境条件和开发潜力有了进一步的认识，2009 年我国开展海洋区划制度确立后的第二轮(2011—2020 年)海洋功能区划的编制工作。2011 年《全国海洋功能区划(2011—2020)》及 11 省(市、区)海洋功能区划通过专家评审，陆续进入报批程序。

《全国海洋功能区划(2011—2020)》(以下简称《区划》)科学评价了我国管辖海域的自然属性、开发利用与环境保护现状，统筹考虑国家宏观调控政策和沿海地区发展战略，提出了指导思想、基本原则和主要目标，划分了农渔业、港口航运、工业与城镇用海、矿产与能源、旅游休闲娱乐、海洋保护、特殊利用、保留八类海洋功能区，确定了渤海、黄海、东海、南海及台湾以东海域的主要功能和开发保护方向，并据此制定保障《区划》实施的政策措施。《区划》是我国海洋空间开发、控制和综合管理的整体性、基础性、约束性文件，是编制地方各级海洋功能区划及各级各类涉海政策、规划，开展海域管理、海洋环境保护等海洋管理工作的重要依据。

10.2.2 渤海海岸带功能区划

渤海三面环陆，在辽宁、河北、山东、天津三省一市之间，通过渤海海峡与黄海相通。辽东半岛南端老铁山角与山东半岛北岸蓬莱遥相对峙，海峡口宽59 n mile，有30多个岛屿。其间构成8条宽狭不等的水道，是京津地区的海上门户。渤海面积约9×10^4 km^2，平均水深25 m，总容量不过1 730 km^3，沿岸水浅，特别是河流注入地方仅几米深。渤海沿岸有辽东湾、渤海湾、莱州湾。辽河、海河、黄河等河流从陆上带来大量有机物质，使这里成为天然渔场。辽东半岛南端老铁山角与山东半岛北岸蓬莱角的连线是渤海与黄海的分界线。重点海岸带包括以下5个。

1)辽东半岛西部海岸带。本区应发展港口及海上交通运输业、渔业资源利用和养护，保护和保全砂质海岸和岛屿生态环境。重点功能区有营口、旅顺、八岔沟等港口区及相关航道；复州湾、金州盐田区，盖州、长兴岛等养殖区；仙浴湾、长兴岛旅游区；大连斑海豹、蛇岛—老铁山、营口海蚀地貌景观；浮渡河口沙堤自然保护区。

2)辽河口三角洲海岸带。包括辽宁省营口市大清河口至锦州市后三角山的海岸。本区应加强滩海油气资源的勘探与开发，合理利用、增殖和恢复渔业资源，保护湿地生态环境，强化盐区的挖潜和技术改造，加强对营口老港区、辽东湾及毗邻河口海域的环境综合治理。

3)辽西—冀东海岸带。包括辽宁省锦州市后三角山至河北省唐山市涧河口的海岸。重点功能区有秦皇岛、京唐、锦州等港口区及相关航道，北戴河、南戴河、山海关、兴城海滨、锦州大小笔架山等旅游区，昌黎、菊花岛海域、滦河口等养殖区，昌黎、北戴河等自然保护区，绥中、锦州、冀东等油气区，滦南、大清河等盐田区。

4)天津—黄骅海岸带。包括河北省涧河口至冀鲁交界的海岸。本区应重点保证天津港、黄骅港专业化码头建设、滩海油气开发和渔业资源利用的用海需要，保护盐田取水水质环境，保护渔业资源利用区生态环境，建立汉沽浅海生态系、驴驹河潮间带生态系、大港古潟湖湿地、大港滨海湿地和黄骅贝壳堤自然保护区，大力发展海水综合利用。

5)莱州湾及黄河口海岸带。包括冀鲁交界至烟台龙口市的海岸。本区应重点保证油气勘探开发与养殖业的用海需要，保护湿地生态系统。重点功能区有黄河口、虎头崖等养殖区，黄河口西部、蓬莱19-3油气区，淄脉河—虎头崖盐田区，无棣贝壳堤与湿地、黄河口湿地自然保护区，龙口港口区。

10.2.3 黄海海岸带功能区划

黄海西临山东半岛和苏北平原，东边是朝鲜半岛，北端是辽东半岛，面积约为40×10^4 km^2，最深处在黄海东南部，约为140 m。长江口北岸的启东角与韩国济州岛西南角的连线是黄海与东海的分界线。重点海岸带包括以下4个。

1)辽东半岛东部海岸带。包括辽宁省丹东市鸭绿江口至大连市老铁山角的海岸。重点功能区有大连、大东、庄河等港口区及相关航道，金石滩旅游度假区，大连南部、旅顺南部、丹东大鹿岛等旅游区，大孤山半岛南端、凌水河口西部等养殖区及鸭绿江口湿地自然保护区。本区应重点保证大连港集装箱码头和大型专业化码头建设用海需要，积极发展滨海旅游，建设海珍品增殖基地，保护沿海湿地生态环境。

2)烟台—威海海岸带。包括山东省烟台市区至海阳市的海岸。重点功能区有烟台、牟平、威海港口区及相关航道，金沙滩、芝罘岛、天鹅湖、刘公岛等旅游区，套子湾、四十里湾、威海湾等养殖区。本区应保证港口建设和渔业资源利用的用海需要，大力发展滨海旅游和养殖业，积极开发海洋药物，发展海水综合利用。

3)胶州湾海岸带。包括山东省青岛、日照两市的海岸。重点功能区有青岛、日照、岚山等港口区及相关航道，崂山、山海天等旅游区，胶州湾北部等养殖区。本区应重点保证青岛港集装箱码头建设和渔业资源利用和养护的用海需要，积极发展滨海旅游，开展人工放流和贝类护养，加快建设海洋产业和科学实验基地。

4)苏北海岸带。包括江苏省连云港、盐城和南通三市的海岸。重点功能区有连云港、射阳、南通等港口区及相关航道，连云港等地的养殖区和增殖区，云台山旅游区，淮北盐田区，盐城丹顶鹤、大丰麋鹿等自然保护区。本区应保证连云港港区及其他深水码头建设、渔业资源利用的用海需要，合理、适度围垦，严格保护沿海自然保护区，进一步提高海岸防灾、抗灾能力。

10.2.4 东海海岸带功能区划

东海北连黄海，东到琉球群岛，西接我国大陆，南临南海，东北到西南长约1 400 km，东西宽约740 km，海域面积超过70×10^4 km^2，平均水深350 m左右，最大水深2 719 m。东海海域比较开阔，大陆海岸线曲折，港湾众多，岛屿星罗棋布，我国有一半以上的岛屿分布在这里。大陆流入东海的江河，长度超过百千米的河流有40多条，其中长江、钱塘江、瓯江、闽江四大水系是注入东海的主要江河。重点海岸带包括以下5个。

1)长江口—杭州湾海岸带。包括江苏省启东角至浙江省宁波的海岸。重点功能区有长江口南岸及毗邻海域、杭州湾两岸及毗邻海域、崇明岛及周围海域、太仓、外高桥、金山嘴、北仑、乍浦等港口区及相关航道，南汇角、崇明东滩、长江口、镇海、慈溪、平湖海底管线区，钱塘江、平湖九龙山、海盐南北湖等旅游区，长江口捕捞、养殖和水产种质资源保护区，崇明东滩、金山三岛、九段沙湿地、长江口中华鲟、海宁黄湾等自然保护区。本区应重点保证上海国际航运中心和杭州湾大桥建设用海需要，发展滨海旅游，强化对海底管线及其登陆区的规划和保护，增殖、恢复渔业资源，逐步遏制海域环境污染加剧的趋势，保护河口、湿地、海湾和海岛生态环境，挽救保护长江口中华鲟等濒危生物物种，合理、适度围涂造地，提高海岸防灾、抗灾能力。

2)浙中南海岸带。包括浙江省宁波市的鄞县至闽浙交界的海岸。重点功能区有象山港、三门湾、乐清湾等养殖区，温州、台州等港口区及相关航道，南麂列岛海洋自然保护区，洞头列岛旅游区，乐清湾、三门湾潮汐能区。本区应重点保证增养殖业用海需要，建立贝类等水产资源种质库，推进以温州港和台州港为重点的浙中南沿海港口群建设，合理规划和开发浙南沿海和海岛地区旅游资源，形成区域旅游网络，严格控制港湾区域的围垦，加快沿海标准海塘和防护林的建设和维护，提高海岸防灾抗灾能力，加快温州(洞头)半岛工程建设。

3)闽东海岸带。包括闽浙交界至福建省宁德市三沙湾南岸的海岸。重点功能区有沙埕港和三沙湾等养殖区，闽东渔场捕捞区，官井洋大黄鱼繁殖保护区，台山列岛及福瑶列岛等海洋特别保护区，三沙湾红树林生态系统自然保护区，沙埕、三沙等港口区，太姥山滨海旅游区，福鼎八尺门潮汐能区。本区应建立渔业资源增养殖基地，增殖和恢复渔业资源，合理布局商港、渔港，积极发展水产加工业。

4)闽中海岸带。包括三都湾南岸至泉州市湄洲湾南岸的海岸。重点功能区包括：闽江口、罗源湾、福清湾、兴化湾、湄洲湾等港口区及相关航道，湄洲岛、平潭岛旅游区，兴化湾、湄洲湾等养殖区，长乐海蚌资源增殖保护区，平潭中国鲎、闽江口鳝鱼滩湿地自然保护区，闽中渔场捕捞区。本区应重点保证福州港及毗邻港区码头泊位建设和湄洲湾的港口建设及渔业资源利用和养护的用海需要，加强闽江口航道整治，进一步开发湄洲岛、海坛岛旅游资源，建立海水增养殖基地，增殖和恢复渔业资源。

5)闽南海岸带。包括湄洲湾南岸至闽粤分界的海岸。重点功能区有厦门、漳州、泉州等港口区及相关航道，东山等地的养殖区，厦门鼓浪屿—万石岩、泉州海上丝绸之路、漳州滨海火山国家地质公园、东山岛等旅游区，晋江深沪湾海底古森林自然遗迹保护区，厦门珍稀海洋物种自然保护区、东山珊瑚礁自然保护区、九龙江口及漳江口红树林生态系统自然保护区，闽南—台湾浅滩上升流渔场。本区应重点保证厦门港、漳州港、泉州港海上交通运输网络建设和渔业资源利用的用海需要，发展滨海旅游，防止海岸侵蚀，保护珍稀濒危生物物种及海洋生物多样性，发展现代渔业。

10.2.5 南海海岸带功能区划

南海是我国最深、最大的海，北邻广东、广西、福建和台湾四省(区)，东南边至菲律宾群岛，西南边至越南和马来半岛，最南边的曾母暗沙靠近加里曼丹岛。南海通过巴士海峡、苏禄海和马六甲海峡等与太平洋和印度洋相连。我国的四大陆缘海中以南海的面积最广，约有 356×10^4 km^2，平均水深约 1 212 m，中部深海平原中最深处达 5 567 m。南海四周大部分是半岛和岛屿，注入南海的河流主要分布于北部，主要有珠江、红河、湄公河、湄南河等。海岸线北起福建省铁炉港，南至广西壮族自治区的北仑河口。重点海岸带包括以下 7 个。

1)粤东海岸带。包括闽粤分界至广东省汕尾市的海岸。重点功能区有潮州、汕头、广澳、汕尾等港口区及相关航道，青澳湾、龟龄岛等旅游区，粤东捕捞区，高沙、东澳等养殖区，南澳岛屿候鸟、饶平海山海滩岩自然保护区及南澎列岛—勒门列岛海洋特别保护区，汕尾遮浪外海上升流生态区，南澳风能区。本区应重点保证汕头港和广澳港建设及渔业资源利用的用海需要，严格控制围海造地，发展海水增养殖业，保护上升流生态系统，建设黄岗河口、韩江口防洪排涝工程。

2)珠江口海岸带。包括广东省惠州市至江门市的海岸。重点功能区有马鞭洲、惠州、秤头角、盐田、深圳西部、太平、南沙、黄埔、珠海、江门、新会、桂山等港口区及相关航道，珠江口油气区，巽寮、大梅沙、小梅沙、莲花山、珠海飞沙滩、大万山岛、东澳岛、川山群岛等旅游区，珠江口等地的养殖区、珠江口中华白海豚自然保护区、广东惠东港海龟自然保护区，福田、淇澳岛、内伶仃岛和担杆列岛、万山岛等海洋自然保护区。本区应重点加强珠江口海域环境综合整治和珠江三角洲港口体系建设，加大石油天然气的勘探与开发，大力发展滨海旅游，强化自然保护区管理，发展海水增养殖，加强保护岛屿海域生态环境。

3)粤西海岸带。包括广东省阳江市至湛江市的海岸。重点功能区有阳江、茂名、湛江、海安等港口区及相关航道，十里银滩、马尾岛—大角湾、水东湾、南三岛、东海岛等滨海旅游区，鸡打港、博贺港、龙王湾、硇洲等养殖区，湛江红树林、硇洲自然景观等海洋自然保护区及乌猪洲海洋特别保护区。本区应重点保证湛江港和茂名水东港建设和渔业资源利用的用海需要，保护和保全红树林资源。

4)铁山港—廉州湾海岸带。包括铁山港湾和廉州湾两个海湾，均为广西壮族自治区北海市的海岸。重点功能区有北海、铁山港等港口区，营盘珍珠和廉州湾等养殖区，山口红树林生态系统、沙田儒艮等海洋自然保护区，北海银滩国家级旅游度假区、北海市北部旅游区。本区应加强岸线保护，加快港口建设，发展以北海银滩旅游度假区为主的旅游业，建设珍珠贝养殖基地，严格限制围填海工程，保护红树林生态和珍珠贝母本。

5)钦州湾—珍珠港海岸带。包括钦州湾、防城港湾、珍珠港湾三个海湾，为广西壮族自治区钦州市和防城港市的海岸。重点功能区有防城港、钦州港口区，金滩、七十二泾、月亮湾等旅游区，茅尾海、珍珠港、钦州港、光坡等养殖区，北仑河口、钦州湾近江牡蛎等海洋自然保护区。本区应重点建设防城港和钦州港，发展海水养殖和滨海旅游业，严格控制围填海工程，保护岸线，保护和保全红树林生态系统。

6)海南岛东北部海岸带。包括海南省的海口市、临高县、澄迈县、琼山市、文昌市、琼海市和万宁市的海岸。重点功能区有海口湾、清澜湾、龙湾等港口区，海口湾、木栏头、铜鼓岭、万泉河口、春园湾等旅游区，东营、铺前湾、琼海浅海、琼海沙老等养殖区，文昌油气区，东寨港、清澜港红树林湿地及大洲岛等自然保护区。本区应重点保证海口港集装箱运输码头建设和渔业资源利用的用海需要，强化自然保护区管理，大力发展滨海旅游及生态渔业，加快油气资源的勘探和开发。

7)海南岛西南部海岸带。包括海南省的三亚市、陵水县、乐东县、东方市、昌江县、儋州市的海岸。重点功能区有香水湾、南湾、亚龙湾、大东海、三亚湾、天涯海角、南山等旅游区，莺歌海、亚东、崖城 13－1 油气区，洋浦港、八所港港口区及相关航道，三亚珊瑚礁保护区，铁炉港、陵水湾、黎安港、新村港等养殖区，莺歌海盐田区。本区应加强滨海旅游设施建设，积极勘探开发油气资源，加强港口建设，保护和保全珊瑚礁资源，大力发展生态养殖，稳步发展盐和盐化工以及天然气、化肥等海洋产业。

10.3 海域使用

10.3.1 概况

历史上我国对海洋的利用无论在深度上还是广度上都很有限。自 20 世纪 80 年代以后，我国颁行了一系列有关海洋管理与海域使用制度的法律法规，形成了一套的法律制度体系。这些法律主要是：1982 年颁行的《中华人民共和国海洋环境保护法》(1999 年修订，以下简称《海洋环境保护法》)、1983 年颁布的《中华人民共和国海上交通安全法》、1986 年颁布的《中华人民共和国矿产资源法》(1996 年修正，以下简称《矿产资源法》)和《中华人民共和国渔业法》(2000 年修正)，2001 年颁布的《海域使用管理法》等。这些法律对于规范海域的使用与管理具有重要的作用。

随着我国海洋经济的快速发展，海洋开发利用活动，特别是围(填)海造地活动加剧，海域管理制度中新的问题和矛盾逐渐显露出来。我国海域使用管理是从2002年1月《中华人民共和国海域使用管理法》开始实施的。2006年，我国首次制定了全国性的围填海规划，在局部开展规划试点，将近岸海域划分为禁止围填区、限制围填区、适度围填区、围填供给区，并制定沿海各地的围填海总量控制指标。2008年，国家海洋局提出加强海洋功能区划对投资项目的统筹和引导，保证重大工程项目的用海需求，强化专项用海规划及其项目管理，严格控制海域使用论证和评审时间，提高海域使用审批工作效率的政策措施，特别提出对越权审批、拆分审批使用海域的，要严肃追究相关人员的责任，确保了海域使用管理工作的严谨性和高效率。2009年始我国按照国家宏观政策要求，实行有保有压、宽严相济的围填海管理政策，引导、调控地方固定资产投资和产业布局，建立围填海年度计划管理制度，对年度围填海规模实行指令性计划管理。完善围填海审批制度，加强围填海项目事前、事中、事后的全过程监管。同时，以省为单位开展围填海专项检查。

10.3.2 海域使用主要类型和管理

10.3.2.1 主要类型

海域使用包括以下主要类型：①渔业用海，指为开发利用渔业资源、开展海洋渔业生产所使用的海域，包括渔业基础设施用海、养殖用海等；②交通运输用海，包括港口用海，航道、锚地和路桥用海；③工矿用海，指开展工业生产及勘探开采矿产资源所使用的海域，包括盐业用海、临海工业用海、矿产开采用海和油气开采用海；④旅游娱乐用海，指开发利用滨海和海上旅游资源，开展海上娱乐活动所使用的海域，包括旅游基础设施用海、海水浴场和海上娱乐用海；⑤海底工程用海，指建设海底工程设施所使用的海域，包括电缆管道用海、海底隧道用海和海底仓储用海；⑥排污倾倒用海，指用来排放污水和倾废的海域，包括污水排放用海和废物倾倒用海；⑦围海造地用海，指在沿海筑堤围割滩涂和港湾，并填成土地的工程用海，包括城镇建设用海和围垦用海；⑧特殊用海，指用于科研教学、军事、自然保护区、海岸防护工程等用途的海域，包括科研教学用海、军事设施用海、保护区用海和海岸防护工程用海；⑨其他用海。

综上可知，几乎所有的用海类型都与海岸工程相关。

10.3.2.2 海域使用的管理

(1)我国现行的围海造地行政管理

鉴于海区管理的可操作性，我国海区划分主要是采用行政区域划分方法，由国家海洋局的北海分局、东海分局、南海分局三个部门直接分管；北海分局主要管理辽宁、河北、天津、山东行政管辖海域；东海分局主要管理江苏、上海、浙江、福建行政管辖海域；南海分局主要管理广东、广西、海南行政管辖海域。

根据我国海洋管理的分级管理原则，围海造地行政管理以中央政府海洋行政机构为中心，中央政府的地方派遣机构和县级以上地方政府共同负责。中央政府海洋行政机构对各海区的围海造地规划具有统筹区划的权利，而中央政府的地方派遣机构和县级以上地方政府负责本行政区划范围内的海岛海岸带及其近岸海域的围海造地管理工作，但对大规模的围海造地项目无权审批。

我国的围海造地行政管制和行政执法分别由海洋行政机关和海洋执法机关承担。围海造地管理的行政机关主要是海洋局、国土资源部门(海洋)和地方各级海洋行政管理部门；执法机关包括海洋监察部门、海事法院、海上公安等，这些部门在围海造地管理中起着监察和纠察的作用，并对违法行为进行行政处罚。

由于我国涉海部门众多，海洋行政管理形成了以部门行政管理为主要特点的分散管理体制，导致我国在围海造地行政管制中存在着一系列的问题：有些管理机构职能交叉，出现有利事件争相管理，安全责任问题管理空缺的现象；地方规划大多由各部门自行制定，与国家规划之间出现断层；由于围海造地项目与地方利益挂钩，有些地方政府从本地区利益和眼前利益出发来衡量和采取措施，往往容易导致围海造地项目边干边审批或报批时采取化整为零的手法躲避中央的监管。在我国海洋管理体系还不完善的情况下，如此种种问题，在一定程度上导致了我国围海造地管理效能低下。

按照海洋行政执法基本原则，我国的围海造地行政执法符合行政合法原则和行政合理原则。行政合法原则要求海洋执法机关在围海造地项目监察中，必须依据围海造地相关法律来执行，严格按照海洋功能区划、海域使用管理、海洋环境保护等法规进行执法。行政合理原则要求海洋执法机关在行政执法中行使自由裁量权要客观、适度和符合常理。但在行政执法过程中还存在着一定的难点：①严格执法难。由于海洋行政执法的环境特殊，围海造地的技术要求高、规程要求严，因此对执法人员的专业知识具有较高要求；②正确适用法律难。由于围海造地项目涉及的管理部门多，涉及的海洋法律、法规多，容易造成适用法律不当的现象。

(2)海域使用申请论证与审批

单位和个人可以向县级以上人民政府海洋行政主管部门申请使用海域，并提交书面材料，包括海域使用申请、论证及相关资信证明材料等。根据2010年8月国家海洋局颁布的《海域使用论证技术导则(修订)》，修订后的海域使用论证内容(图10-1)主要包括：①项目用海必要性分析；②项目用海资源环境影响分析；③海域开发利用协调分析；④项目用海与海洋功能区划及相关规划符合性分析；⑤项目用海合理性分析；⑥海域使用对策措施分析。

经县级以上人民政府海洋行政主管部门对其海域使用申请进行审核，并按规定报有批准权的人民政府批准。审批权限由国务院或其授权的省、自治区、直辖市人民政府规定。其中，需要报国务院审批的包括：①填海50 hm^2以上的项目用海；②围海100 hm^2以上的项目用海；③不改变海域自然属性，但用海700 hm^2以上的项目用海；④国家重大建设项目用海；⑤国务院规定的其他项目用海。

(3)海域使用权管理

海域使用申请经依法批准后，向海域使用申请人颁发海域使用权证书，申请人取得相应海域使用权。海域使用权也可以通过招标或者拍卖方式取得。海域使用权最高期限规定为：①养殖用海15年，②拆船用海20年，③旅游、娱乐用海25年，④盐业、矿业用海30年，⑤公益事业用海40年，⑥港口、修造船厂等建设工程用海50年。海域使用权期限届满，海域使用权人需要继续使用海域的，应当不迟于期限届满前2个月向原批准用海的人民政府申请续期。除根据公共利益或者国家安全需要收回海域使用权外，原批准用海的人民政府应当批准续期。准予续期的，海域使用权人应当依法缴纳续期的海域使用金。因企业合并、分立或者与他人合资、合作经营，变更海域使用权人的，需经原批准用海的人民政府批准。海域使用权可以依法转让和继承。

海域使用权人不得擅自改变经批准的海域用途，确需改变的，应当在符合海洋功能区划的前提下，报原批准用海的人民政府批准。海域使用权期满，未申请续期或者申请续期未获批准的，海域使用权终止。海域使用权终止后，原海域使用权人应当拆除可能造成海洋环境污染或者影响其他用海项目的用海设施和构筑物。因公共利益或者国家安全的需要，原批准用海的人民政府可以依法收回海域使用权。因海域使用权发生争议，当事人协商解决不成的，由县级以上人民政府海洋行政主管部门调解；当事人也可以直接向人民法院提起诉讼。在海域使用权争议解决前，任何一方不得改变海域使用现状。填海项目竣工后形成的土地，属于国家所有。海域使用权人应当自填海项目竣工之日起3个月内，凭海域使用权证书，向县级以上人民政府土地行政主管部门提出土地登记申请，由县级以上人民政府登记造册，换发国有土地使用权证书，确认土地使用权。

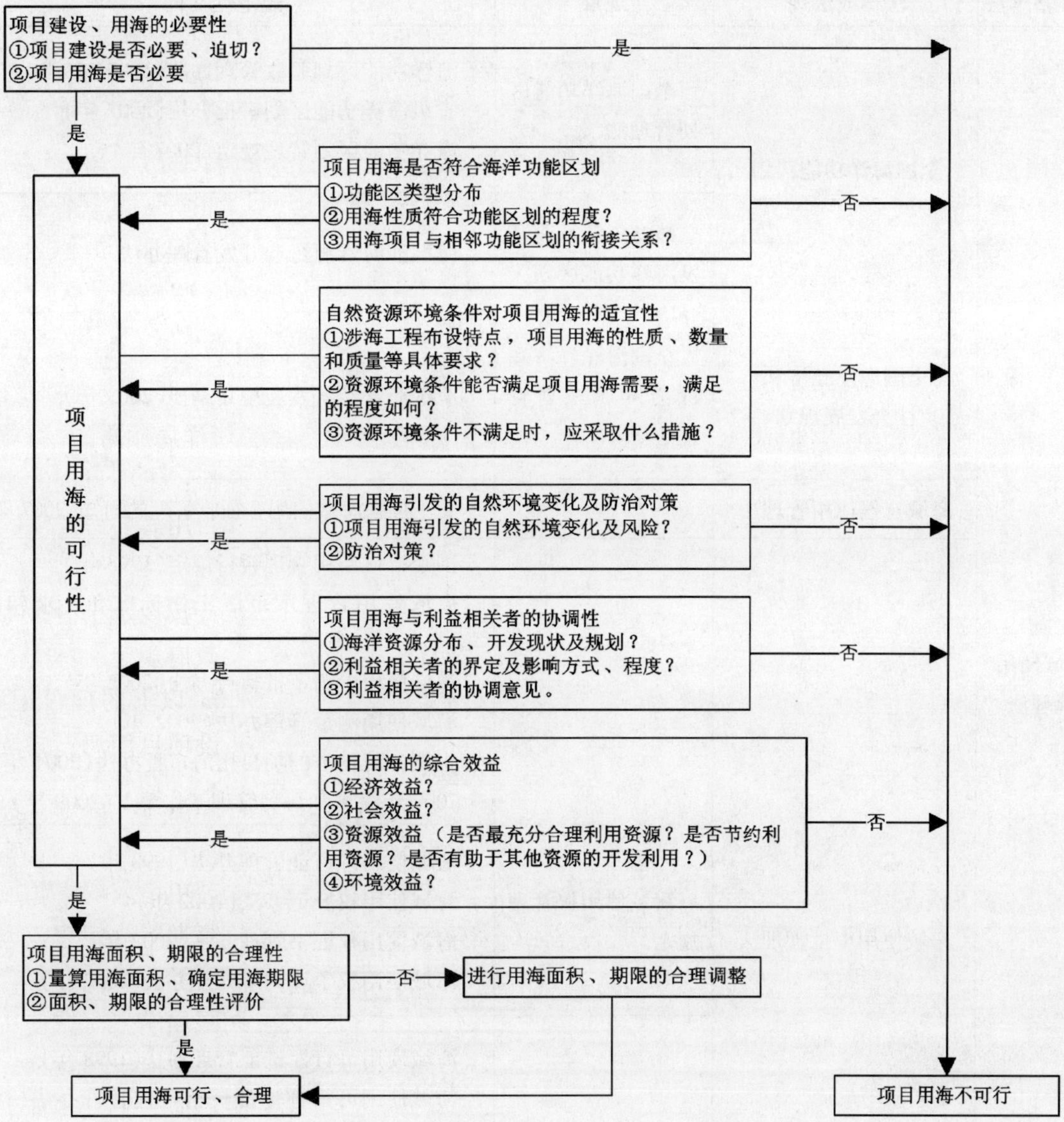

图10－1　海域使用论证的主要内容框架

国家实行海域有偿使用制度。单位和个人使用海域，应当按照国务院的规定缴纳海域使用金。海域使用金应当按照国务院的规定上缴财政。根据不同的用海性质或者情形，海域使用金可以按照规定一次缴纳或者按年度逐年缴纳。免缴海域使用金的用海为：①军事用海；②公务船舶专用码头用海；③非经营性的航道、锚地等交通基础设施用海；④教学、科研、防灾减灾、海难搜救打捞等非经营性公益事业用海。按照国务院财政部门和海洋行政主管部门的规定，经有批准权的人民政府财政部门和海洋行政主管部门审查批准，可以减缴或者免缴海域使用金的用海为：①公用设施用海，②国家重大建设项目用海，③养殖用海。

近20年来，我国先后出台了海洋法律、海洋行政法规和部门海洋行政规章等。其中，有关围海造地管理的法律主要体现在海域使用管理（表10－1）和海洋环境管理（表10－2）。

表10－1　我国有关围海造地管理的海域管理法体系

海洋基本法	法律或法规	规章	规范性文件
海域使用管理法	全国海洋功能区划	全国海洋功能区划管理法	海洋功能区划验收管理办法（1999年） 省级海洋功能区划审批办法（2002年） 海洋功能区划管理规定（2007年）
		涉海资源行业开发海洋功能区划	海区涉海资源行业开发管理办法
	全国海洋经济和社会发展规划	全国海洋经济和社会发展规划管理法	全国海洋经济发展规划纲要（2003年）
	海域有偿使用管理法		关于加强海域使用金征收管理的通知（2007年）
	海域使用审批管理法		国家海域作用管理暂行规定（1993年） 海域使用管理示范区工作标准和要求（1998年） 海域使用申请审批暂行办法（2002年） 海域使用测量管理办法（2002年） 报国务院批准的项目用海审批办法（2004年） 2009年海域和海岛管理工作要点（2009年）
		海域使用权管理规定	海域使用许可证管理办法（1998年） 海域使用权登记办法（2002年） 海域使用权证书管理办法（2002年） 海域使用权争议调解处理办法（2002年）
		海域使用论证管理规定	海域使用可行性论证管理办法（1998年） 海域使用可行性论证资格管理暂行办法（1999年） 海域使用论证资质管理规定（2002年） 建设项目海洋环境影响跟踪监测技术规程（2002年） 海域使用论证收费标准（试行）（2003年）

表 10－2 我国有关围海造地管理的海洋环境管理法体系

海洋基本法	法律或法规	规章	规范性文件
海域环境保护法	海洋环境检测监视管理法	海洋工程环境保护法	中华人民共和国海洋石油勘探开发环境保护管理条例(1983年) 中华人民共和国防治海岸工程建设项目污染损害海洋环境管理条例(1990年)
	海洋公共设施管理法	陆源污染环境保护法	中华人民共和国防治陆源污染物污染损害海洋环境管理条例(1990年) 陆源排污口邻近海域监测技术规程(2002年) 江河入海污染物总量及河口区环境质量监测技术规程(2002年)
	海洋特殊区域公共管理法	拆、修船厂环境保护法	中华人民共和国防止船舶污染海域管理条例(1983年) 中华人民共和国防止拆船污染环境管理条例(1988年)
		海洋废弃物倾倒区管理法	中华人民共和国海洋倾废管理条例(1985年) 海洋倾倒区监测技术规程(2002年) 倾倒区管理暂行规定(2003年)
		海洋自然保护区管理法	海洋自然保护区监测技术规程(2002年)
		海洋浮标、灯塔等公共设施管理法	中国海区历史灯塔保护管理办法(暂行)(2004年) 海洋资料浮标网管理规定(2005年)
		海上施工管理法	铺设海底电缆管道管理规定(1989年)

10.3.3 主要海域使用现状

2002年，国务院批准了全国海洋功能区划，为海域管理提供了科学依据。到2010年年底，国务院和沿海县级以上地方各级人民政府依据海洋功能区划确权海域使用面积 $194\times10^4\ hm^2$，基本解决了海域使用中长期存在的“无序、无度、无偿”等问题。依法审批建设用海 $24.2\times10^4\ hm^2$，切实保障了能源、交通等国家重大基础设施和防灾减灾等民生工程用海需求，成为沿海地区拓展空间、推动经济社会发展的重要途径；依法确权海水增养殖及渔港、人工鱼礁等渔业用海超过 $160\times10^4\ hm^2$，为沿海渔业发展、渔民增收提供用海保障。

全国重点海域使用状况见表10－3。

表 10－3 全国重点海域使用情况(2004年)

区域	所在地	面积/km^2	主要生态系统类型	主要开发活动	健康状况
双台子河口	辽宁省	3 000	河口	油田、渔业、围垦	亚健康

续表

区域	所在地	面积/km²	主要生态系统类型	主要开发活动	健康状况
滦河口－北戴河	河北省	1 600	河口	渔业、旅游、港口航运	亚健康
渤海湾	天津市	3 000	海湾	渔业、围填海、旅游、港口航运、油田	亚健康
莱州湾	山东省	3 770	海湾	渔业、油田、港口航运、盐田	不健康
黄河口	山东省	2 600	河口	渔业、港口航运、油田	不健康
苏北浅滩	江苏省	3 090	湿地	港口航运、围垦、渔业	亚健康
长江口	上海市	13 668	河口	港口航运、海洋工程、渔业、围垦	不健康
杭州湾	上海市 浙江省	5 000	海湾	港口航运、围垦、海洋工程、渔业	不健康
乐清湾	浙江省	464	海湾	渔业、围垦	亚健康
闽东沿岸	福建省	5 063	海湾	港口航运、渔业、围垦、旅游	亚健康
大亚湾	广东省	1 200	海湾	海洋工程、渔业、港口航运	亚健康
珠江口	广东省	3 980	河口	港口航运、油田、旅游、渔业	不健康
雷州半岛西南	广东省	1 150	珊瑚礁	渔业、旅游	健康
广西北海	广西壮族自治区	120	珊瑚礁、红树林、海草床	旅游、渔业、港口航运	健康
海南东海岸	海南省	3 750	珊瑚礁、海草床	旅游、渔业	健康

注：资料来源于国家海洋局发布的《2004 年中国海洋环境质量公报》。

2010 年，全国共确权海域面积 193 769.16 hm²，其中经营性项目 190 344.73 hm²，公益性项目 3 424.43 hm²；发放海域使用权证书 2 481 本，其中经营性项目 2 373 本，公益性项目 108 本，各地区具体情况见表 10－4。

表 10－4　沿海省、自治区、直辖市 2010 年海域使用确权情况

地区	确权海域面积/hm²		海域使用权证书(本)	
	经营性项目	公益性项目	经营性项目	公益性项目
辽宁	104 798.03	672.46	622	10
河北	4 679.83		52	
天津	2 150.02		51	
山东	22 168.63	276.38	378	17
江苏	34 844.03	813.9	201	5
上海	95.29	17.92	3	1
浙江	4 189.97	682.85	189	29
福建	6 264.47	273.06	233	20
广东	6 202.91	559.79	337	15
广西	2 078.99	84.13	202	6

续表

地区	确权海域面积/hm^2		海域使用权证书(本)	
	经营性项目	公益性项目	经营性项目	公益性项目
海南	1 294.76	43.94	89	5
省(区、市)管理海域以外	1 577.80		16	

注：资料来源于国家海洋局发布的《2010 年海域使用管理公报》。

各用海类型的确权面积分别为：渔业用海 161 492.11 hm^2，工业用海 18 095.94 hm^2，交通运输用海 6 852.66 hm^2，旅游娱乐用海 2 303.37 hm^2，海底工程用海 59.52 hm^2，排污倾倒用海 246.07 hm^2，造地工程用海 2 280.38 hm^2，特殊用海 905.25 hm^2，其他用海 1 533.86 hm^2。各用海方式的确权面积分别为：填海造地 13 598.74 hm^2，构筑物 2 024.57 hm^2，围海 18 662.31 hm^2，开放式 156 037.84 hm^2，其他方式 3 445.70 hm^2。

我国的海域使用管理制度与发达国家相比起步较晚，许多方面还存在不足，还有不少亟待解决的问题(表 10 – 5)。

表 10 – 5 当前填海造地管理中主要问题

制度	存在问题	说明
海洋功能区划制度	1. 功能区划代替权属管理	
	2. 功能区划功能不足，缺乏填海造地专项规划	
	3. 与其他规划关系不明晰	各种规划法律地位相等，相互存在矛盾
海域权属管理制度	4. 缺乏权利申请主体资格的审查	造成国有资产流失，或者市场竞争机制缺乏
	5. 资源配置方式不科学	没有充分利用市场来配置海域资源
海域有偿使用制度	6. 海域使用金标准的制定不科学，依据不足	海域使用金制订过低或过高
	7. 渔民补偿制度不完善	渔民补偿方面缺乏法律，补偿依据、标准和方法

产生这些问题的原因主要如下。

1)虽然法律规定了涉海各部门的职权范围，但海洋环境管理体制和运行机制仍属于各自为政、分散执法的传统模式，尤其是地方和部门利益非常突出。

2)海洋环境污染的法律执行不力和责任过轻。《中华人民共和国海洋环境保护法》中规定，未持有经审核和批准的环境影响报告书兴建海岸工程建设项目的，由县级以上地方人民政府环境保护行政主管部门责令其停止违法行为和采取补救措施，并处 5 万元以上 20 万元以下的罚款；或者按照管理权限，由县级以上地方人民政府责令其限期拆除；海岸工程建设项目未建成环境保护设施，或者环境保护设施未达到规定要求即投入生产、使用的，由环境保护行政主管部门责令其停止生产或者使用，并处 2 万元以上 10 万元以下的罚款；新修订的《中华人民共和国防治海岸工程建设项目污染损害海洋环境管理条例》虽然在处罚方面依照《海洋环境保护法》的规定予以处罚，但是，海洋污染治理难度非常大，被污染的海洋环境的恢复在很大程度上要依靠海洋本身的自净能力来解决。以上法律对于投资上亿的海岸工程建设项目来说，罚款额度的处罚过轻，起不到威慑作用。

2011 年6 月中海油渤海湾蓬莱19 -3 油田发生重大海洋溢油污染的责任事故，造成海洋污染和环境破坏，污染海洋面积达6 200 km^2。依据《海洋环境保护法》规定，康菲石油中国公司和中国海洋石油总公司总计支付16. 83 亿元，其中，康菲公司出资10. 9 亿元，赔偿本次溢油事故对海洋生态造成的损失，中国海油和康菲公司分别出资4. 8 亿元和1. 13 亿元，承担保护渤海环境的社会责任。上述资金将用于渤海生态建设与环境保护、渤海入海石油类污染物减排、受损海洋生境修复等。本次海洋生态损害索赔取得成功，彰显了我国政府和民间对海洋生态环境保护的高度重视。

3)围填海环境影响评价制度的相关政策内容模糊。

10. 4 海岸生态环境保护

10. 4. 1 概况

作为海洋与陆地的衔接地带，海岸又是自然界水圈、岩石圈、大气圈与生物圈相互作用最频繁、最活跃和最强烈的地区，是具有不断变化的生物、化学及地质特性的动态区域，具有独特的兼有海、陆两种不同属性的环境特征，更是海岸工程的载体。我国海岸带面积28. 57 $\times 10^4$ km^2，跨越热带、亚热带和暖温带三个海洋气候区，并由潮上带、潮间带和潮下带三个不同的地貌单元组成。其中潮上带陆地面积10. 7 $\times 10^4$ km^2，是沿海人民生产、生活和进行海底开发的前沿；潮间带滩涂面积2. 17 $\times 10^4$ km^2，是海洋生物分布丰富的地带；潮下带水域面积15. 7 $\times 10^4$ km^2，是海洋生物、尤其是浮游生物的索饵洄游栖息繁殖的重要场所，也是我国近海渔场的分布海域。长期以来，随着海洋工程技术的日益进步，各类海岸工程对海床自然面貌的改变也愈来愈显著。由于对海岸带资源的整体性认识不足，缺乏全面规划和综合论证，出现了忽视海岸自然保护和对资源近于掠夺式开发的现象，从而导致生态改变、自然衰退、环境污染。例如，过度强调滩涂土地资源利用而进行的不恰当围垦，造成潮间带生态环境改变，影响海洋动、植物的生长和生存，也给港口带来不利影响；沿海突堤、丁坝、港口影响近岸生态环境及造成养殖、水产业的严重损失；排海污染物的持续增加导致海域污染面积越来越大，沿海海洋生物污染损害日趋显著，赤潮等环境污染事件频发，海洋生态环境恶化等。

为避免海岸资源无序、无度开发以及对海洋生态的破坏，规定了海洋自然保护区和特别保护区，针对海岸带资源环境的复杂性综合开发利用与管理；对海岸工程建设予以全面规划，在多学科综合调查与论证基础上制定综合开发利用方案，并通过科学试验，将其不利影响降到最低程度，以求获得经济效益、生态效益和社会效益的统一。例如：统一规划布局沿海优良港湾、深水岸线和大河河口的开发利用，坚持深水深用、浅水浅用的原则，实施港口资源的开发与保护。通过制定适度、有序的滩涂围垦控制线，根据资源的生长规律，科学确定围垦开发的规模、时序，建立良性循环的生态系统。

为防止污染，保护环境，维护海岸带生态平衡，制定并颁布了《海洋环境保护法》、《防治海岸工程建设项目污染损害海洋环境管理条例》、《海岸倾废管理条例》等有关法规，在海岸工程建设的同时，强调建设与环境保护同步发展，贯彻“预防为主、防治结合”和“谁污染，谁治理；谁破坏，谁恢复；谁使用，谁补偿”的原则，海岸工程建设根据自然条件和社会条件合理选址，并作好生态环境影响的评价，通过综合分析论证后，提出可能出现的生态环境问题及防治对策。

10.4.2 海洋自然保护区和特别保护区

为了防止自然资源衰退和环境破坏，维护海洋生态良性循环和海岸带自然资源可持续开发利用，对有重大研究价值的生态环境和珍贵的生物资源，如沼泽湿地、红树林、珊瑚、河口等海洋生态等，以及特有物种设立海洋自然保护区。至2010年，我国已建有37个国家级海洋保护区(表10－6)和一批国家级海洋特别保护区(表10－7)。图10－2为我国国家级海洋保护区分布图。海洋自然保护区是对有代表性的海洋自然生态系统、珍稀濒危野生动植物的天然集中分布区，以及有特殊意义的自然遗迹等保护对象所在海域，依法划出一定面积予以保护和管理的区域。海洋特别保护区是对具有地理条件、生态系统、生物与非生物资源及海洋开发利用特殊需要的区域，采取有效的保护措施和科学的开发方式进行特殊管理的区域。

表10－6 我国国家级海洋自然保护区

保护区名称	所在地区	面积/hm^2	主要保护对象
蛇岛—老铁山自然保护区	辽宁旅顺口	17 000	蝮蛇、候鸟及其生态环境
鸭绿江口滨海湿地自然保护区	辽宁东港市	112 180	沿海滩涂、湿地生态环境及水禽、候鸟
辽宁双台河口国家级自然保护区	辽宁盘锦市	80 000	丹顶鹤、白鹤、天鹅等珍禽
昌黎黄金海岸自然保护区	河北昌黎	30 000	自然景观及其邻近海域
天津古海岸与湿地自然保护区	天津市	21 180	贝壳堤、牡蛎滩古海岸遗迹及湿地生态系
黄河三角洲	山东东营市	153 000	原生性湿地生态系统及珍禽
江苏盐城国家级珍禽自然保护区	江苏盐城市	453 000	丹顶鹤等珍禽及滩涂湿地
南麂列岛海洋自然保护区	浙江平阳县	20 106	岛屿及海域生态系统、贝藻类
厦门文昌鱼自然保护区	福建厦门	6 300	文昌鱼及生态系统
北深沪湾海底古森林遗迹自然保护区	福建晋江市	3 400	海底古森林、牡蛎礁遗迹
惠东港口海龟自然保护区	广东惠东县	800	海龟及其产卵繁殖地
珠江口中华白海豚保护区	广东省	46 000	中华白海豚
内伶仃福田自然保护区	广东深圳市	858	猕猴、鸟类和红树林
广东湛江红树林自然保护区	广东廉江县	11 927	红树林生态系统
山口红树林生态自然保护区	广西合浦县	8 000	红树林生态系统
北仑河口红树林自然保护区	广西防城	2 680	红树林生态系统
合浦儒艮自然保护区	广西合浦县	86 400	儒艮、海龟、海豚、红树林等
东寨港红树林保护区	海南琼山市	3 337	红树林及其生态环境
大洲岛海洋生态自然保护区	海南万宁县	7 000	岛屿及海洋生态系统、金丝燕及生境
三亚珊瑚礁自然保护区	海南三亚市	8 500	珊瑚礁及其生态系统

表10－7 我国国家级海洋特别保护区

保护区名称	所在地区
锦州大笔架山国家级海洋特别保护区	辽宁锦州
昌邑海洋生态特别保护区	山东潍坊
东营黄河口生态国家级海洋特别保护区	山东东营

续表

保护区名称	所在地区
东营利津底栖鱼类生态国家级海洋特别保护区	山东东营
东营河口浅海贝类生态国家级海洋特别保护区	山东东营
东营广饶沙蚕类生态国家级海洋特别保护区	山东东营
东营莱州湾蛏类生态国家级海洋特别保护区	山东东营
文登海洋生态国家级海洋特别保护区	山东文登
龙口黄水河口海洋生态国家级海洋特别保护区	山东烟台
威海刘公岛海洋生态国家级海洋特别保护区	山东威海
烟台芝罘岛群国家级海洋特别保护区	山东烟台
连云港海州湾海湾生态与自然遗迹海洋特别保护区	江苏连云港
南通蛎岈山牡蛎礁海洋特别保护区	江苏南通
乐清西门岛海洋特别保护区	浙江乐清
嵊泗马鞍列岛海洋特别保护区	浙江舟山
普陀中街山列岛海洋生态特别保护区	浙江舟山
渔山列岛国家级海洋生态特别保护区	浙江宁波

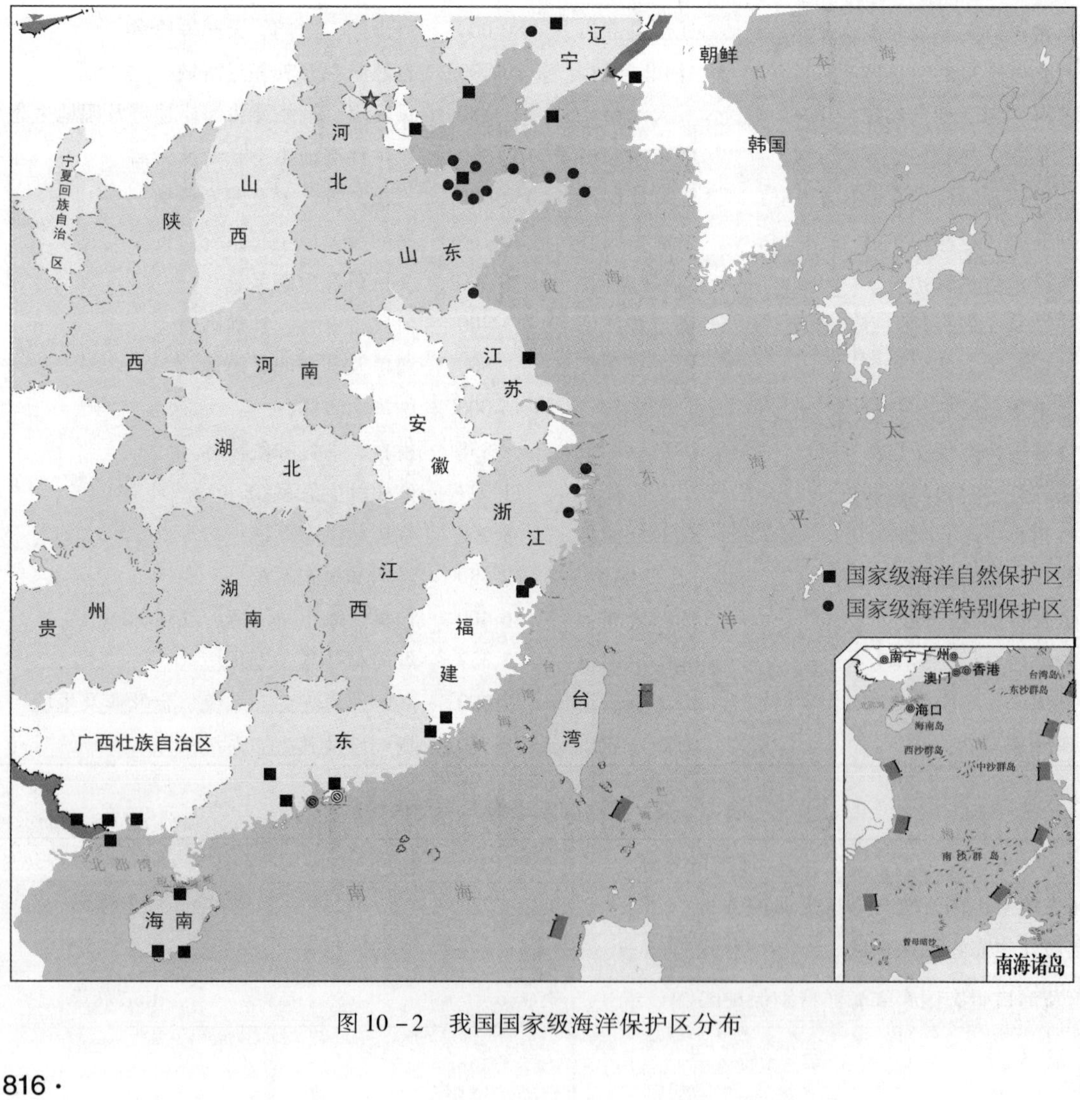

图 10-2 我国国家级海洋保护区分布

海洋自然保护区分为核心区、缓冲区和实验区。核心区为保存完好的天然状态的生态系统以及珍稀、濒危动植物的集中分布地，除特殊情况外，也不允许从事科学研究活动。核心区外围划定一定面积的缓冲区，只准进入从事科学观测活动。缓冲区外围的实验区，主要从事科学实验、教学实验、参观考察、旅游以及驯化、繁殖珍稀、濒危野生动植物等活动。例如，苏北沿海的江苏盐城国家级珍禽自然保护区（图 10－3）的核心区、缓冲区、实验区面积分别为 203.57 km^2、586.91 km^2 和 2 169.52 km^2，保护区内有 I 级保护动物 12 种，II 级保护动物 84 种，具有保护滩涂湿地生态系统的完整性与生态系统的健康演化，为本地动物和过境动物提供栖息场所，以保护生物多样性的功能。

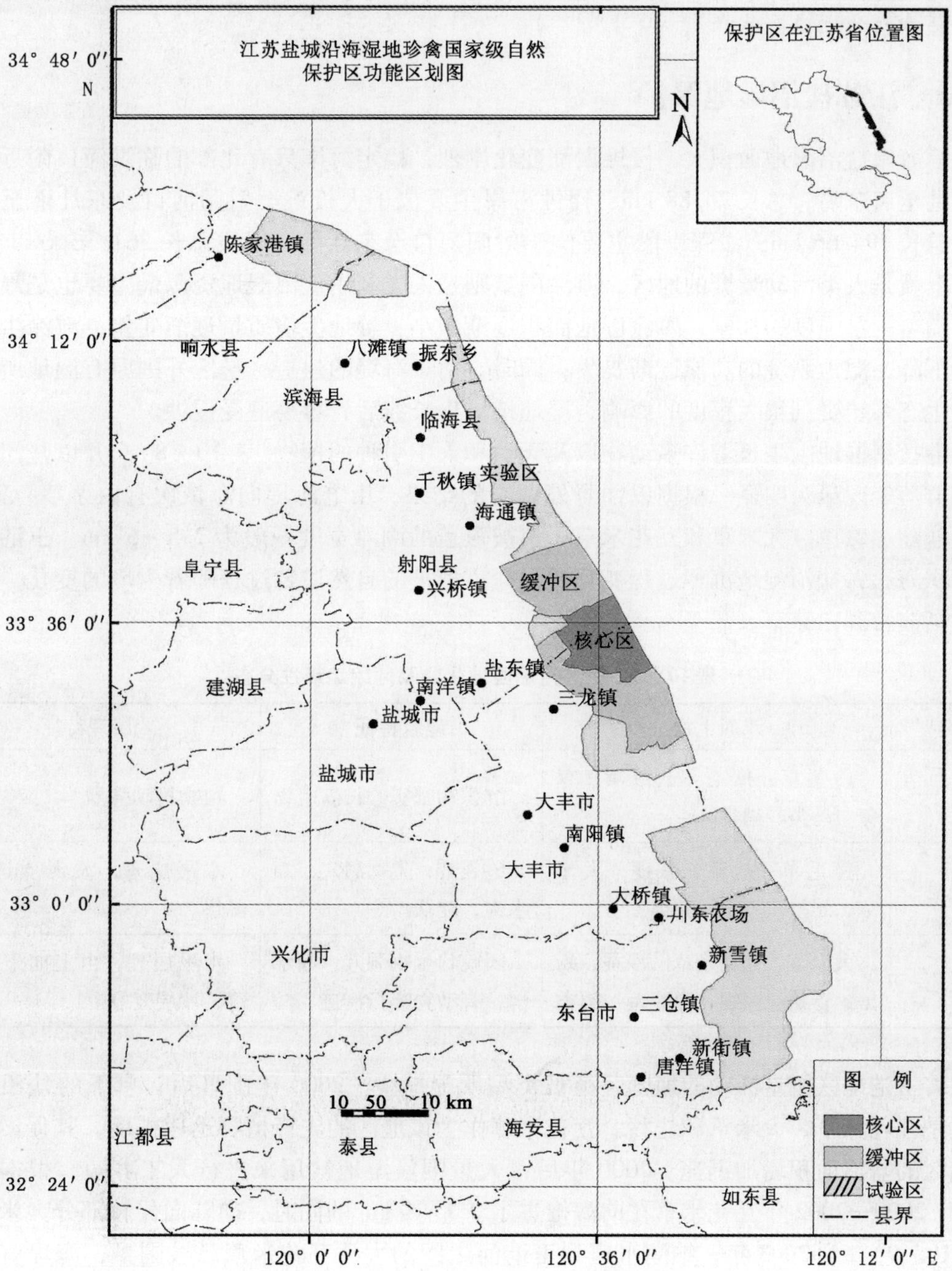

图 10－3 江苏盐城国家级珍禽自然保护区

海洋特别保护区是兼顾海洋资源可持续开发和生态环境保护，通过特殊的协调管理手段，促进海洋资源与环境可持续发展的区域。针对其中生态保护、资源恢复、生态环境整治和开发利用等不同区域地带也都有不同的保护要求。近年来，随着环境意识的增强，在沿海开发过程中越来越多的工程采取生态保护相关措施。例如，在港珠澳大桥工程建设中，为使保护区内的白海豚尽可能少受工程影响，设计单位优化了大桥主体工程原工可方案，细化了白海豚保护区内施工的技术要求、施工工艺、监管方法和保障措施，采取缓解水下爆破造成的重大影响、尽量减少施工中产生的噪声、对施工船只限速、减少污染物的排放并及时清理、避免多项大工程累加效应、密切监测白海豚和水质的状况等措施以避免或最大限度地减轻对白海豚生存环境的影响，尤其是在白海豚繁殖哺幼高峰期的4—8月有限度地进行施工，以保护中华白海豚和经济鱼类的繁殖活动。

10.4.3 江苏盐沼湿地保护

江苏海岸盐沼湿地面积大，侵蚀淤涨变化剧烈，稳定海岸只有北部的临洪河口附近和南部的蒿枝港至启东嘴，总长76.88 km；侵蚀海岸主要位于大板跳至射阳河口及东灶港至蒿枝港岸段，总长194.66 km；淤涨岸段主要位于射阳河口至东灶港，岸线总长361.36 km。江苏海岸历史上就是人类活动频繁的地区，滩涂围垦则是人类利用盐沼湿地资源最主要也是最广泛的方式。随着围垦强度的加剧，滩涂湿地面积逐渐缩小，湿地生境质量逐渐变差，滩涂生物多样性逐渐下降，湿地系统的功能逐渐丧失；同时，由于海堤的建造，垦区外围原有湿地所处的水动力和生态系统受到很大程度的影响，湿地植被生长滞后，容易遭受侵蚀。

王港盐沼湿地上生长着许多动物以及天然和人工引种的植物(表10－8)，并以盐沼植被的分带和群落表现最为明显。根据以往野外调查的结果，由老海堤向海依次有白茅草、獐毛草、芦苇、盐蒿、碱蓬、大米草和互花米草。植被覆盖的潮滩宽度一般为2.5～5 km。王港地区属强烈淤积海岸，盐沼湿地沉积过程变化快，盐沼植被的自然演替过程随着生境的变化，由互花米草逐渐演替到白茅草。

表10－8 王港盐沼湿地生物及地貌地带性分布

湿地类型	滩面生物	地貌特征	层理特征
茅草—芦苇湿地	白茅草、獐毛草、芦苇、草兔、鸟类、鹤类	沉积物密实，长满生物	植物扰动强烈
盐蒿湿地	獐毛草、盐蒿、碱蓬、大米草、螃蟹、笋螺、鹤类	龟裂带，生物洞穴，潮水沟，陡坎	水平层理，淤泥质透镜体，藻垫
米草湿地	大米草、互花米草、沙蚕、螃蟹、青蛤、泥螺、弹涂鱼、鹤类	团簇状生物洞穴，潮水沟，有动物爬行痕迹	水平层理，由上向下泥层变薄，沙层变厚

随着王港地区围垦活动的加剧，植被类型明显减少。2000年围垦后，剩下的盐沼植被类型主要是互花米草、大米草和盐蒿。互花米草作为该地区的先锋植物迅速扩展，其促淤作用使王港地区的盐沼面积增加迅速。2000年后，大量围垦湿地被用来进行人工养殖。根据遥感卫片资料，2000—2002年互花米草在向海推进了0.1～1 km的同时，向陆向代替部分大米草和盐蒿(表10－9)；到2003年，纳潮水道到王港河之间的大片互花米草已被围垦，海堤直逼互花米草边缘的泥沙混合滩(表10－10)。

表 10-9 王港盐沼湿地围垦情况

围垦时间	围垦面积/km^2	海堤长度/km	起围高程/m	围垦植被覆盖	围垦后滩涂宽度/km
1977—1978 年	44	9.7	▽2.5	白茅草、獐毛草、芦苇、盐蒿、光滩	8~11
1996—1997 年	8	8	▽2.0	互花米草、光滩	6~10
1999—2000 年	12	10.5	▽2.2	白茅草、獐毛草、芦苇、盐蒿、大米草、互花米草	6~8
2000—2004 年	10.1	29.7	—	盐蒿、大米草、互花米草	4~6

注：▽表示废黄河基面，黄海高程＝废黄河高程－0.259 m（废黄河以南）。

表 10-10 王港不同类型盐沼湿地面积动态变化

时间	人工港池/km^2	芦苇/km^2	盐蒿/km^2	大米草/km^2	互花米草/km^2
2000 年 5 月	0.00	1.05	1.26	3.59	8.27
2002 年 5 月	1.54	0.00	0.94	1.55	11.00
2003 年 7 月	8.75	0.00	0.94	0.40	7.77
2004 年 4 月	10.10	0.00	0.44	0.25	7.96

盐沼湿地的过度围垦给当地环境带来严重的影响。一方面，大片盐沼湿地的围垦严重破坏了当地的湿地生态系统，迫使大量生物迁徙，各种鸟类减少，鹤类基本消失；另一方面，围垦使得互花米草盐沼宽度变窄，减弱了海岸的防护功能，增加了风暴潮灾害风险。

互花米草引种到我国的淤泥质海岸后，在促淤造陆保滩护岸方面起到了显著的作用。随着其进一步扩展，在福建等地开始成灾，严重影响了当地的经济发展。但在江苏沿岸地区，其海岸防护作用是显著的。新建海堤前有大片高大互花米草生长的堤段，在风暴潮过后基本没有损坏；在海堤前有低矮大米草生长的堤段，受损较为严重；没有互花米草和大米草生长的堤段，破损最为严重，甚至有的濒临决口。

10.4.4 浙南红树林保护及开发

浙江省除了温州市瑞安、苍南、平阳、七都岛等地区有零星红树林分布外，唯一有点规模的成片分布区位于温州市乐清湾西门岛。乐清湾是浙南一个重要的半封闭海湾，面积宽阔，湾内海水平静，营养盐丰富。1957 年春秋两季，当地渔民先后 2 次从福建省引来 122 株树秋茄（*Kandelia candel*），当时引种栽植成活率较高。经 20 年后自然繁殖至第 2 代和第 3 代，数量曾达数千株，从西门岛南岙山村的西北滩涂一直到西南滩涂，以至面积扩大到 10.0 hm^2 以上。这片红树林长势良好，红树林区内的生物多样性也极其丰富。但是，受 20 世纪 80 年代后期的堤塘改建和海岸工程建设的影响，西门岛大片红树林被毁；20 世纪 90 年代以后，海洋水产养殖业成为海岸区居民致富的重要途径，毁林进行围塘养殖以及各种临海工程建设屡有发生，昔日优美的“海上森林”，如今仅剩西北一隅，约 0.2 hm^2。

2001 年浙江省开展了全省首次红树林资源调查，发现浙南沿海共有红树和半红树植物 3 种。全省现有红树林 20.6 hm^2，未成林红树林地 236.1 hm^2，宜林地面积 5 195.6 hm^2。

近几年来，红树林作为一种海岸防护林，在保护沿海湿地生态系统和生物多样性，维护海湾和河口地区生态平衡，抵御海潮和风浪等自然灾害以及防治近海海洋污染等方面的重要性逐渐被人们所认识。如乐清湾西门岛村民已把岛上仅存的0.2 hm^2红树林列为南岙山村重点保护基地，制定了保护奖罚措施，配备了专门护林员，并且把周边4.8 hm^2滩涂湿地作为发展试验基地，进行红树林栽培试验。政府部门也非常重视红树林的种植，每年都划拨一定经费用于红树林种植。如台州地区于2002年开始引种栽培秋茄树，在乐清湾和台州湾的玉环县、温岭市、椒江区等地已营造防护林100.0 hm^2，种源采于福建省龙海市。在温州的七都岛和瓯北镇以及其他县，秋茄红树引种造林面积达38.2 hm^2。2005年5月，经国家海洋局审批，乐清市正式建立了西门岛海洋特别保护区，把红树林区列为重点保护基地。乐清市政府加大了红树林营建投入，同时从浙江苍南马站与福建福鼎交界处引种秋茄苗，种植秋茄林面积达到2.0 hm^2。2006年6月，又在西门岛南岙山村滨海湿地种植了10万株秋茄胚轴苗，面积达14.0 hm^2。为了恢复浙南红树林，温州和台州地区政府部门自2000年以来，每年都投入一定经费用于发展红树林，但是由于种种原因，成活率非常低，秋茄未能成林，种植秋茄所面临的主要威胁因子有以下几个方面。

1）近岸海域水质污染严重。随着沿海工业的快速发展和沿海城镇人口的激增，大量工业、生活废水以及养殖农药等排放注入海域，近海湿地污染严重。特别是有毒的农药，如乐清湾西门岛周边的滩涂围塘养殖，为了杀死其他生物，大量使用三唑磷。这些污水经过一段时间后直接排出，导致海域水质恶化，这些现象在浙南渔民滩涂养殖中也存在，红树林种植于滩涂养殖区附近，排出含农药的水对秋茄幼苗不利，造成幼苗死亡，使成活率降低。

2）人为的损害。红树林种植在潮间带，而附近村民多数靠海为生，在经济利益的驱使下，村民对红树林林内生物过度采挖、抓捕的危害日趋加重。以乐清湾西门岛红树林为例，近几年来种植的红树林，中低潮区的成活率相当低，高潮区相对较好，很大原因就是中低潮人为采挖等活动较为频繁，而且此处属淤泥底质，频繁的活动很难使红树苗固着生长，成活率较低；而高潮区泥质较硬，受人为因素影响相对较少，红树根系易于固着，长势较好。

3）滩涂养殖的影响。浙南大部分滩涂都用于围塘养殖，如西门岛潮间带滩涂70%以上用于滩涂围塘养殖，养殖最多的是彩虹明樱蛤和缢蛏等，滩涂养殖侵占了红树林自然延展的区域，限制了红树林的发展。另外，由于滩涂所有权属村集体所有，在没有与林业、环保部门很好协调的情况下，村集体把滩涂承包或租赁，从而造成与红树林保护规划的冲突，束缚了红树林的恢复和发展的空间。

4）近岸海域固体废弃物的影响。红树林所处的潮间带大都位于近岸海区，随着涨落潮，滩涂红树林区淤积着大量的塑料包装袋、一次性快餐盒、泡沫塑料制品、废旧玻璃瓶等生活垃圾所带来的“白色”或“黑色”污染，在水流的作用下，对苗木造成严重的机械伤害，有些垃圾废物挂在苗木上，随着潮水的涨退和大浪的冲击，使种植在滩涂上的苗木拔起或将苗木压倒，影响红树林的自然更新和人工造林的成活率。

10.5 海岸工程结构与环境保护

近年来，一些新型水工结构逐渐开始在我国海岸工程建设中推广应用，在满足工程设计要求的前提下，尽量减少海岸工程对海岸动力和生态环境的影响。

10.5.1 挡板(透空式)防波堤

挡板式防波堤是国内经常采用的一种水工结构形式，具有防止泥沙回淤、改善港内泊稳条件和造价低等优点。按挡板的层数可将挡板式防波堤分为单层挡板式防波堤和多层挡板式防波堤。单层挡板式防波堤已在20世纪80年代后期长江口南支河段北岸崇明岛新河镇车客渡码头工程和南岸宝山附近长江轮船公司炮台湾船舶基地工程中采用。

多层挡板桩基透空式防波堤利用波浪与挡板相互作用的相位差，采用多层挡板逐层挡浪，构件前后交错遮掩，多次改变水质点的运动方向，使之相互碰撞或产生涡流，逐级消耗波能，从而既减小堤前反射波高，又减小堤后透射波高。福建省连江县黄岐渔港的多层挡板式防波堤采用了4种不同形式的多层挡板式防波堤断面(图10-4)，挡板间距与入射波长之比取0.02~0.05，断面优化采取前排稀疏，后排加密的方法。图10-5是舟山市定海区西码头渔港西防波堤断面图，采用的是二层挡板式防波堤。

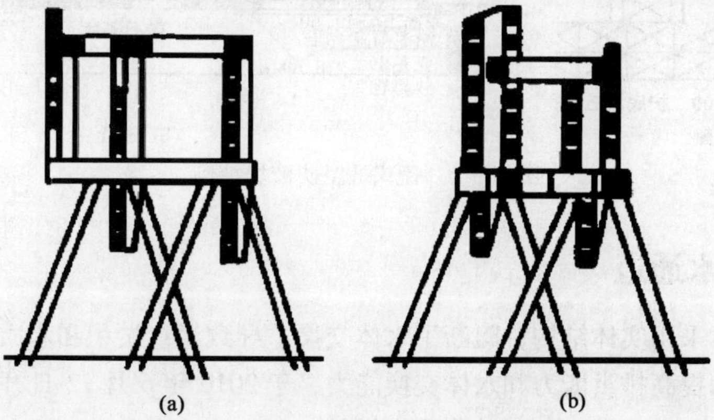

图10-4　多层挡板式防波堤断面示意

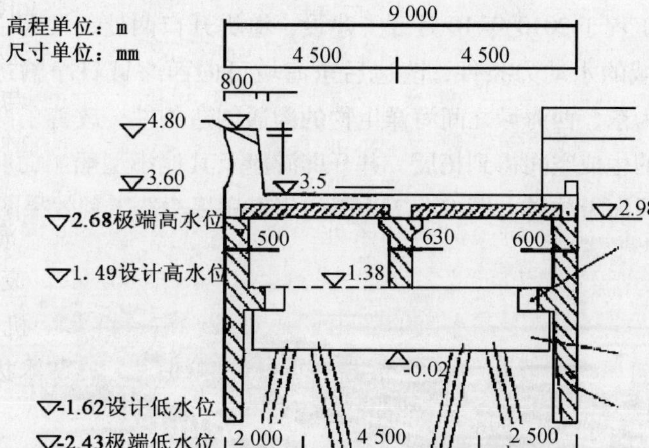

图10-5　舟山市定海区西码头渔港西防波堤断面图

10.5.2 梳式防波堤

大连港大窑湾港区一期工程建设南防波堤和岛式防波堤，远期建设北防波堤，三堤可掩护全湾近百个泊位。岛式防波堤采用国内外首创的沉箱带有两翼的梳式防波堤结构(图 10－6)，将传统实体方沉箱防波堤结构中的方沉箱按适当比例取出，代之以沉箱翼板，在平面上形成梳齿状的直立防波堤。沉箱翼板不伸至海底形成透流结构，成功地解决了既要防浪、又要透流的技术难题。

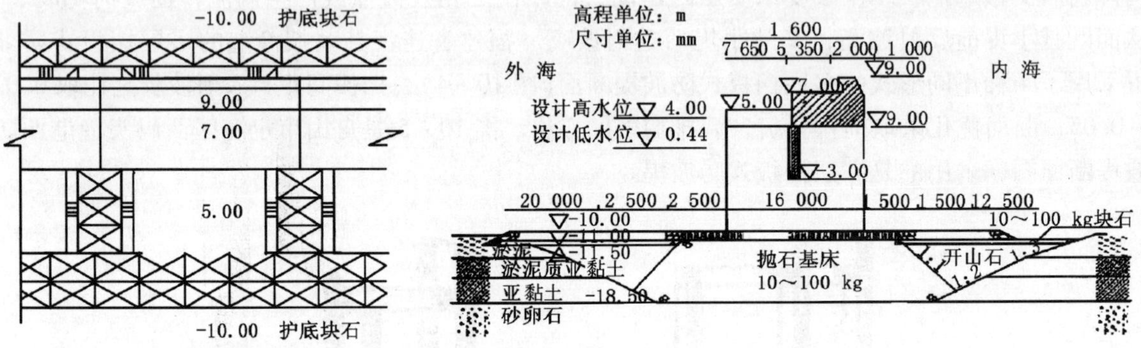

图 10－6 梳式透空防波堤结构

10.5.3 陆岛透水通道

过去陆岛通道常采用实体结构，阻断了水体交换，导致泥沙淤积和水质恶化。厦门集杏海堤原为实体结构，为提高排洪能力和水体交换能力，于 2010 年 6 月 12 日开始实施集杏海堤改造工程，在距离集美立交西端 270 m 的集杏海堤处，开口建一座总长 335 m 的水闸，其中开口净宽 264 m，设有 22 个净宽 12 m 的小孔便于水体交换。工程建成后可以让杏林湾的排洪能力从 10 年一遇提高到 50 年一遇，也能通过闸口的纳潮和泄流来改善海域的环境。

厦门高集海堤改造工程于 2010 年 10 月开工建设，海堤开口两处，架大小两座桥梁。海堤改造有利于改善东、西海域的水动力条件，改造后东海域可向西海域日净输送水 7 100 $\times 10^4$ m^3；有利于打开生态通道，为东、西海域之间海洋生物的沟通创造条件，改善了两海域的水质和泥沙冲淤环境。中华白海豚的生成空间得到拓展，并开辟游艇及其他小型船舶的航道，实现东、西海域之间船舶的通航，发展海上旅游。图 10－7 为厦门集杏海堤改造工程效果图。

图 10－7 厦门集杏海堤改造工程效果图

10.5.4 桩式码头结构

为减小工程对波浪、水流和泥沙环境的影响，深水码头工程大量采用桩基和墩柱式透空结构。曹妃甸30吨级原油码头工程由1座码头和1座引桥组成，采用高桩高承台结构形式；靠船墩、系缆墩采用圆锥形低桩半水下墩台结构形式。中国石油广西石化1 000×10^4 t/a炼油项目10万吨级码头工程工作平台和引桥采用重力墩式结构，工作楼平台基础采用12根ϕ1 200 mm灌注桩。曹妃甸30万吨级矿石码头工程、防城港20万吨级矿石码头工程和大连港30吨级矿石码头工程等均采用透空式结构。

10.6 海岸工程技术标准

10.6.1 水运工程技术标准

10.6.1.1 水运工程建设标准体系表

《水运工程建设标准体系表》于2001年12月开始颁布实施，是开展水运工程建设标准工作的指导性文件，也是今后一定时期内水运工程标准立项和编制年度计划的重要依据。随着水运工程建设技术的不断发展和标准体制改革的不断深化，2007年对《水运工程建设标准体系表》进行修订、补充和完善，扩充了工程建设管理类标准和工程维护技术类标准，完善了体系结构；将设计标准与施工标准分离，整合了内容交叉和性质类同的标准，增强了标准体系对新技术、新工艺、新材料和新设备应用的适应性；增加了设计通则、施工通则、耐久性设计等标准，将涉及安全、环保、节能、可持续发展和通用的强制性条款统一编入通则中，为实现“强制性标准”与“推荐性标准”的分离，为“强制性标准”上升为“技术法规”，并为逐步形成“技术法规”和“指南”、“手册”并存的管理模式奠定了基础。修订并录入体系表的标准共87本，每本体系标准均赋予一个体系号，以便于体系表的管理。

图10－8给出了《水运工程建设标准体系表》结构框图。体系结构共分为三个层次，第一层反映了国民经济建设领域所具有的共同特征，按水运工程的管理程序分为工程建设管理类、工程建设技术类和工程维护技术类等门类；第二层反映了服务于水运工程建设活动不同对象的共性标准，按水运工程建设程序分为综合标准、勘测标准、设计标准、施工标准、试验检(监)测标准、监理标准、质量检验标准和工程定额标准等分类；第三层由通用、基础标准和专用标准组成，为体现水运工程行业的特色，把专用标准又分为港口工程标准、航道工程标准、船厂水工工程标准、支持系统标准四个专业类别，反映了专业性质的共性标准。2012年底，就2007年版《水运工程建设标准体系表》项目库进行局部修订、完善。据了解，本次修订工作将强化水运工程质量、安全、节能、环保、资源等要求，补充完善内河标准规范内容，鼓励技术创新。

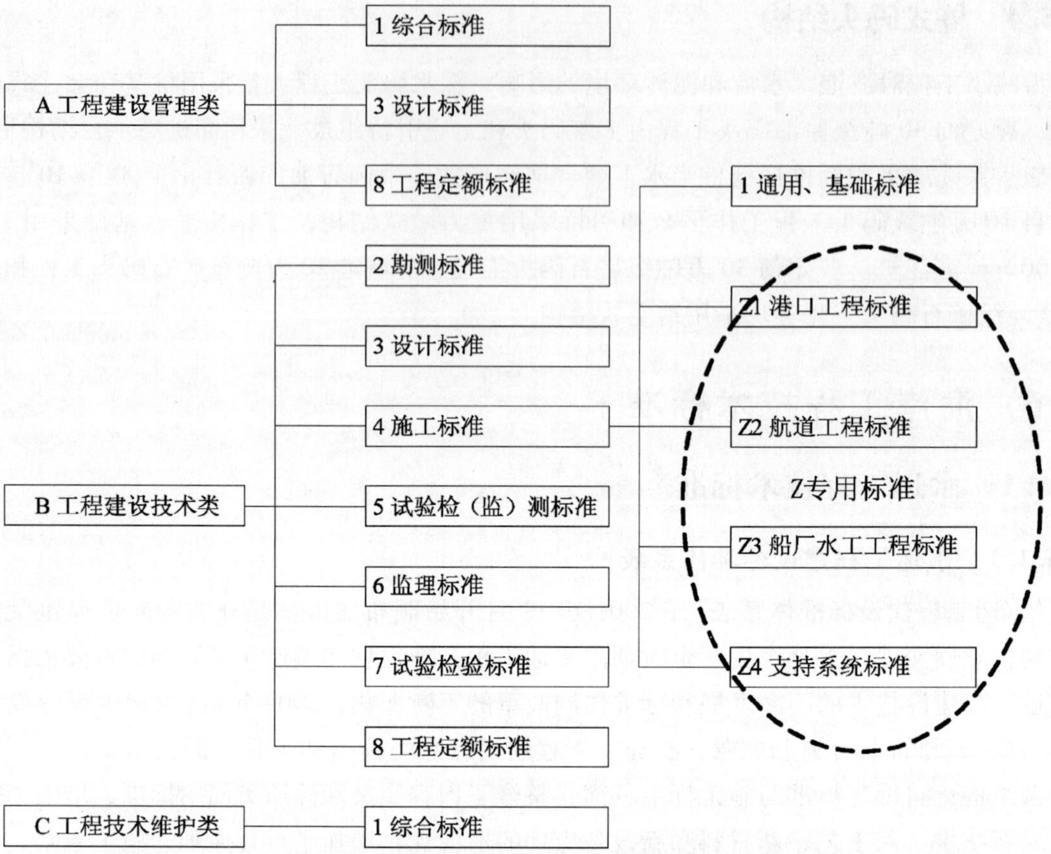

图 10－8 《水运工程建设标准体系表》结构框图

10.6.1.2 港口工程技术标准

(1)发展历程

1960年我国首次颁布了《港口工程设计标准及技术规范》(以下简称“60版”)，主要是参考原苏联规范编制的，并根据我国情况，作了一定的改变。20世纪60年代港口工程建设不多，又由于一些港工结构的技术规范发布不久就开始了十年动乱，故工程实例较少。70年代，随着我国大力建设港口的步伐，港工规范的编制工作也全面展开，对60年代的规范进行修订，安排了大量的新编工作。由于工作量大，积压的问题较多，此项工作从70年代初开始，直至80年代中期才告一段落。随之又进行了全面协调和局部修订工作，于1987年完成了《港口工程技术规范》(以下简称“87版”)。随着我国港口工程建设事业的发展和需要，20世纪90年代根据国家标准《港口工程结构可靠度设计统一标准》(GB 50158－92)等，通过大量的调查研究，总结和吸收了10多年来国内、外港口工程的设计、科研和施工经验，对“87版”进行补充和修改，在水工建筑物稳定等的计算方法向以分项系数表达的极限状态设计法转轨的过程中，进行了可靠度分析和校准工作，对近20本结构规范进行修订，使规范不仅安全可靠且便于操作，于1998年完成《港口工程技术规范》的修订(以下简称“98版”)。目前“98版”各篇正在全面修订。

(2)港工建筑物等级

从我国港口工程设计标准关于港工建筑物等级的划分可以看到我国港口工程技术水平的

进展。

“60版”按吞吐能力对港区进行分等(见表10－11)。表中年吞吐量为换算吞吐量，并规定了换算系数，如煤，矿石等散货为1.0，石油为0.6，钢材、木材为2.5，普通件杂货为3.5，远程旅客为1.0，短途旅客为0.3等。根据港区的等别进行港工建筑物分级(见表10－12)。根据表的建筑物级别结构规范，规定结构安全系数，如1964年发布的《水运工程混凝土和钢筋混凝土结构设计规范》[Q/(交)HS001－64]规定的钢筋混凝土结构安全系数 K 见表10－13。

表10－11 港区等别标准(1960年)

等别标准	年吞吐量/×10^4 t	平均昼夜客运量/人次
	海港或河港	海港或河港
Ⅰ	>500	>2 000
Ⅱ	≤500 >200	≤2 000 >500
Ⅲ	≤200 ≥50	≤500 ≥200
Ⅳ	<50	<200

表10－12 港工建筑物分级(1960年)

等别标准	海港或河港		
	主要建筑物	次要建筑物	临时建筑物
Ⅰ	1	3	5
Ⅱ	2	3	5
Ⅲ	3	4	5
Ⅳ	4	4	5

表10－13 钢筋混凝土结构安全系数 K(1964年)

破坏原因		建筑物等级								
		1			2			3		
		荷载及外力的组合								
		A	A＋B	A＋B＋C	A	A＋B	A＋B＋C	A	A＋B	A＋B＋C
混凝土抗压极限强度或钢筋屈服极限应力	①受压构件	2.2	2.0	1.8	2.0	1.8	1.6	1.8	1.7	1.6
	②其他构件	2.0	1.8	1.6	1.8	1.7	1.6	1.7	1.6	1.6
混凝土抗拉极限强度	①无斜筋及箍筋	3.3	3.0	2.7	3.0	2.7	2.3	2.7	2.4	2.2
	②有斜筋及箍筋	1.3	1.25	1.2	1.25	1.25	1.2	1.2	1.2	1.2

注：A—基本(即设计)荷载和外力；B—附加(即校核)荷载和外力；C—特殊荷载和外力。

"60 版"的建筑物等级标准的优点是规定具体，可操作性强，只要港区的吞吐量是确定的，其建筑物等级便是确定的，大港建筑物的重要性高于小港；缺点是过于简单化，尤其是以吞吐量作为衡量建筑重要性的唯一标准，采用换算吨位掩盖了各类货种的特性。有些货种，如液化天然气、石油、集装箱等，因其具有危险或特别高的经济价值等特性，尽管其换算吞吐量不是很高，但其重要性和社会影响应高于吞吐量较大的一般货种。以港区代替港口，并提高了吨级标准，以换算吨进行港口或港区分等的办法，操作步骤过于繁琐，所规定的换算系数也很难符合实际。影响建筑物重要性的因素多且复杂，所以分级宜粗不宜细，5 级建筑物标准，太多、太细，不仅操作繁琐，且容易造成混乱。如 2 个基本相同的码头，1 个建在换算吨超过 500 万吨的港区，1 个建在小于 200 万吨的港区，可能相差 2~3 级，设计安全度也相差很大，因此很不合理。

"87 版"港口水工建筑物的等级主要根据港口政治、经济、国防方面的重要性和建筑物在港口中的作用，划分为三级。Ⅰ级建筑物：重要港口的主要建筑物，破坏后造成重大损失者；Ⅱ级建筑物：重要港口的一般建筑物或一般港口的主要建筑物；Ⅲ级建筑物：小港口中的建筑物或其他港口的附属建筑物；临时建筑物根据具体情况确定。

根据以上所列的建筑物等级，规定了部分港工结构的安全系数，如重力式码头、防波堤规定的抗滑、抗倾安全系数 K_0 和 K_S(表 10－14)，钢筋混凝土和预应力混凝土结构构件安全系数(表 10－15)，另外规定了附加安全系数(表 10－16)，还有基桩承载力为 1.7~2.0，地基承载力为 2.0~3.0，且Ⅰ、Ⅱ和Ⅲ级建筑物取高值。

表 10－14　K_0 和 K_S 值(1987 年)

类别	建筑物等级	设计组合	校核组合	特殊组合
K_0	Ⅰ、Ⅱ	1.6	1.5	1.4
	Ⅲ	1.5	1.4	1.3
K_S	Ⅰ、Ⅱ	1.3	1.2	1.1
	Ⅲ	1.2	1.1	1.0

表 10－15　钢筋混凝土和预应力混凝土结构构件安全系数(1987 年)

项次	受力特征		荷载组合	
			设计	校核
1	轴心受拉、受弯，偏心受拉构件	钢筋混凝土	1.55	1.45
2		预应力混凝土	1.65	1.50
3	轴心受压、偏心受压构件，斜截面受剪、受扭，局部承压		1.65	1.50

表 10－16　附加安全系数(1987 年)

项次	选用条件	附加安全系数
1	一般构件	1.00
2	轨道梁、靠航构件	1.05
3	使用碳素钢丝和钢绞线的拉、弯构件，缺乏实际经验及受力复杂的结构	1.05~1.10
4	承受静水压力为主的结构	0.95

"87版"放弃了"60版"换算吨位的概念和换算系数的繁琐规定，但用港口政治、经济、国防方面的重要性代替吞吐量作为划分港口类别的依据，虽然考虑的因素增加了，但嫌过于空泛，不便于操作。建筑物等级从5级减为3级，是一个进步。但Ⅰ级和Ⅱ级安全系数同值，则不尽合理。这实际上等于只分为2级，无异于上限封了顶。即使为危险品工程，对国民经济有重大影响的工程等情况，也堵住了提高其安全性的余地。所谓重要港口、一般港口、小港口和主要建筑物、一般建筑物、附属建筑物都没有明确的概念和区分指标，容易造成混乱。70年代同样的码头，在上海为Ⅰ级，在天津可能为Ⅱ级。从表10-17可见，同样建筑物，所定等级不同者有之；大小建筑物，所定等级混乱程度，比60年代犹有过之。其中原因，主要是由于规定的判断标准概念不清，难以操作所致。"87版"关于建筑物等级的规定，在安全系数取值上，没有统一的模式，也是一个缺点。

表10-17 部分沿海港口建筑物等级(1987年)

港口名称	港口重要性（大、中、小型）	港口吞吐量	名称	等级
大连大窑湾散粮码头	大	300×10^4 t	码头及10×10^4 t筒仓	Ⅰ
大连大窑湾集装箱码头	大	75×10^4 TEU	3—8号泊位	Ⅰ
黄埔港	中		集装箱码头	Ⅱ
湛江港	中		一区南深水码头及工作船码头	Ⅱ
深圳妈湾电厂	大		卸煤码头	Ⅰ
厦门港	中		东渡港区主码头	Ⅱ
			驳船头及护岸	Ⅲ
珠海港	大		南经湾煤码头防波堤及护岸	Ⅱ
青岛浮水湾	大		3 km城市护岸	Ⅰ
营口港	中		1号、3号、4号码头	Ⅲ
海门港	小	50×10^4 t	2 000~5 000吨级码头	Ⅱ
温州港	大		万吨级多用途二泊位	Ⅰ
南京港	大		磷矿、煤码头	Ⅲ
盐田港	大		3.5万~5万吨级集装箱码头	Ⅰ
盐田港	小	16×10^4 t	1 000吨级通用泊位	Ⅰ
盐田港	大	120×10^4 TEU	5万吨级泊位	Ⅰ
北仑港	大	$1\ 200\times10^4$ t	20万吨级矿石码头	Ⅰ

《港口工程结构可靠度设计统一标准》(以下简称"港工统标")，从1986年开始制定，1992年发布，随后据此开始了多本港工结构规范的修订和新编工作，于1998年发布。"港工统标"规定港口工程结构应根据破坏后可能产生的后果(危及人的生命，造成经济损失，产生社会影响等)的严重性，按表10-18划分安全等级。

不同安全等级的结构，用目标可靠指标表示相应的结构可靠度。对持久状况承载能力极限状态，港口工程结构的目标可靠指标的规定见表10-19。β_0是标识工程结构可靠度或安全度的指标。目前港工结构设计采用以分项系数表达的实用设计式，因而又在结构规范中规定了结构重要性系数γ_0，见表10-20。

表 10－18 港口工程结构的安全等级(1998 年)

安全等级	一级	二级	三级
破坏后果	很严重	严重	不严重

注：一般港口工程结构的安全等级宜取二级。

表 10－19 目标可靠指标 β_0(1998 年)

结构破坏类型	安全等级		
	一级	二级	三级
有预兆破坏	4.0	3.5	3.0
无预兆破坏	4.5	4.0	3.5

表 10－20 结构重要性系数 γ_0(1998 年)

安全等级	破坏后果	γ_0
一级	很严重	1.1
二级	严重	1.0
三级	不严重	0.9

“港工统标”坚持按工程重要性分级的原则，因采用了结构可靠度设计，结构安全度可以从表 10－19 得到明确表达。实用设计式的结构重要性系数 γ_0 与目标可靠指标 β_0 相对应，故其安全性也是明确的。表 10－18 至表 10－20 适用于全部港工结构，采用同一模式，避免除了 70、80 年代规定的不协调情况。用工程结构安全等级代替建筑物等级，可与建工、铁道等工程行业统一，用“安全”二字醒目地道出了分级的中心目的。“一般港工结构的安全等级宜取二级”是数十年工程实践的重要成果。从此可以避免前两届规范的混乱情况。所谓“一般”可理解为“大部分”。二级安全等级的可靠指标是通过对多项大型工程标准确定的。小工程按二级设计，可能比过去标准有所提高，原因是小工程的设计使用寿命与大工程基本相同，但小工程的勘察工作和研究工作都比大型工程相差甚多，故其安全等级不应过低。“港工统标”关于工程结构按重要性分级的规定，不足之处是分“很严重、严重、不严重”3 级，虽有“危及人的生命，造成经济损失，产生社会影响等严重性”的解释，却没有较明确的界限，不便于操作。“一般港口工程结构的安全等级宜取二级”解决了大部分问题，但什么样的港工结构应定为二级、三级，仍未能解决。也可以认为这是“港口统标”的一个遗留问题。

(3)《海港水文规范》

《海港水文规范》(JTJ 213—87)(简称“87 版”)既是《港口工程设计标准及技术规范》中的一篇，也是一独立的交通行业技术规范，相关水文规定在电力、水利、渔业等行业海岸工程水工建筑物的设计和建设时都受到重视。1988 年实施以后，中国工程建设标准化协会港口工程专业委员会海岸动力分委会就开始对“87 版”进行完善，调动全国从事海岸水文的科研、高校和设计单位的技术人员，通过专题研究，历时 10 年完成了《海港水文规范》(JTJ 213－98)，并于 1999 年 6 月开始实施。2009 年开始对该版再次修订和增补。主要内容有以下方面：①在设计标准提高和气候变化影响背景下，如何适当考虑海平面上升对设计水位的确定的影响；②在计算不同重现期高、低潮位值时，也可选用P-Ⅲ曲线进行适配；③对于台风多发海区不同重现期设计波高可用复合极值分布；④考虑到原规范中的“海大”谱在有些条件下不能满足实际工程需要，因此增加了可用Jonswap谱；⑤在近岸波浪传播计算中，删除了多年来一直保留的手工绘制折射图方法，增加了用缓坡方程和Boussinesq方法数值计算近岸波浪传播的方法；⑥增加了基于物理模型实验得到的离岸式高桩码头面板波浪上托力计算；⑦在粉砂质海岸泥沙分析中增加了近10年黄骅、京唐等港口航道泥沙淤积计算的经验方法；⑧给出了部分水域不同重现期设计波浪参考值。根据《水运工程建设标准体系表》的要求，目前这一规范正在做与《内河航道与港口水文规范》合并工作。

10.6.2 防潮工程技术标准

10.6.2.1 海堤工程

(1) 地方海堤标准

我国浙江、福建、广东沿海由于土地缺乏，围海造地历史由来已久，同时这些地区又是台风灾害最为频繁的地区。为了保护人民生命财产安全，浙、闽、粤三省因地制宜，编制了相应的地方标准，作为沿海堤防建设的依据。这些地方标准促进了国家和行业海堤标准的进步和实施。

浙江围垦工程相当发达，杭州湾和沿海地区积累了不少围海造地工程经验。1980年浙江省水利厅颁发《浙江省海塘工程技术规定》第一册(近岸海洋水文部分)，1989年进行修订，各地反映其内容基本符合浙江省实际。1989年浙江省水利厅颁发《浙江省海塘工程技术规定》第二册(塘身断面结构、施工技术等部分)，经过10年的运用和实践，特别是9417号和9711号强台风暴潮袭击，沿海从南到北均发生特高潮位，海塘损毁严重，浙江省水利厅于1999年决定对《浙江省海塘工程技术规定》第一、二册进行修订，认真总结海塘屡毁的经验教训，优化塘身结构断面，提出“三面光”的结构思路，增强了抗台风浪的能力；在补充潮位、风速、波浪资料的基础上，增加了塘顶越浪水量计算等内容，给出了浙江沿海几个主要海洋水文观测站的设计波浪要素，以适应和规范当前浙江省海塘建设的需要。修订后的标准于1999年9月开始实施。

为了加强福建省围垦工程设计管理，提高设计质量，1990年3月福建省水利水电厅制定了《福建省围垦工程设计技术规程》。1992年12月，编制完成《福建省围垦工程设计技术规程(试行)》，主要内容包括：围垦工程等级划分、潮位及风浪要素计算、海堤设计、堵口闭气、水闸设计等。

《广东省海堤工程设计导则(试行)》(2004年)由广东省水利厅主持编制，广东省质量技术监督局批准的地方技术标准，主要技术内容涉及近岸海洋水文分析计算、海堤结构设计、海堤施工设计和工程管理设计四部分内容。该导则根据编制单位的统计分析和计算以及既往工程的经验还给出了广东沿海多个控制点的设计水位和深水波浪要素参考值。

有些地方，如天津、江苏、上海等地，以手册、规定等形式给出地方海堤建设指导意见。

(2) 水利行业海堤标准

根据水利部水利技术标准修订工作安排，水利部水利水电规划设计总院会同有关单位编制完成《海堤工程设计规范》(SL 435—2008)。该标准主要技术内容包括：总则、术语、防潮(洪)标准与级别、基本资料、设计潮(水)位的确定、波浪要素计算、堤线布置与堤形选择、堤身设计、堤基处理、稳定与沉降计算、海堤与各类建(构)筑物的交叉和连接、安全监测、施工设计、工程管理设计等。这是水利行业第一次以规范形式提出的专门性技术标准。

(3) 国家堤防标准

1992年国家计划委员会以《一九九二年工程建设标准制订修订计划》的要求，由水利部负责主编，水利部水利水电规划设计总院会同有关单位编制《堤防工程设计规范》(GB 50286—98)，于1998年由建设部会同国家质量技术监督局联合发布，并于当年实施。这是一部以河堤为主，海涂围堤、入海河口堤防为辅的堤防建设规范。该规范经过广泛的调查研究，认真总结我国堤防工程建设的实践经验，征求了全国有关单位和专家的意见，同时检索、参考了国外主要国家的有关设计指标和先进标准。主要技术内容包括：堤防工程的级别及设计标准、基本资料、堤线布置及堤型选择、堤基处理、堤身设计、堤岸防护、堤防稳定计算、堤防与各类建筑物、构筑物的交叉、连接、堤防工程的加固、改建与扩建、堤防工程管理设计等。在海堤建设方面虽然该规范所列出的标准比较粗泛，但因其地位也是指导海堤工程的重要依据。在水利行业标准《海堤工程设计规范》(SL 435—2008)的基础上，2010年初对国家海堤标准进行了编制，并于当年年底提出了征求意见稿。

10.6.2.2 警戒水位标准

1999年以前，我国尚无警戒潮位核定标准及技术规程。随着减灾活动的深入，我国沿海警戒潮位核定陆续展开，为了确立警戒潮位核定原则，统一警戒潮位核定的程序、方法及技术要求，建立统一的警戒潮位核定系统，适应国际技术交流，国家海洋局于1999年首次编制了《警戒潮位核定方法》(GB/T 17839—1999)，并由国家技术监督局颁发，于2000年2月起实施。该标准适用于大陆、岛屿的海岸及入海河口的警戒潮位的核定，具体涉及水文气象资料的收集整理和统计分析及警戒潮位的拟定等。现行的是《警戒潮位核定规范》(GB/T 17839 - 2011)。沿海省级海洋主管部门还定期组织开展警戒潮位值的评估，发现与防潮减灾不相适应的警戒潮位值应及时重新核定，警戒潮位每5年核定一次。

10.6.2.3 电力涉海工程标准

《电力工程水文技术规程》(DLGJ 15—80)于1980年发布，1998年进行了修订，《电力工程水文技术规程》(DL/T 5084—1998)，由中华人民共和国电力工业部发布，该规程新增了水文途径评价地下水资源以及特小流域汇流参数与全国水面蒸发散热系数的科研成果；重点增补了水文气象查勘、地表水源计算、设计洪水计算、泥沙与河床演变分析、滨海与潮汐河口的岸滩演变与水文计算等方面内容。

《火力发电厂设计技术规程》(SDJ 1—84)由能源部批准，1994年经修订以标准编号(DL 5000—1994)由电力工业部批准颁布实施。1998年电力规划设计总院组织力量对DL 5000—1994进行了修编形成《火力发电厂设计技术规程》(DL 5000—2000)，由中华人民共和国国家经济贸易委员会发布。

《电力工程气象勘测技术规程》(DL/T 5158—2002)于2002年由中华人民共和国国家经济贸易委员会发布。

《核电厂工程勘测技术规程第3部分：水文气象》(DL/T 5409.3—2010)于2010年由中华人民共和国国家经济贸易委员会发布。本部分规定了核电厂工程中勘测技术水文气象的基本技术要求和设计基准。本部分适用于核电厂工程中的勘测工程。

《核电厂工程水文技术规范》(GB/T 50663—2011)于2011年由中华人民共和国住房和城乡

建设部、中华人民共和国国家质量监督检验检疫总局联合发布，由电力规划设计总院负责具体技术内容的解释。本规范共分9章，主要内容包括：总则、术语、水文查勘、设计基准洪水、设计基准低水位、水源、泥沙与岸滩稳定性、水文观测及专用站、核电厂工程水文各阶段内容与要求。

10.6.3 渔业工程技术标准

国家水产总局于1980年颁布《渔港总体设计规范》(SCJ 1—80)(以下简称“80版”)，已实施多年。随着渔业发展及科技进步，“80版”已不能适应新形势的要求。农业部渔业局与全国水产标准委员会组织有关单位完成了《渔港总体设计规范》(SC/T 9010—2000)(以下简称“00版”)。因多年未修订，与“80版”相比，“00版”增加了诸多新的内容。根据我国南北方30多个渔港的资料分析，提出各类渔港码头合理泊位利用率，改进了“80版”码头泊位数确定的经验方法对于特一级及一级渔港可设物资码头，二、三级渔港不单设物资码头，渔船上物资可在卸鱼或供冰码头进行；特一级渔港渔船较大，多为441 kW左右船型，渔船修理较规范，按国家规定执行，且修理时常有重件拆装，需专用修船码头；提高了特一级及一级渔港极端高、低水位标准，确定重现期均为50年，二、三级渔港标准适当降低，采用重现期为25年的年极端高、低水位；“80版”超高值取0.5～1.0 m，主要考虑渔船船型较小，干舷较小，为便于装卸作业，故取值较小。在实际工程中，有些渔港感觉超高上限值略小，遇大潮时，码头几乎被水淹没，作业很不安全，根据《海港总平面设计规范》取值，将超高上限值提高到1.5 m，并提出特一级及一级渔港取大值，二、三级渔港取小值。对掩护较差的渔港其码头面高程应根据波浪及使用要求等因素确定，这样大大增加了超高值选取的灵活性；“80版”单船系泊所需水域宽度取(3～4)B_c(B_c为设计代表船型船宽)值修改为$2B_c$，也可满足渔船靠泊需要；通过实地渔船回转测量及渔船回转试验资料，确定渔船回转直径为(1.5～2.5)L_c(L_c为设计代表船型全长)，比“80版”的(2.5～3.5)L_c大大减少；码头前作业允许波高，“80版”对各种船型均采用0.5 m，“00版”将检验港内泊稳条件的设计波浪标准修改为采用重现期不大于2年，波列累积频率为4%的波浪，对1 000吨级以上大型船舶，码头前作业允许波高按《海港总平面设计规范》有关规定执行；新增多船并排单锚系泊方式，适用于风向稳定、港内水面平稳时锚泊，大大减少锚泊地面积；“00版”还对港外锚地安全距离、航道边缘设置隔离带、双向航道设计、设计通航水位、航道中心线走向、口门有效宽度以及冰冻地区渔港建防波堤、防止流冰堆积等问题进行了规定。

由于《渔港总体设计规范》对渔港的生产功能考虑较多，对防灾减灾作用考虑较少，致使部分渔港建成后缺乏避风功能。2009年福建省在全国率先制定并出台国内首个地方性《渔港建设标准》，并于当年12月正式实施。该标准较《渔港总体设计规范》增加的内容主要包括：在原先定级划分的基础上，将渔港按照其主导功能细分为避风为主的避风型渔港、渔业生产为主的生产型渔港、兼有生产及避风功能的综合型渔港三类，并根据渔港在其渔业生产中所占地位及建设规模等分为中心渔港、一级渔港、二级渔港、三级渔港四个等级。中心渔港与一级渔港根据自身特点分别对这三类渔港进行规划建设；二级渔港和三级渔港因投资规模小，只需建设避风型与生产型两类，生产型渔港对避风功能不做要求；规定了港内避风水域渔船能安全锚泊的港内水域在设计高水位时，各个方向设计波浪50年一遇有效波高均应小于0.5 m；中心渔港及一级渔港建成后在港内避风水域内应可避13级台风生成的浪，而且还应配备消防炮和消防船。在渔业生产方面，避风型渔港相对于综合型渔港，其水产品年卸港量适当降低；而生产型渔港相对综合渔港，其卸港量要求适当提高。以中心渔港为例，生产型中心渔港要求水产品年卸港量达 10×10^4 t，综合型中心渔港要求达 8×10^4 t，避风型中心渔港要求达 6×10^4 t，而旧渔港按设计规范一般为 8×10^4 t。新建的中心渔港避风水域面积至少为 40×10^4 m^2，可容纳 1 500 艘左右的中小型渔船避风。一级、二级、三级渔港避风水域面积、可容纳渔船数，比农业部设计要求均有所提高。今后福建省渔港建设将以提高防灾减灾能力为核心，使防波浪标准护岸和码头达到 50 年一遇、防波堤达到 100 年一遇水平。1998 年以来，福建省投资 96 699 万元，重点建设了 234 个渔港，其中中心渔港 7 个、一级渔港 11 个、二级渔港 47 个、三级渔港 169 个，渔船就近避风率达到 60%，解决了 3 万多艘渔船的就近避风与靠泊问题。

参考文献

陈书全. 2009. 关于加强我国围填海工程环境管理的思考. 海洋开发与管理, 26(9): 22 - 26.

福建省水利水电厅. 1982. 福建省围垦工程设计技术规程.

李开孟. 2009. 海域使用的类型及其审批管理要点. 中国投资, (2): 96 - 99.

苗丰民. 2004. 海域使用管理技术概论. 北京: 海洋出版社.

上海市大比例尺海洋功能区划课题组. 2002. 上海市大比例尺海洋功能区划报告. 北京: 海洋出版社.

汪阳红. 2007. 围海造地的经验教训及启示. 中国海洋报, 01 - 23 - 03.

谢健. 2010. 新修订的《海域使用论证技术导则》解读. http://www.hysylz.gov.cn/.

杨辉. 2007. 海域使用论证的理论与实践研究. 青岛: 中国海洋大学博士论文.

张宏声. 2003. 全国海洋功能区划概要. 北京: 海洋出版社.

张建新. 2011. 沿海城市围海造地的综合效应分析与可持续发展. 城市与区域经济, 03.

张灵杰. 2002. 中国海洋经济区划的若干问题. 海洋通报, (8): 58 - 64.

浙江省水利厅. 1999. 浙江省海塘工程技术规定.

朱坚真, 杜军, 鄢波, 等. 2008. 海洋区划与规划. 北京: 海洋出版社.

DB44/T 182—2004. 2004. 广东省海堤工程设计导则(试行).

第 11 章 海岸工程科学研究

11.1 概述

我国近 10 年在河口海岸工程上的进展与其相应的海岸工程科学研究进展息息相关，这些涉及现场观测、基本理论、数学模型和物理模型研究，为河口治理、海岸防护、粉砂淤泥质海岸和辐射沙洲建港、港口工程结构耐久性和地基加固技术等提供了有力的科学支撑。现场观测逐渐手段多样化，布局合理化，技术现代化，方法规范化；物理模型研究的科研机构大幅增加，试验场地大型化，模拟理论更为完善，量测技术更为先进；数学模型在海岸工程中发挥的作用越来越重要，在科研中所占比重明显增大。结合航道整治、港口建设、水土资源利用和河口综合治理规划制(修)订等工作，国内研究机构开展了大量科研工作和工程实践，研究院所由改革开放初的少数几家发展到现在的几十家，稍具规模的企业也相继建立自己的研究机构。国内的主要高等院校也基本都开设了海岸工程学科的教学课程和从事科学研究。海岸工程的蓬勃发展大大促进了科学研究的进展。本章主要就海岸工程中水动力和泥沙研究、水工结构动力响应模拟和软土地基处理技术等方面探讨科学研究结合重要海岸工程建设的进展。我国河口海岸工程建设技术研究整体上处于国际先进水平，泥沙研究水平总体处于国际领先地位。

现场观测技术的进展对于促进海岸工程学科的发展具有决定性学术意义。近 10 多年来，传统的现场观测方法和设备仍在应用，但测量仪器更为先进，测量技术有了很大的提高。重大工程的实施非常重视现场观测资料的收集和积累，从工程建设之初就设立了整套现场观测系统，如长江口深水航道治理工程、苏通大桥、港珠澳大桥等。在国家层面上，一些全国性的观测体系正在逐步建立。

我国传统的海岸工程科学研究是以实验室模拟为主要手段的。20 世纪 80 年代，在水动力模拟方面，生潮设备的研制成功，二维造波机的引进以及一大批自行研制的、适合当时国情的实验仪器的开发使得我国河口海岸工程实验室研究水平有了快速的发展；20 世纪 90 年代全沙物理模型相似理论建立，三维动力模拟设备引进和开发以及一大批国外先进量测技术得到应用；21 世纪以来，国家加大了对实验室仪器设备的投入力度，近年来还对实验室量测技术研究和开发采取了一些激励措施，使得我国在河口海岸物理模型研究技术方面处于国际前沿水平，其建设规模基本处于国际领先行列。

与物理模型模拟技术相比，我国数学模型研究近 10 多年发展速度更快。从国外引进的一些水动力、结构响应、地基处理的商业软件在国内普遍使用，但这些软件在处理具有我国特有的海岸工程技术问题上经常遇到困难，如泥沙研究等方面。我国自行研制的数学模型在规划和不同工程阶段的设计中发挥了重要作用，并占有较大的比例，然而在形成国际知名品牌软件方面还存在相当大的差距。

长江口是世界上最大的河口之一，自然条件复杂，拦门沙航道治理工程是国际公认的技术难题，在物理模型相似理论、模型试验技术、全沙数学模型、工程波浪数值模拟等方面均没有现成的理论和方法可借鉴。通过现场资料分析、理论研究、物理模型和数学模型等综合手段，研究了长江口深水航道治理工程中的潮流、泥沙和波浪关键技术问题，为优化工程布置方案提供了重要的理论依据，开创了大型复杂河口系统综合研究的先例，丰富了大型复杂河口航道治理工程的研究经验，发展了河口治理及工程泥沙的理论。

我国海岸多为粉砂淤泥质，潮流、波浪以及台风暴潮造成的港口泥沙淤积问题十分严重。20 世纪 90 年代初开始，针对庄河港、黄骅港、滨州港、潍坊港、东营港等港口建设中泥沙问题开展了大量的研究工作。20 世纪 90 年代后期，以京唐港为代表的粉砂质海岸航道骤淤问题比较严重，引起了建设、设计和研究单位的重视，开始了风暴潮作用下航道骤淤和整治措施的研究。2003 年 10 月寒潮引起了黄骅港、京唐港的严重骤淤，最大淤积厚度达 3 m 以上，国内学者以现场观测资料、动力条件和泥沙环境分析为基础，采用理论分析、物理模型、数学模型、遥感图片分析、泥沙特性研究等手段，基本搞清了粉砂淤泥质海岸泥沙运动机理。在对大风天骤淤机理充分理解的基础上，黄骅港外航道减淤采用了双导堤顺航道延长方案，整治工程于 2005 年 9 月完成，效果明显。

黄海南部江苏北部的辐射沙洲一直被视为海岸工程特别是港口工程建设的禁区，近 200 km 的海岸线是港口的空白带，严重制约了沿海地区的经济发展。20 世纪 90 年代以来，在这一地区进行系统的研究，对辐射沙洲的演变规律有了较为深刻的认识，认识到潮流是形成和维持辐射状沙脊群的基本动力，虽然风暴潮浪对沙脊群滩槽有较强的“再塑造”影响，但其作用是短暂、不连续的，辐射状沙脊群的演变呈“潮流塑造—风暴破坏—潮流恢复”的周期性变化，表现为从相对稳定到打破平衡再到新的相对稳定的发展过程，辐射状沙脊的地貌形态可在相当长时期内保持稳定，沙脊群内部“水道 - 沙脊”的脊槽格局和主要潮流深槽的位置相对稳定，从而确定了对辐射状沙脊群宽阔近岸潮滩资源的开发利用。

本章在现场观测方面探讨了遥感技术等在水动力和泥沙运动方面的应用，介绍了包括台湾省在内的沿海、长江下游和河口地区观测系统的建立以及港口工程耐久性的原型观测技术。在物理模型研究方面介绍了河口海岸动力和泥沙运动相似理论和试验技术研究，主要的河口海岸物理模型试验，水动力与水工建筑物的相互作用物理模型试验，离心模型技术在海岸工程软基处理中的应用，实验室量测技术和试验条件建设。在数学模型研究方面介绍了河口海岸泥沙基本规律研究，二维和三维泥沙数学模型，水工建筑物数值模拟技术，土工数值模拟技术及其在工程中的应用。

11.2 现场观测

11.2.1 概况

在现场观测方面传统方法在我国仍占有相当的地位。水动力和泥沙运动观测方面的主要进展是遥感技术甚至空间技术的利用。空间海洋学已成为一门新兴的学科，利用卫星平台观测海洋和研究海洋将成为空间海洋学发展的核心。从“九五”以来，我国海洋卫星从无到有、从单颗卫星到形成系列、从单一型号到多种型谱、从科学探索试验到试验应用服务都取得重要进展；海洋卫星地面站布局渐趋合理，功能也正在增多，定量化水平逐步提高，为我国海洋事业发展提供了有力的技术支撑。2002 年 5 月我国第一颗海洋水色卫星（HY－1A）升空，结束了我国没有海洋卫星的历史。2007 年 4 月我国第二颗海洋水色卫星（HY－1B）成功发射，实现了卫星由试验应用型向业务服务型过渡。海洋二号卫星（HY－2）于 2011 年 8 月开启我国全天候、全天时监测全球海洋动力环境的新时代。“十二五”期间以及此后十年，卫星海洋应用将从试验应用到业务服务型转变，加快“海洋一号”后续卫星（如 HY－1C/1D）、“海洋二号”后续业务卫星（如 HY－2B）、海洋雷达卫星（海洋三号）立项研制，确保卫星质量高、寿命长、稳定可靠、卫星资料源连续不断。通过多卫星组网，实现全天候、全天时、高分辨、高频次、长期快速稳定地获取我国近海与全球的海洋水色环境、海洋动力环境、海岸带与海岛及海上目标的多品种、高精度信息，并通过多源卫星数据共享和建立海洋立体监测系统，为海洋动力和环境监测提供系统的信息。

我国以技术规范等形式对不同阶段的海岸工程规划设计提出进行不同深度现场观测的要求，以提高政府决策的可靠性，使长、短期结合的海洋观测与工程紧密结合起来。但是，我国大陆的海洋观测体系还在逐步形成阶段，尤其相对于漫长的海岸线来讲，一些站点还远不能满足实际的需要，在这一点上，台湾沿岛的观测站点的设置密度要比大陆强得多，且信息资源的共享性也做得较好。

港口工程耐久性暴露站的建立，如海南八所和宁波港等，对我国港口工程结构耐久性研究水平的提高起到了积极的作用。

11.2.2 海岸动力和泥沙运动观测

11.2.2.1 近海流系观测

近海流系观测是大范围海域水动力研究的基础性工作。红外遥感图像是监测海面温度场时空变化的有效手段之一。海表温度卫星遥感探测始于 20 世纪 60 年代初期，探测原理为利用物体的热辐射温度比辐射率，红外波段穿透大气有 3～5 μm 和 8～13 μm 两个窗口，红外辐射计选取对温度比较敏感的三个波段（3.7 μm、11 μm 和 12 μm）经过大气校正处理后获得海面温度。目前气象卫星已获得全球海面温度数以亿计的海量数据，这些数据对分析全球海面温度场时空变化、海流、中尺度涡及厄尔尼诺现象等发挥了重要作用。我国黄海、东海环流总体分布格局受黑潮及其分支和派生的沿岸流所控制，而风和潮致流瞬时变化较大。对近海环流来说，台湾暖流和黄海暖流的楔入，导致了苏北冷水团和浙闽沿岸流的发育，长江入海径流在上述沿岸流牵动下，自北向南长途输移，长江口外海域因流域来水、来沙量丰沛，洪季冲淡水形成的东向羽状流可扩散至 123°30′E 海域，其中，6 月、7 月、8 月三个月长江入海径流主要由北港偏东方向进入东海，长江入海径流与台湾暖流在 122°30′E 附近海域相遇，促使了长江口河口锋和舟山群岛冷水团的形成（图 11－1）。长江口外海域受复杂海底地形和入海径流、季风、环流（如台湾暖流和黄海沿岸流等）等多因素影响，使得近海环流的动力过程和结构十分复杂，其中长江冲淡水的扩展方向和范围，是黄海及东海近岸环流一个突出的水文特征。上述近流系架构已被卫星红外遥感图像（MODIS 卫星）所证实（图 11－2 和图 11－3）。

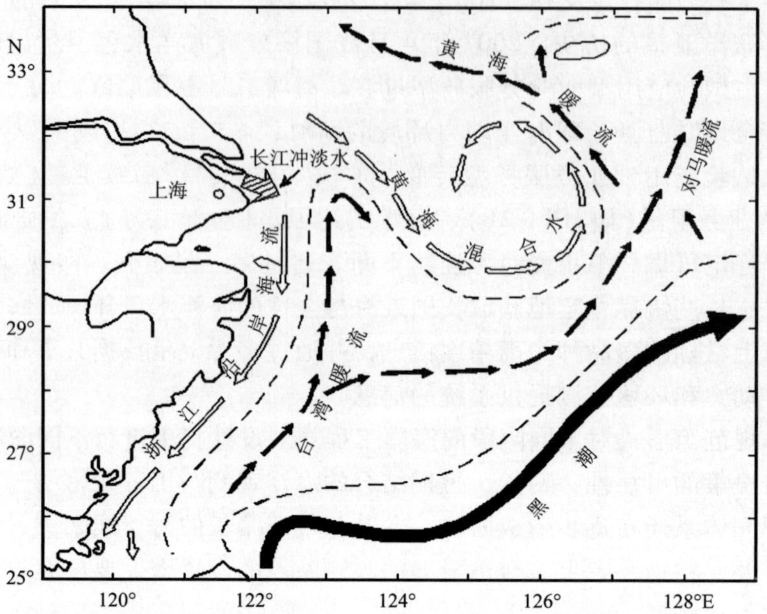

图 11－1　长江口外黄海、东海冬季近海流系配置示意

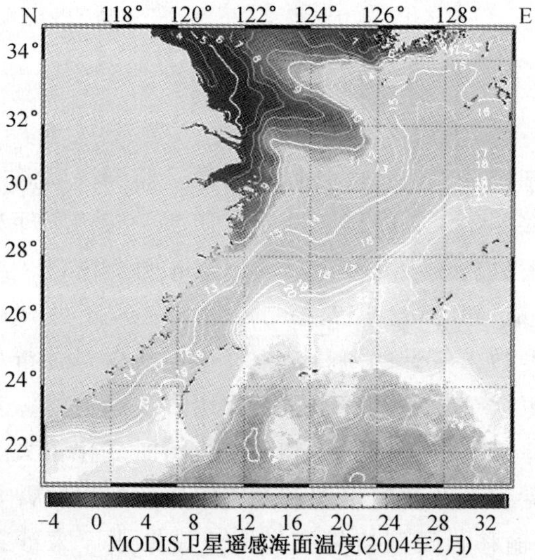

图 11－2　2004 年 2 月海面温度分布

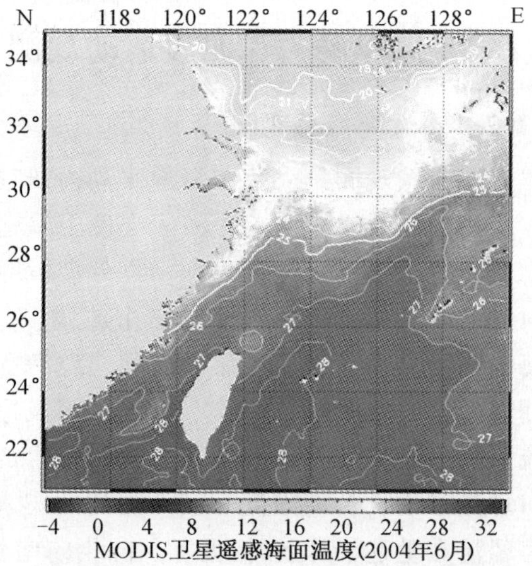

图 11－3　2004 年 6 月海面温度分布

11.2.2.2　波浪观测

20 世纪 90 年代末期以前，我国海洋系统的沿海波浪观测资料的获得几乎全部采用人工或借助于岸用测波仪的目测方法。经良好训练的专业人员采用目测方法观测得到的波高有较好的可信度，但目测方法的缺陷是波周期以及波浪的不正规性无法测量，夜晚和恶劣天气不能观测而造成大浪漏测，因此现在海岸工程中已一般不用目测方法。

现在波浪观测方法有多种，如航空测波法、立体摄影法、雷达测波法、电测法、光学测波法、重力式测波法、水压式测波法和声学式测波法等。按仪器布设的空间位置也可分成水下、水面、水上和太空(如卫星遥感)四种观测技术。至于三维波浪的测量，广义上讲有两种方法：

一种是在同一点上测量多个参数，如表面浮筒的横摇、纵摇、升沉或者压力和两个方向的水质点运动速度，这种布置有时也叫做三参量传感器；另一种是多个传感器组成的空间网，每一个传感器往往只测一个波动参量，如波浪表面高度等。

(1)水下波浪测量技术

在水下布置观测仪器可减少观测期间对航行的影响，同时较好地保障了观测仪器的安全。水下波浪观测技术依据其量测方法可分为压力式技术、声学技术以及光学技术等。这几种类型的仪器结合起来均可用来测量方向波。

在二维不正规波测量方面，国内压力式波浪仪有中国科学院南海海洋研究所生产的SZS3－1型自容式压力波潮仪和厦门海天高新技术研究所生产的SBY1－1型直读式压力波浪仪和自容式压力波浪仪等。中国科学院南海海洋研究所曾对国产SZS3－1型自容式压力波潮仪和美国S4Adw压力式波浪仪进行了167组现场资料的对比测量，结果表明，此类国产的仪器具有与国外仪器基本相同的量测精度。将压力计与流速计相结合测量方向波的装置从20世纪70年代中叶已有应用。从总体上看，压力式测波仪在工程上还是可用的，但也存在一些不足，如表面高度通常由反滤波器获得，一般效果是不好的，甚至有人认为波压力记录与表面波记录之间没有对应关系；至今压力波与表面波之间的关系仍处于半理论半经验状态，所反演出的表面波的准确度仍受到质疑，观测研究甚至表明，不同海区其转换系数不同；同时其率定方法是通过探头在试验室水中作往复上下运动来模拟压力变化与波浪的关系，不能完全反映实际海洋中的压力波与表面波之间的关系，所以往往采用两种波浪仪现场对比测量方法来确定其测波能力。

声学波流测量仪可以布置在水下，也可以布置在水上，布置在水上称为气介式，布置在水下称为坐底式，其原理相同。国内一些海洋观测站采用坐底式超声波测波仪(如葫芦岛站所采用SBA 3－2型)进行测波，国产的还有用SSA 226型超声波传感器制作的声学测波仪。与压力式相比，坐底式声学测波仪可以放在较大水深处而不存在水体滤波问题，同时可测量断面的平均流速，其缺陷主要在于恶劣气候(如暴风雨)和波况(如破波)条件下，在气水交界处边界面并不十分清晰，导致波浪记录产生较为严重的噪声，从而增加资料分析的难度，而这两种条件下的波浪特性正是工程研究特别感兴趣的。

(2)水面波浪测量技术

水面波浪测量技术主要有浮筒、船载波浪测量系统和测波杆三种，前两种属重力式测波仪。测波杆技术在国内早期的波浪测量时有应用，现在一些湖泊、水库以及采油平台上也还在使用。船载测波技术是通过在船上安装量测仪器直接测量波浪，在国内应用甚少。浮筒是国内外应用最多的一种测量技术，在我国许多工程前期工作的波浪测量中发挥了重要作用，早在连云港建港初期就是使用骑士式浮筒进行了一年多的波浪观测；20世纪80年代末，国产的一些浮筒式仪器也基本是仿此原理，并逐步代替传统的、在各海洋水文观测站服务多年的光学测波仪，广泛应用于沿海港口、电厂、石化等海洋工程波浪观测；20世纪90年代初，交通部水运规划设计院编制了“956”浮筒的使用手册，近年来中国科学院南海海洋研究所经常用此类仪器进行波浪的测量。国内生产波浪浮筒的单位主要有山东仪器仪表研究所10 m直径的大浮筒和中国海洋大学的小浮筒等。国际上测量大洋中的波浪一般采用船形浮筒，这类浮筒在大洋中的数量超过140个，这个数字还不包括美国、英国、日本和挪威等国在近海布设的浮筒。最近10余年来浮筒测量技术最大的发展得益于GPS技术的应用。

(3)水上波浪测量技术

水上波浪测量技术主要指借助于灯塔、船、飞机等进行的波浪测量。在过去10余年中，该测量技术的最大进步是在微波遥感方面，如采用声学、光学、激光等方式。气介式声学测波仪作为水上波浪测量仪器主要安装在各种海上平台上，传感器垂直向下发射声脉冲，测量传感器至水面的距离。这种测波仪多年来在长江口牛皮礁平台、北槽中平台、S44平台、南槽东平台，还有厦门小嶝岛灯塔等处使用。该仪器不存在波浪浮筒的随波性问题，也不存在压力式波浪仪由压力波反演海面波的传递函数不准确的问题，但波浪破碎产生的飞溅以及大雨对气介式测波仪的影响仍是一个需要探索的问题。使用这种仪器时不同发射频率对样本的质量也有不同的影响，如在长江口使用中发现在使用13.5 kHz频率的传感器时，大雨产生的噪声对测波有干扰，后来采用40 kHz频率，并采取了相应的软件滤波措施后，此问题可基本得到解决。

激光照相也是一种光学测波技术。作为一高度计，安装在一固定平台或飞机上，激光能相当精确地测得从仪器到海表面垂直高度。这种高度计比立体摄影少些麻烦，但有不少共同的运行问题，两者都需在海上或空中有一平台，且取决于天气。20世纪70年代，激光技术作为一种新型光源及观测手段被引用到波浪观测中。目前激光仪器也是国际上广泛应用的光学观测波浪装置之一。我国也有关于使用激光技术进行波浪测量的研究，以船舶为平台，在水面上布置激光测距装置，以一固定频率测量与水面的垂直距离，分析所测距离的变化规律，船舶运动的影响可以通过引入GPS定位系统信号分析去除，仪器测量精度与距离有关，目前固定点距100 m以内的误差以毫米计。

空间摄影和激光技术都使用光学仪器，与水面无接触，但用于船上，与船舶倾度、运行速度、船舶的起伏有关，当船舶的振动和波浪频率相近时有盲区。激光系统明显的限制是可视性能差，对水质也有要求，初始颜色等校准工作较繁琐，远场观测条件要求以及在实验室和海上实现的代价均较高，此外由于仪器直接暴露在外部，还受环境，如风、雨、冰等影响。20世纪70年代首先研制成功的海岸雷达(CODAR)已被证明可以用来测量波浪，且效果良好。雷达系统的有效观测范围为3.5～5 km半径的圆形区域，依据雷达影像分析可求得波浪参数之时序列，同时亦可测得海面流速和流向。近年国内用船载雷达对海面波浪进行测量，用自行研制的海浪雷达图像测量记录仪对海浪雷达回波的视频信号进行处理，得到雷达海浪数值图和二维波谱以及波向、波高、周期、波速等海浪主要参数。在渤海和黄海水域，分别在岸站、海监船上进行了现场测试，结合同步实测海浪数据，采用模式识别技术进行对比，结果具有良好的相关性。图11－4和图11－5分别列出了台湾使用的移动和固定的雷达海况监测系统；图11－6是垦丁观测海域的雷达分析影像。据台风期间雷达观测结果与资料浮标比对，有效波高平均差值为0.4 m，主波向之平均差值在13°以内。海上雷达系统的优点是价格低，易于集成，可在船舶上完成波浪参数的观测，也可以提供波形信息，用于现场专门研究。但是，完全令人满意用于波浪分析的雷达图像还不存在，从海上雷达获得有效波高效果还不甚理想。

(4)太空波浪测量技术

目前主要有三种卫星微波遥感仪器观测海面风和浪的信息，其中雷达高度计可以测量出海面的有效波高；散射计可以测量出海面风场；合成孔径雷达(SAR)可以测量有效波高和海浪方向谱。

图 11-4 移动雷达海况监测系统

图 11-5 固定雷达海况监测系统

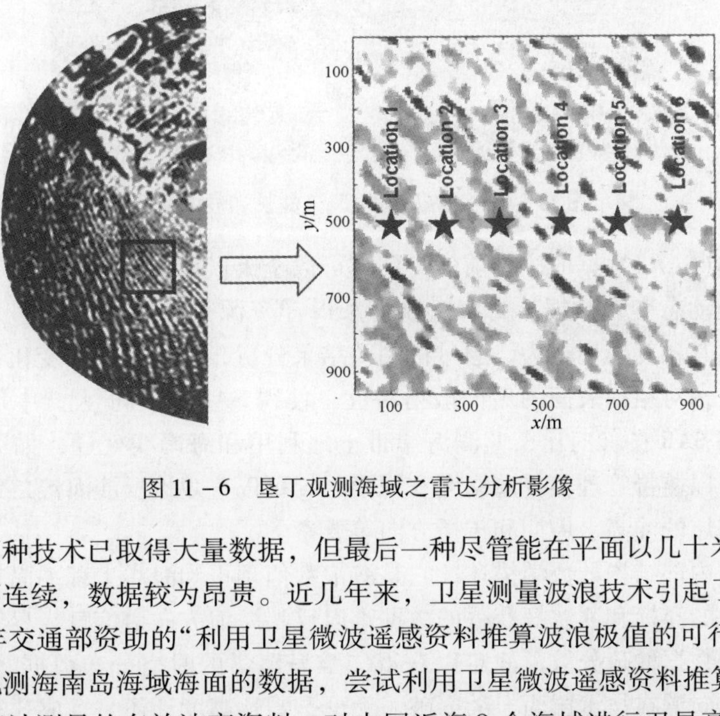

图 11-6 垦丁观测海域之雷达分析影像

国外利用前两种技术已取得大量数据，但最后一种尽管能在平面以几十米的分辨率给出海浪结构，但时间不连续，数据较为昂贵。近几年来，卫星测量波浪技术引起了国内工程和学术界的兴趣。2000 年交通部资助的"利用卫星微波遥感资料推算波浪极值的可行性研究"项目中，选用了三颗卫星观测海南岛海域海面的数据，尝试利用卫星微波遥感资料推算波浪极值；有人利用 T/P 卫星高度计测量的有效波高资料，对中国近海 9 个海域进行卫星高度计的 *C*、*Ku* 两波段测量值进行比较分析与处理，利用三参数 Weibull 分布，以渤海海域、上海附近海域和南海东部海域作为特定区域进行有效波高的极值统计预报和分析；卫星高度计在 5 年内共进行了 190 多个循环，认为每一循环在同一海域的经纬跨度不大，且在同一海域中的间隔时间很短，因此，可将每一循环中经过该海域的所有测量点数据进行平均，消除个别数值差别较大的影响。由于 T/P 载有双频高度计，在所获取的有效波高值中有 *Ku* 波段和 *C* 波段的两种数值，为了得到较为合理的有效波高数据，假设两波段在测量有效波高方面较为一致，可将有效波高取为两波段测量值的平均值；有人利用合成孔径雷达图像谱与海浪方向谱之间简单的线性关系和最优方法反演得到海浪方向谱，并将结果与现场资料进行了比较，认为其方向谱相当一致，有效波高和波向与实测吻合较好；有人利用时空配准的 T/P 高度计和浮标实测资料，对已经提出的 7 种有代表性的高度计风速反演模式函数进行比较，以评价它们的适用性；有人建立 SAR 海面成像模型，通过仿真讨论了成像参数和海面参数对成像效果的影响以及海面成像参数选取问题，尝试从 SAR 回波数据中消除海面运动引起非线性的方法，并通过仿真试验和对实际数据的处理，验证了该方法的有效性；有人选择 RADARSAT、ENVISAT 和我国新近发射的雷达卫星合成孔径雷达（SAR）传感器在研究区域获取的高分辨率卫星遥感图像信息，对海况、波场方向谱及混合浪波长的时空分布进行定量分析，反演出该海域大风期间的海浪方向谱信息，为微波卫星遥感合成孔径雷达（SAR）探测技术在沿海防灾减灾、海洋工程规划和设计等方面开拓一条新的应用途径。图 11 - 7 是 2006 年 8 月 12 日 17 时 45 分大陈岛海域"桑美"台风波长和波向分布图。

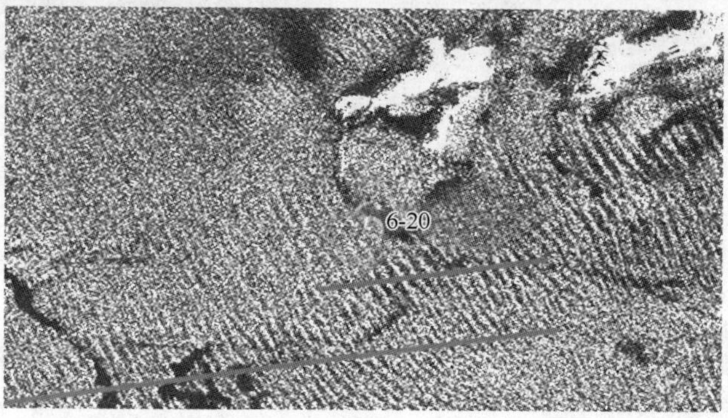

图 11 - 7　大陈岛海域风天波长和波向分布

合成孔径雷达（SAR）数据的应用前景为：①可以全天候、全天时对海面和极地海冰进行连续观测并获得环境动态变化数据，为海上航行和海洋资源开发提供依据；②可以揭示海面风场、海浪和海流及其相互作用行为，通过机制及结果分析，对全球气候变化及物理海洋过程进行预测；③鉴于雷达对粗糙表面的后向散射特性，使得 SAR 可用于大、中尺度海洋特征的识别；④利用多时相 SAR 图像对比，监测海岸带土地利用和海岸线变迁，如通过水产养殖场的平面结构监测，可以监督管理其养殖密度和规模；⑤可以直观地反演海浪二维方向谱，并在此基础上得到观测海域的波高、周期和传播方向等要素。

海浪谱是海浪内部结构的数学描述，它是海浪数值预报和海洋工程平面布置和结构设计的重要参数，而传统的浮标和测波杆获得的数据难以反映海浪方向谱信息，尽管现在已有观测波向的浮标，但由于数据稀疏分散，故难以获得二维海浪谱的时空分布数据。雷达卫星 SAR 图像的出现是海浪方向谱在技术层面上的突破。无论是雷达高度计还是合成孔径雷达在使用中都还有不少问题值得探讨，雷达高度计用于海岸地区因其空间变化较大，轨迹所覆盖的范围（直径约 10 km）和重复性都相对程式化，不能获得波浪周期和方向。风速与反射信号的强度有关，风速的测量已经具有足够的精度，小尺度的风成波也是如此。由于波浪与表面的均方根高度有关，人们甚至还可以从中获得波浪的周期，但平均波周期的精度也还相当粗糙。合成孔径雷达具有观测全球波浪方向谱的潜力，可提供波浪形态信息。然而，SAR 图像推导波浪信息是复杂的，在近岸的应用，如港口、海湾等也是有限的，产生的海面映象要转变成精确的波浪谱还相差甚远，所以还需要做相当复杂的后处理工作，以便获得定量的波浪信息。至于波浪资料处理，目前有不同版本的由 SAR 映象产生波浪方向谱的算法，但与现场资料的吻合情况表明，其精确度比较差，原因主要是 SAR 向后散射机制还不完全被理解。

11.2.2.3 泥沙运动观测

利用卫星遥感技术进行表层悬浮泥沙定量研究起始于20世纪70年代初，对于了解近岸表层悬浮泥沙场动态变化和涨落潮流态有重要作用。目前，悬浮泥沙定量遥感反演模式不少，但至今尚无统一的定量模式或可靠的模型参数，即使在同一地区也是如此，主要原因在于：①缺乏足够可靠的同步实测定标资料；②利用一个时相的遥感资料得到的定量模式，由于同步实测定标资料缺乏，且遥感资料未能做有效的辐射和大气校正处理，模式参数很难具有普适性；③不同时间获取的遥感资料，由于所受的外界干扰条件不同，遥感数据本身存在的差异性难以进行有效消除，故不能简单套用不同条件下得到的有关模式参数。我国沿海地区悬浮泥沙遥感定量研究由于受信息源及试验研究手段的限制，绝大部分是利用有限的陆地卫星（MSS、TM、SPOT）、气象卫星（NOAA）和水色卫星（SeaWiFS）等多时相遥感图像，根据特定区域的现场实测资料（与卫星同步或准同步）建立统计相关关系。以连云港海区为例，推荐选用美国Gordon计算模式表层悬浮泥沙浓度定量估算。我国沿海、东黄海近岸海域、长江口及杭州湾、连云港与海州湾等表层悬浮泥沙定量研究成果（图11－8至图11－11），为当地的港口航道建设可行性研究提供了科学依据。

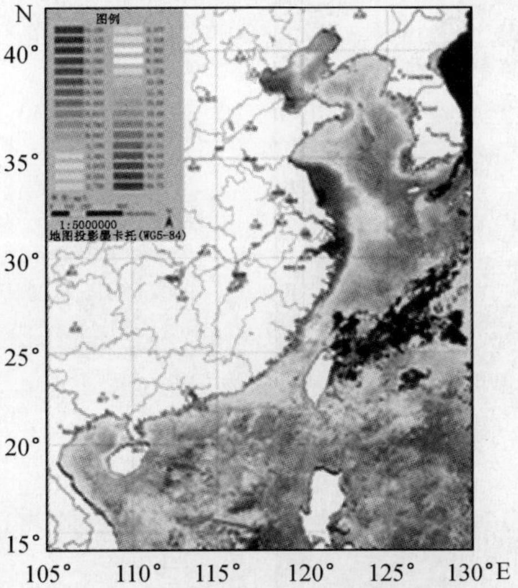

图11－8 悬浮泥沙遥感影像

（HY－1B卫星，2007年5月）

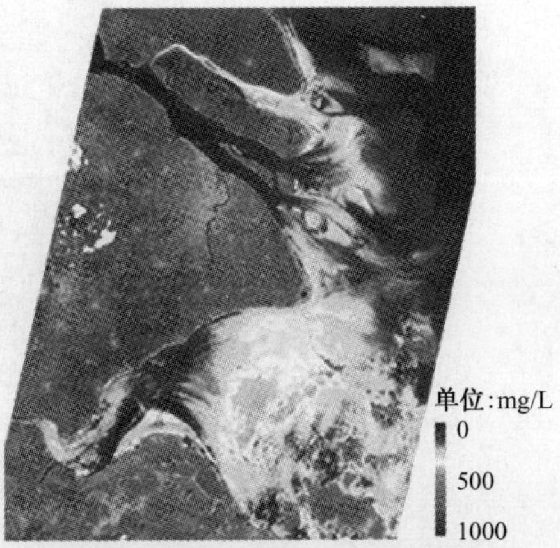

图11－9 最大浑浊带卫星影像图

（长江口及杭州湾河口，2008年4月25日）

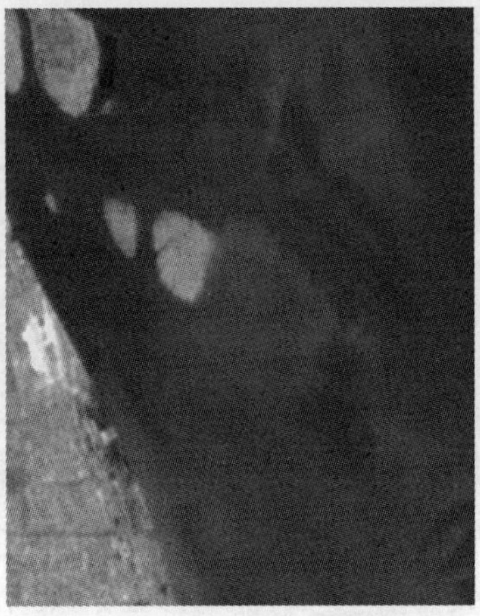

图11－10 越堤流卫星影像图

［2009年1月（大潮），九段沙］

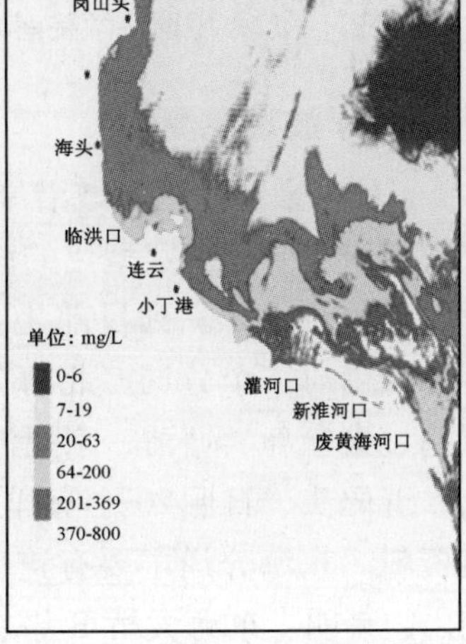

图11－11 悬浮泥沙遥感定量反演

［1999年6月（中潮、涨潮），连云港］

11.2.3 海洋水文观测体系

11.2.3.1 近海波浪观测站

随着近海资源开发，特别是海洋油气的开采，海洋预警系统建设和科学研究的需要促进了近海波浪观测体系的发展。1985—1986 年国家海洋局、海洋石油总公司从英国引进 8 套 MAREX 浮标，并于 1990 年前研制了 10 套国产浮标，在我国海域设立了 12 个浮标站点，初步形成了浮标监测网。进入 21 世纪，国家海洋局布放了一大批观测资料浮标，中国科学院委托海洋研究所和南海海洋研究所组建了以锚泊资料为观测主体的中国近海海洋观测研究系统，同时沿海各地(市)气象局也布放了多套用于气象与海浪预报的资料浮标，此外，一些沿海地区的海洋与渔业局也进行了锚泊资料浮标的布放。截至 2010 年底，我国近海已布置了近百个兼具波浪测量功能的锚泊资料浮标，仅中国科学院海洋研究所就在黄海和东海布放了十多个，如图 11－12 所示。

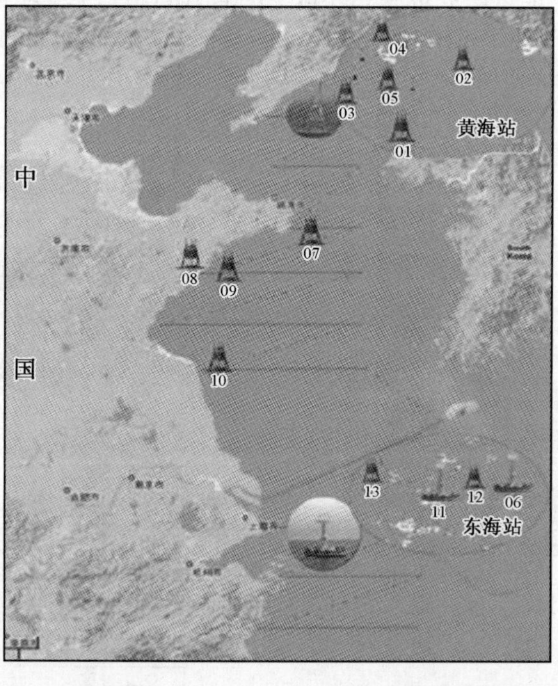

图 11－12　中国科学院南海海洋研究所黄海和东海观测浮标站点分布

11.2.3.2 大陆海岸波浪观测站

20 世纪 90 年代以来，我国海域沿岸观察站点由 60 年代和 70 年代的光学、船测观察逐渐被波浪浮标代替，自主研制的定型化的波浪浮标有 SZF 和 SBF 3－1 型，分别由中国海洋大学和山东省科学院等单位生产。到目前为止，国家海洋局布设的沿岸长期观测站点约为 60 个，分属北海、东海和南海三个分局。北海分局主要有东港、小长山、老虎滩、温坨子、鲅鱼圈、葫芦岛、芷锚湾、秦皇岛、塘沽、京唐港、北隍城、蓬莱、龙口、成山头、石岛、芝罘岛、千里岩、小麦岛、五码头、日照 20 个海洋站以及长兴岛、大鹿岛、盘锦、乳山口、兴城、营口 6 个撤销站观测资料。东海分局主要有连云港、滨海、外磕脚、吕四、佘山、芦潮港、大戢山、滩浒岛、小衢山、崇明、东海大桥 B 平台、石浦、镇海、三门键跳、乌沙山、朱家尖(舟山)、嵊山、岱山、六横岛、大陈、坎门、温州洞头、南麂、三沙、北礵、北茭、长门、平潭、崇武、厦门、东山31个海洋站观测资料。南海分局主要有大万山、闸坡、硇洲、汕尾、遮浪、云澳、赤湾、北海、涠洲、防城共10个站。这些站点主要观测温盐、潮汐、波浪、气象等要素。

永暑岛南沙海洋观测站是我国最南端的海洋观测站，距离大陆约740 n mile，离西沙群岛的永兴岛440 n mile，在太平岛至南威岛之间，南海中央航线和南华水道交汇处，地处交通要冲，海区宽阔，礁盘平坦，呈长椭圆形，地质基础好，礁沿有成排或片状礁石，起消波作用，礁盘南礁立有我国主权碑。1987年5月进行海洋站选点勘察，年底我国批准建设有人驻守的海洋观测站，工程于1988年2月正式动工，经半年多建成，并设一座500吨级的深水码头。1988年7月成功地发射了南沙站海洋水文气象观测资料信号，进行潮汐、波浪、水温、盐度、风速、风向、气压、温度、湿度及其他气象要素的观测，通过卫星传回大陆。该站定为全球海平面观测系统的第74号站。2007年新建的南沙海洋环境观测站址在永暑礁(9°30′—9°40′N，112°53′—113°04′E)，包括岸基(包括岛上部分和岛缘部分)和海上多学科综合科学监测浮标(包括水下模块和海面气象、通量等观测模块以及通讯模块)。该站主要由3个系统构成：礁盘边缘的坐底式观测系统、锚定上层海洋环境监测系统和岸基能源、通信系统。主要开展南海南部深水海域海洋声学、物理海洋、海洋气象学、海洋化学和海洋地质的长期观测。

目前正在运行的我国(大陆)沿海主要海洋站点分布见图11-13。近20年我国海岸工程发展中应用较多的沿海海岸水文站点的位置和水深见表11-1，其中大部分站点虽较长时间内用岸用测波仪测波，但近些年大多已改为浮筒，也有些站点随着近岸工程的建设也已停止使用。

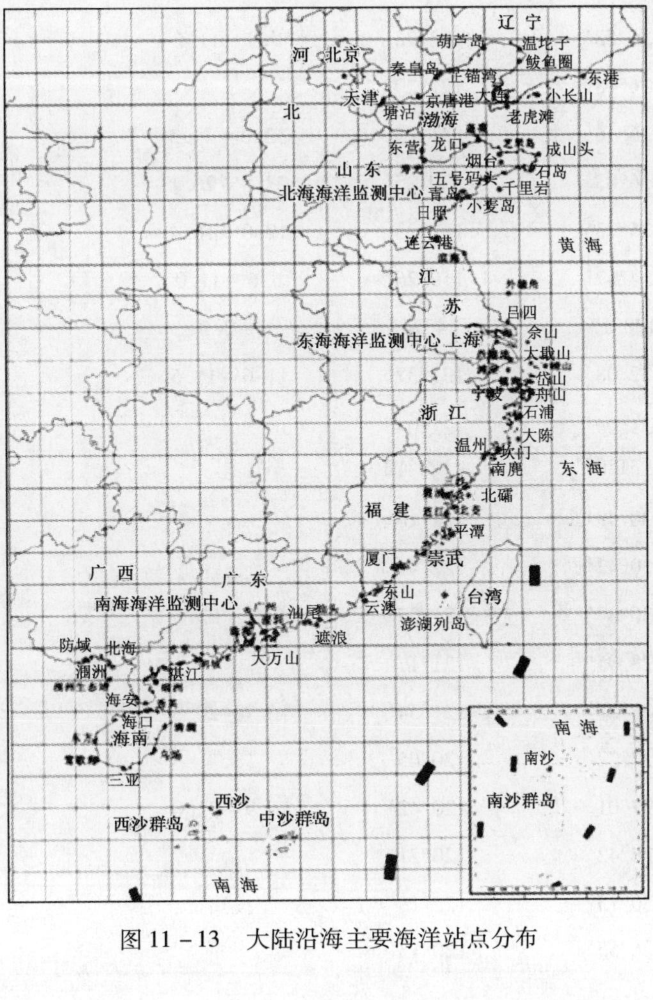

图11-13 大陆沿海主要海洋站点分布

表 11 – 1 大陆沿海海洋站点分布基本状况

站名	水文要素观测点		水深/m	波浪观测方法
	N	E		
小长山	39°14′	122°40′	26.1 ~ 28.3	岸用测波仪
大鹿岛	39°45′	123°45′	7.0 ~ 12.1	岸用测波仪
长兴岛	39°31′	121°16′	18.3	
老虎滩	38°52′	121°41′	27.9 ~ 29.9	岸用测波仪
鲅鱼圈	40°18′	122°06′	3.7 ~ 6.1	目测和岸用测波仪(1—10 月)
芷锚湾	40°00′	119°55′	4.9 ~ 5.9	岸用测波仪
葫芦岛	40°43′	121°00′	7.4 ~ 10.2	岸用测波仪
北隍城	38°24′	120°55′	31.4 ~ 32.6	目测和岸用测波仪(4—12 月)
秦皇岛	39°55′	119°37′	5.7 ~ 6.3	岸用测波仪
塘沽	38°34′	117°49′	–5.0	目测
龙口	37°39′	120°19′	15.5 ~ 17.1	岸用测波仪
烟台	37°33′	121°23′	17.5 ~ 19.3	岸用测波仪
成山头	37°23′	122°42′	13.5 ~ 14.3	岸用测波仪
石岛	36°53′	122°26′	9.9 ~ 11.6	岸用测波仪
乳山口	36°48′	121°29′		
千里岩	36°16′	121°23′	32.0 ~ 34.3	岸用测波仪
小麦岛	36°03′	120°25′	23.8 ~ 26.1	岸用测波仪
石臼所	35°23′	119°23′	12.0 ~ 16.4	岸用测波仪
连云港	34°47′	119°26′	6.6 ~ 11.0	岸用测波仪
滨海	120°17′	34°16′	–3.0	
吕四	32°08′	121°37′	11.6 ~ 15.5	岸用测波仪
引水船	31°04′ –31°07′	122°04′ –122°12′		目测
大戢山	30°49′	122°10′		目测
嵊山	30°42′	122°49′		目测
滩浒岛	30°37′	121°37′	7.8 ~ 10.9	岸用测波仪
坎门	28°05′	121°17′		
大陈	28°27′	121°54′	16.9 ~ 20.3	岸用测波仪
南麂	27°27′	120°05′		目测
台山	27°01′	120°42′	26.9 ~ 31.0	岸用测波仪
北礵	26°42′	120°21′		岸用测波仪
长涂	30°15′	122°18′	长涂	30°15′
三沙	26°55′	120°13′		

续表

站名	水文要素观测点		水深/m	波浪观测方法
	N	E		
平潭	25°27′	119°51′	20.1~22.7	岸用测波仪
崇武	24°52′	118°56′	13.0~17.2	岸用测波仪
北茭	26°23′	119°57′		
厦门	24°27′	118°04′	自记	厦门
云澳	23°24′	117°06′	自记	
汕头表角	23°14′	116°48′	-6.0	
大万山	21°56′	113°43′	自记	
遮浪	22°39′	115°34′		目测
澳门九澳	113°43′	21°56′	-5.0	浮筒
闸坡	21°35′	111°50′	自记	
清澜	19°34′	110°49′	自记	目测
硇洲岛	20°54′	110°37′	8.63~1.02	岸用测波仪
北海	21°29′	109°05′	自记	
涠洲岛	21°01′	109°07′	8.2~1.0	岸用测波仪
白龙尾	21°30′	108°13′	8.3~11.8	岸用测波仪
东方	19°06′	108°37′	9.2~10.2	岸用测波仪(HAB)
莺歌海	18°30′	108°41′	8.4~9.6	岸用测波仪
海口	20°01′	110°17′		
西沙	16°50′	112°20′		目测

11.2.3.3 台湾环岛海洋观测体系

(1)概况

台湾地狭人稠，四面环海，岸线逾1 600 km，沿海地区湿地面积广大，生态资源丰富，人类活动频繁。近年来，随着社会及经济的发展，凸显了近海资源的重要性及对近海环境信息之迫切需求，诸如航行安全、港湾建设、渔捞养殖、海岸保护及休闲游憩等。台湾海洋环境复杂多变，西侧为台湾海峡，水深较浅，一般在200 m以内，东侧直临太平洋，水深骤降至4 000 m以下。每逢夏秋之际，常遭受台风或热带低气压带来的狂风骤雨侵袭，而冬季，则又遭受东北季风引起的长浪作用。在非台风或热带低压等异常海象期间，台湾的海岸灾害亦相当严峻，在波浪、潮汐长年作用下，海岸地形发生变迁，致使海岸灾害发生。

自20世纪90年代起，台湾开始建设沿岸海洋观测体系，以全面提升近海水文观测技术，改进近海水文数据质量，建置防灾及预警机制。该观测体系的建设及操作任务由成功大学近海水文中心执行。其任务一是实时监测海气象状况，发布信息，为海岸灾害防治及预警提供依据；二是执行长期有效观测数据，为海洋工程的设计、救灾抢险及海上活动提供依据。

台湾环岛海气象观测体系建有资料浮标站、观测桩、潮位站、岸边气象站、雷达测波站等多种海气象观测系统，并建有数据质量管理系统和标准化作业模式，以确保观测体系的准确性和规范性。在观测体系基础上，发展数据同化技术，将观测数据应用于作业化波浪现报、预报模式，利用小波转换技术，自海岸雷达观测影像中分析波浪与海流，通过EMD（Empirical Mode Decomposition Method)方法探讨暴潮水位变化以及建置海岸防灾及预警机制等。

(2)沿岸海洋观测体系构建

台湾成功大学近海水文中心引进美国国家海洋大气总署(NOAA)的观测技术与规范及数据质量管理方法，建立适合台湾的海气象观测技术及数据质量管理系统，确保观测数据的正确性。台湾沿岸海洋观测系统的组成为：自主研发的资料浮标与观测桩从事海气象观测、新一代音波式水位计从事潮位观测、自动化岸边气象观测系统从事气象观测，并辅助于雷达测波等遥感观测系统进行立体观测。观测水深较深或外海处的海气象采用数据浮标的观测方式，水深较浅的岸边则可用观测桩观测，潮位站为固定于岸边的潮汐观测平台，气象站为固定于近海水域的气象观测平台。对于遥感观测，有雷达测波站。观测系统共计43个观测站，其中数据浮标站14站、潮位站11站、气象站14站，观测桩2站，雷达测波站2站，另设有多处视讯站及观测现场之信息站等(图11-14)。

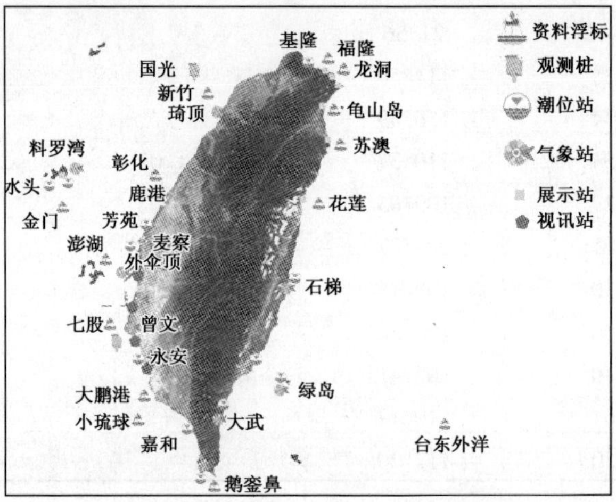

图11-14　台湾近海水文观测站网

数据浮标为碟状外形，直径2.5 m，高度4.95 m，重约1 300 kg(图11-15)。数据浮标具有观测波浪(波高、周期、波向、波谱)、风(风速、风向、阵风)、气压、气温、水温等基本功能，每1小时测量一次，波浪与风的取样时间为10 min，气温、气压、水温的取样时间为1 min，取样频率为2 Hz，其观测仪器分别为波浪量测仪、风速风向计、气压计、气温计和水温计。观测系统中，设有13处近岸数据浮标站，1处深海浮标站。

观测桩是一座固定于海上的海洋环境观测平台(图11-16)。观测桩系设置数组式超声波波高计来观测波浪。在观测桩上量测水位变化除了可以分析波浪之外，若经过水平的引测，可以视为潮位变化，其相当于设立在海上的潮位站。

目前测量手段还包括自动化的微波雷达海况监测系统——X波段雷达观测系统(图11-17)。2007年10月"克罗莎"台风观测实例如图11-18所示，实测波高达24 m。

环岛海洋观测体系结合地理信息系统建立了"海岸水情系统"(图11-18)，除在观测现场设置信息展示站提供海况信息服务，也在因特网上提供数据查询、整合维护与数据汇(出)入的服务。该系统每12小时一次预报未来3天波浪场。在台风警报期间，执行24小时监测。近年来，几乎每两年即可观测到一次台风引起大于10 m的巨浪，实时海况信息有效提高海岸防救灾效率，减少了灾害损失。台湾环岛海洋观测体系具有有效验证卫星高度计数据质量的潜力。项目实施中，利用台湾潮位站观测资料验证卫星波高计的水位数据产品，利用数据浮标或地面雷达观测的波浪资料验证卫星波高计的有效波高数据，甚至波谱数据。

图 11－15　海气象观测资料浮标

图 11－16　海气象观测桩

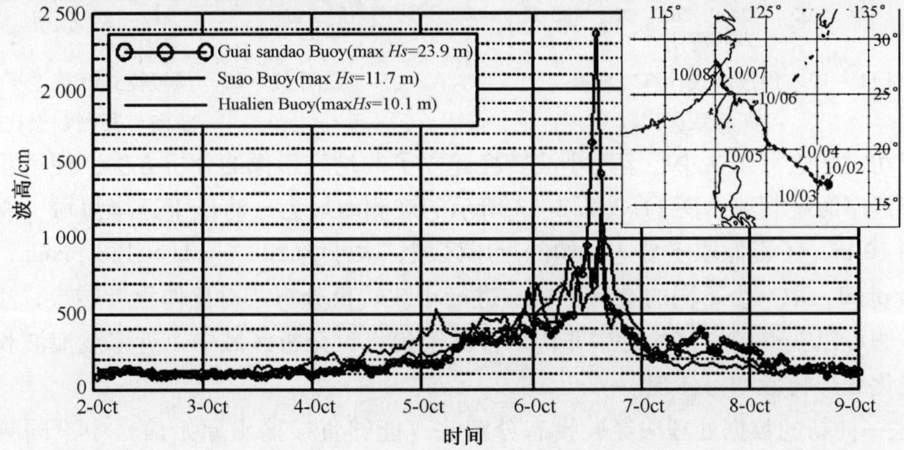

图 11－17　“克罗莎”台风期间苏澳实测波浪

图 11－18　台湾海岸水位监测与预警系统之服务接口

(3)沿岸海洋观测体系之应用

在观测体系基础上，通过数据同化技术将数值波浪模式与实时观测系统进行整合，利用实时数据对海况进行校正，以提升数值波浪预报模式的准确度。台湾成功大学近海水文中心发展的数据同化的数据并未采用传统的波高数据，而是考虑到波浪方向对预报的重要性，开创性地采用方向波谱作为同化资料。同化数据实时取自于距台湾本岛 200 km 外的深海浮标，当台风到达浮标附近时，该作业化数值波浪模式可提前 4～5 小时预报台风浪到达近岸时的海况，即可实时现报(图 11－19 和图 11－20)，为近岸海况预警做指导。

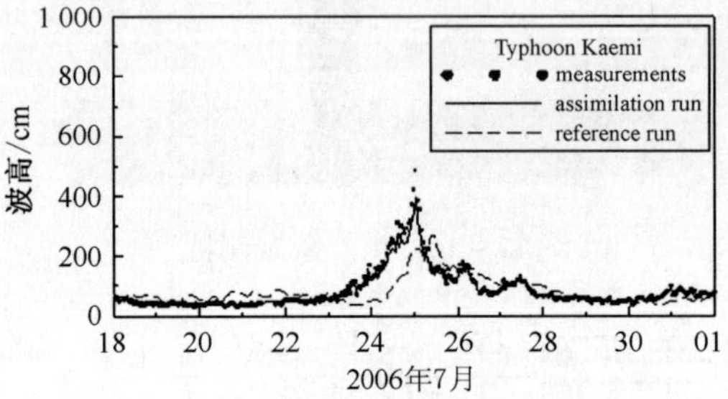

图 11－19　预报模式计算之波高与实测数据比较

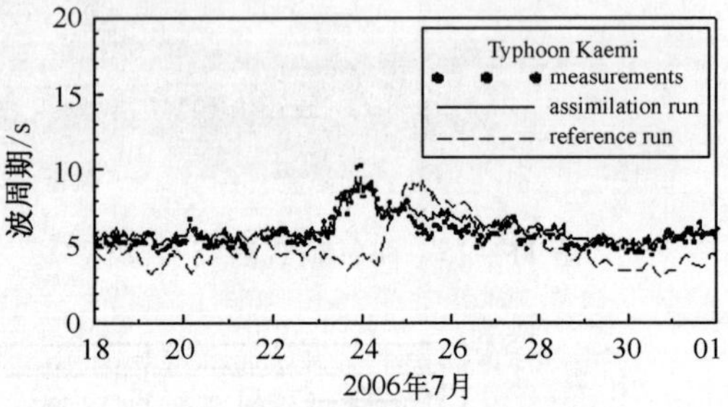

图 11－20　预报模式计算之平均波向与实测数据比较

台湾成功大学近海水文中心运用小波转换建立了非均匀影像的分析方法，使得雷达观测系统可应用于近岸海况观测。图 11. 2. 2. 2－3 所示的观测海域为台湾垦丁近岸海域，雷达天线距离海岸线约 10 m，子影像取于雷达影像的近岸区域，大小为 128 pixels × 128 pixels，空间分辨率为 7. 5 m/pixel，取 6 个不同的空间位置点进行小波转换分析。对比傅里叶转换，小波转换的影像分析方法可以获得较丰富的近岸非均匀性波浪信息，分析区域中，近岸波浪波长变化、波向变化等浅化变形特性均可体现。

EMD 是一种新的数据处理法经验模态分解法，能够直接摘出原始信号中不同频率范围能量，将原始信号以一组本质模态函数 IMF（Intrinsic Mode Function）表达，即将原始信号用 IMF 展开，而这些原始信号的数据是非线性或非平稳性的。图 11－21 为台湾水头潮位站观测数据，观测时间为 2008 年 9 月 23 日至 10 月 2 日，其中“蔷蜜”台风警报期间为 9 月 26—29 日，调和分析和 EMD 分析如图 11－22 所示。分析结果对比可知，调和分析的暴潮水位存有非台风影响之周期性信号，而 EMD 分析结果则仅体现台风引起之暴潮水位，二者最高水位相差约20 cm。相较于调和分析，EMD 对分析数据的时间长度要求较低，使得该方法具有更强的适用性。EMD 有待改进和讨论的地方有分析数据两端之误差如何消除，分析结果的确定以及拓展其分析数据范围等。

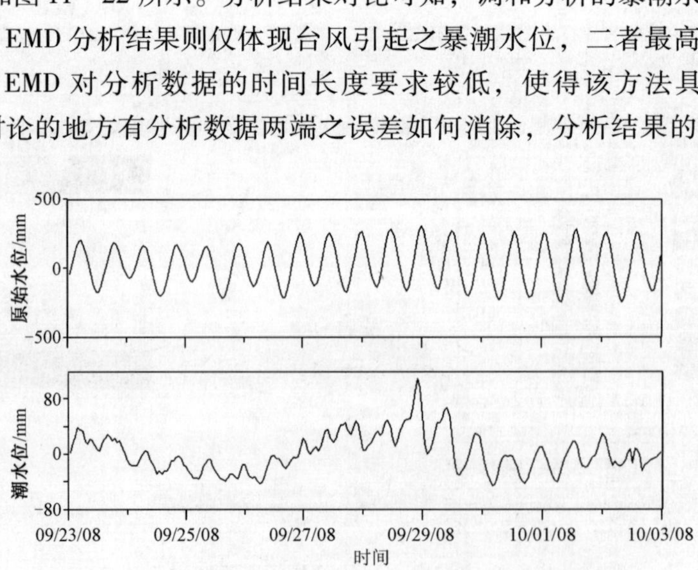

图 11－21　潮位观测原始水位与调和分析后之暴潮水位

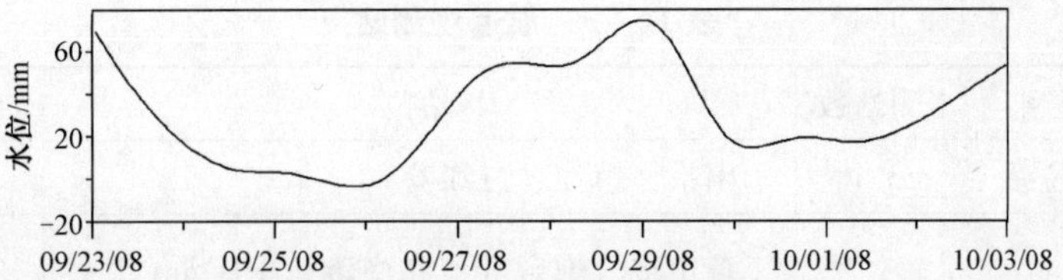

图 11－22 EMD 分析之暴潮水位

11.2.3.4 长江口和南京以下河段观测系统

基于长江的开发利用，特别是长江口深水航道治理及其向南京延伸的需要，水利、交通、海洋、海事等部门在长江口和南京以下感潮河段建立了南京—徐六泾、徐六泾至长江口水文、气象、泥沙等要素观测站点，为航道整治工程顺利实施和防洪、船舶运行等奠定了基础。

长江下游南京—徐六泾段较为重要的固定水位站和水文站站况见表 11－2，主要由水利部门设置。徐六泾站为国家一级水文观测站，主要有水位、水温、风速风向、降雨量、波浪、含盐度、流量(流速流向)、悬移质含沙量、悬移质输沙率、悬移质颗粒分析、床沙颗粒分析和水质等监测内容，其他 6 站均为水位站，主要监测水位。

表 11－2 长江下游南京—徐六泾河段主要水位水文观测站

站名	测量项目	位置	水位基面	资料系列
南京	水位	南京市下关区唐山路	黄海	1912 年至今(自记)
镇江	水位	镇江市镇扬汽渡(北固山北麓)	黄海	1904—1937 年，1946 年至今(自记)
三江营	水位、风向、雨量、风力、水质取样	江都市长江与淮河夹江交汇处		自记
江阴	水位	江阴市石牌乡肖山	吴淞	1915—1937 年，1948—1949 年，1949 年至今
天生港	水位	南通市天生港	吴淞	1918 年 7 月至 1935 年 12 月，1943—1949 年，1953 年至今
营船港	水位	通州沙河段左岸，龙爪岩下游约 4 km		
徐六泾	水位、流速、流向、流量、含沙量、输沙率	常熟市碧溪镇		1981 年至今

为开展长江口深水航道向上延伸至南京的研究工作，航道部门在江阴至太仓的三沙河段设置了流速、流量、水位、含沙量、河床质和地形临时观测系统，主要设置情况见表 11－3 所示。

徐六泾至长江口外的固定站主要属于水利、海事和海洋等部门。徐六泾以下长江口各汊道共有 24 座水位观测站(表 11－4)，牛皮礁和南槽东站兼有波浪、风速风向、气温气压的监测，堡镇站兼有风速风向、气温和气压的监测，其他站点仅测量水位。

表 11-3　航道观测站

观测项目	站位类型	测站数	站位	测量仪器或手段
水位	常设潮位站	3 个	南京、镇江、三江营	验潮井
	临时潮位站	13 个	黄田港、炮台圩、和尚港、十字港(中兴码头)、如皋港(东方石化)、段山港(太字圩)、九龙港(哈德码头)、五干河、南通港、七干河、汇丰码头、崇西、浏河口	水位仪
	国家或地方基本站网	12 个	肖山(江阴)、天生港、营船港、徐六泾、白茆、青龙港、崇头、杨林、南门、石洞口、堡镇、吴淞	验潮井
常规水文测验	ADCP 流速流向	14 个	澄通河段 8 个，徐六泾 1 个，南支 4 个，北支 1 个	ADCP
	含沙量、颗分	28 个	每个 ADCP 断面布设 2 条取沙垂线	常规取水样
	床沙	43 点	分布于测量河段主要滩槽、大潮取一次	MasterSizer2000 激光粒度分析仪
	含盐度	28 个	同含沙量	取水样
风速风向观测		4 个	福左、通州沙东水道、徐六泾、石化码头下断面	分布于测量河段主要滩槽、大潮取一次
表层漂流		3 个浮标	福姜沙左汊→双铜沙→刘海沙水道	同含沙量

注：不定期安排在洪枯季观测，同步开展水下地形测量。

表 11-4　徐六泾至长江口外主要水位观测站

区域	站号	站点名称	水位基面	坐标		观测项目				资料系列
				N	E	水位	波浪	风速风向	气温气压	
南支	1	白茆河	理基	31°43′00″	121°03′00″	√				1983 年 1 月至今
	2	崇头		31°47′	121°10′	√				1985 年 1 月至今
	3	杨林	吴淞	31°35′	121°16′	√				1985 年 1 月至今
	4	南门				√				1964 年至今
	5	石洞口				√				1965 年至今
	6	吴淞口	吴淞	31°23′30″	121°30′30″	√				1912 年至今
南港	7	高桥	吴淞	121°33′30″	31°19′48″	√				1956 年 1 月至今
	8	长兴				√				1969 年至今
	9	横沙		31°17′36″	121°50′54″	√				1964 年至今

续表

区域	站号	站点名称	水位基面	坐标		观测项目				资料系列
				N	E	水位	波浪	风速 风向	气温 气压	
北港	10	堡镇	吴淞	31°31′00″	121°36′00″	√		√	√	1956 年 1 月至今
	11	六滧港		31°30′	121°43′	√				
	12	共青圩		31°23′	121°50′	√				1988 年至今
	13	佘山	吴淞	31°25′12″	122°14′18″	√				
北槽	14	北槽中		31°14′00″	122°00′30″	√				
	15	牛皮礁		31°08′12″	122°15′06″	√	√	√	√	
南槽	16	中浚		31°06′48″	121°54′12″	√				
	17	南槽东		30°59′59″	122°06′02″	√	√	√	√	
北支	18	青龙港	废黄河	31°51′42″	121°14′06″	√				1950 年 8 月至今
	19	三条港	黄海	31°43′00″	121°48′00″	√				1958 年至今
	20	崇西闸	吴淞	31°46′00″	121°12′00″	√				2005 年至今
	21	永隆沙	吴淞	31°47′00″	121°28′00″	√				2006 年至今
	22	灵甸港		31°50′18″	121°24′48″	√				1988 年 7 月—1989 年 2009 年 6 月至今
	23	连兴港		31°41′	121°52′	√				2004 年至今
口外	24	绿华山		30°49′12″	122°36′30″	√				

长江口航道管理部门在长江口北槽和南槽设置了“长江口水文、泥沙、波浪自动监测系统”(图 11－23 和图 11－24)，该系统由 7 个水上浮标和 2 个定点平台测站(牛皮礁和南槽东站)组成，采用 VHF 通信技术，全天候、实时地遥测长江口水域各站点的流速、流向、含沙量、水温、盐度和波浪状况。

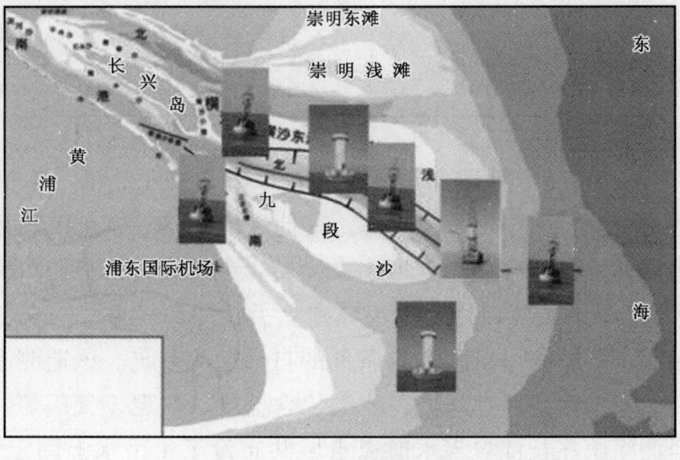

图 11－23 “长江口水文、泥沙、波浪自动监测系统”浮标站位布置

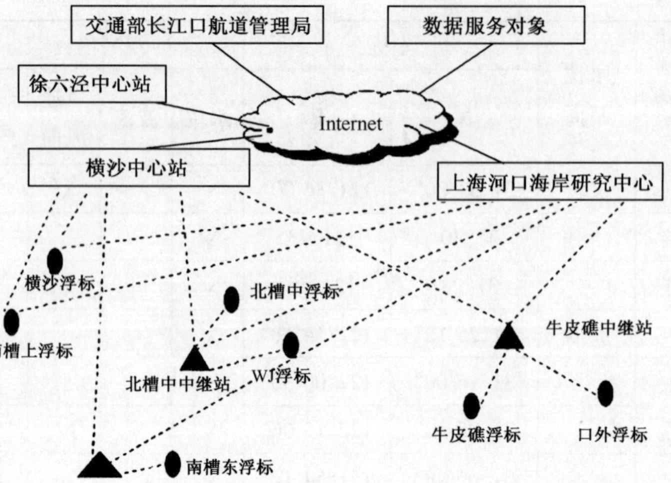

图 11－24 “长江口水文、泥沙、波浪自动监测系统”数据传输结构

7 个浮标站采用的仪器设备均相同，每个站有 1 套水文采集系统，配有流速测量仪(SontekADP500 kHz)、浊度、盐度和温度测量系统(OBS －3A)及其他通信和供电系统等(表 11－5)。2 个平台站主要为波浪测量系统和气象测量系统，分别为声学波浪仪、风速风向仪、气温仪、气压仪及其他通信和供电系统等。

表 11－5 长江口主要浮标观测站

站点编号	站点名称	坐标		观测项目				观测仪器	设立时间
		N	E	流速流向	含沙量	水温	含盐度		
1	横沙	31°16′20″	121°50′41″	√	√	√	√	ADCP、OBS	2005 年
2	北槽中	31°14′28″	122°00′39″	√	√	√	√	ADCP、OBS	2005 年
3	W3	31°13′35″	122°04′30″	√	√	√	√	ADCP、OBS	2005 年
4	牛皮礁	31°08′14″	122°15′19″	√	√	√	√	ADCP、OBS	2005 年
5	口外	31°07′09″	122°26′00″	√	√	√	√	ADCP、OBS	2005 年
6	南槽东	31°01′18″	122°06′42″	√	√	√	√	ADCP、OBS	2005 年
7	南槽上	31°15′20″	121°46′30″	√	√	√	√	ADCP、OBS	2005 年

从 1998 年开始，长江口航道管理部门在徐六泾以下南支—北槽、南槽上段以及北港进口段安排了定期断面测量(南港以下每季度一次，其他区域半年一次)和南北港、南北槽分流比观测，并重点在南港和北槽区域开展不定期水文测验。为跟踪分析长江口深水航道冲淤变化的水动力原因，2006 年 12 月在长江口拦门沙水域建立了长江口气象、水文、泥沙、波浪自动遥测系统，这是我国第一个跟踪海岸工程动力条件的自动遥测系统。该遥测系统监测项目有：潮位、流速流向、含沙量、波浪、风速风向、水温、含盐度、气温、气压等。根据测站布置原则和总体设计要求，监测系统在长江口深水航道水域共布设了 4 个水上固定监测站(横沙、北槽中、牛皮礁、南槽东)，7 个水上浮标监测站(横沙、北槽中、W3、牛皮礁、南槽东、南槽上、口外)，1 个中心接收站，1 个备用接收站，其中 4 个水上固定监测站监测潮位，并在牛皮礁、

南槽东两固定站上增加设备监测波浪和风向风速等气象项目。7个浮标监测站监测流速流向、含沙量、含盐度、水温等项目。测站布置情况如图11-23所示。近5年来，该遥测系统已累积了海量遥测数据，建立了数据库、数据分析系统和图形演示系统。

"十二五"期间，水利部门规划建设江阴水文站，观测内容基本同徐六泾站。航道部门将在北港拦门沙河段建设潮位站，规划在白茆沙水道（白茆河口）、南通水道（南通通吕散货码头）、浏海沙水道（如皋基地）、江阴水道、口岸直水道（扬中基地）、焦山水道采用压力式和浮子式，在仪征水道、龙潭水道、宝塔水道、南京大桥水道采用简易的标尺杆设立水位监测站点。

11.2.4 港口工程水工建筑物耐久性

港口工程水工结构耐久性现场观测和实验对这一领域科学研究水平提高起到重要作用。交通部曾数次组织相关单位开展全国范围内的海港码头调查工作。较早于20世纪60年代开展针对沿海港口工程结构破坏情况的调查，其后20世纪80—90年代及近10年来，相关科研单位陆续开展不同规模和范围的调查工作，结合多年的现场暴露试验，积累了科研经验，对行业技术规程进行了持续修订，推动了行业技术进步。

我国由北到南气候条件相差很大。广东、广西、海南等华南沿海地区属亚热带气候，相对湿度大，夏季台风多，气温高，且夏秋季节多有台风。福建、上海、浙江、江苏等华东沿海属温带气候，每年受台风的影响相对华南较少，但季节性的温差大。天津、辽宁、山东等北方沿海属寒冷地区地区，最冷月平均气温一般都在-4℃以下，年天然冻融循环次数均在50次以上。我国沿海海水的含盐量以纬度较高的渤海海区较低，黄海、东海逐渐升高，纬度较低的南海盐度较高，但总体上海水中盐度变化量不大。由于华南地区的高温高湿环境特点，使得华南地区海水腐蚀环境尤为恶劣。以连云港为界的华东及华南地区港口均为不冻港，北方地区的港口为受冻港。北方地区海港码头除具有海水环境的腐蚀特点外，还受冻融腐蚀的影响。我国自行设计施工1956年建成的首座万吨级海港码头——湛江港一区老码头，由于当时对耐久性的认识和经验不足，码头上部混凝土结构水灰比、粗骨料粒径较大且构件配筋过密、保护层厚度偏薄，甚至还采用海砂配制混凝土。该码头使用8年后就发现所有的轨道梁底均发生了严重钢筋锈蚀现象；使用24年后，码头面板、纵横梁发生锈胀破坏的情况相当严重；使用32年后，混凝土梁、板等主要构件锈胀破坏率达到了90%以上，加上码头基础处理不当位移情况严重，码头安全已无法保障，不得不拆除改建成钢板桩码头。我国20世纪70—80年代以前建的海港工程因材料劣化导致功能降低的情况普遍存在。由于当时技术水平所限，对耐久性认识不足，设计施工标准偏低，导致相当一部分海港工程达不到预定的设计使用寿命而过早损坏。近20~30年来，交通部门组织行业内相关单位针对海港工程混凝土结构耐久性问题进行科技攻关，经过广大科研、设计和施工技术人员的努力，在海水环境混凝土结构耐久性基础理论、混凝土防护、高性能混凝土以及耐久性设计施工技术等方面均取得了一系列的技术突破，耐久性相关行业技术标准达到国内领先和国际先进水平，使得我国海港工程混凝土结构耐久性寿命从只有20~30年提高到50年以上。20世纪70年代以后，由于北方地区普遍采用了掺引气剂的抗冻措施，相对来说，冻融破坏已不是非常突出。

华南、华东、北方地区的调查结果均表明，较严重的钢筋锈蚀破坏大都发生在设计高水位附近的浪溅区。受氯离子和通氧条件的影响，海港工程混凝土结构按锈蚀破坏易发生部位顺序依次为浪溅区、潮差区、大气区和水下区。北方沿海地区钢筋混凝土结构锈蚀破坏程度较东南地区轻；位于码头后方不通风区域的混凝土构件腐蚀程度高于码头前沿相对开敞区域；腐蚀破坏最严重的是桩基梁板结构物，锈蚀破坏部位主要发生在处于浪溅区的桩、桩帽、纵横梁和板上；重力式码头基本上不会发生锈蚀破坏。

20 世纪 80 年代为了加强海港工程混凝土结构耐久性基础研究工作，除数次组织开展码头工程调查外，交通部门拨专款在广东湛江、海南八所、江苏连云港以及天津港等海港修建了暴露试验站，旨在对我国典型海水环境混凝土结构耐久性影响因素及耐久性损伤破坏规律进行系统研究。其中最典型的如湛江暴露试验站共设置有大气区、浪溅区、潮差区和水下区等不同典型腐蚀环境，放置有各种参数的混凝土试件数千件，至今已积累了超过 20 年的暴露试验数据。暴露试验结果真实地反映了粗骨料最大粒径、水灰比、保护层厚度、活性矿物掺和料等参数对耐久性的影响，并通过不同龄期的取样分析和研究，可靠地揭示了氯离子在混凝土内的渗透扩散影响因素和耐久性退化规律。暴露试验和工程调查研究成果为标准规范的制定和数次修订提供了重要的技术依据，为海洋环境混凝土结构耐久性失效理论研究和建立耐久性寿命计算模型奠定了可靠的理论基础。

为了提高海港工程混凝土的护筋性能，20 世纪 90 年代中期开展了大掺量粉煤灰高性能混凝土的研究，其后，各科研院所联合开展抗盐污染高性能混凝土配制成套技术研究，研究成果突破了传统使用活性掺和(合)料掺量的规定，配制的高性能混凝土抗氯离子渗透性和使用寿命可成倍增长，解决了普通海工混凝土耐久性差的技术难题。高性能混凝土技术目前已成为我国港口工程、跨海通道工程、沿海公路桥梁及铁路工程等交通土木工程领域普遍采用的新技术。至 20 世纪 90 年代末，我国交通行业相关科研单位长期不懈的研究形成了大量的科研成果，出现了大批耐久性新技术和新材料。

20 世纪 90 年代后期，我国技术人员对按《港口工程技术规范》(1987 年)设计施工的我国东南沿海部分码头进行调查，从总的调查情况来看，执行该规范后修建的码头腐蚀破坏情况明显减轻，如赤湾港各码头、蛇口集装箱码头、北仑电厂码头虽已使用了 10 年左右，基本上未出现严重破坏现象，对提高海港工程混凝土耐久性来说效果是显著的。有人推算，按该规范设计施工的海港码头使用寿命可达 30 年，但如果设计和施工质量控制得不好，港口工程仍可能在较短的使用年限内发生破坏，如 1992 年建成的某油气码头，结构设计的保护厚度层混凝土施工配合比均不满足规范的规定，且混凝土施工质量差，缺陷多，使得该码头在使用了短短的 8 年后即出现严重破坏情况，已严重危及码头使用的安全性，不得不于 2001 年实施全面大修。为推广应用新技术、新材料，在总结成果的基础上，2000 年交通部又制订颁发了《海港工程混凝土结构防腐蚀技术规范》(JTJ 275—2000)，首次规定了耐久性质量控制指标，解决了长期以来混凝土耐久性质量控制无据可依的问题；确定了大掺量掺合料配制高性能混凝土的技术途径，并将高性能混凝土作为提高海港工程混凝土结构耐久性的首选措施；国内率先对海工混凝土结构进行了附加防腐措施的规定。2006—2008 年，又一次开展全国范围内的调查工作，调查范围覆盖了我国典型环境地区；除外观普查外，还进行了氯离子分布、钢筋锈蚀等专项检测，调查内容更系统全面；调查了北方、华东及南方共 31 座码头，规模大，数据样本多。调查的重点是 1996 年前后建成的海港码头。1987—1996 年期间建成、使用时间为 13～17 年的码头，多数构件表面出现锈蚀痕迹，说明混凝土中的钢筋已经发生锈蚀，部分出现了较为严重的锈蚀开裂现象。1996 年以后建成的码头有的使用时间已超过 10 年，但从对使用了 10 年左右的码头调查情况来看，基本未出现钢筋锈蚀情况。由于经历了数次修订，耐久性相关标准规定日渐完善，高性能混凝土和防腐蚀措施被广泛应用，加上设计施工技术水平的不断提高，2000 年后执行按现行标准建成的我国海港工程混凝土结构，虽然由于使用时间较短，暂时还未获得充足的耐久性调查数据，但根据所获得的数据进行推断，耐久性使用寿命可以达到 50 年以上。

由于海港工程混凝土耐久性失效过程极为复杂，耐久性失效理论、寿命预测模型及相关耐久性设计方法成为近些年国内外耐久性研究的热点。目前，一些耐久性关键技术参数还暂时停留在理论和凭经验判断的技术水平上，与耐久性直接相关的新建工程使用寿命仍无法准确预知。交通运输部“十一五”重大科技专项“离岸深水港关键技术与研究”项目中“海港工程混凝土结构耐久性寿命预测及健康诊断研究”课题，以海港工程长期暴露试验和实体工程调查成果对耐久性劣化模型参数进行修正，尝试建立了与我国典型海工混凝土结构相吻合的寿命预测模型，提出了海工混凝土耐久性质量控制指标与设计使用年限之间定量关系的计算方法。针对离岸深水港建设在混凝土浇筑、养护和质量控制等方面提出的更高需求和应用难点，结合码头、海底隧道等依托工程，研究解决了在自然环境恶劣条件下港工混凝土的快速施工、养护和抗裂等技术难题，采用新型高性能外加剂和多种掺和料复合技术，通过物理、力学、变形、热学、耐久、微观等性能的大量对比试验与综合分析，研究提出了港工自密实自养护抗裂型耐久混凝土配制新技术和自修复能力评价方法。在增大骨料粒径的条件下，采用混凝土流变仪，通过控制混凝土流变参数的方法（图 11－25 和图 11－26），实现了最大骨料粒径 31.5 mm 的混凝土自密实。采用自主研发的高吸水树脂型保水剂、乳液型养护剂和减缩剂等新材料，在确保混凝土物理、力学、抗侵蚀等性能的前提下，使现场养护时间由原来的 15 天（21 天）缩短为 7 天，缩短工期，提高工效，节约淡水资源。首次提出了港工自密实自养护抗裂型耐久混凝土成套专用技术，改善了海洋环境条件下钢筋混凝土的抗裂性能，提高了抗侵蚀能力。

耐久性技术的不断发展，使我国海港工程混凝土结构耐久性寿命从 20 世纪 80 年代以前的不到 20 年，发展到现在可望达到 50 年以上甚至 100 年。

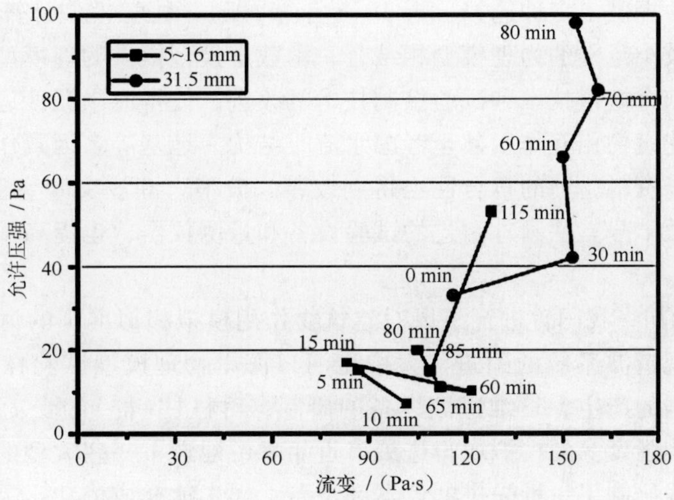

图 11－25　混凝土最大骨料粒径对流变参数的影响

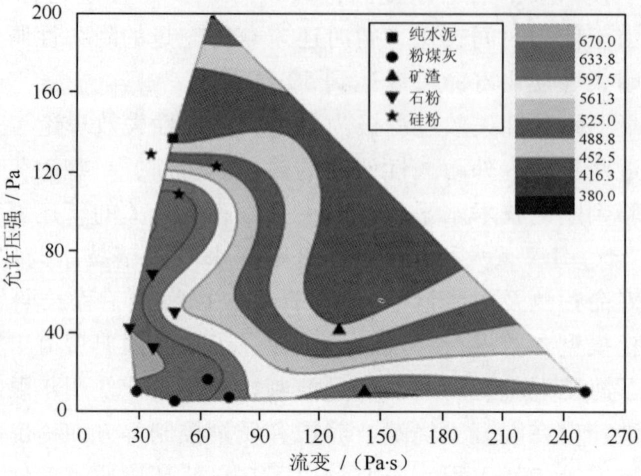

图 11-26 矿物掺和料对混凝土流变参数的影响

11.3 试验室模拟技术

11.3.1 概况

当水利水运水电等工程以内河为主时，水动力及其与结构、地基的相互作用主要以河流为研究对象。随着河口开发和海岸工程的蓬勃发展，对试验室模拟提出了新的要求，促进了海岸动力、泥沙运动相似理论、水工建筑物安全性、地基处理等实验技术的发展。在海岸动力和泥沙运动相似理论方面，要考虑径流、潮汐、波浪的相互作用与影响，需要更大的试验设施和更多的量测仪器。PIV、PTV 等技术被用来测量流速和流态，核技术被用来检测土样。不同模型沙的应用，为悬沙运动模型、底沙运动模型以及同时模拟悬移质及推移质运动的全沙动床模型选沙提供了多种选择。近 10 多年来，随着数学模型计算速度的提高，大范围数学模型与相对较小范围的物理模型相结合，由数学模型提供物理模型边界条件的复合模型已越来越普遍。结合模拟技术和试验控制技术的改进，使得海岸泥沙运动的多口门物理模型，水动力与水工建筑物相互作用甚至考虑水流－结构－地基等多因素作用的模型也变为可能，模拟结果与现场资料验证的符合性也得到改善。波浪、潮汐实验室已由 20 多年前仅数个，发展到现在的数十个。从国外引进的试验设备和量测仪器，也提高了我国实验室的模拟水平。

20 世纪 80 年代初，我国曾进行了风对建筑物作用模拟相似准则的讨论；随着生潮系统的研制成功，不正规造波系统的引进，大中型河口海岸物理模型试验在全国普遍开展。90 年代一些水工新结构的产生，三维造波设备的研制，对桩柱(群)的受力，结构物周围局部冲刷、护面块体结构强度等的模拟取得进展。近年来，建造了一些大型的河口海岸工程物理模型实验室；引进或研制了一批先进的仪器和设备；人工冰合成成功，为北方地区冰与水工建筑物的相互作用提供了新的模拟方法；离心机技术已开始应用在海岸工程结构与土相互作用研究上，目前国内有实验室正试图在离心模型中用流体模拟波浪的作用。

11.3.2 海岸动力和泥沙运动试验模拟技术

11.3.2.1 相似理论和变率影响

潮汐河口悬移质动床物理模型的水流运动必须满足重力与动床阻力相似，满足紊流和表面张力限制条件；泥沙运动必须满足沉降、起动与河床变形相似，还要满足挟沙能力相似。根据沉降或起动相似条件选择轻质模型沙后，河床冲淤变形的时间比尺将远大于水流运动的时间比尺。模型的外海边界一般用潮位过程控制，选择有代表性的、由若干个潮型组成的基本单元作为边界条件，由于潮位随时间的变化比较迅速，通常用水流时间比尺控制潮位变化过程，用河床变形时间比尺控制试验总潮数。上游径流随时间的变化远较潮流缓慢，可按河床变形时间比尺控制。

窦国仁通过对波动速度、波浪传质速度、波浪折射、绕射、破碎、沿岸流等波浪相似条件的理论分析，建立了河口海岸全沙物理模型相似理论。模型潮流与原型潮流、模型波浪与原型波浪基本相似的条件是必须同时满足重力相似和阻力相似，对于变态模型，必须取波高比尺与波长比尺相同且均等于水深比尺时，在坡度较缓的海岸和河口，可以达到波浪运动特性、波浪破碎点的位置、类型和沿岸流等的相似，但在波浪绕射方面有一定的偏离；按泥沙沉降相似和起动相似选择模型沙，并确定其粒径和级配，按挟沙能力相似控制含沙量，按底沙输沙能力比尺控制底沙加沙量，可以实现在一个模型中同时进行潮流和波浪共同作用下的悬沙和底沙试验。

在模型变率影响研究方面，通过按照河口海岸全沙模型相似理论设计变率分别为2.5、4.0、6.0、8.33和12.8的5个河口航道概化模型，选择密度为1.48 t/m^3的电木粉作为模型沙，在各模型上分别进行无丁坝和三种不同丁坝布置时的潮流试验、清水动床试验、浑水定床试验和浑水动床试验。试验表明：无丁坝条件下，当变率小于8，模型变率对潮流作用下的航道冲淤厚度影响不明显；当变率大于或等于6，对潮流波浪共同作用下的航道回淤和大浪作用下的底沙输沙量有显著影响。有丁坝条件下，变率12.8的模型航道内潮流速明显大于小变率模型的流速，建议研究有丁坝整治建筑物的航道水流问题时，变率应小于8，当变率在2.5～8.33之间，变率对潮流作用下的航道冲淤厚度影响不明显；坝头冲刷坑深度和冲刷范围与模型变率成正比，即变率越大，冲刷坑越深，冲刷坑的面积也越大；一对丁坝布置时模型变率对冲刷坑的影响小于两对丁坝布置时的影响，即模型变率对丁坝群冲刷的影响更大。

11.3.2.2 物理模型模拟和试验技术

(1)多口门宽边界潮汐生成系统

传统的物理模型潮汐控制系统有潮水箱式和尾门式，通过对设置在模型边界处的潮水箱或尾门实施潮位控制，以生成模型上潮汐的涨落。这两种生潮系统所控制的只是模型边界附近一个潮位站的潮位，对于多口门或多岛屿海域，则需布设多个潮水箱或尾门，由于相邻或相对口门之间潮位的相互干扰而增加了物理模型潮汐控制的难度，尤其在具有水面横比降的边界上，仅通过一个站的潮位控制难以准确模拟这个边界上的水流运动。为实现复杂海域潮汐水流模拟，近年来设计研制了适用于多口门宽边界的双向水泵流量控制生潮系统，并成功应用于洋山港潮流物理模型和深圳湾潮流物理。

双向水泵生潮系统由双向水泵、水泵转向控制器、水泵流速电机控制器组成(图11－27)。其中，双向水泵可通过电机的电极切换而正反旋转，以实现模型边界处的进水与出水；由附加在水泵上的调速电机控制水泵转速，进而控制模型边界处的进水流量和出水流量；水泵正转、反转切换时间和电机转速数据通过断面潮量分析和流场验证确定。实践表明，双向水泵生潮系统的调速电机和水泵的电气机械性能平稳，潮汐水流模型试验重复性好，模型边界影响的过渡段较短，可显著减小试验中的耗能和噪声。多口门宽边界生潮系统将模型边界处的潮位过程控制改为流量过程控制，实现了物理模型潮位和潮流的模拟相似，为进行开敞式海域尤其是复杂海域的潮汐水流模拟提供了新的途径。

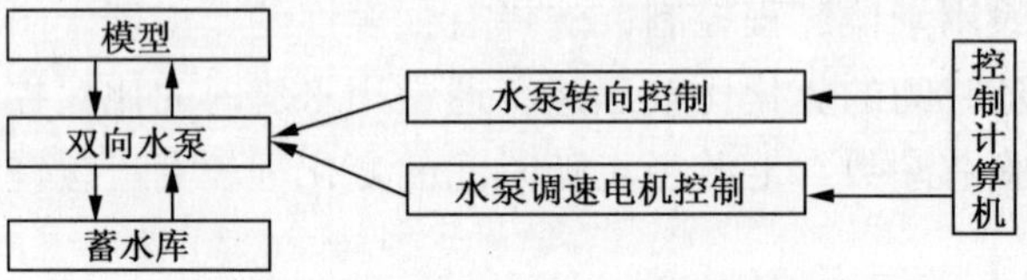

图 11－27　双向水泵流量控制生潮系统框图

(2)旋转流的产生与控制系统

长江口外的潮流为顺时针旋转流。为了模拟天然的流场变化，在长江口物理模型河口外的南北边界上安装双向泵式生潮系统，东边界仍用潮水箱式生潮系统控制。通过调整三个边界的控制系统，使双向泵产生的横向水流与潮水箱产生的纵向流组合生成旋转流。长江口口外旋转流控制见图 11－28，长江口物理模型上流速与实测流速对比如图 11－29 所示。

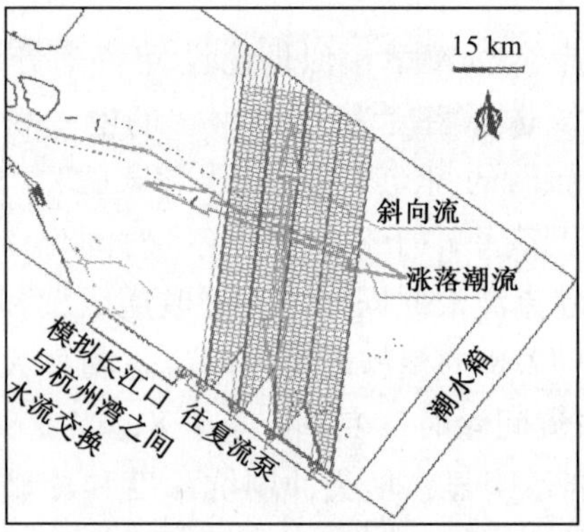

图 11－28　长江口模型口外旋转流控制示意

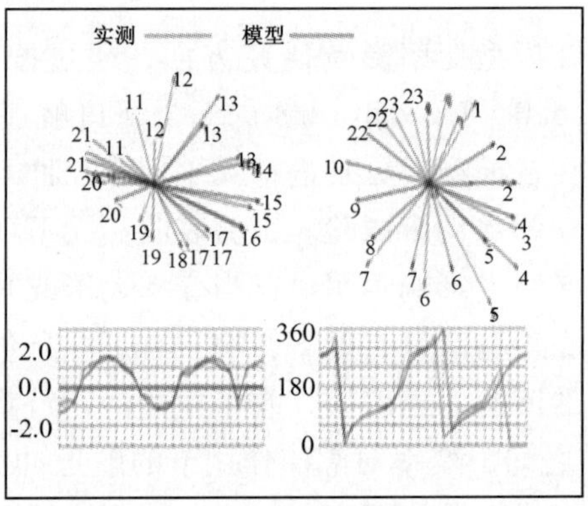

图 11－29　旋转流验证

(3)不正规波和水流的生成技术

从 20 世纪 80 年代初引进第一台不正规造波系统开始，通过技术人员的使用、了解、熟悉、研制，近 10 多年来，我国已实现不正规波造波系统国产化，并为国外实验室提供了造波设备。大连、天津、南京、无锡等地的高等院校和科研机构都能制造液压、电机等不同驱动方式的二维、三维不正规波造波机，尤其 2005 年以后，通过集成网络控制、伺服电机运动控制、计算机嵌入式系统应用等先进的自动控制技术，实现了由伺服电机驱动的多向不正规波造波系统。此系统采用分布式网络控制，可以控制数百块推波板，控制精确，运行平稳，已为国内数家用户单位研制了近 10 套多向不正规造波机系统。三维造波系统由上位控制计算机、下位控制计算机、伺服电动机及驱动系统、造波机机架及推波板、控制连接线、波高测试系统等部分组成。上位主控计算机主要完成波谱的计算分析、波浪数据的采集和实测波谱的统计分析等；造波机电控柜(装有下位控制机、伺服电机驱动器等)主要完成接受上位机的控制数据，控制驱动器输出等；推波板、电动缸和伺服电机主要完成伺服驱动输出，带动推波板运动，推动水体产生波浪；波高数据采集系统主要完成水位变化信号到电信号的转换和电信号的放大输出，供上位主控计算机的采集分析。目前方向谱的分析方法一般可分为两种，一种为线性分析法，另一种为非线性分析法。线性分析法有参量化法(PDM)和离散傅里叶系数法(DFT)。非线性分析方法主要有极大熵法(MEP)、最大可能法(MLM)和贝叶斯法(BDM)。这几种常用分析方法的对比表明，贝叶斯方法分辨率较好。近些年来，我国在不正规波、非线性波、波群、畸形波、孤立波等模拟方面也进行了大量的研究。一种不同于传统造波方法的新型箱内水体瞬间坍塌造波方法(Water Column Collapsing，WCC 方法)，其主要原理是在实验水槽中放置水箱，采用真空方法获得特定的水柱，然后通过突然释放水箱内的水体来产生孤立波。在平底条件下可产生的波高与水深比为0.8～1.0。

将造波机与双向泵结合可研究不同角度水流与波浪的相互作用及其对水工建筑物的作用力。图11－30是在波浪港池周边安装50台大型潜水泵，通过调节不同位置的水泵出流，产生所需的水流条件。

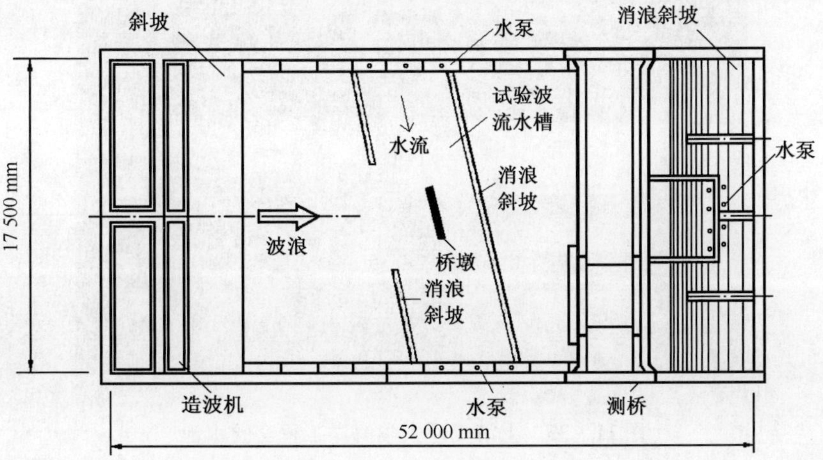

图11－30　波浪－水流相互作用示意

(4)风模拟系统

水槽的生风系统主要包括鼓风机、调频器和风道等，可产生与波浪方向相同(反)的风。南京水利科学研究院的波浪水槽在宽1.5 m、水深0.8 m时，可产生的最大风速18 m/s。波浪港池的生风系统采用多台风机组成，可自由移动，变化风向，风机电机由变频控制转数而改变风速，风机可任意排列组合，实现局部风场控制(图11－31和图11－32)。

上海交通大学海洋工程国家重点实验室的实验水池可以模拟风浪流等各种海洋环境条件，水池主尺度为50 m×30 m×6 m，能产生正规波或不正规波的长峰波，最大波高可达0.5 m。水池配有一套高压喷水造流系统，能在水池中产生均匀的水流，最大流速为0.2 m/s。流向和波向之间的夹角可在0°～90°之间按需要变化。配有一

图11－31　水槽生风系统

套可移动的轴流风机造风系统，能在水池中产生任意方向的定常风或非定常风，最大风速可达10 m/s(图11－33)。

图11－32　港池生风系统

图11－33　上海交通大学海洋工程实验水池

11.3.2.3　重要试验设施和仪器进展

20世纪80年代初期，我国通过世界银行贷款等途径，陆续进口了海岸动力实验设备，如不正规造波机等。南京水利科学研究院等单位研制成功潮汐发生计算机自动控制系统，为我国河口海岸工程科学研究的动力模拟奠定了基础。嗣后，不少高等院校开始设立海岸工程学科，开展海岸工程研究的单位也越来越多。90年代末以来，国内新建多座海岸(洋)工程实验水池和水槽，一些大型河口海岸治理工程实验厅也相继建成。毫无疑问，在我国沿海经济快速发展的影响下，海岸工程科学研究已成为最具吸引力的学科之一。到目前为止，我国从事海岸工程科学研究的科研院所和高等院校已由20世纪80年代初的数家发展到数十家，为我国海岸(洋)工程科学研究的发展起到了极大的促进作用。

(1)国内主要河口海岸试验模型

表11－6为国内一些主要的、正在运行的河口治理工程实验厅。其中，南京水利科学研究院的长江口模型建于20世纪70年代初，是为上海港扩建进行物理模型研究建造的，历经40年在不同时期长江口港口建设、航道治理和水资源利用等方面发挥了重要作用。表11－7和表11－8是目前收集到的国内主要实验水池(主要为三维造波水池)和波浪水槽。天津水运工程科学研究所450 m×5 m×8 m的波浪实验水槽、黄河科学研究院187 m×35 m的扇形黄河口模型

试验厅、南京水利科学研究院200 m×120 m河口海岸试验厅正在建设。

表11－6 国内主要河口治理工程实验厅

序号	模型名称	所属单位	规模	主要功能	备注
1	长江口模型	南京水利科学研究院	长108 m，宽34 m	局部动床	建于1972年
2	长江河口段模型	南京水利科学研究院	长220 m，宽18～48 m	局部动床	2006年
3	长江口模型	上海河口海岸科学研究中心	长300 m，最大宽度115 m，总面积26 000 m^2(另局部模型试验厅110 m×90 m)	局部动床	1998年
4	杭州湾模型	浙江省水利河口研究院	长165 m；宽：上段105 m，下段135 m。总面积21 700 m^2		
5	珠江口治理模型	珠江水利科学研究院	长220 m，宽180 m		

表11－7 国内主要不正规波水池

序号	建设单位	水池尺度	造波宽度/m	造波板个数	单板尺寸
1	大连理工大学	55 m×34 m	28	70	高0.9 m、宽0.40 m
2	天津大学	60 m×40 m	18	40	宽0.45 m
3	天津水运工程科学研究所	90 m×48 m	72	144	宽0.50 m
4	南京水利科学研究院	70 m×52 m×1.2 m	40	100	高1.0 m、宽0.40 m
		50 m×18 m×1.2 m			
5	河海大学	50 m×17.5 m×1.5 m	24	48	宽0.50 m
6	702研究所(耐波性水池)	69 m×46 m×4 m	长边58 短边36	188	0.5 m
7	702研究所(深水拖曳水池)	474 m×14 m×7 m	7.4	18	高2.1 m、宽0.41 m
8	708研究所(拖曳水池)	320 m×10 m×5 m	长边80 短边2	长边160 短边4	宽0.5 m
9	708研究所	28 m×12 m×2 m			
10	上海船舶运输科学研究所	102 m×15 m×3.9 m	15	30	高1.45 m，宽0.5 m
11	上海交通大学	50 m×30 m×6 m		最大流速为0.2 m/s	于1992年建成
12	上海交通大学	50 m×40 m×10 m			深井最大工作水深达40 m、直径5 m
13	浙江大学	60 m×30 m×1.4 m (水深0～1.0 m可调)			
14	重庆交通大学	40 m×20 m×1.2 m			5 m

续表

序号	建设单位	水池尺度	造波宽度/m	造波板个数	单板尺寸
15	珠江水利科学研究院	66 m×45 m×1.2 m			
16	广东省水利水电科学研究院	58 m×26 m×1.2 m		58	0.41 m
17	华南理工大学	30 m×18 m×1.2 m	16.95	3	5.65 m

表 11-8　国内波浪水槽概况

序号	单位名称	地址	规模 长×宽×高	备注
1	大连理工大学海岸与近海工程国家重点实验室	大连	69 m×2 m×1.8 m	
			56 m×1.0 m×0.7 m	
			60 m×4 m×2.5 m	
2	交通运输部天津水运工程科学研究院	天津	65 m×1.0 m×1.8 m	
			68 m×1.0 m×1.5 m	
			100 m×3.0 m×1.8 m	
3	中国海洋大学	青岛	65 m×1.2 m×1.5 m	物理海洋试验
4	南京水利科学研究院	南京	172 m×1.2 m×1.8 m	风、浪、流、潮及泥沙试验
			66 m×1.8 m×1.8 m	风、浪、流试验
			45 m×0.8 m×1.0 m	波浪试验
5	河海大学	南京	80 m×1.2 m×0.8 m	波浪试验
6	上海河口海岸科学研究中心	上海	318 m×1.0 m×1.2 m	风浪流试验
7	上海交通大学海洋工程国家重点试验室	上海	100 m×3.0 m×1.8 m	风浪试验
			40 m×7 m×0.75 m	浪流试验
8	浙江大学	杭州	100 m×1.5 m×2.5 m	风浪试验，底坡双向可调(±1%)
9	长沙理工大学	长沙	60 m×1.5 m×1.8 m	波浪水流试验
			40 m×0.8 m×0.5 m	
10	广东省水利水电科学研究院	广州	66 m×2.0 m×1.8 m	
11	华南理工大学	广州	32 m×1 m×1.5 m	波浪试验

(2)试验仪器改进

河口海岸工程悬沙动床物理模型试验中需要测量的主要参数有潮位、流速、流向、含沙量和地形变化等，相应的测量仪器有水位仪、流速仪、测沙仪和地形仪。这些仪器在河工物理模型试验中虽属于常规仪器，但随着试验研究的深入和测控技术的进步，都在及时更新，以满足模型试验测量精度的要求。目前在实验水槽中，流场实时测量采用国外进口或我国自行研制的粒子图像测速技术(PIV)，可测得任一断面、任一水深层上的流速和流向。在水工模型、河工模型和港工模型中，普遍采用我国自行研制的表面粒子跟踪测速技术(PTV)测量表面流速和流向，实现了大范围非恒定流表面流场的实时测量。

11.3.2.4 物理模型试验

(1)主要河口治理物理模型试验

我国长江口、珠江口和钱塘江口均已建河口整体物理模型，黄河口物理模型正在建设中。长江口物理模型有两个，一个在南京水利科学研究院，一个在上海河口海岸科学研究中心，主要研究长江口深水航道治理工程航道回淤等问题。

南京长江口物理模型始建于20世纪70年代，现在模型平面比尺1:2 000，垂直比尺1:150，变率13.33。外海控制边界置于北槽口外约-30 m等深线处，上游地形至南通天生港，再由扭曲水道至大通。模型南边界至南汇嘴附近，北边界位于北支口的启东嘴。动床范围的上边界始自南港河段中部，下边界延伸至北槽口外-20 m水深处，南槽上段至中浚水位站附近、横沙通道及横沙东滩窜沟以西的滩面也制作成动床，全部动床模型的面积约300 m^2(相当于原型120 km×103 km的水域)。上述布置使长江口深水航道治理工程的一、二、三期工程都位于模型的有效段内。模型在外海南、北边界上布置了潮流量控制设备，用多台双向流量泵连接立面水廊道，实现了南、北方向水流运动的控制，解决了大型河口物理模型口外旋转流模拟的难题。

上海长江口物理模型建于1998年，模型平面比尺1:1 000，垂直比尺1:125，变率8。模型上游地形做到距江阴水位站上游10 km的利港，利港至大通用扭曲水道相连；北边界在苏北嘴，南边界在南汇嘴，外海边界在-40～-20 m等深线。大通站的径流用变速泵模拟，外海边界用气压式潮水箱产生潮汐，模型北边界设置变速可逆泵，用廊道与南边界相通产生潮汐水流的南北向分量，与潮水箱产生的东西水流向分量合成，模拟了口外的旋转流流场。

珠江口整体物理模型平面比尺1:700，垂直比尺1:70，变率10。范围包括思贤窖以下西北江三角洲、石龙以下东江三角洲、老鸦岗以下珠江干流河道、石嘴以下潭江水道、珠江八大口门及口外-25 m等深浅海区及香港、澳门地区。整体模型在设计时考虑到分区应用问题，在伶仃洋、磨刀门、黄茅海海域下边界采用独立的控制系统，上游则根据局部模型的要求对网河进行局部调整、封堵。模型主要研究珠江河口综合治理等问题。

钱塘江河口物理模型平面比尺1:1 500，垂直比尺1:100，变率15。以潮区界闻堰为上游边界，金山为其下边界。模型沙采用经防腐处理的木粉。含沙量采用半潮平均控制和验证，木粉大部置于潮水箱内，由箱底管路使其充分紊动悬扬，上游泥沙的补给通过搅拌加沙设施完成。模型主要研究钱塘江河口围垦工程的影响等。

正在建设中的黄河口物理模型平面比尺为600，垂直比尺为60，变率10。模拟范围：陆上包括利津以下现河道、三角洲上规划的马新河流路及钓口河流路区域；滨海区域岸线范围拟包括北起套儿河口、南至小清河河口，岸线弧长约200 km，海区范围在离岸50～60 km之间。整个模拟范围东西长约135 km，南北宽150 km，原型区域面积约2×10^4 km^2。模型主要研究清水沟流路演变规律、治理对策和行洪年限，河口外海洋动力输沙作用，黄河口综合治理及规划方案，黄河河口淤积延伸对下游河道冲淤影响等。

(2)主要海岸工程物理模型试验

1)洋山港物理模型。

洋山深水港区位于杭州湾口外的浙江省嵊泗崎岖列岛，由大、小洋山等数十个岛屿组成，是我国首个在小岛建设的港口。大洋山岛链与小洋山岛链之间形成一条东南—西北走向，长约 11 km，西口宽(约 8 km)而东口狭(约 1 km)的漏斗形深槽，大、小洋山之间深槽相距平均约为 4 km。深槽西口平均水深约 11 m，而东部大洋山与小岩礁之间窄口处最大水深达 89 m，平均水深大于 50 m；整个深槽平均水深为 20 m 左右。该深槽紧靠岸线，是优良的深水港区。

为配合上海国际航运中心深水港址的选择，1998 年初南京水利科学研究院建成第一个洋山港区总体规划物理模型。由于大小洋山岛北距上海市南汇芦潮港约 32 km，南距宁波北仑港 90 km，东是外海，西是杭州湾，只能做成四面为开边界的模型，因此，物理模型的四个开边界潮汐控制技术是首先需要解决的问题。为了确定模型合理的控制边界位置，参考了数学模型计算成果(图 11 - 34)并全面分析前两年水文泥沙测量资料(图 11 - 35)，确定了物理模型的边界(两图中虚线所示)。该模型水平比尺 1∶700；垂直比尺 1∶120。模拟实际范围 35 km×25.9 km。模型东、西边界为主要过流边界，分别布置 5 台可逆双向泵模拟生潮，南、北边界水体交换量小，辅以潜水泵进行模拟，用近年海岸工程建设引起的局部地形变化作为验证对象，解决规划和不同设计阶段的水流泥沙问题。这是我国首个四面为开边界的潮流物理模型。1999 年以后南京水利科学研究院和天津水运工程科学研究所共同对洋山港的规划优化等平行进行研究。天津水运科学研究所洋山港模型水平比尺 1∶850，垂直比尺 1∶135，模型范围约为原型 43 km×28 km。通过模型试验研究，发现了在大流速、高含沙量条件下建港的基本规律，提出了“封堵汊道、归顺水流、有利航泊、减少淤积”的建港总体思想，很好地解决了洋山港区分期建设问题。

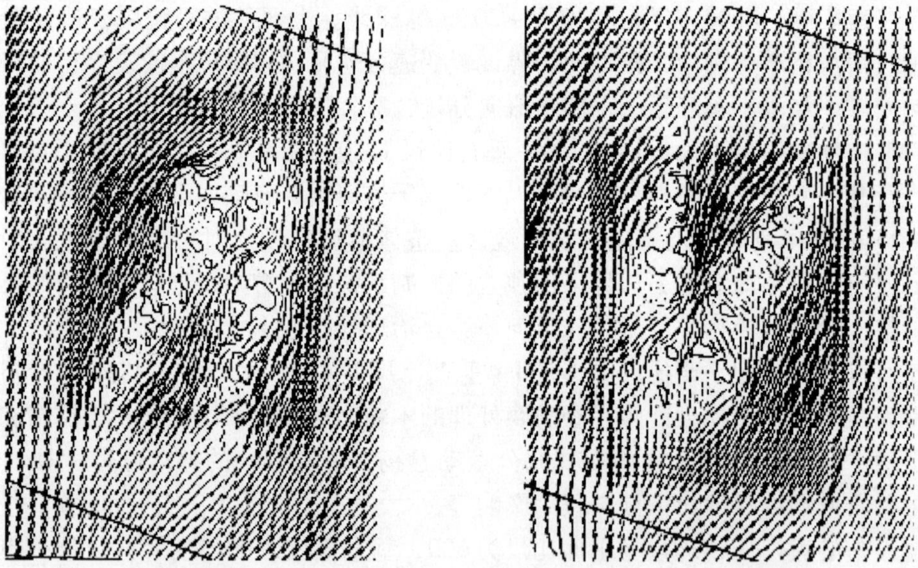

(a) 涨急流场　　(b) 落急流场

图 11 - 34　数学模型模拟的涨落急流场

2) 曹妃甸物理模型。

曹妃甸是位于唐山市南部 70 km 海域的一带状小岛。曹妃甸岛附近岸滩具有两个特殊的地形地貌特点，一是岛南紧邻深槽，曹妃甸附近水下岸坡峻陡，30 m 等深线距岸仅 400 ~ 500 m，25 万吨级以上大型船舶可以从外海直接驶入曹妃甸海域[图 11 - 36(a)]；二是曹妃甸岛北侧为大片浅滩，滩上 0 m 等深线(当地理论最低潮面)面积达 150 km^2，如图 11 - 36(b)。

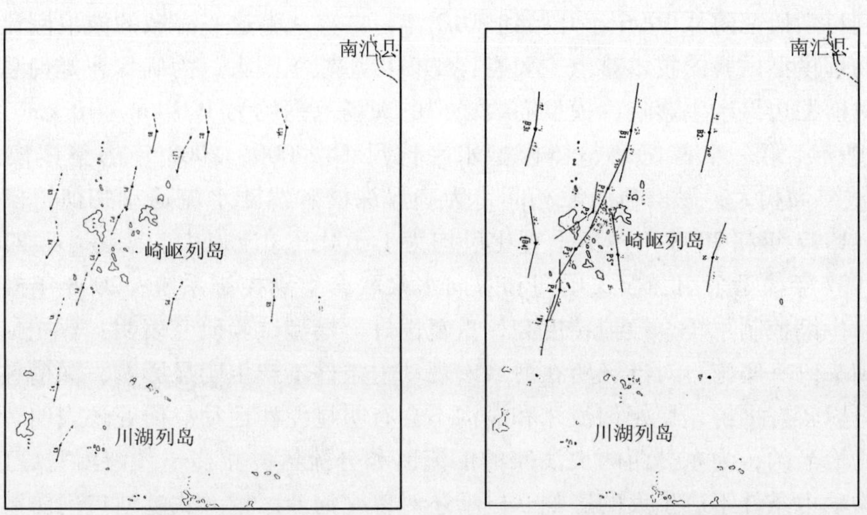

(a) 1996年水文测量　　(b) 1997年水文测量

图 11－35　水文测验各站位涨、落急流矢图

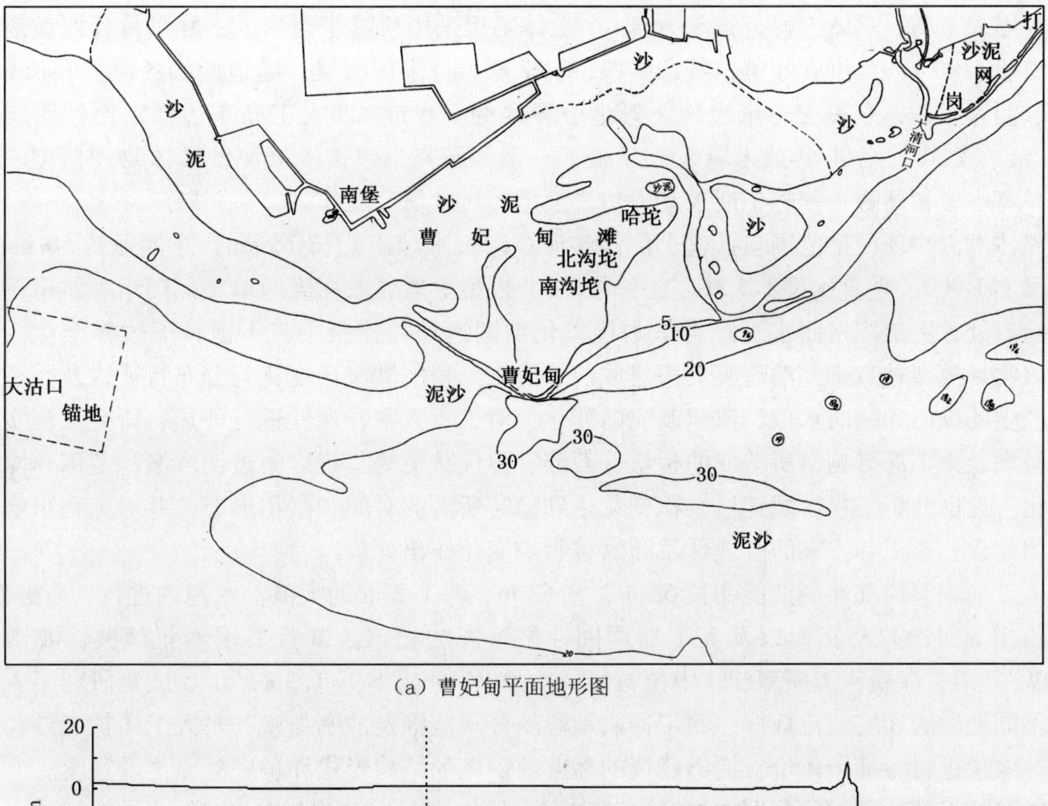

(a) 曹妃甸平面地形图

(b) 曹妃甸地形剖面图(沿大堤和甸头轴线)

图 11－36　曹妃甸海域态势图

南京水利科学研究院从1996年开始到2012年，一直从事这一海域的波浪潮流泥沙运动研究。曹妃甸物理模型试验的技术难点主要有：①模拟海域范围大，为确保曹妃甸总体规划方案实施后不会对模型边界产生影响，模型需要模拟的现场范围约为100 km×40 km。由于试验室条件限制，1997年第一个曹妃甸整体模型水平比尺1∶2 000，2008年的整体模型水平比尺1∶1 000；②浅滩面积大，深槽与浅滩相间，为确保深槽和浅滩水流运动相似，模型的垂直比尺不宜太小，1997年和2008年模型垂直比尺均为1∶100；③流速大、潮差小，对潮汐控制精度要求高。1997年模型采用翻板式尾门和双向水泵联合生潮控制系统；2008年模型采用变频电机双向水泵生潮控制系统，模拟精度高，重复性好。模型试验研究表明：曹妃甸的起步工程接岸大堤和甸头码头实施，对港区所在海域宏观动力条件不产生明显影响，深槽包括码头和附近深水航道可以较好维持，曹妃甸浅滩和潮沟不会有明显泥沙运动。研究还表明，拟建接岸大堤轴线位置是恰当的，为东、西两大浅滩的汇流区和分流区，相当于浅滩滩脊，建成后对东、西浅滩和潮沟动力条件不产生大的影响。模型还对曹妃甸港区挖入式港池口门防波堤及航道布置进行研究，确保水流平顺，船舶航行安全，为曹妃甸开发提供了理论依据。

3)港珠澳大桥人工岛冲刷试验。

港珠澳大桥经香港水域，穿(跨)越珠江口铜鼓、伶仃西、青州、九州等航道，止于珠海、澳门口岸人工岛，总体工程全长35.6 km。主体工程采用桥隧组合形式：穿越伶仃西航道和铜鼓航道段5.99 km为沉管隧道，其余路段(约22.9 km)采用桥梁。隧道两端各设置一长625 m的东、西人工岛，东人工岛东边缘距粤港分界线约366 m，西人工岛东边缘距伶仃西航道约2 000 m。从20世纪90年代末以来，开展了一系列研究，包括潮流泥沙整体物理模型、波浪水池、宽水槽和岛隧工程施工期水动力仿真模型等科学研究工作。

整体潮流物理模型范围包括整个伶仃洋河口湾，水域南北长75 km，东西宽约50 km。平面比尺1∶1 000，垂直比尺1∶120，变率为8.3。模型上边界取在虎门口、蕉门口和洪奇门—横门汇合口处，上游用扭曲水道配合量水堰概化纳潮河槽并控制径流下泄；下边界至伶仃洋湾口。该物理模型重点研究港珠澳大桥建成前、后对工程区潮流场变化与分布特征以及受桥墩阻水而产生的纵向和横向水位、流速及流向变化，对工程方案合理性进行评述；研究工程实施后由于桥墩及人工岛影响，所造成的桥墩、西滩、伶仃航道等工程区附近泥沙淤积范围和滩槽地形变化；论证分析工程区域地形淤积变化达到稳定所需的时间和淤积形态，并对工程影响和优化提出建议；对工程方案的合理性及防洪等影响变化作出评价。

人工岛周围局部冲刷试验在长68 m、宽52 m、深1.2 m的大波浪水池内进行，考虑波浪、水流作用下泥沙起动相似以及人工岛周围冲淤形态的相似。试验采用不正规波，波谱采用JONSWAP谱，煤粉作为模型沙，中值粒径 $d_{50}=0.37$ mm，$\gamma_s=1.33$ t/m^3。试验研究了人工岛附近不同地段的冲刷变化规律，测定冲刷地段的分布范围及冲刷强度；对人工岛护底结构方案的防冲效果进行验证与评价，提出建议的岛壁前护底的结构形式和护底的厚度及宽度。

墩基的局部冲刷试验分别在波浪港池和宽水槽内进行。波浪港池长52 m，宽17.5 m，高1.2 m；宽水槽长42 m，宽4.5 m，高1.2 m。重点进行设计条件和施工期条件墩基的局部冲刷试验，提出洪水和潮流共同作用下、波浪和水流共同作用下的局部冲刷极限平衡深度及形态与范围。根据系列模型试验方法，采用不同几何比尺模型进行局部冲刷试验，选取 $\lambda_h=50$、70和100三种比尺。工程区原状土起动流速相差较大，分别在1.01～3.35 m/s之间。选取青州、江海和九州航道桥海域中土样起动流速最小的一组所对应的中值粒径 $d_{50}=0.023$ mm作为原型的代表粒径。模型沙采用精煤研磨的煤粉，中值粒径 $d_{50}=0.50$ mm，$\gamma_s=1.33$ t/m^3。试验均采

用 $H_{4\%}$ 正规波的波浪要素叠加顺流进行。试验显示，当墩型、桩径、迎水宽度、泥沙粒径及组成等条件不变时，水文条件的改变只会在冲刷深度和范围的量值上有所变化，局部冲刷的基本形状不会发生明显的变化，遭遇 300 年一遇和 20 年一遇水文条件下的局部冲刷的差别主要体现在冲刷深度和冲刷范围。洪水和潮流共同作用下的正态（$\lambda_h=100$）局部冲刷试验在宽水槽内进行。

岛隧工程施工期水动力仿真模型水槽长 40 m，宽 10 m，高 1.4 m。水槽一端为两台大功率的往复流泵，另一端为旋转式翻板尾门，通过自动执行潮位过程和流量过程的计算机控制生潮系统和进出流系统，在水槽内形成双向涨落潮流。该试验重点解决岛隧工程施工期各节点关键技术难题，包括钢圆筒构筑人工岛岛壁过程中的局部冲刷及防护；基槽水流的垂向分布；岛隧结合部掩护体工程布置的方案优化；沉管沉放过程中岛隧结合部基槽的流速变化及分布；岛隧结合部隧道管节沉放过程中的水流力变化；岛头防撞体的稳定及对周边海床的影响；大型隧道管节沉放过程中碎石垫层基槽的稳定性。图 11 - 37 是水动力仿真模型布置示意图；图 11 - 38 是管节沉放过程中的水流力试验图；图 11 - 39 是沉管沉放过程中的纵向力变化（无掩护）图。

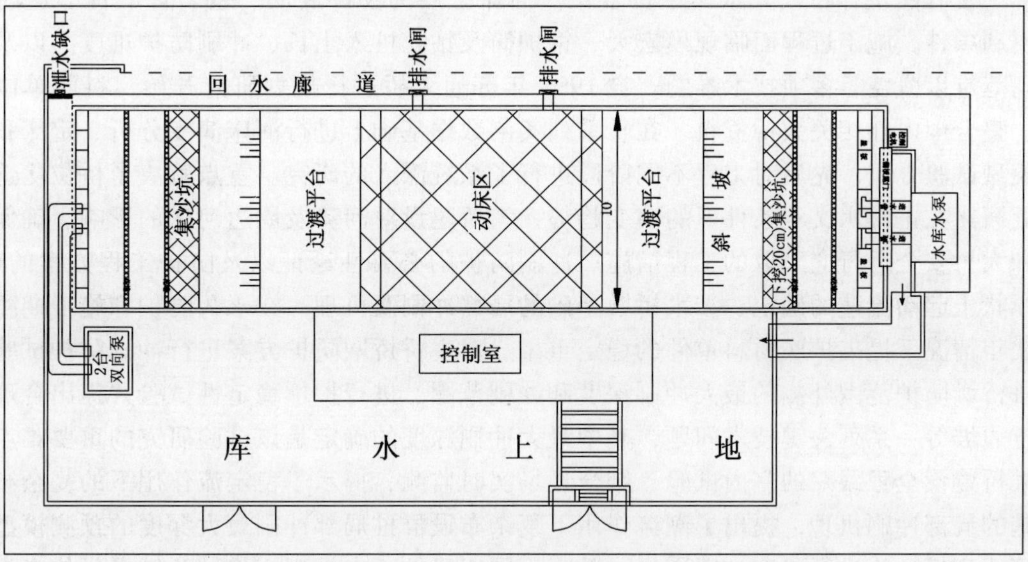

图 11 - 37 水动力仿真模型布置示意

图 11 - 38 管节沉放过程中的水流力测试

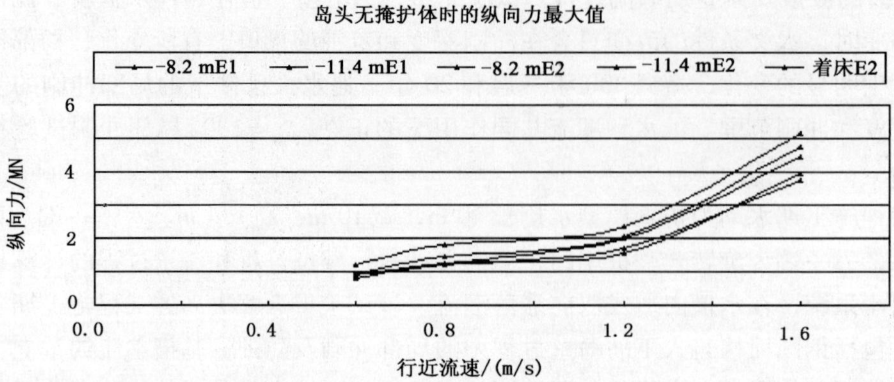

图 11 - 39 纵向力变化(无掩护)

4)苏通大桥局部冲刷试验。

苏通大桥位于江苏省东南部，横跨长江，连接南通和苏州两市，东距长江入海口108 km。工程建设存在气象水文条件复杂、河床土层为易冲底质、基岩埋藏深、通航标准高等不利条件。施工过程面临规模宏大、钢护筒及钻孔桩入土长、冲刷防护难度大以及现有技术规范难以覆盖等多项技术难题。自1991年苏通大桥进行规划研究开始，科研单位采用收集、整合国内外相关大桥资料、在长系列实测数据基础上进行河床演变分析、定床和动床物理模型试验方式，先后对工程不同阶段进行了系统深入的研究。重点解决了桥位比选、桥位附近河床在正常水文年条件下的演变趋势、大桥建设对河势及周边河床的影响、确保河势稳定和大桥安全运行应采取的工程措施、冲刷防护的必要性论证以及防护工程方案的选择、桥区原状土起动流速的确定、涉水桥墩基础的局部冲刷及机理、在永久防护和施工期防护特征水文年情况下提出护底材料单件的稳定重量、对主桥桥墩防护方案进行冲刷防护试验并确定主桥桥墩防护范围外侧的最大冲刷深度和冲刷范围、进行护坦稳定性试验并提出合理的护坦稳定边坡等一系列关键技术问题，其中最大冲刷深度的确定是该试验研究的重要难点。通过对大桥建设全程跟踪的室内试验，结合现场实时监测，揭示了稳定流作用下的复杂布设群桩桥基的局部冲刷机理，提出了潮流作用下复杂布设群桩局部冲刷最大深度的预测模型。研究采用系列模型法进行研究，即通过一系列不同比尺的正态模型，将试验结果延伸来消除模型和原型由于泥沙运动不完全相似而带来的试验结果偏差。表11 - 9是施工图阶段特征水文年各桥墩冲刷坑最大深度；图11 - 40和图11 - 41是其主桥墩局部冲刷及其剖面形态；图11 - 42和图11 - 43是2004年7月6日至2007年6月24日南北主墩冲淤图。

表 11 - 9 施工图阶段特征水文年各桥墩冲刷坑最大深度

墩型	墩柱尺寸 $W \times L$/m × m	300年一遇/m	100年一遇/m	20年一遇/m	5年一遇/m
主墩	48.1 × 113.8	27.1 ~ 28.5	24.5 ~ 26.6	21.5 ~ 22.8	18.6 ~ 19.2
近塔辅助墩	32.5 × 52.0	18.3	16.3	13.6	11.6
远塔辅助墩	21.0 × 45.2	16.0	14.2	11.6	9.6

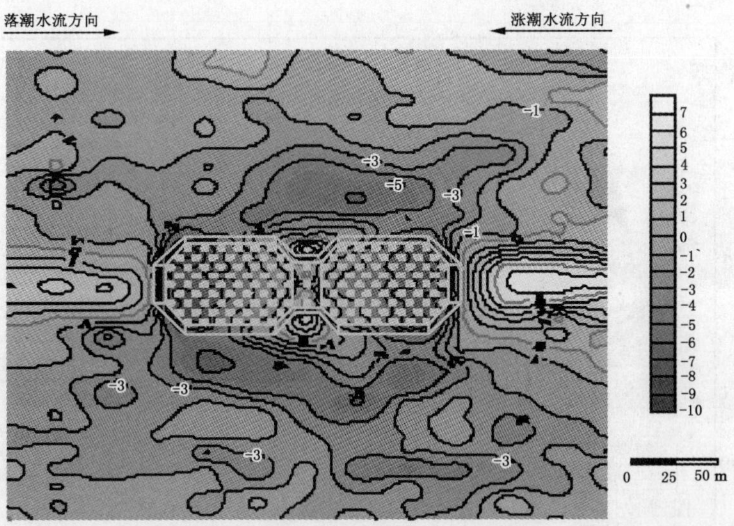

图 11-40　主桥墩局部冲刷形态

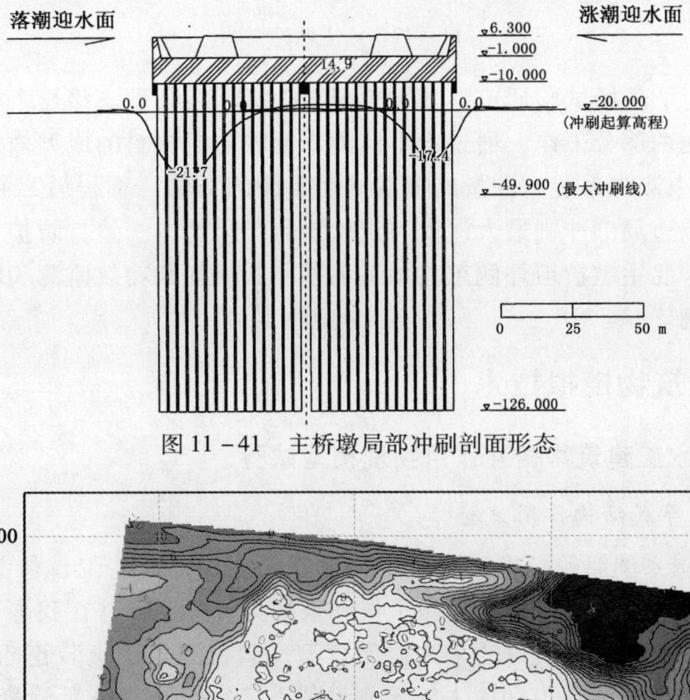

图 11-41　主桥墩局部冲刷剖面形态

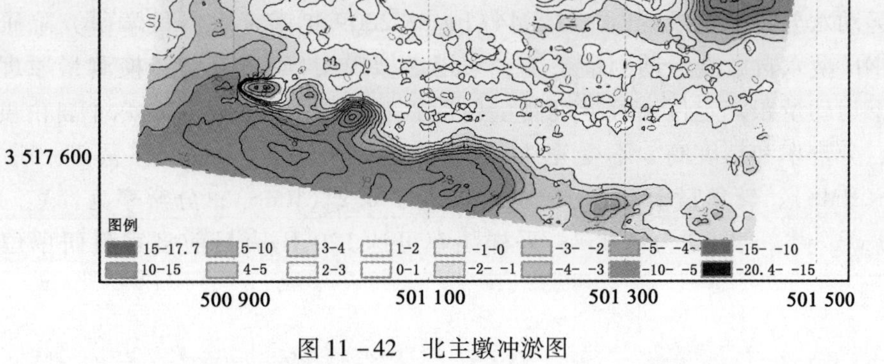

图 11-42　北主墩冲淤图

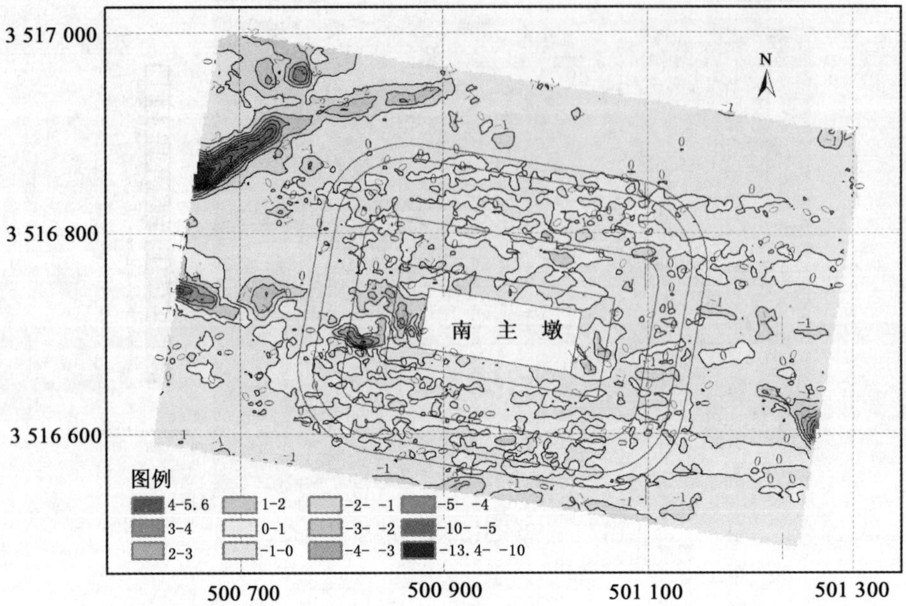

图 11－43　南主墩冲淤图

工程实施中进行了现场试验研究，主要是防护材料(袋装砂、级配石料)水下试抛和防护工程水下成型监测两部分工作，通过水下监测来反映防护材料的成型效果。试验采用美国SeaBat9001S型多波束测深系统，测量的覆盖宽为水深的2倍。工程后三年的现场监测结果表明，南、北主墩周边局部冲刷最大深度与试验预测结果基本一致，防护工程对局部冲刷起到有效的防护作用。北主墩护坦外侧东北角最大冲刷的演变和功效监测表明，平面设计中下沉护坦设计理念正确。

11.3.3　水工建筑物模拟技术

11.3.3.1　波浪与水工建筑物相互作用物理模型试验

(1)波浪对系泊浮式结构作用试验

2000年以来我国系泊船舶模型试验技术得到长足发展，一些院校研制了系泊船舶撞击力和撞击能量测量仪、船舶运动六分量测量仪和系缆力传感器，并在我国多个科研机构得到广泛应用，开展了数十个工程项目的系泊船舶模型试验，涵盖了集装箱船、散货船、油船、LNG船等各种船型。其中撞击力和撞击能量测量仪、船舶运动六分量测量仪仍在不断发展，早期采用接触式六分量仪[图11－44(a)]；2005年以后开发出CCD摄像机结合图像处理技术的船舶运动六分量测量系统[图11－44(b)]；2009年南京水利科学研究院研制了一种高精度FL－NH型六自由度运动测量系统，采用虚拟现实(VR)低频转换测量原理，对浮体在水面或水下运动量跟踪定位，可准确测量包括船舶在内的各类浮体的六个自由度的运动，具有体积小、分辨率和精度高、不受光线影响的优点。其精度为：位移量 X、Y、Z 向均不大于0.1 mm(RMS)；转角量 $x°$、$y°$、$z°$向均不大于0.2°(RMS)；分辨率为：X、Y、Z 向均为0.01 mm；$x°$、$y°$、$z°$向均为0.03°；采样频率可达120 Hz。目前多家科研单位采用这种测量仪。

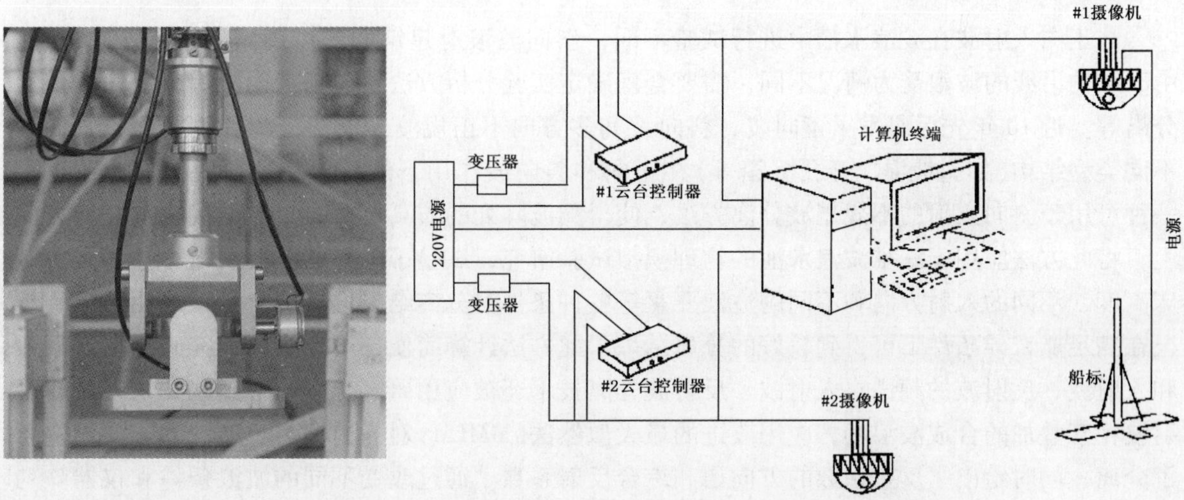

（a）接触式六分量仪　　（b）基于CCD摄像机的六分量测量系统

图 11－44　早期动力响应测量仪

(2)波浪与开孔结构及多孔介质结构的相互作用

随着海岸工程向水深处发展，为减小波浪作用力，一些开孔结构，如开孔圆、椭圆、方形沉箱等被采用，这些结构的作用力或动力响应无成熟的计算方法或规程(范)参考，物理模型试验应运而生。

波浪在多孔介质内的传播是近年发展起来的新的热点课题。在海岸工程中不同尺寸的堤芯石对波动水流的传播有着重要的影响，也就是在实验室中进行波浪与斜坡抛石堤结构透浪效应模拟研究中存在着比尺效应的问题。南京水利科学研究院在假设堤内压强梯度与水力坡降近似相等的情况下，采用堤芯内的孔隙压力来描述堤芯材料在波浪作用下的特性，提出了新的堤芯石的模拟方法。通过系列物理模型试验，得到了使用不同尺寸堤芯石时堤后波高传递系数与无因次水动力参数 $H/(gT^2)$ 和堤芯结构 B/D 之间的经验公式。

(3)波、流作用下局部冲刷模型试验

近年来随着海上人工岛和跨海大桥等工程逐渐增多，促进了波浪、水流作用下局部冲刷模型试验技术的发展。港珠澳大桥人工岛工程局部冲刷模型试验，对于水流作用下原型沙起动条件采用原状土冲刷试验结果，将试验得到的起动摩阻流速换算到平均流速，根据谢才系数 C 与垂线平均流速 u 及摩阻流速的关系算得不同水深条件下的起动垂线平均流速 u，并采用窦国仁公式计算水流作用下模型沙起动流速，以判定模型沙类型和中值粒径选择的合理性。对波浪作用下的泥沙起动相似，将单向水流 Shields 泥沙起动标准曲线引入到波浪条件下，计算原状土在波浪作用下的起动临界值，选用 Manohar 公式计算模型沙(煤粉)起动流速。计算显示，波浪和水流作用下，原型沙和模型沙起动流速相似比尺均和流速比尺值接近。冲淤形态相似由相对速度 $u_b w$(u_b为波浪临底最大速度，w 为泥沙沉速)决定，原型中 $u_b w$ 大于10 对应相对细沙型冲淤形态。根据窦国仁公式计算模型沙沉降速度 w，由试验波浪条件下的底部最大速度和泥沙沉降速度，可得 $u_b/w>10$，也为细沙型。因此，采用煤粉作为模型沙可满足人工岛前局部冲刷位置相似。

(4)斜向波浪对建筑物的作用及其反射特性

与正向入射波在波浪水槽中进行试验不同，斜向波浪对建筑物的作用只能在水池中进行。由于结构沿线的波浪受力情况不同，需要合理确定实验分析方法，包括入射波浪、反射波浪的分离等。近10年先后研发了正向波、斜向波和多方向不正规波入反射分离计算方法，开展了不同类型结构(如斜坡堤、开孔沉箱等)在正向和斜向波作用下的反射特性研究。有人改进了一种可用于斜向入射的不规划波分离方法，使得测波阵列的波高仪可布置在结构物前任何方向上，将此方法应用于三维波浪水池的物理模拟试验研究，试验了不同的波高仪组合、不同的基床高度、不同的入射方向和不同的波浪要素等各种条件对分离结果的影响，结果表明，各种情况在满足非奇异条件下可得到较好的分离结果，此方法计算简便，可以给出较准确的反射系数和入射波、反射波的频谱。入射波、反射波分离技术还被应用研究于多向不正规波入射波与反射波相互叠加的合成波浪场，应用改进的最大似然法(MMLM)对入射波与反射波的方向谱进行了分离，同时给出了反射系数的方向谱和综合反射系数。通过改变不同的波浪条件和仪器阵列的布置条件，检验了MMLM的有效性和可靠性。在基床直立堤反射的实验研究应用方面也取得了较好的结果。

11.3.3.2 冰对结构物作用力模拟技术

(1)DUT模型冰

用模型冰研究冰对水工建筑物的作用是近年来一个重要进展。现行模型冰分为二大类，即不可破碎模型冰和可破碎模型冰(图11-45)。不可破碎模型冰又分不可破碎冰层和不可破碎冰块；可破碎模型冰分为冻结粒状冰、冻结柱状冰和非冻结合成冰。大连理工大学研制的模型冰简称为DUT模型冰。

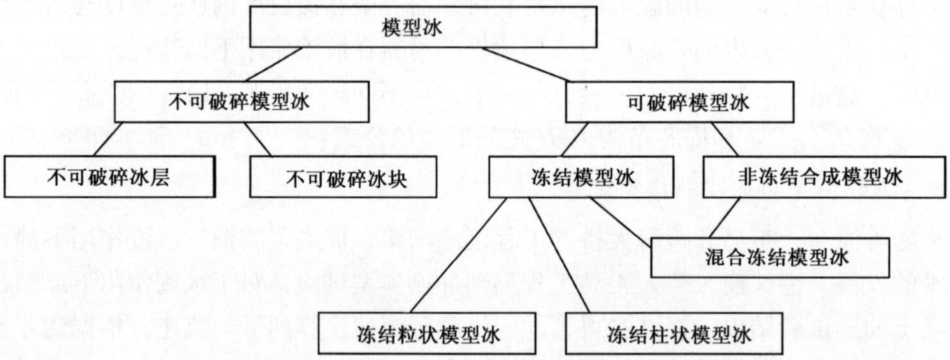

图11-45 模型冰分类

我国渤海海岸工程结构的主要荷载是冰荷载。辽东湾海冰物理和力学性质特征参数主要有：密度880~920 kg/m^3，抗压强度1 942 kPa，弯曲强度460 kPa，弹性模量1.94 GPa，断裂韧性923.79 kPa/mm^2，天然冰-冰之间摩擦系数取0.45~0.5。天然冰单层平整厚度从10年至100年重现期的厚度范围是15~58 cm，模型冰的厚度不宜太小，模型比尺应为1:10或1:20，这样，模型冰的厚度应为1.5~3 cm，密度为920 kg/m^3，弯曲强度为23~46 kPa，弹性模量为97~194 MPa，抗压强度为97~194 kPa，断裂韧性为10.33~29.21 kPa/mm^2。DUT-1模型冰的主要成分是聚丙稀料、白水泥和水。混合后的材料放入模具内压实并抹平、养生成产品，周期7天。合成模型冰不像天然冰那样具有明显的温度和结构差异，属于各向同性材料，级配良好的粒状结构，浸水前的骨架材料为圆球形，胶结材料仅在骨架材料的结合部位存在，保留了骨架之间相互贯通的孔隙。浸水后，整体结构没有发生变化，孔隙之间被水充填。胶结剂的强度迅速降低然后趋于稳定。采用原位浮力法消除毛细孔隙对湿密度测试的影响。

模型冰弯曲强度测试采用原位悬臂梁方法。同天然冰和冻结模型冰类似，模型冰的弯曲强度也依赖于弯曲应力速率。峰值弯曲强度发生在60～65 kPa/s，对应的运动速度为2.46 mm/s，弯曲破坏时间是0.5～0.76 s，这与冻结细粒酒精模型冰的弯曲破坏时间范围一致。弯曲强度随湿密度的增加而增加，浸水1 h后，性质处于稳定并且在此后的4 h无变化。这保证了可进行冰与结构和冰行为的物理模拟实验。模型冰的弯曲强度受胶结剂控制，实测弯曲强度范围为20～70 kPa。根据渤海海冰弯曲强度，可以用于1:10和1:30几何比尺的模拟实验。

模型冰弹性模量实验采用弹性薄板挠曲法测试。在湿密度880～920 kg/m^{3}范围内，吸水率处于35%～55%之间，对应着模型冰骨料的毛细吸附作用，模型冰的弹性模量随吸附水量的增加而增加。当吸水率至一临界值后再增加时，模型冰内存在重力水，其对应的弹性模量趋于下降。DUT-1模型冰碎冰块的内聚力为4～14 Pa，内摩擦角为24°～26°。碎冰块的摩擦系数与正压应力呈递减关系，平均摩擦系数为0.49(与天然冰之间的摩擦系数0.50接近)，与铝的摩擦系数为0.37、刷漆木板为0.57、有机玻璃为0.38，这比天然冰在低速度下与钢板的摩擦系数0.36、与刷漆木板的0.26偏高。

模型冰的压缩强度实验是在冰与桩柱相互作用物理模拟实验期间进行的。弯曲强度越大，压缩强度与弯曲强度比越低，最小值约为2。这比细粒酒精模型冰的情况略好，但弯曲强度大于30 kPa的情况还不清楚。压缩强度与弯曲强度比偏小是粒状模型冰共同特点。

(2)冰对水工建筑物的作用

1)对圆台结构作用力和遮蔽效应。

为研究两个相邻圆台之间的遮蔽效应，定义后一圆台结构受遮蔽后暴露出来迎冰的尺寸同结构物无遮蔽时的迎冰尺寸之比为几何遮蔽系数。后一圆台结构受遮蔽后承受的冰作用力与无遮蔽时承受的冰作用力之比为冰力遮蔽系数。试验得到圆台结构物引起的破碎冰宽度是结构物水线直径的1.3倍。几何遮蔽系数为：

$$f_x = (L/D)\sin\alpha - \lambda/D = (L/D)\sin\alpha - 1.3$$

当几何遮蔽系数小于-1.3时，后方圆台冰力完全遮蔽，大于2.5时两结构之间没有冰力遮蔽效应；介于-1.3和2.5之间的不完全冰力遮蔽系数需要实验数据拟合。这说明当两圆台几何遮蔽系数$-1.3 < f_x \leqslant 0$时，即使几何上前方圆台已经对后方圆台完全遮蔽了，后方圆台结构物仍有冰力作用；同样，当几何遮蔽系数大于$2.3 < f_x \leqslant 2.5$时，即使几何上两结构之间没有遮蔽效应，两结构之间仍有相互遮蔽效应。

2)冰对半圆形防波堤作用力。

半圆堤前冰破坏现象表现为在35°和45°切线角处，冰排以弯曲方式破坏。水平冰力记录过程线表现在初始阶段有力值较小的弯曲破坏，而后以弯曲和爬坡组合，力的峰值保持在同一量级，不存在作用力随试验历时增加而增高的趋势。当切线角为60°时，冰开始有压曲破坏，不再为纯弯曲破坏。薄冰的初始破坏弯曲成分较大，但厚度增加时，压曲成分提高。破碎冰较容易爬坡接近结构物顶部，但发生越顶现象较少，以2～3层堆积形式出现。在70°切线角处，由于结构物倾角较大，冰层以挤压为主，兼或压曲破坏，作用力线表现出挤压特征。当堆积发生触底后，挤压无法发生，沿堆积冰表面发生弯曲破坏。在80°切线角时，挤压成分占有相当比例，破碎冰块不能再上爬越顶，堆积触底后，发生沿堆积冰表面弯曲或钻入堆积冰底部弯曲，这时作用力比挤压力低许多。但弯曲破坏到一定程度，总有冰层直接作用在堆积冰上，将挤压力传递给半圆堤。当切线角低于60°时，基本上以弯曲破坏为主。当切线角等于60°时，如果冰层厚度较薄，以弯曲破坏为主；但当冰层厚度增加时，以压曲破坏为主。压力过程线和上爬形态如图11－46所示。

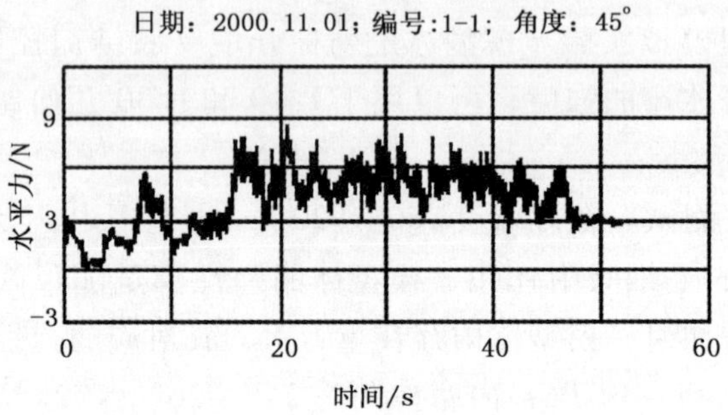

（a）压力过程线

（b）上爬形态

图11－46　模型冰对半圆形防波堤的作用

3）冰对码头结构物撞击作用力。

海冰的运动速度有时大于1.0 m/s，若面积大于1 000 m^2以上的流冰块接触到迎冰面宽度或直径小于2 m的码头桩时，将对桩施以撞击力，在渤海开敞水域的冰情多数出现此类情况。然而，小面积海湾或者港池内的流冰运动速度和冰块面积则小许多，这时利用开敞水域流冰挤压力作为抗冰结构物设计标准则偏于保守。以渤海长兴岛葫芦山湾内规划建设码头为研究对象，通过系列流冰撞击力试验，获得冰力上限同流冰动能、压缩强度之间的统计关系以及确定单桩设计冰力、一榀码头排架结构设计总冰力的方法。按照试验模型比尺1∶40，相当原型运动速度0.13～1.96 m/s，流冰面积3.2～9 361 m^2，压缩强度1 228～3 424 kPa。当冰块尺寸为桩间距的1～3倍时，冰块撞击后通过桩间的几率较小，多数冰块发生偏转运动，离开桩；当冰块尺寸再小时，无论流冰的密集度如何，流冰对结构的撞击力都基本为零。在流冰撞击结构物时，流冰运动速度是控制流冰动能的关键因素。当流冰的厚度和面积不变时，速度减少很小，导致流冰动能和对结构物撞击力大幅减少。单桩上流冰作用力上限值同冰块动能和极限压缩强度之间存在复相关关系。

11.3.3.3　离心模型模拟技术在海岸工程中的应用

11.3.3.3.1　概况

土工离心模型试验技术是近几十年迅速发展起来的一项新的土工物理模型技术。通常离心模型试验系统由离心机系统、控制系统、试验辅助装置、试验模型与测试系统组成。离心机又分为转臂式与转筒式两种。转筒式（也有称作鼓式）离心机结构相对简单，但一般有效半径较小，模型的直观性差，主要用于平面试验或者结构较为简单的模型试验研究。转臂式离心机由吊篮、转臂、平衡重与推力轴承组成，结构复杂，但便于模型制作，试验方便，应用范围广泛，是目前国际的主流机型（图11－47）。

图 11－47　土工离心机

离心机通过旋转为模型提供了一个离心惯性力场，离心惯性力使模型的容重变大，从而使模型的应力增大，实现模型应力与原型相似。由于土的主要力学性质受土的应力水平影响和控制，不同应力水平条件下相同土的力学性质不同，而离心模型中模型应力与原型应力相等的特点，恰好满足了土工模型应力水平相同的要求。这种模拟条件要求与设备特性的一致性，使离心模型模拟技术成为目前岩土力学研究中较为理想、有效的物理模型试验研究方法，也是各类物理模型中相似性较好的模型之一。离心模型可较好地模拟土的应力相关性、剪胀性、摩擦性、非线性与多相性等主要力学特性，满足主要的相似条件，可以进行直至破坏的全过程等应力力学模拟，可直接采用原型材料，比较简捷地实现“全相似”。已有的国内外离心机技术性能见表 11－10。

表 11－10　世界各国大型土工离心机技术性能情况

序号	单位	年份	有效半径/m	模型重/kg	加速度/g	容量/gt
1	英国曼彻斯特大学	1971	3.2	4 500	130	600
2	日本港湾研究所	1980	3.8	2 769	113	312
3	法国道桥研究中心	1985	5.5	2 000	200	200
4	德国波鸿鲁尔大学	1987	4.1	2 000	250	500
5	意大利结构模型试验所	1987	2.0	400	600	240
6	美国加州大学	1988	9.1	3 600	300	10 80
7	美国科罗拉多大学	1988	6.0	2 000	200	400
8	美国桑地那试验中心	1988	7.6	7 257	240	800
9	荷兰代尔夫特土工所	1989	6.0	5 500	350	
10	南京水利科学研究院	1992	5.0	2 000	200	400
11	中国水利水电科学研究院	1993	4.0	1 500	300	450
12	加拿大寒带海洋研究中心	1993	5.0	2 200	200	220
13	日本竹中建设	1997	6.5	5 000	200	500
14	日本土木研究所	1997	6.6	5 000	150	400
15	日本西松建设	1998	3.8	1 300	150	200
16	美国陆军水道试验站	1998	6.5	8 800	350	1 256

续表

序号	单位	年份	有效半径/m	模型重/kg	加速度/g	容量/gt
17	瑞士联邦技术研究院	2000	2.2	2 000	440	880
18	香港科技大学	2000	4.4	4 000	150	400
19	日本大林组	2000	7.0	7 000	120	700

近年来离心模型试验技术的发展主要有以下几个特点：①离心机的建设向着大尺寸、大型化的方向发展；②微电子等高新技术的发展，为离心模型试验技术提供了重要的技术支撑，可以获得较为可靠的位移、土压力、孔隙水压力、加速度等物理量。通过激光传感器获得结构物的变形可以避免对结构的干扰；通过 X 光扫描来探测模型内部土体的变形；用于环境污染研究的多功能探头也获得了成功；③模拟各种工程结构作用力与自然作用力的自动化试验辅助装置，成为离心模型试验技术研究的热点，也成为试验研究水平的标志之一。现在已经可以在离心模型试验中模拟建筑物所受到的主要作用力，如南京水利科学研究院研制了可以模拟地震与波浪作用的振动台与造波机，可以模拟路堤、大坝的施工加荷过程的自动加荷装置；研制了可以模拟打桩施工、地下开挖过程的多功能机器人与机器手等。

11.3.3.3.2　离心模型中的海岸动力模拟

在离心模型中模拟波浪动荷载作用的主要方法有：①采用离心机造波机，直接模拟波浪作用，这种方式比较适合模拟研究波浪对海底管线影响之类问题；②采用专门的循环往复荷载作动装置，模拟波浪荷载的循环作用力；③利用循环压力模拟波浪的压力变化作用。图 11－48 和图 11－49 是南京水利科学研究院基于电磁激励器原理研制的非接触式循环波浪荷载模拟器及其模拟荷载输出。该装置能模拟波浪力的往复作用，属于力控制型装置，可以保证出力的一致性，同时避免了普通电磁激振器与结构物难以连接和强制变形的问题，可以施加较大幅值的正规循环波浪荷载。

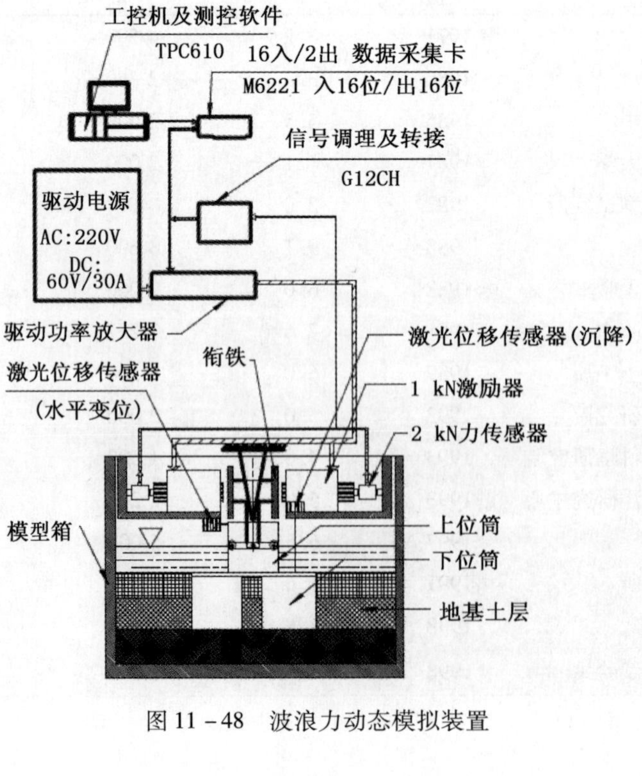

图 11－48　波浪力动态模拟装置

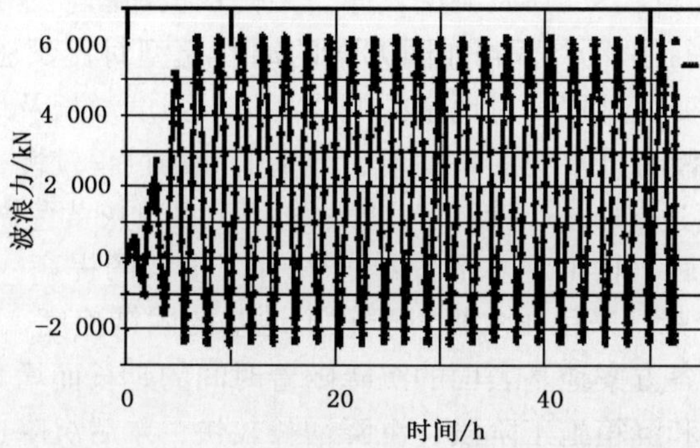

图 11-49 设备模拟的波浪荷载曲线

(1)海底表层黏土层的波浪软化试验

南京水利科学研究院、天津大学利用循环压力模拟装置研究了海底表层黏土层的波浪软化情况。为了验证波浪荷载对软土力学性状的影响，进行了对比试验。试验通过两个模型进行，一个在60g下进行波浪荷载试验，时间为1.5~2 h(相当于原型约1年固结时间)，完成后测得土表面沉降为3~5 mm(相当于原型的0.18~0.3 m)；另一个不加波浪荷载，在60g下固结2 h，结果测得沉降为7 mm左右(相当于原型的0.42 m)。结果表明，表面无波浪力作用时土层的固结沉降大；而有波浪力作用时土层的固结沉降小。这是因为黏土层在波浪荷载的往复作用下，孔压消散受阻，一直呈泥浆状，很难完成固结过程。试验后采用小圆锥触探试验及拆模试验来测定黏土层的强度，发现在模型中的黏土层0~5 cm范围内，黏土的强度较施加波浪荷载前的强度降低很多。这是因为波浪荷载在土的表层中产生的动剪应力远大于土的静强度，剧烈的扰动使土的结构性产生很大的破坏，土体的残余强度很小。在较深的土层，波浪荷载在土中产生的动剪应力逐渐减小而土体的静强度(抵抗外荷的能力)却随深度增加，因此土体的强度降低值较小，即土体的残余强度较高。离土表面越远，土体的残余强度越接近其初始的静强度值。

(2)水平循环荷载下近海风电桩基础试验

在近海风力发电工程中桩基是常用的基础形式，海上风力发电机桩基础一般建立于复杂软土地基，承受着海上风浪、潮流等近似水平向的循环荷载作用，而风力发电机组运行对基础的承载力和变形有严格的要求。南京水利科学研究院及清华大学等单位先后采用循环加荷装置来模拟波浪荷载的循环作用力，开展了水平循环荷载下风机桩基础的受力变形试验研究。试验结果表明，水平向循环作用下，桩周围土体中变形主要呈现为挤压或塌陷产生的沉降和水平向变形，变形主要集中在桩周围较小的范围内；变形呈现逐渐累积特性，其大小随着循环次数的增加而增加；桩身弯矩峰值出现在埋深上1/3处，多次循环后的弯矩大小和分布变化不大；桩周围土体中不同位置产生不同的超静孔隙水压力，孔隙水压力发展对土体变形有一定影响。

11.3.3.3.3 典型工程软土地基加固离心模拟试验

(1)长江口软土地基加固离心模拟试验

长江口深水航道治理工程地基土为粉细砂、淤泥、淤泥质黏土，在波浪荷载作用下易软化，为评价地基的稳定性、验证导堤设计方案，南京水利科学研究院开展了离心模型试验。试验研究了导堤施工期和使用期软土地基的变形、固结度变化、强度增长和稳定安全性，验证了导堤设计方案的合理性与可行性。选择淤泥层较厚、无排水板加固、地基附加应力水平较高及丁坝段四个代表性断面，进行了多个不同加固方案的离心模型对比试验研究，分析了地基沉降、孔隙水压力、固结度的变化过程，对地基的最终沉降、强度增长及地基的稳定安全性进行了评价。试验结果表明，在没有排水板的条件下，地基的固结过程较慢，第1级荷载作用1年后$②_{2-0}$灰黄色淤泥层固结度达60.6%，第2级荷载作用下$②_{2-0}$灰黄色淤泥层固结度达85%约需3年时间；采用排水板以后，软土地基的固结速度有了很大的提高，$②_{2-0}$灰黄色淤泥层固结度达85%的时间仅为3个月。采用排水板对于软土地基的固结速度，增加稳定性非常有利。在抛石和沉箱荷载作用下，各方案地基表面的沉降随着时间的延长而增大，但沉降速率则随着时间的延长而减小。在抛石和沉箱施工阶段，沉降增长较快，尔后沉降速率缓慢减小，并有趋于稳定的趋势。地表最大沉降出现在沉箱中心，朝两边减小。试验给出了不同设计方案的最终沉降量。在预压荷载和沉箱荷载作用下，地基土的强度均有不同程度的提高。试验结果证明，采用加固设计方案以后，地基变形以沉降为主，无隆起现象，孔隙水压力系数、沉降速率、水平位移速率均小于的经验控制值，设计方案稳定安全。

(2)天津港南疆煤码头离心模型试验

深层水泥搅拌法(简称CDM工法)是软土加固的主要方法之一。我国在吸收、引进、消化国外成功经验的基础上，研究开发了适合国情的海上深层水泥搅拌法加固软土地基技术，先后在许多工程中应用，达到了提高地基强度、防止过大沉降变形和提高稳定性的目的，取得了较好的效果。现行的CDM工法设计计算方法没有考虑加固体的破坏型式，均假定加固体处于极限平衡状态而采用朗肯土压力计算理论进行计算。由于作用在加固体上的土压力受其变位的影响很大，因此，该理论计算作用于加固体上的土压力是否可行，加固体的变位对破坏型式的影响，土压力与变形的关系等都是CDM工法在实际应用中亟待研究解决的问题。南京水利科学研究院以天津港南疆煤码头新建工程东引桥和天津港东突堤北侧沉箱码头为原型开展了离心模型试验模拟。通过试验研究了地基土特别是加固体附近土体的变形特性，得出了不同地基条件下、不同着底方式、不同宽度加固体的破坏形式和地基整体破坏形式。加固体的外部破坏型式主要为倾覆破坏、滑移破坏和承载力破坏；内部稳定验算应主要以抗弯、抗剪和抗压条件作为应力验算的控制指标；地基的整体破坏形式为对数螺旋曲线破坏，简单亦可用圆弧滑动法进行稳定计算。研究了加固体前后和沉箱上土压力的变化规律和影响因素，证实可用朗肯理论计算加固体两侧的主、被动土压力。

(3)软基上加筋防波堤的离心模型试验

为了分析土工合成材料的加筋效果并掌握解筋材张力的发挥水平，清华大学通过对有无加筋垫层的离心模型对比试验研究，得到以下认识：①土工织物加筋垫层能均衡地基的不均匀沉降，并在一定程度上减小了地基的总沉降；②土工织物能减小地基土体的水平变形，并使位移场产生偏转，这对增加地基防波堤体系的稳定性是有益的；③由于边界条件处理上的固有差别，加之张力测试系统本身对地基变形及织物应力状态产生的影响，因此严格来说，按照一半模型试验测出的织物张力和全断面模型试验的实际受力状况会有所不同。但从试验的位移场分布及地基表面沉降、隆起量来看，两次试验结果并无显著差异，故认为测定的织物张力基本上反映了其实际工作情况。

11.3.3.3.4　典型海岸工程结构离心模型模拟试验

(1)苏通大桥超大型群桩基础离心模拟试验

苏通大桥桥位区位于长江河口段，第四系地层厚达300 m左右，因基岩埋藏深，主桥索塔群桩基础不能直接支撑在强度大、变形小的岩石上。在如此深厚的覆盖土层上修建如此重大的斜拉桥，国内外尚无先例。离心模型模拟试验技术在大桥的初步设计阶段和施工设计阶段为解决工程设计难题都发挥了重要作用。在主塔基础初步设计方案专题研究中，南京水利科学研究院针对主塔沉井基础、箱形承台桩基础和钢围堰加钻孔灌注桩基础三个方案进行了比选与优化，完成了单桩、群桩、沉井基础、箱形桩基础和钢围堰加钻孔桩基础等多组大型土工离心模型试验(图11－50)。研究提出了超深超大钻孔灌注桩的极限承载力、桩侧摩阻力和桩端阻力、沉降的变化规律；大型超深钻孔灌注桩群桩基础的群桩作用机理、群桩效应、承载力及沉降随荷载的变化过程；三种基础形式在多种工况条件下的工作特性与性状。针对主桥索塔群桩基础施工设计方案开展的试验研究，包括在竖向荷载作用下131根超深群桩基础的群桩效应，竖向荷载和水平荷载作用下主桥索塔群桩基础在施工过程和运营中的承载变形特性，不同的桩底注浆方案、不同的冲刷深度对主桥索塔群桩基础的影响等。该试验采用的全部土样均取自原地层。为了较好地模拟实际地层的情况，在原位一共钻取了3孔超过120 m的钻孔土样，在离心模型试验中选择了具有代表性的土层来模拟。为了模拟成层地基，试验根据容重及厚度求得各层土所需的湿土重，然后经过浸泡、拌成泥浆，从底层至上层分小层固结，每小层厚5 cm左右，按要求加预压荷载，在160g下固结，直至形成整个地基土层。为满足试验要求，研制了计算机控制电液伺服加荷系统。该系统主要由轴套筒、作动器、大荷载反力架、控制阀、高精度的位移和测力传感器、计算机控制系统组成，完成了单桩、群桩和主桥索塔群桩基础各类加荷试验，可分别采用荷载和位移控制，并可实现任意系列加载。试验中成功地模拟了目前国际上离心模型试验中的最大竖向荷载达到40×10^4 t。

图11－50　苏通大桥超大型群桩基础离心模拟试验

(2)唐山港卸荷式地连墙板桩码头离心模型试验

唐山港拟建京唐港区18—19号大型深水10万吨级杂货泊位，码头地基中存在相当厚度的软弱土层——淤泥质黏土层，码头设计荷载大，设计提出了采用卸荷式地连墙板桩码头结构设计方案。卸荷式码头结构中的卸荷平台为低桩平台，一方面可以减小荷载在前墙上引发的附加侧向土压力；另一方面平台下群桩具有“遮帘”作用，能够抵挡来自前场与码头面载而产生的挡土侧的一部分土压力，达到减小作用于前墙土压力的目的。对卸荷平台群桩受力变形特性、前墙与卸荷平台间相互作用和前墙、卸荷平台及锚碇墙间整体相互作用，缺乏分析的理论与手段，存在许多关键的技术难题。南京水利科学研究院针对设计中的技术参数进行了机理性研究，如胸墙与卸荷平台的间距、卸荷平台与灌注桩连接形式、卸荷平台群桩基础以及码头前沿荷载等因素对码头各构件受力特性和码头整体变形稳定性的影响。试验结果表明，卸荷平台与前墙间有无间隙对卸荷平台群桩的桩身弯矩大小与分布影响不大；卸荷平台与灌注桩为铰接连接型式时能有效减小平台下3排灌注桩中的最大弯矩，对卸荷平台与灌注桩连接接头的受力条件改善效果显著；码头前沿15.5 m范围内有堆载时，在一定程度上能减小卸荷平台下群桩中的最大负弯矩值，有助于群桩遮帘作用的发挥。码头前墙、卸荷平台和锚碇墙侧向位移值在规范推荐的常规范围内，码头结构整体表现稳定。卸荷平台结构承担了部分地基土体侧向荷载，有效地改善了前墙受力的作用状况，使墙体最大正负弯矩值都得到明显减小，从而使锚杆拉力减小，有效限制了码头前沿变位，使码头整体稳定性得到提高。

唐山曹妃甸10万吨级通用散货泊位，拟采用遮帘式板桩结构。为了研究遮帘式板桩墙土压力作用规律，研究前墙与遮帘桩的作用机理和验证码头结构设计方案开展了大型土工离心模型试验研究。方案验证试验研究了不同桩长的遮帘桩码头结构设计方案，分析了前墙、遮帘桩、锚碇墙和拉杆受力，确定了合理的遮帘桩桩长，研究了遮帘桩对土压力的影响及其变化规律。重点研究了码头结构整体稳定性状和前墙、锚碇墙的侧向位移，得到了在设计低水位-1.27 m和港池开挖至-16.5 m极限状况下，两种桩长的深水遮帘桩板桩方案整体上稳定安全的主要结论。

11.4 数值模拟

11.4.1 概况

随着计算机技术尤其是微型计算机技术的发展，CPU浮点计算速度大幅提高，存储设备容量和存储速度成指数上升，计算机网络技术和并行技术的飞速发展，使得大规模数据计算和存储成为可能。近10年来，自主研发的数学模型和商业模型在海岸工程研究和实际工程中得到普遍应用，数值模拟水平日益提高。计算方法、计算技术和网络技术的结合，使得在海岸工程模拟中可以达到米级乃至厘米级网格尺度，大大提高数值模拟的精度和结果可视化展现。经现场资料验证选择恰当计算参数的数学模型已成为海岸工程规划设计阶段的主要技术手段，虽然目前我国数学模型在海岸工程中的应用程度还不及物理模型，与欧美国家尚有差距，但发展速度很快，并有继续上升的趋势。

11.4.2 海岸波浪数值模拟

波浪传播计算的缓坡方程和Boussinesq方程应用方面，虽然二者形成的基本假定不同，但都在海岸工程中得到广泛的应用。这些年来，我国在非线性、波浪破碎、风能输入等方面取得一些突破，使这方面的研究水平跻身国际先进行列。缓坡方面在浅水中的应用和Boussinesq方程在中等乃至深水中应用都得到了拓展，扩大了两个方程的适用范围。台风浪和风浪预报计算、近岸波浪传播方面研究水平得到显著提高。在台风浪和风浪预报方面形成了我国自己特色的风浪谱。

国内自20世纪80年代初开展海岸波浪传播数值模型研究，分别建立了波浪折射数学模型和港内波浪绕射数学模型，前者大多沿波向线求解波浪折射方程组，能较好地反映波浪在缓变地形上的变浅及折射作用，但忽略了绕射的影响，一般用于大范围波浪传播计算；后者一般采用边界元法(单源点法)求解Helmholtz方程，能较好地模拟波浪的绕射和反射，但仅适用于平底情况，可用于平底港湾内的波场计算。20世纪90年代，在波浪折射、绕射、反射联合计算模型方面取得很大进展。左其华等应用抛物型近似方程数学模型研究大水域波浪传播和首次研究航道对波浪折射绕射的影响，并考虑底摩擦、水流等因素的影响，这些波浪数值模型在长江口深水航道治理工程中得到应用；蒋德才等将正规波模拟发展到多方向不正规波模拟。

进入21世纪，随着海岸工程建设的迅猛发展，我国海岸波浪传播数学模型研究与应用进一步深入。缓坡方程数学模型方面，提出了综合考虑波浪浅水变形、折射、绕射、反射、底摩擦、破碎、风能输入、水流影响、陡变地形和非线性弥散的不同计算模式，并在此基础上建立了港域多方向不正规波数学模型；抛物型近似数学模型考虑了考虑风能输入、陡变地形、非线性弥散和波浪破碎的影响；椭圆形方程研究改进了反射边界的模拟计算方法，研究了波、流相互作用，考虑了各种非线性弥散的影响和曲线网格下的数值模型以及非结构化网格下数值求解方法等。

在非线性波浪传播研究方面，洪广文等提出了水深与流场缓变水域波浪传播数学模型，水流中依赖时间变量并考虑能耗的缓坡方程及其等价的控制方程组。白志刚等通过引入非线性弥散关系建立了包含折绕射、浅水变形及破碎的波流联合作用的模式，讨论了波浪和流速的耦合作用。黄虎运用水波 Hamilton 变分原理，建立了近岸水域任意水深变化海底上波流相互作用的缓坡方程。潘军宁等假定水流的涡量和垂向流速分量为小量，推导出非均匀水流的推广的缓坡方程，方程中引入底摩擦项、风能输入项和非线性项。李瑞杰提出了逼近 Kirby 和 Dalrymple 的非线性弥散关系的显示表达式，使得缓坡方程计算简单且准确。王红川等导出了考虑复杂地形的改进的缓坡方程，并在抛物型方程中引入方向波及风能输入项。张洪生研究了非均匀水流水域波浪的传播变形。

在缓波方程算法方面有了不少改进。李斌等引入缓变时间变量，采用摄动方法将非定常椭圆缓坡方程转化为水波演化方程，采用 ADI 方法将方程求解至定常结果，得到一种新的求解技术；潘军宁等在 ADI 方法求解过程中引入松弛因子使得计算更为高效；刘红玲等以洪广文推导的考虑耗散作用的非定常波线性传播的缓坡方程模型，引入非线性弥散关系和堤坡斜率修正后，尝试计算了多岛屿共存条件下的波浪传播变形；郑俊等利用有限元方法离散椭圆形缓坡方程，以便拟合不正规边界，采用改进共轭梯度法求解离散方程组，提高计算效率；柳淑学等在发展的自适应有限元求解缓坡方程的基础上，采用迭代求解的方法，确定波浪相对于边界的入射方向，从而对边界条件进行改进，建立了求解缓坡方程的数值计算模型；唐军等采用时间层同步空间层交错的有限差分格式对双曲型缓坡方程进行数值离散，被证明是一种有效的数值求解方法；冯芒等将考虑地形、背景流场、摩阻损耗的 Ebersole 缓坡方程变换为广义曲线坐标形式，建立了相应的计算模型，经过验证减小了计算量并增加了稳定性。鉴于椭圆形缓坡方程求解的庞大计算量，郑永红等基于消息传递接口机制，提出了非线性波浪变形的一种并行数值模拟方法，并在微机群集并行系统上进行了数值实现，从并行效率和并行加速比来看，可以有效地提高数值模拟效率。魏美芳等建立了非结构网格下的椭圆形缓坡方程数值模型，采用有限体积法进行数值离散求解方程。

20世纪90年代初陶建华等在国内将 Boussinesq 方程用于港口程水域浅水波传播。近些年来，在 Boussinesq 型方程数学模型方面，我国研究人员对波流相互作用和方程的弱色散性进行了修正，考虑波浪破碎影响的计算方法进行了改进，模拟近岸水波和波生流，改善了较大水深条件下方程的色散关系和变浅系数的精度，使方程的适用范围由浅水达到中等或更深水深，开展了复杂地形引起的 Bragg 反射、航道外波能集中、潜堤上的波浪传播变形等方面研究。

邹志利等通过在方程加一个待定小量的方法，得到延伸到 0.5 相对水深的 Boussinesq 方程。张永刚等将 Boussinesq 方程应用于由航道开挖所造成水深结构变化产生的异常波况的数值模拟。林建国等通过速度变化及在方程中加入高阶项的方法，给出了进一步改善线性色散关系及浅水作用系数的方程。洪广文推导出一个含有耗散项的二维高阶 Boussinesq 型控制方程组适用于任意底坡变化(缓坡或陡坡)，相对水深 $h/L_0 \leqslant 1$ 的水域，具有较强的频散性，从而扩大了不正规波适用范围。马小舟对方程的线性色散关系和线性变浅率进行了改进，使线性色散关系达到了一阶 Stokes 波色散关系的 Pade 近似，在相对水深达 1.0 的强色散波浪时仍保持较高的准确性。刘忠波等通过引入 2 个参数来改善方程的色散性，并通过与 Schaffer 和 Madsen 的模型对比给出两个参数的值，使得波浪的变浅作用性能得以改善，同时方程的适用水深提高近 1 倍。李绍武从分析波浪破碎前后的能量变化入手，将破碎区内处于不同破碎阶段的单个波因破碎引起的波能损失作为紊动源项引入紊动能量方程，通过求解紊动能量方程 - 波数方程确定紊动黏滞系数，为解决复杂情况下近岸波浪破碎后的沿岸流计算问题，提出一种统一的波、流数值计算模式。李德筠等将数值模型中的波高衰减规律由假设改进为 Dally 的解析公式，使近岸区破碎波模型的应用性更强。将数值模型计算结果与现场实验资料进行对比，取得了满意的结果。卢吉等通过将一种简单的波浪破碎模型引入到 Boussinesq 方程，建立了能够统一描述近岸水波和波生流的数学模型，将模型应用于计算浅滩上的波浪变形以及均一斜坡上平行于海岸的沙坝缺口附近的波生流，得到了良好的结果。

在 Boussinesq 方程算法方面，刘忠波等针对动量方程中三阶项的差分形式，采用了迎风格式和五点格式；郑永红等采用预报 - 校正格式对方程进行了数值离散，并对淹没潜堤上的波浪变形进行了数值模拟，能较好地模拟波浪在潜堤上传播时波面的变形过程；王本龙建立了一种基于无网格差分方法求解非线性色散方程的数值计算模型，通过对线性特征的分析得到模型的适用范围 $kh \leqslant 10$；张永刚等采用空间差分为交错 Shuman 格式，时间层为 ADI 格式的有限差分格式，对非线性 Stem 波进行了数值研究，结果表明应用组合式差分格式能有效地模拟非线性 Stem 波的演变规律。白志刚等针对波浪分层数值模拟做了相应的研究。

为使波浪数值模拟与天然海浪更加符合，考虑海浪谱的不正规波浪的模拟也逐步在工程中加以考虑。文圣常等分析了国内外各种谱的优缺点，提出了新的风浪频谱公式，公式中采用三个参数，谱面积 m_0、谱峰频率 f_p 和尖度因子 P 来描述，增加了考虑水深对谱影响的参量(H^*)，并将谱在 $1.15f_p$ 处分成两段给出，得出有限深度水域($0.5 \geqslant H^* > 0.1$)和深水水域($H^* = 0$)的风浪频谱公式，被国内称为“规范谱”。该谱公式与我国不同海区实测资料进行了比较，理论与观测符合较好，而且具有计算简单、拟合观测结果较为方便、适用于浅水；此谱也可写成只包含波高与周期的形式。该方法已经列入我国的行业规范“海港水文规范”。文圣常等通过与其他谱型比较，该风浪谱与 JONSWAP 谱是接近的，由于“规范谱”将谱分成两段给出，在工程应用时有所不便，因此 JONSWAP 谱也常常在我国海岸工程中广泛应用。此外，该谱一般适用于风浪谱，有涌浪存在海域，其周期略小。为进行海浪数值预报和后报，我国先后开发了混合耦合式、LAGFD—WAM 海浪数值模式、基于给定风浪方向谱的海浪模式等。

目前在国内海岸工程应用中，上述自主开发的波浪数学模型得到广泛应用，与由国外引进的 SWAN、MIKE21 - BW、MIKE21 - SW 等模型基本处于同步水平。在长江口深水航道整治工程、港珠澳大桥工程、上海洋山港、唐山曹妃甸港区、青岛董家口港区、天津临港工业区、宁波北仑港区、连云港 30 万吨深水航道工程、防城港深水码头和航道治理工程等大量海岸工程建设中，采用国内自主研发的波浪数学模型进行波浪传播变形和港内波浪场数值模拟，推算海岸建筑物设计波要素和港内泊稳条件，为工程设计优化和海岸泥沙运动研究提供波浪条件。在长江口深水航道整治工程、港珠澳大桥工程、连云港30万吨深水航道整治工程等重大工程中因现场波浪资料年限不足，采用海浪数值模式依据具有较长系列的历史气象资料进行波浪后报，进而推算不同重现期外海波要素。

在坚持自主开发的同时，引进和消化吸收的国外先进的波浪数学模型软件经实测资料验证后，在国内海岸工程中得到大量推广应用。2000年之后，SWAN模型引入到中国。国内许多学者和工程师开始使用SWAN模型进行海浪数值模拟研究，主要应用在风浪场的模拟。徐福敏等人首次较为详细地介绍了SWAN模型，并计算了福建海安湾的波浪场。王殿志模拟了渤海湾的风浪场，给出了较好的模拟结果。陈波等模拟了江苏如东附近海域的风浪场。胡克林、徐福敏等分别利用SWAN模型模拟了长江口的台风浪，闵锦忠等模拟了湛江港外海海域的台风浪。台湾的欧善惠等模拟了台湾几种典型台风的台风浪过程。黄君宝等模拟了北部湾的台风浪场，陈希等模拟了台湾岛附近海域的台风浪，赵鑫等研究了浙东海岸台风浪等。丹麦MIKE21软件中的BW模型以及DELFT3D分别被广泛应用于风浪数值模拟和港内波浪场计算，特别是结构物周围波浪场的研究。黄小华等利用MIKE21软件的BW模块，建立了以波浪折射和绕射为主的多个不同变率的变态模型，并对不同变率模型的港内波高分布进行了模拟，就变率对实验结果的影响进行了探讨。然而，这种基于Boussinesq方程的软件因其计算工作量大而尚难在大范围水域以及方向谱传播中得到广泛应用。

11.4.3 河口海岸泥沙数值模拟

11.4.3.1 概述

河口海岸泥沙数学模型在类型上主要分二维模型与三维模型，其中二维模型又分垂向二维和平面二维(即垂向平均)两个亚类；三维模型在算法上有分层二维与全三维之区别，在垂向网格设计上有绝对分层与相对分层之选择。目前，平面二维水沙数学模型在工程上应用最为广泛，三维水沙数学模型的应用还多限于局部区域的模拟。鉴于河口海岸的潮流、波浪均为非恒定流和模拟水域通常十分广阔等特点，泥沙模型多采用与水流计算相同的有限差分格式或有限元与差分杂交的混合格式离散控制方程，前者平面网格为矩形或把曲线网格经坐标变换成矩形，多采用效率较高的ADI法(隐显交替追赶法)进行数值求解；后者平面网格为三角形或四边形，常采用控制体积法求解；三维模型常用破开算子法实现降维计算，亦有采用内、外模式法迭代求解三维方程。在模拟要素方面，平面二维泥沙模型借助泥沙运动方程与经验公式可以模拟悬沙、底沙或全沙的冲淤变化；三维泥沙模型不仅可以描述泥沙的起动、悬扬、沉降过程和水体含沙量的三维时空分布，还可以模拟温、盐密度差和浑水异重流对细颗粒泥沙絮凝、扩散和输移的作用影响。河口模型在其上游开边界多采用径流控制，外海开边界多采用潮位控制，亦可采用一、二维联解模式实现对河道上边界径流过程的控制；海岸模型视当地水文条件和地形特征可选择潮位、潮流或波流资料对其开边界进行分别或组合控制，或采用大、小模型嵌套模式实现对外海复杂开边界的信息传递。

11.4.3.2 泥沙基本规律研究

近10年来，泥沙基本规律研究主要集中在波浪或波、流共同作用下的泥沙起动规律、泥沙垂线分布、挟沙能力和河口最大浑浊带等方面。

(1)波浪作用下的泥沙运动研究

窦国仁通过对波浪作用下泥沙颗粒的受力分析，建立了泥沙颗粒临界起动条件，推导出分别用底部最大轨迹质点速度和波高来表示的各种泥沙包括轻质沙在内的波浪作用下的泥沙起动公式。曹文洪考虑泥沙颗粒由床面扬起过程中受力的平衡，得到波浪作用下床面泥沙扬动时的临界波高计算公式。周益人通过分析认为同样边界层下单向水流泥沙起动标准可以用于波浪条件，并给出 Shields 曲线过渡区的波浪作用下泥沙起动标准曲线和相应的计算公式。赵冲久研究了波浪作用下悬移质含沙量的垂线分布规律、底部高浓度含沙水体层的高度和含沙量分布以及该层中水体的运移速度，得到底部高浓度含沙水体层的输沙量计算公式。

(2)波流共同作用下的泥沙运动研究

罗肇森考虑波、流共同作用下的输沙机理是波浪轨迹运动引起掀沙与挟沙，波浪传质速度、潮流速度和风吹流的合成速度输沙，参考窦国仁水流作用下底沙输沙率的推导方法，得出波浪、潮流和风吹流共同作用下的底沙输沙率公式。曹祖德认为在紊动边界层内，贴近床面处存在几毫米厚度的层流边界层副层，其床面剪切力即由该层速度梯度所决定，将流速分解为定常和非定常两部分，推导出波、流共存时的床面剪切力计算公式。孔令双从波、流共存时床面剪切力对水体做功与挟沙水体获得位能相等出发，建立了波浪、水流共同作用下的粉砂和细沙起动公式。徐宏明通过原型沙(d_{50}分别为 0. 036 mm 和 0. 073 mm)起动实验发现，当水动力较弱时，泥沙以推移质运动为主，但输沙强度较低；当水动力加强时，既有悬移质运动，又有推移质运动，试验得到推移质与悬移质输沙率之比为(1:2. 4) ~ (1:4. 6)。对于颗粒较细的泥沙，由于起动后很容易悬浮于水中成为悬移质，并以悬移质方式运移，这就是依据较粗泥沙得出的推移质输沙率公式计算较细泥沙推移质输沙率时结果偏大的主要原因。

(3)泥沙垂向分布研究

白玉川从波浪作用下泥沙颗粒受力平衡、泥沙向上和向下输沙率相等出发，基于波浪的悬沙和挟沙机理，推导出波浪作用下泥沙浓度分布函数。严冰从垂向一维悬沙扩散方程出发，将全水深范围划分为三层，即边界层内、边界层外上部流区、边界层与上部流区之间的过渡区，分别考虑悬沙扩散系数，得到了波浪作用下全水深的悬沙浓度分布。杨华通过波浪水槽实验和现场观测资料，研究了粉砂质滩面泥沙在波浪和潮流作用下垂线分布特征，确定了含沙量垂向一维扩散方程中的泥沙垂向扩散系数和沉降速度，得到波浪和潮流作用下含沙量垂线分布公式。

(4)波流共同作用的挟沙能力研究

窦国仁依据能量迭加原理，将潮流和波浪用于悬浮泥沙的能量相加，从理论上导出了潮流和波浪共同作用下的挟沙能力规律。曹文洪基于湍流猝发的平均时空尺寸，得到波浪和潮流作用下的床面泥沙上扬通量，建立了平衡近底含沙量的理论表达式及潮流和波浪共同作用下的挟沙能力公式。曹祖德从波、流共存时床面剪切力对水体做功与挟沙水体获得位能相等出发，建立了波浪、水流共同作用下的粉砂和细沙起动公式和水体挟沙能力公式。乐培九从能量平衡原理出发，导出了潮流、波浪以及波、流共同作用下的悬移质挟沙能力及输沙率公式。目前常用的河口海岸挟沙能力公式主要有窦国仁公式、刘家驹公式、曹祖德公式，还有直接引用河道水流挟沙能力公式和采用因次分析建立的公式。

(5)河口最大浑浊带形成机制研究

潘定安通过研究得到，强潮高度混合的河口，浑浊带以潮汐浑浊带为主，发生在较上的河段；弱潮高度分层的河口，浑浊带以盐水浑浊带为主，发生在较下的河段；潮汐作用较强、盐淡水部分混合的河口，潮汐浑浊带和盐水浑浊带皆很重要。时钟认为在长江口北槽口内，最大浑浊带形成的主要动力过程是潮汐的不对称性和河口重力环流，前者是由潮波和河口地形相互作用造成的，而后者是在径流和海水入侵下产生的密度不同所导致的；在北槽口外，最大浑浊带形成的主要动力过程是河口底部泥沙的周期性再悬浮。庞重光认为，汛期黄河携带大量泥沙(泥沙浓度高于 50 g/L)入海，是黄河口最大浑浊带形成的必要条件；黄河口泥沙异重流在保持最大浑浊带持续高含沙量背景值方面起着关键作用。

11.4.3.3 数学模型应用研究

泥沙数学模型的研究主要集中在如何反映潮流和波浪的耦合以及对泥沙的作用上，具体反映在平面二维泥沙数学模型中泥沙源汇项(冲淤函数)的处理上，有挟沙能力法、切应力法和通量法；垂向二维和三维泥沙模型底部边界条件的给定主要有应力法和通量法。

在河口海岸泥沙数学模型中考虑潮流和波浪对泥沙的作用主要有三种方式：①将概化成潮周期平均意义的波浪要素，通过"辐射应力"的转换，引入到水动力方程中，用以影响流场结构和泥沙输运；②将考虑波浪和潮流共同作用下的挟沙能力代入泥沙运动方程中，以反映波浪、潮流两种动力对悬浮泥沙的作用；③同时在水动力方程中引入辐射应力，在泥沙方程中代入波流共同作用的挟沙能力公式。

在平面二维泥沙数学模型应用方面，窦希萍建立了长江口潮流和波浪共同作用下的全沙数学模型，挟沙能力采用窦国仁潮流波浪共同作用下的挟沙能力公式，模型验证了实测含沙量、地形变化、台风暴潮造成的航道骤淤以及动床物理模型的冲淤变化。曹文洪建立了黄河口平面二维泥沙数学模型，并采用自己的提出潮流与波浪作用下的悬移质挟沙能力公式，适应黄河河口海岸含沙量变幅大的特点，验证了含沙量和泥沙冲淤变化。陆永军在挟沙能力中引进前期含沙量的概念，得到了潮流挟沙能力公式，波浪作用下的挟沙能力采用窦国仁公式，浮泥挟沙能力采用罗肇森公式，对瓯江口波浪与潮流共同作用下的含沙量和航道回淤进行了验证。孔令双建立了波、流共同作用下的二维泥沙数学模型，泥沙运动方程中的冲淤函数由环形水槽试验建立经验表达式确定。丁平兴在悬沙扩散方程中通过切应力概念来确定源汇项，采用窦国仁底沙输运方程，建立了长江口二维全沙数学模型，对含沙量和风暴潮引起的航道冲淤进行了验证。

在三维泥沙数学模型研究方面，白玉川根据近岸带及河口区潮流、波浪、湍流各自物理尺度的不同，将悬沙运动方程中的流速和含沙量分解为与潮流相关、与波浪相关、与湍流拟序和随机脉动相关四个部分，建立了模拟波浪潮流联合输沙及海床冲淤演变的理论体系，利用波流合成底部切应力、底层湍流脉动随机特性，得出了波流联合作用下不平衡输沙计算中泥沙起悬与沉降量的确定方法，模型已应用于工程实例。梁丙臣将水动力－生态耦合模型 CHOERENS 与波浪模式 SWAN 联合，建立了悬沙数学模型，泥沙床面边界条件采用通量型，模型在黄河三角洲滨海区的潮流和悬浮泥沙输运规律研究中应用。丁平兴将流速分解成潮(径)流速度、波动质点速度和紊流脉动速度，将含沙量分解成由潮(径)流、波动和紊流脉动引起的含沙量，代入三维水流和悬沙运动方程式中，在波周期内进行时间平均，采取一些假设对方程组进行简化，得到反映波浪影响的三维流场方程和波一流共同作用下的三维悬沙扩散方程。由于在水流方程组中含有波动引起的动量通量，在泥沙方程组中含有脉动和波动共同引起的悬沙扩散系数，目前还无法确定。

在航道骤淤预测研究方面，主要的研究方法有采用泥沙数学模型和基于经验或半经验公式进行预测。窦希萍利用所建立的长江口全沙数学模型预测了长江口深水航道各期工程实施后台风暴潮造成的航道骤淤。丁平兴等采用非对称型台风场模型和 SWAN 模型模拟风暴潮、天文潮、径流、波生流等的复合流场以及波—流共同作用下的平面二维悬沙与底沙运动，模拟了由"杰拉华"台风引起的长江口北槽航道的冲淤变化。赵群采用 SWAN 风浪模型与 ECOMSED 联合对黄骅港海域在强风作用下的海岸动力过程及泥沙运动进行了模拟。张庆河基于 SWAN 风浪模型和 ADCIRC 潮流模型，将窦国仁挟沙能力公式中的波浪挟沙能力修正为包括不破碎波与破碎波影响的形式，建立了描述风暴过程中粉砂质海岸波浪、水流和泥沙运动的二维数学模型，并应用于黄骅港外航道泥沙骤淤研究。刘家驹在进行风暴潮航道回淤计算时，将挟沙能力公式中的潮流流速取为风暴潮时的平均潮流速，将波动速度取为破波平均流速，水深用破波水深，代入刘家驹航道回淤预报公式中，得到风暴潮作用下破波区航道回淤厚度。罗肇森针对不同泥沙粒径进行大风浪作用下的航道回淤计算，当 $d_{50}>0.03$ mm 时，淤积于航道的泥沙为底沙，即近底泥沙并含部分悬移质泥沙，使用他推导出的波浪、潮流和风吹流共同作用下的底沙输沙率公式；当 $d_{50}\leqslant 0.007$ mm 时，可按浮泥输沙率公式；当 $0.007\text{ mm}<d_{50}<0.03$ mm 时，建议就颗分曲线不同粒径及其百分数分别按底沙输沙率和浮泥输沙率公式计算。

11.4.3.4 水沙数学模型集成

除上述我国自行研发的水沙数学模型外，20 世纪 90 年代以来，国外的商业软件如 Mike21、Fluent、SMS、ADCIRC、SELFE 以及可以免费下载、开源的 ECOMSED、POM、FVcom、COHERENS、ELCIRC、Dlft3D 等模型相继在国内高校和科研院所得到了比较广泛的应用。2000 年以来，我国在河口海岸水沙数值模拟集成和可视化研究方面也开发出一些功能齐全、使用便捷的模拟系统，具有代表性的如南京水利科学研究院 2002 年研制的"滨海、河口电厂取排水口冲淤变化数学模型软件包"，具有建模网格优化、参数自动调整、流体动态显示等功能，在模型设计、运行过程和成果处理各阶段均实现中文菜单式操作管理；天津水运工程科学研究所 2005 年推出的"海岸河口多功能数学模型软件包(TK－2D)"，由波浪场、潮流场、盐度场、含沙量场和地形冲淤场计算程序构成的主模块与包括前处理、后处理和动态显示功能的辅助模块所组成，可在菜单式窗口平台操作运行该模拟系统。目前，一些行业正在开展软件著作权的申报和注册。

11.4.4 水工建筑物数值模拟

水动力与水工建筑物相互作用的数值模拟的进展主要在三个方面：①数值波浪水槽(池)的建立；②水动力对透空式结构以及海床的非线性作用；③N－S 方程及其与 VOF 方法等数值方法的结合，研究包括波浪破碎等在内的复杂水动力现象。

数值波浪水槽(池)是近些年发展起来的研究波浪与水工建筑物相互作用的一个有效途径。这一概念形成于 20 世纪 80 年代。通过建立合适的数值造波边界条件，使其能够在产生行进波的同时吸收到达造波板的反射波，有效地减小数值波浪水槽的长度，节省计算机资源及提高数模效率，但由于数值计算技术的特殊性，可吸收式数值造波水槽的实现仍有许多问题。王永学基于线性造波理论，应用 VOF 方法给出了可吸收造波机数值边界条件，即造波板的运动除了产生行进波外，同时还产生一个抵消反射波的局部波动。刘海青和赵子丹用有限元法对 N－S 方程进行离散，建立有限元特征方程，在开边界以及入射边界附近均设置速度衰减区，并在其尽头使速度和压力满足 Sommerfeld 条件，用以吸收到达入射边界的反射波，通过对自由表面及底部边界的处理建立了二维数值波浪水槽。滕斌等结合其实验室的科研成果对边界元数值波浪水槽技术及其波浪力计算进行了深入系统的研究。高学平等采用 MAC 法直接数值求解 N－S 方程和连续方程，把适合于边界元法的源造波法移植于 MAC 法，采用消波滤波器和 Sommerfeld 条件相结合的开敞边界条件处理方法，针对不正规波浪运动数值模拟进行研究。刘桦建立了基于高阶边界元的三维数值波浪港池。周勤俊提出一种适用于 VOF 方法并能同时直接应用于一般水深条件的数值造波－消波技术，可以有效地消除波浪遇结构物的反射波，在水槽末端布设消波层吸收外传波，允许在较小的计算域内提供有效的工作时间，提高了计算效率。董志等以 N－S 方程为控制方程，利用 VOF 方法追踪运动的自由表面，建立了立面二维数值波浪水槽，然后采用动边界造波技术生成不正规波浪，对复杂断面海堤上的不正规波越浪进行了模拟和分析。

波浪与可渗海床和多孔介质结构的相互作用是我国近年的热点研究之一。邱大洪等有专著讨论了这一基础理论研究。刘同利根据非线性阻力定律推导了抛石防波堤内流体的水力传动方程式，并建立了二维不可压缩流体非恒定非线性的动量方程和连续方程，得出了堤内流体的速度场和压力场及波高分布情况。王利生用有限差分法研究了线性正规波与可渗基床防波堤的相互作用，分析了孔隙率、波长与堤顶宽度之比、堤顶水深与波高之比等无量纲参数对孔隙水压力的影响。别社安等以动弹性固结理论和线性渗流理论为基础，建立了求解随机波浪作用下饱和砂质海床中孔隙水压力响应的有限元方程，并用 Wilson－θ 法进行动力响应求解。及春宁、任增金、陈智杰等对防波堤内的波浪、水流运动情况进行了研究，并对堤内外的波浪场及孔隙率压力等进行了分析。张九山通过将多孔介质模型作为耗散源项添加到动量方程中，模拟了斜坡堤坡面上铺设单层异型块体后的波浪运动及越浪过程，率定了单层异型块体多孔介质模型的等效阻力系数。王登婷用 N－S 方程计算了波浪与可渗防波堤结构的相互作用。

在波浪与海床和海底管线作用方面，高福平等建立了非线性波浪载荷作用下海底埋设管道与砂质海床相互作用的有限元算法，并通过算例初步探讨了海床土性参数对管道周围海床超孔隙水压力分布规律的影响。李玉成等应用三步有限元法结合大涡模拟方法离散非定常不可压流动的 N－S 方程，模拟了波浪场中海底管线周围流场及其受力情况，并把数值模拟的结果与物理实验的实测结果进行了比较，两者符合较好；为了检验三维效应的影响，同时进行了二维和三维流场的数值模拟。栾茂田、远航用有限元法研究了不正规波作用下的埕岛油田海底管线稳定性数值模拟，发现波浪的非线性和随机性及管线－土体之间的接触效应对计算结果的影响显著。赵雁飞基于 Flow3D 软件，建立了水流作用下结构物周围冲刷的三维数值模型，能较好地模拟出建筑物附近冲刷过程中床面的变化情况，并将所建模型应用于水流作用下海上风机基础周围冲刷过程的模拟。

波浪与大尺度结构相互作用方面，邹志利等对二阶绕射势的傅里叶分量施加了 somerfeld 辐射条件，保证了解的唯一性，在给出二阶绕射势外场解析表达式的基础上，对内场应用简单格林函数方法，使得外场解与内场解在控制面上相匹配，以求得物面上二阶势的数值解。戴遗山和贺五洲等分别直接利用给出的外场解析表达式求解和设置控制面，内场用简单 Green 函数方法求解，得到的结果吻合良好，验证了计算方法的有效性，可为求解任意三维物体的二阶绕射问题提供参考。滕斌等应用一种新的高阶边界元法，其方法具有较好的精度和收敛速度，频域二阶理论的优点是明显的，由于求解的是与时间无关的变量，所以计算量相对较小；应用满足自由水面边界条件的格林函数，未知速度势函数限制在物体表面上，从而方便计算。孔晖、王常男基于高阶非线性 Boussinesq 方程，采用了复合的四阶 Admas－Bashforth－Moulten 差分格式求解，分别讨论了大直径圆筒结构上的波浪力和一次风暴过程中防波堤沿堤滑移量的变化规律，得出蛇行破坏量沿堤段呈周期性波动，表现出了明显的"蛇行破坏"。

波浪与透空式结构的相互作用方面，大连理工大学等对开孔沉箱等结构近远场水动力特性进行了系列研究。上海交通大学等做了浮式结构及平台甲板上浪的抨击作用研究。陈雪峰利用流体的连续方程和雷诺时均方程，结合 $k-\varepsilon$ 模型建立数学模型，采用 VOF 方法追踪自由表面，入射边界采用内源造波法研究了时域内不正规波与开孔沉箱消浪结构相互作用。李熙对非线性波浪在透空式防波堤周围的波浪变形进行了数值模拟，在 Boussinesq 方程中加入与透空建筑物有关的新耗散项，波浪控制方程通过有限差分法求解，模拟波浪经过具有部分反射的群桩式透空结构，表明透空式防波堤可以有效地衰减波浪和作为重力式结构的一种替代形式。吴浩基于二维拉普拉斯方程通过格林转换得到以势函数和势函数法向导数为未知量的积分方程，结合0－1混合型边界元和分区边界元法，建立了一个适用于求解波浪与大开孔消浪结构相互作用的强非线性波浪变形数值模式。

N－S 方程应用方面，采用流体体积法（VOF）可以给出自由面的较精细的描述，对于波浪破碎等复杂的自由表面问题易于处理，因此在海岸及海洋工程中得到广泛的应用。任冰应用改进的 VOF 方法对二维条件下的随机波对水平板的冲击作用，采用三维 VOF 数值模型对透空三维结构物的冲击作用进行了数值模拟。白志刚基于 N－S 方程和 $k-\varepsilon$ 模型封闭雷诺方程，以空间平均方程作为控制方程，采用 VOF 法跟踪自由表面建立了波浪与建筑物相互作用的数学模型，采用该模型模拟了正规波和"U"形防波堤的相互作用，得出了可渗透"U"形防波堤具有削减波高，降低波浪对建筑物的冲击，提高了防波堤稳定性的结论。郭传胜也以雷诺时均的 N－S 方程为控制方程，用 $k-\varepsilon$ 模型来封闭湍流模型，用 VOF 法来追踪自由表面，对底部沉箱、中部桩柱和上部结构组成的离岸式深水复合结构进行了数值模拟计算。为了更好地反映出波浪的非线性，采用了三阶迎风差分格式离散动量方程中的对流项，将数值结果与实测的水平总力进行对比，二者复合较好。孙英伟利用三阶精度的三步有限元方法离散 N－S 方程、clear－VOF 方法追踪运动水体自由表面，模拟了远破波冲击于倾斜底坡直立堤的过程，对数值结果和物理模型试验结果进行比较，表明远破波波浪力和流场的数值结果同 PIV 实验结果吻合较好。刘亚男基于 FLUEN 商业化软件，运用"解析松弛"方法于 VOF 的数值造波技术，对正规波在不可渗透简单斜坡堤上越浪过程进行了数值模拟，将越浪量同物理实验结果对比。张志杰采用 $k-\varepsilon$ 湍流模型，建立了可进行海堤断面越浪数值模拟的数值波浪水槽，首次给出了正规波下精确刻画栅栏板形状的海堤越浪过程数值模拟。对数值模型进行了验证，结果表明越浪量计算结果与实验数据基本一致。任冰等基于 SPH 方法和离散单元法（DEM）建立了二维流固耦合数值模型，流体模型采用经黎曼接触算法和 CSPM 修正后的 SPH 方法，水槽固壁和造波边界以及结构物边界采用固壁粒子法处理，离散护面块体的运动和受力采用 DEM 方法来模拟，流体与固体的交界面处满足界面力平衡条件，模型模拟了波浪与斜坡堤护面块体的相互作用，分析了波浪爬坡过程中的流场变化以及波压力沿胸墙的分布规律。

11.4.5 土工数值模拟

土力学数值分析方法主要有有限差分法（FDM）、有限单元法（FEM）、边界单元法（BEM）、无限单元法（IEM）、界面单元有限元法（IEM）、离散元法（DEM）、刚性有限元法（RFEM）、非连续变形分析（DDA）、流形方法（Manifold Method）、无单元法（Meshless Method）及其各种耦合方法。在软土力学的计算分析研究中，有限单元法应用得最为广泛。当前土力学数值方法还存在以下的不足：①国内、外流行的软件（如 ADINA、ANSYS、ABAQUS、MARC、NASTRAN

等)大都是针对金属、混凝土等人工材料开发的，对岩土的塑性软化、膨胀湿陷、孔压消散、损伤断裂、节理、裂隙等不连续面以及各种施工方法如分期开挖引起地应力释放、转移、喷锚支护、预应力加固、排水固结、回填灌浆等力学响应都缺乏好的分析方法。②一部分数值分析人员追求新的理论，对实际应用考虑得很少；对各种岩土本构模型研究得多，对模型参数选取研究得很少；考虑复杂多样的施工方法对岩土力学性质影响的研究较少。

11.4.5.1 沿海软黏土地基加固工程

我国采用 Biot 固结理论研究分析软土的固结与变形耦合问题始于 1974 年，先后建立了符合软土变形特性的双屈服面弹塑性模型(南京水利科学研究院模型)，提出了成套简单的计算参数测定方法，不断改进计算方法和计算程序。结合工程建设进行了大量的计算分析，与实测资料对比分析表明，该模型能比较好地反映工程实际，计算沉降量在实测值的 75% ~110% 之间，计算孔隙水压力与实测值大体接近，而英国剑桥模型计算的沉降量显著偏小。该模型在厦门海滩路堤、天津新港码头堆场(图 11－52)、上海油罐和连云港真空预压加固(图11－53)等软黏土地基固结变形计算中得到应用。

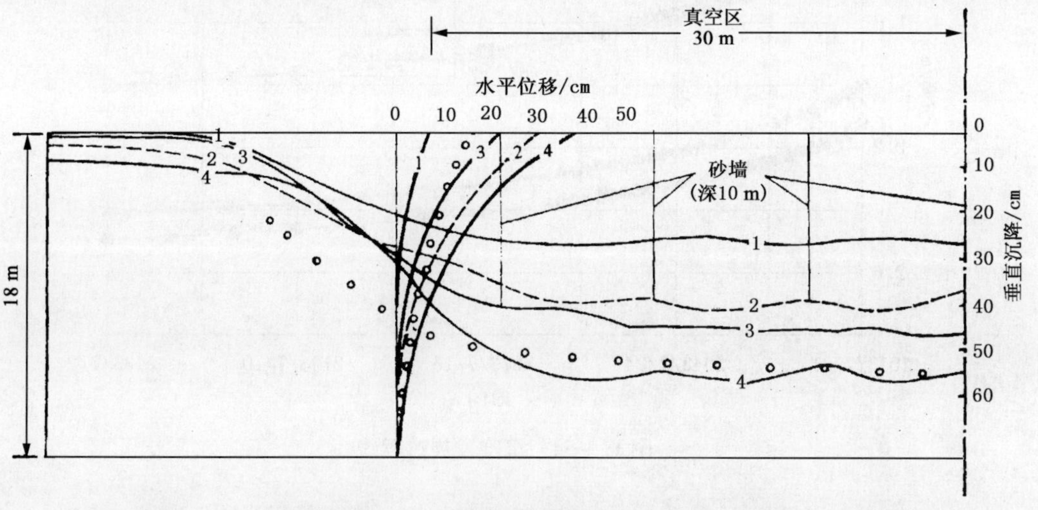

图 11－52　天津新港码头堆场地基加固

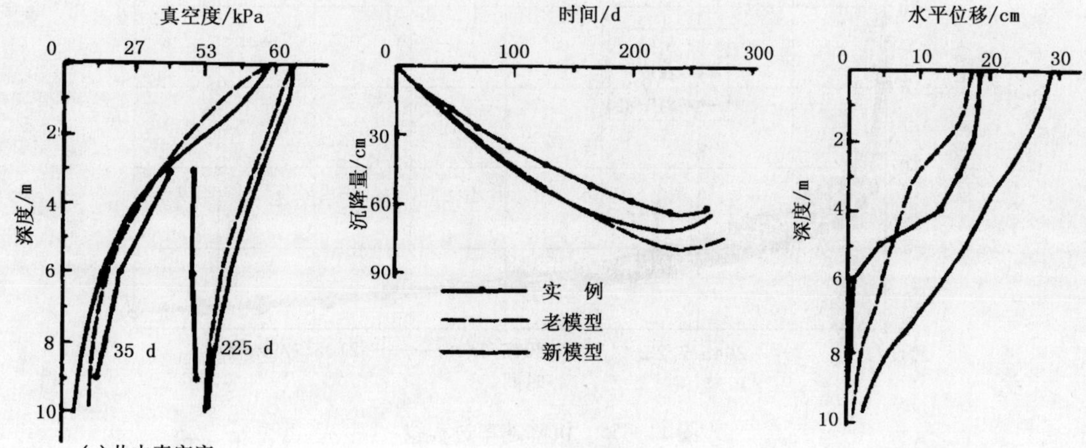

图 11－53　连云港软土地基

11.4.5.2 港珠澳大桥人工岛地基加固数值模拟

港珠澳大桥由于人工岛地基为高含水量、高孔隙比、低强度和低渗透性的深厚软土，人工岛填筑高度要达到16 m。在研究过程中，主要开展了两个方面的研究：①研究合理的加载速率以保证施工过程中的稳定性；②研究分析工后沉降以保证运行期的稳定安全。计算表明：由于左堤下部地基处理深度较浅，完工后沉降最大值发生在左堤下部，完工后地基最大沉降为2.11 m，但由于右堤下部软弱土层较厚，故右堤工后沉降较大；由于基坑下部存在未经处理的9 m厚的黏土层，在运行期水平位移明显表现为由两侧向岛中心挤压；地基土表现了明显的工后沉降，完工100年后地基沉降速率方小于1 mm/a；左、右堤和人工岛中心工后最大沉降分别为37.4 cm、42.8 cm和49.6 cm，地基最大沉降为2.48 m。图11－54为人工岛沉降发展过程线；图11－55为其沉降速率过程线。

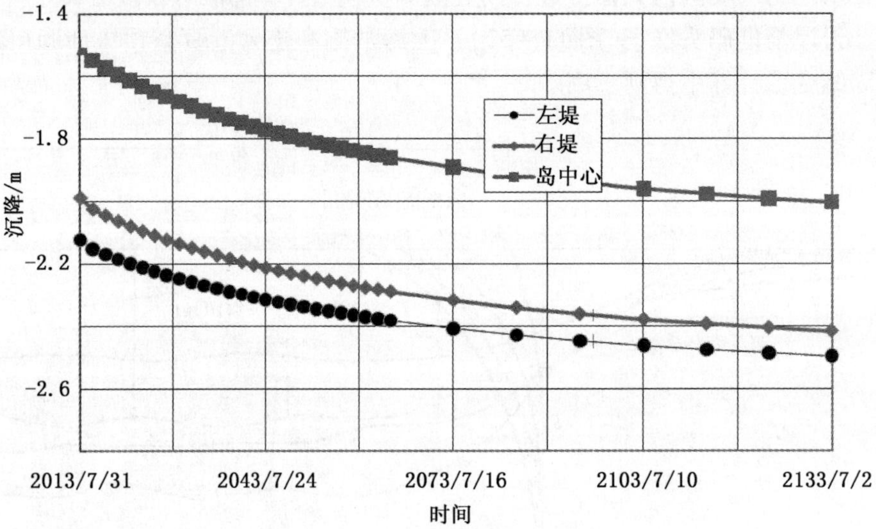

图11－54 沉降发展过程线

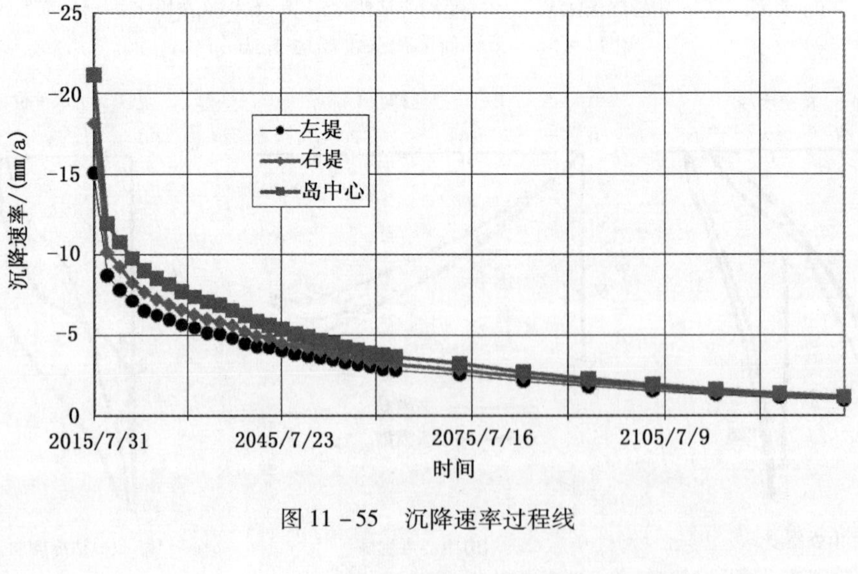

图11－55 沉降速率过程线

11.4.5.3 波浪作用下海床孔隙水压力发展过程与液化的数值分析

波浪作用下的砂质海床液化是海床的主要失稳形式之一，与海床中超静孔隙水压力的产生、发展、累积及扩散过程密切相关。研究表明，波浪作用下海床中的超静孔隙水压力可以分解为瞬态振荡孔压和残余孔压两部分。其中瞬态孔隙水压力随波压力的循环作用而振荡，在波浪作用后没有积累；残余孔隙水压力与土的残余变形相关，一般随波浪循环作用次数的增加而增长。关于波浪引起的海床液化，目前研究工作主要集中在两个方面：①基于海床动力响应的弹性分析，研究由循环孔隙水压力所引起的瞬时液化，同时基于土工地震动力有效应力分析方法的基本思想，将不排水条件下饱和砂土孔隙水压力增长模式与 Terzaghi 固结方程相结合估算残余孔隙水压力的发展与扩散过程；②采用弹塑性本构关系，基于控制振动与固结耦合过程的基本方程进行弹塑性有效应力分析，直接得到海床中残余孔压与循环孔压的总和，在此基础上进行液化分析。其中前者着重于瞬态液化分析，仅适用于小风浪作用情况；后者尽管能够较好地模拟孔隙水压力产生、发展与消散过程，但计算工作量较大，求解效率不高，就后者而言，目前仍缺乏比较合理的弹塑性本构模型。大连理工大学借鉴沈珠江等在土石坝地震孔隙水压力预测与液化分析中所采用的计算方法，基于弹性分析确定海床中的循环孔隙水压力与等效剪应力过程，将不排水条件下孔隙水压力增长经验模式与 Biot 耦合固结方程相结合，通过有限元数值计算估算孔隙水压力的发展与扩散过程，进而对孔隙水压力所引起的海床液化势进行评价。图 11－56 和图 11－57 是不同时刻残余孔压的沿深度分布与有效应力与超静孔压分布。

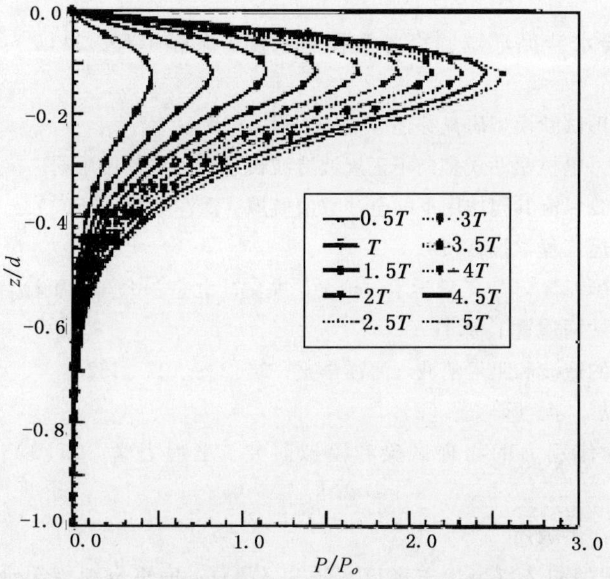

图 11－56 海床在断面 $x=2.5L$ 处各时刻残余孔隙水压力沿深度分布

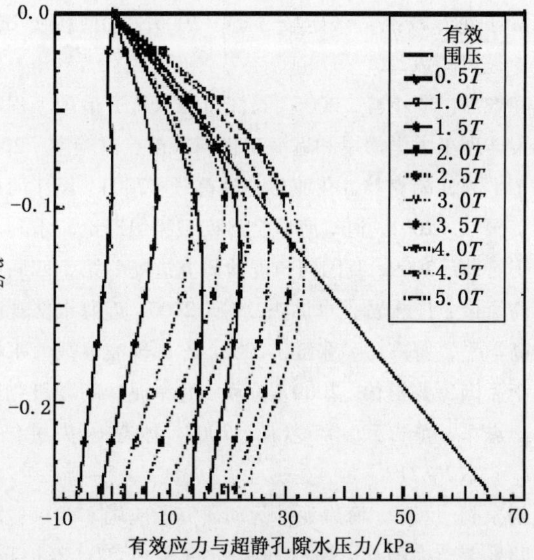

图 11－57 $x=2.5L$ 断面处有效围压及各时刻判断液化所需超静孔隙水压力沿海床深度分布

11.4.5.4 循环波浪作用下大圆筒防波堤数值分析

在港口、近海以及海洋工程领域，深埋式大圆筒码头、防波堤等结构通常应用于软土地基，通过结构与地基的嵌固作用维持稳定性。在波浪循环荷载的长期作用下，大圆筒结构与软基耦合体系的失稳破坏机理以及变形模式非常复杂，采用总应力形式的非线性计算方法，不能很好地考虑软黏土在循环荷载作用下的弹塑性变形、孔压累积效应，从而难以得到合理的大圆筒结构防波堤的失稳机理与位移模式。对于工程上一般所遇到的海洋土力学问题可以不考虑广义 Biot 固结方程中的固相与液相的加速度项，将问题简化为拟静力固结问题。大连理工大学等单位研究了基于忽略土骨架和孔隙水惯性效应的广义 Biot 固结理论的简化形式，采用 Carter 等建议的改进剑桥动力本构模型对于软基上大圆筒结构物开展应力分析，并直接套用直墙堤上波压力公式对于作用在大圆筒结构表面上的动波压力进行计算，进而探讨不同波高条件下大圆筒结构的位移变化模式与失稳机理以及软土地基中的超孔压分布。图 11 - 58 和图 11 - 59 分别是该结构在持续 2 小时波浪作用下的水平位移和超静孔压等值线图。

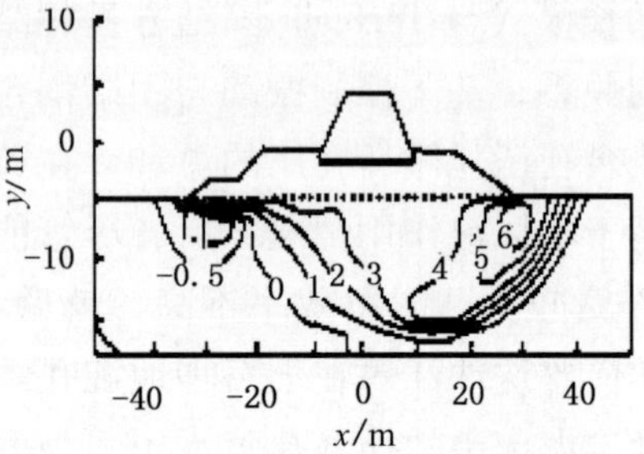

图 11 - 58　水平位移等值线图(m)

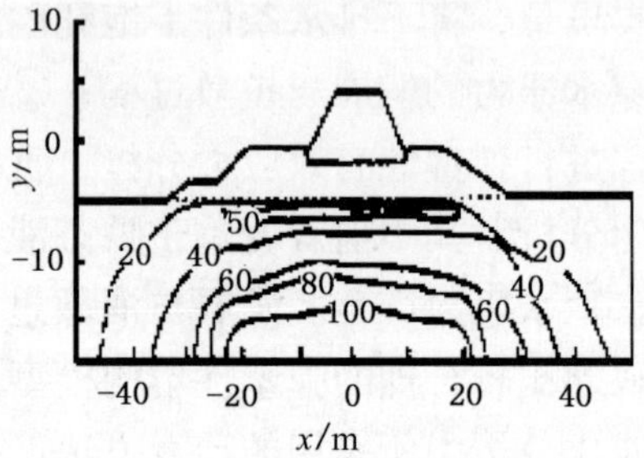

图 11 - 59　超静孔压等值线图(kPa)

参考文献

蔡守允，戴杰，张定安，等. 2006. 大型模型试验水沙循环调制设备及控制系统. 海洋工程，24(2)：118 - 122.

陈志昌，罗小峰. 2006. 长江口深水航道治理工程物理试验模型研究综述. 水运工程，(12)：7.

大连理工大学海岸和近海工程国家重点试验室. 2009. 电机驱动式多向不正规波造波机系统用户使用手册.

丁平兴，胡克林，孔亚珍，朱首贤. 2003. 长江河口波 - 流共同作用下的全沙数值模拟. 海洋学报，25(3).

窦国仁. 2001. 河口海岸全沙模型相似理论. 水利水运工程学报，(1).

窦希萍. 2009. 我国河口泥沙研究进展//第十四届中国海洋(岸)工程学术讨论会论文集. 北京：海洋出版社.

高家俊，庄士贤，卓训杰，等. 2000. 近海水文观测站网建置工程.

高学平，曾广冬，张亚. 2002. 不正规波浪数值水槽的造波和阻尼消波. 海洋学报，24(2)：127 - 132.

李孟国，曹祖德. 2009. 粉砂质海岸泥沙问题研究进展. 泥沙研究，(2).

李志军，董吉武，芦志强. 2009. 冰对码头桩结构作用力的物理试验和模拟研究. 工程力学，26(3)：212 - 217.

刘家驹. 2009. 海岸泥沙运动研究及应用. 北京：海洋出版社.

陆采荣，梅国兴，等. 2009. 港工自密实自养护抗裂型耐久混凝土关键技术研究. 南京：南京水利科学研究院.

栾茂田，武科，范庆来，等. 2007. 复合加载下桶形基础循环承载性能数值分析. 海洋工程，25(3)：88 - 94.

罗肇森. 2009. 河口治理与大风骤淤. 北京：海洋出版社.

米占宽，等. 2009. 港珠澳大桥人工岛地基加固数值模拟. 南京水利科学研究院.

邱大洪，孙昭晨. 2006. 波浪渗流力学. 北京：国防工业出版社.

滕斌，等. Wave diffraction from a vertical cylinder with two uniform columns and porous outer wall. China Ocean Engineering.

王锦，周正萍. 2011. Boussinesq 方程的研究进展. 水运工程.（12）：11 - 18.

王胜年. 2010. 我国海港工程混凝土耐久性技术发展及现状. 水运工程，(10).

王永学，李志军，等．2001．DUT－1非冻结合成模型冰物模技术及应用．大连理工大学学报，41(1)：94－99．

吴小明，邓家泉，吴天胜，等．2002．珠江河口大型潮汐整体物理模型设计与应用．人民珠江，(6)．

闫澍旺，邱长林，等．1998．波浪作用下海底软黏土力学性状的离心模型试验研究．水利学报，(9)．

尹宝树．1996．渤海波浪和风暴潮潮汐运动相互作用的理论和数值研究．青岛：中国科学院海洋研究所．

张庆河，夏波，张金凤，等．2005．粉砂质海岸航道骤淤二维数学模型及其应用//第十二届中国海岸工程学术讨论会论文集．北京：海洋出版社．

张俞，洪广文，冯卫兵，等．2009．考虑能量损耗的全水非线性波传播//第十四届中国海洋(岸)工程学术讨论会论文集．北京：海洋出版社．

章为民，日下部治．2001．砂性地层地震反应离心模型试验研究．岩土工程学报，23(1)．

朱百里，沈珠江．1990．计算土力学．上海：上海科学技术出版社．

朱光文．2002．我国海洋监测技术研究和开发的现状和未来发展．海洋技术，21(2)：27－32．

左其华．2008．现场波浪观测技术发展和应用．海洋工程，26(2)：124－139．

ZOU Z L，Fang K Z．2008．Alternative forms of high order Boussinesq equations：derivations and validations．Coastal Engineering，55(6)．

第12章 展望

近10多年来，我国在海岸工程建设方面取得了令人瞩目的成绩，推动了该领域科学技术的进展。在河口治理、海岸防护、港口建设、围填海工程、跨海桥隧、修船造船、能源设施海域工程、渔业工程、海岸管理和科学研究等方面的上升速度比国际上发达国家要快，与其差距大大缩短，这些都得益于我国沿海地区社会经济的快速发展。同时，也应该看到，我国海岸工程的进展相当大的比重是集中在规模上。随着可持续发展的需要，尤其是国家城镇化建设对沿海发展的需要，海岸工程将面临新的机遇和挑战，这些机遇和挑战主要包括海岸动力监测体系的完善、河口海岸普遍冲刷趋势与防护、大型海岸工程向离岸和深水发展、极端条件下海岸工程结构安全、岛礁工程和围填海工程的新技术应用、海岸管理与数字海岸建立、亲水工程与生态环境需求、海洋能利用和谨慎开发、海岸工程科学研究的多学科交叉与多手段耦合研究等。

12.1 海岸动力监测体系

(1)海岸动力是海岸工程的基础

海岸动力对海岸工程建设的各个阶段如规划、设计和施工都具有非常重要的作用，可以说，只有对工程所处的海岸动力条件有充分的了解，才能科学地确定工程建设的可行性和安全性。

海岸动力的监测与近海动力的监测密切相关，如果没有近海动力数据，所推求得到的近岸动力的准确性将受到很大的影响，其在工程上的应用将受到限制，甚至是被质疑的。目前我国一系列关系国计民生和国防安全的海洋问题亟待研究与解决，如物理海洋(如台风、海－气作用、油气开发)、海洋渔业(如养殖环境)、生态环境(如赤潮)、军事环境(如跃层、内波)等的研究，必须进行近海长期的、高分辨率的精细结构观测，以获取开展研究的基础数据。西沙群岛周边区域是我国未来5～10年海洋石油的重点开发区域，西沙站的全海深剖面流观测是为我国南海石油开发提供海洋动力环境参数的先导性工作，也可进而成为我国深海油气开发海洋动力环境标准监测点。有针对性地在关键海区建立多参数、长期、立体、实时监测网，有效、连续地获取和传递海洋长时间序列综合参数，既是深水也是近岸海洋科学研究和创新发展的重要前提，也是全球与区域海洋观测网络建设的核心问题。

从海岸工程学科发展来讲，对于海岸动力的了解与否与现场观测资料的时间序列长短、资料的合适性关系极大。海洋科学研究中的重大发现和科学问题往往都是在长期观测的基础上完成的，例如大洋环流的发现、中尺度涡流现象、厄尔尼诺现象、海洋生物资源的周期性变化问题、海洋环境演变等方面的重大科学发现，都是在大量的海洋现场观测基础上取得的。海洋观测能力与数据质量的限制，使得我国海洋科学研究的原始创新能力和取得重大创新性成果的机会受到重大制约，直接影响了我国海洋科学技术的发展。海洋监测技术作为海洋科学和技术的重要组成部分，在维护海洋权益、开发海洋资源、预警海洋灾害、保护海洋环境、加强国防建设、谋求新的发展空间等方面起着十分重要的作用，也是一个国家综合国力的重要标志。

(2)国际海岸动力监测体系前沿状况

从总体上看，国际海洋观测目标是建立全球联网的立体观测系统，目前已发展起包括卫星遥感、浮标阵列、海洋观测站、水下剖面、海底有缆网络和科学考察船的全球化观测网络，作为数字海洋的技术支持体系，提供全球性的实时或准实时的基础信息和信息产品服务，例如全球海洋观测系统(GOOS)、全球实时地转流观测计划(ARGO)等，覆盖面都非常广泛。美国国家基金委员会有关未来10年海洋科学的重点发展领域中，将“大断面全球海洋大气立体观测”放在首位。美国的“海洋观测计划”是用几千千米的光缆将海洋和陆地连接，将光缆接入互联网，建立穿越海洋的“信息高速公路”。这个观测计划整合了多学科技术，通过使用连接互联网的光缆、收集浮标、遥控设备和高清晰度照相机等多种工具来探索海洋。GOOS也将海上长期观测站作为重要的组成部分。国际ARGO计划将建成由3 000余个浮标组成的全球实时海洋观测网，截至2007年4月，全球海洋中的ARGO浮标已达到2 852个。目前美国有基于NOAA的90个浮标、60个海岸自动观测网和175个水位观测站以及多源卫星构成的海洋动力环境监测网，并由国家业务海洋产品和服务中心为用户提供相关海洋信息。美国、加拿大联合正在东北太平洋海底建设深海长期观测网——海王星(NEPTUNE)计划，布设在水下约3 000 m海床上，覆盖海域约500×10^4 km^2，可以长期观测海洋内部和海底各种物理、化学、生物、地质过程，进行海洋学和板块地壳构造过程研究。欧洲国家在多个重点海域进行了长期连续观测。

日本和韩国也在其邻近海域部署长期的国家断面长时间序列观测，为本国的海洋生态与环境研究、生物资源观测研究和军事海洋学研究提供基础资料。日本在日本列岛东部海域沿日本海沟的跨越板块边界，建设了长约1 500 km，宽约200 km的光/电缆连接的深海地震观测网(ARENA)，并计划延伸至我国的东海海域，目前正向地震、海洋学和生物学等多学科观测和研究方向发展。韩国政府已在黄海南部苏岩礁建立了海洋科学观测站，并计划在济州岛西南海域建立海底观测系统。

(3)我国海岸动力观测的状况

经过几十年的建设和发展，中国大陆也初步形成了近岸海洋动力观测系统。对于一些大中型海岸工程项目，政府也明确要求进行旨在加强科学论证的现场观测。目前，我国常规海洋业务观测主要依靠国家海洋局和中国科学院一些近海海洋观测平台。为了摸清我国现有包括海岸工程在内的海洋状况，规划和优化海洋发展布局，2007年我国实施了“我国近海海洋综合调查与评价”专项(908专项)，进行近海海洋综合调查，尝试构建我国近海“数字海洋”信息基础框架。

国家海洋局现有15个中心站、66个海洋岸基观测站、6个固定浮标以及少量ARGO浮标。在近海方面，自2002年以来，我国已在太平洋和印度洋布放了35个剖面浮标，并将每年为国际ARGO计划提供协调经费，成为继美国、英国、法国、加拿大和澳大利亚之后第六个为该计划提供协调经费的国家。然而这样庞大计划的主要目的是获取海洋内部的海流、温度和盐度等资料，海洋表面的波浪等对海岸工程影响较大的参数似尚未明确包括在内。中国科学院2009年于北黄海长山群岛所属獐子岛以南20 n mie(38°45′N，122°45′E，附近)，水深约50 m处，与地方共建了黄海海洋环境观测平台及其陆基支撑站；于东海长江口嵊山岛(舟山群岛)以东海域(30°30′N，123°E)，水深50 m处，建立东海海洋环境长期综合观测浮标，在嵊山岛建立陆基支撑站。该站涵盖物理海洋、海洋地质、海洋生态和海洋化学等研究领域的诸多海洋环境要素的综合测量，主要开展长江口高生产力区域海洋环境长期多参数的连续观测。2007 年于西沙群岛的主岛——永兴岛(16°50′N，112°20′E)建立西沙海洋环境观测站，该站以物理海洋观测为主。2009 年新建南沙海洋环境观测站，与西沙站、南沙站、大亚湾站、海南三亚国家近海生态环境监测站构成南海海洋环境与生态监测网络。

总体上来讲，我国大陆海洋观测手段仍以岸基台站为主且数量不足，分布不尽符合需要，离岸观测能力薄弱，空间覆盖率低；长期和连续观测资料少，不能满足多学科同步观测的要求，观测技术也相对落后；观测数据不能共享，科学研究资源严重浪费，与世界发达海洋国家相比有较大差距，制约了海岸工程科学研究的发展。在海岸动力观测体系建立方面，台湾因其地理位置和沿岸范围局限，与大陆相比其观测体系更完善些。采用岸站、雷达、浮标、潜标、海上平台、卫星遥感等多种观测手段，建设覆盖范围广的高效、稳定的海洋观测网络，提高海洋观测技术水平，建立数据开放共享的管理应用平台，为预防和减轻海洋灾害提供决策依据是今后一段时期的重要工作。

(4)今后的发展趋势

我国近期在海洋观测技术方面主要有以下几个发展趋势。

1)改进的传统方法仍是今后工程应用观测的主要工具。

现场观测技术的多样性促进了该领域技术水平的不断提高。卫星观测技术虽有其先进性，但要用于工程还需一定的时间，这除其技术本身的一些缺陷外，还主要在于某一位置采样的间断性。传统的海岸动力测量通常在一固定位置，每隔一段时间观测一次。卫星尽管对于海面跟踪观测还有很多选择，但观测必须按照卫星运行规律确定，数天重复一次，进行的是若干平方千米的海面观测。这显然不能满足实际工程的需要，因此改进的传统观测方法仍是今后应用的主要工具。我们期望传统的测量仪器和设备向易于操作、实时处理和智能采样方向发展。将来的浮标(筒)将使用现代的、更为可靠的海洋动力变化跟踪单元，GPS 技术将是每个浮筒上的标准配置，有助于提高整个系统的精度。声学测波仪器应在如何减小恶劣环境下的噪声上下工夫；将仪器安放在水中合适位置或者沿水深布放多个仪器以及改进传感器精度的办法，可以获得不同水深处的水动力要素。

2)遥感技术向实用性方面发展。

显然，遥感技术是今后的主要发展方向，甚至已经有人试图将这一方法用于水动力长期分布的估计。在通常的船舶或者平台上，可利用海上雷达测波和流，地面的 HF 雷达也已在大范围水动力测量方面证明其能力。Scawavex 计划中，HF 雷达已与表面流的测量相结合。然而，雷达光束映象信息和由三维雷达映象谱到海洋环境要素之间求逆的技术还不完全成熟。

卫星遥感资料正成为大尺度海洋气象水文研究的重要部分，即使是在对精度有较高要求的波浪测量方面，至少对一般海况已经达到浮筒的测量精度。双频率高度计的测量精度也在提高，特别在风速测量上更是如此。卫星高度计所测水文气象资料已是而且还继续是这一领域全球信息源，我国这方面在近几年内会有较明显的进展。利用北斗导航系统，从太空用孔径雷达和高精度光学照相对海流、波浪、泥沙输运和风暴潮的观测将会有较快的进展。

遥测仪器的一个趋势就是由卫星实时传输大量的数据。采用该方法进行实时处理能减少数据信息存量，使得仪器能较长时期运行。由于卫星遥感资料是不定时的，也不是等时间间隔地观测，采样覆盖范围较大从而分辨率受限制，还有不可能自动增加对极端条件的观测，从而遥感资料可能漏掉最大值，用此方法估计的多年一遇的值可能会偏小。为此，必须尽可能针对各个卫星的特点和长处，采用多种手段，尽量使其满足工程需要，例如与岸基观测站相结合等。英国SOS(卫星观测系统)已经有一种想法，就是将雷达高度计成本降低和用小卫星以一较为密集的网格覆盖全球，称为GANDER(消除风险全球高度计网络)计划。该计划由12~16个卫星组成，是一简单的低成本系统。

将传统的量测技术与卫星遥感技术的组合已被使用多年，今后会结合得更多更好，用以验证数值模型，也可以与近岸长期测站资料相配合得到深水处的气象水文长期分布。

3)更为精确的反演技术和非线性方法是今后主要研究内容。

非线性海洋动力要素难以捉摸的特性仍然是今后研究的热点。相当复杂的后处理工作是必要的，以便获得定量的波浪信息。目前卫星遥感波浪资料处理正在进行不同版本的、由SAR映象中得到海洋环境要素算法的研究，其精确度还有待改进。所有SAR映象谱的内在弱点在于雷达传播方向显著衰减，例如方向角的截止是由于表面运动引起波的随机移位引起，遮蔽平行于卫星传播方向的水面波动，不幸的是，截止的往往正是海况最为严重的，也是雷达搜索的盲点。非线性效应导致SAR图像谱在方位上存在高波数截断，截断之后有些信息丢失；沿运行方向传播的水面波动，其SAR图像谱存在“双峰”现象。这些都可能用非线性理论加以解释。

虽然目前的气象水文观测技术可以满足现在海岸工程中设计的基本需要，但离岸的大型建筑物，如美国海军可移动离岸海上基地(MOBS)的可行性研究就要求知道数平方千米范围内海洋波浪场的空间耦合特性。由美国海军研究室组织的研讨会得出的结论是，目前的仪器还没有办法或还不能被证明可以提供这样重要的信息。随着我国海洋资源开发的不断深入，有理由相信我们也会很快遇到类似问题。

4)注重长期观测资料的连续性判别。

限于当时经济条件和技术水平，我国建于20世纪60年代初期的海岸观测站点大都位于浅水处，数十年过去，观测点水深变化较大，有的甚至已数易观测点；从测量方法看，早期资料所用的量测手段均较落后，有些是目测的，而现在大多是自动量测，甚至采用卫星测量的；从量测点环境动力变化看，如有些河口地区受到上游人为因素影响，入海水文条件已经发生很大变化。以上这些是我国海洋长期观测资料的同化分析中难题。

5)观测资料的共享与否对我国海岸工程技术进展影响甚大。

我国现场观测技术及其应用水平提高应该采取的另一重大对策就是要解决资料共享这一难题。20世纪80年代中期以前，国家海洋水文站点的资料是对外公开的，科研人员可以利用这些资料进行科学研究和实际工程应用研究。近30余年来，这些海洋站点的资料使用必须是有偿的，甚至有时有偿也难以取得，出现了我国研究人员可以从互联网上获取国外一些测站的资料，但不能方便地获得自己国家资料的怪现象。国家所属的站点如此，更不要说一些企业观测资料的共享。出现这一现象的主要原因应是国家对海洋水文现场观测投入不足，其次是部门局部利益问题。我国沿海数以百计海岸工程的建设项目，尤其近些年国家建设投入的增多，基本上每一较大的工程都有大小规模不等的现场观测，但没有对这些资料进行合理的整合，建立相应的数据库，以致这些资源的开发利用不够，既带来资源的较大浪费，也阻碍海岸工程技术的进步。

12.2 河口海岸侵蚀及防护

(1)河口及其水下三角洲将普遍侵蚀

入海泥沙锐减使得河口三角洲海岸岸滩在新的动力泥沙环境条件下发生新的冲淤演变调整，过去淤涨型河口海岸，由于淤涨速度减缓，转化成平衡型或侵蚀型。长江三峡枢纽工程建成以后，长江口的入海泥沙减少了2/3，长江口门外的水下三角洲堆积速率已明显趋缓，淤积速率从1958—1978年时段的55 mm/a下降为1978—1998年时段的11 mm/a，近20年长江口水下三角洲已出现大范围的侵蚀；中国的第二大河黄河因上游取水以及小浪底等枢纽工程的建设，黄河三角洲从过去年均造陆23 km^2，演变为大面积的侵蚀后退，使胜利油田受到潮淹堤坍的威胁，具有重要生态功能的滨海湿地大面积丧失和滩涂资源减少；珠江三角洲河道大量采沙，使得入海泥沙大量减少。中小河流存在同样的问题，渤海湾沿岸许多入海河流出现有河无尾的现象，如滦河入海泥沙在引滦工程后减少了95%，胶州湾20世纪80年代的入湾河流泥沙仅相当于50年代的2%～3%。苏北废黄河口和现代黄河三角洲北部废弃河口地区，是河流改道导致海岸侵蚀的典型实例。

(2)海岸侵蚀日趋严重

海岸侵蚀是一种全球性的自然灾害。目前，世界上70%的砂质海岸产生侵蚀，侵蚀速率为10 cm/a，中国的平原海岸亦有70%左右在侵蚀后退。我国海岸侵蚀自20世纪50年代末期日渐明显，较发达国家迟约半个世纪。60年代海岸侵蚀主要发生在粉砂淤泥质海岸，进入70年代，由于人类不合理的开发活动，如海滩资源与海底砂矿开采、水库截留等，各种类型的海岸侵蚀均有所加剧。2000年以来，砂质海岸侵蚀速率大多在1～3 m/a之间，淤泥质海岸侵蚀速率大都在10～20 m/a，海岸侵蚀的范围急剧增大，侵蚀程度也越发严重，目前我国约有70%的沙质海滩和大部分泥质潮滩受到侵蚀，造成沿岸一些地区基础设施被冲毁。我国的海岸侵蚀总体上是北强南弱，长江口以北遭受海岸侵蚀的岸段十分普遍，且侵蚀速率较大。江苏省多数海岸遭受侵蚀，山东省有70%的沙岸受到侵蚀，侵蚀速率约为2 m/a，河北省海岸带无论是南岸的泥岸还是北岸的沙岸均以蚀退、冲滩为主要势态，辽西海岸目前也在强烈蚀退。长江口以南，除受强潮影响的杭州湾北岸以外，海岸侵蚀现象发生较少，但因台风、风暴潮等形成的短时间的海水入侵却十分严重。福建省的中、南部是长江口以南海岸侵蚀较严重的岸段，广东、海南和广西等省、自治区也有局部海岸侵蚀现象发生。

预计全球性海平面上升将加剧这一侵蚀过程。据代表性长期验潮站资料统计，过去100年全球海平面上升速率为1.5 mm/a。近30年来，中国沿海海平面总体上升了90 mm，2007年中国沿海海平面平均上升速率为2.5 mm/a，高于全球海平面1.8 mm/a的上升速率，预计未来10年，中国沿海海平面将比2007年上升32 mm。海平面上升直接导致海岸侵蚀加剧和大片海滨湿地的丧失，受灾最严重的将是珊瑚岛区域(马尔代夫、塞舌尔群岛等)和沿海三角洲低地。

(3)国外海岸防护发展状况

面对海岸侵蚀，欧美等国开始采取护岸工程进行防护，实践表明，有防浪坝岸段的海岸稳定，而邻坝岸段则侵蚀加剧，此后海岸防护型式趋于多样化。如德国采用人工补沙及用木质丁坝以及天然石块建造的防波堤和护面等，木质丁坝的优点是与环境的亲和性较好，修建后其可很好地捕集海岸泥沙，防护岸线；采取培育连续的沙丘链和修建近自然海堤，防止海岸后退；

在没有足够构筑空间的海岸，采用移动式海堤挡御风暴潮，在没有风暴潮的季节里，打开通道，供人们与自然海岸互动；此外，在用挡潮闸挡御风暴潮时，修建两条通道，大的一条通道供泄洪挡潮之用，而小的一条通道引海水进入闸后湿地，供沿岸湿地的发育及修复，使得挡御暴潮的同时，也保护和修复了自然环境；由耐盐植被组成的盐沼地也是一种海岸防护型式，茂盛的盐沼地可以有效地消减风暴潮在堤脚及堤前的能量，加速悬沙的淤积过程，相较于其他护岸形式，其更为天然，成本也更为廉价。20 世纪 90 年代以来，环境友好型的人工育滩工程在欧、美、日等发达国家的海岸防护中逐步兴起，以抛沙养滩为主，辅以硬工程护沙的护岸方式。目前欧洲大部分海岸均受到人工控制，如海岸防护及堤防工程，沙丘稳定工程，土地围垦工程，河流控制工程等，其工程形式分“硬工程”与“软工程”两种形式，“硬工程”为防潮堤和海堤，“软工程”指海滩补给及砾石滩补给喂养措施，由于“软工程”的灵活性和兼容性，在欧洲得到推广应用。

(4)海岸整体防护体系的规划与建立

海岸防护工程的理想目标是通过人为引导，使岸滩剖面和岸线形态达到平衡。对于冲刷性海岸应根据海岸侵蚀特征和防护实践，进行整体防护体系的规划和设计。海岸整体防护设计的基本思路为：按照海岸侵蚀和防护的时空尺度差异，分级(不同尺度)控制。凡属需护滩工程的海岸应进行平衡剖面的研究才能使护滩更为有效。利用重要海岸工程作为一级节点，构造人工岬角(凹湾)作为二级、三级乃至多级节点，人为增加岸线的相对长度使海洋动力能量分散释放，保沙固沙，从而构建海岸整体防护体系。一级节点的布局主要是针对大范围的海岸侵蚀趋势，其作用主要是遏制潮流作用引起的水下岸坡进一步侵蚀后退，从而在更长周期内起到对近岸海滩和堤防工程的保护作用。二级节点即人工岬角工程主要针对近岸海滩冲刷，通过岬角控制保存侵蚀粗化泥沙，进而对其下覆沉积物起到保护作用。福建海岸的自然岬湾岸线和日本福冈能古岛的人工岬湾岸线就是采用多级节点(岬角)控制的方式，塑造动态平衡的多级嵌套稳定岬湾岸线，以实现海岸防护的目的。

(5)海岸防护形式的多样性

现行我国海岸侵蚀防护工程措施还是以刚性结构如海堤、防波堤为主，但已经逐渐由单一的海堤转变为加固海堤和消浪护岸并重的组合防护，并取得了一定的防护效果。近年来，我国已逐渐开始采用柔性防护，如草皮种植、混凝土模袋护坡等，都取得了良好的防护效果，如福建沿海的海岸防护措施主要是修筑海堤和种植防护林，绝大多数风成沙地类型的砂质海岸后滨沙丘大都有防风沙植被，沙堤海岸也大都有木麻黄固定沙丘。限于技术经济等原因，像江苏沿海的护滩工程(如丁坝和离岸堤等)多以短、矮、密为特点，防护功能局限在堤前较小范围内，离岸堤外滩面下蚀和水下岸坡的蚀退依然发展，随着时间的推移，侵蚀对近岸护滩工程和现有海堤仍存在潜在威胁。

尽管我国在侵蚀海岸防护方面开展了不少研究与实践工作，相比发达国家来说，在海岸防护的同时兼顾海岸生态与环境保护方面还有不少距离。采用适当的方式通过自然过程塑造稳定海岸线已是一种趋势，人工养滩和人工岬湾防护技术在国外已经得到了非常广泛的应用，并且也取得了相当良好的效果，美国人工育滩与护岸建筑在海岸侵蚀防护中运用的比例达到4:1以上，在欧洲、日本等发达国家人工育滩的实践也在迅速增加，近岸补沙在海滩侵蚀防治上与海滩补沙、沙丘补沙等方法相比更具有主动性，目前荷兰近岸补沙的补沙量和占人工育滩工程的比例都在增长。

我国海岸防护可根据具体海岸的侵蚀情况考虑尝试使用人工养滩、人工岬湾与丁坝群、离岸堤相结合的防护措施，在原有刚性防护的基础上结合使用柔性防护技术，即采用刚柔结合的防护措施，如在海堤附近侵蚀严重区域利用人工养滩技术，不仅可以减缓海岸侵蚀，还能维护海堤，且景观较好。在实施海岸工程项目时，要避免不合理的工程布置导致泥沙运动的不平衡，加剧海岸的不稳定性。对于一些由于泥沙来源阻断而遭受侵蚀的沙质海滩，国际上多采用人工养滩加潜堤防护的形式，即形成所谓的栖息海滩(perched beach)，注重这类海岸防护形式的研究，对我国沙质海滩旅游资源的恢复具有相当重要的意义。

要重视红树林等生物对海岸防护的重要性，保护好这些海岸防护植物。因海岸开发利用不得不占用的，应采取就地补偿等措施。

12.3 海岸工程深水和离岸趋势及其挑战

(1)海岸防护工程前沿水深将越来越大

随着近岸、高滩、低滩、河口、海湾等自然条件相对较好地段围海工程的实施，今后围海工程将进一步向离岸、深水、沿海、开敞海域、超软地基等围海工程条件相对较差的海区发展，就近吹填黏性土、淤泥的现象也将越来越普遍。目前，沿海各地围填海需求迫切，使得沿海防护工程，特别是海堤工程不断地向水深处外移，城市及其开发区向海洋推进，海岸防护工程前沿水深将越来越大，基础条件和动力条件也将更加复杂。海岸工程的建设提高了这些防护工程的建设标准，但也导致工程建设风险增大和沿岸海岸防护工程建设标准的不连续。

(2)跨海桥隧工程建设将成为热点

恶劣环境下的跨海桥隧工程也将是我国近期海岸工程的又一热点问题。舟山群岛开发、胶东湾和港珠澳大桥工程兴起了我国跨海桥隧工程的建设热潮。今后更多的跨海桥隧工程将在海峡和岛与岛之间开展。琼州海峡是全国三大海峡之一，位于广东雷州半岛和海南岛之间，长约80 km，宽20～40 km，平均水深约44 m，最大深度120 m，拟建中的琼州海峡跨海桥梁工程，将面临水深、风大、浪高、地质构造复杂、通航要求高、环境敏感等不利因素，且桥梁线位必须绕避国家级自然保护区的核心区珊瑚礁，桥梁选址和建桥技术难度相当大。

(3)深水港需求还将持续

船舶的大型化要求深水泊位的数量越来越多，为适应国际船舶大型化发展的趋势，国内、外大型港口都在进行航道深水化的研究和建设。韩国釜山港航道水深18 m以上、荷兰鹿特丹港航道水深25 m，美国西雅图港航道水深20 m，新加坡港航道水深20 m，美国长滩港航道水深18.3 m。预期今后数年内，中国大陆还将建设为数可观的20万～30万吨乃至50万吨级泊位的码头。距离湛江港较近的茂名港已启动30万吨级深水大港——博贺新港区建设；阳江港西岸临港新区可建30万吨级航道；钦州港、防城港现正在全力抢挖30万吨级航道。天津港是在淤泥质浅滩上人工开挖建港、吹填造陆建成的，正在建设30万吨级航道；日照港30万吨级原油码头建设已获国家主管部门批复；青岛港与巴西原料供应商合作，正在规划建设4个40万吨级码头，30万～40万吨级航道也将应运而生；连云港、洋口港正在建设30万吨级航道；宁波—舟山港虾峙门口外航道2008年水深已达22 m，30万吨级船舶可满载进出该港；大连港现也可以进出30万吨级船舶；长江口12.5 m深水航道上延到南京也将很快竣工，将大力推动长江与海洋的联合运输。此外，在建港条件较差的淤泥质海岸建设深水大港，尤其是利用淤泥质海岸岸外潮汐水道建港，是建港科学和工程技术的一大进展。我国近期将继续完善大型深水专业化码头布局，重点拓展和增强港口的功能，提高港口的国际竞争力。到2020年，完成长三角、环渤海、华南和东南沿海、西南沿海四大区域经济的港口货源的整合，加快上海国际航运中心的建设，加快建设20个枢纽港，提高码头泊位大型化和专业化水平。沿海港口吞吐能力与吞吐量的比值达到1.25，总吞吐能力达到80×10^{8} t；沿海主要港口在基础设施能力、技术装备水平等方面达到国际先进水平；港口与城市协调发展，在国家现代化进程中发挥巨大的推动作用。

(4)海上人工养殖进一步向深水发展

我国现有的海洋养殖产业，决定了其未来一段时期内会沿着“近海养殖”和“外海养殖”两条路同时发展，形成“稳定近海，拓展外海”的养殖格局。“近海养殖”将主要以改善养殖条件，优化提升技术装备水平，实现健康养殖为主要任务，以确保水产品的稳定供应。“外海养殖”将重点突破新型养殖装备研发，提升配套养殖管理技术水平和技术装备，以开发拓展外海养殖空间，提高水产品产量。开展开放性海域养殖设施安全构建与系统配套装备技术探讨是养殖业向外海发展的基础。将重点研究海上养殖平台构建与系统装备技术，构建海上废弃石油钻井平台渔业利用系统模式；研究海上游弋式养殖装备技术，构建运输船改装海上养殖平台系统技术；建立开放性海域养殖设施安全操作规范和设备安全标准化技术，为维护我国海洋专属经济区权益提供技术支持；同时，应着重进行海洋增养殖渔场环境保护、渔场建造与防护工程等技术的研究，推进我国海洋牧场建设；以提高深海抗风浪网箱设施系统生产安全为目标，重点研究深水养殖网箱抗风浪、抗潮流结构关键技术，研究不同海域、不同养殖品种专用抗风浪网箱结构与设计规范，满足海上多形式网箱养殖对装备适用性、安全性的要求，研究深水网箱用高性能材料，提高深水网箱用框架材料、绳网材料综合性能，提高深水网箱设施的安全性；优化筏式养殖工程设施材料，确定适宜于不同种类的养殖筏架结构，针对不同海况的环境特征、养殖容量和养殖种类的生物学特性和生态习性，研究筏架布局与养殖海域环境的相互关系，确定适宜的筏架间距、筏架架设方向以及养殖区筏架的数量，根据不同海区筏式养殖水域的水动力特性和生态环境，对适宜的养殖种类、养殖密度及养殖模式进行可行性评估，为深水海区规模化筏式养殖可行性评估与科学管理提供支撑；要研究和了解对象生物的生活习性、资源量的大小、海区的波浪、潮流、泥沙冲淤与地质状况、浮游生物、底栖生物的情况，研究设置礁的类型、礁体形状、设置位置、设置范围、方法，当地的渔具、渔法、渔民的经济状况、渔获物的产供销等，利用人工鱼礁或水下潜堤工程，制导涌升流把底层营养盐卷起，使浮游生物大量增加，诱导聚群性鱼类形成密集的群体。

(5)海岸工程环境将更为陌生

自然环境条件相对良好、相对熟悉的岸线已全部开发利用，粉砂质、辐射沙洲等自然条件相对差的岸线也正在探索着开发利用。滩槽泥沙运动剧烈的海岸带和前沿水深条件好但陆上条件差的工程项目建设将会增大海岸工程的技术难度。

随着海岸工程向水深处发展，人们对其动力要素了解的可靠性越来越不确定，这是我们必须要面对的挑战之一。我国海岸工程建筑物与国外相比，结构形式比较单一，对于适合深水和恶劣自然条件下的新型结构形式还需进一步研究。此外，我国海岸工程的建筑寿命与国外相比普遍偏低，在结构的耐久性研究中还需进行大量的基础研究工作。我国海岸工程的施工技术与国际前沿的差距主要体现在拼装技术、疏浚技术和环保技术上。施工设备与国际前沿的差距也主要体现在深水施工能力上。这大大制约了我国海岸工程建设能力和效率，先进施工技术的研究和大型施工装备的研制是提高我国海岸工程建设效率和能力的前提保证。

12.4 极端条件下海岸工程结构安全

(1)极端条件变化是海岸工程结构安全永久的问题

近10年来，全球气候变化问题成为科技界最热门的话题之一。讨论或可分为三个不同阶段，开始是认为全球气候正在变暖。有人认为："近百年来，地球正经历一次以全球变化为主要特征的显著变化。近50年气候变暖，主要是人类使用矿物燃料排放出大量二氧化碳等温室气体造成的。现有观测成果表明，未来50~100年全球气候将继续向变暖的方向发展。"然而国际上就全球是否变暖争议颇多，不同的依据支持不同的观点，而且还有人将这一严格的科学课题政治化，作为发达国家限制发展中国家发展的一种手段。因此转而采用一种较为婉转的说法，即气候变化。诚然，气候当然在变化，但要证明其是否有某种特定的变化趋势，应有相当长的、无争议实测数据来证明，仅仅采用某种模式来推演，不算严谨。其实一些自然现象，如潮汐等就有其自身的年际变化周期。

针对自然灾害频发，目前较为科学的一种讲法是极端气象条件的影响。极端气象条件对工程的影响这应该是一古老的课题，而不是近年科学技术的新发现。极端气象条件具有显著的不确定性，而气候变化以及海平面上升等则具有明显的趋势性，因而极端气象条件更具有危害性。2011年3月11日日本当地时间14时，发生了在西太平洋国际海域的里氏9.0级地震。据统计，自有记录以来，此次的9.0级地震在全世界已发生的地震中排第三，1960年发生的智利9.5级地震和1964年阿拉斯加9.2级地震分别排第一和第二。日本气象厅随即发布了海啸警报称地震将引发约6 m高海啸，后修正为10 m。根据后续调查表明海啸最高达到24 m。日本原子能安全与保安院12日上午做出决定，将福岛第一核电站的核泄漏等级由5级提高到7级。这意味着，福岛第一核电站的核泄漏规模达到了与切尔诺贝利核电站同样的等级，属于最高级。可以认为各国对于核电站灾害防御的标准是海岸工程中最高的标准了，尤其是对日本这样地震高发地区来讲更是重中之重。然而这个标准没有抵御住这次福岛的海啸。

(2)极端条件的不确定性对沿海建设的挑战

无论我们的设计标准取1 000、100、50还是25年一遇，与通常状态相比都可以认为是极端气象条件。1 000年一遇不是要到1 000年才会发生，或许明天就会发生，只是概率较小而已。极端气象条件的不确定性给海岸工程带来巨大的挑战。如果说前20年我国的经济还不发达，某极端气象条件发生，不会带来太大的经济损坏，那么随着沿海建设的发展，灾害对于社会经济的危害将更加严重。

我国多年没有遭受海啸引起的重大自然灾害，这是否就代表我国不会发生大的海啸？什么情况下会发生？如发生对沿海核电厂、重大城市会有什么样的危害？

(3)海岸工程结构的可靠性(度)设计

海岸工程结构的可靠性(度)设计是今后一大重点。问题是我们对海岸动力条件的变异(包括掌握的现场资料)究竟知道多少？这些变异对极端气象条件的估计有怎样的影响？一个工程究竟要抵御什么样的极端气象条件，是逐级抵御还是仅在最前沿一级抵御？如果超设计标准的极端条件发生及其危害究竟有多大，能否预报(估)？有什么减灾方案？尤其是对在役多年的海岸工程建筑物安全性能的了解更为重要，像日本福岛核电站维护那样的侥幸心理如何避免？

过去的10多年是我国海岸工程发展最为快速、最为集中的时期之一。从20世纪50年代以来不同时期海岸工程建设的经验和教训看，虽然这一时期的建设标准和技术水平比20世纪50年代和70年代要高很多，但是可以预见，在不远的将来一段时间内，海岸工程结构的除险加固将集中地提到海岸工程管理者的议事日程上来。

12.5 岛礁工程开发技术

(1)岛礁开发利用应是围填海工程的优先发展方向

日本不惜投入巨资在远离国土逾1 000 km的太平洋海域的一处环礁——冲之鸟礁进行人工筑岛，其做法值得我国思考。

我国社会经济发展尚处于并将长期处于重化工和城市化快速发展时期，对建设用地将保持较高的需求。根据今后一段时期港口、临港工业发展形势和建设用地占补平衡的需要，未来海岸陆域形成工程、工业围海造地工程、农业围垦工程仍将保持一定的规模。随着石油开采由陆向滩海发展，海油陆采平台因其经济优势在滨海油田将持续发展。随着沿海地区滨海城市、滨海旅游的发展和建设用地的日益紧张，城市围填海工程将呈现上升趋势。随着建设技术的提升和城市大型化、工业区大型化、农业现代化、用海集约化，同时为降低单位围海造地成本，单位围海工程规模将越来越大，数十、上百乃至数百平方千米的围海工程或将越来越多。

然而，迄今为止的海岸开发及其工程大都是根据沿海建设的需要从陆地或以陆地为基础向海向扩展的，这既是受自然和经济条件的限制，也与我国长期以来对海洋权益重视不够有关。当我们正在内海渤海沿岸进行大规模围填海工程时，南海以及东海的一些岛屿正在被其他国家侵占或蚕食。从国家长久利益出发，岛礁开发利用应是我国今后一段时间围填海工程的优先主题。然而这离不开政府层面的支持以及海岸工程技术层面的支持。

(2)人工岛是海岸开发利用的重要形式

人工岛式围填海是目前国外流行趋势，虽然会增加围填海成本，但是具有十分明显的优点，例如在一定程度上仍能维持水体交换和海洋生态系统，对海洋生态影响相对小一些。正基于此，日本围填海已很少自岸线向外延伸、平推，而是通常建成人工岛。神户的港岛和六甲岛、东京湾内的扇岛、长崎市的香烧岛、大阪市的钢铁净岛等，都是十分知名的人工岛。为适应沿海港口深水化需要，在近岸水深不足的地区，依托岛屿围海工程和海上人工岛形式的海港陆域形成工程将逐渐增多。海上人工岛具有岛屿的特征和景观，同时避免了依托陆地的围海造地工程对海洋环境的显著影响，将对海洋环境的影响降至最低，属于环境友好型设施，因而具有良好的应用前景。大连、唐山、葫芦岛、天津、福建、海南等地已开始实施较大规模的海上人工岛建设。

(3)岛礁海岸工程的特殊性

岛礁多兀立于大陆架和大陆坡，周边海底地形陡，变化大，有的地方水深甚至达百米、千米以上，而岛礁的高程仅数米，直接受深水海洋动力的影响，海岸工程建设难度较大；海域海流受不同季节风吹流和常年海流影响显著，流场模拟及预测具有一定难度；波浪由大水深直接传至水深1～2 m的礁坪，对于波浪传播的模拟和破波特性认识均面临新的课题；岛礁上部物质松散，生物碎屑密度较大，但颗粒孔隙密布，湿容重小，在风、浪、流影响下，活动性极强；受台风大浪影响频繁；远离大陆，岛礁面积小，缺乏淡水和砂石料，现场施工条件恶劣，且礁坪水浅，外部物资运输困难，工程造价数倍于其他类似工程。

(4)岛礁开发与实践

我国主要群岛有长山、舟山、庙岛、澎湖以及南海海域中的东沙、西沙、中沙、南沙等群岛。舟山群岛开发已有相当规模。我国还有很多面积远大于"冲之鸟礁"的岛屿。

政府应从国家长久之计考虑，制定相应的宽松积极的激励政策。海岛开发需要有与之相适应的规划，在技术层次上要有规程(范)或者指导书。开发的区域使用方式可分为陆岛联合、岛岛联合和单个自由岛等方式。海岸工程形式可有隧、桥、管线相结合联结方式，重力式、透空式和浮式等结构形式。

12.6 海岸管理与数字海岸

(1)海岸开发存在的主要问题

我国从20世纪50、60年代开始围填海活动，近年随着我国沿海地区社会经济的快速发展，填海造地的需求日益迫切。据有关分析，1990—2008年，我国围填海总面积从8 241 km^2增至13 380 km^2，平均每年新增围填海面积285 km^2。围海造地是人类向海洋拓展生存空间和生产空间的一种重要手段，然而，围填海也带来了一些生态环境问题，主要有：①改变岸线、海底的形态，影响自然条件下的动力场与泥沙运动规律，在某种情况下会造成局部持续的淤积或冲刷，破坏海岸与海底的自然平衡状态，对海岸带生态系统、航运等产生影响。②打破生态敏感区、湿地范围内的海岸与海底的自然平衡状态，海洋植物和动物生存环境受到严重影响，致使生物栖息地破坏或减少，甚至珍稀濒危野生动、植物绝迹，生物物种迁徙，生物多样性迅速下降，湿地面积锐减，大大降低了湿地调节气候、储水分洪、抵御风暴潮及护岸保堤等功能。③导致海洋自然性状改变，海洋灾害潜在威胁加大；围海造地会造成天然海湾的消失、河口束狭、岸线趋于平直等自然形状特征的改变，自然纳潮空间区域的缩小、滩涂消失，减少甚至消失了波浪消能的空间，加大了潮灾的隐患，海岸侵蚀、海水入侵、海岸风沙等灾害会更加突出。数据表明，我国的海岸线比新中国成立初期缩短了1 500 km以上，海湾减少百余个。2011年初，一份历时6年的中国908专项海岛海岸带调查曝光，中国海岸线因填海造地导致逐年减少。在过去20年间共700多个小岛消失。其中，浙江省海岛减少200多个，广东省减少300多个，辽宁省消失48个，河北省消失60个，福建省海岛消失83个。④围海造地可导致潮差变小，潮汐冲刷能力降低，海水自净能力减弱。围填海材料中的污染物质和围填海活动过程中产生的大量悬浮泥沙也对海洋环境产生一定影响，最终的环境效应将导致海湾生态功能退化、生产能力下降。国家海洋局统计，2010年中国填海造地面积达13 598.74 hm^2，其中建设填海造地13 454.91 hm^2。对海岸带的开发会导致来自陆地的营养物质不能入海，威胁那些在海岸带生存的海洋生物，从而影响海洋食物链和渔业。近海滩涂、红树林、潮间带等湿地是陆地与海洋进行物质和能量交换的重要场所。近10年来，中国因围填海失去了近50%的湿地；2002—2007年，湿地消失速度从20 km^2/a增加到134 km^2/a。因此，海岸管理的必要性和迫切性将更加凸显。

(2)海岸管理国际前沿状况

全世界海岸线长44×10^4 km，有32个特大城市位于海岸带，其中22个处于河口及三角洲。有2/3的人口居住在80 km宽的沿海平原，其中1/2的人口聚居在离海洋60 km的狭长地带。美国海岸线2.2×10^{4} km，超过一半的人口居住在沿海地区，其人口密度是全国平均密度的5倍以上，预计到2015年，还将有约2 500万人口移居到沿海，沿海人口密度要再增加20%；中国沿海省市总人口近5亿，占全国人口的40%多，预计到21世纪中期，中国人口总数将达到15亿~16亿，而超过一半的人口将居住在沿海地区。不断增加的人口规模及其带来的居住、交通、产业等开发活动给海岸带环境和资源带来巨大的压力。近年来，荷兰、日本、美国等具有围海造田传统的国家，已经先后出现了海岸侵蚀、土地盐化、物种减少等问题。有的国家开始采取透空式的海上大型浮式建筑物取代围海，有的国家甚至已不允许围海，并开始将围海造田的土地恢复成原来的湿地面貌，以挽救急剧减少的动植物，探索与水共存的新路。

美国为了加强海岸管理，1972年通过了《海岸带管理法》(CZM)，由美国海洋与大气局(NOAA)的海洋和海岸资源管理署(OCRM)在全国范围内实施。其目标为：①为了生态功能、文化遗产和经济利益的可持续，保护和修复海岸和海洋资源；②构建可恢复的海岸群落，维持健康的海洋和海岸；③提高人们的意识和行动能力，使海岸地区的公众和生态系统受益。为了实现上述目标，国家海岸带管理委员会协助各州进行海岸的综合规划和社团的发展以及其他保护和恢复栖息地、缓解风险、保护水质、海域使用的项目；由NOAA的海洋和海岸资源管理署与新罕布什尔大学为发展、论证、使用海岸保护措施而共同建立的海岸和河口环境技术联合研究所，监测、防止和阻止海岸污染、栖息地减少对海岸生态系统的影响。NOAA的海洋和海岸资源管理署(OCRM)帮助34个州和地区在维持和加强管理能力的同时，提高国家的海岸管理目标，负责海岸和河口土地的保护，保护海岸和河口土地的守恒、再生以及生态、历史和美学价值。

欧洲国家十分重视海岸带自然环境规划工作，对海岸环境演变趋势给予高度重视，主要开展的工作有：①将规划控制线延伸至低潮位以下；②制定“硬工程”和“软工程”方案应付海岸带自然灾害；③设立沿海专属区，保护沿海风景区及公共通道，为公众提供开放空间及国家公园的场地；④进行海洋功能区划，如规划游艇码头岸线、堤坝和渔牧场规划用地、港口、航道、疏浚区、倾废区、渔业区的划分；⑤在海岸带开发中考虑就业、人口移动、地方收入、人均收入及工业结构布局等，以便促进沿海社会经济的发展。

荷兰的围填海历史早，规模大，技术要求高，是世界上公认的海洋管理和利用最成功的国家之一，占国土面积20%(约7 000 km^2)的陆地是通过填海造陆形成。荷兰1950—1985年间湿地损失了55%。湿地的丧失让荷兰在降解污染、调节气候的功能上出现许多环境问题，如近海污染问题、鸟类减少。1990年，荷兰农业部制定的《自然政策计划》，要花费30年的时间恢复这个国家的“自然”。位于荷兰南部西斯海尔德水道两岸的部分堤坝将被推倒，一片围海造田得来的300 hm^2“开拓地”再次被海水淹没，恢复为可供鸟类栖息的湿地，保护受围海造田的影响而急剧减少的动植物，并通过使过去的景观复原，为老百姓的生活增添亮丽的风景线。计划里的“生态长廊”是要将过去的湿地与水边连锁性复原，建立起南北长达250 km的“以湿地为中心的生态系地带”。荷兰建立了围海造地的综合评价体系，从经济效益、社会效益、资源环境效益三方面对围海造地工程的可行性进行定量评价。在实施围海造地工程中坚持科学围填，应用了诸多先进技术手段，例如对围海造地及海岸工程施工和营运期进行综合损益分析，包括工程经济损益评价、对当地和外部资源环境影响分析及施工过程的直接影响、间接影响分析等。同时建立了围海造地的后评估技术体系，包括对海平面变化、未来河流流量、地面沉降以及河道纳潮梯度的影响等。

亚洲的日本、韩国也是国际上围海造地较为先进的国家。据相关估计，在过去的100多年中，日本共从海洋中索取了12×10^4 km^2的土地，日本沿海城市约有1/3的土地都是通过填海获取的。“注重规划控制、防止各自为政”是日本的成功经验之一。日本早期的围海主要出于防灾和农业需要，后来由于工业化的发展，围海造地才迅速扩大规模，但很快通过规划得到了控制，进入了有序化轨道。“注重依法审批，尊重民众权益”也是其成功的一大特色。日本对围填海工程审批许可前建立的一整套包括环境影响、利益相关方和公众意见分析等评价处理制度，体现了依法办事、以人为本、人海和谐、持续发展的精神和理念。

韩国的海岸线长5 259 km，湿地面积占国土面积的2.4%，从20世纪60年代工业化开始，围填海数量、面积、规模都迅速扩大。20世纪80年代以后，尽管韩国政府对围海造地进行了适当的控制，但是仍进行了几个比较大的围海造地工程，如韩国的仁川国际机场、始华湖围海计划等。韩国制定了一系列法律来规范围海造地工程的实施以及围填土地的使用，1987年颁布的《海洋开发基本法》旨在加强海洋研究和发展，集中体现了立法机关在海域使用上的基本立法思想。另外，韩国也建立了围海造地后评估技术体系，并对围海造地及海岸工程施工和营运期进行综合损益分析。

(3)我国海岸管理状况

我国在社会经济可持续发展战略和海洋事业发展中均提出了海岸带综合管理的战略思路，将建立海岸带综合管理制度作为海岸带地区社会经济可持续发展的战略方针和指导思想。1997—2000年，在广东、广西、海南等地进行了海岸带综合管理能力建设，其目的就在于探索建立海岸带综合管理机制、提高合理利用海洋资源和保护海洋环境的综合管理能力。目前，我国对海岸带资源的管理基本上是传统的分工、分类管理，根据自然资源属性及其开发产业，按行业部门进行计划管理。随着海岸带开发利用的不断深入，参与海岸带开发管理的部门日渐增多，仅在海岸带地区范围内，涉海部门就有20个左右，如：农业部渔业局具有管理海洋渔业生产的职能；交通部门具有管理港口作业和海上航运的职能；国家旅游局具有管理海洋旅游活动的职能等。不同的部门根据自己的职能，对同一地区往往从不同的目标进行管理，或对同一对象从不同的角度或方法进行控制，再加上有些地区管理分工不同，由此则容易造成部门间的不协调。

我国海岸带开发和海岸工程建设管理的立法及其完善问题仍是管理决策的最为重要的工作。海岸带立法是世界性的发展趋势。1972年美国通过了世界上第一部海岸带管理法后，迄今为止，大多数海洋国家和地区都制定了有关海岸带的法律。如日本的《海岸法》，英国、澳大利亚的《海岸保护法》，原苏联的《黑海海滩保护法》，新加坡的《海滨法》以及韩国的《海岸土地及邻近水域控制法》。我国现行的海岸带管理体制是以海洋、环保、渔政、海事、边防和海关等部门为主的分散型行业管理体制。该体制直接造成了部门间缺乏协调与合作等问题。海岸带综合管理应该是通过政府职能行为，对海岸带进行协调和监督管理。近年来，我国海岸带环境质量似有不断恶化的趋势，与海岸带管理法律的缺位以及缺乏有法可依的有效综合管理有着密切联系。然而，目前我国已有的一些海岸和海岸工程管理法律，虽然不能完全满足我国沿海地区经济发展战略的需要，但最大的问题是即使是已有的法律仍没有得到执行，地方局部和当时利益与发展需求，导致执法困难，或违法的成本太低。

(4)现代海岸管理必须借助于数字海岸的逐步建立

与海岸工程管理最为直接的仍然是其技术问题。现代化的技术是其管理最为有力的支撑，数字海岸将是一长远、持续的努力方向，也是提高海岸带管理水平的关键。数字海岸的建立和应用可以全面促进海岸带的管理和开发，在规划、动态监控、资源开发、海岸侵蚀防护、防灾减灾、工程建设、土地利用、生态环境保护等方面达到辅助研究、辅助开发、辅助管理、辅助决策等作用。这涉及不同的部门和技术，这些技术包括通信技术、计算机技术、多媒体及虚拟仿真技术和由遥感(RS)、全球定位系统(GPS)、地理信息系统(GIS)集成的3S技术。国外专门针对海岸带管理的特点和内容，将决策支持系统(DSS：Decision Support System)和GIS相结合，按不同阶段设计了海岸带管理的方法。这些阶段包括分数据筛选阶段(screening phase)、参与者研讨阶段(scoping phase)和发展战略细查阶段(scanning phase)，主要用于设计可选方案以及对方案实施可能给海岸带造成的影响进行模拟研究。数字海岸应包括信息、模拟、管理(或决策)等技术。

1)信息技术。

数据海岸的信息包括气象、水文、地震、海向地形、海岸工程结构、保护区环境和社会经济情况等基础数据库。目前有一些长期气象水文资料，有陆地卫星、海洋水色卫星、气象卫星和雷达卫星等遥感资料等。遥感资料已可以用于土地利用和植被状况、海岸侵蚀、海面温度、环流形态、海面风场等的分析研究。近几十年来，美国利用遥感资料建立起各类数据库，研究人员可以免费使用数据库的资料，如美国国家航天航空局戈达德航天中心建立的北美(North - American Land Data Assimilation Systems，NLDAS)和全球土地数据同化系统(Global Land Data Assimilation System，GLDAS)，可以通过数值气象预报模型(NWP)更精确地进行分析和预测模拟，并具有追溯和近实时模拟的功能。信息系统应用国内外不同渠道、多种方法、综合手段来丰富基本信息资源，应具有实时性和长期性。

2)模拟技术。

美国海岸带环境综合模型分为四个模型，即流域模型、水动力模型、水质模型和生物资源模型。流域模型考虑到土地利用、植被覆盖、土壤性质等，通过径流反映在水动力模型上；水动力模型包括潮汐、局部水流、盐度、温度和风等因素，直接影响到水质模型和生物资源模型；水质模型包括透明度、悬浮泥沙、叶绿素、污染物、疏浚和水温等；生物资源模型包括栖息地质量、湿地和盐沼生产力、水声资源评价和水下水生植物状况等。

在海岸工程建设中可基于海岸信息，利用模拟技术建立海岸动力模型、结构安全性模型、灾害预测评价模型等。动力模型包括河口径流、潮汐、波浪、台风、风暴潮、泥沙运动等；结构安全包括工程老化、极端条件下结构可靠性等；灾害预测评价模型主要用于工程会否失事、失事后的损失多少等的评估。

3)管理系统。

海岸带的管理过程包括经常性和突发性的干预，即自然和人为对海岸的作用。在此基础上，研究海岸侵蚀、海岸价值、海岸养护与否、侵蚀控制与否对海岸带利用潜力的影响，达到海岸损失最小、防御和恢复成本最小，最终实现对海岸线的影响最小。数字海岸技术体系应用可包括：①参与海岸带规划，使海岸带规划真正做到科学、合理、高效、快捷，提高和改善海岸带管理开发的质量和效率；②全方位、全天候地动态监控海岸带，特别是对海岸人口稠密、资源丰富、工程密集、灾害频繁及险工岸段所在的区域动态监控，结合数据库技术和相应的数理模型对海岸带的动态监测数据进行综合分析和处理，及时作出相应的结论和对策；③保护和合理开发海岸带资源开发，诸如土地、渔业、滩涂、港口、海水、潮汐等有其独特的投资、开发和使用价值，提高海岸带资源的利用效率；④海岸侵蚀防护，包括估测和把握海岸侵蚀的实际现状和演进趋势、成因探讨，使防护对策制定更加科学、高效、快速、及时；⑤海岸带防灾减灾，包括海岸灾害的预测、预报，海岸灾害的防范、规避，海岸灾害的抵抗、消除，海岸灾害的灾中救护、灾后恢复和灾后重建等，提高海岸带防灾减灾的实际效果；⑥参与海岸带工程的规划、勘察、设计、建设和管理的整个过程，做到海岸带工程建设的信息化和现代化，提高和改善海岸带工程建设的科学性、合理性和经济性；⑦参与海岸带生态环境的调查监控、评估分析、综合研究、对策制定、措施落实等，发挥GIS技术的辅助研究、辅助管理、辅助决策的作用，提高和改善海岸带生态环境的现状；⑧促进沿海国防建设。

12.7 亲水工程

(1)亲水工程越来越受到重视

我国重要海岸工程已充分认识到亲水工程的重要性，甚至像核电厂这样重要的能源设施也要考虑亲水需要，并作为工程设计考虑的重要因素之一。在海岸防护建设中，有些城市为了保持其独特的海岸风景，宁肯降低海堤建设高程标准，也要保持沿海的亲水性。我国沿海已建立一系列的经济开发区，沿海城市的增加，特别是沿海城镇化的建设将催生建设更多的休闲设施，如游艇工程、渔业工程等。

(2)游艇业前景广阔

游艇业作为重要的海岸休闲业之一，我国在今后数年内将有较快的发展。海上游艇业发展最近几年世界范围内呈稳步上升的趋势，增速每年为6%～7%。美国的水域资源得天独厚，东临大西洋，西滨太平洋，东南为墨西哥湾，海岸线长22 680 km，内陆水系密布，河流湖泊众多。在经历了20世纪80年代短暂的低迷状态后，90年代至今美国的游艇市场又进入了蓬勃发展的时期，注册和使用的游艇数量基本上维持在1 700多万艘的水平，参与人数大约占总人口的1/3左右。2008年美国游艇消费人数达7 000万，占全国总人口的1/4。挪威、新西兰等国家人均拥有游艇比例高达8:1，美国为14:1。意大利8 000 km海岸线和内湖岛屿上分布大大小小84万个游艇泊位，每年直接来源于游艇业的营业额超过50亿欧元。法国是第二大游艇消费国，约有爱好者900万人，2003年拥有游艇90多万艘，分布在大小374个港口和码头共有16余万个泊位，平均每66人一只游艇。

亚洲游艇业在20世纪70年代逐步发展，主要集中在日本、韩国、新加坡以及我国香港、台湾。日本台风大，濑户内海、名古屋、东京附近和九州西岸的多岛海域是游艇的主要集中地，目前拥有约40万艘游艇。香港紧邻珠三角经济区腹地，扮演了亚洲游艇旅游文化发源地的角色，兼有位于我国游艇制造业的发达区域和游艇俱乐部分布密集区的便利条件，基岩海湾式地貌、舒适的海洋性亚热带季风气候、星罗棋布的235个岛屿及众多海湾，共同孕育了10余家优秀的游艇会所，目前香港有游艇、帆船逾2万艘。作为产业链的中枢神经，这些游艇俱乐部在很好地承接了传统游艇产业链的上游制造业同时，也为香港带来了巨大的下游经济效益。

2007年大陆具有游艇1 100艘。上海、青岛、深圳三市占40%。国际游艇市场将向中国流动。广东2012年已建游艇泊位500多个，据估计如在建的5个游艇会都建成，近几年新增泊位将到1 800个。显然，我国游艇业的发展有非常大的空间。游艇业的发展离不开航道水域、港口码头、游艇俱乐部、景观水系等基础设施的配套建设。目前我国在这些方面还存在很多障碍，在一定程度上阻碍了游艇业的发展。我们可以通过多种方式，有计划有步骤地建设一批国际水平的配套设施，满足游艇消费的需求，同时要注重资源的可持续利用，防治污染环境；保障停泊水域或者停泊点的游艇的安全；向游艇提供航行所需的气象、水文情况和海事管理机构发布的航行通(警)告等信息服务。

(3)渔港工程是沿海城镇化一个重要组成部分

2011年3月，国务院发布《中华人民共和国国民经济和社会发展第十二个五年规划纲要》，明确把渔港作为新农村建设重点工程，提出“改扩建或新建一批沿海中心渔港、一级渔港、二级渔港、避风锚地和内陆重点渔港”，把加强渔港建设上升到落实国家规划的高度。“十二五”期间，渔港建设紧紧围绕保障渔民生命财产安全，保障水产品安全供给，提升渔业经济整体竞争力，实现渔区经济社会又好又快发展等重要任务。根据我国经济发展现状、渔业发展要求和防灾减灾需要，进一步改善渔港避风减灾和渔船锚泊条件，适当增加建设密度；继续建设沿海中心渔港、一级渔港和内陆重点渔港，启动沿海二级渔港和避风锚地的建设。“十二五”规划期末，将初步形成以中心渔港、一级渔港为主体，二级渔港、避风锚地及内陆渔港为补充的渔港减灾与服务体系。未来渔港建设的发展趋势将更加注重渔港功能多样化、渔港村镇一体化、生态环保、防灾减灾体系建立等。由于渔港渔村自身经济社会变化，城镇居民休闲时间的增加，要求渔港的建设与改造能满足人们享受海洋休闲的需要，使有条件的渔港既能满足渔业生产，又能满足人们海洋游钓和休闲，使其成为渔、商、旅为一体的现代渔业港口。渔港设施要控制污染，促进海水的流动与交换，使渔港水域保持海洋生物生存的良好状态，要设计能满足水流交换的新材料、新结构，尽量减少和避免对生态环境的破坏，注重对港区海洋水域生态环境的修复，以确保渔港水域的正常使用，降低其维护费用，延长渔港的使用寿命。要充分利用沿岸区域，建设和改造具有海水交换功能的防护工程以及水产动植物生息、繁殖的具有藻场功能的水工建筑物，综合治理海滨，以缓解对海洋自然环境的影响。通过采取水域污染与生态灾害防治、工程建设资源与生态补偿、水域生态修复和发展生态养殖等措施，强化水域生态保护管理，逐步减少人类活动和自然生态灾害对水域生态造成的破坏和损失。积极采取各种生物、工程和技术措施，对已遭到破坏的水域生态进行修复，重建水域生态平衡，包括人工鱼礁和水产动植物增殖场建设、浅海水域增养殖渔场的建造和防护技术、沿岸渔场环境的修复与保护、利用潮汐、海流、波浪等自然能源来实现增养殖渔场的水质交换工程技术措施等的研究。

(4)亲水工程建设标准和结构多样性

亲水海岸工程需要解决两个主要问题：一是建设标准；二是亲水工程的多样性。亲水工程如游艇工程、海上养殖工程、渔港工程等的设计目前都没有自己的标准，一般参照港口航道设计规范。工程结构的安全性是多因素组成的，建设标准与工程安全相一致，标准高安全性就高。然而，如何在不降低设计标准又能满足工程景观和亲水要求，这正是需要海岸工程技术人员进行研究的。如核电工程，对不同等级的建筑物按其等级防御不同风浪标准进行设计，值得其他大中型海岸工程参考。东南亚一些国家利用红树林资源开发海岸旅游业，由于红树林能遮掩强烈海洋动力的作用，使得防护工程具有良好的亲水性及与环境的和谐性。

目前，由于对于抵御台风等级、防灾减灾的预测精度不高，强台风登陆后渔民不能科学地利用现有渔港资源，以致生命财产遭受巨大损失。应研究符合国情的最佳渔船避风方式，为今后我国渔船避风塘(港)建设提供重要的参考依据；对现有渔港避风能力及合理容量进行评估，推算渔船避风塘(港)可以容纳不同尺寸渔船的数量；建立渔船避风塘(港)避风能力与台风等级、台风路径、水域面积、渔船数量、船型尺度、水深、锚泊方式之间的关系，提出台风登陆之前的预防措施和台风期间减灾对策，为我国渔业安全和渔港建设和管理提供依据。

目前我国海岸工程亲水的结构形式还比较单一，给结构工程师和建筑设计师留有更多的发展空间。3D 打印技术在亲水工程方面的应用可能是海岸工程使用这一技术的最早尝试。

12.8 海洋能技术利用和谨慎开发

(1)海洋能开发前景看好

在当前大力发展新能源的背景下，海洋能开发技术将会得到前所未有的发展。不远的将来，英国、加拿大、俄国、韩国将建成100～1 000 kW 级的潮汐电站，美国、日本、印度尼西亚、印度将建 10×10^4 kW 级的温差电站，英国、挪威、日本将建万千瓦级的波力电站和潮流电站。我国也将建设海岛多能互补独立供电系统(100 kW 级)、100 kW 级的波浪能和潮流能实用化电站、万千瓦级潮汐电站，到2020 年前我国海洋能开发的总装机容量有望达到或超过 20×10^4 kW。

从总体上看，我国海洋能开发利用尚处于初级阶段，技术不成熟，无法和常规能源竞争。目前我国对海洋能的开发利用还主要局限在渔业和油气资源开发上，与我国海洋能源状况及经济社会可持续发展对能源的需求不相适应。2007 年《可再生能源法》的颁布实施，为我国海洋能等可再生能源的开发利用奠定了良好的法律基础，使我国海洋能开发迎来了重要的战略机遇期。充分开发利用海洋能是改善我国能源结构、缓解能源短缺的出路之一，事关国家的长远发展及发展战略和能源安全。

(2)潮汐能工程

潮汐能开发的一个明显趋势是向巨型化发展，各国已完成技术经济论证，几个著名站址装机容量都在 100×10^4 kW 以上。当前潮汐发电技术研究的重点问题各国的分歧并不大，或者基本形成共识，多数是倾向单库开发，单向运行。而水轮机组则主张不要太追求效率高、结构复杂的机组，因为以高投资换取高效率在经济上并不合算。当前影响众多电站开工的主要不是技术问题，而是投资效益和生态环境问题。

我国《可再生能源中长期发展规划》提出了积极推进海洋能的开发利用，到2020 年建成潮汐电站100 MW 的目标，但是没有提到具体方案。联系到我国目前多个大型潮汐电站(福建大官坂、八尺门和浙江健跳港、黄墩港、杭州湾和乐清湾以及长江口北支等)项目长期处于规划设计或讨论阶段，可以看出，国家希望发展对潮汐能的利用，但对水库式潮汐电站的经济性问题以及可能带来的环境影响问题也很慎重。

潮汐发电技术是土工、水利、机械、材料、发电、输电、可靠性等技术的集成，目前尚不成熟，一次性投资大，与常规能源利用相比经济性不好。借鉴国内外潮汐发电的经验和教训，我国大规模开发潮汐电站应遵循积极规划，谨慎开发；技术进步，降低成本；适度扶持，逐步形成规模。

(3)波浪能电站

目前，开展波浪能利用研究的国家有英国、日本、挪威、中国、丹麦、美国、西班牙、葡萄牙等20 多个，其中又以英、日、挪等国对波浪发电的研究最为活跃。波浪能利用经历了装置发明、实验室试验研究、实际海况应用示范等阶段，技术已基本成熟，具备了应用条件，下一步的目标是建造达到商业化利用规模的波能装置，实现降低成本、提高效率和可靠性，因此，极有可能在今后10年内达到目前风能的经济技术水平，成为具规模化商业化价值的能源。我国波浪发电虽起步较晚，但在国家科技攻关、“863”计划等支持下，取得了较快的发展和较大的进步。微型波力发电技术已经成熟，并已商品化；小型岸式波力发电技术已进入世界先进行列，与国际领先水平的差距不大。但在波浪能发电规模方面，世界上已从10^2 kW、10^3 kW级发展到10^4 kW级的应用，而我国目前仍停留在10 kW、10^2 kW级的水平上，至2020年的远景目标也只是发展到10^2 ~ 10^3 kW级的波力电站，波浪能开发的规模远小于挪威、英国等，因此小型波浪发电距实际大规模应用还有一定距离。

波浪能发电的前沿技术主要有：①将分散的、低密度的、不稳定的波浪能吸收起来，集中、经济、高效地转化为有用的电能，承受海洋灾害性气候的破坏，实现安全运行；②大部分波能装置从波能到电能的总转换效率只有10% ~30%，且投资巨大，因此，研究的关键问题是提高转换效率和降低成本；③防腐技术和防生物附着技术；④抗浪技术，如合理的转换装置设计、锚泊系统设计及下潜避浪技术；⑤综合利用，除发电外，波能还可与环境和海洋资源利用相结合，例如，波浪能与风能、太阳能与海洋热能的综合利用，英国建成的波力发电装置，顶部同时安装了风力发电机；日本建成的多用途波能发电装置“巨鲸”，还安装了太阳能发电机。

(4)海流能装置

20世纪90年代以前，国外潮流发电技术研究不像潮汐、波浪发电技术那样活跃，只在英国等较少几个国家进行。90年代中后期，开展潮流能利用的国家逐渐增多。当前潮流发电技术发展趋势是在小容量示范装置试验成功的基础上，向大型化发展，以降低装置的单位装机容量造价。有人论证后认为，只有当装机容量达500 kW以上时才可能获得商业性收益。加大转换装置的装机容量有两个途径：一是加大单机装机容量；二是由潮流发电单体装置组成类似“风力田”的电站群系统。英国MCT公司计划单机经过700 ~800 kW的过渡后，向3 ~5 MW目标迈进，英国爱丁堡大学已提出了10 MW的开发方案。

(5)海岸风能利用

要正面回答海岸沿线风能装置大范围的建立对沿海生态是否有影响。

12.9　海岸工程研究

(1)海岸工程学科总体发展趋势

海岸工程是多学科交叉的领域，或者可以说包括了所有的自然学科。海岸工程学科也是一古老的学科，通过数百年尤其是最近几十年的研究，甚至一些经典的研究办法已基本做到了极致，没有新的研究理论和方法，就很难有新的突破。自然科学是互通的，将其他学科的研究方法和成果应用到本学科往往会取得突破性的进展。

国家自然科学基金委员会组织全国专家对海洋科学的过去进行了回顾，对未来10年的发展趋势进行了预测。提出今后10年海洋科学的4大发展趋势：①发展趋向于多学科交叉、渗透和综合；②研究重点趋向于资源、环境、气候等和人类生存与发展密切相关的重大问题；③研究趋向于全球化和国际化；④研究手段不断采用高新技术，并趋向于全覆盖、立体化、自动化和信息化。

在水动力与海洋环境监测方面，中国科学院建设了“中国科学院近海海洋观测研究网络”，实现了点、线、面结合的多要素同步观测，同时兼有全面调查与专项研究功能。该观测网络体系是我国近海生态、生物资源、海洋环境与声学观测研究体系的核心部分，是水下定位与导航技术、水声通信技术、水下光缆技术、深海工程结构、深海机器人等高技术研究的关键支撑平台，能有效地监控我国近海生态系统、生物资源和海洋环境的演变以及关键航道断面的海洋环境与声学特性变化。该观测网络体系涉及海洋动力环境、水体环境、地质条件、生态系统的响应等，是集天、地、水面、水下为一体的观测体系。

海洋工程科学研究涉及数学、力学、物理学、化学、材料学、电学等不同类型学科。遥感技术成果与海岸演变、海流、泥沙运动等研究已结合得相当紧密；光学、声学的成果促进了水波传播的研究；新材料、新工艺的采用使得深水港建设、大型围填海工程、桥隧工程等有了较大的突破；计算机技术促进了各行各业翻天覆地的技术进步。

(2)海岸工程基础学科发展要与现场实验研究紧密结合

欧美很注重现场实验研究，以促进海岸工程基础学科的进展。以防波堤技术为例，近20多年来，欧美出现过三次防波堤事故的研究热潮，即1980年前后葡萄牙锡尼斯防波堤事故后对斜坡堤稳定性的分析；1994年深水防波堤会议前后对直立堤损坏的分析；90年代后期结合防波堤可靠度设计方法的改进对防波堤破坏模式的研究。锡尼斯防波堤事故引起国际海岸工程界的普遍关注，除葡萄牙政府外，荷兰Delft水力实验室，南非国家海洋科学院，意大利Condotte d'Agua公司等分别进行了现场调查研究；美国土木工程学会和加拿大科学院联合组织的调查组发表了长达280页的调查报告；在丹麦召开有法国、德国、挪威、荷兰、葡萄牙、西班牙、土耳其、英国9个国家参加的斜坡堤研讨会和在美国召开的海岸结构专题研讨会(Coastal Structure '79)以及国际海岸工程会议对此都有专题讨论。锡尼斯防波堤事故涉及设计波浪标准、波浪特性、扭工字块体稳定系数、强度和应用条件，模型试验方法等多种波浪和防波堤动力特性课题，成为后来防波堤工程研究热点，例如：波群特性模拟、护面块体强度、护面块体损坏率和稳定系数的关系、钩连块体的开发。1994年在Coastal Engineering发表了关于直立堤破坏的总结性文章，从结构、水动力和地基三个方面分析破坏原因并提出了相应的对策。欧盟1996—1999年实行的第三期海洋技术计划MASTⅢ的直立堤的概率设计工具研究项目PROVERBS(Probabilistic Design Tools for Vertical Breakwaters)的首要目标就是深入了解防波堤损坏机理，提出预防措施。

国际先进国家注重将水动力观测与海岸地形影响等因素结合起来，如美国和欧共体国家进行一系列如DELILAH、DELTA '93、DUCK '94等现场联合观测，并持续进行了一系列实验室研究，引起学术界的重视，促进了海岸动力学的发展。

我国有不同类型的、可将工程与学术研究紧密结合的海岸，这些年来有很多值得从科学研究角度出发进行深入探讨和总结的工程实例，有一支庞大的从事海岸工程技术的研究队伍，但我们的现场及实验室研究大多是服务于某一特定工程，尤其是工程的立项和建设。甚至一些特别重大的工程，积累了很多的测量资料，却没有开展与基础理论和基本方法紧密结合的科学研究工作。这除了量测技术和研究水平的相对不足外，与当今科学研究的政策导向和科学研究的普遍浮躁有关。我们或许已成为专利大国，但专利的推广应用或可用性仍不足。我们的研究更多是考虑完成工程任务或申报不同种类的奖项。要提高我国在海洋(岸)工程学科的国际学术地位，必须要重视与海岸工程基础学科密切结合的实验技术研究。

(3)数学模型、物理模型及其复合技术

数学模型在我国海岸工程科学研究中将占有更高的比例，但要加强国际品牌数学模型的研发。我国拥有众多从事海岸数学模型研究的科研人员，时下的年青科研人员几乎没有不做数学模型研究的，然而我国并没有出现 DELFT3D、MIKE21、SWAN、ANSYS 等类似的国际著名软件。这其中既有传统固有的、封闭不开放的科研机制因素，也有我国科研人员研制的软件大多没有经过较严格的物理模型和现场实验的检验，其验证往往具有明显的地域或类型的局限性，在这一方面，如前述的几个著名软件都是经过前后多年的论证检验后才逐步成型的。还有一点就是我国的软件大多没有自己的理论体系，相当多的程序是基于模仿。

物理模型今后一段时间内还将在海岸工程各阶段科学研究中起到相当重要的作用，甚至是决定性的作用。要加强在相似理论、现场验证资料的可靠性和量测技术水平提高等方面的研究。在采用天然水和重力加速度不变的限制条件下，流体动力模拟物理模型的可选择性很小，离心试验装置的大型化可部分地解决困难，但难以较为准确地解决结构的三维破坏特性。泥沙运动相似理论近年进展不大，有什么新的理论或者是其他学科理论可以借鉴？没有现场资料的验证就没有现行条件下的物理模型试验，然而用以验证的现场资料可靠性怎样？这些用来验证的大多经过扰动的样品在多大程度上代表现场的实际情况？这些用短期实测资料验证的结果真的可以被外延来预测未来多年的演变？还有实验室量测技术水平的提高速度不快已成为试验研究水平提高的制约因素。

物理模型和数学模型结合起来的复合模型将越来越多地在海岸工程中得到应用。物理模型会成为数学模型验证的重要手段，甚至与现场资料起到相同的作用。经过现场实测资料和物理模型试验资料验证的数学模型又可以作为物理模型的继续，进行多方案的试验研究，或提供较为优化的方案供物理模型研究。

(4)海洋动力－结构－地基相互作用

长期以来，海岸工程中的水动力－结构－地基是相互作用的已成为共识。日本对过去20多年混合堤的损坏作了全面总结，将损坏形态与原因归结为蛇行破坏；基床过高、过宽或过陡引起破碎波冲击波压作用；波浪引起绕堤头或沿堤水流对基床淘刷损坏；堤前海床冲刷或液化；地基承载力不足等。统计分析表明，防浪护岸破坏的三个主要原因是波浪力超过海墙抗力，越浪及墙前海床冲刷。50%的护岸损坏是由于海床冲刷引起，海床冲刷引起护面块体滑动；墙前水深加大造成波高增加进而导致波浪力和越浪增加，海床如果没有足够的防护，在波高小于设计波高的情况下也有可能发生墙前海床冲刷。

海洋动力－结构－地基相互作用研究受研究手段的限制，一直进展缓慢。重大工程要加大“流－固－弹”三位一体的现场观测，这是推动这一方向研究进展的关键。已有一些重大工程进行了这样的监测，但主要是解决工程问题，应紧密结合基本理论方面的提高，加强研究力度。在实验室模拟方面还有很多基础性的问题有待解决，在流固相互作用方面，有流体与固体、弹性体模拟时间不匹配，如泥沙冲淤与水流时间匹配问题、结构耐久性中时间尺寸的确定等；流体重力相似与结构的弹性相似、强度相似不兼容问题等。地基如何在实验室中模拟一直是该研究方向的“瓶颈”，这需要寻找新的模拟材料以推动这一方向实验室模拟的进展。

可以期望今后10多年中，海岸工程仍将保持快速的发展趋势，并继续是为国民经济发展发挥重要作用的领域。随着综合国力的提升和国内海岸开发技术的相对成熟，我国海岸工程技术向国外输出，将面临更多的国际合作与竞争，这将促使其国际化，进而使一些重要领域处于国际领先行列。我国海岸工程技术水平提高任重而道远，中国海岸工程领域的发展将随着中国梦的实现而更加辉煌。

参考文献

李炎保，吴永强，蒋学炼. 2004. 国内外防波堤损坏研究进展评述. 中国港湾建设，(6)：53－56.
李颖虹，王凡，王东晓. 2008. 中国科学院近海海洋观测研究网络建设概况与展望. 中国科学院院刊，(3)：274－279.
吴建，拾兵. 2011. 近岸补沙养护海滩研究综述. 海洋科学，35(8)：108－112.
夏军，刘良，杨春艳. 2008. 苏北侵蚀性海岸整体防护构想. 水利建设与管理，(8)：55－56，51.
于德海，彭建兵，李滨. 2010. 海岸带侵蚀灾害研究进展及思考. 工程地质学报，18(6)：867－872.
张志明. 2009. 我国沿海深水港口建设技术进展和面临的重大技术问题. 水运工程，(1)：195－202.

附 录

《中国海岸工程进展》编写人员

本书由左其华、窦希萍负责全书的总体结构和各章的完善。

第1章海岸自然环境由南京水利科学研究院主持编写。

编写人员张金善、章为民、辛文杰、潘军宁、陆培东、王登婷、黄海龙、滕玲、窦希萍等；

海冰部分由大连理工大学李志军编写。

第2章河口治理工程由水利部水利水电规划设计总院、南京水利科学研究院、交通运输部长江口航道管理局、黄河水利委员会黄河河口研究院、浙江省防汛抗旱指挥部办公室等单位编写。

洪建、窦希萍主笔；

长江口深水航道治理工程由郑文燕、范期锦等编写；

黄河口治理工程由程义吉参编；

珠江口深水航道治理工程由辛文杰编写；

钱塘江河口治理工程由宣伟丽参编；

海河流域河口治理工程由孙林云参编；

瓯江河口治理工程由徐群、段子冰等编写。

第3章海岸防护工程由南京水利科学研究院、上海同济大学编写。

海岸防护部分由左其华、张金善、王艳红、王登婷、黄海龙、王红、丁绿芳、段子冰等编写；

养滩工程由匡翠萍编写；

挡潮闸工程由窦希萍编写。

第4章海港工程由中交水运规划设计院、中交第一、二、三、四航务工程勘察设计院主持编写，南京水利科学研究院等单位参编。

概述、丹东港、大连港、营口港鲅鱼圈港区、唐山港曹妃甸港区、黄骅港、青岛港、日照港、南通港吕四港区、上海港、宁波港、湄洲港、深圳港由中交水运规划设计院编写，编写人员吴澎、杨国平、胡家顺、刘洪波、钱立明、马德堂、黄敬东、芦志强、张廷辉、杨晓彤、姜俊杰、董志强、张志平、汪峰、胡鹏、李业富、彭玉生，付博新、尹长虹、赵有明、潘金霞、吴立新、龙友、万宏等；

营口港仙人岛港区、唐山港、天津港、黄骅港、烟台港、潍坊港、南通港洋口港区由中交第一航务工程勘察设计院编写，编写人员祝世华、季则舟、秦福寿、邹北川，邢军、付爱珍、杨长义、许建刚、张俊健、刘锦石等；

南通内河港区、南京港、苏州港、宁德港、西南沿海港口群由中交第二航务工程勘察设计院编写，编写人员许廷兴、李旭东、吴立志、杨宁、代韶华、陈有文、李晓铳、冯海波、刘立华等；

连云港、南通内河港区、南京港、苏州太仓港区、上海港洋山港区、宁波港、泉州港、深圳港盐田港区由中交第三航务工程勘察设计院编写，编写人员程泽坤、黄明毅、吴沙坪、胡雄伟、李鹏飞、金明华、柯学、邓磊等；

广州港、珠海港由中交第四航务工程勘察设计院编写，编写人员王汝凯、宓宝勇等；

大连港口工程由文立参编；

营口、丹东、秦皇岛和潍坊港口工程由曹永琅参编；

连云港港口工程由王志国、高正荣参编；

香港港口工程由左其华，香港理工大学张道华、叶子良和香港大学吴朝安等编写；

台湾港口工程由左其华、杨氾编写。

第 5 章围海工程由中交上海航道勘察设计研究院主持编写，浙江省围垦技术开发中心、浙江省围垦局、福建省水利水电勘测设计研究院、江苏沿海开发集团公司、中交第二航务工程勘察设计院、中交第三航务工程勘察设计院、南京水利科学研究院、广西交通规划设计院等单位参编。

中交上海航道勘察设计研究院编写人员有马兴华、徐元、周海、顾勇、黄东海、胡殿才、邹志业、朱治、张晴波、蒋基安、余竞、江炳茂、房勇、陈越、侯海伟、汪生杰、丁健、孙鹏、陈哲、张虎平；

浙江围海工程由金利军、胡明华参编；

江苏围海工程由王艳红、陆培东、高正荣、徐向红参编；

福建围海工程由张裕平、何光同、林文玉、金晖等编写；

北部湾围海工程由马进荣、刘信华、谢涛、代韶华、杨红等编写。

第 6 章能源设施海域工程滨海核电站海域工程由环境保护部核与辐射安全中心、中国核电工程有限公司、中交第一航务工程勘察设计院、中广核台山核电合营有限公司、中交第四航务工程勘察设计院、天津市海岸带工程有限公司等单位人员编写。

环境保护部核与辐射安全中心张爱玲主笔和组织编写；

岭澳、红沿河、海阳、田湾核电厂分别由中交第一航务工程勘察设计院祝世华、付爱珍、郭放、刘进生等编写；

台山核电厂由中广核台山核电合营有限公司王广聚等编写；

福清核电厂由中国核电工程有限公司王东海、侯树强、吕志峰和天津市海岸带工程有限公司杨晓迪、赵磊等编写；

昌江核电厂由中国核电工程有限公司王东海、侯树强、吕志峰和中交第四航务工程勘察设计院杨云兰、叶剑等编写；

海洋能发电工程由南京水利科学研究院等单位编写，左其华、窦希萍主笔，游亚戈、段子冰、杨红、孙高霞等参编。

第 7 章跨海桥隧和轮渡工程由中交公路规划设计院主持编写；厦门翔安海底隧道现场指挥部、港珠澳大桥管理局、中交第三航务工程勘察设计院、中交第四航务工程勘察设计院等单位参编。

桥隧部分由袁洪、曾超主笔，王麒、王梓夫、宋晖、程泽坤、彭宝华、瞿守信参编；

港珠澳跨海大桥岛隧工程苏权科、苏宗贤参编；

轮渡工程部分由王汝凯、朱启汉编写。

第 8 章修造船和海洋工程装备制造基地工程由中国船舶工业第九设计院主持编写。

姜乃锋主笔；顾倩燕、严方礼、滕玲参与统校；

大连修造船工程由王星球编写；

天津修造船工程由钱玉奇编写；

山海关、青岛、外高桥修造船工程和青岛武船重工海工工程由戴建国编写；山海关船厂王志强提供协助；

长兴岛、福建修造船工程由李小军编写；

崇明岛造修船工程由黄振瑜编写；

沪东造船工程由汪贵平编写；

舟山修造船工程由陈钢编写；

南通修造船工程由闻鸣编写；

中海长兴海洋工程开发基地由杨昌辉编写；

珠三角修造船工程、广州海洋开发基地工程由宣以飞、张亚雄编写；

上海临港海洋装备基地工程由胡小明编写；

中海油青岛海工基地由徐东晖编写，陈浩、刘克东、孙路、王闵以及北海重工陶文仁等提供协助。

第 9 章渔业工程由中国水产科学研究院渔业工程研究所、大连理工大学主持编写。其中渔港工程由中国水产科学研究院渔业工程研究所、大连理工大学、大连海洋大学、大连水产规划设计所研究院、大连理工大学土木建筑设计研究院、河海大学、福建省水产设计院、广东省海洋与渔业局、广东省海洋与渔业勘测设计院等单位编写；养殖工程部分由大连理工大学、浙江海洋学院、中国水产科学研究院黄海水产研究所、中国水产科学院东海水产研究所、中国水产科学院南海水产研究所、中国海洋大学、上海海洋大学等单位编写。

顾除夕、李玉成主笔。

大连渔港工程由桂劲松、上官子昌、李冬云、邴晓、贾忠慧等编写；

山东渔港工程由刘年飞、陈国强、陈自荣、刘淑娟等编写；

江苏渔港工程由刘淑娟、刘年飞、陈自荣、王洋等编写；

浙江渔港工程由卢无疆、黄蕙、陈自荣、刘淑娟、刘年飞、王洋等编写；

福建渔港工程由柯曙生、陈衍顺、谢建等编写；

广东渔港工程由古锡纯、王清泉等编写；

广西渔港工程由陈国强、刘年飞、陈晓静等编写；黄圣伟参编；

网箱工程由赵云鹏、桂福坤、石建高、黄小华、黄六一、刘圣聪等编写；

筏式工程由毛玉泽、桂福坤等编写；

鱼礁工程由张硕、陈应华等编写。

第 10 章海岸工程管理与生态环境由南京水利科学研究院编写，编写人员滕玲、窦希萍、王登婷、王兴刚、黄海龙等。

第 11 章海岸工程科学研究由南京水利科学研究院主持编写，大连理工大学、河海大学、上海华东师范大学、台湾成功大学等单位参编。

波浪方面由左其华、潘军宁、陈国平、王登婷、王兴刚、段子冰、黄海龙等编写；

河口海岸泥沙方面由窦希萍、张金善、高正荣、佘小建等编写；

台湾方面由高家俊、冯向波等编写；

土工方面由章为民编写；

结构耐久性方面由陆采荣、戈雪良编写；

遥感方面由恽才兴、高家俊等编写。

第 12 章展望由南京水利科学研究院左其华、窦希萍等编写。